HANDBUCH DER MEDIZINISCHEN RADIOLOGIE

ENCYCLOPEDIA OF MEDICAL RADIOLOGY

HERAUSGEGEBEN VON · EDITED BY

L. DIETHELM   F. HEUCK

O. OLSSON   F. STRNAD   H. VIETEN

A. ZUPPINGER

BAND/VOLUME XX

SPRINGER-VERLAG

BERLIN · HEIDELBERG · NEW YORK · TOKYO

STRAHLENGEFÄHRDUNG UND STRAHLENSCHUTZ

RADIATION EXPOSURE AND RADIATION PROTECTION

VON · BY

M. BAMBERG · D. VAN BEUNINGEN · W. GÖSSNER · F. HEUCK
H. JUNG · G. KELLER · J. KUMMERMEHR · H.-A. LADNER · W. LIERSE
A. LUZ · J. MEISSNER · O. MESSERSCHMIDT · H. MÖNIG · M. MOLLS
H. MUTH · W. NOTHDURFT · H. RENNER · R. SAUER · E. SCHERER
G. SCHMITT · C. STREFFER · K.-R. TROTT · M. WANNENMACHER
P. WÖLLGENS

REDIGIERT VON · EDITED BY

F. HEUCK
STUTTGART

E. SCHERER
ESSEN

MIT 244 ABBILDUNGEN (292 EINZELDARSTELLUNGEN)
WITH 244 FIGURES (292 SEPARATE ILLUSTRATIONS)

SPRINGER-VERLAG
BERLIN · HEIDELBERG · NEW YORK · TOKYO

Professor Dr. FRIEDRICH HEUCK, Katharinenhospital
Zentrum für Radiologie, Radiologisches Institut
Kriegsbergstraße 60, D-7000 Stuttgart 1

Professor Dr. EBERHARD SCHERER, Universitätsklinikum
der Gesamthochschule, Radiologisches Zentrum, Strahlenklinik und Poliklinik
Hufelandstraße 55, D-4300 Essen 1

ISBN-13:978-3-642-82230-8   e-ISBN-13:978-3-642-82229-2
DOI: 10.1007/978-3-642-82229-2

CIP-Kurztitelaufnahme der Deutschen Bibliothek
Handbuch der medizinischen Radiologie: Encyclopedia of medical radiology / hrsg. v. L. DIETHELM ... –
Berlin; Heidelberg; New York; Tokyo: Springer. Teilw. mit d. Erscheinungsorten Berlin, Heidelberg, New York. NE: DIETHELM, LOTHAR [Hrsg.]; PT
Bd. 20. → Strahlengefährdung und Strahlenschutz
Strahlengefährdung und Strahlenschutz: Von M. Bamberg ... Red. von F. Heuck ... 1985 –
ISBN-13:978-3-642-82230-8 NE: Bamberg, Michael [Mitverf.]

Gesamtherstellung: Universitätsdruckerei H. Stürtz AG, Würzburg
2122/3130-543210

Mitarbeiter von Band XX – Contributors to Volume XX

Dr. M. Bamberg, Universitätsklinikum der Gesamthochschule, Radiologische Klinik und Poliklinik, Hufelandstraße 55, D-4300 Essen 1

Privatdozent Dr. D. van Beuningen, Universitätsklinikum der Gesamthochschule, Institut für Medizinische Strahlenphysik und Strahlenbiologie, Hufelandstraße 55, D-4300 Essen 1

Professor Dr. W. Gössner, Institut für Allgemeine Pathologie und Pathologische Anatomie der Technischen Universität, Ismaninger Straße 22, D-8000 München 80

Professor Dr. F. Heuck, Katharinenhospital, Zentrum für Radiologie, Radiologisches Institut, Kriegsbergstraße 60, D-7000 Stuttgart 1

Professor Dr. H. Jung, Universitäts-Krankenhaus Eppendorf, Institut für Biophysik und Strahlenbiologie, Martinistraße 52, D-2000 Hamburg 20

Dr. G. Keller, Institut für Biophysik der Universität, Boris-Rajewsky-Institut, D-6650 Homburg/Saar

Dr. J. Kummermehr, Abteilung für Strahlenbiologie der Gesellschaft für Strahlen- und Umweltforschung, D-8042 Neuherberg

Professor Dr. H.-A. Ladner, Klinikum der Universität, Universitäts-Frauenklinik, Strahlenabteilung, Hugstetter Straße 55, D-7800 Freiburg i. Brsg.

Professor Dr. W. Lierse, Universitäts-Krankenhaus Eppendorf, Anatomisches Institut, Abteilung für Neuroanatomie, Martinistraße 52, D-2000 Hamburg 20

Privatdozent Dr. A. Luz, Gesellschaft für Strahlen- und Umweltforschung mbH, Institut für Biologie, Abteilung für Pathologie, Ingolstädter Landstraße 1, D-8042 Neuherberg

Professor Dr. J. Meissner, Mühloh 1, D-2061 Borstel

Professor Dr. O. Messerschmidt, Neuherbergstraße 54, D-8000 München 45

Professor Dr. H. Mönig, Institut für Biophysik und Strahlenbiologie der Universität, Albertstraße 23, D-7800 Freiburg i. Brsg.

Privatdozent Dr. M. Molls, Universitätsklinikum der Gesamthochschule, Institut für Medizinische Strahlenphysik und Strahlenbiologie und Strahlenklinik, Hufelandstraße 55, D-4300 Essen 1

Professor Dr. H. Muth, Institut für Biophysik der Universität, Boris-Rajewsky-Institut, D-6650 Homburg/Saar

Professor Dr. W. Nothdurft, Abteilung für Klinische Physiologie und Arbeitsmedizin der Universität, Oberer Eselsberg, D-7900 Ulm

Professor Dr. H. Renner, Radiologisches Zentrum Klinikum Nürnberg, Abteilung Strahlentherapie, Flurstraße 17, D-8500 Nürnberg 90

Professor Dr. R. Sauer, Strahlentherapeutische Klinik der Universität Erlangen-Nürnberg, Krankenhausstraße 12, D-8520 Erlangen

Professor Dr. E. Scherer, Universitätsklinikum der Gesamthochschule, Radiologisches Zentrum, Strahlenklinik und Poliklinik, Hufelandstraße 55, D-4300 Essen 1

Professor Dr. G. Schmitt, Alfried Krupp Krankenhaus, Klinik für Nuklearmedizin und Strahlentherapie, Alfried-Krupp-Straße 21, D-4300 Essen 1

Professor Dr. C. Streffer, Universitätsklinikum der Gesamthochschule, Institut für Medizinische Strahlenphysik und Strahlenbiologie, Hufelandstraße 55, D-4300 Essen 1

Professor Dr. K.-R. Trott, Strahlenbiologisches Institut der Universität, Schillerstraße 42, D-8000 München 2

Professor Dr. Dr. M. Wannenmacher, Klinikum der Universität, Zentrum Radiologie, Abteilung Röntgen- und Strahlentherapie, Hugstetter Straße 55, D-7800 Freiburg i. Brsg.

Dr. med. P. Wöllgens, Städtische Kliniken, Strahleninstitut, Radiologie II/Strahlentherapie, Grafenstraße 9, D-6100 Darmstadt

Vorwort

Der vorliegende Band des Handbuchs der medizinischen Radiologie zu der bisher wenig beachteten Frage von Strahlengefährdung und Strahlenschutz umfaßt unseren heutigen Wissensstand über die Veränderungen an Organen und Geweben, Funktionseinheiten und Systemen des Organismus, die durch Einwirkungen ionisierender Strahlen und anderer physikalischer Energien auftreten können. Vorangestellt werden Kenntnisse über die allgemeine zelluläre Strahlenbiologie und Strahlenpathologie sowie die generellen Fragen der biologischen Wirkung dicht-ionisierender Teilchenstrahlen, um allgemein die Strahlenwirkungen auf den lebenden Organismus besser verstehen zu können. Neben den Übersichten der Strahlenwirkungen auf die Abdominalorgane, den Harntrakt, die Lunge, das Hirn- und Nervengewebe, den Knochen und die Haut werden das lymphatische System, das Knochenmark als blutbildendes System und die Strahlenreaktionen an den Generationsorganen in ihren verschiedenen Reaktionsphasen bis zur Schädigung und die Gewebserholung mit reparativen Vorgängen abgehandelt.

Ein eigener Abschnitt des Bandes befaßt sich mit der Strahlengefährdung durch Umwelteinflüsse und berücksichtigt die natürliche Strahlenexposition, behandelt das Berufsrisiko beim Umgang mit radioaktiven Stoffen und setzt sich mit Strahlenkatastrophen aus ärztlicher Sicht auseinander. Dabei werden nicht nur Reaktorunfälle, sondern auch Atombombenexplosionen mit ihren Schäden und den Möglichkeiten ihrer Behandlung eingehend erörtert. Der Kenntnisstand über den chemischen Strahlenschutz bei Säugetieren und beim Menschen wird ausführlich abgehandelt und abschließend werden der Wirkungsmechanismus von Strahlenschutzsubstanzen beim Menschen sowie die bisher gesammelten Erfahrungen eingehend besprochen.

Im letzten Abschnitt des Handbuches werden die Probleme der kombinierten Strahlentherapie erörtert. Dabei werden die Verbesserungen der Effektivität der radiologischen Tumortherapie durch schwere Teilchen sowie die Hyperthermie und die Bedeutung der Effektivität einer Tumortherapie durch elektronenaffine Substanzen erläutert. Ferner werden die gleichzeitige Anwendung von Strahlen und pharmakologischen Substanzen in der Tumorbehandlung berücksichtigt und besprochen. Damit geht dieser Band etwas über die primäre Zielsetzung des Themas Strahlengefährdung und Strahlenschutz hinaus und berücksichtigt bewußt die Belange der praktischen Arbeit des Strahlentherapeuten und Radioonkologen in der Geschwulstbehandlung. Dieser Handbuchband vermittelt als Sammelwerk eine Fülle von Informationen, die nach Themen und Schwerpunkten gegliedert, dargestellt worden sind. Er ist somit auch als Nachschlagewerk gedacht und dürfte für die alltägliche Praxis der Radioonkologie von hohem Nutzen sein.

FRIEDRICH HEUCK   EBERHARD SCHERER

Preface

This volume of the Handbook of Medical Radiology is devoted to the previously little heeded topic of radiation hazards and the protective measures which can be taken. It describes the current state of knowledge on the changes which exposure to ionizing rays and other forms of physical energy can induce in organs and tissues, in the functional units and systems of the organism. Special attention is paid to general cellular radiation biology and radiation pathology and to general questions of the biological effects of densely ionizing particle radiation, in order to achieve a better all-round understanding of the effects of radiation on the living organism. Aside from the overviews dealing with the effects of radiation on the abdominal organs, urinary tract, lungs, cerebral and nervous tissue, bones, and skin, the discussion continues with the lymphatic system, the bone marrow as a blood-forming organ, and the various phases of reaction in the reproductive organs, including damage and subsequent regeneration and repair of tissues.

A special section deals with environmental radiation hazards, including exposure to natural radiation and the dangers of working with radioactive substances, and examines radiation catastrophes from the medical point of view. Not only reactor accidents are covered, but also nuclear explosions, with exhaustive discussion of possible damage and treatment. The state of knowledge on chemical protection against radiation in man and other mammals is reviewed in detail. Finally, there is thorough treatment of the mechanism of the substances used for protection against radiation damage in man and of experience concerning this subject to date.

In the final section of the book the problems of combined radiotherapy are discussed. The improvement in the efficacy of tumor radiotherapy by means of heavy particles is elucidated, and the significance of the efficacy of tumor therapy using electron-affinitive substances is explained. There is also discussion of the simultaneous use of radiation and pharmaceuticals in the treatment of tumors. The scope of the book goes a little beyond the primary theme of radiation hazards and protection in order to satisfy the practical demands of radiotherapists and radio-oncologists. The plentiful information presented in this volume is arranges according to general topics and specific points of interest. This work is also conceived as a reference book, and will surely prove very useful to the radiooncologist in daily practice.

FRIEDRICH HEUCK   EBERHARD SCHERER

Inhaltsverzeichnis – Contents

I. Allgemeine Strahlenbiologie und Strahlenpathologie

1. Zelluläre Strahlenbiologie und Strahlenpathologie (Ganz- und Teilkörperbestrahlung).
Von C. STREFFER und D. VAN BEUNINGEN 1

A. Einleitung 1
B. Biochemische Effekte und DNA-Reparatur nach Bestrahlung 3
C. Zelltod nach Bestrahlung 7
    I. Interphasentod 7
    II. Reproduktiver Zelltod 8
    III. Dosiswirkungsbeziehungen 9
D. Strahlenempfindlichkeit und Zellproliferation 13
    I. Proliferierende und ruhende Zellen 13
    II. Die Strahlenempfindlichkeit in verschiedenen Phasen des Generationszyklus 14
E. Erholungsphänomene nach Bestrahlung 18
    I. Erholung vom subletalen Strahlenschaden 18
    II. Erholung vom potentiell letalen Strahlenschaden 22
    III. Slow Repair 23
    IV. Repopulierung 23
    V. Dosisleistungseffekte 26
F. Der Sauerstoffeffekt 27
G. Aspekte zum Mechanismus der Zellabtötung 29
H. Aspekte der Teilkörper- und Ganzkörperbestrahlung 32

Literatur 35

2. Biologische Wirkung dicht ionisierender Teilchenstrahlen. Von H. JUNG 41

A. Einleitung 41
B. Übertragung von Strahlungsenergie 42
    I. Physik der Strahlenabsorption 42

II. Der lineare Energie-Transfer (LET) 44
III. Mikrodosimetrie 46

C. Strahlenwirkung und LET 47
I. Indirekte Strahlenwirkung 47
II. Inaktivierung von Makromolekülen, Viren und Bakterien 48

D. Die relative biologische Wirksamkeit (RBE) 49
I. Inaktivierung von Säugerzellen 50
II. Weitere zelluläre Strahlenwirkungen 53

E. Der Sauerstoff-Effekt 53
F. Die Strahlenempfindlichkeit in verschiedenen Phasen des Zellzyklus 56
G. Dosis-Fraktionierung und Reparatur von Strahlenschäden 57
H. Vergleich der physikalischen und strahlenbiologischen Eigenschaften der verschie-
denen Strahlenarten 60
I. Neutronen 60
II. Protonen 62
III. Schwere Ionen 63
IV. Negative Pionen 63
V. Tiefendosis-Verteilung 63
J. RBE und Qualitätsfaktor im Strahlenschutz 64
Literatur 66

II. Strahlenempfindlichkeit von Organen und Geweben

1. Strahlenwirkungen auf die Abdominalorgane. Von K.-R. Trott

1. Strahlenwirkungen auf die Abdominalorgane. Von K.-R. Trott 69

A. Einleitung 69
B. Die Strahlenfolgen am Magen 69
I. Klinik der Strahlenfolgen am Magen 69
II. Histopathologische Veränderungen des Magens nach Bestrahlung 71
III. Die Pathogenese der akuten und chronischen Strahlenfolgen am Magen . . 72
IV. Tierexperimentelle Modelle zum Studium der Strahlenreaktion des Magens 73
V. Der Zeitfaktor bei der Entstehung der Strahlenfolgen des Magens 74

C. Strahlenwirkung auf den Darm 75
I. Klinik der Strahlenfolgen am Darm 75
II. Die Histopathologie der Strahlenfolgen am Darm 78
III. Pathogenese der Strahlenfolgen am Darm 80
IV. Tierexperimentelle Modelle zum Studium der Strahlenfolgen am Darm . . . 81
V. Die Abhängigkeit akuter und chronischer Strahlenwirkungen des Darms von
Fraktionierung und Protrahierung 82
VI. Die Strahlenwirkungen auf den Darm bei Bestrahlung mit dicht ionisierenden
Teilchen 84
VII. Die Wirkung der Kombination von Chemotherapie und Strahlentherapie auf
den Darm 85

D. Strahlenwirkungen auf die Leber 86
I. Klinik der Strahlenfolgen an der Leber 86
II. Die Histopathologie der Strahlenfolgen an der Leber 90

III. Tierexperimentelle Modelle zum Studium der Strahlenschädigung der Leber 91
IV. Offene Probleme bezüglich der Strahlenschädigung der Leber 95

E. Die Strahlenfolgen am Pankreas 95

Literatur 96

2. Harntrakt. Von P. WÖLLGENS 101

A. Strahlengefährdung der Niere 101
   I. Die Strahlensensibilität der Niere 102
     1. Pathologische Anatomie 102
       a) Die Nephroendotheliose 102
       b) Die Nephrosklerose 105
       c) Die Nephroglomerulose 105
     2. Formen der radiogenen Nierenschädigung 105
       a) Die radiogene renale Hypertonie 105
       b) Die Radionephritis 107
   II. Die klinische Relevanz der Strahlenbelastung der Niere 108
   III. Möglichkeiten zur Vermeidung radiogener Nierenschäden 110
     1. Lageänderung der Nieren 110
     2. Bestrahlungsplanung 110
     3. Strahlentherapie plus Chemotherapie 111
   IV. Behandlung der radiogenen Nierenschäden 112

B. Strahlengefährdung des Ureters 112
   I. Funktionelle und anatomische Veränderungen 113
     1. Die Frühreaktion 113
     2. Die Spätveränderungen 113
     3. Sekundäre Folgen der Ureterstenose 115
   II. Die Strahlentoleranz des Ureters 115

C. Strahlengefährdung der Harnblase und der Harnröhre 115
   I. Strahlengefährdung bei der Strahlentherapie gynäkologischer Karzinome . . 116
   II. Strahlengefährdung bei der Strahlentherapie von Harnblasenkarzinomen . . 118
     1. Die präoperative Strahlentherapie 118
     2. Die postoperative Strahlentherapie 118
     3. Die alleinige Strahlentherapie 118
   III. Strahlengefährdung bei der Strahlentherapie des Prostatakarzinoms 118
     1. Die Strahlenbelastung der Harnblase 118
     2. Die Strahlenbelastung der Harnröhre 119
     Anhang: Strahlenveränderungen der Prostata 120

Literatur 120

3. Somatische Strahlenreaktionen an Generationsorganen. Von H.-A. LADNER 123

A. Einführung 123
   I. Historisches und Entwicklungslinien 124

B. Unterschiede der Strahlenempfindlichkeit zwischen weiblichen und männlichen Gonaden 125
    I. Gametogenese 125
       1. Entwicklung der weiblichen Keimzellen 125
       2. Entwicklung der männlichen Keimzellen 125
    II. Morphologie und Funktion 125
    III. Indirekte Zusammenhänge 126

C. Befunde beim Menschen 127
    I. Morphologische Veränderungen an weiblichen Gonaden 128
    II. Morphologische Veränderungen an männlichen Gonaden 129

D. Schwierigkeiten, Befunde aus Tieruntersuchungen auf den Menschen zu übertragen (an Beispielen erläutert) 131
    I. Reaktionen von Oozyten und Sterilitätsauslösung nach Bestrahlung 131
    II. Strahlenreaktionen an Spermatogonien 133
    III. Abnahme des Hodengewichts und Induktion von Ovarialtumoren 134
    IV. Gonaden während der Entwicklung 135

E. Morphologische Veränderungen 140
    I. Morphologische Veränderungen beim weiblichen Organismus 140
    II. Morphologische Veränderungen beim männlichen Organismus 141

F. Funktionelle Veränderungen 145
    I. Sterilität, Reproduktionsvermögen ♂ 146
    II. Biochemische Veränderungen (♂ und ♀) 147
    III. Endokrinologische Veränderungen 148
       1. Endokrinologische Veränderungen beim weiblichen Organismus 148
       2. Endokrinologische Veränderungen beim männlichen Organismus 150

G. Kombination morphologischer und funktioneller Veränderungen 152
    I. Beim weiblichen Organismus 152
    II. Kombination morphologischer und funktioneller Veränderungen beim männlichen Organismus 152

H. Faktoren, die somatische Strahleneffekte auf Generationsorgane modifizieren können 153
    I. Fraktionierung ♂ und ♀ 153
    II. Dosisrate (chronische Bestrahlung) ♀ und ♂ 154
    III. Strahlenqualität (RBW) 155
    IV. Radioisotope 155
    V. Chemische Stoffe 158
    VI. Zytostatika 158

J. Schlußbetrachtungen 158

Literatur 159

4. Strahlenwirkungen auf die Haut. Von K.-R. TROTT und J. KUMMERMEHR 171

A. Einleitung 171
B. Klinik 171
    I. Die normale akute und chronische Strahlenreaktion der Haut 171

II. Die akute und chronische Strahlenreaktion nach Überdosierung 173
III. Das histologische Bild der akuten und chronischen Strahlenfolgen 174
IV. Die Therapie der Strahlenfolgen an der Haut 175
V. Die Variabilität der Strahlenreaktionen der Haut 176

C. Pathogenese der Strahlenfolgen an der Haut 176
I. Pathogenese akuter Strahlenfolgen 177
II. Pathogenese chronischer Strahlenfolgen 179

D. Experimentelle Modelle zur Quantifizierung der Strahlenwirkung auf die Haut . . 181
I. Modelle der akuten Strahlenwirkung 181
II. Modelle der chronischen Strahlenwirkung 184

E. Die Abhängigkeit der Strahlenfolgen vom bestrahlten Volumen 185
F. Der Zeitfaktor bei der Strahlenwirkung auf die Haut 187
I. Der Zeitfaktor der akuten Strahlenreaktion der Haut 187
II. Der Zeitfaktor der chronischen Strahlenreaktion der Haut 190
III. Die NSD-Formel und ihre Modifikationen 192
IV. Der Einfluß der Protrahierung auf die Strahlenreaktion der Haut 194
V. Die Persistenz der subklinischen Strahlenfolgen an der Haut 194

G. Die Abhängigkeit der Strahlenreaktion der Haut von der Strahlenqualität 195
I. Die Abhängigkeit von der Strahlenenergie 195
II. Die Hautreaktion bei dicht ionisierenden Strahlen 196

H. Kombinationswirkungen 197
I. Die Strahlenempfindlichkeit von Hauttransplantaten 197
II. Die gegenseitige Beeinflussung von Strahlentherapie und Chemotherapie . . 199

Literatur 199

5. Lymphatisches System. Von H. Renner 205

A. Einleitung 205
I. Vorbemerkung 205
II. Das lymphatische System und seine Immunfunktion 206

B. Die Strahlensensibilität der kleinen G_0-Lymphozyten 206
I. In vivo-Befunde 206
    1. Morphologische Veränderungen in Milz, Lymphknoten und Thymus . . 206
    2. Veränderungen der Kinetik in Rezirkulation, Blut und Ductus thoracicus 207
II. In vitro-Befunde 208
    1. Morphologische und biochemische Veränderungen 208
    2. Dosiswirkungsbeziehungen 209
    3. Sensibilität leukämischer Lymphozyten 210
    4. Sensibilität permanenter lymphoider Zellstämme 210

C. Die Strahlensensibilität der Lymphozyten-Stimulation 211
I. In vitro-Befunde 211
    1. Primäre Aktivierungs-Prozesse 212
    2. Proliferationsvorgänge 213
        a) DNS-Synthese 213
        b) Mitose-Aktivität 216

II. In vivo-Befunde 218
   1. Experimentelle Befunde 218
      a) Funktionelle Veränderungen 218
      b) Morphologische Veränderungen 218
   2. Klinische Befunde 219
III. Zur unterschiedlichen Sensibilität kleiner und stimulierter Lymphozyten . . 220

D. Die Strahlensensibilität der Immunfunktionen 220
   I. Vorläufer-Zellen 220
  II. Zellen der zellulären Immunität und zelluläre Immunreaktionen 221
      1. T-Subpopulationen 221
      2. Haut-Reaktionen vom verzögerten Typ 222
      3. Graft-versus-host-Reaktion 222
      4. Abstoßungsreaktion 222
 III. Zellen der humoralen Immunität und Antikörper-Bildung 223
      1. B-Subpopulationen 223
      2. Antikörper-Bildung 223
  IV. Verstärkung von Immunreaktionen durch Bestrahlung 224

E. Zur klinischen Bedeutung der Strahlensensibilität des lymphatischen Systems . . . 225
   I. Problemstellung 225
  II. Regional-Bestrahlung 226
 III. Extrakorporale Blutbestrahlung 226
  IV. Total-Nodal-Bestrahlung 227
   V. Ganzkörper-Bestrahlung 227

F. Zusammenfassung 227

Literatur 228

Addendum 232

Literatur 233

6. Knochenmark. Von W. NOTHDURFT 235

A. Einleitung 235
B. Anatomie und Funktion des Knochenmarks 235
   I. Struktur des Knochenmarks und Verteilung im Skelett 235
  II. Physiologie der Hämopoese und des Stromas 235
      1. Die hömopoetischen Zellerneuerungssysteme 235
         a) Physiologie der pluripotenten Stammzellen 236
      2. Das Knochenmarkstroma 237

C. Die Strahlenwirkung auf die pluripotenten Stammzellen 237
   I. Dosiswirkungsbeziehungen bei Bestrahlung mit locker ionisierenden Strahlen 238
      1. Pluripotente Stammzellen der Maus 238
      2. Pluripotente hämopoetische Zellen des Menschen 239
  II. Dosiswirkungsbeziehungen bei Bestrahlung mit schnellen Neutronen 239

D. Die Wirkung einer einmaligen Ganzkörperbestrahlung 240

I. Ganzkörperbestrahlung mit locker ionisierenden Strahlen 240
  1. Schädigung und Regeneration des pluripotenten Stammzellenspeichers . . 240
  2. Das Knochenmarksyndrom 242
    a) Strahlenempfindlichkeit verschiedener Säugetiere 242
      α) Einfluß des Alters 243
      β) Einfluß der Strahlenqualität und Dosisleistung 243
    b) Strahlenempfindlichkeit des Menschen 244
II. Ganzkörperbestrahlung mit schnellen Neutronen 245
  1. Relative biologische Wirksamkeit bei verschiedenen Säugetieren 245
    a) Einfluß der Dosisleistung 246
  2. Relative biologische Wirksamkeit beim Menschen 247

E. Erholungsprozesse nach einmaliger Ganzkörperbestrahlung 247
  I. Locker ionisierende Strahlen 248
    1. Erholung des Stammzellenspeichers 248
    2. Veränderungen der Strahlenempfindlichkeit bei vorbestrahlten Säugetieren 249
  II. Schnelle Neutronen 250

F. Wirkungen mehrfach fraktionierter Bestrahlungen bei Versuchstieren 250
  I. Locker ionisierende Strahlen 250
  II. Schnelle Neutronen 252

G. Adaptationsmechanismen und Strahlenschäden bei chronischer Bestrahlung von Versuchstieren 252
H. Wirkung von fraktioniert-protrahierten Ganzkörperbestrahlungen beim Menschen 254
J. Effekte inhomogener Bestrahlungen 255
  I. Untersuchungen an verschiedenen Säugetieren 255
  II. Untersuchungen an Patienten 256

K. Die Strahlenwirkung auf das Knochenmarkstroma 257
  I. Untersuchungen an Kleinsäugern 257
  II. Untersuchungen an Patienten 257

Literatur 258

7. Knochen. Von W. Gössner, A. Luz und F. Heuck 265

A. Einleitung 265
B. Die Energiedosisbelastung 265
  I. Äußere Bestrahlung 266
  II. Innere Bestrahlung 266

C. Wachsender Knochen 266
  I. Knorpelfuge 266
    1. Normalbefunde 266
    2. Strahlenschaden 267
  II. Die Kapillaren der Knorpeleröffnungszone 271
  III. Die Zellsysteme des osteogenen Gewebes 271
    1. Die Osteoklasten 272
    a) Entstehungsgeschichte 272
    b) Strahlenwirkung 273

2. Die Osteoblasten der Metaphyse und ihre Vorläufer 273
  a) Normale Zellkinetik 273
  b) Strahlenschaden 274
3. Die Osteozyten der Metaphyse 277
IV. Veränderungen der Enzymaktivität 277
V. Störung der Mineralisierung im Bereich der Metaphyse 278
VI. Die komplexen Störungen der enchondralen Ossifikation 279
  1. Die Störung der Knorpelresorption in der Eröffnungszone und die gestörte
     Resorption der primären Spongiosa 279
  2. Die Störung der Verbindung von Knorpelplatte und Metaphyse 281
  3. Das Abgleiten der Epiphyse 282
  4. Die atypische Knochenbildung in der Metaphyse 284
  5. Die Pathologie der „Growth-Arrest-Lines" 284

VII. Synoptische Betrachtung der gestörten enchondralen Ossifikation 285
VIII. Die Störung der desmalen Ossifikation 285
IX. Die Störung des Längenwachstums 286
  1. Dosisbeziehung 286
  2. Zeitfaktor 287
  3. Einfluß der Chemotherapie? 288
  4. Einfluß des Alters 288

X. Strahleninduzierte Deformität 289
XI. Strahleninduzierte Exostosen (Osteochondrome) 289

D. Induzierte Knochenneubildung 289
E. Nicht wachsender Knochen 290
I. „Bone-remodelling" 290
  1. Normale Befunde 290
  2. Strahlenwirkung 291

II. Die Osteoradionekrose 296
III. Das Schicksal der Osteoradionekrose 299

F. Gelenkknorpel und Knorpel des Kehlkopfes 303
G. Strahleninduzierte Knochentumoren 303

Literatur 307

8. Klinik der Strahlenfolgen am Hirn- und Nervengewebe. Von R. SAUER 317

A. Einleitung 317
B. Definitionen 318
I. Neuropathologische Einteilung der Strahlenfolgen am Nervensystem 318
  1. Akute Phase (Frühreaktion) 318
  2. Frühe Spätphase 318
  3. Leukoenzephalopathie 319
  4. Späte Spätphase (Spätnekrose) 320

II. Klinisch-lokalisatorische Einteilung der Strahlenfolgen 320
  1. Läsionen der Großhirnhemisphären 320
  2. Mittellinienläsionen 320
  3. Hirnnekrosen nach Bestrahlung primärer Hirntumoren 320

C. Inzidenz 321
D. Symptomatologie 322
    I. Gehirn 322
       1. Akute Phase 322
       2. Frühe Spätphase 323
       3. Leukoenzephalopathie 324
       4. Verzögerte Spätphase 324
          a) Unterfunktion des Hypophysen-Zwischenhirnsystems 324
          b) Intellektuelle Defizite 325
    II. Rückenmark 325
       1. Akute Phase 325
       2. Frühe Spätreaktion 326
       3. Späte Strahlennekrose 326
    III. Peripherer Nerv 327
       1. Akute Phase 327
       2. Spätphase 328
E. Diagnostik 328
F. Strahlentoleranz und deren Beeinflussung 330
    I. Dosis-Zeitbeziehung 332
       1. Gehirn 332
       2. Rückenmark 333
       3. Peripherer Nerv 334
          a) Armplexusläsionen 334
          b) Plexus lumbosakralis 335
          c) Hirnnervenläsionen 335
    II. Fraktionierung und Protrahierung 335
    III. Bestrahlungsvolumen 339
    IV. Strahlenqualität 340
    V. Chemotherapeutika 341
G. Schlußfolgerungen und Zusammenfassung 343
Literatur 345

9. Experimentelle Strahlenfolgen am Hirngewebe. Von W. Lierse 349

A. Einleitung 349
    I. Beurteilung lokaler strahlenbiologischer Reaktionen 350
    II. Reaktionszeit und Spezies 351
    III. Zelltyp und Spezies 351
    IV. Entzündliche Reaktion und Spezies 351
    V. Zuchtstamm 351
    VI. Strahlenart 351
    VII. Zellarten 352
       1. Die Nervenzelle 352
          a) Das Perikaryon 352
          b) Die Dendriten 353
          c) Die Axone 356
          d) Reaktionsskala 357
       2. Gliazellen 357

VIII. Glykogen- und Mukopolysaccharidablagerungen 357
  IX. Sauerstoff und Gewebsreaktion 359
   X. Radiogene Herde mit Mukopolysaccharidablagerungen 359
      1. Histochemie 360
  XI. Radiogener Hydrops der Astrozyten 360
 XII. Demyelinisation 363
XIII. Die Hirnkapillaren mit Endothel, Basalmembran und Perizyt . . . 365
XIV. Stufen der Strahlenreaktion 367
      1. Akute Phase 368
      2. Frühe Spätphase 369
      3. Spätschaden 369
      4. Spät-Nekrose 371

Literatur 372

10. Strahlenbiologische Veränderungen der Lunge. Von M. MOLLS und D. VAN BEUNINGEN 379

A. Einleitung 379
B. Morphologische Veränderungen 380
   I. Normale Histologie 380
  II. Tierexperimentelle Befunde 381
 III. Histologische Veränderungen der menschlichen Lunge 385
  IV. Mechanismen bei der Entwicklung histopathologischer Veränderungen . . . 387

C. Biochemische und physiologische Veränderungen 389
   I. Biochemische Veränderungen 389
  II. Physiologische Veränderungen 393

D. Dosis-Wirkungsbeziehung und Erholung 396
E. Klinische Befunde am Menschen 397

Literatur 399

III. Strahlengefährdung durch Umwelteinflüsse

1. Natürliche Strahlenexposition. Von G. KELLER und H. MUTH 403

A. Einleitung 403
B. Unveränderte natürliche Strahlenexposition („Unmodified Exposure to Natural Radiation") 404
   I. Strahlenexposition von außen 404
      1. Kosmische Strahlung 404
         a) Primäre kosmische Strahlung 404
         b) Sekundäre kosmische Strahlung 404
      2. Terrestrische Strahlung 405
         a) Quellen der terrestrischen Strahlung 405
         b) Strahlenexposition im Freien 407
  II. Strahlenexposition von innen 407
      1. Durch kosmische Strahlung erzeugte Radionuklide 408
         a) Tritium 408
         b) Beryllium-7 408

c) Kohlenstoff-14 408
d) Natrium-22 408
2. Primordiale Radionuklide 409
a) Kalium-40 409
b) Rubidium-87 410
c) Uran- und Thorium-Zerfallsreihen 410

C. Durch den Menschen veränderte natürliche Strahlenexposition („Technologically Modified Exposure to Natural Radiation") 414
I. Strahlenexposition durch kosmische Strahlung 414
1. Flüge in großen Höhen 414
2. Raumfahrt 415
II. Strahlenexposition durch Verwendung von Baustoffen mit einem erhöhten Gehalt an natürlicherweise vorkommenden Radionukliden 416
1. Radionuklidkonzentrationen in verschiedenen Baustoffen 416
2. Strahlenexposition durch Gammastrahlen in Wohnräumen 417
3. Mittlere resultierende Gonadendosis 419
III. Strahlenexposition durch Inhalation der radioaktiven Edelgase Radon und Thoron und deren kurzlebigen Folgeprodukte 420
1. Allgemeine Grundlagen und Eigenschaften 420
2. Radon- und Thoron-Exhalation aus Baustoffen 422
3. Konzentrationen der Edelgase Radon und Thoron und der Folgeprodukte in Wohnungen und im Freien 424
a) Ventilationsrate 426
b) Gleichgewichtsfaktor in Wohnungen 426
4. Mittlere resultierende Lungendosis und zu erwartendes Lungenkrebsrisiko der Bevölkerung 427
IV. Strahlenexposition durch Verwendung von Rohphosphaten 429
1. Verwendung von Phosphatdüngemitteln 429
2. Phosphorsäureproduktion, Uranrückgewinnungsanlagen 430
3. Verwendung von „Chemiegips" als Baustoff 430
V. Strahlenexposition durch Energieerzeugung 430
1. Kohlekraftwerke 430
2. Erdöl, Erdgas, geothermische Energie 431
VI. Strahlenexposition durch Verbrauchsgüter und Industrieerzeugnisse, die natürlicherweise vorkommende Radionuklide enthalten 432

D. Zusammenfassung und Ausblick 433

Literatur 435

2. Berufsrisiko beim Umgang mit radioaktiven Stoffen. Von J. MEISSNER 439

A. Frühere Beobachtungen und Erkenntnisse über berufliche Strahlenschäden 439
B. Dosisbegrenzung bei beruflicher Strahlenexposition (Empfehlungen der Internationalen Kommission für Strahlenschutz [International Commission on Radiological Protection: ICRP] und Auflagen der Strahlenschutzverordnung) 444
I. Grundlagen der Dosisbegrenzung 444
II. Zum ICRP-System der Dosisbegrenzung 445

III. Äquivalentdosisgrenzwerte für beruflich strahlenexponierte Personen 447
IV. Grenzwerte für Inkorporationen (Ingestion und Inhalation) 452

C. Zur Quantifizierung gesundheitlicher Risiken durch berufliche Strahlenexpositionen 461
I. Strahlenschäden und Schadenserwartung 461
II. Dosiswirkungsbeziehungen im Bereich der Jahresgrenzwerte für beruflich
Strahlenexponierte 464
III. Abschätzung der Risiken 469

D. Ergebnisse der Messungen und Erhebungen beruflicher Strahlenexposition 475

Literatur 478

3. Strahlenkatastrophen aus ärztlicher Sicht. Von O. Messerschmidt 489

Teil A. Reaktorunfälle 489
I. Reaktorunfälle und Atombomben-Explosionen. – Ein Vergleich 489
II. Beispiele früherer Unfälle in Kernenergieanlagen 491
III. Gefährdungen durch den Brennstoffzyklus von Kernkraftwerken 493
IV. Ergebnisse von Risikostudien über mögliche Reaktorunfälle 499
V. Planung und Organisation des Katastrophenschutzes für Kernkraftwerke . . 504
VI. Vorsorgliche Evakuierung der Bevölkerung 508
VII. Die Strahlenexposition der Bevölkerung durch Radioaktivität 510
VIII. Jodprophylaxe der Schilddrüse 512
XI. Strahlenschäden nach Ganzkörperexposition, akutes Strahlensyndrom . . . 514
X. Ärztliche Maßnahmen nach einem Reaktorunfall 517
Literatur 521

Teil B. Atomexplosionen 523
I. Energiefreisetzung bei Atomexplosionen 523
II. Durch die thermische Strahlung bedingte Schäden 525
III. Durch die Druckwelle bedingte Schäden 529
IV. Strahlenschäden als Folge der Einwirkung der initialen Neutronen- und Gam-
mastrahlung 532
V. Kombinationsschäden 538
VI. Schäden als Folge der Strahlung, die von neutroneninduzierter Aktivität und
vom radioaktiven Niederschlag (Fallout) ausgeht 544
VII. Ärztlich-organisatorische und sanitätsdienstliche Maßnahmen 549
VIII. Möglichkeiten der Diagnostik und Therapie von Strahlen- und Kombinations-
schäden beim Massenanfall 552
Literatur 555

IV. Chemischer Strahlenschutz bei Säugetieren und beim Menschen. Von H. Mönig,
O. Messerschmidt und C. Streffer 557

A. Einleitung 557
B. Erläuterung einiger Begriffe 558
I. Dosisreduktionsfaktor 558
II. Toxizität von Strahlenschutzsubstanzen 560

C. Chemischer Strahlenschutz bei Säugetieren 562

    I. Akute Strahlenwirkung nach Ganzkörperexposition 562

    II. Untersuchungen an Organen und Geweben 563

        1. Hämatopetische Organe und Blut 564

        2. Lymphatisches System und Immunreaktionen 566

        3. Haut 567

        4. Verdauungstrakt 569

        5. Atemtrakt 571

        6. Leber 571

        7. Speicheldrüse 572

        8. Schilddrüse 572

        9. Hoden 572

        10. Ovarien 573

    III. Genetische Untersuchungen 574

        1. In vitro-Versuche an menschlichen Lymphozyten 574

        2. In vivo-Untersuchungen an Säugetieren 574

    IV. Strahlenbedingte Entwicklungsstörungen 575

    V. Spätschäden 577

        1. Tumoren 577

        2. Katarakt 578

        3. Sonstige Spätschäden 579

    VI. Chemischer Strahlenschutz bei „Kombinationsschäden" 579

    VII. Einfluß der Strahlenart 581

D. Strahlenschutzsubstanzen in der Tumortherapie 585

    I. Tierexperimentelle Untersuchungen 585

    II. Erfahrungen mit Strahlenschutzsubstanzen beim Menschen 588

E. Wirkungsmechanismus der Strahlenschutzsubstanzen 591

    I. Physikochemische Wirkungsmechanismen 592

    II. Pharmakodynamische Wirkungsmechanismen 594

    III. Biochemische Wirkungsmechanismen 597

Literatur 600

V. Probleme kombinierter Strahlentherapie

1. Verbesserung der Effektivität der radiologischen Tumortherapie durch schwere Teilchen.
Von G. SCHMITT 613

A. Einleitung 613

B. Biologische Untersuchungen mit schweren Ionen (Ar, C und Ne) 615

    I. Klinische Anwendung von schweren Ionen (Ar, C und Ne) 615

C. Protonen 615

    I. Biologische Untersuchungen 615

    II. Klinische Anwendung von Protonen 615

D. ^{4}He-Ionen 617

    I. Biologische Untersuchungen 617

    II. Klinische Anwendung von ^{4}He-Ionen 619

E. Pionen (π^--Mesonen) 621
    I. Physikalische Eigenschaften 621
    II. Biologische Untersuchungen 621
    III. Klinische Ergebnisse 623

F. Neutronen 624
    I. Erste Behandlungen durch Stone und Larkin 624
    II. Biologische Untersuchungen 625
    III. Klinische Ergebnisse 627

G. Zusammenfassung 634

Literatur 635

2. Die Hyperthermie. Von D. van Beuningen und C. Streffer 641

A. Einleitung 641
B. Anwendungsform der Hyperthermie 641
C. Zelluläre Effekte 643
    I. Zytotoxische und strahlensensibilisierende Eigenschaften der Hyperthermie 643
    II. Erholung und Hyperthermie 645
    III. Zellzyklus und Hyperthermie 646
    IV. Zelluläre Unterschiede in der Temperaturempfindlichkeit 648
    V. Thermotoleranz 650

D. Substanzen und Hyperthermie 652
E. Biochemische und physiologische Effekte nach Hyperthermiebehandlung 656
    I. Synthese von Nukleinsäuren und Proteinen 656
    II. Lysosomale Enzymaktivitäten 659
    III. Atmung und Glykolyse 659
    IV. Membranen 662
    V. Immunsystem 662
    VI. Einfluß der Hyperthermie auf hypoxische Zellen 664
    VII. Blutfluß und Hyperthermie 665

F. Sequenz und Fraktionierung von Hyperthermie und Bestrahlung 667
G. Klinische Ergebnisse 669
    I. Lokale Hyperthermie 670
    II. Perfusionshyperthermie 672
    III. Ganzkörperhyperthermie 673

H. Schlußbemerkung 674

Literatur 674

3. Verbesserung der Effektivität der radiologischen Tumortherapie durch elektronenaffine Substanzen. Von M. Bamberg und E. Scherer 683

A. Das Hypoxieproblem 683
B. Therapiemodalitäten zur Überwindung des Hypoxieproblems 684
C. Historische Entwicklung der hypoxischen Zellsensibilisatoren 685
D. Elektronenaffine Radiosensitizer 687
    I. Physikalisch-chemische Eigenschaften 687

II. Metronidazol 688
III. Misonidazol – Experimentelle Daten 689
IV. Misonidazol – Klinische Studien – Phase I 693
V. Misonidazol – Phase II-Studien 696
VI. Misonidazol – Phase III-Studien 698

E. Entwicklung neuer Radiosensitizer 701
    I. Grundsätzliche Überlegungen 701
    II. Demethylmisonidazol 702
    III. Ro 03-8799 702
    IV. SR-2508, SR-2555 703

F. Kombinationen des Misonidazols mit anderen Substanzen 703
G. Neue Nitroimidazole 704
H. Zytotoxische Eigenschaften der radiosensibilisierenden Nitroverbindungen 705
    I. Zukünftige Schwerpunkte in der Sensitizer-Forschung 705

Literatur 706

4. Probleme der gleichzeitigen Tumortherapie mit Strahlen und chemischen Substanzen.
Von M. WANNENMACHER 713

A. Allgemeine Grundsätze der gleichzeitigen Anwendung von Strahlen und pharmakologischen Substanzen 713
B. Maligne Lymphome 715
    I. Akute Nebenwirkungen der kombinierten Therapie 716
    II. Langzeitnebenwirkungen 716
        1. Fertilitätsstörungen 716
        2. Kanzerogenese 717
    III. Entwicklungstendenzen 718

C. Hirntumore 719
    I. Maligne Gliome 719
    II. Medulloblastome 720

D. Bronchialkarzinom 721
    I. Kleinzelliges Bronchialkarzinom 721
    II. Plattenepithelkarzinome 722

E. Ösophagus- und Gastrointestinaltrakt 723
F. Mammakarzinom 723
G. Prostatakarzinom 723
H. Tumoren des Kopf-Hals-Bereiches 724
J. Hodentumoren 725
K. Besonderheiten bei kindlichen Tumoren 725
L. Schlußbetrachtung 726

Literatur 726

Namenverzeichnis – Author Index 731

Sachverzeichnis 787

Subject Index 815

I. Allgemeine Strahlenbiologie und Strahlenpathologie

1. Zelluläre Strahlenbiologie und Strahlenpathologie (Ganz- und Teilkörperbestrahlung)

Von

C. STREFFER und D. VAN BEUNINGEN

Mit 16 Abbildungen und 1 Tabelle

A. Einleitung

Wenige Jahre nach der Entdeckung der Röntgenstrahlen und der natürlichen Radioaktivität sind einige grundlegende Phänomene der biologischen Strahlenwirkung beschrieben worden, die noch heute festen Bestand haben. So ist die hohe Strahlenempfindlichkeit der Lymphozyten beobachtet (HEINEKE 1904), die Hemmung der Zellteilung gefunden worden. BERGONIÉ und TRIBONDEAU (1906) stellten die Regel auf, daß die Strahlenempfindlichkeit von Zellen mit steigender Proliferation zunimmt und mit steigender Differenzierung abnimmt. Zellbiologische Problemstellungen und insbesondere die Zellabtötung sowie die ihr zugrundeliegenden Mechanismen haben seither im Vordergrund strahlenbiologischer Forschung gestanden. Dennoch muß man feststellen, daß diese Mechanismen heute noch nicht klar, vor allem hinsichtlich ihrer zeitlichen Abfolge, erkannt sind.

Zwar hat stets außer Frage gestanden, daß die Tumorvernichtung vom zellabtötenden Effekt ionisierender Strahlen abhängt, aber der strahlenbedingte Tod eines Säugers ist nicht immer unter diesem Aspekt gesehen worden. Die Untersuchungen von QUASTLER (1945) und anderen folgenden Autoren haben deutlich gemacht, daß die gestörte Zellerneuerung in kritischen Zell- und Organsystemen nach Bestrahlung die entscheidende Ursache für den Tod eines Säugers darstellt. Dabei darf allerdings nicht außer acht gelassen werden, daß vielfältige physiologische Faktoren, wie hormonelle Regulationsphänomene, Alter u.a. die Strahlenempfindlichkeit von Geweben und Gesamtorganismus beeinflussen können.

Bis es zur strahlenbedingten Abtötung einer Zelle kommt, laufen vielfältige, komplexe Prozesse ab. Die Absorption der Strahlenenergie in lebender Materie führt zur Ionisation und Anregung in den betroffenen Biomolekülen. Diese Vorgänge finden statistisch verteilt in allen Bereichen der bestrahlten Zellen und Gewebe statt. Intramolekulare Energiewanderungen vor allem in Makromolekülen, die durch die Ionisationsereignisse in Mitleidenschaft gezogen sind, resultieren schließlich in relativ stabilen molekularen Veränderungen. Derartige Effekte können erreicht werden, wie hier beschrieben, durch eine direkte Absorption der Strahlenenergie im Biomolekül. Dieses wird als „direkte Strahlenwirkung" bezeichnet (DERTINGER u. JUNG 1969; STREFFER 1969). Es können aber auch zunächst durch die Energieabsorption Radikale vor allem im zellulären Wasser erzeugt werden, die ihrerseits mit den Makromolekülen der Zelle reagieren. Man spricht dann von einer „indirekten Strahlenwirkung" (CHAPMAN u. GILLESPIE 1981) (Abb. 1). Während früher der „indirekten Strahlenwirkung" wegen des hohen Wassergehaltes in Säugerzellen besondere Bedeutung zugemessen worden ist, wird dieser Anteil heute geringer eingeschätzt; zumal sich gezeigt hat, daß wesent-

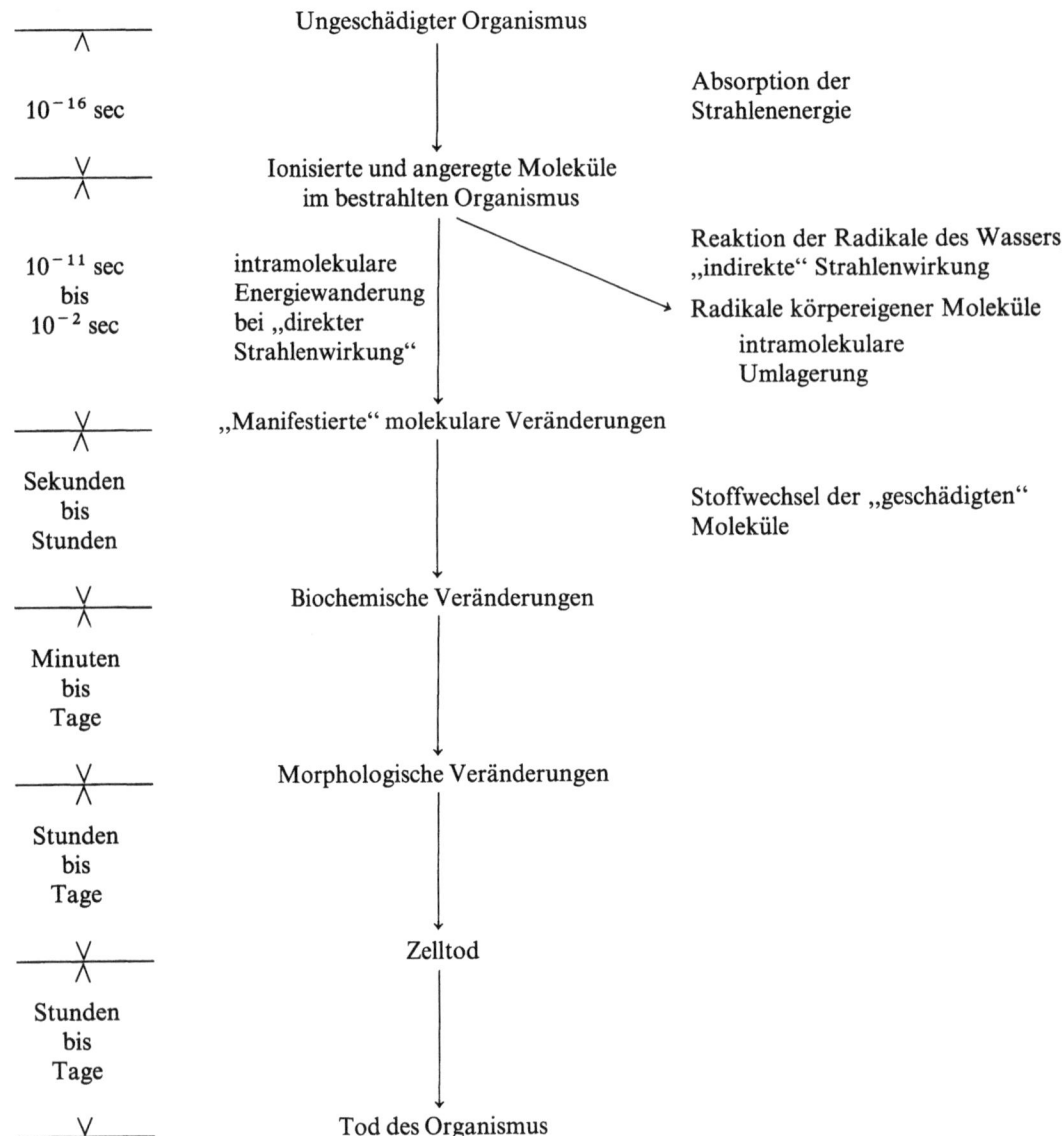

Abb. 1. Schematische Darstellung für die Entwicklung der biologischen Strahlenwirkung (STREFFER 1969)

liche Anteile des zellulären Wassers an Strukturen und Makromoleküle gebunden und nicht frei verfügbar sind.

Die so verursachten molekularen Veränderungen finden ihren Niederschlag u.a. in einem veränderten Stoffwechsel. So haben Strahlenschäden in der DNA eine Rückwirkung auf den Ablauf der DNA-Synthese. Während die physikalischen Prozesse der Energieabsorption, die physiko-chemischen Vorgänge der Radikalbildung und auch die radikal-chemischen Abläufe in Bruchteilen von Sekunden abgeschlossen sind, treten biochemische Veränderungen in Ausnahmefällen innerhalb von Minuten nach Bestrahlung, im allgemeinen aber erst Stunden und Tage nach Bestrahlung ein (Abb. 1). Zur gleichen Zeit können morphologische Effekte im Bereich der zellulären Membranstrukturen beobachtet werden. Schließlich kommt es dann zum Zelltod. Wird in einem kritischen Zellsystem ein erheblicher Teil der Stammzellen so geschädigt, daß die Zellerneuerung nicht mehr möglich ist, dann tritt der Tod des Organismus ein. Die kausalen Zusammenhänge dieser Reaktionsabläufe sind im einzelnen nicht bekannt; die bisherigen Kenntnisse werden im folgenden darzustellen sein. Es wird eine Beschränkung dahingehend stattfinden, daß nur die Strahlenwirkung auf Säugerzellen beschrieben wird.

B. Biochemische Effekte und DNA-Reparatur nach Bestrahlung

Wie bereits in der Einleitung ausgeführt, kann eine Absorption der Strahlenenergie und damit verbunden die Ionisation in allen Molekülen der Zelle stattfinden. Diese Ereignisse sind über die gesamte bestrahlte Materie statistisch verteilt. Es ist bisher nicht eindeutig klargestellt, welche molekularen Veränderungen ursächlich zum Zelltod beitragen. Dennoch kann heute davon ausgegangen werden, daß Strahlenschäden in der DNA einen entscheidenden Beitrag liefern. Allerdings ist nicht geklärt, ob andere molekulare Veränderungen an den Vorgängen, die zum Zelltod führen, beteiligt sind und um welche Moleküle bzw. Zellstrukturen es sich handeln könnte. Eine erhebliche Diskussion wird darüber geführt, ob strahlenbedingte Veränderungen in den Membranen und hier insbesondere die Oxidation von ungesättigten Lipiden einen Anteil haben.

Bereits folgende Überlegung deutet auf die wichtige Rolle der DNA hin: Die funktionellen Einheiten des Genoms der Zellen, die Gene, die die DNA als einen wesentlichen Bestandteil enthalten, liegen im allgemeinen pro haploidem Genom der Zelle nur in einem oder wenigen Kopien vor. Eine strahlenbedingte Veränderung der DNA und damit eines oder mehrerer Gene wird zu mutierten oder nicht lebensfähigen Zellen führen, so daß relativ geringe Strahlendosen schwerwiegende Wirkungen auslösen können. Dagegen ist jedes Enzymprotein pro Zelle in vielen Kopien vorhanden, so daß viele Moleküle zerstört werden müssen, um einen vollständigen Ausfall der betreffenden Stoffwechselreaktion durch die Schädigung von Enzymproteinen zu erreichen. Da die DNA die Grundlage der genetischen Substanz darstellt, könnten jedoch selbst unter diesen Bedingungen durch eine Neusynthese Enzymproteine wieder gebildet werden, wenn der Protein synthetisierende Apparat nicht beschädigt ist.

Nach einer Bestrahlung von isolierter DNA oder Chromatin in vitro, aber auch von Zellen in vivo sind folgende Schäden in der DNA beobachtet worden (STREFFER 1969):
1. Die Strahlenabsorption führt zur Unterbrechung der Polynukleotidketten, es tritt ein Kettenbruch auf. Ist nur eine der Polynukleotidketten in dieser Weise geschädigt, so spricht man von einem Einzelkettenbruch. Liegen dagegen Kettenbrüche in den komplementären Polynukleotidsträngen nur wenige Basenpaare voneinander entfernt vor, so können die Bruchstücke nach Aufbrechen der Wasserstoffbrücken dissoziieren. Man erhält dann einen Doppelkettenbruch. Dieses letztere Ereignis kann auch bei dem Durchgang eines Teilchens durch die DNA erreicht werden, insbesondere bei Verwendung sogenannter dicht ionisierender Strahlen mit hohem LET.
2. Strahlenchemische Reaktionen führen zu einer Modifizierung oder Eliminierung der DNA-Basen. Dadurch wird die genetische Information der DNA verändert und es treten gleichzeitig strukturelle Veränderungen in der Konformation der DNA auf.
3. Nach hohen Strahlendosen können auch Vernetzungen zwischen den beiden komplementären DNA-Polynukleotidketten gebildet werden.

Diese strahlenbedingten Schäden können beide wesentlichen Prozesse beeinträchtigen, die die DNA als Matrize benötigen: 1. die Replikation (DNA-Synthese) und 2. die Transkription (Synthese von Ribonukleinsäure, RNA).

In einer Vielzahl von Untersuchungen ist gezeigt worden, daß die DNA-Synthese wesentlich strahlenempfindlicher als die RNA-Synthese ist. Vor allem in strahlenempfindlichen Zellen, z.B. proliferierenden Zellen des lymphatischen Gewebes, ist beobachtet worden, daß die DNA-Synthese bereits nach Strahlendosen kleiner als 1,0 Gy gestört sein kann. Diese Stoffwechselveränderung wird im allgemeinen dadurch gemessen, daß der Einbau von radioaktiv markierten Vorstufen in die DNA bestimmt wird. Der Effekt tritt jedoch im allgemeinen erst einige Stunden nach einer Bestrahlung mit niedrigen Dosen (kleiner als 1,0 Gy) auf. Er ist reversibel und kann nach einigen Stunden wieder aufgehoben sein. Nach höheren Strahlendosen wird diese strahlenbedingte Veränderung der DNA-Synthese früher beobachtet, und sie dauert über eine längere Zeit an (Altman et al. 1970; Streffer 1969).

Untersuchungen zum Mechanismus der DNA-Synthese haben ergeben, daß die DNA-Synthese spezifische Startpunkte hat, von denen die DNA-Synthese ausgeht. Im gesamten Genom einer Zelle gibt es eine Vielzahl derartiger gleichrangiger Punkte, an denen die DNA-Synthese gleichzeitig beginnt. Dieser Vorgang wird als Initiation bezeichnet. Es laufen hier spezifische Prozesse ab. Darauf folgt die sogenannte Elongation der DNA-Ketten, bei der die DNA-Polynukleotidketten verlängert werden. Untersuchungen dieser Vorgänge nach einer Strahleneinwirkung haben ergeben, daß die Initiation wesentlich strahlenempfindlicher als die Elongation ist (Little 1970).

Es ist ferner vielfach beobachtet worden, daß die Proteinsynthese, gemessen am allgemeinen Einbau von Aminosäuren in die Proteine, hinsichtlich ihrer Strahlenempfindlichkeit mit derjenigen der RNA-Synthese zu vergleichen ist und damit wesentlich strahlenresistenter als die DNA-Synthese ist. Möglicherweise liegt hier die Schädigung vor allem in der Bildung der entsprechenden Messenger-RNA (mRNA) und weniger in einer Hemmung der Translationsprozesse an den Ribosomen. Mit dieser Annahme stimmt überein, daß die Induktion und Synthese einzelner spezifischer Enzymproteine durch ionisierende Strahlen in stärkerem Maße gehemmt werden kann als die allgemeine Protein-Synthese.

So haben Untersuchungen von komplexen Stoffwechselketten, wie z.B. im Tryptophanstoffwechsel und bei der Cholesterinbiosynthese, ergeben, daß nicht alle Stoffwechselschritte in gleicher Weise geschädigt werden, sondern insbesondere solche enzymatischen Schritte verändert werden, die an der Regulation dieser Stoffwechselketten beteiligt sind. Diese Befunde deuten darauf hin, daß möglicherweise nicht alle Strukturgene die gleiche Strahlenempfindlichkeit haben und auch nicht nur mit ihrer Größe korrelieren, sondern daß hier besondere Spezifitäten bestehen (Streffer 1969; Streffer u. Schafferus 1971).

Ferner hat sich erwiesen, daß Stoffwechselprozesse, die im Zellkern ablaufen in hohem Maße strahlenempfindlich sind. So ist eine besonders starke Abnahme der oxidativen Phosphorylierung in den Zellkernen nach Bestrahlung beobachtet worden. Ebenso sind solche enzymatischen Prozesse des NAD-Stoffwechsels die im Zellkern lokalisiert sind, bereits nach Strahlendosen unter einem Gy im lymphatischen Gewebe geschädigt (Abb. 2) (Streffer u. Beisel 1974). Dagegen hat sich der Ablauf der Glykolyse im Zytoplasma aber auch die oxidative Phosphorylierung in den Mitochondrien als relativ resistent gegenüber ionisierenden Strahlen erwiesen (Altman et al. 1970; Streffer 1969).

In strahlenempfindlichen Zellen und Geweben ist nach einer Strahleneinwirkung wiederholt beobachtet worden, daß lysosomale Enzymaktivitäten zunehmen. Es ist bei diesen Vorgängen jedoch nicht geklärt, ob dieses ursächlich auf die Strahlenwirkung zurückzuführen ist, oder lediglich eine Konsequenz, die sich aus geschädigten Zellstrukturen ergibt, ist.

Bereits in den vierziger Jahren ist beschrieben worden, daß die Aminosäure Cystein die Strahlenresistenz von Säugetieren erhöhen kann, wenn diese Substanz vor einer Bestrahlung den Tieren verabreicht wird. Es ist dann gezeigt worden, daß eine ganze Reihe von Substanzen, die Sulfhydrylgruppen enthalten, als sogenannte Strahlenschutzsubstanzen wirken können (Bacq 1965; Melching u. Streffer 1966). Andererseits haben strahlenchemische Untersuchungen ergeben, daß Sulfhydrylgruppen in Enzymproteinen außerordentlich strahlenempfindlich sind und daß solche Enzyme, die derartige Gruppen in ihrem aktiven Zentrum haben, ebenfalls sehr strahlenempfindlich reagieren (Sanner u. Pihl 1972).

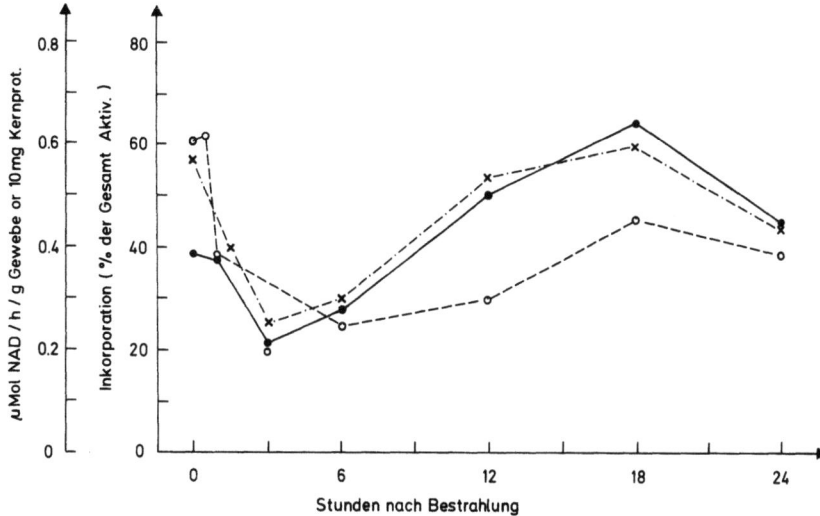

Abb. 2. DNA-Synthese [Einbau ^{3}H-Thymidin in die DNA (•)], NAD-Pyrophosphorylase [μMol NAD/h/g Gewebe (o) und μMol NAD/h/mg Kernprotein (×)] in der Milz von Mäusen nach Röntgenbestrahlung mit 0,5 Gy. (STREFFER u. BEISEL 1974)

Aufgrund derartiger Daten ist angenommen worden, daß der intrazelluläre Gehalt an Sulfhydrylgruppen und zwar vor allem auch der nicht Protein gebundene Anteil einen entscheidenden Einfluß auf die Strahlenempfindlichkeit von Zellen hat. Derartige Substanzen können als Radikalfänger wirken und damit möglicherweise die Radikalausbeute an Biomolekülen erniedrigen (ELDJARN u. PIHL 1960).

Verschiedene Autoren haben zeigen können, daß eine Korrelation zwischen der Strahlenempfindlichkeit und dem Gehalt dieser nicht Protein gebundenen Sulfhydrylgruppen besteht (REVESZ u. MODIG 1965). Ferner ist beobachtet worden, daß Substanzen, die mit Sulfhydrylgruppen reagieren wie z.B. N-Methylmaleinimid oder Jodacetamid in starkem Maße lebende Zellen gegen ionisierende Strahlen sensibilisieren können (SINCLAIR 1972; HAN et al. 1976). Dieser sensibilisierende Effekt scheint ebenfalls mit dem Gehalt an Sulfhydrylgruppen korreliert zu sein. Allerdings sind auch Zellinien gefunden worden, bei denen derartige Korrelationen offensichtlich nicht bestehen, so daß es sich hier offenbar nicht um ein generelles Phänomen handelt (SZUMIEL 1981). Andererseits hat sich in neueren Untersuchungen gezeigt, daß sich solche Zellinien, in denen die Glutathionsynthese gestört ist, als relativ strahlenempfindlich erwiesen haben. Weitere Untersuchungen müssen hier Klarheit schaffen (GUICHARD et al. 1983).

Von gewissem Interesse ist in diesem Zusammenhang, daß cAMP offensichtlich einen regulierenden Einfluß auf den Gehalt an Sulfhydrylgruppen in Zellen hat (ISAACS u. BINKLEY 1977). cAMP wiederum kann als Strahlenschutzsubstanz wirken (LANGENDORFF u. LANGENDORFF 1973; MITZNEGG et al. 1971). Enzyme, die für den Stoffwechsel des cAMP entscheidend sind, sind an die zytoplasmatischen Membranen gebunden. Es ist bereits ausgeführt worden, daß strahlenbedingte Veränderungen in Membranen häufig als ein wichtiges Ereignis für den strahlenbedingten Zelltod angesprochen werden. Insbesondere ist die Oxidation von Lipiden durch Radikale des Sauerstoffs diskutiert worden. Durch strahlenchemische Prozesse wird der Sauerstoff zu Superoxid-Radikalen aktiviert, die außerordentlich reaktiv z.B. mit ungesättigten Kohlenstoffbindungen reagieren können. Das vermehrte Auftreten solcher Peroxide ist in den Lipiden der Membranen beobachtet worden. Einen weiteren wichtigen Hinweis in diese Richtung ergeben Untersuchungen, daß Vitamin E eine Schutzwirkung auf diesen Strahleneffekt ausübt (FONCK u. KONINGS 1978; KONINGS u. DRIJVER 1979).

Außerdem ist gezeigt worden, daß Superoxiddismutase (SOD), ein Enzym, das zu einem Abbau dieser Superoxidradikale führt, ebenfalls die Strahlenresistenz von Zellen und Geweben erhöhen kann (LEUTHAUSER u. OBERLEY 1978; PETKAU et al. 1976).

Lange ist angenommen worden, daß Strahlenschäden, die in der DNA auftreten, irreversibel sind und nicht repariert werden können. Untersuchungen zunächst an Mikroorganismen haben gezeigt, daß lebende Zellen über sehr wirksame Mechanismen verfügen, um molekulare, strahlenbedingte Veränderungen an der DNA, die vorher beschrieben worden sind, zu heilen. Es hat sich gezeigt, daß derartige Repair-Systeme auch in Säugerzellen existieren (HANAWALT et al. 1979; GENEROSO et al. 1980).

Besonders rasch kann ein Teil der Einzelkettenbrüche der Polynukleotidketten durch ein Enzym, die Polynukleotidligase, repariert werden. Mit Hilfe dieses relativ einfachen enzymatischen Schrittes kann jedoch nur dann eine Reparatur des Strahlenschadens in der DNA erfolgen, wenn der Kettenbruch so erfolgt ist, daß eine Phosphatdiesterbindung aufgebrochen worden ist.

Ist dieses nicht der Fall, so muß zunächst einmal das geschädigte Nukleotid aus der Polynukleotidkette entfernt werden. Im allgemeinen werden mehrere, auch ungeschädigte Nukleotide durch Exonukleasen aus der geschädigten Kette herausgeschnitten. Aufgrund der noch vorhandenen genetischen Information im komplementären Polynukleotidstrang ist dann eine DNA-Repair-Synthese möglich. Mit Hilfe dieser Repair-Synthese wird in dem geschädigten Polynukleotidstrang die ursprüngliche Basensequenz wieder hergestellt. Durch eine Polynukleotidligase kann schließlich die Kette geschlossen werden, so daß auf diese Weise auch „kompliziertere" Einzelkettenbrüche vollständig geheilt werden können (Abb. 3).

Neuere Untersuchungen haben ergeben, daß entgegen früheren Annahmen auch Doppelkettenbrüche in einem gewissen Umfang repariert werden können. Lange Zeit ist angenommen worden, daß Doppelkettenbrüche ein letales Ereignis darstellen, dieses ist jedoch nur in einigen irreparablen Fällen der Fall.

Mit Hilfe ähnlicher Repair-Systeme können ferner strahlenchemisch geschädigte DNA-Basen oder andere strukturelle Defekte der DNA, z.B. nach Eliminierung einer DNA-Base,

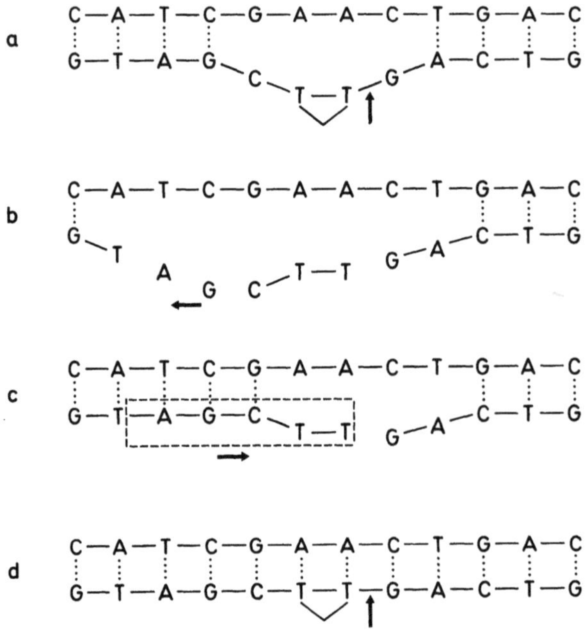

Abb. 3a–d. Schema des Exzisions-Repair an der DNA

repariert werden. Hierfür ist dann ein zusätzlicher enzymatischer Schritt notwendig. Es muß zunächst durch eine Endonuklease eine Inzision der geschädigten Polynukleotidkette stattfinden. Anschließend kann das Nukleotid mit der geschädigten Base aus der DNA entfernt werden. Im allgemeinen werden bei diesem Prozeß durch Exonukleasen wiederum mehrere Nukleotide aus der Polynukleotidkette herausgeschnitten. Es kann dann erneut wie bereits vorher beschrieben eine DNA-Repair-Synthese durchgeführt werden, die die ursprüngliche Basensequenz erneut herstellt. Durch eine Polynukleotidligase wird schließlich die Lücke in der Polynukleotidkette geschlossen, so daß die ursprüngliche DNA-Struktur vollständig erneuert ist (Abb. 3).

Es hat sich gezeigt, daß diese Repair-Systeme nicht nur benötigt werden, um Strahlenschäden in der DNA zu heilen, sondern daß diese Vorgänge für eine korrekte DNA-Synthese bei der Zellvermehrung ebenfalls wichtig sind. Bei der DNA-Replikation von etwa $3 \cdot 10^9$ Basenpaaren im Genom einer Säugerzelle können Fehler auftreten, die korrigiert werden müssen, damit eine identische Zellerneuerung ablaufen kann. Es findet ein „Korrektur-Lesen" nach der DNA-Synthese statt. Diese Repair-Prozesse sind genetisch reguliert. Besonders deutlich wird die Notwendigkeit dieser Vorgänge bei solchen Personen, die aufgrund genetischer Defekte nur in eingeschränktem Maße eine derartige DNA-Reparatur durchführen können. Es sind hier vor allem Personen zu nennen, die an Xeroderma pigmentosum und Ataxia telangiectasia leiden. Bei den ersteren Personen ist im allgemeinen die Inzision durch Endonukleasen gestört. In diesen Zellen können daher u.a. solche Schäden, die nach Einwirkung von ultraviolettem Licht auftreten, nicht repariert werden. Bei Personen mit dem zweiten genannten Syndrom ist vor allem die Reparatur nach Röntgen- und Gammastrahlung nicht mehr möglich oder stark eingeschränkt. Diese Prozesse sind an Zellinien, die von Personen mit diesen Syndromen isoliert worden sind, sehr eingehend untersucht worden (HANAWALT et al. 1979; GENEROSO et al. 1980).

C. Zelltod nach Bestrahlung

Es ist bereits darauf hingewiesen worden, daß entsprechend der Regel von BERGONIE und TRIBONDEAU die Proliferationsrate einer Zellpopulation einen entscheidenden Einfluß auf die Strahlenempfindlichkeit hat. Andererseits ist jedoch sehr bald gezeigt worden, daß dieses kein allgemein gültiges Gesetz ist, sondern daß Ausnahmen bestehen.

I. Interphasentod

Peripher zirkulierende Lymphozyten, die im allgemeinen nur eine geringe Proliferation haben, haben sich als außerordentlich strahlenempfindlich erwiesen (HEINEKE 1904). Werden diese Zellen mit einer Strahlendosis von etwa 1–2 Gy und höher bestrahlt, so beobachtet man nach wenigen Stunden degenerative Prozesse. Es tritt ein Abbau von Makromolekülen, insbesondere der DNA, ein. Der Einfluß lysosomaler Enzyme ist offensichtlich von großer Bedeutung (STREFFER 1969; ALTMAN et al. 1970; HIDVEGI et al. 1978). Bei elektronenmikroskopischen Untersuchungen wird eine Schädigung der Membransysteme und Karyolyse beobachtet (BRAUN 1965; BETZ 1974). Das Zellvolumen nimmt innerhalb weniger Stunden stark ab (OHYAMA et al. 1981), die Mikrovilli auf der Zelloberfläche verschwinden (YAMADA u. OHYAMA 1980). Diese Zellen werden durch autolytische und phagozytotische Prozesse aus den Geweben entfernt.

Die Frage, ob diese Vorgänge primär vom Zellkern oder vom Zytoplasma ihren Ausgang nehmen, ist jedoch umstritten. Braun (1965) beobachtete bei elektronenmikroskopischen Untersuchungen der Lymphozyten im Thymus, daß nach letaler Bestrahlung der Strahlenschaden durch Veränderungen an der Kernmembran eingeleitet wird. Dagegen wurden bei subletalen Strahlendosen zunächst „Enddifferenzierungsvorgänge" im Zytoplasma gesehen. Anschließend kann die gesamte Zelle von Makrophagen aufgenommen werden (Braun 1967). Es werden nachhaltige biochemische Veränderungen beobachtet. So ist die oxidative Phosphorylierung zunächst im Zellkern aber auch in den Mitochondrien sehr stark geschädigt (Streffer 1969; Hidvegi et al. 1978). Von Yamada und Mitarbeitern ist insbesondere der Strahleneffekt auf die Glykolyse im Zusammenhang mit dem Zelltod von Lymphozyten beschrieben worden. Die Autoren beobachteten, daß die allosterische Regulation der Phosphofruktokinase nach Bestrahlung von Thymozyten verändert wird (Ohyama u. Yamada 1973).

Es tritt der Zelltod ein, bevor die Zellen in die nächste Mitose gehen können. Man bezeichnet daher diesen Vorgang als Interphasentod („Interphase death"). Ähnliche Vorgänge werden in etwa demselben Dosisbereich bei reifen Oozyten beobachtet. Insbesondere bei den Lymphozyten handelt es sich um Zellen, bei denen das Verhältnis Zellkern zu Zytoplasma stark zugunsten des Zellkernes verschoben ist. Es werden relativ wenige Mitochondrien im Zytoplasma gefunden. Ähnliche Strahleneffekte können auch in anderen Zellarten beobachtet werden, allerdings treten diese dann erst nach wesentlich höheren Strahlendosen auf.

II. Reproduktiver Zelltod

Bei proliferierenden Säugerzellen beobachtet man nach Strahlendosen von 1–2 Gy keinen Interphasentod. Hier kommt der Zellschaden im allgemeinen erst nach mehreren Zellteilungen zum Ausdruck. Es findet mindestens eine Mitose nach der Bestrahlung statt, bevor die Zelle abstirbt. Dieses Phänomen bezeichnet man als reproduktiven Zelltod („reproductive death"). Derartige Strahleneffekte können natürlich nur in proliferierenden Zellen gefunden werden.

Nicht proliferierende Zellen sind aber ebenfalls in der Lage einen solchen Strahlenschaden zu exprimieren, wenn sie zur Proliferation stimuliert werden (Alper 1979). So erweisen sich z.B. Hepatozyten im Lebergewebe erwachsener Tiere, die im allgemeinen nicht proliferieren, als relativ strahlenresistent hinsichtlich des Zellunterganges. Wird aber durch eine partielle Hepatektomie die Proliferation im Lebergewebe nach einer Strahlenexposition stimuliert, so kommt es zum vermehrten Zelltod. Offensichtlich kann dann nach einer längeren Zeit unter derartigen Bedingungen der Strahlenschaden zur Ausprägung gebracht werden. Aufgrund dieser Phänomene sind die meisten strahlenbiologischen Untersuchungen über die Zellabtötung an proliferierenden Zellen unternommen worden.

Unter dem Terminus technicus „Reproduktiver Zelltod" wird also in der Strahlenbiologie verstanden, daß die betreffende Zelle ihre reproduktive Integrität verloren hat. So wird z.B. bei Stammzellen des hämatopoetischen Systems oder in den Lieberkühnschen Krypten des Dünndarms der Verlust ihrer unbegrenzten Teilungsfähigkeit als Zelltod bezeichnet.

Diese Zellen mögen durchaus noch stoffwechselaktiv sein, Proteine und RNA synthetisieren sowie andere Funktionen ausführen können. Sie sind jedoch nicht mehr in der Lage ihrer Funktion als Stammzellen nachzukommen. Die Zellen sind per definitionem tot, sie haben nicht überlebt. Überlebende Zellen, die diese Fähigkeit nicht verloren haben und in der Lage sind, sich unbegrenzt zu teilen, können Kolonien bilden; sie werden als klonogen bezeichnet.

Sehr deutlich können derartige Vorgänge an einzelnen Stammzellen, z.B. während der frühen Säugerembryogenese, beobachtet werden. Bestrahlt man z.B. Embryonen der Maus,

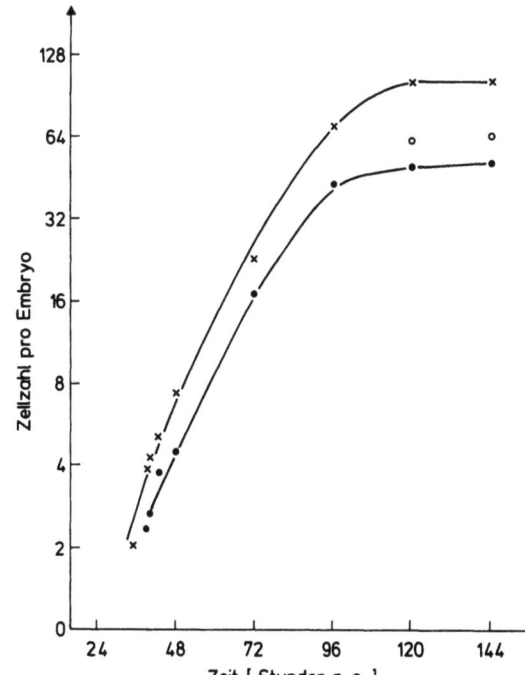

Abb. 4. Zellproliferation in Präimplantationsembryonen der Maus (in vitro-Kultur) in Abhängigkeit von der Zeit nach Konzeption (p.c.) (×) Kontrollen; (●) Nach Bestrahlung mit 3,76 Gy Röntgenstrahlen. (MOLLS et al. 1983)

die sich im 2-Zell-Stadium befinden, von denen jede einzelne Zelle noch die volle Potenz besitzt, einen Säuger zu entwickeln, so kommt es zunächst zu einer Verzögerung der Zellteilung. Ist dann jedoch eine Mitose abgelaufen so können die Tochterzellen offensichtlich trotz ihrer Strahlenverzögerung sich zunächst weiter vermehren. Nach der Mitoseverzögerung wird eine Proliferationsrate beobachtet, wie sie auch in den nicht bestrahlten Embryonen gefunden wird. Erst nach mehreren Zellteilungen kommt es dann in Abhängigkeit von der Strahlendosis zu einem Ausfall von Zellen, so daß die Zellzahl in den bestrahlten Embryonen schließlich kleiner ist als in den unbehandelten (Abb. 4) (MOLLS et al. 1983).

Auf derartige Phänomene ist auch zurückzuführen, daß eine Bestrahlung von Tumoren nicht sofort zur Tumorregression führt, sondern daß häufig während der sich über eine längere Zeit hinziehenden Strahlentherapie noch ein Wachstum der Tumoren beobachtet wird, obwohl die Tumorzellen geschädigt sind und später ein Rückgang des Tumorvolumens eintritt (SUIT 1973; STREFFER 1980).

Zellen die im Sinne des reproduktiven Zelltodes geschädigt sind, können kurze Zeit nach der Bestrahlung mit Hilfe morphologischer oder anderer Kriterien im allgemeinen nicht von denjenigen unterschieden werden, die ihre Kapazität zu proliferieren behalten haben und im Sinne der oben gegebenen Definition überleben. Es muß daher ein funktionaler Test für die Auswertung verwendet werden. Die eindeutigste Methode für eine derartige Messung ist der Kolonienbildungstest. Dieses ist für Mikroorganismen eine sehr lang etablierte Methode. Für Säugerzellen sind derartige Verfahren erst in den fünfziger Jahren vor allem durch PUCK und MARCUS (1955) entwickelt worden. Seither sind viele Säugerzellinien auf diese Weise untersucht worden. Es sind vor allem Dosiswirkungskurven mit Hilfe der Koloniebildung aufgestellt worden.

III. Dosiswirkungsbeziehungen

Um die Dosiswirkungsbeziehung von Säugerzellen mit Hilfe des Koloniebildungstestes zu erhalten, werden im allgemeinen Zellpopulationen in vitro mit verschiedenen Dosen bestrahlt und die Koloniebildungsrate der bestrahlten Zellen bestimmt. Da derartige Dosisef-

fektkurven für das Überleben von Säugerzellen die Basis zum Verständnis von vielen strahlenbiologischen Experimenten darstellen, soll an dieser Stelle ausnahmsweise auf experimentelle
Details eingegangen werden.

Im eigenen Laboratorium werden u.a. etablierte menschliche Melanomzellinien untersucht. Die Zellen wachsen normalerweise in „Minimum Essential Medium" mit Earles Salzen.
Zunächst werden dem Medium 1% nicht essentielle Aminosäuren, 1 mM Natriumpyruvat
und 15% fetales Kälberserum zugegeben. Das Medium wird mit Natriumbikarbonat und
CO_2 bei einem pH-Wert von 7,4 inkubiert. In Kulturflaschen mit einer Wachstumsfläche
von 25 cm^2 werden 5×10^5 Zellen gegeben. Die Zellen wachsen innerhalb von 24 Stunden
an der Bodenfläche der Kulturflasche an und werden dann mit verschiedenen Strahlendosen
behandelt. Unmittelbar nach der Bestrahlung werden sie trypsinisiert, das Trypsin wird nach
schonender Zentrifugation abgehebert, die Zellen werden in einem Medium, das jetzt 20%
fetales Kälberserum enthält, resuspendiert, erneut zentrifugiert und nach Abdekantieren des
Mediums in frischem Medium resuspendiert.   .

Im allgemeinen erhält man dann eine Einzelzellsuspension. Die Zellen in der Suspension
werden gezählt und auf eine gewünschte Verdünnung gebracht. In den Kontrollkulturen
befinden sich 300 Zellen in 5 ml Medium. Diese werden in Petrischalen gegeben und 11
Tage bei 37° C inkubiert. Anschließend wird das Medium abgesaugt, die Kulturen einmal
mit eiskalter physiologischer Kochsalzlösung gewaschen, die Kolonien eine halbe Stunde
lang mit 80%-igem Alkohol fixiert. Nachdem die Kulturen getrocknet sind, werden die
Kolonien mit einer 1%-igen Kristallviolett-Lösung für 5 Minuten gefärbt. Nach dem Abzie-
hen der Lösung können die Kolonien unter einem Stereomikroskop ausgezählt werden (van
Beuningen et al. 1981). Eine elegante Methode zum Auszählen wird von Jung (1978) angegeben. Zahlreiche Modifikationen sind für den Koloniebildungstest beschrieben worden.

Von den oben eingesäten 300 Zellen der nicht behandelten Kulturen sind etwa 100 also
ca. 33% in der Lage, Kolonien zu bilden. Dieser Prozentsatz wird als „plating efficiency"
angegeben.

Wird eine Parallelkultur mit einer Dosis von 4,0 Gy bestrahlt, so können nach 11 Tagen
folgende Beobachtungen gemacht werden: Einige Zellen haben sich überhaupt nicht geteilt,
einige Zellen haben 1–3 Zellteilungen durchgemacht und haben Mikrokolonien gebildet und
andere Zellen haben große Kolonien gebildet, die sich nicht von unbehandelten Zellen unterscheiden. Letztere bezeichnet man als überlebende Zellen, da sie sich als klonogen erwiesen
haben. Im Falle der bestrahlten Zellen sind mehr als 300 Zellen in die Petrischalen gegeben
worden, damit genügend Kolonien noch ausgezählt werden können. In diesem Falle handelt
es sich um 3000 Zellen pro Petrischale. Das Auszählen der Kolonien ergibt, daß wiederum
100 Kolonien gebildet worden sind.

Damit läßt sich die Überlebensfraktion aus der „plating efficiency" und aus den Zahlen
an Kolonien ermitteln. Es handelt sich in dem angegebenen Beispiel um eine Überlebensfraktion von 10%. Dieser Vorgang wird für andere Strahlendosen in gleicher Weise durchgeführt.
Die Zellzahl wird entsprechend der Dosis eingestellt, so daß noch eine ausreichende Zahl
an Kolonien nach Bestrahlung vorhanden ist. Zu wenige Kolonien ergeben statistisch ungenaue Werte und zuviele Kolonien können nicht richtig gezählt werden, da sie konfluieren.

Es ist üblich, in einem Diagramm den Logarithmus der Überlebensfraktion auf der Ordinate gegen die Strahlendosis auf der Abszisse aufzutragen. Im Falle einer reinen exponentiellen Abnahme der überlebenden Zellen mit der Strahlendosis, würde bei einem derartigen
Auftragungsmodus eine Gerade erhalten werden. Diese Abhängigkeit folgt aus der folgenden
Funktion:

$$N = N_0 \times e^{-\alpha \times D}$$

es folgt:

$$\ln \frac{N}{N_0} = -\alpha \times D$$

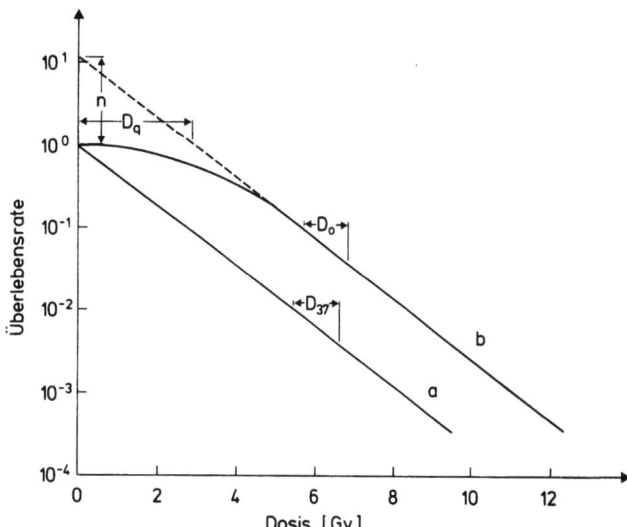

Abb. 5. Dosiswirkungsbeziehung für die Über-lebensrate von Zellen. (*a*) Exponentielle Kurve, (*b*) Schulterkurve

dabei ist N_0 = Zahl der Zellen vor der Bestrahlung, N = Zahl der Zellen nach der Bestrahlung mit der Strahlendosis D, α = eine Konstante.

Charakterisiert werden derartige Dosiswirkungen durch den Parameter D_0. Hierunter versteht man diejenige Strahlendosis, die benötigt wird, um die Überlebensrate um den Faktor $1/e = 0,37$ (37%) zu reduzieren. Bei der Bestrahlung von Säugerzellen mit locker ionisierenden Strahlen wird eine derartig einfache Dosiswirkungsbeziehung für das Überleben von Zellen im allgemeinen nicht erhalten, sondern es resultiert eine kompliziertere Funktion, die in der halblogarithmischen Darstellung eine sogenannte Schulterkurve ergibt (Abb. 5).

Im Falle einer reinen exponentiellen Dosiswirkungsbeziehung verursacht jedes Dosisinter-vall stets den gleichen biologischen Effekt, angegeben in Prozent der Ausgangsaktivität. Im Falle einer Schulterkurve sind kleine Strahlendosen pro Dosisintervall wesentlich weniger wirksam als höhere Strahlendosen. Auf die Bedeutung dieser Schulter wird später noch eingegangen werden. Bei höheren Dosen geht die Dosiseffektkurve in vielen Fällen ebenfalls in einen exponentiellen Teil über. Man erhält dann in diesem Dosisbereich wieder eine Ge-rade. Zur Beschreibung derartiger Schulterkurven werden im allgemeinen folgende Parameter angegeben:

D_0 Sie wird aus der Steigung des linearen Anteils der Dosiseffektkurve errechnet und gibt wie bei der reinen exponentiellen Funktion jeweils die Reduktion um den Faktor $1/e = 0,37$ der noch vorhandenen überlebenden Zellen an.

n Extrapoliert man den linearen Anteil der halblogarithmischen Dosiseffektkurve auf die Dosis 0, so ergibt der Ordinatenabschnitt die Extrapolationszahl n.

D_q Die Dosis D_q gibt ein Maß für die Breite der Schulter einer Dosiseffektkurve an. Sie ist definiert als der Abszissenabschnitt, in dem die Extrapolationsgerade die Abszisse in Höhe der Überlebensrate 1,0 (100%) schneidet.

Durch die folgende Beziehung sind diese Parameter miteinander verknüpft:

$$D_q = D_0 \times \ln n$$

Die Untersuchungen vieler Säugerzellinien in vitro haben ergeben, daß die D_0-Werte für Dosiswirkungsbeziehungen, die die Zellüberlebensrate nach Einwirkung locker ionisierender Strahlen wiedergeben, in einem relativ engen Dosisbereich (0,75–1,5 Gy) liegen, während die Werte für n oder D_q wesentlich stärker variieren (TROTT 1972; STREFFER 1980; MCNALLY 1982). Werden die Überlebensraten von Zellen in Geweben oder Zellverbänden bestimmt, so ist die Breite der Schulter wesentlich größer als nach Bestrahlung in vitro (MCNALLY

1982). Diese Phänomene müssen wohl u.a. darauf zurückgeführt werden, daß interzelluläre Kontakte die Strahlenresistenz erhöhen (Durand u. Sutherland 1972; Dertinger u. Hül ‧ ser 1981).

Es gibt eine Reihe von formalistischen Ansätzen, die die Form der Dosiswirkungsbeziehung z.B. aufgrund von Überlegungen der Treffertheorie und anderen Ansätzen beschreiben. Diese Überlegungen sollen hier nicht in extenso behandelt werden, es wird vielmehr auf andere Zusammenstellungen in der Literatur verwiesen (Dertinger u. Jung 1969; Alper 1979; Kiefer 1981).

Kellerer und Rossi (1972, 1978) haben die sogenannte Theorie der dualen Strahlenwirkung entwickelt. Diese Theorie folgt aus fundamentalen mikrodosimetrischen Konzepten der Energiedeposition, um die Beziehung zwischen der relativen biologischen Wirkung und Strahlendosis für hohe LET-Strahlung, insbesondere Neutronen, zu erklären. Sie ist dann jedoch allgemeiner und nicht nur für Zellabtötung sondern auch für andere biologische Effekte angewendet worden.

Kellerer und Rossi nehmen an, daß die Schädigung, die für den biologischen Effekt verantwortlich ist, aus einer Interaktion mehrerer, mindestens zweier Subläsionen resultiert. Diese Annahmen führten zu folgender Beziehung zwischen Dosis und Zellüberleben:

$$S = e^{-\alpha D - \beta D^2}$$

Diese Gleichung ergibt eine Dosiswirkungsbeziehung mit einer Schulter, die aber nicht in eine Gerade mündet. Viele Daten über Untersuchungen der Überlebensrate von Zellen nach Bestrahlung können mit Hilfe dieser Gleichung befriedigend beschrieben werden (Barendsen 1962; Chapman et al. 1975). Allerdings gibt es auch Abweichungen, die eine Reihe von Fragen offen lassen. Die beiden Subläsionen können von dem Durchgang eines oder zweier energiereicher Partikel herrühren. Kellerer und Rossi nehmen an, daß die Distanz, über die eine Interaktion der Subläsionen noch erfolgen kann, in der Größenordnung von einem Mikrometer liegt.

Etwas in Frage gestellt worden sind diese Vorstellungen durch Experimente mit ultraweichen Röntgenstrahlen, die in biologischem Material Spuren in der Größenordnung von einigen Nanometern induzieren (McNally 1982). Entsprechend den Überlegungen der dualen Strahlenwirkung sollte diese Strahlenqualität nicht wirksamer sein als die γ-Strahlung des ^{60}Co. Tatsächlich sind aber ultraweiche Röntgenstrahlen, z.B. 1,5 keV Aluminium K und 0,3 keV Kohlenstoff K, wirksamer sowohl bei der Zellabtötung als auch bei der Induktion von Chromosomenaberrationen (Goodhead 1971, 1979; Virsik u. Harder 1981) (Abb. 6).

Eine molekularbiologische Basis für die strahlenbedingte Zellabtötung ist von Chadwick und Leenhouts (1973, 1981) zur Diskussion gestellt worden. Diese Autoren nehmen an,

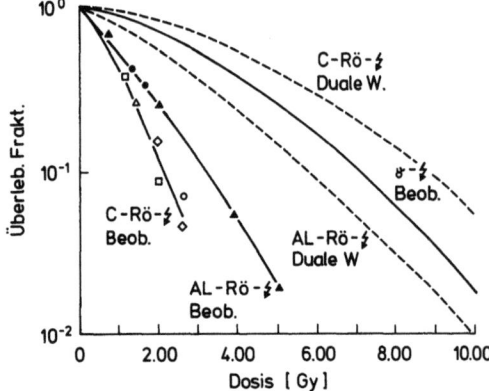

Abb. 6. Überlebenskurven für Chinesische Hamsterzellen mit Röntgenstrahlen, 1,5 keV Al (gefüllte Symbole) und 0,3 keV C (offene Symbole). Die unterbrochenen Kurven zeigen die berechneten Kurven für ultraweiche Röntgenstrahlen entsprechend der dualen Wirkung. (Goodhead 1971)

daß die Induktion von DNA-Doppelstrangbrüchen die entscheidende Schädigung ist, die zum Zelltod führt. Doppelstrangbrüche können entstehen, indem ein Partikeldurchgang beide DNA-Polynukleotidketten schädigt oder zwei Einzelstrangbrüche entstanden aus verschiedenen Durchgängen in den komplementären Nukleotidketten so nahe beieinander liegen, daß eine Spaltung der benachbarten Wasserstoffbrückenbindungen eintritt. Damit sind auch lokker ionisierende Strahlen, die vor allem Einzelstrangbrüche hervorrufen, in der Lage, Doppelkettenbrüche zu induzieren.

Es sollte daher eine Korrelation zwischen der Zahl an Einzelstrangbrüchen und der Zellabtötungsrate bestehen. DUGLE et al. (1976) haben einen solchen Zusammenhang bei Chinesischen Hamsterzellen beobachtet. HESSLEWOOD (1978) hat dagegen in zwei unterschiedlich strahlenempfindlichen Lymphomzellinien eine Differenz bei der Zahl der Einzelstrangbrüche weder vor noch nach dem DNA-Repair gefunden. Andere Beispiele, die gegen die Vorstellungen von CHADWICK und LEENHOUTS sprechen, sind beschrieben worden (MCNALLY 1982).

Zwar kommen auch diese Autoren zu dem von KELLERER und ROSSI (1972, 1978) angegebenen linear-quadratischen Formalismus, aber die molekularbiologischen Annahmen als Grundlage für den Zelltod sind nicht schlüssig. Allerdings kann nicht von der Hand gewiesen werden, daß derartige Vorgänge einen Beitrag liefern.

Eine ähnliche Form der Beschreibung von Dosiswirkungsbeziehungen ist von WIDEROE (1971, 1975) vorgeschlagen worden: Er unterscheidet einen α-Effekt, der zu einer direkten Zellabtötung ohne Erholung hervorruft und einen β-Effekt, bei dem ein Teil der Strahlenschäden repariert wird. Diese Vorstellungen führen zu dem gleichen Formalismus, wie er von KELLERER und ROSSI (1972, 1978) entwickelt worden ist.

D. Strahlenempfindlichkeit und Zellproliferation

I. Proliferierende und ruhende Zellen

Bringt man Säugerzellen in eine Kultur, so beginnen sich diese Zellen nach einer gewissen Verzögerungszeit zu vermehren. Diese Verzögerung wird als lag-Phase bezeichnet. Anschließend sind i.allg. zunächst alle Zellen an der Proliferation beteiligt. Unter der Voraussetzung, daß die Zeitintervalle von einer Mitose zur darauf folgenden Mitose konstant bleiben, erhält man unter diesen Bedingungen ein sog. exponentielles Wachstum. – Die Zunahme der Zellzahl folgt einer exponentiellen Funktion.

Trägt man in einem Koordinaten-System den Logarithmus der Zellzahl gegen die Zeit auf, so erhält man zunächst eine Gerade, wie dieses in Abb. 4 zu sehen ist. Mit zunehmender Inkubationszeit kommt es zu Abweichungen von dieser Exponentialfunktion, die Zellvermehrungsrate wird geringer. Schließlich mündet die Kurve i.allg. in eine sog. Plateau-Phase ein, zu dieser Zeit ändert sich die Gesamtzellzahl in der Kultur nicht mehr. Diese Plateau-Phase kommt dadurch zustande, daß in zunehmendem Maße Zellen aus der Proliferationsphase in eine Ruhephase eintreten und sich an der Zellvermehrung nicht mehr beteiligen. Ferner tritt in solchen Zellkulturen dann auch ein Zellverlust ein. Es bildet sich ein stationäres Gleichgewicht aus, in dem die Zellerneuerung gleich dem Zellverlust ist.

Derartige Gleichgewichtszustände bestehen i.allg. auch in den Geweben und Zellsystemen eines Erwachsenen, wobei das Gleichgewicht zwischen proliferierenden und ruhenden Zellen sowie die Höhe des Zellverlustes gewebe- und organspezifisch reguliert wird. Auch in Tumoren treten ähnliche Phänomene auf, allerdings kommt es i.allg. nicht zu dem Gleichgewichtszustand, sondern die Zellerneuerung ist größer als der Zellverlust. Die proliferierenden Zellen werden in diesem Zusammenhang auch häufig unter dem Term Wachstumsfraktion (growth fraction) zusammengefaßt (Streffer 1980).

Ein exponentielles Wachstum wird in vivo nur in seltenen Ausnahmefällen gefunden, z.B. bei der Zellvermehrung während der ganz frühen pränatalen Entwicklung. Bei in vitro Kulturen wird, wie bereits beschrieben, kurz nach Beginn der Kultur eine Situation erreicht, in der alle Zellen an der Proliferation beteiligt sind. Dagegen ist es wesentlich schwieriger eine Zellpopulation zu erhalten, die nur aus ruhenden Zellen besteht. Testet man die Strahlenempfindlichkeit von sogenannten Plateau-Phase-Zellen, so wird zwar in der Plateau-Phase bestrahlt, aber anschließend muß man die Zellen zur Proliferation bringen, um über den Koloniebildungstest eine Bestimmung der Überlebensrate zu erhalten. In diesen Punkten liegen einige Schwierigkeiten, um experimentelle Aussage über die Strahlenempfindlichkeit von ruhenden Zellen machen zu können. Ein Vergleich von proliferierenden Zellen mit ruhenden Zellen ergibt in dieser Hinsicht daher auch einige Widersprüche (Alper 1979). Zunächst ist angenommen worden, daß die Strahlenempfindlichkeit von Säugerzellen während der verschiedenen Wachstumsphasen gleich ist. Madoc-Jones (1964) konnte dann allerdings zeigen, daß ähnlich, wie dieses auch bei Mikroorganismen beobachtet worden ist, die Parameter D_0 und n von Dosiswirkungskurven während der verschiedenen Wachstumsperioden variieren. So wurden die höchsten Werte für die Extrapolationszahl in der stationären Phase (Plateau-Phase) erreicht. Dagegen haben Berry et al. (1970) beobachtet, daß bei Chinesischen Hamster- und Hela-Zellen die Extrapolationszahl n für Zellen in der exponentiellen Wachstumsphase und in der Plateau-Phase identisch waren. Dieses ist auch erreicht worden, wenn die Plateau-Phase-Zellen „nachgefüttert" worden sind. Bei diesen letzteren Versuchen ist zu den Zellkulturen neues Medium gegeben worden, damit die Zellen mit neuen Nährstoffen versorgt werden können. Taylor und Bleehen (1977) haben wie Madoc-Jones (1964) an EMT6-Tumor-Zellen, die in vitro kultiviert worden sind, beobachtet, daß ein Unterschied zwischen der exponentiellen und der stationären Wachstumsphase hinsichtlich der Strahlenempfindlichkeit besteht. Von diesen Autoren ist jedoch zusätzlich beschrieben worden, daß ein Unterschied zwischen der frühen und der späten Plateau-Phase besteht.

II. Die Strahlenempfindlichkeit in verschiedenen Phasen des Generationszyklus

Seit den Untersuchungen von Howard und Pelc (1953) weiß man, daß proliferierende Zellen in dem Zeitintervall von einer Mitose bis zur folgenden Mitose unterschiedliche, voneinander getrennte Phasen durchlaufen. Dieses kann sehr charakteristisch mit Hilfe der DNA-Synthese gezeigt werden. Die Untersuchung dieses Prozesses ergibt, daß er diskontinuierlich in dem o.g. Zeitintervall abläuft. Die DNA-Synthese setzt i.allg. erst einige Stunden nach einer Mitose ein und wird dann für etwa 6–8 Stunden bei Säugerzellen fortgesetzt. Innerhalb dieses Zeitraumes wird die gesamte DNA einer Zelle verdoppelt. Aufgrund dieser Phänomene können zwei Phasen des sogenannten Generationszyklus der Zellen relativ einfach experimentell erfaßt werden: 1. Die Mitose; sie kann mit einem Mikroskop beobachtet werden, da die Chromosomen aufgrund ihrer Kondensation sichtbar werden. 2. Die DNA-Synthese-Phase, die sog. S-Phase; mit Hilfe radioaktiv markierter Vorstufen der DNA, die möglichst selektiv in die DNA eingebaut werden, kann die DNA dann markiert werden, wenn sie neu synthetisiert wird. Mit Hilfe der autoradiographischen Technik können darauf diejenigen Zellen sichtbar gemacht werden, die diese radioaktiven Vorstufen in die DNA inkorporiert haben.

Es ergibt sich somit ein Zyklus, der sogenannte Generationszyklus oder Zellzyklus, in dem aufgrund des geschilderten methodischen Vorgehens zwischen der Mitose und der S-

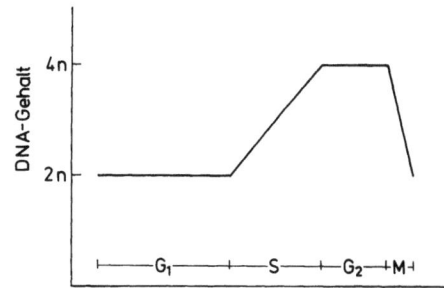

Abb. 7. DNA-Gehalt pro Zellkern im Verlauf des Zell-Gene-
rationszyklus ($2n \triangleq$ DNA-Gehalt der diploiden Zelle)

Phase eine Lücke (gap) und in gleicher Weise nach der S-Phase bis zur nächsten Mitose
ebenfalls eine Lücke (gap) bestehen. Diese beiden Phasen (Lücken) werden als die G_1- bzw.
G_2-Phase bezeichnet. Man kennt heute eine Vielzahl von Prozessen, die in diesem Zeitraum
ablaufen, auf die hier nicht eingegangen werden soll. Darüber hinaus findet man in Zellpopulationen die sog. ruhenden Zellen, die mit Hilfe der beschriebenen Techniken nicht von
den proliferierenden Zellen unterschieden werden können, sie werden häufig als Zellen in
der G_0-Phase bezeichnet. In Geweben handelt es sich dabei vor allem um differenzierte,
funktionale Zellen.

Mit Hilfe der Impulszytophotometrie ist es heute möglich, die Verteilung der Zellen
im Zellzyklus einfacher und rasch zu bestimmen. Bei dieser Technik werden das Chromatin
bzw. die DNA möglichst spezifisch mit Farbstoffen, i.allg. Fluoreszenzfarbstoffen, gekoppelt.
Durch die Messung der angeregten Fluoreszenz kann dann der DNA-Gehalt in jeder einzelnen Zelle bestimmt werden. Damit kann eine Zuordnung der Zellen zu den verschiedenen
Phasen des Zellzyklus erreicht werden: In der G_1-Phase ist das Genom der Zelle diploid
($2n$), in der S-Phase kommt es aufgrund der DNA-Replikation zu einem Anstieg des DNA-
Gehaltes, so daß am Ende der S-Phase der DNA-Gehalt verdoppelt ist, und in der G_2-Phase
wird ein DNA-Gehalt gemessen, der einem tetraploiden Genom entspricht. Nach der Mitose
wird dann schließlich wieder das diploide Genom der Zelle erreicht (Abb. 7) (DITTRICH
u. GÖHDE 1969; s.a. ANDREEFF 1975).

In einem Impulszytophotometer werden nun die Fluoreszenzausbeuten für jede einzelne
Zelle mit Hilfe von Photomultipliern festgestellt, die empfangenen Signale werden entsprechend ihrer Größe sortiert und in Gruppen (Kanäle) eingeordnet. Man erhält mit der Messung ein Histogramm in dem die Zahl der Zellen für jeden einzelnen Kanal, geordnet nach
dem DNA-Gehalt, angegeben wird. Aus diesen Histogrammen kann der Anteil der Zellen
in G_1-, S- und G_2-Phase ermittelt werden unter der Annahme, daß die Gipfel, die die G_1-
und die G_2-Phase-Zellen repräsentieren, eine Gaussverteilung aufzeigen (Abb. 8). Es besteht
auch die Möglichkeit, Zellen mit einem abnormen (aneuploiden) DNA-Gehalt, wie sie in
Tumoren vorkommen können, darzustellen.

Damit ist eine sehr wirkungsvolle Methode entwickelt worden, um diese Parameter relativ
rasch von Zellpopulationen zu erhalten. Mit Hilfe dieser Technik erscheint es möglich, auch
die ruhenden Zellen (G_0-Phase-Zellen) von den proliferierenden Zellen, insbesondere den
G_1-Phase-Zellen zu unterscheiden. Dabei wird nicht nur der DNA-Gehalt sondern auch
der Gehalt an RNA pro Zelle gemessen und eine sog. Zwei-Parameter-Analyse durchgeführt
(BAUER u. DETHLEFSEN 1981).

Untersuchungen von vielen Zellpopulationen in vivo und in vitro ergeben, daß i.allg.
die S-Phase relativ konstant in den verschiedenen Zellpopulationen mit einer Dauer von
etwa 6–8 Stunden angetroffen wird. Auch die G_2-Phase scheint keiner sehr großen Variation
zu unterliegen, ebenso die Mitose, die etwa 1–2 Stunden bei Säugerzellen dauert. Dagegen
hat die G_1-Phase eine sehr große Variationsbreite. Bei Präimplantationsembryonen von Säugern werden sehr kurze G_1-Phasen (etwa 30–60 min) beobachtet (STREFFER et al. 1980),

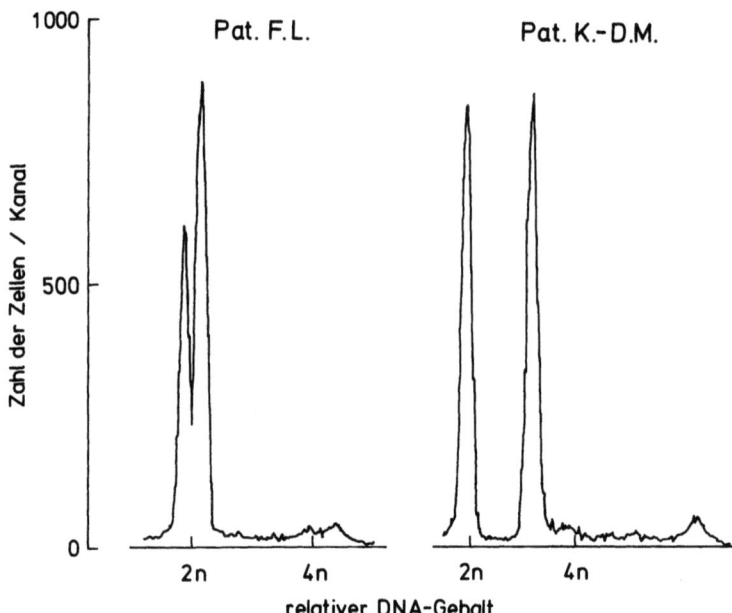

Abb. 8. DNA-Histogramme gemessen mit dem Impulszytophotometer von zwei Rektumkarzinomen (Pat. F.L. und Pat. K.-D.M.) ($2n \triangleq$ DNA-Gehalt der diploiden, normalen Zelle)

bei anderen Zellpopulationen kann die G_1-Phase mehrere Tage dauern (Tubiana 1971). Über die Regulationsprozesse im molekularbiologischen Bereich ist bisher wenig bekannt. Die Dauer des gesamten Generationszyklus liegt damit bei Säugerzellen zwischen 10 Stunden bis zu einigen Tagen.

Es ist bereits darauf hingewiesen worden, daß der Anteil der proliferierenden Zellen (Wachstumsfraktion) in den einzelnen Geweben und Zellsystemen ebenfalls sehr stark variieren kann. Damit können Organe und Gewebe unterschieden werden, die eine hohe Wachstumsfraktion haben, wie die Haut, der Dünndarm oder das Knochenmark, von anderen Organen, die niedrige Wachstumsfraktionen haben, wie Leber oder Periost, die aber nach Verletzung wieder zur Proliferation stimuliert werden können. Weiter gibt es Organe, die eine extrem niedrige Wachstumsfraktion haben, wie z.B. das Gehirn, in dem auch nach einem Trauma die Zellen nicht mehr zur Proliferation angeregt werden können. Es ist bereits darauf hingewiesen worden, daß in den proliferierenden Organen ein Gleichgewicht zwischen Zellneubildung und Zellverlust besteht. Durch eine Bestrahlung kann dieses Gleichgewicht gestört werden.

Bei Zellpopulationen, über deren Verhalten nach einer Bestrahlung bisher berichtet worden ist, hat es sich also immer um sehr heterogene Zellpopulationen, die zum Zeitpunkt der Bestrahlung über alle Phasen des Zellzyklus verteilt sind, gehandelt. Es ist bereits darauf hingewiesen worden, daß es nach einer Bestrahlung zu einer Mitoseverzögerung kommt (Trott 1972; Streffer 1980). Diese Mitoseverzögerung wird u.a. dadurch hervorgerufen, daß die Zellen nach der Bestrahlung offensichtlich in der G_2-Phase arretiert werden, man spricht von einem G_2-Block. Der G_2-Block kann als ein möglicher Selbstschutz der Zellen angesehen werden, da Erholungsvorgänge offensichtlich nur dann oder bevorzugt ablaufen können, wenn die Zellen nach einer Strahleneinwirkung noch nicht eine Mitose durchlaufen haben.

Es ist mehrfach gezeigt worden, daß die Strahlenempfindlichkeit selbst innerhalb der G_2-Phase unterschiedlich ist. Zellen, die sich relativ kurz vor der Mitose befinden, reagieren auf eine Strahleneinwirkung stärker als diejenigen Zellen, die noch eine wesentlich längere Zeit zurückzulegen haben, bevor sie in eine Mitose eintreten. Besonders eindrücklich läßt sich dieser Effekt an Embryonen der Maus im 2-Zell-Stadium untersuchen, da bei diesen Zellen die G_2-Phase sehr lang (etwa 12 Std) ist. Sowohl die Zellabtötung als auch die Höhe chromosomaler Schäden waren nach einer Bestrahlung in der frühen G_2-Phase wesentlich geringer als bei gleicher Dosis in der späten G_2-Phase (MOLLS et al. 1983).

Die strahlenbedingte Verlängerung des Zellzyklus ist dosisabhängig und nimmt offenbar linear mit steigender Dosis zu. Nach Strahlendosen im Bereich 10–15 Gy beträgt die Verlängerung etwa die Dauer eines Zyklus, obwohl die Dauer der Zykluszeiten der untersuchten Zellinien sehr unterschiedlich gewesen sind (DENEKAMP 1975; STREFFER 1980).

Zellbiologische Untersuchungen, mit deren Hilfe eine sog. Synchronisierung der Zellen möglich ist, haben es gestattet, die Strahlenempfindlichkeit von Säugerzellen spezifisch in einzelnen Phasen des Zellzyklus zu untersuchen. Zellen, die sich in „in vitro-Kultur" in Mitose befinden, runden sich ab, damit ist ihre Haftung auf dem Boden des Kulturgefäßes wesentlich geringer, so daß sie durch Schütteln von dem Boden abgelöst und selektiv gewonnen werden können. Sammelt man diese Zellen, so ist es möglich eine größere Zellpopulation zu erhalten, die sich in Mitose befindet und in etwa zur gleichen Zeit in die G_1-Phase eintritt. Diese Zellen durchlaufen den Zellzyklus gleichzeitig, sie sind synchron (ELKIND u. WHITMORE 1967).

Eine derartige Synchronisierung kann auch dadurch erreicht werden, daß die DNA-Synthese in einer Zellkultur mit Hilfe von Substanzen gehemmt wird. Die Zellen durchlaufen dann die anderen Zyklusphasen und sammeln sich an dem Übergang von der G_1- in die S-Phase. Sie können in die S-Phase zunächst nicht eintreten. Erst wenn der Block aufgehoben ist, ist dann ein gleichzeitiges Eintreten in die S-Phase möglich und die Zellen durchlaufen die weiteren Zyklusphasen dann ebenfalls in synchroner Weise (ELKIND u. WHITMORE 1967).

Die Zellen können nun in den verschiedenen Phasen des Zellzyklus bestrahlt werden und mit Hilfe des Koloniebildungstestes ihre Überlebensraten bzw. Strahlenempfindlichkeit bestimmt werden. Sehr eingehende Untersuchungen dieser Art sind mit HeLa-Zellen und mit Chinesischen Hamsterzellen gemacht worden (TERASIMA u. TOLMACH 1963; SINCLAIR u. MORTON 1966). Die Ergebnisse sind in der Abb. 9 dargestellt. In diesen Experimenten ist die Synchronisierung während der Mitosephase vorgenommen worden. Weitere Experimente sind von anderen Autoren berichtet worden. Wenn auch offensichtlich gewisse Unterschiede von Zellinie zu Zellinie bestehen, so können doch einige allgemeine Grundsätze hinsichtlich der Strahlenempfindlichkeit gemessen an den Überlebensraten herausgestellt werden (STREFFER 1980):

1. Zellen, die während der Mitose bestrahlt werden, sind am empfindlichsten.
2. Im allgemeinen sind die Zellen auch während der frühen S-Phase und während der G_2-Phase strahlenempfindlich.
3. Im Laufe der S-Phase steigt die Strahlenresistenz der Zellen an.
4. Wenn die G_1-Phase lang ist sind die Zellen während der frühen G_1-Phase relativ resistent. Gegen Ende der G_1-Phase nimmt die Strahlenempfindlichkeit zu.

Insbesondere während der späten S-Phase ergaben sich Dosiswirkungsbeziehungen mit einer sehr breiten Schulter (Abb. 9). Dieses deutet auf sehr ausgeprägte Erholungseffekte hin. Dagegen ist nach einer Bestrahlung während der Mitose-Phase häufig eine rein exponentielle Dosiswirkungsbeziehung beobachtet worden, offensichtlich ist die Erholungsfähigkeit der Zellen in dieser Phase des Zellzyklus außerordentlich stark eingeschränkt.

Diese großen Unterschiede der Strahlenempfindlichkeit von Säugerzellen in den verschiedenen Phasen des Zellzyklus führen dazu, daß bei einer Bestrahlung heterogener Zellpopulationen zunächst die Zellen, die sich in den strahlenempfindlichen Phasen befinden, abgetötet werden und die resistenteren Zellen in stärkerem Maße überleben. Es kommt daher zu einer Teilsynchronisation von Zellen nach einer Strahleneinwirkung. Im allgemeinen wird dieses jedoch relativ rasch bei proliferierenden Zellen wieder ausgeglichen, da die Synchroni-

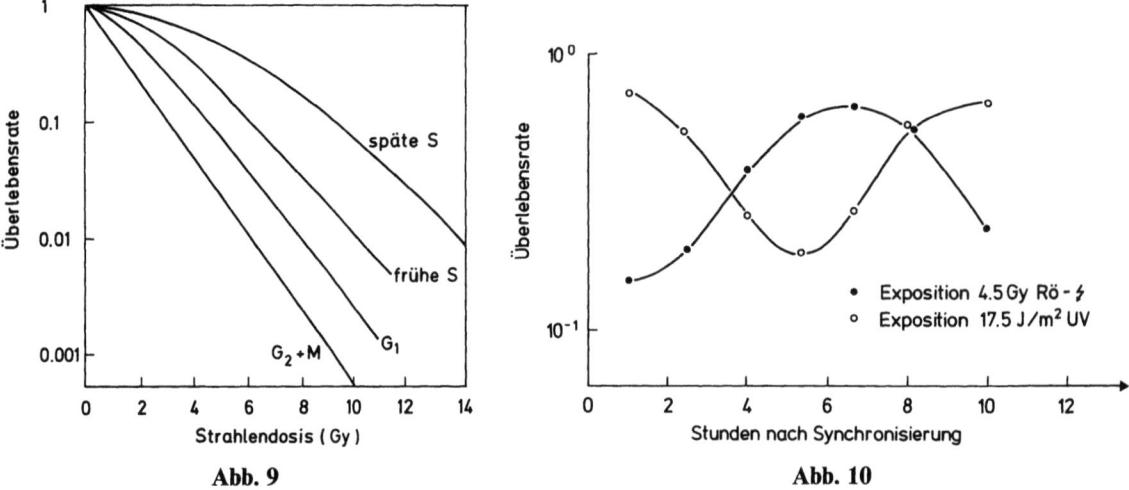

Abb. 9. Dosiswirkungskurven für synchronisierte Chinesische Hamsterzellen nach Röntgenbestrahlung. (SINCLAIR 1968)

Abb. 10. Überlebensrate synchronisierter Chinesischer Hamsterzellen nach Exposition mit Röntgen- oder UV-Strahlen. (HAN u. ELKIND 1977)

sierung durch unterschiedliche Längen der einzelnen Phasen bei individuellen Zellen verschwinden.

Verschiedene Autoren haben auch einen Vergleich von ionisierenden Strahlen und ultraviolettem Licht in Hinsicht auf das Verhalten dieser Phänomene durchgeführt (DJORDJEVIĆ u. TOLMACH 1967; HAN u. ELKIND 1977). Es zeigt sich, daß die Strahlenempfindlichkeit der Zellen im Verlauf des Generationszyklus gegenüber diesen Strahlenarten nicht in gleicher Weise variiert (Abb. 10).

E. Erholungsphänomene nach Bestrahlung

Bei der Beschreibung der DNA-Repair-Synthese ist gezeigt worden, daß Strahlenschäden in der DNA durch intrazelluläre Enzymkomplexe repariert werden können. Ebenso deuten die Dosiswirkungsbeziehungen mit einer Schulter darauf hin, daß im niedrigen Dosisbereich die relative Strahlenwirkung geringer ist als im höheren Dosisbereich. Auch dieser Effekt ist offensichtlich auf Erholungsvorgänge zurückzuführen. Neben diesen Mechanismen, denen offensichtlich intrazelluläre Prozesse zugrunde liegen, kann Erholung in den Geweben dadurch stattfinden, daß nicht bestrahlte oder nicht geschädigte Zellen durch Zellvermehrung eine Erneuerung des Zellsystems bedingen. Dieser Vorgang wird allgemein als Repopularisierung bezeichnet.

I. Erholung vom subletalen Strahlenschaden

Bereits Anfang dieses Jahrhunderts ist von mehreren Autoren beobachtet worden, daß nach einer fraktionierten Bestrahlung der biologische Effekt bei gleicher Dosis wesentlich kleiner ist als bei einer Einzelbestrahlung (KRÖNIG u. FRIEDRICH 1918; REGAUD 1922; JÜNGLING u. LANGENDORFF 1932). Auf zellulärer Ebene sind die Erholungsphänomene nach einer Fraktionierung der Strahlendosis insbesondere von ELKIND et al. untersucht worden (ELKIND u. SUTTON 1960; ELKIND u. WHITMORE 1967).

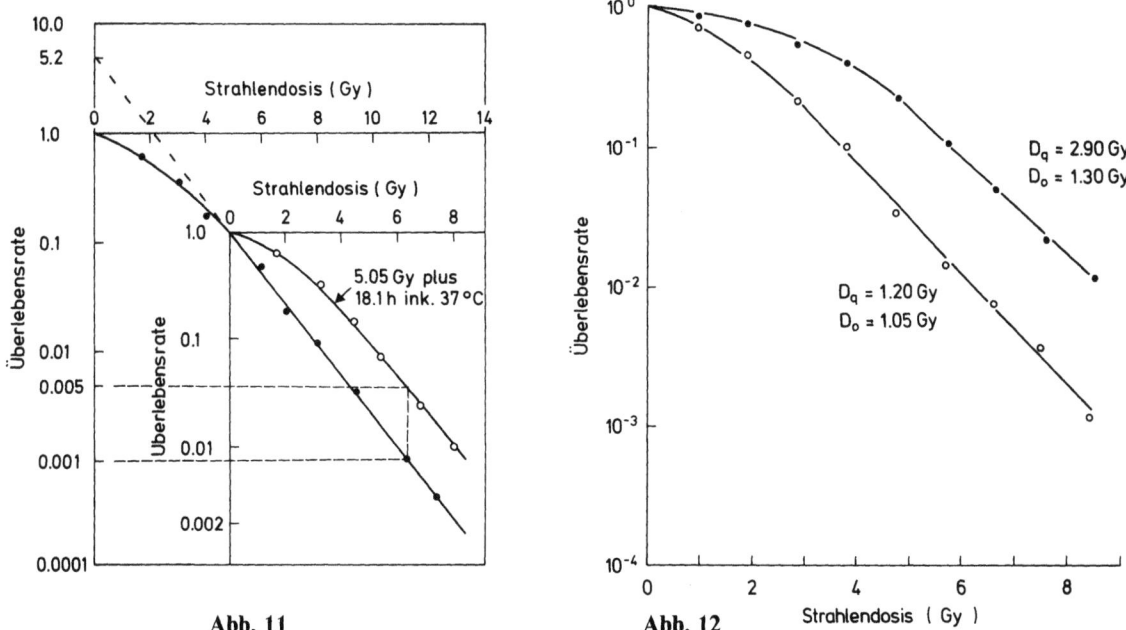

Abb. 11

Abb. 12

Abb. 11. Dosiswirkungskurve für Chinesische Hamsterzellen nach Einschlagbestrahlung (●) oder fraktionierter Bestrahlung (○) mit einem Intervall von 18,1 Stunden. (ELKIND u. SUTTON 1960)

Abb. 12. Dosiseffektkurven von zwei menschlichen Melanomzell-Linien nach Röntgenbestrahlung. (●) B11, (○) MeWo. (Unveröffentlichte Daten)

ELKIND und SUTTON (1960) haben nach einer Bestrahlung Chinesischer Hamsterzellen eine typische Dosiswirkungsbeziehung mit Schulter beobachtet. Nach einer Einzeldosis von 11,2 Gy überlebten 0,1% der Zellen. In einem zweiten Experiment sind die Zellen zunächst jedoch nur mit 5,05 Gy bestrahlt worden, anschließend sind sie für 18,1 Std bei 37° C inkubiert und dann erneut mit verschiedenen Strahlendosen behandelt worden. Es ergab sich auch für die zweite Bestrahlungsserie eine typische Schulterkurve. Aus diesem Verhalten folgt, daß bei gleicher Strahlendosis (11,2 Gy) nach der fraktionierten Bestrahlung das Überleben bei 0,5% gelegen hat im Vergleich zur Einzelbestrahlung mit 0,1% (Abb. 11).

Die Schulter der zweiten Dosiseffektkurve hat dieselbe Größe wie die nach Einzelbestrahlung. Das bedeutet, daß die Zellen, die nach 5,05 Gy noch überlebt haben, in dem Zeitintervall von 18,1 Std ihre volle Erholungskapazität zurückgewonnen haben und in bezug auf ihre Überlebensrate sich offensichtlich wie unbestrahlte Zellen verhalten haben. Dieser Effekt wird als Erholung vom subletalen Strahlenschaden oder Elkind-Erholung bezeichnet. Die Breite der Schulter oder die Größe D_q kann als ein relatives Maß für die intrazelluläre Erholungsfähigkeit vom subletalen Strahlenschaden angesehen werden. Allerdings ist bei einer größeren Zahl von Fraktionen (10 × 1,5 oder 2,0 Gy) beobachtet worden, daß bei Chinesischen Hamsterzellen nach den letzten Fraktionen nicht mehr die volle Erholung eintrat (McNALLY u. RONDE 1976). Bei einer rein exponentiellen Dosiseffektkurve darf davon ausgegangen werden, daß diese Zellen nicht die Fähigkeit besitzen, sich vom subletalen Strahlenschaden zu erholen.

Es ist bereits darauf hingewiesen worden, daß die Werte für D_q bei verschiedenen Zellinien außerordentlich unterschiedlich sein können. Dieses bedeutet gleichzeitig, daß die Erholung vom subletalen Strahlenschaden eine sehr starke Variationsbreite in einzelnen Zellinien hat. Betrachtet man verschiedene Zellinien der gleichen Tumorentität (z.B. Melanomzellen), so kann man selbst innerhalb dieser Zellinien sehr unterschiedliche Dosiswirkungsbeziehungen insbesondere im Bereich der Schulter beobachten (Abb. 12).

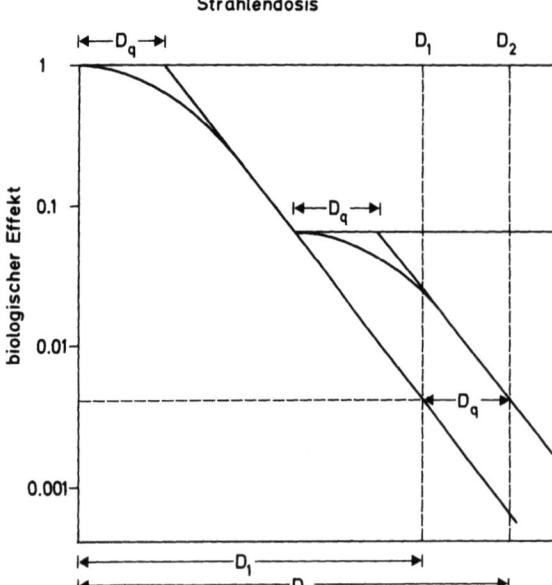

Abb. 13. Dosiswirkungskurve nach einmaliger und fraktionierter Bestrahlung. Schematische Darstellung der Differenz $D_2 - D_1$

Fraktionierungsexperimente, wie sie Elkind und Sutton (1960) durchgeführt haben, lassen sich nicht an allen biologischen Systemen vornehmen. Es ist dieses an Zellen in vitro und an Geweben bzw. Zellsystemen in vivo nur dann möglich, wenn eine quantitative Dosiswirkungsbeziehung hergestellt werden kann. Für viele Tumoren und normale Gewebe ist es nicht zu verifizieren, die Erholung vom subletalen Strahlenschaden in klassischem Sinne entsprechend den Experimenten von Elkind et al. (1967) zu untersuchen. Allerdings läßt sich in den Geweben, in denen dieses nicht möglich ist, ein Dosiswert ermitteln, der der D_q entspricht. An Hand der Abb. 13 soll dieses Prinzip erläutert werden.

Es wird zunächst der biologische Effekt nach zwei Strahlendosen, die mit einem genügenden zeitlichen Abstand voneinander getrennt sind, damit die Erholung in ausreichendem Maße erfolgen kann, gemessen. Die Gesamtdosis beider Fraktionen wird mit D_2 bezeichnet. Daraufhin wird diejenige Dosis gesucht, die nach einmaliger Bestrahlung zum gleichen biologischen Effekt führt, diese Dosis wird mit D_1 bezeichnet. Die Differenz D_2 minus D_1 ist offensichtlich gleich der D_q zu setzen, wie sie mit Hilfe einer Dosiswirkungsbeziehung erhalten wird. Dutreix et al. (1973) haben derartige Erholungsexperimente an der Haut durchgeführt. Sie haben zum einen Einzelfraktionen über einen gewissen Zeitraum verabreicht und den biologischen Effekt gemessen. In einem zweiten Experiment sind diese Einzelfraktionen jeweils noch einmal in zwei Dosisfraktionen aufgeteilt worden, die Gesamtdosis D_2 ist wiederum in derselben Gesamtzeit verabreicht worden. Bei gleichen Effekten ergibt sich dann folgender Zusammenhang:

$$D_r = \frac{D_{2N} - D_{1N}}{N}$$

Es kann damit also die Dosis D errechnet werden, die zusätzlich benötigt wird, wenn jede Dosisfraktion erneut in zwei Fraktionen aufgeteilt wird. Die Größe von D ist offensichtlich diejenige Strahlendosis, die durch die Erholung kompensiert wird. Quantitativ können somit also Erholungsprozesse erfaßt werden.

Für eine Reihe von normalen Geweben, aber auch Tumorgeweben, ist der Wert für die Differenz $D_2 - D_1$ bestimmt worden. Sie liegt zwischen 3–6 Gy unter euoxischen Bedingungen bei Anwendung locker ionisierender Strahlen. Sehr niedrige Werte wie 1 Gy sind für das hämatopoetische System beobachtet worden (TILL u. McCULLOCH 1963). Die höchsten Werte wurden für Haut, Dünndarm und Lunge gefunden (WITHERS 1967; WITHERS u. ELKIND 1969; FIELD u. HORNSEY 1974). Bei einem Vergleich der $D_2 - D_1$-Werte nach Bestrahlung in vivo mit denjenigen nach Bestrahlung in vitro fällt auf, daß die in vitro gewonnenen Werte wesentlich niedriger liegen. HORNSEY (1972) schätzt, daß die D_q für die Mehrzahl der in vitro untersuchten Zellen unter 2 Gy liegt.

Möglicherweise spielen bei der Erholung vom subletalen Strahlenschaden interzelluläre Kontakte eine wesentliche Rolle. Werden Zellen z.B. als multizelluläre Sphäroide kultiviert und bestrahlt, so steigt die Fähigkeit, subletale Strahlenschäden zu reparieren erheblich an im Vergleich zu den gleichen Zellen, die in einer Zellkultur mit Einzelzellen bestrahlt worden sind (DURAND u. SUTHERLAND 1972). Diese Daten zeigen, wie schwierig es ist, aus Experimenten, die in vitro durchgeführt worden sind, Schätzungen über die Strahlenwirkung in vivo durchzuführen.

Die intrazellulären Erholungsprozesse laufen innerhalb weniger Stunden ab. ELKIND et al. (1965) haben die Überlebensrate von Chinesischen Hamsterzellen nach einer fraktionierten Bestrahlung mit unterschiedlichen Zeitintervallen zwischen den Dosisfraktionen gemessen. Wenn die Zellen während des Zeitintervalles bei 24° C inkubiert worden sind, ist die Überlebensrate mit zunehmendem Intervall zwischen den Dosisfraktionen rasch angestiegen. Dieser Effekt muß auf die intrazelluläre Erholung vom subletalen Strahlenschaden zurückgeführt werden. Bereits zwei Stunden nach der ersten Dosisfraktion wird ein Plateau für den Gesamteffekt erreicht, so daß offensichtlich in diesem Zeitraum bereits die volle Erholungskapazität wieder erreicht wird.

Werden die Zellen dagegen in dem Intervall zwischen den beiden Dosisfraktionen bei 37° C inkubiert, so kommt es ebenfalls zunächst einmal zu einem Anstieg der Überlebensrate aufgrund der Erholungseffekte. Anschließend sinkt die Überlebensrate jedoch wiederum ab. Dieser Effekt wird von den Autoren damit erklärt, daß bei der höheren Inkubationstemperatur eine Neuverteilung der Zellen innerhalb des Zellzyklus erreicht wird. Aufgrund der vorher beschriebenen Effekte werden bei der ersten Strahlenexposition vor allem solche Zellen abgetötet werden, die sich in strahlenempfindlichen Zyklusphasen befinden. Bei einer anschließenden Inkubation bei 37° C laufen die überlebenden Zellen aus den resistenteren Zellzyklusphasen in die strahlenempfindlicheren, so daß eine folgende Strahlendosis dann sehr viel effizienter hinsichtlich der Abtötungsrate sein wird.

Der zeitliche Ablauf dieser Erholungsvorgänge kann in verschiedenen Zellinien unterschiedlich sein. In der Abb. 14 ist der Fraktionierungseffekt zwischen zwei Röntgenstrahlendosen von 3,76 Gy in Abhängigkeit von dem zeitlichen Intervall für zwei menschliche Melanomzellinien aufgetragen. Während bei der einen Zellinie (Bevey) die Erholung innerhalb weniger Minuten offensichtlich abgeschlossen ist, dauert dieser Prozeß bei der zweiten Zellinie (MeWo) einige Stunden.

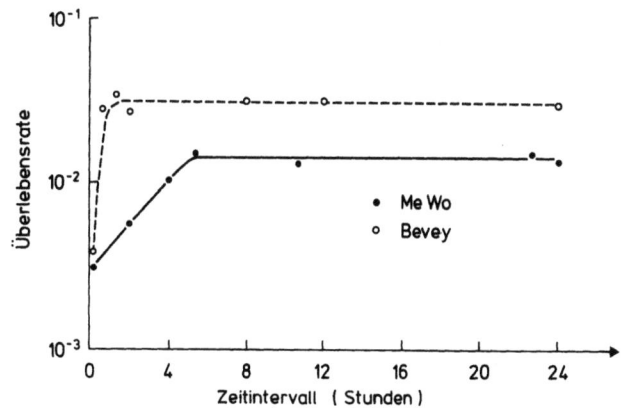

Abb. 14. Überlebensrate menschlicher Melanomzellen (●) MeWo und (o) Bevey nach zwei Röntgenstrahlendosen von je 3,76 Gy in Abhängigkeit von dem Zeitintervall. (Unveröffentlichte Ergebnisse)

Hahn et al. (1968) verglichen die Wirkung einer Einzeldosis von 6 Gy mit der Wirkung von zwei Dosisfraktionen von je 3 Gy, verabreicht im Abstand von 3 Stunden, auf die Überlebensrate von Chinesischen Hamsterzellen im exponentiellen Wachstum und in der Plateau-Phase. Während in der exponentiellen Wachstumsphase die Zellen die typische Erholung vom subletalen Strahlenschaden zeigten, nahm diese Fähigkeit in der Plateau-Phase mit zunehmender Dauer ab. Dagegen beobachteten Hahn und Little (1972) bei menschlichen Leberzellen auch in der Plateau-Phase einen deutlichen Fraktionierungseffekt. Offenbar bestehen hier erhebliche Unterschiede bei einzelnen Zelltypen.

Auf welche molekularen Prozesse die intrazelluläre Erholung vom subletalen Strahlenschaden zurückgeführt werden kann, ist noch ungeklärt. Die sehr attraktive Vorstellung, daß der Repair von strahlenbedingten Schäden in der DNA im Zusammenhang mit der Erholung vom subletalen Strahlenschaden von Bedeutung ist, erscheint sehr plausibel. Es gibt viele Anhaltspunkte für einen solchen Zusammenhang, die Kausalität ist bisher jedoch nicht erwiesen. Die verschiedensten Hemmstoffe der DNA, RNA und Proteinsynthese sind in Hinsicht auf ihre Wirkung auf den Fraktionierungseffekt untersucht worden (Alper 1979). Lediglich Actinomycin D, das allgemein die Transkription an der DNA aber vor allem die mRNA-Synthese hemmt, reduziert die Erholungsfähigkeit von Säugerzellen (Elkind et al. 1964). Untersuchungen mit Hemmern des Energiestoffwechsels machen deutlich, daß offensichtlich ATP für die Durchführung der Erholung benötigt wird (Kiefer 1971; Jain u. Pohlit 1973; Reinhardt u. Pohlit 1976).

II. Erholung vom potentiell letalen Strahlenschaden

Verschiedene weitere Faktoren, z.B. die Änderung des extrazellulären Milieus, können die Überlebensrate von Zellen nach der Bestrahlung beeinflussen. Dieses Phänomen ist erstmals von Phillips und Tolmach (1966) beobachtet worden. Sie fanden, daß durch eine Hemmung der Protein-Synthese mit Cycloheximid nach der Bestrahlung die Überlebensrate von HeLa-Zellen anstieg. Sie schlugen vor, daß dieser Effekt als Erholung vom potentiell letalen Strahlenschaden bezeichnet wird. Offensichtlich wird durch die Nachbehandlung ein Teil der Schäden repariert, die ohne Nachbehandlung für die Zellen letal wären.

Im Gegensatz zur Erholung vom subletalen Strahlenschaden wird bei der Untersuchung dieses Effektes eine Einzeldosis gegeben und die Modifizierung der Überlebensrate durch Veränderungen der zellulären „Lebens-Bedingungen" nach der Bestrahlung, ohne die diese Art der Erholungsprozesse nicht eintritt, gemessen. All diese Nachbehandlungen sind mit einem Stopp oder einer Verzögerung der Progression im Zellgenerationszyklus verbunden. Offenbar erhält die bestrahlte Zelle damit Zeit, um in größerem Ausmaß intrazelluläre Schadensereignisse zu reparieren.

Es ist bereits vorher darauf hingewiesen worden, daß nach Durchlaufen einer Mitose derartige Reparaturphänomene offensichtlich nicht mehr möglich sind. So fand Little (1971), daß Leberzellen sich vom potentiell letalen Schaden nach Bestrahlung erholten, wenn sie für 6–12 Stunden im gleichen Medium gelassen wurden. Wurde das Medium nach der Bestrahlung gewechselt, so daß die Zellen wieder zur Proliferation angeregt wurden, trat keine Erholung vom potentiell letalen Schaden ein. Untersuchungen der Dosiswirkungsbeziehung ergaben, daß sich unter diesen Bedingungen vor allem die D_0 und nicht die Extrapolationszahl n bzw. die Schulter der Dosiseffektkurve ändert. Damit unterscheidet sich zumindestens formal die Reparatur vom subletalen Strahlenschaden von der Reparatur des potentiell letalen Strahlenschadens.

Deutlichere experimentelle Hinweise für eine solche Unterscheidung folgen aus Untersuchungen der Zellabtötung nach Bestrahlung und dem Einfluß anisotonischer Kulturmedien.

RAAPHORST und DEWEY (1979) haben gezeigt, daß hypertone und hypotone NaCl-Lösungen die Erholung von potentiell letalem Strahlenschaden unterbinden können. Ähnliche Ergebnisse haben UTSUMI und ELKIND (1979) bei der Untersuchung des strahlenbedingten Zelltodes (Röntgenstrahlen) von Chinesischen Hamsterzellen erhalten. Die Überlebensraten sind stark von der Osmolarität des Mediums und der Temperatur nach der Bestrahlung abhängig. Es wird gezeigt, daß die Effekte auf die Beeinflussung der Erholung vom potentiell letalen Strahlenschaden zurückzuführen sind.

Sowohl die Geschwindigkeit als auch das Ausmaß der Erholung nehmen mit sinkender Temperatur ab. Dieses ist ein deutlicher Hinweis, daß es sich um enzymatische Prozesse handelt. Da sowohl hypo- als auch hypertone Lösungen diese Wirkung haben, scheinen Ionenflüsse an den Membranen nicht entscheidend zu sein. Die Erholung vom subletalen Strahlenschaden (Dosisfraktionierungs-Experimente) wird dagegen durch die anisotonen Lösungen nicht oder nur geringfügig beeinflußt (UTSUMI u. ELKIND 1979). Die Anisotonie nach Bestrahlung führt also offensichtlich zur Expression von Strahlenschäden, die normalerweise repariert würden. Die Schulter der Dosiseffektkurve wird aber nicht beeinflußt. Damit erscheint zumindest unter den Bedingungen dieser Studien die Erholung vom potentiell letalen Strahlenschaden unabhängig von der Erholung vom subletalen Strahlenschaden zu sein.

Unklar ist bisher, welche molekularen Prozesse im Zusammenhang mit der Erholung von potentiell letalen Strahlenschäden stehen. Es ist bereits berichtet worden, daß der Proteinsynthesehemmer Cyclohexomid die Erholung verbessert, während DNA- und RNA-Synthesehemmer offensichtlich keinen oder inhibierenden Einfluß auf die Erholung vom potentiell letalen Strahlenschaden haben (PHILLIPS u. TOLMACH 1966; ELKIND et al. 1967; RAAPHORST u. DEWEY 1979). Neuere Untersuchungen haben ergeben, daß Zellen von Patienten mit Ataxia telangiectasia nicht in der Lage sind, sich vom potentiell letalen Strahlenschaden nach Röntgenbestrahlung zu erholen, ebenso wie Zellen von Patienten mit Xeroderma Pigmentosum sich nicht vom potentiell letalen Strahlenschaden nach UV-Bestrahlung erholen können (WEICHSELBAUM et al. 1978; SIMONS 1979). Diese Ergebnisse deuten auf eine Korrelation zwischen den defekten DNA-Repair-Prozessen und einer verminderten zellulären Erholung vom potentiell letalen Strahlenschaden hin.

III. Slow Repair

Neben den bisher beschriebenen Erholungsvorgängen gibt es offensichtlich noch eine sehr langsame Komponente von Erholungsprozessen. VAN DEN BRENK et al. (1974) und REINHOLD u. BUISMANN (1975) untersuchten die Strahlenempfindlichkeit des Kapillarendothels. Hierbei stimulierten sie die Proliferation zu verschiedenen Zeiten nach Bestrahlung in diesem an sich sehr langsam proliferierenden Geweben. Dabei beobachteten sie Erholungsphänomene analog zur Reparatur des potentiell letalen Strahlenschadens, die aber wesentlich langsamer abliefen. FIELD et al. (1976) beschrieben in der Mäuselunge zwei Phasen der Erholung vom subletalen Strahlenschaden, in dem sie die Differenz $D_2 - D_1$ bestimmten. Diese stieg mit zunehmendem Intervall zwischen den beiden Dosisfraktionen an. Der Verlauf war biphasisch, die zweite Phase dauerte etwa 100mal länger als die erste. Offensichtlich ist die langsame Phase der Erholung nicht das Ergebnis einer Zellproliferation (COULTAS et al. 1981).

IV. Repopulierung

Strahlenbiologische Untersuchungen haben gezeigt, daß während einer protrahierten oder kontinuierlichen Bestrahlung die Zellproliferation zunächst abnimmt, dann aber wieder einsetzen und möglicherweise sogar vermehrt ablaufen kann. Es ist bereits darauf hingewiesen worden, daß die Zellproliferation für die Regeneration eines Gewebes nach einem Strahleninsult eine Rolle spielen kann. Beobachtungen aus der onkologisch orientierten Strahlenbiologie haben ergeben, daß die mittleren Verdopplungszeiten von Lungenmetastasen von 53 auf 12 Tage nach einer Bestrahlung abgesunken sind (Malaise et al. 1972).

Tubiana (1973) hat folgenden Vergleich angestellt: Er hat aus der Dosiswirkungsbeziehung, die in vitro gewonnen worden ist, die Zahl an klonogenen Zellen in einem Rhabdomyosarkom während einer fraktionierten Bestrahlung unter der Annahme berechnet, daß zwischen den einzelnen Dosisfraktionen keine Zellproliferation stattfindet. Diese Werte hat Tubiana mit der experimentell von Barendsen und Broerse (1970) ermittelten Zellzahl verglichen. Es zeigt sich, daß in den ersten beiden Bestrahlungswochen eine gute Übereinstimmung zwischen den errechneten und gemessenen Werten gefunden wird. In dieser Zeit hat offensichtlich keine Proliferation stattgefunden, was mit der Teilungsverzögerung und dem Zelltod proliferierender Zellen zu erklären ist. Anschließend hat der experimentell ermittelte Wert der überlebenden Zellen aber deutlich über dem errechneten gelegen. Dieses ist offensichtlich darauf zurückzuführen, daß nunmehr erneut eine Zellproliferation eingesetzt hat, und damit wesentlich mehr klonogene Zellen im Tumor vorhanden gewesen sind als aufgrund der Strahlendosis erwartet worden ist.

Für proliferierende normale Gewebe sind ähnliche Befunde erhoben worden. Für die Haut ist nach fraktionierter Bestrahlung zunächst ein komplettes Sistieren der Mitoseaktivität beobachtet worden, dann folgt eine Verkürzung des Zellzyklus der überlebenden Zellen (Denekamp 1973). Withers und Elkind (1969) haben nach einer anfänglichen Teilungsverzögerung von 2,5 Tagen im Dünndarm der Maus eine Verdopplungszeit der Kryptenzellen von 4–8 Stunden beobachtet. Wenn die Kryptzahl den Normalwert erreicht hat, hört diese rasche Proliferation auf.

Diese kompensatorische Zellproliferation wird Repopulierung genannt. In diesem Zusammenhang sind weitere Prozesse, z.B. bei der Hämatopoese zu erwähnen. Das aktive Knochenmark ist in weiten Bereichen des gesamten Organismus zu finden, damit sind auch in all diesen Regionen hämatopoetische Stammzellen angesiedelt. Bei einer Teilkörperbestrahlung können daher aus nicht bestrahlten Regionen derartige Stammzellen in bestrahlte Knochenmarksregionen über das Blut einwandern und dort durch Zellproliferation die Hämatopoese wieder in Gang bringen.

In Tumoren variiert das Ausmaß der Repopulierung erheblich (Denekamp u. Thomlinson 1971). In einigen Normalgeweben wie Haut und Dünndarm ist die Repopulierung sehr hoch. In diesen Organen wird ein Strahleninsult durch eine protrahierte oder kontinuierliche Bestrahlung sehr gut kompensiert. In der Haut geschieht dieses wie im Knochenmark nicht nur von den überlebenden Zellen im Bestrahlungsfeld, sondern auch von den Zellen im nicht bestrahlten Randgebiet. Die Ursache für eine Repopulierung ist bisher unklar. Ob eine Verkleinerung des Stammzellspeichers von den überlebenden Zellen erkannt wird, und dadurch die verstärkte Proliferation ausgelöst wird oder ob eine Verkleinerung des Kompartiments der differenzierten Zellen als auslösende Ursache erkannt wird, ist bisher nicht entschieden. Lediglich bei einigen Zellsystemen, wie z.B. der Hämatopoese, ist beobachtet worden, daß stimulierende Faktoren, z.B. Glykoproteine, die Zellproliferation der Stammzellen erhöhen können (Cairnie et al. 1976). Die Lunge zeigt andererseits nur eine sehr geringe oder gar keine Neigung zur Repopulierung (Coultas et al. 1981). Die Strahlenempfindlichkeit in diesem Organ wird weitgehend durch die Erholung vom subletalen Strahlenschaden bestimmt.

Diese Beispiele zeigen, daß die Funktionstüchtigkeit eines Organs einerseits durch eine kompensatorische Proliferation (Repopulierung), andererseits durch intrazelluläre Erholungsvorgänge wieder hergestellt bzw. aufrechterhalten werden kann. Die Organe verfügen

Tabelle 1. Toleranzdosen (TD) für verschiedene Organe nach üblicher fraktionierter Strahlentherapie (RUBIN u. CASARETT 1968)

Organ	Komplikationen in 5 Jahren	1–5% $TD_{5/5}$ (Gy)	25–50% $TD_{50/5}$ (Gy)	Volumen/ Länge
Haut	Ulzera, Fibrose	55	70	100 cm^3
Mundschleimhaut	Ulzera, Fibrose	60	75	50 cm^3
Ösophagus	Ulzera, Verengung	60	75	75 cm^3
Magen	Ulzera, Perforation	45	50	100 cm^3
Dünndarm	Ulzera, Verengung	45	65	100 cm^3
Kolon	Ulzera, Verengung	45	65	100 cm^3
Rektum	Ulzera, Verengung	55	80	100 cm^3
Speicheldrüse	Xerostomie	50	70	50 cm^3
Leber	Leberversagen, Aszites	35	45	ganz
Niere	Nephrosklerose	23	28	ganz
Blase	Ulzera, Kontraktur	60	80	ganz
Ureter	Verengung, Verschluß	75	100	5–10 cm
Vagina	Ulzera, Fisteln	90	<100	5 cm
Brust, Erwachsener	Atrophie, Nekrose	<50	<100	ganz
Lunge	Pneumonitis, Fibrose	40	60	1 Lungenlappen
Kapillaren	Telangiektasen, Sklerose	50–60	70–100	
Knochen, Erwachsener	Nekrose, Fraktur	60	150	10 cm^3
Knorpel, Erwachsener	Nekrose	60	100	ganz
ZNS (Hirn)	Nekrose	<50	<60	ganz
Rückenmark	Nekrose, Lähmung	<50	<60	5 cm^3
Kornea	Keratitis	50	<60	ganz
Linse	Katarakt	5	12	ganz
Knochenmark	Hypoplasie	20	40–50	lokalisiert
Lymphknoten	Atrophie	35–45	<70	–
Lymphatische Organe	Sklerose	50	<80	–

$TD_{5/5}$ bedeutet die Dosis, die 5% Schädigung nach 5 Jahren und $TD_{50/5}$ die Dosis, die nach 5 Jahren 50% Schädigung hervorruft

somit über zwei effektive, aber grundsätzlich voneinander unabhängig wirkende Mechanismen, um strahlenbedingte Schäden zu kompensieren. Um das Risiko organischer Strahlenschäden abschätzen zu können, müssen Repopulierung und intrazelluläre Erholungsprozesse berücksichtigt werden. Die Effektivität dieser kompensatorischen Mechanismen ist der Grund, daß schwere Funktionsausfälle erst nach relativ hohen Dosen auftreten, wie dies in Tabelle 1 gezeigt wird.

Experimentell wird versucht, durch unterschiedliche Intervalle bei einer fraktionierten Bestrahlung und durch Änderung der „Umweltbedingungen" den Anteil der intrazellulären Erholung von dem der Repopulierung zu trennen. Es wird davon ausgegangen, daß bei kürzeren Intervallen als 24 Stunden vorwiegend die Reparatur vom subletalen Strahlenschaden beobachtet wird, da diese wenige Stunden nach Bestrahlung abgeschlossen ist. Bei längeren Intervallen als 24 Stunden wird die Strahlendosis, die zusätzlich benötigt wird, um den gleichen Effekt wie nach einer Einzeldosis zu erzielen, als diejenige betrachtet, die den Effekt der Repopulierung „kompensiert". Unter diesen Bedingungen ist die eingesparte Dosis ein Maß für die Repopulierung. Für die Haut liegt diese Dosis zwischen 0,3–0,9 Gy (DENEKAMP et al. 1969; FOWLER et al. 1974).

Das bisher besprochene Phänomen der Repopulierung gilt für rasch proliferierende Gewebe. Von sehr langsam proliferierenden Geweben wie Leber oder Niere ist eine so rasch einsetzende Proliferation nicht bekannt. Es wird angenommen, daß in solchen Geweben

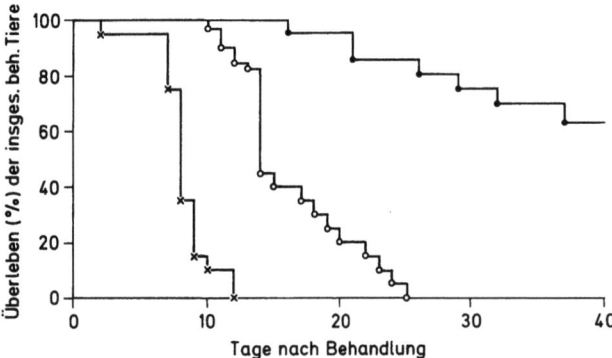

Abb. 15. Überleben von Mäusen nach Röntgen-Ganzkörperbestrahlung mit verschiedenen Dosisleistungen: (×) 1 Gy/min; (o) 0,33 Gy/min; (•) 0,1 Gy/min. Dosis: 7,61 Gy. (Unveröffentlichte Ergebnisse)

eine sehr langsame Reparatur versucht, Strahlenschäden zu kompensieren (Denekamp 1973; Field u. Hornsey 1977). Dieser Reparaturmechanismus wird erfaßt, indem das zeitliche Bestrahlungsintervall zweier Strahlendosen von z.B. 5 Tagen auf 55 Tage ausgedehnt wird (Field et al. 1976).

V. Dosisleistungseffekte

Aufgrund der beschriebenen Befunde über Erholungsprozesse ist es verständlich, daß die Dosisleistung, mit der eine Strahlendosis verabreicht wird, für die Höhe des biologischen Effektes von großer Bedeutung ist. Ganz allgemein läßt sich sagen, daß mit abnehmender Dosisleistung der biologische Effekt bei gleicher Strahlendosis geringer wird. Die Abb. 15 zeigt das Überleben von Mäusen, die eine gleiche Strahlendosis mit verschiedenen Dosisleistungen erhalten haben. Für den Dosisleistungseffekt sind häufig zwei völlig verschiedene Prozesse verantwortlich, die vorher diskutiert worden sind: 1. Die intrazelluläre Erholung, 2. die Repopulierung, die als Ergebnis von Zellteilungen während einer protrahierten Bestrahlung auftritt.

Es ist vorher beschrieben worden, daß bei einer fraktionierten Bestrahlung nach jeder Einzelfraktion die bestrahlten Zellen subletale Strahlenschäden reparieren können. Bestimmt man in diesem Sinne die Dosiswirkungsbeziehung, so erhält man eine Dosiseffektkurve mit je einer Schulter pro Dosisfraktion. Im Idealfall resultiert daraus eine erheblich flachere Dosiswirkungskurve, die keine Schulter mehr zeigt. Eine kontinuierliche Bestrahlung mit niedriger Dosisleistung kann als eine Strahlenexposition mit einer unendlichen Zahl kleiner Dosisfraktionen bedacht werden.

Lajtha und Oliver (1961) haben solche Modellvorstellungen entwickelt. Die von ihnen angenommene Überlebenskurve für Säugerzellen verläuft deutlich flacher und zeigt keine Schulter. Diese Modellvorstellungen stimmen gut mit den experimentell gemessenen Dosiswirkungskurven bei kleiner Dosisleistung überein. Die Erholung vom subletalen Strahlenschaden geschieht unter diesen Bedingungen noch während der Strahlenexposition. Findet eine ständig weitere Reduktion der Dosisleistung statt, so wird ein Punkt erreicht, an dem alle subletalen Strahlenschäden repariert sind. Eine weitere Herabsetzung der Dosisleistung bringt dann keinen zusätzlichen Effekt. In Geweben mit Zellen, die sich sehr rasch teilen, kann es noch während der Bestrahlung zur Proliferation kommen, wenn die Expositionszeit im Vergleich zum Zellzyklus lang genug ist. Durch diese Zellvermehrung während der Bestrahlung kann eine weitere Reduktion des biologischen Strahleneffektes eintreten.

Verschiedene Untersuchungen haben den Einfluß der Dosisleistung auf die Zellabtötung oder Schäden in Organen nach einer Strahlenexposition zum Gegenstand gehabt (Hall 1972; Bedford u. Mitchell 1973; Fu et al. 1975). Es kann bei genügend niedriger Dosisleistung ein Zustand erreicht werden, daß die strahlenbedingte Zellabtötung bzw. der Zellverlust und die Zellneubildung während der Bestrahlungszeit im Gleichgewicht stehen. Dann wird in dem betreffenden Organ oder Zellsystem kein Strahleneffekt beobachtet. Diejenige Dosisleistung bei der der Zelltod die Zellneubildung erstmalig überwiegt, wird als die kritische Dosisleistung bezeichnet. Der kritische Wert in diesem Sinne ist sehr organspezifisch.

In einer Skala der verschiedenen Organe stellt der Hoden das eine Extrem dar: 0,02 Gy pro Tag haben noch keinen Effekt auf die Spermiogenese, eine geringe Erhöhung der Dosisleistung ruft dagegen einen erheblichen Zellverlust hervor (BROWN et al. 1964). Das andere Extrem der Skala ist der Dünndarm: 4 Gy pro Tag stellen bei ihm den kritischen Wert dar (HALL 1978). Dieses hängt mit der hohen Proliferations- und Erholungskapazität der Dünndarmkrypten zusammen. Verallgemeinert läßt sich sagen, daß Zellen, deren Dosiswirkungsbeziehung eine geringe Schulter und damit geringe Erholungsfähigkeit haben, werden auch auf eine Bestrahlung mit niedriger Dosisleistung empfindlich reagieren. In diese Kategorie sind u.a. die Stammzellen des hämatopoetischen Systems zu zählen.

Als weiterer Gesichtspunkt sei hier die Abhängigkeit dieses Effektes von der Länge des Zellgenerationszyklus diskutiert. Es ist bereits darauf hingewiesen worden, daß eine Strahlenexposition zu einer Verlängerung des Zellzyklus führen kann, zum einen da es zu einem G_2-Block kommt, zum anderen da eine Verlängerung der S-Phase eintreten kann. Bis zu einer kritischen Dosisleistung proliferieren die Zellen normal. Wird die Dosisleistung erhöht, so wird ein Punkt erreicht, an dem die Teilungsverzögerung deutlich zunimmt. Der Zellzyklus wird erheblich länger. Damit wird aber auch die Dosis pro Zellzyklus größer, die Zellteilung wird schließlich völlig gehemmt und es kommt zu einer Verkleinerung der Zellpopulation. Es sind daher Überlegungen angestellt worden, ob es nicht sinnvoller wäre, die Dosisleistung in Dosis pro Dauer des Zellzyklus statt in Dosis pro Stunde oder Minute anzugeben.

HeLa-Zellen haben eine Zykluslänge von 24 Std. Die kritische Dosis, nach der die Zellteilungen systieren, liegt bei 0,3 Gy pro Stunde (HALL 1972). Chinesische Hamsterzellen haben eine Zyklusdauer von 11 Stunden. Die kritische Dosis liegt in diesem Fall bei 0,9 Gy pro Stunde. Kryptenzellen des Darmes haben eine Zykluslänge von 10 Std. Ihre kritische Dosis liegt bei 0,8 Gy pro Stunde. Insgesamt beträgt danach die kritische Dosis pro Dauer eines Zellzyklus etwa 7–10 Gy. Andererseits ist beobachtet worden, daß nach einer Bestrahlung mit hoher Dosisleistung eine ähnliche Strahlendosis (ca. 10 Gy) benötigt wird, um eine Teilungsverzögerung zu erreichen, die etwa die Länge einer Zellzyklusdauer hat (DENEKAMP 1975). Diese Übereinstimmung zeigt, daß die Angabe „Dosis pro Zellzyklus" den biologischen Gegebenheiten hinsichtlich der Strahlenwirkung offensichtlich gerechter wird.

F. Der Sauerstoffeffekt

Ein Agens, bei dem die Modifizierung von Strahleneffekten besonders gut bekannt ist, ist molekularer Sauerstoff. Bestrahlt man biologische Objekte in Abwesenheit von Sauerstoff mit locker ionisierenden Strahlen, so ist die Strahlenwirkung wesentlich geringer als durch die gleiche Strahlenexposition in Gegenwart von Sauerstoff (HOLTHUSEN 1921). Dieses Phänomen wird allgemein als Sauerstoffeffekt bezeichnet.

Bei der Bestimmung von Dosiseffektkurven für die Zellüberlebensraten unter anoxischen oder euoxischen Verhältnissen wird im allgemeinen beobachtet, daß der exponentielle Teil der Dosiswirkungsbeziehung bei einer Anoxie weniger steil verläuft als bei einer Bestrahlung in Gegenwart von Sauerstoff, d.h., die D_0 ist unter anoxischen Bedingungen größer (ALPER 1979). Dagegen wird die Extrapolationszahl n der Dosiswirkungsbeziehung weniger verändert (ELKIND u. WHITMORE 1967). Allerdings ist von LITTBRAND und REVESZ (1969) unter extrem

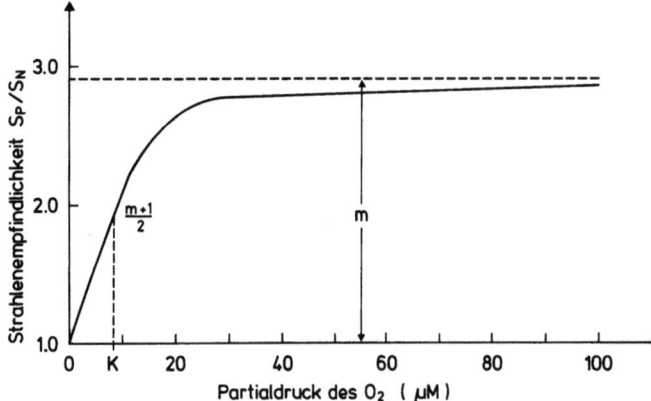

Abb. 16. Strahlenempfindlichkeit von Säugerzellen in Abhängigkeit vom Sauerstoffpartialdruck. (Schematische Darstellung)

niedrigen Sauerstoffpartialdrucken auch ein völliges Verschwinden der Schulter in der Dosiseffektkurve beobachtet worden.

Diese Modifizierung des Strahleneffektes durch Sauerstoff beruht offensichtlich nicht auf der Beteiligung dieser Substanz am Stoffwechsel. Vielmehr sind strahlenchemische Prozesse von Bedeutung. ALPER und HOWARD-FLANDERS (1956) haben impirisch gezeigt, daß die Strahlenempfindlichkeit von lebenden Zellen in Abhängigkeit vom Sauerstoffpartialdruck durch die Gleichung

$$\frac{S_P}{S_N} = \frac{mP+K}{P+K} = r$$

In dieser Gleichung repräsentieren S_N und S_P die Strahlenempfindlichkeit bei einem Sauerstoffpartialdruck 0 oder P; m und K sind Konstanten.

Die Beziehung zwischen dem Quotienten S_P über S_N in Abhängigkeit vom Sauerstoffpartialdruck ist in der Abb. 16 aufgetragen. Bei hohen Sauerstoffpartialdrucken konvergiert die hyperbolische Funktion gegen einen maximalen Sättigungswert für den Sauerstoffeffekt, es wird dann der Wert m erreicht. Dieser Wert wird auch als der Sauerstoffverstärkungsfaktor (oxygen enhancement ratio, OER) bezeichnet. Typische Werte für Säugerzellen liegen in dem Bereich von 2,0 bis 3,0 wenn die Zellen mit locker ionisierenden Strahlen exponiert werden. Wenn der Sauerstoffpartialdruck den Wert K annimmt, wird das Verhältnis S_P zu S_N gleich (m+1)/2 (Abb. 16). Die angegebene Gleichung und ihre theoretische Ableitung sowie die Frage ihrer Gültigkeit sind von mehreren Autoren, insbesondere von ALPER (1979) diskutiert worden.

CULLEN und LANSLEY (1974) haben die experimentellen Ergebnisse und die Erfüllung der Gleichung in einer Übersicht überprüft. Die meisten experimentellen Daten insbesondere mit Bakterien, aber auch mit Säugerzellen bestätigen die Gleichung. Bei Säugerzellen sind Werte für K im Bereich von 3,5 µM Sauerstoff, für Chromosomenaberrationen in Ehrlich Ascites-Zellen bis 12,5 µM für HeLa-Zellen (Zellabtötung) berichtet worden (MOORE et al. 1972).

MILLAR et al. (1979) haben den strahlensensibilisierenden Sauerstoffeffekt auf die Steigung der Dosiseffektkurve (D_0) für die Überlebensrate von Chinesischen Hamsterzellen in Abhängigkeit vom Sauerstoffpartialdruck untersucht. Im O_2-Konzentrationsbereich von 0,4–1,5 µM steigt die Strahlensensibilisierung stetig an, im Bereich 1,5–7,0 µM (ca. 1–5% O_2) liegt ein Plateau vor. Anschließend kommt es mit steigender O_2-Konzentration wiederum zu einer Zunahme des Sauerstoffeffektes, bis bei hohen Sauerstoffkonzentrationen (280 µM $\hat{=}$ 20% und höher) erneut ein Plateau erreicht wird.

Aufgrund eines solchen biphasischen Verlaufes würde folgen, daß zwei unterschiedliche Treffbereiche bei der Zellabtötung beteiligt sind, oder daß es zwei Mechanismen der Zellabtötung gibt, von denen jedes Einzelereignis seine eigene Abhängigkeit vom Sauerstoffpartial-druck hat.

In Hinsicht auf den Mechanismus der strahlenbedingten Zellabtötung ist interessant, daß die maximale Zahl der DNA-Einzelkettenbrüche bei einem geringeren Sauerstoffpartial-druck erreicht wird als die maximale Sauerstoffsensibilisierung für die Zellabtötung (ADAMS et al. 1975).

Der sensibilisierende Effekt des Sauerstoffs tritt nur ein, wenn der Sauerstoff während oder sehr kurze Zeiten nach der Bestrahlung anwesend ist. Für die Untersuchung der Zeitab-hängigkeit dieses Effektes sind verschiedene Techniken entwickelt worden (ALPER 1979; KIEFER 1981). Von MICHAEL et al. (1978) ist beobachtet worden, daß die strahlenbedingten Radikale mit Sauerstoff sehr schnell reagieren, und daß die Kinetik durch zwei Exponential-funktionen beschrieben werden kann. Nach der Bestrahlung von Bakterien haben die Halb-wertzeiten 0,4 und 4 msec betragen. Ähnliche Untersuchungen sind auch für die Kinetik der Sensibilisierung durch Sauerstoff bei Säugerzellen unternommen worden (WATTS et al. 1978). Es werden prinzipiell dieselben Ergebnisse erhalten.

WATTS et al. (1978) fanden bei Säugerzellen, daß der volle Sauerstoffverstärkungsfaktor erreicht wurde, wenn der Sauerstoff in der Zellsuspension zwei Millisekunden oder länger vor der Bestrahlung anwesend war. Wurde der Sauerstoff nach der Bestrahlung in die Zellsus-pension gegeben, so mußte das Intervall zwischen Bestrahlung und Sauerstoffgabe kleiner als 6 bis 10 Millisekunden betragen, damit eine Sauerstoffsensibilisierung beobachtet werden konnte. Daraus kann geschlossen werden, daß die Radikale, die mit Sauerstoff reagieren, eine Halblebenszeit von einigen Millisekunden haben müssen.

Diese Daten sprechen für die Annahme, daß hochreaktive freie Radikale, die durch die Strahlenwirkung induziert werden, in der Lage sind, mit Sauerstoff zu reagieren und möglicherweise organische Peroxide bilden (ALPER 1979). Es ist bereits auf die Rolle ungesät-tigter Fettsäuren in diesem Zusammenhang hingewiesen worden. Ebenfalls ist bereits berich-tet worden, daß die Superoxiddismutase (SOD) die Strahlenempfindlichkeit von Zellen modi-fizieren kann. Diese Befunde deuten darauf hin, daß möglicherweise Superoxidradikale bei derartigen Vorgängen eine hohe Bedeutung haben.

Der Sauerstoffeffekt spielt bei der Strahlenbehandlung von Tumoren eine besondere Rolle (SUIT 1974; STREFFER 1980). Der Diffusionsweg des Sauerstoffs durch ein Gewebe beträgt von der versorgenden Kapillare aus gerechnet etwa 150 µm. Zellen, die außerhalb dieser Reichweite liegen, werden nicht oder nur mangelhaft mit Sauerstoff versorgt. Es werden sich daher in Tumoren sogenannte hypoxische Zellen finden, für die eine hohe Strahlenresi-stenz angenommen werden muß (THOMLINSON u. GRAY 1955). Auf die möglichen Konsequen-zen, die sich daraus für eine Tumortherapie ergeben, soll hier nicht eingegangen werden. Es wird auf entsprechende Übersichten verwiesen (SUIT 1974; STREFFER 1980).

Aus der Diskussion des Sauerstoffeffektes in Abhängigkeit vom Sauerstoffpartialdruck geht hervor, daß ein Sättigungsbereich für den sensibilisierenden Effekt erreicht wird. Er liegt etwa bei einem Sauerstoffpartialdruck größer als der Bereich von 20 bis 40 mm Quecksil-ber. Dieser Sauerstoffpartialdruck wird in normalen Säugergeweben im allgemeinen nicht unterschritten. Man kann daher davon ausgehen, daß in den normalen Geweben im allgemei-nen eine maximale Sensibilisierung durch Sauerstoff erreicht wird.

G. Aspekte zum Mechanismus der Zellabtötung

In der Ära der Molekularbiologie wird man sich zunächst die Frage stellen, welche molekularen Veränderungen führen schließlich zum Zelltod. Wo sind die Moleküle zu suchen, deren Strahlenschädigung diese Prozesse einleitet? Dabei soll in dieser Diskussion Zellabtötung im Sinne des reproduktiven Zelltodes verstanden werden. Die bestrahlte Zelle selbst und im allgemeinen auch ihre Tochterzellen sind noch in der Lage, Mitosen durchzuführen, aber dann sind weitere Zellteilungen nicht mehr möglich.

Überlebende Zellen sind diejenigen Zellen, die ihre volle reproduktive Kapazität behalten. Um dieses zu gewährleisten, muß die Integrität des Genoms gewahrt sein. – Mutationen, die zu überlebenden Zellen führen, sind seltene Ereignisse. – Unter diesen Voraussetzungen liegt es auf der Hand, daß das Genom und hier insbesondere die DNA mit ihren möglichen Strahlenschäden als ein wichtiger Schlüssel zu sehen ist. Dieses wird durch experimentelle Daten unterstrichen, die zeigen, daß die Bestrahlung des Zellkernes bei gleicher Dosis für die Zellabtötung wesentlich wirksamer ist als die Exposition des Zytoplasmas (Feinendegen 1979). So ist Tritium, das durch den Einbau von ^{3}H-Thymidin in der DNA im Zellkern konzentriert wird, sehr viel effizienter als Tritium in der chemischen Form des tritiierten Wassers, das homogen über die gesamte Zelle verteilt ist (Streffer et al. 1977).

Es erhebt sich aber die Frage: Ist das Genom mit der DNA der alleinige empfindliche Bereich oder gibt es noch andere Moleküle, deren Strahlenschäden einen Beitrag zum reproduktiven Zelltod liefert? In diesem Zusammenhang sind die Membransysteme der Zellen und bei Säugerzellen vor allem die Kernmembran häufig diskutiert worden (Alper 1979; Szumiel 1981). Untersuchungen an Bakterien haben ergeben, daß die Fettsäurenzusammensetzung und die Fluidität von Membranen einen erheblichen Einfluß auf die Strahlenempfindlichkeit haben (Yatvin 1976; Redpath u. Patterson 1978). Auch in Säugerzellen ist beobachtet worden, daß Membranen relativ empfindlich auf ionisierende Strahlen reagieren, indem z.B. die Peroxidation von Lipiden auftritt, die durch Vitamin E verringert werden kann (Konings u. Drijver 1979; Konings et al. 1979). Ein kausaler Zusammenhang derartiger strahlenbedingter Veränderungen mit dem Zelltod ist bisher nicht erwiesen.

Alper (1979) hat angenommen, daß bei eukaryotischen Zellen Kernmembran-DNA-Komplexe und ihre Strahlenschädigung von Bedeutung sind. Der experimentelle Nachweis für eine derartige Annahme, so attraktiv sie sein mag, steht jedoch aus. Warters et al. (1977) haben den Effekt von ^{125}J verglichen, das selektiv in die DNA als ^{125}J-Joddesoxyuridin oder in Membranen als ^{125}J-markiertes Concanavalin eingebaut worden ist. Die Überlebensrate von Zellen wird wesentlich stärker durch das DNA-gebundene ^{125}J beeinträchtigt. Alle diese Daten lassen bisher nur für die DNA bzw. das Chromatin den Schluß zu, daß ihre strahlenbedingte Schädigung mit dem Zelltod im unmittelbaren Zusammenhang steht. Es kann jedoch nicht ausgeschlossen werden, daß Schädigungen an anderen Molekülen beteiligt sind. Auf eine mögliche Bedeutung von Sulfhydrylgruppen und besonders des Glutathions ist bereits hingewiesen worden (Guichard et al. 1983). Die bisherigen experimentellen Ergebnisse zeigen jedoch insgesamt, daß eine Korrelation zwischen Gehalt an Sulfhydrylgruppen und der Strahlenempfindlichkeit nur in wenigen Fällen beobachtet worden ist (Szumiel 1981).

Wenn auch vieles darauf hindeutet und den Nachweis liefert, daß die Schäden in der DNA ursächlich mit dem Zelltod zusammenhängen, so ist doch bisher nicht geklärt, welche spezifischen molekularen Veränderungen von Bedeutung sind. Die Vorstellung, daß jeder DNA-Doppelstrangbruch ein letales Ereignis darstellt (Chadwick u. Leenhouts 1981), hat sich als nicht richtig erwiesen. So ist von verschiedenen Arbeitsgruppen beobachtet worden, daß auch in Säugerzellen eine Reparatur von Doppelstrangbrüchen möglich ist (Lange et al. 1975). Untersuchungen an Säugerzellen in vitro haben ergeben, daß bei einer Reihe von Zellinien offensichtlich eine Korrelation besteht zwischen der Reparatur von Strahlenschäden in der DNA und der Strahlenempfindlichkeit hinsichtlich der Zellabtötung.

Ein derartiger Zusammenhang wird besonders deutlich bei Zellinien von Patienten mit einem defekten DNA-Repair, wie Ataxia telangiectasia und Fanconis Anämie (Hanawalt et al. 1979). Aber auch bei anderen Zellen ist beobachtet worden, daß die Reparatur von DNA-Kettenbrüchen in strahlenempfindlichen Zellen weniger effizient als in resistenteren Zellen ist (KÖRNER et al. 1977). Derartige Daten sind jedoch nicht durchgängig und es sind auch Beispiele berichtet worden, in denen diese Korrelationen nicht bestanden (CARR u. FOX 1978). Bei all diesen Untersuchungen sind i.allg. nur Teilaspekte, z.B. des DNA-Repairs, gemessen worden. Der DNA-Repair ist allerdings so vielschichtig, daß eine vollständige Erfassung Schwierigkeiten mit sich bringt.

Von verschiedenen Autoren ist die Menge an DNA pro Zelle in Relation zur Strahlenempfindlichkeit diskutiert worden, ohne daß ein befriedigendes Konzept entwickelt werden kann (STREFFER 1969; KIEFER 1981). Die Einbeziehung des Chromosomenvolumens hat ergeben, daß das Volumen der Interphase-Chromosomen umgekehrt proportional zur Strahlenempfindlichkeit bei höheren Pflanzen, Amphibien, Insekten aber nicht bei Säugerzellen korreliert ist (UNDERBRINK u. POND 1976). Bei Säugerzellen besteht offensichtlich kein Zusammenhang zwischen dem Ploidiegrad und der Strahlenempfindlichkeit (SZUMIEL 1981). Diese Beobachtung ist auch für die Tumortherapie von erheblicher Bedeutung; tetraploide Tumorzellinien haben sich nicht als strahlenempfindlicher erwiesen als diploide.

PHILBRICK und BURKI (zit. nach SZUMIEL 1981) haben 34 Zellinien mit verschiedenen Chromosomenzahlen untersucht. Die Zellen sind u.a. durch Zellfusion erhalten worden. Die Ausgangszellen sind Chinesische Hamsterzellen sowie Maus-Lymphomzellen gewesen. Mit zunehmendem Verhältnis von Chromosomenzahl zu Zellvolumen steigt die Strahlenempfindlichkeit an. Je kompakter die Packung des Chromatins ist, desto höhere Zellabtötungsraten werden bei gleicher Strahlendosis erreicht. Aber auch bei diesem interessanten Befund scheint es sich nicht um ein allgemeines Phänomen zu handeln. So ist bei den frühen Embryonalstadien der Maus beobachtet worden, daß diese im Stadium des 1-Zellers strahlenempfindlicher sind als im 2-Zell-Stadium, obwohl das Verhältnis Chromosomenzahl zu Zellvolumen beim 2-Zeller kleiner ist (MOLLS et al. 1982).

Insgesamt scheint aber der Organisation des Chromatins eine größere Bedeutung zuzukommen, als bisher angenommen worden ist. In diesem Zusammenhang ist der Befund von YAMADA et al. (1981) von Interesse, daß nach einer Bestrahlung von Thymozyten solche DNA-Fragmente auftreten, die ihre Entstehung bevorzugt durch einen strahlenbedingten Bruch der DNA zwischen den Nukleosomen vermuten lassen. Diese Diskussion mündet schließlich in das Problem, ob tatsächlich die manifestierten DNA-Schäden zufallsbedingt (stochastisch) über das gesamte Genom der Zelle verteilt sind oder ob nicht spezifische, empfindliche Lokalisationen der DNA bevorzugt werden.

Die biophysikalischen Modelle zur Beschreibung von Dosiseffektkurven (z.B. KELLERER u. ROSSI 1978) geben einen wertvollen Rahmen für die Entwicklung von Konzepten der Strahlenwirkung. Sie haben aber den Nachteil, daß biologische Phänomene wie Erholungsvorgänge (intra- und interzellulärer Natur) in den Hintergrund der Diskussion treten. Aufgrund der umfangreichen Daten ist es aber wohl unumstritten, daß diesen Prozessen eine große Bedeutung für das Ausmaß der Strahlenwirkung zukommt. Ein Ausdruck des intrazellulären Erholungsvermögens ist offensichtlich die Schulter in der Dosiswirkungsbeziehung, wenn die Zellüberlebensrate im logarithmischen Maßstab gegen die Strahlendosis aufgetragen wird. Nach sehr kleinen Strahlenexpositionen kann der größte Teil der Strahlenereignisse repariert werden. Mit steigender Strahlendosis nimmt dieser Anteil ab, bis das maximale Erholungsvermögen ausgeschöpft ist. Es wird eine „Sättigung" der Reparatursysteme erreicht (ALPER 1979). Die Dosiseffektkurve geht dann bei dem oben beschriebenen Auftragungsmodus in eine Gerade über. Dieser lineare Teil hat eine Steigung, die der Dosiswirkungsbeziehung bei vollständiger Hemmung der Reparatur entsprechen würde.

Eine gute Korrelation kann zwischen dem reproduktiven Zelltod und dem Auftreten von Chromosomenaberrationen insbesondere vom azentrischen und dizentrischen Typ beobachtet werden (Hopwood u. Tolmach 1979). Azentrische Chromosomenaberrationen können nach der Mitose zu sog. Mikronuklei führen (Countryman u. Heddle 1976). Midander und Revesz (1980) berichteten eine gute Übereinstimmung der D_0-Werte für die Überlebensrate und die Zahl an Zellen ohne Mikronukleus. In weiteren Untersuchungen hat sich ergeben, daß dieses nur in einem Dosisbereich bis zu etwa 5 Gy Röntgenstrahlen der Fall ist (van Beuningen et al. 1981) und auch nur für locker ionisierende Strahlen die gute Übereinstimmung erzielt werden kann. Zellen mit einem Mikronukleus müssen als „tote" Zellen im Sinne der Definition des reproduktiven Zelltodes betrachtet werden. Sie können zwar noch einzelne Zellteilungen durchführen, aber in den Folgegenerationen ist dieses nicht mehr möglich. Andererseits haben nicht alle „toten" Zellen azentrische Chromosomenaberrationen oder Mikronuklei, so daß es auch noch andere letale Ereignisse im Genom geben muß, die zum Zelltod führen (van Beuningen et al. 1981).

Dieser chromosomale Schaden wird nicht bereits in der ersten Mitose nach Bestrahlung exprimiert, sondern auch in den folgenden Mitosen können weitere Chromosomenaberrationen (Hopwood u. Tolmach 1979) und in den Interphasen zusätzliche Mikronuklei auftreten (Molls et al 1981). Durch die DNA-Replikation in den auf die Bestrahlung folgenden Zellgenerationszyklen kommt es offensichtlich zu einer Weiterentwicklung der Strahlenschäden im Genom mit der DNA, so daß weitere Chromosomenbrüche beobachtet werden können. Die Reparatur der Strahlenschäden im Genom erfolgt, wie in früheren Abschnitten ausgeführt worden ist, innerhalb von Stunden nach der Bestrahlung. Sie muß offensichtlich vor der ersten Mitose, die auf die Bestrahlung folgt, stattfinden, um zum Tragen zu kommen. Hat dagegen eine Mitose stattgefunden, so wird der nicht reparierte Schaden manifest. In diesem Sinne kann die Mitoseverzögerung mit dem G_2-Block als ein gewisser Schutzmechanismus betrachtet werden. Eine Aufhebung des G_2-Blocks, z.B. durch Coffein, steigert den Strahlenschaden. Die Zahl der Chromosomenaberrationen ist damit bei denjenigen Zellen niedriger, die erst relativ spät nach der Bestrahlung durch Zellteilung gebildet worden sind (Molls et al. 1981), entsprechend ist die Überlebensrate dieser Zellen höher (Molls et al. 1983).

Auch die Modifizierung der Strahleneffekte durch Substanzen oder andere Strahlenqualitäten führen zu ähnlichen Korrelationen zwischen Zahl der Chromosomenaberrationen und der Zellabtötung. Insbesondere Untersuchungen mit dicht ionisierenden Strahlen (hoher LET) unterstützen diese Vorstellungen. Auf derartige Daten wird in einem folgenden Kapitel dieses Handbuches eingegangen.

H. Aspekte der Teilkörper- und Ganzkörperbestrahlung

Bisher wurden die Effekte ionisierender Strahlen auf der zellulären Ebene betrachtet. Die Zellen sind aber nicht als unabhängige, sich selbst genügende Einheiten anzusehen, sondern müssen in Relation zu anderen Zellen oder zum gesamten Organ bzw. Organismus betrachtet werden, dessen Bestandteile sie sind. Viele Kapitel dieses Bandes sind deshalb der Strahlenwirkung auf die einzelnen Organe gewidmet. Dort können Einzelheiten gefunden werden. Hier sollen lediglich einige allgemeine Aspekte dargestellt werden.

Beim Umgang mit ionisierenden Strahlen, insbesondere bei der Behandlung bösartiger Tumoren, wird ein schmaler Grad beschritten zwischen Tumorvernichtung und möglichst großer Schonung des normalen Gewebes. Im Rahmen einer Strahlentherapie, aber auch bei Strahlenunfällen wird es entweder zu einer Teilkörper- oder sogar zu einer Ganzkörperbestrahlung kommen. Das Organ, das im Strahlenfeld liegt, wird als das „kritische Organ" bezeichnet. In diesem Organ werden Zellen abgetötet. Entsprechend der unterschiedlichen

Strahlenempfindlichkeit der einzelnen Zellen wird sich auch eine unterschiedliche Organempfindlichkeit zeigen. Für die Funktionstüchtigkeit eines Organs und damit auch für das Überleben des ganzen Organismus ist eine ausreichende Überlebensrate von Zellen in dem entsprechenden Organ ausschlaggebend. Dies hängt auch davon ab, ob das ganze Organ oder nur ein Teil des Organs bestrahlt worden ist. Die Zellen in den bestrahlten Organen verhalten sich nach den Prinzipien, die oben aufgeführt wurden. An einigen Beispielen soll dies erläutert werden.

Werden Mäuse mit einer Dosis bestrahlt, durch welche 50 Prozent der Tiere bis zum 30. Tag nach Bestrahlung sterben ($LD_{50/30}$), so überleben wesentlich mehr Tiere als 50 Prozent, wenn der Kopf oder ein Bein gegenüber der Bestrahlung abgeschirmt werden. Diesen Mechanismus konnte man lange Zeit nicht begreifen. Es wurde überlegt, ob chemische Schutzsubstanzen freigesetzt werden, die zu einer höheren Überlebensrate führten. QUASTLER (1945) suchte die Erklärung auf zellulärer Ebene. Aus den nicht bestrahlten Bezirken des Knochenmarks können Stammzellen auswandern und sich in den bestrahlten Teilen des Knochenmarkes ansiedeln. Sie führen dort zu einer Repopulierung und damit Regeneration, und somit kann das Tier am Leben erhalten werden. Dieser Prozeß wäre mit einer autologen Knochenmarkstransplantation vergleichbar. Ferner handelt es sich hier nur um eine partielle Bestrahlung des Organs „Knochenmark". Ähnliche Prozesse spielen sich auch bei einer Bestrahlung der Haut ab. Hier können aus den Randbezirken des Bestrahlungsfeldes Zellen in den bestrahlten Bezirk einwandern und zu einer Deckung des Defektes führen oder verhindern, daß überhaupt ein Defekt auftritt. Aufgrund der allgemeinen zellulären Befunde nach Bestrahlung, die oben erläutert wurden, wird dieser Prozeß Repopulierung genannt. Entscheidend ist, wie rasch die Repopulierung einsetzt, damit das Organ funktionstüchtig bleibt. In rasch proliferierenden Organen wird zwar nach der Regel von BERGONIÉ und TRIBONDEAU (1906) eine Reaktion auf die Bestrahlung frühzeitig einsetzen, aber es wird auch eine schnelle Repopulierung möglich sein. Ein vermehrter Zellumsatz verhindert aber nicht die Funktionseinschränkung eines Organs, wenn der Zelltod einen bestimmten Wert erreicht hat.

Werden z.B. Mäuse mit Dosen zwischen 10 bis 15 Gy bestrahlt, so tritt der Tod am 4. bis 5. Tag nach Bestrahlung ein. Auch hier sind die Ursachen wieder auf der zellulären Ebene zu suchen. Die Stammzellen des Darmepithels befinden sich in den Lieberkühnschen Krypten. Nach Bestrahlung mit einer ausreichend hohen Dosis verlieren sie ihre Clonogenität, sie sind abgestorben. Die Stammzellen sind aber für die kontinuierliche Auskleidung des Dünndarms mit Epithelzellen verantwortlich. Sie machen für diese Aufgabe Zellteilungen und Differenzierungsprozesse, sowie eine Zellwanderung von der Krypte bis zur Zottenspitze durch. Am 5. Tag werden sie ins Darmlumen abgeschilfert. Eine vermindert „proliferative Kapazität" zieht somit schwerwiegende physiologische und anatomische Veränderungen nach sich, die zum Tode führen. Offensichtlich gibt es eine Art Schwellendosis, unter der eine Erholung möglich ist. Wird diese Schwellendosis überschritten, kommt es verstärkt zum Zelltod, eine restitutio ad integrum ist nicht mehr möglich. Infolge dieses verstärkten Zelltodes und der ausbleibenden Regenerierung des Dünndarmepithels kommt es zum Tod des ganzen Organismus. HORNSEY (1973) berechnete, daß eine Reduzierung der Stammzellen auf 1% bei 20 bis 80 Prozent der Tiere zum Tode führt. Liegt der Prozentsatz der überlebenden Stammzellen höher, überleben die Tiere.

Generell läßt sich also folgendes sagen: Das Tier wird sterben oder die Funktion eines Organs wird erheblich beeinträchtigt, wenn die Stammzellen und damit auch die differenzierten Zellen unter einen kritischen Wert fallen. Bei sich rasch teilenden Geweben wie Dünndarm oder Knochenmark wird der Zellverlust rasch erkannt und eine kompensatorische Proliferation setzt ein (Repopulierung) (BOND et al. 1965). Die überlebenden Zellen werden das Gewebe repopulieren, bevor eine kritische Schwelle für die Zellzahl erreicht ist. Dies hängt allerdings vom Ausmaß des Zelltodes ab. Ist dieser zu groß, reicht die Repopulierung nicht mehr aus. In sich langsam teilenden Geweben, wie z.B. dem Gefäßendothel, wird der Zellverlust nur langsam erkannt, der aber auch niedrig ist. Auch die Repopulierung setzt in solchen Geweben nur zögernd ein. In beiden Fällen ist es aber entscheidend, ob die Repopulierung erfolgreich ist. Sie muß einsetzen, bevor eine kritische Zellzahl erreicht bzw. unterschritten wird.

So hängt das Auftreten eines Organschadens neben der Erholungsfähigkeit der Zellen und der Repopulierung innerhalb des Organs auch von der Zellzykluszeit und der Transitzeit der sich differenzierenden Zelle durch die verschiedenen Kompartimente ab.

Der kritische Wert für den Zellverlust wird von Organ zu Organ variieren. Eine partielle Entfernung der Leber oder der Verlust z.B. von 50% des funktionellen Nierengewebes wird das Individuum nicht beeinträchtigen, da diese Organe eine hohe Reserve besitzen, den Gewebeverlust zu kompensieren. Die Organempfindlichkeit hängt somit von folgenden Faktoren ab:

1. der Erholung vom subletalen Strahlenschaden, damit von der Höhe der Dosis und der zeitlichen Dosisverteilung;
2. dem Zellzyklus, seiner Länge und der Position der Zellen im Zellzyklus zum Bestrahlungszeitpunkt;
3. der funktionellen Reserve, zu der ein Organ nach Zellverlust noch fähig ist;
4. der Größe des bestrahlten Volumens innerhalb eines Organs;
5. der Geschwindigkeit und dem Umfang der Repopulierung.

In gleicher Weise wie die Früheffekte haben auch die Späteffekte eine zelluläre Basis, wobei daran zu denken ist, daß viele kritische Organe nur eine geringe oder gar keine Frühreaktion zeigen, wohl dagegen eine Spätreaktion. Die histologischen Veränderungen sind ausführlich von RUBIN und CASARETT (1968) beschrieben worden. Allgemein wird der Verlust von Parenchymzellen und eine Schädigung der Gefäße beobachtet. Die Ursache der letzteren Schäden wird in einer verminderten Proliferation des Gefäßendothels gesehen, die infolge eines sehr geringen Zellumsatzes erst spät beobachtet wird. Die Folgen einer mangelhaften Gefäßvorsorgung sind sehr vielfältig. Der Verlust von Parenchymzellen, der einerseits durch eine direkte Strahlenwirkung, andererseits durch eine vasale Mangelversorgung auftreten kann, wird durch Bindegewebe ersetzt. Die Folge ist eine Fibrose als typischer Spätschaden.

Die oben erwähnten somatischen Schäden treten nach akuten, hohen Strahlenbelastungen auf. Nach niedrigen Strahlendosen oder Bestrahlung mit niedriger Dosisleistung treten vor allem Späteffekte wie Kanzerogenese, genetische Veränderungen und Lebenszeitverkürzung auf. Hier soll letzteres kurz angesprochen werden.

Nach einer niedrigen Strahlenbelastung verkürzt sich die Lebenserwartung kleiner Labortiere. Die Tiere scheinen sich nach der Bestrahlung zunächst völlig zu erholen, alle akuten Symptome verschwinden, die Tiere sterben aber eher als die unbestrahlten Kontrolltiere. ROTBLAT und LINDOP (1961) fanden eine Verkürzung der Lebenserwartung von Mäusen von 5,4% pro 1 Gy. Für verschiedene Mäusestämme wurden 3,2 bis 10,9% pro 1 Gy, für Ratten Werte zwischen 2,8 bis 4,9% pro 1 Gy, für Hunde 6,7% pro 1 Gy angegeben (UNSCEAR 1982). Die bestrahlten Tiere erscheinen älter als die nicht bestrahlten. Dieser Späteffekt wird auch als „strahleninduziertes Altern" bezeichnet. CASARETT (1964) betrachtet diesen Prozeß aus histopathologischer Sicht: durch eine Abnahme der Parenchymzellen, der Verringerung der feinen Blutgefäße und durch eine Zunahme des Bindegewebes soll der Alterungsprozeß beschleunigt werden. Das Muster der üblichen Erkrankungen ist dabei unverändert. Der vorzeitige Alterungsprozeß bedingt einen früheren Todeseintritt. Neben dem „strahlenbedingten Alterungsprozeß" wurde deshalb auch der Begriff „unspezifische Lebensverkürzung" geprägt. Die Hypothese von CASARETT ist aber nur eine von vielen. Insbesondere besteht die Schwierigkeit den Begriff des „Alterns" genau zu definieren. Nur sehr wenig ist bisher über die Ursache des Alterns bekannt. Deshalb ist es problematisch von einem „unspezifischen" Alterungsprozeß zu sprechen und ihn somit gegen einen „spezifischen" abzugrenzen. Genetische Faktoren, Umwelteinflüsse und Geschlecht spielen ebenfalls eine Rolle. Die ganze Problematik dieses Gebietes wird sehr ausführlich im Bericht der Vereinten Nationen (UNSCEAR 1982) behandelt. Abzugrenzen von der unspezifischen Lebenszeitverkürzung ist die vorzeitige Todesursache durch strahleninduzierte Malignome, die hier nicht behandelt wird.

Literatur

Adams GE, Michael BD, Asquuith JC, Shenoy MA, Watts ME, Williams DW (1975) Rapid-mixing studies on the time scale of radiation damage in cells. In: Nygaard OF, Adler HJ, Sinclair WK (eds) Radiation research, biomedical chemical and physical perspectives. Academic Press, New York London, p 478

Alper T (1979) Cellular radiobiology, Cambridge University Press, Cambridge London New York Melbourne

Alper T, Howard-Flanders P (1956) The role of oxygen in modifying the radiosensitivity of E coli. Nature 178:978–979

Altman KJ, Gerber GB. Okada S (1970) Radiation biochemistry. Academic Press, New York London

Andreeff M (1975) Impulscytophotometrie. Springer, Berlin Heidelberg New York

Bacq ZM (1965) Chemical protection against ionizing radiation. Thomas, Springfield/Ill

Barendsen GW (1962) Dose-survival curves of human cells in tissue culture irradiated with α-, β-, 20 kV X-, and 200 kV X-radiation. Nature 193:1153–1155

Barendsen GW, Broerse JJ (1970) Experimental radiotherapy of a rat rhabdomyosarcoma with 15 MeV neutrons and 300 kV X-rays. Eur J Cancer 6:89–109

Bauer KD, Dethlefsen LA (1981) Control of cellular proliferation in HeLa-S3 suspension cultures. Characterization of cultures utilizing acridine orange staining procedures. J Cell Physiol 108:99–112

Bedford JS, Mitchell JB (1973) Dose-rate effects in synchronous mammalian cells in culture. Radiat Res 54:316–327

Bergonié J, Tribondeau L (1906) Une interpretation de quelques resultats de la radiothérapie et essai de fixation d'une technique rationelle. C R Acad Sci [D] (Paris) 143:983–985

Berry RJ, Hall EJ, Cavanagh J (1970) Radiosensitivity and the oxygen effect for mammalian cells cultured in vitro in stationary phase. Br J Radiol 43:81–90

Betz EH (1974) Morphologische Veränderungen des lymphatischen Systems nach Bestrahlung. In:

Kärcher KH, Streffer C (Hrsg) Die Strahlenwirkung auf das Lymphosystem. Springer, Berlin Heidelberg New York, p 29

Beuningen D van, Streffer C, Berthold G (1981) Mikronukleusbildung im Vergleich zur Überlebensrate von menschlichen Melanomzellen nach Röntgen-, Neutronenbestrahlung und Hyperthermie. Strahlentherapie 157:600–606

Bond VP, Fliedner TM, Archambeau JO (1965) Mammalian radiation lethality: a disturbance in cellular kinetics. Academic Press, New York London

Braun H (1965) Beiträge zur Histologie und Zytologie des bestrahlten Thymus. III. Mitteilung: Die Wirkung subletaler Dosen. Strahlentherapie 126:236–246

Braun H (1967) Beiträge zur Histologie und Zytologie des bestrahlten Thymus. Strahlentherapie 133:411–421

Brenk HAS van den, Sharpington C, Orton C, Stone M (1974) Effects of X-radiation on growth and function of the repair blastema (granulation tissue). II. Measurements of angiogenesis in the selye pouch in the rat. Int J Radiat Biol 25:277–289

Brown SO, Krise GM, Pace HB, Boer J de (1964) Effect of continuous radiation on reproduction capacity and fertility of the albino rat and mouse. In: Carlson WD, Gasner FX (eds) Effects of ionizing radiation on the reproductive system. Pergamon Press, New York, p 1101

Cairnie AB, Lala PK, Osmond DG (1976) Stem cells of renewing cell populations. Academic Press, New York San Francisco London

Carr FJ, Fox BW (1978) Flow cytofluorimetric examination of changes in mammalian cell DNA denatured in situ following irradiation. Int J Radiat Biol 34:549

Casarett GW (1964) Similarities and contrasts between radiation and time pathology. Adv Gerontol Res 1:109–163

Chadwick KH, Leenhouts HP (1973) A molecular theory of cell survival. Phys Med Biol 18:78–87

Chadwick KH, Leenhouts HP (1981) The molecular theory of Radiation Biology. Springer, Berlin Heidelberg New York

Chapman JD, Gillespie CJ (1981) Radiation-induced

events and their times scale in mammalian cells. In: Lett JT, Adler H (eds) Adv in radiation biology, vol 9. Academic Press, New York London Toronto Sydney San Francisco, p 143

Chapman JD, Gillespie CJ, Reuvers AP, Dugle DL (1975) The inactivation of chinese hamster cells by X-rays: The effects of chemical modifiers on single and double events. Radiat Res 64:365–375

Coultas PG, Ahier RG, Field SB (1981) Effect of neutron and X-irradiation on cell proliferation in mouse lung. Radiat Res: 516–528

Countryman PJ, Heddle JA (1976) The production of micronuclei from chromosome aberrations in irradiated cultures of human lymphocytes. Mutat Res 41:321–332

Cullen BM, Lansley I (1974) The effect of pre-irradiation growth conditions on the relative radiosensitivities of mammalian cells at low oxygen concentration. Int J Radiat Biol 26:579–588

Denekamp J (1973) Changes in the rate of repopulation during multifraction irradiation of mouse skin. Br J Radiol 46:381–387

Denekamp J (1975) Changes in the rate of proliferation in normal tissues after irradiation. In: Nygaard OF, Adler HI, Sinclair WK (eds) Radiation research. Academic Press, New York San Francisco London, p 810

Denekamp J, Thomlinson RH (1971) The cell proliferation kinetics of four experimental tumours after acute X-irradiation. Cancer Res 31:1279–1284

Denekamp J, Ball MM, Fowler JE (1969) Recovery and repopulation in mouse skin as a function of time after X-irradiation. Radiat Res 37:361–370

Dertinger H, Hülser D (1981) Increased radioresistance of cells in cultured multicell spheroids. I. Dependence on cellular interaction. Radiat Environ Biophys 19:101–107

Dertinger H, Jung H (1969) Molekulare Strahlenbiologie. Heidelberger Taschenbücher Bd 57/58. Springer, Berlin Heidelberg New York

Dittrich W, Göhde W (1969) Impulsfluorometrie bei Einzelzellen in Suspension. Z Naturforsch [B] 24:360–361

Djordjević B, Tolmach LJ (1967) Responses of synchronous populations of HeLa cells to ultraviolet irradiation at selected stages of the generation cycle. Radiat Res 32:327–346

Dugle DL, Gillespie CJ, Chapman JD (1976) DNA strand breaks, repair, and survival in X-irradiated mammalian cells. Proc Natl Acad Sci USA 73:809–812

Durand RE, Sutherland RM (1972) Effects of intercellular contact on repair of radiation damage. Exp Cell Res 71:75–80

Dutreix J, Wambersie A, Bounik C (1973) Cellular recovery in human skin reactions: Application to dose fraction number overall time relationship in radiotherapy. Eur J Cancer 9:159–167

Eldjarn L, Pihl A (1960) Mechanism of protective and sensitizing action. In: Errera M, Forssberg A (eds) Mechanisms in radiobiology, Bd II. Academic Press, New York, p 231

Elkind MM, Sutton H (1960) Radiation response of mammalian cells grown in culture. I. Repair of X-ray damage in surviving chinese hamster cells. Radiat Res 13:556–593

Elkind MM, Whitmore GF (1967) The radiobiology of cultured mammalian cells. Gordon and Breach, New York

Elkind MM, Whitmore GF, Alescio T (1964) Actinomycin D: suppression of recovery in X-irradiated mammalian cells. Science 143:1454–1457

Elkind MM, Sutton-Gilbert H, Moses WB, Alescio T, Swain RW (1965) Radiation response of mammalian cells grown in culture. V. temperature dependence of the repair of X-ray damage in surviving cells (aerobic and hypoxic). Radiat Res 25:359–376

Elkind MM, Sutton-Gilbert H, Moses WB, Kamper C (1967) Sublethal and lethal radiation damage. Nature 214:1088–1092

Feinendegen LE (1979) Radiation problems in fusion energy production. In: Okada S, Imamura M, Terashima T, Yamaguchi Y (eds) Radiation research. Toppan Printing, Tokyo, p 32

Field SB, Hornsey S (1974) Damage to mouse lung with neutron and X-rays. Eur J Cancer 10:621–627

Field SB, Hornsey S (1977) Repair in normal tissues and the possible relevance to radiotherapy. Strahlentherapie 153:371–379

Field SB, Hornsey S, Kutsutani Y (1976) Effects of fractionated irradiation on mouse lung and a phenomenon of slow repair. Br J Radiol 49:700–707

Fonck K, Konings AWT (1978) The effect of vitamin E on cellular survival after X irradiation of lymphoma cells. Br J Radiol 51:832–833

Fowler JF, Denekamp J, Delapeyre C, Harris SR, Skeldon PW (1974) Skin reactions in mice after multifraction X-irradiation. Int J Radiat Biol 25:213–223

Fu K, Phillips TL, Kane LJ, Smith V (1975) Tumor and normal tissue response to irradiation in vivo: Variation with decreasing dose rates. Radiology 114:709–716

Generoso WM, Shelby MD, Serres FJ de (1980) DNA repair and mutagenesis in eukaryotes. Plenum Press, New York London

Goodhead DT (1971) Inactivation and mutation of cultured mammalian cells by aluminium characteristic ultra soft X-rays. III. Implications of the theory of dual radiation action. Int J Radiat Biol 32:43–70

Goodhead DT (1979) Models of radiation inactivation and mutagenesis. In: Meyn RE, Withers HR (eds) Radiation biology in cancer research. Raven Press, New York, p 231

Guichard M, Jensen G, Meister A, Malaise EP (1983) Depletion of glutathione synthesis by buthionine sulfoximine decreases the oxygen enhancement ratio of V79 cells. Radiat Res 94:613

Hahn GM, Little JB (1972) Plateau phase cultures of mammalian cells. Curr Top Radiat Res 8:39–83

Hahn GM, Stewart JR, Yang S-J. Parker V (1968) Chinese hamster cell monolayer cultures. I. Changes in cell dynamics and modifications of the cell cycle with the period of growth. Exp Cell Res 49:285–292

Hall EJ (1972) Radiation dose-rate: a factor of importance in radiobiology and radiotherapy. Br J Radiol 45:81–97

Hall EJ (1978) Radiobiology for the radiologist. Harper and Row, Hagerstown/Maryland

Han A, Elkind MM (1977) Additive action of ionizing and non-ionizing radiations throughout the chinese hamster cell-cycle. Int J Radiat Biol 31:275–282

Han A, Sinclair WK, Kimbler BE (1976) The effect of N-ethylmaleimide on the response to X-rays of synchronized HeLa cells. Radiat Res 65:337–350

Hanawalt PhC, Cooper PK, Ganesau AK, Smith ChA (1979) DNA repair in bacteria and mammalian cells. Ann Rev Biochemistry 48:783

Heineke H (1904) Über die Einwirkung der Röntgenstrahlen auf innere Organe. Muench Med Wochenschr 51:785

Hesslewood JP (1978) DNA strand breaks in resistant and sensitive murine lymphoma cells detected by the hydroxylapatite chromatographic technique. Int J Radiat Biol 34:461–469

Hidvegi EJ, Holland J, Streffer C, Beuningen D van (1978) Biochemical phenomena in ionizing irradiation of cells. In: Busch H (ed) Methods in cancer research, vol 25. Academic Press, New York San Francisco London, p 187

Holthusen H (1921) Beiträge zur Biologie der Strahlenwirkung. Untersuchungen an Askarideneiern. Pflügers Arch Ges Physiol 187:1–24

Hopwood LE, Tolmach LJ (1979) Manifestation of damage from ionizing radiation in mammalian cells in the post-irradiation generations. In: Lett JT, Adler H (eds) Adv in radiat biol, Bd 8. Academic Press, New York London Toronto Sidney San Francisco, p 317

Hornsey S (1972) The radiation response of human malignant melanoma cells in vitro and in vivo. Cancer Res 32:650–651

Hornsey S (1973) The radiosensitivity of the intestine. In: Braun H, Henck F, Ladner H-A, Messerschmidt O, Musshoff K, Streffer C (eds) Strahlenempfindlichkeit von Organen und Organsystemen der Säugetiere und des Menschen. Thieme, Stuttgart, p 78

Howard A, Pelc SR (1953) Synthesis of DNA in normal and irradiated cells and its relation to chromosome breakage. Heredety 6:261–273

Isaacs JT, Binkley F (1977) Cyclic-AMP-dependent

control of the rat hepatic glutathione disulfide-sulfhydryl-ratio. Biochim Biophys Acta 498:29–38

Jain VK, Pohlit W (1973) Influence of energy metabolism on the repair of X-ray damage in living cells. II. Split dose recovery, liquid holding reactivation and division delay reversal in stationary populations of yeast. Biophysik 9:155–165

Jung H (1978) Eine einfache Anordnung zum Auszählen von Zellkolonien. Leitz-Mitt Wiss und Techn 4 (4):102–103

Jüngling O, Langendorff H (1932) Über die Wirkung zeitlich verteilter Dosen auf den Kernteilungsablauf von Vicia faba. Strahlentherapie 44:771–782

Kellerer AM, Rossi HH (1972) The theory of dual radiation action. Curr Top Radiat Res 8:85–158

Kellerer AM, Rossi HH (1978) A generalized formulation of dual radiation action. Radiat Res 75:471–488

Kiefer J (1971) The importance of cellular energy metabolism for sparing effect at dose fractionation with electrons and ultra-violet light. Int J Radiat Biol 20:325–336

Kiefer J (1981) Biologische Strahlenwirkung. Springer, Berlin Heidelberg New York

Konings AWT, Drijver EB (1979) Radiation effects on membranes. I. Vitamin E deficiency and lipid peroxidation. Radiat Res 80:494–501

Konings AWT, Damen J, Trieling WB (1979) Protection of liposomal lipids against radiation induced oxidative damage. Int J Radiat Biol 35:343–350

Körner I, Walicka M, Malz W, Beer JZ (1977) DNA repair in two L5178 Y cell lines with different X-ray sensitivities. Stud Biophys 61:141–149

Krönig S, Friedrich W (1918) Physikalische und biologische Grundlagen der Strahlentherapie. Sonderband Strahlentherapie. Urban & Schwarzenberg, München

Lajtha LG, Oliver R (1961) Some radiobiological considerations in radiotherapy. Br J Radiol 34:252–257

Lange CS (1975) The repair of DNA double-strand breaks in mammalian cells and the organization of the DNA in their chromosomes. Basic Life Sci 5B:677–683

Langendorff H, Langendorff M (1973) Weitere Untersuchungen über die Beziehungen der Strahlenempfindlichkeit eines höheren Organismus zum Adenylat-Cyclase-System seiner Zellen. Strahlentherapie 146:436–443

Leuthauser SWC, Oberley LW (1978) Modification of radiation response of a solid tumor by superoxide dismutase. Radiat Res 74:541–542

Littbrand B, Revesz L (1969) The effect of oxygen on cellular survival and recovery after irradiation. Br J Radiol 42:914–924

Little JB (1970) Irradiation of primary human amnion cell culture: Effects on DNA-synthesis and progression through the cell cycle. Radiat Res 44:674–699

Little JB (1971) Repair of potentially lethal radiation damage in mammalian cells: enhancement by conditioned medium from stationary cultures. Int J Radiat Biol 20:87–92

Madoc-Jones H (1964) Variations in radiosensitivity of a mammalian cell line with phase of growth cycle. Nature 203:983–984

Malaise EP, Charbit A, Chavaudra N, Combes PF, Douchez J, Tubiana M (1972) Change in volume of irradiation human metastasis. Investigation of repair of sublethal damage and tumour repopulation. Br J Cancer 26:43–52

Melching H-J, Streffer C (1966) Zur Beeinflussung der Strahlenempfindlichkeit von Säugetieren durch chemische Substanzen. In: Jucker E (ed) Fortschritte der Arzneimittelforschung, Bd 9. Birkhäuser, Basel Stuttgart, p 11

Michael BD, Harrop HA, Maughan RL, Patel KB (1978) A fast kinetics study of the modes of action of some different radiosensitizers in bacteria. Br J Cancer [Suppl 3] 37:29–33

Midander J, Revesz L (1980) The micronucleus (MN) in irradiated cells as a measure of survival. Br J Cancer 41:204

Millar BC, Fielden EM, Steele JJ (1979) A biphasic radiation survival response of mammalian cells to molecular oxygen. Int J Radiat Biol 36:177–180

Mitznegg P, Heim F, Hach B, Säbel M (1971) The effect of ageing, caffeine treatment, and ionizing radiation on nucleic acid synthesis in the mouse liver. Life Sci Part II 10:1281–1292

Molls M, Streffer C, Zamboglou N (1981) Micronucleus formation in preimplanted mouse embryos cultured in vitro after irradiation with X-rays and neutrons. Int J Radiat Biol 39:307–314

Molls M, Weißenborn U, Streffer C (1982) Bestrahlung von Mäuseembryonen des Pronukleus- und 2-Zell-Stadiums: die Abhängigkeit der Mikronukleusbildung und Zellvermehrung von DNA-Gehalt und Zellzyklusphase. Strahlentherapie 158:504–512

Molls M, Streffer C, Fellner B, Weißenborn U (1983) Development of cytogenetic effects and recovery after irradiation of preimplantation mouse embryos. Proceedings EULEP-Symposium 17th annual meeting of the European Society for Radiation Biology, Bordeaux (1982), im Druck

Moore JL, Pritchard JAV, Smith CW (1972) Oxygen equilibration in the determination of K for HeLa S$_3$ (OXF). Int J Radiat Biol 22:149–158

McNally NJ (1982) Cell survival. In: Pizzarello DJ (ed) Radiation biology. CRC Press, Boca Raton, Florida, p 27

McNally NJ, Ronde J de (1976) The effect of repeated small doses of radiation on recovery from sublethal damage by Chinese hamster cells irradiation in the plateau phase of growth. Int J Radiat Biol 29:221–234

Ohyama H, Yamada T (1973) X-ray modification of the allosteric functions of rat thymocyte phosphofructokinase. Biochim Biophys Acta 302:261–266

Ohyama H, Yamada T, Watanabe I (1981) Cell volume reduction associated with interphase death in rat thymocytes. Radiat Res 85:333–339

Petkau A, Chelack WS, Pleskach SD (1976) Protection of post-irradiated mice by superoxide dismutase. Int J Radiat Biol 29:297–299

Phillips RA, Tolmach LJ (1966) Repair of potentially lethal damage in X-irradiated HeLa cells. Radiat Res 29:413–432

Puck TT, Marcus PI (1955) A rapid method for viable cell titration and clone production with HeLa cells in tissue culture: the use of X-irradiated cells to supply conditioning factors. Proc Natl Acad Sci 41:432–437

Quastler H (1945) Studies on Roentgen death in mice. Am J Roentgenol 54:449–456

Raaphorst GP, Dewey WC (1979) A study of the repair of potentially lethal and sublethal radiation damage in Chinese hamster cells exposed to extremely hypo- or hypertonic NaCl solutions. Radiat Res 77:325–340

Redpath JL, Patterson LK (1978) The effect of membrane fatty acid composition on the radiosensitivity of E coli. Radiat Res 75:443–447

Regaud C (1922) Distribution chronologique rationelle d'un traitement de cancer épithélial par les radiation. C R Soc Biol (Paris) 86:1085–1088

Reinhardt RD, Pohlit W (1976) Influence of intracellular adenosine-triphosphate concentration on survival of yeast cells following X-irradiation. In: Kiefer J (ed) Radiation and cellular control prozesses. Springer, Heidelberg New York, p 117

Reinhold HS, Buisman GH (1975) Repair of radiation damage to capillary endothelium. Br J Radiol 48:727–731

Revesz L, Modig H (1965) Cysteamine-induced increase of cellular glutathione-level: A new hypothesis of the radioprotective mechanism. Nature 207:430–431

Rotblat J, Lindop P (1961) Long-term effects of a single whole-body exposure of mice to ionizing radiations. II. Causes of death. Proc R Soc Lond (Biol) 154:350–368

Rubin P, Casarett GW (1968) Clinical radiation pathology. Saunders, Philadelphia

Sanner T, Pihl A (1972) Effect of X-rays on the regulatory functions of glutamate dehydrogenase from beef liver. Radiat Res 51:155–166

Simons JWIM (1979) Development of a liquid-holding technique for the study of DNA-repair in human diploid fibroblasts. Mutat Res 59:273–283

Sinclair WK (1972) Cell cycle dependence of the lethal radiation response in mammalian cells. Curr Top Radiat Res 7:264–285

Sinclair WK, Morton RA (1966) X-ray sensitivity during the cell generation cycle of cultured chinese hamster cells. Radiat Res 29:450–474

Streffer C (1969) Strahlen-Biochemie. Heidelberger Taschenbücher 59/60. Springer, Berlin Heidelberg New York

Streffer C (1980) Biologische Grundlagen der Strahlentherapie. In: Scherer E (ed) Strahlentherapie. Springer, Berlin Heidelberg New York, p 196

Streffer C, Beisel P (1974) Radiation effects on NAD- and DNA-metabolism in mouse spleen. FEBS Lett 44:127–130

Streffer C, Schafferus S (1971) The induction of liver enzymes by cortisol after combined treatment of mice with X-irradiation and inhibitors of protein synthesis. Int J Radiat Biol 20:301–313

Streffer C, Beuningen D van, Elias S (1977) Comparative effects of tritiated water and thymidine on the preimplanted mouse embryos in vitro. Curr Top Radiat Res 12:182–193

Streffer C, Beuningen D van, Molls M, Zamboglou N, Schulz S (1980) Kinetics of cell proliferation in the preimplanted mouse embryo in vivo and in vitro. Cell Tissue Kinet 13:135–143

Suit HD (1973) Radiation biology: A basis for radiotherapy. In: Fletcher GH (ed) Textbook of radiotherapy, 2nd edn. Lea and Febinger, Philadelphia, p 75

Szumiel I (1981) Intrinsic radiosensitivity of proliferating mammalian cells. In: Lett JT, Adler H (eds) Adv in radiat biology, Bd 9. Academic Press, New York London Toronto Sidney San Francisco, p 281

Taylor IW, Bleehen NM (1977) Changes in sensitivity to radiation and ICRF 159 during the life of monolayer cultures of EMT 6 tumour line. Br J Cancer 35:587–594

Terasima T, Tolmach LJ (1963) Variation in several responses of HeLa cells to X-irradiation during the division cycle. Biophys J 3:11–33

Thomlinson RH, Gray LH (1955) The histological structure at some human lung cancers and possible implications for radiotherapy. Br J Cancer 9:539–549

Till JE, McCulloch EA (1963) Early repair processes in marrow cells irradiated and proliferating in vivo. Radiat Res 18:96–105

Trott K-R (1972) Strahlenwirkung auf die Vermehrung von Säugetierzellen. In: Diethelm L, Olson O, Strand F, Vieten H, Zuppinger A (eds) Handbuch der Medizinischen Radiologie. Springer, Berlin Heidelberg New York, p 43

Tubiana M (1971) The kinetics of tumour cell proliferation and radiotherapy. Br J Radiol 44:225–247

Tubiana M (1973) Clinical data and radiobiological bases for radiotherapy. Curr Top Radiat Res 9:109–118

Underbrink AG, Pond V (1976) Cytological factors and their predictive role in comparative radiosensitivity: A general summary. Curr Topics Radiat Res 11:251–306

United Nations Scientific Committee on the Effects of Atomic Radiation (UNSCEAR) (1982) Ionizing Radiation: Sources and Biological Effects. United Nations, New York

Utsumi H, Elkind MM (1979) Potentially lethal damage versus sublethal damage: Independent repair processes in actively growing chinese hamster cells. Radiat Res 77:346–360

Virsik RP, Harder D (1981) Statistical interpretation of the overdispersed distribution of radiation-induced dicentric chromosome aberrations at high LET. Radiat Res 85:13–23

Warters RL, Hofer KG, Harris CR, Smith JM (1977) Radionuclide toxicity in cultured mammalian cells: Elucidation of the primary site of radiation damage. Curr Top Radiat Res 12:389–407

Watts ME, Maughan RL, Michael BD (1978) Fast kinetics of the oxygen effect in irradiated mammalian cells. Int J Radiat Biol 33:195–209

Weichselbaum RR, Nove J, Little JB (1978) Deficient recovery from potentially lethal radiation damage in ataxia telangiectasia and xeroderma pigmentosum. Nature 271:261–262

Wideroe R (1971) Various examples from cellular kinetics showing how radiation quality can be analysed and calculated by the two-component theory of radiation. In: International Atomic Energy Agency Wien (ed) Biophysical aspects of radiation quality, p 311

Wideroe R (1975) Problems and trends in radiotherapeutic treatment of deep-seated tumors. Radiol Clin 44:112–141

Withers HR (1967) The dose survival relationship for irradiation of epithelial cells of mouse skin. Br J Radiol 40:187–194

Withers HR, Elkind MM (1969) Radiosensitivity and fractionation response of crypt cells of mouse jejunum. Radiat Res 38:598–613

Yamada T, Ohyama H (1980) Changes in surface morphology of rat thymocytes accompanying interphase death. J Radiat Res 21:190–196

Yamada T, Ohyama H, Kinjo Y, Watanabe M (1981) Evidence for the internucleosomal breakage of chromatin in rat thymocytes irradiated in vitro. Radiat Res 85:544–553

Yatvin MB (1976) Evidence that survival of γ-irradiated Escherichia coli is influenced by membrane fluidity. Int J Radiat Biol 30:571–575

2. Biologische Wirkung dicht ionisierender Teilchenstrahlen

Von

H. JUNG

Mit 21 Abbildungen und 1 Tabelle

A. Einleitung

Werden biologische Objekte mit Strahlen unterschiedlicher Art (Photonen oder Teilchen unterschiedlicher Ladung) oder verschiedener Energie bestrahlt, so kann die Wirkung bei gleicher absorbierter Dosis unterschiedlich stark ausgeprägt sein, d.h. um gleiche Wirkung zu erzielen, sind unterschiedlich hohe Strahlendosen erforderlich. Aufgrund der großen Fortschritte auf dem Gebiet der Beschleuniger-Technologie steht heutzutage dem strahlenbiologischen Experimentator eine breite Palette verschiedenster Strahlenarten zur Verfügung, die Röntgenstrahlen mit Energien von 1,5 keV bis zu mehreren GeV, Neutronen sowie geladene Teilchen von Elektronen bis zu beschleunigten Uran-Kernen umfaßt. Entsprechend breit ist auch das Spektrum der strahlenbiologischen Befunde, die bisher nach Einwirkung verschiedener Strahlenarten an einer Vielzahl biologischer Objekte erhoben wurden. Deshalb erschien es angebracht, den strahlenbiologischen Besonderheiten dicht ionisierender Strahlen im Rahmen dieses Handbuches ein separates Kapitel zu widmen. Da der Umfang dieses Beitrags vorgegeben war, wurde bewußt darauf verzichtet, die gesamte Strahlenbiologie für dicht ionisierende Strahlen in komprimierter Form abzuhandeln. Denn bei der Menge der vorliegenden experimentellen Daten wäre daraus im wesentlichen eine Aufzählung diverser Befunde geworden, was die Lesbarkeit stark eingeschränkt hätte.

Deshalb werden im folgenden nur diejenigen physikalischen, biophysikalischen und strahlenbiologischen Gesetzmäßigkeiten näher beschrieben, die für das Verständnis der Inaktivierung von Säugerzellen durch Strahlen hoher Ionisierungsdichte wesentlich sind. Denn die Zellabtötung ist nicht nur bei der Strahlentherapie maligner Tumoren, sondern auch was die Strahlenschädigung der verschiedenen Organe anbelangt, der auslösende und damit wichtigste Prozeß. Bei dieser thematischen Beschränkung mußten allerdings so wichtige Phänomene, wie die genetischen, kanzerogenen oder teratogenen Strahlenwirkungen, die beispielsweise für die Abschätzung von Strahlenrisiken wesentlich wichtiger sind als die Zellinaktivierung, unerwähnt bleiben. Der interessierte Leser sei auf den letzten Bericht der Vereinten Nationen (UNSCEAR 1982) verwiesen, der für den Einstieg in diese Themenbereiche als Nachschlagewerk und Literaturquelle dienen kann.

Bei der Darstellung der verschiedenen experimentellen Befunde, die für die biologische Wirkung dicht ionisierender Strahlen charakteristisch sind, wurde auf die jeweilige Versuchsmethodik nicht näher eingegangen. Die Standardmethoden sind in Kapitel 1 dieses Handbuches sowie in zahlreichen Übersichten dargestellt (z.B. ELKIND u. WHITMORE 1967; HALL 1978; STREFFER 1980; TROTT 1972), die speziellen Methoden können den jeweils angegebenen

Originalarbeiten entnommen werden. Auch die speziellen Reaktionen der verschiedenen Organe wurde hier nicht im einzelnen abgehandelt, da dies den nachfolgenden Kapiteln dieses Handbuches vorbehalten bleibt.

B. Übertragung von Strahlungsenergie

I. Physik der Strahlenabsorption

Man unterscheidet zwei Arten von ionisierenden Strahlen, und zwar *indirekt ionisierende Strahlen*, wozu Röntgenstrahlen, Gammastrahlen und Neutronen gehören, und *direkt ionisierende* Strahlen, die Elektronen, Protonen, Alphateilchen, schwere Ionen und negative Pi-Mesonen umfassen; zu dieser zweiten Gruppe gehören noch einige weitere „exotische" Strahlenarten, die jedoch für Strahlenbiologie, Strahlentherapie und Strahlenschutz ohne Bedeutung sind. Röntgen- und Gammastrahlen (elektromagnetische Wellenstrahlen) übertragen ihre Energie über Photoeffekt, Compton-Effekt und (bei genügend hoher Energie) über Paarbildungs-Effekt an Sekundär-Elektronen, wodurch die primäre Photonen-Strahlung mit Ausnahme der anfänglichen Region des Dosis-Aufbaus exponentiell mit der Eindringtiefe geschwächt wird. Die ungeladenen Neutronen (Teilchenstrahlung) übertragen ihre kinetische Energie zu 80–90% an Wasserstoffkerne (sog. „Rückstoß-Protonen") und zu einem kleineren Teil an schwerere Atomkerne (in biologischem Gewebe vorwiegend Kohlenstoff, Stickstoff und Sauerstoff). Die biologischen Wirkungen von Röntgen- und Gammastrahlung bzw. Neutronen rühren praktisch ausschließlich von den Sekundär-Elektronen bzw. Rückstoßkernen her, die von der Primärstrahlung im Gewebe ausgelöst werden. Daraus wird deutlich, daß unabhängig davon, womit primär bestrahlt wird, die beobachteten biologischen Wirkungen *aller* Strahlenarten von schnell bewegten geladenen Teilchen herrühren. Der wesentliche Unterschied zwischen den verschiedenen Strahlenarten beruht auf der pro Wegstrecke abgegebenen Energie.

Abb. 1 zeigt die Beziehung zwischen Teilchenenergie und *Reichweite* in Wasser für Elektronen, Protonen und einige schwerere Teilchen. Da biologisches Material pro Gramm etwa dieselbe Anzahl von Elektronen enthält wie Wasser (vgl. DERTINGER u. JUNG 1969, Tabelle 3), gelten diese Kurven auch für organisches Material und Weichteilgewebe, wobei allerdings noch die unterschiedliche Dichte der einzelnen Materialien zu berücksichtigen ist. Die Abbildung soll zweierlei verdeutlichen: 1. Da die Reichweiten der verschiedenen Teilchen bei ein und derselben Energie sich um mehrere Größenordnungen unterscheiden, wird die Energieabgabe pro Wegstrecke in etwa demselben Maße variieren. 2. Für die Strahlentherapie

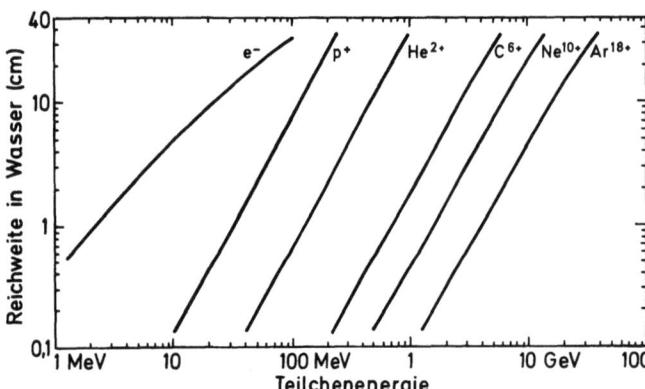

Abb. 1. Reichweite von Elektronen (e⁻), Protonen (p⁺), Alphateilchen (He²⁺) sowie Kohlenstoff-, Neon- und Argon-Ionen in Wasser bzw. in organischem Material der Dichte $\rho = 1$ g/cm³ als Funktion ihrer kinetischen Energie

maligner Tumoren sind Reichweiten in der Größenordnung von 15–20 cm erforderlich; um schwere Ionen für diese Zwecke einsetzen zu können, benötigt man gewaltige Energien im GeV-Bereich (Milliarden Elektron-Volt).

Der differentielle Energieverlust eines geladenen Teilchens, d.h. die Energieabgabe pro Wegstrecke, wird durch die bekannte BETHE-BLOCH-Formel beschrieben:

$$\frac{dE}{dx} = \frac{4 \cdot \pi \cdot e^2 \cdot (z \cdot e)^2}{m_0 \cdot v} \cdot n \cdot Z \cdot B. \tag{1}$$

Dabei bedeuten E die jeweilige Energie des Teilchens, x die Entfernung entlang der Teilchenbahn, e und m_0 die Ladung und Ruhemasse des Elektrons, v und $z \cdot e$ die Geschwindigkeit und Ladung des Teilchens, n und Z die Zahl der Atome pro cm^3 und die effektive Kernladungszahl des absorbierenden Mediums. Der Faktor B, der in jedem Physikbuch nachgeschlagen werden kann, berücksichtigt relativistische Effekte, die erst bei Teilchengeschwindigkeiten in der Nähe der Lichtgeschwindigkeit zum Tragen kommen.

Bei geringen Geschwindigkeiten nehmen geladene Teilchen Elektronen von dem absorbierenden Material auf, wodurch sich die Ladung des Teilchens und damit sein Ionisationsvermögen verringert (vgl. DERTINGER u. JUNG 1969; S. 44f). Dieser Prozeß ist umso wahrscheinlicher, je langsamer sich das Teilchen bewegt. Dadurch geht der differentielle Energieverlust im Bereich kleiner Energien über ein Maximum. Dieses sog. „Bragg-Maximum" ist aus Abb. 2 ersichtlich, wo der differentielle Energieverlust von Elektronen und Protonen als Funktion ihrer Energie dargestellt ist. Für Elektronen liegt dieses Maximum bei etwa 200 eV, für Protonen zwischen 50 und 100 keV. Der Wiederanstieg bei Protonenenergien unterhalb von 1 keV rührt von elastischen Kernstößen her, über deren biologische Wirkungen allerdings nur wenige Untersuchungen vorliegen (JUNG 1965, 1967; JUNG u. ZIMMER 1966; JUNG u. KÜRZINGER 1969). Der Wiederanstieg der Energieabgabe bei höheren Energien ist ein relativistischer Effekt, der durch den letzten Faktor B in der BETHE-BLOCH-Gleichung beschrieben wird.

Anhand der BETHE-BLOCH-Gleichung und der Abb. 2 können mehrere wichtige Zusammenhänge verdeutlicht werden: 1. Die differentielle Energieabgabe hängt nicht von der Masse sondern nur von der Ladung des betreffenden Teilchens ab. 2. Die Energieabgabe ist proportional zum Quadrat der Ladung des Ions $(z \cdot e)^2$. Somit hat ein Alphateilchen (He^{2+}) eine viermal und ein Ar^{18+}-Ion eine 324mal höhere Ionisationsdichte als ein Proton derselben

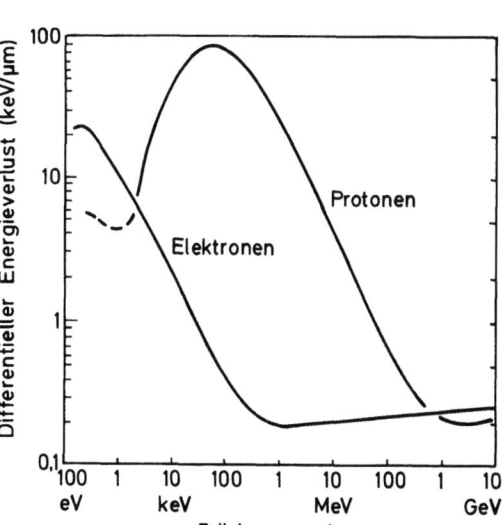

Abb. 2. Differentieller Energieverlust dE/dx von Elektronen und Protonen verschiedener Energie in Wasser. (Nach ICRU 16, 1970 sowie NEUFELD u. SNYDER 1961)

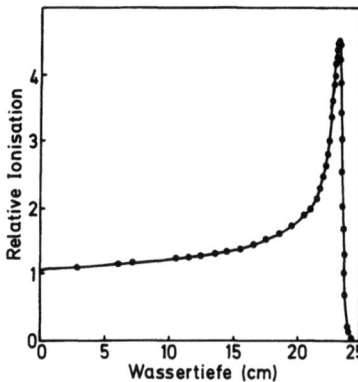

Abb. 3. Relative Ionisation im Zentrum eines auf 10 cm Durchmesser aufgefächerten Strahls von 187 MeV-Protonen als Funktion der Eindringtiefe in Wasser („Bragg-Kurve"). (Larsson 1961)

Geschwindigkeit. 3. Der differentielle Energieverlust ist umgekehrt proportional zum Quadrat der Geschwindigkeit, wodurch am Ende der Reichweite die Energieabgabe stark ansteigt, um jenseits des Bragg-Peaks wieder abzufallen. 4. Wenn die Geschwindigkeit des Teilchens sich an die Lichtgeschwindigkeit annähert, nimmt B zu und dE/dx steigt wieder an. Wie Abb. 2 zeigt, liegt dieser Minimalwert für Elektronen und Protonen bei etwa 0,2 keV/µm; dies ist die geringste differentielle Energieabgabe eines geladenen Teilchens, die überhaupt vorkommt. Für schwerere Teilchen nimmt der Minimalwert ebenfalls mit z^2 zu.

Man kann das Ionisationsvermögen entlang der Bahn eines geladenen Teilchens auch experimentell bestimmen, indem man beispielsweise Absorber unterschiedlicher Dicke in den Strahlengang bringt oder in unterschiedliche Tiefen eines Wasserphantoms die Ionisationsdichte mit einer sehr dünnen Ionisationskammer ausmißt. Die relative Ionisation eines Teilchenstrahls, dargestellt als Funktion der Eindringtiefe, nennt man eine „Bragg-Kurve". Da die absorbierte Dosis proportional zur Ionisation ist, hat die Bragg-Kurve praktisch denselben Verlauf wie die Tiefendosis-Verteilung. Wie Abb. 3 für Protonen zeigt, nimmt die Dosis zunächst nur langsam mit der Tiefe zu; dieser Bereich der Bragg-Kurve wird als „Plateau"-Region bezeichnet. Nach Überschreiten des „Bragg-Maximums" geht die Dosis schnell nach Null. Aus dem Kurvenverlauf wird deutlich, daß die meisten geladenen Teilchen in einem monoenergetischen Ionen-Strahl annähernd gleiche Weglängen zurücklegen, ehe sie im Gewebe zur Ruhe kommen. Da die Wechselwirkungen mit den Elektronen des bestrahlten Materials, bei denen die Energie übertragen wird, rein statistisch erfolgen, gibt es geringfügige Unterschiede in den Bahnlängen einzelner Teilchen. Diese Unterschiede, die „Reichweite-Streuung" (range straggling) genannt werden, betragen bei Protonen etwa 1% der mittleren Reichweite. Eine Bragg-Kurve ist somit eine Mittelung über eine große Anzahl einfallender Teilchen. Auf Grund der Reichweiten-Streuung und der endlichen Dicke der Ionisationskammer ist das gemessene Maximum (Abb. 3) stets breiter und im Vergleich zur Plateau-Region auch niedriger, als dies aus den theoretischen Kurven für den mittleren Energieverlust eines einzelnen Teilchens (Abb. 2) hervorgeht. Bei Elektronen ist die Reichweiten-Streuung außerordentlich groß. Dies führt dazu, daß die Anzahl der Elektronen mit der Tiefe über einen größeren Bereich kontinuierlich abnimmt und kein Bragg-Maximum auftritt.

II. Der lineare Energie-Transfer (LET)

Als Maß für die Energieabgabe pro Wegstrecke benutzt man in Strahlenbiologie und Strahlentherapie den linearen Energie-Transfer (LET). Die allgemein verwendete Einheit ist keV/µm, womit diejenige Energie (ausgedrückt in keV) bezeichnet wird, die pro Mikrometer Wegstrecke entlang der Bahnspur eines geladenen Teilchens abgegeben wird. Um von

Tabelle 1. Zusammenstellung der LET-Werte für einige Strahlenarten normiert auf eine Dichte $\rho = 1$ g/cm^3

Strahlenart	LET (keV/µm)
8 MeV-γ-Strahlung	0,2
^{60}Co-γ-Strahlung	0,3
200 keV-Röntgenstrahlung	2,5
1 MeV-Elektronen	0,2
14 MeV-Neutronen	12
340 MeV-Protonen	0,3
2 MeV-Protonen	17
27 MeV-α-Teilchen	25
5 MeV-α-Teilchen	90
2,5 MeV-α-Teilchen	165
4,8 GeV-Kohlenstoff-Ionen	12
20 GeV-Argon-Ionen	90
240 MeV-Argon-Ionen	2000
2 GeV-Uran-Ionen	15000

der Dichte des durchstrahlten Materials unabhängig zu sein, bezieht man sich meistens auf eine Dichte $\rho = 1$ g/cm^3. In Tabelle 1 sind die LET-Werte für einige Strahlenarten zusammengestellt. Der LET-Wert für harte γ-Strahlung beträgt 0,2 keV/µm, das ist der kleinste überhaupt mögliche Wert (vgl. Abb. 2). Mit zunehmender Ladung des ionisierenden Teilchens steigt der LET an und kann Werte erreichen, die um mehrere Größenordnungen über der Energieabgabe von Photonen-Strahlung liegen. Es ist somit zu erwarten, daß Strahlenarten mit so unterschiedlichen physikalischen Eigenschaften sich auch hinsichtlich ihrer biologischen Wirkungen unterscheiden. Die folgenden Abschnitte werden dies im einzelnen belegen.

Die Bahnen von energiereichen Elektronen, die beispielsweise von Röntgen- oder Gammastrahlung freigesetzt werden, bestehen aus einzelnen Primärereignissen, die räumlich voneinander getrennt auftreten. Deshalb werden Röntgenstrahlen, Gammastrahlen und Elektronen als „dünn ionisierende" Strahlen bezeichnet. Auf der anderen Seite werden von einem langsamen Alphateilchen so viele Ionisationen hervorgerufen, daß sie eine regelrechte Säule bilden. Alphateilchen und schwere Ionen werden deshalb „dicht ionisierende" Strahlen genannt. Schnelle Protonen sind dünn ionisierend, langsame Protonen und die Neutronen werden entweder als Teilchen mit intermediärer Ionisationsdichte bezeichnet oder der Hoch-LET-Strahlung zugerechnet.

Zum Unterschied vom linearen Bremsvermögen dE/dx, das den Energieverlust betrifft, den ein geladenes Teilchen im Mittel auf dem Weg dx erfährt, bezieht sich der LET auf die Energie, die auf das Material in einem anzugebenden örtlichen Bereich übertragen wird. Da alle Strahlenarten in Materie Sekundär-Elektronen höchst unterschiedlicher Energie (und einige Strahlenarten sogar unterschiedliche Sekundär-Teilchen) auslösen, stellt der LET eine durchschnittliche Größe dar. Sekundär-Elektronen, die besonders hohe Energiebeträge erhalten haben, bezeichnet man als Deltastrahlen; sie können Energie aus der unmittelbaren Nachbarschaft der Bahn des Primärteilchens wegführen. Diese Nachbarschaft kann auf zweierlei Weise definiert werden; zum einen durch Angabe einer Schwellenenergie für die δ-Strahlen (100 eV), zum anderen durch Festlegung eines geometrischen Radius. Beim LET wird die Energie-Definition benutzt, die zwar mathematisch handlicher, biologisch jedoch weniger bedeutsam ist als die Angabe einer geometrischen Grenze. Der Ausdruck LET$_{100}$ bedeutet die durchschnittliche Energieabgabe pro µm Bahnlänge, wobei nur diejenigen Wechselwirkungen berücksichtigt werden, bei denen nicht mehr als 100 eV an δ-Strahlen übertragen werden („Bahnkern-LET"). Der so definierte Durchmesser der Bahnspur variiert je nach Geschwindigkeit des geladenen Teilchens zwischen 2 und 10 nm (CHATTERJEE u. SCHÄFER 1976; CHATTERJEE u. MAGEE 1978). Der Ausdruck LET_∞ bedeutet die insgesamt pro Längeneinheit der Teilchenbahn abgegebene Energie; exakt heißt diese Größe „Gesamt-LET", wird aber der Einfachheit halber meist nur „LET" genannt. Der LET_{100} beträgt etwa 60% des Wertes des LET_∞, d.h. die energiereichen δ-Strahlen führen etwa 40% der Gesamtenergie von der eigentlichen Bahnspur eines geladenen Teilchens hinweg und geben sie in deren Umgebung ab. Damit bestehen die Bahnen schwerer geladener Teilchen aus einem „Bahnkern" von weniger als 10 nm Durchmesser, in dem die Ionisationsdichte außerordentlich hoch ist, und einem „Halbschatten", dessen Radius durch die Reichweite der δ-Strahlen bestimmt wird; dieser kann einige 100 µm und damit mehrere Zelldurchmesser erreichen. Es gibt also keine „reine" Hoch-LET-Strahlung, da die δ-Strahlen im „Halbschatten" eine geringe Ionisationsdichte haben. Folglich sind die meisten LET-Werte Mittelwerte über ein breites LET-Spektrum; und Mittelwerte über eine breite Verteilung sind immer problematisch! Es ist durchaus möglich, daß zwei verschiedene Strahlenarten mit demselben durchschnittlichen LET recht unterschiedliche biologische Wirkungen hervorrufen können. Beispielsweise besitzen α-Teilchen von wenigen MeV Energie („niederenergetische Hoch-LET-Strahlung") denselben LET wie Kohlenstoff-Ionen von einigen Hundert MeV („hochenergetische Hoch-LET-Strahlung"). Bei letzteren ist der „Halbschatten" größer als bei den relativ langsamen α-Teilchen und somit der Beitrag der dünn-ionisierenden δ-Strahlen größer als bei den Alphateilchen. Trotz der genannten Probleme, deren Reihe sich noch verlängern ließe (vgl. HALL 1978, S. 96), ist der LET eine nützliche Größe, um auf einfache und etwas naive Weise die Strahlenqualität von verschiedenen Arten ionisierender Photonen- und Partikelstrahlen zu charakterisieren.

III. Mikrodosimetrie

Wegen der erwähnten Schwierigkeiten mit dem Begriff des LET wurde in der Mikrodosimetrie das alternative Konzept der *linealen Energie y* entwickelt. Sie beschreibt diejenige Energie, die innerhalb eines kleinen kugelförmigen Volumens abgegeben wird, dividiert durch die mittlere Sehnenlänge der Kugel, welche gleichbedeutend mit der durchschnittlichen Länge aller Bahnspuren ist, die die Kugel rein statistisch verteilt durchqueren. Damit bedeutet y diejenige Energiemenge, die innerhalb eines biologischen Zielvolumens von fest vorgegebener Größe deponiert wird. Die Verteilung der linealen Energie kann mit einiger Mühe gemessen werden, indem man kugelförmige Proportionalzähler von einigen Zentimetern Durchmesser mit gewebeäquivalentem Gas bei hinreichend geringem Druck verwendet (ROSSI u. ROSENZWEIG 1955), wodurch Gewebevolumina mit Durchmessern zwischen Bruchteilen und einigen Vielfachen eines Mikrometers simuliert werden. Da y eine stochastische Größe ist, weist sie eine von der Größe des Volumens abhängige Zufallsverteilung auf; die relativen Abweichungen vom Mittelwert sind umso größer, je kleiner das gewählte Volumen, je kleiner die Dosis und je dichter ionisierend die Strahlung ist.

Mit Hilfe der in der Mikrodosimetrie entwickelten Formalismen können die Schwankungen der lokalen Energieabsorption auf dem subzellulären Niveau für Strukturen von vorgegebener Größe berechnet werden (HUG u. KELLERER 1966; KELLERER u. ROSSI 1972; ROSSI 1959, 1979). Aus der Verteilung von y können verschiedene Mittelwerte berechnet werden (vgl. z.B. KIEFER 1981, Kap. 4). Allerdings treten bei dem Versuch, die Strahlenqualität durch einen einzigen Parameter zu charakterisieren, auch in der Mikrodosimetrie ähnliche Probleme auf wie bei Benutzung des LET. Ein Parameter, die Größe y*, die über ein spezielles

Mittelungsverfahren und eine empirische Wichtungsfunktion für die Zellinaktivierung erhalten wird (KELLERER et al. 1976), scheint mit den experimentellen Daten nach Neutronen-Bestrahlung besonders gut vereinbar zu sein (BOOZ u. FIDORRA 1981; MENZEL u. SCHUHMACHER 1981; ZYWIETZ et al. 1982). Da jedoch die meisten der bisher für Strahlung hoher Ionisierungsdichte publizierten Daten in Abhängigkeit vom LET gemessen wurden, soll in den folgenden Abschnitten weiterhin ausschließlich der LET zur Charakterisierung der Strahlenqualität verwendet werden.

C. Strahlenwirkung und LET

I. Indirekte Strahlenwirkung

Bei Einwirkung ionisierender Strahlen unterscheidet man die direkte und die indirekte Strahlenwirkung (DERTINGER u. JUNG 1969; STREFFER 1969). Direkte Strahlenwirkung liegt dann vor, wenn die Absorption von Strahlenenergie in demselben Molekül stattfindet, in dem auch die Schädigung auftritt, während bei der indirekten Strahlenwirkung die Energieabsorption und die Wirkung dieser Energie in verschiedenen Molekülen erfolgen (vgl. DERTINGER u. JUNG 1969, S. 76). Besonders ausgeprägt ist der indirekte Effekt in verdünnten wäßrigen Lösungen. Wegen des hohen Wassergehaltes von Säugerzellen nahm man früher an, daß in Zellen der Großteil der Strahlenwirkung über den indirekten Effekt zustande kommt. Heute wissen wir, daß die Inaktivierung von Säugerzellen im wesentlichen durch Strahlenschäden in der Desoxyribonukleinsäure (DNA) hervorgerufen wird; und da die Wasserkonzentration in unmittelbarer Nähe der DNA relativ gering ist, kann man verallgemeinernd feststellen, daß zur Strahlen-Inaktivierung von Säugerzellen der indirekte Effekt zu weniger als der Hälfte beiträgt, wenngleich er nicht vernachlässigt werden darf.

Durch Bestrahlung entstehen im Wasser OH-Radikale, H-Radikale und hydratisierte Elektronen, die sehr reaktionsfähig sind und durch chemische Reaktionen biologisch wichtige Makromoleküle schädigen können. Es ist üblich, die Ausbeute strahlenchemischer Reaktionen durch ihren G-Wert anzugeben. Darunter versteht man die Zahl der veränderten oder neu gebildeten Spezies (z.B. Moleküle, Ionen, Radikale) pro 100 eV absorbierter Energie. Abbildung 4 gibt die G-Werte für den Umsatz von Wasser sowie für die Ausbeute der verschiedenen Radiolyse-Produkte des Wassers in Abhängigkeit vom LET wieder. Da mit zunehmender Ionisierungsdichte die lokale Konzentration der Wasserradikale entlang der

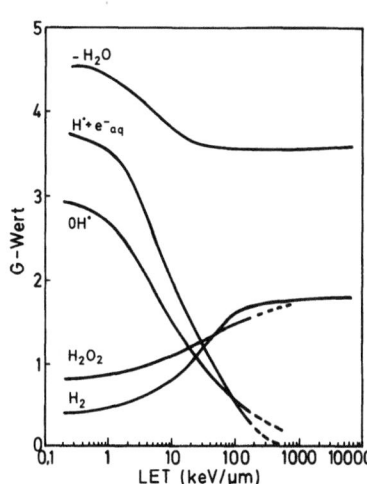

Abb. 4. G-Werte für die strahleninduzierte Veränderung von Wasser und für die Erzeugung der primären Radiolyseprodukte H·, e_{aq}^- und OH· sowie der Folgeprodukte H_2 und H_2O_2 als Funktion des linearen Energietransfers der verwendeten Strahlung. (Nach Daten von HOCHANADEL, modifiziert von HUG 1974)

Teilchenbahn zunimmt, findet in zunehmendem Maße eine Rekombination der primär erzeugten Wasser-Radikale statt. Durch die Reaktion $H\cdot + OH\cdot = H_2O$ verringert sich mit steigendem LET der G-Wert für die Aufspaltung des Wassers (G_{-H_2O}), während durch Rekombination von 2 H-Radikalen bzw. 2 OH-Radikalen molekularer Wasserstoff bzw. Wasserstoffperoxid entsteht, was sich durch die Zunahme von deren G-Werten ausdrückt. Daran zeigt sich, daß bei dünn ionisierenden Strahlen die Ausbeute an primären Wasser-Radikalen ($OH\cdot$, $H\cdot$ und e_{aq}^-) wesentlich höher ist als die der molekularen Produkte H_2 und H_2O_2, während mit zunehmendem LET sich die Radikalausbeute verringert, da ein zunehmender Anteil der primär erzeugten Radikale zu stabilen Molekülen rekombiniert. Mit anderen Worten heißt dies: die indirekte Strahlenwirkung nimmt mit zunehmendem LET drastisch ab.

II. Inaktivierung von Makromolekülen, Viren und Bakterien

Die Neigung von Dosis-Wirkungs-Kurven wird i. allg. durch den Parameter D_0 charakterisiert (vgl. Kap. 1, Abschn. C.III). Diese Größe gibt diejenige Strahlendosis wieder, die erforderlich ist, um die Überlebensrate um den Faktor $1/e = 0,37$ (37%) zu reduzieren. Nach der Bestrahlung von Makromolekülen und Viren ergeben sich stets rein exponentielle Dosis-Wirkungs-Kurven, bei denen die D_0 mit der D_{37} (das ist die Dosis, bei der 37% der bestrahlten Objekte überleben) identisch ist. In diesen Fällen ist die Angabe der reziproken D_0 ($1/D_0$ oder $1/D_{37}$) ein quantitatives Maß für die Strahlenempfindlichkeit. In Abb. 5 ist die Strahlenempfindlichkeit einiger einfacher biologischer Objekte als Funktion des LET aufgetragen. Diese Zusammenstellung bestätigt das Grundkonzept der Treffbereichs-Theorie, wonach ein biologisches Objekt umso strahlenempfindlicher ist, je größer sein empfindlicher

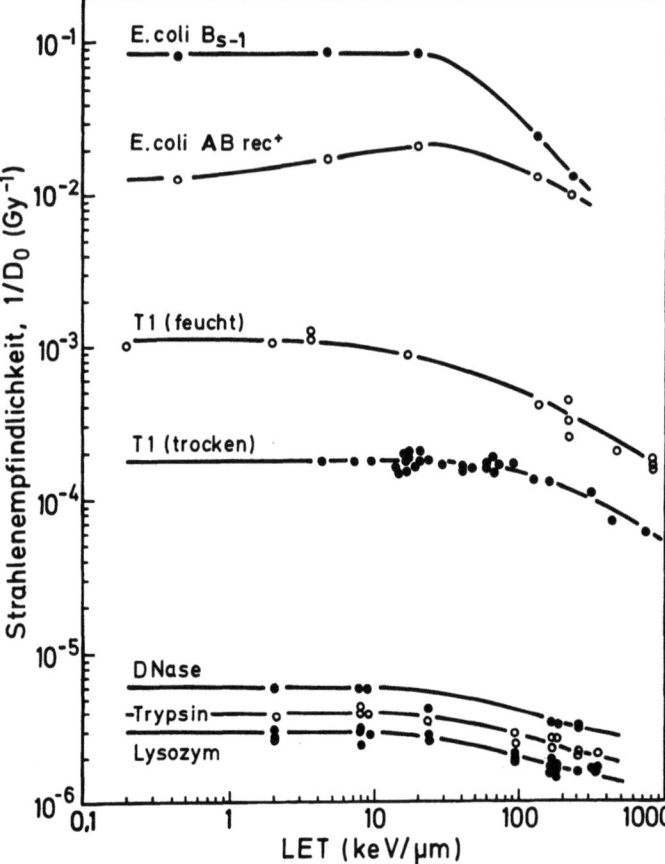

Abb. 5. Strahlenempfindlichkeit ($1/D_0$) von Enzymen, Viren und Bakterien als Funktion des LET. Von *unten* nach *oben*: Inaktivierung der enzymatischen Aktivität von Lysozym, Trypsin und Desoxyribonuklease; Inaktivierung der Plaquebildungs-Fähigkeit von T1-Bakteriophagen durch Bestrahlung im Trockenen bzw. in Suspension; Inaktivierung der Koloniebildungs-Fähigkeit der Bakterienmutanten E. coli AB1157 rec$^+$ und E. coli B$_{s-1}$. (Nach Brustad 1961; Munson et al. 1967)

Treffbereich ist. In vielen Arbeiten wurde experimentell nachgewiesen, daß bei Enzymen das ganze Molekül als Treffbereich anzusehen ist (vgl. DERTINGER u. JUNG 1969, Abb. 28), bei den Viren und Bakterien die gesamte DNA oder ein Teil davon (vgl. DERTINGER u. JUNG 1969, Kap. 12 und 13). Die im unteren Teil der Abbildung dargestellten Kurven für die Inaktivierung der Enzyme Lysozym, Trypsin und Desoxyribonuklease zeigen, daß bei geringer Ionisierungsdichte der verwendeten Strahlung die für die Inaktivierung von Enzym-Molekülen aufzuwendende Dosis vom LET unabhängig ist. Bei höherem LET nimmt $1/D_0$ ab, d.h. es ist eine größere Dosis für denselben Effekt aufzuwenden und damit ist die Strahlung weniger wirksam als dünn ionisierende Strahlung. Es ist bekannt, daß Enzyme durch einzelne Energie-Absorptionsereignisse inaktiviert werden. Bei geringem LET ist der mittlere Abstand zwischen einzelnen Primär-Ionisationen größer als der Molekül-Durchmesser, so daß sehr selten zwei oder mehr Ereignisse in ein und demselben Molekül auftreten. Dieser Abstand verringert sich mit zunehmendem LET, und damit nimmt die Wahrscheinlichkeit zu, daß pro Teilchendurchgang mehr als ein Absorptionsereignis pro Molekül auftritt. Da jedoch bereits eine einzige Wechselwirkung für die Inaktivierung genügt, ist jedes zusätzliche Ereignis sozusagen „vergeudete Energie", so daß dadurch die Wirksamkeit der Strahlung mit dem LET abnimmt.

Dieselben Überlegungen gelten für T1-Bakteriophagen, die ebenfalls durch Ein-Treffer-Ereignisse inaktiviert werden. Die Kurve für die Bestrahlung in Suspension liegt deutlich höher als die für trocken bestrahlte Bakteriophagen; dies rührt von der indirekten Strahlenwirkung her. Mit zunehmendem LET wird der Abstand der beiden Kurven geringer. Dies weist darauf hin, daß mit zunehmendem LET der Beitrag der indirekten Strahlenwirkung abnimmt, worauf im voranstehenden Abschnitt bereits hingewiesen wurde.

Die strahlenempfindliche Mutante des Bakteriums E. coli B_{s-1}, die nur einen geringen Anteil strahleninduzierter DNA-Schäden reparieren kann, weist zunächst eine vom LET unabhängige Strahlenempfindlichkeit auf. Die Empfindlichkeitsabnahme im Bereich hoher LET-Werte ist stärker ausgeprägt als bei T1-Bakteriophagen oder Enzymen; da die Bakterien-DNA wesentlich größer ist als die T1-DNA oder die Enzym-Moleküle, wird bei gleichem LET mehr Energie vergeudet und in entsprechendem Maße nimmt die Strahlenempfindlichkeit ab. Die strahlenresistente rec^+-Mutante hat bei kleinem LET eine 6–7mal geringere Strahlenempfindlichkeit als E. coli B_{s-1}, was anzeigt, daß diese Mutante 6–7mal mehr DNA-Schäden reparieren kann als die empfindliche Mutante. Mit zunehmendem LET steigt die Strahlenempfindlichkeit um knapp einen Faktor von 2 an, da eine zunehmende Anzahl von DNA-Schäden pro Genom erzeugt wird, wodurch sich der Anteil der reparierbaren Schäden verringert. Mit weiter zunehmendem LET nähern sich die beiden Kurven einander an; d.h. bei hohem LET wird die Strahlenempfindlichkeit der Bakterien kaum noch von ihrem Reparaturvermögen beeinflußt.

D. Die relative biologische Wirksamkeit (RBE)

Zur quantitativen Beschreibung der unterschiedlichen biologischen Wirksamkeit der verschiedenen Strahlenarten dient der Begriff der relativen biologischen Wirksamkeit (RBW oder RBE = relative biological effectiveness). Die RBE einer Strahlung ist definiert als das Verhältnis derjenigen Dosen der zu vergleichenden Strahlungen, die unter gleichen Versuchsbedingungen das gleiche Ausmaß einer biologischen Wirkung hervorbringen. Als Vergleichsstrahlung wird meistens die Gammastrahlung des ^{60}Co benutzt:

$$RBE_a = \frac{\text{Dosis der } \gamma\text{-Strahlung}}{\text{Dosis der Strahlung a}} \quad \text{(für gleichen Effekt)} \qquad (2)$$

Früher war es gebräuchlich, 250 kVp-Röntgenstrahlung als Standard zu verwenden, weil zum Zeitpunkt der Einführung der RBE dies die einzige Strahlenart war, die in den meisten Labors zur Verfügung stand. In der Rückschau war dies eine etwas unglückliche Wahl, und deshalb geht man heute in zunehmendem Maße dazu über, RBE-Werte im Vergleich zu ^{60}Co-Gammastrahlung anzugeben. Wie die Tabelle 1 zeigt, ist der LET dieser Strahlung nur unwesentlich höher als der kleinste überhaupt vorkommende LET-Wert, so daß nach der oben angegebenen Definition die Wirksamkeit einer bestimmten Strahlenart im Vergleich zu einer Strahlung mit der kleinstmöglichen Ionisierungsdichte angegeben wird. Da die RBE-Werte von Röntgenstrahlen i. allg. um 10–15% höher liegen als die von γ-Strahlung, sollten RBE-Werte stets zusammen mit der Referenzstrahlung angegeben werden.

Bei rein exponentiellen Dosis-Wirkungs-Kurven können natürlich auch die betreffenden D_{37}-Werte in Gl. (2) eingesetzt werden. Wenn also die in Abb. 3 dargestellten Kurven bei 0.3 keV/μm auf eine RBE = 1 normiert werden, dann erhält man dabei die LET-Abhängigkeit der RBE-Werte für Makromoleküle, Viren und Bakterien.

I. Inaktivierung von Säugerzellen

Abbildung 6 zeigt eine Schar von Dosis-Wirkungs-Kurven, die nach Bestrahlung menschlicher Nierenzellen mit Strahlung unterschiedlicher Ionisierungsdichte erhalten wurden. Die Darstellung läßt folgende wichtige Gesetzmäßigkeiten erkennen: Die Dosis-Effekt-Kurve für die dünn ionisierenden Röntgenstrahlen verläuft am flachsten, außerdem zeigt sie eine stark ausgeprägte Schulterregion. Mit zunehmendem LET werden die Kurven immer steiler, gleichzeitig wird die Schulter immer kleiner und verschwindet bei LET-Werten oberhalb von 60 keV/μm. Wie in Kapitel 1 dieses Handbuches bereits ausführlich beschrieben wurde, weist eine Schulter in der Dosis-Wirkungs-Kurve von Zellen meist darauf hin, daß die Zellen in der Lage sind, einen Teil der erzeugten Strahlenschäden zu reparieren. Das Verschwinden der Schulter mit zunehmendem LET ist daher so zu deuten, daß ein Teilchen höherer Ionisie-

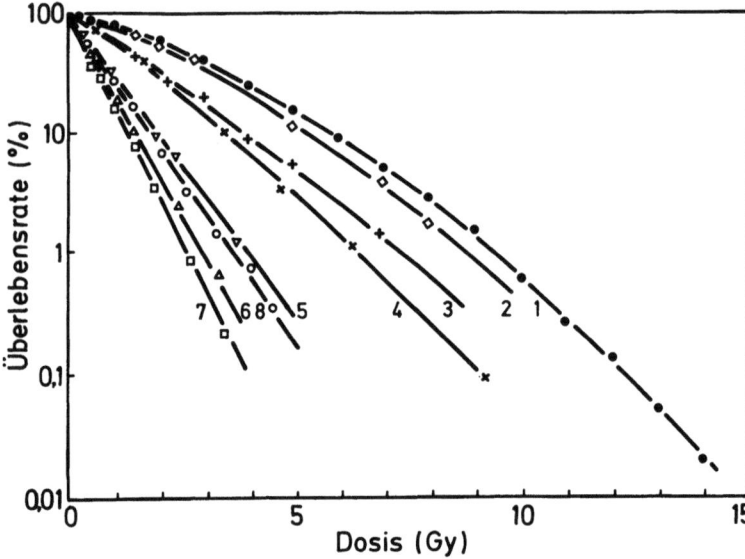

Abb. 6. Inaktivierung menschlicher Nierenzellen durch Bestrahlung in vitro mit verschiedenen monoenergetischen geladenen Teilchen (nach BARENDSEN 1968). (*1*) 250 kVp-Röntgenstrahlen 2,5 keV/μm, (*2*) 14,9 MeV-Deuteronen 5,6 keV/μm, (*3*) 3,0 MeV-Deuteronen 20 keV/μm, (*4*) 26 MeV-α-Teilchen 25 keV/μm, (*5*) 8,3 MeV-α-Teilchen 61 keV/μm, (*6*) 5,1 MeV-α-Teilchen 88 keV/μm, (*7*) 4,0 MeV-α-Teilchen 110 keV/μm, (*8*) 2,5 MeV-α-Teilchen 165 keV/μm

rungsdichte beim Durchqueren der strahlenempfindlichen Strukturen der Zelle so viel Energie abgibt, daß daraus häufig ein nicht mehr zu reparierender Schaden entsteht.

Weiter läßt sich aus Abb. 6 erkennen, daß die für einen bestimmten Effekt (z.B. Inaktivierung auf 1%) erforderliche Dosis mit zunehmendem LET abnimmt. Nach der oben angegebenen Definition heißt dies, daß die RBE zunimmt. Da sich die Kurvenformen in Abb. 6 unterscheiden, hängt das Verhältnis der Dosen und damit die RBE davon ab, ob wir sie für 80%, 10% oder 1% Überlebensrate berechnen.

Das geht aus Abb. 7 hervor, wo die RBE für die Inaktivierung menschlicher Nierenzellen als Funktion des LET der verwendeten Strahlung aufgetragen ist. Mit zunehmendem LET steigt die Wirksamkeit an, geht zwischen 100 und 150 keV/μm über ein Maximum und nimmt bei höheren LET-Werten wieder ab. Je nach Überlebensrate, für die die RBE bestimmt wird, ergeben sich im Maximum RBE-Werte zwischen 3 und 8. Die RBE ist somit keine eindeutige Größe für eine Strahlung bestimmter Ionisierungsdichte, sondern hängt von der Dosis, von der Art und Größe des betrachteten Effekts und zudem noch von der Geschwindigkeit der verwendeten Teilchen ab, da letztere die Reichweite der vom Primärteilchen ausgelösten Sekundär-Elektronen bestimmt. Bei protrahierter oder fraktionierter Bestrahlung hängt die RBE außerdem von der Dosisleistung sowie der Anzahl der Dosis-Fraktionen ab (vgl. Abschnitt G).

Das RBE-Maximum in Abb. 7 weist darauf hin, daß für die Inaktivierung von Säugerzellen eine bestimmte Mindestzahl von Schäden in den strahlenempfindlichen Strukturen der Zelle auftreten müssen. Somit sind dünn ionisierende Strahlen relativ unwirksam; denn es müssen mehrere Sekundärteilchen eine Zelle durchqueren, um diese zu inaktivieren; und dies ist ein unwahrscheinliches Ereignis. Mit zunehmendem LET verringert sich der mittlere Abstand der einzelnen Absorptionsereignisse, so daß bei einem bestimmten LET besonders häufig gerade die zur Inaktivierung erforderliche Energie abgegeben wird und die RBE ein Maximum erreicht. Sehr dicht ionisierende Strahlung ist wiederum unwirksamer, da sie mehr Energie in den strahlenempfindlichen Strukturen deponiert, als zur Inaktivierung notwendig ist. Diese Energie wird vergeudet („Overkill").

Die in Abb. 7 dargestellte LET-Abhängigkeit der RBE von menschlichen Nierenzellen ist keine Besonderheit dieser speziellen Zell-Linie, sondern gilt ganz allgemein. Dies geht

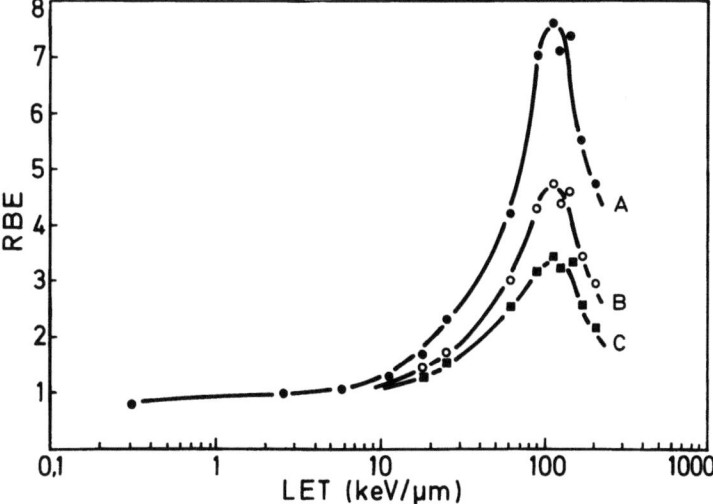

Abb. 7. Relative biologische Wirksamkeit (RBE) für die Inaktivierung menschlicher Nierenzellen durch Bestrahlung mit verschiedenen monoenergetischen Teilchen als Funktion von deren LET. Die drei Kurven wurden aus den Dosis-Wirkungskurven von Abb. 6 für Überlebensraten von 80% (*A*), 10% (*B*) bzw. 1% (*C*) erhalten. (BARENDSEN 1968)

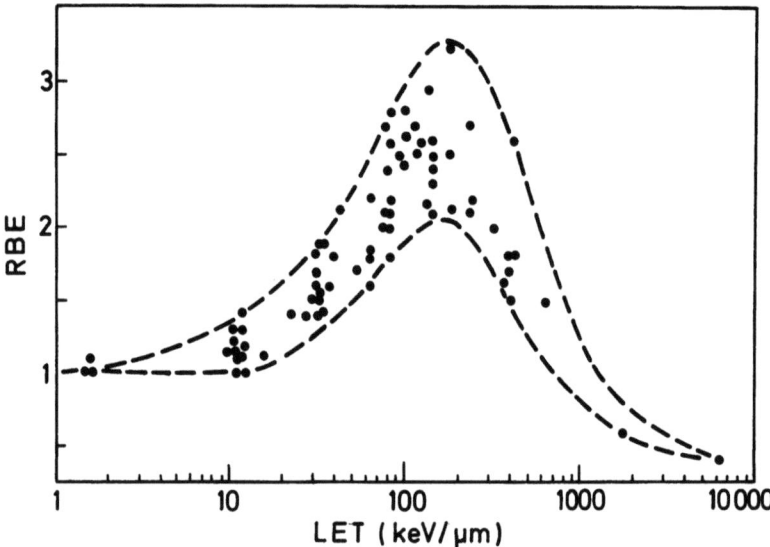

Abb. 8. RBE für die Inaktivierung von Säugerzellen durch geladene Teilchen als Funktion von deren LET. Die Meßpunkte stammen von acht unterschiedlichen Zell-Linien, die Bestrahlung erfolgte unter Luft, die RBE wurde für Überlebensraten von jeweils 10% bestimmt. (Nach BLAKELY et al. 1980)

aus Abb. 8 hervor, in der die RBE für 8 verschiedene Zell-Linien als Funktion des LET dargestellt ist. Die RBE wurde für eine Überlebensrate von 10% nach Bestrahlung unter aeroben Bedingungen ermittelt. Da die Überlebensraten unter verschiedenen Versuchsbedingungen ermittelt wurden (beispielsweise wurden die Zellen als Monolayer, in Suspension oder in abgeschmolzenen Ampullen bestrahlt), wodurch auch die Geometrie der Strahlenexposition beeinflußt wurde, und da die verwendeten Zell-Linien Unterschiede in der Strahlenempfindlichkeit aufweisen, streuen die Daten innerhalb eines größeren Bereiches. Dennoch wird die oben getroffene allgemeine Aussage bestätigt, daß die RBE mit dem LET ansteigt und zwischen 100 und 200 keV/µm über ein Maximum geht und anschließend auf Werte unter 1 abfällt.

Allerdings findet man bei extrem hohen LET-Werten keine klare RBE-LET-Abhängigkeit mehr, was neuere Untersuchungen am Schwer-Ionen-Beschleuniger UNILAC in Darmstadt gezeigt haben. Abbildung 9 zeigt den Inaktivierungs-Querschnitt σ ($\sigma = 1/F_{37}$, wobei F_{37} den Teilchen-Flux bedeutet, der die Überlebensrate auf 37% reduziert) als Funktion des LET. Wenn diese Kurve um 45° gekippt und der Anfang auf 1 normiert wird (was zulässig ist, da die Inaktivierungskurven rein exponentiell sind), dann erhält man daraus die RBE. Die durch die schwarzen Punkte gezeichnete Kurve entspricht somit dem in den Abbildungen 7 und 8 dargestellten Zusammenhang, wonach die RBE im wesentlichen vom LET abhängt, von der Art der benutzten Ionen aber kaum beeinflußt wird. Bei extrem hohen LET-Werten findet man für die verschiedenen schweren Ionen unterschiedliche Kurven, was darauf hinweist, daß in diesem Bereich die Struktur der Teilchenbahn die Inaktivierung in stärkerem Maße bestimmt als die insgesamt übertragene Energie und somit der LET kein geeigneter Parameter zur Charakterisierung der Strahlenqualität darstellt. Selbst bei einem LET von 15.000 keV/µm wird der geometrische Querschnitt des Zellkerns (σ_{geom}) nicht erreicht, was anzeigt, daß der kritische Bereich für die Zellabtötung wesentlich kleiner ist als der Zellkern. Es ist heute noch nicht möglich, diese Daten konsistent zu interpretieren, und es steht zu erwarten, daß uns weitere strahlenbiologische Experimente im extremen LET-Bereich in den nächsten Jahren noch einige Überraschungen bringen werden.

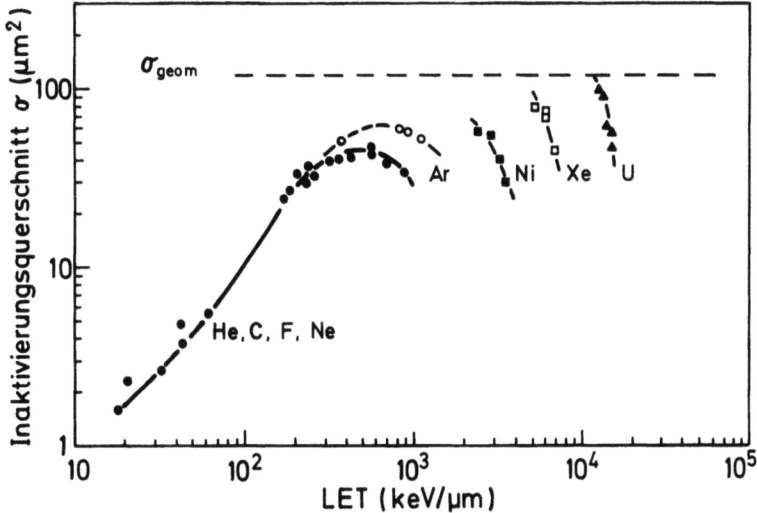

Abb. 9. Wirkungsquerschnitt σ für die Inaktivierung von Zellen des chinesischen Hamsters (V79) als Funktion des LET der verwendeten Partikelstrahlung. Die Meßpunkte für Alphateilchen sowie Kohlenstoff-, Fluor- und Neon-Ionen liegen auf einer gemeinsamen Kurve, während für Argon-, Nickel-, Xenon- und Uran-Ionen, die extrem hohe LET-Werte besitzen, jeweils separate Kurven erhalten werden. σ_{geom} bezeichnet den geometrischen Querschnitt des Zellkerns. (KRAFT et al. 1983)

II. Weitere zelluläre Strahlenwirkungen

Neben der Zellinaktivierung weisen zahlreiche weitere zelluläre Strahlenwirkungen eine starke Abhängigkeit vom LET auf. Beispielsweise zeigt die RBE für die Erzeugung von nicht-reparierbaren DNA-Doppelstrangbrüchen (RITTER et al. 1977) dieselbe LET-Abhängigkeit wie die Zellinaktivierung (vgl. Abb. 7), was als deutlicher Hinweis darauf gewertet werden kann, daß nicht-reparierte Doppelstrangbrüche die Ursache für die Zellinaktivierung sind, und daß diese von dem Durchgang eines einzigen Hoch-LET-Teilchens durch die DNA hervorgerufen werden (PAINTER 1980). Auch die RBE für die Arretierung bestrahlter Zellen in der G2-Phase („G2-Block") geht zwischen 50 und 100 keV/μm über ein Maximum (LÜCKE-HUHLE et al. 1979a) und zeigt damit einen qualitativ ähnlichen Verlauf wie die Zellinaktivierung. Faktoren, die primär die Strahlenempfindlichkeit von Zellen modifizieren, nehmen ähnlich wie der Sauerstoff-Effekt mit zunehmendem LET ab. Beispielsweise verringert sich der Empfindlichkeits-Unterschied zwischen Zellen, die als Monolayer bestrahlt wurden, und denen in Sphäroiden; d.h. die „interzelluläre Kontaktresistenz" verschwindet mit zunehmendem LET (DERTINGER et al. 1976; LÜCKE-HUHLE et al. 1979b). In entsprechendem Maße verringert sich die sensibilisierende Wirkung von hypoxischen Sensibilisatoren (z.B. Flagyl, Metronidazol, Misonidazol) mit zunehmendem LET (HALL et al. 1975; CHAPMAN et al. 1978; DENEKAMP et al. 1977), was angesichts der Ähnlichkeit ihrer Wirkung mit der von Sauerstoff verständlich ist (vgl. folgenden Abschnitt).

E. Der Sauerstoff-Effekt

Eines der fundamentalen Phänomene in der Strahlenbiologie ist der sog. Sauerstoff-Effekt. Dieser besteht in folgendem: Bestrahlt man Zellen mit dünn ionisierender Strahlung in Stickstoff-Atmosphäre, dann ist in vielen Fällen die zur Inaktivierung erforderliche Dosis

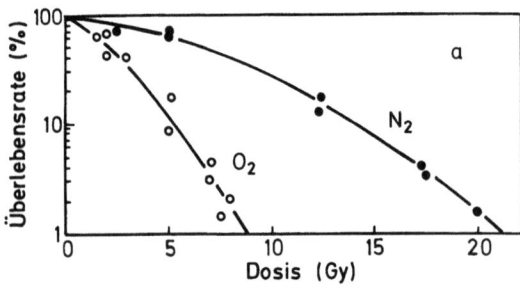

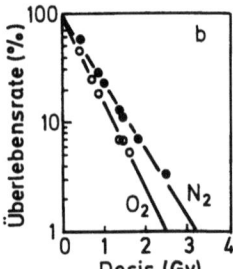
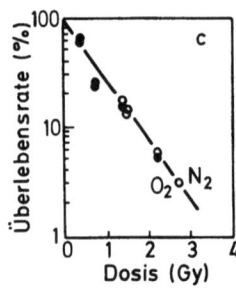

Abb. 10a–c. Inaktivierung menschlicher Nierenzellen durch monoenergetische Ionen bei unterschiedlichem LET (nach Barendsen et al. 1966). ● Bestrahlung unter Stickstoff-Atmosphäre, ○ Bestrahlung unter Luft. **a** 15 MeV-Deuteronen, LET = 5,6 keV/µm OER = 2,6 ± 0,3; **b** 4,0 MeV-α-Teilchen, LET = 110 keV/µm OER = 1,3 ± 0,1; **c** 2,5 MeV-α-Teilchen, LET = 165 keV/µm OER = 1,0 ± 0,1

2–3mal höher als bei Bestrahlung in Luft oder Sauerstoff. Die Sensibilisierung durch Sauerstoff wird quantitativ durch den Sauerstoff-Sensibilisierungsfaktor OER (oxygen enhancement ratio) ausgedrückt. Er ist definiert als das Verhältnis derjenigen Dosen, die in Sauerstoff-freier (anaerober Atmosphäre) bzw. in Sauerstoff oder Luft die gleichen biologischen Wirkungen hervorbringen:

$$\text{OER} = \frac{\text{Dosis in anaerober Atmosphäre}}{\text{Dosis in aerober Atmosphäre}} \quad \text{(für gleichen Effekt)} \tag{3}$$

Abbildung 10 zeigt einige Beispiele zum Sauerstoff-Effekt. Werden menschliche Nierenzellen mit 15 MeV-Deuteronen bestrahlt (Abb. 10a), so ergeben sich Schulterkurven, wie sie für Strahlung mit niedrigem LET charakteristisch sind. Unter Stickstoff ist die aufzuwendende Dosis 2,6mal höher als bei Bestrahlung unter Luft; d.h. der OER-Faktor beträgt 2,6. Bei Verwendung von Strahlung höherer Ionisierungsdichte (Abb. 10b) werden die Dosis-Wirkungs-Kurven steiler und die anfängliche Schulter verschwindet; gleichzeitig verringert sich der Unterschied zwischen den unter Stickstoff und den unter Luft erhaltenen Meßpunkten. Bei noch höherem LET verschwindet der Unterschied gänzlich (Abb. 10c).

Der Zusammenhang zwischen OER und LET ist in Abb. 11 dargestellt. Generell läßt sich feststellen, daß mit zunehmender Ionisierungsdichte der Sensibilisierungsfaktor OER zunächst langsam abnimmt, um zwischen 100 und 200 keV/µm (dem Bereich maximaler RBE, vgl. Abb. 7 und 8) dem Wert 1 zuzustreben; d.h. die Wirkungen dicht ionisierender Strahlen werden durch Sauerstoff wenig oder nicht beeinflußt.

Bei differenzierterer Betrachtung der Abb. 11 wird deutlich, daß der OER-Faktor bei Verwendung von niederenergetischer Hoch-LET-Strahlung bis auf 1,0 abfällt, während er für hochenergetische Hoch-LET-Strahlung (schwere Ionen) nicht unter 1,2 absinkt. Diese Unterschiede sind im wesentlichen auf Unterschiede in der Bahnstruktur zurückzuführen; denn bei den hochenergetischen schweren Ionen ist der Halbschatten und damit der Beitrag der Deltastrahlen wesentlich größer als bei den niederenergetischen Alphateilchen. Wenn die in Abb. 11 dargestellten Daten von Todd nicht über dem LET, sondern als Funktion von Z^*/β^2 (wobei Z^* die effektive Ladung des Teilchens und β das Verhältnis von Teilchengeschwindigkeit zu Lichtgeschwindigkeit sind) aufgetragen werden, dann werden die Daten

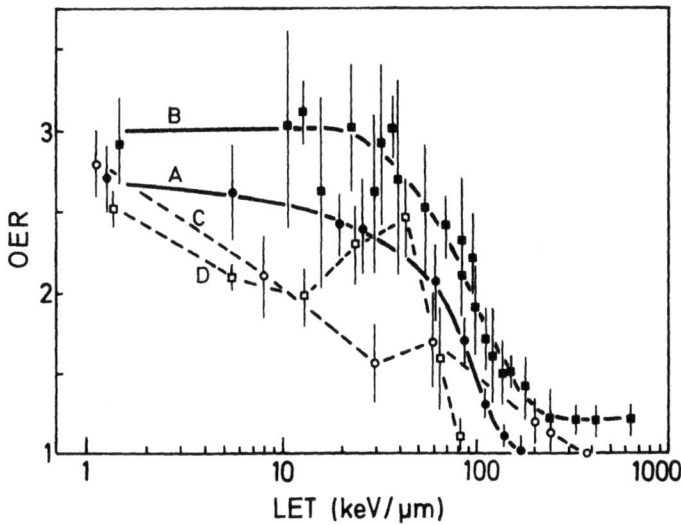

Abb. 11. Sauerstoff-Sensibilisierungsfaktor (OER) als Funktion des linearen Energie-Transfers (LET). *A* Menschliche Nierenzellen (T-1) bestrahlt mit niederenergetischen Deuteronen und Alphateilchen; drei Meß-punkte dieser Kurve stammen aus Abb. 10 (BARENDSEN et al. 1966). *B* Menschliche Nierenzellen (T-1) be-strahlt mit hochenergetischen Kohlenstoff-, Neon- und Argon-Ionen (BLAKELY et al. 1979). *C* Menschliche Nierenzellen (T-1) bestrahlt mit hochenergetischen Ionen (d, α, Li, B, C und O) gleicher spezifischer kine-tischer Energie von 6,5 MeV pro Nukleon und damit gleicher Geschwindigkeit (Daten von TODD 1964 in der Darstellung nach BEWLEY 1968). *D* Mäuse-Leukämie-Zellen (P-388) bestrahlt mit niederenergetischen Deuteronen und Alphateilchen (BERRY 1970)

von BARENDSEN und TODD vergleichbar (CURTIS 1970). Da die Messungen an P388-Zellen und T1-Zellen mit den gleichen Teilchen durchgeführt wurden, sind die Unterschiede zwi-schen den Daten von BERRY und BARENDSEN wohl auf Empfindlichkeitsunterschiede der beiden Zell-Linien zurückzuführen. Ungeachtet der beträchtlichen Abweichungen stimmen die vier Kurven auf Abb. 11 darin überein, daß bei LET-Werten oberhalb von 200 keV/µm der OER-Faktor zwischen 1,2 und 1,0 liegt.

Der Sauerstoff-Effekt ist für die Strahlentherapie maligner Tumoren von großer Bedeu-tung. Es ist bekannt, daß Tumoren oft unzureichend vaskularisierte Bereiche enthalten, in denen eine mangelhafte Versorgung mit Nährstoffen, insbesondere mit Sauerstoff vorliegt. Diese „hypoxischen Zellen" sind gegenüber dünn ionisierenden Strahlen wesentlich unemp-findlicher als die gut mit Sauerstoff versorgten Zellen (vgl. Abb. 10a). Deshalb hat GRAY (1957) postuliert, daß die Anwesenheit von hypoxischen Zellen und deren nach Bestrahlung erfolgende Reoxygenierung zu den wichtigsten Gründen für das Auftreten von Rezidiven bei der Strahlentherapie maligner Tumoren zu zählen seien. Für die meisten soliden Tiertumo-ren, die bisher untersucht worden sind, wurde nachgewiesen, daß sie hypoxische Zellen enthalten. Ihr Anteil kann zwischen 1% (POWERS u. TOLMACH 1963) und 80% (GUICHARD et al. 1977) liegen, wobei Werte zwischen 15 und 25% am häufigsten sind (KALLMAN 1972). Selbst in kleinen, kaum Stecknadelkopf-großen Tumoren wurden hypoxische Zellen gefunden (SUIT u. MAEDA 1966). Obwohl es eine Reihe überzeugender Hinweise gibt, daß auch in menschlichen Tumoren hypoxische Zellen vorkommen (vgl. RAJU 1980; WITHERS u. SUIT 1974), ist deren Bedeutung für die klinische Strahlentherapie nicht zweifelsfrei nachgewiesen (KAPLAN 1974). Die Grundlage für die Anwendung von Hoch-LET-Strahlung in der Tumor-therapie beruht allerdings zu einem nicht geringen Teil auf der Annahme, daß hypoxische Zellen einen der wichtigsten limitierenden Faktoren in der konventionellen Strahlentherapie darstellen.

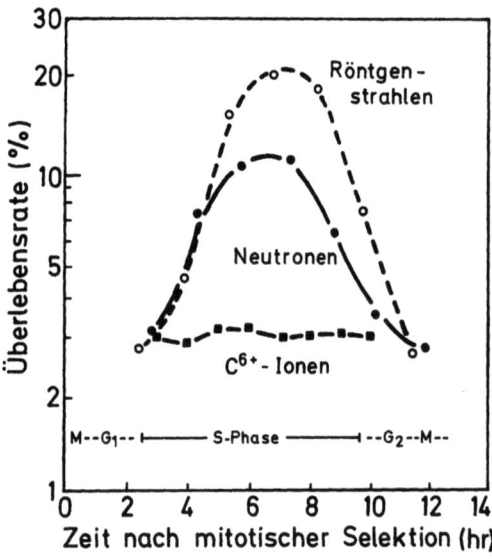

Abb. 12. Variation der Strahlenempfindlichkeit über den Zellzyklus nach Einwirkung verschiedener Strahlenarten. V79-Zellen wurden zu verschiedenen Zeiten nach mitotischer Selektion mit jeweils konstanten Einzeldosen bestrahlt, die zu Beginn der S-Phase zu annähernd gleichen Überlebensraten führen: 7,1 Gy 250 kVp-Röntgenstrahlen; 2,25 Gy Spalt-Neutronen; 2,5 Gy Kohlenstoff-Ionen, LET = 190 keV/µm. (Nach SINCLAIR 1969; BIRD u. BURKI 1975)

F. Die Strahlenempfindlichkeit in verschiedenen Phasen des Zellzyklus

Die Variation der Strahlenempfindlichkeit über den Zellzyklus, auch Altersabhängigkeit genannt, kann besonders gut an synchronisiert sich teilenden Zellkulturen untersucht werden, die beispielsweise nach der Methode der mitotischen Selektion (TERASIMA u. TOLMACH 1963) gewonnen werden können (vgl. Kap. 1, Abschn. D.II). Abbildung 12 zeigt die Überlebensrate von V79-Zellen, die zu verschiedenen Zeiten nach mitotischer Selektion mit jeweils konstanten Einzeldosen bestrahlt wurden. Nach 2 Stunden sind die meisten Zellen in der G_1-Phase; zu diesem Zeitpunkt ist die Überlebensrate wesentlich geringer als bei Zellen in der zweiten Hälfte der S-Phase, die bekanntlich einen besonders strahlenresistenten Bereich des Zellzyklus darstellt (vgl. Kap. 1, Abb. 9). In der anschließenden G_2-Phase nimmt der Anteil der überlebenden Zellen wieder ab, d.h. deren Strahlenempfindlichkeit nimmt zu. Diese Variation über den Zellzyklus ist nach Bestrahlung mit Neutronen weniger stark ausgeprägt als nach Bestrahlung mit einer Dosis von Röntgenstrahlen, die zu Beginn der S-Phase zu etwa derselben Überlebensrate führt. Dies zeigt, daß die Altersabhängigkeit zwar einen vergleichbaren zeitlichen Verlauf hat wie nach Einwirkung von Röntgenstrahlen, daß die Amplitude jedoch bei Neutronen geringer ist. Werden sehr dicht ionisierende Strahlen benutzt, wie z.B. Kohlenstoff-Ionen mit einem LET von 190 keV/µm, dann findet sich keine meßbare Variation der Strahlenempfindlichkeit über den Zellzyklus (Abb. 12). Dasselbe wurde auch nach Bestrahlung von CHO-Zellen mit Argon-Ionen beobachtet (RAJU et al. 1980), während bei vielen anderen Experimenten zur Altersabhängigkeit die Überlebensraten in ihrem Verlauf etwa zwischen den beiden Kurven für Neutronen und Kohlenstoff-Ionen liegen (GRAGG et al. 1978; HALL 1969; HALL et al. 1972; RAJU et al. 1975; SKARSGARD et al. 1967); hierbei scheint es eine Rolle zu spielen, ob mit Hydroxy-Harnstoff oder mittels mitotischer Selektion synchronisiert wurde (vgl. Zusammenstellung bei RAJU 1980). Außerdem weisen unterschiedliche Zellen einen unterschiedlichen Verlauf der Altersabhängigkeit auf (vgl. HALL 1978, Kap. 7). Generell kann man aber sagen, daß die Variation der Strahlenempfindlichkeit über den Zellzyklus sich stets mit zunehmendem LET verringert.

Abbildung 13 zeigt die Inaktivierungs-Koeffizienten für V79-Zellen, die in der Mitose, der G_1-Phase bzw. in der Plateau-Phase bestrahlt wurden. Dabei wird deutlich, daß die

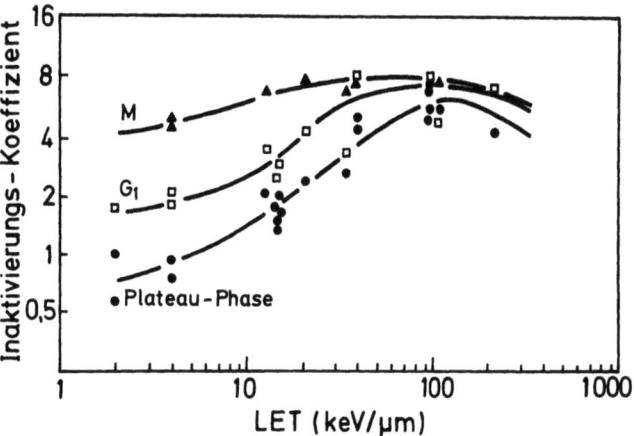

Abb. 13. Inaktivierungs-Koeffizient ($\cdot 10^{-5}\,\mathrm{Gy}^{-1}$) ermittelt durch mathematische Analyse der Dosis-Wirkungs-Kurven, nach Bestrahlung von V79-Zellen in der Mitose (M), der G_1-Phase (G_1) bzw. als stationäre Zellkulturen (Plateau-Phase) in Abhängigkeit vom LET der verwendeten Strahlen. (CHAPMAN 1980)

Inaktivierungs-Wahrscheinlichkeit der strahlenempfindlichen Mitose-Zellen weniger stark mit dem LET variiert als die der beiden anderen strahlenresistenteren Zellpopulationen. Da die Variation der Strahlenempfindlichkeit über den Zellzyklus in erster Linie von der Größe der Schulter der Dosis-Wirkungs-Kurven bestimmt wird (SINCLAIR 1968; vgl. Kap. 1, Abb. 9), und die Schulter durch die Reparatur von Strahlenschäden hervorgerufen wird, weisen diese Daten erneut darauf hin, daß nach Einwirkung dünn ionisierender Strahlung die Empfindlichkeits-Unterschiede im wesentlichen auf ein unterschiedliches Ausmaß an reparierten Strahlenschäden zurückzuführen sind. Mit zunehmendem LET nimmt der Anteil der reparierbaren Schäden ab und die Empfindlichkeits-Unterschiede zwischen den verschiedenen Phasen verschwinden weitgehend (vgl. Abb. 12). Qualitativ ähnliche Kurvenverläufe wurden auch für Bakterien mit unterschiedlichem Reparaturvermögen gefunden (vgl. Abb. 5).

G. Dosis-Fraktionierung und Reparatur von Strahlenschäden

Wie in Kapitel 1 dieses Handbuches detailliert beschrieben, erhält man nach Vorbestrahlung, anschließender Inkubation bei 37° und erneuter Bestrahlung mit verschiedenen Dosen wiederum eine typische Schulterkurve (vgl. Kap. 1, Abb. 11). Dieses erneute Auftreten einer Schulter weist darauf hin, daß ein nennenswerter Anteil der durch die erste Teildosis erzeugten subletalen Strahlenschäden während der Inkubation von den Zellen repariert werden kann. Dieser Fraktionierungseffekt tritt bei hohem LET nicht auf. Dies wurde zuerst von BARENDSEN (1962) nachgewiesen, der zeigte, daß eine einmalige Bestrahlung mit Alphateilchen (LET = 140 keV/µm) ebenso wirksam ist wie die Unterteilung der Gesamtdosis in drei Einzeldosen in zeitlichen Abständen von jeweils 6 Std, und seither durch eine Reihe weiterer Untersuchungen bestätigt. Bei intermediärem LET wurde manchmal ein kleiner positiver Fraktionierungseffekt gefunden, manchmal nicht (vgl. Zitate bei NGO et al. 1979). In Fraktionierungsstudien mit schweren Ionen hat TODD (1968) gezeigt, daß bei menschlichen Nierenzellen immer dann eine Erholung zwischen zwei Einzeldosen beobachtet werden konnte, wenn die Dosis-Wirkungs-Kurve nach Einzeit-Bestrahlung eine Schulter aufwies; es trat aber keine Erholung auf, wenn die Überlebenskurven rein exponentiell waren. Allerdings trifft dies nicht in allen Fällen zu (vgl. NGO et al. 1979).

Der zeitliche Verlauf der Erholung vom subletalen Strahlenschaden kann durch Dosis-Fraktionierungs-Experimente untersucht werden, wobei die Gesamtdosis in gleiche Fraktionen unterteilt wird, die in unterschiedlichen Zeitabständen verabreicht werden. Abbildung 14

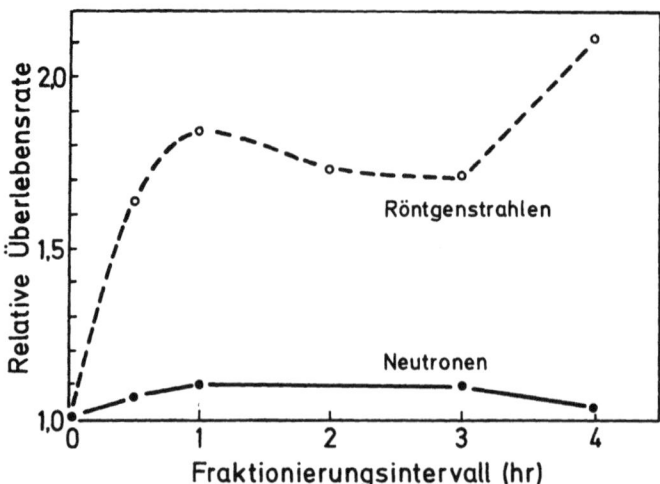

Abb. 14. Dosis-Fraktionierungs-Experimente mit V79-Zellen. Bei den Experimenten mit 210 kVp-Röntgen-strahlen wurden zwei Teildosen von jeweils 4 Gy in unterschiedlichen zeitlichen Abständen verabreicht und die Überlebensrate mit derjenigen nach einer Einzeitbestrahlung mit 8 Gy verglichen (= relative Überlebens-rate, oft auch „Erholungsfaktor" genannt). Bei den Untersuchungen mit Neutronen (mittlere Energie ca. 15 MeV) wurden zwei Teildosen von jeweils 1,4 Gy mit einer Einzeitbestrahlung mit 2,8 Gy verglichen. (HALL et al. 1975)

zeigt einen Vergleich zwischen Röntgenstrahlen und Neutronen (HALL et al. 1975). Werden zwei Einzeldosen von jeweils 4 Gy gegeben, dann steigt die Überlebensrate (relativ zu der nach einer Einzeldosis von 8 Gy) mit zunehmendem Fraktionierungs-Intervall auf etwa das Doppelte an, was auf die Reparatur subletaler Strahlenschäden zurückzuführen ist. Das nach 2–3 Std auftretende Minimum rührt davon her, daß in asynchronen Zellpopulationen nach der ersten Strahlendosis die Überlebensrate der S-Phase-Zellen höher ist als die von Zellen in den anderen Phasen des Zellzyklus (vgl. Abb. 12), wodurch eine Teilsynchronisation auftritt. Wenn diese S-Zellen nach 2–3 Std die strahlenempfindliche G_2-Phase oder Mitose erreichen, dann wird dadurch die Überlebensrate nach der zweiten Dosis entsprechend gerin-ger. Falls die Zellen zwischen den beiden Teildosen bei Zimmertemperatur gehalten werden, tritt dieses Minimum nicht auf, da bei dieser Temperatur keine Progression durch den Zellzy-klus stattfindet (ELKIND et al. 1965). Im Gegensatz dazu hat im Falle von Neutronen die Unterteilung der Einzeldosis in zwei Fraktionen nur einen kleinen Einfluß auf die Überlebens-rate, was darauf hinweist, daß nur wenige Subletalschäden repariert werden können. Bei noch höherem LET verschwindet der Fraktionierungseffekt vollständig. Insgesamt kann ver-allgemeinernd festgestellt werden, daß bei hohem LET weder eine Erholung vom subletalen noch vom potentiell letalen Strahlenschaden erfolgt. Experimentelle Belege für diese Aussage sind in mehreren ausgezeichneten Übersichten zusammengestellt worden (BARENDSEN 1968; ELKIND 1970; HALL 1978; RAJU 1980).

Bei Mehrfachfraktionierung wird der Unterschied zwischen der Wirkung von Röntgen-strahlen und Neutronen noch größer als nach 2 Teildosen. Dies wird durch Abb. 15 unterstri-chen, in der die RBE für das Auftreten von Hautschäden als Funktion der Dosis pro Fraktion nach Bestrahlung mit schnellen Neutronen dargestellt ist. Für relativ hohe Einzeldosen be-trägt die RBE etwa 1,6; sie steigt mit abnehmender Dosis pro Fraktion auf Werte von über 4 an. Dieser Anstieg bedeutet nicht, daß das absolute Ausmaß der Neutronenschädigung mit kleiner werdender Dosis pro Fraktion ansteigt, vielmehr nimmt die Wirksamkeit der Röntgenstrahlung mit geringer werdender Teildosis ab. Abbildung 15 unterstreicht in augen-fälliger Weise, daß die RBE von dicht ionisierender Strahlung keinen einheitlichen Wert hat, sondern von mehreren Faktoren abhängt (vgl. Abschnitt D.I), wobei insbesondere die

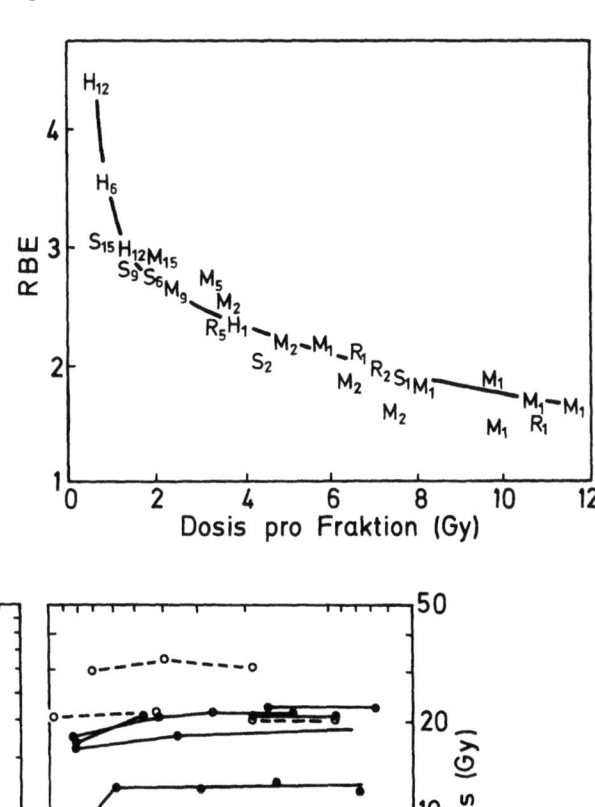

Abb. 15. RBE von schnellen Neutronen (mittlere Energie 7 MeV) für die Hautreaktion bei vier verschiedenen Species (H = Mensch, S = Schwein, R = Ratte, M = Maus) im Vergleich zu 250 kVp-Röntgenstrahlen als Funktion der Dosis pro Fraktion der Neutronen. Die Indices bezeichnen die Anzahl der verabreichten Fraktionen. (Nach FIELD u. HORNSEY 1975)

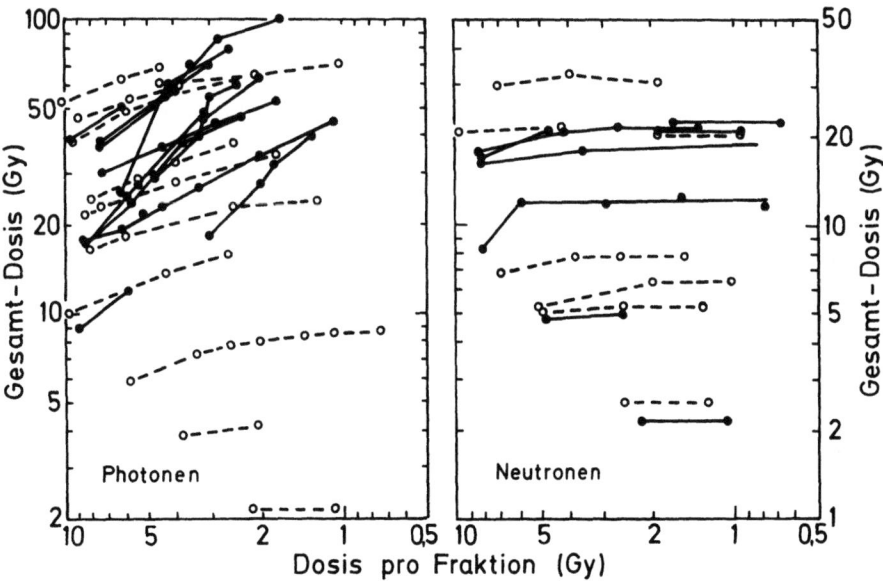

Abb. 16. Iso-Effekt-Kurven für das Auftreten von akuten Strahlenschäden (--o--) und von Strahlenspätschäden (——•——) nach fraktionierter Bestrahlung mit Photonen (Röntgen- oder Gammastrahlung) bzw. Neutronen. Aufgetragen ist die Gesamtdosis, die bei fraktionierter Bestrahlung einen bestimmten Effekt hervorruft, als Funktion der Dosis pro Fraktion. In dieser Literatur-Analyse wurden diejenigen Untersuchungen ausgewertet, bei denen gleiche Wirkungen (Iso-Effekte) für wenigstens zwei verschiedene Dosis-Fraktionierungs-Schemata gemessen wurden. Die Kurven für akute Strahlenschäden (unterbrochene Linien) umfassen die Schädigung der Haut, der gastrointestinalen Mukosa, der Testes und des hämopoetischen Systems sowie die Inaktivierung der Mikrometastasen eines Fibrosarkoms. Die Kurven für Strahlenspätschäden (durchgezogene Linien) betreffen die Schädigung von langsam reagierenden Geweben, wie Lunge, Nieren, Rückenmark und Schilddrüse. Eine horizontale Linie bedeutet, daß z.B. 1 Fraktion von 10 Gy oder 2 Fraktionen von 5 Gy oder 10 Fraktionen von 1 Gy jeweils nach derselben Gesamtdosis (d.h. nach 10 Gy) gleiche Wirkungen hervorrufen, d.h. die Dosis-Fraktionierung hat keinen Einfluß auf das Ausmaß der Schädigung. (Nach WITHERS et al. 1982)

Größe der Dosis pro Fraktion von Bedeutung ist; demgegenüber spielt die Anzahl der Fraktionen nur eine untergeordnete Rolle (Abb. 15).

Die Reaktion zahlreicher Normalgewebe auf fraktionierte Neutronenbestrahlung wurde insbesondere am Hammersmith Hospital in London sehr systematisch untersucht. In allen Fällen wurde eine Zunahme der RBE mit abnehmender Dosis pro Fraktion gefunden, jedoch unterscheiden sich die RBE-Werte für die einzelnen Normalgewebe beträchtlich (Field u. Hornsey 1979).

Die starke Abhängigkeit der RBE von der Dosis pro Fraktion war noch weitgehend unbekannt, als in den Jahren zwischen 1938 und 1943 erstmals Patienten mit malignen Tumoren mit Neutronen bestrahlt wurden. Die Resultate dieser ersten Behandlungsserie waren außerordentlich enttäuschend, insbesondere traten sehr schwere Spätschäden auf (Stone 1948). Auch in neuerer Zeit wurde beobachtet, daß nach Therapie mit fraktionierten Neutronen-Dosen, die ähnliche akute Nebenwirkungen hervorriefen wie konventionelle Hochvolt-Therapie, die Spätwirkungen der Neutronen größer waren als die der Photonen (Hussey et al. 1974). Diese klinischen Befunde und entsprechende Daten aus Tierversuchen wurden zunächst dahingehend interpretiert, daß die Neutronen eine besondere Eigenschaft für die Erzeugung von Spätschäden besäßen. Wie Abb. 16 (b) zeigt, ist dies nicht der Fall. Denn Neutronen erzeugen akute Wirkungen *und* Spätschäden weitgehend unabhängig von der Dosis pro Fraktion. Für Photonen steigt dagegen die Gesamtdosis für die Erzeugung eines bestimmten Grades von Spätschäden mit abnehmender Dosis pro Fraktion schneller an als für akute Schäden (Abb. 16a), d.h. je stärker fraktioniert wird, um so weniger Späteffekte treten bei gleichen akuten Wirkungen auf. Damit wird deutlich, daß die erhöhte RBE der Neutronen für Spätschäden mit abnehmender Dosis pro Fraktion keine erhöhte Wirksamkeit der Neutronen bedeutet, sondern die geringere Wirksamkeit der Photonen widerspiegelt (Withers et al. 1982).

H. Vergleich der physikalischen und strahlenbiologischen Eigenschaften der verschiedenen Strahlenarten

Nachdem die wichtigsten Parameter der Strahlenempfindlichkeit und deren Abhängigkeit vom LET dargestellt worden sind, sollen in diesem Abschnitt einige physikalische und strahlenbiologische Eigenschaften derjenigen Strahlenarten zusammengestellt werden, die für die Anwendung in der Strahlentherapie maligner Tumoren von Bedeutung sind.

I. Neutronen

Zur Erzeugung von Neutronen werden zwei Methoden besonders häufig angewandt. Bei der einen Methode wird ein Beryllium-Target mit Deuteronen aus einem Zyklotron bestrahlt; die mittlere Energie der dabei entstehenden Neutronen beträgt etwa 45% der Deuteronen-Energie, die bei den derzeit für die Strahlentherapie benutzten Beschleunigern zwischen 14 und 67 MeV liegt. Die zweite Möglichkeit besteht darin, Tritium mit Deuteronen von 100–300 keV Energie zu beschießen. In diesem Fall sind die erforderlichen Beschleuniger weniger aufwendig, doch liegt hier das Hauptproblem bei der Konstruktion des Tritium-Targets. Abbildung 17 zeigt einen Vergleich der Energiespektren von Zyklotron- und d-T-Neutronen; ersteres weist eine sehr breite Verteilung auf, während über die d-T-Reaktionen fast monoenergetische Neutronen von etwa 14,6 MeV Energie erhalten werden.

Aber selbst bei monoenergetischen Neutronen kann der LET nicht durch einen einzigen Zahlenwert ausgedrückt werden. Abbildung 18 zeigt die Resultate von mikrodosimetrischen Messungen, wobei ein Gewebevolumen von 2 μm Durchmesser simuliert wurde. Aufgetragen ist die Dosis-Verteilung als Funktion der linealen Energie y, so daß die Fläche unter den normierten Kurven proportional zu den relativen Dosisanteilen ist. Die Ereignisse mit linealen Energien bis zu 2 keV/μm rühren vorwiegend von Elektronen her, die von der begleiten-

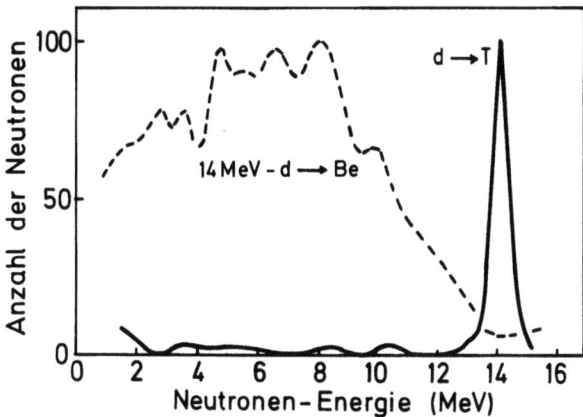

Abb. 17. Vergleich der Energiespektren von Zyklotron-Neutronen (---) und d-T-Neutronen (——), die in Essen und Hamburg für die Strahlentherapie maligner Tumoren verwendet werden. Aufgetragen ist die Anzahl der Neutronen (Neutronen-Flux) in relativen Einheiten als Funktion der Neutronen-Energie. In Essen werden die Neutronen durch Beschuß eines dicken Beryllium-Targets mit 14 MeV-Deuteronen eines Zyklotrons erzeugt, in Hamburg wird ein Tritium-Target mit 500 keV-Deuteronen bestrahlt. (SCHMIDT u. HESS 1982; ZYWIETZ et al. 1982)

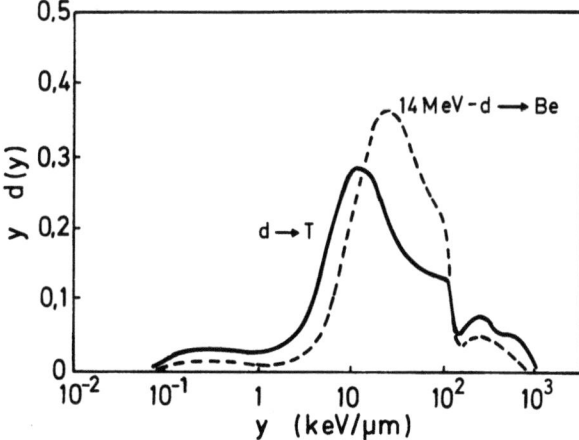

Abb. 18. Dosis-Verteilung y·d(y) von Zyklotron- und d-T-Neutronen (Abb. 17) als Funktion der linealen Energie y. Die mikrodosimetrischen Messungen wurden an den Neutronen-Therapieanlagen in Essen und Hamburg auf der Strahl-Achse in 5 cm Tiefe eines Wasserphantoms durchgeführt, wobei ein Gewebevolumen von 2 µm Durchmesser simuliert wurde. Die Größe d(y) stellt die dosisbezogene Häufigkeitsverteilung pro logarithmischem y-Intervall dar. (MENZEL u. SCHUHMACHER 1981; ZYWIETZ et al. 1982)

den Gammastrahlung freigesetzt werden. Der dominierende Bereich zwischen 2 und 140 keV/ µm wird im wesentlichen von Rückstoßprotonen hervorgerufen, während Energiedepositionen über 140 keV/µm von Alphateilchen und noch schwereren Rückstoßkernen stammen. Das y-Spektrum der höherenergetischen d-T-Neutronen enthält einen größeren Gamma-Anteil und der mittlere Bereich ist nach kleineren y-Werten verschoben, was von der höheren mittleren Energie der Rückstoßprotonen herrührt. Generell nimmt der Anteil an schweren Kernen mit der Neutronenenergie zu, was sich im rechten Teil der beiden Spektren (E > 140 keV/µm) deutlich zeigt.

Innerhalb des Bereiches von Neutronenenergien, die heutzutage für die Strahlentherapie maligner Tumoren angewandt werden, steigen die OER-Werte etwa von 1,5 auf 1,7 an, während die RBE von 1,9 auf 1,5 abnimmt (HALL et al. 1982). Damit sollte es im Prinzip einen Nachteil bedeuten, Neutronenstrahlen mit höheren Energien für die Therapie einzusetzen. Da die Veränderung des OER-Faktors, der wahrscheinlich in diesem Zusammenhang von größerer Bedeutung ist als die RBE, jedoch relativ gering ist, bedeutet die günstigere Tiefendosis-Verteilung der höherenergetischen Neutronen insgesamt gesehen einen klaren Vorteil, so daß für die Therapie Neutronen mit höheren Energien vorzuziehen sind. Über die physikalischen und biologischen Grundlagen sowie die bisherigen Resultate der Strahlentherapie mit Neutronen liegen mehrere zusammenfassende Darstellungen vor (Barendsen et al. 1979; Bewley 1970; Catterall u. Bewley 1979; Field u. Hornsey 1979; Fowler 1981; Raju 1980).

II. Protonen

Für strahlentherapeutische Anwendungen ist das scharfe Bragg-Maximum der Protonen (Abb. 3) wie auch das aller übrigen monoenergetischen Ionen-Strahlen ausgesprochen nachteilig. Deshalb bewegt man während der Bestrahlung Absorber kontinuierlich variierender Dicke (ridge filter) im Strahlengang; dadurch wird die Reichweite der Primärteilchen kontinuierlich verändert, so daß ein größeres Volumen gleichmäßig mit dem Bragg-Peak „überstrichen" werden kann (Larsson 1961, 1967). Abbildung 19 zeigt an einem Beispiel, wie die Bragg-Peak-Verbreiterung zustande kommt. Die Gesamtdosis, die sich aus 5 Strahlen mit unterschiedlichen Intensitäten und unterschiedlichen Reichweiten zusammensetzt, weist zwischen 10 und 13 cm Tiefe in einem Wasserphantom einen konstanten Verlauf auf. Da der primäre Protonenstrahl bis auf einen Durchmesser von 27 cm aufgefächert werden kann, ist mit dieser Technik eine homogene Bestrahlung auch bei großen Feldern möglich. Auch nach Verbreiterung des Bragg-Peaks ist der Dosisabfall am distalen Ende des Strahls noch außerordentlich scharf. Durch die Auffächerung wird die Hoch-LET-Komponente des Bragg-Maximums so weit mit der Nieder-LET-Komponente des Plateaus verdünnt, daß diese Protonen als dünn ionisierende Strahlen angesehen werden müssen: RBE und OER sind mit den Werten von Röntgenstrahlen vergleichbar. Insofern liegen die Vorteile der Protonen ausschließlich in ihrer ausgezeichneten Tiefendosis-Verteilung, die wesentlich günstiger ist als die von konventioneller Hochvolt-Strahlung. In den vergangenen 10 Jahren wurde die Bestrahlungstechnik mit Protonen wesentlich verbessert, und insbesondere in Ber-

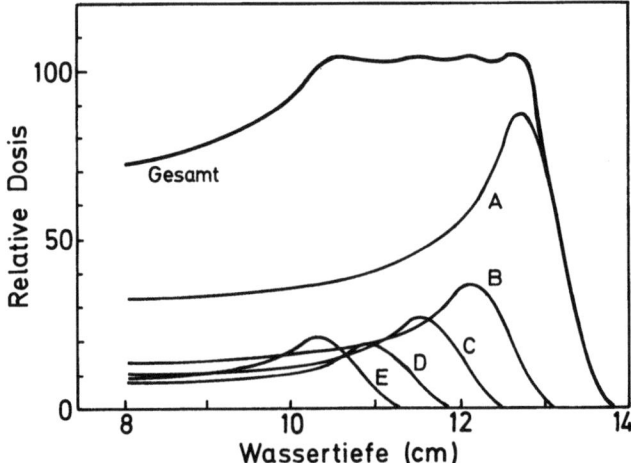

Abb. 19. Modifizierung der Tiefen-Dosis-Verteilung am strahlentherapeutisch genutzten 160 MeV-Protonenstrahl des Harvard-Synchrozyklotrons. Die Gesamtdosis setzt sich zusammen aus dem Primärstrahl (*A*) sowie aus vier weiteren Teilstrahlen (*B–E*), deren Reichweite durch Einbringen von Absorbern unterschiedlicher Dicke entsprechend reduziert wird. Durch unterschiedliche lange Bestrahlungszeiten werden die Intensitäten der Teilstrahlen (*A–E*) so angepaßt, daß die Gesamtdosis zwischen 10 und 13 cm Wassertiefe konstant ist. (Koehler u. Preston 1972)

keley, Dubna, Harvard, Moskau und Uppsala sowohl für die Strahlentherapie von Tumoren als auch für Hypophysen-Bestrahlungen mit Erfolg eingesetzt (vgl. Zusammenstellung der Daten bei RAJU 1980, Kap. 4).

III. Schwere Ionen

Die meisten strahlenbiologischen Untersuchungen mit Alphateilchen und schweren Ionen mit Energien, die strahlentherapeutisch von Interesse sind, wurden in Berkeley durchgeführt (PIRRUCELLO u. TOBIAS 1980). Verallgemeinernd kann man folgendes feststellen (CURTIS 1979; RAJU 1980; FOWLER 1981): 1. Für Alphateilchen variieren im verbreiterten Bragg-Peak die OER-Werte zwischen 2,1 und 2,3, die damit deutlich höher liegen als die von Neutronen (1,5–1,7). Die RBE liegt im Mittel bei etwa 1,2, so daß dadurch die gute physikalische Dosis-Verteilung in der Tiefe noch um diesen Faktor verstärkt wird. 2. Der OER-Faktor für Kohlenstoff-Ionen liegt im verbreiterten Maximum bei etwa 2,0 und damit ungünstiger als bei Neutronen; allerdings ist die physikalische Dosis-Verteilung wesentlich besser als für jeden Neutronen- (oder Photonen-)Strahl. 3. Die Neon-Ionen weisen OER-Werte auf, die von 2,0 auf 1,5 von der proximalen nach der distalen Seite eines auf 10 cm verbreiterten Peaks abnehmen. Der Sauerstoff-Effekt ist damit ähnlich wie bei schnellen Neutronen, aber die Dosis-Verteilung ist besser als für Neutronen. 4. Kohlenstoff-Ionen sind in 25 cm Gewebe-tiefe etwas günstiger als Neon-Ionen; in 15 cm Tiefe verschwindet dieser Unterschied. 5. Argon-Ionen haben im verbreiterten Strahl eine OER = 1,5 und bleiben von therapeutischem Interesse, falls wirklich ein niedriger OER-Wert erforderlich ist. Allerdings sind die Argon-Ionen schwieriger und teurer zu erzeugen als die leichteren Ionen.

IV. Negative Pionen

Negative Pi-Mesonen, der Kürze halber im allgemeinen „Pionen" genannt, haben nur ein Siebtel der Protonenmasse. Deshalb ist der maximale LET im Bragg-Peak eines Pionen-Strahls nicht so hoch wie bei schwereren Ionen. Aber es gibt einen kompensierenden Vorteil; wenn die Pionen abgebremst sind, werden sie von Atomkernen „eingefangen", es kommt zu diversen Kernreaktionen, bei denen mehrere Teilchen mit hoher Ionisierungsdichte emittiert werden (RAJU u. RICHMAN 1972). Im nicht modulierten Strahl sind die strahlenbiologischen Eigenschaften der Pionen denen aller anderen Strahlenarten überlegen (vgl. JUNG u. ZIMMER 1974). Diese Vorteile gehen aber bei Verbreiterung des Bragg-Maximums zu einem Teil verloren; der durchschnittliche LET von Pionen ist dann niedriger als der für Kohlenstoff-Ionen oder Neutronen, die Werte für OER und RBE liegen zwischen denen von Alphateilchen und Kohlenstoff-Ionen und sind damit für die Strahlentherapie weniger günstig als diejenigen für schnelle Neutronen oder Neon-Ionen. Allerdings ist die Tiefendosis-Verteilung sehr günstig, insbesondere wenn, wie dies am Schweizerischen Institut für Nuklearforschung (SIN) gemacht wird, die Pionen aus 60 radial verlaufenden Kanälen auf ein vorzugebendes Bestrahlungsvolumen zentriert werden können (VON ESSEN et al. 1982). Für weitere Details sei auf die ausgezeichnete Zusammenstellung von RAJU (1980) verwiesen.

V. Tiefendosis-Verteilung

Abbildung 20 zeigt im Vergleich die Tiefendosis-Verteilung von denjenigen Teilchen-Strahlen, für deren Anwendung in der Strahlentherapie derzeit Interesse besteht. Da die

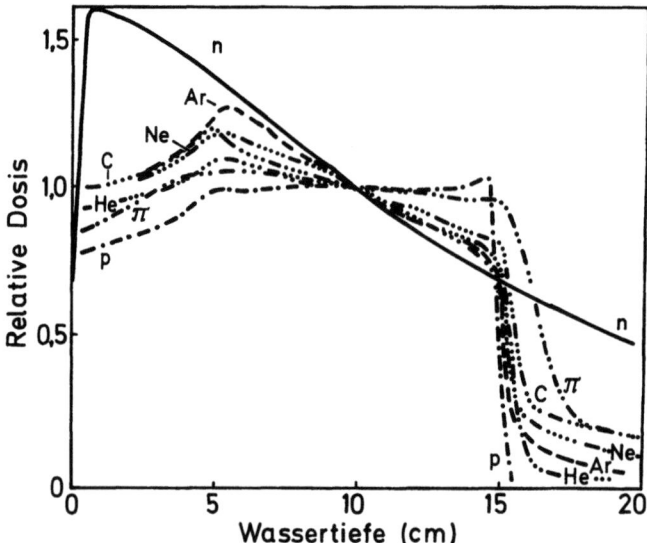

Abb. 20. Tiefendosis-Verteilung verschiedener energiereicher Ionen (p = Protonen, π = negative Pionen, He = Alphateilchen, C = Kohlenstoff-Ionen, Ne = Neon-Ionen, Ar = Argon-Ionen) normiert auf die Mitte des auf 10 cm verbreiterten Bragg-Maximums im Vergleich zu der von Neutronen (n, mittlere Energie 22 MeV). Weitere Angaben im Text. (Raju et al. 1978)

benutzten schweren Ionen unterschiedliche Reichweiten hatten, wurde die relative Dosis für schwere Teilchen auf die Mitte des auf 10 cm verbreiterten Bragg-Maximums normiert, die Dosis für Neutronen auf eine absolute Tiefe von 10 cm. Die Dosis-Verteilung der Protonen verläuft im verbreiterten Bragg-Maximum horizontal, da sich die RBE in diesem Bereich nicht signifikant ändert. Für schwere Ionen nimmt der durchschnittliche LET und damit die RBE vom proximalen zum distalen Ende des verbreiterten Bragg-Peaks zu. Deshalb wurde der Abfall über die Gesamtbreite von 10 cm so gewählt, daß das Produkt von Dosis und RBE für jeden Punkt einen konstanten Wert ergibt; dadurch wird über dem gesamten verbreiterten Bragg-Peak die gleiche biologische Wirkung erreicht (Raju et al. 1978). Abbildung 20 macht deutlich, daß die Tiefendosis-Verteilung der verschiedenen geladenen Teilchen (und noch mehr deren biologische Wirkung) günstiger ist als die von schnellen Neutronen und ebenfalls günstiger als die von Hochvolt-Strahlung, wie sie in der konventionellen Therapie benutzt wird.

J. RBE und Qualitätsfaktor im Strahlenschutz

Wie aus der Definition der RBE hervorgeht, liefert diese Größe ein relatives Maß für die biologische Wirksamkeit einer bestimmten Strahlenart im Vergleich zu der Wirkung von γ-Strahlung. Es versteht sich dabei von selbst, daß bei einem solchen vergleichenden Experiment alle den Effekt beeinflussenden Bestrahlungsbedingungen die gleichen sein müssen, insbesondere der physiologische Zustand der Objekte und die Milieubedingungen, wie z.B. die Sauerstoff-Konzentration. Aber selbst dann ergeben sich unterschiedliche RBE-Werte, beispielsweise für eine unterschiedliche Anzahl von Dosis-Fraktionen oder für unterschiedliche Überlebensraten (vgl. Abb. 7 und 15).

Für Strahlenschutzzwecke werden die Faktoren, die die Wirkungsunterschiede zweier Strahlenarten infolge ihres unterschiedlichen LET charakterisieren, „Qualitätsfaktor" Q bzw.

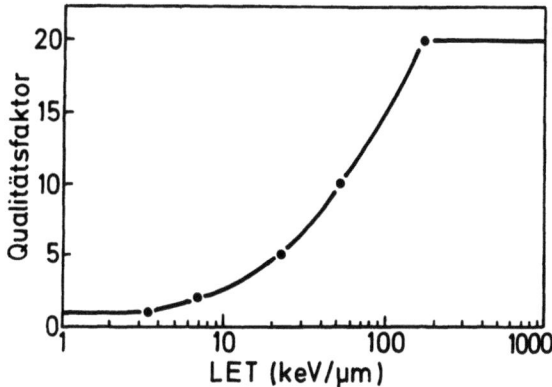

Abb. 21. Qualitätsfaktor als Funktion des LET. (ICRP 26, 1978)

„Bewertungsfaktor" q genannt. Beide sind folgendermaßen mit der „Äquivalentdosis" H verknüpft:

$$H = D \cdot Q \cdot N = q \cdot D \qquad (4)$$

Hierbei ist D die Energiedosis und N das Produkt aller anderen modifizierenden Faktoren, wie z.B. Energiedosisleistung oder Fraktionierung. Da dem Faktor N von der ICRP (International Commission on Radiological Protection) derzeit noch der Wert 1 zugeschrieben wird, sind Qualitätsfaktor und Bewertungsfaktor $(q = Q \cdot N)$ nach den jetzt geltenden Bestimmungen zahlenmäßig gleich.

Im Gegensatz zur RBE, die nur im Experiment bestimmt werden kann, wird der Qualitätsfaktor Q von einem internationalen Gremium, der ICRP, festgesetzt; natürlich unter Berücksichtigung möglichst vieler strahlenbiologischer Daten. Die Größe Q gibt an, um welchen Faktor eine bestimmte Strahlenart für den Menschen gefährlicher ist als dieselbe Dosis an Röntgen- oder Gammastrahlung. Somit ist Q, ebenso wie die RBE, eine dimensionslose Größe. Abbildung 21 zeigt den Qualitätsfaktor Q als Funktion des LET der betreffenden Strahlung. Bis zu einem LET von 3,5 keV/μm wurde der Qualitätsfaktor auf Q = 1 festgesetzt, d.h. für Röntgen- und Gammastrahlung sowie Elektronen und β-Strahlen gilt Q = 1. Für LET-Werte oberhalb von 175 keV/μm wurde Q = 20 festgelegt. Damit sind diese Qualitätsfaktoren deutlich größer als die RBE-Werte, die bei den in den voranstehenden Abschnitten beschriebenen Experimenten erhalten wurden. Dies hat zwei Gründe: Zum einen nimmt die RBE mit abnehmender Dosis zu (vgl. Abb. 7 und 15), und im Strahlenschutz hat man vorwiegend mit kleinen Dosen zu tun; zum anderen wird bei der Festsetzung von Q die RBE für die empfindlichste Reaktion oder das empfindlichste Organ in besonderem Maße berücksichtigt, um bei der Risikoabschätzung auf der sicheren Seite zu sein.

Da Q dimensionslos ist, stellt H eine Dosis dar, deren Einheit nach dem SI-System (SI = Systeme International des Unités) das „Joule pro Kilogramm" ist. Als Einheitenname der Äquivalentdosis wurde von der ICRP die Bezeichnung Sievert (Sv) vorgeschlagen (ICRP 26, 1978). Wird die Energiedosis D in Gray (Gy) eingesetzt, dann liefert Gl. (4) die Äquivalentdosis in Sievert; wird nach dem früher üblichen System das rad benutzt, dann erhält man H in rem. Es ist also 1 Sv = 100 rem = 1 J · kg^{-1}.

Zusammenfassend kann festgestellt werden, daß die experimentellen Untersuchungen der biologischen Wirkungen dicht ionisierender Partikelstrahlen die Grundlagen für die Abschätzung von Strahlenrisiken verbreitert und damit zu einer Verbesserung des Strahlenschutzes geführt haben. Darüber hinaus haben diese Arbeiten auch dazu beigetragen, die Strahlenempfindlichkeit von Zellen, Tumoren und normalen Geweben sowie die große Anzahl von Faktoren, die einzeln oder im Wechselspiel miteinander die Strahlenempfindlichkeit beeinflussen, besser zu verstehen. Die weitere Beschäftigung mit diesen Faktoren, wie Erholung und Reparatur von Strahlenschäden, Modifizierung der Strahlenempfindlichkeit durch Sauerstoff, Pharmaka, Bestrahlung in verschiedenen Zellzyklusphasen oder mit Strahlen unterschiedlicher Ionisierungsdichte, kann das Erkennen neuer Zusammenhänge ermöglichen und dadurch Strahlenbiologie, Strahlentherapie und Strahlenschutz bei der Suche nach neuen Wegen wirkungsvoll unterstützen.

Literatur

Barendsen GW (1962) Dose-survival curves of human cells in tissue culture irradiated with alpha-, beta-, 20-kV X- and 220 kV X-irradiation. Nature 193:1153–1155

Barendsen GW (1968) Responses of cultured cells, tumours and normal tissues to radiations of different linear energy transfer. In: Ebert M, Howard A (eds) Current topics in radiation research, vol. IV. North-Holland, Amsterdam, pp 293–356

Barendsen GW, Koot CJ, Kersen GR van, Bewley DK, Field SB, Parnell CJ (1966) The effect of oxygen on impairment of the proliferative capacity of human cells in culture by ionizing radiations of different LET. Int J Radiat Biol 10:317–327

Barendsen GW, Broerse JJ, Breur K (1979) High-LET radiations in clinical radiotherapy. Pergamon Press, Oxford

Berry RJ (1970) Survival of murine leukemia cells in vivo after irradiation in vitro under aerobic and hypoxic conditions with monoenergetic accelerated charged particles. Radiat Res 44:237–247

Bewley DK (1968) A comparison of the response of mammalian cells to fast neutrons and charged particle beams. Radiat Res 34:446–458

Bewley DK (1970) Fast neutron beams for therapy. In: Ebert M, Howard A (eds) Current topics in radiation research, vol. VI. North-Holland, Amsterdam, pp 249–292

Bird RP, Burki HJ (1975) Survival of synchronized Chinese hamster cells exposed to radiation of different linear-energy transfer. Int J Radiat Biol 27:105–120

Blakely EA, Tobias CA, Yang TCH, Smith KC, Lyman JT (1979) Inactivation of human kidney cells by high-energy monoenergetic heavy-ion beams. Radiat Res 80:122–160

Blakely EA, Tobias CA, Ngo FQH, Curtis SB (1980) Physical and cellular radiobiological properties of heavy ions in relation to cancer therapy applications. In: Pirruccello MC, Tobias CA (eds) Biological and medical research with accelerated heavy ions at the bevalac, 1977–1980. LBL-11220 report, Berkeley

Booz J, Fidorra J (1981) Microdosimetric investigations on collimated fast neutron beams for radiation therapy: II. The problem of radiation quality and RBE. Phys Med Biol 26:43–56

Brustad T (1961) Molecular and cellular effects of fast charged particles. Radiat Res 15:139–158

Catterall M, Bewley DK (1979) Fast neutrons in the treatment of cancer. Academic Press, London

Chapman JD (1980) Biophysical models of mammalian cell inactivation by radiation. In: Meyn RE, Withers HR (eds) Radiation biology in cancer research. Raven Press, New York, pp 21–32

Chapman JD, Urtasun RC, Blakely EA, Smith KC, Tobias CA (1978) Hypoxic cell sensitizers and heavy charged-particle radiations. Br J Cancer [Suppl. III] 37:184–188

Chatterjee A, Magee JL (1978) Relationship of the track structure of heavy particles to the physical distribution and chemical effects of radicals. In: Booz J, Ebert HG (eds) Proceedings of the sixth symposium on microdosimetry. Commission of the European Communities, Brüssel, pp 283–294

Chatterjee A, Schaefer HJ (1976) Microdosimetric structure of heavy ion tracks in tissue. Radiat Environ Biophys 13:215–227

Curtis SB (1970) The effect of track structure on OER at high LET. In: Charged particle tracks in solids an liquids. The Institute of Physics and the Physical Society Conference Series Nr 8, London, pp 140–142

Curtis SB (1979) The biological properties of high-energy charged particles. In: Okada S, Imamura M, Terashima T, Yamaguchi H (eds) Radiation research. Japanese Association for Radiation Research, Tokyo, pp 780–787

Denekamp J, Morris C, Field SB (1977) The response of a transplantable tumor to fractionated irradiation. Part III. Fast neutrons plus the radiosensitizer Ro-07-0582. Radiat Res 70:425–432

Dertinger H, Jung H (1969) Molekulare Strahlenbiologie. Springer, Berlin Heidelberg New York

Dertinger H, Lücke-Huhle C, Schlag H, Weibezahn KF (1976) Negative pion irradiation of mammalian cells. I. Survival characteristics of monolayers and spheroids of chinese hamster lung cells. Int J Radiat Biol 29:271–277

Elkind MM (1970) Damage and repair processes relative to neutron (and charged particle) irradiation. In: Ebert M, Howard A (eds) Current topics in radiation research, vol VII. North-Holland, Amsterdam, pp 1–44

Elkind MM, Whitmore GF (1967) The radiobiology of cultured mammalian cells. Gordon and Breach, New York

Elkind MM, Sutton-Gilbert H, Moses WB, Alescio T, Swain RW (1965) Radiation response of mammalian cells grown in culture. V. Temperature dependence of the repair of X-ray damage in surviving cells (aerobic and hypoxic). Radiat Res 25:359–376

Essen CF von, Blattmann H, Crawford JF, Fessenden P, Pedroni E, Perret C, Salzmann M, Shortt K, Walder E (1982) The piotron: Initial performance, preparation and experience with pion therapy. Int J Radiat Oncol Biol Phys 8:1499–1509

Field SB, Hornsey S (1975) The RBE for fast neutrons: The link between animal experiments and clinical practice. In: Nygaard OF, Adler HI, Sinclair WK (eds) Radiation research. Academic Press, New York, pp 1125–1135

Field SB, Hornsey S (1979) Aspects of OER and RBE relevant to neutron therapy. In: Lett JT, Adler H (eds) Advances in radiation biology, vol 8. Academic Press, New York, pp 1–49

Fowler JF (1981) Nuclear particles in cancer treatment. Hilger, Bristol

Gragg RL, Humphrey RM, Thames HD, Meyn RE (1978) The response of Chinese hamster ovary cells to fast neutron radiotherapy beams. III. Variation in relative biological effectiveness with position in the cell cycle. Radiat Res 76:283–291

Gray LH (1957) Oxygenation in radiotherapy. 1. Radiobiological considerations. Br J Radiol 30:403–406

Guichard M, Gosse C, Malaise EP (1977) Survival curve of a human melanoma in nude mice. J Natl Cancer Inst 58:1665–1669

Hall EJ (1969) Radiobiological measurements with 14-MeV neutrons. Br J Radiol 42:805–813

Hall EJ (1978) Radiobiology for the radiologist, 2nd edn. Harper & Row, Hagerstown

Hall EJ, Gross W, Dvorak RF, Kellerer AM, Rossi HH (1972) Survival curves and age response function for Chinese hamster cells exposed to X-rays or high LET alpha-particles. Radiat Res 52:88–98

Hall EJ, Roizin-Towle L, Theus RB, August LS (1975) Radiobiological properties of high energy cyclotron-produced neutrons used for radiotherapy. Radiology 117:173–178

Hall EJ, Kellerer AM, Friede H (1982) Dependence on neutron energy of the OER and RBE. Int J Radiat Oncol Biol Phys 8:1567–1572

Hug O (1974) Medizinische Strahlenkunde. Springer, Berlin Heidelberg New York

Hug O, Kellerer AM (1966) Stochastik der Strahlenwirkung. Springer, Berlin Heidelberg New York

Hussey DH, Fletcher GH, Cadero JB (1974) Experience with fast neutron therapy using the Texas A & M variable energy cyclotron. Cancer 34:65–77

ICRP 26 (1978) Empfehlungen der Internationalen Strahlenschutzkommission. ICRP-Veröffentlichungen, Heft 26. Fischer, Stuttgart

ICRU 16 (1970) International commission on radiation units and measurements. Linear energy transfer. ICRU report 16. Washington

Jung H (1965) Zur biologischen Wirksamkeit elastischer Kernstöße. I. Inaktivierung von Ribonuclease durch langsame Protonen. Z Naturforsch [B] 20:764–772

Jung H (1967) Inactivation of ribonuclease by elastic nuclear collisions. Radiat Res [Suppl] 7:64–73

Jung H, Kürzinger K (1969) Zur biologischen Wirksamkeit elastischer Kernstöße. III. Einwirkung von langsamen Protonen auf infektiöse DNS des Bakteriophagen ØX174. Z Naturforsch [B] 24:328–332

Jung H, Zimmer KG (1966) Some chemical and biological effects of elastic nuclear collisions. In: Ebert M, Howard A (eds) Current topics in radiation research, vol II. North-Holland, Amsterdam, pp 69–128

Jung H, Zimmer KG (1974) Physikalische und biologische Grundlagen einer Anwendung von π-Mesonen, Neutronen und geladenen Teilchen in der Strahlentherapie. Roentgenblätter 27:381–402

Kallman RF (1972) The phenomenon of reoxygenation and its implications for fractionated radiotherapy. Radiology 105:135–142

Kaplan HS (1974) On the relative importance of hypoxic cells for the radiotherapy of human tumours. Eur J Cancer 10:275–280

Kellerer AM, Rossi HH (1972) The theory of dual radiation action. In: Ebert M, Howard A (eds) Current topics in radiation research, vol 8. North-Holland, Amsterdam, pp 85–158

Kellerer AM, Hall EJ, Rossi HH, Teedla P (1976) RBE as a function of neutron energy. II. Statistical analysis. Radiat Res 65:172–186

Kiefer J (1981) Biologische Strahlenwirkung. Springer, Berlin Heidelberg New York

Koehler AM, Preston WM (1972) Protons in radiation therapy. Radiology 104:191–195

Kraft G, Kraft-Weyrather W, Meister H, Miltenburger HG, Schuber M, Wulf H (1983) Inactivation of mammalian cells exposed to heavy charged particle beams. In: Broerse JJ, Barendsen GW, Kal HB, Kogel AJ van der (eds) Proceedings of the seventh international congress of radiation research. Nijhoff, Amsterdam, pp D4–16

Larsson B (1961) Pre-therapeutic physical experiments with high energy protons. Br J Radiol 34:143–151

Larsson B (1967) Radiobiological properties of beams of high-energy protons. Radiat Res [Suppl] 7:304–311

Lücke-Huhle C, Blakely EA, Chang P, Tobias CA (1979a) Drastic G_2-arrest in mammalian cells after irradiation with heavy ion beams. Radiat Res 79:97–112

Lücke-Huhle C, Blakely EA, Tobias CA (1979b) The influence of intercellular contact on mammalian cell survival after heavy-ion irradiation. In: Barendsen GW, Broerse JJ, Breur K (eds) High-LET radiation in clinical radiotherapy. Pergamon Press, Oxford, pp 227–228

Menzel HG, Schuhmacher H (1981) Comparison of

microdosimetric characteristics of four fast neutron therapy facilities. In: Booz J, Ebert HG, Hartfiel HD (eds) Proceedings of the 7th Symposium on Microdosimetry. EURATOM Publication 7147, Brüssel, pp 1217

Munson RJ, Neary GJ, Bridges BA, Preston RJ (1967) The sensitivity of Escherichia coli to ionizing particles of different LETs. Int J Radiat Biol 13:205–224

Neufeld J, Snyder WS (1961) Estimates of energy dissipation by heavy charged particles in tissue. In: Selected Topics in Radiation Dosimetry. Internat Atomic Energy Agency, Wien, pp 35–44

Ngo FQH, Utsumi H, Han A, Elkind MM (1979) Sublethal damage repair: Is it independent of radiation quality? Int J Radiat Biol 36:521–530

Painter RB (1980) The role of DNA damage and repair in cell killing induced by ionizing radiation. In: Meyn RE, Withers HR (eds) Radiation biology in cancer research. Raven Press, New York, pp 59–68

Pirruccello MC, Tobias CA (1980) Biological and medical research with accelerated heavy ions at the bevalac, 1977–1980. LBL-11220 report, Berkeley

Powers WE, Tolmach LJ (1963) A multicomponent X-ray survival curve for mouse lymphoma sarcoma cells irradiated in vivo. Nature 197:710–711

Raju MR (1980) Heavy particle radiotherapy. Academic Press, New York

Raju MR, Richman C (1972) Negative pion radiotherapy: Physical and radiobiological aspects. In: Ebert M, Howard A (eds) Current topics in radiation research quarterly, vol 8. North-Holland, Amsterdam, pp 159–233

Raju MR, Tobey RA, Jett JH, Walters RA (1975) Age response for line CHO chinese hamster cells exposed to X-irradiation and alpha particles from plutonium. Radiat Res 63:422–433

Raju MR, Amols HI, Dicello JF, Howard J, Lyman JT, Koehler AM, Graves R, Smathers JB (1978) A heavy particle comparative study. Part I: Depth-dose distributions. Br J Radiol 51:699–703

Raju MR, Bain E, Carpenter SG, Jett J, Walters RA, Howard J, Powers-Risius P (1980) Effects of argon ions on synchronized chinese hamster cells. Radiat Res 84:152–157

Ritter MA, Cleaver JE, Tobias CA (1977) High-LET radiations induce a large proportion of non-rejoining DNA breaks. Nature 266:653–655

Rossi HH (1959) Specification of radiation quality. Radiat Res 10:522–531

Rossi HH (1979) The role of microdosimetry in radiobiology. Radiat Environ Biophys 17:29–40

Rossi HH, Rosenzweig W (1955) A device for the measurement of dose as a function of specific ionization. Radiology 64:404–410

Schmidt R, Hess A (1982) Spectroscopic intercomparison at the German neutron therapy centers. Int J Radiat Oncol Biol Phys 8:1511–1515

Sinclair WK (1968) Cyclic X-ray responses in mammalian cells in vitro. Radiat Res 33:620–643

Sinclair WK (1969) Dependence of radiosensitivity upon cell age. In: Time and Dose Relationships in Radiation Biology as Applied to Radiotherapy (Carmel Conference 1969) Brookhaven National Laboratory report BNL-50203, Brookhaven, pp 97–107

Skarsgard LD, Kihlman BA, Parker L, Pujara CM, Richardson S (1967) Survival, chromosome abnormalities, and recovery in heavy-ion- and X-irradiated mammalian cells. Radiat Res [Suppl] 7:208–221

Stone RS (1948) Neutron therapy and specific ionization. Am J Roentgenol 59:771–785

Streffer C (1969) Strahlen-Biochemie. Springer, Berlin Heidelberg New York

Streffer C (1980) Biologische Grundlagen der Strahlentherapie. In: Scherer E (Hrsg) Strahlentherapie. Springer, Berlin Heidelberg New York, pp 172–230

Suit H, Maeda M (1966) Oxygen effect factor and tumor volume in the C3H mouse mammary carcinoma. Am J Roentgenol 96:177–182

Terasima T, Tomach LJ (1963) Variation in several responses of HeLa cells to X-irradiation during the division cycle. Biophys J 3:11–33

Todd PW (1964) Reversible and irreversible effects of ionizing radiations on the reproductive integrity of mammalian cells cultured in vitro. Thesis, UCLR-11614 report, Berkeley

Todd PW (1968) Fractionated heavy ion irradiation of cultured human cells. Radiat Res 34:378–389

Trott KR (1972) Strahlenwirkungen auf die Vermehrung von Säugetierzellen. In: Hug O, Zuppinger A (Hrsg) Handbuch der medizinischen Radiologie, Bd II/Teil 3. Springer, Berlin Heidelberg New York, S 43–125

UNSCEAR (1982) United nations scientific committee on the effects of atomic radiation. Ionizing radiation: Sources and biological effects (Report to the general assembly). United Nations, New York

Withers HR, Suit HD (1974) Is oxygenation important in the radiocurability of human tumors? In: Friedman M (ed) Biological and clinical basis of radiosensitivity. Thomas, Springfield, pp 548–567

Withers HR, Thames HD, Peters LJ (1982) Biological bases for high RBE values for late effects of neutron irradiation. Int J Radiat Oncol Biol Phys 8:2071–2076

Zywietz F, Menzel HG, Beuningen D van, Schmidt R (1982) A biological and microdosimetric intercomparison of 14 MeV d-T neutrons and 6 MeV cyclotron neutrons. Int J Radiat Biol 42:223–228

II. Strahlenempfindlichkeit von Organen und Geweben

1. Strahlenwirkungen auf die Abdominalorgane

Von

K.-R. Trott

Mit 18 Abbildungen

A. Einleitung

Die Abdominalorgane sind relativ strahlenempfindlich und haben deshalb seit jeher der Strahlentherapie der Tumoren des Abdominalraums (mit Ausnahme der Tumoren des kleinen Beckens) enge Grenzen gesetzt. Wenn auch die pathogenetischen Mechanismen aller akuten Strahlenfolgen der verschiedenen Organe wie auch aller chronischen Strahlenfolgen jeweils gleich sind [im übrigen ja die gleichen wie an der Haut, wo sie im Detail beschrieben werden (s.S. 176ff.)], sind die klinischen und pathomorphologischen Folgezustände entsprechend der unterschiedlichen Struktur und Funktion der verschiedenen Organe doch so unterschiedlich, daß eine separate Darstellung der Strahlenfolgen von Magen, Darm und Leber angezeigt ist. Angesichts der zum Teil kaum mehr zu übersehenden Fülle von klinischen und experimentellen Arbeiten (insbesondere über die Strahlenreaktion des Darms) kann nur eine thematisch eng begrenzte Auswahl zur Darstellung der heute für klinisch relevant erachteten Probleme herangezogen werden.

B. Die Strahlenfolgen am Magen

Obwohl Magenkarzinome zu den häufigsten Tumoren des Menschen gehören und die Ergebnisse der chirurgischen Behandlung unbefriedigend sind, wurde wegen der hohen Strahlenempfindlichkeit des gesunden Magens eine Strahlentherapie der Magenkarzinome nur vereinzelt durchgeführt, und das meist nur als prä-, intra- oder postoperative Strahlentherapie mit subkurativen Strahlendosen in Verbindung mit der operativen Gastrektomie (TAKAHASHI 1964; ABE u. TAKAHASHI 1981). Die Erfahrungen über die akuten und chronischen Strahlenfolgen nach Bestrahlung des Magens stammen daher vor allem aus Beobachtungen bei der Strahlentherapie anderer abdomineller Tumoren. Die umfangreichste Serie betrifft die Mitbestrahlung des Magens bei der postoperativen Bestrahlung paraaortaler Lymphknoten von Patienten mit Hodentumor mit Dosen über 50 Gy (HAMILTON 1947).

I. Klinik der Strahlenfolgen am Magen

Akute Strahlenfolgen treten bei der Mitbestrahlung des Magens erst auf, wenn im Verlauf der fraktionierten Therapie Strahlendosen von 20 Gy überschritten werden, und nehmen

dann mit zunehmender Dosis im Verlauf der Therapie zu. Sie äußern sich als Oberbauch-
schmerzen, Übelkeit, Appetitlosigkeit und Erbrechen und entsprechen weitgehend den Symptomen, die bei einer Gastritis anderer Ursache auftreten. Diese Beschwerden erreichen
ihren Höhepunkt gegen Ende der Strahlenbehandlung und nehmen nach deren Abschluß
meist rasch wieder ab. Klinisch wie auch gastroskopisch erscheint das Bild einer akuten
Gastritis. Bei der Untersuchung des Magensafts fällt eine verminderte Säureproduktion auf,
wenn Korpus und Fundus des Magens mitbestrahlt wurden (Bruegel 1917). Ricketts et al.
(1948) zeigten, daß die Häufigkeit der Unterdrückung der Salzsäureproduktion mit zunehmender Strahlendosis anstieg. Dagegen bestand keine Dosisabhängigkeit der Dauer der
Achlorhydrie. Diese Beobachtungen waren die Basis für die Strahlenbehandlung von Magengeschwüren (Lenk 1926). Palmer und Tempelton (1939) berichteten, daß nach Strahlendosen von 15–20 Gy in 2–3 Wochen schon gegen Ende der Bestrahlungszeit die Säureproduktion deutlich vermindert war. Während der folgenden Monate nahm dieser Strahleneffekt
weiter zu und hielt in der Regel für länger als ein Jahr an. Findley et al. (1974) beobachteten
eine Reduktion der Magensäure nach 11 Monaten auf im Mittel 30% des Wertes vor Bestrahlung und auf weniger als 60% 30 Monate nach Bestrahlung mit 15 Gy. Chronische Strahlenfolgen waren nach Behandlung der Ulkuskrankheit mit solchen Strahlendosen nicht nachzuweisen (Carpenter et al. 1956).

In der akuten Phase der Strahlenreaktion können zwar oberflächliche Erosionen auftreten, Ulzerationen des Magens sind jedoch erst als Folge der chronischen Strahlenreaktion
der Magenwand einige Monate oder auch Jahre nach Bestrahlung zu befürchten. Eine Ausnahme bilden nur Tumorulzerationen nach Bestrahlung schnell schrumpfender Tumoren
der Magenwand. Das Strahlenulkus des Magens unterscheidet sich in seiner klinischen Prä-
sentation vom normalen, peptischen Ulkus u.a. darin, daß die Beschwerden nicht von den
Mahlzeiten abhängen. Inappetenz, dramatischer Gewichtsverlust und krampfartige Schmerzen sind die am häufigsten geschilderten Beschwerden (Hamilton 1947; Rubin u. Casarett
1968).

Röntgenologisch erscheint das Strahlenulkus des Magens ähnlich einem peptischen Ulkus
und liegt meist ebenfalls in der Magenstraße an der Hinterwand des Antrums (Ellinger
1957). Auffallend ist die sehr starke Verminderung der Peristaltik und die Hypoazidität,
wenn neben dem Antrum auch größere Bereiche des Korpus und Fundus mitbestrahlt wurden. Bei den Patienten aber, die wegen Verdachts auf ein Strahlenulkus des Magens 2–18 Monate nach der Strahlentherapie paraaortaler Lymphknoten untersucht wurden, waren die
Veränderungen der Azidität des Magensaftes sehr variabel und reichten bei gleicher Dosis
von Hypoazidität über völlig normale Befunde bis zur Hyperazidität (Brick 1947).

In der Regel können Strahlenulzera des Magens mit den üblichen konservativen Therapieverfahren nicht beherrscht werden und erfordern eine subtotale Gastrektomie (Roswit et al.
1972). Alle von Hamilton (1947) vorgestellten Magenulzera aus der Serie des Walter-Reed-
Hospitals mußten wegen Schmerzen, unstillbarem Erbrechen und Blutungen operiert werden.
Bei Eröffnung des Abdomen erschien der Magen im Bestrahlungsgebiet ödematös, mit starrer, verdicker Wand und häufig weißlich schimmernd – Hinweis auf eine verminderte Durchblutung der Darmwand. Aus diesem Grund war eine Operation nach Billroth I nicht angezeigt, da die Gefäßveränderungen in der Magen- und Darmwand im Bestrahlungsgebiet
das Heilen einer End-zu-Endanastomose behindert hätte (Bowers u. Brick 1947).

Neben dem Strahlenulkus ist als chronische Strahlenfolge die chronisch-atrophische Gastritis von klinischer Bedeutung. Da bei den meisten Strahlenfeldern nur das Antrum mit
höheren Strahlendosen bestrahlt wird, konzentrieren sich die strahlenbedingten Veränderungen, wie z.B. der Verlust der Peristaltik, auf diesen Bereich: entsprechend sind auch meist
keine Veränderungen der Magensaftsekretion zu registrieren. Auffallend ist weiter, daß bei
der strahlenbedingten atrophischen Gastritis nach Bestrahlung des ganzen Magens keine

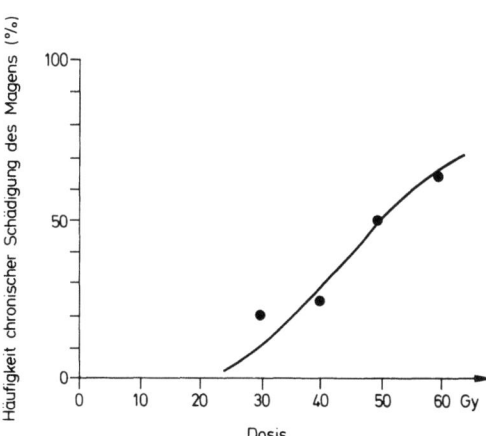

Abb. 1. Die Dosisabhängigkeit der Häufigkeit chronischer Strahlenfolgen am Magen. (Nach FRIEDMAN in RUBIN u. CASARETT 1968)

hyperchrome Anämie als Folge eines B12-Mangels nachzuweisen war. RUBIN und CASARETT (1968) fanden nach Strahlentherapie des ganzen Magens mit Dosen bis zu 20 Gy oder des Antrum bei Dosen von 45 Gy keine Vitamin B12-Resorptionsstörung.

Das Risiko eines radiogenen Ulkus des Magens hängt deutlich von der Strahlendosis ab. Bei der in der strahlentherapeutischen Praxis üblichen Fraktionierung liegt die praktische Schwellendosis für ein radiogenes Magenulkus bei etwa 40 Gy in 20 Fraktionen in 4 Wochen (RUBIN u. CASARETT 1968). Auch bei Strahlendosen unter 45 Gy können die Folgeerscheinungen der atrophischen Gastritis klinische Beschwerden machen. FRIEDMANN (ausführlich dargestellt in RUBIN u. CASARETT 1968) beschrieb, daß bei Dosen von 45–54 Gy 15 von 61 Patienten (=26%) und bei Dosen von 55–64 Gy 7 von 22 (=32%) ein Strahlenulkus bekamen. Von FRIEDMANN wurde auch die Dosisabhängigkeit aller Formen der chronischen Strahlenfolgen am Magen als typische S-förmige Kurve dargestellt (Abb. 1).

II. Histopathologische Veränderungen des Magens nach Bestrahlung

Die histopathologischen Veränderungen des Magens während und nach Abschluß der Strahlenbehandlung von Magengeschwüren mit Dosen von 15 bis 20 Gy sind in einigen Fällen durch Serienbiopsien sehr sorgfältig dokumentiert (DOIG et al. 1951; GOLDGRABER et al. 1954).

Die Schleimhaut des Magens zeigt einen raschen Zellumsatz mit großen regionalen Unterschieden (BERTHRONG u. FAJARDO 1981). Dagegen ist die Umsatzgeschwindigkeit der Drüsen sehr viel langsamer. Die vollständige Erneuerung der geschlängelten Drüsenschläuche dürfte ein ganzes Jahr beanspruchen. GOLDGRABER et al. (1954) beobachteten bei 3 Patienten unter der Bestrahlung mit 1,6 Gy/d bis zu einer Gesamtdosis von 16 Gy bereits 8 Tage nach Beginn der Bestrahlung einen Verlust der Granula in den Beleg- und Hauptzellen und vereinzelte Zellpyknosen, die eine Woche nach Abschluß der Bestrahlung noch ausgeprägter waren. Die Regeneration der Schleimhaut begann 3 Wochen nach Bestrahlung in den Drüsenhälsen und war nach 10 bis 16 Wochen abgeschlossen, wenn auch die Magensaftsekretion weiter vermindert war. DOIG et al. (1951) korrelierten die Ergebnisse der Magensaftuntersuchungen mit der morphometrischen Analyse der zellulären Veränderungen der Magenschleimhaut über einen längeren Zeitraum hin und konnten eine deutliche Parallelität der zellulären Veränderungen mit denen des Magensafts darstellen (Abb. 2).

Histopathologische Beobachtungen nach höheren Strahlendosen betreffen meist Patienten, die wegen eines chronischen Strahlenulkus operiert werden mußten und sind entsprechend selten. BERTHRONG und FAJARDO (1981) beschrieben das Operationspräparat eines

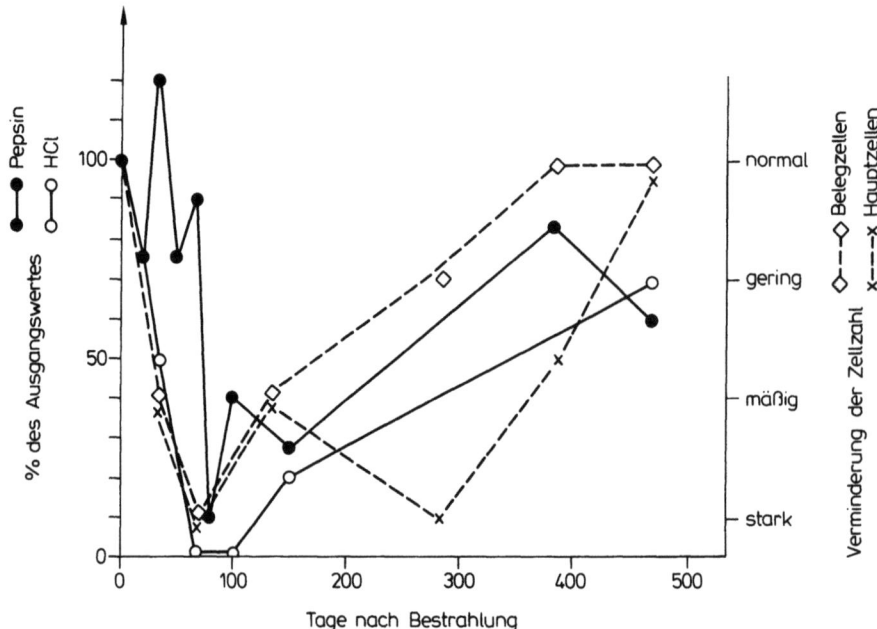

Abb. 2. Der Verlauf der Magensaftsekretion und der zellulären Veränderungen in der Magenschleimhaut nach Strahlentherapie eines Patienten mit peptischem Ulcus duodeni. (Nach DOIG et al. 1951)

Patienten, der 8 Monate nach 55 Gy wegen eines konservativ nicht beherrschbaren Strahlenulkus gastrektomiert worden war. Die Schleimhaut war mäßig atrophisch und zeigte ausgeprägte gastritische Veränderungen. In den Krypten und im Kryptenhals war eine hohe mitotische Aktivität nachzuweisen, während die verzweigten Drüsen in der Tiefe der Schleimhaut atrophisch waren. Die Muscularis mucosae war durch fibrotische Einlagerungen unterbrochen, und die Submukosa war ödematös aufgequollen mit Einlagerungen homogenen Kollagens. Weitere typische Veränderungen, die in ähnlicher Form in allen Organen nach Bestrahlung nachzuweisen sind, waren Teleangiektasien, Intimafibrosen der kleinen Arterien und ausgeprägte fibrotische Einlagerungen in die zerstörte Muscularis propria. Das Ulkus war histologisch von einem normalen peptischen Ulkus nicht zu unterscheiden, abgesehen von den ausgeprägten Zellatypien der Fibroblasten des aktiven Narbengewebes in der Subserosa und den genannten Gefäßveränderungen.

III. Die Pathogenese der akuten und chronischen Strahlenfolgen am Magen

Die beschriebenen klinischen und pathohistologischen Veränderungen in der akuten und chronischen Phase der Strahlenfolgen nach Bestrahlung des Magens entsprechen dem allgemeinen, pathogenetischen Modell, wonach die akuten Strahlenwirkungen im wesentlichen auf Proliferationsstörungen des Parenchyms, also im Fall des Magens auf die der Schleimhaut und der Schleimhautdrüsen zurückzuführen sind, während die klinisch bedeutsameren chronischen Strahlenfolgen zunächst im Bindegewebe entstehen und als Kombinationsschaden meist zur Ulzeration führen. Auffallend ist die trotz der hohen Regenerationsfähigkeit der Magenschleimhaut langdauernde, funktionelle Störung der Magensaftproduktion. Nicht erklären lassen sich im Rahmen der akuten Phase die beobachteten Motilitätsstörungen, die meist bei Bestrahlung des ganzen Abdomens mit relativ hohen Einzeldosen beobachtet wurden. Während bei Mäusen eine Entleerungsstörung wenige Stunden nach Bestrahlung registriert wurde (SWIFT et al. 1955), ist bei Menschen eher eine beschleunigte Magenentleerung zu finden (NEUMEISTER 1973). Diese ist wohl in erster Linie auf neuro-vegetative Umstellungen und weniger auf direkte Veränderungen der Magenschleimhaut oder der Magenwand zurückzuführen.

Die pathohistologischen Veränderungen des bestrahlten Magens in der chronischen Phase gleichen in vielem den bei der chronischen Strahlenfolge des Dickdarms und Enddarms beobachteten Veränderungen. Wie in allen anderen Geweben zeigt sich die überragende Bedeutung der Gefäßveränderungen. Dazu kommen aber noch die im ganzen Gastrointestinaltrakt wichtigen Veränderungen der glatten Muskulatur, sowohl der Muscularis mucosae als auch der Muscularis propria. Diese Veränderungen werden auf S. 80 f. ausführlich diskutiert.

Abgesehen von den Untersuchungen zur Pathogenese der Magensaftveränderungen, die mit den zellulären Veränderungen des Drüsengewebes korrelieren, die wiederum im Rahmen des allgemeinen pathogenetischen Mechanismus akuter Strahlenfolgen mit der Strahlenempfindlichkeit von Drüsenstammzellen und ihrer Umsatzkinetik zu erklären sind, liegen zur Pathogenese der Strahlenfolgen des Magens keine weiteren klinischen oder tierexperimentellen Untersuchungen vor.

IV. Tierexperimentelle Modelle zum Studium der Strahlenreaktion des Magens

Mehrere tierexperimentelle Untersuchungen, insbesondere an Kaninchen, Hunden, Ratten und Mäusen, wurden durchgeführt, um die Reaktionen des Magens auf lokale Bestrahlung zu untersuchen. Neben histologischer Beurteilung der Strahlenwirkung wurden auch funktionelle Störungen, insbesondere die Geschwindigkeit der Magenentleerung, registriert (Übersicht bei NEUMEISTER 1973). Keiner dieser experimentellen Ansätze konnte jedoch wie bei anderen Organen (z.B. der Haut, dem Dünndarm oder dem Dickdarm) zu einem experimentellen Modell ausgebaut werden, mit dem Dosiseffektkurven, der Zeitfaktor oder die Interaktion kombinierter Behandlungsverfahren quantifiziert werden könnten.

So führte lokale Bestrahlung des Magens von Kaninchen mit einer Einzeldosis von 1500 R und höher regelmäßig nach 2–6 Wochen zu akuten, perforierenden Magenulzera, die klinisch und histologisch einem peptischen Ulkus beim Menschen ähnlich waren (ENGELSTAD 1938). Ähnliche Untersuchungen wurden ebenfalls am lokal bestrahlten Kaninchenmagen von HAOT (1965) durchgeführt. Nach 1250 R Oberflächendosis wurden nach 2 Wochen Schleimhauterosionen gesehen, aber kaum echte Ulzera, nach 1500 R aber entwickelten praktisch alle Tiere tiefe Ulzera, von denen 20% perforierten. Nach einer Woche war bereits ein ausgeprägtes Wandödem zu sehen, nach 10 Tagen begannen oberflächliche Schleimhauterosionen, die innerhalb weniger Tage zum akuten Ulkus fortschritten. In der Umgebung des Ulkus kam es zu progressiver Fibrosierung. In den überlebenden Tieren war die beginnende Schleimhautregeneration nach 4 Wochen zu erkennen und nach 8 Wochen abgeschlossen. Bei Hunden führte eine fraktionierte Bestrahlung mit 20×300 R in 4 Wochen regelmäßig zum akuten, perforierenden Magenulkus gegen Ende der Bestrahlungszeit (HUEPER u. CARVAJAL-FORERO 1944).

Das einzige, quantifizierbare Modell der Strahlenwirkung auf den Magen entstand in Versuchen von CHEN und WITHERS (1972). Sie entwickelten an der Magenschleimhaut von Mäusen nach lokaler Bestrahlung einen Mikrokolonietest ähnlich wie am Dünn- und Dickdarm (s.S. 81). Er ist allerdings sehr aufwendig und wurde von anderen Autoren nicht aufgegriffen. 10 Tage nach lokaler Bestrahlung (unter operativer Isolierung des Darms) mit Dosen über 10 Gy kommt es zu einer weitgehenden Zerstörung der gesamten Magenschleimhaut. Vereinzelt jedoch sieht man in den Resten der Drüsenhälse Regenerationsherde, die als Produkte überlebender Stammzellen anzusehen sind. Ihre Zahl nimmt mit zunehmender Dosis nach einer Exponentialfunktion ab, deren D_0 ca. 1,4 Gy beträgt. Aus den Experimenten mit fraktionierter Bestrahlung (s. B.V) ließ sich abschätzen, daß jede Drüse ca. 70 Stammzellen enthält und daß die Schulter der Dosiseffektkurve mit einer Extrapolationsnummer von nahezu 100 sehr groß ist. Das deutet auf eine ausgeprägte intrazelluläre Erholungsfähigkeit der Magenschleimhaut bei fraktionierter Bestrahlung hin.

V. Der Zeitfaktor bei der Entstehung der Strahlenfolgen des Magens

Chen und Withers (1972) führten die bisher einzigen tierexperimentellen Untersuchungen über die Abhängigkeit der Strahlenfolgen am Magen von der Fraktionierung durch. Die Abnahme der Zahl überlebender Drüsenstammzellen mit zunehmender Strahlendosis zeigte einen sehr ausgeprägten Zeitfaktor (Abb. 3). Mit zunehmender Zahl der in täglichem Abstand gegebenen Fraktionen wurden die Dosiseffektkurven flacher und verschoben sich zu hohen Dosen hin. Die niedrigste auswertbare Fraktionsdosis war 3,7 Gy. Wenn man die Abhängigkeit der isoeffektiven Gesamtdosis (bei einer Zahl von 20 überlebenden Stammzellen pro Magenquerschnitt) als Funktion der Zahl der Fraktionen aufträgt, ergibt sich in doppeltlogarithmischem Maßstab eine Gerade mit einer Neigung von 0,44. Dieser hohe Wert beruht einmal auf einer ungewöhnlich großen Fähigkeit der Stammzellen der Magenschleimhaut zur Erholung vom subletalen Strahlenschaden, zum anderen auch auf einer beträchtlichen Repopulierungsleistung. Diese Regenerationsrate ließ sich aus den fraktionierten Bestrahlungen abschätzen; die effektive Verdopplungszeit der Stammzellen lag bei 44 h.

Weitere Untersuchungen über die Abhängigkeit nicht nur der akuten Schleimhautveränderungen, sondern auch gerade der akuten und chronischen Geschwürsbildung nach lokaler Bestrahlung von der Dosis und der Fraktionierung erscheinen dringend geboten, um die Toleranz des partiell mitbestrahlten Magens bei den verschiedenen Behandlungsmöglichkeiten besser definieren zu können. Klinische Daten an bestrahlten Patienten stehen nicht zur Verfügung, die Fraktionierungsexperimente von Engelstad (1938) und Hueper und Carvajal-Forero (1944) an Versuchstieren erlauben keine diesbezüglichen Schlußfolgerungen. So sind die wichtigen Fragen nach der Toleranz des gesunden Magens gegenüber einer Strahlenbehandlung bis heute weitgehend ungelöst.

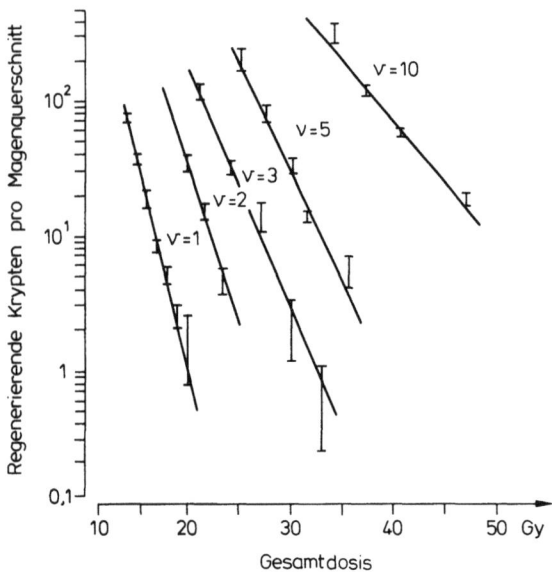

Abb. 3. Die Abhängigkeit der Zahl regenerierender Magenschleimhautkrypten von der Strahlendosis bei Einzeitbestrahlung und täglich fraktionierter Bestrahlung mit 2–10 Fraktionen. (Nach Chen u. Withers 1972)

C. Strahlenwirkung auf den Darm

Bei der Strahlentherapie von Tumoren des Abdomen, vor allem des Uterus, der Ovarien, der Nieren, der Harnblase und der paraaortalen Lymphknoten sind als Nebenreaktionen akute Strahlenreaktionen des Darms häufig. Nach NEUMEISTER (1973) wurden von 50–70% der 275 befragten Patientinnen, die wegen eines Uteruskarzinoms bestrahlt wurden, Durchfälle als Zeichen der akuten Strahlenschädigung des Darmes angegeben, bei der Strahlentherapie der paraaortalen Lymphknoten bei Hodentumoren sogar von allen Patienten. Mehr als diese meist vorübergehenden akuten Strahlenreaktionen begrenzen die chronischen, obstruierenden und perforierenden Strahlenfolgen des Darms die erreichbare Strahlendosis und damit häufig die Therapieergebnisse. An keinem inneren Organ liegen so umfangreiche, strahlentherapeutische Erfahrungen über akute und chronische Strahlenfolgen vor wie am Darm, wobei jedoch bedingt durch die unterschiedliche Häufigkeit und Therapiebarkeit der verschiedenen Tumoren des Abdominalraums der Schwerpunkt auf den Nebenwirkungen der Strahlentherapie der Uteruskarzinome liegt, die für fast 90% aller chronischen Strahlenfolgen des Rektosigmoids (CRAIG u. BUIE 1949), aber auch nach SENN und LUNDSGAARD-HANSEN (1956) für die Mehrzahl aller Spätfolgen am terminalen Ileum wie am Übergang des Colon descendens ins Colon sigmoideum verantwortlich ist. Strahlenspätfolgen an der linken Kolonflexur sind nach postoperativer Strahlentherapie linksseitiger Nierenkarzinome nicht selten (RÜBE u. SEEGELKEN 1974).

I. Klinik der Strahlenfolgen am Darm

Die Symptomatik der Strahlenfolgen am Darm hängt in erster Linie davon ab, welche Teile des Dünn- oder Dickdarms von der Strahlentherapie betroffen sind. Die akuten Folgen der Strahlenbelastung des Dünndarms bestehen vor allem in Durchfällen, die im Verlauf der Strahlentherapie jederzeit auftreten können, meist zum ersten Mal in der zweiten bis dritten Woche (NEUMEISTER 1973). Krampfartige Schmerzen sind häufig geäußerte Begleitsymptome. Bei Bestrahlung des kleinen Beckens treten regelmäßig im letzten Drittel der Behandlungszeit Beschwerden von seiten des Rektosigmoids in Form einer akuten Proktitis auf: Schmerzen, häufiger Stuhlgang mit weichem, zum Teil wäßrigem Stuhl und das Gefühl der unvollständigen Entleerung, gelegentlich auch Tenesmen (d.h. schmerzhafter Krampf des Schließmuskels).

Während der akuten Strahlenreaktion des Dünndarms ist in der Regel die Darmpassage deutlich beschleunigt. NEUMEISTER (1973) fand bei 23 von 30 zum Abschluß einer abdominalen Strahlentherapie untersuchten Patienten eine signifikante Beschleunigung der Dünndarmpassage eines oral gegebenen Kontrastmittels, in Übereinstimmung mit der Mehrzahl veröffentlichter klinischer Studien. Dagegen registrierte NEUMEISTER (1973) nach fraktionierter Bestrahlung des ganzen Abdomen von Schweinen eine Verzögerung der Dünndarmpassage und eine Verminderung der Peristaltik selbst bei den Tieren, die Durchfall hatten. Diese akuten Dünndarmreaktionen äußern sich auch in Resorptionsstörungen, vor allem für Fettsäuren (REVES et al. 1959, 1965; GOODRICH u. HICKMAN 1962) und für Kohlehydrate (NEUMEISTER 1973).

NEUMEISTER (1973) wies auch auf die Rolle der Veränderung der intestinalen Mikroflora für die Entstehung der akuten Strahlenreaktion hin. Häufig läßt sich bei den Patienten bereits vor der Strahlentherapie eine Erhöhung des Anteils von E. coli, Proteus und Aerogenes nachweisen. Durch orale Zufuhr physiologischer Darmflora konnte die Häufigkeit radiogener Diarrhöen auf ein Viertel vermindert werden.

Nach Abschluß der Strahlentherapie nehmen die akuten Strahlenfolgen, sowohl die subjektiven Beschwerden als auch die nachweisbaren, funktionellen Störungen, meist innerhalb von wenigen Wochen wieder ab. Die nach einigen Monaten auftretenden chronischen Strahlenfolgen am Dünndarm können sich sehr plötzlich unter dem klinischen Bild eines akuten Abdomen darbieten, aber auch langsam progredient unspezifische Beschwerden machen. Nicht selten treten chronische Strahlenfolgen auf, ohne daß zuvor akute Strahlenfolgen manifest geworden waren (SENN u. LUNDSGAARD-HANSEN 1956). Ausführlich ist die Symptomatik der Strahlenspätfolgen am Dünndarm von GRAUDINNS (1969) anhand von 15 selbst beobachteten Fällen beschrieben worden. Obstipation und Leibschmerzen waren die vorherrschenden Symptome. Bei 6 von 15 Patienten machte ein Obstruktionsileus, bei 3 von 15 eine Perforationsperitonitis eine Notfalloperation erforderlich. Unter 50 von MORGENSTERN et al. (1977) operierten Patienten war der Obstruktionsileus im terminalen Ileum oder Rektosigmoid mit 37/50 die häufigste Indikation zur Operation, gefolgt von Fisteln (17/50), Ulzeration und Perforation. Die Latenzzeit bis zum Auftreten der Dünndarmspätfolgen lag in den meisten Fällen (12 von 15) unter 2 Jahren (GRAUDINNS 1969).

DUNCAN und LEONARD (1965) wiesen darauf hin, daß nicht selten auch das volle Bild eines Malabsorptionssyndroms mit Perniciosa, Fettstühlen etc. auftritt.

Die röntgenologische Untersuchung ergibt häufig das Bild eines Subileus und einer persistierenden Stenose. Die Differentialdiagnose zu einem Tumor bzw. einer Ileitis terminalis ist oft schwer zu stellen (WILEY u. SUGARBAKER 1950). Bei der meist erforderlichen Laparatomie wird die Übersicht nicht selten durch ausgedehnte Adhäsionen erschwert, wegen der Häufigkeit multipler Schädigungen ist aber eine genaue Befunderhebung außerordentlich wichtig. SENN und LUNDSGAARD-HANSEN (1956) beschrieben das charakteristische Aussehen des geschädigten Darmabschnitts folgendermaßen: Die Serosa ist verdickt und weißlich, oft sind Teleangiektasien auf der Serosa zu sehen, die Peristaltik ist schwach oder fehlt ganz.

Die chronischen Strahlenfolgen des Dickdarms, die 5 bis 26 Monate nach Strahlentherapie linksseitiger Nierentumoren aufgetreten sind, wurden u.a. von RÜBE und SEEGELKEN (1974) beschrieben: Die Symptome bestehen im wesentlichen in lokalen Schmerzen, Meteorismus und Obstipation. Das Röntgenbild zeigt eine umschriebene Stenose mit gelegentlich erheblicher Kalibereinengung, schwer darstellbarem Schleimhautrelief und aufgequollen wirkender, starrer Darmwand. Gelegentlich bestehen erhebliche differentialdiagnostische Schwierigkeiten gegenüber einem Karzinom.

Die Therapie der chronischen Strahlenfolgen von Dünndarm und Dickdarm muß meist chirurgisch sein und nach Möglichkeit in der Resektion des betroffenen Darmabschnittes mit End-zu-End-Anastomose, bei schwereren Verwachsungen zumindest in der Ausschaltung der betroffenen Abschnitte bestehen (SENN u. LUNDSGAARD-HANSEN 1956). MORGENSTERN et al. (1977) betonten auf Grund ihrer Erfahrungen an 50 operierten Patienten, daß postoperative Komplikationen, wie Perforationen, Abszesse und Fisteln, häufig sind. Deshalb sollte die Indikation zur Operation zurückhaltend gestellt werden und diese möglichst konservativ sein.

Schwere subakute und chronische Strahlenfolgen des Darms sind relativ seltene, aber in der Regel schwerwiegende, oft lebensbedrohende Komplikationen. Die umfangreichste Studie über die Häufigkeit von Strahlenspätfolgen an Dünn- und Dickdarm bei der Therapie paraaortaler Lymphknoten stammt aus dem Walter-Reed-Hospital. Diese Fälle wurden zuletzt von ROSWIT et al. (1972) ausführlich dargestellt.

Wichtigster Risikofaktor neben der Strahlendosis für die Häufigkeit chronischer Dünndarmveränderungen bei der Strahlentherapie mit Stehfeldern ist die Fixierung einzelner Dünndarmschlingen (meist des terminalen Ileum) im Bestrahlungsfeld durch vorausgegangene peritonitische Reizungen, z.B. eine Laparatomie, wobei nach POWEL-SMITH (1965) jed-

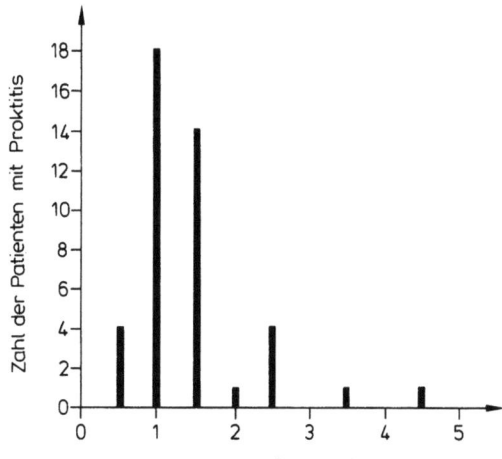

Abb. 4. Die Latenzzeit bis zum Auftreten der Spätproktitis nach Strahlentherapie von Uteruskarzinomen. (Nach KOTTMEIER u. GRAY 1961)

wede vorausgegangene Laparatomie das Risiko chronischer Darmstrahlenfolgen um das 2–3fache erhöht. Die fixierte Schlinge erhält eine höhere Strahlendosis als andere Dünndarmanteile, die, durch die normale Peristaltik bewegt, einen Teil der Bestrahlungsfraktionen außerhalb des begrenzten Bestrahlungsfeldes liegen (HEYDE u. SCHMERMUND 1953; GAUWERKY 1949). Abgesehen von der vorausgegangenen Operation können keine weiteren prognostisch relevanten Faktoren identifiziert werden (MORGENSTERN et al. 1977).

Die chronischen Strahlenfolgen am Rektosigmoid (fast immer als Folge der Strahlenbehandlung von Uteruskarzinomen) äußern sich für den Patienten meist zunächst als Darmblutung 6–12 Monate nach Abschluß der Strahlentherapie (CRAIG u. BUIE 1946; KOTTMEIER u. GRAY 1961) (Abb. 4). Tenesmen und Schleimabgang sind das typische Zeichen der chronischen Proktitis. Wenn die Reaktion sich vor allem im Sigmoid abspielt, sind Durchfälle, vermischt mit Blut und Schleim, die häufigste klinische Manifestation. Die rektoskopische Untersuchung zeigt in leichten Fällen eine streckenweise gerötete, atrophische Schleimhaut und Teleangiektasien mit punktförmigen Blutungsherden. Ulzerationen sind, wenn vorhanden, meist queroval, die typische Lokalisation ist die Vorderwand des Rektum auf der Höhe des hinteren Scheibengewölbes (RUBIN u. CASARETT 1968). Die Behandlung der Proktitis als Strahlenspätfolge ist nach Möglichkeit konservativ, wie ausführlich von SENN und LUNDSGAARD-HANSEN (1956) dargestellt wurde. Die wichtigsten Komplikationen dieser chronischen Strahlenproktitis sind Ulzerationen, narbige Stenosen und Rekto-Vaginal-Fisteln.

Es hat nicht an Versuchen gefehlt, den Verlauf der Spätproktitis in verschiedene Stadien einzuteilen. GRAY und KOTTMEIER (1957) schlugen folgende Einteilung vor:

I. Subjektive Symptome ohne objektive Veränderungen.
II. Ulzera, Stenosen, Blutungen, die konservativ behandelbar sind.
III. Ulzera, Stenosen, Blutungen, die chirurgisch behandelt werden müssen.

Andere Einteilungen der Spätproktitis wurden von NEUMEISTER (1973) dargestellt und diskutiert. Entsprechend den unterschiedlichen Kriterien sind die Häufigkeitsangaben für die Spätproktitis besonders variabel und reichen nach einer Übersicht von NEUMEISTER (1973) von 1–19% in 24 verschiedenen Untersuchungen. KOTTMEIER und GRAY (1961) registrierten unter 3484 gynäkologischen Bestrahlungspatientinnen 6 Todesfälle als Folge einer Stenose oder einer Perforation des Dünndarms.

Schweregrad und Häufigkeit akuter wie chronischer Strahlenfolgen hängen von der Dosis ab, wobei auch am Darm in der Regel sigmoide Dosiseffektkurven gefunden wurden.

Von KOTTMEIER und FREY (1961) stammt der bisher eindeutigste Nachweis, daß die Häufigkeit der Spätproktitis (Grad II und III) mit der Dosis zunimmt (Abb. 5). Von FRIED-

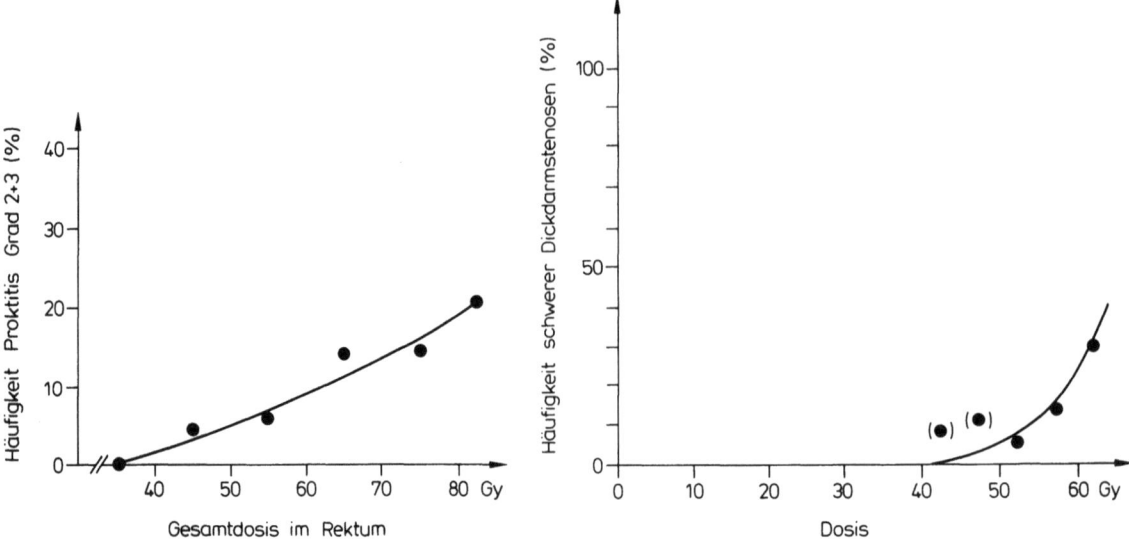

Abb. 5. Die Abhängigkeit der Häufigkeit der Spätproktitis von der Strahlendosis im Rektum. (Nach Kottmeier u. Gray 1961)

Abb. 6. Die Abhängigkeit der Häufigkeit schwerer Dickdarmstenosen von der Strahlendosis. (Nach Friedman in Rubin u. Casarett 1968)

man (s. Rubin u. Casarett 1968) wurde die Dosisabhängigkeit der schweren Strahlenspätfolgen am Dickdarm bei den im Walter-Reed-Hospital bestrahlten Patienten mit Hodentumor dargestellt (Abb. 6). Unter 54 Gy traten klinische Symptome durch partielle Dickdarmstenose bei 3/40 (= 7%), zwischen 55 und 59 Gy bei 3/23 (= 13%), bei 60–64 Gy bei 16/57 (= 30%) auf. Diese enorme Steilheit der Dosiseffektkurve chronischer Strahlenfolgen widerspricht der Behauptung von Friedmann, daß zwar die individuelle Variabilität bezüglich der akuten Strahlenfolgen gering sei und nur etwa ±20% betrüge, aber die der chronischen Strahlenfolgen außerordentlich groß. Davon kann keine Rede sein bei einer Dosiseffektkurve, bei der eine Erhöhung der Dosis um 10% zu einer Effektsteigerung von 13 auf 30% führt.

Dagegen fand Edwards (1968) bei 13/59 Patienten, die nach primärer Strahlentherapie von Harnblasenkarzinomen gravierende Strahlenfolgen des Darms zeigten, keine eindeutige Beziehung zur Dosis oder zum Bestrahlungsvolumen. Friedman wies aber darauf hin, daß gerade am Dünndarm wegen dessen Mobilität Dosisangaben äußerst problematisch sind. Dennoch konnte er auf Grund seiner Nachuntersuchungen der Hodenkarzinompatienten des Walter-Reed-Hospitals feststellen, daß die Strahlenempfindlichkeit des Gastrointestinaltrakts vom Magen bis zum Rektum deutlich abnimmt: Nach einer mittleren Dosis von 50 Gy liegt das Risiko schwerer, chronischer Strahlenfolgen des Magens bei etwa 50%, des Dünndarms bei 35%, des Dickdarms unter 20% und des Rektums unter 5%.

II. Die Histopathologie der Strahlenfolgen am Darm

Das morphologische Substrat der akuten Strahlenfolgen des Dünndarms wird vom Pathologen selten beobachtet, unsere Kenntnisse stammen in erster Linie aus Tierexperimenten. Nach höheren Einzeldosen treten innerhalb weniger Stunden Pyknosen und Kernzerfall in den Proliferationszonen der Dünndarmkrypten auf, die nach 8 Stunden schon ihr Maximum erreichen. Durch die Unterbrechung der Zellenneubildung und den natürlichen Verlust postmitotischer Zellen kommt es innerhalb von 5 bis 7 Tagen zu ausgedehnten Erosionen der Schleimhautoberfläche. Bei der Strahlentherapie sind neben den Zelluntergängen in den Krypten zunehmende Atrophie der Schleimhautepithelien mit Verkürzung der Zotten (und damit Verkleinerung der resorptiven Oberfläche des Dünndarms) und eine zystische Erweiterung der Krypten zu beobachten. Durch die hohe Regenerationsgeschwindigkeit des Schleimhautepithels kommt es bei üblicher Fraktionierung aber zu keiner dramatischen Schleimhautdenudation, obwohl vereinzelt herdförmige Erosionen und entzündliche Infiltrationen der Lamina propria beobachtet werden können (BERTHRONG u. FAJARDO 1981; CRONKITE u. FLIEDNER 1972). 2 bis 3 Wochen nach Abschluß der Bestrahlung erscheint das Schleimhautrelief wieder normal.

Die ausführlichste Untersuchung über die histologischen Veränderungen in der Schleimhaut des Jejunum, unter und nach der Strahlentherapie wurden von WIERNIK und PLANT (1970) durchgeführt. Wiederholte Biopsien wurden bei Patienten gemacht, die wegen eines Magenkarzinoms postoperativ bestrahlt wurden. Das beste Kriterium zur Quantifizierung der akuten Schleimhautveränderungen war die Zellzahl pro Zotte bzw. Krypte. Die frühesten Veränderungen nach einer Dosis von 5 Gy waren das Verschwinden von Mitosen für mehrere Tage und ein Ansteigen der Zahl der Becherzellen. Nach einer Woche war die Zellzahl pro Krypte um fast die Hälfte abgesunken. Wenn die Strahlentherapie mit 3 × 3,5 Gy/Woche weitergeführt wurde, kam es nach 10 Fraktionen zur weitgehenden Desorganisation der Schleimhautstruktur. Nach Abschluß der Strahlentherapie regenerierte die Schleimhaut trotzdem sehr schnell und überschießend. Mitosen waren häufiger als in der normalen Schleimhaut, die Zotten wurden breiter und verzweigt, die Krypten zeigten unregelmäßige Konturen, die Zellzahl in Zotten und Krypten war höher als in der unbestrahlten Schleimhaut. Diese hyperplastischen Veränderungen konnten auch noch viele Monate nach der Strahlentherapie beobachtet werden.

Das makroskopische und mikroskopische Aussehen der chronischen Strahlenveränderungen des Dünndarms variiert je nach dem Intervall zur Bestrahlung beträchtlich (BERTHRONG u. FAJARDO 1981): Bei kurzem Intervall zur Bestrahlung herrschen Ödem und fibrinöse Peritonitis und andere Entzündungszeichen vor, bei längerem Intervall fibrosierende und hyaline Veränderungen. Auffallend ist, daß die peritoneale Darmoberfläche nicht von Fett bedeckt ist und die Darmwand durch Ödem und Fibrose verdickt und induriert erscheint. Oft sind am geöffneten Darm oberflächliche Ulzerationen sichtbar, selten tiefe Ulzera. Das histologische Bild ist sehr variabel. Die Schleimhautzotten sind meist verklumpt, lokale Ulzerationen mit akuter entzündlicher Reaktion der Lamina propria sind häufig.

Die lymphatischen Plaques des Darms sind meist atrophisch, die Gefäße der Lamina propria häufig teleangiektatisch verändert, die Muscularis muscosae verdickt. Die Submukosa ist in der Regel von den chronischen Strahlenfolgen am stärksten betroffen, das lockere Bindegewebe ist weitgehend durch hyaline Fibrose ersetzt, in der abnorme Fibroblasten mit bizzarren Zellkernen auffallen. Die Kapillaren sind erweitert und sehen aus wie Lymphsinus. In Arteriolen und kleinen Arterien sind die typischen Strahlenfolgen mit Intimaverdikkung oder auch Hyalinisierung der ganzen Gefäßwand zu sehen. In der Muscularis propria finden sich häufig narbige Veränderungen, die Serosa ist meist fibrotisch verdickt mit frischen Fibrinauflagerungen selbst nach langem Intervall zur Bestrahlung.

Die akuten histologischen Veränderungen der Schleimhaut des Rektosigmoids während der Strahlentherapie mit Dosen bis zu 20 Gy wurden durch Serienbiopsien von GELFAND et al. (1968) an 11 Patienten untersucht: In den Krypten waren atypische Zellen mit vergrößerten Kernen und eine Abnahme der Zahl der Becherzellen zu beobachten. Auffallend waren kleine Abszesse in den Krypten, die eosinophile Zellen enthielten. 1 Monat nach Abschluß der Bestrahlung waren die Befunde schon wieder weitgehend normal. In der Submukosa kann ein Ödem mit eosinophiler Infiltration zu sehen sein (BERTHRONG u. FAJARDO 1981). Bei den chronischen Strahlenfolgen am Rektosigmoid ist die Schleimhaut meist atrophisch, kann aber auch normal erscheinen. Besonders eindrucksvoll ist das Bild der Colitis cystica profunda, das gelegentlich auch nach Bestrahlung zu beobachten ist (BERTHRONG

u. Fajardo 1981; Black u. Ackermann 1965): Die Schleimhaut tropft in die Muscularis ab und bildet dort drüsige Strukturen, die von Becherzellen ausgekleidet sind. In der Wand des Kolon sind die histologischen Veränderungen denen im Dünndarm ähnlich: das Bindegewebe ist zumeist ödematös verändert und wird später durch homogenes, eosinophiles, hyalines Material ersetzt. Dieses Endstadium der Umwandlung des Bindegewebes und der Muskulatur in eine hyaline Fibrose mit Teleangiektasien und Lymphgefäßen mit bizarr veränderten Endothelzellen ist nach einem halben Jahr meist voll ausgebildet. Histologisches Korrelat zur klinischen Darmstenose ist vor allem die extensive submuköse Fibrose. Auch die Gefäßveränderungen mit Intimaverdickung, Lumeneinengung und Thrombose sind die gleichen wie an anderen Geweben und wohl entscheidend an der Ausbildung der chronischen Strahlenfolgen beteiligt.

III. Pathogenese der Strahlenfolgen am Darm

Am Darm läßt sich besonders gut demonstrieren, daß die akuten Strahlenfolgen in erster Linie durch die Strahlenreaktionen der proliferierenden Parenchymzellen, d.h. der Zellen der Schleimhaut entstehen, daß für die Entstehung der chronischen Strahlenfolgen aber die Veränderungen im Stroma, insbesondere die des Gefäßbindegewebes entscheidend sind.

Die Pathogenese der akuten Strahlenfolgen des Darms wurde von Cronkite und Fliedner (1972) in diesem Handbuch ausführlich dargestellt. Sie entspricht dem allgemeinen Schema der Störung eines Fließgleichgewichts durch Abtötung proliferierender Zellen und Inaktivierung von Stammzellen. Die klinische Symptomatik entsteht erst nach der durch die Umsatzgeschwindigkeit des Zellsystems bedingten Latenzzeit durch die akute Atrophie. Die entzündlichen Veränderungen des Bindegewebes der Darmwand sind als Reaktion auf die primäre Strahlenschädigung der Schleimhautepithelien anzusehen. Entsprechend der unterschiedlichen Umsatzgeschwindigkeit der Schleimhaut in den verschiedenen Darmregionen mit ihrem Maximum im Jejunum und Minimum im Sigmabereich ist auch die Latenzzeit bis zum Auftreten der Symptome verschieden. Entsprechend der langsameren Umsatzgeschwindigkeit der Darmschleimhaut beim Menschen im Vergleich zur Maus ist auch die Latenzzeit bis zum Auftreten der Symptome beim Menschen etwa doppelt so lang wie bei der Maus (Cronkite u. Fliedner 1972). Durch künstliche Verlangsamung des Zellumsatzes bei der Maus, z.B. durch Halten in keimfreier Umgebung, läßt sich die Latenzzeit bis zum Auftreten schwerer gastrointestinaler Symptome hinausschieben (Matsuzawa u. Wilson 1965). Verschiedene vegetative und bakteriologische Faktoren, die in der Strahlentherapie die Symptomatik der akuten Strahlenveränderungen beeinflussen, wurden ausführlich von Neumeister (1973) diskutiert. Sie haben alle keinen Einfluß auf den primären Mechanismus der Strahlenwirkung, sondern modifizieren die durch die akute Schleimhautatrophie bedingte Symptomatik.

Die Regenerationskapazität der Darmschleimhaut ist außerordentlich groß, wie z.B. von Hamilton (1978) in Experimenten am Mäusedarm eindrucksvoll nachgewiesen werden konnte. Bei manifesten, chronischen Strahlenwirkungen zeigen sich zwar in der Regel auch Veränderungen der Schleimhaut, doch erscheinen diese eher als sekundäre Folge der primären Veränderungen der Darmwand. Bei voller Ausbildung des klinischen und histologischen Bildes sind alle Schichten der Darmwand von narbigen, hyalinen Veränderungen betroffen. Wie auch an anderen Organen, insbesondere auch an der Haut (s.S. 179), ist nicht eindeutig geklärt, inwieweit diese Veränderungen Folge der Strahlenreaktion der Gefäße sind oder inwieweit nicht auch parallel dazu primär fibrosierende Veränderungen im Bindegewebe stattfinden. Während klinische Studien nicht vorliegen, konnte Kiszel (1983) nach lokaler Bestrahlung des Dickdarms von Ratten die typische Abfolge der histopathologischen

Veränderungen von Schleimhaut, Gefäßen, Muskulatur und Bindegewebe aufzeigen: Die Strahlenreaktion ließt sich in drei Phasen unterteilen, nämlich die Abbauphase des zerstörten Epithels, die Regeneration des Epithels und die Manifestation des Gefäßbindegewebeschadens. Während die erste Phase weitgehend unabhängig von der Strahlendosis gleichartig verlief, war die Regenerationsphase abhängig von der Dosis. Die Epithelregeneration erfolgte von den Rändern des Bestrahlungsfeldes her, eine vollständige und rasche Epithelialisierung des Defektes war jedoch nur bei relativ geringen Dosen zu beobachten. Bei höheren Dosen blieben Erosionszonen zurück. Der Schaden an den Gefäßen äußerte sich nach einigen Wochen in einer Intimaverbreiterung, später durch fibrinoide Verquellung und Hyalinose der Gefäßwände. Die Verbreiterung der Submukosa beruhte anfangs auf einem Ödem, später auf einer Vermehrung von kollagenen Fasern, die betont perivaskulär angeordnet waren. In den verbleibenden Erosionszonen kam es parallel mit der Zunahme der Gefäßveränderungen zu Ulzerationen durch die Muscularis mucosae. Oft waren Submukosa und Muscularis propria in das Ulkusgeschehen einbezogen, die histopathologischen Veränderungen waren dann häufig denen bei einem Ulkus anderer Genese sehr ähnlich. Gegenüber dem Ulkusgrund bildete sich meist eine starke, reaktive Bindegewebsvermehrung in der Subserosa aus.

IV. Tierexperimentelle Modelle zum Studium der Strahlenfolgen am Darm

Nach Ganzkörperbestrahlung von Säugetieren nimmt die mittlere Überlebenszeit der Tiere zunächst mit zunehmender Dosis steil ab und erreicht bei Strahlendosen zwischen 10 und 100 Gy ein Plateau (CRONKITE u. FLIEDNER 1972). Dieses Plateau der Überlebenszeit beruht darauf, daß in diesem Dosisbereich das kritischste Gewebe die Schleimhaut des Dünndarms ist, nicht deswegen, weil diese besonders strahlenempfindlich wäre (die Stammzellen des Dünndarmepithels gehören sogar zu den relativ strahlenresistenten Zellen), sondern deshalb, weil die Dünndarmschleimhaut die kürzeste Umsatzgeschwindigkeit aller Mausergewebe hat (QUASTLER 1956). Bei weitgehender Zerstörung *aller* Stammzellen des Organismus reagiert deshalb dieses Organ als erstes. In einem engen Dosisbereich hängt die Überlebenschance eines Tieres nach Ganzkörperbestrahlung von der Strahlendosis ab. Die Bestimmung der LD-50/5 (d.h. der mittleren Letalitätsdosis innerhalb von 5 Tagen nach Bestrahlung) ist eines der einfachsten Kriterien der Strahlenwirkung auf die Dünndarmschleimhaut und wurde angewendet, um strahlenbiologische Fragen zu untersuchen (z.B. HORNSEY u. ALPER 1966). Von WITHERS wurden zwei Methoden der direkten quantitativen Bestimmung der Stammzellen der Dünndarmschleimhaut und der Dickdarmschleimhaut angegeben. Sie beruhen darauf, daß durch eine hohe Strahlendosis die proliferierenden Zellen und die Stammzellen zum größten Teil inaktiviert und abgetötet werden. Die Regeneration erfolgt dann aus einzelnen überlebenden Stammzellen. Diese lassen sich als Regenerationsherde makroskopisch (WITHERS u. ELKIND 1968) oder mikroskopisch (WITHERS u. ELKIND 1970 bzw. WITHERS u. MASON 1974) darstellen. Die Zahl solcher Kryptenregenerate, die im Dünndarm 3–4 Tage nach Bestrahlung, im Dickdarm 7–10 Tage nach Bestrahlung ausgezählt werden können, nimmt mit zunehmender Strahlendosis exponentiell ab. Die so gewonnenen Dosiseffektkurven sind in der Regel auf die mittlere Zahl der Krypten pro Darmquerschnitt bezogen und sind im Bereich zwischen 40 und 3 Krypten pro Darmquerschnitt mit guter statistischer Signifikanz zu erstellen. Mit dieser Methode wurden Experimente zum Zeitfaktor, zur relativen biologischen Wirksamkeit von Neutronen und anderen dicht ionisierenden Strahlen sowie zur Kombinationsbehandlung durchgeführt.

Tierexperimentelle Untersuchungen zur Quantifizierung der chronischen Strahlenwirkung sind dagegen ausgesprochen spärlich. Einige Untersuchungen zur Pathogenese und zum Ab-

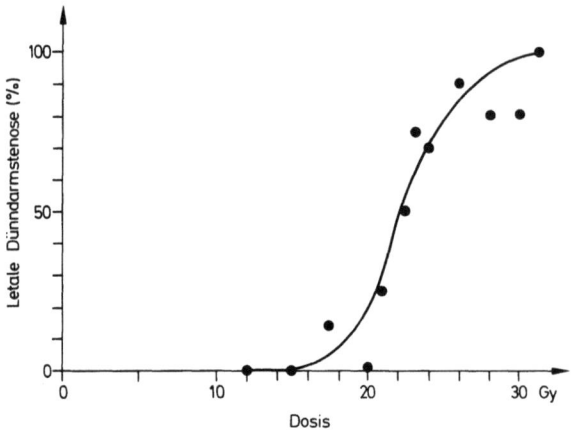

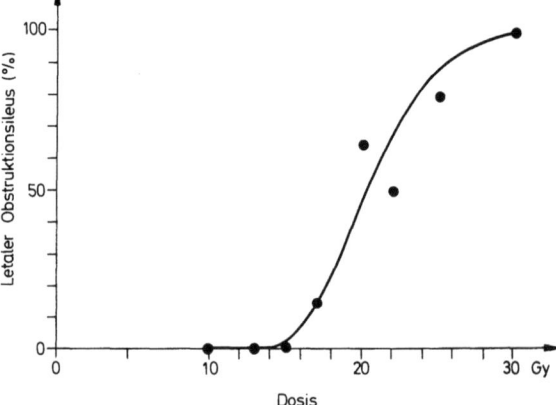

Abb. 7. Die Abhängigkeit der Häufigkeit letaler Dünndarmstenose von der Strahlendosis nach lokaler Bestrahlung einer Dünndarmschlinge in der Ratte. (Nach Geraci et al. 1974)

Abb. 8. Die Abhängigkeit der Häufigkeit letaler Dickdarmstenose von der Strahlendosis nach lokaler Bestrahlung eines definierten Bereichs des Sigmoids der Ratte. (Nach Kiszel 1983)

lauf der Strahlenwirkung sind von Rubin und Casarett (1968) und Berthrong und Fajardo (1981) dargestellt worden. Sie sind aber zur Quantifizierung der Strahlenwirkung als der entscheidenden Voraussetzung zum Benutzen des Tiermodells für die Untersuchung klinisch relevanter Fragen der Strahlentherapie nicht zu verwenden. In diesem Sinn sind hier nur die Untersuchungen von Geraci et al. (1974) am Dünndarm und von Black et al. (1980) und Hubmann (1981) am Dickdarm zu erwähnen. Geraci et al. (1974) bestrahlten eine eventerierte Dünndarmschlinge mit Einzeldosen oder fraktioniert und beobachteten die Tiere für die nächsten 3 Monate. Nach einer mittleren Latenzzeit von 30–40 Tagen verstarben einige Tiere an einer Dünndarmstenose. Die Häufigkeit der letalen Dünndarmstenose nach lokaler Bestrahlung von 10 cm Rattendünndarm zeigte die typische, sehr steile S-förmige Dosiseffektkurve (Abb. 7) mit einer mittleren letalen Dosis von 22,6 Gy.

Black et al. (1980) bestrahlten ein 16 mm langes Teil des Rattendickdarms und quantifizierten die histologischen Veränderungen 4–10 Monate nach Bestrahlung. Sie beobachteten keine Todesfälle. Im Bereich von 20–50 Gy Einzeldosis nahm der Schweregrad des histologisch beschreibbaren Strahlenschadens kontinuierlich zu. Hubmann (1981) und Kiszel (1983) bestrahlten ein etwas längeres Stück des Rattendickdarms und beobachteten letale Darmverschlüsse nach 30–200 Tagen. Die Letalität am Darmverschluß nahm steil nach einer S-förmigen Dosiseffektkurve zu (Abb. 8). Die Toleranzdosis hing sehr stark von der Länge des bestrahlten Darmanteils ab: bei einem Feld von 50 mm Länge lag die LD-50 (bei direkter, intrakavitärer Bestrahlung des Enddarms mit einem Afterloading-Gerät) bei 25 Gy und stieg mit Abnahme des bestrahlten Volumens, um bei 10–15 mm Darmlänge eine LD-50 von über 50 Gy zu erreichen.

V. Die Abhängigkeit akuter und chronischer Strahlenwirkungen des Darms von Fraktionierung und Protrahierung

Die akuten und die chronischen Strahlenwirkungen auf den Darm hängen sehr stark von der Fraktionierung und der Dosisleistung der Bestrahlung ab. Quantifizierbare klinische Daten zur Dosisleistungs- und Fraktionierungsabhängigkeit der akuten Strahlenwirkung auf den Darm sind allerdings spärlich und von Hug et al. (1966) zusammenfassend dargestellt. Dagegen liegen viele tierexperimentelle Daten zu diesem Thema vor. Diese wurden z.T.

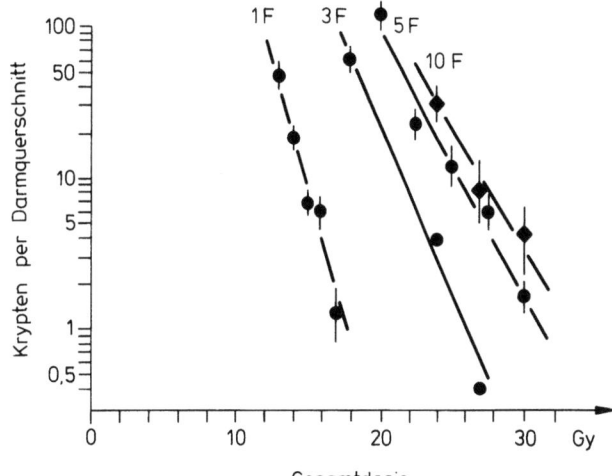

Abb. 9. Die Abhängigkeit der Zahl regenerierender Dünndarmkrypten von der Strahlendosis nach Einzeit- oder fraktionierter Bestrahlung von Mäusen mit 2 bis 10 Fraktionen im Abstand von je 4 h

im Rahmen der Forschungen über die Wirkungen einer Ganzkörperbestrahlung durchgeführt und verschiedentlich zusammenfassend dargestellt. Dies geschah im wesentlichen unter dem Gesichtspunkt der unfallbedingten Ganzkörperbestrahlung. In jüngster Zeit wurde dieses Thema im Zusammenhang mit der Ganzkörperbestrahlung bei akuter Leukämie vor Knochenmarkstransplantation wieder aufgenommen. Dabei sind insbesondere die Experimente von KOLB (1982) und KOLB et al. (1979) an Hunden von klinischem Interesse: Die Mortalität nach Ganzkörperbestrahlung von Hunden hängt nach isogener Knochenmarkstransplantation praktisch ausschließlich von der Strahlenwirkung auf den Gastrointestinaltrakt, insbesondere den Dünndarm, ab. KOLB et al. (1979) konnten dabei zwei verschiedene Prozesse der Erholung gut voneinander trennen: bei Erniedrigung der Dosisleistung von 50 rad/min auf 5 rad/min konnte die Toleranz wesentlich erhöht werden, die LD-50 stieg von ca. 12 Gy auf ca. 24 Gy, eine weitere Verminderung auf 0,5 rad/min hatte dagegen keine weitere Erhöhung der Toleranz zur Folge. Aus diesen Daten läßt sich eine sehr starke Erholung vom subletalen Strahlenschaden herauslesen, die deutlich höher ist als für das Knochenmark und in der gleichen Größenordnung liegt wie für die Epidermis. Eine weitere Erhöhung der Toleranz konnte aber durch Fraktionierung der Gesamtdosis (bei einer Dosisleistung von 5 rad/min, also voller Ausnutzung des Elkind-Erholungseffektes) erreicht werden. Daraus läßt sich schließen, daß die Repopulierungsgeschwindigkeit der Stammzellen der Dünndarmschleimhaut außerordentlich groß ist.

Ähnliche Daten wurden u.a. von WITHERS und MASON (1974) bei umfangreichen Fraktionierungseffekten an Mäusen gewonnen. In Abb. 9 sind die Dosiswirkungsbeziehungen bei fraktionierter Bestrahlung des Dünndarms dargestellt. Mit zunehmender Zahl der Fraktionen werden die Dosiseffektkurven zu höheren Gesamtdosen verschoben. Aus diesen Kurven läßt sich die Abhängigkeit der erholten Dosis pro Fraktion von der Höhe der Fraktionsdosis errechnen (Abb. 10). Sie beträgt für Fraktionsdosen unter 5 Gy etwa 50% und nimmt mit zunehmender Fraktionsdosis ab. Aus Fraktionierungsexperimenten mit unterschiedlichen Intervallen konnte auch die Repopulierungsgeschwindigkeit für Dickdarm- und Dünndarmkryptenepithelien analysiert werden, sie lag bei der Dünndarmschleimhaut mit einer mittleren Verdopplungszeit von 8 h (WITHERS u. ELKIND 1970) wesentlich höher als am Dickdarm mit einer mittleren Verdopplungszeit von ca. 24 h (WITHERS u. MASON 1974).

Über die Abhängigkeit der chronischen Strahlenwirkungen von der Fraktionierung gibt es nur wenige klinische Daten und keine systematischen Untersuchungen. Auffallend sind jedoch die von SINGH (1978) und BROWDE und DE MOHR (1982) berichteten Therapieergebnisse beim Versuch, die Strahlentherapie von Cervixkarzinomen statt mit 5 Fraktionen mit 1 Fraktion pro Woche durchzuführen, wobei die Toleranzdosis bei den unterschiedlichen

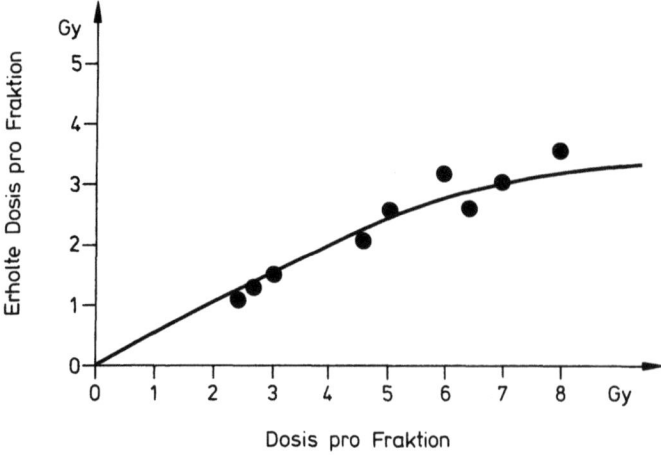

Abb. 10. Die Abhängigkeit der im Fraktionierungsintervall von 4 Std erholten Strahlendosis von der Höhe der Fraktionsdosis bei fraktionierter Bestrahlung des Dünndarms von Mäusen

Fraktionierungen mit der NSD-Formel errechnet wurde. Während akute Strahlenwirkungen sich damit sehr gut voraussagen ließen, berichteten Singh (1978) und Browde und de Mohr (1982) über eine deutlich erhöhte Rate chronischer Strahlenfolgen am Darm. Offenkundig ist die Erholungsfähigkeit des für die chronischen Strahlenwirkungen verantwortlichen Gewebes, die sich in einer starken Abhängigkeit der Toleranzdosis von der Zahl der Fraktionen äußert, wesentlich höher als die Erholungsfähigkeit der Stammzellen der Schleimhaut (Thames et al. 1982). Andererseits hängt der chronische Strahlenschaden am Darm wohl weniger von der Gesamtbehandlungszeit ab, weil das kritische Gewebe kaum proliferiert.

Kiszel (1983) beobachtete allerdings neben einer starken Elkind-Erholung in dem für den chronischen Strahlenschaden verantwortlichen Gewebe auch eine deutliche Abhängigkeit von der Gesamtbehandlungszeit, die einem Exponenten für T von etwa 0,11 (wie in der NSD-Formel vorgeschlagen) entsprechen würde. Auch am Dünndarm beobachteten Geraci et al. (1974) einen deutlichen Fraktionierungseffekt für die Entstehung der chronischen Strahlenfolgen, der aber nicht größer war als für den akuten Effekt. Über die Abhängigkeit des chronischen Strahlenschadens am Dünndarm von der Gesamtbehandlungszeit erlauben die Experimente von Geraci et al. (1974) allerdings keine Schlußfolgerungen. Da bei der Pathogenese des radiogenen Ulkus im Darm aber nach den Untersuchungen von Kiszel (1983) akute Schleimhautveränderungen und die Schädigung des Gefäßbindegewebes der Darmwand in komplexer Weise zusammenspielen, ist im Gegensatz zu anderen chronischen Strahlenfolgen (wie z.B. der Unterhautinduration) eine deutliche Zeitabhängigkeit beim Fraktionierungseffekt durchaus zu erwarten.

Auf diesem praktisch wichtigen Gebiet des Fraktionierungseffektes ist also die Datenbasis für klinische Empfehlungen dürftig. Sowohl klinische Analysen wie auch experimentelle Untersuchungen sind dringend erforderlich, um insbesondere Unterschiede im Fraktionierungseffekt für akute und chronische Strahlenschäden des Darms zu suchen sowie ihre Abhängigkeit von der Höhe der Dosisfraktion und dem Intervall zwischen den Fraktionen. Die vorliegenden Ergebnisse aus der klinischen Praxis und aus experimentellen Untersuchungen scheinen anzudeuten, daß der Fraktionierungseffekt am Darm sich ähnlich verhält wie bei der Haut (s.S. 192 ff.).

VI. Die Strahlenwirkungen auf den Darm bei Bestrahlung mit dicht ionisierenden Teilchen

Bei der Strahlentherapie abdomineller Tumoren mit Neutronen wurde von Battermann et al. (1981) über eine erhöhte Rate schwerer, z.T. tödlicher chronischer Strahlenfolgen

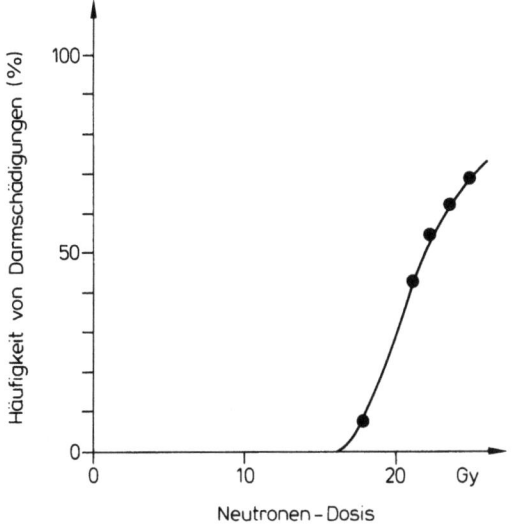

Abb. 11. Die Abhängigkeit der Häufigkeit schwerer chronischer Strahlenfolgen am Darm nach Strahlentherapie abdomineller Tumoren mit schnellen Neutronen. (Nach BATTERMANN et al. 1981)

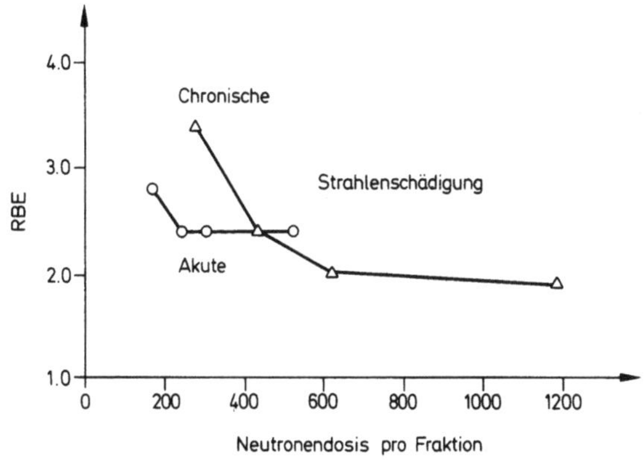

Abb. 12. Die Abhängigkeit der relativen biologischen Wirksamkeit schneller Neutronen für die akuten und die chronischen Strahlenfolgen am Dünndarm der Ratte von der Höhe der Fraktionsdosis. (Nach GERACI et al. 1977)

berichtet. Die Häufigkeit solcher Nebenwirkungen stieg steil mit der Strahlendosis an (Abb. 11). Akute Nebenwirkungen waren dagegen bei der Neutronentherapie nicht wesentlich gehäuft. Dies läßt sich erklären durch die relativ höhere Erholungsfähigkeit des für die Spätwirkungen verantwortlichen Gewebes vom subletalen Strahlenschaden gegenüber Photonen, ähnlich wie an der Haut (s.S. 196f.). Die Tierexperimente von GERACI et al. (1977) über akute und chronische Veränderungen des Darms bei fraktionierter Neutronenbestrahlung zeigen ebenfalls eine deutlich höhere RBW für die chronische Strahlenwirkung als für die akute Strahlenwirkung (Abb. 12).

VII. Die Wirkung der Kombination von Chemotherapie und Strahlentherapie auf den Darm

Umfangreiche klinische Erfahrungen haben gezeigt, daß eine Kombination von Chemotherapie und Strahlentherapie die Strahlenwirkungen auf den Darm verstärken kann. Dies trifft besonders zu für die akuten Strahlenwirkungen (PHILLIPS 1980). Diese Befunde werden erhärtet durch die Ergebnisse von Tierexperimenten, in denen verschiedene Zytostatika vor der oder gleichzeitig mit der oder nach der Strahlenbehandlung angewendet wurden und die Zahl überlebender Dünndarmkrypten bestimmt wurde. Umfangreiche Untersuchungen zu diesem Thema wurden von PHILLIPS und FU (1976), von SCHENKEN et al. (1976) und von DETHLEFSEN und RILEY (1979) durchgeführt. PHILLIPS (1980) zeigte, daß für verschiedene Zytostatika die gleichzeitige Anwendung kritisch ist, eine vorhergehende oder nachherige Anwendung aber im Tierexperiment keine Verstärkung der Strahlenwirkung hervorruft. Diese Ergebnisse decken sich mit den erwähnten klinischen Erfahrungen. Über die Beeinflussung chronischer Strahlenwirkungen durch eine Chemotherapie liegen kaum klinische Berichte und tierexperimentelle Untersuchungen vor. Eine Vorbehandlung mit Adriamycin oder Actinomycin D führte nicht zu einer Verstärkung der chronischen Strahlenwirkung am Rattendarm, obwohl beide Medikamente eine Verstärkung der akuten Strahlenwirkung bewirken (KISZEL 1983).

D. Strahlenwirkungen auf die Leber

Die Leber wurde bis in jüngste Zeit hin als strahlenresistentes Organ angesehen (Zollinger 1960).

Aber bereits in den Monographien von Warren und Friedman (1942) und von Ellinger (1957) wurden Zweifel an der behaupteten Strahlenresistenz der Leber geäußert. Über die morphologischen Veränderungen in der bestrahlten Leber haben vor allem Zollinger (1960) und Braun (1963) berichtet. Im Rahmen therapeutischer Strahlendosen sind Veränderungen zwar nachweisbar, aber, bedingt durch die Eigenschaften von Leberzellen als postmitotische Zellen ohne DNA-Synthese und Mitose, sehr gering ausgeprägt. Sie bestehen im wesentlichen in einer Quellung der Mitochondrien des endoplasmatischen Retikulum. Die meisten Untersuchungen über die frühen histologischen und elektronenoptischen Veränderungen der Leber, über veränderten Glykogen- oder Fettstoffwechsel etc. wurden nach Ganzkörperbestrahlung von Tieren erhoben. Es liegt nahe, in diesen Veränderungen in erster Linie sekundäre Reaktionen des Lebergewebes auf die Ganzkörperbestrahlung und nicht die Folge der direkten Strahleneinwirkung auf die Leber zu sehen. Über dieses Thema wurden von Braun (1963) und von Cottier (1961) eingehende Übersichtsartikel verfaßt.

Erst durch Großfeldtechniken mit Megavoltphotonen wurden Bestrahlungspläne möglich, die die ganze Leber homogen mit hohen Strahlendosen belasten. Dabei wurde erstmals eine durch therapeutische Strahleneinwirkung bedingte Lebererkrankung, die sog. Strahlenhepatitis beobachtet. Nach heutiger Erkenntnis gehört die Leber zu den strahlenempfindlichsten Organen des Menschen überhaupt. Bei verschiedenen modernen Therapieverfahren befindet sie sich teilweise oder ganz im Bestrahlungsfeld. Typische klinische Situationen, die zu einer Mitbestrahlung der Leber führen, betreffen insbesondere Tumoren der rechten Niere, Systemerkrankungen, Bronchialkarzinome im rechten Lungenunterfeld, paraaortale Lymphknotenmetastasen und Ovarialkarzinome.

Der erste Hinweis auf die große Strahlenempfindlichkeit der Leber stammte von Ogata et al. (1963), der bei 3 Patienten 20, 50, bzw. 100 Tage nach Bestrahlung eines rechts-basalen Bronchialkarzinoms bei der Autopsie Veränderungen der Lebergefäße in den bestrahlten Organabschnitten beschrieb. Die Strahlenveränderungen waren am ausgeprägtesten in den kleinen Ästen der Vena hepatica und bestanden im Verlust des Endothels und der Verdickung der subintimalen argyrophilen Fasern mit Verlegung des Gefäßlumens. Sie schlossen aus diesem Befund, daß der primäre Strahleneffekt sich an den Gefäßen abspielt und die beobachtete Leberzellschädigung sekundäre Folge dieser Gefäßveränderung ist.

I. Klinik der Strahlenfolgen an der Leber

Die grundlegende Veröffentlichung über die Strahlenfolgen an der Leber stammt aus Stanford von Ingold et al. (1965). Bei 40 Patienten mit disseminiertem Ovarialkarzinom und Peritonealkarzinose oder mit malignen Lymphomen wurde die gesamte Leber homogen mit Strahlendosen zwischen 13 und 51 Gy bestrahlt. Die Patienten tolerierten diese Bestrahlung zunächst überraschend gut. Abgesehen von vorübergehender Übelkeit, Erbrechen und Durchfall, die wohl vor allem durch die Mitbestrahlung von Darm und Pankreas bedingt waren, traten keine gravierenden Nebenwirkungen während der Strahlentherapie auf, insbesondere keine Symptome von seiten der Leber. 2 bis 6 Wochen nach Abschluß der Strahlentherapie traten erste Beschwerden auf, die in einer rapiden Zunahme des Körpergewichtes und des Bauchumfangs bestanden. Bei der klinischen Untersuchung fanden sich eine vergrößerte Leber und Aszites. Laboruntersuchungen zeigten pathologische Werte bei den meisten Leberfunktionstests und bei den Serumenzymen. Der Serumspiegel der alkalischen Phospha-

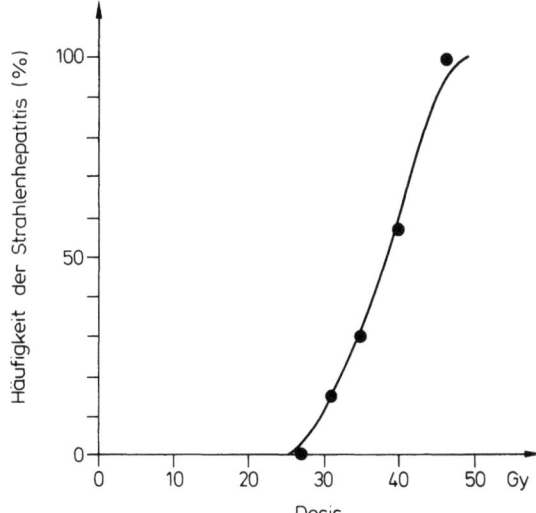

Abb. 13. Die Abhängigkeit der Häufigkeit einer Strahlenhepatitis von der Strahlendosis. (Daten von INGOLD et al. 1965)

tase war der zuverlässigste Indikator für das Vorliegen einer Strahlenhepatitis. Unter den 40 Patienten trat eine klinisch oder durch pathologische Laborwerte diagnostizierte Strahlenhepatitis in 13 Fällen auf. Die Häufigkeit nahm zwischen 25 und 45 Gy von 0 auf 100% steil zu (Abb. 13). 3 der 13 Patienten mit Strahlenhepatitis starben bald nach Abschluß der Therapie am disseminierten Tumor, von den verbleibenden 10 Patienten starben 3 als Folge der Strahlenhepatitis, davon 2 Patienten, die Strahlendosen über 45 Gy erhalten hatten. Von den 7 Überlebenden hatten 2 Patienten auch langfristig pathologische Leberfunktionswerte und eine Lebervergrößerung. Die übrigen 5 zeigten eine komplette Erholung. Die Patienten mit Strahlenhepatitis erhielten eine unspezifische Therapie ihrer Leberinsuffizienz, insbesondere eine entsprechende diätetische Behandlung, Einschränkung der Salzzufuhr und Bettruhe. Zur Behandlung des Aszites wurden Diuretika eingesetzt. Steroide wurden nicht gegeben.

In den folgenden Jahren wurden wiederholt klinische Berichte, nuklearmedizinische Untersuchungen und pathologische und pathohistologische Beobachtungen über die Veränderungen in der Leber nach Strahlentherapie publiziert. Auf ihnen basiert die Beschreibung der Klinik und Pathogenese dieser lebensbedrohlichen Nebenwirkung der Strahlentherapie. Eine knappe Übersicht über die Literatur bietet MARCIÀL et al. (1977).

Die klinische Erfahrung zeigt, daß nach Strahlendosen über 30 Gy bei üblicher Fraktionierung (15 Fraktionen in drei Wochen) gravierende Strahlenfolgen in der Leber auftreten können. Als erstes Zeichen zeigt sich in nuklearmedizinischen Untersuchungen eine Einschränkung der Funktion der Kupfferschen Sternzellen. Ein solches Bild (Abb. 14) ist regelmäßig bei der Strahlentherapie von rechtsseitigen Nierentumoren am Ende der Strahlentherapie zu sehen. In der Regel kommt es aber im Verlauf der folgenden Monate zur vollständigen Normalisierung des Befundes. Diese Veränderung darf nicht mit einer Strahlenhepatitis verwechselt werden. Diese beginnt in der Regel nach Latenzzeiten von ein bis sechs Monaten. Patienten mit akuter Strahlenschädigung der Leber klagen in der Regel über unspezifische abdominelle Beschwerden, über Gewichtszunahme und gelegentlich über Atemnot, vereinzelt haben die Patienten auch einen Ikterus. Bei der klinischen Untersuchung weisen sie eine vergrößerte Leber und Aszites auf, seltener außerdem Pleuraergüsse. Unter den Labortests findet sich vor allem eine Erhöhung der alkalischen Phosphatase und seltener der GOT. Auch der Bromsulphaleintest zeigt eine deutliche Verminderung der Ausscheidungsfunktion der Leber (RUBIN u. CASARETT 1968).

Wenn nur Teile der Leber bestrahlt werden, sind klinische Symptome der Strahlenschädigung viel seltener. Begrenzte Lebervolumina können ohne weiteres Strahlendosen über 50 Gy

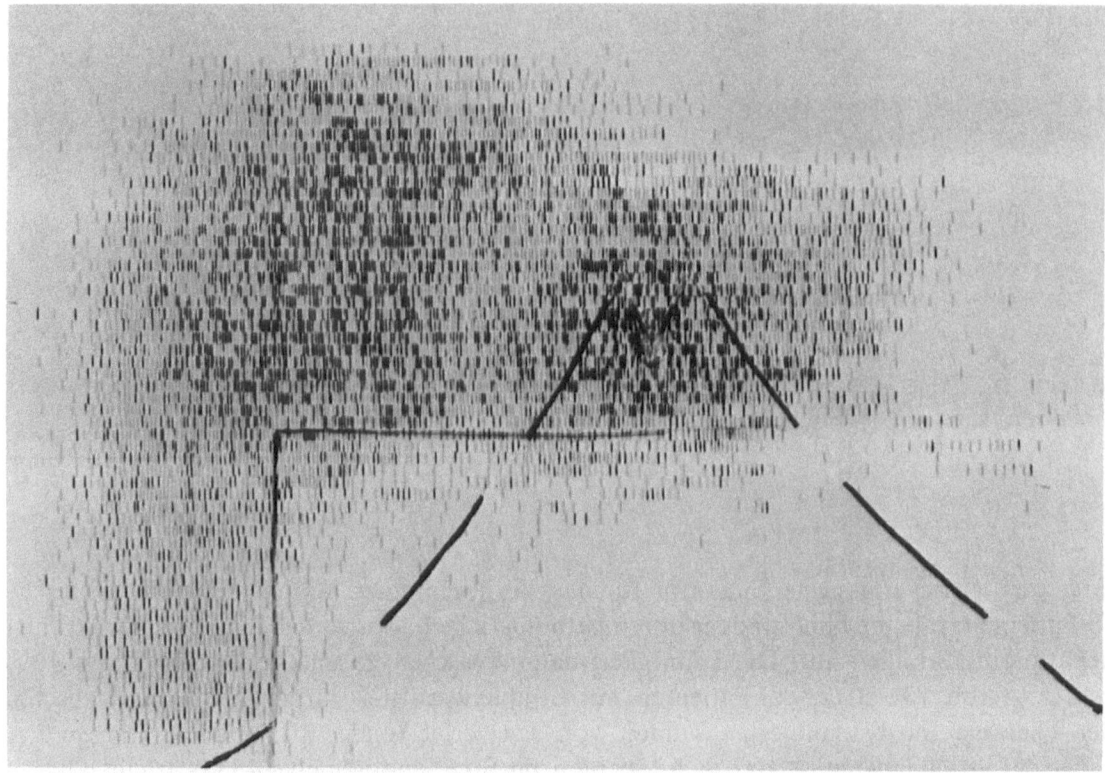

Abb. 14. Leberszintigramm 6 Wochen nach Strahlentherapie eines rechtsseitigen Nierenkarzinoms

tolerieren, auch wenn nuklearmedizinische Untersuchungen einen ausgeprägten Defekt zeigen.

Die akute Strahlenhepatitis ist eine lebensbedrohliche Erkrankung. Von den 8 Patienten mit akuter Strahlenhepatitis, die Wharton et al. (1973) beschrieben, waren 5 innerhalb von zehn Monaten nach Abschluß der Strahlentherapie gestorben. Von den 13 Patienten, über die Ingold et al. (1965) berichteten, waren 3 gestorben. Bei den Patienten, die die akute Strahlenhepatitis überleben, kann es aber zur vollständigen Regeneration kommen. Wharton et al. (1973) berichteten über 2 Patienten, bei denen 5 Jahre nach Abschluß der Strahlentherapie und dem Überstehen der akuten Strahlenhepatitis keine abnormen Leberbefunde mehr erhoben wurden.

Für die Diskussion der Strahlenfolgen an der Leber ist der Bericht von Wharton et al. (1973) besonders aufschlußreich. Sie beschrieben 25 Patientinnen mit Ovarialkarzinomen, bei denen mit der Moving-Strip-Technik die gesamte Leber mit Dosen zwischen 24 und 29 Gy bestrahlt wurde. Bei 14 trat eine Strahlenhepatitis auf, die in 8 Fällen als akute Strahlenhepatitis klassifiziert wurde. Aszites und Lebervergrößerung waren stets das vorherrschende Symptom und wurde zwischen 4 und 24 Wochen nach Bestrahlung diagnostiziert. Stets fand sich eine Erhöhung der alkalischen Phosphatase. Bei 2 Patientinnen traten die Symptome des Leberversagens erst nach einer Latenzzeit von mehr als $^1/_2$ Jahr auf. 11 der 14 Patienten starben an ihrer Strahlenhepatitis. 7 von ihnen hatten präfinal noch Alkeran (L-Phenyl-Alanin-Lost) erhalten, weil der Aszites fälschlicherweise als maligner Erguß angesehen wurde. Es ist unklar, inwieweit diese zytostatische Therapie einen Einfluß auf die Prognose gehabt hat.

Im Vergleich zu den Befunden von Ingold et al. (1965) fällt in dieser Patientengruppe die niedrige Toleranzdosis der Leber auf. Eine Inzidenz von ca. 25% schwerer, größtenteils tödlich verlaufender Strahlenhepatitis wäre nach der Dosiseffektkurve von INGOLD et al. (Abb. 13) erst bei einer Strahlendosis von über 35 Gy erwartet worden und nicht wie hier bei 25 Gy. Es ist anzunehmen, daß diese Diskrepanz auf Unterschieden in der Bestrahlungstechnik, z.B. der räumlichen Dosisverteilung, insbesonders aber auf der anderen Fraktionierung beruht. Wie von DELCLOSS et al. (1963) beschrieben, wurde die Dosis in der Leber in der Moving-Strip-Technik in nur 8 Fraktionen, d.h. mit täglichen Herddosen von 3,5 Gy alternierend von ventral und dorsal, eingestrahlt. Dagegen erfolgte die Bestrahlung von INGOLD et al. (1965) mit Fraktionsdosen zwischen 1 und 2 Gy. Wenn man annimmt, daß 25 Gy in 8 Fraktionen äquivalent einer Bestrahlung von 35–40 Gy in 18 Fraktionen sind, d.h. der Unterschied in der Toleranzdosis zwischen beiden Studien ausschließlich auf dem Unterschied in der Fraktionierung beruht, ergäbe sich bei einer Analyse im Rahmen des NSD-Konzepts ein Exponent für N, der größer als 0,4 ist. Es ist sicher problematisch, die Unterschiede in den klinischen Ergebnissen dieser beiden Untersuchungen ausschließlich auf diesen einen Faktor zurückzuführen. Dennoch ist dieser Befund ein deutlicher Hinweis darauf, daß die Art der Fraktionierung und insbesondere die Höhe der täglichen Einzeldosis wahrscheinlich ein entscheidender Faktor für die Entstehung der Strahlenhepatitis sind. Im übrigen stimmt diese Interpretation der Ergebnisse gut überein mit Befunden an anderen Geweben (THAMES et al. 1982).

Von besonderer Bedeutung sind Untersuchungen über die Bestrahlung der Leber von Kindern im Rahmen der Behandlung von Wilms-Tumoren und anderen kindlichen Malignomen, über die TEFFT et al. (1970) berichteten. Die Studie umfaßt 115 Patienten, die alle auch zytostatisch behandelt wurden, davon 108 mit Actinomycin D. Bei 91 Patienten wurde nur der rechte bzw. der linke Leberlappen mit einer medianen Dosis von 30 Gy bestrahlt, bei 19 die ganze Leber mit Strahlendosen um 25 Gy. Bei 5 Patienten wurde die Leber nach partiellen Resektionen bestrahlt, wobei die schwersten und zum Teil tödlichen Komplikationen auftraten. Nur bei 5 Patienten war nach Bestrahlung des rechten Leberlappens klinisch das Bild einer Strahlenhepatitis zu sehen. Es zeigte sich eine gute Übereinstimmung in der Wertigkeit der Aktivität der alkalischen Phosphatase im Serum, des nuklear-medizinischen Befundes und dem Ausmaß der Thrombopenie für die Diagnose einer Strahlenhepatitis. Auffallend war, daß keine Abhängigkeit der Befunde von der Strahlendosis oder vom bestrahlten Lebervolumen nachgewiesen werden konnte. INGOLD et al. (1965) hatten gezeigt, daß die Leber als Ganzes zwar in ihrer Strahlenempfindlichkeit z.B. den Nieren durchaus vergleichbar ist, daß aber eine Bestrahlung von Teilen der Leber keine klinisch nachweisbaren Veränderungen macht. Da die üblichen Leberfunktionstests von der Funktion der Leber als Ganzes abhängen, sind sie aber sehr unempfindliche Indikatoren für eine partielle Strahlenschädigung der Leber, vor allem wenn weniger als 50% des Gesamtorgans bestrahlt wurden. Aus diesem Grund treten auch nur selten klinische Folgen bei der Mitbestrahlung der Leber im Rahmen der Strahlentherapie benachbarter Organe auf. Mit nuklear-medizinischen Techniken sind aber auch in Teilbezirken des Organs Funktionseinschränkungen sowohl des retikulo-endothelialen Systems als auch in der Funktion der Leberzellen gut nachzuweisen. Die erste entsprechende Untersuchung stammt von USSELMAN (1965). Von JOHNSON et al. (1967) wurde an 6 Patienten gezeigt, daß eine komplette Unterdrückung der Funktion des RES der Leber 6–8 Wochen nach Bestrahlung mit 40 bis 55 Gy deutlich war, die sich aber in allen Fällen nach 3–6 Monaten wieder erholte. Über ähnliche Befunde berichteten CONCANNON et al. (1967) an 6 Patienten.

Von KUROHARA et al. (1967) wurden 39 Patienten nach Bestrahlung von Teilen der Leber untersucht, davon 31 nach einer Strahlentherapie der abdominalen Lymphknoten im Rahmen der postoperativen Therapie von Hodentumoren mit einer Strahlendosis von 40–52 Gy. Bei keinem Patienten waren klinische Symptome oder pathologische Laborwerte nachzuweisen, die auf eine Leberschädigung hindeuteten. Die Veränderungen im Leberszintigramm mit

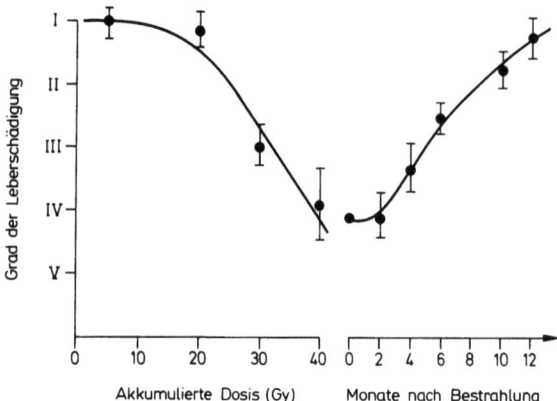

Abb. 15. Der Grad der szintigraphisch nachweisbaren Leberschädigung unter und nach der Strahlentherapie. (Nach Brase et al. 1972)

Radiogold waren in der Regel ausgeprägter als im Bengalrosa-Test, der zeitliche Ablauf war aber in beiden Fällen ähnlich. Schon unter der Therapie zeigte sich eine deutlich nachweisbare Verminderung der Funktion nach einer Dosis zwischen 20 und 30 Gy. Die ausgeprägtesten Veränderungen fanden sich stets unmittelbar im Anschluß an die Strahlentherapie. Die Erholung dauerte sehr lange und pathologische Befunde wurden auch 5 Jahre nach Abschluß der Behandlung noch nachgewiesen.

Die eingehendste Langzeituntersuchung über szintigraphisch faßbare Veränderungen in der bestrahlten Leber von Patienten wurde von Brase et al. (1972) an 38 Patienten durchgeführt, die wegen maligner Lymphome eine Strahlentherapie mit Tumordosen zwischen 40 und 45 Gy erhalten hatten. Von den 38 Patienten wurden insgesamt 208 Szintigramme ausgewertet und mit einer semiquantitativen Klassifizierung in 5 Stadien eingeteilt. In Abb. 15 ist die Abnahme der Funktion des retikulo-endothelialen Systems im bestrahlten Leberfeld im Verlauf der Strahlenbehandlung aufgetragen. Nach einer Herddosis von 20 Gy ist noch keine signifikante Abnahme zu erkennen, nach einer Herddosis von 40 Gy aber ist regelmäßig eine Funktionseinschränkung des retikulo-endothelialen Systems zu erkennen, die als eindeutige Reduzierung der Impulsdichte (Stadium III) bis hin zur stark aufgelockerten, nur noch fleckförmigen Speicherung (Stadium IV) beschrieben wird. Die Regeneration beginnt etwa 2 Monate nach Abschluß der Strahlentherapie und nimmt über 1 Jahr hin kontinuierlich zu bis zur vollständigen Restitutio ad integrum. Die Veränderungen im ^{131}J-Bromsulphalein-Szintigramm sind weniger stark ausgeprägt, so daß Brase et al. (1972) den Schluß zogen, daß die Strahlenempfindlichkeit der Retikulumzelle größer ist als die der Parenchymzelle. Bei sämtlichen Patienten konnten weder im Verlauf der Strahlenbehandlung noch danach pathologische Veränderungen der Leberenzymwerte verzeichnet werden. Bei allen untersuchten Patienten wurde eine Regeneration des bestrahlten Lebergewebes beobachtet, die jedoch deutlich von der Dosis und dem Bestrahlungsvolumen abhing. Im allgemeinen erfolgte die funktionelle Restitution nach kleinvolumiger Bestrahlung relativ rasch. Bei Bestrahlung größerer Volumina erfolgte die vollständige Wiederherstellung erst nach 2 Jahren.

II. Die Histopathologie der Strahlenfolgen an der Leber

Die pathologischen und patho-histologischen Befunde bei den von Ingold et al. (1965) erstmals dargestellten Fällen von Strahlenhepatitis wurde von Reed und Cox (1966) ausführlich beschrieben. Makroskopisch fand sich in den ersten Wochen und Monaten stets eine schwere Leberstauung mit Ödem und Hyperämie, die stets scharf auf das Bestrahlungsfeld begrenzt war (was auch von Tefft et al. (1970) betont wurde). Bei längeren Intervallen zeigte sich dagegen eher eine Atrophie des bestrahlten Leberabschnitts. Bei 7 Patienten lagen prätherapeutische histologische Befunde der Leber vor. 17 histologische Befunde wurden zu verschiedenen Zeiten nach Bestrahlung ausgewertet. Dabei zeigte sich, daß die histopathologischen Veränderungen mehr vom Intervall nach Bestrahlung als von der Strahlendosis abhingen, wie auch von anderen Beobachtern (z.B. von TEFFT et al. 1970) bestätigt wurde. Die Hyperämie ist der auffallendste Frühbefund nach Bestrahlung der Leber. Wie schon OGATA et al. (1963) festgestellt hatten, waren die ausgeprägtesten Veränderungen an den kleinen Verzweigungen der Vena hepatica zu sehen, das Gesamtbild ähnelte anderen Formen der zentralen Lebervenenstauung (z.B. Budd-Chiari-Syndrom).

Diese Veränderungen in den Zentralvenen waren nicht progredient, sondern erholten sich in der Regel nach etwa 4 Monaten, desgleichen die sekundäre Atrophie der Leberzellen. 100 Tage nach Bestrahlung war eine extensive Revaskularisation der geschädigten Zentralvenen zu beobachten.

In der Frühphase kam es nie zu echten Thrombosierungen der Zentralvenen. Die ersten Veränderungen bestanden in einer Ausfüllung des Lumens mit kollagenen Fasern, die dicht gepackt Erythrozyten umschlossen, ohne daß Hämosiderin als Zeichen eines Thrombus gesehen wurde. Dieser venöse Verschluß beschränkte sich stets auf die kleinen Äste der Vena hepatica. Eine subintimale Fibrosierung der Venenwand als Frühsymptom wurde gefolgt von einer Ablagerung von Fibrin im Venenlumen, die schließlich zum Verschluß führte. Dieser Verschluß wurde schnell organisiert und führte zur Bildung umschriebener, fibröser Knötchen im Läppchenzentrum; es kam aber auch schnell zur Rekanalisierung.

Die großen Venen waren stets normal. Veränderungen der kleinen Pfortadergefäße und der Arteria hepatica waren geringfügig und morphologisch von denen der Vena hepatica verschieden. INGOLD et al. (1965) beschrieben, daß in der akuten Phase die Läppchenarchitektur im allgemeinen intakt war, wie auch die Läppchenperipherie sowie die Gefäße und die Gallengänge im Glissonschen Dreieck. Die ausgeprägtesten Veränderungen der Leberläppchen fanden sich nahe der Zentralvene und bestanden vor allem in einer ausgeprägten Stauung in den Lebersinus mit Hyperämie, Hämorrhagie und Ödem sowie Atrophie der zentral gelegenen Leberzellen. Entzündliche Reaktionen waren nicht zu sehen. Die chronischen Veränderungen waren dagegen variabler und weniger auffallend. Meistens zeigte sich eine Parenchymatrophie im Zentrum der Leberläppchen und eine geringfügige Erweiterung der Sinus. Die Wand der Zentralvene war verdickt und zeigte gelegentlich neben einem kompletten, organisierten Verschluß Zeichen einer Rekanalisation.

Im Vergleich zur akuten Strahlenhepatitis fällt in der chronischen Phase besonders die portale Fibrose um die Pfortadern und die Gallengänge auf (LEWIN u. MILLIS 1973). Trotz ausgeprägter histologischer Veränderungen im Sinn einer Läppchenatrophie waren klinische Zeichen der Leberfunktionsstörungen im Gegensatz zur akuten Strahlenhepatitis in der chronischen Phase nicht zu registrieren (LEWIN u. MILLIS 1973).

III. Tierexperimentelle Modelle zum Studium der Strahlenschädigung der Leber

Tierexperimentelle Modelle, die geeignet wären, die Abhängigkeit der Häufigkeit der Strahlenhepatitis von der Strahlendosis, dem Zeitfaktor und anderen Faktoren zu untersuchen, sind bisher an der Leber nicht entwickelt worden. Dafür liegen einige experimentelle Untersuchungen vor, die Licht auf die Pathogenese der Strahlenhepatitis sowie ihrer zeitlichen Entwicklung werfen.

Eine Reihe strahlenbiologischer Experimente an der Leber untersuchte die Reaktion der partiell hepatektomierten Tiere auf eine Bestrahlung. Nach chirurgischer oder pharmakologischer Entfernung eines Großteils der Leberzellen werden die übriggebliebenen Leberzellen

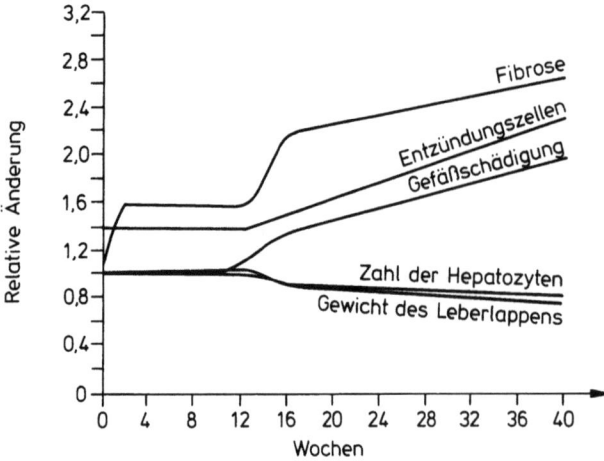

Abb. 16. Der zeitliche Verlauf der histologischen Veränderungen in der isoliert bestrahlten Rattenleber. (Nach Hebard et al. 1980)

zur intensiven, synchronen Proliferation stimuliert. Strahlenbiologische Untersuchungen befaßten sich einerseits mit der Beeinflußbarkeit der Proliferation durch Bestrahlung (z.B. Kelly et al. 1956) oder der Veränderung des Ablaufs der synchronen Proliferationswelle (Fabrikant 1967) oder sie benutzten die partiell hepatektomierte Leber als ein Modell zur Untersuchung der unterschiedlichen Strahlenempfindlichkeit ruhender und proliferierender Gewebe, z.B. durch Auszählung der abnormen Metaphasen nach Bestrahlung in G_0- oder S-Phase (Coggle 1968). Diese Untersuchungen sind vor allem darauf gerichtet, grundsätzliche strahlenbiologische Phänomene zu untersuchen. Sie haben für die Pathogenese der typischen Strahlenveränderungen der Leber nach Bestrahlung nur untergeordnete Bedeutung und werden daher nicht weiter dargestellt.

Die umfangreichste und detaillierteste Studie über den zeitlichen Ablauf der Strahlenveränderungen in der Leber von Ratten stammt von Hebard et al. (1980). Nach Bestrahlung des linken Leberlappens mit einer Einzeldosis von 80 Gy wurde in regelmäßigen Abständen eine pathologisch-anatomische und pathohistologische Untersuchung der Leber durchgeführt und die Befunde mit morphometrischen Methoden quantifiziert (Abb. 16). Im Verlauf der 9 Monate dauernden Untersuchungsperiode nahm das relative Gewicht des bestrahlten Leberlappens auf 60% des Kontrollwertes ab. Diese Gewichtsabnahme beruht nahezu vollständig auf einer Verminderung der Zahl von Hepatozyten im Präparat.

Es ließen sich deutlich zwei Phasen der Entwicklung der Leberschädigung nachweisen: Die frühe Phase bis zur 16. Woche war vor allem durch eine entzündliche Reaktion gekennzeichnet, während die spätere Phase mehr eine Folge der Gefäßveränderungen zu sein schien. Unmittelbar nach Bestrahlung kam es zu einer massiven Einwanderung von Entzündungszellen in den bestrahlten Leberlappen. Diese Reaktion blieb bis zur 12. Woche konstant. Bereits nach 4 Wochen kam es zu einer deutlichen, periportal gelegenen Fibrose, die bis zur 12. Woche lokalisiert und konstant blieb. Zwischen der 12. und 16. Woche nahm die Fibrose weiter zu. Auslöser für diese 2. Welle der Strahlenschädigung der Leber war die Entwicklung der Gefäßveränderungen, die charakterisiert waren durch konzentrische Lamellierung der Gefäße und Einengung des Lumens der Zentralvenen. Folge dieser Veränderungen waren wohl lokale, portale Hypertension und verminderte Durchblutung, die dann die späten Gewebsveränderungen auslösten. Die gemessene Atrophie der Hepatozyten erscheint somit eher als sekundäre Folge des Gefäßschadens als einer primären Strahlenschädigung der Hepatozyten. Während die Spätveränderungen auf Grund dieser Befunde verständlich sind, bereitet die Erklärung der frühen Phase der Leberschädigung Schwierigkeiten. Hebard et al. (1980) nahmen an, daß die frühe Phase eine allgemeine Entzündungsreaktion im Sinne einer Autoimmunreaktion als Folge initialer Gewebeschädigung darstellt. Die Spätreaktion dagegen erscheint als Folge der direkten Strahlenschädigung der Lebergefäße.

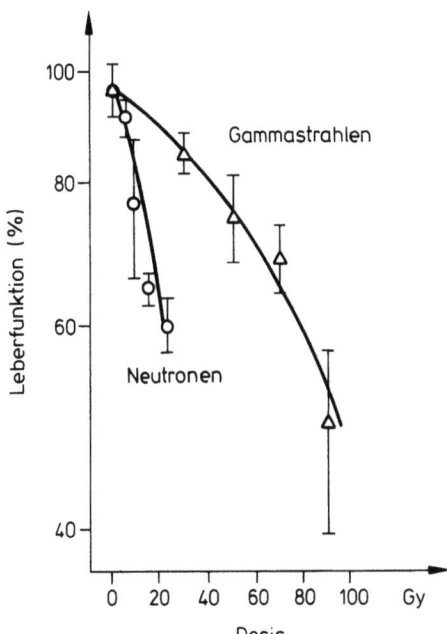

Abb. 17. Die Abhängigkeit der Schädigung der Rattenleber-
funktion von der Dosis von Gammastrahlen oder schnellen
Neutronen 1 Jahr nach Bestrahlung. (Nach GERACI et al. 1980)

GERACI et al. (1980) benutzten diese Methode der Bestrahlung des linken Leberlappens
von Ratten zur Bestimmung der relativen biologischen Wirksamkeit von Neutronen. 4 Monate bzw. 12 Monate nach Bestrahlung wurden histologische Veränderungen, der Gehalt
an Hydroxyprolin und die Aufnahme von Bengalrosa in den bestrahlten Leberlappen quantifiziert. Interessant war unter den histologischen Befunden eine primär perivaskuläre Veränderung, die im Gegensatz zu den Befunden bei Menschen in den periportalen Feldern begann.
Dies führte zu fortschreitender Atrophie des Leberparenchyms. Während 4 Monate nach
Bestrahlung keine signifikante Einschränkung der Leberzellfunktion, gemessen am Bengalro-
saaufnahmetest nachzuweisen war, nahm bei Untersuchung ein Jahr nach Bestrahlung die
Aufnahme mit zunehmender Dosis in Form einer Schulterkurve ab (Abb. 17). Diese reduzierte Aufnahme von Bengalrosa mag zum Teil verursacht sein durch eine Funktionsstörung
der Parenchymzellen, beruht aber wahrscheinlich hauptsächlich auf der reduzierten Zahl
funktionierender Leberzellen. In ähnlicher Weise nahm ein Jahr nach Bestrahlung der relative
Hydroxyprolingehalt der Leber zu, was als Zeichen für eine zunehmende Fibrose der Leber
angesehen werden kann. Aus diesen Ergebnissen konnte für Dosen von 10 Gy Zyklotron-
neutronen (8 MeV mittlere Energie) eine RBW von 4–6 festgestellt werden, was deutlich
über dem an anderen Geweben gefundenen Wert von 3 liegt.

Besonders eindrucksvoll sind die Untersuchungen über die Veränderungen der Lebergefäße nach isolierter intrahepatischer Gefäßdarstellung über die Pfortader von BRASE et al.
(1974). Schon wenige Wochen nach Bestrahlung zeigten sich charakteristische, dosisabhängige Veränderungen in der Struktur der Lebergefäße wie Kaliberschwankungen mit Lumen-
einengungen und Lumenauftreibung, Gefäßdeformierung, Gefäßabbrüche mit Rarefizierung
der peripheren Gefäßstruktur, Verlangsamung des Kontrastmittelflusses und Ausbildung
von kleinen Kontrastmittelseen. Manche dieser Gefäßveränderungen dürften zunächst nur
rein funktioneller Art sein. Nach höheren Dosen wurden Ektasien der Portalvenen mit funktionell bedingter Strömungsverlangsamung bis hin zum Zirkulationsstillstand beobachtet.
Histologisch zeichnete sich diese akute Phase des Strahleninsults durch Hyperämie, Gefäßer-
weiterung und perivaskuläres Ödem sowie degenerative Zellveränderungen und zunehmende
Ödematisierung des Gewebes aus. Die radiologischen Langzeitbeobachtungen über 4 Monate
zeigten bei den überlebenden Tieren, die mit Strahlendosen bis zu 12 Gy behandelt wurden,
daß der Prozeß der pathologischen Gefäßveränderungen nicht progressiv ist, sondern daß

sich die hämodynamischen Verhältnisse wieder normalisieren. Die charakteristischen Strahlenfolgen im Sinne einer Strahlenhepatitis sind bei den Kaninchen nicht beobachtet worden, weil die Beobachtungszeit von 8 Tagen nach höheren Strahlendosen zu kurz für die Ausbildung dieser Veränderungen war, während die Strahlendosis von 12 Gy (Einzeldosis) für die Untersuchung nach 4 Monaten gerade unterhalb der Toleranzgrenze liegen dürfte.

Tierexperimentelle Untersuchungen über die Mikrozirkulation in der Leber nach Bestrahlung wurden von BICHER et all. (1976) durchgeführt. Beagle-Hunde erhielten eine fraktionierte Leberbestrahlung mit 46 Gy in 23 Fraktionen über 35 Tage. Vor und 2 Wochen nach der Bestrahlung wurde die Mikrozirkulation und die Blutgerinnung untersucht. Als wichtigster Parameter erwies sich die Reoxygenierungszeit, d.h. die Zeitspanne nach einer 60 sec dauernden Asphyxie durch Stickstoffbeatmung bis zum Wiedererreichen des normalen Sauerstoffdrucks in der Leber als Maß für die Funktion der Mikrozirkulation. Bis auf 2 von 9 Tieren stieg in allen die Reoxygenierungszeit 2 Wochen nach Bestrahlung an, in 5 Tieren um mehr als 50%. Parallel damit ging eine Veränderung der Funktion der Blutplättchen im Sinne einer vermehrten Aggregation und Klebrigkeit. Die Veränderungen in den blutchemischen Analysen waren dagegen nicht sehr eindrucksvoll. BICHER et al. (1976) schlossen aus diesen Ergebnissen, daß die Störungen der Mikrozirkulation in der Leber die früheste Veränderung auf dem Wege zur Entwicklung der Strahlenhepatitis sind.

Von KINZIE et al. (1972) wurde gezeigt, daß in Ratten, die eine lokale Leberbestrahlung mit 15 Gy erhalten hatten, eine Dauerbehandlung mit Heparin die Entwicklung der Schädigung, z.B. gemessen an der alkalischen Phosphatase im Serum 60 Tage nach Bestrahlung, verhindern kann.

Experimentelle Untersuchungen über Funktionsstörungen der Leber nach lokaler Bestrahlung sind selten durchgeführt worden. BIRZLE und FRANZIUS (1965) referierten sie zusammenfassend und stellten fest, daß die verschiedenen Untersuchungen sehr unterschiedliche Ergebnisse erbrachten. BIRZLE und FRANZIUS (1965) selber studierten die Leberfunktion von Kaninchen nach lokaler Bestrahlung der Leber durch ein laterales Bestrahlungsfeld mit 200 kV Röntgenstrahlen mit dem Bromsulphalein-Test. Schon 24 h nach 5 Gy ergab sich bei einigen Tieren eine signifikant verlangsamte Ausscheidung. Nach 20 Gy war sie bei allen Tieren hochsignifikant verzögert. 5 Tage nach Bestrahlung war in den Strahlendosisgruppen unter 20 Gy wieder eine dauernde Normalisierung erreicht. In der fraktioniert bestrahlten Dosisgruppe war am Ende der Bestrahlungsserie eine geringfügige Verlangsamung der Ausscheidung nachweisbar, die sich aber bald erholte. In einer kleineren Versuchsgruppe wurden selbst 70–240 d nach 60 × 2 Gy normale Eliminationszeiten registriert. Eine chronische Schädigung der Leber wurde auch nach dieser Dosis nicht beobachtet. Mit vergleichbarer Methode wurde an Kaninchen nach einer einzeitigen Bestrahlung von 10 Gy die Ausscheidung gepaarter Schwefelsäure nach Belastung mit N-Acetylparaaminophenol getestet und eine gestörte Ausscheidungsfunktion in den ersten Tagen nach Bestrahlung festgestellt. Innerhalb von 14 Tagen war diese Störung reversibel (BIRZLE et al. 1970). Funktionsuntersuchungen der lokal bestrahlten Kaninchenleber mit nuklear-medizinischen Methoden wurden von BRASE et al. (1973) durchgeführt. Zu verschiedenen Zeiten nach Einzeldosen von 5–20 Gy wurden Szintigramme der Leber nach Injektion von Radiogoldkolloid bzw. von [131]J-markiertem Bromsulphalein aufgenommen. Während nach Strahlendosen von 5 und 8 Gy die Speicherkapazität der Leber nie den Normbereich verließ, war etwa 14 d nach Strahlendosen von 10 und 12 Gy eine signifikante Verminderung der Speicherfähigkeit erreicht. Eine Erholung auf Normalwerte war nach etwa 6 Wochen festzustellen. In ähnlicher Weise kam es zu einer Verlangsamung des Farbstoffumsatzes für die mit 10 und 12 Gy bestrahlten Tiere innerhalb der ersten 10 Tage nach Bestrahlung. Auch hier war in etwa 3 bis 6 Wochen der Normalwert wieder erreicht (Abb. 18). BRASE et al. (1973) schlossen aus diesen Befunden, daß die Leber ein sehr strahlenempfindliches Organ ist. Eine Leistungsminderung des retikulo-endothelialen Systems der Leber wurde ab einer Strahlendosis von 8 Gy beobachtet,

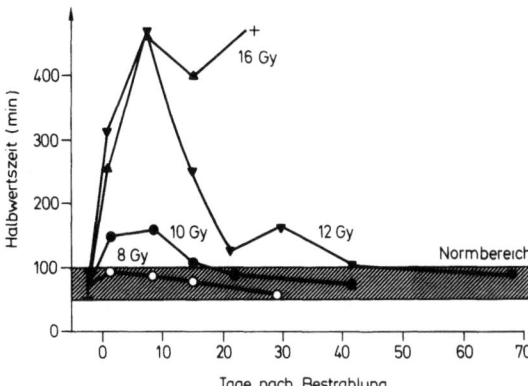

Abb. 18. Der Verlauf der Änderungen der Halbwertszeit für die Ausscheidung von Bromsulphalein nach Einzeitbestrahlung der Kaninchenleber. (Nach BRASE et al. 1973)

eine Funktionseinschränkung des Leberparenchyms nach 10 Gy. Damit scheint die Kupfersche Sternzelle eine höhere Strahlensensibilität zu besitzen als die Leberenchymzelle. Der Grad der Funktionsschädigung nimmt mit der Höhe der verabreichten Einzeldosis zu. Keine dieser und anderer tierexperimenteller Untersuchungen wurden allerdings so lange weitergeführt, bis die durch die Zentralvenen bedingten chronischen Strahlenschädigungen der Leber hätten beobachtet werden können.

IV. Offene Probleme bezüglich der Strahlenschädigung der Leber

Die Kenntnis der typischen Strahlenveränderungen der Leber nach Ganzorganbestrahlung ist relativ jung und sie wurden nur an verhältnismäßig wenigen Patienten beobachtet. Über die Toleranzgrenze der Leber lassen sich daraus dennoch klare Richtlinien erarbeiten. Weniger gut sind aber die für die Praxis wichtigen Probleme der Veränderung der Toleranz bei der Fraktionierung und bei gleichzeitiger oder sequentieller Chemotherapie aus diesen klinischen Ergebnissen zu beurteilen. Da der pathogenetische Mechanismus der typischen Strahlenhepatitis unabhängig von den mit nuklear-medizinischen Methoden nachgewiesenen Funktionsstörungen ist, lassen sich Ergebnisse solcher Untersuchungen nicht auf die Problematik der Strahlenhepatitis übertragen. Aus dem oben erwähnten Vergleich der Untersuchungen von INGOLD et al. (1965) und von WHARTON et al. (1973) ist der Schluß zu ziehen, daß die Strahlentoleranz der Leber sehr stark von der geeigneten Fraktionierung abhängt, wobei es naheliegt, in der Höhe der Einzelfraktion den entscheidenden Faktor zu sehen. Über eine Erhöhung der Komplikationsrate durch gleichzeitige Behandlung mit Zytostatika gibt es nur ganz vereinzelte Berichte (PHILIPPS 1980).

Die Entwicklung eines gut quantifizierbaren Tiermodells zur Untersuchung der Strahlenhepatitis in einer der menschlichen Krankheit pathogenetisch vergleichbaren Form wäre notwendig, um solche Untersuchungen in größerem Umfang durchzuführen. Ansätze dazu bieten in erster Linie die Experimente an der Rattenleber von GERACI et al. (1980). Weitere Experimente, insbesondere über den Einfluß derjenigen Zytostatika, die bei der Strahlenbehandlung von bösartigen Erkrankungen mit Infiltration der Leber gegeben werden, wären von großer klinischer Bedeutung.

E. Die Strahlenfolgen am Pankreas

Über die Strahlenfolgen am Pankreas liegen nur wenige Untersuchungen vor. Bei der Strahlentherapie der paraaortalen Lymphknoten erhält es stets die volle Tumordosis. Daraufhin kommt es zu einem Anstieg von exkretorischen Pankreasenzymen im Serum der

Patienten. Die auffällige Korrelation zwischen dem subjektiven Befinden der Patienten mit den Enzymspiegeln nach Pankreasbestrahlung sprechen für eine entscheidende Bedeutung des Pankreas beim „Strahlenkater" (HERRMANN 1982, pers. Mittlg.). Die akuten und chronischen histopathologischen Veränderungen sind gering und bestehen im wesentlichen aus einer fortschreitenden Atrophie der exkretorischen Drüsenanteile, während die inkretorischen Drüsenteile auch nach hohen Strahlendosen keine morphologisch faßbaren Störungen zeigen (KOVACS 1976). Trotz deutlicher regressiver Veränderungen im bestrahlten Pankreas waren in bestrahlten Hunden nach hohen Dosen keine gravierenden, funktionellen Störungen nachweisbar (ARCHAMBEAU et al. 1966). Unter Berücksichtigung der spärlichen klinischen und experimentellen Daten kamen RUBIN und CASARETT (1968) und FAJARDO und BERTHRONG (1981) zu dem Schluß, daß die Bauchspeicheldrüse insgesamt relativ strahlenresistent ist und der Inselapparat durch therapeutisch angewandte Dosen nicht geschädigt wird. Das mit hohen Strahlendosen (z.B. bei der Strahlentherapie para-aortaler Lymphknoten) bestrahlte exkretorische Pankreasgewebe reagiert mit regressiven Veränderungen, die einer chronischen Pankreatitis ähnlich sind.

Literatur

Abe M, Takahashi M (1981) Intraoperative radiotherapy: The Japanese experience. Int J Radiat Oncol Biol Phys 7:863–868

Archambeau J, Griem M, Harper P (1966) The effects of 250 kV X-rays on the dog's pancreas: morphological and functional changes. Radiat Res 28:243–256

Battermann JJ, Hart GAM, Breur K (1981) Dose-effect relations for tumour control and complication rate after fast neutron therapy for pelvic tumours. Br J Radiol 54:899–904

Berthrong M, Fajardo LF (1981) Radiation injury in surgical pathology. II. Alimentary tract. Am J Surg Pathol 5:153–178

Bicher HI, Ashbrook DW, Harris DR, Dalrymple GV (1976) Changes in platelet and microcirculation function induced by ionizing radiation to the liver. Int J Radiat Oncol Biol Phys 1:679–685

Birzle H, Franzius E (1965) Über die funktionelle Strahlenempfindlichkeit der Leber. Strahlentherapie 126:119–131

Birzle H, Beck K, Nusselt L (1970) Die Wirkung gezielter Röntgentiefenbestrahlung der Leber auf deren Entgiftungsleistung durch Paarung mit Glucuronsäure beim Kaninchen. Strahlentherapie 139:347–353

Black WC, Ackermann LV (1965) Carcinoma of the large intestine as a late complication of pelvic radiotherapy. Clin Radiol 16:278–281

Black WC, Gomez LS, Yuhas JM, Kligermann MM (1980) Quantitation of the late effects of X-radiation on the large intestine. Cancer 45:444–451

Bowers RF, Brick JB (1947) Surgery in radiation in injury of the stomach. Surgery 22:20–40

Brase A, Bockslaff H, Kaufmann M (1972) Szintigraphische Befunde der Leber nach Teilbestrahlung mit Kobalt 60. Strahlentherapie 143:41–47

Brase A, Bockslaff H, Heindl H, Järivinen S (1973) Tierexperimentelle Funktionsuntersuchungen mit Radionukliden an der Leber nach gezielter Co-60 Bestrahlung. Strahlentherapie 146:198–207

Brase A, Bockslaff H, Emminger E (1974) Angiographische Untersuchungen der portalen Lebergefäße bei Kaninchen nach Strahleninsult. Strahlentherapie 147:278–289

Braun H (1963) Leber. In: Scherer E, Stender HS (Hrsg) Strahlenpathologie der Zelle. Thieme, Stuttgart

Brick IB (1947) The effect of large dosages of irradiation gastric acidity. N Engl J Med 237:48–51

Browde S, Mohr N de (1982) Non-standard fractionation schemes in the treatment of advanced carcinoma of the uterine cervix and advanced head and neck cancer. In: Nervi C, Fletcher GH (eds) The biological and clinical basis of radioresistance. Thomas, Springfield

Bruegel C (1917) Die Beeinflussung des Magenchemismus durch Röntgenstrahlen. Muench Med Wochenschr 64:379–382

Carpender JWJ, Levin E, Clapman LB, Miller RE (1956) Radiation in the therapy of peptic ulcer. Am J Roentgenol 75:374–379

Chen KY, Withers HR (1972) Survival characteristics of stem cells of gastric mucosa subjected to localized gamma irradiation. Int J Radiat Biol 21:521–534

Coggle JE (1968) Effect of cell cycle on recovery from radiation damage in the mouse liver. Nature 217:180–182

Concannon JP, Edelmann A, Rich JC, Kunkel G

(1967) Localized "radiation hepatitis" as demonstrated by scintillation scanning. Radiology 89:136–139

Cottier H (1961) Strahlenbedingte Lebensverkürzung. Springer, Berlin Heidelberg New York

Craig MS, Buie LA (1949) Factitial (irradiation) proctitis. A clinicopathological study of 200 cases. Surgery 25:472–487

Cronkite EP, Fliedner TM (1972) The radiation syndromes. In: Hug O, Zuppinger A (Hrsg) Strahlenbiologie 3. Springer, Berlin Heidelberg New York, S (Handbuch der Medizinischen Radiologie, Bd II/3

Delclos L, Braun EJ, Herrera JR, Sanpiere VC, Rosenbeek E van (1963) Whole abdominal irradiation with Co-60 moving strip technic. Radiology 81:632–641

Dethlefsen LA, Riley RM (1979) The effects of adriamycin and X-irradiation on the murine duodenum. Int J Radiat Oncol 5:507–513

Dettmer CA, Kramer S, Driscoll DH, Aponte GE (1968) A comparison of the chronic effects of irradiation upon the normal, damaged, and regenerating rat liver. Radiology 91:993–997

Doig RK, Funder JF, Weiden S (1951) Serial gastric biopsy studies in a case of duodenal ulcer treated by deep X-ray therapy. Med J Aust 38:828–830

Duncan W, Leonard JC (1965) The malabsorption syndrome following radiotherapy. QJ Med 34:319–329

Edwards DN (1968) Complications following megavoltage radiation for carcinoma of the bladder. Clin Radiol 19:27–33

Ellinger F (1957) Medical radiation biology, Thomas, Springfield

Engelstad RB (1938) The effect of roentgen on the stomach in rabbits. Am J Roentgenol 40:243–263

Fabrikant JI (1967) Cell proliferation in the regenerating liver of continuously irradiated mice. Br J Radiol 40:487–495

Fajardo LF, Berthrong M (1981) Radiation injury in surgical pathology. III. Am J Surg Pathol 5:279–296

Findley JM, Newaisky GA, Sircus W, McManus JPA (1974) Role of gastric irradiation in management of peptic ulceration and esophagitis. Br Med J 3:769–771

Gauwerky F (1949) Die Komplikationen bei der Radiumbehandlung der Kollumkarzinome und ihre Bedeutung für den Behandlungserfolg. Strahlentherapie 80:51–70

Gelfand MD, Tepper M, Katz LA, Binder HJ, Yesner R, Floch MH (1968) Acute irradiation proctitis in man. Development of eosinophilic crypt abcesses. Gastroenterology 54:401–411

Geraci JP, Jackson KL, Christensen GM, Parker RG, Fox MS, Thrower PD (1974) The relative biological effectiveness of cyclotron fast neutrons for early and late damage to the small intestine of the mouse. Eur J Cancer 10:99–102

Geraci JP, Jackson KL, Christensen GM, Thrower PD, Weyer BJ (1977) Acute and late damage in the mouse small intestine following multiple fractionations of neutrons or X-rays. Int J Radiat Oncol Biol Phys 2:693–696

Geraci JP, Jackson KL, Thrower PD, Mariano MS (1980) Relative biological effectiveness of cyclotron fast neutrons for late hepatic injury in rats. Radiat Res 82:570–578

Goldgraber MB, Rubin CE, Palmer WL, Dobson RL, Massey BW (1954) The early gastric response to irradiation. A serial biopsy study. Gastroenterology 27:1–20

Goodrich JK, Hickmann BT (1962) Oleic acid I^{131} intestinal absorption in pelvic CO^{60} irradiation. Am J Roentgenol 87:69–75

Graudinns J (1969) Über Strahlenspätschäden am Dünndarm. Langenbecks Arch Chir 324:120–130

Gray MJ, Kottmeier HL (1957) Rectal and bladder injuries following radium therapy for carcinoma of the cervix at the radiumhemmet. Am J Obstet Gynecol 74:1294–1303

Hamilton E (1978) Cell proliferation and ageing in mouse colon. Repopulation after repeated X-ray injury in young and old mice. Cell Tiss Kinet 11:423–431

Hamilton FE (1947) Gastric ulcer following radiation. Arch Surg 55:394–399

Haot J (1965) Contribution à l'étude de l'ulcere radiologique de l'estomac. Rev Belg Pathol Med Exp 31:203–225

Hebard DW, Jackson KL, Christensen GM (1980) The chronological development of late radiation injury in the liver of the rat. Radiat Res 81:441–454

Heyde W, Schmermund HJ (1953) Zur Vermeidung von Darmschäden bei der intravaginalen Bestrahlung des Kollumkarzinoms. Geburtshilfe Frauenhkd 13:392–401

Hornsey S, Alper T (1966) Unexpected dose-rate effect in the killing of mice by radiation. Nature 210:212–213

Hubmann FH (1981) Effect of X-irradiation on the rectum of the rat. Br J Radiol 54:250–254

Hueper WC, Carvajal-Forero J de (1944) The effect of repeated irradiation of the gastric region with small doses of Roentgen rays upon the stomach and blood of dogs. Am J Roentgenol 52:529–534

Hug O, Kellerer AM, Zuppinger A (1966) Der Zeitfaktor. In: Handbuch der medizinischen Radiologie, Bd II/1. In: Zuppinger A (Hrsg) Strahlenbiologie 1. Springer, Berlin Heidelberg New York, S 271–354

Ingold JA, Reed GB, Kaplan HS, Bagshaw MA (1965) Radiation Hepatitis. Am J Roentgenol 93:200–208

Johnson PM, Grossman FM, Atkins HL (1967) Radiation induced hepatic injury, its detection by scintillation scanning. Am Roentgenol 99:453–462

Kelly LS, Hirsch JD, Beach G, Palmer W (1956) The time function of P^{32} incorporation into DNA of regenerating liver; the effect of irradiation. Cancer Res 16:117–121

Kinzie J, Studer RK, Perez B, Potchen EJ (1972) Noncytokinetic radiation injury: anticoagulants as radioprotective agents in experimental radiation hepatitis. Science 175:1481–1483

Kiszel Z (1983) Untersuchungen über die chronischen Strahlenfolgen am Enddarm der Ratte nach lokaler Bestrahlung. Dissertation medizinische Fakultät, Universität München

Kolb JJ (1982) Knochenmarkstransplantation: Theoretische Grundlagen, vorklinische Studien und klinische Anwendung. Habilitationsarbeit, Medizinische Fakultät der Universität München

Kolb JJ, Rieder I, Bodenberger B, Netzel B, Schaffer E, Kolb H, Thierfelder S (1979) Dose rate and dose fractionation studies in total body irradiation of dogs. Pathol Biol (Paris) 27:370–372

Kottmeier HL, Gray MJ (1961) Rectal and bladder injuries in relation to radiation dosage in carcinoma of the cervix. A 5 year follow-up. Am J Obstet Gynecol 82:74–82

Kovacs L (1976) Histologische Untersuchungen von Pankreasveränderungen verursacht durch experimentelle, fraktionierte, lokale Bestrahlung. Strahlentherapie 152:455–468

Kurohara SS, Swensson NL, Usselmann JA, George FW (1967) Response and recovery of liver to radiation as demonstrated by photoscan. Radiology 89:129–135

Lenk R (1926) Die Röntgentherapie der Erkrankungen des Verdauungstraktes. In: Meyer H (Hrsg) Lehrbuch der Strahlentherapie, Bd III. Urban & Schwarzenberg, Berlin Wien, S 451–486

Lewin K, Millis RR (1973) Human radiation hepatitis. A morphologic study with emphasis on the late changes. Arch Pathol 96:21–26

Marciàl VA, Santiago EA, Lanaro EA, Castro-Vita H, Arroyo G, Moscol JA, Gómez C, Velasquez J, Prado K (1977) Radiation-induced liver damage. In: Radiobiological research and radiotherapy, vol II. International Atomic Agency, Wien

Matsuzawa T, Wilson R (1965) The intestinal mucosa of germfree mice after whole body X-irradiation with 3 kiloroentgens. Radiat Res 25:15–24

Morgenstern L, Thompson R, Friedman NB (1977) The modern enigma of radiation enteropathy: sequelae and solutions. Am J Surg 134:166–172

Neumeister K (1973) Die Strahlenreaktionen des Gastrointestinaltraktes. Thieme, Leipzig

Ogata K, Hizawa K, Yoshida M, Kitamuro T, Akagi G, Kagawa K, Fukuda F (1963) Hepatic injury following irradiation – a morphologic study. Tokushima Journal of experimental Medicine 9:240–251

Palmer WL, Templeton F (1939) The effect of radiation therapy on gastric secretion. JAMA 112:1429–1434

Phillips TL (1980) Tissue toxicity of Radiation-Drug Interactions. In: Sokol GH, Maickel RP (eds) Radiation-Drug Interactions in the treatment of cancer. Wiley, New York Chichester Brisbane Toronto

Phillips TL, Fu KK (1976) Quantification of combined radiation therapy and chemotherapy effects on critical normal tissues. Cancer 37:1186–1200

Powel-Smith C (1965) Factors influencing the incidence of radiation injury in cancer of the cervix. J Ass Canad Radiol 16:132–137

Quastler H (1956) The nature of intestinal radiation death. Radiat Res 4:303–320

Reed GB, Cox AJ (1966) The human liver after radiation injury. Am J Pathol 48:597–611

Reeves RJ, Cavanaugh PJ, Sharpe KW, Thorne WA, Winkler C, Sanders AP (1959) Fat absorption from human gastrointestinal tract in patients undergoing radiation therapy. Radiology 73:398–401

Reeves RJ, Sanders AP, Isley JK, Sharpe KW, Baylin GJ (1965) Fat absorption studies and small bowel X-Ray studies in patients undergoing Co^{60} teletherapy and or radium application. Am J Roentgenol 94:848–851

Ricketts WE, Palmer WL, Kirner JB, Hamann A (1948) Radiation therapy in peptic ulcer. An analysis of results. Gastroenterology 11:789–806

Roswit B, Malsky SJ, Reid CB (1972) Radiation tolerance of the gastrointestinal tract. Front Radiat Ther Oncol 6:160–181

Rübe W, Seegelken K (1974) Dickdarmstenosen nach Bestrahlung von Nierentumoren. Strahlentherapie 147:63–68

Rubin P, Casarett GW (1968) Clinical radiation pathology. Saunders, Philadelphia London Toronto

Schenken LL, Burholt DR, Hagemann RF, Lesher S (1976) The modification of gastrointestinal tolerance and responses to abdominal irradiation by chemotherapeutic agents. Radiology 120:417–420

Senn A, Lundsgard-Hansen P (1956) Diagnose und Therapie der Bestrahlungsschäden am Gastrointestinaltrakt. Schweiz Med Wochenschr 86:1015–1020

Singh K (1978) Two regimes with the same TDF but differing morbidity used in the treatment of stage III carcinoma of the cervix. Br J Radiol 51:357–362

Swift MN, Taketa ST, Bond VP (1955) Delayed gastric emtying in rats after whole and partial body irradiation. Am J Physiol 182:479–

Takahashi T (1964) A study on preoperative and postoperative telecobalt therapy in gastric cancer. Three year results of Co^{60} irradiation following palliative gastric resection. Nippon Acta Radiol 24:129–132

Tefft M, Mitus A, Das L, Vawter GF, Filler RM (1970) Irradiation of the liver in children: review of experience in the acute and chronic phases, and in the intact normal and partially resected. Am J Roentgenol 108:365–385

Thames HD, Withers HR, Peters LJ, Fletcher GH (1982) Changes in early and late radiation responses with dose fractionation. Implications for dose-survival relationships. Int J Radiat Oncol 8:219–222

Usselman JA (1965) Liver scanning in the assessment of liver damage from therapeutic external irradiation. J Nucl Med 6:353–364

Warren SH, Friedman NP (1942) Pathology and pathological diagnosis of radiation lesions in the gastrointestinal tract. Am J Pathol 18:499

Wharton JT, Delclos L, Gallager S, Smith JP (1973) Radiation hepatitis induced by abdominal irradiation with the cobalt-60 moving strip technique. Am J Roentgenol 117:73–80

Wiernik G, Plant M (1970) Radiation effects on the human intestinal mucosa. Curr Top Radiat Res 7:327–368

Wiley HM, Sugarbaker ED (1950) Roentgenotherapeutic changes in the small intestine. Surgical aspects. Cancer 3:629–640

Withers HR, Elkind MM (1968) Radiosensitivity and fractionation response of crypt cells of mouse jejunum. Radiat Res 38:598–613

Withers HR, Elkind MM (1970) Microcolony survival assay for cells of mouse intestinal mucosa exposed to radiation. Int J Radiat Biol 17:261–267

Withers HR, Mason KA (1974) The kinetics recovery in irradiated colonic mucosa of the mouse. Cancer 34:896–904

Zollinger HU (1960) Radiohistologie und Radiohistopathologie. In: Roulet F (Hrsg) Strahlung und Wetter. Handbuch der Pathologie, Bd X/1. Springer, Berlin Heidelberg New York, S 127

2. Harntrakt

Von

P. Wöllgens

Mit 14 Abbildungen und 2 Tabellen

A. Strahlengefährdung der Niere

Fast gleichzeitig mit der ersten Anwendung der Röntgenstrahlen beginnt die Diskussion über die durch sie ausgelösten Nebenwirkungen, Folgen und Schäden. In zahlreichen Publikationen in den ersten Jahren nach der Jahrhundertwende entwickelte sich die Streitfrage um die Strahlenempfindlichkeit der Nieren. Während einerseits wie beispielsweise von Buschke und Schmidt (1905) eine relative Strahlenresistenz festgestellt wurde, erbrachten zum Beispiel Schulz und Hoffmann (1905) den experimentellen Nachweis einer relativ hohen Strahlensensibilität der Nieren, nachdem Baermann und Linser (1904) in einer Arbeit über die lokale und allgemeine Wirkung von Röntgenstrahlen auch die Niere in ihre Betrachtungen einbezogen.

Bis etwa 1930 folgten von Doub et al. (1927) und vor allem von Emmerich und Domagk (1925) sowie 1927 von Domagk (1927b) im deutschsprachigen Raum Veröffentlichungen über Schädigungen der Niere durch Röntgenstrahlen. Domagk (1927) ist auch die erste Falldemonstration einer akuten Radionephritis zu verdanken. Es handelte sich um den Fall eines 9jährigen Mädchens, bei dem wegen Verdacht auf Mesenterialdrüsen-Tuberkulose mehrfache abdominelle Röntgenbestrahlungen durchgeführt worden waren. Vier Monate nach abgeschlossener Strahlenbehandlung entwickelte sich eine progressive Nephritis, die schließlich zum Tode führte. Eine ausreichend genaue Abschätzung einer Dosisbeziehung läßt sich aus den vorliegenden Unterlagen nicht ableiten. Sie hat auch bis hin zu den experimentellen Arbeiten der 50er und 60er Jahre nur eine untergeordnete Rolle gespielt.

Durch die Weiterentwicklung strahlentherapeutischer Methoden und die fortschreitenden Erkenntnisse auf dem Gebiet der Strahlenbiologie sowie durch die zunehmende Breite der Indikationen zu strahlentherapeutischen Maßnahmen in der Malignombehandlung bedingt, rückt im letzten Jahrzehnt mehr und mehr die Risiko-Nutzen-Betrachtung in den Vordergrund. In der klinischen Praxis strahlentherapeutischen Handelns führen eine Vielzahl von radiobiologischen, klinischen und radiotherapeutisch-technischen Überlegungen zur Durchführung der Therapie. So bedingt die Strahlentherapie im Abdominal- und Retroperitonealbereich in vielen Fällen eine Einbeziehung von Nierenparenchym in das Bestrahlungsvolumen. Bei Malignomkranken handelt es sich in solchen Fällen um eine unvermeidbare Strahlenbelastung der Nieren aus vitaler Indikation, die selbst bei exakter mathematisch-physikalischer Bestrahlungsplanung und ausgefeilter Bestrahlungstechnik unumgänglich sein kann.

I. Die Strahlensensibilität der Niere

Es steht heute fest, daß die Niere zu den strahlensensiblen Organen gehört, sie ist wohl das strahlenempfindlichste Organ des Abdominalraums. Das Ausmaß der pathologisch-anatomischen und der daraus resultierenden funktionellen Schädigung, ihr zeitlicher Ablauf und die Latenzzeit ihres Auftretens, bzw. ihrer klinischen Erfaßbarkeit sind nicht nur streng abhängig von der Dosishöhe, sondern auch von ihrer Fraktionierung und dem Applikationszeitraum.

1. Pathologische Anatomie

Das makroskopische Bild der radiogenen Nierenveränderung entspricht im Tierversuch (BIANCHI 1961a; MOSTOFI et al. 1964; ZOLLINGER 1966) wie auch beim Menschen (DOMAGK 1927a) einer unspezifischen Schrumpfniere (Abb. 1a, b, 2a, b).

Das mikroskopische Bild ist gekennzeichnet durch eine typische, herdförmige, interstitielle Fibrose. In experimentellen Untersuchungen konnte FEINE (1959) nachweisen, daß in der Frühphase der radiogenen Nierenveränderungen nur die Basalmembran der Glomerulumschlingen verdickt ist, was häufig zu einer frühen Proteinurie führt. In der zweiten Phase steht die Schwellung sämtlicher Zellen der Glomerula mit Kernveränderungen und schließlich Kernverarmung der Endothel- und Deckepithelzellen im Vordergrund. In der Spätphase kommt es dann zum sog. Schlingenkollaps und hyaliner Umwandlung der glomerulären Strukturen.

Während bei der Ratte, wie ALTMANN et al. (1962) zeigen konnten, und wohl auch beim Menschen sich in dieser Form die primär glomeruläre Schrumpfniere entwickelt, konnten durch BIANCHI (1961b) sowie MOSER et al. (1961) tierexperimentell am Kaninchen und durch FEINE (1959) das Bild der primär tubulären Schrumpfniere nachgewiesen werden.

Klinische Beobachtungen an abdominell bestrahlten Patienten, wie sie von KUNKLER et al. (1952), LUXTON und KUNKLER (1964) sowie von PATERSON (1952) mitgeteilt wurden, bioptische und autoptische Untersuchungen (RUBENSTONE u. FITCH 1962) sowie zahlreiche tierexperimentelle Untersuchungsergebnisse (FEINE 1959; MOHR et al. 1966; MOSER et al. 1961; SARRE u. MOSER 1962) lassen sich heute folgendermaßen zusammenfassend darstellen: Im Vordergrund der Pathogenese des Strahlenschadens am Nephron steht die primäre Schädigung der submikroskopischen Zytoplasmaorganellen mit langsam progredienter Zerstörung der Mitochondrien und des endoplasmatischen Retikulums (SARRE u. MOSER 1962). Die daraus resultierenden Veränderungen der Tubulusepithelien und die Alteration an den glomerulären Strukturen entwickeln sich zunächst unabhängig und zeitlich nacheinander, wobei am Glomerulum die Schwellung der Endothelzellen und die durch Depolimerisation der Basalmembran ausgelösten Permeabilitätsstörungen die wichtigsten Faktoren darstellen (MOHR et al. 1966).

a) Die Nephroendotheliose

Im Verlauf einer abdominellen Bestrahlung unter Mitbestrahlung der Nieren kann es bei manchen Patienten zu einer Proteinurie kommen. Die Ursache hierfür kann in einer Störung des renalen Plasmaflusses, der glomerulären Filtration und der Tubulusfunktion, die schon bei Strahlendosen ab 400–500 rd zu beobachten sind, liegen. Diese Störungen des Endothels sind mit einem interstitiellen Ödem verbunden. Obwohl beim Menschen noch keine systematisierten Untersuchungsergebnisse vorliegen, wird dieses aus eigenen Beobachtungen nach präoperativer Strahlentherapie wegen Hypernephrom geschlossen.

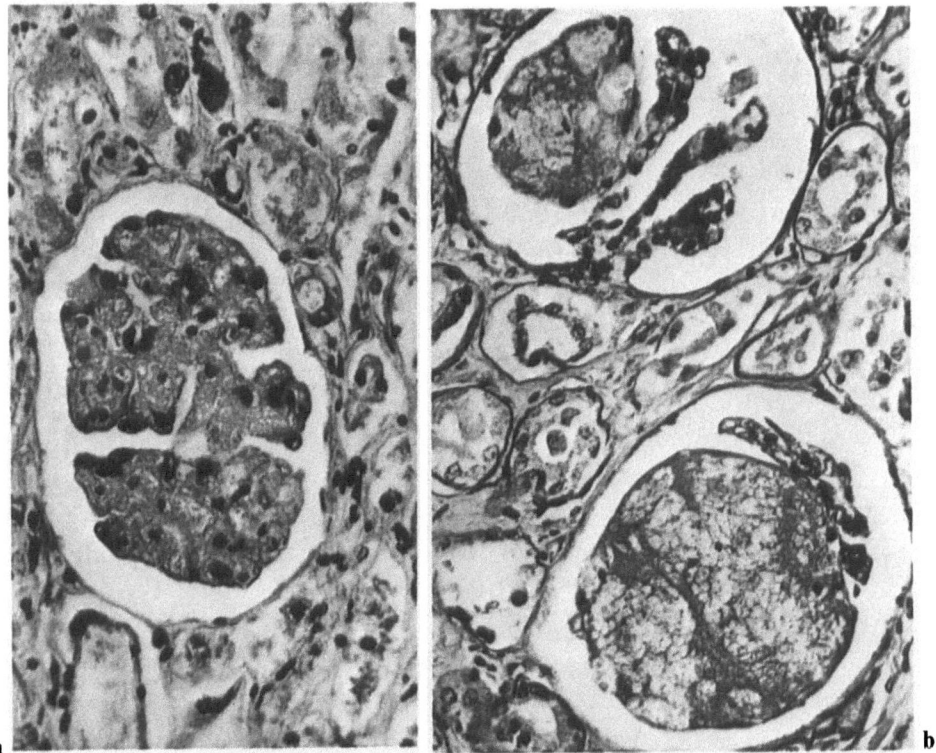

Abb. 1a, b. Radiogene Glomerulopathie. **a** Bei der Ratte. Hochgradige Verquellung der Schlingen, Kernpygnosen (Zollinger 1951a). **b** Beim Kaninchen. Glomeruläre Aneurysmabildung (Bianchi 1961a)

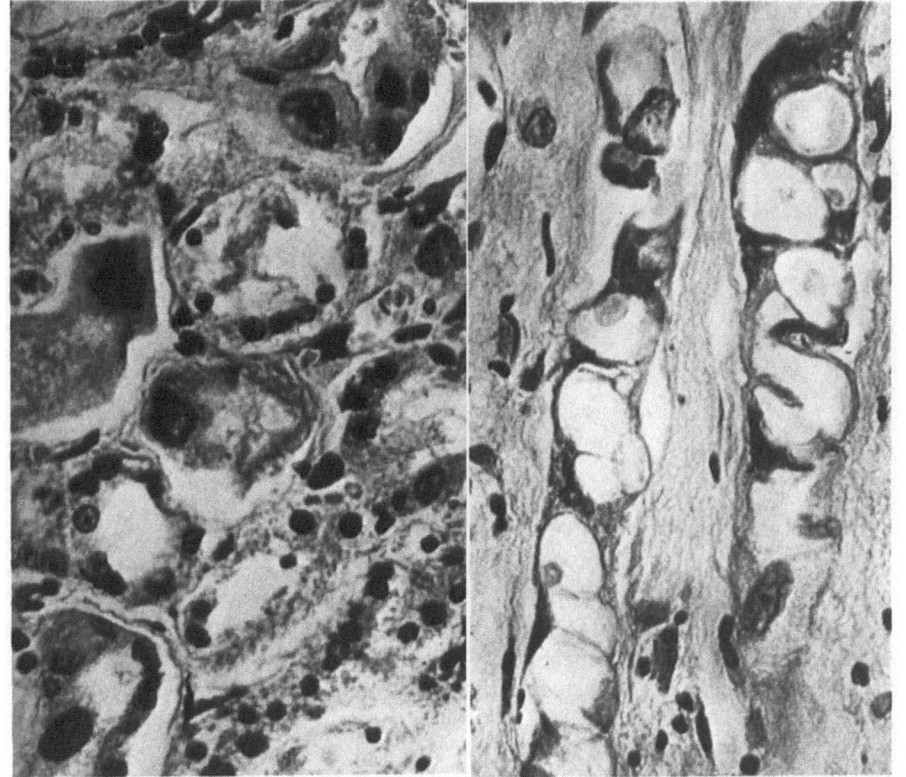

Abb. 2a, b. Radiogene Tubulopathie. **a** Bei der Ratte. Bizarre Tubulusdeformierung mit Kernpygnosen, z.T. Kernpygnosen mit hyperchromatischen Riesenkernen. **b** Beim Kaninchen. Vakuoläre Degeneration der Tubuli, schwere interstitielle Fibrose (Bianchi 1961a)

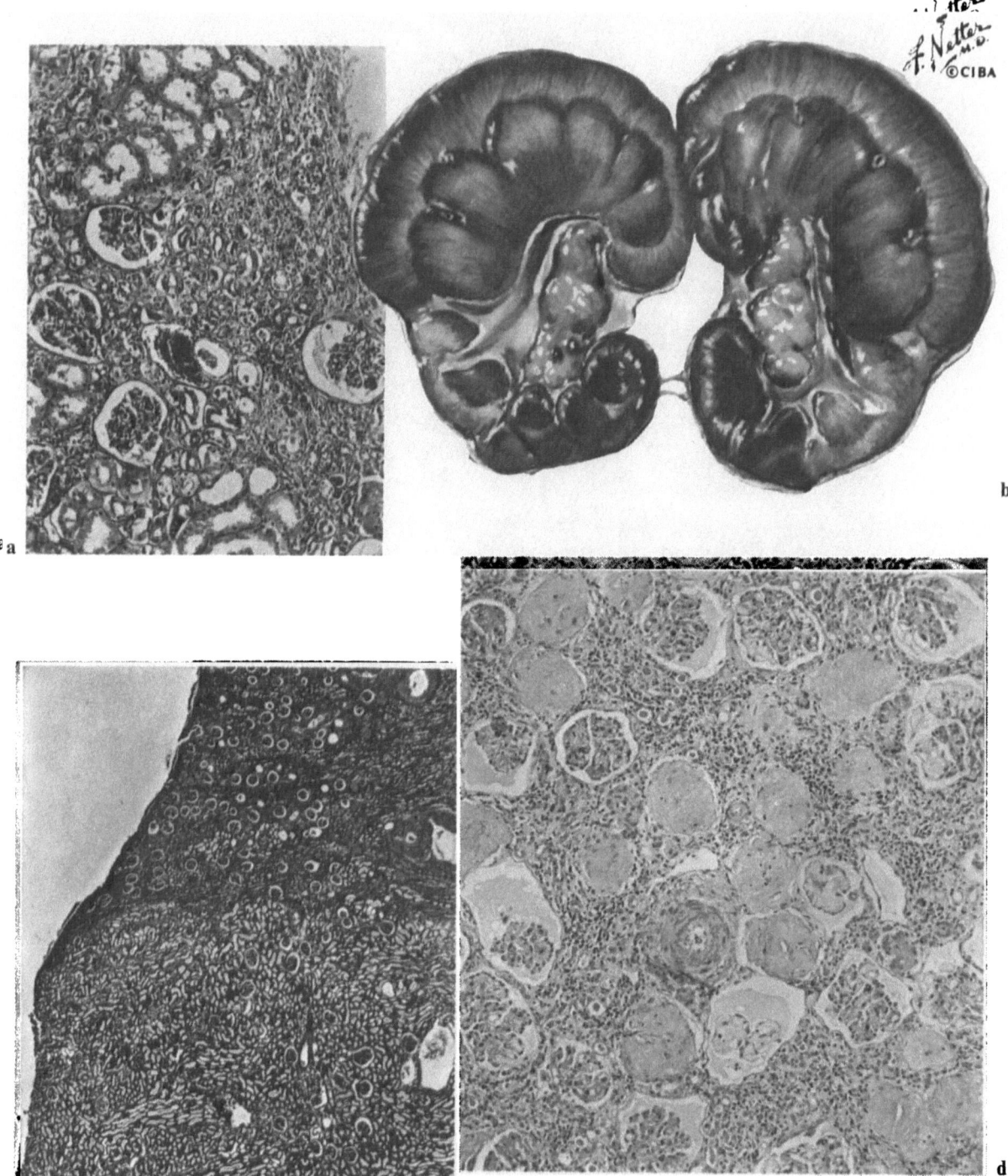

Abb. 3. a Leichte sklerosierende Nephrose: Verschmälerung der Nierenrinde. Tubuli klein und von niederku-
bischem Epithel ausgekleidet, Masson-Trichromfärbung, × 115. **b** Niere von Versuchstier 5 Monate nach
Röntgenbestrahlung des unteren Segments (Gesamtdosis 2500 R). Bestrahltes Gebiet scharf demarkiert, grau,
fibrotisch und eingesunken. **c** Schwere sklerosierende Nephrose: Scharfe Demarkierungslinie zwischen bestrahltem und nichtbestrahltem Gebiet, Masson-Trichromfärbung, × 11. **d** Schwere sklerosierende Nephrose:
Ausgeprägte Atrophie der Tubuli und Kollaps des Nierenparenchyms. Viele Glomeruli hyalinisiert, andere
normal. Sklerose der Arterien, HE, × 80. (aus Netter 1976)

b) Die Nephrosklerose

Bei der leichtesten Form der Nephrosklerose ist das pathologisch-anatomische Bild durch teilweise kollabierte Tubuli, eine interstitielle Fibrose und eine Gefäßsklerose wechselnden Ausmaßes charakterisiert. Bei der schweren Form finden sich prinzipiell gleiche Veränderungen, die jedoch die ganze Niere betreffen. Man findet die ausgeprägte Tubulusatrophie sowie eine massive interstitielle Fibrose, die Glomerula sind teilweise hyalinisiert, fast immer besteht eine Gefäßsklerose (Abb. 3 a–d).

c) Die Nephroglomerulose

Das Bild der Nephroglomerulose wurde von NETTER (1966) beschrieben. Bei durchwegs zarter Basalmembran sieht man Verdickungen des Kapillarendothels. Ödematöse Verquellung und Vakuolosierung des Zytoplasmas der Endothelzellen wird beobachtet. Bei der elektronmikroskopischen Untersuchung zeigt sich auf der Endothelseite der Kapillaren basalmembranartiges Material, und die Endothelzellen sind von einem lamina-densa-artigen Material umgeben (Abb. 4 a–d).

2. Formen der radiogenen Nierenschädigung

Vor allem aus den Untersuchungen von KUNKLER, FARR und LUXTON (1952) sowie PATERSON (1952) wurden die Nierentoleranzwerte festgelegt. In der Abb. 5 wird einerseits die strenge Abhängigkeit der radiogenen Nierenschädigung von der Dosis und der Fraktionierung dokumentiert, andererseits die Tatsache deutlich, daß der funktionell in Erscheinung tretende Schaden abhängig ist von der Relation des bestrahlten Nierenparenchyms zu nicht belastetem Nierenparenchym. Die Untersuchungen gehen außerdem davon aus. daß primär ein gesundes, voll funktionsfähiges Nierenparenchym vorliegt. In der Praxis ist es aber sehr viel häufiger der Fall, daß gerade bei retroperitonealen Tumoren durch Abflußbehinderung oder direkte Verdrängung der Niere über längere Zeit bereits eine Vorschädigung besteht. In diesen Fällen ist mit einer Herabsetzung der Strahlentoleranz zu rechnen.

Bis zur Ausbildung der klinischen Symptomatik vergeht gewöhnlich eine Latenzzeit von 6–13 Monaten, mit Ausnahme einer vorübergehenden oder wechselnden Proteinurie, die wie oben beschrieben auch schon während der Strahlenbehandlung auftreten kann. Das klinische Bild der Radionephritis ist m.E. dosisabhängig.

a) Die radiogene renale Hypertonie

Die radiogene renale Hypertonie wurde bereits 1951 durch ZOLLINGER (1951 b) im Tierexperiment an der Ratte nachgewiesen, 1968 von FISCHER und HELLSTROM bestätigt. Beim Menschen kann sie schon nach Bestrahlung einer oder beider Nieren mit Dosen von 500 rd bis 2000 rd auftreten und entwickelt sich in Form des benignen Hypertonus in der Regel 6–12 Monate nach der Strahlenapplikation. Der Verlauf ist meistens asymptomatisch und geht nur gelegentlich mit einer mäßigen Proteinurie einher (ROSEN et al. 1964). Abhängig von der Dauer und dem Grad der Hypertonie kann sich schließlich das Bild der typischen Arteriosklerose der kleinen Nierengefäße entwickeln. Gelegentlich kann sich aber auch noch nach Jahren aus der benignen Form der maligne renale Hypertonus entwickeln, der dann häufig über akute zerebrale Massenblutung zum Tode führt.

LUXTON hat 1963 in einer Serie von 20 Patienten mit Radionephritis 8 Fälle von Hypertonie beschrieben, von denen 6 Patienten innerhalb von einem Jahr starben, außerdem 1 Patient an einer hochdruckbedingten Hirnblutung 4 Jahre nach der Strahlenbehandlung.

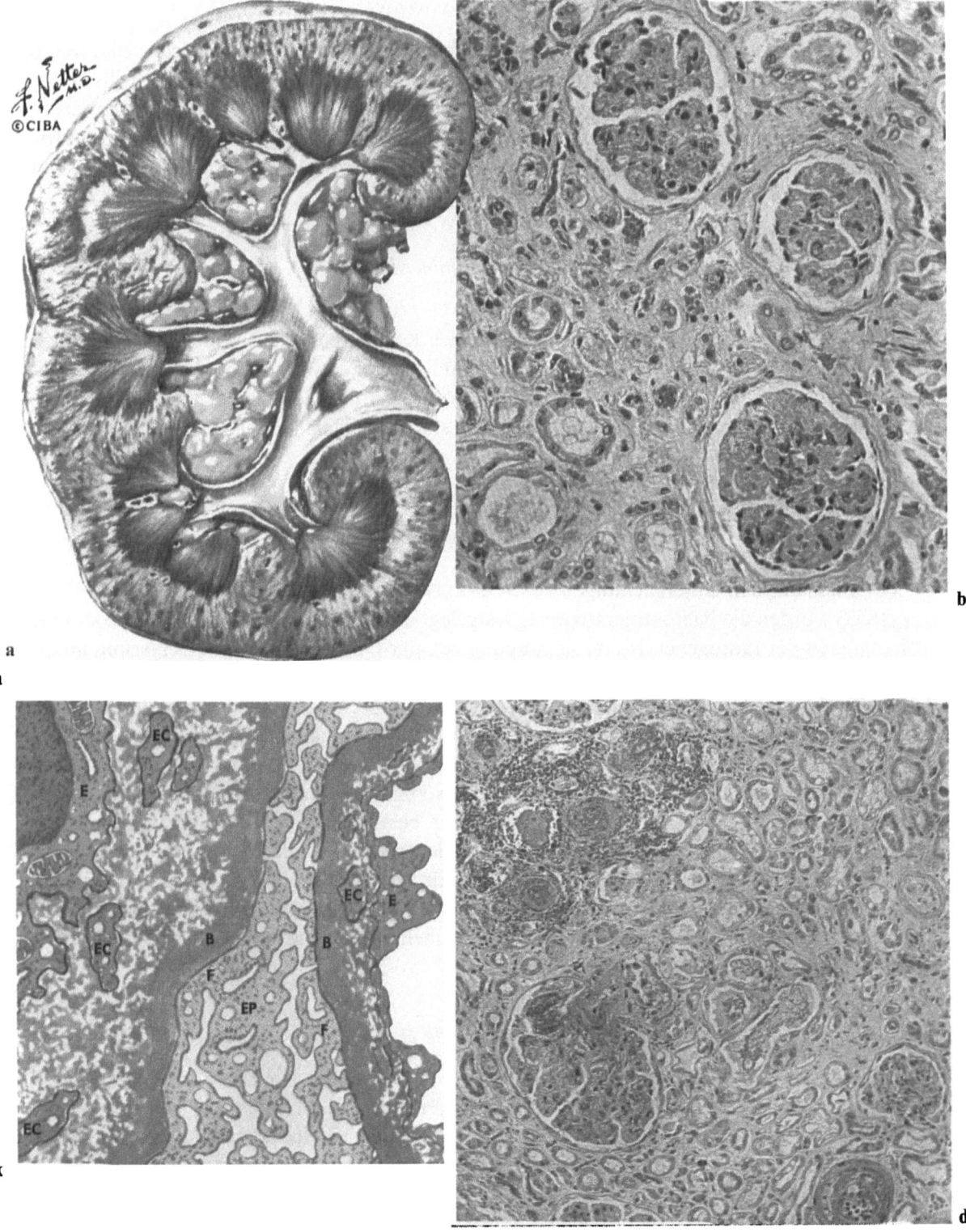

Abb. 4. a Nephroglomerulose: Niere geschwollen, zahlreiche Petechien. **b** Nephroglomerulose: Glomeruli groß und zellarm. Verringerte Lobulation und auffallende Verdickung der Kapillarwände, die eine membrano-proliferative Glomerulonephritis simulieren. Leichtgradige sklerosierende Nephrose, die sich in einer Tubulus-atrophie und interstitiellen Fibrose manifestiert. HE, × 180. **c** Nephroglomerulose, elektronenmikroskopische Befunde: Endotheliale Zytoplasmafortsätze (*EZ*) eingebettet in lamina-densa-artiges Material von variieren-der Dicke auf der Endothelseite der Basalmembran (*B*). Fußfortsätze (*F*) verschmolzen. *E* = Endothel, *EP* = Epithel. **d** Nephroglomerulose mit leichter sklerosierender Nephrose und schwerer nekrotisierender Vaskulitis. Interstitielle Blutung. HE, × 180. (Aus NETTER 1976)

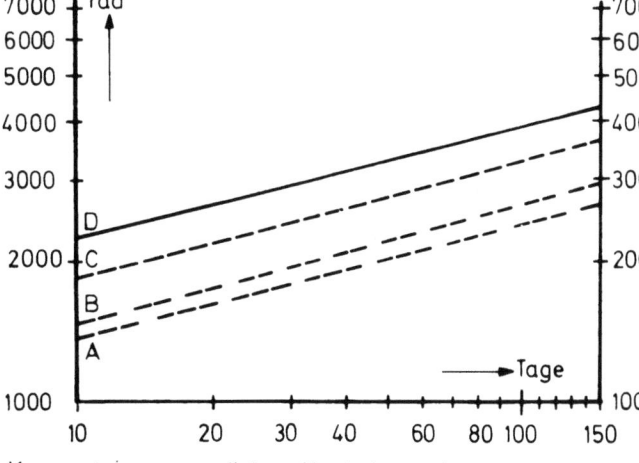

Abb. 5. Nierentoleranzkurven. *A* Absolute Sicherheitsgrenze nach KUNKLER et al. (1952). *B* Obere Toleranzgrenze bei Bestrahlung beider Nieren nach PATERSON (1952). *C* Obere Toleranzgrenze bei Bestrahlung auf die medialen Drittel beider Nieren nach PATERSON (1952). *D* Sichere Schädigung nach KUNKLER et al. (1952)

Kurvensteigung parallel zur Hauttoleranzdosis-Kurve nach Boden

b) Die Radionephritis

Das Krankheitsbild der Radionephritis entwickelt sich ebenfalls symptomlos in einem Zeitraum von 6–12 Monaten nach der Strahlenapplikation von mehr als 2000 rd bei üblicher Fraktionierung. Verlauf und Schweregrad, insbesondere der Funktionseinschränkung, sind abhängig von der applizierten Dosis und möglichen Vorschäden der Nieren. Es ist also dringend zu empfehlen, vor Beginn einer Strahlentherapie die Funktionsfähigkeit der Nieren zu untersuchen und eine momentane Entzündung auszuschließen oder bei Nachweis wirkungsvoll zu behandeln. Bei Strahlendosen über 3000 rd ist das Krankheitsbild charakterisiert durch eine irreversible Schädigung des Nierenparenchyms. Während sich histologisch das schon erwähnte Bild einer ausgedehnten interstitiellen Fibrose mit Untergang der Tubulusstrukturen und Atrophie der Glomerula ergibt, dokumentieren sich die funktionellen Folgezustände in der progredienten Einschränkung der Clearanceleistung und der Konzentrationsfähigkeit der Nieren, begleitet von Reststickstofferhöhung, Proteinurie und rasch progredientem Hypertonus. Hier sind die Grenzen zum Übergang in das Krankheitsbild der chronischen Radionephritis fließend.

Während SARRE und MOSER (1962) dieses Krankheitsbild als dritte Form der radiogenen Nierenschädigung als Bestrahlungsnephrofibrose beschreiben, stellen LUXTON und KUNKLER (1964) sowie MAIER (1972) zwei unterschiedliche Verlaufsformen heraus. Sie unterscheiden zwischen der primär chronischen und der sekundär chronischen Radionephritis. Die sekundär chronische Radionephritis entspricht in dieser Einteilung der Bestrahlungsnephrofibrose. Es handelt sich dabei also um diejenige Patientengruppe, die das akute Stadium überlebt. Das Krankheitsbild der primär chronischen Radionephritis kann sich entwickeln nach Applikation von Toleranzgrenzdosen, vor allem bei bestehender Vorschädigung in Form rezidivierender Pyelitiden oder bei Nephrolithiasis. Hier entwickelt sich häufig erst nach einem jahrelangen symptomlosen Intervall die radiogene Schrumpfniere, wobei es sicher schwierig ist, Primärschaden und sekundär radiogene Schädigung als verantwortliche Noxe auseinanderzuhalten.

Diesen klinischen Beobachtungen, wie sie auch von KAENE et al. (1976) beschrieben wurden, mit dem Vollbild der Krankheitserscheinungen und den dazugehörigen experimentellen Untersuchungsergebnissen liegt im wesentlichen jedoch die gleiche Tatsache zugrunde, daß nämlich beide Nieren der Strahlenbelastung ausgesetzt waren und somit für die funktionellen Folgen verantwortlich sind. Dies entspricht aber nicht der strahlentherapeutischen Praxis. Bei den heutigen Möglichkeiten mathematisch-physikalischer Bestrahlungsplanung und Bestrahlungstechnik ist es fast immer realisierbar, nur eine Niere oder einen berechenbaren Teil einer oder beider Nieren mit der vollen Dosis zu belasten, während das übrige Nierenparenchym absolut oder relativ geschont werden kann.

II. Die klinische Relevanz der Strahlenbelastung der Niere

Eine retrospektive Untersuchung bei über 40 Patienten ergab eine Antwort auf die Frage, ob sich durch exakte Bestrahlungsplanung und -technik das Bild der Folgeerscheinungen des strahleninduzierten Nierenparenchymschadens in entscheidender Weise ändert und ob es mit Hilfe klinischer, laborchemischer, nuklearmedizinischer und röntgenologischer Untersuchungsmethoden möglich ist, eine Korrelation zwischen der totalen oder partiellen Nierenparenchymläsion und dem Schweregrad funktioneller Folgezustände zu finden, das heißt, das Risiko der Radionephritis quantitativ zu erfassen (Wöllgens et al. 1971).

Bei den untersuchten Patienten waren therapeutische Strahlendosen zwischen 2000 rd und 6000 rd appliziert worden. Die Ergebnisse lassen sich folgendermaßen zusammenfassen: Die beidseitige Strahlenbelastung der Nieren mit Dosen über 2000 rd führt zu einer Einschränkung der integralen Clearanceleistung, zu Kreatinin- und Harnstofferhöhung sowie zu einer Proteinurie. Der renale Hypertonus ist in dieser Gruppe als Komplikation regelmäßig festzustellen. Bei einseitiger Strahlenbelastung der Niere mit konsekutiver Radionephritis und sogar radiogener Schrumpfniere wird der renale Hypertonus unregelmäßig beobachtet. Bei kompensatorisch vergrößerter gesunder – also nicht strahlenbelasteter, kontralateraler Niere ergeben sich für den Patienten in Anbetracht der malignen Grunderkrankung keine besonderen Konsequenzen (Abb. 6). Das Risiko der strahlentherapeutischen Maßnahme ist kalkulierbar und in jedem Fall vertretbar. Wird nur ein Teil einer Niere mit hohen Strahlendosen belastet, kann es zu scharfer Markierung des entsprechenden Organanteils kommen. Trotz szintigraphisch eindeutig nachgewiesenem Nierenparenchymschaden kann die funktionelle Leistung des Restparenchyms nicht wesentlich oder gar nicht beeinträchtigt sein (Abb. 7).

Durch die seitengetrennte Analyse des Radionephrogramms und die dadurch mögliche Berechnung der prozentualen Funktionseinschränkung der bestrahlten Niere ergibt sich bei

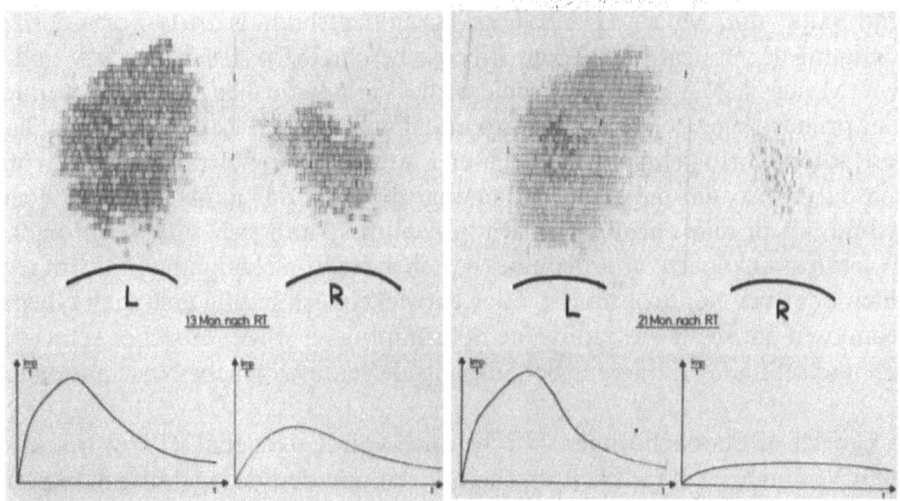

Abb. 6. Nierenszintigraphie und Radioisotopennephrographie bei Radionephritis. Zustand nach Strahlentherapie einer retroperitonealen Metastase eines teratoiden Karzinoms re. mit 5000 rd. *Links:* 13 Monate nach Strahlentherapie, *rechts:* 21 Monate nach Strahlentherapie

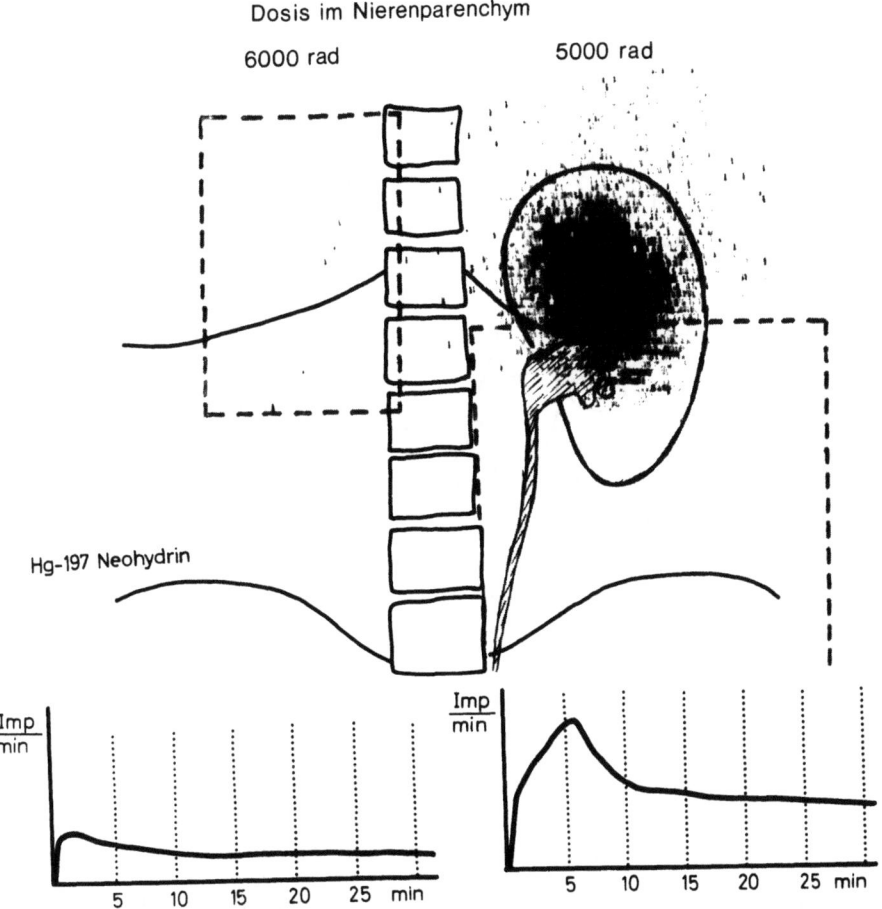

Abb. 7. Nierenszintigraphie und Radioisotopennephrographie bei Radionephritis (Maßstab 1:2). Zustand nach hochdosierter Strahlentherapie retroperitonealer Metastasen. Scharfe Markierung des Bestrahlungsgebietes mit Hypertrophie der Restniere re. und kompensierter Funktion

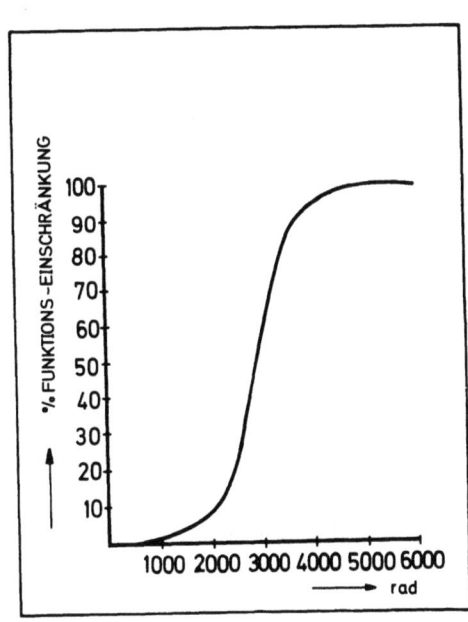

Abb. 8. Dosisabhängige prozentuale Funktionseinschränkung bestrahlter Nieren

gleichzeitiger Bestimmung der integralen Clearanceleistung des Restparenchyms eine Nierentoleranzkurve mit dem typischen S-förmigen biologischen Kurvenverlauf, dessen scharfer Knick bei etwa 2000 rd die Toleranzgrenze deutlich markiert (Abb. 8).

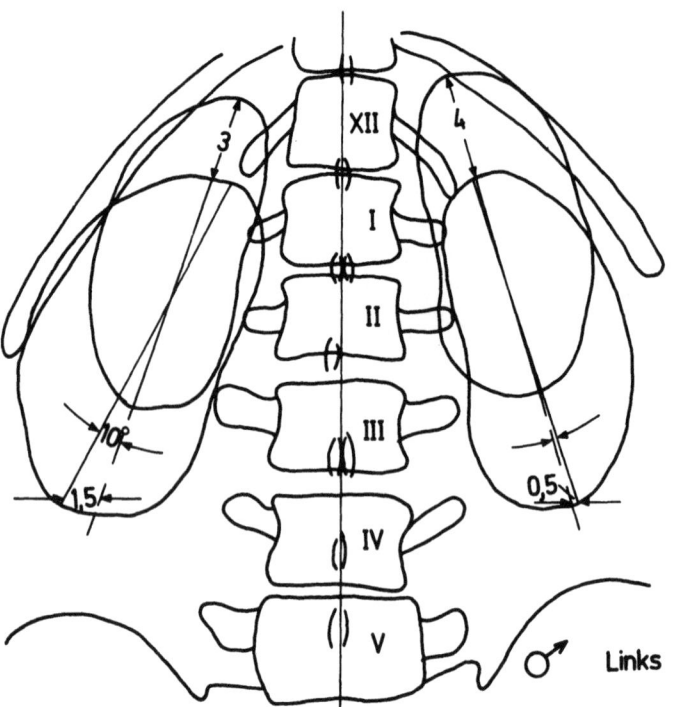

Abb. 9. Graphische Darstellung der durch Exspiration und Inspiration sowie durch Bauch- und Rückenlage veränderten Nierentopographie. (Maßstab 1:2)

III. Möglichkeiten zur Vermeidung radiogener Nierenschäden

1. Lageänderung der Nieren

Bei der Bestrahlungsplanung und -durchführung ist zu beachten, daß es durch Lageänderung des Patienten zur Änderung der topographischen Situation der Nieren kommen kann. Untersuchungen von Voss et al. (1975) über die Lageänderung der Niere durch Inspiration und Exspiration sowie durch Umlagerung des Patienten von der Rücken- in die Bauchlage zeigten erhebliche Verschiebungen. Es wurde eine maximale Schwankungsbreite durch Atemexkursion zwischen 2 und 7 cm festgestellt, wobei die linke Niere meist eine etwas größere Verschieblichkeit als die rechte aufwies.

Außerdem verändert sich die Nierenachse, sie verläuft in Bauchlage durch die Inspiration um durchschnittlich 10° flacher, außerdem tritt eine leichte Außenrotation ein (Abb. 9).

2. Bestrahlungsplanung

Auch wenn nicht in jedem Fall eine absolute oder relative Schonung der Nieren bei der abdominellen Strahlentherapie möglich ist, muß jedoch eine exakte Bestrahlungsplanung als unabdingbare Forderung eines bestmöglichen Strahlenschutzes der Nieren gelten. Zwei grundsätzlich unterschiedliche Situationen können vorliegen:
1. Die Strahlentherapie von Tumoren oder Lymphomen außerhalb der Nieren und ohne pathologischen Nierenbefund.
2. Die Strahlentherapie von Nierentumoren oder Tumoren, bzw. Lymphomen, die bereits zu pathologischen Veränderungen der Niere geführt haben.

Typisch für die erstgenannte Situation ist die Strahlentherapie der paraortalen Lymphknoten bei Hodentumoren, insbesondere bei Seminomen oder bei malignen Lymphomen. Bei den zu applizierenden Tumordosen von 4000–5500 rd darf die Belastung der Nieren 2000 rd keinesfalls überschreiten. Alleinige Stehfeldbestrahlung ventro-dorsal opponierend überschreitet die Toleranzgrenze des Myelons. Eine Bewegungsbestrahlung über eine Achse ergibt häufig keine befriedigende Isodosenverteilung im Herdvolumen. Es muß mit Hilfe

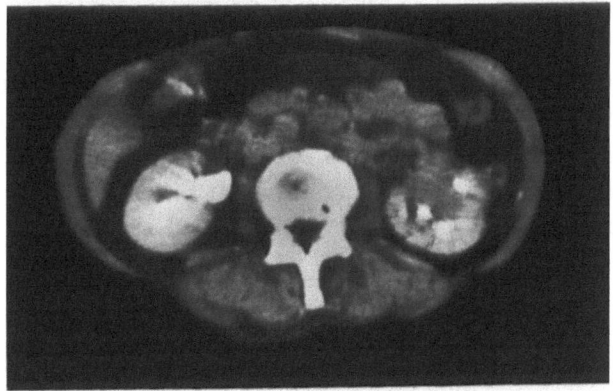

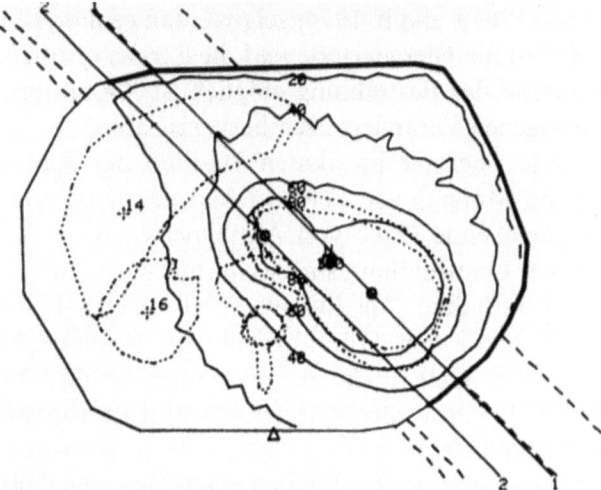

Abb. 10. Strahlentherapie-Planung für ein linksseitiges Hypernephrom. Die rechte Niere wird mit durchschnittlich 16% der Herddosis belastet. Zweizentren-Rotationsbestrahlung mit 18 MeV-Photonen

individueller Querschnittsbilder mittels Computertomographie, Ultraschall oder Transversal-Analogtomographie eine rechnergesteuerte optimale Dosisverteilung erstellt werden. Es sollte gefordert werden, daß die Dosis in der mittleren Schnittebene der Nieren 1500 rd nicht überschreitet. Läßt sich dies durch eine biaxiale Bewegungsbestrahlung nicht erreichen, muß eine Kombination aus Stehfeld- und Bewegungsbestrahlung in nachgeschalteten Serien durchgeführt werden.

Für die zweitgenannte Situation ist die prä- und postoperative Strahlentherapie des Hypernephroms typisch. Die erkrankte Niere wird nach präoperativer Strahlentherapie entfernt. Die kontralaterale Niere ist also weitgehend zu schonen. Durch großräumige opponierende Bestrahlung unter Einschluß der paraaortalen Lymphknoten läßt sich zwar die gesunde Niere aus dem Bestrahlungsvolumen heraushalten, die Reaktionen von seiten des Darmes und der Leber bei rechtsseitigem Tumor sind jedoch ein limitierender Faktor für diese Methode. Hier erscheint die Kombination einer ventralen Bewegungsbestrahlung mit einem dorsalen Elektronenstehfeld oder eine biaxiale Bewegungsbestrahlung mit hochenergetischen Photonen angezeigt (Abb. 10). Dieselben Überlegungen gelten für retroperitoneale Prozesse, die die Niere verdrängen und häufig bereits eine erhebliche Vorschädigung der Niere verursacht haben. Hier muß abgewogen werden, ob der Erhalt des vorgeschädigten Organs angestrebt werden soll oder im Interesse einer optimalen Chance einer Malignomheilung auf die Organfunktion verzichtet wird.

3. Strahlentherapie plus Chemotherapie

CHURCHILL et al. (1978) beschreiben einen Fall eines Kombinationsschadens von Strahlentherapie und Chemotherapie. Ein 29 Jahre alter Mann entwickelte 5 Wochen nach Abschluß einer kombinierten Chemotherapie von Bleomycin-Vinblastin und abdomineller Strahlentherapie mit einer mittleren Nierendosis von 3350 rd in beiden Nieren eine Radionephritis, die bioptisch gesichert wurde. Es ist zwar bekannt, daß die beiden Chemotherapeutika die Strahlentoleranzschwelle herabsetzen (PHILLIPS u. FU 1976), die in diesem Fall angegebene Dosis ist jedoch zur Entwicklung der typischen Veränderungen alleine ausreichend. Es muß jedoch ein potenzierender Effekt angenommen werden, der bei der Kombinationsbehandlung berücksichtigt werden muß.

IV. Behandlung der radiogenen Nierenschäden

Untersuchungen an Tieren und am Menschen von JOHNSON et al. (1968) und STECKEL et al. (1969a und b, 1974) zeigten, daß es mit Hilfe der selektiven Infusion von Vasokonstriktoren in die Nierenarterie und die daraus resultierende vorübergehende Minderdurchblutung während der Bestrahlung möglich ist, Dosen bis 4000 rd zu applizieren, ohne die typischen radiogenen Veränderungen hervorzurufen.

Die Therapie im akuten Stadium der Radionephritis ist rein symptomatisch. Entwässernde Maßnahmen bei proteinarmer Kost sowie bei Entwicklung eines Bluthochdruckes entsprechende Gabe von Antihypertensiva – Kortikosteroide zur Eindämmung der fibrotischen Umwandlung sind weiterhin umstritten, da sie den progredient verlaufenden Prozeß nicht aufhalten, wie BERDJIS (1960) zeigen konnte. Versuche von CALDWELL et al. (1963), durch Gabe von Trijodthyronin die Radionephritis günstig zu beeinflussen, zeigten einen potenzierenden Effekt auf die pathologischen Veränderungen. Als weitere symptomatische Maßnahmen werden gelegentlich Bluttransfusionen sowie Gaben von Vitamin A, B, C und D empfohlen.

Bei einseitiger Ausbildung der radiogenen Schrumpfniere mit Hypertonus ist die Nephrektomie indiziert (CRUMMY et al. 1965). Sie sollte frühzeitig erfolgen, um zu verhindern, daß die durch den Hypertonus bedingten sekundären Veränderungen der kontralateralen Niere diesen Eingriff nutzlos erscheinen lassen (LEVITT u. ORAM 1956).

B. Strahlengefährdung des Ureters

Im Gegensatz zu den relativ exakt bestimmbaren Toleranzwerten der Niere können beim Ureter nur sehr ungenaue Angaben gemacht werden. In überwiegendem Maße sind die Erfahrungen über radiogene Veränderungen des Ureters nach strahlentherapeutischen Maßnahmen im Beckenbereich – und hier vor allem bei der Radiotherapie gynäkologischer Karzinome – gesammelt worden. Radiogene Ureterveränderungen oder -stenosen des kranialen Abschnitts wurden kaum beschrieben. Es ist daraus u.a. zu folgern, daß auch die Strahlentoleranz des parametranen Bindegewebes eine Rolle spielt, so daß die primären und sekundären Veränderungen am Ureter nur schwer zu beurteilen sind (SCHUMANN u. FRISCHBIER 1972).

Aus den mittels Thermoluminiszenzdosimetrie gewonnenen Werten (HÜLLEMANN et al. 1964) bei kombinierter intrakavitärer Radiumtherapie und perkutaner Hochvolttherapie, die z.T. mehr als 10 000 rd betrugen, kann man noch nicht direkt auf die Strahlentoleranz des Ureters schließen. Entscheidend für die Ausbildung vor allem für die Spätveränderungen sind sicher die Verhältnisse am Ureter vor Beginn der Radiotherapie. Entzündungen und vor allem tumorbedingte Verlagerungen und Einengungen des Ureters, die nach BREIT (1969) im Röntgenurogramm je nach Stadium und Lokalisation zwischen 7,5% und 20%, im Isotopennephrogramm zwischen 20% und 40% der Fälle nachweisbar sind, senken die Toleranzschwelle erheblich. Außerdem hat sicher die Länge der bestrahlten Ureterstrecke einen Einfluß auf die Veränderungen.

I. Funktionelle und anatomische Veränderungen

1. Die Frühreaktion

Wie auch in anderen Geweben wird durch die Einwirkung ionisierender Strahlen ein sog. Frühödem erzeugt; dadurch wird beim Ureter sicher eine Veränderung der Peristaltik hervorgerufen. In diesem Frühstadium, welches allein noch keine bleibenden Veränderungen induziert, sind nach HOHENFELLNER (1965) aber alle Voraussetzungen für eine bakterielle Infektion gegeben. Auch ein vorher bestehender bakterieller Infekt kann reaktiviert werden. Die ödembedingten Veränderungen werden natürlich im Bereich des Blasenostiums noch verstärkt, da hier die Kompressionswirkung des Ödems mit der des Blasendetrusors sich kombiniert. Es kann zur völligen ödematösen Verschwellung des Ostiums kommen.

In diesem Stadium der periureteralen Ödembildung (HOHENFELLNER 1965) ist der Ureter noch frei sondierbar. Häufig tritt aber als Zeichen der funktionellen Insuffizienz im kaudalen Ureterabschnitt ein Reflux auf.

Die ödematöse Verquellung bedingt eine Harnabflußstörung. Der Abtransport der Ödemflüssigkeit über die Lymphwege führt zur Normalisierung des Harnabflusses. Dieser Mechanismus kann jedoch nur bei intaktem Lymphsystem funktionieren. Bei Zustand nach gynäkologischen Operationen mit weitgehender oder totaler Entfernung der Lymphknoten und damit der Unterbrechung der Lymphbahnen und zusätzlicher Bestrahlung des Beckenbindegewebes ist dieser Mechanismus weitgehend außer Funktion gesetzt, so daß hier sowohl die Frühreaktionen als auch die Spätveränderungen in höherem Maße zu erwarten sind. Bei alleiniger kombinierter Strahlentherapie sind diese funktionellen Veränderungen reversibel. So konnte BRFIT (1969) mittels Isotopennephrographie bei 140 vor Beginn der Radiatio normalen Kurvenverläufen in 32% pathologische Veränderungen bei Abschluß der Bestrahlung finden, von denen sich aber nach ca. 4 Wochen wieder 87% normalisierten. Von den 13% pathologischen blieben auch bei späteren Untersuchungen 10% ohne Nachweis eines Tumorrezidivs pathologisch.

2. Die Spätveränderungen

Die Spätveränderungen am Ureter sind nicht isoliert zu betrachten. Nur selten treten diese ohne Frühreaktionen auf. Häufig gehen sie mit einem Tumorrezidiv einher. Ganz im Vordergrund der Spätveränderungen steht die narbige Stenose des Ureters, in fast allen Fällen des unteren Drittels des Ureterabschnitts.

Nach GLANZMANN (1980) sind etwa 85% der Spätveränderungen nach alleiniger oder postoperativer Strahlentherapie des kleinen Beckens innerhalb eines Jahres nach Abschluß der Therapie manifest. Von KIRCHHOFF (1960) wird eine Latenzzeit von 3 Monaten angegeben. Voraussetzung für eine sichere diagnostische Festlegung der Veränderungen ist das Ergebnis der entsprechenden Untersuchungen vor Beginn der therapeutischen Maßnahmen. Nur der Vergleich vor und nach Therapie erlaubt einen Rückschluß über die Genese einer Ureterstenose. In die Überlegungen einzubeziehen sind die Daten der strahlentherapeutischen Technik bezüglich der geometrischen Lage der intrakavitären Strahlenträger. Hier sind nicht selten durch die Lagebeziehung und daraus resultierende Dosisspitzen Rückschlüsse zu zie-

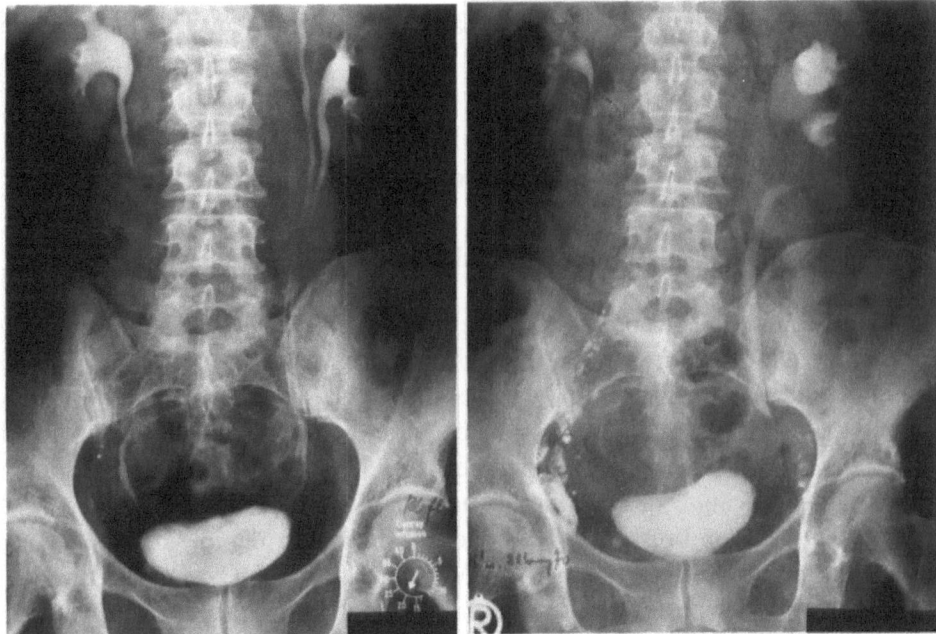

Abb. 11. Zustand nach kombinierter intrakavitärer Radiumapplikation und perkutaner Hochvolttherapie. Kurzstreckige Ureterstenose links. *Links:* vor Strahlentherapie, *rechts:* 8 Monate nach Strahlentherapie

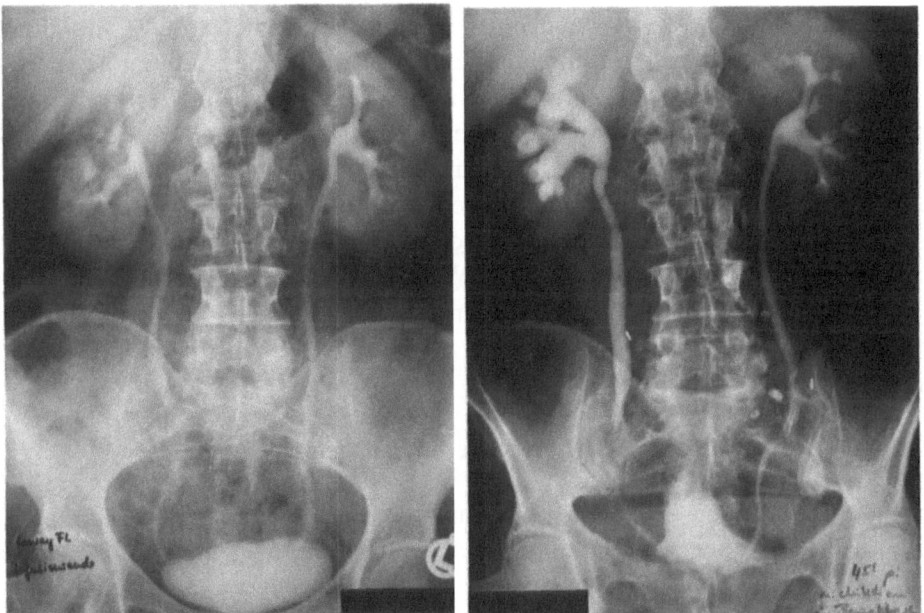

Abb. 12. Zustand nach Wertheim-Meigs-Operation und postoperativer perkutaner Hochvolttherapie (5000 rd). Intraoperativ „erschwerte Präparation" des Ureters bei narbigen Verwachsungen. Langstreckige Ureterstenose rechts entsprechend der kranialen Feldbegrenzung. *Links:* vor Strahlentherapie, *rechts:* 4 Monate nach Strahlentherapie

hen. In diesen Fällen sind die stenosierten Abschnitte kurz und prävesikal gelegen (Abb. 11). Im Gegensatz dazu sind die infolge von Operation und postoperativer Strahlentherapie entstandenen Stenosen meist langstreckig, hoch hinaufreichend und oft scharf begrenzt entsprechend dem Bestrahlungsfeld (Abb. 12).

3. Sekundäre Folgen der Ureterstenose

Ganz im Vordergrund dieser durch Ureterstenosen bedingten sekundären Veränderungen steht die Harnstauungsniere. Auch hier ist mit Nachdruck darauf hinzuweisen, daß Harnstauungsnieren durch Ureterkompression beim gynäkologischen Karzinom häufig vor Beginn jeder therapeutischen Maßnahme zu beobachten sind. So fand BUCHMANN (1956) bei 181 Frauen mit Kollumkarzinom vor Einleitung der Therapie röntgenologisch in 37% der Fälle und im Stadium III sogar in 52% der Fälle die Zeichen einer unterschiedlich ausgeprägten Harnstauungsniere. Es erscheint deshalb wichtig, die möglichen und meistens ineinandergreifenden Entstehungsmechanismen in die differentialdiagnostischen Erwägungen einzubeziehen. So stellten BÖCKLER und PRINZ (1959) das folgende Schema auf:

A. Ureterstenosen durch das Neoplasma selbst bedingt
    1. Kompression des Ureters von außen
    2. Karzinomatöse Infiltration der Ureterwand
    3. Metastasen auf dem Lymphweg entlang des Ureters
B. Ureterstenosen als Bestrahlungsfolge
    1. Ödem der Ureterschleimhaut und entzündliches parametranes Exsudat
    2. Ersatz der Tumorzellen durch Fibrose als Heilungsvorgang mit schwieliger Ummauerung und Stenosierung des Harnleiters
    3. Chronische Periureteritis und Ureteritis circumscripta mit narbiger Strikturierung
C. Ureterstenosen als Operationsfolge durch Narbenzug und Verletzungen

II. Die Strahlentoleranz des Ureters

Die Strahlentoleranz des Ureters wird unterschiedlich beurteilt. Sie wird im allgemeinen mit 6000–7000 rd angegeben (BREIT 1969), wobei allerdings kürzere Ureterabschnitte sicher auch höher belastet werden können. Bei einer Streckenlänge von 5–10 cm soll die Toleranzgrenze zwischen 7500 rd und 10000 rd liegen (RUBIN u. CASARETT 1972). Bei der bekannten Senkung der Strahlentoleranz durch Vorschädigungen, die gerade bei gynäkologischen Tumoren den Ureter in hohem Maße betreffen, ist bei der Anwendung dieser Dosiswerte jedoch Zurückhaltung geboten. Beim postoperativen Status sollte eine Dosis von 5000 rd bis maximal 6000 rd am Ureter nicht überschritten werden. Bei der kombinierten alleinigen Strahlentherapie ist sicher in längenmäßig begrenztem Anteil des unteren Ureterabschnitts eine höhere Dosis möglich – in vielen Fällen wegen der Tumorausdehnung auch erforderlich. Die Dosen liegen in diesen Fällen zwischen 7000 rd und 9000 rd. Bei der ausgedehnten großvolumigen Bestrahlung der Lymphstationen infradiaphragmal bei den malignen Lymphomen oder bei den Hodentumoren sollte eine Dosis von 4500–5000 rd am Ureter in seiner ganzen Länge sicher nicht überschritten werden.

C. Strahlengefährdung der Harnblase und der Harnröhre

Die Harnblase und die Harnröhre werden bei verschiedenen Tumoren des Beckens unterschiedlicher Strahlenbelastung ausgesetzt. So kommt es beispielsweise bei der kombinierten gynäkologischen Strahlentherapie zu Belastungsspitzen im Bereich des Blasenbodens und der Hinterseitenwandregion sowie der Ureterostien. Bei der alleinigen Strahlentherapie des Prostatakarzinoms der Stadien A und B wird vorwiegend der Blasenboden und die Pars prostatica der Urethra mit der vollen Tumordosis belastet. Bei der Radiatio von Blasenkarzinomen schließlich ist das gesamte Organ Zielvolumen und somit einer maximalen Strahlenbelastung ausgesetzt. Wegen dieser unterschiedlichen Gegebenheiten kommt es auch zu typischen klinischen Bildern der Strahlenreaktion der Harnblase. Für die Ausbildung einer radiogenen Zystitis sind als prädisponierend der Diabetes mellitus, die Arteriosklerose und Harnwegsinfekte anzusehen (NEUGEBAUER et al. 1980).

I. Strahlengefährdung bei der Strahlentherapie gynäkologischer Karzinome

HOHENFELLNER und WEGHAUPT (1963) beschreiben typische Verlaufsformen der Strahlenreaktion der Harnblase bei unterschiedlichen Therapiemaßnahmen des Kollumkarzinoms. So fanden sie beim Status post operationem eine stärkere Strahlenreaktion bedingt durch die gestörten physiologischen Verhältnisse. Durch die Strahlenfrühreaktion kann es zu einer Reaktivierung eines nach Operation latent persistierenden bakteriellen Infekts kommen. Sie fordern daher, mit der postoperativen Strahlentherapie erst dann zu beginnen, wenn der Urin keimfrei ist.

Bei der alleinigen kombinierten Strahlentherapie gynäkologischer Karzinome steht die intrakavitäre Strahlenapplikation im Vordergrund des Interesses. Die lokal applizierten hohen Dosen meistens im Bereich der Blasenhinterwand und des Blasenbodens führen zu charakteristischen Veränderungen. Zystoskopisch ist dabei vor allem die hämorrhagische Zystitis auffallend. Im Röntgenzystogramm findet man in diesem Stadium eine kontrahierte, unscharf zackig begrenzte Harnblase als Ausdruck der teilweise auftretenden wulstförmigen Gyrierung besonders im Bereich des Trigonums und des Blasenausganges (HOHENFELLNER 1965). Als Spätreaktionen sind im Falle einer lokal hohen Dosis die Narbe und das Ulkus bekannt.

Demgegenüber tritt die radiogene Schrumpfblase mit typischer Balkenbildung und häufig massivem Kapazitätsverlust fast ausschließlich als Folge einer Strahlentherapie bei Blasentumoren auf, sie wird bei der gynäkologischen Strahlentherapie kaum beobachtet. WEGHAUPT (1976) beschreibt die histologischen Veränderungen im Sinne einer Endangiitis obliterans mit anschließender Thrombosierung der Gefäße, die durch eine auffallende Brüchigkeit gekennzeichnet sind. Die zugrundegegangene Mukosa wird durch ein unspezifisches Granulationsgewebe ersetzt, das seinerseits im Laufe der Zeit durch die trophischen Störungen bedingt, abgestoßen wird. Hieraus entwickelt sich dann schließlich das radiogene Ulkus (Abb. 13). Im Verlauf des Abheilungsprozesses ist die Schleimhaut häufig von rigiden besenreiserartigen Gefäßen durchsetzt, aus denen es wiederholt zu Blutungen kommen kann. Der Prozeß geht über in die radiogene Schwiele. Eine ausführliche Beschreibung der pathologischen Veränderungen im Tierexperiment findet sich in der Arbeit von HUEPER et al. (1942).

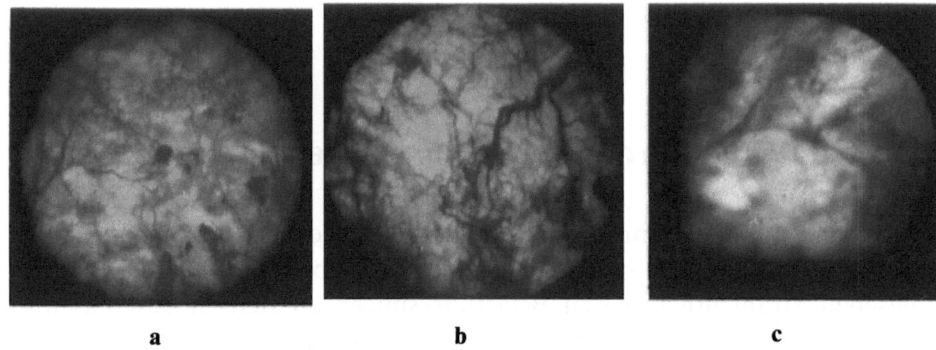

a   b   c

Abb. 13a–c. Die radiogene Zystitis. Zystoskopiebefunde: **a** hämorrhagische Zystitis, **b** typische Strahlenzystitis, **c** Ulkus der Blasenwand

GOWING (1960) beschreibt die radiogenen Veränderungen anhand von 50 Patienten, die nach Strahlentherapie zystektomiert wurden.

Mit welcher Häufigkeit müssen wir nun bei der Strahlentherapie des Korpus- und des Kollumkarzinoms mit radiogenen Harnblasenveränderungen rechnen? Nach Untersuchungen von LEONHARDT und OSTRY (1976) traten bei 73,2% unerwünschte, teils vermeidbare, teils unvermeidbare Behandlungsfolgen auf. Für die radiogenen Reaktionen im Bereich der Blase konnte dabei folgende Häufigkeit der Veränderungen gefunden werden: Die Strahlenzystitis lag mit 23,6% an der Spitze, dann folgten chronische Harnwegsinfekte mit 10,6% der Fälle. Ein radiogenes Ulkus wurde in 3,6% der Fälle gefunden. Diese Zahlen liegen im Vergleich zu den Ergebnissen anderer Autoren (HOLLSTEIN u. HESS 1952; GLANZMANN 1980; ALERT et al. 1980; PFLEIDERER et al. 1979) sehr hoch. Darüber hinaus sind Häufigkeit und Schweregrad der Reaktionen auch abhängig vom Therapiemodus; die Strahlenzystitis ist außerdem in 85% der Fälle mit Erfolg zu therapieren.

RIES hat 1961 anhand von über 400 beobachteten Fällen den Ablauf der Strahlenveränderungen an der Blase zusammengestellt, wie sie aus der Tabelle 1 hervorgehen.

KOTTMEIER versuchte 1964 eine Einteilung in Schweregrade der radiogenen Zystitis vorzunehmen. Beim Grad I werden Spätreaktionen mit nur geringen subjektiven Beschwerden und geringfügigen objektivierbaren Schleimhautveränderungen beschrieben. Erst die Grad II und III-Veränderungen bezeichnet KOTTMEIER als Strahlenschäden von Bedeutung. Beim

Tabelle 1. Strahlenveränderungen bzw. Strahlenfolgezustände an der Blase. (RIES 1962)

1. Hämorrhagische Zystitis, evtl. mit Epitheldesquamation und fibrinöser Ausschwitzung
   a) akut
   b) chronisch
2. Bullöses Ödem mit mehr oder minder starker, chronisch entzündlicher Induration des Blasenbodens bzw. der Blasenwand, evtl. grobe breite Querfaltenbildung
3. Himbeerwärzchenbildung (ohne Ulkus)
   (Himbeerwärzchen = hypertrophierte frische Teleangiektasenbildung)
4. Ulkusbildung
5. Teleangiektasenbildung üblicher Art
6. Primäre Blasen-Scheiden-Fistel
7. Ulkusbildung infolge eines Kombinationsschadens
   Spätschäden – Spätulzera (Strahlennarbe + schwere infektiöse Zystitis, geplatzte Teleangiektasen + Infekt)
8. Dauerschäden am Schließmuskelapparat [narbige Schrumpfung und Sklerose, Harnaustreibungsschwäche (Incontinentia urinae)] auf dem Wege über die Stationen 2, 4, 7

Tabelle 2. Blasenkomplikationen in Abhängigkeit von der in der Blase gemessenen Strahlendosis. (KOTTMEIER 1964)

rd	Zahl der Patienten	Grad I %	Grad II und III %
0–1999	54	11,1	3,7
2000–2999	102	15,6	3,9
3000–3999	93	11,8	6,4
4000–4999	57	22,8	10,5
5000–5999	40	17,5	2,5
6000 und mehr	16	6,2	31,2

Grad II werden Nekrosen und rezidivierende Blutungen beschrieben. Die Gruppe III beinhaltet die schweren ulzerösen Veränderungen mit Fistelbildung. Die Häufigkeit dieser Veränderungen sind dosisabhängig, wie sie in Tabelle 2 dargestellt sind.

II. Strahlengefährdung bei der Strahlentherapie von Harnblasenkarzinomen

Die unterschiedlichen Indikationen und Therapieformen bei der Behandlung des Harnblasenkarzinoms machen bezüglich der klinischen Relevanz der radiogenen Reaktionen an diesem Hohlorgan eine Unterteilung erforderlich.

1. Die präoperative Strahlentherapie

Bei den präoperativen strahlentherapeutischen Maßnahmen ist die Ausbildung einer schweren Zystitis wegen der üblichen Dosis von 3000 rd bis 4000 rd nur selten, in keinem Fall aber klinisch relevant, da die Zystektomie folgt. Anders zu beurteilen sind jedoch die Verhältnisse bei der geplanten „Salvage"-Zystektomie. Dabei wird eine präoperative Strahlentherapie bis zur vollen Tumordosis von 6000 rd durchgeführt und die totale Zystektomie nach ca. 6 Monaten geplant. Bei diesem Procedere können alle radiogenen Harnblasenreaktionen und -veränderungen wirksam werden.

2. Die postoperative Strahlentherapie

Bezüglich der radiogenen Veränderungen der Harnblase hat natürlich Ort und Ausdehnung des operativen Eingriffs Einfluß auf die Strahlenreaktionen. In jedem Fall liegt ja eine Verletzung des Organs mit entsprechender Narbenbildung vor. So wird durch die Radiatio gerade im Bereich der Operationsnarbe die schwielige Umwandlung des Gewebes noch gefördert, häufig sieht man in der Umgebung einer solchen Narbe teleangiektatische Bezirke. Die Schrumpfblase ist in der überwiegenden Zahl der Fälle nur bei postoperativer Strahlentherapie von rasenartig ausgedehnten fortgeschrittenen Blasenkarzinomen zu finden. Sie stellt praktisch immer einen Kombinations-,,Schaden" dar.

3. Die alleinige Strahlentherapie

Bei der alleinigen Strahlentherapie von Blasenkarzinomen, die meistens nur bei inoperablen Fällen in Frage kommt, sind radiogene Veränderungen und tumorbedingte Veränderungen meistens nicht zu trennen. Wie bei der postoperativen Strahlentherapie sind es gerade hier die ausgedehnten häufig rasenartig über weite Teile der Blasenschleimhaut ausgedehnten Tumoren, die nicht selten bereits zu tumorbedingter Schrumpfung der Harnblase geführt haben. Die Strahlentherapie verstärkt den bindegewebigen Umbauprozeß, es kommt zur weiteren Schrumpfung des Organs, es kann die gesamte Harnblase in eine Schwiele umgewandelt werden mit entsprechender Kapazitätsminderung.

III. Strahlengefährdung bei der Strahlentherapie des Prostatakarzinoms

1. Die Strahlenbelastung der Harnblase

In zunehmender Weise wird das Prostatakarzinom vor allem in den lokalisierten Stadien A und B primär bestrahlt. Eine Tumordosis von 6000–7000 rd wird im gesamten Organ

angestrebt. Somit ist es unvermeidbar, daß Blasenboden und die kaudalen Anteile der Blasenhinterwand selbst mit dieser Dosis belastet werden. Dysurie und vermehrter Harndrang
sind die ersten Symptome, die einer lokalisierten radiogenen Zystitis nach einer Dosis von
etwa 4000 rd entsprechen. Die Symptome sind behandelbar. Auch eine lokalisierte Narbenbildung in der strahlenbelasteten Region erscheint im Vergleich zum positiven kurativen Effekt
der Behandlung vertretbar. Bleibende Veränderungen, die zystoskopisch als radiogene flache
Narbe imponieren, findet man relativ selten, sie sind meistens asymptomatisch.

2. Die Strahlenbelastung der Harnröhre

Die Pars prostatica der Harnröhre wird ebenfalls mit der vollen Tumordosis belastet.
Harnröhrenstrikturen allein bedingt durch die Strahlentherapie mit der genannten Dosis
wurden bisher nicht beschrieben. Man muß davon ausgehen, daß bezüglich der Strahlentoleranz und der reaktiven Veränderungen der Harnröhre praktisch gleiche Verhältnisse gelten
wie beim Ureter. Damit sollten schwere Veränderungen der Harnröhre bei einer Dosis von
etwa 6000 rd nicht zu erwarten sein. Allerdings wie beim Ureter auch, werden Harnröhrenstrikturen bei einer Vorschädigung durch, z.B. wiederholte Verletzungen bei der Zystoskopie
oder transurethralen Resektion der Prostata zu erwarten sein. Allzu leichtfertig werden dann
die Folgeerscheinungen in Form der Striktur allein den strahlentherapeutischen Maßnahmen
angelastet. Es ist sicher sinnvoll, vor jeder Strahlentherapie der Prostata ein Urethrogramm
durchzuführen (Abb. 14a, b).

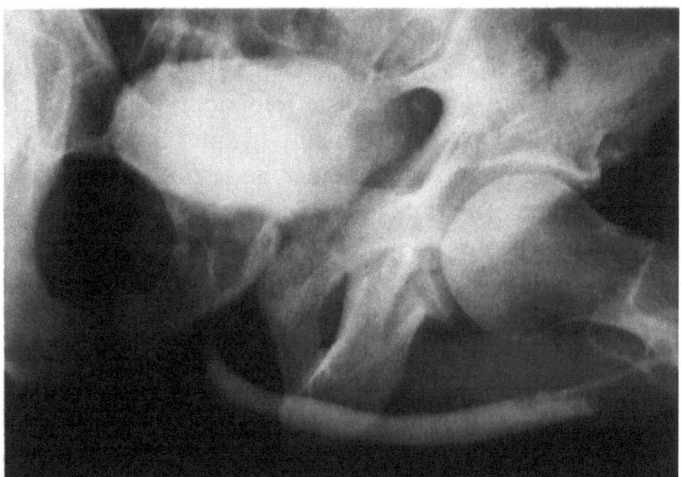

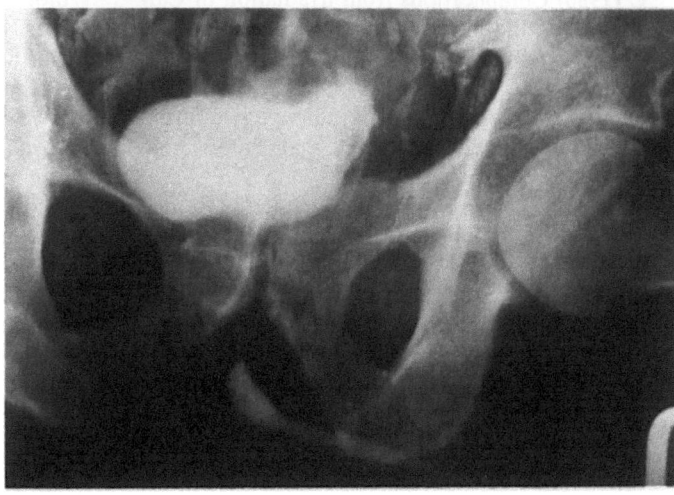

Abb. 14a, b. Harnröhrenstriktur: **a** Bei
Prostatakarzinom nach wiederholter
transurethraler Resektion. **b** Derselbe
Fall 8 Monate nach kurativer Strahlen-
therapie mit 6000 rd Herddosis 18 MeV-
Photonen-Pendelbestrahlung

Anhang: Strahlenveränderungen der Prostata

Während strahlenbedingte Veränderungen der Prostata nach Radiotherapie von Becken- oder Blasentumoren bisher nicht beschrieben wurden, liegen Beobachtungen über radiogene Veränderungen der Prostata bei der Strahlentherapie des Organs vor. BULKLEY et al. (1954) untersuchten am Tierexperiment mit Hunden die radiogenen Veränderungen der Prostata. Sie injizierten radioaktives Chromphosphat und Radiogold in kolloidaler Lösung in die Prostata. Sie fanden eine strahlenbedingte Frühreaktion nach Applikation von Radiophosphor in Form einer akuten Nekrose, einer Hämorrhagie und einer leichten exsudativen Reaktion. Diese akute Reaktionsphase nimmt innerhalb von 5–6 Wochen ab und geht in die Ausheilungsphase über, die nach etwa 3 Monaten abgeschlossen ist. Danach findet man eine Zunahme der Bindegewebsstrukturen und eine Abnahme der Drüsenformationen, eine teilweise zystische Dilatation des Drüsenanteils und eine Hyalinisierung. Prinzipiell sind diese beschriebenen Veränderungen auch nach fraktionierter perkutaner Strahlentherapie zu erwarten. Ausführliche Berichte über dieses Thema stehen noch aus. Eine bioptische Kontrolle des strahlentherapeutischen Effektes am Prostatakarzinom wird üblicherweise 8–12 Monate nach Abschluß der Radiotherapie durchgeführt. Das Schwergewicht dieser Untersuchung liegt auf dem Nachweis der Veränderungen am Tumor.

Addendum

Zum Problem der Vermeidung von Nierenschäden erschien nach Drucklegung noch eine Arbeit von WILLIAMS und DENEKAMP (1984), die den Gesichtspunkt der Fraktionierung besonders hervorhebt und dabei auch noch einmal einen teilweise tabellarischen Überblick über das jüngere amerikanische Schrifttum bietet. Ein wichtiges Resultat dieser Untersuchung der Gruppe um Fowler ist die Beobachtung, daß die tägliche Belastung beider Nieren mit einer kleinen Dosis zur Vermeidung einer Strahlennephritis günstiger ist als die zum Beispiel hohe Belastung im Anfang einer Serie mit anschließendem vollständigem Ausblocken nach Erreichen der Toleranzdosis. Dieses von Tierversuchen abgeleitete Ergebnis hat Relevanz z.B. bei den heute zunehmend gebräuchlichen, großvolumigen Bestrahlungen des Bauchraumes (abdominal bath).

Literatur

Alert J, Jimenez J, Beldarrain L, Montalvo J, Roca C (1980) Complications from irradiation of Carcinoma of the uterine cervix. Acta Radiologica Oncology 19:13–15

Altmann HW, Lick R, Stut E (1962) Die Wirkung langfristiger Bestrahlung mit radioaktivem Strontium (Sr^{90}) auf die Rattenniere. Beitr Pathol Anat 127:79

Baermann G, Linser P (1904) Über die lokale und allgemeine Wirkung der Röntgenstrahlen. Munch Med Wochenschr 7:996

Berdjis CC (1960) Cortisone and radiation. III. Histopathology of the effect of cortisone on the irradiated rat kidney. Arch Pathol 69:431–439

Bianchi L (1961a) Zur Morphologie und Funktion experimentell erzeugter Röntgennieren. Virchows Arch [Pathol Anat] 334:206

Bianchi L (1961b) Experimentelle Untersuchungen über Gefäßveränderungen der Röntgenniere. Pathol Microbiol (Basel) 24:270

Böckler H, Prinz D (1959) Veränderungen der oberen Harnwege nach Bestrahlung und Operation des Kollumkarzinoms. Geburtshilfe Frauenheilkd 19:858–867

Breit A (1969) Die Harnabflußstörung als Komplikation nach Radiotherapie. Langenbecks Arch Chir 325:644–653

Buchmann E (1956) Ureterstenosierung und Hydronephrosenbildung durch Krebsinfiltration und Strahleninduration des Parametriums beim Collumcarcinom. Strahlentherapie 99:21–38

Bulkley GJ, Cooper JAD, O'Conor VJ (1954) Intraprostatic injection of radioactive colloids. Distribution and tissue changes in dog. J Urol 72:476–484

Buschke A, Schmidt HE (1905) Über die Wirkung

von Röntgenstrahlen auf Drüsen. Dtsch Med Wochenschr 31:495–498

Caldwell WL, Thomassen RW, Busch A (1963) Effects of trijodthyronin in altering the response of kidneys to Co^{60}-irradiation. Radiology 81:657–663

Churchill DN, Hong K, Gault MH (1978) Radiation nephritis following combined abdominal radiation and chemotherapy (Bleomycin-Vinblastine). Cancer 41:2162–2164

Crummy AB, Hellman S, Stansel HC, Hukill PB (1965) Renal Hypertension secondary to unilateral radiation damage releaved by nephrectomy. Radiology 84:108–111

Domagk G (1927a) Die Röntgenstrahlenwirkung auf das Gewebe, im besonderen betrachtet an den Nieren. Morphologische und funktionelle Veränderungen. Beitr Pathol Anat 77:525–575

Domagk G (1927b) Röntgenstrahlenschädigung der Niere beim Menschen. Med Klin 23:345–347

Doub HP, Bolliger A, Hartmann EW (1927) The relative sensivity of the kidney to irradiation. Radiology 8:142–148

Emmerich E, Domagk G (1925) Über experimentelle Schrumpfnieren. Verh Dtsch Ges Pathol 20:418–423

Feine U (1959) Experimentelle Untersuchungen zur Entstehung des akuten und des späten Strahlenschadens an der Niere. Strahlentherapie 108:408–419

Fischer ER, Hellstrom HR (1968) Pathogenesis of hypertension and pathologic changes in experimental renal irradiation. Lab Invest 19:530

Glanzmann Ch (1980) Spätfolgen nach Hochvoltradiotherapie im Bereich des kleinen Beckens. Strahlentherapie 156:678–683

Gowing NFC (1960) Treatment of carcinoma of the bladder. III. Pathological changes in the bladder following irradiation. Br J Radiol 33:484–487

Hohenfellner R (1965) Die urologischen Komplikationen des Collum-Carcinoms. Springer, Berlin Heidelberg New York

Hohenfellner R, Weghaupt K (1963) Urologische Komplikationen als Bestrahlungsfolge des Kollumkarzinoms. Strahlentherapie 122:362–372

Hollstein K, Hess M (1952) Über Früh- und Spätreaktionen von Blase, Darm und Haut nach Radium- und Röntgenbestrahlung bösartiger gynäkologischer Tumoren. Strahlentherapie 87:295–309

Hueper WC, Fisher C-V, Carvajel-Forero JPE, Thompson MR (1942) The pathology of experimental roentgencystitis in dogs. J Urol 47:156–167

Hüllemann R, Mauss H-J, Adler H (1964) Dosisdirektmessungen im Ureter bei der Telecobalttherapie des Collumcarcinoms. Arch Gynaekol 202:325–328

Johnson RE, Doppmann JL, Harbert JC (1968) Prevention of radiation nephritis with renal artery infusion of vasoconstrictors. Experimental on preliminary clinical studies. Radiology 91:103–108

Kaene WF, Crosson JT, Staley NA, Anderson WR, Shapiro FL (1976) Radiation-induced renal disease. A clinico-pathologic study. Am J Med 60:127–137

Kirchhoff H (1960) Komplikationsreiche Veränderungen am Harnsystem nach Strahlentherapie des Kollumkarzinoms. Geburtshilfe Frauenheilkd 10:34–39

Kottmeier HL (1964) Complications following radiation therapy in carcinoma of the cervix and their treatment. Am J Obstet Gynecol 88:854–866

Kunkler PB, Farr RF, Luxton RW (1952) The limit of renal tolerance to x-rays. Br J Radiol 25/292:190–201

Leonhardt A, Ostry P (1976) Behandlungsfolgen aus der Sicht einer Krebsnachsorgeklinik. In: Schmähl D (Hrsg) Prophylaxe und Therapie von Behandlungsfolgen bei Karzinomen der Frau. Thieme, Stuttgart, S 41–55

Levitt WM, Oram S (1956) Irradiation-induced malignant hypertension; cured by nephrectomy. Br Med J 2:910–912

Luxton RW (1963) Radiation nephritis. Acta Radiol Ther Phys Biol 1:397

Luxton RW, Kunkler PB (1964) Radiation nephritis. Acta Radiol 2:169–178

Maier JG (1972) Effects of radiations on kidney, bladder and prostata. In: Vaeth JM (ed) Front radiation ther oncol, vol 6. Karger, Basel and Univ Park Press, Baltimore, pp 196–227

Mohr H-J, Morgenroth K Jr, Schnepper E (1966) Das morphologische und submikroskopische Verhalten der Meerschweinchenniere bei gezielter einseitiger und fraktionierter Röntgenbestrahlung. Strahlentherapie 129:571–585

Moser F, Sarre H, Hein C, Melching H-J (1961) Die experimentelle Bestrahlungsnephritis bei Kaninchen. Strahlentherapie 114:76–93

Mostofi FK, Pani KC, Ericsson J (1964) Effects of irradiation of canine Kidney. Am J Pathol 44:707

Netter FH (1976) Strahlenschäden der Niere. In: The CIBA Collection of medical illustrations, Bd 2. Niere und Harnwege, Sektion V. Thieme, Stuttgart, pp 161–163

Neugebauer W, Komm R, Sökeland J (1980) Unspezifische Entzündungen: Zystitis. Dtsch Aerzteblatt 17:1097–1104

Paterson R (1952) Renal damage from radiation during treatment of Seminoma testis. J Fac Radiol 3:270

Pfleiderer A, Richter D, Thiessen P, Kissel U, Tibi B, Nowara P (1979) Aktuelle Probleme bei der Nachsorge von Patienten mit Karzinomen der Zervix und des Corpus uteri. Onkologie 2:62–69

Phillips TL, Fu KK (1976) Quantification of combined radiation therapy and chemotherapy effects on critical normal tissues. Cancer 37:1186–1300

Ries JK (1962) Urologische Komplikationen bei der Strahlenbehandlung maligner Tumoren des Kleinen Beckens. In: Gottron HA, Uehlinger E, Antoine T (eds) Krebsforschung und Krebsbekämpfung, Bd IV. Urban und Schwarzenberg, München Berlin, S 283–293

Rosen S, Swerdlow MA, Muehrke RC, Pirani CL (1964) Radiation nephritis. Light and Electron microscopic observations. Am J Clin Pathol 41/5: 487–502

Rubenstone AJ, Fitch LB (1962) Radiation nephritis. Am J Med 33: 545–554

Rubin P, Casarett G (1972) Direction for clinical radiation pathology. The tolerance dose. In: Vaeth JM (ed) Frontiers of radiation therapy and oncology, vol 6. Karger, Basel, pp 1–16

Sarre H, Moser F (1962) Hypertonie, Nephritis und Nephrofibrose (-zirrhose) nach Bestrahlung der Nieren. Med Klin 57: 1526–1531

Schulz OE, Hoffmann RS (1905) Zur Wirkungsweise der Röntgenstrahlen. Dtsch Z Chir 79: 350–363

Schumann JW, Frischbier H-J (1972) Die Auswirkungen einer hochdosierten postoperativen Telekobaltbestrahlung auf den Ureter. Strahlentherapie 144/2: 148–155

Steckel RJ, Tobin P, Stein JJ, Bennet RL (1969a) Intraarterial epinephrine protection against radiation nephritis. A progress report. Radiology 92: 1341–1345

Steckel RJ, Tobin P, Ross G, Stein JJ, Stevens GH (1969b) Radiation protection of vital organs, using a selective arterial catheder. Experimental and clinical aspects. Am J Roentgenol 106: 841–847

Steckel RJ, Collins JD, Snow HD, Lagasse LD, Barenfus M, Anderson DP, Weisenburger T, Hauskins LA, Ross NA (1974) Radiation protection of the normal kidney by selective arterial infusion. Cancer 34: 1046–1058

Voss ACh, Wöllgens P, Rey G (1975) Untersuchungen über die Lageveränderung der Nieren und Folgerungen für die Strahlentherapie der Nierentumoren zur Optimierung der Bestrahlungsplanung. Strahlentherapie 150: 551–556

Weghaupt K (1976) Vermeidbare und unvermeidbare Strahlenreaktionen bei der Strahlentherapie des Korpuskarzinoms. In: Schmähl D (Hrsg) Prophylaxe und Therapie von Behandlungsfolgen bei Karzinomen der Frau. Thieme, Stuttgart, pp 23–27

Williams, MV, Denekamp, J (1984) Radiation induced renal damage in mice: influence of fraction size. Radiation Oncology 10/6: 885–893

Wöllgens P, Albrecht H-J, Petschen J (1971) Ergebnisse nuklearmedizinischer Nierendiagnostik nach therapeutischen Strahlendosen im Nierenparenchym bei Malignomkranken. Fortschr Roentgenstr 114/3: 415–421

Zollinger HU (1951a) Histologische Befunde nach experimenteller Röntgenbestrahlung der Nieren. Schweiz Z Pathol 14: 349–365

Zollinger HU (1951b) Hypertonie nach experimenteller Röntgenbestrahlung einer Niere bei Ratten. Schweiz Z Pathol Bakt 14: 366–372

Zollinger HU (1966) Nierenveränderungen durch ionisierende Strahlen (sog. „Röntgenniere"). In: Doerr und Uehlinger (Hrsg) Spezielle pathologische Anatomie, Bd 3. Springer, Berlin Heidelberg New York, pp 556–565

3. Somatische Strahlenreaktionen an Generationsorganen

Von

H.-A. LADNER

Mit 7 Abbildungen und 7 Tabellen

A. Einführung

Wegen der enormen Wissensexplosion in den vergangenen 20 Jahren kann es nur Ziel dieses Handbuch-Kapitels sein, die bisher auf diesem Gebiet veröffentlichten Übersichten und Monographien weiterzuführen. Daher wird mit Literaturhinweisen häufig auf die folgenden 5 zusammenfassenden Veröffentlichungen verwiesen:

Ovar:	BAKER u. NEAL (1977)	$= \ddot{U}_1$
Testes:	OAKBERG (1975)	$= \ddot{U}_2$
Ovar und Testes:	CARLSSON u. GASSNER (1964)	$= \ddot{U}_3$
	MANDL (1964)	$= \ddot{U}_4$
	OAKBERG u. LORENZ (1972)	$= \ddot{U}_5$.

Die Erwähnung mehrerer interessanter Einzelbefunde konnte nur kurz erfolgen; manche Resultate wurden nicht nochmals erwähnt, so daß diese 5 Übersichten für ein Literaturstudium weiterhin unerläßlich bleiben.

Auch die in diesen 5 Übersichten gewählte Gliederung der Thematik in morphologische und funktionelle Veränderungen nach Strahlenexposition von Ovarien und Testes wird zum besseren Vergleich beibehalten, obwohl Grenzen zwischen Morphologie und Funktion heute nicht mehr so scharf wie früher zu ziehen sind. Aufgrund der zahlreichen Einzelfakten erschien es darüber hinaus angezeigt, die inzwischen beim Menschen erhobenen Befunde stärker als bisher herauszustellen und in einem gesonderten Kapitel ausführlicher als bisher zu erläutern, daß die bei verschiedenen Tierarten gefundenen Resultate nur mit Einschränkungen und Vorbehalten auf den Menschen zu übertragen sind. Im Rahmen dieser tierspeziesabhängigen Strahleneffekte an den Generationsorganen wird auch auf die erhöhte Strahlenempfindlichkeit bestimmter Entwicklungsstadien der Keimzellen näher eingegangen. Neben dem verfeinerten Einsatz morphologischer Methoden mit der Entdeckung strahlenresistenter Stammzellen entwickelten sich weitere Schwerpunkte, die sich mit dem zunehmenden Einsatz verbesserter biochemischer Methoden und besonders mit endokrinologischen Problemen nach Strahlenexposition beschäftigten. Damit erfolgte erstmals als Übersicht eine zusammenfassende Darstellung endokrinologischer Fragen im Zusammenhang mit der Bestrahlung der Gonaden. In einem abschließenden Kapitel dieser Arbeit werden diejenigen Faktoren gesondert geschildert, die die somatischen Strahleneffekte auf Generationsorgane modifizieren können (z.B. Fraktionierung, RBW, chemische Substanzen, Isotope).

In den zitierten 5 Übersichten wurde vorwiegend das angloamerikanische Schrifttum erfaßt, daher habe ich in meinem Beitrag auch einige ältere – dort seltener zitierte – Arbeiten aus der deutschen und europäischen Literatur dieses Gebietes einbezogen. Die zitierten Übersichten in den einzelnen Kapiteln bieten dem interessierten Leser Hinweise auf weitere Publikationen über spezielle Fragestellungen. Allerdings bleiben Befunde der Strahlengenetik (Sankaranarayanan 1982), Teratologie (Übersicht siehe Brent 1977) und Mutationsforschung unberücksichtigt, damit der Rahmen einer übersichtlichen Darstellung nicht gesprengt wird. Auch der Einfluß von Erholungsvorgängen auf Strahlenreaktionen in Ovar und Hoden wurde nicht gesondert dargestellt. Da diese aktuellen Befunde auf Zell- und Organebene neue Perspektiven in der Zukunft erwarten lassen, werden die Erholungsprozesse in einer weiteren Publikation zusammengefaßt. Insgesamt überwiegen in den vergangenen 20 Jahren die über Strahlenreaktionen an Hoden veröffentlichten Einzelresultate; da jedoch auch über Strahlenreaktionen an den Ovarien neue interessante Befunde erhoben wurden, konnte hierzu im Literaturverzeichnis etwa die gleiche Anzahl von Publikationen berücksichtigt werden.

I. Historisches und Entwicklungslinien

Bereits bald nach Entdeckung der Röntgenstrahlen durch C.F. Röntgen 1896 standen zunächst die makroskopisch und mikroskopisch nachweisbaren Ovar- und Testesveränderungen im Mittelpunkt des Forschungsinteresses. Kenner aller Fachgebiete haben besonders durch den Einsatz des Mikroskops zur besseren Erkennung und Deutung von Strahlenreaktionen auf die Gonaden beigetragen. Neben den mikroskopisch erkennbaren Organveränderungen wurden mit dem Hinweis auf das Auftreten von Sterilität (z.B. beim männlichen Kaninchen, Albers-Schönberg 1903, Ü$_3$) neben Azoospermie auch funktionelle Störungen nach Strahlenexposition bekannt. Bereits damals wurde eine Vielzahl von weiteren Problemen angeschnitten, die heute in der Strahlenforschung aktuell sind. Regauds Beobachtungen der relativen Strahlenreaktionen von Hoden und Skrotalhaut basieren auf dem Phänomen der Fraktionierung. Das sogenannte Gesetz von Bergonnie u. Tribondeau geht auf Beobachtungen am bestrahlten Hoden zurück. Über die Regenerationsmöglichkeit des Hodens nach Strahlenwirkung berichtete bereits Philipp 1904. So haben Resultate über Strahlenfolgezustände von Hoden und Ovar schon seit Jahrzehnten rasch Berücksichtigung im praktischen Strahlenschutz und in der klinischen radiologischen Forschung gefunden. Sowohl der Zelltod von Oozyten als auch die Unterschiede in der Strahlenempfindlichkeit der Primordial-Oozyten verschiedener Tierarten waren nach Untersuchungen von Reifferscheid 1914 bekannt. Wesentliche Impulse gingen 1927 von der Entdeckung Müllers, daß Röntgenstrahlen Mutationen auslösen, und von den Auswirkungen der beiden Atombombenexplosionen in Japan 1945 aus. Dieses erweiterte Wissen fand Niederschlag in einer Fülle von Arbeiten vor und nach dem 2. Weltkrieg, die zur besseren Erfassung von Strahlenfolgezuständen an Ovar und Hoden beitrugen. Neben der Morphologie, die Richtung und Entwicklungslinien bis vor einigen Jahrzehnten weitgehend allein bestimmte, werden jetzt in zunehmendem Maße biochemische Methoden in der Strahlenforschung der Generationsorgane berücksichtigt. Im Zeitalter internationaler Reports und Kommissionen ist es zwar kaum noch zulässig, einzelne Autoren besonders herauszustellen. So stehen Namen, wie Lacassagne, Reifferscheid, Baker, Erickson, Jostes, Langendorff, Trautmann, Mandl, Oakberg, Zuckerman, Fritz-Niggli, Casarett stellvertretend für viele Andere, die sich auf diesem Gebiet verdient gemacht haben, zumal diese Autoren das Spezialwissen über Strahleneffekte auf Gonaden neben interessanten Forschungsergebnissen auch mit lesenswerten Übersichten bereichert haben.

Die in der Einführung skizzierten und in den folgenden Ausführungen angeführten Schwerpunkte der Forschung und Praxis erhielten unterschiedlich starke Impulse, die in ihrer Wertigkeit z.Z. nicht immer abzuschätzen sind. Daher habe ich möglichst viele Arbeiten berücksichtigt, damit die künftige klinische Forschung diese Vielfalt nutzen kann. In der Radiologie strömt wie in vielen anderen Spezialgebieten der Naturwissenschaften und Medizin ein breiter Wissensstrom zusammen, der Teile des Basiswissens mehrerer Fachdisziplinen (z.B. Urologie, Gynäkologie, Andrologie, Strahlenbiologie, Anatomie) einschließen muß. Im Interesse der Radiologie ist es ein Gebot der Stunde, die Literatur der vergangenen beiden Jahrzehnte im Anschluß an frühere Monographien und Übersichten zusammenzustellen und zu selektieren.

B. Unterschiede der Strahlenempfindlichkeit zwischen weiblichen und männlichen Gonaden

Die charakteristischen Unterschiede bei weiblichen und männlichen Gonaden in der Reaktion auf einen Strahleneffekt leiten sich von ihren besonderen Eigenschaften ab und werden nur vor dem Hintergrund der Kenntnisse über Oogenese und Spermatogenese verständlich. Übersichten der letzten Jahre und Jahrzehnte (FRITZ-NIGGLI 1972; OAKBERG 1975; UNSCEAR 1977) machen den Wissenszuwachs bei der Gametogenese von Säugetieren deutlich, wenn auch bei Primaten das Wissen noch heute als lückenhaft zu bezeichnen ist. Es folgt eine Kurzdarstellung der Keimzellentwicklung zum Verständnis der geschlechtsspezifischen Unterschiede.

I. Gametogenese

1. Entwicklung der weiblichen Keimzellen

Bei der Frau entstehen aus Vorläuferzellen (Oogonium) primäre Oozyten. Dieses Stadium mit ca. 500 000 primären Oozyten ist bereits bei der Geburt abgeschlossen. Im Laufe des Lebens gehen daraus etwa 380 reife Follikel (mit sekundären Oozyten) hervor mit einer „asymmetrischen" Reduktionsteilung (sekundäre Oozyten, wobei der größte Teil des Protoplasmas der Mutterzellen übernommen wird, dazu ein kleineres sogenanntes Polkörperchen). Daran schließt sich nochmals „asymmetrische" Reduktionsteilung der eigentlichen Eizelle bei der Ovulation an. Die Bildung weiblicher Keimzellen ist somit *kein Erneuerungssystem* (die einzige Zellart sind Oozyten in verschiedenen Reifungsstadien; aus jeder Oozyte geht nur *eine* Eizelle hervor).

2. Entwicklung der männlichen Keimzellen

In den Hodenkanälchen entstehen aus Spermatogonien (Typ A) einige Übergangsformen (Typ B-Spermatogonien, primäre Spermatozyten). Diese Zellen sind diploid (d.h. doppelter Chromosomensatz) wie alle Körperzellen. Durch eine Reduktionsteilung (Meiose) bei der Produktion sekundärer Spermatozyten werden diese haploid (jede Tochterzelle erhält jeweils nur den einfachen Chromosomensatz). Für genetische Effekte ist dies ein kritisches Stadium. Aus sekundären Spermatozyten entstehen zunächst Spermatiden, dann ohne weitere Teilung die reifen Samenzellen (Spermatozoen). Es handelt sich um ein typisches Erneuerungssystem, dessen Stammzellen die Typ A-Spermatogonien sind. Die für ionisierende Strahlen kritische Zellpopulation sind die Typ A-Spermatogonien, die – ruhend oder sich in Teilung befindlich – erhebliche Unterschiede in der Strahlenempfindlichkeit aufweisen. Etwa ab dem 10. Lebensjahr beginnt die Keimzellenbildung des Mannes und bleibt normalerweise bis zum Tode erhalten.

II. Morphologie und Funktion

Ionisierende Strahlen hemmen nicht nur die Vermehrung der Keimzellen oder stören ihre Differenzierung, sondern beeinträchtigen neben der endokrinologischen Gonadenfunktion auch die Fertilität. So interessiert den Mediziner bei der Beurteilung der Strahlengefährdung der Gonaden in erster Linie die mögliche Beeinträchtigung der Fertilität, ihre Dauer und ihre Erholungsfähigkeit. Da kein Erneuerungssystem bei weiblichen Ovarien vorliegt, erscheint die weibliche Fertilität im Vergleich zur männlichen auf Strahlung anfälliger.

Vergleichende Untersuchungen zur Strahlenempfindlichkeit weiblicher und männlicher Gonaden sind nur bei der Fertilität möglich, die durch eine prä- oder perinatale Strahlenexposition besonders ausgeprägt beeinflußt wird. Dabei wird offensichtlich, daß die weibliche Fertilität mit geringen Dosen und nachhaltiger beeinflußt wird als die der männlichen. So lag z.B. bei NMRI-Mäusen die Minimum-Dosis, die später gerade noch die Fertilität von Weibchen beeinträchtigte, bei 0,125 Gy nach ip-Injektion von HTO (= tritiertes Wasser) am 13. Gestationstag, die der Männchen zwischen 0,125 und 0,5 Gy (TÖRÖK et al. 1979) also deutlich höher (siehe auch SHEHATA 1983).

Die erheblichen Unterschiede in den Strahlenreaktionen bei Gonadenfunktion und -morphologie sind damit in erster Linie vom Geschlecht, dann aber auch vom Alter und von der Säugetierart (Abschnitt D. I, II, IV) abhängig. Dabei lassen sich viele Unterschiede zwischen der Strahlenempfindlichkeit weiblicher und männlicher Gonaden – und letztlich auch der verschiedener Säugetierarten – durch die jeweiligen Besonderheiten der Gametogenese erklären. Eine gute Zusammenfassung der wichtigsten Faktoren, die zur Geschlechtsdifferenz der Strahlensensibilität beitragen, hat FRITZ-NIGGLI 1972 gegeben, aus der auch die Tabelle 1 entnommen ist.

Tabelle 1. Unterschiedliche Reaktionsmechanismen männlicher und weiblicher Gonaden auf ionisierende Strahlen (FRITZ-NIGGLI 1973)

	Testis	Ovar
Repopulationsfähigkeit	+	adult = 0
Fraktionierung der Dosis	z.T. Förderung der Str.-Effekte	eher Schutzwirkung
Hormonelle Funktionen	resistent unabhängig von Keimzellschädigung	sensibel, abhängig von Keimzellschädigung
Empfindliches Stadium für Fertilitätsstörung	Interphase-Gonozyten (vor Spermatogonienbildung) Fet-Säugling	primäre Oozyten Foet (ab 5. Mon.-Einsetzen der Pubertät)
Strahlensensibilität der adulten Gonaden	± nicht altersabhängig	steigt mit zunehmendem Alter

III. Indirekte Zusammenhänge

Kurz ist noch auf einige Befunde hinzuweisen, die momentan zwar schwer zu erklären sind, die aber auf weitere, bisher ungeklärte Mechanismen bei geschlechtsspezifischen Unterschieden in der Strahlenempfindlichkeit, insbesondere nach GKB (Ganzkörperbestrahlung) oder Kopfbestrahlung aufmerksam machen. So beobachteten RUGH und CLUGSTON (1955), Ü[4], nach GKB von Mäusen im Letalbereich eine statistisch nachweisbare höhere Überlebensrate im Östrus gegenüber anderen Zyklusstadien und vermuteten, daß der zu diesem Zeitpunkt erhöhte Östrogenspiegel für diesen „Schutzeffekt" verantwortlich zu machen ist. Östradiol steigerte eindeutig die Strahlenresistenz, wenn es 10 Tage und kurz vor GKB von Mäusen verabreicht wird; bei kastrierten Tieren verminderten jeweils sowohl Östradiol bei Männchen als auch Testosteron bei Weibchen die Mortalitätsraten nach GKB (Lit. bei COMSA 1965, siehe auch Abschnitt F. III). Bei ovarektomierten Mäusen war der durch GKB ausgelöste Effekt auf die Lebensverkürzung ausgeprägter als bei intakten Kontrollen (STORER et al. 1982); dagegen verhinderte eine präpubertär durchgeführte Ovarektomie die strahleninduzierte Entstehung bestimmter Tumorformen (HOLLAND et al. 1977). Die hormonale Leistung der Gonaden nach GKB von Mäusemännchen wird kaum gestört; dagegen konnten bei Mäuseweibchen an fast allen endokrinen Organen, einschließlich Ovar, Späteffekte nach GKB nachgewiesen werden (COTTIER 1961). Zusätzliche Hormongaben scheinen im männlichen Säugetierorganismus die Strahlenantwort, z. B. die Spermatogenese, zu verändern (KONDRATENKO et al. 1978), während ähnliche Befunde beim weiblichen Organismus nicht zu beobachten waren (BAGER 1982). Bei ausgewachsenen Meerschweinchen konnte ein Einfluß einer Kopfbestrahlung auf die Samenbildung nicht registriert werden (FREUND u. BORELLI 1965); dagegen führte die Kopfbestrahlung mit 300 bis 600 R bei 2 Tage alten männlichen Ratten zu einer deutlich dosisabhängigen Beeinflussung der Fertilität (nur 30% der Männchen sind nach 600 R-Kopfbestrahlung fertil!) und der Spermatogonien-Zahl. Für diese Fernwirkung werden endokrine Störungen angeschuldigt (SAVKOVIC et al. 1966), wie sie nach Kopfbestrahlung beschrieben werden (WIGG et al. 1982).

Schließlich ist noch das nur bei männlichen Ratten beobachtete Absinken der LH- und Testosteronkonzentrationen im Plasma 3–4 Tage nach GKB, Kopf- und Abdominalbestrahlung zu erwähnen (McTAGGARAT u. WILLS 1977), das durch vorherige Testeosteroninjektionen verhindert wurde. Dies kann eine spezielle strahleninduzierte Störung der Testosteronsynthese bei der Abspaltung der Seitenkette von Hydroxyprogesteron in der Leber (BERLINER et al. 1964) bewirken. Über diese Hemmung von Leberenzymen könnten strahleninduzierte Wechselwirkungen zwischen Hoden, Hypophysenvorderlappen, Leber und (möglicherweise auch) Hypothalamus ausgelöst werden (s. F. III).

C. Befunde beim Menschen

Unser Wissen auf diesem Gebiet beruht im wesentlichen auf der Schilderung früherer Strahlenunfälle und auf Daten der Strahlentherapie. Auch wenn hierzu kritisch anzumerken ist, daß die Rekonstruktion der Dosishöhe später oft schwierig ist, so stellen diese Befunde trotz der unterschiedlichen Beobachtungskriterien und -zeiträume unentbehrliche Fakten dar, die auch in Zukunft mitentscheiden, ob und wieweit Resultate aus Tieruntersuchungen in die Humanmedizin zu übernehmen sind. Den jeweiligen Wissensstand ihrer Zeit haben Kenner wie ZUCKERMAN (1965, Ü₁), SANDEMAN (1966), BAKER (1971a, Ü₁), LUSHBAUGH und RICKS (1972), LUSHBAUGH und CASARETT (1976), ASH (1980), GREINER (1982), CLIFTON und BRENNER (1983) versucht, für humanmedizinische Belange zusammenzufassen. In diesem Rahmen sollen darüber hinaus nur einige Punkte angesprochen werden, die für praktische Belange des Strahlenschutzes und für klinische Fragestellungen von Bedeutung sind. Zunächst ist festzustellen, daß es durch die Bemühungen des medizinischen Strahlenschutzes sowohl in der Röntgendiagnostik als auch in der Nuklearmedizin und Strahlentherapie heute wesentlich besser als früher möglich wurde, die sogenannten „Gonadendosen" bei Frau und Mann zu messen und zu definieren (so z.B. für die Strahlentherapie: ♂: FUCHS u. HOFBAUER 1969; GREEN u. BUSHONG 1971; ♀: SCHERHOLZ et al. 1978; SOBELS 1969 (Radiojodbehandlung). Dadurch kann die „Gonadendosis" besser als in früheren Jahrzehnten reduziert werden, so daß Diskussionen über diese Thematik heute kaum mehr emotional geführt zu werden brauchen.

I. Morphologische Veränderungen an weiblichen Gonaden

Morphologische Veränderungen an weiblichen Gonaden nach Strahlentherapie liegen sowohl nach kombinierter Behandlung von Kindern (Alter 5 Monate bis 7 Jahre): HIMELSTEIN-BRAW et al. (1977) als auch im geschlechtsreifen Alter (CIANCI et al. 1968) vor. Neben Befunden, wie Hemmung des Follikelwachstums oder Reduktion kleiner Primordialfollikel, bleibt hierbei meist unklar, wieweit diese morphologischen Fakten mit der Sterilität bzw. mit herabgesetzter Fertilität, also mit funktionellen Strahlenauswirkungen, zu korrelieren sind. STILLMAN et al. (1981) konnten bei 12% von 182 Langzeitüberlebenden nach Abdominalbestrahlungen verschiedener maligner Tumoren und Chemotherapie im Kindesalter später Störungen der Ovarialfunktion nachweisen. BLOT und SAWADA (1972) sowie BLOT et al. (1975) fanden in unterschiedlichen Abständen vom Hypozentrum nach Atombombenexplosionen in Hiroshima und Nagasaki bei der Fertilität weiblicher Überlebender keine eindeutigen Unterschiede im Vergleich zu den Kontrollen. Orientierende Untersuchungen nach Röntgendiagnostik Schwangerer sind kritisch zu bewerten (MONDORF u. FABER 1968). Die Ovarbestrahlung wird heute zwar zur Behandlung der hämorrhagischen Metrorrhagie oder der Sterilität nicht mehr eingesetzt: Nach DOLL und SMITH (1968) trat nur in 97% eine Amenorrhoe nach 360–720 rad Röntgenstrahlung am Ovar auf (Schätzung: nach 600 rad sind etwa 50% der Primärfollikel von Frauen in der Prämenopause zerstört); nach Berichten von KAPLAN (1958) hatten nach 150–225 R (3×75 R) am Ovar 75% vorher amenorrhoische Frauen reguläre Menstruationen. 52% dieser Frauen wurden schwanger und 84% gebaren in einer oder mehreren Schwangerschaften gesunde Kinder. Damit herrscht auch heute noch Unklarheit über diejenige Minimaldosis, die gerade eine dauernde Sterilität auslöst; bekannt ist jedoch, daß dieser Strahleneffekt vom Lebensalter der Frau abhängig ist (PECK et al. 1940). Bei jungen Frauen verursachten 200 R am Ovar eine temporäre Amenorrhoe. Nur bei 30% der Frauen zwischen 30–35 Jahren, dagegen bei 80% der Frauen zwischen 35–40 Jahren wurde durch 500 R eine Dauer-Amenorrhoe ausgelöst. Allgemein muß jedoch festgestellt werden, daß diejenigen Ovardosen, die eine vorübergehende Amenorrhoe auslösen, zumindest bei Frauen zwischen 35–45 Jahren nicht weit entfernt von denen liegen, die zu einer permanenten Sterilität führen (ICRP 1969).

Die Situation nach Dauerbestrahlung mit kleiner Dosisleistung über mehrere Stunden (Radium) oder auch nach mehrfach fraktionierter Röntgen- oder Hochvoltbestrahlung verändert sich nochmals entscheidend: So lassen die Beobachtungen mit Tumordosen nach Behandlung des Zervixkarzinoms (WHELTON u. MCSWEENY 1964; PRICE u. ROMINGER 1965; FRANCIS u. STEVENS 1965; VUKSINOVIC 1966; $Ü_{1,3}$) oder des Dysgerminoms (GANS et al. 1963, $Ü_{1,2}$, AYERST u. JOHNSEN 1959; MCCARTHY u. MILTON 1975), die über die Austragung von Schwangerschaften mehrere Jahre danach berichten, trotz gelegentlich fehlender Alters- und Dosisangaben vermuten, daß Ovarbestrahlungen bei Fraktionierung der Gesamtdosis über 4–6 Wochen besser als erwartet „reguliert" werden können. Daher schwanken auch die Angaben über die sogenannte „Kastrationsdosis" beim Menschen in der Strahlentherapie zwischen 10 und 20 Gy in Abhängigkeit vom Lebensalter der Frau (BARBER 1981). Als einzustrahlende Dosis, die das gesamte kleine Becken einschließt, werden 12 Gy in 4 Tagen oder 20 Gy in 2 Wochen empfohlen (DELCLOS u. MONTAGUE 1973). Folgt man den Dosisangaben in Tabelle 2 – und dafür sprechen auch neuere Veröffentlichungen über Amenorrhoen und Schwangerschaften nach Zytostatika-Gaben –, so liegen bei der Frau die Strahlendosen zur Auslösung herabgesetzter Fertilität höher als beim Mann, aber auch höher als nach Resultaten aus Kleintieruntersuchungen erwartet werden konnte. Dies ist auch aus Untersuchungen der Ovarialfunktion bei Patientinnen mit Morbus Hodgkin abzuleiten, bei denen vor Beginn der Strahlentherapie eine operative Verlagerung der Ovarien (Oophoropexie) aus dem Strahlengang vorgenommen wurde (TRUEBLOOD et al. 1970) und bei denen dann

Tabelle 2. Daten zur Strahlensensibilität menschlicher Gonaden. (Modifiziert nach LUSHBAUGH u. RICKS 1972, siehe dort Literaturverzeichnis)

Sterilität			Autoren
	Vorübergehend	dauernd	
♀	170 R	320 R	GLUCKSMANN (1947)
	400 R	400 R (über 40 Jahre)	PATERSON (1963)
		1200 R	
		625 R	PECK et al. (1940)
	640 R	2000 R	JACOX (1939)
	1740 R		GANS et al. (1963)
		8–1000 R	LACASSAGNE et al. (1962)
		2000 mg/h	GANZONI u. WIDMER (1930)
♂	78 R		ROWLEY et al. (1974)
	15–300 rad (20 rad/min)	600 R	HELLER (1967)
		600 R	HELLER u. ROWLEY (1970)
	250 R	500–600 R	GLUCKSMANN (1947)
	416 R		OAKES u. LUSHBAUGH (1952)
		950 R	CALLAWAY et al. (1947)

trotz Gonadenbestrahlung und trotz FSH-Erhöhung mehrere Entbindungen äußerlich gesunder Kinder registriert wurden (BIELER et al. 1976b; THOMAS et al. 1976; GUGLIELMI et al. 1980; HODEL et al. 1982; BARBER 1981). Es liegen zwar bei der Frau bereits eine Reihe endokrinologischer Befunde nach Strahleneinwirkung vor (s. F.III. 1); trotzdem ist zu erwarten, daß im Zusammenhang mit hormonellen Regulationsmechanismen, z.B. Rezeptorstatus oder Superovulation nach Strahlenexposition, noch weitere endokrinologische Vorgänge bekannt werden, um die wenigen Befunde beim Menschen besser zu verstehen.

II. Morphologische Veränderungen an männlichen Gonaden

Nach Einzeitbestrahlung mit kleinen und mittleren Dosen liegen – ähnlich wie bei der Frau – zur Strahlensensibilität männlicher Gonaden nur wenige Daten vor (HELLER et al. 1968; ROWLEY et al. 1975: einzeitige Lokalbestrahlung gesunder Männer mit 15–400 R); sie zeigen jedoch – wie auch die Angaben nach Strahlenunfällen (HEMPELMAN et al. 1952, $\ddot{U}_{2,5}$; DAMES u. LUSHBAUGH 1952; $\ddot{U}_{2,3}$. BENINSON et al. 1969), wie sehr das Zellerneuerungssystem des Mannes den Strahleninsult an den Testes auszugleichen vermag. Nach 15–400 R Lokalbestrahlung fiel die Spermienzahl ab; 15 R verursachten Oligospermie, jedoch keine Aspermie bis zu 6 Monaten. 50 R lösten eher Effekte auf die Spermatogonien aus, dagegen zeigten 400 R eher Effekte auf späte Stadien der Spermatogenese, wie z.B. Spermatozyten (s. auch Tabelle 2). Nach 200 R einzeitiger Lokalexposition dauerte die Erholung 30 Monate, nach 400–600 R 60 Monate und länger. Bei einem Reaktorunfall (390 R-Ganzkörperbestrahlung) dauerte die Sterilität 7 Monate; erst 50 Monate danach waren die Spermiogramme normal und es kam zur Konzeption eines später gesunden Kindes.

Bis zu 10 Monaten nach Neutronenexposition eines 26jährigen Mannes fanden sich im Ejakulat keine Spermien und bei der Hodenbiopsie nur wenige Spermatogonien; dann jedoch trat wieder eine rasche Zunahme der Spermienzahl auf (ROBINSON u. EAGLE 1949). Ähnliche Erholungsvorgänge nach Jahren beschreiben KUMATORI et al. (1980) in ihrer Langzeitstudie über die Strahlenbelastung der Bikini-Fischer, obwohl die akuten Störungen der Spermatogenese als schwer zu bezeichnen waren (SHIMIZU et al. 1956). Dies lag wohl auch am Protrahierungseffekt durch die Isotopeneinstrahlung über längere Zeit. Auch bei Fertilitätsuntersuchungen von Thorium X-Patienten war dieser Zeitfaktor zu berücksichtigen (Heite 1951). Dagegen konnten Thorlund und Paulsen (1972) die Auslösung von Sterilität über die Dauer von 6–7 Jahren beobachten. Auch die morphologisch und funktionell nachweisbaren Ausfallerscheinungen nach Strahlentherapie wurden in den vergangenen Jahren besser als früher dokumentiert: Über reversible und irreversible Azoospermien nach Strahlenbehandlung maligner Hodentumoren – abhängig von der Dosishöhe am operativ nicht entfernten Hoden – berichteten u.a. Amelar et al. (1971), Orecklin et al. (1973), Weissbach et al. (1974a, b), Hahn et al. (1976), Greiner und Meyer (1977), Greiner (1982), Hahn et al. (1982). Durch Spermienanalysen vor Therapiebeginn ist auszuschließen, ob ein Zusammenhang der Infertilität mit dem Tumor, wie Haubrich und Harms (1973) vermuten, oder mit Samentransportstörungen nach retroperitonealer Lymphadenektomie (Nijiman et al. 1982; Thüroff 1982) bestehen. Auch auf andere Störungen der Gonadenfunktion bei Patienten mit Hodenkrebs ist hinzuweisen (Fossa et al. 1982; Berthelsen u. Skakkebaeck 1983; Willemse et al. 1983). Bei 18 von 273 strahlenbehandelten Patienten mit Hodentumor wurden 22 Schwangerschaften mit äußerlich unauffälligen Kindern beschrieben (Sandeman 1966). Daß es dabei nicht gleichgültig ist, ob diese Bestrahlungen im Alter von 8–14 Jahren präpubertär oder zwischen 17–36 Jahren erfolgen, läßt sich neben der Azoospermie an endokrinologischen Parametern ablesen (Shalet et al. 1978; Brauner et al. 1983, s. auch F. III.2). Auch aus Spermienanalysen nach Strahlentherapie des Morbus Hodgkin (Speiser et al. 1973; Slanina et al. 1977) ist zu schließen, daß fraktionierte Strahlendosen die Spermiogenese effektiver beeinflussen als die entsprechende einzeitig verabreichte Gesamtdosis. Der kritische Wert der Einzeldosis am Hoden scheint bei der in der Strahlentherapie üblichen Fraktionierung zwischen 8 und 9 cGy, der für die Gesamtdosis bei 150 cGy zu liegen (Greiner 1982) Abb. 1. Sowohl nach Einzeit- als auch nach Mehrfachbestrahlung war lange Zeit unklar, ob und wann eine im Spermiogramm nachgewiesene Azoospermie als definitiv anzusehen ist. Bis 7,5 Monate nach Lokalbestrahlung mit 600 R bei Freiwilligen waren reparative Prozesse in histologischen Schnitten erkennbar und bis spätestens 24 Monate danach konnten im Ejakulat lebende Spermatozoen nachgewiesen werden (Rowley et al. 1974, 1975). Nach fraktionierten Bestrahlungen während der Strahlentherapie konnten innerhalb von 24 Monaten im Spermiogramm erste Hinweise auf eine Erholung beobachtet werden, wenn sich die Spermatogenese auch nur partiell erholen konnte (Greiner 1982; Hahn et al. 1982). Daher ist etwa 3 Jahre nach Abschluß einer Strahlentherapie eine Aussage möglich, ob die Spermatogenese definitiv irreperabel bleibt (siehe Abb. 1).

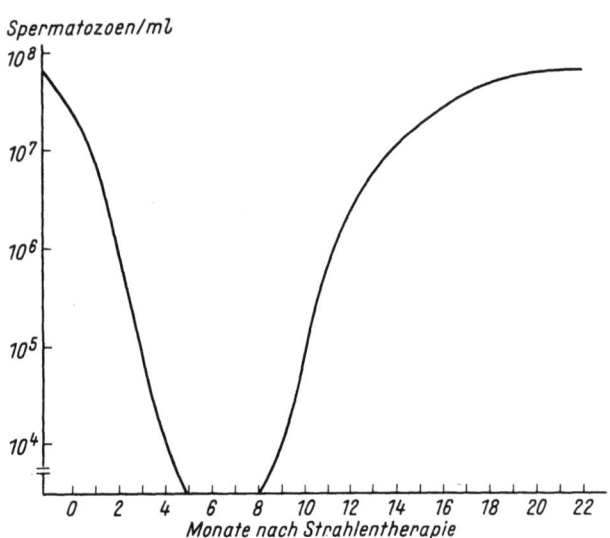

Abb. 1. Verlaufskurve der Spermatozoenkonzentration bei kompletter Erholung der Spermatogenese nach Strahlentherapie (Greiner 1982). Voraussetzungen für diesen „optimalen" Kurvenverlauf nach zwischenzeitlicher Azoospermie sind eine Gonadendosis/Fraktion ≦8 cGy und eine Gesamt-Gonadendosis ≦100 cGy

So weisen alle Daten nach Follow-up-Zeiten von mehreren Jahren nach Strahlentherapie, die z.T. mit einem erheblichen Zeit- und Arbeitsaufwand erstellt wurden, auf eine beachtliche Erholungsfähigkeit männlicher Keimzellen des Menschen hin. Weiteren Untersuchungen bleibt vorbehalten, Zusammenhänge mit endokrinologischen Veränderungen aufzuzeigen; auch beim Mann liegen bereits mehrere Mitteilungen über Hormonänderungen nach Straleneinwirkung vor (s. F. III.2). Ob die Normalisierung vorher erhöhter FSH-Werte, z.B. nach ^{131}J-Therapiedosen beim Schilddrüsenkarzinom, als Hinweis auf eine Erholung der Spermatogonienfunktion angesehen werden kann (HANDELSMAN u. TURTLE 1983), ist noch ungeklärt. Damit werden sowohl weitere Gründe für die erwähnten Unterschiede in der Strahlensensibilität zwischen weiblichen und männlichen Gonaden (s. Kap. B) als auch wesentliche Schwierigkeiten aufgezeigt, die bei der Übertragbarkeit von Resultaten aus Klein- und Großtieruntersuchungen auf die Humanmedizin bestehen (s. Abschnitt D).

D. Schwierigkeiten, Befunde aus Tieruntersuchungen auf den Menschen zu übertragen (an Beispielen erläutert)

Anliegen dieses Abschnitts ist es, mittels einiger Beispiele aus der umfangreichen Literatur auf die offensichtlichen Schwierigkeiten hinzuweisen, die bei der Übertragung von tierexperimentell erarbeiteten Befunden auf die Strahlenreaktionen menschlicher Gonaden auftreten und zu äußerster Vorsicht mahnen. Neben den typischen Beispielen, wie Strahlenreaktionen von Oozyten beim weiblichen und von Spermatogonien beim männlichen Säugetierorganismus, lassen gerade die Beispiele der Tumorentstehung bei Mäusen und Ratten und die der unterschiedlich strahlenempfindlichen Zeitabschnitte in der Entwicklung erkennen, daß speziesbedingte Unterschiede in der Strahlenempfindlichkeit heute eine wesentliche differenziertere Betrachtung von Folgezuständen an Ovar und Hoden erforderlich machen als früher.

I. Reaktionen von Oozyten und Sterilitätsauslösung nach Bestrahlung

Erhebliche Schwankungen der Strahlenempfindlichkeit von Oozyten werden beobachtet: a) während des Wachstums, b) bei verschiedenen Tierstämmen und c) bei einzelnen Tierarten.

a) Die Daten der Tabelle 3 geben LD_{50}-Werte für Keimzellen verschiedener Tierarten, während besonders strahlensensibler Phasen vor und nach der Geburt wieder. 20 R am Tage nach Geburt (Pachytene- und Diplotene-Stadien) appliziert, töten etwa 50% der Mäuseoozyten ab, 8 Tage später verabreicht 86% und 92% am 21. Tag; danach werden die Oozyten resistenter, so daß 12% nach 20 R in der 7. Woche verabreicht, überleben (s. auch OAKBERG 1975, Ü$_2$; OAKBERG u. CLARK 1964, Ü$_3$, u. FRITZ-NIGGLI 1972). Bei anderen Tierarten laufen die peri- und postnatalen Stadien unterschiedlich lange ab.

b) Auch die Zeitpunkte maximaler Strahlenempfindlichkeit variieren bei verschiedenen Tierstämmen: Beim Bagg-Stamm (Maus) ist diese Phase im Alter von 2, beim Street-Stamm dagegen erst im Alter von 3 Wochen zu beobachten (PETERS 1968, Ü$_1$). Ähnliches gibt es auch bei Ratten. Bei der Maus schwanken die Absolutzahlen der Oozyten von Tierstamm zu Tierstamm erheblich: zum Zeitpunkt der Geburt 6000 (Street-Stamm: PETERS 1966, Ü$_1$) und 3000 (CBA-Stamm: NILSSON u. HENDRICSON 1969, Ü$_1$); bei Street-Mäusen verringern sie sich in den ersten 7 Lebenswochen auf ein Drittel und bei CBA-Mäusen auf die Hälfte (RÖNNBÄCK et al. 1971; RÖNNBÄCK 1979).

c) Die kleinen Primärfollikel sind wiederum deutlich strahlenempfindlicher als die Nachfolgestadien in den Graafschen Follikeln, die bei Mäusen nach 800–2000 R und bei Ratten

Tabelle 3. Einige LD_{50}-Werte für verschiedene Keimzellen. (Modifiziert nach Faizi-Gorn 1984, dort Autorenangaben)

Zelltyp	Alter bei Exposition	Bestrahlungsart	LD_{50} (R)	Autoren
Oozyten (Maus)	Gestation	Tritium	7–9	Dobson et al. (1978)
Oozyten (Maus)	Gestation	Tritium	4, 5	Dobson u. Kwan (1978)
Oozyten (Affe)	Gestation	Tritium	< 5	Dobson et al. (1977)
Oozyten im Diploten-Stadium (Maus)	4 Tage post partum	Röntgenstrahlen	7	Parson (1962)
Stadium-I-Oozyten (Maus)	10 Tage post partum	^{60}Co-γ-Strahlen	8, 4	Oakberg (1962)
Stadium-II-Oozyten (Maus)	10 Tage post partum	^{60}Co-γ-Strahlen oder ^{137}Cs	9, 4	Oakberg (1962)
Gonozyten, Typ II (Bullen)		^{60}Co-γ-Strahlen	19	Erickson et al. (1960)
Spermatozyten im Preleptoten-Stadium (Maus)	11–13 Wochen post partum	Röntgenstrahlen	205	Oakberg u. Di Minno (1960)
Spermatogonien Typ B (Maus)	11–13 Wochen post partum	^{60}Co-γ-Strahlen	20–24	Oakberg (1959)

und Affen erst nach 4–5000 R abgetötet werden. Während der präovulatorischen Reifung mit Höhepunkt zwischen Metaphase I und II steigt die Strahlensensibilität zusätzlich an, wobei diese bei Maus und Mensch unterschiedlich lange (12/36 Stunden) abläuft. Ioannou (1963, $\ddot{U}_1$) spricht bei den Primordialoozyten von einem Faktor 10 bei Meerschweinchen im Vergleich zu Maus und Ratte (Tabelle 4). Ähnliche Unterschiede fand Baker (1969, $\ddot{U}_1$) auch nach In-vitro-Bestrahlungen von Organkulturen: Erst durch 4000–5000 R wurden Oozyten von Affe und Mensch zerstört, während 100–150 R die Zahl der Oozyten von Maus und Ratte bereits beträchtlich reduzierten. Auch die Strahlendosen, die alle Keimzellen in fetalen Ovarien des Menschen zerstören, waren deutlich höher als diejenigen, die zur Zerstörung aller Keimzellen in fetalen Affenovarien erforderlich waren (Baker u. Beaumont 1967, $\ddot{U}_1$; weitere Befunde: s. auch Dobson u. Felton 1983).

Da ferner die Oozytenzahlen zwischen den Tierspezies erheblich differieren und da auch Tierspezies-Unterschiede bei Strahleneffekten auf mehrschichtige und Graafsche Follikel und beim interstitiellen Gewebe beschrieben werden (siehe auch unterschiedliche Strahlenempfindlichkeit verschiedener Ovargewebe bei der Tumorentstehung von Mäusen, D. III), ergeben sich erhebliche Einschränkungen, Resultate aus Kleintieruntersuchungen auf den Menschen zu übertragen.

Auch bei Auslösung der *Fertilität* lassen Untersuchungen an verschiedenen Tierarten erkennen, daß bereits 50 bzw. 100 R die Wurfgröße bei der Maus bzw. Ratte reduzieren und dann eine dauernde Sterilität verursachen; bei Meerschweinchen, Hunden und Menschen dagegen lösten 3–400 R (Ausnahme: Kaninchen) keine stärkere Beeinflussung der Sterilität aus. Neben der unterschiedlichen Strahlenreaktion einzelner Oozytenstadien können hierbei als Faktoren beteiligt sein: Kerncharakteristika „ruhender Oozyten" und die normale Rate des Oozytenuntergangs ($\ddot{U}_1$); weitere Gründe für diese Artunterschiede sind noch unbekannt.

Tabelle 4. Strahlendosen (in R), die zum Absterben aller Oozyten führen. In Klammern: LD_{50}-Dosen. Bei Maus und Ratte abhängig von Alter, Stamm und Bestrahlungsbedingungen. Beim Menschen abhängig vom Alter und vom Fraktionierungsschema. (Weitere Einzelheiten: BAKER u. NEAL 1977 = Ü$_1$)

Tierart	Primordialfollikel		"Wachsende" und Graafsche Follikel
	bei Juvenilen	bei Erwachsenen	
Maus	15	50	2000
	(7)	(10–15)	–
Ratte	100	315	4400
	–	(100)	–
Meerschweinchen	–	15000	–
	–	(500)	–
Schwein	–	–	–
	(500)	(500)	–
Kuh	–	–	–
	(900)	(900)	–
Affe	?2000	7000	5000
	–	(5000)	–
Mensch	–	?5000	–
	–	(?2000)	–

II. Strahlenreaktionen an Spermatogonien

Auch beim männlichen Geschlecht gibt es erhebliche Schwankungen der Strahlenempfindlichkeit a) während des Wachstums, b) bei den einzelnen Tierstämmen und c) bei verschiedenen Tierarten.

a) Drei Phasen besonders hoher Strahlenempfindlichkeit unreifer Rattenhoden sind zu registrieren: verbunden mit der hohen mitotischen Aktivität von Primordial-Keimzellen sind der 13,5 bis 17,5 Tage alte Embryo und ferner zum Zeitpunkt des Auftretens der Typ A-Spermatogonien kurz vor und nach der Geburt der 19 Tage alte Föt (bis 2 Tage post partum) als besonders strahlensensible Phasen zu bezeichnen. Mit der Teilung der A-Spermatogonien folgt eine resistente Phase, die am 17. Tag wiederum in eine 3. strahlensensible Phase übergeht (OAKBERG 1975, Ü$_2$). Vergleichbare Phasen werden auch beim Menschen angenommen; weder Bestrahlungsantwort noch Zeitablauf dieser Entwicklungsphasen in fetalen und präpubertären Hoden sind jedoch bisher beim Menschen gut dokumentiert, erste Ansätze s. D. IV.

b) Auch von Tierstamm zu Tierstamm bestehen erhebliche Unterschiede in der Strahlenempfindlichkeit: So überlebten bei CH_3-Mäusen die Stammzellen nach 24 Stunden-Fraktionierung besser als nach Einzeitbestrahlung, während dieser Effekt an CBA-Mäusen nicht zu erheben war (LU et al. 1980). Auf Unterschiede der Strahlenempfindlichkeit von Spermatogonien und bei der Stammzellproliferation verschiedener Mäusestämme wies auch VALENTIN (1978) hin.

c) Auch bei der Zeit, die zur Spermatogonien-Entwicklung (von Teilung des A$_s$A) Typ A benötigt wird, findet man ebenfalls Unterschiede; so betragen diese Zeiten

bei der Maus:	35± 8,6	= *43 Tage,*
bei der Ratte:	52±13	= *65 Tage,*
beim Menschen:		*72–74 Tage.*

Für die einzelnen Arten sind diese Zeiten konstant, nur bei jüngeren Individuen scheinen diese Entwicklungsphasen etwas rascher abzulaufen.

Auch bezogen auf die Höhe der Strahlendosis und auf die Repopulation scheinen die Unterschiede bei Maus und Mensch beträchtlich zu sein. Bei der Maus gibt es dosisabhängige Reaktionen der Typ A-Spermatogonien in den ersten 10 Tagen nach Röntgenbestrahlung mit 200, 300 und 600 R. Während bei der Maus das strahleninduzierte Verschwinden der spermatogonialen Population primär das Ergebnis der Zelltötung ist, scheint beim Menschen die Differenzierung in reifere Zelltypen bei der Ausbildung von Strahleneffekten zusätzlich von Bedeutung zu sein. Die Repopulation des Hodenepithels läuft beim Menschen langsamer ab als bei der Maus, wobei der Unterschied größer ist als nach der Dauer der Spermatogenese erwartet werden kann (72/36 Tage beim Menschen bzw. bei der Maus). Nach allen experimentellen Daten scheint beim Dosisvergleich auf die Depression der Spermatogonien im Vergleich zur Maus (5–7 Tage bei Maus, 90–200 Tage beim Menschen) der Mensch um den Faktor 3 strahlenempfindlicher, wobei auch die Dynamik des Wiedereinsetzens der spermatogonialen Differenzierung und der Mechanismus der spermatogonialen Entvölkerung bei Maus und Mensch erhebliche Unterschiede aufweisen (OAKBERG 1968; Ü₂). So wird in Zukunft noch exakter herauszuarbeiten sein, welche Vorgänge bei Tier- und Humanbefunden zu vergleichen sind und welche Änderungen nach Bestrahlung einen Vergleich nicht zulassen. Hierzu werden Übersichten von beobachteten Befunden an mehreren Tierarten besonders beitragen.

III. Abnahme des Hodengewichts und Induktion von Ovarialtumoren

Bei der *Abnahme des Hodengewichts* (früher häufiger als ein Parameter für Strahleneffekte herangezogen, s. E. II) ist allerdings zu beachten, daß sich das Hodengewicht zum Körpergewicht umgekehrt proportional verhält. Dieses Verhältnis beträgt bei der Maus 0,0058, beim Hund 0,0015 und beim Menschen 0,00057. Derartige Größenunterschiede sind z. B. bei der ²³⁹Pu-Anreicherung im Mäusehoden im Vergleich zum Menschen zu berücksichtigen, so daß durch die Anreicherung von ²³⁹Pu im Menschenhoden stärkere Effekte als bei der Maus zu erwarten sind (RUSSEL u. LINDENBAUM 1979). Schon an diesem Beispiel wird die Schwierigkeit deutlich, Befunde aus Kleintieruntersuchungen auf die Humanmedizin zu übertragen.

Erhebliche Tierstamm-Unterschiede sind auch bei der strahleninduzierten *Induktion von Ovarialtumoren* bei Maus und Ratte zu beobachten: dies gilt sowohl für die Einzeit- (Zusammenfassung siehe UNSCEAR 1977; CLAPP 1978; COVELLI et al. 1982) und fraktionierte Bestrahlung während der Fetalentwicklung (SCHMAHL u. KRIEGEL 1980; RÖNNBÄCK u. NILSSON 1982) als auch für die GKB im Erwachsenenalter. Ein besonders steiler Anstieg von Ovarialtumoren war in einem Dosisbereich zwischen 0–50 R GKB zu beobachten, während die Inzidenz zwischen 100 und 200 R ein Maximum erreichte. Interessant sind hierbei auch die relative Strahlenempfindlichkeit verschiedener Ovarialgewebe und die Diskussion um Erholungsvorgänge (YUHAS 1974). Möglicherweise kann die Tumorinduktion an transplantierten Ovarien – bisher an Mäusen – zu diesen Fragen gezielter Auskunft geben (COVELLI et al. 1982). Bisher ist die nach Bestrahlung erhöhte Zahl von Ovarialtumoren nur bei Mäusen (CLAPP 1978; RÖNNBÄCK u. NILSSON 1982) und Ratten zu beobachten, bei anderen Tierarten und beim Menschen ist dieser Strahleneffekt bisher nicht eindeutig, obwohl Langfristbeobachtungen (z. B. bei Metropathia hämorrhagica über 2000 Frauen nach Ovardosen zwischen 500–1000 R: SMITH u. DOLL 1976) vorliegen. Auch die Möglichkeit, durch Abdominal- oder Hodenbestrahlung nach 2 Jahren gutartige Leydigzelltumoren in Testes der Ratte induzieren zu können (LINDSAY et al. 1969; HULSE 1977), gilt nur für einige Rattenstämme und konnte bei anderen Tierarten oder beim Menschen bisher nicht gefunden werden.

IV. Gonaden während der Entwicklung

In ihrem Handbuchartikel stellte FRITZ-NIGGLI noch 1972 fest, daß „die Strahlenempfindlichkeit der sich in Entwicklung befindenden Gonaden verhältnismäßig wenig untersucht wurde". Nach Erarbeitung von Fakten über besonders strahlensensible Phasen vor und nach der Geburt ist hier ein deutlicher Wandel eingetreten: inzwischen hat sich gezeigt, daß Expositionen vor und nach Geburt später beim erwachsenen Säugetier besonders ausgeprägte Strahleneffekte in Ovar und Hoden auslösen (s. auch D. I u. II); dies trifft sowohl für morphologisch erfaßbare Störungen als auch für funktionelle Veränderungen und endokrinologische Störungen zu, die WALL (1961), BINHAMMER (1967), SUZUKI et al. (1973), FAKUNDING et al. (1976), JONG und SHARPE (1977) für ♂ beschrieben haben. In den eingangs erwähnten 5 Übersichten wurden bereits die grundlegenden Befunde der Arbeitskreise um BEAUMONT (MANDL u. BEAUMONT 1964 Ü₃), BAKER und BEAUMONT 1967; BAKER und FRANCHI 1967, Ü₁; BAKER 1960, 1967, 1970, Ü₁) und PETERS (1961–1966; Ü₁), sowie von RUGH (1964, 1966; RUGH u. WOHLFROMM, Ü₄) und RUSSELL (zwischen 1963–1981) zu dieser Thematik gesammelt. Inzwischen erstellten die folgenden Arbeitsgruppen hierzu weitere bemerkens-

Tabelle 5. Literaturangaben zu kritischen Perioden der Strahlenempfindlichkeit von Oozyten. (Modifiziert nach FAIZI-GORN 1984, dort Literaturverzeichnis)

Tierart	Alter bei Bestrahlung (Tage nach Konzeption)	Alter bei Untersuchung	Effekte im Vergleich zu Kontrollen	Kritische Periode bei (Tage nach Konzeption)	Autoren
Maus	15,5–18,5	Geburt, ausgereift	Fertilität um 55% am 16,5 Tag ↓	15,5–17,5	RUGH u. JACKSON (1958)
Maus	0–18	2 Monate 12 Monate	Reproduktions-Kapazität deutlich vermindert Ovarzysten!	13 12 u. 13	RUGH u. WOHLFROMM (1966)
Maus	0–5 6–10 12–15 14–18	Geburt, ausgereift	Bei höheren Dosen Sterilität	11–15	LANGENDORFF, LANGENDORFF u NEUMANN (1966)
Maus	0–20	Geburt, ausgereift	Reproduktions-Kapazität ↓	12 u. 13	LANGENDORFF u. LANGENDORFF (1968)
Maus	11 u. 16	2, 14, 28 u. 56 Tage nach Geburt	Am 11. Tag: Zahl der Oozyten 50% Am 16. Tag: über 50%	16	NILSSON u. HENRICSSON (1969)
Ratte	10,5–5 Tage nach Geburt, 24-Std.-Intervalle	24 Std. p.r. 25 Tage p.r. 100 Tage p.r.	Oozytenpopulation um 52% (15,5) 22% (16,5)	15,5	BEAUMONT (1962)
Schwein	45–66 86–96 87–108 112 Tage in Gestationsperiode	66 Tage 108 Tage	100% 40% unter 20%	45–66	ERICKSON u. MARTIN (1976)

Tabelle 6. Literaturangaben zur Bestimmung kritischer Perioden der Strahlenempfindlichkeit männlicher Keimzellen. (Modifiziert nach Faizi-Gorn 1984, dort Literaturangaben)

Tierart	Alter bei Bestrahlung (Tage nach Konzeption)	Alter bei Untersuchung	Effekte im Vergleich zu Kontrollen	Kritische Perioden (Tage nach Konzeption)	Autoren
Maus	15,5–18,5	2 Monate	Fertilität 24 u. 32% (15,5 u. 16,5 Tag) Nicht am 18,5. Tag	16,5	Rugh u. Jackson (1958)
Ratte	10, 14, 18	reife Tiere	Am 18. Tag Keimepithel weitgehend atrophiert	18	Erschoff (1959)
Ratte	15–19	25 u. 100 Tage nach Geburt	13,5 Tag: 8% sterile Tubuli 19,5 Tag: 99,6% sterile Tubuli	19	Beaumont (1960)
Ratte	14–21	reife Tiere	17. Tag: Fertilität 67% ↓ 18–22. Tag: keine vertilen Tubuli	18–22	Hupp, Brown u. Austin (1969)
Ratte	15, 17, 19	6, 28 u. 49 Tage nach Geburt	Im Alter von 6. u. 28. Tag: 94–96% sterile Tubuli	19	Erickson u. Martin (1972)
Schwein	54–64	254 Tage nach Geburt	30% inaktive Tubuli	nicht eindeutig	Erickson, Morphree u. Hupp (1961)
Schwein	10–90	154 Tage nach Geburt	35. Tag: 12% sterile Tubuli 55–75. Tag: 70–75% 90. Tag: 31% sterile Tubuli	55–75	Erickson, Morphree u. Andrews (1963)
Gänse	30, 40, 50	189 Tage nach Geburt	133% mehr abnorme Spermien	nicht eindeutig	O'Brien, Hupp, Sorensen u. Brown (1966)
Bullen (prä-pubertär)	2 und 31	42 u. 71 Tage nach Geburt	Keimzellzahl um 20% vermindert	nicht berichtet	Erickson, Reynolds u. Brooks (1972)

werte Fakten: Andersen (Andersen u. Rosenblatt 1968; Andersen u. Simpson 1970; Andersen et al. 1972, 1977; Affe und Hund), Dobson (s. Dobson u. Felton 1983), Erickson (1976; Erickson et al. 1972; Erickson u. Martin 1972; Erickson u. Blend 1976; Erickson u. Reynolds 1978), Langendorff (Langendorff u. Langendorff 1957, 1962, Ü$_2$; Langendorff u. Neumann 1972), Kriegel (Török et al. 1979; Schmahl u. Kriegel 1980; Kriegel et al. 1982; Török u. Schmahl 1982). Zusätzliche Einzelbefunde fanden sich in folgenden Publikationen: Parsons (1962, Ü$_1$), O'Brien et al. (1966), Savkovic et al. (1966), Holland et al. (1977), Coffigny et al. (1978), Goyal u. Dev (1983). Besonderes Interesse erfuhren

Tabelle 7. Literaturangaben zur Strahlenempfindlichkeit von Keimzellen unter Berücksichtigung der Bestrahlungsbedingungen und des Expositionsalters. (Nach FAIZI-GORN 1984, dort Literaturverzeichnis)

Tierart	Alter bei Strahlenexposition (Tage nach Konzeption)	Bestrahlungsbedingungen und Dosisrate	Gesamtdosis	Effekte im Vergleich zu Kontrolle	Bemerkungen	Autoren
Maus	15,5–18,5	Röntgenstrahlen (Einzeldosen)	80, 100, 200 R	200 R: Fertilität 48% ↓ 37% waren völlig steril	Beziehungen zum Expositionsalter	RUGH u. JACKSON (1958)
Maus	0–20	Röntgenstrahlen jeweils zwischen 20–120 R/Tag	100 R	20 R/T: Fertilität 10% reduziert 60 R/T: vermindert Reproduktions-Kapazität und Sterilität	20 R fraktioniert war effektiver als 20 R protrahiert	LANGENDORFF u. LANGENDORFF (1968)
Maus	11	Röntgenstrahlen	20 R 80 R	Zahl der Oozyten reduziert 25% mit 20 R 45% mit 80 R		HENRICSSON u. NILSSON (1970)
Maus	während der Gestation	Tritium injiziert bei der Mutter	0,085; 0,85 und 85 µCi/ml Körperwasser	93% Oozyten-Verlust nach 8,5 µCi/ml Reduktion auch bei niedrigen Dosen		DOBSON u. COOPER (1974)
Maus	11	^{90}Sr (Einzelinjektion)	5 µCi/g 10 µCi/g Körpergewicht	56 Tage p. partum: Oozytenzahl 47% – 5 µCi/g 58% – 10 µCi/g 78% – 20 µCi/g	Dosisrate zeigt deutliche Auswirkung auf Oozytenzahl. Fertilität bleibt jedoch erhalten	RÖNNBÄCK et al. (1971)
Ratte	10, 14, 18	Röntgenstrahlen 18 R/min (Einzeldosen)	150 R 300 R	Am 18. Tag maximaler Effekt auf Keimzellenepithel	150 R und 300 R lösen am 18. Tag equivalente Effekte aus	ERSCHOFF (1959)

Tabelle 7 (Fortsetzung)

Tierart	Alter bei Strahlen-exposition (Tage nach Konzeption)	Bestrahlungs-bedingungen und Dosisrate	Gesamtdosis	Effekte im Vergleich zu Kontrolle	Bemerkungen	Autoren
Ratte	10, 14, 18	Röntgenstrahlen	300 R	Fetale Testes ohne Spermien. Histologisch keine Ovarveränderung	Gonadengewicht mehr durch γ-Strahlen beeinflußt	ERSCHOFF u. BRAT (1960)
	13–10	^{137}Cs γ-Strahlen fraktioniert	300 R	Atrophie in Testes. Keine Follikel oder Corpora lutea	Ovarzysten	
	1–21	^{137}Cs γ-Strahlen kontinuierlich	300 R	Ovarien deutlich atrophisch		
Ratte	13, 15, 17, 18	Röntgenstrahlen Einzeldosen (50 R/min)	50, 100, 150 R 2 × 100 R GKB	50 R: 50% Oozyten-Reduktion	Dosisraten abhängig (15. Tag!) Fertilität unbeeinflußt	BEAUMONT (1961)
Ratte	während der Gestation	Co^{60}-Strahlen 2, 5, 10 und 20 R/Tag	1000 R	Reproduktions-Kapazität nach 10 und 20 R/d für 10 Generationen steril	Hodengewicht durch 10 und 20 R/d	BROWN et al. (1964)
Ratte	1–20	γ-Strahlen (^{60}Co) kontinuierlich bestrahlt	50 R	deutlich ↓ der Oozytenzahl	Oozytenverlust bei chronischer low-level-Bestrahlung	VORISEK (1967)
Ratte	16, 17, 19	^{60}Co-Strahlen Einzeldosen	95 R	Gonozyten werden durch 45 R/min 2, 3 × deutlicher verringert als durch 0,95 R/min	Dosisratenwirkung bei mitotisch aktiven Gonozyten	ERICKSON u. MARTIN (1972)
Ratte	während der Gestation	Tritium	0,01; 1,0; 10,0 μCi/ml Körperwasser	F$_3$: Wurfgröße ↓ Resorptionsrate ↑ mit 10 μCi/ml Geburtsgewicht ↓ (1 und 10 μCi/ml)	F$_1$ + F$_2$ normal Manifeste Effekte bei F$_3$	LESKOY et al. (1973)

Tierart	Alter	Strahlung	Dosis	Befund	Literatur
Ratte	0–21	⁶⁰Co γ-Strahlen kontinuierlich 1, 3, 7 R/Tag	21, 63, 147	♂ Keimzellen ↓ / ♀:↓ 51% (7 R/T) – 65% 7% (1 R/T) – 45%	ERICKSON u. MARTIN (1976)
Schwein	108/112	⁶⁰Co γ-Strahlen kontinuierlich 0,5; 1,3; 7 R/Tag	54, 108, 324, 756	Am 3. u. 7. Tag: Keimzellen ♀+♂	ERICKSON u. MARTIN (1976)
Affen (Rhesus)	2 Monate 3 Monate	Röntgenstrahlen (Einzeldosen)	350–600 R 350–600 R >1000 R	Meiozyten deutlich max. nach 5 Monaten Keine Sterilität Keimzellen ↓	BAKER u. BEAUMONT (1967)
Affen (Bonnet)	2–5 Monate	Röntgenstrahlen 2 × 10 R/Woche	Gesamtdosis fetal 270 R	γ-Keimepithel steril Ovartumoren, keine Erholung nach 1 Jahr Keine Ovarfollikel nach 1 Jahr Testes enthalten nur Sertoli-Zellen	ANDERSON et al. (1972)
Affen (Squirrel)	während der Gestation	Tritium im Trinkwasser	0,05; 0,79; 1,63 und 3,14 µCi/ml Körperwasser	exponentielle Dosis-wirkungsbeziehung 3 µCi/ml: 99% Oozyten ↓ bei Geburt	DOBSON et al. (1978)

dabei auch die Strahlenreaktionen am Ovar nach Isotopenanwendung beim Tier (Dobson et al. 1968, Ü$_1$; Rönnbäck et al. 1971, 1979; Ü$_1$; Nilsson u. Henricson 1969, Ü$_1$; Rönnbäck et al. 1971, 1979, Ü$_1$; Nilsson u. Henricson 1969, Ü$_1$; Haas et al. 1973; Dobson u. Cooper 1974; Jones et al. 1980; Török u. Schmahl 1982; Pietrzak-Fils 1982; Bhatia u. Srivasta 1982; Dobson u. Felton 1983; Etoh u. Hyodo-Taguchi 1983). Damit wird die Bedeutung des Bestrahlungszeitpunkts für Reaktionen an Generationsorganen unterstrichen. Auch nach Strahlenexpositionen während bestimmter Entwicklungsphasen waren beträchtliche Unterschiede zwischen den Tierarten zu beobachten. Dies zeigen auch die Einzelbefunde der Tabellen 5–7. Beim Menschen liegen hierüber bisher nur wenige konkrete Hinweise vor (Mondorf u. Faber 1968; Meyer et al. 1969; Meyer et al. 1969; Meyer u. Tonascia 1973, 1981; Meyer et al. 1976).

Auch wenn bei derartigen Untersuchungen die Grenzen zur Erfassung genetischer Effekte nicht immer klar zu ziehen sind (zusätzliche Befunde s. Sankaranorayanan 1982), kann festgestellt werden, daß Untersuchungen von somatischen Strahlenfolgezuständen am Ovar und Hoden während verschiedener Entwicklungsphasen durch neuere Befunde wesentliche Impulse erhielten, die heute allerdings noch nicht abschließend bewertet werden können. Um so erfreulicher sind daher zusammenfassende Arbeiten (Baker 1971, Ü$_1$; Kriegel et al. 1982; Dobson u. Felton 1983; Faizi-Gorn 1983), die wiederum die Einschränkungen deutlich machen, Resultate der Tieruntersuchungen auf den Menschen zu übertragen.

E. Morphologische Veränderungen

Die morphologisch nachweisbaren Strahlenwirkungen an Ovar und Hoden wurden besonders gründlich erforscht; dies findet nicht nur Niederschlag in präzisen kinetischen Vorstellungen bei der Spermatogenese (Ü$_2$) oder in exakten Beschreibungen von pathologisch-anatomischen Störungen nach Einzeit- oder Mehrfach-Bestrahlungen der Generationsorgane, sondern auch in lesenswerten Übersichten (Zollinger 1960; Cottier 1961; Casarett 1980). Trotzdem sollen aus der Fülle von Fragestellungen einige Probleme kurz erwähnt werden, um aufzuzeigen, wie eingehend die Morphologie dieser Organe untersucht wurde. Dabei ist zunehmend zu erkennen, daß Morphologie und Funktion der Gonaden heute nicht mehr getrennt betrachtet werden können.

I. Morphologische Veränderungen beim weiblichen Organismus

Das Bild histologisch-morphologisch nachweisbarer Folgezustände nach Strahlenexposition, das ursprünglich von Reifferscheid (1914) und Halberstädter (1952, Ü$_1$) beschrieben wurde, haben zahlreiche Autoren bestätigt. Neben Follikelatrophie, Follikelschwund, zystischer Degeneration und bindegewebigem Umbau kommt es zum Einsenken epithelialer „Schläuche" vom Keimepithel in das ovarielle Stroma und zur Organatrophie (Jostes 1963). Die Zellen im Ovar und ihre funktionellen Einheiten sind dabei unterschiedlich strahlenempfindlich: es ist noch unsicher, ob eine absteigende Reihenfolge der Strahlenempfindlichkeit besteht, da es von der Tierart abhängt, ob Follikelzellen in bestimmten Stadien sensibler sind als Oozyten. Zur allgemeinen Überraschung mehrerer Arbeitsgruppen war eine vollkommene Sterilisierung auch durch hohe Ovarbestrahlung (z.B. 3 500 R beim Kaninchen, Lacassagne u. Gicouroff 1941; zitiert in Jostes 1963) nicht immer zu beobachten; einige primitive Eier begannen sich danach wieder zu entwickeln. Bei vielen Laboratoriumstieren, Affen eingeschlossen, stellte sich heraus, daß die sich entwickelnden Follikel strahlenempfindlich sind. Dagegen waren reife Follikel etwas resistenter und Primordialfollikel am resistentesten. Hierbei gibt es beträchtliche Speziesunterschiede, s. auch Tabelle 4, wobei auch das jeweilige Entwicklungsstadium eine Rolle spielt. So sind Primordialoozyten bei Mäusen und Ratten sehr strahlenempfindlich: Dosen, die die Keimzellen zerstören, erzielen nur geringe Effekte an den Granulosazellen (MANDL 1964; PETERS 1969; BAKER u. NEAL 1969, 1977 $\ddot{U}_1$). Bei Affen und Meerschweinchen dagegen sind Primordialoozyten (im Diplotene-Stadium) so strahlenresistent, daß Granulosazellen, die bei diesen Tierarten eine ähnliche Strahlenempfindlichkeit wie bei Ratten haben, lange vor den Oozyten zerstört sind (BAKER 1966, $\ddot{U}_1$; IANNOU 1969, $\ddot{U}_4$. Einheitlicher scheint dagegen die Strahlenempfindlichkeit von mehrschichtigen und Graafschen Follikeln bei den Tierarten zu sein: Mit 2000 R ist nur die Maus doppelt so empfindlich als Ratte, Meerschweinchen und Affe mit 4000–5000 R (MANDL 1964 = $\ddot{U}_4$; BAKER 1971; $\ddot{U}_1$). Auch im Zusammenhang mit der strahleninduzierten Tumorentstehung bei Mäusen oder bei transplantierten Ovarien fiel eine unterschiedliche Strahlenempfindlichkeit verschiedener Ovarialgewebe auf (COVELLI et al. 1982). Der Zeitpunkt des Auftretens morphologischer Veränderungen nach Strahlenexposition ist weitgehend von der Dosishöhe abhängig; nach höheren Dosen (1500 R) kann es bereits innerhalb einer Stunde zu schweren Störungen kommen, wobei frühzeitig der Zellkern in den Keimzellen mit nachfolgender Kondensierung der Chromosomen und mit Zerstörung der Kernmembran beteiligt ist (JOSTES u. SCHERER 1961; BEAUMONT 1965, $\ddot{U}_1$; BAKER 1966, $\ddot{U}_1$). Während es nach einzeitiger GKB mit 400 R eine Stunde, nach 100 R GKB 10 Stunden oder nach Langzeitbestrahlungen mit 1,2 R/Tag (Radium) nach 7 Wochen (59 R) zu Zellkernveränderungen kam (JOSTES 1963), waren noch ausgeprägter und frühzeitiger Ödeme des Zytoplasmas in den Follikelzellen und Veränderungen am endoplasmatischen Retikulum und an den Mitochondrien dieser Zellen zu erkennen. Neben Alterungsvorgängen am Kern zeigten sich 2–3 Monate später zytoplasmastische Veränderungen, die nur zum Teil repariert werden. Beim Langzeitversuch mit 1,2 R/Tag waren die reparativen Vorgänge eindrucksvoller; es kam jedoch auch zu einer Reduzierung der Follikelzellzahl (JOSTES u. SCHERER 1967). Vermutlich ist die Plasmamembran – zumindest bei den Mäuseoozyten – besonders strahlenempfindlich (DOBSON u. FELTON 1983). Weitere Befunde sind den Einzelarbeiten und Übersichten zu entnehmen, wobei es heute weniger darum geht, die Art der Strahlenfolgezustände am Ovar zu beschreiben; im Vordergrund steht die Erforschung der Ursachen für die zum Teil erheblichen Unterschiede der Strahlenempfindlichkeit bei den verschiedenen Tierarten.

Elektronenmikroskopische Studien

Bei Maus und Ratte haben mehrere Autoren ultrastrukturelle Strahlenveränderungen an Oozyten beschrieben (Maus): postnatal PARSONS 1962; $\ddot{U}_1$; BOJADJIEVA MIHAILOVA 1964, $\ddot{U}_1$; JOSTES u. SCHERER 1967 (Maus); PARKIN 1970, $\ddot{U}_1$ (Ratte). Weitere Details: siehe BAKER u. NEAL 1977 = $\ddot{U}_1$. Da auch diese Untersuchungen die Strahlenempfindlichkeit der Mäuse-Keimzellen bestätigten, erfolgten entsprechende Untersuchungen an Rhesusaffen (BAKER u. BEAUMONT 1967; BAKER u. FRANCI 1972a, b, $\ddot{U}_1$). Hierbei zeigten sich Unterschiede bei der Chromosomenanordnung, so daß sich auf diese Weise Erklärungsmöglichkeiten für die unterschiedliche Strahlenempfindlichkeit verschiedener Tierarten ergeben ($\ddot{U}_1$). Auch nach Strahlentherapie erfolgten einzelne elektronenmikroskopische Untersuchungen (GRÖNROOS et al. 1982).

II. Morphologische Veränderungen beim männlichen Organismus

Die *Bestimmung des Hodengewichts* nach Strahlenexposition wird auch heute noch durchgeführt, meist jedoch in Kombination mit anderen morphologischen und funktionellen Parametern; dabei ist festzustellen, daß der von Kohn und Kallman (1954, Ü₅) beschriebene Gewichtsverlust des Hodens als Exponentialfunktion der Strahlendosis mit den histologischen Veränderungen korreliert. Inzwischen konnten Krebs (1968), Oakberg (1975) u. a. zeigen, daß Beziehungen zwischen dem Überleben der strahlenempfindlichen Spermatogonien und dem Zellverlust der strahlenresistenten Zellfaktoren einerseits und der 2 Komponenten-Antwort andererseits (s. H. III) bestehen. Auch heute noch findet die Bestimmung des Hodengewichts meist in Kombination mit anderen Methoden bei vielen Untersuchungen eine breite Anwendung.

Das *Überleben spermatogonialer Stammzellen* nach Bestrahlung, meist an Nagetieren, wird durch die folgenden zwei Methoden zu erfassen versucht: histologisches Zählen der einzelnen Stammzellen (Dym u. Clermont 1970, Ü₅; Hochberg u. De Reviers 1970, Ü₅; Oakberg u. Huckins 1976; Erickson 1976; Oakberg 1978) und die Erfassung der Repulation in den Hodentubuli (Withers et al. 1974; Kramer et al. 1974; De Ruiter-Bootsma et al. 1974, 1976, 1977; Meistrich et al. 1978; van den Aardweg et al. 1982, 1983). Ferner wurden folgende Methoden zur Erfassung von strahleninduzierten Änderungen eingesetzt: DNS- und RNS-Gehalt sowie Synthese (Meyhöfer et al. 1971), DNS-Gehalt und Thymidin-Inkorporation des Hodens (Geraci et al. 1977), DNS-Synthese von Prospermatogonien (Hilscher et al. 1982), Spermienkopfzahl in Hodenhomogenaten (Lu et al. 1980) und Zahl DNS-synthetisierender Zellen (Hacker et al. 1980, 1981, 1982).

Die *Bedeutung der Stammzellen* konnte über mehrere Modellvorstellungen (z. B. Clermont u. Bustos O Bregon 1968, Ü₅ und Huckins 1971, U₅; bei der Ratte, Monesi 1962, Ü₅; Oakberg 1971, Ü₅; bei der Maus) herausgearbeitet werden, wobei sich die Vorstellungen über die Stammzellerneuerung sehr ähneln: der sogenannte A_S-Typ wird als die eigentliche Stammzelle angesprochen. Während A-Spermatogonien mit kurzem Zellzyklus als sehr strahlenempfindlich gelten, haben alle überlebenden Zellen nach Bestrahlung mit 300 rad einen langsameren Zellzyklus (Oakberg 1971; U₅; Huckins 1978a, b; Oakberg u. Huckins 1976; Huckins u. Oakberg 1978). Über mehrere Beiträge anderer Autoren (Ü₂,₅, Oakberg u. Lorenz 1972 = Ü₅; Oakberg 1975; Erickson 1976; Ruiter-Bootsma 1977; s. auch Greiner 1982) konnte ein heute allgemein anerkanntes Modell für den Ablauf der Spermatogenese entwickelt werden (Abb. 2). Grundsätzliche Unterschiede im Ablauf der Spermatogenese des Mannes im Vergleich zu den Nagern bestehen nicht; neben der bereits beschriebenen längeren Reifungsdauer bis zum Spermatozoon findet sich ein unterschiedliches Verhalten der Regeneration und Repopulation der Samenkanälchen. Bei den Nagern erfolgt die Regeneration bis zur möglichen Erholung des Stammzellenpools, während bei Menschen die Repopulation des Samenkanälchens von jeweils einer Stammzelle ausgeht, deren Fähigkeit zur Repopulation sich wieder erholt hat.

Mit der Empfindlichkeit der Spermatogenese und vor allem die der Spermatogonien haben sich weitere Publikationen mit verschiedenen Fragestellungen beschäftigt. Neben den Folgen nach den Effekten von kontinuierlicher Bestrahlung oder den nach den Grenzdosen, die gerade noch zu Änderungen der Kinetik führen, haben unter dem Aspekt der klinischen Übertragbarkeit insbesondere die Fragen der Fraktionierung und Protrahierung in der Forschung einen breiten Raum eingenommen.

Kontinuierliche Bestrahlung (s. auch H. II): Eine Dauerbestrahlung von 0,009 r/min (=ca. 13 cGy/min) scheint eine Grenzdosisleistung zu sein (Oakberg u. Clark 1964, Ü₃), bei der sich ein Gleichgewicht auf dem Niveau von 80% der normalen Zellzahl einstellen kann. Mit 0,04 cGy/min wurde ein Grenzwert der Dosisleistung ermittelt; bei höherer Dosisleistung entscheidet dann die Gesamtdosis über die Bestrahlungsfolgen. Auch nach Untersuchungen an Hunden (Casarett 1970) führten 0,065 cGy/täglich bis zu Gesamtdosen von 60 cGy zu einer niedrigeren Spermatozooen-Konzentration und nach 150 cGy zu einer ausgeprägten

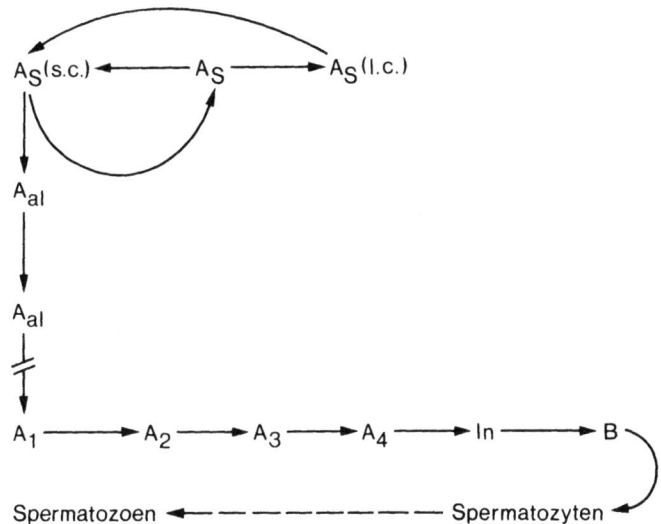

Abb. 2. Spermatogenese-Modell (für Ratten- und Mäusehoden) nach HUCKINS u. OAKBERG 1978. Die Stammzellen der Spermatogonien (A_s) sind überwiegend Zellen mit kurzem Zellzyklus (*s.c.* = Short cycling), zum kleineren Teil Zellen mit langem Zellzyklus (*l.c.* = long cycling). Die ersteren erneuern sich selbst (A_s) und füllen damit die Anzahl der Stammzellen wieder auf, bzw. sie machen den ersten Schritt zur Differenzierung und bilden Spermatogonien, die zunächst als Paar und später, nach 2–4 Teilungen, in Reihe angeordnet sind (A_{al} = aligned). Diese A_{al}-Spermatogonien transformieren sich ohne weitere Mitose in A_1-Spermatogonien und durchlaufen dann den weiteren Weg der Differenzierung bis zum Spermatozoon

Oligospermie in den Ejakulaten. Wurden 2 cGy über mehr als 10 Generationen nur geringgradig überschritten, dann war ein kontinuierlicher Spermatozoenverlust bis zur Infertilität zu beobachten (DE BOER 1964, Ü$_3$).

Grenzdosen: Die differenzierten Spermatogonien, die in der Spermatogenese besonders strahlenempfindlich sind, sollen bei Mäusen eine LD$_{50}$ von 20–24 cGy haben (OAKBERG 1973, 1975, Ü$_3$ und Ü$_5$). Nach Untersuchungen von OAKBERG (1971) leben 72 Stunden nach 100 cGy 22% der Spermatogonien A$_1$ und 5% der Spermatogonien A$_{2-4}$, nach 150 cGy nur noch Stammzellen und präleptotene Spermatozyten; nach Freiwilligen-Untersuchungen (HELLER et al. 1968; ROWLEY 1971) mit unterschiedlichen hohen Einzeldosen sind ähnliche Verhältnisse beim Menschen anzunehmen. Eine Erholung durch die Subpopulation im Pool der Stammzellen der Spermatogonien ist nach folgenden Dosen wahrscheinlich: nach Einzelbestrahlungen von 600 cGy (Mensch), 800 cGy (Stier) und nach über 20 Gy bei anderen Versuchstieren (Hund: CASARETT, Ratte: WATTENWYL, Ü$_3$).

Fraktionierung: Über die tierexperimentellen Resultate hinaus, die im Abschnitt H.I kurz geschildert werden, haben die von RUBIN u. CASARETT (1972) zunächst angenommenen „Toleranzdosen" des Menschen inzwischen korrigiert werden müssen: Für die Stammzellen der Spermatogonien kann jetzt eine LD$_{5/5}$ bei 100 cGy und eine LD$_{50/5}$ von 200 cGy angenommen werden (LUSHBAUGH u. CASARETT 1976). Nach den in der Strahlentherapie gewonnenen Daten von GREINER (1982) an 58 Patienten wurde die Erholung der Spermatogenese bei Tagesdosen von 3–5 cGy und Gesamtdosen bis 100 cGy nicht gefährdet, allerdings machen Tagesdosen über 150 cGy eine Erholung weitgehend unmöglich (s. auch Abb. 3). So hat man das Überleben von Stammzellen auch für die Bestimmung der *RBW* (s. H. III) verschiedener Strahlenarten eingesetzt: Neutronen (z. B. CLOW u. GILETTE 1970; COGGLE et al. 1977; GERACI et al. 1975, 1977, 1980; VAN DEN AARDWEG 1983) oder schwere Teilchen (ALPEN u. POWERS-RISIUS 1981).

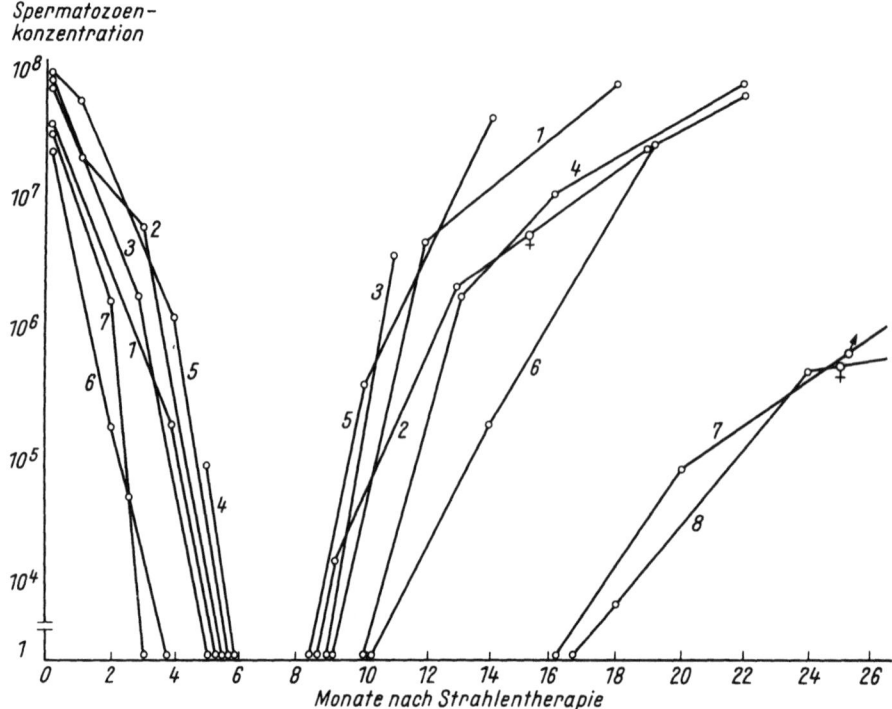

Abb. 3. Spermatozoenkonzentration (Mill/ml) von 8 prospektiv kontrollierten Patienten in Abhängigkeit vom Zeitintervall (nach Bestrahlungsbeginn). (Weitere Einzelheiten: Greiner 1982)

Neben der Heterogenität der Stammzellen und der unterschiedlichen Spermatogenese-Dauer bei Maus, Ratte und Mensch (35/42/72 Tage) hat sich bereits früher (Oakberg 1955, $\ddot{U}_{2,5}$) herausgestellt, daß die Bestrahlung auf die Zeit, in der die überlebenden Zellen das Ejakulat erreichen, keinen Einfluß hat. Auch der Mitosestop nach Bestrahlung der Spermatogonien war nicht wesentlich verlängert; für B-Spermatogonien soll diese Mitoseverzögerung nach 20–50 R etwa 2,5 Stunden, nach 200–300 R etwa 6 Stunden betragen. Eine weitere Fragestellung, die mit morphologischen Methoden beim Hoden bearbeitet wurde, ist die Vorbestrahlung mit kleinen Dosen und anschließender hoher GKB (Diethelm u. Lorenz 1964).

Auf eine unterschiedliche Strahlenantwort peripherer und zentraler Tubuli nach γ-Bestrahlung von Mäusetestes wiesen Bhatia et al. (1982) hin.

Über die direkten Einflüsse ionisierender Strahlen auf die Spermienbeweglichkeit, die häufig nach direkter Samenbestrahlung untersucht wurde, liegen an verschiedenen Tierarten widersprüchliche Resultate vor: Rikmenspoel u. van Herpen 1969, 1975 (Bullen), Niedetzky u. Lautai 1969 (Frosch), Bruce et al. 1974 (Maus) sowie Makler et al. 1980 (Mensch) sahen in verschiedenen Dosisbereichen eine Einschränkung der Spermienbeweglichkeit, während Overstreet u. Adams (1971, $\ddot{U}_3$) (Kaninchen) keine eindeutigen Effekte beobachteten. Über Strahleneffekte auf die Samen-Zusammensetzung berichteten auch Casarett (1964, $\ddot{U}_3$); Wu und Prince (1964) sowie Lawson et al. (1967). Änderungen der Blutzufuhr bei Mäusehoden Tage nach Lokalbestrahlung (10 Gy) beobachteten Kochar u. Harrison (1971a, b), siehe auch Wang et al. (1983).

Neu herausgearbeitet hat man inzwischen auch die Rolle der anderen Hodenanteile im Strahlengeschehen: so haben bei Erholungsvorgängen neben den Spermatogonien vor allem auch die Sertoli-Zellen unter Beteiligung des Endokriniums (Fakunding et al. 1976; Dedov u. Norec 1982; Wang et al. 1983) und die Leydig-Zellen (Abbott 1959, $\ddot{U}_5$; Erickson

1964; BRAUNER et al. 1983) eine gewisse Bedeutung, die jedoch noch weiterer Abklärung bedarf.

Schließlich ist zu erwähnen, daß morphologisch erfaßbare Strahlenveränderungen zwischenzeitlich noch bei weiteren Tierarten untersucht wurden: so berichteten z. B. PRASAD et al. (1977) bei Opossum, HYODO-TAGUCHI und EGAMI (1977) (dort weitere Literatur) über Spermatogonien-Veränderungen bei Fischen (nach Bestrahlung mit tritiertem Wasser) und ASHRAF et al. (1974) beim Bollwurm.

F. Funktionelle Veränderungen

Je nach Tierart werden funktionelle Änderungen nach Bestrahlung weiterhin mit verschiedenen Methoden zu ermitteln versucht: Die Bestimmung steriler Perioden steht bei Kleintieren nach wie vor im Vordergrund. In den vergangenen Jahren ergaben sich jedoch bereits erhebliche Schwierigkeiten, die Morphologie und Funktion der bestrahlten Hoden getrennt voneinander darzustellen. Daher wird in einem zusätzlichen Abschnitt G der Versuch unternommen, auch diejenigen Arbeiten herauszustellen, die die Kombination morphologischer und funktioneller Parameter bearbeiten. Das Wissen um die Bedeutung funktioneller Veränderungen bei den Strahleneffekten auf das Ovar konnte in den vergangenen 20 Jahren vor allem durch drei spezielle Forschungsrichtungen bereichert werden:

1. Während die Abklärung strahleninduzierter Sterilität beim erwachsenen Kleintier bis 1965 im Vordergrund stand, beobachtete man diese Parameter jedoch jetzt vorwiegend nach Bestrahlung von in Entwicklung befindlichen Gonaden, da in diesem Fall Wurfgröße, Sterilitätsdauer und das gesamte Reproduktionsvermögen ausgeprägter und nachhaltiger als beim erwachsenen Organismus durch Strahlung beeinflußt werden. BAKER u. NEAL (1977, $\ddot{U}_1$) haben diese funktionellen Änderungen mit einer Fülle von Einzelbeobachtungen zusammengestellt. Dabei wurde offensichtlich, daß zwar ein beträchtlicher Keimzellverlust ausgelöst wird (z. B. Schwein), daß jedoch das Reproduktionsvermögen durch hohe akute Bestrahlung nie völlig beeinträchtigt wird. Allerdings ist die exakte Erfassung der Wurfgröße während der gesamten Reproduktionsphase nur bei Nagetieren möglich, da eine Reihe von Faktoren (Lebenszeit, individuelle Unterschiede, Wurfgröße) bei Großtieren verhindern, das Reproduktionsvermögen umfassend zu dokumentieren. Entsprechende Untersuchungen beim Menschen sind bisher schwer zu bewerten (MONDORF u. FABER 1968).

2. Großtierbeobachtungen haben zwar einen Teil der Resultate an Mäuse und Ratten bestätigt; neben Speziesunterschieden wurde jedoch auch deutlich, daß bei Großtieren höhere Strahlendosen bei Einzelexposition notwendig sind, um gleichstarke Effekte wie bei Nagetieren zu erzielen. Eine Zusammenfassung dieser Befunde findet sich bei BAKER und NEAL (1977 = $\ddot{U}_1$).

Wegen der Aktualität werden die Befunde hier kurz skizziert: Während beim Hamster die Wurfgröße durch 100 bis 300 R (1–3 Gy) herabgesetzt wurde (BROOKSBY et al. 1964, $\ddot{U}_1$), blieb die Zahl der Jungen nach 300 R bei Beagle-Hunden über eine vierjährige Beobachtungszeit unbeeinflußt (ANDERSEN 1964, $\ddot{U}_4$). An Schafen konnte nach GKB mit 300–500 R (Röngenstrahlen) eine deutliche Beeinträchtigung der Vermehrungsfähigkeit nachgewiesen werden (TERRY et al. 1964, $\ddot{U}_1$). Bei 280 Kühen erfolgte mit Dosisraten von 0,7 R/min Bestrahlungen bis zu 600 R keine stärkere Beeinträchtigung der Fekundität und Fertilität (ERICKSON et al. 1976). So besteht der Eindruck, daß das Reproduktionsvermögen bei Säugetieren durch GK-Dosen unterhalb der LD 50 nicht wesentlich beeinträchtigt wird. Der Menstrualzyklus wurde nach Lokalexposition der Zeugungsorgane (VAN WAGENEN u. GARDNER 1960; Beobachtungszeitraum 10 Jahre) oder der Ovarien allein (BAKER et al. 1969, $\ddot{U}_1$; KELLY u. MARSTON, $\ddot{U}_1$: insgesamt 26 Affen) unterhalb einer Dosis von 4000 R nur wenig beeinflußt. Wenn die Oozytenpopulation auf 50% der Kontrollen absank (BAKER 1969), war nach Strahlendosen zwischen 5000–7000 R rasch eine Amenorrhoe zu beobachten. Mit steigenden lokalen Ovarialdosen zwischen 500–7000 R nahmen die Veränderungen zu: erst nach einigen unregelmäßigen Zyklen sistierte der Zyklus nach 5000 R. Nach Bestrahlung von Affen mit 500–750 R (Röntgen- oder Gammastrahlen) wurden bei 24 Schwangerschaften nur 10 lebende Junge geboren (Yakovleva u. Novikova 1963, Ü₁); auch nach Beckenbestrahlung mit 600 R kam bei 21 Schwangerschaften nur ein lebensfähiges Junges zur Welt (van Wagener u. Gardner 1960, Ü₁), wobei die Tiere meist zwischen dem 39. und 40. Gestationstag abortierten.

3. Neben Großtieruntersuchungen haben humanmedizinische Beobachtungen unter Einbeziehung endokrinologischer Methoden dazu beigetragen, die Rolle funktioneller Änderungen nach Strahlenexposition besser als früher zu deuten (C. I., F. III). Allerdings können bei Großtier und Mensch auch Streßfaktoren zu Menstruationsstörungen oder zu Änderungen endokrinologischer Parameter führen (Breckwoldt et al. 1981; Peters et al. 1982), die beim Nagetier zu vernachlässigen sind. Daher müssen Beobachtungen beim Menschen über die Beeinflussung der Fertilität sowohl nach kleinen Strahlendosen (im Diagnostikbereich) als auch nach höherer Einzeitexposition (z. B. nach Atombombenexplosionen in Hiroshima und Nagasaki) kritisch betrachtet werden. Zwei Beobachtungen allerdings sind in diesem Zusammenhang zu erwähnen: Einmal haben die Versuche, Strahlendosen, z. B. protrahiert als Radium, und Auslösung von Schwangerschaften zu korrelieren, nicht nur mitgeholfen, die Dauer steriler Perioden zu ermitteln, sondern auch gezeigt, daß sich der Grad der Bestrahlungseffekte durch kontinuierliche Bestrahlung mit kleinen und mittleren Dosen wesentlich von denen nach Einzeitbestrahlung unterscheidet. Es wird auf die in H I und II beschriebene Beeinflussung der Ovarialfunktion durch protrahierte oder fraktionierte Bestrahlungen hingewiesen, die durch Beobachtungen der Strahlentherapeuten heute besser als früher analysiert werden können. Ferner ist zu erwähnen, daß die Reifung von Oozyten durch Bestrahlung offensichtlich beschleunigt wird, so daß es zur sogenannten „Superovulation" kommt (Feingold u. Hahn 1972). Niedrige ^{90}Sr-Dosen, die die Funktion nicht beeinträchtigten, ließen z. B. die Zahl reifer Oozyten bei Mäusen ansteigen (Hendricson u. Nilsson 1970, Ü₁). Auch ein beschriebener Fertilitätsanstieg um 10–15% nach pränataler Strahlenexposition mit kleinen Dosen (Röntgendiagnostik beim Menschen, Meyer et al. 1969; Meyer und Tonascia 1973, 1976, 1981) kann zusammen mit weiteren Befunden aus Tieruntersuchungen und mit den Befunden aus der gynäkologischen Strahlentherapie und den bestrahlten Hodgkin-Patientinnen (s. C. II) mit einer strahleninduzierten Superovulation in Zusammenhang gebracht werden.

I. Sterilität, Reproduktionsvermögen ♂

Im Anschluß an die Übersichten Ü$_{2-5}$ und Kapitel C. II erfolgte die Bestimmung steriler Perioden nur unter speziellen Fragestellungen: ‚So stehen Fragen der Regeneration und Repopulation (Meistrich et al. 1978), Effekte fraktionierter Bestrahlung (Cattanach 1974; Sheridan 1971) jetzt mehr im Vordergrund, wenn auch die Beziehung zwischen der Höhe der Strahlendosis und der Länge steriler Perioden in diesen Arbeiten noch angesprochen wird. Während sich nach einer Gesamtdosis von 400 R die Länge der sterilen Perioden nach fraktionierter Bestrahlung von der nach Einzeitbestrahlung nicht wesentlich unterschied, verkürzte sich nach 600 R Gesamtdosis nach Fraktionierung dieser Zeitraum, um sich nach höherer Gesamtdosis im Vergleich zur Einzeitbestrahlung wieder zu verlängern.

Eine dauernde Sterilität bei kleinen Labortieren scheint meist nach Strahlendosen in Höhe einer LD$_{90}$ aufzutreten. Clow und Gilette (1970) folgern aus ihren Untersuchungen, daß dann eine bleibende Sterilität bei der Ratte zu beobachten ist, wenn die überlebenden Zellen vom Typ A-Spermatogonien auf 6–8% der Kontrollwerte reduziert sind. Meistrich et al. (1978) meinen, daß 15% der normalen Spermaproduktion für eine Fertilität ausreichen.

Dabei zeigt sich auch, daß die Strahlendosen, die zu einer permanenten Sterilität führen, bei kleinen Labortieren höher sind als bei Hunden, Affen und Menschen.

Gerade diese Arbeiten und die folgenden endokrinologischen Strahleneffekte zeigen, daß es heute methodisch sinnvoller geworden ist, morphologische und funktionelle Änderungen nach Strahlenexposition kombiniert zu bearbeiten.

II. Biochemische Veränderungen (♂ und ♀)

Einige Faktoren erschweren es, biochemisch faßbare Stoffwechseländerungen in Ovar und Hoden nach Bestrahlung systematisch zu beschreiben und zu deuten.

a) Das biochemische Basiswissen über Stoffwechselvorgänge am intakten Ovar oder Hoden konnte erst in den letzten Jahrzehnten herausgearbeitet und ergänzt werden.

b) Die unterschiedliche Strahlenempfindlichkeit von Keim- und Interstitialzellen und ihre Abhängigkeit vom Hypophyse-Zwischenhirn sowie die damit verbundenen Hormonveränderungen führten zu Befunden, die erst jetzt systematisch zusammengetragen werden können.

c) Nur langsam gelingt die Zuordnung biochemischer nachweisbarer Störungen zu morphologischen Veränderungen, die im Strahlengeschehen zusätzlich von Faktoren, wie z.B. Zeit, Erholung, Zusatzmedikation, beeinflußt werden, dadurch war eine Analyse zeitlicher Abläufe gelegentlich recht schwierig.

Veränderungen des DNS- und RNS-Gehalts sowie ihrer Synthese im Hoden hat man mit verschiedenen Methoden zu erfassen versucht (MEYHÖFER et al. 1971; GERACI et al. 1977; LU et al. 1980; HACKER et al. 1980, 1981, 1982; HILSCHER et al. 1982; s. auch Kapitel E. II). Autoradiographie unter dem Elektronenmikroskop erfolgte zur Lokalisation von ^{241}Pu in verschiedenen Zellbestandteilen der Hoden von Hunden, Meerschweinchen und Ratten (MILLER 1982).

Mehrere Arbeiten beschäftigen sich neuerdings mit biochemischen Veränderungen im Hodengewebe, meist nach Lokalbestrahlung von Ratten. Diese funktionellen Erkenntnisse geben gleichzeitig einen Einblick in die Dynamik derartiger Strahlenveränderungen. So haben GUPTA und BAWA (1971–1979), HORI et al. (1970), ITO (1966), KOCHAR und HARRISON (1971b) – auch in Kombination mit histologisch nachweisbaren Veränderungen – einige strahleninduzierte Enzymveränderungen aus verschiedenen Stoffwechselbereichen beschrieben: Neben der 5-Nukleotidase und Adensintriphosphatase (GUPTA u. BAWA 1975, 1978a) konnten Änderungen folgender Enzymaktivitäten nachgewiesen werden: Malat-Dehydrogenase (MDH): Laktat-Dehydrogenase (LDH), Sorbit-Dehydrogenase (SDH), Glukose-6-phosphat-Dehydrogenase, Isozitrat-Dehydrogenase (GUPTA u. BAWA 1975, 1978a, 1979; s. auch HORI et al. 1970). Entsprechende Aktivitätsänderungen der Isozitrat-, Succinat- und Malatdehydrogenasen sowie der Zytochromoxidase im Rattenovar bestimmten WALTHER et al. (1968) nach sub- und supraletaler GKB. Ferner wurde in Mäusehoden ein Anstieg der Prostaglandin-Synthetase 15 Minuten nach 9 Gy GKB beschrieben (NIKANDROVA et al. 1981). Da die Zinkaufnahme des Hodens oder seiner Anhangsorgane durch Gonadotropine und Testosteron beeinflußt wird und Zink bei der Spermatogenese mitwirkt, untersuchten GUPTA und BAWA (1975) die Inkorporation von ^{65}Zink nach Unterbauchbestrahlung von Ratten.

Derartige biochemische Veränderungen nach Strahlenexposition können nur in Analogie mit Effekten anderer Noxen, Wirkstoffe (z.B. Alkylantien) oder Hormone zusammen mit morphologischen oder endokrinologischen Befunden gedeutet werden; die hier nur auszugsweise erwähnten Resultate lassen jedoch bereits erkennen, daß auch die Biochemie auf diese Weise einen breiten Zugang zur Strahlenforschung der Generationsorgane erhalten hat und daher noch weitere interessante Resultate zu erwarten sind. Dabei sollte eine systematische Einordnung dieser biochemisch nachweisbaren Einzelbefunde angestrebt werden.

III. Endokrinologische Veränderungen

Aus methodischen Gründen fanden endokrinologische Fragestellungen bei der Betrachtung somatischer Strahlenwirkungen auf Ovarien und Hoden nur zögernd Berücksichtigung, zumal es sich bei strahleninduzierten Änderungen gelegentlich um Sekundäreffekte handeln kann. Obwohl noch eine Reihe von endokrinologischen Zusammenhängen nach Strahlenexposition ungeklärt sind, sollen hier einige Befunde geschildert werden, zumal in den vergangenen Jahren mehrere Autoren endokrinologische Parameter zusammen mit morphologischen oder funktionellen Veränderungen nach Strahleneinwirkung untersucht haben (z.B. Bieler et al. 1976a, b; Hopkinson et al. 1978; Kalisnik et al. 1978; Muramatsu et al. 1978; Grönroos et al. 1982; Wang et al. 1983).

1. Endokrinologische Veränderungen beim weiblichen Organismus

Unter Kontrolle des Hypothalamus (über releasing- oder inhibiting-Faktoren) sezerniert der Hypophysenvorderlappen neben 4 anderen Hormonen das follikelstimulierende Hormon (FSH) und das Luteinisierungshormon (LH oder auch ICSH: Interstitialzellen-stimulierendes Hormon), die beide zusammen auch als Gonadotropine bezeichnet werden. Bei Entfernung oder Zerstörung der Hypophyse atrophieren Ovarien bzw. Hoden. FSH ist bei der Frau für das initiale Follikelwachstum im Ovar verantwortlich. LH fördert die Endreifung der Follikel und deren Hormonsekretion sowie die Ovulation, den Beginn der Corpus-luteum-Bildung und die Progesteronsekretion. Die vom Ovar freigesetzten Sexualsteroide greifen regulierend und modulierend im Sinne einer positiven und negativen Rückkopplung in die Funktion des Hypothalamus und vor allen Dingen in die Funktion des Hypophysenvorderlappens ein.

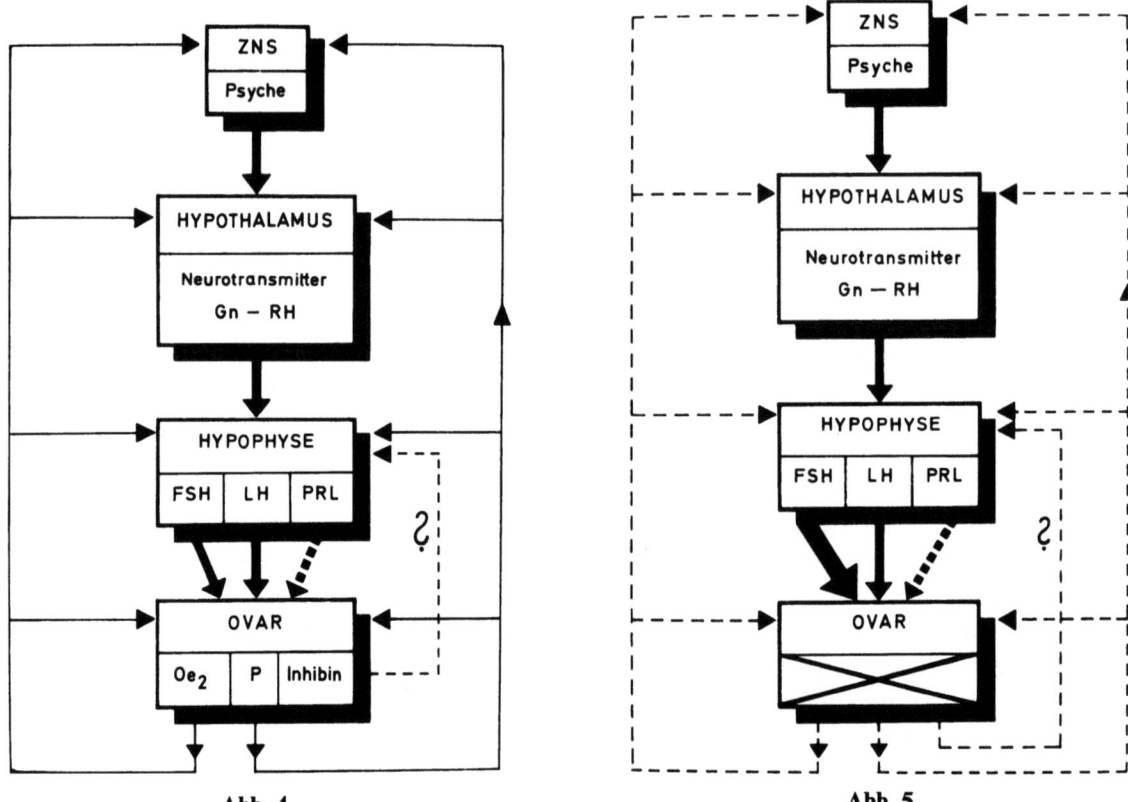

Abb. 4   **Abb. 5**

Abb. 4. Schematische Darstellung der ovariellen Regelmechanismen während der Geschlechtsreife. (Breckwoldt et al. 1981)

Abb. 5. Schematische Darstellung der ovariellen Regelmechanismen bei primärer oder sekundärer Ovarialinsuffizienz. (Breckwoldt et al. 1981)

Ergebnisse

Sowohl nach operativer als auch nach radiologischer Ovarausschaltung, z. B. nach Kastration eines metastasierenden Mammakarzinoms in der Prämenopause, kommt es zu einer verstärkten Ausschüttung von Gonadotropinen. So wird nach der radiologischen Kastration – ähnlich wie nach Operation – ein deutlicher Anstieg der Blutplasmaspiegel von LH und FSH sowie eine erhöhte Gonadotropin-Urinausscheidung beschrieben (LORAINE 1957; JANSON et al. 1981). Dies entspricht dem klassischen Bild einer hypergonadotropen Ovarialinsuffizienz, wie sie auch nach anderen Ovarialerkrankungen beobachtet wird (BRECKWOLDT et al. 1981, Abb. 4 und 5). Die eigentliche Störung liegt im Ovar; der Gonadotropin-Anstieg im Blutplasma tritt im Vergleich zur Operation nach radiologischer Kastration verzögert und nicht so stark auf (CZYGAN u. MARUHN 1972, Abb. 6). Dieser aus der klinischen Medizin bekannte Befund wurde auch an Kälbern und Rhesusaffen erhoben (ATKINSON et al. 1970, $Ü_1$; DRIANCOURT et al. 1983), allerdings mit graduellen Unterschieden (HOBSON u. BAKER 1979). Über Frühveränderungen von FSH, LH und Östradiol bis zu 7 Tage oder nach Beckenbestrahlungen bis zu 40 Tagen nach Radium bei Patientinnen mit gynäkologischen Karzinomen berichteten HALAWA et al. (1981), BIELER et al. (1976a, b) und GRÖNROOS et al. (1981, 1982). Beim Menschen war nach Ovarbestrahlung (2000 R) die Östrogensynthese

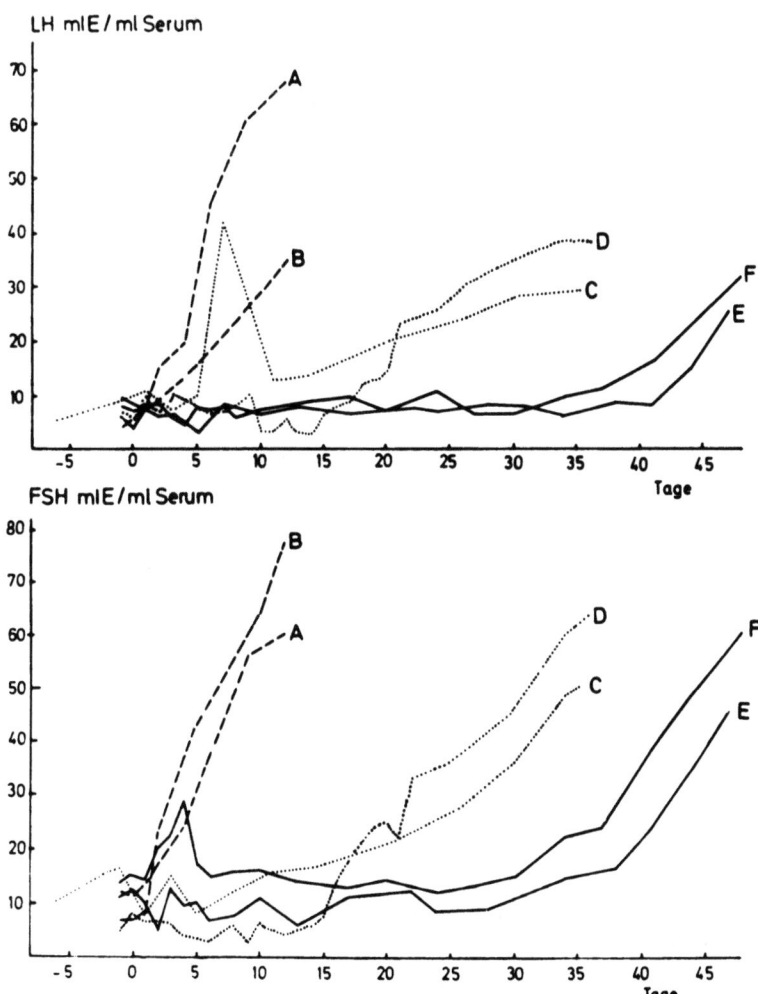

Abb. 6. Vergleich des Serum-FHS- und LH-Verhaltens nach operativer Kastration (----), nach einfacher radiologischer Ovarialausschaltung (——) oder im Verlauf einer kurativen Strahlentherapie (......). (CZYGAN u. MARUHN 1972)

nicht wesentlich verändert. Nach Ovarbestrahlung von Patientinnen (im Alter 24–38 Jahre: JANSON et al. 1981) sanken jedoch Östradiol- und Östrogenausscheidungswerte ab, letztere blieben jedoch höher als bei Frauen nach operativer Ovarentfernung (DIEZ-FALUSY et al. 1959). Katabolismus und Konjugation von Östriol waren in Niere und Dünndarm eingeschränkt. Kurz nach GKB (400 R) von Ratten verminderte sich die Konversionsrate von Testosteron zu Östrogenen, jedoch normalisiert sie sich bald wieder. Auch nach Untersuchungen von SHELTON (1961) ist nicht eindeutig erwiesen, ob die Androgensekretion der ausgewachsenen Ratte nach Ovarbestrahlung gestört ist. Befunde nach LH-Stimulierung bei bestrahlten Ratten beschrieben SPALDING et al. (1957), CHRISTIANSEN et al. (1970). Interessante Gesichtspunkte zur Hormonwirkung zeichnen sich nach Entdeckung von Hormonrezeptoren ab; im Zusammenhang mit der Bestrahlung gibt es bisher jedoch nur Einzelmitteilungen (BLANKENSTEIN et al. 1981; JANSSENS et al. 1981): Danach fielen die Östrogen-Rezeptorkonzentrationen im Tumor nach etwa 20 Gy deutlich ab.

Besonders schwierig ist die Hormonsituation unter extremen Lebensbedingungen und nach kleinen Strahlendosen zu beurteilen: So fanden sich bei Bergarbeiterinnen nach Röntgen- und Gammastrahlexposition (30–70 R) bei normalen Menstruationszyklen verzögerte Ovulationsgipfel – wohl als Zeichen verzögerter Follikelreifung – und Änderungen der Östradiol-Urinausscheidung (VUSIK u. KOGAN 1976). Hierbei ist jedoch zu berücksichtigen – und dies gilt auch für die „Gefangenenamenorrhoe" bei Mensch und Affe –, daß psychische Belastungen ausgeprägte und langandauernde endokrinologische Störungen auslösen können, die langfristig reversibel sind (PETERS et al. 1982). Auch beim Anstieg der Gonadotropinwerte im Urin in den ersten Wochen nach Exposition mit kleinen Dosen bei Arbeiterinnen in Strahlenbetrieben (POPESCU et al. 1969) ist noch abzuklären, welche Wertigkeit diesen Befunden in der Pathogenese von Strahleneffekten zukommt.

2. Endokrinologische Veränderungen beim männlichen Organismus

Auch hier werden unter Kontrolle des Hypothalamus vom Hypophysenvorderlappen Gonadotropine sezerniert, die als FSH und LH die Keimdrüsenaktivität beeinflussen. Neben FSH stimuliert auch Testosteron die Spermatogenese. Die Sekretion von Testosteron, das aus Cholesterin in den Leydigschen Zwischenzellen synthetisiert wird, unterliegt der Kontrolle von LH; Testosteron und andere Androgene üben einen Rückkopplungs-Hemmeffekt auf die LH-Sekretion der Hypophyse aus. ABP (*A*ndrogen-*b*indendes-*P*rotein) als ein spezifisches Produkt der Sertolizellen beeinflußt ebenfalls die Spermatogenese. Auch in den Sertolizellen wird Inhibin gebildet, das die FSH-Sekretion im Hypophysenvorderlappen hemmen soll.

Ergebnisse

Gleichzeitig mit Oligo- und Azoospermien kann sowohl nach Strahlenunfällen (WAKABAYASHI et al. 1974) als auch nach lokaler Hodenbelastung während der Strahlentherapie (ASBJØRNSEN et al. (1976), CLUBB und CARTER (1976), SHALET et al. (1978), nach [131]J-Therapie von Schilddrüsenkarzinomen (HANDELSMAN u. TURTLE 1983) und bei gesunden Freiwilligen (ROWLEY et al. 1974; HELLER et al. 1968; Ü$_2$) ein FSH- und LH-Anstieg im Blutplasma nachgewiesen werden. Beim FSH waren Herddosen (HD) von 12 R (Strahlenunfall), beim LH HD von mindestens 75 R (gesunde Freiwillige) zur Auslösung einer Blutplasma-Erhöhung erforderlich. Testosteronwerte im Urin fielen in Abhängigkeit von der Strahlendosis, insbesondere nach 1 500 R-Lokalbestrahlung, deutlich ab (BIRKE et al. 1956), jedoch war dieser Abfall nach Orchiektomie ausgeprägter. Die FSH-Erhöhungen im Blutserum scheinen bei postoperativen Bestrahlungen von 17- bis 36jährigen Nierentumorpatienten häufiger und deutlicher nachzuweisen zu sein als bei entsprechenden Patienten, die im Alter von 8–14

Jahren bestrahlt wurden (SHALET et al. 1978). Über altersabhängige FSH- und LH-Erhöhungen nach der Kombination von Chemo- und Strahlentherapie berichten auch SHAMBERGER et al. (1981), wobei die unter 40jährigen geringere Serumanstiege aufweisen. Testosteron-Spiegel blieben während der adjuvanten postoperativen Behandlung unverändert. Dabei scheint es sich um therapieinduzierte Hormonveränderungen zu handeln, die sich bei intakter Funktion des verbliebenen Hoden rasch normalisierten. Unklar bleibt, ob nach höherer Hodendosis die FSH- und LH-Erhöhungen ausgeprägter sind als nach kleinen Dosen, wie HAHN et al. (1982) annehmen. Bei 44% von 57 in Strahlenbetrieben Beschäftigten lagen die Gonadotropinkonzentrationen im 24-Std-Urin höher als bei den Kontrollen (POPESCU et al. 1975).

Zeitpunkt und Modus der Bestrahlung spielen auch bei strahleninduzierten Änderungen der Hormonspiegel oder -produktion von *Kleintieren* eine besondere Rolle. So konnte das Absinken der LH- und Testosteronkonzentrationen im Plasma etwa 3–4 Tage nach GK-, Kopf- und Abdominalbestrahlung mit 850–1 500 rad bisher nur bei Ratten beobachtet werden (McTAGGART u. WILMS 1977; THITHAPANDA et al. 1979); ein Zusammenhang mit der strahleninduzierten Beeinflussung von Leberenzymen wird diskutiert. Einen Abfall des Testosterongehaltes und einen Anstieg von FSH und LH im Blutplasma fanden IVANOV und MALEEVA (1980) nach GKB von Ratten mit Dosen zwischen 50 und 600 γ-R. Nach lokaler Hodenbestrahlung von Ratten kam es besonders nach hohen Dosen (1 500 R: VERJANS u. EIK-NES 1976; 400 R: BAIN u. KEENE 1975; 300 R: HOPKINSON et al. 1978) zur deutlichen FSH-Erhöhung im Blut, während LH-Konzentrationen gering oder erst später (39.–45. Tag p.r.) anstiegen. Die Testosteronwerte blieben meist unbeeinflußt. Die Androgensynthese wurde sowohl durch GKB als auch durch Unterbauchbestrahlung beeinflußt, so bei Ratten (1 000 R: BINHAMMER 1967; SCHOEN 1964), bei Mäusen (549 R bzw. 1 500 R: BERLINER et al. 1964; ELLIS u. BERLINER 1967) oder durch präpubertäre Hodenbestrahlung von Ratten: SUZUKI et al. 1973. Einen ähnlichen Effekt hatten auch einige Radioisotope auf die Androgensynthese bei Hunden (ELLIS u. BERLINER 1967). Im Zusammenhang damit ist auch die strahlenbedingte Beeinträchtigung der Konversionsrate von Progesteron oder 5-Pregnenolen zu Testosteron oder auch die Beeinflussung von Enzymaktivitäten zu sehen, die mit der Androgenbildung in Beziehung stehen. Die unterschiedlichen Bestrahlungszeitpunkte (DIERICHX u. VERHOEVEN 1980: Ratte 20. Gestationstag, prä- und postnatale GKB mit 150 R: DE JONG u. SHARPE 1977) wurden auch gewählt, um die Rolle der Interstitialzellen bei der Entstehung strahleninduzierter Hormonveränderungen abzuklären. Aus den FSH- bzw. LH-Anstiegen, die parallel zum stärkeren Abfall der Spermatidenzahl und nicht zu dem der Spermatogonienzahl ablaufen, kann ein Zusammenhang mit der eingeschränkten Inhibinsekretion der Sertoli-Zellen vermutet werden (CUNNINGHAM u. HUCKINS 1978; auch HOPKINSON et al. 1978). Der durch Strahlenexposition in der Fetalperiode mit Sertoli-Zellen angereicherte Hoden wird als Testmodell in der Forschung zur Abklärung der Sertoli-Zellen bei der Beeinflussung endokrinologischer Parameter eingesetzt (FAKUNDING et al. 1976). Nach Fetalbestrahlung am 20. Tag mit 250 R GKB (RICH u. DE KRETER 1977) kann indirekt aus dem Anstieg von FSH im Serum und gleichzeitig aus dem Abfall von ABP im Hoden auf eine Beeinträchtigung der sekretorischen Funktion von Sertoli-Zellen geschlossen werden. Der ABP-Gehalt war im Hoden von 30 und 60 Tagen deutlich vermindert (CUNNINGHAM u. HUCKINS 1978). In diesem Zusammenhang sind Untersuchungen zur Rolle der Leydigschen Zwischenzellen zu erwähnen (ABBOTT 1959, Ü$_4$; WALL 1961, Ü$_4$) die ebenfalls an der Regulation des Endokriniums des Hodens beteiligt sind.

Es bleiben noch einige Probleme offen, die nur in Zusammenarbeit von Radiologen und Strahlenbiologen mit Endokrinologen, Urologen, Gynäkologen und mit Klinikern anderer Fachgebiete zu bearbeiten sind.

G. Kombination morphologischer und funktioneller Veränderungen

I. Beim weiblichen Organismus

Schon seit Jahrzehnten bestanden Bestrebungen, gleichzeitig mit den morphologisch nachweisbaren Veränderungen nach Strahlenexposition auch funktionelle Störungen des Ovars zu erfassen. Diese Bemühungen konzentrierten sich auf bestimmte Fragestellungen: so hat man z.B. ausgehend von den Untersuchungen von Ingram (1958, Ü$_1$), die die Zahl der Oozyten zur Fertilität in Beziehung setzte, häufig versucht, bei Tier und Mensch diejenigen Strahlendosen am Ovar zu ermitteln, die neben erkennbaren morphologischen Änderungen eine Sterilität auslösen können (Erickson 1976). Hierzu wurden auch gleichzeitig endokrinologische Methoden eingesetzt (Bieler et al. 1976; Grönross et al. 1982; Shalet et al. 1976). Derartige kombinierte Verfahren setzte man auch ein, um den Ablauf von Strahlenveränderungen nach peri- und postnataler Bestrahlung entweder durch Isotope (Dedov u. Norec 1982; Török et al. 1979; Török u. Schmahl 1982) oder durch Bestrahlung von außen abzuklären. Hierbei stieß man auf interessante Befunde, die in den vorangegangenen Abschnitten bereits beschrieben wurden: So z.B. auf die hohe Strahlenempfindlichkeit der weiblichen Maus (1 Gy GKB), besonders stärker in der neonatalen Phase als in utero (Rugh u. Wohlfromm 1964, 1966, Ü$_4$; Brent 1977). Wenn auch auf diese Weise einige Zusammenhänge besser gedeutet werden können, so ist festzustellen, daß durch den Einsatz kombinierter Verfahren in Zukunft noch weitere Befunde besser und rascher abgeklärt werden, so daß zu wünschen ist, daß gerade am Ovar vermehrt derartige Untersuchungen erfolgen.

II. Kombination morphologischer und funktioneller Veränderungen beim männlichen Organismus

Bereits bei der Schilderung humanmedizinischer Befunde (C) wurde deutlich, daß durch Methodenkombinationen ein besseres Gesamtbild über die strahleninduzierten Hoden-Veränderungen entsteht. Sicher sind Fragen der Stammzellregeneration und/oder -differenzie-

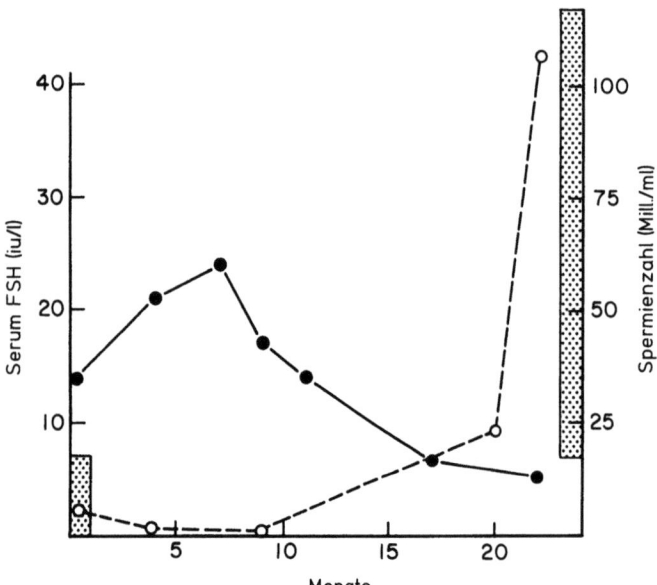

Abb. 7. Abfallende FSH-Werte im Blutplasma während der Erholungsphase nach Strahlentherapie bei gleichzeitiger Normalisierung der Spermienzahlen (Mill./ml) über einen Zeitraum von 2 Jahren

rung umfassender mit der Kombination von morphologisch und funktionellen (z. B. LDH-Aktivität in Spermatozyten und Sterilitätsdauer) Methoden zu lösen (MEISTRICH et al. 1978; LU et al. 1980). Auch andere Fragestellungen wurden intensiver als früher gleichzeitig mit mehreren Methoden bearbeitet; so hat die Einbeziehung endokrinologischer Parameter auch bei Untersuchungen morphologisch erfaßbarer Strahlenänderungen am Hoden (ERICKSON et al. 1972; HOPKINSON et al. 1978; KONDRATENKO et al. 1978; WANG et al. 1983; Mensch: KUMATORI et al. 1980 (Bikini-Fischer); SANDEMAN 1966; SHALET et al. 1978; GREINER 1982) die Forschung belebt. Es bleibt jedoch schwierig vorherzusagen, wann und nach welchen Strahlendosen auf der Basis histologischer Untersuchungen eine Sterilität auftritt. Auch ist weiterhin ungeklärt, ob an der Spermienzahl nachzuweisende Erholungsvorgänge nach Strahlentherapie mit der Normalisierung vorher erhöhter Gonadotropin-Werte einhergehen, wie es von HANDELSMAN und TURTLE (1983) beschrieben wurde (Abb. 7).

H. Faktoren, die somatische Strahleneffekte auf Generationsorgane modifizieren können

I. Fraktionierung ♂ und ♀

Bei der unterschiedlichen Dauer der Spermatogenese und der unterschiedlichen Strahlensensibilität einzelner Entwicklungsstadien der Spermatogonien verschiedener Tierarten bleibt es schwierig, die Effekte fraktionierter Bestrahlung mit denen der Einzeitexposition zu vergleichen. Führt man die Gedankengänge aus den Übersichten von OAKBERG und LORENZ (1972 = Ü₅) und OAKBERG (1975 = Ü₂) weiter, so sind hierbei Dosishöhe der Einzelfraktion, Gesamtdosis und Zeitabstände zwischen den Fraktionen zu berücksichtigen. Während beim Hodengewicht Zeitabstände von mindestens 4–7 Tage gewählt werden müssen, um höhere Effekte als nach Einzeitbestrahlung zu erzielen (KOHN u. KALLMAN 1955, Ü₂; SILINI et al. 1963, Ü₂), wurden in den letzten Jahren weitere Parameter (z. B. Sterilitätsdauer, Überleben der Stammzellen) eingesetzt, um Wirkungen fraktionierter Bestrahlung mit denen der Einzeitbestrahlung zu vergleichen. So zeigte SHERIDAN (1971) bei Hodenbestrahlungen mit 2 × 300, 400 und 500 R, daß Intervalle von 24, 48 und 72 Stunden die Sterilitätsdauer von Mäusen im Vergleich zur Einzeitbestrahlung oder zum 144-Stunden-Abstand eindeutig verlängern. Damit werden Resultate von RUSSEL 1962 bestätigt. Mit dem Einfluß der Pausendauer bei fraktionierten lokalen Röntgenbestrahlungen von Kaninchen auf das Keimepithel beschäftigten sich LEIDL und ZANKL (1970). Derartige Befunde sind heute besser zu deuten, nachdem OAKBERG (1975, Ü₂), die A$_S$-Spermatogonien als eigentliche Stammzellen und als besonders strahlenresistent beschrieben hat. Nach Fraktionierung fanden SHERIDAN (1971) und DE RUITER-BOOTSMA et al. (1977) ein geringeres Ausmaß des Stammzellüberlebens, während WITHERS et al. (1974) das Gegenteil nachweisen konnte. Bei Mäusen, die mit 1,8 R täglich bestrahlt wurden, zeigte sich eine vorübergehende Anpassung der Zellzykluskinetik mit dem Ziel der Niveauerhaltung der Zellpopulation; bei Erhöhung auf 2 R täglich ging dieses Kompensationsvermögen verloren (FABRIKANT 1972), wodurch der Fähigkeitsmangel der Stammzellspermatogonien, zelluläre Proliferationsmuster zu ändern, offensichtlich wird. Auch nach WITHERS et al. (1974) gibt es keine Reaktion der Stammzellen auf das Verhältnis von Zellverlust und Zelldifferenzierung. Die Stammzellen des Menschen sollen nach HELLER und CLERMONT (1964, Ü₅) noch für mindestens 14 Tage nach einer Bestrahlung ihr Verhaltensmuster bezüglich Proliferation und Differenzierung behalten, wie es vor der Strahlenexposition bestand. Schließlich beobachteten OAKBERG (1978) und CATTANACH (1974) nach fraktionierten Dosen keine eindeutigen Änderungen des Stammzellüberlebens. Die Repopulation der Hodentubuli 11 Wochen nach einzelnen und fraktionierten Neutronen- und GKB-Dosen von Mäusen war bei 1-Tagesintervallen stark beeinträchtigt (KRAMER et al. 1974), bei 12- bis 14-Tages-Abständen jedoch weniger. Auf Zusammenhänge zwischen der Dauer steriler Perioden und dem Abtöten von Spermatogonien nach fraktionierten Röntgen-Abdominalbestrahlungen von Mäusen wies CATTANACH (1974) hin. Zusätzlich zur Dauer der sterilen Perioden und zum Stammzellüberleben setzten LU et al. (1980) drei weitere Methoden zum Studium von Fraktionierungseffekten ein: den Kolonientest, die Höhe des X-Isoenzym-Spiegels der LDH (Laktatdehydrogenase, s. auch MEISTRICH et al. 1978) und die Zahl der Spermienköpfe in Hodenhomogenaten. Nach 24-Std-Fraktionierung war der Überlebensgrad der Stammzellen in Hoden von CH_3-Mäusen höher als nach der Einzeldosis; da dieser Befund an CBA-Mäusen nicht zu erheben ist, erschweren es auch Stammesunterschiede zusammen mit den verschiedenen Parametern erheblich, Fraktionierungsresultate an Mäusehoden auf die Humanmedizin zu übertragen. Die Erforschung von Fraktionierungsphänomenen an Gonaden erhielt durch die Strahlentherapie wesentliche Impulse (s. auch C. I und II). Beobachtungen an bestrahlten Hodentumor- und Morbus Hodgkin-Patienten konnten gerade beim Mann wesentlich dazu beitragen, Kenntnisse über die Fakten und Ursachen von Reaktionen der Stammzellpopulation der Spermatogonien auf fraktionierte Strahleneinwirkungen zu erarbeiten. Über Schwellendosen, Zeitfaktor (s. H. II) und über Wirkungsmechanismen bestehen heute konkretere Vorstellungen als früher. Hierzu haben neben einer Fülle von Einzelbeobachtungen und Hypothesen (RUBIN u. CASARETT 1972) besonders die Modellvorstellungen von OAKBERG und HUCKINS, (1976), Ü₂, über den Ablauf der Spermatogenese sowie über die Proliferation von Stammzellen und Erholungsvorgänge beigetragen.

Beim weiblichen Organismus bestehen wesentlich ungünstigere Voraussetzungen für eine exakte Bearbeitung der Effekte fraktionierter Bestrahlungen; daher liegen nur wenige tierexperimentelle Befunde (s. F. II) vor. Aufgrund der Beobachtungen nach Strahlentherapie (s. C. I. u. II.) kann auch hier mit erheblichen Änderungen der Strahlenwirkung auf das Ovar durch Fraktionierung im Vergleich zur Einzeitbestrahlung gerechnet werden.

II. Dosisrate (chronische Bestrahlung) ♀ und ♂

In Weiterführung der bereits in Ü₂₋₅ zusammengestellten Unterschiede nach Einzeitbestrahlung und kontinuierlicher Exposition kann an Klein- und Großtieren gezeigt werden, daß sowohl bei weiblichen als auch bei männlichen Tieren die Strahleneffekte vom Grad der Verdünnung und von der Gesamtdosis abhängig sind. Das Hodengewicht blieb nach 1 R/Tag kontinuierlicher Bestrahlung unbeeinflußt (ESCHENBRENNER et al. 1948, Ü₅); dagegen waren beim Hund bereits nach 0,17 R/Tag sowohl Hodengewicht als auch Spermienproduktion herabgesetzt (FEDEROVA 1976; zit. nach ERICKSON 1978). Histopathologische Gesichtspunkte bei *weiblichen* (MOAWAD et al. 1965, Ü₁; SAMUELS 1966; RAO u. SRIVASTIVA 1967; JOSTES u. SCHERER 1967; VORISEK u. JIRASEK 1967; VORISEK u. VONDRACEK 1968 (postnatal), JONES et al. 1980; SEARLE et al. 1980 (²³⁹Pu)] und bei *männlichen* Tieren (ERICKSON et al. 1972; GERACI et al. 1975, 1977; HSU u. FABRIKANT 1976; ERICKSON 1978; UNGER 1980) stehen im Vordergrund. Dabei scheint die Dosisrate bei Neutronen keine große Rolle zu spielen (GERACI et al. 1975, 1977). Inzwischen liegen auch Untersuchungen über die gleichzeitigen Einflüsse von Dauerbestrahlungen auf funktionelle (Reproduktionsfähigkeit, Sterilität) *und* morphologische Veränderungen (Hodengewicht, Gametogenese) vor: (LAMERTON 1966, 1967; FABRIKANT 1972; ERICKSON u. MARTIN 1972; MURAMATSU et al. 1978). Einige dieser Arbeiten nehmen dabei auch Stellung zur Auslösung genetischer Strahleneffekte, die hier aus Platzmangel nicht erörtert werden. Daß sich nach wöchentlicher Dauerbestrahlung wesentlich stärkere Stammesunterschiede als nach Einzeitbestrahlung fanden (MOLE 1959,

$Ü_1$; DOBSON u. FELTON 1983), wurde bereits im Abschnitt D erwähnt; dies scheint auch für die Auslösung von Mutationen bei hybriden Mäusen zu gelten (RUSSELL et al. 1957, $Ü_1$). Auf die Strahlenreaktion nach Radium (über mehrere Stunden oder Tage eingestrahlte Dosen) wird hier nochmals hingewiesen, da hierbei wesentlich mildere Effekte auftraten als nach der Einzeitbestrahlung (s. C. II).

III. Strahlenqualität (RBW)

Bei den Effekten verschiedener Strahlenarten auf den Hoden ist noch ungeklärt, ob diese auf dem gleichen Wirkungsmechanismus beruhen. Wegen der zunehmenden Verwendung dieser Strahlenarten und von Radioisotopen in Industrie, Technik und Medizin sind Vergleiche der relativ biologischen Wirksamkeit (RBW) für die Praxis unerläßlich. Als Parameter zur RBW-Bestimmung werden bei Mäusen bevorzugt der Grad der Spermatogonienzerstörung und das Hodengewicht eingesetzt. Bezogen auf die Spermatogonienzerstörung scheinen ^{137}Cs-Strahlen, Röntgenstrahlen und 730 MeV-Neutronen gleich effektiv zu sein; für 2,5- und 14 MeV-Neutronen werden RBW-Werte um 2 (OAKBERG 1964, 1975), für 22–35 MeV-Neutronen, Pionen und Partikel mit hoher LET RBW-Werte zwischen 2 bis 3,6 angegeben (BIANCHI et al. 1969, 1974; COGGLE 1977; GERACI et al. 1977, 1980; MONTOUR u. WILSON 1979; ALPEN u. POWERS-RISIUS 1981). Verwendet man den Kolonientest für das Überleben von Stammzellen, werden nach Ansicht der Arbeitsgruppen DE RUITER-BOOTSMA et al. (1974, 1976, 1977), WITHERS et al. (1974) und VAN DEN AARDWEG et al. (1982) bei Untersuchungen mit 1–2 MeV-Neutronen RBW-Werte zwischen 4 und 6 erreicht; damit liegen diese höher als vergleichbare der Stammzellen der Blutbildungsorgane (2,4) oder des Dünndarms (3,3) (DAVIDS 1973). Bezogen auf den Hodengewichtsverlust (BATCHELOR et al. 1964; BIANCHI et al. 1972: Elektronen; HORNSEY et al. 1977: 7,5 MeV-Neutronen; GERACI et al. 1977: Effekte von 16–50 MeV-Deuteronen; MONTOUR u. WILSON 1979: 35 MeV-Neutronen, DI PAOLA et al. 1980) zeigte sich eine erstmalig von KOHN und KALLMANN (1954, $Ü_2$) beschriebene 2-Komponenten-Antwort, wobei die erste Komponenten nach kleinen Dosen als sehr strahlenempfindlich und von der Dosisrate unabhängig bezeichnet wird (s. auch OAKBERG 1975 = $Ü_2$). Die Bestrahlungsmodi der einzelnen Untersucher differierten allerdings stark: neben GKB (BATEMAN et al. 1968, $Ü_2$): 0,62–12 MeV-Neutronen, KRAMER et al. (1974): 1 MeV-Neutronen, DE RUYTER-BOOTSMA et al. (1976): 1 MeV-Fusionsneutronen 16–50 MeV-Deuteronen bei Mäusen: GERACI et al. (1977) kamen Lokalbestrahlungen der Hoden (ABBOTT 1959; $Ü_5$; BÖRNER et al. 1956: Ratte, 6 MeV-Elektronen, VERJANS u. EIK-NES 1976) und Bestrahlungen des unteren Abdomens (HORNSEY et al. 1977; ALPEN u. POWERS-RISIUS 1981) zum Einsatz. Diese RBW-Werte können je nach Applikationsort ionisierender Strahlung nur bedingt miteinander verglichen werden. Für den Vergleich verschiedener Energien in der Strahlentherapie mit Neutronen haben GERACI et al. (1977) den Mäusehoden als Testsystem vorgeschlagen, an dem auch vergleichende Langzeitstudien zur Regeneration von Spermatogonien zwischen Röntgen- und Neutronenstrahlung durchgeführt werden können (MEISTRICH et al. 1978; LANGENDORFF u. STEVENSON 1981). Über die relative biologische Wirksamkeit von β-Strahlen des Tritiums im Vergleich zu ^{60}Co-Strahlen berichteten CARR und NOLAN (1979) sowie DOBSON und FELTON (1983) (siehe auch H. IV.).

IV. Radioisotope

Radioisotope können Effekte am Ovar und Hoden auslösen; diese sind wie bei der externen Bestrahlung abhängig von der Menge des Isotops und damit von der Höhe der

Strahlendosis und vom Energiespektrum (Alpha-, Beta- und Gammastrahlung) der inkorporierten Isotope. In diesem Abschnitt werden vorwiegend Ovar-Befunde und wenige Hodenbefunde bei den einzelnen Isotopen (Reihenfolge nach Ordnungszahl) zitiert; in $Ü_1$ finden sich weitere Publikationen zu dieser Thematik aus den vergangenen 20 Jahren.

1. Tritium: Die steigende Tritiumproduktion in Fusionsreaktoren und der zunehmende Einsatz von Radionukliden (Tritiumanteil ca. 8% der künstlichen Radionuklide) aktualisieren Angaben über das Ausmaß von Tritiumeffekten auf Gonaden. Die RBW von tritiertem Wasser (HTO) am Mäusehoden ist im Vergleich zur Gammastrahlung von Kobalt[60] mit 1,43, die von tritiertem Thymidin mit 2,07 anzusetzen (CARR u. NOLAN 1979). Über die Effekte von tritiertem Wasser auf Spermatogonien von Fischen bzw. auf Medaka-Embryonen berichteten HYODO-TAGUCHI und EGAMI (1977) bzw. ETOH und HYODO-TAGUCHI (1983). Während Tritium als Tracer bei autoradiographischen Studien und als Marker verschiedener Proteine und Steroide eingesetzt wird, fällt tritiertes Wasser in Reaktoren an. Die biologische Wirkung von Tritium und tritiertem Wasser ist grundsätzlich zu unterscheiden. Aufgrund der Halbwertzeit von Tritium mit 12,26 Jahren ist bei Langzeituntersuchungen durch Einlagerung in empfindliche Zellstrukturen mit relativ hohen Strahlendosen zu rechnen. So wurden z.B. bei Rattenspermatozyten etwa 300 rad nach einer Injektion von 50 μCi/Körpergewicht geschätzt (KESELIESKI et al. 1964, $Ü_1$). Nach Verabreichung von 16–1000mal höheren HTO-Dosen als beim Menschen zugelassen (JONES et al. 1980) fiel im Vergleich zu Mäusen (DOBSON u. COOPER 1974; DOBSON u. KWAN 1974, 1976; DOBSON u. FELTON 1983) eine hohe Empfindlichkeit von Affenoozyten auf. In vergleichenden Untersuchungen an Oozyten und Spermatogonien der Nachfolgegeneration ermittelten TÖRÖK et al. (1979) nach HTO-Injektionen zu verschiedenen Zeitpunkten während der Gestation eine Beeinträchtigung der Fertilität um 50–100%. Die Strahlenempfindlichkeit pränataler Keimzellen war beim Männchen größer als bei Weibchen: Im Gegensatz zu den Oozyten behielten die Spermatogonien eine längeranhaltende Teilungskapazität. Weitere Mitteilungen über die Auswirkungen von HTO auf Fertilität, Hoden und Fetalentwicklung von Ratten finden sich bei CAHILL und YUILE (1970), LASKEY et al. (1973), CAHILL et al. (1975) und TÖRÖK et al. (1979) und auf Oozyten (HAAS et al. 1973; PIETRZAK-FILS 1982). Kontinuierliche ^{3}H-TdR-Thymidin-Applikationen sollen 10mal stärkere Effekte auf die Oozyten auslösen als HTO (HAAS et al. 1973), wobei die Tritiumeinlagerung in besonders empfindliche Zellbestandteile zu berücksichtigen ist. Die Tritiumtoxizität am Mäusehoden während der prä- und postnatalen Entwicklung untersuchten BHATIA und SRIVASTA 1982 (s. auch DOBSON u. FELTON 1983).

2. ^{32}P, Phosphor: Bei Untersuchungen mit 1 μCi ^{32}P (REDDI et al. 1980), die vergleichend an Spermatogonien und Oozyten erfolgten, wurden 30% der Spermatogonien abgetötet gefunden. Ähnliche Befunde ergaben sich auch bei Mäusen nach ^{90}Sr. Mehrere Untersucher (s. $Ü_1$) konnten bereits 1950–53 zeigen, daß auch die Dauer der Sterilität bei Mäusen und Ratten von der applizierten Dosis abhängt. ^{32}P reichert sich ähnlich wie ^{131}J relativ rasch in den Granulosazellen der wachsenden Follikel an; bis zum 30. Tag nach i.v.-Injektionen bis zu 0,8 μCi/g kam es bei Ratten nicht zu morphologisch erkennbaren Strukturveränderungen; dagegen traten bei Ratten 3 Tage nach 1,2 μCi/g degenerative Veränderungen bevorzugt an den Granulosazellen auf, wobei unreife Graafsche Follikel nach Expositionszeiten bis zu 30 Tagen stärkere Veränderungen aufweisen (s. auch REITHER u. LANG 1955; $Ü_1$). Nach REDDI et al. (1968, $Ü_1$) und OAKBERG (1968, $Ü_{2,5}$) sollen kuboide Granulosazellen in der Oozytenumgebung im Stadium II des Follikelwachstums auf ^{32}P empfindlicher reagieren als abgeflachte Granulosazellen im Stadium I.

3. $^{75}Selenmethionin:$ Schon relativ geringe Strahlendosen ($1,22 \times 10^4$ Bq/g Körpermasse = etwa 1 Gy über 6 Monate) von ^{75}Selenmethionin veränderten die Ultrastrukturen der Sertoli-

und Leydig-Zellen bei Ratten erheblich und führten neben einer deutlichen Herabsetzung der Testosteronspiegel im Blutplasma zu einer Einschränkung der reproduktiven Kapazität, während am spermatogenen Epithel keine sichtbaren Störungen nachzuweisen waren (DEDOV u. NOREC 1982). Auch dieses Radionuklid wurde in den Keimzellen von Ratten angereichert gefunden (CHAIT u. NOREC 1979, zit. nach DEDOV u. NOREC 1982).

4. ^{90}Sr, Strontium: Die Effekte von ^{90}Sr-i.v.-Injektionen (20 µCi) zwischen dem 11. und 17. Gestationstag auf Mäuseoozyten hat ein skandinavischer Arbeitskreis untersucht (NILS-SON u. HENDRIKSON 1969, Ü$_1$; RÖNNBÄCK et al. 1971; RÖNNBÄCK 1979).

Diese Effekte waren – verglichen mit denen externer Röntgenbestrahlungen – ausgeprägter und lösten z.B. am 56. Tag eine Verminderung der Oozytenzahl auf 70% aus. Besonders die kleinen Oozyten reagierten in einer Größenordnung von 50–75 R (siehe auch OAKBERG 1968: Verkleinerung der Wurfgröße und anhaltende Sterilität, SANDERSON u. STEARNER 1956, Ü$_1$: Sterilität bei erwachsenen LAF$_1$-Mäusen). RÖNNBÄCK et al. (1971) beobachteten nach 5, 10 und 20 µCi ^{90}Sr über 100 Tage keine Beeinflussung der Fertilität, obwohl nur 40–50% der Zellzahlen in den Ovarien nachzuweisen sind. Auf diese Diskrepanz zwischen Morphologie und Ovarialfunktion, meist nach Dauerbelastung mit kleinen Strahlendosen, wurde bereits hingewiesen. Die Wirkungen von β-Strahlen des ^{90}Sr auf die Spermatogenese von Teleost beschrieben YOSHIMURA et al. (1969).

5. ^{99m}Tc, Technetium: Zellveränderungen des Mäusehodens nach Verabreichung von ^{99m}Tc-Pertechnetat beschrieben MIAN et al. (1977).

6. ^{131}J: Jod wird neben der Schilddrüse bevorzugt im Ovar angereichert. Wie BENGTSSON et al. (1963; Ü$_1$) an Ratten, Kaninchen und Katzen fand REDDI (1971, 1973, Ü$_1$) an Mäusen und Kühen eine Anreicherung von ^{131}J in der Wand mehrschichtiger Follikel; dadurch werden nicht nur diese Follikel betroffen, sondern als Strahlenquelle über einen längeren Zeitraum werden auch die Oozyten und Granulosazellen in den kleinen Follikeln zerstört. Ein Zusammenhang dieser Beobachtung zur Tumorentstehung beim Hamster besteht nicht, zumal dafür eine Kombination mit Methylthiuracil erforderlich war (CHRISTOV u. RAICHEV 1973). Über die Effekte hoher ^{131}J-Dosen auf Hodengewebe und Endokrinium nach der Behandlung des Schilddrüsenkarzinoms berichteten HANDELSMAN und TURTLE (1983).

7. Thorothrast: Nach 23jähriger Einwirkungszeit des radioaktiven Strahlers auf die Gonaden und nach zunehmenden Menstruationsanomalien und vorzeitiger Menopause mit 41 Jahren konnten nur geringe morphologische Veränderungen am Ovar registriert werden (MATTHES u. KRIEGEL 1958). Ähnliche Resultate ergaben auch die $1^1/_2$ Jahre nach i.v.-Thorothrastinjektionen durchgeführten autoradiographischen Untersuchungen an 9 Kaninchen. HEITE (1951) berichtete über die Fertilität von Thorium-X-Patienten.

8. ^{210}Po, Polonium: Die Alphapartikel von ^{210}Po hatten auf Oozyten (Mäuseovarien) eine RBW von über 50 im Vergleich zur ^{60}Co-Gammastrahlung (SAMUELS 1966).

9. ^{239}Pu, Plutonium: Die Verteilung von ^{239}Pu im Mäuseovar nach i.v.-Injektionen über einen Zeitraum von 6 Monaten untersuchten GREEN et al. (1975, 1977) und TAYLOR (1977). RUSSEL und LINDENBAUM (1979) fanden etwa 50% der ^{239}Pu-Aktivität in den interstitiellen Zellen, obwohl diese Zellen nur 5% des Hodenvolumens ausmachen. Dadurch ist auch mit einer erheblichen Einschränkung der Androgenbildung zu rechnen (s. F. III. 2). Eine strahleninduzierte Entstehung von Leydig-Zell-Tumoren durch Isotope konnte bisher nicht nachgewiesen werden (HULSE 1977). Im Vergleich der α-Strahlung von ^{239}Pu mit der Strahlung von ^{60}Co bezogen auf das Reproduktionsverhalten (Wurfgröße, Fertilität) wurde eine RBW von 2,5 ermittelt, wobei die RBW-Werte bezogen auf den Hodengewichtsverlust durch ^{239}Pu noch höhere Werte erreichten (SEARLE et al. 1980, 1982). Wegen der Dosisinhomogenitäten sind jedoch noch weitere Untersuchungen erforderlich. Eine vergleichende Untersuchung an mehreren Tierarten über Unterschiede bei der ^{239}Pu-Ablagerung veröffentlichten BROOKS et al. (1979), MILLER (1982) über Hoden sowie RICHMOND und THOMAS (1975) über Ovar und Hoden.

V. Chemische Stoffe

Mehrere Strahlenschutzsubstanzen wurden in den letzten Jahren auch auf ihre Fähigkeit überprüft, Strahlenreaktionen an Ovar und Hoden abzumildern. Nach zahlreichen Untersuchungen von MAISIN et al. (1956, Ü$_4$), sowie RUGH (1958, Ü$_4$), mit sulfhydrilhaltigen Stoffen, die STARKIE, Ü$_4$ (1961) mit Zysteamin und SAHARAN u. DEVI (1977), GOYAL und DEV (1982, 1983) am Hoden sowie KUMAR und DEVI (1982, 1983) am Ovar fortsetzten, kamen auch Beruhigungsmittel, wie Chlorpromazin (RUPKEY et al. 1963, Ü$_4$) oder biogene Amine, wie Serotonin (ABE u. LANGENDORFF 1964) mit zum Teil recht deutlichen Effekten zum Einsatz.

Dagegen wurden ultrastrukturelle Veränderungen an Ovarzellen nach 625 R GKB durch zusätzliche Blockade der Cholesterinsynthese mittels Phenyl-3-oxy-3 methyl-pentonino-Säure verstärkt (MICHAILOVA 1977). Auch die Applikationen sensibilisierender Stoffe bei Strahlenfolgezuständen an Generationsorganen sind zu erwähnen (BRADY et al. 1981).

VI. Zytostatika

Die Effekte verschiedener Zytostatika auf Hoden und Ovar haben in den letzten Jahren zahlreiche Autoren untersucht. Aus Raummangel kann hier nur auf Arbeiten verwiesen werden, die sich mit der Kombination von ionisierender Strahlung und Zytostatika auf Ovar (CIANCI et al. 1968; CHRISTOV u. RAICHEV 1973; HIMELSTEIN-BRAW et al. 1977; SHAMBERGER et al. 1981; STILLMAN et al. 1981; BARBER 1982; DOBSON u. FELTON 1983; GREINER 1983) oder Hoden (BARBER 1981; GREINER 1983) befassen.

J. Schlußbetrachtungen

Der Wissenstrom hat sich in den vergangenen zwei Jahrzehnten durch Fortschritte der Zellbiologie, insbesondere der Reproduktions- und Strahlenbiologie, der Biochemie und Endokrinologie, der Pathologie und Neuroanatomie, der Dermatologie, Urologie und Gynäkologie derartig erweitert, daß es schwierig geworden ist, alle neuen Erkenntnisse und Fakten der somatischen Strahlenreaktionen an Gonaden übersichtlich und zusammenfassend zu schildern. Daher konnten aus Raumgründen im Anschluß an die eingangs zitierten Monographien nur Entwicklungstendenzen und Schwerpunkte geschildert werden. Es waren im wesentlichen neun Teilgebiete, die mit neueren Fakten und Resultaten das Verständnis von Zusammenhängen bei Strahlenreaktionen und -folgezuständen an Gonaden verbessert haben:
1. geschlechtsspezifische Unterschiede der Strahlensensibilität (Gametogenese),
2. der bevorzugte Einsatz größerer Tiere, damit artspezifische Unterschiede zwischen Klein- und Großtier,
3. Ergänzung humanmedizinischer Daten durch Unfälle und durch die Strahlentherapie,
4. die unterschiedliche Strahlenempfindlichkeit von Gonaden in den verschiedenen Entwicklungsstadien (Zeitpunkt der Bestrahlung)

5. Kenntnisse über Morphologie und Kinetik der Stammzellen sowie der Zusatzorgane (Sertoli/Leydig)
6. Zusammenhänge zwischen Morphologie und Funktion
7. endokrinologische Fragen.
8. Änderung der Strahlenempfindlichkeit durch verschiedene Faktoren, (Fraktionierung, Dosisrate, Isotope, chemische Substanzen)
9. Erholungsvorgänge.

Während den Fortschritten in den ersten acht Teilgebieten gesonderte Abschnitte dieses Handbuchartikels gewidmet sind, finden sich Erholungsvorgänge in allen Abschnitten erwähnt. Da sie in der Forschung der Zukunft noch stärker zu berücksichtigen sind, habe ich Erholungsvorgänge in Gonaden nach Strahlenexposition in einer weiteren Übersicht dargestellt, die in Kürze erscheint.

Über strahleninduzierte, somatische Reaktionen und Folgezustände an Gonaden ist gerade in den vergangenen 25 Jahren ein beachtliches Wissen zusammengetragen worden, so daß heute zusammenfassend festzustellen ist, daß diese bekannten Fakten die entsprechenden Kenntnisse über andere Noxen, Medikamente und Drogen sicher übertreffen. In diesem Artikel konnte dieses Wissen nur schwerpunktmäßig skizziert werden. Es ist zu hoffen, daß künftige Fortschritte, die von wissenschaftlichen und praktischen Initiativen sowie von methodisch-technischen Neuerungen ausgehen, dieses Wissen zum Wohle der Patienten weiterhin sinnvoll vervollständigen und ergänzen werden.

Literatur

Aardweg GJMJ van den, Ruiter-Bootsma AL de, Kramer MF (1982) Growth of spermatogenetic colonies in the mouse testis after irradiation with fission neutrons. Radiat Res 89:150–165

Aardweg GJMJ van den, Ruiter-Bootsma AL de, Kramer MF, Davids JAG (1983) Growth and differentiation of spermatiogenic colonies in the mouse testis after irradiation with fission neutrons. Radiat Res 94:447–463

Abe M, Langendorff H (1964) Untersuchungen über einen biologischen Strahlenschutz. 60. Mitt. Das Verhalten des Hodengewebes von Mäusen bei einmaliger oder wiederholter lokaler Bestrahlung unter Serotonin-Schutz. Strahlentherapie 125:358–370

Adler ED (1977) Stage-sensitivity and dose-response study after γ-irradiation of mouse primary spermatocytes. Int J Radiat Biol 31:79–85

Alpen EL, Powers-Risius P (1981) The relative biological effect of high-Z, high-LET charged particles for spermatogonial killing. Radiat Res 88:132–143

Amelar RD, Dubin L, Hotchkiss RS (1971) Restoration of fertility following unilateral orchiectomy and radiation therapy for testicular tumors. J Urol 106:714–718

Andersen AC, Nelson VG, Simpson ME (1972) Fractionated x-radiation damage to developing monkey ovaries. J Med Primatol I:318–325

Andersen AC, Hendrickx AG, Momeni MH (1977) Fractionated x-radiation damage to developing ovaries in the bonnet monkey (Macaca radiata). Radiat Res 71:398–405

Asbjørnsen G, Moline K, Klepp O, Aakvaaz A (1976) Testicular function after radiotherapy to inverted „Y" field for malignant lymphoma. Scand J Haematol 17:96

Ash P (1980) The influence of radiation on fertility in man. Br J Radiol 53:271–278

Ashraf M, Anwar M, Siddiqui QH (1974) Histopathological effects of gamma radiation on testes of the spotted bollworm of cotton, eariax insulana (Lepidoptera: Arctüdae). Radiat Res 37:80–87

Ayerst RI, Johnsen CG (1959) Dysgerminoma. Report of a case treated by surgery and x-ray therapy and followed by term pregnancy. Obstet Gynecol 14:685–687

Bager S (1982) Radiation sensitivity of small oocytes in immature mice. Effect of gonatropin treatment. Correspondence. Radiat Res 89:420–423

Bain J, Keene J (1975) Further evidence for inhibin: Change in serum luteinizing hormone and follicle-stimulating hormone levels after irradiation of rat testes. J Endocrinol 66:279–280

Baker TG, Neal P (1977) Action of ionizing radiations on the mammalian ovary. In: Zuckerman L, Weir BJ (eds) The ovary, vol III. Academic Press, New York San Francisco London, pp 1–58

Barber HRK (1981) The effect of cancer and its therapy upon fertility. Int J Fertil 26:250–259

Batchelor AL, Mole RH, Williamson FS (1964) The effect on the testis of the mouse of neutrons of different energies. In: Biological effects of neutrons and proton irradiations, vol II. IAEA, Wien, pp 303–310, STI/PUB 807

Beaumont HM (1969) Effect of hormonal environment on the radiosensitivity of oocytes. In: Sikov MR, Mahlum DD (eds) Radiation biology of the fetal and juvenile mammal. USAEC Divis of Technical Informations Service, Oak Ridge

Beninson D, Placer A, Elst E van der (1969) Estudio de un caso de irradiacon humana accitental. In: Handling of radiation accidents. Pro Symp Vienna Int Atomic Energy Agency, pp 415–429

Berliner DL, Ellis LC (1965) The effects of ionizing radiations on endocrine cells. IV. Increase production of 17α-, 20α-dihydroxyprogesterone in rat testes after irradiation. Radiat Res 24:368–373

Berliner DL, Ellis LC, Taylor GN (1964) The effects of ionizing radiations on endocrine cells. II. Restoration of androgen production with a reduced nicotinamide adenine dinecleotide phosphate-generating system after irradiation of rat testes. Radiat Res 22:345–356

Berthelsen JG, Skakkebaek NE (1983) Gonadal function in men with testis cancer. Fert Steril 39:68–75

Bhatia AL, Srivasta PN (1982) Tritium toxicity in mouse testis: Effect of continuous exposure during pre- and postnatal development. Strahlentherapie 158:752–755

Bhatia AL, Saharan BR, Mathur KM (1982) Radio-response of spermatogenic cell population and tubular diameter in mice testes to external ^{60}Co gamma rays. Radiobiol Radiother 23:699–704

Bianchi M, Quintiliani M, Baarli J, Sullivan AH (1969) Survival of mouse type-B spermatogonia for the study of the biological effectiveness of very high-energy neutrons. Int J Radiat Biol 15:185–189

Bianchi M, Ebert M, Keene JP, Quintiliani M (1972) Survival of type A and B spermatogonia in the mouse testis after exposure to high dose rates of electrons. Int J Radiat Biol 22:191–195

Bianchi M, Baarli J, Sullivan AH, Di Paola M, Quintiliani M (1974) RBE values of 400 MeV and 14 MeV neutrons using various biological effects. In: Biological effects of neutrons irradiation. IAEA 179/6, Vienna, pp 349–357

Bieler EU, Schnabel T, Knobel J (1976a) The influence of pelvic irradiation on the formation and function of the human corpus luteum. Int J Radiat Biol 30:283–285

Bieler E, Schnabel T, Knobel J (1976b) Persisting cyclic ovarian activity in cervical cancer after surgical transposition of the ovaries and pelvic irradiation. Br J Radiol 49:875

Binhammer RT (1967) Effect of increased endogenous gonatrophin on testes of irradiated immature and mature rats. Radiat Res 30:676

Birke G, Franksson C, Hultborn KA, Plantin LO (1956) The effect of roentgen irradiation on the steroid production of the testicles. Acta Chir. Scand 110:469–476

Blankenstein MA, Mulder E, Broerse JJ, Molen HJ van der (1981) Oestrogen receptors in rat mammary tissue and plasma concentrations of prolactin during mammary carcinogeneses induced by oestrogen and ionizing radiation. J Endocrinol 88:233–241

Blot WJ, Sawada H (1972) Fertility among female survivors of the atomic bombs of hiroshima and nagasaki. Am J Hum Genet 24:613–622

Blot WJ, Shimizu Y, Kato H, Miller RW (1975) Frequency of marriage and life birth among survivors prenatally exposed to the atomic bomb. Amer J Epidemiol 102:128

Börner W, Neff V, Ricmann H, Wachsmann F (1956) Die Wirkung von 180 KV-Röntgenstrahlen und 6-MeV-Elektronen auf das Hodengewebe der Ratte. Strahlentherapie 101:101–109

Brady LW, Philipps TL, Wasserman TH (1981) The potential for radiation sensitizers and radiation protectors combined with radiation therapy in gynecologic cancer. Cancer 48:650–657

Brauner R, Czernichow P, Cramer P, Schaison G, Rappaport R (1983) Leydig-cell function in children after direct testicular irradiation for acute lymphoblastic leukemia. N Engl J Med 309:25–28

Breckwoldt M, Siebers JW, Müller U (1981) Die primäre Ovarialinsuffizienz. Gynäkologe 14:131–144

Brent RL (1977) Radiations and other physical agents. In: Wilson JG, Fraser C (eds) Handbook of teratology, vol I. Plenum Press, New York and London, pp 153–223

Brooks AL, Diel JH, McClellan RO (1979) The influence of testicular microanatomy on the potential genetic dose internally deposited ^{239}Pu citrate in chinese hamster, mouse and man. Radiat Res 77:292–302

Bruce WR, Furrer R, Wyrobek AJ (1974) Abnormalities in the shape of murine sperm after acute testicular x-irradiation. Mut Res 23:381–386

Cahill DF, Yuile C (1970) Tritium: Some effects of continous exposure in „utero" on mammalian development. Radiat Res 44:727

Cahill DF, Wright JF, Godbold FH (1975) Neoplastic and lifespan effects of chronic exposure to tritium II. Rats exposed in utero. J Natl Cancer Inst 55:1165–1169

Carlsson WD, Gassner FX (eds) (1964) Effects of radiation on the reproductive system. Pergamon, Oxford

Carr TEF, Nolan J (1979) Testis mass loss in the mouse induced by tritiated thymidine, tritiated water, and ^{60}Co gamma irradiation. Health Phys 36:135–145

Casarett GW (1970) Pathological changes after protracted exposure to low dose radiation. In: Fry RJM, Grahn D, Griem ML, Rust JH (eds) Late effects of radiation. Taylor & Francis, London, pp 85–100

Casarett GW (1980) Radiation histophatology, vol II. CRC Press, Boca Raton Florida, pp 75–94

Cattanach BM (1974) Spermatogonial stem cell killing in the mouse following single and fractionated x-ray dosis, as assessed by length of sterile period. Mutat Res 25:53–62

Cattanach BM, Moseley H (1974) Sterile period, translocation and specific locus mutation in the mouse following fractionated x-ray treatments with different fractionation intervals. Mutat Res 25:63–72

Christiansen JM, Keyes PL, Armstrong DT (1970) X-irradiation of the rat ovary luteinized by exogenous gonadotropins: Influence on steroidgenesis, Biol Reprod 3:135–139

Christov K, Raichev R (1973) Proliferative and neoplastic changes in the ovaries of hamsters treated with 131-iodine and methylthiouracil. Neoplasma 20:511–516

Cianci S, Marotta N, Nigro SC (1968) Effecti delle radiazioni ionizzanti sull'ovaio umano. Clin Ginecol 10:1082–1098

Clapp NK (1978) Ovarian tumor types and their incidence in intact mice following whole-body exposure to ionizing radiation. Radiat Res 74:405–414

Clifton DK, Brenner WJ (1983) The effect of testicular X-irradiation on spermatogenesis in man: a comparison with the mouse. J Androl 4:387–392

Clow DJ, Gillette EL (1970) Survival of type A-spermatogonia following x-irradiation. Radiat Res 42:397–404

Clubb, B, Carter J (1976) Effects of testicular radiation. Australas Radiol 20:64–67

Coffigny HG, Pasquier CFH, Perrault G, Dupouy JP (1978) Etude chez le rat adulte des consequences d'une irradiation de 150 rad a differents stades de la gestation et de la periode neo-natale. Effects sur le developpement des organes genitaux. In: Late biological effects of ionizing radiation, vol II. IAEA Wien, sm 224/212, pp 207–220

Coggle JE, Lambert BE, Peel DM, Davies RW (1977) Negative pion irradiation of the mouse testis. Int J Radiat Biol 32:397–400

Comsa J (1965) Die endokrinen Drüsen im experimentellen Strahlensyndrom. Strahlentherapie 126:541–564

Coniglio JG, Culp FB, Davis J, Ford W, Windler F (1963) The effect of total body x-irradiation on fatty acids of testes of rats. Radiat Res 20:372–382

Cottier H (1961) Strahlenbedingte Lebensverkürzung. Pathologische Anatomie somatischer Spätwirkungen der ionisierenden Ganzkörperbestrahlung auf den erwachsenen Säugetierorganismus. Springer, Berlin Göttingen Heidelberg

Covelli V, Majo V di, Bassani B, Metalli P, Silini G (1982) Radiation induced tumors in transplanted ovaries. Radiat Res 90:173–186

Crone M (1970) Radiation stimulated incorporation of 3H-thymidine into diplotene oocytes of the guinea-pig. Nature 228:460

Cunningham GR, Huckins C (1978) Serum FSH, LH and testosterone in 60Co y-irradiated male rats. Radiat Res 76:331–338

Czygan PJ, Maruhn G (1972) Einfluß ablativer gynäkologischer Maßnahmen auf den Serum-Gonadotropingehalt. Arch Gynaekol 212:176–188

Davids JAG (1973) Acute effects of 1 MeV fast neutrons on the haematopoetic tissues, intestinal epithelium and gastric epithelium in mice. In: Duplan JF, Shapiro A (eds) Advances in radiation research. Biology and medicine, vol II. Gordon & Breach, New York London Paris, pp 565–576

Dedov VI, Norec TA (1982) Die reproduktive und hormonale Hodenfunktion bei Ratten unter den Bedingungen einer inneren Dauerbestrahlung. Radiobiol Radiother 23:159–166

Delclos L, Montague ED (1973) Metastasis from breast cancer. In: Fletcher GH (ed) Textbook of radiotherapy. Lea & Febiger, Philadelphia, pp 493–496

Dierickx P, Verhoeven G (1980) Effect of different methods of germinal cell destruction on rat testis. J Reprod Fertil 59:5–9

Diethelm L, Lorenz W (1964) Über Unterschiede des strahlengeschädigten Rattenhodens. Eine histologische und zytologische Studie am 2. und 8. Tag nach 600 R-Röntgen-Ganzkörperbestrahlung und zehntägiger Tumorbestrahlung mit täglich 3 R. Strahlentherapie 123:207–225

Diezfalusy E, Notter G, Edsmyr F, Westmann A (1959) Estrogen excretions in breast cancer patients before and after ovarian irradiation and oophorectomy. J Clin Endocrinol Metab 19:1230

Dobson RL, Cooper MF (1974) Tritium toxicity: Effects of low-levels ^{3}HOH exposure on developing female germ cells in the mouse. Radiat Res 58:91–100

Dobson RL, Felton JS (1983) Female germ cell loss from radiation and chemical exposures. Am J Industr Medic 4:175–190

Dobson RL, Kwan TC (1974) Low-levels exposure to tritium and gamma-irradiation compared in mouse oocytes. Radiat Res 59:62

Dobson RL, Kwan TC (1976) The RBE of tritium radiation measured in mouse oocytes: Increase at low exposure levels. Radiat Res 66:615–625

Doll R, Smith PG (1968) The long-term effects of x-irradiation in patients treated for metropathia haemorrhagica. Br J Radiat 41:362–368

Driancourt MA, Blanc MR, Mariana JC (1983) Hormonal levels after ovarian x-irradiation of ewes. Reprod Nutr Develop 23:775–781

Ellis LD, Berliner DL (1967) The effects of ionizing radiations on endocrine cells. VI. Afterloadions in androgen biosynthesis by canine testicular tissue after the internal deposition of some radionuclides. Radiat Res 32:520–537

Erickson BH (1976) Effect of ^{60}Co y-radiation on the stem and differentiating spermatogonia of the postpuberal rat. Radiat Res 68:433–448

Erickson BH (1978) Effect of continuous gamma-radiation of the stem and differentiating spermatogonia of the adult rat. Mutat Res 52:117–128

Erickson BH (1981) Survival and reneval of murine stem spermatogonia following ^{60}Co y-radiation. Radiat Res 86:34–51

Erickson BH, Blend MJ (1976) Response of the sertoli cell and stem cell to Co^{60} x-radiation (dose and dose rate) in testes of immature rats. Biol Reprod 14:641–650

Erickson BH, Martin PG (1972) Effect of dose-rate (y-radiation) on the mitotically-active and differentiating germ cell of the prenatale male rat. Int J Radiat Biol 22:517–524

Erickson BH, Martin PG (1973) Influence of age on the response of rat stem spermatogonia to y-radiation. Biol Reprod 8:607–612

Erickson BH, Martin PG (1976) Effects of continous prenatal-radiation on the pig and rat. In: Biological and environmental effects of low-levels radiation, vol I. Proc Symp Chicago, 3–7 Nov 1975, Vienna 1, pp 111–117

Erickson BH, Reynolds RA (1978) Oogenesis, follicular development and reproductive performance in the prenatally irradiated bovine. In: Late biological effects of ionizing radiation, vol II. IAEA, Vienna, Symposium 13–17 March

Erickson BH, Reynolds RA, Brooks FT (1972) Differentiation and radioresponse (dose and dose rate) of the primitive germ cell of the bovine testis. Radiat Res 50:388–400

Erickson BH, Reynolds RA, Murphree RL (1976) Late effects of ^{60}Co y-radiation of the bovine oocyte as reflected by oocyte survival, follicular development, and reproductive performance. Radiat Res 68:132–137

Etoh H, Hyodo-Taguchi Y (1983) Effects of tritiated water on germ cells in medaka embryos. Radiat Res 93:332–339

Fabrikant JI (1972) Cell population kinetics in the seminiferous epithelium under low dose irradiation. Am J Roentgenol 114:792–802

Faizi-Gorn R (1984) Critical sensivity periods in embryofetal germ cells. Radiat Environ Biophys (im Druck)

Fakunding JL, Tindall DJ, Dedman JR, Mesa CR, Means AR (1976) Biochemical actions of follicle-stimulating hormone in the sertoli cell of the rat testis. Endocrinol 98:392–402

Feingold SM, Hahn W (1972) Postconception development of rat ova following x-ray induced superovulation. Radiat Res 51:110–120

Fossà SD, Klepp O, Moine K, Aakvaag A (1982) Testicular function after unilateral orchiectomy for cancer and before further treatment. Int J Androl 5:179–184

Francis O, Stevens RD (1965) Pregnancy after primary irradiation for carcinoma of cervix. Br Med J 2:342–343

Freund M, Borelli FJ (1965) The effects of x-irradiation on male fertility in the guinea pig: semen production after x-irradiation of the testis, of the body or of the head. Radiat Res 24:67–80

Fritz-Niggli H (1972) Strahlenbedingte Entwicklungsstörungen. In: Hug O, Zuppinger A (Hrsg) Strahlenbiologie. Handbuch der Mediz Radiologie, Bd II/3. Springer, Berlin Heidelberg New Yor, S 235–297

Fritz-Niggli H (1973) Strahlenempfindlichkeit der Gonaden. In: Braun H, Heuck F, Ladner HA, Messerschmidt O, Musshoff K, Streffer C (eds) Strahlenempfindlichkeit von Organen und Organsystemen der Säugetiere und des Menschen. Thieme, Stuttgart, S 107–122

Fuchs G, Hofbauer J (1969) Gonadendosen und genetische Strahlenbelastung in der Telekobalttherapie. Strahlentherapie 138:178–180

Gagnon C, Axelrod J, Musto N, Dym M, Bardin CW (1979) Protein carboxyl-methylation in rat testes: A study of inherited and x-ray-induced seminiferous tubule failure. Endocrinology 105:1440–1445

Geller FC (1925) Über die Wirkung schwacher Eierstockbestrahlung auf Grund tierexperimenteller Untersuchungen. Strahlentherapie 19:22–61

Geraci JP, Jackson KL, Thrower PD, Fox MS (1975) An estimate of the patient risk in cyclotron neutron radiotherapy using mouse testes as a biological test system. Health Phys 29:729–737

Geraci JP, Jackson KL, Christensen GM, Thrower PD, Weyer BJ (1977) Mouse testes as a biological test system for intercomparison of fast neutron therapy beams. Radiat Res 71:377–386

Geraci JP, Decello JF, Eanmaa J, Jackson KL, Thrower PD, Mariano MS (1980) Comparative effects of negative pions, neutrons and photons on testes weight loss and spermatogenic stem cell survival in mice. Radiat Res 82:579–587

Gibbons AFE, Chang MC (1973a) Indirect effects of x-irradiation on embryonic development: Irradiation of the exteriorized rat uterus. Biol Reprod 9:133–141

Gibbons AFE, Chang MC (1973b) The effects of x-irradiation of the rat ovary on implantation and embryonic development. Biol Reprod 9:343–349

Glucksmann A (1947) The effects of radiation on reproductive organs. Br J Radiol 1:101–109

Goyal PK, Dev PK (1982) Weight loss of mouse testes after gamma irradiation in utero and its modification by MPG (2-mercaptopropiongly-cine). Radiobiol Radiother 23:283–286

Goyal PK, Dev PK (1983) Radioresponse of fetal testes of mice and its modification by MPG. Strahlentherapie 159:239–241

Gragg RL, Humphrey RM, Meyn RE (1976) The response of chinese hamster ovary cells to fast neutron radiotherapy beams. I. Relative biological effectiveness and oxygen enhancement ratio. Radiat Res 65:313–334

Green AD, Bushong SC (1971) Gonadal dose in male radiotherapy patients. Radiology 98:661–663

Green D, Howells GR, Humphreys ER, Vennart J (1975) Localisations of plutonium in mouse testes. Nature 255:77

Green D, Howells G, Vennart J, Watts R (1977) The distribution of plutonium in the mouse ovary. Int J Radiat Isotop 28:487–501

Greiner R (1982) Die Erholung der Spermatogenese nach fraktionierter, niedrig dosierter Bestrahlung der männlichen Gonaden. Strahlentherapie 158:342–355

Greiner R (1983) Tumortherapien, Fertilität und Sexualität. Schweiz Rdsch Med (Praxis) 72:1293–1298

Greiner R, Meyer A (1977) Reversible und irreversible Azoospermie nach Bestrahlung des malignen Hodentumors. Strahlentherapie 153:257–262

Griffiths TD (1979) X-ray response of chinese hamster ovary cells during the latter part of G_2. Biophys J 28:497–501

Grönroos M, Kauppila O, Pulkikinen M, Turunen S, Salmi T, Raekallio J (1981) Pituitary-ovarian hormones after low dose endometrial afterloading irradiation. Int J Gynecol Obstet 19:375–380

Grönroos M, Klemi P, Piiroinen O, Erkkola R, Nikkanen V, Routsalainen P (1982) Ovarian function during and after curative intracavitary high-dose-rate irradiation: steroidal output and morphology. Eur J Obstet Gynecol Reprod Biol 14:13–21

Guglielmi R, Calzavara F, Pizzi BG (1980) Ovarian function after pelvic lymph node irradiation in patients with Hodgkin's disease submitted to oophoropexy during laparotomy. Eur J Gynecol Oncol 41:99–107

Gupta GS, Bawa SR (1975) Radiation effects on testes VI.5-nucleotidase and adenosine triphosphatase following partial body gamma irradiation. Radiobiol Radiother 2:221–234

Gupta GS, Bawa SR (1978a) Radiation effects on testes. XIII. Studies on isocitrate dehydrogenases following partialbody gamma irradiation. Radiat Res 73:476–489

Gupta GS, Bawa SR (1978b) Radiation effects on testes. XIV. Studies on glucose 6-phosphate dehydrogenase following partial-body gamma irradiation. Radiat Res 73:490–501

Gupta GS, Bawa SR (1979) Radiation effect on testes. Strahlentherapie 155:287–292

Haas RJ, Schreml W, Fliedner TM, Calvo W (1973) The effect of tritiated water on the development of the rat oozyte after maternal infusion during the pregnancy. Int J Radiat Biol 23:603

Hacker U, Schumann J, Göhde W (1980) Effects of acute gamma-irradiation on spermatogenesis as revealed by flow cytometry. Acta Radiol Oncol 19:361

Hacker U, Schumann J, Göhde W, Müller K (1981) Mammalian spermatogenesis as biologic dosimeter for radiation. Acta Radiol Oncol Radiat Phys Biol 20:279–282

Hacker U, Schumann J, Göhde W (1982) Mammalian spermatogenesis as a new system for biologic dosimeter of ionizing irradiation. Acta Radiol Oncol 21:349

Hahn EW, Feingold SM (1973) Unilateral reduction of ovulations following selective ovarian x-irradiation. Endocrinology 92:1447–1450

Hahn EW, Ward WF (1971) Changes in ovarian intravascular compartment prior to superovulation in x-irradiated rats. Radiat Res 46:192–198

Hahn EW, Feingold SM, Nisce L (1976) Aspermia and recovery of spermatogenesis in cancer patients following incidental gonadal irradiation during treatment: A Progress Report. Radiology 119:223–225

Hahn EW, Feingold SM, Simpson L (1982) Recovery from aspermia induced by low-dose radiation in seminoma patients. Cancer 50:337–340

Halawa B, Wawrzkiewicz M, Mazurek W, Kasprzak J, Kornafel J (1981) The behaviour of pituitary gonatropins and estrogens in blood serum of gamma-Ra 226 irradiated patients. Radiobiol Radiother 22:214–218

Hamaguchi S, Egami N (1975) Post-irradiation changes in oocyze populations in the fry of the fish oryzias latipes. Int J Radiat Biol 28:279–284

Handelsman DJ, Turtle JR (1983) Testicular damage after radioactive iodine (I-131) therapy for thyroid cancer. Clin Endocrinol 18:465–472

Hassenstein E, Nüsslin F (1976) Die Gonadenbelastung bei der ^{60}Co-Bestrahlung peripherer, mediastinaler und retroperitonealer Lymphknotenstationen. Strahlentherapie 152:427–432

Haubrich R, Harms I (1973) Unfruchtbarkeit beim einseitigen Hodenkrebs. Strahlentherapie 146:94–103

Heite HJ (1951) Fertilitätsuntersuchungen bei behandelten Patienten mit Thorium. Med Klin 1297

Heller CG, Heller GV, Warner GA, Rowley MJ (1968) Effect of graded doses of ionizing radiation testicular cytology and sperm count in man. Radiat Res 35:493–494

Hilscher WM, Trott K R, Hilscher W (1982) Cell progression and radiosensitivity of T_1-prospermatogonia in Wistar rats. Int J Radiat Biol 41:517–524

Himelstein-Braw R, Peters H, Faber M (1977) Influence of irradiation and chemotherapy on the ovaries of children with abdominal tumours. Br J Cancer 36:269–275

Hobson BM, Baker TG (1979) Reproductive capacity of rhesus monkeys following bilateral ovarian x-irradiation. J Reprod Fertil 55:471–480

Hodel K, Rich WM, Austin P, Di Saia PJ (1982) The role of ovarian transposition in conservation of ovarian function in radical hysterectomy followed by pelvic radiation. Gynecol Oncol 13:195–202

Holland JM, Mitchell TJ, Walburg HE Jr (1977) Effects of prepubertal ovariectomy on survival and specific disease in female RFM mice given 300 R of X-rays. Radiat Res 69:317–327

Hopkinson CRN, Dulisch B, Gaus G, Hilscher W, Hirschhäuser C (1978) The effects of local testicular irradiation on testicular histology and plasma hormone levels in the male rat. Acta Endocrinol (Kbh) 87:413–423

Hori Y, Takamori Y, Nisshio K (1970) The effect of x-irradiation on lactic hydrogenase isoenzymes in plasma and in various organs of mice. Radiat Res 43:143–151

Hornsey S, Myers R, Warren P (1977) RBE for the two components of weight loss in the mouse testis for fast neutrons relative to x-rays. Int J Radiat Biol 32:297–301

Hovatta O, Kormano M (1974) Development of the seminiferous tubules following prepuberal whole-body x-irradiation. Andrologia 6:277–285

Hsu AC, Folami AO, Bain J, Rance CP (1979) Gonadal function in males treated with cyclophosphamide for nephrotic syndrome. Fertil Steril 31:173–177

Hsu THS, Fabrikant JL (1976) Spermatogonial cell renewal under continuous irradiation of 1,8 and 45 rads per day. In: Biological and environmental effects of low-level radiation vol I. IAEA, Wien, p 157

Huckins C (1978a) Spermatogonial intercellular bridges in whole-mounted seminiferous tubules from normal and irradiated rodent testes. Am J Anat 153:97–122

Huckins C (1978b) Behavior of stem cell spermatogonia in the adult rat irradiated testis. Biol Reprod 19:742–760

Huckins C, Oakberg EF (1978) Morphological and quantitative analysis of spermatogonia in mouse testes using whole mounted seminiferous tubules. Anat Res 192:529–542

Hugue H, Ashraf J (1973) Effect of gamma radiation on the ovaries of desert locust schistocerca gregaria, Zbt Radiologie 109:491

Hulse EV (1977) Can radiation induce interstitial-cell (Leydig-cell) tumours of the testis? Int J Radiat Biol 32:183–190

Hyodo-Taguchi Y, Egami N (1976) Effect of irradiation on spermatogonia of the fish, oryzias latipes. Radiat Res 67:324–331

Hyodo-Taguchi Y, Egami N (1977) Damage to spermatogenic cells in fish kept in tritiated water. Radiat Res 71:641–652

ICRP (1969) Radiosensivity and special distribution of dose. ICRP Publication 14. Pergamon, Oxford

Israel SL (1958) The repudiation of low-dosage irradiation of the ovaries. Am J Obstet Gynecol 76:443–446

Ito M (1966) Histochemical observations of oxidative encyme in irradiated testis and epididymis. Radiat Res 28:266

Ivanov B, Maleeva A (1980) Effect of different doses of gammaradiation on the concentration of testosterone follicle-stimulating and luteinizing hormones in the blood plasma of rats. Radiobiol 20:285–288

Ivey JR (1963) Preconception radiation for carcinoma of the cervix. J Obstet Gynecol Br Emp 70:128–129

Jablon S, Kato H (1971) Sex ratio in offspring of survivors prenatally to the atomic bombs in hiroshima and nagasaki. J Epidemiol 93:253–258

Jacox HW (1939) Recovery following human ovarian irradiation. Radiology 32:538–545

Janson PO, Jansson I, Skryten A, Damber JE, Lindstedt G (1981) Ovarian endocrine function in young women undergoing radiotherapy for carcinoma of the cervix. Gynecol Oncol 11:218–223

Janssens PJ, Wittevrongel C, van Dam J, Goddeeris P, Lauwerijns KM, De Loecker W (1981) Effects of ionizing irradiation on the estradiol and progesterone receptors in rat mammary tumors. Cancer Res 41:703–707

Johnson MI, Newman L (1976) Radiation-induced fetal testicular damage in the monkey (Macaca radiata). J Med Primatol 5:195–199

Jones DCL, Krebs JS, Sasmore DP, Mitoma C (1980) Evaluation of neonatal squirrel monkeys receiving tritiated water throughout gestation. Radiat Res 83:592–606

Jong FH de, Sharpe RM (1977) Gonadotropins, testosterone and spermatogenesis in neonatally irradiated rats: Evidence for a role of the sertoli cell in follicle-stimulating hormone feedback. J Endocrinol 75:209–219

Jostes E (1963) Ovar. In: Stender HSt, Scherer E (Hrsg) Strahlentherapie der Zelle. Thieme, Stuttgart, S 209–232

Jostes E, Scherer E (1961) Beitrag zur Morphologie röntgen- und radiumbestrahlter Mäuseovarien. Strahlentherapie 115:337–365

Jostes E, Scherer E (1967) Beitrag zur Morphologie röntgen- und radiumbestrahlter Mäuseovarien. II. Mitt. Beobachtungen an Follikel-, Theka- und Luteinzellen. Strahlentherapie 132:59–78

Kališnik M, Vraspir O, Skrk J, Klemencik E, Lejko T, Logonder-Mlinsek M, Rus A, Zore M, Iutersek A (1978) Histological and steriological analysis of some endocrine and lymphatic organs in mice after whole-body-radiation. In: Late biological effects of ionizing radiation, vol II. IAEA, Vienna, pp 137–146

Kaplan I (1958) The treatment of female sterility with

x-ray therapy directed to the pituitary and ovaries. Am J Obstet Gynecol 76:447–453

Kashiwabara T, Tanaka R, Stern C (1971) The effects of radiation (x-, y-, neutron rays) on male fertility in the mouse, domestic fowl and drosophila. In: Excerp Med Amsterdamm 1973, Am Elsevier Pub, New York, Proceedings of the VII. World Congress 1971 Tokyo and Kyoto, Japan

Kimler BF, Leeper DB, Schneiderman MH (1981) Radiation-induced division delay in chinese hamster ovary fibroplast and carcinoma cells: dose effect and plady. Radiat Res 85:270–280

Kochar NK, Harrison RG (1971a) The effect of x-rays on the vascularization of the mouse testis. Fertil Steril 22:53–57

Kochar NK, Harrison RG (1971b) The effects of x-rays on lipids phospholipids and cholesterol of the mouse testis. J Reprod Fertil 27:159–165

Kondratenko VG, Ganzenko LF, Stakanov VA (1978) Cytological and cytochemical analyses of the influence of hormones an the postirradiation changes in testicular sex and incretory cells. Radiobiologia 18:347–352

Kormano U, Hovatta O (1972) In vitro contractility of a seminiferous tubules following 400 R wholebody irradation. Strahlentherapie 144:713–718

Kramer MF, Davids JAG, Ven TPA von der (1974) Effect of 1 MeV fest-neutron irradiation on spermatogonial proliferation in mice; Influence of dose fraction with different intervals. Int J Radiat Biol 25:253–260

Krebs JS (1968) Analysis of the radiation induced loss of testes and weights in terms of stem cell survival. USNRDL Technical Report 18:68–104

Krehbiel RH, Plagge JC (1963) Number of rat ova implanting after substerilizing x-irradiation of one or both ovaries. Anatom Res 146:257–261

Kriegel H, Schmahl W, Kistner G, Stieve FE (eds) (1982) Development effects of prenatal irradiation. Fischer, Stuttgart New York

Kumar A, Devi U (1982) Chemoprotection of ovarian follicles of mice against gamma irradiation by MPG (2-Mercaptopropinylglycine). J Radiat Res 23:306–312

Kumar A, Devi U (1983) Chemical radiation protection of ovarian follicles of mice by MPG (2-mercaptopropionyl glycine). J Nucl Med 27:9–12

Kumatori T, Ishihara T, Hirashima K, Sugiyma H, Ishii S, Miyoshi K (1980) Follow-up studies over a 25-year period on the japanese fishermen exposed to radioactive fallout in 1954. In: Hübner KF, Fry SA (eds) The medical basis for radiation accident preparedness. Elsevier, North Holland, pp 33–54

Lacassagne A (1936) Untersuchungen über die Radiosensibilität des Corpus luteum und der Uterusschleimhaut mit Hilfe eines künstlich erzeugten Deziduums beim Kaninchen. Strahlentherapie 56:621–625

Lacassagne A, Duplan JF, Marcovich H, Raynaud A (1962) The action of ionizing radiations on the mammalian ovary. In: Zuckerman S (ed) The ovary, vol II. Academic Press, New York, p 463

Lamerton LF (1966) Cell proliferation under continuous irradiation. Radiat Res 27:119–138

Lamerton LF (1967) Response of mammalian cell populations to continuous irradiation. In: Silini G (ed) Radiation res. North Holland, Amsterdam, pp 658–664

Langendorff M (1965) Zur Bestimmung einer unteren Grenzdosis bei fraktionierter Bestrahlung der Maus. Strahlentheapie 128:302–308

Langendorff M, Stevenson AEF (1981) Murine spermatogonial regeneration after exposure to either x-rays or 15 MeV-neutrons. Radiat Environ Biophys 19:41–49

Langendorff M, Langendorff H, Neumann GK (1972) Die Wirkung einer fraktionierten Röntgenbestrahlung auf die Fertilität von in utero bestrahlten Mäusen. Strahlentherapie 144:324–337

Laskey JW, Parrish JL, Cahill DF (1973) Some effects of lifetime parenteral exposure ot low levels of tritium on the F_2-generation. Radiat Res 56:171–179

Laughlin TJ, Taylor JH (1980) The effects of x-ray on DNA synthesis in synchronized chinese hamster ovary cells. Radiat Res 83:205–209

Lawson RL, Krise GM, Brown SO, Sorensen AM jr (1967) Effects of single, continuous, and fractionated gamma irradiation on semen quality in albino rats. Radiat Res 31:273–280

LeFloch A, Donaldson SS, Kaplan HS (1976) Pregnancy following oophoropexy and total nodal irradiation in women with hodgkin's disease. Cancer 38:2263–2268

Leichner PK, Roenshein NB, Leibel SA, Order SE (1980) Distribution and tissue dose of intraperitoneally administered radioactive chromic phosphate in new zealand white rabbits. Radiology 134:729–734

Leidl W, Zankl H (1970) Untersuchungen über den Einfluß der Pausendauer bei fraktionierter Röntgenbestrahlung am Modell des Kaninchenhodens. Strahlentherapie 139:548–552

Lindop PJ (1969) The effects of radiation on rodent and human ovaries. Proc Soc Med 62:144–148

Lindsay S, Nichols CW, Sheline GE, Chaikoff IL (1969) Leydig-cell tumors in rat testes subjected to low-dose x-irradiation. Radiat Res 40:366–378

Loraine JA (1957) Recent work on the quantitative determination of pituitary gonadotrophins in urine. Acta Endocrinol 31:75–84

Lu CC, Meistrich ML, Thames AD (1980) Survival of mouse testicular stem cells after γ- or neutron irradiation. Radiat Res 81:402–425

Lushbaugh CC, Casarett GW (1976) The effects of gonadal irradiation in clinical radiation therapy: A review. Cancer 37:1111–1120

Lushbaugh CC, Ricks RC (1972) Some cytokinetic and histopathologic considerations of irradiated male and female gonadal tissues. Front Radiat Ther Onc 6:228–248

Makler A, Tatcher M, Velinsky A, Brandes JM (1980) Factors affecting sperm motility. III. Influence of visible light and other electromagnetic radiation on human sperm velocity and survival. Fertil Steril 33:439–444

Mandl AM (1964) The radiosensivity of germ cells. Biol Rev 39:288–371

Martius H (1961) Strahlentoleranzdosis der Eierstöcke. DMW 86:888–890

Matthes T, Kriegel H (1958) Über die Speicherung von Thoriumdioxyd in den Keimdrüsen von Kaninchen und beim Menschen. Strahlentherapie 105:441–449

McCarthy TG, Milton PJD (1975) Successful pregnancy after conservative surgery and radiotherapy for dysgerminoma of the ovary. Br J Obstet Gynecol 82:64–67

McTaggarat J, Wills ED (1977) The effects of whole- and partial body irradiation on circulating anterior pituitary hormones and testosterone and the relationship of these hormones to drug-metabolizing enzymes in the liver. Radiat Res 72:122–133

Meistrich ML, Hunter NR, Suzuki N, Trostle PK, Withers HR (1978) Gradual regeneration of mouse testicular stem cells after exposure of ionizing radiation. Radiat Res 74:349–362

Meyer MB, Tonascia JA (1973) Possible effects of x-rays exposure during fetal life on the subsequent reproductive performance of human females. Am J Epidemiol 98:151–160

Meyer MB, Tonascia JA (1981) Long-term effects of prenatal x-ray of human females. I. Reproductive experience. Am J Epidemiol 114:304–316

Meyer MB, Merz T, Diamond EL (1969) Investigation of the effects of prenatal x-ray exposure of human oogonia oocytes as measured by later reproductive performance. Am J Epidemiol 89:619–635

Meyer MB, Tonascia JA, Merz T (1976) Long term effects of prenatal x-rays on development and fertility of human females. In: Biological and environmental effects of low-levels radiation, vol II. Proc of symposium Chicago 3–7 Nov 1975. Intern Atomic Energy Agency, Vienna

Meyhöfer W, Hülsmann B, Morschek H (1971) Der Einfluß von Röntgenstrahlen auf die Spermiogenese der Maus (DNS- und Histonproteine in Spermatozoen). Fortschr Fertil Forsch 2:58–62

Mian TA, Suzuki N, Glenn HJ, Hayne TP, Meistrich M (1977) Radiation damage to mouse testis cells from (^{99m} Te) pertechnetate. J Nucl Med 18:1116–1122

Miller SC (1982) Localization of plutonium-241 in the testis. An interspecies comparison using light and electron microscope autoradiography. Int J Radiat Biol 41:633–643

Mondorf L, Faber M (1968) The influence of radia-

tion on human fertility. J Reprod Fert 15:165–169

Montour JL, Wilson JD (1979) Mouse testis weight loss following high energy neutron or gamma irradiation. Int J Radiat Biol 36:185–189

Mroueh AM (1971) The excretion of radioiodine in human semen. Fertil Steril 22:61–63

Müller C, Kubat K, Marsalek J (1962) Der Einfluß des Arbeitsrisikos auf die Generationsfunktionen der beim Fördern und Aufbereiten von radioaktiven Rohstoffen beschäftigten Frauen. Zentralbl Gynaekol 15:561–568

Müller W (1915) Beitrag zur Frage der Strahlenwirkung auf tierische Zellen, besonders die der Ovarien. Strahlentherapie 5:155–147

Muramatsu S, Tsuchiya T, Hanada H (1978) Effects of continuous gamma radiation on the reproductivity of mice. In: Late biological effects of ionizing radiation, vol II. IAEA, Wien, pp 191–198

Nebel BR, Murphy CJ (1960) Damage and recovery of mouse testis after 1000 r acute localized x-irradiation, with reference to restitution cells, sertoli cell increase and type A spermatogonial recovery. Radiat Res 12:626–641

Niedetzky A, Lautai CS (1969) Effect of radioactive radiations on the lifetime of sperms. Acta Biochem Biophys 4:211–216

Nijiman JM, Jager S, Boer PW, Kremer J, Oldhoff J, Koops HS (1982) The treatment of ejaculation disorders after retroperitoneal lymph node dissection. Cancer 50:2967–2971

Nikandrova TI, Zhulanova ZI, Romantsev EF (1981) Prostaglandin synthese activity in the liver, brain and testicles of (CBA C57 B1) mice under irradiation. Radiobiol 21:265–269

Oakberg EF (1968) Mammalian gametogenesis and species comparisons in radiation response of the gonads. In: Effects of radiation on meiotic systems. IAEA, Vienna, pp 3–15

Oakberg EF (1975) Effects of radiation on the testis. In: Hamilton DW, Greep RO (eds) Handbook Physiol Sect 7, vol V. Male reproductive system. Amer Physiol Comp. William & Wilkins, Baltimore/Maryland, pp 233–243

Oakberg EF (1978) Differential spermatogonial stem-cell survival and mutations frequency. Mutat Res 50:327–340

Oakberg EF (1979) Timing of oocyte maturation in the mouse and its relevance of radiation-induced cell killing and mutational sensitivity. Mutat Res 59:39–48

Oakberg EF, Huckins C (1976) Spermatogonial stem cell renewal in the mouse as revealed by 3H-thymidine labeling and irradiation. In: Cairne AB, Lala PK, Osmond DG (eds) Stem cells of renewing cell population. Academic Press, New York, pp 287–302

Oakberg EF, Lorenz EC (1972) Irradiation of generative organs. In: Hug O, Zuppinger A (Hrsg) Strahlenbiologie 3. Handbuch der Mediz Radiologie vol II/3. Springer, Berlin Heidelberg New York, pp 217–233

O'Brien CA, Hupp EW, Sorensen AM, Brown SO (1966) Effects of prenatal gamma radiation on the reproductive physiology of the spanish goat. Am J Vet Res 27:711

Orecklin JR, Kaufmann JJ, Thomson RW (1973) Fertility in patients treated for malignant testicular tumors. J Urol 109:293–295

Paola M di, Caffarelli V, Coppola M, Porro F, Quintiliani M (1980) Biological responses to various neutron energies from 1 to 600 MeV I. Testes weight loss in mice. Radiat Res 84:444–452

Pearson AK, Licht P, Nagy KA, Medica PA (1978) Endocrine function and reproductive impairment in an irradiated population of the lizard ute stansburiana. Radiat Res 76:610–623

Peceski J, Malcic K (1969) The effect of local irradiation of the gonads ost infantile and adult male rats on the survival and regeneration of reproductive organs. Strahlentherapie 137:493–498

Peck WS, McGreer JT, Kretzschmar NR, Brown WE (1940) Castration of the female by irradiation. Radiology 34:176–186

Peters F, Richter D, Breckwoldt M (1982) Interactions between psychosomatic conflicts and gonadotropin secretion. Acta Obstet Gynecol Scand 61:397–402

Philipp F (1904) Die Röntgenbestrahlung der Hoden des Mannes. Fortschr Roentgenstr 8:114–119

Philipp F (1932) Erhaltung der Genitalfunktion nach Bestrahlung wegen Uteruskarzinom. Zentralbl Gynaekol 56:1409–1412

Pietrzak-Fils Z (1982) Effects of chronically ingest reoltritium on the oocytes of two generations of rats. In: Kriegel H (eds) Developmental effects of prenatal irradiation. Fischer, Stuttgart New York, pp111–115

Popescu HI, Klepsch I, Lancranjan J (1969) Utility of urinary total gonadotrophins excretion determination after acute irradiations by penetrating rays. Radiat Res 40:544–551

Popescu HI, Klepsch I, Lancranjan J (1975) Eliminations of pituitary gonadotropic hormones in men with protracted irradiation during occupational exposure. Health Phys 29:385–388

Prasad N, Prasad R, Bushong SC, North LB (1977) Effect of irradiation on testicular cells of opossum. Strahlentherapie 153:470–473

Price JJ, Rominger J (1965) Carcinoma of the cervix treated during pregnancy and followed by successful pregnancy. Obstet Gynaecol 26:272–274

Rao RA, Srivastava PN (1967) Ovarian changes induced by chronic gamma radiation emitted by sealed cobalt-60 source placed inside the abdomens in the indian disert gerbil. Strahlentherapie 133:594–601

Rao LRA, Srivastava PN (1982) Oocyte depopulation pattern in adult indian desert gerbil exposed

tu internally deposited ^{32}P, ^{60}Co and ^{45}Ca. J Radiol Res 23:176–186

Rassow J, Strüter HD (1970) Systematische Untersuchungen mit LiF-Thermolumineszenzdetektoren TLD 100 am Alderson-Phantom zur Gonadenbelastung bei der Therapie mit konventionellen Röntgenstrahlen (60–300 kV), Telegammastrahlen (137 Cs und ^{60}Co) sowie Betatronbrems- und Elektronenstrahlen von 20 und 43 MeV-Grenzenergie. Strahlentherapie 139:446–458

Rathenberg R, Schwegler H, Miska W (1976) Comparative investigations on cytogenetic effects of x-irradiation on the germinal epithelium of male mice and chinese hamsters. Hum Genet 34:171–183

Regaud C (1977a) The influence of the duration of irradiation on the changes produced in the testicle by radium. Übers Compt Rend Soc Biol (1922) 86:787–789) Int J Radiat Oncol Biol Phys 2:565–567

Regaud C (1977b) The alternating rhythm of cellular mitoses and the radiosensitivity of the testis. Übers Comp Rent Soc Biol (1922) 86:822–824) Int J Radiol Oncol Biol Phys 2:569–570

Reifferscheid K (1914) Die Einwirkung der Röntgenstrahlen auf tierische und menschliche Eierstöcke. Strahlentherapie 5:407–426

Rich KA, Kreter DM de (1977) Effect of differing degrees of destruction of the rat seminiferous epithelium on levels of serum follicle stimulating hormone and androgen binding protein. Endocrinology 101:959–968

Richmond CR, Thomas RL (1975) Plutonium and other actinide elements in gonadal tissue of man and animals. Health Phys 29:241–250

Richter D (1982) Psychosomatisch und endokrinologisch orientierte Diagnostik und Therapie des sekundären Amenorrhoe-Syndroms. Gynaekologe 15:173–189

Rikmenspoel R (1975) III. Further x-ray studies. Biophys J 15:831–841

Rikmenspoel R, Herpen G van (1969) Radiation damage to bull sperm motility. II. Proton irradiation and respiration measurements. Biophys J 9:833

Robinson JN, Engle ET (1949) Effect of neutron radiation on the human testes: A case report. J Urol 61:781–784

Rönnbäck C (1979) Effect of ^{90}Sr on ovaries of foetal mice depending on time for administration during pregnancy. Acta Radiol Oncol 18:225–234

Rönnbäck C (1981) Influence of ^{90}Sr-contaminated milk on the ovaries of foetal and young mice. Acta Radiol Oncol 20:131–135

Rönnbäck C, Nilsson A (1982) Neoplasms in ovaries of CBA mice ^{90}Sr treated as foetuses. Acta Radiol 21:121–129

Rönnbäck C, Henricson B, Nilsson A (1971) Effect of different doses 90-Sr on the ovaries of the foetal mouse. Acta Radiol 310:200–209

Rooij DG (1978) The effect of x-irradiation on spermatogenesis in the rhesus monkey. Int J Radiat Biol 34:565–566

Rowley MJ, Leach DR, Warner GA, Heller CG (1974) Effect of graded doses of ionizing radiation on the human testis. Radiat Res 59:665–678

Rubin P, Casarett G (1972) A direction for clinical radiation pathology. The tolerance dose. Front Radiat Ther Oncol 6:1–16

Rugh R, Budd RA (1975) Does x-radiation of the preconceptional mammalian ovum lead to sterility and/or congenital anomalies? Fertil Steril 26:560–572

Rugh R, Clugston H (1955) Radiosensitivity with respect to the estrous cycle in the mouse. Radiat Res 2:227–236

Rugh R, Skaredorf L (1971) The immediate and delayed effects of 1000 R x-rays on the rodent testis. Fertil Steril 22:73–82

Ruiter-Bootsma AL de, Kramer MF, Rooij DG, Davids IAG (1974) Survival of spermatogonial stem cell in the mouse after exposure to 1 MeV fast neutrons. In: Biological effects of neutron irradiation. IAEA, Vienna, pp 325–334

Ruiter-Bootsma AL de, Kramer MF, Rooij DG (1976) Response of stem cells in the mouse testis to fission neutrons of 1 MeV energy and 300 kV x-rays. Methodology, dose-response studies, relative biological effectiveness. Radiat Res 67:56–68

Ruiter-Bootsma AL de, Kramer MF, Rooij DG (1977) Survival of spermatogonial stem cells in the mouse after split-dose irradiation with fission neutrons of 1 MeV mean energy or 300 kV x-rays. Radiat Res 71:579–592

Russel JJ, Lindenbaum A (1979) One-year study of nonuniformly distributed plutonium in mouse testis as related to spermatogonial irradiation. Health Phys 36:153–157

Saharan BR, Devi PU (1977) Radiation protection of mouse testes with 2-merkaptopropionylglycine. J Rad Res 18:308

Samuels LD (1966) Effects of polonium-210 on mouse ovaries. Int J Radiat Biol 11:117

Sandeman TF (1966) The effects of x-irradiation on male human fertility. Br J Radiol 39:901–907

Sankaranarayanan K (1982) Genetic effects of ionizing radiation in multicellular eukaryotes and the assessment of genetic radiation hazards in man. Elsevier Biomedical Press, Amsterdam

Savkovic N, Kacaki J, Andjus R, Malcic K (1966) The effect of local irradiation of the head of rats in the infantile period on spermatogenesis. Strahlentherapie 130:432–436

Scherholz KP, Frommhold H, Barwig P (1978) Strahlenbelastung der Ovarien bei Bestrahlung der paraaortalen, iliakalen und inguinalen Lymphknoten mit Telekobalt sowie mit Photonen der Energie 42 MeV. Strahlentherapie 154:844–851

Schmahl W, Kriegel H (1980) Ovary tumors in NMRI mice subjected to fractionated x-irradiation during fetal development. J Cancer Res Clin Oncol 98:65–74

Schoen EJ (1964) Effect of local irradiation on testicular androgen biosynthesis. Endocrinology 75:56–65

Schreiber H, Plishuk Z (1956) The effect of x-rays on the ovaries in childhood and adolescence. Br J Radial 29:687

Searle AG, Beechey CV, Green D, Howells GR (1980) Comparative effects of protracted exposures to ^{60}Co x-radiation and ^{239}Pu x-radiation on breeding performance in female mice. Int J Radiat Biol 37:189–200

Searle AG, Beechey CV, Green D, Howells GR (1982) Dominant lethal and ovarian effects of plutonium-239 in female mice. Int J Radiat Biol 42:235–244

Shalet SM, Beardwell CG, Morris PH, Pearson D, Orrell DH (1976) Ovarian failure following abdominal irradiation in childhood. Br J Cancer 33:655–658

Shalet SM, Beardwell CG, Jacobs HS, Pearson D (1978) Testicular function following irradiation of the human prepubertal testis. Clin Endocrinol 9:483–490

Shamberger RC, Sherins RJ, Rosenberg SA (1981) Effects of postoperative adjuvant chemotherapy and radiotherapy on testicular function in man undergoing treatment for soft tissues sarcoma. Cancer 47:2368–2374

Shehata N (1983) The effect of gamma rays on the gonads of the olive fruit fly. Dacus oleae (Gmelin). Int J Radiat Biol 43:169–173

Shelton M (1961) The secretion of androgen by the x-irradiation ovary of the adult rat. Acto Endocrinol 37:529–540

Sheridan W (1971) The effects of the time interval in fractionated x-ray treatment of mouse spermatogonia. Mutat Res 13:163–169

Shimizu K, Ishikawa Y, Saito Y, Nakamura K, Sato T, Torada S, Sugiyama S, Takayama S, Huruya H, Ono M, Inagaki H (1956) Some observations of the victims of the Bikini-H-bomb-test explosions. Tokyo, 1333

Slanina J, Musshoff K, Rahner T, Stiasny R (1977) Longterm side effects in irradiated patients with Hodgkin's disease. Int J Radiat Oncol Biol Phys 2:1–19

Smith P, Doll R (1976) Late effects of x-irradiation treated for metropathia haemorrhagica. Br J Radiol 49:244

Smithers DW, Wallace DN, Austin DE (1973) Fertility after unilateral orchidectomy and radiotherapy for patients with malignant tumors of the testis. Br J Med 4:77–79

Sobels FH (1969) Estimation of the genetic risk resulting from the treatment of women with ^{131}iodine. Strahlentherapie 138:172–177

Sommers SC (1953) Endocrine changes after hemiadrenalectomy and total body irradiation in parabiotic rats. J Lab Clin Med 42:396–407

Spalding JF, Wellnitz JM, Schweitzer WH (1957) The effects of high-dosage x-rays on the maturation of the rat ovum, and their modification by gonadotropins. Fertil Steril 8:80–88

Speiser B, Rubin P, Casarett G (1973) Aspermia following lower truncal irradiation in hodgkin's disease. Cancer 32:692–698

Spiro G, Wachsmann F (1962) Über die Wirkung einzeitig und fraktioniert verabreichter Röntgenstrahlen auf Rattenhoden. Strahlentherapie 118:153–158

Srivastava PN, Rao AR (1967) Co^{60}-induced radiation changes in the ovary of unilaterally ovarectomized indian desert gertil, meriones hurrianae jerdon. Strahlentherapie 134:452–456

Stillman RJ, Schindfeld JS, Schiff J, Gelber RD, Greenberger J, Larson M, Jaffe N, Li FP (1981) Ovarian failure in long-term survivors of childhood malignancy. Am J Obstet Gynecol 139:62–66

Storer JB, Mitchell TJ, Ullrich RL (1982) Causes of death and their contribution to radiation-induced life shortening in intact and ovariectomized mice. Radiat Res 89:618–643

Suzuki K, Inano H, Tamaoki B (1973) Testicular function at puberty following prepubertal local x-irradiation in the rat. Biol Reprod 9:1–8

Tabuchi A, Nakagawa S, Hirai T, Sato H, Hori I, Matsuda M, Yano K, Shimada K, Nakao Y (1967) Fetal hazards due to x-ray diagnosis during pregnancy. Hiroshima J Med Sci 16:49–66

Taylor DM (1977) The uptake, retention and distribution of plutonium-239 in rat gonads. Health Phys 32:29–31

Thithapandha A, Chanachai W, Suriyachon D (1979) Effects of γ-irradiation on plasma testosterone levels and hepatic drug metabolism. Radiat Res 79:203–207

Thomas PRM, Winstanly D, Peckham MJ, Austin DE, Murray MAF, Jacobs HS (1976) Reproductive and endocrine function in patients with hodgkin's disease effects of oophoropexie and irradiation. Br J Cancer 33:226

Thorslund TM, Paulsen CA (1972) Effects of x-ray irradiation on human spermatogenesis. In: Warman EA (ed) Nat symp natural mammals radiat. NASA TMX 2440, pp 229–232

Thüroff JW (1982) Fertilitätsstörungen nach retroperitonealer Lymphadenektomie. Dtsch Med Wochenschr 107:834

Tindall DJ, Vitale R, Means AR (1975) Androgen binding protein as a biochemical marker of formation of the blood-testis barrier. Endocrinol 97:636–648

Török P, Schmahl W (1982) Einfluß von 5-Azazytidin und akuter Röntgenbestrahlung auf Mäusetestes während der sexualen Differenzierung in utero. In: Kriegel H, Schmahl W, Kistner G,

Stieve FE (Hrsg) Entwicklungsstörungen nach pränataler Bestrahlung. Fischer, Stuttgart, S 305–308

Török P, Schmahl W, Meyer I, Kistner G (1979) Effects of a single injection of tritiated water during organogeny on the prenatal and postnatal development of mice. In: Biological Implications of Radionuclides released for nuclear industries. Int Atomic Energy Agency 1, Vienna

Trautmann J (1963) Hoden. In: Scherer E, Steuder HS (Hrsg) Strahlentherapie der Zelle. Thieme, Stuttgart, S 195–208

Trautmann J, Millin G (1962/63) Wirkungen subletaler Strahlendosen auf den Zyklus und Oestrus der weißen Laboratoriumsmaus. I. und II. Mitteilung. Strahlentherapie 118:67–76; 122:558–564

Trueblood HW, Enright LP, Ray GR, Kaplan HS, Nelsen TS (1970) Preservation of ovarian function in pelvic radiation for Hodgkin's disease. Arch Surg 100:236–237

Unger E (1976) Histologische Untersuchungen nach experimenteller Rasterstrahlung. Befunde von Kaninchenhoden. Strahlentherapie 132:255–267

Unger E (1980) Histological effects of low-dose-rate gamma-irradiation. Strahlentherapie 156:46–50

UNSCEAR Report (1977) Sources and effects of ionizing radiation. United Nations, New York, pp 655–725

Vahlensieck W, Weissbach L (1974) Vergleich andrologischer Befunde bei jüngeren und älteren Männern mit Hodentumoren. Ref Congr Urol et Nephrol, Budapest, 17–19.10.1974

Valenta M, Kolousek J, Fulka J (1963) The influence of ionizing radiation on nucleic acids, vitality and fecundating ability of male sexual cells. Int J Radiat Biol 6:81–91

Valentin K (1978) Normal stem cell proliferation and cell depletion after x-irradiation of spermatogonia of inbred and hybrid mice. Hereditas 88:117–126

Verjans HJ, Eik-Nes KB (1976) Hypothalamic-pituitary-testicular system following testicular x-irradiation. Acta Endocrinol 83:190–200

Vermande-Eck van GJ (1959) Effect of low-dosage x-irradiation upon pituitary gland and ovaries of the rhesus monkey. Fertil Steril 10:190–202

Vorisek P, Jirasek JE (1967) Morphologische Veränderungen an intrauterin mit kontinuierlichen kleinen Dosen bestrahlten Ovarien. Strahlentherapie 132:79–89

Vorisek P, Vondracek J (1968) Der Mechanismus der postnatalen Veränderungen des Follikelapparates bei intrauterin mit kleinen Dosen bestrahlten Ovarien. Strahlentherapie 135:602–609

Vusik IM, Kogan IA (1976) Über die Ovarialfunktion bei Frauen, die unter Einwirkung zugelassener Strahlenbelastung arbeiten. Radiobiol Radiother 17:259–263

Wagenen G van, Gardner WU (1960) X-irradiation

of the ovary in the monkey. Fertil Steril 11:291–302

Wakabayashi K, Isurugi K, Tamaoki B, Akaboshi S (1974) Serum levels of luteinizing hormone (LH) and follicle stimulating hormone (FSH) in subjects accidentally exposed to 192-Ir gamma rays. J Radiat Res 14:297

Wall PG (1961) Efects of x-irradiation on differentiating leydig cells of the immature rat. J Endocrinol 23:291–301

Walther G, Schmidt KJ, Ladner HA (1968) Das histochemische Verhalten der Isocitrat-, Succinat- und Malathydrogenase sowie der Cytochromoxydase in Rattenorganen nach Ganzkörperbestrahlung. Strahlentherapie 136:500–507

Wang J, Galil KAA, Setchell BP (1983) Changes in testicular blood flow and testosterone production during aspermatogenesis after irradiation. J Endocrinol 98:35–46

Weißbach L, Lange CE, Meyhofer W (1974a) Hodenhistologie, Ejakulat und Nukleoproteingehalt der Spermatozoen behandelter Hodentumorpatienten. Andrologia 5:135–146

Weißbach L, Lange CE, Rodermund OE, Zwicker H, Gropp A, Pothmann W (1974b) Fertilitätsstörungen bei behandelten Hodentumorpatienten. Urologie 13:80–85

Whelton JA, McSweeney DJ (1964) Successfull pregnancy after radiation for carcinoma of cervix. Am J Obstet Gynecol 88:443–446

Wigg DR, Murray ML, Koschel K (1982) Tolerance of the central nervous system to photon irradiation. Endocrine complications. Acta Radiol (Onc) 21:49–60

Wigoder SB (1929) The effect of x-rays on the testis. Br J Radiol 2:213–221

Willemse PHB, Sleijfer DT, Sluiter WJ, Koops HS, Doorenbos H (1983) Altered leydig cell function in patients with testicular cancer: evidence for a bilateral testicular defect. Acta Endocrinol 102:616–624

Withers HR, Hunter N, Barkley HT Jr, Reid BO (1974) Radiation survival and regeneration characteristics of spermatogenic stem cells of mouse testis. Radiat Res 57:88–103

Yoshimura N, Etoh H, Egami N, Asami K, Yamada T (1969) Note on the effects of β-rays from ^{89}Sr-^{90}Y on spermatogenesis in the teleost, oryzias latipes. Annat Zool Jpn 42:75–79

Yuhas JM (1974) Recovery from radiation-carcinogenis injury to the mouse ovary. Radiat Res 60:321–332

Zollinger HU (1960) Radio-Histologie und Radio-Histopathologie. In: Roulet F (Hrsg) Strahlung und Wetter. (Handbuch der Allgem Pathologie X/1, Hoden, S 209–213, Ovar). Springer, Berlin Göttingen Heidelberg, S 213–215

Zuckerman S (1965) The sensitivity of the gonads to radiation. Clin Radiol 16:1–15

4. Strahlenwirkungen auf die Haut

Von

K.-R. Trott und J. Kummermehr

Mit 11 Abbildungen und 1 Tabelle

A. Einleitung

Die Haut ist das bei der Strahlentherapie bösartiger Tumoren am häufigsten mitbestrahlte normale Gewebe. Zudem sind seine Reaktionen offenkundig. In früheren Zeiten haben diese häufig die an tiefgelegenen Tumoren erreichbaren Strahlendosen und damit die Therapieergebnisse begrenzt.

Die Bedeutung der Hautreaktion für die Strahlentherapie hat sich seit der Einführung von Megavoltstrahlen vermindert, zumindest aber so verschoben, daß schwere, akute Strahlenreaktionen und Hautnekrosen seltener geworden sind, späte Veränderungen der Dermis und subkutane Strahlenfolgen aber relativ häufiger geworden sind. Ursache dafür ist nicht eine andere Art der Strahlenwirkung, sondern eine andere Verteilung der Dosis im Organ Haut.

Der Ablauf der Hautreaktion unter und nach der Strahlentherapie mit Röntgenstrahlen einer Erzeugungsspannung zwischen 25 und 250 kV ist ausführlich dokumentiert (z.B. Strauss 1925). Hautreaktionen und Haarausfall waren die frühesten beobachteten biologischen Folgen der Anwendung von Röntgenstrahlen überhaupt (Ellinger 1957). Nach Bestrahlung mit schnellen Elektronen, aber auch mit Kobaltgammastrahlen oder Megavoltphotonen können je nach der erreichten Gewebsdosis die gleichen Reaktionen mehr oder weniger abgeschwächt ebenfalls auftreten. Im folgenden wird nach Möglichkeit von einer fraktionierten Bestrahlung mit Kobaltgammastrahlen und den bei der Strahlentherapie üblicherweise auftretenden Oberflächeneinzeldosen zwischen 1,5 und 6 Gy und Gesamtoberflächendosen bis zu 70 Gy ausgegangen.

B. Klinik

I. Die normale akute und chronische Strahlenreaktion der Haut

Im Verlauf einer üblichen Strahlentherapie treten in gesetzmäßiger Abfolge verschiedene Reaktionen auf, die zum normalen und akzeptierten klinischen Befund gehören. Sie treten vor allem als wellenförmig auftretende und abklingende Hautrötungen (Erythem) in Erscheinung, die besonders von Miescher (1924) in ihrem zeitlichen Ablauf analysiert und beschrieben wurden.

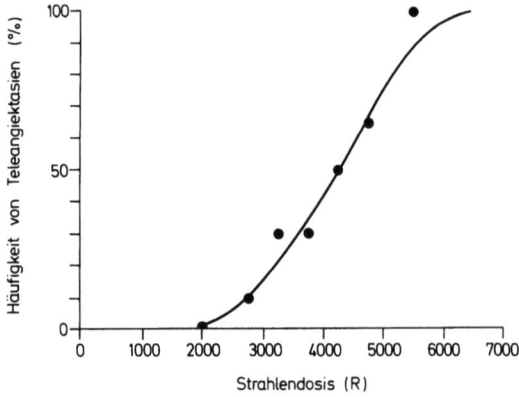

Abb. 1. Die Abhängigkeit der Häufigkeit von Tele-angiektasien von der eingestrahlten Dosis. (Nach Holt-husen 1936)

Bis auf ein von Arzt und Patient meist nicht wahrgenommenes Erythem nach den ersten Fraktionen und ein allmähliches Austrocknen der Haut ist während der ersten zwei Wochen der Strahlentherapie eine Hautreaktion klinisch nicht nachweisbar. 10–14 Tage nach Beginn der Therapie beginnen die Haare im Bestrahlungsfeld auszufallen. In der dritten Woche entwickelt sich das typische Erythem. Die Haut wird rot, warm und ödematös und weist eine vermehrte Schuppung auf. Häufig besteht ein brennendes Gefühl und eine Berührungs-empfindlichkeit. In der Regel ist das Erythem streng auf die Feldgrenzen beschränkt. In der vierten bis fünften Woche nach Beginn der Therapie kann die Radiodermatitis in die exsudative Phase treten. Selten sind vor der eigentlichen Epitheliolyse Bläschen zu sehen. Das klinische Bild der Radiodermatitis exsudativa ist die Folge der Denudation des gesamten Epithels. Demzufolge liegt die Dermis frei, ist entzündlich geschwollen und zeigt auch ober-flächlich den Austritt von Serum. In dieser Phase bestehen klinisch die stärksten Beschwer-den. Das Epithel beginnt etwa eine Woche nach Ende der Bestrahlung den Defekt zu decken, vor allem vom Rand her, aber auch häufig von einzelnen Regenerationsherden im Zentrum des Feldes ausgehend. In der Regel ist die Reepithelialisierung drei Wochen nach Abschluß der Strahlentherapie vollständig. Meist kommt es bei der derzeit üblichen Strahlentherapie nicht zu ausgedehnten Epitheliolysen, sondern nur in kleineren Anteilen der Bestrahlungsfel-der, häufig dort, wo weitere Faktoren zusätzlich belastend einwirken. Die häufigste Strahlen-reaktion besteht heute in einer trockenen Schuppung und verstärkter Pigmentierung. Manche Patienten klagen dabei über ein ziehendes und juckendes Gefühl zum Höhepunkt der trocke-nen Radiodermatitis (Radiodermatitis sicca, R. exfoliativa), das sich ein bis zwei Wochen lang bemerkbar macht. In weiteren zwei Wochen ist die Radiodermatitis normalerweise ausgeheilt. Parallel dazu erholen sich auch die Schweißdrüsen wieder, so daß der normale Feuchtigkeitsfilm der Haut nach Abschluß der trockenen Dermatitis wieder entsteht. Die Funktion der Talgdrüsen fällt dagegen nach Strahlentherapie meist auf Dauer aus, auch wenn es nicht bis zur Radiodermatitis exsudativa gekommen ist. Wenn überhaupt, beginnt das Haar gegen Ende des zweiten Monats wieder zu wachsen. Während beim Tier die nach-wachsenden Haare häufig depigmentiert sind, ist beim Menschen meist keine Depigmentie-rung oder sonstige Strukturänderung der Haare auffällig. Gelegentlich wurde jedoch beschrie-ben, daß in altersweißem Haar oder auch bei blonden Patienten nach der temporären Epila-tion dunkle Haare nachwachsen (Ellinger 1957).

Die verschiedenen Hautanhangsgebilde weisen deutlich unterschiedliche Strahlenempfind-lichkeit auf. Borak (1936) stellte für Einzeitbestrahlung mit Orthovolt-Röntgenstrahlen fol-gende Reihenfolge der Toleranzdosen auf: 1 200 R für Talgdrüsen, 1 600 R für Haarfollikel, 2 000 R für die Epidermis und 2 500 R für Schweißdrüsen. Diese Zahlenwerte können für die heutige Megavolttherapie nicht mehr angesetzt werden, aber die Reihenfolge der Strahlenempfindlichkeit gilt auch heute noch (FAJARDO u. BERTHRONG 1981).

In den auf die Strahlentherapie folgenden Monaten blaßt die Pigmentierung allmählich ab. Häufig kommt es zu herdförmigem Pigmentverlust (Vitiligo), besonders bei farbigen Patienten. Neben den Zeichen der Hautatrophie können sich während des ersten Jahres nach Bestrahlung vor allem Teleangiektasien entwickeln. Deren Häufigkeit nimmt mit zunehmender Strahlendosis nach einer sigmoiden Dosiseffektkurve zu (Abb. 1; HOLTHUSEN 1936). Der normale Endzustand der Haut nach kurativer Strahlentherapie ist gekennzeichnet durch diese eher kosmetisch wichtigen Folgezustände der geringen bis mäßigen Hautatrophie mit trockener, dünner Epidermis, unregelmäßigem Pigmentverlust und Hyperpigmentierung sowie vereinzelten Teleangiektasien. Dieser Befund wird als Röntgenoderm bezeichnet.

II. Die akute und chronische Strahlenreaktion nach Überdosierung

Bei höheren effektiven Strahlendosen, d.h. nach Überschreitung der Toleranzdosen, kann es schon in der akuten Phase über die Epitheliolyse hinaus zu tieferen Gewebszusammenbrüchen, also zur akuten Ulzeration der Haut kommen. Auch im Anschluß an die akute Hautreaktion nach vollständiger Restitution des Epithels können in der chronischen Phase tiefe Ulzerationen in die Dermis und Subkutis auftreten. Die Klinik dieser seit Beginn der strahlentherapeutischen Ära gefürchteten Strahlenfolgen ist vielfältig beschrieben (u.a. STEIN 1963). Bei Bestrahlung mit Megavoltphotonen sind jedoch von besonderer klinischer Wichtigkeit die mehrere Monate nach Abschluß der Strahlentherapie auftretenden, sog. subkutanen Fibrosen, d.h. im Bereich der Subkutis liegende Narbenplatten, die sehr häufig bei adipösen Patienten an den Körperstellen beobachtet werden, die ein besonders ausgeprägtes Fettpolster zeigen. BIRKNER und HOFFMANN beschrieben 1961 die Klinik von 24 Patienten mit solchen Unterhautindurationen detailliert. Nur bei 3/24 war es unter der Therapie zur exsudativen Hautreaktion gekommen. In den folgenden zwei bis drei Monaten entwickelte sich eine charakteristische ödematös-teigige Verdickung des Unterhautgewebes. Ungefähr sechs bis sieben Monate nach Abschluß der Bestrahlung war die eigentliche Spätveränderung, die derbe Unterhautfibrose, voll entwickelt. Sie stellt sich als scharf mit dem Verlauf des Bestrahlungsfeldes abgegrenzte, plattenartige, schwartige, bis zu 3 cm dicke Infiltration unter der intensiv pigmentierten Haut dar. In der akuten Phase sind diese Indurationen außerordentlich schmerzhaft. Dies führt zusammen mit der mechanischen Behinderung unter Umständen zu erheblichen Bewegungseinschränkungen der darunterliegenden Muskeln und Gelenke und zur Schonhaltung. In der Regel bilden sich diese subkutanen Indurationen im Verlauf der folgenden Monate etwas zurück und werden insbesondere weniger schmerzhaft empfunden. Die Unterhautindurationen waren zwar auch schon nach Bestrahlung mit stark gefilterten Röntgenstrahlen konventioneller Erzeugungsspannung beschrieben worden (MÜHLMANN u. MEYER 1923), sind aber wegen der anderen Dosisverteilung mit Maximum in der Subkutis bei Megavoltstrahlen ein heute besonders vordringliches Problem. Gelegentlich ist eine livide Verfärbung der atrophischen Kutis über einer Unterhautinduration als Vorzeichen drohender Nekrotisierung und Ulzeration anzusehen (HOPEWELL et al. 1978). Chronische Ulzera, die auf der Basis von Unterhautindurationen in der Regel durch die Einwirkung zusätzlicher schädigender Faktoren wie z.B. Verletzungen, intensive Sonnenbestrahlung oder mangelhafte Hautpflege entstehen, haben eine sehr schlechte Heilungstendenz und erfordern langwierige und gegebenenfalls chirurgische Behandlung (s.S. 175). Die chronisch-atrophischen, ulzerierenden Strahlenfolgen an der Haut bedürfen darüber hinaus als fakultative Präkanzerosen einer besonders sorgfältigen ärztlichen Überwachung (EHRING u. HONDA 1967).

III. Das histologische Bild der akuten und chronischen Strahlenfolgen

Die histo-pathologischen Veränderungen der Haut nach Bestrahlung sind im Rahmen dieses Handbuches bereits ausführlich von COTTIER (1966) dargestellt worden. Es soll deshalb hier nur das erwähnt werden, was im Gesamtzusammenhang unserer Ausführungen wichtig ist. Die akute Hautreaktion läßt sich nahezu ganz mit einer Entzündung, einer Dermatitis, gleichstellen (HEINEKE u. BERTHES 1925). Das frühe Erythem besteht aus einer allgemeinen Weitstellung der dermalen Kapillaren und einem interstitiellen Ödem auf Grund erhöhter Kapillarpermeabilität. Schon in den ersten Tagen nach Beginn der Strahlentherapie können Veränderungen an den Intimazellen der kleinen Gefäße, insbesondere der Arteriolen, nachgewiesen werden, wie Zelluntergänge und Intimaproliferation. Als deren Folge entstehen Mikrothrombosen der Arteriolen (RUBIN u. CASARETT 1968), die zusammen mit anderen obstruierenden Veränderungen der Arteriolen und der gleichzeitigen Erweiterung der Kapillaren sowie einer sehr wechselnden entzündlichen Infiltration, zunächst von Neutrophilen, später auch von Makrophagen, Eosinophilen, Plasmazellen und Lymphozyten das histologische Bild der akuten Erythemphase im Bereich der Dermis charakterisieren. Die Zellen der Epidermis zeigen verschiedenste Ausprägungen der Strahlenschädigung, wobei die mehrkernigen, durch Mitosestörungen entstandenen Zellen besonders eindrucksvoll sind (ZOLLINGER 1960). In dieser Phase wird die Epidermis dünner, die Papillen flachen sich ab, klinisch ist dies das Bild der Radiodermatitis sicca (Radiodermatitis exfoliativa, trockene Schuppung).

Die feuchte Radiodermatitis (Radiodermatitis exsudativa) beginnt histologisch mit intraepithelialer Blasenbildung. Die Deckschicht der Bläschen schilfert sich ab, und oft geht die gesamte Epidermis in Fetzen ab. Bei der feuchten mehr noch als bei der trockenen Radiodermatitis treten neben dem kutanen Ödem auch andere Entzündungszeichen in der Dermis auf, z.B. das Einwandern von Leukozyten. Das histologische Bild gleicht dem einer Verbrennung 2. Grades (FAJARDO u. BERTHRONG 1981).

Die Regeneration erfolgt innerhalb von 10 Tagen, vor allem durch Proliferation der Basalzellen von den Feldrändern her oder von Inseln überlebender Stammzellen im Feld, die sich vor allem in überlebenden Haarfollikeln finden. Eventuell auftretende akute Ulzerationen in die Dermis, meist superinfiziert, sind gekennzeichnet durch auffallend geringe reaktive Granulation und Eiterbildung. Auch die späteren Vernarbungsprozesse sind abgeschwächt gegenüber vergleichbaren Ulzerationen anderer Genese (RUBIN u. CASARETT 1968).

Nach Abschluß der akuten Strahlenreaktionen bildet sich allmählich das typische, histologische Bild der chronisch-atrophischen Haut aus. Die Epidermis ist stellenweise auf wenige Zellagen verdünnt. Die Papillen sind verstrichen. „Während in der akuten Phase der Röntgendermatitis die Veränderungen an Epidermis und Stratum papillare der Kutis im Vordergrund stehen, übernimmt in den späten Phasen die Kutis die Führerrolle" (ZOLLINGER 1960). Fleckige Melaninablagerungen und Melanophagen liegen gehäuft in der oberen Dermis. Zum Teil liegt das Melanin intrazellulär in Form von Kappen, die dem Kern aufsitzen und gegen die Hautoberfläche gerichtet sind (ZOLLINGER 1960). Von den Haarbälgen ist meist nur noch der Musculus arrector pili übriggeblieben, umgeben von Kollagenmassen. Die Talgdrüsen sind zurückgebildet, die Schweißdrüsen meist noch erhalten. Auffallend sind die Teleangiektasien. In der Dermis fällt zunächst eine Rarefizierung des Kapillarnetzes auf. Entzündliche Zeichen fehlen völlig, abgesehen von superinfizierten und anderweitig komplizierten Fällen. Man sollte daher auch nicht im Gegensatz zur akuten Radiodermatitis von einer chronischen Radiodermatitis sprechen (FAJARDO u. BERTHRONG 1981). Typisch für die Strahlenreaktionen, vor allem in den chronischen Stadien ist die herdförmige Anordnung der Veränderungen (ZOLLINGER 1960).

Die allmählich in den Vordergrund tretende Fibrose entsteht dadurch, daß das lockere Stroma der papillären Dermis, die geordneten Faserzüge der retikulären Dermis und das subkutane Fettgewebe ersetzt werden durch ein sehr dichtes, unregelmäßiges Fasergewebe, in dem oft auch Fibrinexsudat nachzuweisen ist (FAJARDO u. BERTHRONG 1981). Die Zahl elastischer Fasern ist vermehrt. Die Unterhautindurationen zeichnen sich durch eine Verdikkung und partielle Verquellung der kollagenen Fasern aus. Angesichts des makroskopischen Bildes ist das mikroskopische Bild der subkutanen Fibrose nicht sehr eindrucksvoll (FROMMHOLD u. BUBLITZ 1967). Grundsätzliche Unterschiede zwischen diesen Stromaveränderungen und den durch banale Defektheilung erzeugten Narben sieht ZOLLINGER (1960) nicht, der sie als „überstürzte Alterung der Stromazellen und ihrer Faserprodukte" bezeichnet. Elektronenoptisch bestehen die fibrotischen Bezirke aus dicken Bündeln kollagener Fibrillen, wobei sich die Einzelfibrillen kaum verändert zeigen, insgesamt aber zahlreicher sind mit Ausdehnung in die Subkutis (FROMMHOLD u. BUBLITZ 1967). Die sich nach einigen Monaten entwikkelnden Teleangiektasien bestehen aus unregelmäßig erweiterten Kapillaren der oberen Dermis. Intimaproliferation in Arteriolen kann auch vereinzelt noch lange nach Bestrahlung beobachtet werden, und sie schreitet bis zur verzögerten Thrombosierung fort (ZOLLINGER 1960).

Mit Spezialfärbungen und histochemischen Techniken wurden eine Fülle weiterer Veränderungen im Rahmen der akuten und chronischen Hautreaktion festgestellt, gerade auch im Zusammenhang mit den dermalen Veränderungen der Bindegewebsstruktur während der Phase des Strahlenerythems. Diese sind u.a. von KÄRCHER (1963) sehr ausführlich dargestellt worden.

IV. Die Therapie der Strahlenfolgen an der Haut

Während der Strahlentherapie ist normalerweise eine spezifische Behandlung der ablaufenden Hautreaktionen nicht erforderlich. Alle therapeutischen Maßnahmen dienen vor allem der symptomatischen Linderung der jeweiligen Beschwerden und der Vermeidung zusätzlicher Traumata, die eine akute oder chronische Ulzeration provozieren könnten. Dazu gehört vor allem das häufig ausgesprochene Verbot, die markierten Bestrahlungsfelder während der Zeit der Strahlentherapie zu waschen. Es ist jedoch festzuhalten, daß sorgfältige Hautpflege, auch das schonende Waschen mit alkalifreien Seifen und ohne Bürsten, vor allem das Duschen, nicht jedoch das Baden, sicher nicht die Hautreaktion verstärkt, sondern eher vermindert. Das generelle Waschverbot sollte daher differenzierter betrachtet werden. Im übrigen orientieren sich die Therapieempfehlungen in den allgemeinen Prinzipien dermatologischer Therapie. Besonders von KÄRCHER (z.B. 1958) ist immer wieder betont worden, daß sich die Behandlung dem jeweiligen morphologischen Zustandsbild anzupassen hat: in der Phase des trockenen Erythems (Radiodermatitis sicca) austrocknende kühlende Puder, eventuell mit antiphlogistischem Wirkstoffzusatz. Salbenbehandlung verstärkt dagegen in diesem Stadium eher die Strahlenreaktion durch den dadurch verursachten Wärmestau. In der Phase der exsudativen Radiodermatitis ist eine Behandlung mit kühlenden Umschlägen (z.B. Borwasser etc.) angezeigt, da der Kühlungseffekt die beste antiphlogistische Maßnahme darstellt. Auch Salben können in dieser Phase mit Erfolg verwendet werden, wobei nach KÄRCHER (1958) die verwandte Salbengrundlage von größerer Wichtigkeit ist als die inkorporierten Wirkstoffe. Öl-in-Wasser-Emulsionen haben sich wegen ihrer kühlenden Eigenschaften besonders bewährt. Im Stadium der Abheilung ist eine weitere, sorgfältige Hautpflege mit fettenden Salben wegen der strahlenbedingten Störung der Talgproduktion und der erhöhten Vulnerabilität der strahlenbelasteten Haut auf Dauer erforderlich. Wenn tiefergehende akute oder chronische Ulzera aufgetreten sind, ist eine sorgfältige antiinfektiöse und nekrolytische Behandlung zur Entfernung der Nekrosen und zur Granulationsförderung notwendig. Wenn wiederholte konservative Therapieversuche fehlgeschlagen sind, ist meist eine plastisch-chirurgische Intervention die Therapie der Wahl, nicht zuletzt auch mit dem Ziel, die fakultative Präkanzerose zu entfernen. Schwieriger ist die Therapie subkutaner, tiefer Narbenplatten, insbesondere wenn sie zur Beeinträchtigung von Lymphzirkulation oder zur

Kompression von Nerven (insbesondere im Bereich des Plexus brachialis) führen. Besonders bewährt haben sich zur Deckung größerer Defekte bei der chirurgischen Behandlung chronischer Strahlenfolgen der Haut myokutane Schwenklappen nach großzügiger Entfernung der narbig-atrophischen Kutis und Subkutis, da nur diese eine adäquate Gefäßversorgung herstellen können (Lemperle et al. 1984).

V. Die Variabilität der Strahlenreaktionen der Haut

Das Ausmaß der Hautreaktionen während und nach der Strahlentherapie unterliegt großen Variationen von Person zu Person und von Körperstelle zu Körperstelle. Am strahlenempfindlichsten sind Hautstellen, die feucht sind und aufeinander reiben, vor allem also die Axilla, die Leistenbeuge und sonstige Hautfalten. Von Kalz (1941) wurde eine Abnahme der Strahlenempfindlichkeit in folgender Reihenfolge beschrieben:

1. Vorderseite des Halses, Armbeuge und Kniekehle,
2. Beugerseite der Extremitäten, Brust und Bauch,
3. Gesicht,
4. Rücken und Streckerseite der Extremitäten,
5. Nacken,
6. Kopfhaut,
7. Handflächen und Fußsohlen.

Es bestand Übereinkunft, daß helle Typen eine stärkere akute Hautreaktion zeigen als dunkelhäutige Menschen (Ellinger 1957). In sorgfältigen Untersuchungen haben aber Chu et al. (1960) und Glicksman et al. (1960) die Hautreaktion von hellhäutigen und dunkelhäutigen Personen miteinander verglichen und keine Korrelation zwischen der Stärke der akuten Hautreaktion und der Hautfarbe herstellen können. Dagegen zeigte sich eine deutliche Altersabhängigkeit der Hautreaktion; bei Kindern ist sie in der Regel geringer als bei Erwachsenen, bei sehr alten Menschen nimmt sie dann meist wieder ab.

Verschiedene Stoffwechselstörungen wurden als Ursache einer Erhöhung der Strahlenempfindlichkeit der Haut beschrieben, dabei ist vor allem die Hyperthyreose als Verstärker der akuten Hautreaktion bekannt (Strauss 1925).

Auch die Haarfollikel der verschiedenen Lokalisationen zeigen deutliche Unterschiede ihrer Strahlenempfindlichkeit. Nach Zollinger (1960) nimmt sie in der Reihenfolge Skalp–Axilla–Bart–Schamhaare–Augenbrauen–Wimpern ab, was sich vielleicht auf Unterschiede der Wachstumsintensität zurückführen läßt. Für die Epilation der Wimpern benötigt man eine um 50% höhere Strahlendosis als zur Epilation der Kopfhaare (Ellinger 1957).

Über die individuellen Unterschiede der Strahlenempfindlichkeit verschiedener Menschen gegenüber chronisch-atrophischen fibrosierenden Strahlenfolgen ist wenig Gesichertes bekannt. Die Steilheit der beschriebenen Dosiseffektkurven (z.B. Powell-Smith 1965) für Unterhautindurationen widerlegt aber die häufig geäußerte Vorstellung von einer wesentlich größeren individuellen Variabilität der chronischen im Vergleich zur akuten Hautreaktion bei gleicher Lokalisation des Bestrahlungsfeldes.

C. Pathogenese der Strahlenfolgen an der Haut

Die Haut ist unter allen Organen am besten geeignet, die komplexen Wechselbeziehungen zwischen Strahlenreaktion des Parenchyms und des Bindegewebes bei der Ausbildung der akuten und chronischen Strahlenfolgen darzustellen. In keinem anderen Organ werden die

Früh- und Spätveränderungen so sichtbar und in keinem anderen Organ wurden die verschiedenen Faktoren, die diese hervorrufen und modifizieren, so früh und eingehend untersucht. Gerade weil aber die typische Strahlenreaktion nicht nur von einem Gewebeteil verursacht wird, sind experimentelle Ergebnisse an der Mäusehaut, die den Großteil der veröffentlichten experimentellen Literatur ausmachen, mit Vorsicht zu bewerten, da bei diesen Tieren die Kutis anders strukturiert ist und eine andere Gefäßversorgung besitzt als beim Menschen (HOPEWELL et al. 1978).

I. Pathogenese akuter Strahlenfolgen

Die akute Strahlenreaktion der Haut beginnt mit dem Früherythem. Parallel damit geht eine Erhöhung der Kapillarpermeabilität (vgl. LAW 1981), die durch eine Erweiterung der Kapillaren der Dermis hervorgerufen wird. Da die gesamte Epidermis völlig unverändert erscheint, ist es wahrscheinlich, daß für das Früherythem unmittelbar nach Bestrahlung keine Veränderung der Epidermis, sondern direkte Strahlenreaktionen der kleinen Blutgefäße der Dermis oder durch vasoaktive Stoffe vermittelte Reaktionen verantwortlich zu machen sind (JOLLES u. HARRISON 1966).

Das Haupterythem ist dagegen als sekundäre Reaktion der Dermis auf die Veränderung der Epidermis zu sehen. In diese Richtung deuten auch die Befunde nach Bestrahlung der Haut mit Alpha-Strahlen, wie sie insbesondere bei der Behandlung mit Thorium-X-haltiger Salbe (ELLINGER 1957) beobachtet wurden. Dank ihrer begrenzten Eindringtiefe bestrahlen α-Teilchen nur die Epidermiszellen und die papilläre Dermis und rufen in der Epidermis die gleichen histologischen Bilder hervor wie eine Röntgenbestrahlung. Obwohl die Dermis mit Alpha-Strahlen nicht bestrahlt wird, unterscheidet sich das in der Dermis sich abspielende Haupterythem nicht von dem durch Bestrahlung der gesamten Haut mit Röntgenstrahlen hervorgerufenen. Mit der begrenzten Eindringtiefe der Alpha-Strahlen lassen sich auch die Beobachtungen von DEVIK (1951) erklären, daß auch nach Bestrahlung mit 100000 R Alpha-Strahlen in tieferen Dermisschichten epidermale Stammzellen überlebten und zur völligen Regeneration führten.

Die Epidermis reagiert auf Bestrahlung wie alle Wechselgewebe (CRONKITE u. FLIEDNER 1972). Wie dort am Beispiel des Knochenmarks und der Schleimhäute des Darms dargestellt, läßt sich die akute Radiodermatitis auf das allgemeine Schema der Reaktion von steady-state-Geweben, nämlich auf die Inaktivierung von Stammzellen, Proliferationsstörungen sich teilender, determinierter Zellen und gleichbleibende Umsatzkinetik differenzierter, postmitotischer Zellen zurückführen. Die Epidermis zeigt ein räumlich geordnetes Zellumsatzmuster. Neben der horizontalen Schichtung in Stratum basale, Stratum spinosum und Stratum corneum weist sie auch eine vertikale Strukturierung in Form von hexagonalen Säulen auf (POTTEN 1978). Der Zellnachschub geht vom Stratum basale aus. Wie POTTEN 1978 gezeigt hat, ist nur jede 10. Basalzelle eine echte Stammzelle, während die anderen proliferierenden Zellen des Stratum basale von ihren proliferationskinetischen Eigenschaften her abhängige, determinierte Stammzellen sind. Diese selbständigen Untereinheiten der Epidermis der Maus und wohl auch des Menschen, die der Basis der Zellsäulen entsprechen, wurden von POTTEN (1978) als epidermale, proliferative Einheit (EPU) bezeichnet.

Zellen des basalen Kompartiments wandern nach Durchführung einer Zellteilung im Laufe ihrer weiteren Alterung in das Stratum spinosum, wo sie sich zu Stachelzellen differenzieren, um dann als Hornzellen die obere Epidermisschicht zu bilden und als Hornschuppen schließlich abzuschilfern. Die Passage determinierter Stammzellen durch die Epidermis dauert beim Menschen 21–45 Tage, bei der Maus 11–21 Tage. Entsprechend dem grundsätzlichen Verhalten aller bestrahlten proliferierenden Zellen in vitro und in vivo (TROTT 1972) führt

Bestrahlung zu folgenden Veränderungen:

1. Die Zahl der funktionsfähigen Stammzellen nimmt nach einer Schulterkurve ab,
2. die Restproliferation der proliferationsfähigen Zellen nimmt ab, die Zahl der aus jeder proliferationsfähigen Zelle gebildeten Nachkommen wird kleiner,
3. Differenzierungsvorgänge werden nicht beeinflußt, die Lebensdauer sich nicht mehr teilender, sog. postmitotischer Zellen bleibt unverändert.

Das bedeutet, daß zwar der Strahlenschaden zum Zeitpunkt der Bestrahlung gesetzt wird, daß Zelluntergänge aber erst dann auftreten, wenn die Zellen in ihre nächste Zellteilung einzutreten beginnen. Da die Mehrzahl der Zellen im Stratum basale sich in G_1/G_0-Phase befindet, ist erwartungsgemäß kein plötzlicher, massiver Anstieg der Zahl pyknotischer Zellen zu beobachten. Diese Fragen sind ausführlich von POTTEN (1978) dargestellt worden. In der bestrahlten Haut treten im histologischen Bild erwartungsgemäß erst nach einigen Tagen neben Degenerationsformen vor allem auch Riesenzellen auf.

Da die Haut normalerweise einen langsamen Zellumsatz aufweist, vergeht eine Zeit von mindestens 2 Wochen bis zur klinischen Manifestation des strahlenbedingten Nachschubmangels. Dieser wird wesentlich von zwei Faktoren beeinflußt: von der betroffenen Fläche und von der Zelldichte überlebender Stammzellen im bestrahlten Gebiet. Die Größe des Bestrahlungsfeldes beeinflußt vor allem die Effektivität der Regeneration durch Migration unbestrahlter Stammzellen vom Rand her, die Zelldichte überlebender Stammzellen hängt nach einer Schulterkurve von der Strahlendosis ab. Von POTTEN (1978) wurden die Ergebnisse der verschiedenen Methoden zur Bestimmung der Abhängigkeit der Überlebensrate epidermaler Stammzellen von der Strahlendosis eingehend diskutiert. Je nach verwendeter Methode wurden unterschiedliche Dosiseffektkurvenparameter gefunden, da jeweils unterschiedliche Subpopulationen erfaßt werden. Eine D_0 von 1,35 Gy scheint aber alle Versuchsergebnisse befriedigend zu beschreiben.

14 Tage nach Beginn einer fraktionierten Bestrahlung mit einer Gesamtdosis von über 20 Gy besteht die Epidermis zum größten Teil aus degenerierten Zellen. Zu diesem Zeitpunkt besteht in der Dermis eine entzündliche Reaktion mit Kapillarerweiterung und ödematöser Schwellung, die als Bindegewebsreaktion auf die Parenchymschädigung aufgefaßt wird. Diese akute Bindegewebsreaktion, die mit einer starken Erhöhung der Gefäßpermeabilität einhergeht, ist wahrscheinlich die Folge der Freisetzung verschiedener gefäßaktiver Stoffe wie Histamin, lysosomaler Enzyme und Polypeptide aus absterbenden epidermalen Zellen, aber auch als direkte Strahlenfolge des Gefäßbindegewebes zu sehen (Übersicht bei LAW 1981). Klinisch entspricht dieses Stadium dem der Radiodermatitis exfoliativa.

Eine feuchte Hautreaktion tritt auf, wenn der Nachschubmangel so lange bestehen bleibt, daß alle postmitotischen Zellen ihre normale Lebensdauer überschritten haben und absterben, bevor eine nennenswerte Regeneration aus den überlebenden Zellen erfolgen konnte, um die Defektdeckung zu gewährleisten. Diese Regenerationsleistung insgesamt hängt vornehmlich von der Zahl überlebender Stammzellen und damit von der Dosis ab.

Die verzögerte Ausbildung der akuten Radiodermatitis hat ihre pathogenetische Grundlage in dem langsamen Zellumsatz der Haut. Faktoren, die diesen Zellumsatz fördern, beschleunigen auch das Auftreten der akuten Radiodermatitis. Die Bestrahlung selber beschleunigt den Zellumsatz nicht, erst zum Zeitpunkt der beginnenden akuten Hautreaktion kommt es durch homöostatische Regelmechanismen zur Stimulierung der epidermalen Proliferation (DENEKAMP 1973; DENEKAMP et al. 1976).

Der Haarausfall ebenso wie das Absterben der Talgdrüsen und die Störungen des Nagelwachstums sind ebenfalls Folgen der Strahlenwirkung auf rasch proliferierende Gewebe mit Inaktivierung der Stammzellen und Proliferationshemmung der proliferierenden, determinierten Zellen (POTTEN 1978).

II. Pathogenese chronischer Strahlenfolgen

Nach allgemeiner Lehrmeinung entstehen akute Strahlenwirkungen vor allem durch die Strahleneinwirkung auf Parenchymzellen, während chronische Strahlenwirkungen im wesentlichen durch die Strahlenschädigung des Gefäßbindegewebes bewirkt werden. Diese These wird im wesentlichen mit der Strahlenreaktion der Haut begründet. Nach Ablauf der akuten Radiodermatitis kommt es durch Proliferation überlebender Stammzellen und durch Einwandern nicht bestrahlter Stammzellen vom Rande des Bestrahlungsfeldes her zur vollständigen Regeneration der Epidermis. Gleichzeitig damit nimmt auch die reaktive Entzündung in der Dermis ab. Gelegentlich geht die akute Phase der Strahlenwirkung unmittelbar in die chronische Phase über, wobei meist sekundäre Faktoren wie Infektion und Trauma eine präzipitierende Rolle spielen. In der Regel jedoch entwickeln sich die chronischen Hautreaktionen erst, nachdem sich die akute Strahlenreaktion praktisch völlig zurückgebildet hat und es zur völligen Reepithelialisierung der Haut gekommen ist. Doch auch ohne das Vorausgehen einer akuten Hautreaktion können subkutane Fibrosen und dermale Nekrosen entstehen, was die gegenseitige Unabhängigkeit der frühen und späten Strahlenfolgen beweist (s. S. 192), (ISELIN 1912; STRAUSS 1925; LIEGNER u. MICHAUD 1961; HOPEWELL 1980).

Die Pathogenese der typischen Spätveränderungen am Gefäßbindegewebe der Dermis ist bisher nicht eindeutig geklärt. Es ist anzunehmen, daß mehrere Faktoren eine Rolle spielen. Sicher werden Gefäße, vor allem Kapillaren und die Endothelien der Arteriolen direkt geschädigt. Bereits 1899 beschrieb GASSMANN die typischen, strahlenbedingten Veränderungen der Intima von Arterien in einem Strahlenulkus und sah in ihnen „die direkte Ursache der Ulzeration, die auch die Eigentümlichkeiten des klinischen Verlaufs der letzteren" erklärt. Endothelien sind Stammzellen, die einen sehr langsamen Zellumsatz haben. Für die Mehrzahl der Endothelzellen in vivo wurden mittlere Generationszeiten von 1–3 Monaten festgestellt (z. B. TANNOCK u. HAYASHI 1972). Dementsprechend spät kommt es zum mitotischen Zelltod, der dann eine Welle regenerativer Zellteilungen auslöst, die wiederum zu einer Häufung von Zelluntergängen in Endothelzellen, andererseits zu lokaler Hyperregeneration führt. Geschädigte Kapillaren verschwinden in der Regel vollständig. In kleineren Gefäßen mit typischer Wandstruktur wie Arteriolen kommt es dagegen zu fokaler Endothelproliferation mit Wandverdickung, Kaliberschwankungen und Thrombosen.

Eine Reihe von Experimenten wurde durchgeführt, um die Strahlenempfindlichkeit der Endothelzellen bzw. der Bindegewebsstammzellen direkt zu untersuchen. Das Ziel hierbei ist, die Strahlenwirkung auf das Bindegewebe durch die zelluläre Strahlenempfindlichkeit seiner Stammzellen erklären zu können. In vitro ist ihre Strahlenempfindlichkeit nicht wesentlich verschieden von der anderer Zellen in Gewebekultur (FERTIL u. MALAISE 1981). Mit ingeniösen experimentellen Techniken wurde von REINHOLD und BUISMAN (1973) und von VAN DEN BRENK (1972) die Strahlenreaktion des subkutanen Granulationsgewebes und damit die Strahlenempfindlichkeit der endothelialen Stammzellen untersucht. In beiden Fällen ergaben sich Dosiseffektkurvenparameter (D_0 und n), die im Rahmen der an anderen Säugetierzellen gefundenen Werte liegen. Die Strahlenempfindlichkeit nahm aber deutlich ab, wenn zwischen Bestrahlung und Proliferationsreiz ein längeres Intervall lag. Dieser Befund könnte den synergistischen Effekt von Infektionen der akuten Hautreaktion oder sonstigen Traumata für die Entstehung chronischer Strahlenfolgen erklären. Endothelzellen scheinen nach den Ergebnissen von REINHOLD und BUISMAN (1975) auch eine besonders ausgeprägte Erholung vom subletalen Strahlenschaden zu besitzen.

In vitro Untersuchungen an Fibroblasten, die von Patienten mit einer ungewöhnlich starken Hautreaktion gewonnen wurden, ergaben eine deutlich erhöhte zelluläre Strahlenempfindlichkeit, oder ließen auf Grund biphasischer Dosiseffektkurven das Vorhandensein

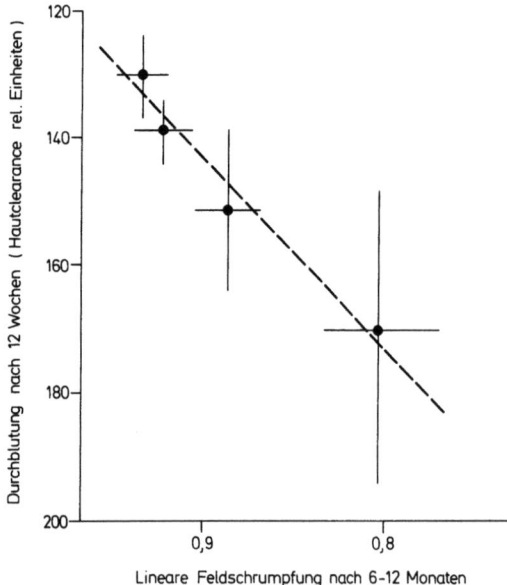

Abb. 2. Die Korrelation zwischen der 12 Wochen nach Bestrahlung gemessenen Hautdurchblutung und der 6–12 Monate nach Bestrahlung gemessenen Hautkontraktion der Schweinehaut. (Moustafa u. Hopewell 1979)

einer besonders empfindlichen neben einer normal empfindlichen Zellpopulation vermuten (Weichselbaum et al. 1976; Smith et al. 1980). Diese Befunde weisen darauf hin, daß individuelle Unterschiede der Strahlenempfindlichkeit zellbiologisch und genetisch bedingt sein können.

Es besteht Unklarheit darüber, ob neben der direkten Strahlenschädigung der Endothelien ein weiterer, eigenständiger Mechanismus vorliegt, der direkt zur Fibrose der Dermis und Subkutis führt. Zweifellos findet sich im histologischen Bild einige Monate nach einer Bestrahlung in der Dermis ein erhöhter Anteil von Fasern, was jedoch nicht unbedingt als Fibrose im Sinn einer absoluten Vermehrung von Fasergewebe anzusehen ist. Die klinisch beobachtete Unterhautinduration dürfte in den meisten Fällen vor allem eine Atrophie des subkutanen Fettgewebes sein. Während die Fettzellen degenerieren, bleibt das Bindegewebe zwischen ihnen stehen, wird gegebenenfalls hyalin umgebaut und erweckt so den Eindruck einer Faservermehrung. Durch sorgfältige Messungen konnte Hopewell (1980) zeigen, daß dosisabhängig eine deutliche Dickenabnahme sowohl des kutanen, vor allem aber des subkutanen Bindegewebes der Schweinehaut auftritt, die den gleichen klinischen Aspekt bietet wie die beim Menschen beobachtete Unterhautinduration. Ob die dermale Atrophie sekundäre Folge der Schädigung der Mikrozirkulation der Haut ist oder ob sie die Folge der Zerstörung der Proliferationskapazität von Bindegewebszellen ist, kann derzeit noch nicht eindeutig beurteilt werden.

Untersuchungen der Funktion der dermalen Gefäße (besonders Durchblutungs- und Permeabilitätsmessungen) haben regelmäßig eine Phase erhöhter Perfusion und Permeabilität während des Erythems ergeben. Nach Abklingen der akuten Hautreaktion waren die Ergebnisse sehr uneinheitlich und ergaben zum Teil erhöhte, zum Teil normale oder auch erniedrigte Werte. Eine ausführliche Diskussion dieser Befunde findet sich bei Law (1981).

Von Ullrich und Casarett (1977) wird eine kausale Beziehung zwischen der frühen entzündlichen Gefäßreaktion und dem späteren Entstehen der Fibrose angenommen, da beide Reaktionen durch eine Komplementverminderung (durch Kobragift) reduziert werden können. Auch Law und Thomlinson (1978) interpretierten die Ergebnisse ihrer Experimente über die Desposition von Fibrinogen im Gewebe während der akuten Hautreaktion in diesem Sinn.

Eine besonders sorgfältige Untersuchung zur Pathogenese chronischer Strahlenwirkungen stammt von Hopewell et al. (1978) an Schweinen. Sie konnten mit verschiedenen Methoden zeigen, daß Schäden am Gefäßsystem deutlich den atrophischen Reaktionen der Dermis und der Fettgewebsatrophie vorausgehen. Die Verminderung der Durchblutung 12 Wochen nach Bestrahlung (MOUSTAFA u. HOPEWELL 1979) korrelierte gut mit dem Ausmaß der späteren Hautatrophie nach 12 Monaten (Abb. 2). Der vorübergehenden Verminderung der Durchblutung zwischen der 10. und der 16. Woche, der u.a. eine Veränderung der Hautfarbe ins livid-bläuliche und eine Verringerung der Hauttemperatur entsprach, konnte auch direkt histologisch eine Verminderung der Gefäßdurchblutung durch geschlossene Arteriolen zugeordnet werden (HOPEWELL 1980).

Die typische Epidermis-Atrophie, die häufig erst Jahre nach Bestrahlung deutlich wird, ist wahrscheinlich sekundäre Folge dieser dermalen Minderdurchblutung und Atrophie. Teleangiektasien dürften als sinusförmige Kapillarerweiterungen in der Dermis die Folge der Strahlenschädigungen von Endothelzellen sein: die überlebenden Endothelzellen reagieren auf die Inaktivierung der Mehrzahl der Endothelzellen mit fokaler Hyperproliferation.

D. Experimentelle Modelle zur Quantifizierung der Strahlenwirkung auf die Haut

Viele der strahleninduzierten Hautveränderungen sind in ihrer Entstehungsweise komplex und daher mit strahlenbiologischen Parametern nicht ohne weiteres beschreibbar. Als Voraussetzung für eine quantitative Betrachtung im Experiment muß daher meist erst ein System der Messung gradueller Unterschiede der Reaktion, der Einteilung in durch Ziffern bezeichnete Schweregrade, oder, wo dies nicht möglich ist, die Definition eines eindeutigen Symptomenkomplexes erarbeitet werden. Davon ausgehend wird die Wirkung einer Variierung der Bestrahlungsmodalitäten in der Regel durch den Vergleich der isoeffektiven Dosen beurteilt. Alle Modelle der Quantifizierung der Strahlenfolgen sind an der Haut sowohl des Menschen als auch von Versuchstieren erprobt worden und haben hier früher als an anderen Geweben die prinzipielle Möglichkeit der quantitativen Beschreibung und wissenschaftlichen Untersuchung von Strahlenfolgen aufgezeigt. Somit war die Erforschung der Strahlenwirkung auf die Haut wichtigster Wegbereiter bei der Entwicklung der wissenschaftlich begründeten Strahlentherapie und der klinischen Strahlenbiologie.

I. Modelle der akuten Strahlenwirkung

Wie an fast allen anderen Geweben liegen auch an der Haut mehr experimentelle Modelle zur Untersuchung der akuten Strahlenwirkung vor als zum Studium der chronischen Strahlenfolgen. Bahnbrechend war die klinische Definition einer Standardhautreaktion nach einer Einzeldosis auf die Haut von Patienten oder Versuchspersonen, wobei von verschiedenen Untersuchern unterschiedliche Lokalisationen (Unterarm, Oberschenkel, Abdomen) und Feldgrößen (von 2 × 2 cm aufwärts) bestrahlt wurden. Von SEITZ und WINTZ (1920) wurde das Standardhauterythem folgendermaßen beschrieben: „Es kommt zu einer deutlichen Frühreaktion, die dann in eine kräftige Hauptreaktion übergeht, deren Höhepunkt meist in 12 bis 14 Tagen erreicht wird. In 4 bis 5 Wochen klingt diese dann ab." Die geringste Strahlendosis, die diese Hautreaktion im gesamten Feld gleichmäßig erzeugte, wurde als Hauteinheitsdosis (HED) bezeichnet und als biologische Maßeinheit in der Strahlentherapie etwa 30 Jahre lang verwendet. Die mit dieser Methode im Prinzip erreichbare Dosisgenauigkeit ist relativ gut, denn die Haut des Menschen kann sehr geringe Dosisunterschiede noch deutlich diskriminieren. Holthusen (1925) schätzte bei standardisiertem Vorgehen eine Variabilität von Versuchsperson zu Versuchsperson von 10–15% ab. Zwischen unterschiedlichen Untersuchern, die unterschiedliche Kriterien, unterschiedliche Lokalisationen und unterschiedliche Feldgrößen benutzten, waren die Variationen wesentlich größer; Glasser (1925) wies Fehlerbreiten von weit über ±20%, Heidenhain (1926) von weit über ±40% nach.

Es lag nahe, die subjektive Beurteilung der Intensität des Hauterythems durch photometrische oder thermographische (White et al. 1975) Methoden abzulösen. Eine Reihe von Untersuchungen sind so durchgeführt worden (z. B. Nias 1963). Die umfangreichste Arbeit stammt von Turesson und Notter (1976). Parasternalfelder nach Mastektomie wurden mit 250 kV Röntgenstrahlen mit effektiven Gesamtdosen von ca. 1400 ret (s.S. 192f.) behandelt, wobei entweder die Dosis um etwa 5% variiert wurde, oder mit gleicher effektiver Dosis bei unterschiedlicher Fraktionierung bestrahlt wurde. Die Reflexion der Bestrahlungsfelder bei 578 nm und 660 nm zur Beurteilung von Erythem und Pigmentierung wurde 2× pro Woche registriert. Abb. 3 zeigt, daß schon Dosisunterschiede von 5% zu signifikanten Unterschieden der Hautreaktion führen. Ein so empfindliches Testsystem ist hervorragend geeignet, um z. B. den Einfluß des Zeitfaktors zu untersuchen (s.S. 187f.).

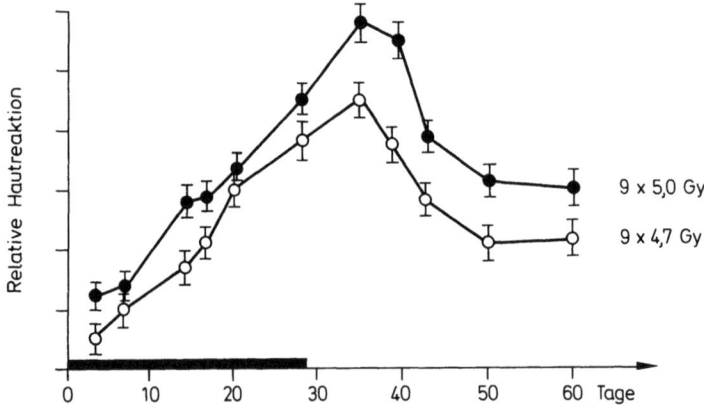

Abb. 3. Der Verlauf der Hautreaktion in 2 parasternalen Feldern, die über 4 Wochen hin (dick ausgezogene Linie entlang der Abszisse) mit um 5% verschiedenen Strahlendosen 250 kV-Röntgenstrahlen bestrahlt wurden. (Nach Turesson, persönliche Mitteilung)

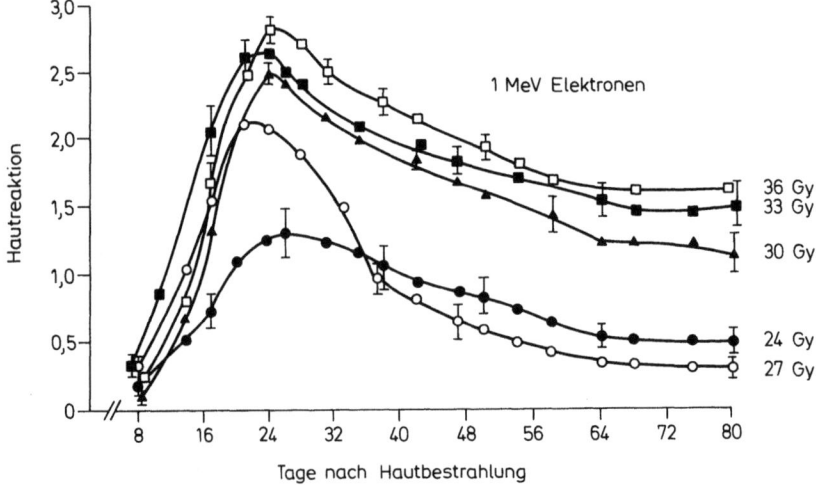

Abb. 4. Der Verlauf der Hautreaktion bei der NMRI-Maus nach Bestrahlung eines dorsalen Feldes von 26 mm Durchmesser mit 1 MeV-Elektronen. Die Punkte geben den Mittelwert (und seinen mittleren Fehler) der Meßwerte von 10 Tieren pro Gruppe an

Tabelle 1. Score-System zur Quantifizierung der Hautreaktion nach Bestrahlung

Hautscore	Befund des bestrahlten Feldes
I. Frühphase der akuten Hautreaktion	
0,0	keine sichtbare Veränderung
0,25	verminderter Haarwuchs
0,5	Rötung, leichte Trockenheit
0,75	massive Rötung, Stellen beginnender trockener Schuppung
1.0	beginnende trockene Schuppung im ganzen Feld
1,25	zunehmende trockene Schuppung oder 2 Areale deutlicher trockener Schuppung
1,5	massive trockene Schuppung im ganzen Feld
II. Ausbildung der feuchten Desquamation	
1,75	in 2 Arealen feuchte Desquamation
2,0	feuchte Desquamation in bis zu 25%
2,25	feuchte Desquamation in 30 bis 40%
2,5	feuchte Desquamation in 50 bis 60%
2,75	feuchte Desquamation in 70 bis 80%
3,0	feuchte Desquamation in mehr als 90% der Feldfläche
III. Abheilung der akuten Hautreaktion unter Bildung von Granulationsgewebe und Reepithelialisierung	
2,75	feuchte Desquamation noch in 70 bis 80%, restliches Feld von Granulationsgewebe ausgefüllt
2,5	feuchte Desquamation noch in 50 bis 60%, restliches Feld Granulationsgewebe mit beginnender Reepithelialisierung
2,25	feuchte Desquamation noch in 30 bis 40%, 30 bis 40% Granulationsgewebe, Rest reepithelialisiert
2,0	feuchte Desquamation noch in weniger als 25%, 25% Granulationsgewebe, Rest reepithelialisiert
1,75	feuchte Desquamation noch in weniger als 10%, noch bis 20% Granulationsgewebe, Rest epithelialisiert
1,5	desquamierte Flächen vollständig durch Ganulationsgewebe verschlossen, Großteil reepithelialisiert
IV. Endgültige und narbige Abheilung der Hautreaktion, persistierende Veränderungen	
2,5	Großteil der Feldfläche verkrustet oder zahlreiche Ulzera oder starke Narbenbildung im ganzen Feld
2,0	Verkrustung oder Vernarbung in ca. 50% der Feldfläche
1,5	noch 1 größeres Narbenareal, restliches Feld reizlos abgeheilt
1,25	kleines persistierendes Ulkus, mehrere kleine Narben
1,0	noch eine deutliche Narbe
0,75	abheilende Narbe an einer Stelle
0,5	reizlos atrophische Haut
0,25	spärliche Wiederbehaarung
0,0	vollständige lange Wiederbehaarung

Experimentelle Modelle an Versuchstieren streben meist an, die akute Reaktion qualitativ zu beschreiben und den verschiedenen Reaktionsgraden Zahlenwerte zuzuordnen. Die derzeit gebräuchlichste Skala basiert auf früheren Untersuchungen von BEWLEY et al. (1963) und FOWLER et al. (1965a) und wurde in ihre jetzt gebräuchlichste Form von BROWN et al. (1971) weiterentwickelt und für die akute Hautreaktion am Unterschenkel und Fuß von Mäusen standardisiert (s. Tabelle 1). Mit geringfügigen Modifikationen, z.B. angepaßt an die verschiedenen Lokalisationen wie Mäuseohr (LAW et al. 1977), Thorax etc. liegt diese Skala fast allen strahlenbiologischen Experimenten zur Hautreaktion von Nagetieren zugrunde. Es zeigt sich, daß dieses Quantifizieren der Hautreaktion geeignet ist, die Wirkungsunterschiede von Dosisdifferenzen von weniger als 10% signifikant nachzuweisen (Abb. 4). Neben

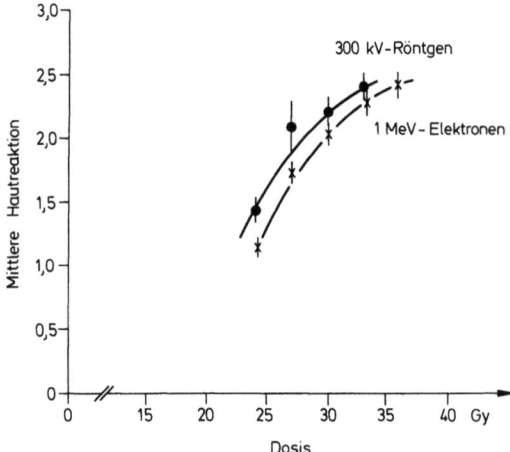

Abb. 5. Dosis-Wirkungsbeziehung der akuten Hautreaktion der NMRI-Maus nach Einzeldosen von 300 kV-Röntgenstrahlen oder 1 MeV-Elektronen

Mäusen dienen Schweine als bevorzugte Versuchstiere zum Studium der Hautreaktion, insbesondere dermal bedingter Strahlenfolgen, weil die Schweinehaut wenig behaart ist und ihr Aufbau und die absolute Stärke der Hautschichten wie auch ihre Gefäßversorgung weitgehend der des Menschen entspricht. Dementsprechend ähneln die Strahlenfolgen an der Schweinehaut in ihrem klinischen Bild sehr viel stärker der des Menschen als die Strahlenreaktionen der Mäusehaut. Ein Erythem ist bei der Maus nur schwer zu erkennen und gar nicht zu quantifizieren, bei Schweinen kann es, wie bei Menschen Haupttestkriterium sein, wenn auch das Früherythem erst bei sehr viel höheren Strahlendosen ausgelöst wird als beim Menschen (Renner u. Renner 1971), was auf einen unterschiedlichen pathogenetischen Mechanismus hindeutet. Ein Früherythem beim Schwein ist nahezu immer ein Hinweis auf eine später entstehende Hautnekrose. In der Regel werden zur Beschreibung der akuten Hautreaktion von Maus und Schwein Kriterien wie in Tabelle 1 verwendet. Der Ablauf der Hautreaktion wird meist durch Bildung eines Mittelwertes über den Zeitraum der Hauptreaktion, also z.B. vom 14.–28. Tag hin, in einen einzigen Zahlenwert gefaßt, und als Funktion der Dosis in Dosiseffektkurven dargestellt (Abb. 5).

Neben der quantitativen Beschreibung des Ablaufs der akuten Hautreaktion, die sowohl die Reaktion der Dermis (insbesondere deren Kapillarsystem) wie auch der Epidermis (als trockene oder feuchte Hautreaktion) beinhaltet, kann die Strahlenwirkung auf die Stammzellen der Epidermis gezielt untersucht werden (Trott 1972).

Tierexperimentelle Modelle zum quantitativen Studium der akuten Strahlenwirkung auf die Hautanhangsgebilde liegen nur für die Haare vor (Griem u. Malkinson 1967; Dubravski et al. 1976). In den verschiedenen Phasen des Haarzyklus von Mäusen sind die mit dieser Methode gewonnenen Dosiseffektkurven der Stammzellen der Haarbälge unterschiedlich (Griem et al. 1979): Während des Anagen beträgt die D_q 5 Gy, während des Telegen 14 Gy, während die D_0 mit 1,35 Gy gleich bleibt.

II. Modelle der chronischen Strahlenwirkung

Während die Mäusehaut ein gutes Modell zum Studium akuter Strahlenfolgen der Haut ist, ist sie für das Studium der chronischen Strahlenfolgen weniger gut geeignet. Hopewell (1980) hat diese Schwierigkeiten im einzelnen dargestellt und mit der unterschiedlichen anatomischen Struktur und Gefäßversorgung der Mäusehaut begründet. Chronische Strahlenfolgen spielen sich bevorzugt am dermalen Bindegewebe und am Gefäßsystem ab, welche bei der Maus natürlicherweise anders sind. Dementsprechend sind auch die verwerteten Testkriterien, wie Fußverformung (FIELD 1969), Hautkontraktion (HAYASHI u. SUIT 1972) und Schwanznekrose (HENDRY et al. 1977) nur beschränkt als Modelle chronischer Strahlenfolgen der Haut verwendbar. DENEKAMP (1977) untersuchte, inwieweit die Fußdeformierung als Spätfolge nach lokaler Bestrahlung von Mäusen eine echte chronische Strahlenwirkung ist oder die chronische Folge einer akuten Strahlenwirkung. Nach FIELD (1969) ist die Frühreaktion der Haut ein verläßlicher prognostischer Indikator für diese chronische Strahlenfolge. Auf Grund einer sorgfältigen Analyse sehr umfangreicher Experimente mit Bestrahlung auch mit einer sehr großen Zahl von Fraktionen und über lange Zeit hin, konnte eine sehr enge Korrelation zwischen früher und später Reaktion gefunden werden, die darauf hindeutet, daß beide Testkriterien nicht unabhängig voneinander sind und nicht in verschiedenen Gewebeanteilen entstehen, so daß der Spätschaden im Mäusefuß sekundäre Folge der akuten Strahlenschädigung der Epidermis ist (FIELD u. LAW 1976; DENEKAMP 1977)

Bei Menschen lassen sich graduelle Unterschiede der chronischen Hautreaktion an der Dichte von Teleangiektasien (z.B NOTTER u. TURESSON 1976; COHEN u. UBALDI 1977) oder an der Dicke von subkutanen Fibrosen (GAUWERKY u. LANGHEIM 1978) klinisch definieren und als Testkriterium z.B. für Zeitfaktorenuntersuchungen einsetzen. Während die subkutane Fibrose schon eindeutig die Überschreitung der Toleranz anzeigt, ist die Dichte von Teleangiektasien ein gut quantifizierbares Kriterium gerade im Grenzbereich der Toleranz und betrifft für die Gesamtschädigung des Organs entscheidende Strukturen.

Das Auftreten oder Vermeiden von Hautnekrosen war zum Zeitpunkt der Strahlentherapie mit Orthovolt-Strahlen klinisch von großer Bedeutung und darüber hinaus ein gutes Modell für die Beschreibung der Abhängigkeit chronischer Strahlenfolgen vom Zeitfaktor. Die klassischen Arbeiten von STRANDQUIST (1944) und ELLIS (1969) benutzten neben der akuten Hautreaktion vor allem das Strahlenulkus als Kriterium zur Bestimmung der Toleranzdosis der Haut und ihrer Abhängigkeit von der Fraktionierung. Wie experimentelle und klinische Untersuchungen gezeigt haben, sind jedoch diese durch die Analyse von Hautnekrosen gewonnenen Ergebnisse kein geeignetes Modell zur Beschreibung derjenigen chronischen Strahlenfolgen, die primär in der Dermis und Subkutis entstehen (BERRY et al. 1974).

Hervorragend geeignet für die experimentelle Untersuchung der chronischen Strahlenfolgen ist die Schweinehaut, bei der vor allem Methoden zur Quantifizierung der dermalen Atrophie, z.B. durch Ausmessen der Feldkontraktion (HOPEWELL et al. 1979) entwickelt worden sind. Fast alle relevanten, tierexperimentellen Ergebnisse zum Zeitfaktor bei der chronischen Strahlenwirkung wurden mit dieser Technik gewonnen und werden zusammenfassend auf Seite 192ff. dargestellt.

E. Die Abhängigkeit der Strahlenfolgen vom bestrahlten Volumen

Die Schwere der Strahlenreaktion bzw. die tolerierte Strahlendosis hängen entscheidend von der Größe des bestrahlten Hautfeldes ab. Entsprechende Erfahrungen der Strahlentherapeuten mit konventioneller Röntgenbestrahlung wurden schon von JOLLES und MITCHELL (1947) dargestellt. Ihre Ergebnisse stimmen überein mit der von VON ESSEN (1963) angegebenen Formel zur Berechnung der Abhängigkeit der Toleranzdosis vom Felddurchmesser.

Diese Größenabhängigkeit betrifft sowohl die Ausbildung des Standarderythems als auch die Entstehung schwerer nekrotisierender Strahlenreaktionen. Die Ursache für diese starke Volumenabhängigkeit dürfte in erster Linie darin zu suchen sein, daß mit zunehmender Feldgröße die Relation von Oberfläche bzw. Randbezirk zu bestrahltem Volumen immer ungünstiger wird. Dadurch nimmt die Efektivität vom Rand des bestrahlten Volumens ausgehender reparativer Prozesse ab, z.B das Einwandern von epidermalen Stammzellen und das Einsprossen von Kapillaren aus unbestrahltem Gewebe.

Die erhöhte Toleranz der Haut macht sich vor allem bei kleinen Bestrahlungsfeldern von weniger als 4 cm² Oberfläche bemerkbar, wie in einem sorgfältig geplanten Experiment über die Grenzen der akuten Hauttoleranz bei der palliativen Strahlentherapie von Joyet und Hohl (1955) an 6 Patienten demonstriert wurde. Alle Patienten erhielten 18 tägliche Fraktionen auf 5 verschiedene Felder von 1 cm² bis 100 cm² Fläche mit jeweils unterschiedlichen Strahlendosen. Der Logarithmus der tolerierten Gesamtdosis stieg umgekehrt proportional zur Oberfläche des Feldes an, wobei naturgemäß die sehr kleinen Felder in die Festlegung dieser Gleichung besonders stark eingehen.

Die Abhängigkeit von Hautatrophie und Sklerosierung vom bestrahlten Volumen wurde auch bei der Strahlentherapie von Hämangiomen nachgewiesen. Klostermann (1966) konnte bei gleicher Feldgröße eine deutliche Dosisabhängigkeit des Effekts nachweisen. Umgekehrt stieg die Häufigkeit von Hautatrophie und Sklerose bei gleicher Dosis von 0% bei 1 cm Durchmesser auf 5% bei 1–2 cm und auf über 50% bei ca. 3 cm.

Nach von Essen (1963) ist die Abhängigkeit der akuten Toleranz von der bestrahlten Fläche wesentlich größer als die der chronischen Toleranz. Für die Abhängigkeit der bezüglich der späten Strahlenfolgen tolerierten Dosis (D) vom Durchmesser des Bestrahlungsfeldes (d) gab er folgende Formel an:

$$D = k \cdot \sqrt{d}$$

Ein ähnlicher mathematischer Ansatz wurde auch von Cohen (1966) angegeben. Die klinischen Erfahrungen mit der Anwendung dieser Formel werden von von Essen (1972) als gut beurteilt. Der klinische Wert dieser Formel wird jedoch durch die Ergebnisse der Experimente von Young und Hopewell (1982) in Frage gestellt, die am Schwein Hautfelder von 16 cm² und 64 cm² bestrahlten. Nach der angegebenen Formel sollte die Toleranzdosis zwischen beiden Feldern um 25% differieren, die Ergebnisse zeigten jedoch sowohl für die akuten wie für die chronischen Effekte keinen signifikanten Unterschied der Dosiswirkungsbeziehungen. Dies stimmt auch mit den Ergebnissen der klinischen Experimente überein, auf denen die Formel beruht – nie wurden signifikante Unterschiede bei Feldgrößen über 4 × 4 cm gefunden, sondern nur bei kleineren Feldern, die mathematische Anpassung der Gleichung wurde aber stets über den experimentell gesicherten Bereich hinaus ausgedehnt. Es bleibt also festzuhalten, daß eine Abhängigkeit der Hautreaktionen von der Feldgröße nur für Felder von kleiner als 4 × 4 cm gesichert ist, während Unterschiede bei größeren Feldern kleiner werden. Die Neigung der Dosiseffektkurve der chronischen Strahlenwirkung steigt bei Hopewell und Young (1982) bei Vergrößerung des Feldes von 16 auf 64 cm² um 5% statt der vorausgesagten 25%.

Diese Einschränkung der Gültigkeit der von von Essen (1963) angegebenen Formel auf kleine Felder wird auch deutlich in den Experimenten an der Schweinehaut von Peel et al. (1982) mit Strontium- oder Thuliumquellen von 1–2 cm² Durchmesser. Nach Strontium-Bestrahlung (maximale Reichweite der Betastrahlen 8 mm) konnten typischerweise 3 Erythemwellen beobachtet werden. Deutlich war eine ausgeprägte Abhängigkeit des Effekts vom Durchmesser der Bestrahlungsfelder: bei 1 cm Durchmesser benötigte man über 100 Gy, um in 50% der bestrahlten Felder Nekrosen zu erzeugen, bei 1,5 cm etwa 80 Gy und bei 2 cm Durchmesser etwa 45 Gy. Diese Volumenabhängigkeit der zur Erzeugung der Nekrose erforderlichen Dosis war größer als die Volumenabhängigkeit der Strahlendosis, die zur feuchten Hautreaktion führte. Bestrahlung mit dem Betastrahler kürzerer Reichweite (3 mm) bewirkte eine andere Reaktion. Die erste Welle des Erythems (Hauterythem) war dem einer Strontium- oder externen Röntgenbestrahlung gleich, es trat aber keine zweite Erythemwelle auf. Diese Ergebnisse unterstützen die Vorstellung, daß die erste Welle der Strahlenreaktion der Haut, die etwa 3 Wochen nach Bestrahlung deutlich ist, im wesentlichen auf die Reaktion des Epithels und des papillären Plexus der Blutgefäße zurückgeht, daß aber die zweite Welle nach 12 Wochen auf die Schädigung der Blutgefäße der basalen Dermisschicht zurückzuführen ist.

F. Der Zeitfaktor bei der Strahlenwirkung auf die Haut

Die modernen Konzepte von Fraktionierung und Protrahierung sowie die mathematischen Modelle zur Beschreibung des Zeitfaktors in der Strahlentherapie überhaupt basieren praktisch alle auf Untersuchungen über die Abhängigkeit der Strahlenwirkung auf die Haut von der zeitlichen Dosisverteilung am Organ Haut. Die älteren Untersuchungen sind im Rahmen dieses Handbuchs der medizinischen Radiologie von HUG et al. (1966) zusammengefaßt worden.

I. Der Zeitfaktor der akuten Strahlenreaktion der Haut

Praktisch alle klinischen Daten sowie die überwiegende Mehrzahl der experimentellen Ergebnisse zum Zeitfaktor bei der Haut betreffen akute Strahlenwirkungen, auch wenn dies in der Literatur so explizit meist nicht gesagt wird. Klinische Analysen benutzten dabei in der Regel als Kriterium entweder die Auslösung eines Standardhauterythems (REISNER 1933) oder die quantitative Bestimmung der Intensität des Hauterythems (NIAS 1963; TURESSON u. NOTTER 1976) oder die Schwellendosis zur Auslösung eines oberflächlichen Strahlenulkus (STRANDQUIST 1944). In Tierexperimenten wurde in der Regel das System von BROWN et al. (1971) (Tabelle 1) benutzt und die unter verschiedenen Fraktionierungsbedingungen erforderliche Dosis zur Auslösung einer Hautreaktion vom Schweregrad 2 bestimmt, um den relativen Einfluß von Zahl der Fraktionen, Intervall zwischen den Fraktionen, Höhe der Dosis pro Fraktion und Dosisleistung zu untersuchen. Die ursprünglichen Ergebnisse von REISNER (1933) über die Abhängigkeit der zur Auslösung eines Standarderythems notwendigen Dosis von der Zahl der täglichen Fraktionen wurden in allen folgenden Untersuchungen am Menschen wie auch an Versuchstieren immer wieder bestätigt (Abb. 6). Es fällt auf, daß die Erythemdosis mit Zunahme der Zahl der Fraktionen zunächst steil ansteigt, um dann allmählich immer flacher zu werden. Entsprechend den Vorschlägen von DUTREIX et al. (1973) läßt sich aus diesen Daten errechnen, welcher Teil der jeweils gegebenen Dosis pro Fraktion im Intervall zwischen den beiden Fraktionen erholt worden ist. Von DUTREIX et al. (1973) stammen die genauesten Untersuchungen über den zeitlichen Verlauf dieser Erholungsvorgänge beim Menschen, sowie über ihre Abhängigkeit von der Dosis. Diese Untersuchungen wurden an der Haut von 57 Patienten im Rahmen der palliativen oder kurativen Strahlentherapie von Hals- oder Leistenlymphknoten durchgeführt, wobei symmetrisch gelegene Felder mit zwei unterschiedlichen Fraktionierungsrhythmen bei gleicher Gesamtbehandlungsdauer bestrahlt wurden: die Intervalle zwischen den geteilten Dosen lagen zwischen 2 und 24 h und die Höhe der Einzeldosen zwischen 1,5 und 9 Gy. Die Hautreaktion wurde mit Kriterien ähnlich den in Tabelle 1 dargestellten quantifiziert. Es wurde die Dossteigerung ermittelt, die bei einer Verdoppelung der Anzahl der Fraktionen notwendig ist, um die gleiche Hautreaktion (Radiodermatitis exsudativa) hervorzurufen.

Aus diesen Experimenten von DUTREIX ergibt sich, daß die intrazelluläre Erholung (repair of sublethal radiation damage) in sehr komplexer Weise von der Höhe der Fraktionsdosis

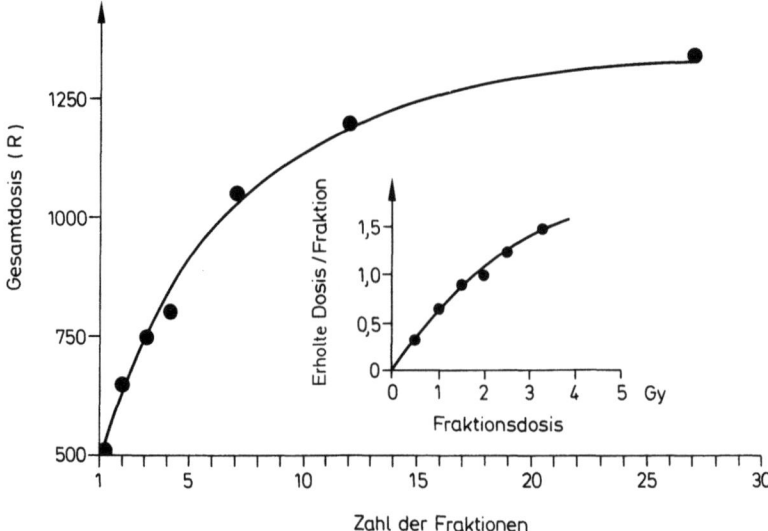

Abb. 6. Die Abhängigkeit der Hauterythemdosis von der Zahl der Fraktionen (nach Daten von Reisner 1933). *Inset:* Die Abhängigkeit der erholten Dosis pro Fraktion von der Höhe der Fraktionsdosis

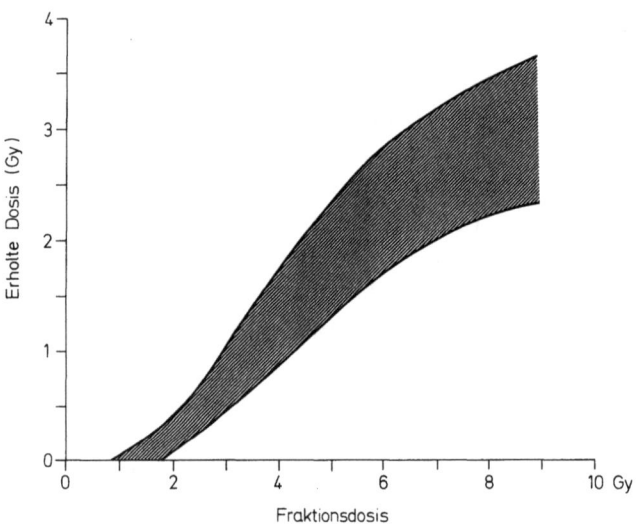

Abb. 7. Die Abhängigkeit der erholten Dosis von der Fraktionsdosis, wenn eine (ggfs. auch mehrfach gegebene) Dosis in 2 gleichen Fraktionen mit einem Intervall von 6 h gegeben wird. (Klinische Daten und Analyse von Dutreix et al. 1973)

abhängt (Abb. 7). Bei Einzelfraktionen unter 2 Gy haben Erholungsprozesse bereits ihr Maximum erreicht, eine weitere Aufspaltung der Dosis in noch kleinere Fraktionen führt zu keiner weiteren Effektverminderung. Die zelluläre Erklärung für diese Erschöpfbarkeit des Fraktionierungseffektes bei niedrigen Dosen liegt darin, daß die Dosiseffektkurve der kritischen Zellen (d.h. der Basalzellen des Stratum germinativum) bis zu dieser Dosis einer Exponentialfunktion folgt, die erst bei höheren Dosen in eine Schulterkurve biegt. Diese initiale Exponentialfunktion führt dazu, daß im Bereich sehr kleiner Einzeldosen die erholte Dosis pro Fraktion null ist. Nur im Schulterbereich der zellulären Dosiseffektkurve tritt ein dosisabhängiger Erholungseffekt auf. Dieser Effekt läßt sich auch in den klinischen Daten von Reisner (1933) nachweisen (Abb. 6). Bis zu einer Höhe der Fraktionsdosis von ca. 2 Gy ist die relative Erholungsfähigkeit (d.h. die Neigung der Kurve in Abb. 6) unabhängig von der Dosis konstant, d.h. die erholte Dosis steigt proportional zur Einzeldosis an. Mit weiter zunehmender Dosis nimmt diese Neigung ab entsprechend der Schulterform der zellulären Dosiseffektkurve. Wenn die Einzeldosis im terminalen, exponentiellen Teil der Dosiseffektkurve liegt, ist der absolute, erholte Dosisbetrag zwar am höchsten (und unabhän-

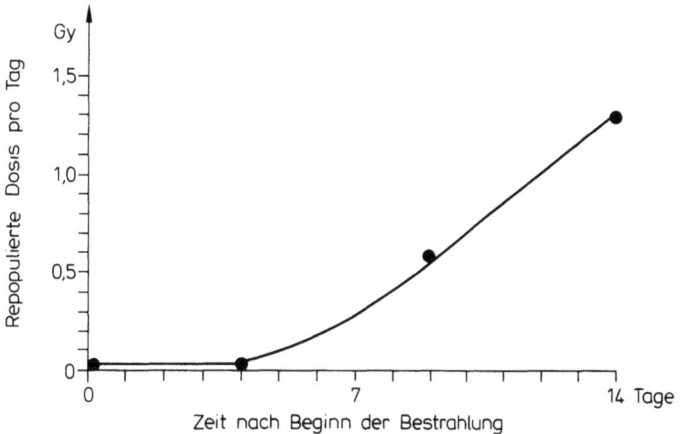

Abb. 8. Die Abhängigkeit der Repopulierungsrate in der Mäusehaut, gemessen an der pro Tag durch Repopulierung wettgemachten Strahlendosis bei fraktionierter Bestrahlung mit 3 Gy täglich. (Nach DENEKAMP 1973)

gig von der Dosis), der Anteil der erholten Dosis an der Dosisfraktion nimmt aber mit weiter zunehmender Dosis ab.

Diese komplexe Abhängigkeit zeigte sich auch in Tierexperimenten, die vor allem von Mitarbeitern des Gray Laboratory in London durchgeführt worden sind (DENEKAMP u. HARRIS 1975; DOUGLAS u. FOWLER 1976). Im Gegensatz zu den Ergebnissen von DUTREIX et al. (1973) über die Radiodermatitis von Patienten zeigten diese Untersuchungen, daß auch bei Fraktionsdosen von 1,5 Gy (DENEKAMP u. HARRIS 1975) und 1 Gy (DOUGLAS u. FOWLER 1976) der Anteil der erholten Dosis an der gesamten Dosis weiter zunahm und somit auch bei diesen Strahlendosen noch Erholungseffekte deutlich waren.

Neben der intrazellulären Erholung hängt der Zeitfaktor bei der fraktionierten Strahlentherapie vor allem auch von der Regenerationsgeschwindigkeit überlebender Stammzellen ab (WITHERS 1975; TROTT 1982). Während sich die intrazelluläre Erholung in der Abhängigkeit der Toleranzdosis von der Zahl der Fraktionen bzw. der Höhe der Einzeldosen äußert, steigt entsprechend der Regenerationsgeschwindigkeit der Einfluß der Gesamtbehandlungsdauer bzw. des Intervalls zwischen den Fraktionen auf die Toleranzdosis. Dabei zeigte sich sowohl in klinischen (HUG et al. 1966) wie auch in tierexperimentellen Untersuchungen an der Mäusehaut (DENEKAMP 1973), daß die Regenerationsrate nicht konstant ist, sondern im Verlauf einer fraktionierten Strahlentherapie zunächst gering ist, mit Beginn der akuten Hautreaktion aber plötzlich rapide ansteigt (Abb. 8).

Aus den Fraktionierungsdaten lassen sich die Proliferationsraten der Stammzellen der Epidermis unter der Therapie abschätzen. Während die Verdopplungszeit unter normalen Bedingungen wie auch während der ersten Tage und Wochen der fraktionierten Strahlentherapie in der Größenordnung von über 4 Tagen liegt, verkürzt sie sich zu Beginn der akuten Hautreaktion auf weniger als 1 Tag. Proliferationskinetische Untersuchungen von DENEKAMP et al. (1976) haben an der Mäusehaut diese Interpretation der Fraktionierungsexperimente erhärtet, indem sie nach chronischer Injektion von ^{3}HTdR bei gleichbleibender Wachstumsfraktion der epidermalen Schicht von 90% eine Verkürzung der Generationszeiten von 111 h auf 24 h feststellten. Die beobachtete Proliferation betrifft zwar überwiegend die von inaktivierten Zellen, sie kann jedoch als repräsentativ auch für das Proliferationsverhalten der überlebenden Zellen gelten (TROTT 1972).

Auch an der Schweinehaut wurden von MORRIS und HOPEWELL (1980) Experimente zur Frage der epidermalen Regenerationsgeschwindigkeit unter fraktionierter Strahlentherapie mit täglichen Dosen von 2 Gy durchgeführt. Der Markierungsindex blieb bis zur 4. Woche unter dem Kontrollwert von 7% und stieg erst in der 6. Woche auf 25% an. Bei höheren Einzeldosen begann der Anstieg schon nach 4 Wochen deutlich zu werden. In jedem Fall war der Anstieg der Regenerationsrate wesentlich später als der Abfall der Zellzahl in der Epidermis zu messen.

II. Der Zeitfaktor der chronischen Strahlenreaktion der Haut

Wichtiger als Zeitfaktorfragen der akuten Strahlenwirkung auf die Epidermis ist der Zeitfaktor der chronischen Strahlenreaktion der Haut. Hierzu liegen nur wenige klinische und experimentelle Daten vor. Die typischen chronischen Strahlenwirkungen nach Strahlentherapie mit Orthovolt-Strahlen, d. h. also das Strahlenulkus, müssen weitgehend als Kombinationsschaden nach schwerer, durch zusätzliche Faktoren wie z. B. durch Infektion der oberflächlichen Gewebsdefekte komplizierter, epidermaler Schädigung angesehen werden. Untersuchungen an der Schweinehaut von Berry et al. (1974) haben ergeben, daß zwar der Zeitfaktor für das chronische Strahlenulkus die gleichen Charakteristika aufweist wie der Zeitfaktor für die akute Hautreaktion (was auf einen gemeinsamen patho-genetischen Mechanismus schließen läßt), nicht aber der Zeitfaktor für die anderen, heute klinisch bedeutsameren chronischen Strahlenfolgen. Hopewell et al. (1978) haben darauf hingewiesen, daß auch sog. chronische Strahlenwirkungen an der Haut von Mäusen und Ratten, vor allem die Fußverklumpung (Field 1969; Probert u. Brown 1974) keine primär chronischen Strahlenwirkungen, sondern chronische Folgezustände akuter Strahlenreaktionen sind. Daher sollte man die an späten Reaktionen der Nagetierhaut gewonnenen Zeitfaktordaten mit Vorsicht interpretieren.

Vor allem mit der Methode der Quantifizierung der einige Monate nach Bestrahlung gemessenen Feldschrumpfung der Haut von Mäusen wurden von Hayashi und Suit (1972) wie von Masuda et al. (1980) Ergebnisse erzielt, die mit den an der Schweinehaut gewonnenen Daten zum Zeitfaktor der chronischen Strahlenwirkung vergleichbar sind. Masuda et al. (1980) stellten eine sehr geringe Repopulierungsrate der kritischen Zellen im Verlauf eines Monats fest. Erst gegen Ende einer längeren Bestrahlungsserie mit niedrigen Einzeldosen beobachteten sie einen deutlichen Zeitfaktor, der dem von Denekamp (1973) bei der akuten Hautreaktion beschriebenen ähnlich war: Das bedeutet, daß die Repopulierungsrate und damit die Neigung der Isoeffektkurve im doppel-logarithmischen Maßstab („Strandquistgerade") (vgl. Hug et al. 1966) nicht konstant war. Moulder et al. (1975) zeigten ebenfalls an der akuten und der chronischen Reaktion der Rattenhaut, daß die Isoeffektlinie eher im linearen als im logarithmischen Maßstab durch eine Gerade dargestellt werden kann und stellten damit die generelle Struktur der NSD-Formel (s. u.) in Frage. Weiterhin hing das Ausmaß der Erholung vom subletalen Strahlenschaden von der Gesamtbehandlungszeit ab. Von Fraktionsdosen von 2 bis 4 Gy wurde bei täglicher Bestrahlung etwa 1 bis 1,5 Gy erholt, ein Wert, der niedriger liegt, als die von Denekamp und Stewart (1979) für die akute Hautreaktion und von Trott und Kummermehr (1982) für die Strahlenschädigung des subkutanen Bindegewebes der Maus errechneten erholten Dosen.

Die heute interessierenden chronischen Strahlenfolgen der Haut sind nach Überschreiten der Toleranz die dermale Atrophie und die subkutane Fibrose, vor Überschreiten der Toleranz Teleangiektasien, geringgradige Unterhautindurationen und chronische Hautatrophie. Klinische Untersuchungen zum Zeitfaktor der subkutanen Fibrose wurden von Gauwerky und Langheim (1978) vorgelegt. Sie beobachteten bei 144 von 549 bestrahlten Einfallsfeldern (Co^{60}) 3–8 Monate nach Abschluß der Behandlung subkutane Indurationen, die nach dem Palpationsbefund in 3 Schweregrade eingeteilt wurden. Es handelte sich dabei um Felder unterschiedlicher Größe (zum Teil parallel opponierende Felder, die alternierend bestrahlt wurden) mit Fraktionsdosen von weniger als 1 bis über 6 Gy im Unterhautgewebe. Bei der Analyse des Zeitfaktors wurde eine deutlich steilere Kurve gefunden mit einem Neigungskoeffizienten von 0,42 (s. S. 192f.) als für die akute Hautreaktion beschrieben. Arcangeli et al. (1974) untersuchten 94 Patienten, die mehr als 5 Jahre vorher wegen eines Seminoms bestrahlt worden waren, auf die nach so langer Zeit noch nachweisbaren Strahlenfolgen an der Haut. Bei 67 von ihnen bestand eine ausgeprägte subkutane Fibrose. Ihr Auftreten war auch bei gleicher Lokalisation der Felder und gleicher Dosis sehr variabel, hing im übrigen nicht von der Gesamtbehandlungsdauer ab. Ihre Häufigkeit nahm aber mit der Dosis und insbesondere mit der Höhe der Fraktionsdosis zu. Klinische Untersuchungen zur Abhängigkeit des Auftretens schwerer Teleangiektasien vom Zeitfaktor stammen von NOTTER und TURESSON (1976) und von COHEN und UBALDI (1977). COHEN und UBALDI (1977) untersuchten 75 Patienten nach Elektronenbestrahlung und zeigten dabei im doppellogarithmischen Diagramm eine deutliche Abhängigkeit des Schweregrades teleangiektatischer Veränderungen von der Dosis und der Fraktionierung. Sie interpretierten diese Ergebnisse mit Hilfe des von COHEN entwickelten Formalismus und zeigten eine ausgeprägte Erholungsfähigkeit der für diesen Effekt kritischen Zellen. Die Dosisabhängigkeit der Entstehung schwerer teleangiektatischer Veränderungen ließ sich nach COHEN und UBALDI (1977) gut mit den Exponenten der NSD-Formel beschreiben. Desgleichen fanden BRENNAN et al. (1976), daß bei der Strahlentherapie von Basaliomen bei einer Gesamtbehandlungszeit von 14 Tagen mit 3, 7 oder 10 Fraktionen sowohl akute als auch chronische Strahlentoleranz zuverlässig nach der NSD-Formel berechnet werden konnten. NOTTER und TURESSON (1976) beobachteten, daß der Einfluß der Höhe der Einzeldosis bzw. der Zahl der Fraktionen (und damit der intrazellulären Erholung) auf die Ausbildung von Teleangiektasien bei der postoperativen Strahlentherapie des Mammakarzinoms signifikant größer ist als für die Entstehung der akuten Hautreaktion. Sie zeigten, daß bei gleicher effektiver Dosis (berechnet nach der CRE-Formel, s. S. 193) das Bestrahlungsprotokoll mit wenigen hohen Einzeldosen bei gleicher akuter Hautreaktion signifikant stärkere Spätreaktionen (Teleangiektasien nach 18–30 Monaten) hervorrief als das Bestrahlungsprotokoll mit konventioneller Fraktionierung. Auch SAUSE et al. (1981) beobachteten bei gleicher akuter Hautreaktion einen unvertretbaren Anstieg der Häufigkeit chronischer Strahlenfolgen der Haut bei Änderung des Fraktionierungsrhythmus von 5 auf 2 Fraktionen pro Woche. BATES und PETERS (1975) stellten ebenfalls fest, daß die NSD-Formel zwar die akute Hautreaktion befriedigend beschreibt, daß ihre Anwendung im Fall der Reduzierung der Zahl der Fraktionen von 12 auf 6 zu einer effektiven Überdosierung von über 15% führen würde, wenn man die chronische Strahlenfolge der Subkutis und nicht die akuten Strahlenfolgen der Epidermis als Kriterium nimmt.

Von besonderer Bedeutung für die Klinik sind die experimentellen Untersuchungen an der Schweinehaut von HOPEWELL et al. (1979), von TURESSON und NOTTER (1979a, b) und von WITHERS et al. (1977, 1978) aus den letzten Jahren. Leider lassen sich diese Experimente nicht direkt miteinander vergleichen, weil unterschiedliche Strahlenenergien, unterschiedliche Effektkriterien und unterschiedliche Fraktionierungsschemata verwendet wurden. HOPEWELL bestrahlte mit 250 kV Röntgenstrahlen, Turesson mit Cäsium-Gammastrahlen und WITHERS mit ^{60}Co-Gammastrahlen. Als Kriterium für den chronischen Strahlenschaden verwendeten HOPEWELL und WITHERS die chronische Atrophie der Dermis, die sich in einer Schrumpfung des Bestrahlungsfeldes äußert (Abb. 9), TURESSON und NOTTER (1979a) verwendeten als Kriterium die etwa 3 Monate nach Bestrahlung auftretende subchronische Hautreaktion, die mit einem erneuten Erythem eines in der Regel bläulicheren Farbtons beginnt und häufig in eine tiefe Ulzeration übergeht. In den Untersuchungen von HOPEWELL et al. (1979) zeigte sich, daß für die chronische Strahlenatrophie der Haut die Zahl der Fraktionen bzw. die Höhe der Einzeldosis entscheidend ist und eine Verlängerung der Behandlungsdauer keine Schonung der Haut bewirkt. Wenn nur 6 Dosisfraktionen gegeben wurden, führte ein Verlängerung des Intervalls sogar zu einer Wirkungsverstärkung. Die Neigung der Isoeffektkurve (s. S. 192) zwischen 6 und 30 Fraktionen war nicht konstant und signifikant größer als für die akute Hautreaktion. WITHERS et al. (1978a) benutzten für ihre Untersuchungen Miniaturschweine und behandelten sie mit 32 täglichen Einzeldosen von 1,8 bis 2,6 Gy oder 13 2 × pro Woche gegebenen Einzeldosen von 3,6 bis 4,6 Gy (Abb. 10). Während die akuten Strahlenreaktionen bei beiden Fraktionierungsschemata praktisch gleich waren und bei der

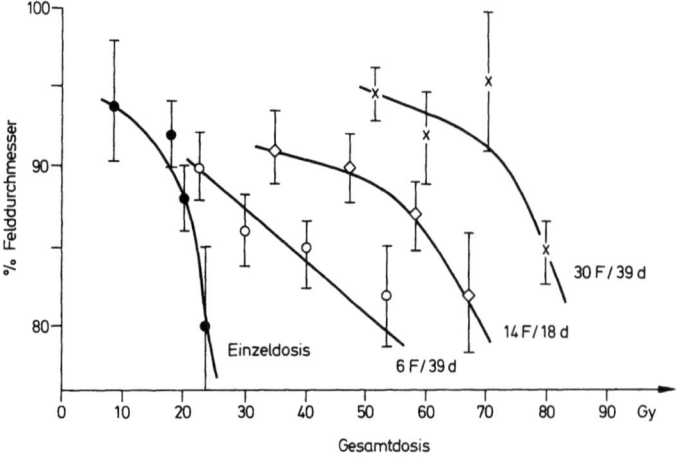

Abb. 9. Dosiswirkungskurven für die 6–12 Monate nach Bestrahlung gemessene Feldschrumpfung nach Bestrahlung der Schweinehaut mit unterschiedlichen Fraktionierungsschemata. (Nach Hopewell et al. 1979)

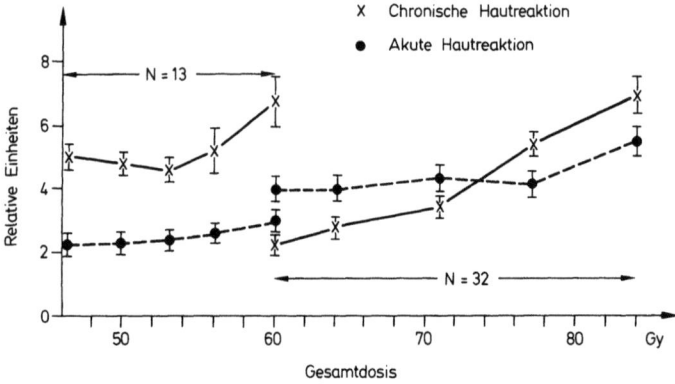

Abb. 10. Die Abhängigkeit der akuten und der chronischen Hautreaktion nach Bestrahlung der Schweinehaut entweder mit 2 Fraktionen pro Woche (N=13) oder mit 5 Fraktionen pro Woche (N=32) bei gleicher Gesamtbehandlungsdauer. (Nach Withers et al. 1978a)

täglichen Bestrahlung sogar eher stärker als bei der Bestrahlung 2mal pro Woche, zeigte sich eine dramatische Verstärkung der chronischen Strahlenwirkung nach Strahlentherapie mit höheren Fraktionsdosen. Es bestand in den einzelnen Tieren keine Korrelation zwischen der frühen und der späten Hautreaktion. Aus diesen Ergebnissen erschlossen Withers et al. (1978a) Exponenten für die Korrektur nach der Zahl der Fraktionen, die etwa doppelt so groß sind wie die in der NSD-Formel verwendeten.

Auch die Experimente von Turesson und Notter (1979a) ergaben, daß für chronische Strahlenreaktionen der Einfluß der Höhe der Fraktionsdosis bzw. der Zahl der Fraktionen und somit vermutlich der Einfluß der intrazellulären Erholung signifikant größer ist, als ihr Einfluß auf die akute Reaktion, und daß im Einzelfall keine Beziehung zwischen der Schwere der akuten Hautreaktion und der Schwere der chronischen Hautreaktion nachzuweisen ist.

III. Die NSD-Formel und ihre Modifikationen

Aufbauend auf den älteren Studien von Reisner, Quimby und Strandquist (s. Hug et al. 1966) hat Ellis (1969) aus klinischen Daten zur akuten und chronisch nekrotisierenden Hautreaktion eine mathematische Formel entwickelt, die es erlaubt, unterschiedliche Fraktionierungsrhythmen zu normalisieren. Sie hat die Form

$$D = NSD \cdot N^{0,24} \, T^{0,11}.$$

Dabei bedeutet D die noch tolerable Gesamtdosis, NSD die nominelle tolerable Einzeldosis (die selber von der Strahlenart, der Feldgröße und anderen Faktoren abhängig sein soll

und die in der Dimension ret angegeben wird), T die Gesamtbehandlungsdauer und N
die Zahl der gleich hohen Einzelfraktionen. In der Zwischenzeit sind, basierend auf den
gleichen Daten und den gleichen Grundannahmen, Modifikationen der von ELLIS vorgeschlagenen Formel entwickelt worden und haben ebenfalls weite Anwendung gefunden, die CRE-
Formel von KIRK et al. (1971) und die TDF-Formel von ORTON und ELLIS (1973). Die
Unterschiede zwischen den drei Formeln und ihre gegenseitige Abhängigkeit wurden von
KELLERER (1977) eingehend dargestellt und in ihrer klinischen Bedeutung von GREMMEL
et al. (1979) und HERRMANN und VOIGTMANN (1979) diskutiert. Unbeschadet der Tatsache,
daß die NSD-Formel ein entscheidender Schritt zur Verbesserung strahlentherapeutischer
Konzepte war und die akute Hautreaktion adäquat beschreibt, wie in den ausgedehnten
klinischen Experimenten von TURESSON und NOTTER (1976) nachgewiesen wurde, desgleichen
an Experimenten mit Schweinen (BERRY et al. 1974; FOWLER et al. 1965a), ergeben sich
Bedenken gegen die von ELLIS vorgeschlagene Möglichkeit der Verallgemeinerung der generellen Form der Gleichung und insbesondere ihrer Exponenten. Theoretische Überlegungen
wie auch experimentelle und klinische Befunde lassen Skepsis über die Konstanz der angegebenen Exponenten über den klinisch benutzten Bereich aufkommen (PETERS u. WITHERS
1981). So fanden DURRANT et al. (1977), daß der Exponent für die Gesamtbehandlungszeit
für die akute Hautreaktion nicht konstant ist und die Verlängerung einer mit 5 Fraktionen
durchgeführten Strahlentherapie von 10 auf 28 Tagen zu einer deutlich verstärkten akuten
Hautreaktion führt, wenn die tolerierte Dosis mit der NSD-Formel berechnet wird. Auf
Grund der dargestellten Experimente über die chronische Hautreaktion an Schweinen haben
TURESSON und NOTTER (1979b) vorgeschlagen, in Abhängigkeit von der Höhe der Einzeldosis
Korrekturfaktoren für die CRE-Formel zu verwenden, die im Endeffekt auf einen höheren
Exponenten für N hinauslaufen.

Bei den Experimenten der Oxforder Gruppe (HOPEWELL et al. 1979) zeigte sich ebenfalls,
daß ein höherer Exponent für N die Ergebnisse besser beschreibt, wobei jedoch ein einzelner
Zahlenwert nicht für alle Versuchsergebnisse ausreicht. Selbst für die Abhängigkeit der Radiodermatitis exsudativa der Schweinehaut ist die NSD-Formel nur in einem engen Bereich
gültig. Wenn die Gesamtbehandlungszeit konstant gehalten wird (18 oder 39 Tage), dann
steigt zwischen 6 und 14 Fraktionen die isoeffektive Gesamtdosis mit einem Exponenten
von 0,25 an (HOPEWELL et al. 1979). Bei einer weiteren Zunahme der Zahl der Fraktionen
flacht sich diese Kurve jedoch ab und erreicht ein Plateau. Der gleiche Effekt wurde von
DUTREIX et al. (1973) an der Menschenhaut und von WITHERS et al. (1978a) an der Haut
von Miniaturschweinen beschrieben. Der Exponent für die Abhängigkeit der Radiodermatitis
exsudativa von der Gesamtbehandlungszeit (T) zwischen 18 und 39 Tagen lag bei 0,11.

Die von TURESSON und NOTTER (1979b) vorgeschlagenen Korrekturen der Exponenten,
die notwendig wären, um mit dem Formalismus der CRE- und anderer Formeln die Toleranz
der kritischen Organe zu berechnen, wurden von HOPEWELL und GUNN (1981) kritisch bewertet und als ungeeignet zur Feststellung der Toleranzdosen für chronische Strahlenfolgen
angesehen. PETERS und WITHERS (1981) gingen sogar noch weiter und stellten die Struktur
der NSD- oder CRE- oder TDF-Formeln mit ihren festen Exponenten überhaupt in Frage.
Unabhängig von diesen Diskussionen ist jedoch festzuhalten, daß im klinischen Fraktionie-
rungsbereich die Zahl der Fraktionen bzw. die Höhe der subkutanen Einzeldosis der wichtigste Faktor für das Entstehen chronischer Spätkomplikationen bedeutet. Dieser wird mit
der NSD-Formel deutlich unterschätzt. Nach den Erfahrungen von TURESSON und NOTTER
(1979b) würde z.B. beim Wechsel von Einzelfraktionen von 2 Gy auf 6 Gy (Dosis in der
Subkutis) eine Überdosierung von 6% erfolgen, wenn man die tolerierte Gesamtdosis nach
der CRE-Formel errechnet. Eine solche Steigerung der effektiven Gesamtdosis kann wegen
der steilen Dosiseffektbeziehungen chronischer Strahlenwirkungen (FIELD u. MICHALOWSKI
1979) bereits zu einer signifikanten Verstärkung der Strahlenwirkung führen. Auf Grund

dieser Ergebnisse müssen auch die Bedenken gegen die häufig geübte Praxis, bei mehreren Strahlenfeldern nicht alle Felder an einem Tag, sondern alternativ an aufeinanderfolgenden Tagen zu bestrahlen, an Gewicht gewinnen, da dabei zum Erreichen der gleichen Herddosis höhere subkutane Einzeldosen im jeweiligen Eintrittsfeld in Kauf genommen werden. Ellis et al. (1974) haben gezeigt, daß in der Strahlentherapie mit Kobalt-Gammastrahlen bei Körperdurchmessern über 16 cm auf Grund des großen Einflusses der Einzeldosis auf die Hauttoleranz der Wechsel von der täglichen Bestrahlung aller Felder auf täglich alternierende Bestrahlung bei gleicher Herddosis eine Erhöhung der effektiven Strahlendosis in der Subcutis von 10% bewirkt. Überlegungen zur Senkung des Rüstzeitaufwandes in der Telekobalttherapie wurden u. a. auch von Voigtmann et al. (1979) mit ähnlichen Berechnungen verbunden, um zu strahlenbiologisch vertretbaren Empfehlungen für die klinische Praxis in überlasteten Abteilungen zu gelangen. Wenn man die von Turesson und Notter (1979 b) vorgeschlagenen Korrekturfaktoren in Ansatz bringt, erhöht sich dieser Effekt z. B. von 10% auf 15%. Eine Erhöhung der effektiven Strahlendosis in der Subkutis von 15% ohne entsprechende Erhöhung der effektiven Gesamtdosis am Tumor, allein durch den Verzicht auf die tägliche Bestrahlung aller Felder, *muß* zu einer klinisch nicht akzeptablen Verschlechterung der Therapieergebnisse führen.

IV. Der Einfluß der Protrahierung auf die Strahlenreaktion der Haut

Die Strahlenreaktion der Haut kann sowohl durch Fraktionierung als auch durch Protrahierung reduziert und somit die tolerierte Strahlendosis erhöht werden. Entsprechende Untersuchungen über den Einfluß der Protrahierung auf die akute Strahlenreaktion der menschlichen Haut wurden insbesondere in den 30er Jahren durchgeführt und im Handbuch der medizinischen Radiologie von Hug et al. (1966) ausführlich diskutiert. Auf den dort dargestellten Daten (insbesondere denen von Patterson) basierend, haben Orton (1974) eine Modifikation der TDF-Formel und Kirk et al. (1972) die der CRE-Formel für protrahierte Bestrahlung vorgeschlagen. Neue experimentelle Untersuchungen haben aber begründete Zweifel an der Verwendbarkeit dieser Formeln geweckt, so Experimente von Kal (1974), die den Einfluß der Dosisleistung auf die Strahlenreaktion der Kutis und Subkutis von Ratten, gemessen am Angehen von freien Hauttransplantaten quantifizieren. Vor allem die Experimente von Turesson und Notter (1979 a) an der Schweinehaut haben gezeigt, daß bei der Verwendung der nicht modifizierten CRE-Formel grobe Fehldosierungen resultieren können, wenn nicht die akute Hautreaktion, sondern die durch das Gefäßbindegewebe bedingte chronische Hautreaktion kritisch ist. Dagegen zeigte sich eine sehr gute Übereinstimmung der experimentellen Befunde mit der Formel, die von Liversage (1969) auf Grund einfacher Modellannahmen entwickelt wurde.

V. Die Persistenz der subklinischen Strahlenfolgen an der Haut

Ein besonderer Aspekt des Zeitfaktorproblems, der in der strahlentherapeutischen Klinik außerordentliche praktische Bedeutung hat, ist die Frage, wie lange sich ein subklinischer Strahlenschaden in der Haut erhält und die tolerierte Strahlendosis einer Zweitbestrahlung beeinflußt. Es ist übliche strahlentherapeutische Praxis, nach einer Strahlentherapie bei Auftreten von Lokalrezidiven die dann noch mögliche Strahlendosis auf Grund der Differenz zu einem als Toleranzgrenze angesehenen Dosiswert weitgehend unabhängig von der inzwischen vergangenen Zeit zu berechnen. Die Verwendung der NSD-Formel verbietet sich in diesen Fällen, da die längsten in ihr berücksichtigten Bestrahlungszeiten unter 3 Monaten liegen. Dabei geht man von der Vorstellung aus, daß selbst über Zeiträume von 1 Jahr (als dem medianen Intervall bis zum Auftreten von Lokalrezidiven) nach Abschluß der Strahlentherapie die subklinischen Strahlenfolgen im Gewebe persistieren und mit der folgenden Strahlendosis akkumulieren. Experimentelle und klinische Daten zu diesem Problem sind nicht sehr zahlreich. Tierexperimentelle Untersuchungen liegen vor von DENEKAMP (1975) für die akute Hautreaktion, von BROWN und PROBERT (1973) für die späte Fußverklumpung und von HENDRY et al. (1977) für die Schwanznekrose von Mäusen. Während DENEKAMP (1975) und HENDRY et al. (1977) nach 6 bis 8 Monaten nur noch 10% der Erstdosis als Restschaden nachweisen konnten, ohne daß eine Verminderung der Erholungs- und Proliferationsfähigkeit festzustellen war, fanden BROWN und PROBERT (1973) 6 Monate nach einer ersten, fraktionierten Bestrahlung noch einen Restschaden, der 35–50% der Erstdosis entsprach, d.h. von einer Dosis von 50 Gy (in 10 Fraktionen) war 6 Monate später noch ein Restschaden von 25 Gy nachweisbar. In weiterführenden Experimenten konnten BROWN und PROBERT (1975) den zeitlichen Ablauf des Abklingens des Residualschadens bezüglich der akuten und der chronischen Reaktion gegenüber der zweiten Bestrahlung analysieren. 1 Monat nach 10 täglichen Dosen von 5 Gy war nur noch 20% des Dosisäquivalents für die folgende akute Hautreaktion und 30% des Dosisäquivalents für die folgende chronische Hautreaktion nachweisbar. Während aber der Restschaden für die akute Hautreaktion im Verlauf der folgenden 6–10 Monate auf unter 10% abnahm, blieb der Residualschaden im für die chronischen Strahlenfolgen verantwortlichen Gewebe konstant bei 30–50%. Klinische Berichte über die Toleranz der bestrahlten Haut längere Zeit nach einer kurativen Strahlentherapie sind selten. Bemerkenswert ist die Mitteilung von HUNTER und STEWART (1977), daß 15–20 Jahre nach einer ersten Strahlentherapie Patienten mit zum Teil noch ausgeprägten chronischen Hautveränderungen bei einer erneuten Strahlentherapie mit kurativen Dosen keine verstärkten akuten oder chronischen Strahlenfolgen entwickelten, daß also trotz bestehender chronischer Strahlenfolgen die Strahlentoleranz der Haut sich in diesem sehr langen Zeitraum völlig erholt hatte.

G. Die Abhängigkeit der Strahlenreaktion der Haut von der Strahlenqualität

I. Die Abhängigkeit von der Strahlenenergie

Seitdem die Strahlentherapie bösartiger Geschwülste praktisch ausschließlich mit Megavoltstrahlen durchgeführt wird, treten schwere akute Strahlenreaktionen deutlich seltener auf als früher. Zwar ist die klinisch meist angesetzte relative biologische Wirksamkeit der Megavoltphotonen mit 0,8 geringer als die von Röntgenstrahlen mit 250 kV Erzeugungsspannung (LINDEN 1972; HUG 1974), doch liegen keine überzeugenden Befunde vor, die einen Unterschied der RBW für bösartige und normale Gewebe, insbesondere der Haut beweisen könnten. Deshalb kann man davon ausgehen, daß die bessere Verträglichkeit der hochenergetischen Strahlen vornehmlich auf einer anderen Dosisverteilung im Strahlenfeld beruht. Entsprechend dieser unterschiedlichen Dosisverteilung haben sich zusammen mit dem Dosismaximum auch die Nebenwirkungen der Strahlentherapie von der Epidermis und Dermis in das subkutane Bindegewebe verlagert. Die dort ablaufenden atrophischen und fibrosierenden Strahlenfolgen können aber auch sekundär die Strahlenreaktion der äußeren Hautschichten beeinflussen.

Unterschiedliche mittlere Energien von Röntgenstrahlen konventioneller Erzeugungsspannung in der dermatologischen Strahlentherapie führen zu keinen nachweisbaren Unterschieden in der Häufigkeit chronisch-atrophisch-sklerosierender Spätfolgen, entsprechend den geringen Unterschieden der relativen Dosisverteilung in der Haut (Klosterman 1966). Markus und Schlotfeldt (1966) stellten bei Bestrahlung mit 4,8 MeV-Elektronen an der Kaninchenhaut deutliche Unterschiede sowohl der RBW bezüglich der akuten Hautreaktion wie auch des zeitlichen Verlaufs der Hauterythemreaktionen je nach der mikroskopischen Dosisverteilung in der Haut fest. Bei nicht angeglichener Elektronenbestrahlung resultiert ein einwelliges Erythem, bei Röntgenbestrahlung oder angeglichener Elektronenbestrahlung ein dreiwelliges Erythem. Die in verschiedener Tiefe der Haut gelegenen Strukturen tragen in unterschiedlichem Maße zu der Entwicklung der Erythemwelle bei, wobei die Schonung der obersten Dermisschicht durch die 4,8 MeV-Elektronen zum Ausbleiben der zweiten und dritten Erythemwelle führte, während die erste Welle vom 1. bis 4. Tag voll ausgeprägt war.

II. Die Hautreaktion bei dicht ionisierenden Strahlen

Bei der Strahlentherapie mit Neutronen und anderen dicht ionisierenden Strahlen läuft die Hautreaktion bei entsprechendem Fraktionierungsrhythmus in gleicher Weise ab wie bei der Strahlentherapie mit Photonen. Ein großes Material von Mäuseexperimenten zur Bestimmung der relativen biologischen Wirksamkeit von Neutronen bei Einzeit- und fraktionierter Bestrahlung wurden von Field (1976) umfassend referiert.

Aus diesen Experimenten an Mäusen und Schweinen (Bewley et al. 1963, 1967) und klinischen Pilotexperimenten über die Abhängigkeit der akuten Hautreaktion vom Fraktionierungsmuster wurden Fraktionierungsschemata und Zeitfaktorformeln für die klinische Strahlentherapie mit schnellen Neutronen entwickelt (Field 1972, 1976). Während unter Berücksichtigung dieser Ergebnisse bei der praktischen Durchführung der Neutronentherapie eine gegenüber der Photonentherapie unveränderte akute Hautreaktion beobachtet wurde, liegen Berichte über eine Verstärkung der Häufigkeit und des Schweregrades chronischer Hautreaktionen vor, so bereits bei den Patienten, die 1938 in Berkeley bestrahlt worden waren (Sheline et al. 1971). Diese Ergebnisse werden erklärt durch experimentelle Befunde, die Withers et al. (1977, 1978b) bei der Bestrahlung der Haut von Miniaturschweinen mit Kobaltgammastrahlen bzw. 50 MeV Neutronen in klinisch üblichen Faktionierungsrhythmen gewonnen haben: Für die akute Hautreaktion entsprachen 0,75 Gy Neutronen einer Photonendosis von 2 Gy (relative biologische Wirksamkeit 2,7). Bezüglich der chronischen Hautreaktion aber entsprach einer Strahlendosis von 2 Gy Kobaltgammastrahlen eine Neutronendosis von weniger als 0,65 Gy (d.h. die RBW lag bei über 3,1). Wenn also die Neutronentherapie so dosiert wird, daß die gleichen akuten Hautreaktionen ausgelöst werden wie bei der Photonentherapie, tritt bei ansonsten gleichen Bedingungen eine effektive Überdosierung des für die chronischen Strahlenfolgen verantwortlichen Gewebes von 15–20% ($>3,1:2,7$) auf. Ursache für diese höhere relative biologische Wirksamkeit von Neutronen bezüglich der chronischen Strahlenwirkung ist die bessere Erholungsfähigkeit der für die chronischen Strahlenwirkungen verantwortlichen Zellen (Withers 1981; Trott 1982). Die für die Neutronen typische Eigenschaft, die Akkumulation und Erholung vom subletalen Strahlenschaden zu vermindern (vgl. Trott 1972), führt dazu, daß die fraktionierte Bestrahlung mit Neutronen zu einer geringeren Verminderung der Strahlenwirkung führt als die Fraktionierung von Photonen. Da aber der Fraktionierungseffekt – z.B. ausgedrückt durch den steileren Anstieg der Isoeffektkurven über der Zahl der Fraktionen – für chronische Strahlenwirkungen stärker ist als für akute Strahlenwirkungen, äußert sich die Verminderung des Fraktionierungseffektes bei der Neutronentherapie besonders stark bei den chronischen Strahlenwirkungen und somit in einer besonders hohen relativen biologischen Wirksamkeit bezüglich dieser chronischen Strahlenfolgen. Beide Effekte, der höhere Zeitfaktor chronischer Strahlenwirkungen bei Photonenbestrahlung und die erhöhte RBW bei fraktionierter Neutronenbestrahlung hängen direkt voneinander ab.

Die klinischen Strahlenfolgen bei der Strahlentherapie mit Neutronen sind zusammenfassend dargestellt von FIELD (1976).

H. Kombinationswirkungen

Die Strahlenwirkung kann durch verschiedene äußere oder innere Einflüsse modifiziert werden. Es ist im Zusammenhang dieses Beitrags unmöglich, alle entsprechenden Untersuchungen zu referieren. Deshalb werden nur zwei heute klinisch besonders wichtige Probleme abgehandelt:

1. Die gegenseitige Beeinflussung von Strahlentherapie und Chirurgie, insbesondere das Problem der Strahlenwirkung auf Hauttransplantate.
2. Die gegenseitige Beeinflussung von Chemotherapie und Strahlentherapie.

I. Die Strahlenempfindlichkeit von Hauttransplantaten

Auf Grund vereinzelter klinischer Erfahrungen wird häufig behauptet, daß transplantierte Haut auf eine Strahlentherapie schlecht reagiert. RUBIN und GRISE (1960) haben gezeigt, daß Hauttransplantate, die weniger als drei Wochen vor der Strahlentherapie eingebracht worden waren, strahlenempfindlicher sind als normale Haut. Andere Autoren konnten jedoch auch dann keine Änderung der Strahlenempfindlichkeit von Hautspaltlappen nachweisen, wenn die Strahlentherapie schon 4 Tage nach der Operation (Mastektomie) begonnen wurde (CRAM et al. 1958). Umfangreiche klinische Untersuchungen liegen nicht vor, so daß sich die Diskussion dieses Themas im wesentlichen auf zwei großangelegte experimentelle Programme stützen muß, in denen Hauttransplantate an Schweinen mit vorangegangener oder folgender Strahlenbehandlung kombiniert wurden. GRISE et al. (1960) stellten bei Spaltlappen oder vollen Hauttransplantaten fest, daß frische Hauttransplantate früher und stärker auf Bestrahlung reagieren als normale Haut und sich langsamer erholen, wobei Spaltlappentransplantate weniger empfindlich reagieren als Vollhauttransplantate (Abb. 11). RUBIN et al.

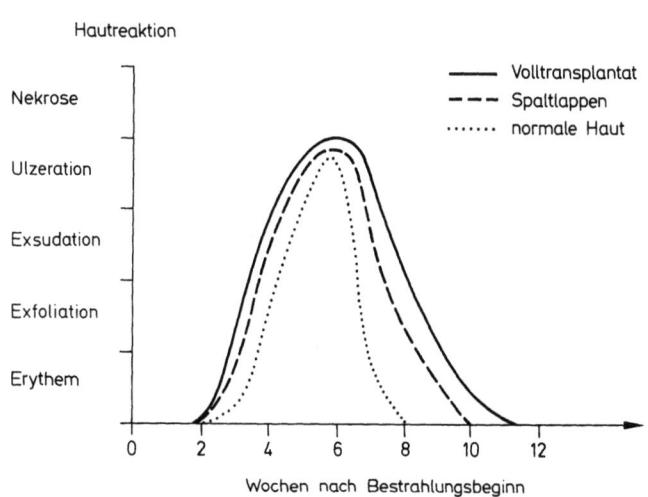

Abb. 11. Der Ablauf der Hautreaktion in der Schweinehaut und in Vollhaut- bzw. Spaltlappentransplantaten, die 6 Wochen nach der Transplantation mit täglich 3 Gy 112 kV-Röntgenstrahlen bis zu einer Gesamtdosis von 54 Gy bestrahlt wurden. (Nach GRISE et al. 1960)

(1960) konnten zeigen, daß diese Unterschiede in der akuten Reaktion des Transplantats mit dem jeweiligen Zustand der Revaskularisation zusammenhängen. Besonders kritisch ist die Strahlentherapie während der Phase der intensiven Kapillarisierung des Transplantats. Ältere Transplantate zeigen dagegen häufig überhaupt keine akute Hautreaktion im Sinne eines Erythems mehr, doch besteht bei ihnen eine erhöhte Nekrosegefährdung, da von vorneherein eine geringere und schlechtere Gefäßversorgung gegeben ist und die Strahlenfolgen am Gefäßbindegewebe eher zu einem Zusammenbruch der Kapillardurchblutung der Dermis mit folgender Spätnekrose führten. Rubin und Casarett (1968) empfahlen daher auf Grund ihrer klinischen und experimentellen Erfahrungen, die Dosis auf ein Transplantat möglichst gering zu halten, die Fraktionsdosen nicht über die üblichen 2,5 Gy zu erhöhen und nach Möglichkeit erst nach vollständigem Einheilen des Transplantats, also 3–4 Wochen nach der Operation mit der Strahlentherapie zu beginnen.

Ausführlichere neuere experimentelle Untersuchungen an Spalthauttransplantaten wurden von Young und Hopewell (1980) vorgelegt, wobei neben dem klinischen Verlauf der Hautreaktion funktionelle Durchblutungsmessungen (^{99m}Tc-Clearance, Disulfinblau-Vitalfarbstoffinjektion) zur Beurteilung herangezogen wurden. Im Anschluß an die Revaskularisierung ergab sich im Gegensatz zu Rubin et al. (1960) eine über viele Monate persistierende Mehrdurchblutung. Trotzdem reagierte das Transplantat bei nachfolgender Bestrahlung in der 3. Woche mit Einzeldosen von 18–23 Gy mit einer abgeschwächten akuten Hautreaktion, einer eher verminderten Nekrosehäufigkeit und wies weniger ausgeprägte Veränderungen der Clearancefunktion auf als normale Haut. Ebenfalls untersucht wurde die Einheilung und die Strahlenempfindlichkeit von Spalthauttransplantaten, die in ein 8 Monate zuvor mit Einzeldosen von 18–23,4 Gy bestrahlten 4 × 4 cm-Hautfeld eingebracht wurden. Bezüglich der funktionellen Revaskularisation dieser Transplantate fand sich ein völlig normaler Verlauf. Auch die nachfolgende Belastung dieses Transplantates 3 Wochen nach seiner Überpflanzung – also nach abgeschlossener Revaskularisation – mit erneuten Einzeldosen bis zu 23,4 Gy ergab keinen Hinweis auf eine erhöhte Strahlenempfindlichkeit bzw. einen Residualschaden. Obwohl das Transplantationsbett (die Dermis und Subkutis) damit Gesamtdosen bis zu 2 × 23,4 Gy (in 38 Wochen) erhielt, war auch hier die akute Hautreaktion geringer und die mit der Clearance gemessene Funktion der tiefen dermalen Gefäße weniger verändert als in normaler Haut nach einmaliger Bestrahlung mit 23,4 Gy. In der nachfolgenden Beobachtungszeit bis zu 6 Monaten ergab sich keine erhöhte Nekrosegefährdung. Von Interesse in Bezug auf operative Eingriffe in vorbestrahltem Gebiet sind Untersuchungen von Patterson et al. (1972, 1975) an 16 cm langen gestielten Hautlappen der Schweinehaut, die aus bestrahlter Haut mobilisiert und wieder eingenäht wurden. Als weiterer funktioneller Parameter wurde hier die nicht der Nekrose anheimfallende Lappenlänge herangezogen. Während nach Dosen im Bereich der Hauttoleranz (Einzeldosis 18,8 Gy, Gesamtdosis bei 6f/18d 37,9 Gy, bei 30f/39d 61,5 Gy) die überlebende Lappenlänge bei sofortiger Operation 10 cm betrug, verschlechterte sich das Ergebnis mit steigendem Intervall zwischen Bestrahlung und operativem Eingriff rapide, 6 Wochen nach Bestrahlung überlebte nur noch ein Drittel dieser Lappenstrecke, und mit einer weiteren Verlängerung des Intervalls bis zu 2 Jahren wurde nur eine geringfügige Erholung beobachtet. Young und Hopewell (1982) registrierten eine normale Durchblutung in der bestrahlten Haut nach 1–2 Jahren, obwohl der daraus mobilisierte Hautlappen dann zu einem beträchtlichen Teil der Nekrose anheimfiel. Sie interpretierten diese Diskrepanz zwischen Durchblutung und Einheilvermögen des gestielten Hautlappens so, daß die Gefäße nach Bestrahlung eine verminderte Fähigkeit besitzen, auf Traumatisierung zu reagieren, obwohl sie unter normalen Bedingungen noch eine normale Durchblutung aufrechterhalten können. Dies stimmt überein mit der klinischen Erfahrung, daß die Strahlennekrose der Haut in der Regel Folge einer zusätzlichen Traumatisierung der chronisch veränderten Haut ist.

II. Die gegenseitige Beeinflussung von Strahlentherapie und Chemotherapie

Die klinische Erfahrung von Strahlentherapeuten und Chemotherapeuten hat wiederholt gezeigt, daß die gleichzeitige Therapie mit Zytostatika und Bestrahlung zu einer deutlichen Verstärkung der akuten Hautreaktion führen kann. Während tierexperimentelle Untersuchungen zu diesem Thema sehr spärlich sind (z. B. GUIGON et al. 1978; REDPATH u. COLMAN 1979) gibt es eine große Anzahl klinischer Berichte über verstärkte akute Hautreaktionen bei kombinierter Chemo-Radiotherapie, die besonders von MUGGIA et al. (1978) und von PHILLIPS (1980) zusammenfassend referiert worden sind. PHILLIPS beschrieb verstärkte akute Hautreaktionen insbesondere bei der Kombination mit zytostatisch wirkenden Antibiotika, also Actinomycin D, Adriamycin und Bleomycin, sowie mit Antimetaboliten (5-Fluorouracil, Hydroxyharnstoff und Methotrexat). Wie in allen anderen Fällen von verstärkten Nebenwirkungen der kombinierten Radiochemotherapie sind die Nebenwirkungen besonders bei gleichzeitiger Chemoradiotherapie verstärkt. Am ausgeprägtesten war diese Verstärkung bei Actinomycin D, wo unter klinischen Bedingungen eine Verminderung der Toleranzdosis auf 50 bis 30% der Toleranzdosis bei alleiniger Strahlentherapie abgeschätzt wurde. Es gibt bis heute keine überzeugenden Hinweise darauf, daß neben der akuten Hautreaktion auch chronische Strahlenfolgen an der Haut durch die Kombinationstherapie wesentlich verstärkt werden. Dieses wichtige Problem wurde bisher auch tierexperimentell praktisch nicht bearbeitet.

Der Charakter der akuten Strahlenreaktion wird durch die gleichzeitige oder vorausgegangene Behandlung mit Zytostatika nicht beeinflußt. Sie läuft so ab, wie sie nach einer entsprechend höheren Strahlendosis ablaufen würde, d.h. die Zytostatika wirken dosisverstärkend. Bei den meisten Zytostatika ist eine Verstärkung der Hautreaktion vornehmlich dann zu erwarten, wenn sie gleichzeitig mit der Bestrahlung gegeben werden, bei einigen jedoch auch dann, wenn das Zytostatikum nach der Strahlenbehandlung gegeben wird. Das trifft insbesondere zu für Actinomycin D und Adriamycin. Während bei Actinomycin D dieses Intervall sich über längere Zeit erstrecken kann, klingt die erhöhte Strahlenempfindlichkeit ab, wenn das Intervall zwischen Adriamycin und Bestrahlung länger als 7 Tage ist (ARISTIZABAL et al. 1977).

Neben der Verstärkung der Strahlenreaktion gibt es bei der Kombination mit Chemotherapie, insbesondere mit Actinomycin D einen klinisch auffallenden Effekt, das sog. Recall-Phänomen (D'ANGIO et al. 1959): Wenn Wochen bis Monate nach einer abgeschlossenen Strahlentherapie und nach Abklingen der akuten Hautreaktionen mit einer Chemotherapie (insbesondere mit Actinomycin D) begonnen wird, können die akuten Hautreaktionen, ganz streng auf das Bestrahlungsfeld begrenzt, noch einmal herbeigerufen werden. Über dessen pathogenetischen Mechanismus herrscht weitgehend Unklarheit.

Literatur

Arcangeli G, Friedman M, Paoluzi R (1974) A quantitative study of late radiation effect on normal skin and subcutaneous tissue in human beings. Br J Radiol 47:44–50

Aristizabal SA, Miller RC, Schlichtemeier AL, Jones SE, Boone ML (1977) Adriamycin-irradiation cutaneous complications. Int J Radiat Oncol Biol Phys 2:325–31

Bates TD, Peters LJ (1975) Dangers of the clinical use of the NSD formula for small fraction numbers. Br J Radiol 48:773

Berry RJ, Wiernik G, Patterson TJS (1974) Skin tolerance to fractionated x-irradiation in the pig – how good a predictor is the NSD formula? Br J Radiol 47:185–190

Bewley DK, Fowler J, Morgan RL, Silvester JL, Turner BA (1963) Experiments on the skin of pigs with fast neutrons and 8 MeV x-rays, including some effects of dose fractionation. Br J Radiol 36:107–115

Bewley DK, Field SB, Morgan RL, Page BC, Parnell CJ (1967) The response of pig skin to fractionated treatments with fast neutrons and x-rays. Br J Radiol 40:745–770

Birkner R, Hoffmann B (1961) Unterhautindurationen nach Telekobalttherapie. Strahlentherapie 116:463–477

Borak J (1936) The radiation biology of the cutaneous glands. Radiology 27:651–655

Brenk HAS van den (972) Macro-colony assay for measurements of reparative angiogenesis after x-irradiation. Int J Radiat Biol 21:607–611

Brennan D, Young CMA, Hopewell JW, Wiernik G (1976) The effects of varied numbers of dose fractions on the tolerance of normal human skin. Clin Radiol 27:27–32

Brown JM, Probert JC (1973) Long-term recovery of connective tissue after irradiation. Radiology 108:205–207

Brown JM, Probert JC (1975) Early and late radiation changes following a second course of irradiation. Radiology 115:711–716

Brown JM, Goffinet DR, Cleaver JE, Kallman RF (1971) Preferential radiosensitization of mouse sarcoma relative to normal skin by chronic intra-arterial infusion of halogenated pyrimidine analogs. J Natl Cancer Inst 47:75–89

Chu FCH, Conrad JT, Glicksman AS, Nickson JJ (1960) Quantitative and qualitative evaluation of skin erythema. I. Technic of measurement and description of the reaction. Radiology 75:406–415

Cohen L (1966) Radiation response and recovery: radiobiological principles and their relation to clinical practice. In: Schwartz EE, Regato JA del (eds) The biological basis of radiation therapy. Pitman, London

Cohen L, Ubaldi SE (1977) Dose-time relationships for postirradiation cutaneous telangiectasia. Int J Radiat Oncol Biol Phys 2:421–426

Cottier H (1966) Histopathologie der Wirkung ionisierender Strahlen auf höhere Organismen (Tier und Mensch). In: Zuppinger A (Hrsg) Strahlenbiologie 2. Handbuch der Medizinischen Radiologie, Bd II/2. Springer, Berlin Heidelberg New York, S 35–272

Cram RW, Weder CH, Watson TA (1958) Tolerance of skin grafts to radiation; study of postmastectomy irradiated grafts. Ann Surg 149:65–67

Cronkite EP, Fliedner TM (1972) The radiation syndromes. In: Hug O, Zuppinger A (Hrsg) Strahlenbiologie 3. Handbuch der Medizinischen Radiologie, Bd II/3. Springer, Berlin Heidelberg New York, S 299–340

D'Angio GJ, Farber S, Maddock CL (1959) Potentiation of x-ray effects by actinomycin D. Radiology 73:175–177

Denekamp J (1973) Changes in the rate of repopulation during multifraction irradiation of mouse skin. Br J Radiol 46:381–387

Denekamp J (1975) Residual radiation damage in mouse skin 5–8 months after irradiation. Radiology 115:191–195

Denekamp J (1977) Early and late radiation reactions in mouse feet. Br J Cancer 36:322–329

Denekamp J, Harris SR (1975) The response of mouse skin to multiple small doses of radiation. In: Alper T (ed) Cell survival after low doses of radiation. Wiley, London

Denekamp J, Stewart FA (1979) Evidence for repair capacity in mouse tumours relative to skin. Int J Radiat Oncol Biol Phys 5:2003–2010

Denekamp J, Stewart FA, Douglas BG (1976) Changes in the proliferation rate of mouse epidermis after irradiation: continuous labelling studies. Cell Tissue Kinet 9:19–29

Devik F (1951) Histological and cytological changes produced by α-particles in the skin of mice. Acta Radiol 35:149

Douglas BG, Fowler JF (1976) The effect of multiple small doses of x-rays on skin reactions in the mouse and a basic interpretation. Radiat Res 66:401–426

Dubravski N, Hunter N, Withers HR (1976) The effect of precooling on the radiation sensitivity of the proliferating hair follicle. Radiat Res 65:481–489

Durrant KR, Young CMA, Hopewell JW (1977) Effects of variation of overall treatment time on the radiation response of normal human skin. In: Radiobiological research and radiotherapy, vol 1. IAEA, Vienna, pp 21–28

Dutreix J, Wambersie A, Bounik C (1973) Cellular recovery in human skin reactions: application to dose, fraction number, overall time relationship in radiotherapy. Eur J Cancer 9:159–167

Ehring F, Honda M (1967) Das Basalzellkarzinom auf röntgenbelasteter Haut. Strahlentherapie 133:198–207

Ellinger F (1957) Medical radiation biology. Thomas, Springfield

Ellis F (1969) Dose, time and fractionation: a clinical hypothesis. Clin Radiol 20:1–7

Ellis F, Sorenson A, Lescrenier C (1974) Radiation therapy schedules for opposing parallel fields and their biological effects. Radiology 111:701–707

Essen CF von (1963) A spatial model of time-dose-area relationship in radiation therapy. Radiology 81:881–883

Essen CF von (1972) Clinical radiation tolerance of the skin and upper aerodigestiv tract. Front Radiat Ther Oncol 6:148–159

Fajardo LF, Berthrong M (1981) Radiation injury in surgical pathology. III Salivary glands, pancreas and skin. Am J Surg Pathol 5:279–296

Fertil B, Malaise EP (1981) Inherent cellular radiosensitivity as a basic concept for human tumor radiotherapy. Int J Radiat Oncol Biol Phys 7:621–629

Field SB (1969) Early and late reactions in skin of rats following irradiation with X-rays or fast neutrons. Radiology 92:381–384

Field SB (1972) The Ellis formula for x-rays and fast neutrons. Br J Radiol 45:315–317

Field SB (1976) An historical survey of radiobiology and radiotherapy with fast neutrons. Curr Top Radiat Res 11:1–86

Field SB, Law MP (1976) The relationship between early and late radiation damage in rodent skin. Int J Radiat Biol 30:557–564

Field SB, Michalowski A (1979) Endpoints for damage to normal tissues. Int J Radiat Oncol Biol Phys 5:1185–1196

Field SB, Morgan RL, Morrison R (1976) The response of human skin to irradiation with x-rays or fast neutrons. Int J Radiat Oncol Biol Phys 1:481–486

Fowler JF, Morgan RL, Silvester JA, Bewley DK, Turner BA (1963) Experiments with fractionated X-ray treatment of the skin of pigs. I-Fractionation up to 28 days. Br J Radiol 36:188–196

Fowler JF, Bewley DK, Morgan RL (1965a) Experiments with fractionated x-irradiation of the skin of pigs. II. Fractionation up to five days. Br J Radiol 38:278–284

Fowler JF, Kragt K, Ellis RE, Lindop PJ, Berry RJ (1965b) The effect of divided doses of 15 MeV electrons on the skin response of mice. Int J Radiat Biol 9:241–252

Frommhold W, Bublitz G (1967) Untersuchungen über Unterhautfibrosen nach Telkobalttherapie und ihre Behandlungsmöglichkeiten mit DMSO. Strahlentherapie 133:529–538

Gassmann A (1899) Zur Histologie der Röntgenulcera. Fortschr Roentgenstr 2:199–207

Gauwerky F, Langheim F (1978) Der Zeitfaktor bei der strahleninduzierten subkutanen Fibrose. Strahlentherapie 154:608–616

Glasser O (1925) Erythemdosen in Röntgeneinheiten. Strahlentherapie 20:141–144

Glicksman AS, Chu FCH, Bane HN, Nickson JJ (1960) Quantitative and qualitative evaluation of skin erythema. II. Clinical study in patients on a standardised irradiation schedule. Radiology 75:411–415

Greco FA, Brereton HD, Kent H, Zimbler H, Merrill J, Johnson RE (1976) Adriamycin and enhanced radiation reaction in normal esophagus and skin. Ann Intern Med 85:294–298

Gremmel H, Kellerer AM, Wendhausen H (1979) Ergänzungen zu den Grundlagen und Anwendungen der Ellis-Formel. Strahlenbiologie 155:328–331

Griem ML, Malkinson FD (1967) Some studies on the effects of radiation and radiation modifiers on growing hair. Radiat Res 30:431–443

Griem ML, Dimitrievich GS, Lee RM (1979) The effects of X-irradiation and adriamycin on proliferating and non-proliferating hair coat of the mouse. Int J Radiat Oncol 5:1261–1264

Grise JW, Rubin P, Ryplansky A, Cramer L (1960) Factors influencing response and recovery of grafted skin to ionizing irradiation; experimental observations. Am J Roentgenol 83:1087–1096

Guigon M, Frindel E, Tubiana M (1978) Effects of the association of chemotherapy and radiotherapy on normal mouse skin. Int J Radiat Oncol Biol Phys 4:233–238

Hayashi S, Suit HD (1972) Effect of fractionation radiation dose on skin contraction and skin reaction of Swiss mice. Radiology 103:431–437

Heidenhain L (1926) Das Problem der Röntgendosis. Strahlentherapie 21:96–109

Heineke H, Perthes G (1925) Die biologische Wirkung der Röntgen- und Radiumstrahlen. In: Meyer H (Hrsg) Lehrbuch der Strahlentherapie, Bd 1. Urban & Schwarzenberg, Berlin Wien, S 725–882

Hendry JH, Rosenberg I, Greene D (1977) Re-irradiation of rat tails to necrosis at six months after treatment with a „tolerance" dose of x-rays or neutrons. Br J Radiol 50:567–572

Herrmann T, Voigtmann L (1979) Zur klinischen Anwendbarkeit des NSD-Konzeptes. – Möglichkeiten und Grenzen. Radiobiol Radiother 20:51–63

Holthusen H (1925) Die qualitative und quantitative Messung der Röntgenstrahlen. In: Meyer H (Hrsg) Lehrbuch der Strahlentherapie, Bd 1. Urban & Schwarzenberg, Berlin Wien, S 287–360

Holthusen H (1936) Erfahrungen über die Verträglichkeitsgrenze für Röntgenstrahlen und deren Nutzanwendung zur Verhütung von Schäden. Strahlentherapie 57:254–269

Hopewell JW (1980) The importance of vascular damage in the development of late radiation effects in normal tissues. In: Meyn RE, Withers HR (eds) Radiation biology in cancer research, Raven, NY, pp 449–459

Hopewell JW, Gunn Y (1981) Factors for correcting the CRE formula for late effects in normal tissues: how valid are they? Int J Radiat Oncol Biol Phys 7:683–684

Hopewell JW, Young CMA (1982) The effect of field size on the reaction of pig skin to single doses of X-rays. Br J Radiol 55:356–361

Hopewell JW, Foster JL, Genn Y (1978) Role of vascular damage in the development of late radiation effects in the skin, pp 483–492 in Late Biological Effects of Ionizing Radiation. Proceeding of a Symposium, Vienna, March 1978. International Atomic Energy Agency publication STI/PUB/489, Vienna

Hopewell JW, Foster JL, Young CMA, Wiernik G (1979) Late radiation damage to the pig skin. Radiology 130:783–788

Hug O (1974) Medizinische Strahlenkunde. Urban & Schwarzenberg, München

Hug O, Kellerer AM, Zuppinger A (1966) Der Zeitfaktor. In: Hug O, Zuppinger A (Hrsg) Strahlenbiologie 1. Handbuch der Medizinischen Radiologie, Bd II/1. Springer, Berlin Heidelberg New York, S 271–354

Hunter RD, Stewart JG (1977) The tolerance to re-irradiation of heavily irradiated human skin. Br J Radiol 50:573–575

Iselin H (1912) Schädigung der Haut durch Röntgenlicht nach Tiefenbestrahlung (Aluminium). Kumulierende Wirkung. Münch Med Wochenschr 59:2660–2663

Jolles B, Harrison RG (1966) Enzymatic processes and vascular changes in the skin irradiation reaction. Br J Radiol 39:12

Jolles B, Mitchell RG (1947) Optimal skin tolerance dose levels. Br J Radiol 20:405–409

Joyet G, Hohl K (1955) Die biologische Hautreaktion in der Tiefentherapie als Funktion der Feldgröße. Ein Gesetz der Strahlentherapie. Fortschr Roentgenstr 82:387–400

Kärcher KH (1958) Über die Nachbehandlung strahlenbelasteter Haut. Strahlentherapie 107:453–461

Kärcher KH (1963) In: Scherer E, Stender HS (Hrsg) Strahlenpathologie der Zelle. Thieme, Stuttgart, S 317–333

Kal HB (1974) Response of a rat rhabdomyosarcoma and rat skin to irradiation with gamma rays and 15 MeV neutrons at low dose rates. Radiobiological Institute, TNO, Rijswijk

Kalz F (1941) Theoretical considerations and clinical use of Grenz rays in dermatology. Arch Dermatol Syph 43:447–472

Kellerer AM (1977) Grundlagen der Ellis-Formel. Strahlentherapie 153:384–392

Klostermann GF (1966) Röntgenfolgen an der Haut nach Hämangiombestrahlung. Strahlentherapie: 130:205–218

Kirk J, Gray WM, Watson ER (1971) Cumulative radiation effect. Part I. Fractionated treatment regimes. Clin Radiol 22:145

Kirk J, Gray WM, Watson R (1972) Cumulative radiation effect-II: Continuous radiation therapy – long-lived sources. Clin Radiol 23:93–105

Law MP (1981) Radiation-induced vascular injury and its relation to late effects in normal tissues. Adv Radiat Biol 9:37–73

Law MP Thomlinson RH (1978) Vascular permeability in the ear of rats after X-irradiation. Br J Radiol 51:895–904

Law MP, Ahier RG, Field SB (1977) The response of mouse skin to combined hyperthermia and x-rays. Int J Radiat Biol 32:153–163

Lemperle G, Koslowski J (Hrsg) (1984) Chirurgie der Strahlenfolgen. Urban & Schwarzenberg, München

Liegner LM, Michaud NJ (1961) Skin and subcuta-

neous reactions induced by supervoltage irradiation. Am J Roentgenol 85:533–549

Linden WA (1972) Die relative biologische Wirksamkeit der Hochvoltstrahlen in der Strahlentherapie. Strahlentherapie 144:679–690

Liversage WE (1969) A general formula for equating protracted and acute regimes of radiation. Br J Radiol 42:432–440

Markus B, Schlotfeldt D (1966) Gibt es ein spezifisches Elektronenerythem? Experimentelle Untersuchungen mit schnellen Elektronen und Röntgenstrahlen. Strahlentherapie 132:206–227

Masuda K, Hunter N, Withers HP (1980) Late effect in mouse skin following single and multifractionated irradiation. Int J Radiat Oncol Biol Phys 6:1539–1544

Miescher G (1924) Das Röntgenerythem. Strahlentherapie 16:333–371

Morris GM, Hopewell JW (1980) The effects of fractionated X-ray irradiation on the kinetics of the epithelial basal cell population in pig skin. In: Report of the Research Institute Churchill Hospital, Oxford

Moulder JE, Fisher JJ, Casey A (1975) Dose-time relationship for skin reactions and structural damage in rat feet exposed to 250 kV X-rays. Radiology 115:466–470

Moustafa HF, Hopewell JW (1979) Blood flow clearance changes in pig skin after single doses of x-rays. Br J Radiol 52:138–144

Muggia FM, Cortes-Funes H, Wassermann TH (1978) Radiotherapy and chemotherapy in combined clinical trials: problems and promise. Int J Radiat Oncol Biol Phys 4:161–171

Mühlmann E, Meyer O (1923) Beiträge zur Röntgenschädigung tiefgelegener Gewebe. Strahlentherapie 15:48–64

Nias AHW (1963) Some comparisons of fractionation effects in erythema measurements on human skin. Br J Radiol 36:183–187

Notter G, Turesson I (1976) Prospective studies with the CRE formula of prolonged fractionation schedules. Radiology 121:709–715

Orton CG (1974) Time-dose factors (TDF's) in brachytherapy. Br J Radiol 47:603–607

Orton CG, Ellis F (1973) A simplification in the use of the NSD concept in practical radiotherapy. Br J Radiol 46:529–537

Patterson TJS, Berry RJ, Wiernik G (1972) The effect of x-radiation on the survival of skin flaps in the pig. Br J Plast Surg 25:17–19

Patterson TJS, Berry RJ, Hopewell JW, Wiernik G (1975) The effect of x-radiation on the survival of experimental skin flaps. In: Grabb WC, Myers MB (eds) Skin flaps. Little, Brown and Company, Boston, pp 39–46

Peel DM, Hansen LS, Coggle JE, Hopewell JW, Charles MW, Wells J (1982) Non-stochastic effects of different energy beta emitters on pig and mouse skin. In: Proc Intern Congr Radiat Protect Inverness

Peters LJ, Withers HR (1981) Factors for correcting the CRE formula for late effects in normal tissues: how valid are they? Int J Radiat Oncol Biol Phys 7:684–685

Phillips TL (1980) Tissue toxicity of radiation-drug interaction. In: Sokol GH, Maickel RP (eds) Radiation-drug interactions in the treatment of cancer. Wiley, New York Chichester Brisbane Toronto, pp 175,–200

Potten CS (1978) The cellular and tissue response to single doses of ionizing radiation. In: Current topics in radiation research 13:1–59

Powell-Smith C (1965) Factors influencing the incidence of radiation injury in cancer of the cervix. J Ass Canad Radiol 16:132–137

Probert JC, Brown MA (1974) A comparison of 3 and 5 times weekly fractionation on the response of normal and malignant tissues of the C3H mouse. Br J Radiol 47:775–780

Redpath JL, Colman M (1979) The effect of adriamycin and actinomycin D on radiation-induced skin reactions in mouse feet. Int J Radiat Oncol Biol Phys 5:483–486

Reinhold HS, Buisman GH (1973) Radiosensitivity of capillary endothelium. Br J Radiol 46:54–57

Reinhold HS, Buisman GH (1975) Repair of radiation damage to capillary endothelium. Br J Radiol 48:727–731

Reisner A (1933) Hauterythem und Röntgenstrahlung. Ergeb Med Strahlenforschung 6:1–60

Renner Kh, Renner H (1971) Experimentelle Untersuchungen über das Auftreten und den Verlauf des Früherythems an der Schweinehaut. Strahlentherapie 142:219–226

Rubin P, Casarett GW (1968) Clinical radiation pathology. Saunders, Philadelphia London Toronto

Rubin P, Grise JW (1960) The difference in response of grafted and normal skin to ionizing radiations. Am J Roentgenol 84:645–655

Rubin P, Casarett G, Grise JW (1960) The vascular pathophysiology of an irradiated graft. Am J Roentgenol 83:1097–1104

Sause WT, Stewart JR, Plenk HP, Levitt DD (1981) Late skin changes following twice-weekly electron beam radiation to post-mastectomy chest walls. Int J Radiat Oncol 7:1541–1544

Seitz L, Wintz H (1920) Unsere Methode der Röntgentiefentherapie und ihre Erfolge. Sonderband 5 der Strahlentherapie

Sheline GE, Phillips TL, Brennan SB (1971) Effects of fast neutrons on human skin. Am J Roentgenol 111:31–41

Smith KC, Hahn GM, Hoppe RT, Earle JD (1980) Radiosensitivity in vitro of human fibroblasts derived from patients with a severe skin reaction to radiation therapy. Int J Radiat Oncol Biol Phys 6:1573–1575

Stein G (1963) Röntgenfolgezustände im Bereich der Haut. Strahlentherapie 121:247–258

Strandquist M (1944) Studien über die kumulative Wirkung der Röntgenstrahlen bei Fraktionierung. Acta Radiol [Suppl] 55:1–300

Strauß O (1925) Schädigungen durch Röntgen- und Radiumstrahlen. In: Meyer H (Hrsg) Lehrbuch der Strahlentherapie, Bd I. Urban & Schwarzenberg, Berlin Wien, S 979–1060

Tannock IF, Hayashi S (1972) The proliferation of capillary endothelial cells. Cancer Res 32:77–82

Trott KR (1972) Strahlenwirkungen auf die Vermehrung von Säugetierzellen. In: Hug O, Zuppinger A (Hrsg) Strahlenbiologie 3. Handbuch der Medizinischen Radiologie, Bd II/3. Springer, Berlin Heidelberg New York, S 43–125

Trott KR (1982) Experimental results and clinical implications of the four „r" in fractionated radiotherapy. Radiat Environ Biophys 20:159–170

Trott KR, Kummermehr J (1982) Split dose recovery of a mouse tumour and its stroma during fractionated irradiation. Br J Radiol 55:841–846

Turesson I, Notter G (1976) Control of dose administered once a week and three times a day according to schedules calculated by CRE formula, using skin reaction as a biological parameter. Radiology 120:399–404

Turesson I, Notter G (1979a) The response of pig skin to single and fractionated high dose rate and continuous low dose rate ^{137}Cs-irradiation. I. Experimental design and results. Int J Radiat Oncol Biol Phys 5:835–844

Turesson I, Notter G (1979b) The response of pig skin to single and fractionated high dose-rate and continuous low dose-rate ^{137}Cs-irradiation. III Re-evaluation of the CRE system and the TDF system according to the present findings. Int J Radiat Oncol Biol Phys 5:1773–1779

Ullrich RL, Casarett GW (1977) Interrelationship between the early inflammatory response and subsequent fibrosis after radiation exposure. Radiat Res 72:107–121

Voigtmann L, Ehrhardt M, Strietzel M, Eberhardt HJ, Herrmann T (1979) Probleme bei der Applikation von Stehfeldbestrahlungsmethoden in der Telekobalttherapie 2. Mitt. Anwendung des NSD-Konzeptes für die Beurteilung von Fraktionierungsmethoden zur Senkung des Rüstzeitaufwandes. Radiobiol Radiother 20:64–78

Weichselbaum RR, Epstein J, Little JB (1976) In vitro radiosensitivity of human diploid fibroblasts derived from patients with unusual clinical responses to radiation. Radiology 121:479–482

White RL, El-Mahdi AM, Ramirez HL (1975) Thermographic changes following preoperative radiotherapy in head and neck cancer. Radiology 117:469–471

Wiernik G, Patterson TJS, Berry RJ (1974) The effect of fractionated dose-patterns of x-radiation on the survival of experimental skin flaps in the pig. Br J Radiol 47:343–345

Withers HR (1975) The four R's of radiotherapy. In: Lett JT, Adler H (eds) Advances in radiation biology, Bd 5. Academic Press, New York, pp 241–271

Withers HR (1981) Differences in the fractionation response of acute and late responding tissues. In: Kärcher KH, Kogelnik HD, Reinartz G (eds) Proceedings of the Second International Meeting in Radio-Oncology. Raven, New York

Withers HR, Flow BL, Huchton UI, Hussey DH, Jardine JH, Mason KA, Rauston GL, Smathers JB (1977) Effect of dose fractionation on early and late skin responses to γ-rays and neutrons. Int J Radiat Oncol Biol Phys 3:227–233

Withers HR, Thames HD, Flow BL, Mason KA, Hussey DH (1978a) The relationship of acute and late skin injury in 2 and 5 fractions/week γ-ray

therapy. Int J Radiat Oncol Biol Phys 4:595–601

Withers HW, Thames HD, Hussey DH, Flow BL, Mason KA (1978b) Relative biological effectiveness (RBE) of 50 MV (Be) neutrons for acute and late skin injury. Int J Radiat Oncol Biol Phys 4:603–608

Young CMA, Hopewell JW (1980) Annual report of the research institute. Churchill Hospital, Oxford, pp 48–55

Young CMA, Hopewell JW (1983) The effects of pre-operative X-irradiation on the survival and blood flow of pedicle skin flaps in the pig. Int J Radiat Oncol Biol Phys 9:865–870

Zollinger HJ (1960) Radiohistologie und Radio-Histopathologie. In: Roulet F (Hrsg) Strahlung und Wetter. Handbuch der allgem Pathologie, Bd X/1. Springer, Berlin Heidelberg New York, S 127–287

5. Lymphatisches System

Von

H. RENNER

Mit 3 Abbildungen und 5 Tabellen

A. Einleitung

I. Vorbemerkung

Die hohe Strahlensensibilität des lymphatischen Systems wurde schon 1903/4 von HEINECKE beschrieben.

Die morphologischen Veränderungen sind lange bekannt. Zeitgemäß ist das Hauptaugenmerk auf die funktionellen Störungen der Immunfunktion zu richten.

Die Kenntnis der Strahlenwirkungen und -nebenwirkungen auf das lymphatische System und seine Immunfunktion ist von großer Bedeutung für Klinik und Experiment, speziell für den Strahlentherapeuten und den Immunologen. Wichtig erscheint die Klärung folgender Probleme:

– mögliche unerwünschte immunsuppressive Nebenwirkungen durch akzidentelle Bestrahlung oder durch die klinische Strahlentherapie maligner Tumoren.
– möglicher Einsatz einer Bestrahlung zur Immunsuppression in der Klinik bei Transplantationen und Autoimmunerkrankungen, im Experiment als Ersatz für chemische oder biologische Immunsuppressoren.
– mögliche Immunverstärkung durch Bestrahlung in Klinik und Experiment.

Zur Beantwortung dieser Fragen ist eine möglichst umfassende Kenntnis der Sensibilität der Immunphänomene nötig. Der vorliegende Artikel soll dazu in der gebotenen Kürze einen aktuellen Überblick gewähren. Die meisten Arbeiten über die Strahlenempfindlichkeit des lymphatischen Systems datieren vor der Zeit der Kenntnisse der genaueren Immunfunktionen und zellulären Subpopulationen der Lymphozyten. In der vorliegenden Übersicht wurde vorwiegend Literatur der letzten Dekade etwa ab 1970 verarbeitet unter spezieller Berücksichtigung der Erkenntnisse der zellulären Immunologie. Die Gliederung des Themas erfolgt nicht nach den Organen des lymphatischen Systems wie Thymus, Milz, Lymphknoten etc., sondern entsprechend der Morphologie und Funktion der Immunzellen. Insbesondere wurde die Sensibilität der verschiedenen Subpopulationen der ruhenden und aktivierten Lymphozyten untersucht. Auf eine Reihe wichtiger früherer Übersichtsarbeiten wird verwiesen (STENDER 1963; TAGLIAFERRO et al. 1964; TROWELL 1965; MORCZEK 1966).

Die Strahleneffekte sind, wenn nicht anders vermerkt, hervorgerufen durch locker ionisierende Strahlen an menschlichen Lymphozyten und lymphatischen Organen.

II. Das lymphatische System und seine Immunfunktion

Das lymphatische System gliedert sich in zentrale und periphere Organe wie Thymus, Milz, die über den ganzen Körper mit Ausnahme des ZNS verteilten Lymphbahnen und Lymphknoten sowie in das lymphatische Gewebe des Gastrointestinaltraktes. Es ist die anatomische Basis des Immunsystems. Dieses Immunsystem ist für die Immunfunktion zuständig. Aufgabe des Immunsystems ist die Abwehr von Infektionen und die Ausschaltung von körperfremden oder krankhaft verändertem körpereigenem Gewebe. Die Träger jeder immunologischen Abwehrreaktion sind die Lymphozyten, die sowohl in den verschiedenen lymphatischen Organen vorkommen, als auch in den Lymphbahnen und im Blut rezirkulieren. Das Immunsystem stellt deshalb ein nicht nach anatomischen Organen, sondern hauptsächlich nach Zellen und Funktionen definiertes System dar. Es besteht beim Erwachsenen insgesamt aus 10^{12} Zellen, die Gesamtmasse der Lymphozyten beträgt ca. 1 500 g.

Die Lymphozyten unterscheiden sich nach Herkunft und Funktion in 2 Populationen, T- und B-Zellen, die sich wiederum in mehrere Subpopulationen gliedern. Beide Zellreihen stammen von einer lymphatischen Stammzelle im Knochenmark ab. Unter dem Einfluß von Thymus bzw. Bursa-Äquivalent erfolgt die Reifung in die jeweiligen Vorläuferzellen. Diese werden durch Stimulation in die jeweiligen Immunoblasten umgewandelt, die dann durch Proliferation und Differenzierung die entsprechenden Effektorzellen und Gedächtniszellen bilden.

Die Immunfunktion der T-Zellen ist die Vermittlung der zellulären Immunität. Verschiedene Aufgaben werden von unterschiedlichen Subpopulationen (Helfer-, Suppressor-, zytotoxische T-Zellen) erfüllt, ihr Zusammenwirken untereinander und mit Makrophagen wird von Lymphokininen gesteuert.

Die Immunfunktion der B-Zellen ist die Antikörper-Bildung (humorale Immunität). Dazu müssen B-Zellen, Makrophagen sowie T-Helfer- und T-Suppressor-Zellen zusammenwirken.

Null- oder Killer-Lymphozyten werden aufgrund fehlender Oberflächen-Marker nicht in die T- oder B-Reihe eingeordnet und besitzen zytotoxische Funktion. Für Erstkontakt und Verarbeitung der Antigene sind Makrophagen und Retikulumzellen zuständig. In den peripheren lymphatischen Organen findet sich eine charakteristische Verteilung der T- und B-Lymphozyten in typischen T- und B-Regionen.

Alle an den immunologischen Reaktionen beteiligten Zellen wie T- und B-Zellen, Null-Zellen, Makrophagen, Gedächtniszellen sind durch ein Netzwerk von Regulationen und Gegenregulationen untereinander verbunden. In seiner Komplexizität und Ausdehnung über den gesamten Organismus entspricht das Immunsystem so in vieler Hinsicht dem Netzwerk des Nervensystems.

B. Die Strahlensensibilität der kleinen G_0-Lymphozyten

I. In vivo-Befunde

1. Morphologische Veränderungen in Milz, Lymphknoten und Thymus

Die kleinen G_0-Lymphozyten gehören zu den strahlensensibelsten Zellen des Organismus. Sie gehen nach Bestrahlung in den lymphatischen Organen Milz, Lymphknoten und Thymus am Interphase-Tod rasch zugrunde. Der Zelltod der Einzelzelle ist licht- und elektronenoptisch faßbar (Literatur bei STENDER 1963; HOLSTEN 1970; BETZ 1974). Das Ausmaß des Zellunterganges ist dosisabhängig. Entsprechend dem zeitlichen Ablauf des Lymphozytenunterganges im lymphatischen Gewebe werden 4 Phasen der Gewebe-Schädigung morphologisch unterschieden: Die Destruktionsphase zeigt das Bild der Zellzerstörung. Der Abbau der geschädigten Zellen und deren Zelltrümmer durch Retikulumzellen und Makrophagen erfolgt in der Phase der Phagozytose. Die Proliferationshemmung bestimmt das Bild der Inaktivitätsphase. Die später wieder einsetzende Proliferation der Immunzellen bewirkt die Phase der Regeneration. Aufgrund der unterschiedlichen Sensibilität der einzelnen Subpopulationen und der durch Bestrahlung gestörten Rezirkulation scheinen diese Phasen heute komplexer als früher angenommen (ANDERSON et al. 1977).

Die Vorläuferzellen und die kleinen B-Zellen sind hochgradig strahlenempfindlich, die T-Zellen etwas weniger strahlensensibel. Durch Ganzkörperbestrahlung werden im Tierversuch Vorläuferzellen durch 200 R, B-Zellen durch 200–300 R sowie T-Zellen durch über 400 R ausgeschaltet (nach DUKOR 1973). Die langlebigen Lymphozyten zeigen nur sehr langsame Erholung, die kurzlebigen Lymphozyten erholen sich relativ rasch (EVERETT et al. 1964).

Entsprechend der unterschiedlichen Strahlensensibilität der verschiedenen Subpopulationen führen niedrige Dosen zunächst zu einem Lymphozytenschwund in den B-Regionen, vorwiegend in den Follikeln von Milz und Lymphknoten. Die dazu niedrigste Dosis Ganzkörperbestrahlung wird mit 5–100 R für Milz und mit 50 R für Lymphknoten angegeben (STENDER 1963).

Die morphologischen Veränderungen sind nach Ganzkörper- und Lokalbestrahlung grundsätzlich gleich. Doch erfolgt nach Lokalbestrahlung die Phase der Regeneration früher und schneller, bedingt durch die Einwanderung nicht strahlengeschädigter Lymphozyten aus dem Pool der rezirkulierenden Zellen (BENNINGHOF et al. 1969).

Der Thymus zeigt nach Ganzkörper- oder Lokalbestrahlung eine rasche Zerstörung der Lymphozyten in der Thymusrinde. Bereits eine niedrige Dosis von 5 rad bewirkt sichtbare Veränderungen. Entsprechend ihrer niedrigen Reifungsstufe erweisen sich die Lymphozyten in der Rinde als sensibler als jene im Mark. Folge der Lymphozytenzerstörung ist ein numerischer und funktioneller Defekt im T-Zell-System. Der Thymus ist nach Ganzkörperbestrahlung auch für die Erholung des Immunsystems notwendig (nach DUKOR 1973; ANDERSON u. WARNER 1976).

2. Veränderungen der Kinetik in Rezirkulation, Blut und Ductus thoracicus

Bestrahlte T- und B-Lymphozyten zeigen eine gestörte Rezirkulation und eine gestörte Organbesiedlung („homing"). Sie sammeln sich vermehrt an in der Milz auf Kosten des übrigen lymphatischen Gewebes. Für dieses Verhalten werden Strahlenveränderungen an der Zellmembran verantwortlich gemacht (Maus, 50–500 R, ANDERSON et al. 1977).

Durch die lymphozytotoxische Wirkung der Bestrahlung ergibt sich eine dosisabhängige Verminderung der Zellzahl im Pool der rezirkulierenden Lymphozyten im Ductus thoracicus und im Blut. Eine Ganzkörperbestrahlung von 25 rad bewirkt eine meßbare Lymphopenie, 100 rad reduzieren die normalen Lymphozytenzahlen auf etwa 25%, 200 rad auf unter 10%, 450 rad auf 0 (nach ORDER 1977). Die klinische Strahlentherapie bewirkt in Abhängigkeit von Bestrahlungsdosis, -volumen, -art und -region eine mehr oder minder ausgeprägte Lymphopenie mit nur langsamer, z.T. Jahre benötigender Erholung. Diese Lymphopenie ist hochsignifikant (p < 0,001) bei großvolumigen Bestrahlungen, z.B. der postoperativen Bestrahlung des Seminoms (RENNER u. HASSENSTEIN 1972) oder des Mammakarzinoms (STJERNSWARD et al. 1972). Sie wird bei der Bestrahlung von Hirntumoren jedoch nicht beobachtet (RENNER 1960).

Die Berichte über die Sensibilität der verschiedenen Subpopulationen nach Regionalbestrahlung sind widersprüchlich. Teils wird eine vermehrte T-Zell-Verarmung (THOMAS et al. 1971; STJERNSWARD et al. 1972; CATALONA et al. 1974), teils ein vermehrter B-Zell-Abfall gefunden (BLOMGREN et al. 1974, 1976; HEIER et al. 1975). Nach anderen Autoren betrifft die Lymphozytenverminderung alle Subpopulationen von T-, B- und O-Zellen in gleicher Weise und zeigt nur eine sehr langsame, auch noch nach Jahren nicht vollständige Erholung (BYFIELD et al. 1974; HOPPE et al. 1977; HEIER 1978; CRISCI et al. 1979).

Nach Total-Nodal-Bestrahlung bei Morbus Hodgkin resultiert vorwiegend eine selektive T-Lymphopenie (ENGESET et al. 1973; FUKS et al. 1976).

Nach extrakorporaler Blutbestrahlung findet sich eine langanhaltende Verarmung der rezirkulierenden T- und B-Zellen im Blut und sekundär in den lymphatischen Organen. Das Ausmaß ist abhängig von der Transit-Dosis. Die Transit-Dosis ist die Dosis, die eine Blutzelle während der Passage des Bestrahlungsfeldes absorbiert. Sie soll pro Umlauf zwischen 30–900 rad betragen und akkumuliert 30 000–40 000 rad nicht übersteigen. Die klinische Anwendung in der Leukämie-Behandlung (LAJTHA et al. 1962; HEILMANN u. NORDIEK 1977) und zur Immunsuppression vor Organtransplantation (CRONKITE 1967; PERSON et al. 1969; WEEKE et al. 1970) hat die ursprünglichen Erwartungen nicht erfüllt und ist weitgehend verlassen (SCHERER u. MAKOSKI 1976).

II. In vitro-Befunde

1. Morphologische und biochemische Veränderungen

Periphere Blut-Lymphozyten befinden sich zu 99% in der G_0-Phase des Zellzyklus. B-Lymphozyten sind offensichtlich empfindlicher gegenüber dem Interphase-Tod, sie sind radiosensibler als T-Lymphozyten (ANDERSON u. WARNER 1976; PROSSER 1976; KWAN u. NORMAN 1977).

Der Zellkern bestrahlter G_0-Lymphozyten zeigt morphologisch im Lichtmikroskop die Zeichen der Kern-Pyknose, -Vakuolisierung und -Fragmentierung. Im Raster-Elektronenmikroskop finden sich die Kern-Pyknosen vermehrt in T-Zellen, die Kernauflösungen vermehrt in B-Zellen, im Elektronenmikroskop zeigen T-Zellen eine Zunahme des Heterochromatin, B-Zellen eher einen Verlust der Chromatin-Kondensation. Bereits mittlere Dosen bewirken Veränderungen an der Kernmembran mit Erweiterung des perinukleären Raumes. Im Zytoplasma finden sich erst bei höheren Dosen im Elektronenmikroskop in beiden Subpopulationen eine etwa gleichausgeprägte Mitochondrienschwellung, bei hohen Dosen Zytoplasma-Verdünnungen und Anhäufung zytoplasmatischer Organellen in der Zentrosphäre. Die Zelloberflächenmembran zeigt im Raster-Elektronenmikroskop Kraterbildung, Aufrauhung, Fragmentierung und Verklumpung. Im Elektronenmikroskop findet man bei sehr hohen Dosen lokalisierte Protrusionen und Fensterbildungen. Bei diesen hohen Dosen gibt es im zeitlichen Ablauf auch zuerst und sehr früh, schon 15 Minuten nach Bestrahlung, Störungen und Veränderungen der Zellmembran, erst später, nach Stunden, die Veränderungen am Zellkern (FACCHINI et al. 1976; ANDERSON et al. 1977; STEFANI et al. 1977).

Die Zellmembranen von B- und T-Zellen zeigen einen zum Teil dosisabhängigen Verlust von einzelnen immunologischen Membran-Markern. Doch wird die Fähigkeit zur Rosettenbildung von T- und B-Zellen nicht beeinträchtigt, einmal gebildete Rosetten sind sehr stabil und auch gegen höchste Dosen strahlenresistent (FACCHINI et al. 1976; SCHMIDTKE et al. 1976; BIRKELAND 1978).

Der Zellstoffwechsel für Glukose, RNS und Aminosäuren wird durch mittlere bis hohe Dosen nicht beeinflußt (COOPER u. ALPEN 1959; ROBERTS et al. 1979). Auch höchste Dosen bewirken keine Änderung der Aktivität der Thymidinkinase (NEUMANN 1973).

G_0-Lymphozyten besitzen nur eine minimale nicht S-Phase-abhängige („unscheduled")-DNS-Synthese. Sie wird mit höchsten Dosen deutlich und dosisabhängig gesteigert, als Ausdruck von Reparaturmechanismen an der DNS (SPIEGLER u. NORMAN 1969). Nach Strahlen-

therapie bei Tumorpatienten ist die DNS-Reparatur in Abhängigkeit von den Bestrahlungsbedingungen in unterschiedlichem Ausmaß reversibel unterdrückt (KLEIN et al. 1980).

Die morphologisch sichtbaren Zellmembranveränderungen korrelieren biochemisch mit
Veränderungen und Verlust von Oberflächen-Glykoproteinen (ANDERSON u. WILLIAMS 1977).
Die Oberflächenveränderungen bewirken offensichtlich eine Erhöhung der negativen Ladun-
gen der Zellmembran, dadurch wird die elektrophoretische Wanderungsfähigkeit dosisabhän-
gig gesteigert (SPANGLER u. CASSEN 1967). Auch wird die gestörte Rezirkulation bestrahlter
Lymphozyten auf die Oberflächenveränderungen zurückgeführt (ANDERSON u. WILLIAMS
1977). Der strahlenbedingte Interphase-Tod der kleinen G_0-Lymphozyten zeigt im Gegensatz
zum Verhalten aktivierter Lymphozytenformen keine Abhängigkeit von Strahlenqualität,
Fraktionierung und Protrahierung. Auch zeigt sich kein Schutzeffekt von Cystein oder
DMSO (VIRSIK et al. 1980). Ebenso fand sich kein Unterschied in der Wirkung von 250 kV-
Röntgenstrahlen und 7 MeV-Neutronen (HEDGES u. HORNSEY 1978).

Alle diese Untersuchungen stützen die heutige Vorstellung, daß der Interphase-Tod der
kleinen G_0-Lymphozyten nicht allein durch Strahleneinwirkung auf die DNS des Zellkerns,
sondern vorwiegend durch Wirkung auf andere empfindliche Bereiche, vor allem die Zellmembran, ausgelöst wird (VIRSIK et al. 1980).

2. Dosiswirkungsbeziehungen

Die experimentellen Untersuchungen zum Interphase-Tod der kleinen G_0-Lymphozyten
in vitro erfolgen gewöhnlich durch Auszählen des Anteils toter Zellen in der Zellsuspension
nach morphologischen Kriterien oder nach Anfärbung mit Vitalfarbstoffen. Die Berechnung
der strahlenbedingten Zellreduktion in Relativ-Prozent darf nicht bezogen werden auf den
Ausgangswert vor Bestrahlung, sondern sie muß die unbestrahlten Kontrollwerte des gleichen
Bestimmungszeitpunktes oder -zeitraumes (= Kulturdauer) als Bezugspunkt wählen.

Die typische Dosiswirkungskurve zeigt Zwei-Komponenten-Charakter (Abb. 1) unabhängig von Bestimmungs-Zeitpunkt und -Methode (RENNER 1974, 1977a; KWAN u. NORMAN
1977; HEDGES u. HORNSEY 1978; VIRSIK et al. 1980). Die Sensibilitätsparameter für die Ge-
samt-Population und für die T- und B-Subpopulationen sind in Tabelle 1 zusammengefaßt.
Die strahlensensiblen und -resistenten Subpopulationen, errechnet aus der Zwei-Komponenten-Kurve, entsprechen nicht den immunologisch definierten Subpopulationen. T- und B-
Zellen zeigen ebenfalls jeweils Zwei-Komponenten-Charakter (Tabelle 1). Isolierte späte T-
und kindliche Thymus-Lymphozyten sind bezüglich Strahlensensibilität jedoch eine homogene Subpopulation mit exponentieller Einkomponenten-Sensibilität (Tabelle 1).

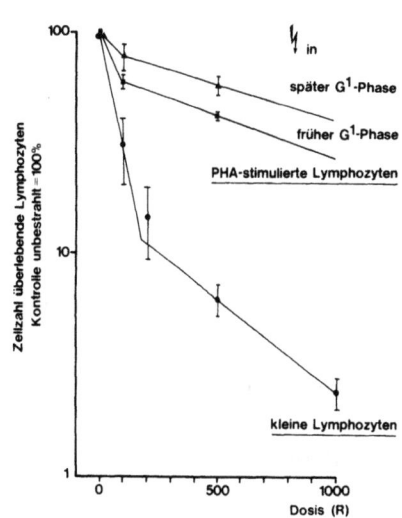

Abb. 1. Überlebenskurven von kleinen G_0-Lymphozyten und
PHA-stimulierten Lymphozyten. Bestrahlung in vitro, zu Beginn
der Kultur bei den kleinen Lymphozyten, eine Stunde nach Stimulation (frühe G_1-Phase) bzw. 24 Std nach Stimulation (späte G_1-
Phase) bei den PHA-stimulierten Lymphozyten. Kulturdauer 72
Std. Bestimmung der Absolutzahl überlebender, morphologisch
intakter Zellen. (RENNER 1974, 1977a)

Tabelle 1. Sensibilitätsparameter der Zwei-Komponenten-Dosiswirkungskurven bestrahlter menschlicher G_0-Lymphozyten in vitro. Kulturdauer 3 Tage (RENNER 1974, 1977a) bzw. 4 Tage. (KWAN u. NORMAN 1977)

Zell-Population entsprechend Immun-Marker	Zell-Population entsprechend Sensibilitäts-Parameter				
	Sensible Population		Resistente Population		Autor
	D_0	Anteil	D_0	Anteil	
Gesamt T + B	62 R	84%	520 R	16%	RENNER (1974/1977a)
B	50 R	50%	500 R	50%	KWAN u. NORMAN
T	55 R	30%	550 R	70%	(1977)
Frühe T	50 R	30%	550 R	70%	
Späte T	135 R	100%	–	–	
Thymus	135 R	100%	–	–	

Gemessen an der Strahlensensibilität lassen sich zumindest drei T-Subpopulationen unterscheiden, jeweils mit einer D_0 von 50 R, 135 R und 550 R. Die Ursachen für die unterschiedlich strahlensensiblen Subpopulationen der immunologisch definierten Subpopulation sind bis heute nicht sicher bekannt, werden aber am ehesten in einem unterschiedlichen Reparatur-Potential gesehen (KWAN u. NORMAN 1977).

3. Sensibilität leukämischer Lymphozyten

Ca. 90% der chronisch lymphatischen Leukämien sind B-Zell-Leukämien. Leukämische Lymphozyten haben offensichtlich eine recht unterschiedliche Strahlensensibilität in vitro. In einer Serie von 80 Patienten fand sich bei 24% für die Dosis von 1000 R in vitro eine zwar individuell unterschiedliche, aber deutlich größere Strahlenresistenz, bei den übrigen Patienten bestand gleiche Sensibilität wie bei nicht-leukämischen Kontroll-Personen. Auch verminderte perkutane Strahlentherapie bei diesen Patienten mit sensiblen Lymphozyten die periphere Leukozytenzahl stärker als bei Patienten mit auch in vitro resistenten Zellen. Der klinische Verlauf zeigt für die Gruppe mit in vitro-strahlenresistenten leukämischen Lymphozyten eine deutlich schlechtere Prognose mit stark verkürzter Überlebenszeit (aggressive Form der chronisch lymphatischen Leukämie) gegenüber den Patienten mit strahlensensiblen Lymphozyten. Auch in der Klinik erweisen sich manche Patienten mit chronisch lymphatischer Leukämie als resistent gegenüber perkutaner Strahlentherapie von Milz und Lymphknoten, weniger gegenüber extrakorporaler Blutbestrahlung. Morphologisch sind keine Unterschiede zwischen strahlensensiblen und strahlenresistenten Leukämiezellen faßbar. Bei einzelnen Patienten konnte ein Wechsel von Strahlensensibilität zur Strahlenresistenz in vitro während des Krankheitsverlaufes beobachtet werden. Die Korrelation zwischen Subpopulationstyp der leukämischen Lymphozyten und in vitro-Strahlensensibilität scheint noch nicht untersucht zu sein (SCHREK et al. 1962; SCHREK u. DONNELY 1971; HEILMANN et al. 1977).

4. Sensibilität permanenter lymphoider Zellstämme

Permanente lymphoide Zellstämme sind keine G_0-Zellen und keine stimulierten Zellen mit limitierter Proliferation. Es sind Zellen in fortlaufendem Durchgang durch den Zellzyklus, Zellen in permanenter Proliferation in vitro.

Entsprechend der immunologischen Herkunft werden T- und B-Zell-Linien unterschieden. T-Zell-Linien sind bis heute nur in begrenzter Zahl etabliert, es sind neoplastische Zell-Linien, sie stammen alle von Patienten mit akuter Lymphoblasten-Leukämie. B-Zell-Linien existieren in großer Zahl, sie wurden aus dem Blut teils von gesunden Probanden, teils von Tumor- oder Nicht-Tumor-Patienten gezüchtet.

T-Zell-Linien sind strahlensensibler als B-Zell-Linien, gemessen an der DNS-Synthese (HAN et al. 1974). Beim Vergleich einer diploiden T-Zell- mit einer diploiden B-Zell-Linie, beide gezüchtet aus dem Blut des gleichen Spenders mit einer kindlichen akuten Lymphoblasten-Leukämie, erwies sich die T-Linie als signifikant sensibler als die B-Linie (SHIRAISHI et al. 1976).

Bei permanenten lymphoiden Zellstämmen können die Parameter der Strahlensensibilität bestimmt werden mit Hilfe der Puckschen Koloniebildungsmethode. Diese definiert die Strahlensensibilität einer Zelle als Verlust der Fähigkeit für uneingeschränkte Zellteilung. Für jede Zellart ergibt sich eine typische reproduzierbare Überlebenskurve. Die Pucksche Methode ist per definitionem nicht für die kleinen, nicht-mitotischen G_0-Lymphozyten anwendbar, ebensowenig für die in vitro-Stimulation, da die stimulierten Zellen nur eine limitierte Proliferationskapazität besitzen und nach wenigen Zellteilungen in vitro zugrunde gehen.

Für eine B-Linie „T_1", die 1966 aus einem Lymphknoten eines Patienten mit malignem Lymphom etabliert wurde und die weiterhin – auch nach in vitro-Bestrahlung Immunglobuline vom Typ IgA produziert, ergab sich mit der Puckschen Methode eine typische „C"- Kurve. Die Kurve zeigt eine breite Schulter, die Extrapolationszahl n = 7–8. Der steile exponentielle Abfall ergibt eine D_0 von 85 rad. Fraktionierungsversuche ergeben typische weitere Schulterbereiche (DREWINKO u. HUMPHREY 1971; DREWINKO et al. 1972). Mit diesen Daten unterscheiden sich T_1-Zellen bezüglich ihrer Strahlensensibilität nicht wesentlich von anderen menschlichen oder Säugetierzellen in vitro. Insbesondere ist von großer Wichtigkeit die Möglichkeit zur Reparatur von Strahlenschäden in Immunglobulin-produzierenden lymphatischen Zellen.

Bestrahlte Burkitt-Lymphom-Zellen haben mit der Puckschen Methode die Sensibilitäts-Paramter: n = 1, D_0 = 67–75 rad (TROTT 1972; SATO et al. 1974). Der Differenzierungsgrad ist für die Sensibilität einer Zell-Linie von größerer Bedeutung als die immunologische Abstammung: T-Lymphom-Zellen (Maus) sind sensibler mit einer D_0 = 70 rad als ausdifferenzierte B-Plasmozytom-Linien (Maus) mit einer D_0 = 120 rad (ANDERSON u. WARNER 1976).

C. Die Strahlensensibilität der Lymphozyten-Stimulation

I. In vitro-Befunde

Bei der Untersuchung der Strahlensensibilität der Lymphozyten-Stimulation ist zu differenzieren in:

primäre Aktivierungsprozesse,
Proliferationsvorgänge mit DNS-Synthese und Mitoseaktivität,
Immunfunktion der Immunoblasten.

Die ersten Untersuchungen über Strahlenwirkungen auf die Lymphozyten-Stimulation wurden in vitro durchgeführt (STEFANI u. SCHREK 1963; SCHREK u. STEFANI 1964). Im Gegensatz zu den äußerst sensiblen kleinen Lymphozyten erwiesen sich die stimulierten Lymphozyten als erstaunlich strahlenresistent. Durch Einleitung der Stimulationsmechanismen verringert sich die Strahlensensibilität schlagartig.

1. Primäre Aktivierungs-Prozesse

Es ist zu unterscheiden, ob die Bestrahlung vor oder nach Zugabe des Stimulans erfolgt. Sind die primären Aktivierungs-Vorgänge der G_1-Phase vor Beginn der DNS-Synthese in vitro einmal eingeleitet, erweisen sie sich als relativ strahlenresistent, auch auf höhere Dosen.

Bei Bestrahlung *vor* Stimulation oder zum Zeitpunkt der Stimulation in der G_0-Phase ist ein Teil der überlebenden Zellen nicht mehr zur Blastenbildung fähig, eine resistentere Subpopulation tritt jedoch in die Blastentransformation ein. Gegegenüber unbestrahlten Kontrollen wurde ein Abfall der PHA-Blasten von 70% auf 7% nach 500 R (ASTALDI u. COSTA 1965), bzw. von 73% auf 3,5% nach 3600 rad (BRAEMANN u. MOORE 1974) bzw. von ca. 80% auf ca. 20% nach 1500 rad (HEDGES u. HORNSEY 1978) beobachtet. Wird der Zellverlust durch absterbende Zellen während der Kulturdauer mit berücksichtigt, hat die Dosiswirkungskurve dieses strahlenbedingten Abfalls der PHA-Blasten Zwei-Komponenten-Charakter mit einer sensiblen und resistenten Komponente (BRAEMAN u. MOORE 1974; HEDGES u. HORNSEY 1978). Dieser Hemmeffekt ist auch abhängig von der Strahlenqualität: Der RBW-Faktor beträgt für 7 MeV-Neutronen für beide Komponenten etwa 2,4 (HEDGES u. HORNSEY 1978).

Bei Bestrahlung *nach* Stimulation in der G_1-Phase wird eine größere Resistenz der Blasten-Bildung beschrieben. Der relative Anteil der T-Blasten ist auch nach Dosen von 3000 R nur gering vermindert, von ca. 80% auf 70%, sowohl nach Stimulation mit PHA (CONARD 1969; CIRCOVIC 1970; HARTWEG et al. 1970; RENNER u. RENNER 1971b) wie auch nach Stimulation mit Antilymphozytenglobulin (RENNER u. RENNER 1971a). Die Absolutzahl überlebender sensibilisierter T-Lymphozyten nach Stimulation mit Tuberkulin wird dosisabhängig verringert, die Antwort auf das Stimulans ist dabei nicht gehemmt, die Überlebensrate scheint mit dem Ausmaß der erzielbaren Stimulation korreliert (STEFANI 1966). Bei Bestimmung der Absolutzahl überlebender Zellen, nicht stimulierte kleine Lymphozyten und stimulierte PHA-Blasten, Kulturdauer 3 Tage, ergibt sich ebenfalls eine Dosiswirkungskurve von Zwei-Komponenten-Charakter (Abb. 1). Bei Bestrahlung in der frühen G_1-Phase (6 Std nach Stimulation) überleben weniger Zellen als bei Bestrahlung in der späten G_1-Phase (24 Std nach Stimulation). Die Sensibilitätsparameter sind in Tabelle 2 zusammengefaßt (RENNER 1974, 1977a). Bestimmt man die Absolutzahl der überlebenden T-Blasten nach 3–4 Tagen Kulturdauer, ergibt sich ebenfalls eine Zwei-Komponenten-Kurve. Die weitere Analyse in Eltern- und Tochterblasten (mittels Mitosearretierung durch Vinblastin) enthüllt die starke Reduktion der Tochterzellen als den sensiblen Anteil und die Verminderung der Elternzellen als den resistenten Anteil. Auch nach der Dosis von 1000 R, Bestrahlung in der frühen G_1-Phase ca. 1 Stunde nach Stimulation, überleben noch ca. 80% der Eltern-Blasten, während der Anteil der Tochter-Blasten auf 6% reduziert ist (CONARD 1969).

Diese primären Aktivierungsprozesse mit Ausbildung von Blasten erfolgen zunächst ohne DNS-Synthese, denn diese setzt in vitro erst 24–36 Std nach Stimulation ein (SASAKI u.

Tabelle 2. Sensibilitätsparameter der Zwei-Komponenten-Dosiswirkungskurven bestrahlter menschlicher PHA-stimulierter Lymphozyten in vitro. Kulturdauer 3 Tage. (RENNER 1974, 1977a)

Zell-Population entsprechend Immun-Marker	Bestrahlungs-zeitpunkt	Sensibilitätsparameter Zell-Population entsprechend			
		Sensible Population		Resistente Population	
		D_0	Anteil	D_0	Anteil
PHA-Stimulation	frühe G_1-Phase	41 R	36%	1160 R	64%
	späte G_1-Phase	63 R	17%	1320 R	83%

NORMAN 1966). Auch ist trotz vollständiger Hemmung der DNS-Synthese mit 5-Fluorodeoxyuridin ein fast unveränderter Anteil der lichtoptisch beurteilten Blasten zu erzielen (SALZMANN et al. 1966).

Der Glukose-Stoffwechsel nach PHA-Stimulation sinkt nach Dosen von 800 R signifikant ab (ROBERTS et al. 1979).

2. Proliferationsvorgänge

Die Zellproliferation ist durch die S-, G_2- und M-Phase des Zellzyklus charakterisiert. Die Sensibilität der S-Phase, die zur prämitotischen Verdoppelung des DNS des Zellkerns dient, ist dabei am ausführlichsten untersucht. Die Empfindlichkeit der G_2- und M-Phase wird an der Hemmung der Mitose-Aktivität geprüft.

a) DNS-Synthese

Die DNS-Synthese wird strahlenbiologisch vorwiegend durch Einbau von DNS-Bausteinen, z.B. Tritium-markiertem Thymidin untersucht. Zur qualitativen Beurteilung der DNS-Synthese wird meist die Autoradiographie, zur quantitativen Bestimmung bevorzugt die Flüssigkeits-Szintillationszählung benutzt. Die DNS-Synthese-Bestimmung als Parameter der Strahlensensibilität erfordert jedoch eine sehr differenzierte Analyse (RENNER 1974, 1977b, c).

Die Einzelergebnisse vorwegnehmend, kann sich die Strahlenhemmwirkung grundsätzlich manifestieren als reversible, zeitlich variable Verzögerung des Beginns der S-Phase oder als irreversible vollständige Blockierung vor Beginn der S-Phase. Beide Effekte können in verschiedenen Zellpopulationen nebeneinander auftreten und sich dadurch im Gesamthemmeffekt überlagern.

Die Bestimmung der DNS-Synthese in vitro als Parameter der Strahlensensibilität der Lymphozyten-Stimulation reflektiert komplexe Vorgänge. Grundsätzlich wird die Höhe der DNS-Synthese als grobes Maß der Zellzahl der DNS-synthetisierenden Blasten angesehen (CIRCIVOC 1970; COHNEN et al. 1973), dies gilt jedoch nur bedingt für einen engen Bereich der Zellkonzentration in vitro.

Bei der Flüssigkeits-Szintillationszählung zur DNS-Synthese-Messung für Bestrahlungsexperimente haben die in vitro-Parameter: Kulturdauer und Markierungszeit einen großen Einfluß, die Parameter: Konzentration des Stimulans oder des Serum-Anteils im Kulturmedium einen relativ geringen Einfluß auf Ergebnis und deren Interpretation. Zu kurze Markierungszeiten und zur kurze Kulturdauer verfälschen die strahlenbedingten Veränderungen (RENNER 1974). Bei Bestrahlung mit O_2-Überdruck ist im Vergleich zu anoxischen Bedingungen die dosisabhängige Verminderung der DNS-Synthese deutlich stärker ausgeprägt (COIFMAN et al. 1971; ROBERTS et al. 1979). Der RBW-Faktor der DNS-Synthese-Hemmung beträgt für 7 MeV-Neutronen ca. 2,0–2,4 (HEDGES u. HORNSEY 1978).

Die Sensibilität der Total-DNS-Synthese in vitro von T- und T + B-Lymphozyten nach Stimulation mit PHA, PWM, ConA, PPD oder in der MLC in Abhängigkeit von der Bestrahlungsdosis wurde mehrfach untersucht (MCCOLLUGH et al. 1969; CIRCOVIC 1970; ILBERY et al. 1971; RICKINSON u. ILBERY 1971; COIFMAN et al. 1971; RENNER 1974; HERVA u. KIVINITTY 1975; RENNER 1977b; BIRKELAND 1978; HEDGES u. HORNSEY 1978; ROBERTS et al. 1979). Der überprüfte Dosisbereich umfaßt die Dosen 10–6000 R. Niedrige Dosen von 10–100 R zeigen in Abhängigkeit von der Kulturdauer erniedrigte bis erhöhte Synthese-Raten. Erst die Analyse der DNS-Synthese-Kinetik deckt die Ursachen dieser Befunde auf (RENNER 1974, 1977b). Bei mittleren Dosen ab 250–500 R und bei hohen Dosen von 1000–6000 R wird von allen Autoren eine verminderte DNS-Synthese-Rate gefunden. Für

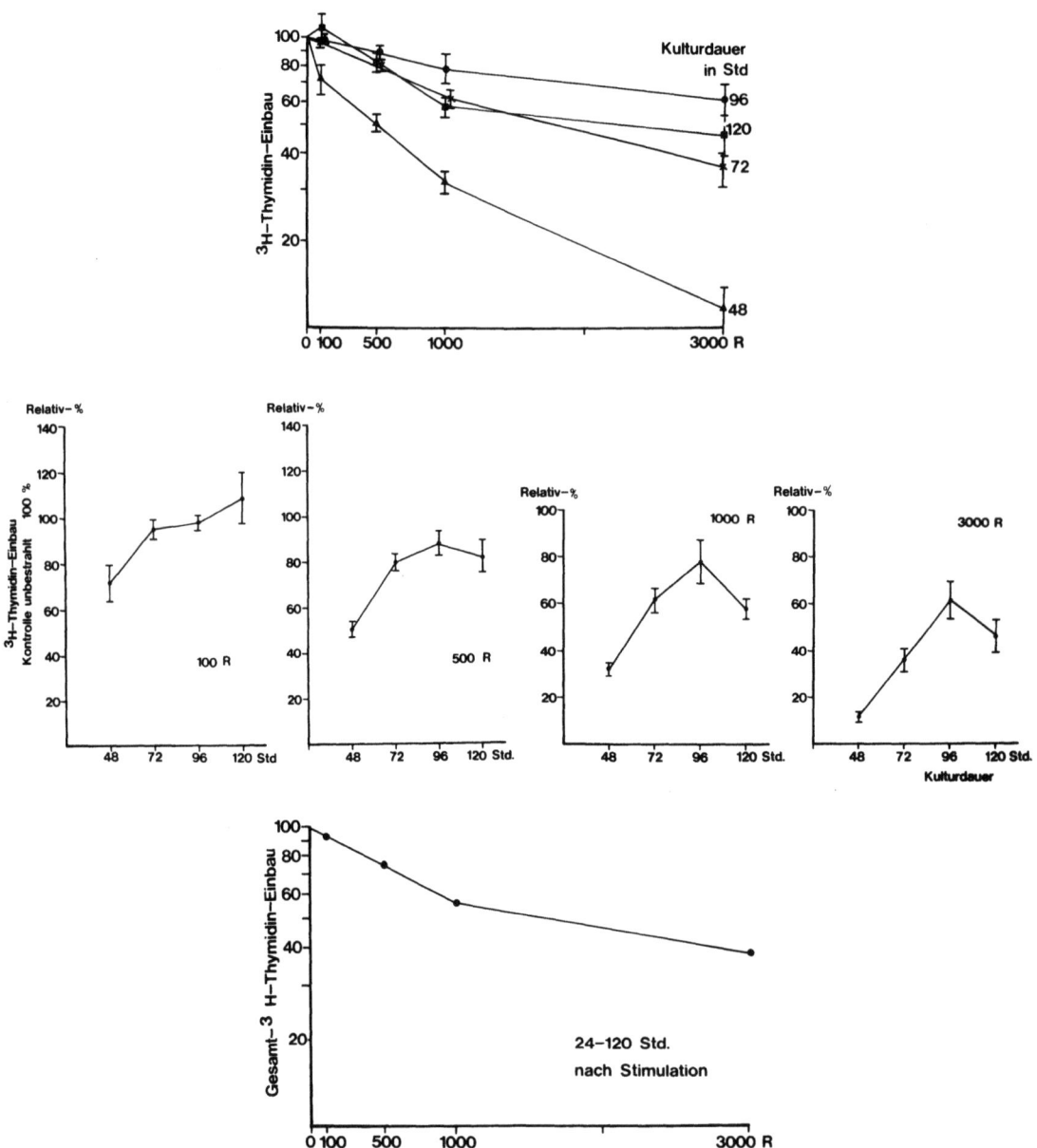

Abb. 2. Analyse der strahlenbedingten Hemmung der DNS-Synthese-Kinetik in PHA-stimulierten Lymphozyten (RENNER 1974, 1977b). *Oben:* Dosiswirkungskurve der DNS-Synthese-Hemmung zu verschiedenen Bestimmungszeitpunkten Kulturdauer: 48, 72, 96 und 120 Std nach Stimulation. ³H-Thymidin-Markierungszeit jeweils 24 Stunden. *Mitte:* DNS-Synthese-Hemmung in Relation zur Kulturdauer, getrennt für die jeweils untersuchten Dosen von 100–3000 R. Werte entsprechend Abb. 2 oben. *Unten:* Dosiswirkungskurve der Gesamt-DNS-Synthese-Hemmung im Zeitraum 24–120 Std nach Stimulation. Errechnet aus den jeweiligen Flächen der Kurven in Abb. 2 Mitte (Kontrolle unbestrahlt = 100%). Sensibilitätsparameter dieser Dosiseffektkurve siehe Tabelle 3

die vollständige Unterdrückung der DNS-Synthese werden Dosen von 5000–6000 R benötigt. Auch bei hohen Dosen ist die Hemmung der DNS-Synthese unterschiedlich in Abhängigkeit von der Kulturdauer (RENNER 1974, 1977b). Die relative DNS-Synthese-Hemmung ist für PWM-, PPD- und Mischkultur-Stimulation sensibler und stärker ausgeprägt als für PHA- und ConA-Stimulation, zumindest im mittleren Dosisbereich von 500 R (BIRKELAND 1978), nach anderen Autoren im gesamten Dosisbereich (RENNER 1974, 1977b; HERVA u. KIVINIITY 1975).

Die Dosiswirkungskurven zeigen den typischen Kurvencharakter der DNS-Synthese wie von anderen in vitro-Systemen hier bekannt: Eine sensible Komponente mit einem steileren Abfall der DNS-Synthese bis zu etwa 1000 R sowie eine zweite resistentere Komponente mit einem flacheren Abfall bei Dosen von 1000–6000 R (Abb. 2 oben). Dieser qualitativ stets gleiche Kurvencharakter zeigt zum Teil signifikante quantitative Unterschiede für die Variablen: Kulturdauer und Zeitpunkt der Bestrahlung (RENNER 1974, 1977b). Die typische Dosiswirkungskurve ergibt sich sowohl bei Bestimmung der DNS-Synthese-Hemmung mittels Autoradiographie, hier ist die Gesamtzahl der markierten Zellen dosisabhängig verringert, wie mittels Flüssigkeitsszintillationszählung, hier ist die Zählrate pro Minute dosisabhängig verringert. Letztere Methodik wurde für die meisten Untersuchungen verwandt.

Verschiedene Zellzyklusphasen erscheinen zum Teil unterschiedlich radiosensibel für die DNS-Synthese-Hemmung, untersucht am Modell der PHA-Stimulation. Der Bestrahlungszeitpunkt variierte von 1 Std vor (G_0-), 1 Std nach (frühe G_1-), 24 Std nach (späte G_1-) und 48 Std nach (S-Phase) Stimulation. G_0-, frühe G_1- (RICKINSON and ILBERY 1971) sowie S-Phase (RENNER 1974, 1977b) sind etwa gleich empfindlich, die späte G_1-Phase ist für die sensible Komponente deutlich strahlensensibler (RENNER 1974, 1977b).

Die DNS-Synthese-Hemmung (Abb. 2) resultiert aus drei verschiedenen Strahleneffekten, die je nach Dosis und Bestimmungszeitpunkt in unterschiedlichem Ausmaß beteiligt sind:

1. Verzögerung des Beginns der DNS-Synthese (S-Phase des ersten Zellzyklus) durch Verlängerung der G_1-Phase. Diese strahlenbedingte Verzögerung der DNS-Synthese ist ein strahlenbiologisches Charakteristikum von Zellen in stimulierter Proliferation, Zellen in spontaner Proliferation zeigen einen derartigen Verzögerungseffekt nicht. Für die PHA-Stimulation läßt sich eine Verzögerung der DNS-Synthese oberhalb einer Dosis von 47 R errechnen, gemessen an der 37%-Hemmung der DNS-Synthese gegenüber Kontrollen (RENNER 1974, 1977b). Dieser Verzögerungseffekt ist auch autoradiographisch nachweisbar (RICKINSON u. ILBERY 1971; DEWEY u. BRANNON 1976; RENNER 1974, 1977b).

2. Irreversible vollständige Blockierung der S-Phase des ersten Zellzyklus.

3. Verminderung der Proliferationskapazität und damit der S-Phase-Zellen späterer Zellzyklen von Tochter- und Enkelzellen. Dies wird auch ersichtlich an einer Verringerung der Mitosezellen (RENNER 1974, 1977a).

Für die PHA-Stimulation überwiegt bei Bestimmung 48 Std nach Stimulation Effekt 1, 72 Std nach Stimulation herrscht vorwiegend Effekt 2 und beginnend Effekt 3. Zur Beurteilung von Effekt 3 sind sehr lange Kulturdauern über 120 Std nach Stimulation erforderlich.

Für die strahlenbiologische Interpretation ist die alleinige Bestimmung nur zu einem willkürlichen Zeitpunkt nicht ausreichend. Dies gilt auch für einen Vergleich unterschiedlicher Stimulationsmodelle, wie PHA und PWM. Erst durch die Analyse der DNS-Synthese-Kinetik gelingt es Sensibilitätsunterschiede aufzudecken. Die D_0-Werte der Gesamt-DNS-Synthese (Abb. 2 unten) sind für die Modelle PHA- und PWM-Stimulation in Tabelle 3 zusammenge-

Tabelle 3. Sensibilitätsparameter der Zwei-Komponenten-Dosiswirkungskurven der Gesamt-DNS-Synthese-Hemmung für PHA-Stimulation (Abb. 2 unten) und PWM-Stimulation (ohne Abbildung). Untersuchungszeitraum 24–120 Std nach Stimulation. (RENNER 1974, 1977b)

Zellpopulation entsprechend Immun-Marker	Zellpopulation entsprechend Sensibilitätsparameter			
	Sensible Population		Resistente Population	
	D_0	Anteil	D_0	Anteil
PHA-Stimulation	570 R	32%	5100 R	68%
PWM-Stimulation	350 R	39%	3600 R	61%

stellt. Die PWM-Stimulation ist insgesamt strahlensensibler. Erst dieser Abfall der Gesamt-DNS-Synthese ist proportional dem Abfall der Gesamtzahl DNS-synthetisierender Zellen. Der auffällig parallele Verlauf der Kurven für den Abfall der Zellzahl und der Total-DNS-Synthese dosisabhängig bis 5000 R bei Bestimmung zu nur einem Zeitpunkt der Kulturdauer (CIRCOVIC 1970), darf nicht zur Interpretation verleiten, die DNS-Synthese-Verminderung sei ein Maß der Reduktion der DNS-synthetisierenden Zellen überhaupt, da bei Bestimmung nur zu einem Zeitpunkt Verzögerungseffekte nicht erfaßt werden (RENNER 1974, 1977b).

Der Bestrahlungseffekt auf die S-Phase der Stimulation manifestiert sich nur an der Verzögerung des Beginns oder in einer vollständigen Blockade der S-Phase. Die S-Phase selbst bleibt, wenn begonnen, bezüglich Dauer (Norm 10–11 Std), Synthese-Rate und Gesamt-Menge synthetisierter DNS bis Dosen von 2000–3000 R ungestört (SASAKI u. NORMAN 1966; CONARD 1969; RICKINSON u. ILBERY 1971; RENNER 1974; HEDGES u. HORNSEY 1978).

Die strahlenbedingte DNS-Synthese-Hemmung wird in der Transplantationsimmunologie für die Lymphozytenmischkultur routinemäßig angewandt. In der Lymphozytenmischkultur soll durch Bestrahlung der B-Lymphozyten („Stimulator-Zellen") des einen Spenders die wechselseitige Stimulation unterdrückt und nur die Reaktion der nichtbestrahlten T-Lymphozyten („Responder-Zellen") des anderen Spenders am Parameter der DNS-Synthese gemessen werden. Da aber die DNS-Synthese auch durch hohe Dosen nie vollständig hemmbar ist, gelingt es durch Bestrahlung nicht, eine ausschließliche Reaktion der nicht bestrahlten Lymphozyten im Sinne einer sauberen „one-way"-Reaktion zu erzielen. Für praktische Zwecke genügen Dosen bis 500 R, höhere Dosen bis 5000 R verstärken den Hemmeffekt auf die Stimulator-B-Zellen nicht weiter (BIRKELAND 1978).

Als eine der Ursachen der primären strahlenbedingten DNS-Synthese-Hemmung ist eine dosisabhängige Unterdrückung der Neubildung der Thymidin-Kinase in PHA-Blasten nach Bestrahlung der G_1-Phase nachgewiesen (NEUMANN 1973).

Die Möglichkeit einer gesteigerten nicht-S-Phase-abhängigen („unscheduled") DNS-Synthese, die die strahlenbedingte Hemmung der S-Phasen-DNS-Synthese überlagert, erscheint bei den untersuchten Dosen bis 6000 R nicht gegeben. Aber auch in PHA-stimulierten Lymphozyten läßt sich grundsätzlich vor Eintreten der S-Phasen-DNS-Synthese eine nicht-S-Phasen-(„unscheduled") DNS-Synthese nachweisen. Letztere ist gegenüber nicht-stimulierten G_0-Lymphozyten in etwa verdoppelt, bei etwa zweifacher Konzentration der Reparatur-Enzyme. Eine deutliche Steigerung nach in vitro-Bestrahlung zeigt sich aber erst mit Dosen von 10000–40000 R als Ausdruck der sofort einsetzenden Reparatur-Mechanismen (SPIEGLER u. NORMAN 1969).

Es erscheint wichtig festzustellen, daß der Einbau von ^{3}H-Thymidin oder anderer DNS-Bausteine in die DNS des Zellkerns nach Bestrahlung lediglich beweist, daß auch bestrahlte Zellen in der Lage sind, DNS zu synthetisieren und ihre enzymatische Fähigkeit zur Verdoppelung der Chromosomen-DNS bewahrt haben. Dies ist jedoch kein Beweis, daß die DNS-synthetisierenden Zellen ihre Reproduktionskapazität behalten haben und sich uneingeschränkt vermehren können (CRONKITE 1973). Die strahleninduzierte Hemmung der DNS-Synthese ist zu differenzieren von der strahlenbedingten Verminderung der Proliferationskapazität. Erst durch die Analyse der DNS-Synthese-Kinetik sind wieder Rückschlüsse auf die strahlenbedingte Hemmung der Proliferationsvorgänge zulässig.

b) Mitose-Aktivität

Störungen der Mitoseaktivität manifestieren sich als Mitose-Verzögerung oder -Hemmung. Die ursächlichen Zell-Zyklusstörungen sind an einem reversiblen bis irreversiblen Block am Übergang G_1/S und/oder am Übergang G_2/M zu suchen, je nach Zeitpunkt der Bestrahlung. Für die meisten Untersuchungen wurde eine Bestrahlung während der G_1-Phase

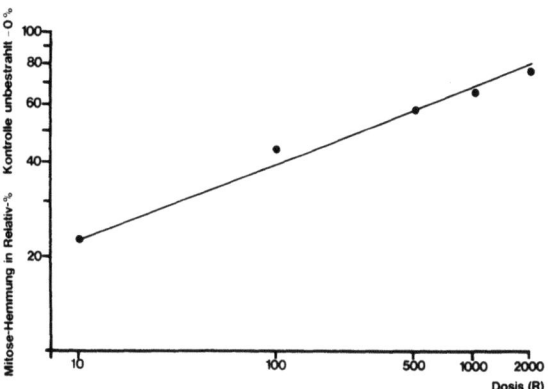

Abb. 3. Dosiswirkungskurve der Mitose-Hemmung in PHA-stimulierten Lymphozyten-Kulturen. Bestrahlung in der frühen G_1-Phase, 1 Std nach Stimulation. Colchizineinwirkung jeweils 24 Std. Gesamt-Mitose-Aktivität des Zeitraumes 48–144 Std nach Stimulation, errechnet durch Addition der Einzelwerte der Zeiträume 48–72, 72–96, 96–120 und 120–144 Std nach Stimulation. (RENNER 1974, 1977a)

gewählt. Bezüglich der Störungen an den Chromosomen, die sich in der M-Phase manifestieren, wird auf das entsprechende Kapitel in diesem Handbuch verwiesen (BAUCHINGER 1972).

Die Mitose-Aktivität läßt sich morphologisch durch Auszählen der Mitose-Zellen meist nach Zugabe eines Mitoseblockers (z.B. Colchizin oder Vinblastin) bestimmen. Für die Beurteilung der Strahlensensibilität ist methodisch sehr wichtig, die Bestimmungen zu mehreren Zeitpunkten nach Stimulation (verschiedene Kulturdauer). Sonst lassen sich Verzögerungs- von Hemmeffekten nicht differenzieren. Wichtig ist auch eine ausreichend lange Einwirkungszeit des Mitoseblockers, z.B. 24 Std. Bei kürzeren Einwirkungszeiten, z.B. 3 oder 6 Std kann nach niedrigen Dosen (im 100-R-Bereich, Bestrahlung in G_1) sogar eine Erhöhung des Mitose-Index beobachtet werden. Dies ist bedingt durch Verzögerungen am Übergang G_1/S und G_2/M, die eine Teil-Synchronisation bewirken. In bestimmten kurzen Zeitabschnitten sammeln sich dann vermehrt Mitose-Zellen an (RENNER 1974, 1977a).

Am Modell der PHA-Stimulation wird bei Colchizin-Einwirkung von 24 Std der Gipfel der Mitoseaktivität nach einer Kulturdauer von 96 Std beobachtet, in bestrahlten Kulturen gleichermaßen wie in Kontrollen. Durch Mitose-Verzögerung ist die Mitosezahl 48 Std und 72 Std nach Stimulation dosisabhängig deutlich vermindert. Diese Mitose-Verzögerung des ersten Zellzyklus ist bereits nach einer Dosis von 10 R schwach ausgeprägt und nimmt dosisabhängig zu. Durch irreversiblen Mitose-Block kommt es zusätzlich zu einer Verminderung der Mitosen des ersten und der späteren Zell-Zyklen, meßbar am Nichterreichen des Gipfels der Kontrollwerte 96 Std nach Stimulation. Durch beide Effekte resultiert eine dosisabhängige Zunahme der Gesamt-Mitose-Hemmung über den Beobachtungszeitraum 48–144 Std nach Stimulation. Diese Dosiswirkungsbeziehungen zeigt eine quadratische Abhängigkeit, wie sie z.B. auch für dizentrische Chromosomenaberrationen gefunden wurde. Eine vollständige Mitose-Hemmung zu 100% wäre erst bei Dosen von ca. 5000 R zu erwarten (Abb. 3).

Die Mitose-Verzögerung durch G_2/M-Verzögerung wurde experimentell berechnet als dosisabhängige Verlängerung von G_2 in der Größenordnung von 0,25 min/rad (RICKINSON u. ILBERY 1971).

Der Mitose-Block durch G_2/M-Block ist auch zytophotometrisch nachweisbar durch eine Vermehrung der Zellen mit hypertetraploidem DNS-Gehalt bei einer Dosis von 750 R. Dies ist ein Beweis, daß viele Zellen sich nach der G_2-Phase nicht mehr normal mitotisch teilen, sondern in einen zweiten DNS-Synthese-Zyklus eintreten (BENASSI u. PICOTTI 1970). Der Mitoseblock ist auch ersichtlich an der sehr ausgeprägten dosisabhängigen Verringerung der Tochter-Blasten bei wesentlich geringerer Verminderung der Zahl der Eltern-Blasten (CONARD 1969). Dem entsprechen auch Beobachtungen an lebenden PHA-stimulierten Zellen im Phasenkontrastmikroskop, daß nur bis 600 R (SCHREK u. STEFANI 1964, 6 Tage-Kulturen) bzw. bis 1500 R (3 Tage-Kulturen, CIRCOVIC 1970) gelegentlich Mitosen beobachtet wurden. Gesamthaft resultiert ein dosisabhängiger Abfall der Zellzahl in bestrahlten Kulturen. Die zugrundegehenden stimulierten Lymphozyten häufen sich an, morphologisch faßbar als dosisabhängiger Anstieg der Degenerationsquote (RENNER u. RENNER 1971b). Bei Dosen von 1200 R (FLIEDNER et al. 1965) und bei „höheren Dosen mit zunehmender Häufigkeit" (CONARD 1969) finden sich dann auch in PHA-Kulturen Riesenzellen, bi- und multinukleäre Zellen sowie Mitosestörungen und Zellen mit Kernfragmentierung. Zusammenfassend zeigen also im Gegensatz zu den strahlenresistenten primären Aktivierungsprozessen die S-, G_2- und die M-Phase der Zellproliferation eine zwar jeweils unterschiedliche, aber insgesamt deutliche und dosisabhängige Strahlensensibilität, die in etwa der Strahlensensibilität von Proliferationsvorgängen nicht-lymphatischer Zellen anderer Zellerneuerungssysteme entspricht (CRONKITE 1973).

II. In vivo-Befunde

Die in vivo bestrahlten, überlebenden G_0-Lymphozyten-Populationen können mit Hilfe verschiedener Modelle der Lymphozyten-Stimulation in vitro auf ihre Funktionsfähigkeit überprüft werden. Diese Stimulations-Teste sind dann Teil einer Test-Batterie zur Bestimmung der Immunkompetenz eines bestrahlten Individuums. Experimentell kann die Stimulation auch in vivo durch Applikation von Mitogenen oder Antigenen ausgelöst werden. Stimulierte Lymphozyten sind funktionell und morphologisch strahlenresistenter als kleine G_0-Lymphozyten.

1. Experimentelle Befunde

a) Funktionelle Veränderungen

Nach Ganzkörperbestrahlung fand sich dosisabhängig teils eine unveränderte in vitro-Stimulierbarkeit auf PHA (300 R, Kaninchen, NEFF u. CASSEN 1967; 20 × 5 rad, Ratte, KÄRCHER et al. 1973; 5–500 rad, Maus, ANDERSON et al. 1977), teils eine erniedrigte Mitogen (PHA, PWM, ConA)-Stimulierbarkeit (600 R, Maus, GOLDHOFER et al. 1979). Der zeitliche Verlauf zeigt bei niedrigen Dosen überschießende Erholung.

Nach Total-Nodal-Bestrahlung ist die Stimulierbarkeit in vitro auf PHA, ConA und allogene Antigene in der Mischkultur zunächst vollständig unterdrückt mit ausschließender langsamer, teils überschießender Erholung (Maus, 3400 rad, SLAVIN et al. 1977).

Die in vivo-Stimulation von T-Lymphozyten mit PHA intraperitoneal läßt sich an der Milz (Maus, Anstieg des Milzgewichtes, gesteigerte DNS-Synthese) gut studieren. Die DNS-Synthese ist je nach Dosis und Zeitpunkt der Bestimmung vermindert (500–750 R) bis gesteigert (10–100 R). Die Analyse der DNS-Synthese-Kinetik läßt im Prinzip alle drei Phasen der DNS-Synthese-Hemmung wie bei in vitro-Bestrahlung erkennen (RENNER 1974, 1977b). Die in vivo-Stimulation von B-Lymphozyten durch bakterielle Lipopolysaccharide bewirkt, 1 Tag vor oder kurz nach einer Ganzkörperbestrahlung verabreicht, bei verminderter Stärke der Destruktionsphase eine beschleunigte Reparationsphase des lymphatischen Gewebes (900 R, Maus, SMITH et al. 1957) sowie deutlich gesteigerte Überlebensraten nach Sublethaldosis Ganzkörperbestrahlung (Maus, LANGENDORFF et al. 1971). Nach Immunisierung mit Brucella-Antigenen zeigt das lymphatische Gewebe nach Ganzkörperbestrahlung ebenfalls eine verminderte Strahlenempfindlichkeit (STENDER et al. 1961). Auch nach Gabe eines Gemisches von Proteinantigenen wird eine Zunahme der Strahlenresistenz beobachtet (GROSS u. HERMS 1965).

b) Morphologische Veränderungen

Die morphologischen Veränderungen von in vivo bestrahlten stimulierten Zellen sind lichtoptisch und vor allem elektronenoptisch an der Einzelzelle in Abhängigkeit von Dosis sowie zeitlichem Ablauf gut erfaßbar (Übersicht bei Stender 1963 sowie Holsten 1970). In allen lymphatischen Organen gleichermaßen zeigen sich die Stimulationsformen der Immunoblasten von T- und B-Reihe als weniger strahlensensibel als die kleinen Interphase-Lymphozyten. Durch sublethale Dosen werden die Immunoblasten nicht beeinflußt, pathologische Veränderungen finden sich erst ab Dosen von 700–800 R Ganzkörperbestrahlung (Kaninchen, Betz 1974). Am wenigsten strahlensensibel sind die ausdifferenzierten Plasmazellen der B-Reihe. Generell gilt die Feststellung, daß aktiviertes lymphatisches Gewebe in vivo weniger radiosensibel ist als „normales" (Stender 1963).

Komplex ist die Interpretation der in vivo-Befunde zur Sensibilität aktivierter Lymphozytenformen in peripheren lymphatischen Organen im zeitlichen Ablauf der Strahlenwirkung, z. B. während Destruktions- oder Regenerationsphase. Dies gilt insbesondere für die Markierung der DNS-Synthese als Sensibilitätsparameter. Der Zellverlust wird bald durch die wiedereinsetzende Proliferation der überlebenden Zellen überlagert. Auch kann durch Zerstörung der sensiblen Zellen ein relativer Anstieg der resistenteren aktivierten Zellen vorgetäuscht werden. Auch durch Umverteilung können Erholungsvorgänge verwischt werden. Die Sensibilitätsparamter der Aktivierungsformen der verschiedenen Subpopulationen können immunologisch exakter als morphologisch bestimmt werden. Auf den nachfolgenden Abschnitt D wird verwiesen.

2. Klinische Befunde

Bei klinischer Strahlenbehandlung sind nach Regionalbestrahlung die Befunde nicht einheitlich. Die meisten Autoren beschreiben eine Verminderung der Stimulierbarkeit der DNS-Synthese oder der morphologischen Blasten-Transformation in vitro von T-Zellen auf PHA und allogene Antigene in Mischkultur sowie von T- und B-Zellen auf PWM (Millard 1965; Ilbery et al. 1971; Thomas et al. 1971; Stjernsward et al. 1972; Madl u. Kärcher 1973; Chee et al. 1974; Byfield et al. 1974; Jenkins et al. 1975a, b; Ghossein et al. 1975; Slater et al. 1976; Hoppe et al. 1977; Crisci et al. 1979; Prasad et al. 1980). Gleichzeitige Hormontherapie während der postoperativen Mammabestrahlung verringert diesen Hemmeffekt (Pentycross et al. 1973). Die Verminderung der Stimulierbarkeit ist bei den meisten der oben genannten Autoren langanhaltend, Monate bis Jahre, und zeigt nur eine sehr langsame Erholung. Es wird aber auch eine sehr rasche Erholung mit nachfolgender überschießender Reaktion berichtet (Crisci et al. 1979), wie auch nach zytostatischer Chemotherapie beobachtet (Cheema u. Hersh 1971). Keine Beeinträchtigung der Stimulierbarkeit auf PHA oder PWM fanden andere Autoren bei der DNS-Synthese-Messung (Blomgren et al. 1976) oder bei der morphologischen Bestimmung des relativen Blastenanteils (Renner 1974; Renner et al. 1976). Es wird aber auch eine Erhöhung der Stimulierbarkeit nach Strahlentherapie berichtet (McCredie et al. 1972; Rafla et al. 1978).

Nach Total-Nodal-Bestrahlung bei Patienten mit Morbus Hodgkin ist die Hemmung der T-Zell-Stimulation auf PHA und allogene Antigene in Mischkultur sehr ausgeprägt und lang anhaltend (Fuks et al. 1976).

Die Diskrepanzen der in vitro-Befunde nach Strahlentherapie mögen auf methodischen Unterschieden bei den einzelnen Autoren beruhen (Order 1977). Bei der Interpretation ist zwischen einer quantitativen Verminderung des Proliferationspotentials der in G_0-bestrahlten überlebenden Lymphozyten und einem qualitativen Funktionsverlust einer Subpopulation zu unterscheiden (Renner 1974; Renner et al. 1976). Die Aussagekraft dieser in vitro-Parameter zur Immunkompetenz eines bestrahlten Individuums erscheint sehr begrenzt (Alexander 1976; Order 1977). Auf die klinische Relevanz dieser Befunde wird gesondert eingegangen.

III. Zur unterschiedlichen Sensibilität kleiner
und stimulierter Lymphozyten

Die meisten Zellarten des Organismus gehen nach Exposition von mittleren Strahlendosen (50–1000 R) nicht sofort zugrunde, sondern sterben erst nach der ersten oder zweiten Zellteilung nach Bestrahlung am sog. Mitose-Tod. Die kleinen nichtaktivierten G_0-Lymphozyten nehmen hier eine biologische Ausnahmestellung ein, sie gehen schon nach geringen Strahlendosen am Interphase-Tod zugrunde ohne nochmals einen Mitose-Zyklus zu durchlaufen. Gegenüber den sehr sensiblen nichtaktivierten kleinen G_0-Lymphozyten sind Antigen- oder Mitogen-aktivierte Lymphozyten deutlich strahlenresistenter (STEFANI u. SCHREK 1963; CONARD 1969; RICKINSON u. ILBERY 1971 u. v. a.). Mit Einsetzen der Aktivierungsvorgänge ändert sich schlagartig die Strahlensensibilität ein und derselben Zelle. Die Verminderung der Strahlensensibilität eines stimulierten Lymphozyten zeigt sich nun darin, daß er die gleiche Dosis, die eine nichtstimulierte Zelle bereits am raschen Interphase-Tod zugrunde gehen läßt, zunächst überlebt. Die Sensibilität der aktivierten Zellen zeigt sich an Störungen im Zellzyklus wie DNS-Verzögerung oder -Block sowie Mitose-Verzögerung oder -Block, je nach Ausmaß der Strahlenschädigung. Proliferationsunabhängige Immunfunktionen können aber wahrgenommen werden. Die Proliferationskapazität, die nur für das Erreichen bestimmter Reifungs- und Differenzierungsstufen eine limitierte Anzahl von Zellteilungen benötigt, ist herabgesetzt. Viele Zellen sind nur noch zu einer Zellteilung fähig und gehen dann zugrunde.

Die Mechanismen, die für die Zunahme der Strahlenresistenz verantwortlich sind, sind nicht genau bekannt. Es gibt Hinweise, daß die durch Einleitung der Stimulation gesteigerten Stoffwechselprozesse auch die zelleigenen Reparatursysteme aktivieren. Die frühesten Veränderungen an der Zelle, die nach Stimulation stattfinden, betreffen die Zellmembran. Hier scheint die Reaktion des Membran-gebundenen Adenylzyklase-Systems, die durch Komplexbildung des Antigens oder Stimulans am Membran-Rezeptor in Gang gebracht wird, eine wichtige Rolle zu spielen. Die Adenylzyklase bildet das zyklische Adenosin-Mono-Phosphat, dessen ausreichende intrazelluläre Konzentration eine maßgebende Voraussetzung für die zellulären Reparatur-Systeme darstellt. Analog dürfte die Aktivierung des Adenylzyklase-Systems zu Beginn der Lymphozytenstimulation ein entscheidendes Zwischenglied in der Kette der verstärkten Reparatur-Mechanismen und damit der erhöhten Strahlenresistenz der stimulierten Lymphozyten sein. Auch die Reparatur-Kapazität für Schäden an der DNS ist in stimulierten Zellen durch Anstieg der Konzentrationen der Reparaturenzyme DNS-Proliferase und -Ligase erhöht. Andererseits finden sich sehr viele Hinweise, daß der rasche Interphase-Tod der kleinen Lymphozyten nicht durch die Schädigungen der DNS bewirkt, sondern vorwiegend durch Schädigungen der Zellmembran ausgelöst wird. Insgesamt gesehen gibt es jedoch noch kein gesichertes Wissen über die Ursachen der geänderten Strahlensensibilität der Aktivierungs- und Stimulierungsformen der Lymphozyten (Literatur bei RENNER 1974, sowie ANDERSON u. WARNER 1976).

D. Die Strahlensensibilität der Immunfunktionen

I. Vorläufer-Zellen

Die T- und B-Subpopulationen differenzieren sich aus Vorläuferzellen, die von Stammzellen aus dem Knochenmark abstammen. Die Parameter der Strahlensensibilität der Stammzellen und der Vorläuferzellen sind etwa identisch: $D_0 = 60$–80 R, Extrapolationszahl $n = $ etwa 2.

Die Differenzierungsprozesse von T- und B-immunkompetenten Zellen aus ihren Vorläuferzellen sind nicht strahlensensibel, zumindest bei Dosen unter 2000 R (nach DUPLAN 1974).

II. Zellen der zellulären Immunität und zelluläre Immunreaktionen

1. T-Subpopulationen

Helfer-T-Zellen sind strahlenresistent. Der Helfereffekt (auf die Antikörperbildung gegen Thymus-abhängige Antigene durch B-Zellen) zeigt eine Dosiswirkungskurve von Zwei-Komponenten-Charakter. Die sensible Komponente ist nach 400 rad Ganzkörperbestrahlung (GKB) zu 40% und die resistente Komponente nach 2000 rad GKB noch zu über 30% erhalten (Maus, MITCHISON 1971; AGAROSSI et al. 1978). Die Erklärung für diese zwei verschieden sensiblen Komponenten ist noch nicht gefunden. Es werden eine Zellsubpopulation mit unterschiedlichem Differenzierungsstadium oder zwei Subpopulationen mit unterschiedlicher Funktion diskutiert. Selbst schwerst strahlengeschädigte T-Zellen, die keine Zellteilung mehr überleben können, sind noch in der Lage Helfer-Funktion auszuüben (KATZ et al. 1970).

Suppressor-T-Zellen sind die strahlensensibelste T-Subpopulation. Sie modulieren zusammen mit Helfer-T-Zellen die Antikörperproduktion in B-Zellen. Sie werden bereits durch niedrige Dosen (Maus in vitro: 5–25 R, $D_0 = 17$ rad; in vivo < 200 rad GKB) in ihrer Suppressor-Funktion gehemmt, so daß eine erhöhte Antikörperbildung durch IgG-, IgM- und IgE-B-Lymphozyten resultiert (FOX et al. 1976; ANDERSON u. LEFKOVITZ 1979). Auch Bestrahlung menschlicher T-Suppressor-Zellen erhöht die Immunglobulin-Bildung durch B-Zellen in vitro (SIEGAL u. SIEGAL 1977; WASSERMAN et al. 1979). Suppressor-T-Zellen modulieren auch die Transplantat-Abstoßung. Fehlgesteuerte Suppressor-Zell-Aktivität wird für Autoimmunerkrankungen verantwortlich gemacht. Unterdrückung der Suppressor-Aktivität durch Total-Nodal-Bestrahlung bewirkt tierexperimentell Toleranz gegen Allotransplantate und damit das Überleben der Transplantate (SLAVIN et al. 1977) bzw. Toleranz gegen die autoaggressionsauslösenden Antigene und damit Rückbildung der Autoimmunerkrankung (KOTZIN u. STROBER 1979). Die Total-Nodal-Bestrahlung ist durch Ausschaltung der Suppressor-Aktivität des Immunsystems eine sehr wirksame immunsuppressive Behandlung.

Die Suppressor-Funktion ist möglicherweise abhängig von Proliferationsvorgängen und deswegen so strahlensensibel, während die wesentlich resistentere Helfer-Funktion offensichtlich Proliferations-unabhängig ist.

Effektor-T-Zellen zeigen je nach auslösendem Immunstimulus unterschiedliche Sensibilität. In vitro sind PHA-reaktive T-Zellen sensibler als ConA-reaktive T-Zellen (PAZDERNIK u. NISHIMURA 1978). Die zytotoxischen Lymphozyten bestehen aus zwei unterschiedlich sensiblen Subpopulationen. In Versuchsmodellen, in denen die zytotoxischen Lymphozyten gesamthaft erfaßt werden, ergeben sich Dosiswirkungskurven von Zwei-Komponenten-Charakter durch eine sehr sensible und eine sehr resistente Population (ANDERSON u. WARNER 1976). Werden die Populationen getrennt untersucht, zeigen polyklonale zytotoxische Effektor-Zellen hohe Resistenz, oligo-klonale antigen-reaktive zytotoxische Effektor-Zellen große Sensibilität (Tabelle 4, PAZDERNIK u. NISHIMURA 1978). Möglicherweise ist die zytotoxische Wirkung der sensiblen Population proliferationsabhängig. In vivo wird das zytotoxische Potential, das an strahlensensible Proliferationsvorgänge gebunden ist, durch 400 R Ganzkörperbestrahlung völlig blockiert, während die Zytotoxizität von aktivierten nicht-proliferierenden T-Zellen unempfindlich ist (DUKOR 1973).

Tabelle 4. Sensibilitätsparameter der Dosiseffekt-Kurven verschiedener T- und B-Subpopulationen, Maus, Milz-Zellen, Dosen 25–600 R (nach PAZDERNIK u. NISHIMURA 1978)

Zell-Typ	Subpopulation	D_0	n
T-Zellen	Oligoklonale Antigenreaktive zytotische Effektor-Zellen	160 R	1,92
	Polyklonale Mitogen-stimulierbare Zellen	441 R	2,26
	Polyklonale zytotoxische Effektor-Zellen	1 095 R	1,73
B-Zellen	Oligoklonale Antigenreaktive Antikörperproduzierende Effektor-Zellen	89 R	1,03
	Polyklonale Mitogen-stimulierbare Zellen	125 R	1,14
	Polyklonale antikörperproduzierende Effektor-Zellen	223 R	0,80
B + T-Helfer-Zellen	Oligoklonale Antigenreaktive zytotoxische Effektor-Zellen	56 R	1,01

Lymphokinin-Bildung (Migrationshemmungsfaktor, Helfer-Faktoren, Lymphotoxine) in aktivierten, nicht proliferierenden T-Zellen ist sehr strahlenresistent. Andererseits wird keine vermehrte Freisetzung von Lymphokinin aus hochbestrahlten lytischen Zellen bewirkt.

2. Haut-Reaktionen vom verzögerten Typ

Hautteste vom verzögerten Typ als in vivo-Parameter der Immunkompetenz werden durch Strahlentherapie nicht beeinträchtigt (GHOSSEIN et al. 1975; ORDER 1977). Die zellulären Immunreaktionen vom verzögerten Typ erscheinen im Vergleich zur humoralen Reaktion relativ unempfindlich, da offensichtlich die beteiligten sensibilisierten T-Zellpopulationen relativ strahlenresistent sind. Die zelluläre Reaktion vom verzögerten Typ ist tierexperimentell bei Ganzkörperdosen von 300 R nicht beeinträchtigt, die humorale Antikörperbildung bereits völlig blockiert. Erst bei zunehmenden Dosen erfolgt eine Abschwächung und bei 800 R GKB eine völlige Unterdrückung der Reaktionen vom verzögerten Typ. Passiv übertragene, in vitro mit 1 500 R bestrahlte, sensibilisierte T-Zellen können bei Lokalinjektion eine unverändert starke Reaktion vom verzögerten Typ auslösen. Wird jedoch das Empfängertier bei diesen passiven Übertragungsversuchen mit Ganzkörperdosen von über 400 R bestrahlt, wird die Reaktion vom verzögerten Typ dosisabhängig gehemmt bis unterdrückt. Darauf basiert die Hypothese, daß an Reaktionen vom verzögerten Typ 2 Zellkomponenten beteiligt sind: eine strahlenresistente T-Zelle und eine zweite sensiblere, offensichtlich proliferationsabhängige Zelle (ANDERSON u. WARNER 1976).

3. Graft-versus-host-Reaktion

Werden lebende T-Lymphozyten auf einen histoinkompatiblen, immunsupprimierten Empfänger übertragen, bewirken die transplantierten T-Zellen eine Spender-gegen-Wirt-(Graft-versus-host-)Reaktion. Tierexperimentell ist durch Bestrahlung der Lymphozyten in vitro eine Verminderung der Reaktion erst ab Dosen von 300 R signifikant, für die völlige Unterdrückung werden Dosen bis zu 5 000 R benötigt (ANDERSON u. WARNER 1976). Diese Problematik ist auch bei Blutübertragungen und Knochenmarktransplantationen auf histoinkompatible und immunsupprimierte Leukämie-Patienten zu beachten. Für Bluttransfusionen wird die Bestrahlung der Blutkonserven mit Dosen von 1 500–3 000 rad empfohlen.

4. Abstoßungsreaktion

Die Abstoßungsreaktion von histoinkompatiblen Organtransplantaten wird nach Ganzkörperbestrahlung (GKB) oder Extrakorporalbestrahlung (Übersicht bei MICKLEM u. LOUTIT

1966) durch Verminderung der rezirkulierenden T-Lymphozyten-Population dosisabhängig verzögert. Die Dosiswirkungskurve (Maus, GKB, Hauttransplantat) zeigt die Beteiligung von mindestens zwei T-Subpopulationen mit unterschiedlicher Sensibilität: Sehr sensible Suppressor-T-Zellen, sensibel auf Dosen unter 50 rad GKB, und relativ resistente Effektor-T-Zellen, resistent auf Dosen von 300 rad GKB, aber sensibel auf Dosen von 500 rad GKB. Eine wirksame Verlängerung der Transplantat-Überlebenszeit gelingt erst durch Ausschalten der Effektor-T-Zellen mit hohen Dosen von 500 rad GKB (ANDERSON u. WILLIAMS 1977). Eine dauerhafte Toleranz der Transplantate ist durch GKB mit Subletal-Dosen jedoch nicht zu erzielen. Für die Klinik der Organtransplantation wurden GKB mit Subletal-Dosen von ca. 450 rad wieder verlassen. Dafür wird die fraktionierte Lokalbestrahlung des Transplantates mit einer niedrigen Gesamtdosis von 400–600 rad zusätzlich zur pharmakologischen Immunsuppression empfohlen (HUME u. WOLF 1967). Auch durch Lymphozyten-Verarmung mittels Extrakorporal-Bestrahlung wird keine bleibende Toleranz induziert (CRONKITE 1967). Total-Nodal-Bestrahlung dagegen bewirkt zumindest tierexperimentell (Maus, 3400 rad) eine dauerhafte Transplantat-Toleranz (SLAVIN et al. 1977, 1980).

III. Zellen der humoralen Immunität und Antikörper-Bildung

1. B-Subpopulationen

Effektor-B-Zellen haben unterschiedliche Sensibilität je nach auslösendem Immunstimulus. In vitro sind oligoklonale Antigen-reaktive Antikörper-produzierende Effektor-Zellen sensibler als polyklonale Mitogen-stimulierbare Zellen und polyklonale Antikörper-produzierende Effektor-Zellen. Am sensibelsten sind oligoklonale Antigen-reaktive T-Helfer-Effekt-abhängige zytotoxische Effektor-Zellen. Die Sensibilitätsparameter sind in Tabelle 4 zusammengefaßt (PAZDERNIK u. NISHIMURA 1978). PWM-stimulierte B-Zellen können nach in vitro-Bestrahlung nicht mehr durch Proliferation in reife Plasmazellen ausdifferenzieren (SIEGAL u. SIEGAL 1977). *Plasma-Zellen* zeigen je nach Differenzierung unterschiedliche Sensibilität. IgM- und IgE-Zellen sind resistenter als IgG-Zellen. Antigen-spezifisch-sensibilisierte Zellen sind resistenter als nicht-Antigen-spezifische Zellen.

2. Antikörper-Bildung

Der zeitliche Ablauf der Antikörperbildung läßt eine Latenz-Phase und eine Produktions-Phase unterscheiden. In der Latenz-Phase erfolgen zunächst die verschiedenen Schritte der Antigen-Verarbeitung durch Makrophagen. Diese Makrophagen sind im Vergleich zu T- und B-Zellen sehr strahlenresistent und werden viel weniger leicht abgetötet. Doch zeigen unterschiedliche Makrophagen-Funktionen unterschiedliche Sensibilität (Tabelle 5, DUPLAN 1974). Stimulierte Makrophagen sind vermehrt strahlenempfindlich.

Im weiteren Verlauf der Latenz-Phase erfolgt die Zellproliferation der Vorläufer-Zellen und der B-Immunozyten. Dies ist die empfindlichste Phase der Antikörper-Bildung, die Sensibilität dieses Schrittes zeigt eine $D_0 = 60–100$ R. Die Zell-Interaktion mit T-Helferzellen ist sehr strahlenresistent und wird erst mit Dosen von 1000–2000 R unterdrückt. In der Produktionsphase ist die eigentliche Antikörper-Synthese in den ausdifferenzierten Plasmazellen sehr strahlenresistent, die D_0 für Plasmazellen variiert zwischen 4000–7000 R. Die IgG-Synthese ist dabei etwas sensibler als die IgM- oder IgE-Synthese (Tabelle 5 nach DUPLAN 1974).

Die Strahlensensibilität der Antikörper-Bildung zeigt unterschiedliche Phasen, die sensiblen Anteile liegen in der Latenz-Phase, die Produktions-Phase ist strahlenresistent. So ist die Empfindlichkeit der Antikörperbildung vor allem abhängig vom Zeitintervall Bestrah-

Tabelle 5. Strahlensensibilität der verschiedenen Schritte der Antikörper-Bildung. (Nach Duplan 1974)

Phase	Zelluläre Reaktion	Strahleneffekt		Strahlen-empfindlichkeit
Latenz-Phase	Antigen-Einfang und Verarbeitung			
	a) Phagozytose	nicht gehemmt		
	b) Retention durch Makrophagen	gehemmt durch	450 R	
	c) Trapping durch dentritische Zellen	gehemmt durch	400 R	strahlen-empfindliche Phase
	d) Verarbeitung und/oder Transfer	gehemmt durch	550 R	
	Zell-Proliferation von Vorläufer- und B-Immunzellen	$D_0 =$	60–100 R	
	Zell-Interaktion	unterdrückt durch	1000 R	
Produktions-Phase	Antikörper-Produktion in Plasmazellen			strahlen-resistente Phase
	IgG	$D_0 =$	4000 R	
	IgM	$D_0 =$	6000 R	

lung-Antigenapplikation. Antigen-Gabe 1–2 Tage vor Bestrahlung (Ganzkörperbestrahlung Kaninchen 500 R, Maus 400 R, Ratte 300 R) ergibt eine normale Primärantwort. Antigengabe 1–7 Tage nach Bestrahlung resultiert in einer fehlenden Primärantwort, die Erholung setzt erst nach 1–2 Wochen ein, und erst 4–8 Wochen nach Bestrahlung wird eine Normalisierung gefunden. Verantwortlich für dieses Verhalten ist die Strahlensensibilität der G_0-B-Lymphozyten, die durch Bestrahlung abgetötet werden.

Die Sekundär-Antwort der Antikörperbildung ist durch eine kürzere Latenz-Phase und höhere Antikörper-Spiegel gekennzeichnet. Die zelluläre Basis sind Gedächtnis-B-Zellen. Diese Gedächtnis-B-Zellen haben in etwa die gleiche Strahlenempfindlichkeit wie nicht-sensibilisierte B-Zellen, mit einer $D_0 = 80$ R. Diese Sekundärantwort ist gemessen am Antikörper-Spiegel im allgemeinen wesentlich resistenter als die Primärantwort. Bei Antigengabe nach Bestrahlung ist die Unterdrückung der Antikörperbildung ebenfalls nachweisbar, aber nicht so ausgeprägt und zeigt eine raschere Erholung. Die Absolutzahl dieser Gedächtnis-B-Zellen ist größer als die Zahl der B-Lymphozyten, die durch den Primär-Antigen-Reiz stimuliert werden. Auch nach Bestrahlung ist so immer noch eine ausreichende Zahl von Gedächtnis-B-Zellen vorhanden, die dann die Sekundär-Antwort bewirken (Übersicht bei Duplan 1974; Anderson u. Warner 1976).

Im „steady-state" der Antikörperproduktion halten sich Neuproduktion und Abbau von Antikörpern das Gleichgewicht. Hier wird ein vorbestehender Antikörperspiegel durch Ganzkörperbestrahlung (Kaninchen, 500 R) nicht beeinflußt, bleibt in unveränderter Titerhöhe erhalten und verleiht Schutz gegen Reinfektion (Wustrow et al. 1980).

IV. Verstärkung von Immunreaktionen durch Bestrahlung

Es sind verschiedene Immunreaktionen bekannt, die durch Bestrahlung eine Verstärkung erfahren. Dieses Phänomen wurde an in vivo- und in vitro-Modellen gefunden. Es gibt dafür nach heutiger Erkenntnis Erklärungen auf zellulärer Basis. Dabei darf grundsätzlich von der Annahme ausgegangen werden, daß die Funktion einer einzelnen Immunzelle durch Bestrahlung nicht gesteigert wird. Vielmehr greift die Bestrahlung entweder in den Zellzyklus der proliferierenden Immunzellen ein, oder sie stört die Homöostase der Subpopulationen durch differenzierte Selektion besonders empfindlicher und besonders resistenter Subpopulationen.

Bei Proliferationsvorgängen verschiedener Stimulationsmodelle in vitro und in vivo, z. B. PHA- oder PWM-Stimulation in vitro und PHA-Stimulation in vivo an der Mäusemilz, können im niedrigen Dosisbereich (10–100 R) Teilsynchronisations-Effekte eine Steigerung der Reaktion, z. B. der DNS-Synthese oder des Mitose-Index, vortäuschen (RENNER 1974; 1977 a, b).

Eine andere Ursache wird für das Phänomen der gesteigerten Zytotoxizität nach lethaler oder sublethaler Ganzkörperbestrahlung diskutiert. Diese Dosen bewirken eine weitgehende Zerstörung des Großteils der Lymphozyten-Populationen in der Milz. Die überlebenden strahlenresistenten Zellen zeigen einen relativen Anstieg der unspezifischen Killer-Lymphozyten-Subpopulationen (MOROSON u. SCHECHTER 1978).

Für das Phänomen der gesteigerten Antikörper-Synthese nach Bestrahlung in vitro und in vivo gibt es eine weitgehend einheitlich beurteilte Begründung auf der Basis der zellulären Immunologie. Die sehr strahlensensiblen Suppressor-T-Lymphozyten werden in ihrer Funktion zur Modulation der Antikörper-Bildung ausgeschaltet. Durch Wegfall des Hemmeffektes der Suppressorzellen resultiert eine gesteigerte Antikörpersynthese, ein Phänomen, das in vitro durch Bestrahlung der T-Populationen und in vivo durch Ganzkörper- oder Total-Nodal-Bestrahlungen ausgelöst werden kann. Die durch diese Manipulation erzielbare Steigerung ist für die IgE-Synthese ausgeprägter als für die IgG- und IgM-Synthese. Für die in vivo-Versuche mit Ganzkörperbestrahlung wird verstärkte Antikörperbildung in der Primär- und Sekundärantwort beobachtet. Es werden zwei Reaktionstypen unterschieden: Typ A mit niedriger Dosis (25–200 rad) vor Antigengabe sowie Typ B mit hoher Dosis (>400 rad) nach Antigengabe. Wichtig ist also das zeitliche Intervall zwischen Antigenkontakt und Bestrahlung. Die Suppressor-T-Zellen müssen in ihrer strahlensensiblen Phase getroffen werden. Durch diese Interpretation lassen sich die meisten älteren Versuchsergebnisse (Literatur bei TAGLIAFERRO et al. 1964) erklären. Für die Total-Nodal-Bestrahlung wird eine überschießende Sekundär-Antwort nach Zweitimmunisierung beschrieben, wenn die Erstimmunisierung vor Bestrahlung erfolgte (CHIORAZZI et al. 1976; LINDHOLM u. STRANNEGARD 1977; ANDERSON u. LEFKOVITS 1979; ZANBAR et al. 1979; ANDERSON et al. 1980).

In der experimentellen Immunbiologie kann somit die Bestrahlung zur differenzierten Inaktivierung einer sehr sensiblen Subpopulation von Immunzellen eingesetzt werden, während andere, resistentere Subpopulationen in ihrer Funktion ungestört bleiben. Dadurch wird die immunologische Homöostase, das Gleichgewicht der zellulären Interaktionen und Modulationen, gestört. Diese Homöostase-Störung wird sehr eindrücklich belegt am Beispiel der sehr strahlensensiblen T-Suppressor-Zellen und ihrem Einfluß auf die Antikörperbildung.

E. Zur klinischen Bedeutung der Strahlensensibilität des lymphatischen Systems

I. Problemstellung

Für den klinisch tätigen Strahlentherapeuten stellt sich die Frage, welche Bedeutung die hohe Strahlenempfindlichkeit des lymphatischen Systems und der Lymphozyten für Wirkung und Nebenwirkung der Strahlentherapie hat. Die durch Bestrahlung erzielbaren Lymphozytenschädigungen können eine Immunsuppression des bestrahlten Individuums bewirken, wenn das ganze lymphatische System durch ausreichende Dosen belastet wird. Für die Klinik wird das Problem der Immunsuppression vorwiegend durch das Bestrahlungsvolumen bestimmt: Regional-Bestrahlung bewirkt keine relevante, Extrakorporal- und Ganzkörper-Bestrahlung keine nutzbare Immunsuppression. Nur die Total-Nodal-Bestrahlung könnte zur Immunsuppression selektiv eingesetzt werden. Das Problem der immunsuppressiven Nebenwirkung scheint nicht relevant. Die lymphozytotoxische Strahlenwirkung ist aber unentbehrlich in der Behandlung der malignen Lymphome.

II. Regional-Bestrahlung

Die durch regionale Strahlentherapie maligner Tumoren verursachte Lymphopenie ist für eine wirksame Immunsuppression nicht ausreichend. So konnte keine Korrelation gefunden werden zwischen präoperativ hoher und postradiotherapeutisch niedriger Lymphozytenzahl bei postoperativer Mammabestrahlung einerseits und der Inzidenz von Rezidiven andererseits (MEYER 1970; MEYER et al. 1972). Dagegen besteht bei klinisch noch vorhandenem Tumor eine positive Korrelation zwischen der Kurabilität des Tumors und der Zahl zirkulierender Lymphozyten: Je niedriger die Lymphozytenzahl desto schlechter die Prognose (RIJESKO 1970; GLAS et al. 1976).

So kann verallgemeinert werden, daß eine vor Bestrahlung bestehende Lymphopenie eine schlechtere Prognose beinhaltet, während eine nach Bestrahlung vorhandene Lymphopenie keine spezielle Relevanz besitzt. Bezüglich der Subpopulationen, die bei der Lymphopenie am meisten betroffen werden, gibt es unterschiedliche Berichte. Dies scheint auch auf methodische Unterschiede der Labortechnik zurückzuführen sein. Auch über die Stimulierbarkeit der durch Strahlentherapie reduzierten Lymphozytenzahlen besteht in der Literatur keine Einigkeit. Auch hier erfordern die methodischen Unterschiede der in vitro-Teste eine kritische Analyse. Auch Hautteste, als in vivo-Parameter der Immunkompetenz, werden durch Strahlentherapie nicht unterdrückt. Der Einschluß der Thymus-Region in das Bestrahlungsfeld hat keinen weiteren Einfluß (ORDER 1977). Die ungezählten erfolgreichen Tumorheilungen durch Strahlentherapie sind ein gesichertes Erfahrungsgut. Die hypothetischen Überlegungen einer Immunsuppression als Folge gestörter Immunparameter rechtfertigen eine nichtausreichende Behandlung auf keinen Fall, Spontanheilungen sind zu selten (ALEXANDER 1976). Dafür sollte der Wert einer Stimulationsbehandlung vor, während und nach Strahlentherapie zur Wiederherstellung des gestörten immunologischen Gleichgewichtes in klinischen Studien sorgfältig überprüft werden (ALEXANDER 1976; SCHERER 1978).

III. Extrakorporale Blutbestrahlung

Die extrakorporale Blutbestrahlung (ECIB) bewirkt eine langanhaltende Lymphopenie. Das Ausmaß ist abhängig von der Transitdosis (CRONKITE 1967). T- und B-Zellen sind offensichtlich in gleicher Weise betroffen. Der immunsuppressive Effekt auf die Transplantatabstoßung benötigt relativ hohe Transitdosen, bewirkt nur eine Verzögerung der Abstoßung, aber keine dauernde Toleranz gegenüber dem Transplantat. In der klinischen Routine der Transplantationschirurgie hat sich die ECIB nicht durchgesetzt (HUME u. WOLF 1967). Die ECIB wird an wenigen, entsprechend technisch ausgerüsteten Zentren nur noch für die Behandlung der chronisch lymphatischen Leukämie diskutiert. Es wird zwar stets eine signifikante Verringerung der leukämischen Lymphozyten im Blut, häufig auch eine Rückbildung von Lymphknoten-, Milz- und Lebervergrößerungen erzielt. Aber die ECIB ist der Zytostatika-Behandlung oder Ganzkörperbestrahlung nicht überlegen. In der Behandlung anderer Leukämie-Formen zeigt die ECIB keine Erfolge (SCHERER u. MAKOSKI 1976; HEILMANN et al. 1977).

IV. Total-Nodal-Bestrahlung

Die Total-Nodal-Bestrahlung sämtlicher Lymphknotenstationen hat sich in der Behandlung und Heilung der malignen Lymphome, speziell des Morbus Hodgkin, klinisch bewährt (KAPLAN 1980). Sie verursacht eine meßbare Unterdrückung der Immunparameter: Sie induziert eine T-Lymphozytopenie, die für mindestens 10 Jahre persistiert und vermindert die Fähigkeit von T-Subpopulationen, in der Lymphozytenmischkultur zu reagieren. Trotzdem ist das einzige klinische Zeichen einer verminderten Abwehrlage nach Total-Nodal-Bestrahlung eine gehäufte Inzidenz an Herpes-Zoster-Infektionen (FUKS et al. 1976). Insgesamt entsteht offensichtlich der Zustand einer selektiven Immunsuppression. Dies zeigt sich tierexperimentell in der Induktion einer dauernden Toleranz gegenüber Allo-Transplantaten oder in der Heilung von Autoimmunerkrankungen (STROBER et al. 1979; SLAVIN et al. 1980). Es wird jedoch sehr sorgfältiger klinischer Studien bedürfen, bevor die Indikation für die Total-Nodal-Bestrahlung in der Klinik auf Autoimmunerkrankungen und Transplantatempfänger erweitert werden kann (ORDER 1981).

V. Ganzkörper-Bestrahlung

Ganzkörperbestrahlungen (GKB) mit Dosen von ca. 450 rad zur Immunsuppression vor Organtransplantationen sind in der Klinik wieder verlassen (HUME u. WOLF 1967). Durch GKB mit Supralethaldosen von 1 000–1 200 rad als Teil der Konditionierung vor histokompatiblen Knochenmarkstransplantationen bei Leukämien werden nicht nur die Immunzellen, sondern auch die normalen und leukämischen hämatopoetischen Zellen vollständig abgetötet. Mit diesem Vorgehen können Langzeit-Remissionen von Jahren erzielt werden, die möglicherweise als Heilung betrachtet werden dürfen (THOMAS et al. 1975). Die Immunsuppression ist als Ko-Faktor an der erhöhten Infektionsanfälligkeit und den karzinogenen Spätfolgen nach akzidenteller und therapeutischer GKB beteiligt (Literatur bei ANDERSON u. WARNER 1976). Der lymphozytotoxische Effekt auch niedriger Dosen (10–15 rad Einzelherddosis, 100–150 rad Gesamtherddosis) wird zur Behandlung der Non-Hodgkin-Lymphome niedrigen Malignitätsgrades, speziell der chronischen lymphatischen Leukämie, als Alternative zur Chemotherapie vorgeschlagen (Übersicht bei RÜHL 1977). Die GKB wird jedoch einigen wenigen spezialisierten Zentren vorbehalten bleiben.

F. Zusammenfassung

Die hohe Strahlenempfindlichkeit des lymphatischen Systems beruht im wesentlichen auf der extremen Strahlensensibilität der kleinen G_0-Lymphozyten. Die verschiedenen Subpopulationen der Lymphozyten zeigen unterschiedliche Sensibilität. Durch Aktivierung und Stimulation der Lymphozyten verringert sich deren Strahlensensibilität schlagartig. Die relative Strahlensensibilität dieser aktivierten Zellen ist dabei um so größer, je früher ihre ontogenetische Reifungs- und Differenzierungsstufe ist. Die Proliferationsvorgänge dieser aktivierten Lymphozyten sind in etwa so strahlensensibel wie die anderer Zellerneuerungssysteme. Proliferationsunabhängige Funktionen der aktivierten Lymphozyten können teilweise äußerst strahlenresistent sein. Durch die unterschiedliche Sensibilität der zahlreichen Subpopulationen und der verschiedenen Aktivierungsformen der Immunzellen ergibt sich eine unterschiedliche Sensibilität morphologisch in den lymphatischen Organen und funktionell für die einzelnen Immunreaktionen. Dadurch finden viele ältere Beobachtungen eine Erklärung auf zellulärer Basis. Immun-Verstärkung durch Bestrahlung infolge Störung der immunologischen Homöostase ist bis heute ein rein experimentelles Phänomen. Immunsuppression durch Bestrahlung als therapeutisches Ziel für die Organtransplantation oder für die Behandlung der Autoaggressionskrankheiten scheint eine lohnende Aufgabe für die klinische Forschung. Immun-Suppression durch Bestrahlung als unerwünschte Nebenwirkung der Strahlentherapie scheint klinisch nicht von Bedeutung.

Literatur

Agarossi G, Pizzi L, Mancini C, Doria G (1978) Radiosensitivity of the helper cell function. J Immunol 121:2118–2121

Alexander P (1976) The bogey of the immuno-suppressive action of local radiotherapy. Int J Rad Oncol Biol Phys 1:369–371

Anderson RE, Lefkovits I (1979) In vitro evaluation of radiation-induced augmentation of the immune response. Am J Pathol 97:456–472

Anderson RE, Warner NL (1976) Ionizing radiation and the immune response. In: Advances in immunology, vol 24. Academic Pess, New York San Franzisko Lndon, pp 215–335

Anderson RE, Williams WL (1977) Radiosensitivity of T and B lymphocytes VI. Functional, structural and biochemical consequences of in vitro irradiation. Am J Pathol 89:367–378

Anderson RE, Olson GB, Autry JR, Howarth JL, Troup GM, Barthels PH (1977) Radiosensitivity of T and B lymphocytes IV. Effect of whole body irradiation upon various lymphoid tissues and numbers of recirculating lymphocytes. J Immunol 118:1191–1200

Anderson RE, Lefkovits I, Troup GM (1980) Radiation induced augmentation of the immune response. Cntemp Top Immunobiol 11:245–274

Astaldi G, Costa G (1965) Influence des rayons X sur l'evolution des cellules souches derivées des lymphocytes cultivés en presence de phytohemagglutinine. Schweiz Med Wochenschr 95:1505–1506

Bauchinger M (1972) Strahleninduzierte Chromosomenaberrationen. In: Hug O, Zuppinger A (Hrsg) Handbuch der medizinischen Radiologie, Bd II. Springer, Berlin Heidelberg New York, S 127–180

Benassi E Picotti F (1970) Analysis of normal and irradiated human leucocyte proliferative kinetics by means of the microspectrophotometric determination of DNA. Strahlentherapie 139:40

Benninghoff DL, Tyler RW, Everett NB (1969) Repopulation of irradiated lymphnodes by recirculating lymphocytes. Rad Res 37:381–400

Betz EH (1974) Morphologische Veränderungen des lymphatischen Systems nach Bestrahlung. In: Kärcher KH, Streffer C (Hrsg) Die Strahlenwirkung auf das Lymphsystem. Unter besonderer Berücksichtigung der kleinen Dosen. Springer, Berlin Heidelberg New York, S 29–36

Birkeland SA (1978) In vitro radiosensitivity of human T and B lymphocytes evaluated using lymphocyte transformation tests and rosette formation tests. Int Arch Allergy Appl Immunol 57:425–434

Blomgren H, Wasserman J, Luttbrand B (1974) Blood lymphocytes after radiation therapy of carcinoma of prostate and urinary bladder. Acta Radiol 13:357–367

Blomgren H, Berg R, Wasserman J, Glas U (1976) Effect of radiotherapy on blood lymphocyte population in mammary carcinoma. Int J Rad Oncol Biol Phys 1:177–188

Braeman J, Moore JL (1974) The lymphocyte response to phytohaemagglutinin after in vitro irradiation. Br J Radiol 47:297

Byfield PE, Stratton JA, Small R (1974) Lymphocyte response after radiotherapy. Lancet I:309

Catalona WJ, Potvin C, Chretien PB (1974) Effect of radiation therapy for urologic cancer on circulating thymus-derived lymphocytes. J Urol 112:261–267

Chee CA, Ilbery PLT, Rickinson AB (1974) Depression of lymphocyte replicating ability in radiotherapy patients. Br J Radiol 47:37–43

Cheema AR, Hersh EM (1971) Patient survival after chemotherapy and its relationship to in vitro lymphocyte blastogenesis. Cancer 28:851–855

Chiorazzi N, Fox DA, Katz DH (1976) Hapten-specific IgE antibody responses in mice. VI. Selective enhancement of IgE antibody production by low doses of X-irradiation and by cyclophosphamide. J Immunol 117:1629–1637

Cirkovic D (1970) Protection by phytohemagglutinin of human blood lymphocytes irradiated in vitro. Strahlentherapie 140:318–324

Cohnen G, Douglas SD, König E, Brittinger G (1973) In vitro lymphocyte response to phytohemagglutinin and pokeweed mitogen in Hodgkin's disease. Cancer 31:1346–1353

Coifman RE, Good RA, Meuwissen HJ (1971) The function of irradiated blood elements I. Limitations on the response to phytohemagglutinin as an indicator of immunocompetence in irradiated lymphocytes. Proc Soc Exp Biol Med 137:155–160

Conard AR (1969) Quantitative study of radiation effects in phytohaemagglutinin-stimulated leucocyte cultures. Int J Rad Biol 16:157–165

Cooper EH, Alpen EL (1959) The effects of ionizing radiation on rat thoracic-duct lymphocytes in vitro. Int J Rad Biol 1:344

Crisci CD, Zornoza G, Sanz ML, Hernandes JL, Subira ML, Voltas J, Oehling A (1979) The effect of surgery and postoperative radiotherapy on lymphocyte subpopulations in breast cancer. One year follow up study. Allergol Immunopathol (Madr) 7:365–372

Cronkite EP (1967) Extracorporeal irradiation of the blood and lymph in the treatment of leukemia and for immunosuppression. Ann Intern Med 67:415–423

Cronkite EP (1973) Radiosensitivity of lymphocytes. Strahlenschutz Forsch Prax 13:13–23

Dewey WC, Brannon RB (1976) X-irradiation of equine peripheral blood lymphocytes stimulated with phytohemagglutinin in vitro. Int J Radiat Biol 30:229–246

Drewinko B, Humphrey RM (1971) Repair mechanismus in human lymphoid cells. Int J Radiat Biol 20:169–171

Drewinko B, Humphrey RM, Trujillo JM (1972) The radiation response of a long term culture of human lymphoid cells. I. Asynchronous population. Int J Radiat Biol 21:361–373

Dukor P (1973) Die Rolle des Thymus bei strahlenbedingten Veränderungen des Immunsystems. Vortrag: Deutsch-österreichischer Röntgenkongress, Wien

Duplan JF (1974) Antibody formation after irradiation and ist cellular background. In: Kärcher KH, Sreffer C (Hrsg) Die Strahlenwirkung auf das Lymphsystem unter besonderer Berücksichtigung der kleinen Dosen. Springer, Berlin Heidelberg New York, S 59–66

Engeset A, Frolans SS, Brenner K, Host H (1973) Blood lymphocytes in Hodgkin's disease. Scand J Haematol 11:195–200

Everett NB, Caffrey RW, Rieke WO (1964) Radioautographic studies of the effect of irradiation on the long-lived lymphocytes of the rat. Radiat Res 21:383–393

Facchini A, Maraldi NM, Bartolis S, Farulla A, Manzoli FA (1976) Changes in membrane receptors of B and T human lymphocytes exposed to 60 Co gamma rays. Radiat Res 68:339–348

Fliedner TM, Kretschmer V Hillen M, Wendt F (1965) DNS- und RNS-Synthese in mit Phytohämagglutinin stimulierten Lymphozyten. Schweiz Med Wochenschr 95:1499–1505

Fox DA, Chiorazzi N, Katz DH (1976) Hapten specific IgE antibody responses in mice. V. Differential resistance of IgE and IgG lymphocytes. J Immunol 117:1622–1628

Fuks Z, Strober S, Bobrove AM, Sasazuki T, McMichael A, Kaplan HS (1976) Long term effects of radiation on T and B lymphocytes in peripheral blood of patients with Hodgkin's disease. J Clin Invest 58:803–814

Ghossein NA, Bosworth JL, Bases RE (1975) The effect of radical radiotherapy on delayed hypersensitivity and the inflammatory response. Cancer 35:1616–1620

Glas U, Wasserman J, Blomgren H, De Shryver A (1976) Lymphopenia and metastatic breast cancer patients with and without radiation therapy. Int J Rad Oncol Biol Phys 1:189–195

Goldhofer W, Kreienberg R, Kutzner J, Lemmerl EM (1979) Der Einfluß von Röntgenstrahlen auf die B- und T-Zellen in der Milz der Maus und deren Reaktivität auf Mitogene. Strahlentherapie 155:277–283

Gross VM, Herms J (1965) Das Verhalten des aktivierten Mäuselymphknotens nach Röntgenbestrahlung. Beitr Pathol Anat 131:200

Han T, Pauly JL, Minowada J (1974) In vitro preferential effect of irradiation on cultured T lymphoid cell line. Clin Exp Immunol 17:455–462

Hartweg H, Renner H, Renner KH (1970) Eosinophile Granulozyten in Lymphozytenkulturen nach Stimulation mit Antilymphozytenserum oder Phytohämagglutinin und deren Strahlensensibilität. Strahlentherapie 139:37–39

Hedges MJ, Hornsey S (1978) The effect of x-rays and neutrons on lymphocyte death and transformation. Int J Radiat Biol 33:291–300

Heier HE (1978) The influence of therapeutic irradiation on blood and peripheral lymph lymphocytes. Lymphology 11:238–242

Heier HE, Christensen I, Froland SS, Engeset A (1975) Early and late effects of irradiation for seminoma testis on the number of blood lymphocytes and their B and T subpopulations. Lymphology 8:69–74

Heilmann E, Nordiek R Wannenmacher M (1977) Die extrakorporale Blutbestrahlung in der Leukämiebehandlung. Fortschr Med 95:2084–2087

Heinecke H (1903) Über die Einwirkung der Röntgenstrahlen auf Tiere. Münch Med Wochenschr 50:2090–2092

Heinecke H (1904) Über die Einwirkung der Röntgenstrahlen auf innere Organe. Münch Med Wochenschr 51:785

Herva E, Kiviniity K (1975) The effect of in vitro irradiation on the responses of human lymphocytes in PHA, PPD and allogeneic cells. Strahlentherapie 149:504–512

Holsten DR (1970) Die Strahleneinwirkung auf den Lymphknoten, eine elektronenmikroskopische Untersuchung. Strahlentherapie 139:51–72

Hoppe RT, Fuks ZY Strober S, Kaplan HS (1977) The long term effects of radiation on T and B lymphocytes in the peripheral blood after regional irradiation. Cancer 40:2071–2078

Hume DM, Wolf JS (1967) Modification of renal homograft rejection by irradiation. Transplantation 5:1174–1191

Ilbery PLT, Rickinson AB, Thrum CE (1971) Blood lymphocyte replicating ability as a measurement of radiation dosage. Br J Radiol 44:834–840

Jenkins VK, Olson MH, Ellis HN, Dillard EA (1975a) In vitro lymphocyte response of patients with uterine cancer as related to clinical stage and radiotherapy. Gynecol Oncol 3:191–200

Jenkins VK, Olson MH, Ellis HM, Cooley RN (1975b) Effect of therapeutic radiation on peripheral blood lymphocytes in patients with carcinoma of the breast. Acta Radiol 14:385–395

Kaplan HS (1980) Hodgkin's disease 2nd edn. Harvard University Press, Cambridge London

Kärcher KH, Madl W, Hansen A (1973) Verhalten der PHA-induzierten Transformation von Rattenlymphozyten nach Ganzkörperbestrahlung. Strahlentherapie 145:203–206

Katz OH, Paul WE, Goidl ED, Benecerraf B (1970) Radioresistance of cooperative function of carrier-specific lymphocytes in antihapten antibody responses. Science 170:462–464

Klein H, Klein W, Koren H, Alth G (1980) Über den Einfluß zytostatischer Chemotherapie und perkutaner Strahlentherapie auf die DNA Reparatur peripherer Lymphozyten von Tumorpatienten. Strahlentherapie 156:870–875

Kotzin BL, Strober S (1979) Reversal of NZB/BZW disease with total lymphoid irradiation. J Exp Med 150:371–378

Kwan DK, Norman A (1977) Radiosensitivity of human lymphocytes and thymocytes. Radiat Res 69:143–151

Lajtha LG, Oliver R, Leweis CL, Gunning AJ, Sharp AA, Calender S (1962) Extracorporeal irradiation of the blood, a possible therapeutic measure. Lancet I:333

Langendorff H, Langendorff M, Steinbach KH, Weckesser J (1971) Vergleichende Untersuchungen zur strahlenresistenzerhöhenden Wirkung von verschiedenen bakteriellen Lipopolysacchariden. Strahlentherapie 141:214–220

Lindholm L, Strannegárd Ö (1977) Enhancement of the allogeneic effect by irradiation of transferred cells. Int Arch Allergy Appl Immunol 53:110–115

Madl W, Kärcher KH (1973) Das Verhalten der PHA-stimulierten Lymphozyten im Verlauf der Nachbestrahlung bei mammakarzinomoperierten Patientinnen. Vortrag Deutsch-österreichischer Röntgenkongreß, Wien 1973, Referiert in: Fortschr Roentgenstr Beiheft 1974:296–298

McCollough J, Benson S, Yunis EJ, Quie PG (1969) Effect of bloodbank storage on leucocyte function. Lancet 2:1333–1337

McCredie JA, Inch WR, Sutherland RM (1972) Effect of postoperative radiotherapy on peripheral blood lymphocytes in patients with carcinoma of the breast. Cancer 29:349–356

Meyer KK (1970) Radiation-induced lymphocyte-immune deficiency. Arch Surg 101:114–121

Meyer KK Weaver DR, Luft WV, Boselli BD (1972) Lymphocyte immune deficiency following irradiation for carcinoma of the breast. Front Rad Ther Onc 7:179–198

Micklem H, Loutit JF (1966) Tissue grafting and radiation. Academic Press, New York San Franzisko London

Millard RE (1965) Effect of previous irradiation on the transformation of blood lymphocytes. J Clin Pathol 18:783–785

Mitchison NA (1971) The carrier effect in the secondary response to hapten-protein conjugates. II. Cellular cooperation. Eur J Immunol 1:18–27

Morczek A (1966) Morphologische Veränderungen der Blutzellen (peripheres Blut). In: Hug O, Zuppinger A (Hrsg) Strahlenbiologie 2. Hndbuch der Medizinischen Radiologie Bd II. Springer, Berlin Heidelberg New York, S 273–302

Moroson H, Schechter M (1978) Enhanced cytotoxic reactivity of rat splenic cells after lethal or sublethal whole-body x-irradiation. Int J Radiat Biol 33:595–598

Neff RD, Cassen B (1967) Relative radiation sensitivity of circulating small and large lymphocytes. J Nucl Med 9:402–405

Neumann E (1973) Zum Verhalten der Thymidinkinase in bestrahlten Blutlymphozyten nach Stimulation mit Phytohämagglutinin. Vortrag Deutsch-Österreichischer Röntgenkongress, Wien, 1973, Referiert in: Fortschr Roentgenstr Beiheft 1974, 283–284

Order E (1977) The effects of therapeutic irradiation on lymphocytes and immunity. Cancer 39:737–743

Order E (1981) Clinical radiation research in rheumatoid arthritis, caution, progress and hope. Int J Rad Oncol Biol Phys 7:129–130

Pazderni TL, Nishimura T (1978) Radiosensitivity of different T and B-subpopulations of lymphocytes in the mouse spleen. Agents Actions 8:229–237

Pentycross CR, Toussis D, McKinna JA, Lawler SD, Grenning WP (1973) Effect of hormone therapy on mitogenic responses of lymphocytes from patients with cancer of the breast. Lancet II:177–179

Person B, Rosengren B, Bergentz SE, Hood B (1969) Evaluation of preoperative extracorporeal irradiation of the blood in human renal transplantation. Transplantation 7:534–544

Prasad N, Prasad R, Thornby I, Harrell JE, Hudgins PT (1980) Lymphocyte replication in lung cancer patients undergoing radiotherapy. Oncology 37:107–110

Prosser JS (1976) Survival of human T and B lymphocytes ofter x-irradiation. Int J Radiat Biol 30:459–465

Rafla S, Yang SJ, Meleka F (1978) Changes in cell-mediated immunity in patients undergoing radiotherapy. Cancer 41:1076–1086

Renner KH (1960) Klinische Reaktionen bei der Telekobalttherapie. Strahlentherapie 46:151–161

Renner H (1974) Die Strahlensensibilität des stimulierten Lymphozyten. Habilitationsschrift, Med Hochschule Hannover

Renner H (1977a) Zur Strahlensensibilität der Lymphozytenstimulation. 1. Mitteilung: Experimente zur in-vitro-Sensibilität von Zellzahl und Mitoseaktivität. Strahlentherapie 153/21–34

Renner H (1977b) Zur Strahlensensibilität der Lymphozytenstimulation. 2. Mitteilung: Experimente zur Sensibilität der DNS-Synthese. Strahlentherapie 153:106–116

Renner H (1977c) Zur Strahlensensibilität der Lymphozytenstimulation. 3. Mitteilung: Lymphozytenstimulation, ein Modell für strahlenbiologische Untersuchungen der stimulierten Proliferation – Schlußfolgerungen der experimentellen Ergebnisse. Strahlentherapie 153:171–177

Renner H, Hassenstein E (1972) Blutbildveränderungen während der postoperativen Lymphabflußbestrahlung bei Seminompatienten. Strahlentherapie 144:595–601

Renner H, Renner KH (1971a) Strahlensensibilität in vitro-stimulierter Lymphozyten. Vortrag Schweizerische Gesellschaft für Strahlenbiologie, Zürich 1971, Referiert in: Inform Kernforsch Kerntechn 7:15

Renner H, Renner KH (1971b) Der Einfluß von Röntgenstrahlen auf Phytohämagglutinin-stimulierte Lymphozytenkulturen. Strahlentherapie 141:198–202

Renner H, Renner KH, Hassenstein E (1976) Zur Beeinflussung der Lymphozytenstimulation durch Strahlentherapie. Strahlentherapie 152:140–148

Rickinson AB, Ilbery PLT (1971) The effect of radiation upon lymphocyte response to PHA. Cell Tissue Kinet 4:549–562

Riesco A (1970) Five year cancer cure: Relation to total amount of peripheral lymphocytes and neutrophils. Cancer 25:135–140

Roberts W, Kartha M, Sagone AL (1979) Effect of irradiation on the hexose monophosphate shunt pathway of human lymphocytes. Radiat Res 79:601–610

Rühl U (1977) Ganzkörperbestrahlung bei Non-Hodgkin-Lymphomen als Alternative zur Chemotherapie. Strahlentherapie 153:229–303

Salzmann NP, Pelegrind M, Franceschini P (1966) Biochemical changes in phytohemagglutinin stimulated human lymphocytes. Exp Cell Res 44:73–83

Sasaki MS, Norman A (1966) Proliferation of human lymphocytes in culture. Nature 210:913–914

Sato C, Kojima K, Matzuzawa T, Sairenji T, Hinuma Y (1974) Lack of recovery from radiation damage on colony forming ability and on membrane charge in a Burkitt-lymphoma cell line. J Radiat Res (Tokyo) 15:25–31

Scherer E (1978) Klinische Übersicht zu Fragen der Heilungschancen und Schädigungsmöglichkeiten bei der radiologischen Tumortherapie. Strahlenschutz in Forschung und Praxis: 19:1–10

Scherer E, Makoski HB (1976) Die extrakorporale Blutbestrahlung (ECIB) mit dem Telecaesiumgerät. Strahlentherapie 152:32–42

Schmidtke JR, Ferguson RM, Simmons RL (1976) Effect of x-irradiation and neuraminidase on the capacity of human lymphocytes to form rosettes with sheep red blood cells. Transplantation 22:635–638

Schrek R, Donnely WJ (1971) Cytology in lymphosarcoma cell leukemia. Am J Clin Pathol 55:646–654

Schrek R, Stefani ST (1964) Radioresistance of phytohemagglutinin-treated normal and leucemic lymphocytes. J Natl Cancer Inst 32:507–521

Schrek R, Leithold STL, Friedman IA, Best WR (1962) Clinical evaluation of an in vitro test for radiosensitivity of leucemic lymphocytes. Blood 20:432–442

Shiraishi Y, Minowad J, Sandberg AA (1976) Differential sensitivity to X-ray of chromosomes of blood T-lymphocytes and B- and T-cell lines. In Vitro 12:495–505

Siegal FP, Siegal M (1977) Enhancement by irradiated T cells of human plasma cell production: dissection of helper and suppressor functions in vitro. J Immunol 118:642–647

Slater J, Ngo E, Lau HS (1976) Effect of therapeutic irradiation on the immune responses. Am J Roentgenol 126:313–320

Slavin S, Strober S, Fuks Z, Kaplan HS (1977) Induction of specific tissue transplantation tolerance using fractionated total lymphoid irradiation in adult mice: long-term survival of allogeneic bone marrow and skin grafts. J Exp Med 146:34–48

Slavin S, Strober S, Fuks Z, Kaplan HS (1980) Immunosuppression and organ transplantation tolerance, using total lymphoid irradiation. Diabetes 29:121–123

Smith WW, Alderman UM, Gillespie RE (1957) Hematopoietic recovery induced by bacterial lipolysaccharide in irradiated animals. Radiat Res 7:451

Spangler G, Cassen B (1967) Electrophoretic mobility, size distribution and electron micrograph responses of lymphocytes to radiation. Radiat Res 30:22–37

Spiegler P, Norman A (1969) Kinetics of unscheduled DNA synthesis induced by ionizing radiation in human lymphocytes. Radiat Res 39:400–412

Stefani S (1966) Old-tuberculin-induced radioresistance on human lymphocytes in vitro. Br J Haematol 12:345–350

Stefani ST, Schrek R (1963) Radioprotection of human lymphocytes in vitro by phytohaemagglutinin (PHA). Radiat Res 19:231

Stefani S, Chandra S, Hiroishi T (1977) Ultrastructural events in the cytoplasmic death of lethally-irradiated human lymphocytes. Int J Radiat Biol 31:215–225

Stender HS (963) Milz und Lymphknoten. In: Scherer E, Stender HS (Hrsg) Strahlenpathologie der Zelle. Thieme, Stuttgart, S 149–180

Stender HS, Strauch D, Winter H (1961) Vergleichende Untersuchungen über die Behinderung der Antikörperbildung durch Röntgenstrahlen und einer N-Lost-Phosphamidester. Strahlentherapie 115:175–186

Stjernsward J, Jondal M, Vánky F, Wigcell H, Sealy R (1972) Lymphopenia and change in distribution of human B and T lymphocytes in peripheral blood. Induced by irradiation for mammary carcinoma. Lancet I:1352–1356

Strober S, Slavin S, Gottlieb M, Zan-Bar I, King DP, Hoppe RT, Fuks Z, Grumet FC, Kaplan HS (1979) Allograft tolerance after total lymphoid irradiation (TLI). Immun Rev 46:87–112

Tagliaferro WH, Tagliaferro LG, Jaroslow BN (1964) Radiation and immune mechanismus. Academic Press, New York London

Thomas ED, Storb R, Clift RA, Fefer A, Johnsos LF, Neimann PE, Lerber KG, Glucksberg H, Buckner CG (1975) Bone marrow transplantation. N Engl J Med 292:832–843, 895–902

Thomas JW, Coy P, Leweis HS, Yuen A (1971) Effect of therapeutic irradiation on lymphocyte transformation in lung cancer. Cancer 27:1046–1050

Trott KR (1972) Strahlenwirkung auf die Vermehrung von Säugetierzellen. In: Hug O, Zuppinger A (Hrsg) Strahlenbiologie 3. Handbuch der Medizinischen Radiologie, Bd II. Springer, Berlin Heidelberg New York, S 43–125

Trowell OA (1965) Lymphocytes. In: Willmere N (ed) Cells and tissues in culture. Academic Press, London New York, pp 95–172

Virsik RP, Reinecke K, Wolf T, Harder D (1980) Absence of fractionation, protraction, radiation, quality, and radical scavenger effects on radiation-induced interphase death of human G_0 lymphocytes in vitro. Strahlentherapie 156:839–844

Wasserman J, von Stedingk LV, Biberfeld G, Petrini B (1979) The effect of irradiation on T-cell suppression of Elisa-determined Ig production by human blood B-cells in vitro. Clin Exp Immunol 38:366–369

Weeke E, Anderson V, Freieslaben Sorensen S, Bahr B (1970) Extracorporeal irradiation of the blood as immunosuppressive treatment in renal transplantation. Acta Med Scand 187:183

Wustrow TH, Werner GT, Messerschmidt O (1980) Untersuchungen über Kombinationsschäden. Strahlentherapie 156:139–142

Zan-Bar I, Slavin S, Strober S (1979) Effect of total lymphoid irradiation (TLI) on the primary and secondary antibody response to sheep red blood cells. Cell Immunol 45:167–174

Addendum

Von den neuesten Ergebnissen seien hier stichwortartig kurz erwähnt:

G_0-Lymphozyten, in vitro-Befunde

Sensibilitäts-Parameter von menschlichen Myelomstammzellen: D_0 100–163 rad, $n = 1,6$–2,0 (SHIMIZU et al. 1982) sowie von menschlichen B-Lymphom-Zellen: D_0 130–180 rad, $n = 1,0$–1,2 (JOHANSSON et al. 1982) und menschlichen normalen T-Lymphozyten in Langzeitkultur: D_0 99–197 rad, $n = 1,20$–1,71 (JAMES et al. 1983).

Lymphozyten-Stimulation, in vitro-Befunde

Die strahlenbedingte Hemmung der Lymphozytenstimulation ist nicht sauerstoffabhängig (KNOX et al. 1982).

Lymphozyten-Stimulation, in vivo-Befunde

Bei der klinischen Strahlenbehandlung nach Ganzkörperbestrahlung von Non-Hodgkin-Patienten ergab sich nach 60 rad GKB keine mitogene Reaktion mehr, nach 120 rad GKB fand sich bei einem Teil der Patienten eine überschießende Reaktion, bei einer anderen Patientengruppe blieb dieser Erholungseffekt aus (BEUNINGEN et al. 1982).

Klinische Bedeutung, Total-Nodal-Bestrahlung

Gesicherte Ergebnisse über die Immunsuppression bei Auto-Immun-Erkrankungen und Transplantatempfänger liegen noch nicht vor, neueste Literaturübersicht bei BENDEL 1984.

Literatur

Bendel V (1984) Einfluß der Fraktionierung auf den immunsuppressiven Effekt einer total lymphatischen Bestrahlung (TLI). Strahlentherapie 160:330–335

Beuningen D van, Streffer C, Rebmann A, Zamboglou N (1982) Proliferationskinetik PHA-stimulierter Lymphozyten von Non-Hodgkin-Lymphom-Patienten nach Ganzkörperbestrahlung. Strahlentherapie 158:145–150

James SE, Arlett CF, Green MHL (1983) Radiosensitivity of human T-lymphocytes proliferating in long term culture. Int J Radiat Biol 44:417–422

Johansson L, Carlsson J, Nilsson K (1982) Radiosensitivity of human B-lymphocytic lymphomas in vitro. Int J Radiat Biol 41:411–420

Knox SJ, Misra HP, Shifrine M (1982) Radiation-induced inhibition of human lymphocyte blastogenesis: the effect of superoxide dismutase and catalase. Int J Radiat Biol 41:283–294

Shimizu T, Motoji T, Oshimi K (1982) Proliferative state and radiosensitivity of human myeloma stem cells. Brit J Cancer 45:679–683

6. Knochenmark

Von

W. NOTHDURFT

Mit 8 Abbildungen und 4 Tabellen

A. Einleitung

Eine umfassende Beurteilung der Strahlenempfindlichkeit des Knochenmarks und der klinischen Konsequenzen, die sich nach verschiedenen Formen einer Strahleneinwirkung aus der Störung der Blutzellbildung ergeben, muß von Kenntnissen der Struktur und Funktion dieses komplexen Organs ausgehen. Deshalb soll diesem Kapitel eine kurze Beschreibung der Biologie des Knochenmarks vorangestellt werden.

B. Anatomie und Funktion des Knochenmarks

I. Struktur des Knochenmarks und Verteilung im Skelett

Im Knochenmark existiert ein Gerüst aus ortsständigen Zellen und Fasern, das sog. Stroma, das mit dem Blutgefäßsystem verbunden ist und von Nervenfasern versorgt wird. Das hämopoetische Gewebe, in dem sich die Blutzellbildung vollzieht, ist als Parenchym aus freien Zellen in die Maschen des Stromas eingebettet (Übersicht bei VON HEYDEN 1978; VON KEYSERLINGK 1978; LICHTMAN 1981). Beim erwachsenen Menschen beschränkt sich die Verteilung des hämopoetischen Gewebes im wesentlichen auf die Knochen des Rumpfskeletts und des Schädels sowie auf die proximalen Abschnitte des Humerus und des Femurs (ICRP Report No. 23, 1974; VON KEYSERLINGK 1978).

II. Physiologie der Hämopoese und des Stromas

Das zytokinetische Verhalten der beiden wesentlichen Gewebeanteile des Knochenmarks ist grundsätzlich verschieden. Während das hämopoetische Gewebe einen außergewöhnlich hohen Zellumsatz aufweist, befinden sich die strukturbildenden Zellen des Stromas zytokinetisch weitgehend in einem Ruhezustand.

1. Die hämopoetischen Zellerneuerungssysteme

Im „steady state" der Hämopoese werden ebenso viele reife Funktionszellen, d.h. Erythrozyten, Granulozyten, Monozyten und Thrombozyten produziert wie durch Alterung

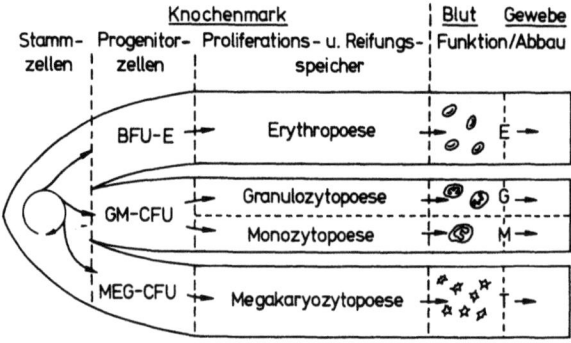

Abb. 1. Schematische Darstellung der verschiedenen hämopoetischen Zellsysteme und ihrer Entstehung aus den pluripotenten Stammzellen. Die Progenitorzellen sind mit den allgemein gebräuchlichen Abkürzungen bezeichnet. Es bedeuten: $E =$ Erythrozyt, $G =$ Granulozyt, $M =$ Monozyt/Makrophage und $T =$ Thrombozyt. (Weitere Erläuterungen zu diesem Schema finden sich im Text)

bzw. Verbrauch zugrunde gehen. Die funktionelle Organisation der Hämopoese ist unter Berücksichtigung der Differenzierungswege in die verschiedenen Zellinien in Abb. 1 schematisch dargestellt (Übersichten bei Cline u. Golde 1979; Quesenberry u. Levitt 1979a, b). Der Ursprung der Blutzellbildung liegt bei den pluripotenten Stammzellen.

Unter Verlust der Pluripotenz gehen aus ihnen die Progenitorzellen der verschiedenen Zellinien hervor. Diese Zellen proliferieren (Metcalf 1972; Iscove 1978; Mizoguchi et al. 1979); für die granulozytopoetischen Progenitorzellen (GM-CFU) und die erythropoetischen Progenitorzellen (BFU-E) dürfte die Zahl potentieller Teilungen auf 10 und höher zu veranschlagen sein (Robinson u. Mangalik 1975; Iscove 1978). In den nachgeschalteten Proliferationskompartimenten der Erythropoese und Granulozytopoese findet noch eine begrenzte Zahl von 3 bis 4 Teilungen statt (Fliedner et al. 1978; Robinson u. Mangalik 1975). An den Megakaryoblasten als Vorstufen der Megakaryozyten vollziehen sich anstelle von Zellteilungen mehrere Polyploidisierungsschritte des Zellkernes. Nach Durchlaufen einer Reifungsphase treten die ausdifferenzierten Zellen ins Blut und/oder die Gewebe, wo sie bei unterschiedlicher Lebensdauer ihre verschiedenen Funktionen wahrnehmen. Ausführliche Darstellungen über die Kinetik und Regulationsmechanismen in den verschiedenen Zellinien sowie die Funktion und Lebensdauer der Blutzellen finden sich für die Erythropoese bei Fliedner et al. (1978) sowie Dörmer (1978), für die Granulozytopoese bei Fliedner (1974), Robinson und Mangalik (1975) sowie Boll (1978) und schließlich für die Megakaryozytopoese bei Queisser (1978).

a) Physiologie der pluripotenten Stammzellen

Pluripotenz bedeutet, daß die Stammzellen zur Selbstproduktion fähig sind und jede der verschiedenen hämopoetischen Zellinien hervorbringen können (Lajtha 1979). Im „steady state" der Hämopoese befindet sich die Gesamtpopulation der pluripotenten Stammzellen zytokinetisch nahezu in einem Ruhestand. Die Fraktion der in der Phase der DNA-Synthese befindlichen Zellen liegt bei Mäusen zwischen 2% und 10% (Becker et al. 1965; Lajtha et al. 1969; Gidali et al. 1974) und beim Menschen bei maximal 11% (Fauser u. Messner 1979). Die Proliferation im Stammzellenspeicher kann trotz des enormen täglichen Bedarfs an reifen Blutzellen so gering gehalten werden, weil die erforderliche Zellvermehrung („amplification", Lajtha 1979) auf die Progenitorzellen und die nachgeschalteten Proliferationskompartimente verlegt ist. Der nur schwache Umsatz der Stammzellen wird weiterhin dadurch ermöglicht, daß ihre Zahl außerordentlich groß ist. Nach Untersuchungen von Coggle und Gordon (1975) liegt die Gesamtzahl der pluripotenten Stammzellen im Knochenmark von Mäusen verschiedener Stämme zwischen 362 600 und 1 780 711.

Pluripotente Stammzellen befinden sich nicht nur im Knochenmark, sondern zirkulieren auch im Blut der verschiedenen Säugetiere (GIDALI et al. 1974; FLIEDNER et al. 1976; STORB et al. 1977; Übersicht bei NOTHDURFT u. FLIEDNER 1979) einschließlich des Menschen (FAUSER u. MESSNER 1978; KÖRBLING et al. 1981). Die zirkulierenden Stammzellen sind von entscheidender Bedeutung für den Aufbau des hämopoetischen Gewebes im Verlauf der Ontogenese (METCALF u. MOORE 1971; FLIEDNER u. CALVO 1978). Im erwachsenen Organismus dürften sie zur Aufrechterhaltung des zellulären Gleichgewichtes zwischen den über das Skelett verteilten Anteilen des Stammzellenspeichers beitragen; nach Untersuchungen an Mäusen werden sie unter Normalbedingungen für diese Aufgabe aber nur wenig beansprucht (MICKLEM et al. 1975). Andererseits wird die Migrationsfähigkeit der pluripotenten Stammzellen dann zu einem entscheidenden Faktor, wenn mehr oder weniger große Anteile des Gesamt-Stammzellenspeichers durch Einwirkung exogener Noxen stark geschädigt oder zerstört werden, z.B. durch eine Teilkörperbestrahlung. In solchen Knochenmarkabschnitten erfolgt eine Ansiedlung der aus intakten oder weniger stark geschädigten Knochenmarkbereichen zugewanderten Stammzellen, deren Selbstproduktion und Differenzierung zum Wiederaufbau des hämopoetischen Gewebes führt.

2. Das Knochenmarkstroma

Die differenzierten Zellen des Knochenmarkstromas, das sind die verschiedenen Typen der Retikulumzellen sowie die Endothelzellen, von denen die einschichtige Wand der Sinus gebildet wird (Übersicht bei VON HEYDEN 1978; LICHTMAN 1981), weisen eine sehr geringe Teilungsaktivität auf (PATT u. QUASTLER 1963; CAFFREY et al. 1966; HAAS et al. 1971). Ihre Lebensdauer ist nicht genau bekannt, dürfte aber einige Wochen bis Monate erreichen (FLIEDNER 1973).

Die Ultrastruktur des Knochenmarks läßt spezifische mikroskopische Beziehungen zwischen den Zellen des Stromas und den Zellen der verschiedenen hämopoetischen Linien erkennen (Übersicht bei LICHTMAN 1981). Die Bedeutung von zellulären Wechselwirkungen in diesem hochorganisierten „Mikromilieu" für die Selbstproduktion der Stammzellen und die Differenzierungsvorgänge sowie die Zellvermehrung bis zur Bildung der reifen Funktionszellen geht aus zahlreichen Tierexperimenten und in vitro-Untersuchungen an Zellkulturen hervor (TRENTIN 1976; DEXTER et al. 1978; LAJTHA 1979).

C. Die Strahlenwirkung auf die pluripotenten Stammzellen

Unsere Kenntnisse über die Strahlenempfindlichkeit der pluripotenten Stammzellen der Säugetiere beschränken sich weitgehend auf die Maus, da nur bei dieser Spezies die Voraussetzungen zu ihrer quantitativen Bestimmung in vivo existieren. Die Grundlage hierfür bildet die von TILL und MCCULLOCH (1961) entwickelte Milzkolonietechnik. Diese besteht darin, daß Suspensionen von Knochenmarkzellen in durch letale Ganzkörperbestrahlung mit Strahlendosen zwischen 750 und 1000 rad konditionierte Mäuse intravenös injiziert werden und nach 7–10 Tagen die in der Milz gebildeten hämopoetischen Zellkolonien als makroskopische Knötchen gezählt werden. Jede dieser Kolonien, die differenzierte Blutzellen und wiederum Stammzellen enthält, entsteht klonal aus einer einzigen Stammzelle, der sog. „spleen colony forming unit" CFU-S (BECKER et al. 1963; SIMINOVITCH et al. 1963; WU et al. 1967; Übersicht bei METCALF u. MOORE 1971).

I. Dosiswirkungsbeziehungen bei Bestrahlung mit locker ionisierenden Strahlen

1. Pluripotente Stammzellen der Maus

Die von McCulloch und Till (1962) nach in vitro-Bestrahlung von Knochenmarkzellen mit ^{60}Co-Gammastrahlen (Dosisleistung 285–330 rad/min) erzielte Dosiswirkungsbeziehung wurde in Form einer Schulterkurve erfaßt (Abb. 2). Bei der üblichen halblogarithmischen Darstellung beginnt diese mit einer schwachen Anfangsneigung und geht bei einer Dosis über 200 rad in eine Gerade über. Die D_0 beträgt 105 rad; die Extrapolationsnummer n liegt bei 2,5. Eine ähnliche Schulterkurve mit einer $D_0 = 94 \pm 5$ rad ($\pm 1\ s_{\bar{x}}$) und n = 2,2 ± 0,5 fanden Testa et al. (1973) nach in vitro-Bestrahlung von Knochenmarkzellen mit ^{137}Cs-Gammastrahlen (Dosisleistung 600 rad/min). Die von Gidali et al. (1974) durch in vitro-Bestrahlung mit ^{60}Co-Gammastrahlen (139 R/min) ermittelte Dosiswirkungskurve ($D_0 = 100$ R, n = 1,6) weicht nur wenig von den anderen beiden ab.

Bei Bestrahlung der Stammzellen in situ durch Ganzkörperbestrahlung der Spendermäuse sowie bei Bestrahlung der bereits in die konditionierten Empfänger transplantierten Zellen mit ^{60}Co-Gammastrahlen (50–55 rad/min) erzielten McCulloch und Till (1962) eine Schulterkurve mit einer D_0 von 95 rad und einer Extrapolationsnummer von 1,5. Hendry (1979) fand nach Bestrahlung mit ^{137}Cs-Gammastrahlen (520 rad/min) im Dosisbereich zwischen 25 und 600 rad keinen Unterschied zwischen den Überlebensfraktionen von Stammzellen, die in vivo oder in vitro bestrahlt wurden. Eine einfache Exponentialfunktion ergab eine ebenso gute Anpassung an die empirischen Meßpunkte wie eine Kurve mit kontinuierlicher negativer Krümmung (α-β-Modell nach Chadwick u. Leenhouts 1973) sowie die beiden Formen des „multi target"-Modells, so daß nach Hendry (1979) die Überlebenskurven der Stammzellen für bestimmte Vergleichszwecke durch die Parameter D_0/n mit Wertepaaren zwischen 80/3 und 100/1 hinreichend beschrieben werden können.

Von Broerse et al. (1971) wurden die Effekte von ^{60}Co-Gammastrahlen (600 rad/min) mit denen von 300 kV-Röntgenstrahlen (HWD = 2 mm oder 3 mm Cu, 150 rad/min bzw. 60 rad/min) durch Ganzkörperbestrahlung der Spendermäuse des Knochenmarks mit Dosen zwischen 50 und 600 rad vergleichend untersucht. Bei beiden Strahlenarten ergaben sich Schulterkurven mit einer gemeinsamen Extrapolationsnummer n von 2,47 ± 0,28, die nach Strahlendosen von mehr als 150 rad jeweils in eine Gerade übergehen. Die Dosiswirkungskurve für Röntgenstrahlen verläuft etwas steiler ($D_0 = 72,2 \pm 1,7$ rad) als die für Gammastrahlen ($D_0 = 90,7 \pm 2,4$ rad) und weist eine kleinere Schulter auf. Der RBW-Wert für Gammastrahlen liegt für verschieden große Überlebensfraktionen konstant bei 0,80.

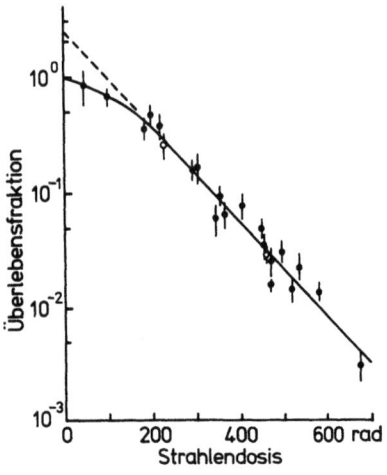

Abb. 2. Dosiseffektkurve für die Inaktivierung pluripotenter Stammzellen CFU-S aus dem Knochenmark der Maus bei in vitro-Bestrahlung mit ^{60}Co-Gammastrahlen. (Nach McCulloch u. Till 1962, mit freundl. Genehmigung der Autoren, des Herausgebers sowie des Verlages Academic Press Inc., New York)

Für Stammzellen, die mit 15 MeV-Elektronen (400 rad/sec) in vivo bestrahlt wurden, ergaben sich Dosiswirkungskurven mit einer D_0 von $93,9 \pm 4,6$ rad und einer Extrapolationsnummer n zu $2,47 \pm 0,64$ (PROUKAKIS u. LINDOP 1967). Die RBW schneller Elektronen dürfte demnach nur wenig von 1 abweichen.

Zusammenfassend läßt sich feststellen, daß der D_0-Wert für pluripotente hämopoetische Stammzellen (CFU-S) der Maus bei Bestrahlung mit locker ionisierenden Strahlen um den Faktor 1,2–1,4 geringer ist als für klonogene Zellen der Haut und des Dünndarmepithels; die Extrapolationsnummern der Dosiswirkungskurven für diese beiden Zellgruppen liegen aber um einen Faktor von mindestens 3–8 höher als bei hämopoetischen Stammzellen (TROTT 1972; BROERSE u. BARENDSEN 1973; HENDRY u. POTTEN 1974; BRIGANTI u. MAURO 1979).

2. Pluripotente hämopoetische Zellen des Menschen

Für den Menschen liegt bisher nur eine einzige Angabe über die Strahlenempfindlichkeit einer bestimmten Art von hämopoetischen Zellen mit pluripotenten Eigenschaften vor (NEUMANN et al. 1981). Diese als CFU-GEMM bezeichneten Zellen des Knochenmarks bilden bei Aussaat in Methylzellulose gemischtzellige Kolonien mit Granulozyten, Erythroblasten, Megakaryozyten und Makrophagen. Bei Bestrahlung der Zellen in vitro mit ^{60}Co-Gammastrahlen ergab sich eine rein exponentielle Dosiswirkungsbeziehung mit einer $D_0 = 91 \pm 7$ rad.

II. Dosiswirkungsbeziehungen bei Bestrahlung mit schnellen Neutronen

Im folgenden sollen die Effekte von Neutronen verschiedener Energie, die ausschließlich an pluripotenten Stammzellen der Maus untersucht wurden, kurz beschrieben werden.

SCHNEIDER und WHITMORE (1963) bestrahlten Knochenmarkzellsuspensionen in vitro mit Neutronen (25 rad/min), die durch die $^9Be(d,n)^{10}B$-Reaktion erzeugt wurden und Energiemaxima bei 1,5 und 6 MeV aufwiesen. Die in Abb. 3 dargestellte Dosiswirkungskurve verläuft rein exponentiell und bei einer D_0 von 41 rad wesentlich steiler als die unter sonst gleichen Bedingungen mit 280 kV-Röntgenstrahlen (HWD = 1,12 mm Cu, 50 rad/min) erzielte Dosiswirkungskurve ($D_0 = 87$ rad, n = 2,3). Die von DAVIDS (1973) durch Ganzkörperbestrahlung von Mäusen mit 1 MeV-Spaltneutronen bei 10 rad/min ermittelte Dosiswirkungskurve verläuft ebenfalls rein exponentiell mit einer D_0 von 45 rad, während die durch Ganzkörperbestrahlung mit 250 kV-Röntgenstrahlen (25 rad/min) ermittelte Kurve eine erheblich schwächere Neigung und eine deutliche Schulter aufweist ($D_0 = 77$ rad, n = 6).

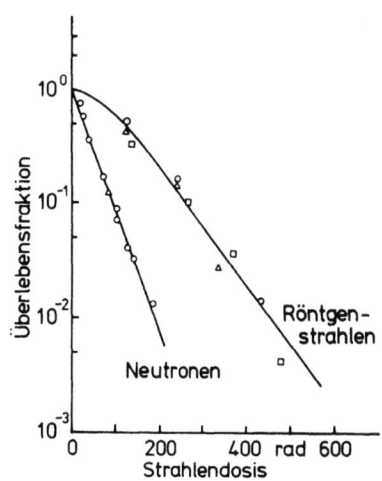

Abb. 3. Dosiseffektkurve für die Inaktivierung pluripotenter Stammzellen CFU-S aus dem Knochenmark der Maus bei in vitro-Bestrahlung mit 1,5/6 MeV-Neutronen sowie 250 kV-Röntgenstrahlen. Die verschiedenen Symbole repräsentieren die an 3 Mäusestämmen erzielten Meßpunkte. (Nach SCHNEIDER u. WHITMORE 1963, mit freundl. Genehmigung der Autoren, des Herausgebers sowie des Verlages Academic Press Inc., New York)

Tabelle 1. Die Parameter D_0 und Extrapolationsnummer n der Dosiswirkungskurven bei Bestrahlung pluripotenter Stammzellen mit Neutronen verschiedener Energie und die RBW-Werte bei verschiedenen Überlebensfraktionen

Neutronen-quelle	Mittlere Energie MeV	D_0 (rad)	n	Referenz-strahlung	RBW-Werte bei einer Überlebensfraktion von				Autoren
					0,5	0,1	0,01	0,001	
Spaltneutronen	1	45	1	250 kV-Röntgen	5,2	3,2	2,3	2,1	Davids (1973)
^{9}Be (d, n) ^{10}B-Reaktion	1,5/6 (bimodal)	41	1	280 kV-Röntgen	4,2	2,7	2,4		Schneider u. Whitmore (1963)
D-T-Reaktion	14	62,5	1,34	300 kV-Röntgen	1,79	1,42	1,30	1,25	Broerse et al. (1971)
D-T-Reaktion	15	78,3	1,34	300 kV-Röntgen	1,43	1,13	1,04	1,00	Broerse et al. (1971)

Bei Bestrahlung von Stammzellen in vivo mit 14- oder 15 MeV-Neutronen (Dosisleistung 8 rad/min bzw. 15 rad/min), erzeugt durch die D-T-Reaktion, wurden von 2 Arbeitsgruppen Dosiswirkungskurven mit einer kleinen Schulter erzielt, deren Extrapolationsnummer nicht verschieden war (n = 1,34 ± 0,16), deren D_0 aber einmal 62,5 ± 2,2 rad, im anderen Fall 78,3 ± 2,2 rad betrug (Broerse et al. 1971). Die Referenzkurven zur Bestimmung der RBW-Werte wurden durch in vivo-Bestrahlung der Stammzellen mit 300 kV-Röntgenstrahlen (HWD = 2 bzw. 3 mm Cu, Dosisleistung 150 rad/min bzw. 60 rad/min) ermittelt. Ihre Parameter waren: $D_0 = 72,2 ± 1,7$ rad und n = 2,47 ± 0,28.

Aus den in Tabelle 1 zusammengefaßten Daten geht hervor, daß die *Relative Biologische Wirksamkeit* schneller Neutronen mit zunehmender mittlerer Energie abnimmt. Die RBW-Werte von Neutronen einer bestimmten mittleren Energie vermindern sich aber wiederum mit abnehmender Überlebensfraktion, d.h. zunehmender Dosis. Die Ursache hierfür liegt in der kleineren Extrapolationsnummer der Neutronen-Dosiseffektkurven im Vergleich zur Dosiswirkungskurve für Röntgenstrahlen (s. Broerse u. Barendsen 1973).

D. Die Wirkung einer einmaligen Ganzkörperbestrahlung

Voraussetzung für die Repopulation des Stammzellenspeichers und damit die Regeneration des hämopoetischen Gewebes nach Strahleneinwirkung ist ein funktionell intaktes Knochenmarkstroma. Die strahlenbedingten Veränderungen des Stromas sollen in den folgenden Abschnitten nur behandelt werden, sofern sie die Regeneration der Hämopoese in den zu berücksichtigenden Dosisbereichen entscheidend beeinflussen und zum limitierenden Faktor werden. Mit der Darstellung der Pathophysiologie des Knochenmarkstromas nach Bestrahlung befaßt sich der Abschnitt K. dieses Kapitels.

I. Ganzkörperbestrahlung mit locker ionisierenden Strahlen

1. Schädigung und Regeneration des pluripotenten Stammzellenspeichers

Die akuten Veränderungen im Stammzellenspeicher nach einmaliger Ganzkörperbestrahlung und die anschließende Repopulation sind am Knochenmark des Femurs der Maus

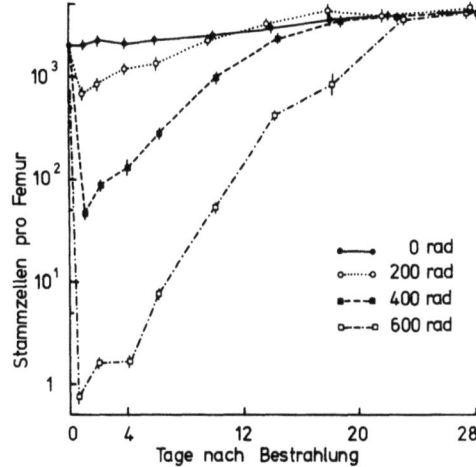

Abb. 4. Veränderungen der Anzahl pluripotenter Stammzellen CFU-S im Femur der Maus nach einmaliger Ganzkörperbestrahlung mit ^{60}Co-Gammastrahlen mit 3 verschiedenen Strahlendosen (Nach COGGLE 1980, mit freundlicher Genehmigung des Autors, des Herausgebers sowie des Verlages Taylor & Francis Ltd., London)

gründlich untersucht worden. In den ersten 2 bis 3 Std nach der Strahleneinwirkung ist die Zahl der pluripotenten Stammzellen CFU-S entsprechend den im Abschnitt C. I. beschriebenen Dosiswirkungsbeziehungen reduziert, vermindert sich dann aber nochmals innerhalb von etwa 20 Std durch Differenzierung (sog. „dip") auf Zahlen, die bei 20% bis 50% der ursprünglichen Überlebensfraktion liegen (TILL 1963; LORD 1975; LAHIRI 1976; NAKEFF et al. 1979). Die dann einsetzende Wiederauffüllung des Stammzellenspeichers ist das Ergebnis einer ständigen Konkurrenz zwischen der Vermehrung der Stammzellen einerseits und ihrer Differenzierung zu Progenitorzellen der verschiedenen Zellinien in den nachgeschalteten Speichern andererseits (BOGGS u. BOGGS 1975, Übersichten bei LORD 1975, sowie FLIEDNER et al. 1977). Die Differenzierung von Stammzellen wird solange unterdrückt, bis sich ihre Zahl wieder auf etwa 10% des Normalwertes vermehrt hat (CHERVENICK u. BOGGS 1971).

Typische Repopulationskurven, die von COGGLE (1980) an 4 Wochen alten Mäusen nach Strahlendosen von 200, 400 und 600 rad (^{60}Co-Gammastrahlen, Dosisleistung 20 rad/min) ermittelt wurden, sind in Abb. 4 dargestellt. Auf die Tiefstwerte der Stammzellenzahlen folgt zunächst eine Phase rascher exponentieller Zellvermehrung. Die relative Vermehrungsrate ist umso höher, je stärker der strahlenbedingte Zellverlust im Stammzellenspeicher, d.h. je höher die Dosis war. Sie nimmt dann aber nach allen Strahlendosen mit zunehmender Annäherung an den Normalwert kontinuierlich ab.

Aus den in Abb. 4 dargestellten Kurven geht hervor, daß sich die Stammzellenzahlen im Femur, bestimmt als CFU-S, nach einer Strahlendosis von 600 rad etwa am 28. Tag wieder normalisiert haben und daß nach den niedrigeren Strahlendosen von 200 und 400 rad eine vollständige Repopulation jeweils um einige Tage früher erreicht wird. Es gibt aber auch Angaben, daß die Stammzellenzahl im Femur nach einer so niedrigen Strahlendosis wie 50 rad innerhalb von 3 Wochen nur vorübergehend etwa 70% des Normalwertes erreicht und sich erst um Tag 60 wieder völlig normalisiert (SCHOFIELD u. DEXTER 1982). Nach Ganzkörperbestrahlungen mit Strahlendosen zwischen 150 rad und 450 rad haben die Stammzellenzahlen des Femurs zwischen dem 20. und 24. Tag meist zwischen 70% und 90% des Normalwertes oder diesen wieder vollständig erreicht (TILL 1963; LAJTHA et al. 1969; GUZMAN u. LAJTHA 1970; VOS 1972; NEČAS 1982). CROIZAT et al. (1979) fanden bei Mäusen nach einer Ganzkörperbestrahlung mit 500 rad (4,5 MeV-Elektronen, 700 rad/min) aber noch nach 6 Monaten auf 70% der Norm erniedrigte Stammzellenzahlen. Nach 12 Monaten waren die Stammzellenzahlen im Femur und in der Tibia wieder normal oder sogar leicht erhöht.

Mit einem Verfahren, das anhand des Einbaus von ^{125}J-Deoxyuridin eine Quantifizierung der Proliferationskapazität der Stammzellen und ihrer Nachkommenschaft ermöglicht,

konnte von Hübner et al. (1981) für Knochenmarkzellen von mit 500 rad ganzkörperbestrahlten Mäusen noch 30 Wochen nach Bestrahlung eine verlängerte Verdopplungszeit in
der Milz der Empfängermäuse nachgewiesen werden.

Bei sehr jungen Mäusen ist die Repopulation des Stammzellenspeichers deutlich verlangsamt. Nach Bestrahlung am 6. Lebenstag mit 150 R (250 kV-Röntgenstrahlen, Dosisleistung
100 R/min) regeneriert sich die Stammzellenzahl in den Femora, bestimmt als CFU-S, in
24 Tagen auf nur wenig mehr als 40% des Normalwertes. Nach 500 R, verabreicht am
6. und 9. Lebenstag, liegen die Stammzellenzahlen 24 oder 21 Tage später erst bei 17%
bzw. 15% der Norm (Gerber u. Maes 1980).

Bei einer Interpretation der Regenerationskurven muß berücksichtigt werden, daß bei
der Maus neben dem Knochenmark die Milz als hämopoetisches Organ eine gewisse Rolle
spielt. Wie aus zahlreichen Untersuchungen hervorgeht (z.B. Guzman u. Lajtha 1970; Vos
1972; Lahiri 1976; Gerber u. Maes 1980), verläuft die Regeneration des Stammzellenspeichers in der Milz rascher als im Knochenmark.

2. Das Knochenmarksyndrom

Im wesentlichen sind es der Schädigungsgrad des pluripotenten hämopoetischen Stammzellenspeichers und sein Regenerationsvermögen, d.h. die Fähigkeit der überlebenden
Stammzellen zur Proliferation und Differenzierung, durch die die akute Mortalität der Säugetiere allgemein nach Strahlendosen unter 1000 rad (Bond et al. 1965; Prasad 1974) und
beim Menschen speziell unter 500 rad (Prasad 1974; NCRP Report 39, 1974) bestimmt
wird.

a) Strahlenempfindlichkeit verschiedener Säugetiere

Die Toleranz des hämopoetischen Gewebes der verschiedenen Säugetierarten und damit
ihre Strahlenempfindlichkeit bei einmaliger Ganzkörperbestrahlung mit Strahlung niedrigen
LETs (Röntgen- oder Gammastrahlen sowie schnelle Elektronen) unterscheidet sich erheblich, wie aus einem Vergleich der innerhalb von 30 Tagen für jeweils 50% der Tiere tödlichen
Dosen ($LD_{50/30}$) ersichtlich wird (Tabelle 2).

Tabelle 2. Dosis für 50% akute Mortalität von verschiedenen Säugetierarten bei einmaliger Ganzkörperbestrahlung mit Röntgen- oder Gammastrahlen

Tierart	Strahlenart	Intervall (d)	LD_{50} ($\pm 1\ s_{\bar{x}}$)	Quelle
Maus, allgemein	200 kV-Röntgen	30	640 rad	Bond et al. (1965)
Maus, allgemein	–	30	700 rad	Vriesendorp u. van Bekkum (1980)
Maus, SAS 4	15 MeV-Röntgen	30	826 ± 20 R	Crosfill et al. (1959)
Maus, CBA × C57Bl	250 kV-Röntgen	30	736 ± 5 rad	Broerse (1969)
Maus, CBA × C57Bl	^{137}Cs-γ	30	938 ± 11 rad	Broerse (1969)
Ratte, allgemein	–	–	675 rad	Vriesendorp u. van Bekkum (1980)
Ratte, allgemein	250 kV-Röntgen	30	714 rad	Bond et al. (1965)
Affe, Rhesus	300 kV-Röntgen	30	525 rad	Broerse et al. (1978)
Affe, Rhesus	250 kV-Röntgen	–	532 ± 13 rad	Langham (1967)
Affe, Rhesus	250 kV-Röntgen	30	600 rad	Bond et al. (1965)
Hund, allgemein	250 kV-Röntgen	–	231 ± 3 rad	Langham (1967)
Hund, allgemein	–	30	250 rad	Bond et al. (1965)
Hund, Beagle ♂	^{60}Co-γ	60	256 rad	Garner et al. (1974)
Hund, allgemein	–	–	370 rad	Vriesendorp u. van Bekkum (1980)

Wie aus dieser Zusammenstellung hervorgeht, liegt die $LD_{50/30}$ – von wenigen nicht aufgeführten Ausnahmen abgesehen – bei kleinen Säugetierarten höher (600–800 rad) als bei großen (250–350 rad) (BOND et al. 1965; BOND 1969).

Die Ursachen für die großen Unterschiede zwischen der LD_{50} für das Knochenmarksyndrom bei verschiedenen Säugetierarten sind nicht geklärt (PRASAD 1974); sie sind wahrscheinlich komplexer Natur (BOND et al. 1965). Nach VRIESENDORP und VAN BEKKUM (1980) könnten die Unterschiede in der LD_{50} auf die Existenz verschieden hoher Stammzellenkonzentrationen pro kg Körpergewicht zurückzuführen sein. Ihre Argumentation gründet u.a. auf der Tatsache, daß bei Knochenmarktransplantationen nach absolut letalen Strahlendosen die für die Rekonstitution des hämopoetischen Gewebes erforderliche Zellzahl pro kg Körpergewicht bei den verschiedenen Säugetierarten mit zunehmender LD_{50} geringer wird; also in einem umgekehrten Verhältnis zu ihrer Strahlenresistenz steht. Von BOND und ROBINSON (1967) sowie PATT (1969) werden artspezifische Unterschiede in der Zellkinetik als Ursache für die unterschiedlichen LD_{50}-Werte diskutiert.

Über die absolute Toleranz des Stammzellenspeichers lassen sich für die Maus einige Angaben machen. Die $LD_{50/30}$ im Bereich zwischen 600 rad und 800 rad (bei 250 kV-Röntgenstrahlen) reduziert die Zahl der Knochenmarkstammzellen auf etwa 0,5% bis 0,05%. Geht man davon aus, daß die Gesamtzahlen der Stammzellen im Knochenmark und der Milz je nach dem Mäusestamm zwischen 400 000 und 1 800 000 betragen [angenäherte Zahlen nach COGGLE und GORDON (1975)], so führt dies zu der Feststellung, daß nach 600 rad noch zwischen 2 000 und 9 000, und nach 800 rad etwa 200 bis 900 Stammzellen überleben, die für die Regeneration der Hämopoese grundsätzlich verfügbar sind. PROUKAKIS et al. (1969) haben für 6 und 30 Wochen alte Mäuse die Zahl der Stammzellen, die eine Strahlendosis in Höhe der $LD_{80/30}$ (720 rad bzw. 900 rad) überleben, zu jeweils 420 errechnet.

α) Einfluß des Alters

KINDT und SATTLER (1977) haben verschiedenen Quellen entnommene Angaben über die Abhängigkeit der $LD_{50/30}$ vom Lebensalter zusammengestellt und bei verschiedenen Säugetieren keine einheitlichen Beziehungen feststellen können. Bei Mäusen und Ratten kann sich die Strahlenempfindlichkeit im Laufe ihres Lebens durchaus um einen Faktor von etwa 2 verändern, wobei die $LD_{50/30}$ häufig zwischen der 10. bis 20. oder der 10. bis 40. Lebenswoche gegenüber jüngeren Tieren ansteigt. Da die Anzahl der Stammzellen im Knochenmark von Mäusen im Laufe des Lebens nur wenig variiert (CROIZAT et al. 1979; COGGLE 1980), könnten altersabhängige Veränderungen der Strahlenempfindlichkeit der Stammzellen die $LD_{50/30}$ beeinflussen. Hinweise auf diese Möglichkeit ergeben sich aus den Experimenten von PROUKAKIS et al. (1969), die bei 6, 30 und 100 Wochen alten Mäusen bei Bestrahlung mit 15 MeV-Elektronen jeweils verschiedene Dosiseffektkurven fanden. Besonders deutlich ist der Verlust der Schulter in der Kurve für Stammzellen 100 Wochen alter Tiere ($D_0 = 118,7 \pm 3,6$ rad, $n = 0,92 \pm 0,11$) gegenüber der Kurve 6 Wochen alter Mäuse ($D_0 = 93,9 \pm 4,0$ rad, $n = 2,47 \pm 0,64$).

β) Einfluß der Strahlenqualität und Dosisleistung

Die bei Mäusen aus den $LD_{50/30}$-Werten ermittelten RBW-Werte von ^{137}Cs- und ^{60}Co-Gammastrahlen sowie 15 MeV-Photonen (gegenüber Röntgenstrahlen im Energiebereich zwischen 150 und 250 kV) variieren zwischen 0,72 und 0,89 (CROSFILL et al. 1959; BROERSE 1969; LANGENDORFF et al. 1970) und entsprechen damit dem RBW-Wert, der aus den Dosiseffektkurven für pluripotente Stammzellen abgeleitet wurde (s. Abschnitt C.I.).

BATEMAN et al. (1962) haben für Mäuse und Ratten die Abhängigkeit der $LD_{50/30}$ von der Dosisleistung im Bereich zwischen 0,1 und 1000 rad/min aus verschiedenen publizierten Daten ermittelt. Sie fanden, daß unabhängig davon, ob Röntgen- oder Gammastrahlen verwendet wurden, bei Ratten und Mäusen die LD_{50} mit abnehmender Dosisleistung zunimmt entsprechend der Beziehung:

$$LD_{50/30\,(a)} = LD_{50/30\,(\infty)} \times \left(1 + \frac{0,95}{\sqrt[3]{a}}\right),$$

wobei $LD_{50/30\,(a)}$ die $LD_{50/30}$ bei der Dosisleistung a (in rad/min) ist und $LD_{50/30\,(\infty)}$ die extrapolierte $LD_{50/30}$ bei unendlich hoher Dosisleistung darstellt.

b) Strahlenempfindlichkeit des Menschen

Für den Menschen liegen aus verschiedenen Quellen Angaben über den Dosisbereich vor, der 50% akute Mortalität zur Folge hat, in diesem Fall innerhalb von 60 Tagen. Alle die in der Tabelle 3 angegebenen $LD_{50/60}$-Werte sind retrospektiv an Opfern von Strahlenunfällen und Patienten, die strahlentherapeutisch behandelt wurden, ermittelt und aus verschiedenen Gründen mit entsprechenden Unsicherheiten behaftet. Die von LANGHAM (1967) angegebenen Daten resultieren aus einer sehr gründlichen Analyse der Wirkung einer Ganzkörperbestrahlung an 218 Patienten bei einer maximalen Bestrahlungsdauer von 1 Tag, bei denen die Dosis in Körpermitte genau berechnet werden konnte. Es wird angenommen, daß die $LD_{50/60}$ von normalen Personen dem an diesen Patienten ermittelten Wert von 286 ± 25 rad ($\bar{x} \pm s_{\bar{x}}$, 95% Vertrauensbereich zwischen 236 und 336 rad) nahekommen dürfte. Ähnliche Auswertungen von Daten verschiedener Herkunft führten ebenfalls zu dem Ergebnis, daß für die $LD_{50/60}$ des Menschen ein Wert zwischen 250 und 300 rad wahrscheinlich ist (LUSHBAUGH 1969, 1974). Im Appendix F der Reactor Safety Study Wash-1400 (1975) wird für Personen mit minimaler medizinischer Versorgung ein Wert von 340 rad angegeben; es wird ferner angenommen, daß sich die $LD_{50/60}$ bei intensiver, konventioneller therapeutischer Behandlung auf etwa 510 rad erhöhen könnte. Eine Expertengruppe, die sich im Auftrag verschiedener Institutionen (WHO, IAEA u.a.) mit dem Problem der medizinischen Versorgung von Arbeitern bei Unfällen mit Strahleneinwirkung befaßt hat, kam zu der Feststellung, daß die LD_{50} für gesunde Personen ohne therapeutische Maßnahmen zu etwa 350 rad veranschlagt werden kann (IAEA 1978).

Für den Menschen sind - aus den bereits dargelegten Gründen - Angaben über die Größe der Fraktion pluripotenter Stammzellen bzw. ihre Absolutzahlen, die nach Strahlendosen im Bereich der $LD_{50/60}$ überleben, nicht möglich. Andererseits zeigen die klinischen Erfahrungen bei Knochenmarktransplantationen an Patienten mit aplastischen Anämien, akuten Leukämien oder soliden Tumoren, daß nach absolut letalen Ganzkörperbestrah-

Tabelle 3. Mittlere Letaldosis für das Knochenmarksyndrom des Menschen bei einem Beobachtungsintervall von 60 Tagen ($LD_{50/60}$)

Kollektiv	$LD_{50/60}$ (rad)	Autoren/Quelle
Bestrahlung von Normalpersonen durch Fallout; Extrapolation von Großtier-Daten	~300	CRONKITE u. BOND (1960)
Patienten mit Strahlentherapie	286 ± 25 ($\pm 1\ s_{\bar{x}}$)	LANGHAM (1967)
Patienten und Strahlenunfälle	300 (260–325)	NCRP Report 39 (1974)
Bestrahlung von Normalpersonen durch Fallout; Patienten mit Strahlentherapie	340	Reaktor Safety Study Wash-1400 (1975)

lungen mit Dosen zwischen 750 rad und 900 rad oder nach Konditionierungen mit hochdosierten Zytostatikakombinationen eine Rekonstitution des hämopoetischen Gewebes erzielt wird, wenn etwa 1% bis 3% der Gesamtzellzahl des normalen Knochenmarks transplantiert wird (SPITZER et al. 1980; GOLDMAN 1980; FAILLE et al. 1981). Hierbei muß allerdings berücksichtigt werden, daß es sich um normale Stammzellen handelt und nicht, wie bei einer autochthonen Regeneration nach Ganzkörperbestrahlung, um die Überlebenden einer strahlenexponierten Population.

II. Ganzkörperbestrahlung mit schnellen Neutronen

1. Relative biologische Wirksamkeit bei verschiedenen Säugetieren

Neuere Untersuchungen haben gezeigt, daß bei Ganzkörperbestrahlung von Mäusen mit schnellen Neutronen – abweichend von früheren Befunden (z. B. CARTER et al. 1956; VOGEL et al. 1957a; BOND 1964) – eine deutliche Dissoziierung zwischen dem Knochenmarksyndrom und dem Gastrointestinalsyndrom erzielt werden kann, wobei sich verschiedene Erklärungsmöglichkeiten für die unterschiedlichen Ergebnisse anführen lassen (BROERSE 1969; Übersicht bei DAVIDS 1970).

BROERSE (1969) hat Mäuse mit 15 MeV-Neutronen (erzeugt durch die D-T-Reaktion) mit Dosen zwischen 400 und 1400 rad bei einer Dosisleistung von etwa 7 rad/min bestrahlt. Für die $LD_{50/30}$ des Knochenmarksyndroms ergab sich ein Wert von 659 ± 13 rad ($\bar{x} \pm s_{\bar{x}}$). Die $LD_{50/30}$ erhöhte sich auf 884 ± 11 rad, wenn die Ganzkörperbestrahlungen bei einer auf etwa 2 rad/min erniedrigten Dosisleistung durchgeführt wurden.

Die von BROERSE (1969) ermittelten RBW-Werte der 15 MeV-Neutronen (gegenüber 250 kV-Röntgenstrahlen) bei Ganzkörperbestrahlungen mit einer Dosisleistung von 7 rad/min liegen für die $LD_{50/30}$ (Knochenmarksyndrom) bei 1,1 und für die $LD_{50/5}$ (Gastrointestinalsyndrom) bei 1,4. Auch bei Bestrahlungen mit Neutronen niedrigerer mittlerer Energien ließen sich in neueren Untersuchungen die Dosisbereiche für das Knochenmark- sowie das Gastrointestinalsyndrom deutlich voneinander abgrenzen und damit die diesbezüglichen RBW-Werte für die $LD_{50/30}$ und die $LD_{50/5}$ ermitteln (DAVIDS 1970; AINSWORTH et al. 1973; Übersicht bei BROERSE u. BARENDSEN 1973). Die in der Tabelle 4 zusammengefaßten Ergebnisse zeigen eine deutliche Abhängigkeit der RBW-Werte von der Neutronenenergie, sowohl für die $LD_{50/30}$ als auch für die $LD_{50/5}$. Aus den jeweils wesentlich höheren RBW-

Tabelle 4. RBW-Werte von Neutronen verschiedener Energie gegenüber 250 kV-Röntgenstrahlen für die $LD_{50/30}$ (Knochenmarksyndrom) und die $LD_{50/5}$ (Gastrointestinalsyndrom) von Mäusen nach einmaliger Ganzkörperbestrahlung. (Zusammengestellt und ergänzt unter Verwendung der Tabelle bei BROERSE u. BARENDSEN 1973)

	Mittlere Neutronenenergie			
	0,8 MeV (AINSWORTH et al. 1973)	1 MeV (DAVIDS 1970, 1973)	6–8 MeV (HORNSEY et al. 1965; HORNSEY 1970 zit. in BROERSE u. BARENDSEN 1973)	15 MeV (BROERSE 1969)
$LD_{50/30}$ Knochenmarksyndrom	1,8	1,9	1,5	1,1
$LD_{50/5}$ Gastrointestinalsyndrom	2,6–2,8[a]	3,1	2,3–2,8	1,4

[a] $LD_{50/6}$

Werten für die $LD_{50/5}$ wird ersichtlich, daß der relative Unterschied zwischen der $LD_{50/30}$ und der $LD_{50/5}$ nach Bestrahlung mit Neutronen deutlich geringer ist als für Röntgen- oder Gammastrahlen.

Die Abnahme der RBW für die $LD_{50/30}$ des Knochenmarksyndroms mit zunehmender Neutronenenergie korreliert mit einer gleichgerichteten Abnahme der RBW-Werte für den zytoletalen Effekt auf die pluripotenten hämopoetischen Stammzellen von Neutronen mit zunehmender Energie, der durch Überlebenskurven ermittelt wurde (s. Abschnitt C. II.). Die $LD_{50/30}$ liegt im Bereich von Strahlendosen, bei denen die Überlebensfraktion der Stammzellen auf etwa 10^{-3} bis 10^{-4} reduziert wird. Die bei diesen Überlebensfraktionen aus den Neutronen-Dosiswirkungskurven ermittelten RBW-Werte von 15 MeV- und 1 MeV-Neutronen (vgl. Tabelle 1) stimmen mit den RBW-Werten für die $LD_{50/30}$ gut überein (BROERSE u. BARENDSEN 1973; DAVIDS 1973).

Beim Hund setzt die Mortalität nach Neutronen-Bestrahlung mit Strahlendosen im Bereich der $LD_{50/30}$ nicht viel früher ein als nach Bestrahlung mit locker ionisierenden Strahlen (BOND 1964). Nach Ganzkörperbestrahlung mit Neutronen einer mittleren Energie von 9 MeV (Maximalenergie 24 MeV), erzeugt durch Beschuß eines Beryllium-Targets mit 20 MeV-Deuteronen, wurde für die $LD_{50/30}$ im Vergleich zu 250 kV-Röntgenstrahlen von BOND et al. (1956) ein RBW-Wert von 0,8 ermittelt, der nach einer späteren Überprüfung der Neutronendosen auf 0,95 korrigiert wurde (ALPEN et al. 1960; BOND 1964). Die von BOND (1964) und MÖNIG (1978) zusammengestellten Daten zeigen, daß bei Hunden, aber auch Ziegen und Schafen, die RBW-Werte von Neutronen bei 1 oder knapp darunter liegen, beim Schwein aber mit 0,45 (gegenüber ^{60}Co-Gammastrahlen) sehr niedrig sind. Beim Hund ist somit die RBW für das Knochenmarksyndrom ($LD_{50/30}$) entschieden geringer als bei der Maus; für das Gastrointestinalsyndrom ($LD_{50/5}$) liegt die RBW aber bei Werten zwischen 2 und 2,5 oder sogar darüber und erreicht damit sehr ähnliche Verhältnisse wie bei der Maus (BOND 1964).

Aufschlußreiche Angaben zur relativen biologischen Wirksamkeit von Neutronen für das Knochenmarksyndrom bei Primaten vermittelt eine neuere Untersuchung von BROERSE et al. (1978). Sie bestrahlten Rhesusaffen mit Reaktorneutronen einer mittleren Energie von etwa 1 MeV (Dosisleistung 8 rad/min). Die $LD_{50/30}$ bei Neutronenbestrahlung betrug 260 rad, gegenüber 525 rad bei Ganzkörperbestrahlung mit 300 kV-Röntgenstrahlen (Dosisleistung 28 rad/min). Aus diesen Größen ergibt sich unter Berücksichtigung des durch die Gammakomponente verursachten Dosisanteils von 24% für die Spaltneutronen ein RBW-Wert von 2,4, der etwas höher liegt als bei Mäusen [2,1 für 1 MeV-Spaltneutronen nach DAVIDS (1973)]. Eine Neutronendosis von 280 rad war bei den Rhesusaffen bereits zu 100% tödlich. Bei Affen, denen nach der Ganzkörperbestrahlung zwischen 2×10^8 und 4×10^8 autologe Knochenmarkzellen pro kg Körpergewicht infundiert wurden, war erst eine Dosis von mehr als 440 rad zu 100% letal. Dieser spezifische therapeutische Effekt ist nicht anders zu interpretieren, als daß im unteren Bereich der letalen Strahlendosen die Morbidität und Mortalität weitgehend durch das Versagen des Stammzellenspeichers der Hämopoese bestimmt werden, während die Schädigung des Gastrointestinaltraktes eine untergeordnete Rolle spielt. Mit gewissen Vorbehalten auf den Menschen übertragen, läßt sich mit BROERSE aus den Ergebnissen der Untersuchungen folgern, daß bei Personen, die einer Strahlung schneller Neutronen mit höheren, tödlichen Dosen ausgesetzt waren, die Transplantation von Knochenmarkzellen prinzipiell lebensrettend sein kann.

a) Einfluß der Dosisleistung

Die Abhängigkeit der $LD_{50/30}$ von der Dosisleistung bei Ganzkörperbestrahlung mit 14- bis 15 MeV-Neutronen ist von LANGENDORFF et al. (1970) genauer analysiert worden.

Anhand der von verschiedenen Autoren bei Dosisleistungen zwischen 2 und 20 rad/min erzielten Daten und ihrer eigenen Befunde ermittelten sie die Beziehung $LD_{50/30} \sim T^{1/3}$. Hierbei ist T die Bestrahlungsdauer bis zum Erreichen der $LD_{50/30}$. Demnach können bei zunehmender Dosisprotrahierung bei einmaliger Ganzkörperbestrahlung mit 14- bis 15 MeV-Neutronen Erholungsvorgänge wirksam werden, wie sie bereits für locker ionisierende Strahlung in Abschnitt D.I.2.a.β) beschrieben wurden.

Bei Bestrahlung mit Neutronen mit niedrigeren mittleren Energien von 0,8 bis 4 MeV ändert sich die $LD_{50/30}$ bei Dosisleistungen zwischen 1 rad/min und 200 rad/min aber nicht oder nur wenig, wie aus den von AINSWORTH et al. (1976) zusammengestellten Daten hervorgeht. AINSWORTH selbst findet für 0,8 MeV-Neutronen eine Erhöhung der $LD_{50/30}$ um nur 7%, wenn die Dosisleistung von 13 rad/min auf 1,2 rad/min gesenkt wird. Da bei Bestrahlung mit locker ionisierenden Strahlen der Zeitfaktor mit abnehmender Dosisleistung aber deutlich über 1 ansteigt, erhöht sich z.B. der RBW-Wert von 1,7 MeV-Neutronen für die $LD_{50/30}$ bei Erniedrigung der Dosisleistung von ca. 3,4 rad/min auf 0,2 rad/min von 4,4 auf 6,3 (VOGEL et al. 1957b).

2. Relative biologische Wirksamkeit beim Menschen

Von den Ansätzen, die RBW von Neutronen für die hämatologischen Effekte beim Menschen direkt zu ermitteln, sind als wesentliche die anzuführen, die auf den Erfahrungen an den Atombombenopfern von Hiroshima und Nagasaki aufbauen. Die folgenden Angaben über die RBW der Neutronen sind aber revisionsbedürftig, da die zugrunde liegenden T 65-Dosiswerte („Gewebedosen frei in Luft") für die Photonen und Neutronen von den für die betreffenden Personengruppen beider Städte neu ermittelten Dosiswerten erheblich abweichen (LOEWE u. MENDELSOHN 1981). Eine Neuberechnung der RBW-Werte anhand der bisher vorliegenden Dosis-Korrekturen erscheint zur Zeit noch verfrüht.

JABLON et al. (1969) haben ein bestimmtes durch hämopoetische Insuffizienz verursachtes Syndrom, die agranulozytäre Angina (A. agranulocytotica), als Parameter verwendet. Für die untersuchten Bevölkerungsgruppen aus beiden Städten stimmen die „isoeffective exposure doses" für den 50%-Häufigkeitswert dieses klinischen Endpunktes nur dann gut überein ($\sim$405 rem), wenn für die Neutronenkomponente ein RBW-Wert von 4–5 angenommen wird. Die Stichhaltigkeit dieses Wertes wird von LUSHBAUGH (1974) ausführlich erörtert. OHKITA (1975) errechnete den RBW-Wert für die akute Letalität: Von den in 1,2 km Entfernung vom Hypozentrum bestrahlten Personen starben in beiden Städten etwa 50% innerhalb von 6–8 Wochen. Für Hiroshima errechnet sich die entsprechende Dosis zu 154 rad, wobei 95 rad durch Gammastrahlen und 59 rad durch Neutronen erzeugt wurden. In Nagasaki betrug die Dosis etwa 403 rad mit einem Gammastrahlenanteil von 392 rad und einer Neutronenkomponente von 11 rad. Unter Vernachlässigung dieses relativ geringen Neutronenanteils bestimmte OHKITA für die Neutronen der Atombombe von Hiroshima einen RBW-Wert von 5.

E. Erholungsprozesse nach einmaliger Ganzkörperbestrahlung

Das Problem, inwieweit sich der Stammzellenspeicher und die Hämopoese generell nach einer einmaligen Bestrahlung mit einer subletalen Dosis von dem Strahlenschaden tatsächlich erholen, läßt sich an der Reaktion auf eine zu verschiedenen Zeitpunkten nach der Bestrahlung vorgenommene Zweitbestrahlung untersuchen (sog. „split dose"-Technik).

I. Locker ionisierende Strahlen

1. Erholung des Stammzellenspeichers

Werden pluripotente Stammzellen, die eine Bestrahlung mit einigen wenigen hundert rad überlebt haben, in verschiedenen zeitlichen Abständen jeweils erneut mit einer zweiten Dosis bestrahlt, so tritt ein deutlicher Fraktionierungseffekt in Erscheinung. Die Größe des Fraktionierungseffektes ist von methodischen Einzelheiten des experimentellen Ansatzes abhängig.

Till und McCulloch (1963) injizierten Knochenmarkzellen in vorbestrahlte Empfängermäuse und bestrahlten dann die transplantierten Stammzellen mit 2 Fraktionen zu je 200 rad (^{60}Co-Gammastrahlen, 50 rad/min) bei verschiedenen Zeitintervallen von 0 bis 24 Std zwischen der 1. und der 2. Dosis. Die Kurve für die Veränderungen der Überlebensfraktion in Abhängigkeit von der Länge des bestrahlungsfreien Intervalles zwischen den beiden Einzeldosen von jeweils 200 rad verläuft wellenförmig (Abb. 5). Ein erstes Maximum tritt bei 5 Std auf; der Fraktionierungsfaktor beträgt etwa 2. Ein 10- bis 13-Stunden-Intervall zwischen den beiden Einzeldosen läßt die Überlebensfraktion aber wieder auf denselben Wert absinken wie bei 0 Std, d.h. bei einmaliger Bestrahlung mit 2×200 rad $= 400$ rad. Bei weiterer Dehnung der bestrahlungsfreien Intervalle kommt es erneut zu einer Zunahme der Überlebensfraktion unter Ausbildung eines Plateaus.

Hendry und Howard (1971) sowie Hendry (1973) haben den Fraktionierungseffekt ebenfalls bei Bestrahlung mit 2 Einzeldosen zu je 200 rad bestimmt, die Stammzellen jedoch – abweichend von Till und McCulloch (1963) – bereits durch fraktionierte Ganzkörperbestrahlung (^{137}Cs-Gammastrahlen, 600 rad/min) der Spendermäuse bestrahlt, d.h. vor ihrer Transplantation in die Empfängermäuse, bei denen die Milzkolonien schließlich bestimmt wurden. Aus der in Abb. 6 dargestellten Kurve geht hervor, daß unter diesen Bedingungen

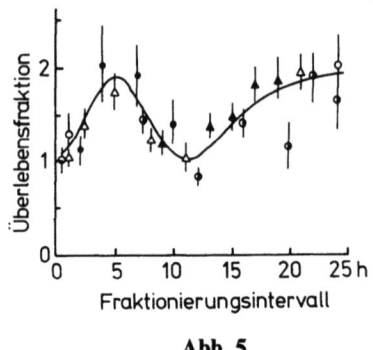

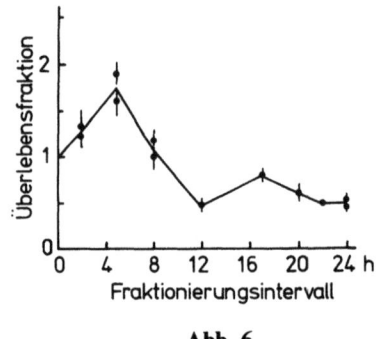

Abb. 5

Abb. 6

Abb. 5. Veränderungen der Überlebensfraktion pluripotenter Stammzellen CFU-S nach einer Bestrahlung mit ^{60}Co-Gammastrahlen mit einer Gesamtdosis von 400 rad, appliziert in 2 Fraktionen zu je 200 rad, in Abhängigkeit von der Dauer des Fraktionierungsintervalls. Die Zellen wurden nach ihrer Transplantation durch Ganzkörperbestrahlung der Empfängermäuse bestrahlt. Die Überlebensfraktionen bei fraktionierter Bestrahlung wurden jeweils auf die Überlebensfraktion bei einmaliger Bestrahlung mit 400 rad bezogen und diese gleich 1 gesetzt. (Meßpunkte aus mehreren Versuchen). (Nach Till u. McCulloch 1963; mit freundlicher Genehmigung der Autoren, des Herausgebers sowie des Verlages Academic Press Inc., New York)

Abb. 6. Veränderungen der Überlebensfraktion pluripotenter Stammzellen CFU-S nach einer Bestrahlung mit ^{137}Cs-Gammastrahlen mit einer Gesamtdosis von 400 rad, appliziert in 2 Fraktionen zu je 200 rad, in Abhängigkeit von der Dauer des Fraktionierungsintervalls. Die Zellen wurden vor ihrer Transplantation durch Ganzkörperbestrahlung der Spendermäuse bestrahlt. Zur Art der Darstellung s. Legende zu Abb. 5. (Nach Hendry 1973; mit freundlicher Genehmigung des Autors, des Herausgebers sowie des Verlages Taylor & Francis Ltd., London)

die Stammzellenzahl ebenfalls bei einem 5-Stunden-Intervall zwischen den beiden Einzeldosen von je 200 rad gegenüber der bei einmaliger Bestrahlung mit 400 rad um einen Faktor von etwa 1,7 erhöht ist; sie liegt aber bei längeren Fraktionierungsintervallen deutlich niedriger (negativer split dose-Effekt nach HENDRY u. LAJTHA 1975). Die Ursache hierfür besteht nach HENDRY und HOWARD (1971) darin, daß sich die Zahl der Stammzellen im Knochenmark der Spendermäuse nach einmaliger Bestrahlung mit 200 rad innerhalb von 12 Std auf 20% des Anfangswertes unmittelbar nach der Bestrahlung vermindert (sog. „dip", vgl. Abschnitt D.I.1.).

Der Anstieg, der 3–5 Std nach der Erstbestrahlung der Stammzellen in der Erholungskurve auftritt, geht auf die Wiederherstellung der Schulter in der 2. Dosiswirkungskurve zurück, wobei die D_0-Werte gegenüber der Dosiswirkungskurve bei einmaliger Bestrahlung leicht erhöht (HENDRY u. HOWARD 1971) oder unverändert sein können (TILL u. MCCULLOCH 1963). Am 6. Tag nach einer Ganzkörperbestrahlung mit 450 rad werden die Stammzellen, die zu diesem Zeitpunkt stark proliferieren, bei erneuter Bestrahlung mit ^{137}Cs-Gammastrahlen nach einer Dosiswirkungskurve inaktiviert, deren D_0 gegenüber nicht vorbestrahlten, normalen Stammzellen leicht erhöht (92,9 ± 6,4 rad gegenüber 85,7 ± 4,5 rad), deren Extrapolationsnummer n aber leicht erniedrigt ist (n = 1,6 ± 0,4 gegenüber 3,1 ± 0,7) (HENDRY 1973).

2. Veränderungen der Strahlenempfindlichkeit bei vorbestrahlten Säugetieren

Die Erholungsprozesse nach einmaliger Ganzkörperbestrahlung können in ihrer Gesamtheit mit dem Kriterium der $LD_{50/30}$ erfaßt werden. Dazu wird zu verschiedenen Zeitpunkten nach der Vorbestrahlung mit einer subletalen Dosis durch nochmalige Bestrahlung mit einer 2. Dosisserie die vom jeweiligen Erholungsgrad abhängige $LD_{50/30}$ bestimmt.

Die frühzeitigen Veränderungen der $LD_{50/30}$ innerhalb der ersten 48 Std nach der Vorbestrahlung mit 3 verschiedenen Dosen zeigt Abb. 7. Die Erholung verläuft in 2 Phasen. Bereits 3–4 Std nach der Vorbestrahlung mit Dosen zwischen 154 R und 457 R (250 kV-Röntgenstrahlen, HWD = 1,4 mm Cu, 35 R/min) kommt es zu einem deutlichen Wiederanstieg der Strahlenresistenz unter Ausbildung eines kleinen Plateaus (KALLMAN u. SILINI 1964; MOLE 1975). Auf eine leichte Erniedrigung der $LD_{50/30}$ zwischen 8–12 Std folgt dann in den nächsten 36 Std eine Zunahme der $LD_{50/30}$ bei leicht oszillierenden Werten. Das 1. Maximum und die Senke bei 8–12 Std in diesen Kurven koinzidieren zeitlich mit den entsprechenden Positionen in den Stammzellenerholungskurven (HORNSEY 1967). (Vgl. auch Abb. 5 u. 6).

Den Verlauf der mit der split dose-Technik ermittelten Erholung nach einer Vorbestrahlung mit Dosen, die etwa $^1/_2$ bis $^2/_3$ der $LD_{50/30}$ entsprechen, haben CASARETT (1969), BAUMANN und MUTH (1977) sowie KINDT und SATTLER (1977) für eine Reihe von Säugetieren anhand von zahlreichen, aus verschiedenen Quellen entnommenen Daten vergleichend analysiert.

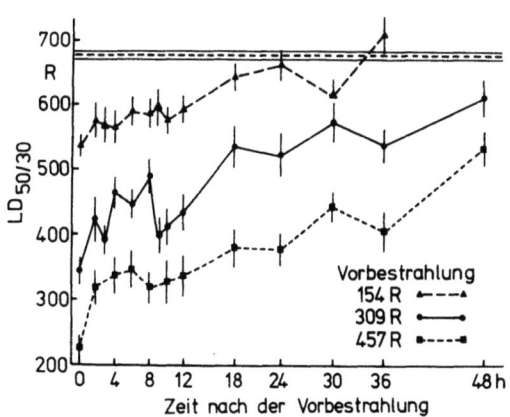

Abb. 7. Veränderungen der $LD_{50/30}$ von Mäusen innerhalb von 48 Std nach einer Vorbestrahlung mit drei verschiedenen Strahlendosen. Die $LD_{50/30}$ nicht vorbestrahlter Tiere beträgt 676 ± 32 R. (Nach KALLMAN u. SILINI 1964; mit freundlicher Genehmigung der Autoren, des Herausgebers sowie des Verlages Academic Press Inc., New York)

Gemeinsam ist allen Tierarten, daß unabhängig von ihrer systematischen Stellung meist bis zum 10., spätestens bis zum 15. Tag ein deutlicher Wiederanstieg der $LD_{50/30}$ stattfindet. Dabei ist der durch die Vorbestrahlungsdosis gesetzte Schaden zu diesem letzteren Zeitpunkt zu 40% (beim Hamster und Rhesusaffen) bis 100% (bei der Maus, dem Schaf, der Ziege und dem Hund), also in sehr unterschiedlichem Umfang wieder abgebaut. Bei der Ziege und dem Schaf wurde nach einer Phase mit fortschreitender Erholung nach dem 10. bis 20. Tag eine erneute Resensibilisierung festgestellt. Eine Resensibilisierung fand ELTRINGHAM (1967) auch beim Rhesusaffen. Dieser Befund steht im Gegensatz zu der kompletten Erholung, die PATERSON et al. (1956) um den 20. Tag feststellen konnten. Eine langfristige komplette Erholung oder sogar „Übererholung" ist nur bei der Maus durch zahlreiche Experimente dokumentiert (Übersicht bei KROKOWSKI u. TAENZER 1966). Eine starke „Übererholung" d.h. Resistenzsteigerung fanden NACHTWEY et al. (1967) auch bei Schweinen zwischen dem 20. und 107. Tag nach der Bestrahlung.

II. Schnelle Neutronen

Untersuchungen von LANGENDORFF et al. (1973) an Mäusen mit der split dose-Technik zeigen, daß auch nach Ganzkörperbestrahlung mit 14,7 MeV-Neutronen der Strahlenschaden nicht nur behoben werden kann, sondern sogar eine gewisse Resistenzsteigerung möglich ist. Zwei Tage nach Bestrahlung mit Konditionierungsdosen von 63 rad oder 100 rad waren die durch eine erneute Bestrahlung mit 14,7 MeV-Neutronen ermittelten $LD_{50/30}$-Werte von 470 rad bzw. 420 rad deutlich niedriger als bei nicht bestrahlten Kontrollen ($LD_{50/30} = $ 505 rad). Zwischen dem 5. Tag und 20. Tag nach der Vorbestrahlung mit 63 rad hatte sich die $LD_{50/30}$ auf Werte zwischen 550 rad und 600 rad erhöht. Auch nach der höheren Konditionierungsdosis war die $LD_{50/30}$ am 5., 10. und 20. Tag auf Werte um 550 rad angestiegen.

Eine vergleichende Untersuchung über die Erholung bei Mäusen innerhalb von 14 Tagen nach einmaliger Bestrahlung mit Spalt-Neutronen einer mittleren Energie von 0,8 MeV sowie ^{60}Co-Gammastrahlen mit Konditionierungsdosen von 240 rad bzw. 745 rad, die jeweils 0,75 der $LD_{50/30}$ bei einmaliger Bestrahlung entsprachen, wurde von AINSWORTH et al. (1973) durchgeführt. Das Verhältnis zwischen den Konditionierungsdosen entsprach dem RBW-Wert der Neutronen für die $LD_{50/30}$ bei einmaliger Bestrahlung. Am 9. Tag betrug der Erholungsgrad bei den mit Neutronen bestrahlten Mäusen 56%, bei den mit ^{60}Co-Gammastrahlen bestrahlten Tieren 43%. Der Unterschied war nicht signifikant. KREBS und BRAUER (1964) führen 2 Untersuchungen an, in denen eine verzögerte Erholung nach Bestrahlung mit schnellen Neutronen gefunden wurde, stellen aber die Stichhaltigkeit dieser Befunde in Frage.

F. Wirkungen mehrfach fraktionierter Bestrahlungen bei Versuchstieren

Bei mehrfacher Fraktionierung können Veränderungen der Strahlentoleranz ebenfalls mit dem Kriterium der Mortalität, d.h. durch Bestimmungen der $LD_{50/30}$ erfaßt werden.

I. Locker ionisierende Strahlen

Eine der Methoden besteht darin, daß an Gruppen von Versuchstieren durch Bestrahlung mit Serien von Fraktionen mit jeweils unterschiedlich hohen Einzeldosen aus der Mortalität,

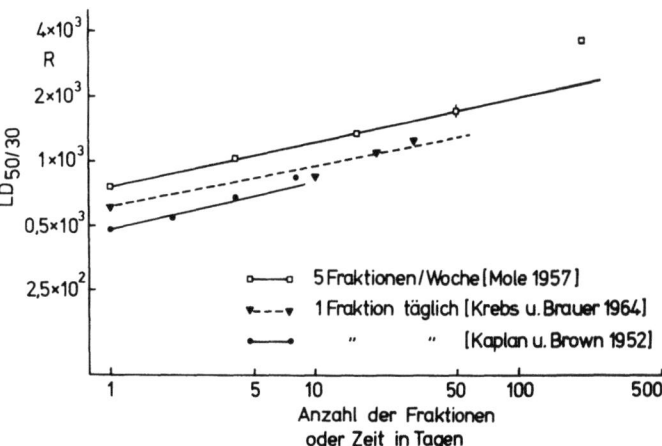

Abb. 8. Anstieg der LD$_{50/30}$ (in R) von Mäusen mit zunehmender Fraktionierung. *Abszisse:* Anzahl der Fraktionen bei täglicher Bestrahlung (für die Daten von KAPLAN u. BROWN 1952; KREBS u. BRAUER 1964) bzw. die gesamte Bestrahlungsdauer in Tagen bei 5 Fraktionen pro Woche (für die Daten von MOLE 1957)

die innerhalb von 30 Tagen jeweils nach den letzten Dosisfraktionen auftritt, die LD$_{50/30}$ jeder Fraktionierungsserie bestimmt wird. Die Ergebnisse solcher Experimente, die bei täglicher Bestrahlung oder 5 Fraktionen pro Woche mit Einzeldosen zwischen 25 R und 400 R (120 kV- oder 250 kV-Röntgenstrahlen, 25–45 R/min) durchgeführt wurden (KAPLAN u. BROWN 1952; MOLE 1957; KREBS u. BRAUER 1964), sind in Abb. 8 in einem doppelt logarithmischen Koordinatensystem dargestellt. In allen Experimenten erhöhte sich die LD$_{50/30}$ mit zunehmender Fraktionierung in immer kleinere Einzeldosen pro Fraktion.

Wie von KAPLAN und BROWN (1952) wird auch von MOLE (1957) auf die Übereinstimmung der beobachteten Beziehung mit einer Strandqvist-Funktion der Form:

$$LD_{50/30\,(f)} = LD_{50/30\,(l)} \times f^{(R)} \quad \text{(Röntgen)}$$

hingewiesen. Hierbei ist LD$_{50/30\,(f)}$ die akkumulierte Dosis (in Röntgen) mit 50% Mortalität bei fraktionierter, und LD$_{50/30\,(l)}$ die LD$_{50/30}$ bei einmaliger Bestrahlung. f ist die Anzahl gleich großer Dosisfraktionen bei täglicher Bestrahlung wie in den Experimenten von KAPLAN und BROWN (1952) sowie KREBS UND BRAUER (1964) bzw. die gesamte Bestrahlungsdauer in Tagen für die von MOLE (1957) bei Bestrahlung mit 5 Fraktionen pro Woche ermittelten Werte. Für den Exponenten R wird von MOLE sowie KAPLAN und BROWN ein Wert von 0,21 angegeben. Aus den Daten von KREBS und BRAUER errechnet er sich zu 0,18. MOLE (1957) schließt aus seinen eigenen Befunden, daß die Formel bei Bestrahlung mit zahlreichen kleinen Dosisfraktionen (25 R einmal täglich) auf das Knochenmarksyndrom nicht zuzutreffen scheint.

Iso-Effektkurven für die Stammzellen-Überlebensfraktionen von 1% sowie 10% bei mehrfach fraktionierter Bestrahlung (5 Fraktionen/Woche) mit ^{60}Co-Gammastrahlen zeigen, daß die jeweiligen Gesamtdosen mit zunehmender Fraktionierung ebenfalls deutlich ansteigen, wobei die Steigung der Kurven bei Bestrahlung mit 4–32 Fraktionen um einen Faktor von etwa 2 größer ist als der Anstieg der LD$_{50/30}$ (HENDRY u. LAJTHA 1975).

Die in Abb. 8 dargestellten Beziehungen lassen sich damit erklären, daß mit zunehmender Höhe der Einzeldosis die nach jeder Dosisfraktion stattfindende Erholung relativ geringer wird, und daß bei einer Serie gleich hoher Einzeldosen die Erholungsprozesse mit zunehmender Zahl der Fraktionen ineffektiver werden (MOLE 1957). Ausführliche Angaben zu verschiedenen Modellvorstellungen über Schadensakkumulation und Erholungsvorgänge finden sich in den Übersichten bei KREBS und BRAUER (1964) sowie KINDT und SATTLER (1977).

Ein neues Konzept zur Erfassung der Abhängigkeit der LD$_{50}$ von der Höhe der Einzelfraktion auf der Grundlage der maßgeblichen zellulären Strahleneffekte, d.h. der Inaktivierung durch Ein-Treffer-Mechanismen und/oder durch Akkumulation von subletalen Strahlenschäden, ist von BARENDSEN (1981) entwickelt worden.

In vielen Tierexperimenten, besonders an Mäusen, hat sich noch 5 bis 22 Wochen nach mehrfach fraktionierten Ganzkörperbestrahlungen (250 kV-Röntgenstrahlen oder ^{60}Co-Gammastrahlen) mit Gesamtdosen zwischen 600 R und 1 500 R (bzw. rad) bei Bestimmung der $LD_{50/30}$ durch eine nochmalige Testbestrahlung ein Restschaden in Höhe von 8% bis 16% der Vorbestrahlungsdosis nachweisen lassen (Übersicht bei KREBS u. BRAUER 1964).

II. Schnelle Neutronen

Der Effekt einer mehrfach fraktionierten Bestrahlung mit 0,8 MeV-Neutronen im Vergleich zu ^{60}Co-Gammastrahlen wurde von AINSWORTH et al. (1971) an Mäusen untersucht. Die Tiere wurden mit 3 Fraktionen pro Woche zu jeweils 40 rad mit Neutronen und 85 rad mit ^{60}Co-Gammastrahlen bestrahlt. Das Verhältnis der Dosen entsprach dem RBW-Wert der Neutronen von 2,1 für die $LD_{50/30}$ bei einmaliger Bestrahlung. Aus den $LD_{50/30}$-Werten, die durch erneute Bestrahlung mit Neutronen bzw. Gammastrahlen am 2. Tag nach der letzten Fraktion ermittelt wurden, ergab sich ein RBW-Wert von etwa 2,8, also ein deutlicher Anstieg gegenüber dem bei einmaliger Bestrahlung.

Diese Befunde korrelieren mit der unterschiedlichen Repopulation des Stammzellenspeichers im Knochenmark des Femurs (AINSWORTH et al. 1972). Nach einmaliger Bestrahlung mit 0,8 MeV-Neutronen oder ^{60}Co-Gammastrahlen mit Dosen von 240 rad bzw. 740 rad verlaufen die Vermehrungskurven der Stammzellen bis zum 60. Tag nahezu gleich. Werden dieselben Gesamtdosen aber in 9 Fraktionen (3 Fraktionen pro Woche) appliziert, ist die Zahl der überlebenden Stammzellen am 1. Tag nach der letzten Bestrahlung mit Neutronen um einen Faktor von etwa 3 niedriger als nach ^{60}Co-Gammabestrahlung. Außerdem setzt die Vermehrung der Stammzellen nach Neutronenbestrahlung etwa 8 Tage später ein.

Eine Zunahme des RBW-Wertes fanden HENDRY et al. (1974) auch bei mehrfach fraktionierter Bestrahlung von Mäusen mit 14 MeV-Neutronen mit Einzeldosen von 350 rad, die jeweils im Abstand von 24 Tagen appliziert wurden. Aus dem Verhältnis der gleich wirksamen Dosen von 300 kV-Röntgenstrahlen und 14 MeV-Neutronen bei einer Überlebensfraktion pluripotenter Stammzellen von 0,1 ergab sich ein RBW-Wert zwischen 1,7 und 1,8. Bei einmaliger Bestrahlung lag der entsprechende Wert bei 1,4.

G. Adaptationsmechanismen und Strahlenschäden bei chronischer Bestrahlung von Versuchstieren

Die grundlegenden Experimente von LAMERTON et al. (1960) haben gezeigt, daß Ratten unter Dauerbestrahlung (^{137}Cs-Gammastrahlen) bei Dosisleistungen von 50 rad/Tag oder 16 rad/Tag Gesamtdosen von 7 500–10 000 rad (bei einer Überlebenszeit von 150–200 Tagen) bzw. mehr als 5 000 rad (Überlebenszeit 320 Tage) bis zum Tode akkumulieren können, wobei ein Zusammenbruch der Hämopoese als alleinige Todesursache kaum in Frage kommt. Die Stammzellenanalysen durch BLACKETT et al. (1964) bei den mit 50 rad/Tag bestrahlten Ratten führten zu folgendem Ergebnis: In den ersten 6 Wochen, also bis zu einer Gesamtdosis von etwa 2 100 rad, erniedrigte sich der Stammzellengehalt des Knochenmarkes auf 10% des Normalwertes und blieb mindestens 13 weitere Wochen unter der Dauerbestrahlung bis zu einer akkumulierten Gesamtdosis von mehr als 6 000 rad auf diesem Niveau. Daß die Reaktionsfähigkeit der Hämopoese auch nach Gesamtdosen von 4700 rad oder 6500 rad gegenüber zusätzlichen Störfaktoren noch erhalten bleibt, zeigte sich daran, daß ein durch Blutentzug verursachter Erythrozytenverlust nahezu ebenso rasch wieder behoben wurde wie bei nicht bestrahlten Ratten (LAMERTON 1966).

Neuere Untersuchungen an Mäusen mit der Milzkolonietechnik ergeben ein differenziertes Bild von der Reaktion des pluripotenten Stammzellenspeichers unter einer Dauerbestrahlung. Die Zahl der Stammzellen im Knochenmark vermindert sich bei Bestrahlungen mit 2,7 R/Tag bis 80 rad/Tag zunächst nahezu unabhängig von der Dosisleistung mit gleicher Rate bis zu akkumulierten Gesamtdosen zwischen 150 und 250 rad (bzw. R); die weiteren Veränderungen sind aber von der Dosisleistung abhängig (DRASIL et al. 1975; WU u. LAJTHA 1975). Während die Stammzellenzahlen bei 2,7 R/Tag (Gammastrahlen) zwischen dem Kontrollwert und dem 60%-Niveau stark oszillieren, stabilisieren sich die Zahlen bei einer Dosisleistung von 24 R/Tag bis zu akkumulierten Dosen von 3850 R nahezu konstant bei 40% des Kontrollwertes (DRASIL et al. 1975). Bei Dosisleistungen von 45 rad/Tag oder 70 rad/Tag ist vom 2. Tag der Bestrahlung ab, bei 2,5 rad/Tag nach einer akkumulierten Dosis von 30 rad eine starke Umsatzsteigerung im Stammzellenspeicher festzustellen (WU u. LAJTHA 1975; GIDALI et al. 1979). Durch die erhöhte Proliferationsrate der Stammzellen und verstärkte Vermehrungsteilungen in den nachgeschalteten Kompartimenten wird der erhöhte Differenzierungsdruck auf die Stammzellen einerseits und ihr ständiger Verlust unter der Strahleneinwirkung andererseits kompensiert, so daß die Blutzellbildung bei Dauerbestrahlung mit niedrigen Dosisleistungen lange Zeit aufrechterhalten werden kann (LAMERTON 1968; WU u. LAJTHA 1975). Eine Übersicht mit Modellvorstellungen zur Adaptation der Hämopoese unter Dauerbestrahlung findet sich bei FLIEDNER et al. (1977).

Wichtige Erkenntnisse über die Toleranz und Adaptationsfähigkeit der Hämopoese eines Großsäugers unter kontinuierlicher Strahlenwirkung bei verschiedenen Dosisleistungen stammen aus Untersuchungen, die von einer Arbeitsgruppe am Argonne National Laboratory an Hunden durchgeführt werden. Aus den Zusammenfassungen bei NORRIS et al. (1976) sowie TOLLE et al. (1979) geht hervor, daß unter der Dauerbestrahlung mit ⁶⁰Co-Gammastrahlen bei verschiedenen Dosisleistungen jeweils spezifische Todesursachen dominieren, daß sich aber auch unter der Bestrahlung mit einer bestimmten Dosisleistung die Todesursachen mit der Höhe der akkumulierten Dosis verändern. Bei 35 R/Tag sterben alle Hunde an einer mit extremer Granulozytopenie verbundenen Septikämie bei Gesamtdosen zwischen 1400 und 2400 R. Bei 17 R/Tag dominiert zunächst eine Septikämie als Todesursache (55% aller Todesfälle), die bei höheren Dosen von einer Anämie abgelöst wird (30% aller Todesfälle). Todesursache bei den restlichen 15% ist eine myeloische Leukämie, die erst nach akkumulierten Dosen von etwa 17000 und 18000 R auftritt. Bei 10 R/Tag ist bis zu Gesamtdosen von etwa 3400 R eine aplastische Anämie die alleinige Todesursache (40% aller Todesfälle), während bei höheren Strahlendosen myeloische Leukämien zum Tode führen (50%). Unter Dauerbestrahlung mit 5 R/Tag sind im Dosisbereich zwischen 4500 und 9400 R Erythroleukämie und myeloische Leukämien (46% aller Todesfälle) dominierend, während die Todesursachen im höheren Dosisbereich nicht-hämopoetischen Ursprungs sind.

Unter Dauerbestrahlung mit 5, 10 und 17 R/Tag kommt es - unabhängig von der Dosisleistung - bei einer Gesamtdosis von etwa 2000 R infolge einer kritischen Schädigung der Hämopoese zu Tiefstwerten der Granulozyten- und Thrombozytenzahlen des peripheren Blutes. Bei einem Teil der Hunde kann sich die Hämopoese unter weiterer Strahleneinwirkung aber wieder erholen - wie bei solchen Tieren, die nach einer akkumulierten Dosis von 2000 R bestrahlungsfrei gehalten werden (terminierte Dauerbestrahlung, FRITZ et al. 1978) - und langfristig eine hinreichende Blutbildung gewährleisten, bis sich Spätschäden manifestieren.

H. Wirkung von fraktioniert-protrahierten Ganzkörperbestrahlungen beim Menschen

Für den Menschen ist die Toleranz der Hämopoese bei einer zeitlich verteilten Ganzkörperbestrahlung aus praktischen Gründen nur für fraktioniert-protrahierte Bestrahlung analysiert worden. Eine solche Auswertung der Daten von ganzkörperbestrahlten Patienten findet sich in dem bereits in Abschnitt D.I.2.b) erwähnten Bericht bei Langham (1967). Für die statistische Analyse wurden mit Röntgenstrahlen (Energien zwischen 185 kV und 8 MV) sowie ^{60}Co- oder ^{137}Cs-Gammastrahlen bei Dosisleistungen zwischen 1 rad/Std und mehreren rad/min fraktioniert bestrahlte Patienten entsprechend den verschieden langen Gesamtbehandlungsdauern von 1 Tag bis zu 21 Tagen in 3 Gruppen eingeteilt. Für jede einzelne Gruppe wurde die $LD_{50/60}$ ermittelt. Die $LD_{50/60}$-Werte erhöhten sich mit zunehmender Behandlungsdauer, d.h. stärkerer Fraktionierung und/oder Protrahierung der Bestrahlung gemäß der Beziehung:

$$LD_{50/60} = 230 \times t^{0,15} \quad (rad).$$

Hierbei ist T die gesamte Behandlungszeit in Tagen. Aufgrund der großen Standardfehler ist der Exponent allerdings nicht von 0 verschieden.

Eine ähnliche retrospektive Analyse der Wirkung von protrahiert-fraktionierten Bestrahlungen bei Patienten ist bei Lushbaugh (1974) publiziert. Auch in dieser Studie wurde die Mortalität bei den verschieden hohen akkumulierten Dosen in Abhängigkeit von der jeweiligen Behandlungsdauer bestimmt.

Unter Verwendung einer Strandqvist-Funktion wurde für die $LD_{50/60}$ bei fraktioniert-protrahierter Bestrahlung folgende Beziehung ermittelt:

$$LD_{50/60} = 345 \times T^{0,26} \quad (rad).$$

Hierbei bedeutet der Wert von 345 die „nominal single dose" (NSD) in rad für 50% Mortalität bei einer einzelnen über 1 Woche protrahierten Bestrahlung. T ist, in Wochen, die Dauer der Bestrahlungen über mehr als eine Woche. Durch Extrapolation läßt sich aus diesem Modell ableiten, daß eine chronische Bestrahlung mit 18 rad/Woche am Ende eines Jahres (bei einer akkumulierten Dosis von 900 rad) 50% Mortalität zur Folge haben könnte.

Anhaltspunkte über die Toleranz des Knochenmarks von Normalpersonen bei längerer kontinuierlicher Strahleneinwirkung ergeben sich aus dem von Martinez et al. (1964) analysierten Strahlenunfall einer mexikanischen Familie. Ein erwachsener Mann als einziger Überlebender von 5 mit ^{60}Co-Gammastrahlen chronisch bestrahlten Personen erhielt innerhalb von 119 Tagen bei einer Bestrahlung an 106 Tagen eine auf zwischen 984 und 1717 rem abgeschätzte Gesamtdosis bei einer entsprechenden durchschnittlichen Dosisleistung von 9,3–16,2 rem/Tag (Dosisangaben nach Martinez et al. 1964). Er erholte sich wieder, obwohl eine starke Knochenmarkschädigung bestand, als die Unfallsituation aufgedeckt wurde. Dieser Einzelfall, soweit er als Bewertungskriterium für weitere Schlußfolgerungen zulässig ist, deutet nach Lushbaugh (1974) darauf hin, daß bei chronischer Bestrahlung mit hochenergetischen Photonen mit niedrigem LET die Dosisleistung, bei der eine längerfristige Kompensation noch möglich ist, bei 6 rad/Tag liegen könnte.

J. Effekte inhomogener Bestrahlungen

I. Untersuchungen an verschiedenen Säugetieren

Die erhöhte Toleranz der Hämopoese bei Teilkörperbestrahlung im Vergleich zu einer Ganzkörperbestrahlung geht aus zahlreichen Tierexperimenten hervor. Bei Ratten wurden nach Bestrahlung nur der vorderen Körperhälfte mit 250 kV-Röntgenstrahlen (HWD = 1,1–2,2 mm Cu, 19–47 R/min) $LD_{50/30}$-Werte von 1800 bzw. 1950 R gefunden, also um mehr als das Zweifache höhere Werte als bei Ganzkörperbestrahlung (BOND et al. 1950; CARSTEN u. NOONAN 1964). Wurde dagegen nur die hintere Körperhälfte oder das Abdomen bestrahlt, lagen die $LD_{50/30}$-Werte zwischen 1000 und 1620 R und damit erheblich niedriger. Ursache der Mortalität bei diesen Bestrahlungsbedingungen ist in erster Linie die Schädigung des Gastrointestinaltraktes, wobei die Depression der Hämopoese hineinspielt (SULLIVAN et al. 1959; CARSTEN u. NOONAN 1964; Übersicht bei BOND et al. 1965).

Wie bei einer Teilkörperbestrahlung kann auch bei einer Bestrahlung mit einer inhomogenen Tiefendosis, z.B. bei unilateraler Bestrahlung, die systemische Gesamtschädigung des Knochenmarks geringer sein, und damit die $LD_{50/30}$ entsprechend höher, als bei einer Ganzkörperbestrahlung, die dieselbe oder eine geringere Integraldosis (kg-rad), jedoch bei homogenem Tiefendosisverlauf, erzeugt (LANGHAM 1967; CRONKITE u. FLIEDNER 1972).

Von diesen Befunden ausgehend, haben BOND und ROBINSON (1967) an einem Tiermodell geprüft, inwieweit der kritische Schädigungsgrad des Stammzellenspeichers, der akute Letalität zur Folge hat, bei unterschiedlichen Bestrahlungsbedingungen von der jeweiligen Dosisverteilung beeinflußt wird. Anhand ihrer Befunde an Hunden und Schweinen bei einseitiger (= inhomogener) und beidseitiger (= homogener) Bestrahlung mit 1000 kV- bzw. 2000 kV-Röntgenstrahlen kommen die Autoren zu der Schlußfolgerung, daß für das Überleben des Knochenmarksyndroms die Fraktion aller überlebenden Stammzellen entscheidend ist, unabhängig von ihrer Lokalisation in den verschiedenen Knochen und damit auch von der Dosisverteilung. Die für den Hund berechneten Stammzellen-Überlebensfraktionen bei der $LD_{50/30}$ nach einseitiger Bestrahlung wurden zu 7,2%, nach beidseitiger Bestrahlung zu 7,5% errechnet.

Daß bereits durch Abschirmung relativ kleiner Anteile des hämopoetischen Gewebes bei Bestrahlungen mit Dosen bis zu 1000 rad das Knochenmarksyndrom erheblich abgeschwächt und damit die akute Mortalität verringert oder sogar verhindert werden kann, haben zahlreiche Experimente an Kleinsäugern gezeigt. Bei Mäusen und Ratten ist hierzu der Schutz einer Extremität (SWIFT et al. 1956; VRIES u. VOS 1966) oder der Milz (JACOBSON et al. 1950) gegen die direkte Strahleneinwirkung ausreichend. Hunde überlebten zu 100% eine Strahlendosis von 585 rad (250 kV-Röntgenstrahlen, HWD = 2,3 mm Cu, 13 rad/min), wenn während der Bestrahlung nur ein Teil der vorderen Extremität abgeschirmt wurde; die Zahl der hierbei nicht bestrahlten Knochenmarkzellen wurde auf 5×10^8 abgeschätzt (COLE et al. 1967). Das sind etwa 0,35% aller Knochenmarkzellen und damit des Stammzellenspeichers, wenn die Angaben von VRIESENDORP und VAN BEKKUM (1980) über die Gesamtzellzahl im Knochenmark des Hundes zugrunde gelegt werden. Eine Teilkörperbestrahlung oder inhomogene Bestrahlung hinterläßt in jedem Fall eine inhomogene Verteilung der überlebenden repopulationsfähigen Stammzellen. Daher muß unter solchen Bedingungen die Neubesiedlung der zerstörten Knochenmarkabschnitte durch Stammzellen zu den wichtigsten Initialprozessen der hämopoetischen Regeneration gerechnet werden. Hierzu steht zunächst eine rasch mobilisierbare Reserve des Stammzellenspeichers im nicht bestrahlten Knochenmark zur Verfügung (Übersichten bei GIDALI 1975; NOTHDURFT u. FLIEDNER 1979). Wird bei Mäusen während einer Bestrahlung im letalen Dosisbereich (900–1000 rad) ein Hinterbein durch einen Bleimantel gegen die Strahlung geschützt, so wandern bereits innerhalb der ersten 5–10 Std etwa 20 Stammzellen, und in den folgenden 20 Std weitere 20–30 in die Milz ein (Maloney u. Patt 1978; Croizat et al. 1980). Das hämopoetische Gewebe einer mit 1000 rad (300 kV-Röntgenstrahlen, HWD = 1,65 mm Cu, 90 rad/min) bestrahlten Maus wird so zu 83% von Stammzellen wieder aufgebaut, die ihren Ursprung im Knochenmark des abgeschirmten, nicht bestrahlten Hinterbeines haben (Maloney u. Patt 1972a).

II. Untersuchungen an Patienten

Einige Beobachtungen über den Verlauf der Knochenmarkregeneration nach Teilkörperbestrahlungen von Patienten lassen sich nicht anders erklären, als daß auch beim Menschen mit höheren Dosen bestrahlte Knochenmarkabschnitte von zirkulierenden Stammzellen neu besiedelt werden. Sykes et al. (1964) fanden im Knochenmark des Sternums von Patienten, das mit 1000 R (2 × 500 R an 2 aufeinanderfolgenden Tagen; 250 kV-Röntgenstrahlen, HWD = 2 mm Cu) bestrahlt worden war, spätestens nach 19 Tagen eine regenerierende Hämopoese und am 82. Tag einen normalen Knochenmark-Status. Es ist höchst unwahrscheinlich, daß nach einer solch hohen Dosis, auch bei Fraktionierung, die relativ rasch einsetzende Repopulation von ortsständigen überlebenden Stammzellen ausgeht, da die Überlebensfraktion im bestrahlten Volumen theoretisch auf höchstens 5×10^{-5} veranschlagt werden kann.

Um Teilkörperbestrahlungen von erheblichem Ausmaß handelt es sich bei der Therapie des Morbus Hodgkin durch „Total Nodal Irradiation" (TNI). Hierbei werden jeweils größere Volumina des Rumpfes nacheinander mit Gesamtdosen zwischen 3500 rad und 4700 rad (^{60}Co-Gammastrahlen oder Strahlen im MeV-Bereich) bei Einzelfraktionen zu 150 rad bis 200 rad (5 × wöchentlich) bestrahlt, so daß innerhalb einer Gesamtbehandlungsdauer von 10 bis 12 Wochen etwa 60% bis 75% des gesamten hämopoetischen Gewebes zerstört werden (Rubin et al. 1973). Analysen des Regenerationsverlaufes der Hämopoese im bestrahlten Knochenmark und der Reaktion in den nicht bestrahlten Knochenmarkabschnitten stützen sich auf Knochenmarkszintigraphien unter Verwendung von ^{99m}Tc-Schwefelkolloid, ^{52}Fe und ^{59}Fe (Rubin et al. 1973; DeGowin et al. 1974; Knospe et al. 1976) sowie Knochenmarkaspirationen (Slanina et al. 1977).

Die Szintigraphien lassen in den mit 4000 rad bis 4400 rad bestrahlten Skelettabschnitten etwa 1 Jahr nach Bestrahlung erste Anzeichen einer Knochenmarkregeneration erkennen, die in den folgenden 2 Jahren noch Fortschritte macht (Knospe et al. 1976). Nach Rubin et al. (1973) fand sich in 85% der mit etwa 4000 rad bestrahlten Skelettabschnitte nach 3 Jahren eine partielle oder komplette Regeneration. Diese Beobachtungen lassen sich mit den Befunden der Knochenmarkaspirate aber nicht in Einklang bringen. Proben, die 5 Jahre nach der Bestrahlung und später aus dem mit Strahlendosen zwischen 2600 und 5000 rad bestrahlten Knochenmark von 33 Patienten entnommen wurden, ergaben nur zu 6% eine normale Zellularität, aber zu 18% ein hypoplastisches und zu 76% ein aplastisches Knochenmark (Slanina et al. 1977).

Weitere Beobachtungen an diesen Patienten zeigen, daß die Zerstörung eines derart großen Anteils des Knochenmarkorgans durch Reaktion in den nicht oder wenig geschädigten Anteilen des Stammzellenspeichers bzw. des hämopoetischen Gewebes hinreichend kompensiert werden kann. Dabei kommt es in den ersten Jahren einmal zur Ausbildung hämopoetischen Gewebes in den Röhrenknochen der Extremitäten unter Verdrängung des Fettmarks, zum andern zu einer Hyperplasie in einzelnen nicht bestrahlten Knochenmarkabschnitten (Rubin et al. 1973; DeGowin et al. 1974; Knospe et al. 1976; Hill et al. 1980). Infolge dieser Kompensationsprozesse ist die Hämopoese nur selten so eingeschränkt, daß die Blutzellzahlen auf wirklich kritische Werte sinken (Rubin et al. 1973; Slanina et al. 1977).

K. Die Strahlenwirkung auf das Knochenmarkstroma

I. Untersuchungen an Kleinsäugern

Das Knochenmarkstroma wird allgemein als ein strahlenresistentes Gewebe eingestuft, da nach Strahlendosen unter 1000 rad – im Gegensatz zum hämopoetischen Gewebe – histologisch keine aktuten Degenerationserscheinungen beobachtet werden (CAFFREY et al. 1966; HAAS 1971; Übersicht bei PATT u. MALONEY 1975). Nach höheren Strahlendosen kommt es aber, wie aus Untersuchungen an Nagern nach Teilkörperbestrahlungen hervorgeht, zu erheblichen Veränderungen im Knochenmarkstroma, so daß die Regeneration des hämopoetischen Gewebes nur langsam vonstatten geht. Nach Bestrahlungen des Femurs von Mäusen und Kaninchen mit einer Dosis von 1000 rad (250 kV-Röntgenstrahlen, 73 rad/min bzw. 300 kV-Röntgenstrahlen, HWD = 1,65 mm Cu, 360 rad/min) stagnierte die Zellzahl im bestrahlten Knochenmark der Mäuse bis zu 6 Monate lang bei 75% des Normalwertes (WERTS et al. 1977) und im Femur der Kaninchen bei 50% (MALONEY u. PATT 1972b). Bei Nagern dürfte demnach eine Kurzzeitdosis von 1000 rad einer Strahlung niedrigen LETs bereits über der Dosisschwelle liegen, bei der der Schädigungsgrad des Stromas für die Regeneration der Hämopoese zum limitierenden Faktor wird (PATT u. MALONEY 1975).

Histologische Untersuchungen an den mit hohen Strahlendosen zwischen 2000 und 10000 R (300 kV-Röntgenstrahlen, HWD = 1,65 mm Cu, 229 R/min) bestrahlten Femora von Ratten vermitteln ein genaueres Bild von der Sequenz der Veränderungen im zellulären Gerüst des Knochenmarks (KNOSPE et al. 1966). Nach Strahlendosen zwischen 2000 und 10000 R folgte auf die Zerstörung des hämopoetischen Gewebes zunächst zwischen dem 7. und 14. Tag ein erster Regenerationsversuch, der bei zunehmender Strahlendosis schwächer ausfiel. Nach etwa 1 Monat begann eine dosisabhängige Verarmung an Sinusstrukturen, die mit einem erneuten Rückgang der Hämopoese (sekundäre Aplasie) verbunden war. 1 Jahr nach Bestrahlung war die Sinusarchitektonik nur in den mit 2000 R bestrahlten Femora z.T. wiederhergestellt. Mit der verbesserten Mikrozirkulation eng verbunden war das Wiederauftreten diffus verteilter hämopoetischer Herde. In den mit 6000 und 10000 R bestrahlten Femora entwickelten sich nach 6 Monaten bis zu 1 Jahr fibrotische Areale. Demnach dürften vor allem die Verödung der Sinusstrukturen und die dadurch bedingten Veränderungen der Mikrozirkulation dafür ausschlaggebend sein, daß das hämopoetische Gewebe nur langsam oder nicht mehr regenerieren kann. Da die Funktion der hämopoetischen Zellen von mikroökologischen Beziehungen zu bestimmten Stromazellen abhängt (Übersichten bei VON KEYSERLINGK 1978; LICHTMAN 1981), ist anzunehmen, daß auch die Verarmung des Stromas an Retikulumzellen eine Rolle spielt, wenn diese aus ihren Vorläuferkompartimenten nur langsam wieder ersetzt werden (PATT u. MALONEY 1975; WERTS et al. 1977).

Auf die Bedeutung des Knochenmarkstromas für die Replikation der Stammzellen weisen von HENDRY und LAJTHA (1972) an Mäusen erzielte Ergebnisse hin. Die Autoren fanden, daß die Vermehrung einer Stammzellpopulation in einem mit 4 Fraktionen zu je 450 rad (300 kV-Röntgenstrahlen, 30 rad/min) im Abstand von 24 Tagen bestrahlten Femur deutlich langsamer erfolgt (Verdoppelungszeit etwa 42 Std) als bei der gleichen Population in einem bei einmaliger Ganzkörperbestrahlung mit 850 rad bestrahlten Femur (Verdoppelungszeit 30 Std). Nach dem Konzept von SCHOFIELD (1978) könnten solche Stromadefekte in einer Reduktion spezifischer Stammzellennischen bestehen.

II. Untersuchungen an Patienten

Die wichtigsten Informationen über die Toleranz des menschlichen Knochenmarkstromas ergeben sich zweifellos aus den Untersuchungen an Patienten nach therapeutischen Teilkörperbestrahlungen, deren Effekte bereits in Abschnitt J.II. ausführlicher behandelt wurden.

SYKES et al. (1964) untersuchten das Knochenmark im Sternum von Patienten, das bei fraktionierten Teilkörperbestrahlungen (250 kV-Röntgenstrahlen, HWD = 2 mm Cu) mit Gesamtdosen zwischen 1000 R und 6000 R bestrahlt worden war. Nach Strahlendosen von 1000 R (2 × 500 R) oder 2000 R bis 2400 R (10 × 200 R bzw. 10 × 240 R) ließ sich 19 Tage bis 7 Monate später anhand von Knochenmarkaspiraten im Knochenmarkstroma eine sich regenerierende Hämopoese nachweisen. Dagegen fand sich bei Patienten, deren Sternum mit Strahlendosen über 3000 R (5 × 150 R bis 5 × 200 R wöchentlich) bestrahlt worden war, nur in 2 von 56 Fällen nach mehreren Monaten bis zu 7 Jahren eine Regeneration. Die Toleranzdosis bei diesen Bestrahlungsbedingungen wird zu 2500 R bis zu 3500 R veranschlagt (SYKES et al. 1964), wobei zu berücksichtigen ist, daß jeweils weniger als 3% der gesamten Knochenmarkmasse bestrahlt wurden (SYKES et al. 1974).

Demgegenüber schließen RUBIN et al. (1973) sowie KNOSPE et al. (1976) aus ihren szintigraphischen Befunden (s. Abschnitt J.II.), daß das Knochenmarkstroma auch nach Gesamtstrahlendosen von 3500 R bzw. 4400 R noch in der Lage ist, sich zu erholen und eine Regeneration der Hämopoese zu gewährleisten. Die Diskrepanzen zu den Befunden von SLANINA et al. (1977), die für den gleichen Dosisbereich nur bei insgesamt 24% der untersuchten Aspirate ein Wiederauftreten der Hämopoese feststellen konnten, lassen sich nur damit erklären, daß die Regeneration in den bestrahlten Knochenmarkräumen lokal sehr uneinheitlich verläuft. Bemerkenswert sind in diesem Zusammenhang die Beobachtungen von GOSWITZ et al. (1963). Sie fanden im Knochenmark des Os pubis, das bei einer therapeutischen Bestrahlung von Blasentumoren mit Gesamtdosen von 6000 R bis 6750 R (^{60}Co-Gammastrahlen, 5 × 240 R bis 5 × 330 R wöchentlich) bestrahlt worden war, nach 1 bis 3 Monaten wieder Anzeichen einer sich regenerierenden Hämopoese. Vermutlich hängt das Erholungsvermögen des Stromas und damit die Regeneration der Hämopoese in Knochenmarkabschnitten, die mit Strahlendosen zwischen 2500 rad und 6000 rad fraktioniert bestrahlt wurden, nicht allein von der Knochenmarkdosis und der bestrahlten Knochenmarkmasse ab, sondern auch von anatomisch bedingten Unterschieden. Die sehr langsame und uneinheitliche Erneuerung der Hämopoese nach Bestrahlung großer Anteile der Knochenmarkmasse könnte z.T. darauf beruhen, daß unter solchen Bedingungen die Produktion migrationsfähiger Stammzellen in den intakten Knochenmarkabschnitten langfristig stark vermindert ist.

Literatur

Ainsworth EJ, Fry RJM, Williamson FS, Kisielski WE, Jordan DL, O'Malley MP, Miller M, Cooke EM, Sallese A, Brennan PC (1971) Relative biological effectiveness of neutrons from the Janus reactor. Argonne National Laboratory Report ANL-7870, pp 19–26

Ainsworth EJ, Fry RJM, Grahn D, Williamson FS, Rust JH, Brennan PC, Carrano AV, Jordan DL, Miller M, Allen KH, Nielsen MP, Cooke E, Staffeldt E, Sallese A (1972) Progress of JM-2 and related neutron- and gamma-radiation toxicity studies. Argonne National Laboratory Report ANL-7970, pp 13–29

Ainsworth EJ, Fry RJM, Jordan DL, Sallese AR (1973) Radiation sensitivity and recovery: strain differences, age sensitivity, and split-dose recovery studies. Argonne National Laboratory Report ANL-8070, pp 10–12

Ainsworth EJ, Jordan DL, Miller M, Cooke EM, Hulesch JS (1976) Dose rate studies with fission spectrum neutrons. Radiat Res 67:30–45

Alpen EL, Shill OS, Tochilin E (1960) The effects of total-body irradiation of dogs with simulated fission neutrons. Radiat Res 12:237–250

Barendsen GW (1981) The influence of dose fractionation and dose rate on normal tissue responses. Annual Report 1981, Radiobiological Institute TNO, Institute for Experimental Gerontology TNO, Primate Center TNO, Rijswijk, pp 13–16

Bateman JL, Bond VP, Robertson JS (1962) Dose-rate dependence of early radiation effects in small mammals. Radiology 79:1008–1014

Baumann B, Muth H (1977) Zur Frage der Erholungsfähigkeit von Säugetieren nach akuter subletaler Ganzkörperbestrahlung mit energiereichen Strahlen unter Berücksichtigung des jugendlichen

Organismus. In: Messerschmidt O, Möhrle G, Zimmer R, Holeczke F, Kainberger F, Kärcher KH, Mader H, Seyss R (Hrsg) Vorsorgemedizin und Strahlenschutz (Risiko/Nutzen-Analyse). Erholungsvorgänge nach Strahleneinwirkung. Medizinische Aspekte der Strahlenschutzgesetzgebung in verschiedenen europäischen Ländern. Thieme, Stuttgart (Strahlenschutz in Forschung und Praxis, Bd XVIII, S 35–45)

Becker AJ, McCulloch EA, Till JE (1963) Cytological demonstration of the clonal nature of spleen colonies derived from transplanted bone marrow cells. Nature 197:452–454

Becker AJ, McCulloch EA, Siminovitch L, Till JE (1965) The effects of differing demands for blood cell production on DNA synthesis by hemopoietic colony-forming cells of mice. Blood 26:296–308

Blackett NM, Roylance PJ, Adams K (1964) Studies on the capacity of bone-marrow cells to restore erythropoiesis in heavily irradiated rats. Br J Haematol 10:453–467

Boggs SS, Boggs DR (1975) Earlier onset of hematopoietic differentiation after expansion of the endogenous stem cell pool. Radiat Res 63:165–173

Boll I (1978) Das granulozytäre Zellsystem. In: Queisser W (Hrsg) Das Knochenmark – Morphologie Funktion Diagnostik. Thieme, Stuttgart, S 167–192

Bond VP (1964) Comparison of the mortality response of different mammalian species to X-rays and fast neutrons. In: International Atomic Energy Agency (ed) Biological effects of neutron and proton irradiations, vol II. IAEA, Vienna, pp 365–377

Bond VP (1969) Radiation mortality in different mammalian species. In: Bond VP, Sugahara T (eds) Comparative cellular and species radiosensitivity. Igaku Shoin, Tokyo, pp 5–19

Bond VP, Robinson CV (1967) A mortality determinant in nonuniform exposures of the mammal. Radiat Res [Suppl] 7:265–275

Bond VP, Swift MN, Allen AC, Fishler MC (1950) Sensitivity of abdomen of rat to X-irradiation. Am J Physiol 161:323–330

Bond VP, Carter RE, Robertson JS, Seymour PH, Hechter HH (1956) The effects of total-body fast neutron irradiation in dogs. Radiat Res 4:139–153

Bond VP, Fliedner TM, Archambeau JO (1965) Mammalian radiation lethality. A disturbance in cellular kinetics. Academic Press, New York London

Briganti G, Mauro F (1979) Differences in radiation sensitivity in subpopulations of mammalian multicellular systems. Int J Radiat Oncol Biol Phys 5:1095–1101

Broerse JJ (1969) Dose-mortality studies for mice irradiated with X-rays, gamma-rays and 15 MeV neutrons. Int J Radiat Biol 15:115–124

Broerse JJ, Barendsen GW (1973) Relative biological effectiveness of fast neutrons for effects on normal tissues. Curr Top Radiat Res Quarterly 8:305–350

Broerse JJ, Engels AC, Lelieveld P, Putten LM van, Duncan W, Greene D, Massey JB, Gilbert CW, Hendry JH, Howard A (1971) The survival of colony-forming units in mouse bone marrow after in vivo irradiation with D-T neutrons, X- and gamma-radiation. Int J Radiat Biol 19:101–110

Broerse JJ, Bekkum DW van, Hollander CF, Davids JAG (1978) Mortality of monkeys after exposure to fission neutrons and the effect of autologous bone marrow transplantation. Int J Radiat Biol 34:253–264

Caffrey RW, Everett NB, Rieke WO (1966) Radioautographic studies of reticular and blast cells in the hemopoietic tissues of the rat. Anat Rec 55:41–58

Carsten AL, Noonan TR (1964) Hematological effects of partial-body and whole-body X-irradiation in the rat. Radiat Res 22:136–143

Carter RE, Bond VP, Seymour PH (1956) The relative biological effectiveness of fast neutrons in mice. Radiat Res 4:413–423

Casarett GW (1969) Patterns of recovery from large single-dose exposure to radiation. In: Bond VP, Sugahara T (eds) Comparative cellular and species radiosensitivity. Igaku Shoin, Tokyo, pp 42–52

Chadwick KH, Leenhouts HP (1973) A molecular theory of cell survival. Phys Med Biol 18:78–87

Chervenick PA, Boggs DR (1971) Patterns of proliferation and differentiation of hematopoietic stem cells after compartment depletion. Blood 37:568–580

Cline MJ, Golde DW (1979) Controlling the production of blood cells. Blood 53:157–165

Coggle JE (1980) Absence of late radiation effects on bone marrow stem cells. Int J Radiat Biol 38:589–595

Coggle JE, Gordon MY (1975) Quantitative measurements on the haemopoietic systems of three strains of mice. Exp Hematol 3:181–186

Cole LJ, Haire HM, Alpen EL (1967) Partial shielding of dogs: effectiveness of small external epicondylar lead cuffs against lethal X-irradiation. Radiat Res 32:54–63

Croizat H, Frindel E, Tubiana M (1979) Long-term radiation effects on the bone marrow stem cells of C3H mice. Int J Radiat Biol 36:91–99

Croizat H, Frindel E, Tubiana M (1980) The effect of partial body irradiation on haemopoietic stem cell migration. Cell Tissue Kinet 13:319–325

Cronkite EP, Bond VP (1960) Diagnosis of radiation injury and analysis of the human lethal dose of radiation. US Armed Forces Med J 11:249–260

Cronkite EP, Fliedner TM (1972) The radiation syndromes. In: Hug O, Zuppinger A (Hrsg) Strahlenbiologie 3. Handbuch der medizinischen Radiologie, Bd II/3. Springer, Berlin Heidelberg New York, S 299–339

Crosfill ML, Lindop PJ, Rotblat J (1959) Variation of sensitivity to ionizing radiation with age. Nature 183:1729–1730

Davids JAG (1970) Bone marrow syndrome in CBA mice exposed to fast neutrons of 1.0 MeV mean energy. Effect of syngeneic bone marrow transplantation. Int J Radiat Biol 17:173–185

Davids JAG (1973) Acute effects of 1-MeV fast neutrons on the haematopoietic tissues, intestinal epithelium and gastric epithelium in mice. In: Duplan JF, Chapiro A (eds) Advances in radiation research, vol 2. Gordon and Breach Science Publishers, New York London Paris, pp 565–576

DeGowin RL, Chaudhuri TK, Cristie JH, Callis MN, Mueller AL (1974) Marrow scanning in evaluation of hemopoiesis after radiotherapy. Arch Intern Med 134:297–303

Dexter TM, Spooncer E, Hendry J, Lajtha LG (1978) Stem cells in vitro. In: Golde DW, Cline MJ, Metcalf D, Fox CF (eds) Hematopoietic cell differentiation. ICN-UCLA Symposia on Molecular and Cellular Biology, vol X. Academic Press, New York San Francisco London, pp 163–173

Dörmer P (1978) Das erythrozytäre Zellsystem. In: Queisser W (Hrsg) Das Knochenmark – Morphologie Funktion Diagnostik. Thieme, Stuttgart, S 150–166

Drasil V, Juraskova V, Koukalova B (1975) The influence of continuous irradiation on the colony forming activity of mouse bone-marrow. Int J Radiat Biol 11:613–614

Eltringham JR (1967) Recovery of the rhesus monkey from an acute radiation exposure as evaluated by the split-dose technique: Preliminary results. Radiat Res 31:533 (Abstract)

Faille A, Maraninchi D, Gluckman E, Devergie A, Balitrand N, Ketels F, Dresch C (1981) Granulocyte progenitor compartments after allogeneic bone marrow grafts. Scand J Haematol 26:202–214

Fauser AA, Messner HA (1978) Granuloerythropoietic colonies in human bone marrow, peripheral blood, and cord blood. Blood 52:1243–1248

Fauser AA, Messner HA (1979) Proliferative state of human pluripotent hemopoietic progenitors (CFU-GEMM) in normal individuals and under regenerative conditions after bone marrow transplantation. Blood 54:1197–1200

Fliedner TM (1973) Pathophysiologie der Strahlenempfindlichkeit des Knochenmarks. In: Braun H, Heuck F, Ladner HA, Messerschmidt O, Musshof K, Streffer C (Hrsg) Strahlenempfindlichkeit von Organen und Organsystemen der Säugetiere und des Menschen. Strahlenschutz in Forschung und Praxis, Bd XIII. Thieme, Stuttgart, S 28–48

Fliedner TM (1974) Kinetik und Regulationsmechanismen des Granulozytenumsatzes. Schweiz Med Wochenschr 104:98–107

Fliedner TM, Calvo W (1978) Hematopoietic stem-cell seeding of a cellular matrix: a principle of initiation and regeneration of hematopoiesis. In: Cold Spring Harbor Conferences on Cell Proliferation, vol 5. Clarkson B, Marks PA, Till JE (eds) Differentiation of normal and neoplastic hematopoietic cells, book B. Cold Spring Harbor Laboratory, pp 757–773

Fliedner TM, Flad HD, Bruch C, Calvo W, Goldmann S, Herbst E, Hügl E, Huget R, Körbling M, Krumbacher K, Nothdurft W, Ross WM, Schnappauf HP, Steinbach I (1976) Treatment of aplastic anemia by blood stem cell transfusion: a canine model. Haematologica 61:141–156

Fliedner TM, Steinbach KH, Raffler H (1977) Erholungsvorgänge im Stammzellenbereich des Knochenmarkes nach Strahleneinwirkung. In: Messerschmidt O, Möhrle G, Zimmer R, Holeczke F, Kainberger F, Kärcher KH, Mader H, Seyss R (Hrsg) Vorsorgemedizin und Strahlenschutz (Risiko/Nutzen-Analyse). Erholungsvorgänge nach Strahleneinwirkung. Medizinische Aspekte der Strahlenschutzgesetzgebung in verschiedenen europäischen Ländern. Strahlenschutz in Forschung und Praxis, Bd XVIII. Thieme, Stuttgart, S 4–20

Fliedner TM, Hoelzer D, Steinbach KH (1978) Physiologische und pathologische Regulation der Erythropoese. Verh Dtsch Ges Inn Med 84:15–27

Fritz TE, Norris WP, Tolle DV, Seed TM, Poole CM, Lombard LS, Doyle DE (1978) Relationship of dose rate and total dose to responses of continuously irradiated beagles. In: International Atomic Energy Agency (ed) Late biological effects of ionizing radiation, vol II. IAEA, Vienna, pp 71–82

Garner RJ, Phemister RD, Angleton GM, Lee AC, Thomassen RW (1974) Effect of age on the acute lethal response of the beagle to Cobalt-60 gamma radiation. Radiat Res 58:190–195

Gerber GB, Maes J (1980) Stem cell kinetics in spleen and bone marrow after single and fractionated irradiation of infant mice. Radiat Environ Biophys 18:249–256

Gidali J (1975) Response of stem cell system to whole body and partial body irradiation. In: Nygaard OF, Adler HJ, Sinclair WS (eds) Radiation research. Academic Press, New York San Francisco London, pp 788–796

Gidali J, Feher I, Antal S (1974) Some properties of circulating hemopoietic stem cells. Blood 43:573–580

Gidali J, Bojtor I, Feher I (1979) Kinetic basis for compensated hemopoiesis during continuous irradiation with low doses. Radiat Res 77:285–291

Goldman JM (1980) Haemopoietic stem cell autografts for leukaemia. Blut 41:71–79

Goswitz FA, Andrews GA, Kniseley RM (1963) Effects of local irradiation (Co⁶⁰ teletherapy) on the peripheral blood and bone marrow. Blood 21:605–619

Guzman E, Lajtha LG (1970) Some comparisons of the kinetic properties of femoral and splenic haemopoietic stem cells. Cell Tissue Kinet 3:91–98

Haas RJ (1971) Die Rolle zytokinetisch ruhender Zellen für die Regeneration eines aplastischen Knochenmarkes. Autoradiographische Untersuchungen an der Ratte. Aerztl Forsch 25:185–194

Haas RJ, Bohne F, Fliedner TM (1971) Cytokinetic analysis of slowly proliferating bone marrow cells during recovery from radiation injury. Cell Tissue Kinet 4:31–45

Hendry JH (1972) The response of haemopoietic colony-forming units and lymphoma cells irradiated in soft tissue (spleen) or a bone cavity (femur) with single doses of X rays, γ rays or D-T neutrons. Br J Radiol 45:923–932

Hendry JH (1973) Differential split-dose radiation response of resting and regenerating haemopoietic stem cells. Int J Radiat Biol 24:469–473

Hendry JH (1979) The dose-dependence of the split-dose response of marrow colony-forming units (CFU-S): similarities to other tissues. Int J Radiat Biol 36:631–636

Hendry JH, Howard A (1971) The response of haemopoietic colony-forming units to single and split doses of γ-rays or D-T neutrons. Int J Radiat Biol 19:51–64

Hendry JH, Lajtha LG (1972) The response of hemopoietic colony-forming units to repeated doses of X-rays. Radiat Res 52:309–315

Hendry JH, Lajtha LG (1975) Response of mouse bone marrow to low dose rates, split acute doses, and multiple daily fractions. In: Alper T (ed) Cell survival after low doses of radiation: Theoretical and clinical implications. The Institute of Physics, Wiley, Bristol, pp 308–312

Hendry JH, Potten CS (1974) Cryptogenic cells and proliferative cells in intestinal epithelium. Int J Radiat Biol 25:583–588

Hendry JH, Testa NG, Lajtha LG (1974) Effect of repeated doses of X-rays or 14 MeV neutrons on mouse bone marrow. Radiat Res 59:645–652

Heyden HW von (1978) Die ortsständigen Knochenmarkzellen. In: Queisser W (Hrsg) Das Knochenmark – Morphologie Funktion Diagnostik. Thieme, Stuttgart, S 99–107

Hill DR, Benak SB, Phillips TL, Price DC (1980) Bone marrow regeneration following fractionated radiation therapy. Int J Rad Oncol Biol Phys 6:1149–1155

Hornsey S (1967) The recovery process in organized tissue. In: Silini G (ed) Radiation research. North-Holland Publishing, Amsterdam, pp 587–603

Hornsey S, Vatistas S, Bewley DK, Parnell CJ (1965) The effect of fractionation on four day survival of mice after whole-body neutron irradiation. Br J Radiol 38:878–880

Hübner GE, Wangenheim K-H von, Feinendegen LE (1981) An assay for the measurement of residual damage of murine hematopoietic stem cells. Exp Hematol 9:111–117

IAEA Safety Series No 47 (1978) Manual on Early Medical Treatment of Possible Radiation Injury. With an appendix on sodium burns. International Atomic Energy Agency, Vienna

International Commission on Radiological Protection No 23 (1974) Report of the task group on reference man. Pergamon Press, Oxford New York Toronto Sydney Braunschweig, pp 85–98

Iscove NN (1978) Regulation of proliferation and maturation at early and late stages of erythroid differentiation. In: Saunders GF (ed) Cell differentiation and neoplasia. Raven Press, New York, pp 195–209

Jablon S, Fujita S, Fukushima K, Ishimaru T, Auxier JA (1969) RBE of neutrons in Japanese survivors. In: Symposium on Neutrons in Radiobiology. US Atomic Energy Commission Rep Conf 691106, pp 547–579

Jacobson LO, Simmons EL, Bethard WF, Marks EK, Robson MJ (1950) The influence of the spleen on hematopoietic recovery after irradiation injury. Proc Soc Exp Biol Med 73:455–459

Kallman RF, Silini G (1964) Recuperation from lethal injury by whole-body irradiation. I Kinetic aspects and the relationship with conditioning dose in C57Bl mice. Radiat Res 22:622–642

Kaplan HS, Brown MB (1952) Mortality of mice after total-body irradiation as influenced by alteration in total dose, fractionation, and periodicity of treatment. J Natl Cancer Inst 12:756–775

Keyserlingk DG von (1978) Anatomie des Knochenmarks. In: Queisser W (Hrsg) Das Knochenmark – Morphologie Funktion Diagnostik. Thieme, Stuttgart, S 78–95

Kindt A, Sattler EL (1977) Literaturübersicht zur Frage der Erholung nach Ganzkörperbestrahlung. Bundesamt für Zivilschutz (Hrsg) Zivilschutzforschung, Bd 6. Osang, Bad Honnef-Erpel

Knospe WH, Blom J, Crosby WH (1966) Regeneration of locally irradiated bone marrow. I Dose dependent, long-term changes in the rat, with particular emphasis upon vascular and stromal reaction. Blood 28:398–415

Knospe WH, Rayudu VM, Cardello M, Friedman AM, Fordham EW (1976) Bone marrow scanning with ^{52}iron (^{52}Fe). Regeneration and extension of marrow after ablative dose of radiotherapy. Cancer 37:1432–1442

Körbling, M, Burke P, Braine H, Elfenbein G, Santos G, Kaizer H (1981) Successful engraftment of blood derived normal hemopoietic stem cells in chronic myelogenous leukemia. Exp Hematol 9:684–690

Krebs JS, Brauer RW (1952) Residual injury caused by irradiation with fast neutrons. Radiat Res 11:855–863

Krebs JS, Brauer RW (1964) Comparative accumulation of injury from X-, gamma and neutron irradiation – the position of theory and experiment. In: International Atomic Energy Agency (ed) Biological effects of neutron and proton irradiation, vol II. IAEA, Vienna, pp 347–364

Krokowski E, Taenzer V (1966) Der radiogene Strahlenschutzeffekt. Strahlentherapie 130:139–145

Lajtha LG (1979) Stem cell concepts. Differentiation 14:23–34

Lajtha LG, Pozzi LV, Schofield R, Fox M (1969) Kinetic properties of hemopoietic stem cells. Cell Tissue Kinet 2:39–49

Lahiri SK (1976) Kinetics of haemopoietic recovery in endotoxin-treated mice. Cell Tissue Kinet 9:31–39

Lamerton LF (1966) Cell proliferation under continuous irradiation. Radiat Res 27:119–138

Lamerton LF (1968) Radiation biology and cell population kinetics (The Tenth Douglas Lea Memorial Lecture). Phys Med Biol 13:1–14

Lamerton LF, Pontifex AH, Blackett NM, Adams K (1960) Effects of protracted irradiation on the blood-forming organs of the rat. Part I Continuous Exposure. Br J Radiol 33:287–301

Langendorff H, Langendorff M, Metzner R, Mönig H, Steinbach K-H, Tumbrägel G (1970) Radiobiological investigations with fast neutrons. I Comparative investigations on the mortality of male mice after an irradiation with 15 MeV-neutrons and ^{60}Co-γ-rays. Atomkernenergie 16:255–260

Langendorff H, Langendorff M, Mönig H (1973) Die Änderung der Strahlenempfindlichkeit der Maus nach Vorbestrahlung mit schnellen Neutronen oder Röntgenstrahlen. Strahlentherapie 146:327–338

Langham WH (ed) (1967) Radiobiological factors in manned space flight. National Academy of Sciences, National Research Council, Washington DC

Lichtman MA (1981) The ultrastructure of the hemopoietic environment of the marrow: a review. Exp Hematol 9:391–410

Loewe WE, Mendelsohn E (1981) Revised dose estimates at Hiroshima and Nagasaki. Health Phys 41:663–666

Lord BI (1975) Cell proliferation changes in hemopoietic tissue as a result of irradiation or drug administration: the control of cell proliferation in hemopoietic tissue. In: Nygaard OF, Adler HI, Sinclair WK (eds) Radiation research. Academic Press, New York San Francisco London, pp 826–833

Lushbaugh CC (1969) Reflections on some recent progress in human radiobiology. In: Augenstein LC, Mason R, Zelle M (eds) Advances in radiation biology, vol 3. Academic Press, New York London, pp 277–314

Lushbaugh CC (1974) Human radiation tolerance. In: Tobias CA, Todd P (eds) Space radiation biology and related topics. Academic Press, New York London, pp 475–522

Maloney MA, Patt HM (1972a) Migration of cells from shielded to irradiated marrow. Blood 39:804–808

Maloney MA, Patt HM (1972b) Persistent marrow hypocellularity after local irradiation of the rabbit femur with 1000 rad. Radiat Res 50:284–292

Maloney MA, Patt HM (1978) Marrow stem cell release in the autorepopulation assay. Exp Hematol 6:227–232

Martinez RG, Cassab GH, Ganem GG, Guttman KE, Lieberman ML, Vater LB, Linares MM, Rodriguez HM (1964) Accident from radiation: observations on the accidental exposure of a family to a source of Cobalt-60. Rev Med Inst Mex Seguro Soc 3 [Suppl] 1:14–69 (English translation by Comas FV)

McCulloch EA, Till JE (1962) The sensitivity of cells from normal mouse bone marrow to gamma radiation in vitro and in vivo. Radiat Res 16:822–832

Metcalf D (1972) Effect of thymidine suiciding on colony formation in vitro by mouse hematopoietic cells. Proc Soc Exp Biol Med 139:511–514

Metcalf D, Moore MAS (1971) Haemopoietic Cells. North-Holland Publishing, Amsterdam London

Micklem HS, Anderson N, Ross E (1975) Limited potential of circulating haemopoietic stem cells. Nature 256:41–43

Mizoguchi H, Kubota K, Miura Y, Takaku F (1979) An improved plasma culture system for the production of megakaryocyte colonies in vitro. Exp Hematol 7:345–351

Mole RH (1957) Quantitative observations on recovery from whole body irradiation in mice. II Recovery during and after daily irradiation. Br J Radiol 30:40–46

Mole RH (1975) Deductions about survival curve parameters from iso-effect radiation regimes: observations on lethality after whole-body irradiation of mice. In: Alper T (ed) Cell survival after low doses of radiation. The Institute of Physics. Wiley, Bristol, pp 299–303

Mönig H (1978) Biologische Wirkungen von Neutronen bei Säugetieren und beim Menschen. In: Bundesamt für Zivilschutz (Hrsg) Zivilschutzforschung, Bd 8. Osang, Bad Honnef-Erpel, S 39–65

Nachtwey DS, Ainsworth EJ, Leong GF (1967) Recovery from irradiation injury in swine as evaluated by the split-dose technique. Radiat Res 31:353–367

Nakeff A, McLellan WL, Bryan J, Valeriote FA (1979) Response of megakaryocyte, erythroid, and granulocyte-macrophage progenitor cells in mouse bone marrow to gamma-irradiation and cyclophosphamide. In: Baum J, Ledney GD (eds) Experimental hematology today. Springer, Berlin Heidelberg New York, pp 99–104

NCRP Report No 39 (1974) Basic radiation protection criteria, 2nd reprinting. National Council on Radiation Protection and Measurements, Washington DC 20014

Nečas E (1982) Stem cell (CFU-s) proliferation in sublethally irradiated mice. Cell Tissue Kinet 15:667–672

Neumann HA, Löhr GW, Fauser AA (1981) Radiation sensitivity of pluripotent hemopoietic progenitors (CFU$_{GEMM}$) derived from human bone marrow. Exp Hematol 9:742–744

Norris WP, Tyler SA, Sacher GA (1976) An interspecies comparison of responses of mice and dogs to continuous ^{60}Co γ irradiation. In: International Atomic Energy Agency (ed) Biological and environmental effects of low-level radiation, vol I. IAEA, Vienna, pp 147–156

Nothdurft W, Fliedner TM (1979) Stem cell migration after irradiation. In: Okada S, Imamura M, Terasima M, Yamaguchi H (eds) Radiation research. Toppan, Tokyo, pp 657–663

Ohkita T (1975) Acute effects. J Radiat Res [Suppl] 16:49–66

Paterson E, Gilbert CW, Haigh MV (1956) Effects of paired doses of whole-body irradiation in the rhesus monkey. Br J Radiol 29:218–226

Patt HM (1969) Species differences in leukocyte restoration after irradiation. In: Bond VP, Sugahara T (eds) Comparative cellular and species radiosensitivity. Igaku Shoin, Tokyo, pp 112–122

Patt HM, Maloney MA (1975) Bone marrow regeneration after local injury: a review. Exp Hematol 3:135–148

Patt HM, Quastler H (1963) Radiation effects on cell renewal and related systems. Physiol Rev 43:357–396

Prasad KN (1974) Human radiation biology. Harper and Row, Hagerstown New York Evanston San Francisco London

Proukakis C, Lindop PJ (1967) Age dependence of radiation sensitivity of haemopoietic cells in the mouse. Nature 215:655–656

Proukakis C, Coggle JE, Lindop PJ (1969) Effect of age at exposure on the marrow stem-cell population in relation to 30-day mortality in mice. In: Sikov MR, Mahlum DD (eds) Radiation biology of the fetal and juvenile mammal. US Atomic Energy Commission, Oak Ridge, pp 603–612

Queisser W (1978) Das thrombozytäre Zellsystem. In: Queisser W (Hrsg) Das Knochenmark – Morphologie Funktion Diagnostik. Thieme, Stuttgart, S 209–226

Quesenberry P, Levitt L (1979a) Hematopoietic stem cells (First of three parts). N Engl J Med 301:755–760

Quesenberry P, Levitt L (1979b) Hematopoietic stem cells (Second of three parts). N Engl J Med 301:819–823

Reactor Safety Study Wash-1400 (1975) Appendix F. US Nuclear Regulatory Commission

Robinson WA, Mangalik A (1975) The kinetics and regulation of granulopoiesis. Semin Hematol 12:7–25

Rubin P, Landman S, Mayer E, Keller B, Ciccio S (1973) Bone marrow regeneration and extension after extended field irradiation in Hodgkin's disease. Cancer 32:699–711

Schneider DO, Whitmore GF (1963) Comparative effects of neutrons and X-rays on mammalian cells. Radiat Res 18:286–306

Schofield R (1978) The relationship between the spleen colony-forming cell and the haemopoietic stem cell. Blood Cells 4:7–25

Schofield R, Dexter TM (1982) CFU-S repopulation after low-dose whole-body radiation. Radiat Res 189:607–617

Siminovitch L, McCulloch EA, Till JE (1963) The distribution of colony-forming cells among spleen colonies. J Cell Comp Physiol 62:327–336

Slanina J, Musshoff K, Rahner T, Stiasny R (1977) Long-term side effects in irradiated patients with Hodgkin's disease. Int J Rad Oncol Biol Phys 2:1–19

Spitzer G, Verma DS, Fisher R, Zander A, Vellekoop L, Litam J, McCredie KB, Dicke KA (1980) The myeloid progenitor cell – its value in predicting hematopoietic recovery after autologous bone marrow transplantation. Blood 55:317–323

Storb R, Graham TC, Epstein RB, Sale GE, Thomas ED (1977) Demonstration of hemopoietic stem cells in the peripheral blood of baboons by cross circulation. Blood 50:537–542

Sullivan MF, Marks S, Hackett PL, Thompson RC (1959) X-irradiation of the exteriorized or in situ intestine of the rat. Radiat Res 11:653–666

Swift MN, Taketa ST, Bond VP (1956) Efficacy of hematopoietic protective procedures in rats X-irradiated with intestine shielded. Radiat Res 4:186–192

Sykes MP, Chu F, Savel H, Bonadonna G, Mathis H (1964) The effects of varying dosages of irradiation upon sternal-marrow regeneration. Radiology 83:1084–1088

Sykes MP, Chu F, Gee TS, McKenzie S (1974) Follow up long-term effects of therapeutic irradiation on bone marrow. Radiology 113:179–180

Testa NG, Hendry JH, Lajtha LG (1973) The response of mouse haemopoietic colony formers to acute or continuous gamma irradiation. Biomedicine 19:183–186

Till JE (1963) Quantitative aspects of radiation lethality at the cellular level. Am J Roentgenol, Rad Therapy and Nuclear Med 90:917–927

Till JE, McCulloch EA (1961) A direct measurement of the radiation sensitivity of normal mouse marrow cells. Radiat Res 14:213–222

Till JE, McCulloch EA (1963) Early repair processes in marrow cells irradiated and proliferating in vivo. Radiat Res 18:96–105

Tolle DV, Seed TM, Fritz TE, Norris WP (1979) Irradiation-induced canine leukemia: A proposed new model: Incidence and Hematopathology. In: Baum SJ, Ledney GD (eds) Experimental hematology today 1979. Springer, Berlin Heidelberg New York, pp 247–256

Trentin JJ (1976) Hemopoietic inductive microenvironments. In: Cairnie AB, Lala PK, Osmond DG (eds) Stem cells of renewing cell populations. Academic Press, New York San Francisco London, pp 255–264

Trott K-R (1972) Strahlenwirkungen auf die Vermehrung von Säugetierzellen. In: Hug O, Zuppinger A (Hrsg) Strahlenbiologie 3. Handbuch der medizinischen Radiologie, Bd II/3. Springer, Berlin Heidelberg New York, S 43–125

Vogel HH, Clark JW, Jordan DL (1957a) Comparative mortality following single whole-body exposures of mice to fission neutrons and ^{60}Co gamma rays. Radiology 68:386–398

Vogel HH, Clark JW, Jordan DL (1957b) Comparative mortality after 24-hour, whole-body, exposures of mice to fission neutrons and Cobalt-60 gamma rays. Radiat Res 6:460–468

Vos O (1972) Stem cell renewal in spleen and bone marrow of mice after repeated total-body irradiations. Int J Radiat Biol 22:41–50

Vries FAJ, Vos O (1966) Preventation of the bone-marrow syndrome in irradiated mice. A comparison of the results after bone-marrow shielding and bone-marrow inoculation. Int J Radiat Biol 11:235–243

Vriesendorp HM, Bekkum DW van (1980) Role of total body irradiation in conditioning for bone marrow transplantation. In: Thierfelder S, Rodt H, Kolb JH (eds) Immunobiology and bone marrow transplantation. Springer, Berlin Heidelberg New York, pp 349–364

Werts ED, Johnson MJ, DeGowin RL (1977) Postirradiation hemopoietic repopulation and stromal cell viability. Radiat Res 71:214–224

Wu AM, Till JE, Siminovitch L, McCulloch EA (1967) A cytological study of the capacity for differentiation of normal haemopoietic colony forming cells. J Cell Physiol 69:177–184

Wu Chu-Tse, Lajtha LG (1975) Haemopoietic stem cell kinetics during continuous irradiation. Int J Radiat Biol 27:41–50

7. Knochen*

Von

W. Gössner, A. Luz und F. Heuck

Mit 19 Abbildungen und 12 Tabellen

A. Einleitung

Der Strahlenschaden des Knochens aus klinisch-radiologischer Sicht wurde durch Kolář und Vrabec (1976) in diesem Handbuch ausführlich dargestellt. Dort ist auch die ältere Literatur umfassend referiert. Die Festlegung, welche Befunde klinisch als Schaden zu betrachten sind, führt naturgemäß aus der Sicht der allgemeinen morphologischen Pathologie und Radiologie zu einem uneinheitlichen Bild, denn ein im Sinne der pathologischen Morphologie schwerer Gewebsschaden muß nicht obligat schwere klinisch-funktionelle Auswirkungen haben. Da aber ein klinisch manifester Schaden zugleich von der funktionellen Belastung des Gewebes abhängt, ist die Kenntnis der patho-morphologischen Veränderungen nötig, um den Patienten vor schweren Schäden zu bewahren. Unter diesem Aspekt kann eine Beschreibung des Strahlenschadens am Knochen aus allgemein-pathologischer Sicht eine Ergänzung zu dem Beitrag von Kolář und Vrabec (1976) darstellen. Es soll versucht werden, die Kenntnis der formalen Pathogenese und ihrer allgemeinen Gesetzmäßigkeiten in den Vordergrund zu rücken, um so Einsicht in das gewebliche Schicksal nach Eintritt des Strahleninsultes zu gewinnen.

Eine Darstellung der pathologischen Anatomie des strahlengeschädigten Knochens findet sich bereits in dem Beitrag von Cottier (1966) in diesem Handbuch. Zur Orientierung seien hier chronologisch Arbeiten genannt, in denen die Literatur zusammengefaßt wurde und die meist den pathologisch-anatomischen Gesichtspunkt berücksichtigen: Desjardin (1930); Flaskamp (1930); Dahl (1936); Gates (1943); Heller (1948); Zollinger (1960); Rubin und Casarett (1968); Seelentag und Kistner (1969); Nilsson (1969); Thurner (1970); Jee (1971); Grimm (1971); Gössner (1972); Teft (1972); Parker (1972); Heuck und Gössner (1973); Vaughan (1973); Parker und Berry (1976).

Hervorgehoben sei die nach wie vor grundlegende Darstellung der pathologisch-anatomischen Veränderungen bei Heller (1948).

Für den historisch interessierten Leser finden sich bei Rubin und Casarett (1968) tabellarische Übersichten historisch wesentlicher Originalarbeiten.

B. Die Energiedosisbelastung

Da für strahlenbiologische Überlegungen die örtliche Dosis interessant ist, sollen die besonderen Verhältnisse des Skeletts kurz erwähnt werden.

---

* Herrn Professor Dr. Dres. h.c. mult. Wilhelm Doerr in Verehrung zum 70. Geburtstag gewidmet.

I. Äußere Bestrahlung

Bei Röntgenstrahlen unter 1 MeV macht sich im Vergleich zu den Weichteilen zunehmend die höhere Energieabsorption im mineralisierten Knochen bemerkbar (SPIERS 1949; WACHS-MANN 1949; WILSON 1950; WOODARD 1957; Literaturübersicht bei PARKER 1972). Bei 60 kV beträgt die Dosisleistung im Knochen im Vergleich zu den Weichteilen das ca. 6fache (WACHSMANN 1949). Bei Strahlenenergien über 5 MeV kommt es ebenfalls wieder zur höheren Energieabsorption im Knochen (s. PARKER 1972). Die Dosisbelastung der lebenden Zellen in und am mineralisierten Knochen ist außerdem von den Abmessungen der Hohlräume mitbestimmt (Literatur s. WILSON 1950; WOODARD 1957a). Für den Knorpel kann man im Mittel von einer ähnlichen Energieabsorption wie in den Weichteilen ausgehen, während die Zone präparatorischer Knorpelverkalkung bei längerwelligen Röntgenstrahlen eine etwas höhere Energieabsorption aufweist (DZIEWIATKOWSKI u. WOODARD 1959).

II. Innere Bestrahlung
(Literatur bei VAUGHAN 1973)

Nach Inkorporation osteotroper Radionuklide wird die primäre Verteilung der Strahlen-quelle von der Chemie des Radionuklids (Einbau in das Mineral bei kalziumähnlichem Verhalten, Bindung an die organische Matrix bei plutoniumähnlichem Verhalten) und dem Lebensalter bestimmt. Entsprechend kann beim wachsenden Organismus initial die Dosislei-stung in der Metaphyse ca. fünffach höher als im Schaftbereich sein (^{32}P, BLACKETT et al. 1959; ^{90}Sr, VAUGHAN u. OWEN 1959). Die Strahlenbelastung der Zellen wird von der Reich-weite der Strahlung (α, β) und ebenfalls von der Geometrie der Hohlräume mitbestimmt. Die Belastung des wachsenden Knorpels ist allgemein relativ geringer als bei äußerer Bestrah-lung. Für die Verteilung von ^{239}Pu im Knochen des erwachsenen Organismus scheint die Vaskularisierung (SMITH et al. 1982) und der Blutdurchfluß (HUMPHREYS et al. 1982) bestim-mend zu sein.

Unübersehbar gestalten sich die Verhältnisse bei der Änderung des Verteilungsmusters langlebiger Radionuklide. Es ist aber bemerkenswert, daß die Mobilität des einmal eingela-gerten Radionuklids relativ gering ist, so daß sich z.B. bei Radiumvergiftungsfällen auch Radium-freie Knochenabschnitte finden (HOECKER u. ROOFE 1951).

C. Wachsender Knochen

I. Knorpelfuge

1. Normalbefunde

Der Fugenknorpel wird nach DODDS und CAMERON (1934) [zitiert nach GALL et al. 1940] in 5 Zonen gegliedert: Reserve-Zellen, proliferierende Zellen, hypertrophe Zellen, Zone der präparatorischen Matrixverkalkung, Zone der Knorpeleröffnung.

Intrauterine ^{3}H-Thymidin-Total-Markierung belegt postnatal die epiphysennahen Knor-pelzellen als echte Stammzellen der Knorpelplatte (KEMBER u. LAMBERT 1981). Aufgrund von ^{3}H-Thymidin-Markierungsversuchen darf man annehmen, daß sich alle Zellen der Proli-ferationszone am Wachstum beteiligen (KEMBER 1960). Die DNS-Synthesezeit beträgt ca. 7 Std (WALKER u. KEMBER 1972a, b). Die Generationszeit beträgt ca. 1–3 Tage (KEMBER 1960, 1971; WALKER u. KEMBER 1972a) und die Übertrittszeit für die nachfolgenden Zonen liegt in der Größenordnung von 2–5 Tagen (SISSONS 1956; KEMBER 1960; BLACKBURN u. WELLS 1963). Die kinetischen Daten des positionsabhängigen Wachstumsbeitrags und die Größenzunahme der Zellen erlauben näherungsweise das tatsächliche Knochenlängenwachstum zu berechnen (WALKER u. KEMBER 1972b). Aufgrund morphometrischer Untersuchungen an der Wachstumsfuge des Menschen und Vergleichen mit dem Versuchstier kommen KEMBER und SISSONS (1976) für die Knorpelzelle des Menschen zu einer Generationszeit von 20 Tagen, lassen aber offen, ob es eine Gruppe rascher proliferierender Zellen in der Knorpelproliferationszone des Menschen gibt. Die Regulation des Wachstums der Knorpelplatte durch eine Diffusion von Steuerungsfaktoren von der ernährenden Epiphysenseite her, ist mit den kinetischen Daten am ehesten in Übereinstimmung zu bringen (KEMBER 1979). Ein Chondrozytenwachstumsfaktor ist beschrieben worden (AZIZKHAN u. KLAGSBRUN 1980). Der Übergang von Chondroblasten in Osteoblasten unter bestimmten biomechanischen Bedingungen wird diskutiert (Lit. s. HALL 1981).

Zur Histochemie der normalen Knorpelplatte und Knorpelmatrixbildung s. GÖSSNER und SCHWABE (1971); MATSUZAWA und ANDERSON (1971); ENG und ESTERLY (1972); THYBERG (1972); THYBERG und FRIBERG (1972); THYBERG et al. (1973).

2. Strahlenschaden

Darstellungen des histologischen Befundes an der Knorpelplatte in der Frühzeit nach Bestrahlung finden sich bei: BROOKS und HILLSTROM (1933); DAHL (1936); BISGARD und HUNT (1936); ENGEL (1938); GALL et al. (1940); HINKEL (1943a); BARR et al. (1943); REIDY et al. (1947); LEVY und RUGH (1952); GÜNSEL (1953); SISSONS (1956); DZIEWIATKOWSKI und WOODARD (1959); ZOLLINGER (1960); HELD (1960); HULTH und WESTERBORN (1960, 1962); MELANOTTE und FOLLIS (1961); BLACKBURN und WELLS (1963); BENSTED und COURTENAY (1965); KEMBER (1965); SAMS (1966b); KEMBER (1967); KEMBER und COGGINS (1967); GÖSSNER und SCHWABE (1968); RISSANEN et al. (1969b); KEMBER und SADEK (1970); KEMBER und WALKER (1971); ANDERSON et al. (1979). Es handelt sich dabei um experimentelle Befunde, die an Ratte, Maus, Kaninchen, Hund und Hamster gewonnen worden sind.

Die *Mitoseaktivität* wird bereits innerhalb der ersten Stunden nach Bestrahlung gehemmt (BLACKBURN u. WELLS 1963; KEMBER u. SADEK 1970). Die Dauer der Mitosehemmung ist dosisabhängig: Bis 1000 R wird eine Erholung der Mitoseaktivität noch am 1. Tag nach Bestrahlung beobachtet, wobei nach 500 rad schon wieder Normalwerte erreicht werden, während nach 750 rad nur etwa die Hälfte des Normalwertes erreicht wird (KEMBER u. SADEK 1970).

Zelluntergang wird zuerst in der Proliferationszone beschrieben (GÜNSEL 1953; ZOLLINGER 1960), nach 2000 rad schon nach 4 Std (DAHL 1936), nach 80000 R (appliziert innerhalb von 2 Std und 40 Min) unmittelbar im Anschluß an die Bestrahlung (LEVY u. RUGH 1952). Schon nach 200 R wird Zelluntergang in der Proliferationszone auffällig (DAHL 1936). Die Häufigkeit dieser Veränderung ist abhängig von der Dosis (SISSONS 1956; KEMBER u. SADEK 1970).

Die *Verminderung der Zellzahl* in der Knorpelplatte nach Bestrahlung wurde quantitativ von SISSONS (1956) untersucht. In Tabelle 1 ist dieser Befund, ausgedrückt relativ zu den Kontrollwerten, mitgeteilt. Die Daten zeigen, daß bis 800 R noch eine Erholung möglich ist, während nach 1600 R die Zellpopulation der Knorpelplatte kontinuierlich abnimmt, d.h. es kommt zur unaufhaltsamen numerischen Atrophie des Proliferationspools.

Im Zusammenhang mit der Dezimierung der Knorpelzellen kommt es zu einer *Störung der Säulenordnung* des Knorpels, deren Ausmaß und zeitliches Auftreten abhängig von der Dosis ist. Sie ist z.B. nach 200 R nur herdförmig und erst nach 15 Tagen, nach 1540 R jedoch schon vom 2. Tag ab und ausgedehnter wahrzunehmen (BISGARD u. HUNT 1936).

Tabelle 1. Knorpelzellzahl pro Zellkolumne in der Knorpelplatte (relativ[a] zu den Kontrollwerten) nach lokaler Bestrahlung der Tibia der Ratte im Alter von 30 Tagen. (Nach Sissons 1956)

Dosis	Zeit nach der Bestrahlung			
	3 Tage	8 Tage	30 Tage	100 Tage
400 R	0,9	1,0	1,0	1,0
800 R	1,0	0,9	1,0	1,0
1200 R	0,8	0,7	0,7	minimal
1600 R	0,6	0,4	<0,3	minimal

[a] Berechnung aus den Daten von Sissons (1956)

Die Erholung der Proliferation in der Knorpelplatte erfolgt nach höheren Dosen zunehmend in Form *inselartiger knotiger Zellwucherungen*, die von Hinkel (1943a) schon 1 Woche nach 600 R beobachtet wurden. Kember (1967) hat 25 Tage nach Bestrahlung mit Dosen von 1500–2300 R durch Auszählung dieser Inseln für die *Überlebensrate* der Knorpelzellen eine D_0 von 165 rad aus der Steigung der halblogarithmischen Überlebenskurve errechnet und kommt zu einer Schätzung der Überlebensrate der Knorpelzellen nach 800 R von 5%.

Die langfristige (praktisch permanente) Sterilisierung der Knorpelplatte dürfte in der Größenordnung von 1800 R liegen (Hoffmann 1923; Dahl 1936; Kember 1967).

Nach Strahlendosen unterhalb 1000 rad scheint die *Restitution* einer geordneten Knorpelplatte möglich zu sein. Sie wurde von Kember und Coggins (1967) 2–3 Wochen nach 900 rad beobachtet. Unter kontinuierlicher Bestrahlung mit täglich 45 rad/Tag ist nach 12 Wochen (Summe 3780 rad) die Zellpopulation der Knorpelplatte nur auf die Hälfte des Kontrollwertes abgefallen, der ^{3}H-Thymidinmarkierungsindex ist erheblich abgefallen (Anderson et al. 1979). Es kommt unter ähnlichen Bedingungen (50 rad/Tag) innerhalb von 35 Tagen schon zu einer Verkleinerung der DNS-synthetisierenden Zellsäulen (Kember u. Walker 1971). Erstaunlicherweise ist während der Dauerbestrahlung mit 45 rad/Tag die produktive Leistung in Form von Längenwachstum innerhalb der Beobachtungszeit nicht beeinträchtigt (Anderson et al. 1979).

Die strahlenbedingten Störungen der Zellpopulation der Knorpelwachstumsplatte lassen sich zwanglos zellkinetisch interpretieren und korrelieren nicht mit den relativ geringen und später auftretenden Störungen an den ernährenden Gefäßen der Epiphysenseite (Kember 1965; Kember u. Coggins 1967). Eine exakte Beschreibung der Störung des Fließgleichgewichtes von Zellneubildung und Zelldifferenzierung in der Knorpelplatte ist nicht möglich, da die Störung des weiter verarbeitenden (unten beschriebenen) osteogenen Gewebes hier interferiert.

Neben der Störung der Zellneubildung wird regelmäßig vor allem in der Zone des Blasenknorpels eine *Zelldystrophie* beobachtet: Unregelmäßige Zellschwellung führt zu einem vielgestaltigeren Zellbild. Sie wird schon 24 Std nach 550 R beschrieben (Brook u. Hillstrom 1933). Das Auftreten dieser abnormen Knorpelzellen ist ein brauchbares Maß der regressiven Schädigung, was den effektmindernden Einfluß der Dosisfraktionierung zeigen kann (Bensted u. Courtenay 1965, s. Tabelle 2). Ausdruck der Zelldystrophie ist auch die Veränderung der Topik glykogenhaltiger (PAS-positiver) Zellen nach Bestrahlung, insbesondere das unregelmäßige Fehlen des Glykogens in Zellen der Hypertrophiezone (Melanotte u. Follis 1961; Putzke 1963). In besonders stark geschwollenen Knorpelzellen läßt sich überdies eine degenerative Verfettung nachweisen (Putzke 1963).

Eine *Störung der Matrixsynthese* läßt sich 21 Tage nach 900 R aufgrund des verminderten ^{35}S-Einbaus belegen (Dziewiatkowski u. Woodard 1959). Mikroautoradiographisch ist

Tabelle 2. Der Effekt der Dosisfraktionierung auf die Häufigkeit zell-
dystrophischer Veränderungen in der Knorpelplatte. Versuche an
Ratten im Alter von 1–3 Monaten. (Nach BENSTED u. COURTENAY
1965)

Bestrahlungsschema	Häufigkeit unter den untersuchten Tibiae[a]
1 × 3000 R	80% (69/88)
3 × 1000 R (Intervall 2 Wochen)	31% (8/26)
6 × 500 R (Intervall 2 Wochen)	10% (6/58)

[a] Untersuchung moribunder und/oder tumorkranker Tiere

der fehlende ^{35}S-Einbau durch den Ausfall von Knorpelzellen zu erklären; die verbleibenden geschwollenen Zellen nehmen das ^{35}S nur in ihren peripheren Anteilen auf und scheinen ^{35}S-positives Material verlangsamt auszuschleusen (HULTH u. WESTERBORN 1962). Erstaunlicherweise wird durch kontinuierliche Bestrahlung mit 45 rad/Tag/12 Wochen ^{35}S-Einbau und ^{35}S-Sekretion der verbleibenden Zellen nicht gehemmt; der ^{3}H-Prolineinbau ist nach 10 Wochen sogar erhöht (ANDERSON et al. 1979).

Die histochemisch nachweisbare *alkalische Phosphatase* findet sich normalerweise in der Zone hypertropher Knorpelzellen und schwindet parallel zur zellulären Dystrophie, ist aber z.T. auch in einzelnen geschwollenen Zellen nachweisbar (MELANOTTE u. FOLLIS 1961; PUTZKE 1963; SAMS 1966a). Im Extremfall des Wachstumsstillstandes nach 3000 R ist die Enzymaktivität ab 9 Tagen nach Bestrahlung nur noch in einzelnen Zellen nachweisbar (Abb. 1, EURATOM 1967). Bemerkenswert ist, daß nach Inkorporation des Alpha-Strahlers [224]Ra im kleineren Dosisbereich (<25 µCi/kg) die Enzymaktivität nur in Reichweite der

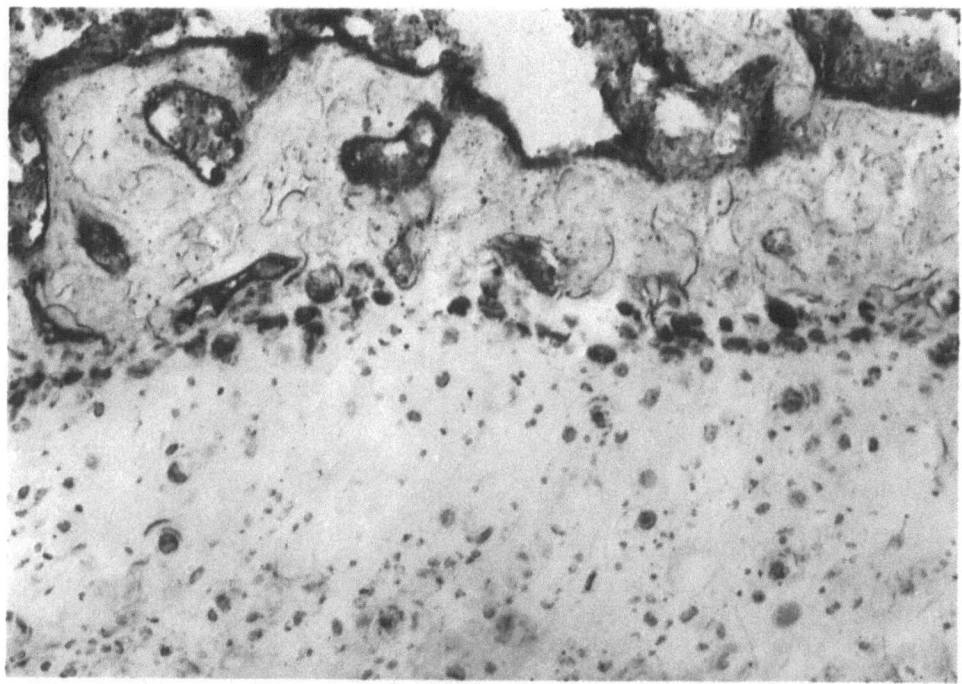

Abb. 1. Nahezu völliger Verlust der alkalischen Phosphatase-positiven Chondrozyten in der Knorpelwachstumsfuge. Femur einer Wistar-Ratte, 52 Tage nach lokaler Röntgenbestrahlung mit 3000 R im Alter von 6 Wochen. Alkalische Phosphatase (Azofarbstoffmethode). × 102

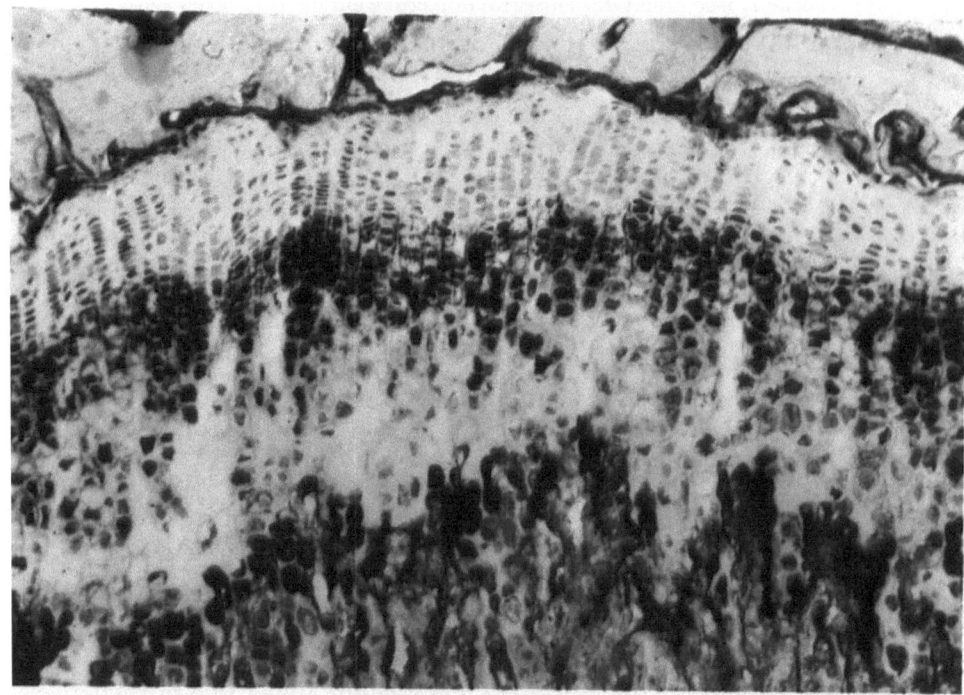

Abb. 2. Verlust der alkalischen Phosphataseaktivität der Chondrozyten im unteren Teil der Knorpelplatte, soweit sie sich in Reichweite der Alpha-Strahlung befinden. Femur einer Wistar-Ratte, 9 Tage nach i.p. Injektion von 16,3 µCi/kg ^{224}Ra (Alpha-Strahler, 3,6 Tage Halbwertszeit) im Alter von 6 Wochen. Alkalische Phosphatase (Azofarbstoffmethode). × 80

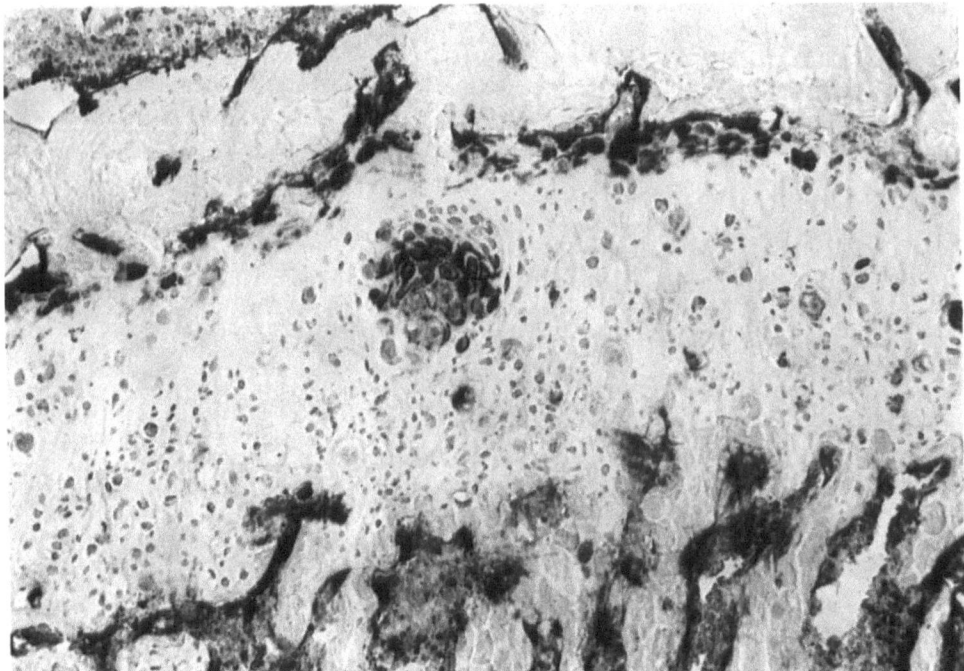

Abb. 3. Inselförmiges knotiges Knorpelregenerat in der Knorpelplatte. Tibia einer Ratte, 3 Wochen nach lokaler Röntgenbestrahlung mit 2000 R im Alter von 6 Wochen. Alkalische Phosphatase (Azofarbstoffmethode). × 80

Strahlung (welche von der Zone der präparatorischen Verkalkung ausgeht) schwindet (Abb. 2, GÖSSNER u. SCHWABE 1968). Mit Wiederkehr der Proliferationsaktivität erscheint die Aktivität alkalischer Phosphatase verstärkt in den regenerierenden Zellen, besonders in den Zellinseln (Abb. 3, PUTZKE 1963; SAMS 1966a; EURATOM 1967; GÖSSNER u. SCHWABE 1968). Beim Nachweis der *sauren Phosphatase* findet sich die Enzymaktivität in Zellen der strahlengeschädigten Knorpelplatte, wohl als Ausdruck der Autophagie im Zusammenhang mit den dystrophischen Veränderungen, z. T. verstärkt (GÖSSNER u. SCHWABE 1968).

II. Die Kapillaren der Knorpeleröffnungszone

Die Kapillaren der Knorpeleröffnungszone weisen strukturelle Besonderheiten auf. Sie besitzen keine Basalmembran und ihre Endothelzellen enthalten Lysosomen. Diese Zellen kommen in unmittelbaren Kontakt mit den Knorpelzellkapseln oder mit den in Auflösung befindlichen Chondrozyten (ZINKERNAGEL et al. 1972). Aufgrund seiner zellkinetischen Studien kommt KEMBER (1971) zu der Auffassung, daß die Proliferationsrate der Endothelien von gleicher Größenordnung wie die der anderen Zellen der Metaphyse sein muß.

Die Schädigung der Gefäßarchitektur der Eröffnungszone wurde verschiedentlich mit Hilfe von Injektionstechniken (DAHL 1936; HINKEL 1943b; CARLSON et al. 1960; KEMBER u. COGGINS 1967), wie auch mit einfacher histologischer Technik (HINKEL 1943a; SISSONS 1956; HULTH u. WESTERBORN 1960; MELANOTTE u. FOLLIS 1961; MACPHERSON et al. 1962; LEVY u. RUGH 1952) studiert. Eine initiale *Dilatation* der Eröffnungskapillaren wurde schon von DAHL (1936) 2–3 Tage nach Bestrahlung mit 2000 R beschrieben.

Zum *Erythrozytenaustritt* kommt es auch unterhalb 1000 R in der ersten Woche (HINKEL 1943a). Die erhöhte Permeabilität für Thoriumdioxid-Partikel nach 1020 R wird noch vor Ende der ersten Wochen gesehen (CARLSON et al. 1960). Nach ^{90}Sr-Inkorporation wird Erythrozytenaustritt nach 3 Tagen, d. h. nach einer Dosisakkumulation von 2700 rad registriert (MACPHERSON et al. 1962). Unter den Bedingungen der Ganzkörperbestrahlung mit 1500 R werden Kapillardilatation und Erythrozytenaustritt schon nach 3 Std gefunden (LEVY u. RUGH 1952). MARQUART und GÖSSNER (1978) beobachteten den Erythrozytenaustritt zugleich mit Veränderungen der Ultrastruktur des Kapillarendothels schon 2 Std nach Inkorporation relativ geringer Aktivität (1,5 µCi/kg) des kurzlebigen Alphastrahlers ^{224}Ra.

Die *Verminderung der Zahl der Kapillaren* der Eröffnungszone und damit die unregelmäßige Anordnung der Eröffnungsfront beschreibt HINKEL (1943b) schon 3 Tage nach 950 R, im allgemeinen wird dieser Befund erst 1 Woche nach Bestrahlung verzeichnet (DAHL 1936; KEMBER u. COGGINS 1967). Ein völliger oder fast völliger Schwund der Eröffnungskapillaren wird nach Dosen oberhalb 1000 R später beobachtet (MELANOTTE u. FOLLIS 1961: 9 Tage nach 1200 und 1800 R; KEMBER u. COGGINS 1967: 4 Wochen nach 1800 rad). Nach ^{90}Sr-Inkorporation wird dieser Befund nach einer Dosisakkumulation von 6800 rad innerhalb von 9 Tagen festgestellt (MACPHERSON et al. 1962).

Unterhalb 1000 R kommt es offenbar nach 1 Monat wieder zu einem annähernd normalen Bild der Kapillaranordnung (HINKEL 1943a, b). Auf die Neuerstellung der Eröffnungszone unter Spaltung der Knorpelplatte wird später eingegangen. Im Hinblick auf die Wiederherstellung des gesamten Biomechanismus der enchondralen Ossifikation wird das Gefäßsystem als kritische Komponente angesehen (HINKEL 1943a; JEE u. ARNOLD 1961).

III. Die Zellsysteme des osteogenen Gewebes

Übersichten zur Entstehungsgeschichte und Kinetik dieser Zellen finden sich bei: OWEN (1971); SIMMONS (1976); HEUCK (1976); OWEN (1978); VAUGHAN (1981). Die Zeitverhältnisse

Tabelle 3. Die Zellkinetik in der Metaphyse. Anzahl markierter Zellen[a] in der proximalen Tibiametaphyse nach einmaliger Gabe von Tritium-Thymidin, Ratten von 100–120 g Körpergewicht. (Nach KEMBER 1960)

Zeit nach Tritium-Thymidin-Gabe	Mesenchymzellen	Osteoblasten	Osteozyten	Osteoklasten
1 Std.	**52**	9	0	0
1 Tag	**55**	29	0	1
2 Tage	41	**45**	0	2
3 Tage	32	22	0	2
5 Tage	34	33	6	5
7 Tage	23	8	17	5
14 Tage	3	9	21	4
21 Tage	7	2	**30**	**8**
28 Tage	0	1	14	4

[a] ermittelt aus einem Diagramm

der Zellerneuerung werden von experimentellen Daten von KEMBER (1960) in Tabelle 3 gut wiedergegeben. Nach dem gegenwärtigen Stand des Wissens sieht man eine stärkere Trennung zwischen der Entstehungsgeschichte des Osteoklasten einerseits und der Genese von Osteoblasten-Osteozyten andererseits. Normalbefund und Strahlenempfindlichkeit sollen daher hier getrennt beschrieben werden.

1. Die Osteoklasten

a) Entstehungsgeschichte

Der Osteoklast hat die spezialisierte Funktion vitalen Knochen zu resorbieren, während toter Knochen auch von Makrophagen abgebaut wird; der Osteoklast ist daher nicht einfach in das System der Phagozyten einzuordnen (LOUTIT et al. 1982). Kurze Zeit nach i. v. Injektion von Peroxidase kann man zwar endozytotische Aufnahme dieses Proteins auf der Seite der resorbierenden Zelloberfläche („ruffled border") des Osteoklasten feststellen (LUCHT 1972). SHIPLEY und MACKLIN (1916/1917) und DAHL (1936) war aber schon aufgefallen, daß kurze Zeit nach Injektion von Trypanblau keine Speicherung in den Osteoklasten zu finden ist. JEE und NOLAN (1963) konnten erst durch Verlängerung des Beobachtungszeitraumes nach Injektion von Dextransulfat-Kohlesuspension ab dem Ende der zweiten Woche zunehmend markierte Osteoklasten finden, was in guter Übereinstimmung mit ^{3}H-Thymidinmarkierungsversuchen von KEMBER (1960) (s. Tabelle 3, oben) war, aber dennoch von TONNA (1963) als Argument zur Zytogenese des Osteoklasten sofort abgelehnt wurde. Die Entstehung von Osteoklasten durch Fusion von Monozyten oder zumindest Zellen des myelo-monozytären Systems wurde dann wahrscheinlich gemacht durch Transplantation von Knochenmark von Mäusen mit Riesenlysosomen auf lethal bestrahlte Tiere ohne diesen genetischen Defekt oder durch Transplantation von gesundem Knochenmark auf lethal bestrahlte Tiere mit erblicher Osteopetrose (LOUTIT u. TOWNSEND 1982a, b). Aufgrund des Studiums von Oberflächenmarkern kann man allerdings nicht einfach sagen, die Osteoklasten seien fusionierte Monozyten, beide könnten auch eine gemeinsame Vorstufe haben (JONES et al. 1981; LOUTIT u. NISBET 1982; LOUTIT et al. 1982).

Für die Kenntnis der Kinetik des Osteoklasten ist wichtig, daß er im Gegensatz zu anderen Systemen keine so scharf definierte Lebenszeit hat; die Halbwertszeit liegt in der Größenordnung von 10 Tagen, ist aber abhängig vom genetischen Hintergrund (LOUTIT u. TOWNSEND 1982a, b). Die jüngsten Osteoklasten befinden sich jeweils nahe der Knorpelplatte (MILLER u. MARKS 1982). Beim Wachstum entfernen sie sich gemeinsam mit der Spongiosa von der Knorpelplatte (KIMMEL u. JEE 1980b). Im Gegensatz zu den Osteoblasten sind die Osteoklasten ziemlich gleichförmig über die primäre und sekundäre Spongiosa verteilt (KIMMEL u. JEE 1980a). Die Anzahl der Osteoklasten ist offenbar von der Resorptionsleistung mitbestimmt, denn bei Ratten mit erblicher Osteopetrose ist die Zahl erhöht (MILLER u. MARKS 1982).

Zur Ultrastruktur des Osteoklasten s. JONES und BOYDE (1977); HOLTROP und KING (1977).

b) Strahlenwirkung

Elektronenmikroskopisch lassen sich schon 2 Std nach Inkorporation relativ geringer Aktivität von ^{224}Ra (1,5 µCi/kg) Störungen der Ultrastuktur (Chromatinkondensation, Erweiterung der Zisternen des endoplasmatischen Retikulums, Vakuolisierung des Golgikomplexes und besonders Schwellung der Mitochondrien) nachweisen (MARQUART u. GÖSSNER 1978). Die Osteoklastenpopulation scheint aber als solche ziemlich strahlenresistent zu sein, da selbst unter permanenter Alpha-Strahlung Osteoklasten plutoniumhaltigen Knochen resorbieren (ARNOLD u. JEE 1957).

Nach äußerer Bestrahlung wird (abgesehen von einer Beobachtung von HELLER 1948, wenige Stunden nach Ganzkörperbestrahlung mit 1000 R beim Huhn) eine Verminderung der Osteoklastenpopulation verneint (z.B. DAHL 1936; LEVY u. RUGH 1952; BLACKBURN u. WELLS 1963; Übersicht ZOLLINGER 1960).

Nach Inkorporation osteotroper Radionuklide wird eine Abnahme der Osteoklastenzahl nach unterschiedlicher Bestrahlungszeit gesehen (HELLER 1948; JEE u. ARNOLD 1961). Auszählung der Osteoklasten in der Metaphyse bis 12 Wochen nach Inkorporation hoher Aktivität des kurzlebigen Alpha-Strahlers ^{227}Th ergab aber keine Verminderung dieser Zellpopulation (PÖMSL 1974).

Eine Vermehrung der Riesenzellen der Eröffnungszone und/oder der Osteoklasten im Spongiosabereich wird zu sehr unterschiedlichen Zeiten nach äußerer und innerer Bestrahlung mitgeteilt (HINKEL 1943a; HELLER 1948; JEE u. ARNOLD 1961; MACPHERSON et al. 1962). Belegt durch den Nachweis der sauren Phosphatase wurde dieser Befund nach 2000 R (SAMS 1966a) und nach Inkorporation von nicht zu großen Aktivitäten ^{224}Ra (GÖSSNER u. SCHWABE 1968) ebenfalls erhoben. Zum Teil dürften dabei auch Reparationsvorgänge eine Rolle spielen.

Die enge Beziehung zwischen Knochenmark und Osteoklasten auch bei Eintritt des Strahlenschadens wird durch quantitativen Vergleich beider Zellpopulationen sowie Knochenmarkstransplantation bewiesen (ANDERSON et al. 1979; GÜNGÖR et al. 1982). Insofern ist verständlich, daß es nach lokaler Bestrahlung des Knochens nicht zu einer Abnahme der Osteoklastenpopulation kommen muß. Bemerkenswert ist aber, daß unter der Belastung einer permanenten Ganzkörperbestrahlung mit 45 rad/Tag nach 10 Wochen die Osteoklastendichte in der Metaphyse im Gegensatz zu der unveränderten Osteoblastenzahl auf die Hälfte abgesunken ist (ANDERSON et al. 1979).

2. Die Osteoblasten der Metaphyse und ihre Vorläufer

a) Normale Zellkinetik

Die Vorläuferzelle des Osteoblasten ist lichtmikroskopisch nicht von einem Fibroblasten zu unterscheiden und ist gekennzeichnet durch ihre Lage in Nähe der Osteoblasten und den Einbau von ^{3}H-Thymidin. Die Zellen werden in der Literatur als „Mesenchymzellen", „Osteoprogenitorzellen (OPGZ)" oder „Praeosteoblasten" bezeichnet (s. die in Abschnitt

C. III. zitierte Übersichtsliteratur). Für die Generationszeit der OPGZ der Metaphyse werden etwa 1,5 Tage angegeben (KEMBER 1971; KIMMEL u. JEE 1980b).

Bemerkenswert ist, daß nach wiederholter ³H-Thymidingabe auch nach 3 Tagen nur 50% der OPGZ markiert sind, d.h. es muß eine größere Reservepopulation unter diesen Zellen geben (KEMBER 1960). Ein mitogener Steuerungsfaktor für osteogene Zellen wurde aus menschlichem Knochen isoliert (Literatur s. bei MAUGH II 1982). Bei genauerer Betrachtung (s. Übersicht bei ASCENZI 1976) müßte man die oben angesprochene OPGZ als determinierte OPGZ bezeichnen, in Abgrenzung von der mit Knochenmark übertragbaren induzierbaren OPGZ, welche wohl bei der metaplastischen Ossifikation eine Rolle spielt. Diese induzierbare OPGZ scheint aber im Gegensatz zu den Stammzellen des Knochenmarks nicht durch Zuwanderung aus anderen Regionen substituiert werden zu können (AMSEL u. DELL 1972). Nach einmaliger Gabe von ³H-Thymidin findet sich das Maximum markierter Osteoblasten nach 2 Tagen (s. Tabelle 3, oben). Einzelne markierte Osteoblasten treten schon nach 1 Std auf, d.h. vereinzelt kommt es noch zur Teilung der Osteoblasten. Nach wiederholter ³H-Thymidininjektion sind am Ende des 3. Tages ca. $^1/_4$ der Osteoblasten markiert, d.h. die Turnover-Zeit der Osteoblasten liegt bei etwa 12 Tagen (KEMBER 1960). Eine Übersicht zur Physiologie des Osteoblasten findet sich bei PRITCHARD (1972). Die Osteoblasten sind in der primären Spongiosa deutlich zahlreicher als in der sekundären Spongiosa (KIMMEL u. JEE 1980a).

b) Strahlenschaden

Störungen der Ultrastuktur (Chromatinkondensation, Erweiterung der Zisternen des endoplasmatischen Retikulums, Vakuolisierung des Golgikomplexes und besonders Schwellung der Mitochondrien) wurden schon 2 Std nach Inkorporation von ²²⁴Ra beobachtet (MARQUART u. GÖSSNER 1978; Abb. 4).

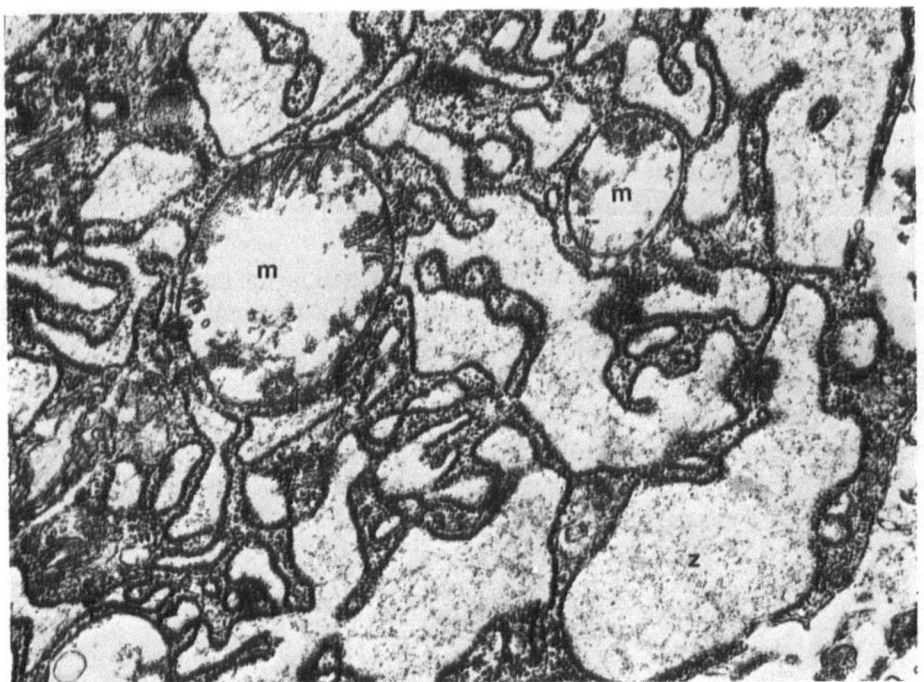

Abb. 4. Frühe Veränderung der Ultrastruktur eines Osteoblasten (Ausschnitt aus dem Zytoplasma) unter Alphastrahleneinwirkung. Die Mitochondrien (*m*) sind stark geschwollen, haben eine aufgehellte Matrix und nur wenig Cristae. Die Zisternen (*z*) des rauhen endoplasmatischen Retikulums sind dilatiert. Tibia-Metaphyse einer NMRI-Maus, 24 Std. nach i.p. Injektion von 5 µCi/kg ²²⁴Ra (Alpha-Strahler, Halbwertszeit 3,6 Tage) im Alter von 4 Wochen. × 20000 (Präparat und Aufnahme von Dr. K.-H. MARQUART)

Wenige Std nach Bestrahlungsbeginn findet man *Zelluntergang* in der metaphysären Region der OPGZ und Osteoblasten (MACPHERSON et al. 1962; KEMBER u. SADEK 1970), wobei keine klare Beziehung zur Strahlenmenge erkennbar ist. Der Zelluntergang geht der Schädigung des Kapillarsystems voraus (MACPHERSON et al. 1962).

Die *Mitoseaktivität* nimmt – im Ausmaß dosisabhängig – noch während des ersten Tages nach Bestrahlungsbeginn ab (MACPHERSON et al. 1962). Die Anzahl *^{3}H-Thymidin-markierbarer Zellen* pro Flächeneinheit in der Metaphyse nimmt innerhalb der ersten Tage nach Bestrahlung ab. Dabei wird nach einer Dosis von 1750 rad innerhalb von ca. 2 Wochen der Kontrollwert wieder erreicht, während nach 3500 rad die Werte nach abortiver Erholung permanent niedrig bleiben (KEMBER 1962). Bemerkenswert ist, daß unter kontinuierlicher Bestrahlung mit 84 rad/Tag die Anzahl DNS-synthetisierender Zellen auf reduziertem Niveau für einige Zeit erhalten bleiben kann (KEMBER 1962).

Nach Inkorporation von ^{32}P beobachtet man – ähnlich wie bei äußerer Röntgenbestrahlung – Abfall und dosisabhängige Erholung der Anzahl DNS-synthetisierender Zellen; dabei gehört die Mehrzahl der markierten Zellen zu den atypischen spindeligen Zellen, wie sie nach Verlust der Osteoblasten (s. unten) beobachtet werden (KEMBER 1962). Nach Inkorporation von 5 µCi/kg des kurzlebigen Alpha-Strahlers ^{227}Th (Halbwertszeit 18,7 Tage) entsprechend einer mittleren initialen maximalen Dosisleistung von 35 rad/Tag ist die Anzahl OPGZ pro Flächeneinheit nicht verändert, während nach 50 µCi/kg (350 rad/Tag) die Zelldichte innerhalb von 4 Wochen auf minimale Werte abfällt (PÖMSL 1974).

Die Veränderungen der *Osteoblastenpopulation* in der Metaphyse wurde unter verschiedenen Bedingungen studiert (DAHL 1936; GALL et al. 1940; HINKEL 1943a; HELLER 1948; LEVY u. RUGH 1952; ZOLLINGER 1960; HULTH u. WESTERBORN 1960; JEE u. ARNOLD 1961; MELANOTTE u. FOLLIS 1961; MACPHERSON et al. 1962; BLACKBURN u. WELLS 1963; BENSTED u. COURTENAY 1965; PÖMSL 1974; ANDERSON et al. 1979).

In der Regel kommt es zum Abfall der Osteoblastenzahl innerhalb einer Woche nach Bestrahlung bzw. Bestrahlungsbeginn. Die Dezimierung der Zellzahl innerhalb von Stunden wird nach Dosen von 400–1000 R (HELLER 1948; HULTH u. WESTERBORN 1960) sowie nach 80000 R (LEVY u. RUGH 1952) beschrieben.

400 R ist bisher die kleinste Dosis, nach der ein Schwund von Osteoblasten mitgeteilt wurde (HELLER 1948; MELANOTTE u. FOLLIS 1961). Die Dosisabhängigkeit des Phänomens ist am besten in Experimenten nach innerer Bestrahlung belegt. So wird nach Inkorporation des langlebigen Beta-Strahlers ^{90}Sr bei einer Belastung mit 8–9 rad/Std nach 9 Tagen und bei 35–36 rad/Std ab 3 Tagen eine Verminderung der Osteoblastenzellzahl gesehen (MACPHERSON et al. 1962). Bei innerer Alpha-Bestrahlung mit dem kurzlebigen ^{227}Th (HWZ 18,7 Tage) bleibt unter einer maximalen initialen Dosisleistung von 35 rad/Tag die Osteobla-

Tabelle 4. Resistenz der Osteoblasten der Tibiametaphyse gegenüber chronischer Bestrahlung mit 45 rad/Tag ^{137}Cs-Gammastrahlen. Männliche C3H-Mäuse, ab dem Alter von 5 Wochen bestrahlt. (Nach ANDERSON et al. 1979)

Zeit	Anzahl Osteoblasten pro Zählfeld
0 (Kontrolle)	15
4 Wochen	12
10 Wochen	18
12 Wochen	11
+4 Wochen bestrahlungsfreie Erholungszeit	14

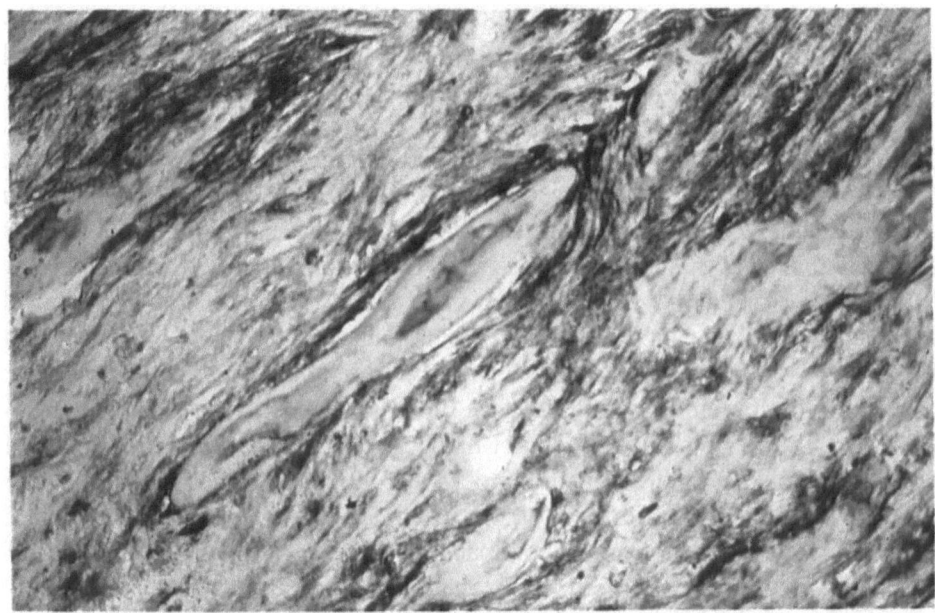

Abb. 5. Inter- und peritrabekuläre Fibrose mit deutlicher alkalischer Phosphataseaktivität des neugebildeten Bindegewebes. Femur einer Wistar-Ratte, 10 Tage nach i.p. Injektion von 75 µCi/kg ^{224}Ra (Alpha-Strahler, Halbwertszeit 3,6 Tage) im Alter von 6 Wochen. Alkalische Phosphatase (Azofarbstoffmethode). ×100

stenpopulation erhalten, während mit 350 rad/Tag diese Zellpopulation innerhalb 1 Woche stark abfällt (PÖMSL 1974). Bemerkenswert ist die Erhaltung der Osteoblastenpopulation über einen längeren Zeitraum bei einer Dauerbestrahlung mit 45 rad/Tag (s. Tabelle 4, ANDERSON et al. 1979).

Eine kurzzeitige Vermehrung der Osteoblasten 1 Std nach Bestrahlung (400–1 800 R) teilen MELANOTTE und FOLLIS (1961) mit, während GALL et al. (1940) selbst nach 2 400 R keine Veränderungen an der Osteoblastenzellpopulation gesehen haben.

In zeitlichem Zusammenhang mit dem Schwund der aktiven Osteoblasten werden bei Dosen oberhalb 1 000 R/rad in der Nähe der Trabekel *spindelige Zellen* und/oder *neugebildete Fasern* (peritrabekuläre Fibrose) sichtbar (Abb. 5; DAHL 1936; HINKEL 1943a; LEVY u. RUGH 1952; ZOLLINGER 1960; MACPHERSON et al. 1962; BENSTED u. COURTENAY 1965). Bei innerer Bestrahlung scheint die Fibrose durch Alpha-Strahlen leichter induzierbar (Literatur s. MACPHERSON et al. 1962). Das Phänomen wird im Zusammenhang mit der Betrachtung der gestörten membranösen Ossifikation nochmals zu besprechen sein. Die Fraktionierung scheint den Effekt der peritrabekulären Fibrose zu mindern (s. Tabelle 5; BENSTED u. COURTE-

Tabelle 5. Der Effekt der Dosisfraktionierung auf die Häufigkeit der strahleninduzierten peritrabekulären Fibrose in der Metaphyse. Versuche an Ratten im Alter von 1–3 Monaten. (Nach BENSTED u. COURTENAY 1965)

Bestrahlungsschema	Häufigkeit unter den untersuchten Tibiae[a]
1 × 3 000 R	45% (40/88)
3 × 1 000 R (Intervall 2 Wochen)	0 (0/26)
6 × 500 R (Intervall 2 Wochen)	2% (1/58)

[a] Untersuchung moribunder und/oder tumorkranker Tiere

NAY 1965). Die peritrabekuläre Fibrose sollte nicht nur als Störung des Osteoblastensystems, sondern allgemein als pathologische Erscheinung des intensiv bestrahlten Markraums gesehen werden [s. die frühe Beschreibung von ENGEL 1938, nach lokaler Radiumbestrahlung, und die Beschreibungen von CALVO et al. (1978) und GÖSSNER et al. (1982) nach Ganzkörperbestrahlung zur Vorbereitung der Knochenmarkstransplantation].

Die Dezimierung der Osteoblastenpopulation macht sich in einer *Störung der Osteoidproduktion* bemerkbar, so daß die primäre Spongiosa atrophisch wird (HINKEL 1943a; HULTH u. WESTERBORN 1960). Die völlige Abtrennung dieser Spongiosa von der Knorpelplatte wird später (s. Abschnitt C.II.2.) erörtert.

Im Laufe von 3–4 Wochen wird eine *Restitution* der aktiven Osteoblasten beobachtet (HINKEL 1943a; JEE u. ARNOLD 1961). Dagegen ist der beim Huhn unterhalb einer Dosis von 1000 R beobachtete Osteoblastenschwund offenbar sehr flüchtig (HELLER 1948).

3. Die Osteozyten der Metaphyse

Die jugendlichen osteoblastenähnlichen Osteozyten der Metaphyse zeigen kurze Zeit nach Inkorporation kleiner Mengen von ^{224}Ra die gleichen Störungen der Ultrastruktur wie die Osteoblasten (MARQUART 1977). Der Verlust erkennbarer Anteile dieser Population scheint in der Regel jenseits von 3 Tagen nach Bestrahlung mit ≥ 1000 rad oder nach Inkorporation größerer Radionuklidmengen einzutreten (HELLER 1948; LEVY u. RUGH 1952; MACPHERSON et al. 1962; BLACKBURN u. WELLS 1963), was in hinreichender Übereinstimmung mit der Produktions-Reifungszeit dieser Zellen (s. Tabelle 3, oben) steht. SAMS (1966b) konnte allerdings nach 2000 R bei jungen Ratten keine Veränderung an den metaphysären Osteozyten feststellen.

IV. Veränderungen der Enzymaktivität

Eine Übersicht zur Enzymhistochemie des Knochengewebes ist bei GÖSSNER und SCHWABE (1971) zu finden.

Wesentliches Marker-Enzym der Knochenneubildung ist die *alkalische Phosphatase* (BOURNE 1972). Eine direkte Inaktivierung des Enzymmoleküls in vitro ist erst mit sehr hoher Dosis möglich (NORRIS u. COHN 1952). Die Aktivität dieses Enzyms im Zusammenhang mit in vivo Bestrahlungsversuchen von außen wurde zunächst ausführlicher mit biochemischer Methode am Gesamtknochen studiert (WILKINS u. REGEN 1934; REGEN u. WILKINS 1936; WOODARD u. SPIERS 1953; WOODARD u. LAUGHLIN 1957; DZIEWIATKOWSKI u. WOODARD 1959), wobei WOODARD und SPIERS (1953) allerdings durch Vergleich mit dem enzymhistochemischen Präparat die Zone der primären Spongiosa als den Ort besonders reichlicher Aktivität ansehen. Nach den Beobachtungen der genannten Autoren wird nach Bestrahlung ab einer Dosis von 600 R in der 3. Woche ein Minimum der Enzymaktivität erreicht. Der Effekt zeigt eine gewisse Beziehung zu Dosis und Strahlenqualität (WOODARD u. SPIERS 1953), wobei aufgrund der Berechnung der tatsächlich absorbierten Dosis in den enzymaktiven Bereichen die Wirkung von 100–1000 kV Röntgenstrahlen identisch wird (WOODARD u. LAUGHLIN 1957). Es läßt sich zeigen, daß entsprechend dem frühen Ausfall von Osteoblasten und Chondrozyten in den Versuchen von HELLER (1948) schon 24 Std nach Beginn einer lokalen Radium-Bestrahlung ein dosisabhängiger (allerdings nicht streng dosisproportionaler) Abfall der Aktivität der alkalischen Phosphatase zu verzeichnen ist (NORRIS u. COHN 1952). ENGSTRÖM et al. (1981) haben 1 Tag nach einer Strahlendosis von nur 0,5 Gy bereits eine Reduktion der Aktivität in der isolierten Tibiametaphyse nachgewiesen.

Die Korrelation zwischen Abnahme der alkalischen Phosphatase in Knochen und Serum am Ende der ersten Woche nach Bestrahlung und der reduzierten Fixierung von ^{45}Ca sowie dem Schwund der Knochenmatrix wurde bereits von Cohn und Gong (1953b) gefunden. Diese Autoren korrelieren den Befund mit dem Ausfall der Osteoblasten. Auch bei Woodard (1957) erfolgten Abfall der alkalischen Phosphatase und Abnahme der ^{89}Sr-Aufnahme parallel. Parallele biochemische und elektronenmikroskopische Untersuchung der Zell- und Matrixvesikelfraktion im Schädel wachsender Ratten zeigt, daß der Abfall der Aktivität der alkalischen Phosphatase und die Störung der Mineralisierung von einem Zerfall der Vesikelmembran begleitet sind (Sela et al. 1982).

Die enzymhistochemisch hohe Aktivität an alkalischer Phosphatase in den aktiven Osteoblasten verschwindet nach äußerer und innerer Bestrahlung parallel zum Schwund dieser Zellen (Putzke 1963; Gössner u. Schwabe 1968). Sams (1966a) kann diesen Befund nach 2000 R nicht erheben und Melanotte und Follis (1961) finden in den ersten Tagen nach 400–1800 R sogar parallel zur Vermehrung der Osteoblasten vermehrt enzymaktive Zellen. Interessant ist, daß die spindeligen Zellen, welche zwischen den metaphysären Bälkchen auftreten, ebenfalls durch den Nachweis der alkalischen Phosphatase dargestellt werden (Burstone 1952; Putzke 1963; Gössner u. Schwabe 1968). Diese Zellen enthalten – wie die Präosteoblasten (Scott u. Glimcher 1971) – reichlich Glykogen (Burstone 1952).

Saure-Phosphatase-positive Zellen finden sich in der Metaphyse im Zusammenhang mit später auftretenden reparativen Prozessen vermehrt (Sams 1966a; Gössner u. Schwabe 1968). Bei höherer Dosisbelastung wird eine gewisse Verminderung der Zellen mit histochemisch nachweisbarer saurer Phosphatase in der primären Spongiosa mitgeteilt (Gössner u. Schwabe 1968). Drei Wochen nach Bestrahlung wird biochemisch eine geringe Verminderung der sauren Phosphatase in den Matrixvesikeln des wachsenden Schädelknochens nachgewiesen (Sela et al. 1982).

V. Störung der Mineralisierung im Bereich der Metaphyse

Die Mineralisierung des Knochens wurde radiochemisch (z.B. Woodard 1957; Cohn u. Gong 1953b; Wilson 1956a, b, 1957, 1958, 1959, 1961; Cohn 1961; Blackburn u. Wells 1963; Babický u. Kolář 1966) und histochemisch/autoradiographisch (Rissanen et al. 1969b; Kummermehr 1971) studiert. Eine Literaturübersicht gibt Kummermehr (1971). Mit 100 und 250 R wird kein Effekt beschrieben, aber ab 500 R (Blackburn u. Wells 1963) und bereits in der ersten Woche nach Bestrahlung kann eine Verminderung der Mineralisation beobachtet werden (Kummermehr 1971). Das Minimum des Mineraleinbaus in der Metaphyse liegt in der Regel bei 3–5 Wochen nach Bestrahlung (s. Kummermehr 1971). Ab 1000 R besteht eine lineare Dosisbeziehung (s. Tabelle 6, Wilson 1956b). Rasch wachsende Tiere reagieren am empfindlichsten (Wilson 1958). Fraktionierung mindert den Effekt

Tabelle 6. Verminderung des ^{32}P-Einbaus nach Bestrahlung. 6 Wochen alte Mäuse, 200 kV-Röntgenstrahlen (HWS 1,0 mm Cu), Untersuchung 4–8 Wochen nach Bestrahlung. (Nach Wilson 1956b)

Dosis	^{32}P-Einbau, Tibia % der Kontrolle[a]
1000 R	85 ± 7%
1500 R	71 ± 6%
2000 R	57 ± 11%

[a] Werte gerundet

(WILSON 1961), während die Wellenlänge der Röntgenstrahlen von geringem Einfluß auf den Mineraleinbau ist (WILSON 1957) – ein Umstand, der mit der Mineralarmut in der Nähe der Mineral-einbauenden Zellen erklärt wird. Bemerkenswert ist, daß in unbestrahlten Skelettabschnitten – offenbar signalisiert über das Nervensystem – kurzzeitige Steigerungen der ^{45}Ca-Aufnahme beobachtet werden (BABICKY u. KOLAR 1966). Ganzkörperbestrahlung scheint eine stärkere Hemmung des Mineraleinbaus zu bewirken als lokale Bestrahlung (COHN 1961).

VI. Die komplexen Störungen der enchondralen Ossifikation

Ungeachtet der interessanten Aspekte der zellkinetischen Betrachtung sind die komplexen Erscheinungen der Störung der enchondralen Ossifikation nicht quantitativ aus den Gesetzen der Einzelerscheinungen abzuleiten. Es sollen daher kritische Veränderungen in den folgenden Abschnitten in ihrem komplexen Erscheinungsbild betrachtet werden. Bei der normalen enchondralen Ossifikation besteht ein Gleichgewicht von Knorpelneubildung – Knorpelresorption – Knochenneubildung und Knochenumbau. Das Ausmaß des Schadens betrifft die einzelnen Phasen offenbar in unterschiedlicher Weise oder zumindest zu unterschiedlichen Zeiten, so daß das Fließgleichgewicht hier erheblich gestört sein kann. Phänomene dieses Ungleichgewichtes sind die Verbreiterung der Knorpelplatte und die Anhäufung verkalkter Knorpelreste in der Metaphyse, die vorübergehende Trennung von Knorpelplatte und Metaphyse und die Anhäufung metaphysärer Spongiosa, eventuell mit nachfolgender Wiederherstellung einer funktionell brauchbaren Knorpel-Metaphysen-Verbindung.

1. Die Störung der Knorpelresorption in der Eröffnungszone und die gestörte Resorption der primären Spongiosa

Der Differenzierungsprozeß in den Knorpelzellsäulen des Wachstumsknorpels scheint – wie in anderen Proliferations-Reifungssystemen (BOND et al. 1965) – unabhängig von einem „Wachstumsdruck" weiterzulaufen. Das Eindringen von Kapillaren dürfte ein wichtiger, durch die Bestrahlung gestörter, Teilschritt im Fortgang der enchondralen Ossifikation sein (s. Diskussion bei MacPHERSON et al. 1962; SAMS 1966b). Als Vergleich wird der Effekt einer Ischämie herangezogen. Nach äußerer und innerer Bestrahlung kann eine *Verbreiterung der Knorpelplatte* oder großer geschlossener Teile der Knorpelplatte beobachtet werden (Abb. 6). SISSONS (1956) hat dieses Phänomen in seiner Dosisabhängigkeit messend verfolgt und zugleich unter der Annahme eines konstanten Verhältnisses von Knorpelbreite zu Wachstumsrate eine Verlängerung der Phase von Hypertrophie-Degeneration der Knorpelzellen berechnet (s. Tabelle 7). Er vertritt allerdings – ohne auf Vorgänge in der Eröffnungsfront einzugehen – die Auffassung, daß die Verbreiterung der Platte allein durch die Zellschwellung, die Verlängerung der Reifungsphase und Vermehrung der Matrix erklärt werden kann. Die Verbreiterung der Knorpelplatte nach Bestrahlung wird in zahlreichen Arbeiten beschrieben. Nach äußerer Bestrahlung u.a. bei: HOFFMANN (1923); BAUNACH (1935); BISGARD und HUNT (1936); ENGEL (1938); HINKEL (1943a); GÜNSEL (1953); SISSONS (1956); DZIEWIATKOWSKI und WOODARD (1959); BASERGA et al. (1961); BLACKBURN und WELLS (1963); BENSTED und COURTENAY (1965); SAMS (1966a, b); KUMMERMEHR (1971). Nach innerer Bestrahlung u.a. von HELLER (1948); KOCH (1957); JEE und ARNOLD (1961); MacPHERSON et al. (1962); GÖSSNER und SCHWABE (1968); PÖMSL (1974). Bei Alpha-Strahlern wird aufgrund ihrer beschränkten Reichweite der proliferierende Knorpel geringer geschädigt als das osteogene Gewebe. Für das Auftreten einer verbreiterten Knorpelplatte läßt sich aus dem vorhandenen Datenmaterial keine einfache Beziehung zu Dosis und Zeit ersehen. In der Mehrzahl wird

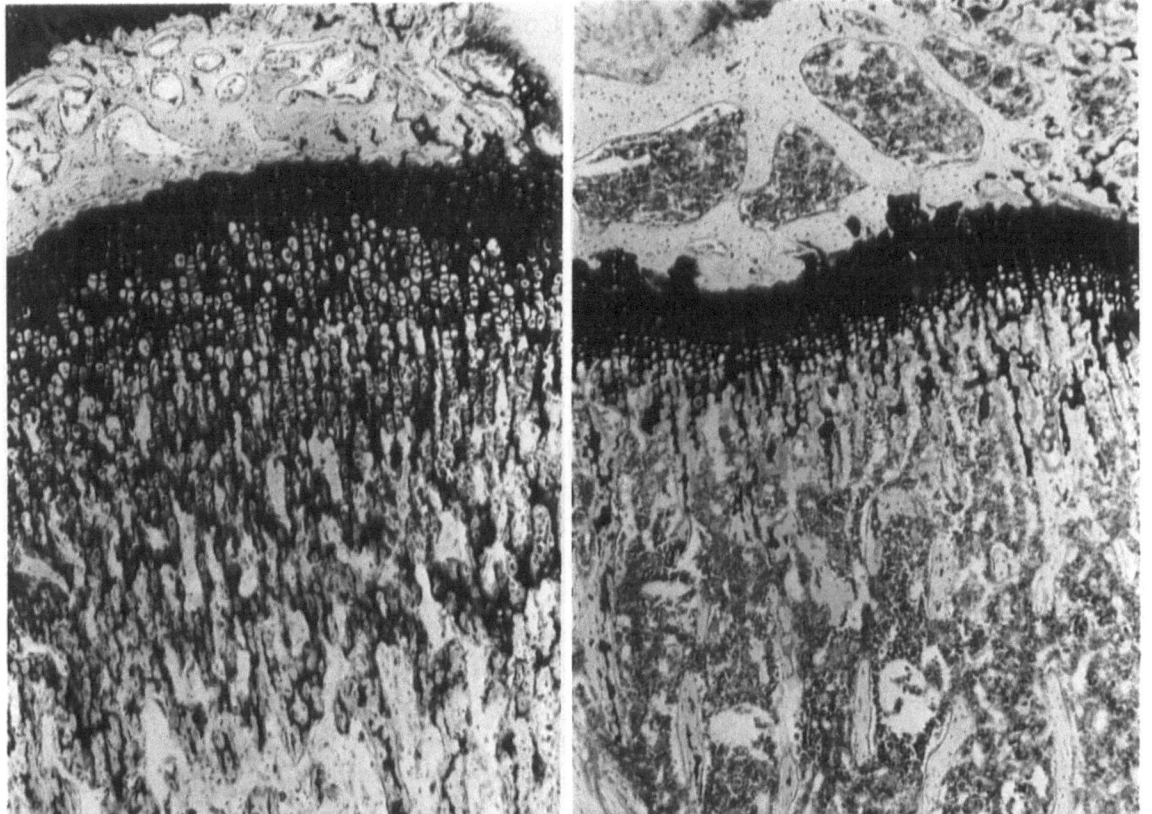

Abb. 6. a Verbreiterung der Knorpelplatte und Vermehrung der nicht resorbierten Knorpelreste in der angereicherten metaphysären Spongiosa. Tibia einer NMRI-Maus, 7 Tage nach i.p. Injektion von 75 μCi/kg [224]Ra (Alpha-Strahler, Halbwertszeit 3,6 Tage) im Alter von 4 Wochen. Toluidinblau, × 40. **b** Unbehandeltes Kontrolltier zum Vergleich

Tabelle 7. Relative Verbreiterung der Knorpelplatte und relative Verlängerung der Knorpeltransitzeit in der proximalen Epiphysenfuge der Tibia nach lokaler Bestrahlung. Ratte, bei Bestrahlung 30 Tage alt. (Nach SISSONS 1956)

Dosis	Verlängerung der Hypertrophie- und Degenerationsperiode[a]	Relative Änderung der Plattenbreite[b] Zeit nach Bestrahlung		
		8 Tage	30 Tage	100 Tage
400 R	×2	1,0	1,1	1,1
800 R	×4	1,1	0,9	1,2
1200 R	×4	1,0	1,1	1,3
1600 R	Wachstumsstillstand	0,8	1,1	2,5

[a] wurde von SISSONS (1956) aus der Änderung des Verhältnisses von Plattenbreite zu Wachstumsrate am 8. Tag nach Bestrahlung berechnet
[b] Berechnung aus den Daten von SISSONS (1956)

die Veränderung nach Dosen nahe 1000 R und höheren Werten jenseits der zweiten Woche gefunden. Beobachtungen im Dosisbereich von 600 R und darunter stammen von: HOFFMANN (1923); BISGARD und HUNT (1936); HINKEL (1943a); BLACKBURN und WELLS (1963). HOFFMANN (1923) und HINKEL (1943a) fanden schon innerhalb der ersten Wochen Veränderungen und HOFFMANN (1923) erklärt mit der Verbreiterung der Knorpelplatte das Phänomen der frühen Wachstumssteigerung nach 10–20% HED.

Die *Anreicherung verkalkter Knorpelreste in der Metaphyse* kann sich der Störung und Verzögerung der Knorpeleröffnung anschließen (s. Abb. 6, oben). Wesentlich beteiligt dürfte hier aber die Störung des osteogenen Gewebes (Knochenneubildung und Resorption) der Metaphyse sein, d. h. es handelt sich zugleich um den Ausdruck des gestörten Remodelling der primären Spongiosa, so daß das Bild der primären Spongiosa in die Etage der sekundären Spongiosa verlagert ist. Es kann ein ausgedehntes Netz verkalkten Knorpels auftreten (z. B. KOCH 1957); z. T. ragen die verkalkten Knorpelreste zungenförmig in die Metaphyse, so daß die Zone der Knorpeleröffnung nicht mehr in einer Frontlinie liegt (z. B. BROOKS u. HILLSTROM 1933). Schilderungen in der Literatur finden sich nach äußerer Bestrahlung bei: BROOKS und HILLSTROM (1933); BARR et al. (1943); HINKEL (1943a); SISSONS (1956); HULTH und WESTERBORN (1960); MELANOTTE und FOLLIS (1961); BLACKBURN und WELLS (1963); BENSTED und COURTENAY (1965); ANDERSON et al. (1979); nach innerer Bestrahlung bei: HELLER (1948); KOCH (1957); VAUGHAN und OWEN (1959); BLACKETT et al. (1959); BENSTED et al. (1961). Wenn die Beziehung zu Dosis und Zeit auch uneinheitlich zu sein scheint, so gibt es doch Experimente, aus denen hervorgeht, daß es sich um eine Störung des höheren Dosisbereiches handelt. Dies gilt für äußere Bestrahlung oberhalb 1000 R (BARR et al. 1943; SISSONS 1956) und für größere Radionuklidmengen (KOCH 1957; VAUGHAN u. OWEN 1959; BLACKETT et al. 1959; BENSTED et al. 1961). Die Erhöhung des Aschegewichtes des Knochens (HINKEL 1943a) und die Vermehrung des Kalziumgehaltes (DZIEWIATKOWSKI u. WOODARD 1959) nach Bestrahlung wird durch den besprochenen gestörten Resorptionsmechanismus teilweise erklärt.

2. Die Störung der Verbindung von Knorpelplatte und Metaphyse

Das gestörte Gleichgewicht von Knorpelneubildung, Knorpelresorption und Knochenneubildung kann zwar in der Erholungsphase durch schrittweise Resorption und Neubildung wiederhergestellt werden (s. z. B. die Darstellung bei GÖSSNER u. SCHWABE 1968 und KUMMERMEHR 1971); es kann aber auch zu ausgedehnten Unterbrechungen der Kontinuität kommen. Dieses Phänomen kann auf zwei verschiedenen Mechanismen beruhen. Einmal kann es in der frühen Schädigungsphase zu einem Verlust der Verzahnung von Knorpelplatte und primärer Spongiosa, z. T. wohl als Ausdruck der *Atrophie der primären Spongiosa* kommen (Beschreibungen in der Literatur nach äußerer und innerer Bestrahlung: HELLER 1948; RUBIN et al. 1959; HULTH u. WESTERBORN 1960; BENSTED et al. 1961; SAMS 1966b). Die Erscheinung wurde – in der Literatur wiederholt zitiert – von HELLER (1948) mit dem Trivialausdruck „Severance" belegt. Eine sehr sorgfältige röntgenmorphologische und mikroradiographische Studie von HULTH und WESTERBORN (1960) zeigt, daß die Veränderung erst oberhalb 1000 R zu erwarten ist, dann aber in den ersten Tagen nach Strahleneinwirkung in Form einer dünnen Zone röntgenologischer Aufhellung entdeckt werden kann; mikroradiographisch findet man atrophische uhrglasförmige Trabekelprofile.

Der andere Mechanismus der Störung der Knorpel-Knochen-Kontinuität ist in der Restitutionsphase nach gestörter enchondraler Ossifikation zu suchen. Die Vorgänge zur *Wiederherstellung der Eröffnungszone* (s. Abb. 7, 8) können zu einer horizontalen Spaltung der verdickten Knorpelplatte führen (Beschreibungen in der Literatur nach äußerer und innerer Bestrahlung: GALL et al. 1940; HINKEL 1943a; KOCH 1957; BASERGA et al. 1961; BENSTED u. COURTENAY 1965; SAMS 1966b). Soweit Dosisangaben vorliegen, scheint der Befund erst deutlich oberhalb 1000 R aufzutreten. Bemerkenswert ist, daß Dosisfraktionierung die Häufigkeit der Veränderung deutlich herabsetzt (BENSTED u. COURTENAY 1965). Die Wiederherstellung der Eröffnungszone kann auch lediglich zum Abschieben der devitalisierten metaphysären Spongiosa – angereichert mit verkalkten Knorpelresten – führen. Insofern ist das Auftreten nicht resorbierter Spongiosa mit Knorpelresten im Bereich der tiefen Metaphyse

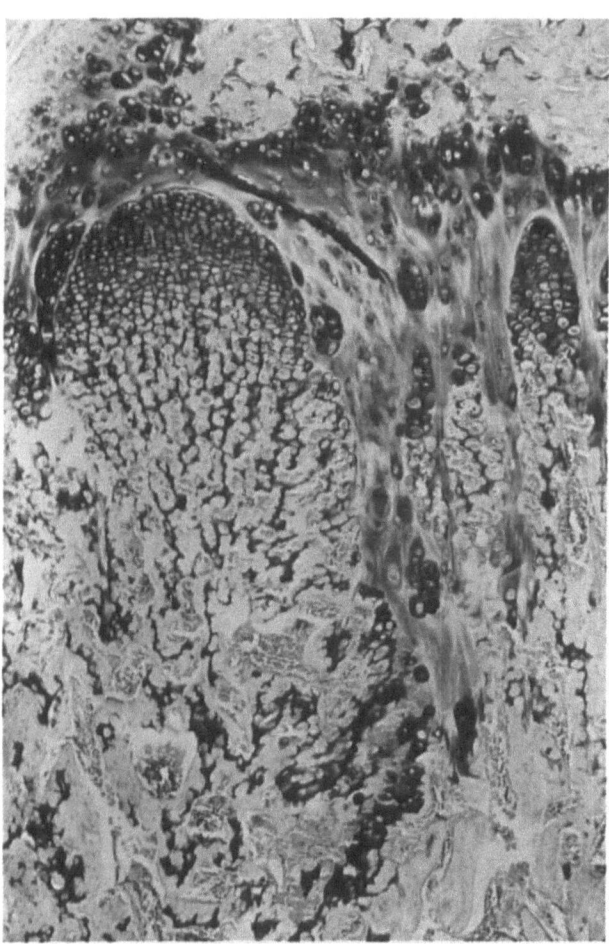

Abb. 7. Ungeordnete Aufsplitterung der verbreiterten und geschädigten Knorpelplatte durch proliferierendes Bindegewebe. Herdförmig asbestartige Degeneration des Knorpels. Tibia einer Wistar-Ratte, 26 Tage nach i.p. Injektion von 25 μCi/kg ^{224}Ra (Alpha-Strahler, Halbwertszeit 3,6 Tage) im Alter von 6 Wochen. Azur-Eosin. × 20

und der Diaphyse hinsichtlich der formalen Entstehungsgeschichte vieldeutig. Solche abgeschobenen Knorpel-Knochen-Barrieren können durch Verknöcherung der abgeschobenen unteren Hälfte der verdickten Knorpelplatte entstanden sein, oder „Restbild" nach völliger Abtrennung einer Generation primärer Spongiosa sein. Darstellungen solcher abgeschobener Knorpel-Knochen-Barrieren finden sich in der Literatur nach äußerer und innerer Bestrahlung u.a. bei: DAHL (1936); RUBIN et al. (1959); BLACKETT et al. (1959); COTTIER (1961); BENSTED et al. (1961); JEE und ARNOLD (1961); BASERGA et al. (1961); MACPHERSON et al. (1962). Es ist allerdings festzustellen, daß die vorübergehende Kontinuitätstrennung zwischen Knorpel und primärer Spongiosa nicht obligat zu einer Barrieren-Bildung führen muß, vielmehr kann es auch zu normaler schrittweiser Resorption dieser Spongiosa kommen (HELLER 1948). Eine Störung der Kontinuität von Knorpel und Knochen auf der Stufe der präparatorischen Verkalkung spielt vielleicht praktisch keine sehr bedeutsame Rolle. Dieser Vorgang wurde von RUBIN et al. (1959) etwas genauer studiert. Durch Einlagerung des knorpelsuchenden (chondrotropen) Radionuklids ^{35}S wurde die präparatorische Verkalkung des Knorpels gehemmt, was röntgenologisch gleichfalls als feine Aufhellungszone zu erkennen war.

3. Das Abgleiten der Epiphyse

Es ist vorstellbar, daß die in Abschnitt C.IV.2. vorgestellten Mechanismen der Trennung der Knorpel-Knochen-Kontinuität ein völliges Abgleiten von Epiphyse und Fugenknorpel begünstigen könnten.

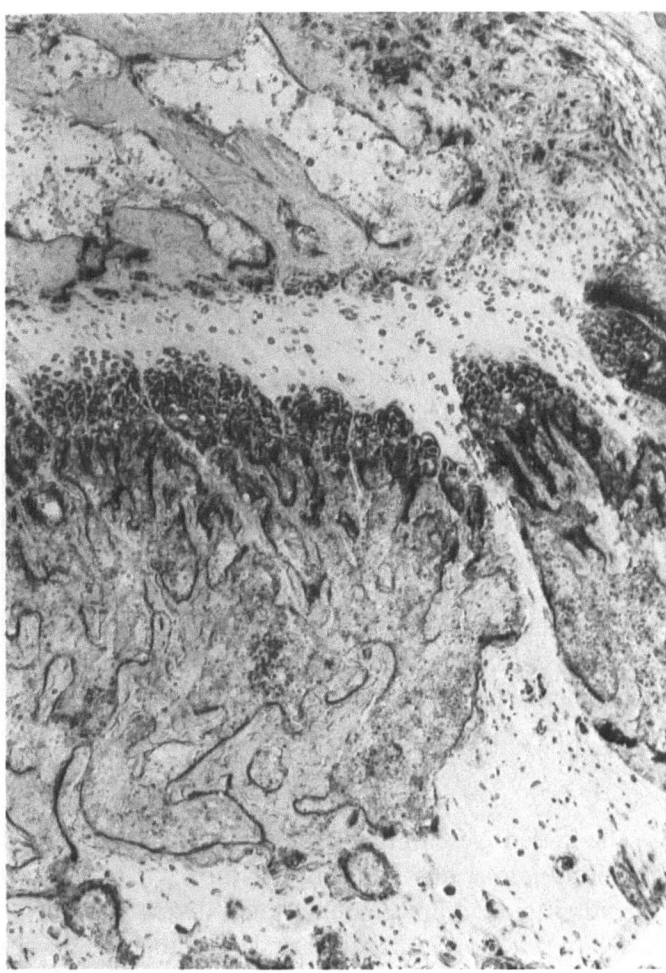

Abb. 8. Verdopplung der Knorpelplatte in der Reparationsphase des Strahlenschadens der Wachstumszone. Tibia einer Wistar-Ratte, 53 Tage nach i.p. Injektion von 75 µCi/kg ^{224}Ra (Alpha-Strahler, Halbwertszeit 3,6 Tage) im Alter von 6 Wochen. Alkalische Phosphatase (Azofarbstoffmethode). × 50

RUBIN et al. (1957) gelang es im Experiment an der Ratte durch Inkorporation von ^{35}S (also eine besonders intensive Bestrahlung des Knorpels und damit wohl bevorzugte Störung der präparatorischen Verkalkung) solches Abgleiten der Epiphyse zu induzieren. In jüngster Zeit haben SILVERMAN et al. (1981) ihr klinisches Material zusammengestellt und eine ausführliche Literaturübersicht gegeben. Das Risiko für diesen Schaden ist besonders bei Bestrahlung im Kleinkindesalter und bei Dosen oberhalb 2500 rad gegeben (s. Tabelle 8). Das klinische Phänomen tritt dann bevorzugt im Alter von 8–10 Jahren auf. Der zusätzliche Einfluß der Chemotherapie (der bei allen Fällen mit Epiphysenabgleiten gegeben ist) ist aus den vorliegenden Daten quantitativ nicht abschätzbar.

Tabelle 8. Das Abgleiten der Femurkopfepiphyse bei strahlenbehandelten Kindern. Beziehung zu Alter und Dosisniveau. (Nach SILVERMAN et al. 1981)

	0–4 Jahre	4–15 Jahre
> 2500 rad	47% = 7/15	5% = 1/21
≦ 2500 rad	0/25	0/22

4. Die atypische Knochenbildung in der Metaphyse

Nach dem Schwund der aktiven Osteoblasten-Reihen in der Metaphyse kann es im Bereich von primärer und sekundärer Spongiosa dennoch zu einer Hartsubstanzbildung kommen, die aber in ihrer formalen Genese und ihrem morphologischen Resultat ungewöhnlich ist. Einmal kann es zu einer direkten (metaplastischen?) Umwandlung des nicht resorbierten Knorpels in Knochen kommen. Dabei wird die Knorpelgrundsubstanz zunehmend eosinophil; offenbar nehmen dabei auch ehemalige Chondrozyten die Gestalt von aktiven Osteoblasten an. Zum anderen entsteht ein basophiles grobfaseriges Material, das meist auch zellarm ist. Hinzu kommt, daß eine eventuell devitalisierte metaphysäre Spongiosa nicht resorbiert wird, sondern von neugebildetem atypischem oder typischem Knochen umkleidet wird, so daß der Markraum verschmälert wird. Schilderungen dieser Vorgänge finden sich in der Literatur bei DAHL (1936); GALL et al. (1940); HINKEL (1943a); HELLER (1948); BURSTONE (1952); GÜNSEL (1953); RAY et al. (1956); KOCH (1957); VAUGHAN und OWEN (1959); ZOLLINGER (1960); BASERGA et al. (1961); KUMMERMEHR (1971); PÖMSL (1974). Dieser Knochen erweist sich histochemisch tatsächlich als mineralisiert (BURSTONE 1952). Im Röntgenbild wird die Metaphyse als verdichtet geschildert und es wird auch von einer „Osteosklerose" gesprochen. Besonders im Falle des grobfaserigen zellarmen Knochens und bei Zugrundeliegen von abgestorbener Spongiosa muß davon ausgegangen werden, daß es sich um einen fragilen Knochenabschnitt handelt, was besonders dann bedeutsam ist, wenn diese atypische Knochengeneration diaphysenwärts abgeschoben ist (s. Abschnitt C.VI.2.). Es kann aber auch als einziger Rest eine Zone plumperer Spongiosa verbleiben.

5. Die Pathologie der „Growth-Arrest-Lines"

Die in den Abschnitten C.VI.1., C.VI.2. und C.VI.4. geschilderten Prozesse können nach Wiederaufnahme des Längenwachstums im Röntgenbild als dichtere, quer zur Achse verlaufende Linien in Erscheinung treten. Diese „Growth-Arrest-Lines" sind in der Röntgenologie schon seit langem bekannt und sind auch kein Spezifikum des Strahlenschadens (Literaturübersicht bei HINKEL 1943b; HEUCK 1976). Im Experiment weisen HINKEL (1943a); BARR et al. (1943) sowie RUBIN et al. (1959) besonders auf dieses röntgenologische Begleitphänomen der oben bereits geschilderten pathologisch-histologischen Befunde hin. Die diskreten Aufhellungszonen, die HULTH und WESTERBORN (1960) im Experiment beschrieben haben, scheinen klinisch nicht wahrnehmbar zu sein. Klinische Darstellungen von Patientengruppen mit solchen röntgenologischen Verdichtungslinien nach Strahlentherapie (NEUHAUSER et al. 1952; VAETH et al. 1962; GUTJAHR et al. 1976; BLEHER u. TSCHÄPPELER 1979) betreffen Kinder und Jugendliche nach Bestrahlung mit tumorwirksamen Dosen (s. das Beispiel in Tabelle 9).

Tabelle 9. Röntgenologische Verdichtungslinien („Lines of growth arrest") in Wirbelkörpern strahlenbehandelter Kinder in Beziehung zum Alter bei Bestrahlung und Strahlendosis. (Nach NEUHAUSER et al. 1952)

Strahlendosis Wirbelkörperzentrum	<2 Jahre	≧2 Jahre	Summe
<1000 R	0/6	0/3	0/9
≧1000 R <2000 R [a]	3/4	5/8	8/12

[a] Ab 2000 R wird das Phänomen von schwereren Veränderungen überdeckt

Hinsichtlich der Kombinationswirkung von Strahlen und Chemotherapie ist auffällig, daß unter den Patienten von BLEHER und TSCHÄPPELER (1979) 5 von 6 mit Verdichtungslinien auch eine Chemotherapie erhalten hatten.

VII. Synoptische Betrachtung der gestörten enchondralen Ossifikation

Unter den in der Einleitung genannten Literaturübersichten finden sich zusammenfassende Darstellungen der histologischen Veränderungen vor allem bei GATES (1943) und RUBIN und CASARETT (1968). In den experimentellen Arbeiten werden vielfach nur Einzelaspekte berücksichtigt. Es sei auf Arbeiten verwiesen, welche den gesamten Prozeß der enchondralen Ossifikation betrachten. Befunde nach äußerer Bestrahlung beschreiben die Arbeiten von DAHL (1936); GALL et al. (1940); HINKEL (1943a); HELLER (1948); LEVY und RUGH (1952); HULTH und WESTERBORN (1960); MELANOTTE und FOLLIS (1961); HORVATH et al. (1962). Nach innerer Bestrahlung sind Befunde von HELLER (1948); KOCH (1957); RAY et al. (1956); BENSTED et al. (1961) mitgeteilt worden.

Der wachsende Knorpel scheint empfindlicher zu sein als die Prozesse bei der Neubildung der Osteoblasten. So steht im Dosisbereich unter 1000 R die reversible Störung der Knorpelneubildung, besonders gut erkennbar an der Störung der Säulenordnung und der dystrophischen Zellschwellung, im Vordergrund. Im höheren Dosisbereich ist die Desorganisation und die Zellverarmung der Knorpelplatte deutlicher und die spätere Regeneration der Knorpelplatte erfolgt eventuell in knotiger (Insel-)Form. Im höheren Dosisbereich wird außerdem in zunehmendem Maße sowohl die Knorpeleröffnung als auch das Osteoblastensystem und damit die Osteoidproduktion gehemmt. In den Markräumen finden sich spindelige Zellen. Dies führt zur Anreicherung eines osteoidarmen Knorpelkalkgitters in der Metaphyse oder sogar zur Persistenz einer verbreiterten Knorpelplatte. Es kann zur Abtrennung der primären Spongiosa kommen. Die angereicherte osteoidarme primäre Spongiosa kann schließlich von vielen Herden ausgehend wieder resorbiert werden oder die verbreiterte Knorpelplatte wird durch eine neue Eröffnungszone gespalten. Der Schaden kann länger bestehen. Es kommt zur interstitiellen Fibrose, zur Bildung atypischen basophilen grobfaserigen Knochens und/oder zur direkten Knorpelossifikation. War es zur Devitalisierung der metaphysären Spongiosa gekommen, erfolgt so eine besonders starke Verdichtung des Trabekelnetzes, schließlich auch in Form von lamellärem Knochen. Im allgemeinen wird im hohen Dosisbereich der atypische Knochen in geschlossener Front oder zumindest in größeren geschlossenen Teilen in die Diaphyse abgeschoben. Zu dem Befund der gestörten Resorption der Spongiosa passen die oben erwähnten Befunde des Abfalls der Osteoklastenzahl in der metaphysären Spongiosa (GÖSSNER u. SCHWABE 1968; ANDERSON et al. 1979).

VIII. Die Störung der desmalen Ossifikation

Übersichten zur normalen desmalen Ossifikation finden sich bei LEBLOND und WEINSTOCK (1971) und SISSONS (1971). Genaue Messungen von SONTAG (1980) zeigen, daß die unterschiedliche Rate kortikaler Knochenapposition die Form der Röhrenknochen wesentlich mitbestimmen. Die Generationszeit der endostalen und periostalen Osteoprogenitorzellen ist länger als in der Metaphyse (KEMBER 1971). Durch ^{3}H-Thymidin-Totalmarkierung kann gezeigt werden, daß die Stammzellen des Periosts ziemlich gleichmäßig verteilt sind, d.h. das Wachstum ist nicht nur auf den metaphysären Bereich beschränkt, sondern das Periost wird gleichmäßig in allen seinen Abschnitten gestreckt (KEMBER u. LAMBERT 1981).

Morphologische Studien zum Strahlenschaden der desmalen Ossifikation finden sich (teils nach äußerer, teils nach innerer Bestrahlung) bei BISGARD und HUNT (1936); HELLER (1948); LEVY und RUGH (1952); KOCH (1957); RUBIN et al. (1959); JEE und ARNOLD (1961); BLACKBURN und WELLS (1963); SAMS (1966a); RISSANEN et al. (1969b). Grundsätzlich beobachtet man ein ähnliches Schädigungsbild wie in der metaphysären Spongiosa. Es schwinden die aktiven Osteoblasten, spindelige Zellen treten auf und es kommt zur Faserneubildung. Dieses Phänomen kann sich innerhalb einer Woche entwickeln. Die auf Dauer kritische Schädigung mit dem Erscheinungsbild einer hyalinisierten zellarmen Fibrose entwickelt sich offenbar später. Hier, wie bei der Apposition von atypischem Knochen, bestehen fließende Übergänge zu den Folgeerscheinungen der – dann meist mitbeteiligten – Osteoradionekrose. Die Störung der desmalen Ossifikation führt zu einer verdünnten Kortikalis. An den Röhrenknochen ist die Taillierung betont bzw. der Durchmesser der Diaphyse ist verringert (RUBIN et al. 1959 nach 2400 R). Insgesamt scheint der Prozeß der desmalen Ossifikation außerhalb der Metaphyse etwas weniger strahlenempfindlich zu sein als die enchondrale Ossifikation. Anhaltspunkte dafür liefern die experimentellen Befunde von BLACKBURN und WELLS (1963) sowie SAMS (1966b), in denen beide Effekte verglichen wurden.

IX. Die Störung des Längenwachstums

1. Dosisbeziehung

Die Störung des Längenwachstums wurde von KOLÁŘ und VRABEC (1976) in ausführlicher Weise abgehandelt. Die wichtigsten Angaben kommen hier von der Röntgenmorphologie und ihren Meßmöglichkeiten. Es sollen nur einige Aspekte zur Biologie des Wachstums und zum Problem der Schwellendosisangabe betrachtet werden. Für die Beurteilung des Effektes ist es interessant zu wissen, daß die unbestrahlte Epiphyse des bestrahlten Knochens stärker als auf der Gegenseite wächst, wodurch in der Gesamtlänge des bestrahlten Knochens eine gewisse Kompensation der Schädigung einer Wachstumszone erreicht wird (REIDY et al. 1947). Hinsichtlich des Wachstums der unbestrahlten Vergleichsseite ist mit keinem „abscopalem" Effekt zu rechnen, d.h. gegenüber unbestrahlten Kontrolltieren besteht hier kein Wachstumsunterschied (COHN u. GONG 1953a). Mit Eintritt der strahlenbedingten Wachstumsstörung ist die normale lineare Beziehung zwischen dem Logarithmus des Körpergewichts und der Knochenlänge gestört und es läßt sich für das Knochenwachstum keine einfache mathematische Beschreibung mehr finden (COHN u. GONG 1953a).

Permanent schwer retardiertes Wachstum ist erst oberhalb 1000 R zu erwarten. Die Verhältnisse werden durch die Messungen von SISSONS (1956) (s. Tabelle 10) ganz gut illustriert.

Tabelle 10. Minderung der täglichen Tibia-Wachstumsrate relativ[a] zur Kontrollseite zu verschiedenen Zeiten nach Bestrahlung. Ratte, bei Bestrahlung 30 Tage alt. (Nach SISSONS 1956)

Dosis	Zeit nach Bestrahlung			
	3 Tage	8 Tage	30 Tage	100 Tage
400 R	0,6	0,4	1,0	0,7
800 R	0,6	0,4	0,5	0,5
1200 R	0,7	0,2	0,2	0,3
1600 R	0,3	0,2	0,3	0,3

[a] Berechnung aus den Daten von SISSONS (1956)

Das Minimum der Wachstumsrate wird bereits 1 Woche nach Bestrahlung beobachtet. Die Erholungswerte sind deutlich dosisabhängig. Klinische Versuche durch Röntgenstrahlen in bestimmten Skelettabschnitten einen vorzeitigen Wachstumsstop einzuleiten (JUDY 1941; SPANGLER 1941) lassen vermuten, daß Dosen in der Größenordnung von 3000 R (fraktioniert) für diesen Effekt notwendig sind.

Im Hinblick auf die Bestimmung eines Schwellenwertes ist die Arbeit von ARONSON et al. (1976) von grundlegender Wichtigkeit. Mit dem Verfahren der Röntgenstereofotogrammetrie (Fehler 43 mikron!) konnte beim 57 Tage alten Kaninchen bis 75 Tage nach Bestrahlung der Tibia mit 0,1 Gy (10 rad) kein Effekt nachgewiesen werden. Da es auch physiologische rechts-links-Differenzen gibt (Literatur bei ARONSON et al. 1976) dürfte mit diesem Dosisbereich der subklinische Bereich eindeutig gegeben sein. Damit bleibt die Frage nach der kleinsten Dosis mit einem gesicherten Effekt auf das Längenwachstum immer noch offen. DAHL (1936) hatte bei einer lokal mit 80 R bestrahlten Ratte jenseits 70 Tagen für die Femurdiaphyse ein Wachstumsdefizit von 0,2 mm und in der Epiphysenhöhe ein Defizit von 0,1 mm beobachtet. Da er bei einem anderen Tier mit 40 R keinen Effekt sah, gab er in der Zusammenfassung die Dosis 80 R (= 5–7% der Dosis, die eine exsudative Hautreaktion hervorruft) als kleinste Dosis mit Wachstumsstörung an. Diese Grenzdosis wurde seither direkt oder indirekt in der Literatur zitiert (MEIER 1951; GÜNSEL 1953; FISCHER 1955; VAN CANEGHEM u. SCHIRREN 1956; ZOLLINGER 1960; SEELENTAG u. KISTNER 1969; KOLAR u. VRABEC 1976). Sorgfältige Messungen von HINKEL (1942) am Femur der wachsenden Ratte konnten selbst in sehr jugendlichem Alter (1. Lebenswoche) unterhalb 500 R keinen Effekt nachweisen. Nach Ganzkörperbestrahlung von Rhesusaffen sehen SONNEVELD und VAN BEKKUM (1979) im Dosisniveau 400–500 rad keinen gesicherten Wachstumsrückstand der Tibia.

Aus klinischer Sicht wird von RUBIN und CASARETT (1972) für den wachsenden Knorpel eine TD 5/5 (Toleranzdosis mit 5% Schäden innerhalb von 5 Jahren nach Bestrahlung) von 1000 rad angegeben.

Das American College of Radiology (s. HEASTON et al. 1979) empfiehlt für Kinder unter 3 Jahren eine TD 5/5 von 800 rad. Aus den Daten der sorgfältigen Nachuntersuchung von Patienten, welche im Kindesalter zur Behandlung von Hämangiomen bestrahlt wurden (GAUWERKY 1960), ergeben sich Wachstumsrückstände von mehr als 10% für Dosisbereiche unterhalb 1000 R in einem Viertel (2/8) der Fälle und für Dosisbereiche von 1000 R und darüber in 64% (20/31) der Fälle (P = 5,4%). Die Dosisabschätzung ist allerdings mit Unsicherheiten belastet. Im Bereich der Wirbelsäule ist die Schädigung einzelner Wachstumszonen für das Gesamtlängenwachstum sicher weniger kritisch als bei den langen Röhrenknochen. PARKER und BERRY (1976) stellen auch fest, daß klinisch relevante Störungen in diesem Skelettabschnitt erst ab 2000 R zu erwarten sind.

Die RBW für 14,4 MeV-Elektronen wurde am wachsenden Rattenschwanz mit 0,6 bestimmt (HAGEMANN 1970).

Aus der Sicht eventueller Kombinationsbehandlungen mit Überwärmung ist erwähnenswert, daß sich die Störungen durch Strahlen und Hitze nicht potenzieren, sondern nur addieren (MYERS et al. 1980).

2. Zeitfaktor

Die Reduktion des Effektes durch Dosisfraktionierung wurde schon in der klassischen Arbeit von DAHL (1936) gezeigt. Bei extremer Fraktionierung (80 R/Tag Ganzkörperbestrahlung) ist selbst durch eine Dosisakkumulation von 720 R kein Effekt nachgewiesen worden (HELLER 1948). 45 rad/Tag über 12 Wochen hatte bei 5 Wochen alten Mäusen ebenfalls keinen Effekt auf das Längenwachstum (ANDERSON et al. 1979). Auf die Literatur bei KOLAŘ und VRABEC (1976) sei hingewiesen.

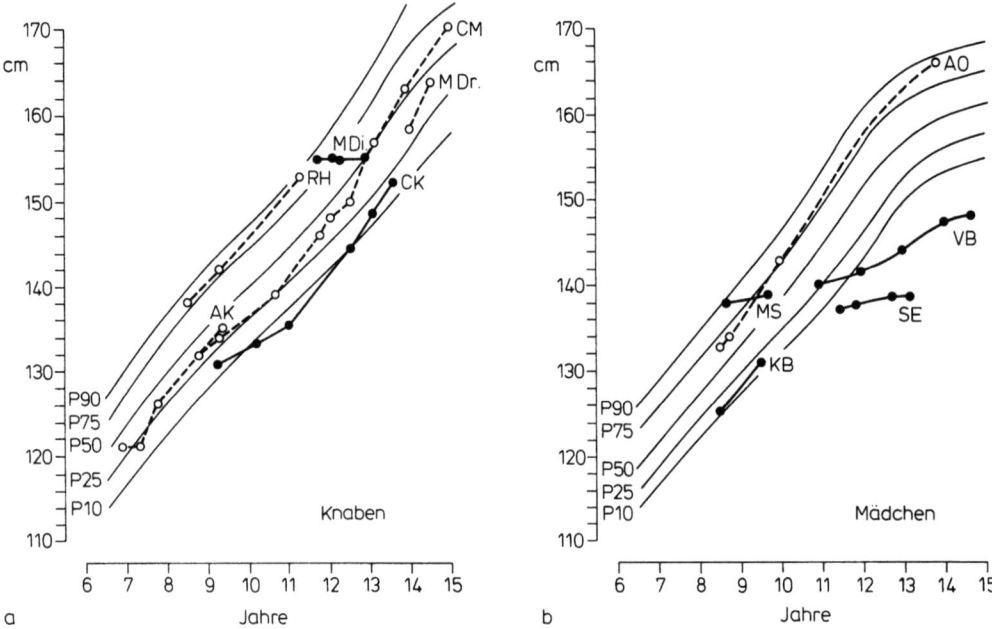

Abb. 9a, b. Wachstumskurven von Kindern mit Knochenmarktransplantat nach Chemotherapie mit und ohne Ganzkörperbestrahlung mit 9,4 Gy. Normale Perzentilen-Kurven zum Vergleich. **a** Knaben, **b** Mädchen. *Durchgezogene Kurven mit schwarzen Punkten:* Patienten mit Rezidiv einer akuten Leukämie, Behandlung mit 2×200 mg/m^2 Carmustin (BCNU), 5×200 mg/m^2 Cytosin-Arabinosid, 2×60 mg/kg Cyclophosphamid und Ganzkörperbestrahlung mit 9,4 Gy. *Gestrichelte Kurven mit offenen Kreisen:* Patienten mit aplastischer Anämie. Konditionierende Behandlung nur mit Cyclophosphamid. Abweichungen vom Normalbereich finden sich nur nach Chemotherapie und Ganzkörperbestrahlung (Leukämiepatienten). Der Patient M.D. hatte außerdem eine chronische „Graft-versus-host"-Krankheit. (Aus KOLB et al. 1982)

3. Einfluß der Chemotherapie?

Zusammenstellungen klinischer Daten zu diesem Problem können einen zusätzlichen Effekt der zytostatischen Therapie nicht sichern (PROBERT u. PARKER 1975; GUTJAHR et al. 1976; HEASTON et al. 1979). Wachstumskurven von Kindern mit Knochenmarktransplantat zeigen nach vorbereitender Poly-Chemotherapie und Ganzkörperbestrahlung mit 9,4 Gy (Fälle von akuter Leukämie) Störungen, während konditionierende Behandlung allein mit Cyclophosphamid (Fälle von aplastischer Anämie) keine Wirkung erkennen läßt (KOLB et al. 1982; Abb. 9).

4. Einfluß des Alters

Auch für diesen Fragenkomplex kann auf die Übersicht von KOLÁŘ und VRABEC (1976) hingewiesen werden. Da die prospektive Wachstumspotenz mit zunehmendem Alter abnimmt, ist das absolute und das (bezogen auf die Gesamtlänge des Skelett-Teiles) relative Längendefizit mit zunehmendem Alter bei Strahleneinwirkung geringer. Entsprechend kann die Wachstumshemmung mit zunehmendem Alter erst bei einer längeren Beobachtungszeit nachgewiesen werden und es sind nur größere relative Defizite absolut nachweisbar. Entsprechend ist die „minimal stunting dose" mit zunehmendem Alter immer größer (HINKEL 1942). PHILLIPS und KIMELDORF (1966) geben eine Formel für den Einfluß des Alters auf den Strahleneffekt an. Klinisch gesehen sind die Störungen im Kleinkindesalter sicher relevanter (s. z.B. der Fall von FRANTZ 1950 und die in Abschnitt C.IX.1. genannte Dosisgrenzempfehlung). Nach Bestrahlung *in utero* (s. Übersicht bei MOLE 1982) konnte in Fällen von Überlebenden der Atombombenkatastrophe nur eine geringfügige Verringerung des Schädelumfangs, keine Verminderung des Längenwachstums (SHOHOJI u. PARTERNACK 1973) nachgewiesen werden.

X. Strahleninduzierte Deformität

Da die strahleninduzierte Wachstumsstörung ein scharf begrenzter Effekt ist (RUBIN et al. 1959; BARNHARD u. GEYER 1962), ist bei partieller Bestrahlung von Teilen des Skeletts eine entsprechende Deformität zu erwarten. Aufgrund der zu erwartenden Tumorbestrahlung im Jugendalter ist von diesem Späteffekt vor allem die Wirbelsäule betroffen. Neuere klinische Daten finden sich bei PROBERT und PARKER (1975); GUTJAHR et al. (1975, 1976); BLEHER und TSCHÄPPELER (1979); HEASTON et al. (1979). Dabei ist bemerkenswert, daß ein korrekturbedürftiger klinischer Befund doch selten ist. Eindrucksvoller ist die Röntgenmorphologie der Deformität. Erwähnenswert ist, daß GUTJAHR et al. (1975) aufgrund des Vergleichs zweier Fälle einen verstärkenden Einfluß der Chemotherapie vermuten.

XI. Strahleninduzierte Exostosen (Osteochondrome)

Bei VAUGHAN (1973); KOLAR und VRABEC (1976) und SPIESS und MAYS (1979) findet sich eine Literaturübersicht der Beobachtungen von Exostosen nach Strahleneinwirkung im Jugendalter. Weitere Berichte liegen vor von POGRUND und YSIPOVITCH (1976); GUTJAHR et al. (1975); HEASTON et al. (1979). Bei äußerer Bestrahlung werden Exostosen schon im Dosisbereich unterhalb 1000 rad nach Thymusbestrahlung im Kindesalter gefunden (HEMPELMAN et al. 1975). Relativ häufig wurden Exostosen nach ^{224}Ra-Behandlung im Wachstumsalter beobachtet (s. Tabelle 11, SPIESS u. MAYS 1979). Hier zeigt sich sehr deutlich, daß das Risiko für die Induktion vor allem im Kleinkindesalter gegeben ist. Gelegentlich werden Exostosen auch nach Bestrahlung im Tierexperiment beschrieben (KUZMA u. ZANDER 1957; BASERGA et al. 1961; CASTENERA et al. 1971).

Tabelle 11. Häufigkeit der Induktion von Exostosen durch ^{224}Ra-Behandlung (Skelett-Dosis 343–4900 rad) in Abhängigkeit vom Alter bei der ersten Injektion. Häufigkeit insgesamt 28/218. (Nach SPIESS u. MAYS 1979)

Alter bei 1. Injektion	Männliche Patienten	Weibliche Patienten
1– 5 Jahre	53%	12%
6–10 Jahre	17%	11%
11–15 Jahre	18%	9%
16–20 Jahre	0	0
Erwachsen	0	0

D. Induzierte Knochenneubildung

Aus praktischer Sicht interessiert vor allem die Frage einer Störung der *Frakturheilung*. Die Frakturheilung im zuvor strahlengeschädigten Knochen gehört bereits zu den Folgeproblemen der strahleninduzierten Osteonekrose (s. Abschnitt E.III.). An dieser Stelle kann schon festgestellt werden, daß aufgrund klinischer Berichte (BONFIGLIO 1953; KOK 1953) eine Frakturheilung im zuvor strahlengeschädigten Knochen selbst bei einer strahleninduzierten Spontanfraktur möglich ist. Die Strahleneinwirkung nach einer Fraktur findet ein Gewebe mit ähnlicher Empfindlichkeit wie im Bereich der Wachstumszonen der langen Röhrenknochen vor (KOCH 1957; COOLEY u. GOSS 1958; dort auch Literaturübersicht; BONARIGO u. RUBIN 1967; GREEN et al. 1969). Oberhalb einer Dosis von 2000 R scheint die Kallusbildung schwer gestört zu werden. Eine Bestrahlung des Rattenkiefers mit 1725 R 5 Tage nach Extraktion der Molaren kann den knöchernen Ersatz nicht verhindern, sondern lediglich etwas verzögern (FRANDSEN 1962).

Aus theoretischer Sicht ist es interessant, daß die durch Östrogen oder implantiertes Urothel *induzierte Ossifikation* auffallend wenig empfindlich ist, da die induzierbaren Osteoprogenitorzellen offenbar von außen zuwandern können (MORSE et al. 1974, dort weitere Literaturangaben). So ist auch verständlich, daß ein operativ gesetzter knöcherner Defekt 3 Wochen nach Bestrahlung der Mandibula des Hundes mit 5000 R durch autologes Spongiosa-Transplantat zur Heilung angeregt werden kann (MARCIANI et al. 1977). Dagegen wurde kürzlich mitgeteilt, daß nach Implantation allogener Knochenmatrix offenbar unmittelbar nach Bestrahlung mit 850 rad in subkutanem Gewebe weniger Progenitorzellen der späteren Osteogenese zur Proliferation angeregt werden können, was belegen könnte, daß zunächst örtliche Mesenchymzellen die Stammzellen dieser Osteogenese sind (WEISS et al. 1982). Entsprechend versucht man beim künstlichen Hüftgelenksersatz durch Bestrahlung mit 2000 R unmittelbar nach der Operation die unerwünschte heterotope Ossifikation zu unterdrücken (LLOYD et al. 1979). Ferner mag noch interessant sein, daß die „morphogenetische Aktivität" allogenen Knochens durch sterilisierende Röntgendosen in vitro durchaus reduziert wird, daß aber (dosimetrisch erklärbar) nach Bestrahlung vorher entkalkten Knochens mehr dieser morphogenetischen Aktivität erhalten bleibt (URIST u. HERNANDEZ 1974).

E. Nicht wachsender Knochen

I. „Bone-remodelling"

1. Normale Befunde

Übersichten finden sich bei LACROIX (1971); VAUGHAN (1973) und SIMMONS (1976). Mechanische und metabolische Faktoren scheinen im wesentlichen den Knochenumbau zu steuern. Das normale Remodelling betrifft wohl nicht nur das Gegenspiel von Osteoblast und Osteoklast, sondern auch die Knochenneubildung seitens der jungen Osteozyten (YEAGER et al. 1975) und die jederzeit aktivierbare Resorptionstätigkeit des Osteozyten (BELANGER 1971; SIMMONS 1976; HEUCK 1976). Dennoch ist der Osteozyt als eine Endzelle anzusprechen, da er nach seiner Befreiung aus der Lakune offenbar zugrunde geht. Reste finden sich im Zelleib der Osteoklasten (TONNA 1972; SOSKOLNE 1978). Auffallend ist die starke örtliche Variabilität (ANDERSON 1978; KIMMEL u. JEE 1982). Dabei ist bemerkenswert, daß selbst morphometrische Daten nur bei sehr exakter Definition der Probenentnahme reproduzierbar sind (HARDT u. JEE 1982). Höhere und geringere Anbauraten korrelieren mit blutbildendem Mark bzw. Fettmarkzonen in den entsprechenden Skelettabschnitten (WRONSKI et al. 1981). Zur altersassoziierten Osteoporose s. Literaturübersicht bei HEUCK (1976). Für die eventuelle Auswirkung einer Bestrahlung ist bedeutsam, daß die osteoklastische Aktivität mit dem Alter nicht signifikant abnimmt (JOHNELL et al. 1977). Es ist offenbar auch nicht die produktive Kapazität des aktiven Osteoblasten, die mit dem Alter abnimmt, sondern nur der Anteil von Anbauflächen (MELSEN u. MOSEKILDE 1978). Die resultierende Änderung der Spongiosastruktur mit dem Alter ist entsprechend der unterschiedlichen mechanischen Belastung in Wirbelsäule und Oberschenkelhals verschieden (PESCH et al. 1977).

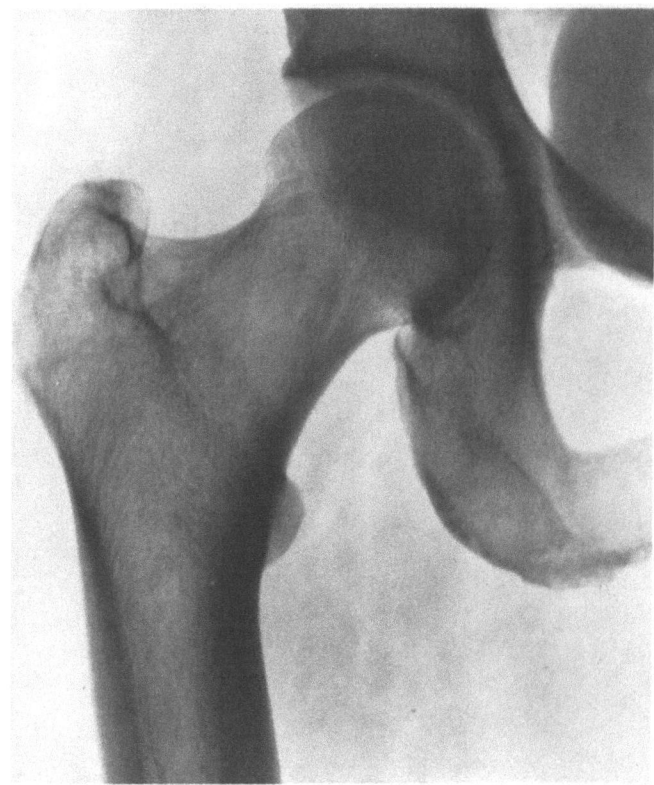

Abb. 10. Spongiosklerose von Schenkelhals und Schenkelkopf sowie dicke Diaphysenkompakta des rechten Femurs bei 54jähriger Frau, die wegen eines Carcinoma colli III bestrahlt worden ist. Der globale Mineralgehalt im Femurhalsbereich („Apatitwert" nach HEUCK u. SCHMIDT 1960) betrug 380 mg/ml, er lag also deutlich höher als der Normwert in diesem Alter

2. Strahlenwirkung

Aus klinischer Sicht betrifft das Thema in erster Linie die Pathogenese der strahleninduzierten Schenkelhalsfraktur. Die Entstehung über eine strahleninduzierte Osteoporose wird in den Übersichten von ZOLLINGER (1960); GRIMM (1971); KOLÁŘ und VRABEC (1976) betont. Durch Biopsie und Autopsie ist in Fällen von spontaner Schenkelhalsfraktur nach Bestrahlung wiederholt belegt worden, daß die Atrophie des Bälkchenwerkes, also die Osteoporose, ganz im Vordergrund des Geschehens stehen kann: STAMPFLI und KERR (1947); KOK (1953); BONFIGLIO (1953); STEPHENSON und COHEN (1956); DE SEZE et al. (1963). Auch für den Humerus gibt es analoge histologische Befunde (SENGUPTA u. PRATHAP 1973).

Die Resultate einer Langzeitstudie des *Mineralgehaltes* und der *Spongiosastruktur* im proximalen Femur nach gynäkologischer Strahlenbehandlung haben HEUCK und LAURITZEN (1967) vorgelegt. Unter 37 Patientinnen, bei denen der Globalwert des Mineralgehaltes in der Schenkelhalsspongiosa (Apatitwert nach HEUCK u. SCHMIDT 1960) vor Beginn der Strahlenbehandlung bestimmt worden ist, konnten 19 Kontrollmessungen 1–3 Jahre nach der Strahlenbehandlung durchgeführt werden. Das erwartete Absinken des Mineralgehaltes in der Schenkelhalsspongiosa trat nur bei 6 Patientinnen ein, während bei weiteren 6 Patientinnen keine Änderung des Apatitwertes festgestellt werden konnte. Bemerkenswert ist, daß 4 Patientinnen eine deutliche Zunahme des Knochenmineralgehaltes in der Schenkelhalsspongiosa und 3 Patientinnen ein geringes Ansteigen des Apatitwertes zeigten. Die Spongiosastruktur im Schenkelhals und Kopfgebiet war bei diesen Patientinnen durch eine regionale Spongiosklerose gekennzeichnet (Abb. 10, 11). Offenbar ist die Regenerationsfähigkeit des Knochengewebes sehr gut erhalten geblieben, so daß es nicht zu der gefürchteten Osteoradionekrose oder deren Vorstufe, einer Strukturauflockerung der Spongiosa, kommen konnte. In zwei längerfristigen Beobachtungen konnte neben einer pathologischen Schenkelhalsfrak-

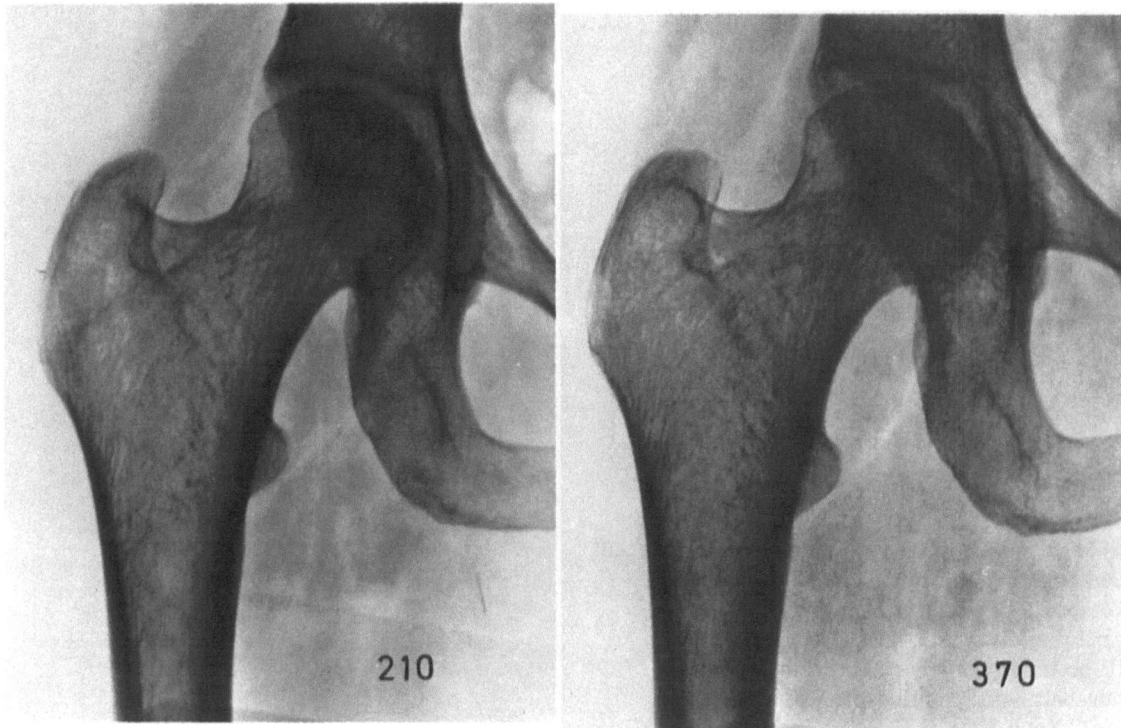

Abb. 11. Die Verlaufskontrolle des „Apatitwertes" der Femurhalsspongiosa ergab bei einer 38jährigen Frau einen Meßwert von 210 mg/ml vor der Strahlenbehandlung des Carcinoma colli II und 18 Monate später einen Anstieg auf 370 mg/ml mit einer leichten Spongiosklerose

tur als Folge einer Osteoradionekrose des einen Femurs auf der Gegenseite im Bereich der Schenkelhalsspongiosa ein Apatitwert von 120 mg/ml und 170 mg/ml bestimmt werden (Abb. 12). Diese Meßergebnisse liegen noch etwas oberhalb des „kritischen Apatitwertes", der bei 80 mg/ml bis 120 mg/ml festgestellt werden konnte. Als kritischer Apatitwert wird die globale Mineralkonzentration in einem spongiösen Knochenareal bezeichnet, bei der häufig eine statische Insuffizienz mit pathologischen Frakturen beobachtet werden konnte. Eine Dosis von 2000 R scheint den Mineralgehalt des Femurhalses nicht zu beeinflussen (DALEN u. EDSMYR 1974). In einer jüngeren Studie wurden mit nuklearmedizinischer Technik (^{99}Tc-Methylendiphosphonat) 4–6 Monate nach Knochendosen von 450–6700 R im Dosisbereich unter 2000 R nie Einbaudefekte nachgewiesen (HATTNER et al. 1982). Bemerkenswert ist, daß bei einem Greis von 79 Jahren die senile Atrophie des Schenkelhalses offenbar toleranzmindernd gewirkt hat, so daß bereits nach einer Herddosis von 1500 R 15 Monate später eine doppelseitige mediale Schenkelhalsfraktur auftrat. Auch KOK (1953) hebt die kürzere Latenzzeit bei 3 Patienten oberhalb von 70 Jahren hervor. KOK (1953) sieht eine wichtige Schlüsselrolle in den altersassoziierten und strahleninduzierten Gefäßveränderungen. Er konnte nachweisen, daß die höchste Ortsdosis im Bereich der periostalen Gefäßversorgung des Schenkelhalses gegeben war. PARKER (1972) übernimmt in seiner Übersicht diesen Aspekt. BONFIGLIO (1953) hingegen argumentiert, daß der Gefäßschaden unwesentlich sein müßte, da er immerhin (s. oben) die Frakturheilung nicht verhindern konnte. Im übrigen betont dieser Autor, daß die Strahlendosis unter der Osteonekrosedosis gelegen habe.

Eine strahleninduzierte Osteoporose findet sich auch in anderen Skelettabschnitten (KOLAR u. VRABEC 1976). ZOLLINGER (1960) zeigt aus seiner eigenen Sammlung, daß nach Dosen von 4000 R lediglich eine schwere Osteoporose der Rippen und kein weiterer Schaden zu finden sei und sich in diesen Fällen Spontanfrakturen bilden können (abgebildet wird sogar

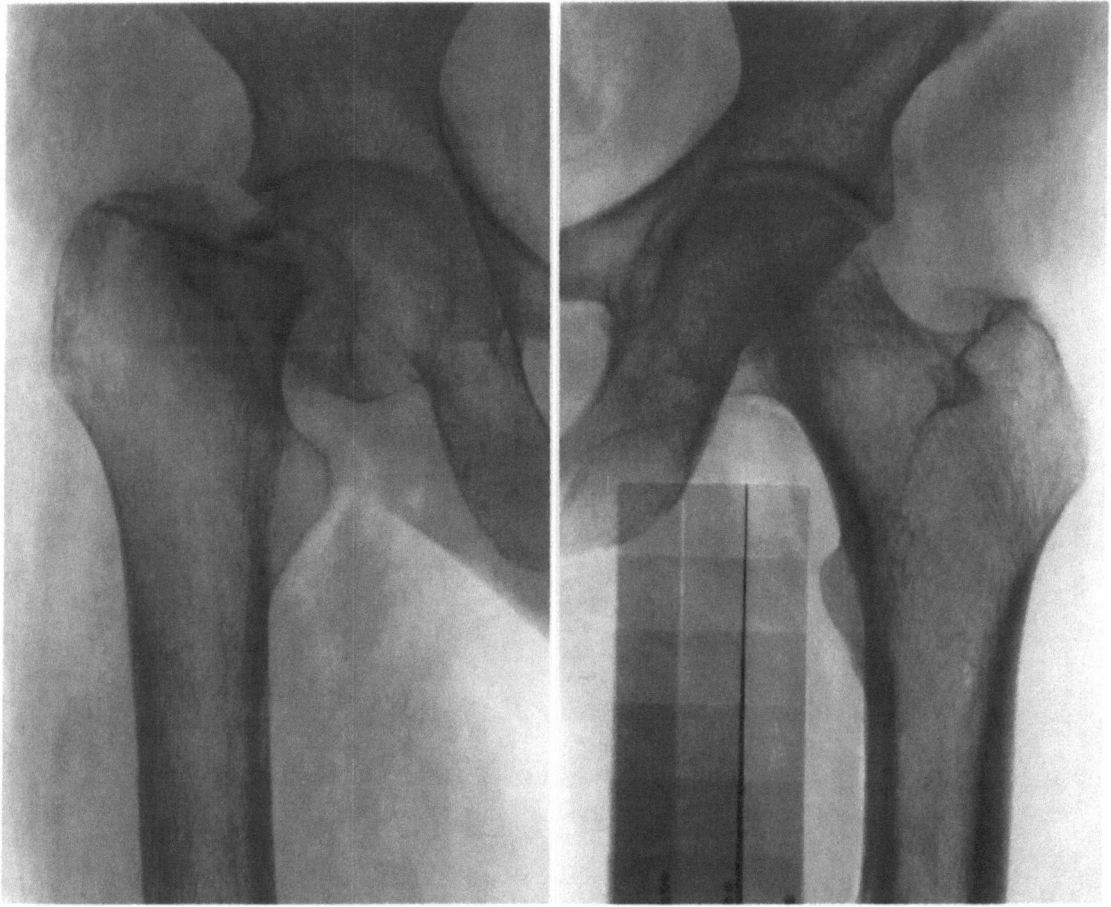

Abb. 12. Spontan aufgetretene Schenkelhalsfraktur rechts, die pseudarthrotisch geheilt ist. Die schwere Osteoporose bei Osteoradionekrose ist nach Strahlenbehandlung eines Kollum-Karzinoms II vor etwa 3 Jahren aufgetreten. Der „Apatitwert" der Spongiosa des linken Femurhalses liegt mit 170 mg/ml bei der 57jährigen Frau deutlich unterhalb der unteren Grenze der Norm. Die Spongiosastruktur des proximalen Femurendes ist deutlich aufgelockert

eine osteoporotische Rippe nach 16000 R). Auch Osteoporosen der Wirbelsäule hat ZOL-LINGER (1960) beobachtet. Klinische Mitteilungen dazu geben PROBERT und PARKER (1975); GUTJAHR et al. (1975, 1976); BLEHER und TSCHÄPPELER (1979).

Im Experiment wurde die Morphologie und funktionelle Morphologie des gestörten Skelettumbaus nach Strahleneinwirkung auf den nicht wachsenden reifen Knochen studiert von LEVY und RUGH (1952); BIRKNER et al. (1956); RISSANEN et al. (1969a); KING et al. (1979); KING et al. (1980); WRONSKI et al. (1980). Morphologisch eindrucksvoll ist das Bild des Osteoblastenverlustes und der peritrabekulären Fibrose (LEVY u. RUGH 1952; BIRKNER et al. 1956). Enzymhistochemische Markierung von Apposition und Resorption zeigt, daß das Remodelling weniger empfindlich ist als das Knochenwachstum (SAMS 1966a). Der Schwund der Knochensubstanz ab 2000 R zeigt sich auch bei Trockengewichtsbestimmung 8 Monate nach Bestrahlung (CUTRIGHT u. BRADY 1971), wobei hier die Vaskularisation schon Monate früher reduziert war. Schwer zu interpretieren ist die erhöhte ^{32}P-Aufnahme ab dem 7. Tag nach 3000 R bei der adulten Ratte (MARINELLI u. KENNEY 1941). Die Resultate zeigten allerdings starke Variabilität und wurden von den Autoren nur als vorläufig bezeichnet. In diesem Zusammenhang ist beachtenswert, daß KUMMERMEHR (1971) bei der wachsenden Ratte nach 2000 R einen erhöhten ^{45}Ca-Einbau in der Spongiosa von Epiphyse und Patella

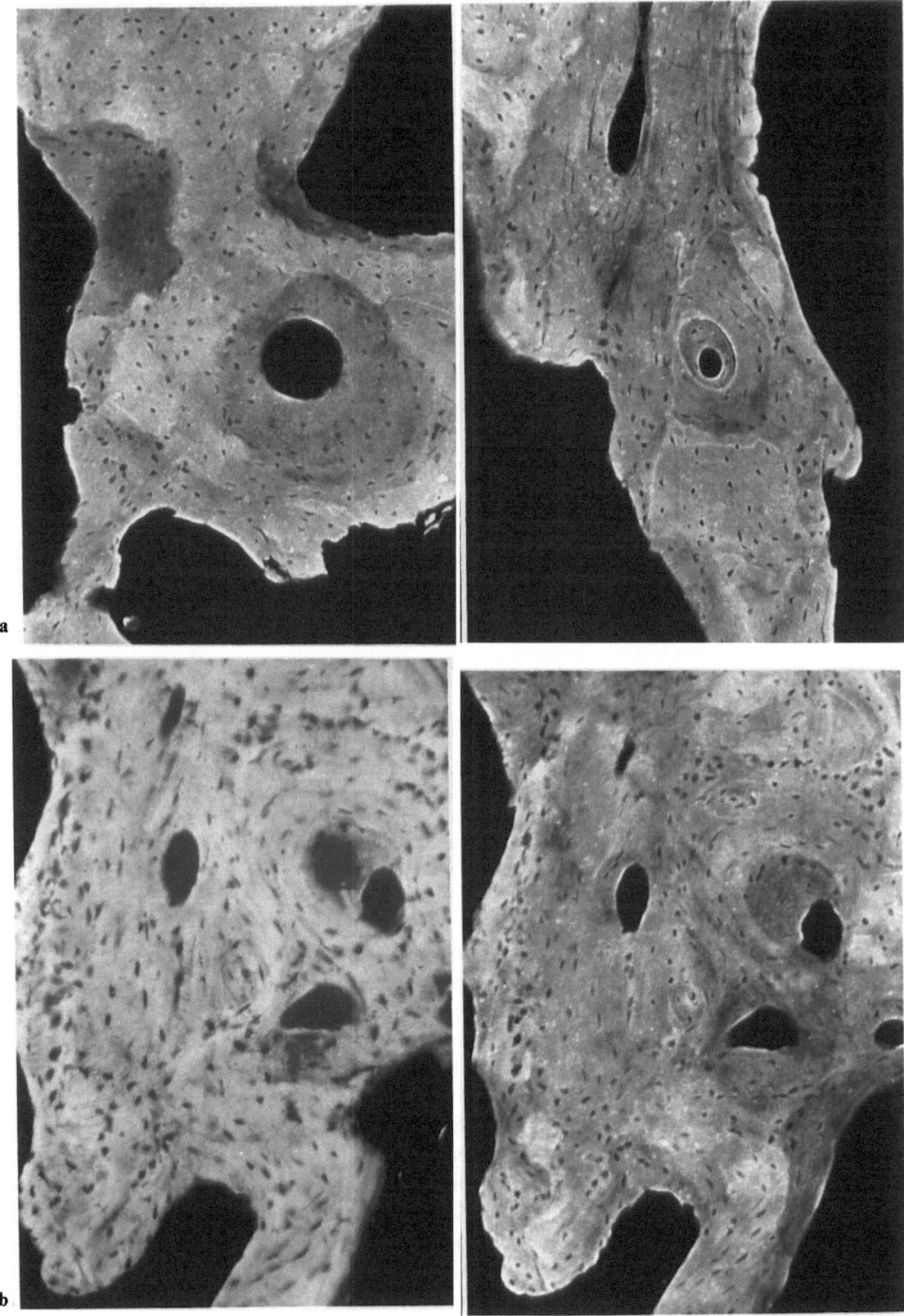

Abb. 13. a Mikroradiogramme aus der Spongiosa im Bereich der Osteoradionekrose. Das Nebeneinander von Abbau- und Anbauvorgängen (Howshipsche Lakunen, untermineralisierter Knochen) ist deutlich. Hochmineralisierte Kittlinien und flächenförmige Sklerosen (Dünnschliff 50 μ). **b** In einem unentkalkten Knochendünnschliff von 50 μ aus der Randzone der Nekrose finden sich neben diskreten Bezirken des Knochenab-

ab 1 Woche nach Bestrahlung beobachtete. Insofern ist an dieser Stelle die Beobachtung von COHN und GONG (1953 a) gleichfalls interessant: Die Bestrahlung der Tibia der jungen Ratte mit 2000 R läßt bis 160 Tage (Ende der Beobachtungszeit) keine Änderung des relativen Aschegewichtes, also keine Entkalkung erkennen. KUMMERMEHR (1971) fand noch längere Zeit nach Bestrahlung mit 2000 R eine Verminderung des diffusen ^{45}Ca-Einbaus im Schaftbereich. KING et al. (1979) haben in einer sehr exakten Studie Knochenanbau und -abbau im kortikalen und trabekulären Knochen des erwachsenen Kaninchens nach Anwendung der „minimalen Toleranzdosis" (1756 rad) simultan mit der Durchblutung studiert. Auf eine Phase der Hyperämie wurde nach 1 Monat eine Depression des Remodelling und später (nach 3 Monaten) eine Erhöhung der Remodellingrate gesehen. In der Arbeit KING et al. (1980) ließ sich der Effekt überdies mit nuklearmedizinischer Technik verfolgen. Anwendung der gleichen Dosis in ret durch Fraktionierung von 4650 rad über 3 Wochen zeigte nach 3 Monaten ebenfalls eine Steigerung des Remodelling und nach 12 Monaten eine Herabsetzung. Eine Verschiebung des Gleichgewichts von Aufbau und Abbau nach der Seite der Knochenresorption wurde nicht mitgeteilt. Es muß offen bleiben, ob eine relative Vermehrung der Resorption im höheren Dosisbereich auftreten kann.

Klinisch sind als Folge einer Störung der Transformation des Knochengewebes im strahlengeschädigten Knochen neben dem Knochenschwund auch reaktive Sklerosen und Appositionsvorgänge in der Nekrosezone nachweisbar (HEUCK u. GÖSSNER 1973). Die Mikroradiogramme von unentkalkten Dünnschliffen aus der gleichen spongiösen Knochenzone lassen das Nebeneinander von Abbau- und Anbauprozessen im mikroskopischen Bereich erkennen. Als Ausdruck der noch gut erhaltenen Aktivität der Knochenzellen finden sich eine periosteozytäre Demineralisation und nachfolgend eine Osteolyse in unmittelbarer Nachbarschaft von Regionen eines lebhaften Knochenanbaues mit hochmineralisierten Kittlinien und Schaltlamellen, die Folge der biologischen Potenzen der Tela ossea sind (Abb. 13).

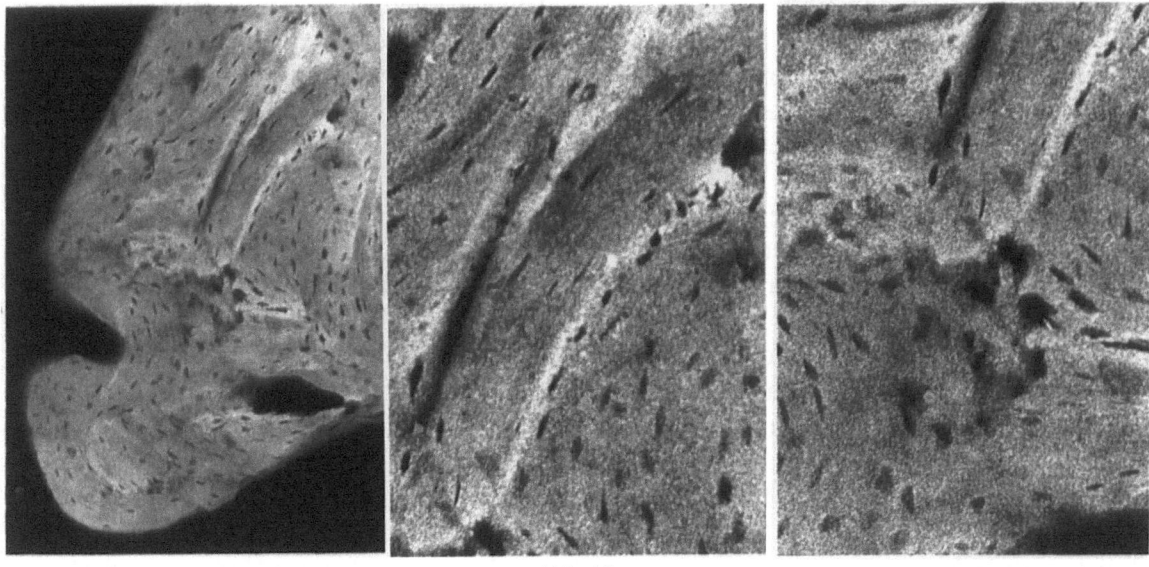

Abb. 13c

baues auch neu angebauter niedrig mineralisierter Knochen mit Osteoid (unten rechts im fuchsingefärbten Dünnschliff und im Mikroradiogramm erkennbar) und eine inhomogene niedrige Mineralkonzentration der Tela ossea im Mikroradiogramm. Die Osteozytenlakunen sind unterschiedlich groß und unregelmäßig im Knochen angeordnet. c In der peripheren Spongiosklerose zeigt der neu apponierte Knochen eine unregelmäßige Mineralisation mit „begrabenen Osteoidsäumen", hochmineralisierten Zonen, die bandförmig ausgebildet sind sowie unterschiedlichen Osteozytenlakunen mit regionaler perilakunärer Demineralisation, die sich auch in die Umgebung ausdehnt

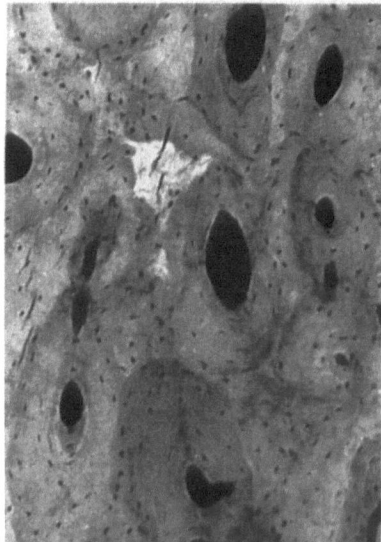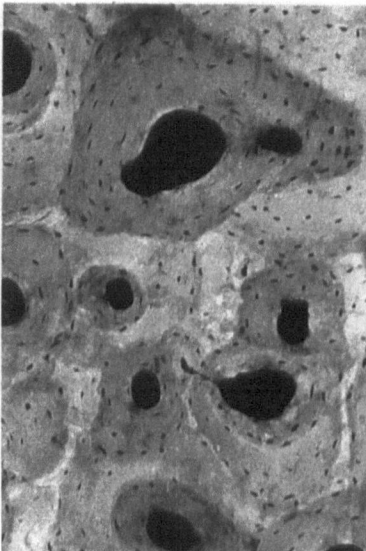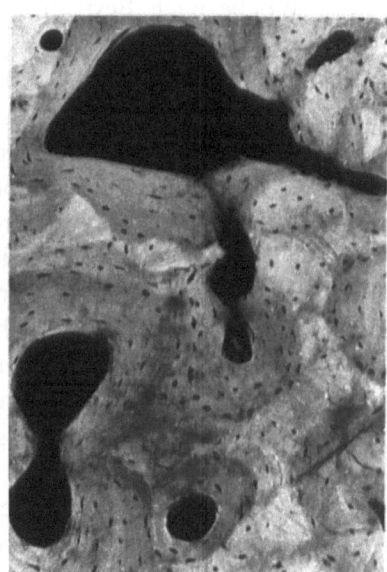

Abb. 14. Zusammenstellung von Ausschnitten aus Mikroradiogrammen eines Knochendünnschliffes von 50 μ aus der proximalen Femurdiaphyse bei einem Zustand nach Radiumablagerung in der Tela ossea. Unregelmäßig gestaltete ungleich große Osteone, die inhomogen mineralisiert und zellarm sind. In den Schaltlamellen regional sehr dichte, höher mineralisierte Zonen, die flächenhaft, streifenförmig und fleckig ausgebildet sind

Die Einlagerung langlebiger alpha-strahlender osteotroper Radionuklide führt zu einer andersartigen Störung des Bone-Remodelling, bei der offenbar die resorptiven Prozesse stärker betroffen sind und ein gesteigerter Anbau verdickte Trabekel ergibt (Arnold u. Jee 1959; Jee u. Arnold 1961; Wronski et al. 1980). Das ausgereifte Knochengewebe zeigt nach Inkorporation von Radium neben Strukturauflockerungen im Sinne der Osteoporose mit Erweiterung der Haversschen Kanäle zu Lakunen auch im histologischen Bild eine Markfibrose mit osteosklerotischen Herden als Folge einer Knochenapposition. In den subperiostalen Knochenregionen kann eine Apposition festgestellt werden. Überall dort, wo die Struktur des Knochens besonders unregelmäßig erscheint, sind hohe Radiumkonzentrationen gefunden worden (Rowland et al. 1958, 1959a; Rowland u. Marshall 1959; Engström 1964). Das Mikroradiogramm des Knochengewebes zeigt ein buntes Bild (Abb. 14), wobei Mineralisationsdefekte im Bereich der Tela ossea neben sehr hochmineralisierten Zonen gefunden werden können (Heuck u. Gössner 1973). Die Kitt- und Zementlinien sind nicht selten hochmineralisiert. Am Innensaum der Haversschen Kanäle kommt es zur Knochenapposition, wobei die Tela ossea eine höhere Mineralisation aufweist. Es finden sich gewisse Parallelen zu den Befunden nach Strahlenbehandlung des Knochens, die eine Zunahme des globalen Mineralgehaltes (Apatitwertes) und Spongiosklerosen erkennen lassen. Offenbar beschreibt Wegener (1970) mit seiner strahlen-induzierten „Osteodystrophie" eines Joachimsthaler Bergmannes einen ähnlichen Prozeß, wenn er eingeengte Markräume und eine dem Morbus Paget ähnliche Mosaik-Struktur schildert. Das Phänomen der bizarren Knochenresorption bei ^{226}Ra-belasteten Knochen ab einer Personendosis von 1 μCi dürfte wohl Beziehung zur Osteonekrose haben, da hier auch kalkdicht verschlossene Haverssche Systeme beschrieben werden (Rowland et al. 1959b).

II. Die Osteoradionekrose

Bei Kolár und Vrabec (1976) findet sich zu diesem Thema eine ausführliche Literaturübersicht sowie reichhaltiges eigenes klinisches Beobachtungsgut. Aus klinischer Sicht ist der Eintritt der Osteoradionekrose nicht absolut kritisch, vielmehr machen eine besondere mechanische Belastung des Knochens mit nachfolgender Fraktur sowie der offene Kontakt zur erregerhaltigen Umwelt mit nachfolgender Osteomyelitis den Schaden klinisch bedeutsam (PARKER u. BERRY 1976). So ist vor allem die Lokalisation der Osteoradionekrose für das Schicksal des Patienten entscheidend; dieser Aspekt ist bei KOLÁŘ und VRABEC (1976) ausführlich berücksichtigt worden.

Die Genese der Osteoradionekrose wird zuweilen rein vaskulär gesehen (AXHAUSEN 1954; RUBIN u. CASARETT 1968). Aufgrund der vielfältigen klinischen und experimentellen Erfahrungen geht man aber davon aus, daß sowohl eine direkte Abtötung der Osteozyten als auch eine indirekte Schädigung über die strahleninduzierte Vaskulopathie möglich ist (NILSSON 1969; THURNER 1970; GRIMM 1971; JEE 1971; VAUGHAN 1973; ROHRER et al. 1979). GRIMM (1971) unterscheidet in seiner Übersicht eine Frühnekrose, die wohl primäre Strahlenfolge ist, von einer späten Nekroseform, die wohl sekundär-vaskulär bedingt ist.

Röntgenologisch ist die Osteoradionekrose vor dem Auftreten klinischer Symptome stumm (GRIMM 1971). Allgemein kann man aber als Folge der Osteonekrose (gezeigt an der experimentellen Caisson-Krankheit) frühestens nach 3 Wochen im Szintigramm eine gesteigerte Speicherung feststellen. Auch dieser Befund wird früher als jede röntgenmorphologische Veränderung gefunden (GREGG u. WALDER 1980). Der klinische Befund ist durch den bereits einsetzenden reparativen Knochenanbau zu erklären (Abb. 15). Retrospektive Auswertungen von alten Röntgenbildern scheinen zuweilen noch vor Auftreten der klinischen Symptomatik der Osteoradionekrose positive Befunde aufzuweisen (TIMOTHY et al. 1978).

Bei der histologischen Beurteilung sollte berücksichtigt werden, daß im normalen Knochen in gewissem Ausmaß Osteozytenausfall physiologisch ist (SHERMAN u. SELAKOVICH 1957).

Histologische Befunde der Osteoradionekrose des Menschen ohne strahleninduzierte Gefäßveränderungen werden von EWING (1926); PHEMISTER (1926) und BONFIGLIO (1953) mitgeteilt. Im Experiment wurde primäre, d.h. nicht vaskulär bedingte Osteoradionekrose ebenfalls beobachtet: BIRKNER et al. (1956); UEBERSCHÄR (1959) (In der ersten Woche nach 5000 R, beginnend im Zentrum der Kompakta); ROSENTHALL und MARVIN (1957) (Zwei Wochen nach fraktionierter Bestrahlung mit 9000 R, 140 kV). Berichte gleichsinniger Art nach innerer Bestrahlung finden sich bei HELLER (1948) (5 Monate nach Inkorporation von 0,06 μCi/g Radium); JEE und ARNOLD (1961) (2 Monate nach Plutionium-Inkorporation, beschränkt auf den Bestrahlungsbereich der Alpha-Partikel). MACPHERSON et al. (1962) (9 Tage nach ^{90}Sr entsprechend 1500–2500 rad 5% und nach 90 Tagen entsprechend 24000 rad 11% leere Osteozytenlakunen).

Für die Erkenntnis der Möglichkeit einer primären Osteoradionekrose ist es interessant, daß TANNOCK und HAYASHI (1972) bis 22 Tage nach 2000 und 4000 rad im Experiment keine wesentlichen Schäden oder Regenerationsprozesse am Kapillarendothel des Knochens nachweisen konnten. Eine Übersicht zur normalen Gefäßversorgung des Knochens findet sich bei RAY (1976). Zur Gefäßmikroarchitektur s. RHINELANDER (1972). Experimentelle Beobachtungen, aus denen ein Zusammenhang zwischen Durchblutungsstörung und Osteozytenuntergang nach äußerer Bestrahlung abgeleitet wird oder die Gefäßveränderungen im Dosisbereich der Osteoradionekrose belegen, werden verschiedentlich mitgeteilt: BIRKNER et al. (1956); UEBERSCHÄR (1959) (Unterbrechung der Blutversorgung der Kompakta ab 20 Tagen nach 5000 R, Fibrosierung des Periosts und gefäßarme Markfibrose, wobei diese Autoren die entscheidende Rolle der vaskulären Störungen nicht in der Entstehung der Osteoradionekrose sondern in der Beeinflussung des Schicksals dieser Veränderung sehen), KOLLATH (1964) (Verschwinden der Osteozyten 7 Wochen nach 5000 R, nachdem bereits das Periost hyalinisiert ist und Arteriolenlumina eingeengt sind), KOLLATH (1965) (10 Tage nach 10000 R vollkommene Osteonekrose und thrombotische Gefäßverschlüsse); SAMS

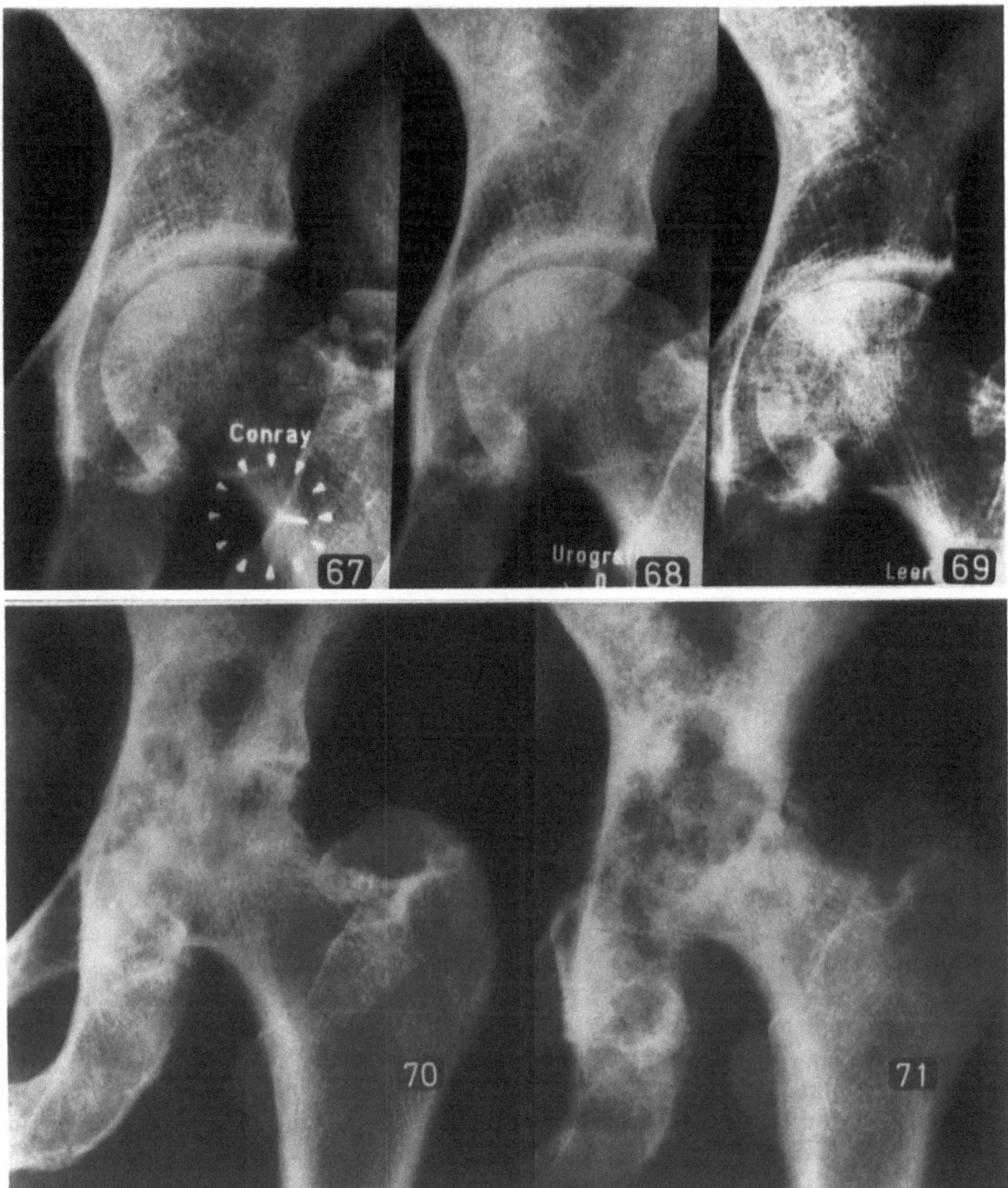

Abb. 15. Entstehung und Verlaufskontrolle einer Osteoradionekrose im Bereich des linken proximalen Femur-
gebietes (Femurkopf und -hals) sowie der linken Hüftpfanne des Beckens in einem Beobachtungszeitraum
von 4 Jahren bei 60jähriger Frau, die wegen eines Kollum-Karzinoms Stadium II einer intensiven Strahlenbehandlung (Kobalt-Therapie) unterzogen worden ist. In den Randbezirken des nekrotisch zerfallenden Knochens finden sich *reaktive Spongiosklerosen,* die deutlich im Femurhals und in der Spongiosa des Os ileum
ausgebildet sind

(1963, 1965a, b) (ab 6 Wochen nach 2000 R leere Osteozytenlakunen im Bereich der inneren
zwei Drittel der Kompakta, assoziiert mit zellarmem Mark und gestörter Durchblutung);
HORN et al. (1974) (nur funktioneller und klinischer Test, ab 10 Wochen nach 6–7000 R
deutliche Durchblutungsstörung der bestrahlten Extremität, spontane Amputation erst ab
35 Wochen). Nach innerer Bestrahlung findet man als Langzeiteffekt eine Verstopfung

(„Plugging") der Haversschen Kanäle durch kalkdichtes Material (JEE u. ARNOLD 1961; ARNOLD u. JEE 1959).

Die TD 5/5 (Toleranzdosis mit 5% Schäden innerhalb von 5 Jahren nach Bestrahlung) für die strahleninduzierte Osteonekrose wird mit 6000 rad angegeben und liegt damit tatsächlich in der Nähe der Toleranzdosisangabe für Schäden an der Endstrombahn (RUBIN u. CASARETT 1972). Dies steht in guter Übereinstimmung mit Grenzwerterfahrungen bei Bestrahlung des Os temporale (WANG u. DOPPKE 1976), weicht aber ab von früheren Angaben (GREVE 1952: 3800–4300 R, WOODARD u. SPIERS 1953: 5000 R).

Bei der Kombination von Strahlentherapie und Chemotherapie ist besonders beim malignen Lymphom (z.T. zusätzliche Steroidbehandlung!) eine geringere Toleranz des Knochens zu befürchten, auch wenn diese Vermutung gegenwärtig noch nicht zahlenmäßig belegt werden kann (TIMOTHY et al. 1978; PROSNITZ et al. 1981; ENGEL et al. 1981).

III. Das Schicksal der Osteoradionekrose

Neben der möglichen Genese über eine strahleninduzierte Osteoporose, ist in der Folge einer ausgebildeten Osteoradionekrose bei entsprechender Belastung mit einer *Spontanfraktur* zu rechnen (Abb. 16). Dies wurde auch im Experiment beobachtet (z.B. UEBERSCHÄR 1959; BASERGA et al. 1961; JEE u. ARNOLD 1961). Gefährdet ist offenbar besonders das Grenzgebiet zwischen Nekrose und unbestrahltem gesundem Knochen, in dem Reparationsvorgänge in Gang kommen (UEBERSCHÄR 1959). Die Stimulation des osteogenen Gewebes nach Eintritt der Spontanfraktur ist eindrucksvoll (UEBERSCHÄR 1959). Hinsichtlich klinischer Berichte

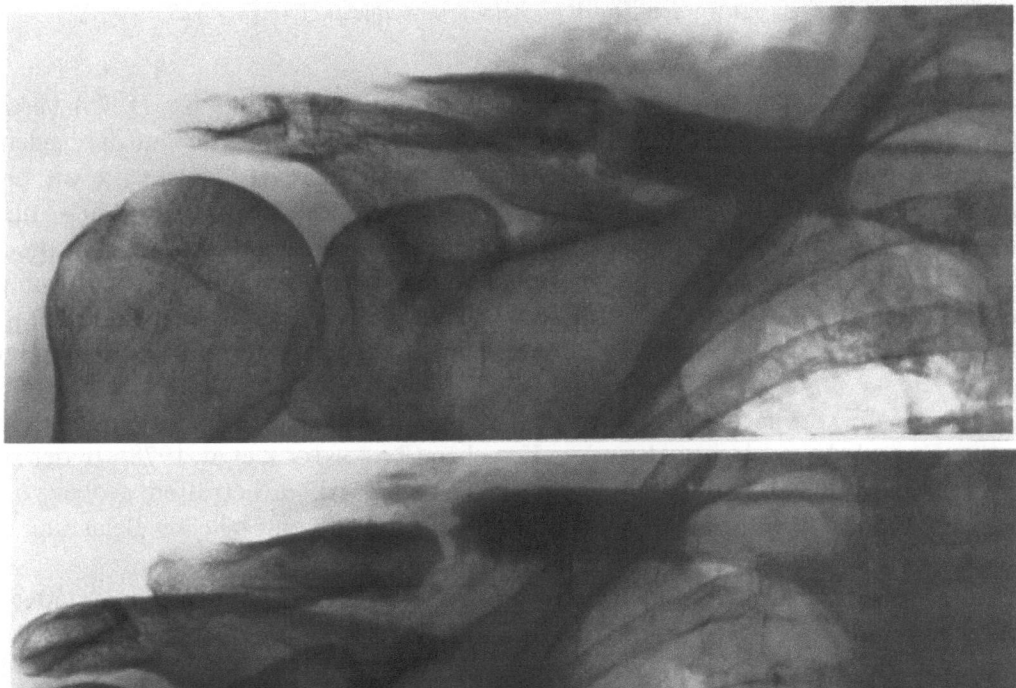

Abb. 16. Osteoradionekrose der rechten Klavikula, die zu einer pathologischen Fraktur mit Pseudarthrosenbildung geführt hat. Folge der Strahlenbehandlung bei einer 53jährigen Frau, die wegen eines in die Supraklavikulargrube metastasierenden Tumors vor etwa 4 Jahren behandelt werden mußte

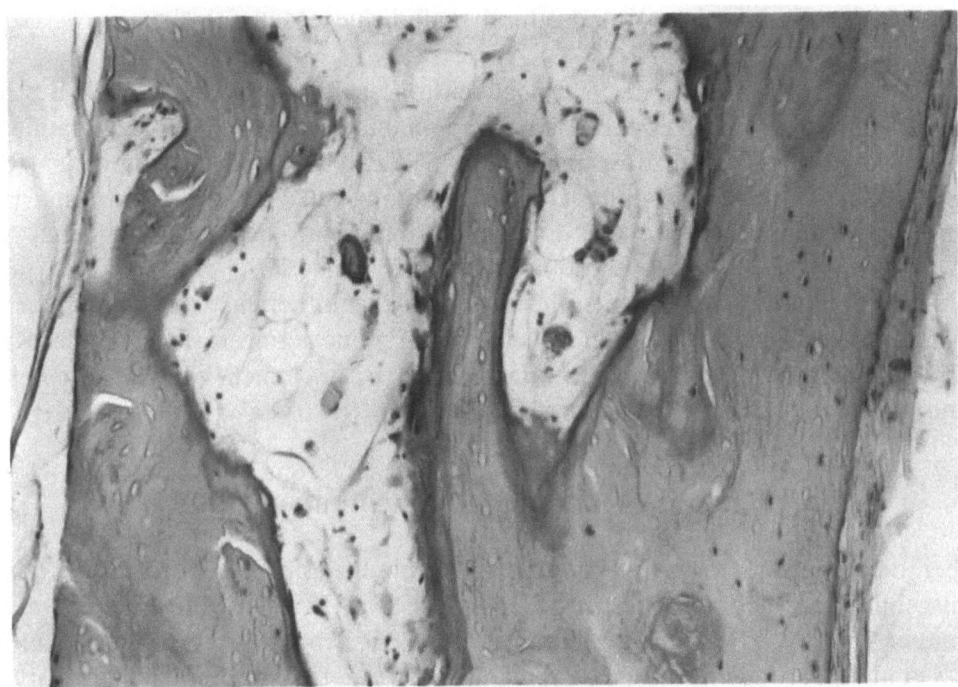

Abb. 17. Osteoradionekrose; Zustand 8 Monate nach i.p. Injektion von 50 µCi/kg [227]Th (Alpha-Strahler, Halbwertszeit 18,7 Tage), entsprechend einer mittleren Skelettdosis von 10000 rad. Ausschnitt eines Brustwirbelkörpers einer NMRI-Maus. Leere Osteozytenlakunen in ausgedehnten Bereichen des Knochens. Auf der Markseite ist dem devitalisierten Knochen z.T. ein schmaler Saum atypischer basophiler Knochensubstanz aufgelagert worden. Das Knochenmark ist aplastisch. HE. × 125

kann auf die Übersichten von GRIMM (1971) und KOLÁŘ und VRABEC (1976) verwiesen werden. Einerseits wird im Zusammenhang mit der Schenkelhalsfraktur auf die begleitende obliterierende Endarteriitis hingewiesen (GATES 1943), andererseits spricht die oft überraschend gute Heilung – wie auch bei der Diskussion der Osteoporose erwähnt – für eine geringe Beteiligung von Gefäßschäden im Gegensatz zu der Femurhalsfraktur des alten Menschen. Dabei ist aber zu diskutieren, ob die gut heilenden Frakturen wirklich komplette Nekrosen waren. BIRKNER (1953) berichtet z.B. über 3 Fälle, bei denen nach 3000 R und 3000–3200 R eine Heilung erfolgte, während beim dritten Fall nach 5500 R die Heilung ausblieb.

Die Spontanfraktur nach Osteoradionekrose betrifft nicht nur den mechanisch besonders belasteten Femurhals, sondern auch andere Knochen (ROSENSTOCK et al. 1978). In der zuletzt genannten Arbeit sind jugendliche Patienten nach Ewingsarkom betroffen, wobei von den Autoren das erhöhte Frakturrisiko nach ca. 4000 rad mit der zusätzlichen Belastung durch die Chemotherapie in Zusammenhang gebracht wird.

Wohl das häufigste Schicksal der Osteoradionekrose – wie allgemein der Osteonekrose – dürfte die schrittweise Substitution sein, die mit einer *Apposition von neuem Knochen* an den devitalisierten Skelettabschnitten beginnt (Abb. 17 u. 18, ZOLLINGER 1960). Nach Bestrahlung wird das zunächst mit dem Bilde des atypischen basophilen zellarmen grobgeflochtenen Knochens erfolgen, wenn sich das Osteoblastensystem noch nicht erholt hat. Im Zuge dieser sehr langsam erfolgenden reaktiven Hartsubstanzneubildung wird die Osteonekrose im Röntgenbild sichtbar. In vergleichenden histologisch-mikroradiographischen Untersuchungen des spongiösen Knochens im Bereich von Trümmerzonen des Schenkelhalses bei Osteoradionekrosen fanden HEUCK und LAURITZEN (1967) neben dem Knochenabbau auch eine Knochenneubildung, die an den alten Spongiosabälkchen erfolgte. Die Mineralkonzen-

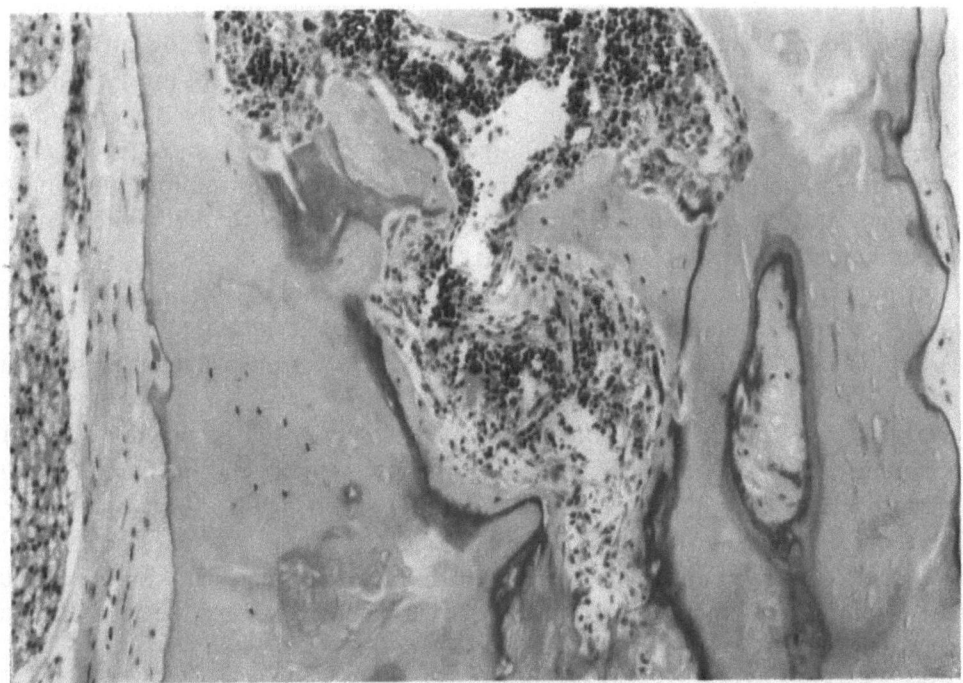

Abb. 18. Osteoradionekrose; Zustand 12 Monate nach i.p. Injektion von 100 µCi/kg ^{227}Th (Alpha-Strahler, Halbwertszeit 18.7 Tage), entsprechend einer mittleren Skelettdosis von 20000 rad. Ausschnitt eines Brustwirbelkörpers einer NMRI-Maus. Auf der Markseite unregelmäßiger Knochenanbau; darunter – dem devitalisierten Knochen unmittelbar aufliegend – schmale Zonen atypischer, basophiler Knochensubstanz. HE. × 125

tration des neugebildeten Knochens war unterschiedlich und zum Teil unvollständig. Die breiten osteoiden Säume kommen nur im histologischen Bild zur Darstellung. Etwas auffallend sind die perilakunären Osteozytenhöfe als Folge einer niedrigen Mineralkonzentration der Tela ossea, die als Ausdruck einer gesteigerten Stoffwechselaktivität der Knochenzellen angesehen werden können. In der gleichen Skelettregion finden sich neben einem Knochenabbau und den Zeichen einer Knochennekrose auch Areale eines deutlichen Knochenanbaues, so daß dieses bunte Bild die beobachteten reaktiven Sklerosen des Knochens verständlich macht (s. Abb. 15 u. 16, oben). Die reaktive Knochenapposition bei Osteoradionekrose wurde von EWING (1926) wohl erstmals ausführlich an menschlichem Material beschrieben und als „radiation osteitis" bezeichnet. Eine ebenso klassische Beschreibung dieses Phänomens im Experiment findet sich bei BLOOM und BLOOM (1949) nach Radiuminkorporation bei der erwachsenen Maus. Bei diesem Experiment steht der atypische Knochen – wohl als Folge der chronischen Strahleneinwirkung – ganz im Vordergrund (ZOLLINGER 1960). In eigenen Versuchen haben wir allerdings auch ein Jahr nach Inkorporation einer großen Menge eines kurzlebigen Alphastrahlers (^{227}Th, Halbwertszeit 18,7 Tage) solchen atypischen Knochen gesehen (s. Abb. 18, oben). UEBERSCHÄR (1959) fand nach äußerer Bestrahlung mit 5000 R im Markraum benachbart zur Nekrose sogar kallusartige Knochenneubildung. JEE und ARNOLD (1961) konnten die Knochenvermehrung auch nach Plutoniuminkorporation beim Hund finden. In diesem Experiment wurde außerdem die punktuelle Resorption des Knochens beschrieben, die sicher allgemein den reparativen Prozeß begleitet (ZOLLINGER 1960). ALBREKTSSON et al. (1980) haben beim Kaninchen die schrittweise Substitution des devitalisierten Knochens nach Bestrahlung mit 15 Gy vitalmikroskopisch verfolgt. 10 Wochen nach Bestrahlung ist der ursprüngliche Knochen weitgehend ersetzt. BIRKNER et al. (1956) und UEBERSCHÄR (1959) schildern ca. einen Monat nach Bestrahlung mit 5000 R

Resorptionsvorgänge, die im Zuge der nachfolgenden Fibrose und Durchblutungsstörung zunächst zum Erliegen kommen, nach längerer Zeit aber in Form einer „progressiven lakunären Osteolyse" wieder aufgenommen werden. GRIMM (1971) beschreibt am Kaninchenkiefer 16 Tage nach einer Oberflächendosis von 5000 R in großer Zahl Osteoklasten am devitalisierten Knochen; nach 4 Monaten folgen unregelmäßige Osteoidapposition sowie auch Neubildung von lamellärem Knochen. Bei der chronischen inneren Bestrahlung muß in Betracht gezogen werden, daß die peritrabekuläre Fibrose eine Barriere für die Weiterverarbeitung devitalisierter Trabekel bedeuten kann (JEE u. ARNOLD 1961).

Mit Auftreten einer *Weichteilnekrose* über der Osteoradionekrose kann es durch Infektion zur *Osteomyelitis* und Sequestration des Knochens kommen. PHEMISTER (1926) hat im Rahmen eines Versuches an Hunden bereits 2 solche Fälle im Bereich der langen Röhrenknochen beschrieben.

Aus praktischen Gründen dürfte das Problem der Osteomyelitis und der Sequestration ganzer Skelettabschnitte als Folge der Osteoradionekrose vorwiegend im Bereich der *Kieferknochen* und dort besonders im Bereich der Mandibula zu finden sein (GRIMM 1971; PARKER 1972), wobei operativer Eingriff und Schleimhautdefekt fördernd wirken. GRIMM (1971) berichtet über keine Altersabhängigkeit, obwohl die Gefäßversorgung der Mandibula mit dem Alter eine Änderung von einer mehr zentrifugalen zu einer mehr zentripetalen Orientierung erfährt (BRADLEY 1972).

Die frühe primäre Osteoradionekrose des Kieferknochens läßt sich im Experiment nach Bestrahlung mit 5000 R bzw. 4500 rad (GRIMM 1971; ROHRER et al. 1979) und sogar nur 20 Gy (LIND u. NATHANSON 1977) belegen. Dabei scheinen auch späte strahleninduzierte Gefäßverschlüsse keine entscheidende Rolle zu spielen. Bemerkenswert ist, daß die Umbauvorgänge im Anschluß an die strahleninduzierte Nekrose 8 Wochen nach Bestrahlung des Kaninchenschädels szintigraphisch noch nicht faßbar sind (LIND u. NATHANSON 1977). Ausführliche histologische Studien zur Osteoradionekrose des Kiefers stammen von CHAMBERS et al. (1958); NG et al. (1959) und GOWGIEL (1960). CHAMBERS et al. (1958) beobachteten ab 4000 R simultan Schleimhautulzeration und Osteomyelitis. Die Entzündung breitete sich vom Periodontium her aus. Es wurde keine Osteonekrose ohne Osteomyelitis gesehen (bis 8000 R). Bei Zahnextraktion 16 Tage vor der Bestrahlung scheint das Ereignis seltener aufzutreten. Extraktion der Molaren der Ratte 8 Tage nach Bestrahlung mit 1725 R provoziert in ca. der Hälfte der Fälle eine Osteomyelitis (FRANDSEN 1962). Andererseits zeigte GOWGIEL (1960), für den Kiefer des Rhesusaffen, daß eine Zahnextraktion 2 Monate und länger nach Bestrahlung erst ab 8500 R zu Komplikationen führt. Auch bei diesen Untersuchungen wurden unter einer intakten Gingiva nie klinisch relevante Veränderungen gesehen. Erst bei höherer Dosis spielt der Zahn eine Rolle als Eintrittspforte für den Infekt, unter 6000 rad wurden keine Komplikationen gesehen (BEDWINEK et al. 1976; REGEZI et al. 1976; MORRISH et al. 1981). MURRAY et al. (1980) betonen aufgrund ihrer Erfahrung, daß es nicht der Zahn an sich ist, der eine Gefährdung darstellt, sondern nur der ausgedehnt kariöse Zahn. Entsprechend sahen BEDWINEK et al. (1976) die geringste Komplikationsrate, wenn sie nur die nicht konservierbaren Zähne vor der Strahlentherapie extrahierten, zumal bei vorheriger Entfernung aller Zähne oft nicht genügend Zeit für die Abheilung der Extraktionswunden vor der Bestrahlung bleibt.

Bemerkenswert ist, daß die Noxe Alkohol bei der Auslösung der klinischen Komplikation nach Osteoradionekrose im Kieferbereich nicht zu vernachlässigen ist (REGEZI et al. 1976).

GOWGIEL (1960) betont den primär direkten Strahleneffekt auf die Osteozyten. Die (nach Dosen wie 8500 R beobachteten) Gefäßveränderungen spielen nur bei der späteren Verschlimmerung des Zustandes eine Rolle. Gut die Hälfte der klinischen Komplikationen der Osteoradionekrose des Kiefers werde im ersten Jahr nach Bestrahlung beobachtet (BEDWINEK et al. 1976; REGEZI et al. 1976).

F. Gelenkknorpel und Knorpel des Kehlkopfes

Hier kann bezüglich zu erwartender degenerativer Schäden an den Gelenken auf die Zusammenstellung von KOLÁŘ und VRABEC (1976) hingewiesen werden. Soweit dabei histologische Biopsiebefunde vorliegen, wird von einer „dissezierenden Chondritis" gesprochen (KOLÁŘ u. VRABEC 1959). Im Experiment gibt es keine ausführlichen Beobachtungen zu der Problematik. Aus der jüngeren klinischen Literatur sollte die Mitteilung spondylotischer Veränderungen nach Strahlentherapie von Kindern genannt werden (PROBERT u. PARKER 1975; BLEHER u. TSCHÄPPELER 1979). PARKER (1972) gibt aufgrund seiner Erfahrung an, daß bei üblicher Fraktionierung mit 6500–7000 rad keine klinisch relevante Knorpelnekrose beobachtet wird.

Bei der kritischen Schädigung des Kehlkopfknorpels scheint wie bei der Kieferosteonekrose der Schleimhautdefekt das auslösende Ereignis zu sein (GOODRICH u. LENZ 1948; ZOLLINGER 1960).

Bestrahlung des Kehlkopfs im Wachstumsalter kann infolge des Wachstumsstops im Erwachsenenalter zu Stenoseerscheinungen führen, eine Komplikation, die nach der Strahlentherapie der juvenilen Larynxpapillomatose beschrieben wurde (SALINGER 1942; RABETT 1965).

G. Strahleninduzierte Knochentumoren

In der eingangs zitierten Übersichtsliteratur ist auch das Problem der Tumorinduktion durch Strahleneinwirkung besprochen. Besonders in der Monographie von VAUGHAN (1973) sind alle Aspekte des strahleninduzierten Knochentumors beleuchtet. Außerdem sei auf die Zusammenfassung im UNSCEAR-Bericht (1977) hingewiesen. Eine Zusammenstellung von Literaturberichten zur Induktion von Knochentumoren beim Menschen nach lokaler Bestrahlung findet sich bei PERMANETTER et al. (1980). Diese Daten zeigen die Beziehung zwischen Knochentumorlokalisation und Bestrahlungsbereich (s. unten, Tabelle 12). Jüngere Fallsammlungen stammen von KIM et al. (1978) und TOUNTAS et al. (1979). Die Häufigkeit unter den Patienten, die eine Tumorbestrahlung 5 Jahre überlebt haben, wird mit 0,035% angegeben (TOUNTAS et al. 1979). Die meisten Fälle werden nach 3000 R und höheren Bestrahlungsdosen gesehen, kleinste Dosisangabe war 1200 rad (s. die Literaturzusammenstellung bei PERMANETTER et al. 1980).

Im Experiment mit der Wistarratte kann eine lokale Bestrahlung mit 2000 R in mehr als der Hälfte der Tiere Osteosarkome induzieren (KUMMERMEHR 1971). In der jüngeren Literatur wird mitgeteilt, daß Ganzkörperbestrahlung mit 1000 R bei der Ratte (WARREN et al. 1982) und 8,5 Gy beim Affen (BROERSE et al. 1981) Osteosarkome induzieren kann.

Es gibt auch Anhaltspunkte für Tumorinduktion im kleineren Dosisbereich beim Menschen, so nach Kopfbestrahlung bei Kindern wegen Tinea capitis (UNSCEAR-Bericht 1977) sowie nach Wirbelsäulenbestrahlung wegen Morbus Bechterew (UNSCEAR-Bericht 1977). Beim letzteren Beispiel wird eine Knochenmarkdosis von 321 rad angegeben; unter 14109 Patienten wurden innerhalb 9,5 Jahren 4 statt 1,3 erwarteter Knochentumoren beobachtet.

Zur Knochentumorinduktion speziell durch innere Bestrahlung findet sich zusammenfassende Literatur bei FINKEL und BISKIS (1968); MAYS et al. (1969); GOLDMAN und BUSTAD (1972); STOVER und JEE (1972); SANDERS et al. (1973); JEE (1976); MAYS (1978); MÜLLER und EBERT (1978), International Meeting (1979); NENOT und STATHER (1979); EULEP-SYMPOSIUM (1981).

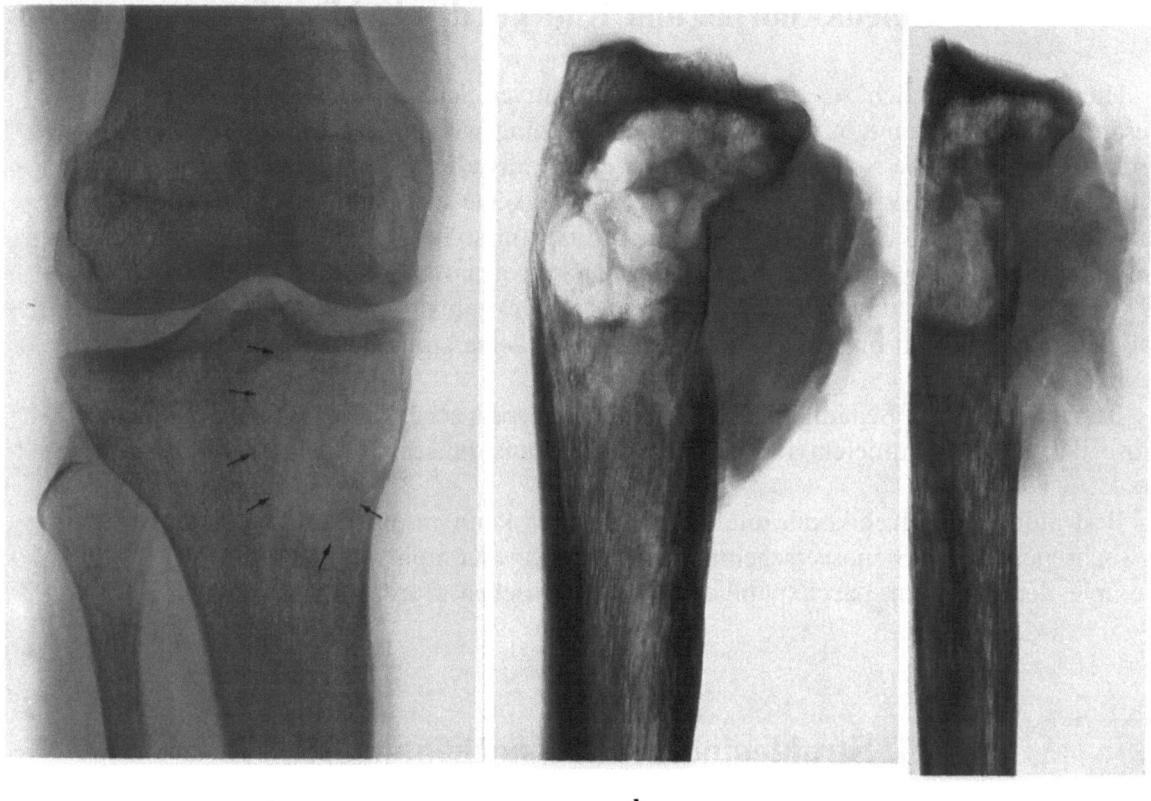

a   b   c

Abb. 19a–c. Elfriede, J. 50jährige Frau mit schwerer Osteomalazie, die 4 Jahre behandelt wurde. Als Ursache wurde eine Resorptionsstörung im Bereich des Magen-Darmkanals angenommen, die später einen sekundären Hyperparathyreoidismus ausgelöst hat. Im späteren Krankheitsverlauf entwickelte sich im rechten Tibiakopf medial eine Strukturauflockerung, die nicht deutlich abgrenzbar war **a**. Im weiteren Verlauf kam es zur osteolytischen Destruktion der medialen Anteile des Tibiakopfes mit Verlust der Kortikalis. Ein Röntgenbild des Obduktionspräparates zeigt die Zerstörung des Tibiakopfes und einen nach medial und dorsal gewachsenen kleinfaustgroßen Weichteiltumor **b, c**. Dieser Tumor hat Metastasen in den linken Femurschaft, in die linke Scapula und beide Lungenhälften gesetzt, die zum Exitus führten. Histologisch handelte es sich um ein polymorphzelliges osteolytisches Sarkom des rechten Tibiakopfes. In der Glühasche des Knochens konnte bei einem Kalziumgehalt von 37,4% ein deutlich erhöhter ^{90}Sr-Gehalt gefunden werden (0,34 µCi/g Ca gegenüber 0,05 bis 0,12 µCi/g bei Gesunden dieser Altersgruppe)

Beim Menschen besteht Erfahrung mit Personen, die ^{226}Ra oder ^{224}Ra inkorporiert haben (s. die oben zitierte Literatur). Es wird auch über Sarkome des Skeletts nach Thorotrastgabe berichtet, was aufgrund der osteotropen Tochternuklide (u.a. ^{224}Ra!) erwartet wurde (HARRIST et al. 1979). Die kleinste Alphastrahlendosisbelastung (der Faktor der relativen biologischen Wirksamkeit wird auf 10 geschätzt!) nach der bisher maligne Knochentumoren beobachtet wurden, liegt bei ^{226}Ra zwischen 450 und 999 rad (ROWLAND et al. 1978), bei ^{224}Ra, bei 90 rad (SPIESS u. MAYS 1970). HEUCK (1963) berichtet einen bemerkenswerten Fall (Abb. 19) einer Patientin, die (aufgrund jahrelanger Milchdiät?) einen erhöhten ^{90}S-Gehalt des Skeletts aufwies (0,34 statt 0,05–0,12 µCi/g Kalzium) und im 5. Lebensjahrzehnt ein Osteosarkom entwickelte.

Neuere Untersuchungen können das lokal unterschiedliche Tumorrisiko des Skeletts nach Inkorporation von ^{239}Pu beim Hund in Beziehung zu örtlicher Dosisbelastung und Knochenumbaurate setzen (WRONSKI et al. 1980). Hinsichtlich der Gefährdung durch Radionuklide sollte eine jüngste Untersuchung erwähnt werden, nach der selbst kurzzeitige Inhalation von ^{238}Pu-Oxid-Aerosol infolge Translokation des Radionuklids von der Lunge in das Ske-

Tabelle 12. Knochensarkome nach Bestrahlung von Tumoren außerhalb des Skeletts. (Nach einer Zusammenstellung von PERMANETTER et al. 1980)

Lokalisation des bestrahlten Tumors (Dosis in rad)	Latenzzeit (Jahre)	Anzahl Fälle	Knochensarkom-Lokalisation					Knochensarkom-Typ					
			Kopf-skelett	Schulter-gürtel	Sternum, Rippen	Wirbel-säule	Becken	OS	FS	CS	mfH	PS	RS
Gehirn (4500–7100)	5–11	6	5	–	–	1	–	1	3	–	1	1	–
Hypophyse (1200–11500)	6–21	4	4	–	–	–	–	2	–	–	1	–	1
Auge (2800–25000)	4–27	28	28	–	–	–	–	22	6	–	–	–	–
Speicheldrüse, Mundhöhle (2100–4500)	8–16	3	3	–	–	–	–	3	–	–	–	–	–
Schilddrüse (9000)	2	1	–	1	–	–	–	1	–	–	–	–	–
Mamma (1800–10000)	4,5–24	21	–	16	5	–	–	10	7	2	–	2	–
Weiblicher Genitaltrakt (2400–16000)	3–23	19	–	–	–	–	19	13	2	4	–	–	–
Blase, Prostata (2500–5000)	5–11	3	–	–	–	–	3	1	–	2	–	–	–
Hoden (4500–13200)	4–24	4	–	–	1	2	1	4	–	–	–	–	–

Abkürzungen: OS = Osteosarkom; FS = Fibrosarkom; CS = Chondrosarkom; mfH = Malignes fibröses Histiozytom; PS = Polymorphzelliges Sarkom; RS = Retothelsarkom

lett zu einem realen Knochentumorrisiko führt, der Skelettdosisbereich war 210–830 rad (HAHN et al. 1981).

Dosisfraktionierung und Verminderung der Dosisleistung scheint den Dosiseffekt der Knochentumorinduktion nicht zu vermindern (BENSTED u. COURTENAY 1965; MÜLLER 1981). Im Falle der Inkorporation kurzlebiger alpha-strahlender Radionuklide oder der Inkorporation hoher Aktivitäten kurzlebiger Beta-Strahler wird der Dosiseffekt durch Minderung der Dosisleistung sogar gesteigert (MÜLLER 1981).

Im allgemeinen wird gefordert, daß die *Latenzzeit* des strahleninduzierten Knochentumors des Menschen mindest 5 Jahre beträgt (VAUGHAN 1973); UEHLINGER (1978) hat jedoch über einen Fall mit nur 2 Jahren Latenzzeit berichtet.

Entsprechend der Lokalisation der Strahlentherapie werden im Vergleich zum spontanen Osteosarkom auch ungewöhnliche Skelettorte für das strahleninduzierte Osteosarkom mitgeteilt. Eine jüngste Mitteilung betrifft Tumoren der Orbita und des Ethmoid (STEEVES u. BATAINI 1981).

Histo-pathologisch (s. Tabelle 12) werden nach Strahleneinwirkung auf das Skelett meist Osteosarkome beschrieben, außerdem auch Chondrosarkome, Fibrosarkome und in jüngerer Zeit maligne fibröse Histiozytome des Knochens (MEISTER u. KONRAD 1977). Übersichten zur pathologischen Anatomie des strahleninduzierten Knochentumors geben OWEN (1969); SPJUT et al. (1971); DAHLIN (1978); HUVOS (1979). Intraossäre Frühstadien des strahleninduzierten Osteosarkoms sind im Experiment studiert worden (BLOOM u. BLOOM 1949; NILSSON 1970; NILSSON et al. 1974; SOLHEIM 1977; LUZ et al. 1979). Nicht maligne Proliferate wurden dabei nur relativ kurze Zeit vor dem Auftreten eindeutiger Sarkome gefunden. Szintigraphisch lassen sich im Experiment strahleninduzierte Osteosarkome schon intraossär fassen, während Fibrosarkome zuerst im Röntgenbild entdeckt werden (BURGENER et al. 1979).

Eine Erhöhung des Risikos für die Entstehung strahleninduzierter Knochentumoren durch zusätzliche zytostatische *Chemotherapie* ist aufgrund der Berichte von Hodgkin-Patienten zu vermuten (SMITH et al. 1980; DONHUIJSEN u. BAMBERG 1981).

Möglicherweise gibt es besondere *Dispositionen* für ein strahleninduziertes Osteosarkom. Sicher ist dies gegeben für das erbliche Retinoblastom (VAUGHAN 1973; MILLER 1976; MEADOWS et al. 1977; BERG u. WEILAND 1978; PAGANI et al. 1979). Eine Vermutung besteht in dieser Hinsicht für die Patienten mit Ewing-Sarkom (STRONG et al. 1979). Im Experiment gibt es Hinweise dafür, daß die St.-Bernhard-Hunde, die auch spontan mit auffallend hoher Inzidenz Osteosarkome entwickeln, für das plutoniuminduzierte Osteosarkom empfänglicher sind als andere Rassen (TAYLOR et al. 1981). Bemerkenswert ist, daß die strahleninduzierten Exostosen der ^{224}Ra-Patienten (SPIESS u. MAYS 1979) im Gegensatz zu den spontanen Exostosen (OCHSNER 1978) nicht die Vorstufe des späteren malignen Knochentumors repräsentieren. Vereinzelte Fälle von Chondrosarkomen auf dem Boden eines strahleninduzierten Osteochondroms wurden allerdings nach äußerer Bestrahlung beobachtet (GARRISON et al. 1982).

Aufgrund des vorliegenden Datenmaterials kann man nicht davon ausgehen, daß die Empfindlichkeit für die Tumorinduktion im Erwachsenenalter wesentlich abnimmt (SPIESS u. MAYS 1970; POLEDNAK 1978). Bemerkenswert ist, daß unter Einbeziehung der Lebenserwartung eine Extrapolation der Daten des Hunde-Experiments auf die Daten des Menschen möglich ist (RAABE et al. 1980).

Literatur

Albrektson T, Jacobsson M, Turesson I (1980) Irradiation injury of bone tissue. A vital microscopic method. Acta Radiol Oncol 19:235–239

Amsel S, Dell ES (1972) Bone formation by hemopoietic tissue: Separation of preosteoblast from hemopoietic stem cell function in the rat. Blood 39:267–273

Anderson C (1978) Bone-remodeling rates of the beagle: A comparison between sites on the same rib. Am J Vet Res 39:1763–1765

Anderson ND, Colyer RA, Riley LH Jr (1979) Skeletal changes during prolonged external irradiation: Alterations in marrow, growth plate and osteoclast populations. Johns Hopkins Med J 145:73–83

Arnold JS, Jee WSS (1957) Bone growth and osteoclastic activity as indicated by radioautographic distribution of plutonium. Am J Anat 101:367–394

Arnold JS, Jee WSS (1959) Autoradiography in the localization and radiation dosage of Ra^{226} and Pu^{239} in the bones of dogs. Lab Invest 8:194–203

Aronson AS, Gustafsson M, Selvik G (1976) Bone growth in the rabbit after irradiation. Acta Radiol [Diagn] (Stockh) 17:838–844

Ascenzi A (1976) Physiological relationship and pathological interferences between bone tissue and marrow. In: Bourne GH (ed) The biochemistry and physiology of bone, vol IV, 2nd edn. Academic Press, New York San Francisco London, pp 403–444

Axhausen G (1954) Die Ernährungsunterbrechungen am Knochen. Erg Allg Pathol 37:207–257

Azizkhan JC, Klagsbrun M (1980) Chondrocytes contain a growth factor that is localized in the nucleus and is associated with chromatin. Proc Natl Acad Sci 77/5:2762–2766

Babický A, Kolář J (1966) Generalized skeletal response to local radiation injury. Radiat Res 27:108–118

Barnhard HJ, Geyer RW (1962) Effects of X-radiation on growing bone. Radiology 78:207–214

Barr JS, Lingley JR, Gall EA (1943) The effect of roentgen irradiation on epiphyseal growth. I Experimental studies upon the albino rat. Am J Roentgenol Radium Ther 49:104–115

Baserga R, Lisco H, Cater DC (1961) The delayed effects of external gamma irradiation on the bones of rats. Am J Pathol 39:455–472

Baunach A (1935) Über den Einfluß von Dosis und Rhythmus auf den Grad der Wachstumsschädigung des Knochenwachstums bei Röntgenstrahlungen. Strahlentherapie 54:52–67

Bedwinek JM, Shukovsky LJ, Fletcher GH, Daley TE (1976) Osteonecrosis in patients treated with definitive radiotherapy for squamous cell carcinomas of the oral cavity and naso- and oropharynx. Radiology 119:665–667

Bélanger LF (1971) Osteocytic resorption. In: Bourne GH (ed) The biochemistry and physiology of bone, 2nd edn, vol III. Academic Press, New York London, pp 239–270

Bensted JPM, Courtenay VD (1965) Histological changes in the rat bone after varying doses of X rays with particular reference to bone tumour production. Br J Radiol 38:261–270

Bensted JPM, Blackett NM, Lamerton LF (1961) Histological and dosimetric considerations of bone tumour production with radioactive phosphorus. Br J Radiol 34:160–175

Berg HL, Weiland AJ (1978) Multiple osteogenic sarcoma following bilateral retinoblastoma. J Bone Joint Surg 60 [Am]:251–253

Birkner R (1953) 3 Fälle von Spontanfrakturen am Becken und Schenkelhals als Strahlenschädigungsfolge. Ideale Spontanheilung in 2 Fällen. Strahlentherapie 92:297–307

Birkner R, Frey J, Ueberschär K-H (1956) Frühveränderungen am Knochen erwachsener Meerschweinchen nach Röntgenbestrahlung. Strahlentherapie 100:574–590

Bisgard JD, Hunt HB (1936) Influence of roentgen rays and radium on epiphyseal growth of long bones. Radiology 26:56–64

Blackburn J, Wells AB (1963) Radiation damage to growing bone: the effect of X-ray doses of 100 to 1,000r on mouse tibia and knee-joint. Br J Radiol 36:505–513

Blackett NM, Kember NF, Lamerton LF (1959) The measurement of radiation dosage distribution by autoradiographic means with reference to the effects of bone-seeking isotopes. Lab Invest 8:171–178

Bleher EA, Tschäppeler H (1979) Spätveränderungen an der Wirbelsäule nach Strahlentherapie und kombinierter Behandlung bei Morbus Hodgkin im Kindes- und Adoleszentenalter. Strahlentherapie 155:817–828

Bloom MA, Bloom W (1949) Late effects of radium and plutonium on bone. Arch Pathol (Chicago) 47:494–511

Bonarigo BC, Rubin P (1967) Nonunion of pathologic fracture after radiation therapy. Radiology 88:889–898

Bond VP, Fliedner TM, Archambeau JO (1965) Mammalian radiation lethality. Academic Press, New York

Bonfiglio M (1953) The pathology of fracture of the femoral neck following irradiation. Am J Roentgenol 70:449–459

Bourne GH (1972) Phosphatase and calcification. In: Bourne GH (ed) Biochemistry and physiology of bone vol I, 2nd edn Academic Press, New York – London, pp 79–120

Bradley JC (1972) Age changes in the vascular supply of the mandible. Br Dent J 132:142–144

Broerse JJ, Hollander CF, Zwieten MJ van (1981) Tumour induction in Rhesus monkeys total body irradiation with X-rays and fission neutrons. Int J Radiat Biol 40:671–676

Brooks B, Hillstrom HT (1933) Effect of roentgen rays on bone growth and bone regeneration. An experimental study. Am J Surg 20:599–614

Burgener FA, King MA, Weber DA (1979) Korrelation zwischen radiologischen, szintigraphischen und histologischen Veränderungen im Knochen beim Kaninchen nach Bestrahlung mit Einzel- und fraktionierter Dosis. Fortschr Roentgenstr 130:359–366

Burstone MS (1952) A histochemical study of irradiated bone. Am J Pathol 28:1133–1141

Calvo W, Fliedner TM, Steinbach I, Alcober V, Nothdurft W, Fache I (1978) Development of fibrosis in dogs as a late consequence of whole-body X-irradiation. In: Late biological effects of ionizing radiation, vol II. International Atomic Energy Agency, Wien, pp 127–136

Caneghem P van, Schirren CG (1956) Tierexperimentelle Untersuchungen zur Frage der Röntgenstrahlenempfindlichkeit von Knochenwachstumszonen. Strahlentherapie 100:433–444

Carlson HC, Williams MMD, Childs DS, Dockerty MB, Janes JM (1960) Microangiography of bone in the study of radiation changes. Radiology 74:113–114

Castenera TJ, Jones DC, Kimeldorf DJ (1971) The effect of age at exposure to a sublethal dose of fast neutrons on tumorigenesis in the male rat. Cancer Res 31:1543–1549

Chambers F, Ng E, Ogden H, Coggs G, Crane J (1958) Mandibular osteomyelitis in dogs following irradiation. Oral Surg 11:843–859

Cohn SH (1961) Effect of aging and X-irradiation on the kinetics of skeletal metabolism in the rat. Radiat Res 15:355–365

Cohn SH, Gong JK (1953a) Effect of 2000 roentgen local X-irradiation on the growth of rat bone. Growth 17:7–20

Cohn SH, Gong JK (1953b) Effect of 2000 roentgens local X-irradiation on metabolism and alkaline phosphatase activity of rat bone. Am J Physiol 173:115–119

Cooley LM, Goss RJ (1958) The effects of transplantation and X-irradiation on the repair of fractured bones. Am J Anat 102:167–181

Cottier H (1961) Strahlenbedingte Lebensverkürzung. Springer, Berlin Göttingen Heidelberg

Cottier H (1966) Histopathologie der Wirkung ionisierender Strahlen auf höhere Organismen (Tier und Mensch). In: Zuppinger A (Hrsg) Strahlenbiologie 2. Handbuch der Medizinischen Radiologie Bd II/2. Springer, Berlin Heidelberg New York, S 35–272

Cutright DE, Brady JM (1971) Long-term effects of radiation on the vascularity of rat bone – quanti-

tative measurements with a new technique. Radiat Res 48:402–408

Dahl B (1936) De l'effet des rayons x sur les os longs en développement et sur la formation de cal. Étude radiobiologique et anatomique chez le rat. Skrifter utgitt av det Norske Videnskaps-Akademi i Oslo I. Matematisk-Naturvidenskapelig Klasse 1. 1–149

Dahlin DC (1978) Bone tumors, 3rd Edn. Thomas, Springfield/Illinois

Dalén N, Edsmyr F (1974) Bone mineral content of the femoral neck after irradiation. Acta Radiol [Ther] (Stockh) 13:97–101

Desjardins AU (1930) Osteogenic tumor; Growth injury of bone and muscular atrophy following therapeutic irradiation. Radiology 14:296–307

Dodds GS, Cameron HC (1934) Studies on experimental rickets in rats I. Structural modifications of the epiphyseal cartilages in the tibia and other bones. Am J Anat 55:135–165 (Zit nach Gall, Lingley, Hilcken, 1940)

Donhuijsen K, Bamberg M (1981) Therapiebedingtes Osteosarkom bei Morbus Hodgkin. Schweiz Med Wochenschr 111:903–907

Dziewiatkowski DD, Woodard HQ (1959) Effect of irradiation with X-rays on the uptake of S^{35} sulfate by the epiphyseal cartilage of mice. Lab Invest 8:205–212

Eng W, Esterly JR (1972) Histochemical localization of enzymes in cartilage in neonatal and adult rats. Arch Pathol 94:291–297

Engel D (1938) An experimental study of the action of radium on developing bones. Br J Radiol 11:779–803

Engel IA, Straus DJ, Lacher M, Lane J, Smith J (1981) Osteonecrosis in patients with malignant lymphoma. A review of twenty-five cases. Cancer 48:1245–1250

Engström A (1964) Der Einfluß strahlender Energie auf das Knochengewebe. Erg Allg Pathol Pathol Anat 45:1–22

Engström H, Turesson I, Waldenström J (1981) The effect of 50 kV X-ray irradiation on the alkaline phosphatase activity of growing rat bone. Int J Radiat Biol 40:659–663

EULEP Symposium (1981) Bone and bone seeking radionuclides: Physiology, dosimetry and effects. Harwood academic publishers for the commission of the European Communities, EUR 7168 EN

Euratom-GSF (1967) Pathogenese genetischer und somatischer Strahlenschäden. Jahresbericht 1965, S 26. EUR 3270. d

Ewing J (1926) Radiation osteitis. Acta Radiol (Stockh) 6:399–412

Finkel MP, Biskis BO (1968) Experimental induction of osteosarcomas. Prog Exp Tumor Res 10:72–111

Fischer E (1955) Zur Häufigkeit der Skelettwachstumshemmung bei Strahlenbehandlung der Hämangiome. Strahlentherapie 97:599–607

Flaskamp W (1930) Über Röntgenschäden und Schäden durch radioaktive Substanzen. Strahlentherapie (Sonderbd) 12:1–354

Frandsen AM (1962) Effects of roentgen irradiation of the jaws on socket healing in young rats. Acta Odontol scand 20:307–353

Frantz CH (1950) Extreme retardation of epiphyseal growth from roentgen irradiation. Radiology 55:720–724

Gall EA, Lingley JR, Hilcken JA (1940) Comparative experimental studies of 200 Kilovolt and 1000 Kilovolt Roentgen rays. I. The biological effects on the epiphysis of the albino rat. Am J Pathol 16:605–618

Garrison RC, Unni KK, Mc Leod RA, Pritchard DJ, Dahlin DC (1982) Chondrosarcoma arising in osteochondroma. Cancer 49:1890–1897

Gates O (1943) Effects of radiation on tissues. XII. Effects on bone, cartilage and teeth. AMA Arch Pathol 35:323–340

Gauwerky F (1960) Über die Strahlenschädigung des wachsenden Knochens. Strahlentherapie 113:325–350

Gössner W (1972) Grundlagen und allgemeine pathologische Anatomie der Strahlenschäden. Verh Dtsch Ges Pathol 56:168–187

Gössner W, Schwabe M (1968) Histochemische Untersuchungen am Knochen nach Inkorporation von Ra-224 (Thorium X). Verh Dtsch Ges Pathol 52:334–338

Gössner W, Schwabe M (1971) Enzymhistochemie des Knochengewebes. Z Orthop 109:212–230

Gössner W, Calvo W, Zurcher C (1982) Pathological findings in lethally irradiated and reconstituted dogs. In: Fliedner TM, Gössner W, Patrick G (eds) Late effects after therapeutic whole-body irradiation. Commission of the European Communities, Luxembourg, pp 89–98 EUR 8070 EN

Goldman M, Bustad LK (eds) (1972) Biomedical implications of radiostrontium exposure. USAEC Symposium, no 25, CONF – 710201

Goodrich WA, Lenz M (1948) Laryngeal chondronecrosis following roentgen therapy. Am J Roentgenol 60:22–28

Gowgiel JM (1960) Experimental radio-osteonecrosis of the jaws. J Dent Res 39:176–197

Green N, French S, Rodriquez G, Hays M, Fingerhut A (1969) Radiation-induced delayed union of fractures. Radiology 93:635–641

Gregg PJ, Walder DN (1980) Scintigraphy verus radiography in the early diagnosis of experimental bone necrosis. J Bone Joint Surg 62 [Brit]:214–221

Greve W (1952) Spontanfrakturen nach Röntgentiefenbestrahlung. Strahlentherapie 86:617–621

Grimm G (1971) Klinische und experimentelle Untersuchungen über die radiogene Knochenschädigung am Kieferapparat. Nova Acta Leopoldina (Abhandlungen der Deutschen Akademie der Naturforscher Leopoldina), NF 36:196

Güngör T, Hedlund T, Hulth A, Johnell O (1982) The effect of irradiation on osteoclasts with or without transplantation of hematopoietic cells. Acta Orthop Scand 53:333–337

Günsel E (1953) Die Strahlenschäden am wachsenden Knochen. Strahlentherapie 91:595–601

Gutjahr P, Greinacher I, Kutzner J (1975) Ergebnisse der kombinierten Wilmstumor-Behandlung unter besonderer Berücksichtigung der therapiebedingten Skelettveränderungen. Strahlentherapie 149:119–130

Gutjahr P, Greinacher I, Kutzner J (1976) Spätfolgen der Tumortherapie. Form- und Strukturveränderungen der Wirbelsäule im Röntgenbild. Dtsch Med Wochenschr 101:988–992

Hagemann G (1970) Die Wirkung ionisierender Strahlen auf proliferierendes Knorpelgewebe, Dissertation. Fakultät für Mathematik und Naturwissenschaft, Technische Univ Hannover

Hahn FF, Mewhinney JA, Merickel BS, Guilmette RA, Boecker BB, McClellan RO (1981) Primary bone neoplasms in beagle dogs exposed by inhalation to aerosols of Plutonium-238 dioxide. J Natl Cancer Inst 67:917–927

Hall BK (1981) Intracellular and extracellular control of the differentiation of cartilage and bone. Histochem J 13:599–614

Hardt AB, Jee WSS (1982) Trabecular bone structural variation in biopsy sites of the beagle ilium. Calcif Tissue Int 34:391–395

Harrist TJ, Schiller AL, Trelstad RL, Mankin HJ, Mays CW (1979) Thorotrast-associated sarcoma of bone. Cancer 44:2049–2058

Hattner RS, Hartmeyer J, Wara WM (1982) Characterization of radiation-induced photopenic abnormalities on bone scans. Radiology 145:161–163

Heaston DK, Libshitz HI, Chan RC (1979) Skeletal effects of megavoltage irradiation in survivors of Wilm's tumor. Am J Roentgenol 133:389–395

Held F (1960) Die Bedeutung der Strahlenqualität für die schädigende Wirkung ionisierender Strahlung auf die Tibia-Epiphysenfuge der Albinoratte. Radiobiol Radiother (Berl) 1:151–158

Heller M (1948) Bone. In: Bloom W (ed) Histopathology of irradiation from external and internal sources. Mc Graw-Hill, New York Toronto London, pp 70–161

Hempelmann LH, Hall WJ, Phillips M, Cooper RA, Ames WR (1975) Neoplasms in persons treated with X-rays in infancy: Fourth survey in 20 years. J Natl Cancer Inst 55:519–530

Heuck F (1963) Röntgenologische, historadiographische und chemisch-analytische Untersuchungen der Konzentration und Verteilung der Kalksalze im gesunden und kranken Knochen. Radiologia Austriaca 14:29–56

Heuck F (1976) Allgemeine Radiologie und Morphologie der Knochenkrankheiten. In: Diethelm L (Hrsg) Röntgendiagnostik der Skeletterkrankungen. Handbuch der Medizinischen Radiologie, BdV/1. Springer, Berlin Heidelberg New York S 3–303

Heuck F, Gössner W (1973) Strahlenempfindlichkeit der Knochen. In: Braun H von, Heuck F, Ladner HA, Messerschmidt O, Musshoff K, Streffer C (Hrsg) Strahlenempfindlichkeit von Organen und Organsystemen der Säugetiere und des Menschen. Strahlenschutz in Forschung u. Praxis, Bd XIII. Thieme, Stuttgart, S 153–171

Heuck F, Lauritzen C (1967) Veränderungen von Mineralgehalt und Struktur des Femur nach gynäkologischer Strahlentherapie. Deutscher Röntgenkongress 1967, Teil B. Sonderbände zur Strahlentherapie, Bd 66,87–92

Heuck F, Schmidt E (1960) Die quantitative Bestimmung des Mineralgehaltes der Knochen aus dem Röntgenbild. Fortschr Roentgenstr 93:523–554

Hinkel CL (1942) The effect of roentgen rays upon the growing long bones of albino rats. I. Quantitative studies of the growth limitation following irradiation. Am J Roentgenol 47:439–457

Hinkel CL (1943 a) The effect of roentgen rays upon the growing long bones of albino rats. II. Histopathological changes involving endochondral growth centers. Am J Roentgenol Radium Therapy 49:321–348

Hinkel CL (1943 b) The effect of irradiation upon the composition and vascularity of growing rat bones. Am J Roentgenol 50:516–526

Hoecker FE, Roofe PG (1951) Studies of radium in human bone. Radiology 56:89–98

Hoffmann V (1923) Über Erregung und Lähmung tierischer Zellen durch Röntgenstrahlen. II. Experimentelle Untersuchungen an wachsenden Knochen von Kaninchen und Katzen. Strahlentherapie 14:516–526

Holtrop ME, King GJ (1977) The ultrastructure of the osteoclast and its functional implications. Clin Orthop 123:177–196

Horn NL, Thompson M, Howes AE, Brown JM, Kallman RF, Probert JC (1974) Acute and chronic effects of X-irradiation on blood flow in the mouse limb. Radiology 113:713–722

Horváth J, Horváth F, Juhász E, Urbányi L (1962) Über die Strahlenschädigungen wachsender Knochen. Strahlentherapie 118:462–478

Hulth A, Westerborn O (1960) Early changes of the growth zone in rabbit following Roentgen irradiation. Acta Orthop Scand 30:155–168

Hulth A, Westerborn O (1962) Early changes of the growth zone in the rabbit following roentgen irradiation: Autoradiographic investigation after the administration of radiosulphate. Br J Exp Pathol 43:137–141

Humphreys ER, Green D, Howells GR, Thorne MC (1982) Relationship between blood flow, bone structure, and ^{239}Pu deposition in the mouse skeleton. Calcif Tissue Int 34:416–421

Huvos AG (1979) Bone tumors. Diagnosis, treatment and prognosis. Saunders, Philadelphia London Toronto

International meeting on the toxicity of Thorotrast and other alpha-emitting heavy elements, 1979. Environ Res 18:1–255

Jee WSS (1971) Bone-seeking radionuclides and bones. In: Berdijs CC (ed) Pathology of irradiation. Williams & Wilkins, Baltimore, pp 186–212

Jee WSS (ed) (1976) The health effects of plutonium and radium. JW Press, Salt Lake City/Utah

Jee WSS, Arnold JS (1961) The toxicity of plutonium deposited in skeletal tissues of beagles. Lab Invest 10:797–825

Jee WSS, Nolan PD (1963) Origin of osteoclasts from fusion of phagocytes. Nature 200:225–226

Johnell O, Wiklund PE, Hulth A (1977) Osteoclast counting in crista biopsies. Acta Orthop Scand 48:566–571

Jones SJ, Boyde A (1977) Some morphological observations on osteoclasts. Cell Tiss Res 185:387–397

Jones SJ, Hogg NM, Shapiro IM, Slusarenko M, Boyde A (1981) Cells with Fc receptors in the cell layer next to osteoblasts and osteoclasts on bone. Metab Bone Dis Rel Res 2:357–362

Judy WS (1941) An attempt to correct asymmetry in leg length by roentgen irradiation. A preliminary report. Am J Roentgenol 46:237–240

Kember NF (1960) Cell division in endochondral ossification. J Bone Joint Surg 42 [Brit]:824–839

Kember NF (1962) Kinetics of population of bone-forming cells in the normal and irradiated rat. In: Dougherty F et al. (eds) Some aspects of internal irradiation. Pergamon Press, Oxford London New York Paris, pp 309–316

Kember NF (1965) An in vivo cell survival system based on the recovery of rat growth cartilage from radiation injury. Nature 207:501–503

Kember NF (1967) Cell survival and radiation damage in growth cartilage. Br J Radiol 40:496–505

Kember NF (1971) Cell population kinetics of bone growth: The first ten years of autoradiographic studies with triated thymidine. Clin Orthop 76:213–230

Kember NF (1979) Proliferation controls in a linear growth system: Theoretical studies of cell division in the cartilage growth plate. J Theor Biol 78:365–374

Kember NF, Coggins J (1967) Changes in the vascular supply to rat growth cartilage during radiation injury and repair. Int J Rad Biol 12:143–151

Kember NF, Lambert BE (1981) Slowly cycling cells in growing bone. Cell Tissue Kinet 14:327–330

Kember NF, Sadek M (1970) Mitotic suppression in gut and growth cartilage by X-irradiation in vivo. Int J Radiat Biol 17:19–23

Kember NF, Sissons HA (1976) Quantitative histology of human growth plate. J Bone Joint Surg 58 B:426–435

Kember NF, Walker KVR (1971) Control of bone growth in rats. Nature 229:428–429

Kim JH, Chu FC, Woodard HQ, Melamed MR, Huvos A, Cantin J (1978) Radiation-induced soft-tissue and bone sarcoma. Radiology 129:501–508

Kimmel DB, Jee WSS (1980a) A quantitative histologic analysis of the growing long bone metaphysis. Calcif Tissue Int 32:113–122

Kimmel DB, Jee WSS (1980b) Bone cell kinetics during longitudinal bone growth in the rat. Calcif Tissue Int 32:123–133

Kimmel DB, Jee WSS (1982) A quantitative histologic study of bone turnover in young adult beagles. Anat Rec 203:31–45

King MA, Casarett GW, Weber DA (1979) A study of irradiated bone: I. Histopathologic and physiologic changes. J Nucl Med 20:1142–1149

King MA, Weber DA, Casarett GW, Burgener FA, Corriveau O (1980) A study of irradiated bone. Part II: Changes in Tc-99m pyrophosphate bone imaging. J Nucl Med 21:22–30

Koch W (1957) Die spezifische Strahlenreaktion des Knochens. In: Graul EH (Hrsg) Fortschritte der Angewandten Radioisotopie und Grenzgebiete, Bd II. Hüthig, Heidelberg, S 102–193

Kok G (1953) Spontaneous fractures of the femoral neck after the intensive irradiation of carcinoma of the uterus. Acta Radiol (Stockh) 40:511–527

Kolář J, Vrabec R (1959) Gelenkknorpelschäden nach Röntgenbestrahlung. Fortschr Roentgenstr 90:717–721

Kolář J, Vrabec R (1976) Strahlenbedingte Knochenschäden. In: Diethelm L (ed) Röntgendiagnostik der Skeletterkrankungen. Handbuch der Medizinischen Radiologie, Bd V/1. Springer, Berlin – Heidelberg – New York, S 389–512

Kolb HJ, Bender-Götze C, Janka G, Haas RJ, Lieven H von, Balk O, Helmig M, Wilmanns W, Thierfelder S Arbeitsgemeinschaft Knochenmarktransplantation (1982) München Late radiation effects in patients treated with chemotherapy, total body irradiation and allogeneic bone marrow transplantation for relapsed, acute leukemia. In: Fliedner TM, Gössner W, Patrick G (eds) Late effects after therapeutic whole-body irradiation. Commission of the European Communities, Luxembourg, pp 27–33, EUR 8070 EN

Kollath J (1964) Radiogene Schäden der Knochen, des Knochenmarks und der Gefäße nach Telekobaltbestrahlung. I. Mitteilung: Experimente an Meerschweinchen, Bestrahlungen mit 5000 R Co[60]. Strahlentherapie 123:614–622

Kollath J (1965) Radiogene Schäden der Knochen und der umgebenden Weichteile nach Telekobaltbestrahlung. II. Mitteilung: Experimente an Meerschweinchen, Bestrahlungen mit 10 000 R Co[60]. Strahlentherapie 126:432–448

Kummermehr J (1971) Mikroradiographische Untersuchungen über den Einbau und die Retention von Calcium-45 im Kniegelenk der Ratte nach lokaler Röntgenbestrahlung. Dissertation, Med Fakultät Ludwig-Maximilian-Universität München

Kuzma JF, Zander G (1957) Cancerogenic effects of Ca-45 and Sr-89 in Sprague Dawley rats. AMA Arch Pathol 63:198–206

Lacroix P (1971) The internal remodeling of bones. In: Bourne GH (ed) The biochemistry and physiology of bone, vol III, 2nd edn. Academic Press, New York London, pp 119–144

Leblond CP, Weinstock M (1971) Radioautographic studies of bone formation. In: Bourne GH (ed) The biochemistry and physiology of bone, vol III, 2nd edn. Academic Press, New York London, pp 181–200

Levy BM, Rugh R (1952) The effect of total body roentgen irradiation on the long bones of hamsters. Am J Roentgenol 67:974–979

Lind MG, Nathanson A (1977) ^{99}Tc^{m}-DP accumulation in rabbit skull bones after ^{60}Co gamma irradiation. Acta Radiol [Ther] (Stockh) 16:489–496

Lloyd KW, Keys H, Hubbard L, Thomas F, Evarts C (1979) Use of irradiation after total hip replacement to prevent heterotopic bone formation. (Abstract). Int J Radiat Oncol Biol Phys [suppl 2] 5:208

Loutit JF, Nisbet NW, (1982) The origin of osteoclasts. Immunobiol 161:193–203

Loutit JF, Townsend KMS (1982a) Longevity of osteoclasts in radiation chimaeras of beige and osteopetrotic microphthalmic mice. Br J Exp Pathol 63:214–220

Loutit JF, Townsend KMS (1982b) Longevity of osteoclasts in radiation chimaeras of osteopetrotic beige and normal mice. Br J Exp Pathol 63:221–223

Loutit JF, Marshall MJ, Nisbet NW, Vaughan JM (1982) Versatile stem cells in bone marrow. Lancet II:1090–1093

Lucht U (1972) Absorption of peroxidase by osteoclasts as studied by electron microscope histochemistry. Histochemie 29:274–286

Luz A, Schäffer E, Erfle V, Hehlmann R, Schetters H, Meier A, Marquart K-H, Fries E de, Linzner U, Müller WA, Gössner W (1979) Vor- und Frühstadien des strahleninduzierten Osteosarkoms der Maus. Verh Dtsch Ges Pathol 63:433–437

Macpherson S, Owen M, Vaughan J (1962) The relation of radiation dose to radiation damage in the tibia of weanling rabbits injected with strontium 90. Br J Radiol 35:221–234

Marciani RD, Gonty AA, Giansanti JS, Avila J (1977) Autogenous cancellous-marrow bone grafts in irradiated dog mandibles. Oral Surg 43:365–372

Marinelli LD, Kenney JM (1941) Absorption of radiophosphorus in irradiated and non-irradiated mice. Am J Roentgenol 37:691–697

Marquart K-H (1977) Early ultrastructural changes in osteocytes from the proximal tibial metaphysis of mice after the incorportion of ^{224}Ra. Radiat Res 69:40–53

Marquart K-H, Gössner W (1978) Histopathology of early effects of ^{224}Ra on bone tissue. In: Müller WA, Ebert HG (eds) Biological effects of ^{224}Ra. Nijhoff, The Hague Boston, pp 149–157

Matsuzuwa T, Anderson HC (1971) Phosphatases of epiphyseal cartilage studied by electron microscopic cytochemical methods. J Histochem Cytochem 19:801–808

Maugh II TH (1982) Human skeletal growth factor isolated. Science 217:819

Mays CW (ed) (1978) Biological effects of Ra-224 and thorotrast. Proceedings of an International Symposium held at Alta, Utah, 21-23 July 1974. Health Phys 35:1–174

Mays CW, Jee WSS, Lloyd RD, Stover BJ, Dougherty JH, Taylor GN (eds) (1969) Delayed effects of bone-seeking radionuclides. University of Utah Press, Salt Lake City, Utah

Meadows AT, D'Angio GJ, Miké V, Banfi A, Harris C, Jenkin T, Schwartz A (1977) Patterns of second malignant neoplasms in children. Cancer 40:1903–1911

Meier A (1951) Einwirkung der Radiumstrahlen auf den wachsenden menschlichen Knochen. Strahlentherapie 84:587–600

Meister P, Konrad E (1977) Malignes fibröses Histiozytom des Knochens. Arch Orthop Unfallchir 90:95–101

Melanotte PL, Follis RH (1961) Early effects of X-irradiation on cartilage and bone. Am J Pathol 29:1–15

Melsen F, Mosekilde L (1978) Tetracycline double-labeling of iliac trabecular bone in 41 normal adults. Calc Tissue Res 26:99–102

Miller RW (1976) Etiology of childhood bone cancer. Recent Results Cancer Res 54:50–62

Miller SC, Marks SC Jr (1982) Osteoclast kinetics in osteopetrotic (ia) rats cured by spleen cell transfers from normal littermates. Calcif Tissue Int 34:422–427

Mole RH (1982) Consequences of pre-natal radiation exposure for post-natal development. A review. Int J Radiat Biol 42:1–12

Morrish RB, Chan E, Silverman S, Meyer J, Fu KK, Greenspan D (1981) Osteonecrosis in patients irradiated for head and neck carcinoma. Cancer 47:1980–1983

Morse BS, Giuliani D, Giuliani ER (1974) Effects of radiation on bone formation: A functional assessment. Radiat Res 60:307–313

Müller WA (1981) Bone dose and tumour induction. In: EULEP-Symposium (ed) Bone and bone seeking radionuclides: Physiology, dosimetry and effects. Harwood Academic Publishers for the Commission of the European Communities, EUR 7168 EN, pp 93–110

Müller WA, Ebert HG (eds) (1978) Biological effects

of Ra-224, benefit and risk of therapeutic application. Nijhoff, The Hague Boston

Murray CG, Daly TE, Zimmerman SO (1980) The relationship between dental disease and radiation necrosis of the mandible. Oral Surg 49:99–104

Myers R, Robinson JE, Field SB (1980) The relationship between heating time and temperature for inhibition of growth in baby rat cartilage by combined hyperthermia and X-rays. Int J Radiat Biol 38:373–382

Nenot JC, Stather JW (1979) The toxicity of plutonium, americium and curium. Pergamon Press, Oxford

Neuhauser EBD, Wittenborg MH, Berman CZ, Cohen J (1952) Irradiation effects of roentgen therapy on the growing spine. Radiology 59:637–650

Ng E, Chambers FW, Ogden HS, Coggs GC, Crane JT (1959) Osteomyelitis of the mandible following irradiation. Radiology 72:68–74

Nilsson A (1969) Der Effekt der ionisierenden Strahlung auf das Skelett. In: Dobberstein J, Pallaske G, Stünzi H (Hrsg) Handbuch der Spez Path Anat der Haustiere, Bd I, 3. Aufl. Parey, Berlin Hamburg, S 456–487

Nilsson A (1970) Pathologic effects of different doses of radiostrontium in mice. Dose effect relationship in Sr-90-induced bone tumors. Acta Radiol [Ther] (Stockh) 9:155–176

Nilsson A, Sundelin P, Sjödén I (1974) Ultrastructure of Sr-90 induced osteosarcomas and early phases of their development. Acta Radiol [Ther] (Stockh) 13:107–128

Norris WP, Cohn SH (1952) The effect of injected radium on the alkaline phosphatase activity of bone and tissues. J Biol Chem 196:255–264

Ochsner PE (1978) Zum Problem der neoplastischen Entartung bei multiplen kartilaginären Exostosen. Z Orthop 116:369–378

Owen LN (1969) Bone tumours in man and animals. Butterworths, London

Owen M (1971) Cellular dynamics of bone. In: Bourne GH (ed) The biochemistry and physiology of bone, vol III, 2nd edn. Academic Press, New York London, pp 271–298

Owen M (1978) Histogenesis of bone cells. Calcif Tissue Res 25:205–207

Pagani JJ, Bassett LW, Winter J, Gold RH, Brawer M (1979) Osteogenic sarcoma after retinoblastoma radiotherapy. Am J Roentgenol 133:699–702

Parker RG (1962) Tolerance of cartilage and bone in clinical radiation therapy. Prog Rad Ther 2:42–66

Parker RG (1972) Tolerance of mature bone and cartilage in clinical radiation therapy. Front Radiation Ther Onc 6:312–331

Parker RG, Berry HC (1976) Late effects of therapeutic irradiation on the skeleton and bone marrow. Cancer 37:1162–1171

Permanetter W, Meister P, Füllner R (1980) Post

irradiation osteosarcoma of pelvic bone with unusual histological pattern. Path Res Pract 170: 243–251

Pesch H-J, Henschke F, Seibold H (1977) Einfluß von Mechanik und Alter auf den Spongiosaumbau in Lendenwirbelkörpern und im Schenkelhals. Virchows Arch [Pathol Anat] 377:27–42

Phemister DB (1926) Radium necrosis of bone. Am J Roentgenol Rad Therapy 16:340–348

Phillips RD, Kimeldorf DJ (1966) Age and dose dependence of bone growth retardation induced by X-irradiation. Radiat Res 27:384–396

Pömsl H (1974) Frühschäden an Tibia und Wirbel der Maus nach Inkorporation von Thorium-227 und Radium-224. Dissertation, Fakultät für Medizin der Technischen Universität München

Pogrund H, Yosipovitch Z (1976) Osteochondroma following irradiation. Isr J Med Sci 12:154–157

Polednak AP (1978) Bone cancer among female radium dial workers. Latency periods and incidence rates by time after exposure: Brief Communication. J Natl Cancer Inst 60:77–82

Pritchard JJ (1972) The osteoblast. In: Bourne GH (ed) The biochemistry and physiology of bone, vol I, 2nd edn. Academic Press, New York London, pp 21–43

Probert JC, Parker BR (1975) The effects of radiation therapy on bone growth. Radiology 114:155–162

Prosnitz LR, Lawson JP, Friedlander GE, Farber LR, Pezzimenti JF (1981) Avascular necrosis of bone in Hodgkin's disease patients treated with combined modality therapy. Cancer 47: 2793–2797

Putzke HP (1963) Histochemische Untersuchungen der Tibiaepiphyse der Ratte nach Röntgen- und Kobaltbestrahlung. Acta Histochem 15:241–250

Raabe OG, Book SA, Parks NJ (1980) Bone cancer from radium: Canine dose response explains data for mice and humans. Science 208:61–64

Rabbett WF (1965) Juvenile laryngeal papillomatosis. The relation of irradiation to malignant degeneration in this disease. Ann Otol Rhinol Laryngol 74:1149–1163

Ray RD (1976) Circulation and bone, In: Bourne GH (ed) The biochemistry and physiology of bone, vol IV, 2nd edn. Academic Press, New York San Francisco London, pp 385–402

Ray RD, Thompson DM, Wolf NK, LaViolette D (1956) Bone metabolism. II Toxicity and metabolism of radioactive strontium in rats. J Bone Joint Surg [Am] 38:160–174

Regen EM, Wilkins WE (1936) Influence of roentgen irradiation on rate of healing of fractures and phosphatase activity of callus of adult bone. J Bone Joint Surg [Am] 18:69–79

Regezi JA, Courtney RM, Kerr DA (1976) Dental managements of patients irradiated for oral cancer. Cancer 38:994–1000

Reidy JA, Lingley JR, Gall EA, Barr JS (1947) Effect of roentgen irradiation on epiphyseal growth. J Bone Joint Surg [Am] 29:853–873

Rhinelander FW (1972) Circulation of bone. In: Bourne GH (ed) Biochemistry and physiology of bone, vol II, 2nd edn. Academic Press, New York London, pp 2–77

Rissanen P, Rokkanen P, Paatsama S (1969a) The effect of Co^{60} irradiation on bone in dogs, part I. Mature bone. Strahlentherapie 137:162–169

Rissanen P, Rokkanen P, Paatsama S (1969b) The effect of Co^{60} irradiation on bone in dogs, part II. Growing bone. Strahlentherapie 137: 344–354

Rohrer MD, Kim Y, Fayos JV (1979) The effect of cobalt-60 irradiation on monkey mandibles. Oral Surg 48:424–440

Rosenstock JG, Jones PM, Pearson D, Palmer MK (1978) Ewing's sarcoma, adjuvant chemotherapy and pathologic fractor. Eur J Cancer 14:799–803

Rosenthall L, Marvin JF (1957) The effect of roentgen-ray quality on bone growth and cortical bone damage. Am J Roentgenol 77:893–898

Rowland RE, Marshall JH (1959) Radium in human bone, the dose in microscopic volumes in bone. Radiat Res 11:299–313

Rowland RE, Jowsey J, Marshall JH (1958) Structural changes in human bone containing ^{226}Ra. Proc 2nd UN Int Conf on the Peaceful Uses of Atomic Energy, Geneva. 22:242–246

Rowland RE, Jowsey J, Marshall JH (1959a) Microscopic metabolism of calcium in bone. III. Microradiographic measurements of mineral density. Radiat Res 10:234–242

Rowland RE, Marshall JH, Jowsey J (1959b) Radium in human bone, the microradiographic appearance. Radiat Res 10:323–334

Rowland RE, Stehney AF, Brues AM, Littman MS, Keane AT, Patten BC, Shanahan MM (1978) Current status of the study of ^{226}Ra and ^{228}Ra in humans at the center for human radiobiology. Health Phys 35:159–166

Rubin P, Casarett GW (1968) Clinical radiation pathology, vol II, Saunders, Philadelphia London Toronto

Rubin P, Casarett G (1972) A direction for clinical radiation pathology. Front Radiation Ther Onc 6:1–16

Rubin P, Brace KC, Gump H, Swarm R, Andrews JR (1957) The radiotoxic effects of S^{35} in growing cartilage. Radiology 69:711–719

Rubin P, Andrews JR, Swarm R, Gump H (1959) Radiation induced dysplasias of bone. Am J Roentgenol 82:206–216

Salinger S (1942) Arrested development of the larynx following irradiation for recurring papillomas. Ann Otol Rhinol Laryngol 51:273–277

Sams A (1963) Effect of X-irradiation on the circulatory system of the hind limb of the mouse. Int J Radiat Biol 7:113–129

Sams A (1965a) Histological changes in the larger

blood vessels of the hind limb of the mouse after X-irradiation. Int J Radiat Biol 9:165–174

Sams A (1965b) The long term effects of 2000 R of X rays on the bone marrow of the mouse tibia. Br J Radiol 38:914–919

Sams A (1966a) The effect of 2000 r of X rays on the acid and alkaline phosphatase of mouse tibiae. Int J Radiat Biol 10:123–140

Sams A (1966b) The effect of 2000 r of X-rays on the internal structure of the mouse tibia. Int J Radiat Biol 11:51–68

Sanders CL, Busch RH, Ballou JE, Mahlum DD (1973) Radionuclide carcinogenesis. USAEC Symposium, no 29 CONF-720505

Scott BL, Glimcher MJ (1971) Distribution of glycogen in osteoblasts of the fetal rat. J Ultrastruct Res 36:565–586

Seelentag W, Kistner G (1969) Erzeugung von Krankheiten des Skeletts durch Strahlung. In: Eichler O (Hrsg) Stütz- und Hartgewebe. Handbuch der experimentellen Pharmakologie, Bd XVI/8. Springer, Berlin Heidelberg New York, S 96–169

Sela J, Deutsch D, Bodner L, Bab I, Waschler Z, Muhlrad A (1982) Effect of X-ray irradiation on primary mineralization in rat alveolar bone. Virchows Arch [Pathol Anat] 398:11–18

Sengupta S, Prathap K (1973) Radiation necrosis of the humerus. A report of three cases. Acta Radiol [Ther] (Stockh) 12:313–320

Séze S de, Ryckewaert A, Lequesne M, Freneaux B (1963) La hanche radiotherapique formes classiques et formes méconnues. Revue du rhumatisme et des maladies osteo-articulaires. 30:695–705

Sherman MS, Selakovich WG Bone changes in chronic circulatory insufficiency. A histopathology study. J Bone Joint Surg [Am] 39:892–901

Shipley PG, Macklin CC (1916/17) Some features of osteogenesis in light of vital staining. Am J Physiol 42:117–123

Shohoji T, Pasternak B (1973) Adolescent growth patterns in survivors exposed prenatally to the A-bombs in Hiroshima and Nagasaki. Health Phys 25:17–27

Silverman CL, Thomas PRM, Mc Alister WH, Walker S, Whiteside LA (1981) Slipped femoral capital epiphyses in irradiated children: Dose, volume and age relationships. Int J Radiat Oncol Biol Phys 7:1357–1363

Simmons DJ (1976) Comparative physiology of bone. In: Bourne GH (ed) The biochemistry and physiology of bone, vol IV, 2nd edn. Academic Press, New York San Francisco London, pp 445:516

Sissons HA (1956) Experimental study of the effect of local irradiation on bone growth. In: Mitchell JS (ed) Proc 4th Intern Conf on Radiobiol 1955 Cambridge. Oliver & Boyd, Edinburgh pp 436–448

Sissons HA (1971) The growth of bone. In: Bourne GH (ed) The biochemistry and physiology of bone, vol III, 2nd edn. Academic Press, New York London, pp 145–180

Smith J, O'Connell RS, Huvos AG, Woodard HQ (1980) Hodgkin's disease complicated by radiation sarcoma in bone. Br J Radiol 53:314–321

Smith JM, Miller SC, Jee WSS (1982) The microdistribution and local dosimetry of plutonium: Effects of bone marrow microvasculature (abstract). Radiat Res 91:297

Solheim OP (1977) Development of osteosarcoma in rats after irradiation. Acta Radiol [Ther] (Stockh) 16:433–446

Sonneveld P, Bekkum DW van (1979) The effect of whole-body irradiation on skeletal growth in rhesus monkeys. Radiology 130:789–791

Sontag W (1980) An automatic microspectrophotometric scanning method for the measurement of bone formation rates in vivo. Calcif Tissue Int 32:63–68

Soskolne WA (1978) Phagocytosis of osteocytes by osteoclasts in femora of two week-old rabbits. Cell Tissue Res 195:557–564

Spangler D (1941) The effect of X-ray therapy for closure of the epiphyses: Preliminary report. Radiology 37:310–314

Spiers FW (1949) The influence of energy absorption and electron range on dosage in irradiated bone. Br J Radiol 22:521–533

Spiess H, Mays CW (1970) Bone cancers induced by ^{224}Ra (ThX) in children and adults. Health Phys 19:713–729

Spiess H, Mays CW (1979) Exostoses induced by ^{224}Ra (ThX) in children. Eur J Pediatr 132:271–276

Spjut HJ, Dorfman HD, Fechner RE, Ackerman LV (1971) Tumors of bone and cartilage Atlas of tumor pathology, 2nd series, fascicle 5. Armed Forces Institute of Pathology, Washington/DC

Stampfli WP, Kerr HD (1947) Fractures of femoral neck following pelvic irradiation. Am J Roentgenol Rad Therapy 57:71–83

Steeves RA, Bataini J-P (1981) Neoplasms induced by megavoltage radiation in the head and neck region. Cancer 47:1770–1774

Stephenson WH, Cohen B (1956) Post-irradiation fractures of the neck of the femur. J Bone Joint Surg 38 [Brit]:830–845

Stover BJ, Jee WSS (1972) Radiobiology of plutonium. JW Press, Salt Lake City/Utah

Strong LC, Herson J, Osborne BM, Sutow WW (1979) Risk of radiation-related subsequent malignant tumors in survivors of Ewing's sarcoma. J Natl Cancer Inst 62:1401–1406

Tannock IF, Hayashi S (1972) The proliferation of capillary endothelial cells. Cancer Res 32:77–82

Taylor GN, Thurman GB, Mays CW, Shabestari L, Angus W, Atherton DR (1981) Plutonium-induced osteosarcomas in the St Bernard. Radiat Res 88:180–186

Teft M (1972) Radiation effect on growing bone and cartilage. Front Radiat Ther Onc 6:289–311

Thurner J (1970) Iatrogene Pathologie. Urban & Schwarzenberg, München Berlin Wien

Thyberg J (1972) Ultrastructural localization of aryl sulfatase activity in the epiphyseal plate. J Ultrastruc Res 38:332–342

Thyberg J, Friberg U (1972) Electron microscopic enzyme histochemical studies on the cellular genesis of matrix vesicles in the epiphyseal plate. J Ultrastruc Res 41:43–59

Thyberg J, Lohmander S, Friberg U (1973) Electron microscopic demonstration of proteoglycans in guinea pig epiphyseal cartilage. J Ultrastruc Res 45:407–427

Timothy AR, Tucker AK, Park WM, Cannell LB (1978) Osteonecrosis in Hodgkin's disease. Br J Radiol 51:328–332

Tonna EA (1963) Origin of osteoclasts from fusion of phagocytes. Nature 200:226–227

Tonna EA (1972) An electron microscopic study of osteocyte release during osteoclasis in mice of different ages. Clin Orthop 87:311–317

Tountas AA, Fornasier VL, Harwood AR, Leung PMK (1979) Postirradiation sarcoma of bone. Cancer 43:182–187

Ueberschär K-H (1959) Tierexperimentelle Untersuchungen über Verlauf und Reparation der radiogenen Knochenschädigung. Strahlentherapie 110:529–540

Uehlinger E (1978) Chondroplastisches Strahlensarkom der linken Klavikula mit einer Latenzzeit von knapp 2 Jahren. Arch Orthop Traum Surg 92:161–165

UNSCEAR-Bericht: (1977) United Nations Scientific Committee on the Effects of Atomic Radiation: Sources and effects of ionizing radiation. United Nations, New York

Urist MR, Hernandez A (1974) Excitation transfer in bone. Deleterious effects of Cobalt 60 radiation-sterilization of bank bone. Arch Surg 109:486–493

Vaeth JM, Levitt SH, Jones MD, Holfreter C (1962) Effects of radiation therapy in survivors of Wilm's tumor. Radiology 79:560–568

Vaughan JM (1973) The effects of irradiation on the skeleton. Clarendon Press, Oxford

Vaughan J (1981) Osteogenesis and haematopoiesis. Lancet II:133–136

Vaughan J, Owen M (1959) The use of autoradiography in the measurement of radiation dose-rate in rabbit bones following the administration of Sr[90]. Lab Invest 8:181–191

Wachsmann F (1949) Ausblick auf die Anwendungsmöglichkeiten der Elektronenschleuder in der Medizin und bisherige Versuchsergebnisse mit ultraharten Strahlungen. Acta Radiol (Stockh) 32:146–158

Walker KVR, Kember NF (1972a) Cell kinetics of growth cartilage in the rat tibia. I. Measurements in young male rats. Cell Tissue Kinet 5:401–408

Walker KVR, Kember NF (1972b) Cell kinetics of growth cartilage in the rat tibia. II. Measurements during ageing. Cell Tissue Kinet 5:409–419

Wang CC, Doppke K (1976) Osteoradionecrosis of the temporal bone – consideration of nominal standard dose. Int J Radiat Oncol Biol Phys 1:881–883

Warren S, Chute RN, Brown CE, Gates O (1982) Incidences of types of cancer in irradiated parabiont rats. Radiat Res 92:83–94

Wegener K (1970) Osteodystrophy after inhalation of Radon-222. Virchows Arch [Pathol Anat] 350:179–182

Weiss JF, Catravas GN, Reddi AH (1982) Influence of radiation on matrix-induced endochondral bone differentiation (Abstract). Radiat Res 91:353

Wilkins WE, Regen EM (1934) The influence of roentgen rays on the growth and phosphatase activity of bone. Radiology 22:674–677

Wilson CW (1950) Dosage of high voltage radiation within bone and its possible significance for radiation therapy. Br J Radiol 23:92–100

Wilson CW (1956a) The uptake of ^{32}P by the knee-joint and tibia of six-week-old mice and the effect of x-rays upon it. Variation of uptake with time after a dose of 2000 r of 200 kV X rays. Br J Radiol 29:86–573

Wilson CW (1956b) The effect of x-rays on the uptake of ^{32}P by the knee-joint and tibia of six-week-old mice: Relation of depression of uptake to X-ray dose. Br J Radiol 29:571–573

Wilson CW (1957) The effects of X-rays on the uptake of ^{32}P by the knee joint and tibia of six-week-old mice. A comparison of the effects produced by equal doses of 200 kV and 2 MeV X rays. Br J Radiol 30:92–94

Wilson CW (1958) The effect of X-rays upon the uptake of ^{32}P by the knee joint of the mouse. Relation between the depression of ^{32}P uptake and the age of animal. Br J Radiol 31:384–386

Wilson CW (1959) Effect of X-rays on uptake of ^{32}P by the mouse knee joint when the X-ray dose is given in two carefully spaced fractions. Br J Radiol 32:547–551

Wilson CW (1960) Effect of X-rays on the uptake of Phosphorus 32 by the mouse knee joint. Dependence upon the spacing interval of the effect produced by two spaced equal dose fractions. Br J Radiol 33:636–639

Wilson CW (1961) Effect of spaced x-ray dose fractions on ^{32}P uptake by the mouse knee joint. Dependence upon size of fractions and their spacing intervals. Br J Radiol 34:454–457

Woodard HQ (1957) Some effects of X-rays on bone. Clin Orthop 9:118–130

Woodard HQ, Laughlin JS (1957) The effect of X-rays of different qualities on the alkaline phosphatase activity of living mouse bone. II. Effects of 22,5 Mevp X-rays. Radiat Res 7:236–252

Woodard HQ, Spiers FW (1953) The effect of X rays of different qualities on the alkaline phosphatase of living mouse bone. Br J Radiol 26:38–46

Wronski TJ, Smith JM, Jee WSS (1980) The microdistribution and retention of injected ^{239}Pu on trabecular bone surfaces of the beagle: Implications for the induction of osteosarcoma. Radiat Res 83:74–89

Wronski TJ, Smith JM, Jee WSS (1981) Variations in mineral apposition rate of trabecular bone within the beagle skeleton. Calcif Tissue Int 33:583–586

Yeager VL, Chiemchanya S, Chaiseri P (1975) Changes in size of lacunae during the life of osteocytes in osteons of compact bone. J Gerontol 30:9–14

Zinkernagel R, Riede UN, Schenk RK (1972) Ultrastrukturelle Untersuchungen der juxtaepiphysären Kapillaren nach Perfusionsfixation. Experientia 28:1205–1206

Zollinger HU (1960) Radio-Histologie und Radio-Histopathologie In: Roulet F (Hrsg) Strahlung und Wetter. Handbuch der Allgemeinen Pathologie, Bd 10/1. Springer, Berlin Göttingen Heidelberg, S 127–287

8. Klinik der Strahlenfolgen am Hirn- und Nervengewebe

Von

R. SAUER

Mit 9 Abbildungen und 3 Tabellen

A. Einleitung

Die Strahlentherapie der primären und sekundären Hirngeschwülste, aber auch die im Rahmen der Therapie der Leukämien eingesetzte adjuvante Schädelbestrahlung, schädigen gesundes Hirngewebe. Das Zentralnervensystem (ZNS) erweist sich als nicht so strahlenresistent, wie es noch vor 30 Jahren schien. Allerdings sind unsere Kenntnisse über die Strahlenfolgen am Hirn, am Rückenmark und am peripheren Nerven unter klinischen Bedingungen noch unvollkommen und zum Teil lückenhaft.

1930 berichteten FISCHER und HOLFELDER erstmals über eine strahleninduzierte Spätnekrose des Gehirns.

1934 machte SCHOLZ darauf aufmerksam, daß die mesenchymalen Anteile des ZNS qualitativ und quantitativ in gleicher Wiese geschädigt werden können wie das Gefäßgewebe in anderen Körperregionen. Er unterschied bereits zwei zeitlich deutlich von einander abgesetzte Strahlenreaktionen – die Frühreaktion und die Spätschädigung. Während die erste klinisch unbemerkt verlief, gingen die nach einem symptomfreien Intervall auftretenden Spätfolgen mit Nekrosen einher, die bevorzugt in der weißen Substanz auftraten.

1941 publizierte AHLBOM die ersten Radionekrosen des Rückenmarks (RM). Bald wurde vermutet, daß die Toleranz des Rückenmarks geringer als diejenige des Gehirns sei (BODEN 1948, 1950; FRANKE 1963).

1958 bestimmte LINDGREN die Toleranzgrenze des Gehirns, indem er die Daten von 13 veröffentlichten und vier eigenen Fällen mit Hirnnekrose in einem doppellogarithmischen Zeit-Dosis-Diagramm nach STRANDQUIST (1944) auftrug. Er fand eine Neigung der Regressionsgeraden von 0.26 und 4500–5000 R in 30 Tagen als die niedrigste Dosis, welche eine Nekrose erzeugen kann.

In der Folgezeit mehrten sich die Mitteilungen über Hirn- und Rückenmarksschäden am Menschen. Es waren zum Teil kasuistische Beschreibungen, zum Teil Sammelstatistiken. Fallsammlungen aus der Weltliteratur findet man unter anderem bei FRANKE (1963, 1973), FRANKE und LIERSE (1978), HOLDORFF (1980a, 1980b, 1983), KRAMER et al. (1972), LINDGREN (1958), SHELINE et al. (1980) und WIGG et al. (1981).

In neuerer Zeit beschäftigten sich vor allem FRANKE (1973), HOLDORFF (1980a), SHELINE et al. (1980) und WIGG et al. (1981) mit Toleranzberechnungen des ZNS und hoben hervor, daß für die Entstehung eines akuten oder chronischen Strahlensyndroms neben der applizierten Gesamtdosis die Größe der täglichen Einzeldosis wesentlich bedeutungsvoller ist als die Gesamtbehandlungszeit.

Die Kenntnisse über Strahlenfolgen am peripheren Nerven sind immer noch verhältnismäßig gering.

B. Definitionen

Unter Strahlenfolgen verstehen wir hier diejenigen Schäden, die infolge einer Strahlenbehandlung allein oder durch das Hinzutreten anderer, das Nervensystem schädigender physikalischer bzw. chemischer Noxen nach einer jeweils typischen Latenzzeit auftreten. Diese zusätzlichen Noxen können Operationen am Nervensystem, systemische oder intrathekale Chemotherapie, Infektionen und Schäden durch den Tumor selbst sein. Entsprechend kann man die Strahlenfolgen im engeren Sinn von den Kombinationsschäden bzw. Kombinations-Strahlenfolgen abtrennen.

Im allgemeinen betreffen die Strahlenfolgen das vorher bestrahlte Volumen, sind darauf aber unter Umständen schon zu Beginn nicht beschränkt.

Die Systematik der Strahlenfolgen geht zuerst vom neuropathologischen Gesichtspunkt, aber auch vom klinisch-lokalisatorischen aus:

I. Neuropathologische Einteilung der Strahlenfolgen am Nervensystem

Für den Kliniker ist die Einteilung nach dem zeitlichen Ablauf der Strahlenreaktionen von Interesse. Man unterscheidet zwischen der Früh- und der Spätreaktion (SCHOLZ 1934; ZEMAN 1968; LIERSE u. FRANKE 1970), wobei sich die Spätreaktion weiterhin in eine „frühe" und eine „späte" Spätphase bzw. Spätnekrose unterteilen läßt (SCHOLZ 1934; BOELLAARD u. JACOBY 1962; ZÜLCH 1963; LAMPERT u. DAVIS 1964; JELLINGER 1972; s. auch Tabelle 1).

1. Akute Phase (Frühreaktion)

Sie tritt entweder bereits wenige Stunden nach der ersten Bestrahlungssitzung oder aber im Verlaufe der ersten Bestrahlungstage ein, auf jeden Fall während der fraktionierten Strahlentherapie (BERG et al. 1964). Wurde die Strahlenbehandlung mit wenigen hohen Einzeldosen vorgenommen, kann sich die Strahlenreaktion auch einige Tage, u.U. auch Wochen, nach Bestrahlungsende manifestieren.

Neuropathologisch findet sich ein intra- und extrazelluläres Ödem, entzündliche Begleitreaktionen, Stoffwechselstörungen der Glia- und Nervenzellen, manchmal auch bereits eine akute Radionekrose. Je nach Ausmaß sind diese Veränderungen vollständig reversibel.

2. Frühe Spätphase

Einige Wochen bis wenige Monate nach der Strahlenbehandlung können uncharakteristische, nicht näher lokalisierbare neurologische Symptome auftreten. Sie sind i. allg. passager und bilden sich nach wenigen Wochen zurück. BODEN (1948), DYNES und SMEDAL (1960), JONES (1964) sowie LAMPERT und DAVIS (1964) grenzten die frühe Spätphase von der später auftretenden Spätnekrose ab. Bekanntestes Beispiel ist das Lhermittesche Zeichen im Bereiche des zervikalen und thorakalen Rückenmarks.

Neuropathologisch werden herdförmige Demyelinisierungen der weißen Substanz, perivaskuläre Lymphozyten- und Plasmazellinfiltrationen, Gefäßveränderungen, eine Störung der Blut-Hirn-Schranke, Ödeme, umschriebene Blutungen und Nekrosen gesehen.

Tabelle 1. Systematik der Strahlenfolgen am Nervensystem

	Latenzzeit	Verlauf
1. Akute Phase (Frühreaktion)		
Gehirn	Stunden	Reversibel innerhalb Stunden
Rückenmark	Stunden	Oft unbemerkt, Querschnittssyndrom
Peripherer Nerv	Std bis Tage	Oft unbemerkt, voll reversibel
2. Frühe Spätphase		
Gehirn	2–8 Wochen	Reversibel innerhalb 6–8 Wochen
Unterform:		
Leukoenzephalopathie	2–8 Wochen	Zum Teil reversibel innerhalb 2–6 Wochem Zum Teil in chronische Form übergehend
Rückenmark (Lhermittesches Zeichen)	2–8 Wochen	Reversibel innerhalb 1–5 Monaten Selten chronische Form
3. Späte Spätphase (Strahlenspätnekrose)		
Gehirn		Progression
Großhirnhemisphäre	9 Monate bis 7,5 Jahre	Relativ günstige Prognose
Mittellinienbereich	1–36 Monate	Schlechte Prognose, Exitus letalis innnerhalb weniger Monate
Unterformen:		
Hypophysen-Zwischenhirn-Insuffizienz	Jahre	Leichte Progression, Prognose bei Substitution günstig
Psychomotorisches Defektsyndrom	Monate bis Jahre	?
Rückenmark	4–25 Monate	Progression Bei Tetra- oder Paraplegie Exitus letalis innerhalb 18 Monaten
Peripherer Nerv	4 Monate bis 10 Jahre	Progression

3. Leukoenzephalopathie

Die Leukoenzephalopathie ist möglicherweise eine Spielart der frühen Spätreaktion (SHE-LINE et al. 1980). Erst mit der Einführung der Computertomographie und deren Möglichkeit, subtile, zum Teil subklinische Hirnveränderungen festzustellen, konnte dieses Krankheitsbild abgegrenzt werden. Die radiologischen Zeichen sind Ventrikelerweiterung, Verbreiterung des subarachnoidalen Raumes, hypodense Hirnareale und intrazerebrale Verkalkungen (CROSLAY et al. 1978; ENZMAN u. LANE 1978; PEYLAN-RAMU et al. 1978; weitere Literatur bei HABERMALZ et al. 1983). Klinisch können diese Veränderungen asymptomatisch oder mit schweren neurologischen Ausfällen vergesellschaftet sein.

Neuropathologisch reichen die Befunde von einer nichtinflammatorischen Mikroangiopathie mit benachbarten Nekrosen und Mikrokalzifikationen über Gliaverlust und Demyelinisierung bis hin zu einer schweren nekrotisierenden Leukoenzephalopathie mit konfluierenden demyelinisierenden Nekrosen der weißen Substanz und glialer und axonaler Degeneration (PRICE 1979).

4. Späte Spätphase (Spätnekrose)

Die gravierendste Strahlenfolge am zentralen Nervensystem (ZNS) ist die Spätnekrose. Sie tritt mehrere Monate bis Jahre nach der Therapie plötzlich auf, ist für gewöhnlich irreversibel, in der Regel progressiv und letzten Endes fatal. Besonders stark ist die weiße Substanz betroffen.

Pathogenetisch steht wohl der Gefäßschaden im Vordergrund. Dazu kommt eine direkte Strahlenwirkung an den Gliazellen und immunologische Veränderungen. Durch das sie begleitende Spätödem äußert sich die Spätnekrose als Raumforderung (Abb. 1) und ist klinisch oftmals nicht von einem Tumor bzw. einem Tumorrezidiv zu unterscheiden (SCHOLZ und HSÜ 1938; BOELLAARD u. JACOBY 1962; ZÜLCH 1963; ZEMAN 1968; EYSTER et al. 1974; ZEMAN u. SHIDNIA 1976; SHELINE et al. 1980).

Allem Anschein nach laufen diese Veränderungen – Frühreaktion, frühe Spätphase und späte Spätphase – im gesamten ZNS gleichartig ab, wobei natürlich lokalisatorische Besonderheiten bestehen (GODWIN-AUSTEN et al. 1975). Diese Besonderheiten bestehen in einer unterschiedlichen örtlichen Gefäßversorgung, in der verschiedenen Ausbildung von gliösen bzw. bindegewebigen Narben oder in der Tatsache, daß die sensiblen Leitungsbahnen des Rückenmarks und dann auch die Pyramidenbahn eine besondere Strahlensensibilität aufweisen (PALLIS et al. 1961; FRANKE u. LIERSE 1978).

Wir zweifeln nicht daran, daß auch am peripheren Nerven Früh- und Spätreaktionen ablaufen. Die Verhältnisse sind kaum untersucht. Viel seltener als vermutet führen die Läsionen zu klinischen Symptomen (SPIESS 1970). Gerade die Zeichen der akuten Reaktion bleiben beim Patienten häufig unbemerkt und gehen im allgemeinen Beschwerdebild der anderen (beispielsweise respiratorischen oder gastrointestinalen) akuten Strahlennebenwirkungen unter. Mitteilungen in der Literatur betreffen, soweit übersehbar, lediglich Röntgen-Spätveränderungen des peripheren Nerven.

II. Klinisch-lokalisatorische Einteilung der Strahlenfolgen

HOLDORFF (1983) schlug folgende Einteilung der zerebralen Spätnekrosen vor:

1. Läsionen der Großhirnhemisphären

- an der Konvexität (nach Schädeldachbestrahlungen)
- frontotemporal basal (nach Gesichtsschädel- und Hypophysenbestrahlungen).

2. Mittellinienläsionen

- Chiasma opticum, Hypothalamus, Hirnstamm (nach Hypophysen- und Schädelbestrahlung)
- Hirnstamm.

3. Hirnnekrosen nach Bestrahlung primärer Hirntumoren

HOLDORFF (1980a, 1983) wies mit Recht darauf hin, daß Strahlenspätnekrosen der Großhirnhemisphären eine andere Morphologie, Toleranzschwelle, Latenzzeit, einen anderen Verlauf und eine andere Prognose als diejenigen der Mittelstrukturen (Chiasma opticum, Hypothalamus, Hirnstamm) haben. Und die Überlebenszeit der Patienten mit hypothalamischen und Hirnstammnekrosen ist weniger von der Dosis als vielmehr von der vitalen Funktion der betroffenen Mittellinienstruktur abhängig.

C. Inzidenz

Zwar gelang es, anhand der im Weltschrifttum publizierten Fälle von Strahlenspätnekrosen die Nekrosedosis für Gehirn und Rückenmark zu bestimmen, die niedrigsten Dosen also, bei welchen Hirn- und Rückenmarks-Spätfolgen auftreten können (u.a. BODEN 1948, 1950; LINDGREN 1958; PALLIS et al. 1961; FRANKE 1963; MAIER et al. 1969; JELLINGER u. STURM 1971; SHELINE et al. 1980; WIGG et al. 1981). Eindeutige Angaben aber über die Inzidenz von Strahlenfrüh- oder Strahlenspätfolgen bei einem definierten Dosisbereich, bei definierter Fraktionierung und Strahlenqualität gibt es nicht. Die Gründe sind folgende:

- Die Mitteilungen im Weltschrifttum sind mehrheitlich anekdotisch. Dabei fehlt es u.U. an so wichtigen Bestrahlungsdetails wie Gesamtdosis am Herd und im Maximum, Herddosis bzw. Maximaldosis pro Fraktion, Lage des Dosismaximums, Bestrahlungsvolumen, Feldanordnung, Strahlenqualität und Dosisleistung. Gerade in früherer Zeit war es unmöglich, eine Herddosis hinreichend zuverlässig zu kalkulieren. Für gewöhnlich wurden auch keinerlei Angaben über Ausmaß und Art von akuten Nebenwirkungen gemacht, von evtl. Begleitmedikation und Nachfolgebehandlungen einmal ganz abgesehen.
- Die Beobachtungszeit von behandelten Patientenkollektiven ist mit 6 bis 12 Monaten für gewöhnlich zu kurz. Denn nach HOLDORFF (1980b) beträgt die mediane Latenzzeit bis zum Auftreten einer Hirnnekrose je nach Lokalisation 12 bis 36 Monate. FRANKE (1973) gab für das Rückenmark 18 Monate an. Teilweise wurden die Patienten aber nur bis zu neun Monaten beobachtet. Entweder ist die Lebenserwartung von Patienten mit einem malignen Gliom oder Hirnmetastasen so kurz, daß sie vor Ausbildung einer Spätfolge an Gehirn oder Rückenmark versterben, oder die behandelten Patienten gehen aus den unterschiedlichsten Gründen einer sachgerechten Nachsorge verloren. Obendrein wird die Computertomographie, welche allein bereits während der Lebenszeit diskrete, unter Umstände subklinische, hirnorganische Veränderungen aufzudecken vermag, erst in den letzten Jahren für die Nachsorge eingesetzt.
- Nur selten werden Hirntumor-Patienten autopsiert. Der Anteil der detaillierten Gehirnsektionen ist, gemessen am Gesamtpatientengut, sehr gering. Damit läßt sich i. allg. die Differentialdiagnose zwischen Tumorrezidiv und Strahlenreaktion nicht stellen.
- Es ist unbekannt, wie viele Patienten mit einem Hirntumor bestrahlt werden und wie groß die Anzahl der nicht publizierten Fälle mit Strahlenfolgen des ZNS ist. Was die akuten und chronischen Strahlenfolgen betrifft, so werden sie nicht nur vom Nichtradiologen, sondern auch vom Strahlentherapeuten als therapeutisches Mißgeschick interpretiert, so daß man geneigt ist, eine tatsächliche Strahlenfolge nicht als solche zu akzeptieren bzw. ihre Häufigkeit günstiger darzustellen. ZÜLCH (1963) führte aus, daß eine Reihe von Hirntumoren wie Oligodendrogliom, Spongioblastom, multiformes Glioblastom und verschiedene Sarkomarten gar nicht anders als durch eine lokale Nekrose zu beeinflussen sind. Das führt dann notwendigerweise auch zu einer Schädigung des umgebenden Hirngewebes.

Von den Ausnahmen, die einen Hinweis auf die Inzidenz von Hirnnekrosen als einer Funktion der Totaldosis, Behandlungszeit bzw. Zahl der Fraktionen geben, wollen wir zuerst BODENs (1950) Patienten anführen. 6/24 Patienten (25%) erlitten eine Hirnstammnekrose, nachdem sie unter Orthovoltbedingungen kleinvolumig wegen Nasopharynx- oder Mittelohrtumoren bestrahlt worden waren. Die Dosis betrug 4940–5500 R in 13 Fraktionen an 17 Kalendertagen, die Einzeldosis damit 380–425 R. SHELINE et al. (1980) rechneten BODENs Daten in MRE (megavoltage rad equivalent) um. Danach betrug die Dosis, übertragen auf die heutige Megavolttherapie, 5300–6540 MRE, die Einzeldosis 408–503 MRE. Die NSD-Dosis (nominal standard dose) nach ELLIS (1969) betrug 2100–2600 ret bzw. 1450–1780 neuret (SHELINE et al. 1980). Tabelle 3 gibt zum Vergleich die NSD-Dosen einer heute üblichen Fraktionierung bzw. Dosierung wieder.

MARKS et al. (1981) stellten bei 8/139 Patienten (5%), welche wegen eines primären Hirn- oder Hypophysentumors mit zumindest 4500 rd in täglichen Einzeldosen von 180–200 rd bestrahlt worden waren, nach einem Intervall von 6–55 Monaten (median 15 Monate) autoptisch eine Hirnnekrose fest. Zwei zusätzliche Fälle mit klinischem Verdacht wurden nicht autoptisch verifiziert (Inzidenz gesamt: 10/139 = 7%). Alle zehn Patienten hatten ≥ 5000 rd (5400–6750 rd) am Herd mit Telekobalt erhalten. Täglich wurde nur ein Feld bestrahlt (!). Somit lag das tägliche Maximum zumindest um 30–35% über der angegebenen Herddosis von 180–200 rd. Ein Patient hatte systemisch BCNU erhalten. Die Autoren stellten fest, daß bei einer Dosis von 5000 rd/25 Fraktionen/35 Kalendertage bzw. von 5400 rd/30 Fraktionen/42 Kalendertage und weniger keine Hirnschädigungen auftraten.

SHELINE et al. (1980) stellten anhand einer Sammlung publizierter Fälle eine Inzidenz-Annahme für das Auftreten von Hirnnekrosen nach der Bestrahlung von Hypophysenadenomen und Kraniopharyngiomen auf. Sie setzten voraus, daß die von ihnen gesammelten 20 Fälle mit Hirnnekrose aus einem Pool von 5000 behandelten Patienten stammen. Die Annahme von 5000 Patienten erscheint ihnen eher konservativ, weil schon allein an der Universität von Californien und am Thomas Jefferson Medical Center bis 1979 etwa 1000 Patienten mit Hypophysenadenomen ohne Spätfolgen bestrahlt wurden. Vorausgesetzt nun, daß aus diesem Patientenpool alle Nekrosen gemeldet wurden, betrüge die Inzidenz 0,4%. Bestrahlte man die Patienten mit lediglich 5000 rd/25 Fraktionen/35 Kalendertage, betrüge die Inzidenz von Strahlennekrosen am Hirn noch 2/5000 (0,04%).

Nach FRANKE und LIERSE (1978) sind auch die Angaben über strahlenbedingte Myelitiden sehr unterschiedlich: Sie schwanken zwischen 3,3 und 14%, wenn aufgrund der Bestrahlungspläne angenommen werden darf, daß das Rückenmark tatsächlich im Bestrahlungsvolumen lag.

AHLBOM (1941) gab eine Inzidenz von 4/235 Fällen (2%), GREENFIELD und STARK (1948) eine solche von 3/180 Fällen (2%) an. DYNES und SMEDAL (1960) lassen aufgrund ihrer Angaben eine Strahlenmyelopathie-Inzidenz von 10/800 (1,25%) vermuten. Sie hatten allerdings die akuten und die vorübergehenden Myelopathien, also die frühen Spätreaktionen, nicht mit berücksichtigt.

Abschließend bleibt zu hoffen, daß die Arbeit kooperativer Gruppen in Therapiestudien die Wirkungen und Nebenwirkungen der Strahlentherapie überschaubarer macht, daß die Autopsierate steigt und damit die Inzidenz von Strahlenfolgen am zentralen Nervensystem zuverlässiger abgeschätzt werden kann.

D. Symptomatologie

I. Gehirn

Die Beschwerden des Patienten hängen vom Ausmaß und der Lokalisation der Läsion ab sowie von der Phase im zeitlichen Ablauf der Strahlenreaktion.

1. Akute Phase

In der akuten Phase verstärken sich für gewöhnlich die tumorbedingten Symptome. Es treten uncharakteristische Kopfschmerzen und Zeichen der Hirndrucksteigerung auf. Somnolenz, Übelkeit und Erbrechen sind dagegen verhältnismäßig selten. Das Beschwerdebild kann sich vollständig zurückbilden (Tabelle 1).

Früher war man der Meinung, daß Einzeldosen von 200 rd und mehr zu Beginn einer Strahlenbehandlung zu einem unvertretbar starken Begleitödem führen würden. Deshalb begannen verschiedene Institutionen mit Einzeldosen um 50 rd, unter Umständen unter Kortikoidschutz, steigerten die Dosis täglich, bis nach etwa einer Woche die vorgesehene Einzeldosis erreicht war. Dieses Vorgehen ist unbegründet. Darauf machte unter anderem KRAMER (1968) aufmerksam. SALAZAR et al. teilten 1976 mit, daß 7000–8000 rd in täglichen Einzeldosen von 200 rd auf das Gesamthirn appliziert werden können, ohne daß es zu Frühkomplikationen kommt. Wir empfehlen dann, wenn höhere Einzeldosen gegeben werden, beispielsweise 300 rd bei der Ganzschädelbestrahlung von Hirnmetastasen, eine Begleitbehandlung mit Kortikoiden.

2. Frühe Spätphase

Die frühe Spätphase der Strahlenreaktion äußert sich ebenfalls in uncharakteristischen Beschwerden wie Lethargie und Somnolenz, zuweilen auch mit einer Verstärkung der tumorbedingten Symptomatik. RIDER (1963) beobachtete darüber hinaus an zwei Patienten, die 5500 rd/4–6 Wochen erhalten hatten, Nausea, Erbrechen, Ataxie, Dysphagie, Horizontalnystagmus, Gelenkschmerzen und ein positives Rombergsches Zeichen. Die Erholung begann nach vier Wochen und war nach weiteren sechs bis acht Wochen abgeschlossen (Tabelle 1).

Die frühe Spätreaktion endet selten fatal, ihre Symptome bilden sich i. allg. zurück und bedürfen keiner spezifischen Therapie. Trotzdem läßt sich die Befundbesserung mit Kortikoiden beschleunigen. Die Kenntnis dieser Strahlenreaktionen ist deshalb so wichtig, weil neurologische Störungen einige Wochen nach abgeschlossener Strahlentherapie mit Zurückhaltung zu interpretieren sind und nicht zwangsläufig darauf schließen lassen, daß die Therapie fehlschlug oder geändert werden muß.

1929 berichtete DRUCKMANN, daß nach Schädelbestrahlung 3% der Kinder nach etwa sechs bis acht Wochen eine ausgeprägte Somnolenz entwickelten, welche 14 Tage anhielt. BOLDREY und SHELINE (1967) fanden während der ersten zehn Wochen nach Therapie von gutartigen Gliomen, Meningiomen und Hypophysenadenomen eine Reihe unspezifischer zentralnervöser Symptome, die jeweils durch den Tumor selbst nicht erklärt werden konnten. Diese Symptome waren im zweiten posttherapeutischen Monat am stärksten und verschwanden innerhalb der folgenden sechs Wochen. HOFFMAN et al. (1979) teilten überraschende Befunde an 51 Patienten mit malignen Gliomen mit. Die Patienten hatten großvolumig auf das Ganzhirn 5000 rd/6–7 Wochen, zusätzliche 1000 rd kleinvolumig und außerdem noch BCNU erhalten. Alle acht Wochen waren sie neurologisch, hirnszintigraphisch und computertomographisch untersucht worden. Innerhalb der ersten 18 Wochen nach Strahlentherapie verschlechterten sich 25 Patienten (49%) unter den Zeichen einer Tumorprogression. Sieben von ihnen (28%) besserten sich allerdings wieder ohne jede Therapie. Die Latenzzeit dieser kurzzeitigen posttherapeutischen Störung korrespondiert mit der Umsatzzeit des Myelins. So schlossen die Autoren, daß eine Demyelinisation der Grund für diese Strahlenfolge gewesen sein könnte.

1973 beschrieben FREEMAN et al. eine vorübergehende Somnolenz mit Lethargie 24–56 Tage nach prophylaktischer Schädelbestrahlung bei 28 Kindern mit akuter lymphatischer Leukämie. Sie war bei 39% der Fälle milde, stärker ausgeprägt bei weiteren 39% und dauerte insgesamt 10–38 Tage. Die Kinder hatten eine Ganzhirnbestrahlung mit 2400 rd/4 Wochen erhalten, 21 davon zusätzlich Methotrexat intrathekal, 7 außerdem noch eine Bestrahlung des gesamten Spinalkanals. Auch PARKER et al. (1978) studierten 27 Kinder mit 2400 rd Ganzhirnbestrahlung prospektiv. Sie fanden bei 63% von ihnen ein vorübergehendes Somnolenzsyndrom. 24 der 27 Kinder hatten intrathekal Methotrexat bekommen.

Nach heutiger Kenntnis würden wir die Fälle von Freeman et al. (1973) sowie Parker et al. (1978) als Leukoenzephalopathie einordnen, also als eine besondere Spielart der frühen Strahlenspätreaktion.

3. Leukoenzephalopathie

Die Leukoenzephalopathie kann klinisch stumm bleiben oder Somnolenz, gelegentlich auch schwere neurologische Ausfälle, verursachen (Sheline et al. 1980). Das Somnolenzsyndrom ist passager und bildet sich im Verlaufe einiger Wochen zurück. Die schwere Leukoenzephalopathie mit konfluierenden demyelinisierenden Nekrosen, glialer und axonaler Degeneration hinterläßt aber intellektuelle Funktionseinbußen.

4. Verzögerte Spätphase

Die verzögerte Spätphase einer Strahlenreaktion, für gewöhnlich die Radionekrose, äußert sich klinisch als Raumforderung. Sie ist oftmals nicht von einem Tumor bzw. einem Tumorrezidiv zu entscheiden (Scholz u. Hsü 1938; Boellaard u. Jacoby 1962; Zülch 1963; Berg et al. 1964; Eyster et al. 1974; Zeman 1968; Holdorff 1980b; Ostertag et al. 1981). Raumfordernde Spätnekrosen können auch ohne Operation später schrumpfen und in einen atrophischen Zustand übergehen, entweder im Rahmen einer allgemeinen Hirnatrophie (Wilson et al. 1972) oder als eine, meist im Marklager gelegene, Hypodensizität (Mikhael 1980). Es kann sich auch sogleich eine gliös-atrophische Narbe bilden (Holdorff 1983).

Beim Befall der *Großhirnhemisphären* sind lokaler oder allgemeiner Kopfschmerz, Hirndruckzeichen, epileptische Anfälle, postiktale oder bleibende Paresen, seltener sensible Ausfälle, Aphasie und Gesichtsfeldstörungen die Symptome. Die Latenzzeit beträgt nach Holdorff (1980b) im Median drei Jahre (9 Monate – 7,5 Jahre). Sie ist kurz, wenn die Bestrahlung mit hohen Einzeldosen erfolgte. Die Prognose stellt sich relativ günstig dar, insbesondere dann, wenn die Nekrose aus der Hemisphäre operativ entfernt werden konnte (Edwards u. Wilson 1980).

Ist die Nekrose frontobasal lokalisiert, kommen gustatorische und psychomotorische Ausfälle, akustische und Geruchshaluzinationen, unter Umständen auch ein organisches Psychosyndrom hinzu. Die Latenzzeit beträgt 4–42 Monate, der Medianwert 19,5 Monate (Holdorff 1980b, Tabelle 1).

Strahlennekrosen im *Mittellinienbereich* können das Chiasma opticum, den Hypothalamus sowie den oberen und den unteren Hirnstamm betreffen. Selten kommt es auch zu Verschlüssen größerer Arterien wie der A. carotis interna und A. cerebri media. Entsprechend vielgestaltig ist die Symptomatik: Visus- und Gesichtsfeldstörungen, endokrine Ausfälle, Psychosyndrome, epileptische Anfälle, Hirndruckzeichen, Hirnnervenausfälle, eine gekreuzte sensible und motorische Halbseitensymptomatik, Bewußtseinsstörungen etc. (Literaturzusammenstellung bei Holdorff 1980b). Die Latenzzeit beträgt 1–36 Monate, der Medianwert 12 Monate (Holdorff 1980b). Die Prognose ist schlecht. Die Patienten mit Hirnstammläsionen sterben innerhalb weniger Monate.

Als besondere Formen der Strahlenspätfolge sollen noch die Störungen der hypophysärhypothalamischen Achse und die intellektuellen Defektzustände angesprochen werden.

a) Unterfunktion des Hypophysen-Zwischenhirnsystems

Eine strahlenbedingte Unterfunktion des Hypophysen-Zwischenhirnsystems wird nach Bestrahlungen von Hypophysenadenomen, von Kraniopharingiomen, Rachendach-, Augen-

und Innenohrtumoren beobachtet (RICHARDS et al. 1976; SHALET et al. 1979; BUCHFELDER 1984; dort auch weiterer Literaturnachweis).

Die Inzidenz dieser Störungen ist aus den schon oben erwähnten Gründen unbekannt. Die Latenzzeit beträgt mehrere Jahre. Am sensibelsten reagiert die Produktion des Wachstumhormons. Oft bleiben die Störungen im subklinischen Bereich verborgen und sind nur durch detaillierte biochemische Analysen aufzudecken.

b) Intellektuelle Defizite

Schwierig festzustellen, nämlich weitgehend subjektiven Kriterien unterworfen, sind die nach Strahlentherapie als Spätfolgen auftretenden intellektuellen Defizite. Besonders in der amerikanischen Literatur wurde über erhebliche Störungen bei schädelbestrahlten Kindern berichtet (BAMFORD et al. 1976; HIRSCH et al. 1979; EISER 1981; KUN et al. 1983; weitere Literatur bei HARTEN et al. 1984).

Diese frühen Untersuchungen haben einer kritischen Analyse nicht standhalten können. WALTHER und GUTJAHR (1982) stellten fest, daß die Therapie der akuten lymphatischen Leukämie (ALL) im Kindesalter eher die basalen psychomotorischen Prozesse als die kognitiven schädigt.

HARTEN et al. (1984) untersuchten 51 Kinder, die wegen ALL mit Chemotherapie und Ganzhirnbestrahlung behandelt worden waren und sich in anhaltender kompletter Remission befanden. Die neurologischen Befunde verglichen sie mit denjenigen von 30 Kindern, die wegen anderer Malignome in Behandlung waren. Letztere hatten weder eine ZNS-Bestrahlung noch eine Methotrexatapplikation erhalten. Therapiebedingte intellektuelle Funktionsminderungen ware in keiner der beiden Gruppen nachweisbar. Dort, wo Defekte bestanden, war ein Zusammenhang zum neurologischen Vorbefund bzw. zum prämorbiden Entwicklungsstatus feststellbar. Diskrete Dysfunktionen bestanden jedoch bei der psychomotorischen Geschwindigkeit, welche sich in einer allgemeinen Verlangsamung äußerte. Bei der Untersuchung schnitten übrigens die jüngeren Kinder besser ab als die älteren, womit die These einer erhöhten Vulnerabilität des sich entwickelnden Gehirns zumindest in dieser Gruppe nicht bestätigt wurde. In die gleiche Richtung weisen die Untersuchungen von SONI et al. (1975).

Eine hochdosierte Schädelbestrahlung mit 4000–6000 rd läßt im Kindesalter bei Langzeitüberlebern allerdings eindeutige Funktionsstörungen erkennen (Literatur bei SHELINE et al. 1980). LI et al. (1984) fanden bei 13/30 (43%) der im Kindesalter bestrahlten Patienten nach 5–47 Jahren (median 18 Jahre) mäßige bis schwere Störungen, und zwar hatten diejenigen Patienten die auffallendsten Defekte, die große, chirurgisch nicht angehbare oder besonders aggressive Tumoren aufwiesen. Solche Patienten waren für die Radiotherapie ausgesucht worden, eine negative Selektion also. SHELINE et al. (1980) führten eine Reihe von Literaturzitaten an, welche praktisch dieselbe Aussage machen: Patienten mit neurologischen Schäden bereits vor der Bestrahlung (durch direkten Tumoreinfluß oder erhöhten Hirndruck) haben auch nach der Behandlung eine Einschränkung der intellektuellen Leistungsfähigkeit. Das trifft besonders auf Kinder zu.

II. Rückenmark

1. Akute Phase

Eine akute Phase der Strahlenreaktion ist als solche bisher nicht beschrieben und wohl auch kaum klinisch zu bemerken. Jedenfalls nicht unter normalen Bedingungen. Das ändert sich beim Vorliegen einer extra- oder intraspinalen Raumforderung, die bereits einen inkompletten Querschnitt verursacht hat oder zu verursachen droht. Dann kann bereits die erste Bestrahlungsfraktion einer – für gewöhnlich notfallmäßig eingeleiteten – Strahlentherapie den Querschnitt komplettieren bzw. einleiten. Ursache dafür ist das akute Strahlenödem in der Umgebung des Rückenmarks, aber auch im Rückenmark selbst, welches drei bis vier Stunden nach der Behandlung auftritt.

Eine Bestrahlung von intra- und extraspinalen Raumforderungen darf bei drohendem oder inkomplettem Querschnittssyndrom deshalb nur nach entlastender Laminektomie oder unter Kortisonschutz vorgenommen werden.

2. Frühe Spätreaktion

Die frühe Spätreaktion äußert sich in Prickeln, Ziehen und anderen Parästhesien, welche bevorzugt am Hals und Schultergürtel auftreten, aber auch entlang dem Rücken ins Gesäß, ja sogar bis in die Oberschenkel hinein ausstrahlen können, im sogenannten Lhermitteschen Zeichen. Es tritt nach Bestrahlung großer Rückenmarksabschnitte auf, besonders eindrücklich nach Mantelfeld- oder totalnodalen Bestrahlungen der malignen Lymphome. Auch nach Gesamt-ZNS-Bestrahlung wegen Medulloblastom bzw. Ependymom, unter Umständen sogar nach therapeutischer Bestrahlung von leukämischen Infiltrationen der Meningen, wird es beobachtet (BODEN 1948; DYNES und SMEDAL 1960; JONES 1964). Charakteristischerweise läßt sich das Lhermittesche Zeichen am liegenden Patienten durch Flexion der Halswirbelsäule oder durch Anheben der gestreckten Beine, also durch eine Längsdehnung des Rückenmarks, auslösen. Es tritt wenige Wochen nach der Strahlenbehandlung auf und verschwindet wieder nach ein bis fünf Monaten, abhängig vom Ausmaß der Läsion und vom Patientenalter. Selten geht es in eine chronische Verlaufsform über.

BODEN beschrieb 1948 vier solcher Fälle nach Halsbestrahlung, JONES (1964) sieben Fälle mit an Elektroschocks erinnernden Sensationen, ebenfalls nach Bestrahlung von HNO-Tumoren. Die Symptome verschwanden nach 2–36 Wochen. JONES deutete diese vorübergehende Myelopathie als Zeichen einer temporären Demyelisierung der sensiblen Neuronen.

3. Späte Strahlennekrose

Von der späten Spätreaktion des Rückenmarks werden zuerst die sensiblen Leitungsbahnen betroffen. Das äußert sich in dissoziierenden Empfindungsstörungen. Auch die Pyramidenbahn wird alteriert. Es kommt zu spastischen Lähmungen, evtl. auch gleich oder später zu schlaffen Paresen (DYNES und SMEDAL 1960; SINNER 1964). Charakteristisch ist das sogenannte partielle Brown-Séquard-Syndrom: Ausfall von Temperatur- und Schmerzempfindung auf der gegenüberliegenden Seite des motorischen Ausfalls. Die späte Spätmyelopathie schreitet für gewöhnlich über Monate oder Jahre langsam fort. Auf dem Höhepunkt kann sie gelegentlich als Raumforderung imponieren, die in einigen Fällen mit einem myelographischen Stop und einer Eiweißerhöhung bis zu 150 mg% einhergehen kann (DYNES u. SMEDAL 1960; PALLIS et al. 1961; LECHEVALIER et al. 1973; GODWIN-AUSTEN et al. 1975; MARTINS et al. 1977; HOLDORFF 1983). Später folgt der allmähliche Übergang in die Atrophie.

Die Demyelinisierung der weißen Substanz kann auch außerhalb des Bestrahlungsgebietes weit nach kaudal fortschreiten. Kommt es zur Tetra- oder Paraplegie, sterben die Patienten innerhalb von 18 Monaten nach Einsetzen der ersten Symptome. Ursache sind meistens die Auswirkungen des Querschnittsyndroms wie Atemlähmung, Pneumonie, Sepsis oder Lungenembolie (HOLDORFF 1983). Daß Patienten mit Querschnittssyndrom längere Zeit überleben, ist eher die Ausnahme (DYNES und SMEDAL 1960).

FRANKE und LIERSE (1978) stellten aus dem Weltschrifttum 203 späte Strahlenfolgen am Rückenmark zusammen und unterteilten sie graduell nach Schwere und Prognose des

Tabelle 2. Verlauf von Strahlenfolgen am Rückenmark. 203 Fälle der Weltliteratur mit vorhandenen Bestrahlungsdaten (FRANKE und LIERSE 1978)

	Passagere Sensibilitätsstörung	Lähmungen regressiv oder langsam progressiv Patient lebt	Progressive Lähmungen Patient verstorben
Patientenzahl	27 (15%)	54 (25%)	122 (60%)
Latenzzeit (Durchschnitt)	5 Monate	24 Monate	14 Monate

Krankheitsbildes. Sie fanden 27 Patienten (15%) mit lediglich passageren Sensibilitätsstörungen. Wir würden sie heute als frühes Strahlenspätsyndrom klassifizieren. In der zweiten und größeren Gruppe von 54 Patienten (25%) traten Lähmungen mit nur geringer Progression oder sogar einer gewissen Rückbildungstendenz auf (Tabelle 2). Die 122 Patienten der Hauptgruppe (60% der Gesamtpatientengutes) hatten eine progrediente Lähmung. Bei der Hälfte von ihnen wurde die Radionekrose histologisch bestätigt. Nimmt man einmal aus dem Patientengut von FRANKE und LIERSE diejenigen Patienten mit einer passageren Sensibilitätsstörung heraus, so ergibt sich, daß 122/176 Patienten, also 69%, an einer Strahlenspätnekrose des Rückenmarks verstarben.

III. Peripherer Nerv

Strahlenfolgen am peripheren Nerven sind eine selten und schwierig zu stellende Diagnose. Nach Durchsicht der Literatur (SPIESS 1970; FRANKE 1973; MIKHAEL 1979; KINSELLA et al. 1980) traten Nervenschäden nach onkologischer Strahlentherapie ausschließlich im Primärtumorbereich bzw. im lokoregionalen Ausbreitungsgebiet des Tumors auf. Sie sind auch im Zeitalter der Computertomographie und moderner neurophysiologischer Untersuchungsmethoden kaum einmal von einem lokoregionalen Tumorrezidiv abzugrenzen. Hinzu kommt, daß ein Großteil der im Schrifttum mitgeteilten Fälle in Wirklichkeit keine eigentlichen Strahlenschäden sind, sondern auf „malignisierte" postoperative Narbenstränge zurückgehen, welche den Nerven komprimieren. Es handelt sich somit um Kombinationsschäden nach Operation und Strahlenbehandlung.

1. Akute Phase

Eine akute Strahlenwirkung am peripheren Nerven ist nach unserer Kenntnis noch nicht als klinische Beobachtung beschrieben worden. Doch ist sie bei aufmerksamer Befragung unserer Tumorpatienten eine gar nicht selten geäußerte Beschwerde. Wir machten diese Beobachtung bei der postoperativen Bestrahlung von Mammakarzinom-Patienten und bei ventro-dorsal opponierend angesetzten Bestrahlungen im Beckenbereich. Zwei oder mehrere Tage nach Bestrahlungsbeginn klagen Mammakarzinom-Patientinnen, bei denen die supraklavikulären und infraklavikulären Lymphknotenareale bestrahlt werden, über lanzierende Schmerzen und Parästhesien an der Oberarminnenseite, selten einmal auch in den Unterarm und die Finger ausstrahlend.

Bei der Therapie von Blasen- und Prostatakarzinom-Patienten fallen uns gelegentlich Schmerzen und Parästhesien, die symmetrisch in beide dorsale Oberschenkelpartien ziehen, auf. Nach Umstellung der großvolumigen Bestrahlung auf ein kleineres Pendelvolumen, verschwinden die Beschwerden meistens innerhalb weniger Tage, um kurz nach Wiederaufnahme der Box-Bestrahlung von neuem aufzutreten (Tabelle 1).

2. Spätphase

Spätfolgen am peripheren Nerven äußern sich nach einem freien Intervall von mehreren Monaten bis Jahren (Tabelle 1) in reißenden Schmerzen, Sensibilitätsausfällen, später auch in motorischen Paresen bzw. Paralysen. Spiess (1970) berichtete sogar über ein Intervall von 17 Jahren. Er sah unter seinen eigenen 35 Patienten die Armplexusläsion weitaus am häufigsten, nämlich bei 31 Fällen. Das war auch bei den von Franke (1973) zitierten Veröffentlichungen der Fall. Die Ursache liegt nicht in einer besonders hohen Strahlensensibilität des Armplexus, sondern hat zwei technische Gründe:

- Die Mehrfeldertechnik in der Ära der konventionellen Orthovolttherapie verursachte unkalkulierbare Dosisspitzen im Armplexusbereich. Zudem war die Reproduzierbarkeit der Feldeinstellungen völlig unzureichend.
- Die Armplexusläsionen betreffen Mammakarzinompatientinnen, bei denen die Strahlentherapie auf ein operativ stark traumatisiertes Nervengefäßbündel in der Axilla trifft, wenn hier radikal lymphdisseziert wurde.

In der modernen Strahlentherapie sind Armplexusläsionen selten geworden und sollten dann nicht mehr vorkommen,

- wenn die Axille nicht radikal ausgeräumt, das Nervengefäßbündel also nicht skelettiert wird, und dann, wenn
- der supra- und infraklavikuläre Bereich unter Hochvoltbedingungen mit einer Dosis von ≤ 5500 rd in sechs Wochen homogen durchstrahlt wird.

E. Diagnostik

Für die Diagnose einer Strahlenfolge am zentralen Nervensystem kommen folgende diagnostische Schritte in Betracht, deren Aussagekraft allerdings im Hinblick auf die Differentialdiagnose gegenüber einem Tumorrezidiv recht unterschiedlich ist:

- Anamneseerhebung
- neurologischer Befund
- Elektroenzephalogramm
- Röntgenuntersuchung von Schädel bzw. Wirbelsäule
- Hirnszintigraphie
- Computertomographie mit Kontrastmittel-Verstärkung, evtl. Kernspintomographie (NMR)
- Liquoruntersuchung auf Zellen und Eiweiß
- Angiographie (herkömmlich oder als digitale Subtraktions-Angiographie)
- Biopsie mittels stereotaktischer Punktion oder als offene Hirnbiopsie

Eigentlich erübrigt sich der Hinweis, daß eine detaillierte Anamnese das oft aussagekräftigste Diagnostikum ist. Insbesondere interessieren Angaben, welche über Lage, Ausdehnung und über die Symptome der vorangegangenen Tumorerkrankungen gemacht werden können. Operationsbericht, histologischer Befund und gegebenenfalls der Bestrahlungsplan müssen detailliert studiert werden. Denn aus dem Charakter und der Dauer der Beschwerden, aus der Bestrahlungsdosis und ihrer Fraktionierung, der Lage des Dosismaximums, aus der Feststellung, ob jedes Feld täglich bestrahlt wurde oder nicht und aus der Analyse der akuten Strahlennebenwirkungen läßt sich mancher richtungsweisende Hinweis erhalten.

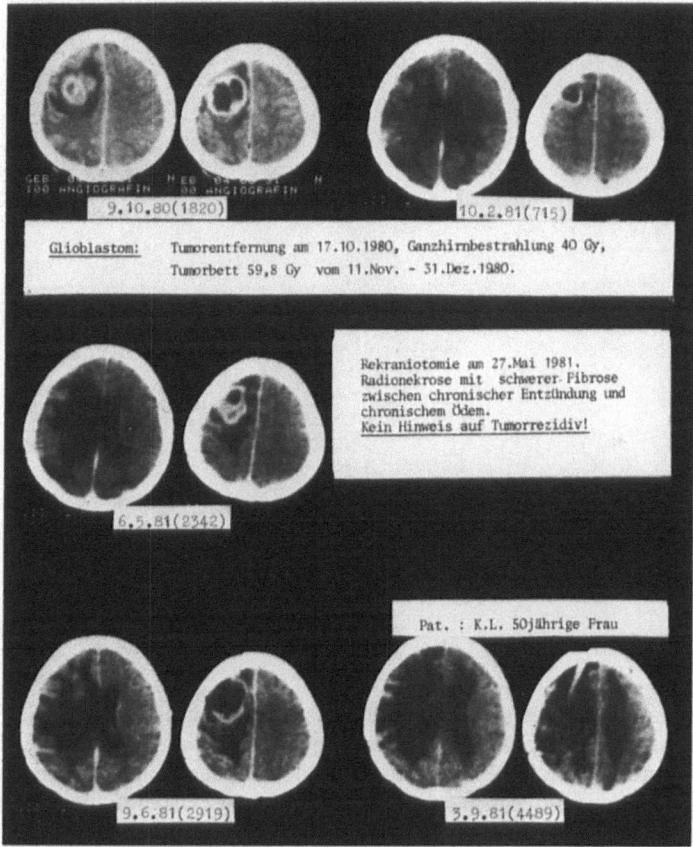

Abb. 1. Strahlenspätnekrose mit perifokalem Ödem simuliert ein Tumorrezidiv. *Obere Reihe:* Linksfrontales Glioblastom mit perifokalem Ödem (9.10.1980). Strahlentherapie: Ganzhirnbestrahlung mit 40 Gy, Dosisaufsättigung links frontal auf 59,8 Gy. 6 Wochen nach Bestrahlungsabschluß abklingendes bilaterales Strahlenödem. *Mittlere Reihe:* 5 Monate nach Bestrahlungsabschluß (6.5.1981) Verdacht auf Tumorrezidiv. *Untere Reihe:* Die Kraniotomie zeitigte nekrotisches und fibröses Gewebe ohne Resttumor. 3 Monate später ist die linke Hemisphäre von Ödem angefüllt

Dagegen haben für gewöhnlich EEG, Skelett-Röntgenuntersuchungen, Hirnszintigraphie und Liquoruntersuchungen nur untergeordnete diagnostische Bedeutung.

Wichtigstes Hilfsmittel sind heute die Computertomographie und die Angiographie (Übersicht bei DECK 1980). Die Computertomographie gibt Aufschluß über den Charakter des Hirnödems, ob es sich auf das Bestrahlungsvolumen beschränkt oder sich auch auf nicht bestrahlte Regionen ausdehnt, über Ventrikelbreite, eine evtl. Massenverschiebung, über posttherapeutische Verkalkungen, über Hohl- bzw. Ringstrukturen und über deren zeitliche Entwicklung (Abb. 1–3). Dies sind alles röntgenologische Zeichen einer Spätnekrose, die aber ebensogut auch einem Tumorrezidiv entsprechen können. Die Massenverdrängung im Gehirn und Rückenmark ist ein typisches Zeichen der Strahlenspätnekrose. Nekroseherde können eine Zeitlang wachsen. Ein radiogenes Ödem beschränkt sich nur zu Beginn auf die bestrahlte Region und kann im Verlauf auch Großteile des nicht bestrahlten Gehirns bzw. Rückenmarks mit einschließen. Oft bestehen Tumorrezidiv und radiogene Spätfolge nebeneinander.

Mit der Kernspintomographie lassen sich Prozesse besonders gut im Längsschnitt darstellen, das kommt insbesondere der Darstellung des Rückenmarks zugute. Besonders gut sieht man das perifokale Ödem. Es läßt sich unter Umständen weiter differenzieren. Bis heute ist allerdings eine Differentialdiagnose zwischen Strahlenfolge und Tumorrezidiv noch nicht möglich.

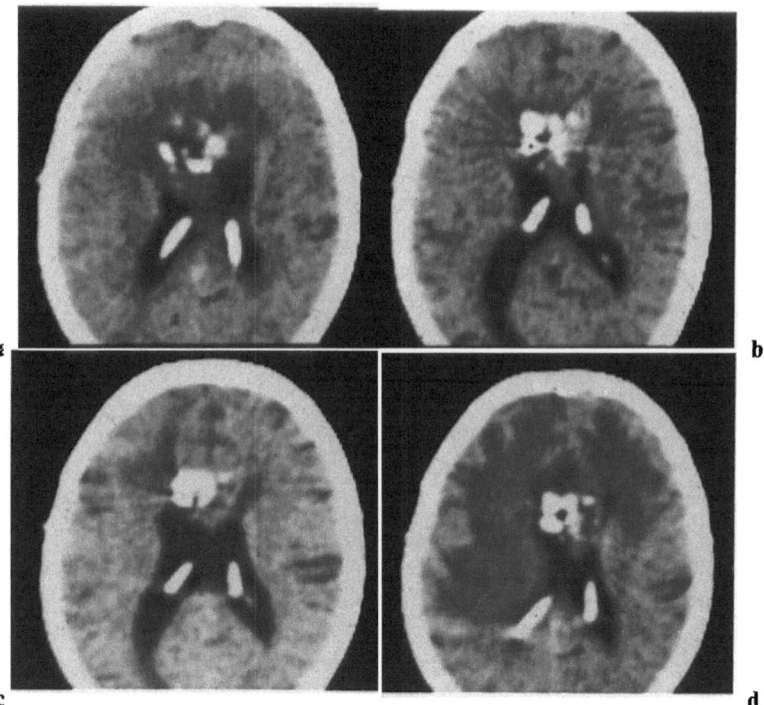

Abb. 2a–d. Entwicklung eines Spätödems nach kombinierter perkutaner und interstitieller Therapie. **a** Prätherapeutischer Status: Bifrontales, verkalktes Oligodendrogliom mit ausgedehntem perifokalem Ödem. **b** 4 Monate später, nach perkutaner Radiotherapie mit 5000 rd/5 Wochen, Tumorverkleinerung. Verkalkungen zusammengerückt. Kein Ödem. [125]J-Seeds in situ. **c** 10 Monate später weitere Tumorverkleinerung (akkumulierte Dosis an der Tumoroberfläche durch [125]J = 16000 rd). Beginnendes Ödem. **d** Nach 22 Monaten sind die linken zwei Hemisphärendrittel und der rechte Frontalbereich von einem ausgedehnten Spätödem eingenommen. Tumor weiter geschrumpft. $3^1/_2$ Jahre nach Diagnosestellung lebt die Patientin unter Kortikoidmedikation praktisch symptomlos

Angiographisch stellen sich raumfordernde Spätnekrosen als avaskuläre Masse dar. Pathologische Gefäße sprechen für Tumor, ihr Fehlen schließt allerdings ein schlecht vaskularisiertes Malignom nicht aus.

In vielen Fällen gelingt die Klärung erst operativ-bioptisch. Dabei kann die Biopsie stereotaktisch oder offen über eine Kraniotomie erfolgen. Letztere hat den Vorteil, daß bei geeigneter Lokalisation die Nekrose entfernt oder zumindest der betreffende Hirnabschnitt entlastet werden können (Abb. 1).

F. Strahlentoleranz und deren Beeinflussung

Unter Toleranz versteht man diejenige maximale Dosis, welche bei definierter Fraktionierung, Feldgröße und Strahlenart appliziert werden kann, ohne daß es zu dauerhaften Strahlenfolgen kommt. Ebenso wie das ZNS kein weitgehend strahlenresistentes Organsystem ist, wie es bis in die Megavoltära hinein weitläufig angenommen wurde, so besitzt es auch keine einheitliche Strahlentoleranz. Das Rückenmark ist vulnerabler als die Großhirnhemisphäre (Boden 1948, 1950; Dynes u. Smedal 1960; Pallis et al. 1961; Kramer u. Lee 1974; Franke u. Lierse 1978), wobei möglicherweise seine Sensibilität zerviko-thorakal am größten ist und in kraniokaudaler Richtung abnimmt. Diese Annahme drängt sich jedenfalls bei der Durchsicht der Literatur auf, wo die Fälle mit zervikalen und thorakalen Rücken-

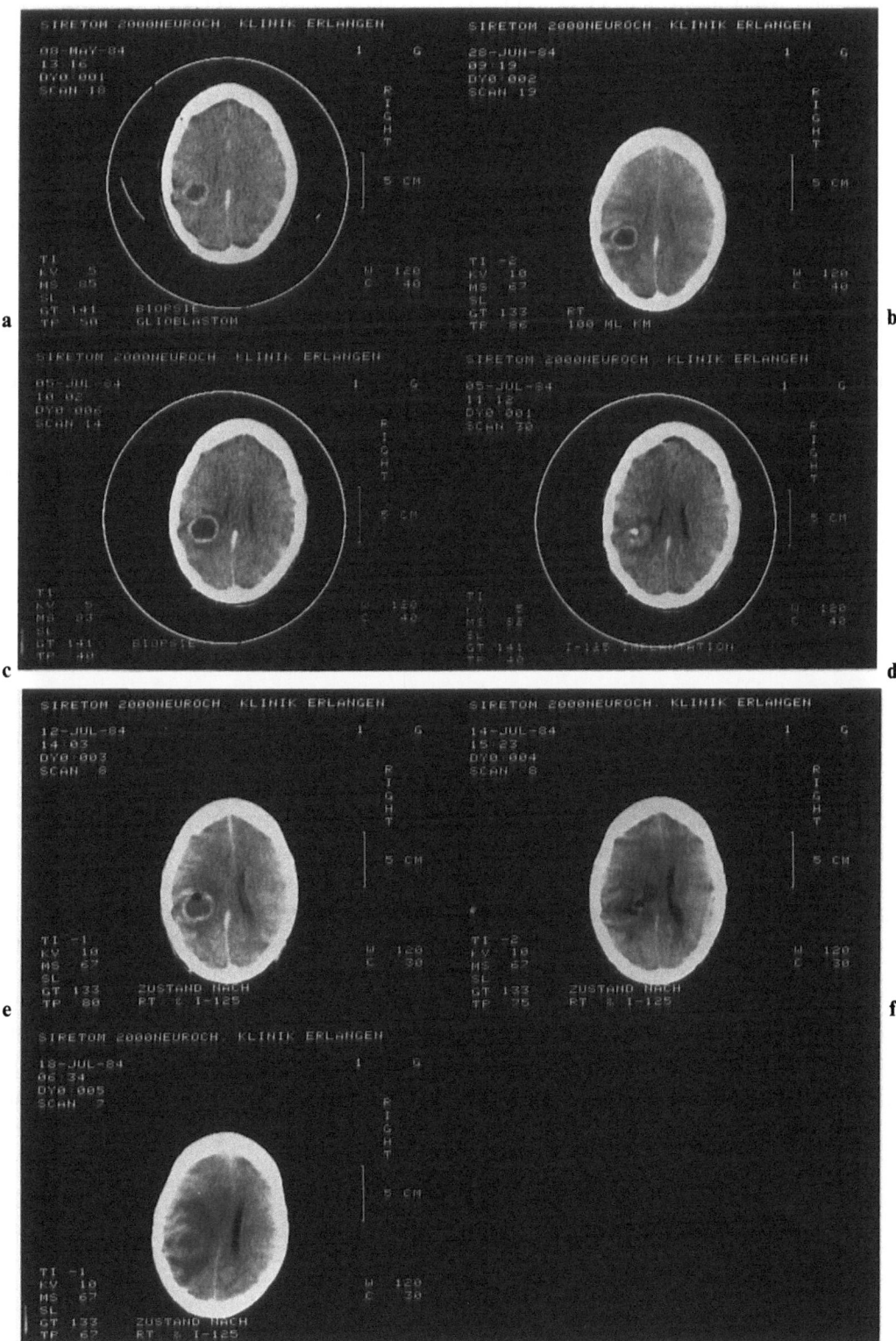

Abb. 3 a–g. Entwicklung einer akuten Strahlenreaktion nach perkutaner und interstitieller Therapie eines Glioblastoms von 2 cm Durchmesser. **a** Nach Biopsie. **b** Nach 5000 rd/5 Wochen unverändert. **c** 1 Woche später geringfügiges Ödem peritumoral. **d** Bei der stereotaktischen Punktion vollständiger Kollaps des zystischen Tumors. Implantation von [125]J-Seeds. **e** Am Tag der Entfernung des [125]J-Implantates (6000 rd an der Tumoroberfläche/1 Woche) wieder deutliche und größere Ringstruktur. Akutes Strahlenödem. **f** 2 Tage später verstärktes Ödem. **g** Massenverdrängung durch ausgedehntes Ödem der nahezu ganzen linken Hemisphäre

marksschäden bei weitem überwiegen (Dynes u. Smedal 1960; Pallis et al. 1961; Franke 1963; Sinner 1964). Lumbale Strahlenmyelopathien sind demgegenüber verhältnismäßig selten und wurden nach Lymphabflußbestrahlung bei Hodentumoren beschrieben, wenn die Dosis 5000 rd oder mehr betrug (Greenfield u. Stark 1948; Friedman 1954).

Im Gehirn sind die Mittellinienstrukturen empfindlicher als die Groß- und Kleinhirnhemisphären (Scholz u. Hsü 1938; Berg et al. 1964; Holdorff 1980a). Am resistentesten scheint der periphere Nerv zu sein. Allerdings führte Spiess (1970) aus, daß er vermutlich empfindlicher als allgemein angenommen reagiert, weil sich morphologisch faßbare Schäden entweder gar nicht oder erst recht spät klinisch mit Dysästhesien oder Schmerzen äußern. Nach Haymaker und Lindgren (1970) sind die Nervenendigungen und die terminalen Nervenfasern radiovulnerabler als der periphere Nerv und die Nervenwurzeln.

Sicher dürfen wir auch eine individuelle Strahlenempfindlichkeit annehmen, wie man es von den Strahlenfolgen an anderen Organsystemen oder von der Strahlensensibilität der malignen Tumoren kennt. Die Ursachen dafür sind unbekannt.

Vor diesem Hintergrund fällt es schwer, allgemeine Angaben zur Strahlentoleranz des ZNS zu machen. Hinzu kommen die Einschränkungen, die wir bereits bei der Betrachtung der Inzidenz von Strahlenfolgen (III) machten. Die folgenden Ausführungen sollen zeigen, daß Strahlenfolgen eine multifaktorielle Ursache haben.

I. Dosis-Zeitbeziehung

1. Gehirn

Auch für das Nervengewebe gilt die Schwartzschildsche Gesetzmäßigkeit, daß nämlich eine kurzfristig und konzentriert verabfolgte Bestrahlung effektiver ist als eine protrahiert vorgenommene bzw. in viele Fraktionen unterteilte Behandlung gleicher Dosishöhe. Die Toleranz kann also nicht allein mit einer Dosis definiert werden. Dies als erster mathematisch erarbeitet und dargestellt zu haben, ist das Verdienst von Lindgren (1958).

Anhand von 13 aus der Literatur ausgewählten und vier eigenen Fällen errechnete Lindgren die Beziehung zwischen Behandlungsdauer und Dosis im Hinblick auf das Auftreten einer späten Spätnekrose im menschlichen Gehirn. Im modifizierten doppellogarithmischen Strandquist-Diagramm erhielt er eine Kurve a, welche zur X-Achse eine Neigung von 0.26 hat (Abb. 4). Diese Kurve gibt einen Dosisbereich mit hohem Risiko für eine Hirnnekrose an. Werte, welche oberhalb der Kurve liegen, beruhen eindeutig auf Überdosierung und sind hier von untergeordnetem Interesse. Wichtiger sind diejenigen Fälle unterhalb der Linie a.

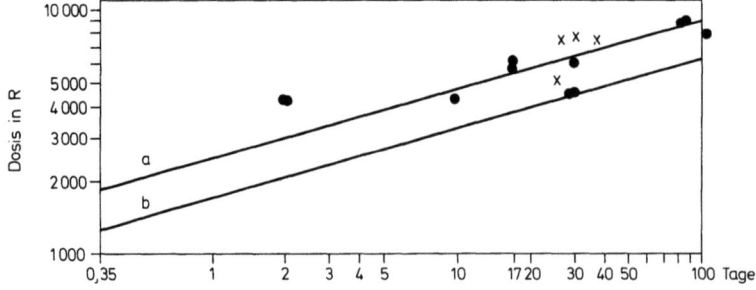

Abb. 4. Modifiziertes Strandquist-Diagramm aus der Original-Publikation von Lindgren (1958). 13 Fälle aus der Literatur (*Punkte*) und vier eigene Fälle (*Kreuze*). Die Regressionslinie a markiert den Dosis-Zeit-Bereich mit einem hohen Hirnnekroserisiko. Linie b zeigt den niedrigsten Dosisbereich, bei welchem eine Nekrose noch auftreten kann

Die kleinste Dosis, welche beim Erwachsenen nach Röntgenbestrahlung über mittelgroße Hautfelder Hirnnekrosen erzeugte, lag zwischen 4500 R und 5000 R/30 Tage. Eine Linie *b* durch die niedrigsten Dosen läuft nahezu parallel zu Linie *a*. Unterhalb dieser Linie sind Hirnnekrosen praktisch ausgeschlossen.

Für den Hirnstamm errechnete Boden (1950) eine Regressionslinie mit einer Neigung von 0.22.

Zeman und Shidnia (1976) gaben eine Toleranzgrenze von 6000 rd/6 Wochen an, welche jedoch in zahlreichen Fällen entsprechend den Berechnungen von Lindgren zu Nekrosen führt. Sheline et al. (1980) kamen aufgrund ihrer Literaturauswertung auf eine Toleranzdosis von 5200 rd/5 Wochen, sofern konventionell fraktioniert wird. Holdorff (1980a) fand Chiasma- und Hypothalamusschäden in der Literatur bereits nach 4500–5000 rd.

2. Rückenmark

Boden (1948, 1950) befaßte sich als erster mit der Strahlentoleranz des Rückenmarks und gab für große Volumina 3500 R/17 Tage und für kleine Volumina 4500 R/17 Tage an ohne Berücksichtigung der Knochenabsorption. Nach Sinner (1964) sind diese Dosen biologisch äquivalent 3650–4700 R (3500–4500 rd) in 21 Tagen, 3900–5000 R (3700–4800 rd) in 28 Tagen und 4300–5500 R (4100–5200 rd) in 42 Tagen. Zusätzlich müßte man noch die Dosen aufgrund der unterschiedlichen relativen biologischen Wirksamkeit von Orthovolt- und Megavoltstrahlen umrechnen.

Boden errechnete eine Neigung der Regressionslinie zur X-Achse von 0.22, Maier et al. (1969) schlugen 0.28 vor. Diese Werte wurden unter anderem von Jellinger und Sturm (1971) bestätigt (Abb. 6).

Franke (1963, 1973) sowie Franke und Lierse (1978) fanden, daß die Neigungswinkel der Regressionsgeraden mit zunehmender Dosiskumulierung und zunehmendem Schädigungsgrad flacher verlaufen, übrigens am Rückenmark noch flacher als am Gehirn. Der Neigungswinkel für Rückenmarksnekrosen entspricht etwa demjenigen von Hautnekrosen (Abb. 5), so daß die Kurven parallel verlaufen. Allerdings liegt der Schnittpunkt mit der Y-Achse deutlich tiefer als derjenige der mitgeteilten Daten für Hautnekrosen. Das entspricht Autopsiebefunden nach Homogenbestrahlungen des Halses, wo beim Vorliegen von Rückenmarksnekrosen nicht zwangsläufig auch Spätfolgen an Haut, Muskulatur und Knochen gesehen werden.

Franke fand auch unterschiedliche Neigungswinkel für die Rückenmarkstoleranz je nach verwendeter Strahlenqualität: 0.199 für 200 kV-Photonenstrahlung, 0.16–0.22 für ^{60}Co-Strahlen bzw. 22 MV-Photonenstrahlung, 0.07–0.09 für 4 MV- und 22 MV-Photonenstrah-

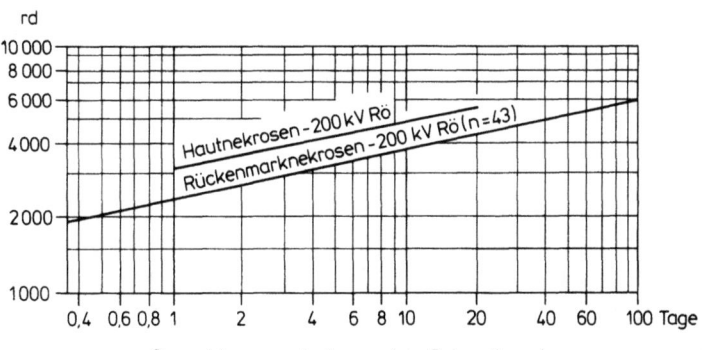

Abb. 5. Regressionslinien für Rückenmarksnekrosen (n = 43) und für Hautnekrosen (berechnet aus den Fällen von Strandquist 1944 durch Franke). Praktisch paralleler Verlauf. Schnittpunkt mit Y-Achse bei Rückenmarksnekrosen deutlich tiefer als bei Hautnekrosen (Franke u. Lierse 1978)

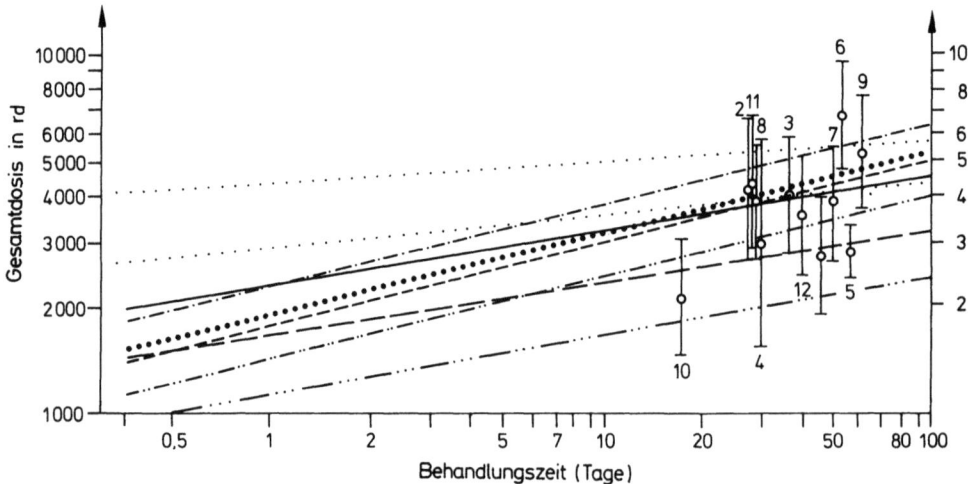

Abb. 6. Verschiedene Regressionslinien für Nekrose- bzw. Toleranzbereiche des Rückenmarks, zusammenge-
stellt von Franke und Lierse (1978). Die Knochenabsorption ging mit einer Dosismodifikation von 10%
ein. —— Rückenmark „Nekrosebereich" (Franke 1961/63); —·— Rückenmark (Brust- und Lendenmark),
„Toleranzbereich" (Franke 1971); – – – – Rückenmark-„Toleranzbereich" (Franke 1963); —··— Rückenmark-
„Toleranzbereich" für große Felder (Pallis et al. 1961); ···· Rückenmark-„Toleranzbereich" für kleine Felder
(Pallis et al. 1961); – – – Rückenmark-„Toleranzbereich" für große Felder (Boden 1948/1950); –·–·–·– Rücken-
mark-„Toleranzbereich" für kleine Felder (Boden 1948/1950); – – Rückenmark (Lendenmark) „Nekrosebereich" (Maier et al. 1969); ··· (D = 1.430 × T^{0,277} ± 317 S.E.) Standardabweichung; –o– 1–12: Jellinger
et al. 1971

lung in hyperbarem Sauerstoff. Der Autor gibt als Toleranzgrenze für das Rückenmark
1300 ret nach dem NSD-Konzept an, also etwa 3000 rd/10 Tage, 3500 rd/20 Tage, 4000
rd/35 Tage (Abb. 6). Bis 1250 ret wurden überhaupt keine Rückenmarksschäden beschrieben.

Abbatucci et al. (1978) hielten dagegen am Halsmark eine Dosis von 5000 rd/25 Einzel-
fraktionen/35 Kalendertage für noch tolerabel, sofern das bestrahlte Rückenmarkvolumen
eine Länge von 3–5 Wirbelkörpern nicht überschreitet. Dagegen empfehlen Glanzmann
et al. (1976), die Toleranzgrenze am Halsmark um 10% niedriger als am thorakalen und
lumbalen Rückenmark anzusetzen.

Inkomplett bleibende Querschnittssyndrome haben im Durchschnitt eine geringere Dosis
erhalten als komplette. Die Dosis liegt also damit der Toleranzgrenze näher (Holdorff
1980a).

3. Peripherer Nerv

Daten über Strahleneffekte am peripheren Nerven sind spärlich. Widersprüchlich gar
sind solche aus Tierexperimenten, welche die Vermutung nähren, daß unter therapeutischen
Bedingungen Schäden überhaupt nicht vorkommen (Literaturübersicht bei Kinsella et al.
1980).

a) Armplexusläsionen

Den größten Raum nehmen Mitteilungen über Armplexusläsionen nach postoperativer
Bestrahlung von Mammakarzinom-Patienten ein (Fallzusammenstellungen bei Stoll u.
Andrews 1966; Spiess 1970; Franke 1973; Mikhael 1979; Kinsella et al. 1980). Die Toleranzgrenze ist nicht definiert. Sie dürfte aber bei konventioneller Fraktionierung bei 5500
rd/6 Wochen angenommen werden. Literaturmitteilungen geben hierzu nur geringe Informationen. Entweder läßt sich die wirksame Dosis am Plexus nicht abschätzen, weil die Dosis
nicht berechnet wurde und nur Angaben über Einstrahldosen vorhanden sind. Zudem wird
für gewöhnlich nichts über Einstrahlrichtung, verwendete Strahlenqualität und über denkbare

Feldüberschneidungen mitgeteilt (beispielsweise SPIESS 1970). Oder es wurden hohe Einzeldosen verabreicht, wie sie heute unüblich sind. Bei STOLL und ANDREWS (1966) bzw. HAYMAKER und LINDGREN (1970) wurden 5775–6000 rd in 11–12 Fraktionen während 25–28 Kalendertagen gegeben. Vermutlich erreichten damit etwa 5100–5500 rd den Brachialplexus. Nach der hohen Dosis traten in 73% der Fälle, nach der niedrigeren in 15% Spätkomplikationen auf.

Oder im Falle von KINSELLA et al. (1980) hatten die Patienten zusätzlich eine adjuvante Chemotherapie erhalten. 5000–5200 rd waren in 200 rd-Einzelfraktionen eingestrahlt worden. Acht Plexusschäden unter 250 Patienten traten auf. Die Mehrzahl von ihnen erholte sich allerdings neurologisch vollständig.

b) Plexus lumbosakralis

Über Schäden des Plexus lumbosakralis fehlen überhaupt hinreichend stichhaltige Angaben, welche pathologisch-anatomisch verifiziert sind oder eine Dosis-Zeit-Beziehung erkennen lassen (Übersicht bei KINSELLA et al. 1980).

c) Hirnnervenläsionen

Am häufigsten sind die Läsionen am Nervus opticus. SHUKOVSKY und FLETCHER (1972) berichteten, daß sie 15 Patienten mit Nasennebenhöhlen-Karzinomen und entsprechender Bestrahlung zumindest über vier Jahre nachuntersucht hatten. Es traten in sieben Fällen eine Makuladegeneration der Retina infolge vaskulärer Veränderungen auf, in drei Fällen eine Sehnervatrophie und in zwei Fällen eine arterielle Retinathrombose. Als Toleranzdosis im Hinblick auf eine Sehnervenatrophie bzw. Makuladegeneration wurden 6800 rd/6 Wochen (entsprechend 2000 ret) genannt. Die sonst in der Literatur genannten Werte liegen deutlich tiefer. HARRIS und LEVENE (1976) hielten 50 Gy/5 Wochen und tägliche Einzeldosen von 2 Gy für unbedenklich im Hinblick auf Schäden am Chiasma opticum.

II. Fraktionierung und Protrahierung

In die Dosis-Zeit-Beziehung brachte ELLIS (1969) die Anzahl und damit auch die Größe der Einzelfraktionen ein. Das Nominal-Standard-Dose-Konzept (NSD), gewonnen aus der Bestrahlung der gesunden Haut, berücksichtigt die Gesamtdosis (D) in Rad, die Anzahl der Bestrahlungen bzw. Fraktionen (N) und die Gesamtbestrahlungsdauer in Kalendertagen (T) in folgender Beziehung:

$$\text{NSD (ret)} = D \times N^{-0.24} \times T^{-0.11}$$

Die Tabelle 3 zeigt die ret-Werte bei den heute gängigen Fraktionierungen und für die üblichen Gesamtdosen zusammengestellt.

Inzwischen mußten wir lernen, daß die Dosis pro Einzelfraktion bzw. die Anzahl der Fraktionen im Hinblick auf Strahlenfolgen am ZNS einen sehr viel größeren Einfluß haben, als es die NSD-Formel nach ELLIS berücksichtigt. Demgegenüber tritt der Einfluß der Gesamtbehandlungszeit in den Hintergrund. Die „Ellis-Formel" ist zur Abschätzung des Strahlenrisikos am ZNS ungeeignet, weil sie zur Überdosierung führt (WARA et al. 1975; HARRIS u. LEVENE 1976; SHELINE et al. 1980; WIGG et al. 1981). Das NSD (ret)-Konzept mußte zu einem NSD (neuret)-Konzept modifiziert werden.

Wir übernehmen hier die von SHELINE et al. (1980) angegebenen Exponenten: für die Anzahl der Fraktionen (N) 0.44 (VAN DER KOGEL u. BARENDSEN 1974; WHITE u. HORNSEY

Tabelle 3. Dosisvergleich in Abhängigkeit von Einzeldosis und Fraktionierung. Die Toleranz-grenzen in ret[a] korrespondieren nicht mit denjenigen in neuret[b]

Fraktionen pro Woche	10	5	5	5	4	4	5	4
Einzeldosis	120	150	180	200	250	300	300	350
Gesamtdosis	NSD (ret)/NSD (neuret)							
3000 rd	1010	1010	1070	1110	1170	1250	1280	1310
	610	660	720	760	830	910	920	980
3500 rd	1110	1110	1190	1230	1300	1380	1410	1450
	660	710	780	820	900	990	1000	1060
4000 rd	1220	1220	1300	1340	1420	1510	1540	1590
	710	760	830	870	960	1050	1070	1140
4500 rd	1310	1310	1400	1450	1530	1630	1670	1720
	750	800	880	930	1020	1120	1130	1210
5000 rd	1410	1410	1500	1560	1640	1750	1790	1840
	790	850	930	980	1080	1180	1200	1270
5500 rd	1500	1500	1600	1660	1740	1860	1900	1960
	830	890	970	1030	1130	1240	1250	1340
6000 rd	1580	1590	1690	1750	1850	1970	2020	2070
	870	930	1020	1070	1180	1290	1310	1400
6500 rd	1670	1670	1780	1850	1950	2070	2120	2190
	900	970	1060	1120	1230	1350	1360	1450

[a] $\text{NSD (ret)} = D \times N^{-0.24} \times T^{-0.11}$
[b] $\text{NSD (neuret)} = D \times N^{-0.44} \times T^{-0.06}$

1978; van der Kogel (1979)), für die Gesamtbestrahlungszeit (T) 0.06 (Wara et al. 1975; Philips 1979; zit. nach Sheline et al. 1980):

$$\text{NSD (neuret)} = D \times N^{-0.44} \times T^{-0.06}$$

Die verwendeten Exponenten wurden tierexperimentell am lumbalen Rückenmark gefunden und sind wohl auch für das Gehirn anzuwenden. Die Zusammenstellung der bei üblicher Fraktionierung und Dosis resultierenden NSD-Werte in ret und neuret zeigt, daß die nach beiden Verfahren ermittelten Toleranzwerte nicht miteinander kompatibel sind (Tabelle 3).

Wigg et al. (1981) trugen die Literaturmitteilungen über Hirn- und Rückenmarksnekrosen zusammen, stellten eigene Erkundigungen in einer Reihe strahlentherapeutischer Zentren an und kamen auf diese Weise zu weiter differenzierten Exponenten für N und T, und zwar abhängig vom Zielorgan:

Gehirn: für N 0.55 (großes Volumen) bzw. 0.46 (kleines Volumen),
           für T 0.09 bzw. 0.04

Thorakale Myelitis: für N 0.43
                       für T 0.05

Optikusschaden: für N 0.33
                   für T 0.000006

Hirn-Nekrose: für N 0.38
                 für T 0.00006

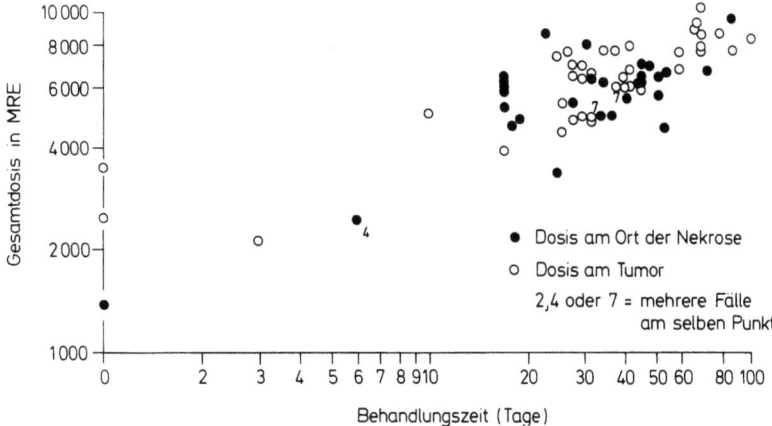

Abb. 7. Gesamtdosis in MRE (megavoltage rad) aufgetragen gegen die Behandlungsdauer. 40 Fälle mit Hirnnekrose aus der Weltliteratur (aus SHELINE et al. 1980)

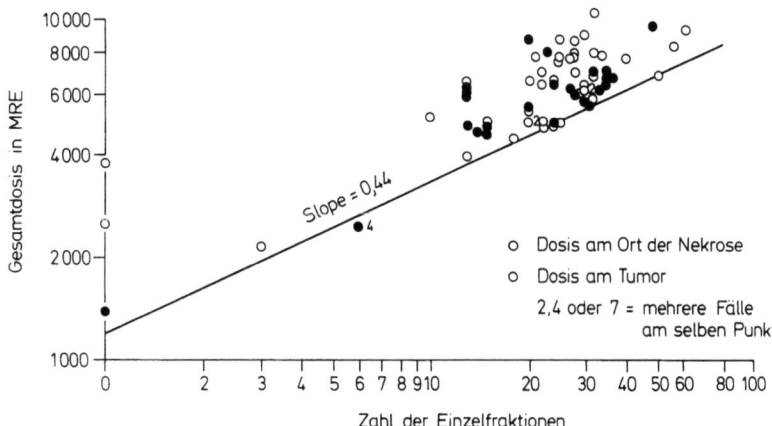

Abb. 8. Gesamtdosis in MRE (megavoltage rad equivalent) von 40 Patienten aus der Literatur mit Hirnnekrosen, aufgetragen gegen die Zahl der Einzelfraktionen. Die Regressionslinie hat eine Neigung von 0.44. Die meisten Fälle liegen oberhalb dieser Linie (aus SHELINE et al. 1980) (Weiteres siehe Text)

Die umfassendste und eindrücklichste retrospektive klinische Untersuchung zur Bedeutung von Dosis und Fraktionierung stammt von SHELINE et al. (1980). Bei 80/100 in der Literatur mitgeteilten Fälle mit Hirnnekrose konnten die Autoren die wichtigsten Bestrahlungsparameter ermitteln bzw. die fehlenden Angaben abschätzen. Kritisch bleibt trotzdem anzumerken, daß die Dosis- und Franktionierungsabschätzung, die Volumenbestimmung, die Angabe, ob täglich alle Felder bestrahlt wurden oder nicht, die Gewichtung der Felder, die Bestimmung der Strahlenqualität etc. mitunter einem Lotteriespiel glich. Vor allem beim Heranziehen der älteren Literatur oder bei Berichten von Nichtradiologen.

SHELINE et al. (1980) fanden, daß 26/80 Patienten eine Gesamtdosis von ≥ 7000 MRE erhalten hatten. MRE bedeutet megavoltage rad equivalent; die Umrechnung erfolgte nach ICRU-Report Nr. 10b (1964), sofern Photonenstrahlung angewendet und die Dosis in R mitgeteilt wurde. Die Dosisangabe in MRE soll den Vergleich mit den heute unter Hochvoltbedingungen applizierten Dosen erleichtern. Es traten aber auch Hirnnekrosen bei 20 Patienten mit einer Gesamtdosis von ≤ 5000 MRE auf; 17 von ihnen hatten hohe Einzeldosen zwischen 250 und 3750 MRE erhalten (84%). Damit wird die beträchtliche Bedeutung der Größe der Einzelfraktion deutlich.

Die Abb. 7 und 8 zeigen im doppellogarithmischen System die Gesamtdosis in MRE-Einheiten gegenübergestellt der Behandlungszeit in Tagen bzw. der Anzahl der Fraktionen.

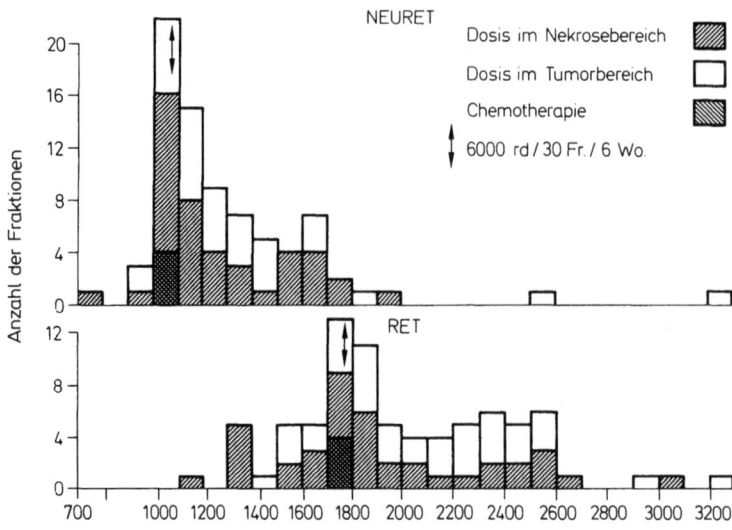

Abb. 9. Hirnnekrosen des Weltschrifttums geordnet nach Dosis in ret (*unten*) und neuret (*oben*). 79 Fälle. (SHELINE et al. 1980)

Augenfällig ist, daß die Dosis, welche eine Hirnnekrose verursacht, zunimmt, je länger die Behandlungszeit bzw. je größer die Anzahl der Einzelfraktionen ist. Die Regressionslinie in Abb. 8 wurde mit einer Neigung von 0.44 gezeichnet. Sie markiert das untere Dosislimit, ab welchem eine Nekrose auftreten kann. Nur die vier Medulloblastompatienten von LAMPE (1958), die in sechs Fraktionen an sechs Kalendertagen bestrahlt wurden, liegen noch unterhalb dieser Linie. Wollte man auch sie mit berücksichtigen, müßte die Regressionslinie noch steiler verlaufen.

HARRIS und LEVENE (1976) teilten ihre Ergebnisse nach Strahlenbehandlung von 55 Patienten mit Hypophysenadenom bzw. Kraniophanryngiom mit, welche mit Photonenstrahlen 2, 4 oder 6 MV und verschiedenen perkutanen Techniken bestrahlt worden waren. Bei 27 Patienten, die tägliche Einzeldosen von ≤ 200 rd, z.T. auch 200 rd und 250 rd gemischt, erhalten hatten, trat keine ZNS-Schädigung auf. 3/28 Patienten mit Einzeldosen von 250–300 rd waren aber davon betroffen und erlitten zusätzlich eine Optikus-Läsion. Dabei hatten zwei von ihnen nur eine Gesamtdosis von 4500 bzw. 5000 rd erhalten. In ähnlicher Weise machten auch FRANKE und LIERSE (1978) sowie HOLDORFF (1980b) auf die Gefährdung bei der Anwendung hoher Einzeldosen aufmerksam. MARKS et al. (1981) fanden, daß bei einer Dosis von 5000 rd/25 Fraktionen/35 Kalendertage bzw. 5400 rd/30 Fraktionen/42 Kalendertage keine Strahlenspätfolge auftrat. Das Risiko war auch bei 6000 rd/30 Fraktionen/42 Tage größer als bei 6000 rd/35 Fraktionen/49 Tage.

SHELINE et al. (1980) errechneten die ret- und neuret-Dosen für 78 bzw. 79 ihrer Fälle. Am häufigsten traten zwischen 1700 und 1800 ret bzw. zwischen 1000–1100 neuret Hirnnekrosen auf (Abb. 9). Das ist die in der Klinik am häufigsten angewendete Dosierung und Fraktionierung, entsprechend etwa 6000 rd/30 Fraktionen/42 Kalendertage (1750 ret bzw. 1080 neuret, s. Tabelle 3). 17/80 Patienten hatten eine Nekrose nach ≤ 1700 ret, aber nur 4/80 Patienten nach ≤ 1000 neuret erhalten. Das entspricht 5400 ± 200 rd in 200 rad-Fraktionen. Selten werden Hirntumoren mit mehr als 7000 rd bestrahlt. Deshalb ist der Dosisbereich von ≤ 7000 rd von besonderem Interesse. Die Autoren fanden 26 Hirnnekrosen nach ≤ 1200 neuret (=7500 rd in 200 rad-Fraktionen) und 18 nach ≤ 1080 neuret (=6000 rd in 200 rad-Fraktionen). Vier dieser 18 Patienten hatten zusätzlich 7–10 Kurse Chemotherapie erhalten. Deshalb ist die Rolle der Strahlentherapie beim Zustandekommen des Hirnschadens nicht präzise zu ermitteln.

Auch am *peripheren Nerven* machen sich hohe Einzeldosen nachteilig bemerkbar. STOLL und ANDREWS (1966) berichteten darüber, daß am Plexus brachialis in 73% (17/21 Patienten) Schäden auftraten, wenn 5500 rd in 12 Fraktionen eingestrahlt worden waren. Diese Dosis ist bei konventioneller Fraktionierung tolerabel. Wurden 5100 rd in 11 Fraktionen gegeben, traten in 15% der Fälle Plexusschäden auf. Diese Beobachtung bestätigten HAYMAKER und LINDGREN (1970).

WESTLING et al. (1972) berichteten über eine postoperative Mammakarzinom-Bestrahlungs-Technik, bei der tägliche Einzeldosen von 400 rd bis zu einer Gesamtdosis von 5400 rd appliziert wurden mit einer anschließenden Boosterung von 1000 rd. Innerhalb von 17 Monaten nach der Bestrahlung entwickelten sich bei 60% der Patientinnen Plexusschäden. Nach Verkleinerung des Supraklavikular-Feldes und Übergang zur Megavolttechnik mit Telekobalt-Photonen bzw. 16 MeV-Elektronen sank die Schadensinzidenz auf 14–16%. Schließlich reduzierten die Autoren die Einzeldosis auf 300 rd und die Gesamtdosis auf 4500 rd. Danach gab es innerhalb einer Beobachtungsperiode von 3,5 Jahren keinen Plexusschaden mehr.

Dosisprotrahierung

Daß die Strahlentoleranz des gesunden Gewebes mit zunehmender Dosisprotrahierung steigt, ist eine altbekannte Tatsache. Sie trifft auch für das Hirngewebe zu (SZIKLA et al. 1979; OSTERTAG et al. 1981; THIEL et al. 1983, unpublizierte Daten).

SZIKLA et al. (1979) sahen die gute Verträglichkeit einer kombinierten externen und interstitiellen Radiotherapie mit ^{198}Au und ^{192}Ir. Nach 5000–8000 rd trat keine klinisch faßbare Reaktion auf. Einmal ereignete sich eine Thrombose sieben Monate nach 9000 rd (^{198}Au) +4000 rd externe Megavolttherapie. Nach den Erfahrungen der Autoren ist die Strahlentoleranz des Hirns nach Permanentimplantation von ^{192}Ir noch beträchtlich höher.

OSTERTAG et al. (1981) verabreichten bei kleinen inoperablen Gliomen mit ^{192}Ir oder ^{125}J-Seeds 10000–12000 rd an der Tumoroberfläche. Das entspricht innerhalb des Tumors 24000 rd und mehr. Erfolgte die Implantation in der weißen Substanz, traten ein Ödem der Nachbarschaft auf sowie gliöse Ringstrukturen, aber keine Nekrose. Die neurologischen Funktionsausfälle waren zum Teil vorübergehend, besserten sich auf jeden Fall im Verlaufe der folgenden Monate bei den meisten Patienten. War der zu implantierende Tumor in der grauen Substanz lokalisiert, entwickelte sich nur ein geringfügiges Hirnödem. ^{125}J-Implantate zeigten im Gegensatz zum ^{192}Ir etwas früher und intensiver diese Umgebungsreaktionen. Sie waren im Computertomogramm gut darzustellen und zu verfolgen. Die lokale Bestrahlung verursachte im Gegensatz zur perkutanen in erster Linie Membranveränderungen, die rückbildungsfähig sind. Das trifft auch für die Brachy-Curie-Therapie mit temporär eingestrahlter hoher Dosisleistung zu.

Wir selbst (THIEL et al. 1983, unpublizierte Daten) kombinierten bei malignen Gliomen eine großvolumige Hirnbestrahlung von 50 Gy/25 Fraktionen/35 Kalendertage mit einer Zentralimplantation von ^{125}J-Seeds. Temporär wurden 12000 rd, permanent 16000 rd auf der Tumoroberfläche appliziert. Es handelte sich um zum Teil sehr große, inoperable Tumoren. In 12/36 Fällen (33%) trat ein Hirnödem auf, welches unter Umständen auch die kontralaterale Hemisphäre mit einbezog (Abb. 2 und 3). Inzwischen haben wir beides reduziert, die perkutane Strahlendosis ebenso wie die interstitiell applizierte Dosis.

III. Bestrahlungsvolumen

Der Volumenfaktor spielt im Hinblick auf Strahlenfolgen am gesunden Gewebe eine nicht zu vernachlässigende Rolle. Wir haben dieses Faktum auch für das ZNS und den peripheren Nerven anzunehmen, obwohl der zweifelsfreie Nachweis bis heute noch nicht erfolgt ist. Trotzdem gibt es in der Literatur eine Reihe von Hinweisen, daß bei der Bestrahlung großer Volumina die Gewebetoleranz abnimmt.

Boden gab 1948/1950 für unterschiedliche Bestrahlungsvolumina unterschiedliche Toleranzdosen am Rückenmark bzw. Hirnstamm an: 3500 R/17 Tage für große Volumina und 4500 R/17 Tage für kleine. Das entspricht näherungsweise 3650 bzw. 4700 R in 21 Tagen, 3900 bzw. 5000 R in 28 Tagen und 4300 bzw. 5500 R in 42 Tagen.

Pallis et al. (1961) knüpften an diese Mitteilung an und definierten die Toleranzdosis am Rückenmark folgendermaßen: 3300 rd/42 Tage bei einer Feldgröße von >10 cm Länge, 4300 rd/42 Tage bei einer solchen von <10 cm Länge. Diese Angaben liegen somit um 20% unter den von Boden mitgeteilten. Sinner (1964) bestätigte grundsätzlich dieses Volumenphänomen.

Abbatucci et al. (1978) kamen bei der retrospektiven Datenanalyse von 12 Patienten mit Strahlenmyelopathie zu einem verblüffend ähnlichen Ergebnis wie Boden. 236 vergleichbare Patienten ohne Spätfolgen dienten als Kontrolle. 5000 rd/25 Fraktionen, in 35 Kalendertagen appliziert, waren gefahrlos, sofern ein Volumen von 3–5 Wirbelkörperhöhen im Bereiche des Zervikalmarks nicht überschritten wurde. Ein noch kleineres Volumen – so meinten die Autoren – toleriert möglicherweise eine noch höhere Dosis. Ein Volumen von 6–7 Wirbelkörperhöhen und mehr verträgt schadlos vermutlich nur 4500 rd.

Die bereits oben zitierten Westling et al. (1972) konnten die Inzidenz von Schäden am Plexus brachialis allein schon dadurch senken, daß sie das Supraklavikularfeld verkleinerten. Vermutlich reduzierten sie damit auch die Gefahr einer Überschneidung mit dem Axillarfeld.

Wigg et al. (1981) bestimmten für große und kleine Bestrahlungsvolumina unterschiedliche Isoeffektkurven. Im ersten Fall war der Exponent für N (Zahl bzw. Größe der Einzelfraktionen) 0.55, im zweiten Fall 0.46. Wir können somit annehmen, daß bei großen Volumina die Isoeffektkurve steiler verläuft.

IV. Strahlenqualität

Strahlungen mit hoher Ionisationsdichte entfalten eine größere biologische Wirksamkeit als solche mit geringer Ionisationsdichte. Dieser Effekt ist nicht nur am Tumorgewebe, sondern auch an der Schädigung bzw. Reperationsfähigkeit des gesunden Gewebes, hier des Nervengewebes, feststellbar. So kann unter Umständen durch eine Neutronenbestrahlung der Hirntumor sterilisiert werden mit dem Preis schwerer Strahlenfolgen am normalen Hirngewebe (Boellaard und Jacoby 1962; Zeman 1964).

Für den in der Praxis stehenden Therapeuten ist es wichtig zu wissen, daß die relative biologische Wirksamkeit schon bei locker ionisierenden Strahlen unterschiedlich ist. Wir richten uns nach den immer wieder von Zuppiner vorgetragenen klinischen Beobachtungen, daß die Wirksamkeit von Orthovoltbestrahlungen um etwa 15% höher ist als diejenige von Megavolt-Photonen und die wiederum etwa 10% höher als die biologische Wirksamkeit von hochenergetischen Elektronenstrahlen. Auf den unterschiedlichen biologischen Effekt von Orthovolt- und Megavolt-Photonen wiesen auch Sheline et al. (1980) hin.

Der Einsatz der Neutronenstrahlung enttäuschte bisher bei der Therapie von Hirntumoren. Weder die Ganzhirnbestrahlung mit Neutronen noch die Mischtherapie aus großvolumiger Photonenbestrahlung mit anschließendem Neutronenboost haben bisher die Heilungsraten der malignen Gliome verbessern können. Das gilt im Hinblick auf die Qualität als auch auf die Länge des Überlebens der Patienten (Übersicht bei Douglas u. Castro 1984). Leider zeigte sich dies selbst bei denjenigen Patienten, welche bei der Autopsie keinen vitalen Tumor mehr hatten.

HORNSEY et al. (1981) kamen zu dem Schluß, daß in allen klinischen Hirntumor-Protokollen die angewendete Neutronendosis zu hoch war. Statt einer RBW von 3, wie sie unter anderem LARAMORE et al. (1978) von der University of Washington School of Medicine voraussetzten, fanden sie für die Neutronenquelle des Hammersmith-Zyklotrons (Ed = 16 MeV-Be-Neutronen) eine RBW von 5.2. Sie meinten deshalb, daß allenfalls eine Neutronendosis von 1100 rd für große Hirnvolumina noch tolerabel sei. Eine Photonendosis von 6000 rd/30 Fraktionen/42 Kalendertagen würde dann einer Neutronendosis von 1150 rd entsprechen. Im Gegensatz zur Photonenstrahlung mit niedrigem linearen Energietransfer spielt offenbar bei der Anwendung von Neutronen im Hinblick auf die Strahlentoleranz die Fraktionierung nur eine geringe Rolle.

V. Chemotherapeutika

Eine simultan zur Strahlentherapie gegebene, nachfolgende oder vorausgehende Chemotherapie mit zytostatischen bzw. zytotoxischen Substanzen kann die radiogenen Nebenwirkungen am ZNS unter Umständen wesentlich verstärken. Solche Kombinationsbehandlungen sind üblich bei der ALL und beim kleinzelligen Bronchialkarzinom, wo die Radiotherapie die systemische Wirkung der Chemotherapie am ZNS konsolidiert, und beim Medulloblastom, anaplastischen Ependymom und beim Glioblastom, wo mit Hilfe der Chemotherapie versucht wird, die mit der alleinigen Radiotherapie erzielbaren Remissions- bzw. Heilungsraten zu steigern. Für den Radiotherapeuten von Interesse sind hier in erster Linie das Methotrexat, Vincristin, Cytosin-Arabinosid, L-Asparaginase, vermutlich auch BCNU/CCNU, Leukeran und Procarbazin, deren Neurotoxizität bekannt ist. Zusätzlich kommen weitere Medikamente in Frage, die eine hohe Lipidlöslichkeit aufweisen und solche, welche die Blut-Hirn-Schranke überwinden können. Die Verhältnisse werden – was mögliche Interaktionen von Chemotherapie und Radiotherapie betreffen – noch dadurch kompliziert, daß die besonders dichte kapilläre Endothelialstruktur, welche im normalen Gehirn das morphologische Substrat für die Blut-Hirn-Schranke ist, in Hirntumoren fehlt oder nur eingeschränkt vorhanden ist (VICK et al. 1977). Dadurch können potentiell auch solche Substanzen mit der Radiotherapie interagieren, die unter normalen Umständen nicht liquorgängig sind.

Im Nervensystem gibt es grundsätzlich drei Möglichkeiten der Interaktion zwischen Radiotherapie und Chemotherapeutika (BLEYER u. GRIFFIN 1980):

a) Radiotherapie und Chemotherapeutika haben eine überlappende Neurotoxizität. Ihr Effekt ist additiv oder subadditiv.

b) Chemotherapeutika wirken als Radiosensitizer, verstärken also die radiogenen ZNS- bzw. Nervenschäden oder lassen bei nachfolgender Applikation bereits abgeklungene Strahlenfolgen von neuem auftreten (Recall-Phänomen).

c) Die Bestrahlung des Nervensystems ändert die Kinetik des betreffenden Pharmakons im ZNS, wie sie sonst ohne Bestrahlung beobachtet wird.

Für das Methotrexat (MTX) sind diese Verhältnisse noch am besten bekannt. Seine Kinetik im ZNS kann durch die Einwirkung ionisierender Strahlung folgendermaßen verändert werden:

a) Die Bestrahlung zerstört die Blut-Hirn-Schranke, welche sonst für das systemisch applizierte Medikament nicht überwindbar ist.

b) Durch Beeinträchtigung der arachnoidalen Granulationen bzw. des Plexus chorioideus verzögert eine Bestrahlung die Liquorproduktion und damit die Clearance der Substanz aus dem ZNS.

c) Ionisierende Strahlung beschädigt die Ependymauskleidung der Ventrikelräume, wodurch im Liquor enthaltenes MTX das Ventrikelsystem verlassen und in die weiße Substanz eindringen kann.

d) Die einzelnen Hirnzellen akkumulieren mehr MTX als ohne Bestrahlung, weil die Radiotherapie deren zellulären Stoffwechsel verändert.

Für das MTX ist bekannt, daß es auch ohne zusätzliche Schädelbestrahlung Somnolenz hervorrufen kann (entsprechend der radiogenen frühen Spätphase) und eine Leukoenzephalopathie. Auch hierbei wird die weiße Substanz bevorzugt. Das gilt sowohl für das intravenös (Allen et al. 1980; Rosen et al. 1979; Fritsch et al. 1981) als auch für das intrathekal applizierte MTX (Bleyer et al. 1973; Fusner et al. 1977; Bleyer u. Griffin 1980). Glücklicherweise ist dieses Syndrom selten und wurde nach unserer Kenntnis nach alleiniger Schädelbestrahlung mit 1800–2400 rd/2–3 Wochen nicht beobachtet.

Das Risiko und Ausmaß einer späten Neurotoxizität ist direkt proportional der Anzahl der eingesetzten Therapiemodalitäten, nämlich Ganzschädelbestrahlung, intrathekal appliziertes bzw. hochdosiert intravenös gegebenes MTX (Bleyer und Griffin 1980; Bleyer 1981). Drei Modalitäten sind toxischer als zwei und zwei wiederum gefährlicher als eine. Bis zwei Modalitäten kann es in 2–15% zu einer klinischen Leukoenzephalopathie kommen. Eine Standard-ZNS-Prophylaxe mit Schädelbestrahlung und intrathekalem MTX kann in 2–10% eine Leukoenzephalopathie verursachen. Aur et al. (1978) berichteten in einer der größten ALL-Patientenserien über 12/248 Fälle (5%). Kinder hatten eine Ganzhirnbestrahlung mit 2400 rd und 5 mal MTX intrathekal erhalten.

Subklinische Veränderungen sind allerdings häufiger. So entdeckten Peylan-Ramu et al. (1978) bei 8/14 klinisch unauffälligen Kindern Veränderungen im Computertomogramm.

Die nekrotisierende Leukoenzephalopathie nach ALL-Therapie tritt am häufigsten nach dem Einsatz aller drei Therapiemodalitäten auf. Die Inzidenz kann bis auf etwa 55–60% ansteigen. Dafür waren im St. Jude Children's Research Hospital in Memphis insbesondere die Art der Applikation des MTX und seine Dosierung ausschlaggebend (Aur et al. 1978). Price und Jamieson (1978) relativierten das Risiko sowohl in Bezug auf die Höhe der Strahlendosis am ZNS als auch auf die verabreichte MTX-Menge. Eine autoptisch verifizierte Leukoenzephalopathie trat unterhalb einer Dosis von 2000 rd nicht auf, dagegen bei 9/51 Patienten (17%) nach 2000–2500 rd, bei 2/6 Patienten nach 2500–3000 rd und bei 2/3 Patienten nach >3000 rd. Entsprechend verhielt sich die Inzidenz hinsichtlich der intravenös applizierten MTX-Dosis: 3/29 Patienten (10%) entwickelten eine Leukoenzephalopathie nach 1–200 mg, 4/13 Patienten (30%) nach 400–600 mg, 5/16 Patienten (31%) nach >600 mg.

Vermutlich tragen auch andere Chemotherapeutika zum posttherapeutischen Hirnschaden bei. Peylan-Ramu et al. (1978) hatten bei ihren CT-Kontrollen das intrathekal verabreichte Cytosin-Arabinosid (Ara-C) in Verdacht.

Natürlich fehlt es nicht an gegenteiligen Stimmen. So fanden Bode et al. (1980) bei Ewing-Sarkom-Patienten, welche zur ZNS-Prophylaxe 10 × 200 rd Ganzhirnbestrahlung und MTX intrathekal erhalten hatten, keine CT-Abnormalitäten. Gutjahr et al. (1979) fanden die für einen Kombinationsschaden typischen Veränderungen wie Ventrikelerweiterung, Verbreiterung des Subarachnoidalraums und intrazerebrale Verkalkungen unabhängig davon im Computertomogramm, ob der CT vor oder nach der ZNS-Prophylaxe angefertigt wurde. Schließlich wiesen Habermalz et al. (1983) mit Recht darauf hin, daß unbekannt ist, welche Weite der Liquorräume im Kindesalter als normal anzusehen ist. Sie hatten in ihrer Studie die CT-Veränderungen in drei Grade unterteilt und fanden posttherapeutisch Abnormalitäten des Grades I und II bei 58% der Patienten. Grad I war, wie die Autoren selbst meinen, vermutlich eine Normvariante. So wird man auch diejenigen Literaturberichte besonders kritisch betrachten müssen, die über ähnlich hohe Inzidenzraten von CT-Veränderungen nach ZNS-Prophylaxe bei ALL berichten. Eine Abnormalität Grad II fanden HABERMALZ u.Mitarb. bei 27% der Patienten. Hierbei wurde eine signifikante Korrelation zur Dauer der Erhaltungstherapie sowie zur Dauer der Einzeldosis der Schädelbestrahlung ($\geq$170 rd) gefunden. Hingegen bestand keine Abhängigkeit von der Gesamtbestrahlungsdosis, jedenfalls im Bereich von 850–2400 rd, und von der Intensität der Induktionstherapie.

Wenn eine Schädelbestrahlung beim Vorliegen einer ALL, eines Non-Hodgkin-Lymphoms eines Medulloblastoms oder Ependymoms mit einer intrathekalen oder intravenösen high-dose Methotrexat-Applikation kombiniert werden muß, treten die geringsten Nebenwirkungen am Nervensystem nach sequentieller Verabreichung auf. Es sollten nämlich zuerst MTX intrathekal bzw. high-dose intravenös gegeben werden, dann die ZNS-Bestrahlung. BLEYER und GRIFFIN (1980) sahen dann keine dauerhaften MTX-Folgen, wenn die Gabe vor der Strahlentherapie erfolgte. Auch PRICE und JAMIESON (1978) hatten die Zeichen der Leukoenzephalopathie nur dann gesehen, wenn MTX nach der Radiotherapie gegeben wurde, und zwar sowohl in der intrathekalen als auch in der intravenösen Form. MTX, während oder nach der Schädelbestrahlung gegeben, scheint wesentlich stärker neurotoxisch zu sein als die Bestrahlung nach vorheriger MTX-Applikation.

G. Schlußfolgerungen und Zusammenfassung

1. Das Nervensystem ist nicht so strahlenresistent, wie es noch vor nicht allzu langer Zeit angenommen wurde. Bei jeder therapeutischen Strahlenanwendung ist mit Nebenwirkungen am gesunden Hirngewebe, am Rückenmark und gegebenenfalls auch am peripheren Nerven zu rechnen.

2. Kommt es zu therapeutischen Schäden am Nervensystem, ist zwischen Strahlenfolgen im engeren Sinn und Kombinations-Strahlenfolgen zu unterscheiden. Letztere können durch Operationen am Nervensystem, durch systemische oder intrathekale Chemotherapie, durch Infektionen oder durch Schäden vom Tumor selbst mitbedingt sein.

3. Vom zeitlichen Ablauf der Strahlenfolgen her unterscheidet man zwischen Früh- und Spätreaktion, wobei sich die Spätreaktion weiter in eine „frühe" und eine „späte" Spätphase unterteilen läßt. Allem Anschein nach laufen diese Veränderungen im gesamten Nervensystem gleichartig ab, natürlich mit lokalisatorischen Besonderheiten.
Gerade die Kenntnisse der akuten Strahlenfolgen und der „frühen" Spätreaktion ist wichtig, um nicht neurologische Störungen einige Wochen nach abgeschlossener Strahlentherapie als therapeutischen Fehlschlag fehl zu interpretieren.

4. Eindeutige Angaben zur Inzidenz von Strahlenfrüh- und Strahlenspätfolgen bei definierten Dosisbereichen sind aus der Literatur nicht zu gewinnen. Das liegt daran, daß die Mitteilungen im Weltschrifttum mehrheitlich anekdotisch sind, die Beobachtungszeit zu kurz gewählt wurde, Hirntumor-Patienten nur selten zur Gehirnsektion kommen und schließlich die Anzahl der nicht publizierten Fälle mit Strahlenfolge unbekannt ist.

5. Die klinische Symptomatologie von Strahlenfolgen am Nervensystem hängt von ihrem Ausmaß und ihrer Lokalisation ab. Die frühe Spätreaktion endet selten fatal, ihre Symptome bilden sich im allgemeinen zurück und bedürfen keiner spezifischen Therapie. Eine Leukoenzephalopathie kann klinisch stumm bleiben oder Somnolenz, gelegentlich eindrücklichere neurologische Ausfälle, verursachen. Im letzteren Fall ist mit dauerhaften Defekten zu rechnen.
Die verzögerte Spätphase, im allgemeinen die Radionekrose, äußert sich klinisch als Raumforderung, welche von einem Tumor bzw. einem Tumorrezidiv für gewöhnlich

nicht unterschieden werden kann. Oftmals bringt erst die stereotaktische oder offene Hirnbiopsie Klärung.

6. Unter den Spätnekrosen haben diejenigen der Großhirnhemisphären die beste Prognose, insbesondere dann, wenn eine operative Entfernung bzw. Entlastung möglich ist.

7. Die Strahlensensibilität des Nervensystems ist uneinheitlich. Vermutlich muß im Bereiche des zervikalen und thorakalen Rückenmarks mit der größten Strahlenanfälligkeit gerechnet werden. Die Latenzzeit bis zum Auftreten von Strahlenfolgen ist am Rückenmark und an den Mittellinienstrukturen kürzer als bei den Großhirnhemisphären und wiederum kürzer als am peripheren Nerven.

8. Strahlenfolgen haben für gewöhnlich eine multifaktorielle Ursache. Eine hohe Bestrahlungsdosis, appliziert in einem kurzen Zeitraum über ein großes Bestrahlungsvolumen mit hohen Einzeldosen, begünstigt ihr Auftreten. Weiterhin ist die unterschiedliche relative biologische Wirksamkeit der einzelnen Strahlenarten und ein dosismodifizierender Effekt von Chemotherapeutika zu beachten.

   5300 rd und weniger, eingestrahlt mit konventioneller Fraktionierung und den in der klinischen Radiotherapie verwendeten Megavolt-Photonen, scheinen vom erwachsenen, normalen Gehirn toleriert zu werden. 6000 rd/30 Fraktionen/6 Wochen sind die Schwellendosis für Hirnnekrosen.

   Wenn ein längeres Überleben der Patienten zu erwarten ist, sollte man 200 rd als Einzeldosis nicht überschreiten. Wenn irgend möglich, ist von einer Ganzhirnbestrahlung Abstand zu nehmen.

9. Die „Ellis-Formel" ist zur Abschätzung des Strahlenrisikos am ZNS ungeeignet, weil sie zur Überdosierung führt. Wir empfehlen in diesem Falle, das neuret-Konzept zu benutzen. Hier gehen in die Berechnung die Fraktionsgröße stärker und die Behandlungszeit schwächer ein.

   Die Zusammenstellung der bei üblicher Fraktionierung und Dosis resultierenden NSD-Werte in ret und neuret zeigt, daß die ermittelten Toleranzwerte nicht miteinander kompatibel sind.

10. Durch Dosisprotrahierung mit Hilfe der Implantation von Radionukliden in den Tumor selbst kann die Toleranz des Hirngewebes beträchtlich gesteigert und eine höhere Dosis am Tumorgewebe appliziert werden. Bisher befriedigt die Abstimmung der perkutanen Dosis mit derjenigen, welche durch permanente oder temporäre Implantation erreicht wird, noch nicht.

11. Eine simultan zu Strahlentherapie gegebene, ihr nachfolgende oder aber vorausgehende Chemotherapie mit zytostatischen bzw. zytotoxischen Substanzen kann die radiogenen Nebenwirkungen am ZNS beträchtlich verstärken. Hier ist vorerst gleichbedeutend, ob die Medikamente am gesunden Gehirn liquorgängig sind oder nicht, da die Blut-Hirn-Schranke in Hirntumoren beeinträchtigt ist oder überhaupt fehlt.

    Am besten sind die Verhältnisse für das Methotrexat untersucht. Wenn eine Schädelbestrahlung mit einer intrathekalen oder intravenösen Methotrexat-Applikation kombiniert werden muß, treten die geringsten Nebenwirkungen nach sequentieller Verabreichung auf. Und zwar sollte die MTX-Gabe der ZNS-Bestrahlung vorausgehen.

    Nach Kombinationstherapie der akuten lymphatischen Leukämie werden in der Literatur teilweise hohe Inzidenzraten an pathologischen CT-Veränderungen angegeben. Man wird diese Berichte kritisch beurteilen müssen, um nicht einer Fehlinterpretation von Normvarianten aufzusitzen. Bislang fehlt es an Untersuchungen, welche Richtlinien für die noch tolerable Weite des Liquorsystems im Kindesalter unter Normalbedingungen geben.

12. Bei der Indikationsstellung zur Strahlentherapie von Hirntumoren sollte neben der Radiosensibilität des betreffenden Tumors auch die Lebenserwartung des Patienten Berücksichtigung finden. Wir empfehlen, sich bei Hirntumoren mit günstigerer Prognose hin-

sichtlich der Dosis eher zurückzuhalten, weil der Patient eine mögliche Hirnnekrose noch erlebt. Dasselbe gilt für die Strahlentherapie bei jungen Menschen und bei Kindern. Hier wird allgemein eine höhere Strahlensensibilität des gesunden Gewebes angenommen, obwohl der diesbezügliche klinische Beweis noch nicht zweifelsfrei geführt werden konnte.

Literatur

Abbatucci JS, Delozier T, Quint R, Roussel A, Brune D (1978) Radiation myelopathy of the cervical spinal cord: time, dose and volume factors. Int J Radiation Oncology Biol Phys 4:239–248

Ahlbom HE (1941) The results of radiotherapy of hypopharyngeal cancer at Radiumhemmet, Stockholm 1930–1939. Acta Radiol 22:155–171

Allen JC, Rosen G, Metha BM, Horten B (1980) Leucoencephalopathy following high dose i.v. methotrexate chemotherapy with leucovorin rescue. Cancer Treat Rep 64:1261–1273

Aur RJA, Simone JV, Verzosa MS, Hustu HO, Pinkel DP, Barker LF (1978) Leucoencefalopatia en niños con leucemia linfocitica aguda sometido a terapeutica preventiva del sistema nervioso central. Sangre (Barc.) 23:1–12

Bamford FN, Morris-Jones P, Pearson D, Ribeiro GG, Shalet SM, Beardwell CG (1976) Residual disabilities in children treated for intracranial space-occupying lesions. Cancer 37:1149–1151

Berg NO, Lindgren M (1963) Relation between field size and tolerance of rabbit's brain to roentgen irradiation (200 kV) via a slit-shaped field. Acta Radiol 1:147–168

Berg NO, Håkansson CH, Lindgren M (1964) Klinische und biologische Gesichtspunkte zur Strahlentoleranz des Hirngewebes. Radiologe 4:194–200

Bleyer WA (1981) Neurologic sequelae of methotrexate and ionizing radiation: a new classification. Cancer Treat Rep 65 (Suppl): 89–98

Bleyer WA, Griffin TW (1980) White matter necrosis, mineralizing microangiopathy, and intellectual abilities in survivors of childhood leukemia: associations with central nervous system irradiation and methotrexate therapy. In: Gilbert HA, Kagan AR (eds) Radiation damage of the nervous system, Raven Press, New York, pp 155–174

Bleyer WA, Drake JC, Chabner BA (1973) Neurotoxicity and elevated cerebrospinal fluid methotrexate concentration in meningeal leukemia. N Engl J Med 289:770–773

Bode U, Oliff A, Bercu BB, DiChiro G, Glaubiger DL, Poplack DC (1980) Absence of CT brain scan and endocrine abnormalities with less intensive CNS prophylaxis. Amer J Pediat Hematol Oncol 2:21–24

Boden G (1948) Radiation myelitis of the cervical spinal cord. Br J Radiol 21:464–469

Boden G (1950) Radiation myelitis of the brain-stem. J Fac Radiol 2:79–94

Boellaard JW, Jacoby W (1962) Röntgenspätschäden des Gehirns. Acta Neurochir 5:533–564

Boldrey E, Sheline G (1967) Delayed transitory clinical manifestations after radiation treatment of intracranial tumors. Acta Radiol 5:5–10

Buchfelder M (1984) Effekte der postoperativen Radiotherapie para- und suprasellärer Hypophysenadenome. Inaug Diss Univ Erlangen-Nürnberg

Burger PC, Mahaley MS, Dudka L, Vogel FS (1979) The morphologic effects of radiation administered therapeutically for intracranial gliomas. A postmortem study of 25 cases. Cancer 44:1256–1272

Crosley CJ, Rorke LB, Evans A, Nigro M (1978) Central nervous system lesions in childhood leukemia. Neurology 28:678–685

Deck MDF (1980) Imaging techniques in the diagnosis of radiation damage to the central nervous system. In: Gilbert HA, Kagan AR (eds) Radiation damage to the nervous system. Raven Press, New York, pp 107–127

Douglas BG, Castro JR (1984) Novel fractionation schemes and high linear energy transfer. In: Rosenblum ML, Wilson CB (eds) Brain tumor therapy. Progr exp Tumor Res 28:Karger, Basel, pp 152–165

Druckmann A (1929) Schlafsucht als Folge der Röntgenbestrahlung. Beitrag zur Strahlenempfindlichkeit des Gehirns. Strahlentherapie 33:382–384

Dynes JB, Smedal MI (1960) Radiation myelitis. Amer J Roentgenol 83:78–87

Edwards MS, Wilson CB (1980) Treatment of radiation necrosis. In: Gilbert HA, Kagan AR (eds) Radiation damage to the nervous system, Raven Press, New York, pp 129–143

Eiser C (1981) Psychological sequelae of brain tumours in childhood: A retrospective study. Br J Clin Psychol 20:35–38

Ellis F (1969) Dose, time and fractionation. A clinical hypothesis. Clin Radiol 20:1–7

Enzman DR, Lane B (1978) Enlargement of subarachnoid spaces and lateral ventricles in pediatric patients undergoing chemotherapy. J Pediat 92:535–539

Eyster EF, Nielsen SL, Sheline GE, Wilson CB (1974) Cerebral radiation necrosis simulating a brain tumor. J Neurosurg 39:267–271

Fischer AW, Holfelder H (1930) Lokales Amyloid im Gehirn. Eine Spätfolge von Röntgenbestrahlungen. Dtsch Z Chir 227:475–483

Franke HD (1963) Die Strahlenempfindlichkeit des menschlichen Rückenmarks. Fortschr Med 81:345–350

Franke HD (1973) Die Strahlenempfindlichkeit des Nervensystems. In: Strahlenempfindlichkeit von Organen und Organsystemen der Säugetiere und des Menschen. Strahlenschutz in Forschung und Praxis. Vol XIII, Thieme, Stuttgart, S 172–194

Franke HD, Lierse W (1978) Strahlenbedingte Reaktionen des Gehirns und des Rückenmarks. Strahlentherapie 154:587–598

Freeman JE, Johnston PGB, Voke JM (1973) Somnolence after prophylactic cranial irradiation in children with acute lymphoblastic leukaemia. Br Med J 4:523–525

Friedman M (1954) Calculated risks of radiation injury of normal tissue in the treatment of cancer of the testis. Proc Second Nat Cancer Conf, New York, Amer Cancer Soc, Vol I, pp 390–400

Fritsch G, Urban CH, Sager D, Becker H (1981) Zur Klinik der Methotrexat-induzierten Encephalopathie. In: Hanefeld H (Hrsg) Aktuelle Neuropädiatrie 2, Hippokrates, Stuttgart, S 129–134

Fusner J, Poplack DG, Pizzo PA, DiChiro G (1977) Leukoencephalopathy following chemotherapy for rhabdomyosarcoma; reversibility of cerebral changes demonstrated by computed tomography. J Pediat 91:77–79

Glanzmann Ch, Aberle HG, Horst W (1976) The risk of chronic progressive radiation myelopathy. Strahlentherapie 152:363–372

Godwin-Austen RB, Howell DA, Worthington B (1975) Observations on radiation myelopathy. Brain 98:557–568

Greenfield MM, Stark FM (1948) Postirradiation neuropathy. Amer J Roentgenol 60:617–622

Gutjahr P, Kretzschmar K (1979) Akute lymphoblastische Leukämie und maligne Non-Hodgkin-Lymphome im Kindesalter. Dtsch Med Wschr 104:1068–1071

Habermalz E, Habermalz HJ, Stephani U, Henze G, Riehm H, Hanefeld F (1983) Cranial computed tomography of 64 children in continuous complete remission of leukemia I: Relations to therapy modalities. Neuropediatrics 14:144–148

Harris JR, Levene MB (1976) Visual complications following irradiation for pituitary adenomas and craniopharyngiomas. Radiology 120:167–171

Harten G, Stephani U, Henze G, Langermann HJ, Riehm H, Hanefeld F (1984) Impairment of psychomotor skills in children after treatment of acute lymphoblastic leukemia. Europ J Pediat 142:189–197

Haymaker W, Lindgren M (1970) Nerve disturbances following exposure to ionizing radiation. In: Vinken PJ, Bruyn GE (eds) Handbook of clinical neurology Vol VII/14, American Elsevier, New York, pp 388–401

Hirsch JF, Pierre-Kahn A, Benveniste L, George B (1978) Les médulloblastomes de l'enfant. Survie et résultats fonctionnels. Neurochirurgie 24:391–397

Hoffman WF, Levin VA, Wilson CB (1979) Evaluation of malignant glioma patients during the postirradiation period. J Neurosurg 50:624–628

Holdorff B (1980a) Dose effect relationships in cervical and thoracic radiation myelopathies. Acta Radiol Oncol 19:271–277

Holdorff B (1980b) Der Unterschied zwischen zerebralen Hemisphären- und Mittellinien-Strahlenspätnekrosen und seine Bedeutung für die Strahlentherapie. Strahlentherapie 156:530–537

Holdorff B (1983) Strahlenschäden des Gehirns und Rückenmarks. In: Seitz D, Vogel P (Hrsg) Hämoblastosen, zentrale Motorik, iatrogene Schäden, Myositiden. Verh Dtsch Ges Neurol, Vol II, Springer, Berlin-Heidelberg-New York-Tokyo, pp 158–170

Hornsey S, Morris CC, Myers R, White A (1981) Relative biological effectiveness for damage to the central nervous system by neutrons. Int J Radiat Oncol Biol Phys 7:185–189

Jellinger K (1972) „Frühe" Strahlenspätschäden des menschlichen Zentralnervensystems. Verh Dtsch Ges Path 56:457–463

Jellinger K, Sturm KW (1971) Delayed radiation myelopathy in man. Report of 12 necropsy cases. J Neurol Sci 14:389–408

Jones A (1964) Transient radiation myelopathy (with reference to Lhermitte's sign of electrical paresthesia). Br J Radiol 37:727–744

Kinsella TJ, Weichselbaum RR, Sheline GE (1980) Radiation injury of cranial and peripheral nerves. In: Gilbert HA, Kagan AR (eds) Radiation damage to the nervous system. Raven Press, New York, pp 145–153

Kramer S, Lee KF (1974) Complications of radiation therapy: the central nervous system. Sem Oncol 9:75–83

Kramer S, Southard M, Mansfield CM (1968) Radiotherapy in the management of craniopharyngiomas: further experience and late results. Am J Roentgenol 103:44–52

Kun LE, Mulhern RK, Crisco JJ (1983) Quality of life in children treated for brain tumors. Intellectual, emotional, and academic function. J Neurosurg 58:1–6

Kunze St, Sauer R, Huk W (1982) Differentialdiagnostische Schwierigkeiten bei der Verlaufsbeobachtung von Hirngeschwülsten nach Strahlenbehandlung. 33. Jahrestagung Dtsch Ges Neurochir, 16.–20. 5. Kiel

Lampe I (1958) Radiation tolerance of the central nervous system. In: Buschke F (ed) Progress in radiation therapy. Grune & Stratton, New York, London, pp 224–236

Lampert PW, Davis RL (1964) Delayed effects of radiation on the human central nervous system. "Early" and "late" delayed reactions. Neurology 14:912–917

Laramore GF, Griffin TW, Gerdes AJ, Parker RG (1978) Fast neutron and mixed (neutron/photon) beam teletherapy for grades III and IV astrocytomas. Cancer 42:96–103

Lechevalier B, Humeau F, Houteville JP (1973) Myélopathies radiothérapiques hypertrophiantes. A propos de cing observations dent une anatomoclinique. Rev Neurol 129:119–132

Li FP, Winston KR, Gimbrere K (1984) Follow-up of children with brain tumors. Cancer 54:135–138

Lierse W, Franke HD (1970) Ultarstrukturelle Veränderungen am Gehirn des Meerschweinchens und der Ratte während der Latenzzeit der Strahlenreaktion. Fortschr Roentgenstr 112:151–168

Lindgren M (1958) On tolerance of brain tissue and sensitivity of brain tumors to irradiation, Acta Radiol (Suppl) 170:1–73

Maier JG, Perry RH, Saylor W, Sulak MN (1969) Radiation myelitis of the dorsolumbar spinal cord. Radiology 93:153–160

Marks JE, Baglan RJ, Prassad SC, Blank WF (1981) Cerebral radionecrosis: incidence and risk in relation to dose, time, fractionation and volume. Int J Radiat Oncol Biol Phys 7:243–252

Martins AN, Johnston JS, Henry JM, Stoffel TJ, DiChiro G (1977) Delayed radiation necrosis of the brain. J Neurosurg 47:336–345

Mikhael MA (1979) Delayed radiation necrosis of a spinal nerve root presenting as an intra-spinal mass. Brit J Radiol 52:905–910

Mikhael MA (1980) Dosimetric considerations in the diagnosis of radiation necrosis of the brain. In: Gilbert HA, Kagan AR (eds) Radiation damage to the nervous system. Raven Press, New York, pp 59–91

Ostertag CB, Weigel K, Mundinger F (1981) Computer-tomographische Verlaufskontrollen nach Hirntumor-Bestrahlung. In: Wannenmacher M (Hrsg) Kombinierte chirurgische und radiologische Therapie maligner Tumoren. Urban & Schwarzenberg, München-Wien-Baltimore, pp 119–124

Pallis CA, Louis S, Morgan RL (1961) Radiation myelopathy. Brain 84:460–479

Parker D, Malpas JS, Sandland R, Sheaff PC, Freeman JE, Paxton A (1978) Outlook following "somnolence syndrome" after prophylactic cranial irradiation. Br Med J 4:554

Peylan-Ramu N, Poplack DG, Pizzo PA, Adornato BT, DiChiro G (1978) Abnormal CT scans of the brain in asymptomatic children with acute lymphocytic leukemia after prophylactic treatment to the central nervous system with radiation and intrathecal chemotherapy. N Engl J Med 298:815–818

Phillips TL, Fu KK (1976) Quantification of combined radiation therapy and chemotherapy effects on critical normal tissues. Cancer 37:1186–1200

Price RA (1979) Histopathology of CNS leukemia and complications of therapy. Am J Pediat Hemat Oncol 1:21–30

Price RA, Jamieson PA (1975) The central nervous system in childhood leukemia II. Subacute leukoencephalopathy. Cancer 35:306–318

Rider WD (1963) Radiation damage to the brain – A new syndrome. J Canad Assoc Radiol 14:67–69

Rosen G, Marcove RC, Caparros B, Nirenberg A, Kosloff C, Huvos AG (1979) Primary osteogenic sarcoma: The rationale for preoperative chemotherapy and delayed surgery. Cancer 43:2163–2177

Rubinstein LJ, Herman MM, Long TF, Wilbur JR (1975) Disseminated necrotizing leukoencephalopathy; a complication of treated central nervous system leukemia and lymphoma. Cancer 35:291–305

Salazar OM, Rubin P, McDonald JV, Feldstein ML (1976) High dose radiation therapy in the treatment of glioblastoma multiforme: A preliminary report. Int J Radiat Oncol Biol Phys 1:717–727

Scholz W (1934) Experimentelle Untersuchungen über die Einwirkung von Röntgenstrahlen auf das reife Hirn. Z Neurol Psychiat 150:765–785

Scholz W, Hsü YK (1938) Late damage from roentgen irradiation of the human brain. Arch Neurol Psychiat 40:928–936

Sheline GE, Wara WM, Smith V (1980) Therapeutic irradiation and brain injury. Int J Radiat Oncol Biol Phys 6:1215–1228

Shukovsky LJ, Fletcher GH (1972) Retinal and optic nerve complications in a high dose irradiation technique of ethmoid sinus and nasal cavity. Radiology 104:629–634

Sinner W (1964) Strahlenspätschäden des Rückenmarks. Strahlentherapie 125:219–238

Soni SS, Marten GW, Pitner SE, Duenas DA, Powazek M (1975) Effects of central-nervous-system irradiation on neuropsychologic functioning of children with acute lymphocytic leukemia. New Engl J Med 293:113–118

Spiess H (1970) Die Schädigung des Nervensystems durch ionisierende Strahlen. Therap Umschau 27:379–386

Stoll B, Andrews JT (1966) Radiation induced peripheral neuropathy. Brit Med J 1:834–837

Strandquist M (1944) Studien über die kumulative Wirkung der Röntgenstrahlen bei Fraktionierung. Erfahrungen aus dem Radiumhemmet an 280 Haut- und Lippenkarzinomen. Acta Radiol (Suppl) 55

Szikla G, Betti O, Blond S (1979) Data on late reactions following stereotactic irradiation of gliomas. In: Szikla G (ed) Proc Inserm-Symposium on stereotactic irradiations Nr 12, Elsevier, Amsterdam New York Oxford, pp 167–174

van der Kogel AJ (1979) Late effects of radiation on the spinal cord. Publication of the Radiobiological Institute, TNO Rijswijk, The Netherlands, pp 118–121

van der Kogel AJ, Barendsen GW (1974) Late effects of spinal cord irradiation with 300 kV x-rays an 15 meV neutrons. Br J Radiol 47:393–398

Vick NA, Khandekar JD, Bigner DD (1977) Chemotherapy of brain tumors. The "blood-brain barrier" is not a factor. Arch Neurol 34:523–526

Walther B, Gutjahr P (1982) Development after treatment of cerebellar medulloblastoma in childhood. In: Voth D, Gutjahr P, Langmaid C (eds) Tumours of the central nervous system. Springer, Berlin Heidelberg New York, pp 389–398

Wara WM, Phillips TL, Sheline GE, Schwade JG (1975) Radiation tolerance of the spinal cord. Cancer 35:1558–1562

Westling P, Svensson H, Hele P (1972) Cervical plexus lesions following postoperative radiation therapy of mammary carcinoma. Acta Radiol (Ther) 11:209–216

White A, Hornsey S (1978) Radiation damage to the rat spinal cord: the effect of single and fractionated doses of X-rays. Brit J Radiol 51:515–523

Wigg DR, Koschel K, Hodgson GS (1981) Tolerance of the mature human central nervous system to photon irradiation. Brit J Radiol 54:787–798

Wilson GH, Byfield J, Nanafee WN (1972) Atrophy following radiotherapy for central nervous system neoplasms. Acta Radiol (Ther) 11:361–368

Zeman W (1964) Strahlenschäden des Nervensystems. Arch Psychiat Neurol 206:185–198

Zeman W (1968) The effects of atomic radiation. In: Minckler J (ed) Pathology of the nervous system, Vol I, Mac Graw-Hill, New York, pp 764–839

Zeman W, Shidnia H (1976) Post-therapeutic radiation injuries of the nervous system. Reflections on their prevention. J Neurol 212:107–115

Zülch KJ (1963) Morphologische Veränderungen an Geschwülsten nach Bestrahlung und Schädigungsmöglichkeit am normalen Hirn. Strahlentherapie 52 (Suppl):47–62

9. Experimentelle Strahlenfolgen am Hirngewebe

Von

W. Lierse

Mit 10 Abbildungen und 2 Tabellen

A. Einleitung

Die strahlenbiologische Reaktion des Hirngewebes wird bestimmt durch, vom Untersucher wenig beeinflußbare, biologische Vorgänge in den Zellen und in ihrer Umgebung und durch planbare physikalische Parameter der Strahlung. Während der prä- und postnatalen Phase sind die biologischen Faktoren noch schwerer überschaubar als beim erwachsenen Tier oder Menschen, weil teilungsfähige, ramifizierende und im Stoffwechsel labile Zellen strahlenbiologisch teils empfindlicher, teils resistenter reagieren. Im nachfolgenden Kapitel bleiben perinatale Veränderungen des zentralen Nervensystems deshalb unberücksichtigt.

Im folgenden wird die Empfindlichkeit des adulten Nervensystems an der Trias: „Endothelzelle, Gliazelle, Neuron" dargestellt. Endothel- und Gliazellen sind teilungsfähige Zellen, das Neuron ist teilungsunfähig. Die Mauserungsrate der Endothelzellen ist schneller und größer als die der Gliazellen (Noetzel u. Rox 1964; Korr 1973).

Die Strahlenreaktion des Gehirns ist durch transitorische Störungen der Zellen und der Areale, phasische Progredienz, phasische Reparation und klinisch okkulte Prozesse ausgezeichnet. Das Ausmaß des zellulären Schadens ist von im Augenblick herrschenden Faktoren abhängig (Bacq u. Alexander 1961). Die örtliche Sauerstoffspannung, die Temperatur, der Zellteilungszyklus, die Kern/Plasma-Relation und biochemische Parameter des Stoffwechsels sind hier zu nennen. Nach der Bestrahlung des Gehirns sind histologisch und ultrastrukturell nur Ergebnisse vorangegangener Gewebsreaktionen abbildbar.

Es folgen aufeinander: 1. die physikalische Phase, 2. die physikalisch-chemische Phase, 3. die chemische Phase und 4. die biologische Phase.

In der biologischen Phase können unterschieden werden: die akute Reaktion und der frühe und späte Spätschaden, die den totalen Zusammenbruch der biologischen Systeme anzeigen. In jeder Phase wird der regressive Ablauf durch reparative Vorgänge aufgehalten oder verhindert. Die lokale Gewebsreaktion im Gehirn wird erweitert durch generalisierte Reaktionen im Organismus und durch ihre Rückkopplung auf das Gehirn, z. B. Störungen von neurohumeralen Steuerungssystemen, des Blutdrucks, der Leber- und Nierenfunktion. Die Bilanz der schädigenden strahlenbiologischen Faktoren ist einigermaßen darstellbar, die quantitative Bestimmung der Größe einzelner Faktoren ist schwer. Der planbare Tierversuch hat geholfen, das Gewicht einzelner Faktoren abzuschätzen. Örtliche biologische Faktoren sind Zellmauserung und Reparationspotenz, Alter des Organismus, Differenzierungsgrad der Zelle, Größe von Zellinteraktionen und die regionäre Histochemie. Überregionale Faktoren sind Hypertension, Hyperämie und Pharmaka.

Im Zentralnervensystem der Prä- und Perinatalzeit sind noch sämtliche Zellarten teilungsfähig. Es sind noch nicht sämtliche Zellen vorhanden; sie sind nicht endgültig differenziert. In frühen Fetalzeiten teilen sich die Matrixzellen als Vorläufer der Nervenzellen; es fehlen anfänglich mesenchymale Elemente, weil die Gefäßsprossung noch nicht eingetreten ist. In der Perinatalzeit – und auch in der Kindheitsperiode – differenzieren zahlreiche Neuroblasten zu Neuronen und bilden Synapsen, die Myelinisationsgliose und die Kapillarsprossung sind erheblich. Der Schwerpunkt „Teilungsfähigkeit" liegt jetzt beim Gefäßapparat und bei der Gliazelle, die die Myelinisation vollbringt. Da Zellteilung und Differenzierung in der Perinatalzeit und Fetalzeit labil sind, ist die Vulnerabilität des Gehirns anders zu bewerten als die des adulten Gehirns und muß gesondert betrachtet werden.

I. Beurteilung lokaler strahlenbiologischer Reaktionen

Faktoren für die Beurteilung lokaler strahlenbiologischer Reaktionen im adulten Gehirn und Rückenmark sind:

1. das Blutgefäß
2. die Gliazelle
3. das Neuron.

Wegen der ständigen Interaktion dieser drei Strukturen sind in vivo Resultate von in vitro Resultaten zu trennen und Befunde aus Zellmonokulturen nicht ohne Einschränkungen auf die Reaktion des Zentralnervensystems von Tier und Mensch übertragbar.

Hohe Dosen ionisierender Strahlen treffen die drei Strukturkomponenten gleichermaßen. Die Bestrahlung kleiner Hirnregionen mit höchsten Dosen konventioneller Röntgenstrahlen führt im Tierversuch zur totalen akuten Nekrose aller Zellen einer Region. Dosen von x-Strahlen zwischen 30000 rad (Scholz et al. 1962) und 7000 rad (Arnold et al. 1954a, b, c, d) bewirken derartige fokale Nekrosen. Die Nekrose bleibt lokal, weil keine Zeit für Sekundärveränderungen bleibt. Die regionäre Hirnnekrose in spezifischen Regionen bedingt den Tod des Individuums, zur akuten Reaktion fehlt die Zeit. Arnold et al. (1954) haben systematische Bestrahlungsversuche mit harten Röntgenstrahlen (23 MeV Betatron) durchgeführt, um den akuten Hirntod durch lokale Nekrosen von der Reaktion der akuten Phase abzugrenzen. Bei Dosen oberhalb von 7000 rad findet sich keine unterschiedliche Vulnearabilität von grauer und weißer Substanz. Unterhalb von 7000 rad bis 4000 rad waren Zeichen der Entzündung, begleitet von Hämorrhagien zu sehen. 4 Wochen nach der Bestrahlung wurde ein partieller Restitutionsversuch sichtbar, der auch über 5 Monate oder länger nicht ausreichte und zur Nekrose führte. Die Nekrosen treten vorzugsweise in der weißen Substanz auf.

Bei niedrigen Dosen 900 bis 4000 rad konventioneller Röntgenstrahlen sind neben der entzündlichen Reaktion das Ödem und die Hämorrhagie sichtbar. In der Latenzphase kann das Gewebe fast normal aussehen, so daß Arnold et al. (1954a) von vollständiger Erholung sprechen. 5 Monate später trat blitzartig die Spätnekrose auf. Die „stumme" Latenzphase ist ultrastrukturell nicht stumm. Vielmehr ist die Reaktion der Zelle an Veränderungen der Zellorganellen sichtbar, die nur histochemisch oder ultrastrukturell darstellbar sind. Dennoch behalten im lichtmikroskopischen Bereich die Befunde von Arnold et al. (1954a–d) ihre Gültigkeit (Clemente u. Holst 1954; Carlson 1954; Lindgren 1958; Berg u. Lindgren 1958; Zeman 1961, 1964, 1966, 1968; Dunlap 1961; Clemente u. Richardson 1962; Zeman et al. 1962a, b; Cervos Navarro 1964, 1969a, b, 1970; Hassler u. Movin 1966; Breit 1966; Cavanagh 1968; Caveness et al. 1968).

Die unterschiedlichen Angaben hinsichtlich Dosis, Strahlenart und Reaktionszeit und Reaktionsweise des Hirngewebes für die Auslösung der akuten Strahlenreaktion des Hirns beruhen auf im Experiment zu beachtenden Variablen:

1. Tierspezies
2. Partielle oder totale Bestrahlung des Tieres
3. Örtliche Hirnstruktur.

II. Reaktionszeit und Spezies

In Bezug auf die Tierspezies reagieren bei gegebener Dosis die Hirngefäße im Affenhirn früher mit gesteigerter Permeabilität (Natrium-Fluorescein) als die der Kaninchen. Am spätesten reagieren die Hirngefäße der Ratte (VAN DYKE et al. 1962). Das Hirngewebe wird - bei gegebener Dosis – beim Affen schneller zerstört als bei der Katze. Als die am meisten untersuchten Tiere gelten die Ratte, die Maus, das Kaninchen und das Meerschweinchen.

III. Zelltyp und Spezies

Oligodendrozyten reagieren im Sinne der akuten Reaktion im Dosisbereich von 150 bis 200 rad Röntgenstrahlen nur bei Ratte und Maus; bei anderen Spezies konnte der Befund nicht erhoben werden (HICKS u. MONTGOMERY 1952; BROWNSON et al. 1963). Auch die Zellen des subependymalen Lagers sind bei Ratte und Maus empfindlich (HICKS u. MONTGOMERY 1952; BROWNSON et al. 1963), aber nicht bei anderen Spezies. Die Körnerzellen des Kleinhirns der Maus nekrotisieren in 1–2 Tagen nach der Bestrahlung mit 5000 rad (x-Strahlen 3000 rad/min) (SCHÜMMELFELDER 1962), nicht aber beim Rhesusaffen (VOGEL et al. 1956; HAYMAKER et al. 1958).

IV. Entzündliche Reaktion und Spezies

Bei der Exposition gegenüber höheren Dosen von x-Strahlen (1500 rad und mehr) wird beim Hamster (SCHOLZ et al. 1962) und bei Affen (HAYMAKER 1962) eine entzündliche Reaktion in Form der Diapedese neutrophiler Granulozyten sichtbar; im Gehirn von Ratte und Maus bleibt die Reaktion auch nach höheren Dosen aus.

V. Zuchtstamm

Der Zuchtstamm spielt für das Ausmaß der Reaktion und für die Vulnerabilität in Abhängigkeit von der Dosis ebenso eine Rolle (HICKS et al. 1958) wie die „individuelle Disposition" des Tieres (Kaninchen) (BERG u. LINDGREN 1958).

VI. Strahlenart

Die Strahlenart ist ebenfalls ein die Gewebsreaktion bestimmender Faktor für Zellen und Regionen (Tabelle 1) (FRANKE u. LIERSE 1966). Nervenzellen und Gliazellen zentral im Rattengehirn liegender Kerngebiete sind durch schnelle Neutronen angreifbar, durch konventionelle Röntgenstrahlen kaum (LIERSE u. FRANKE 1982). Durch schnelle Neutronen

Tabelle 1. Glykogenablagerungen in Hirnregionen des Meerschweinchens 24 Std p. irrad

Dosisleistung: 100 R/min	Frontalrinde	Großhirn Parietalrinde	Hemisphärenmark	Stammganglien	Kleinhirn Rinde	Kleinhirn Mark	Medulla oblongata
500 R							
Röntgenstrahlen (200 kV)	+	+	∅	∅	∅	∅	∅
γ-Strahlen (^{60}Co)	+	∅	∅	∅	+	+	+
β-Strahlen (17 MeV)	∅	(+)	∅	∅	∅	+	+
1000 R							
Röntgenstrahlen (200 kV)	+	+	∅	∅	∅	∅	∅
γ-Strahlen (^{60}Co)	+	+	∅	∅	+	+	+
β-Strahlen (17 MeV)	∅	∅	+	∅	∅	+	+
3000 R							
Röntgenstrahlen (200 kV)	+	+	+	∅	+	+	+
γ-Strahlen (^{60}Co)	+	+	∅	∅	+	+	+
β-Strahlen (17 MeV)	∅	∅	+	∅	∅	+	+

wurden in Ependymzellen Mukopolysaccharidablagerungen provoziert, durch konventionelle Röntgenstrahlen kaum (LIERSE 1972). Nimmt man als Kriterium der Vulnerabilität der Hirnregionen die Verteilung von Glykogen und Mukopolysacchariden im Meerschweinchengehirn (24 Std nach der Bestrahlung), so erweisen sich die Stammganglien im Dosisbereich zwischen 500 R und 3000 R als resistent. In der Frontalrinde sind radiogene Foci nach 500 R bis 3000 R nach Röntgenstrahlen (200 kV) und Gamma-Strahlen (^{60}Co) positiv, nach β-Strahlen (17 MeV) negativ. Im Kleinhirn waren in der weißen Substanz Gammastrahlen (^{60}Co) und β-Strahlen (17 MeV) wirksamer als Röntgenstrahlen (200 kV) (FRANKE u. LIERSE 1967).

VII. Zellarten

1. Die Nervenzelle

Diese ist hinsichtlich des Zelltodes strahlenresistent; spezielle Zellorganellen und deren Funktionen, z.B. die Neurosekretion, können sehr empfindlich sein. *Die* Nervenzelle als allgemeingültiges Modell existiert nicht. Unter den tierischen und menschlichen Zellen ist das Neuron eine höchst kompliziert strukturierte Zelle mit unterschiedlicher Funktion, Größe und Organellenausstattung. Da die Neuronen sehr lange Fortsätze haben können, die Satellitenglia wechselt und die Umgebung hinsichtlich Gefäßdichte, Sauerstoffzufuhr und -verbrauch stark wechselt, ist die Beurteilung der Strahlenreaktion einer einzelnen Nervenzelle oder in der Kultur nur im enggebündelten Strahl möglich.

In der Organkultur reagieren Neuronen und Gliazellen etwa gleichartig (MASUROVSKY et al. 1967a, b) und nicht spezifisch auf eine bestimmte Strahlung oder Dosis. Wegen der Größe des Neurons ist für die Abschätzung der Vulnerabilität die Teilung in Perikaryen, Dendriten, Neuriten und Synapsen nützlich.

a) Das Perikaryon

Das Perikaryon enthält den Kern, das Ergastoplasma, die Mitochondrien, den Golgi-Apparat, das endoplasmatische Retikulum und Zytosome. Nach vollständiger Differenzierung verharrt das Neuron in der Interphase. Die Destruktion der Zelle erfolgt im niedrigen

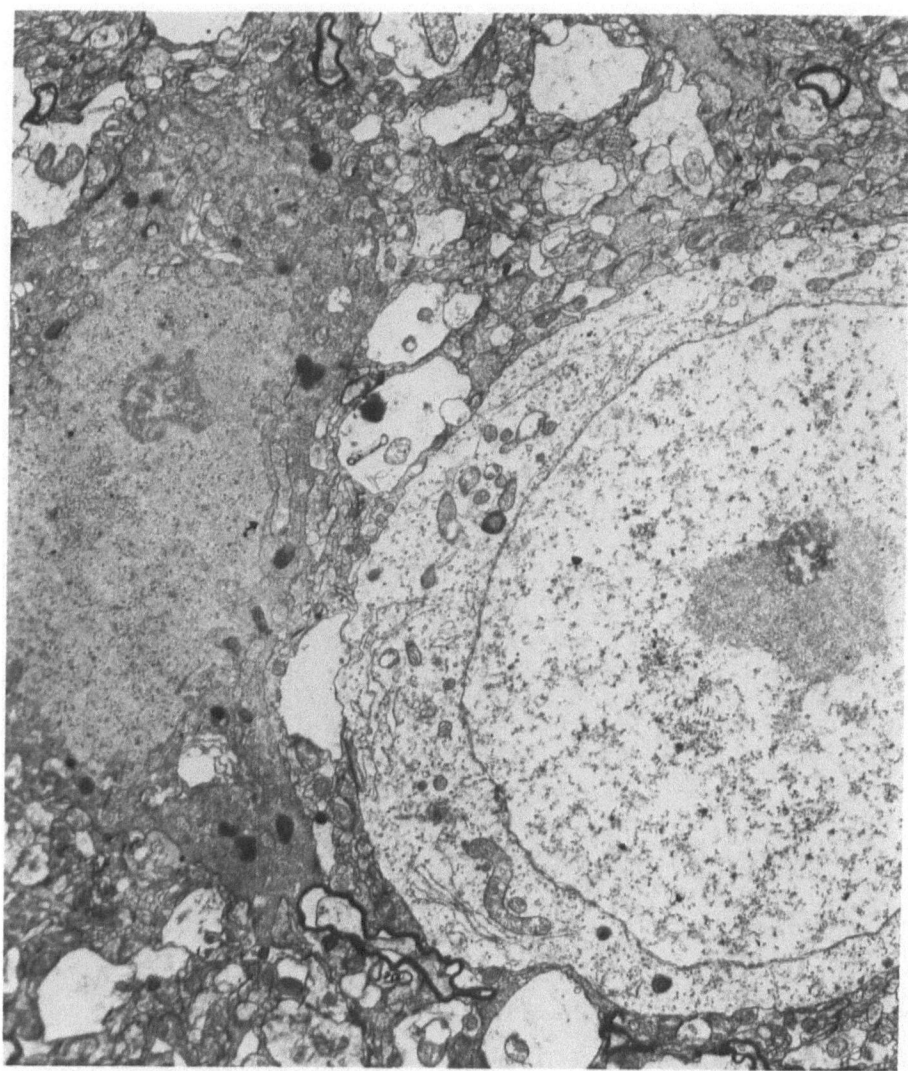

Abb. 1. Akute Strahlenreaktion einer Nervenzelle. Neben geschrumpften Zellen und ihren Fortsätzen gibt es fast unversehrte Zellen. 5000 rad Betatron, Cortex cerebri, Meerschweinchen, 24 Std p. irrad., × 6900

Dosisbereich vorzugsweise im Zytoplasma (Abb. 1). Besondere Beachtung müssen die Mitochondrien und das ribosomale endoplasmatische Retikulum erfahren (Abb. 2). Untersuchungen im Feinstrahl zeigen, daß Neuronen mit kleinem Perikaryon – z.B. Körnerzellen des Kleinhirns – empfindlicher reagieren als große Perikaryen (ZEMAN et al. 1968). Man sieht am Perikaryon als Ergebnis der Bestrahlung die Reaktion der hellen und dunklen Degeneration. Beide Degenerationsformen sind nicht strahlenspezifisch und ebenfalls auslösbar durch Axondurchschneidung (HERKEN et al. 1969; SCHOCHET 1970) und Antimetaboliten der DNA (Cyclophosphamid) und der RNA (Actinomycin D) (ORTHAUS u. LIERSE 1975) 6-Aminonikotinamid (WOLF et al. 1959, 1962; MERKER et al. 1970; MEYER-KÖNIG 1973) 3 Azetylpyridin (COGGESHALL u. MACLEAN 1958; LIERSE 1965).

b) Die Dendriten

Über die isolierte Reaktion der Dendriten auf radiogene Noxen ist weniger bekannt. ROSE et al. (1960) finden in laminären Läsionen (10 MeV-Protone, 33 000 rad) kaum Veränderungen an den Dendriten, wenn die Perikaryen noch erhalten sind.

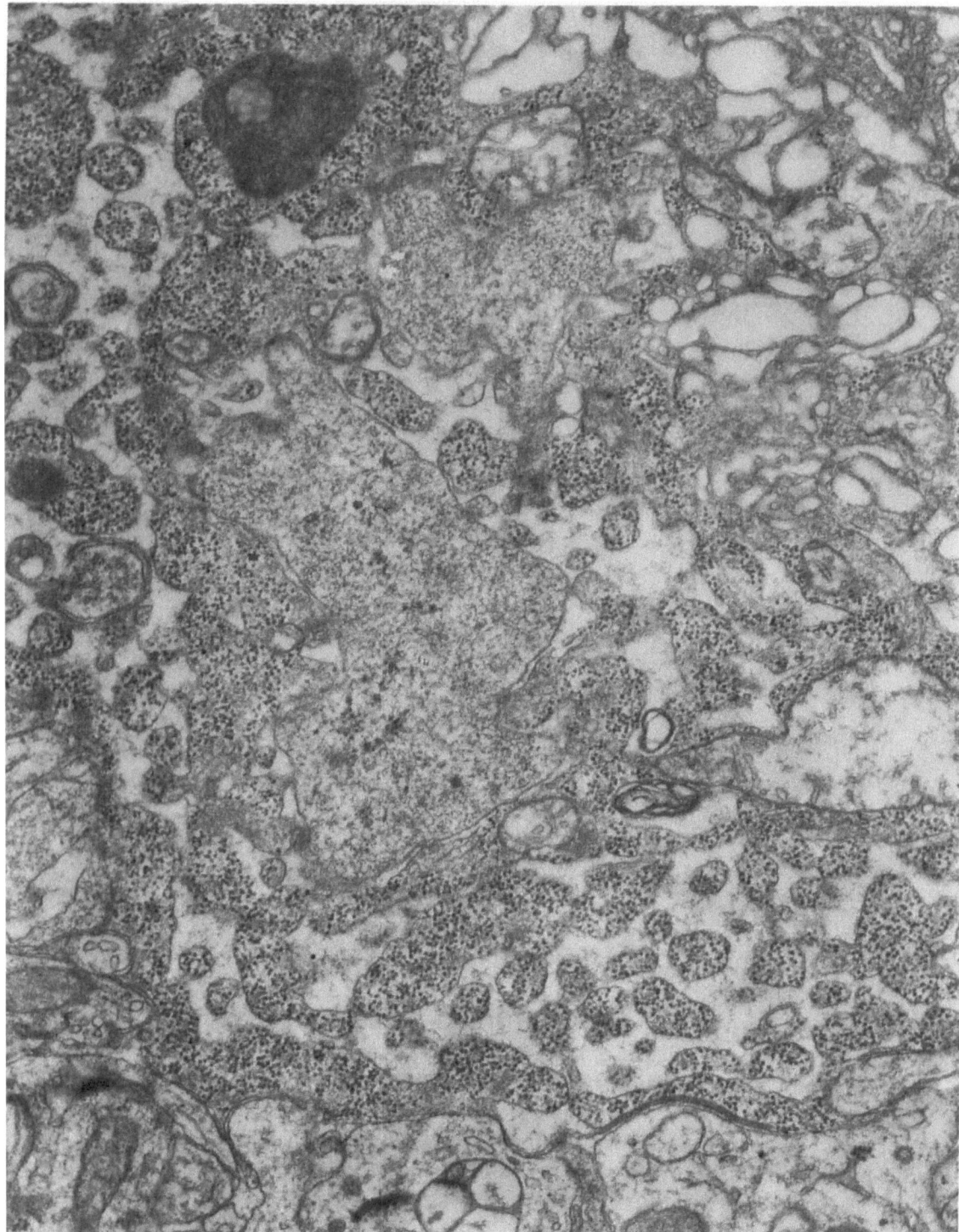

Abb. 2. Nervenzellreaktion aus der Spätphase der Strahlenschädigung. Kerninvaginationen, Erweiterungen des endoplasmatischen Retikulums und des Golgi-Apparates; Dissoziationen der Ribosomen und Membranverlust in den Mitochondrien zeigen die Schwere der Schädigung. 100 rad konv. Röntgenstrahlen, 6 Monate p. irrad, Cortex cerebri, Meerschweinchen, × 34000

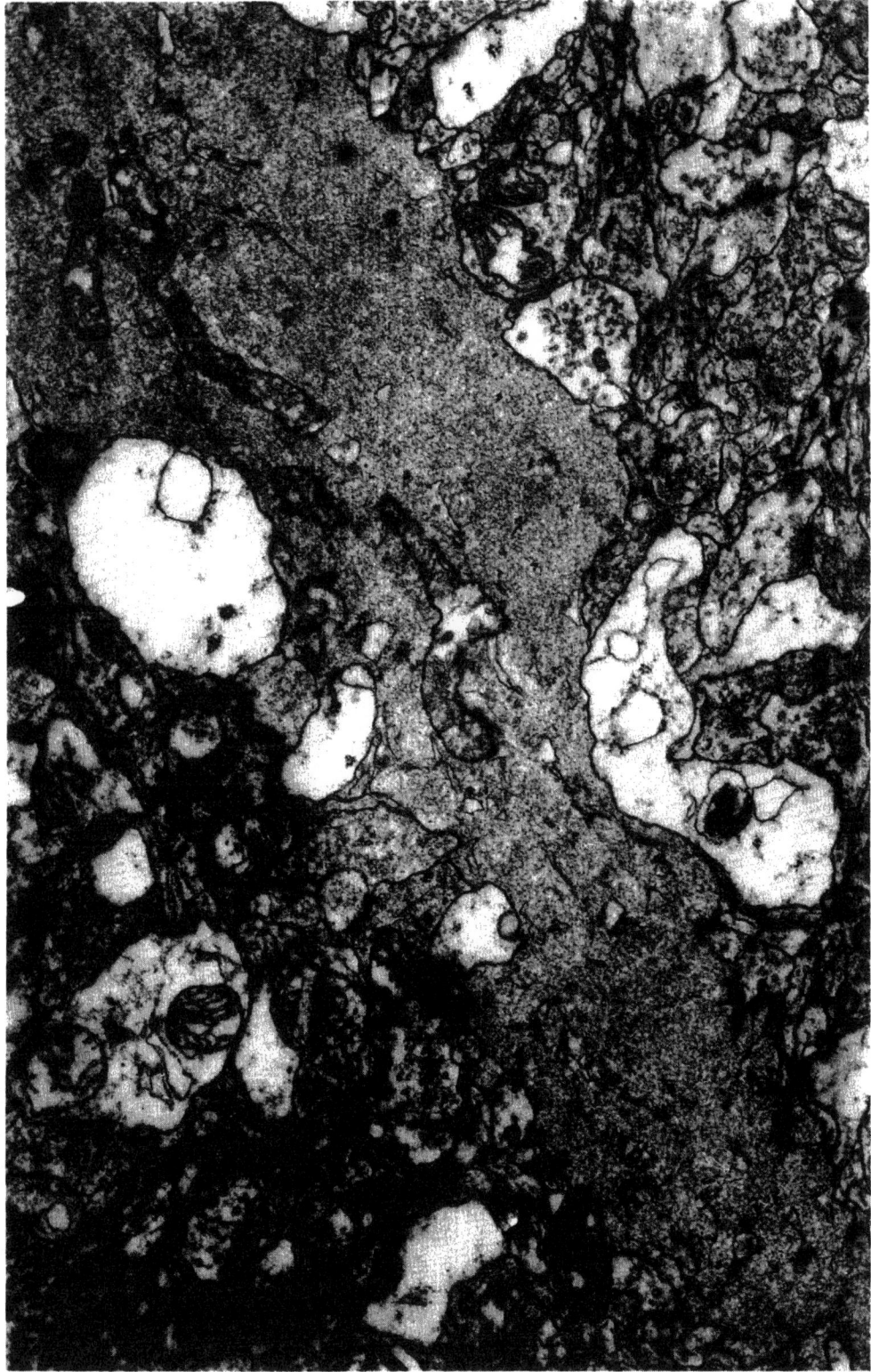

Abb. 3. Akute Strahlenreaktion, Schrumpfung eines zentralen Axon. 5000 rad Betatron, 24 Std p. irrad., Cortex cerebri, Meerschweinchen, × 24000

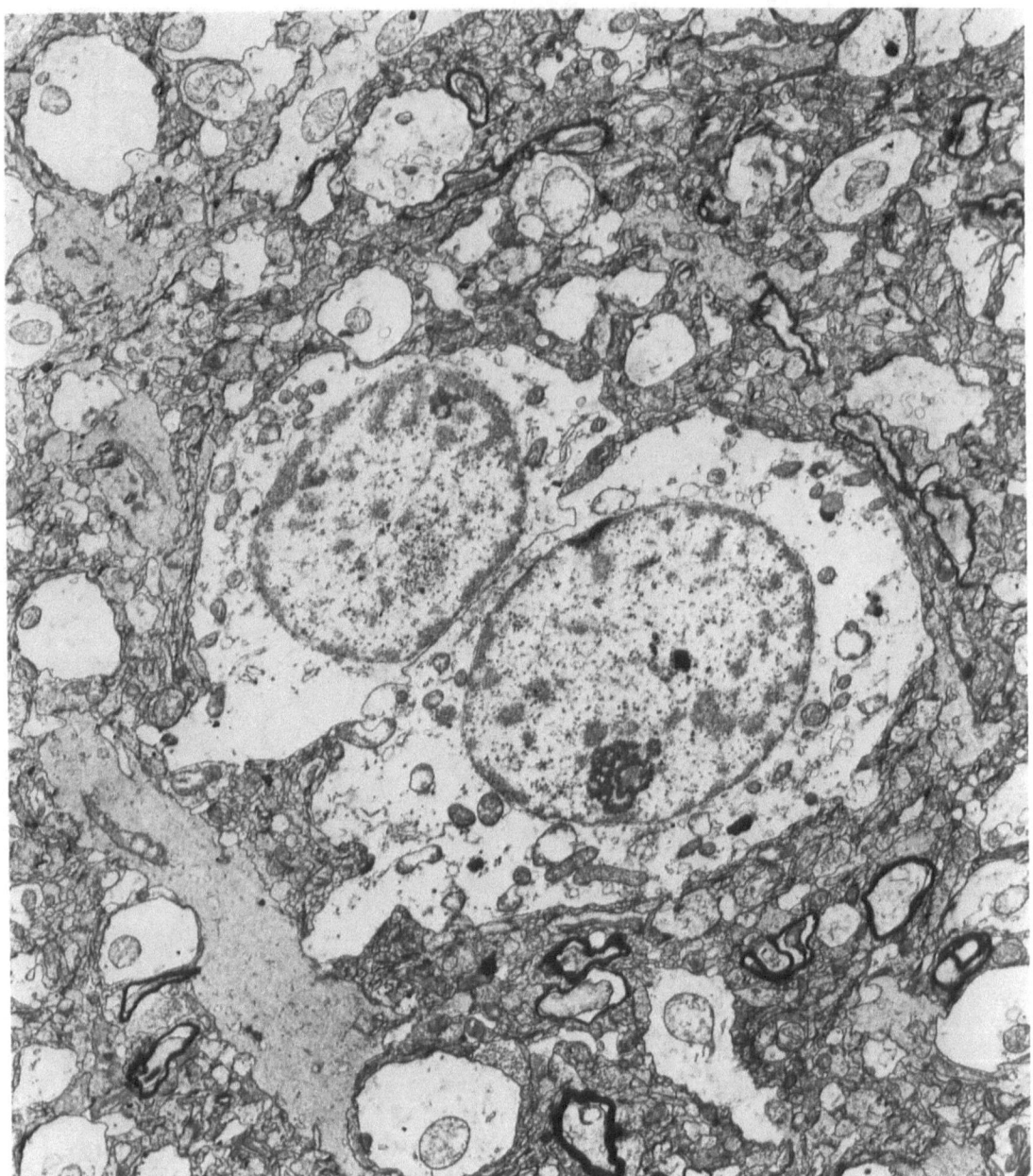

Abb. 4. Akute Strahlenreaktion zentralnervösen Gewebes. Schwellung und Schrumpfung betreffen Nerven- und Gliazellen. 5000 rad Betatron, 24 Std p. irrad., Cortex cerebri, Meerschweinchen, × 6900

c) Die Axone

Die Axone sind für sich betrachtet ebenso wie die Dendriten resistenter als das Perikaryon (Abb. 3, 4). Diese Vulnerabilitätsskala geht zurück auf in vitro Beobachtungen von Masu-rovski et al. (1967a, b) und in vivo Untersuchungen von Andres (1963a) und Samorajski et al. (1964). Die relative Resistenz von Dendrit und Neurit bei in vitro Versuchen sagt wenig über die in vivo Reaktion und die Funktion aus, weil Markscheiden und Synapsen unberücksichtigt bleiben.

Neurophysiologische Beobachtungen zeigen, daß 600 rad (X-Strahlen) *monosynaptische* exzitatorische postsynaptische Potentiale erzeugen und 200 rad-Ganzkörperbestrahlung zu Störungen des postsynaptischen Systems führen.

Nach Ganzkörperbestrahlungen von Mäusen mit 636 R (^{60}Co; 53 R/min) fanden OL-KOWSKI et al. (1972) in Motoneuronen eine signifikante Abnahme oxidativer Enzyme (Glukose-6-Phosphatase, 6-Phosphoglukonat-Dehydrogenase, Succinodehydrogenase, Laktatdehydrogenase), so daß der aerobe Abbau zu Hexosen und Pentosen und der Zitronensäurezyklus empfindlich gestört sind. Gleichartige Befunde erhoben RUBINSTEIN et al. (1962), BROWNSON et al. (1963, 1964) und HAMBERGER et al. (1970). 8–12 Std nach der Bestrahlung stiegen die Werte wieder an. Die saure Phosphatase und die Thiaminphosphatase steigen nach einer halben Stunde nach der Bestrahlung an, um dann innerhalb der nächsten 12 Std abzusinken. Anschließend kann man phasische Anstiege der Werte sehen (WRAGE et al. 1969).

d) Reaktionsskala

Im ganzen gesehen, reagieren Nervenzellen, ob direkt oder indirekt von ionisierenden Strahlen getroffen, in Form einer Reaktionsskala, die durch Strahlenart, Strahlendosis, Zeit und Ort im Gehirn variiert wird. Wenn Nervenzellen durch hohe Einzeldosen (6000 rad) abrupt getroffen werden, tritt die Lysis der Zellen sofort ein. Geringere Dosen (3500 rad) führen zur dunklen Degeneration, die 4 oder 28 Wochen nach der Bestrahlung eintritt oder anhält (CAVENESS et al. 1964, 1968). Im Perikaryon sieht man die „Skelett-Tonisation", d.h. die Nissl-Substanz wird kleiner, und die Zwischenräume werden größer (vgl. Abb. 2). Diese Reaktion kann sowohl in der akuten (3000 bis 4800 rad) wie in der Spätphase auftreten (7300 rad fraktioniert). Auch kann die transitorische Chromatolyse als Vorstufe der Nekrose auftreten.

Die Nervenzellen besitzen eine erstaunliche Fähigkeit der Restitution (ESTABLE DE PUIG et al. 1964). Nervenfasern, die die Markscheide verloren haben, induzieren die Remyelinisierung.

2. Gliazellen

Unter den *Gliazellen* sind Astrozyten und Oligodendrozyten empfindlicher als Ependymzellen oder Plexusepithelzellen. Sämtliche genannten Gliazellen behalten auch in der postnatalen und adulten Phase ihre Teilungsfähigkeit.

VIII. Glykogen- und Mukopolysaccharidablagerungen

Die Astrozyten sind schnell und abgestuft auf ionisierende Strahlen reagierende Zellen. Sie liegen breitbasig der Basalmembran der Hirnkapillaren und punktuell den Perikaryen der Nervenzellen an (Abb. 3). Ab 500 rad (konv. Röntgenstrahlen 200 kV) sieht man in ihnen eine Störung ihrer Enzymausstattung und Glykogenakkumulationen (MIQUEL et al. 1963, 1966; MIQUEL and HAYMAKER 1965; LIERSE et al. 1965; FRANKE u. LIERSE 1967, 1968; LIERSE u. FRANKE 1967, 1970; PRYSZKOWSKI et al. 1968; LIERSE 1971, 1972, 1973).

Glykogenablagerungen sind reversibel und ein lichtmikroskopisch einsetzbares Kriterium der regionären Vulnerabilität. Da jedoch Glykogen auch nach anderen Noxen in Gliazellen abgelagert wird, kann es nicht als spezifische Reaktion gelten.

Das Gehirn der Ratte enthält 45 bis 70 mg Glykogen pro 100 g Gewebe. Wenn diese Menge deutlich steigt, wird das Glykogen in histochemisch faßbaren Mengen abgelagert (WOLFE et al. 1962). Es ist generell akzeptiert, daß im Gehirn die Glukosekonzentration im Gewebe von der Glukosekonzentration im Plasma, von der Rate des Blutstromes und der Rate des Glukose-Verbrauchs abhängt (RUDEMAN et al. 1974; SOKOLOFF 1975). SOKOLOFF (1975) fand eine bemerkenswerte Übereinstimmung zwischen der Größe der lokalen Durchblutung und dem Glukose-Verbrauch des Hirngewebes. Relativ hohe Glukose-Konzentrationen kommen vor im Nucleus amygdaloideus und im Hypothalamus, die mit dem geringen Glukose-Verbrauch korrelieren (Sokoloff 1975). Relativ geringe Konzentrationen im Fornix korrelieren etwa mit dem hohen Lipid-Gehalt der weißen Substanz. Je höher die Glukose-Konzentration in der weißen Substanz (Fornix) im Vergleich zur grauen Substanz ist (Hirnrinde), desto geringer ist die Rate des Glukoseumsatzes in der weißen Substanz (Sokoloff 1975). Bestrahlungen im Bereich von 500 rad bis 1500 rad (konv. X-Strahlen) werden als Schwellendosis der Glykogenablagerungen für Ratten- oder Meerschweinchengehirne angegeben (Klatzo et al. 1961, 1962, 1970; Wolfe et al. 1962; Miquel et al. 1963; Lierse et al. 1965; Maxwell and Kruger 1965; Miquel et al. 1966; Miquel u. Haymaker 1967; Ibrahim et al. 1967).

Astrozyten der grauen Substanz reagieren im allgemeinen empfindlicher und rascher als die der weißen Substanz (Formatio hippocampi, piriformer Cortex, Bulbus olfactorius (Miquel u. Haymaker 1967).

Für unterschiedliche Strahlen und Dosierungen sind entsprechende Vulnerabilitätskarten vom Meerschweinchengehirn aufgestellt worden (Franke u. Lierse 1966). Auf ihnen bleibt die weiße Substanz nicht ausgespart. Die Beurteilung der Glykokenablagerungen im Hinblick auf die speichernde Zellart ist nicht immer gleichartig, weil auch Neurone und Oligodendrozyten Glykogen speichern können. Verschiedene Hypothesen sind aufgestellt worden, die die Entstehung der Glykogenakkumulation erklären sollen. Maxwell und Kruger (1965) und Lierse et al. (1965) führen die Akkumulation auf eine Störung der Carbohydratenzyme zurück, weil die Beteiligung anderer Teile der Trias Gefäß – Glia – Neuron nicht bestehen muß. Der enzymatische Beweis steht noch aus. Hinweise zur Vulnerabilität der Mitochondrien finden sich bei Cohan et al. 1973; Zelena 1968; Samorajski et al. 1964, 1967; Hyden 1959; Breckenridge 1961; Friede 1954, 1965.

Miquel et al. (1963) und Miquel und Haymaker (1967) sehen in der Akkumulation eine sekundäre Erscheinung als Antwort auf primäre Strahlenschäden auch der beiden anderen Elemente (Neuron oder Endothel). Der Beweis steht noch aus.

Nach Klatzo et al. (1961, 1962, 1970) nehmen die Astrozyten das durch das Ödem blockierte oder freigesetzte Glykogen auf. Der Beweis steht noch aus.

In Hirnregionen mit hoher numerischer Gliazell- und Neurondichte ist die Kapillardichte ebenfalls hoch (Craigie 1925; Lierse 1968) und die Vulnerabilität der astrozytären Glia ebenfalls. Die hohe Gefäßdichte geht einher mit einer hohen Astrozytendichte, da die Astrozyten fast ausschließlich die gliösen Kapillarmanschetten bilden. Die hohe numerische Kapillardichte bedingt unter anderem eine große Oberfläche für die Sauerstoffzufuhr (Krogh 1919a, b; Craigie 1925, 1930, 1931, 1955; Lierse 1961, 1968; Lierse u. Horstmann 1965), aber auch eine große Oberfläche für die Ödementstehung (Lierse 1968). Man sieht jedoch auch in der weißen Substanz – die konträre Verhältnisse hinsichtlich der Kapillardichte bietet – gleichartige Glykogenakkumulationen.

Ungeachtet des Entstehungsmechanismus ist die Glykogenakkumulation ein verwertbares Zeichen für die radiogene Reaktion des Hirngewebes. Die Reaktion ist reversibel. Mit ihr konnte die Alles-oder-nichts-Antwort: „Normal oder Nekrose" modifiziert und feiner abgestimmt werden. Die akute, die Latenz- und die Spätphase können besser beschrieben werden wie z. B. die regionäre Vulnerabilität des Gehirns und des Rückenmarks. Modifizierte glykogenhaltige Gliazellen wie die Bergmann-Glia im Kleinhirn und die Müllerschen Radiärfasern in der Retina reagieren ähnlich, jedoch nicht gleich. Müllersche Zellen der Retina sind spezialisierte Gliazellen, die die ganze Retina von außen nach innen durchsetzen. Ihr Glykogengehalt schwankt mit dem Lichteinfall. In der Retina des Meerschweinchens findet man nach Bestrahlungen deutlich eine Verschiebung von außen nach innen – also von den Sinneszellen weg – hin zum 3. Neuron. Bei der Ratte ist dieses Phänomen viel weniger ausgeprägt.

Zur Erklärung: das Meerschweinchen hat in der Choroidea Gefäße, die Ratte solche in der Choroidea *und* in der inneren Netzhautschicht. Der Sauerstoff spielt, wie man am experimentellen Beispiel der Retina ebenfalls sieht, eine Rolle in der Vulnerabilität des Nervengewebes.

IX. Sauerstoff und Gewebsreaktion

In der Retina ist die Sauerstoffausnutzung doppelt so hoch wie in der grauen Substanz des Gehirns. Hyperbarer Sauerstoff kann allein und gemeinsam mit ionisierenden Strahlen Schäden setzen, die die Glykogenutilisation herabsetzen und zur Glykogenakkumulation in den Müllerschen Radiärfasern führen. In der Meerschweinchenretina besteht ein O_2-Diffusionsgefälle von außen nach innen, weil nur über die Choriokapillaris O_2 herangeführt wird. Die Sinneszellen haben den höchsten O_2-Partialdruck, das III. Neuron hat den geringsten. Die Rattenretina ist selbst gefäßhaltig, so daß der Grenzwert des Sauerstoffgefälles in der Mitte der Retina liegt. Durch hyperbaren Sauerstoff (1–3 Atü im Zeitraum von $^1/_2$ bis 1 Std Wirkung) treten in der Rattenretina keine wesentlichen Glykogegenverschiebungen auf. Beim Meerschweinchen dagegen wird das Glykogen der Müllerschen Zellen ab 2 Atü nach innen in Richtung auf das III. Neuron verdrängt (LIERSE u. FRANKE 1970).

Am Gehirn von Ratte und Meerschweinchen sieht man nach hyperbarer O_2-Beatmung ein vasogenes PAS-positives Ödem, das vorzugsweise die weiße Substanz betrifft (FRANKE u. LIERSE 1968; LIERSE u. FRANKE 1970; LIERSE 1973).

Kapillararme Regionen des Gehirns und des Rückenmarks reagieren in der Regel empfindlicher als kapillarreiche Hirnregionen. Die Gründe sind nicht ganz klar. Man findet folgende Einzelbefunde: In der grauen Substanz ist die Kapillardichte hoch und ebenso die Mitochondriendichte. Nimmt man die Kapillardichte als Maß der Sauerstoffzufuhr und die Mitochondrienzahl/Gewebseinheit als Maß des Sauerstoffverbrauchs, so ist die Sauerstoffbilanz, auf einem hohen Niveau, fast ausgeglichen. In der weißen Substanz gibt es weniger Kapillaren und sehr wenige Mitochondrien. Das Niveau ist niedrig. Es scheint aber etwas mehr Sauerstoff herangeführt zu werden als verbraucht wird, so daß ein – wenn auch geringer – Sauerstoffüberschuß besteht. Die graue Substanz ist gegenüber Sauerstoffmangel, die weiße Substanz gegenüber hyperbarer O_2-Atmung und ionisierenden Strahlen empfindlich (CHURCHILL-DAVIDSON 1966; CHURCHILL-DAVIDSON et al. 1966; GRÜNEWALD 1968; HOPEWELL u. WRIGHT 1969; ASBELL u. KRAMER 1971; COY u. DOLMAN 1971).

X. Radiogene Herde mit Mukopolysaccharidablagerungen

Neben Glykogenakkumulationen kommen strahlenbedingte Glykoproteinablagerungen in den Astrozyten und Oligodendrozyten vor. Seltener sind Nervenzellen betroffen (LIERSE et al. 1965; PRUSZKOWSKI et al. 1968). Die Art der ionisierenden Strahlen hat eine geringere Bedeutung für das Ausmaß der Ablagerungen, wohl aber Dosis und Hirnregion. Betroffen sind Gliazellen, die gefäßnah oder gefäßfern liegen. Es handelt sich daher nicht ausschließlich um vasogene Herde. CAZULLO et al. (1967) beschreiben im Kaninchengehirn nach Röntgenbestrahlungen vasogene Herde, die Polysaccharide, Glykoproteine, Mukoproteine und Lipoproteine enthalten. Durch KLATZO et al. (1961) ist bewiesen, daß Proteine nach der Bestrahlung vermehrt die Blut-Hirn-Schranke passieren und von Astrozyten aufgenommen werden. LIERSE (1972) inkorporierte H_3-Glukose in intakte Neuronen und Gliazellen. 24 Stunden nach der Bestrahlung von Rattengehirnen mit konventionellen X-Strahlen (1000 rad) wurde das H_3 sichtbar in Neuronen, in Glykogen-beladenen Astrozyten und in Oligodendrozyten, nicht in den radiogenen Herden. Das bedeutet, daß die speichernden Zellen noch am Stoffwechsel teilnehmen, die Herde nicht mehr.

1. Histochemie

Die histochemische Aufschlüsselung des Inhaltes der Herde zeigt, daß radiogene Herde den sogenannten Myoklonuskörpern (Lafora-Körper) ähnlich, aber nicht mit ihnen identisch sind. Die radiogenen Herde treten als Folge eines vasogenen Ödems (Cazullo et al. 1967) und/oder einer lokalen Stoffwechselstörung in Glia- und Nervenzellen auf (Lierse et al. 1965; Pruszkowski et al. 1968). Cazullo et al. (1967) wiesen Hyaluronsäure, A, B und C Chondroitinsulfate, Heparin und Heparin-ähnliche Stoffe nach. Der Nachweis derartiger Stoffe kann nicht als strahlenspezifische Reaktion gelten. Auch nach Entzündungen werden sie in der Ödemflüssigkeit nachgewiesen (Cazullo et al. 1967).

XI. Radiogener Hydrops der Astrozyten

Astrozyten sind im lichtmikroskopischen und ultrastrukturellen Bereich durch *Schwellung* als Folge der Bestrahlung verändert, was den Status spongiosus erklärt (Abb. 5). Nach

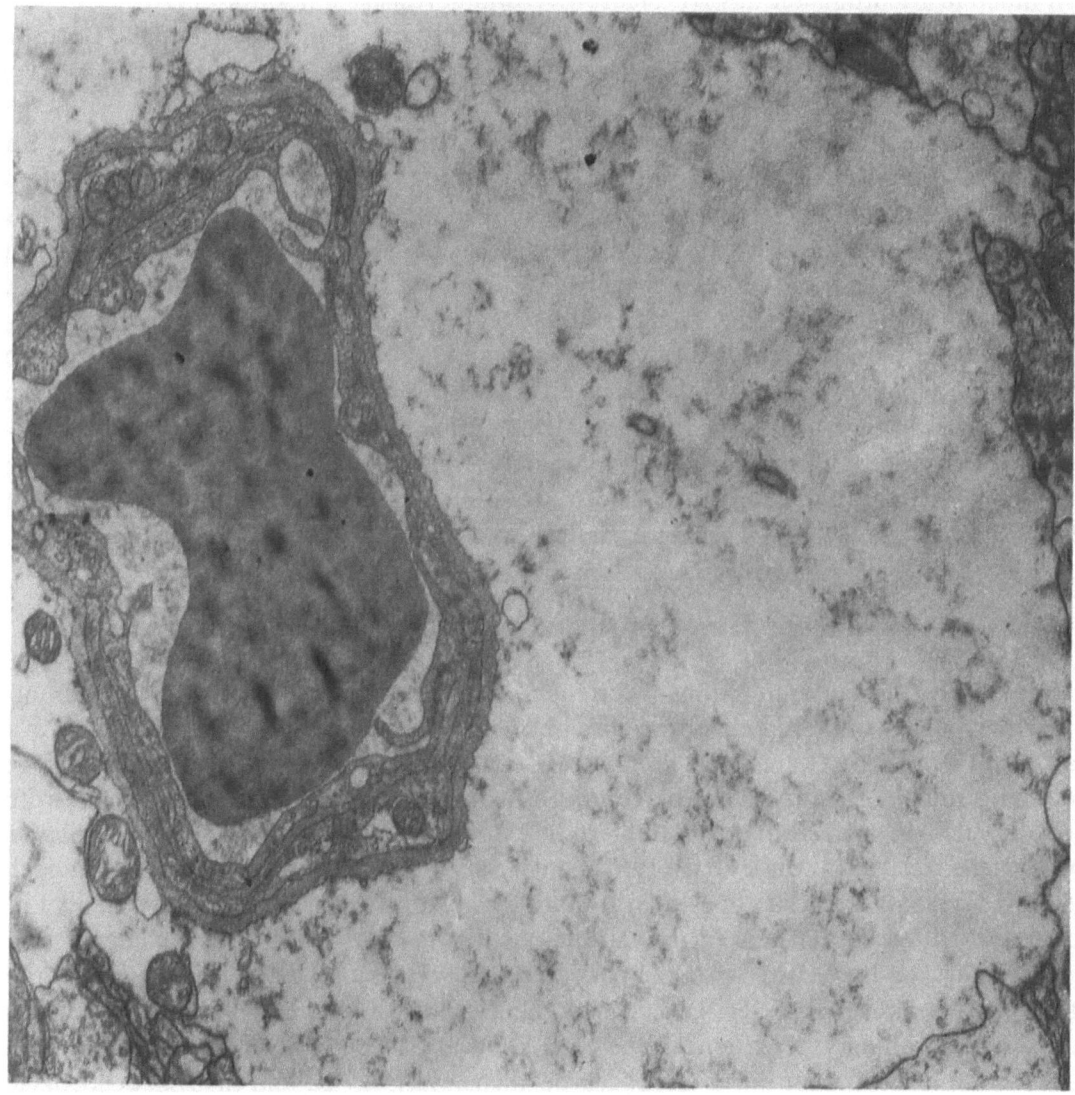

Abb. 5. Akute Reaktion einer Hirnkapillare und ihres perikapillären Fortsatzes (Hydrops). 5000 rad Betatron, 24 Std p. irrad., Cortex cerebri, Meerschweinchen, × 24000

KLATZO et al. (1961, 1962) und JANSSEN et al. (1962) können in Astrozyten als Zeichen einer Membranstörung Proteine eindringen. Nach ionisierenden Strahlen tritt eine Clasmatodendrosis der Astrozyten auf, d.h. es sind im Lichtmikroskop keine Fortsätze mehr sichtbar. CLEMENTE und HOLST (1954) zeigten die Clasmatodendrosis nach 6000 rad X-Strahlen und 16 Std Überlebenszeit. Nach elektronenoptischen Befunden ist die Clasmatodendrosis identisch mit der Membranruptur geschwollener Astrozyten. Es entsteht aus dem normalen engen extrazellulären Raum ein großer ödemerfüllter Raum, in dem verletzte Perikaryen und unverletzte Axone und Oligodendrozyten „schwimmen" (LIERSE u. FRANKE 1970) (Abb. 5). Schwellungen der Astrozyten treten akut schon nach geringen Dosen auf. Die Schwellung ist ein zunächst „geordneter" Vorgang: nach 100 rad X-Strahlen tritt in den ersten Stunden durch eine verstärkte Zytopempsis der Hirnkapillaren-Endothelzellen, die astrozytäre Schwellung auf. Durch Steigerung der Dosis werden Membranstörungen am Endothel und am Astrozyten hervorgerufen: das Endothel schwillt, die Basalmembran wird breiter, und der Astrozyt „platzt" (CERVOS-NAVARRO 1964, 1967; FRANKE u. LIERSE 1965). Verkürzt gesagt gilt: die Verzehnfachung der Dosis (100 bis 500 rad auf 3000 bis 5000 rad konventioneller X-Strahlen) verkürzt die Reaktionszeit von Monaten (10 Wochen bis 6 Monate) auf Tage und Stunden (12 Std bis 1 Tag). Die Schritte der Ödementstehung: Zytopempsis des Endothels, Schwellung des Endothels, Schwellung des Astrozyten, Ruptur des Astrozyten müssen bei Dosissteige-

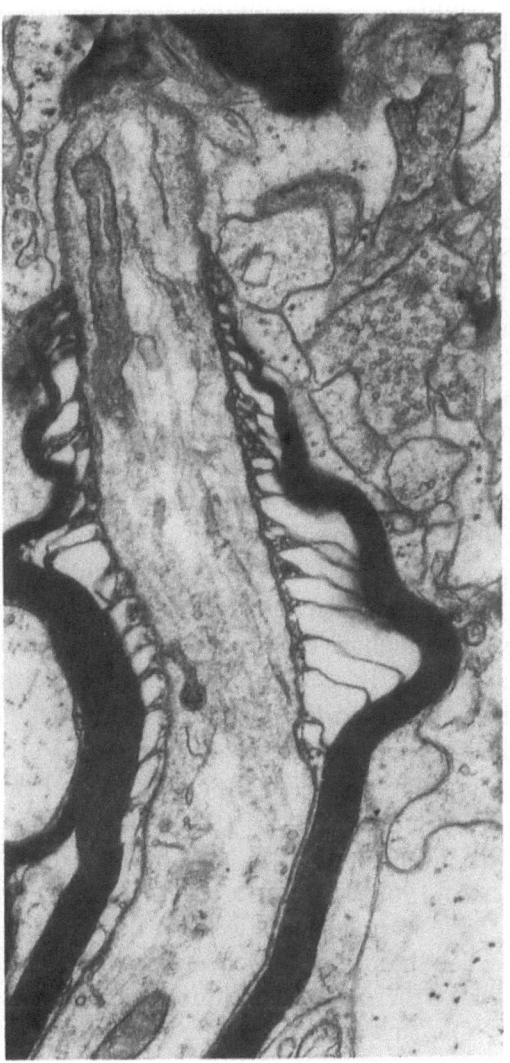

Abb. 6. Markscheidendestruktion während der akuten Phase der Strahlenreaktion. 4000 rad Betatron, 24 Std p. irrad., Cortex cerebri, Meerschweinchen

rung nicht konsequent aufeinanderfolgen; bei hoher Dosis kann sofort die Ruptur eintreten (45000 rad konventioneller Röntgenstrahlen) (Hager et al. 1962; Maxwell u. Kruger 1965; Franke u. Lierse 1966).

In nicht total zerstörten Astrozyten mit geschwollenen Fortsätzen sind osmiophile Einschlüsse (Maxwell u. Kruger 1965) und veränderte Mitochondrien vorhanden. Die Mitochondrien sind sowohl geschwollen als auch geschrumpft, sie haben Außenmembranabhebungen und durchschneidende Innenmembranen, sie werden elongiert und partiell vakuolisiert, oder sie sind verdichtet. Sie können zu zytosomenartigen Körpern mit myelinähnlichen, fünfschichtigen Membranstapeln transformiert werden. Die wirksamen Dosen konventioneller Röntgenstrahlen liegen zwischen 500 rad und 750 rad. Das Mitochondrium reagiert wenig abhängig von der Zelle; es ist jedenfalls kein „Osmometer" während der akuten Strahlenreaktion.

Der Astrozyt ist dann eine radioresistente Zelle, wenn man nur den akuten Zelltod in Betracht zieht; er ist aber eine schnell und empfindlich reagierende Zelle, wenn man seine Zellorganellen, seine Membranen und seine Bedeutung für den Karbohydratstoffwechsel in Betracht zieht. Die Zelle ist „Auffangbehälter" für Ödemflüssigkeiten, seien sie vasogen oder cytotoxisch bedingt (Klatzo 1967). Der Astrozyt speichert Polysaccharide, Glykogen und Mukopolysaccharide in histochemisch faßbaren Mengen. Er kann am Hydrops und an der Speicherung von Polysacchariden ersticken, seine Mitochondrien schwellen oder schrumpfen, seine Zellmembran rupturiert. Dann entstehen extrazelluläre radiogene Herde, die von intakten Astrozyten oder Makrophagen phagozytiert werden können. Die Herde enthalten Zelltrümmer und zuvor gespeicherte Substanzen. Der nicht total geschädigte Astrozyt hat die Fähigkeit der Reparation: das Ergastoplasma wird vermehrt (Zeman u. Samorajski 1971), und die Teilungspotenz wird verstärkt (Zeman u. Samorajski 1971). Die astrogliöse Hypertrophie ist allgemein von der Strahlendosis abhängig. Nach 6000 rad (32 MeV Proton-Strahlung) findet sich eine generalisierte Hypertrophie im Kortex und der weißen Substanz. Nach einer wechselnden Latenzzeit werden aus protoplasmatischen Astrozyten fibrilläre. Die geringste Dosis, bei der die fibrilläre Transformation zu beobachten ist, sind 600 rad/ 55 MeV Protonenstrahlen. Der Astrozyt ist an der Phagozytose beteiligt (Pennybaker u. Russel 1948; van Bogaert u. Hermanne 1948; Russel et al. 1949; Lowenberg-Scharenberg u. Basset 1950; Arnold et al. 1954). Reaktive Astrozyten zeigen Phagolysome, osmiophile Einschlüsse (Maxwell u. Kruger 1965; Franke u. Lierse 1967; Lierse u. Franke 1970). Neben der Strahlenart, der Dosis und der Latenzzeit spielt die regionäre O_2-Spannung eine Rolle: in der grauen Substanz ist die numerische Kapillardichte groß, die ödemwirksame Endothelzelloberfläche groß (Craigie 1920; Lierse 1968), in der weißen Substanz ist die ödemwirksame Oberfläche kleiner.

In der weißen Substanz scheint ein geringer O_2-Überschuß zu bestehen, weil zwar die Kapillardichte gering ist, die Mitochondrienzahl aber, verglichen mit der grauen Substanz, fast 0 ist. In der grauen Substanz ist die Kapillardichte groß, die O_2-Zufuhr ebenfalls; die Mitochondriendichte – als Maß des O_2-Verbrauchs – ist jedoch ebenfalls hoch, so daß die O_2-Bilanz zwischen Zufuhr und Verbrauch ausgeglichen ist. Die graue Substanz kann kaum eine „Sauerstoff-Schuld" eingehen (Craigie 1921, 1932; Dunning u. Wolff 1936, 1937; Petrén 1938a, b, c; Opitz 1948; Opitz u. Schneider 1950; Lierse u. Horstmann 1965; Thews 1960; Lierse 1963; Diemer 1965; Horstmann 1960, 1966; Werner 1967; Lierse 1968; Hunziker et al. 1974a, b).

Die radiogene Schwellung der Astrozyten ist zu trennen von der ischämischen, traumatischen, hämodynamischen zytotoxischen und entzündlichen. Ohne die Vorgeschichte zu kennen, ist diese Unterscheidung am Astrozyten allein nicht zu treffen.

Die *ischämisch* bedingte Schwellung tritt eher und verstärkt in der grauen Substanz auf (Kobrine et al. 1975).

Hypertensive Schwellungen sind begleitet von Exsudaten mit hohem Proteingehalt (KLATZO et al. 1970; GIACOMELLI et al. 1970; HÄGGENDAL and JOHANSSON 1972; VAN DEURS 1976; WESTERGAARD et al. 1977) und können den Strahlenschaden verstärken (ASSCHER u. ANSON 1962).

Tierexperimentelle Untersuchungen, die menschliche Begleiterkrankungen während der Bestrahlungen simulieren, liegen kaum vor. Dennoch sind Untersuchungen zu berücksichtigen, die zeigen, daß die Steigerung der Gefäßpermeabilität auch durch zahlreiche andere Faktoren auslösbar ist und daher keinesfalls als strahlenspezifisch gelten kann:

Hypothermie: ALBIN et al. 1967; *Trauma:* ASSENMACHER und DUCKER 1971; DUCKER et al. 1971; BARRON et al. 1974; KOBRINE et al. 1975; YEO 1976; BEGGS u. WAGGENER 1976; GOODMAN et al. 1976; *Hämodynamik:* CHIANG et al. 1968; GIACOMELLI et al. 1970; GARCIA et al. 1971; DODSON et al. 1974; BERRY et al. 1975; *Hypertension:* ASSCHER und ANSON 1962; HÄGGENDAL und JOHANSSON 1972; JOHANSSON 1974; JOHANSSON et al. 1970.

XII. Demyelinisation

Die *Oligodendrozyten* können insofern einen bedeutenden Rang im Rahmen der Strahlenreaktion einnehmen, als sie normalerweise die Markscheiden bilden, sie erhalten und bei Dekompensation Demyelinisationen einleiten. Man sieht an ihrem Zytoplasma weniger die Schwellung, eher die Schrumpfung, die begleitet wird von Kernpyknosen, Hypertrophie, Glykogen- und Mukopolysaccharid-Einlagerungen. Zellteilungen sind begrenzte Versuche der Reparation (Abb. 6, 7).

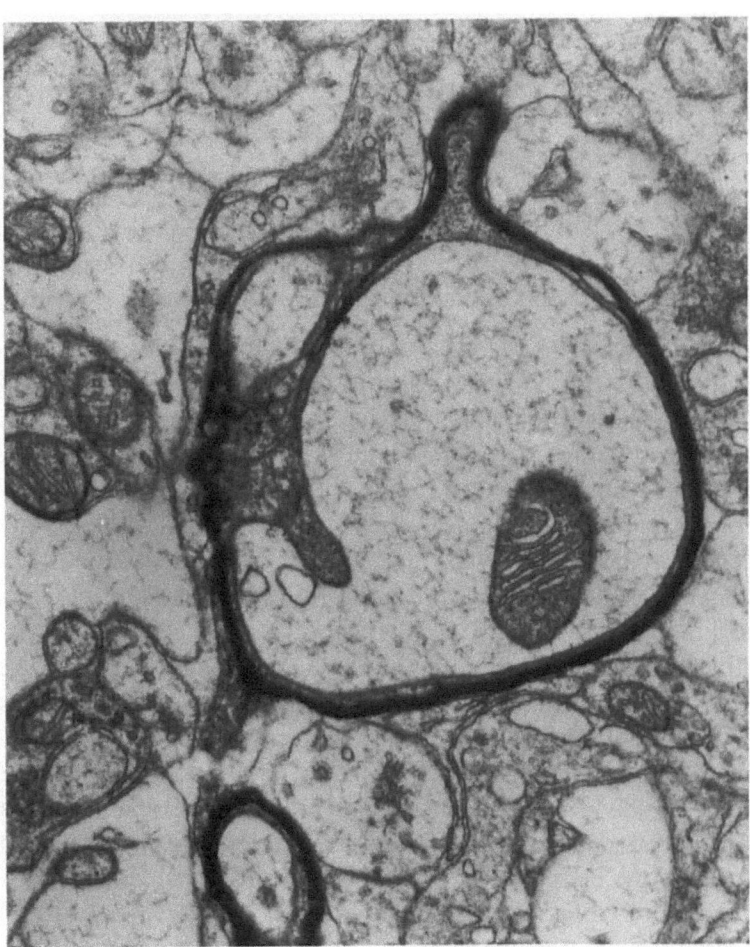

Abb. 7. Schrumpfung eines periaxonalen Oligodendrozytenfortsatzes, die zur Destruktion der Markscheide führt. 100 rad konv. Röntgenstrahlen, 24 Std p. irrad., Cortex cerebri, Meerschweinchen, × 36000

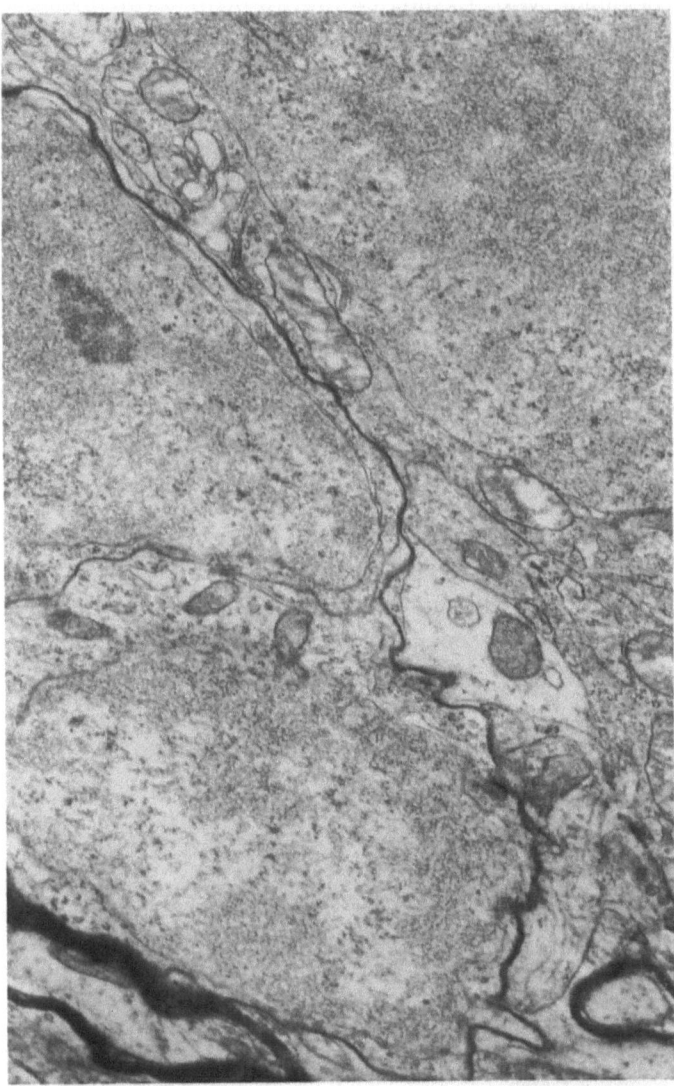

Abb. 8. Delamination von Markscheiden während der Latenzphase der Strahlenreaktion. 750 rad konv. Röntgenstrahlen, 6 Mon. p. irrad., Cortex cerebelli, Meerschweinchen, × 11 000

Brownson et al. (1963, 1964) beschreiben die akute Reaktion der Oligodendrozyten während der akuten Strahlenreaktion (50 bis 10 000 rad) (1000 Kvp X-Strahlen, 960 rad/min). Drei Stadien werden unterschieden: 1. Hyperchromatische Reaktion im Kern mit randständigem Chromatin, 2. Pyknosis und Karyorhexis, 3. Kernschatten ohne Zytoplasma. Die Stadien sind dosis- und zeitabhängig, und sie sind nicht in allen Hirnregionen gleich. Auf anschließende Demyelinisationen machen Hicks (1953), Estable Puig et al. (1964), Maxwell und Kruger (1965) aufmerksam. Während der akuten Schwellung des Hirngewebes können in Oligodendrozyten osmiophile Körper, saure Phosphatasen und myelinartige Einschlüsse gefunden werden (Maxwell u. Kruger 1965). Obwohl Oligodendrozyten – allerdings in geringem Ausmaß – an die Kapillaroberfläche grenzen, reagieren sie bei gesteigerter Zytopempsis des Kapillarendothels nicht wie ihre Nachbarzellen, die Astrozyten. Oligodendrozyten schrumpfen eher, als daß sie schwellen (Penfield u. Cone 1926; Ibrahim et al. 1965; Lampert et al. 1966; Lierse u. Franke 1967). Während der Frühreaktion sind die von Oligodendrozyten eingeschlossenen Axone normal strukturiert (1000 rad konv. X-Strahlen, 24 Stunden p. irrad.). Sind die Veränderungen fortgeschritten, splittern die Markscheiden auf, und die Periodik der Marklamellen wird zerstört (Abb. 9). Die Separierung der Lamellen kann durch Flüssigkeitseinlagerungen oder durch Schrumpfung markbildender Gliazellen bedingt sein (Lierse u. Franke 1967) (Abb. 6).

Tabelle 2. Ultrastrukturelle Strahlenreaktionen und Wege der Demyelinisation innerhalb 24 Stunden nach Einzeitbestrahlung des Rattenhirns mit 1000 R (200 kV-Röntgenstrahlung)

Blutkapillare	Endothelzelle		Mikropinozytose Ergastoplasma- erweiterung	Mitochondrien- schwellung
			↓	
	Perizyt	fermentativer Abbau Phagosom	Mikropinozytose Ergastoplasma- erweiterung	Mitochondrien- schwellung
Basalmembran ══════════════════ ↑ ══════════════════				
Gliazellen	Astrozyt Glykogeneinlagerung	fermentativer Abbau	↓ Mikropinozytose Ergastoplasma- schwellung Mitochondrien- schwellung	Oligodendrozyt
	Mucopolysaccharid- ablagerung	Phagosom	Hydrops	Verdichtung des Zytoplasma
↑			↓ ↓	
			Markscheidenzerstörung	

Der Mechanismus der Aufsplitterung der Marklamellen wurde im Tierversuch zuerst bei der Triethyltin-Vergiftung untersucht. Im Beginn der Demyelinisierung stehen Vakuolen zwischen den Myelinlamellen noch nicht mit dem extrazellulären Raum in Verbindung (HIRANO et al. 1965, 1967, 1968, 1969). Die weitere Aufsplitterung der intraperioidalen Linie geschieht ohne aktive Gliazellen und führt schließlich zur Beteiligung der Markscheiden am Status spongiosus (LAMPERT et al. 1966, 1969, 1970). In gleicher Art werden auch beim Kompressionsödem der Hirnrinde Markscheidenveränderungen angegeben. Markscheidenreste werden von reaktiven Astrozyten oder Makrophagen aufgenommen (LIERSE u. FRANKE 1967, 1970). Die Reaktion während der Demyelinisation verdeutlicht wiederum die Teilnahme der Astrozyten an Abräumvorgängen des ZNS. Die Einschlüsse unterscheiden sich nicht von denen in Makrophagen des peripheren Nervensystems (ANDRES 1963).

Die Oligodendrozyten sind Stoffwechsel-Nachbarn der Nervenzellen, besonders der Axone (HYDEN 1959). Wegen der größeren Empfindlichkeit der Oligodendrozyten im Vergleich zur Nervenzelle entstehen Nekrosen in der weißen Substanz (HICKS u. MONTGOMERY 1952; BROWNSON 1960; JANSSEN et al. 1962). Auf der anderen Seite haben Oligodendrozyten – bei geringerer Schädigung oder z.B. in der Randzone von Nekroseherden – die Fähigkeit der Teilung auch nach Bestrahlungen behalten. Sie setzen regionär begrenzte Reparationsvorgänge in Gang (MIQUEL u. HAYMAKER 1965). Besonders in Randzonen von Nekrosen werden derartige Zellteilungen gefunden (HAYMAKER 1962). Oligodendrozyten können ebenso wie Astrozyten Glykogen und Mukopolysaccharide einlagern und so zur Entstehung radiogener Foci beitragen (LIERSE et al. 1965) (Abb. 10). Die Reparationsversuche führen zu Fehlbildungen der Markscheiden (Abb. 8, 9 u. Tabelle 2).

XIII. Die Hirnkapillaren mit Endothel, Basalmembran und Perizyt

Die Endothelzellen und Basalmembranen der Kapillaren antworten auf Bestrahlung mit Schwellung und Verdickung (CERVOS-NAVARRO 1964; MAXWELL u. KRUGER 1965) (6000 bis 9000 rad Oberflächendosis α-Partikel) oder im niedrigen Dosisbereich (ab 100 rad, X-Strah-

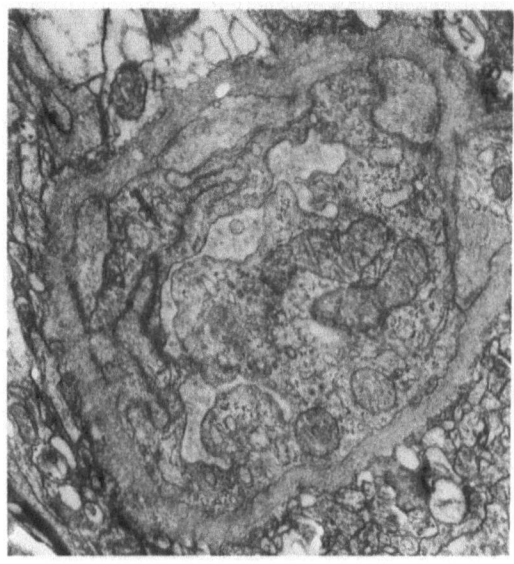

Abb. 9. Kapillarverschluß durch Endothelzellschwellung und Basalmembranverdickung. 5000 rad Betatron, 24 Std p. irrad., Cortex cerebri, Meerschweinchen, × 21 000

len) mit gesteigerter Zytopempsis und Schwellung (Franke u. Lierse 1965; Gilmore 1969; McDonald u. Hayes 1967) (Abb. 9 und 10).

Nach 500 rad (konv. Röntgenstrahlen) reagieren die Perizyten in gleicher Art. 1000 rad konventionelle Röntgenstrahlen zerstören die Membranen der Astrozyten, nicht in gleichem Maße die der Endothelzellen und der Perizyten (Franke u. Lierse 1965; Lierse u. Franke 1966). 1000 rad (konv. Röntgenstrahlen) führen zur Blutung, weil einzelne Endothelzellen platzen und die Erythrozyten frei die Gefäßwand passieren (Lierse u. Franke 1967).

Fast immer ist die Blut-Hirn-Schranke im niedrigen und hohen Dosisbereich gestört (Larsson 1960; Klatzo et al. 1961; Clemente u. Richardson 1962; Tanabe 1969; Schettler et al. 1970; Brightman et al. 1970; Levin et al. 1976; McDonald u. Hayes 1967; Davson 1960; Chiang et al. 1968; Nair et al. 1964; Hassler u. Movin 1966). Olsson et al. (1972) erzeugten 2 bis 9 Tage nach Einzeitbestrahlungen (30 K rad X-Strahlen) eine gesteigerte Permeabilität der Hirnkapillaren für Evans-blue-Albumin und Peroxidase. In der Latenzzeit (6 bis 12 Monate p. irrad. 1500 bis 2500 rad X-Strahlen) sind die Endothelzellen verdickt, multivesikuläre Körper werden eingelagert, und osmiophile Körper sind verstreut zu finden (Cervos-Navarro 1964). Die Kapillarreaktion ist von Wichtigkeit, da durch sie die frühe transitorische Enzephalopathie bedingt sein kann, die zwei Wochen oder drei Monate nach der Bestrahlung ein Tumorrezidiv oder die diffuse Enzephalopathie (Kopfschmerzen, Verwirrung und Lethargie) vortäuschen kann. Die Einzeitdosis kann im Hinblick auf die erhöhte Pinozytose und die Astrozytenschwellung wesentlich geringer sein (Franke u. Lierse 1965). Nach 2000 oder 3000 rad (200 KV Röntgenstrahlen) ist das Ödem schon 1 Stunde später deutlich, und Endothelzellkerne können derartig schwellen, daß das Kapillarlumen fast vollständig blockiert wird. Als Folge ist dann die ischämische Hirnveränderung in Erwägung zu ziehen (McGee-Russel et al. 1970; Klatzo 1973; Brierley et al. 1973; Hossmann u. Zimmermann 1974). Mehr als die globale Ischämie wird die partielle regionale Ischämie in Betracht zu ziehen sein. Sie bewirkt plötzlich oder nach Stunden Nervenzelluntergänge, Veränderungen der Ionen-Balance (O'Brien et al. 1974) und Umkehrung des Blutstroms. Auch nach längerer Ischämie ist jedoch eine Erholung des Nervengewebes möglich (Hossmann u. Kleihues 1973; Hossmann u. Zimmermann 1974).

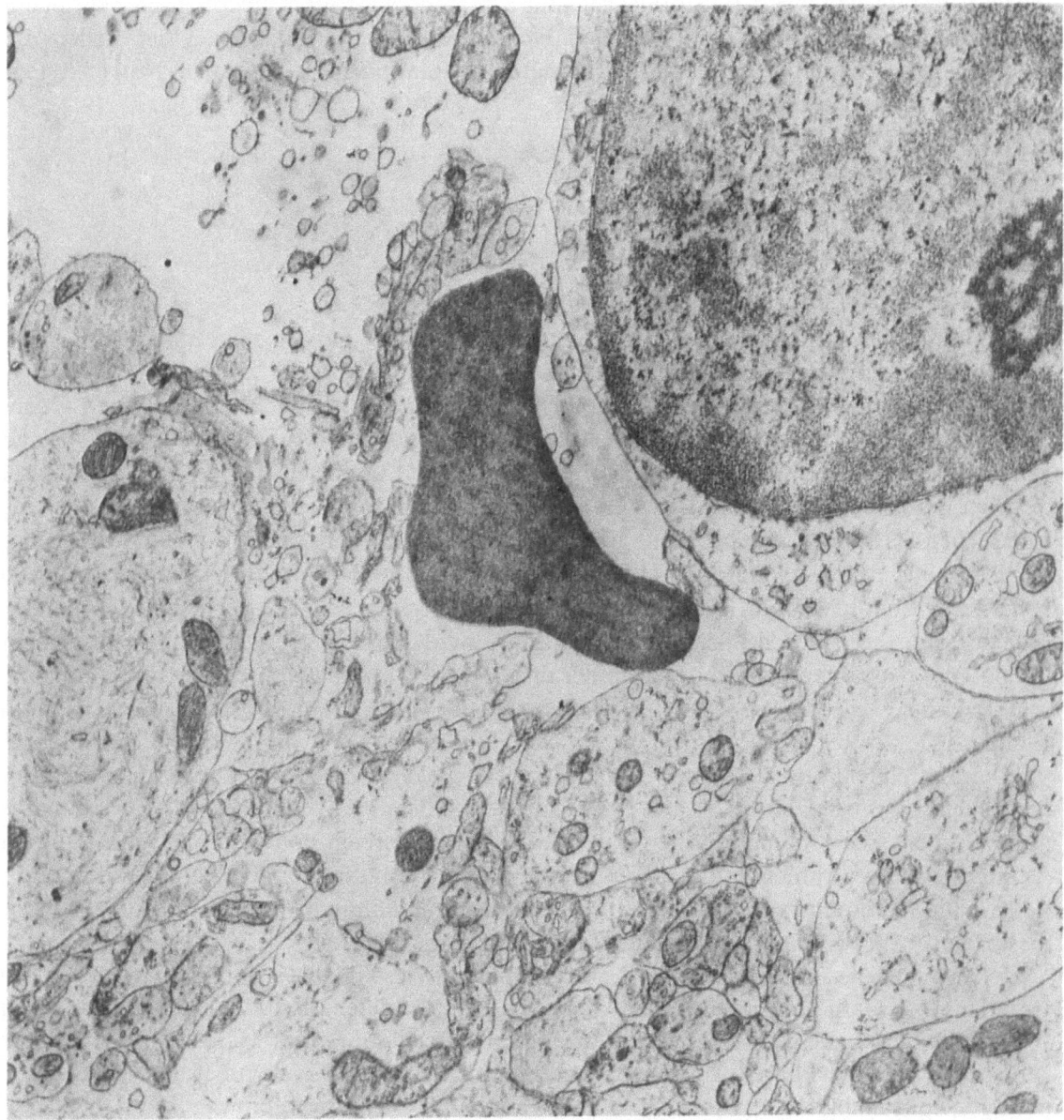

Abb. 10. Ödem und Einblutung in der akuten Phase der Strahlenreaktion. 3000 rad konv. Röntgenstrahlen, 24 Std p. irrad., Cortex cerebelli, Meerschweinchen, ×18000

XIV. Stufen der Strahlenreaktion

Entsprechend dem klinischen Ablauf ist auch die experimentelle Strahlenreaktion des Gehirns regelhaft und abgestuft im ultrastrukturellen Bereich zu sehen:

1. Zeitlich abgestuft als akute Phase, Latenzphase und frühe und späte Spätschäden
2. Räumlich abgestuft: In der weißen Substanz ist die Reaktion stärker als in der grauen Substanz; im Kortex andersartig als in zentral liegenden Bereichen wie Thalamus und Basalganglien
3. Zellspezifisch abgestuft: Die Gliazelle ist empfindlicher als das Neuron, der Astrozyt ist empfindlicher als der Oligodendrozyt. Die Ependymzelle ist resistenter
4. Über die abgestufte Reaktion der Zellorganellen ist weniger bekannt. Ergastoplasma, Mitochondrien, Golgi-Apparat.

Der Raum/Zeit-Parameter wird verändert durch begleitende Erkrankungen, durch Faktoren der Bestrahlung wie z. B. Strahlenart und Strahlendosis, durch histologische Parameter wie numerische Zelldichte der Glia- und Nervenzellen, Teilungsfähigkeit der Zellen und Kapillardichte. Die abgestufte regelhafte zelluläre Reaktion des zentralen Nervensystems ist ultrastrukturell gekennzeichnet durch

1. Zellmembranreaktionen
2. Zellorganell- und Stoffwechselstörungen
3. DNA- und RNA-Störungen.

1. Akute Phase

Während der akuten Phase der Strahlenreaktion (Tage und Wochen nach der Bestrahlung) besteht neurologisch Somnolenz und Lethargie.

Neuropathologisch wird diese Phase beherrscht vom intra- und extrazellulären Ödem, Alteration der Astrozyten und Endothelzellen, Glykogen- und Mukopolysaccharid-Ablagerungen. Die Schädigung des Gehirns ist fokal, so daß die Summe der Herde den neurologisch diffusen Befund erklären muß. Das Verständnis dieser Phase ist beim Menschen noch unverständlicher als vom Tierexperiment her. Im normalen Hirngewebe wird der Stoffwechsel hauptsächlich durch zelluläre Gesetze, die Sauerstoffdiffusion durch physikalische Gesetze beherrscht. Endothel- und Gliazellen stellen die Verbindung zur Nervenzelle in einer metabolischen Kette her. Durch energiereiche Strahlen wird diese Kette gestört: fokales Ödem, fokale Glykogenablagerung mit verminderter Carbohydratutilisation und fokale Zellnekrosen sind die Folge (ZEMAN 1968; HAYMAKER et al. 1958, 1968, 1972; LIERSE u. FRANKE 1967).

Die akute Reaktion des Hirngewebes ist nicht gleichzusetzen mit der akuten Reaktion der Zellen. Erstmalig zeigten ZEMAN et al. (1959), daß die akute Radionekrose eine Funktion des Volumens des exponierten Gewebes ist. Dosen im Bereich von Millionen rad (20 MeV Deuteronen und Strahlenbündel mit Durchmesser von 250 µm) zerstören nur Perikarya der Zellen. Die Kontinuität des Gewebes bleibt intakt. Strahlenbündel mit dem Minimal-Durchmesser von 1 mm sind notwendig, um Gewebe total zu zerstören.

In verschiedenen experimentellen Ansätzen und bei verschiedenen Spezies wurde die akute Radionekrose dargestellt. SCHOLZ et al. (1962) verwendeten 20000 bis 8000 rad 4 Kvp X-Strahlen und sahen ab 6–17 Std p. irrad. im Rückenmark des Hamsters einen Status spongiosus ohne merkbaren Anstieg der Gefäßpermeabilität. Die Nekrose war 45–67 Stunden p. irrad. vollständig. SCHÜMMELFELDER (1962) erzeugte im Zerebellum der Maus Nekrosen (1 Std nach 2000 bis 60000 rad Kvp X-Strahlen, 3000 rad/min). Die lokale Bestrahlung mit Einzeldosen zwischwn 2200 bis 4000 rad führen im Rückenmark zu Nekrosen (INNES u. CARSTEN 1961; HOPEWELL u. WRIGHT 1970; KOGEL u. BARENDSEN 1974).

Auch nach der Bestrahlung mit schnellen Neutronen entstehen Nekrosen im Rückenmark des Kaninchens, die mit neurologischen Symptomen korrespondieren (110 bis 223 Tage nach 6720 rad oder 98 bis 178 Tage nach 3360 rad oder 185 bis 513 Tage nach 2520 rad (35 MeV Deuteron, Beryllium target, Dosis Rate: 60 rad/min; Distanz 125 cm Rückenmark Mitte; Feldgröße 8 × 17 cm). Außer der Nekrose des Nervengewebes treten fokale Hämorrhagien, Teleangiektasien und Degenerationen an Endothelzellen auf, und zwar in der weißen und grauen Substanz gleichermaßen. Begleitend finden sich PAS-positive Einlagerungen in der weißen Substanz. Eine Koinzidenz zwischen Myelopathie und Dosis oder Postirradiationszeit konnte nicht gefunden werden. ARNOLD et al. (1954a, b, c, d) erzeugten bei Anthropoiden mit harten Röntgenstrahlen (23 MeV, Betatron) oberhalb 7000 rad Nekrosen in der weißen und grauen Substanz. Zwischen 5000 und 7000 rad sehen sie partielle Nekrosen und nach 6 bis 8 Monaten eine Bevorzugung der weißen Substanz. FRANKE und LIERSE (1966) erzeugten mit konventionellen Röntgenstrahlen ab 3000 rad einzelne Nekrosen im

Meerschweinchengehirn. Nach hohen Dosen über 10000 rad treten in jedem Fall Nekrosen auf (ZEMAN 1968).

Ödeme und entzündliche Reaktionen sind mit sehr viel geringeren Dosen (ab 100 rad konventionelle Röntgenstrahlen) auslösbar und z. T. reversibel (NAIR u. ROTH 1964; HASSLER u. MOVIN 1966; MCDONALD u. HAYES 1967). Die Reversibilität ist vom Alter und damit der Mauserungsrate der Zellen und von der Strahlenart usw. abhängig. Oberhalb von 1000 rad (konventionelle Röntgenstrahlen) treten vereinzelt Blutungen (FRANKE u. LIERSE 1965, 1967) und entzündliche Reaktionen auf (HAYMAKER et al. 1972: 2500 bis 30000 rad Gamma-Strahlung; 1500 rad, 400 MeV Proton-Bestrahlung).

Um die Gründe der Reversibilität der akuten Reaktion und der frühen Spätnekrose eingrenzen zu können, werden folgende Faktoren beachtet:
1. Zellteilungen nach der Bestrahlung (vgl. S. 365, 370)
2. Enzymreaktionen nach der Bestrahlung (vgl. S. 360, 371)
3. Substratreaktionen nach der Bestrahlung (vgl. S. 357).

2. Frühe Spätphase

In der frühen Spätphase (SCHOLZ 1934) halten sich reparative und regressive Vorgänge die Waage oder eben nicht. Die Reparation wird nachweisbar in der Steigerung der Proteinsynthese, der Aktivierung phagozytierender Zellen (Astrozyten, Mikroglia, Perizyten, Granulozyten) und der lysosomalen Phosphatasen. Lymphozytäre Infiltrationen können schon in der akuten Phase wie in der frühen Spätphase auftreten. Es gibt Hinweise, daß sie im Zusammenhang mit einer aktiven Demyelinisation in Form eines Myelin-Schälvorganges stehen. Passive Demyelinisationen werden durch das Ödem erzeugt. Auch diese Veränderungen sind fokal, so daß neuropathologisch zu finden sind:
- Herdförmige Demyelinisationen
- Randmarkierende Mikroglia- und Astrozyten-Reaktion
- Perivaskuläre Lymphozyten- und Plasmazellaggregationen
- Endothelzell- und -Kernschwellungen mit Basalmembranverdickungen mit der Folge der ischämischen fokalen Erkrankung
- Glykogen- und Mukopolysaccharid-Ablagerungen
- Ergastoplasmaverminderung in vorgeschädigten Nerven- und Gliazellen oder Pyknosen als Zeichen mangelnder Reparation
- Erhaltung von Axonzylindern auch bei gestörter Markscheide oder im Ödembereich.
   Zur Erklärung werden diskutiert:
- Hypersensibilität der Oligodendrozyten gegenüber ionisierenden Strahlen
- Autoimmun Antwort
- Aktivierung einer latenten Multiplen Sklerose
- Aktivierung einer latenten viralen Infektion
- Destruktion des vorgeschädigten Gewebes durch sekundäre Erkrankungen wie Hypertension, Diabetes mellitus, Arteriosklerose (Ischämie) (ZEMAN 1961; LAMPERT u. DAVIS 1964; MAXWELL u. KRUGER 1965a, b; KLATZO et al. 1962; LIERSE 1972).

Durch eine arterielle Hypo- oder Hypertension wird an sich schon eine Blut-Hirn-Schrankenstörung hervorgerufen und unterhalten (ASSCHER u. ANSON 1962; JOHANSSON et al. 1970; JOHANSSON 1974; CANTU et al. 1969; BAKAY u. BENDIXEN 1963; ADAMS et al. 1966).

3. Spätschaden

Es leuchtet ein, daß das Versagen der Reparation zum Spätschaden führt. Nicht klar abgrenzbar ist die Reparation während der akuten Phase von der in der Latenzphase, da unter Beachtung histochemischer und ultrastruktureller Methoden die Latenzphase nicht mehr als stumme Phase anzusehen ist. Die Bezeichnung „Latenzphase" gilt daher nur hinsichtlich der Veränderungen, die neurologische Symptome verursachen. Die Anwendung der feineren morphologischen Methoden zeigt, daß die Faktoren der Einheit „Gefäß – Glia – Neuron" unterschiedlich an der Reparation – wie vorher an der Vulnerabilitätsskala – beteiligt sind. Das neurologische Symptom spiegelt den Zusammenbruch der gut bekannten Funktion des Neuron der Erregungsleitung und Erregungsübertragung wider. Die Erregungsleitung ist gebunden an das Axon und an die Markscheide, die von Oligodendrozyten gebildet wurde. Die Axone sind auch von der Astroglia abhängig, weil diese Gliazellen u.a. Glukose zum Perikaryon des Neuron transportieren. Aus diesen Gründen finden beide Gliazelltypen zur Beurteilung der Reparation Beachtung. Die Reparation durch Zellteilung der Gliazellen dauert über 2 Monate nach der Bestrahlung an und wird auf die langsame Teilungsrate dieser Zellen zurückgeführt. Nach Bestrahlungen des Rückenmarks der Ratte (4000 rad, X-Strahlen) wurde in den ersten 4 Wochen nach der Bestrahlung ein signifikanter Abfall der Zellzahl/Gewebseinheit gefunden. Die Oligodendrozyten waren mit 30–56% Verlustrate stärker reduziert als die Astrozyten mit 26% Verlustrate. 2–3 Monate nach der Bestrahlung setzt die Zellvermehrung ein (Zeman 1963), die als Zeichen der Reparationen gewertet wird. Man bemerkt auch Kapillarsprossungen als Zeichen der Reparation. Reicht die Zellteilung nicht aus, treten neurologische Symptome wie Paraplegien auf (Zeman 1963). Anzeichen des Gliazelltodes sind u.a. freie Glykogen- und Mukopolysaccharideinlagerungen in den extrazellulären Raum. 24 Stunden nach 115 rad DT Neutronen fanden sich derartige Ablagerungen in Gliazellen und in radiogenen Herden. Bestimmt man das prozentuale Volumen der Herde pro Hirngewebe, so ergibt sich: nach 115 rad nehmen in der weißen Substanz des Großhirns die Herde etwa 10 Vol.% ein, in der des Kleinhirns 3 Vol.%. Nach Erhöhung der Einzeldosis auf 360 rad nehmen die Herde nur noch 1 Vol.% bzw. 0,9 Vol.% ein. Mit der Erhöhung der Dosis von 115 rad auf 360 rad verdoppelt sich aber die Rate pyknotischer Gliazellen drastisch (Lierse u. Franke 1982). Diese Befunde bestätigen die von Zeman (1963), daß nach der Bestrahlung die Rate pyknotischer Zellen zunimmt oder die Rate intakter Gliazellen abnimmt, und sie zeigen außerdem, daß mukopolysaccharidhaltige Zellen und Herde Prodromalstadien der regressiven Veränderung sein können. Ebenso wie die Ablagerungen zur Pyknose führen können, kann die Abnahme der Gliazellzahl zur Spät-Nekrose führen. Wir kennen noch nicht die kritischen Maße, die diesen „Umkippeffekt" Reparation/ Spät-Nekrose bestimmen. Durch die Vermehrung der Oligodendrozyten wird wahrscheinlich die Remyelinisierung ermöglicht, da Oligodendrozyten die Markscheidenbildner des Zentralnervensystems sind (vgl. Seite 363).

Einen geringeren Schädigungsgrad und einen Versuch der Reparation zeigen phasische Steigerungen saurer Phosphatasen an (Wrage et al. 1969; Lierse u. Franke 1970). Der Anstieg saurer Phosphatasen ist Ausdruck der Zunahme der Lysosomen und der erhöhten Abbauleistung durch Phagolysosome (Colmant 1959; De Duve 1959, 1963, 1967, 1969; De Duve u. Wattiaux 1966; Barrett 1969; Davidoff u. Galabov 1973). Im ultrastrukturellen Bereich findet die Transformation geschädigter Mitochondrien zu lysosomenartigen Körpern statt (Lierse u. Franke 1970). Nach Kopfbestrahlung von Ratten mit konventionellen Röntgenstrahlen (200 KV; 100 rad/min) tritt diese Reaktion im Dosisbereich zwischen 100 und 750 rad auf. Als weitere Zeichen der latenten Zellinsuffizienz treten in Astrozyten Fibrillen und nicht membranbegrenzte granuläre Ablagerungen in der Nähe von Mitochondrien auf. Außerdem kann der RNA-Gehalt vermehrt sein, wodurch die Astrozyten dunkler erscheinen (Lierse u. Franke 1970). Die Oligodendrozyten zeigen eher eine gleichmäßige Verdichtung ihres Zytoplasma. Die Endothelzellen bleiben geschwollen (Cervos-Navarro 1964), oder sie schrumpfen und lagern fibrinoide Einschlüsse ab (Lierse u. Franke 1970). Die Zytopempsis bleibt erhöht, und die Basalmembran der Kapillaren bleibt verdickt (Cervos-Navarro 1964; McDonald u. Hayes 1967). Auch die Perizyten reagieren in der gleichen Art. Nach Untersuchungen zahlreicher Autoren kann die Reparationsfähigkeit der Gliazellen zu gering sein, so daß es zur frühen oder späten Manifestation des Strahlenschadens kommt.

SAMORAJSKI et al. (1964) fanden die ultrazelluläre Aktivierung saurer Hydrolasen, Cathepsin Typ G und saurer Phosphatasen. DE DUVE und WATTIAUX (1966) stützten diese Theorie durch den Befund der Aktivierung lysosomaler Enzyme. MASUROVSKY et al. (1967a, b) und WRAGE et al. (1969) zeigten eine phasische Aktivierung saurer Phosphatasen nach der Bestrahlung bis in die Latenzzeit. MAXWELL und KRUGER (1965) sahen im ultrastrukturellen Bereich ebenso wie LIERSE und FRANKE (1970) vermehrt Lysosomen in den Gliazellen. In den Lysosomen sind enthalten Proteasen – Proteine, Nukleasen – Nukleinsäuren, Glukosidasen – Polysaccharide, Arylsulfatasen – organisch gebundene Sulfate, Lipasen – Fette, Phospolipasen – organisch gebundene Phosphate, Phosphatasen – Phosphate.

Die Lysosomen teilt man nach DE DUVE und WATTIAUX (1966) in primäre und sekundäre Formen ein, die sekundären wiederum in eine autophagische und heterophagische Reihe. Die primären Lysosomen sind hydrolasehaltige Abschnürungen des Golgi-Apparates; die sekundären enthalten ebenfalls saure Phosphatasen und sind strukturell unterschiedlich: Multivesikuläre Körper, Myelinfigurartige Körper, Dense bodies, Lipofuszingranula. Beim Vergleich der normalen Verteilung der Lysosomen mit der Radiovulnerabilität gibt es keine Übereinstimmung. Allerdings bleibt bei einem solchen Vergleich die Potenz der reaktiven Bildung lysosomaler Körper noch unberücksichtigt.

Als empfindlich erwiesen sich die Membranen der Mitochondrien (ANDRES 1963a; LIERSE u. FRANKE 1970). Die Membranen des Ergastoplasma, in dem die Proteinsynthese stattfindet, sind von ZEMAN et al. (1968) geprüft worden. Sie haben gefunden, daß nach Bestrahlungen Vorstufen der Proteine vermehrt von geschädigten Zellen aufgenommen und eingebaut werden, so daß der RNA-Gehalt ansteigt. Die radiogene Zellnekrose wird vorzugsweise durch Zerstörung des Zytoplasmas eingeleitet (ZEMAN u. SAMORAJSKI 1971).

Aktinomycin D stoppt diesen Einbau drastisch, so daß der Schaden früher eintritt. In davon unabhängigen Untersuchungen zeigten ORTHAUS und LIERSE (1975), daß die alleinige Gabe von Aktinomycin D in der Retina aufgrund von Zerstörungen des Ergastoplasma zu Zellschrumpfungen und Zellschwellungen führt.

4. Spät-Nekrose

Die *radiogene Spät-Nekrose* tritt nach Jahren „plötzlich" auf. Die weiße Substanz ist deutlich stärker betroffen als die graue Substanz, die die sauerstoffmangelempfindlichen Ganglienzellen enthält. Höhere Einzeldosen verkürzen die Latenzzeit, so daß nach sehr hohen Dosen die akute Phase mit der Spät-Nekrose zusammenfällt. Eine für das gesamte Nervensystem gültige Formel, durch die die Beziehung Dosis/Latenzzeit ausgedrückt wird, gelingt nicht, da die Vulnerabilität der Regionen unterschiedlich ist. Neuropathologisch findet man

- Diffuse Demyelinisationen
- Diffuses Begleitödem
- Variable gliöse Reaktionen der Astrozyten, Ergastoplasmavermehrung, Fibrillenbildung
- Wenige Mikrogliazellen
- Mononukleäre Zellen, die aktiv Markscheiden schälen
- Perivaskuläre hyaline Ablagerungen
- Fibrinoide Einlagerungen in Endothelzellen
- Helle und dunkle Degenerationen von Nervenzellen.

Der Vorgang der radiogenen Demyelinisation wird noch kontrovers diskutiert. Man unterscheidet:

- Chronische progrediente radiogene Myelopathie
- Transitorische radiogene Myelopathie
- Gehemmte radiogene Myelopathie
- Selektive Vorderhornerkrankung
- Disseminierte Demyelinisation.

Literatur

Adams JH, Brierley JB, Connor RC, Treip CS (1966) The effects of systemic hypotension upon the human brain. Clinical and neuropathological observations in 11 cases. Brain 89:235–268

Albin MSR, White RJ, Locke GS, Massopust LC, Kretschner HE (1967) Localised spinal cord hypothermia – anaestetic effects and application to spinal cord injury. Anaesth Analg 46:8–15

Alpers BJ, Pancoast HK (1933) The effect of irradiation on normal and neoplastic brain tissue. Amer J Cancer 17:7

Andres KH (1963a) Elektronenmikroskopische Untersuchungen über Strukturveränderungen in den Kernen von Spinalganglienzellen der Ratte nach Bestrahlung mit 185 MeV-Protonen. Z Zellforsch 60:560–581

Arnold A, Bailey P (1954a) Alterations in the glial cells following irradiation of the brain in primates. Archs Path 57:383–391

Arnold A, Bailey P, Harvey RA, Haas LL, Laughlin JS (1954b) Changes in the C.N.S. following irradiation with 23-MeV X-rays from the Betatron. Radiol 62:37

Arnold A, Bailey P, Laughlin JS (1954c) Effects of betatron radiations on the brain of primates. Neurology (Minneap) 4:165–178

Arnold A, Bailey P, Harvey RA (1954d) Intolerance of the primate brain stem and hypothalamus to conventional and high energy radiations. Neurology (Minn) 4:575)

Asbell SO, Kramer S (1971) Oxygen effect on the production of radiation-induced myelitis in rats. Radiology 98:678–681

Asscher AW, Anson SG (1962) Arterial hypertension and irradiation damage to the nervous system. Lancet 1343–1346

Asscher AW, Wilson C, Anson SG (1961) Sensitisation of bloodvessels to hypertensive damage by X-irradiation. Lancet 580–583

Assenmacher DR, Ducker TB (1971) Experimental traumatic paraplegia. The vascular and pathological changes seen in reversible and irreversible spinal cord lesions. J Bone Jt Surg 53 A:671–680

Bacq Z, Alexander P (1961) Fundamentals of Radiobiology. Pergamon Press, New York

Bakay L, Bendixen HH (1963) Central nervous system vulnerability in hypoxic states: isotope uptake studies. In: Schadé JP, McMenemey WH (eds) Selective Vulnerability of the Central Nervous System in Hypoxaemia. Blackwell Scientific Publications, Oxford, pp 63–78

Barrett AJ (1969) Properties of lysosomal enzymes. In: Dingle JT (Hrsg) Lysosomes in biology and pathology, Bd 2. North Holland Publ Comp, Amsterdam London, S 245–312

Barron KD, Means ED, Feng T, Harris H (1974) Ultrastructure of retrograde degeneration in thalamus of rat. 2. Changes in vascular elements and transvascular migration of leukocytes. Exp and Mol Pathol 20:344–362

Beggs JL, Waggener JD (1976) Transendothelial vesicular transport of protein following compression injury to the spinal cord. Lab Inbest 34:428–439

Berg NO, Lindgren M (1958) Time-dose relationship and morphology of delayed radiation lesions of the brain in rabbits. Acta radiol (Stockh) Suppl 167:1–118

Berry K, Wisniewski HM, Svarzbein L, Baez S (1975) On the relationship of brain vasculature to production of neurological deficit and morphological changes following acute unilateral common carotid artery ligation in gerbils. J Neurol Sci 25:75–92

Boegaert L van, Hermanne J (1948) Aspects cliniques et pathologiques des radionécroses cérébrales chez l'homme. Ann Méd 49:14

Breckenridge BM, Crawford EJ (1961) The quantitative histochemistry of the brain. Enzymes of the glycogen metabolism. J Neurochem 7:234–240

Breit A (1966) Die Strahlentoleranz des Rückenmarkes. In: Dtsch Röntgenkongreß 1965, Teil B, Sonderband zur Strahlentherapie 62:77

Brierley JB, Meldrum BS, Brown AW (1973) The threshold and neuropathology of cerebral anoxic-ischaemic cell damage. Archs Neurol, Chicago 29:367–374

Brightman MW, Klatzo I, Olsson Y, Reese TS (1970) The bloodbrain barrier to proteins under normal and pathological conditions. J neurol Sci 10:215–239

Brownson RH (1960) The effect of X-irradiation on the perineuronal satellite cells in the cortex of aging brains. J Neuropath Exp Neurol 19:407

Brownson RH, Suter DB, Diller DA (1963) Acute brain damage induced by low dosage x-irradiation. Neurology 13:(Minneap) 181–191

Brownson RH, Suter DB, Oliver JL, Ingersoll EH, Burt DH (1964) Histochemical and histological changes induced in rat brain by X-irradiation. In: Haley TJ, Snider RS (eds) Response of the Nervous System to Ionizing Radiation. Little, Brown and Co, Boston, pp 307–335

Cantu RC, Ames E, Dixon J, Digiacinto G (1969) Hypotension: a major factor limiting recovery from cerebral ischaemia. J surg Res 9:525–529

Carlson JG (1954) Immediate effects on division, morphology, and viability of the cell. In: Hollaender A (ed) Radiation Biology, Vol I, New York Toronto London: McGraw-Hill, p 763

Cavanagh JB (1968) Effects of previous X-irradiation on the cellular response of nervous tissue to injury. Nature (Lond) 219:626–627

Caveness WF, Roizin L, Innes JRM, Carsten A (1964) Delayed effects of X-irradiation on the central nervous system of the monkey. In: Haley

TJ, Snider RS (eds) Second International Symposium on Response of the Nervous System to Ionizing Radiation, Los Angeles (1963). Boston, Little, Brown and Co, pp 448–475

Caveness WF, Carsten AL, Roizin L, Schadé JP (1968) Pathogenesis of X-irradiation effects in the monkey cerebral cortex. Brain Research (Amst) 7:1–120

Cazulla CL, Giordano PL, Invernizzi G (1967) Histological and Histochemical Aspects of the Early Effects or Roentgen Irradiation on the Nervous System of Rabbits. In: Klatzo I (ed) Brain Edema. Springer, Wien New York, pp 645–650

Cervos-Navarro J (1964) Elektronenmikroskopische Befunde an den Kapillaren des Kaninchenhirns nach der Einwirkung ionisierender Strahlen. Arch Psychiat Nervenkr 205:204–222

Cervos-Navarro J (1967) Brain edema due to ionizing radiation. In: Klatzo I, Seitelberger F (eds) Brain Edema. Proc Sympos Sept 11–13, Vienna 1965. Springer, New York Heidelberg Berlin, p 632

Cervos-Navarro J (1969b) Acute changes of the CNS caused by the effect of ionizing rays; study of edema. Acta Neurol (Napoli) 24:307

Cervos-Navarro J (1970) Der zeitliche Ablauf des akuten Bestrahlungsödems im Gehirn. Acta Neurochir (Wien) 22:43

Cervos-Navarro J, Bergeder HD, Serra JP (1969a) Ultraestructura de la sustancia blanca del cerebro de mond, en el edema agudo provocado por la aplicaicon local de rayos X. Arch Fund Roux Ocefa 3:133

Chiang J, Kowada MD, Ames A, Wright RL, Majno G (1968) Cerebral ischemia. III. Vascular changes. Am J Pathol 52:455–476

Churchill-Davidson I (1966) Therapeutic use of hyperbaric oxygen. Ann Roy Coll Surg Eng 39:164

Churchill-Davidson I, Forster CA, Wiernik G (1966) The place of oxygen in radiotherapy. Brit J Radiol 39:321

Clemente CD, Holst EA (1954) Pathological changes in neurons, neuroglia and blood-brain barrier induced by x-irradiation of the heads of monkeys. Arch Neurol Psychol 71:66–79

Clemente CD, Richardson HE jr (1962) Some observations on radiation effects on the blood-brain barrier and cerebral blood vessels. In: Haley TJ, Snider RS Response of the Nervous System to Ionizing Radiation. Academic Press, New York, pp 411–428

Coggeshall RE, MacLean PD (1958) Hippocampal Lesions Following Administration of 3-Acethylpyridine. Proc Soc Exp Biol Med 98:687–689

Cohan SL, Abbott JR, Catravas GN (1973) The effect of ionizing radiation upon mitochondria of the central nervous system. J Neurochem 20:1555–1561

Colmant HJ (1959) Aktivitätsschwankungen der sauren Phosphatase im Rückenmark und den Spinalganglien der Ratte nach Durchschneidung des Nervus ischiadicus. Arch Psych Nervenhk 199:60–71

Coy P, Dolman CL (1971) Radiation myelopathy in relation to oxygen level. Brit J Radiol 44:705

Craigie EH (1921, 1930, 1931) Changes in vascularity in the brain stem and cerebellum of the albino rat between birth and maturity. J comp Neurol 38:27–48; 51:1–11; 52:353–357

Craigie EH (1925) Postnatal changes in vascularity in the cerebral cortex of the male albino rat. J comp Neurol 39:301–324

Craigie EH (1955) Vascular patterns of the developing nervous system. In: Waelsch H (ed) Biochemistry of the developing nervous system. Academic Press, New York, pp 28–51

Davidoff M, Galabov G (1973) Typische Lysosomenarten in den Zellen der einzelnen Gebiete des ZNS der Ratte. Brain Res 49:125–133

Davson H (1960) The blood-brain barrier. In: Field J, Magoun HW, Hall VE (eds) Handbook of Physiology. Williams & Wilkins, Baltimore, pp 1761–1768

Deurs B van (1976) Observations on the blood brain barrier in hypertensive rats with particular reference to phagocytic pericytes. J Ultrastruct Res 56:65–77

Diemer K (1965) Der Einfluß chronischen Sauerstoffmangels auf die Kapillarentwicklung im Gehirn des Säuglings. Mschr Kinderheilk 113:281–283

Dodson RF, Aoyagi M, Hartmann A, Tagashira Y (1974) Acute cerebral infarction and hypotension: an ultrastructural study. J Neuropath exp neurol 33:400–407

Ducker TB, Kindt GW, Kempe LG (1971) Pathological findings in acute experimental spinal cord trauma. J Neurosurg 35:700–708

Dunlap CE (1961) Effects of radiation. In: Anderson WAD (ed) Pathology, eth edition, Mosby, St Louis, Mo, pp 183–190

Dunning HS, Wolff HG (1937) The relative vascularity of various parts of the central and peripheral nervous system of the cat and its relation to function. J comp Neurol 67:433–450

Duve C de (1959) Lysosomes, a new group of cytoplasmic particles. In: Hayashi T (ed) Subcellular particles. Ronald Press, New York, pp 128–159

Duve C de (1963) The lysosome concept. In: Reuck AVS de, Cameron MP (eds) Ciba Found. Symp Lysosomes. Little, Brown, Boston, Massachusetts, pp 1–35

Duve C de (1967) General principles. In: Roodyn DB (ed) Enzyme cytology. Academic Press, Amsterdam London, pp 1–26

Duve C de (1969) The lysosome in retrospect. In: Dingle JT (ed) Lysosomes in biology and pathology, Bd 1. North Holland Publ Comp, Amsterdam London, pp 3–37

Duve C de, Wattiaux R (1966) Functions of lysosomes. Ann Rev Physiol 28:435–492

Dyke DC van, Janssen P, Tobias CA (1962) Fluorescein as a sensitive, semiquantitative indicator of injury following alpha particle irradiation of the brain. In: Haley TJ, Snider RS (eds) Response of the nervous system to ionizing radiation. Academic Press, New York London, pp 369–382

Estable-Puig RF de, Estable-Puig JF de (1971) Cell response of the olfactory bulb to ionizing radiation injury. An electron microscopical study. Acta neuropath (Berl) 17:287–301

Estable-Puig JF, Estable RF de, Tobias C, Haymaker W (1964) Degeneration and regeneration of myelinated fibers in the cerebral and cerebellar cortex following damage from ionizing particle radiation. Acta Neuropath (Berl) 4:175

Franke H, Lierse W (1965) Elektronenmikroskopische Untersuchungen über Hirnveränderungen des Meerschweinchens nach Röntgenbestrahlung. Fortschr Röntgenstr 102:78–87

Franke H, Lierse W (1966) Ultrastrukturelle Strahlenreaktionen am Meerschweinchengehirn. Strahlentherapie 62:138–142

Franke H, Lierse W (1967) Histochemische und ultrastrukturelle Veränderungen am Meerschweinchengehirn nach Einwirkung unterschiedlicher Strahlenarten. Sonderbände z Strahlentherapie 64:179

Franke H, Lierse W (1968) The effect on the histochemically demonstrable glycogen content of the guinea-pig retina during inhalation of normobaric air or hyperbaric oxygen (3 atm). Germ med Mth 13:289–291

Friede R (1954) Die Bedeutung der Glia für den zentralen Kohlenhydratstoffwechsel. Zbl allg Path path Anat 92:65–74

Friede R (1965) The enzymatic response of astrocytes to various ions in vitro. J Cell Biol 20:5–15

Garcia J, Buchwald NA, Feder BH, Koelling RA, Tedrow LF (1964) Ionizing radiation as a perceptual and aversive stimulus. I. Instrumental conditioning studies. In: Hadley TJ, Snider RS (eds) Response of the Nervous System to Ionizing Radiation. Little, Brown and Co, Boston, p 673

Garcia JH, Cox JV, Hudgins WR (1971) Ultrastructure of the microvasculature in experimental cerebral infarction. Acta Neuropath (Berl) 18:273–285

Giacomelli F, Weiner J, Spiro D (1970) The cellular pathology of experimental hypertension, V. Increased permeability of cerebral arterial vessels. Amer J Pathol 59:133–159

Gilmore SA (1969) Alterations in blood vessels in X-irradiated spinal cords of young rats. Anat Rec 163:89–100

Goodman JH, Bingham WG, Hunt WE (1976) Ultrastructural blood brain barrier alterations and edema formation in acute spinal cord trauma. J Neurosurg 44:418–424

Grünewald W (1968) Oxygen transport in blood and tissue. Thieme, Stuttgart, pp 100–114

Hager H, Hirschberger W, Breit A (1962) Electron microscope observations on the irradiated central nervous system of the syrian hamster. In: Haley TJ, Snider RS (eds) Response of the nervous system to ionizing radiation. Academic press, New York, pp 261–275

Häggendal E, Johannsson B (1972) Effect of increased intravascular pressure on the blood brain barrier to protein in dogs. Acta Neurol Scandinav 48:271–275

Hamberger A, Blomstrand C, Rosengren B (1970) Effect of X-irradiation on respiration and protein synthesis in neuronal and neuroglia cell fractions. Exp Neurol 26:509–517

Hassler O, Movin A (1966) Microangiographic studies on changes in the cerebral vessels after irradiation. I. Lesions in the rabbit produced by ^{60}Co gamma rays, 195 kV and 34 MV roentgen rays. Acta Radiol TPB 4:279–289

Haymaker W (1962) Morphological changes in the nervous system following exposure to ionizing radiation. In: Proceedings of the Symposium on the Effects of Ionizing Radiation on the Nervous System. International Atomic Energy Commission, Vienna, p 309

Haymaker W, Lindgren M (1970) Nerve disturbances following exposure to ionizing radiation. In: Vinken PJ, Bruyn GW (eds) Handbook of Clinical Neurology, Vol 7 (Diseases of Nerves). North Holland Publishing Company, Amsterdam, pp 388–401

Haymaker W, Laquer G, Nauta WJH, Pickering JE, Sloper JC, Vogel FS (1958) The effects of barium ^{140}-Lanthanum^{140}(gamma) radiation on the central nervous system and pituitary gland of macaque monkeys. A study of 67 brains and spinal cords and 77 pituitary glands. J Neuropath Exp Neurol 17:12

Haymaker W, Ibrahim MZM, Miquel J, Call N, Riopelle AJ (1968) Delayed radiation effects in the brains of monkeys exposed to x- and γ-rays. J Neuropath exp Neurol 27:50–79

Haymaker W, Ibrahim MZM, Miquel J, Call N, Noden P, Ashley W (1972) Acute changes in the central nervous system of monkeys exposed to protons. J Neuropath Exp Neurol 31:72–101

Herken H, Lange K, Kolbe H (1969) Brain disorders induced by pharmacological blockage of the pentose phosphate pathway. Biochem biophys Res Commun 36:93–100

Hicks SP (1953) Effects of ionizing radiation on adult and embryonic nervous system. Res Publs Ass Res nerv ment Dis 32:439–462

Hicks SP, Montgomery POB (1952) Effects of acute radiation on the adult mammalian central nervous system. Proc Soc Exptl Biol Med 80:15–30

Hicks SP, Montgomery POB, Leigh KE (1956) Time-intensity factors in radiation response. I. The acute effects of megavolt electrons (cathode rays) and high- and low-energy x-rays with special reference to the brain. A.M.A. Arch Pathol 61:226

Hicks SP, Wright KA, D'Amato CJ (1958) Time-intensity factors in radiation response. II. Some genetic factors in brain damage. Arch Path 66:394

Hirano A (1969) The fine structure of the brain in edema. In: Bourne GH (ed) The Structure and Function of Nervous Tissue. Academic Press, New York, pp 69–135

Hirano A, Zimmermann HM, Levine S (1965) Intracellular accumulation of fluid and cryptococcal polysaccharide in oligodendroglia. Arch Neurol (Chic) 12:189–196

Hirano A, Levine S, Zimmermann HM (1967) Experimental cyanide encephalopathy. J Neuropath exp Neurol 26:200–213

Hirano A, Zimmermann HM, Levine S (1968) Remyelination in the central nervous system following cyanide intoxication. J Neuropath exp Neurol 27:144–145

Hopewell JW, Wright EA (1969) A demonstration of the oxygen effect in irradiated brain. Intern J Radiat Biol 16:593–601

Hopewell JW, Wright EA (1970) The nature of latent cerebral irradiation damage and its modification by hypertension. Brit J Radiol 43:161–167

Horstmann E (1960) Die postonatale Entwicklung der Kapillarisierung im Gehirn eines Nesthockers (Ratte) und eines Nestflüchters (Meerschweinchen). Verh Anat Ges Zürich 1959 Anat Anz Erg H 106/107:405–410

Horstmann E (1966) Abstand und Durchmesser der Kapillaren im Zentralnervensystem verschiedener Wirbeltierklassen. In: Tower DB, Schade JP (eds) Structure and function of the cerebral cortex. Elsevier, Amsterdam London New York Princeton, pp 59–63

Hossmann KA, Kleihues P (1973) Reversibility of ischaemic brain damage. Archs Neurol, Chicago 29:375–384

Hossmann KA, Zimmermann V (1974) Restitution of the monkey brain after 1 hour complete ischaemia. I. Physiological and morphological observations. Brain Res 81:75–95

Hunziker O, Frey H, Schultz U (1974) Morphometric investigations of capillaries in the brain cortex of the cat. Brain Res 65:1–11

Hunziker O, Emmenegger H, Frey H, Schultz U, Meier-Ruge W (1974a) Morphometric characterization of the capillary network in the cat's brain cortex: A comparison of the physiological state and hypovolemic conditions. Acta neuropath (Berl) 29:57–63

Hyden H (1959) A microchemical study of the relationship between glia and nerve cells. In: Tower DB, Schade JP (eds) Structure and function of the cerebral cortex. Elsevier, Amsterdam, pp 348–357

Ibrahim MZM, Levine S (1967) Effect of cyanide intoxication on the metachromatic material found in the central nervous system. J Neurol Neurosurg Psychiat 30:545–555

Ibrahim MZM, Morgan RS, Adams C (1965) Histochemistry of the neuroglia and myelin in experimental cerebral edema. J Neurol Neurosurg Psychiat 28:91–98

Innes JRM, Carsten A (1961) Demyelinating or malacic myelopathy. Arch Neurol 4:190–199

Janssen P, Klatzo I, Miquel J, Brustad T, Behar A, Haymaker W, Lyman J, Henry J, Tobias C (1962) Pathologic changes in the brain from exposure to alpha particles from a 60 inch cyclotron. In: Haley TJ, Snider RS (eds) Response of the Nervous system to Ionizing Radiation. Academic Press, New York, p 383

Johansson B (1974b) Blood-brain barrier dysfunction in acute arterial hypertension. Thesis, Göteborg

Johansson B, Li CL, Olsson Y, Klatzo I (1970) The effect of acute arterial hypertension on the blood-brain barrier to protein tracers. Acta neuropath (Berl) 16:117–124

Klatzo I (1967) Neuropathological aspects of brain edema. J Neuropath exp Neurol 26:1–4

Klatzo I (1973) Experimental studies on brain ischaemia. 4th Danubia Symp. on Neuropathology, Vienna

Klatzo I, Miquel J (1960) Observations on pinocytosis in nervous tissue. J Neuropath exp Neurol 19:475–487

Klatzo I, Miquel J, Tobias C, Haymaker W (1961) Effects of alpha-particle radiation on the rat brain, including vascular permeability and glycogen studies. J Neuropath exp Neurol 20:459–483

Klatzo I, Miquel J, Tobias C, Haymaker W (1962) Observations on appearance of histochemically-demonstrable glycogen in the rat brain as effect of alpha-particle irradiation. In: Proc Sympos on Effects of Ionizing Radiation on the Nervous System. Vienna; 5.–8. VI. 1961. International Energy Agency, Vienna, pp 285–296

Klatzo I, Miquel J, Otenasek R (1962) The application of fluorescence labeled serum proteins (FLSP) to the study of vascular permeability in the brain. Acta neuropath (Berl) 2:144–160

Klatzo I, Steinwell O, Streicher E, Smith DE (1965) Use of double tracers in the study of vascular permeability in the brain. J Neuropath exp Neurol 24:149–150

Klatzo I, Farkas-Bargeton E, Guth L, Miquel J, Olsson Y (1970) Some morphological and biochemical aspects of abnormal glycogen accumulation in the glia. VI. Congr Internat Neuropath Masson et Cie (eds) Paris, pp 351–365

Kobrine AI, Doyle TT, Martins AN (1975) Local spinal cord blood flow in experimental traumatic myelopathy. J Neurosurg 42:144–149

Kogel AJ van der, Barendsen GW (1974) Late effects

of spinal cord irradiation with 300 kV X-rays and 15 MeV neutrons. Br J Radiol 47:393–398

Korr H (1973) Autoradiographische Untersuchungen zur Proliferation der Neuroglia im Hirn erwachsener Mäuse. Verh Dtsch Zool Ges 66:255–260

Krogh A (1919a) The number and distribution of capillaries in muscles with calculations of the oxygen pressurehead necessary for supplying the tissue. J Physiol (Lond) 52:409–415

Krogh A (1919b) The supply of oxygen to the tissue and the regulation of the capillary circulation. J Physiol (Lond) 52:457–474

Lampert PW, Davis RL (1964) Delayed effects of radiation on the human central nervous system. Neurology, Minneap 14:912–917

Lampert P, Earle KM, Gibbs CJ, Gajdusek DC (1970) Electron microscopic studies on experimental spongiform encephalopathies (Kuru and Creutzfeldt-Jakob Disease) in chimpanzees. VIth Int Congress of Neuropath Masson & Cie, Paris, pp 916–930

Larsson B (1960) Blood vessel changes following local irradiation of the brain with high-energy protons. Acta Societatis medicorum Upsalienses 65:61–78

Levin VA, Landahl HD, Freeman-Dove MA (1976) The application of brain capillary permeability coefficient measurements to pathological conditions and the selection of agents which cross the blood-brain barrier. J Pharmacokin Biopharm 4:499–519

Lierse W (1963) Die Kapillardichte im Wirbeltiergehirn. Acta anat 54:1–31

Lierse W (1965) Ultrastrukturelle Hirnveränderung der Ratte nach Gaben von 3-Acethyl-Pyridin. Zeitschr Zellforsch 67:86–95

Lierse W (1968) Die Hirnkapillaren und ihre Glia. Acta neuropath (Berl) Suppl IV, 40–52

Lierse W (1971, 1972) Glycogen accumulations and ^{3}H-glucose utilisation following X-irradiation, hyperbaric oxygenation and administration of vasodilator drugs. Eur Neurol 9:88

Lierse W (1972) The uptake of Glucose-H^3 by glia cells before and after radiation injury (x-rays and 14 MeV neutrons). Virchows Arch Abt B Zellpath 11:326–333

Lierse W (1973) Carbohydratutilisation in der Glia von Gehirn und Retina nach Bestrahlungen, hyperbarer Sauerstoffatmung und vasoaktiven Pharmaka. Verh Anat Ges 67:331–335

Lierse W, Franke HD (1966) Ultrastrukturelle Frühreaktionen am Kleinhirn des Meerschweinchens nach CO^{60}-Bestrahlungen des Kopfes. Strahlentherapie 131:595

Lierse W, Franke HD (1967) Effects of X-irradiation on Guinea pig brain. In: Klatzo I, Seitelberger F (eds) Brain Edema, Proc Sympos Sept 11.–13., Vienna 1965. Springer, Berlin Heidelberg New York, pp 639–644

Lierse W, Franke HD (1967) Zelluläre Fehlleistungen im Zentralnervensystem des Meerschweinchens nach Einwirkung verschiedener ionisierender Strahlen. Anat Anz 120:369–373

Lierse W, Franke HD (1970) Histochemical and ultrastructural events in radiation injury of the brain. Proceedings of the 6th International Congress of Neuropathology. Masson, Paris, pp 228–236

Lierse W, Franke HD (1970) Hyperbarische Sauerstoffbeatmung: Die Kohlenhydrate des Zentralnervensystems als begrenzender Faktor. Anat Anz 126 (Erg H):65–67

Lierse W, Franke HD (1970) Ultrastrukturelle Veränderungen am Gehirn des Meerschweinchens und der Ratte während der Latenzzeit der Strahlenreaktion. Fortschr Röntgenstr 112:151

Lierse W, Franke HD (1982) Cellular Disturbance in the Rats Retina after Irradiation and Metabolic Errors during the Postnatal Period. In: Kriegel H, Schmahl W, Kistner G, Stieve F-E (eds) Developmental Effects of Prenatal Irradiation. Gustav Fischer, Stuttgart New York, pp 181–184

Lierse W, Horstmann E (1965) Quantitative anatomy of the cerebral vascular bed with especial emphasis of homogeneity and inhomogeneity in small parts of the gray and white matter. Acta neurol skand Suppl 14

Lierse W, Gritz K, Franke HD (1965) Histochemischer Nachweis von Glykogen und Mukopolysacchariden im Gehirn des Meerschweinchens nach Röntgenbestrahlung. Fortschr Roentgenstr 103:612–618

Lindgren M (1958) On tolerance of brain tissue and radiosensitivity on brain tumours to irradiation. Acta Radiol (Stockh) Suppl 170:1

Lowenberg-Scharenberg K, Bassett RC (1950) Amyloid degeneration of the human brain following X-ray therapy. J Neuropath exp Neurol 9:93

Masurovsky ED, Bunge MB, Bunge RP (1967a) Cytological studies of organotropic cultures of rat dorsal root ganglia following x-irradiation in vitro. I. Changes in neurons and satellite cells. J Cell Biol 32:467–496

Masurovsky ED, Bunge MB, Bunge RP (1967b) Cytological studies of organotropic cultures of rat dorsal root ganglia following X-irradiation in vitro. II. Changes in Schwann cells, myelin sheaths, and nerve fibers. J Cell Biol 32:497

Maxwell DS, Kruger L (1965a) The fine structure of astrocytes in the cerebral cortex and their response to focal injury produced by heavy ionizing particles. J Cell Biol 25:141–157

Maxwell DS, Kruger L (1965b) Small blood vessels and the origin of phagocytes in the rat cerebral cortex following heavy particle irradiation. Experimental Neurology 12:33–54

MacDonald LW, Hayes TL (1967) The role of capillaries in the pathogenesis of delayed radionecrosis of brain. Amer J Path 50:745–764

McGee-Russel SM, Brown AW. Brierly JB (1970) A combined light and electron microscopic study of early anoxic-ischaemic cell change in the rat brain. Brain Res 20:193–200

Merker HJ, Novack L, Zimmermann D (1970) Electron microscopic studies on the effect of 6-Aminonicotinamide on the mammalian embryos. Naunyn-Schmiedebergs Arch Pharmak 266:401–402

Meyer-König E (1973) Ultrastruktur der Glia- und Axonschädigung durch 6-Aminonikotinamid (6-AN) am Sehnerv der Ratte. Acta Neuropathol 26:115–126

Miquel J, Haymaker W (1965) Astroglial reactions to ionizing radiation: with emphasis on glycogen accumulation. In: Progress in brain research. In: De Robertis, Carrea R (eds) Biology of neuroglia, EDP, Vol 15. Elsevier, Amsterdam, pp 89–114

Miquel J, Haymaker W (1967) Brain edema induced by particle and ultraviolet radiation. In: Klatzo I, Seitelberger F (eds) Brain Edema. Proc Sympos Sept. 11–13 Vienna, 1965. Springer, New York Heidelberg Berlin, p 615

Miquel J, Klatzo I, Menzel DB, Haymaker W (1963) Glycogen changes in x-irradiated rat brain. Acta neuropath (Berl) 2:482–490

Miquel J, Lundgren PR, Jenkins JO (1966) Effects of Roentgen radiation on glycogen metabolism of the rat brain. Acta Radiol (Ther) (Stockholm) 5:123–132

Nair V, Roth LJ (1964) Effect of X-irradiation and certain other treatments on blood-brain barrier permeability. Radiat Res 23:249–264

Noetzel H, Rox J (1964) Autoradiographische Untersuchungen über Zellteilung und Zellentwicklung im Gehirn der erwachsenen Maus und des erwachsenen Rhesus-Affen nach Injektion von radioaktivem Thymidin. Acta neuropath (Berl) 3:326–342

O'Brien MD, Waltz AG, Jordan MM (1974) Ischemic cerebral edema. Distribution of water in brains of cats after occlusion of the middle cerebral artery. Arch Neurol 30:456–460

Olkowski Z, Manocha SL, Bourne GH (1972) Response of motorneurons of the spinal cord to gamma radiation – A cytochemical study. Strahlentherapie 143:202

Olsson Y, Carsten AL, Klatzo I (1972) Effects of gamma radiation on the shark brain. Acta neuropath (Berl) 21:1–10

Opitz E (1948) Über die Sauerstoffversorgung des Zentralnervensystems. Naturwissenschaften 35:80–88

Opitz E, Schneider M (1950) Über die Sauerstoffversorgung des Gehirns und den Mechanismus von Mangelwirkungen. Ergebn Physiol 46:126–260

Orthaus M, Lierse W (1975) Wachstumshemmung der Rattenretina während der Postnatalzeit nach Actinomycin-D-Gaben. Z mikrosk-anat Forsch, Leipzig 89, 4:665–691

Penfield W, Cone W (1926) Acute swelling of oligodendroglia, a specific type of neuroglial change. Arch Neurol (Chic) 16:131–153

Pennybaker J, Russel DS (1948) Necrosis of the brain due to radiation therapy. J Neurol Neurosurg Psychiat 11:183

Petrén T (1938) Untersuchungen über die relative Kapillarlänge der motorischen Hirnrinde in normalem Zustande und nach Muskeltraining. Anat Anz 85:196

Pryszkowski V, Lierse W, Franke HD (1968) Histochemische und ultrastrukturelle Frühveränderungen des Meerschweinchengehirns nach Bestrahlung mit 17 MeV Betastrahlen. Acta neuropath (Berl) 11:338–346

Rose JE, Malis I I, Kruger L, Baker CP (1960) Effects of heavy, ionizing, monoenergetic particles on the cerebral cortex. II. Histological appearance of laminar lesions and growth of nerve fibers after laminar destructions. J Comp Neurol 115:243

Rubinstein LJ, Klatzo I, Miquel J (1962) Histochemical observations on oxidative enzyme activity of glial cells in a local brain injury. J Neuropath exp Neurol 21:116–136

Rudemann NB, Ross PS, Berger M, Goodman MN (1974) Regulation of glucose and ketone-body metabolism in brain of anaesthetized rats. Biochem J 138:1–10

Russell DS, Wilson CW, Tansley K (1949) Experimental radionecrosis of the brain in rabbits. J Neurol Neurosurg Psychiat 12:187

Samorajski T, Zeman W, Ordy JM (1964) Histochemistry of particle microbeam lesions in the brain of the mouse. J Neuropath Exp Neurol 23:264–289

Samorajski T, Zeman W, Ordy JM (1967) Ultrastructural changes in the cerebellum after focal deuteron irradiation. J Neuropath Exp Neurol 26:40

Schettler T, Shealy CN (1970) Experimental selective alteration of blood-brain barrier by X-irradiation. J Neurosurg 32:89

Schochet S (1970) Pathogenesis of 6-aminonicotinamide neurotoxicity. VIth Int Congress of Neuropath, Masson & Cie, Paris, pp 89–90

Scholz W (1934) Experimentelle Untersuchungen über die Einwirkung von Roentgenstrahlung auf das reife Gehirn. Z Ges Neurol Psychiat 150:765–785

Scholz W, Schlote W, Hirschberger W (1962) Morphological effect of repeated low dosage and single high dosage application of X-irradiation to the central nervous system. In: Haley J, Snider RS (eds) Response of the Nervous System to Ionizing Radiation. Academic Press, New York London, pp 211–232

Schümmelfelder N (1962) Die experimentelle Strahlenschädigung des Zentralnervensystems. Ergebn allgem Path path Anat 42:34

Sokoloff L (1975) Determination of local cerebral glucose consumption. In: Haper AM, Jennet WB, Miller JA, Rowan JO (eds) Blood flow and Metabolism in the Brain. Churchill Livingstone, Edinburgh, pp 1–8

Tanabe M (1969) Effects of ionizing radiations on central nervous system. Nippon Acta Radiol 29:633

Thews G (1960) Die Sauerstoffdiffusion im Gehirn. Pflügers Arch ges Physiol 271:197–226

Vogel FS, Pickering JE (1956) Demyelinization induced in the brains of monkeys by means of fast neutrons. Pathogenesis of the lesion and comparison with the lesions of multiple sclerosis and Schilder's disease. J Exp Med 104:435

Werner L (1967) Probleme quantitativer lebensgeschichtlicher Untersuchungen der Kapillardichte in Rattengehirnen. Zeitschr f mikr-anat Forschung 78:272–288

Westergaard E, van Deurs B, Brondsted HE (1977) Increased vesicular transfer of horseradish peroxidase across cerebral endothelium, evoked by acute hypertension. Acta Neuropath (Berl) 37:141–152

Wolf A, Cowen D, Geller LM (1959) The effects of an antimetabolite, 6-AN, on the cns. Transact. Amer Neurol Ass 140:13

Wolf A, Cowen D, Geller LM (1962) Structural and functional effects of 6-AN and other antimetabolites on the cns. In: Jacob H (ed) Proc IVth Internat Cong Neuropathol, Vol. III, Thieme, Stuttgart, pp 447–453

Wolfe LS, Klatzo I, Miquel J, Haymaker W (1962) Effects of alpha-particle irradiation on brain glycogen in the rat. J Neurochem 9:213–218

Wrage D, Lierse W, Franke HD (1969) Die Aktivierung der alkalischen und sauren Phosphatase in Ganglienzellen nach Bestrahlungen des Meerschweinchenhirns mit Röntgenstrahlen (200 kV). Strahlentherapie 137:320–325

Yeo JD (1976) A review of experimental research in spinal cord injury. Paraplegia 14:1–11

Zelena J (1968) Accumulation of organelles at the end of interrupted axons. Z Zellforsch Mikrosk Anat 91:200–219

Zeman W (1961) Radiosensitivities of nervous tissue. Fundamental aspects of radiosensitivity. Edit: Brookhaven National Laboratory, Upton New York, p 176

Zeman W (1963) Disturbances of nucleic acid metabolism preceding delayed radionecrosis of nervous tissue. Proc nat Acad Sci (Wash) 50:626–630

Zeman W (1964) Strahlenschäden des Nervensystems. Arch Psychiat Nervenkrh 206:185

Zeman W (1966) Zur Pathogenese der Strahlenspätschädigung des Rückenmarks. Sonderbände z Strahlentherapie 62:68

Zeman W (1966) Pathogenesis of radiolesions in the mature central nervous system. In: Proceedings of the Fifth International Congress of Neuropathology. Excerpta Medical Foundation, p 302

Zeman W (1968) The effects of atomic radiations. In: Minckler J (ed) Pathology of the Nervous System. Vol 1, McGraw-Hill, New York Toronto Sydney London, p 864

Zeman W (1968) Histologic events during the latent interval in radiation injury. In: Bailey OT, Smith DE (eds) The Central Nervous System. Int Academy of Pathology, Monograph No 9, p 184

Zeman W, Curtis HJ (1962a) Metabolic and histochemical studies on direct radiation-induced nerve cell necrosis. Proceedings of the Fourth International Congress of Neuropathology. Georg Thieme, Stuttgart, pp 141–147

Zeman W, Samorajski T (1971) Effects of irradiation on the nervous system. In: Berjis CC (ed) Pathology of Irradiation. Williams & Wilkins Co, Baltimore, pp 213–217

Zeman W, Curtis HJ, Gebhard EL, Haymaker W (1959) Tolerance of mouse-brain tissue to high-energy deuterons. Science 130:1760

Zeman W, Samorajski T, Curtis HJ (1962b) Histochemical studies on mouse brains irradiated with high energy deuteron microbeams. In: Effects of Ionizing Radiation on the Nervous System, International Atomic Energy Agency, Vienna, p 297

Zeman W, Carsten A, Biondo S (1964) Cytochemistry of delayed radionecrosis of the murine spinal cord. In: Haley TJ, Snider RS (eds) Response of the Nervous System to Ionizing Radiation. Little, Brown and Co, Inc, Boston, pp 105–126

Zeman W, Ordy JM, Samorajski T (1968) Modification of acute radiation effect on cerebellar neurons of mice by Actinomycin. D Exp Neurol 21:52

10. Strahlenbiologische Veränderungen der Lunge

Von

M. MOLLS und D. VAN BEUNINGEN

Mit 7 Abbildungen und 1 Tabelle

A. Einleitung

Die ersten, die das klinische Bild der Strahlenpneumonitis und der Alveolarwand-Fibrose beschrieben, waren GROOVER et al. (1922) und HINES (1922). WINTZ (1923) lenkte die Aufmerksamkeit auf die klinische Komplikation der Pneumonitis nach Bestrahlung des Lungen- und Mammakarzinoms. Die Erkenntnis, daß die Lunge bei Strahlenbehandlung von Thorax- und Thoraxwandorganen eine dosislimitierende Struktur darstellt, führte zur Intensivierung tierexperimenteller Studien. An Kaninchen galt schon relativ früh das besondere Interesse dem zeitlichen Ablauf der pathologischen Veränderungen (ENGELSTAD 1940). Eine wertende Übersicht und Chronologie der klinischen und experimentellen Untersuchungen findet sich bei RUBIN und CASARETT (1968).

Der größere Teil des vorliegenden Artikels beschreibt die Strahlenempfindlichkeit der Lunge aus strahlenbiologischer Sicht. In einem kleineren Teil sind klinische Aspekte aufgezeigt. Eine kritische Würdigung der Fülle der vorliegenden, klinischen Literatur müßte den vorgegebenen Rahmen sprengen.

In der Folge werden Histopathologie, biochemische und physiologische bzw. funktionelle Veränderungen, Dosis-Wirkungsbeziehung und Erholung nach Lungenbestrahlung dargestellt. Die Dosis, die bei 5% der Patienten eine Pneumonitis induzierte, lag bei 500 ret (ca. 2650 rad in 20 Fraktionen). Nach einer Dosierung von 1040 ret (ca. 3050 rad in 20 Fraktionen) reagierten 50% der Strahlenbehandelten mit der genannten Komplikation. Für Mäuse lag die $LD_{50/160}$ (Tod von 50% der Tiere innerhalb von 160 Tagen), die sich als für den Lungenschaden aussagekräftiger Endpunkt erwiesen hat, nach einmaliger Bestrahlung bei 1350 rad. Bei 10 bzw. 20 Fraktionen stieg die $LD_{50/160}$ auf 3690 und 4600 rad (PHILLIPS u. MARGOLIS 1972). Die Untersuchung von PHILLIPS u. MARGOLIS (1972) zeigte, daß tierexperimentelle Daten zur Absicherung der Aussage der begrenzten klinischen Informationen beitragen. Von Bedeutung war weiterhin der Nachweis eines beträchtlichen Erholungsvermögens der Lunge.

Aufgrund der Studien von FIELD u. HORNSEY (1975) kann auf eine effiziente Erholung vom subletalen Strahlenschaden geschlossen werden. Die Möglichkeit jedoch untergegangenes Lungengewebe nach Einstrahlung höherer Dosen zu regenerieren (Repopulierung) wird trotz mancher experimenteller Hinweise auf vermehrte Proliferation (s. Abschnitt B.I.) nicht sehr hoch eingeschätzt. Die proliferative Kapazität der vielen verschiedenen Zellpopulationen in der Lunge ist gering. Mit den unbestrahlten Lungenpartien verfügt die Lunge andererseits über eine große funktionelle Reserve. Damit wird das Volumen des bestrahlten Lungengewebes zu einer außerordentlich wichtigen Größe (RUBIN u. CASARETT 1968).

Die eigentliche „target-Zelle", deren Läsion am Beginn der Entwicklung einer Strahlenpneumonitis und nachfolgenden Fibrose steht, blieb bisher unbekannt. Elektronenmikroskopisch lassen sich sowohl an den Kapillarendothelien als auch an den Pneumozyten vom Typ II sehr frühzeitig feinstrukturelle Veränderungen beobachten (s. Abschnitt B.I.). Die Schädigung beider Zelltypen scheint in der Ausbildung der Pneumonitis und Fibrose eine wesentliche Rolle zu spielen.

B. Morphologische Veränderungen

Für die Ausbildung von Strahlenschäden im Bereich der Lunge ist der Alveolarraum entscheidend. Epithel, Muskulatur und hyaliner Knorpel des Bronchialsystems scheinen relativ strahlenresistent zu sein. Sie gelten nicht als limitierende Strukturen bei Anwendung ionisierender Strahlen im Bereich der respiratorischen Organe (UNSCEAR 1982 Report).

I. Normale Histologie

Die folgende Darstellung der normalen Lungenhistologie hält sich eng an die von LEONHARDT (1981) gegebene Beschreibung. Die Alveolen sind vom Alveolarepithel ausgekleidet. Lichtmikroskopisch finden sich flache, weitausgebreitete Zellen neben hohen und rundlichen. Einzelheiten läßt die Elektronenmikroskopie erkennen. Die flachen Deckzellen, die den Pneumozyten vom Typ I entsprechen, bilden den membranartigen Alveolarabschluß. Ihre Dicke beträgt stellenweise weniger als 0,1 µm. Die rundlichen Nischenzellen, die Pneumozyten des Typs II enthalten lamelläre Zellkörperchen und produzieren einen Lipoproteinfilm, den Oberflächenfaktor (Surfactant), der die Alveolarwand überzieht. Die Spannung des Oberflächenfaktors ist bei Kompression sehr gering (1–5 dyn cm^{-1}), groß aber bei Dehnung (40–50 dyn cm^{-1}) (PATTLE 1963). Aus dieser für die Mechanik der Respiration wichtigen Eigenschaft ergibt sich: der Oberflächenfaktor verhindert bei der Exspiration den Kollaps der Alveolen, der die Atelektase zur Folge hätte. Eine weitere, wichtige Funktion des Oberflächenfaktors besteht in der Balancierung der Summe hydrostatischer und osmotischer Drucke zwischen Alveolarraum und Alveolarkapillaren. Bei Fehlen des Oberflächenfaktors müßte mit Transudation von Serumproteinen und Blutaustritt in die Alveole gerechnet werden (VAN DEN BRENK 1971).

Die Zellen des Alveolarepithels sitzen einer Basalmembran auf. Unter Epithel und Basalmembran verlaufen Netzwerke von Kapillaren und elastischen Fasern mit eingelagerten Bindegewebszellen. Dieses Geflecht umfaßt die halbkugelförmigen Alveolen. Unter dem Kapillarendothel befindet sich ebenfalls eine Basalmembran. Beide Basalmembranen verschmelzen auf weiten Strecken. Somit entsteht eine von elastischen und kollagenen Fasern durchzogene 3schichtige Wand aus Alveolarepithel, Basalmembran und Endothel. Sie besitzt eine Dicke von 0,3 bis 1,7 µm oder mehr. Sauerstoff und Kohlendioxid diffundieren durch diese vom Oberflächenfaktor überzogene Blut-Luft-Schranke (LEONHARDT 1981) (vgl. Abb. 1).

Eine weitere für die Lungenfunktion wichtige Struktur stellen die Alveolarphagozyten dar. Aus den Kapillaren wandern sie wahrscheinlich als Monozyten in die Alveole, um Staub und Reste des Oberflächenfaktors zu phagozytieren. In den Alveolarwänden befinden sich neben den Bindegewebszellen weitere Zellen der Immunabwehr: Lymphozyten und Plasmazellen. Phagozytiertes Material wird über Lymphgefäße abtransportiert (LEONHARDT 1981).

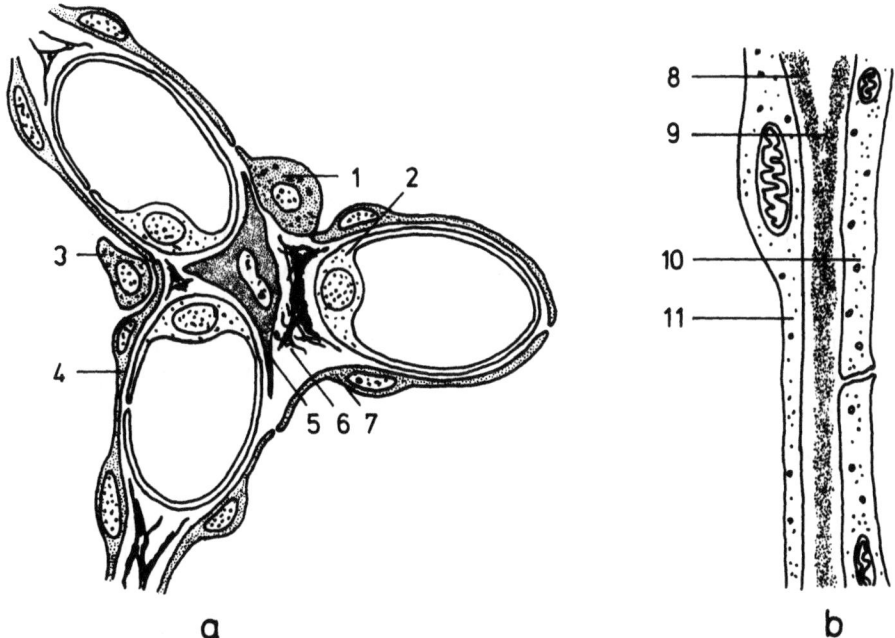

Abb. 1a, b. Aufbau der Alveolarwand **a** und der Blut-Luft-Schranke **b**. *1* = Pneumozyt vom Typ II; *2* = Kapillare mit Endothelzelle; *3* = Phagozyt; *4* = Pneumozyt vom Typ I; *5* = Bindegewebszelle; *6* = elastische Fasern; *7* = Pneumozyt vom Typ I; *8* = Basalmembran des Pneumozyten vom Typ I; *9* = Verschmelzung der Basalmembranen der Pneumozyte Typ I und des Kapillarendothels; *10* = Pneumozyt vom Typ I; *11* = Endothelzelle. Schematische Darstellung nach LEONHARDT (1981)

Die strahlenbedingten Lungenveränderungen treten im allgemeinen entsprechend der Einstrahlungsgeometrie fleckförmig auf. Sie halten sich nicht wie die Lungenentzündungen an die anatomisch vorgegebene Einteilung der Lunge. Die Veränderungen sind dosisabhängig aber nicht im strengen Sinne (UNSCEAR 1982). Kenntnisse insbesondere über frühe morphologische Veränderungen resultieren zum größten Teil aus Untersuchungen an Experimentaltieren.

II. Tierexperimentelle Befunde

Zu den frühen histopathologischen Effekten gehören Veränderungen der Oberflächenfaktor produzierenden Pneumozyten vom Typ II (MAISIN 1970; PENNEY et al. 1981), Hyperämie, Gefäßstau, Ödem der Alveolarsepten, Lymphangiektase, Austritt von proteinhaltiger Flüssigkeit und Erythrozyten aus den Kapillaren in den Alveolarraum, Diapedese polymorphkerniger Leukozyten des Blutes in die Alveolen und eine vermehrte Schleimsekretion des Bronchialepithels (RUBIN u. CASARETT 1968). Es wurde betont, daß durch zähen Schleim, eitriges Sekret und/oder eingedickte Ödemflüssigkeit die Voraussetzung für das Entstehen herdförmiger Atelektasen gegeben ist (COTTIER 1966). Veränderungen der Makrophagenpopulationen werden in neueren Arbeiten ausführlich beschrieben (GROSS 1977a; PEEL u. COGGLE 1980).

Nach einer Einzeldosis von 3000 R kam es in den Lungen von Ratten, deren Thorax bestrahlt worden war, in der Frühphase nach Bestrahlung zu folgendem Ablauf histologischer Veränderungen (JENNINGS u. ARDEN 1961). Am zweiten Tag fanden sich ein geringer Blutstau und ein Ödem. Beide Effekte traten am vierten Tag deutlicher hervor, am sechsten Tag bestand ein fleckiges interstitielles Ödem. Letzteres wurde ernster in der darauffolgenden Woche. Am 12. Tag schienen das interstitielle Ödem und die Verdickung der Alveolarwände ein Maximum zu erreichen. Einige Alveolen enthielten gleichzeitig in ihrem Lumen Ödemflüssigkeit. Zum selben Zeitpunkt trat eine Infiltration insbesondere mononukleärer Zellen auf. In der 3. Woche begann die Organisation des interstitiellen Ödems. Es wurden zunächst wenige Fibrillen eingelagert. In der Folge nahm die Zahl der Fibrillen zu, was zur Verdickung der Alveolarsepten beitrug. Am Ende des zweiten Monats war die Strahlenpneumonitis voll entfaltet.

Ähnliche und weitere Effekte wurden auch in der Frühphase nach Röntgenbestrahlung von Mäuselungen beobachtet: Makrophageninfiltration der Lufträume, mononukleäre Entzündungszellen in den Alveolarsepten, Ödem der Alveolarwände und/oder Alveolarräume, Fibrin im Alveolarlumen (Travis 1980). Im von Travis (1980) untersuchten Mäusestamm hatten diese histologischen Veränderungen in der 16. bis 22. Woche ein Maximum ihrer Ausdehnung. Nach 8 Gy konnten noch keine histopathologischen Befunde erhoben werden. 11 Gy stellten eine Schwellendosis dar. Erst 11 und 13 Gy führten zu geringfügigen Effekten. Eine Dosis von 14 Gy hatte „milde" Veränderungen zur Folge. Hierbei zeigte weniger als ein Drittel der Fläche der histologischen Schnitte die oben beschriebenen, histopathologischen Zeichen. Nach 15 Gy waren ein bis zwei Drittel der Schnittflächen von solchen Veränderungen eingenommen. In der 22. Woche starben sämtliche Tiere, die die letztgenannte Dosis erhalten hatten.

Elektronenmikroskopisch wurden von Maisin (1970) in der Frühphase nach Röntgenbestrahlung von Mäuselungen mit 2000 R folgende Befunde erhoben. Schon Stunden nach Bestrahlung fanden sich in den Pneumozyten vom Typ II Dilatationen des Endoplasmatischen Retikulums und der Mitochondrien sowie Rupturen der Plasmamembran. An den Zellkernen fiel ein Polymorphismus auf, ferner eine Kondensation und Randständigkeit des Chromatins. Prinzipiell vergleichbare aber weniger ausgeprägte Effekte wurden an den Pneumozyten vom Typ I beobachtet. Die Läsionen der Septumzellen waren im Vergleich zu denjenigen der Pneumozyten von geringerer Bedeutung.

Die Schäden der Kapillarendothelien hingegen ließen sich wiederum mit den Veränderungen der Pneumozyten vom Typ II vergleichen. Die Kerne waren sehr deutlich vergrößert. Ansammlungen von Thrombozyten lagen dem Endothel auf. Im Interstitium wurden ein Ödem und geringe Mengen von körnigem, elektronendichtem Material gefunden.

Auch im zweiten Monat nach Bestrahlung waren in der Studie von Maisin (1970) die Läsionen fokal begrenzt. Die oben aufgeführten Effekte am Zytoplasma und an den Kernen der verschiedenen Zelltypen nahmen keine grundsätzlich anderen Formen an. Zelldebris und Fibrin in den Alveolen nahmen jedoch zu. Stellenweise zeigte sich jetzt eine Verdickung der Alveolarwand. Endothel und Kapillarschädigung waren massiver geworden. Es fand sich gelegentlich eine Anfüllung des Kapillarlumens mit Kollagen oder Lipideinschlüssen. Im Interstitium trat eine sehr leichte Vermehrung von Kollagen und elastischen Fasern auf.

Wie Maisin (1970) fanden auch Goldenberg et al. (1968) frühzeitig, zum Zeitpunkt eine Woche nach Bestrahlung (1000 R) von Ratten mit elektronenmikroskopischer Methode Veränderungen der Pneumozyten Typ II. Die Zellen zeigten in großer Zahl osmiophile Einschlüsse, ihre Plasmamembranen waren fokal eingerissen. Die Alveolarlumina enthielten fein granuliertes Material und zahlreiche myelinähnliche Strukturen, die den typischen osmiophilen Einschlüssen glichen. In einer weiteren elektronenmikroskopischen Studie wird auf relativ frühe Veränderungen der Pneumozyten vom Typ II hingewiesen (Faulkner u. Connolly 1973).

Auch von Phillips (1966) wurde für den Zeitraum von Tagen bis zum zweiten Monat nach Bestrahlung mit 2000 rad eine zunehmende Ausbreitung von Kapillarschäden in Rattenlungen beschrieben. Sie bestanden anfänglich in einer auf kleinere Lungensegmente begrenzten Trennung der Endothelien von der Basalmembran und in einer Ausbildung von Bläschen („blebs") an der Endotheloberfläche. Später trat in größeren Arealen eine Vakuolisierung und ein Abschilfern des Endothels hinzu. Abgelöste Endothelien verursachten offensichtlich Kapillarobstruktionen. Veränderungen der Epithelzellen wurden in dieser elektronenmikroskopischen Studie erst drei Monate nach Bestrahlung und damit später als Gefäßverletzungen beobachtet.

PENNEY u. RUBIN (1977) bestrahlten Mäuselungen mit einmaligen und fraktionierten Dosen von 1 000, 2 000 und 3 000 R. Im Unterschied zu JENNINGS u. ARDEN (1961) (s. unten), die lichtmikroskopisch untersuchten, beobachteten PENNEY u. RUBIN (1977) elektronenmikroskopisch, daß eine fraktionierte Bestrahlung in der Frühphase destruktiver und schädlicher auf die Lunge wirkte als eine einmalige Dosierung. Der Grad der Zerstörung von Pneumozyten Typ II sowie der Fibrose, des Ödems und der Histiozyteneinwanderung war nach fraktioniert gegebenen Dosen deutlich höher. Die Autoren konnten jedoch die Frage, wie auf lange Sicht Fraktionierung im Vergleich zu einmaliger Bestrahlung wirkt, nicht beantworten, da sie in ihrer Untersuchung nur den frühen ultrastrukturellen Veränderungen nachgegangen waren.

Neuere Untersuchungen beschäftigen sich eingehender mit dem Strahleneffekt auf die Alveolarmakrophagen. Es fällt auf, daß Effekte schon nach vergleichsweise niedrigen Dosen auftreten. PEEL u. COGGLE (1980) fanden, daß Dosen zwischen 2 und 5 Gy bei Mäusen zu einem Abfall der auswaschbaren Makrophagen auf 60% des Kontrollwertes führte. 10 Gy hatten die protrahierteste Makrophagenreduktion (über ca. 4 Wochen) aber auch die am stärksten überschießende Reaktion zur Folge. Autoradiographisch unterschieden sich die DNA-Markierungsindices auswaschbarer, offensichtlich freier Makrophagen von denjenigen, die ortsständig im histologischen Schnitt beobachtet wurden. Die Ergebnisse sprachen für einen strahleninduzierten Verlust reifer Makrophagen und eine proliferative Antwort der interstitiellen Vorläuferzellen und unreifen Makrophagen. Bis zu 10 Gy war der Effekt dosisabhängig.

Nach GROSS (1977a) fällt die Gesamtzahl der Alveolarmakrophagen von bestrahlten Mäusen vergleichbar den Ergebnissen der Studie von PEEL u. COGGLE (1980) zwischen dem 3. und 7. Tag ab. Das Minimum wurde nach zwei Wochen, eine Rückkehr zu Kontrollwerten in den folgenden 6–10 Wochen beobachtet. Die beschriebenen Effekte werden als Folge eines Schadens an der Population teilungsfähiger Makrophagenvorläufer im Interstitium der Lunge gedeutet. Nach einmaligen Strahlendosen nahm die Zahl der zwei Wochen später erholungsfähigen Makrophagen exponentiell als Funktion der Dosis ab. Die D_0 lag bei 1 582 rad.

Die subakute – oder Intermediärphase, die ab Ende des zweiten Monats nach Bestrahlung in den Rattenversuchen von JENNINGS u. ARDEN (1961) als Strahlenpneumonitis verlief, war charakterisiert durch langsam zunehmende Veränderungen der Alveolarsepten. Die Zunahme von retikulären Fasern und das fortdauernde Infiltrat insbesondere mononukleärer Zellen trugen hierzu bei. Von geringer Bedeutung waren in diesem Zusammenhang die wenigen, kleinen Ödemherde. Nach einem Jahr wiesen die Septen eine 3- bis 6fach vergrößerte Wandstärke auf.

Einmalige Bestrahlung unterschied sich gemessen an der Verdickung der Alveolarwände bei Ratten nicht vom Effekt einer Fraktionierung (JENNINGS u. ARDEN 1961). Die Verdickung war im Ausmaß vergleichbar unabhängig davon, ob die Tiere eine Thoraxbestrahlung von 3 000 R mit einer Wochendosis von 600 R über fünf Wochen, eine Dosis von 1 000 R, der 50 Tage später eine weitere Dosis von 2 000 R folgte, oder eine einmalige Dosis von 3 000 R erhalten hatten. Ein möglicher Wirkungsunterschied zwischen den Betrahlungsschemata bestand jedoch darin, daß bei wöchentlicher Fraktionierung mit 600 R eine ausgeprägtere Verdickung der Blutgefäße aufgetreten war als bei den beiden anderen Behandlungen. Viele der kleineren Gefäße wiesen in diesem Falle auch eine subintimale Hyalinisierung auf. Die Fibrose der Septen war jedoch bei allen drei Behandlungen vergleichbar.

Von Travis (1980) wurde im Zeitraum zwischen ca. 22. und 30. Woche an Mäusen eine Überlappung der frühen und intermediär auftretenden histologischen Veränderungen beobachtet. Die Intermediärveränderungen bestanden in einer Anhäufung von Fibroblasten sowie Plasma- und Septenzellen in den Alveolarwänden. In den luftführenden Räumen traten große Zellen mit schaumigem Zytoplasma auf. Dosen von 12–14 Gy hatten in der 36. Woche die deutlichsten Intermediärveränderungen zur Folge. Es fanden sich gemessen an ihrer Ausdehnung im histologischen Schnitt milde (12 Gy) bzw. mäßig ausgeprägte (14 Gy) Effekte. Die Mortalitätsrate der mit 14 Gy bestrahlten Tiere betrug zur 36. Woche 50%.

Ebenfalls an Mäusen wies Maisin (1970) ultrastrukturelle Intermediärveränderungen 3–7 Monate nach Bestrahlung nach. Die Pneumozyten vom Typ II traten zahlreicher auf und waren größer geworden. Einigen Zellen fehlte der Mikrovillibesatz. Die hypertrophen Zellkerne hatten irreguläre Formen. Gegen Ende der Intermediärphase waren die genannten Effekte stärker ausgeprägt. Einige Zellen schienen vollkommen degeneriert zu sein. An den Pneumozyten Typ I und den Septumzellen wurden im wesentlichen ähnliche Befunde wie während der ersten beiden Monate (s. oben, frühe Veränderungen) erhoben. Wiederum schienen auch unter diesen beiden Zelltypen einige der Zellen vollständig degeneriert zu sein.

Auch die Kapillarveränderungen glichen denjenigen der Frühphase. Die Kapillarwände waren jedoch stärker geschädigt. Sehr deutlich wurde dieses im 5. bis 7. Monat. Es fand sich darüber hinaus ein Überschuß von Leukozyten und Plasmazellen. Im Interstitium nahmen kollagene und elastische Fasern während der Intermediärphase zu. Am Ende dieses Zeitraumes zeigte sich in manchen Arealen eine große Anreicherung kollagener und elastischer Fasern. Ferner war es zu einer Häufung von Makrophagen gekommen.

In einer weiteren ultrastrukturellen Studie an Hunden (Moosavi et al. 1977) wurden Endothelhypertrophie, Alveolarwandveränderungen und Hyperplasie der Pneumozyten Typ II qualitativ zur Dosis und Zeit nach Bestrahlung korreliert. Während der ersten vier Wochen konnte für Dosen zwischen 200 und 3200 rad keine Hypertrophie des Endothels beobachtet werden. Ein Ödem der Alveolarwand hingegen fand sich nach allen Dosen 14, 28 und 42 Tage post radiationem. Im selben Zeitraum traten keine morphologischen Veränderungen der Pneumozyten vom Typ II auf.

Am. 42., 49. und 77. Tag wurde nach Dosen von 900–1500, 1700–2400 sowie 2400–3200 rad eine endotheliale Hypertrophie gesehen. Sie blieb aus nach 200–500 bzw. 400–800 rad. Das Ödem dauerte jedoch im gesamten Dosisbereich über die gesamte Beobachtungszeit an. In den drei höheren Dosisbereichen kam am 49. und 77. Tage eine subpleurale, diffuse Fibrose hinzu. Letztere war nach 2400–3200 rad am deutlichsten. Dosen von 2400–3200 rad führten darüber hinaus zu einer leichten, perivaskulären Fibrose im tieferen Lungenparenchym. Hyperplasie der Pneumozyten Typ II fand sich am 49. und 77. Tage jedoch nur nach 2400–3200 rad. Dieser Effekt war insbesondere am 77. Tage im tieferen Parenchym deutlicher als subpleural.

Travis et al. (1977) stellten in einer elektronenmikroskopischen Studie an Mäusen fest, daß nach einmaliger Bestrahlung mit 2000 rad der Verlust an Pneumozyten vom Typ II mit zunehmender Zeit nach Bestrahlung bei einem Beobachtungszeitraum von 6 Monaten zunimmt. Der Verlust der Pneumozyten war nach einer Fraktionierung von 5 × 400 rad nur gering und wurde nach 10 × 200 rad nicht beobachtet. Allen drei Behandlungen war jedoch eine Hyperplasie der Typ II-Zellen gemeinsam. Dieses wurde als regnerative Antwort auf den Strahlenschaden gedeutet. Schließlich scheint eine Hypertrophie der Pneumozyten Typ II mit einer Zunahme der den Oberflächenfaktor enthaltenden Lamellarkörperchen einherzugehen. Solch eine Zunahme wurde verschiedentlich beschrieben (Penney et al. 1981; Moosavi et al. 1977).

Die Spätphase ein Jahr nach Bestrahlung wurde von Jennings u. Arden (1961) lichtmikroskopisch an Ratten folgendermaßen charakterisiert. Die Alveolarwände waren 3–6mal dicker als normal. Es fand sich eine ausgeprägte generalisierte Lungenfibrose. In den meisten Septen lagen die Kapillaren nach außen disloziert, um nahe genug am Luftraum zu bleiben. Die Septen enthielten beachtlich viele große mononukleäre Zellen.

In der lichtmikroskopischen Studie von TRAVIS (1980) an Mäusen erwiesen sich 13 Gy als Schwellendosis für die Spätfibrose. Die Schwellendosis zur Induktion früher und indermediärer Schäden hatte bei 11 Gy gelegen. Im Vergleich zwischen 13 und 14 Gy traten die Späteffekte nach der höheren Dosis früher auf. Schwergradige Fibrosen kamen bei Rattenweibchen häufiger vor als bei Männchen (KUROHARA u. CASARETT 1972).

Spätschäden der Ultrastruktur der Mäuselunge wurden von MAISIN (1970) 8–15 Monate nach Einstrahlung von 2000 R untersucht. Die Pneumozyten vom Typ II sahen zwar normal aus, waren aber zahlenmäßig deutlich reduziert. Eine verminderte Zellzahl fand sich auch bei den Pneumozyten Typ I und den Septumzellen. Das Lumen vieler Kapillaren war vollständig mit kollagenen Fasern ausgefüllt, die verdickten Alveolarwände zeigten eine ausgeprägte Sklerosierung und Hyalinisierung. Generell fielen in den Alveolen Zelldebris und Fibrin auf. Plasmazellen und Leukozyten konnten nur wenige beobachtet werden.

III. Histologische Veränderungen der menschlichen Lunge

Die Studien, die strahlenbedingte Lungenveränderungen beim Menschen beschreiben, sind vergleichsweise wenig systematisch. Erschwert wird die Beurteilung der menschlichen Lungenhistopathologie durch Sekundäreffekte wie bakterielle Infektionen, Folgen von Herzinsuffizienz und postmortem auftretenden Artefakten.

An 173 Fällen, die eine therapeutische Bestrahlung des Thoraxbereiches mit Dosen zwischen <500 und >6000 R erhalten hatten, wurde von JENNINGS u. ARDEN (1962) der Einfluß von Zeit und Dosis auf die Ausbildung einer Strahlenpneumonitis untersucht. Auf folgende histologischen Veränderungen wurde geachtet: Ödem, Blutstau, Atelektase, Fibrinexsudat in den Alveolen, epitheliale Veränderungen, fibrilläre Verdickung der Alveolarwände, Zellanhäufung in den Alveolarwänden, Fibrose der Septen, proliferative Veränderungen der Gefäße. Ödem, Blutstau und Atelektasen unterschieden sich nicht von den Befunden unbestrahlter Lungen. Sie wurden deshalb in der weiteren Auswertung nicht berücksichtigt. In 165 Fällen fanden sich einige oder alle der oben aufgeführten histopathologischen Zeichen. Acht Lungen zeigten keine durch Bestrahlung bewirkte Effekte. Die Zeitintervalle zwischen Abschluß der Strahlentherapie und der Autopsie betrugen zwischen <30 Tagen und >5 Jahren. Es wurden die in den Jahren 1950–1956 in den USA üblichen Strahlentechniken angewendet.

Die Bestrahlung induzierte vermutlich sekundär insbesondere ein Fibrin-haltiges, häufig Membran-bildendes Exsudat in den Alveolen und eine Verdickung der Alveolarwände entweder durch Zellproliferation und Vermehrung fibrillären Materials oder durch Bindegewebszunahme. Die anderen Effekte waren weniger konstant zu finden.

41% der Lungen zeigten Fibrinmembranen. Die Membranen wurden häufiger diagnostiziert als signifikante Lungenödeme. Solche Fibrinakkumulationen waren am häufigsten und auffälligsten 6–24 Monate nach Bestrahlung mit Dosen über 2000 R. Sie traten generell im Zeitraum 30 Tage bis 5 Jahre nach Bestrahlung auf. Nach Dosen unter 500 R konnten sie auch beobachtet werden. Die Autoren betonen, daß Fibrinakkumulationen der ersten 90 Tage nach Dosen kleiner als 1500 R solchen, die nahezu 9 Jahre nach Bestrahlung mit 5000 R gefunden wurden, ähnlich waren.

Drei unterschiedliche Typen proliferativer Veränderungen im Bindegewebe der Alveolarwand schienen ein Sekundäreffekt der Bestrahlung zu sein. 27% der Fälle zeigten fibrilläre Ablagerungen in den Septen. Das Gewebe erschien locker und ödematös, aber die Verdickung der Septen war offensichtlich nicht nur Folge des interstitiellen Ödems. Spezialfärbungen zeigten vermehrt Bindegewebe in den verdickten Septen. Am häufigsten fanden sich diese Veränderungen nach Dosen über 3000 R und Zeitintervallen länger als 6 Monate. In einem Fall traten sie nach weniger als 5 Monaten bei einer Dosis kleiner als 500 R auf.

Zellanhäufung in den Septen speziell von Histiozyten und Fibroblasten wurde in 16% der Fälle beobachtet. Dieser Effekt fand sich insbesondere nach Dosen zwischen 2000 und 5000 R. Das Ausmaß der Zellansammlungen schien bei vergleichbaren Dosen 6 und 24 Monate nach Bestrahlung ähnlich zu sein.

Fibrose der Septen stellte die dritte relativ oft (42% der Fälle) gesehene proliferative Veränderung dar. Ein Auftreten des Befundes schon früher als 30 Tage post radiationem überraschte in einigen Fällen. Die Fibrose war einigermaßen häufig nach Intervallen länger als 6 Monate und nach Dosen über 500 R.

Andere morphologische Zeichen, die allgemein als Strahleneffekte angesehen werden, fielen nicht auf. Es überraschte das seltene Vorkommen einer obliterierenden Endarteriitis der Arteriolen. Trotz sorgfältiger Gefäßuntersuchung aller Lungen ließ sich nur in 14% der Fälle eine signifikante proliferative Veränderung, die möglicherweise strahleninduziert war, nachweisen.

Bei Zusammenstellung vorliegender Literatur kam Gross (1977b) zur Ansicht, daß Untersuchungen an Lungen von Patienten, die 4–12 Wochen nach Abschluß einer Strahlentherapie verstarben, histopathologische Veränderungen an praktisch allen Lungenstrukturen erbrachten. So fanden sich in nahezu allen Studien atypische, hypertrophierte und abgeschilferte Alveolarepithelien (Warren u. Spencer 1940; Jennings u. Arden 1962; Bennett et al. 1969; Margolis u. Phillips 1969). Thrombosen der Kapillaren und Arteriolen sowie Blutstau (Jacobsen 1940; Margolis u. Phillips 1969) waren Hinweis auf Gefäßschäden. Weiterhin wurden Ödem, Intimaproliferation und Mediaveränderungen zusammen mit subintimalen Ansammlungen lipidhaltiger Makrophagen beobachtet (Bennet et al. 1969). Mehrere Studien beschrieben fibrinöse Ablagerungen in den Alveolen, hyaline Membranen sowie frühe Verdickungen der Alveolarsepten aufgrund von Ödem, mononukleärer Infiltration und Einlagerung von Bindegewebe (Warren u. Spencer 1940; Jennings u. Arden 1962; Margolis u. Phillips 1969; Bennet et al. 1969). Sechs Monate nach Bestrahlung und später sind die histologischen Veränderungen beherrscht vom Bild dichter Fibrose, Verdickung der Alveolarsepten, und evtl. einer verringerten Gefäßversorgung. In Tabelle 1 werden die histopathologischen und strukturellen Veränderungen in Anlehnung an den UNSCEAR Re-

Tabelle 1. Histopathologische und feinstrukturelle Veränderungen nach Bestrahlung tierischer und menschlicher Lungen

1. Phase (Frühphase) im 1. Monat	2. Phase (Intermediärphase) ab 3. Woche bis mehrere Monate Strahlenpneumonitis	3. Phase (Spätphase) ab ca. 6. Monat Fibrose
Schäden des Alveolarepithels insbesondere der Pneumozyten Typ II sowie der Kapillarendothelien; Verminderung der Makrophagen; Blutstau; Fibrin-reiches Exsudat; Nach kleinen Dosen sind diese Effekte sehr gering ausgeprägt oder fehlen. Späteffekte sind dennoch möglich.	Zunehmende Verdickung der Alveolarsepten durch Einlagerung feiner Fibrillen und zelluläre Infiltration; Fibrin-reiche bzw. hyaline Membranen kleiden Alveolen aus. Desquamation von Alveolarepithelien; Hyperplasie der Pneumozyten Typ II, ihre Lamellarkörperchen sind vermehrt.	Weitere bindegewebige Verdickung der Alveolarsepten; Fibrose ist beim Menschen nach Dosen über 500 R einigermaßen häufig; Atelektasen mit Verlust respiratorischer Funktionen.

port (1982) und gründend auf tierexperimentellen Untersuchungen sowie Studien an der menschlichen Lunge zusammengefaßt.

IV. Mechanismen bei der Entwicklung histopathologischer Veränderungen

Störungen der Zellproliferation bzw. Zelltod, die frühzeitig nach Lungenbestrahlung beobachtet werden, stellen eine wesentliche Ursache in der Ausbildung histopathologischer Lungenveränderungen dar. Die zellulären Läsionen, die den Zelltod bewirken, insbesondere Zusammenhänge zwischen DNA-Schaden und Verlust der Teilungsfähigkeit (Reproduktivtod) sind in Kap. I.1 dieses Bandes ausführlich beschrieben.

Von folgenden begrenzten Kenntnissen über die Kinetik des Alveolarepithels kann ausgegangen werden. Die Pneumozyten des Typs II scheinen das Stammzellreservoir des Alveolarepithels zu sein. In wachsenden Mäusen dauert der Umsatz der Pneumozyten des Typs II 28–35 Tage, für Ratten wurden 24 Tage berechnet. Der Turnover der Pneumozyten vom Typ I beträgt 8 Tage (BERTALANFFY u. LEBLOND 1953; SPENCER u. SHORTER 1980; SHORTER et al. 1966; BOWDEN et al. 1968; ADAMSON u. BOWDEN 1974).

Neugebildete Pneumozyten vom Typ II können in zwei unterschiedliche Richtungen „weiterwandern". BOWDEN et al. (1966) verglichen die Kinetik der Pneumozyten Typ II mit derjenigen des Hautepithels, dessen Zellen an der Hautoberfläche absterben, um dort den Prozeß der Keratinbildung zu vollenden. In Analogie hierzu werden nach Ansicht von BOWDEN et al. (1966) die Pneumozyten des Typs II an der Alveolaroberfläche abgesetzt, wo sie zerfallen und den Oberflächenfaktor (Surfactant) freigeben. Von STRATTON (1975) wurde die Freigabe des Oberflächenfaktors als ein exozytotischer Vorgang beschrieben. Wenn ionisierende Strahlen in Folge von Abtötung der sich teilenden Pneumozyten Typ II den Zellnachschub blockieren oder vermindern, so muß sich dieses auf die Stabilität der Alveolen, die durch den Oberflächenfaktor gewährleistet ist, nachteilig auswirken. Transudat und Atelektasen (vgl. Absatz zur normalen Histologie) werden bei reduziertem Oberflächenfaktor zu beobachten sein. Es ist weiterhin nicht auszuschließen, daß ultrastrukturelle Änderungen der den Oberflächenfaktor enthaltenden Lamellarkörperchen in den Pneumozyten des Typs II eine veränderte, eventuell geminderte Produktion des Oberflächenfaktors widerspiegeln. FAULKNER u. CONNOLLY (1973) beschrieben Pneumozyten des Typs II mit unreif aussehenden Lamellarkörperchen. PENNEY u. RUBIN (1977) fanden schon eine Stunde nach Bestrahlung mit Dosen zwischen 10 und 30 Gy über einen Zeitraum von sieben Tagen dauernd eine Verringerung der Zahl der Lamellarkörperchen. Solche Effekte müßten zum strahleninduzierten Lungenschaden beitragen. Mit einer späteren Zunahme der Zahl der Lamellarkörperchen (MOOSAVI et al. 1977; PENNEY et al. 1981) könnte andererseits auch eine Möglichkeit bestehen, der Tendenz zur Atelektasenbildung entgegenzuwirken.

Auf einem zweiten Wege haben Pneumozyten des Typs II prinzipiell die Fähigkeit, sich zu Pneumozyten vom Typ I zu entwickeln (EVANS et al. 1973). Die Typ I-Pneumozyten, die zahlenmäßig den größeren Anteil am Alveolarepithel ausmachen, gelten als Zellen reduzierter Teilungskapazität (EVANS et al. 1973). Auch nach einer Schädigung scheinen sie nicht über Mechanismen zu verfügen durch Eintritt in Mitose und Bereitstellung neuer Zellen den entstandenen Verlust zu kompensieren. Von verschiedenen Autoren wurde darauf hingewiesen, daß die durch eine Noxe abgetöteten Pneumozyten des Typs I durch eine beschleunigte Aufnahme von Zellteilungen der Pneumozyten Typ II mit anschließender Differenzierung zu Pneumozyten Typ I ersetzt werden können (MAISIN 1970; EVANS et al. 1973). Damit zeigen sich zelluläre Mechanismen der Gegenregulation und eventuell der Erholung. Deren praktische Bedeutung ist jedoch nur schwer abzuschätzen, da die Lunge insgesamt ein hochkomplexes Organ mit mehr als 40 Zelltypen (UNSCEAR 1982) darstellt.

Kapillarendothelien sind vergleichbar den Pneumozyten Typ II in einem kontinuierlichen Prozeß der Selbsterneuerung (ENGERMAN et al. 1967). Nach Untersuchungen von TANNOCK u. HAYASHI (1972) beträgt ihre Verdoppelungszeit in wachsenden Mäuselungen und anderen Geweben 8 Wochen oder länger. Es wurden Subpopulationen von Endothelzellen mit Zykluszeiten von etwa einem Tag beschrieben (KORR et al. 1975; HIRST et al. 1980). In regenerierender Lunge hatten Endothelien dieselbe Mitoseaktivität wie Pneumozyten vom Typ II (ADAMSON u. BOWDEN 1974).

Rißartige Veränderungen der Endothelzellmembran, die schon 6 Std. nach Bestrahlung beobachtet werden (MAISIN 1974), bzw. Repturen des Kapillarendothels (PENNEY u. RUBIN 1977) könnten als eine direkte strukturelle Ursache des Ödems angesehen werden. Letzteres zählt zu den ersten Veränderungen nach Lungenbestrahlung. In diesem Zusammenhang sollte die frühauftretende Trennung der Endothelien von der darunterliegenden Basalmembran (MAISIN 1970) eine weitere Rolle spielen. Das Symptom Ödem muß als früher Ausdruck eines strahlenbedingten Gefäßschadens gewertet werden. Offensichtlich ist die Durchlässigkeit der Kapillarwand erhöht, wie durch vermehrten Austritt von Merettich-Peroxidase (MAISIN 1970) und ^{99m}Tc-markiertes Albumin bzw. ^{51}Cr-markierte Erythrozyten (TRAVIS et al. 1976) nachweisbar war.

Zusammenfassend lassen sich die histopathologischen Veränderungen der Lunge als Schaden mit zugehöriger Antwort sowohl der kleinen Gefäße als auch des Epithels insbesondere der Pneumozyten Typ II verstehen. Ob einem der beiden Effekte die größere Bedeutung als auslösender Faktor in der Entwicklung der Strahlenpneumonitis und Fibrose zukommt, kann nicht eindeutig beantwortet werden.

VAN DEN BRENK (1968) interpretierte die histopathologischen Ereignisse auf folgende Weise. Als primärer Schaden ist der Schaden an den dynamischen epithelialen Zellsystemen der Lunge zu betrachten. Eine strahleninduzierte Unterbrechung der Proliferation bedeutet eine progressiv zunehmende Depopulierung, die 1. zu Verlust des Oberflächenfaktors und damit zu Atelektase und exsudativen Veränderungen sowie 2. zu typischen unspezifischen Entzündungsphänomenen in Antwort auf den Zelltod führt. An der Entzündungsreaktion beteiligen sich ortsständige und aus dem Blut stammende Zellen des retikuloendothelialen Systems zusammen mit Veränderungen der Gefäßpermeabilität. In der reparativen Phase der Strahlenpneumonitis scheinen viele der zellulären Aktivitäten die Organisation des Zelltodes und des entzündlichen Exsudates zu bewerkstelligen. Mit progredienter Fibrose wird das feine Netzwerk elastischer Fasern ersetzt durch kollagenes Narbengewebe. Hierbei tritt eine zunehmende Verminderung der Gefäßversorgung ein. Aufgrund elektronenmikroskopischer Befunde (BÄSSLER 1966) wurde in diesem Zusammenhang vermutet, daß die Endothelien sich zu Fibroblasten redifferenzieren.

Von RUBIN u. CASARETT (1968) wurde im Unterschied zu VAN DEN BRENK (1968) der Schaden plus Antwort der Kapillaren, Arteriolen und Venolen sowie der bindegewebigen Elemente als prima causa der histophatologischen Veränderungen angesehen. Schwellung der Endothelien und deren Proliferation, Thrombose, Blutstau, erhöhte Gefäßpermeabilität, Ödem, fibrinöse Exsudation, Diapedese und Aktivierung von Fibroblasten sind charakteristische Effekte der Früh- und Intermediärphase. Überlappend entwickelt sich eine zunehmende Gefäßdestruktion und Obliteration, eine Sklerosierung des Bindegewebes mit unterschiedlicher Kalzifizierung, eine geringe Proliferation des Bronchialepithels. Dieser Prozeß geht über in vermehrte Sekretion, lokalisierte Atelektasenbildung, kompensatorisches Emphysem, Zellanhäufung in den Alveolarwänden, Blutstau und Ödem, Sekundärinfektion, mehr Fibrose und Atelektasen.

BUBLITZ (1972) führte die Vermehrung des Kollagens bei der Ausbildung der Fibrose auf eine aktive Syntheseleistung der ortsständigen Bindegewebszellen zurück. Aufgrund von Mastzellinfiltraten ausschließlich in solchen Lungen, deren Strahlenschaden in einer Fibrose kulminierte, folgerte TRAVIS (1977) eine zusätzliche Beteiligung von Mastzellen an diesem Prozeß. Die Entwicklung der Strahlenfibrose wurde von BUBLITZ (1972) als ein in vier Stadien einzuteilender Vorgang beschrieben: 1. Proliferation, Neubildung und Aktivierung der Fibroblasten, 2. Zunahme der Grundsubstanz, 3. Synthese kleinmolekularer Kollagenvorstufen, 4. Bildung von reifem Kollagen und Anordnung zu Faserstrukturen.

C. Biochemische und physiologische Veränderungen

Die Beweglichkeit der Lunge wird durch drei Faktoren maßgeblich beeinflußt: Oberflächenkräfte, Elastizität des Gewebes und oberflächenaktive Substanzen. Oberflächenkräfte wirken an der Grenzfläche zwischen Luft und Oberfläche der Alveolarzellen. In diesem Bereich ist die Alveolarzelle von einer Flüssigkeitsschicht bedeckt. Eine Flüssigkeit hat immer das Bestreben, eine kugelförmige Gestalt anzunehmen. Dieses Bestreben nach Verkleinerung wird als Oberflächenspannung bezeichnet. Auch die von einem Flüssigkeitsfilm bedeckte Alveolaroberfläche ist bestrebt sich zu verkleinern. Als weitere Komponente wirken elastische Fasern an der Verkleinerung mit. Mit zunehmender Verkleinerung entsteht im Inneren der kugelförmigen Alveole ein zunehmender Druck. Daraus resultiert: bei jeder Inspiration muß ein Widerstand überwunden werden, damit ausreichend Gas in die Alveole gelangt. Die Oberflächenspannung wirkt auf den Kollaps der Alveole hin, also auf die Atelektase. Dieses verhindert jedoch die Adhäsion zwischen parietaler und viszeraler Pleura. Im Flüssigkeitsfilm der Alveolarzellen befinden sich oberflächenaktive Substanzen, die die Oberflächenspannung herabsetzen. Offensichtlich ermöglichen erst die oberflächenaktiven Substanzen das Entfalten der Lunge unter physiologischen Drucken. Ein Fehlen des Oberflächenfaktors führt zu Atelektasen, die z.B. beim idiopathischen Atemnotsyndrom der Neugeborenen vorkommen (THEWS 1980).

Experimentelle Eingriffe an der Alveolaroberfläche, wie Anwendung von ionisierenden Strahlen, haben Veränderungen der Oberflächenkräfte zur Folge. Werden letztere erhöht, so kommt es zu Entfaltungsstörungen und Atelektasen. Da verschiedene Faktoren für die normale Atemmechanik verantwortlich sind – diese aber alle durch die Bestrahlung geschädigt werden können – ergibt sich, daß es außerordentlich schwierig ist, wenn nicht sogar unmöglich, experimentell Schäden der an der Entfaltung bzw. Retraktion beteiligten Faktoren zu trennen.

I. Biochemische Veränderungen

Die Aminosäure Hydroxyprolin (HP) kommt ausschließlich im Kollagen und Elastin vor. Elastin- und Kollagengehalt der Lunge stellen ein Maß für die Elastizität bzw. für die eventuelle Fibrose dar. Es wurde deshalb von verschiedenen Arbeitsgruppen der Prolingehalt und dessen Einbau bestimmt, um quantitativ die oben beschriebenen histopathologischen Veränderungen erfassen zu können.

TOMBROPOULOS u. THOMAS (1970) sahen nach 800 R in der Rattenlunge einen vorübergehenden Anstieg des HP im Kollagen und Elastin. Ersteres hatte ein Maximum an HP am 4. Tag, letzteres am 8. Tag nach Bestrahlung. Die Werte fielen am 8. bzw. 14. Tag wieder auf den Kontrollwert ab. Die Untersuchungen wurden nur bis zum 30. Tag nach Bestrahlung durchgeführt. Offensichtlich waren die Veränderungen nur vorübergehender Natur. DANCEWICZ et al. (1976) fanden dagegen nach 3000 R einen Abfall des HP-Gehaltes während der frühen, exsudativen Phase. Zu späteren Zeiten stieg der HP-Gehalt erheblich an. Die

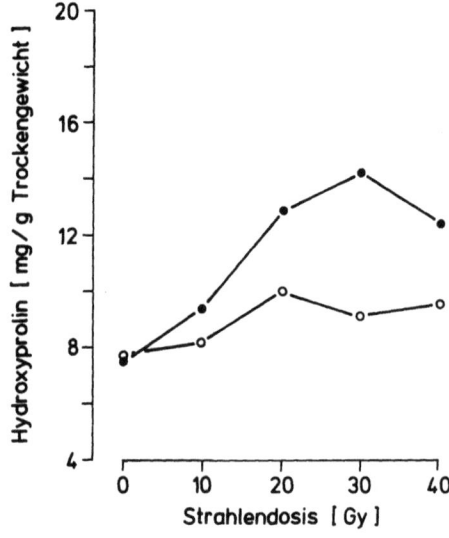

Abb. 2. Hydroxyprolin in der Mäuselunge 36 Wochen nach Röntgenbestrahlung. ●—● Bestrahlte Lunge, ○—○ nicht bestrahlte kontralaterale Lunge (LAW et al. 1976)

Messungen wurden über einen Zeitraum von 9 Monaten durchgeführt. Der beschriebene Anstieg des HP wird allgemein einem vermehrten Kollagengehalt der Lunge gleichgesetzt und korreliert gut mit dem Auftreten der Lungenfibrose (s. o.). PICKRELL et al. (1975) untersuchten die ^{14}C-Prolin-Inkorporation in das Lungenkollagen. 13 bis 14 Wochen nach Einzeldosen von 4000 bis 6000 R sahen sie einen vermehrten Einbau des Prolins. Sie deuteten dieses als eine vermehrte Kollagensynthese. Da das Trockengewicht der Lunge sich nicht geändert hatte, konnte eine Änderung der Poolgröße ausgeschlossen werden. Der Gehalt von neu synthetisiertem Kollagen wurde allerdings erst 21 bis 22 Wochen nach Bestrahlung erhöht gefunden. Diese lange Latenzzeit läßt sich nicht erklären. Zu späteren Zeiten kehrte die Prolin-Inkorporation wieder zu Normalwerten zurück. Ob es sich hierbei um eine normale Syntheserate in einer unveränderten Zellpopulation oder um eine erhöhte Synthese in einer verminderten Zellpopulation handelt, ist nicht klar. Begleitend zu den biochemischen Untersuchungen wurden die Lungen histologisch aufgearbeitet. 35 bis 36 Wochen nach Bestrahlung konnte eine Abnahme der histologischen Veränderungen (Fibrose der Lungensepten) beobachtet werden. Dieser Befund läßt auf Reparaturprozesse bei der Lungenfibrose schließen.

LAW et al. (1976) sahen nach Dosen zwischen 2000 bis 4000 R ebenfalls einen erhöhten HP-Gehalt pro Gramm Trockengewicht Mäuselunge. Der Anstieg fand sich zwischen der 24. und 36. Woche. Danach blieb der HP-Gehalt bis zur 48. Woche unverändert. HP-Gehalt pro Lunge und Trockengewicht pro Lunge sanken jedoch insgesamt ab. Diese Befunde lassen den Schluß zu, daß eher der Abbau des Kollagens gehemmt ist, als daß eine Nettoneusynthese von Kollagen stattfindet. Andererseits zeigen histologische Befunde von LAW et al. (1976), daß eine erhebliche Kollagendeposition in der Lunge stattgefunden hatte. Sie verglichen dieses mit allgemein entzündlichen Reaktionen wie sie auch in anderen Geweben auftreten. LAW et al. (1976) fanden eine Dosisabhängigkeit für die Kollagenablagerung in der Mäuselunge (Abb. 2). Auch traten die Veränderungen nach höheren Dosen früher als nach niedrigen auf.

Der zeitliche Verlauf der Kollagenablagerung scheint bei verschiedenen Spezies etwas unterschiedlich zu sein. So sah PHILLIPS (1966) bereits zwei bis drei Monate nach 20 Gy bei Ratten eine Kollagendeposition. Die Veränderungen waren progressiv bis zu einem Jahr und mehr (PHILLIPS u. MARGOLIS 1974). Bei Mäusen tritt die Kollagenablagerung später auf. MAISIN (1970) beobachtete zwischen dem 2. bis 7. Monat keine Ablagerung, sondern erst zwischen dem 8. und 15. Monat. Diese Befunde wurden von LAW et al. (1976) bestätigt.

In ihren Untersuchungen starb die Mehrzahl der Mäuse aber zwischen dem 2. bis 7. Monat. Die Autoren folgern daraus, daß die Fibrose nicht die Todesursache für die Tiere sein kann, sondern eher das in diesem Zeitraum auftretende Lungenödem. Interessanterweise nahm der absolute Wassergehalt in der Lunge nicht zu. Offensichtlich tritt nur eine andere Verteilung des Wassers auf, z. B. vom intra- in den extrazellulären Raum. RÜFER et al. (1973) sahen einen ähnlichen Befund in Ratten. Insgesamt zeigen die Daten, daß der Stoffwechsel des Kollagens durch eine Bestrahlung verändert werden kann. Die Befunde sind aber z. T. widersprüchlich und unklar.

Andere Arbeitsgruppen untersuchten die biochemischen Veränderungen des Oberflächenfaktors nach Bestrahlung. Dieser stellt ein Gemisch von Phospholipiden dar, das sich im Flüssigkeitsfilm auf der Alveolaroberfläche befindet. Ferner enthält der Film Mukopolysaccharide und Mukoproteine. Die Produktion des Oberflächenfaktors wird der Pneumozyte des Typs II (s. o.) zugeschrieben, die die Phospholipide in Form lamellärer Granula speichert und bei Bedarf abgibt (FAULKNER u. CONOLLY 1973; TRAVIS et al. 1977; MOOSAVI et al. 1977).

NAIMARK et al. (1970) sahen vier Monate nach Bestrahlung ein Absinken des Phosphatidylcholins (Lecithin). Die Abnahme ging mit einer verringerten Palmitinsäureinkorporation in die Lipide der Lunge einher. Parallel dazu verminderte sich die Compliance. Allerdings wurden Veränderungen der Compliance auch schon zwei Monate vorher gefunden, d. h. zu einem Zeitpunkt, zu dem noch keine Stoffwechselstörungen gemessen werden konnten.

TOMBROPOULOS u. THOMAS (1970) beobachteten hingegen in den ersten Wochen nach Bestrahlung eine gesteigerte Inkorporation von radioaktiv-markierter Palmitinsäure in die Lipide. GROSS (1978a) fand vier Monate nach Bestrahlung keine Veränderung des Phosphatidylcholins in der Lunge von Mäusen. Das Phosphatidylglyzerol und Phosphatidyläthanolamin waren aber signifikant erniedrigt. Der Abfall war allerdings nicht sehr groß, so daß die beobachtete Änderung der Elastizität des Lungengewebes damit nicht erklärt werden konnte. Die Befunde von GROSS stehen demnach im Widerspruch zu denen von MAIMARK et al. (1970). SAID et al. (1965) und SMITH et al. (1963) vermuten, daß andere Komponenten wie Fibrinogen die Eigenschaften der Oberflächenspannung im Alveolarfilm ändern können, indem sie mit dem Oberflächenfaktor einen Komplex bilden. GROSS (1978a) fand nach Bestrahlung erhebliche Mengen an Protein in der Spülflüssigkeit der Lunge von Mäusen. Er gewann experimentelle Hinweise, daß es sich dabei z. T. um Fibrinogen handelte, das in der unbestrahlten Lunge nicht vorkam. Es bestand zwischen dem Proteingehalt und der Zunahme der Oberflächenspannung eine strenge Korrelation. GROSS (1978a) vermutet eine Inaktivierung des Oberflächenfaktors, aufgrund einer Komplexbildung zwischen demselben und der Proteinkomponente. Damit könnte die Diskrepanz zwischen geringer Abnahme an Phospholipiden und starker Verringerung der Compliance erklärt werden.

GROSS (1978b) untersuchte auch im Zeitraum von einigen Tagen bis zwölf Wochen nach Bestrahlung. Innerhalb dieser Zeit stieg das Phosphatidylcholin an, ebenso seine ungesättigte Komponente. Die Syntheserate blieb aber konstant. 12 Wochen nach Bestrahlung kehrten die erhöhten Werte zum Kontrollwert zurück. Zwei mögliche Erklärungen liegen vor. Die Pneumozyte des Typ II differenziert sich wie oben beschrieben nach Bestrahlung in die Pneumozyte des Typs I (ADAMSON et al. 1970; MAISIN 1970). Nur die Pneumozyte des Typs II enthält große Mengen an Phosphatidylcholin. Der Anstieg und folgende Abfall dieser Substanz ließe sich mit der Zytodynamik erklären. Eine andere Erklärung wäre, daß Makrophagen die Phospholipide von der Alveolaroberfläche entfernen. Nach Bestrahlung sinkt die Anzahl der Makrophagen ab, was dann eine Akkumulation von Phosphatidylcholin bewirkt. Möglicherweise spielen auch beide Phänomene eine Rolle. RÜFER et al. (1973) fanden erst drei Monate nach Bestrahlung ein Absinken des Phospholipidgehaltes in der Lunge von Ratten (Abb. 3). So kann ein Teil der Befunde den Zusammenhang zwischen Strahlen-

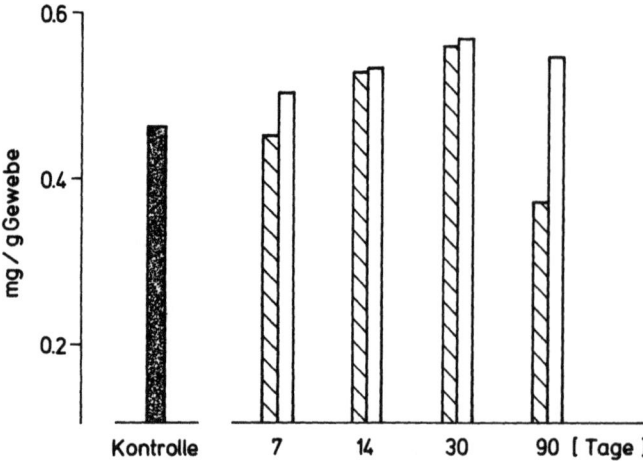

Abb. 3. Phospholipidgehalt im Rattenlungengewebe nach 3000 R als Funktion der Zeit nach Bestrahlung; ▒ Kontrollgruppe; ▨ bestrahlte Lunge; ▢ unbestrahlte, kontralaterale Lunge (Rüfer et al. 1973)

pneumonitis und Abnahme des Oberflächenfaktors (vgl. Histopathologie) erklären, ein anderer nicht.

Neben den oben geschilderten Ergebnissen sind noch eine ganze Reihe anderer biochemischer Veränderungen in der Lunge nach Bestrahlung beobachtet worden. Koćmierska-Grodzka u. Gerber (1974) sahen einen Anstieg der β-Glukuronidase. Oledzka-Slotvinska u. Maisin (1970) wiesen Veränderungen der Mukopolysaccharide nach. Auch war die Fibrinolyse kurz nach Bestrahlung gestört (Fleming et al. 1962). Zu späteren Zeiten, wenn die Kollagendeposition beginnt, fand sich neben den beschriebenen Veränderungen auch eine Abnahme der alkalischen und ein Anstieg der sauren Phosphatase sowie der β-Glukuronidase (Caulet et al. 1970).

Dancewicz et al. (1976) untersuchten verschiedene Enzymaktivitäten. Während der ersten frühen, exsudativen Phase waren lysosomale Enzyme wie die saure Phosphatase und Kathepsin erhöht. Kathepsin sank zwei Wochen nach Bestrahlung wieder ab. Möglicherweise steht dieses in Zusammenhang mit einer Abnahme der Makrophagen (Moyer u. Riley 1969). Zu dem Zeitpunkt, zu dem die Fibrose auftritt, stiegen das Kathepsin und die β-Glukuronidase an.

Ferner beobachteten Dancewicz et al. (1976) kurz nach Bestrahlung einen vorübergehenden Anstieg des Serotonins. Sie erklären dieses mit einer Änderung der Gefäßpermeabilität. Zu späteren Zeiten stieg das Serotonin erneut an. Die beobachtete Mastzellinfiltration der Lunge könnte hierbei eine Rolle spielen.

Die erniedrigte Fibrinolyse-Aktivität ist nach Dancewicz et al. (1976) im Einklang mit den histologisch beobachteten Fibrinablagerungen in den Alveolen und Kapillaren. Ähnliche Befunde erhielten Fleming et al. (1962). Neben solchen biochemischen Ergebnissen berichten Mancini et al. (1965) über immunologische Veränderungen in der Kaninchenlunge. Es wird vermutet, daß zur strahleninduzierten Lungenfibrose auch autoimmunologische Prozesse beitragen.

Trotz der Widersprüche und Unklarheiten der biochemischen Befunde läßt sich zusammenfassend sagen, daß eine strahlenbedingte Abnahme des Oberflächenfaktors zum Auftreten von Atelektasen führen kann. Neben Funktionsstörungen in Folge von Fibrose spielen auch solche eine Rolle, die durch Veränderungen des Oberflächenfaktors hervorgerufen werden.

Zwei Mechanismen sind demnach für die atemmechanischen Veränderungen verantwortlich: Erhöhung der Oberflächenkräfte und Veränderungen in der Zusammensetzung des Lungengewebes. Beide Faktoren lassen sich, wenn auch bisher nicht sehr befriedigend, mit Hilfe biochemischer Messungen erfassen.

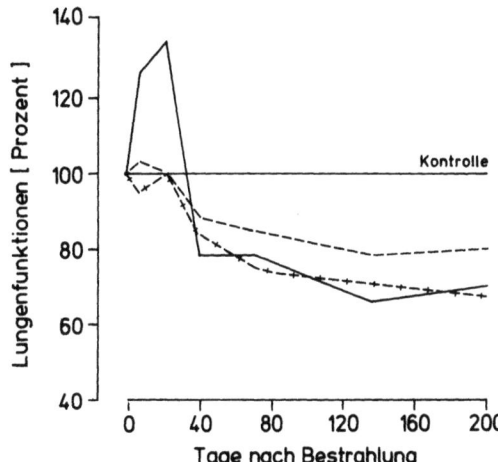

Abb. 4. Veränderungen der Ventilation (- - -) und der Compliance ($\times - \times$) nach Bestrahlung der Hundelunge. Kontrollwert = 100%, als Kontrolle diente die kontralaterale, unbestrahlte Lunge. Veränderungen der CO_2-Diffusionskapazität (——). Kontrolle = 100%, der Kontrollwert entspricht dem Wert vor Bestrahlung (TEATES 1965)

II. Physiologische Veränderungen

Neben den histologischen und biochemischen Alterationen wurden von einer Reihe von Autoren auch physiologische Veränderungen der Lungenfunktion tierexperimentell untersucht.

SWEANY et al. (1959) bestrahlten den Thorax von Hunden mit Einzeldosen zwischen 1000 und 2900 R. Ferner fraktionierten sie Strahlendosen von 3000 bis 4800 R in Einzeldosen von 200 bis 300 R wöchentlich. Sie bestimmten die statische Compliance des Gesamtthorax, der Thoraxwand, der Lunge, die funktionelle Residualkapazität und die Diffusionskapazität, sowie den arteriellen und venösen Druck der Lungengefäße. Obwohl früh histopathologische Veränderungen auftraten, blieben die Lungenfunktionen zunächst normal. Eindeutige Veränderungen der funktionellen Parameter wurden 20 Wochen nach Bestrahlung gefunden. Der Druck in den Pulmonalgefäßen stieg 24 Wochen nach Bestrahlung an. Dieses Phänomen wird zu dem Zeitpunkt beobachtet, zu dem Fibrose, zelluläre Infiltration, Einengung der Gefäßquerschnitte usw. (s. o.) auftreten. Die histologischen Veränderungen werden für den gestörten Gasaustausch infolge dessen die arterielle Sauerstoffspannung absinkt, verantwortlich gemacht. MOSS und HADDY (1960) untersuchten die arterielle Sauerstoffspannung in Ratten während einer Lungenbestrahlung. Die Compliance sank 4 Wochen nach Bestrahlung ab. Die Veränderungen waren weniger schwer, wenn die Ratten unter höheren Sauerstoffpartialdrucken bestrahlt wurden. Bei diesen Tieren sahen sie eine Hyperplasie der Nebenniere. Sie vermuteten deshalb, daß bei einer erhöhten Kortikoidproduktion die Lungenveränderungen geringer blieben.

TEATES (1965) bestrahlte eine Thoraxhälfte von Hunden mit einer Gesamtdosis von 4500 R über 23 bis 27 Tage. Bis zur 21. Woche nach Bestrahlung wurde die Lungenfunktion gemessen. Die gemessenen Parameter waren Inspirationsvolumen, Sauerstoffaufnahme, Kohlendioxidabgabe, Diffusionskapazität und Compliance einer Thoraxhälfte. Sechs Wochen nach Bestrahlung sanken die Werte kontinuierlich ab (Abb. 4). TEATES (1965) fand innerhalb des untersuchten Kollektivs hinsichtlich der Schwere der Gewebsreaktion große individuelle Unterschiede, die sich auch in den funktionellen Meßwerten widerspiegelten. Insgesamt nahm die Compliance jedoch ab, der pulmonale Blutfluß war erniedrigt. Aus dem Verhältnis von Sauerstoffaufnahme und Kohlendioxidabgabe schloß er, daß kein alveolo-kapillarer Block vorlag. TEATES (1965) machte ein Mißverhältnis von Ventilation und Perfusion oder eine herabgesetzte alveoläre Ventilation für die reduzierte Diffusionskapazität verantwortlich. Darüber hinaus zeigten die Untersuchungen, daß die Funktion des Gesamtorgans Lunge (bestrahlte und unbestrahlte Lunge) nicht beeinträchtigt war. Dieses ist ein Hinweis auf

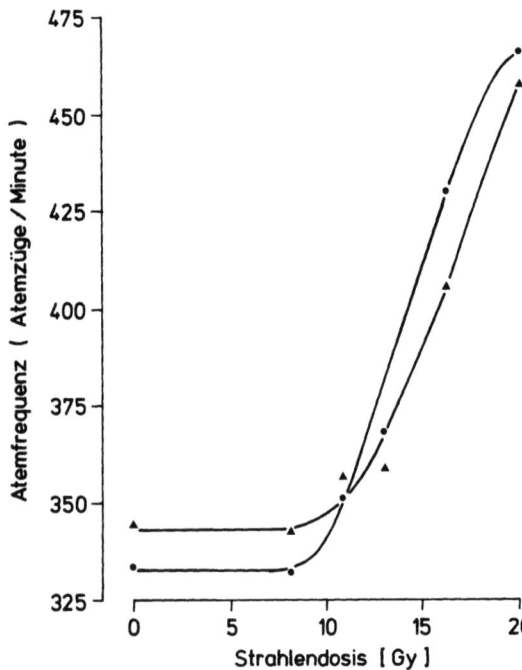

Abb. 5. Atemfrequenz als Funktion der Strahlendosis 16 Wochen nach Bestrahlung. Die verschiedenen Symbole repräsentieren verschiedene Experimente (Travis et al. 1979)

die gute Kompensationsfähigkeit des unbestrahlten Lungengewebes. Rüfer et al. (1973) ermittelten an der isolierten Rattenlunge Druck-Volumen-Diagramme bis zur 14. Woche nach Bestrahlung. Trotz erheblicher morphologischer Veränderungen kam es erst spät zu funktionellen Störungen der Atemmechanik. Sie führen dieses auf die dominante Rolle des Oberflächenfaktors zurück, der erst in der 14. Woche nach Bestrahlung vermindert war. Funktionsstörungen wurden bis zur 14. Woche durch eine ausreichende Konzentration des Oberflächenfaktors verhindert.

Travis et al. (1979) untersuchten mit einer plethysmographischen Methode die Funktion der Mäuselunge nach Bestrahlung. Sie bestimmten die Atemfrequenz und die Atmungsamplitude. Die Atemfrequenz stieg erst nach 11 Gy deutlich an (Abb. 5). Dieses muß im Sinne eines Schwellenwertes gedeutet werden. Die Amplitude nahm ebenfalls nach einer Schwellendosis von 11 Gy ab. Beide Effekte traten vor den fibrotischen Veränderungen in der 16. Woche nach Bestrahlung auf.

Die funktionelle, plethysmographische Methode erfaßt experimentell einen anderen Endpunkt als die LD_{50}. Sie ist empfindlicher, da die Dosen niedriger als bei der Ermittlung der LD_{50} liegen. Sie ist ferner nicht invasiv und erfaßt die Schäden auch quantitativ. Allerdings wird die Interpretation allein des Amplitudensignals aufgrund der Komplexität der funktionellen Lungenveränderungen erschwert. Hinter dem Signal verbergen sich Änderungen des Luftwegwiderstandes, der Ventilation, des Lungenvolumens und des Atemflußvolumens, die in den Untersuchungen von Travis et al. (1979) alle gleichzeitig verändert sein können.

Shrivastava et al. (1974) bestrahlten wie Travis et al. (1979) beide Lungen. Sie fanden eine Abnahme der Compliance sechs Wochen nach einer Dosis von 1 500 R (Abb. 6). Auch hier gingen die funktionellen Änderungen den histologisch gefundenen Kollagenablagerungen voraus. Entzündung, Ödem, Pleuraerguß und fokale Atelektasen wurden jedoch schon früher beobachtet. Nach Dosen unter 1 500 R fanden sich keine Veränderungen im Druck-Volumen-Diagramm.

Fine et al. (1979) bestrahlten lokal den Lungenoberlappen von Pavianen. Die Dosen lagen zwischen 3 000 und 4 000 R. Untersucht wurde 24 Wochen nach Bestrahlung. Das

Abb. 6. Lungencompliance als Funktion der Strahlendosis bei verschiedenen Lungenvolumina (cm³) 6 Wochen nach Bestrahlung. Die Compliance ist das Verhältnis von Lungenvolumen zu Druck. Die Werte sind an verschiedenen Stellen des Druck-Volumendiagramms entnommen (SHRIVASTAVA et al. 1974)

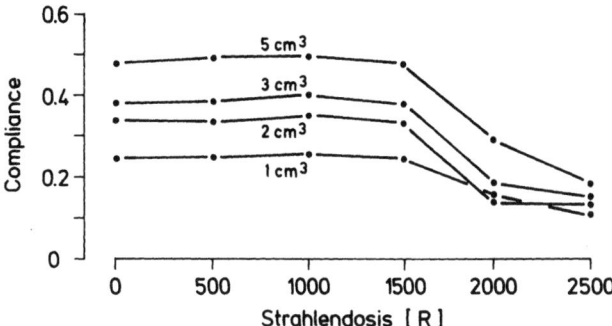

Druck-Volumendiagramm unterschied sich nach Bestrahlung nicht von demjenigen der Kontrollgruppe. Sie verglichen das Druck-Volumen-Diagramm mit den Bindegewebsanteilen in dem bestrahlten und unbestrahlten Teil der Lunge. Das Elastin/g Trockengewicht war im Oberlappen erhöht, ebenso im nicht bestrahlten Unterlappen. Aufgrund des erniedrigten Trockengewichtes des Oberlappens sind diese Angaben nur relativ, da offensichtlich andere z. B. zelluläre Elemente reduziert waren. Im Unterlappen war das Elastin infolge einer Hypertrophie absolut erhöht. Die Kollagenkonzentration verhielt sich ähnlich, nur weniger auffällig als der Elastingehalt. Die Autoren schlossen, daß die Bindegewebsakkumulation nicht zu Veränderungen im Druck-Volumen-Diagramm führt, wenn diese in nicht-entfaltbaren Lungenpartien oder als Prozeß eines kompensatorischen Lungenwachstums stattfindet. Dadurch muß die Aussagekraft des Druck-Volumen-Diagramms, falls Inhomogenitäten bei der Bestrahlung bzw. unterschiedliche Reaktionen in verschiedenen Lungenabschnitten auftreten, kritisch gewürdigt werden.

GROSS (1978a) versuchte die Dehnbarkeit der verschiedenen Lungenkomponenten (Thoraxwand, Lungengewebe, Alveolaroberfläche) differenziert zu untersuchen. Für die Gesamtlunge findet er eine Abnahme der Compliance nach Bestrahlung mit 24 Gy in zwei Fraktionen (vier Wochen nach Bestrahlung). Die Thoraxwand ist hierbei weniger beteiligt (GROSS 1978a; SHRIVASTAVA et al. 1974; SWEANY et al. 1959), vielmehr liegen der Abnahme der Compliance Veränderungen des Lungengewebes zugrunde. Wie oben ausgeführt, beeinflussen sowohl die Oberflächenspannung als auch fibrotische Veränderungen die Elastizität des Lungengewebes. Vom zeitlichen Verlauf her müssen Schädigungen der Alveolaroberfläche mit der Strahlenpneumonitis und Schädigungen des Lungengewebes mit der später einsetzenden Strahlenfibrose in Zusammenhang gebracht werden.

So fand GROSS (1978a) vier Monate nach Bestrahlung vor allem eine Abnahme der Oberflächenelastizität, während die Elastizität der Thoraxwand und des Lungengewebes weitgehend unverändert blieb. Zu diesem Zeitpunkt ist demnach die abgesunkene Compliance ausschließlich der Veränderung der Oberflächenspannung zuzuschreiben. Zu früheren Zeitpunkten (2. bis 12. Woche) ließen sich Veränderungen der Compliance der Alveolaroberfläche nicht nachweisen (GROSS 1978b).

Wie die exemplarisch beschriebenen Untersuchungen zeigen, fand in allen Fällen nach Bestrahlung eine Funktionseinschränkung der Lunge statt. Unklar ist bisher, wie weit die beschriebenen histologischen Veränderungen, insbesondere die Schädigung der Kapillaren mit den funktionellen Veränderungen im Stadium der Strahlenpneumonitis zusammenhängen. Allgemein kann angenommen werden, daß eine Abnahme der Compliance der Alveolaroberfläche die Atemarbeit ansteigen läßt, woraus eine Störung des Gleichgewichts zwischen Ventilation und Perfusion resultiert. Letzteres führt wiederum zu einem gestörten Gastransport, dessen Resultat der durch Strahlenpneumonie bedingte Tod der Tiere ist. Funktionsstörungen, die später beobachtet werden (nach der 20. Woche) müssen der Strahlenfibrose zugeschrieben werden.

D. Dosis-Wirkungsbeziehung und Erholung

Die Lunge gilt als ein Organ mit langsamer Zellproliferation. Es ist deshalb verglichen mit rasch proliferierenden Organen oder Tumoren schwierig, den richtigen Endpunkt für die Erstellung von Dosis-Wirkungsbeziehungen festzulegen. Im Abschnitt über physiologische Veränderungen wurden bereits einige Beispiele dargestellt.

In rasch proliferierenden Organen wie der Dünndarmschleimhaut wird der Strahlenschaden früh exprimiert. Im Fall der langsam proliferierenden Lunge manifestiert sich der Schaden erst spät, was die experimentelle Bestimmung zellulärer Strahlenschäden erschwert. Um die „target-Zelle" identifizieren zu können, müssen Kenntnisse über den Zellumsatz vorhanden sein. Von folgenden Zellen liegen Daten vor (Adamson u. Bowden 1975; Bowden et al. 1968; Adamson u. Bowden 1974; Evans et al. 1973):

1. Verschiedene Autoren machen Veränderungen des Kapillarendothels für die Lungenschäden verantwortlich. Die Verdoppelungszeit des Kapillarendothels wird von Tannock u. Hayaishi (1972) auf acht Wochen und mehr geschätzt. In sich regenerierender Lunge hat das Kapillarendothel einen Zellumsatz von ca. 30 Tagen (Bowden et al. 1968).

2. Die zweite wichtige Zellpopulation, deren Schädigung nach Ansicht anderer Autoren Strahlenpneumonitis und Strahlenfibrose verursacht, sind die den Oberflächenfaktor produzierenden Pneumozyten des Typs II. Ihr Zellumsatz ist mit 28–35 Tagen in wachsender Mäuselunge ähnlich wie derjenige des Kapillarendothels. Unter normalen Bedingungen soll der Zellumsatz jedoch deutlich länger sein. Er wird bei einem konstanten Gleichgewicht zwischen Zellerneuerung und Zellverlust auf über 80 Tage geschätzt. Die Pneumozyte des Typs II kann somit ihre Zellerneuerungsrate nach Bedarf erhöhen. Sie differenziert sich auch in die Pneumozyte des Typs I, welche den Hauptanteil des Alveolarepithels ausmacht. Die Pneumozyte des Typs I teilt sich offensichtlich nicht (vgl. B.IV.).

3. Makrophagen, die ebenfalls in der Lunge gefunden werden, haben einen Zellumsatz von ca. einer Woche. Sie werden vermutlich nicht in der Lunge selbst gebildet, sondern wandern vom Blut her in das Organ ein.

4. Der Zellumsatz des Bronchialepithels dauert ein bis drei Wochen (Shorter et al. 1964).

Aus diesen Befunden geht hervor, daß aus zellkinetischer Sicht das Bronchialepithel, Kapillarendothel und/oder die Pneumozyte des Typs II am ehesten den Strahlenschaden zum Ausdruck bringen könnten, da sie die höchste Mitoserate aufweisen. Eine Trennung und separate Untersuchung der verschiedenen Zelltypen ist aber nur schwer möglich. Insbesondere läßt sich die Strahlenempfindlichkeit der genannten Zellen kaum mit Funktionsausfällen in Verbindung bringen.

Schließlich ergibt sich hinsichtlich der Erstellung von Dosis-Effekt-Kurven, daß nicht bestrahlte Lungenabschnitte kompensatorisch die Funktion geschädigter Lungenteile übernehmen. Es verhält sich deshalb die Dosis-Effekt-Kurve nach einem Alles-oder-Nichtsgesetz. Phillips und Margolis (1972) sahen, daß Mäuse infolge eines Lungenschadens 80 bis 160 Tage nach Bestrahlung starben. Später traten keine weiteren Todesfälle mehr auf. Solche Befunde deuten darauf hin, daß offensichtlich die Bestimmung des Überlebenszeitraumes der empfindlichste Endpunkt für die Erfassung eines strahlenbedingten Lungenschadens ist.

Field et al. (1976) und Wara et al. (1973) fanden eine LD_{50} von 12 bis 14 Gy, wobei kleinere Unterschiede innerhalb der verschiedenen Tierstämme bestanden. Für Röntgenstrahlen sahen sie einen erheblichen Fraktionierungseffekt. Wara et al. (1973) untersuchten die LD_{50} nach Fraktionierung der Strahlendosis bis zu 20 Einzelfraktionen. Sie konstruierten eine Kurve nach Strandquist (1944) mit einer Neigung von 0,44. Aus ihren Daten leiteten sie entsprechend der Ellis-Formel (Ellis 1969) Exponenten für N und T ab, die bei 0,38 und 0,06 lagen.

Field et al. (1976) fanden für ein bis acht Fraktionen einen Exponenten für N von 0,39 und für 8 bis 30 Fraktionen einen von 0,25. Nach Neutronenbestrahlung stieg zwar

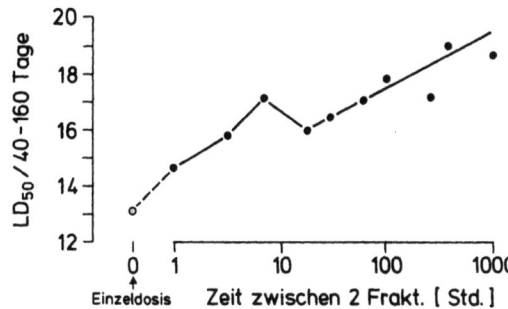

Abb. 7. LD$_{50}$ (Gy) für Lungenschaden nach Thoraxbestrahlung als Funktion des Zeitintervalls zwischen zwei Fraktionen (Röntgenstrahlen) (FIELD u. HORNSEY 1977)

die LD$_{50}$ an, wenn die Gesamtdosis in zwei Fraktionen appliziert wurde. Es konnte jedoch kein Unterschied gefunden werden, wenn die Fraktionierung auf 15 Fraktionen ausgedehnt wurde. N hatte damit einen Exponenten von 0. Nach Röntgenbestrahlung fand FIELD (1972) für die Haut ähnliche Werte wie in der Lunge. Der Exponent für T war 0,07. Er war unabhängig von der Zahl der Fraktionen. FIELD et al. (1976) diskutieren verschiedene Erklärungen dafür, daß die Gesamtdosis der LD$_{50}$ mit zunehmender Gesamtbehandlungsdauer ansteigt. Sie kommen zu dem Schluß, daß im langsam proliferierenden Lungengewebe die Repopulierung für den Effekt nicht in Frage kommt. Untersuchungen von COULTAS et al. (1981) bestätigen diese Überlegung. Aufgrund ihrer Experimente müssen sie annehmen, daß in der Lunge eine sehr langsame Form der Reparatur abläuft, die sich von der Elkind-Reparatur unterscheidet. Dieser Reparaturprozeß könnte für den T-Faktor der Ellis-Formel in sich langsam teilenden Geweben verantwortlich sein, während in sich schnell teilenden Geweben vor allem die Repopulierung die Größe der Exponenten von T bestimmt.

In der Abb. 7 sind Untersuchungsergebnisse von FIELD u. HORNSEY (1977) dargestellt. Es wurde die LD$_{50}$ für den 40. bis 160. Tag in zwei Fraktionen appliziert. Das Zeitintervall zwischen den Fraktionen war unterschiedlich lang. Der Anstieg der LD$_{50}$ bei einem zeitlichen Intervall von sechs Stunden ist der Reparatur des subletalen Strahlenschadens (Elkind) zuzuschreiben. 24 Stunden später nimmt die LD$_{50}$ kontinuierlich mit steigendem Intervall zwischen beiden Fraktionen zu. In den Untersuchungen wird ein Exponent für T von 0,03 bis 0,04 gefunden, der etwas niedriger lag als in früheren Untersuchungen von FIELD et al. (1976). Für Neutronen wurde zunächst ebenfalls ein rascher Anstieg der LD$_{50}$ gefunden, die sich aber später nicht mehr änderte.

Neben der langsamen Form der Reparatur (slow repair) kann aus den Befunden auf eine sehr effektive Erholung vom subletalen Strahlenschaden geschlossen werden. Dieses gilt auch für eine Neutronenbestrahlung. FIELD und HORNSEY (1975) untersuchten mit der Methode von DUTREIX et al. (1973) die Elkind-Erholung. Sie fanden, daß die Lunge sich in ähnlicher Weise wie die Haut von subletalen Schäden erholen kann.

Aus den Befunden läßt sich folgern, daß das intrazelluläre Erholungsvermögen der Lungenparenchymzelle relativ groß ist, die Repopulierung jedoch nur unbedeutend. In der Ellis-Formel ist deshalb die Zahl der Fraktionen für die Induktion von Spätschäden von größerer Bedeutung als die Intervalldauer zwischen den Fraktionen. Es resultieren hohe Exponenten für N und sehr niedrige für T.

E. Klinische Befunde am Menschen

Bei einer strahlentherapeutischen Behandlung von Tumoren im Bereich des Thorax läßt sich eine Bestrahlung auch des normalen Lungengewebes nicht immer vermeiden. Eine Fülle von Publikationen ist über die Strahlenreaktion des Lungengewebes erschienen. SMITH (1963) gibt eine Literaturübersicht bis 1963. Hier soll nur kurz auf einige neuere Befunde eingegangen werden. Ein Problem stellt sich hinsichtlich des Begriffes „Strahlenpneumonitis". Manche Autoren verstehen darunter radiologisch erkennbare Veränderungen der Lunge, die nicht immer mit klinischer Symptomatik einhergehen müssen. Andere bezeichnen nur das klinische Syndrom als „Strahlenpneumonitis".

Die Häufigkeit, mit der eine Strahlenpneumonie bei der strahlentherapeutischen Behandlung (Hochvolttherapie) des Brustkrebses auftritt, wird mit 24,5 bis 70% angegeben (CHU et al. 1955; BATE u. GUTTMAN 1957). Werden alle Befunde zusammengefaßt, so ergibt sich eine mittlere Häufigkeit von 41% (radiologische Veränderungen). Klinische Symptome treten im Mittel bei 11,2% der Patientinnen auf. Todesfälle wurden nicht beschrieben. Späte radiologische Veränderungen im Sinne einer Fibrose werden bei ca. 60% gefunden (BATE u. GUTTMAN 1957). HELLMAN et al. (1964) berichteten über radiologische Befunde nach Behandlung des Lungenkrebses. Nach drei Monaten haben 13% der Patienten und nach 30 Monaten 100% der Patienten Veränderungen. Klinische Symptome hatten 4,6%. Ebenso werden radiologische und klinische Symptome bei der Behandlung des M. Hodgkin und von Lymphomen im Thoraxbereich gefunden (LIBSHITZ et al. 1973; KAPLAN u. STEWART 1973).

Differenzen bei diesen Angaben lassen sich durch unterschiedliche Bestrahlungstechniken erklären. Insgesamt zeigen etwa 5 bis 15% der Patienten klinische Symptome, von diesen stirbt ein beträchtlicher Teil. Es handelt sich dabei um einige Prozent.

Das klinische Erscheinungsbild wird in zwei Phasen eingeteilt: eine akute, die Strahlenpneumonitis, die zwei bis sechs Monate nach Bestrahlung auftritt und eine späte Phase, die Fibrose, die der akuten folgt. Diese Phasen entsprechen den histo-pathologischen Beschreibungen (s.o.). Die Mehrzahl der Autoren ist sich einig, daß die Reaktionen im Menschen denjenigen des Tieres gleichen. Die Symptome beginnen schleichend in Abhängigkeit von der Höhe der Strahlendosis. LIBSHITZ u. SOUTHARD (1974) geben an, daß radiologische Veränderungen acht Wochen nach 40 Gy auftreten. Nach Steigerung der Dosis um 10 Gy treten die Symptome eine Woche eher auf. Je früher sie auftreten, umso schwerer ist das Krankheitsbild. Die klinischen Zeichen sind die einer Pneumonie und zeigen keine für ionisierende Strahlen typischen Charakteristika. Die Pneumonitis kann eine bis sechs Wochen dauern. In schweren Fällen kann sich aus einer leichten Dyspnoe innerhalb von wenigen Tagen ein schweres Atemnotsyndrom mit tödlichem Ausgang entwickeln.

Die meisten Patienten mit Strahlenpneumonitis entwickeln im gleichen Feld eine Fibrose. Die Mehrzahl dieser Patienten, die röntgenologisch eine Strahlenfibrose zeigen, ist aber symptomfrei. Treten Symptome auf, so sind es Belastungsdyspnoe, Orthopnoe, Zyanose, gelegentlich auch ein chronisches Cor pulmonale. Der zeitliche Übergang von der Pneumonitis zur Fibrose variiert. Er erstreckt sich über mehrere Monate. Röntgenologisch wird die Fibrose sechs bis zwölf Monate nach Auftreten der Strahlenpneumonie diagnostiziert. Physiologische bzw. funktionelle Veränderungen finden sich in ähnlichem Umfang, wie sie oben für die tierexperimentellen Studien beschrieben wurden. Eine Übersicht über diese Veränderungen gibt GROSS (1977b).

Wie bei den experimentellen Befunden ausgeführt, hat die Lunge eine große funktionelle Reserve, aber nur eine vergleichsweise geringe Möglichkeit zur Regeneration oder Zellneubildung. Damit wird das Lungenvolumen, das bestrahlt wird, zu einer außerordentlich wichtigen Größe, nach RUBIN und CASARETT (1968) sogar zur wichtigsten, welche die Toleranz gegenüber einer Bestrahlung bestimmt. RUBIN u. CASARETT (1968) kommen aufgrund ihrer Untersuchungen zu der Folgerung, daß eine Schädigung von 25% des Lungengewebes keine oder nur einen sehr geringen Funktionsausfall hervorruft. Sie nehmen an, daß diese 25% den kritischen Wert darstellen. Da die Lunge zwar nur in sehr geringem Maß die Fähigkeit zur Repopulierung besitzt, dagegen aber wohl über ein sehr gutes intrazelluläres Erholungsvermögen verfügt, spielt der Zeitfaktor für die Entwicklung eines Strahlenschadens ebenfalls eine bedeutende Rolle. Die Fraktionierung erlaubt die Erholung vom subletalen Strahlenschaden im behandlungsfreien Intervall. PHILLIPS u. MARGOLIS (1972) sowie WARA et al. (1973) modifizierten die Ellis-Formel für die Effekte in der Lunge. Sie berechneten, daß die Dosis (ED), die mit einer Wahrscheinlichkeit von 5% eine Pneumonitis hervorruft, bei 510 ret (NSD 770) liegt oder 26,5 Gy in 20 Fraktionen über vier Wochen beträgt. Hierbei wird die gesamte Lunge bestrahlt. Eine Dosis (ED) von 713 ret (NSD 92), oder 30,5 Gy in 20 Fraktionen über vier Wochen appliziert, ruft mit einer 50prozentigen Wahrscheinlichkeit eine Pneumonitis hervor.

Aus obigen Werten folgt, daß die Dosis-Effekt-Kurve außerordentlich steil verläuft. Innerhalb eines kleinen Dosis-Bereiches kann die Komplikationsrate stark ansteigen. Befunde, daß nach relativ kleinen Dosen bereits schwere Pneumonitiden auftreten, lassen sich somit nicht nur durch Effekte wie zusätzliche Chemotherapiebehandlung, zu geringe Kortikoidabgabe o.ä. sondern auch durch nur kleine Fehler in der Dosimetrie erklären (MARKS et al. 1974).

An dieser Stelle sei kurz darauf hingewiesen, daß auch die Inkorporation von Isotopen eine Strahlenpneumonie hervorrufen kann. RALL et al. (1957) berichten über vier Fälle, denen ^{131}J zur Behandlung von Schilddrüsenkarzinommetastasen in der Lunge gegeben wurde. Zwei Patienten starben an Lungenkomplikationen infolge der ^{131}J-Therapie.

Ferner muß daran gedacht werden, daß ein sensibilisierender Effekt durch eine begleitende Chemotherapie bewirkt werden kann (WARA et al. 1973; PHILLIPS et al. 1975).

Die Lunge ist ein hochkompliziertes Organ mit sehr viel verschiedenen Zelltypen. Die histopathologischen Veränderungen nach Bestrahlung sind bei Mensch und Tier zwar ausführlich beschrieben worden, die eigentliche „target-Zelle" bleibt bisher aber unbekannt. Gefäßschäden oder eine Schädigung der Alveolarzelle des Typs II werden vor allem für die Änderungen der elastischen Eigenschaften der Lunge, für die Strahlenpneumonitis und die Fibrose verantwortlich gemacht. Spezifische Unterschiede scheinen nicht zu bestehen, da beim Menschen und beim Tier die gleichen Veränderungen beobachtet werden. Als Frühschaden tritt die Strahlenpneumonitis und als Spätschaden die Strahlenfibrose auf. Hierbei ist besonders in der Humanmedizin die Größe des Bestrahlungsfeldes entscheidend. Bei kleineren Strahlenfeldern treten keine funktionellen Einschränkungen auf.

Die Lunge ist ein relativ empfindliches Organ, weil ihr regenerative Eigenschaften weitgehend fehlen. Jedoch scheint sie große Fähigkeiten zu besitzen, sich vom subletalen Strahlenschaden zu erholen. Damit scheint sie in der Lage zu sein, hohe Dosen einer stark fraktionierten oder kontinuierlichen Bestrahlung zu tolerieren. Die oben angeführten modifizierten Ellis-Formeln bringen dieses zum Ausdruck.

Literatur

Adamson IYR, Bowden DH (1974) The type 2 cell as progenitor of alveolar epithelial regeneration. Lab Invest 30:35–42

Adamson IYR, Bowden DH (1975) Deviation of type 1 epithelium from type 2 cells in the developing rat lung. Lab Invest 32:736–745

Adamson IYR, Bowden DH, Wyatt JP (1970) A pathway to pulmonary fibrosis: an ultrastructural study of mouse and rat following radiation to the whole body and hemithorax. Am J Pathol 58:481–498

Bässler R, Buchwald W (1966) I. Lungenfibrose nach Röntgenbestrahlung: Radiologie, Klinik und Untersuchungen zur Pathomorphogenese. Radiologie 6:95–103

Bate D, Guttman RJ (1957) Changes in lung and pleura following two-million-volt therapy for carcinoma of the breast. Radiology 69:372–382

Bennet DE, Million RR, Acherman LV (1969) Bilateral radiation pneumonitis, a complication of the radiotherapy of bronchogenic carcinoma. Cancer 23:1001–1018

Bertalanffy FD, Leblond CP (1953) The continous renewal of the two types of alveolar cells in the lung of the rat. Anat Rec 115:515–536

Bowden DH, Grantham WG. Thomas CE (1966)

Cellular morphogenesis of the alveolar surface lining. Fed Proc 25:603

Bowden DH, Davies E, Wyatt JP (1968) Cytodynamics of pulmonary alveolar cells in the mouse. Arch Pathol 86:667–670

Brenk HAS van den (1971) Radiation effects on the pulmonary system. In: Berdjis CC (ed) Pathology of irradiation. Williams & Wilkins, Baltimore, p 569

Bublitz G (1972) Morphologische und biochemische Untersuchungen über das Verhalten des Bindegewebes bei strahlenbedingter Lungenfibrose. In: Bargmann W, Doerr W (Hrsg) Normale und Pathologische Anatomie, no 26, Thieme, Stuttgart, p 89

Caulet T, Adnet JJ, Legay G, Gnonet JL (1970) Lésions tardives du poumon de rat, après irradiation générale. Observations histochimiques et ultrastructurales. Int J Radiat Biol 17:269–276

Chu FCH, Phillips R, Nickson JJ (1955) Pneumonitis following radiation therapy of cancer of the breast by tangential technic. Radiology 64:642–653

Cottier H (1966) Phänomenologie der Strahlenwirkungen auf Organe und Organsysteme. I. Histopathologie der Wirkung ionisierender Strahlen auf höhere Organismen (Tier und Mensch). In: Zuppinger A (ed) Handbuch der Medizinischen Radiologie; Strahlenbiologie, Be II/2. Springer, Berlin Heidelberg New York, S 35

Coultas PG, Ahier RG, Field SB (1981) Effects of neutron and X-irradiation on cell proliferation in mouse lung. Radiat Res 85:516–528

Dancewicz AM, Mazanowska A, Gerber GB (1976) Late biochemical changes in the rat lung after hemithoracic irradiation. Radiat Res 67:482–490

Dutreix J, Wambersie A, Bonnik C (1973) Cellular recovery in human skin reactions: application to chose, fraction number, overall time relationship in radiotherapy. Eur J Cancer 9:159–167

Ellis F (1969) Time dose and fractionation: a clinical hypothesis. Clin Radiol 20:1–8

Engelstad RB (1940) Pulmonary lesion after roentgen and radium irradiation. Am J Roentgenol 43:676–681

Engerman RL, Pfaffenbach D, Davis MD (1967) Cell turnover in capillaries. Lab Invest 17:738–743

Evans MJ, Cabral CJ, Stephens RJ, Freeman G (1973) Renewal of alveolar epithelium in the rat following exposure to NO_2. Am J Pathol 70:175–198

Faulkner CS, Connolly KS (1973) The ultrastructure of ^{60}Co radiation pneumonitis in rats. Lab Invest 28:545–553

Field SB (1972) The Ellis formula for X-rays and fast neutrons. Br J Radiol 45:315–317

Field SB, Hornsey S (1975) The response of mouse skin and lung to fractionated X-rays. In: Alper T (ed) Cell survival after low doses of radiation. Wiley, New York, p 362

Field SB, Hornsey S (1977) Slow repair after X-rays and fast neutrons. Br J Radiol 50:600–601

Field SB, Hornsey S, Kutsutani Y (1976) Effects of fractionated irradiation on mouse lung and a phenomenon of "slow repair". Br J Radiol 49:700–707

Fine R, McCullough B, Collins JF, Johanson WG (1979) Lung elasticity in regional and diffuse pulmonary fibrosis. J Appl Physiol 47:138–144

Fleming WH, Szakaczs JE, King ER (1962) The effect of gamma irradiation on the fibrinolytic system of the dog lung and its modification by certain drugs: Relationship to radiation pneumonitis and hyaline membrane formation in lung. J Nucl Med 3:341–351

Goldenberg VE, Warren S, Chute R, Besen M (1968) Radiation pneumonitis in single and parabiotic rats. I. Short term effects of supralethal total body irradiation. Lab Invest 18:215–226

Groover TA, Christie AC, Merrit EA (1922) Observations on the use of the copper filter in the roentgen treatment of deepseated malignancies. South Med J 15:440–444

Gross NJ (1977a) Alveolar macrophage number: an index of the effect of radiation on the lungs. Radiat Res 72:325–332

Gross NJ (1977b) Pulomnary effects of radiation therapy. Ann Intern Med 86:81–92

Gross NJ (1978a) Experimental radiation pneumonitis: changes in physiology of the alveolar surface. J Lab Clin Med 92:991–1001

Gross NJ (1978b) Early physiologic and biochemical effects of thoracic X-irradiation on the pulmonary surfactant system. J Lab Clin Med: 537–544

Hellman S, Kligerman MM, Essen CF von, Scibetta MP (1964) Sequelae of radical radiotherapy of carcinoma of the lung. Radiology 82:1055–1061

Hines LE (1922) Fibrosis of the lung following roentgen-ray treatment for tumor. JAMA 79:720–722

Hirst DG, Denekamp J, Hobson B (1980) Proliferation studies of the endothelial and smooth muscle cells of the mouse mesentery after irradiation. Cell Tissue Kinet 13:91–104

Jacobsen VC (1940) The deleterious effects of deep roentgen irradiation on lung structure and function. Am J Roentgenol 44:235–249

Jennings FL, Arden A (1961) Development of experimental radiation pneumonitis. Arch Pathol 71:437–446

Jennings FL, Arden A (1962) Development of radiation pneumonitis. Arch Pathol 74:351–360

Kaplan HS, Stewart JR (1973) Complications of intensive megavoltage radiotherapy for Hodgkin's disease. Natl Cancer Inst Monogr 36:439–444

Koćmierska-Grodzka D, Gerber GB (1974) Lysosomal enzymes in organs of irradiated rats. Strahlentherapie 147:227–237

Korr H, Schultze B, Maurer W (1975) Autoradiographic investigations of glial proliferation in the brain of adult mice. II. Cycle time and mode of proliferation of neuroglia and endothelial cells. J Comp Neurol 160:477–490

Kurohara SS, Casarett GW (1972) Effects of single thoracic X-rays exposure in rats. Radiat Res 52:263–290

Law MP, Hornsey S, Field SB (1976) Collagen content of lungs of mice after X-ray irradiation. Radiat Res 65:60–70

Leonhardt H (1981) Histologie, Zytologie und Mikroanatomie des Menschen. Thieme, Stuttgart New York

Libshitz HJ, Southard ME (1974) Complications of radiation therapy: the thorax. Semin Roentgenol 9:41–49

Libshitz HJ, Brosof AB, Southard ME (1973) Radiographic appearance of the chest following extended field radiation therapy for Hodgkin's disease. Cancer 32:206–215

Maisin JR (1970) The ultrastructure of the lung of mice exposed to a supralethal dose of ionizing radiation on the thorax. Radiat Res 44:545–564

Maisin JR (1974) Ultrastructure of the vessel wall. Curr Top Radiat Res 10:29–57

Mancini AM, Corinaldesi A, Tison V, Rimondi C, Ferracini R (1965) Immunological aspects of experimental pulmonary sclerosis due to ionzing radiations. Lancet 1397–1398

Margolis LW, Phillips TL (1969) Whole-lung irradiation for metastatic tumor. Radiology 93:1173–1179

Marks JE, Haus AG, Sutton HC, Griesen ML (1974) Localisation error in the radiotherapy of Hodgkin's disease and malignant lymphoma with extended mantle fields. Cancer 34:83–90

Moosavi H, McDonald S, Rubin P, Cooper R, Stuard D, Penney D (1977) Early radiation dose-response in lung: an ultrastructural study. Rad Oncol Biol Phys 2:921–931

Moyer RF, Riley RF (1969) Effect of whole body and partial body X-irradiation on the extractable cellular components of the lung with special consideration of the alveolar macrophage. Radiat Res 39:716–730

Moos WT, Haddy FJ (1960) The relationship between oxygen tension of inhaled gas and the severity of acute radiation pneumonitis. Radiology 75:55–58

Nairmark A, Newman D, Bowden DH (1970) Effect of radiation on lecithin metabolism, surface activity, and compliance of rat lung. Can J Physiol Pharmacol 48:685–694

Oledzka-Slotvinska H, Maisin JR (1970) Electron microscopic and histochemical observation on the pulmonary alveolar surfactant in normal and irradiates mice. Lab Invest 22:131–136

Pattle RE (1963) The lining layer of the lung alveoli. Br Med Bull 19:41–44

Peel DM, Coggle JE (1980) The effect of X-irradiation on alveolar macrophages in mice. Radiat Res 81:10–19

Penny DP, Rubin P (1976) Specific early fine structural changes in lung following irradiation. Int J Radiat Oncol Biol Phys 2:1123–1132

Penny DP, Rubin P (1977) Specific early fine structural changes in the lung following irradiation. Int J Radiat Oncol Biol Phys 2:1123–1132

Penney DP, Shapiro DL, Rubin P, Finkelstein J, Siemann DW (1981) Effects of radiation on the mouse lung and potential induction of radiation pneumonitis. Virchows Arch [Cell Pathol] 37:327–336

Phillips TL (1966) An ultrastructural study of the development of radiation injury in the lung. Radiology 87:49–54

Phillips TL, Margolis L (1972) Radiation pathology and the clinical response of lung and oesophagus. Front Radiat Ther Oncol 6:254

Phillips TL, Margolis L (1974) Radiation pathology and the clinical responce of lung and esophagus. Front Radiat Ther Oncol 6:254–273

Phillips TL, Wharam MD, Margolis L (1975) Modification of radiation injury to normal tissues by chemotherapeutic agents. Cancer 35:1678–1684

Pickrell JA, Harris DV, Belasich JJ, Jones RK (1975) Biological alterations resulting from chronic lung irradiation. III. Effect of partial ^{60}Co thoracic irradiation upon pulmonary collagen metabolism and fractionation in Syrian hamster. Radiat Res 62:133–144

Rall JE, Alpers JB, Lewallen CG, Sonnenberg M, Berman M, Rawson RW (1957) Radiation pneumonitis and fibrosis: a complication of radioiodine treatment of pulmonary metastases from cancer of the thyroid. J Clin Endocrinol 17:1263–1276

Rubin P, Casarett GW (1968) Clinical Radiation pathology. Saunders, Philadelphia London Toronto

Rüfer R, Merker HJ, Bublitz G (1973) Mechanik, Phospholipoidgehalt und Morphologie der Rattenlunge nach ^{60}Co-Bestrahlung. Strahlentherapie 145:55–67

Said SI, Avery ME, Davis RK, Banerjee CM, El-Gohary M (1965) Pulmonary surface activity in induced pulmonary edema. J Clin Invest 44:458–464

Shorter RG, Titus JL, Divertie MB (1964) Cell turnover in the respiratory tract. Dis Chest 46:138–142

Shorter RG, Titus JL, Divertie MD (1966) Cytodynamics in the respiratory tract of the rat. Thorax 21:32–37

Shrivastava PH, Hans L, Concannon JP (1974) Changes in the pulmonary compliance and production of fibrosis in X-irradiated lungs of rats. Radiology 112:439–440

Smith CW, Lehan PH, Monks JJ (1963) Cardiopulmonary manifestation with high O_2 tensions at atmospheric pressure. J Appl Physiol 18:849–853

Smith JC (1963) Radiation preumonitis. A review. Am Rev Respir Dis 87:647–655

Spencer H, Shorter RG (1980) Cell turnover in pulmonary tissues. Nature 194:880

Strandquist M (1944) Studien über die kumulative Wirkung der Röntgenstrahlen bei Fraktionierung. Acta Radiologica, Supplement 55

Stratton CJ (1975) Multilamellar body formation in mammalian lung: an ultrastructural study utilizing three lipid-retention procedures. J Ultrastruct Res 52:309–320

Sweany SK, Moss WT, Haddy FJ (1959) The effects of chest irradiation on pulmonary function. J Clin Invest 38:587–593

Tannock IF, Hayashi DS (1972) The proliferation of capillary endothelial cells. Cancer Res 32:77–82

Teates CD (1965) Effects of unilateral thoracic irradiation on lung function. J Appl Physiol 20:628–636

Thews G (1980) Lungenatmung. In: Schmidt RF, Thews G (eds) Physiologie des Menschen, 20. Aufl., Springer, Berlin Heidelberg New York, S 500

Tombropoulos EG, Thomas JM (1970) Effect of 800 R thoracic X-irradiation on lung tissue biochemistry. Radiat Res 44:76–86

Travis EL (1980) The sequence of histological changes in mouse lungs after single doses of X-rays. Int J Radiat Oncol Biol Phys 6:345–347

Travis EL, Hargove H, Klobukowski CJ, Feen JO, Frey GD (1976) Alterations in vascular permeability following irradiation. Radiat Res 67:539

Travis EL, Hartley RA, Fenn JO, Klobukowski CJ, Hargrove HG (1977) Pathologic changes in the lung following single and multi-fraction irradiation. Int J Radiat Oncol Biol Phys 2:475–490

Travis EL, Vojnovic B, Davies EE, Hirst DG (1979) A plethysmographic method for measuring function in locally irradiated mouse lung. Br J Radiol 52:67–74

UNSCEAR (1982) Report. Ionizing radiation: sources and biological effects, United Nations Publication Sales, no E.82.IX.8 06300, p 584

Wara WM, Phillips TL, Margolis LW, Smith V (1973) Radiation pneumonitis: a new approach to the deriation of time-dose factors. Cancer 32:547–552

Warren S, Spencer J (1940) Radiation reaction in the lung. Am J Roentgenol 43:682–701

Wintz H (1923) Injuries from Roentgen rays in deep therapy. Am J Roentgenol 10:140–147

III. Strahlengefährdung durch Umwelteinflüsse

1. Natürliche Strahlenexposition

Von

G. KELLER und H. MUTH

Mit 6 Abbildungen und 23 Tabellen

A. Einleitung

Die Kenntnis der verschiedenen Komponenten der natürlichen Strahlenexposition des Menschen bildet eine entscheidende wissenschaftliche Grundlage zur Beurteilung der Auswirkungen einer zusätzlichen künstlichen Strahlenbelastung, der der Mensch im Rahmen der modernen technisch-wissenschaftlichen Entwicklung in steigendem Maße ausgesetzt ist. Diese Belastung aus „man made sources" wird oft auch als „Zivilisatorische Strahlenbelastung" bezeichnet, eine Bezeichnung, die jedoch im Hinblick auf die allgemein wohl positive Bedeutung des Wortes „Zivilisation" zumindest als nicht sehr glücklich und zutreffend angesehen werden muß. Grundsätzlich ist wohl jede zur natürlichen Strahlenexposition hinzutretende künstliche Strahlenbelastung zunächst negativ zu bewerten und als unerwünscht anzusehen, da sie ein zusätzliches Risiko für den Menschen beinhaltet. Für sie gilt daher die Grundregel des Strahlenschutzes „Keep the dose as low as you can".

Auch für die Festlegung von Dosisgrenzwerten zum Schutz der Menschen (beruflich strahlenexponierte Personen, Teile der Bevölkerung, Gesamtbevölkerung) gegen eine zusätzliche Strahlenbelastung stellen die Daten der Dosis der natürlichen Strahlenexposition und vor allem auch ihrer natürlichen Schwankungsbreite unverzichtbare wissenschaftliche Bezugswerte dar.

Je mehr Details der natürlichen Strahlenexposition erforscht und bekannt und je größer und vielfältiger die wissenschaftlichen und praktischen Probleme des Strahlenschutzes wurden, umso mehr ergab sich auch die Notwendigkeit einer differenzierteren Betrachtung der gesamten natürlichen Strahlenexposition: Man mußte unterscheiden zwischen der „unveränderten natürlichen Strahlenexposition" („unmodified natural radiation exposure") und der durch menschliches Zutun „veränderten natürlichen Strahlenexposition" („modified natural radiation exposure", oft auch „technologically enhanced natural radiation exposure" genannt).

Im nachfolgenden Beitrag werden die einzelnen Komponenten dieser beiden Gruppen der natürlichen Strahlenexposition behandelt und die neuesten Daten aufgrund des internationalen Schrifttums zusammengefaßt und bewertet.

B. Unveränderte natürliche Strahlenexposition („Unmodified Exposure to Natural Radiation")

Seit dem Entstehen des Lebens auf der Erde sind alle Lebewesen unseres Planeten einer natürlichen Exposition durch ionisierende Strahlen ausgesetzt. Diese unveränderte Strahlenexposition aus natürlichen Quellen ist von besonderer Bedeutung, da sie den Hauptanteil an der gesamten Kollektivdosis der Weltbevölkerung darstellt. Charakteristisch für diese Strahlung ist, daß ihr alle Lebewesen ausgesetzt sind und daß diese Exposition, obwohl regional unterschiedlich, über sehr lange Zeiträume relativ konstant ist. Die gesamte unveränderte natürliche Strahlenexposition wird unterteilt in eine Exposition von außen und eine Exposition von innen.

I. Strahlenexposition von außen

Zur Strahlenexposition von außen zählt die kosmische Strahlung aus extraterrestrischen Quellen und die terrestrische Umgebungsstrahlung durch Radionuklide, die natürlicherweise in der Erdkruste, dem Wasser und der Luft enthalten sind.

1. Kosmische Strahlung

Die hochenergetische Strahlung aus dem Weltall, die unsere Erde trifft, wird als primäre kosmische Strahlung bezeichnet. Wenn diese Strahlung auf ihrem Weg zur Erde mit Atomkernen der Erdatmosphäre in Wechselwirkung tritt (Spallations-Reaktionen), entstehen Sekundärteilchen und Quantenstrahlung, die als sekundäre kosmische Strahlung bezeichnet werden.

a) Primäre kosmische Strahlung

Die primäre kosmische Strahlung besteht hauptsächlich aus hochenergetischen Protonen aus dem interstellaren Raum. Etwa 10% der Strahlung machen ^{4}He-Ionen aus und außerdem sind noch kleinere Anteile von schwereren Teilchen zusammen mit Elektronen, Protonen und Neutrinos vorhanden. Das breite Energiespektrum der primären kosmischen Strahlung reicht von 1 bis 10^{14} MeV und hat einen Energie-Peak bei etwa 300 MeV. Nach KOBZEV et al. (1975) sind die Protonen der primären kosmischen Strahlung mit Energien über 100 MeV im wesentlichen galaktischen Ursprungs. Einen direkten Beitrag zur natürlichen Strahlenexposition des Menschens liefert die primäre kosmische Strahlung nur bei Flügen in großen Höhen bzw. bei Weltraumflügen (s. Abschnitt C.I.).

In Perioden, in denen häufig Sonnenflecken auftreten, werden vermehrt Protonen und Alphateilchen von der Sonne ausgestoßen, die jedoch auf Grund ihrer relativ kleinen Energien keinen signifikanten Beitrag zur Exposition durch kosmische Strahlung auf der Erdoberfläche liefern.

b) Sekundäre kosmische Strahlung

Bei den komplizierten Energieabbauprozessen, denen die primäre kosmische Strahlung beim Durchdringen der Erdatmosphäre unterworfen ist, werden auch Photonen, Teilchen und Radionuklide gebildet, die die Erdoberfläche erreichen können (Neutronen, Protonen, Pionen, Kaonen und kosmogene Nuklide ^{3}H, ^{7}Be, ^{10}Be, ^{22}Na und ^{24}Na). Im Hinblick auf die unterschiedliche biologische Wirkung der Neutronen („indirekt ionisierende Strahlung") im Vergleich zur direkt ionisierenden Komponente der sekundären kosmischen Strahlung und auch aus meßtechnischen Gründen werden diese beiden Anteile getrennt erfaßt.

Erst dadurch ist eine Abschätzung der gesamten Äquivalentdosis der kosmischen Strahlung möglich.

Nach MUTH (1974) ergibt sich unter der Annahme einer mittleren Energie von 33,7 eV für die Bildung eines Ionenpaares in Luft eine Dosisleistung von 0,015 µGy·h⁻¹ pro Ion· cm⁻³·s⁻¹. Der Ionisierung auf Meereshöhe durch die direkt ionisierende Komponente der kosmischen Strahlung wird die Bildung von 2,14 Ionenpaare cm⁻³ s⁻¹ zugrunde gelegt. Ohne Berücksichtigung der Abschirmung von Gebäuden entspricht das einer effektiven Jahresäquivalentdosis in Luft von 0,28 mSv (nach UNSCEAR 1982). Dieser Wert verringert sich zu niederen Breiten und steigt mit zunehmender Höhe über NN an (Verdoppelung je 1,5 km für die ersten Kilometer).

In den Initialbereichen der Nukleonenkaskade (SCHAEFFER 1974) sind zwar schnelle Protonen und Neutronen in etwa gleicher Zahl vorhanden, jedoch wird das Gemisch infolge steigender Bedeutung der Ionisationsverluste gegenüber denjenigen durch Kernprozesse mit abnehmender Protonenenergie immer protonenärmer, so daß in Meereshöhe praktisch nur der Neutronenanteil bedeutsam ist. Nach UNSCEAR (1982) wird eine Neutronenflußdichte für Meereshöhe von 0,008 cm⁻² s⁻¹ angenommen und ein Konversionsfaktor für die Neutronenflußdichte zur Dosisleistung von 5·10⁻⁸ Gy·h⁻¹·cm²·s verwendet. Wird zusätzlich ein Qualitätsfaktor von Q = 6 für die Neutronen der kosmischen Strahlung in Meereshöhe angenommen, so ergibt sich eine jährliche effektive Äquivalentdosis von 0,021 mSv. Diese durch den Neutronenanteil der kosmischen Strahlung bedingte Äquivalentdosis steigt mit zunehmender Höhe rasch an und erreicht ein Maximum zwischen 10 und 20 km Höhe.

2. Terrestrische Strahlung

Die terrestrische Strahlung wird verursacht durch natürliche Radionuklide, die im Erdboden, in Gesteinen sowie in der Hydrosphäre und Atmosphäre natürlicherweise vorhanden sind. Die natürlichen Radionuklide kann man unterteilen in kosmogene und primordiale Stoffe. Die kosmogenen Nuklide (s. Abschnitt B.I.1.b) liefern keinen signifikanten Beitrag zur terrestrischen Umgebungsstrahlung auf der Erdoberfläche.

a) Quellen der terrestrischen Strahlung

Die Quellen der terrestrischen Strahlung sind die in den obersten Erdschichten, im Wasser und in der Luft enthaltenen natürlichen radioaktiven Nuklide der Uran-Radium- und der Thorium-Reihe (s. Tabellen 12 und 13) und weiterhin einige nicht in diesen Reihen vorkommende Radionuklide, von denen ⁴⁰K die Hauptrolle spielt. Für die Exposition durch terrestrische Umgebungsstrahlung sind nur die gammastrahlenden Nuklide von Bedeutung (Beitrag der Betastrahler kleiner als 1⁰/₀₀ der Gesamtdosis). Entscheidend für die externe Strahlenexposition des Menschen sind die Konzentrationen des ²³⁸U, ²³²Th und ⁴⁰K im Erdboden. In Tabelle 1 sind die Konzentrationsmittelwerte dieser Radionuklide im Boden und die

Tabelle 1. Mittlere Aktivitätskonzentrationen des ⁴⁰K, ²³⁸U und ²³²Th im Erdboden und mittlere Dosisleistung in Luft einen Meter über der Erdoberfläche (in Klammern wird der normalerweise auftretende Schwankungsbereich angegeben). (UNSCEAR 1982)

Radionuklid oder Zerfallsreihe	Dosisleistungsfaktor [10⁻⁸ Gy·h⁻¹ pro Bq·kg⁻¹]	Mittlere Konzentration im Boden [Bq·kg⁻¹]	Dosisleistung in Luft [10⁻⁸ Gy·h⁻¹]
⁴⁰K	4,32·10⁻³	370 (100–700)	1,6 (0,4–3,0)
²³⁸U	4,27·10⁻²	25 (10–50)	1,1 (0,4–2,1)
²³²Th	6,62·10⁻²	25 (7–50)	1,7 (0,5–3,2)

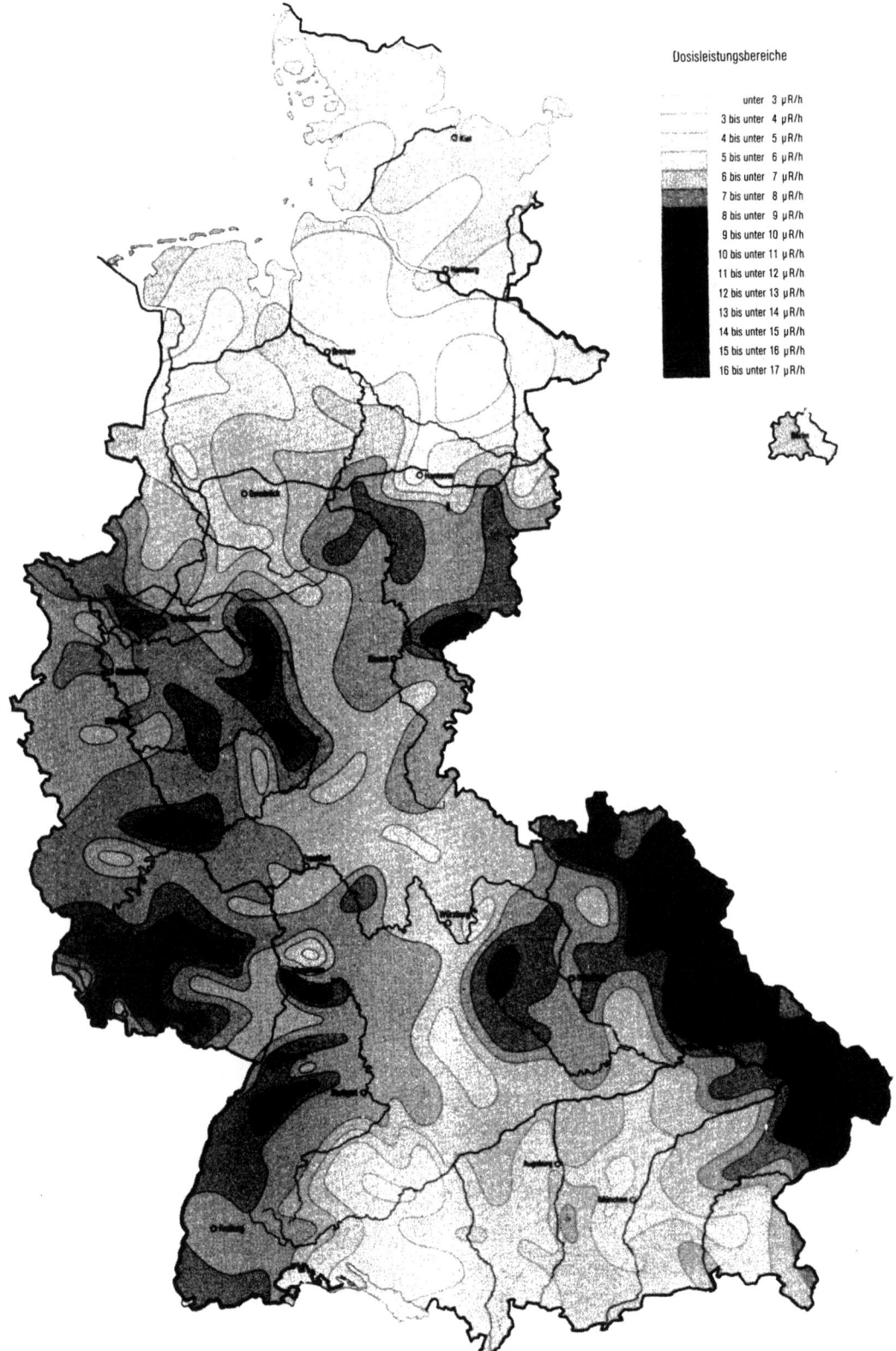

Abb. 1. Ortsdosisleistung der terrestrischen Strahlung im Freien in der Bundesrepublik Deutschland. Die Ortsdosisleistung (in µR/h) ist aus den Mittelwerten der Einzelmessungen der Stadt- und Landkreise berechnet worden. (Bundesminister des Innern 1978)

Dosisleistung in Luft unter der Annahme, daß alle Folgeprodukte sich im radioaktiven Gleichgewicht mit ihren Mutternukliden befinden – nach UNSCEAR 1982 –, angegeben.

b) Strahlenexposition im Freien

In einem vom Bundesminister des Innern geförderten Forschungsvorhaben wurden in der Bundesrepublik Deutschland etwa 25 000 Messungen der Ortsdosisleistung im Freien und etwa 30 000 Messungen in Wohnungen (s. Abschnitt C.II.2) durchgeführt. Im Rahmen dieser umfangreichen Studie wurde von verschiedenen wissenschaftlichen Institutionen die Gammastrahlen-Dosisleistung im Freien durch terrestrische Umgebungsstrahlung ohne den Anteil der kosmischen Strahlung gemessen und ausgewertet.

Abbildung 1 zeigt nach dem Bericht des Bundesministers des Innern (1978) in einer „Isodosen-Karte" die Verteilung der im Freien gemessenen Dosisleistungswerte ($1\ \mu R/h \stackrel{\wedge}{=} 1 \cdot 10^{-8}\ Gy \cdot h^{-1}$).

Der Mittelwert der Dosisleistung im Freien für die Bundesrepublik Deutschland beträgt $6 \cdot 10^{-8}\ Gy \cdot h^{-1}$ mit einem über die Bundesländer gemittelten Schwankungsbereich von $4,2 \cdot 10^{-8}$ bis $7,9 \cdot 10^{-8}\ Gy \cdot h^{-1}$.

Die weltweit gemittelte externe terrestrische Dosisleistung beträgt etwa $4,5 \cdot 10^{-8}\ Gy \cdot h^{-1}$ mit einem über die Länder gemittelten Schwankungsbereich von 3,6 bis $9,1 \cdot 10^{-8}\ Gy \cdot h^{-1}$. Nach neuesten Ergebnissen von O'BRIEN (1978) kann ein Wert von 0,7 für das Verhältnis zwischen der mittleren Körperdosis und der Dosis in Luft angenommen werden.

Bei einer mittleren täglichen Aufenthaltsdauer im Freien von etwa 5 Std. (Faktor = 0,2) errechnet sich dann eine jährliche effektive Äquivalentdosis im Freien von $5,5 \cdot 10^{-5}$ Sv ($4,5 \cdot 10^{-8}\ Gy \cdot h^{-1} \cdot 0,7\ Sv \cdot Gy^{-1} \cdot 8760\ h \cdot y^{-1} \cdot 0,2 = 5,5 \cdot 10^{-5}\ Sv \cdot y^{-1}$).

Der Beitrag zur Strahlenexposition von außen durch die Radon- und Thoronfolgeprodukte in der Freiluft und die terrestrische Betastrahlung ist vernachlässigbar.

Gegenüber dieser „normalen" terrestrischen Strahlung in den meisten Ländern existieren einige Gebiete auf der Erde, in denen hohe Konzentrationen von Thorium und Uran in den Oberflächenschichten vorkommen und somit relativ hohe Gammastrahlen-Dosisleistungen auftreten. Die bekanntesten Regionen mit erhöhter terrestrischer Strahlung sind ein Küstengebiet im Staate Kerala im Südwesten Indiens (Monazit-Sand), die Atlantikküste der Staaten Espirito Santo und Rio de Janeiro in Brasilien (Monazit-Sand) und in einem geologischen Bruch von der Küste bis zum Staate Minas Gerais in Brasilien (vulkanische Anomalien).

GOPAL-AYENGAR et al. (1970, 1972) hat in einem 55 km langen Küstenstreifen im Staate Kerala/Indien, der von etwa 70 000 Menschen bewohnt wird, eine dosimetrische Studie durchgeführt. Die Strahlenexposition von 8513 Personen in 2374 Haushalten wurde gemessen und auf die Gesamtzahl der Bewohner dieser Küste umgerechnet. Nach diesen Untersuchungen sind 16 000 Personen Jahresdosen von mehr als 0,005 Sv und davon 4500 von mehr als 0,01 Sv bzw. 470 von mehr als 0,02 Sv ausgesetzt. Ähnliche Ergebnisse liegen auch für die angeführten Regionen in Brasilien vor.

II. Strahlenexposition von innen

Während bei der kosmischen Strahlung und der terrestrischen Umgebungsstrahlung im allgemeinen eine Ganzkörperbestrahlung vorliegt, sind bei der Exposition von innen meist lokal begrenzte Bezirke des Körpers, teilweise in mikroskopischen Bereichen, der Strahlung ausgesetzt. Die für die Exposition von innen entscheidenden Radionuklide werden hauptsächlich mit der Nahrung und dem Wasser in den menschlichen Körper aufgenommen. Die für die „interne" Komponente der unveränderten natürlichen Strahlenexposition verantwortlichen natürlichen radioaktiven Stoffe werden in zwei Kategorien unterteilt, die durch kosmische Strahlung erzeugten Radionuklide und die sog. primordialen Radionuklide.

1. Durch kosmische Strahlung erzeugte Radionuklide

Insgesamt sind etwa 20 durch kosmische Strahlung in der Erdatmosphäre erzeugte Radionuklide bekannt. Der Beitrag der kosmogenen Radionuklide zur natürlichen Strahlenexposition ist sehr gering, lediglich ^{14}C, ^{22}Na, ^{7}Be und ^{3}H sind von gewisser Bedeutung.

a) Tritium

Ein großer Teil des natürlichen Tritiums wird in der Erdatmosphäre durch Wechselwirkung der Neutronen aus der kosmischen Strahlung mit ^{14}N erzeugt. Außerdem wird Tritium auch direkt durch Primärkomponenten der kosmischen Strahlung gebildet. Vor den nuklearen Testversuchen betrug die natürliche Tritiumkonzentration nach Kaufmann und Libby (1954) im kontinentalen Wasser 200–900 Bq·m^{-3} und im Meereswasser etwa 100 Bq·m^{-3}. Der Gesamtbestand an ^{3}H in der Welt wurde mit $1,3 \cdot 10^{18}$ Bq angegeben. Unter der Annahme, daß die Tritiumkonzentration im Körpergewebe etwa gleich ist mit der im Oberflächenwasser, ergibt sich nach Muth (1974) bei einer durchschnittlichen Betastrahlenenergie von 5,69 keV für die Dosisleistung im weichen Gewebe durch das natürliche Tritium die Größenordnung $6 \cdot 10^{-9}$ bis $25 \cdot 10^{-9}$ Gy·y^{-1}. Als Mittelwert in allen Geweben wird ein Wert von 10^{-8} Gy·y^{-1} eingesetzt.

b) Beryllium-7

Die Umgebungskonzentrationen von ^{7}Be betragen in der bodennahen Luft nach Kolb (1974) etwa 3 mBq·m^{-3} und im Regenwasser nach Aurand et al. (1974) etwa 700 Bq·m^{-3}. Der Hauptbeitrag zur inneren Exposition durch ^{7}Be erfolgt durch die Ingestion von „belaubtem" Gemüse, die resultierende Gewebedosis ergibt sich zu weniger als 10^{-7} Gy·y^{-1}.

c) Kohlenstoff-14

Die spezifische Aktivität des durch Neutronen der kosmischen Strahlung in den oberen Atmosphärenschichten erzeugten natürlichen ^{14}C betrug nach Abschätzungen von Telegada (1971) im neunzehnten Jahrhundert etwa 230 Bq pro kg Kohlenstoff. Das ergibt einen Bestand von $140 \cdot 10^{15}$ Bq Kohlenstoff-14 in der Atmosphäre. In diesem Jahrhundert ist die ^{14}C-Konzentration durch die Emissionen von Kohlenstoffdioxyden aus der Verfeuerung fossiler Brennstoffe weltweit angestiegen und zwar um etwa den Faktor 60.

Wird eine spezifische Aktivität des natürlichen ^{14}C von 230 Bq pro kg Kohlenstoff in der terrestrischen Biosphäre und ein mittlerer Kohlenstoffgehalt des menschlichen Gesamtkörpers von 18% angenommen, so errechnet sich bei einer mittleren Betastrahlenenergie von 50 keV eine Durchschnittsdosis für den Gesamtkörper von etwa 10^{-5} Gy·y^{-1} mit einem Schwankungsbereich von $5 \cdot 10^{-6}$ bis $2,2 \cdot 10^{-5}$ Gy·y^{-1} für die einzelnen Gewebe oder Organe (s. Tabelle 2).

d) Natrium-22

Obwohl die Konzentration von ^{22}Na mit etwa $4 \cdot 10^{-7}$ Bq·m^{-3} in der bodennahen Luft sehr gering erscheint, ist der Dosisbeitrag durch die Inkorporation dieses Nuklides mit etwa $2 \cdot 10^{-7}$ Gy gegenüber den Radionukliden ^{3}H und ^{7}Be erhöht. Die Ursache dafür sind die

Tabelle 2. Gewebedosis für Bestrahlung von innen durch natürliche, kosmogene Radionuklide (UNSCEAR 1982)

Organ oder Gewebe	Jahresdosis in [μGy]			
	^{3}H (β^-)	^{7}Be (γ)	^{14}C (β^-)	^{22}Na (β^+, γ)
Gonaden	0,01	5,7	5,0	0,14
Lunge	0,01	–	5,7	0,12
Brust	0,01	–	–	0,13
Rotes Knochenmark	0,01	1,2	24	0,22
Knochenoberfläche	0,01	–	22	0,27
Schilddrüse	0,01	–	5,9	0,12
Sonstiges Gewebe	0,01	–	13	–

Zerfallseigenschaften und das metabolische Verhalten des Natrium-22. In Tabelle 2 sind nach UNSCEAR 82 die jährlichen Gewebedosen durch Bestrahlung von innen durch die kosmogenen Radionuklide ^{3}H, ^{7}Be, ^{14}C und ^{22}Na aufgeführt.

2. Primordiale Radionuklide

Außer den kosmogenen Radionukliden (s. Abschnitt B.II.1) liefern auch die primordialen Radionuklide einen Beitrag zur unveränderten natürlichen Strahlenexposition des Menschen. Die wichtigsten Quellen dieser Strahlung sind die Radionuklide der natürlichen Uran- und Thorium-Umwandlungsreihen und daneben ^{40}K und ^{87}Rb.

a) Kalium-40

Das Radionuklid ^{40}K ist im Isotopengemisch des natürlichen Elementes Kalium zu 0,0119% enthalten. Im Hinblick auf seine große physiologische Bedeutung wurden für dieses Element zahlreiche Untersuchungen über seine Verteilung im menschlichen Organismus und deren Abhängigkeit vom Lebensalter durchgeführt (OBERHAUSEN 1963).

Die mittlere Konzentration für einen Erwachsenen beträgt etwa 2 g Kalium pro kg Körpergewicht, das ergibt eine mittlere Aktivitätskonzentration von etwa 60 Bq·kg^{-1} ^{40}K im Organismus. Die Verteilung des Kaliums und die resultierende Dosis der Gamma- und Betastrahlung werden in Tabelle 3 angegeben.

Tabelle 3. Gewebekonzentrationen und Jahresdosen des ^{40}K und ^{87}Rb. (ICRP Publication 23, 1975; UNSCEAR 1982)

Organ oder Gewebe	Kalium			Rubidium		
	Elementkonzentration [g·kg^{-1}]	Aktivitätskonzentration des ^{40}K [Bq·kg^{-1}]	Dosis (β^-, γ) [μGy·y^{-1}]	Elementkonzentration [g·kg^{-1}]	Aktivitätskonzentration des ^{87}Rb [Bq·kg^{-1}]	Dosis (β^-) [μGy·y^{-1}]
Gonaden (Testis)	2,1	64	180	$20·10^{-3}$	18	10,0
Lunge	2,1	64	180	$9,2·10^{-3}$	8,1	4,5
Rotes Knochenmark	4,4	130	270	$7,8·10^{-3}$	7,0	7,0
Knochenoberfläche	–	–	140	–	–	14,0
Schilddrüse	1,1	33	100	$6,0·10^{-3}$	5,3	3,0
Sonstiges Gewebe	2,0	61	170	$7,8·10^{-3}$	7,0	4,0

b) Rubidium-87

Im Gegensatz zu ^{40}K liegen für ^{87}Rb nur wenige Untersuchungen über die Verteilung im menschlichen Organismus vor. Nach SPIERS (1968) beträgt die mittlere Konzentration des Elementes Rubidium (die relative Häufigkeit des ^{87}Rb im Element Rubidium beträgt 27,85%) im Ganzkörper 17 ppm und entsprechend 10, 4,5 bzw. 12 μg pro g Frischgewicht in Knochen, Ovarien bzw. Testis. Daraus läßt sich eine mittlere Gonadendosis von etwa $3 \cdot 10^{-6}$ Gy·y^{-1} abschätzen. In Tabelle 3 sind die nach ICRP Publication 23 (1975), reference man, angenommenen Verteilungen des Rubidiums im Körper und die resultierenden Dosen für ^{87}Rb durch Bestrahlung von innen für verschiedene Gewebe oder Organe nach UNSCEAR (1982) angegeben.

c) Uran- und Thorium-Zerfallsreihen

Von den drei natürlichen radioaktiven Umwandlungsreihen mit den Mutternukliden ^{238}U, ^{235}U und ^{232}Th kann der Beitrag der ^{235}Uran-Reihe und ihrer Folgeprodukte zur Strahlenexposition von innen vernachlässigt werden. Die beiden verbleibenden Umwandlungsreihen, die ^{238}U- bzw. ^{232}Th-Reihe (s. Tabellen 12 und 13) werden zum besseren Verständnis in kleinere Teilreihen bzw. Untergruppen klassifiziert, wobei die Aktivitäten der Folgeprodukte von der jeweiligen Aktivität des Vorgängernuklids bestimmt werden.

Folgende Aufteilung wurde vorgenommen:
- Uran (^{238}U → ^{234}U)
- Thorium (^{232}Th und ^{230}Th)
- Radium (^{226}Ra, ^{228}Ra → ^{224}Ra)
- Radon, Thoron und ihre kurzlebigen Folgeprodukte (^{222}Rn, ^{218}Po, ^{214}Pb, ^{214}Bi und ^{220}Rn, ^{216}Po, ^{212}Pb, ^{212}Bi)
- langlebige Folgeprodukte des Radons (^{210}Pb, ^{210}Po).

Die tägliche Aufnahme der primordialen Radionuklide aus den Uran- bzw. Thorium-Umwandlungsreihen durch den Menschen durch Inhalation oder Ingestion in Regionen mit „normaler Umweltradioaktivität" ist in Tabelle 4 nach UNSCEAR (1982) angegeben.

Tabelle 4. Aufnahme des ^{238}U, ^{232}Th und ihrer Zerfallsprodukte durch den Menschen in Regionen mit „normaler Umweltradioaktivität". (UNSCEAR 1982)

Quelle		Jährliche Aufnahme [Bq]	
		Inhalation	Ingestion
^{238}U-Reihe	^{238}U	0,01	5
	^{234}Th	0,01	5
	^{234}Pa	0,01	5
	^{234}U	0,01	5
	^{230}Th	0,01	–
	^{226}Ra	0,01	15
	^{210}Pb	4	40
	^{210}Po	0,8	40
^{232}Th-Reihe	^{232}Th	0,01	–
	^{228}Ra	0,01	15
	^{228}Ac	0,01	15
	^{228}Th	0,01	15

Uran

Unter der Annahme, daß sich ^{238}U im radioaktiven Gleichgewicht mit ^{234}Th, ^{234}Pa und ^{234}U befindet, enthält 1 kg Uran 12 MBq für jedes der vier Radionuklide.

In der Atmosphäre wird der Urangehalt durch die aufgewirbelten Staubpartikel von der Erdoberfläche bestimmt. Mit einem mittleren Staubanteil von 50 μg·m^{-3} und einer mittleren ^{238}U-Aktivitätskonzentration im Erdboden von 25 Bq·kg^{-1} errechnet sich nach UNSCEAR (1982) eine Aktivitätskonzentration in der bodennahen Luft von 1,2 μBq·m^{-3}. Dies führt zu einer jährlichen ^{238}U-Aufnahme durch Inhalation von etwa 0,01 Bq (s. Tabelle 4).

Mit der Nahrung werden täglich ungefähr 15 mBq ^{238}Uran aufgenommen, wobei der Anteil durch Trinkwasser i. allg. sehr gering ist. In einigen Ländern, wie z.B. in der UdSSR und Finnland wird jedoch durch verschiedene Autoren von Urankonzentrationen im Wasser von etwa 10^5 Bq·m^{-3} berichtet. Im Menschen beträgt die mittlere ^{238}U-Konzentration etwa 7 mBq·kg^{-1} für Weichteilgewebe und 150 mBq·kg^{-1} für Knochenasche. Die resultierende Jahresdosis für Weichteilgewebe beträgt $4\cdot10^{-7}$ Gy·y^{-1} und für die Knochenoberfläche $3\cdot10^{-6}$ Gy·y^{-1} (s. Tabelle 5 nach UNSCEAR 1982).

Tabelle 5. Resultierende Jahresdosen der Strahlenexposition von innen durch die Radionuklide der unterteilten ^{238}U-Umwandlungsreihe. (UNSCEAR 1982)

Organ oder Gewebe	Dosis [Gy·y^{-1}]				
	^{238}U → ^{234}U		^{230}Th	^{226}Ra → ^{214}Po [a]	
	(α)	(β, γ)	(α)	(α)	(β, γ)
Gonaden	$2\cdot10^{-7}$	$3\cdot10^{-8}$	$0,7\cdot10^{-8}$	$1,7\cdot10^{-7}$	$0,4\cdot10^{-8}$
Brust	$2\cdot10^{-7}$	$3\cdot10^{-8}$	$0,7\cdot10^{-8}$	$1,7\cdot10^{-7}$	$0,4\cdot10^{-8}$
Lunge	$2\cdot10^{-7}$	$3\cdot10^{-8}$	$4,7\cdot10^{-7}$	$1,7\cdot10^{-7}$	$0,4\cdot10^{-8}$
Rotes Knochenmark	$5\cdot10^{-7}$	$2\cdot10^{-7}$	$5,6\cdot10^{-7}$	$4,8\cdot10^{-7}$	$0,8\cdot10^{-7}$
Knochenoberfläche	$4\cdot10^{-6}$	$4\cdot10^{-7}$	$7,4\cdot10^{-6}$	$5,4\cdot10^{-6}$	$2,4\cdot10^{-7}$
Schilddrüse	$2\cdot10^{-7}$	$3\cdot10^{-8}$	$0,7\cdot10^{-8}$	$1,7\cdot10^{-7}$	$0,4\cdot10^{-8}$
Sonstiges Gewebe	$2\cdot10^{-7}$	$3\cdot10^{-8}$	$0,7\cdot10^{-8}$	$1,7\cdot10^{-7}$	$0,4\cdot10^{-8}$

[a] Enthält nicht die Dosis durch Inhalation des ^{222}Rn und seiner Folgeprodukte

Thorium

Im Menschen beträgt die mittlere Aktivitätskonzentration des ^{232}Th etwa 200 mBq·kg^{-1} für Knochenasche, 20 mBq·kg^{-1} für die Lunge und 2 mBq·kg^{-1} in sonstigem Weichteilgewebe. Die jährliche Dosis ist für die Knochenoberfläche mit $2\cdot10^{-6}$ Gy·y^{-1} am höchsten. Für ^{230}Thorium, dessen Verteilung im menschlichen Organismus, dessen Vorkommen und dessen physikalische Halbwertszeit im Vergleich zur menschlichen Lebenszeit ähnlich sind wie beim ^{232}Thorium, ergeben sich somit ähnliche Jahresdosen für die einzelnen Gewebe oder Organe (s. Tabellen 5 und 6).

Radium

Wie für Uran und Thorium ist der durch Inhalation aufgenommene Anteil an ^{226}Ra bzw. ^{228}Ra mit etwa 0,01 Bq·y^{-1} im wesentlichen durch die Resuspension von Staubpartikeln des Erdbodens in der bodennahen Luft bedingt. Bei einer mittleren Aktivitätsaufnahme mit der Nahrung von 15 Bq·y^{-1} für ^{226}Ra und für ^{228}Ra (s. Tabelle 4) kommt dem Ingestionspfad die entscheidende Rolle zu, wobei der Beitrag des Trinkwassers i. allg. klein

Tabelle 6. Resultierende Jahresdosen der Strahlenexposition von innen durch Radionuklide der unterteilten ^{232}Th-Umwandlungsreihe. (UNSCEAR 1982)

Organ oder Gewebe	Dosis [Gy·y^{-1}]		
	^{232}Th	^{228}Ra → ^{208}Tl[a]	
	(α)	(α)	(β, γ)
Gonaden	$0,3\cdot10^{-8}$	$8,0\cdot10^{-8}$	$1,2\cdot10^{-8}$
Brust	$0,3\cdot10^{-8}$	$8,0\cdot10^{-8}$	$1,2\cdot10^{-8}$
Lunge	$4,0\cdot10^{-7}$	$2,4\cdot10^{-6}$	$4,5\cdot10^{-8}$
Rotes Knochenmark	$1,7\cdot10^{-7}$	$3,5\cdot10^{-7}$	$6,9\cdot10^{-8}$
Knochenoberfläche	$2,0\cdot10^{-6}$	$4,4\cdot10^{-6}$	$1,9\cdot10^{-7}$
Schilddrüse	$0,3\cdot10^{-8}$	$8,0\cdot10^{-8}$	$1,2\cdot10^{-8}$
Sonstige Weichteilgewebe	$0,3\cdot10^{-8}$	$8,0\cdot10^{-8}$	$1,2\cdot10^{-8}$

[a] Enthält nicht die Dosis durch Inhalation des ^{220}Rn und seiner Folgeprodukte

ist. In bewohnten Regionen mit hohen Thorium- und Uran-Konzentrationen im Erdboden, wie z. B. Kerala/Indien oder Araxa-Tapira/Brasilien, kann die tägliche Radium-Aufnahme dieser Bevölkerungsgruppe im Extremfall bis zum Faktor 100 gegenüber dem Mittelwert in Gebieten mit normaler Umweltradioaktivität ansteigen. Radium verhält sich im Organismus ähnlich wie Kalzium. Etwa 70–90% des inkorporierten Radiums befindet sich im Knochen, der Rest ist nahezu gleichmäßig im Weichteilgewebe verteilt. In Gebieten mit „normaler Radioaktivität" beträgt die mittlere ^{226}Ra-Konzentration im menschlichen Knochen etwa 170 mBq·kg^{-1} mit einem Schwankungsbereich von etwa 70 bis 700 mBq·kg^{-1}. Im Weichteilgewebe wird die ^{226}Ra-Konzentration mit 2,7 mBq·kg^{-1} angegeben (UNSCEAR 1982). Die mittlere Aktivitätskonzentration des ^{228}Ra beträgt 90 mBq·kg^{-1} in Knochenasche und 4 mBq·kg^{-1} im Weichteilgewebe.

Bei der Berechnung der Strahlendosis von Radium und seinen Folgeprodukten wurde für Knochen und Weichteilgewebe ein durchschnittlicher Retentionsfaktor von 0,33 für ^{222}Rn bzw. 1,0 für ^{220}Rn und eine gleichmäßige Konzentration des Radiums und seiner Folgeprodukte über den gesamten mineralischen Knochen angenommen. Die berechneten Jahresdosen für die einzelnen Gewebe oder Organe sind in den Tabellen 5 und 6 angegeben.

In den angesprochenen Gebieten in Indien und Brasilien liegen die ermittelten Dosiswerte bis zum Faktor 10 höher als in den „normalen Bereichen" (Muth 1974).

Radon, Thoron und ihre kurzlebigen Folgeprodukte

Für die Strahlenexposition durch ^{222}Rn, ^{220}Rn und ihre Folgeprodukte ist die Inhalation der kurzlebigen Folgeprodukte von Bedeutung. Im Abschnitt C.III. wird dieser Themenkreis ausführlich behandelt.

In Freiluft liegen die mittleren äquivalenten Gleichgewichtskonzentrationen der Radontöchter nach UNSCEAR (1982) weltweit mit 2 Bq·m^{-3} um etwa den Faktor 10 niedriger als in Räumen. Nach eigenen Messungen in der Bundesrepublik Deutschland (Keller et al. 1982) beträgt der Mittelwert in Freiluft etwa 2,2 Bq·m^{-3}, jedoch ist die Raumluftkonzentration nur um den Faktor 4 bis 5 höher als im Freien.

Die resultierende mittlere Lungendosis bei einer angenommenen Aufenthaltsdauer im Freien von 5 Std. pro Tag berechnet sich zu etwa $1\cdot10^{-5}$ Gy·y^{-1} mit einem Schwankungsbereich von $2\cdot10^{-6}$ bis $4\cdot10^{-5}$ Gy·y^{-1}.

Die mittlere äquivalente Gleichgewichtskonzentration der kurzlebigen Thoronfolgeprodukte in Freiluft liegt bei etwa $0,04$ Bq$\cdot$m^{-3} (UNSCEAR 1982) bzw. $0,05$ Bq$\cdot$m^{-3} (KELLER et al. 1982). Die dazugehörenden Lungendosen betragen $1\cdot10^{-6}$ bis $2\cdot10^{-6}$ Gy$\cdot$y^{-1}. Für andere Organe oder Gewebe als die Lunge sind die Dosiswerte durch Inhalation dieser Radionuklide sehr klein.

Langlebige Folgeprodukte des Radons

Die entscheidende Quelle für den ^{210}Pb und ^{210}Po-Gehalt in der Atmosphäre ist die Radonabgabe aus dem Erdboden. Die mittlere ^{210}Pb-Konzentration in bodennaher Luft beträgt $0,5$ mBq$\cdot$m^{-3} und das Verhältnis ^{210}Po/^{210}Pb ergibt sich nach JACOBI (1979) zu $0,2$. Die jährliche Aufnahme des ^{210}Blei und ^{210}Polonium ist für Nichtraucher in Tabelle 4 angegeben. Eine Zigarette enthält etwa 20 mBq ^{210}Pb und 15 mBq ^{210}Po. Etwa 10% des ^{210}Pb und 20% des ^{210}Po werden beim Zigarettenrauchen inhaliert, so daß bei einem durchschnittlichen Verbrauch von 20 Zigaretten pro Tag die tägliche Aufnahme für Raucher auf 40 mBq für ^{210}Pb und 60 mBq für ^{210}Po ansteigt, was eine Erhöhung gegenüber Nichtrauchern um den Faktor 4 bzw. 30 entspricht (nur Inhalation).

Die mittlere tägliche Aufnahme von ^{210}Pb und ^{210}Po mit der Nahrung beträgt etwa 100 mBq. Bei einigen Bevölkerungsgrupen in den Polarregionen, die sich hauptsächlich von Rentieren und Karibus ernähren, kann die tägliche Aufnahme allerdings auf mehr als das Zehnfache dieses Mittelwertes ansteigen.

Blei wird als sog. „bone seeker" hauptsächlich im Knochen eingebaut. Etwa 70% des inkorporierten ^{210}Pb befindet sich im menschlichen Skelett. Die Gesamtaktivität von Blei-210 beträgt 15 Bq im Skelett und 6,4 Bq im Weichteilgewebe.

Im Gegensatz zu Blei ist Polonium kein Knochensucher und somit hauptsächlich im Weichteilgewebe verteilt. Das ^{210}Po, das sich im Knochen befindet, stammt aus der radioakti-

Tabelle 7. Jahresdosen durch Aufnahme von ^{210}Pb, ^{210}Bi und ^{210}Po für Gebiete mit normaler bzw. erhöhter Aufnahme dieser Nuklide durch die Nahrung. (UNSCEAR 1977)

Radionuklid	Jahresdosis [Gy$\cdot$y^{-1}]				
	Gonaden	Lunge	Knochen-oberfläche	Rotes Knochenmark	Schilddrüse, Brust, Sonstiges
Gebiete mit normaler Aufnahme durch die Nahrung					
Nichtraucher					
^{210}Pb (β)	$6\cdot10^{-9}$	$6\cdot10^{-9}$	$8\cdot10^{-9}$	$5\cdot10^{-9}$	$6\cdot10^{-9}$
^{210}Bi (β)	$4\cdot10^{-7}$	$4\cdot10^{-7}$	$4\cdot10^{-6}$	$2\cdot10^{-6}$	$4\cdot10^{-7}$
^{210}Po (α)	$6\cdot10^{-6}$	$3\cdot10^{-6}$	$3\cdot10^{-5}$	$7\cdot10^{-6}$	$6\cdot10^{-6}$
Raucher					
^{210}Pb (β)	$8\cdot10^{-9}$	$8\cdot10^{-9}$	$1\cdot10^{-8}$	$6\cdot10^{-9}$	$8\cdot10^{-9}$
^{210}Bi (β)	$6\cdot10^{-7}$	$7\cdot10^{-7}$	$6\cdot10^{-6}$	$3\cdot10^{-6}$	$6\cdot10^{-7}$
^{210}Po (α)	$8\cdot10^{-6}$	$9\cdot10^{-6}$	$4\cdot10^{-5}$	$9\cdot10^{-6}$	$8\cdot10^{-6}$
Gebiete mit höherer Aufnahme durch die Nahrung (Rentier- und Karibufleisch)					
^{210}Pb (β)	$1,4\cdot10^{-8}$	$1,4\cdot10^{-8}$	$1,9\cdot10^{-8}$	$1,3\cdot10^{-8}$	$1,4\cdot10^{-8}$
^{210}Bi (β)	$1\cdot10^{-6}$	$1\cdot10^{-6}$	$1\cdot10^{-5}$	$6\cdot10^{-6}$	$1\cdot10^{-6}$
^{210}Po (α)	$7\cdot10^{-5}$	$4\cdot10^{-5}$	$1\cdot10^{-4}$	$5\cdot10^{-5}$	$7\cdot10^{-5}$

ven Umwandlung des deponierten ^{210}Pb. Nach UNSCEAR (1982) kann ein Verhältnis der mittleren Aktivitätskonzentration des ^{210}Pb und ^{210}Po im Knochen von etwa 0,8 angenommen werden. Die mittlere ^{210}Po-Konzentration in Knochenasche beträgt 2,4 Bq·kg^{-1}. Im Weichteilgewebe ist die Gesamtaktivität für ^{210}Po und ^{210}Pb in etwa gleich groß.

Die berechneten Werte der Strahlendosis (s. Tabelle 7 nach UNSCEAR 1977) sind hauptsächlich auf die hochenergetischen Alphastrahlen des ^{210}Po zurückzuführen, der Anteil der Betastrahlen von ^{210}Pb und ^{210}Bi zur Dosis beträgt nur etwa 10%.

C. Durch den Menschen veränderte natürliche Strahlenexposition („Technologically Modified Exposure to Natural Radiation")

Die im vorangegangenen Abschnitt behandelte unveränderte, natürliche Strahlenexposition, der alle Lebewesen unseres Planeten ausgesetzt sind, wurde in vielfacher Weise durch technologische oder zivilisatorische Eingriffe des Menschens in die Natur verändert. In wenigen Fällen führt dies zu einer Verringerung der natürlichen Strahlenexposition, so wird z.B. bei der Trinkwasseraufbereitung aus Oberflächenwasser der natürliche Radiumgehalt im Wasser durch die eingesetzten Reinigungsprozesse herabgesetzt. Meistens folgt dem menschlichen Eingriff in die Natur jedoch eine Erhöhung der natürlichen Strahleneinwirkung.

Diese technologisch oder zivilisatorisch bedingte Erhöhung der natürlichen Strahlenexposition beinhaltet oder umfaßt Beiträge von Expositionen aus natürlichen Strahlenquellen, die ohne Technik und Zivilisation nicht auftreten würden. So hätten z.B. ohne Kohleförderung zur Energiegewinnung die natürlichen radioaktiven Stoffe in der tief im Erdreich lagernden Kohle keinen Einfluß auf die Strahlenexposition des Menschen. Erst durch die Förderung an die Erdoberfläche, die Verbrennung und die resultierende Emission von Stäuben über die Schornsteine können die in der Kohle enthaltenen natürlichen Radionuklide auf den Menschen einwirken. Weitere Beispiele sind die Erhöhung der Dosis der kosmischen Strahlung durch Flüge in großen Höhen, die höhere terrestrische Umgebungsstrahlung durch Verwendung von Baustoffen mit einem erhöhten Gehalt an natürlichen radioaktiven Stoffen, die erhöhte Lungenexposition durch Inhalation der Radon- und Thoronfolgeprodukte in Wohn- und Aufenthaltsräumen, die Strahlenexposition durch industrielle und landwirtschaftliche Nutzung von Phosphatprodukten und die Strahleneinwirkung von Verbrauchsgütern und Industrieerzeugnissen, die kleine Konzentrationen natürlicher Radionuklide enthalten.

I. Strahlenexposition durch kosmische Strahlung

1. Flüge in großen Höhen

Die Dosisleistung der kosmischen Strahlung steigt mit zunehmender Höhe über der Erdoberfläche an. Im Vergleich dazu ist die Abhängigkeit dieser Strahlung von der geographischen Breite und der Sonnenaktivität gering. Tabelle 8 zeigt nach O'BRIEN (1975) die Abhängigkeit der Energiedosisleistung und der Äquivalentdosisleistung in Abhängigkeit von der Höhe. Die Werte sind gemittelt über zwei geomagnetische Breiten (43° und 55°) und über zwei Perioden der Sonnenaktivität, dem Minimum und dem Maximum.

Nach Angaben der International Civil Aviation Organization (1978) betrug weltweit im Jahre 1978 die Anzahl der Passagierkilometer im zivilen Luftverkehr etwa 934 Milliarden. Mit einer mittleren Fluggeschwindigkeit von 600 km·h^{-1} ergaben sich somit 1,5 Milliarden Passagierstunden. Die Flughöhe kann bei Flügen unterhalb der Schallgeschwindigkeit zwi-

Tabelle 8. Energiedosisleistung und Äquivalentdosisleistung der kosmischen Strahlung in Abhängigkeit von
der Höhe über der Erdoberfläche. (Nach O'BRIEN 1975)

Höhe (km)	Energie-Dosisleistung ($\mu Gy \cdot h^{-1}$)	Äquivalent-dosisleistung ($\mu Sv \cdot h^{-1}$)
4	0,14	0,20
6	0,33	0,51
8	0,84	1,35
10	1,75	2,88
12	3,01	4,93
14	4,62	7,56
16	5,92	9,70
18	7,09	11,64
20	7,72	12,75

schen 3 km und 12 km schwanken, sie beträgt im Mittel etwa 8 km Höhe. Das ergibt (s. Tabelle 8) eine mittlere Energiedosisleistung durch kosmische Strahlung von etwa 0,8 $\mu Gy \cdot h^{-1}$ bzw. eine mittlere Äquivalentdosisleistung von etwa 1,3 $\mu Sv \cdot h^{-1}$. (Bei der Angabe der Äquivalentdosis ist allerdings zu berücksichtigen, daß die Anteile der einzelnen Strahlungskomponenten wie z. B. direkt ionisierende Strahlung, Neutronen oder Pionen-Sterne je nach Flughöhe durch unterschiedliche Qualitätsfaktoren stark variieren.)

Die kollektive Äquivalentdosis der Weltbevölkerung durch den Luftverkehr beträgt somit etwa 2000 man Sv. Für einen interkontinentalen Flug mit Unterschallgeschwindigkeit beträgt die mittlere Energiedosis pro Person durch kosmische Strahlung etwa 0,03 mGy, die mittlere Äquivalentdosis etwa 0,04 mSv.

Bei Überschallflügen (Supersonic aircraft transport, SST), die in Höhen zwischen 16 und 20 km durchgeführt werden, dürfte die mittlere Energiedosis etwa in der gleichen Größenordnung wie bei Unterschallflügen liegen. Zwar sind hier die Dosisleistungen größer, aber dafür sind die Flugzeiten erheblich kürzer. In Zeiten maximaler Sonnentätigkeit kann jedoch die Personendosis bei SST-Flügen in großen Höhen über den Mittelwert pro Flug von etwa 0,03 mGy ansteigen.

2. Raumfahrt

Die Strahlenexposition der Astronauten während der Raumflüge ist erheblich größer als bei Flugzeugpassagieren. Die Raumfahrer sind während ihres Aufenthaltes im Weltraum den primären kosmischen Strahlenteilchen der galaktischen Strahlung, der Strahlung bei verstärkter Sonnenfleckentätigkeit und der intensiven Strahlung in den beiden van Allen-Strahlengürteln um die Erde ausgesetzt. (Nach Messungen von SAVUN et al. (1973) beträgt die maximale Dosisleistung im inneren Gürtel etwa 0,22 $Gy \cdot h^{-1}$ und im äußeren Gürtel etwa 0,05 $Gy \cdot h^{-1}$.) Verschiedene Meßergebnisse von CURTIS (1974), ENGLISH et al. (1975), RADKE (1969) und GRIGORIEV (1976) über die tatsächliche, durch Abschirmung reduzierte Strahlenexposition der Astronauten bei amerikanischen und sowjetischen Raumflügen sind in Tabelle 9 zusammengefaßt. Der Hauptanteil an der Gesamtdosis bei Raumflügen in Erdnähe wird durch die Strahlung in den beiden Strahlungsgürteln bewirkt. So ist z.B. die höhere Dosis bei der Erdumkreisung von Apollo X im Vergleich zu Apollo VIII auf eine andere Flugbahn zurückzuführen, die einen längeren Aufenthalt in diesen Strahlungsgürteln erforderlich machte.

Im erdfernen Weltraum können wegen der fehlenden Abschirmwirkung des irdischen Magnetfeldes durch Protonen aus Sonneneruptionen noch höhere Dosiswerte auftreten.

Tabelle 9. Die Strahlenexposition der Astronauten bei verschiedenen Raumflügen. (Nach Curtis 1974)

Raumflüge	Start	Art der Flüge	Dauer der Flüge (h)	Dosis (mGy)
Apollo VII	August 1968	Erdumkreisung	260	1,20
Apollo VIII	Dezember 1968	Mondumkreisung	147	1,85
Apollo IX	Februar 1969	Erdumkreisung	241	2,10
Apollo X	Mai 1969	Mondumkreisung	192	4,70
Apollo XI	Juli 1969	Mondlandung	195	1,80
Apollo XII	November 1969	Mondlandung	236	2,00
Apollo XIV	Januar 1971	Mondlandung	209	5,00
Apollo XV	Juli 1971	Mondlandung	286	2,00
Vostok 1-6	–	Erdumkreisung	–	0,02–0,8
Voskhad 1,2	–	Erdumkreisung	–	0,3 –0,7
Soyuz 3-9	–	Erdumkreisung	–	0,62–2,34

II. Strahlenexposition durch Verwendung von Baustoffen mit einem erhöhten Gehalt an natürlicherweise vorkommenden Radionukliden

Verschiedene Baustoffe können auf Grund ihrer Konzentrationen an natürlicherweise vorkommenden Radionukliden zu einer Erhöhung der natürlichen Strahlenexposition in Gebäuden führen. Diese Baumaterialien können in ihrer ursprünglichen Form vorliegen, wie z.B. Bimsprodukte, sog. Alaunschiefer, Tuffsteine und Granite oder als Abfall- bzw. Nebenprodukte aus Industrieprozessen anfallen, wie z.B. sog. Phosphorgips, Rotschlamm, Flugasche und Hochofenschlacke. Bei diesen Industrieprozessen tritt häufig durch chemische Vorgänge eine Konzentrierung der schwerlöslichen Radium- und Thoriumverbindungen auf.

1. Radionuklidkonzentrationen in verschiedenen Baustoffen

Die für eine Erhöhung der Strahlenexposition entscheidenden Radionuklide in Baustoffen sind Kalium-40, Radium-226 und Thorium-232 (Zerfallsreihen siehe C.III.1). In Tabelle 10 sind die mittleren Aktivitätskonzentrationen einiger Baustoffe nach Keller (1980), Keller et al. (1974) und Swedjemark (1980) angegeben.

Krisiuk et al. (1971) versuchte mit einem konservativen Rechenmodell einen „akzeptierbaren" Grenzwert („acceptable limit") für die Radionuklidkonzentrationen in Baustoffen zu errechnen. Dieses Modell geht von unendlichen dicken Wänden ohne Fenster und Türen aus. Die Erhöhung der Strahlenexposition der Bewohner durch den Aufenthalt in diesen Räumen soll dabei 1,5 mGy pro Jahr nicht überschreiten. Unter diesen Annahmen lassen sich folgende maximal zugelassene oder erlaubte Konzentrationen (MK) für die einzelnen Radionuklide berechnen:

Radionuklid	Maximal erlaubte Konzentration
^{40}Ka	4810 Bq/kg (130 nCi/kg)
^{226}Ra	370 Bq/kg (10 nCi/kg)
^{232}Th	260 Bq/kg (7 nCi/kg)

Tabelle 10. Mittelwert der Konzentration natürlich radioaktiver Stoffe in verschiedenen Baustoffgruppen

Art des Baumaterials	Mittlere Aktivitätskonzentration in Bq/kg		
	^{40}K	^{226}Ra	^{232}Th
Bausand, Kies	260	15	15
Sandstein	190	19	19
Sonstige Natursteine	480	26	30
Kalksandstein, Gasbeton	220	19	19
Sonstige Kunststeine	370	33	30
Naturgips	70	<19	<19
Beton, Betonsteine	220	22	26
Verschiedene Zuschlagstoffe	220	22	15
Basalt	1400	41	52
Zement	150	52	52
Granit, Schiefer	1480	56	81
Ziegel, Klinker	630	67	63
Bimssteine	890	81	85
Schlackensteine	330	81	104
Chemiegips (Phosporit)	70	520	<19
Lithoid-Tuff (ital.)	1480	130	120
Hochofenschlacke	520	120	130
Flugasche	700	210	130
Rotschlammziegel	330	280	230
Beton mit Alaunschiefer (Schweden)	850	1500	70

Sind alle drei Radionuklide in dem Baustoff vorhanden, so gilt (C = Aktivitätskonzentration in Bq/kg):

$$\frac{C_{K-40}}{MK_{K-40}} + \frac{C_{Ra-226}}{MK_{Ra-226}} + \frac{C_{Th-232}}{MK_{Th-232}} \leq 1.$$

Die zunächst sehr konservativen Annahmen wurden später von den Autoren korrigiert, indem die endliche Wanddicke und die Fenster- und Türöffnungen durch einen Wichtungsfaktor von jeweils 0,7 berücksichtigt wurden. Dadurch erhöhen sich die berechneten maximal erlaubten Konzentrationen um den Faktor Zwei. Dann gilt:

$$\frac{C_{K-40}}{9\,620 \text{ Bq/kg}} + \frac{C_{Ra-226}}{740 \text{ Bq/kg}} + \frac{C_{Th-232}}{520 \text{ Bq/kg}} \leq 1.$$

Außer dem alaunschieferhaltigen Beton in Tabelle 10 würden alle anderen Baustoffe dieser Gleichung genügen. Allerdings werden hier nur die Mittelwerte der gesamten Konzentrationsmessungen verglichen. In Einzelfällen können maximale Konzentrationen vorkommen, die diese Gleichung nicht mehr erfüllen.

2. Strahlenexposition durch Gammastrahlen in Wohnräumen

Aus der gemessenen Aktivitätskonzentration in Baustoffen kann die daraus resultierende mittlere Dosisleistung in Räumen berechnet werden. Da jedoch reale Häuser aus einer Vielzahl verschiedener Baustoffe bestehen und die geometrischen Parameter von Raum zu Raum variieren, sind solche Berechnungen (KELLER u. OBERHAUSEN 1978) entweder sehr aufwendig oder führen zu unbefriedigenden Ergebnissen. In einigen Ländern wurde deshalb die Strahlenexposition der Bevölkerung in Wohnräumen im Vergleich zur Exposition im Freien (s. Abschnitt B.I.2.b) mit speziellen Gammastrahlen-Dosisleistungsmeßgeräten bestimmt. Für die

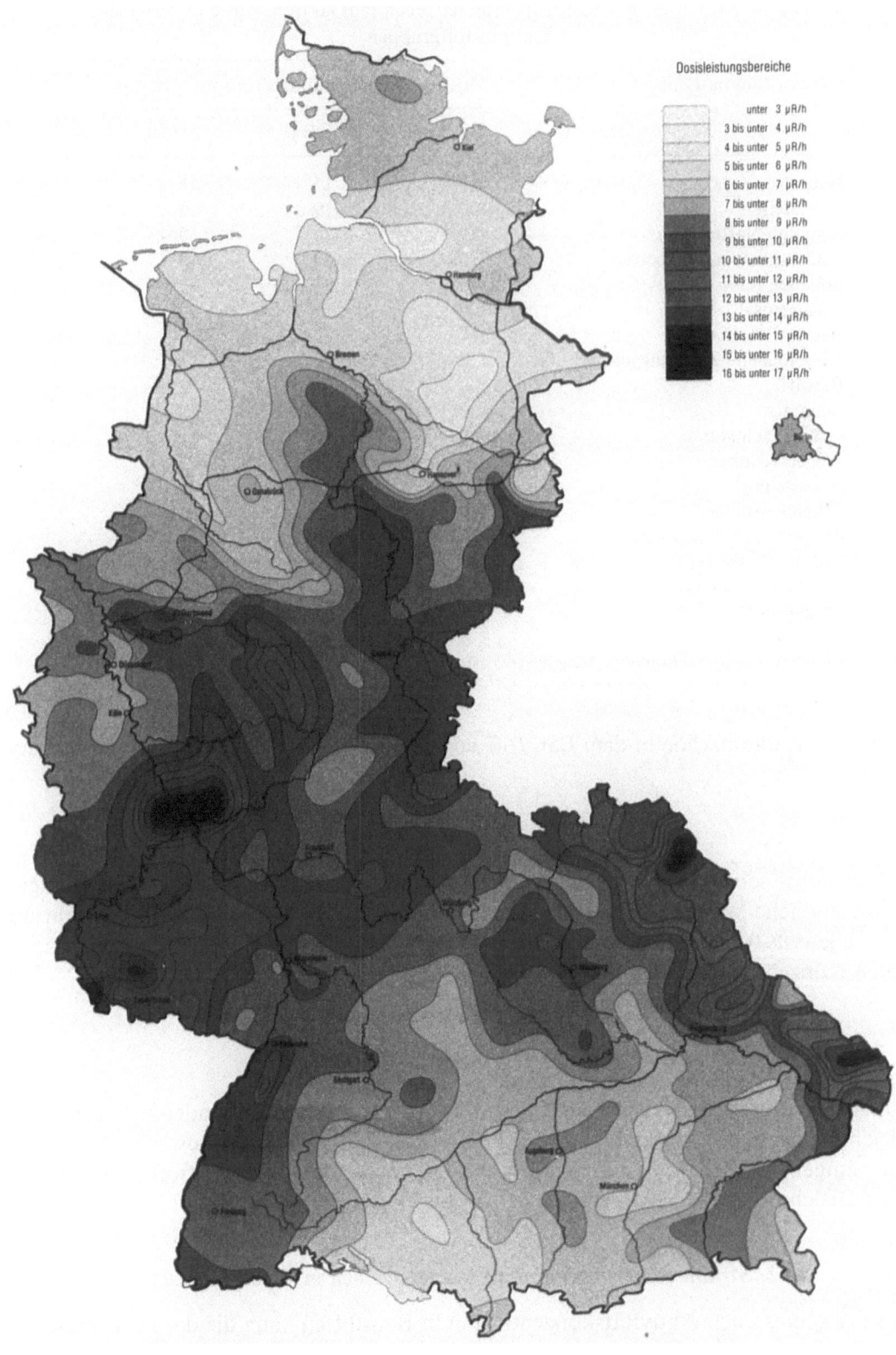

Abb. 2. Ortsdosisleistung der terrestrischen Strahlung in Wohnungen in der Bundesrepublik Deutschland. Die Ortsdosisleistung (in µR/h) ist aus den Mittelwerten der Einzelmessungen der Stadt- und Landkreise berechnet worden. (Bundesminister des Innern 1978)

Bundesrepublik Deutschland wurden diese Erhebungsmessungen von verschiedenen wissenschaftlichen Instituten unter Förderung und Koordinierung durch den Bundesminister des Innern (1978) durchgeführt. Diese umfangreiche Studie basiert auf der Analyse von 30 000 Einzelmessungen in Wohnungen. Abbildung 2 zeigt die geographische Verteilung der ermittelten Ortsdosisleistung der terrestrischen Strahlung in Wohnräumen. Bei einem Vergleich der Strahlenexposition in Wohnräumen und im Freien ergeben sich für einige Regionen markante Unterschiede, die im Zusammenhang mit einer regionalen Bevorzugung bestimmter Baustoffe stehen dürften.

Die zum Teil im Saarland, in Hessen und in Rheinland-Pfalz auftretenden höheren Werte der Gammastrahlen-Dosisleistung sind durch die häufige Verwendung bestimmter Baustoffe in diesen Regionen bedingt, wie z. B. Schlackensteine, Bimssteine und Chemiegips (Phosphorit)-Platten. In Fertighäusern aus Holz wurde eine Verringerung der terrestrischen Strahlung im Vergleich zum Freien festgestellt, was auf die Abschirmung der aus dem Erdboden kommenden Strahlung und die geringe Eigenaktivität des Baumaterials zurückzuführen ist. Im Mittel ergibt sich für die Bundesrepublik Deutschland eine Dosisleistung in Wohnräumen von 8 µR/h und von 6 µR/h im Freien.

Zum Vergleich beträgt nach MJÖNES und SWEDJEMARK (1976) in schwedischen Wohnhäusern, die unter Verwendung von alaunschieferhaltigem Beton mit erhöhter Radium-Konzentration erbaut wurden, die mittlere Dosisleistung 18 µR/h.

Die gemessene, mittlere Erhöhung der Strahlenexposition der Bevölkerung durch die Verwendung von Baustoffen mit einem erhöhten Gehalt an natürlicherweise vorkommenden Radionukliden ist in der Bundesrepublik Deutschland statistisch abgesichert, liegt jedoch in einer Größenordnung, die innerhalb der natürlichen Schwankungsbreite der unveränderten natürlichen Strahlenexposition liegt. Außer in einigen Extremfällen gilt diese Aussage zweifellos für die meisten Länder der Erde.

3. Mittlere resultierende Gonadendosis

Unter der Annahme einer mittleren Aufenthaltsdauer von 80% in Häusern und 20% im Freien ergibt sich für die Bevölkerung der Bundesrepublik Deutschland eine mittlere jährliche Gonadendosis durch terrestrische Umgebungsstrahlung und die durch die Radioaktivität der Baustoffe verursachten Strahlung von $D = 0,48$ mSv. Bei einem Daueraufenthalt im Freien würde die mittlere Gonadendosis $D_F = 0,38$ mSv pro Jahr betragen. In Tabelle 11

Tabelle 11. Verteilung der Differenz der mittleren jährlichen Gonadendosen $(D_H - D_F)$ auf die Bevölkerung unter der Annahme eines ständigen Aufenthaltes im Haus bzw. im Freien

$D_H - D_F$ (μSv/y)	Prozent der Bevölkerung
0	23
0– 50	23
50–100	21
100–200	15
200–250	9
250–300	5
300–450	3
>450	1

wird die Verteilung der Dosis-Differenz $D_H - D_F$ auf die Bevölkerung der Bundesrepublik Deutschland gezeigt, wobei D_H die mittlere jährliche Gonadendosis bei ständigem Aufenthalt im Haus und D_F bei dauerndem Aufenthalt im Freien ist. Die Größe der Differenz $D_H - D_F$ wird hauptsächlich bestimmt durch die Radioaktivität des verwendeten Baumaterials, die Menge des verarbeiteten Baustoffs, die Höhe der Dosisleistung im Freien und durch die Abschirmung der Häuser gegenüber der terrestrischen und kosmischen Strahlung im Freien.

III. Strahlenexposition durch Inhalation der radioaktiven Edelgase Radon und Thoron und deren kurzlebigen Folgeprodukte

Bei der im vorhergehenden Abschnitt behandelten Erhöhung der Gammastrahlen-Dosisleistung in Wohnräumen durch die Verwendung von Baustoffen mit einem erhöhten Gehalt an natürlicherweise vorkommenden Radionukliden waren die Konzentrationen von ^{226}Ra und ^{232}Th von besonderer Bedeutung. Beim Zerfall des ^{226}Ra und ^{224}Ra, einem Folgeprodukt des ^{232}Th, entstehen die radioaktiven Edelgase Radon (^{222}Rn) und Thoron (^{220}Rn). Diese alphastrahlenden Nuklide diffundieren aus dem Baustoff und gelangen in die Raumluft, was zu einer Erhöhung der ^{222}Rn- bzw. ^{220}Rn-Konzentration in der Raumluft gegenüber der Außenluft führt. Die Inhalation dieser Edelgase und ihrer radioaktiven Folgeprodukte führt überwiegend zu einer Strahlenexposition der Lunge.

1. Allgemeine Grundlagen und Eigenschaften

In den Tabellen 12 und 13 sind die Uran- Radium- bzw. Thorium-Zerfallsreihen nach LEDERER und SHIRLEY (1978), ERDTMANN und SOYKA (1979) angegeben. Die Edelgase ^{222}Rn und ^{220}Rn, die durch Abgabe aus dem Erdboden in die Luft gelangen, zerfallen dort weiter in ihre kurzlebigen Folgeprodukte ^{218}Po, ^{214}Pb, ^{214}Bi bzw. ^{216}Po, ^{212}Pb und ^{212}Bi zu den stabilen Blei-Isotopen ^{206}Pb bzw. ^{208}Pb. Diese radioaktiven Schwermetallisotope haben die Eigenschaft, sich auf Grund ihrer hohen Diffusionskoeffizienten an die in der Luft vorhandenen Aerosole (Schwebstoffteilchen) anzulagern.

Die Teilchen gelangen über den Inhalationspfad in den Atemtrakt, werden dort retiniert und zerfallen wegen ihrer kurzen Halbwertszeiten größtenteils am Ort der Deposition noch bevor sie durch die Selbstreinigungsprozesse der Lunge aus dem Organ ausgeschieden werden können. Als Maß für die ^{222}Rn- bzw. ^{220}Rn-Folgeproduktkonzentrationen in Luft wird die Konzentration der potentiellen Alpha-Energie $E_{pot, \alpha}$ verwendet. Unter der potentiellen Alphaenergie eines Atoms in den Zerfallsserien des Radons bzw. Thorons versteht man die Summe der während des Zerfalls dieses Atoms entlang der jeweiligen Zerfallsreihe bis zum ^{210}Pb bzw. ^{208}Pb insgesamt emittierten Alphaenergien. In Tabelle 14 sind die potentiellen Alphaenergien des Radons, des Thorons und ihrer kurzlebigen Folgeprodukte angegeben.

Die potentielle Alphaenergiekonzentration $C_{pot, \alpha}$ einer beliebigen Mischung von kurzlebigen Zerfallsprodukten des Radons oder Thorons ist die Summe der potentiellen Alphaenergien aller Folgeprodukte, die sich im Einheitsvolumen der betrachteten Luft befinden. Diese Größe kann in SI-Einheiten angegeben werden, dann gilt:

$$1 \text{ J} \cdot \text{m}^{-3} = 6{,}24 \cdot 10^{12} \text{ MeV} \cdot \text{m}^{-3}.$$

Eine aus dem angelsächsischen Sprachraum stammende Einheit, die zur Angabe der potentiellen Alpha-Energiekonzentration im Strahlenschutz verwendet wird, ist ein „Working Level" (WL).

$$1 \text{ WL} = 1{,}3 \cdot 10^5 \text{ MeV} \cdot \text{l}^{-1}.$$

Tabelle 12. Zerfallsschema der Uran-Radium-Reihe. (LEDERER u. SHIRLEY 1978, ERDTMANN u. SOYKA 1979)

Nuklid	Historischer Name	Halbwert-zeit	α MeV	α %	β MeV	β %	γ MeV	γ %
$^{238}_{92}$U								
$^{226}_{88}$Ra	Radium	$1.6 \cdot 10^3$ a	4,60 4,78	6 95			0,186	3,3
$^{222}_{86}$Rn	Emanation Radon (Rn)	3,823 d	5,49	100			0,510	0,08
$^{218}_{84}$Po	Radium A	3,05 min	6,00	100	0,33	~0,018		
99,98% 0,02%								
$^{214}_{82}$Pb	Radium B	26,8 min			0,67 0,73 1,02	48 42 6	0,295 0,352	19 37
$^{218}_{85}$At	Astatine	~2 s	6,65 6,69 6,76	6 90 3,6	?	~0,1		
$^{214}_{83}$Bi	Radium C	19,7 min	5,45 5,51	0,012 0,008	1,0 1,51 3,26	23 40 19	0,609 1,12 1,764	46 15 16
99,98% 0,02%								
$^{214}_{84}$Po	Radium C′	164 s	7,69	100			0,799	0,014
$^{210}_{81}$Tl	Radium C″	1,3 min			1,3 1,9 2,3	25 56 29	0,296 0,795 1,31	80 100 21
$^{210}_{82}$Pb	Radium D	22,3 a	3,72	$2 \cdot 10^{-6}$	0,015 0,061	81 19	0,047	4
$^{210}_{83}$Bi	Radium E	5,01 d	4,65 4,69	$7 \cdot 10^{-5}$ $5 \cdot 10^{-5}$	1,161	~100		
~100% 0,0001%								
$^{210}_{84}$Po	Radium F	138,4 d	5,305	100			0,803	0,0011
$^{206}_{81}$Tl	Radium E″	4,2 min			1,53	100		
$^{206}_{82}$Pb	Radium G	stabil						

1 WL entspricht zum Beispiel der potentiellen Alpha-Energiekonzentration von kurzlebigen ^{222}Rn-Folgeprodukten (bzw. ^{220}Rn-Folgeprodukten), die sich im radioaktiven Gleichgewicht mit einer ^{222}Rn-Konzentration von 3,7 Bq·l^{-1} (bzw. ^{220}Rn-Konzentration von 0,28 Bq·l^{-1}) befinden. Meistens sind die ^{222}Rn- bzw. ^{220}Rn-Folgeprodukte nicht im Gleichgewicht mit ihren Mutternukliden Radon bzw. Thoron. Ein „Gleichgewichtsfaktor" F wird definiert als das Verhältnis der gesamten tatsächlich vorhandenen potentiellen Alphaenergie

Tabelle 13. Zerfallsschema der Thorium-Reihe. (Lederer u. Shirley 1978, Erdtmann u. Soyka 1979)

Nuklid	Historischer Name	Halbwertzeit	α MeV	α %	β MeV	β %	γ MeV	γ %
$^{232}_{90}$Th	Thorium	$1{,}41 \cdot 10^{10}$ a	3,95	23			0,059	0,19
			4,01	77				
$^{228}_{88}$Ra	Mesothorium I	5,76			0,055	100		
$^{228}_{89}$Ac	Mesothorium II	6,13 h			1,18	35	0,338	12
					1,75	12	0,911	29
					2,09	12	0,969	17
$^{228}_{90}$Th	Radiothorium	1,913 a	5,34	27			0,084	1,2
			5,43	73			0,216	0,3
$^{224}_{88}$Ra	Thorium X	3,66 d	5,45	6			0,241	3,9
			5,68	94				
$^{220}_{86}$Rn	Emanation Thoron (Tn)	55 s	6,29	100			0,55	0,1
$^{216}_{84}$Po	Thorium A	0,15 s	6,78	100				
$^{212}_{82}$Pb	Thorium B	10,64 h			0,331	83	0,239	43
					0,569	12	0,300	3,2
$^{212}_{83}$Bi	Thorium C	60,6 min	6,05	25	1,55	5	0,040	1,1
			6,09	10	2,26	55	0,727	11,8
							1,620	2,8
$^{212}_{84}$Po	Thorium C'	304 ns	8,78	100				
$^{208}_{81}$Tl	Thorium C''	3,05 min			1,28	23	0,511	23
					1,52	22	0,583	86
					1,80	51	0,860	12
							2,614	100
$^{208}_{82}$Pb	Thorium D	stabil						

(64%   36% branching before $^{212}_{84}$Po / $^{208}_{81}$Tl)

einer gegebenen Folgeproduktkonzentration zu der gesamten potentiellen Alpha-Energiekonzentration der Folgeprodukte, wenn sie im Gleichgewicht mit der Muttersubstanz sind. Folglich ist F das Verhältnis der äquivalenten Gleichgewichtskonzentration C_{eq} des Radons bzw. Thorons zu der tatsächlichen ^{222}Rn- bzw. ^{220}Rn-Konzentration C_0 in Luft, also $F = C_{eq}/C_0$.

2. Radon- und Thoron-Exhalation aus Baustoffen

Beim Alphazerfall des ^{226}Ra bzw. ^{224}Ra erhalten die Atome der Edelgase Radon bzw. Thoron eine Rückstoßenergie, die es ihnen gestattet, eine Strecke von etwa $3 \cdot 10^{-6}$ cm in der Gesteinsmatrix zurückzulegen. Durch diesen Mechanismus und durch Diffusion gelangt ein Teil der Gasatome in die Poren des Materials. Dieser Vorgang wird als Emanierung

Tabelle 14. Potentielle Alpha-Energien des Radons, des Thorons und ihrer kurzlebigen Folgeprodukte

Nuklid	Potentielle Alpha-Energie (bzw. -konzentration) pro		
	Atom in MeV	1 Bq in MeV	1 Bq·m^{-3} in WL
^{222}Rn	19,2	$9,15 \cdot 10^6$	–
^{218}Po	13,7	$3,62 \cdot 10^3$	27,8
^{214}Pb	7,7	$17,80 \cdot 10^3$	137
^{214}Bi	7,7	$13,10 \cdot 10^3$	101
^{214}Po	7,7	$2,0 \cdot 10^{-3}$	$1,6 \cdot 10^{-5}$
Gesamt[a]		$34,52 \cdot 10^3$	266
^{220}Rn	20,9	1660	–
^{216}Po	14,6	3,32	0,0256
^{212}Pb	7,8	$4,31 \cdot 10^5$	3320
^{212}Bi	7,8	$4,09 \cdot 10^4$	315
^{212}Po	8,8	$3,85 \cdot 10^{-6}$	$3,0 \cdot 10^{-8}$
Gesamt[a]		$4,72 \cdot 10^5$	3640

[a] Der Gesamtwert ist nur die Summe der potentiellen Alpha-Energien (bzw. -konzentration) der Folgeprodukte des Radons oder Thorons

bezeichnet. Diffundieren die ^{222}Rn- bzw. ^{220}Rn-Atome bis an die Oberfläche des Materials und gelangen in die Luft, so spricht man von dem Exhalieren der Atome. Die Exhalationsrate e in Bq·m^{-2}·h^{-1} gibt an, wieviel Radon- bzw. Thoronaktivität eine bestimmte Oberfläche pro Zeiteinheit verlassen. (Der Ablauf dieser Vorgänge von der Entstehung der Radon- bzw. Thoronatome über die Emanierung, Diffusion, Exhalation, über den weiteren Zerfall in die Tochtersubstanzen, die Anlagerung an Aerosole, die Abscheidung an Wandflächen bis hin zur Inhalation und Retention im Atemtrakt ist sehr komplex; spezielle Angaben sind in der Literatur zu finden, z.B. FOLKERTS 1983).

In Tabelle 15 sind für einige Baustoffe die gemessenen Radon- und Thoron-Exhalationsraten normiert auf 10 cm Wandstärke und die mittleren Konzentrationen des Radiums und Thoriums im Baumaterial angegeben. Die Größenunterschiede zwischen der ^{222}Rn- bzw. ^{220}Rn-Exhalationsrate sind im wesentlichen auf die unterschiedlichen Zerfallskonstanten λ zurückzuführen ($\lambda_{\text{Thoron}} : \lambda_{\text{Radon}} = 1 : 6 \cdot 10^3$).

Für die Berechnung der zu erwartenden Radon- bzw. Thoron-Raumluftkonzentration C_i kann bei bekannter Exhalationsrate e nach WICKE (1979) folgende Näherungsformel angewendet werden:

$$C_i = \frac{e \cdot F \cdot V^{-1} + L \cdot C_a}{\lambda + L}$$

mit

C_i = ^{222}Rn- bzw. ^{220}Rn-Raumluftkonzentration in Bq·m^{-3}.

C_a = ^{222}Rn- bzw. ^{220}Rn-Außenluftkonzentration in Bq·m^{-3} (Mittelwert für Radon $\sim 3,7$ Bq·m^{-3}, für Thoron $\sim 3,7$ Bq·m^{-3}).

$F \cdot V^{-1}$ = Verhältnis Oberfläche zu Volumen des Raumes in m^{-1} (Mittelwert ~ 2 m^{-1}).

L = Lüftungsrate in h^{-1} (Mittelwert $\sim 0,3$ h^{-1}).

λ = Zerfallskonstante in h^{-1} (für Radon $= 7,56 \cdot 10^{-3}$ h^{-1}, für Thoron $= 45,78$ h^{-1}).

e = Exhalationsrate in Bq·m^{-2}·h^{-1}.

Tabelle 15. Mittlere Radium- und Thoriumkonzentrationen und die Radon- und Thoron-Exhalationsraten verschiedener Baumaterialien, normiert auf eine Dicke des Baustoffes von 10 cm. (Keller 1980, Folkerts 1983)

Baustoff	Konzentration in [Bq/kg]		Exhalationsrate in [Bq/m²·h]	
	^{226}Ra	^{232}Th	^{222}Rn	^{220}Rn
Natursandstein	10	10	1,0	170
Porphyr	40	22	3,3	150
Kalksandstein	10	15	0,9	90
Ziegel, Klinker	50	15	0,2	30
Naturbims	60	50	1,5	180
Hüttenbims	70	55	0,7	150
Hüttenschlacke	75	20	0,6	110
Beton	50	10	1,1	70
Gasbeton	20	15	1,0	60
Naturgips	5	15	0,2	30
Chemiegips				
– Apatit	20	15	0,4	150
– Phosphorit	260	15	24,1	80

Nimmt man bei einer Wandstärke von 24 cm eine Exhalationsrate des Baustoffes $e = 2,5$ $Bq \cdot m^{-2} \cdot h^{-1}$ an und verwendet die oben angegebenen Mittelwerte der anderen Parameter, so erhält man z.B. für einen „Standard-Raum" eine durchaus realistische Radonkonzentration $C_i = 20\ Bq \cdot m^{-3}$.

3. Konzentrationen der Edelgase Radon und Thoron und der Folgeprodukte in Wohnungen und im Freien

In Räumen sind die Konzentrationen der radioaktiven Edelgase Radon und Thoron i. allg. größer als im Freien. Diese Erhöhung ist in der Hauptsache auf die ^{222}Rn- und ^{220}Rn-Exhalation aus dem verwendeten Baumaterial zurückzuführen. Weiterhin kann auch die Diffusion aus dem umliegenden Erdreich und die Freisetzung dieser Edelgase aus dem Leitungswasser bzw. aus Erdgas in einigen Regionen der Erde zur Erhöhung der Raumluftkonzentrationen beitragen. Tabelle 16 nach UNSCEAR-Report (1982) und Keller et al. (1982) zeigt die mittleren bzw. medianen Konzentrationen des ^{222}Rn und seiner kurzlebigen Folgeprodukte in Wohnräumen und die ^{222}Rn-Konzentrationen in der Freiluft in verschiedenen Ländern. Die hier angegebenen Ergebnisse sind Mittelwerte aus umfangreichen Messungen, die Minimal- bzw. Maximalwerte können bis zum Faktor 10 von dem Mittelwert abweichen.

Über die Konzentrationen des Thorons und seiner Folgeprodukte liegen bisher nur wenige Meßergebnisse vor, da solche Untersuchungen auf Grund der kurzen Halbwertszeit ($T_{1/2} = 55,6$ s) dieses Edelgases sehr aufwendig sind. Für die Bundesrepublik Deutschland beträgt nach eigenen Abschätzungen und Messungen die Konzentration des Thorons in Wohnungen etwa $10\ Bq \cdot m^{-3}$ und die der Folgeprodukte etwa $0,07\ Bq \cdot m^{-3}$. In der Freiluft ergaben sich Werte für ^{220}Rn-Konzentrationen von etwa $4\ Bq \cdot m^{-3}$ und für die Folgeprodukte von etwa $0,02\ Bq \cdot m^{-3}$.

Bei den Untersuchungen über die Konzentrationen des Radons, des Thorons und ihrer Folgeprodukte in Wohnräumen und im Freien zeigte sich eine Abhängigkeit der Ergebnisse von verschiedenen Parametern, so z.B. von der Tageszeit, der Jahreszeit, von regionalen bzw. geologischen und von meteorologischen Bedingungen.

Tabelle 16. Mittlere Radon- (und Folgeprodukt-)Konzentrationen in Wohnräumen und im Freien in verschiedenen Ländern. (UNSCEAR 1982; KELLER et al. 1982)

Land	Konzentrationen [Bq·m^{-3}]		
	in Wohnräumen		in Freiluft
	^{222}Rn	^{222}Rn-Folge-produkte	^{222}Rn
Österreich	24	12	7,0
Kanada	14	8	–
Dänemark	10	–	–
Finnland	18	–	2,3
Ungarn	40–240	–	–
Norwegen	52	–	–
Polen	12–34	6	–
Schweden	132	66	–
England	26	13	3,3
USA	30	15	3,0
Bundesrepublik Deutschland	23–33	6	5,9

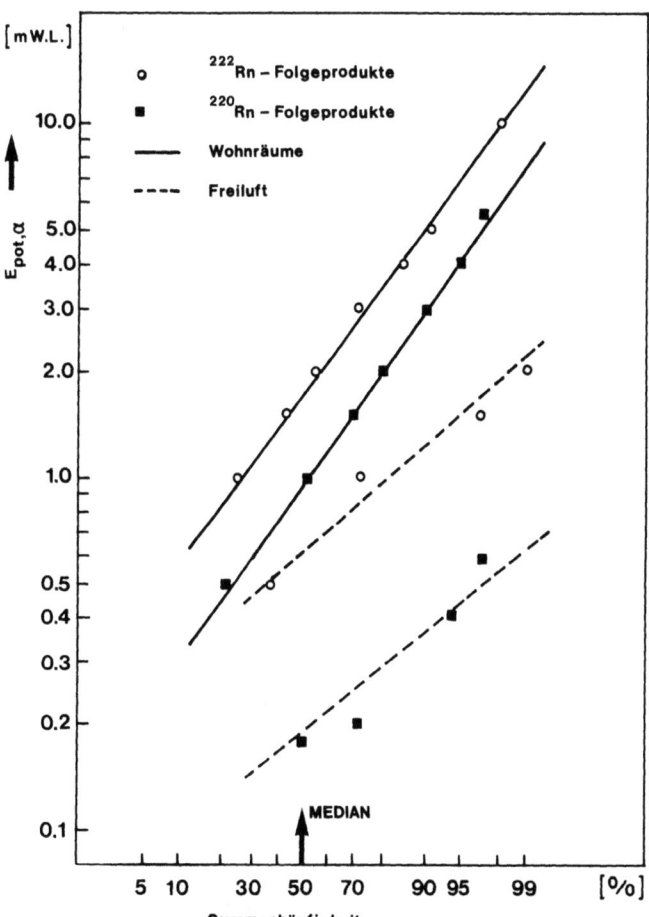

Abb. 3. Summenhäufigkeitsverteilung der ^{222}Rn- und ^{220}Rn-Folgeprodukte in Wohnräumen und im Freien. (KELLER et al. 1982)

Abbildung 3 zeigt die Summenhäufigkeitsverteilungen der Radon- und Thoron-Folgeprodukte in Wohnräumen und im Freien nach unseren bisherigen Erhebungsmessungen im südwestlichen Bereich Deutschlands (KELLER et al. 1982).

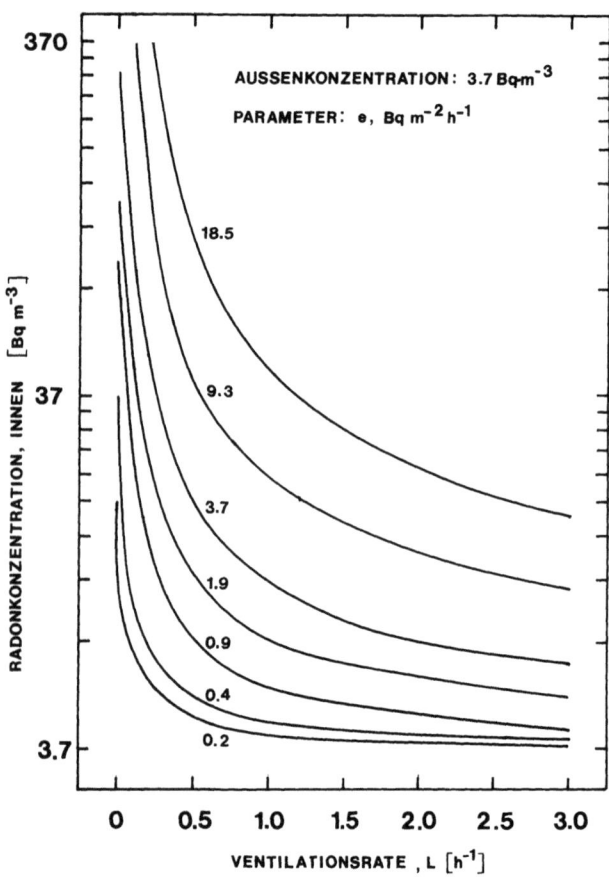

Abb. 4. Abhängigkeit der Radonkonzentration von der Ventilationsrate bei verschiedenen Exhalationsraten e. (WICKE 1979)

a) Ventilationsrate

Ein Teil der aus dem Baumaterial exhalierten Aktivität wird durch die natürliche und künstliche Belüftung der Räume in die Außenluft abgeführt. Der Einfluß der künstlichen Ventilation wie z. B. des Öffnens von Fenstern und Türen, der Zwangsbelüftung durch Ventilatoren, Klimaanlagen usw. überwiegt hierbei die natürliche Ventilation, d. h. Luftaustausch durch Fensterritzen und Türspalten und durch Poren des Mauerwerks. Die Belüftung der Räume ist ein entscheidender Faktor für die Höhe der Konzentrationen des Radons und seiner Folgeprodukte. Für Thoron ist im Gegensatz zu seinen Folgeprodukten, bedingt durch die kurze Halbwertszeit, der Einfluß der Lüftung sehr gering.

Zur Beschreibung der Raumbelüftung wird die Lüftungsrate L in Einheiten der reziproken Zeit angegeben, d. h. L beschreibt den Anteil des Raumvolumens, der pro Zeiteinheit durch Außenluft ausgetauscht wird. In der Literatur sind Werte für die Ventilationsrate zwischen 0,1 und 3 h^{-1} angegeben. In „normalen" Wohnräumen dürfte die Lüftungsrate zwischen 0,1 h^{-1} und 0,5 h^{-1} liegen, mit einem Mittelwert von etwa 0,3 h^{-1}. Die Abhängigkeit der sich in einem Raum einstellenden Radonkonzentration von der Exhalationsrate e und der Ventilationsrate L ist in Abb. 4 nach WICKE (1979) dargestellt.

b) Gleichgewichtsfaktor in Wohnungen

Der Gleichgewichtsfaktor F ist definiert als das Verhältnis der äquivalenten Gleichgewichtskonzentration des Radons bzw. Thorons zur tatsächlichen Radon- bzw. Thoron-Konzentration (s. Abschnitt C.III.1). Seine genaue Kenntnis ist von Bedeutung, wenn aus den gemessenen Edelgaskonzentrationen in Räumen die im wesentlichen durch die Folgeprodukte

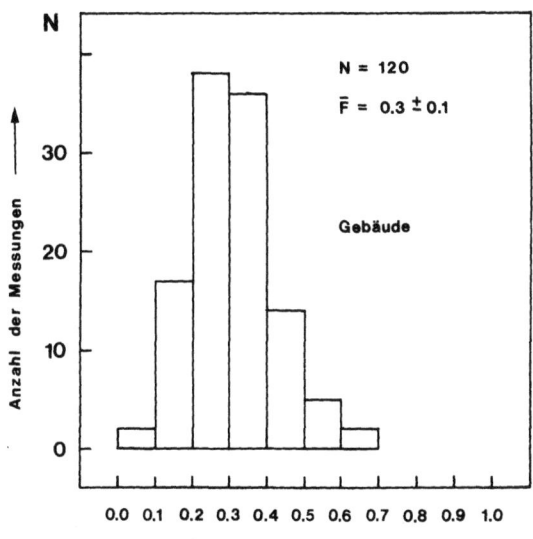

Abb. 5. Häufigkeitsverteilung des Gleichgewichtsfaktors in Häusern. (KELLER et al. 1982)

verursachte Lungendosis berechnet werden soll. Der Gleichgewichtsfaktor F in Räumen ist abhängig von der Ventilation, von der Anlagerung an die Aerosole sowie der Abscheidung der Folgeprodukte an den Wänden und Einrichtungsgegenständen.

Außer in den Kellern der Gebäude (F=0,5–0,6) liegen die Gleichgewichtsfaktoren in Wohnräumen i. allg. unter F=0,5. Nach eigenen Messungen beträgt der mittlere Gleichgewichtsfaktor F des ^{222}Rn und seiner Folgeprodukte in Wohnräumen etwa 0,3±0,1. Die Häufigkeitsverteilung der Gleichgewichtsfaktoren von etwa 120 Messungen nach KELLER et al. (1982) für die Bundesrepublik Deutschland zeigt Abb. 5.

4. Mittlere resultierende Lungendosis und zu erwartendes Lungenkrebsrisiko für die Bevölkerung

Die Inhalation der kurzlebigen Radon- und Thoron-Zerfallsprodukte führt zu einer inhomogenen Bestrahlung des Atemtraktes durch Alphateilchen. Die Höhe der resultierenden Dosis ist abhängig von Parametern wie der mittleren Atemrate, der Art der Atmung (Mund oder Nase), der Größenverteilung der Trägeraerosole, dem Verhältnis der an Aerosolen angelagerten zu den freien Teilchen, von geometrischen Faktoren der verschiedenen Lungenregionen, von Transport- und Reinigungsprozessen der deponierten Folgeprodukte in der Lunge und natürlich von der Höhe der Aktivitätskonzentrationen in der Atemluft. Verschiedene dosimetrische Modelle der Lunge gestatten eine Berechnung der Dosis in Abhängigkeit von diesen Parametern (FOLKERTS 1981; JACOBI 1980/81). Die Basalzellen des Lungenepithels in den oberen Bronchien sind den höchsten Dosen durch die Radonfolgeprodukte ausgesetzt, während für die Thoronfolgeprodukte die Endbronchiolen und der Alveolarbereich die Lungenregionen mit den maximalen Strahlenexpositionen sind.

Tabelle 17 zeigt nach JACOBI (1982) gemittelte Wertebereiche für die äquivalente Gleichgewichtskonzentration der Radon- und Thoron-Folgeprodukte, die auf Untersuchungen in verschiedenen Ländern der nördlichen Regionen basieren.

Unter der Annahme einer mittleren Aufenthaltsdauer von 80% in Gebäuden und 20% im Freien und einer mittleren Atemrate von 10 l·min^{-1} innen und 17 l·min^{-1} außen beträgt das mittlere Atemvolumen im Freien 1800 m^3 und in Gebäuden 5400 m^3. JACOBI (1982) berechnete mit seinem Lungenmodell und den relevanten Parametern (z.B. Qualitätsfaktor für Alphastrahlen $Q_\alpha = 20$, *A*ctivity *M*edian *A*erodynamic *D*iameter: AMAD$_{innen}$ = 0,15–0,2 µm, und unangelagerter Anteil von $f_{p, innen} = 0,03$, AMAD$_{außen}$ = 0,1 µm und

Tabelle 17. Mittlere äquivalente Gleichgewichtskonzentration der Radon-
und Thoron-Folgeprodukte in Gebäuden und im Freien für verschiedene
Länder der Erde (s. Tabelle 16). (Jacobi 1982)

	Äquivalente Gleichgewichts-konzentration $[Bq \cdot m^{-3}]$	
	in Gebäuden	im Freien
^{222}Rn-Folgeprodukte	10–20	~1,8
^{220}Rn-Folgeprodukte (^{212}Pb + ^{212}Bi)	4–11	~0,9

Tabelle 18. Abschätzung der Medianwerte der natürlichen Exposition der Bevölkerung in verschiedenen Ländern (nördliche Regionen der Erde, s. Tabelle 16) durch
inhalierte ^{222}Rn- und ^{220}Rn-Folgeprodukte. (Jacobi 1982)

Inhalierte Radionuklide	Jährliche Äquivalentdosis in [mSv]		Jährliche effektive Äquivalent-dosis in [mSv]
	Basalzellen des Bronchial-bereichs	Pulmonär-bereich	
^{222}Rn-Folgeprodukte	8,7–17	1,3–2,5	0,6–1,2
^{220}Rn-Folgeprodukte	1,5–3,0	0,4–0,8	0,1–0,2
Gesamt	10–20	1,7–3,3	0,7–1,4

$f_{p,außen} = 0,005$, Wichtungsfaktor für den Tracheobronchial-Bereich W_{TB} und für den Pulmo-
narbereich W_p mit $W_{TB} = W_p = 0,06$) für die Konzentrationen der ^{222}Rn- und ^{222}Rn-Folge-
produkte die in der Tabelle 18 angegebenen Medianwerte für die natürliche Exposition der
Bevölkerung durch die inhalierten Radon-Folgeprodukte. (Nach eigenen Messungen (Keller
et al. 1982) beträgt die effektive Äquivalentdosis durch Inhalation der Rn-Folgeprodukte
für die Bundesrepublik Deutschland im Mittel 0,4 m Sv/y).

Bei einer mittleren Lebensdauer von 70 Jahren ergibt sich aus den Dosiswerten in Tabelle
18 eine kumulierte Äquivalentdosis von etwa 1 Sv (0,7–1,4 Sv) in den Basalzellen des Bron-
chialbereiches und etwa 0,18 Sv (0,12–0,23 Sv) in der pulmonären Region.

Bei Abschätzungen des Risikos der Bevölkerung für das Auftreten von Lungenkrebs
während einer mittleren Lebensdauer von 70 Jahren wird allgemein eine lineare Beziehung
zwischen Dosis und Wirkung ohne Schwellenwert angenommen.

UNSCEAR (1977) und Evans et al. (1981) schätzten für Nichtraucher ein Lungenkarzi-
nom-Risiko durch Inhalation der Radon- und Thoron-Folgeprodukte von 0,05 bis 0,2 Prozent für die Gesamtbevölkerung ab. Der synergistische oder kokarzinogene Einfluß des Rau-
chens auf den strahleninduzierten Lungenkrebs wird durch einen Risikofaktor von Zwei
zwischen dem rauchenden und dem nichtrauchenden Teil der Bevölkerung berücksichtigt
(etwa 20–30% der Bevölkerung sind Raucher).

In Tabelle 19 werden nach Jacobi (1982) die geschätzten Lungenkrebsrisiken der Bevölkerung nur durch Inhalation der Radon- und Thoron-Folgeprodukte (Konzentrationswerte
siehe Tabelle 17) angegeben. Das insgesamt beobachtete Lungenkrebsrisiko der Bevölkerung
beträgt etwa 4 bis 6%. Nach dieser Abschätzung sind etwa 1–6% der insgesamt auftretenden
Lungenkarzinome auf die Inhalation der Radon- und Thoron-Folgeprodukte zurückzuführen. Das beobachtete Lungenkrebsrisiko ist für Raucher etwa 10- bis 15mal höher als für
Nichtraucher.

Tabelle 19. Abschätzung des Lungenkrebs-Risikos der Bevölkerung durch Inhalation der Radonfolgeprodukte. (JACOBI 1982)

	Absolutes Risiko R_{Rn} [%]	Relatives Risiko[a] $R_{Rn}/R_{beobachtet}$ [%]
Nichtraucher	0,05–0,2	3–20
Raucher	0,1 –0,4	0,5–3
Gesamt	0,06–0,26	1–6

[a] Das beobachtete Risiko für Raucher beträgt etwa 0,1 bis 0,2% und für Nichtraucher etwa 0,01 bis 0,02%. Zwischen 20 und 30% der Bevölkerung sind Raucher

IV. Strahlenexposition durch Verwendung von Rohphosphaten

Im Jahre 1977 betrug die weltweite Förderung von Rohphosphaten etwa 130 Millionen Tonnen (United Nations 1979). Die sedimentären Rohphosphate, das sind insgesamt etwa 80% der gesamten Förderung, wie z. B. aus Florida und aus Marokko, enthalten in relativ hohen Konzentrationen Uran-238, das sich im radioaktiven Gleichgewicht mit seinen Folgeprodukten, wie z. B. Radium-226, befindet. Lediglich bei den magmatischen Rohphosphaten (z. B. von der Halbinsel Kola, UdSSR), sind keine erhöhten ^{238}U-Konzentrationen festzustellen. Der spezifische Gehalt an ^{232}Th und ^{40}K ist in den Rohphosphaten i. allg. vergleichbar mit Werten, die normalerweise im Erdboden auftreten. Die ^{226}Ra-Konzentrationen im sedimentären Rohphosphat betragen im Mittel 1 500 Bq/kg mit maximalen Konzentrationen bis zu 5 000 Bq/kg. In der Hauptsache werden die Rohphosphate als Phosphatspender für Kunstdünger verwendet. Außerdem werden sie in Uranrückgewinnungsanlagen und bei der Gewinnung von Phosphorsäure eingesetzt.

Auch der bei der Verarbeitung der Rohphosphate als Nebenprodukt anfallende Abfallgips findet in zunehmendem Maß als Baustoff Verwendung und führt zu einer Erhöhung der Strahlenexposition in Gebäuden (s. auch Abschnitt C.II und C.III).

1. Verwendung von Phosphatdüngemitteln

Etwa $^{3}/_{4}$ der Rohphosphatförderung werden in der Kunstdüngerindustrie eingesetzt. Je nach Anteil von P_2O_5 im Kunstdünger schwanken die ^{226}Ra-Konzentrationen stark. Auch der ^{40}K-Gehalt hängt entscheidend vom prozentualen Anteil des Stickstoffes in dem Düngemittel ab. Nach PFISTER et al. (1976) und KELLER et al. (1974) liegen die mittleren Konzentrationen pro kg Phosphat-Kunstdünger – Minimal- und Maximalwerte in Klammern – für Kalium-40 bei etwa 1400 Bq/kg (40–5 200), für Thorium-232 bei etwa 30 Bq/kg (15–60) und für Radium-226 bei etwa 350 Bq/kg (10–850).

Unter Berücksichtigung der Verteilung der Phosphatdünger ergibt sich, selbst wenn man eine mögliche Anreicherung im Boden in Betracht zieht, nur ein geringer Beitrag zur natürlichen Umgebungsstrahlung des Erdbodens. Die mittlere zusätzliche Ortsdosisleistung der Gammastrahlung beträgt etwa 0,1 µR/h, also etwa ein Prozent der normalen natürlichen Umgebungsstrahlung.

Lediglich in verschiedenen Arbeitsbereichen, wie z. B. bei der Produktion, der Lagerung oder dem Transport der Rohphosphate bzw. der Phosphatdünger können höhere, beruflich bedingte Strahlenexpositionen auftreten. Im Extremfall können hier Ortsdosisleistungen bis zum zehnfachen Wert der mittleren natürlichen Ortsdosisleistung erreicht werden.

2. Phosphorsäureproduktion, Uranrückgewinnungsanlagen

Die Produktion der Phosphorsäure und die Rückgewinnung des Urans aus den Rohphosphaten liefert für die Gesamtbevölkerung nur einen geringen Beitrag zur gesamten natürlichen Strahlenexposition. Lediglich in direkter Umgebung dieser Produktionsstätten wurden erhöhte Konzentrationen an ^{238}U, ^{230}Th und ^{226}Ra nachgewiesen (UNSCEAR 1982).

3. Verwendung von „Chemiegips" als Baustoff

Bei der Herstellung von Phosphorsäure fällt als Nebenprodukt ein Kalzium-Dihydrat an, das nach einer chemischen Aufbereitung als Chemiegips (Phosphorit) auf den Baustoffmarkt gelangt. Die relativ hohen ^{226}Ra-Konzentrationen (s. Abschnitt C.II.1) dieses Baumaterials bewirken eine Erhöhung der Gammastrahlendosisleistung in Gebäuden, in denen dieser Baustoff überwiegend verwendet wurde. Durch eine freiwillige Einschränkung der Industrie bei der Verwendung von Phosphorit-Chemiegipsen und durch Vermischung mit Naturgipsen bzw. Apatit-Chemiegipsen konnten in den letzten Jahren die ^{226}Ra-Konzentrationen in diesen Baustoffen reduziert werden.

V. Strahlenexposition durch Energieerzeugung

Die Rohstoffe, aus denen Energie gewonnen wird, enthalten wie fast alle natürlichen Materialien, Spuren von natürlicherweise vorkommenden Radionukliden (s. Abschnitt B.I.2). Die Energierohstoffe, wie Kohle, Öl, Gas oder heißes Wasser (geothermische Energie) werden bei ihrer Förderung aus dem Erdinnern an die Erdoberfläche gebracht. Bei der Erzeugung von Energie werden die in den Rohstoffen natürlicherweise vorkommenden Radionuklide freigesetzt und zum Teil sogar angereichert an die Umwelt abgegeben, was zu einer zusätzlichen, natürlichen Strahlenexposition der Bevölkerung führen kann.

1. Kohlekraftwerke

Der überwiegende Teil der Kohleförderung (Weltförderung 1977 etwa 3 Milliarden Tonnen) wird zur Erzeugung elektrischer Energie verwendet, lediglich 2% der Kohleförderung werden zur direkten Raumbeheizung benötigt. Der entscheidende Expositionspfad der Kohlekraftwerke ist die Emission von Gasen und Staubteilchen über die Schornsteine.

Die Aktivitätskonzentrationen in Kohle variieren nach Beck et al. (1979) weltweit von 0,7 bis 70 Bq/kg für ^{40}K, von 3 bis 520 Bq/kg für ^{226}Ra und von 3 bis 320 Bq/kg für ^{232}Th. Als Mittelwerte für Kohle können 50 Bq/kg für ^{40}K und 20 Bq/kg für ^{226}Ra und ^{232}Th angenommen werden, wobei radioaktives Gleichgewicht zwischen ^{238}U bzw. ^{232}Th und deren Zerfallsprodukten herrschen soll.

Bei der Verbrennung der Kohle in den Kraftwerken erfolgt eine Anreicherung der natürlich radioaktiven Stoffe in den Flugaschen bzw. den Reingasstäuben gegenüber Kohle, die abhängig ist von dem jeweiligen Radionuklid, der Verbrennungstemperatur des Kraftwerkes und von der Art der verwendeten Kohle. In der Bundesrepublik Deutschland haben Messungen mehrerer Autoren gezeigt, daß die spezifischen Aktivitäten im Reingasstaub bei Steinkohlenkraftwerken mit einer Verbrennungstemperatur von ca. 1700° C für ^{238}U, ^{232}Th und ^{226}Ra etwa 10mal, für ^{210}Pb etwa 100mal und für ^{210}Po sogar 200mal größer sind als in der eingesetzten Kohle. Bei Braunkohlekraftwerken mit einer Verbrennungstemperatur von ca. 1100° C beträgt der Anreicherungsfaktor in den Staubemissionen für ^{238}U, ^{232}Th und ^{226}Ra etwa 3 bis 5 und für ^{210}Pb und ^{210}Po etwa 10 im Vergleich zur Braunkohle.

Tabelle 20. Gemittelte Emissionen natürlich radioaktiver Stoffe aus Kohlekraftwerken, Aktivitätsemissionen bezogen auf erzeugte elektrische Energie (in 10^6 Bq pro 1 GW·Jahr)

Nuklid	Steinkohlekraftwerk	Braunkohlekraftwerk
^{238}U	400	120
^{234}U	400	120
^{230}Th	400	80
^{226}Ra	400	80
^{210}Pb	4000	200
^{210}Po	8000	400
^{232}Th	200	40
^{228}Th	200	40

Tabelle 20 zeigt die Ergebnisse einer Berechnung der mittleren Emissionen an natürlich radioaktiven Stoffen aus modernen Kohlekraftwerken pro 1 GW·Jahr erzeugter elektrischer Energie (Stellungnahme der deutschen Strahlenschutzkommission 1981).

Wird die natürliche Strahlenexposition an der ungünstigsten Stelle in der Umgebung eines Kohlekraftwerkes abgeschätzt, so ergibt sich eine jährliche effektive Äquivalentdosis von etwa 0,007 mSv bezogen auf die Emission eines modernen Steinkohlekraftwerkes bei einer Erzeugung von 1 GW·Jahr elektrischer Energie. Für ein modernes Braunkohlekraftwerk ist die effektive Äquivalentdosis bei gleicher Energieerzeugung etwa um den Faktor 5 niedriger als für das Steinkohlekraftwerk. Die zusätzliche Strahlenexposition durch moderne Kohlekraftwerke in der Bundesrepublik Deutschland liegt somit bei etwa 1$^0/_{00}$ bis 1% der mittleren unveränderten natürlichen Strahlenexposition und ist klein gegenüber der Schwankungsbreite der natürlichen Strahlenexposition. Die Emissionen natürlicher, radioaktiver Stoffe mit der Abluft aus Kohlekraftwerken sind bei Verwendung moderner Reinigungs- und Rückhaltetechniken hinsichtlich der Strahlenexposition der Bevölkerung somit von untergeordneter Bedeutung.

2. Erdöl, Erdgas, geothermische Energie

Zur Energieerzeugung werden weiterhin Erdöl, Erdgas und in geringem Umfang geothermische Energie eingesetzt. Ölgefeuerte Kraftwerke erreichen bedeutend niedrigere Emissionen an natürlich radioaktiven Stoffen als Kohlekraftwerke und liefern somit nur einen vernachlässigbaren Beitrag zur Strahlenexposition der Bevölkerung. Bei der Benutzung von Erdgas und geothermischer Energie ist lediglich die Freisetzung des radioaktiven Edelgases ^{222}Rn (s. Abschnitt C.III) in die Atmosphäre von Bedeutung. Erdgas als Energiespender für Gasherde und Gasöfen hat nach VAN DER HEIJDE et al. (1976) in Deutschland eine spezifische ^{222}Rn-Aktivität zwischen 40 und 350 Bq·m^{-3}. Weltweit wurden allerdings Maximalwerte von bis zu 40 kBq·m^{-3} gemessen. Ohne Einbeziehung der Maximalwerte und bei normalem Haushaltsverbrauch des Erdgases ist dessen Beitrag zur Strahlenexposition der Gesamtbevölkerung ebenfalls sehr klein.

Heißes Wasser aus dem Erdinnern als Energiespender ist zu weniger als 3% an der gesamten Energieerzeugung beteiligt. An den wenigen Stellen, an denen diese Energieform zur Verfügung steht, werden allerdings beträchtliche Mengen des Edelgases ^{222}Rn aus den Tiefenwässern an der Erdoberfläche freigesetzt. Nach MASTINU (1979) wird von einem italienischen 400 MW-Kraftwerk, das geothermische Energien ausnutzt, pro Jahr eine ^{222}Rn-

Aktivität von $110 \cdot 10^{12}$ Bq in einem Gebiet von etwa 50 km² freigesetzt. Trotz der beträchtlichen Radon-Emission ist auf Grund der geringen Anzahl dieser Kraftwerke und wegen der raschen Verdünnung der Radonkonzentration in der Atmosphäre nicht mit einem nennenswerten Beitrag durch geothermische Energien zur Strahlenexposition der Bevölkerung zu rechnen.

VI. Strahlenexposition durch Verbrauchsgüter und Industrieerzeugnisse, die natürlicherweise vorkommende Radionuklide enthalten

Eine Vielzahl von Erzeugnissen, die heute in technischen, wissenschaftlichen und privaten Bereichen anzutreffen sind, enthalten kleine Mengen an natürlich radioaktiven Stoffen. Diese Radionuklide sind teilweise unersetzlich für die Leistung bzw. Funktion der Erzeugnisse. Da unter bestimmten Auflagen keine Genehmigungspflicht für diese Geräte und Erzeugnisse besteht, ist eine vollständige Erfassung dieser großen Zahl von Einzelprodukten nicht möglich. In Tabelle 21 sind für die Bundesrepublik Deutschland nach WEHNER (1978) einige Erzeugnisse, die natürlicherweise vorkommende radioaktive Stoffe enthalten, mit Angabe der Menge oder des Gewichtes und der Gesamtaktivität des enthaltenen Radionuklides zusammengestellt.

Tabelle 21. Verbrauchsgüter und Industrieerzeugnisse, die radioaktive Stoffe enthalten. (WEHNER 1978)

Erzeugnis	Anzahl (oder Gewicht)	Gesamtaktivität und enthaltene Radionuklide	
Uhren und Instrumente, die Leuchtfarben enthalten	$14 \cdot 10^6$	$40 \cdot 10^{12}$ Bq $10 \cdot 10^{12}$ Bq	^{3}H ^{147}Pm
Keramische Gegenstände, die Uranfarben enthalten	$0,3 \cdot 10^6$	$0,6 \cdot 10^9$ Bq	^{238}U
Uranhaltige Glaswaren	(4 t)	$2 \cdot 10^9$ Bq	^{238}U
Thoriumhaltige Glaswaren (optische Gläser, Linsen)	(16 t)	$7 \cdot 10^9$ Bq	^{232}Th
Hochdruck-Quecksilberlampen	$7 \cdot 10^6$	$15 \cdot 10^9$ Bq	^{232}Th
Zündvorrichtungen für Leuchtstoffröhren	$24 \cdot 10^6$ $40 \cdot 10^6$ $3 \cdot 10^6$	$3 \cdot 10^{12}$ Bq $200 \cdot 10^{12}$ Bq $0,2 \cdot 10^9$ Bq	^{85}Kr ^{3}H/^{147}Pm ^{232}Th
Elektronenröhren	$0,7 \cdot 10^6$	(^{3}H, ^{60}Co, ^{63}Ni, ^{147}Pm, ^{226}Ra)	
Antistatische Geräte	?	(^{210}Po)	
Rauch- und Feuermelder	$0,1 \cdot 10^6$	(^{226}Ra, ^{241}Am)	

Die mittlere zusätzliche Strahlenexposition der Bevölkerung durch die Benutzung und Verwendung dieser Verbrauchsgüter und Industrieerzeugnisse liegt sicher unter 0,01 mSv pro Jahr, wobei der größte Anteil auf die radioluminiszenten Uhren entfällt. Trotz der geringen Strahlenexposition erscheint in Anbetracht der Vielzahl der unterschiedlichen Erzeugnisse und ihrer rasch steigenden Anzahl eine Kontrolle erforderlich.

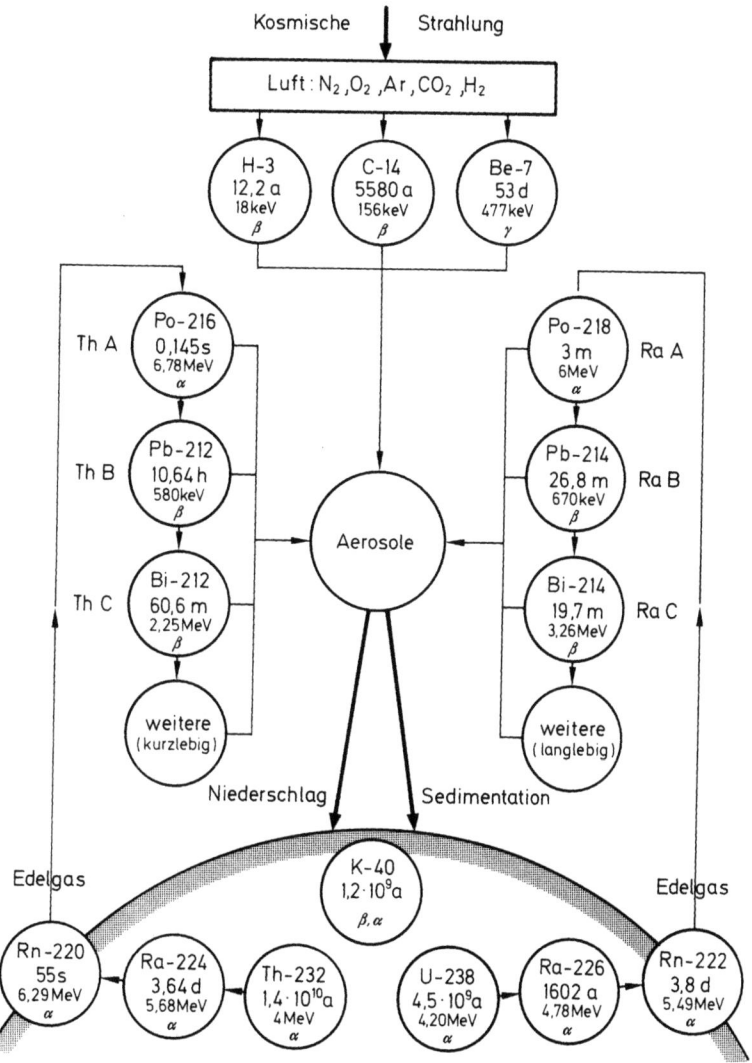

Abb. 6. Ursprung, Ausbreitung und Zerfall natürlicher Radionuklide. (Nach O. HUBER in STIEVE 1974)

D. Zusammenfassung und Ausblick

Die effektive Äquivalentdosis der unveränderten natürlichen Strahlenexposition beträgt weltweit gemittelt etwa $(1,1-1,2) \cdot 10^{-3}$ Sv pro Jahr in Regionen mit „normaler" Umweltradioaktivität. In Abb. 6 werden nach HUBER (STIEVE 1974) in anschaulicher Weise Ursprung, Ausbreitung und Zerfall natürlicher Radionuklide angegeben, die für die natürliche Strahlenexposition des Menschen von Bedeutung sind.

Die einzelnen Beiträge der Strahlung aus unveränderten, natürlichen Quellen sind nach UNSCEAR 1982 in Tabelle 22 aufgeführt. Die jährliche effektive Äquivalentdosis durch Inhalation des ^{222}Rn, ^{220}Rn und ihrer kurzlebigen Folgeprodukte wurde hier jedoch nur für den Aufenthalt im Freien berücksichtigt, da nach unserer Ansicht die Beiträge der zusätzlichen Inhalationsdosen durch das Bewohnen von Häusern zur effektiven Äquivalentdosis der Strahlung aus den durch den Menschen veränderten, natürlichen Quellen zugerechnet werden muß (s. Tabelle 23). Die gesamte effektive Äquivalentdosis der Strahlung aus unveränderten natürlichen Quellen setzt sich etwa je zur Hälfte aus den Komponenten der natür-

Tabelle 22. Effektive Äquivalentdosen der Strahlung aus unveränderten natürlichen Quellen. (Gebiete mit „normaler" Umweltradioaktivität.) (UNSCEAR 1982)

Quellen der Strahlung	Jährliche effektive Äquivalentdosis [Sv] durch Strahlung		
	von außen	von innen	gesamt
Kosmische Strahlung			
– ionisierender Anteil	$2,8 \cdot 10^{-4}$	–	$2,8 \cdot 10^{-4}$
– Neutronen-Anteil	$2,1 \cdot 10^{-5}$	–	$2,1 \cdot 10^{-5}$
Kosmogene Radionuklide	–	$8,0 \cdot 10^{-6}$	$8,0 \cdot 10^{-6}$
Primoridale Radionuklide			
^{40}K	$1,2 \cdot 10^{-4}$	$1,7 \cdot 10^{-4}$	$2,9 \cdot 10^{-4}$
^{87}Rb	–	$4,0 \cdot 10^{-6}$	$4,0 \cdot 10^{-6}$
^{238}U-Reihe			
^{238}U–^{234}U		$9,6 \cdot 10^{-6}$	
^{230}Th		$7,4 \cdot 10^{-6}$	
^{226}Ra	$8,0 \cdot 10^{-5}$	$8,3 \cdot 10^{-6}$	$3,3 \cdot 10^{-4}$
^{222}Rn–^{214}Po[a]		$9,6 \cdot 10^{-5}$	
^{210}Pb–^{210}Po		$1,3 \cdot 10^{-4}$	
^{232}Th-Reihe			
^{232}Th		$7,2 \cdot 10^{-6}$	
^{228}Ra–^{224}Ra	$1,2 \cdot 10^{-4}$	$1,2 \cdot 10^{-5}$	$2,4 \cdot 10^{-4}$
^{220}Rn–^{208}Tl[a]		$1,0 \cdot 10^{-4}$	
Gesamt	$6,2 \cdot 10^{-4}$	$5,5 \cdot 10^{-4}$	$1,2 \cdot 10^{-3}$

[a] Die Dosis durch Inhalation des ^{222}Rn, ^{220}Rn und ihrer kurzlebigen Folgeprodukte wurde nur für dauernden Aufenthalt im Freien berücksichtigt

Tabelle 23. Effektive Äquivalentdosen der Strahlung aus durch den Menschen veränderten natürlichen Quellen

Quellen der Strahlung	Jährliche effektive Äquivalentdosis [Sv]
Kosmische Strahlung (Fliegen in großen Höhen)	$< 1 \cdot 10^{-5}$
Verwendung von Baustoffen mit erhöhtem Radionuklidgehalt	$\sim 1 \cdot 10^{-4}$
Inhalation von ^{222}Rn, ^{220}Rn und deren kurzlebigen Folgeprodukten in Gebäuden	$0,4 - 1 \cdot 10^{-3}$
Verwendung von Phosphatprodukten	$< 1 \cdot 10^{-5}$
Energiegewinnung	
– Kohlekraftwerke	$< 1 \cdot 10^{-5}$
– Erdöl, Erdgas, geothermische Energien	$< 1 \cdot 10^{-5}$
Verbrauchsgüter und Industrieerzeugnisse	$< 1 \cdot 10^{-5}$
Gesamt	$0,5 - 1,1 \cdot 10^{-3}$

lichen Strahlung von außen mit $6,2 \cdot 10^{-4}$ Sv·a^{-1} und von innen mit $5,5 \cdot 10^{-4}$ Sv·a^{-1} zusammen.

Bei der Strahlung aus durch den Menschen veränderten natürlichen Quellen liefert lediglich die Verwendung von Baustoffen mit einer erhöhten Konzentration an natürlichen Radionukliden und die Inhalation von ^{222}Rn, ^{220}Rn und deren kurzlebigen Folgeprodukten in Gebäuden einen ins Gewicht fallenden Beitrag zur effektiven Äquivalentdosis der Bevölkerung. Wenn mehrere ungünstige Faktoren zusammenkommen, wie z. B. in einigen Regionen von Schweden mit einer erhöhten Radionuklid-Konzentration im Erdreich, im Trinkwasser und in den Baustoffen und eine durch tiefe Außentemperaturen bedingte niedrige Lüftungsrate in Gebäuden, kann der Beitrag der durch menschliche Eingriffe bedingten Erhöhung der natürlichen Strahlenexposition sogar größer sein als die unveränderte natürliche Exposition.

Die Inhalation der Radon- und Thoron-Folgeprodukte in Gebäuden liefert den Hauptbeitrag zur effektiven Äquivalentdosis dieser Strahlenexposition aus durch den Menschen veränderten natürlichen Quellen. Unter diesem Gesichtspunkt erscheint die oft propagierte drastische Verringerung der Lüftungsrate in modernen Gebäuden zur Energieeinsparung bedenklich. Hier sollte in Zukunft nach alternativen Möglichkeiten gesucht werden, um zum einen die berechtigten Maßnahmen zum Energiesparen zu berücksichtigen, zum anderen aber auch die Strahlenexposition der Bevölkerung so niedrig wie vernünftigerweise erreichbar zu halten.

Literatur

Aurand K, Gans I, Rühle H (1974) Vorkommen natürlicher Radionuklide im Wasser. In: Aurand K et al. (Hrsg) Die natürliche Strahlenexposition des Menschen, Thieme, Stuttgart, S 30–50

Beck HL, Gogolak CV, Miller KM (1980) Perturbations on the natural radiation environment due to the utilization of coal as an energy source. In: Natural Radiation Environment III, CONF-780422, vol 2, pp 1521–1558

Bundesminister des Innern (1978) Die natürliche Strahlenexposition von außen in der Bundesrepublik Deutschland durch natürliche radioaktive Stoffe im Freien und in Wohnungen. Bericht über ein vom Bundesminister des Innern gefördertes Forschungsvorhaben, Bonn

Curtis SB (1974) Radiation physics and evaluation of current hazards. In: Tobias CA, Todd P (eds) Space radiation biology and related topics. Academic Press, New York

English RA, Bailey JV, Brown RD (1975) Application of Apollo cosmic radiation dosimetry to lunar colonization studies. In: Natural Radiation Environment, chap 5. United States Energy Research and Development Administration report CONF-720805-P1

Erdtmann G Soyka W (1979) The gamma rays of the radionuclides. Tables for applied gamma ray spectrometry. Verlag Chemie, Winheim New York

Evans RD, Harley JH, Jacobi W, Mc Lean AS, Mills WA, Stewart CG (1981) Estimate of risk from environmental exposure to radon-222 and its decay products. Nature 290:98–100

Folkerts KH (1981) Messungen der Aktivitätskonzentrationen der natürlichen Radionuklide ^{222}Rn, ^{218}Po, ^{214}Pb, ^{214}Bi und ^{212}Pb/^{212}Bi in Luft von Wohnungen und im Freien und Abschätzung der daraus resultierenden Strahlenexposition. Diplomarbeit Saabrücken-Homburg

Folkerts KH (1983) Theoretische und experimentelle Untersuchungen über Diffusion und Exhalation der natürlich radioaktiven Edelgase Radon und Thoron aus Baustoffen und deren praktische Bedeutung für die Strahlenexposition in Wohnräumen. Dissertation, Universität des Saarlandes Saarbrücken

Gopal-Ayengar AR, Sundaram KB, Mistry KB (1970) Studies in the high background areas in Kerala State: definition of the population and preliminary dosimetric data. In: Health Physics Division report. Bhabha Atomic Research Centre, United Nations document A/AC.82/G/L 1343

Gopal-Ayengar AR, Sundaram K, Mistry KB (1972) Evaluation of the longtherm effects of high background radiation on selected population groups of the Kerala Coast. In: Peaceful Uses of Atomic Energy, vol 11. Proceedings of the Fourth International Conference, Geneva. Published by United Nations and the International Atomic Energy Agency, pp 31–51

Grigoriev Ju G (1976) Problems of space radiobiology. In: Kuzin AM (ed) Problems of radioecology and biological effects of low doses of ionizing radiation. Academy of Sciences USSR, Sykryvkar; pp 9–16

Heijde HB Van der, Beens H, Monchy AR de (1976) Koninklijke Shell Laboratorium report AMSR/0047/76

International Civil Aviation Organization (1978) Annual report of the council.

International Commision on Radiological Protection (1975) Report of the Task Group on Reference Man, ICRP Publication 23, Pergamon Press, Oxford New York Frankfurt

Jacobi W (1979) Blei-210, Wismut-210, Polonium-210; Natürliche Radioaktivität, interne Dosimetrie und Dosisfaktoren bei Ingestion und Inhalation. GSF-Bericht, München S 586

Jacobi W (1980) Zur Strahlenexposition der Bevölkerung durch Inhalation von Radon (^{222}Rn), Thoron (^{220}Rn) und ihrer kurzlebigen Zerfallsprodukte, persönliche Mitteilung

Jacobi W (1982) Lung dose and lung cancer risk by inhalation of radon daughters. Proceedings of the 30th Annual Meeting of the Radiation Research Society, Salt Lake City, Utah (USA)

Kaufman S, Libby WF (1954) The natural distribution of tritium. Phys Rev 93:1337–1344

Kaul A, Oberhausen E, Roedler HD, Werner E (1974) Interne Strahlenexposition des Menschen durch ^{40}K. In: Aurand K et al. (Hrsg) Die natürliche Strahlenexposition des Menschen. Grundlage zur Beurteilung des Strahlenrisikos. Thieme, Stuttgart; S 103–111

Keller G (1980) Der Gehalt natürlicher Radionuklide und die Radon-Exhalationsrate von Baustoffen und Messungen der Gammastrahlendosisleistung in Wohnungen in der Bundesrepublik Deutschland. In: The radiological burden of man from natural radioactivity in the Countries of the European Communities CEC, Luxembourg, S 193–208

Keller G, Oberhausen E (1978) Untersuchung über den Zusammenhang zwischen der spezifischen Aktivität von Baustoffen und der Dosisleistung. In: Die natürliche Strahlenexposition von außen in der Bundesrepublik Deutschland durch natürliche radioaktive Stoffe im Freien und in Wohnungen. Bericht über ein vom Bundesminister des Innern gefördertes Forschungsvorhaben, Bonn

Keller G, Schmier H, Muth H (1974) Externe Strahlenexposition durch terrestrische Strahlung in Gebäuden. In: Aurand K et al. (Hrsg) Die natürliche Strahlenexposition des Menschen. Grundlage zur Beurteilung des Strahlenrisikos, Thieme, Stuttgart, S 70–79

Keller G, Folkerts KH, Muth H (1982) Activity concentrations of ^{222}Rn, ^{220}Rn and their decay products in German dwellings, dose calculations and estimate of risk. Radiat Environ Biophys 20:262–274

Keller G, Folkerts KH, Dudler R, Muth H (1982)

Die Radonexposition in Wohnräumen und im Freien und die Abschätzung der resultierenden Lungendosis für die Bevölkerung. In: Strahlenschutz-Meßtechnik, Fachverband für Strahlenschutz, ISSN 0721-1694, München, S. 403–406

Kobzev VA, Kolomeets EV, Shabansky VP (1975) Generation of continuous fluxes of protons, electrons and nuclei with $Z \geq 2$ during the different periods of solar activity. In: 14th International Cosmic Ray Conference, Conference papers, vol 2. Max-Planck-Institut für Extraterrestrische Physik, München, pp 764–767

Kolb W (1974) Radionuclide concentrations in ground level air from 1971 to 1973 in Brunswick and Tromsö. Physikalisch-Technische Bundesanstalt Report PTB-Ra-4, Braunschweig

Krisiuk EM, Tarasov SI, Shamov VP (1971) A study on radioactivity of building materials. Leningrad Research Institute for Hygiene, Leningrad

Lederer CM, Shirley VS (1978) Tables of isotopes (7th edn.). Wiley, New York

Mastinu GG (1980) The radiological impact of geothermal energy. In: The radiolological burden of man from natural radioactivity in the Countries of The European Communities CEC, Luxembourg, pp 437–445

Mjönes L, Swedjemark GA (1976) Investigation of gamma-radiation in Swedish dwellings. Preliminary results from seven countries, National Institute of Radiation Protection report 1976–09–01, Stockholm, Sweden

Muth H (1974) Bilanz der externen und internen natürlichen Strahlenexposition. In: Aurand K et al. (Hrsg) Die natürliche Strahlenexposition des Menschen. Grundlage zur Beurteilung des Strahlenrisikos. Thieme, Stuttgart, S 129–139

Oberhausen, E (1963) Die Altersabhängigkeit des Kalium und Caesium-137 Gehaltes des Menschen. Biophysik 1:135–142

O'Brien F (1978) Human dose from radiation of terrestrial origin, Paper presented at the US Department of Energy Symposium on the Natural Radiation, Environmental Biophysics 13:147–261

O'Brien K (1975) The cosmic ray field at gound level. In: The National Radiation Environment II. US Energie Research and Development Administration report CONF-720805-P1

Pfister H, Phillip G, Pauly H (1976) Population dose from natural radionuclides in phosphate fertilizers. Radiat Environ Biophys 13:147–261

Radke G (1969) Solar flare dose rates in a near earth polar orbit. In: Janni JF, Holly RE (eds) The current experimental approach to the radiobiogical problems of space flight. Aerosp Med 40:1495–1503

Savun OI, Senchuro IN, Shavrin PI (1973) Distribution of radiation dose in the radiation belts of the earth in the year of maximum solar activity. Kosm Issled 11/1:119–123

Schaefer HJ (1974) Das Höhenprofil der kosmischen

Strahlendosis. In: Aurand K (Hrsg) Die natürliche Strahlenexposition des Menschen. Grundlage zur Beurteilung des Strahlenrisikos, Thieme, Stuttgart, S 1–9

Spiers FW (1968) Radioisotopes in the human body: Physical and biological aspects. Academic Press, New York

Stieve FE (1974) Strahlenschutzkurs für Ärzte. Hoffmann, Berlin

Strahlenschutzkommission beim Bundesminister des Innern (1981) Stellungnahme zum Vergleich der Strahlenexposition der Bevölkerung durch Emission radioaktiver Stoffe aus Kohlekraftwerken und aus Kernkraftwerken, persönliche Mitteilung

Swedjemark GA (1979) Indoor measurements of natural radioactivity in Sweden. In: The radiological burden of man from natural radioactivity in the Countries of the European Communities CECC, Luxemburg, pp 271–296

Swedjemark GA (1980) Terrestrial and cosmic radiation in Scandinavia. In: The radiological burden of man from natural radioactivity in the Countries of the European Communities CEC, Luxembourg, pp 125–147

Telegada K (1971) The seasonal atmospheric distribution and investigations of excess carbon-14 from March 1955 to July 1969. In: Health and Safety Laboratory Fallout Programm Quarterly Lummary report HASL-243, New York, pp I-2–I-87

United Nations (1979) 1978 Statistical Yearbook, New York

UNSCEAR (1977) Sources and effects of ionizing radiation, United Nations Scientific Comittee on the Effect of Atomic Radiation, Report 77, New York

UNSCEAR (1982) Sources and effects of ionizing radiation, United Nations Scientific Comittee on the Effects of Atomic Radiation, Report 82, New York

Wehner R (1978) Legal and practical aspects of radioactivity in consumer products in the Federal Republic of Germany. In: Radioactivity in Consumer Products, US Nuclear Regulatory Commission Report NUREG/CP–0001, pp 97–105

Wicke A (1979) Untersuchungen zur Frage der natürlichen Radioaktivität der Luft in Wohn- und Aufenthaltsräumen. Grundlagen zur Abschätzung der Strahlenexposition durch Inhalation von Radon- und Thoron-Zerfallsprodukten, Dissertation Universität Giessen

2. Berufsrisiko beim Umgang mit radioaktiven Stoffen

Von

J. MEISSNER

Mit 3 Abbildungen und 14 Tabellen

A. Frühere Beobachtungen und Erkenntnisse über berufliche Strahlenschäden

Der Entdeckung von Röntgenstrahlung und Radioaktivität in den Jahren 1895 und 1896 folgten nicht nur Forschungen über die physikalischen Phänomene, sondern auch eine rasant einsetzende Entwicklung von Anwendungsverfahren vornehmlich für den medizinischen Bereich. Schon früh wurden aber auch Erfahrungen und Erkenntnisse über gesundheitliche Risiken sowie über Notwendigkeit und Möglichkeit von Strahlenschutzmaßnahmen gewonnen. Bei den von beruflichen Strahlenexpositionen folgenschwer Betroffenen handelte es sich vorwiegend um Ärzte und Krankenschwestern, daneben aber auch um Techniker, die sich in Industrie- und Applikationslaboratorien der fortschreitenden Entwicklung von Methoden und Verfahren widmeten. Zunächst hat sich dieser Kreis von beruflich mit den Strahlungen umgehenden Personen in weitgehender Unkenntnis der damit verbundenen Gefahren meist recht unbedenklich den im Arbeitsgang anfallenden Strahlenexpositionen ausgesetzt. Erst als in zunehmendem Maße Einzelbeobachtungen von ursächlich der Bestrahlung zuzuschreibenden Schädigungen in Relation zu experimentell erhobenen strahlenbiologischen Befunden gebracht wurden, konnten Forderungen nach wirksamen Strahlenschutzmaßnahmen erhoben werden. Es erwies sich aber als ein weiter Weg, um von den ersten Erfahrungen bis zu verbindlichen Vorschriften und Verordnungen zu kommen (vgl. BECK et al. 1959; RAUSCH 1963). Dies war nicht nur durch die Schwierigkeiten bei der Erarbeitung der gesetzlichen Grundlagen bedingt, die schließlich mit dem Inkrafttreten der Röntgenverordnung (RöV 1973) und der Strahlenschutzverordnung (StrlSchV 1976) ihren vorläufigen Abschluß fanden. Vielmehr gab gerade der Umgang mit den Strahlen im Bereich niedriger Dosen mit den i. allg. beträchtlichen Latenzzeiten zwischen Exposition und Schadensmanifestation sowie deren nur stochastisch anzugebendes Auftreten oft genug Anlaß zu leichtfertigem Verhalten, das mit unhaltbaren, auf rein subjektiven Gewohnheiten basierenden Argumenten entschuldigt wurde. Daß eine solche Einstellung von offenkundig fachlich inkompetenter Seite dem Entwicklungsprozeß in der Strahlenschutztechnik nicht förderlich war, sollte keines Hinweises mehr bedürfen, wenn man ihr nicht noch immer in Diskussionen begegnen würde, sei es auch nur als Widerspruch zu übertriebener Strahlenphobie. Über die strahlenphysikalischen Grundlagen und über spezielle Maßnahmen und Verfahren für hinreichenden und ökonomisch auszulegenden Strahlenschutz ist an anderer Stelle in diesem Handbuch berichtet worden (vgl. HAXEL 1968; LORENTZON 1968; WACHSMANN 1968; MARINELLI 1971; PERUSSIA 1971). Deshalb kann sich dieser Beitrag darauf beschränken, frühere Angaben, soweit erforderlich, zu aktualisieren und hinsichtlich einer Quantifizierung der beruflichen Strahlenrisiken zu erweitern. Damit soll sowohl dem derzeitigen Wissensstand als auch den jetzt gültigen Rechts- und Gesetzesauflagen Rechnung getragen, zugleich aber deutlich gemacht werden, daß in fortschreitendem, keinesfalls schon als endgültig abgeschlossen anzusehendem Prozeß auch in Zukunft die relevanten Vorschriften und Verordnungen über den Umgang mit ionisierenden Strahlen dem jeweiligen Stand der wissenschaftlichen Erkenntnisse anzupassen sind. Die Ausrichtung dieses Beitrages auf den Umgang mit radioaktiven Stoffen beschränkt zwar die Thematik auf die in der Radiologie eingeführten Externbestrahlungen durch Radionuklide und die internen Expositionen infolge von Inkorporationen, womit besonders die für den Bereich der nuklearmedizinischen Diagnostik und Therapie charakteristischen Verfahren angesprochen werden. Jedoch ist dies nur als Spezialfall der generellen Problematik bei Expositionen mit ionisierenden Strahlen zu interpretieren.

Ausgangsbasis für alle Risikobetrachtungen dieser Art bilden die strahlenbiologischen Reaktionen, die als Folge von Ganzkörper- oder Körperteilexpositionen auftreten. Über Art und Ausmaß dieser Reaktionen ist in den Abschnitten I und II dieses Handbuchbandes berichtet worden. Danach haben alle Versuche zur Quantifizierung derartiger Wirkungen von der für die jeweilige Reaktion zu ermittelnden Dosiswirkungsbeziehung auszugehen. Der Verlauf der Dosiswirkungskurven liefert dann auch für den hier interessierenden Dosisbereich unerläßliche Parameter einerseits zur Wertung der mit der radiologischen Praxis verbundenen Risiken, andererseits zur Beurteilung des Aufwandes für materielle und arbeitstechnische Schutzmaßnahmen.

Bei den bekanntgewordenen gesundheitlichen Auswirkungen während der ersten Jahrzehnte der Radiologie handelte es sich i. allg. um massive Schädigungen an den mit Röntgenstrahlen und Radium umgehenden Ärzten und deren Personal. Diese boten Gelegenheit, Erfahrungen zur Radiopathologie zu sammeln, womit sich das Spektrum beobachteter krankhafter Veränderungen stetig erweiterte. Unter langfristig fortgesetzter beruflicher Strahlenbelastung der Haut, von der besonders die Hand betroffen wurde, die zwischen Röhre und Bariumplatinzyanür-Schirm als Testobjekt für hinreichende Funktion und Strahlenintensität diente, wurden chronische Röntgendermatitis und Röntgenulkus („Röntgenhand") ausgelöst, daneben wiesen auch Unterarme, Gesicht und Brust ausgedehnte Pigmentierungen auf (Marcuse 1896; Flaskamp 1930; Beck et al. 1959). Bei niedrigerer Dosis kommt es, ohne daß schon ein Dauerschaden gesetzt wird, zur Ausbildung von Erythemen, eine Beobachtung, die als „Hauterythemdosis" dosimetrische Bedeutung gehabt hat und die zugleich die Grenze für nach damaligen Maßstäben unbedenkliche Expositionen beschreibt (vgl. Mehl 1974): Als „Normalerythem" wurde die Reaktion bezeichnet, die 8 Tage nach einzeitiger Exposition von 800 R bei 180 kV, 0,5 mm-Cu-Filterung, 0,9 mm-Cu-Halbwertsschicht, 23 cm-Focus-Hautabstand, 40 R/min Dosisleistung an der Oberfläche und 6×8 cm² Feldgröße auftritt und nach etwa 6 Wochen in Bräunung übergeht.

Nicht einmal 6 Jahre nach der Entdeckung der Röntgenstrahlen berichtet aber Frieben (1902), daß sich bei einem Angestellten einer Röntgenröhrenfabrik aus einem den ganzen Handrücken bedeckenden Geschwür ein Kankroid, begleitet von Schwellung der Kubital- und Achseldrüsen, entwickelt hatte. Während Aubertin und Beaujard (1908) die Einwirkung der Röntgenstrahlen auf die Leukozyten im strömenden Blut beobachteten und bei höheren Dosen auch eine Schädigung der Erythrozyten fanden, berichtet Heineke (1903, 1904) über die hohe Strahlenempfindlichkeit des Knochenmarks, der Lymphozyten und der Milz. Zum ersten Male machen von Jagič et al. (1911) auf die Gefahr der Leukämieinduktion durch Röntgenstrahlen aufmerksam. Zu diesen wichtigsten somatischen Reaktionen trat mit der von Muller (1927, 1928, 1930) tierexperimentell entdeckten Mutationserzeugung durch Strahlenexposition die Möglichkeit genetischer Auswirkungen hinzu, bei denen zum ersten Male auch die Problematik der kontinuierlichen Verabfolgung kleiner Dosen mit in die Überlegungen einbezogen wurde.

Bis dahin basierten die Bestrebungen zur Festsetzung beruflicher Dosisbegrenzungswerte auf den Messungen und Erhebungen von MUTSCHELLER (1925) in Krankenhäusern der USA, der daraus die Berechtigung für die Annahme einer Toleranzdosis herzuleiten glaubte, einer Dosis also, die unterhalb eines Schwellenwertes irgendeiner biologischen Strahlenwirkung bleibt. Die „Mutscheller-Dosis" von 1,25 R je Woche bei fünftägiger Arbeitszeit ist in einigen Ländern bis etwa 1950 beibehalten worden (vgl. Internationale Arbeitskonferenz 1958). Nach der von MULLER 1928 an der Drosophila beobachteten Proportionalität zwischen Dosis und Mutationsrate bis zu den kleinsten erfaßbaren Dosen hin ist auf dem Deutschen Röntgenkongreß 1929 bereits die Forderung erhoben worden, die zulässige Strahlenexposition der mit Röntgenstrahlen oder radioaktiven Stoffen Beschäftigten so zu begrenzen, daß die spontane Mutationsrate höchstens verdoppelt werden darf. Diese Verdoppelungsdosis, die bis zum Ende des fortpflanzungsfähigen Alters maximal bei der Berufsausübung zugelassen sein sollte, wurde damals zu 40–50 R abgeschätzt, ein Wert, der noch immer mit dem zugelassenen Grenzwert für akute Expositionen mit locker ionisierender Strahlung übereinstimmt, während für chronisch-kontinuierliche Bestrahlung die Verdoppelungsdosis mit 100 rd (1 Sv) anzusetzen ist (FRITZ-NIGGLI 1975; UNSCEAR-Report 1977). Praktische Konsequenzen wurden daraus zuerst in Deutschland gezogen. In den Unfallverhütungsvorschriften (Berufsgenossenschaft für Gesundheitspflege, 1940, 1. Nachtrag), wird zwar für die Ganzkörperexposition die MUTSCHELER-Dosis von 0,25 R je Arbeitstag beibehalten, für die Begrenzung der Keimdrüsenbelastung aber eine „Generationsdosis" oder „Erbschädigungsdosis" von 0,025 R/d festgesetzt (vgl. DIN 6812, 1943; DORNEICH et al. 1948; DORNEICH u. JAEGER 1949), ein Wert, der dem in der Strahlenschutzverordnung und Röntgenverordnung festgelegten von 5 rem/a (0,05 Sv/a) für beruflich Strahlenexponierte nahekommt.

Die im allgemeinen weltweit erfolgte schrittweise Herabsetzung der für die beruflich Strahlenexponierten als zulässig angesehenen Dosis spiegelt die Schwierigkeiten definitiver und verbindlicher Regelungen wider. Einerseits bedingte die generelle Zunahme der Anwendungsverfahren in Röntgen- und Isotopentechnik sowohl entsprechende Ausweitungen des betroffenen Personenkreises als auch die zeitliche Verlängerung der Einzelexposition. Andererseits wurden mit wachsenden Erfahrungen über Strahlenwirkung und Strahlendosimetrie Voraussetzungen für immer wirksamere Schutzeinrichtungen erarbeitet, die in gesetzlichen Auflagen ihren Niederschlag fanden. Hinzu kam die Bewertung der besonders in den ersten Jahrzehnten bekanntgewordenen Strahlenschäden beim Umgang mit ionisierenden Strahlungen. In einem von HOLTHUSEN et al. 1959 herausgegebenen „Ehrenbuch der Röntgenologen und Radiologen aller Nationen" sind namentlich 359 Personen aufgeführt, die im Laufe der ersten Entwicklungsjahrzehnte infolge von Strahleneinwirkungen ihr Leben verloren haben. Eine Verteilungskurve des Todesjahres dieser Opfer weist bis in die 30er Jahre einen Anstieg auf, in dem sich einerseits die zunehmende Strahlenanwendung, andererseits die Latenzzeit bis zur Manifestation und die Krankheitsdauer ausdrückt. Ein folgender Abfall der Kurve trotz weiterer Ausdehnung des beruflich exponierten Personenkreises ist der zunehmenden Erkenntnis über die Gefahren und der ansteigenden Effektivität der installierten Strahlenschutzmaßnahmen zuzuschreiben (MEISSNER 1980). Bei einer Differenzierung der Opfer nach den Todesursachen (LEPPIN u. MEISSNER 1984, Tabelle 1) bestätigt sich, daß bei der überwiegenden Zahl der Fälle die „Röntgenhand" den Ausgangsbefund darstellt (FRIEBEN 1902; FLASKAMP 1930). Daneben fällt aber die relativ große Zahl von Leukämien und plastischen Anämien auf. Eine anscheinend stärkere Tendenz zu deren Induktion beim Umgang mit Radium wäre plausibel, wie auch die Feststellung, daß – unter allem Vorbehalt der statistischen Aussagefähigkeit – als Folge des Umgangs mit offenen Radiumpräparaten im Laboratorium in 6 Fällen Bronchialkarzinome aufgetreten sind, während sich dafür aus den Biographien insgesamt nur 2 Fälle unter allen anderen Betroffenen ersehen lassen.

Unter besonderen Arbeitsbedingungen ist die Lungenkrebsinduktion als Folge der Inhalation von Radon schon frühzeitig erkannt worden. Mit statistischen Erhebungen unter Aus-

Tabelle 1. Todesursachen bei den im „Ehrenbuch" (Holthusen et al. 1959) aufgeführten Opfern

Gesamtzahl:	359
Zahl, für die aus Biographien relevante Angaben ersichtlich sind:	343

Berufliche Exposition	Erkrankung bzw. Todesursache	
Röntgendiagnostik und Therapie (insgesamt 297)	Krebsgeschwülste von den Händen ausgehend (Röntgendermatitis, Röntgenulkus)	221
	Sonstige Krebsgeschwülste	24
	Leukämien, plast. Anämien	45
	Hochspannungsunfälle	7
Radiumtherapie mit umschlossenen Präparaten (insgesamt 21)	Krebsgeschwülste von den Händen ausgehend	9
	Sonstige Geschwülste	4
	Leukämien, plast. Anämien	8
Arbeiten mit offenen Radiumpräparaten, im allgemeinen Laboratoriumsarbeiten (insgesamt 25)	Geschwülste von den Händen ausgehend	4
	Bronchialkarzinome	6
	Leukämien, plast. Anämien	15

wertung des Sektionsmaterials und mit tierexperimentellen Untersuchungen konnte von den Arbeitskreisen um Hueck (1940) (anatomisch-pathologische Untersuchungen) und Rajewsky (1940) (Radioaktivitätsmessungen) die sog. Schneeberger Krankheit signifikant auf die Einwirkung von Radium und seinen Folgeprodukten zurückgeführt werden. Sie erklärten damit schon früher erhobene Befunde, wonach Lungenkrebs unter den Schneeberger Bergleuten häufiger auftrat als bei sonst vergleichbaren Personenkreisen. Die mehrjährigen tierexperimentellen Vergleichsuntersuchungen bestätigen dies in Korrelation zum Radioaktivitätsgehalt der Gewebe, und auch Laboratoriumsuntersuchungen in Anlehnung an die in den Bergwerksstollen ermittelten Radonkonzentrationen brachten damit übereinstimmende Ergebnisse.

Faßt man die Ergebnisse von Erhebungen und Einzelbeobachtungen bei Tierexperimenten zusammen, so war spätestens ab 1940 die Art der Folgen und Spätfolgen von Strahlenexpositionen bekannt. Unsicher aber blieb für alle beobachteten Phänomene die Dosiswirkungsbeziehung. Erst recht boten sich noch keine hinreichenden Argumente für die Hypothese der stochastisch auftretenden Wirkungen im Bereich kleiner kontinuierlich verabfolgter Dosen. Deshalb war Forschung und Praxis noch lange Zeit auf die Festlegung von Toleranzdosen ausgerichtet (vgl. Dorneich et al. 1948). Die unter diesen Umständen unvermeidliche Schwierigkeit der Beurteilung gesundheitlicher Schäden als Folge von Strahlenexpositionen wurde von Weiss (1942) dargelegt, der für den Zeitraum von 1920–1940 über die in Deutschland gemeldeten 25 Röntgenschäden und 4 Radiumschäden an Ärzten und Schwestern aus gemeindlichen Krankenhäusern mit den einzelnen Kasuistiken berichtete und die Anerkennung als Berufserkrankung kritisch erörterte. Als generelle Konsequenz wies der Autor auf die zu fordernde und seinerzeit bereits vorgeschriebene Arbeitszeitverkürzung hin und machte detaillierte Vorschläge für Strahlenschutzvorschriften sowie Überwachung, einschließlich langfristiger Beobachtung etwaiger Fälle mit erhöhter Strahlenexposition, Vorschläge, denen erst durch die neueren ICRP-Empfehlungen und Schutzvorschriften nachgekommen worden ist.

Grundsätzlich ist zu unterscheiden zwischen somatischen Effekten, die nur den Exponierten selbst betreffen und vererbbaren Effekten, die sich auf die Nachkommen auszuwirken vermögen. Die genetischen Wirkungen, dazu gehören alle vererbbaren Effekte einschließlich der Letalmutationen, stellen grundsätzlich stochastische Effekte dar. Zu den somatischen sind dagegen sowohl nichtstochastische bei entsprechend hohen Dosen als auch stochastische

Tabelle 2. Symptome nach einmaliger Kurzzeitbestrahlung des Ganzkörpers mit locker ionisierender Strahlung. (HUG 1959; MEHL 1974)

Gy	rd	
0 –0,5	0– 50	keine sichtbare Wirkung außer geringfügigen Blutbildveränderungen
0,8–1,2	80–120	bei 5 bis 10% der Exponierten etwa 1 Tag lang Erbrechen, Übelkeit und Müdigkeit, aber keine ernstliche Arbeitsunfähigkeit
1,3–1,7	130–170	bei etwa 25% der Exponierten etwa 1 Tag lang Erbrechen und Übelkeit, gefolgt von anderen Symptomen der Strahlenkrankheit; keine Todesfälle zu erwarten
1,8–2,2	180–220	Bei etwa 25% der Exponierten etwa 1 Tag lang Erbrechen und Übelkeit, gefolgt von anderen Symptomen der Strahlenkrankheit; keine Todesfälle zu erwarten
2,7–3,3	270–330	bei fast allen Exponierten Erbrechen und Übelkeit am ersten Tag, gefolgt von anderen Symptomen der Strahlenkrankheit; etwa 20% Todesfälle innerhalb von 2 bis 6 Wochen nach Exposition; etwa 3 Monate lange Rekonvaleszenz der Überlebenden
4,0–5,0	400–500	bei allen Exponierten Erbrechen und Übelkeit am ersten Tag, gefolgt von anderen Symptomen der Strahlenkrankheit; etwa 50% Todesfälle innerhalb 1 Monats; etwa 6 Monate lange Rekonvaleszenz der Überlebenden
5,5–7,5	550–750	bei allen Exponierten Erbrechen und Übelkeit innerhalb 4 Std nach Exposition, gefolgt von anderen Symptomen der Strahlenkrankheit. Bis zu 100% Todesfälle; wenige Überlebende mit Rekonvaleszenzzeiten von etwa 6 Monaten
10	1000	bei allen Exponierten Erbrechen und Übelkeit innerhalb 1 bis 2 Std; wahrscheinlich keine Überlebenden
50	5000	fast augenblicklich einsetzende schwerste Krankheit: Tod aller Exponierten innerhalb 1 Woche

Wirkungen zu rechnen, wobei für stochastische Wirkungen nur die Wahrscheinlichkeit ihres Auftretens, nicht aber ihr Schweregrad mit der Dosis ansteigt, während für nichtstochastische Wirkungen der Schweregrad mit der Dosis zunimmt (ICRP 26, 1977). Demnach läßt sich das Auftreten von Erbschäden und von malignen Spätschäden nur stochastisch beschreiben. Für die nichtstochastischen Strahlenschäden existieren erfahrungsgemäß Schwellenwerte; unterhalb 50 rem (0,5 Sv) sind akute Krankheitserscheinungen nicht mehr zu erwarten (GRÜTER 1980; vgl. auch Tabellen 2 und 3). Sie stellen aber gerade die Symptome dar, die in den ersten Jahrzehnten das Erfahrungsgut über das Berufsrisiko im Rahmen der Radiologie bestimmte. Dagegen ist unter den Auflagen der Röntgenverordnung 1973 und der Strahlenschutzverordnung 1976 für die Betriebsbedingungen beim Umgang mit ionisierenden Strahlungen die Auslösung von Strahlensyndromen auf reine Unfälle beschränkt, so daß das Berufsrisiko in der radiologischen Routine i. allg. nur noch durch die stochastischen Effekte bestimmt wird. Deren Beurteilung hat vom Verlauf der Dosiswirkungsbeziehungen im Bereich der nach den Verordnungen zugelassenen Dosen bei der Verwendung von offenen radioaktiven Stoffen auszugehen, insbesondere auch von den zugelassenen Grenzwerten für die Inkorporation durch Inhalation oder Ingestion.

Die nächsten Abschnitte werden sich daher bevorzugt mit diesen Fragenkomplexen befassen. Zur nichtstochastischen Auswirkung einmaliger kurzzeitiger Ganz- und Teilkörperbestrahlungen sei aber an dieser Stelle auf die Tabellen 2 und 3 verwiesen. In Tabelle 2 werden die symptomatischen Strahlenwirkungen nach einmaliger kurzzeitiger Ganzkörperbestrahlung mit ansteigender Dosis zusammengestellt, die das jeweilige Krankenbild des Strahlensyndroms charakterisieren. Tabelle 3 gibt approximativ die Schwellenwerte an, von denen ab bei Teilkörperexposition Reaktionen an Haut, Augen und Gonaden bemerkbar werden. Weitere Zahlenangaben über Auftreten und Ausmaß von Strahlenreaktionen in Abhängigkeit

Tabelle 3. Symptome nach einmaliger kurzzeitiger Teilkörperbestrahlung. (Nach Glasstone 1957; Mehl 1974)

Organ	Energiedosis rd	Strahlenwirkung
Haut	> 200	Epilation
	> 300	Dermatitis Typ I: Erythem entspricht Hitzeverbrennung ersten Grades oder leichtem Sonnenbrand. Latenzzeit etwa zwei bis drei Wochen
	>1000	Dermatitis Typ II: transepidermale Schädigung. Trockene oder feuchte Dermatitis, Blasenbildung, Latenzzeit etwa ein bis zwei Wochen
	~5000	Dermatitis Typ III: ernstere Version von II; Erscheinung ähnelt Verbrühung oder chemischer Verbrennung, sofort Schmerz
Augen	> 200	Linsentrübung
Ovarien Hoden	> 300 > 600	Sterilität oder vorübergehend (bis zu mehreren Jahren) verringerte Fruchtbarkeit

von der Dosis finden sich für verschiedene Organgewebe wie für den Gesamtorganismus bei Rajewsky (1956), jedoch sei auch hier auf den Abschnitt II dieses Bandes verwiesen.

Allgemein wird neben der kasuistischen Betrachtung von Expositionsfolgen das Ergebnis von Erhebungen an ausgewählten Personenkollektiven ausgewertet. Als typisches Beispiel sei hier auf eine der ersten beobachteten Folgen beruflicher Strahlenexposition hingewiesen. Für die Gruppe der Leuchtzifferblattmaler, bei der es sich i. allg. um Frauen handelte, konnte durch Langzeitstudien nach beträchtlichen Inkubationszeiten die Überlebenszeit verfolgt werden. So haben Stehney et al. (1978) 1235 Arbeiterinnen kontrolliert, die die erste Exposition vor 1930 erhalten haben, die Analyse erstreckte sich somit auf 45–60 Jahre. Die Zahl der vor Erreichen des 85. Lebensjahres Verstorbenen lag mit 529 deutlich höher als die bei Vergleichskollektiven mit 461, und kumulativ war die Überlebenszeit der exponierten Gruppe vom 10. Jahre nach Aufnahme der Beschäftigung mit Radium-Leuchtfarben an signifikant niedriger. Bei einer Differenzierung der Todesursachen konnte nur die unter Radiumbestrahlung ausgelöste Malignität als signifikanter Beitrag zur Lebenszeitverkürzung erwiesen werden, obwohl auch andere dem Radium in Dosisabhängigkeit zuzuschreibende Todesursachen mit in die Statistik einbezogen wurden. Eine Übersicht über den Stand der Erkenntnisse zu dieser Fragestellung geben Rowland und Lucas (1984).

B. Dosisbegrenzung bei beruflicher Strahlenexposition

(Empfehlungen der Internationalen Kommission für Strahlenschutz [International Commission on Radiological Protection: ICRP] und Auflagen der Strahlenschutzverordnung)

I. Grundlagen der Dosisbegrenzung

Die Beurteilung der gesundheitlichen Risiken beim Umgang mit radioaktiven Stoffen setzt die Festlegung von Grenzwerten der dabei als zulässig zu erachtenden Dosiswerte voraus. Diese werden von Art und Ausmaß der Strahlenwirkungseffekte mitbestimmt. Die Wechselbeziehungen zwischen den Erkenntnissen über die einzukalkulierenden Strahlenschäden und den tolerierbaren Expositionen haben sich auf die Bestrebungen ausgewirkt, Auflagen für den Umgang mit ionisierenden Strahlen, also auch mit radioaktiven Stoffen, rechtsverbindlich zu erlassen. Die Basis für die entsprechenden Verordnungen bildete das Erfahrungsgut aus Strahlenbiologie und medizinischer Radiologie. Mit dem Ziele, eine dieser Aufgabe dienliche internationale Zusammenarbeit sicherzustellen, wurde bereits im Jahre 1928 anläßlich des 2. Internationalen Radiologenkongresses die ICRP gebildet. Seitdem haben in regelmäßiger Folge vier ausgewählte Expertenkomitees zu den aktuellen Fragenkomplexen Stellung genommen, von denen das Komitee 1 Bestrahlungseffekte, das Komitee 2 interne Expositionen (Inkorporationen), das Komitee 3 externe Expositionen und das Komitee 4 die Anwendung der Empfehlungen der Kommission bearbeiten (Organisation und Arbeitsprogramm vgl. ICRP 9 1966, 1969 und ICRP Statement and Recommendations 1980). Seit 1959 erscheinen die ICRP-Publikationen fortlaufend numeriert, seit 1977 (beginnend mit Publication No. 24) als Zeitschrift: Annals of the ICRP (Verlag Pergamon Press). Eine Zusammenstellung aller ICRP-Veröffentlichungen bis 1979 einschließlich der nicht in die Reihe der numerierten Berichte aufgenommenen findet sich in ICRP 26, 1977.

Die ICRP-Empfehlungen haben über die sachliche Information hinaus die Gesetzgebung im Bereich der Strahlen- und Kerntechnik wesentlich beeinflußt. Das Gewicht der erhobenen Forderungen für ausreichenden Strahlenschutz wurde durch die enge Zusammenarbeit der ICRP mit anderen Gremien noch erhöht, wie das „United Nations Scientific Committee on the Effects of Atomic Radiation" (UNSCEAR) und das „Committee on the Biological Effects of Ionizing Radiations" (BEIR) des National Research Council der USA. Die von diesen Gremien behandelte und bewertete Originalliteratur kann hier nicht dokumentiert werden, ohne den Umfang dieses Beitrages zu sprengen. Es ist deshalb generell auf die Literaturangaben der Berichte zu verweisen. Einzelne Publikationen werden nur zitiert, wenn sie für aktuelle Fragestellungen unmittelbar relevant erscheinen.

Hinsichtlich der beruflichen Strahlenrisiken befaßt sich die ICRP im Rahmen allgemeiner Zielsetzungen mit drei Fragenkomplexen: 1. sind die Prinzipien der vorzuschlagenden Dosisbegrenzungen darzulegen; 2. bedarf es der zahlenmäßigen Festlegung der Dosisgrenzwerte unter den verschiedenen Bedingungen der Exposition sowie der Erarbeitung von Meß- und Berechnungsverfahren zur Dosiskontrolle; 3. sind für die so festgelegten Dosisbereiche die damit verbundenen Risiken zu quantifizieren unter Berücksichtigung aller sich charakteristisch unterscheidenden Effekte. Die Tendenz der ICRP-Empfehlungen drückt sich in der Grundforderung des Strahlenschutzes nach ICRP 1 (1959), Absatz 45 aus: Die empfohlenen Dosisgrenzwerte stellen Maximalwerte dar, und alle Dosen sind so niedrig wie praktikabel (practicable) zu halten, und jede unnötige Exposition ist zu vermeiden. Damit wird eine Formulierung aus früheren ICRP-Empfehlungen (1955) ersetzt, nach denen die Exposition bei allen Anwendungen auf dem kleinstmöglichen (possible) Niveau zu halten sein sollte. Nach den späteren Berichten soll dagegen die Festlegung von Grenzwerten so erfolgen, daß die jeweilige Anwendungstechnik nicht in Frage gestellt wird. Entsprechend präzisiert ICRP 9 (1966, 1969), daß bei allen Anwendungen die Dosis so niedrig wie leicht (readely) erreichbar zu halten ist. Diese Prämisse wird in ICRP 22 (1973) noch verschärft und damit Merkmale eines Systems der Dosisbegrenzung abgeleitet, das auch in die späteren Veröffentlichungen übernommen wurde, so zuletzt in die im folgenden ausführlich besprochene ICRP 26 (1977).

II. Zum ICRP-System der Dosisbegrenzung

Das gemäß ICRP 26 (1977) empfohlene System der Dosisbegrenzung weist die folgenden Hauptmerkmale auf:
1. Jede Anwendungspraxis (z.B. auch jeder Umgang mit radioaktiven Stoffen) darf nur zugelassen werden, wenn damit ein positiver Nettonutzen verbunden ist.

2. Die mit der Praxis verbundenen Strahlenexpositionen sind so niedrig zu halten, wie bei Anlegung vernünftiger Maßstäbe erreichbar (reasonably achievable) ist, unter Berücksichtigung wirtschaftlicher und sozialer Gesichtspunkte.
3. Unter jeweiligen adäquaten Praxisbedingungen dürfen die von der ICRP für Einzelpersonen empfohlenen Grenzwerte der Äquivalentdosis nicht überschritten werden.

Zwar läßt auch die Beachtung dieser Merkmale des Systems es generell noch nicht zu, verbindliche und in jedem Falle nach Art und Ausmaß kontrollierbare Regelungen festzulegen. Jedoch wird damit eine Tendenz deutlich, die nicht nur die einmal betriebene Praxis einschließt, sondern auch Möglichkeiten und Forderungen künftiger Entwicklungen offenläßt. Grundsätzlich sollte jede Praxis im Rahmen einer Gegenüberstellung von Strahlenexposition und Kosten-Nutzen-Analyse beurteilt werden. Dementsprechend muß im Zulassungsverfahren geprüft werden, ob der infolge der Exposition zu erwartende Schaden im Vergleich zum angestrebten Nutzen angemessen niedrig bleibt und wie weit die Annäherung an einen optimierten praktischen Strahlenschutz den Kostenbedarf im Hinblick auf den Nutzen rechtfertigt. Nach ICRP 26 (1977) können derartige Betrachtungen nicht frei von subjektiven Bewertungen angestellt werden; neben den Konsequenzen aus Strahlenschutz und Strahlenexposition müssen auch ganz andersartige, unter Umständen mit Alternativtechniken verbundene gesundheitlich relevante wirtschaftliche und soziale Gesichtspunkte in die Überlegungen einbezogen werden. Deshalb wird in den ICRP-Empfehlungen nicht vom Gesamtnutzen (Bruttonutzen) der zu beurteilenden Praxis ausgegangen, sondern ein Nettonutzen zugrunde gelegt, der sich aus dem Bruttonutzen nach Abzug der Grundproduktionskosten, der Kosten zur Erreichung eines festgelegten Schutzgrades (z. B. Strahlenschutz) und der Kosten durch die trotzdem für das Verfahren einzukalkulierenden Schäden ergibt. Eine Nutzen-Kosten-Analyse muß daher differenziert auf die Prüfung ausgerichtet sein, ob bzw. in welchem Ausmaß eine Verschiebung des Nettonutzens durch eine Verringerung der Exposition erzielt wird. Damit wäre die Voraussetzung für die Entscheidung darüber gegeben, was als Folge der Dosisverringerung als „vernünftigerweise erreichbar" anzusehen ist.

Nur für Kollektiv-Äquivalentdosen (man-rem, bzw. man-Sievert) hat die ICRP bisher Verfahren zur Abschätzung von Kostenäquivalenten dargelegt (ICRP 22, 1973, ICRP 37, 1983). Zugleich werden dort entsprechende Schätzwerte angeführt, die in den Bereich zwischen \$ 10 und \$ 250 je man-rad fallen, wobei die höheren Werte sich im allgemeinen aus Abschätzungen ergeben, bei denen der Verlauf der Dosisrisikobeziehung für den Bereich kleiner Dosen und Dosisleistungen mit größter Vorsicht berücksichtigt wurde. Neuere Schätzwerte für die aus Kosten-Nutzen-Analysen abgeleiteten optimierten Kosten je Kollektivdosiseinheit werden von Webb u. Fleishman (1984) mitgeteilt. Für Einzelpersonen lassen sich daraus aber keine verbindlichen Schlüsse ziehen, da Nutzen und Kosten nicht als gleichmäßig auf ganze Personenkollektive verteilt angenommen werden können. Nach ICRP 26 sind deshalb grundsätzlich die Äquivalentdosis-Grenzwerte für Einzelpersonen unabhängig vom Ergebnis einer differentiellen Kosten-Nutzen-Analyse zu beachten und beanspruchen gerade auch dann Gültigkeit, wenn die Abschätzung niedrigere Kollektiv-Äquivalentdosen ergeben sollte.

Der Übertragung der ICRP-Empfehlungen in die Strahlenschutzpraxis widmen sich internationale und nationale Organisationen, über deren Arbeit i.allg. auf den vierjährlich veranstalteten Kongressen der Internationalen Strahlenschutzvereinigung (International Radiation Protection Association, IRPA) berichtet wird. Beim 6. Kongreß 1984 bildeten Konzepte und Hypothesen der ICRP 26 (1977) den Schwerpunkt der Diskussionen (vgl. Kaul et al. 1984b).

Während die Strahlenschutzverordnung (1976) der Bundesrepublik Deutschland wie auch die entsprechenden EURATOM-Grundnormen sich in der Regel den ICRP-Empfehlungen anpassen, ist in der Formulierung des Strahlenschutzgrundsatzes in der Verordnung wieder die ursprüngliche engere Form verwendet worden. Nach § 45 sind technische Anlagen so zu planen, daß die durch Emissionen aus den Anlagen bedingte Strahlenexposition „so gering wie möglich" gehalten wird. Auf diese verschärfte Auflage ist von strahlenbiologischer Seite wiederholt hingewiesen worden (vgl. z. B. STREFFER 1979; MEISSNER 1979).

III. Äquivalentdosisgrenzwerte für beruflich strahlenexponierte Personen

ICRP 1 (1959) enthält die Konzepte der Kommission, auf der die Erarbeitung der veröffentlichten Empfehlungen basieren. Es werden nicht nur die Begriffe der für bestimmte Personenkreise als zulässig erachteten Grenzdosen definiert, sondern diese auch mit entsprechenden Zahlenangaben belegt. Die Verwendung des Begriffes „zulässige Dosis" in ICRP 1 wie auch noch in ICRP 9 (1966, 1969) schließt ein Risiko ein, das als noch akzeptabel für eine Einzelperson bzw. für ein entsprechend ausgewähltes Bevölkerungskollektiv betrachtet werden kann, wobei auf dem Vergleich mit andersartigen Risiken für Leben und Gesundheit verwiesen wird. Nach detaillierten Überlegungen in ICRP 22 (1973) zum System der Dosisbegrenzung wird, um Mißdeutungen auszuschließen, in den späteren Empfehlungen statt „zulässige Dosis" nur noch der Begriff eines zur Festsetzung empfohlenen Grenzwertes verwendet. Abgesehen von diesen formalen Korrekturen sind aber die in ICRP 1 (1959) festgelegten Grenzwerte im wesentlichen beibehalten und weltweit in die Gesetzgebung aufgenommen worden. Jedoch wird auch in ICRP 26 (1977) wieder eine kritische Prüfung und Erläuterung der Werte vorgenommen.

Die Grenzwerte werden jeweils als Äquivalentdosis (H) angegeben, die sich als Produkt der Energiedosis mit einem für die Strahlenart charakteristischen dimensionslosen Faktor ergibt,

$$H = Q \cdot N \cdot D = q \cdot D.$$

Dabei ist D die Energiedosis und $q = Q \cdot N$ der Bewertungsfaktor. Die Größe Q beschreibt den Einfluß der Mikroverteilung der Energiedosis auf das Wirkungsausmaß und stellt damit den Qualitätsfaktor dar, der vom Linearen Energieübertragungsvermögen L (im Schrifttum oft LET) der betreffenden Strahlung abhängig ist (HÜBNER u. JÄGER 1974; ICRP 9, 1966, 1969). L wird in der Regel auf Wasser (wäßriges Gewebe) bezogen. Die Zahlenwerte von Q werden in den ICRP-Empfehlungen in Abhängigkeit vom Linearen Stoß-Bremsvermögen L_∞ angegeben (Lineares Energieübertragungsvermögen bei nicht beschränkter Energieübertragung). Beim praktischen Strahlenschutz werden Näherungswerte $\bar{Q}$ für verschiedene Arten der Primärstrahlung empfohlen.

$$
\left.\begin{array}{l}
\text{Röntgenstrahlen} \\
\gamma\text{-Strahlen} \\
\text{Elektronen}
\end{array}\right\} \bar{Q} = 1
$$

$$
\left.\begin{array}{l}
\text{Neutronen} \\
\text{Protonen}
\end{array}\right\} \bar{Q} = 10
$$

$$
\left.\begin{array}{l}
\alpha\text{-Teilchen} \\
\text{Mehrfach geladene Kerne}
\end{array}\right\} \bar{Q} = 20
$$

Der Faktor N soll sonstige, die Wirkung bei übereinstimmender Energiedosis modifzierende Faktoren kennzeichnen. In ihm drückt sich u.a. die Abhängigkeit der Wirkung von der Dosisleistung bzw. der zeitlichen Aufteilung (Fraktionierung) der Dosis aus. Nach ICRP 26 (1977) lassen sich dafür aber noch keine Zahlenwerte angeben, so daß empfohlen wird, einstweilen $N = 1$ zu setzen. Damit stimmt bis auf weiteres der Bewertungsfaktor q mit dem Qualitätsfaktor Q überein.

Die SI-Einheit der Äquivalentdosis ist wie die der Energiedosis 1 J/kg. Um in der Praxis zum Ausdruck zu bringen, daß jeweils die Multiplikation der Energiedosis in Gray (1 J/kg = 1 Gy = 100 rd) mit dem Bewertungsfaktor erfolgt ist, wird als Einheitsbezeichnung für Äquivalentdosis das Sievert (Sv) empfohlen.

$$1 \text{ J/kg} = 1 \text{ Sv} = 100 \text{ rem}.$$

In dieser Einheit werden die Grenzwerte der ICRP für den Strahlenschutz angegeben. Nach ICRP 26 sind die Äquivalentdosisgrenzwerte so festzulegen, daß nichtstochastische Wirkungen ausgeschlossen und stochastische Wirkungen auf ein tolerierbares Maß beschränkt werden.

Nichtstochastische, grundsätzlich somatische Wirkungen sind bei Äquivalentdosen unterhalb 0.5 Sv (50 rem) nicht zu befürchten. Dieser Wert wird deshalb von der ICRP 26 als Jahresgrenzwert der Äquivalentdosis für alle Gewebe übernommen mit Ausnahme der besonders strahlensensiblen Augenlinsen. Unter der Voraussetzung, daß eine berufslebenslange akkumulierte Äquivalentdosis von 15 Sv noch zu keiner Linsentrübung führt, wurde zunächst als Jahresgrenzwert 0,3 Sv (30 rem) vorgeschlagen. Nach vorliegenden Beobachtungen am Menschen scheint es aber doch nicht ausgeschlossen, daß akkumulierte Expositionen von 15 Sv langfristig schon zu Beeinträchtigungen der Sehkraft führen können, und in den ICRP Statement and Recommendations (1980) wurde deshalb der Jahresgrenzwert für die Linsen auf 0,15 Sv herabgesetzt. Ob dies wirklich zwingend geboten ist, erscheint nach Erhebungen an beruflich Exponierten im Vergleich mit Nichtexponierten von Bendel et al. (1978) aber noch zweifelhaft.

Diese Grenzwerte werden praktisch nur für Teilkörperbestrahlungen relevant, sie gelten dann für alle betroffenen Gewebe, gleichgültig also, ob in bestimmten Arbeitsgängen einzelne Gewebe selektiv oder ob diese zusammen mit umgebenden anderen Organen exponiert werden. Übergeordnete Bedeutung aber hat die ICRP-Forderung, daß jede derartige Exposition innerhalb der im folgenden präzisierten Begrenzung für stochastische Wirkungen bleibt.

Die Grenzwerte der Äquivalentdosis für stochastische Wirkungen nach ICRP 26 (1977) schließen das Gesamtrisiko aller von der Bestrahlung betroffenen Gewebe ein. Das gilt insbesondere auch für die Auswirkungen der Inkorporation von Radionukliden. Im Prinzip werden deshalb Äquivalentdosisgrenzwerte für gleichförmige Ganzkörperbestrahlung mit der Maßgabe festgelegt, daß das Gesamtrisiko auch bei inhomogener Exposition einzelner Körperteile und Gewebe nicht das Risiko durch die homogene Ganzkörperexposition überschreitet.

Alle Grenzwerte stellen Individualdosen dar. Entsprechend sind sie auch in der Strahlenschutzverordnung in der Bundesrepublik Deutschland (StrlSchV 1976) sowohl für den Arbeitsschutz als auch für den Bevölkerungsschutz als Individualdosen festgesetzt. Nach ICRP 26 (1977) basieren beide – insbesondere auch die hier behandelte Begrenzung der beruflichen Strahlenexposition – auf der für die verschiedenen Gewebe gewichteten mittleren Ganzkörperäquivalentdosis.

Für den Personenkreis der beruflich Strahlenexponierten bleibt aber eine gewisse Willkür bei der Festlegung der Grenzwerte bestehen, ist doch der Streubereich der natürlichen Umgebungsstrahlung, der beim Bevölkerungsschutz einer Beurteilung der Tolerierbarkeit zusätzlicher zivilisatorischer Strahlenexpositionen zugrunde gelegt werden kann, für den Arbeitsschutz nicht mehr maßgeblich. Die ICRP hat für das Risiko dieses Personenkreises daher den Vergleich mit dem Risiko anderer Berufsausübungen herangezogen und unter diesen diejenigen mit einem anerkannt hohen Sicherheitsgrad ausgewählt, für die sich die mittlere jährliche Sterblichkeit infolge beruflicher Gefahren zu weniger als 10^{-4} abschätzen läßt

Tabelle 4. Berechnung des Gesamtrisikos stochastischer Wirkungen (nach ICRP 26, 1977): Wichtungsfaktoren w_T zur Berücksichtigung des Beitrages der Äquivalentdosen H_T in Organgeweben T bei ungleichförmiger Exposition zum für gleichförmige Ganzkörperbestrahlung empfohlenen Jahresgrenzwert H_{wbL}

Gewebe	w_T
Keimdrüsen	0,25
Brustdrüse	0,15
rotes Knochenmark	0,12
Lunge	0,12
Schilddrüse	0,03
Knochenoberfläche	0,03
5 weitere Organgewebe in der Reihenfolge der Höhe der erhaltenen Äquivalentdosen mit w_T je 0,06	0,30

Die sonstigen Gewebe sind zu vernachlässigen. Beim Magen-Darm-Trakt ist ggf. für Magen, Dünndarm, oberen Dickdarm und unteren Dickdarm w_T getrennt mit je 0,06 anzusetzen

(d.h. von 1 Million Beschäftigten verlieren durch Betriebsunfall weniger als 100 pro Jahr ihr Leben). Bei vielen anderen Industriezweigen liegt die Unfalltodesrate um ein Vielfaches höher. Detaillierte Zahlenangaben aus verschiedenen Industrieländern enthält ICRP 27 (1977), worin neben Todesfällen auch die viel größere Anzahl von Fällen mit weniger schweren Folgen behandelt werden.

Bei der Gruppe der beruflich Strahlenexponierten treten nur relativ wenige Verletzungen und Akuterkrankungen auf. Das Risiko wird hier durch die Induktion maligner Erkrankungen bestimmt, und die Risikoabschätzungen gehen deshalb vom betroffenen Anteil der Beschäftigten aus, bei dem Malignität mit tödlichem Ausgang durch berufliche Strahlenexposition induziert sein könnte. Auf diesen Schätzwerten basiert die Empfehlung von Dosisgrenzwerten, bei deren Einhaltung zu erwarten ist, daß die durch Strahlenexposition bedingte Sterblichkeit die in den anderen Beschäftigungszweigen mit hohem Sicherheitsgrad nicht überschreitet. Diese Bedingung wird, wie später gezeigt wird, erfüllt durch den auch bereits in früheren Empfehlungen enthaltenen (ICRP 1, 9, 14) Jahresgrenzwert (limit,L) H_L der Äquivalentdosis, der bei gleichförmiger Exposition des Ganzkörpers (whole body, wb) beträgt: $H_{wbL} = 50$ mSv (5 rem). Da er nach ICRP 26 auch bei ungleichförmiger Bestrahlung des Ganzkörpers gelten soll, sind die Beiträge aller bestrahlten Gewebe zum Gesamtrisiko in für jedes Gewebe charakteristischem Ausmaß mit zu werten, die besonders auch die Inkorporation von Radionukliden und deren Verteilung im Organismus mit berücksichtigen müssen. Der Grenzwert darf also auch bei Summierung der zu wichtenden Anteile der Jahresäquivalentdosis H_T in den einzelnen Körpergeweben (tissue, T) nicht überschritten werden.

$$\sum_T W_T \cdot H_T \leqq H_{wbL} \, .$$

Darin bedeutet w_T den Wichtungsfaktor für den Beitrag des Gewebes T zum Bezugswert des stochastischen Risikos bei gleichförmiger Ganzkörperbestrahlung (Tabelle 4). Der festgelegte Jahresgrenzwert der Äquivalentdosis als der Summe der gewichteten mittleren Äquivalentdosen in den einzelnen Organen und Geweben soll für jeden Beschäftigten gelten. Die Abweichungen vom Durchschnittswert des Gesamtrisikos und damit von dem in Tabelle 4 aufgeführten Richtwerten der Wichtungsfaktoren nach Alter und Geschlecht können nach ICRP 26 beim praktischen Strahlenschutz vernachlässigt werden.

Der Äquivalentdosisgrenzwert für beruflich Strahlenexponierte hat externe und interne Strahlenexpositionen zu beinhalten. Bei der externen Bestrahlung mit durchdringender Strahlung bedarf es dazu einerseits der Ermittlung des Maximalwertes der Äquivalentdosis, der in einer Tiefe von $d \geq 10$ mm im Körper (Modell: Kugel 30 cm $\varnothing$) auftreten würde. Der auf diese Weise definierte Tiefen-Äquivalentdosis-Index wird, sofern es sich um ausschließlich externe Bestrahlung handelt, ebenfalls mit jährlich 50 mSv festgelegt. Für die äußere Gewebeschicht d mit $0,07 < d < 10$ mm wird der Schalenäquivalentdosisindex entsprechend den Grenzwerten der nichtstochastischen Wirkung bei der Haut auf 500 mSv jährlich (ICRP 26, 1977), für die Augenlinsen auf 150 mSv jährlich (ICRP Statement and Recommendations 1980) vorgeschlagen.

Für die Einbeziehung der Inkorporation in das System der Dosisbegrenzung stellt sich die Aufgabe, die durch jährliche Aktivitätszufuhr I bedingte effektive Äquivalentdosis des Gesamtkörpers für die verschiedenen Radionuklide j zu bestimmen (vgl. Abschnitt B. III). Allgemein werden für externe und interne Expositionen nach ICRP 26 die empfohlenen Jahresgrenzwerte unter den folgenden Bedingungen nicht überschritten:

$$\frac{H_{I,d}}{H_{E,L}} + \sum_j \frac{I_j}{I_{j,L}} \leq 1; \quad \frac{H_{I,s}}{H_{sk,L}} \leq 1$$

Dabei bedeuten:

$H_{I,d}$ jährlicher Tiefenäquivalentdosisindex

$H_{I,s}$ jährlicher Schalenäquivalentdosisindex

$H_{E,L}$ Grenzwert der unter Gewebedosiswichtung ermittelten effektiven Jahresäquivalentdosis (50 mSv)

$H_{sk,L}$ Grenzwert der Jahresäquivalentdosis in der Haut (500 mSv) bzw. den Augenlinsen (150 mSv)

I_j jährliche Radioaktivitätszufuhr des Radionuklids j

$I_{j,L}$ Grenzwert der jährlichen Radioaktivitätszufuhr (ALI) des Radionuklids j

Die Jahresgrenzwerte bei beruflich Strahlenexponierten beinhalten grundsätzlich interne und externe Expositionen additiv. In ICRP 9 (1966, 1969) wurden Äquivalentdosis-Jahresgrenzwerte (als „maximale zulässige Dosis" bezeichnet) empfohlen, die noch in die ICRP 25 (1976) übernommen wurden. Da sie auch in der Strahlenschutzverordnung (1977) aufgenommen wurden (vgl. auch Richtlinie Strahlenschutz in der Medizin 1979), werden sie in Tabelle 5 wiedergegeben. Diese Zahlenwerte für die Personen der Kategorie A stimmen bis auf die Herabsetzung für die Extremitäten auf 600 mSv gegenüber 750 mSv mit den ICRP Empfehlungen 9 und 25 überein. Mit der Unterscheidung der Grenzwerte nach den Personenkategorien A und B greift die Strahlenschutzverordnung Empfehlungen der ICRP 26 auf, die eine Berücksichtigung der Arbeitsbedingungen derart vorschlägt, daß nur unter den Bedingungen A die Möglichkeit der Überschreitung von $^3/_{10}$ der Äquivalentdosisgrenzwerte besteht, unter den Bedingungen B dagegen nicht. Diese Klassifizierung der Arbeitsbedingungen, verbunden mit einer entsprechenden Klassifizierung der Arbeitsplätze, dient der Ökonomierung der Strahlenschutzmaßnahmen, da sie die Anforderungen an Personendosisüberwachung und medizinische Überwachung abgestuft festzusetzen erlaubt. Jedoch wird prinzipiell für die Kategorie B nicht etwa ein definiert niedrigerer Grenzwert festgelegt, sondern es handelt sich nur um eine zweckmäßige, der Organisation des Strahlenschutzes dienliche Referenzschwellenangabe.

Für Personen unter 18 Jahren sind nach der Strahlenschutzverordnung die Grenzwerte auf $^1/_{10}$ der Basisgrenzwerte (Kategorie A) anzusetzen, für den Ganzkörper also 5 mSv/Jahr.

Tabelle 5. Jahresgrenzwerte der Körperdosen (Äquivalentdosen) für beruflich strahlenexponierte Personen, die älter als 18 Jahre sind. (Nach StrlSchV, 1976)

Körperbereich	Grenzwerte im Kalenderjahr	
	bei Personen der Kategorie A	bei Personen der Kategorie B
Gesamtkörper, Knochenmark, Gonaden, Uterus	50 mSv (5 rem)	15 mSv (1,5 rem)
Hände, Unterarme, Füße, Unterschenkel, Knöchel, einschl. der dazugehörigen Haut	600 mSv	200 mSv
Haut, falls nur diese der Strahlenexposition unterliegt (ausgenommen die Haut der Hände, Unterarme, Füße, Unterschenkel und Knöchel)	300 mSv	100 mSv
Knochen, Schilddrüse	300 mSv	100 mSv
Andere Organe	150 mSv	50 mSv

Dies stimmt mit dem Grenzwert von ICRP 26 für Einzelpersonen kritisch betroffener Gruppen der Bevölkerung überein. Mit dieser Festsetzung, auch in der Strahlenschutzverordnung, entfällt die Kontrolle einer in früheren Anweisungen verwendeten „höchstzulässigen Lebensalterdosis" (ICRP 9). Ebenso wird in ICRP 26 auf die frühere Empfehlung verzichtet, die Höhe der Grenzwerte der Äquivalentdosis auf die Hälfte zu begrenzen, wenn es sich um einmalige kurzzeitige Expositionen handelt. Schließlich dürfen Schwangere nur unter den Arbeitsbedingungen von Personal der Kategorie B eingesetzt werden. Entsprechend den ICRP-Empfehlungen unterscheiden sich die Auflagen der Strahlenschutzverordnung (1976) von früheren Vorschriften auch in den folgenden die Grenzwerte betreffenden Punkten:

1. Die 50 mSv-Grenzäquivalentdosis gilt uneingeschränkt. Durch besondere Bedingungen verursachte Überschreitungen dürfen nicht gegenüber früheren Beschäftigungszeiten gutgeschrieben oder für kommende Jahre angerechnet werden.
2. Bei Beseitigung von Störfallfolgen, insbesondere bei Gefährdung von Personen, müssen zwar unvermeidliche Überschreitungen der Grenzwerte hingenommen werden, jedoch ist der Einzeleinsatz auf maximal 100 mSv (10 rem) zu begrenzen, und im Rahmen der gesamten Berufsausübung dürfen durch derartige Handlungen 250 mSv nicht überschritten werden. Zusätzlich ist dafür Sorge zu tragen, daß bei nachfolgenden Tätigkeiten – langfristig, aber möglichst schnell – eine Anpassung an den Durchschnittswert von 50 mSv/Jahr erreicht wird.

Besonders im Routinebetrieb mit offenen radioaktiven Stoffen, insbesondere also im Rahmen der nuklearmedizinischen Praxis, kann es neben den im nächsten Abschnitt behandelten Inkorporationen zu Expositionen der Hände kommen. Wenn auch diese Gefahr durch geeignete konstruktive Maßnahmen bei Präparateanlieferung und Umgang weitgehend reduziert worden ist, stellt Tabelle 6 nach ICRP 25 (1976) für einige nuklearmedizinisch häufig in offener Form verwendete Radionuklide Angaben zusammen von Dosisleistungskonstante G_γ, der Hautexposition (Dosisleistung $\dot{D}$) beim Umgang mit nicht abgeschirmten Injektionsspritzen und der Zehntelwertschichtdicken (z) für Bleiabschirmung.

In ICRP 26 wird ausdrücklich davon Abstand genommen, gesonderte Grenzwerte der Jahresäquivalentdosis für die Exposition einzelner Gewebe oder Organe vorzuschlagen. Gegebenenfalls sind zur Bestimmung der Organgrenzdosen die Jahresgrenzwerte für Ganzkörperexposition (50 mSv) durch den betreffenden Wichtungsfaktor w_T (Tabelle 4) zu dividieren, und es bedarf der Beachtung, daß die so errechneten Werte unter den für nichtstochastische Wirkungen vorgeschlagenen Grenzwerten bleiben müssen. Wie nach den ICRP-Empfeh-

Tabelle 6. Nuklearmedizinisch verwendete Radionuklide: Dosisleistungskonstante G_γ, Zehntelwertschichtdicken (Blei) z und Hautdosisleistungen $\dot{D}$ an Fingern in Kontakt mit nicht abgeschirmten Injektionsspritzen. (Nach ICRP 25, 1976)

Radionuklid	G_γ		z	$\dot{D}$	
	$\dfrac{R \cdot m^2}{h \cdot Ci}$	$\dfrac{mGy \cdot m^2}{h \cdot GBq}$	cm	$\dfrac{mrd}{min}$ je mCi	$\dfrac{\mu Gy}{s}$ je MBq
^{99m}Tc	0,076	0,018	1,0	10–50	0,045–0,225
^{113m}In	0,177	0,042	3,4	ca. 150	ca. 0,675
^{131}I	0,204	0,048	2,4	140–700	0,63–3,15
^{198}Au	0,243	0,057	3,6	80–200	0,36–0,9

lungen sind auch nach der StrlSchV (1976) bei den Grenzwerten für beruflich Strahlenexponierte sowohl äußere als auch innere Expositionen anzurechnen. Zudem sind nach § 55 auch anderweitige durch berufliche Tätigkeit bedingte Strahlenexpositionen einzubeziehen. Insbesondere gilt dies für den medizinischen Bereich in radiologischen Abteilungen, wo es nicht immer zu vermeiden ist, daß Ärzte und Hilfspersonal sowohl mit offenen Radionukliden als auch mit Strahlengeneratoren Umgang haben. (Eine derartige Kopplung verschiedenartiger Tätigkeiten wird in der Röntgenverordnung 1973 nicht berücksichtigt.)

IV. Grenzwerte für Inkorporationen (Ingestion und Inhalation)

Mit ICRP 1 (1959) stellte sich die Aufgabe, die durch Inkorporation bedingten Äquivalentdosen im Organismus für alle praktisch zu berücksichtigenden Radionuklide in den dabei relevanten chemischen Verbindungen in Abhängigkeit von der auf dem Ingestionsweg und dem Inhalationsweg zugeführten Menge zu ermitteln. Ein praktisch anwendbares Tabellenwerk der ICRP 2 (1959) und 6 (1964) enthält für die verschiedenen Radionuklide maximal zulässige Radioaktivitätsinkorporationen und maximal zulässige Radioaktivitätskonzentrationen in Wasser und Luft, und zwar für 40- und 168stündige Exposition pro Woche. Die Berechnungen erstrecken sich auf Inhalation und Ingestion löslicher und unlöslicher Substrate; Aufnahme durch die Haut bei Submersionen oder über Wunden werden nur für ausgewählte Fälle behandelt. Die Werte der „maximal zulässigen Konzentrationen" in Luft und Wasser gelten für den Referenz-Menschen (70 kg) bei 50 Jahren Lebensarbeitszeit und sind auf die Äquivalentdosisleistung von 5 rem/a im kritischen Organ bezogen. ICRP 6 (1964) empfiehlt, bereits bei der Gefahr oder beim Verdacht von Inkorporationen den Gesamtradioaktivitätsgehalt des Körpers durch Überwachung der Exhalationsluft und der Ausscheidungen zu kontrollieren, gegebenenfalls auch die Radioaktivitätsbestimmung im Ganzkörperzähler durchzuführen.

Um den biologischen Verhältnissen bei der Körperpassage allgemeiner als mit dem Begriff der Löslichkeit entsprechen zu können, wird in ICRP 10 und 10a (1969) die Transportfähigkeit eingeführt. Das entsprechende Modell der Stoffwechselwege (Abb. 1) erfaßt als Zufuhrwege Ingestion, Inhalation, Wunde und Hautabsorption, als Ausscheidungen Faeces, Urin, Exhalationsluft und Schweiß (vgl. Kistner u. Schieferdecker 1977), und aus experimentell erhobenen Befunden werden numerische Retentions- und Ausscheidungsgleichungen ermittelt, mit denen sich die durch eine bestimmte Zufuhr bedingte Äquivalentdosis im kritischen Organ ermitteln bzw. die Nachweisbarkeitsgrenzen der Radioaktivitätskonzentrationen in den der Untersuchung zugänglichen Substratproben ableiten lassen. In ICRP 10a werden

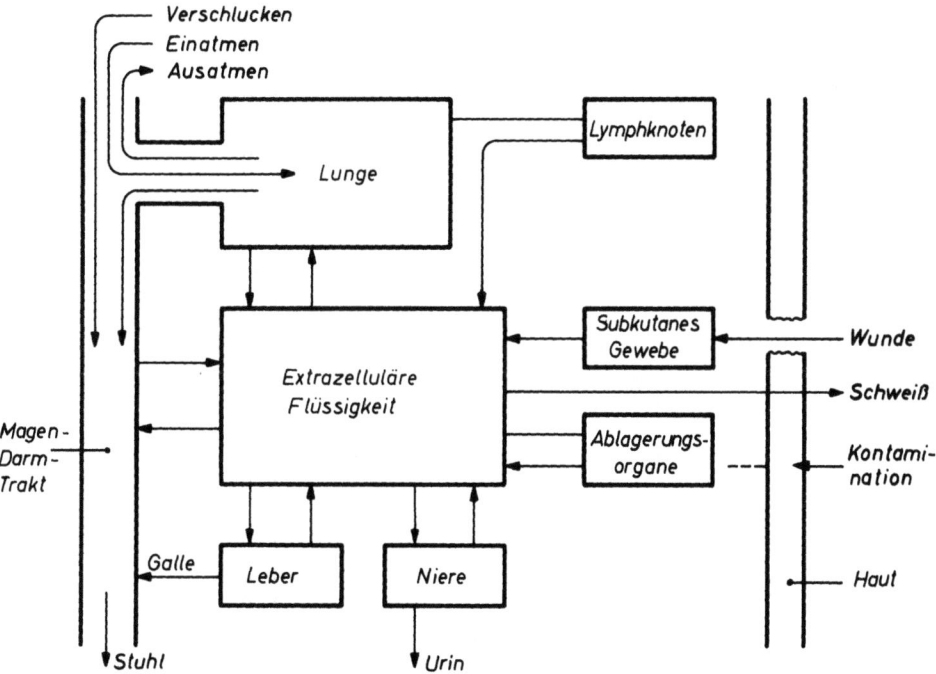

Abb. 1. Schematische Darstellung der Körperpassage von Radionukliden: Inkorporationsmodell. (Nach ICRP 10, 1969 und 30, 1979; vgl. KISTNER u. SCHIEFERDECKER 1977)

neben einmaliger und kontinuierlicher Zufuhr auch die nach primärer lokaler Speicherung (z.B. nach erfolgter Kontamination von Lunge, Haut oder einer Wunde) erfolgende Verteilung auf andere Gewebe, wie auch innerhalb einer begrenzten Zeitspanne wiederholte Inkorporationen behandelt.

Die Strahlenschutzverordnung der Bundesrepublik Deutschland (1976) hat die Grenzwerte der ICRP-Empfehlungen übernommen. Tabelle IV der Verordnung enthält nach der neuen Nomenklatur die Grenzwerte der Jahresaktivitätszufuhr für Inhalation und Ingestion aller praktisch bedeutsamen Radionuklide. Die Zahlenangaben entsprechen dem 30 mrem-(0,3 mSv)-Immissionsschutzkonzept für die Bevölkerung in der Umgebung von Strahlenschutzbereichen. Für beruflich Strahlenexponierte (Grenzwert 5 rem/a = 50 mSv/a) sind sie daher mit dem Faktor $\frac{500}{3}$ zu multiplizieren. Aber auch die Grenzwerte der StrlSchV (1976) beziehen sich noch auf die durch die Äquivalentdosis im kritischen Organ charakterisierte Körperdosis. Sie sind berechnet als 50 Jahre-Folgeäquivalentdosis (Committed dose equivalent) H_{50}, die sich für ein gegebenes Organ oder Gewebe aus einer einmaligen Zufuhr eines radioaktiven Stoffes im Körper ergibt:

$$H_{50} = \int_{t_0}^{t_0 + 50\,a} \dot{H}(t)\,dt$$

mit $\dot{H}(t)$ als Äquivalentdosisleistung und t_0 als Zeitpunkt der Zufuhr. H_{50} stellt eine unter den Betriebsbedingungen bei beruflicher Strahlenexposition i. allg. geeignete Größe für die Abschätzung der Äquivalentdosis dar. Nach ICRP 26 (1977) ist aber bei Strahlenexpositionen über längere Zeiträume die Folgeäquivalentdosis (dose equivalent commitment) H_c zu verwenden, die zeitlich unbegrenzt über die Äquivalentdosisleistung $\dot{H}(t)$ in einem Organ oder Gewebe integriert.

$$H_c = \int_0^{\infty} \dot{H}(t)\,dt$$

Nach der weiteren Entwicklung der strahlenbiologischen Erkenntnisse, wie sie sich in ICRP 26 (1977) ausdrückt, ist die Aufnahme und Retention radioaktiver Stoffe aber in allen Körpergeweben zu berücksichtigen. ICRP 9 (1966, 1969) ist daher durch ICRP 30 (1979/81) ersetzt worden, die im Teil 1 (1979) die allgemeinen Grundlagen für die Begrenzung der Aufnahme von Radionukliden durch Berufstätige festlegt und danach wie in den Teilen 2 (1980) und 3 (1981) die aufgrund des detaillierten metabolischen Verhaltens errechneten Grenzwerte für die einzelnen Radionuklide zusammenstellt. Jeder Teil wird durch einen Supplementband ergänzt (ICRP 30, Supplement to part 1, 1979, to part 2, 1981, to part 3, 1981), der jeweils alle dosimetrisch relevanten Modelle und Daten für die Errechnung der Grenzwerte enthält. Grundlage bilden die in der ICRP 25 festgelegten Äquivalentdosisgrenzwerte für beruflich Strahlenexponierte, bezogen auf die 50 Jahre-Folgeäquivalentdosis $H_{50,T}$, als Folge der Inkorporation aller relevanten Radionuklide im fraglichen Jahr unter Berücksichtigung des Wichtungsfaktors w_T (Tabelle 4) jeweils für das Gewebe (tissue) T gemäß

$$\sum_T w_T H_{50,T} \leqq 0,05 \text{ Sv}$$

für stochastische Wirkungen und

$$H_{50,T} \leqq 0,5 \text{ Sv}$$

für nichtstochastische Wirkungen.

Der Herleitung von Standards zur Kontrolle der internen Bestrahlung beruflich Strahlenexponierter aus diesen Grundgleichungen werden die anatomischen und physiologischen Merkmale des Referenz-Menschen (ICRP 23, 1975) zugrunde gelegt (Tabelle 7). Diese Neubearbeitung hat die für interne Bestrahlung besonders bedeutsame Beeinflussung benachbarter Organgewebe bei inkorporierten γ-Strahlern berücksichtigt. Es wird deshalb auch in Tabelle 7 unterschieden zwischen Quellgeweben, aus denen Photonen in beachtlichem Ausmaß emittiert werden, und Targetgeweben, in die solche eindringen. Dabei kann die Strahlenexposition im Quellsubstrat für die Strahlenwirkung auf den Organismus unter Umständen vernachlässigbar sein (z. B. Darminhalt u. ä.). Im allgemeinen müssen aber für die Ermittlung der Äquivalentdosisgrenzwerte beide Anteile berücksichtigt werden.

Unter diesen Voraussetzungen werden in ICRP 30 zunächst die sekundären Grenzwerte für die jährliche Aufnahme ALI (Annual limit on intake) bestimmt mit den Maßgaben

$$I \sum_T w_T (H_{50,T,I_E}) \leqq 0,05 \text{ Sv}$$

für stochastische Wirkungen und

$$I (H_{50,T,I_E}) \leqq 0,5 \text{ Sv}$$

für nichtstochastische Wirkungen.

Dabei bedeuten: I (in Bq) die Radioaktivität eines bestimmten im Jahre durch Ingestion oder Inhalation aufgenommenen Radionuklids, H_{50,T,I_E} (in Sv·Bq^{-1}) die 50-Jahre-Folgeäquivalentdosis im Gewebe T durch die Inkorporation der Radioaktivitätseinheit $I_E = 1$ Bq des betreffenden Radionuklids.

Für den Inhalationsweg empfiehlt ICRP 30 darüber hinaus Grenzwerte der Radioaktivitätskonzentration der Atemluft. Diese ergeben sich aus den sekundären ALI-Werten als „Abgeleitete Luftkonzentrationen" (derived air concentrations) DAC aus der Forderung, daß über ein Jahr integriert

$$\int C(t) \cdot B(t) \leqq \text{ALI (Bq)}$$

Tabelle 7. Organ- bzw. Gewebemassen des 70-kg-Referenzmenschen nach ICRP 23 (1975). [In ICRP 30 (1979/1981) verwendet]

	Organ	Masse (g)
Sowohl Quell- als auch Targetgewebe	Ovarien	11
	Hoden	35
	Muskel	28000
	Rotes Knochenmark	1500
	Lungen	1000
	Schilddrüse	20
	Nieren	310
	Leber	1800
	Pankreas	100
	Haut	2600
	Milz	180
	Nebennieren	14
Nur Quellgewebe	Mageninhalt	250
	Dünndarm-Inhalt	400
	Oberer Dickdarm-Inhalt	220
	Unterer Dickdarm-Inhalt	135
	Knochenkompakta	4000
	Knochen-Spongiosa	1000
	Galleninhalt	200
Nur Targetgewebe	Knochenoberfläche	120
	Magenwand	150
	Dünndarmwand	640
	Obere Dickdarm-Wand	210
	Untere Dickdarm-Wand	160
	Thymus	20
	Uterus	80
	Gallenblase	45

bleiben muß, wenn bei beliebiger Zeit t die Konzentration des Radionuklids in Luft $C(t)$ ($Bq \cdot m^{-3}$) und $B(t)$ (m^3 je Zeiteinheit) das Atemluftvolumen eines Beschäftigten je Zeiteinheit ist. $B(t)$ hängt vom Schweregrad der Arbeit ab, kann also nicht ohne weiteres mit den Daten des Referenz-Menschen (ICRP 23) identifiziert werden, diese vielmehr bei schwerer Arbeit bis um das Doppelte überschreiten. Als Standard-Daten werden in ICRP 30 für jedes Radionuklid DAC-Werte angegeben, die sich aus derjenigen Konzentration in Luft ($Bq\ m^{-3}$) herleiten, die für den Referenz-Menschen im Arbeitsjahr von $2000 \cdot 60$ min unter leichten Arbeitsbedingungen mit einem Atemluftvolumen von 0,02 m^3 je Minute gelten.

$$DAC = \frac{ALI}{2,4 \cdot 10^3}\ Bq\ m^{-3}.$$

Gemäß dem metabolischen Verhalten der Radionuklide werden diese Standardwerte abhängig von chemischer Bindung und von physikalischen Zustandsgrößen. Insbesondere wirken sich Löslichkeit, Aggregatzustand sowie die Aufnahmebedingungen für kolloidale Lösungen aus. Für verschiedene Formen wird der Transfer des Radionuklids in das Blut nach erfolgter Ingestion oder Inhalation maßgeblich. Diese Wege lassen sich nur durch metabolische Modelle beschreiben, die die möglichen Wege vom Magen-Darm-Trakt einerseits, vom Respirationssystem andererseits über das sich zunächst einstellende Transfer-Kompartiment und danach über die bilanzbestimmenden Organ- und Gewebekompartimente bis zur Ausschei-

Tabelle 8. Grenzwerte der jährlichen Radioaktivitätsaufnahme ALI (Bq) und der Luftkonzentrationen DAC (Bq/m³) während der 40 Std-Arbeitswoche von beruflich Strahlenexponierten für im nuklearmedizinischen Bereich bedeutsame Radionuklide (nach ICRP 30, 1979/81). Klassifikation nach den Inhalationsklassen D, W und Y mit den Retentionshalbwertszeiten <10, 10–100 und >100 Tage beim mittleren Aerosoldurchmesser von 1 µm im Kompartiment des Lungenparenchyms gemäß ICRP-Modell für den Respirationstrakt. GRT: Gruppe der Relativen Radiotoxizität (nach EURATOM 1980). Freigrenze für anmeldungs- und genehmigungsfreien Umgang: GRT 1 (sehr hoch): $5 \cdot 10^3$ Bq, GRT 2 (hoch): $5 \cdot 10^4$ Bq, GRT 3 (mittel): $5 \cdot 10^5$ Bq, GRT 4 (niedrig): $5 \cdot 10^6$ Bq

Radionuklid (Halbwertszeit)	Orale Aufnahme: Metabolische Differenzierung (chem. Bindung/physik. Zustand)	ALI	Inhalation: Chemische Verbindung	Klasse D ALI	Klasse D DAC	Klasse W ALI	Klasse W DAC	Klasse Y ALI	Klasse Y DAC
$^{3}_{1}$H (12,3a), GRT 4	tritiiertes H_2O	$3 \cdot 10^9$	tritiiertes H_2O	$3 \cdot 10^9$	$8 \cdot 10^5$	Aufnahme durch Inhalation und Hautabsorption			
	Tritium (elementar) organisch gebunden	—	Tritium (elementar)	—	$2 \cdot 10^{10}$	Lungenexposition			
			Noch keine ICRP-Empfehlungen, jedoch ALI-Werte bis auf $^1/_{50}$ niedriger als obige Werte zu erwarten, insbesondere für ^{3}H-Thymidin						
$^{11}_{6}$C (20,38 min), GRT 4	organisch gebunden	$2 \cdot 10^{10}$	organisch gebunden	$2 \cdot 10^{10}$	$6 \cdot 10^6$	Augenblickliche Aufnahme, homogene Verteilung in Organen und Geweben, Verweilzeit unbestimmt			
			CO	$2 \cdot 10^{10}$	$1 \cdot 10^7$				
			CO_2	$2 \cdot 10^{10}$	$1 \cdot 10^7$				
$^{14}_{6}$C (5730a), GRT 3	organisch gebunden	$9 \cdot 10^7$	organisch gebunden	$9 \cdot 10^7$	$4 \cdot 10^4$	Augenblickliche Aufnahme, homogene Verteilung in Organen und Geweben, Biol. Halbwertszeit 40 d			
			CO	$6 \cdot 10^{10}$	$3 \cdot 10^7$				
			CO_2	$8 \cdot 10^9$	$3 \cdot 10^6$				
$^{18}_{9}$F (1,8 h), GRT 3	lösliche Fluoride (nicht differenziert)	$2 \cdot 10^9$	Fluoride (Klassen differieren für verschiedene Metalle[a])	$3 \cdot 10^9$	$1 \cdot 10^6$	$3 \cdot 10^9$	$1 \cdot 10^6$	$3 \cdot 10^9$	$1 \cdot 10^6$
$^{22}_{11}$Na (2,62a), GRT 2	nicht differenziert	$2 \cdot 10^7$	alle Na-Verbindungen	$2 \cdot 10^7$	$1 \cdot 10^4$				
$^{24}_{11}$Na (15,05 h), GRT 3	nicht differenziert	$1 \cdot 10^8$		$2 \cdot 10^8$	$8 \cdot 10^4$				
$^{32}_{15}$P (14,3 d), GRT 3	nicht differenziert	$2 \cdot 10^7$	alle P-Verbindungen Ausnahmen: Phosphate einiger Metalle[a]	$3 \cdot 10^7$	$1 \cdot 10^4$	$1 \cdot 10^7$	$6 \cdot 10^3$		

Radionuklid (GRT)	Aufnahmeweg / chemische Verbindungsform	Ingestion	Inhalation	Inhalation
$^{35}_{16}$S (87 d), GRT 3	Ingestion — (anorganisch gebunden)	$4 \cdot 10^8$		
	Ingestion — S (elementar)	$2 \cdot 10^8$		
	Inhalation — Sulfate und Sulfide[a], entweder:		$6 \cdot 10^8$	$3 \cdot 10^5$
	oder: S (elementar)		$8 \cdot 10^7$	$3 \cdot 10^4$
	S (elementar)		$8 \cdot 10^7$	$3 \cdot 10^4$
$^{42}_{19}$K (12,4 h), GRT 3	alle K-Verbindungen — nicht differenziert	$2 \cdot 10^8$	$2 \cdot 10^8$	$7 \cdot 10^4$
$^{45}_{20}$Ca (165 d), GRT 2	alle Ca-Verbindungen — nicht differenziert	$6 \cdot 10^7$	$3 \cdot 10^7$	$1 \cdot 10^4$
$^{47}_{20}$Ca (4,5 d), GRT 3	nicht differenziert	$3 \cdot 10^7$	$3 \cdot 10^7$	$1 \cdot 10^4$
$^{51}_{24}$Cr (27,8 d), GRT 3	anorganisch (3- und 6-wertig) — nicht differenziert	$1 \cdot 10^9$		
	alle Cr-Verbindungen		$2 \cdot 10^9$	$7 \cdot 10^5$
	Ausnahmen: Halogenide und Nitrate		$9 \cdot 10^8$	$4 \cdot 10^5$
	Oxide und Hydroxide		$7 \cdot 10^8$	$3 \cdot 10^5$
$^{55}_{26}$Fe (2,6 a), GRT 3	nicht differenziert	$3 \cdot 10^8$		
	alle Fe-Verbindungen		$7 \cdot 10^7$	$3 \cdot 10^4$
	Ausnahmen: Oxide, Hydroxide, Halogenide		$2 \cdot 10^8$	$6 \cdot 10^4$
$^{59}_{26}$Fe (45 d), GRT 3	nicht differenziert	$3 \cdot 10^7$		
	alle Fe-Verbindungen		$1 \cdot 10^7$	$5 \cdot 10^3$
	Ausnahmen: Oxide, Hydroxide, Halogenide		$2 \cdot 10^7$	$8 \cdot 10^3$
$^{57}_{27}$Co (267 d), GRT 3	Oxide und Hydroxide	$2 \cdot 10^8$		
	Sonstige anorganische und organische Komplexe	$3 \cdot 10^8$		
	alle Co-Verbindungen		$1 \cdot 10^8$	$4 \cdot 10^4$
	Ausnahmen: Oxide, Hydroxide, Halogenide, Nitrate		$2 \cdot 10^7$	$1 \cdot 10^4$
$^{58}_{27}$Co (71 d), GRT 3	Oxide und Hydroxide	$5 \cdot 10^7$		
	Sonstige anorganische und organische Komplexe	$6 \cdot 10^7$		
	alle Co-Verbindungen		$4 \cdot 10^7$	$2 \cdot 10^4$
	Ausnahmen: Oxide, Hydroxide, Halogenide, Nitrate		$3 \cdot 10^7$	$1 \cdot 10^4$
$^{60}_{27}$Co (5,27 a), GRT 2	Oxide und Hydroxide	$7 \cdot 10^6$		
	Sonstige anorganische und organische Komplexe	$2 \cdot 10^7$		
	alle Co-Verbindungen		$6 \cdot 10^6$	$3 \cdot 10^3$
	Ausnahmen: Oxide, Hydroxide, Halogenide, Nitrate		$1 \cdot 10^6$	$5 \cdot 10^2$

Tabelle 8. Fortsetzung

Radionuklid (Halbwertszeit)	Orale Aufnahme — Metabolische Differenzierung (chem. Bindung/physik. Zustand)	ALI	Inhalation — Chemische Verbindung	Klasse D ALI	Klasse D DAC	Klasse W ALI	Klasse W DAC	Klasse Y ALI	Klasse Y DAC
$^{28}_{31}$Ga (68 min), GRT 3	Citrat (trägerfrei)	$6 \cdot 10^8$	alle Ga-Verbindungen	$2 \cdot 10^9$	$6 \cdot 10^5$				
			Ausnahmen: Oxide, Hydroxide, Carbide, Halogenide und Nitrate			$2 \cdot 10^9$	$8 \cdot 10^5$		
$^{75}_{34}$Se (120 d), GRT 3	elementar und Selenide	$1 \cdot 10^8$	alle Se-Verbindungen	$3 \cdot 10^7$	$1 \cdot 10^4$				
	sonstige Verbindungen	$2 \cdot 10^8$	Ausnahmen: Oxide, Hydroxide, Carbide			$2 \cdot 10^7$	$9 \cdot 10^3$		
$^{85}_{36}$Kr (10,7 a), GRT 4	Kein metabolisches Modell: Submersion. DAC für externe Exposition: $5 \cdot 10^6$								
$^{85}_{38}$Sr (64 d), GRT 3	lösliche Salze	$9 \cdot 10^7$	lösliche Salze	$1 \cdot 10^8$	$4 \cdot 10^4$				
	SrTiO$_3$	$1 \cdot 10^8$	SrTiO$_3$					$6 \cdot 10^7$	$2 \cdot 10^4$
$^{87m}_{38}$Sr (2,9 h), GRT 4	lösliche Salze	$2 \cdot 10^9$	lösliche Salze	$5 \cdot 10^9$	$2 \cdot 10^6$				
	SrTiO$_3$	$1 \cdot 10^9$	SrTiO$_3$					$6 \cdot 10^9$	$2 \cdot 10^6$
$^{99}_{42}$Mo (67 h), GRT 3	MoS$_2$	$6 \cdot 10^7$	alle Mo-Verbindungen	$1 \cdot 10^8$	$4 \cdot 10^4$				
	alle anderen Verbindungen	$4 \cdot 10^7$	Ausnahmen: Oxide, Hydroxide, MoS$_2$					$5 \cdot 10^7$	$2 \cdot 10^4$
$^{99m}_{43}$Tc (6 h), GRT 4	nicht differenziert (Werte wahrscheinlich zu hoch für Tc$_2$S$_7$)	$3 \cdot 10^9$	alle Tc-Verbindungen einschl. TcO$_4$	$6 \cdot 10^9$	$2 \cdot 10^6$				
			Ausnahmen: Oxide, Hydroxide, Halogenide, Nitrate			$9 \cdot 10^9$	$4 \cdot 10^6$		
$^{99}_{43}$Tc ($2 \cdot 10^5$ a), GRT 3	nicht differenziert	$1 \cdot 10^8$	alle Tc-Verbindungen einschl. TcO$_4$	$2 \cdot 10^8$	$8 \cdot 10^4$				
			Ausnahmen: Oxide, Hydroxide, Halogenide, Nitrate			$2 \cdot 10^7$	$1 \cdot 10^4$		
$^{113m}_{49}$In (1,7 h), GRT 4	nicht differenziert	$2 \cdot 10^9$	alle In-Verbindungen	$5 \cdot 10^9$	$2 \cdot 10^6$				
			Ausnahmen: Oxide, Hydroxide, Halogenide, Nitrate			$7 \cdot 10^9$	$3 \cdot 10^6$		

Nuklid	Verbindung	Wert	Verbindung	Wert	Wert	Wert	Wert
$^{113}_{50}$Sn (118 d), GRT 3	nicht differenziert	$6 \cdot 10^8$	alle Sn-Verbindungen Ausnahmen: Sulfide, Oxide, Hydroxide, Halogenide, Nitrate, Phosphate	$5 \cdot 10^7$	$2 \cdot 10^4$	$2 \cdot 10^7$	$9 \cdot 10^3$
$^{123}_{52}$J (13 h), GRT 3	nicht differenziert	$1 \cdot 10^8$	alle J-Verbindungen	$2 \cdot 10^8$	$9 \cdot 10^4$		
$^{125}_{52}$J (60 d), GRT 2	nicht differenziert	$1 \cdot 10^6$	alle J-Verbindungen	$2 \cdot 10^6$	$1 \cdot 10^3$		
$^{131}_{52}$J (8,05 d), GRT 2	nicht differenziert	$1 \cdot 10^6$	alle J-Verbindungen	$2 \cdot 10^6$	$7 \cdot 10^2$		
$^{132}_{52}$J (2,3 h), GRT 3	nicht differenziert	$1 \cdot 10^8$	alle J-Verbindungen	$3 \cdot 10^8$	$1 \cdot 10^5$		
$^{133}_{54}$Xe (2,26 d), GRT 4	Kein metabolisches Modell: Submersion. DAC für externe Exposition: $4 \cdot 10^6$ (unbegrenzte Wolke), $2 \cdot 10^7$ (in Räumen von 100–1000 m^3)						
$^{131}_{55}$Cs (9,7 d), GRT 4	nicht differenziert	$8 \cdot 10^8$	alle Cs-Verbindungen	$1 \cdot 10^9$	$5 \cdot 10^5$		
$^{198}_{79}$Au (2,7 d), GRT 3	nicht differenziert	$4 \cdot 10^7$	alle Au-Verbindungen Ausnahmen: Halogenide, Nitrate Oxide, Hydroxide	$4 \cdot 10^7$	$2 \cdot 10^4$	$6 \cdot 10^7$	$2 \cdot 10^4$
$^{199}_{79}$Au (3,15 d), GRT 3	nicht differenziert	$1 \cdot 10^8$	alle Au-Verbindungen Ausnahmen: Halogenide, Nitrate Oxide, Hydroxide	$1 \cdot 10^8$	$4 \cdot 10^4$	$1 \cdot 10^8$	$5 \cdot 10^4$
$^{197}_{80}$Hg (65 h), GRT 3	anorganische Verbindungen	$2 \cdot 10^8$	Sulfate	$4 \cdot 10^8$	$2 \cdot 10^5$		
	Methyl-Hg	$4 \cdot 10^8$	Oxide, Hydroxide, Halogenide, Nitrate, Sulfide	$3 \cdot 10^8$	$1 \cdot 10^5$		
	andere organische Verbindungen	$3 \cdot 10^8$	Hg-Dampf	$5 \cdot 10^8$ / $3 \cdot 10^8$	$2 \cdot 10^5$ / $1 \cdot 10^5$		
$^{203}_{80}$Hg (47 d), GRT 3	anorganische Verbindungen	$9 \cdot 10^7$	Sulfate	$5 \cdot 10^7$	$2 \cdot 10^4$		
	Methyl-Hg	$2 \cdot 10^7$	Oxide, Hydroxide, Halogenide, Nitrate, Sulfide	$4 \cdot 10^7$	$2 \cdot 10^4$		
	andere organische Verbindungen	$3 \cdot 10^7$	Hg-Dampf	$3 \cdot 10^7$ / $3 \cdot 10^7$	$1 \cdot 10^4$ / $1 \cdot 10^4$		
$^{201}_{81}$Tl (73,5 h) GRT 3	nicht differenziert	$6 \cdot 10^8$	alle Tl-Verbindungen	$8 \cdot 10^8$	$3 \cdot 10^5$		

a Spezielle Informationen bei ICRP-task group on Lung Dynamics anzufordern

dung umfassen. Wenn damit ein hinsichtlich Verteilung und Passage weitgehend dem einzelnen Radionuklid eigentümliches Verhalten beschrieben werden soll, so lassen sich für den praktischen Gebrauch mehr oder weniger grobe Vereinfachungen für die Kinetik der einzelnen radioaktiven Stoffe nicht vermeiden.

Zu Einzelheiten über diese Modelle ist auf ICRP 30, Teil 1 (1979) zu verweisen. Eine Reihe dosimetrischer Modelle ist dort skizziert, die den Besonderheiten der radioaktiven Stoffe und den metabolischen Bedingungen entspricht. So werden Modelle für das Respirationssystem, dem Gastrointestinaltrakt und vom Knochen festgelegt, wobei das Knochengewebe besondere Bedeutung beansprucht wegen der karzinogenen Risiken für die hämatopoetischen Stammzellen des Knochenmarks und die Endost- und Periost-Zellen an Knochenoberflächen. Ein weiteres Modell erstreckt sich auf die Submersion in einer radioaktiven Wolke von Gasen, insbesondere von Edelgasen und elementarem Tritium. Diese Daten werden je nach den speziellen Bedingungen auf die verschiedenen Radionuklide angewandt und dabei die kinetisch bedeutsamen Übergangsraten für den Stofftransport zwischen den Kompartimenten abgeschätzt. Die auf diese Weise ermittelten ALI- und DAC-Werte sind in Tabelle 8 für die am häufigsten in der Nuklearmedizin verwendeten Radionuklide zusammengestellt. Für Generatorsysteme ist auch das Mutternuklid mit aufgeführt. Dabei muß im Hinblick auf die komplizierten Modellvorstellungen für das respiratorische System unterschieden werden nach der Resorbierbarkeit der inhalierten Verbindung. Nach ICRP 30, Teil 1, ist in dieser Hinsicht eine Klassifizierung (D, W, Y) zweckmäßig, für die sich die Retentionshalbwertszeiten nach Ablagern in den Lungenalveolen unterscheiden. Es hängt dann von der Art und Form der inhalierten Radionuklide, insbesondere auch der Art von Aerosolen ab, mit welcher der Übertrittsklassen gerechnet werden muß. Neben den daraus sich bestimmenden ALI-Werten werden für die Inhalation auch die DAC-Werte in Tabelle 8 angegeben, die sich für Tritium, ^{85}Kr und ^{135}Xe auf die Submersion beziehen.

Von mehreren Autoren sind die Empfehlungen der ICRP 30 kommentiert worden. BAIR (1979), selbst Mitglied des ICRP-Committees II, gibt neben einem Überblick über die Empfehlungen und ihrer Begründung einen Vergleich zwischen den ALI- und DAC-Werten mit den entsprechend umgerechneten Werten aus ICRP 2 (1959). Tabelle 9 gibt für die dabei erfaßten Radionuklide der Tabelle 8 diesen Vergleich wieder.

Bei einzelnen der so ausgewählten Radionuklide erscheinen die ALI- und DAC-Werte von 1979/81 gegenüber denen von 1960 erhöht. Dafür sind verschiedene Gründe maßgeblich. So werden beim tritiierten Wasser der Bewertungsfaktor $Q = 1$ statt 1,7 und die biologische Halbwertszeit $T_b = 10$ d statt 12 d den Verhältnissen besser gerecht, und bei den isotopischen

Tabelle 9. Vergleich von ALI- und DAC-Werten (gemäß ICRP 30, 1979) mit den Werten aus ICRP 2 (1960). (Nach BAIR 1979)

	ALI (μCi)				DAC (μCi/cm³)	
	Ingestion		Inhalation			
ICRP:	2	30	2	30	2	30
$^{3}_{1}$H (Wasser)	$2 \cdot 10^4$	$8 \cdot 10^4$	$1,5 \cdot 10^4$	$8 \cdot 10^4$	$5 \cdot 10^{-6}$	$20 \cdot 10^{-6}$
$^{32}_{15}$P	150	500	150	800	$7 \cdot 10^{-8}$	$30 \cdot 10^{-8}$
$^{85}_{36}$Kr					$1 \cdot 10^{-5}$	$15 \cdot 10^{-5}$
$^{99}_{42}$Mo	1 500	1 500	2000	3000	$7 \cdot 10^{-7}$	$10 \cdot 10^{-7}$
$^{99m}_{43}$Tc	500	500	700	500	$4 \cdot 10^{-7}$	$3 \cdot 10^{-7}$
$^{131}_{52}$I	15	30	20	50	$9 \cdot 10^{-9}$	$20 \cdot 10^{-9}$

Verdünnungen geht man von einem Wassergehalt von 63 kg Feuchtgewebe im Referenz-Menschen statt früher von 43 kg aus. Beim ^{32}P können kleinere metabolische Umsatzraten für den Knochen angesetzt werden. Beim ^{85}Kr ergibt sich aus dem Submersionsmodell ein höherer DAC-Wert für die nichtstochastische Wirkung auf die Haut gegenüber der früheren zugrunde gelegten Ganzkörpereinheit. Bei anderen Radionukliden wurden niedrigere Grenzwerte nach ICRP 30 ermittelt. KAUL (1980) hat in einem Bericht über die neuen ICRP-Empfehlungen die 187 Radioisotope von 21 Elementen des ersten Teiles ebenfalls mit den früheren Werten von 1960 verglichen. Danach stimmen 51% der ALI-Werte mit den umgerechneten früheren Werten innerhalb eines Bereiches von Abweichungen um den Faktor 3 überein, während 25% der neuen Werte größer und 24% kleiner sind als die alten.

Die Festlegung der Grenzwerte macht für die Praxis geeignete Kontroll- und Meßverfahren erforderlich, insbesondere auch für bei Unfällen eingetretene Inkorporationen von Radionukliden. Ein solches Verfahren wird von SHAMAI et al. (1980) für eine Reihe von Radionukliden angegeben, mit dem der Radioaktivitätsgehalt des Gesamtkörpers nach einer Inkorporation von $^1/_{20}$ der ALI-Werte als Funktion der Zeit ermittelt wird.

Eine Novellierung der Strahlenschutzverordnung der Bundesrepublik Deutschland (1976) wird auch die nach ICRP 30 (1979/81) empfohlenen ALI-Werte und DAC-Werte aufnehmen nach der entsprechenden Richtlinie vom Rat der Europäischen Gemeinschaften (1980) zur Änderung der EURATOM-Grundnormen. Diese Richtlinie übernimmt sowohl die in diesem Bericht gemäß den ICRP-Empfehlungen verwendeten Begriffe einschließlich der Einheitsbezeichnungen Becquerel (Bq), Gray (Gy) und Sievert (Sv) als auch die Werte für die Dosisbegrenzung bei strahlenexponierten Arbeitskräften (die oben erwähnte Herabsetzung der Dosisgrenzwerte für die Augenlinse auf 150 mSv gemäß ICRP 1980 ist noch nicht berücksichtigt). Dabei ergibt sich die effektive Dosis aus den nach Tabelle 4 zu wichtenden mittleren Äquivalentdosen in den einzelnen Organen und Geweben. Entsprechend werden in prinzipieller Übereinstimmung mit Tabelle 8 ALI- und DAC-Werte für strahlenexponierte Arbeitskräfte angegeben.

Die in der StrlSchV 1976, Anl. IV angegebenen Freigrenzen sind in den Grundnormen explizit nicht enthalten. Jedoch werden die Radionuklide nach ihrer Toxizität klassifiziert mit entsprechender Zuordnung derjenigen Radioaktivitätsgrenzwerte, bis zu denen für die verschiedenen Gruppen auf eine Anmeldung und Genehmigung beim Umgang mit radioaktiven Stoffen verzichtet werden kann (vgl. Tabelle 8).

In radiologischen Betrieben ist neben den Arbeiten mit offenen radioaktiven Stoffen auch der Umgang mit anderen Strahlenquellen in vergleichbarer Methodik zu berücksichtigen. GILL et al. (1980) haben für praktische Arbeitsbedingungen der Röntgendiagnostik die jährlichen effektiven Äquivalentdosen für verschiedene Organe abgeschätzt, wozu sie von den Ableseergebnissen von zwei Dosimetern ausgehen, von denen das eine am Oberkörper, das andere am Rockkragen zu tragen ist. Aus der Anzeigedifferenz wird der Beitrag, der durch solche externen Expositionen zusätzlich zu den internen Expositionen in der Nuklearmedizin auftritt, ermittelt.

C. Zur Quantifizierung gesundheitlicher Risiken durch berufliche Strahlenexpositionen

I. Strahlenschäden und Schadenserwartung

Die Ansätze zur Quantifizierung der gesundheitlichen Risiken infolge beruflicher Strahlenexpositionen haben sich auf die mit den im vorigen Abschnitt erörterten Grenzwerten vorgegebenen Expositionsbereiche zu erstrecken. Dabei können nichtstochastische Wirkungen außer Betracht bleiben, da im Bereich der dafür maßgeblichen Grenzwerte während der Lebensarbeitszeit nicht mehr mit akuten Manifestationen dieser Art in nennenswerter Häufigkeit zu rechnen ist (ICRP 26, 1977). Deshalb werden entsprechende Überlegungen i. allg. auf die stochastische Auslösung gesundheitlich nachteiliger Strahlenwirkungen ausgerichtet, deren quantitative Erfassung eine Festlegung der Schadenserwartung erfordert. Dieser Begriff hat sowohl die dosisabhängige Wahrscheinlichkeit des Auftretens derartiger Wirkungen als auch deren dosisunabhängigen Schweregrad zu berücksichtigen. Nach ICRP 26 (1977) ergibt sich der Gesundheitsschaden G stochastisch für eine Gruppe von P Personen zu

$$G = P \sum_i p_i \, g_i,$$

wobei p_i als Wahrscheinlichkeit, die Wirkung i zu erleiden, im Bereich der Grenzwerte als klein vorausgesetzt wird und der Schweregrad der Wirkung i durch einen Wichtungsfaktor g_i beschrieben wird. Formal erscheint diese Beziehung zwar geeignet, die möglichen Arten und Häufigkeiten schädlicher Auswirkung beruflicher Strahlenexpositionen abzuschätzen. Jedoch lassen sich weder p_i noch g_i ohne mehr oder weniger willkürliche Simplifikationen zahlenmäßig bestimmen. Die ICRP hat dazu zwei stochastische Verfahren vorgeschlagen. Das eine versucht, den Sicherheitsgrad der Beschäftigung unter durch Grenzwerte beschränkten Strahlenexpositionen mit dem anderer Beschäftigungsarten in der Industrie zu vergleichen. Beim zweiten wird versucht, das Risiko für die relevanten Schädigungseffekte aus experimentellen Befunden oder durch statistische Erhebungen zu ermitteln, wobei unvermeidlich von Strahlendosen, die die Grenzwerte beträchtlich überschreiten, auf den Bereich der ALI-Werte zu extrapolieren ist.

Bei Industriebetrieben läßt sich der Eintritt des Todes als Index für einen Sicherheitsvergleich heranziehen, der damit auf die Wahrscheinlichkeit des Auftretens von Betriebsunfällen mit tödlichem Ausgang basiert wird. Für eine Beurteilung der Strahlenrisiken ist dies aber unzulänglich. Einmal bleiben Verletzungen und Erkrankungen ohne tödlichen Ausgang als Unfallfolge, insbesondere auch ständige Arbeitsunfähigkeit, unberücksichtigt. Zum anderen lassen sich akute Unfälle mit Todesfolge nicht ohne weiteres mit Strahlentodesfällen vergleichen. So lassen die beträchtlichen Zeitspannen zwischen Exposition und etwaiger maligner Manifestation den kausalen Zusammenhang unsicher erscheinen. Hinzu kommt, daß akute Betriebsunfälle in der Regel eindeutig auf menschliches oder technisches Versagen zurückzuführen sind, während der stochastische Charakter der Auswirkung von Strahlenexpositionen zur Folge hat, daß von allen unter gleichen Bedingungen Beschäftigten trotz Einhaltung der Dosisgrenzwerte willkürlich einzelne einer Malignitätsinduktion unterliegen. Schließlich ist für eine objektive Beurteilung des Risikos nicht allein die Häufigkeit von Todesfällen an sich maßgeblich, sondern es muß auch statistisch die durch die Einwirkung bedingte Lebenszeitverkürzung und damit die Altersverteilung der Todesfälle bewertet werden.

Für das Auftreten von Berufskrankheiten ergeben sich grundsätzlich ähnliche Schwierigkeiten der Zuordnung. Oft lassen sich Erkrankungen, die durch Einflüsse während der Berufsausübung ausgelöst sein könnten, nicht von gleichartigen, spontan auftretenden differenzieren. Das gilt z. B. für Strahlenwirkungen ebenso wie für chemische Kanzerogene. Außerdem reicht die Häufigkeit von Berufserkrankungen nicht als Bemessungsgrundlage aus, weil diese einen in verschiedenen Berufszweigen stark variierenden Beitrag zum Gesamtausmaß des Schadens liefern. In den meisten Industriezweigen machen die Berufskrankheiten nur wenige Prozent des mittleren Arbeitszeitverlustes aus, der statt dessen maßgeblich von unfallbedingter Arbeitsunfähigkeit oder Tod bestimmt wird. Nur in Betrieben mit relativ hohen Berufserkrankungsarten, wie z. B. Bergbau (Staublungen), gewinnt dieser Beitrag an Bedeutung.

Trotz dieser Einschränkungen sind für derartige Abschätzungen statistische Erhebungen in verschiedenen Industrieländern durchgeführt worden. Um sie mit dem durch Strahlenexposition bedingten Schaden vergleichen zu können, ist auch dieser im Wertmaßstab des Arbeitszeitverlustes auszudrücken. Die dafür maßgeblich gemachten Parameter bedürfen aber weiterer Abklärung, und ICRP 27 empfiehlt dazu, den Index auf die Zeit zu beziehen, die durch das berufliche Risiko von einem vollständigen normalen Berufsleben verlorengeht und der in Mannjahren pro Jahr und 1 000 Beschäftigten auszudrücken wäre.

Dieses ICRP-Modell zur Risikobeurteilung ist indes gerade auch für berufliche Strahlenexpositionen kontrovers diskutiert worden. Nach einem dementsprechenden Vergleich von BONNELL und HARTE (1978) sind die Grenzwerte als akzeptabel gegenüber den Vorteilen der technischen Nutzung der Kernenergie anzusehen. Auch METCALF und WINKLER (1980) stellen den Strahlenschadensindex in den Vergleich mit anderen industriellen Risiken. ROWE (1980) weist darauf hin, daß sich Kostenbedarf für Risikoreduzierung und Akzeptierbarkeit von Restrisiken nicht allein von den technischen Möglichkeiten her entscheiden lassen, sondern sozialpolitische Probleme darstellen.

Nach GONEN (1980) treten real Spätwirkungen mit geringerer Wahrscheinlichkeit auf, als sich aus dem Produkt der ICRP-Faktoren mit den Kollektivdosen ergibt. Besonders die Altersabhängigkeit der Schadensmanifestation erfordert eine maßgebliche Berücksichtigung. Widersprüche zur Grundkonzeption der ICRP werden auch mit strahlentherapeutischen Erfahrungen begründet. Die Kritik zielt vor allem auf die prinzipielle Schwierigkeit hin, der Quantifizierung des Risikos bei niedrigen Äquivalentdosen und Äquivalentdosisleistungen die Extrapolation aus dem Bereich experimentell gesicherter Befunde bei höheren Dosen bzw. aus statistischen Erhebungen an Personenkollektiven mit anormal hoher Strahlenexposition zugrunde zu legen (BEIR III, 1980). So wird auch in Frage gestellt, ob im Hinblick auf die hohe Rate der spontanen Inzidenz und ihre Variabilität unter verschiedenen Bedingungen grundsätzlich eine Berechnung realer Risikowerte im niederen Dosisbereich zulässig ist. Dies gilt sowohl für die Induktion bzw. Manifestation von Leukämien und soliden Tumoren als auch für genetische Effekte. OESER und KOEPPE (1981) weisen auf die altersspezifische Krebssterblichkeit hin, die über drei Generationen konstant geblieben ist und es voraussichtlich auch weiterhin bleiben wird. Allein der Altersaufbau der Bevölkerung der Bundesrepublik Deutschland mit seinen voraussehbaren Wandlungen läßt eine Steigerung der Krebstodesfälle von 1976 bis 2070 beim Mann um 20% erwarten, und auch beim weiblichen Geschlecht wird trotz abnehmender Gesamtzahl in der Alterspyramide die Absolutzahl von Krebstodesfällen konstant bleiben (KOEPPE u. OESER 1982). Unter diesen Verhältnissen erscheint es unmöglich, Einflüsse irgendwelcher Noxen, gleichgültig, ob es sich um Karzinogene oder Strahlenexpositionen handelt, nachzuweisen. Die Unspezifität der durch Strahlung manifestierten Krebse gegenüber den spontanen läßt zudem jede kausale Zuordnung fraglich erscheinen (OESER u. KOEPPE 1982). Trotz dieser Einwände wird im allgemeinen noch an der Hypothese festzuhalten sein, daß auch im Niederdosisbereich reelle Malignitätsinduktionen anzunehmen sind, worauf ARCHER (1980) mit ausführlicher Literaturdokumentation hinweist.

Nach BECK (1982) sind aber die Dosisgrenzwerte lediglich als Ergebnisse von Arbeitshypothesen zu betrachten, und er lehnt die sicherheitstechnischen Modellrechnungen ab, deren Ergebnisse Gefahr laufen, mit realen Schadensrisiken identifiziert zu werden. So soll nach einer von BUNGER et al. (1981) angegebenen, auf Sterblichkeitstabellen basierten Methode der Risikoabschätzung unter ausgewählten Bedingungen das Krebstodesrisiko in Strahlenbereichen mit dem Unfalltodesrisiko in anderen Bereichen vergleichbar hoch sein. COHEN (1980, 1981a), COHEN und COHEN (1980a, b) und COHEN and LEE (1979) geben Risikoanalysen über Kosten und Nutzen bei beruflichen Expositionen in der Nuklearindustrie. Kritische Stellungnahmen zu derartigen Versuchen liefern allgemein TAIT (1980) und AXELSSON (1981).

Trotz solcher Bedenken scheint sich aber bisher noch für eine Bewertung des Risikos beruflicher Strahlenexpositionen der Vergleich mit denen in anderen Betrieben als die einzige Möglichkeit darzustellen.

II. Dosiswirkungsbeziehungen im Bereich der Jahresgrenzwerte für beruflich Strahlenexponierte

Die Unsicherheit aller Risikobetrachtungen ist, wie im vorigen Abschnitt dargelegt, besonders darauf zurückzuführen, daß es keine spezifischen Strahlenschäden gibt, gleichartige Schädigungen vielmehr in der Regel auch durch andere, ganz andersartige, zum Teil auch noch unbekannte Ursachen und Reaktionsmechanismen, ausgelöst werden können (ICRP 8, 1966). Die Fachgremien (ICRP 8 und 26; UNSCEAR 1972, 1977, 1982; BEIR Report 1972, 1980) gehen deshalb auch davon aus, daß je Dosiseinheit bei sehr niedrigen Dosen Effekte gleicher Art und Größe auftreten, wie sie bei höheren Dosen experimentell in Abhängigkeit von der Dosis verfolgt werden können oder durch statistische Erhebungen an ausgewählten Personenkollektiven zugänglich werden. Diese Hypothese erscheint trotz aller Unsicherheiten solange als gerechtfertigt, als sich keine anderen Argumentationen als tragfähig erweisen und die nach Maßgabe der Extrapolationshypothese ermittelten Schätzwerte als obere Grenze der Risiken gelten können, so daß die auf dieser Grundlage erfolgende Quantifizierung eine Bewertung der in Frage stehenden Strahlenexpositionen unter Annahme ungünstigster gesundheitlicher Auswirkungen garantiert. Die Unabhängigkeit des Ausmaßes der Strahlenwirkung von der Dosisleistung ist gleichbedeutend mit einer linearen Dosiswirkungsbeziehung innerhalb des Bereichs praktischer Expositionsbedingungen. In konservativer Betrachtungsweise bedeutet dies, daß damit Strahlenwirkungen eher überschätzt als unterschätzt werden. Mit dieser Annahme wird allerdings der komplizierte Verlauf der Strahlenwirkungsprozesse im biologischen Gewebe im Anschluß an den primären Akt der physikalischen Energieübertragung grob vereinfacht, indem sowohl Reaktionsschwellenwerte als auch die im Bereich kleiner Dosisleistungen wahrscheinlichen Erholungsprozesse außer Betracht bleiben, wie auch sonstige in der Literatur diskutierte Mechanismen, die entweder auf Resistenzmechanismen oder aber auf Verstärkungstendenzen in diesem Dosisleistungsbereich hinzudeuten scheinen.

Abbildung 2 zeigt in schematischer Darstellung Kurventypen von Dosiswirkungsbeziehungen, wie sie prinzipiell sowohl für verschiedene Gewebe als auch für verschiedene Schadensformen diskutabel sind. Für die stochastischen Wirkungen beschränkt sich ICRP 26 (1977) einstweilen auf die Risikofaktoren zur Abschätzung der Wahrscheinlichkeit von Induktion maligner Neubildung mit tödlichem Ausgang sowie von genetischen Effekten mit Manifestation in lebend geborenen Nachkommen. Eine Bewertung auch der sonstigen durch Strahlenexpositionen bedingten Formen von Gesundheitsbeeinträchtigungen bedarf noch der Abklärung. Einstweilen unterstellt es die ICRP aber als wahrscheinlich, daß die beiden von ihr explizit behandelten Reaktionsformen die vorherrschenden Komponenten möglicher stochastischer Strahlenschäden sind. In weitgehender Übereinstimmung damit werden auch im BEIR III-Report (1980) die folgenden Effekte als von primärem Interesse für die Konsequenzen von Expositionen mit niedrigen Strahlendosen bezeichnet: Mutagene Effekte auf Keimzellen in den Gonaden, karzinogene Effekte in allen somatischen Zellen und teratogene Effekte bei der Embryoentwicklung. Die beiden ersten Effekte sind auf Mutationen im genetischen Material des Zellkerns zurückzuführen, während es sich beim dritten Effekt vermutlich nur um eine ausgeprägte Mitosehemmung in den sich schnell teilenden primordialen Zellen während eines kritischen Zeitintervalls handelt (RADFORD 1980b).

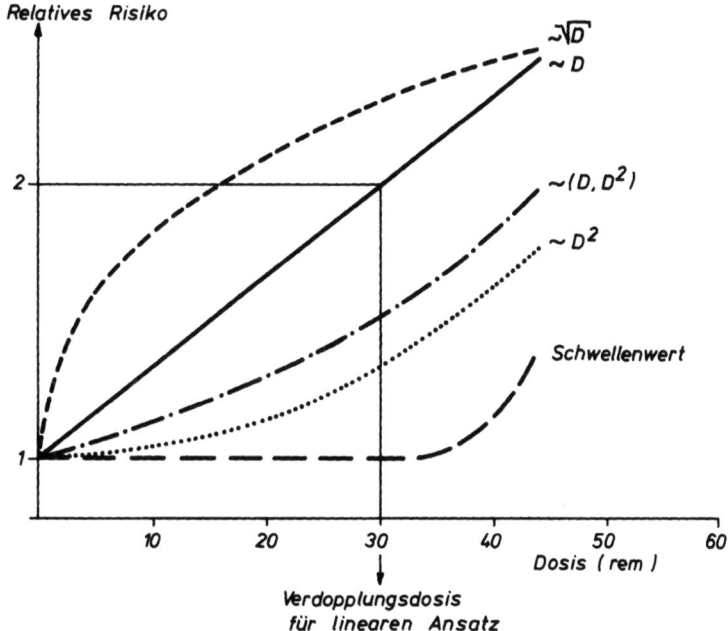

Abb. 2. Verlauf von Dosiswirkungsbeziehungen (schematisiert), in Anlehnung an Baum (1973)

Die Diskussion läßt aber die strahlenbiologisch orientierte Frage nach dem Reaktionstyp meist noch offen. Brauchbare Daten in hinreichender Menge sind für menschliche Populationen im Dosisbereich unter 0,5 Sv auch nur spärlich verfügbar, abgesehen allenfalls von ca. 50 Studien zur Krebsinduktion im BEIR III-Bericht (1980), auf die sich die Betrachtungen zum Verlauf der Dosiswirkungsbeziehungen bevorzugt erstrecken (Radford 1980a, b).

Beim linearen Dosiswirkungsverlauf ist die Wirksamkeit je Äquivalentdosiseinheit bis zu kleinsten Dosen hin über den ganzen Dosisbereich konstant, und es besteht Unabhängigkeit von der Äquivalentdosisleistung. Aus den Erhebungen hat sich ergeben, daß im initialen Bereich die Kurve gekrümmt verläuft, also mit zunehmender Dosis steiler wird. Gegen eine von Mays et al. (1973) erwogene quadratische Abhängigkeit des Strahleneffekts E von der Dosis D

$$E = a \cdot D^2$$

wird zwar geltend gemacht, daß weder nach experimentellen noch nach Ergebnissen statistischer Erhebungen beim Menschen ein Einmünden der Kurve mit der Anfangssteigerung 0 in die Risikoachse gerechtfertigt erscheint (Jacobi 1974), jedoch erscheinen theoretische Erwägungen (Kellerer u. Rossi 1972; Rossi u. Kellerer 1974) für den quadratischen Ansatz zu sprechen, und nach Rossi (1980a, b) beschreibt der quadratische Ansatz bei locker ionisierenden γ-Strahlen durchaus auch die Erhebungsergebnisse zutreffend. Nach tierexperimentellen Erhebungen von Ullrich und Storer (1978) ergibt sich für die Lebensverkürzung und Karzinogenese bei der Maus durch ^{137}Cs-γ-Strahlen-Exposition ebenfalls ein quadratischer (zumindest aber linear-quadratischer) Verlauf, bei dicht ionisierenden Spaltneutronen dagegen eine lineare Abhängigkeit.

Eine linear-quadratische Beziehung $E = a \cdot D + b D^2$ wurde ursprünglich von Lea (1956) postuliert, und dieser Ansatz wurde sowohl von Mays et al. (1973) alternativ zum quadratischen Verlauf als auch von Jacobi (1974, 1983) einer Quantifizierung der Krebsrisiken durch locker ionisierende Strahlungen zugrunde gelegt. Die mikrodosimetrische Begründung und die Konsequenzen für die Risikoabschätzung bei linear-quadratischem Verlauf durch

Extrapolation aus den Dosisbereichen um 100 rd werden von BROWN (1977) behandelt. Er scheint auch den Überlebenszeitstudien an den vom Kernwaffeneinsatz Betroffenen gerecht zu werden. Dabei zeigten insbesondere die Erhebungen über die Leukämietodesfälle in den Jahren 1950–1974 von BEEBE et al. (1978a, b) den Einfluß des linearen Energieübertragungsvermögens. Die in Nagasaki eingesetzte Bombe unterschied sich hinsichtlich Konstruktion und Zündungsmechanismus von der in Hiroshima durch einen niedrigeren Neutronenanteil, auf lokal übereinstimmende γ-Strahlendosen bezogen (JABLON u. KATO 1972; SITTKUS 1978), so daß bei den statistischen Erhebungen an den Überlebenden beider Städte differenziert werden muß gemäß der relativen biologischen Wirksamkeit (RBW) und dem Dosiswirkungsverlauf bei locker gegenüber dicht ionisierenden Strahlungen (MÖNIG 1978). Die Leukämiehäufigkeit in Abhängigkeit von der Äquivalentdosis für den Zeitraum 1950–1970 zeigt für Hiroshima unter der Einwirkung der dicht ionisierenden Neutronen einen praktisch linearen Verlauf, während für Nagasaki unter dem maßgeblichen Einfluß der locker ionisierenden γ-Strahlung der Verlauf nach MAYS et al. (1973) gut dem quadratischen Ansatz gehorcht, nach JACOBI (1974, 1983) aber in vorsichtigerer Interpretation einer linearquadratischen Abhängigkeit zuzuschreiben ist. Trotzdem halten sowohl der BEIR-Report (1972) als auch der UNSCEAR-Report (1977) in bewußt konservativer Betrachtung an der Linearität fest. Nach ICRP 26 (1977) sprechen die Erhebungen im Bereich bis zu einigen Gray bei locker ionisierenden Strahlen für den linear-quadratischen Ansatz, wobei der lineare Anteil bei kleinen, der quadratische dagegen bei hohen Dosen dominiert. Aus Beobachtungen bestimmter Reaktionen bei Dosen kleiner als 5 Gy läßt sich daher ohne schwerwiegende Fehler auf niedrigere Dosen linear umrechnen, Risikoabschätzungen von bei höheren Dosen ermittelten Daten auf relativ dazu niedrige Dosen ergeben dagegen zu hohe Werte. ICRP 26 empfiehlt daher eine kritische Wertung bei derartigen Extrapolationen, insbesondere dann, wenn zu hohe Schätzwerte möglicherweise zu Alternativen bei der Zweckerfüllung verleiten, die mit größeren Risiken verbunden sind als die Strahlenexposition. Unabhängig davon empfiehlt aber auch ICRP 26 die Linearität der Dosiswirkungsbeziehung bei Abschätzungen der Kanzerogenität beizubehalten.

Der BEIR III-Report (1980) dagegen postuliert einen linear quadratischen Ansatz (schematische Darstellung Abb. 3):

$$E = f(D) = (\alpha_0 + \alpha_1 D + \alpha_2 D^2) \cdot e^{-(\beta_1 D + \beta_2 D^2)}.$$

Dabei bedeutet f(D) die Inzidenz des fraglichen Effektes (z.B. Krebs) bei der Dosis D. Die Koeffizienten α_0, α_1, α_2, β_1, β_2 sind ≥ 0; α_0 gibt die Spontanrate (bzw. den Wert der Vergleichskontrolle) des untersuchten Effektes an. Da eine differenzierte Theorie z.B. der Krebsinduktion und -manifestation bisher nicht besteht, wird im BEIR-Bericht durch geeignet empirisch ermittelte Parameter zu erreichen versucht, daß die Beziehung für Einzelzellen und Tierorganismen, aber auch für den Menschen gleichermaßen gültig bleibt und neben Krebsinduktion und genetischen Effekten anderen möglichen Reaktionen genügt. UPTON (1977) geht bei der mathematischen Analyse von der linearen Funktion mit den Parametern α_0 und α_1 aus, die die Risiken bei sehr kleinen Dosen bestimmen. Mit steigender Dosis führt das quadratische Glied mit α_2 zum steileren Anstieg der Kurve. Bei hohen Dosen schließlich durchläuft entsprechend dem exponentiellen Glied mit β_1 und β_2 die Kurve ein Maximum. Bei der Tumorinduktion wäre dies der nicht stochastischen Zunahme von Zellsterilisationsprozessen zuzuschreiben, die sich auf die Tumorinduktionsrate vermindernd auswirken. Dieser Effekt liegt aber außerhalb des Dosisgrenzbereiches für beruflich Strahlenexponierte. Allgemein schlägt für die Extrapolation aus dem Erfahrungsbereich von 1 Gy und mehr der BEIR III-Report (1980) den linearquadratischen Ansatz bei Ganzkörperbestrahlung mit locker ionisierender Strahlung vor, wobei zu erwarten ist, daß je nach der Art

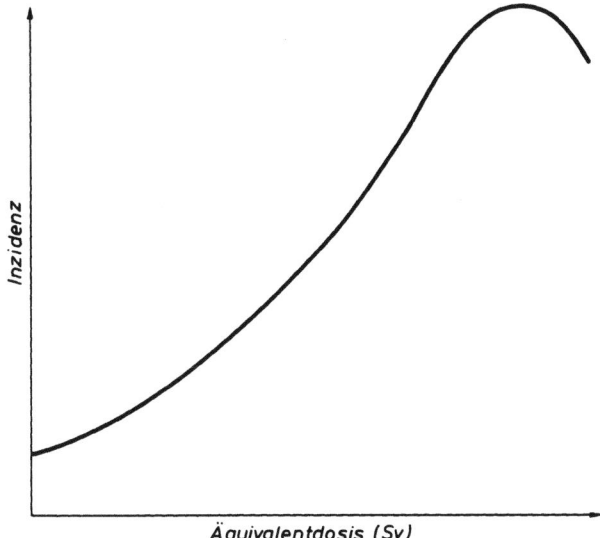

Abb. 3. Schematische Darstellung der verallgemeinerten Dosiswirkungsbeziehung

$$f(D) = (\alpha_0 + \alpha_1\,D + \alpha_2\,D^2) \cdot e^{-(\beta_1\,D + \beta_2\,D^2)}.$$ (Nach BEIR III, 1980)

des biologischen Effektes und der Sensibilität des Gewebes die Dosiswirkungsbeziehung sich mehr oder weniger entweder dem linearen Verlauf oder dem rein quadratischen annähert. Grundsätzlich soll dies für alle strahleninduzierten Effekte gelten. Zum Beispiel führten Untersuchungen von COHEN und COHEN (1980) zu dem Ergebnis, daß beim Lungenkarzinom die Linearitätshypothese das Risiko überschätzt und daß auch für die Leukämie damit eine obere Grenze für den Bereich kleiner Dosen charakterisiert wird. Die Fehler des linearen Modells tendieren zur sicheren Seite hin, und in dieser Beziehung beansprucht es weiterhin Bedeutung für eine konservative Abschätzung von Risiken. Dies gilt auch für genetische Konsequenzen, über deren Auslösung und Verlauf wie auch über etwaige Einflüsse durch Repair-Mechanismen unsere Kenntnisse noch so lückenhaft sind, daß die Linearität auch im BEIR III-Bericht grundsätzlich bei der Risikoabschätzung beibehalten wird.

Jedoch werden auch hinsichtlich der Karzinogenese die Argumente des BEIR III-Komitees nicht allgemein akzeptiert, wie bereits durch Sonderstellungnahmen von zwei seiner Mitglieder im Bericht selbst und auch durch deren spätere Beiträge deutlich wird (RADFORD 1980a, b; ROSSI 1980a, b). Während RADFORD für das lineare Modell in der Absicht eintrat, das Risiko keinesfalls zu unterschätzen, erscheint ROSSI aufgrund der Erhebungen und experimentellen Ergebnisse der Ansatz ungerechtfertigt und dieser muß sich für die Beurteilung sowohl hinsichtlich Energieökonomie als auch Praxis der medizinischen Anwendungen unzulässig erschwerend auswirken.

Die Konzeption des BEIR III-Reports läßt ebenso wie die Berichte der ICRP und UNSCEAR das Auftreten eines Schwellenwertes für stochastische Schäden außer Betracht (vgl. Abb. 2), und zwar weder für genetische noch für somatische Effekte. Jedoch wird betont, daß stichhaltige Beobachtungen und experimentelle Ergebnisse, die eine definitive Entscheidung für oder gegen diese Annahme erlauben, nicht vorliegen und der Erkenntnisstand zu einer sicheren differenzierten Analyse des Bereiches kleiner Dosen nicht ausreicht. Als unsicher werden auch die Schätzwerte der Krebsinduktion bei kleinen Dosen und Dosisleistungen beurteilt, denn es ist nicht zu entscheiden, ob Dosen von der Größenordnung 1 mGy γ- oder Röntgenstrahlen jährlich auf irgendeine Weise gesundheitsschädigend wirken, werden doch etwaige somatische Effekte in diesem Bereich generell durch andere Faktoren überdeckt, die gleichartige gesundheitliche Effekte auslösen wie ionisierende Strahlen. Um die Schwierigkeiten der Untersuchungen deutlich zu machen, wird darauf hingewiesen, daß beispielsweise für Erhebungen zur Tumorinduktion im Bereich von etwa 1 Gy zwei Vergleichskollektive von mindestens je 1000 Personen, im Expositionsbereich um 10 mGy, selbst bei Annahme der an sich unwahrscheinlichen Linearität für locker ionisierende Strahlung, aber je 10000000 Testpersonen erforderlich wären. Diese Zahlen gelten auch für tierexperimentelle Kollektive. Weder experimentell erhobene Befunde noch theoretische Betrachtungen lassen daher sichere empirische Konsequenzen in diesem Dosisbereich erwarten, führen vielmehr nur zu recht vagen Wahrscheinlichkeitsaussagen über die Dosisabhängigkeit. Unter diesen Umständen gewinnen grundsätzliche Bedenken gegen so unsichere Extrapolationen aus dem Bereich hoher Dosen an Gewicht, und zwar um so nachhaltiger, als den auf diese Weise errechneten hypothetischen Zahlenangaben für das Risiko im Expositionsbereich stochastischer Wirkungen oft in unzulässiger Weise reale Bedeutung für einzelne Betroffene beigemessen wird. In der Literatur wird deshalb davor gewarnt, die Krebsmanifestation im Niederdosisbereich quantitativ in Zusammenhang mit der Exposition zu setzen, ohne den rein hypothetischen Charakter eines derartigen Modells zu betonen (COHEN u. LEE 1979; COHEN 1980b; TAYLOR 1980a, b; BECK 1982; OESER u. KOEPPE 1982; HICKEY et al. 1981). Außerdem läßt sich nach dem BEIR III-Bericht unter bestimmten Bedingungen der durchaus nicht unwahrscheinliche quadratische Verlauf der Dosis-Wirkungs-Beziehung im Initialbereich praktisch nicht von der Annahme eines Schwellenwertes differenzieren. Schließlich bleibt bei allen Betrachtungen die Möglichkeit einer Hormesis mit ionisierenden Strahlen, deren Existenz LUCKEY (1980, 1981, 1982, 1984) anhand beachtlicher Zusammenstellungen eigener experimenteller Befunde und relevanter Literaturhinweise wahrscheinlich zu machen versucht, noch gänzlich außer Betracht. In diesem Zusammenhang sind auch die Bemühungen um einen zuverlässigen Nachweis biopositiver Effekte balneologischer Radon-Applikationen im Niederdosisbereich zu erwähnen (PFALLER 1984).

Geht man bei beruflich Strahlenexponierten davon aus, daß diese zusätzlich zur natürlichen Untergrundstrahlung und zu medizinischen Expositionen während ihrer ganzen Beschäftigungszeit mit Dosen von 5–50 mSv jährlich exponiert werden, so könnten im Laufe der Arbeitsjahre Dosen akkumuliert werden, bei denen ein karzinogener Effekt als nachweisbar zu erwarten wäre. Bei Berücksichtigung der recht begrenzten Zahl entsprechend Beschäftigter und der bei der regelmäßigen Überwachung ermittelten Jahresdosiswerten ist aber auch unter diesen Voraussetzungen nicht mit einer hinreichend sicheren Bestimmung stochastischer Risiken zu rechnen. Eine Ausnahme bilden die Bergarbeiter in den Uranminen, von denen viele ihr Arbeitsleben lang mit den dicht ionisierenden α-Teilchen exponiert werden und damit einer erhöhten Lungenkrebsinzidenz unterliegen. KUNZ et al. (1979) haben ihre Erhebungen auf die Jahre 1948–1975 erstreckt und bestätigen besonders bei den höher akkumulierten Expositionen eine mit der Dosis linear ansteigende Häufigkeit zusätzlich ausgelöster Lungenkrebsfälle. Einen zusammenfassenden Bericht über die bei Bergarbeitern beobachteten strahleninduzierten Krebserkrankungen gibt RADFORD (1984).

Die These, daß das lineare Modell eine konservative Beschreibung der Risiken gewährleistet, ist aber nicht unbestritten. So behauptet BAUM (1973), anknüpfend an tierexperimentelle Befunde und an die Hiroshima-Nagasaki-Erhebungen, daß der Exponent in der Dosis-Wirkungs-Beziehung bei geeigneter Differenzierung der zu vergleichenden Fälle für die Krebsinzidenzrate kleiner als 1 ist und daß sich bei Summation über alle Krebsarten ein Exponent von 0,5 ergibt (vgl. Abb. 2). BAUM geht davon aus, daß die menschliche Population eine ausgesprochene Heterogenität aufweist hinsichtlich sich stark unterscheidender Prädispositionen gegenüber Krebs, was auf Besonderheiten und Sensibilitätsvariation in Abhängigkeit von Alter, Geschlecht, Umweltfaktoren, Zelltypen und Stadien des Zellzyklus zurückzuführen ist. Bei höheren Dosen (> 1 Gy) konkurrieren zytotoxische und Zelltötungseffekte mit der Krebsinduktion, da in diesem Bereich jede Zelle, die gleichermaßen einer Krebsinduktion wie einem letalen Insult ausgesetzt ist, vor Ablauf der Tumorlatenzzeit abstirbt. Dieser Effekt läuft damit auf eine Begünstigung der Krebsinduktionskonkurrenz bei niedrigeren Dosen hinaus, und er wird deshalb vom Autor dafür verantwortlich gemacht, daß bei ausgewählten Erhebungszeiten für bestimmte maligne Prozesse in der Dosis-Wirkungs-Beziehung Exponenten zwischen 0,35 und 0,8 eingehen. MORGAN (1978, 1979) hat diese Hypothese auf die Erhebungen an Arbeitern aus den Plutonium-Werken in Hanford (vgl. MANCUSO et al. 1977) bezogen. Weder in ICRP 26 (1977) noch im BEIR III-Bericht (1980) werden aber diese Behauptungen diskutiert, obwohl das BEIR-Komitee in einem besonderen Anhangkapitel zur Hanford-Kontroverse Stellung nimmt. Auch MANCUSO et al. haben die Argumente von BAUM nicht explizit übernommen. Dagegen glaubt GRAHAM (1981), aus vergleichenden Erhebungen über den Anteil der Krebsmortalität in Westaustralien gegenüber Gesamt-Australien den Schluß ziehen zu können, daß das bisher verfügbare Datenmaterial noch keine sichere Beurteilung dieser Hypothese zuläßt.

III. Abschätzung der Risiken

Nichtstochastische Strahlenwirkungen als Folge entsprechend hoher Expositionen sind gleichbedeutend mit akuten Strahlenreaktionen, die sich nach Art und Ausmaß kausal der Dosis und Dosisleistung zuordnen lassen. Diese Zusammenhänge bilden die Grundlage der Strahlentherapie, die sowohl die beabsichtigte Dosis im Herdbereich als auch die unvermeidliche Exposition der umgebenden Gewebe berücksichtigen muß. Auf entsprechende Schwellenwerte und Toleranzdosen sei hier nur verwiesen (vgl. Berichte und Literaturzusammenstellung UNSCEAR 1982). Für berufliche Strahlenexposition sind derartige Daten, wenn man von schweren Betriebsunfällen absieht (vgl. z.B. GIMENEZ u. NOWOTNY 1978), ohne Bedeutung. Für die bestimmungsgemäße Berufsausübung ist daher die Risikoabschätzung auf stochastische Strahlenschäden zu beziehen. Zahlenwerte werden zweckmäßig für das „Relative Risiko" angegeben, das definiert wird als Quotient aus der Gesamtzahl der Personen eines Kollektivs, die unter relevanter Exposition einen bestimmten Schaden erlitten haben, zur Personenzahl mit entsprechendem spontanem Schadensbefall in einem Vergleichskollektiv. Im allgemeinen konnten mit zunehmender Absicherung der den Schätzungen zugrunde gelegten Erhebungsdaten und Dosis-Wirkungs-Beziehungen gegenüber dem BEIR-Report (1972) die Risikozahlenwerte in ICRP 26 (1977) sowie in UNSCEAR (1977) und BEIR III-Bericht (1980) niedriger angegeben werden. Dies gilt besonders für das am gründlichsten verfolgte Krebsrisiko (vgl. auch TOTTER 1980; JABLON 1984; UPTON 1984). In die Untersuchungen sind unterdessen weitere in der Regel nur unzureichend bekannte Parameter einbezogen worden wie Latenzzeit, Relative Biologische Wirksamkeit, Dosisleistung, Dosisprotahierung und -fraktionierung sowie die Zeitspanne, auf die das Risiko bezogen werden soll bzw. die sich über die zur Verfügung stehende Beobachtungsperiode hinaus erstreckt. Außerdem ist zu berücksichtigen, daß erst die Manifestation von Neoplasien das stochastische Risiko bestimmt, denn zwischen Induktion, also der malignen Transformation einer Zelle, und der die Beteiligung einer Vielzahl von Zellen voraussetzenden Manifestation eines Tumors liegen eine Reihe nicht streng determiniert ablaufender, sondern vom Immunsystem her beeinflußbarer, den weiteren Ablauf eventuell sogar verhindernder Reaktionsschritte (FLIEDNER 1976; RAUSCH 1979, 1982; FLIEDNER u. NOTDURFT 1984; LUDWIG 1984). Jeder Abschätzungsversuch wird zudem relativiert durch die hohen Spontanraten, gegenüber denen zusätzliche kanzerogene Effekte differenziert werden müssen. Deshalb legt der BEIR III-Bericht das Hauptgewicht auf die kritische Darstellung der Methoden, die zur Abschätzung zur Verfügung stehen, und mißt (in Übereinstimmung mit ICRP 8, 1966 und 26, 1977, UNSCEAR 1977) den so ermittelten Zahlen nur den Charakter von Richtwerten bei.

Für teratogene Effekte scheint die Annahme von Dosisschwellenwerten gegenüber intrauteriner Bestrahlung aufgrund von Studien am Menschen zwar berechtigt, ihre numerische Festlegung aber ist recht unsicher (BEIR III 1980). Bei der Differenzierung der Inzidenzrate nach Expositionszeit in der Gestationsperiode werden Schädigungen durch Dosen von 0,1 bis 0,19 Gy (Kerma) wahrscheinlich gemacht (MILLER u. MULVIHILL 1976; BEEBE et al. 1978a; BLOTT 1975). Fertilitätsstörungen sind bei akuten Energiedosen locker ionisierender Strahlungen im Bereich von 3–5 Gy zu erwarten (ROWLEY et al. 1974).

Experimentelle Untersuchungen über das Auftreten von Katarakten in Verbindung mit frühen Erhebungen an den Kernbombenüberlebenden (vgl. BEIR III-Report 1980) zeigen einen sigmoiden Verlauf der Dosis-Wirkungs-Beziehung im Bereich von 0,2 bis 4,5 Gy, wobei eine anscheinend altersabhängige Schwelle für eine die Sehkraft mindernde Linsentrübung bei etwa 2 Gy anzusetzen ist (DODO 1975; MERRIEM u. SZECHTER 1975). Für das vorzeitige Altern als Bestrahlungsfolge mit einer damit verbundenen Lebensverkürzung wurden maßgebliche Parameter von WALBURG (1975) abgeleitet. Die Erhebungen an den Überlebenden des Kernwaffeneinsatzes lassen aber nicht auf Mechanismen einer strahlenbedingten Beschleunigung der Prozesse des Alterns, sondern praktisch ausschließlich auf kanzerogene Strahlenwirkungen schließen (BEEBE et al. 1978c). Aus diesen Gründen bezeichnet ICRP 26 (1977) etwaige Nachweise einer Lebensverkürzung durch andere Faktoren als Tumormanifestationen als nicht zuverlässig und bezeichnet zudem andersartige, bisher nicht erkannte Wirkungen im Bereich der empfohlenen Grenzwerte als unwahrscheinlich. Unter diesen Voraussetzungen stehen für eine Quantifizierung der Risiken Erhebungen an Personenkollektiven mit außergewöhnlichen Expositionen variierenden Ausmaßes zur Verfügung. Dazu gehören:

1. die vom Kernwaffeneinsatz in Hiroshima und Nagasaki in der Regel mit einer Ganzkörperexposition Betroffenen (ISHIMARU et al. 1971; SCHULL 1984; FINCH 1984; TOKUNAGA et al. 1984).

2. Patienten, die therapeutisch einer Teilkörperbestrahlung ausgesetzt wurden. Die meisten von dieser Gruppe entfallen auf M. Bechterew-Behandlung (COURT-BROWN and DOLL 1965; SMITH u. DOLL 1978; SMITH 1984). Daneben werden Erhebungen über strahlentherapeutische Anwendungen bei Menorrhagien (ALDERSON u. JACKSON 1971) und besonders im Kindesalter bei Thymushyperplasien (HEMPELMANN et al. 1967, 1975; REFETOFF et al. 1975; SHORE et al. 1984) sowie Tinia capitis-Fällen (ALBERT u. OMRAN 1968; MODAN et al. 1974; SHORE et al. 1976; RON u. MODAN 1984) ausgewertet. Auch die Beobachtungen von Brustkrebs nach Strahlenbehandlung von post partumer Mastitis (SHORE et al. 1977) sowie nach den wiederholten Durchleuchtungen von Pneumothorax-Patientinnen (BOICE u. MONSON 1977) sind zur Risikobeurteilung herangezogen worden. Darüber berichtet HOWE (1984) zusammenfassend. Alle von derartigen medizinischen Anwendungen locker ionisierenden Strahlungen resultierenden Daten basieren aber im allgemeinen auf relativ hohen Dosisleistungen, so daß Extrapolationen auf den Niederdosisbereich mit beträchtlichen Unsicherheiten behaftet sind.

3. Kollektive, die in Ausübung ihres Berufes in der Regel kontinuierlich über lange Zeiten Strahlenexpositionen ausgesetzt waren. Dazu gehören die in radiologischen Betrieben Beschäftigten (MATANOSKI et al. 1984). Da beim Umgang mit offenen radioaktiven Stoffen besonders auch Hautschäden in Betracht zu ziehen sind, berichten LENZ et al. (1979) über Erhebungen, die allerdings ohne Dosiszuordnung an einem ausgewählten, in dieser Hinsicht beruflich besonders exponierten Personenkreis mit dem Ziele durchgeführt wurden, vergleichend die Häufigkeit von Dermatitis und Hautkarzinom zu erfassen. Eingehende Untersuchungen bestehen über die Arbeiter in Uranbergwerken (SEVC et al. 1977; RADFORD 1984; TIMARCHE et al. 1984; KHAN et al. 1984) und für Radiumzifferblattmaler (STEHNEY et al. 1978; POLEDNAK et al. 1978; ROWLAND and LUCAS 1984). Zu dieser Gruppe sind prinzipiell auch die bereits erwähnten Arbeiten von MANCUSO et al. (1977) bzw.

KNEALE et al. (1978) zu rechnen, die über ein angeblich statistisch nachgewiesenes verstärktes Auftreten von Todesfällen durch verschiedene Krebsarten (Lunge, Pankreas, Knochenmark) als Spätfolge bei den Arbeitern der Hanford-Plutonium-Werke berichten. Über diese Mitteilungen ist es zu Kontroversen gekommen, wobei insbesondere die Zulässigkeit der angewandten statistischen Verfahren und ihre Aussagefähigkeit diskutiert wird (MARKS et al. 1978; GERTZ 1978; KNEALE et al. 1979a, b). Der BEIR III-Report (1980) läßt zwar diese Problematik noch offen, sieht aber die in der Hanford-Studie hergeleiteten Gründe als nicht hinreichend stichhaltig an, um eine entsprechende Abänderung seiner Risikoabschätzungen zu rechtfertigen. Die Diskussionen über die Hanford-Studie halten seitdem unvermindert an (HUTCHISON et al. 1979; KNEALE et al. 1979b; TAIT 1979; BRODSKY 1979; FROME u. KHARE 1980; BRODSKY 1980; GOFMAN 1979; CHAN 1980; GOFMAN 1980; BURCH 1980; STOLL u. CHAKRABORTY 1981; KNEALE 1981; GILBERT u. MARKS 1981; SPIEGLER 1981; GOFMAN 1981).

COHEN (1980b) stellt die Argumente der Autoren, die sich kritisch mit der Hanford-Studie auseinandersetzen, zusammen und weist zugleich auf quantitative Konsequenzen hin, die im Widerspruch zu den Ergebnissen sonstiger Erhebungen stehen. Die Literaturangaben zur Risikoquantifizierung unterscheiden sich beträchtlich in der Sicherheit der Aussage. So berichten auch WILKINSON et al. (1984) über die ärztliche Überwachung von Arbeitern aus Plutoniumwerken (Manhattan, Los Alamos, Rocky Flats), für die ein Bereich von generalisierter Plutonium-Belastung zwischen 7 und 230 nCi abgeschätzt wurde. Zwar lassen sich daraus noch keine definitiven Schlußfolgerungen ziehen, bisher blieben aber die Erhebungen hinsichtlich ausgelöster Krebserkrankungen negativ. KAUL et al. (1984) haben im Hinblick auf Kriterienauswahl, Kollektivgröße und Dosiszuordnung 55 Veröffentlichungen kritisch gewertet. Von 33 Studien über strahlenbedingte Leukämie genügt nur eine einzige den Voraussetzungen zur statistischen Auswertung, 23 sind ungeeignet und 9 nur „bedingt verwertbar". Ähnlich sind von 12 Erhebungen über Brustkrebsinduktion nur 4 quantitativ auszuwerten; 2 zeigen dosisabhängig einen Trend zur Induktion, während 6 keine statistische Aussage zulassen. Auch von 12 Mitteilungen über genetische Wirkungen genügen nur 2 den statistischen Anforderungen, die übrigen 10 sind nicht verwertbar. Diese Analyse aus dem aktuellen Schrifttum läßt daher die Unmöglichkeit erkennen, aus dem praktisch verfügbaren Bereich niedriger Expositionen an hinreichend großen Kollektiven mit vorauszusetzender Monokausalität des Kriteriums Risikobeziehungen zu ermitteln.

Der BEIR III-Bericht (1980) basiert seine Abschätzungen des Krebsrisikos bei niedrigen Strahlendosen praktisch ausschließlich auf die Lebensspannenstudien an den Überlebenden von Hiroshima und Nagasaki für den Zeitraum 1950–1974 (BEEBE et al. 1978a–c). Dabei erscheinen die verfügbaren Daten für die Leukämie hinsichtlich Inzidenz, Latenzperiode, Manifestationszeit und Typisierung als am zuverlässigsten. Bei der kombinierten Analyse der Erhebungen in beiden Städten geht der unterschiedliche RBW-Faktor für Neutronen ein. Unterschiedlich zwischen beiden Städten ist auch das Spontankrebsrisiko, so daß allgemein von stadt- und dosisspezifischen Alters- und Geschlechtsverteilungen zum Zeitpunkt der Exposition auszugehen ist (vgl. LEPPIN u. MEISSNER 1984).

Zur Abschätzung der von den befragten Überlebenden erhaltenen Dosis unter Berücksichtigung des Abstandes vom Hypozentrum und des Abschirmeinflusses durch Bauten und Terrainbesonderheiten mußten mit einer geeignet angepaßten Dosimetrie Energiedosis und Kerma ermittelt und als Vergleichsmaß die Gewebekerma errechnet werden. Diese erstmalig 1965 eingeführte Dosis TD 65 (tentative dose 1965) (MILTON u. SHOHOJI 1965) ist, laufend korrigiert, den Risikoabschätzungen zugrunde gelegt worden. ROSSI und MAYS (1978) haben darauf eine Analyse des Leukämierisikos durch Neutronen basiert, deren grundsätzliche Bedeutung in der von ihr ausgelösten Diskussion zum Ausdruck kommt (ROBERTS 1979; JABLON 1979; MOLE 1979; BEEBE u. LAND 1979; ROSSI u. MAYS 1979a–c). KERR (1979)

Tabelle 10. Vergleich des Mortalitätsrisikos für ausgewählte Krebsarten je 10^6 manrd locker ionisierender Strahlung. Werte über Geschlecht und Alter gemittelt. (Die realen Mammakrebsrisikowerte sind deshalb doppelt so groß wie die hier für Brustkrebs aufgeführten Werte). (Nach Cohen 1981b)

Krebsart	Risiko/10^6 manrd			
	BEIR (1972)	ICRP-26 (1977)	UNSCEAR (1977)	BEIR III (1980)
Leukämie	25	20	15–25	22
Lunge	39	20	25	28
Brust	45	13	∼30	11
Knochen	6	5	2–5	0,5
GI-Trakt	30		25	19 (incl. Magen)
Schilddrüse		5	5–15	7
Andere	30	50	∼25	31
Gesamt (additiv)	180			120
Gesamt (separat abgeleitet)		100	120	

hat die früheren Untersuchungen zur TD 65-Dosimetrie des Knochenmarks (Kerr et al. 1977) auch auf andere Organgewebe erstreckt und im besonderen den Vergleich zwischen Kindern und Erwachsenen angestrebt. Die tiefer liegenden Organe wurden nach dem ICRP 23-Phantom beurteilt und der Abschirmeffekt durch darüberliegende Gewebeschichten danach berücksichtigt. Auf diese Untersuchungen gehen die Zahlenwerte in ICRP 26 (1977) sowie in den UNSCEAR- (1977, 1982) und BEIR III-Berichten (1980) für das Krebsrisiko zurück. Cohen (1980b, 1981b) gibt vergleichende Zusammenstellungen der Risikoschätzwerte je 10^6 manrem. Von ihm übernimmt die Tabelle 10 das Mortalitätsrisiko für einige ausgewählte Krebsarten, bezogen auf manrad von Strahlungen mit niedrigem Energieübertragungsvermögen. Nach Cohen ist die Übereinstimmung der aus den einzelnen Berichten hervorgehenden Testwerte i.allg. befriedigend. Nur der Wert für das Knochenkrebsrisiko ergibt sich nach detaillierter Argumentation des BEIR III-Berichtes als wesentlich niedriger. Gemäß Tabelle 11 schlüsselt Cohen (1981b) die Werte aus dem BEIR III-Bericht nach männlichen und weiblichen Exponierten auf und gibt zugleich separate Werte für die Altersklassen der beruflich Strahlenexponierten. Tabelle 12 schließlich gibt einige Werte für das Risiko bei Expositionen mit dicht ionisierenden Strahlen wieder. Dabei werden nicht nur beträchtliche Differenzen bei den Schätzwerten deutlich, sondern ihre Beeinflussung durch die Größe der RBW-Faktoren und damit durch das Lineare Energieübertragungsvermögen bleibt noch problematisch. Unabhängig davon empfiehlt Cohen, bei der Abschätzung von Umweltrisiken die „sight specific data concerning radiation-induced cancers" im Anhang A des BEIR III-Berichts zu verwenden (Tabelle 12 Spalte 5).

Alle auf die japanischen Erhebungen basierten Risikoangaben sind aber in Frage gestellt worden durch neue Abschätzungen der Neutronen- und γ-Dosen in Hiroshima und Nagasaki durch Loewe und Mendelsohn (1981b) vom Lorenz-Liperpool-National-Laboratory (LLNL). Die LLNL-Dosen, die mit optimierten Rechenprogrammen für die beiden eingesetzten Bombentypen ermittelt wurden und hinsichtlich des Neutronenanteils mit den örtlichen Aktivierungsmeßergebnissen übereinstimmen, weisen beträchtliche Differenzen gegenüber den TD 65 auf, was sich auch auf die den Risikoabschätzungen zugrunde gelegte Dosiszuordnung der erhobenen strahlenbiologischen Effekte auswirkt. Nach der LLNL-Dosimetrie ist der Neutronenanteil für die Hiroshima-Bombe wesentlich niedriger anzusetzen als nach der TD 65 zu erwarten. Die Wirksamkeit der Gammastrahlung ist demnach viel höher zu veranschlagen als nach den bisherigen Rechnungen. Über derartige Konsequenzen hat bereits

Tabelle 11. Mortalitätsrisiko für einige Krebsarten je 10^6 manrem locker ionisierender Strahlung, gemittelt 1. über alle Altersklassen und 2. über die Altersklassen 20–65 Jahre (beruflich Strahlenexponierte). Werte errechnet aus Angaben BEIR III (1980) von COHEN (1981 b)

| | Krebsart | Risiko/10^6 manrem | |
		Männer	Frauen
1. Mittelwerte für	Leukämie	25,5	17,4
alle Altersklassen	Knochen	0,56	0,38
	Sonstige	82	108
	Gesamtrisiko	108	126
2. Mittelwerte für	Leukämie	21,2	16,0
Altersklassen 20–65 Jahre	Knochen	0,46	0,35
	Sonstige	59	94
	Gesamtrisiko	81	110

Tabelle 12. Vergleich der Schätzwerte des Mortalitätsrisikos für einige Krebsarten bei Expositionen mit α-Strahlen, Energiedosis 10^6 rd. (Auszug aus COHEN 1981 b)

Krebsart	BEIR (1980) RBW 50	ICRP (1977) RBW 20	UNSCEAR (1977)	BEIR III (1980) Anhang A
Leukämie (Knochenmark)	1 100	400	53	21
Knochenoberfläche	24	100	20	27
Lunge	1 400	400	325	900
Leber	320	200	100	300

nach einem Vorabdruck der Mitteilungen von LOEWE und MENDELSOHN (1980, 1981a) eine lebhafte Diskussion eingesetzt (MARSHALL 1981a, b; JABLON 1981; LOWRY-DOBSON u. STRAUME 1981; KAUL 1981; RADFORD 1981; MARCUM 1981; MORGAN 1981; ROSSIN 1981). In einer Analyse haben STRAUME und LOWRY-DOBSON (1981) auf der Grundlage der LLNL-Dosen einerseits die Krebsrisiken, andererseits die RBW-Faktoren für Neutronen neu abgeschätzt. Nach ihren Ergebnissen entfallen damit die von BROWN (1977) aufgezeigten Diskrepanzen zwischen den bisher aus den japanischen Erhebungen abgeleiteten Werten für Leukämie und Brustkrebs und den aus anderen strahlenbiologischen Untersuchungen, insbesondere nach strahlentherapeutischen Anwendungen, erhaltenen Daten. Im allgemeinen stimmen aber bei kleineren Dosen die von ihnen abgeschätzten Risikowerte für Leukämie und Brustkrebs mit denen in ICRP 26 (1977) überein. Bei locker ionisierenden Strahlen scheinen die Risikofaktoren für alle Krebsarten zwar insgesamt niedriger zu sein als die ICRP-Werte. Die RBW-Faktoren für Leukämie und Brustkrebs unter Neutronenexposition sind aber noch nicht hinreichend sicher zu ermitteln. Generell scheint sich für alle Krebsarten wie auch für Chromosomenaberrationen ein Anstieg der Neutronen-RBW-Faktoren mit abnehmender Dosisleistung zu bestätigen, wobei RBW-Werte bis zu 100 nicht ausgeschlossen werden. Nach den Angaben der Autoren ist mit ihrer Analyse die Glaubwürdigkeit der LLNL-Dosen nachgewiesen, wenn auch insbesondere für langsame Neutronen die RBW-Faktoren trotz anscheinender Übereinstimmung mit anderen strahlenbiologischen Studien (RADFORD 1980a, b) noch einer Absicherung bedürfen. Über den Stand der Diskussionen und Erkenntnisse berichten Jacobi (1983) und Kellerer (1984). Auch sie sehen die Folgerung daraus berechtigt, daß die ICRP-Risikoschätzwerte (Tab 10) für die locker ionisierenden Strahlen vermutlich weiter als konservativ akzeptiert werden können.

Allgemein werden bei der Risikoquantifizierung auch die Erfahrungen zu berücksichtigen sein, die bei der Inkorporation von α-Strahlern, z.B. auch bei der Radon-Exhalation im Rahmen therapeutischer Anwendungen gewonnen wurden. Entsprechende Erhebungen an in derartigen Betrieben Beschäftigten lassen hinsichtlich der Auswirkung von Repairmechanismen und immunologischer Reaktionen ergänzende Aussagen erwarten (Pohl-Rüling et al. 1979; Tuschl u. Altmann 1979; Tuschl 1984).

Bei den Abschätzungen genetischer Risiken ist grundsätzlich ein durch Strahlung in Abhängigkeit von der Gonadendosis induzierter Beitrag in Relation zu den natürlich auftretenden erblichen Krankheiten und Störungen zu ermitteln. Alle Risikobetrachtungen müssen von den in verschiedenen Regionen und unter geeigneter Differenzierung der maßgeblichen Erbfaktoren erhobenen Befunden ausgehen (UNSCEAR 1972, 1977, 1982; BEIR 1972, 1980). Auf die Schwierigkeiten der Interpretation der bisher erhobenen Befunde hat Vogel (1984) hingewiesen. Noch weniger als bei anderen Risiken liegen hinreichend gesicherte Kenntnisse über strahleninduzierte, sich über Generationen auswirkende genetische Effekte vor, so daß praktisch alle diesbezüglichen Risikobetrachtungen nur auf Tierversuche und Zellkulturen basiert werden können. Allerdings sprechen die mit den Methoden der genetischen Forschung erzielten detaillierten Aufschlüsse über die Mechanismen der Strahlenmutagenität für die Berechtigung der Übertragung experimentell erhobener Befunde auf die Verhältnisse beim Menschen (BEIR III 1980). Daneben werden aber auch Ergebnisse von Erhebungen an menschlichen Kollektiven, soweit verfügbar, in die Überlegungen mit einbezogen. So lassen sich die mit hoher Expositionsempfindlichkeit entwickelten Bestimmungsmethoden für Chromosomenaberrationen peripherer Lymphozyten dafür nutzbar machen, die auch zu Untersuchungen in Regionen unterschiedlicher natürlicher Strahlenexposition herangezogen wurden (Pohl-Rüling u. Fischer 1979; Pohl-Rüling et al. 1979; Stenstrand et al. 1979; UNSCEAR 1982). Neue Untersuchungen mit diesen Methoden erstreckten sich auf beruflich Strahlenexponierte, insbesondere auch auf Betriebsunfallfolgen (Littlefield u. Joiner 1978; Cao Shu-Yuan et al. 1981) wie auch auf die Auswirkungen des Kernwaffeneinsatzes in Hiroshima und Nagasaki (UNSCEAR 1982), die allerdings die neuen LLNL-Dosen (Loewe u. Mendelsohn 1981a, b) noch nicht berücksichtigen.

Alle Abschätzungen der genetischen Risiken in den ICRP-, UNSCEAR- und BEIR-Berichten gehen von einer linearen Dosiswirkungsbeziehung aus; Repairmechanismen aller Art im Bereich kleiner Dosen und Dosisleistungen bleiben grundsätzlich unberücksichtigt. ICRP 26 (1977) setzt voraus, daß die Häufigkeit dominant-geschlechtsgebunden chromosomaler Erkrankungen proportional mit der Dosis ansteigt. Demgegenüber wird die Zunahme der an sich häufigeren irregulär auftretenden Erbkrankheiten (kongenital und später auftretende Anomalien sowie konstitutionelle und degenerative Defekte) besonders in den beiden ersten Generationen geringer angenommen. Die ICRP 26 gibt das Risiko für Erbkrankheiten in den ersten beiden Generationen nach Bestrahlung eines Elternteiles mit 10^{-2} je Sievert an und erwartet zusätzliche Schadensfälle in späteren Generationen in etwa gleichem Ausmaß. Als Richtwert für Strahlenschutzzwecke wird ein Risikofaktor von $4 \cdot 10^{-3}$ Sv^{-1} ($4 \cdot 10^{-5}$ rem^{-1}) nach gleichförmiger Ganzkörperexposition empfohlen. Bei einem exponierten Kollektiv von 10^6 Elternteilen wären demnach 40 Erbschäden zusätzlich je rem zu erwarten.

In Tabelle 13 sind die Schätzwerte der UNSCEAR (1982)- und BEIR III (1980)-Berichte gegenübergestellt. Während sich für den autosomalen und rezessiven Erbgang wie auch für die Aberrationen i.allg. eine gleichmäßige Beurteilung ergibt, unterstreicht der BEIR III-Bericht die überaus komplexe Situation bei der Beurteilung der irregulären Defekte. Zur

Tabelle 13. Vergleich der Schätzwerte des genetischen Risikos: Natürliche Inzidenzen und ihre Zunahme unter 10^6 Lebendgeborenen, deren Vorfahren im Laufe einer 30-Jahres-Generation der zusätzlichen Strahlenexposition von 1 rem (33 mrem/a) ausgesetzt waren

Art des Erbschadens (Erbgang)	Natürliche Inzidenzen	Expositionsbedingte zusätzliche Inzidenzen			
		UNSCEAR (1982)		BEIR (1980)	
		1. Generation	Gleichgewicht	1. Generation	Gleichgewicht
Autosomal (dominant und x-chromosomal)	10 000	20	100	5–65	40–200
Irregulär (kongenitale und später auftretende Anomalien, konstitutionelle und degenerative Defekte)	90 000	5	45		20–900
Rezessiv	1 000–1 100	wenige	geringer Anstieg	sehr wenige	sehr geringer Anstieg
Chromosomale Aberrationen	4 000–6 000	38(?)	40(?)	<10	nur leichter Anstieg
Gesamt	105 000 (UNSCEAR) bis 107 100 (BEIR)	63(?)	185(?)	15–175	60–1 100
Verdoppelungsdosen		100 rem		50–200 rem	

Berücksichtigung der auf Mutationen beruhenden Komponente dieser Sparte verwendet der BEIR-Bericht Korrekturfaktoren, die im Sinne einer konservativen Bewertung eine Zunahme der Inzidenzhäufigkeit im Gleichgewicht nach zahlreichen Generationen infolge von Genmutationen von ursprünglich 107 100 auf 107 160–108 200 bei 10^6 Lebendgeborenen nicht ausschließen, wenn eine mittlere Exposition des Bevölkerungskollektivs von 1 rem je 30-Jahres-Generation in jeder betroffenen Generation vorausgesetzt wird. Für die Praxis beruflicher Strahlenexposition dürfte die sich aus diesen Überlegungen ableitende in Tabelle 13 angegebene Verdoppelungsdosis von im Mittel 100 rem (1 Sv) einen Anhalt zur Beurteilung der mit den Grenzwerten vorgegebenen Risiken bieten.

D. Ergebnisse der Messungen und Erhebungen beruflicher Strahlenexposition

Zur Wertung der beim beruflichen Umgang mit radioaktiven Stoffen einzukalkulierenden gesundheitlichen Risiken bedarf es neben der Gegenüberstellung der durch ICRP und Strahlenschutzgesetzgebung festgelegten Grenzwerte mit den jeweiligen Risikofaktoren (Schadensfälle je Äquivalentdosiseinheit) zusätzlich der Kontrolle, welche Strahlenexpositionen in der Praxis unter den verschiedenen Arbeitsbedingungen auftreten. Entsprechende Ermittlungen gehen einmal von den Ergebnissen der von der Strahlenschutzverordnung angeordneten Per-

Tabelle 14. Dosiserhebungen an 22 347 (1976) bzw. 24 579 (1977) beruflich strahlenexponierten Personen beim Umgang mit radioaktiven Stoffen. Überwachung gemäß Strahlenschutzverordnung durch Überwachungsstelle für 8 Länder der Bundesrepublik Deutschland (nach Färber 1979)

Arbeitsbereich		Zahl der Überwachten	Mittlere Jahresdosis (mrem)	Kollektivdosis (man-rem)	Mittlere Monatsdosis (mrem)	Dosisverteilungs-Wichtungsfaktor G für Monatsdosen >125 mrem (>1,5 rem/a)
Medizin	1976	13 039	78	1 017	6,5	0,950
	1977	14 172	93	1 318	7,7	0,932
Forschung	1976	4 167	48	200	4,0	1,353
	1977	5 565	69	384	5,7	1,351
„Sonstige" (Kerntechnik, Isotopentechnik)	1976	5 141	403	2 072	33,6	2,323
	1977	4 842	398	1 927	33,1	2,227

sonen- und Ortsdosismessungen aus. Zum anderen zielen sie auf die Feststellung der Wirksamkeit installierter und mobiler Strahlenschutzeinrichtungen in Kontrollbereichen ab. Für die Bundesrepublik Deutschland werden Ergebnisse in den Jahresberichten „Umweltradioaktivität und Strahlenbelastung" vom Bundesminister des Innern regelmäßig veröffentlicht. Über das dabei angewandte Verfahren zur Berechnung der einschlägigen Dosiswerte unter probitanalytischer Absicherung berichtet Färber (1979). Die von ihm für die Jahre 1976 und 1977 in verschiedenen Beschäftigungszweigen zusammengestellten mittleren Monats- und Jahresdosen erlauben die Berechnung des Beitrages der einzelnen Personenkollektive zum Gesamtwert der genetisch-signifikanten Dosis der Bevölkerung. Dazu ist die Häufigkeitsverteilung der Dosiswerte zu berücksichtigen, weil bei übereinstimmendem Dosismittelwert zweier Dosisverteilungen das Risiko derjenigen höher einzuschätzen ist, bei der der Anteil der Kollektivdosis, der von höheren Dosiswerten herrührt, größer ist. Den Anteil von Kollektivdosen oberhalb eines Richtwertes von 1,5 rem/a bestimmt Färber nach UNSCEAR (1977) im Vergleich zu einer Referenzdosis-Häufigkeitsverteilung. Ein errechneter dimensionsloser Faktor G gibt den Bruchteil der kollektiven Dosis oberhalb eines Zwölftels des vorgegebenen Mittelwertes an. Um unabhängig von einer durch die Einhaltung von Jahresgrenzwerten bedingten Stutzung der Dosisverteilung zu sein, werden die Monatsdurchschnittswerte von G berechnet aus dem Anteil der kollektiven Dosis im Bereich von 0–125 mrd (0–1,25 mGy), entsprechend 0–1,5 rd (0–15 mGy) im Jahr. Die für den beruflichen Umgang mit radioaktiven Stoffen relevanten Ergebnisse aus den Jahreserhebungen 1976 und 1977 sind in Tabelle 14 zusammengestellt. Danach ergibt sich für den Bereich der Medizin und den der Forschung eine mit der Zahl der überwachten Beschäftigten zunehmende Tendenz für Kollektivdosis und mittlere Individualdosis. Übereinstimmend wird für alle drei aufgeführten Arbeitsbereiche eine Abnahme der Werte für G als Ausdruck der generellen Verschiebung der Dosisverteilung nach kleinen Dosen hin deutlich.

Aus der mittleren Jahresdosis und der mittleren Jahreskollektivdosis wird unter Anwendung ursprünglich von Holthusen et al. (1961) angewandter, später von Bäuml (1974) und Pietzsch (1976) vereinfachter Rechenverfahren die genetisch signifikante Dosis (GSD) bestimmt, und zwar getrennt nach Beschäftigten in Betrieben, die der Röntgenverordnung (1973) und der Strahlenschutzverordnung (1976) unterliegen. Die oben erwähnten Jahresberichte des Bundesinnenministers (als letzter liegt bisher der von 1980 vor) enthalten im Abschnitt über berufliche Strahlenexposition die Ergebnisse der Personendosismessungen sowie der Inkorporationsüberwachung mittels Ganzkörperzählung und Urinprobenuntersuchung nach der „Richtlinie für die Strahlenschutzkontrolle" (Länderausschuß für Atomkernenergie, 1978). Schließlich wird über Unfälle bzw. besondere Vorkommnisse aus dem Bereich der beruflichen Strahlenexposition berichtet.

Der Beitrag der beruflichen Strahlenexposition zur mittleren Strahlenexposition der Bevölkerung (genetisch-signifikante Strahlenexposition) wird 1979 wie schon in den Vorjahren mit <1 mrem/a (0,01 mSv/a) angegeben. Diese Bezifferung liegt um etwa eine Größenordnung über dem wirklich ermittelten Wert (nach FÄRBER 1979: 0,103 mrem/a). Es soll damit erreicht werden, daß auch eine sich weiter entwickelnde Technik der Strahlenanwendungsverfahren keine Überschreitung des Wertes zur Folge haben wird (STIEVE 1976).

Zur Charakterisierung der Situation werden im folgenden die dem Jahresbericht 1980 entnommenen Daten aufgeführt. Aufgrund der Strahlenschutzverordnung wurden 80 642 Personen mit Personendosimetern überwacht. Davon waren 39 365 (48,8%) in medizinischen Betrieben tätig. Von diesen wurde bei insgesamt 21 Personen (0,3⁰/₀₀) im medizinischen Arbeitsbereich bei 3 Personen (0,1⁰/₀₀) der Jahresgrenzwert der Personendosis von 5 rem/Jahr überschritten. Von den in Röntgenbetrieben überwachten 93 525 Personen waren 83 380 (89,2%) in medizinischen Bereichen tätig. Überschreitungen des Grenzwertes von 5 rem/a (50 mSv/a) wurden bei 27 Personen (0,3⁰/₀₀) festgestellt, wovon 22 (0,3⁰/₀₀) auf den Arbeitsbereich Medizin entfallen. Insgesamt betrug die mittlere Jahresdosis pro Person beim Umgang mit radioaktiven Stoffen 149 mrem (1,49 mSv) bei einer Jahreskollektivdosis von 12 080 manrem (120,8 Mann-Sv). Summiert mit den in Röntgenbetrieben Tätigen, ergibt sich für 1980 eine mittlere Jahrespersonendosis von 82 mrem (0,82 mSv) und eine Jahreskollektivdosis von 14 420 manrem (144,2 Mann-Sv).

In den Proceedings eines gemeinsam von der IAEA und der OECD (1979) veranstalteten Symposions, die Daten über die berufliche Strahlenexposition in der Kerntechnik verschiedener Länder vermitteln, gibt MEHL (1979) über das Personal der Kernkraftwerke in der Bundesrepublik Deutschland die Kollektivdosen für die Jahre 1962 bis 1978 an. KOELZER und KIEFER (1980) haben für das Kernforschungszentrum Karlsruhe die mittleren und individuellen Expositionen des Personals für 1969–1978 getrennt nach den Beschäftigungskategorien A und B zusammengestellt. Dazu hat STÄBLEIN (1980) einen Überblick vermittelt über den Aufwand an Daten (ca. 10^6 pro Jahr) und Datenverarbeitung bei ca. 4000 Beschäftigten, mit dem dann maximal 7 Überschreitungen der Grenzwerte in den Berichtsjahren nachgewiesen wurden.

Neben den Mitteilungen dieses Symposions finden sich für Japan bei IMAHORI (1980) die Werte für die jährlichen Kollektivdosen und mittleren Personendosen der in Kernkraftwerken Beschäftigten in der Zeit von 1970 bis 1978. Einen Vergleich der Erhebungen über die berufliche Exposition in der industriellen Radiographie in Indien mit anderen Ländern vermitteln SHENOY et al. (1980). Alle diesbezüglichen Berichte greifen auf den UNSCEAR-Bericht 1970 zurück, der im Anhang D die beruflichen Expositionen in kerntechnischen Anlagen behandelt.

Störfälle im praktischen Betrieb, die zu Strahlexpositionen von Beschäftigten führten, wurden in der gemeinsamen 21. Jahrestagung der Vereinigung Deutscher Strahlenschutzärzte und 14. Jahrestagung des Fachverbandes für Strahlenschutz, Jülich 1980, behandelt (MESSERSCHMIDT et al. 1980; Fachverband für Strahlenschutz 1980). Einen umfassenden Bericht über Ursachen, Abläufe und Gegenmaßnahmen bei bisherigen Schadensunfällen, besonders in der Bundesrepublik Deutschland, gibt STIEVE (1980) mit ausführlichen Literaturhinweisen, wobei er besonders auch auf den Bereich der medizinischen Anwendungen eingeht.

Hinsichtlich beruflicher Strahlenexposition bedarf nicht zuletzt der Umgang mit offenen radioaktiven Stoffen in der Nuklearmedizin der Kontrolle. DANIELLA et al. (1984) haben für das bei in vitro Tests bevorzugt benutzte ^{125}I Kontaminationsmessungen der Raumluft durchgeführt und schätzen aus der Jod-Verteilungskinetik die ^{125}I-Konzentrationen in den

Körperkompartimenten ab. KRZESNIAK et al. (1984) verfolgen die ^{125}I-, ^{131}I- und ^{99m}Tc-Konzentrationen in der Luft einer nuklearmedizinischen Diagnostik-Klinik und berechnen daraus Exhalationswerte von Patienten und Personal.

Spezielle Fragestellungen dieser Art behandeln VIALETTES und MOREAU (1980), indem sie auf die Risiken beim Arbeiten mit Kohlenstoff-11 eingehen und darauf hinweisen, daß wegen der kurzen Halbwertszeit und den dadurch notwendig werdenden Ausgangsradioaktivitäten von 200–500 µCi (7,4–18,5 MBq) bei der Bearbeitung der Präparatchargen mit Initialwerten der Dosisleistung bis zu 1 000 rd/h (10 Gy/h) für die Beschäftigten gerechnet werden muß, was entsprechende Berücksichtigung im Arbeitsablauf erforderlich macht. Bei den Tritium-Targets der Neutronengeneratoren kann es nach DE RAS et al. (1980) zu überraschend hohen Inkorporationen auf dem Inhalationswege kommen, die nach dem Verteilungs- und Ausscheidungsmuster auf Tritiumadsorption an Titanpartikeln zurückzuführen sind. Im Rahmen radiopharmazeutischer Arbeitsgänge werden nach ERLENBACH (1980) bei ^{125}J- oder ^{131}J-Proteinjodierung die Grenzwerte von 0,3 Sv (30 rem/Jahr) beim Personal der Kategorie A nicht selten erreicht. Der Autor empfiehlt deshalb, auch im Rahmen der nuklearmedizinischen Diagnostik regelmäßig Expositionskontrollen des Personals durchzuführen. Nach ANDRE et al. (1980) sind bei den Arbeitsgängen in radiopharmazeutischen Laboratorien besonders die Hände der Exposition ausgesetzt (vgl. LENZ et al. 1979), und die Autoren beschreiben eine Methodik zur Dosisvermittlung und zur Analyse der Meßergebnisse hinsichtlich verschiedener Regionen der Hand (Finger, Fingerspitzen u.a.).

Einen Überblick über Probleme des Strahlenschutzes in einem großen Krebskrankenhaus mit angeschlossenem Forschungsinstitut haben TROTT et al. (1980) gegeben, wobei sie auf die Bestimmung der Äquivalentdosen vom Personal beim Umgang mit offenen Radionukliden in Therapie und Diagnostik sowie in der Forschung eingehen. Die Ganzkörperindividualdosis läßt sich i.allg. unter 15 mSv/a (1,5 rem/a, entsprechend dem Grenzwert des Personals der Kategorie B) halten. TROTT (1981) hat das mit der Strahlenexposition verbundene Risiko für das Personal in Vergleich zum Nutzen für die Patienten gesetzt, der sich im klinischen Bereich an den erfolgten Behandlungen und im Forschungsbereich an der Zahl der durchgeführten Untersuchungen ablesen läßt. Eine generelle Orientierung über den weit gespannten Komplex der Risiko-Nutzen-Analyse für Personal und Patient in Klinik und Forschung schließlich vermittelt die „Gastein-Lecture" von TROTT (1982).

Literatur

Albert ER, Omran AR (1968) Follow up study of patients treated by x-ray epilation for tinea capitis. Arch Environ Health 17:899–950

Alderson MR, Jackson SM (1971) Long term follow-up of patients with menorrhagia treated by irradiation. Br J Radiol 44:295–298

Andre JJ, Goubert J, Moreau A, Perotin JP (1980) Problèmes de radioprotection rencontrés dans un laboratorie de contrôle radiopharmaceutique irradiation des extrémités des mains. In: Radiation Protection. A systematic approach to safety. Proceedings of the 5th Congress of the International Radiation Protection Society. Jerusalem, March 1980, vol I. Pergamon Press, Oxford New York Toronto Sydney Paris Frankfurt, pp 60–63

Archer VE (1980) Effects of low-level radiation: A critical review. Nuclear Safety 21:68–82

Aubertin Ch, Beaujard E (1908) Action des rayons X sur le sang et la moelle osseuse. 1 – Action d'une dose unique d'intensite moyenne en irradiation totale. Arch Med Exp 20:273–288

Axelsson I (1981) Analysis of risks, costs and benefits. Health Phys 40:255–256

Bäuml A (1974) Strahlenbelastung beruflich strahlenexponierter Personen in den Bundesländern Hamburg, Schleswig-Holstein, Niedersachsen und Berlin in den Jahren 1967–1974. Institut für Strahlenhygiene des Bundesgesundheitsamtes, ST H-Bericht 11/76

Bair WJ (1979) Review of Report of the International Commission on Radiological Protection Committee 2: Limits for intakes of radionuclides by workers. In: Deutsches Atomforum (ed) Radioökologie, Berichtsband der Fachtagung Radioökologie vom 2.–3. Oktober 1979. Vulkan, Essen, pp 182–195

Baum JW (1973) Population heterogeneity hypothesis on radiation induced cancer. Health Phys 25:97–104

Beck HR (1982) Anmerkungen zu den Empfehlungen der Internationalen Strahlenschutzkommission (ICRP 26/27) hinsichtlich der Definition und der Vergleichbarkeit von Schadensrisiken. In: Messerschmidt O, Börner W, Holeczke F, Olbert F, Seyss R (Hrsg) Zur Problematik der Wirkung kleiner Strahlendosen. Strahlenschutz in Forschung und Praxis, Bd XXIII, Thieme, Stuttgart, S 165–175

Beck HR, Dresel H, Melching H-J (1959) Leitfaden des Strahlenschutzes. Thieme, Stuttgart

Beebe GW, Land CE (1979) Comments on „Leukemia risk from neutrons". Health Phys 36:465–466

Beebe GW, Kato H, Land CE (1978a) Life span study report 8. Mortality experience of atomic bomb survivors 1950–1974. In: Radiation Effects Research Foundation Technical Report (TR 1–77). Radiation effects research foundation Hiroshima, pp 64–67

Beebe GW, Kato H, Land CE (1978b) Studies of the mortality of A-bomb survivors. 6. Mortality and radiation dose, 1950–1974. Radiat Res 75:138–201

Beebe GW, Land CE, Kato H (1978c) The hypothesis of radiation-accelerated aging and the mortality of japanese A-bomb victims. In: Late biological effects of ionizing radiation (Proc Symp Vienne 13–17 March 1978) IAEA, vol I, pp 3–27

BEIR-Report (1972) National Research Council: Advisory Committee on the Biological Effects of Ionizing Radiations (ed) The effects on population of exposure to low levels of ionizing radiations. National Academy of Sciences Press, Washington

BEIR III-Report (1980) National Research Council, Committee on the Biological Effects of Ionizing Radiations (ed) The effects on populations of exposures to low levels of ionizing radiations. National Academy of Sciences Press, Washington

Bendel I, Schüttmann W, Arndt D (1978) Cataract of lens as late effect of ionizing radiation in occupationally exposed persons. In: Late biological effects of ionizing radiation (Proc Symp Vienna, 13–17 March 1978) IAEA, vol I, pp 309–319

Berufsgenossenschaft für Gesundheitsdienst und Wohlfahrtspflege (1940) Unfallverhütungsvorschriften für Anwendung von Röntgenstrahlen in medizinischen Betrieben (Erster Nachtrag zur Ausg 1934), gültig vom 1. April 1940 an

Blott W (1975) Growth and development following prenatal and childhood exposure (to atomic radiation). J Radiat Res (Tokyo) [Suppl] 16:82–88

Boice JD Jr, Monson RR (1977) Breast cancer in women after repeated fluoroscopic examinations of the chest. J Natl Cancer Inst 59:823–832

Bonnell JA, Harte G (1978) Risk associated with occupational exposure to ionizing radiation kept in perspective. In: Late biological effects of ionizing radiation (Proc Symp Vienna, 13–17 March 1978) IAEA, vol I, pp 413–425

Brodsky A (1979) A statistical method for testing epidemiological results as applied to the Hanford worker population. Health Physics 36:611–628

Brodsky A (1980) Comments on errata pointed out by Frome and Khare on my paper on epidemiological methods. Health Phys 39:697–699

Brown JM (1977) The shape of the dose-response curve for radiation carcinogenesis: Extrapolation to low doses. Radiat Res 71:34–50

Bunger BM, Cook JR, Barrick MK (1981) Life table methodology for evaluating radiation risk: An application based on occupational exposures. Health Phys 40:439–455

Burch PRJ (1980) Comments on „Radiation causation of cancer in Hanford workers". Health Phys 39:838–840

Cao Shu-Juan, Deng Zhicheng, Shou Zhenying, Li Yun-hua, Yu Cui-fang (1981) Lymphocyte chromosome aberrations in personal occupationally exposed to low levels of radiation. Health Physics in the people's republic of China: 586–587

Chan CL (1980) Exact test for all fourfold tables and comments on Hanford findings of Gofman. Health Phys 39:831–832

Cohen AF, Cohen BL (1980) Tests of the linearity assumption in the dose-effect relationship for radiation-induced cancer. Health Phys 38:53–69

Cohen BL (1980a) Society's valuation of life saving in radiation protection and other contexts. Health Phys 38:33–51

Cohen BL (1980b) The cancer risk from low-level radiation. Health Phys 39:659–678

Cohen BL (1981a) Response to letter by I. Axelsson. Health Phys 40:256–257

Cohen BL (1981b) Proposals on use of the BEIR-III report in environmental assessments. Health Phys 41:769–774

Cohen BL, Lee I-S (1979) A catalog of risks. Health Phys 36:707–722

Court Brown WM, Doll R (1965) Mortality from cancer and other causes after radiotherapy for ankylosing spondylitis. Br Med J 2:1327–1332

Danielli C, Gaiba W, Rossi A, Vianello Vos C, Calamosca M (1984) ^{125}I airborne contamination levels in vitro radiometry laboratories. In: Kaul A, Neider R, Peńsko J, Stieve F-E, Brunner H (Hrsg) Radiation-risk-protection. 6th International Congress International Radiation Protection Association Berlin (West) May 7–12, 1984. Compacts publ. by Fachverband für Strahlenschutz e.V. Jülich. Verlag TÜV Rheinland, Köln, pp 829–832

DIN 6812 (1943) Strahlenschutzregeln für die Errichtung medizinischer Röntgenanlagen. Deutscher Normenausschuß. Beuth, Berlin

Dodo T (1975) Cataracts. J Radiat Res (Tokyo) [Suppl] 16:132–137

Dorneich M, Jaeger R (1949) Stand und Entwicklung des Strahlenschutzes. Strahlentherapie 78:569–586

Dorneich M, Jaeger R, Schaefer H, Muth H, Henschke U, Rajewesky B (1948) Strahlenschutz und Toleranzdosis. In: Rajewsky B, Schön M (Hrsg) Naturforschung und Medizin in Deutschland 1939–1946 (Fiat-Bericht) Bd 21/I. Biophysik, DVB, Wiesbaden, S 177–226

Erlenbach HR (1980) Occupational thyroid exposure due to internal radioiodine contamination in radiation workers handling iodine-131 (125) for non-therapeutic use. In: Radiation Protection. A Systematic Approach to Safety. Proceedings of the 5th Congress of the International Radiation Protection Society, Jerusalem, March 1980, vol I. Pergamon, Oxford New York Toronto Sydney Paris Frankfurt, pp 72–75

EURATOM (1980 vgl Rat der Europäischen Gemeinschaften)

Fachverband für Strahlenschutz (1980) Industrielle Störfälle und Strahlenexposition. Bericht über die 14. Jahrestagung vom 29.–31.5.1980 (gemeinsam mit 21. Jahrestagung der Vereinigung Deutscher Strahlenschutzärzte) in Jülich, Schriftenreihe Nr FS-80-25-T

Färber K (1979) Strahlenbelastung beruflich strahlenexponierter Personen: Institut für Strahlenhygiene des Bundesgesundheitsamtes. STH-Bericht 9/1979. Reimer, Berlin

Finch SC (1984) Leukemia and lymphoma in atomic bomb survisors. In: Boice JD Jr, Fraumeni JF Jr (eds) Radiation carcinogenesis: Epidemiology and biological significance (Progress in cancer research and therapy), vol 26. Raven, New York, pp 37–44

Flaskamp W (1930) Über Röntgenschäden und Schäden durch radioaktive Substanzen. Sonderbände zur Strahlentherapie XII. Urban und Schwarzenberg, Berlin Wien

Fliedner TM (1976) Analyse und Behandlung von außergewöhnlichen Strahlenbelastungen. In: Bünemann D, Meissner J, Rausch L (Hrsg) Medizinische und biologische Probleme der Strahlenexposition. Atomkernenergie 28/1:37, 39–47

Fliedner TM, Nothdurft W (1984) Pathophysiologie der chronischen Strahlenwirkung des Organismus. In: Leppin W, Meißner J, Börner W, Messerschmidt O (Hrsg) Die Hypothesen im Strahlenschutz. Strahlenschutz in Forschung und Praxis, Bd XXV. Thieme, Stuttgart, S 102–109

Frieben (1902) Cancroid des rechten Handrückens nach langdauernder Einwirkung von Röntgenstrahlen. Fortschr Roentgenstr 6:102

Fritz-Niggli H (1975) Strahlengefährdung/Strahlenschutz ein Leitfaden für die Praxis. Huber, Bern Stuttgart, Wien

Frome EL, Khare M (1980) Comments on Brodsky's statistical methods for evaluating epidemiological results. Health Phys 39:695–697

Gertz SM (1978) Some major statistical comments on „Radiation exposures of Hanford workers dying from cancer and other causes". Health Phys 35:723–724

Gilbert EA, Marks S (1981) Comment on „The question of radiation causation of cancer in Hanford workers" by John W Gofman. Health Phys 40:125–127

Gill JR, Beaver PF, Dennis JA (1980) The practical application of ICRP recommendations regarding dose-equivalent limits for workers to staff in diagnostic x-ray departments. In: Radiation protection. A systematic approach to safety. Proceedings of the 5th Congress of the International Protection Society, Jerusalem, March 1980, vol I. Pergamon, Oxford New York Toronto Sydney Paris Frankfurt, pp 31–34

Gimenez JC, Nowotny G (1978) Seguimiento de un caso de irradiacion humana accidental. In: Late biological effects of ionizing radiation (Proc Symp Vienna, 13–17 March 1978) IAEA, vol I, pp 279–295

Glasstone S (ed) (1957) The effects of nuclear weapons. USAEC (United States Atomic Energy Commission) Washington. Deutsche Fassung: Lente H (1960) Die Wirkung der Kernwaffen. Heymans, Köln

Gofman JW (1979) The question of radiation causation of cancer in Hanford workers. Health Phys 37:617–639

Gofman JW (1980) Response to Dr SL Shan's „Exact test for all fourhold tables and comments on Hanford findings of Gofman". Health Phys 39:833–835

Gofman JW (1981) Response to the letter of P Spiegler. Health Phys 40:412–414

Gonen YG (1980) Risk estimates of stochastic effects due to exposure to radiation. A stochastic harm index. In: Radiation Protection. A systematic approach to safety. Proceedings of the 5th congress of the International Radiation Protection Society, Jerusalem, March 1980, vol I. Pergamon, Oxford New York Toronto Sydney Paris Frankfurt, pp 268–271

Graham J (1981) Effects of low-level radiation. Health Phys 40:105–108

Grüter H (1980) Strahlenbelastung – Gibt es eine Schwellendosis? Dtsch Med Wochenschr 105:841–843

Haxel O (1968) Durchgang von Corpuscularstrahlen durch Materie. Durchgang von Röntgen- und γ-Strahlen durch Materie. In: Vieten H (Red) Physikalische Grundlagen und Technik. Handbuch der medizinischen Radiologie, Bd I/1, A IV und V. Springer, Berlin Heidelberg New York, S 69–107

Heineke H (1903) Über die Einwirkung der Röntgenstrahlen auf Tiere. Munch Med Wochenschr 50:2090–2092

Heineke H (1904) Experimentelle Untersuchungen über die Einwirkung der Röntgenstrahlen auf Tiere. Mitt Grenzgeb Med Chir 14:21–94

Hempelmann LH, Pifer JW, Burke GJ, Terry R, Ames WR (1967) Neoplasms in persons treated with x-rays in infancy for thymic enlargement. A report of the third follow-up survey. J Natl Cancer Inst 38:317–341

Hempelmann LH, Hall WJ, Phillips M, Cooper RA, Ames WR (1975) Neoplasms in persons treated with x-rays in infancy. Fourth survey in 20 years. J Natl Cancer Inst 55:519–530

Hickey RJ, Bowers EJ, Spence DE, Zemel BS, Clelland AB, Clelland RC (1981) Low level ionizing radiation and human mortality: Multi-regional epidemiological studies. Health Phys 40:625–641

Holthusen H, Meyer H, Molineus W (Hrsg) (1959) Ehrenbuch der Röntgenologen und Radiologen aller Nationen. Sonderbände zur Strahlentherapie, Bd 42. Urban & Schwarzenberg, München Berlin

Holthusen H, Leetz H, Leppin W (1961) Die genetische Belastung der Bevölkerung einer Großstadt (Hamburg) durch medizinische Strahlenanwendung (Schriftenreihe des Bundesministers für Atomkernenergie und Wasserwirtschaft, Strahlenschutz, Heft 21) Gersbach, München

Howe GR (1984) Epidemiology of radiogenic breast cancer. In: Boice JD Jr, Fraumeni JF Jr (eds) Radiation carcinogenesis: Epidemiology and biological significance (Progress in cancer research and therapy), vol 26. Raven, New York, pp 119–129

Hübner W, Jaeger RG (1974) Strahlungsfeldgrößen und Einheiten, Dosisgrößen und Dosiseinheiten. In: Jaeger RG, Hübner W (Hrsg) Dosimetrie und Strahlenschutz, 2. neubearb. Aufl. Thieme, Stuttgart, S 53–83

Hueck W (1940) Kurzer Bericht über Ergebnisse anatomischer Untersuchungen in Schneeberg. Z Krebsforsch 40:312–315

Hug O (1959) Die akuten Allgemeinreaktionen bei Ganzkörperbestrahlung. In: Schinz HR, Holthusen H, Langendorff H, Rajewsky B, Schubert G (Hrsg) Strahlenbiologie, Strahlentherapie, Nuklearmedizin und Krebsforschung. Ergebnisse 1952–1958. Thieme, Stuttgart, S 581–662

Hutchison GB, MacMahon B, Jablon S, Land CE (1979) Review of report by Mancuso, Stewart and Kneale of radiation exposure of Hanford workers. Health Phys 37:207–220

IAEA (International Atomic Energy Agency), OECD Nuclear Energy Agency (1979) International Symposium on occupational radiation exposure in nuclear fuel cycle facilities, Los Angeles/USA, 18–22 June 1979; IAEA Vienna

ICRP Publication 1 (1959) Recommendations of the International Commission on Radiological Protection (adopted 9 September 1958) Pergamon, New York London Paris Los Angeles (Abdruck auch in ICRP Publication 2 (1959), S IX–XXXII

ICRP Publication 2 (1959) Recommendations of the International Commission on Radiological Protection, Report of Committee II on Permissible Dose for Internal Radiation. Pergamon, New York London Paris Los Angeles. Deutsche Übersetzung (1966): Empfehlungen der Internationalen Kommission für Strahlenschutz 2 Bericht des Komitees II, Zulässige Dosis bei Inkorporation von Radionukliden (Übers RG Jaeger), Schriftenreihe des Bundesministers für Wissenschaftliche Forschung, Strahlenschutz, Heft 27. Gersbach, München

ICRP Publication 6 (1964) Recommendations of the international commission on radiological protection, as amended 1959 and revised 1962. Pergamon, New York London Paris Los Angeles

ICRP Publication 8 (1966) The evaluation of risks from radiation. Pergamon, Oxford London Edinburgh New York Toronto Paris Braunschweig. Deutsche Ausgabe: Bundesgesundheitsamt Berlin (Hrsg) Veröffentlichungen der Internationalen Strahlenschutzkommission, Heft 8 (1977) Abschätzung der Strahlenrisiken. Übersetzung B Klußmann. Fischer, Stuttgart New York

ICRP Publication 9 (1966, Nachdruck 1969) Recommendations of the international commission on radiological protection. Pergamon, Oxford London Edinburgh New York Toronto Sydney Paris Braunschweig

ICRP Publication 10/10a (1969) Evaluation of radiation doses to body tissues from internal contamination due to occupational exposure (10). The assessment of internal contamination resulting from recurrent or prolonged uptakes (10a). Pergamon, Oxford New York Toronto Sidney Braunschweig. Deutsche Ausgabe, Bundesgesundheitsamt Berlin (Hrsg) Veröffentlichungen der Internationalen Strahlenschutzkommission ICRP, Hefte 10 und 10a (1978) Ermittlung der Körperdosis bei beruflich strahlenexponierten Personen nach Inkorporation radioaktiver Stoffe. Abschätzung der Körperdosis nach sich wiederholenden oder länger andauernden Aufnahmen radioaktiver Stoffe. Übers D Beiersdorf. Fischer, Stuttgart New York

ICRP Publication 14 (1969) Radiosensitivity and spatial distribution of dose report prepared by two task groups of Committee 1 of the International Commission on Radiological Protection. Pergamon, Oxford London Edinburgh New York Toronto Sydney Paris Baunschweig

ICRP Publication 22 (1973) Recommendations of the International Commission on Radiological Protection, Implication of Commission recommendations that doses be kept as low as readily achievable. Pergamon, Oxford New York Toronto Sydney Braunschweig

ICRP Publication 23 (1975) Report of the task group on reference man. Pergamon, Oxford New York Toronto Sydney Braunschweig

ICRP Publication 25 (1976) The handling, storage, use and disposal of unsealed radionuclides in hospitals and medical research establishments. Ann ICRP 1: no 2. Deutsche Ausgabe, Bundesgesundheitsamt Berlin (Hrsg): Veröffentlichungen der Internationalen Strahlenschutzkommission ICRP – Heft 25 (1979) Offene radioaktive Stoffe – Umgang, Lagerung, Verwendung und Beseitigung in Krankenhäusern und medizinischen Forschungseinrichtungen. Übers D Beiersdorf. Fischer, Stuttgart New York

ICRP Publication 26 (1977) Recommendations of the International Commission on Radiological Protection (adopted January 17, 1977) Ann ICRP 1:no 3. Deutsche Ausgabe, Bundesgesundheitsamt Berlin (Hrsg) Veröffentlichungen der Internationalen Strahlenschutzkommission ICRP – Heft 26 (1978) Empfehlungen der Internationalen Strahlenschutzkommission (angenommen 17. Jan 1977). Übers D Beiersdorf. Fischer, Stuttgart New York

ICRP Publication 27 (1977) Problems involved in developing an index of harm. A report prepared for the International Commission on Radiological Protection (adopted by the Commission in May 1977) Ann ICRP 1, no. 4. Deutsche Ausgabe (1979) Bundesgesundheitsamt der Bundesrepublik Deutschland, Bundesamt für Gesundheitswesen der Schweiz, Bundesministerium für Gesundheit und Umweltschutz der Republik Österreich (Hrsg) Probleme bei der Entwicklung eines Schadenindex. Übers D Beiersdorf. Fischer, Stuttgart New York

ICRP Publication 30 Part 1 (1979) Limits for intakes of radionuclides by workers. Ann ICRP 2:3/4

ICRP Publication 30 Suppl to part 1 (1979) Limits for intakes of radionuclides by workers. Ann ICRP 3:1–4

ICRP (1980) Statement and Recommendations of the 1980 Brighton Meeting of the ICRP. Ann ICRP 4:3/4

ICRP Publication 30 part 2 (1980) Limits for intakes of radionuclides by workers. Ann ICRP 4:3/4

ICRP Publication 30 Suppl to part 2 (1981) Limits for intakes of radionuclides by workers. Ann ICRP 5:1–6

ICRP Publication 30 part 3 (1981) Limits for intakes of radionuclides by workers. Ann ICRP 6:2/3

ICRP Publication 30 Supplements A a. B to part 3 (1981) Limits for intakes of radionuclides by workers. Ann ICRP 7:1/3 and 8:1–3

ICRP Publication 37 (1983) Cost benefit analysis in the optimisation of radiation protection. Ann ICRP 10:2/3

Imahori A (1980) Occupational radiation exposure at nuclear power plants in Japan. Health Phys 40:317–322

Internationale Arbeitskonferenz (1958) 43. Tagung 1959, Bericht VI(1) Schutz der Arbeitnehmer vor Strahleneinwirkungen. Internationales Arbeitsamt Genf

Ishimaru T, Hoshino T, Ishimaru M, Okada H, Tomiyasu T, Tsuchimoto T, Yamamoto T (1971) Leukemia in atomic survivors, Hiroshima and Nagasaki, 1 October 1950–30 September 1966. Radiat Res 45:216–233

Jablon S (1979) Comments on „Leukemia risk from neutrons" by HH Rossi and CW Mays. Health Phys 36:205–206

Jablon S (1981) Radiation estimates. Science 213:6

Jablon S (1984) Epidemiologic perspectives in radiation carcinogenesis. In: Boice JD Jr, Fraumeni JF Jr (eds) Radiation carcinogenesis: Epidemiology and biological significance (Progress in cancer research and therapy, vol 26. Raven, New York, pp 1–8

Jablon S, Kato H (1972) Studies of the mortality of A-bomb survivors. 5. Radiation dose and mortality 1950–1970. Radiat Res 50:649–698

Jacobi W (1974) Beziehungen zwischen der Strahlendosis und dem somatischen Strahlenrisiko. Atomwirtschaft-Atomtechnik 19:278–283

Jacobi W (1983) Strahlung und Risiko. Atomwirtschaft-Atomtechnik 28:238–248

Jagič N von, Schwarz G, Siebenrock L von (1911) Blutbefunde bei Röntgenologen. Berl Klin Wochenschr 48:1220–1222

Kaul A (1980) Inkorporationsgrenzwerte nach ICRP 30. In: Messerschmidt O, Feinendegen LE, Hunzinger W (Hrsg) Industrielle Störfälle und Strahlenexposition. Strahlenschutz in Forschung und Praxis, Bd XXI. Thieme, Stuttgart, S 110–122

Kaul A, Elsasser U, Hinz G, Kossel F, Martignoni K, Nitschke J, Stephan G (1984a) Bewertung ausgewählter epidemiologischer Studien an strahlenexponierten Kollektiven. In: Leppin W, Meißner J, Börner W, Messerschmidt O (Hrsg) Die Hypothesen im Strahlenschutz. Strahlenschutz in Forschung und Praxis, Bd XXV. Thieme, Stuttgart, S 61–90

Kaul A, Neider R, Peńsko J, Stieve F-E, Brunner H (Hrsg) (1984b) Radiation-risk-protection. 6th International Congress International Protection Association Berlin (West) May 7–12, 1984. Compacts publ. by Fachverband für Strahlenschutz e.V. Jülich. Verlag TÜV Rheinland, Köln

Kaul DC (1981) Radiation estimates. Science 213:8

Kellerer AM (1984) Die neuen Dosisabschätzungen für Hiroshima und Nagasaki mit den Konsequenzen für die niedrig Exponierten aus der Gesamtgruppe. In: Leppin W, Meißner J, Börner W, Messerschmidt O (Hrsg) Die Hypothesen im Strahlenschutz. Strahlenschutz in Forschung und Praxis, Bd XXV. Thieme, Stuttgart, S 2–22

Kellerer AM, Rossi HH (1972) The theory of dual radiation action. In: Ebert M, Howard A (eds) Current topics in radiation research, vol 8. North Holland, Amsterdam, pp 85–158

Kerr GD (1979) Organ dose estimates for the japanese atomic-bomb survivors. Health Phys 37:487–508

Kerr GD, Jones TD, Hwang JML, Miller FL, Auxier JA (1977) An analysis of leukemia data from studies of atomic bomb survivors based on estimates of absorbed dose to active bone marrow. In: Proc 4th Int Congr of the International Radiation Protection Association, Paris 1977, vol 3, pp 714–718

Khan AH, Raghavayya M, Soman SD (1984) Radiation exposure of indian uranium miners und estimate of associated risk. In: Kaul A, Neider R, Peńsko J, Stieve F-E, Brunner H (Hrsg) Radiation-risk-protection. 6th International Congress International Protection Association Berlin (West) May 7–12, 1984. Compacts publ. by Fachverband für Strahlenschutz e.V. Jülich. Verlag TÜV Rheinland, Köln, pp 687–690

Kistner G, Schieferdecker H (1977) Kontaminations- und Inkorporationsüberwachung. In: Kaul A, Stieve FE (Hrsg) Strahlenschutzkurs für Ärzte. Umgang mit offenen radioaktiven Stoffen. Hoffmann, Berlin

Kneale GW (1981) Stoll and Chakraborty's comments on „The question of radiation causation of cancer in Hanford workers" by John W Gofman. Health Phys 40:257–258

Kneale GW, Stewart AM, Mancuso TF (1978) Reanalysis of data relating to the Hanford study of the cancer risks of radiation workers. In: Late biological effects of ionizing radiation (Proc Symp Vienna 13–17, March 1978) IAEA, vol I, pp 387–410

Kneale GW, Stewart AM, Mancuso TF (1979a) Radiation exposures of Hanford workers dying from cancer and other causes. Health Phys 36:87

Kneale GW, Stewart AM, Mancuso TF (1979b) Comments on „Review of report by Mancuso, Stewart and Kneale of radiation exposure of Hanford workers" by CB Hutchinson et al. Health Phys 37:252–253

Koelzer W, Kiefer H (1980) Mean and individual radiation exposures of the staff of Karlsruhe nuclear research center 1969–1978. In: Radiation Protection. A systematic approach to safety. Proc 5th Congr of the International Radiation Protection Society, Jerusalem March 1980, vol I. Pergamon, Oxford New York Toronto Sydney Paris Frankfurt, pp 80–83

Koeppe P, Oeser H (1982) Prognose der Krebsmortalität in der Bundesrepublik Deutschland 1976 2070. Lebensversicherungsmedizin 34:50–60

Krześniak JW, Schürnbrand P, Porstendörfer J, Schicha H, Krajewski P, Becker KH, Emrich D (1984) Levels of airborne contamination while handling ^{125}I and ^{131}I and ^{99m}Tc unsealed sources in medical diagnostic procedures. In: Kaul A, Neider R, Pensko J, Stieve F-E, Brunner H (Hrsg) Radiation-risk-protection. 6th Internatio-nal Congress International Radiation Protection Association Berlin (West) May 7–12, 1984. Compacts publ. by Fachverband für Strahlenschutz e.V. Jülich. Verlag TÜV Rheinland, Köln, pp 833–836

Kunz E, Ševc J, Plaček V, Horáček J (1979) Lung cancer in man in relation to different time distribution of radiation exposure. Health Phys 36:699–706

Länderausschuß für Atomkernenergie (1978) Richtlinie für die physikalische Strahlenschutzkontrolle. GMBl 22, S 348–354

Lea DE (1956) Action of radiation on living cells, 2nd edn. Cambridge Univ Press, London New York

Lenz U, Schüttmann W, Arndt D, Thormann T (1979) Late effects of ionizing radiation on the human skin after occupational exposure. In: Occupational radiation exposure in nuclear fuel cycle facilities. Proceedings of a Symposium of IAEA and OECD in Los Angeles 18–22 June 1979, pp 321–329

Leppin W, Meißner J (1984) Zur Problematik der Strahlenschutzhypothesen. Vorwort zum Tagungsthema. In: Leppin W, Meißner J, Börner W, Messerschmidt O (Hrsg) Die Hypothesen im Strahlenschutz. Strahlenschutz in Forschung und Praxis, Bd XXV. Thieme, Stuttgart, S XII–XVI

Littlefield LG, Joiner EE (1978) Cytogenic follow-up studies in six radiation accident victims 16 and 17 years post-exposure. In: Late biological effects of ionizing radiation (Proc Symp Vienna, 13–17 March 1978) IAEA, vol I, pp 297–308

Loewe WE, Mendelsohn E (1980) Revised dose estimates at Hiroshima and Nagasaki (UCRL 85446, preprint, 1. October 1980) from Lawrence Livermore National Laboratory, Livermore, California

Loewe WE, Mendelsohn E (1981a) Radiation estimates. Science 213:6–7

Loewe WE, Mendelsohn E (1981b) Revised dose estimates at Hiroshima and Nagasaki. Health Phys 41:663–666

Lorentzon L (1968) Technik des Strahlenschutzes. In: Vieten H (ed) Physikalische Grundlagen und Technik. Handbuch der medizinischen Radiologie, Bd I/1, J II, S 532–558. Springer, Berlin Heidelberg New York

Lowry-Dobson R, Straume T (1981) Radiation estimates. Science 213:8

Luckey TD (1980) Hormesis with ionizing radiation. CRC Press, Boca Raton

Luckey TD (1981) Ionizing radiation hormesis of non-specific immunity. Hormese der unspezifischen Immunität durch ionisierende Strahlung. Mikroökologie und Therapie Microecology and Therapy 11:113–123

Luckey TD (1982) Physiological benefits from low levels of ionizing radiation. Health Phys 43:771–789

Luckey TD (1984) Beneficial physiologic effects of

ionizing radiation. In: Leppin W, Meißner J, Börner W, Messerschmidt O (Hrsg) Die Hypothesen im Strahlenschutz. Strahlenschutz in Forschung und Praxis, Bd XXV. Thieme, Stuttgart, S 184–196

Ludwig FC (1984) Die Pathogenese der Strahlenleukämie und ihr Interesse für die Pathogenese spontan auftretender Leukämien. In: Leppin W, Meißner J, Börner W, Messerschmidt O (Hrsg) Die Hypothesen im Strahlenschutz, Strahlenschutz in Forschung und Praxis, Bd XXV. Thieme, Stuttgart, S 110–126

Mancuso TF, Stewart A, Kneale G (1977) Radiation exposures of Hanford workers dying from cancer and other causes. Health Phys 33:369–385

Marcum J (1981) Radiation dosimetry. Science 213:603–604

Marcuse W (1896) Dermatitis und Alopecie nach Durchleuchtungsversuchen mit Röntgenstrahlen. (Mit 6 Nachträgen) Dtsch Med Wochenschr 22:481–483 und (Nachtrag VI) 681–682

Marks S, Gilbert ES, Breitenstein BD (1978) Cancer mortality in Hanford workers. In: Late biological effects of ionizing radiation (Proc Symp Vienna, 13–17 March 1978) IAEA, vol I, pp 369–386

Marinelli LD (1971) Dosimetry. In: Vieten H, Wachsmann F (Hrsg) Allgemeine strahlentherapeutische Methodik. Handbuch der medizinischen Radiologie, Bd XVI/2 B 1. Springer, Berlin Heidelberg New York, S 110–135

Marshall E (1981a) New A-bomb studies alter radiation estimates. Science 212:900–903

Marshall E (1981b) New A-bomb data shown to radiation experts. Science 212:1364–1365

Matanoski GM, Sartwell P, Elliott E, Tonascia J, Sternberg A (1984) Cancer risks in radiologists and radiation workers. In: Boice JD Jr, Fraumeni JF Jr (eds) Radiation carcinogenesis: Epidemiology and biological significance (Progress in cancer research and therapy, vol 26. Raven, New York, pp 83–96

Mays CW, Lloyd RD, Marshal JH (1973) Malignancy risk to humans from total body γ-ray radiation. In: Snyder WSL (ed) Proc 3rd Int congr of the International Radiation Protection Association, Washington Springfield, NT IS, p 417

Mehl J (1974) Strahlenschutz. In: Jaeger RG, Hübner W (Hrsg) Dosimetrie und Strahlenschutz, 2. neubearb Aufl. Thieme, Stuttgart, S 319–416

Mehl J (1979) Radiation exposure control of nuclear power plant personal in the Federal Republic of Germany. In: Occupational radiation exposure in nuclear fuel cycle facilities. Proceedings of a Symposium of IAEA and OECD in Los Angeles 18–22 June 1979, pp 275–283

Meißner J (1979) In: Deutsches Atomforum (Hrsg) Rede und Gegenrede, Symposion der Niedersächsischen Landesregierung zur grundsätzlichen sicherheitstechnischen Realisierbarkeit eines inte-

grierten nuklearen Entsorgungszentrums, 28–31 März, 2. und 3. April 1979. Verlag Deutsches Atomforum, Bonn, S 231–233

Meißner J (1980) Gesundheitsbelastung durch ionisierende Strahlung und chemische Schadstoffe. Zur Quantifizierung gesundheitlicher Risiken durch Strahlenwirkungen und strahlensynergistische Effekte. Atomwirtschaft – Atomtechnik 25:93–101

Merriam GR, Szechter A (1975) The relative radiosensitivity of rat lenses as a function of age. Radiat Res 62:488–497

Messerschmidt O, Feinendegen LE, Hunzinger W (Hrsg) (1980) Industrielle Störfälle und Strahlenexposition. 21. Jahrestagung der Vereinigung Deutscher Strahlenschutzärzte, 29.–31.5.1980 (gemeinsam mit 14. Jahrestagung des Fachverbandes für Strahlenschutz) in Jülich. Strahlenschutz in Forschung und Praxis, Bd XXI. Thieme, Stuttgart New York

Metcalf PE, Winkler BC (1980) Risk ratio for use in establishing dose limits for occupational exposure to radiation. In: Radiation Protection. A systematic approach to safety. Proc 5th congr International Radiation Protection Society, Jerusalem March 1980, vol I. Pergamon, Oxford New York Toronto Sydney Paris Frankfurt, pp 272–275

Miller RW, Mulvihill JJ (1976) Small head size after atomic irradiation. Teratology 14:355–357

Milton RC, Shohoji T (1965) Tentative 1965 radiation dose (T65D). Estimation for atomic bomb survivors, Hiroshima and Nagasaki. Atomic bomb casualty commission. Technical report TR 1–68, Hiroshima

Modan B, Baidatz D, Mart H, Steinitz R, Levin SG (1974) Radiation-induced head and neck tumours. Lancet 1:277–279

Mönig M (1978) Biologische Wirkungen von Neutronen bei Säugetieren und beim Menschen. In: Bundesamt für Zivilschutz (Hrsg) Zivilschutz-Forschung, Bd 8. Osang, Bad Honnef-Erpel, S 39–65

Mole RH (1979) RBE for carcinogenesis by fission neutrons. Health Phys 36:463–464

Morgan KZ (1978) Risc of cancer from low level exposure to ionizing radiation. Bull Atomic Sci, Sept 1978:30–41. Deutsche Übersetzung: Scheer J, Schmitz-Feuerhake I, Ionisierende Strahlen im Bereich niedriger Dosis und die Erzeugung von Krebs. In: Universität Bremen (Hrsg) Schriftenreihe Information zu Energie und Umwelt (1979) Teil A, Nr 11

Morgan KZ (1979) In: Deutsches Atomforum (Hrsg) Rede und Gegenrede, Symposion der Niedersächsischen Landesregierung zur gesundheitlichen sicherheitstechnischen Realisierbarkeit eines integrierten nuklearen Entsorgungszentrums, 28.–31. März, 2. und 3. April 1979. Verlag Deutsches Atomforum, Bonn, S 241–243

Morgan KZ (1981) Radiation dosimetry. Science 213:604

Muller HJ (1927) Artificial transmutation of the gene. Science 66:84–87

Muller HJ (1928) The production of mutations by x-rays. Proc Natl Acad Sci 14:714–726

Muller HJ (1930) Radiation and genetics. Am Naturalist 64:220–251

Mutscheller A (1925) Physical standards of protection against Roentgen ray dangers. Am J Roentgenol 13:65–70

Oeser H, Koeppe P (1981) Voraussichtliche Entwicklung der Krebssterblichkeit in der Bundesrepublik Deutschland. Munch Med Wochenschr 123:706–708

Oeser H, Koeppe P (1982) Kritische Betrachtungen zur Abschätzung von Strahlenrisiken. In: Messerschmidt O, Börner W, Holeczke F, Olbert F, Seyss R (Hrsg) Zur Problematik der Wirkung kleiner Strahlendosen. Strahlenschutz in Forschung und Praxis, Bd XXIII. Thieme, Stuttgart, S 154–162

Perussia A (1971) Strahlenschutz beim Umgang mit radioaktiven Stoffen. In: Vieten H, Wachsmann F (ed) Allgemeine Strahlentherapeutische Methodik. Handbuch der medizinischen Radiologie, Bd XVI/2. Springer, Berlin Heidelberg New York, S 234–254

Pfaller W (1984) Subzelluläre Veränderungen nach Radium 222-Einwirkung. In: Leppin W, Meißner J, Börner W, Messerschmidt O (Hrsg) Die Hypothesen im Strahlenschutz. Strahlenschutz in Forschung und Praxis, Bd XXV. Thieme, Stuttgart S 205–206

Pietzsch W (1976) Approximation zur Berechnung der genetisch-signifikanten Dosis. Institut für Strahlenhygiene des Bundesgesundheitsamtes. Arbeits-Berichte E I 2–3/76

Pohl-Rüling J, Fischer P (1979) The dose-effect relationship of chromosomes aberrations to alpha and gamma irradiations in a population subjected to an increased burden of natural radioactivity. Radiat Res 80:61–81

Pohl-Rüling J, Fischer P, Pohl E (1979) Chromosomenaberrationen nach Inhalation von ^{222}Radon und seinen Zerfallsprodukten. Z Angew Bäder- und Klimaheilkd 26:437–443

Polednak AP, Stehney AF, Rowland RE (1978) Mortality among women first employed before 1930 in the US radium dial-painting industry. A group ascertained from employment lists. J Epidemiol 107:179–195

Radford EP (1980a) Statement concerning the current version of cancer risk assessment in the report of the advisory committee on the biological effects of ionizing radiations. In: BEIR III report, pp 227–253

Radford EP (1980b) Human health effects of low doses of ionizing radiation: the BEIR III controversy. Radiat Res 84:369–394

Radford EP (1981) Radiation dosimetry. Science 213:602

Radford EP (1984) Radiogenic cancer in underground miners. In: Boice JD Jr, Fraumeni JF Jr (eds) Radiation carcinogenesis: Epidemiology and biological significance. Progress in cancer research and therapy, vol 26. Raven, New York, pp 225–230

Rajewsky B (1940) Bericht über die Schneeberger Untersuchungen. Z Krebsforsch 49:315–340

Rajewsky B (1956) Strahlendosis und Strahlenwirkung, 2. Aufl. Thieme, Stuttgart

Ras EMM de, Vaane JP, Suetendael W van (1980) Investigation of the nature of a contamination caused by tritium targets used for neutron production. In: Radiation Protection. A systematic approach to safety. Proc. 5th Congr International Radiation Protection Society, Jerusalem, March 1980, vol I. Pergamon Press, Oxford New York Toronto Sydney Paris Frankfurt, pp 48–51

Rat der Europäischen Gemeinschaften (1980) Richtlinie vom 15. Juli 1980 zur Änderung der Richtlinien, mit denen die Grundnormen für den Gesundheitsschutz der Bevölkerung und der Arbeitskräfte gegen die Gefahren von ionisierenden Strahlungen festgelegt wurden (80/8361 Euratom) ABl 23 Nr L 246, S 1–72

Rausch L (1963) Strahlenschutz als angewandte Strahlenbiologie. In: Melching HJ, Beck HR, Ladner H-A, Scherer E (Hrsg) Strahlenschutz in Forschung und Praxis, Bd 2. Rombach, Freiburg iB, S 230–273

Rausch L (1979) Strahlenrisiko!? Medizin Kernenergie Strahlenschutz. Piper, München

Rausch L (1982) Mensch und Strahlenwirkung. Strahlenschäden Strahlenbehandlung Strahlenschutz. Piper, München Zürich

Refetoff S, Harrison J, Karanfilski BT, Kaplan EL, De Groot LJ, Bekerman C (1975) Continuing occurrence of thyorid carcinoma after irradiation to the neck in infancy and childhood. N Engl J Med 292:171–175

Richtlinie für den Strahlenschutz bei Verwendung radioaktiver Stoffe und beim Betrieb von Anlagen zur Erzeugung ionisierender Strahlen und Bestrahlungseinrichtungen mit radioaktiven Quellen in der Medizin, vom 18. Oktober 1979 (GMbl 638) Schriftenreihe des Bundesministeriums des Innern (Hrsg) Bd 4, 2. neubearb Aufl. Kohlhammer, Stuttgart Berlin Köln Mainz

Roberts PB (1979) Comments on „Leukemia risk from neutrons" by HH Rossi and CW Mays. Health Phys 37:601–602

Röntgenverordnung (RÖV) (1973) Verordnung über den Schutz vor Schäden durch Röntgenstrahlen. Vom 1. März 1973, BGBl I, S 173–192

Ron E, Modan B (1984) Thyroid and other neoplasms following childhood scalp irradiation. In: Boice JD Jr, Fraumeni JF Jr (eds) Radiation carcinogensis: Epidemiology and biological significance (Progess in cancer research and therapy, vol 26. Raven, New York, pp 139–151

Rossi HH (1980a) Separate statement – critique of BEIR III. In: BEIR III Report, pp 254–260

Rossi HH (1980b) Comments on the somatic effects section on the BEIR III Report. Radiat Res 84:395–406

Rossi HH, Kellerer AM (1974) The validity of risk estimates of leukemia incidence based on japanese data. Radiat Res 58:131–140

Rossi HH, Mays CW (1978) Leukemia risk from neutrons. Health Phys 34:353–360

Rossi HH, Mays CW (1979a) Reply to Dr Jablon. Health Phys 36:206

Rossi HH, Mays CW (1979b) Reply to Dr Mole. Health Phys 36:464–465

Rossi HH, Mays CW (1979c) Reply to GW Beebe and CE Land. Health Phys 36:466

Rossin AD (1981) Radiation dosimetry. Science 213:604

Rowe WD (1980) Risk assessment perspectives in radiation protection. In: Proc 5th Congr International Radiation Protection Society, Jerusalem, March 1980, vol I. Pergamon Press, Oxford New York Toronto Sydney Paris Frankfurt, pp 255–261

Rowland RE, Lucas HF Jr (1984) Radium-dial workers. In: Boice JD Jr, Fraumeni JF Jr (eds) Radiation carcinogenesis: Epidemiology and biological significance. Progress in cancer research and therapy, vol 26. Raven, New York, pp 231–240

Rowley JJ, Leach DR, Warner GA, Heller CG (1974) Effects of graded doses of ionizing radiation on the human testis. Radiat Res 59:665–678

Schull WJ (1984) Atomic bomb survivors: pattern of cancer risk. In: Boice JD Jr, Fraumeni JF Jr (eds) Radiation carcinogenesis: Epidemiology and biological significance Progress in cancer research and therapy, vol 26. Raven, New York, pp 21–36

Ševc J, Kunz E, Plaček V (1977) Lung cancer in uranium miners and long-term exposure to radon daughter products. Health Phys 30:433–437

Shamai Y, Tirkel M, Schlesinger T (1980) Investigation levels of radioisotopes in the body and in urine. Consequences of the recent recommendations on the annual limits of intake. In: Radiation Protection. A systematic approach to safety. Proc 5th congr International Protection Society, Jerusalem, March 1980, vol I. Pergamon Press, Oxford New York Toronto Sydney Paris Frankfurt, pp 88–91

Shenoy KS, Patel PH, Madhvanath U (1980) Occupational exposure in industrial radiography practice. Health Phys 40:323–326

Shore RE, Albert RE, Pasternack BS (1976) Followup study of patients treated by x-ray epilation for tinea capitis Resurvey of post-treatment illness and mortality experience. Arch Environ Health 31:17–28

Shore RE, Hempelmann LH, Kowaluk E, Mansur PG, Pasternack BS, Albert RE, Haughic GE (1977) Breast neoplasms in women treated with x-rays for acute postpartum mastitis. J Natl Cancer Inst 59:813–822

Shore RE, Woodward ED, Hempelmann LH (1984) Radiation-induced thyroid cancer. In: Boice JD Jr, Fraumeni JF Jr (eds) Radiation carcinogenesis: Epidemiology and biological significance Progress in cancer research and therapy, vol 26. Raven, New York, pp 131–138

Sittkus A (1978) Die Strahlenwirkung kleiner (taktischer) Atomwaffenexplosionen. In: Bundesamt für Zivilschutz (Hrsg) Zivilschutz – Forschung, Bd 8. Osang, Bad Honnef-Erpel, S 9–38

Smith PG, (1984) Late effects of X-ray treatment of ankylosing spondylitis. In: Boice JD Jr, Fraumeni JF Jr (eds) Radiation carcinogenesis: Epidemiology and biological significance Progress in cancer research and therapy, vol 26. Raven, New York, pp 107–118

Smith PG, Doll R (1978) Age- and time-dependent changes in the rates of radiation-induced cancers in patients with ankylosing spondylitis following a single course of x-ray treatment. In: Late biological effects of ionizing radiation. Proc Symp Vienna, 13–17 March 1978 IAEA, vol I, pp 205–218

Spiegler P (1981) Comments on „The question of radiation causation of cancer in Hanford workers" by JW Gofman. Health Phys 40:411–412

Stäblein G (1980) Health physics documentation. In: radiation protection. A systematic approach to safety. Proc 5th congr International Radiation Protection Society, Jerusalem, March 1980, vol I. Pergamon, Oxford New York Toronto Sydney Paris Frankfurt, pp 92–94

Stehney AF, Lucal HF jr, Rowland RE (1978) Survival times of women radium dial workers first exposed before 1930. In: Proceedings of the Symposion on Late Biological Effects of Ionizing Radiation, vol I. IAEA Vienna, pp 333–351

Stenstrand K, Annanmäki M, Rytömaa T (1979) Cytogenetic investigation of people in Finland using household water with high natural radioactivity. Health Phys 36:441–444

Stieve FE (1976) Kontrolluntersuchungen und Behandlungsverfahren. In: Bünemann D, Meißner J, Rausch L (Hrsg) Medizinische und biologische Probleme der Strahlenexposition. Atomkernenergie 281:49–53

Stieve FE (1980) Erfahrungen mit bisherigen Strahlenunfällen – Ursachen, Abläufe, Gegenmaßnahmen. In: Messerschmidt O, Feinendegen LE, Hunzinger W (Hrsg) Industrielle Störfälle und Strahlenexposition. Strahlenschutz in Forschung und Praxis, Bd XXI. Thieme, Stuttgart New York, S 80–108

Stoll E, Chakraborty S (1981) Comments on „The question of radiation causation of cancer in Hanford workers" by John W Gofman. Health Phys 40:125

Straume T, Lowry-Dobson R (1981) Implications of new Hiroshima and Nagasaki dose estimates: cancer risks and neutron RBE. Health Phys 41:666–671

Streffer C (1979) In: Deutsches Atomforum (Hrsg) Rede – Gegenrede, Symposion der Niedersächsischen Landesregierung zur grundsätzlichen sicherheitstechnischen Realisierbarkeit eines integrierten nuklearen Entsorgungszentrums, vom 28.–31. März, 2. und 3. April 1979. Verlag Deutsches Atomforum, Bonn, S 171–173

Strahlenschutzverordnung (StrlSchV) (1976) Verordnung über den Schutz vor Schäden durch ionisierende Strahlen. Vom 13. Oktober 1976 BGBl I, S 2905–2931

Tait GWC (1979) Comments on „Radiation exposures of Hanford workers dying from cancer and other causes" by TF Mancuso, Alice Stewart and George Kneale. Health Phys 37:251–252

Tait GWC (1980) Costbenefit analysis: Reality or illusion. Health Phys 39:835–838

Taylor LS (1980a) Dealing with radiation hazards. Perspect Biol Med 23:325–334

Taylor LS (1980b) Some nonscientific influences on radiation protection standards and practice. The 1980 Sievert Lecture. Health Phys 39:851–874. Zweitdruck (verkürzt) in: Radiation Protection. An systematic approach to safety. Proc 5th Congr International Protection Society, Jerusalem, March 1980, vol I. Pergamon, Oxford New York Toronto Sydney Paris Frankfurt, pp 3–15

Tirmarche M, Chameaud J, Piechowski J, Pradel J (1984) Enquete epidemiologique francaise sur les mineurs d'uranium: Difficultes et progres. In: Kaul A, Neider R, Peńsko J, Stieve F-E, Brunner H (Hrsg) Radiation-risk-protection. 6th International Congress International Radiation Protection Association Berlin (West) May 7–12, 1984. Compacts publ. by Fachverband für Strahlenschutz e.V. Jülich. Verlag TÜV Rheinland, Köln, pp 574–577

Tokunaga M, Land CE, Yamamoto T, Asano M, Tokuoka S, Ezaki H, Nishimori I, Fujikura T (1984) Breast cancer among atomic bomb survivors. In: Boice JD Jr, Fraumeni JF Jr (eds) Radiation carcinogenesis: Epidemiology and biological significance. Progress in cancer research and therapy, vol 26. Raven, New York, pp 45–56

Totter JR (1980) Some observational bases for estimating the oncogenic effects of ionizing radiation. Nuclear Safety 21:83–94

Trott NG (1981) Balancing the risk to hospital staff and the benefit to the patient. J Soc Radiol Protection 1:20–26

Trott NG (1982) The safe and effective use of radiopharmaceuticals, Gastein lecture. In: Höfer R, Bergmann H (Hrsg) Radioaktive Isotope in Klinik und Forschung. Gasteiner Internationales Symposium 1982, Bd 15, Teil 2. Egermann, Wien, S 465–479

Trott NG, Anderson W, Davis R, Parker RP, Garden DM, Pearson N, Harbottle E (1980) Some radiation protection problems in a cancer hospital and associated research institute. In: Radiation Protection. A systematic approach to safety. Proc 5th Congr International Radiation Protection Society, Jerusalem, March 1980, vol I. Pergamon, Oxford New York Toronto Sydney Paris Frankfurt, pp 56–59

Tuschl H (1984) Die Wirkung niederer Dosen ionisierender Strahlung auf DNA-Reparaturvorgänge. In: Leppin W, Meißner J, Börner W, Messerschmidt O (Hrsg) Die Hypothesen im Strahlenschutz. Strahlenschutz in Forschung und Praxis, Bd XXV. Thieme, Stuttgart, S 197–204

Tuschl H, Altmann H (1979) Untersuchungen über den Einfluß von Radon auf Immunsysteme und DNA-Stoffwechsel. Z. Angew. Bäder- und Klimaheilkd. 26:391–398

Ullrich RL, Storer JB (1978) Influence of dose, dose rate and radiation quality on radiation carcinogenesis and life shortening in RFM and BALB/c mice. In: Proceedings of the Symposium on the Late Biological Effects of Ionizing Radiation, vol II. IAEA, Vienna, pp 95–113

UNSCEAR United Nations Scientific Committee on the Effects of Atomic Radiation (ed) (1972), vol I: Levels, vol II: Effects, report to the general assembly. United Nations Sales Publication, no E.72.IX.17 and 18, New York

UNSCEAR United Nations Scientific Committee on the Effects of Atomic Radiation (ed) (1977) Sources and effects of ionizing radiation, report to the general assembly, United Nations Sales Publication, no E.77. IX.I, New York

UNSCEAR United Nations Scientific Committee on the Effects of Atomic Radiation (ed) (1982) Sources and biological effects of ionizing radiation, report to the general assembly, United Nations Sales Publication, no E82. IX, New York

Upton AC (1977) Radiobiological effects of low doses. Implications for radiological protection. Radiat Res 71:51–74

Upton AC (1984) Biological aspects of radiation carcinogenesis. In: Boice JD Jr, Fraumeni JF Jr, (eds) Radiation carcinogenesis: Epidemiology and biological significance. Progress in cancer research and therapy, vol. 26. Raven, New York, pp 9–19

Vialettes H, Moreau A (1980) Les Problemes de radioprotection rencontres dans un laboratorie de marquage de molecules au carbone-11. In: Radiation Protection. A systematic approach to safety. Proc 5th Congr International Radiation Protection Society, Jerusalem, March 1980, vol I. Pergamon, Oxford New York Toronto Sydney Paris Frankfurt, pp 52–55

Vogel F (1984) Gesichertes und Hypothetisches im

Bereich der Strahlengenetik. In: Leppin W, Meißner J, Börner W, Messerschmidt O (Hrsg) Die
Hypothesen im Strahlenschutz. Strahlenschutz in
Forschung und Praxis, Bd XXV. Thieme, Stuttgart, S 144–168

Wachsmann F (1968) Strahlenschutzdosimetrie. In:
Vieten H (Red) Physikalische Grundlagen und
Technik. Handbuch der medizinischen Radiolo-
gie, Bd I/1. Springer, Berlin Heidelberg New
York, S 559–617

Walburg ME Jr (1975) Radiation-induced life
shortening and premature aging. In: Lett JT,
Adler H (eds) Advances in radiation biology, vol
5. Academic Press, New York, pp 145–179

Webb GAM, Fleishman AB (1984) Optimisation of
protection of radiation workers. In: Kaul A, Neider R, Pensko J, Stieve F-E, Brunner H (Hrsg)

Radiation-risk-protection. 6th International Congress International Radiation Protection Association Berlin (West) May 7–12, 1984. Compacts
publ. by Fachverband für Strahlenschutz e.V. Jülich. Verlag TÜV Rheinland, Köln, pp 637–640

Weiß K (1942) Die Röntgenschäden der letzten 20
Jahre in den gemeindlichen Krankenhäusern
Deutschlands. Strahlentherapie 72:307–329

Wilkinson GS, Voelz GL, Acquavella JF, Tietjen
GL, Wiggs L, Waxweiler M (1984) Health effects
among plutonium workers. In: Kaul A, Neider
R, Peńsko J, Stieve F-E, Brunner H (Hrsg) Radiation-risk-protection. 6th International Congress International Radiation Protection Association Berlin (West) May 7–12, 1984. Compacts
publ. by Fachverband für Strahlenschutz e.V. Jülich. Verlag TÜV Rheinland, Köln, pp 570–573

3. Strahlenkatastrophen aus ärztlicher Sicht

Von

O. MESSERSCHMIDT

Teil A: Reaktorunfälle

Mit 15 Abbildungen und 10 Tabellen

I. Reaktorunfälle und Atombomben-Explosionen. – Ein Vergleich

Die Entdeckung der Kernspaltung durch OTTO HAHN und FRIEDRICH STRASSMANN im Jahre 1938 hat nicht nur gänzlich neue Wege zur Erzeugung riesiger Mengen an Energie eröffnet, sondern auch biologische Gefahren heraufbeschworen, die zunächst niemand vorausahnte und die erst durch die Abwürfe der beiden Atombomben auf Hiroshima und Nagasaki in das Bewußtsein der Menschen gerückt wurden.

Diese Ereignisse belasten nun die positiven Seiten der Kernenergie ganz außerordentlich, denn die mit der Kernspaltung verbundenen Gefahren sind wohl die gewaltigsten, die dem Menschengeschlecht seit je von seiner natürlichen und zivilisatorischen Umwelt drohen. So werden die aus den Nuklearrüstungen der Supermächte USA und Sowjet-Union kommenden Bedrohungen auf die friedliche Anwendung der Kernenergie übertragen und damit ist das Bemühen um die durch Kernkraftwerke zu gewinnende Energie zu einem politischen und psychologischen Problem ersten Ranges geworden. Es werden die durch Kernwaffeneinsätze möglichen biologischen Gefahren auf die Auswirkungen von Störungen in Kernenergieanlagen projeziert, so daß eine realistische Beurteilung der durch den Bau von Kernkraftwerken bedingten Risiken vielen Menschen nicht mehr möglich ist.

Wenn Kernkraftwerke und Atomwaffen auch völlig verschiedene Dinge sind, und es in einem Kernkraftwerk auch niemals zu einer Atomexplosion kommen kann, so besteht zwischen ihnen doch insofern ein politisch bedeutsamer Zusammenhang, als sich der Sprengstoff für eine Kernwaffe im Reaktor erzeugen läßt. Damit bedeutet für eine Nation der Besitz von Reaktoren mit den dazugehörigen Anreicherungs- und Wiederaufbereitungsanlagen die Möglichkeit, eine Atommacht zu werden.

Kernwaffenschäden und die Auswirkungen eines Reaktorunfalls haben gemeinsam, daß es zu Strahlenschäden kommt. Unterschiede bestehen in der Anzahl der zu erwartenden Opfer und vor allem auch darin, daß es bei einer Kernwaffenexplosion Verletzungsformen gibt, die für sie typisch sind und die bei der friedensmäßigen Strahlenkatastrophe nicht vorkommen können. So die typischen Hautverbrennungen durch den Hitzeblitz, das Umhergeschleudertwerden der Menschen durch die Druckwelle, das Überschüttetwerden mit Glassplittern in den Häusern oder die blitzartige Exposition durch die initiale Neutronen-Gammastrahlung.

Kommt es zur Entstehung eines ausgedehnten „Fallout"-Gebietes als Folge einer nuklearen Bodenexplosion, so führen die Gamma-Strahlen, ausgehend von der vorbeiziehenden radioaktiven Wolke oder von der Ablagerung radioaktiver Teilchen auf dem Boden im Zusammenwirken mit der inkoporierten Radioaktivität, zu Schädigungsverhältnissen, die mit denen bei einer Reaktorkatastrophe schon eher vergleichbar sind.

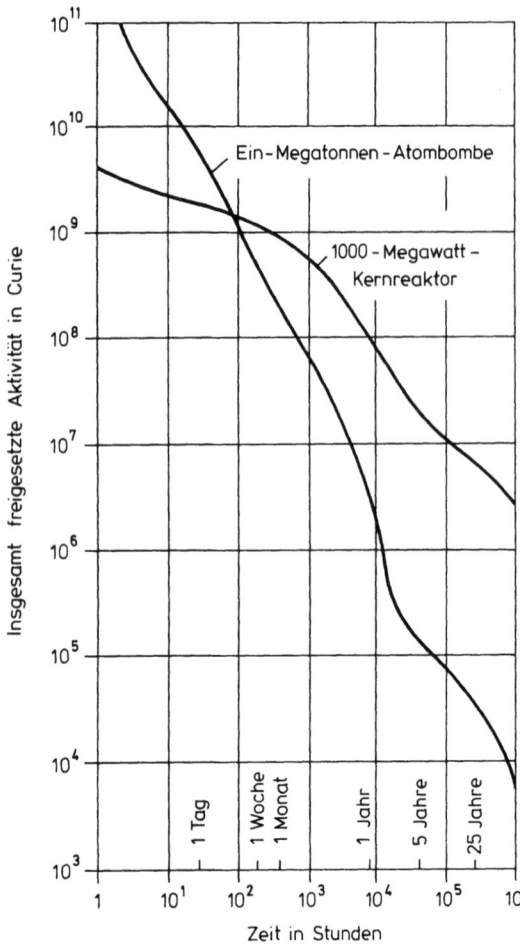

Abb. 1. Radioaktivitätsabfall der Spaltprodukte im Fallout eines 1-Megatonnen-Atomsprengkörpers und der freigesetzten Radioaktivität nach dem denkbar schwersten Reaktorunfall eines 1 000-Megawatt-Kernkraftwerkes – zum Vergleich. (Nach Fetter u. Tsipis 1981)

So treten in beiden Fällen, bei der Atomexplosion als auch beim Reaktorunfall, radioaktive Stoffe in Form einer Strahlung aussendenden Wolke in Erscheinung und werden als „Fallout" in der Landschaft abgelagert. In beiden Situationen sind die radioaktiven Stoffe die Folgeprodukte der Kernspaltung von Uran oder Plutonium. Während nun bei der Kernwaffe diese Spaltprodukte erst im Augenblick der Explosion innerhalb eines sehr kurzen Spaltvorganges entstehen, werden sie im Reaktor im Sinne verzögerter, ständig laufender Spaltvorgänge kontinuierlich erzeugt. Die neu entstandenen radioaktiven Kerne zerfallen laufend und wandeln sich bei diesem Zerfall in meist ebenfalls radioaktive Elemente anderer Ordnungszahl um. So beherbergt der Kern eines Reaktors Spaltprodukte verschiedenen Alters, d.h. solche, die schon eine Zerfallskette hinter sich haben und solche, die erst gerade entstanden sind, während die Kettenreaktion bei einer Kernwaffe die Spaltprodukte erst im Augenblick der Explosion erzeugt. Es entsteht hierbei eine sehr große Menge an Radioaktivität, die jedoch schnell abnimmt, weil die meisten „jungen" Spaltprodukte eine sehr kurze Halbwertzeit haben.

So verläuft die Zerfallskurve der radioaktiven Stoffe einer Atomexplosion, wie Abb. 1 erkennen läßt, sehr viel steiler als die Zerfallskurve der zum großen Teil schon älteren Spaltprodukte aus einem Reaktorkern.

Die Radioaktivität des Fallout einer Kernwaffe von z.B. 1 Megatonne Energieausbeute ist eine Stunde nach der Explosion noch um Größenordnungen höher als die Aktivität im Gefolge des schwersten denkbaren Reaktorunfalls. Nach ca. 4 Tagen sind die freigesetzten Radioaktivitäten im Kernwaffen- und Reaktor-Fallout etwa gleich und nach einem Jahr ist die Menge der abgelagerten Radioaktivität, die aus dem Reaktor stammt, etwa 100mal höher als die des Kernwaffen-Fallout, ein Ausdruck dafür, daß die in einem 1 000-Megawatt-Kernkraftwerk enthaltene Menge an Uran sehr viel größer ist, als die in einer Megatonnen-Bombe.

Während nun bei einem Reaktorunfall, etwa einem sogenannten SUPERGAU, nur die flüchtigen Spaltprodukte wie die Edelgase Xenon und Krypton, ferner Ruthenium, Caesium und Tellur und vor allem die verschiedenen Isotope des Jod ins Freie gelangen können, weil die Temperatur des schmelzenden Reaktorkerns nicht hoch genug ist, um die schweren Elemente in einen gasförmigen Zustand zu versetzen, würde bei einem Kernwaffen-Angriff auf einen Reaktor durch einen Sprengkörper des Megatonnenbereichs dessen Feuerball den Reaktorkern verdampfen lassen. Sämtliche Spaltprodukte würden freigesetzt und in der Umgebung ein Strahlungsfeld entstehen lassen, das eine viel länger anhaltende radioaktive Verseuchung bedeuten würde, als das „Fallout"-Gebiet einer Kernwaffe.

So ist zwar nicht zu bestreiten, daß Kernwaffen und Kernkraftwerke ganz verschiedene Dinge sind, und daß selbst ein sehr schwerer Reaktorunfall in seinen biologischen Auswirkungen verschwindend gering ist im Vergleich zu der Gefahr, die ein Atomwaffeneinsatz für die Menschheit bedeutet. Würde jedoch eine Kernwaffe auf einem Reaktor zur Explosion gebracht, so würde durch diese Kombination ein Fallout-Gebiet entstehen, das sehr lange für Menschen unbetretbar sein müßte.

II. Beispiele früherer Unfälle in Kernenergieanlagen

Die ersten schweren Strahlenunfälle ereigneten sich bei „kritischen Anordnungen" beim Umgang mit Plutonium für die Entwicklung und den Bau von Kernwaffen in den USA.

So in einem Laboratorium in Los Alamos am 21. 8. 1945 beim Experimentieren mit kritischen Massen von Plutonium, als es zum „Leistungsausbruch" mit Freisetzung von Strahlung kam, die bei einem Experimentator zu einer Strahlenbelastung von ca. 800 rd führte und in 28 Tagen dessen Tod verursachte.

Ein weiterer, sehr ähnlicher Kritikalitätsunfall ereignete sich 9 Monate später, im Mai 1946, ebenfalls in Los Alamos. Durch das Herabfallen der oberen Kugelhälfte eines Spezialbehälters für Kernwaffenplutonium (SCHULZ 1966) bildete sich eine „kritische Masse". Unter Bildung des typischen „blue-glow" trat eine große Menge Strahlung aus, wovon einer der anwesenden Techniker mit einer Dosis von ca. 2000 rd betroffen wurde und am 9. Tage verstarb. Eine weitere Person erlitt eine Strahlenbelastung von ca. 146 rd. Sie erkrankte jedoch nicht tödlich und die übrigen sechs anwesenden Personen wurden mit Strahlendosen von 35 bis 196 rd belastet, ohne schwer zu erkranken.

Weitere Kritikalitätsunfälle beim Umgang mit nuklearem Sprengstoff ereigneten sich in den nachfolgenden Jahren, so im Juni 1958 in einem Laboratorium für Uranrückgewinnung in Oak Ridge. Unbemerkt flossen unterkritische Mengen von Uranylnitrat in einem Gefäß zur kritischen Masse zusammen. Acht Personen, die sich in der Nähe aufhielten, empfingen Strahlendosen zwischen 29 und 461 rd. Mehrere erkrankten, jedoch kam es nicht zu tödlichen Schädigungen.

Mit einer Dosis von ca. 12 000 rem erlitt ein Techniker in einer Plutoniumrückgewinnungsanlage am 30. 12. 58 in Los Alamos die höchste Strahlenbelastung bei allen bisher in den USA und Westeuropa registrierten Unfällen in Kernenergieanlagen. Der so schwer Verletzte erlitt 15 min nach Bestrahlung einen schweren Schock, kam 6 Stunden später wieder zu Bewußtsein und verstarb unter den Zeichen des Zentralnervösen-Syndroms der Strahlenkrankheit 35 Stunden nach dem Ereignis. Zwei weitere Personen erlitten Strahlenbelastungen von 118 rem sowie 53 rem, sie zeigten leichte Blutbildveränderungen, ohne daß sie schwere Symptome der Strahlenkrankheit erlitten.

Außer zu den Kritikalitätsunfällen, bei denen es um Manipulationen mit spaltbarem Material für Kernwaffen ging, kam es zu Unfällen an Kernreaktoren in den ersten Jahren nach dem Kriege. So 1961 bei einem transportablen Siedewasserreaktor der US Army in Idaho Falls. Bei Reparaturarbeiten an den Regelstabantrieben ereignete sich ein plötzlicher Leistungsausbruch mit nachfolgender Dampfexplosion. Durch die Druckwirkung wurden die drei anwesenden Techniker getötet, es kam außerdem zur Freisetzung erheblicher Mengen an Radioaktivität, die davon ausgehende Strahlung war jedoch nicht die eigentliche Todesursache.

Besonderes Aufsehen erregte der Unfall, der sich am 15. Okt. 1958 im Boris Kidrič Institut in Vinca, Jugoslawien, ereignete. Hierbei wurde ein Versuchsreaktor bei ausgeschaltetem Überwachungs- und Kontrollsystem überkritisch. Erst durch den entstehenden Ozongeruch wurden die Anwesenden auf die Gefahr aufmerksam. Bei vier der sechs betroffenen Personen lag die Dosis über 400 rd. Bei diesem Ereignis, dem ein Unfallopfer erlag, wurden Knochenmarktransplantationen, im Curie-Hospital in Paris, vorgenommen.

Der einzige schwere Reaktorunfall, der sich bisher im EURATOM-Bereich ereignete, fand 1965 am Forschungsreaktor Venus in Mol, Belgien, statt. Die Bestrahlung des Organismus des einzigen Unfallopfers war sehr inhomogen. Während die Strahlenbelastung des einen Fußes mehrere tausend rad erreichte, was eine Amputation notwendig machte, war die Exposition des Oberkörpers wesentlich geringer, so daß der Verletzte überleben konnte. Die Dosisermittlungen gestalteten sich, wie bei Strahlenunfällen überhaupt, schwierig. So mußte zur Abschätzung der Strahlenbelastung in den einzelnen Regionen des Organismus, der Unfall unter Verwendung eines gewebeäquivalenten menschlichen Phantoms, das mehr als 300 Dosimeter enthielt, am Reaktor nochmals simuliert werden. Abb. 2 zeigt die Isodosenlinien im Phantom.

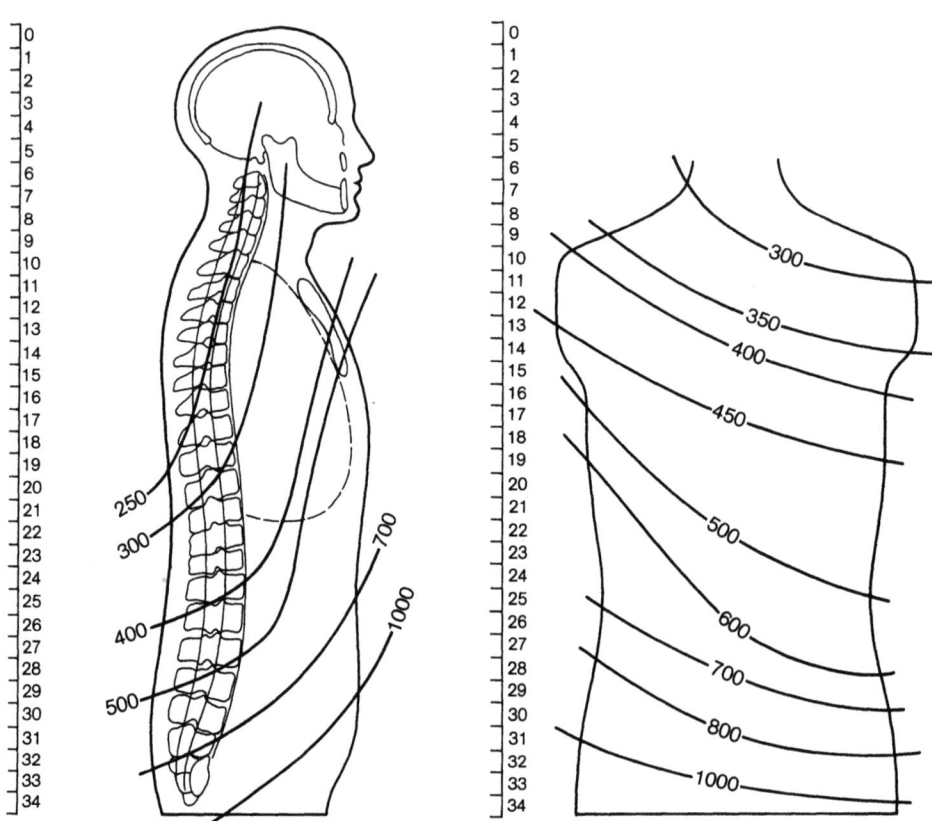

Abb. 2. Isodosen (in rad) im Organismus des Opfers des Strahlenunfalls vom 3. Dez. 1965 in Mol, ermittelt aufgrund von Messungen in einem menschlichen Phantom. (Nach Parmentier et al. 1980)

Naturgemäß kann an dieser Stelle keine ausführliche Beschreibung aller bisherigen, schwereren Strahlenunfälle an Reaktoren oder beim Umgang mit „kritischen Anordnungen" gegeben werden. Eine umfassende Darstellung findet sich in dem Bericht von HÜBNER und FRY (1980). Darin werden die 89 z.T. mit schwerer Strahlenkrankheit einhergehenden Unfälle, die sich bisher ereigneten, aufgeführt. Darunter waren 5 Todesfälle als Folge hoher Strahleneinwirkungen und 3 Todesfälle infolge mechanischer Verletzungen in Idaho Falls, 1961. Der schon erwähnte Unfall in Mol war der letzte in dieser Reihe, seit 1965 hat sich kein schwerer Kritikalitäts- oder Reaktorunfall mehr ereignet.

In dem genannten Bericht wird des weiteren über Industrieunfälle beim Umgang mit ^{60}Kobalt und ^{137}Cäsium u.a. Strahlenquellen berichtet. Hier kam es zu 82 schweren Unfällen, von denen 8 tödlich verliefen. Des weiteren werden 47 Fälle von hochgradigen Lokalbestrahlungen, vor allem an Armen und Händen genannt, sowie schwerwiegende Inkorporationsunfälle als Folge der Aufnahme von Radium, Transuranen und Spaltprodukten.

Während also Strahlenunfälle, selbst mit tödlichem Ausgang, sich bereits mehrfach *innerhalb* von Strahlenbetrieben ereigneten und damit als Betriebsunfälle zu werten sind, ist es zu höheren Strahlenbelastungen der Bevölkerung *außerhalb* des Zaunes von Kernkraftwerken anscheinend noch nicht gekommen. Auch die Ereignisse von Windscale im Nordwesten von England am 10. Oktober 1957 und in Three Mile Island bei Harrisburg in den USA am 28. März 1979 führten unter der Bevölkerung zu keinen akuten Strahlenschäden. Was das Auftreten von *Spätschäden* betrifft, so sind diese Dinge nicht so eindeutig. So gibt es seit etwa 3 Jahren eine erneute kontroverse Diskussion über die Höhe der Emissionsrate an Radioaktivität aus der Anreicherungsanlage von Windscale, die für ein signifikantes Ansteigen der Malignomrate unter der Bevölkerung in Umgebung der Anlage verantwortlich gemacht wird.

III. Gefährdungen durch den Brennstoffzyklus von Kernkraftwerken

Gesundheitsschäden als Folgewirkung energiereicher Strahlung können im gesamten Brennstoffzyklus der Kernenergiegewinnung unter den dabei beschäftigten Personen und auch bei den in der Umgebung wohnenden Menschen entstehen. Abb. 3 zeigt die einzelnen Glieder dieses Zyklus. Am Anfang steht der Uranbergbau und die Induktion von Lungenkrebs in den Schneeberger und Joachimsthaler Gruben als Folge des ständigen Einatmens von Radiumemanation und radioaktiver Stäube ist eines der am längsten bekannten Beispiele für die Kanzerogenese infolge Einwirkung radioaktiver Substanzen.

Auch bei den der Urangewinnung nachfolgenden Prozeduren, d.h. in den Reaktoren und „heißen" Laboratorien ist bei den beruflich strahlenexponierten Personen die Inhalation radioaktiver Aerosole und Stäube eine bekannte Gefährdungsmöglichkeit. So bei der Aufbereitung des ca. 0,1% Uranoxid (U_3O_8) enthaltenden Uranerzes zu einem Konzentrat von ca. 80% Uranoxid. Auch der verworfene Abraum auf den Halden enthält immer noch Reste von Uran und gibt radioaktives Radongas an die Atmosphäre ab. Das angereicherte Uranoxid wird anschließend in Uranhexafluorid (UF_6) umgewandelt und dadurch wird es möglich gemacht, daß der Anteil von 0,7% ^{235}Uran im Natururan (das also fast nur aus ^{238}Uran besteht) auf einen Anteil von 3% angereichert werden kann. Erst dann ist Uran für die Kernspaltung im Reaktor verwendbar. Da sich die Uranisotope ^{235}U und ^{238}U chemisch gleich verhalten, kann ihre Trennung nur mit sehr aufwendigen Methoden erfolgen. Es sei von den möglichen Techniken hier nur die der Gasdiffusion genannt, die darin besteht, das gasförmige Uranhexafluorid durch besondere Filter zu treiben, wobei die leichteren UF_6-Moleküle des ^{235}Uran die Filter in größerer Menge passieren können als die Moleküle des schwereren ^{238}Uran. Da der Trennungseffekt hierbei nur gering ist, muß er oft wiederholt

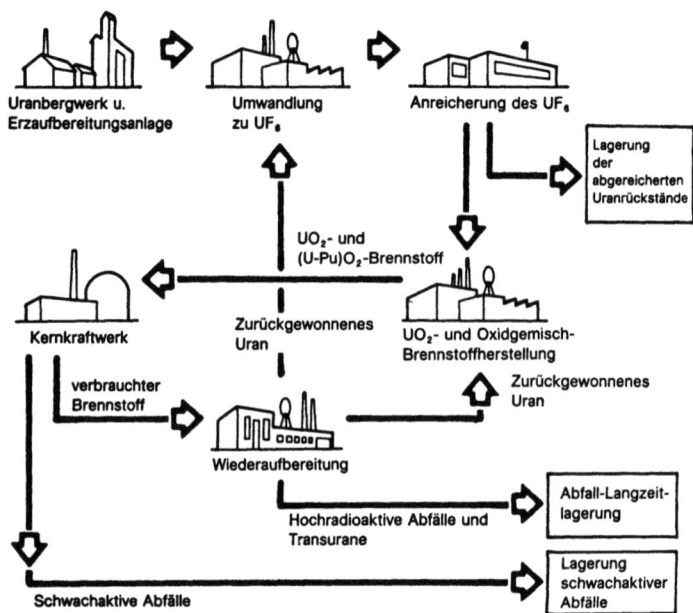

Abb. 3. Leichtwasserreaktor-Brennstoffkreislauf mit Uran- und Plutoniumrezyklierung. (Aus KENNY u. SPURGEON 1977)

werden. Zur Abtrennung eines Anteils von 3% ^{235}U sind etwa 1250 Passagestufen notwendig. Soll eine Anreicherung auf 90% erreicht werden, so wie dies für die Prouktion von Kernwaffen Voraussetzung ist, so sind etwa 4000 Stufen erforderlich.

Die Möglichkeit einer Inkorporation durch in der Industrie tätige Personen ist bei diesem Umgang mit gasförmigem Uran naturgemäß nicht auszuschließen, ebenso wie bei den nachfolgenden Prozeduren. Diese bestehen darin, das angereicherte Uranhexafluorid wieder in festes Urandioxid (UO$_2$) umzuwandeln, um es in Form kleiner Tabletten, sogenannten Pellets, in die Brennstoffstäbe für den Reaktor einzufüllen. Inkorporationsmöglichkeiten, besonders bei Wartungsarbeiten und Reparaturen gibt es dann auch im Reaktor, zumal hier durch die Kernspaltung sehr große Mengen an Radioaktivität erzeugt werden. Das gilt auch für die nachfolgenden Stufen des Brennstoffzyklus, wobei mit den entstanden Spaltprodukten umgegangen werden muß, sei es nun zur Zwischenlagerung zum Zwecke der Abkühlung oder zur Wiederaufbereitung der abgebrannten hochaktiven Brennstäbe zur Rückführung in den Zyklus.

Da die radioaktiven Abfallstoffe Halbwertzeiten der Größenordnung bis zu Jahrzehntausenden und mehr haben können, wird deren endgültige Lagerung zu einem besonderen strahlenhygienischen Problem. Eine Reihe von Verfahren ist dafür diskutiert worden, wie die Einlagerung in dicke Tonschichten oder im „ewigen Eis" der Pole, absenken in die Tiefseegräben oder gar das Abschießen mit Raketen in den Weltraum. Nach heutiger Ansicht bietet wohl die Lagerung in geologisch stabilen Salzblöcken die größte Sicherheit gegen das Freiwerden von Radioaktivität und damit wahrscheinlich den besten Schutz der Bevölkerung, auch späterer Generationen, vor einer Strahlenbelastung.

Anders als bei diesen Gefahren aus dem Brennstoffzyklus, die vor allem Langzeitwirkungen sind, kann es durch einen schweren Störfall in einem Reaktor zu einem sehr plötzlichen Austritt großer Mengen an Radioaktivität und damit zu einer akuten Strahlengefährdung des Reaktorpersonals und bei besonders ungünstigen Umständen auch der außerhalb einer derartigen Anlage wohnenden Bevölkerung kommen. Die eigentliche Ursache für ein derart dramatisches Geschehen ist das Schmelzen des Reaktorkerns, in welchem die eigentliche Energiegewinnung durch Kernspaltungsprozesse stattfindet. Beim Leichtwasserreaktor und

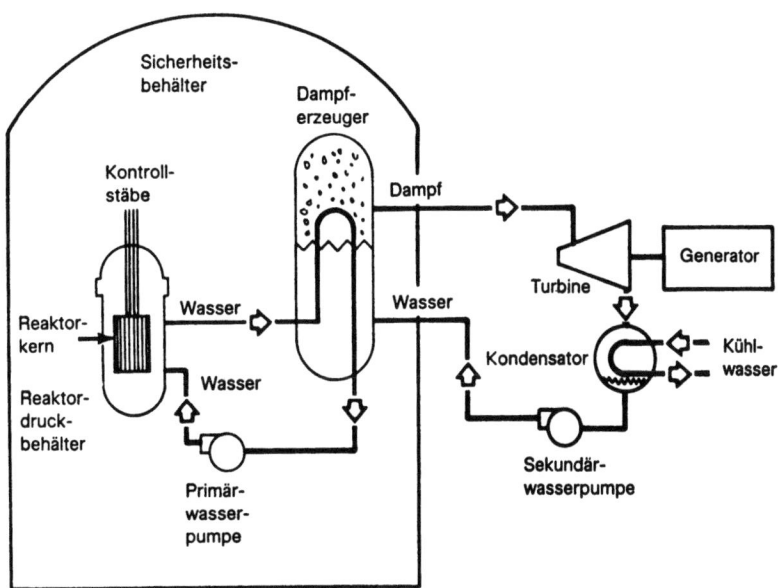

Abb. 4. Schematische Darstellung eines Siedewasser-Kernkraftwerkes. (Aus KEENY u. SPURGEON 1977)

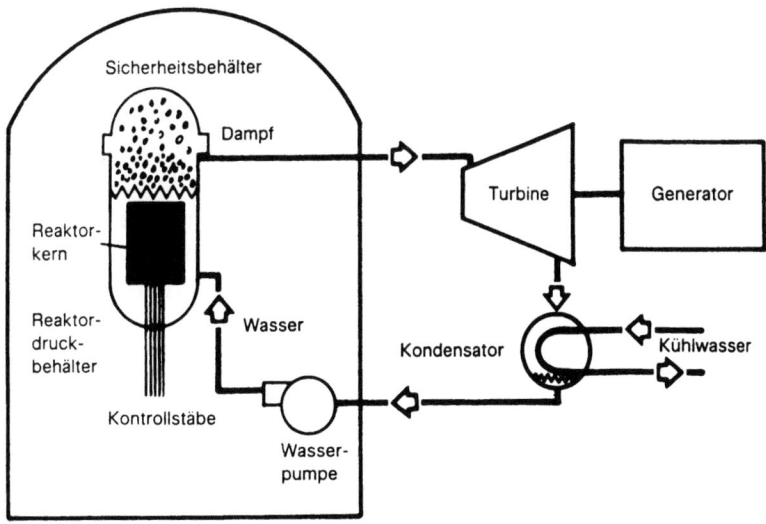

Abb. 5. Schematische Darstellung eines Druckwasser-Kernkraftwerkes. (Aus KEENY u. SPURGEON 1977)

in den Kernkraftwerken der Bundesrepublik Deutschland sind zur Zeit nur Reaktoren dieses Typs in Form von Siedewasserreaktoren und Druckwasserreaktoren in Betrieb. Hier werden die im Reaktorkern befindlichen Brennstäbe, die mit Uran angefüllt sind, von Wasser umspült, das einerseits als Neutronenmoderator zur Aufrechterhaltung der Kettenreaktion dient und andererseits die Wärme abführen soll, um mit der so gewonnenen Energie die Turbinen des Kraftwerks anzutreiben. Dabei erreicht im Druckwasserreaktor das aufgeheizte und nicht verdampfende Wasser eine Temperatur von ca. 315 °C bei einem Druck von 155 bar. Beim Siedewasserreaktor, bei dem der Druckanstieg auf 70 bar geringer ist und folglich das Wasser verdampft, beträgt die Temperatur 285 °C.

Abb. 4 und 5 zeigen schematische Darstellungen der beiden Leichtwasserreaktortypen. Ihr Hauptunterschied besteht darin, daß beim Siedewasserreaktor der Dampf im Druckbehälter selbst erzeugt wird und die Turbine zur Stromerzeugung unmittelbar antreibt, während beim Druckwasserreaktor der Dampf erst in einem nachgeschalteten Dampferzeuger entsteht,

in den das unter hohem Druck stehende sehr heiße Wasser aus dem Primärkreislauf einge-
schaltet wird. Dieser indirekte Kreislauf führt in seinem, den Turbinen zugeleiteten Dampf
keine Radioaktivität mit, wodurch die Strahlenschutzprobleme geringer werden. Die unmittelbare Dampferzeugung im Siedewasserreaktor führt zu weniger Energieverlust und ist deshalb etwas rationeller. Bei beiden Reaktortypen muß der Abdampf, der aus den Turbinen
kommt, wieder gekühlt und in den Primär- bzw. Sekundärkreislauf zurückgepumpt werden.

Fällt die Wasserkühlung nun aus, so z.B. durch den Bruch des Hauptkühlmittelrohrs
bei gleichzeitigem Nichtfunktionieren der Notkühlsysteme, so steht der Reaktorkern „trok-
ken". Obwohl die Kettenreaktion durch das Fehlen des moderierenden Wassers sofort unterbrochen wird, ist die Nachwärmemenge jedoch so hoch, daß der nicht mehr gekühlte Kern
sich aufheizt und mit den in ihm enthaltenen Brennstäben unaufhaltsam zu schmelzen beginnt
und 2–3 Stunden später den Stahlbetonboden des Druckbehälters durchdringt. Es kommt
zum Verdampfen von Wasser am Boden des Reaktorgebäudes und damit zum Druckanstieg,
der bei Erreichen von 8–10 bar die Sicherheitshülle undicht werden läßt, so daß Radioaktivität entweichen kann.

Trotz der Erhitzung des Reaktorkerns bis zu ca. 3000 °C verdampft nur ein begrenzter
Anteil an Spaltprodukten, wobei die flüchtigen Elemente Xenon und Krypton bis zu 100%
ins Freie gelangen. Als Edelgase haben sie keine nennenswerte biologische Bedeutung, anders
jedoch die radioaktiven Jod-Isotope, auch Tellur und weniger flüchtige, aber biologisch
relevante Elemente, wie Caesium, Strontium und seltene Erden. Diese können dann auch
nur zu einem weit geringeren Anteil wie das Jod ins Freie gelangen.

Zur Verhinderung der Kernschmelze, die, wie schon gesagt, die Voraussetzung für einen
schweren Reaktorunfall ist, sind weitreichende Sicherheitsmaßnahmen ergriffen worden. So,
für den Fall einer Unterbrechung der Hauptkühlleitung, die Einrichtung von mehreren Not-
kühleinrichtungen sowie Vorrichtungen, die den Reaktor im Falle einer Störung automatisch
abstellen. Um die Freisetzung von Spaltprodukten und anderen radioaktiven Stoffen, wie
erbrüteten Brennstoffen, z.B. Plutonium-, Uran- und Neptuniumisotopen und durch Neutroneneinfang aktivierten Substanzen zu verhindern, sind mehrere Barrieren geschaffen, wie
das Eingeschlossensein der Spaltprodukte im Kristallgitter der Brennstoffe selbst. Weitere
Sicherungen sind die Hüllrohre der Brennstäbe, das Reaktordruckgefäß mit dem völlig geschlossenen Reaktorkühlkreislauf sowie der druckfeste und gasdichte Sicherheitsbehälter,
der den Reaktorkühlkreis umschließt. Die äußere Stahlbetonhülle hat nur eine begrenzte
Dichtefunktion, sie ist im wesentlichen dazu bestimmt, das Reaktorgebäude vor Einwirkungen von außen, wie z.B. Flugzeugabstürzen, zu schützen. Eine schematische Darstellung
der gestaffelten Sicherheitsbarrieren beim Leichtwasserreaktor zeigen Abb. 6 und 7.

Daneben gibt es weitere Sicherheitseinrichtungen, die bei einem Fehlfunktionieren in
Gang gesetzt werden, wie Not- und Nachkühlsysteme, Durchflußbegrenzer und Schnellab-
schalter. Diese Sicherheitssysteme sind mehrfach vorhanden (Redundanz) und sie werden
durch verschiedenartige Signale angezeigt (Diversität), ferner sind sie räumlich getrennt angeordnet und um menschliches Versagen weitgehend auszuschließen, laufen sie automatisch
ab.

Im Leichtwasserreaktor eines Kernkraftwerkes von 1000 Megawatt Leistung befinden
sich etwa 100 Tonnen Uran. Nach vier Jahren Betriebsdauer entstehen (nach Löster 1979)
daraus folgende Aktivitäten:
- etwa 1,3 GCi (Gigacurie=Milliarden Curie) an erbrütetem Brennstoff, wobei speziell die
  Isotope ^{239}Uran und ^{239}Neptunium die hohen Aktivitäten stellen
- etwa 40 GCi durch Spaltprodukte
- etwa 3 GCi durch aktiviertes Strukturmaterial.

Die asymmetrische Spaltung der Urankerne läßt Spaltprodukte mit Nukleonenzahlen
um 95 und 140 entstehen. Beim 1000 Megawatt Reaktor mit vier Jahren Betriebszeit erreicht

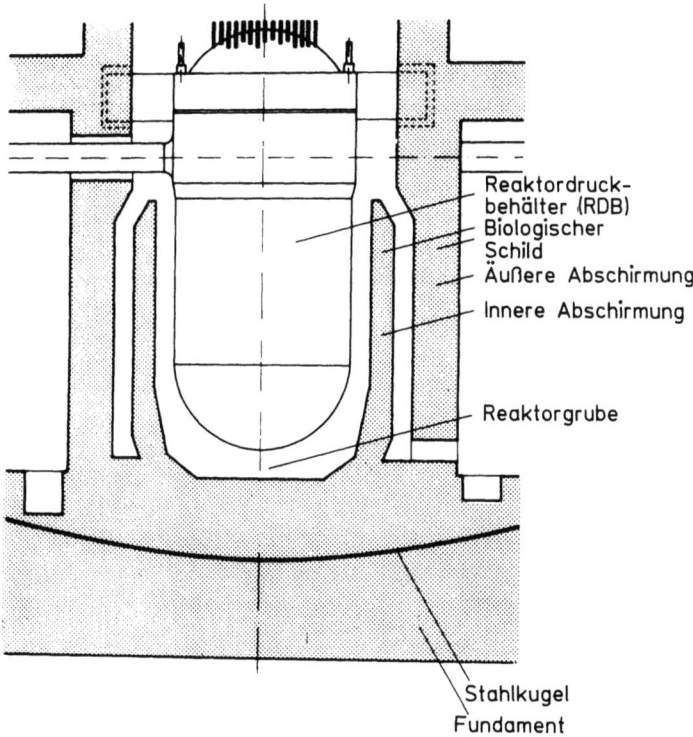

Abb. 6. Reaktorsicherheitsbehälter mit biologischem Schild. (Aus Deutsche Risikostudie Kernkraftwerke 1979)

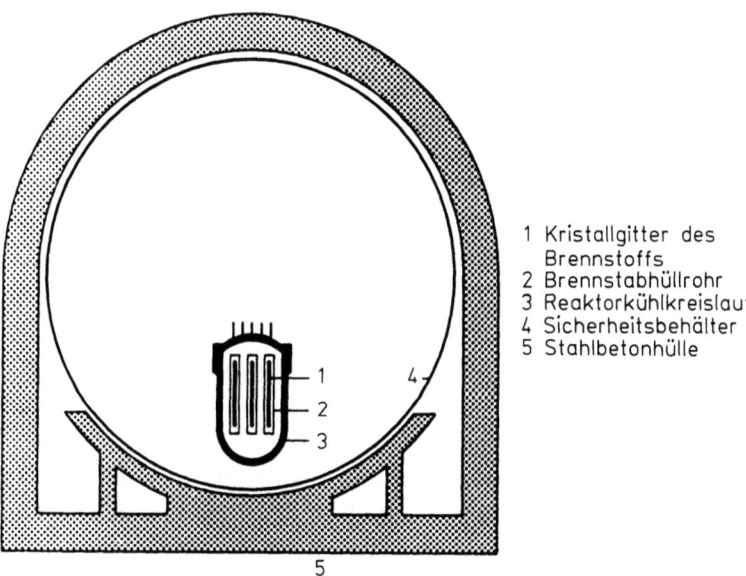

Abb. 7. Risikobarrieren bei Leichtwasserreaktoren, Einschluß der Spaltprodukte. (Aus Deutsche Risikostudie Kernkraftwerke 1979)

die Radioaktivität der Spaltprodukte, wie schon gesagt, etwa 40 Gigacurie. Nach Abschalten beträgt die Aktivität nach einer Stunde noch etwa 10 Gigacurie und zehn Tage später nur noch etwa ein Gigacurie.

Bei einem Störfall würde selbst unter allerungünstigsten Verlaufsformen nur ein sehr begrenzter Teil der Radioaktivität aus dem Reaktor entweichen. Die Edelgase wohl zu 100%, bei den anderen Spaltprodukten hängt es weitgehend von Verlauf und Ausmaß der Kernschmelze ab. Im Falle einer Dampfexplosion werden Jod und Brom (nach LÖSTER 1979) bis zu 50%, Tellur bis zu 20% aus dem Containement entweichen. Bei einem sehr verzögerten

Tabelle 1. Angenommene Zusammensetzung einer Spaltproduktfreisetzung aus dem Brennstoff pro Tonne geschmolzenem Brennstoff. (Aus „Rahmenempfehlungen für den Katastrophenschutz in der Umgebung kerntechnischer Anlagen", Gemeinsames Ministerialblatt herausgegeben vom Bundesminister des Innern 1977 Nr. 31, S. 703)

Isotope	Angenommene prozentuale Freisetzung einzelner Nuklide aus geschmolzenem Brennstoff	Angenommene Aktivitätsfreisetzung einzelner Nuklide aus geschmolzenem Brennstoff (Curie/Tonne)
^{89}Sr	1	$4{,}84 \times 10^3$
^{90}Sr	1	$4{,}80 \times 10^2$
^{91}Y	1	$6{,}36 \times 10^3$
^{95}Nb	1	$1{,}01 \times 10^4$
^{95}Zr	1	$1{,}01 \times 10^4$
^{103}Ru	100	$8{,}12 \times 10^5$
^{106}Ru	100	$3{,}19 \times 10^5$
^{131}J	100	$6{,}08 \times 10^5$
^{132}J	100	$7{,}54 \times 10^5$
^{133}J	100	$1{,}11 \times 10^6$
^{134}J	100	$1{,}33 \times 10^6$
^{135}J	100	$1{,}04 \times 10^6$
^{132}Te	100	$7{,}52 \times 10^5$
^{137}Cs	100	$6{,}67 \times 10^4$
^{141}Ce	1	$9{,}38 \times 10^3$
^{144}Ce	1	$8{,}63 \times 10^3$
^{143}Pr	1	$1{,}16 \times 10^4$
^{144}Pr	1	$8{,}63 \times 10^3$
^{147}Nd	1	$4{,}97 \times 10^3$
^{147}Pm	1	$2{,}17 \times 10^3$
Gase insgesamt (Xe und Kr)	100	(Curie MeV Gamma/Tonne) $11{,}4 \times 10^6$

Leistungsdichte: 20 MW/Tonne;   Bestrahlungszeit: 1000 Tage

Überdruckversagen würde der freigesetzte Anteil an Radioaktivität weniger als 1% betragen. Eine größenordnungsmäßige Vorstellung über die Freisetzung der Anteile verschiedener Nuklide bei einem schweren Störfall gibt Tabelle 1.

Treten radioaktive Stoffe im Gefolge eines Störfalls aus dem Sicherheitsbehälter des Reaktors ins Freie, so unterliegt deren Verteilung im Gelände meteorologischen Einflüssen. LÖSTER (1979) nennt drei für Mitteleuropa typische Wetterlagen wie:

- klare Nacht, kein Wind; die radioaktive Wolke breitet sich nur wenig aus. Die radioaktiven Stoffe werden aufgrund thermischen Auftriebes nach oben steigen, die Strahlenbelastungen in der Umgebung des Reaktors würden relativ hoch sein.
- starker Wind aus einer Richtung: die radioaktive Wolke wird in eine Richtung abgeweht, die Strahlung aus der Wolke und die Bodenkontamination beschränken sich auf einen schmalen Sektor, dessen Ausdehnung in Abhängigkeit von der Windgeschwindigkeit relativ groß sein würde. Strahlenbelastungen der Bevölkerung könnten in Entfernungen bis zu mehreren hundert Kilometern auftreten.
- starker Wind bei gleichzeitigem Niederschlag: dabei würde die Radioaktivität in eine Richtung geweht, wobei gleichzeitig die Wolke durch Regen ausgewaschen würde. Es könnten sehr hohe Bodenkontaminationen bis zu 100 km Entfernung entstehen.

IV. Ergebnisse von Risikostudien über mögliche Reaktorunfälle

Gemäß der „Deutschen Risikostudie Kernkraftwerke", erstellt im Jahre 1979 von der Gesellschaft für Reaktorsicherheit im Auftrag des Bundesministeriums für Forschung und Technologie, werden Betriebszustände und Störungen in Kernkraftwerken unter sicherheitstechnischen Gesichtspunkten wie folgt unterteilt:

- *Bestimmungsgemäßer Betrieb,* bei dem die Anlage normal funktioniert, bzw. auftretende Störungen keinen Einfluß auf die Sicherheit der Anlage haben. Die Strahlenbelastungen durch betrieblich bedingte Abteilungen radioaktiver Stoffe gehen in der Umgebung nicht über die durch die Strahlenschutzverordnung festgelegten Grenzwerte hinaus.

- *Störfälle* sind als Ereignisabläufe definiert, bei denen der Betrieb aus sicherheitstechnischen Gründen nicht fortgeführt werden kann. Hierfür ist die Anlage jedoch so ausgelegt, daß es nicht zu Strahlenbelastungen über die in der Strahlenschutzverordnung festgelegten Grenzwerte kommt.

- *Unfälle* werden denkbare Ereignisabläufe genannt, die jenseits der sicherheitsmäßigen Auslegung der Kernkraftwerke liegen, sie sind nach menschlichem Ermessen so unwahrscheinlich, daß gezielte Maßnahmen zur Verhütung oder Begrenzung deren Folgen üblicherweise nicht getroffen werden, oder deren Eintreten und Ablauf nicht voraussehbar sind. Bei Unfällen können die in der Strahlenschutzverordnung festgelegten Grenzwerte überschritten werden.

Andere Definitionen, wie GAU (größter anzunehmender Unfall), SUPERGAU oder Strahlenkatastrophe sind in der Deutschen Risikostudie nicht enthalten, sie entsprechen aber den Begriffen Störfall und Unfall im oben genannten Sinne.

Ein Kernkraftwerk enthält riesige Mengen an Radioaktivität und damit ein hohes Gefährdungspotential für die in der Umgebung wohnende Bevölkerung. Deshalb ist der Betrieb von Reaktoren nur vertretbar, wenn die Wahrscheinlichkeit eines Austritts größerer Mengen an Radioaktivität im Gefolge eines Unfalls äußerst gering ist.

Aus diesem Grunde wird es notwendig, „Reaktorsicherheitsstudien" zur Abschätzung des mit der Inbetriebnahme von Kernkraftwerken verbundenen Risikos durchzuführen. Die Bevölkerung hat ein Anrecht auf eine lückenlose Information über die mit der Energiegewinnung durch Kernkraftwerke verbundenen Gefahren. Die Unsicherheit der Menschen hat ihre Ursache nicht zuletzt in den nur schwer zu verstehenden physikalischen Eigenschaften und biologischen Wirkungen der Strahlung, deren Verständnis nur wenigen zugänglich zu sein scheint. Dazu trägt bei, daß in der Strahlenkrankheit ein Schädigungsbild erzeugt wird, das erst verzögert einsetzt als Folge eines Mediums, also Strahlung, das mit den menschlichen Sinnesorganen nicht wahrgenommen werden kann. Trotz intensiver Aufklärungsbemühungen ist es nicht gelungen, alle Menschen davon zu überzeugen, daß die Gefährlichkeit eines Kernkraftwerkes mit der einer Kernwaffe nicht zu vergleichen ist und daß in einem Reaktorkern schon aus rein physikalischen Gründen eine Atomexplosion nicht stattfinden kann. Auch diese psychologischen Gründe machen es dringend erforderlich, von Regierungsseite „Risikoanalysen" anfertigen zu lassen.

Die weltweit bekannteste *Reaktorsicherheitsstudie WASH 1400,* als „Rasmussenstudie" wohl geläufiger, wurde im Jahre 1975 in den USA vom NRC (Nuclear Regulatory Council) veröffentlicht. Es wurden den Berechnungen sechs Standorttypen von Leichtwasserreaktoren mit unterschiedlichen Besiedlungsdichten zugrunde gelegt. Wetterdaten wurden an sechs tatsächlichen Reaktorstandorten in den USA gesammelt. Diese Daten wurden dazu verwendet, den Weg einer radioaktiven Wolke bis zu ca. 800 km Entfernung in 16 Sektoren um den Reaktorstandort zu beschreiben. Die biologischen Auswirkungen wie „Soforttote", akutes Strahlensyndrom, Schilddrüsenknoten, Krebsinduktion und genetische Schäden wurden zu potentiellen Strahlendosen in Beziehung gesetzt. Für niedrige Strahlendosen wird auch im

Rasmussenreport unterstellt, daß es keine Dosisschwelle gibt, unterhalb welcher keine Strahlenschäden entstehen können. Folgt man der „linearen Hypothese", so muß man auch annehmen, daß die Zahl der latenten Krebsfälle oder der genetischen Schäden die gleiche ist, sei es daß man 1000 Menschen einer Strahlenbelastung von 100 rem oder 100000 Menschen einer Dosis von 1 rem aussetzt.

Diese Unsicherheiten in der Beurteilung der Wirkung geringer Strahlendosen sind jedoch ein nach wie vor ungelöstes radiobiologisches Problem und können der Risikostudie nicht zur Last gelegt werden.

Da das Schmelzen des Reaktorkerns der primäre Vorgang ist, der zu einem Reaktorunfall mit Freisetzung größerer Mengen an Radioaktivität führt, gilt das Hauptanliegen der Rasmussenstudie, als auch der Deutschen Risikostudie Kernkraftwerke der Frage nach der Wahrscheinlichkeit eines Schmelzens des Reaktorkerns. Diese Bemühungen gestalten sich schwierig, weil bis heute noch keine Erfahrungen über einen schweren Störfall, geschweige Unfall mit Todesfolge außerhalb eines Kernkraftwerkes vorliegen.

So müssen Analysen durchgeführt werden, die der Wahrscheinlichkeit gelten, mit der es dazu kommen kann, daß bestimmte Einrichtungen versagen und daß die entsprechenden Sicherheitsvorkehrungen gemäß ihrer Auslegung funktionieren oder nicht funktionieren.

Zur Lösung dieser Aufgaben wurden im WASH-1400 Report, als auch in der Deutschen Risikostudie Kernkraftwerke Ereignisablaufdiagramme, auch „Ereignisbäume" genannt, sowie „Fehlerbäume" für die verschiedenen Systeme am Reaktor konstruiert.

In der *„Deutschen Risikostudie"* wurden 70 denkbare Ereignisabläufe untersucht, die bei einem Versagen von Sicherheitssystemen zur Freisetzung von Spaltprodukten führen können. Hierzu gehören vor allem kleine, mittlere und große Lecks in einer Hauptkühlmittelleitung. Wie Abb. 8 erkennen läßt, wird der höchste relative Beitrag zur Wahrscheinlichkeit des Entstehens einer Kernschmelze über einen nicht beherrschbaren Kühlmittelverlust als Folge eines kleinen Lecks in einer Hauptkühlmittelleitung erbracht. Die Entstehungswahrscheinlichkeit eines mittelgroßen oder großen Lecks ist wesentlich geringer. Aus der Gruppe der „Transienten" (das sind Störungen, die ohne Kühlmittelverlust ein länger andauerndes Ungleichgewicht zwischen Wärmeerzeugung und Wärmezufuhr verursachen) ist der „Notstromfall" zu nennen. Ein Notstromfall liegt vor, wenn die normale elektrische Energieversorgung, die alle sicherheitstechnischen Einrichtungen im Normalfall, als auch beim Störfall in Gang hält, – plötzlich ausfällt. Die Energieversorgung muß dann automatisch von der Diesel-Notstromanlage übernommen werden. Der „Fehlerbaum" stellt die Umkehrung des

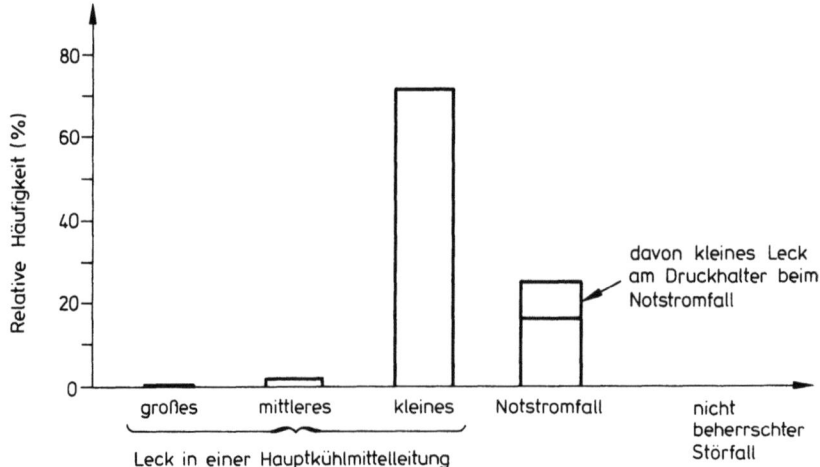

Abb. 8. Relativer Beitrag verschiedener, nicht beherrschbarer Störfälle, zur Häufigkeit von Kernschmelzen. (Aus Deutsche Risikostudie Kernkraftwerke 1979)

Ereignisablaufprogramms dar. Hierbei wird von einer Endauswirkung im Sinne eines Unfalls ausgegangen. Dann werden die verschiedenen Störfallabläufe erfaßt und jede dieser verschiedenen Fehlermöglichkeiten wird hinsichtlich ihrer Wahrscheinlichkeit berechnet.

Mit diesen Methoden wird dann das Risiko, d.h. die Wahrscheinlichkeit einer Kernschmelze pro Reaktorbetriebsjahr berechnet. In der deutschen Risikostudie wird hierfür ein Wert von 1:10000 Reaktorbetriebsjahr angegeben. Im amerikanischen WASH-1400-Report wird ein Wert von 1:20000 Reaktorbetriebsjahren für eine Kernschmelze bei Leichtwasserreaktoren genannt, wobei jedoch nur 10% dieser möglichen Fälle mit der Freisetzung erheblicher Mengen an Radioaktivität einhergehen würden, was einer Wahrscheinlichkeit von 1:200000 pro Reaktorbetriebsjahr entspricht. Die Wahrscheinlichkeit einer „ungünstigen" Wetterlage wird wiederum mit 1:10 und die Wahrscheinlichkeit, daß ein dichtbesiedeltes Gebiet mit großer Bevölkerungsmenge von der radioaktiven Wolke betroffen wird, mit 1:100 veranschlagt. Damit sinkt nach dem WASH-1400-Report die Wahrscheinlichkeit für eine sehr große Reaktorkatastrophe, die mit tausenden Toten, Strahlenkranken, Krebskranken und genetisch geschädigten Personen einhergeht auf einen Wert von 1:200000000 pro Reaktorbetriebsjahr (s. Tabelle 2). Diese Wahrscheinlichkeit muß selbst für den Fall, daß auf der Erde die Zahl der Kernkraftwerke auf 1000 ansteigen sollte, immer noch als so gering

Tabelle 2. Wahrscheinlichkeit verschiedener Größenordnungen des Ausmaßes eines Leichtwasserreaktorunfalls. (Nach RASMUSSEN 1975)

Wahrscheinlichkeit eines Schmelzens des Reaktorkerns mit anschließendem Bruch der Reaktorumhüllung	1:20000
Wahrscheinlichkeit der Freisetzung einer erheblichen Radioaktivitätsmenge nach dem Bruch der Reaktorumhüllung	1:10
Wahrscheinlichkeit einer ungünstigen Wetterlage	1:10
Wahrscheinlichkeit, daß eine große Bevölkerungsmenge der Radioaktivität ausgesetzt ist	1:100
Gesamtwahrscheinlichkeit eines noch vorstellbaren großen Unfalls	1:200000000

Tabelle 3. Unterschiedliche Individualrisiken, Todesrisikowerte je 1 Millionen Personen, bezogen auf 1 Jahr (Aus BAYER u. HEUSER 1980)

Art des Risikos	Risiko[a]
Tödlicher Unfall bei/durch	
Berufstätigkeit (im Durchschnitt)	130
Berufstätigkeit im Bergbau	540
Berufstätigkeit im Gesundheitsdienst	40
Haushalt und Freizeit	230
Teilnahme am Straßenverkehr (75 Minuten pro Tag)	240
Benutzung von Linienflugzeugen (1 Stunde pro Woche)	50
Blitzschlag	0,6
elektrischen Strom	4
Tod durch Krebs oder Leukämie (aufgrund natürlicher und zivilisationsbedingter Ursachen)	2700
Störfälle in Kernkraftwerken (Mittelwerte nach dieser Studie für die nähere Umgebung eines Kernkraftwerks)	
Tod durch akutes Strahlensyndrom („Frühschäden")	0,01
Tod durch Krebs oder Leukämie („Spätschäden")	0,2

[a] (Mittelwerte je 1 Million Personen und Jahr)

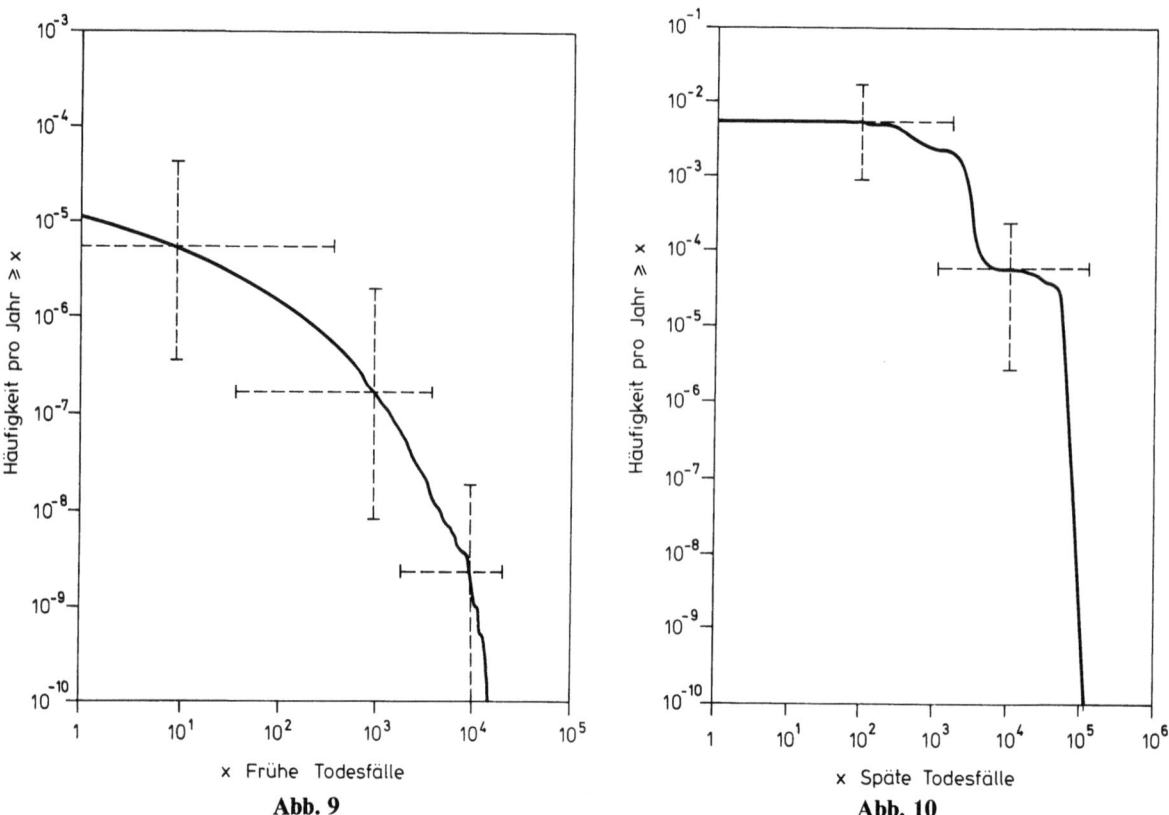

Abb. 9

Abb. 10

Abb. 9. Komplementäre Häufigkeitsverteilung der frühen Todesfälle pro Jahr für 25 Kernkraftwerke. Gestrichelte Balken: 90%-Vertrauensbereiche. (Nach Bayer u. Heuser 1980)

Abb. 10. Komplementäre Häufigkeitsverteilung der späten Todesfälle pro Jahr für 25 Kernkraftwerke. Gestrichelte Balken: 90%-Vertrauensbereiche. (Nach Bayer u. Heuser 1980)

angesehen werden, daß für den Zeitraum, in dem die Menschen Reaktoren überhaupt noch benutzen werden, mit einer Reaktorkatastrophe nicht zu rechnen ist. Allerdings sind in beiden Risikoanalysen nicht kalkulierbare Ereignisse, wie Sabotage und die Einwirkung kriegerischer Waffen auf Kernkraftwerke nicht berücksichtigt.

Zur Darstellung des geringen tödlichen Risikos für in der Kernindustrie tätige Personen werden Vergleichsstatistiken herangezogen, wie auf Tabelle 3 ersichtlich.

Abb. 9 zeigt als ein Ergebnis von Berechnungen der deutschen Risikostudie die komplementäre Häufigkeitsverteilung der frühen Todesfälle (durch akutes Strahlensyndrom) pro Jahr, bezogen auf 25 Kernenergieanlagen, wie sie für die Bundesrepublik etwa repräsentativ sind. Demnach wird das Auftreten *eines* Todesfalles mit der Häufigkeit 1:100000 pro Jahr, als Folge von Unfällen in Kernenergieanlagen eingeschätzt. Die Wahrscheinlichkeit von tausend oder mehr Todesfällen würde demnach etwa 1:10000000 (zehn Millionen) betragen. Abb. 10 zeigt das Ergebnis von Berechnungen der deutschen Risikostudie, kommentiert von Bayer und Heuser (1980), die das Auftreten von letalen Strahlenspätschäden, wie Leukämien und Krebsbildung zum Gegenstand haben. Hierbei wurde unter Berücksichtigung einer proportionalen Dosis-Effekt-Beziehung (ohne Schwellendosis) ein effektiver Risikofaktor von $1,25 \times 10^{-4}$ (1,25:10000) pro rem verwendet, ein Wert, der den Empfehlungen der International Commission on Radiological Protection (ICRP) entspricht. Damit wird auch den niedrigsten Strahlendosen eine Erhöhung des Krebsrisikos unterstellt. Da sehr niedrige Strahlenbelastungen von sehr geringen Aktivitäten ausgehen, sind sie nach einem Reaktorstörfall auch in sehr großen Entfernungen durch Verwehung der Radioaktivität zu erwarten. So wird, wie es auch in der amerikanischen WASH-1400-Studie der Fall ist, ein Gebiet bis zu 2 500 km Entfernung von der Anlage in die Berechnung einbezogen, wobei eine Gesamtbevölkerung von mehr als 600 Millionen Menschen, das heißt also die Bevölkerung ganz Europas mitbetroffen ist. Das bedeutet wiederum, daß bei schweren Störfällen im Inland die Bevölkerung des Auslandes zwar weniger durch akute Todesfälle, als durch maligne Spätschäden belastet würde. Wie Abb. 10 im Vergleich zu Abb. 9 erkennen läßt, ist die Wahrscheinlichkeit des Auftretens letaler Spätschäden größer als das Auftreten akuter Todesfälle, da letztere erst bei einer Ganzkörperdosis von 200 rem und mehr zu erwarten sind.

Nach Abschluß der genannten amerikanischen und deutschen Risikostudien wurden die Untersuchungen über die Wahrscheinlichkeit von Reaktor-Störfällen und -unfällen fortgesetzt. So führen neuere Ergebnisse zu der Erkenntnis, daß Kernschmelzen noch um mindestens eine Größenordnung unwahrscheinlicher sind, als bisher berechnet wurde. Hinzu kommen die Ergebnisse von Untersuchungen über das Auftreten einer Dampfexplosion beim Unfall, ausgeführt von den Sandia National Laboratories in Neu Mexiko, USA. Sie lassen darauf schließen, daß ein Versagen des Containments infolge einer Dampfexplosion nur in 0,01% der Fälle von Kernschmelze (bei bisheriger Annahme von 1%) zu erwarten ist. Die wohl wichtigste Aussage neuerer Berechnungen liegt in der Feststellung, daß der Zeitpunkt der Radioaktivitätsfreisetzung als Folge eines Containmentversagens mit 4,5 Tagen nach Kernschmelze sehr viel später liegen würde als bei dem in der Sicherheitsstudie genannten Durchschnitts-Wert von 27 Stunden. Das bedeutet wiederum, daß mit dieser Verzögerung die Radioaktivitätsfreisetzungen um den Faktor 10^3 für Te, Cs, Rb, ferner dem Faktor 10^4 für Ba und Sr, sowie dem Faktor 10^5 für Jod geringer sein würden, als in der Deutschen Risikostudie angegeben ist. Diese Erkenntnisse lagen beim Verfassen dieses Handbuchbeitrages noch nicht als offizieller Bericht vor, es darf jedoch zumindest als sicher angesehen werden, daß das Risiko eines Reaktorunfalls wesentlich geringer ist, als es bisher eingeschätzt wurde.

Zu der Frage, inwieweit sich die amerikanische Sicherheitsstudie WASH-1400 mit den Ereignissen von Three Mile Island (Harrisburg) in Einklang bringen läßt, hat sich NORMAN C. RASMUSSEN, der Verfasser des amerikanischen Sicherheitsberichtes (RASMUSSEN 1980) geäußert.

Zunächst sei vorangestellt, daß es in Three Mile Island zu einem Störfall kam, weil die Kühlung des Reaktorkerns infolge einer ganzen Kette menschlichen Versagens (näheres siehe unter BELDA 1980) nicht mehr funktionierte und es zu einem bedrohlichen Anstieg der Temperatur des Reaktorkerns kam. Im weiteren Verlauf floß kontaminiertes Kühlwasser aus dem Reaktorsicherheitsbehälter in das Hilfsanlagengebäude, das nicht dazu ausgelegt ist, Gase und Flüssigkeiten zurückzuhalten. Radioaktivität von ^{133}Xenon und in geringerem Maße von ^{131}Jod gelangte damit ins Freie. Die Radioaktivitätsmengen waren relativ gering und so gilt es als sicher, daß niemand aus der Bevölkerung eine höhere Dosis als 100 mrem erhalten hat. Die Karte auf Abb. 11 zeigt eine entsprechende Isodosenverteilung der Radioaktivität in der Umgebung von Three Mile Island. Die Untersuchungskommission des amerikanischen Gesundheitsministeriums hat eine Dosis-Abschätzung der Bevölkerung von 2 Millionen innerhalb eines Umkreises von 50 Meilen um die Reaktoranlage vorgenommen. Grundlagen dafür waren die Boden-Meßergebnisse von Thermolumineszenzdosimetern, die in der Umgebung der Anlage installiert waren. Extrapoliert auf die gesamte „betroffene" Bevölkerung betrug die mittlere Strahlenbelastung pro Person ca. 1,5 mrem, das sind etwa 1% der normalen jährlichen Strahlenbelastung aus natürlichen Strahlenquellen.

Unter den von RASMUSSEN entwickelten Radioaktivitäts-Freisetzungsmodellen entspricht der Störfall von Three Mile Island weitgehend dem von ihm berechneten neunten Modell und damit unter den neun Freisetzungsmöglichkeiten derjenigen mit der geringsten Freisetzungsquote an Radioaktivität, sprich geringsten Gefährlichkeit, aber auch größten Wahr-

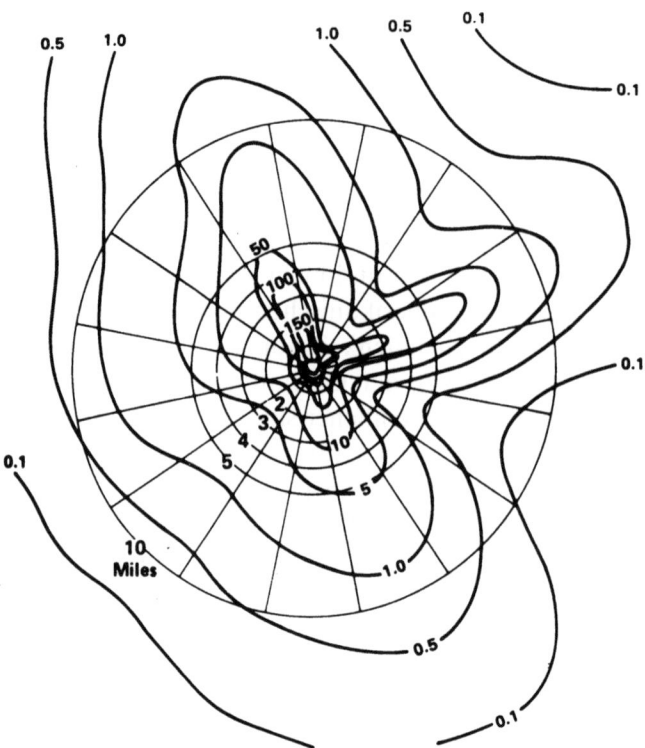

Abb. 11. Isodosen der gemessenen Bodenkontamination (in mR) in der Umgebung der Anlage für den Zeitraum der ersten Woche nach dem Störfall in Three Mile Island. (Nach WALD 1980)

scheinlichkeit. Diese beträgt 1:2500 bei einer Streuung mit einem Faktor von ±10, also zwischen 1:250 und 1:25000 pro Reaktor pro Jahr. Angesichts einer ca. 400-Reaktor-Betriebsjahr-Praxis bei den Druckwasserreaktoren in den USA, hatte das Ereignis von Three Mile Island – nach RASMUSSEN – durchaus eine signifikante Chance, stattzufinden.

V. Planung und Organisation des Katastrophenschutzes für Kernkraftwerke

Da Reaktorunfälle zwar extrem unwahrscheinlich sind, wenn sie jedoch geschehen, zu sehr ernstzunehmenden gesundheitlichen Schäden unter der Bevölkerung führen können, ist es die Pflicht eines Staates, der Kernkraftwerke errichten läßt, dafür zu sorgen, daß vorausplanende Maßnahmen zur Verringerung der Auswirkungen solcher Unfälle ergriffen werden, – mit anderen Worten: es müssen geeignete Katastrophenschutzmaßnahmen getroffen werden.

In der Bundesrepublik Deutschland, einem partikularistisch regierten Lande, ist der Katastrophenschutz jeglicher Art eine Sache der Bundesländer. Um die zu ergreifenden Maßnahmen der Länderregierungen jedoch aufeinander abzustimmen, sind vom Bundesminister des Innern „Rahmenempfehlungen für den Katastrophenschutz in der Umgebung kerntechnischer Anlagen" (am 10./11. März 1975 vom Länderausschuß für Atomkernenergie gemeinsam mit den Innenbehörden der Länder) erlassen worden.

Für die Praxis bedeutet das, daß von den Landesbehörden Katastrophenschutzpläne erstellt werden müssen, und zusätzlich werden die Betreiber der jeweiligen kerntechnischen Anlage zu eigenen Vorsorge- und Schutzmaßnahmen verpflichtet. Dazu gehört u. a. auch die Erarbeitung eines Alarmplanes im eigenen Bereich der Kernenergieanlage. Sind durch einen Störfall die Voraussetzungen für eine Alarmierung gegeben, so sind die dafür zuständige Katastrophenschutzbehörde, d. h. die Kreisverwaltungsbehörde, die „Katastropheneinsatzleitung", die Polizei, ggf. die Feuerwehr und andere Rettungsdienste zu alarmieren.

Die entscheidende Katastrophenschutzbehörde ist im allgemeinen die Kreisverwaltung, in deren Bereich sich der Unfallort befindet, der Katastropheneinsatzleiter ist demgemäß der Landrat. Ihm obliegt es, die nuklearspezifischen und objektbezogenen Abwehr- und Schutzmaßnahmen zu ergreifen, für den Fall, daß durch die Freisetzung von wesentlichen Mengen an Radioaktivität gesundheitsschädigende Auswirkungen auf die Bevölkerung zu befürchten sind. Sachverständige, wozu auch ein sachkundiger Arzt (Strahlenschutzarzt) gehören sollte, Fachdienststellen und vor allem ein erfahrener Verbindungsmann aus der Kernenergieanlage sollen ihm beratend zur Seite stehen. Bundeseinheitlich sind drei Alarmierungsstufen vorgesehen, die von der Katastrophenschutzleitung, falls erforderlich, auszulösen sind.

Katastrophenvoralarm wird bei einer Betriebsstörung in der Kerntechnischen Anlage ausgelöst, bei der keine oder geringe, noch unterhalb der für Katastrophenalarm festgelegten Kriterien liegende Auswirkungen aufgetreten sind, jedoch die Möglichkeit derartiger Auswirkungen nicht mit Sicherheit ausgeschlossen werden kann.

Sonderalarm Wasser wird ausgelöst, wenn eine gefahrbringende Einleitung von radioaktiven Stoffen in Gewässer erfolgt ist, jedoch keine so erhebliche Freisetzung radioaktiver Stoffe in die Luft zu besorgen ist, daß die Kriterien zur Auslösung des Katastrophenalarms erfüllt sind.

Katastrophenalarm wird ausgelöst, wenn durch einen Unfall oder Störfall in der kerntechnischen Anlage eine gefahrbringende Freisetzung radioaktiver Stoffe in die Luft festgestellt oder als unmittelbar bevorstehend zu besorgen ist.

Die Alarmierungen lösen eine ganze Kette von Maßnahmen aus, von denen nur einige hier genannt seien. So beim Katastrophenvoralarm das Zusammentreten der Katastrophenschutzleitung in der erforderlichen Mindestzahlbesetzung unter Beteiligung des sachkundigen Vertreters des Betreibers der Kernenergieanlage. Bei Sonderalarm Wasser werden zur Katastrophenschutzleitung Vertreter der Wasserschutzpolizei, des Wasserwirtschaftsamtes, des Wasser- und Schiffahrtsamtes hinzugezogen. Radioaktivitätsmessungen in Wasser und Schlamm sind durchzuführen. Evtl. müssen Warnungen an Wasserentnahmestellen und an die flußabwärts wohnende Bevölkerung ausgegeben und notfalls Sperrungen ganzer Wasserflächen vorgenommen werden.

Ein Alarmierungsschema für die Alarmstufe „Katastrophenalarm" zeigt Abb. 12. Der Katastrophenalarm zieht die eingreifendsten Maßnahmen nach sich. So den Einsatz von Meßtrupps im kontaminierten Gelände, Warnung der Bevölkerung durch Sirenen und Lautsprecherwagen, Anweisung der Menschen, in die Häuser und Keller zu gehen, Anordnung der Ausgabe und Einnahme von Kalium-Jodidtabletten. Notfalls Evakuierung von ganzen Bevölkerungsgruppen. Sperrung von Geländearealen, Verkehrseinschränkungen, Sicherstellung von kontaminierter Nahrung und von Futtermitteln, Dekontamination von Einsatzkräften von Bevölkerung, Tieren, Material, Häusern, Verkehrswegen usw. Ärztliche Betreuung und notfalls Behandlung der Einsatzkräfte und der betroffenen Bevölkerung.

Als Hilfe zur Abschätzung der Radioaktivitäten in der Umgebung eines Kernkraftwerkes sind in verschiedenen Abständen von der Anlage Meß- und Probeentnahmestellen für Luft-, Wasser-, Milch-, Gras-, Boden-, und Bewuchsproben stationiert. Für die Durchführung eines übersichtlichen Strahlenmeßprogramms und der Organisation einer Zusammenarbeit der Hilfseinrichtungen des Katastrophenschutzes, sowie zur Vereinfachung von Befragungen nach den Wohngebieten möglicherweise exponierter Bevölkerungsanteile, wird die Umge-

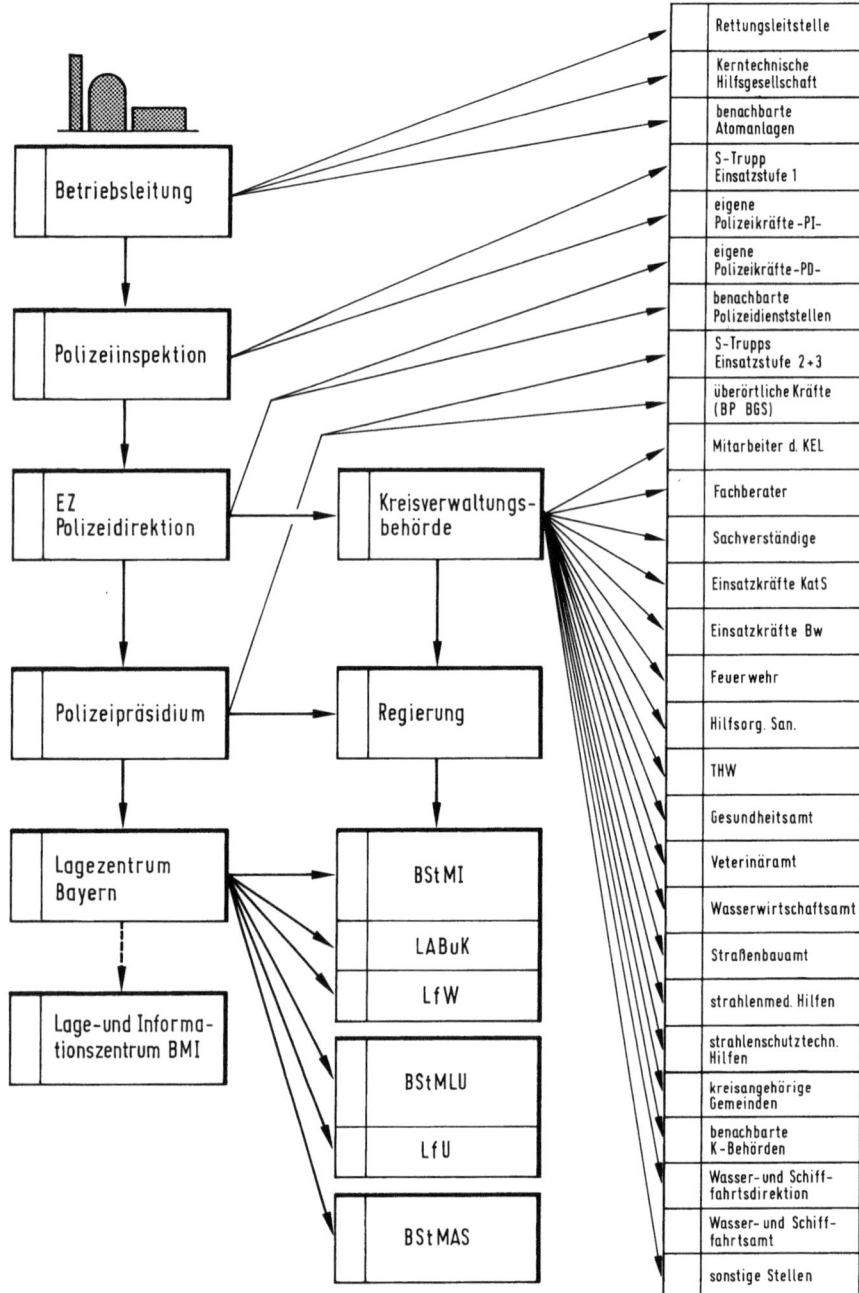

Abb. 12. Alarmierungsschema für die Alarmstufe Katastrophenalarm. Entwurf des Bayerischen Staatsministeriums des Inneren. (Nach Storner 1981)

bung von Kernkraftwerken in Zonen und Sektoren eingeteilt, so wie es auf Abb. 13 dargestellt ist.

Dabei umschließt die *Zentralzone* die Anlage unmittelbar und soll bei Berücksichtigung örtlicher Gegebenheiten einen Radius von 2 km nicht überschreiten. Die *Mittelzone* umschließt die Zentralzone bei einem Radius von 10 km und die *Außenzone* umschließt wiederum die Mittelzone, wobei ihre äußere Begrenzung sich in einem Abstand mit einem Radius von 25 km von der Anlage entfernt befindet. Mittelzone und Außenzone sind in 12 Sektoren zu je 30° oder 22,5° unterteilt. Die Zentralzone ist nicht unterteilt, hier in unmittelbarer Nähe des Kernkraftwerkes wird bei größeren Radioaktivitätsfreisetzungen u.U. kaum noch

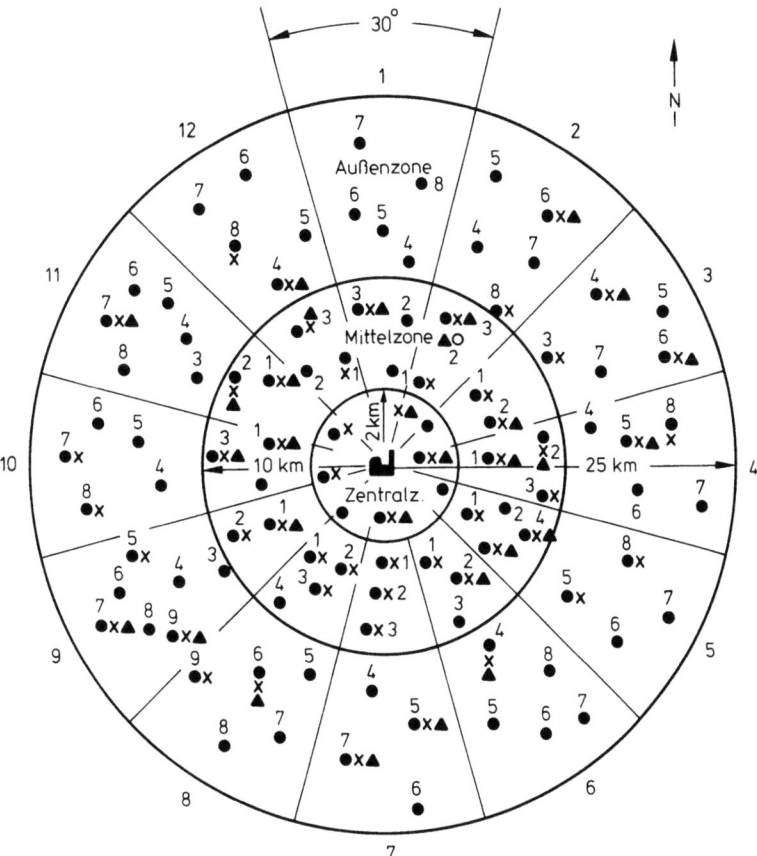

● Luftproben, Dosisleistungsmessung, Bewuchsproben

x Frischmilchproben

▲ Trinkwasserproben

Abb. 13. „Strahlenmeßkarte" mit Unterteilung der Umgebung eines Kernkraftwerkes in Zonen und Sektoren. (Nach STORNER 1979)

Zeit für Strahlenmessungen und deren Auswertung zur Verfügung stehen, hier muß bevorzugt mit der Notwendigkeit einer Evakuierung gerechnet werden.

Zusammenfassend kann man sich den zeitlichen Ereignisablauf eines Reaktorunfalls folgendermaßen vorstellen:

In der *ersten Ereignisstufe* bahnt sich der Unfall, etwa bei beginnender Kernschmelze, an. Es ist mit der Freisetzung von Radioaktivität mit gewisser, vielleicht auch schwer bestimmbarer Wahrscheinlichkeit zu rechnen. Jetzt kann schon „Katastrophenvoralarm" gegeben werden.

In der *zweiten Ereignisstufe* steht die Freisetzung von Radioaktivität mit großer Wahrscheinlichkeit bevor, sie findet bereits statt oder hat gerade stattgefunden. Zuvor wurde „Katastrophenalarm" gegeben. In dieser Zeitphase werden die Menschen aufgefordert, in den Häusern zu verbleiben, evtl. müssen sie anschließend evakuiert werden. Falls erforderlich werden Jodtabletten ausgegeben.

Während der *dritten Ereignisstufe* sind die Menschen – falls notwendig – zu dekontaminieren oder/und ärztlich zu versorgen. Bei Evakuierung geschieht dies hauptsächlich in den „Notfallstationen". Schwerere Fälle kommen in Klinikbehandlung, leichtere bleiben unter ambulanter Kontrolle.

Die *vierte Ereignisstufe* gilt als Spätphase nach Ablauf der akuten bis subakuten Unfallereignisse. Jetzt geht es um die Kontrolle von Trinkwasser und Nahrungsmitteln auf Radioaktivität, um die Überwachung von evtl. kontaminierten oder strahlengeschädigten Haus- und Nutztieren, um die Kontrolle von Feldfrüchten, falls notwendig um die Dekontamination von Häusern, Wegen und Gelände, und um die Rückführung der evakuierten Bevölkerung in die Wohngebiete, falls dies aufgrund der Radioaktivitätsmeßwerte möglich ist.

VI. Vorsorgliche Evakuierung zum Schutz der Bevölkerung

Bei drohender Gefahr durch die Freisetzung von Radioaktivität nach einem schwerwiegenden Störfall in einer Kernenergieanlage sind die davon voraussichtlich betroffenen Personen rechtzeitig zu unterrichten. Das kann geschehen durch Lautsprecherwagen und/oder Sirenen, verbunden mit der Aufforderung Rundfunk- und Fernsehgeräte wegen weiterer Benachrichtigungen einzustellen. Evtl. wird die Ausgabe von Jodtabletten angekündigt.

Die Menschen werden aufgefordert, die Häuser oder ggf. die Keller aufzusuchen, alle Öffnungen, wie Türen und Fenster zu schließen, die Lüftungs- und Klimaanlagen abzustellen.

Falls notwendig, muß darauf hingewiesen werden, daß frisch geerntetes Gemüse oder frisch gemolkene Milch nicht verzehrt werden sollten. Personen, die sich nach Eintritt des Unfalls im Freien aufgehalten haben und durch die vorbeiziehende radioaktive Wolke kontaminiert wurden, sollten sich selbst behelfsmäßig dekontaminieren durch Ablegen der Kleidung und Waschen.

Evakuierung kann bei Freisetzung hoher Aktivitäten angezeigt sein insbesondere für die Menschen, die in Nähe der Anlage wohnen. Dabei sollten die mit dem Vorgang der Evakuierung verbundenen Gefährdungen zu dem durch die Evakuierung zu erwartenden Gewinn in einer vertretbaren Risiko/Nutzen-Relation stehen. Die bei manchen Menschen zu erwartenden psychologischen Reaktionen sind mitzuberücksichtigen.

Auch die Frage einer Teilevakuierung ist in Betracht zu ziehen. So könnten, ehe man sich zur Evakuierung der gesamten Bevölkerung entschließt, zunächst Schwangere und Kinder aus der Gefahrenzone entfernt werden. Bei bettlägerigen Schwerkranken wäre umgekehrt zu verfahren, hier muß abgewogen werden, ob die Strapazen einer Evakuierung nicht gefährlicher sind, als eine möglicherweise nur sehr geringe Strahlenbelastung. Dann würden sich wiederum Probleme für das zurückbleibende Pflegepersonal ergeben. Abgesehen von diesen Sonderfällen sollten für das Verhalten der Bevölkerung die Richtlinien verbindlich sein, die für eine Bestrahlung von außen (Ganzkörperdosis) s. Tabelle 4 und für die Bestrahlung der Schilddrüse (von innen durch Radiojod), Tabelle 5, angegeben werden. Ihnen ist zu entnehmen, ob die Menschen im Hause verbleiben oder evakuiert werden sollten, wobei es allerdings problematisch sein dürfte, die hier genannten Strahlenbelastungen abzuschätzen.

Inwieweit auch das Verbleiben im Keller einen Schutz geben kann, zeigen die in Tabelle 6 wiedergegebenen Schutzfaktorbereiche für verschiedene Bauwerke. In der Schweiz, deren Bevölkerung sich eines kompletten Schutzraumsystems erfreuen kann, wird von der vertikalen statt der horizontalen Evakuierung gesprochen.

Die Frage der Entscheidung zur Evakuierung spielte auch in Harrisburg eine Rolle. War es hier auch zu keinem echten Reaktorunfall gekommen, so befürchtete man jedoch, daß es dazu kommen könne. Es war für die Regierung, für Reaktorpersonal und -leitung, sowie für das öffentliche Gesundheitswesen eine Situation entstanden, die es in der 25jährigen Geschichte der Kernkraftwerke in den USA noch nicht gegeben hatte. Es zeigte sich, daß es eine ausgezeichnete Vorsorge für eventuelle Unfälle *innerhalb* des Kernenergiebetriebes gibt, also einen funktionierenden werksärztlichen Dienst, daß diese Vorsorge sich jedoch in keinster Weise auf die medizinischen Belange *außerhalb* der Anlage übertragen läßt. Der Schutz dieser Menschen ist eine Angelegenheit des Staates und seiner Behörden und diese zeigten sich in Harrisburg und Philadelphia weit weniger dazu in der Lage, medizinische und organisatorische Probleme zu meistern, als das Personal des Werkes.

Tabelle 4. Ganzkörperbestrahlung von außen und durch Inhalation. (Aus „Rahmenempfehlungen für den Katastrophenschutz in der Umgebung kerntechnischer Anlagen 1977)

Gefährdungs-klasse	Ganzkörperdosis bei Aufenthalt im Freien[a]	Empfohlene Notfallmaßnahmen	
		Verbleiben im Haus[b]	Räumung
I	bis 25 rem	zweckmäßig	nein
II	25–100 rem	erforderlich	zweckmäßig
III	über 100 rem	erforderlich bis zur Räumung	erforderlich

[a] Die angegebenen Ganzkörperdosiswerte resultieren aus einer Exposition *im Freien* bei einer Aufenthaltsdauer von einigen Stunden bis zu einigen Tagen unabhängig von Alter oder Geschlecht. Evtl. geringere Wirkungen bei Teilabschirmung des Körpers oder längerer zeitlicher Verteilung der Strahlenbelastung sind außer Acht gelassen.
[b] Die Dosisreduktion durch Verbleiben im Haus und Aufsuchen abgeschirmter Räume, z.B. des Kellers oder innen gelegener Räume, bei äußerer Strahlung hängt von der Abschirmdicke der Wände und Decken ab. Im allgemeinen kann ein Faktor mindestens 5 erwartet werden

Tabelle 5. Bestrahlung der Schilddrüse durch Inhalation von Radiojod und Radiotellur. (Aus „Rahmenempfehlungen für den Katastrophenschutz in der Umgebung kerntechnischer Anlagen" 1977)

Gefährdungs-klasse	Schilddrüsendosis nach Aufenthalt im Freien[a]	Empfohlene Notfallmaßnahmen		
		Verbleiben im Haus[b]	Jodid-tabletten[c]	Räumung
I	bis 25 rem	zweckmäßig	entbehrlich	nein
II	25–500 rem	erforderlich	zweckmäßig bei 100 rem; erforderlich bei über 100 rem	entbehrlich
III	über 500 rem	erforderlich bis zur Räumung	erforderlich auch bei Räumung	zweckmäßig, bis 1000 rem; erforderlich bei über 1000 rem

[a] Die angegebenen Schilddrüsendosiswerte resultieren aus einem Aufenthalt *im Freien* bei einer Aufenthaltsdauer von einigen Stunden bis zu einigen Tagen unabhängig von Alter oder Geschlecht
[b] Die Dosisreduktion durch Verbleiben im Haus und Schließen der Fenster und Türen ist im Falle von Radiojod nicht allgemein angebbar. Sie hängt vor allem vom Luftwechsel der Räume und den meteorologischen Ausbreitungsverhältnissen ab. Es kann eine Dosisreduktion um mindestens den Faktor 2 erwartet werden
[c] Die Dosisreduktion durch Einnahme von Jodidtabletten beträgt im Falle von Radiojod beim Erwachsenen im allgemeinen 80%, wenn sie innerhalb von 2 Stunden nach der Inhalation genommen werden und 50% bei Einnahme nach 6 Stunden

LINNEMANN (1980) teilt in seinem Bericht mit, daß es offenbar auch „Autoritätsprobleme" gab in dem Bemühen, der Bevölkerung Anweisungen zu geben. Die Zuständigkeiten waren nicht klar definiert und wichtige Entscheidungen mußten auf unterster Ebene getroffen werden, was nicht immer günstig war wegen des dort zwangsläufig fehlenden Überblicks. „Es gab mehr Berichterstattung als Weisungsbefugnis" und Regierungsstellen, die durch Verlaut-

Tabelle 6. Schutzfaktorbereiche für verschiedene Bauwerke. (Aus Rahmenempfehlungen für den Katastrophenschutz in der Umgebung kerntechnischer Anlagen 1977

Art des Bauwerks	Schutzfaktorbereich
Schutzräume unter Erdgleiche (0,90 m Erdüberdeckung oder gleichwertiges) Tiefkeller mehrstöckiger Gebäude	1 000 oder darüber
Strahlungsschutzräume im Keller (massive Mauerwerkswohnbauten) Keller ohne ungeschützte Wände in mehrstöckigen Mauerwerksbauten Mittig gelegene Räume in oberen Stockwerken von Hochbauten (ausgenommen die drei obersten Stockwerke) mit Massivdecken und -außenwänden	250–1 000
Strahlungsschutzräume im Keller (Fachwerk- und Ziegelverblendwohnbauten) Mittig gelegene Räume in Kellergeschossen mit teilweise ungeschützten Wänden in mehrstöckigen Gebäuden Mittig gelegene Räume in oberen Stockwerken (ausgenommen das oberste Stockwert) mehrstöckiger Gebäude mit Massivdecken und -außenwänden	50–250
Keller ohne ungeschützte Wände in kleinen 1–2stöckigen Gebäuden Mittig gelegene Räume in oberen Stockwerken (ausgenommen das oberste Stockwerk) mehrstöckiger Gebäude mit leichten Decken und Außenwänden	10–50
Keller (teilweise ungeschützt) kleiner 1–2stöckiger Gebäude Mittig gelegene Räume im Erdgeschoß von 1–2stöckigen Gebäuden mit massiven Mauerwerkswänden	2–10
Räume über Erdgleiche in leichten Wohnbauten	2 oder darunter

barungen in den Medien über ihre Fehlhandlungen sensibilisiert worden waren, reagierten daraufhin mit ineffektiven und undurchführbaren Anordnungen. All dies geschah, obwohl es zu keinem echten Unfall gekommen war und es keine Verletzten gab, die eine ärztliche Behandlung benötigten. So sind diese Zustände letztlich als die Folgen einer systematischen Sensibilisierung der Bevölkerung gegenüber allem, was mit Atom, Strahlung und Kernkraft zu tun hat, zu werten.

VII. Die Strahlenexposition der Bevölkerung durch Radioaktivität

Dekontaminierungsmaßnahmen

Kommt es im Gefolge eines Störfalles zum Austritt von Radioaktivität aus dem Sicherheitsbehälter eines Reaktors, so hängt das Ausmaß der Gefährdung von Personen in der Umgebung der Anlage von einer Reihe von Faktoren ab, wie

– von der Menge an freigesetzter Radioaktivität
– von der Verteilung der Radioaktivität in der Landschaft als Folge der gerade herrschenden Witterung
– von der Bevölkerungsdichte
– von den Schutzverhältnissen der Menschen, ob Aufenthalt im Freien, in den Häusern oder Kellern
– vom Funktionieren organisatorischer Maßnahmen, wie rechtzeitiger Warnung, Evakuierung, Einnahme von Jodtabletten, Vermeidung von Kontaminationen der Menschen selbst
– von der ärztlichen Versorgung.

In Abhängigkeit von der Witterungslage kann es in extremen Fällen in einer Entfernung von 1 km von der Anlage zu Bodenkontaminationen bis zu ca. 1 000 Curie pro Quadratmeter kommen. Mit zunehmender Entfernung von der Anlage werden die Kontaminationen geringer und betragen nach LÖSTER in Entfernung von etwa 10 km in Abhängigkeit von der Windrichtung 1 bis 10 Curie Aktivität pro Quadratmeter[1]. Diese Aktivitäten fallen wegen der kurzen Halbwertzeiten vieler Nuklide rasch ab, doch können Menschen, die sich innerhalb der ersten Stunden ungeschützt in den hochkontaminierten Gebieten aufhalten, erhebliche Strahlenbelastungen erhalten. Das kann auf verschiedene Weise geschehen, so durch

- Ganzkörperexposition von außen durch Gammastrahlung, ausgehend von der vorbeiziehenden Wolke und/oder von der am Boden abgelagerten Radioaktivität,
- durch Strahlenbelastung infolge Inkorporation, d.h. durch Aufnahme von radioaktiven Stoffen in den Organismus über die Atemwege, über den Gastrointestinaltrakt und auf dem Weg über offene Wunden,
- durch Kontamination der Körperoberfläche infolge Ablagerung radioaktiver Stoffe auf Haut, Schleimhäuten und Kleidung,
- durch Kombination von Ganzkörperbestrahlungen mit Inkorporationen und/oder Kontamination der Körperoberfläche. Weitere Kombinationsschäden können entstehen, wenn zu den Strahlenbelastungen konventionelle Verletzungen in Form von mechanischen Wunden oder Verbrennungen hinzukommen.

Strahlenschäden als Folge einer Ganzkörperexposition führen beim Überschreiten einer Dosis von ca. 200 rad zu einer lebensgefährlichen Krankheit in Form des akuten Strahlensyndroms. An „Gefährlichkeit" folgen die Auswirkungen der Inkorporation, insbesondere des Radiojod. An dritter Stelle stehen die Ablagerungen von Radioaktivität auf Haut und Schleimhäuten. Wird nicht dekontaminiert, so kann es zur Strahlendermatitis kommen. Im folgenden sei über die Probleme der Oberflächenkontamination und -dekontamination, in weiteren Kapiteln über die Jodinkorporierung in die Schilddrüse und das akute Strahlensyndrom berichtet.

Folgt man dem Beispiel eines in der deutschen Risikostudie angegebenen Rechenmodells über ein betroffenes Bevölkerungskollektiv, wobei die Ausdehnung der freigesetzten Radioaktivität ein Gebiet mit einem Radius von 2,4 km um die kerntechnischen Anlage, sowie einen 30°-Sektor in Windrichtung bis 8 km Entfernung umfaßt, so betrifft das ein Gesamtgebiet von etwa 33 km^2 Fläche. Bei den genannten Modellen, die sich auf die Besiedlungsverhältnisse in der Umgebung von Kernkraftwerken in der Bundesrepublik beziehen, würden sich in diesem Gebiet etwa zwei Drittel der Fälle ca. 6800 Personen befinden, in seltenen Fällen aber auch 20000 Personen (zitiert nach KIEFER 1981). Geht man davon aus, daß 3% der Bevölkerung der Aufforderung zum Aufsuchen der Häuser nicht nachkommt, so ist dann mit ca. 200, in extremen Fällen mit 6000 kontaminierten Personen zu rechnen.

Wird als hoher Wert eine Kontamination der Kleidung von 100 µCi/cm^2 angesetzt, so bedeutet das für die Betroffenen eine Gammadosis von ca. 6 rem/h und zusätzlich eine durch die Kleidung abgeschwächte Betadosis von ca. 10 rem/h. Da der Anreicherungseffekt an Radioaktivität auf der Haut geringer ist als auf der Kleidung, ist auf der unbedeckten Haut mit einer Kontamination von 10 µCi/cm^2 zu rechnen, was einer Gammadosis von 0,6 rem/h und einer Betadosis von ca. 80 rem/h entspricht.

Die Reduzierung dieser Strahlenbelastung, die hauptsächlich die Haut und weit weniger den Gesamtorganismus in Mitleidenschaft zieht, ist durch eine recht baldige *Dekontamination* zu erreichen. Dabei sollte man sich darauf beschränken, die gesamte Kleidung abzulegen, sowie Gesicht und Hände abzuwaschen. Ein Duschen des ganzen Körpers ist meist nicht nur unnötig, sondern bringt die Gefahr einer Verschmierung der Kontamination auf bisher nicht betroffene Hautpartien mit sich.

---

[1] Neuere Berechnungen lassen den Schluß zu, daß selbst unter ungünstigsten Voraussetzungen die Kontaminationen weitaus geringer sein dürften.

Als *Dekontaminationsmittel* ist reines Wasser nur teilweise wirksam, es sollten schwach basische Seifen zusätzlich verwendet werden, falls keine speziellen Dekontaminationsmittel vorhanden sind. Um keine Verletzungen zu setzen, sollte die Haut nur mit weichen Bürsten bearbeitet werden. Harte Bürsten können Verletzungen setzen, durch die die Radioaktivität erst eindringen kann. Die intakte Haut ist für die Nuklide weitgehend undurchlässig.

Für die Helfer ist (nach KIEFER 1981) zu beachten, daß der kontaminierte Mensch eine Strahlenquelle von ca. 10 mCi, seine Kleidung bis zu 1000 mCi darstellen kann. Das bedeutet eine Gammadosisleistung von ca. 10 bzw. 1000 mrem/h in einem Meter Abstand. Die kontaminierte Kleidung ist also entsprechend zu lagern oder abzuschirmen. Die Kontamination der Helfer ist zwar unvermeidlich aber vernachlässigbar gefährlich, Handschuhe sollten jedoch getragen werden. Eine gewisse Inhalationsgefährdung besteht für die Helfer, wenn sie den Betroffenen beim Ausziehen der kontaminierten Kleidung helfen. Evtl. sollten dann Atemmasken getragen werden. Das Abwasser kann so hohe Aktivitätsanreicherungen erreichen, daß es gesammelt oder über Sand bzw. Erde abgeleitet werden sollte, wodurch die Radioaktivität weitgehend absorbiert wird.

Beim Kontrollieren kontaminierter Personen mit Meßgeräten können Schwierigkeiten entstehen, wenn der Pegel der Umgebungsstrahlung höher ist, als es die Meßwerte an der untersuchten Person sind. Eine andere Täuschungsmöglichkeit besteht darin, daß sich in der Schilddrüse so viel Radioaktivität angesammelt hat, daß die davon ausgehende Gammastrahlung eine Oberflächenkontamination vortäuscht. An Ausrüstung für die Helfer werden von KIEFER Handgeräte mit Großflächenproportionalitätszählrohren empfohlen. Diese messen noch Impulsraten bis zu 10^6/s richtig, was einer Flächenkontamination von 2 µCi/cm^2 bei einer Zählfläche von ca. 70 cm^2 entspricht.

VIII. Jodprophylaxe der Schilddrüse

Bei einem Reaktorunfall würde es zur Freisetzung von radioaktivem Jod in Form der Isotope ^{131}J, ^{132}J, ^{133}J, ^{134}J und ^{135}J kommen. Das Jod ist wegen der bei der Kernschmelze entstehenden hohen Temperaturen zunächst flüchtig und stellt deshalb einen wesentlichen Anteil der sich bildenden radioaktiven Wolke dar. Es schlägt sich später auf dem Boden, auf Gewässern, auf Bewuchs und Gebäuden nieder und kann mit der Atemluft, sowie über das Trinkwasser, die pflanzliche Nahrung und, was für Kinder bedeutsam ist, über die Milch von Weidetieren in den Organismus gelangen.

Wird Jod unmittelbar mit der Atemluft aufgenommen, so wird es fast vollständig durch die Lunge resorbiert, gelangt in den Extravasalraum, in die Blutbahn und nach vorübergehender teilweiser Anreicherung in den Speicheldrüsen zu einer lang anhaltenden Speicherung in die Schilddrüse. Je geringer normalerweise das Jodangebot in der Nahrung der Personen in der betroffenen Region ist, um so höher wird der Anteil an Speicherung des angebotenen Jods in der Schilddrüse sein. Das nicht gespeicherte Jod wird mit einer biologischen Halbwertzeit von etwa 6 Stunden durch die Nieren wieder ausgeschieden.

Gespeichertes Radiojod zerfällt unter Emission von Beta- und Gammastrahlung, wobei die Belastung der Schilddrüse, also deren Bestrahlungsdosis von der gespeicherten Menge (Aktivität) an Radiojod, von der Zusammensetzung an Jodisotopen (unterschiedlicher Halbwertzeiten und Strahlungsemissionen) und nicht zuletzt vom Funktionszustand der Schilddrüse abhängig ist.

Wie es durch Radiojodinkorporationen zu relativ hohen Strahlenbelastungen kommen kann, haben die Dosisabschätzungen bei den 86 Bewohnern der Marschallinseln Rongelap und Ailingnae als Folge des Fallout des Wasserstoffbombenunfalls vom 1. März 1954 gezeigt. Hier kam es besonders bei den Kindern unter 10 Jahren zu Strahlenbelastungen der Schild-

Tabelle 7. Auftreten von Schilddrüsenkarzinomen bis zum Jahre 1976 unter den exponierten Bewohnern der Marschallinseln. (UNSCEAR-Report 1977)

Alter zur Zeit der Strahlenexposition	Anzahl der Untersuchten	Anzahl der Karzinome	Zahl der Karzinome auf 1 Mio Personen pro 1 rad
In utero	4	0	0 (0–5000)
Unter 10 Jahre	83	2	80 (15–250)
10–18 Jahre	34	2	250 (45–790)
Mehr als 18 Jahre	122	3	205 (55–535)
Alle Exponierten	243	7	143 (70–270)
Nichtexponierte	504	0	

drüse von 500 bis 1400 rad, bei den älteren Kindern von 10 bis 20 Jahren zu etwa 500 rad, während die Belastungen der Erwachsenen darunter lagen. Schilddrüsenunterfunktionen (in ca. 15%), Knötchenbildungen in der Schilddrüse (in ca. 36%) und die Entstehung von Karzinomen in 4 Fällen waren die Folge (s. auch Tabelle 7, wobei die Fälle *aller* Marschallinseln berücksichtigt sind).

Demgegenüber hat die klinische Erfahrung der Nuklearmediziner gezeigt, daß die jahrzehntelange Anwendung von [131]Jod in Diagnose und Therapie der Schilddrüsenerkrankungen, trotz Auswertung umfangreicher Statistiken nicht den Nachweis erbringen läßt, daß es zum signifikanten Anstieg der Rate an Schilddrüsenkarzinomen bei den untersuchten Patientenkollektiven gekommen ist. Es wird versucht, die Diskrepanz dieser Ergebnisse gegenüber den Befunden bei den Bewohnern der Marschallinseln durch das zusätzliche Auftreten kurzlebiger Jodisotope im Fallout in Form von [132]Jod (HWZ: 23,3 h), [133]Jod (HWZ: 20,8 h) und [135]Jod (HWZ: 6,7 h) zu erklären.

Zur Verhinderung oder zumindest Verminderung einer Inkorporation von radioaktivem Jod in die Schilddrüse, wird von den Behörden empfohlen, Kalium-Jodidtabletten an die Bevölkerung zur Einnahme auszugeben. Da die Medikation von Jod zu Nebenwirkungen führen kann, sollte die Ausgabe von Kalium-Jodidtabletten nur dann erfolgen, wenn mit einer erheblichen Freisetzung von Radio-Jod bei einem Reaktor-Störfall gerechnet werden muß. Da angenommen wird, daß im Falle einer schweren Betriebsstörung das Austreten von Radioaktivität aus dem Sicherheitsbehälter voraussichtlich um viele Stunden bis Tage verzögert ist, besteht meist ausreichend Zeit dazu, die Jod-Tabletten zu verteilen.

Seitens des Bundesministeriums des Inneren wird empfohlen, bei Erwachsenen als Angangsdosis 200 mg Kalium-Jodid (das sind 2 Tabletten KJ) zu geben. Da das Jod mit einer Halbwertzeit von ca. 6 Stunden durch die Nieren ausgeschieden wird, sollen im Abstand von etwa 8 Stunden weitere 100 mg KJ weiter zugeführt werden, bis zu einer Gesamtzahl von 10 Tabletten innerhalb von 3–4 Tagen. Die Dauer der Jodmedikation kann aber auch verlängert werden. Dieser Medikationsvorschlag gilt auch für Schwangere. Kinder (7.–15. Lebensjahr) sollten eine Anfangsdosis von 1 Tablette (100 mg KJ) und danach alle 8 Stunden $^1/_4$ Tablette bis zur Gesamtzahl von 5 Tabletten erhalten. Kleinkinder (2.–6. Lebensjahr) und Säuglinge sollen täglich $^1/_2$ Tablette bis zu einer Gesamtzahl von 2 Tabletten erhalten.

Die Kalium-Jodid-Dosierung wird in den verschiedenen Staaten nicht einheitlich gehandhabt. So empfiehlt das BRH (Bureau of Radiobiological Health) in den USA zur Schilddrüsenblockade beim Unfall die tägliche Dosis von 130 mg KJ für Erwachsene und Kinder, sowie 65 mg KJ für Kinder, die weniger als ein Jahr alt sind. Diese Medikation kann 90% einer Jodabsorption verhindern, wenn sie mehrere Stunden vor oder unmittelbar nach Inkorporation gegeben wird. Noch 50% können abgeblockt werden, wenn KJ innerhalb von 4 Stunden nach der Exposition genommen werden.

Mehr unterschiedliche „nationale" Auffassungen als im Hinblick auf die Dosierung, ergeben sich im Hinblick auf die Frage, ob überhaupt und unter welchen Vorbehalten eine KJ-Prophylaxe durchgeführt werden sollte. So ist in den USA, die kein Jodmangelgebiet sind, die Gefahr der Auslösung einer Hyperthyreose durch ein plötzliches Überangebot an Jod durch die KJ-Medikation geringer als in der Bundesrepublik Deutschland.

Wegen der möglichen Nebenwirkungen ist die Frage der Kalium-Jodidprophylaxe zum Schutz der Schilddrüse beim Reaktorunfall nicht unumstritten. Die Gefahr der Auslösung einer Hyperthyreose bis zur thyreotoxischen Krise ist in Jodmangelgebieten, wie im Süddeutschen Raum und in den Alpenregionen nicht völlig von der Hand zu weisen. Ferner ist an schwere Überempfindlichkeitsreaktionen bei Jodallergie zu denken.

Eine Grundlage für die Entstehung einer Hyperthyreose können die folgenden – sehr oft nicht erkannten Grundkrankheiten sein:

– diffuse Autoimmunprozesse (Typ Morbus Basedow),
– Noduläre autonome Adenome,
– Multiple autonome Mikroadenome (sog. diffuse Autonomie).

So ist es wichtig, vor einer Anwendung von Jodidtabletten das mit der Strahleneinwirkung auf die Schilddrüse verbundene Risiko gegenüber den Risiken durch die möglichen Nebenwirkungen abzuwägen. Etwas derartiges ist an Hand von in Tasmanien (Neuseeland) gewonnenen Daten versucht worden. Dort herrschte eine ähnliche Unterversorgung an Jod vor, wie bei der süddeutschen Bevölkerung. Man entschloß sich dort zu einer Jodprophylaxe der Bevölkerung und es kann aus den dabei gewonnenen Erkenntnissen der Schluß gezogen werden, daß als oberer Grenzwert der Hyperthyreoseauslösung mit einer Wahrscheinlichkeit von 1:1000 zu rechnen ist. Das würde bedeuten, daß bei einer vergleichbaren Bevölkerung die Anwendung von Jodidtabletten nach OBERHAUSEN (1980) „mit einem zwar kleinen, aber endlichen Risiko verbunden ist".

Eine weitere wichtige Entscheidungsgrundlage zu dieser Frage stellen die Aussagen verschiedener internationaler Gremien, wie der ICRP und NCRP sowie des UNSCEAR-Berichtes über die Inzidenz des Schilddrüsen-Karzinoms dar. Diese Aussagen, die wiederum ganz wesentlich auf den Extrapolationen der Ergebnisse von Hiroshima und Nagasaki basieren, nennen 50 bis 80 Fälle an Schilddrüsenkarzinom, pro 1 rad, bezogen auf 1 Millionen Menschen, innerhalb des Zeitraums von 20 Jahren. Angesichts dieser Risikowerte und den bei Jodprophylaxe bei der Bevölkerung zu erwartenden Nebenwirkungen wird bei Abstimmung dieser beiden Risiken aufeinander die Empfehlung ausgesprochen, beim Unfall die Strahlenbelastung der Schilddrüse mit 100 rem als einen Grenzwert anzusehen, bei dessen Erreichen und Überschreitung die prophylaktische Gabe von Kaliumjodid indiziert sei (s. auch Tabelle 5).

IX. Strahlenschäden nach Ganzkörperexposition, akutes Strahlensyndrom

Innerhalb der Maßnahmen, die nach der Freisetzung gefährlicher Mengen an Radioaktivität im Gefolge eines schweren Reaktorstörfalls zu ergreifen sind, erscheint der ärztliche Teil als das schwächste Glied. Grund dafür ist nicht zuletzt die besondere Schwierigkeit, eine Strahlenschädigung frühzeitig zu erkennen und hinsichtlich ihrer Schwere zu beurteilen.

Anders als Verwundete und Verbrennungsverletzte zeigen Strahlengeschädigte unmittelbar nach der Strahleneinwirkung keine klinisch objektivierbaren Symptome, die erkennen lassen, ob eine leichte oder schwere Schädigung vorliegt, ja ob überhaupt eine Bestrahlung stattgefunden hat.

Bei den in diesem Zusammenhang interessierenden, d.h. noch therapeutisch beeinflußbaren Strahlenschädigungen (bis zu einer Ganzkörperdosis von ca. 10 Gy (1000 rd), entsteht die eigentlich kritische Phase erst einige Tage bis Wochen nach der Strahlenexposition. Diese hämatologische Form des Strahlensyndroms hat im Wesentlichen in einer Unterbrechung oder zumindest Verminderung der Bildung von Blutzellen im Knochenmark ihre Ursache. Da die Stammzellen, sowie proliferierenden Zellformen, vermehrt strahlenempfindlich sind, die sich nicht mehr teilenden Zellen in Reifungsspeicher des Knochenmarks und die ausgereiften Zellen in der Blutbahn weit weniger, kommt es erst nach einer zeitlichen Verzögerung zu einer nachweisbaren Veränderung des Blutbildes. Erst nach einer Verminderung der Granulozyten und Thrombozyten manifestiert sich das Strahlensyndrom unter dem klinischen Bild von Fieber als Ausdruck einer bakteriellen Allgemeininfektion, sowie von Blutungen und Petechien infolge von Blutgerinnungsstörungen. – Das bedeutet, daß eine Diagnostik vor Ausbruch dieser Symptome schwierig ist und daß sich Probleme ergeben, wenn es darum geht, schon frühzeitig eine große Zahl von Personen daraufhin zu untersuchen, ob sie wegen eines Strahlenschadens behandelt werden müssen.

Einen ersten Hinweis auf die Schwere einer Strahlenbelastung können Frühsymptome wie Schwindelgefühl, Erbrechen, Erschöpfungszustände, Kreislaufsymptome, Temperaturerhöhung und Durchfall geben, die innerhalb der ersten Stunde oder weniger Stunden nach der Bestrahlung einsetzen und meist innerhalb eines Tages wieder abklingen. Es folgt dann eine weitgehend symptomfreie Latenzzeit (wenn die Dosis nicht supraletal war) von ein bis drei Wochen, bis zum Ausbruch der Höhepunktsphase der Strahlenkrankheit. Diese teilweise nur schwer objektivierbaren und flüchtigen Frühsymptome können durch psychische Reaktionen verstärkt werden. Ein direkter Zusammenhang zwischen Höhe der empfangenen

Tabelle 8. Differenzierung der akuten Strahlenkrankheit nach Schweregraden in Abhängigkeit vom Auftreten der Primärreaktion. (Aus „Handbuch für medizinische Fragen des Strahlenschutzes, 1979")

Schwere-grad	Hauptsymptom Erbrechen (Zeitpunkt des Auftretens und Dauer)	Indirekte Symptome			
		allgemeine Schwäche	Kopfschmerz und Zustand des Bewußt-seins	Körper-temperatur	Hauthyperämie und Konjunktival-injektion
Leicht	kein oder nach 3 h einmaliges Erbrechen	leicht	kurzzeitiger Kopfschmerz, klares Bewußtsein	normal	möglicherweise sehr leichte Konjunktival-injektion
Mittel	1,5 bis 3 h danach 2mal und häufiger	mäßig	ständiger Kopfschmerz, klares Bewußtsein	normal oder subfebril	Hauthyperämie und Konjunktival-injektion
Schwer	nach 30 min bis 1,5 h mehrmals	ausgeprägt	ständiger starker Kopfschmerz, klares Bewußtsein	normal oder subfebril	ausgeprägte Hauthyperämie und Konjunktival-injektion
Äußerst schwer	nach 10–30 min unstillbares Erbrechen	stark ausgeprägt	bohrender starker Kopfschmerz, Bewußtsein kann getrübt sein	subfebril oder febril	starke Haut-hyperämie und Konjunktival-injektion

Tabelle 9. Schweregradeinteilung der akuten Strahlenkrankheit in Abhängigkeit von hämatologischen Parametern. (Aus „Handbuch für medizinische Fragen des Strahlenschutzes", 1979)

Schwere-grad der Krankheit	Lymphozytenzahl 48 bis 72 h nach Strahleneinwirkung (in Klammern: absolute Lymphozytenzahl)	Untere Grenze der Leuko-zytenwerte am 7., 8. und 9. Tag	Thrombo-zytenzahl am 20. Tag	Beginn der Agranulozytose (Tage nach Strahlen-einwirkung)	Zeitpunkt der dringlichen Hospitalisierung oder Beginn der Bettruhe (Tage nach Strahlen-einwirkung)
Leicht	>20% (>1 000)	>3 000	>80 000	keine Agranulo-zytose	ambulante Beobachtung
Mittel	6–20% (500–1 000)	2 000–3 000	<80 000	20.–32. Tag	ab 20. Tag
Schwer	2–5% (100–400)	1 000–2 000		8.–20. Tag	ab 8. Tag
Äußerst schwer	0,5–1,5% (>100)	1 000		bis zum 8. Tag	ab 1. Tag

Anmerkung: Die Thrombozytenzahl am 20. Tag hat beim schweren und äußerst schweren Grad der akuten Strahlenkrankheit keine Bedeutung für die Schweregradeinteilung

Strahlendosis und Schwere dieser Symptome läßt sich wohl nicht ohne weiteres konstruieren, dennoch verdienen sie besondere Aufmerksamkeit, sind Übelkeit und Erbrechen doch die einzigen klinischen Frühreaktionen, die dem Arzt, der zunächst keine Blutbild- oder gar Knochenmarkuntersuchung durchführen kann, erste diagnostische Hinweise zu geben vermögen. Eine weitere Hilfe kann der Nachweis eines bis zwei Tage anhaltenden Früherythems sein, das allerdings erst bei Strahlenbelastungen im Letalbereich (von 5 Gy (500 rd) und mehr) deutlicher in Erscheinung tritt. Tabelle 8 zeigt eine Zusammenstellung von Frühsymptomen aus der russischen Literatur, die beim Versuch einer Frühdiagnostik eine Hilfe sein können. Da außer dem Knochenmark das lymphatische System besonders strahlenempfindlich ist, vermindern sich die Blutlymphozyten schon bei relativ geringen Strahlenbelastungen. Diese Zellverringerung setzt schon innerhalb der ersten beiden Tage nach der Bestrahlung ein, so daß aus ihrem Verhalten schon frühzeitiger eine Diagnosestellung möglich wird, als aus den aus dem Knochenmark entstammenden weißen Blutzellen. Tabelle 9 zeigt eine Zusammenstellung hämatologischer Symptome als mögliche Hilfe bei der Beurteilung von Strahlenschäden und Abb. 14 eine graphische Darstellung der Verminderung von Lymphozyten in Abhängigkeit vom Schweregrad der Strahlenschädigung.

Erreicht die Ganzkörperdosis den Bereich von ca. 10 Gy (1 000 rad), so ist ein Überleben nur bei nur optimalsten Behandlungs- und Pflegemöglichkeiten zu erreichen, insbesondere dann, wenn innerhalb weniger Tage ein immunkompetenter Spender zur Knochenmarktransplantation – meist innerhalb der näheren Verwandtschaft – ausgemacht werden kann. Die über diesen supraletalen Grenzbereich hinausgehenden Strahlenbelastungen sind neben den sehr schwer verlaufenden Symptomen der Knochenmarkinsuffizienz durch anhaltende Durchfälle als Ausdruck schwerster Schäden der Darmschleimhaut, insbesondere im Bereich des Dünndarms gekennzeichnet. Ausgedehnte Verluste an Darmepithelzellen, die wegen ihrer hohen Proliferationsrate ähnlich wie Knochenmark, Haut und Generationsgewebe zu den strahlenempfindlichsten Bereichen des Organismus zählen, sind die Ursachen dafür. Diese Form der Strahlenkrankheit wird als „Gastro-Intestinales-Syndrom" bezeichnet.

Geht die Ganzkörperbestrahlung über diesen Dosisbereich von ca. 10 bis 30 Gy (1 000–3 000 rad) hinaus, so treten Störungen des Zentralnervensystems und des Kreislaufs, die bis zu schwersten Krämpfen, Bewußtseinstrübungen und Schock, sowie kardiovaskulärem Zusammenbruch reichen können, in den Vordergrund. Die Symptome nehmen mit steigender

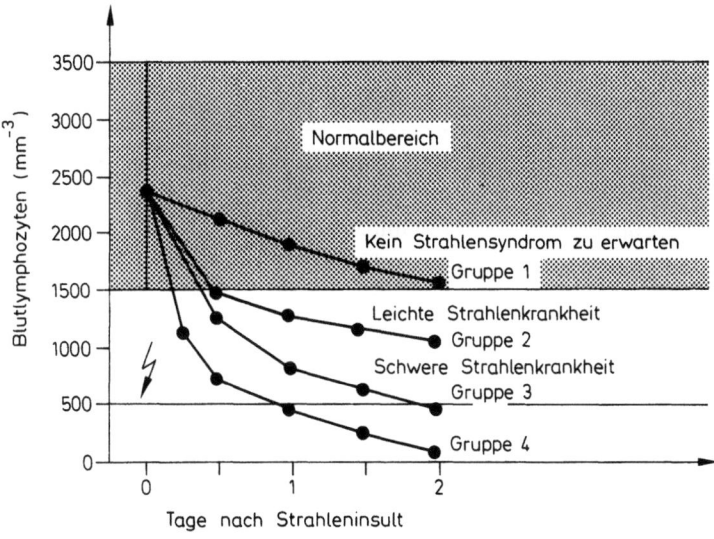

Abb. 14. Verlauf der Lymphozytenzahlen im peripheren Blut nach Ganzkörperbestrahlungen, Strahlenschädigungen unterschiedlichen Schweregrades. (Nach TROTT, zitiert bei WENDT 1980)

Dosis an Schwere zu und bei Belastungen von zehntausenden von rad kann dies „Zentralnervöse Syndrom" innerhalb der ersten Stunden nach Strahleneinwirkung zum Tode führen.

Während die Behandlung des Strahlensyndroms in seiner akuten Form, zumindest nach geringerer Belastung als „Hämatopoetisches Syndrom", durchaus erfolgreich sein kann, ist das mögliche Auftreten von Strahlenspätschäden, sei es als Leukämie oder Karzinom, nicht zu beeinflussen. Man kann davon ausgehen, daß die Strahlenbelastung von 1 rd pro Person bezogen auf eine Bevölkerung von einer Million zur Auslösung eines Malignoms in etwa 125 Fällen führt. Das ist ein Wert, der unendlich weit unter der natürlichen Krebserwartung der Menschen liegt. Bei linearer Extrapolation auf eine Strahlenbelastung von 100 rad pro Person steigt die bestrahlungsbedingte individuelle Malignomwahrscheinlichkeit auf 1,25% und bei Belastung mit 500 rad auf 6,5%. Mit diesem Wert erreicht sie bereits die Größenordnung der natürlichen Krebserwartung des Menschen von 15 bis 20%.

X. Ärztliche Maßnahmen nach einem Reaktorunfall

Während über die Behandlung der Opfer von Reaktorunfällen deren Auswirkungen über den eigentlichen Bereich der Anlage hinausreichen, noch erheblich Unklarheiten bestehen, gibt es für *innerhalb* der Anlage stattfindende Ereignisse, also „Betriebsunfälle", festgefügte medizinisch-organisatorische Prinzipien, die sich bei einer Reihe kleinerer Störfälle und Unfälle bereits bewährt haben.

Die Hilfs- und Behandlungsabläufe solcher Maßnahmen lassen sich etwa in drei Stufen einteilen, so wie sie auf Tabelle 10 nach FLACH (1980) wiedergegeben sind. Am *Anfang der Behandlungskette* steht die „Erste Hilfe" durch Laien oder Werkssanitäter. Möglichst bald sollte ein „Werksarzt" oder „Ermächtigter Arzt" (im Sinne der Strahlenschutzverordnung) hinzugezogen werden. Die ersten Hilfsmaßnahmen bestehen vor allem in der Wiederherstellung oder Aufrechterhaltung der Vitalfunktionen, zumal erfahrungsgemäß die meisten schwereren Unfälle in derartigen Strahlenbetrieben nicht Strahlenunfälle, sondern solche konventioneller Natur, also Verbrennungen oder mechanische Verletzungen sind.

Eine weitere dringende Maßnahme besteht darin, den Verletzten aus der strahlenden Zone, bzw. dem Kontaminierungsbereich herauszuholen, um zusätzliche Strahlenbelastungen

Tabelle 10. Rettungskette der Hilfen bei Strahlenunfällen, Arbeitsunfällen. (Nach FLACH 1980)

	Erste Stufe (mehr als 3 rem)[a]	Zweite Stufe (mehr als 10 rem)[a]	Dritte Stufe (mehr als 150 rem)[a]
Hilfe durch	Laien Werkssanitäter Arzt, Werksarzt „Ermächtigter Arzt"	Regionales Strahlenschutz-zentrum als Leitstelle Zusammenarbeit mit Kliniken und Instituten	Krankenhaus Spezialklinik Ludwigshafen-Oggersheim
Aufgaben	Vitalfunktionen Diagnose Spurensicherung Dekontamination falls erforderlich Weiterleitung zur adäquaten Behandlung bzw. Beobachtung	Beratung medizinische Diagnostik Dosimetrie, Dosis-abschätzung Dekontamination Einleitungs-Therapie ambulante Überwachung falls erforderlich Weiterleitung zur adäquaten Behandlung	Diagnostik (einschließlich Knochenmark) Sterilpflege Intensivpflege Therapie bis zu Knochen-marktransplantation Zusammenziehen von Spezialistenteams

[a] Voraussichtliche Strahlenbelastung

zu vermeiden. Aus gleichem Grunde sollte die äußere Dekontamination bald vorgenommen werden und zwar möglichst in der Anlage selbst, um eine Verschleppung von Radioaktivität nach außen zu vermeiden. Leichtere Unfälle in Form von geringeren Überexpositionen oder Kontaminationen lassen sich in der Sanitätsstation der Anlage mit eigenem Personal versorgen. Solche Vorkommnisse sind nicht allzu selten und keineswegs spektakuläre Ereignisse, die die Öffentlichkeit bewegen sollten.

Ist die Strahlenbelastung höher als einige rem, so sollte die Hilfe der „Regionalen Strahlenschutzzentren" in Anspruch genommen werden. Das sind durch die Berufsgenossenschaften in der Bundesrepublik Deutschland eingeführte Einrichtungen, die die *zweite Stufe in der Behandlungskette* von Strahlenunfallopfern wahrnehmen. Solche Zentren befinden sich heute in Hamburg, Hannover, Jülich, Homburg/Saar, Karlsruhe und Neuherberg bei München. Diese Institutionen sollen beratend tätig werden, die medizinische Diagnostik (z.B. mit Ganzkörperzählern, Ausscheidungsanalysen auf Radioaktivität, Knochenmark- und Blutbildkontrollen) unterstützen. Sie sollen helfen, die Dekontaminationsmaßnahmen fortzusetzen, eine Dekorporierungstherapie einzuleiten und mit Hilfe von Physikern und Meßtechnikern versuchen, die empfangenen Strahlendosen abzuschätzen. Die Zentren sollen mit einer größeren Klinik, die auch über eine leistungsfähige Nuklearmedizinische Abteilung verfügt, zusammenarbeiten.

Die *dritte Behandlungsstufe* besteht in therapeutischen Maßnahmen, die in einer besonders dafür ausgewählten Spezialklinik ausgeführt werden. Sie ist jenen Unfallopfern vorbehalten, deren Strahlenbelastung so hochgradig ist, daß mit dem Auftreten des akuten Strahlensyndroms gerechnet werden muß. In dieser Klinik sind dann die notwendigen Voraussetzungen für eine entsprechende Intensivtherapie des akuten Strahlensyndroms gegeben. Zur „gnotobiotischen Behandlung" müssen die Patienten steril isoliert, wie z.B. in Plastikzelten, untergebracht werden. Neben einer gezielten Antibiotikatherapie müssen Substitutionsbehandlungen mit isolierten Granulozyten- und Thrombozytenkonzentraten durchgeführt werden können. Auch die Möglichkeit einer Knochenmarktransplantation muß gegeben sein. In der Bundesrepublik Deutschland ist für diese Behandlungsstufe die Unfallklinik in Ludwigshafen-Oggersheim vorgesehen, jedoch hat sich ein Strahlenunfall, der die Behandlung in dieser Klinik notwendig machte, bisher noch nicht ereignet. Die Berufsgenossenschaften haben für die Versorgung von Strahlenunfällen aller Schweregrade ein besonderes Merkblatt unter dem Titel „Erste Hilfe bei erhöhter Einwirkung ionisierender Strahlen" herausgegeben.

Das oben gesagte gilt jedoch nur für Betriebsunfälle. Wird jedoch als Folge des Austritts größerer Mengen an Radioaktivität auch die Bevölkerung außerhalb der Kernenergieanlage gefährdet, so stellt sich ein völlig anderes ärztlich-organisatorisches Problem. Wegen der zu erwartenden Beunruhigung der Menschen besteht die Gefahr eines Ansturms auf die nahegelegenen Krankenhäuser, insbesondere auch durch Personen, die nur geringfügig oder gar nicht von der Radioaktivität betroffen sind. Die aktuellen Katastrophenschutzplanungen gehen deshalb dahin, den Krankenhäusern „Notfallstationen" vorzuschalten, die in erster Linie den Auftrag einer Sichtung des zu erwartenden „Massenanfalls" haben.

Aber auch den Notfallstationen sollten möglichst nur solche Personen zugeleitet werden, bei denen Verdacht auf eine Strahlenbelastung oder auf eine Kontamination besteht.

So müssen Menschen, die aus Gebieten kommen, von denen angenommen werden kann, daß sie (aufgrund der vorliegenden Meßergebnisse) von der radioaktiven Wolke nicht oder nur mit vernachlässigbar geringer Radioaktivität erreicht wurden, an der Notfallstation vorbeigeleitet werden. Die Notfallstationen sollten in Gebäuden wie Schulen, Turnhallen und Schwimmbädern, wo günstige Möglichkeiten zur Dekontamination gegeben sind, eingerichtet werden.

Die Organisation sowie die zu erfassenden Einrichtungen, Hilfsmittel und Personen für eine *Notfallstation* sind in den „Rahmenempfehlungen für den Katastrophenschutz in der Umgebung kerntechnischer Anlagen" (veröffentlicht in „Gemeinsames Ministerialblatt" Nr. 13 vom 29. April 1981) wie folgt angegeben:

- Hilfsmitteldepots
- Strahlenschutztechnische Einrichtungen mit Personal
- Beförderungsmöglichkeiten für kranke Personen
- Krankenhäuser, in denen strahlengeschädigte Patienten behandelt werden können
- Krankenhäuser, Hilfskrankenhäuser zur Aufnahme Verletzter ohne Strahlenbelastung
- Ärztliche Einrichtungen, die für die ambulante Betreuung von möglicherweise strahlengeschädigten Personen geeignet sind
- Strahlenschutzärzte und Strahlenunfallärzte
- Ärzte, die zur Betreuung und Versorgung von Personen in der Notfallstation herangezogen werden können
- Medizinisches Assistenzpersonal
- Hilfs- und Betreuungspersonal.

Die ärztliche Leitung sollte einem erfahrenen Strahlenschutzarzt übertragen werden. Wie man sich die Organisation in einer Notfallstation vorzustellen hat, wird auf dem Diagramm Abb. 15 wiedergegeben, das mit den oben zitierten Rahmenempfehlungen veröffentlicht worden ist.

Die Notfallstationen sollten sich auf die Frühdiagnostik und Sichtung beschränken und keine aufwendige Diagnostik oder gar Therapie betreiben. Eine *Einrichtung zur Dekontamination* ist der Notfallstation zugeordnet.

Die Sichtung müßte sich auf folgende Maßnahmen beschränken:

- *Exploration der Frage, wo sich die zu untersuchende Person zur Zeit des Durchziehens oder der Ablagerung der radioaktiven Wolke befunden hat,* ob und wie lange im Freien, im Haus oder im Keller. Es soll versucht werden, aus diesen Angaben auf die Höhe einer möglichen Strahlenbelastung zu schließen. Unterlagen zu diesen Dosisabschätzungen sollen die Meßergebnisse sein, die von den in der Umgebung von Kernkraftwerken aufgestellten „Meß- und Probeentnahmestellen" geliefert werden. Die Aussagefähigkeit solcher

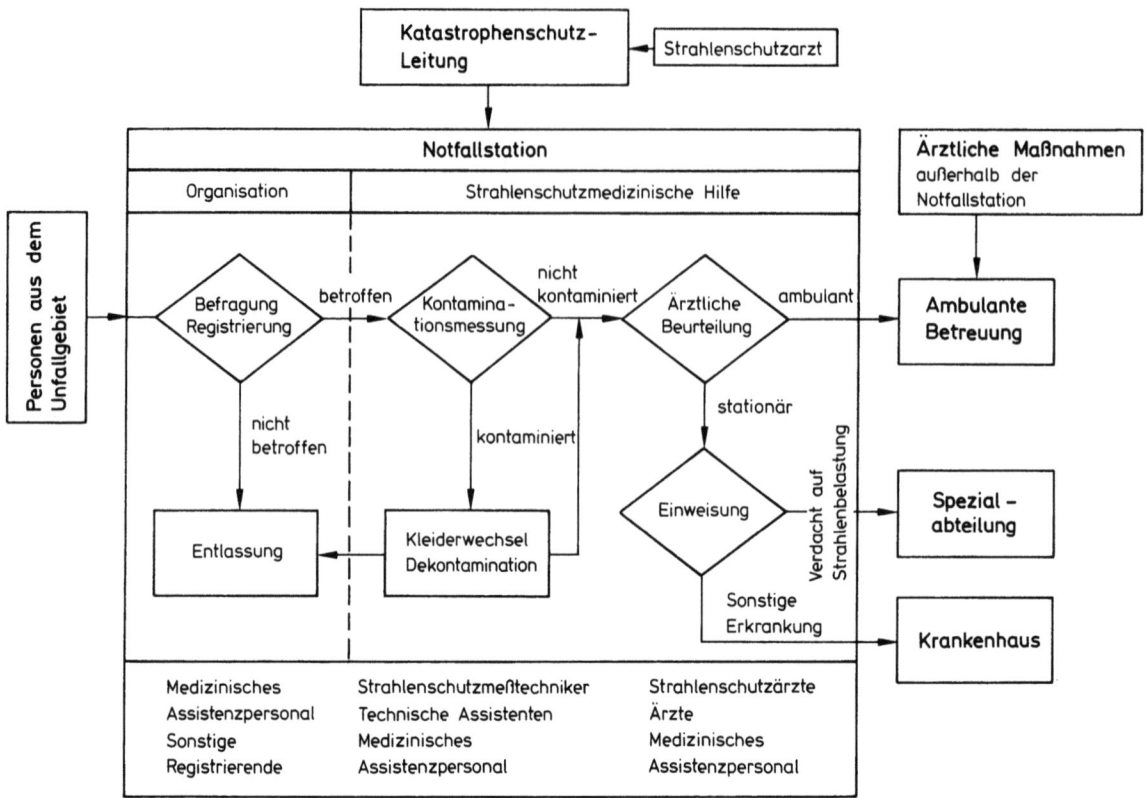

Abb. 15. Ärztliche Versorgung der Bevölkerung nach einem Reaktorunfall in einer „Notfallstation". Schema der Organisationsform. (Aus Rahmenempfehlungen für den Katastrophenschutz in der Umgebung kerntechnischer Anlagen 1981)

Informationen sollte nicht allzu hoch eingeschätzt werden, sie sind aber zumindest dazu geeignet, die Möglichkeit einer stattgefundenen Bestrahlung für solche Personen auszuschließen, die sich außerhalb der Region befanden, die von der radioaktiven Wolke betroffen wurde.

– *Überprüfung der Körperoberfläche und Kleidung auf die Anwesenheit von Radioaktivität.* Liegt eine Kontamination vor, so ist die Wahrscheinlichkeit, daß eine Strahlenexposition stattgefunden hat, groß. An die Möglichkeit, daß nur eine Sekundärkontamination, z.B. durch Kontakt mit anderer Person stattgefunden hat, und damit die Strahlenexposition sehr gering ist, muß gedacht werden. Liegt eine Kontamination vor, so ist der davon Betroffene der Dekontaminierungseinrichtung zuzuleiten.

– *Untersuchung von Personen auf möglicherweise auftretende Frühsymptome der Strahlenkrankheit,* wie Übelkeit, Erbrechen, Schwindel, Erschöpfung, Kreislaufsymptome, Temperaturanstieg, Durchfall. Auf ein evtl. Frühertythem ist zu achten (s. Tabelle 8).

Anhand der genannten Untersuchungsergebnisse soll eine *Sichtung* vorgenommen werden, wobei alle jene Personen ausgesondert werden müssen, die gar nicht bestrahlt worden sein können, aufgrund ihres Aufenthaltes während des Unfallereignisses. Sie sind wahrscheinlich in der Überzahl und sollten zur Entlastung der Krankenhäuser in ihre Heimatorte zurückgeschickt werden. Diejenigen, die möglicherweise oder wahrscheinlich bestrahlt wurden, sind daraufhin zu überprüfen, ob eine Therapie oder zumindest klinische Überwachung notwendig ist oder nicht. Im letzteren Falle sollten die Patienten entlassen werden, jedoch in Beobachtung des Hausarztes bleiben, der in der ersten Woche in mehrtägigen Abständen Blutuntersuchungen (Leukozytenzahl und Differentialblutbild) durchführen müßte.

Die Gruppe jener Patienten, die einer Krankenhausaufnahme bedarf, würde vermutlich die kleinste sein. Es soll nicht verschwiegen werden, daß die Selektion der Bestrahlten in Behandlungsbedürftige und nicht Behandlungsbedürftige schwierig ist und daß auf Blutuntersuchungen oft nicht verzichtet werden kann. Die Bereitstellung einer Möglichkeit zur Bestimmung der Zahl der Lymphozyten sollte angestrebt werden (s. Abb. 14).

Die Therapie Strahlenkranker kann natürlich nicht die Aufgabe der Notfallstationen sein. Die Behandlung sehr schwerer Formen der Strahlenkrankheit kann auch nicht in mittelgroßen Krankenhäusern, sondern nur in Kliniken mit Spezialabteilungen erfolgen, die auch die Möglichkeit einer Therapie unter gnotobiotischen Bedingungen (im Sterilzelt) und der Durchführung von Knochenmarktransplantationen haben.

Ausführlich beschrieben ist die Behandlung des akuten Strahlensyndroms von CRONKITE und FLIEDNER (1972).

Nicht zuletzt sollte auch daran gedacht werden, daß auf der Notfallstation neben den Strahlenexponierten auch anderweitig Verletzte oder Erkrankte zu versorgen sind. Allein die durch die Evakuierung bedingten Opfer von Verkehrsunfällen können Hilfsmaßnahmen erforderlich machen. Ferner würden Menschen, die sich in einem labilen Gesundheitszustand befinden, schon durch das Getrenntsein von ihren Angehörigen, von ihrem Hausarzt, vor allem aber durch die Strapazen einer fluchtartigen Evakuierung gefährdet sein. Diabetiker, sowie Herz-Kreislaufkranke können dekompensieren, von den an einer Psychose leidenden oder von den psychisch-labilen Menschen gar nicht zu sprechen. Die Zahl dieser Verletzten, Kranken und Beinahe-Kranken übertrifft die der Strahlengeschädigten möglicherweise bei weitem, insbesondere dann, wenn die Freisetzung an Radioaktivität minimal, also die Strahlenbelastungen gering und wenn andererseits wegen dichter Besiedlung des betroffenen Gebietes die Zahl der evakuierten Menschen sehr groß ist. Allgemeinmediziner, Internisten, Chirurgen und Psychiater wären dann weitaus notwendiger als Strahlenschutzärzte.

Literatur

Bayer A, Heuser FW (1980) Übersicht über die deutsche Risikosicherheitsstudie. In: Messerschmidt O, Feinendegen LE, Hunzinger W (Hrsg) Industrielle Störfälle und Strahlenexposition, Strahlenschutz in Forschung und Praxis, Bd XXI. Thieme, Stuttgart, S 36

Belda W (1980) Analyse des Störfalls von Harrisburg. In: Messerschmidt O, Feinendegen LE, Hunzinger W (Hrsg) Industrielle Störfälle und Strahlenexposition, Strahlenschutz in Forschung und Praxis, Bd XXI. Thieme, Stuttgart, S 54

Cronkite EP, Fliedner TM (1972) The radiation syndromes. In: Hug O, Zuppinger A (Hrsg) Strahlenbiologie 3. Springer, Berlin Heidelberg New York (Handbuch der medizinischen Radiologie, Bd II/3), S 299–340

Deutsche Risikostudie Kernkraftwerke, Eine Untersuchung zu dem durch Störfälle in Kernkraftwerken verursachten Risiko. Eine Studie der Gesellschaft für Reaktorsicherheit, Verlag TÜV Rheinland, 1979

Fetter S, Tsipis K (1981) Nukleare Katastrophen: ein Vergleich. In: Spektrum der Wissenschaft, Scientific American, Juni 1981, S 130

Flach H-D (1980) Erste Hilfe bei Strahlenunfällen und weitergehndne Maßnahmen. In: Messerschmidt O, Feinendegen LE, Hunzinger H (Hrsg) Industrielle Störfälle und Strahlenexposition, Strahlenschutz in Forschung und Praxis, Bd XXI. Thieme, Stuttgart, S 173

Handbuch für medizinische Fragen des Strahlenschutzes. A. Burnasjan. Übers aus d Russischen. Militärverlag der DDR, Berlin 1979

Hübner KF, Fry SA (eds) (1980) Medical basis for radiation accident preparedness. REAC/TS International Conference 1979 in Oak Ridge, Tenn/ USA

Keeny SM, Jr. (Hrsg) (1977) Das Veto. Der Atombericht der Ford Foundation Frankfurt a.M. Umschau Verlag

Kiefer H (1981) Meßtechnik und Maßnahmen bei Personenkontamination. In: Messerschmidt O, Betz B, Fliedner TM (Hrsg) Medizinische Erstmaßnahmen bei kerntechnischen Unfällen. Strahlenschutz in Forschung und Praxis, Bd XXII. Thieme, Stuttgart, s 90

Linnemann RE (1980) The Three Mile Island Incident in 1979. The utility response. In: Hübner

KF, Fry SA (eds) The medical basis for radiation accident. Preparedness. REACITS International Conference 1979 in Oak Ridge, Tenn/USA

Löster W (1979) Akute Gefährdungsmöglichkeiten der Bevölkerung bei Unfällen in Kernkraftwerken. In: „Reaktorunfälle und nukleare Katastrophen. Kirchhoff R, Linde H-J (Hrsg) Perimed, Erlangen, S 15

Merkblatt: Erste Hilfe bei erhöhter Einwirkung ionisierender Strahlen, herausgegeben vom Hauptverband der gewerblichen Berufsgenossenschaften eV, Bonn 1979

Oberhausen E (1980) Möglichkeiten der Jodprophylaxe im Strahlenschutz. In: Messerschmidt O, Feinendegen LE, Hunzinger W (Hrsg) Industrielle Störfälle und Strahlenexposition, Strahlenschutz in Forschung und Praxis, Bd XXI. Thieme, Stuttgart, S 151

Parmentier NC, Nénot JC, Jammet HJ (1980) Dosimetry Study of the Belgian (1965) and Italien (1975) Accidents. In: Hübner KF, Fry SA (eds) The medical basis for radiation accident preparedness. REAC/TS International Conference 1979 in Oak Ridge, Tenn/USA

Rahmenempfehlungen für den Katastrophenschutz in der Umgebung Kerntechnischer Anlagen, Gemeinsames Ministerialblatt 1977 Nr 31, S 638

Rahmenempfehlungen für den Katastrophenschutz in der Umgebung Kerntechnischer Anlagen, Gemeinsames Ministerialblatt 1981 Nr 13, S 188

Rasmussen NC Reactor safety study – An assessment of accident risks in US Commercial Nuclear Power Plants, United States Regulatory Commission. WASH-1400 (NUREG 75/014) October 1975

Rasmussen NC (1980) Review of the reactor safety study. In: Hübner KF, Fry SA (eds) The medical basis for radiation accident preparedness. REAC/TS International Conference 1979 in Oak Ridge, Tenn/USA

Schulz EH (1966) Vorkommnisse und Strahlenunfälle in kerntechnischen Anlagen. Thiemig, München

Storner H (1979) Der Katastrophenschutz im Bereich von Kernenergieanlagen. In: Kirchhoff R, Linde H-J (Hrsg) Reaktorunfälle und nukleare Katastrophen. Perimed, Erlangen, S 33

Storner H (1981) Katastrophenschutz im Bereich kerntechnischer Anlagen in Bayern. In: Messerschmidt O, Betz B, Fliedner TM (Hrsg) Medizinische Erstmaßnahmen bei kerntechnischen Unfällen, Strahlenschutz in Forschung und Praxis, Bd XXII. Thieme, Stuttgart, S 24

UNSCEAR-Report (1977) Sources and effects of ionizing radiation, United Nations Scientific Committee on the Effects of Atomic Radiation

Wald N (1980) The Three Mile Island Incident in 1979: The state response. In: Hübner KF, Fry SA (eds) The medical basis for radiation accident preparedness. REAC/TS International Conference 1979 in Oak Ridge, Tenn/USA

Wendt F (1980) Behandlung des Strahlensyndroms. In: Messerschmidt O, Feiendegen LE, Hunzinger W (Hrsg) Industrielle Störfälle und Strahlenexposition, Strahlenschutz in Forschung und Praxis, Bd XXI. Thieme, Stuttgart, S 230

Teil B: Atomexplosionen

Mit 22 Abbildungen und 12 Tabellen

I. Energiefreisetzung bei Atomexplosionen

Die durch den Einsatz von nuklearen Waffen gesetzten biologischen Schäden sind mit den Auswirkungen von Reaktorstörfällen nur sehr bedingt zu vergleichen. Der Vorgang der Atomexplosion einer Kernwaffe besteht in einer sehr schnell ablaufenden Kettenreaktion, nachdem zuvor im Atomsprengkopf die „kritische Masse" durch Zusammenschießen „unterkritischer Massen" von ^{235}Uran oder ^{239}Plutonium gebildet worden ist.

Bei der Kernspaltung werden kinetische Energie und Strahlungsenergie gebildet, es entstehen Neutronen, es werden Gamma-Strahlung und thermische Strahlung freigesetzt, wobei durch Erhitzen und Ausdehnung der umgebenden Luft eine kugelförmige, sich nach allen Seiten ausbreitende Druckwelle induziert wird. Neutronenstrahlung, thermische Strahlung und Druckstoß klingen innerhalb weniger Sekunden ab. Der verglühende Feuerball steigt sehr schnell aufwärts und statt seiner entsteht eine grau-weiße radioaktive Wolke, die die entstandenen Spaltprodukte enthält und weiterhin Gamma-Strahlung und Beta-Strahlung aussendet. Die radioaktive Wolke wird in die Atmosphäre abgeweht und damit ist auch die davon ausgehende Strahlungsgefährdung meist innerhalb einer Minute beendet, siehe Abb. 1 und 2.

So können die unmittelbaren Auswirkungen einer Atomexplosion Strahlenschäden als Folge der Gamma- und Neutronenstrahlung, Verbrennungen als Folge der Hitzestrahlung und mechanische Wunden infolge der Druckstoßwelle sein. Die Reichweiten nennenswerter Gefährdung durch die initiale Kernstrahlung, die thermische Strahlung und den Druckstoß sind weitgehend von der Enerigeausbeute, d. h. von dem KT-Wert[1] der Kernwaffe abhängig.

Während die Explosion einer „Spaltbombe" stets mit der Entstehung von Radioaktivität einhergeht, kommt es bei der „Fusionsbombe" an sich nicht zur Bildung von Spaltprodukten, Grundvorgang der *thermonuklearen Reaktion* ist die Verschmelzung der Kerne leichterer Elemente wie des Wasserstoffs. Kernfusionen sind nur bei sehr hohen Temperaturen von ca. 100 Millionen Grad möglich, weil die Atomkerne erst dann eine so große kinetische Energie besitzen, daß sie die gegenseitigen Abstoßungskräfte überwinden und miteinander verschmelzen können.

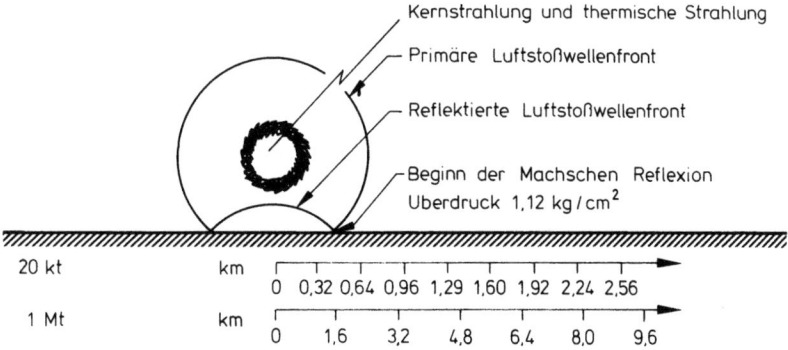

Abb. 1. Chronologische Entwicklung einer Luftexplosion: 1,25 Sekunden nach Explosion eines 20-KT-Atomsprengkörpers und 4,6 Sekunden nach Explosion eines 1-MT-Atomsprengkörpers. (Aus GLASSTONE 1962)

---

[1] Die Energieausbeute von Kernwaffen wird in der Weise definiert, daß diejenige Menge von TNT (Trinitrotoluol) also eines konventionellen Sprengstoffes zugrunde gelegt wird, die eine gleiche Explosionsenergie erzeugt. So wird z. B. ein Atomsprengkörper bei dessen Explosion die gleiche Energie wie bei einer Explosion von 1000 t TNT also 1 KT (1 Kilotonne) TNT, freigesetzt wird als 1 KT Atomsprengkörper bezeichnet

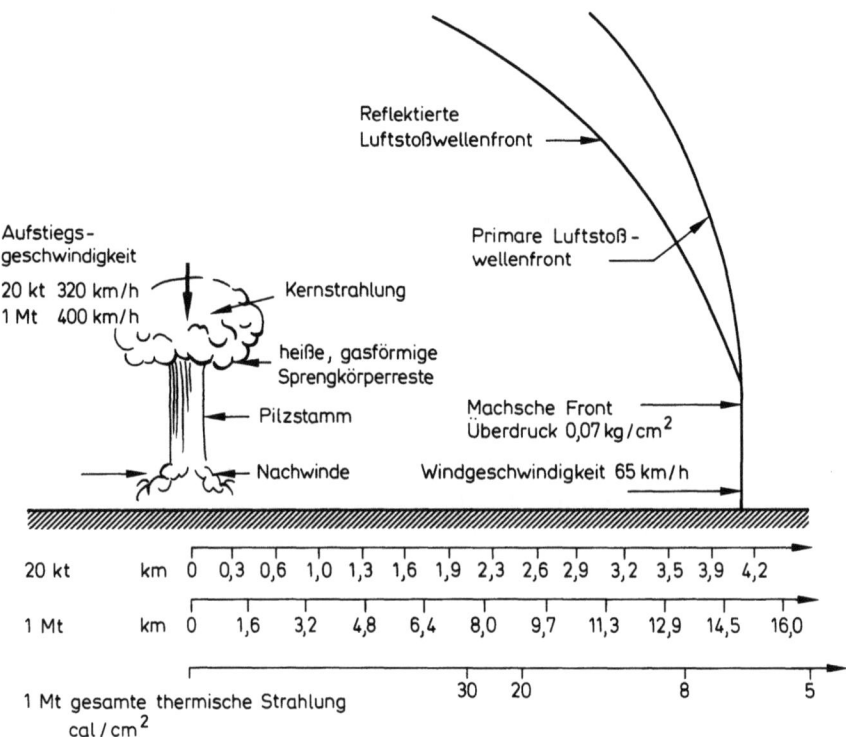

Abb. 2. Chronologische Entwicklung einer Luftexplosion: 10 Sekunden nach Explosion eines 20-KT-Atomsprengkörpers und 37 Sekunden nach Explosion eines 1-MT-Atomsprengkörpers (Aus Glasstone 1962)

Da die hierfür notwendigen Temperaturen bisher (vielleicht mit Ausnahme der Laserstrahlung) mit keinem anderen Mittel als einer Kernspaltung erreicht werden können, benötigt eine Fusionsbombe noch immer ein „Streichholz" in Form einer Spaltbombe. Deshalb entsteht auch bei der Explosion einer an sich „sauberen" Fusionsbombe eine gewisse Menge an Spaltprodukten. Als Kernbrennstoffe der Fusion dienen die Isotope des Wasserstoffs Deuterium (H-2) und Tritium (H-3). Bei der Verschmelzung dieser Kerne entstehen Heliumatome und Neutronen. Die hohe kinetische Energie der Heliumatome führt zur Bildung von Wärmestrahlung, während Gammastrahlung bei der thermonuklearen Reaktion nicht entsteht. Der Massenunterschied zwischen den Einzelkernen und den verschmolzenen Kernen wird in Energie umgewandelt und damit entsteht bei der Verschmelzung pro Masseneinheit ein vielfaches der Energie, die bei der Spaltung von Uran und Plutonium frei wird. Die Energieausbeute der Fusionssprengkörper ist somit viel höher als es bei den Spaltsprengkörpern der Fall ist.

Dabei kann es sein, daß die betroffenen Personen nicht nur von *einer* dieser drei Formen der Energiefreisetzung erreicht werden, sondern von mehreren gleichzeitig, so daß es zu „Kombinationsschäden" kommt. Abb. 3 läßt erkennen, daß mit zunehmender Energieausbeute (KT-Wert) die wirksame Reichweite der thermischen Strahlung und auch der Druckstoßauswirkungen im Vergleich zur Kernstrahlung relativ zunimmt. So würden die Opfer großer Kernwaffen vor allem an Verbrennungen, die der kleineren (sog. taktischen) Kernwaffen vor allem an Strahlenschäden leiden.

Würde die Kernwaffe in einer Höhe von wenigen hundert Metern eingesetzt, so daß die vom Explosionsort ausgehenden Neutronen den Erdboden erreichen, so bildet sich durch Neutroneneinfang unter dem Explosionsort Radioaktivität. Der größte Anteil von dieser „neutronen induzierten Gamma-Aktivität" kurz NIGA-Strahlung genannt, geht von den Natrium-24-Atomen mit einer Halbwertzeit von 12 Stunden aus. Damit wird das Nullpunkt-Gebiet, wenn auch nur für wenige Stunden, zu einer gefährlich strahlenden Zone.

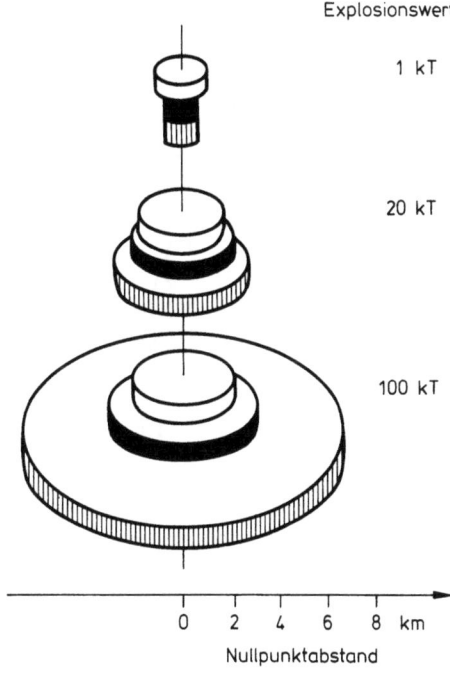

Explosionswert

1 kT

20 kT

100 kT

0 2 4 6 8 km

Nullpunktabstand

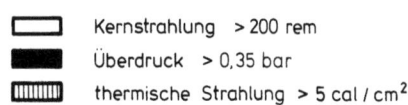

Abb. 3. Reichweiten von Kernstrahlung, Überdruck und thermischer Strahlung bei Atomsprengkörpern von 1,20 und 100 KT (Luftexplosionen). (Nach SCHILDT 1967)

Kernstrahlung > 200 rem
Überdruck > 0,35 bar
thermische Strahlung > 5 cal / cm²

Zu wesentlich hochgradigeren Kontaminationen kommt es, wenn der Feuerball der Atomexplosion den Untergrund berührt. Bei einer derartigen Bodenexplosion entsteht ein Krater, dessen ursprüngliche Inhaltsmaterie wegen des großen Temperaturanstieges bei der Explosion gasförmig wird und in die Höhe steigt. Beim Abkühlen rekristallisiert die Bodenmaterie zu Partikeln, die dann die entstandenen Spaltprodukte des atomaren Sprengstoffes umschließen, so daß die radioaktiven Stoffe nicht wie bei einer Luftexplosion in die Atmosphäre und Stratosphäre abwehen, sondern in relativer Nähe des Explosionsortes als „lokaler Fallout" zu Boden gehen. Tabelle 1 zeigt einige der wichtigsten Spaltprodukte nach einer Kernexplosion. Es entsteht damit eine Zone hoher Strahlungsintensität, deren Gefährdung für die darin befindliche Bevölkerung von der Menge der abgelagerten Radioaktivität, der Ausdehnung des kontaminierten Geländes, der Bevölkerungsdichte und von den Schutzverhältnissen insbesondere dem Vorhandensein von Schutzräumen abhängig ist.

II. Durch die thermische Strahlung bedingte Schäden

Die aus dem Feuerball stammende Energie in Form von Licht- und Hitzestrahlung hat insbesondere bei Kernwaffen geringer Energieausbeute Einwirkungszeiten von weniger als einer Sekunde. Die Folgen der unmittelbar auf die Haut einwirkenden thermischen Strahlung werden deshalb auch als „Blitzverbrennungen" bezeichnet, so wie sie auch die Opfer der Atombombenabwürfe auf Hiroshima und Nagasaki boten. Die japanischen Ärzte berichten, daß wegen der kurzen Einwirkungszeit der Hitze die Verbrennungen oftmals nur oberflächlich waren. Die Haut konnte die Wärme innerhalb der kurzen Einwirkungszeit nicht in die Tiefe des Gewebes ableiten und so konnten durch den Wärmestau an der Oberfläche die Verbrennungen sehr hochgradig bis zur Verkohlung sein, ohne Betroffensein der tieferen Schichten der Kutis (s. Abb. 4).

Tabelle 1. Die wichtigsten Radioisotope im Fallout

Element	Halbwert-zeit	Primärzerfall
^{89}Sr	50,5 Tage	β und γ
^{90}Sr	27,7 Jahre	β^-
^{91}Y	57,5 Tage	β und γ
^{90}Y	64,2 Std	β^-
^{95}Zr	65 Tage	β und γ
^{95}Nb	35 Tage	β und γ
^{103}Ru	39,8 Tage	γ und β
^{106}Ru	1 Jahre	β und γ
^{103m}Rh	57 Monate	γ
^{106}Rh	30 Sekunden	β und γ
^{131}I	8,08 Tage	β und γ
^{137}Cs	26,6 Jahre	β und γ
^{137m}Ba	2,6 Monate	γ
^{140}Ba	12,8 Tage	β und γ
^{140}La	40,22 Std	β und γ
^{141}Ce	33,1 Tage	β und γ
^{144}Ce	285 Tage	β und γ
^{143}Pr	13,76 Tage	β^-
^{144}Pr	17,27 Monate	β und γ
^{147}Pm	2,64 Jahre	β^-
^{239}Pu	24,36 Jahre	α und γ

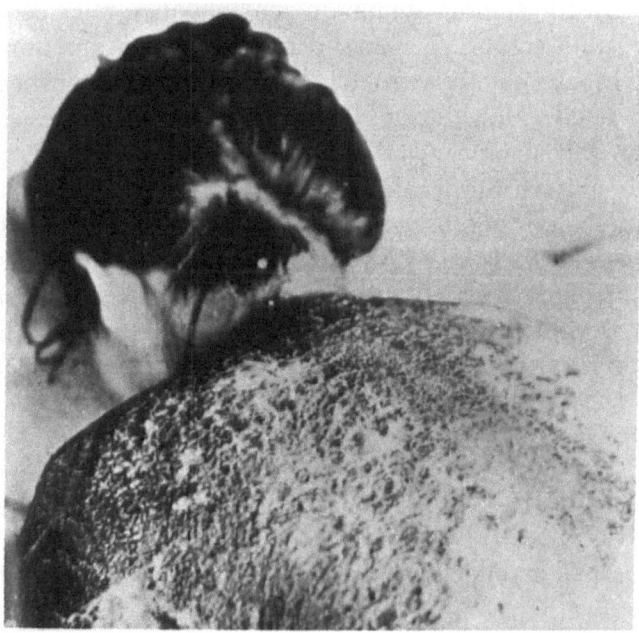

Abb. 4. Oberflächliche, aber schwere Hautverbrennungen, sog. Blitzverbrennungen („flash burns"). (Nach Kusano 1953)

Diese Verbrennungen waren dann scharf gegen die in dem Schatten des Hitzeblitzes liegenden Hautpartien abgesetzt und wurden deshalb als Profilverbrennungen bezeichnet (Abb. 5). In größeren Entfernungen vom Nullpunkt waren die Schäden naturgemäß geringer, oftmals kam es dann zu charakteristischen Hyperpigmentationen, zur sogenannten „Maske von Hiroshima". Die typischen Blitzverbrennungen, die ausgesprochen atombombenspezi-

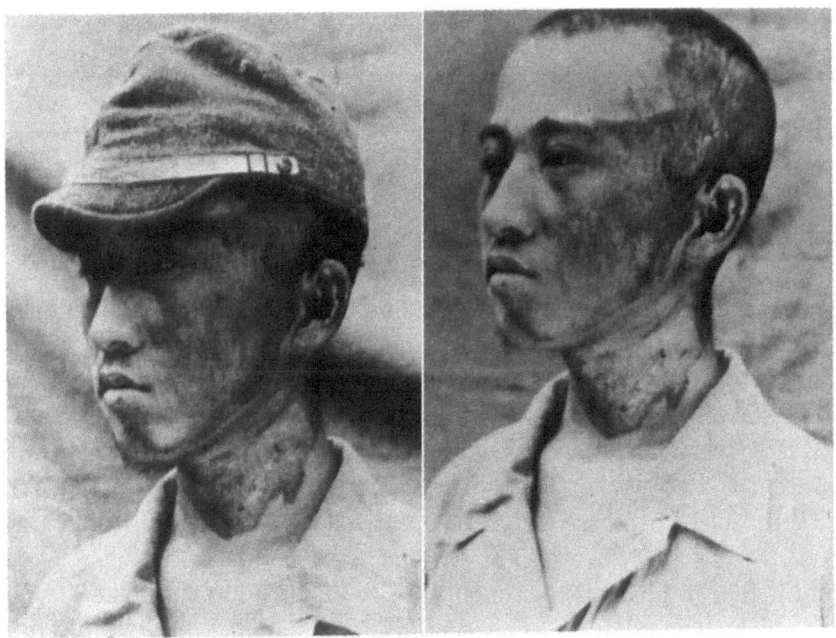

Abb. 5. Teilweiser Schutz des Kopfes durch die Mütze gegenüber der thermischen Strahlung, sog. „Profilver-
brennung". (Aus GLASSTONE 1962)

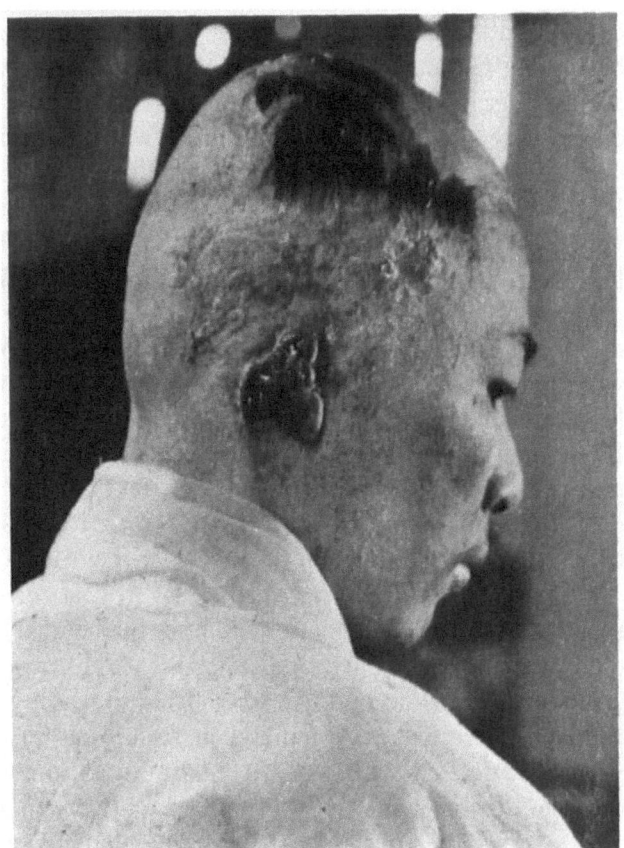

Abb. 6. Hiroshima, Angehöriger des Sanitäts-
dienstes 700 bis 800 m vom Explosionszentrum entfernt. Verlust beider Ohrmuscheln.
Haarausfall, Fieber, Petechien, Durchfälle.
Rechts vollständiger und links teilweiser Verlust des Hörvermögens. Verbrennungen 2. bis
3. Grades. (Foto Kikuchi)

fisch sind, und die es in der Friedensmedizin in dieser Form nicht gibt, traten in Japan
in Abständen von etwa 1,5 bis 2,5 km auf. In geringeren Abständen vom Nullpunkt waren
die Verletzungen naturgemäß tiefgreifender. Charakteristisch waren Ohrknorpelnekrosen
(Abb. 6).

Tabelle 2. Zeit zwischen Explosion und maximaler Wärmestrahlung von Kernwaffen. (Nach „Nuclear Handbook for Medical Service Personnel 1969")

	Energieausbeute von Atomexplosionen				
	1 KT	10 KT	100 KT	1 MT	10 MT
Zeit in Sekunden	0,03	0,1	0,3	1,0	3,2

Werden größere Kernwaffen, d.h. solche mit höheren KT-Werten eingesetzt, so löst sich der Feuerball der Explosion später auf und damit hält der thermische Impuls länger an. Insbesondere bei Explosionen von Wasserstoffbomben des Megatonnen-Bereichs kommt es zu Hitzeeinwirkungen, die mehrere Sekunden andauern und damit sehr viel gefährlicher sind. Tabelle 2 läßt erkennen, daß auch das Maximum der thermischen Strahlung bei den großen Kernwaffen später eintritt. Durch diese Verzögerung kann ein „Deckungnehmen" auch vor der thermischen Strahlung zumindest in sehr großen Entfernungen noch möglich sein.

Zu den unmittelbaren Hitzeeinwirkungen auf die Haut, deren Folgen als „primäre Verbrennungen" bezeichnet werden, können thermische Schäden kommen, die die Folgen des Aufbrennens der Kleidung, des Entstehens von Häuserbränden, von Waldbränden, der Inbrandsetzung von Öl und Benzin sind und damit zu „sekundären Verbrennungen" der Haut und der tiefer liegenden Organe führen. Hierbei hängt das Ausmaß der thermischen Schäden nicht nur vom Abstand der Menschen vom Nullpunkt der Explosion, sondern auch von der Brennbarkeit der Umgebung, wie z.B. dem Aufenthalt in einem Holzhaus ab. Eine besondere Gefahr liegt in dem Entstehen von Flächenbränden in Städten, ausgelöst durch die thermische Strahlung. Es kann ein Feuersturm entstehen, wobei es durch das Aufsteigen der erhitzten Luft zu einem Sog stark erwärmter und die Haut und Schleimhäute austrocknender Luftbewegung hoher Geschwindigkeiten kommt. So wurden in Hiroshima viele Menschen, die zunächst noch nicht durch Druckstoß oder Kernstrahlung verletzt waren, vom Feuersturm getötet. Durch den Sauerstoffverbrauch der Brände kommt es zur Entstehung von Kohlenmonoxid, das ebenfalls tödliche Auswirkungen haben kann.

Eine besondere Rolle spielt für das Entstehen der sekundären Verbrennungen der Schutzeffekt der Kleidung. So reflektiert hellgefärbter Stoff die thermische und die Lichtstrahlung, während dunkle Kleidung die Strahlung absorbiert und dadurch eine größere Wärmeentwicklung entstehen läßt, durch die die darunter liegende Haut verbrennen kann. Auch für dieses Phänomen gab es in Japan eindrucksvolle Beispiele, wie Abb. 7 erkennen läßt. Entscheidend ist auch das Material der Kleidung, das verschieden leicht entflammbar sein kann sowie das Anliegen und Anhaften an der Körperoberfläche. Locker anliegende Kleidungsstücke lassen noch einen Luftraum frei, der dann ein Isolator gegen die Hitze ist.

Charakteristisch für Atomexplosionen sind *thermische Schäden der Augen*. Dabei ist zwischen temporären Blendeffekten und bleibenden Schäden zu unterscheiden. Erstere sind die Folge des blitzartigen Einfalls großer Lichtmengen ins Auge, ehe die Pupille durch Verengung reagieren kann und ehe der Lidschluß einsetzt. Je nach Tageszeit, d.h. bei verschiedenen Pupillenweiten und in Abhängigkeit vom Nullpunktabstand sowie der Größe und der Explosionshöhe des Atomsprengkörpers kommt es zu mehr oder weniger langen temporären Blendungen, die am Tage 3–10 Minuten, nachts bis zu 30 Minuten anhalten können.

Dauerschäden des Auges können entstehen, wenn die Licht- und Wärmestrahlung durch die Augenlinse gebündelt den Feuerball auf der Netzhaut abbildet und es dort zu einer Retina-Verbrennung kommen läßt. Eine Verbrennungsnarbe bedeutet einen irreparablen Sehverlust in dem betroffenen Bereich der Netzhaut. Solche Skotome waren bei den Japanern relativ selten zu beobachten. Der Grund hierfür liegt darin, daß es zur Zeit der beiden

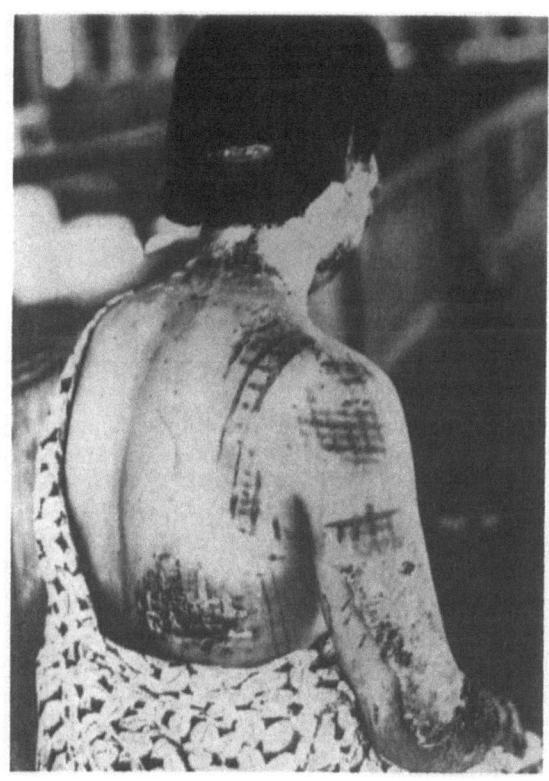

Abb. 7. Die dunklen Stoffteile sind unter thermischer Strahlung aufgeflammt und haben das Muster des Kimonos in die Haut eingebrannt. Hiroshima (Military Medical College). (Nach KUSANO 1953)

Atomexplosionen heller Tag war und die Pupillen eng gestellt waren. Testexplosionen, die bei Nacht mit Atomsprengkörpern sehr hoher Energieausbeute ausgeführt wurden, verursachten jedoch bei Versuchstieren (Kaninchen) Netzhautverbrennungen in Abständen von 100 und mehr Kilometern vom Explosionsort.

III. Durch die Druckwelle bedingte Schäden

Der Feuerball einer Atomexplosion führt zu einer Erhitzung der umgebenden Luft, die sich schnell ausdehnt und diesen Impuls in Form einer sich kugelig ausbreitenden Druckwelle weitergibt. Während Licht-, Wärme- und Gamma-Strahlung und annähernd auch die Neutronenstrahlung sich in Lichtgeschwindigkeit ausbreiten, bewegt sich die Druckwelle wesentlich langsamer fort. Grob geschätzt in Schallgeschwindigkeit, d.h. zunächst schneller und in größerer Entfernung vom Explosionsort langsamer als der Schall. Die Zeiten des Eintreffens der Überdruckspitze in verschiedenen Abständen vom Nullpunkt zeigt Tabelle 3. Daraus kann abgeleitet werden, daß meist noch mehrere Sekunden zum „Deckungnehmen" vor der kommenden Druckwelle genutzt werden können.

Auch bei den biologischen Druckstoßeffekten unterscheidet man zwischen direkten und indirekten Schäden. Die erstgenannten sind die Folgen des direkten Einwirkens der Druckfront auf den Organismus. Am empfindlichsten reagieren die Ohren auf den Druckstoß und so können bei Überdruckwerten von weniger als 1 bar Trommelfellperforationen entstehen. Zu lebensgefährlichen Lungenverletzungen kommt es erst bei Einwirkungen von höheren Druckwerten, die Lunge ist dann das eigentlich kritische Organ (s. Tabelle 4). Infolge der Kompression des Thorax reißen Alveolen und kleine Lungenarterien ein und lassen Blutungen innerhalb der Lunge entstehen, was sich im Auftreten von blutigem Schaum aus dem Mund äußert. Tritt Luft in die Blutgefäße der Alveolen, so kann es zu Luftembolien kommen,

Tabelle 3. Zeiten des Eintreffens der Überdruckspitze nach der Explosion in verschiedenen Abständen vom Bodennullpunkt bei Atomexplosionen verschiedener Energieausbeute. (Nach „Nuclear Handbook for Medical Service Personnel 1969")

Abstand in km	1 KT	10 KT	100 KT	1 MT
	Zeit in Sekunden			
1,6	4,3	3,6	3,7	2,5
3,2	9	8,1	7,4	6,5
4,8	...	13	12	11
8,0	...	..	21	20

Tabelle 4. Direkte Druckstoßwirkungen in verschiedenen Nullpunktabständen in Abhängigkeit vom Überdruckwert des Spitzendrucks in bar. (Nach „Nuclear Handbook for Medical Service Personnel 1969")

	Überdruck (in bar)	Reichweite in Kilometern		
		1 kt	10 kt	100 kt
Trommelfellriß (Grenzwert)	0,35	0,7	1,6	3,4
Lungenverletzung (Grenzwert)	0,75	0,33	0,75	1,6
Mortalität etwa 50%	3,5	0,16	0,35	0,76

was besonders im Bereich der Gefäße des Gehirns und der Koronarien lebensgefährlich sein kann.

Beim Luftstoß auf das Abdomen kann es zu Zerreißungen parenchymatöser Organe wie der Leber und der Milz kommen, aber auch zu Einrissen im Bereich des Magen-Darm-Kanals und der Mesenterialgefäße. Ein akutes Abdomen in Form einer unstillbaren Blutung im Bauchraum kann beim Massenanfall von Verletzten zu einem besonderen diagnostischen Problem werden.

Wird der Mensch von der Druckwelle erfaßt, so kann er durch deren Wucht angehoben, mehrere Meter weit durch die Luft geschleudert werden und beim Aufprall auf die Erde oder gegen eine Hauswand schwere Verletzungen wie Schädelbrüche, Frakturen an der Wirbelsäule und an Extremitäten sowie innere Verletzungen erleiden (s. Abb. 8).

Da die Druckstoßwerte nur in relativer Nähe des Explosionsortes sehr hoch sind und zur Peripherie steil absinken, wie Abb. 9 erkennen läßt, treten schwere Druckschäden auch nur in relativer Nähe des Nullpunktgebietes auf, d. h. in einem Bereich, in welchem außerdem sehr hohe Hitzegrade und Strahlendosen dominieren. So konnten von den Japanern nur solche überleben, die relativ geringe direkte Druckstoßschäden in Form von Trommelfellperforationen erlitten hatten. Bei Atomsprengkörpern, höherer Energieausbeute nehmen, wie Abb. 3 erkennen läßt, die relativen Reichweiten von Druck und Hitze im Verhältnis zur Kernstrahlung vermehrt zu, so daß bei großen Kernwaffen insbesondere dann, wenn ein Schutz vor der thermischen Strahlung besteht, die direkten Druckstoßschäden eine nennenswerte Rolle spielen können.

Viel weitreichender als die direkten sind jedoch Auswirkungen, die als indirekte Druckstoßschäden einer Atomexplosion bezeichnet werden. Darunter zu verstehen sind die Verletzungen als Folge des Zusammenstürzens von Häusern, die die darin wohnenden Menschen töten oder zumindest verletzen können. Da die Häuser schon bei Druckstoßwerten von weniger als 1 bar einstürzen (s. Tabelle 5), also bei Werten, die nur geringe Schäden beim direkten Auftreffen der Druckwelle auf den menschlichen Organismus erzeugen können,

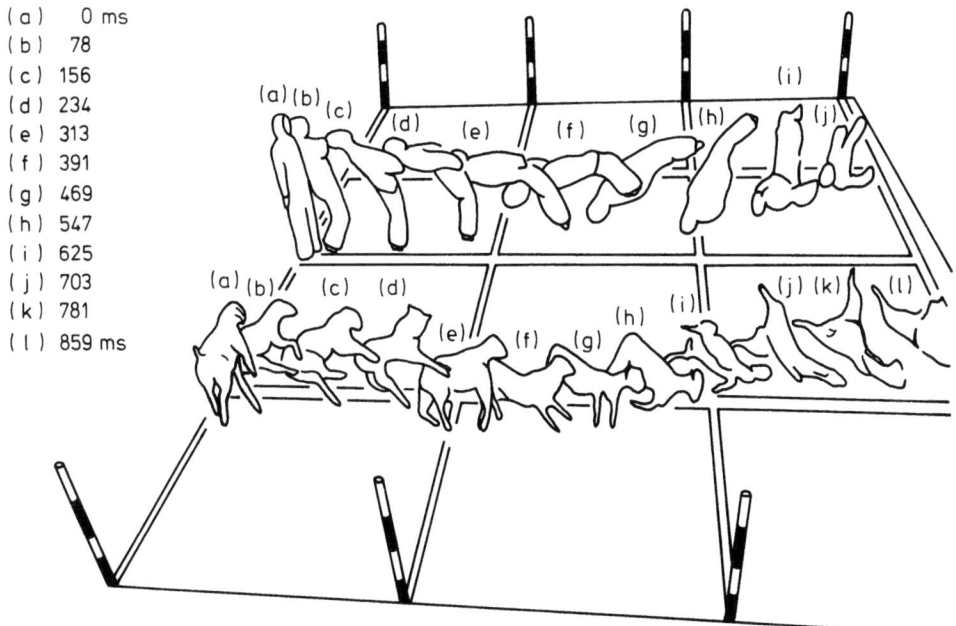

(a) 0 ms
(b) 78
(c) 156
(d) 234
(e) 313
(f) 391
(g) 469
(h) 547
(i) 625
(j) 703
(k) 781
(l) 859 ms

Abb. 8. Skizze nach Filmaufnahmen einer Phantompuppe und eines Versuchstieres bei Einwirkung der Druckwelle einer Atomexplosion. (Nach FLETCHER u. BOWEN 1968)

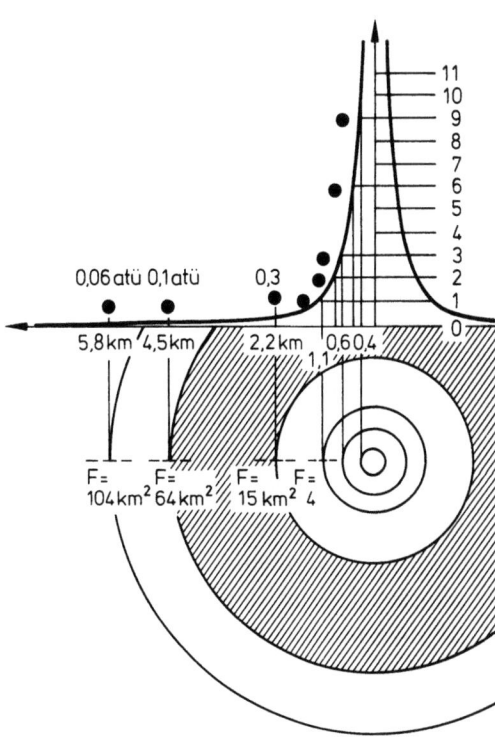

Abb. 9. Abfall der Überdruckspitze mit der Entfernung vom Explosionszentrum am Beispiel einer 80-KT-Bombe (Bundesverband für den Selbstschutz, 1967)

sind die sekundären (indirekten) Druckstoßschäden sehr viel weitreichender. Charakteristisch dafür sind ferner Glassplitterverletzungen als Folge der Zertrümmerung der Fensterscheiben. Die Reichweiten der als „atombombenspezifisch" zu bezeichnenden Schnittverletzungen sowie der Blitzverbrennungen gingen in Japan weit über die Reichweiten gefährlicher Strahlendosen der Kernstrahlung hinaus. Charakteristisch für die Druckstoßeffekte sind auch Verletzungen als Folge des Herumgeschleudertwerdens von Gegenständen, die dann geradezu geschoßartige Geschwindigkeiten erreichen und die Menschen verletzen können.

Tabelle 5. Maximale Reichweiten (vom Bodennullpunkt in km) der unmittelbaren Wirkungen von Atomwaffen unterschiedlicher Energieausbeute (Luftexplosionen). (Nach Bühl 1968)

KT-Wert	Durch Druckschäden 50% der Häuser zerstört				Thermische Strahlung Verbrennung	Kernstrahlung 200 bis 300 rd
	Beton-Skelett-bauten (km)	Wohnhäuser mit Betondecken (km)	Wohnhäuser mit Holzdecken (km)	Schäden an Fenstern und Dächern (km)	(km)	(km)
1 KT	0,2	0,3	0,6	1	0,8	1
20 KT	0,6	1	1,5	3	3	1,5
100 KT	1,2	2	3	6	6	2
1 MT	3	4	6	12	15	3
Druck	1–1,5 bar	0,5–1 bar	0,3–0,5 bar	0,1–0,2 bar		

IV. Strahlenschäden als Folge der Einwirkung der initialen Neutronen- und Gammastrahlung

Die durch eine Atomexplosion erzeugten Strahlenschäden unterscheiden sich im Grundsätzlichen nicht von den Unfallfolgen beim Umgang mit anderen Strahlenquellen in Röntgenabteilungen, Kobalt- und Cäsiumtherapieanlagen, Isotopenlaboratorien, Kernenergieanlagen usw. Wenn auch die strahlenbiologischen Grundvorgänge bei all diesen Strahlenreaktionen die gleichen sind, so ergeben sich doch für die Diagnostik und Therapie der Atomwaffenschäden insbesondere, weil sie bei einer sehr großen Zahl von Personen, also bei einem Massenanfall durchzuführen wären, ganz besondere Aspekte.

Wie schon gesagt wurde, ist zwischen der initialen Neutronen- und Gammastrahlung, die innerhalb sehr kurzer Zeit auf den Organismus einwirkt, und der Fallout-Strahlung, die eine Langzeitbestrahlung darstellt, zu unterscheiden. Die Bedeutung des Zeitfaktors liegt darin, daß bei protrahierter Bestrahlung unter der Strahleneinwirkung bereits Erholungsvorgänge einsetzen, so daß eine Strahlenbelastung niederer Dosisleistung geringere Schäden verursacht als eine Bestrahlung hoher Dosisleistung bei gleicher Gesamtdosis. So überlebte die Mannschaft des Fischdampfers Fukuryu Maru Nr. 5 letale Strahlendosen, weil die durch den Fallout des Wasserstoffbombenunfalls vom 1. März 1954 bedingte Strahlenbelastung sich auf eine Einwirkungszeit von 14 Tagen verteilte.

Weiterhin spielt die Strahlenart eine besondere Rolle. So tritt Neutronenstrahlung gemeinsam mit der initialen Gamma-Strahlung auf, wobei das Neutronen-Gammaverhältnis in Abhängigkeit vom Bombentyp unterschiedlich sein kann. Bei den Fusionsbomben (Wasserstoffbomben) ist der Neutronenanteil absolut dominant, insbesondere bei den sogenannten Neutronenwaffen. Die aus einer Kernfusion hervorgegangenen Neutronen sind sehr energiereich (ca. 14 MEV), während für die Spaltbomben ein breites Spektrum verschiedener Neutronenenergien charakteristisch ist.

Abb. 10 zeigt die Ausbeute an Neutronenstrahlung bei 3 verschiedenen Kernwaffentypen und läßt erkennen, daß die Strahlung einer 1-KT-Neutronenwaffe in größeren Abständen noch höhere Dosiswerte erreicht als es bei einer 10-KT-Spaltbombe der Fall ist.

Daß Neutronen eine höhere relative biologische Wirkung entfalten als Gamma- und Röntgenstrahlen, ist eine durch zahlreiche Untersuchungen an Zellen, Geweben und ganzen Versuchstieren bestätigte Erkenntnis. Inwieweit jedoch auch bei Ganzkörperbestrahlung des menschlichen Organismus signifikante Unterschiede zwischen den Wirkungen von Neutronen und Gamma-Bestrahlung bestehen, scheint noch nicht völlig geklärt zu sein. Die Ergebnisse

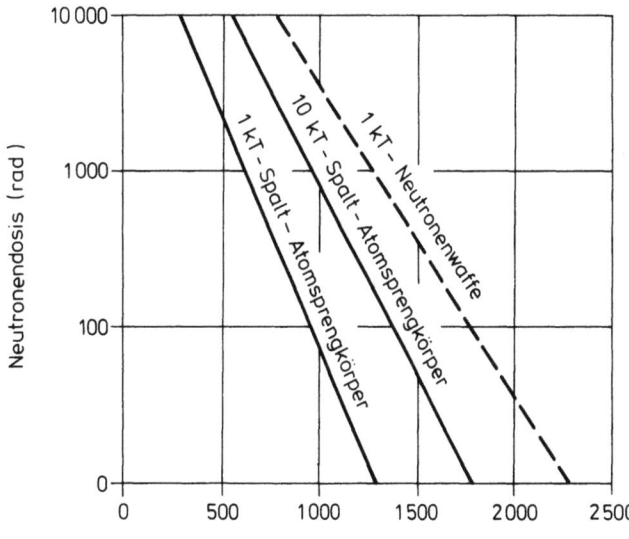

Abb. 10. Neutronenstrahlung, ausgehend von drei verschiedenen Arten taktischer Kernwaffen, als Funktion des Abstandes vom Bodennullpunkt. (Nach KAPLAN 1978)

von Großtierversuchen (an Hunden und Schweinen) lassen keine wesentliche Zunahme der Letalität erkennen, wenn die Tiere statt mit Gamma-Strahlung mit energiereichen Neutronen belastet werden. Die Erhebungen an den Überlebenden von Hiroshima und Nagsaki lassen jedoch den Verdacht aufkommen, daß die Induktionsrate von Leukämien und Karzinomen nach Neutroneneinwirkung höher ist als nach Gamma-Bestrahlung.

Neben der Strahlenart spielt die Dosisverteilung im menschlichen Organismus eine wichtige Rolle. In Handbüchern und Vorschriften finden sich Dosiswirkungstabellen, wie z. B. Tabelle 6, die eine homogene kurzzeitige Gamma-Ganzkörperbestrahlung voraussetzen. Dieser „Idealfall" dürfte jedoch unter den Bedingungen des kriegerischen Einsatzes von Atomwaffen gegen eine Bevölkerung in vielen Fällen nicht zutreffen. So kann es zu sehr inhomogenen Ganzkörper- bzw. zu Teilkörperbestrahlungen kommen. Z. B., wenn Personen in einem Haus durch unterschiedlich dicke Wände geschützt oder im Freien durch Bäume, Häuser, Kraftfahrzeuge usw. während der Bestrahlung teilweise abgedeckt sind. Soldaten können in Unterständen oder gepanzerten Fahrzeugen inhomogene Strahlenbelastungen erleiden.

Tierversuche haben gezeigt, wie auch Tabelle 7 erkennen läßt, daß durch das Abdecken insbesondere der unteren Körperhälfte die LD 50 der Tiere bis auf ein Vielfaches des Wertes bei einer Ganzkörperbestrahlung ansteigen kann. Durch den Schutz eines, wenn auch nur kleinen Teils des Skelettsystems bleiben so viele hämatopoetische Stammzellen erhalten, daß von diesen Knochenmarkbereichen eine genügende Zahl von Granulozyten und Thrombozyten produziert werden kann, um die Infektion und die Blutung, die zu den Hauptursachen des tödlichen Verlaufs des Strahlensyndroms werden, zu verhindern.

Teilkörperbestrahlungen können in den bestrahlten Bereichen zu Schädigungen führen, die es bei dem bekannten Bild des akuten Strahlensyndroms nicht gibt, weil sehr viel höhere Strahlenbelastungen möglich sind. So kann die Exposition des Oberkörpers mit weit über 1 000 rad überlebt werden. Dabei kommt es zu schweren Reaktionen im Bereich des Pharynx und insbesondere zu Schäden im Lungengewebe. Lokale Bestrahlungen des Abdomens lassen bei entsprechend hohen Dosen das sogenannte Magen-Darm-Syndrom entstehen, das mit schwersten Durchfällen, Elektrolyt- und Wasserverlusten und Infektionen einhergeht.

Die genannten „idealen" Dosis-Wirkungsbeziehungen bei Ganzkörperbestrahlungen (Tabelle 6) gelten wohl nur für gesunde Menschen, wie es etwa junge Soldaten sind. Handelt es sich bei den Strahlenexponierten um Kleinkinder oder alte Menschen, sind es chronisch Kranke oder solche, die an einer akuten Erkrankung leiden, so ist die Strahlenempfindlichkeit des Organismus sehr wahrscheinlich höher.

Tabelle 6. Klinische und hämatologische Symptome nach Einwirkung einer initialen Neutronen-Gamma-Ganzkörperbestrahlung und daraus resultierende Sichtungsergebnisse. (Nach Messerschmidt 1979)

Symptome	Überleben		
	sicher bis wahrscheinlich (50–200 rd)	möglich bis fraglich (200–600 rd)	unwahrscheinlich (mehr als 600 rd)
Initialsymptome	Erbrechen und Übelkeit fehlen oder schwach ausgebildet innerhalb 2 bis 6 Stunden	in 70 bis 100% schweres Erbrechen innerhalb 1 bis 2 Stunden, Schwäche	zu 100% schweres, stoßartiges Erbrechen innerhalb 1 Stunde, Durchfälle, schwere Erschöpfung
Dauer der Initialsymptome	fehlend oder nur kurz dauernd	12 bis 24 Stunden	bis zu 2 Tagen
Früherythem	fehlt	schwache Rötung möglich	schwache bis deutliche Rötung
Dauer der Latenzzeit	mehr als 3 Wochen	10 bis 20 Tage	bis zu 1 Woche
Lymphozyten	geringes bis mittelgradiges Absinken in 1 bis 2 Tagen bis auf $1200/mm^3$	mittel- bis hochgradiges Absinken innerhalb des 1. Tages auf 1200 bis $300/mm^3$	hochgradiges Absinken innerhalb von Stunden bis auf $300/mm^3$
Granulozyten	Absinken bis auf 40 bis 50% der Norm innerhalb von 45 Tagen	Initiale Granulozytose, Absinken in 7 bis 20 Tagen bis auf ca. 20% der Norm	Initiale Granulozytose, Absinken in 4 bis 10 Tagen, Tiefstand bis 10% der Norm
Thrombozyten	Absinken bis auf 50% der Norm innerhalb von 30 Tagen	Absinken auf 30 bis 10% innerhalb von 25 Tagen	Absinken auf fast 0% innerhalb von 14 Tagen
Retikulozyten	nur geringe Verminderung	nach wenigen Tagen deutliches Absinken	drastische Verminderung
Knochenmark	vereinzelte Mitoseanomalien, gering erniedrigte Zellzahlen	Mitoseanomalien in 24 bis 48 Stunden, Markhypoplasie	innerhalb von Stunden Zellzerfall, Nekrosen, Markaplasie
Klinische Befunde in der Höhepunktphase	keine bis geringe	Epilation ab 300 rd, in ca. 14 Tagen Fieber, Hämorrhagien nach 2 bis 3 Wochen	Epilation in ca. 10 Tagen, Fieber und Hämorrhagien innerhalb von 8 Tagen, Abdominalschmerzen
Sichtungsergebnis	nur vereinzelt Behandlung erforderlich	Behandlung notwendig und erfolgversprechend	Behandlung notwendig, jedoch oftmals erfolglos

Tabelle 7. LD_{50} von Versuchstieren, die in unterschiedlicher Weise bestrahlt wurden. (Nach Langham 1967)

Spezies	Bestrahlungsbedingungen	Dosis (R oder rd)	Integraldosis (kg rd)
Ratten	Rö, Ganzkörper	700	175
	Rö, Abdomen abgedeckt	1950	275
	Rö, Abdomen isoliert bestrahlt	1025	134
Hunde	Rö, Ganzkörper	250	2500
	Rö, obere Körperhälfte	1775	9600
	Rö, untere Körperhälfte	855	3900

Tabelle 8. Schätzungen zu LD_{50} des Menschen. (Nach LANGHAM 1967)

	Strahlen-exposition (R)	Absorbierte Dosis (rd)	Autoren
Atombombenopfer aus Japan	~450	~300	WARREN u. BOWERS (1950)
Komitee-Entschließungen	400–600	260–400	NAS-NRC (1960)
Fallout-Studien (Marshallesen, Großtierversuche)	~350	~300	BOND u. ROBERTSON (1957) CRONKITE u. BOND (1960)
Ganzkörperbestrahlungen bei Patienten	370	243 ± 22	LUSHBAUGH et al. (1966)
Ganzkörperbestrahlungen bei Patienten	380	250 ± 28	NAS-NRC Report, LANGHAM (Hrsg.) (1967)
Ganzkörperbestrahlungen bei Patienten und bei Strahlenunfällen	430	285 ± 25	NAS-NRC Report, LANGHAM (Hrsg.) (1967)

Die Berücksichtigung der die Strahleneinwirkung beeinflussenden Faktoren wie Strahlungsintensität (Dosisleistung), Strahlenart, Strahlenenergie, Dosisverteilung im Organismus, Alter und Gesundheitszustand des bestrahlten Organismus, zusätzliche Belastungen und Noxen macht es schwer, von einer empfangenen Dosis auf den zu erwartenden Bestrahlungseffekt, d.h. den Krankheitsverlauf und die Prognose zu schließen. Eine Hilfe ist es sicher, zunächst von den Dosiswirkungs-Relationen auszugehen, wie sie als Folge einer kurzzeitigen Gamma-Ganzkörperbestrahlung gesunder Menschen auf Tabelle 6 wiedergegeben werden. Wie schwierig es jedoch ist, z.B. die LD 50 des Menschen festzulegen, trotz aller Erfahrungen, die bei Unfällen in Strahlenbetrieben bei therapeutischen Ganzkörperbestrahlungen und auch aufgrund der Ereignisse in Hiroshima und Nagasaki gewonnen wurden, läßt die auf Tabelle 8 gezeigte Zusammenstellung von Dosisabschätzungen aus der Literatur erkennen.

In der Situation eines Massenanfalls nach einem Kernwaffenangriff dürften dosisbezogene Überlegungen allerdings schon deswegen ohne Bedeutung sein, weil es für die Bevölkerung keine physikalische Dosimetrie gibt. Damit besteht auch keine Möglichkeit, die individuellen Strahlenbelastungen der Menschen in Erfahrung zu bringen und daraus Schlüsse für die Therapie und Prognose zu ziehen. So müßte man sich in der Praxis ganz auf klinische Symptome und unter günstigen Untersuchungsverhältnissen auch auf Laboratoriumsergebnisse insbesondere Blutbilduntersuchungen verlassen. Tabelle 6 zeigt die klinischen Daten, anhand welcher man versuchen kann, auf den Schweregrad der Strahlenschädigung zu schließen. Auch die Zusammenstellungen auf Tabelle 8 und 9 [2]) sollten bei der Sichtung Strahlengeschädigter oder vermutlich Strahlengeschädigter eine Hilfe für den Sichtungsarzt in der Situation des Massenanfalls sein.

Da vor allem die lymphatischen Gewebe und proliferierende Gewebe, wie Hoden, Ovarien, Dünndarmepithel, Knochenmark und die Haut mit ihren Anhangsgebilden strahlenempfindlich sind, sind es die Ausfallserscheinungen dieser Gewebe und Organe, die das Bild der Strahlenkrankheit charakterisieren.

In Abhängigkeit von der Dosis einer Ganzkörperbestrahlung werden drei Formen der Strahlenkrankheit unterschieden (Abb. 11), so das *Zentralnervöse Syndrom,* das nach Empfang sehr hoher Strahlendosen, d.h. von 3000 rd (30 Gy) und mehr unter schweren neurologischen Symptomen, wie Krämpfen, Ataxien, Bewußtseinsstörungen und kardiovaskulären Symptomen innerhalb von 1 bis 3 Tagen, und bei Strahlenbelastungen von 10000 rd (100 Gy) und mehr innerhalb von wenigen Stunden zum Tode führt.

Bei einer Strahlenbelastung des Dosisbereichs von 1000 bis 3000 rd (10–30 Gy) werden die zentralnervösen Symptome überlebt, das Krankheitsbild ist jetzt als Ausdruck des *ga-*

---

[2] in Teil A „Reaktorunfälle"

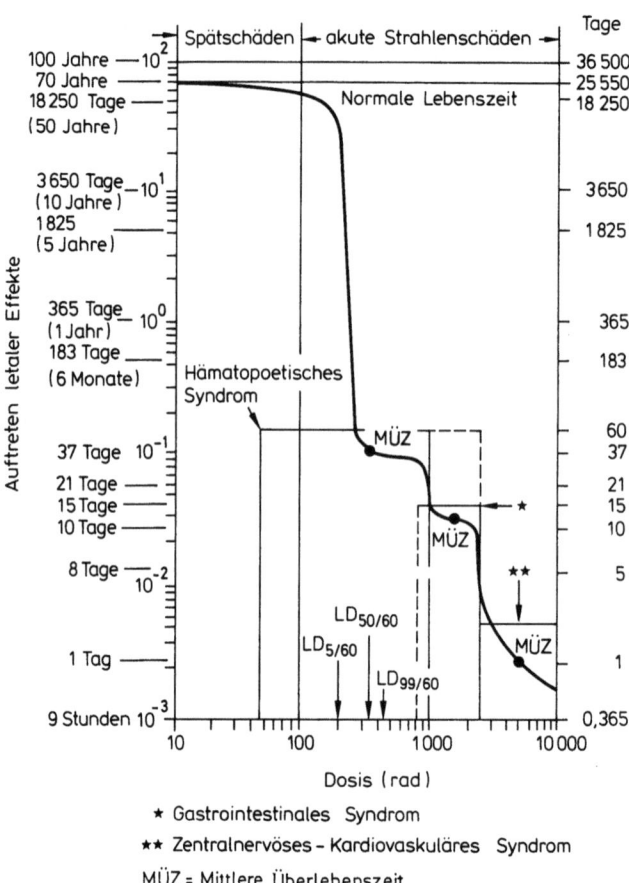

Abb. 11. Mittlere Überlebenszeiten bei ansteigender Ganzkörperdosis. (Nach Afrri 1979)

strointestinalen Syndroms durch schwere Durchfälle charakterisiert und es verläuft ebenfalls tödlich, wobei präfinal hämatologische Ausfallssymptome als Ausdruck einer gestörten Hämopoese hinzukommen.

Unterhalb einer Ganzkörperbestrahlung von ca. 1 000 rd (10 Gy) treten die gastrointestinalen Symptome in den Hintergrund zugunsten eines *Hämatopoetischen Syndroms*. Das Krankheitsbild wird jetzt von den Ausfallssymptomen des strahlengeschädigten Knochenmarks geprägt. Blutbildveränderungen im Sinne einer Thrombozytopenie und Granulozytopenie bzw. Agranulozytose treten erst mit einer Verzögerung von ca. fünf Tagen bis zu drei Wochen, je nach Höhe der empfangenen Dosis in Erscheinung. Der Grund dafür liegt darin, daß vor allem die proliferierenden Zellen, insbesondere auch die Stammzellen des Knochenmarks geschädigt werden. Die Zellen im Reifungsspeicher des Knochenmarks sind ebenso wie die reifen Blutzellen in der Peripherie relativ strahlenresistent, sie werden durch die Strahlenbelastung nicht nennenswert geschädigt und können noch mehrere Tage nach der Exposition in die Blutbahn abgegeben werden. Diese Verzögerung des Absinkens von Granulozyten und Thrombozyten in der Blutbahn führt zu einem relativ späten Ausbruch der hämatopoetischen Form des Strahlensyndroms. Lediglich die auch in ihrer ausgereiften Form strahlenempfindlichen Lymphozyten erreichen bereits innerhalb der ersten 48 Stunden nach Strahleneinwirkung ihren tiefsten Stand. Wegen ihrer Lebensdauer von 100 bis 120 Tagen in der Blutbahn vermindert sich die Zahl der roten Blutzellen weniger ausgeprägt. Das Auftreten von Blutungen in der Höhepunktsphase der Strahlenkrankheit als Folge der Thrombozytopenie läßt jedoch auch ihre Anzahl bzw. den Hämatokrit mit einiger Verzögerung absinken. Der Rückgang der Retikulozytenzahlen etwa 2 bis 4 Tage nach Bestrahlung läßt erkennen, daß auch die Erythropoese gestört ist.

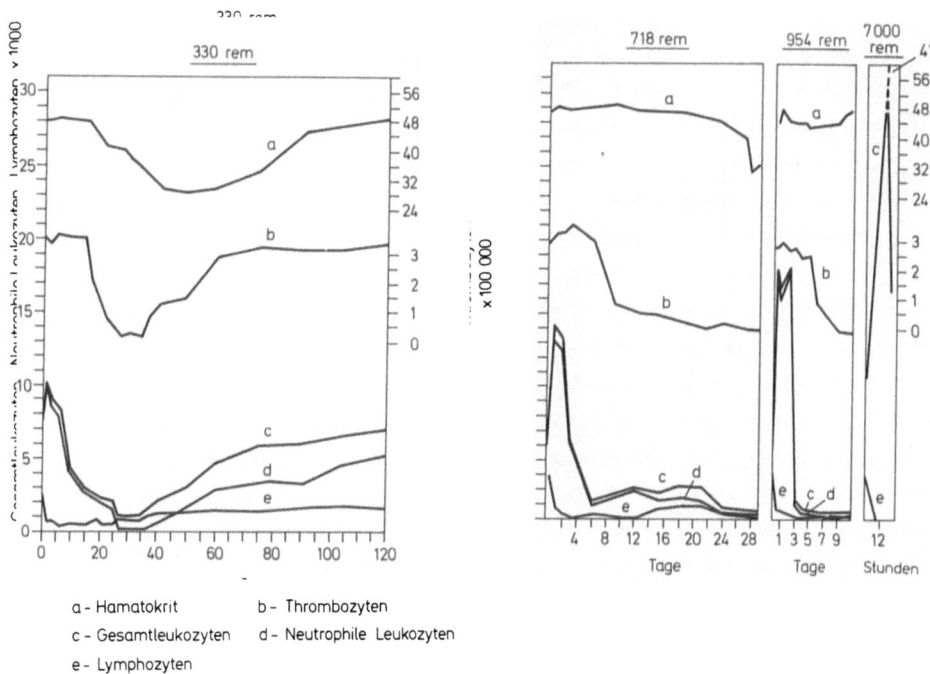

a - Hämatokrit   b - Thrombozyten
c - Gesamtleukozyten   d - Neutrophile Leukozyten
e - Lymphozyten

Abb. 12. Akutes Strahlensyndrom: Blutbilder von vier hypothetischen Patienten, die mit einer kurzzeitigen Neutronen-Gamma-Mischstrahlung belastet wurden (Ganzkörperexposition). (Nach AFRRI 1979)

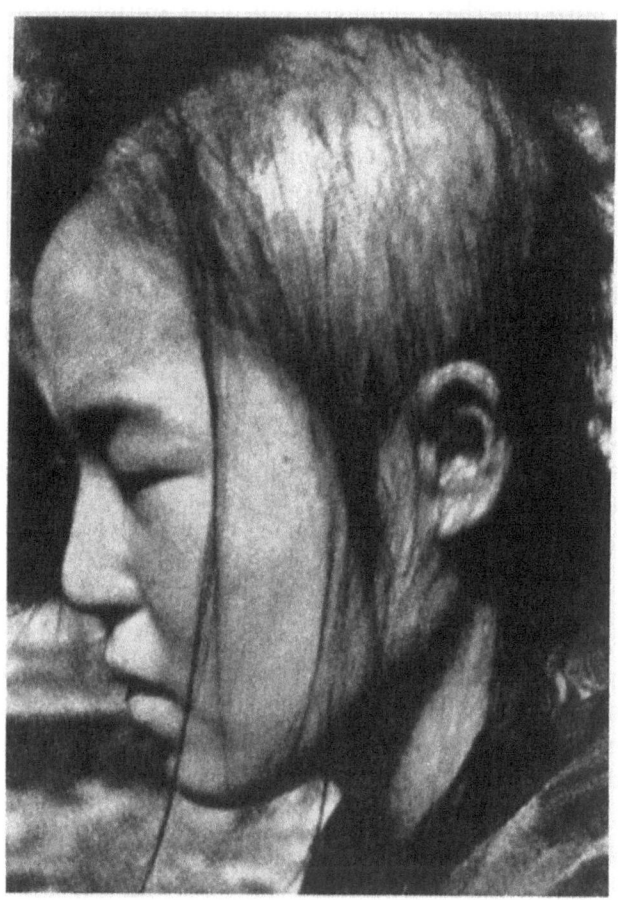

Abb. 13. Haarausfall bei jüngerer Frau, befand sich in einem Holzhaus in Nagasaki. Epilationsbeginn nach 19 Tagen. (Aus MESSER-SCHMIDT 1960)

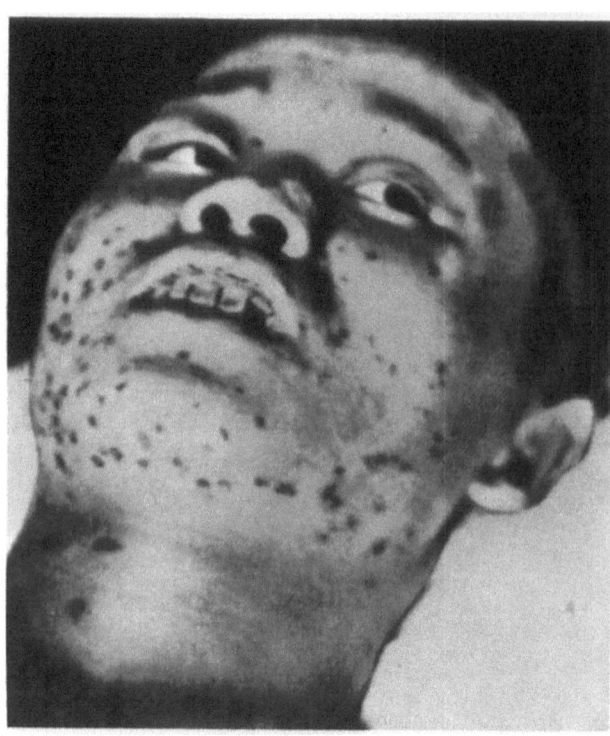

Abb. 14. 21jähriger Mann, in Holzhaus, 1000 m Nullpunktabstand. Haarausfall am 12. Tage, Petechien und Zahnfleischblutungen beginnend am 23. Tag. Nekrotisierende Angina, Aufnahme 2 Stunden vor dem Tode am 28. Tage. (Nach KUSANO 1953)

Abb. 12 zeigt das Verhalten von Hämatokrit, Thrombozyten-, Granulozyten-, Gesamtleukozyten- und Lymphozytenzahlen beim Menschen, in Abhängigkeit von Neutronen-Gamma-Ganzkörperbestrahlungen mit einer mittelletalen Dosis von 330 rem, ferner letalen Dosen von 718 rem bzw. 954 rem, sowie supraletaler Dosis von 7000 rem. Die Kurvenverläufe der Blutzellwerte lassen erkennen, daß eine Diagnostik anhand einer Leukozytenzählung, ohne Bestimmung eines Differentialblutbildes vor dem 4. bis 6. Tage, ja u.U. vor Ablauf von ein bis zwei Wochen nicht möglich ist.

Mit der Leukopenie kommt es zur bakteriellen Allgemeininfektion und damit zu Fieber, weitere Symptome der Höhepunktsphase der Strahlenkrankheit sind Blutungen in Form blutiger Durchfälle, blutigen Wasserlassens, Bluterbrechen, Petechien, sowie Stomatitis und Haarausfall. Abb. 13 zeigt eine Japanerin mit Epilation und Abb. 14 das typische Bild des Auftretens von petechialen Blutungen bei einem japanischen Soldaten aus Hiroshima, kurz vor seinem Tode. Epilation und Petechien galten den japanischen Ärzten als wichtige Leitsymptome, um die Strahlenkrankheit bei ihren Patienten gegen die Symptome anderer Schäden, wie Verbrennungen, Verwundungen und Infektionen abgrenzen zu können. Eine genauere Beschreibung von Pathogenese und Klinik des akuten Strahlensyndroms wird von CRONKITE und FLIEDNER (1972) gegeben.

V. Kombinationsschäden

Kommen zur Strahlenbelastung andere Noxen oder Traumen wie Vergiftungen, Infektionen, Verwundungen, Verbrennungen, schwere Erschöpfungszustände und andere Streßformen hinzu, so können Verlauf und Prognose einer Strahlenschädigung entscheidend verändert werden.

Über diese sogenannten Kombinationsschäden sind die Kenntnisse zur Zeit noch relativ gering, obwohl ihre praktische Bedeutung im Falle des Einsatzes von Kernwaffen groß sein würde. So hat in Hiroshima und Nagasaki, zählt man die Verstorbenen und die verletzten

Tabelle 9. Hiroshima, Verletzungsarten in %. (Medical Parties of the Faculty of Medicine, Tokyo Imperial University, 1953)

Verletzungen durch	Im Freien	In Gebäuden	Davon in		
			Holz-häusern	Beton-bauten	anderen Gebäuden
Thermische Strahlung	81,0	19,0	15,0	2,3	1,7
Druckstoßwelle	19,6	80,3	66,2	12,3	1,8
Kernstrahlung	44,3	53,6	43,1	8,1	2,4

Überlebenden zusammen, möglicherweise die Hälfte aller Betroffenen an den Auswirkungen von Kombinationsschäden gelitten. Welcher Art die Verletzungen von Menschen sein würden, die in einem Atomkrieg von den Auswirkungen einer oder mehrerer Waffeneinsätze betroffen sein würden, das hängt von einer Reihe von Faktoren ab, so vor allem von der Energieausbeute des zur Explosion gebrachten Atomsprengkörpers. Abb. 3 läßt erkennen, daß es bei kleineren Sprengkörpern vor allem zu Strahlenschäden und Kombinationsschäden kommen würde.

Inwieweit der Aufenthalt von Personen im Augenblick der Atomexplosion die Art möglicher Schädigung bestimmt, zeigt Tabelle 9 aus Hiroshima. So erlitten die im Freien befindlichen Menschen, die vor dem Hitzeblitz ungeschützt waren, vor allem primäre Verbrennungen und im geringeren Maße mechanische Verletzungen durch die Druckstoßwelle. Die in den Gebäuden befindlichen Menschen waren zwar vor dem Hitzeblitz geschützt, wurden jedoch durch das Zusammenstürzen der Gebäude getötet oder verwundet. Das Ausmaß der Strahlenschäden war im Freien und innerhalb der Gebäude etwa gleich, da die japanischen Häuser zumeist aus Holz waren und vor der energiereichen Kernstrahlung nur wenig Schutz boten.

Die Prozentsätze an Verletzungen zeigen, daß die von der Atomexplosion Betroffenen zumeist nicht nur an einer Verwundung oder Verbrennung litten, sondern meist zusätzlich noch bestrahlt wurden, also Kombinationsschäden erlitten hatten.

Ursprünglich wurde der Ausdruck „Kombinationsschaden" in einer ganz anderen Bedeutung zunächst von den Strahlentherapeuten verwendet. So hat WINTZ bereits im Jahre 1923 dafür folgende Definition gegeben:

„Darunter verstehen wir jene Schädigungen, die erst dann eintreten, wenn das bestrahlte Gewebe noch von einer zweiten Noxe getroffen wird, infolge derer es erst zu einer ausgesprochenen Gewebsveränderung kommt". WINTZ berichtet weiter: „Bei einem solchen (bestrahlten) Gewebe ist dann weder makroskopisch noch mikroskopisch irgendwelche Veränderung zu finden. Wird nun ein solches Gewebe von einem zweiten Reiz, der thermischer, chemischer oder traumatischer Natur sein kann, getroffen, so bildet sich eine Schädigung aus, die in keinem Verhältnis zu der geringen Stärke der zweiten Einwirkung steht. ... Ein locus minoris resistentiae tritt nach Bestrahlung in jeder Gewebsschicht ein. ... Zu den lokalen Schädigungen zählen wir auch die Indurationen im bestrahlten Gewebe. ... Jede aktive Behandlung eines solchen indurierten Ödems ist zu verwerfen. Wir haben ganz bedenkliche Phlegmonen bzw. Zerfall des Gewebes gesehen, wenn in das (strahlen-)indurierte Gewebe aus Unkenntnis eingeschnitten wurde." WINTZ weist darauf hin, daß Bronchitis und Pneumonie nach Bestrahlung der Lunge schwerer verlaufen, was besonders bei der großen Grippeepidemie nach dem ersten Weltkrieg beobachtet werden konnte.

Nach den Ereignissen von Hiroshima und Nagasaki ist der Begriff „Kombinationsschaden" vor allem für Kernwaffenverletzungen gebräuchlich geworden. Im amerikanisch-englischen Schrifttum werden sie als „combined injuries", im französischen als „lesions combinees" bezeichnet. Die Japaner nannten die ihnen pathogenetisch völlig neuartige Krankheit „Gen baku sho", d.h. Atombombenkrankheit. Der Begriff Kombinationsschaden in dem hier gemeinten Sinne soll nicht nur die Kombinationen mit Verwundungen und Verbrennungen beinhalten, sondern auch weitere Traumen und Noxen in Kombinationen mit Strahleneinwirkungen wie Schockzustände, Blutverluste, Wundinfektionen, Infektionen im weiteren Sinne wie Infektionskrankheiten, Stoffwechselerkrankungen, ferner Kombinationen von Strahleneinwirkungen mit chemischen Noxen, wie Giften und auch chemischen Kampfstoffen aber auch mit Medikamenten wie Schmerzmitteln oder Narkosestoffen. Strahleneinwirkungen können kombiniert sein mit Streßformen wie Durst, Hunger, Hitze oder Kälteeinwirkung oder schwerer Erschöpfung. Auch die letztgenannten Kombinationen können, wie Tierversuche gezeigt haben, zu einem Anstieg der Sterblichkeit über die reine Strahlenletalität hinaus führen.

Während die Strahlenforschung in den Jahren nach dem zweiten Weltkriege nicht zuletzt durch die nukleare Aufrüstung der Großmächte einen großen Aufstieg erlebte, blieb das Gebiet der Kombinationsschäden in der Forschung weitgehend vernachlässigt. Dies geschah, obwohl über die Pathogenese der Kombinationsschäden nur sehr wenig bekannt ist und obwohl für den Fall einer nuklearen Auseinandersetzung in besonderem Maße mit dem Auftreten von Kombinationsschäden zu rechnen ist. Die hohe Wahrscheinlichkeit solcher Schäden geht auch aus einer Studie hervor, die von Geiger (1964) aus der DDR veröffentlicht worden ist. Demnach würden in einem mit Kernwaffen geführten Kriege 65–70% der Verletzten Kombinationsschäden erleiden. Davon würden etwa 5% durch die Kombination von Verbrennung + mechanischer Verletzung betroffen sein, ca. 40% würden eine Kombination von Verbrennung + Strahlenschädigung, bis zu 5% würden mechanische Verletzungen + Strahlenschäden und ca. 20% alle drei Verletzungsformen gleichzeitig erleiden.

Es waren mehr russische als amerikanische und westeuropäische Autoren, die Arbeiten über derartige Kombinationsschäden veröffentlichten. Es entstand eine gewisse Diskussion darüber, inwieweit bei Kombinationsschäden lediglich das Strahlensyndrom bzw. das hinzukommende zweite Trauma verstärkt und die Letalität dabei angehoben wird oder inwieweit Krankheitsbilder entstehen, die sich von den Einzelschäden deutlich unterscheiden lassen. Der russische Forscher Federov, der eine große Zahl von tierexperimentellen Untersuchungen ausgeführt hat, kommt zu der Feststellung, daß das Bestrahlungs/Verbrennungstrauma eine neuartige Krankheit sei, die sich sowohl vom Strahlensyndrom als auch der Verbrennungskrankheit signifikant unterscheiden lasse (Federov et al. 1958). Manche Forscher sehen sich versucht, hierbei sogar von einer „dritten Krankheit" zu sprechen.

Der Kombinationsschaden dieser Definition entstand beim Menschen erstmals unter den Opfern von Hiroshima und Nagasaki. Die sie behandelnden japanischen Ärzte beschrieben das neuartige Krankheitsbild, so wie es auch in nachfolgenden tierexperimentellen Untersuchungen, besonders von russischen Autoren, bestätigt wurde. So heilten bei den Atombombenopfern die Verbrennungswunden und auch die mechanischen Verletzungen als Folge der Druckstoßeinwirkung zunächst in etwa gleicher Weise wie bei den nichtbestrahlten Personen. Ein bis zwei Wochen später änderte sich das Aussehen der Wunden jedoch in sehr auffallender Weise. Es kam zu erneuten Infektionen mit schmierigen Belägen auf der Wundfläche als Folge des Zusammenbruchs der Infektresistenz im Stadium der Agranulozytose. Die Granulationen, die sich schon gebildet hatten, gingen zurück, das Gewebe im Wundbereich wurde nekrotisch und es kam zu Blutungen infolge der Thrombozytopenie. Im histologischen Bild zeigten die Hautwunden und Verbrennungen Nekrosen und massive Bakterieninfiltrationen. Leukozytenansammlungen, die normalerweise ein nekrotisches Gebiet abgrenzen, fehlten als Folge der durch eine Ganzkörperbestrahlung bedingten Agranulozytose.

Abb. 15 zeigt die Leiche einer Frau aus Hiroshima, die Kombinationsschäden erlitten hat. An der Stirn befindet sich eine Wunde, erzeugt durch einen umhergeschleuderten Ast.

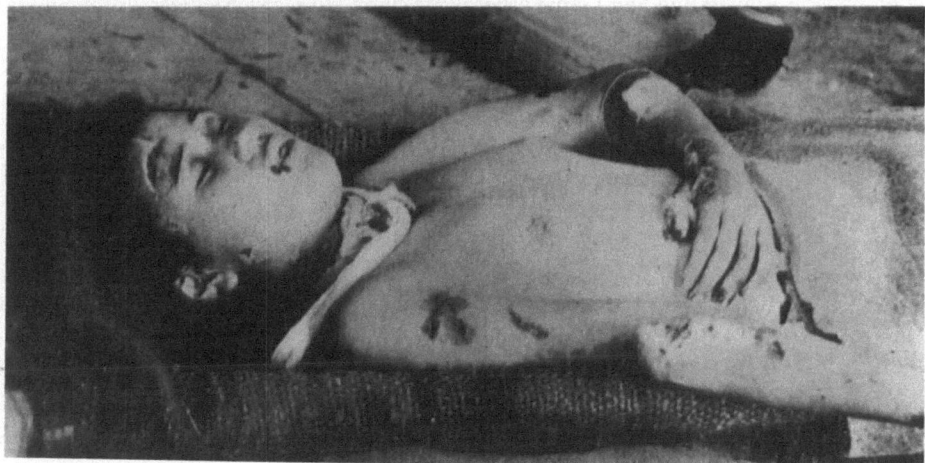

Abb. 15. Die große Wunde an der Stirn wurde durch den Stoß eines fliegenden weichen Zweiges erzeugt. Der schwarze Fleck am rechten Mundwinkel ist ein Teil der Gangrän, die sich über die ganze Schleimhaut der Mundhöhle ausgebreitet hat. Verbrennungen am linken Unterarm. (Nach KUSANO 1953)

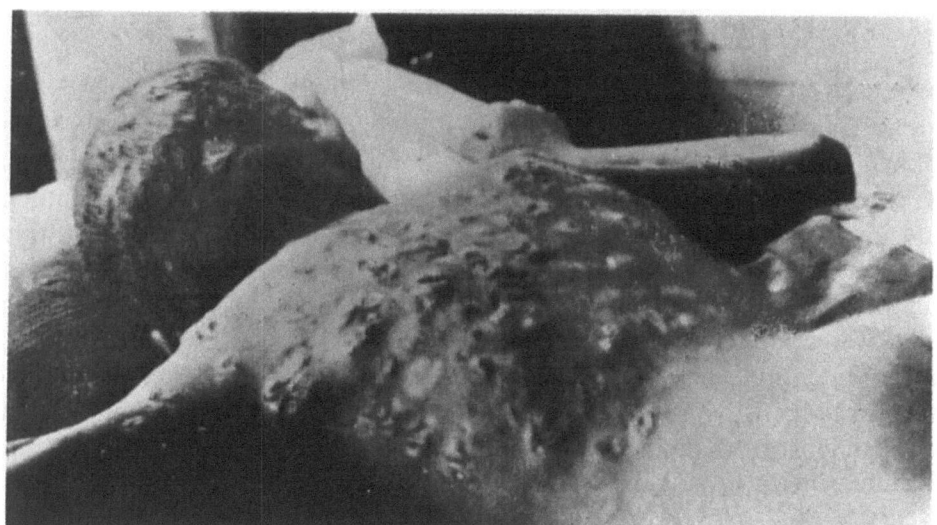

Abb. 16. Wunden auf dem Rücken, Glassplitterverletzungen. (Nach KUSANO 1953)

Am linken Unterarm sind Verbrennungen erkennbar, der dunkle Fleck am rechten Mundwinkel zeigt einen Teil der Gangrän im Bereich der Mundhöhle als Ausdruck der Strahlenkrankheit.

Abb. 16 zeigt Wunden auf dem Rücken eines Mannes nach multiplen Glassplitterverletzungen. Als Folge einer gleichzeitig bestehenden Strahlenkrankheit ist der Wundheilungsverlauf gestört.

Im Tierversuch zeigte sich als besonders schwerwiegend die Letalitätssteigerung als Folge eines Zusammenwirkens von Ganzkörperbestrahlung und Verbrennung, wie auch die Zusammenstellungen von Ergebnissen aus der Literatur in Tabelle 10 erkennen läßt. Wegen der schweren Allgemeinschädigung infolge der Ganzkörperbestrahlung hoher Dosis waren die lokalen Heilungsverläufe so stark gestört, daß die Wunden gegenüber Infektionen schutzlos wurden.

So berichtet KORLOF (1956), daß sich bei den von ihm untersuchten Meerschweinchen auf den offenen Verbrennungswunden Erreger fanden, wie Staphylococcus albus, Staphylo-

Tabelle 10. Kombinierte Einwirkung von Ganzkörperbestrahlung etwa gleichzeitiger Verbrennung auf verschiedene Versuchstiere

Versuchstiere	Verbrennung oder/und Ganzkörperbestrahlung	%	Autoren
Hunde	20% Verbrennung	12	Brooks, Evans,
	100 R	0	Ham, Reid
	20% Verbrennung + 100 R	73	
Schweine	10–15% Verbrennung	0	Baxter, Drummond,
	400 R	20	Stephens-Newsham,
	10–15% Verbrennung + 400 R	90	Randall
Ratten	31–35% Verbrennung	50	Alpen, Sheline
	250 R	0	
	500 R	20	
	31–35% Verbrennung + 100 R	65	
	31–35% Verbrennung + 250 R	95	
	31–35% Verbrennung + 500 R	100	
Meerschweinchen	1,5% Verbrennung	9	Korlof
	250 R	11	
	1,5% Verbrennung + 250 R	38	

coccus aureus, Gamma-Streptokokken, E. Coli, Enterokokken und in einzelnen Fällen Beta-Streptokokken. Diese Keime waren zunächst auf die Wunden beschränkt. Nach Bestrahlung mit 250 R, einer für Meerschweinchen noch nicht letalen Dosis, waren die genannten Keime jedoch bald im Blut und in mehreren inneren Organen nachzuweisen. Bei bestrahlten Versuchstieren ohne zusätzliche Verbrennungen waren die Bakterienkulturen negativ, postmortal konnten in Blut und Organen jedoch B. proteus und Enterokokken, die aus dem Darm eingewandert waren, nachgewiesen werden.

Neben der Infektion, die eine der Hauptursachen für die hohe Letalitätsrate bei den Kombinationsschäden ist, spielt die erhöhte Schockempfindlichkeit bestrahlter Organismen eine entscheidende Rolle. Kommen in diesem Zustand andere Traumen wie Verwundungen oder Verbrennungen hinzu, so kann es zum irreparablen tödlichen Kreislaufschock kommen. Darüber schreibt Poljakow (1954): „Der Schock verursacht schon während der latenten Periode der Strahlenkrankheit einschneidende Veränderungen der Stoffwechselvorgänge. Die Reduktions- und Oxydationsprozesse in den Geweben werden stark gehemmt. Auf dem Höhepunkt der Strahlenkrankheit kann schon ein völlig unbedeutendes mechanisches Trauma einen Schock hervorrufen. Der arterielle Blutdruck fällt stark ab und kann nur mit Mühe angehoben werden." Mitrofanov (1959) fand bei den von ihm bestrahlten und mit anderen Verletzungen belasteten Hunden Störungen der Sauerstoffversorgung in den Zellen der Hirnrinde, im Subkortex, im Hirnstamm, in der Leber, in der Niere, im Herzmuskel und in der Lunge.

Bei den eigenen, gemeinsam mit Oehlert (1968) ausgeführten Untersuchungen fand sich bei Mäusen, die mit Ganzkörperbestrahlungen und nachfolgenden offenen Hautwunden belastet wurden, Störungen der Mikrozirkulation in Leber, Niere und Lungengewebe sowie degenerative Veränderungen des Herzmuskels als Folge einer ausgeprägten Hypoxie.

Die schwere Allgemeinschädigung nach Einwirkung einer hohen Ganzkörperdosis wirkt sich nicht nur auf die lokalen Wundverhältnisse sondern auch auf andere Prozesse wie die Frakturheilung aus. So hatten Rubinschtejn et al. (1957) bei Hunden Frakturen gesetzt, die mit Ganzkörperdosen belastet worden sind. Es zeigte sich, daß die Kallusbildung bei diesen Tieren zwar zur gleichen Zeit einsetzte wie bei den nicht bestrahlten, aber ebenfalls

unbestrahlt   bestrahlt

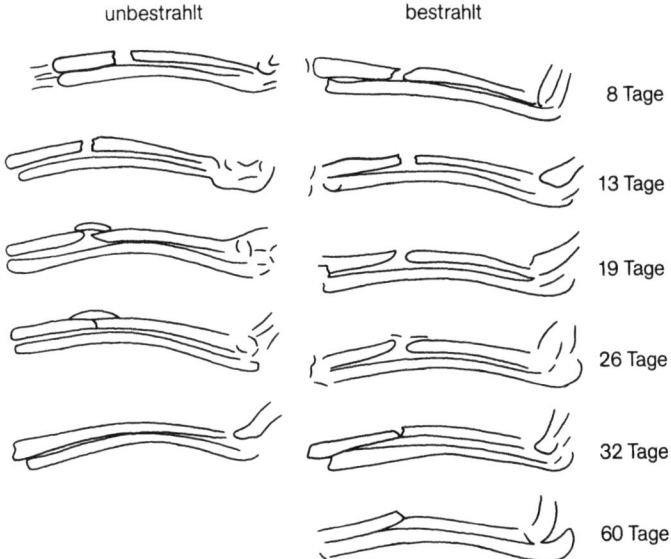

8 Tage

13 Tage

19 Tage

26 Tage

32 Tage

60 Tage

Abb. 17. Frakturheilung (Kaninchen-Radius) nach Ganzkörperbestrahlung mit 800 R, unbestrahlte Kontrolle zum Vergleich. (Nach ZEMLJANOJ 1956)

mit Frakturen versehenen Kontrolltieren. Die endgültige Konsolidierung der Knochenbrüche erfolgte bei den bestrahlten Tieren jedoch erst 14 Tage später.

Zu gleichen Ergebnissen kam ZEMLJANOJ (1956), der Kaninchen mit 800 R Ganzkörperdosen belastete. Wie Abb. 17 erkennen läßt, war auch hier bei den bestrahlten Tieren die Frakturheilung im Röntgenbild gegenüber den Kontrolltieren deutlich verzögert.

Von besonderer Bedeutung für die Prognose der Kombinationsschäden ist die Reihenfolge, in der Strahlenbelastung und zusätzliches Trauma auf den Organismus einwirken. In eigenen, an Mäusen ausgeführten Untersuchungen konnte gezeigt werden, daß bei der Reihenfolge mit vorangehender Bestrahlung und nachfolgender Wundsetzung die Letalität der Versuchstiere ansteigt, wobei wiederum der zeitliche Abstand zwischen den beiden Noxen von Einfluß auf die Letalität ist. Abb. 18 läßt erkennen, daß bei zunehmendem stündlichem Abstand der Erzeugung einer offenen Hautwunde (im Anschluß an die Bestrahlung) die Strahlenletalität von Mäusen ansteigt, bis sie bei Ausführung der Wundoperation 48 Stunden *nach* Bestrahlung einen Höhepunkt erreicht und bei Ausführung der Operation später als 14 Tage und damit etwa zur Zeit der Erholung des Blutbildes bei der bestrahlten Maus eine Abnahme der Letalität erkennen läßt. Wird die Wundsetzung jedoch *vor* der Strahlenbelastung vorgenommen, so steigt die Sterblichkeit der Versuchstiere nicht an, ja es kann sogar zur Senkung der Letalität unter die der alleinigen Strahleneinwirkung kommen.

Will man diese Ergebnisse deuten, so ist man versucht, sie als Phänomene des Selyeschen Adaptionssyndroms zu erklären, indem man annimmt, daß die Wundsetzung eine Nebennierenrindenreaktion auslöst, die den Organismus vor den Auswirkungen der nachfolgenden Bestrahlung zumindest teilweise schützt. Beim umgekehrten Vorgang, d.h. Erzeugung einer Wunde *nach* Bestrahlung, ist es jedoch wohl so, daß das bei dieser Versuchsanordnung schwerere Trauma, nämlich die Ganzkörperbestrahlung, den Organismus so empfindlich gegenüber Schock und Infektion werden läßt, daß es zu einem Anstieg der Sterblichkeit kommt. Das etwa gleichzeitige Einwirken von Bestrahlung und Wunde kann bei verschiedenen Traumen wie Splenektomien, Laparotomien und geringfügiger Hautverletzungen bei Mäusen und Ratten paradoxerweise zu einer Erniedrigung der Strahlenletalität führen, während größere offene Wunden und Verbrennungen die Letalität erhöhten.

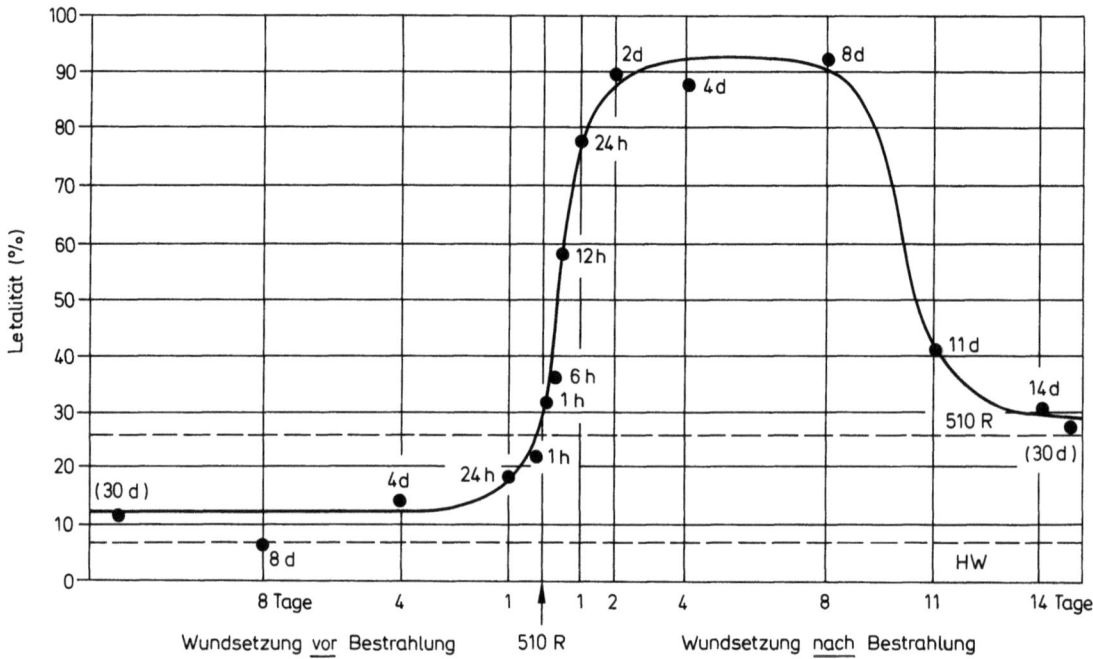

Abb. 18. Mortalität von Mäusen in Abhängigkeit vom zeitlichen Abstand zwischen Bestrahlung (510 R) und Erzeugung einer offenen Hautwunde (HW). (Nach LANGENDORFF et al. 1964)

Die die Prognose verschlechternden Auswirkungen einer *nach* Bestrahlung ausgeführten Wundsetzung sind von praktischer Bedeutung für den Fall, daß bei Strahlengeschädigten Operationen notwendig werden. Weiter für die Praxis bedeutungsvoll ist die tierexperimentell begründete Erkenntnis, daß der recht baldige Verschluß einer Wunde die Prognose entscheidend verbessert. So konnte bei eigenen Untersuchungen an Mäusen gezeigt werden, daß die Letalität der Versuchstiere von 96% als Folge der Erzeugung einer offenen Hautwunde 2 Tage nach Ganzkörperbestrahlung (mit 510 R) auf eine Letalität von 26% gesenkt werden konnte, wenn die Wunde *sofort* nach ihrer Erzeugung wieder verschlossen wurde.

RAZGOVOROV (1957) setzte bei bestrahlten Hunden, Kaninchen und Meerschweinchen tiefe Muskelwunden, die er 24 Stunden später bei Vornahme einer sorgfältigen Wundausschneidung wieder verschloß. Es kam dadurch zu einer deutlichen Senkung der Sterblichkeit der Versuchstiere.

VI. Schäden als Folge der Strahlung, die von neutroneninduzierter Aktivität und vom radioaktiven Niederschlag (Fallout) ausgeht

Innerhalb der Reichweite der Neutronenstrahlung einer Atomexplosion wird die davon betroffene Materie durch Neutroneneinfang radioaktiv und sendet ihrerseits selbst Strahlung aus. Hierbei spielt vor allem die energiereiche Gamma-Strahlung (1,37 und 2,75 MeV) des Isotops [24]Natrium bei einer Halbwertzeit von ca. 12 Stunden eine Rolle. Die prozentualen Anteile anderer Isotope wie z.B. des [28]Aluminium und [56]Mangan sind gering. Diese sogenannte NIGA-Strahlung der neutroneninduzierten Gamma-Aktivität gefährdet Menschen, die sich noch innerhalb der ersten Stunden im Nullpunkt-Gebiet befinden oder dorthin begeben zum Löschen von Bränden, zur Durchführung von Aufräumungsarbeiten oder zum Bergen von Verletzten.

Findet ein Atomwaffeneinsatz nicht als Luftexplosion in einigen hundert Metern Höhe statt, wie es in Hiroshima und Nagasaki der Fall gewesen ist, sondern setzt die Explosion

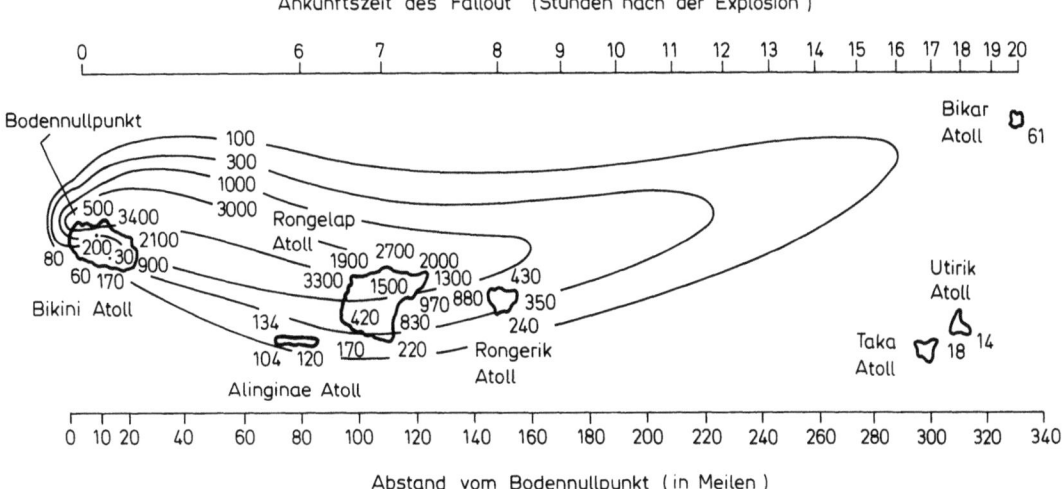

Abb. 19. Isodosenlinien geschätzter akkumulierter Gesamtdosen (rad) 96 Std nach Testexplosion vom 1. März 1954 im Gebiet der Marshallinseln. (Nach GLASSTONE 1962)

auf dem Boden auf, so kommt es zur Bildung eines mehr oder weniger ausgedehnten radioaktiven Niederschlagsgebietes in Nähe des Explosionsortes.

Abb. 19 zeigt das Fallout-Gebiet des Wasserstoffbombenunfalls vom 1. März 1954 bei den Marshallinseln. Durch den radioaktiven Niederschlag erlitten 23 japanische Fischer, 243 eingeborene Marshallesen und 28 Amerikaner Strahlenbelastungen.

Der Fallout gefährdet die Menschen auf dreierlei Weise
- durch die von der auf dem Boden abgelagerten Radioaktivität ausgehende Gamma-Strahlung, die bei ungeschützten Personen zu einer relativ homogenen Ganzkörperexposition führt
- durch die Ablagerung von Fallout-Teilchen auf der Haut und den Schleimhäuten, wobei der zur Gamma-Strahlung vergleichsweise größere Anteil der Beta-Strahlung wirksam wird, es kommt zu den sogenannten „Beta-burns"
- durch die Folgen der Inkorporation von radioaktiven Fallout-Teilchen über Atemwege, Magen-Darm-Trakt und über offene Wunden.

Eine Gamma-Ganzkörperbestrahlung führt zu Strahlenschäden, die bis zum tödlichen Strahlensyndrom reichen können, wie es auch bei der initialen Gamma-Strahlung der Atomexplosion der Fall ist, mit dem Unterschied, daß die Bestrahlungszeit wesentlich länger, die Dosisleistung also niedriger ist. Wie aus der Anwendung von Röntgen- und Gamma-Strahlung in der Radiotherapie bekannt, hat das Ausmaß der Protrahierung und auch Fraktionierung einer Strahleneinwirkung einen deutlichen Einfluß auf die Dosiswirkungsbeziehungen.

Während nun über die Effekte von Teilkörperbestrahlungen unterschiedlicher Dosisleistung beim Menschen (von Seiten der Strahlentherapie) viele Beiträge erbracht werden können, ist über die Auswirkungen von Ganzkörperlangzeitbestrahlungen wenig bekannt. Den Einfluß von Gamma-Ganzkörperbestrahlungen unterschiedlicher Dosisleistung auf das Überleben größerer Versuchstiere wie Schafe gibt die Tabelle 11 wieder. Man sieht daraus, daß die LD 50/60 oder Tiere von 237 aus 637 Röntgen, also fast das Dreifache ansteigt, wenn die Dosisleistung von 660 Röntgen/Std. auf 2,0 Röntgen/Std gesenkt wird. Ein Zeichen dafür, daß die Erholungsfähigkeit gegenüber der Gamma-Strahlung relativ groß ist, sicher größer als gegenüber Neutronenstrahlung, wie in vielen Tierversuchen und auch Untersuchungen an Gewebekulturen gezeigt werden konnte.

Tabelle 11. Der Einfluß der Dosisleistung und der Bestrahlungsdauer auf die Strahlenletalität von Schafen. (Nach Page et al. 1965)

Dosisleistung (R/h)	Dauer der LD_{50}-Bestrahlung (Std)	Zahl der Tiere	$LD_{50/60}$[a]	Mittlere Überlebenszeit der verstorbenen Tiere (Tage)
660	0,36	96	237 (215–257)[b]	$20,9 \pm 7,5$[b]
261	1,22	72	318 (291–343)	$22,9 \pm 4,5$
30	11,25	60	338 (313–369)	$17,7 \pm 4,0$
3,6	137,5	80	495 (450–558)	$22,4 \pm 8,3$
2,0	318,5	48	637 (538–698)	$18,1 \pm 6,5$

[a] Dosis in der Mittelachse, gemessen in Luft
[b] Streuungsbreite 95%

Für die „Praxis" ist es wichtig, zu wissen, daß die Intensität (Dosisleistung) der Fallout-Strahlung relativ schnell abnimmt. Durch den Zerfall der Nuklide vermindert sich die Radioaktivität, die aus der Kernspaltung einer Atomwaffe stammt, innerhalb von 24 Stunden um einen Faktor von ca. 3000. Die durch den radioaktiven Zerfall bedingte Abnahme der Dosisleistung erfolgt nach dem Gesetz $I = \dfrac{I_1}{t^{1,2}}$, dabei bedeutet I_1 die Dosisleistung eine Stunde nach der Explosion. Da $7^{1,2}$ etwa 10 ergibt, bedeutet das, daß innerhalb der 7fachen Zeit die Dosisleistung auf den 10ten Teil zurückgeht. Man nimmt meist die Dosisleistung 1 Stunde nach der Explosion als Bezugspunkt zur Berechnung des radioaktiven Abfalls in einem Fallout-Feld. Danach hat sich die Radioaktivität nach 7 Stunden auf 1/10, nach 7×7 Stunden $= 49$ auf 1/100 und nach 343 Stunden, d.h. nach ca. 2 Wochen auf 1/1000 verringert.

Das bedeutet für die reale Fallout-Stiuation, daß die Menschen schon beim Eintreffen der radioaktiven Wolke so schnell wie möglich in Keller und Schutzräume flüchten sollten, weil die Strahlengefährdung am Anfang extrem hoch ist. Durch den steilen Abfall der Fallout-Radioaktivität kann es dann schon wenige Stunden später möglich sein, zumindest kurzfristig den Schutzraum zu verlassen, um dringende Rettungsmaßnahmen auszuführen oder sehr notwendige Medikamente herbeizuschaffen.

Durch den Aufenthalt im Keller kann die von der Fallout-Strahlung ausgehende Gefährdung erheblich reduziert werden. Die Dosisleistung wird auf wenige Prozent der außerhalb herrschenden Strahlung vermindert. Bei echten Schutzräumen, so wie sie in der Schweiz in vorbildlicher Weise für die gesamte Bevölkerung erstellt worden sind, läßt sich die Strahlenbelastung bis auf 1% und weniger reduzieren.

Die in den Fallout-Partikeln enthaltenen Spaltprodukte senden Beta- und Gamma-Strahlung aus, wobei der Beta-Anteil um ein Vielfaches höher ist. Gelangen die Fallout-Teilchen auf die unbedeckte Haut und bleiben dort liegen, so können sie in Abhängigkeit von der in ihnen enthaltenen Radioaktivität und der Bestrahlungsdauer zu einer Strahlendermatitis führen.

Derartige „beta-burns", bedingt durch „Fallout" sind als Folge des Wasserstoffbomben-Unfalls vom 1. März 1958 bei den Eingeborenen der Marshall-Inseln sowie der Besatzung des japanischen Fischdampfers „Fukuryu Maru V" aufgetreten und von amerikanischen und japanischen Wissenschaftlern beschrieben worden.

Abb. 20 und 21 geben einige solcher Befunde wieder. Da die Fischer sowie die Marshallesen wegen des Klimas in der Südsee nur gering bekleidet waren, traten die Hautschäden nicht nur an Gesicht und Händen, sondern am ganzen Körper und vor allem an den Füßen auf. Da die Beta-Strahlung der radioaktiven Spaltprodukte relativ energiearm ist, waren

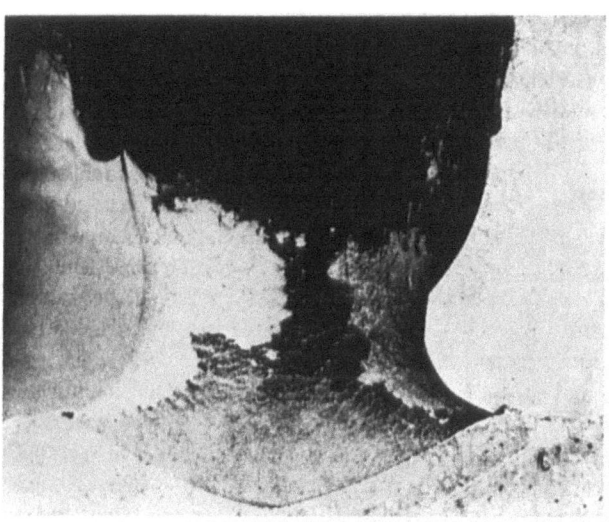 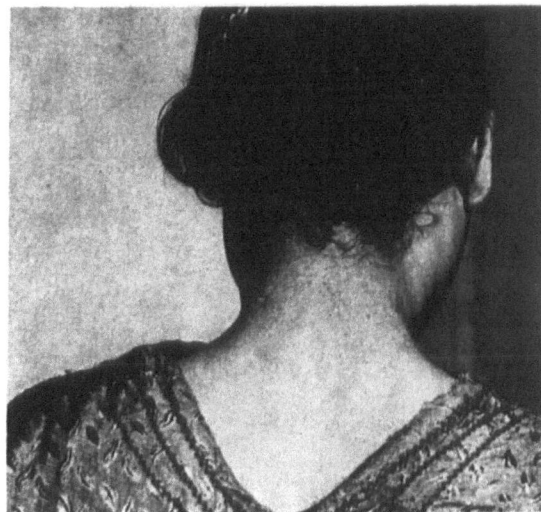

Abb. 20   **Abb. 21**

Abb. 20, 21. Betaverbrennungen im Nackenbereich einer Frau von der Insel Rongelap (**20**) 1 Monat, (**21**) 1 Jahr nach der Strahleneinwirkung. (Nach GLASSTONE 1962)

die Hautschäden jedoch nicht sehr tiefreichend und es kam zu nur oberflächlichen Entzündungen. Durch frühzeitiges Entfernen der Radioaktivität von der Hautoberfläche, also einer „Dekontamination" läßt sich die Strahlenbelastung signifikant herabsetzen. Die Hautentzündungen waren bei den Fischern und Marshallesen meist schon innerhalb eines halben Jahres abgeheilt. An exponierten Lokalisationen wie den Füßen, die besonders hoch bestrahlt worden waren, blieben vereinzelt Narben und Pigmentstörungen. Spätschäden, insbesondere solche maligner Art, wie Hautkrebs, waren nicht zu beobachten.

Gegenüber diesen als verhältnismäßig geringfügig zu nennenden Schädigungen in Form der „beta-burns" müssen in der Fallout-Situation die Folgen der Ganzkörperexposition durch die Gammastrahlung, die bis zum tödlich verlaufenden Strahlensyndrom reichen, als die gefährlichsten bezeichnet werden. Die Ganzkörperbestrahlungen können jedoch auch, wie die Nachuntersuchungen bei den Überlebenden der Atombombenangriffe auf Hiroshima und Nagasaki gezeigt haben, mit einer allerdings nur schwer zu bestimmenden Wahrscheinlichkeit, zu malignen Strahlenspätschäden wie Leukämien und Karzinomen führen, wobei das Mammakarzinom, das Lungenkarzinom und das Schilddrüsenkarzinom an der Spitze stehen.

Ein erhöhtes Auftreten von Schilddrüsenkarzinomen war auch unter den betroffenen Bewohnern der Marshallinseln festzustellen. Wegen des hohen Anteils an radioaktiven Jodisotopen im Fallout ist deren Entstehung wohl eher auf die Inkorporation, als auf die Bestrahlung von außen zurückzuführen, zumal andere Malignomarten unter den japanischen Fischern und den Marshallesen nicht vermehrt aufgetreten sind. In Kapitel VII des vorangehenden Beitrages[3] wird auf die Frage der Inzidenz des Schilddrüsenkrebses, die mit 7 Fällen bezogen auf 243 Exponierte weit über der natürlichen Krebserwartung liegt, näher eingegangen.

So besteht in der Fallout-Situation die Gefährdung durch Inkorporierung von Radionukliden nicht in der Auslösung von akuten Strahlenreaktionen, sondern in der Induzierung von Spätschäden. Dabei muß neben der Schilddrüse insbesondere das Knochengewebe genannt werden, weil viele der Spaltprodukte Metalle sind und eine Affinität dazu haben, statt des Kalziums in die Knochenstruktur eingebaut zu werden. Zu den „Knochensuchern"

---

[3] Teil A „Reaktorunfälle" (zum Zeitpunkt der Manuskriptabgabe 1981)

Tabelle 12. „Zulässige" Radioaktivität im Trinkwasser in Abhängigkeit von der Zeit nach der Explosion, bei einem Verbrauch
von 3 Liter Wasser täglich vom ersten Tage an, für die Dauer
eines Jahres. (Nach AFRRI „Medical Effects of Nuclear Weapons" 1979)

Abgelaufene Zeit	Beta-Gesamt- aktivität µCi/Liter	^{131}I µCi/Liter	^{89}Sr µCi/Liter
1 Tag	50	50	3
1 Woche	5	30	3
1 Monat	1	4	2
3 Monate	0,2	0,02	1
1 Jahr	0,04	< 0,01	0,02

zählen auch die Elemente Uran und Plutonium, die sich als Reste ungespaltenen Kernspreng-
stoffs im Fallout finden. Ihr Anteil an der Gesamtaktivität ist jedoch vernachlässigbar gering.

Die Falloutradioaktivität gelangt auf drei verschiedenen Wegen in den Organismus, so
über die Atemwege, den Magen-Darmtrakt und über offene Wunden. Die intakte Haut
ist weitgehend undurchlässig für den Fallout. Inwieweit Radionuklide in den Blutstrom
gelangen können, hängt von der Größe der Partikel, sowie ihrer Löslichkeit in den Gewebs-
flüssigkeiten ab. Bei der Inhalation werden von Nase und Pharynx die Teilchen, die mehr
als fünf Mikron groß sind, weitgehend ausgefiltert, gelangen also nicht in die Lunge. Da
die meisten Partikel des Fallout, zumindest des nahen Fallout, größer sind, ist die Wahrscheinlichkeit, daß über die Lunge eine nennenswerte Inkorporation stattfindet, gering.

Teilchen, die im Nasen-Rachenraum zunächst festgehalten werden, können verschluckt
werden und in den Darm gelangen. Da die meisten Spaltprodukte in Form wasserunlöslicher
Oxide vorliegen, werden sie auch nicht in nennenswerter Menge im Darm resorbiert und
gelangen nicht in die Blutbahn. Sie können jedoch, wenn sie in sehr hoher Aktivität vorliegen,
vor ihrer Ausscheidung die Darmwand mit Strahlung belasten. Eine Beschleunigung der
Darmpassage ist deshalb in einer solchen Situation anzustreben. Die Oxide des Strontium
und des Barium sind jedoch wasserlöslich und können auf dem Blutwege in das Skelettsystem
gelangen. Das Jod liegt ebenfalls zum größten Teil in löslicher Form im Fallout vor und
kann auf dem Wege über den Darmkanal via Blutbahn die Schilddrüse erreichen.

Der hauptsächlichste Weg einer Inkorporation geht über kontaminiertes Trinkwasser
und über Lebensmittel. Damit wird die meßtechnische Überwachung der Nahrung zur wichtigsten Maßnahme einer Inkorporationsverhütung. Zwar gibt es für „Friedenszeiten" in
der Strahlenschutzgesetzgebung sehr ausführliche, alle Nuklide betreffende Angaben über
höchstzulässige Aktivitäten, jedoch gibt es innerhalb des Zivilschutzes kaum Angaben über
Grenzwerte kontaminierten Trinkwassers oder von Lebensmitteln im Kriegsfall. Tabelle 12
gibt Grenzwerte aus der Literatur wieder, die ein hilfreicher Beitrag zu diesem offenbar
noch nicht gelösten Problem sein sollen.

Ein „Modell" für die Inkorporation von Radionukliden beim Fallout bieten wiederum
die Opfer des Wasserstoffbombenunfalls vom 1. März 1954. Wie Abb. 22 erkennen läßt,
waren von den zahlreichen Nukliden des Fallout im Urin und damit im Organismus der
Einwohner von der Insel Rongelap lediglich die Isotope des Jod und des Strontium, sowie
^{137}Cäsium und ^{140}Barium sowie „seltene Erden" nachzuweisen. Damit zeigte sich eine Selektion aus dem großen Angebot an Nukliden. Nach der Evakuierung von der Insel Rongelap,
die unmittelbar nach dem Unfall vorgenommen wurde, nahm die Radioaktivität im Organismus der Marshallesen bis zum Jahre 1957 kontinuierlich ab. Radiojod und ^{140}Barium waren
wegen ihrer kurzen Halbwertzeiten bald verschwunden. Als auf der Insel Rongelap mit
Hilfe von Strahlenmeßgeräten keine nennenswerte Radioaktivität mehr nachgewiesen werden

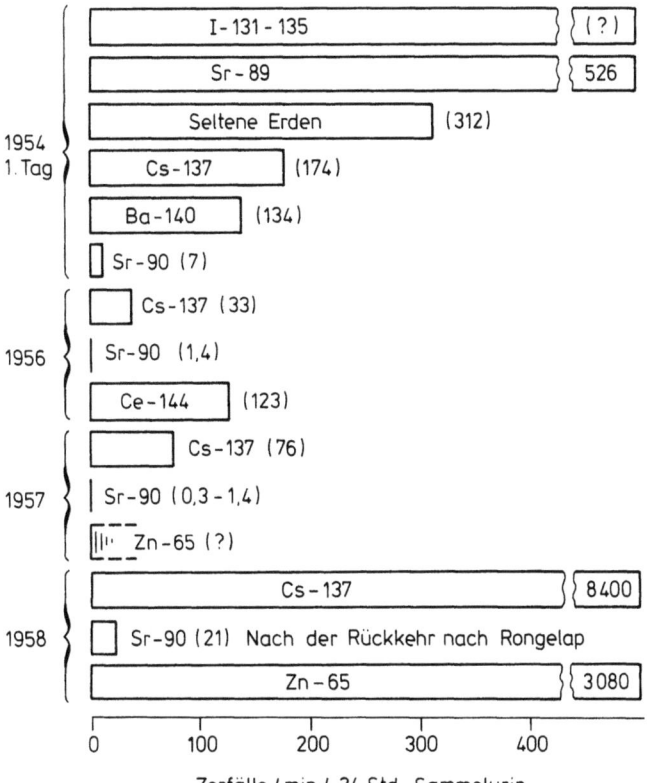

Abb. 22. Durchschnittliche Urinausscheidung von Radioisotopen durch die Eingeborenen von Rongelap, 1954, 1956, 1957 und 1958 zum Vergleich. (Nach CONARD et al. 1959)

konnte, wurden die früheren Bewohner auf die Insel zurückgebracht. Wie Abb. 22 erkennen läßt, stieg die Radioaktivität im Organismus der Marshallesen wieder an, insbesondere nahmen ^{137}Cäsium und ^{90}Strontium, also Nuklide von besonderer biologischer Bedeutung zu. Hinzu kam das radioaktive ^{65}Zink, das kein Spaltprodukt ist, sondern durch Neutroneneinfang während der Atomexplosion entstanden sein muß. Diese Befunde sind ein anschauliches Beispiel dafür, wie es auf dem Wege über Biozyklen, durch Nahrungsaufnahmen von Pflanzen und Tieren, zum Ansteigen bestimmter Nuklide im Organismus der Menschen kommen kann.

VII. Ärztlich-organisatorische und sanitätsdienstliche Maßnahmen

Mag die ärztliche Versorgung der gefährdeten Bevölkerung nach einem Reaktorunfall auch viele Probleme in sich bergen, so sind diese doch ungleich geringer als die vielen ungelösten Fragen, die sich stellen würden, wenn es darum ginge, die Opfer eines Kernwaffenangriffs zu behandeln. Die damit verbundenen Anforderungen an die Ärzteschaft wären um viele Größenordnungen höher als die nach einer Strahlenkatastrophe im Frieden.

Es gibt Vorbilder, die zeigen, wie man sich darum bemüht, eine Bevölkerung vor den Auswirkungen von Atomexplosionen zu schützen; so ist in der Schweiz ein totaler Zivilschutz verwirklicht worden, mit einer Schutzraumkapazität für mehr als 90% der Bevölkerung. In anderen Ländern jedoch und das gilt besonders für die Bundesrepublik Deutschland, ist die Bevölkerung weitgehend ungeschützt. Es gibt auch hier Vorstellungen darüber, wie man einen Zivilschutz aufbauen müßte und zu seiner Vorbereitung ist eine Reihe von Einrichtungen geschaffen worden, wie entsprechende Fachreferate im Bundesministerium des Inneren, ferner eine „Schutzkommission", die die wissenschaftlichen Grundlagen zum Schutz der Bevölkerung und der Behandlung Verletzter und geschädigter Personen erarbeitet, es gibt ein Bundesamt für Zivilschutz in Bonn-Godesberg und mehrere Katastrophenschutz-schulen des Bundes und der einzelnen Bundesländer. Dem „Erweiterten Katastrophenschutz" stehen verschiedene Fachdienste, wie Brandschutzdienst, ABC-Dienst, Bergungsdienst, Instandsetzungsdienst, Betreuungsdienst und Sanitätsdienst zur Verfügung. Diese Dienste werden getragen von den örtlichen Feuerwehren, dem Technischen Hilfswerk (THW), den Landesverbänden des Deutschen Roten Kreuzes, der Johanniter-Unfall-Hilfe, dem Malteser-Hilfsdienst, dem Arbeiter-Samariter-Bund und nicht zuletzt vom Bundesverband für den Selbstschutz, der sich den Problemen des Schutzraumbaues, der Öffentlichkeitsarbeit und der Ausbildung widmet. In diesen Diensten sind etwa 135000 Helfer zusammengefaßt und ca. 200 Hilfskrankenhäuser mit 785000 Betten für Kriegs- und Katastrophenfälle sind bereitgestellt. Es gibt zwar einen gut ausgebauten Warndienst aber nur für ca. 3% der Bevölkerung sind Schutzräume vorhanden.

Es kann nicht der geringste Zweifel daran bestehen, daß mit den oben genannten Diensten und den vorhandenen Schutzräumen kein annähernd ausreichender Schutz für die Bevölkerung der Bundesrepublik Deutschland gegeben ist. Das gilt nicht für einen mit konventionellen Waffen geführten Krieg, geschweige denn für einen Atomkrieg. Beim Einsatz von strategischen Waffen, d.h. solchen des Megatonnenbereichs würden die Menschenverluste Hunderttausende bis Millionen erreichen, aber auch beim begrenzten Kernwaffenkrieg so beim Einsatz sogenannter taktischer Atomwaffen, wobei die Verluste geringer wären, würde eine auch nur annähernd ausreichende ärztliche Versorgung nicht möglich sein.

Spätestens jetzt wird sich jeder Arzt fragen, ob er sich überhaupt dem Problem der Verwundetenbehandlung im Atomkrieg stellen soll, ob er absolut resignieren soll, oder ob er diese makabre Problematik einfach verdrängen muß. So zitiert die ZEIT (Nr. 39 vom 18. Sept. 81, S. 59) Professor R.J. LIFTON von der Yale Universität mit folgenden Sätzen: „Wir sagen Ihnen als Ärzte: Erwarten Sie nicht von uns, Ihre Wunden zu behandeln und Sie wieder zusammenzuflicken – angesichts eines Nuklearkrieges. Klammern Sie sich nicht an die Illusion, wir wären in der Lage, Ihre physischen und psychischen Schädigungen zu heilen. Die medizinische Wahrheit ist, daß dann nur noch sehr wenige Heilbare am Leben sein werden und noch weniger Ärzte". Aus diesen Sätzen spricht tiefste Resignation, die als einziges nur die Hoffnung zuläßt, daß die Politiker durch Verhandlungen den Frieden erhalten können.

Was aber geschieht, wenn alle Politik, wozu auch die Abschreckung gehört, versagt? Feststeht, daß es zumindest für den Fall eines „begrenzten Atomkrieges" Menschen geben würde, die nicht tödlich verwundet oder bestrahlt wurden und die dringendst ärztliche Hilfe benötigen würden, um überleben zu können. Dann würden die Ärzte, soweit sie selbst noch dazu in der Lage wären, schon aus ihrem Berufsethos dazu aufgefordert, den Opfern des Einsatzes solcher Waffen zu helfen. Wegen des möglichen Mißerfolges der Anstrengungen von Politikern, den Frieden zu erhalten, darf sich der Arzt nicht davon abhalten lassen, schon im Frieden Kenntnisse darüber zu erwerben, wie die unglückseligen Opfer von Atomexplosionen zu behandeln sind.

Wenn über den ärztlichen und sanitätsdienstlichen Einsatz in den meisten Ländern heute auch noch kein festes Konzept besteht, so gibt es doch allgemein gültige Prämissen, die unabhängig von speziellen Zivilschutzprogrammen ihre Gültigkeit haben.

In diesem Handbuch der Radiologie muß der Schwerpunkt von Erörterungen über therapeutische Maßnahmen bei Kernwaffenverletzungen naturgemäß vor allem den Strahlenschäden und Kombinationsschäden gelten, während die Therapie von Verbrennungen und Druckstoßschäden, also offene Wunden, Frakturen, Thorax-, Abdominal- und Schädelverletzungen besser in den Lehr- und Handbüchern der Chirurgie dargestellt wird.

Auch für die Behandlung von Atomwaffenverletzungen gelten militärmedizinische Prinzipien wie für die Therapie der Auswirkung sogenannter konventioneller Waffen. Die Behandlungskette der Verwundeten sollte aus vier Gliedern bestehen, beginnend mit der *„Ersten Hilfe" am Verwundungsort,* in Form der Selbst- und Kameradenhilfe oder der Hilfe durch einen ausgebildeten Sanitäter bzw. einer Krankenschwester oder Schwesternhelferin. Hier müssen bei entsprechend schwerer Verletzung Wiederbelebungsversuche wie Herzmassage und Atemspende unternommen werden, Notverbände angelegt, Druckverbände bei starken Blutungen und provisorische Schienenverbände bei Frakturen angebracht werden. Wichtig ist das Entfernen des Verletzten aus dem NIGA-Bereich im Nullpunktgebiet oder aus dem strahlenden Falloutfeld, um eine zusätzliche Strahlenbelastung des Verletzten zu verhindern.

Die *zweite Behandlungsstufe* ist durch das erstmalige Hinzutreten eines Arztes gekennzeichnet, der in einer Hilfs- oder Notfallstation (beim Militär auf dem Truppenverbandplatz) eingesetzt wird. Notwendige Wiederbelebungsversuche müssen hier fortgesetzt, Blutungen kontrolliert, Infusionen zur Schockbekämpfung angelegt und falls notwendig, Intubationen vorgenommen werden. Vor allem soll der Verletzte transportfähig gemacht werden, da er so bald wie möglich in fachchirurgische Behandlung gebracht werden muß. Für den Transport ist vor allem auch eine ausreichende Schmerzbekämpfung erforderlich. Für Strahlengeschädigte, die keine zusätzliche Verletzung im Sinne von Kombinationsschäden erlitten haben, ergeben sich noch keine dringenden therapeutischen Notwendigkeiten. Zur Behandlung von schwerem erschöpfendem Erbrechen sollten Antiemetika gegeben werden.

Die *dritte Behandlungsstufe* der Verletzten wäre in einem Hilfs- oder Notkrankenhaus zu sehen. Hier müssen dringende chirurgische Eingriffe ausgeführt werden, wie Notamputationen, Behandlungen von Thoraxverletzungen. Laparotomien, Eingriffe bei Schädel-Hirnverletzungen, die mit Blutungen einhergehen, können notwendig werden. Auch diese dritte Behandlungsstufe ist lediglich als Durchgangsstation gedacht. Richtunggebend ist für sie, daß die Verletzten die ersten dringend notwendigen chirurgischen Hilfen erhalten, um dann zur endgültigen Versorgung in ein annähernd friedensmäßiges Krankenhaus gebracht zu werden.

Es kann aber sein, daß bei einer so großen Katastrophe wie den Folgen eines Kernwaffeneinsatzes eine Verlegung in Krankenhäuser nicht mehr möglich ist, sei es wegen deren Überfüllung oder wegen absoluter Verlegung der Transportwege. Dann wird es notwendig, die Weiterbehandlung der Patienten in sehr provisorischen Einrichtungen wie in einem Hilfs- oder Notkrankenhaus vorzunehmen. Im Folgenden wird versucht, darzustellen, wie aufgrund unseres heutigen Wissens die Symptomatik der an Strahlen- und Kombinationsschäden leidenden Atombombenopfer verlaufen würde und wie eine Therapie in einer derartig katastrophalen Situation versucht werden sollte.

Am 1. bis 3. Tag nach dem Kernwaffeneinsatz:
- Der Massenanfall an Verwundeten setzt ein, dadurch starke Belastung von Ärzten und Hilfspersonal durch Sichtung, Schockbehandlung, dringliche chirurgische Maßnahmen und postoperative Behandlung.
- Patienten mit höherer Strahlenbelastung leiden an Initialsymptomen der Strahlenkrankheit wie Übelkeit, Erbrechen, Erschöpfung.
- Patienten mit Kombinationsschäden zeigen schwere Schocksymptome, eine große Zahl von Todesfällen ist zu erwarten.
- der Zustrom an Verwundeten und Strahlenkranken hält an, durch verschüttete und zerstörte Zufahrtswege kann der Antransport um Stunden bis Tage verzögert sein.
- Der baldige Abtransport der behandelten Verwundeten in rückwärtige Sanitätseinrichtungen ist einzuleiten; der Transport kann jedoch hochgradig gestört sein, da die Straßen zerstört oder durch flüchtende Zivilbevölkerung verstopft sind.
- Die rückwärtigen Sanitätseinrichtungen sind durch Überbelegung u.U. nicht mehr aufnahmefähig.
- Durch Fallout können jegliche Transporte unmöglich sein.

Am 4. bis 9. Tag nach dem Kernwaffeneinsatz

- Der Zustrom an Verwundeten und Kranken hält an, mit Behinderung des Abtransportes von Verwundeten muß nach wie vor gerechnet werden.
- Erneute Sichtung und Klassifizierung der bereits behandelten Patienten im Hinblick auf Strahlenbelastungen.
- Die Initialsymptome der Strahlenkrankheit sind abgeklungen, nur bei supraletal bestrahlten Patienten sind zu diesem Zeitpunkt schwerste Durchfallsymptome und letaler Verlauf zu erwarten.
- Blutbilduntersuchungen können nach einer Woche Aufschlüsse über das Ausmaß der Strahlenschädigung geben.
- Nach 1 bis 2 Wochen beginnt bei mittelletaler Strahlenschädigung und Kombinationsschädigung die Hauptphase der Strahlenkrankheit mit Agranulozytose, Thrombozytopenie, Bakteriämie, Fieber, Petechien, Blutungen, Durchfällen, Kreislaufsymptomen, Haarausfall.
- Falls möglich Beginn einer gezielten Antibiotikatherapie bei Einsetzen des Fiebers.
- Die Wunden zeigen bei Bestrahlten erneute Tendenz zu bakteriellen Infektionen und Blutungen.
- Chirurgische Eingriffe sind in dieser Phase kontraindiziert.
- Absolute Ruhigstellung bei Strahlen- und Kombinationsschäden.

Am 10. bis 50. Tag nach dem Kernwaffeneinsatz.

- Die Strahlenkrankheit bei den mit mittelletaler Dosis Belasteten durchläuft ihre Höhepunktphase, Antibiotikatherapie ist bis zum Wiederanstieg der Leukozytenzahlen im Blut fortzusetzen.
- Mit Todesfällen bei Kombinations- und Strahlenschäden ist in vermehrtem Maße zu rechnen.
- In einzelnen Fällen treten beim Überleben der Höhepunktphase der Strahlenkrankheit (5. bis 8. Woche) Symptome als Folge der Bakteriämie auf (Lungenabszesse, Empyem, Kolitis), ferner schwere Erschöpfungszustände.
- nach wie vor Probleme des Abtransportes von Verwundeten.
- Versorgungsschwierigkeiten bei Medikamenten, Verbandmaterial, und möglicherweise auch bei Verpflegung und Trinkwasser sind zu erwarten.

VIII. Möglichkeiten der Diagnostik und Therapie von Strahlen- und Kombinationsschäden beim Massenanfall

Es kann kein Zweifel daran bestehen, daß es für die Therapie eines Strahlenkranken von großem Wert wäre, die empfangene Strahlendosis in Erfahrung zu bringen. Da es für eine Bevölkerung keine physikalische Dosimetrie gibt und wohl auch in Zukunft nicht geben kann, bleibt der behandelnde Arzt eines Strahlenkranken allein auf die sich bietenden klinischen und evtl. auch laboratoriumsmäßigen Untersuchungsbefunde angewiesen. Die Strahlenkrankheit zeigt ein im zeitlichen Ablauf sich erheblich wandelndes Bild, beginnend mit den Initialsymptomen, gefolgt von einer symptomfreien Latenzzeit, dann übergehend in die kritische Höhepunktsphase, dann in die subakute Phase ausklingend. Da bedarf es schon ganz besonderer Erfahrung, – über die heute kaum ein Arzt verfügt, – um einen Patienten hinsichtlich seiner notwendigen Therapie beurteilen zu wollen. Wegen dieser Problematik bemüht sich die strahlenbiologische Forschung seit vielen Jahren um die Auffindung biologischer Parameter in Form sich in Abhängigkeit von der absorbierten Dosis ändernder Reaktionen.

Die wohl genauesten und bis herab zu Dosen von 10 bis 20 rem noch brauchbaren Ergebnisse liefern die Veränderungen im Chromosomenbild der Lymphozyten. Diese Methode erfordert jedoch einen hohen zeitlichen und personellen Aufwand und ist deshalb für eine „Massendosimetrie" nicht geeignet. Als weitere Methode einer „biologischen Dosimetrie" sei der Nachweis biochemischer Veränderungen als Folge einer Strahleneinwirkung genannt. Aber diese Ergebnisse sind relativ ungenau, d.h. nicht eindeutig dosisabhängig und sie benötigen einen apparativen Aufwand, der für die Diagnostik einer sehr großen Zahl ebenfalls wenig geeignet ist.

Da die Knochenmarkinsuffizienz die eigentliche Ursache der Strahlenkrankheit des für die Praxis bedeutsamen Dosisbereiches ist, liegt es auf der Hand, den Funktionszustand des geschädigten Knochenmarks und auch lymphatischen Systems im Sinne einer „biologischen Dosimetrie" zu überprüfen. Die erste Auskunft über einen Strahlenschaden vermögen die Lymphozytenzahlen zu geben, ihre Anzahl sinkt bereits innerhalb der ersten beiden Tage ab (siehe auch Abb. 14 des vorangehenden Beitrages „Reaktorunfälle"). Zeitlich folgt ein Rückgang der Retikulozytenzahlen in den 3–5 Tagen nach Bestrahlung. Erst später mit Einsetzen der Höhepunktsphase sinken die Granulozyten- und Thrombozytenzahlen. Für die Praxis bedeutet dies, daß im Stadium der Sichtung in erster Linie die Lymphozyten- und Retikulozytenzahlen bestimmt werden sollten. Dies kann jedoch nur mit Hilfe von automatischen Zählmaschinen, die die einzelnen Zellarten differenzieren, geschehen. Diese müßten dann eine große Zahl von Bestimmungen in kurzer Zeit ausführen, sie müßten von nicht allzu spezialisiertem Personal bedient werden können, dürften nicht sehr störanfällig sein und müßten in sehr großer Zahl für die Gesamtbevölkerung bereitgestellt werden. All diese Forderungen sind noch nicht erfüllbar, so daß die Diagnostik des Strahlenschadens und auch Kombinationsschadens problematisch bleibt.

Jedoch nicht nur die Möglichkeiten der Diagnostik, sondern auch die der Therapie der Strahlenkranken sind unter den Bedingungen des Massenanfalls äußerst begrenzt. Ein Schutz vor Infektionen, etwa in einem Sterilzelt, so wie es unter Friedensbedingungen möglich ist, kann nicht durchgeführt werden. Eine Isolierung der Strahlenkranken in einer Station mit „umgekehrtem Infektionsschutz", d.h. einer Unterbringung durch die nicht die Umgebung vor den Kranken, sondern wo diese vor der infektiösen Umgebung zu schützen sind, wäre anzustreben. In dieser Station müßten dann aseptische Arbeitsbedingungen etwa wie in einem Operationssaal herrschen, ein Wunschziel, das sich in der turbulenten Situation nach einem Kernwaffenangriff allerdings nicht erreichen ließe. Eine Blutzellersatztherapie wäre weder in Form von Granulozyten- und Thrombozyteninfusionen, geschweige denn als Knochenmarktransplantation denkbar.

Die Bekämpfung der bakteriellen Allgemeininfektion, die für das akute Strahlensyndrom charakteristisch und in ihrem Ausmaß für die Prognose entscheidend ist, muß sich auf die Anwendung von Antibiotika beschränken, wobei es wiederum nicht möglich sein dürfte, eine gezielte Therapie unter der Gabe derjenigen Antibiotika, die mit Hilfe eines Antibiogramms ausgewählt wurden, durchzuführen.

Der Einsatz von Breitbandantibiotika mag in der Situation des „Massenanfalls" an Strahlenkranken als eine durchführbare Lösung erscheinen, doch gibt es auch hiergegen erhebliche Einwände. So birgt die nichtgezielte Therapie mit Breitbandantibiotika bei weitgehender Eliminierung der physiologischen Bakterienflora die Gefahr einer Selektion therapieresistenter Keime und dies wäre im Zustand der bestrahlungsbedingten Granulozytopenie oder gar Agranulozytose äußerst bedenklich für die Strahlenkranken.

Zur Verhinderung einer Invasion von Hospitalkeimen erscheint es deshalb sinnvoller, durch „selektive Dekontamination" einen Teil der eigenen Flora zu erhalten. Darunter versteht man den prophylaktischen Einsatz solcher Antibiotika und Chemotherapeutika, welche gezielt potentielle pathogene Mikroorganismen hemmen aber die „Kolonisationsresistenz" des Organismus weitgehend intakt lassen. Es geht dabei vor allem um den Schutz der anaerob wachsenden Flora des unteren Intestinaltraktes. Nach VAN DER WAAIJ (1979) ist dies der wichtigste Faktor zur Aufrechterhaltung der Resistenz gegen das Überhandnehmen der potentiell pathogenen Mikroflora.

Nach WENDT (1980) sollte eine derartige Chemoprophylaxe in der Verwendung nur weniger Substanzen bestehen, wie z.B. dem Co-Trimazole in einer Dosierung von 2–3 g täglich. Zusätzlich müßte eine pilzhemmende Behandlung durchgeführt werden, z.B. in Form des Amphotericin B in hoher Dosis d.h. 30 mg pro kg Körpergewicht, um ein opportunistisches Wachstum von Sproßpilzen und Hefen in Oropharynx, Ösophagus und Darm zu verhindern. Diese kombinierte Chemotherapie sollte mehrere Wochen bis zum Rückgang der Granulozytopenie aufrechterhalten werden. Weitere gezielte Anwendungen auch anderer Antibiotika können beim Auftreten von fieberhaften Allgemeininfektionen und auch lokalen Manifestationen wohl notwendig werden, sie werden sich wegen der fehlenden Möglichkeiten zur mikrobiologischen Diagnostik (Antibiogramme von Stuhl und Urin, Rachenabstrichen, Blut) in der Situation des Massenanfalls jedoch nicht realisieren lassen.

Da weder eine gezielte Antibiotikatherapie, noch eine Substitution der verminderten Blutzellen möglich sind, sollte wenigstens versucht werden, eine Allgemeinbehandlung der Strahlenkranken zur Verhinderung von Komplikationen wie Flüssigkeitsverlusten als Folge der Durchfälle durchzuführen. Eiweiß-, Energie- und Vitaminverluste sollten ausgeglichen, Entzündungszustände der Haut und Schleimhäute sollten behandelt, Kreislaufsymptome therapiert werden, – obwohl selbst dies in der Situation des Massenanfalls problematisch sein dürfte.

Ein entscheidender Therapiefaktor ist die Ruhigstellung der Strahlenkranken. Absolute Bettruhe ist zu fordern. Japanische Ärzte haben berichtet, daß sich die Prognose verschlechterte, wenn die Bestrahlten sich schweren körperlichen Belastungen, wie Retten von Verwundeten, Löschen von Bränden und Aufräumungsarbeiten aussetzten. Dies ist durch eine Reihe von Tierversuchen bestätigt worden, bei denen bestrahlte Versuchstiere durch langes Schwimmenlassen oder Laufen in einer Trommel erschöpft wurden. Sie zeigten eine signifikant höhere Letalität als die mit gleicher Dosis bestrahlten, aber nicht derart belasteten Tiere des Vergleichskollektivs.

Erreichen die Initialsymptome wie Übelkeit und vor allem Erbrechen erschöpfende Grade, so können sie mit den bekannten Antiemetika erfolgreich behandelt werden, auch Sedativa und Spasmolytika wie Atropin und Papaverin werden empfohlen.

Kommt es als Folge der Bodenexplosion eines Atomsprengkörpers zur Entstehung eines radioaktiven Niederschlages, so ist eine oberflächliche Dekontamination in Form von Kleiderwechsel und Abwaschen von Gesicht und Händen zum Schutz vor Strahlenschäden (den sog. Beta-burns) an der Haut vorzunehmen. Diese oberflächlichen Hautschäden rangieren in ihrer Bedeutung für die Prognose, also ihrer Gefährlichkeit, hinter den Auswirkungen von Ganzkörperexpositionen, die in Abhängigkeit von der empfangenen Dosis zum Entstehen des akuten Strahlensyndroms führen. Auch die Gefährdung durch die Inkorporation radioaktiver Stoffe rangiert hinter den Auswirkungen von Ganzkörperexpositionen, zu schwereren akuten Schäden kann es hierbei kaum kommen, jedoch besteht die Gefährdung in der Induzierung von Strahlenspätschäden, insbesondere der Schilddrüse und des Knochens. Auf eine Dekorporierungstherapie wird man in dieser Situation dennoch verzichten müssen. Kontrollen von Trinkwasser und Lebensmitteln auf das Vorhandensein von Radioaktivität wären zwar wünschenswert, erscheinen in einer derartigen Situation jedoch wohl kaum durchführbar. Bestenfalls wäre an eine Jodprophylaxe zum Schutz der Schilddrüse in Form von Jodkaligaben zu denken.

Besondere Aufmerksamkeit sollte der Therapie der Kombinationsschäden gewidmet sein. Hier liegt ein besonderes Problem darin, daß wegen des Fehlens einer Dosimetrie nichts über das Ausmaß von Strahlenbelastungen in Erfahrung gebracht werden kann. Andererseits sind Abweichungen von den bei Verwundungen zu ergreifenden Maßnahmen nur dann indiziert, wenn zusätzlich zu den Verletzungen tatsächlich eine nennenswerte Strahlenbelastung hinzugekommen ist. Dabei können die für die Strahlenkrankheit typischen Frühsymptome wie Übelkeit, Erbrechen und Temperaturanstieg durch die von Verbrennungen, Verwundungen oder Infektionen herrührenden Symptome verschleiert oder modifiziert sein. Die Diagnostik wird damit noch schwieriger, ebenso das Stellen einer Prognose durch den sichtenden Arzt.

Aufgrund der Ergebnisse von Tierversuchen lassen sich trotz fehlender klinischer Erfahrungen wohl schon jetzt für die Therapie der Kombinationsschäden folgende Behandlungsvorschläge machen:

Offene Wunden sind, wenn möglich, zu verschließen, weil sie gefährliche Infektionspforten für den bestrahlten Organismus darstellen. Liegen Trümmerwunden, also typische Kriegsverletzungen vor, so ist ein primärer Wundverschluß jedoch kontraindiziert. Um die von der Wunde ausgehende Infektionsgefahr zu verringern, sollte dann jedoch chirurgischerseits möglichst radikal vorgegangen werden, so daß eine Nachoperation, die für den Strahlenkranken verheerende Folgen haben kann, vermieden wird.

Ein notwendiger chirurgischer Eingriff muß möglichst frühzeitig vorgenommen werden, um zu vermeiden, daß er nicht innerhalb der Phase der Agranulozytose, also erhöhten Infektanfälligkeit oder der Phase der Thrombozytopenie, also erhöhten Blutungsbereitschaft stattfindet. Damit sollte eine Operation innerhalb der ersten 3 bis 4 Tage nach Bestrahlung ausgeführt werden. Danach ist jeder Eingriff bis zum Abklingen der Höhepunktsphase, d.h. bis zur 6.–8. Woche nach der Strahleneinwirkung, kontraindiziert.

Da die Strahlenkrankheit durch die Einwirkung von Pharmaka im Sinne einer Kombinationsschädigung verschlimmert werden kann, ist bei der Verwendung von Narkosestoffen anläßlich der Operation von Strahlenkranken Vorsicht geboten. Tierversuche haben gezeigt, daß Chloroform im besonderen Maße, aber auch Äther und Barbiturate als Narkosestoffe ungeeignet sein können. Weniger bedenklich scheinen Stickoxydul, Halothan, Cyclopropan und Diazepan zu sein. Als Methoden der Wahl werden örtliche Betäubung und Leitungsanästhesie angesehen.

Abschließend muß festgestellt werden, daß die Behandlung der Verwundeten, Verbrannten, durch Strahlen- und Kombinationsschäden belasteten Opfer eines Kernwaffeneinsatzes wenig hoffnungsvolle Aspekte bietet. Das liegt vor allem an der Unmöglichkeit einer so riesigen Zahl an Verletzten Hilfe leisten zu können, am Fehlen von Medikamenten, an medizinischem Gerät, an Betten und Krankenhäusern, am Fehlen von medizinischem Personal, das durch ein derartiges Ereignis nicht weniger Verluste erleiden würde als die Gesamtbevölkerung und nicht zuletzt am Fehlen einer Ausbildung bei der Ärzteschaft.

Literatur

Armed Forces Radiological Research Institute (AFFRI) (1979) Medical effects of nuclear weapons. A Course for Military Physicians, Bethesda Maryland USA

Bühl A Atomwaffen. OSANG, Bad Honnef (1968)

Bundesverband für den Selbstschutz, Handbuch Selbstschutz. Verlag Mensch und Arbeit, München 1967

Conard RA Medical survey of rongelap people, March 1958. Four yeasrs after exposure to fallout, BNL 534 (T-135), Mai 1959

Cronkite EP, Fliedner TM (1972) The radiation syndromes. In: Hug O, Zuppinger A (Hrsg) Strahlenbiologie 3. Springer, Berlin Heidelberg New York (Handbuch der medizinischen Radiologie, Bd II/3), S 299–340

Federov NA, Skurkovic SV, Samsina EV, Chochlova MP (1958) Zur Frage der Pathogenese und Behandlung des Bestrahlungs-Verbrennungssyndroms. Wiss Allunionskonferenz für kombinierte Strahlenschäden, Moskau

Fletcher ER, Bowen IG (1968) Blast induced translation-al effects. Ann NY Akad Sci 152:378–403

Geiger K (1964) Grundlagen der Militärmedizin. Deutscher Militärverlag, Berlin

Glasstone S (ed) (1962) The effects of nuclear weapons. United States Atomic Energy Commission, Washington D.C.

Kaplan FM (1978) Enhanced-radiation weapons. Sci Am 238/5:44

Korlof B (1956) Infection in burns. Acta Chir Scand [Suppl] 209:

Kusano N (1953) Atomic bomb injuries. Tsukisi-Shokan, Tokio

Langendorff H, Messerschmidt O, Melching H-J (1964) Untersuchungen über Kombinationsschäden. Die Bedeutung des zeitlichen Abstandes zwischen Ganzkörperbestrahlung und Hautverletzung für die Überlebensrate von Mäusen. Strahlentherapie 125/3:332–340

Langham WH (ed) (1967) Radiobiological factors in manned space flight. National Akademy of Sciences, National Research Council, Washington

Messerschmidt O (1960) Auswirkungen atomarer Detonationen auf den Menschen. Ärztlicher Bericht über Hiroshima, Nagasaki und den Bikini-Fallout. Thiemig, München

Messerschmidt O (1975) Kombinationsschäden als Folge nuklearer Explosionen. In: Zenker R, Deucher F, Schink W (Hrsg) Chirurgic der Gegenwart, Bd 4. Unfallchirurgie. München Berlin Wien, S 24

Messerschmidt O(1979) Medical procedures in a nuclear disaster. Pathogenesis and therapy für Nuclear Weapons Injuries. Thiemig, München

Messerschmidt O (1984) Biologische Folgen von Kernexplosionen, Pathogenese, Klinik, Therapie. Erlangen, perimed-Fachbuch-Verlagsgesellschaft

Messerschmidt O, Oehlert W (1968) Untersuchungen über Kombinationsschäden. Histopathologische Untersuchungen an Mäusen nach Ganzkörperbestrahlung in Kombination mit offenen Hautwunden, Strahlentherapie 136:229

Mitrofaniv VG (1959) Neue Befunde über die Veränderung der Oxydations-Reduktions-Prozesse der Gewebsatmung und einiger Vitamine des B-Komplexes beim traumatischen Schock allein und bei Kombination mit der Strahlenkrankheit. Vestnik Chirurgii 7:112

Nuclear Handbook for Medical Service Personnel (1969) Departement of the Army Technical Manuel, TM 8–215, Washington

Oughterson AW, Warren S (eds) (1956) Medical effects of the atomic bomb in Japan. National Nuclear Series Division III, vol 8. Mc Graw-Hill, New York

Page NP, Nachtwey DS, Leong GF, Ainsworth EJ, Alpen EL (1965) Recovery from radiation injury in sheep, swine and dogs as evaluated by the split-dose technique. 13th Annual Radiation Research Society Meeting, Philadelphia Pennsylvania, 24 May

Poljakov VA (1955) Besonderheiten des Verlaufs und Prinzipien der Behandlung von kombinierten Strahlenschäden. Erweitertes Plenum der wiss Räte der traumatolog Institute, Moskau

Razgovorov BL (1957) Primäre Wundnaht bei Strahlenkrankheit. Exp Chir 2:47

Rubinschtejn GG, Nemkin MN, Schuschjannikowa LI (1957) Die Heilung von Frakturen in verschiedenen Stadien einer Strahlenkrankheit. Voen Med Journ 6:33

Schildt E (1967) Nuclear explosion causalties. Almquist & Wiksell, Stockholm

Waaij D van der (1979) The colonization resistance of the digestive tract in man and in animals. Clinical and Experimental Gnotobiotics. Zentralbl Bakteriol [Suppl] 7:

Wendt F (1980) Behandlung des Strahlensyndroms. In: Messerschmidt, Feinendegen, Hunzinger (Hrsg) Industrielle Störfälle und Strahlenexposition, Strahlenschutz in Forschung und Praxis, Bd XXI

Wintz H (1923) Die Vor- und Nachbehandlung bei der Röntgenbestrahlung. Ther Ggw 64:209

Zemljanoj AG (1956) Heilung geschlossener Frakturen der langen Röhrenknochen bei Strahlenkrankheit an Versuchstieren. Med Radiol 5:72

IV. Chemischer Strahlenschutz bei Säugetieren und beim Menschen

Von

H. Mönig, O. Messerschmidt und C. Streffer

Mit 13 Abbildungen und 12 Tabellen

A. Einleitung

Bei Versuchen mit Enzymen in vitro (Barron et al. 1949) und Mikroorganismen (Latarjet u. Ephrati 1948) konnte nachgewiesen werden, daß bestimmte chemische Substanzen die Strahlenwirkung herabsetzen. Patt et al. verwendeten im Jahre 1949 erstmals einen Strahlenschutzstoff (Cystein) bei Ganzkörperbestrahlung von Säugetieren mit Röntgenstrahlen. Die Autoren konnten bei Ratten einen deutlichen Schutzeffekt feststellen, wenn den Tieren die Substanz kurz *vor* der Bestrahlung injiziert wurde (Patt et al. 1949, 1950). Gab man dagegen diesen Stoff *nach* der Bestrahlung, so zeigte sich keine schützende Wirkung. Dieses Verhalten kann einer Darstellung (Abb. 1) von Untersuchungsergebnissen entnommen werden, die Bacq et al. (1951) mit der Substanz Mercaptoethylamin ($HS\text{-}CH_2\text{-}CH_2\text{-}NH_2$) – auch Cysteamin genannt – bei Mäusen durchgeführt haben. Wie aus Abb. 1 zu erkennen ist, ergibt sich kein Schutzeffekt, wenn die Verbindung erst nach der Bestrahlung gegeben wird. Allerdings haben Versuche an Tieren mit vermindertem Stoffwechsel gezeigt, daß eine Schutzsubstanz auch nach der Bestrahlung wirksam werden kann. So war nach einer im Winterschlaf an Siebenschläfern (*Glis glis*) erfolgten Ganzkörperbestrahlung eine Schädigung der Tiere 3 Wochen lang nicht feststellbar. Eine i.p. Injektion von Cystein zum Zeitpunkt

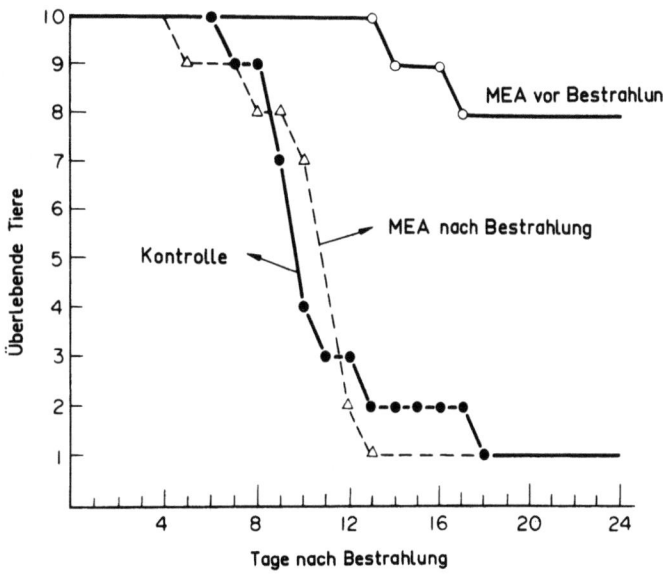

Abb. 1. Anzahl überlebender Mäuse in Abhängigkeit von der Zeit nach einer Röntgenbestrahlung (200 kV) mit 700 R. Je eine Tiergruppe erhielt vor bzw. nach der Bestrahlung Mercaptoethylamin (MEA), wobei 150 mg MEA pro kg Tiergewicht verabreicht wurden. Die Kontrollgruppe wurde nur bestrahlt. (Nach Bacq et al. 1951)

Tabelle 1. Art der Wechselwirkung zwischen chemischen Stoffen und der Strahlung (nach PHILLIPS 1977)

Art der Wechselwirkung	Beispiel
Verstärkung	
synergistisch	$2+1 \rightarrow 4$
additiv	$2+1 \rightarrow 3$
subadditiv	$2+1 \rightarrow 2,5$
Interferenz	$2+1 \rightarrow 1,5$
Antagonistisch	$2+1 \rightarrow 0,5$

des Erwachens, also 3 Wochen nach erfolgter Bestrahlung, übte einen vollen Schutzeffekt aus (KÜNKEL u. HECKMAN 1958). Eine entsprechende Wirkung konnte allerdings bei winterschlafenden Erdhörnchen (*Citellus tridecemlineatus*) nicht beobachtet werden (SMITH 1959, 1960).

Es gibt verschiedene Arten der Wechselwirkung zwischen chemischen Stoffen und der Strahlung. Tabelle 1 gibt eine Übersicht. Der verstärkende Effekt wird meist als „Sensibilisierung" und der antagonistische Effekt als „Strahlenschutz" bezeichnet. Nach LANGENDORFF (1965) besteht die Aufgabe des chemischen Strahlenschutzes darin, „die Strahlenempfindlichkeit eines höheren Organismus durch Zufuhr gewisser chemischer Stoffe so zu beeinflussen, daß bei Strahlendosen, die eine bestimmte, den Organismus schädigende Reaktion hervorrufen, noch kein feststellbarer Bestrahlungseffekt eintritt oder zumindest dieser stark reduziert wird". Alle Maßnahmen, die nach der Bestrahlung getroffen werden, um den Strahlenschaden zu vermindern, sollten als therapeutische Verfahren angesehen werden (BACQ 1965) und sind damit nicht Gegenstand dieses Beitrags.

B. Erläuterung einiger Begriffe

I. Dosisreduktionsfaktor

Für den Vergleich der Wirkung verschiedener Strahlenschutzsubstanzen ist es erforderlich, biologische Reaktionen heranzuziehen, die quantifizierbar sind. Die einfachste und zugleich für das betreffende Individuum schwerwiegendste Strahlenreaktion ist der vorzeitige Tod. Bestrahlt man mehrere Gruppen von Tieren mit geeigneten Strahlendosen, so läßt sich das Ergebnis, wenn das Kriterium tot oder überlebend verwendet wird, als sog. alternative Dosis-Wirkungs-Beziehung darstellen. Errechnet man für jede Gruppe den prozentualen Anteil der toten Individuen und trägt diese Werte über der Dosis auf, so erhält man in einem linearen Raster einen S-förmigen Verlauf der Dosis-Wirkungs-Beziehung. Durch geeignete Transformation der Ordinate (Wahrscheinlichkeitsnetz) gelingt es, viele Dosis-Wirkungs-Beziehungen als Geraden darzustellen. Oft muß dazu die Strahlendosis auf der Abszisse logarithmisch aufgetragen werden. In Abb. 2 ist in der linken Kurve für eine bestrahlte jedoch unbehandelte Population von Mäusen das Ergebnis in einem Wahrscheinlichkeitsraster dargestellt. Den auf der rechten Ordinatenseite dargestellten (nichtlinearen) Prozentwerten können nach einem bestimmten Verfahren Probitwerte zugeordnet werden (s. z.B. FINNEY 1964), die auf der linken Ordinatenseite aufgetragen sind. Die Methode der Schätzung bestimmter Parameter (z.B. der Strahlendosis für 50%ige Letalität = LD 50) gründet sich auf die Probit-Analyse der Versuchsergebnisse (FINNEY 1964).

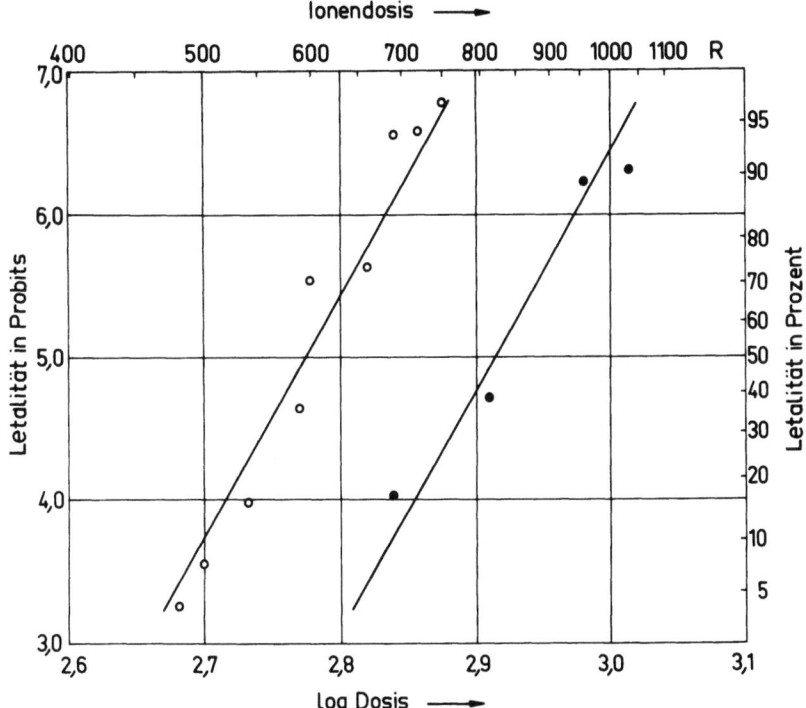

Abb. 2. Probittransformierte Dosis-Wirkungs-Kurven für unbehandelte (o) und mit 5-Mercaptopyridoxin (B_6-SH) behandelte (●) Mäuse. Es wurde die Letalität in einem Beobachtungszeitraum von 30 Tagen nach einer Röntgenbestrahlung untersucht. Die Tiere erhielten 250 mg/kg B_6-SH 5 bis 10 min vor der Bestrahlung i.p. verabreicht. Es ergab sich ein Dosisreduktionsfaktor von 1,38 mit 95%igen Vertrauensgrenzen von 1,33 bis 1,44. (Nach LANGENDORFF et al. 1958)

Trägt man die Ergebnisse für ein mit einer Schutzsubstanz vor der Bestrahlung behandeltes Kollektiv ebenfalls in einem Wahrscheinlichkeitsnetz auf, so erhält man eine Gerade, die sich im Bereich höherer Dosiswerte befindet (s. Abb. 2, rechte Kurve). Bei vielen Behandlungen sind die Toleranzvarianzen verglichen mit den Kontrollgruppen fast gleich groß. Diese Übereinstimmung findet ihren Ausdruck in der Parallelität der Probit-Regressionsgeraden (s. Abb. 2). Der Vergleich verschiedener Versuchsreihen ist dann besonders einfach. Man kann in diesem Fall eine relative Wirksamkeit (DRF) der Schutzsubstanz angeben:

$$DRF = D_2/D_1$$

wobei D_1 und D_2 die Strahlendosen für die Kontrollgruppe bzw. behandelte Gruppe sind, die zu einer gleichen Letalität führen. Die relative Wirksamkeit wird mit Dosisreduktionsfaktor (DRF) bezeichnet. Da jedoch nicht in allen Fällen die Probit-Regressionsgeraden parallel verlaufen, hat man sich geeinigt, die relative Wirksamkeit für eine 50%ige Letalität (LD-50) anzugeben

$$DRF = \frac{\text{LD-50 für behandelte Tiere}}{\text{LD-50 für unbehandelte Tiere}}$$

Die LD-50 wurde im Jahre 1927 von TREVAN für die Messung der Toxizität von Pharmaka eingeführt (TREVAN 1927).

Für das Beispiel in der Abb. 2 ergibt sich:

$$DRF = \frac{821\ R}{594\ R} = 1,38.$$

In der Literatur wird anstelle des Dosisreduktionsfaktors auch der Dosismodifikationsfaktor (DMF) mit gleicher Definition verwendet. Der Parameter DMF wird besonders bei quantifizierbaren Schäden im Gewebe herangezogen (s. auch ICRU-Report 30, 1979).

II. Toxizität von Strahlenschutzsubstanzen

Strahlenschutzsubstanzen sind wie alle Drogen bei genügend hoher Konzentration toxisch. In Tabelle 2 sind Werte in mg einiger Schutzstoffe pro kg Tiergewicht angegeben, die zu einer 50%igen Letalität führen (LD 50). Die LD 50 für eine bestimmte Substanz ist nicht nur von der Tierspecies, vom Alter und vom Tierstamm sondern auch von der Art der Darreichung abhängig. So wurde beobachtet, daß die Toxizität der Substanz WR 2721 anwächst, wenn sie in 10 Fraktionen täglich über einen Zeitraum von 12 Tagen gegeben wird. Für einen bestimmten Mäusestamm nahm die LD 50/30 für WR 2721 von 751 mg/kg bei Einzelgabe auf 281 mg/kg bei fraktionierter Gabe ab (UTLEY et al. 1976b). Der Grad des Schutzes und die Toxizität scheinen korreliert zu sein (DISTEFANO 1964). Hinzu kommt, daß sich bei vielen Präparaten die Wirksamkeit mit zunehmender Substanzmenge erhöht. So konnte YUHAS (1970) für das Thiophosphat WR 2721 zeigen, daß sich der Dosisreduktionsfaktor als Potenzfunktion der verabreichten Substanz (X) angeben läßt ($DRF = K \cdot X^b$; mit z.B. $K = 0,4$ und $b = 0,3$, wenn X in mg/kg angegeben wird). Um in Überlebensversuchen eine einigermaßen deutliche Strahlenschutzwirkung zu erzielen, müssen im allgemeinen die Substanzen in hohen subtoxischen Dosen gegeben werden (BRAUN et al. 1959). Deshalb kommt es bei der Frage nach der Anwendbarkeit des chemischen Strahlenschutzes nicht nur auf die Höhe des Dosisreduktionsfaktors an, sondern auch auf die Verträglichkeit einer Substanz. Um diese Verhältnisse angeben und miteinander vergleichen zu können, hat man einige Parameter eingeführt, die in folgendem definiert werden (WESTLAND et al. 1968).

Schutzfaktor PF (protection factor)

$$PF = 1 + \text{Anteil Überlebende}$$

PF liegt zwischen 1 (0% Überlebende) und 2 (100% Überlebende).

Schutzindex PI (protective index)

$$PI = PF \cdot \frac{\text{LD 50 (mg/kg) für Substanz}}{\text{Minimale wirksame Substanzmenge (mg/kg)}}$$

PI ist ein Maß für den Schutz bei der kleinsten Substanzmenge, für die noch eine strahlenresistenzsteigernde Wirkung beobachtet werden kann. Zur Klassifizierung der Schutzsubstanzen wird folgendes Schema verwendet:

Schutzindex	Klassifizierung
0– 1	0 (nicht wirksam)
2– 5	+
6–10	+ +
11–15	+ + +
16–29	+ + + + (sehr wirksam)

Daneben gibt es jedoch auch andere Klassifizierungen (s. z.B. BACQ, 1965).

Tabelle 2. Substanzmenge einiger Strahlenschutzstoffe, die zu einer 50%igen Letalität führt (LD 50). Die Beobachtungszeit für die Letalität nach der Injektion ist bei den Autoren unterschiedlich

Substanz	Tier-species	Dar-reichungs-form	LD 50 (mg/kg)	Autoren
Mercapto-ethylamin (Cysteamin)	Maus	i.p.	350 (Base)	BACQ et al. (1951)
	Maus	i.p.	270	DOHERTY et al. (1957)
	Maus	i.p.	343 (323–364)[a]	YUHAS u. STORER (1969[a])
	Ratte	i.p.	143 ± 9[b]	MAISIN et al. (1964)
	Ratte	oral	359 ± 20[b]	MAISIN et al. (1964)
	Kaninchen	i.v.	150	BECCARI et al. (1955)
Cystamin (Disulfid des Cysteamins)	Maus	i.p.	215	KOCH u. SCHWARZE (1957)
	Ratte	i.p.	126 ± 4[b]	MAISIN et al. (1964)
	Ratte	oral	1035	MAISIN et al. (1964)
Aminoethyl-isothiuronium (AET)	Maus	i.p.	690	DOHERTY u. BURNETT (1955)
	Maus	i.p.	600	SHAPIRA et al. (1957)
Aminoethyl-isothiuronium (AET)	Maus			
	Erwachsen	i.p.	475	ROUSANOV u. NOVOSELOVA (1962)
	2–3 Wochen	i.p.	335	ROUSANOV u. NOVOSELOVA (1962)
	Neugeboren	i.p.	520	ROUSANOV u. NOVOSELOVA (1962)
	Maus	i.p.	296 (284–310)[a]	YUHAS u. STORER (1969a)
	Ratte	i.p.	410	BENSON et al. (1961)
	Ratte	i.p.	378 ± 23[b]	MELVILLE u. LEFFINGWELL (1962)
	Ratte	i.p.	288	HANNA u. COLCLOUGH (1963)
	Kaninchen	i.v.	236	HANNA u. COLCLOUGH (1963)
	Hund	i.v.	113	HANNA u. COLCLOUGH (1963)
Para-amino-propiophenon (PAPP)	Maus	i.p.	60 (56–64)[a]	YUHAS u. STORER (1969a)
5-Hydroxy-tryptamin-kreatininsulfat (Serotonin)	Maus	i.p.	124 (117–131)[a]	YUHAS u. STORER (1969a)
Natriumhydrogen S-(2-aminoethyl)-thiophosphat (WR 638)[c]	Maus	i.p.	777 (700–864)[a]	YUHAS u. STORER (1969a)
S-2-(3-Amino-propylamino)-ethylthiophosphat (WR 2721)[c]	Maus			
	(A/J)[d]	i.p.	554 (509–582)[a]	YUHAS (1970)
	(DBA/2J)[d]	i.p.	586 (549–626)[a]	YUHAS (1970)
	(C 57 BL/6J)[d]	i.p.	704 (665–745)[a]	YUHAS (1970)
	(BALB/cJ)[d]	i.p.	784 (744–825)[a]	YUHAS (1970)

[a] 95%ige Vertrauensgrenzen
[b] Standardabweichung
[c] s. Fußnote [b] in Tabelle 3
[d] Bezeichnung des Mäusestamms

Wirksame Substanzmenge (effective dose) ist die Substanzmenge in mg/kg bei der 50% (in 30 d) nach einem Strahleninsult überleben. PF in diesem Fall 1,5.

Therapeutischer Index TI (therapeutic index)

$$TI = \frac{LD\ 50\ (mg/kg)\ für\ Substanz}{Wirksame\ Substanzmenge\ (mg/kg)}$$

Je größer TI, um so erfolgreicher kann eine Substanz eingesetzt werden.

Bei den klinischen Prüfungen spielt die Toxizität der Schutzsubstanzen eine große Rolle. Die unmittelbare Übertragung der von Kleintieren tolerierten Substanz-Dosen in mg pro kg Körpergewicht auf den Menschen würde zu Komplikationen führen. Nun hat sich allgemein bei der klinischen Prüfung neuer Pharmaka herausgestellt, daß die Angabe der Substanzmenge pro Flächeneinheit der Körperoberfläche eine bessere Übertragbarkeit von Ergebnissen mit Kleintieren auf den Menschen erlaubt als das Körpergewicht (PAGET 1965). Untersuchungen über die Verteilung des ^{35}S-markierten Thiophosphats WR 2721 in verschiedenen Geweben von Maus, Ratte, Kaninchen und Hund bestätigten, daß die auf die Körperoberfläche bezogene Dosis dem Problem besser angepaßt ist (WASHBURN et al. 1976). Damit kommen WASHBURN et al. (1976) zu der Vorhersage, daß eine Dosis von 20 mg WR 2721 pro kg Körpergewicht beim Menschen den gleichen Schutz hervorrufen würde wie 100 mg pro kg Körpergewicht bei der Maus. Die entsprechende Dosis für die Maus würde bei Zugrundelegung des Körpergewichts eine Gesamtmenge von 7 g WR 2721 bei einem Menschen von 70 kg bedeuten, was mit Sicherheit viel zu toxisch wäre. Neuerdings werden deshalb Dosen von Schutzsubstanzen beim Menschen in mg/m^2 Körperoberfläche angegeben.

C. Chemischer Strahlenschutz bei Säugetieren

I. Akute Strahlenwirkung nach Ganzkörperexposition

Beim Säugetier kommt es nach einmaligen, kurzzeitigen Ganzkörperbestrahlungen in Abhängigkeit von der empfangenen Strahlendosis zu drei charakteristischen Symptomkomplexen, die durch die Art ihrer Organschäden und die Überlebenszeiten gekennzeichnet sind (RAJEWSKY 1956). So tritt nach sehr hohen Strahlenbelastungen von mehr als ca. 100 Gy der „zentralnervöse Strahlentod" innerhalb weniger Minuten bis zu 1–2 Tagen, unter schwersten zentralnervösen und kardiovaskulären Symptomen, wie Krämpfen, Bewußtseinsstörungen, Kreislaufkollaps ein. Ist die Strahlenbelastung geringer, etwa 10 bis 100 Gy, so gehen die Versuchstiere unter schwersten Darmsymptomen, wie anhaltenden Durchfällen, Wasser- und Elektrolytverlusten, sowie Darminfektionen zugrunde. Dieser „gastrointestinale Strahlentod" tritt innerhalb weniger Tage ein, während der „hämatopoetische Strahlentod" erst nach einigen Wochen das Ende der Versuchstiere herbeiführt, charakterisiert durch Ausfallserscheinungen des lymphatischen Systems und des Knochenmarks, einhergehend mit Leukopenie und Thrombozytopenie, was wiederum tödlich verlaufende Bakteriämien und Blutgerinnungsstörungen zur Folge hat. Bei Mäusen ist beim gastrointestinalen Syndrom der Tod innerhalb von 5 Tagen zu erwarten, beim hämatopoetischen Syndrom innerhalb von 30 Tagen, so daß die Beobachtungszeiträume entsprechend sind.

YUHAS u. STORER (1969a) haben für die drei Strahlensyndrome die Wirksamkeit verschiedener Schutzsubstanzen getestet. In Tabelle 3 sind die Ergebnisse zusammengestellt. Die

Tabelle 3. Wirkung verschiedener Strahlenschutzsubstanzen bei Strahlenschäden des hämatopoetischen Systems (DRF_{30}), des gastrointestinalen Systems (DRF_7) und des zentralen Nervensystems (DRF_0) von Mäusen. Die Substanzen wurden 15 min vor der Röntgenbestrahlung i.p. injiziert (YUHAS u. STORER 1969a)

Substanz	Kurz-bezeichnung	Substanz-menge (mg/kg)	DRF_{30}	DRF_7	DRF_0[a]
Para-aminopropiophenon	PAPP	40	$1,7 \pm 0,02$	$1,4 \pm 0,04$	$1,28 \pm 0,024$
Aminoethylisothiuronium · Br · HBr	AET	200	$1,4 \pm 0,03$	$1,6 \pm 0,04$	$1,02 \pm 0,030$
β-Mercaptoethylamin · HCl	MEA	200	$1,6 \pm 0,03$	$1,4 \pm 0,03$	$1,00 \pm 0,038$
5-Hydroxytryptamin kreatininsulfat	Serotonin	100	$1,5 \pm 0,02$	$1,2 \pm 0,04$	$1,07 \pm 0,038$
Natriumhydrogen S-(2-aminoethyl)thiophosphat	WR 638[b]	500	$2,0 \pm 0,01$	$1,6 \pm 0,03$	$0,98 \pm 0,023$
S-2-(3-Aminopropyl-amino)ethylthiophosphat	WR 2721[b]	500	$2,7 \pm 0,02$	$1,8 \pm 0,04$	$0,49 \pm 0,168$
		250	$2,3 \pm 0,02$	$1,6 \pm 0,03$	$1,02 \pm 0,049$
S-3-(3-Aminopropyl-amino)propylthiophosphat	WR 44923[b]	200	$1,9 \pm 0,02$	$1,4 \pm 0,03$	$0,96 \pm 0,030$

[a] Für die Untersuchung der Strahlenschädigung des ZNS wurden wiederholt je 10000 R in Abständen von 5 min gegeben, bis der Tod der Tiere eintrat

[b] Interne Bezeichnung des Walter Reed Army Institute of Research, Washington, USA

Autoren verwendeten für die Untersuchung des gastrointestinalen Strahlentods einen Beobachtungszeitraum von 7 Tagen nach der Bestrahlung (DRF_7). Wie aus Tabelle 3 zu entnehmen ist, geht die Wirkung der Schutzsubstanzen mit einer Ausnahme bei steigender Dosis zurück. Nur das AET besitzt im Bereich des Gastrointestinaltrakts eine größere resistenzsteigernde Wirkung als im Hämatopoesesystem. Für das Präparat WR 2721 konnte die Verminderung der Wirksamkeit auch bei einem Beobachtungszeitraum von 5 (LANGENDORFF et al. 1974) und 6 Tagen (SIGDESTAD et al. 1975a) für den gastrointestinalen Strahlentod bestätigt werden. Eine etwa gleich große Schutzwirksamkeit für das Knochenmark (1,91) und für den Gastrointestinaltrakt (1,95) ergab sich bei Anwendung des Thiophosphats des Mercaptopropylamins WR 77913 (MENDIONDO et al. 1982).

Beim zentralnervösen Strahlentod zeigt außer dem para-Aminopropiophenon keine Substanz einen Strahlenschutzeffekt (s. Tabelle 3). Dieser Befund wird ergänzt durch Ergebnisse von WRIGHT und SHEWELL (1965) mit Mercaptoethylamin (Cysteamin). Bei Versuchen an kopfbestrahlten Mäusen mit Dosen um 1000 Gy fanden die Autoren keinen Unterschied in der mittleren Überlebenszeit von etwa 20 min gegenüber nichtbehandelten Kontrolltieren. Bei Verwendung des Thiophosphats WR 2721 ergibt sich für den zentralnervösen Tod sogar eine Steigerung der Strahlenwirksamkeit, wenn eine Substanzmenge von 500 mg pro kg Tiergewicht verabreicht wird (s. Tabelle 3). Dieser Befund ist möglicherweise auf einen toxischen Effekt des Präparats zurückzuführen, wie das Ergebnis bei Anwendung einer niedrigeren Substanzmenge zeigt.

II. Untersuchungen an Organen und Geweben

Wie bereits die Darstellung über die akuten Strahlenschäden im vorangehenden Abschnitt gezeigt hat, ergeben sich bei der Untersuchung verschiedener Gewebe hinsichtlich des chemischen Strahlenschutzes große Unterschiede. Mit dem Thiophosphat WR 2721 wurden geringe Schutzfaktoren von 1,2 bis 1,5 bei Lunge und Niere erzielt (PHILLIPS et al. 1973), aber hohe Schutzfaktoren bis zu 3 für das Knochenmark (YUHAS u. STORER 1969a). Das WR 2721

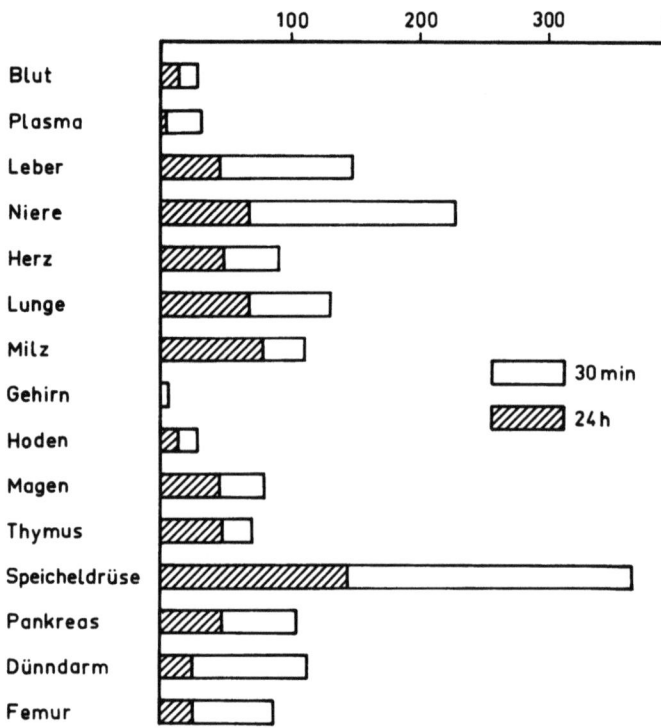

Abb. 3. Verteilung von WR 2721 in verschiedenen Geweben der Ratte 30 Minuten oder 24 Stunden nach i.v.-Injektion von 100 mg pro kg Körpergewicht von ¹⁴C-markiertem Thiophosphat. Die Angaben der Thiophosphat-Konzentration beziehen sich auf die ¹⁴C-Aktivität in den Geweben. (Nach TANAKA u. SUGAHARA 1980)

verteilt sich auch sehr unterschiedlich in den einzelnen Geweben (s. Abb. 3). Der Grad des Strahlenschutzes korreliert jedoch nicht mit den lokalen Gewebskonzentrationen der Schutzsubstanz (TANAKA u. SUGAHARA 1980). Es ist möglich, daß verschieden hohe Sauerstoffkonzentrationen in den Geweben für diese Unterschiede verantwortlich sind (STEWART et al. 1983).

1. Hämatopoetische Organe und Blut

Mit Hilfe der Milzkolonie-Technik (colony forming units, CFU) nach TILL u. MCCULLOCH (1961) lassen sich Schäden von Knochenmarkstammzellen nach Strahleneinwirkung gut beobachten. In Abb. 4 sind Ergebnisse aus CFU-Versuchen mit endogenen Milzkolonien bei γ-bestrahlten Mäusen dargestellt. Für das vor der Bestrahlung gegebene Cysteamin ermittelt sich aus den Steigungen beider Kurvenverläufe ein DRF-Wert von 1,6 (SMITH et al. 1966). KINNAMON et al. (1980) haben die Methode verwendet, um für eine Reihe von Schutzsubstanzen die Rangordnung hinsichtlich der Milzkoloniezahl mit derjenigen der Überlebensrate nach 30 Tagen zu vergleichen (s. Tabelle 4). Wie ein Vergleich der Ergebnisse zeigt, ergeben sich ähnliche Reihenfolgen für beide Verfahren. Damit besteht nach KINNAMON et al. (1980) die Möglichkeit, auch mit Hilfe der CFU-Technik die Wirksamkeit von Strahlenschutzsubstanzen in bezug auf das Knochenmark zu testen. Eine entsprechende Untersuchung mit verschiedenen Lipopolysacchariden (Endotoxin) gramnegativer Bakterien ergab dagegen keine Korrelation zwischen der Überlebensrate und der Milzkoloniezahl (STEVENSON et al. 1981).

HARRIS u. PHILLIPS (1971) konnten mit Hilfe der CFU-Methode nachweisen, daß die Thiophosphate WR 638 und WR 2721 hypoxischen Zellen nur einen begrenzten zusätzlichen Schutz verleihen (s. Tabelle 5). Infolgedessen vermindert sich der OER-Wert auf 1,1

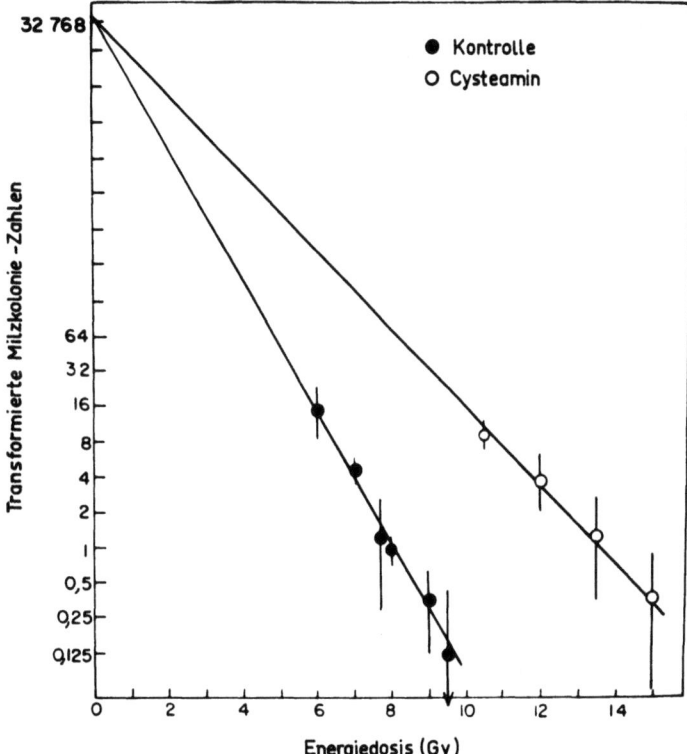

Abb. 4. Abschätzung des Dosisreduktionsfaktors (DRF = 1,6) für Cysteamin mit der Milzkolonietechnik bei γ-bestrahlten Mäusen. Die Milzkoloniezahlen wurden mit Hilfe einer modifizierten logarithmischen Transformation umgerechnet. (Nach SMITH et al. 1966)

(WR 2721) oder 1,3 (WR 638). Dieser Befund ist für die Strahlentherapie in Verbindung mit Strahlenschutzsubstanzen von Bedeutung, da solide Tumoren eine beträchtliche Zahl anoxischer Zellen enthalten.

Zahlreiche Untersuchungen wurden über die Wirksamkeit von Strahlenschutzsubstanzen auf Zellen des Knochenmarks und des peripheren Bluts durchgeführt. BACQ et al. (1953b) konnten an Mäuseblut beobachten, daß Cysteamin die Leukopenie nach Strahleneinwirkung nicht verhindert, wohl aber die Regeneration der Leukozyten beschleunigt. In ähnlicher Weise zeigte sich bei Mäusen eine durch i.p.-Injektion oder orale Gabe von AET bewirkte raschere Erholung der Zellzahl des Knochenmarks (DOHERTY 1960). Eine durch eine Ganzkörperbestrahlung der Maus mit 75 R hervorgerufene Retikulozytensenkung im peripheren Blut ließ sich durch Cysteamin und auch durch Serotonin weitgehend verhindern (ELTGEN et al. 1961). Allerdings konnten die Autoren bei entsprechenden Untersuchungen an der Ratte keinen Schutzeffekt beobachten. Mit Hilfe des Radioeisentests (^{59}Fe) wies KOCH (1965) an bestrahlten Mäusen bei nichtletalen Strahlendosen nach, daß eine ganze Reihe von Strahlenschutzsubstanzen (Cysteamin, Histamin, Serotonin, Pyridoxal-5-Phosphat) die Depression junger Erythrozyten im peripheren Blut vermindert. Das Thiophosphat WR 2721 wirkt dagegen erst oberhalb einer Strahlendosis von 50 R (MÖNIG et al. 1975). Mercaptopropionylglycin (MPG) hatte bei Mäusen, die Strahlendosen von 250 R oder 500 R erhielten, keinerlei Einfluß auf die anfängliche (ca. 24 h) Abnahme der Erythrozyten im peripheren Blut, zeigte aber im weiteren Verlauf nach der Bestrahlung eine signifikante Schutzwirkung (UMA DEVI u. KUMAR 1981). Nach einer Exposition mit 1 000 R war kein Effekt mehr nachweisbar. Entsprechende Beobachtungen mit dem MPG machten PANT u. GHOSE (1981) bei Bestrahlung von Mäusen mit 760 R. Dagegen war AET in der Lage, vollständig die Absenkung der Erythrozyten im peripheren Blut zu verhindern. MPG vermindert andererseits die frühe Absenkung von Pronormoblasten und Normoblasten aus dem Knochenmark bestrahlter Mäuse und führt zu einer früheren und schnelleren Erholung dieser Zellen (SAINI u. UMA DEVI 1980).

Tabelle 4. Dosisreduktionsfaktoren für das Überleben innerhalb von 30 Tagen und für Milzkoloniebildung bei γ-bestrahlten Mäusen nach Vorbehandlung mit verschiedenen Strahlenschutzsubstanzen. Die Bezeichnungen der Substanzen beziehen sich auf eine Nomenklatur des Walter Reed (WR) Army Institute of Research, Washington, D.C. (s. Tabelle 4a). (Nach KINNAMON et al. 1980)

Substanz	Dosisreduktionsfaktor		Rangordnung	
	für Überleben	für Milzkoloniezahl	für Überleben	für Milzkoloniezahl
WR 2721	2,17	2,22	1	2
WR 3689	1,81	1,77	2	4
WR 2823	1,66	2,87	3	1
WR 638	1,60	1,75	4	5
WR 2529	1,59	1,56	5	6
WR 347 (Cysteamin)	1,46	2,11	6	3
WR 151 331	1,30	1,46	7	7
WR 108 503	1,05	1,24	8	8

Tabelle 4a. Strukturformeln der in Tabelle 4 aufgeführten Substanzen. (Nach KINNAMON et al. 1980)

Bezeichnung	Strukturformel
1. WR 2721	$H_2N(CH_2)_3NHCH_2CH_2SPO_3H_2 \cdot 1{,}28 \cdot H_2O$
2. WR 3689	$CH_3NH(CH_2)_3NHCH_2CH_2SPO_3H_2 \cdot H_2O$
3. WR 2823	$H_2N(CH_2)_5NHCH_2CH_2SPO_3H_2 \cdot 2\,H_2O$
4. WR 638	$NH_2CH_2CH_2SPO_3HNa$
5. WR 347	$NH_2CH_2CH_2SH \cdot HCl$
6. WR 2529	$NH_2\overset{O}{\overset{\|}{C}}(CH_2)_2NHCH_2CH_2SH \cdot \underset{}{S}O_2OH$
7. WR 151 331	$-CH_2NH\underset{NH}{\overset{\|}{C}}CH_2SSCH_2\underset{NH}{\overset{\|}{C}}NHCH_2-$ · 2 HCl
8. WR 108 503	$Cl- \quad O(CH_2)_6-N$ · 2 HCl

2. Lymphatisches System und Immunreaktionen

Untersuchungen über den Strahlenschutz des lymphatischen Systems führten teilweise zu kontroversen Ergebnissen. Generell kann jedoch gesagt werden, daß die Regeneration von lymphatischen Geweben und Organen nach Bestrahlung durch schwefelhaltige Substanzen (Cysteamin, AET) beschleunigt abläuft (BACQ 1965). So beginnt das Milzgewicht letal bestrahlter Mäuse sich nach 8 Tagen zu erholen, wenn die Tiere vor der Bestrahlung mit

Tabelle 5. D_0-Werte, Dosismodifikationsfaktoren (DMF) und Sauerstoffverstärkungsfaktoren (OER) für Knochenmarkstammzellen (CFU-s) der Maus nach Ganzkörperbestrahlung mit 300 kV-Röntgenstrahlen. Die Thiophosphate WR 638 und WR 2721 wurden 20 min vor der Bestrahlung i.p. verabreicht (600 mg/kg). Die Hypoxie wurde durch Beatmen mit Stickstoff und vermindertem Sauerstoffgehalt herbeigeführt. (Harris u. Phillips 1971)

Behandlung	D_0 (Gy)	DMF	OER
Luft	0,83		
			2,2
Hypoxie	1,83		
Luft + WR 2721	2,53	3,0	
			1,1
Hypoxie + WR 2721	2,90	1,6	
Luft + WR 638	1,91	2,3	
			1,3
Hypoxie + WR 638	2,35	1,2	

einem Umlagerungsprodukt des AET (Mercaptoethylguanidin) behandelt worden waren (Urso et al. 1958). Entsprechende Messungen des Thymusgewichts zeigten bereits nach dem 5. Tag eine Erholung an (Urso et al. 1958). Kobayashi et al. (1965) beobachteten ein zeitweiliges Überschießen der Mitoserate von Thymuszellen der (unbestrahlten) Maus bis zu 12 Stunden nach Gabe von Cysteamin. Andererseits erhielten Smith et al. (1965) bei Mäusen gegenüber unbehandelten Kontrolltieren um 20% niedrigere Lymphoyzten-Zahlen bis zu 48 Stunden nach Cysteamin-Gabe.

Die Schwächung der Immunreaktionen nach Einwirkung ionisierender Strahlen wurde bereits im Jahre 1908 von Benjamin und Sluka beschrieben und in der Folge durch Arbeiten vieler Autoren bestätigt. Doherty und Congdon (1959) berichteten, daß allogene Hauttransplantate von Mäusen, die vor der Bestrahlung AET erhielten, eine längere Überlebenszeit haben. Entsprechende Versuche mit dem Thiophosphat WR 638 konnten dieses Ergebnis nicht bestätigen (Saltzstein et al. 1970). Cudkowicz (1962) fand ebenfalls keine Schutzwirksamkeit durch AET oder das AET-Derivat Aminopropylmethylisothioharnstoff für immunologisch kompetente Zellen. Hingegen erhielt Yuhas (1972a) den hohen Dosisreduktionsfaktor von 3,4 mit dem Thiophosphat WR 2721 bei Untersuchungen über die Plaque-Bildung in der Milz der Maus nach Injektion von roten Blutzellen des Schafes (s. Abb. 5). Harris und Meneses (1978) fanden bei Gabe der gleichen Substanz einen Schutzfaktor von 1,6 für die Erholung von lebensfähigen Lymphozyten. Die Änderung der Phagozytoseaktivität von Granulozyten der Maus nach Ganzkörperbestrahlung mit Dosen bis zu 1 Gy konnte durch Cystamin vermindert werden (Hovestadt et al. 1983).

Über den Schutz des retikuloendothelialen Systems durch Cysteamin, Serotonin und Lipopolysaccharide (Endotoxin) berichtete Flemming (1977).

3. Haut

Hautreaktionen wurden in vielen Fällen nach Lokalbestrahlung der Extremitäten von Säugetieren untersucht. Die Autoren beobachteten dann die Bildung eines Erythems, Ödeme, Epilation, nässende Schuppung und/oder Schorfbildung. Um zu quantifizierbaren Ergebnissen hinsichtlich der Wirksamkeit bestimmter Substanzen zu gelangen, wurde dann die Schwere der Hautreaktion an Hand einer relativen Schadensskala eingestuft. In Abb. 6 ist die Dosis-Wirkungs-Beziehung der Hautreaktion von Mäusen mit und ohne Gabe des Thio-

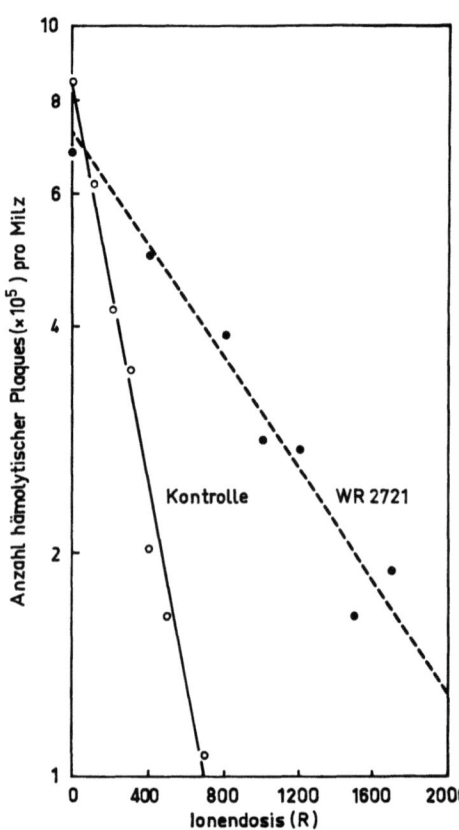

Abb. 5. Wirkung des Thiophosphats WR 2721 auf plaque-bildende Zellen aus der Milz von Mäusen, die mit roten Blutzellen des Schafs immunisiert wurden, in Abhängigkeit von der Strahlendosis. Der aus den Steigungen der Kurven ermittelte DRF beträgt 3,4. (Nach YUHAS 1972a)

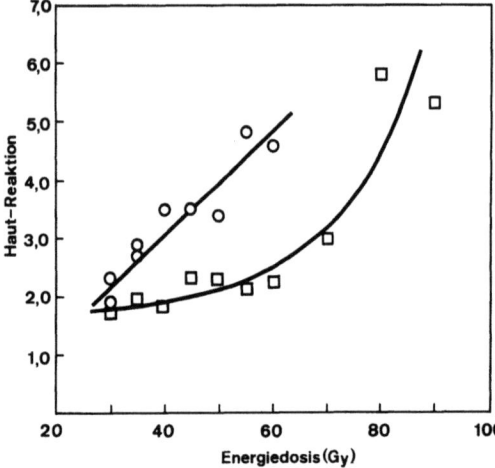

Abb. 6. Haut-Reaktion von Mäusen nach einmaliger Lokalbestrahlung einer Pfote und eines Unterschenkels mit ^{137}Cs-γ-Strahlen. Es wurden unbehandelte Tiere (o) untersucht und Mäuse, die vor der Bestrahlung Thiophosphat WR 2721 erhielten (□). Im Dosisbereich bis zu 70 Gy betrug der DMF = 1,5 bis 1,7 (nach UTLEY et al. 1976b). Für die Hautreaktionen (Erythem, Ödem, Epilation, feuchte Abschuppung, Schorfbildung) wurde eine Schadensskala nach FOWLER et al. (1965) und nach PHILLIPS et al. (1973) verwendet

phosphats WR 2721 dargestellt (UTLEY et al. 1976b). Für diese im Bereich des Knochenmarks sehr wirksame Substanz liegen die Schutzfaktoren für die Haut nicht besonders hoch (s. Abb. 7). TRAVIS et al. (1982) erhielten mit diesem Thiophosphat Schutzfaktoren von 1,7 bis 2,1 für die Abschuppungsreaktion bei Mäusen, wenn die Substanz 30 bis 60 Minuten vor der Bestrahlung gegeben wurde, wobei eine i.v.-Injektion wirksamer war als eine i.p.-Gabe.

Bereits früher konnten BACQ et al. (1961) beobachten, daß die Konzentration von ^{35}S-markiertem Cysteamin und Cystamin in der Haut und der Schutz vor Epilation nicht korreliert. Während beim Cystamin der Radioschwefel-Gehalt in der Haut hoch liegt und der

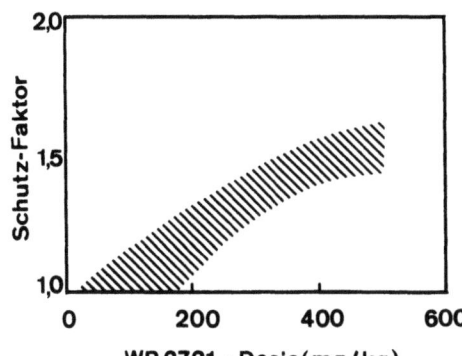

Abb. 7. Schutzfaktor-Bereich für die Haut in Abhängigkeit von der Dosis der Schutzsubstanz WR 2721 nach Angaben aus der Literatur. (Nach STEWART et al. 1983)

Schutz gegen Epilation nicht gut ist, sind die Verhältnisse beim Cysteamin gerade umgekehrt. Über eine Schutzwirkung hinsichtlich der Erythembildung an röntgenbestrahlten Rattenschwänzen durch Anwendung von Cystein in Form einer Hautsalbe berichtete HOFMANN (1955). Wirksamer war jedoch bei diesen Untersuchungen eine subkutan injizierte Cysteinlösung. Auch beim Kaninchen konnte makroskopisch und mikroskopisch eine Schutzwirkung nachgewiesen werden, wenn Cysteamin in 0,5%iger Lösung vor einer Kontaktbestrahlung am Bestrahlungsort subkutan verabreicht wurde, während eine i.v.-Injektion nicht zum Erfolg führte (BIANCHI u. GASPARINI 1955).

Während sich die erwähnten Ergebnisse auf relativ frühe strahleninduzierte Hautschäden bezogen (bis zu etwa 40 d p.r.), konnte ein Schutzeffekt auch bei Deformierung der Pfote der Maus 60 bis 90 Tage nach der Bestrahlung mit 5-Thio-D-Glukose gefunden werden (SCHUMAN et al. 1983). Der Schutzfaktor betrug hier 1,2 ± 0,1, während sich bei frühen Hautreaktionen ein Wert von 1,3 ± 0,1 ergab. Die Thioglukose ist insofern von Interesse, da sie bei hypoxischen Tumorzellen zytotoxisch und strahlensensibilisierend wirkt (SONG et al. 1977). Ein Schutzeffekt mit einem Faktor von 1,5 wurde für die Schenkelkontraktur bei der Maus 182 Tage nach der Bestrahlung gefunden, wenn den Tieren das Thiophosphat WR 2721 injiziert wurde (HUNTER u. MILAS 1983).

4. Verdauungstrakt

Neben dem Schutz strahlenbedingter Veränderungen im Bereich des hämatopoetischen Systems stehen Untersuchungen über Schäden des gastrointestinalen Systems und deren Verhinderung durch Schutzstoffe im Vordergrund des Interesses. In Versuchen mit vielfältigen Methoden und verschiedenen Strahlenschutzsubstanzen konnte ein Schutz des Verdauungstrakts bestrahlter Tiere nachgewiesen werden.

Über histopathologische Untersuchungen des Dünndarms und Dickdarms der Ratte nach fraktionierter Teilkörperbestrahlung mit Röntgenstrahlen und dem Einfluß von Cystein berichteten SULLIVAN et al. (1964). Die Autoren fanden gegenüber nicht behandelten Tieren weniger Strahlenschäden im Darm. Die zellschützende Wirkung des Cysteins wurde auch durch Bestimmung der Mitoserate im Bereich der Lieberkühnschen Krypten des Ileums von Ratten nachgewiesen (BELILES et al. 1959). SCHWARTZ u. SHAPIRO (1961) fanden eine verbesserte Darmresorption für [131]J-markierte Ölsäure nach Vorbehandlung röntgenbestrahlter Mäuse mit Mercaptoethylguanidin (MEG). Auch die Retention im Magen wurde durch MEG weitgehend normalisiert. Die orale Applikation von MEG war etwas wirksamer als die parenterale. Eine gegenüber der Gabe einer Einzelsubstanz verbesserte Wirksamkeit mit einer Mischung aus AET, Glutathion und Serotonin auf die Zellerneuerung des Duodenums röntgenbestrahlter Mäuse beobachteten MAISIN u. LAMBIET-COLLIER (1967). Dabei

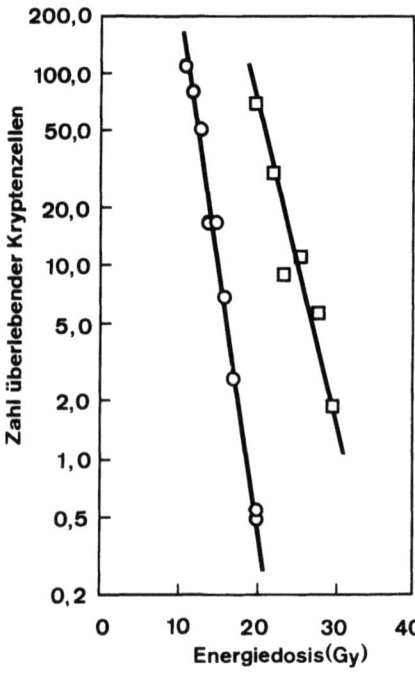

Abb. 8. Strahlenwirkung auf die Anzahl überlebender klonogener Kryptenzellen eines Dünndarmepithel-Querschnitts von Mäusen, die vor der Bestrahlung nicht behandelt (o) oder mit dem Thiophosphat WR 2721 behandelt wurden (□) (nach Utley et al. 1976b). Die Tiere wurden mit einer ^{137}Cs-γ-Strahlenquelle ganzkörperbestrahlt und der Darm wurde 3,5 Tage später entnommen und nach einem Verfahren von Withers und Elkind (1970) ausgewertet. Die Anzahl der Kryptenzellen pro Querschnitt betrug bei nichtbestrahlten Tieren 160. Für die strahlenbedingte Reduktion der Kryptenzellen auf 10% ergab sich ein Dosismodifikationsfaktor DMF von 1,6

wurde die Strahlenschädigung in den Stammzellen des Dünndarms vermindert, nicht dagegen die verzögerte Wanderung der Kryptenzellen.

In Abb. 8 sind Dosis-Wirkungs-Beziehungen für Kryptenzellen des Dünndarmepithels der Maus dargestellt (Utley et al. 1976b). Die Gabe des Thiophosphats WR 2721 führte zu einem Schutzfaktor von 1,6 für 10% überlebende Kryptenzellen. Dieser Faktor entspricht dem Wert, den man für die Beobachtung des gastrointestinalen Strahlentodes erhielt (Langendorff et al. 1974; Sigdestad et al. 1975a). Einen Schutzfaktor von 2,1 erhielten Utley et al. (1978) bei Untersuchungen des „oralen Strahlensyndroms" durch Bestimmung der LD 50/8-10 d nach Bestrahlung des Kopfes von Mäusen und vorheriger i.p.-Injektion von WR 2721.

Versuche von Sigdestad et al. (1975a) über den Einfluß von WR 2721 auf das Überleben von Kryptenzellen des Jejunums der röntgenbestrahlten Maus ergaben Schulterkurven, wobei die sogenannten Quasi-Schwellendosen D_q (Alper et al. 1962) 6,47 Gy für die unbehandelten und 14,06 Gy für die behandelten Mäuse betrugen. An Hand der von Sigdestad et al. (1975a) angegebenen Dosis-Wirkungs-Beziehungen errechnet sich ein Dosismodifikationsfaktor (DMF) von etwa 1,7 für 50% überlebende Kryptenzellen. Bei Bestrahlungsversuchen mit Spaltneutronen betrug der DMF 1,3 (Sigdestad et al. 1976). Die gleichen Autoren haben auch die Schutzwirksamkeit von Cysteamin und seinem Thiophosphat-Derivat WR 638 ebenfalls an Kryptenzellen der röntgenbestrahlten Maus getestet und dabei für 50%iges Überleben der Zellen einen DMF um 1,5 erhalten (Sigdestad et al. 1975b). Bei Verwendung von Spaltneutronen waren Cysteamin und WR 638 weit weniger wirksam als WR 2721. Poulsen u. Szabo (1977) haben festgestellt, daß eine subkutane oder orale Gabe von Cysteamin (280 mg/kg) an unbestrahlte Ratten zur Entwicklung eines Ulcus duodeni führt, das sich bis zur Perforation entwickeln kann. Elektronenmikroskopische Untersuchungen an Mitochondrien von Kryptenzellen des oberen Mäusedünndarms zeigten nach Gabe schützender Sulfhydrylverbindungen bei der Maus (Cystein, 5-Mercaptopyridoxin) Schwellungen an den Cristae und der äußeren Membran (Braun u. Koch 1968). Nicht schützende Homologe der oben genannten Verbindungen (Isocystein, 5-Mercaptomethylpyridin und 4-Mercaptopyridoxin) lösten an Mitochondrien einen entgegengesetzten Prozeß nämlich Schrumpfung aus. Mit 2-Mercaptopropionylglycin (MPG) konnten UMA DEVI et al. (1979) bei der Untersuchung des Jejunums der Maus eine Reduktion des Strahlenschadens bei folgenden Parametern feststellen: totale Zellpopulation, Mitoserate, Anzahl pyknotischer Kerne und Auftreten nekrotischer Zellen. Die Ergebnisse zeigten, daß MPG einen Schutz der Darmkrypten durch frühe Erholung von der Mitosehemmung und durch frühe Regeneration des Kryptenepithels hervorruft.

5. Atemtrakt

Lokalbestrahlung des Thorax-Bereichs von Ratten führt zu einem „Lungen-Strahlen-Syndrom", wobei die Tiere 30 bis 90 Tage nach der Bestrahlung an einer blutig-serösen Pneumonie sterben (DUNJIC et al. 1957). Bei i.p.-Injektion von Cysteamin vor der Bestrahlung ergab sich ein Dosisreduktionsfaktor von 1,35 für die Beobachtung der LD 50/90 d. Auch mit AET und Serotonin konnte bei Lokalbestrahlung des Thoraxbereichs, allerdings von tumortragenden Mäusen, mit 7500 R eine Verlängerung der Überlebenszeit erzielt werden (COHEN u. COHEN 1962). Langzeituntersuchungen, bei denen die Mäuse mit einer Kombination von AET + Glutathion + Serotonin behandelt und anschließend mit Ganzkörperdosen von 1500 bis 2000 R bestrahlt wurden, haben ergeben, daß die meisten Tiere innerhalb von 6 Monaten starben (MAISIN u. MATTELIN 1967). Eine histologische Untersuchung der Gewebe zeigte, daß die Mäuse an einem Lungen-Syndrom zugrunde gingen, wobei Ödeme und Anschoppung (1. Stadium der lobären Pneumonie) auftraten. Es muß darauf hingewiesen werden, daß ohne die Gabe der Kombination von Schutzsubstanzen die Untersuchung dieses Strahlensyndroms nicht möglich gewesen wäre, da die Tiere bereits erheblich früher an einem gastrointestinalen Strahlensyndrom gestorben wären. Bei einer Lokalbestrahlung des Thorax von Mäusen mit einer Dosis von 1800 R starben ebenfalls die meisten Tiere innerhalb von 6 Monaten an einer Strahlenpneumonie (MAISIN 1969). Auch eine erweiterte Kombination an Strahlenschutzsubstanzen (Glutathion + AET + Serotonin + Cystein + Cysteamin) erbrachte nur einen schwachen Schutzeffekt.

Kein Strahlenschutz konnte mit Vitamin E (α-Tocopherol) bei Ratten erzielt werden, die eine Thoraxbestrahlung mit 15 oder 20 Gy erhielten (ROSTOCK et al. 1980). Vitamin E ist bekannt als Antioxidans und es wird angenommen, daß die Substanz Radikalfänger-Enzym-Systeme wie Glutathion-Peroxidase und Superoxid-Dismutase aktiviert. Die Ratten erhielten 2 Wochen vor der Bestrahlung eine Vitamin E-Diät und 4 Stunden vor der Bestrahlung ein wasserlösliches α-Tocopherol i.p. injiziert. Die Überlebensverläufe 180 Tage nach der Bestrahlung und histologische Untersuchungen an Lunge und Herz zeigten keine statistisch signifikanten Unterschiede zu nicht mit Vitamin E behandelten Kontrollen.

6. Leber

ELDJARN (1954) konnte nachweisen, daß Cystamin in der Leber der Ratte, des Kaninchens und auch des Menschen in Taurin umgewandelt wird. Cystamin hemmt den Sauerstoffverbrauch und die oxidative Phosphorylierung in den Mitochondrien, die aus der Leber (und auch aus der Milz) von unbestrahlten Ratten gewonnen wurden (FIRKET u. LELIÈVRE 1966).

Histologische Untersuchungen der Rattenleber haben ergeben, daß durch Vorbehandlung der Tiere mit Cysteamin das Gewebe relativ rasch einen normalen Zustand wiedererlangt, während sich bei nicht vorbehandelten Tieren im Laufe der Zeit eine strahlenbedingte Leberverfettung einstellt (VAN LANCKER u. MAISIN 1953). Ebenfalls histologische Untersuchungen der Mäuseleber 6 Stunden und 4 Tage nach Ganzkörperbestrahlung zeigten, daß Cysteamin spongiöse Veränderungen des Parenchyms verhindert (GEREBTZOFF u. BACQ 1954). Die Verminderung der strahlenbedingten Glykogenese durch Cysteamin konnte histologisch in der

Rattenleber bis zu 13 Tagen nach einer Ganzkörperbestrahlung mit 500 R verfolgt werden (CHATTERJEE et al. 1959). Messungen des ^{3}H-Thymidin-Einbaus in die DNA von Leberzellen der Maus lassen nach MITZNEGG (1973a) darauf schließen, daß die Strahlenschutzwirkung des Cysteamins auf einer vorübergehenden Ruhigstellung der DNA beruht. Dadurch sollen die Reparaturprozesse an der strahlengeschädigten DNA beschleunigt und erleichtert werden. Der Effekt ist in hohem Maße altersabhängig, da der Vorgang sich nur in den mitoseaktiveren Zellen jüngerer Tiere abspielt.

7. Speicheldrüse

UTLEY et al. (1976a) konnten mit Hilfe von ^{35}S-markiertem WR 2721 nachweisen, daß die Speicheldrüse die höchste Konzentration des Thiophosphats gegenüber allen anderen Organen der Maus (BALB/c) aufwies. Eine Untersuchung über die Schutzwirksamkeit von WR 2721 auf die Speicheldrüse von Hunden, die im Kopfbereich eine Lokalbestrahlung zwischen 10 und 25 Gy erhielten, erbrachte jedoch keine signifikanten Änderungen des verminderten Speichelflusses (UTLEY et al. 1978). Andererseits konnten SODICOFF et al. (1978a) einen Schutzeffekt an der Ohrspeicheldrüse der Ratte mit WR 2721 nachweisen. Für das Drüsengewicht, die Amylase-Konzentration und für den Gesamt-Amylase-Gehalt in der Drüse erhielten die Autoren im Verlaufe von 9 Tagen nach einer Kopfbestrahlung der Tiere im Dosisbereich von 16 bis 64 Gy Schutzfaktoren von 2,5, 1,7 und 1,8. Auch für die chronische Phase des Strahlenschadens (60 bis 90 Tage p.r.) wurde ein Schutz nachgewiesen, wobei die entsprechenden Schutzfaktoren 2,3 für das Drüsen-Gewicht, 3,2 für die Amylase-Konzentration und 2,0 für den Totalgehalt an Amylase betrugen (SODICOFF et al. 1978b). Die gleiche Arbeitsgruppe konnte durch histologische Untersuchungen 60 Tage nach der Bestrahlung nachweisen, daß besonders der Verlust der strahlenempfindlichen azinösen Zellen der Ohrspeicheldrüse durch das Thiophosphat vermindert wird (PRATT et al. 1980). Auch der synthetische β-adrenerge Agonist Isoproterenol wirkte als Strahlenschutzmittel bei der Ohrspeicheldrüse der Ratte (SODICOFF u. CONGER 1983). Der β-Rezeptorenblocker Propranolol hebt die Schutzwirkung auf, jedoch nicht beim Thiophosphat WR 2721. Daraus schließen die Autoren, daß WR 2721 nicht über β-Rezeptoren wirksam wird und auch nicht das cAMP in der Zelle aktiviert (s. Kap. E. III).

8. Schilddrüse

UMA DEVI und JAGETIA (1981) konnten mit Hilfe des Radiojods ^{131}J nachweisen, daß eine externe Ganzkörperbestrahlung (500 R) von Mäusen zu einem Anwachsen der Jodaufnahme in der Schilddrüse und des plasmagebundenen Jod führt. Eine Vorbehandlung der Tiere mit 2-Mercaptopropionylglycin (MPG) erbrachte eine signifikante Verminderung der Vorgänge. Es wird vermutet, daß MPG über eine Hemmung des Stoffwechsels wirkt.

9. Hoden

Untersuchungen verschiedener Arbeitsgruppen über die Verteilung schwefelhaltiger Substanzen (meist ^{35}S-markiert) in verschiedenen Säugetiergeweben haben gezeigt, daß der Gehalt von Cystamin im Hoden der Maus (GENSICKE et al. 1962) und im Hoden der Ratte (BETZ et al. 1962; MONDOVI et al. 1962) verglichen mit anderen Geweben relativ gering ist. Auch die AET-Derivate 2-Mercaptoethylguanidin und das Bis(2-Guanidoethyl)-Disulfid wurden im Hoden der Maus in geringer Konzentration angetroffen (SHAPIRO et al. 1963). Das gleiche gilt für das Thiophosphat WR 2721 bei der Ratte (TANAKA u. SUGAHARA 1980; s. auch Abb. 3).

Während die Ergebnisse über den chemischen Strahlenschutz beim Hoden der Maus positiv ausfielen, ergaben sich bei Untersuchungen am Hoden der Ratte unterschiedliche Befunde. DESAIVE et al. (1953) beobachteten histologisch nach Ganzkörperbestrahlung der Maus mit 600 R und einer Cysteamingabe per os eine eindeutige und sehr schnell einsetzende Regeneration des Hodens. Keinen Unterschied zu unbestrahlten Kontrollgruppen fanden WANG et al. (1959) bei Fertilitätsprüfungen an Mäusen, denen vor einer Ganzkörperbestrahlung (700 R) oder Lokalbestrahlung des Hodens Cysteamin injiziert worden war. Auch bei infantilen Ratten, die unter Cysteaminbehandlung mit 600 oder 800 R lokal- oder ganzkörperbestrahlt wurden, konnte 3 bis 5 Monate später durch Fertilitätsprüfung ein Schutz nachgewiesen werden (Savković et al. 1961). Andererseits fanden MAISIN et al. keinen Schutz durch Cysteamin-Injektion bei ganzkörperbestrahlten (700 R) Ratten (VAN LANCKER u. MAISIN 1953; MAISIN et al. 1955a). Die Untersuchungen erfolgten hier histologisch und durch Fertilitätsprüfungen. MANDL (1959a) konnte dagegen durch Auszählen überlebender Spermatogonien bis zu 8 Tage nach der Bestrahlung von Rattenhoden mit 230–460 R eine Verringerung des Strahlenschadens beobachten. Auch mit AET wurde bei bestrahlten Ratten kein Schutz der Testes erhalten (ERSHOFF u. BRAT 1960). AET verminderte bei unbestrahlten Mäusen geringgradig die Fertilität (LEONARD u. MAISIN 1964). Eine Kombination von Schutzstoffen (Glutathion + Cystein + Cysteamin + AET + Serotonin) konnte dagegen nach Lokalbestrahlung des Hodens von Mäusen mit 1350 R das Verschwinden der Keimzellen verzögern und die Regeneration des samenbereitenden Epithels beschleunigen (LEONARD et al. 1969). Die Ergebnisse lassen erkennen, daß die Kombination verschiedener Schutzsubstanzen eine höhere Effektivität besitzt, als die alleinige Gabe jeder einzelnen Verbindung.

Aus dem Vergleich der Schutzsubstanz-Konzentration (auch in anderen Geweben) und der unterschiedlichen Schutzwirksamkeit wurden verschiedene Schlüsse gezogen. Während BETZ et al. (1962) glauben, daß der Gehalt des Cysteamins nicht mit der Höhe der Wirksamkeit in dem betreffenden Gewebe korrelieren muß, nehmen MONDOVI et al. (1962) an Hand ihrer Ergebnisse an, daß solch eine Übereinstimmung vorliegt.

Einen Schutzeffekt bei Mäusehoden konnten MILAS et al. (1982) auch mit dem Thiophosphat WR 2721 nachweisen. Die Hoden erhielten lokale Einzeldosen von 14 Gy. 35 Tage nach der Bestrahlung wurden an den Testes die samentragenden epithelialen Stammzellen nach einer Methode von WITHERS et al. (1974) untersucht. Eine Vorbehandlung der Tiere mit WR 2721 führte zu einem Dosismodifikationsfaktor von 1,54 mit 95%igen Vertrauensgrenzen zwischen 1,49–1,62.

10. Ovarien

Erste Untersuchungen mit sehr hohen Strahlendosen an Mäusen und Ratten erbrachten für Cysteamin und seinem Disulfid Cystamin keinen Strahlenschutz für die Ovarien. DESAIVE et al. (1952) führten eine Ganzkörperbestrahlung an Mäusen mit 900 R durch. Für cystamingeschützte Tiere schlugen 1 Monat nach der Bestrahlung Fertilitätsprüfungen fehl und histologische Untersuchungen 5 Monate p.r. zeigten eine fehlende Entwicklung der Ovarien. Die Autoren glaubten, daß die Strahlendosis für die Schutzversuche zu hoch war. Entsprechende Untersuchungen mit 700 R bei ganzkörperbestrahlten Ratten erbrachten mit Cysteamin ebenfalls negative Ergebnisse (VAN LANCKER u. MAISIN 1953). Untersuchungen am Kaninchenovar nach Bestrahlung mit den ebenfalls hohen Dosen zwischen 1760 und 3000 R zeigten dagegen, daß Cysteamin und Natriumcyanid (NaCN) die Strahlenempfindlichkeit herabsetzt (DESAIVE 1954). Wahrscheinlich wurden vor allem die Primordialfollikel durch diese Substanzen vor dem Strahlenschaden bewahrt.

Bei kleineren Strahlendosen konnte ein Schutzeffekt mit Cysteamin und Cystamin auch bei Mäusen und Ratten beobachtet werden. Wurden Mäuse mit 150 R bestrahlt, eine Dosis,

die genügt, um 100%ige Sterilität in 30 Wochen bei dem verwendeten Mäusestamm hervorzurufen, so lag die Anzahl der gesamten Nachkommen während der Versuchsdauer von 42
Wochen p.r. bei den mit Cystamin oder Cysteamin vorbehandelten Tieren höher als bei
unbehandelten Kontrollen (Rugh u. Wolff 1957). Die durchschnittliche Zeit der Fruchtbar-
keit war bei den vorbehandelten Mäusen größer (Cysteamin: 18 Wochen, Cystamin: 13
Wochen) als bei den Kontrollen (6, 7 Wochen). Histologische Untersuchungen von Oozyten
der Ratte, die eine Lokalbestrahlung zwischen 100 und 1260 R erhielten, zeigten ebenfalls
die Strahlenschutzwirksamkeit bei Tieren, die vor der Bestrahlung Cysteamin erhielten
(Mandl 1959b). Auch die Behandlung von weiblichen Mäusen mit AET vor einer Ganzkörperbestrahlung bewirkte einen Schutz hinsichtlich der Vermehrungsfähigkeit (Ehling u. Doherty 1962). Die Zahl der Abkömmlinge pro Tier betrug bei den unbehandelten Mäusen
10,6, bei den Versuchen mit AET 16,7. Die Fertilitätsperiode war bei den mit AET behandelten Mäusen 2,6 mal länger als bei den ungeschützten Tieren. Mercaptopropionylglycin konnte
die Graaf-Follikel der bestrahlten Maus schützen (Kumar u. Uma Devi 1983). Auch die
Neuroleptika Hydergin, Chlorpromazin und Promethazin sowie Kombinationen dieser Drogen führten zu einem Schutz gegen Sterilität, die durch Ganzkörperbestrahlung von Mäusen
mit Dosen im Bereich zwischen 25 und 150 R hervorgerufen wurde (Rupkey et al. 1963).

III. Genetische Untersuchungen

1. In vitro-Versuche an menschlichen Lymphozyten

Lymphozyten aus dem peripheren Blut wurden in Phosphatpuffer ohne und mit Zusatz
von Schutzsubstanzen (verschiedene Alkohole und Mercaptoethanol, Cystein, Cysteamin)
mit 3 Gy γ-bestrahlt (Sasaki u. Matsubara 1977). Es zeigte sich, daß die Chromosomen
durch die Substanzen vor der Bildung von Aberrationen vom Austauschtyp nicht jedoch
gegen terminale Deletionen geschützt wurden. Der Schutzmechanismus besteht möglicherweise in einer Wechselwirkung der Substanzen mit OH-Radikalen. Ebenfalls an menschlichen
Lymphozyten in der G_0-Phase, die in Vollblut-Kulturen mit Dosen bis zu 7 Gy röntgenbe-
strahlt wurden, konnte festgestellt werden, daß durch Hinzufügen von L-Cystein vor der
Bestrahlung die linear-quadratische Dosis-Wirkungs-Beziehung für dizentrische und azentrische Chromosomen-Aberrationen in eine lineare Beziehung umgewandelt wird (Virsik u.
Harder 1982). Die Schutzwirkung wird auf Radikalfangmechanismen oder auf Bindung
des Cystein-Moleküls an der DNA zurückgeführt, wodurch die Bildung einer „primären
Schädigung" verhindert werden soll.

2. In vivo-Untersuchungen an Säugetieren

An männlichen Mäusen, die eine Lokalbestrahlung des Hodens mit 500 R erhielten,
prüften Kaplan und Lyon (1953) die antimutagene Wirksamkeit von Cysteamin. Die bestrahlten Mäusemännchen wurden unmittelbar nach der Bestrahlung mit nichtbestrahlten
Weibchen gepaart, die 12 bis 14 Tage nach erfolgter Befruchtung abgetötet wurden, um
die Zahl der lebenden und toten Embryonen zu ermitteln. Bei diesen Versuchen, die Auskunft
über die dominanten Letalmutanten (dominant lethals) geben, konnte im Verhältnis lebende
Embryonen zu Gesamtzahl der Embryonen kein Unterschied zwischen den cysteaminbehan-
delten und den nichtbehandelten Mäusen festgestellt werden. Bei entsprechenden Versuchen
konnten Lüning et al. (1961) dagegen die letale Mutationsrate durch die Gabe von Cysteamin
auf 75% reduzieren. Die Autoren führten die zu den Untersuchungen von Kaplan und
Lyon (1953) gegensätzlichen Ergebnisse auf verschieden empfindliche Mäusestämme und

auf die unterschiedliche Zeit der Cysteamingabe (4–7 min a.r. bei KAPLAN u. LYON; 15 min a.r. bei LÜNING et al.) vor der Bestrahlung zurück. Auch mit AET wurde die Schutzwirkung gegen strahleninduzierte letale Mutationen bei männlichen Mäusen untersucht, wobei unterschiedliche Kopulationszeiten nach lokaler Strahleneinwirkung auf die Testikel mit Dosen von 400 und 1 200 R angewendet wurden, um getrennte Auswirkungen auf Spermatozoen, Spermatiden und Spermatogonien beurteilen zu können (LEONHARD u. MAISIN 1964). Am 17. Tag nach Kopulationsbeginn wurden bei den weiblichen Tieren die Corpora lutea, die Anzahl lebender und toter Embryonen bestimmt. Nach Strahleneinwirkung von 1 200 R auf Spermatiden verringerte AET den strahleninduzierten Präimplantationsverlust und geringfügig den Postimplantationsverlust nach 400 R. Auch die strahlenbedingte Erhöhung des Verhältnisses der Anzahl toter Embryonen zur Gesamtzahl von Implantationen nach Bestrahlung von Spermatozoen und Spermatiden war nach AET-Behandlung geringer ausgeprägt. Die Autoren nehmen eine Schutzwirkung des AET gegen genetische Schäden an.

Die Wirksamkeit von Schutzsubstanzen wurde auch bei Chromosomenschäden des Knochenmarks (DEVIK u. LOTHE 1955) und des Duodenums (MAISIN u. MOUTSCHEN 1960) der Maus geprüft. Die Feststellung der Chromosomenschäden des Knochenmarks erfolgte 18 Stunden nach einer Ganzkörperbestrahlung mit 200 R. Sowohl Cystein, Cysteamin als auch Cystamin waren in der Lage, die Schädigungsrate bei den Chromosomen herabzusetzen, ganz besonders, wenn während der Bestrahlung ein zusätzliches Sauerstoffdefizit bestand (8,5% O_2 in der Atemluft während der Bestrahlung; s. auch Zusammenhang zwischen Sauerstoffspannung im Gewebe und Wirkung von Schutzsubstanzen, s. Kap. E, II). Wie aus den Ergebnissen von MAISIN und MOUTSCHEN (1960) über die Zahl strahlenbedingter Chromosomenbrüche in Duodenumzellen von ganzkörperbestrahlten (225, 900, 1 500 R) Mäusen hervorgeht, war die Zahl der Chromosomenbrüche in den Zellen des untersuchten Darmabschnitts sowohl bei den mit AET, mit S-3-Aminopropyl-N-methylisothiuronium (APMT) oder mit S-2-Aminobutylisothiuronium (2-ABT) behandelten Tieren als auch bei den unbehandelten Kontrollen stark von der Strahlendosis abhängig. Nach einer letalen Bestrahlung der behandelten Tiere war die Zahl der Chromosomenschäden geringer als bei den Kontrollen. Bei einer Bestrahlung der Tiere mit 225 R waren keine Unterschiede zwischen behandelten und unbehandelten Versuchstieren zu beobachten.

IV. Strahlenbedingte Entwicklungsstörungen

Die Untersuchung des chemischen Strahlenschutzes bei strahlenbedingten Entwicklungsstörungen ist schwierig, da der Zeitpunkt der Bestrahlung nach der Konzeption von entscheidender Bedeutung ist. Während der primären Differenzierung bestrahlte Organe sind vorwiegend geschädigt. Daraus ergibt sich eine Vielfalt von Fragestellungen, die nicht einheitlich beantwortet werden können. Eine weitere Einengung ist durch die unvertretbar hohe Embryotoxizität einer Reihe von Schutzsubstanzen bedingt. So ruft z.B. das Serotonin insbesondere während der Neurogenese eine ähnlich starke Keimschädigung wie mittlere Strahlendosen hervor (KONERMANN 1972). Eine Reihe von Untersuchungen wurde mit schwefelhaltigen Substanzen durchgeführt, die offensichtlich weniger toxisch sind. Unbestrahlte Feten, die am 14,5. Entwicklungstag über den mütterlichen Organismus Cysteamin erhielten, zeigten 4 Wochen nach der Geburt kaum Unterschiede zu unbehandelten Kontrollen (RUGH u. CLUGSTON 1955).

In Tabelle 6 sind Untersuchungsergebnisse bei Mäusen zusammengestellt. Einen weiten Bereich der Strahlendosis- und Phasen-Abhängigkeit im Verlauf der Keimentwicklung der Maus untersuchte KONERMANN (1972) unter Verwendung von Cystamin. Die Auswertungen zeigten, daß die Wirkung des Cystamins bei 3 und besonders 6 Tage alten Keimen am

Tabelle 6. Untersuchungen zum chemischen Strahlenschutz strahlenbedingter Entwicklungsstörungen bei der Maus. Mit Ausnahme vom AET waren alle anderen hier aufgeführten Schutzsubstanzen wirksam. Für die Bestrahlungen wurden Röntgen- oder γ-Strahlen verwendet

Entwicklungs-tag[a] zum Zeit-punkt der Bestrahlung	Dosis bzw. Dosis-bereich	Untersuchter Strahlenschaden	Schutz-substanz	Autoren
3 bis 15	50–550 R	Entwicklungsanomalien	Cystamin	KONERMANN (1972)
8,5	200 R	Gehirnanomalien	u.a.: Cysteamin	RUGH u. GRUPP (1960a)
8,5	200 R	Intrauteriner Tod, Resorption der Feten, Kongenitale Anomalien	Cystamin AET (Anoxie)	RUGH u. GRUPP (1960b)
12	300 R	Gewicht und Entwicklungs-anomalien	Cysteamin	WOOLLAM u. MILLEN (1958)
13,5 bis 19,5	300–1 200 R	Postnatale Gewichtsentwicklung	Cysteamin	RUGH u. CLUGSTON (1956)
14,5	300 R	Tod	Cysteamin	RUGH u. CLUGSTON (1955)
$14^1/_4$ bis $18^1/_4$	50 R	Postnatale Gewichtsentwicklung	MPG[b]	DEV et al. (1982)
$14^1/_4$ bis $18^1/_4$	250 R	Postnatale Gewichtsentwicklung	MPG[b]	DEV et al. (1981)

[a] Da die Angaben der Autoren hinsichtlich der Entwicklungszeit unterschiedlich sind, muß man mit Zeitab-weichungen von maximal ± 1 Tag rechnen

[b] MPG = Mercaptopropionylglycin

größten war und im Verlaufe der Organogenese abnahm; d.h., die Entstehung von teratogenen Schäden ließ sich insgesamt weniger beeinflussen. Während der Bestrahlung am 3. und 6. Tag p.c. wurden sogar DRF-Werte um 2 erreicht. Den Einfluß von Cysteamin auf die teratogene Wirkung einer Röntgenbestrahlung mit 300 R am 12. Tag der Schwangerschaft untersuchten WOOLLAM und MILLEN (1958). Am 18. Tag der Schwangerschaft wurden die Tiere abgetötet und die Feten auf Gewicht und Entwicklungsanomalien (Syndaktilie, Mikromelie, Anophthalmie, Hydrozephalus, Meningozele und Gaumenspalte) untersucht. Mit Ausnahme der Gaumenspalte gab es eine geringere Anzahl von Mißbildungen bei der Cysteamingruppe. Auch die Gewichtsabnahme der Feten war bei dieser Gruppe geringer. RUGH und GRUPP (1960a, b) testeten die Strahlenschutzwirksamkeit von 15 Substanzen auf intrauterinen Tod, Resorption der Feten und auf kongenitale Anomalien. Von sämtlichen geprüften Substanzen erwiesen sich lediglich Cysteamin, Cystamin und auch Sauerstoffmangel (6% O_2 + 94% N_2 in der Atemluft) als statistisch gesichert strahlenschutzwirksam. AET, das bei erwachsenen Tieren einen ähnlich guten Schutz wie Cysteamin gibt, war bei diesen Versuchen nicht wirksam.

Bei Ratten starben alle Neugeborenen innerhalb von 3 Tagen, wenn die Bestrahlung mit 300 R am 15. oder 18. Gestationstag erfolgte. Nach vorheriger Cysteamin-Gabe überlebte $^1/_3$ der Nachkommen die ersten 4 Wochen (MAISIN et al. 1955a). ROBERTS (1970) beobachtete einen unterschiedlichen Einfluß von Cysteamin bei Ratten, die am 16. Tag der Gestation mit Röntgenstrahlen (250 kV) oder mit γ-Strahlen (^{60}Co) bestrahlt wurden. Die Dosis betrug in beiden Fällen 185 R. Während Cysteamin fast vollständig den neo- und postnatalen Tod der röntgenbestrahlten Nachkommen verhinderte, ergab sich keine Wirkung bei den γ-bestrahlten Tieren. STARKIE (1961) untersuchte den Einfluß von Cysteamin auf die Entwicklung männlicher Gonaden bei der Ratte. Das Abdomen von trächtigen Ratten wurde zwischen dem 17. und 21. Tag p.c. einer Röntgenbestrahlung zwischen 50 und 150 R ausgesetzt.

25 Tage nach der Geburt wurden die Hoden der männlichen Nachkommen histologisch untersucht. Eine Vorbehandlung des Muttertiers mit Cysteamin verminderte die Hodenschäden.

Durch tägliche Gabe von Mercaptopropionylglycin (MPG) vom 11,5. Tag der Trächtigkeit bis zur Geburt wurde der postnatale Gewichtsverlauf von Mäusen untersucht, bei denen das Muttertier und die Feten durch ^{131}J-Injektion (150 µCi/Tier) einer chronischen Strahlenbelastung ausgesetzt waren (GUPTA et al. 1981). Während bei der Gewichtsentwicklung bis zu 6 Wochen nach der Geburt kaum Unterschiede zwischen den Kontrollen und behandelten Gruppen zu erkennen waren, ergaben sich bei den Feuchtgewichten einiger Gewebe wie Testes, Milz, Thymus und Leber gegenüber den Kontrollen höhere Werte bei den bestrahlten Tieren und nochmals höhere Gewichte bei den MPG-behandelten Mäusen. Diese Gewichtssteigerung wurde auf kompensatorische Reaktionen der Gewebe während der Erholung zurückgeführt.

V. Spätschäden

Die tierexperimentellen Ergebnisse über die Wirkung von Strahlenschutzstoffen auf Spätschäden und hinsichtlich der Verkürzung der Lebenszeit sind widersprüchlich.

1. Tumoren

Die Problematik bei der Untersuchung, ob Schutzsubstanzen vor einer strahlenbedingten Tumorentwicklung schützen, besteht darin, daß ungeschützte Tiere im allgemeinen sterben, bevor sich Neoplasien gebildet haben. Dagegen können bei Tieren, die auf Grund der Strahlenschutzsubstanz den akuten Strahlentod überwunden haben, im Verlaufe des späteren Lebens Tumoren entstehen. So konnten in überlebenden mit Cysteamin geschützten Ratten sich während einer 7–19 Monate langen Beobachtungszeit Neoplasien entwickeln, während die Tiere dieses Stamms keine Spontantumoren aufwiesen (MAISIN et al. 1955b). Unter 203 untersuchten Ratten fanden sich 16 Geschwülste, und zwar Epitheliome der Haut, des Magens und Darms, der Prostata und der Niere, Myelome, Sarkome der Pleura, des Hodens und des Magens und ein Wilms-Tumor der Niere. In Bereichen, die bei der Bestrahlung abgeschirmt wurden, traten keine Tumoren auf. Die Aussage der Autoren besteht darin, daß Cysteamin den Geschwulstbefall nicht verhinderte.

BRECHER et al. (1953) konnten eine hohe Inzidenz von Tumoren bei Ratten beobachten, die vor einer Ganzkörperbestrahlung mit 700 R mit para-Aminopropiophenon (PAPP) behandelt worden waren. Ferner ließ die Häufigkeit von Tumorarten (z.B. Adenokarzinom im Intestinum), die nur selten bei diesen Tieren spontan auftraten, auf strahleninduzierte Neoplasien schließen. Da entsprechende bestrahlte aber unbehandelte Kontrollen fehlten, ist eine Aussage, ob die verwendete Schutzsubstanz vor Strahlenspätschäden schützt, nicht möglich. Dagegen traten in einer mit Glutathion vor der Bestrahlung behandelten Gruppe keine Tumoren auf. Ebenfalls über einen definitiven Schutzeffekt von Glutathion auf die Bildung von Leukämie und Lymphomen bei Mäusen, die mit 4 oder 7 Gy bestrahlt wurden, berichtete BOONE (1961). Untersuchungen über die Wirkung von Cystein in Verbindung mit Hypoxie (6% O_2 + 94% He während der Bestrahlung mit 900 R) auf die Bildung einer Reihe von Tumoren bei ganzkörperbestrahlten Mäusen ließ nicht auf einen Schutzeffekt schließen (HOLLCROFT et al. 1957). Eine Wertung der Ergebnisse ist hier schwierig, da die entsprechenden Vergleichsgruppen mit abgedeckter Milz bestrahlt wurden. MEWISSEN und BRUCER (1957) teilten mit, daß Lymphosarkome und die lymphatische Leukämie in γ-bestrahlten Mäusen signifikant vermehrt auftraten, die zuvor mit Cysteamin (i.p.-Injektion) oder Cystamin (Magen-Einflößung) behandelt worden waren. Die überlebenden Tiere (auch in der unbehandelten Kontrollgruppe) wurden bis zu 300 Tagen nach der Bestrahlung beobachtet. Dagegen fanden UPTON et al. (1959), daß Mercaptoethylguanidin (MEG) die Induktion einer Granulozytenleukämie bei Mäusen verhinderte, die mit 150 und 300 R bestrahlt wurden.

Bestrahlungen weiblicher Mäuse im Dosisbereich von 350 bis 1800 R zeigten, daß Ovarial- und Brust-Tumoren häufiger auftraten als bei unbestrahlten Tieren (COSGROVE et al. 1964). Die Wirkung von AET auf die Tumorhäufigkeit war zweifelhaft. Ebenfalls traten Thymuslymphome und myeloische Leukämien nach Bestrahlung häufiger auf, wobei AET nur in Verbindung mit der Injektion von isologem Knochenmark die Induktion von Thymuslymphomen verhinderte. Auch das Auftreten von Mammatumoren in Ratten 11 Monate nach einer Ganzkörperbestrahlung mit 200 R oder 400 R konnte durch Gabe von AET nicht vermindert werden (CUDKOWICZ 1961).

Im Rahmen von Versuchen über die Verminderung der Langzeit-Strahlenletalität bei Mäusen mit Kombinationen von Schutzsubstanzen (Glutathion + Cystein + AET + Cysteamin + Serotonin) untersuchten MAISIN et al. (1978) die Todesursachen. Es traten bei Tieren, die mit Dosen bis zu 2000 R bestrahlt wurden, Thymus-Lymphome, Nichtthymus-Lymphome, Retikulosarkome, myeloische Leukämie, Lungen-Karzinome, Lebertumoren und Sarkome auf. Das Ergebnis einer eingehenden Analyse der Befunde zeigte, daß die Kombination der Schutzstoffe gegen das Auftreten von Thymus-Lymphomen sowie möglicherweise gegen Lebertumoren und gegen Leukämie wirksam ist. Bezogen auf alle Neoplasien kann Schutzwirkung festgestellt werden. Auch bei fraktionierter Bestrahlung mit wöchentlicher Bestrahlung von 50 bis 375 R in 4 aufeinanderfolgenden Wochen war die häufigste Todesursache das Auftreten von Thymuslymphomen (MAISIN et al. 1980). Mit der gleichen Kombination von Schutzstoffen wie oben angegeben, konnte die Bildung dieses Strahlenspätschadens vermindert werden.

2. Katarakt

Bei Röntgenbestrahlung jeweils eines Kaninchenauges (das andere diente zur Kontrolle) mit 1500 R wurden Epilation und Katarakt teilweise durch i. v. Verabreichung von Cystein vor der Bestrahlung verhindert (VON SALLMANN u. MUNOZ 1952). Nach 12 bis 16 Monaten waren eine geringe ring- oder sternförmige Trübung der hinteren Rinde der Linse und zarte Narben an der Vorderfläche festzustellen, während sich bei Kontrolltieren eine totale Katarakt entwickelt hatte. Bei subconjunctivaler Cystein-Injektion war der Schutzeffekt geringer. Glutathion und Thioharnstoff zeigten eine geringere Wirkung als Cystein, weitere untersuchte Substanzen, z. B. Dimercaprol (BAL), dl-α-Tocopherol und Kalium-Cyanid erwiesen sich als unwirksam. Im Zusammenhang mit den von SALLMANNschen Experimenten haben PIRIE und LAJTHA (1959) entsprechende Untersuchungen ebenfalls an Kaninchenaugen durchgeführt, um der Frage nach dem Wirkungsmechanismus von Strahlenschutzsubstanzen nachzugehen. Die Autoren fanden, daß eine Cystein-Gabe eine Mitosehemmung im Linsenepithel auch des unbestrahlten Auges hervorruft. Es wird vermutet, daß die Schutzwirkung von Cystein auf der Fähigkeit beruht, die Zellen für eine gewisse Zeit zu arretieren.

Auch Cysteamin vermochte die Katarakt-Bildung von röntgenbestrahlten Kaninchenaugen zu verlangsamen, wie Untersuchungen in einem Beobachtungszeitraum von bis zu 11 Monaten nach der Strahleneinwirkung mit Dosen von 1500 bis 2500 R gezeigt haben (FRANCOIS u. BEHEYT 1955). Die lokale Anwendung von Cysteamin in Form von Augentropfen hatte dagegen auf die Kataraktbildung keinen Einfluß. Die Anwendung von AET bei Ratten, die jeweils auf einem Auge mit 2400 R γ-bestrahlt wurden, führte zu einem deutlichen Schutzeffekt gegen Strahlenschäden im Linsenepithel, in den Linsenfasern und im Augenlid (HANNA

u. O'BRIEN 1963). Die Schutzwirkung war noch nach 8 Monaten vorhanden. Die Untersuchungen wurden mit tritiummarkiertem Thymidin durchgeführt, um die DNA-Synthese in der Phase der Zellteilung zu beobachten. Andererseits berichteten COSGROVE et al. (1963, 1964), daß AET bei röntgenbestrahlten Mäusen die Kataraktbildung nicht verhinderte.

3. Sonstige Spätschäden

Außer durch die Entstehung von Tumoren sind Gewebe auch durch andere Strahlenspätschäden betroffen. In weiteren Studien wurden im Zusammenhang mit Schutzsubstanzen vor allem Schäden der Nieren und der Lunge untersucht. HOLLCROFT et al. (1957) fanden bei Untersuchungen an ganzkörperbestrahlten (900 R) Mäusen, daß Cystein in Verbindung mit Hypoxie ($6\% O_2 + 94\%$ He während der Bestrahlung) das Auftreten von Glomerulosklerose 14 Monate p.r. bei weiblichen Tieren verringerte. COSGROVE et al. (1964) berichteten, daß bei Mäusen, die mit Dosen > 750 R bestrahlt wurden, Nephrosklerosen häufiger auftraten als Tumoren. AET hatte auf die Nierenschädigung keinen Einfluß. Auch war keine eindeutige Aussage über die Wirkung von AET auf die strahlenbedingte Lebenszeitverkürzung möglich. Dagegen reduzierte AET das Ergrauen der Fellhaare von Mäusen.

Eine Kombination von Strahlenschutzsubstanzen aus AET, Cysteamin, Cystein, Glutathion und Serotonin hatte einen positiven Effekt auf die Glomerulosklerose und gegen nichtkanzeröse Lungenschäden bei der Maus (MAISIN et al. 1978).

Die Fähigkeit des Thiophosphats WR 2721 gegen Spätschäden in Haut, Muskelgewebe und Blutgefäßen zu schützen, wurde bei der Ratte über einen Zeitraum von 6 Monaten getestet (UTLEY et al. 1981). Die Tiere erhielten eine Lokalbestrahlung auf eine der hinteren Extremitäten mit Dosen zwischen 20 und 80 Gy. Während für akute Hautreaktionen ein Dosismodifikationsfaktor (DMF) von 1,5 bestimmt werden konnte, ließ sich wegen der Uneinheitlichkeit der Hautreaktionen nach 6 Monaten ein DMF-Wert nicht ermitteln. Für die Skelett-Muskulatur wurde ein DMF von 1,5–2,0 gefunden. Mit Hilfe von Blutfluß-Messungen konnte nachgewiesen werden, daß mit WR 2721 geschützte Tiere gegenüber unbestrahlten Kontrollen keinen Unterschied aufwiesen.

VI. Chemischer Strahlenschutz bei „Kombinationsschäden"

Strahlenwirkungen können durch zusätzliche Noxen oder Traumen modifiziert werden – meist im Sinne einer Verschlimmerung des Ausmaßes einer Schädigung. In der Praxis kann dies in Unfallsituationen der Fall sein, wenn zur Strahlenbelastung z.B. die Auswirkungen von Explosionen oder Bränden in Form von mechanischen Verletzungen oder Verbrennungen hinzukommen.

Dramatische Beispiele dafür sind die Ereignisse von Hiroshima und Nagasaki. Aber auch in der alltäglichen Klinik im Krankenhaus können Kombinationseffekte erzielt werden, wenn chirurgische Eingriffe bei bestrahlten Patienten, etwa in der Tumortherapie ausgeführt werden.

Tierexperimentelle Untersuchungen haben gezeigt, daß zusätzliche Noxen zwar auch die Reaktion *lokaler Strahlenanwendung* zu modifizieren vermögen, daß es zu entscheidenden Veränderungen des Verlaufs einer Strahlenschädigung insbesondere dann kommt, wenn *das akute Strahlensyndrom nach Ganzkörperbestrahlung* von einer zusätzlichen Noxe beeinflußt wird. Tabelle 7 zeigt die Auswirkungen kombinierter Bestrahlungen und Verbrennungen auf die Letalität verschiedener Säugetierspezies. Weitere Untersuchungen haben zu der Erkenntnis geführt, daß die Sterblichkeit von Versuchstieren insbesondere dann gesteigert wird, wenn zusätzliche Traumatisierungen mehrere Stunden bis Tage *nach* der Ganzkörperbestrah-

Tabelle 7. Kombinierte Einwirkung von Ganzkörperbestrahlung und Verbrennung auf verschiedene Versuchstiere. (Nach MESSERSCHMIDT 1977)

	Letalität
Hunde (BROOKS, EVANS, HAM u. REID)	
20% Verbrennung	12%
100 R	0%
20% Verbrennung + 100 R	73%
Schweine (BAXTER, DRUMMOND, STEPHENS-NEWSHAM u. RANDALL)	
10–15% Verbrennnung	0%
400 R	20%
10–15% Verbrennung + 400 R	73%
Ratten (ALPEN u. SHELINE)	
31–35% Verbrennung	50%
250 R	0%
500 R	20%
31–35% Verbrennung + 100 R	65%
31–35% Verbrennung + 250 R	95%
31–35% Verbrennung + 500 R	100%
Meerschweinchen (KORLOF)	
1,5% Verbrennung	9%
250 R	11%
1,5% Verbrennung + 250 R	38%

lung stattfinden. Derartiges kann von Bedeutung sein, wenn nach einer durch Unfall bedingten höheren Straahleneinwirkung ein chirurgischer Eingriff notwendig wird. Für die Praxis ergibt sich daraus die Konsequenz, daß Operationen in der Phase der Leukopenie und Thrombozytopenie der Strahlenkrankheit absolut kontraindiziert sind.

Angesichts der unfallmedizinischen Bedeutung der Kombinationsschäden war es naturgemäß von Interesse, der Frage nachzugehen, inwieweit bewährte chemische Strahlenschutzsubstanzen auch bei Strahlenschäden, die mit zusätzlichen Verletzungen einhergehen, erfolgreich eingesetzt werden können. Zur Prüfung dieser Fragestellung wurden Versuchstiere (NMRI-Mäuse) mit Kombinationsschäden belastet, die darin bestanden, daß sie zu verschiedenen Zeiten nach Ganzkörperbestrahlungen unterschiedlicher Dosis mit mechanischen Rückenhautwunden oder Hautverbrennungen versehen wurden. Als vor der Bestrahlung zu gebende Substanz wurde das wegen seines hohen Dosisreduktionsfaktors bewährte WR 2721 eingesetzt. Die Tiere wurden mit einer 250 kV-Röntgenbestrahlung belastet. Die Wundsetzung bestand im Ausschneiden eines 1 Pfg.-großen Hautstückes, die Verbrennung im Aufsetzen eines mit 95 °C heißen Wasser durchflossenen Hautstempels auf die rasierte Rückenhaut (beide Traumatisierungen wurden in Äthernarkose vorgenommen). Die Verwundungen oder Verbrennungen erfolgten 10 min., 2 Tage oder 8 Tage nach der Bestrahlung. 12,5 mg WR 2721 (entspricht ca. 500 mg/kg Körpergewicht) wurden den Mäusen 15–20 min vor der Bestrahlung i. p. injiziert.

Die Ergebnisse dieser Untersuchungen (dargestellt auf Tabelle 8) lassen erkennen, daß bei den mit Kombinationsschäden belasteten Mäusen die Dosisreduktionsfaktoren nur gering unter denen der „reinen" Strahlenschäden liegen, so daß angenommen werden kann, daß durch die Schutzsubstanz der Bestrahlungseffekt so weit reduziert wird, daß die Wundsetzungen keine wesentliche Steigerung der Letalität mehr herbeiführen konnten. In den Abb. 9

Tabelle 8. Vergleich der LD$_{50/30}$-Werte bei Strahlen- und verschiedenen Kombinationsschäden in R mit Standardabweichungen und 95%-Vertrauensgrenzen, der Steigungen der Probitgeraden, sowie der entsprechenden Dosisreduktionsfaktoren (DRF). HW = Hautwunde, V = Verbrennung. (Nach SEDLMEIER u. MESSERSCHMIDT 1980)

Art der Einwirkung	Kontrollmäuse (ohne WR 2721)		Geschützte Mäuse (mit 12,5 mg WR 2721)		Dosis-reduktions-faktor (DRF)
	LD$_{50/30}$ (R)	Steigung	LD$_{50/30}$ (R)	Steigung	
Bestrahlung	629 ± 18 (602–656)	20,3 ± 3,6	1 521 ± 56 (1 474 – 1 569)	20,9 ± 2,9	2,42 ± 0,10
Bestrahlung + HW 10 min p.r.	647		1 437		2,22
Bestrahlung + HW 2 d p.r.	532 ± 21 (519 – 545)	17,2 ± 3,2	1 226 ± 44 (1 164 – 1 282)	12,0 ± 1,6	2,30 ± 0,12
Bestrahlung + HW 8 d p.r.	561 ± 21 (549 – 572)	21,4 ± 4,2	1 285 ± 45 (1 246 – 1 329)	12,2 ± 1,6	2,29 ± 0,11
Bestrahlung	606 ± 28 (588 – 624)	17,0 ± 3,1	1 288 ± 54 (1 202 – 1 355)	15,8 ± 2,4	2,12 ± 0,13
Bestrahlung + 2 V 10 min p.r.	537 ± 27 (445–633)	7,7 ± 1,5	1 079 ± 59 (945–1 203)	6,0 ± 1,0	2,01 ± 0,15
Bestrahlung + 2 V 2 d p.r.	527 ± 37 (366–692)	3,8 ± 0,9	1 006 ± 48 (824–1 263)	5,0 ± 0,9	1,91 ± 0,16

und 10 werden die Dosiseffektbeziehungen wiedergegeben, auffallend dabei ist, daß diese bei den Kombinationsschäden mit Verbrennung als Zweittrauma doch deutlich abflachen, d.h. die Letalitäten der Mäuse ziehen sich hier über einen größeren Dosisbereich hin. Diese Effekte sind ebenso aus den Steigungen der Tabelle zu entnehmen und könnten dahingehend interpretiert werden, daß es bei diesen Kombinationsschäden zu Verbrennungsschocks kommt und die Versuchstiere zum Teil schon bei niedrigen Strahlenbelastungen zugrunde gehen.

VII. Einfluß der Strahlenart

Die weitaus meisten Untersuchungen über den chemischen Strahlenschutz wurden mit Röntgen- oder γ-Strahlen durchgeführt, d.h., einer Strahlung mit niedrigem linearen Energieübertragungsvermögen (LET). Wegen der aufwendigeren Bestrahlungstechnik gibt es nur relativ wenige Arbeiten, die sich mit der Frage des chemischen Strahlenschutzes bei einer Einwirkung von Strahlung mit hohem LET beschäftigt haben. Bei entsprechenden Versuchen an Säugetieren wurden bisher überwiegend Neutronen angewendet.

Neutronen gehören als ungeladene Teilchen zu den indirekt ionisierenden Strahlen. Durch Stoß oder durch Kernreaktionen entstehen schnell bewegte geladene Teilchen (Sekundärteilchen), die zur direkten Ionisation fähig sind. Im Gewebe werden durch schnelle Neutronen hauptsächlich schnelle Protonen als Sekundärteilchen gebildet, daneben aber auch schwere Rückstoßkerne aus Kohlenstoff und Sauerstoff (BEWLEY 1968). Wesentliches Kennzeichen der geladenen schweren Teilchen gegenüber Elektronen, die durch γ- oder Röntgen-Strahlung freigesetzt werden, ist ihr hohes LET. Strahlenbiologische Untersuchungen haben gezeigt, daß diese Strahlung eine erhöhte relative biologische Wirksamkeit (RBW) besitzt. Mit schnellen Neutronen bestrahltes Gewebe zeigt außerdem eine geringere Erholungsfähigkeit.

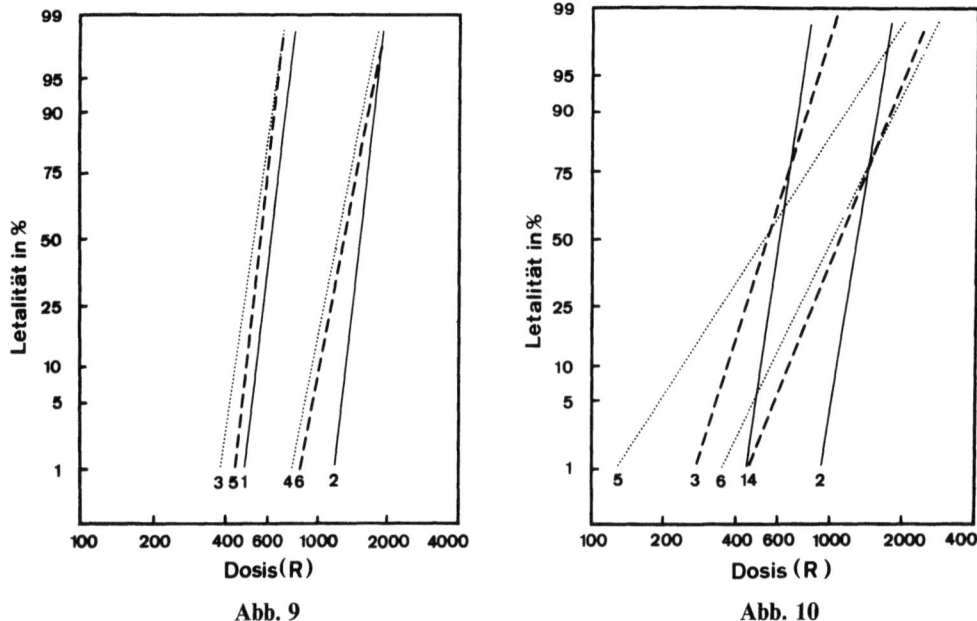

Abb. 9

Abb. 10

Abb. 9. Graphische Darstellung der Dosiseffektbeziehungen von NMRI-Mäusen (Stamm Hannover) ohne WR 2721 (Kontrollen) und nach Gabe von 12,5 mg WR 2721 pro Maus (geschützte Tiere) (Bestrahlung und Kombinationsschäden: Bestrahlung + HW zum Vergleich) (nach Sedlmeier u. Messerschmidt 1980).

1. Bestrahlung (Kontrollen) }
2. WR 2721 + Bestrahlung   } DRF 2,42

3. KBS: Bestrahlung + HW 2 d p.r. (Kontrollen) }
4. WR 2721 + KBS: Bestrahlung + HW 2 d p.r.   } DRF 2,30

5. KBS: Bestrahlung + HW 8 d p.r. (Kontrollen) }
6. WR 2721 + KBS: Bestrahlung + HW 8 d p.r.   } DRF 2,29

Abb. 10. Graphische Darstellung der Dosiseffektbeziehungen von NMRI-Mäusen (Stamm Kißlegg) ohne WR 2721 (Kontrollen) und nach Gabe von 12,5 mg WR 2721 pro Maus (geschützte Tiere) (Bestrahlung und Kombinationsschäden: Bestrahlung + Verbrennung zum Vergleich) (nach Sedlmeier u. Messerschmidt 1980).

1. Bestrahlung (Kontrollen) }
2. WR 2721 + Bestrahlung   } DRF 2,12

3. KBS: Bestrahlung + 2 V 10 min p.r. (Kontrollen) }
4. WR 2721 + KBS: Bestrahlung + 2 V 10 min p.r.   } DRF 2,01

5. KBS: Bestrahlung + 2 V 2 d p.r. (Kontrollen) }
6. WR 2721 + KBS: Bestrahlung + 2 V 2 d p.r.   } DRF 1,91

In Tabelle 9 sind die Ergebnisse verschiedener Untersuchungen im Hinblick auf die akute Strahlenletalität bei Nagetieren zusammengestellt. Wie man den Werten der Tabelle 9 entnimmt, ist die strahlenresistenzsteigernde Wirkung im Bereich des hämatopoetischen Strahlensyndroms (Beobachtungszeit: 30 d) bei einer Neutronenbestrahlung gegenüber den Vergleichsuntersuchungen mit Röntgen- oder γ-Strahlen deutlich kleiner. In einigen Experimenten ließ sich überhaupt kein Schutzeffekt nach einer Neutronenbestrahlung beobachten. Auch die Bestrahlung von L-Zellen in Kulturen mit schnellen Neutronen ($\bar{E} = 4–5$ MeV) führte bei Zugabe von AET zu keinem Schutz (Ferle-Vidovic et al. 1981).

Andererseits konnten Sigdestad et al. (1975b, 1976) in Versuchen über den Strahlenschutz des Gastrointestinaltrakts gegenüber Neutronenstrahlen einen Schutz bei Gabe von Cysteamin, WR 638 und für WR 2721 nachweisen, der wenigstens so groß ist, wie bei Röntgenstrahlen (s. Tabelle 9). Dieses Ergebnis ist bemerkenswert, da die Schutzwirksamkeit beim gastrointestinalen Strahlensyndrom gegenüber dem hämatopoetischen Strahlentod geringer ist (s. Tabelle 3). Die oben genannten Autoren stellten jedoch bei ihren Versuchen fest, daß das Thiophosphat WR 2721 bei den Neutronenexperimenten an Mäusen nur dann optimal wirkt, wenn es 1 Stunde vor der Bestrahlung appliziert wird, während die Substanz bei einer Röntgenbestrahlung 15 Minuten vorher gegeben werden muß. Der Unterschied in der Applikationszeit wird auf eine verschiedene Haltung der Versuchstiere während der Neutronen- oder Röntgen-Bestrahlung zurückgeführt, wobei angenommen wird, daß während der Neutronenbestrahlung die Pharmakokinetik oder der Stoffwechsel der Schutzsubstanzen verzögert ist (SIGDESTAD et al. 1976). Auch mit den Thiophosphorsäuren WR 2822 (S-2(4-Aminobutylamino)ethylphosphorsäure) und WR 2823 (S-2(Aminopentylamino)ethylphosphorsäure) sowie mit einem Iminothiol-Derivat des 1-Methylaminoadamatins (WR 109342) konnten CONNOR und SIGDESTAD (1982) bei Bestrahlung von Mäusen mit Spalt-Neutronen einen Schutz gegen den Gastrointestinaltod erreichen. Die Dosismodifikationsfaktoren betrugen 1,51 (WR 2822), 1,21 (WR 2823) und 1,46 (WR 109342). Bei Untersuchungen an Kryptzellen des Darms erhielten die Autoren aus Dosis-Überlebens-Beziehungen die Dosismodifikationsfaktoren 1,4 (WR 2822), 1,42 (WR 2823) und 1,16 (WR 109342).

Zur Erklärung des bei Neutronenbestrahlung reduzierten Schutzeffektes beim hämatopoetischen Strahlensyndrom wird man zunächst auf die bekannten Unterschiede zwischen Röntgen- und γ-Strahlen einerseits und der Neutronenstrahlung andererseits zurückgreifen. Das LET von γ- oder Röntgen-Strahlung im Gewebe ist erheblich geringer als das von Neutronenstrahlen. Mit ansteigendem LET der Strahlung gehen folgende Erscheinungen im wäßrigen Milieu einher. 1. Zunahme der lokalen Energie-Deposition. 2. Abnahme der indirekten und Zunahme der direkten Strahlenwirkung. 3. Abnahme des Sauerstoffverstärkungs-Faktors (OER). 4. Eine Zunahme des LET verursacht ferner eine Reduzierung der intrazellulären Erholung und damit eine Zunahme der irreversiblen Strahlenschäden. In Abhängigkeit vom Wirkungsmechanismus der Strahlenschutzsubstanzen kann jeder dieser Vorgänge zu einer Abnahme der Wirksamkeit führen. So könnte es durch die erhöhte lokale Energiedeposition in den Gewebszellen zu wesentlich konzentrierteren physikochemischen Veränderungen kommen. Die gegebene Menge der Strahlenschutzsubstanzen reicht möglicherweise nicht aus, um das Überangebot zu verarbeiten. Sofern einige der verwendeten Substanzen als Radikalfänger wirksam sind, würde der zweite der oben genannten Vorgänge zu einer verminderten Wirksamkeit führen. Bewirken jedoch einige der Substanzen (z.B. Serotonin) eine Herabsetzung des Sauerstoffgehalts im Gewebe während der Bestrahlung, so ist unabhängig von der verabreichten Substanzmenge mit einer geringeren Wirksamkeit des Schutzstoffs zu rechnen, denn der Sauerstoffeinfluß ist bei einer Neutronenbestrahlung kleiner als bei Röntgen- oder γ-Strahlen. Die entsprechenden Sauerstoffverstärkungsfaktoren bei Zellkulturen betragen etwa 1,6 für 15 MeV-Neutronen und etwa 2,5 für Röntgen- oder γ-Strahlen (BROERSE et al. 1968). Die strahlenresistenz-erhöhende Wirkung ginge in diesem Fall von der Anoxie im Gewebe aus. Ein Teil des scheinbaren Schutzeffektes bei Neutronenbestrahlung ist sicher auf eine Schutzwirkung gegenüber einer durch Neutronen induzierten γ-Strahlung zurückzuführen.

Bei Untersuchungen mit schnellen Protonen im Energiebereich von 150 bis 440 MeV wurden bei Mäusen, die mit p-Aminopropiophenon (PAPP) vorbehandelt waren, Schutzfaktoren von 1,40 (150 MeV), 1,48 (440 MeV) und 1,58 (350 MeV) für die 30-Tage Letalität ermittelt, während bei 250 kV-Röntgenstrahlen ein DRF-Wert von 1,56 erzielt wurde (OLDFIELD et al. 1965a, b). Der Strahlenschutz von PAPP scheint demnach nicht stark von der Energie der Protonen bzw. von der Teilchenart abhängig zu sein. Bei Bestrahlung mit 440 MeV-Protonen war der DRF-Wert mit 1,61 bei Vorbehandlung der Mäuse mit Cysteamin sogar größer als der Faktor von 1,39 bei 250 kV-Röntgenstrahlen (OLDFIELD et al.

Tabelle 9. Dosisreduktionsfaktoren (DRF) für akute Letalität von Nagetieren nach einer Bestrahlung mit Neutronen. Die Untersuchungen von Sullivan wurden mit Ratten, alle anderen Versuche mit Mäusen durchgeführt

Schutzstoff	Beobach-tungszeit	Art der Neutronen-strahlung (γ-Anteil)	Vergleichs-strahlung	DRF		Autoren
				Neu-tronen	Ver-gleichs-strahlung	
Cystein	30d	Spalt[a] (<10%)	γ-Strahlen	1,1[b]	1,2[b]	Patt et al. (1953)
Cystein	Darmtod	Spalt	250 kV-Rö.	1[c]	–	Sullivan (1964)
Cysteamin	6d	Spalt: $\bar{E}=1,2$ MeV (4%)	4 MeV-Rö.	1,39[d]	1,26[d]	Sigdestad et al. (1975b)
Cystamin	30d	Spalt: $\bar{E}\approx2$ MeV (≈8%)	–	1,20	–	Sverdlov et al. (1969), Sverdlov et al. (1973)
Cystamin	30d	14,7 MeV (5%)	230 kV-Rö.	1,15 ±0,02	1,83 ±0,06	Langendorff et al. (1971)
WR 638 (Cystaphos)	30d	Spalt: $\bar{E}\approx2$ MeV (≈8%)	–	1,35	–	Sverdlov et al. (1969), Sverdlov et al. (1973)
WR 638	6d	Spalt: $\bar{E}=1,2$ MeV (4%)	4 MeV-Rö.	1,42[d]	1,57[d]	Sigdestad et al. (1975b)
WR 638	30d	14,7 MeV (5%)	250 kV-Rö.	1,18	1,72	Messerschmidt et al. (1978)
WR 2721	30d	14,7 MeV (5%)	230 kV-Rö.	1,17 ±0,02	2,20 ±0,07	Langendorff et al. (1974)
WR 2721 (Gammaphos)	30d	Spalt: $\bar{E}\approx1,8$ MeV	Röntgen-strahlen	1,33	1,58	Sverdlov (1974)
WR 2721	6d	Spalt: $\bar{E}=1,2$ MeV (14%)	4 MeV-Rö.	1,6	1,64	Sigdestad et al. (1975a), Sigdestad et al. (1976)
WR 2721	30d	Spalt: $\bar{E}\approx1,3$ MeV	250 kV-Rö.	1,05 ±0,06	2,08 ±0,15	Sedlmeier et al. (1981)
AET	30d	Spalt: $\bar{E}\approx2$ MeV (≈8%)	–	1,3	–	Sverdlov et al. (1969), Sverdlov et al. (1973)
Mischung aus: Cysteamin + AET + Serotonin	30d	Spalt (14%)	250 kV-Rö.	<1,1	≈2	Vogel et al. (1969)
5-Hydroxytrypt-amin (Serotonin)	30d	14,7 MeV (5%)	230 kV-Rö.	1,06 ±0,02	1,57 ±0,07	Langendorff et al. (1971)
5-Methoxytrypt-amin (Mexamin)	30d	Spalt: $\bar{E}\approx2$ MeV (≈8%)	–	1	–	Sverdlov et al. (1973)

[a] Langsame Neutronen wurden abgeschirmt
[b] Eigene Auswertung an Hand der von Patt et al. angegebenen Daten
[c] Bei Untersuchungen des Übertritts von Polyvinylpyrrolidon vom Blut in den Darm wurde ein DRF von 1,5 gefunden (Sullivan 1964)
[d] Die angegebenen DRF-Werte gelten für Untersuchungen der Darmschädigung

Tabelle 9 (Fortsetzung)

Schutzstoff	Beobachtungszeit	Art der Neutronenstrahlung (γ-Anteil)	Vergleichsstrahlung	DRF		Autoren
				Neutronen	Vergleichsstrahlung	
Ethyron	30 d	Spalt: $\bar{E} \approx 2$ MeV ($\approx 8\%$)	–	1	–	SVERDLOV et al. (1973)
PAPP	30 d	14,7 MeV (5%)	230 kV-Rö.	1,09 $\pm$0,02	1,36 $\pm$0,05	LANGENDORFF et al. (1971)
LPS (E. coli) (Endotoxin)	30 d	14,7 MeV (5%)	230 kV-Rö.	1,06 $\pm$0,02	1,22 $\pm$0,02	LANGENDORFF et al. (1971)

1965a). YARMONENKO et al. (1962) konnten zeigen, daß bei Ganzkörperbestrahlung von Mäusen mit Protonen der Energie 660 MeV die Substanzen Aminoethylisothiuronium, Cysteamin, Cystamin, Serotonin und 5-Methoxytryptamin eine Schutzwirksamkeit ausüben.

D. Strahlenschutzsubstanzen in der Tumortherapie

I. Tierexperimentelle Untersuchungen

Das grundsätzliche Ziel jeder Strahlentherapie maligner Geschwülste ist es, eine maximale Zerstörung des Tumors bei möglichst geringer Schädigung der normalen Gewebe zu erreichen, wobei eine „Gratwanderung" zwischen beiden Effekten der ionisierenden Strahlung häufig unumgänglich ist (STREFFER 1976). Die strahlentherapeutische Beherrschung eines Tumors hängt nicht nur von seiner Strahlenempfindlichkeit ab, sondern auch von der Empfindlichkeit des umgebenden normalen Gewebes. Es war deshalb naheliegend, zu versuchen, mit Hilfe von Strahlenschutzsubstanzen eine Resistenzsteigerung von normalen Geweben zu erreichen. Entsprechende Arbeiten laufen darauf hinaus, nach Unterschieden in der Resistenzsteigerung zwischen normalen und malignen Geweben zu suchen. Schon kurz nach der Entdeckung der Strahlenschutzeigenschaft des Cysteins wurden im Tierexperiment mit dieser Substanz Versuche am Walker-Ratten-Karzinom durchgeführt (STRAUBE et al. 1950). Die Versuche zeigten, daß Cystein teilweise die wachstumshemmende Wirkung der Röntgenstrahlung abschwächt. Andererseits können Mäuse mit lokalisierten Lymphosarkomen eine höhere Strahlendosis vertragen, wenn sie vor der Ganzkörperbestrahlung mit Aminoethylisothiuronium behandelt werden. Die Reduktion des Tumorvolumens ist bei diesen Mäusen größer als bei unbehandelten Tieren (ANDREWS u. SNEIDER 1957).

In Abb. 11 ist der Einfluß verschiedener Strahlenschutzsubstanzen auf das Wachstum von zwei lokal bestrahlten soliden Tumoren dargestellt. Wie man erkennt, ist die Strahlenresistenzsteigerung gering, obwohl im Falle des Ehrlich-Karzinoms mit Ausnahme der mit Thioharnstoff behandelten Gruppe ein gesicherter Schutzeffekt bei den übrigen untersuchten Stoffen gegenüber der unbehandelten aber mit 5000 R bestrahlten Kontrollgruppe vorhanden ist.

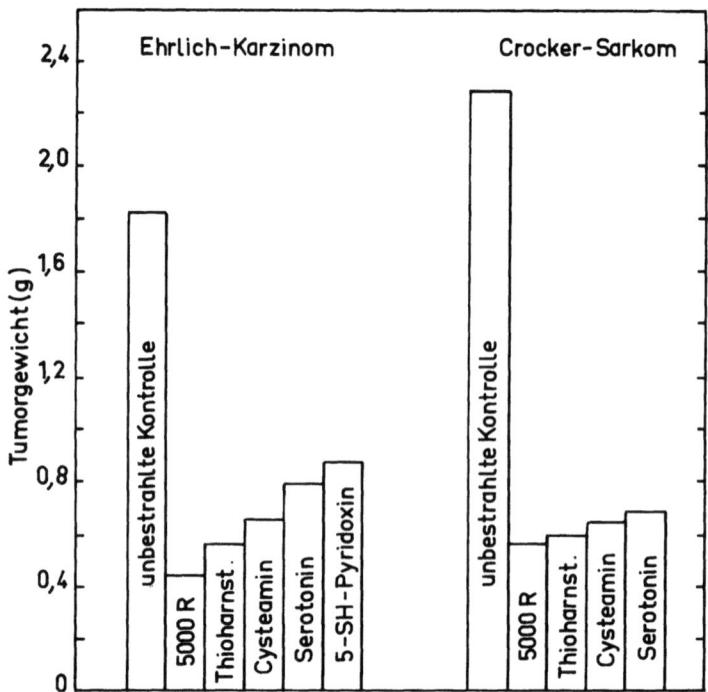

Abb. 11. Wachstum von soliden Tumoren bei Mäusen nach in vivo-Lokalbestrahlung mit 5000 R. Die mit den angegebenen Strahlenschutzstoffen behandelten Tiergruppen erhielten ebenfalls eine Tumorlokalbestrahlung mit 5000 R. Beim Ehrlich-Karzinom findet sich mit Ausnahme der Thioharnstoff-Gruppe ein gesicherter Schutzeffekt gegenüber den unbehandelten aber mit 5000 R bestrahlten Tieren (Cysteamin: $P < 0,05$; Serotonin: $P < 0,01$; 5-SH-Pyridoxin: $P < 0,001$). (Nach Koch 1962)

In einer Reihe von Arbeiten wurde der Einfluß von Strahlenschutzstoffen auf verschiedene Experimentaltumoren nach Lokal- oder Ganzkörperbestrahlung der Versuchstiere untersucht. Tabelle 10 gibt einen Überblick. Wie die Ergebnisse zeigen, sind die Aussagen auch für die gleiche Tumorart widersprüchlich. Möglicherweise spielen immunbiologische Beziehungen zwischen Tumor und Wirt für die Wirkung der Strahlenschutzstoffe eine Rolle (Koch 1967). Offensichtlich ist auch der Sauerstoffgehalt des Tumorgewebes von Bedeutung (Harris u. Phillips 1971; Yuhas et al. 1973; Utley et al. 1974; Stewart et al. 1983), (s. auch Kap. E. II). Untersuchungen von Harris und Phillips (1971) haben gezeigt, daß nur euoxische Tumorzellen durch die Thiophosphate WR 638 und WR 2721 geschützt werden (s. Tabelle 10). Anhand der Ergebnisse der Tabelle 10 läßt sich die Tendenz erkennen, daß solide Tumoren nicht oder nur geringfügig geschützt werden, während Aszites-Tumoren eine Resistenzsteigerung erfahren. Für das besondere Verhalten der Aszites-Tumoren gegenüber dem Thiophosphat WR 2721 gibt Yuhas (1983) folgende Gründe an. 1. Diese Tumoren haben einen schnellen Zugang zur i.p. injizierten Substanz. 2. In frühen Wachstumsstadien sind diese Tumoren gut mit Sauerstoff versorgt, was zu einer Erhöhung der Wirksamkeit führt. 3. Bei Leukämiezellen besteht offensichtlich keine Einschränkung gegenüber der Absorption von WR 2721, was bei den meisten soliden Tumoren jedoch der Fall ist. 4. Die Aszites-Flüssigkeit kann leicht WR 2721 in eine Strahlenschutzform umwandeln.

Bei Untersuchungen mit markierten Verbindungen des Thiophosphats WR 2721 hat man bei einer Reihe von soliden Tumoren gefunden, daß diese Substanz in normalen Geweben und im Tumorgewebe unterschiedlich schnell verteilt wird (Yuhas 1980b). In Abb. 12 ist die Konzentration von WR 2721 im Serum, in verschiedenen Geweben und im Plattenepithel-Karzinom der Ratte in Abhängigkeit von der Zeit nach der Injektion dargestellt. Wie man

Tabelle 10. Untersuchungen über die Resistenzsteigerung von malignen Geweben durch Strahlenschutzsubstanzen im Tierexperiment

Schutzsubstanz	Tumor	Tier-species	Schutz	Autoren
	Solide Tumoren			
Cystein	Walker-Karzinom	Ratte	ja	STRAUBE et al. (1950)
Cystein	Lymphosarkom	Ratte	ja	STORAASLI et al. (1953)
Cysteamin	Mamma-Karzinom	Maus	gering	COHEN u. COHEN (1959)
AET[a]	Yoshida-Sarkom	Ratte	nein	HAAS u. LORENZ (1960)
AET	Solides Ehrlich-Karzinom	Ratte	nein	SHAPIRO et al. (1960)
AET	Crocker-Sarkom	Ratte	nein	SHAPRIO et al. (1960)
Glutathion	Mamma-Adenokarzinom	Maus	ja	MODLIN u. MORRIS (1961)
AET, Serotonin	Mamma-Karzinom	Maus	ja	COHEN u. COHEN (1962)
Cysteamin, Serotonin	Solides Ehrlich-Karzinom	Maus	gering[b]	KOCH (1962)
Cysteamin, Serotonin	Crocker-Sarkom	Maus	nein	KOCH (1962)
MEG[c]	Mamma-Adenokarzinom	Maus	nein	SCHWARTZ et al. (1964)
Cysteamin	Mamma-Karzinom	Maus	nein	KOCH (1967)
Cysteamin	Retothelsarkom	Maus	nein	KOCH (1967)
WR 2721	Mamma-Karzinom	Maus	gering	YUHAS u. STORER (1969b)
WR 2721	Lungen-Tumor (Adenom)	Maus	nein	YUHAS (1972b, 1973)
WR 2721	Mamma-Karzinom (EMT-6)	Maus	gering	PHILLIPS et al. (1973)
WR 2721	KHT Sarkom	Maus	gering	LOWY u. BAKER (1973)
WR 2721	Lungen-Adenom	Maus	nein	ECHOLS (1973)
WR 2721	Mamma-Karzinom	Maus	nein	ECHOLS (1973)
WR 2721	Mamma-Karziom (EMT-6) (euoxisch)	Maus	ja	UTLEY et al. (1974)
WR 2721	Mamma-Karzinom (EMT-6) (hypoxisch)	Maus	nein	UTLEY et al. (1974)
WR 2721	Mamma-Karzinom (3M2N)	Ratte	nein	YUHAS (1980a)
WR 2721	Fibrosarkom	Maus	ja-nein	STEWART et al. (1983)
	Aszites			
Cystein	Aszites-Karzinom	Maus	ja	BÄUMER et al. (1953)
Cysteamin	Ehrlich-Aszites-Karzinom	Maus	ja	WENZ (1956)
AET	Ehrlich-Aszites-Karzinom	Ratte	nein	SHAPIRO et al. (1960)
AET, ACT[d], Cysteamin	Ehrlich-Aszites-Karzinom	Maus	nein	IRIE u. YOSIHARA (1961)
Cysteamin, Serotonin	Ehrlich-Aszites-Karzinom	Maus	ja	KOCH (1962)
WR 638, WR 2721	Ehrlich-Aszites-Karzinom (euoxisch)	Maus	ja	HARRIS u. PHILLIPS (1971)
WR 638, WR 2721	P 388-Leukämie[e] (euoxisch)	Maus	ja	HARRIS u. PHILLIPS (1971)
WR 2721	P 388-Leukämie[e] (euoxisch)	Maus	ja	PHILLIPS et al. (1973)
	Leukämie			
MEG[c]	Myeloische Leukämie	Maus	nein	SCHWARTZ et al. (1964)

[a] AET = Aminoethylisothiuronium   [d] ACT = Aminocyclohexanthiol
[b] s. Abb. 11   [e] als Aszites-Tumor gewachsen
[c] MEG = Mercaptoethylguanidin

erkennt, ist die Aufnahmegeschwindigkeit dieses Thiophosphats in dem untersuchten soliden Tumor erheblich geringer als in normalen Geweben. Die gleiche Beobachtung konnte auch für eine Reihe weiterer solider Tumoren gemacht werden (YUHAS 1980b). Das noch nicht dephosphorylierte stark hydrophile WR 2721 kann die Membranbarriere des soliden Tumors

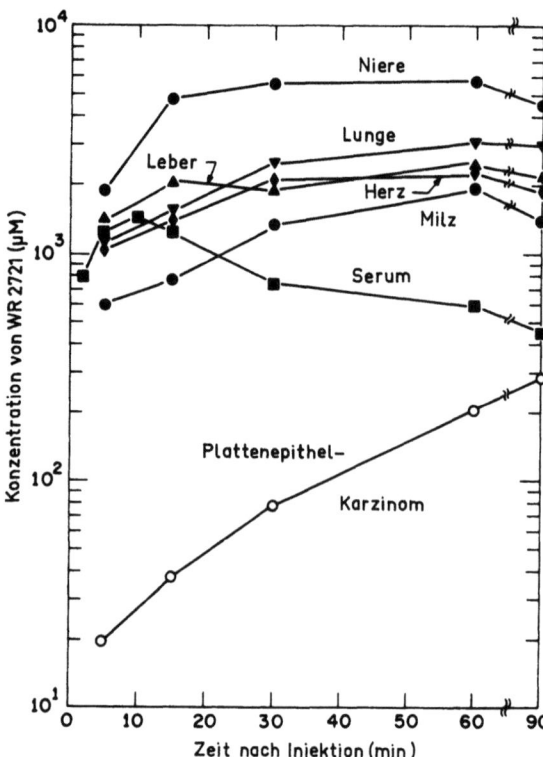

Abb. 12. Konzentration von WR 2721 im Serum, in verschiedenen Geweben und in einem Plattenepithel-Karzinom der Ratte in Abhängigkeit von der Zeit nach der i.p.-Injektion von 200 mg Thiophosphat pro kg Tiergewicht. (Nach Yuhas 1980b)

nicht überwinden (Yuhas et al. 1982). Ursprünglich wurde angenommen, daß die unterschiedliche Absorption des Thiophosphats mit der verschiedenen Vaskularisation der normalen Gewebe und des Tumors zusammenhängt (Phillips 1977). Durch eine in vivo- und in vitro-Analyse der Absorptionskinetik der Substanz WR 2721 in normalen Geweben und in soliden Tumoren von Mäusen, Ratten und Kaninchen konnte gezeigt werden, daß normale Gewebe mit Ausnahme des ZNS das Thiophosphat aktiv gegen einen Konzentrationsgradienten konzentrieren können, während solide Tumoren diese Verbindung passiv absorbieren (Yuhas 1980b).

Neben der Schutzeigenschaft des Thiophosphats WR 2721 gegenüber ionisierenden Strahlen wirkt die Substanz auch als Chemoprotektor (Yuhas 1979, 1980c; Yuhas et al. 1980b; Gaugas 1982; Glick et al. 1982; Millar et al. 1982; Twentyman 1983) und als Chemotherapeutikum bei Tumoren (Yuhas et al. 1980a; Ikebuchi et al. 1981). In der Literatur werden ferner Untersuchungen über die Wechselwirkung von WR 2721 mit Strahlensensibilisatoren beschrieben (Yuhas et al. 1977; Grigsby u. Maruyama 1981, 1982; Rojas et al. 1982a, b, 1983; Mendiondo et al. 1983).

II. Erfahrungen mit Strahlenschutzsubstanzen beim Menschen

Zu einer Zeit, als der chemische Strahlenschutz noch nicht entdeckt war, beschrieb Shirai (1941) die günstige Wirkung einer Gabe von Glutathion auf die Beschwerden nach therapeutischer Bestrahlung.

Über erste klinische Anwendungen von Cysteamin und Cystamin berichteten Bacq und Hervé (1952), Hervé und Bacq (1952a, b), Bacq et al. (1953a) und Bacq (1954). Es wurden 200 bis 400 mg Cysteamin oder Cystamin langsam i.v. injiziert von den Patienten gut vertragen (Bacq u. Hervé 1952). Cysteamin wurde vor einer Bestrahlung (Herve u. Bacq 1952b) oder unmittelbar danach (Hervé u. Bacq 1952a) ein- oder mehrmalig verabreicht. In nahezu

Tabelle 11. Einfluß von Cystamin auf die Strahlenkrankheit bei röntgenbestrahlten Patienten. (VACHTEL u. SINENKO 1963)

Bestrahlte Körperregion	Gesamtzahl Patienten	Einzeldosis Cystamin	Abbruch der Strahlentherapie	Mit Bluttransfusion	Ohne Symptome einer Strahlenkrankheit
Brustkorb[a]	60 (Kontrolle)	–	4	25	31
	130	0,8 g	0	25	105
Bauch[b]	30 (Kontrolle)	–	5	25	0
	72	0,8 g	0	36	36

[a] Geschwülste im Bereich des Halses und der Brust
[b] Geschwülste im Bereich des Bauches und des kleinen Beckens

allen Fällen unterblieben die Erscheinungen des Röntgenkaters, vor allem seine intestinale Komponente mit Anorexie, Nausea, Erbrechen und Diarrhoe. Cystamin war unwirksam. Sehr effektiv war dagegen Cysteamin-Salizylat, das in Form von Gelatine-Kapseln (300 mg, 3 × tgl.) per os gegeben wurde (BACQ et al. 1953a). Toxische Nebenerscheinungen auf das Blutbild, auf den Blutdruck oder die Nierenfunktion wurden nicht beobachtet. Bei diesen ersten Anwendungen handelte es sich mehr um die Untersuchung der kurativen als der prophylaktischen Wirkung.

Ähnliche Erfahrungen wie BACQ et al. machte HEUWIESER (1954) mit Cysteamin, das entweder unmittelbar vor oder nach Bestrahlung i.v. injiziert eine günstige Wirkung auf den Strahlenkater besaß. BALDINI und FERRI (1957) berichteten über 35 Fälle von postoperativen Röntgenbestrahlungen bei Brustkrebs, in denen Patientinnen entweder Cysteamin i.v. oder Cystamin per os erhielten. Als Indikator der Schutzwirkung wurde die Leukozytenzahl verwendet, die bei unbehandelten Vergleichspatientinnen im Laufe der Bestrahlungsserie niedriger war. Bei den behandelten Patientinnen zeigte sich die Schutzwirkung vor allem in einem rascheren Ablauf der Erholung nach Bestrahlungsende. Ferner traten in den behandelten Fällen die strahleninduzierten gastrointestinalen Symptome in viel geringerem Ausmaß auf. Zwischen der Cysteamin (i.v.) – und Cystamin (per os) – Behandlung gab es keine Unterschiede. Über einen günstigen Verlauf der Strahlenkrankheit bei i.v.-Injektion von 0,2 g Cysteamin vor oder nach der Bestrahlung von 42 Geschwulstkranken berichteten auch DURKOVSKY und SIRACKA-VESELA (1958). Bei Anwendung von Cysteamin vor der Bestrahlung waren die Erfolge größer. Eine eingehende Untersuchung über die Wirkung von Cystamin auf die Strahlenkrankheit röntgenbestrahlter Patienten haben VACHTEL und SINENKO (1963) durchgeführt. Wie der Tabelle 11 zu entnehmen ist, mußte bei einer Kontrollgruppe von 90 Patienten ohne Cystamin in 9 Fällen die Strahlentherapie abgebrochen werden, während sie mit Cystaminbehandlung bei 202 Patienten in allen Fällen abgeschlossen werden konnte. Die Erfolge bei der Anwendung von Cystamin in der Strahlentherapie mag die Sowjetunion veranlaßt haben, in ABC-Selbstschutz-Ausrüstungen für den Zivilschutz u.a. Cystamin-Tabletten bereit zu halten. Nach einer Mitteilung der International Civil Defence Organisation (1983) sollen 6 Tabletten zu 200 mg im Falle der Gefahr einer Strahlenexposition genommen werden, während weitere 6 Tabletten 4 bis 6 Stunden später bei einer kontinuierlichen Bestrahlung zu nehmen sind. Cystamin in einer Dosis von 600 bis 800 mg bei einmaliger Gabe und 2mal täglich alle 6 Stunden beeinträchtigt die Arbeitsfähigkeit gesunder Personen nicht (ARNDT u. RITTER 1979).

Andererseits fand COURT-BROWN (1955) mit Dosen von 160 bis 300 mg Cysteamin, die entweder vor oder nach einer Strahlentherapie mit Röntgenstrahlen i.v. gegeben wurden, keinen signifikanten Unterschied bei den Symptomen, und er bezweifelte die Wirksamkeit der Substanz. Auch eine klinische Erprobung mit Cystamin in Form von Kapseln an strahlentherapeutisch behandelten Patientinnen verlief enttäuschend (HEALY 1960). Mit diesen Untersuchungen konnte man statistisch absichern (95% Vertrauensgrenzen), daß von 100 Patientinnen höchstens 15 von einer Strahlenkrankheit geheilt werden, wobei nach Meinung des Autors der gleiche Anteil auch durch eine Laktose-Behandlung (die in diesen Versuchen als Vergleich diente) geheilt worden wäre.

Cystein wurde ebenfalls klinisch getestet. Jeweils 2 cm^3 Cystein-Hydrochlorid (1,5%) verabreichte LUDWIG (1955) i.v. $^1/_2$ bis 1 Stunde vor jeder Bestrahlung in der gynäkologischen Strahlentherapie. Klinische Katererscheinungen traten unter dieser Behandlung seltener auf. Auch die Leukozytenzahl war stabiler. Nachbeobachtungen über 14 Monate zeigten weder einen Anhalt für eine Strahlenresistenz des Tumors noch für Nierenschäden.

In einer ganzen Reihe von Fällen wurde auch AET klinisch erprobt. Die Geschwindigkeit der intravenösen Injektion von AET war begrenzt durch akute Reaktionen wie Übelkeit, Brechreiz, Erbrechen, Hustenreiz, Brennen der Augen und des Gesichts sowie durch eine intensive Rötung im Kopf- und Nacken-Bereich sowie im oberen Thorax-Bereich (CONDIT et al. 1955). 25 mg/min in 30 Minuten war die maximale Dosis, die toleriert wurde. Auch bei Patienten, die mehr als 500 mg AET oral einnahmen, entwickelten sich Schwindelgefühl und Erbrechen. Bei den verabreichten Dosen trat keine Änderung in der Hautreaktion oder bei den Haaren nach Strahlentherapie gegenüber unbehandelten Patienten ein. ANDREWS und SNEIDER (1957) kommen zu dem Schluß, daß AET zu toxisch für die klinische Anwendung ist.

Mit dem im Tierexperiment wirksamen 2-Mercapto-Propionyl-Glycin (MPG) wurden ebenfalls klinische Prüfungen in Japan durchgeführt (SUGAHARA et al. 1977; TANAKA u. SUGAHARA 1980). Bei Patienten mit Zervixkarzinom, die eine Bestrahlung des Beckens erhielten, wurden Blutzelluntersuchungen des peripheren Bluts und Chromosomenuntersuchungen an Blutzellkulturen ein oder zwei Wochen nach der letzten Bestrahlung durchgeführt. Die Unterschiede in den Lymphozytenzahlen und Aberrationen sowie in den Leukozytenzahlen zwischen den mit MPG behandelten und unbehandelten Gruppen waren statistisch signifikant. Allerdings halten von TANAKA und SUGAHARA (1980) angegebene Daten über Erfolge von Spätschäden im Eingeweide (Ileus-Symptome und Blutungen) durch Gabe von MPG einer statistischen Nachprüfung (Vierfelder-Test) nicht stand. Von den gleichen Autoren wurde auch über einen günstigen Einfluß von Adrenochrom-Monoguanylhydrazon-Methansulfonat auf die strahlenbedingten Symptome bei Patientinnen mit Zervixkarzinom berichtet.

Neuerdings spielen bei der Anwendung von Schutzsubstanzen in der Strahlentherapie Thiophosphate eine Rolle. TELIČENAS und KAROSENE (1973) veröffentlichten Ergebnisse über die klinische Erprobung von Cystaphos (WR 638) an mit Brustdrüsenkrebs und Gebärmutterhalskrebs Erkrankten. Folgende Schlußfolgerungen konnten aus den Ergebnissen gezogen werden. 1. Cystaphos ruft bei einer peroralen Einnahme von je 1 g vor der Bestrahlung keine ausgeprägten Intoxikationserscheinungen hervor und wird relativ gut vertragen. 2. Die Substanz verändert nicht die Strahlenempfindlichkeit der Tumoren. 3. Cystaphos verringert wesentlich die Symptome einer allgemeinen Strahlenreaktion wie z.B. Brechreiz, Kopfschmerzen und Schlaflosigkeit. 4. Das Präparat zeigt *keinen* schützenden Einfluß auf die Entwicklung einer Strahlenleukopenie und Strahlenlymphopenie, führt jedoch zu einer schnelleren Regeneration der Leukozytenzahl, nicht jedoch der Lymphozyten. 5. Nach Gabe von Cystaphos entwickelt sich keine Strahlenthrombozytopenie.

Auch das Thiophosphat WR 2721 ist inzwischen in den U.S.A. und in Japan in die Phase I der klinischen Prüfung gegangen (KLIGERMAN et al. 1980; TANAKA u. SUGAHARA 1980). Über Entwürfe der klinischen Prüfung dieser Substanz von Phase I bis Phase III berichtete PHILLIPS (1980). Bei oraler Applikation des Thiophosphats an freiwillige männliche

Erwachsene in einem Doppel-Blind-Versuch mit Dosen bis zu 5 g in 24 Stunden bestanden die hauptsächlichen Nebenerscheinungen in Brechreiz (Nausea), Erbrechen, Krampfanfällen, Diarrhoe, Fieber und in einem vorübergehenden Anstieg des Serum-Kreatinins sowie in einer Abnahme des Kalzium- und Phosphat-Spiegels im Serum (CZERWINSKI et al. 1972). Zu ähnlichen Erfahrungen kamen TANAKA und SUGAHARA (1980), wobei von 76 behandelten Patienten 12 (15,7%) Nebeneffekte zeigten, wenn 2 mg WR 2721/kg pro Tag i.v. verabreicht wurden. Keine Toxizität wurde beobachtet, wenn die Substanzmenge unterhalb von 1 mg pro kg Körpergewicht pro Tag lag. TANAKA und SUGAHARA (1980) setzten die Schutzsubstanz in der Strahlentherapie bei Patienten mit Kopf- und Nackentumoren ein. Für die schützende Wirkung gegenüber der strahlenbedingten Stomatitis ermittelten die Autoren Dosismodifikationsfaktoren von 1,7 bezogen auf die Rötung der Mundschleimhaut und von 1,3 bezogen auf fleckige Mundschleimhaut.

An freiwilligen Patienten mit nachlassenden Erscheinungen einer Strahlentherapie wurde die Wirkung von verschiedenen i.v. injizierten Dosen des WR 2721 auf die gastrointestinale Funktion und den Blutdruck untersucht (KLIGERMAN et al. 1980). Die Dosen konnten von 25 bis 250 mg/m² (entsprechend einer Gesamtmenge von 50 bis 500 mg) gesteigert werden ohne daß wesentliche Symptome auftraten. Die Autoren nehmen auf Grund der erhaltenen Befunde an, daß es möglich sein müßte, wenigstens eine Dosis von 170 mg/m² zu verabreichen, die u.a. zu einer Resistenzsteigerung des Knochenmarks von 20 bis 40% führen könnte.

In einer weiteren klinischen Prüfung wurde an 65 Patienten, die eine palliative Bestrahlung erhielten, versucht, die maximale Toleranzdosis für WR 2721 bei einer Einzelgabe und die höchste Dosis an WR 2721, die täglich bei der größten Anzahl von Fraktionen toleriert wird, zu ermitteln (BLUMBERG et al. 1982). Die maximale Toleranzdosis bei Einzelgabe wurde bisher nicht erreicht, wobei 740 mg/m² gut vertragen wurden, bei einem Patienten sogar 910 mg/m². Bei mehrfacher Gabe wurden bisher 170 mg/m² vier mal in der Woche gegeben. Hier traten toxische Erscheinungen wie Hypotonie, Hypertonie, Erbrechen und Somnolenz auf. Darüber hinaus wurden bei drei Patienten im Fraktionierungs-Versuch allergische Reaktionen beobachtet, die in einem Fall lebensbedrohlich waren. Auch in Verbindung mit einer Chemotherapie bei Tumorpatienten haben GLICK et al. (1982) das Thiophosphat WR 2721 als selektive Schutzsubstanz gegen die toxische Wirkung alkylierender Substanzen getestet (s. S. 588), wobei Dosen von 450 bis 750 mg/m² gegeben wurden.

E. Wirkungsmechanismus der Strahlenschutzsubstanzen

Die Ergebnisse bisher durchgeführter Untersuchungen mit strahlenresistenzerhöhenden Substanzen zeigen, daß es aus der Vielzahl der Stoffe nur wenige gibt, die ausreichend wirksam sind. Damit kann die Diskussion über Mechanismen resistenzsteigernder Substanzen auf einige wesentliche Gruppen beschränkt werden. Es sind dies vor allem schwefelhaltige Stoffe (Thiophosphate und sulfhydrylgruppenhaltige Verbindungen) und die biogenen Amine, zu denen hinsichtlich des Mechanismus noch einige Nukleotide und einige Wirkstoffe, wie Vitamine, kommen.

Zur Frage des Wirkungsmechanismus oder besser der Wirkungsmechanismen ist eine große Anzahl von Arbeiten erschienen. Die Vorgänge sind von den verschiedensten Standpunkten diskutiert worden, wobei naturgemäß das Fachgebiet des jeweiligen Autors von großer Bedeutung ist. Es scheint inzwischen klar zu sein, daß es „den Wirkungsmechanismus" nicht gibt. Offensichtlich spielen je nach System und Strahlenschutzsubstanz die verschiedensten Vorgänge eine Rolle. Möglicherweise wirken wie bei der Strahlenreaktion mehrere Mechanismen zusammen. Als Erklärung für die Wirksamkeit von Strahlenschutzsubstanzen sind physikalisch-chemische Ereignisse zu berücksichtigen, ferner Vorgänge rein pharmako-dynamischer Natur sowie schließlich der Ablauf biochemischer Prozesse, die sich vor allem im Bereich der Zelle abspielen (MELCHING u. STREFFER 1966).

I. Physikochemische Wirkungsmechanismen

Wie bereits in der Einleitung erwähnt, gingen die Überlegungen, einen chemischen Strahlenschutz im Tierexperiment zu erreichen, von Ergebnissen aus, die bei der Bestrahlung von Biomolekülen in verdünnter wäßriger Lösung erhalten wurden. Für den Wirkungsmechanismus wurden zwei Möglichkeiten in Betracht gezogen. 1. Die Schutzsubstanz reagiert in Konkurrenz (kompetitiv) mit den Radiolyseprodukten des Wassers (Scavenger-Effekt). 2. Die Schutzsubstanz reagiert mit dem instabilen Zwischenprodukt des Biomoleküls, das durch direkte oder indirekte Strahlenwirkung entstanden ist und bildet eine stabile Verbindung. Inwieweit Schutzsubstanzen durch radikalische Zwischenprodukte erst aktiviert werden, müßte aufgrund allgemeinerer Überlegungen für Pharmaka (TRUSH et al. 1982) durchdacht werden. Grundlage für die Einführung der Scavenger-Hypothese waren Untersuchungen an wäßrigen polymeren Systemen (ALEXANDER et al. 1955). Der beobachtete Abbau der Polymere nach Strahleneinwirkung wurde auf HO_2-Radikale (weniger auf $\cdot OH$-Radikale) zurückgeführt. Es ließ sich zeigen, daß die Schutzsubstanzen kompetitiv mit diesen Radikalen reagieren. Von den gleichen Autoren wurde seinerzeit angenommen, daß HO_2-Radikale auch die entscheidende Rolle bei der strahlenbedingten Letalität von Säugetieren spielen. Daher könnte der Schutzmechanismus ähnlich wie bei den in vitro-Systemen mit den Polymeren ablaufen (ALEXANDER et al. 1955).

Physikochemische Schutzmechanismen gegenüber der indirekten Strahlenwirkung auch durch andere Radiolyseprodukte des Wassers konnten bei vielen in vitro-Systemen nachgewiesen werden (einen Überblick gibt NAKKEN 1965), wobei die Puls-Radiolyse-Technik wesentliche Einblicke in die Reaktionskinetiken gestattet (ADAMS 1967). Reaktionsgeschwindigkeitskonstanten verschiedener schwefelhaltiger Substanzen mit den Radiolyseprodukten des Wassers haben HÄHN et al. (1970) zusammengestellt. Die Werte für Reaktionen einiger dieser Substanzen mit $\cdot OH$ oder e_{aq}^- liegen im Bereich von $\sim 10^{10}$ M^{-1} s^{-1}. Auf Radikalfangmechanismen haben KOCH und SEITER (1964) die Zunahme der Überlebensraten von bestrahlten Mäusen mit wachsender Cysteaminkonzentration zurückgeführt (s. auch S. 560, Arbeit von YUHAS 1970). Ein entsprechender Effekt kann bei steigender Histaminkonzentration nicht beobachtet werden (KOCH u. SEITER 1964). Einen Wasserstoffdonator-Mechanismus für Cysteamin konnten CHAPMAN et al. (1973) bei bestrahlten in vitro-Systemen von Säugetierzellen und von DNA nachweisen.

PETKAU konnte zeigen, daß das Enzym Superoxid-Dismutase (SOD) einen Schutz gegen die strahleninduzierte Letalität von Mäusen gibt, wenn die Substanz vor (PETKAU et al. 1975) oder nach (PETKAU et al. 1976) der Bestrahlung gegeben wird. Bei Injektion der Superoxid-Dismutase vor *und* nach der Bestrahlung wird ein Dosisreduktionsfaktor von 1,56 erreicht (PETKAU 1978). Bei vergleichbaren Versuchen allerdings mit einem anderen Mäusestamm konnten ABE et al. (1981) nur einen DRF von 1,05 erzielen. Da die Superoxid-Dismutase ein spezifischer Scavenger für das Superoxid (O_2^-) ist, muß angenommen werden, daß dieses Sauerstoff-Produkt während und nach der Bestrahlung gebildet wird. Superoxid selbst ist wenig reaktiv, kann jedoch in H_2O_2 und $\cdot OH$ umgewandelt werden (SAWYER u. VALENTINE 1981). In einem in vitro-System wurde nachgewiesen, daß Cysteamin und Glutathion in Gegenwart von Eisensalzen verstärkt die Umwandlung von Superoxid in Hydroxylradikale herbeiführen können (ROWLEY u. HALLIWELL 1982). Die Bedeutung der Superoxid-Dismutase zur Verminderung des Strahlenschadens geht auch aus der Beobachtung hervor, daß die D_0-Werte für Leukozyten, Granulozyten, Lymphozyten und Thrombozyten mit wachsender Konzentration des endogenen SOD ansteigen (PETKAU et al. 1978). LIPECKA et al. (1982) konnten nachweisen, daß die $LD_{50/30}$ von ganzkörperbestrahlten Ratten von der endogenen SOD-Aktivität in den Erythrozyten abhängig ist. Andererseits wird der Vorteil eines erhöhten SOD-Gehalts in den Erythrozyten gegenüber einer strahleninduzierten Hämolyse bestritten (BARTOSZ et al. 1980).

Einen Elektronendonator-Mechanismus vermuten LOHMANN et al. Sie schließen auf diesen Vorgang aus Beobachtungen mit Hilfe der Elektronenspinresonanz-Spektroskopie. Die Ergebnisse zeigen, daß SH-haltige Aminosäuren (LOHMANN et al. 1967) und auch das dephosphorylierte Thiophosphat WR 2721 (HAHN et al. 1975) Charge-Transfer-Komplexe mit Metallionen (Cu^{2+}, Fe^{3+}) bilden, die als Elektronendonatoren wirken und damit den Strahlenschaden beheben sollen.

Einen besonderen Mechanismus für den Schutz von Target-SH- und Target-SS-Gruppen haben ELDJARN und PIHL (1960) und ELDJARN et al. (1956) vorgeschlagen. Die Hypothese, die vor allem die Wirkung von Strahlenschutzstoffen in vivo erklären soll, geht von der Vorstellung aus, daß bestimmte Substanzen mit Sulfhydrylgruppen gemischte Disulfide mit den Sulfydryl- oder Disulfid-Gruppen von Biomolekülen bilden. Dieser Vorgang soll einen Schutz sowohl gegen eine indirekte als auch gegen eine direkte Strahlenwirkung ermöglichen. Eine durch den Mechanismus geforderte Elektronen-Wanderung in Proteinen ist durch neuere Untersuchungen mit Hilfe der Puls-Radiolyse-Technik nachgewiesen worden (PRÜTZ et al. 1982). ELDJARN und PIHL (1956) konnten zeigen, daß an Mäuse verabreichte Thiole und Disulfide sich schnell mit dem Protein-SH und Protein-SS der Tiere umsetzen können. Die Bildung gemischter Disulfide mit Plasmaproteinen des Menschen und von Kaninchen konnte auch für das Thiophosphat WR 2721 nachgewiesen werden (TABACHNIK et al. 1982). Nach oraler Applikation wird diese Substanz im sauren Milieu des Magens in die freie Thiolform übergeführt. WR 2721 wurde als Mukolytikum bei Patienten mit zystischer Fibrose eingesetzt (TABACHNIK et al. 1982).

Eine Abänderung des Modells der gemischten Disulfide schlugen REVESZ und MODIG (1965) vor. Sie konnten zeigen, daß die Bildung gemischter Disulfide Glutathion von Bindungsstellen des zellulären Proteins freisetzt und die Autoren schließen daraus, daß das Glutathion der eigentliche Protektor ist. Besonders der Nachweis bei Ehrlich Aszites Tumoren, daß Cysteamin gemischte Disulfide mit Histonen bildet, wobei Glutathion in unmittelbarer Nähe der strahlenempfindlichen DNA freigesetzt wird, wird als Stütze für diese Idee bewertet (MODIG 1973). In einer Reihe von Arbeiten ist beschrieben worden, daß eine gute Korrelation zwischen der Strahlenresistenz und dem Gehalt an Sulfhydryl-Gruppen, die nicht an Proteine gebunden sind, besteht (REVESZ et al. 1963; SZUMIEL 1981). Diese Sulfhydryl-Gruppen stammen überwiegend von dem endogenen Glutathion. Andererseits konnten HARRIS und POWER (1973) zeigen, daß endogenes Glutathion kaum von Bedeutung für die zelluläre Strahlenempfindlichkeit ist, daß aber der Gesamtgehalt an SH-Gruppen mit der Strahlenresistenz korreliert. Daraus wird geschlossen, daß die Freisetzung des Glutathions keinen wesentlichen Beitrag zum Strahlenschutz leisten kann (POWER et al. 1974). In diesem Zusammenhang muß darauf hingewiesen werden, daß Säugerzellen mit einem genetischen Defekt der Glutathion-Biosynthese eine besonders hohe Strahlenempfindlichkeit zeigen (DESCHEVANNE et al. 1981). Diese Daten machen deutlich, daß der Gehalt an Glutathion und SH-Gruppen nicht generell die Strahlenempfindlichkeit von Zellen determiniert. Er kann aber neben anderen endogenen Faktoren offensichtlich einen Einfluß haben.

Eine besondere Rolle spielt die Wechselwirkung von schwefelhaltigen Substanzen mit den strahlenempfindlichen Strukturen der Zelle (s. oben, MODIG 1973). JELLUM (1965) konnte nachweisen, daß Disulfidformen verschiedener wichtiger Strahlenschutzsubstanzen (Cystamin, Derivate des Cystamins und das Disulfid des MEG (Di-(2-Guanidoethyl)-disulfid) mit der DNA, RNA und mit Nukleoproteinen eine reversible Verbindung eingehen können. Diese Reaktion führt bei der DNA und RNA zu einer erhöhten Thermostabilität. Die Erhöhung des Schmelzpunktes des DNA-Schutzsubstanz-Komplexes wird durch spektrophotometrische Untersuchungen bestätigt (VASILESCU u. RIX-MONTEL 1980; RIX-MONTEL et al. 1982). Die bei diesen Experimenten verwendeten Aminothiole (Cysteamin, Derivate des Cysteamins und Thiophosphate) treten mit den Phosphatgruppen der DNA in eine elektrostatische Wechselwirkung. Quantenmechanische Simulationsrechnungen der gleichen Arbeitsgruppe stützen diese Annahme (BROCH et al. 1980). Mit Hilfe der Infrarot- und Raman-Spektroskopie können LIQUIER et al. (1983) ein Modell für die Art der Wechselwirkung von Cysteamin mit der DNA entwickeln. Danach wird das Cysteamin-Molekül an seinen zwei Enden durch elektrostatische Wechselwirkung von zwei aufeinanderfolgenden Phosphat-Gruppen des gleichen DNA-Strangs gebunden.

Die besprochenen physikochemischen Mechanismen sind bei Säugetieren nach Auffassung von BACQ (1975) von geringer Bedeutung, da die Konzentration der Schutzsubstanzen in der Zelle zu gering ist. Die höchsten Konzentrationen, die je in Säugetierzellen erreicht wurden, lagen bei 0,01 Gew.-% (BACQ 1975). Diese Annahme wird gestützt durch Untersuchungen an bestrahlten Winterschläfern, die gezeigt haben, daß eine i.p.-Injektion von Cystein zum Zeitpunkt des Erwachens 3 Wochen *nach* erfolgter Strahleneinwirkung einen vollen Schutzeffekt ausübt (KÜNKEL u. HECKMANN 1958). Es gibt jedoch auch Vermutungen, daß die Konzentrationen in der Nähe der zellulären Targetstellen die gleichen sind wie die extrazellulären Konzentrationen (CHAPMAN et al. 1973). An Fibroblasten des chinesischen Hamsters konnten EIDUS et al. (1982) bei Verwendung der Schutzsubstanzen Cysteamin, Thioglykolsäure, Koffein und Koffeinbenzoat (schwache Elektrolyte) nachweisen, daß eine Korrelation zwischen der Wirksamkeit des Strahlenschutzes dieser Substanz und ihrer intrazellulären Konzentration besteht, die wiederum stark vom pH-Wert des Milieus abhängig ist.

II. Pharmakodynamische Wirkungsmechanismen

Zur Erklärung des Wirkungsmechanismus von Strahlenschutzsubstanzen unter dem Gesichtspunkt rein pharmakodynamischer Effekte stehen der Sauerstoff und die Temperatur im Vordergrund der Überlegungen. Diese beiden Faktoren sind für die biologische Strahlenreaktion von großer Bedeutung.

Eine Hypoxie oder Anoxie führt bei Strahlung mit niedrigem LET zu einer Verringerung der Strahlenempfindlichkeit von Säugetierzellen (einen Überblick gibt VAN DEN BRENK 1969). Einen quantitativen Zusammenhang zwischen der relativen Strahlenwirksamkeit und dem relativen Sauerstoffgehalt in Milz und Vena cava von Mäusen konnten HASEGAWA und LANDAHL (1967) ermitteln (s. Abb. 13). Auf der Ordinate der Abb. 13 ist $f \cdot (1/DRF)$ aufgetragen, wobei f ein Faktor ist, der für den ganzen Sauerstoffbereich gilt und die experimentell ermittelten Werte auf die Gerade für Hypoxie verschiebt. Der Faktor f repräsentiert denjenigen Anteil, der nicht auf die Sauerstoffspannung zurückzuführen ist. Z.B. wurde für Serotonin in den Untersuchungen von HASEGAWA und LANDAHL (1967) ein totaler DRF von 1,77 ermittelt. Daraus folgt: $1,77 = 1,4 \cdot 1,26$. Der DRF von 1,26 ist beim Serotonin auf den Hypoxie-Effekt zurückzuführen. Der restliche Schutzfaktor von 1,4 hängt mit anderen Wirkungsmechanismen zusammen.

Frühe Untersuchungen über die Schutzwirksamkeit des Serotonins wurden von GRAY et al. (1952) unter dem Gesichtspunkt durchgeführt, daß diese Substanz als Vasokonstriktor zu einer Senkung der Sauerstoffspannung im Gewebe führt. Die Bedeutung der vasokonstriktorischen Wirksamkeit von Serotonin in diesem Zusammenhang wird von SUPEC et al. (1961) bestritten, weil Psilocybin, das nach GESSNER et al. (1960) ein viel wirksamerer Vasokonstrik-

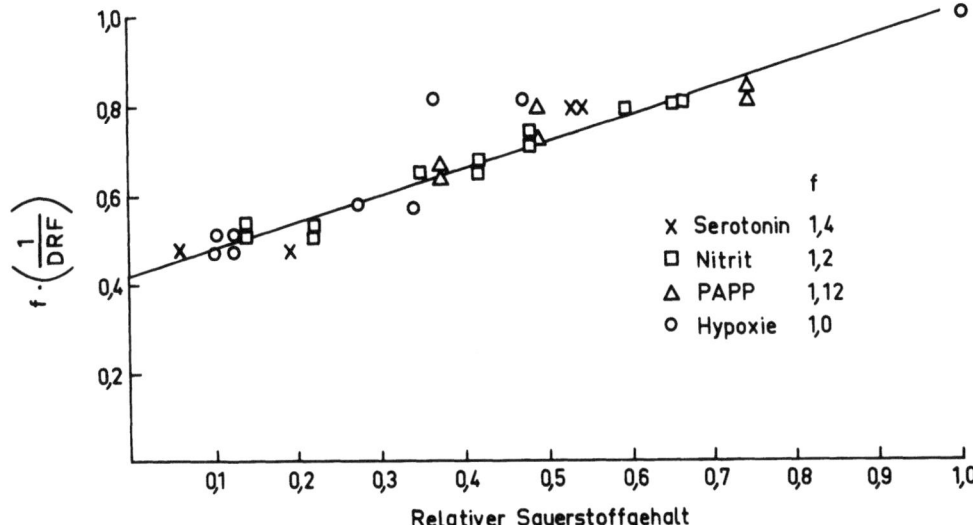

Abb. 13. Beziehung zwischen der relativen Strahlenwirksamkeit (1/DRF) und dem relativen Sauerstoffgehalt in Milz und Vena cava von Mäusen nach Gabe verschiedener Schutzsubstanzen und unter Hypoxie-Bedingungen. Erläuterung s. Text. (Nach HASEGAWA u. LANDAHL 1967)

tor ist, keinen Schutzeffekt hervorruft. Die Vorstellung über die Bedeutung der vasokonstriktorischen Eigenschaften bei der Auslösung eines Strahlenschutzeffektes ist nach BACQ (1963) auch deshalb abzulehnen, weil das Tryptamin einen guten Schutzeffekt hervorruft, aber nicht im gleichen Maß vasokonstriktorisch wirksam ist wie Serotonin.

Vos et al. (1962) haben gezeigt, daß Serotonin keinen Strahlenschutzeffekt auf die Überlebensrate von Säugerzellen ausübt, wenn diese Zellen in vitro kultiviert und bestrahlt werden. Dieser Befund zeigt deutlich, daß die Elektronendonatoreigenschaften des Serotonins nicht ausreichen, um seine Schutzwirkung zu erklären. Offensichtlich sind pharmakodynamische Prozesse, die möglicherweise über das Zentralnervensystem gesteuert werden, notwendig. Derartige Vorstellungen werden vor allem unterstrichen durch die Bestimmung der Überlebensrate von Mäusen nach einer Röntgenganzkörperbestrahlung, wenn die Tiere vor der Bestrahlung das Serotonin intrazerebral injiziert erhielten (STREFFER u. FLÜGEL 1972). Bei dieser Applikationsart wurde derselbe Dosisreduktionsfaktor erreicht wie nach einer intraperitonealen Injektion; jedoch konnte die Serotonindosis bei der intrazerebralen Injektion um einen Faktor 5 erniedrigt werden, um den gleichen Effekt zu erhalten.

Da ferner gezeigt werden konnte, daß intraperitoneal injiziertes Serotonin durchaus in Hirnregionen wie den Hypothalamus und Hirnstamm übertreten kann, ist die zentralnervöse Wirkung dieser Substanz für den Strahlenschutz durchaus erklärlich (KONERMANN u. STREFFER 1974). Ebenso wurden Stoffwechselveränderungen in der Leber sowohl nach einer intraperitonealen als auch nach einer intrazerebralen Injektion des Serotonins bei Mäusen beobachtet (STREFFER 1977). Dabei kam es zu einem beträchtlichen Anstieg des Laktat-Pyruvat-Verhältnisses, das einen wichtigen Indikator für das intrazelluläre Redoxgleichgewicht darstellt. Diese Verschiebungen zeigen an, daß es durch die Serotoningabe zu einer starken Anoxie in dem Gewebe gekommen ist, die offensichtlich über zentralnervöse Mechanismen ausgelöst wird.

VAN DEN BRENK und HAAS (1961) nehmen eine allgemeine pharmakodynamisch verursachte Anoxie der Gewebe und Herabsetzung der Sauerstoffspannung an, während VAN DER MEER und VAN BEKKUM (1961) zu der Überzeugung gelangen, daß der Schutzeffekt des Serotonins bei Mäusen durch eine Herabsetzung der Sauerstoffspannung in der Milz hervorgerufen wird (s. auch Abb. 13, HASEGAWA u. LANDAHL 1967). Gegen die Auffassung eines alleinigen Milzeffektes spricht, daß nach MELCHING et al. (1964) die Serotonin-Wirksamkeit bei milzlosen Tieren zwar signifikant herabgesetzt ist, aber bei weitem nicht in dem Ausmaß wie durch die Gabe von serotonin-spezifischen Antagonisten oder Antimetaboliten. Eine zusammenfassende Darstellung u.a. über die Bedeutung pharmakodynamischer Wirkungen durch Serotonin gibt MELCHING (1965).

Auch für schwefelhaltige Substanzen wie Cystein (MAYER u. PATT 1953) und AET (DISTEFANO et al. 1960) wurden Veränderungen der Sauerstoffspannung im Gewebe vermutet bzw. nachgewiesen, wobei es je nach Tierspecies große Unterschiede gibt (DISTEFANO et al. 1962). Allerdings führt auch nichtschützendes Natriumthiophosphat zu einer Senkung des Blutdrucks und der Sauerstoffspannung (CLEMEDSON et al. 1957). Im allgemeinen herrschte die Meinung vor, daß die Wirkung sulfhydrylhaltiger Schutzstoffe nicht auf die veränderte intrazelluläre Sauerstoffspannung im Gewebe zurückzuführen ist (JAMIESON u. VAN DEN BRENK 1966; BETZ et al. 1967). Eine neuere Untersuchung (CRIBORN u. RÖNNBÄCK 1979) mit Cysteamin und einigen Thiophosphaten (ÅKERFELDT et al. 1967) bei Mäusen ergibt, daß nach Injektion der Substanzen der Sauerstoffverbrauch, die Atmung und die Rektaltemperatur abnimmt. Die Gabe von Amphetamin vor der Injektion von Cysteamin kompensiert die Abnahme der genannten Parameter und verringert auch erheblich den Strahlenschutzeffekt.

Die pharmakologischen Wirkungen auch des Thiophosphats WR 2721 sind Gegenstand eingehender Untersuchungen (YUHAS et al. 1973). Die Injektion dieser Substanz bei Mäusen ruft eine dramatische Vasodilation vor allen Dingen in der Milz hervor. Bei splenektomierten Tieren ist die Toleranz gegenüber den toxischen Effekten der Substanz größer, andererseits der Strahlenschutzeffekt geringer. Deshalb wird wenigstens ein Teil der Wirkung des WR 2721 auf die Fähigkeit zurückgeführt, die periphere Sauerstoffspannung zu reduzieren (YUHAS et al. 1973). In diesem Zusammenhang muß jedoch auf nichtpharmakologische Untersuchungen an Zellkulturen (menschliche Nierenzellen) mit Cysteamin und der dephosphorylierten Form des Thiophosphats WR 2721, dem WR 1065, hingewiesen werden, die gezeigt haben, daß beide Thiole rasch allen Sauerstoff im Kulturmedium verbrauchen (PURDIE et al. 1983). Dieser Befund veranlaßt die Autoren zu der Feststellung, daß es in Geweben durch die Thiole zu einer lokalen Hypoxie kommen kann und somit wenige weitere Moleküle mit SH-Gruppen als Wasserstoff-Donatoren zur Verfügung stehen. Diese These wird durch Ergebnisse gestützt, die bei der Untersuchung der Wirkung von WR 2721 auf bestrahlte in Sphäroide eingeschlossene chinesische Hamsterzellen erhalten wurden (DURAND 1983).

Die Aufklärung des Wirkungsmechanismus von Thiophosphaten unter Beteiligung des Sauerstoffs wird insofern erschwert, als die Sauerstoffkonzentration im Gewebe auf die Effektivität dieser Verbindungen rückwirkt. Dieses Verhalten ist nicht nur bei Thiophosphaten zu beobachten, sondern gilt generell bei der Anwendung von Pharmaka (JONES 1981). Untersuchungen von HARRIS und PHILLIPS (1971) haben gezeigt, daß u.a. die Knochenmarkstammzellen von Mäusen unter hypoxischen Bedingungen durch Thiophosphate weniger geschützt werden, als bei Atmung der Tiere in normaler Luft (s. Tabelle 5). UTLEY et al. (1974) konnten die gleiche Beobachtung bei einem Mammakarzinom der Maus machen. Jedoch zeigte sich unter Sauerstoffüberdruck-Bedingungen bei diesem Tumor ebenfalls ein verminderter Schutzeffekt, was die Autoren auf einen Gefäß-Kollaps zurückführten. Es ist klar, daß diese Fragen bei der Anwendung von Strahlenschutzstoffen in der Tumor-Strahlentherapie von außerordentlicher Bedeutung sind. In jüngster Zeit wurden der Frage des Sauerstoffs bei der Wirkung des Thiophosphats WR 2721 auf die Haut von bestrahlten Mäusen sehr eingehende Untersuchungen gewidmet (DENEKAMP et al. 1981, 1982; STEWART u. ROJAS 1982). Die Versuche, die sich über einen weiten Bereich der Sauerstoffkonzentration erstreckten, haben ergeben, daß ein maximaler Strahlenschutz bei einer mittleren Sauerstoffkonzentration erreicht wird, die mit der strahlenbiologischen Sauerstoff-Konstanten K übereinstimmt. Der Wert K gibt die Sauerstoffkonzentration an, bei der die Strahlenempfindlichkeit genau zwischen den Wer-

ten für anoxische und voll mit Sauerstoff versorgten Zellen liegt (ALPER u. HOWARD-FLAN-
DERS 1956).

Seit HOPE (1958) als erster eine Parallele zwischen Schutzeffekt und Hypothermie bei
Mäusen nach Gabe von AET und PAPP festgestellt hat, ist die Bedeutung der Temperaturabsenkung durch Strahlenschutzstoffe als Erklärungsmöglichkeit für die Strahlenschutzwirkung
umstritten. Zwar führt eine künstlich von außen herbeigeführte Hypothermie bei Ratten
mit einer Rektaltemperatur von 14–15 °C (HAJDUKOVIC et al. 1954) und bei Mäusen unterhalb 20 °C (HORNSEY 1957) zu einer deutlichen Erhöhung der Strahlenresistenz. BACQ (1965)
stellt dazu fest, daß solch niedrige Temperaturen niemals nach Injektion von Strahlenschutzsubstanzen erreicht werden. Eine schwache Hypothermie kann bei Mäusen sogar eine Strahlensensibilisierung hervorrufen (BLOOM u. DAWSON 1961). Andererseits sind jedoch auch
Strahlenresistenzerhöhungen nach artefizieller Hibernation bei Mäusen und Ratten mit geringerer Temperaturabsenkung als oben beschrieben beobachtet worden (LANGENDORFF u.
KOCH 1955; CRIBORN u. RÖNNBÄCK 1979).

Es gibt viele Untersuchungen, die sich mit der Frage des Einflusses von Strahlenschutz-
stoffen auf die Körpertemperatur beschäftigt haben. Bei Mäusen führen AET (ASHWOOD-
SMITH u. SMITH 1959), Cystamin (BETZ et al. 1962), Cysteamin, Diethyldithiocarbamat und
Serotonin (LIÉBECQ-HUTTER u. BACQ 1958) zu einer Verringerung der Körpertemperatur.
Dagegen hat Cystein selbst in großen Dosen eine vernachlässigbare Wirkung (LIÉBECQ-HUT-
TER u. BACQ 1958). Nach BACQ et al. (1965) besteht zwischen der Schutzwirksamkeit von
Cysteamin, Cystamin, Serotonin, Cyanid und Diethyldithiocarbamat und der durch i.p.-
Injektion dieser Substanzen verursachten Temperatursenkung keine Beziehung. Dagegen
üben Fluoracetat, Chlorpromazin und Reserpin dann eine schwache Strahlenschutzwirkung
aus, wenn die Körpertemperatur am niedrigsten ist (BACQ et al. 1965). Auch bei der Untersuchung über die Wirksamkeit des Thiophosphats WR 2721 konnte eine deutliche Abnahme
der Rektaltemperatur bei Mäusen zwischen 30 Minuten und 3 Stunden nach i.p.- oder
i.v.-Injektion beobachtet werden (TRAVIS et al. 1982). Diese Hypothermie scheint mit dem
Schutzmechanismus nicht in Verbindung zu stehen, da die i.v.-Injektion höhere Dosismodifi-
kations-Faktoren ergibt als die i.p.-Injektion. Dagegen übt die Art der Verabreichung auf
die Temperaturabsenkung keinen Einfluß aus.

III. Biochemische Wirkungsmechanismen

Die Beobachtung, daß sich unter den strahlenschutzwirksamen Stoffen viele Substanzen
befinden, die normalerweise im Säugetierorganismus vorhanden sind, führte zu der Überlegung, ob durch die Einwirkung energiereicher Strahlen eine Veränderung des körpereigenen
Gehalts dieser Substanzen eintritt. Daraus entwickelte sich die Vorstellung, daß eine derartige
strahlenbedingte Veränderung körpereigener Stoffe als mögliche Ursache für die Schutzwirkung durch exogene Zuführung angesehen werden kann. Unter diesem Gesichtspunkt wurden
strahlenbedingte Veränderungen des körpereigenen Gehalts an sulfhydrylgruppenhaltigen
Stoffen, von Serotonin, von Histamin sowie von Adrenalin und Noradrenalin untersucht.
Eine eingehende zusammenfassende Darstellung dieser Arbeiten wurde von MELCHING und
STREFFER (1966) gegeben.

HAGEN et al. (1958) haben bei Untersuchungen über die DNA-Synthese in Milz, Thymus
und Leber der cysteamingeschützten Maus diskutiert, ob ein Strahlenschutz durch Sulfhydryl-
Verbindungen nur dann möglich ist, wenn die Zellen sich im Ruhestadium befinden. Im
Zusammenhang mit der Wechselwirkung besonders von schwefelhaltigen Strahlenschutzstoffen und der DNA (s. Kap. E. I.) konnten KOVACS et al. (1972) bei Untersuchungen über
die Wirkung des Cysteins auf das hämatopoetische Gewebe beobachten, daß die Knochen-

markstammzellen (CFU) von Mäusen 4 Tage nach der Injektion der Substanz reduziert sind. Fener findet eine Abnahme der ^{14}C-Thymidin-Inkorporation in die DNA der Knochenmarkzellen 30 Minuten nach der Gabe des Cysteins statt. Die Autoren nehmen an, daß dieser Befund wahrscheinlich das Ergebnis einer inhibitorischen Wirkung des Cysteins auf die DNA-Synthese während der S-Phase im Generationszyklus von proliferierenden Zellen ist. Entsprechende Vorgänge werden im Lebergewebe von Mäusen nach der Gabe von Cysteamin angenommen (MITZNEGG 1973b). Dadurch sollen Reparaturvorgänge an der strahlengeschädigten DNA ermöglicht werden, bevor eine Replikation der DNA stattfindet. Eine derartige Annahme ist bestätigt worden durch Ergebnisse, die für die DNA-Synthese in der Milz von Mäusen nach Bestrahlung und vorheriger Gabe von Serotonin erhalten worden sind (STREFFER 1974). Serotonin allein erniedrigt die DNA-Synthese in der Milz. Es kann jedoch die weitere strahlenbedingte Depression, die wenige Stunden nach der Bestrahlung auftritt, nicht vermeiden. Allerdings erholt sich in den folgenden Tagen die DNA-Synthese wesentlich schneller bei denjenigen Tieren, die Serotonin vor der Bestrahlung erhalten haben. Offensichtlich trägt eine Erniedrigung des Energiestoffwechsels in diesem Falle zu dem beobachteten Effekt bei (STREFFER 1974). Eine Hemmung der DNA-Synthese in der Milz von Mäusen durch Cystamin, Cystaphos (WR 638), Gammaphos (WR 2721), Mexamin, 4-Aminobenzo/c//1,2,5/thiadiazol und PAPP wird auch von VLADIMIROV et al. (1979) beschrieben. Eine weitere Arbeit beschäftigt sich in diesem Zusammenhang mit der Wirkung von AET, Cysteamin, Cystein, Glutathion, Mercaptoethanol, Mercaptopropionylglycin und weiteren Verbindungen auf den semikonservativen und „unscheduled" Einbau von ^{3}H-Thymidin in die DNA von Rattenthymozyten (TEMPEL et al. 1982). Die Ergebnisse stützen die Hypothese, wonach eine Verlängerung des Reparaturvorgangs bei gleichzeitiger reversibler Hemmung der semikonservativen DNA-Synthese durch Aminothiole die Reparaturkapazität von Zellen erhöht. Der in diesen Arbeiten beobachtete Mechanismus ist vereinbar mit der Hypothese von BACQ und GOUTIER (1967) wonach eine durch schwefelhaltige Schutzstoffe hervorgerufene Verzögerung in der DNA-Synthese oder in der Mitose-Phase die Wirksamkeit des DNA-Repair-Systems vergrößert. Diese Idee steht in Beziehung zu der ebenfalls von BACQ und GOUTIER entwickelten Hypothese vom „Biochemischen Schock" als Ursache der durch eine chemische Substanz hervorgerufenen Resistenzsteigerung.

Im Zusammenhang mit der Idee vom „Biochemischen Schock" ist auch eine Hypothese von LANGENDORFF (1970) zu nennen. Danach reagiert ein Schutzstoff mit spezifischen Rezeptoren, die sich an der Oberfläche der Plasmamembran befinden. Im weiteren Verlauf kommt es zur Stimulierung des Adenylcyclase-Systems, was zur Normalisierung verschiedener strahlenbedingter Regulationsstörungen führt. In Tabelle 12 ist der Einfluß eines Rezeptorenblockers auf die Wirksamkeit verschiedener Strahlenschutzsubstanzen dargestellt. Die Daten zeigen, daß in einigen Fällen der Strahlenschutz drastisch durch die Gabe des Rezeptoren-Hemmers gesenkt werden kann. An bestrahlten Zellkulturen des chinesischen Hamsters konnte durch Stimulation des intrazellulären Gehalts an cAMP mit Prostaglandinen oder durch Inhibition der Phosphodiesterase vor der Bestrahlung eine Erhöhung der Überlebensrate beobachtet werden (PRASAD 1972; LEHNERT 1975, 1979a, b). Eine Resistenzsteigerung wurde auch bei Zellen eines menschlichen Mammakarzinoms gefunden, wenn die Inhibition der Phosphodiesterase vor der Bestrahlung eingeleitet wurde (GRIEM et al. 1983). Auf die Bedeutung dieser Vorgänge für die Strahlentherapie weisen GRIEM et al. (1983) hin. MITZNEGG (1973b) hat in der bereits oben zitierten Arbeit nachweisen können, daß eine Cysteamin-Gabe an Mäuse in deren Leberzellen zu einer Erhöhung des endogenen zyklischen AMP führt. Der Autor nimmt an, daß der cysteaminbedingte Schutzeffekt durch zyklisches AMP als „second messenger" vermittelt wird. Auch in der Milz der Maus wurde eine Erhöhung der Adenylcyclase-Aktivität nach Gabe von Cysteamin gefunden, wobei auch eine alleinige Bestrahlung zu einer Verstärkung der Aktivität führt (SOLTYSIAK-PAWLUCZUK u. BITNY-

Tabelle 12. Wirkung des β-adrenergen Rezeptoren-Hemmers LB 46 (VISKEN) bei Verabreichung verschiedener Schutzsubstanzen vor Röntgenbestrahlung von Mäusen. (LANGENDORFF u. LANGENDORFF 1971)

Substanz	Strahlen-dosis	Überlebende Tiere		Irrtums-wahrscheinlich-keit
		ohne Rezeptorenblock	mit Rezeptorenblock	
AET	1120 R	50,0%	8,0%	<0,001
Cystamin	1120 R	66,0%	37,0%	<0,01
Serotonin	1050 R	56,0%	42,0%	>0,5
TACE[a]	810 R	54,0%	2,0%	<0,001
LPS[b]	810 R	59,6%	44,0%	<0,01

[a] TACE = 1,1,2-Tri-n-Anisyl-2-Chlorethylen (Proöstrogen)
[b] LPS = Lipopolysaccharid von E. coli

SZLACHTO 1976). Bei hohen Strahlendosen auch in Verbindung mit Cysteamin konnte allerdings keine Änderung der Adenylcyclase-Aktivität festgestellt werden. Die Einwirkung physiologischer Konzentrationen von Katecholaminen und Dibutyryl-cAMP auf Knochenmarkstammzell-Lösungen von Mäusen steigert die Überlebensfähigkeit der Stammzellen (KULINSKII et al. 1977). Nach Auffassung der Autoren muß der Strahlenschutz über zyklische Nukleotide ablaufen. Hierbei aktivieren die Katecholamine über Adrenorezeptoren die Adenylat-Cyclase und exogenes Dibutyryl-cAMP kann in die Zellen eindringen. Die Erhöhung des cAMP-Spiegels im Knochenmark durch Katecholamine konnte experimentell gesichert werden. Die Veränderung des cAMP-Gehalts in der Milz von Mäusen durch verschiedene Strahlenschutzstoffe wurde von VLADIMIROV et al. (1979) untersucht. Danach erhöht Cystamin, Mexamin, 4-Aminobenzo/c//1,2,5/thiadiazol und PAPP den cAMP-Gehalt um 40 bis 110% des Kontrollwerts, während Cystaphos (WR 638) ohne Einfluß ist, und Gammaphos (WR 2721) den cAMP-Gehalt in Abhängigkeit von der applizierten Schutzstoffmenge senkt. Nach Gabe des Thiophosphats WR 2721 an Ratten finden TROCHA und CATRAVAS (1983) ebenfalls keinen Anstieg des cAMP in der Leber und Milz der unbestrahlten Tiere. Dagegen erhöht sich der Wert bei bestrahlten Ratten nach Vorbehandlung mit WR 2721. Die Autoren schließen aus den Ergebnissen, daß dieser Faktor und die von ihnen zusätzlich untersuchten Veränderungen der Prostaglandine wichtige Einflußgrößen für den Schutzmechanismus sein können.

Auch von KIMURA et al. (1981) ist berichtet worden, daß die Strahlenresistenz von kultivierten Säugerzellen durch Dibutyryl-cAMP gesteigert werden kann. Allerdings mußten die Zellen über mehrere Stunden vor und nach der Bestrahlung mit dieser Substanz inkubiert werden, damit ein solcher Schutzeffekt beobachtet wurde. Außerdem war die Substanzkonzentration (1 mM) relativ hoch. In diesem Zusammenhang ist von besonderem Interesse, daß die nicht-zyklischen Mononukleotide des Adenosins ebenfalls einen guten Strahlenschutzeffekt auslösen können, wenn die Substanzen Mäusen vor der Bestrahlung intraperitoneal injiziert werden. Es sind Dosisreduktionsfaktoren von etwa 1,5 berichtet worden (LANGENDORFF et al. 1962). In Kombination mit Serotonin konnten diese Effekte verstärkt werden. Hierin ist ein deutlicher Hinweis zu sehen, daß offensichtlich unterschiedliche Wirkungsmechanismen bei beiden Substanzgruppen vorliegen.

Auch durch die Gabe von Pyridoxal-5-Phosphat des Koenzyms von Dekarboxylasen und anderer Enzyme konnte ein Strahlenschutzeffekt erreicht werden, der durch die Adenosinnukleotide verstärkt worden ist (LANGENDORFF et al. 1960). Aufgrund der Befunde, die nach Gabe von Pyridoxal-5-Phosphat beobachtet worden sind, und der Bestimmung von Metaboliten sowie Enzymaktivitäten, die Pyridoxal-5-Phosphat zum Koenzym benöti-

gen, ist diesen Stoffwechselvorgängen eine besondere Bedeutung für die Strahlenempfindlichkeit von Säugern und ihrer Modifizierung nach einer Ganzkörperbestrahlung zugeschrieben worden (STREFFER 1971). LADNER et al. (1980) haben gezeigt, daß derartige Veränderungen auch bei Tumorpatienten nach Bestrahlung auftreten. Diese Daten lassen die Bedeutung
endogener Substanzen und Stoffwechselsysteme für die hier besprochenen Probleme erneut
erkennen. Die Mechanismen sind bereits von MELCHING und STREFFER (1966) diskutiert
worden.

Die vielfältigen Ergebnisse, die bei in vitro Systemen und an Ganztieren gewonnen worden
sind, zeigen, daß offensichtlich sehr unterschiedliche Wirkungsmechanismen von Strahlenschutzstoffen vorliegen können. Während in einigen Fällen die Modifizierung von strahlenchemischen Reaktionen durch die Substanzen einen Beitrag zu der Schutzwirkung liefern
kann, muß bei anderen Substanzen der Schutzmechanismus offensichtlich über biologische
Phänomene, z. B. Interaktion mit Rezeptoren biogener Amine, ausgelöst werden. Auch die
Befunde, daß bei einer Kombination von Strahlenschutzsubstanzen eine erhebliche Steigerung des Effektes der Resistenzerhöhung erreicht werden kann, geben einen deutlichen Hinweis, daß unterschiedliche Wirkungsmechanismen vorliegen. Ein wesentliches Problem für
die Anwendung dieser Substanzen beim Menschen liegt darin, daß die toxische Grenze im
allgemeinen nahezu erreicht wird, wenn ein hinreichend guter Strahlenschutz gewährleistet
sein soll. Auch ist die Dauer der Wirksamkeit in den meisten Fällen kurz (30 bis maximal
60 Minuten). Hier müssen wesentliche Verbesserungen für den praktischen Einsatz, z. B.
in der Tumortherapie, erreicht werden.

Literatur

Abe M, Nishidai T, Yukawa Y, Takahashi M, Ono K, Hiraoka M, Ri N (1981) Studies on the radio-protective effects of superoxide dismutase in mice. Radiat Oncol Biol Phys 7:205–209

Adams GE (1967) The general application of pulse radiolysis to current problems in radiobiology. In: Ebert M, Howard A (eds) Current topics in radiation research, vol III. North Holland Publ Comp, Amsterdam, pp 35–93

Åkerfeldt S, Rönnbäck C, Nelson A (1967) Radio-protective agents: Results with S-(3-amino-2-hy-droxypropyl)phosphorothioate, amidophospho-rothioate and some related compounds. Radiat Res 31:850–855

Alexander P, Bacq ZM, Cousens SF, Fox M, Herve A, Lazar J (1955) Mode of action of some sub-stances which protect against the lethal effects of x-rays. Radiat Res 2:392–415

Alper T, Howard-Flanders P (1956) Role of oxygen in modifying the radiosensitivity of E coli B. Nature 178:978–979

Alper T, Fowler JF, Morgan RL, Vonberg DD, Ellis F, Oliver R (1962) The characterization of the "type C" survival curve. Br J Radiol 35:722–723

Andrews JR, Sneider SE (1957) The modification of the radiation response. Am J Roentgenol 81:485–497

Arndt D, Ritter M (Hrsg der deutschen Ausgabe) (1979) Handbuch für medizinische Fragen des Strahlenschutzes. Militärverlag der Deutschen Demokratischen Republik, Berlin

Ashwood-Smith MJ, Smith AD (1959) Radioprotec-tive action of S-alkyliso-thiuronium salts. Int J Radiat Biol 1:196–198

Bacq ZM (1954) The amines and particularly cyste-amine as protectors against roentgen rays. Acta Radiol [Ther] (Stockh) 41:47–55

Bacq ZM (1963) Radioprotection – the case of 5-hy-droxytryptamine (5-HT). Strahlenschutz Forsch Prax 2:172–175

Bacq ZM (1965) Chemical protection against ioni-zing radiation. Thomas Publ, Springfield/Il.

Bacq ZM (1975) Importance of pharmacological ef-fects for radioprotective action. In: Bacq ZM (ed) Sulfur-containing radioprotective agents. Inter-national Encyclopedia of Pharmacology and The-rapeutics. Pergamon, Oxford, pp 319–323

Bacq ZM, Goutier R (1967) Mechanism of action of sulfur-containing radioprotectors. In: Reco-very and repair mechanisms in radiobiology, no 20. Brookhaven Symposia in Biology, pp 241–262

Bacq ZM, Hervé A (1952) Sur un nouveau protecteur contre le rayonnement X. Schweiz Med Wo-chenschr 1952:1018–1020

Bacq ZM, Hervé A, Lecomte J, Fischer P, Blavier

J, Dechamps G, Bihan H le, Rayet P (1951) Protection contre rayonnement X par la β-mercaptoéthylamine. Arch Internat Physiol 59:442–447

Bacq ZM, Deschamps G, Fischer P, Hervé A, Bihan H le, Lecomte J, Pivotte M, Rayet P (1953a) Protection against x-rays and therapy of radiation sickness with β-mercaptoethylamine. Science 117:633–636

Bacq ZM, Hervé A, Scherber F (1953b) Action de la mercaptoéthylamine sur la régénération des leucocytes chez la souris après irradiation aux rayons x. Arch Int Pharmacodyn 94:93–102

Bacq ZM, Beaumariage ML, Radivojevitch DV (1961) Protection chimique locals et générale contre l'épilation par le rayonnement X. Bull Acad Roy Méd Belg, VIIth series 1:519–550

Bacq ZM, Beaumariage ML, Liébecq-Hutter S (1965) Relation entre la radio/protection et l'hypothermie induite par certaines substances chimiques. Int J Radiat Biol 9:175–178

Baldini G, Ferri L (1957) Experimental and clinical research on the radioprotective action of cysteamine and cystamine. III. Clinical research. Br J Radiol 30:271–273

Bäumer J, Hofmann D, Kepp RK (1953) Die Strahlenschutzwirkung des Cysteins bei dem Asziteskarzinom der Maus. Strahlentherapie 92:25–32

Bartosz G, Leyko W, Kedziora J, Jeske J (1980) Superoxide dismutase and radiationinduced haemolysis: no benefit of its increased content in red cells. Int J Radiat Biol 38:187–192

Barron ESG, Dickman S, Muntz JA, Singer TP (1949) Studies on the mechanism of action of ionizing radiation. I. Inhibition of enzymes by X rays. J Gen Physiol 32:537–552

Beccari E, Bianchi C, Felder E (1955) Chemisch-physikalische, pharmakologische und klinische Untersuchungen über β-Mercaptoäthylamin, besonders im Hinblick auf die Bleivergiftung. Arzneim Forsch 5:421–428

Beliles RP, Kereiakes JG, Krebs AT (1959) Influence of cystein on the intestinal epithelium of x-irradiated rats. J Natl Cancer Inst 22:1045–1057

Benjamin E, Sluka E (1908) Antikörperbildung nach experimenteller Schädigung des haematopoetischen Systems durch Röntgenstrahlen. Wien Klin Wochenschr 21:311–312

Benson RE, Michaelson SM, Downs WL, Maynard EA, Scott JK, Hodge HC, Howland JW (1961) Toxicological and radioprotection studies on S,β-aminoethylisothiuronium bromide (AET). Radiat Res 15:561–572

Betz EH, Mewissen DJ, Lelièvre P (1962) Protective effectiveness of cystamine versus delay of exposure, body temperature and protein linkage. Int J Radiat Biol 4:231–238

Betz EH, Leliévre P, Smoliar V (1967) Protective effectiveness of some sulphur-containing substances and oxygen uptake in the rat. Int J Radiat Biol 12:163–168

Bewley DK (1968) Calculated LET distributions of fast neutrons. Radiat Res 34:437–445

Bianchi E, Gasparini S (1955) L'aumentata resistenza tissulare cutanea alle radiazone X in rapporto alla somministrazione di beta mercaptoetilamina al 0,5% per infiltrazione sottocutanea nel tratto da irradiare. Radiologia (Roma) 11:1137–1153

Bloom HJG, Dawson KB (1961) Enhanced effect of total-body x-irradiation in mice under mild hypothermia. Nature (Lond) 192:232–233

Blumberg AL, Nelson DF, Gramkowski M, Glover D, Glick JH, Yuhas JM, Kligerman MM (1982) Clinical trials of WR-2721 with radiation therapy. Int J Radiat Oncol Biol Phys 8:561–563

Boone IU (1961) Effect of preirradiation treatment with glutathione on lifespan and tumor incidence in CF_1 mice. Radiat Res 14:453

Braun H, Koch R (1968) Untersuchungen über einen biologischen Strahlenschutz. 86. Mitt Veränderungen der Mitochondrien nach strahlenschützenden Sulfhydrylkörpern bzw nicht schützenden Homologen. Strahlentherapie 135:628–631

Braun W, Kirnberger E-J, Stille G, Wolf V (1959) Vergleich einiger Sulfhydrylverbindungen im Strahlenschutz nach Wirkungsgrad und Zeitabhängigkeit. Strahlentherapie 108:262–268

Brecher G, Cronkite EP, Peers JH (1953) Neoplasms in rats protected against lethal doses of irradiation by parabiosis or para-aminopropiophenone. J Natl Cancer Inst 14:159–175

Brenk HAS van den (1969) The oxygen effect in radiation therapy. In: Curr Topics Radiat Res 5:197–251

Brenk HAS van den, Haas M (1961) Studies of mechanisms of chemical radiation protection in vivo. I. 5-hydroxytryptamine in relation to effect of antimetabolites, antagonista and releasing agents. Int J Radiat Biol 3:73–94

Broch H, Cabrol D, Vasilescu D (1980) Quantum mechanical simulation of the interaction between the radioprotector cysteamine and DNA. Int J Quantum Chem: Quantum Biol Symposium 7:283–295

Broerse JJ, Barendsen GW, Keesen GR van (1968) Survival of cultured human cells after irradiation with fast neutrons of different energies in hypoxic and oxygenated conditions. Int J Radiat Biol 13:559–572

Chapman JD, Reuvers AP, Borsa J, Greenstock CL (1973) Chemical radioprotection and radiosensitization of mammalian cells growing in vitro. Radiat Res 56:291–306

Chatterjee RA, Bose P de (1959) Evaluation of radioprotective efficacy of cysteamine (with rat-liver-cell glycogen as reference system). Int J Radiat Biol 4:420–424

Clemedson C-J, Frederikson T, Sörbo B (1957) On the biochemistry and pharmacology of sodium monothiophosphate. Acta Physiol Scand 41:269–276

Cohen A, Cohen L (1962) Effects of aminoethylisothiouronium bromide and 5-hydroxytryptamine on the response of C₃H mammary tumor isografts to irradiation in vivo. Br J Radiol 35:200–204

Cohen L, Cohen A (1959) Experimental evaluation of systemic medication (cysteamine, menadione, flavonoids and corticoids) modifying reactions to radiotherapy. Br J Radiol 32:18–21

Condit PT, Levy AH, Scott EJ van, Andrews JR (1955) Some effects of β-amino-ethylisothiuronium bromide (AET) in man. J Pharmacol Exp Ther 122:13A–14A

Connor AM, Sigdestad CP (1982) Chemical protection against gastrointestinal radiation injury in mice by WR 2822, WR 2823, or WR 109342 after 4 MeV x ray or fission neutron irradiation. Int J Radiat Oncol Biol Phys 8:547–551

Court-Brown WM (1955) A clinical trial of cysteinamine (beta-mercaptoethylamine) in radiation sickness. Br J Radiol 28:325–326

Cosgrove GE, Upton AC, Congdon CC, Doherty DG, Gosslee DG (1963) Effects of AET and Bone marrow on delayed somatic effects of radiation in mice. Radiat Res 19:231

Cosgrove GE, Upton AC, Congdon CC, Doherty DG, Christenberry KW, Gosslee DG (1964) Late somatic effects of X-radiation in mice treated with AET and isologous bone marrow. Radiat Res 21:550–574

Criborn C-O, Rönnbäck C (1979) Pharmacologic effects of radiation protective compounds related to their protective effect in mice. Acta Radiol Oncol 18:31–44

Cudkowicz G (1961) Mammary gland neoplasia in irradiated rats given the radioprotective drug AET. Proc Amer Assoc Cancer Res 3:217

Cudkowicz G (1962) Relative inability of AET and APMT to protect immunologically competent cells against radiation injury. Transplant Bull 29:109–112

Czerwinski AW, Czerwinski AB, Clark MC, Whitsett TL (1972) A double blind comparison of placebo and WR-2721 AE in normal adult volunteers. Report MCA 1-33 to US Army Medical Research and Development Command

Denekamp J, Michael BD, Rojas A, Stewart FA (1981) Thiol radioprotection in vivo: the critical role of tissue oxygen concentration. Br J Radiol 54:1112–1114

Denekamp J, Michael BD, Rojas A, Stewart FA (1982) Radioprotection of mouse skin by WR-2721: The critical influence of oxygen tension. Int J Radiat Oncol Biol Phys 8:531–534

Desaive P (1954) Influences du monde d'irradiation, de l'hypophysectomie, des hormones gonadotropes et des radio-protecteurs chimiques sur la reponse de l'ovair le lapine aux rayons röntgen. Acta Radiol [Ther] (Stockh) 41:545–557

Desaive P, Bacq Z, Herve A (1952) Causes de la stérilité des souris femelles irradiées in toto et protégées par la cystinamine. Experientia 8:436–437

Desaive P, Bacq Z, Herve A (1953) Du comportement des testicules chez des souris irradiées et protégées par un sel bécaptan. J Belge Radiol 36:504–525

Deschevanne PJ, Midander J, Edgren M, Larsson A, Malaise E, Revesz R (1981) Oxygen enhancement of radiation induced lethality in glutathione deficient fibroblasts. Biomedicine 35:35–37

Dev PK, Gupta SM, Goyal PK, Mehta G, Pareek BP (1981) Radioprotective effect of MPG (2-Mercaptopropionylglycine) on the postnatal growth of mice irradiated in utero. Strahlentherapie 157:553–555

Dev PK, Gupta SM, Goyal PK, Mehta G, Pareek BP (1982) Protection from body weight loss by 2-mercaptopropionylglycine (MPG) in growing mice irradiated in utero with gamma radiation. Experientia 38:962–963

Devik F, Lothe F (1955) The effect of cysteamine, cystamine and hypoxia on mortality and bone marrow chromosome aberrations in mice after total body roentgen irradiation. Acta Radiol [Ther] (Stockh) 44:243–248

Distefano V (1964) Some remarks on the pharmacology of radioprotectant agents. Ann NY Acad Sci 114:588–596

Distefano V, Korn PS, Leary DE (1960) The blood pressure effects of 3-aminopropyl-N′-methylisothiuronium bromide hydrobromide (APMT) in the cat. Fed Proc 19:356

Distefano V, Klahn JJ, Leary DE (1962) The pharmacological effects of some radioprotective agents in mice. Radiat Res 17:792–800

Doherty DG (1960) Chemical protection to mammals against ionizing radiation. In: Hollaender A (ed) Radiation protection and recovery. Pergamon Press, Oxford London New York Paris, pp 45–86

Doherty DG, Burnett WT (1955) Protective effect of S,β-aminoethylisothiuronium-Br-HBr and related compounds against X-radiation death in mice. Proc Soc Exp Biol Med 89:312–314

Doherty D, Congdon CC (1959) Prolongation of homograft survival in AET-protected and isologous bone marrow-treated irradiated mice. Fed Proc 18:216

Doherty DG, Burnett WT, Shapira R (1957) Chemical protection against ionizing radiation. II. Mercaptoalkylamines and related compounds with protective activity. Radiat Res 7:13–21

Dunjic A, Maisin H, Maldague P (1957) Protection afforded by cysteamine against acute pulmonary syndrome in rats after x-irradiation. Arch Int Physiol Biochim 66:22–28

Durand RE (1983) Radioprotection by WR-2721 in vitro at low oxygen tensions: implications for its mechanism of action. Br J Cancer 47:387–392

Durkovsky J, Siracka-Vesela E (1958) Klinische Applikation von Cysteamin bei der Strahlungskrankheit. Neoplasma 5:417–423

Echols FS (1973) Normal and malignant tissue response to fractionated radiation exposure and the radioprotective drug WR-2721. Doctoral Dissertation, University of Florida, Gainesville, Florida, 1973. Zitiert bei: Yuhas JM (1980a)

Ehling UH, Doherty DG (1962) AET protection of the reproductive capacity of irradiated mice. Proc Soc Exp Biol Med 110:493–494

Eidus LK, Korystov YN, Kublik LN, Vexler AM (1982) Dependence of radioprotective effect of chemical modifying agents on their intracellular concentrations. Int J Radiat Biol 41:625–632

Eldjarn L (1954) The conversion of cystinamine to taurine in rat, rabbit, and man. J Biol Chem 206:483–490

Eldjarn L, Pihl A (1956) On the mode of action of x-ray protective agents. I. The fixation in vivo of cystamine and cysteamine to proteins. J Biol Chem 223:341–352

Eldjarn L, Pihl A (1960) Mechanisms of protective and sensitizing action. In: Errera M, Forssberg A (eds) Mechanisms in radiobiology, vol II. Multicellular organisms. Academic Press, New York London, pp 231–296

Eldjarn L, Pihl A, Shapiro B (1956) Cysteamine-cystamine: On the mechanism for the protective action against ionizing radiation. Proc 1st Intern Conf Peaceful Uses Atomic Energy, Geneva, 1955. 11:335–342

Eltgen D, Koch R, Langendorff H (1961) Untersuchungen über einen biologischen Strahlenschutz 38. Mitt Der Einfluß von Cysteamin und Serotonin auf die Retikulozyten und den Eisenstoffwechsel bestrahlter Tiere. Strahlentherapie 114:118–127

Ershoff BH, Brat V (1960) Failure of AET to protect against testes injury in the x-irradiated rat. Am J Physiol 198:655–656

Ferle-Vidovic A, Petrovic D, Vidic Z, Osmak M, Kadija K (1981) Absence of AET protection against fast neutrons: Cellular effects. Radiat Environm Biophys 19:197–204

Firket H, Lellièvre P (1966) Effet de la cystamine sur la respiration la phosphorylation oxydative et l'ultrastructure des mitochondries du rat. Int J Radiat Biol 10:403–415

Finney DJ (1964) Probit analysis. A statistical treatment of the sigmoid response curve. University Press, Cambridge

Flemming K (1977) Some ideas concerning the mode of action of radioprotective agents. In: Locker A, Flemming K (eds) Radioprotection: Chemical compounds-biological means. Birkhäuser, Basel Stuttgart, pp 79–86

Fowler JF, Kragt K, Ellis RE, Lindop PJ, Berry RJ (1965) The effect of divided doses of 15 MeV electrons on the skin response of mice. Int J Radiat Biol 9:241–252

Francois J, Beheyt J (1955) Cataracte par rayons X et cystéamine. Ophthalmologica 130:397–402

Gaugas JM (1982) Possible association of radioprotective and chemoprotective aminophosphorothioate drug activity with polyamine oxidase susceptibility. JNCI 69:329–332

Gensicke F, Spode E, Venker P (1962) Die S^{35}-Verteilung und -Ausscheidung nach Injektion S^{35}-markierten Cystamins bei der Maus. Strahlentherapie 118:561–569

Gerebtzoff MA, Bacq ZM (1954) Examen histopathologique de souris irradiées après injection de cystéamine. Experientia 10:341–343

Gessner PK, Khairallah PA, McIsaac WM, Page IH (1960) The relationship between the metabolic fate and pharmacologic actions of serotonin, bufotenine and psilocybin. J Pharmacol 130:126–133

Glick JH, Glover DJ, Weiler C, Blumberg A, Nelson D, Yuhas JM, Kligerman M (1982) Phase I clinical trials of WR-2721 with alkylating agent chemotherapy. Int J Radiat Oncol Biol Phys 8:575–580

Gray JL, Tew JT, Jensen H (1952) Protective effect of serotonin and paraaminopropiophenon against lethal doses of x-irradiation. Proc Soc Exp Biol Med 80:604–607

Griem K, Weichselbaum RR, Umans RS, Gifford L, Little JB (1983) Work in progress: radioprotection of human breast cancer cells by elevation of intracellular cyclic AMP. Radiology 148:289–290

Grigsby P, Maruyama Y (1981) Modification of the oral radiation death syndrome with combined WR-2721 and misonidazole. Br J Radiol 54:969–972

Grigsby P, Maruyama Y (1982) Combined radiosensitization and radioprotection for oral cavity tumors: study with an oral cavity tumor model. Int J Radiat Oncol Biol Phys 8:557–559

Gupta SM, Goyal PK, Dev PK (1981) Weight changes in mice after intrauterine treatment with MPG (2-mercaptopropionylglycine) against I^{131} irradiation. Experientia 37:898–899

Haas E, Lorenz W (1960) Untersuchungen über die Wirkung der Strahlenschutzsubstanz β-Aminoäthylisothiuronium-chloridhydrochlorid (AET·Cl·HCl) auf die Strahlenempfindlichkeit des Yoshida-Sarkoms der Ratte. Strahlentherapie 112:451–456

Hähn J, Prösch U, Siegel G (1970) Vorstellungen über den Wirkungsmechanismus von schwefelhaltigen Strahlenschutzsubstanzen. Isotopenpraxis 6:241–250

Hagen U, Ernst H, Langendorff H (1958) Untersuchungen über einen biologischen Strahlenschutz. 26. Mitt. Wirkung von Strahlenschutzsubstanzen auf die durch Röntgenstrahlen ausgelösten Stoffwechselveränderungen im Organismus. Strahlentherapie 107:426–436

Hahn A, Lohmann W, Hillerbrand M, Deffner U (1975) Molecular mechanism of action of the radioprotective substance WR 2721. Radiat Environ Biophys 11:265–269

Hajdukovic S, Hervé A, Vidovic V (1954) Diminution de radiosensibilité du rat adulte en hypothermie profonde. Experientia 10:343–344

Hanna C, Colclough NV (1963) Toxicity and tolerance studies on AET. Arch Int Pharmacodyn Ther 142:510–515

Hanna C, O'Brien JE (1963) Effect of AET on γ-ray radiation cataracts. Arch Int Pharmacodyn Ther 142:198–205

Harris JW, Phillips TL (1971) Radiobiological and biochemical studies of thiophosphate radioprotective compounds related to cysteamine. Radiat Res 46:362–379

Harris JW, Meneses JJ (1978) Radioprotection of immunologically reactive T lymphocytes by WR-2721. Int J Radiat Oncol Biol Phys 4:437–440

Harris JW, Power JA (1973) Diamide: A new radiosensitizer for anoxic cells. Radiat Res 56:97–109

Hasegawa A, Landahl HD (1967) Studies on spleen oxygen tension and radioprotection in mice with hypoxia, serotonin, and p-aminopropiophenone. Radiat Res 31:389–399

Healy JB (1960) A trial of cystamine in radiation sickness. Br J Radiol 33:512–514

Hervé A, Bacq ZM (1952a) Protection chimique contre le rayonnement X (essais thérapeutiques). J Radiol 33:651–655

Hervé A, Bacq ZM (1952b) Modifications des effets du rayonnement x par certaines substances chimiques. Théorie, expériences. J Belge Radiol 35:524–545

Heuwieser H (1954) Die Behandlung des Strahlenkaters mit Sulfhydrylkörpern und ihre Problematik. Strahlentherapie 95:330–332

Hofmann D (1955) Über die lokale Wirksamkeit des Cysteins bei seiner Anwendung im aktiven Strahlenschutz. Strahlentherapie 96:396–402

Hollcroft J, Lorenz E, Miller E, Congdon CC, Schweisthal R, Uphoff D (1957) Delayed effects in mice following acute total-body x irradiation: Modification by experimental treatment. J Nat Cancer Inst 18:615–640

Hope DB (1958) Radioprotective substances and hypothermia. Br J Radiol 31:339

Hornsey S (1957) The effect of hypothermia on the radiosensitivity of mice to whole-body irradiation. Proc R S Lond [Biol] 147:547–549

Hovestadt I, Ernst M, Mönig H, Fischer H (1983) The early effect of sublethal x-irradiation of phagocytic cells in mouse blood and the influence of cystamine as measured by chemiluminescence. Int J Radiat Biol 44:563–573

Hunter N, Milas L (1983) Protection by S-2-(3-aminopropylamino) ethylphosphorothioic acid against radiation-induced leg contractures in mice. Cancer Res 43:1630–1632

ICRU Report 30: Quantitative concepts and dosimetry in radiobiology. International Commission on Radiation Units and Measurements. Washington DC 1979

Ikebuchi M, Shinohara S, Kimura H, Morimoto K, Shima A, Aoyama T (1981) Effects of daily treatment with a radioprotector WR-2721 on Ehrlich's ascites tumors in mice: suppression of tumor cell growth and earlier death of tumor-bearing mice. J Radiat Res 22:258–264

International Civil Defence (1983) ABC Self-protection kit in the Soviet Union. Bull Int Civil Defence Org 337:8

Irie H, Yosihara H (1961) Influence of the radioprotective agents on the therapeutical effects of radiations for malignant tissues. Chemotherapia 3:176–188

Jamieson D, Brenk HAS van den (1966) Studies of mechanisms of chemical radiation protection in vivo. III. Changes in fluorescence of intracellular pyridine nucleotides and modification by extracellular hypoxia. Int J Radiat Biol 10:223–241

Jellum E (1965) Interaction of cystamine and cystamine derivatives with nucleic acids and nucleoproteins. Int J Radiat Biol 9:185–200

Jones DP (1981) Hypoxia and drug metabolism. Biochem Pharmacol 30:1019–1023

Kaplan WD, Lyon MF (1953) Failure of mercaptoethylamine to protect against the mutagenic effects of radiation. II. Experiments with mice. Science 118:777–778

Kimura H, Yasui T, Aoyama T (1981) Modification of radiation sensitivity of cultured cells by pre- and postirradiation incubation with dibutyryl cyclic AMP. Radiat Res 85:207–214

Kinnamon KE, Ketterling LL, Stampfli HF, Grenan MM (1980) Mouse endogenous spleen counts as a means of screening for anti-radiation drugs. Proc Soc Exp Biol Med 164:370–373

Kligerman MM, Shaw MT, Slavik M, Yuhas JM (1980) Phase I clinical studies with WR-2721. In: Brady LW (ed) Radiation sensitizers. Masson, New York, pp 426–430

Kobayashi J, Kitajima T, Katayama E, Kawamura F (1965) Biological protection mechanisms of radioprotectors on the mammalian cells. IV. Cytological effects of MEA on bone marrow cells and thymus cells. Tokushima J Exp Med 12:35–39

Koch R (1962) Der Einfluß verschiedener Strahlenschutzstoffe auf die Strahlenempfindlichkeit von Tumoren. Nucl Med 2:265–271

Koch R (1965) The radioprotective action of different radioprotectors for doses below 100 R. Prog Biochem Pharmacol 1:427–431

Koch R (1967) Strahlenschutzsubstanzen und ihr Einfluß auf die Strahlenempfindlichkeit von Tumoren. Sonderbände zur Strahlentherapie (Strahlenbehandlung und Strahlenbiologie) 66:338–344

Koch R, Schwarze W (1957) Toxikologische und chemische Untersuchungen an β-Aminoäthylisothiuronium-Verbindungen. Arzneim Forsch 7:576–579

Koch R, Seiter I (1964) Quantitative relations between doses of chemical protective agents and doses of x-irradiation. Nature (Lond) 203:984–985

Konermann G (1972) Die Dosis- und Phasenabhängigkeit von Cystamin im Verlaufe der Keimesentwicklung der Maus. Strahlentherapie 144:96–116

Konermann G, Streffer C (1974) Histo-autoradiographic investigations on the distribution of injected 5-hydroxytryptamine (serotonin) in the brain and the pituitary of mice. Naunyn Schmiedebergs Arch Pharmacol 282:349–365

Kovacs P, Hernadi F, Dezsi Z (1972) Effect of cysteine on haematopoietic tissues. Acta Biochim Biophys Acad Sci Hung 7:67–74

Kulinskii VI, Lobyntsev KS, Krivenko ED (1977) Radioprotective effect of physiological contrations of catecholamines and dibutyryl-cAMP on marrow stem cells. Dokl Akad Nauk SSSR 237:1502–1505

Kumar A, Uma Devi P (1983) Chemical radiation protection of ovarian follicles of mice by MPG (2-mercaptopropionylglycine). J Nuclear Med Allied Sci 27:9–12

Kuna P (1979) Möglichkeiten des chemischen Strahlenschutzes im Falle einer Neutronenbestrahlung des Organismus (tschechisch). Vojenské Zdravotnické Listy 47:237–244

Künkel H-A, Heckmann U (1958) Die Strahlenschutzwirkung von Cystein und Cysteamin bei reduziertem Stoffwechsel. Strahlentherapie 106:256–259

Ladner H-A, Mitchell JS, King EA, Weisselberg R (1980) Das Verhalten einiger B-Vitamine beim Karzinompatienten während der Strahlentherapie. Strahlentherapie 156:856–860

Lancker J van, Maisin J (1953) Le rôle de la β-mercaptoéthylamine dans la protection et la régénération des tissus chez les animaux irradiés in toto. Compt Rend Soc Biol 147:2057–2059

Langendorff H (1965) Grundlagen und Möglichkeiten eines biologisch-chemischen Strahlenschutzes bei äußerer Strahleneinwirkung. Arzneimittel Forsch 15:463–472

Langendorff H (1970) Zum Wirkungsmechanismus strahlenresistenzerhöhender Substanzen. Strahlentherapie 140:428–432

Langendorff H, Koch R (1955) Strahlenschaden und Narkose. Arzneimittel Forsch 5:677–680

Langendorff H, Langendorff M (1971) Der Einfluß von adrenergen Rezeptoren-Blockern auf die Wirksamkeit von Strahlenschutzsubstanzen. Experientia 27:1303–1304

Langendorff H, Langendorff M, Koch R (1958) Überprüfung des spezifischen Strahlenschutzeffektes der Cystein-Cysteamin-Gruppe unter Berücksichtigung eines Mercaptopyridinderivates. Strahlentherapie 107:121–126

Langendorff H, Melching H-J, Rösler H (1960) Über den Anteil des Adenylsäuresystems und des Pyridoxal-5-phosphats am Strahlenschutzeffekt des Serotonins. Strahlentherapie 113:603–609

Langendorff H, Melching H-J, Streffer C (1962) Zum Anteil des Adenylsäuresystems am Strahlenschaden des Säugetiers. Strahlentherapie 118:341–347

Langendorff H, Langendorff M, Metzner R, Mönig H, Steinbach K-H, Temme W, Tumbrägel G (1971) Radiobiological investigations with fast neutrons. II. The radioprotective action of different substances on male mice. Atomkernenergie 18:83–88

Langendorff H, Langendorff M, Mönig H (1974) Zum Problem der Induzierbarkeit einer erhöhten biologischen Strahlenresistenz durch chemische Stoffe bei einer Einwirkung schneller Neutronen. Strahlentherapie 147:69–76

Latarjet R, Ephrati E (1948) Influence protectrice de certaines substances contre l'inactivation d'un bactériophage par les rayons X. CR Soc Biol (Paris) 142:497–499

Lehnert S (1975) Modification of postirradiation survival of mammalian cells by intracellular cyclic AMP. Radiat Res 62:107–116

Lehnert S (1979a) Modification of radiation response of CHO cells by methyl-isobutyl xanthine. 1. Reduction of D_0. Radiat Res 78:1–12

Lehnert S (1979b) Modification of radiation response of CHO cells by methyl-isobutyl xanthine. 2. Increase in extrapolation number. Radiat Res 78:13–24

Leonard A, Maisin JR (1964) Effect of 2-β-aminoethylisothiourea (AET) against genetic damages induced by x-irradiation of male mice. Radiat Res 23:53–62

Leonard A, Maisin JR, Mattelin G (1969) Effect of a mixture of chemical protectors against x-irradiation induced testis injury in mice. Strahlentherapie 138:614–618

Liébecq-Hutter S, Bacq ZM (1958) Température interne de la souris après injection de radioprotecteurs. Arch Int Physiol Biochim 66:469–471

Lipecka K, Domanski T, Daniszewska K, Grabowska B, Pietrowicz D, Lindner P, Cisowska B, Gorski H (1982) Lethal doses of ionizing radiation versus endogenous level of superoxide dismutase. Studia Biophys 89:57–64

Liquier J, Fort L, Dai DN, Cao A, Taillandier E (1983) DNA protection by aminothiols: study of the cysteamine-DNA interaction by vibrational spectroscopy. Int J Biol Macromol 5:89–93

Lohmann W, Momeni M, Nette P (1967) On the possible involvement of charge transfer complexes (redox systems) in radioprotection. Strahlentherapie 134:590–594

Lowy RO, Baker DG (1973) Effect of radioprotective drugs on the therapeutic ratio for a mouse tumor system. Acta Radiol Therapy Phys Biol 12:425–433

Ludwig KH (1955) Sulfhydrylkörper in der gynäkologischen Strahlentherapie. Münch Med Wochenschr 1955:823–824

Lüning KG, Frölén H, Nelson A (1961) The protective effect of cysteamine against genetic damages by x-rays in spermatozoa from mice. Radiat Res 14:813–818

Maisin J, Moutschen J (1960) Chemical protection of the alimentary tract of whole-body X-irradiated mice. II. Chromosome breaks and mitotic activity. Exp Cell Res 21:347–352

Maisin J, Maisin H, Dunjic A, Maldague P (1955a) Radiolésions cellulaires et tissulaires leurs conséquences et leurs réparations. J Belge Radiol 38:394–429

Maisin J, Maisin H, Dunjic A, Maldague P (1955b) La radiobiologie comme méthode de travail en physiopathologie et en cancérologie expérimentale. Bull Schweiz Akad Med Wiss 10:247–273

Maisin J, Dunjic A, Couvreur P (1964) Protective effects of cysteamine and cystamine on irradiated rats. J Belg Radiol 47:755–771

Maisin JR (1969) Reduction of long term radiation lethality by mixtures of chemical protectors. Atomkernenergie 14:226–228

Maisin JR, Lambiet-Collier M (1967) Influence of a mixture of radioprotectors on the cell renewal in the duodenum of X-irradiated mice. Int J Radiat Biol 13:35–43

Maisin JR, Mattelin G (1967) Reduction in radiation lethality by mixtures of chemical protectors. Nature 214:207–208

Maisin JR, Declève A, Gerber GB, Mattelin G, Lambiet-Collier M (1978) Chemical protection against the longterm effects of a single whole body exposure of mice to ionizing radiation. Radiat Res 74:415–435

Maisin JR, Gerber GB, Lambiet-Collier M, Mattelin G (1980) Chemical protection against long-term effects of whole-body exposure of mice to ionizing radiation. III. The effects of fractionated exposure to C57Bl mice. Radiat Res 82:487–497

Mandl AM (1959a) The effect of cysteamine on the survival on spermatogonia after x-irradiation. Int J Radiat Biol 1:131–142

Mandl AM (1959b) The effect of β-mercaptoethylamine on the sensitivity of oocytes to x-irradiation. Proc R Soc Med 150:72–77

Mayer SH, Patt HM (1953) Potentiation of cysteine protection against x-radiation by dinitrophenol or hypoxia. Fed Proc 12:94–95

Meer C van der, Bekkum DW van (1961) A study on the mechanism of radiation protection by 5-hydroxytryptamine and tryptamine. Int J Radiat Biol 4:105–110

Melching H-J (1965) The influence of serotonin on radiation effects in mammals. Ebert M, Howard A (eds) Curr Top Radiat Res 1:93–137

Melching H-J, Streffer C (1966) Zur Beeinflussung der Strahlenempfindlichkeit von Säugetieren durch chemische Substanzen. Fortschr Arzneimittelforsch 10:11–128

Melching H-J, Streffer C, Sauer H (1964) Untersuchungen über einen biologischen Strahlenschutz. 51. Der Einfluß der Splenektomie auf strahlenbedingte Veränderungen des Aminosäurestoffwechsels der Maus. Strahlentherapie 123:571–599

Melville GS, Leffingwell TP (1962) Toxic and protective effects of AET upon normal and irradiated female rats. Br J Radiol 35:563–571

Mendiondo OA, Connor AM, Grigsby P (1982) Toxicity and radiation protective effect of WR-77913 in BALB/c mice. Acta Radiol Oncol 21:319–323

Mendiondo OA, Grigsby PW, Beach JL (1983) Radioprotection combined with hypoxic sensitization during radiotherapy of a solid murine tumor. Radiology 148:291–293

Messerschmidt O (1977) Kombinationsschäden als Folge nuklearer Explosionen. In: Bundesamt für Zivilschutz (Hrsg) Zivilschutz-Forschung, Bd 5. Osang, Bad Honnef-Erpel, S 26

Messerschmidt O, Metzger E, Stevenson AFG (1978) Strahlenbiologische Untersuchungen mit schnellen Neutronen. Forschungsbericht aus der Wehrmedizin T/R750/R7500/41052

Mewissen DJ, Brucer M (1957) Late effects of gamma radiation on mice protected with cysteamine or cystamine. Nature 179:201–202

Milas L, Hunter N, Reid BO (1982) Protective effects of WR-2721 against radiation-induced injury of murine gut, testis, lung and lung tumor nodules. Int J Radiat Oncol Biol Phys 8:535–538

Millar JL, McElwain TJ, Clutterbuck RD, Wist EA (1982) The modification of melphalan toxicity in tumor bearing mice by S-2-(3-aminopropylamino)-ethylphosphorothioic acid (WR 2721). Am J Clin Oncol 5:321–328

Mitznegg P (1973a) Die Wirkung der Strahlenschutzsubstanz auf die Leber weißer Mäuse in Abhängigkeit vom Lebensalter. Act Geront 3:753–756

Mitznegg P (1973b) On the mechanism of radioprotection by cysteamine. II. The significance of cyclic 3′,5′-AMP for the cysteamine-induced radioprotective effects in white mice. Int J Radiat Biol 24:339–344

Modig HG (1973) Interaction of cysteamine with the thiol and disulphide groups in deoxyribonucleoproteins. Biochem Pharmacol 22:1623–1631

Modlin RK, Morris JMcL (1961) The effect of certain chemical and physical agents on the radiation sensitivity of mouse tumors. Cancer 14:117–125

Mondovi B, Tentori L, Marco C de, Cavallini D (1962) Distribution of cysteamine-^{35}S in the subcellular particles of the organs of the rat. Int J Radiat Biol 4:371–378

Mönig H, Seiter I, Kofler E (1975) Untersuchungen über den Einfluß von Aminopropyl-aminoäthylthiophosphat auf die Radioeisenutilisation nach

Ganzkörperbestrahlung von Mäusen im subletalen Dosisbereich. Strahlentherapie 150:44–50

Nakken KF (1965) Radical scavengers and radioprotection. In: Ebert M, Howard A (eds) Current topics in radiation research, vol I. North Holland Publ Comp, Amsterdam, pp 49–92

Oldfield DG, Doull J, Plzak V (1965a) Chemical protection against 440-MeV protons in mice pretreated with mercaptoethylamine (MEA) or p-aminopropiophenone (PAPP). Radiat Res 26:12–24

Oldfield DG, Doull J, Plzak V (1965b) Chemical protection against absorber-moderated protons. Radiat Res 26:25–31

Paget GE (1965) Toxicity tests: A guide for clinicians. In: Herrick AD, Cattell M (eds) Clinical testing of new drugs. Revere, New York, pp 31–39

Pant RD, Ghose A (1981) Effect of MPG and AET on erythrocytes in peripheral blood after gamma irradiation. Int J Radiat Biol 40:227–228

Patt HM, Tyree EB, Straube RL, Smith DE (1949) Cysteine protection against X-irradiation. Science 110:213–214

Patt HM, Smith DE, Tyree EB, Straube RL (1950) Further studies on modification of sensitivity to X-rays by cysteine. Proc Soc Exp Biol Med 73:18–21

Patt HM, Clark JW, Vogel HH (1953) Comparative protective effect of cysteine against fast neutron and gamma irradiation in mice. Proc Soc Exp Biol Med 84:189–193

Petkau A (1978) Radiation protection by superoxide dismutase. Photochem Photobiol 28:765–774

Petkau A, Chelack WS, Pleskach SD, Meeker BE, Brady CM (1975) Radioprotection of mice by superoxide dismutase. Biochem Biophys Res Commun 65:886–893

Petkau A, Chelack WS, Pleskach SD (1976) Protection of post-irradiated mice by superoxide dismutase. Int J Radiat Biol 29:297–299

Petkau A, Chelack WS, Pleskach SD (1978) Protection by superoxide dismutase of white blood cells in x-irradiated mice. Life Sci 22:867–882

Phillips TL (1977) Chemical modification of radiation effects. Cancer 39:987–999

Phillips TL (1980) Rationale for initial clinical trials and future development of radioprotectors. In: Brady LW (ed) Radiation sensitizers. Masson, New York, pp 321–329

Phillips TL, Kane L, Utley JF (1973) Radioprotection of tumor and normal tissues by thiophosphate compounds. Cancer 32:528–535

Pirie A, Lajtha LG (1959) Possible mechanism of cysteine protection against radiation cataract. Nature 184:1125–1127

Poulsen SS, Szabo S (1977) Mucosal surface morphology and histological changes in the duodenum of the rat following administration of cysteamine. Br J Exp Pathol 58:1–8

Power JA, Goldstein LS, Harris JW (1974) A test of the 'mixed-disulphide' hypothesis of cyste-

amine radioprotection. Int J Radiat Biol 26:91–96

Prasad KN (1972) Radioprotective effect of prostaglandin and an inhibitor of cyclic nucleotide phosphodiesterase on mammalian cells in culture. Int J Radiat Biol 22:187–189

Pratt NE, Sodicoff M, Liss J, Davis M, Sinesi M (1980) Radioprotection of the rat parotid gland by WR-2721: morphology at 60 days postirradiation. Int J Radiat Oncol Biol Phys 6:431–435

Prütz WA, Siebert F, Butler J, Land EJ, Menez A, Montenay-Garestier T (1982) Charge transfer in peptides. Intramolecular radical transformations involving methionine, tryptophan and tyrosine. Biochim Biophys Acta 705:139–149

Purdie JW, Inhaber ER, Schneider H, Labelle JL (1983) Interaction of cultured mammalian cells with WR-2721 and its thiol, WR-1065: implications for mechanisms of radioprotection. Int J Radiat Biol 43:517–527

Rajewsky B (1956) Strahlendosis und Strahlenwirkung, 2. Aufl. Thieme, Stuttgart

Revesz L, Modig H (1965) Cysteamine-induced increase of cellular glutathione-level: A new hypothesis of the radioprotective mechanism. Nature 207:430–431

Revesz L, Bergstrand H, Modig H (1963) Intrinsic non-protein sulfhydryl levels and cellular radiosensitivity. Nature 198:1275–1277

Rix-Montel MA, Mallet G, Costa A, Vasilescu D (1982) Influence of ionizing radiations on DNA in the presence of sulfur containing radioprotectors. 2. Cysteamine protection against γ-radiations. Studia Biophysica 89:205–211

Roberts JM (1970) Cysteamine protection against lethal and growth-inhibiting effects of prenatal X and gamma irradiation. Teratology 3:319–324

Rojas A, Stewart FA, Denekamp J (1982a) Experimental radiotherapy with WR-2721 and misonidazole. Int J Radiat Oncol Biol Phys 8:527–530

Rojas A, Stewart FA, Denekamp J (1982b) Interaction of radiosensitizers and WR-2721. I. Modification of skin radioprotection. Br J Cancer 45:684–693

Rojas A, Stewart FA, Denekamp J (1983) Interaction of misonidazole and WR-2721. 2. Modification of tumour radiosensitization. Br J Cancer 47:65–72

Rostock RA, Stryker JA, Abt AB (1980) Evaluation of high vitamin E as a radioprotective agent. Radiology 136:763–766

Rousanov AM, Novoselova GS (1962) The protective effects of aminoethylisothiourea against ionizing radiations and its toxic effects according to the age of the white mice. Ann Radiol 5:225–241

Rowley DA, Halliwell B (1982) Superoxide-dependent formation of hydroxyl radicals in the presence of thiol compounds. FEBS Letters 138:33–36

Rugh R, Clugston H (1955) Protection of the fetus against X-radiation death. Radiat Res 3:342

Rugh R, Clugston H (1956) Protection of mouse fetus against x-irradiation death. Science 123:28–29

Rugh R, Grupp E (1960a) Protection of the embryo against the congenital and lethal effects of x-irradiation. Part 1. Atompraxis 6:143–148

Rugh R, Grupp E (1960b) Protection of the embryo against the congenital and lethal effects of x-irradiation, Part 2. Atompraxis 6:209–217

Rugh R, Wolff J (1957) Evidence of some chemical protection of the mouse ovary against x-irradiation sterilization. Radiat Res 7:184–189

Rupkey AK, Gold R, Rugh R, Wang SC (1963) Effects of drugs alone, or combined with refrigeration, in protecting female mice against x-irradiation-induced sterility. Radiat Res 19:88–103

Saini MR, Uma Devi P (1980) Radiation protection of pronormoblasts and normoblasts by 2-mercaptopropionylglycine (MPG). Experientia 36:448–449

Sallmann L von, Munoz CM (1952) Further efforts to influence x-ray cataract by chemical agents. Arch Ophthal 47:21–22, 48:276–291

Saltzstein EC, Rimm AA, Bortin MM (1970) Skin allograft survival in mice after radioprotection with sodium S-(2-aminoethyl) phosphorothioate and supralethal total body X-irradiation. Transplant 10:451–453

Sasaki MS, Matsubara S (1977) Free radical scavenging in protection of human lymphocytes against chromosome aberration formation by gamma-ray irradiation. Int J Radiat Biol 32:439–445

Savković NV, Radivojević DV, Hajduković SI, Radotić MM, Popović SH, Karanović J (1961) Histological analysis of testes in locally and whole body irradiated infantile rats. Bull Inst Nuclear Sci "Boris Kidrich" 12:145–148

Sawyer DT, Valentine JS (1981) How super is superoxide? Acc Chem Res 14:393–400

Sedlmeier H, Messerschmidt O (1980) Schutzeffekt von WR 2721 bei strahlen- und kombinationsgeschädigten Mäusen. Strahlentherapie 156:572–578

Sedlmeier H, Metzger E, Jentzsch U, Weitzenegger E (1981) Schutzeffekt von Aminopropylaminoäthylthiophosphat (WR 2721) bei Neutronen-, Gamma- oder Röntgenbestrahlung von Mäusen. Strahlentherapie 157:685–691

Schuman VL, Clement JJ, Levitt SH, Song CW (1983) Skin radioprotection by 5-thio-D-glucose. Radiat Res 93:326–331

Schwartz EE, Shapiro B (1961) Radiation-induced changes in the gastrointestinal function of mice and their prevention by chemical means. Radiology 77:83–90

Schwartz EE, Shapiro B, Kollmann G (1964) Selective chemical protection against radiation in tumor-bearing mice. Cancer Res 24:90–96

Shapira R, Doherty DG, Burnett WT (1957) Chemical protection against ionizing radiation. III. Mercaptoalkylguanidines and related isothiuronium compounds with protective activity. Radiat Res 7:22–34

Shapiro B, Schwartz EE, Kollmann G (1963) The mechanism of action of AET. IV. The distribution and chemical forms of 2-mercaptoethyl-guanidine and bis(2-guanidoethyl) disulfide in protected mice. Radiat Res 18:17–30

Shapiro NI, Tolkacheva EN, Spasskaya IG, Fedoseeva VM (1960) An experimental study of the possibility of using defense substances in radiation therapy of malignant neoplasm. Vopr Onkol 6:71–79

Shirai M (1941) Untersuchungen über die Behandlung der Strahlenkrankheit mit Glutathion (in japanisch). Nagoya Igakkai Zasshi 54:183–192

Sigdestad CP, Connor AM, Scott RM (1975a) The effect of S-2-(3-aminopropylamino)ethylphosphorothioic acid (WR-2721) on intestinal crypt survival. I. 4 MeV X-rays. Radiat Res 62:267–275

Sigdestad CP, Connor AM, Scott RM (1975b) Chemical radiation protection of the intestinal epithelium by MEA and its thiophosphate derivative. Int J Radiat Oncol 1:53–60

Sigdestad CP, Connor AM, Scott RM (1976) The effect of S-2-(3-aminopropylamino)ethylphosphorothioic acid (WR-2721) on intestinal crypt survival. II. Fission neutrons. Radiat Res 65:430–439

Smith DE (1959) Protection of the irradiated ground squirrel by cysteine. Radiat Res 10:335–338

Smith DE (1960) Failure of cysteine given postirradiation to protect the hibernating ground squirrel. Radiat Res 12:79–80

Smith WW, Cornfield J, Luskus C, Miller C (1965) β-Mercaptoethylamine effect on radiation dose-response characteristics of granulocyte and lymphocyte counts. Radiat Res 26:146–158

Smith WW, Budd RA, Cornfield J (1966) Estimation of radiation dose-reduction factor for β-mercaptoethylamine by endogenous spleen colony counts. Radiat Res 27:363–368

Sodicoff M, Conger AD (1983) Radioprotection of the rat parotid gland by WR-2721 and isoproterenol and its modification by propranolol. Radiat Res 94:97–104

Sodicoff M, Conger AD, Trepper P, Pratt NE (1978a) Short-term radioprotective effects of WR-2721 on the rat parotid glands. Radiat Res 75:317–326

Sodicoff M, Conger AD, Pratt NE, Trepper P (1978b) Radioprotection by WR-2721 against long-term chronic damage to the rat parotid gland. Radiat Res 76:172–179

Soltysiak-Pawluczuk D, Bitnyszlachto S (1976) Effects of ionizing radiation and cysteamine (MEA) on activity of mouse spleen adenyl cyclase. Int J Radiat Biol 29:549–553

Song CW, Clement JJ, Levitt SH (1977) Cytotoxic and radiosensitizing effects of 5-thio-D-glucose against hypoxic tumor cells. Radiology 123:201–205

Starkie CM (1961) The effect of cysteamine on the survival of foetal germ cells after irradiation. Int J Radiat Biol 3:609–617

Stevenson AFG, Mönig H, Weckesser J (1981) Radioprotective and haemopoietic effects of some lipopolysaccharides from Rhodospirillaceae species in mice. Experientia 37:1331–1332

Stewart FA, Rojas A (1982) Radioprotection of mouse skin by WR-2721 in single and fractionated treatments. Br J Radiol 55:42–47

Stewart FA, Rojas A, Denekamp J (1983) Radioprotection of two mouse tumors by WR-2721 in single and fractionated treatments. Int J Radiat Oncol Biol Phys 9:507–513

Storaasli JP, Rosenberg SA, Friedell HL (1953) The effect of cysteine on the radiosensitivity of rat lymphosarcoma. Cancer 6:1244–1247

Straube RL, Patt HM, Smith DE, Tyree EB (1950) Influence of cysteine on the radiosensitivity of Walker rat carcinoma 256. Cancer Res 10:243–244

Streffer C (1971) Biochemical post-irradiation changes and radiation indicators. In: Biochemical indicators of radiation injury in man. Int Atomic Energy Agency, Wien, pp 11–32

Streffer C (1974) DNA-synthesis in the spleen of mice after whole-body X-irradiation and its modification by 5-hydroxytryptamine and NADH. Int J Radiat Biol 25:425–435

Streffer C (1976) Biologische Grundlagen der Strahlentherapie. In: Scherer E (Hrsg) Strahlentherapie. Radiologische Onkologie. Springer, Berlin Heidelberg New York, S 172–230

Streffer C (1977) Studies on the mechanism of 5-hydroxytryptamine in radioprotection of mammals. In: Locker A, Flemming K (eds) Radioprotection. Chemical compounds-biological means. Birkhäuser, Basel Stuttgart, pp 71–77

Streffer C, Flügel M (1972) Die Steigerung der Strahlenresistenz von Mäusen nach der intracerebralen Injektion von 5-Hydroxytryptamin. Biophysik 8:342–351

Sugahara T, Horikawa M, Hikita M, Nagata H (1977) Studies on a sulfhydryl radioprotector of low toxicity. In: Locker A, Flemming K (eds) Radioprotection. Chemical compounds-biological means. A symposium by correspondence. Birkhäuser, Basel Stuttgart, pp 53–61

Sullivan MF (1964) Measurement of intestinal damage from neutrons, x-rays, or nitrogen mustard treatment. Radiat Res 22:241–242

Sullivan MF, Thompson RC, Crosby AC (1964) The influence of fractionated X-irradiation on the intestine of rats protected by cysteine and partial-body shielding. Radiat Res 23:551–563

Supek Z, Randic M, Lovasen Z (1961) Radioprotective action of some indolealkylamines. Int J Radiat Biol 4:111–112

Sverdlov AG (1974) Biologische Wirkung von Neutronen und chemischer Schutz (russ). Leningrad, 1974. (zit. bei: Kuna 1979)

Sverdlov AG, Mozzhukhin AS, Pavlova LM, Nikanorova NG (1969) Chemical protection from injury by neutrons. Radiobiologiya (Translation Series) 9:706–710

Sverdlov AG, Mosjuchin AS, Pavlova LM, Nikanorova NG, Postnikov LN (1973) Chemical protection against neutron irradiation. Adv in Radiation Res 2:611–617

Szumiel I (1981) Intrinsic radiosensitivity of proliferating mammalian cells. Adv in Radiation Biol 9:281–321

Tabachnik F, Blackburn P, Peterson CM, Cerami A (1982) Protein binding of N-2-mercaptoethyl-1,3-diaminopropane via mixed disulfide formation after oral administration of WR 2721. J Pharmacol Exp Ther 220:243–246

Tanaka Y, Sugahara T (1980) Clinical experiences of chemical radiation protection in tumor radiotherapy in Japan. In: Brady LW (ed) Radiation sensitizers. Masson, New York, pp 421–425

Teličenas A, Karosene E (1973) Materialien über die klinische Erprobung des Präparates Cystafos (Mononatriumsalz der Beta-Aminoäthylthiophosphorsäure). Radiobiol Radiother (Berl) 6:671–676

Tempel K, Wulfius-Kock M, Winkle J, Schmerold I (1982) Semikonservative und reparaturbedingte Desoxyribonukleinsäuresynthese in Rattenthymozyten unter dem Einfluß einiger radioprotektiver und radiosensibilisierender Verbindungen. Strahlentherapie 158:112–122

Till JE, McCulloch EA (1961) A direct measurement of the radiation sensitivity of normal mouse bone marrow cells. Radiat Res 14:213–222

Travis E, Luca AM de, Fowler JF, Padikal TM (1982) The time course of radioprotection by WR 2721 in mouse skin. Int J Radiat Oncol Biol Phys 8:843–850

Trevan JW (1927) The error of determination of toxicity. Proc R Soc Lond [Biol] 101:483–514

Trocha PJ, Catravas GN (1983) Effect of radioprotectant WR 2721 on cyclic nucleotides, prostaglandins, and lysosomes. Radiat Res 94:239–251

Trush MA, Mimnaugh EG, Gram TE (1982) Activation of pharmacologic agents to radical intermediates. Implications for the role of free radicals in drug action and toxicity. Biochem Pharmacol 31:3335–3346

Twentyman PR (1983) Modification by WR 2721 of the response to chemotherapy of tumours and normal tissues in the mouse. Br J Cancer 47:57–63

Uma Devi P, Jagetia GC (1981) Effect of 2 mercaptopropionylglycine (MPG) on thyroid function in sublethally irradiated mice. Experientia 37:312–313

Uma Devi P, Kumar S (1981) Radioresponse of peripheral blood and its modification by MPG (2-mercaptopropionylglycine) in mice. I. Erythrocytes. Strahlentherapie 157:63–65

Uma Devi P, Saini MR, Saharan BR, Bhartiya HC (1979) Radioprotective effect of 2-merpatopropionylglycine on the intestinal crypt of swiss albino mice after cobalt-60 irradiation. Radiat Res 80:214–220

Upton A, Doherty DG, Melville GS (1959) Chemical protection of the mouse against leukemia induction by roentgen rays. Acta Radiol [Ther] (Stockh) 51:379–384

Urso P, Congdon CC, Doherty DG, Shapira R (1958) Effect of chemical protection and bone marrow treatment on radiation injury in mice. Blood 13:665–676

Utley JF, Phillips TL, Kane LJ, Wharam MD, Wara WM (1974) Differential radioprotection of euoxic and hypoxic mouse mammary tumors by a thiophosphate compound. Radiology 110:213–216

Utley JF, Marlowe C, Waddell WJ (1976a) Distribution of ^{35}S-labeled WR-2721 in normal and malignant tissues of the mouse. Radiat Res 68:284–291

Utley JF, Phillips TL, Kane LJ (1976b) Protection of normal tissues by WR 2721 during fractionated irradiation. Int J Radiat Oncol Biol Phys 1:699–703

Utley JF, King R, Giansanti JS (1978) Radioprotection of oral cavity structures by WR-2721. Int J Radiat Oncol Biol Phys 4:643–647

Utley JF, Quinn CA, White FC, Seaver NA, Bloor CM (1981) Protection of normal tissue against late radiation injury by WR-2721. Radiat Res 85:408–415

Vachtel VS, Sinenko LF (1963) In: Arndt D, Ritter M (Hrsg) Handbuch für medizinische Fragen des Strahlenschutzes. Militärverlag der Deutschen Demokratischen Republik, Berlin, 1979, S 91 f.

Vasilescu D, Rix-Montel MA (1980) Interaction of sulfur-containing radioprotectors with DNA: A spectrophotometric study. Physiol Chem Phys 12:51–55

Virsik RP, Harder D (1982) Effect of L-cysteine on the dose-effect relationship for chromosome aberrations in irradiated human lymphocytes. Int J Radiat Biol 42:211–214

Vladimirov VG, Golubentsev DA, Gusev IV, Libikova NI (1979) Effects of different radioprotective agents on cyclic adenosine-3'-5'-monophosphate and DNA synthesis in the spleen. Radiobiologiya 19:114–116

Vogel HH, Hasegawa AT, Wang RI (1969) Comparative protection by a combination treatment in mice irradiated with fission neutrons or x-rays. Radiat Res 39:57–67

Vos O, Budke L, Vergroesen AJ (1962) Protection of tissue-culture cells against ionizing radiation. I. The effect of biological amines, disulfide compounds and thiols. Int J Radiat Biol 5:543–557

Wang SC, Kuskin S, Rugh R (1959) Protective action of cysteinamine (β-mercaptoethylamine) against x-irradiation-induced sterility in CF$_1$ male mice. Proc Soc Exp Biol Med 101:218–221

Washburn LC, Rafter JJ, Hayes RL, Yuhas JM (1976) Prediction of the effective radioprotective dose of WR-2721 in humans through an interspecies tissue distribution study. Radiat Res 66:100–105

Wenz W (1956) Die Wirkung von Becaptan (β-Merkaptoaethylamin) auf bestrahltes und unbestrahltes Ehrlich-Karzinom der weißen Maus. Oncologia 9:310–315

Westland RD, Holmes JL, Mouk ML, Marsh DD, Cooley RA, Dice JR (1968) N-substituted S-2-aminoethyl thiosulfates as antiradiation agents. J Med Chem 11:1190–1201

Withers HR, Elkind MM (1970) Microcolony survival assay for cells of mouse intestinal mucosa exposed to radiation. Int J Radiat Biol 17:261–267

Withers HR, Hunter N, Barkley HT, Reid BO (1974) Radiation survival and regeneration characteristics of spermatogenic stem cells of mouse testis. Radiat Res 57:88–103

Woollam DHM, Millen JW (1958) The influence of cysteamine on the teratogenic action of X-radiation. Nature 182:1801

Wright EA, Shewell J (1965) Modification of radiation "cerebral death" by hypoxia. Nature 208:904–905

Yarmonenko SP, Avrunina GA, Shashkov VS, Govorun RD (1962) A study of biological protection against irradiation with high energy protons. Radiobiologiya (Moscow) Translat Ser 2:188–192

Yuhas JM (1970) Biological factors affecting the radioprotective efficiency of S-2-[3-aminopropylamino]ethylphosphorothioic acid (WR-2721). LD$_{50(30)}$ doses. Radiat Res 44:621–628

Yuhas JM (1972a) Radioprotective and toxic effects of S-2-(3-aminopropylamino)ethylphosphorothioic acid (WR-2721) on the development of immunocompetent cells. Cellular Immunol 4:256–263

Yuhas JM (1972b) Improvement of lung tumor radiotherapy through differential chemoprotection of normal and tumor tissue J Natl Cancer Inst 48:1255–1257

Yuhas JM (1973) Radiotherapy of experimental lung tumors in the presence and absence of a radioprotective drug, S-2-(3-aminopropylamino)-ethylphosphorothioic acid (WR-2721). J Natl Cancer Inst 50:69–78

Yuhas JM (1979) Differential protection of normal and malignant tissues against the cytotoxic effects of mechlorethamine. Cancer Treat Rep 63:971–976

Yuhas JM (1980a) On the potential application of radioprotective drugs in solid tumor radiotherapy. In: Sokol GH, Maickel RP (eds) Radiation-drug interactions in the treatment of cancer. Wiley, New York, Chichester Brisbane Toronto, pp 113–135

Yuhas JM (1980b) Active versus passive absorption kinetics as the basis for selective protection of normal tissues by S-2-(3-aminopropylamino)-ethylphosphorothioic acid. Cancer Res 40:1519–1524

Yuhas JM (1980c) A more general role for WR-2721 in cancer therapy. Br J Cancer 41:832–834

Yuhas JM (1983) Efficacy testing of WR-2721 in Great Britain or everything is black and white at the Gray lab. Int J Radiat Oncol Biol Phys 9:595–598

Yuhas JM, Storer JB (1969a) Chemoprotection against three modes of radiation death in the mouse. Int J Radiat Biol 15:233–237

Yuhas JM, Storer JB (1969b) Differential chemopro-tection of normal and malignant tissues. JNCI 42:331–335

Yuhas JM, Proctor JO, Smith LH (1973) Some phar-macologic effects of WR-2721: their role in toxi-city and radioprotection. Radiat Res 54:222–233

Yuhas JM, Yurconic M, Kligerman MM, West G, Peterson DF (1977) Combined use of radiopro-tective and radiosensitizing drugs in experimental radiotherapy. Radiat Res 70:433–443

Yuhas JM, Spellman JM, Culo F (1980a) The role of WR-2721 in radiotherapy and/or chemothe-rapy. Cancer Clin Trials 3:211–216

Yuhas JM, Spellman JM, Jordan SW, Pardini MC, Afzal SM, Culo F (1980b) Treatment of tumours with the combination of WR-2721 and cispla-tinum (II) dichlorodiamine or cyclophosphamide. Br J Cancer 42:574–585

Yuhas JM, Davis ME, Glover D, Brown DQ, Ritter M (1982) Circumvention of the tumor membrane barrier to WR-2721 absorption by reduction of drug hydrophilicity. Int J Radiat Oncol Biol Phys 8:519–522

V. Probleme kombinierter Strahlentherapie

1. Verbesserung der Effektivität der radiologischen Tumortherapie durch schwere Teilchen

Von

G. SCHMITT

Mit 7 Abbildungen und 3 Tabellen

A. Einleitung

Schwere Teilchen, die experimentell oder klinisch in der Tumortherapie verwendet werden, sind Neutronen, Ionen und Pionen (π^--Mesonen). Ionen und Pionen weisen gegenüber dünn ionisierenden Strahlenarten eine günstigere räumliche Dosisverteilung auf, d.h. eine bessere Dosiskonzentration im Zielvolumen und damit eine geringere Integraldosis. Diesen Vorzug bieten Neutronen nicht. Wichtiger ist aber im Vergleich zu dünn ionisierenden Strahlenarten der Unterschied im linearen Energieübertragungsvermögen (LET).

Dies wirkt sich im biologischen Experiment so aus, daß die „Schulter" bei Zellüberlebenskurven schmaler wird und bei LET-Werten von 100–200 keV/μm eine exponentielle Funktion der Dosis erreicht wird.

Es besteht weiterhin eine Abhängigkeit von der Energie insofern, als zwei Teilchen von gleichem LET, aber unterschiedlicher Energie, unterschiedliche biologische Effekte hervorrufen können.

Die folgenden biologischen Wirkungen schwerer Teilchen sind für die klinische Anwendung von Bedeutung:

1. Herabgesetzter Sauerstoff-Verstärkungsfaktor (Oxygen-Enhancement-Ratio, OER; GRAY et al. 1953). Werden LET-Werte von 150–200 keV/μm erreicht oder überschritten, so ist ein weiterer Abfall der OER-Werte nicht mehr zu beobachten.
2. Herabgesetztes bzw. fehlendes Reparaturvermögen (Repair) potentiell letaler Strahlenschäden (HALL u. KRALJEVIC 1976).
3. Geringere Abhängigkeit der Strahlenempfindlichkeit von der Zellzyklusphase.
4. Fehlendes „Slow-Repair" bei langsam proliferierenden Geweben (FIELD et al. 1976).
5. Aus den genannten Gründen höhere Relative Biologische Wirksamkeit (RBW).

Aufgrund dieser Eigenschaften ist zu erwarten, daß dicht ionisierende Strahlenarten zu einer Verbesserung der lokalen Tumorkontrolle beitragen können. Dies ist deswegen von Bedeutung, weil ein erheblicher Anteil an Tumoren durch dünn ionisierende Strahlenarten nicht beherrscht werden kann. In den USA starben z.B. im Jahre 1980 von 341 450 Krebskranken 108 500 (32%) an den Folgen des nicht beherrschten Primärtumors (POWERS 1981). Der Einsatz dicht ionisierender Strahlenarten kann daher zur Lösung dieses wichtigen klinischen Problems beitragen.

Es wurde bereits erwähnt, daß Ionen und Pionen gegenüber dünn ionisierenden Strahlenarten und Neutronen eine bessere physikalische Dosisverteilung mit definierter Reichweite und geringer Seitenstreuung aufweisen.

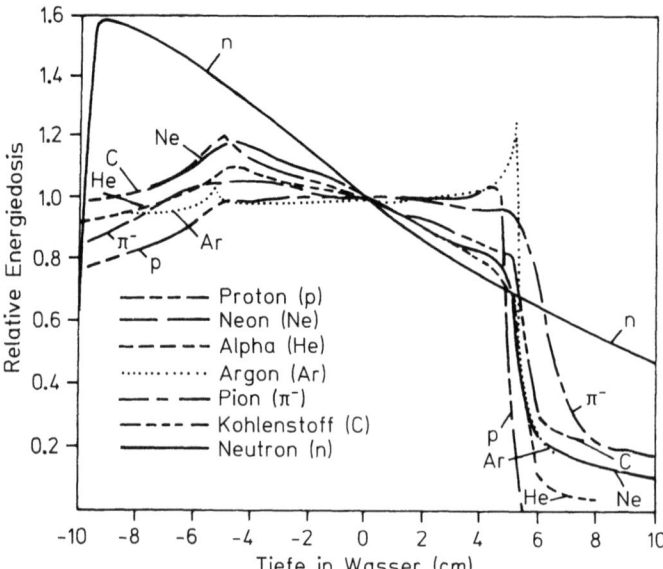

Abb. 1. Tiefendosiskurven für verschiedene dicht ionisierende Strahlenarten. (Nach Raju 1980)

Abb. 1 zeigt Tiefendosiskurven für verschiedene schwere Teilchen, die auf einen Bezugspunkt in 10 cm Tiefe gleich 1 normiert sind. In kleinen bis mittleren Phantomtiefen liegt ein Dosisplateau vor, während sich bei manchen Teilchen kurz vor dem Ende der Reichweite ein „Bragg-Maximum" ausbildet, bei dem ein Hauptteil („Peak") und ein nachfolgender Teil („Distal Peak") unterschieden werden.

Im Bragg-Maximum weisen schwere Teilchen eine höhere Ionisationsdichte auf als dünn ionisierende Strahlenarten. Dies wirkt sich auf den Anstieg der RBW aber unterschiedlich aus. So erhöht sich die RBW für Protonen und ^{4}He gegenüber einer ^{60}Co-Gamma-Strahlung im Bragg-Maximum nur um einen Faktor 1,2 (Hayashi u. Suit 1972) bzw. 1,3. Ein Nachteil für die Therapie liegt aber darin, daß wegen des relativ großen Wirkungsquerschnitts das Dosismaximum am Ende der Reichweite mit zunehmender Energie flacher und damit den therapeutischen Erfordernissen weniger gerecht wird.

Dagegen weisen Ar, C und Ne sehr günstige RBW-Werte im Bragg-Maximum auf. Sie sind vergleichbar mit den RBW-Werten von Neutronen einer mittleren Energie von etwa 6 MeV (Phillips et al. 1977), die z.Z. bei der Mehrzahl der europäischen Zyklotronanlagen gebräuchlich ist. Der Kliniker muß aber die RBW in einem Zielvolumen im Verhältnis zur RBW des umgebenden Gewebes berücksichtigen. Dieses Verhältnis wird als „Therapeutischer Gewinn-Faktor" (Therapeutic Gain-Factor, TGF; Field u. Thomlinson 1967) bezeichnet. Je größer dieser Faktor ist, um so größer ist die Wahrscheinlichkeit der lokalen Tumorkontrolle und um so kleiner das Risiko schwerwiegender Nebenwirkungen. Um z.B. die Vorteile einer Neutronentherapie klinisch nachweisen zu können, ist ein TGF-Wert von 1,1 (Bewley, persönl. Mitteilung 1981) bzw. 1,2 (Raju 1980) erforderlich. Auch der Sauerstoff-Verstärkungsfaktor ist in die klinischen Überlegungen einzubeziehen. Er ist im Bragg-Maximum am größten für Protonen, kleiner für Pionen, ^{4}He und C und am kleinsten für Ne und Ar.

Eine hohe therapeutische Effektivität ist demnach zu erwarten von Teilchen mit einem möglichst großen Quotienten der RBW zwischen Bragg-Maximum und Plateau und einem möglichst kleinen Sauerstoff-Verstärkungsfaktor im Bragg-Maximum.

Das Repair-Vermögen subletaler Schäden wurde experimentell für ^{4}He und Ne im Bragg-Maximum untersucht. Es ist gegenüber Röntgenstrahlung um 25% bzw. 75% herabgesetzt (Leith et al. 1977).

Aus diesen Gründen wären von Ne die größten biologischen Vorzüge zu erwarten.

Bisher liegen aber keine klinischen Erfahrungen mit Ar, C und Ne vor.

B. Biologische Untersuchungen mit schweren Ionen (Ar, C und Ne)

Verschiedene Experimentaltumoren wurden untersucht. Nach Bestrahlung von Gliosarkomen der Ratte mit Ne in vivo und Prüfung der Koloniebildungsfähigkeit in vitro wurde im Bragg-Maximum eine erheblich höhere RBW als im Plateau gefunden, dagegen kein signifikanter Unterschied in den OER-Werten (LEITH et al. 1977).

Bei der Untersuchung von EMT 6 Tumoren der Maus fanden PHILLIPS et al. (1977) für C und Ne im Plateau RBW-Werte von 1,5 und im Bragg-Maximum von etwa 2. Für die Mitoseverzögerung betrug die RBW für Ne im Bragg-Maximum sogar 3,5 (MALAISE 1979). Die RBW-Werte von EMT 6 Tumoren lagen für C- und Ne-Ionen im Bragg-Maximum höher als für Dünndarm-Kryptenzellen. Dies könnte im Sinne eines günstigen TGF-Wertes von praktischem Nutzen für die Therapie sein.

Bemerkenswert ist, daß bei EMT 6 Tumoren der Maus und bei dem Rhabdomyosarkom der Ratte die RBW-Werte für C und Ne im Bragg-Maximum vergleichbar sind mit 15 MeV D T-Neutronen (BARENDSEN u. BROERSE 1969; PHILLIPS et al. 1977). Ähnliche Werte wurden von TENFORDE et al. (1979) angegeben.

I. Klinische Anwendung von schweren Ionen (Ar, C und Ne)

Systematische Phase-I- und Phase-II-Studien wurden von CASTRO et al. 1978 begonnen (CASTRO, persönl. Mitteilung 1979). Bestrahlt wurden Aderhautmelanome, Kopf-Halstumoren, Hirntumoren, Tumoren der Speiseröhre und des Pankreas. Bis 1980 waren mehr als 150 Patienten bestrahlt worden und RBW-Werte für die Haut und Schleimhaut von 2,7 bzw. 3,4 ermittelt worden (CASTRO et al. 1980). Die Tumorrückbildung nach Ne-Bestrahlungen war etwas besser als nach Elektronen-Bestrahlungen.

Späteffekte auf Normalgewebe sind z. Z. noch nicht zu beurteilen. Es ist aber festzustellen, daß sich schwere Ionen, insbesondere Ne, biologisch ähnlich verhalten wie Neutronen.

C. Protonen

I. Biologische Untersuchungen

Die Angaben über die RBW variieren in geringen Grenzen. Während in Uppsala fast gleiche Werte für Protonen und hochenergetische Röntgenstrahlen gefunden wurden, ergaben neuere Untersuchungen in Harvard Werte von etwa 1,15 im Vergleich zu einer ^{60}Co-Gamma-Strahlung. Bei dem Vergleich aller untersuchten Systeme ist eine RBW von etwa 1 anzunehmen (RAJU 1980). Bestrahlungen an Rattenhypophysen, die in Berkeley durchgeführt wurden (TOBIAS et al. 1954; VAN DYKE et al. 1959), zeigten nach Einzeitdosen von mehr als 30 Gy irreversible endokrine Funktionsstörungen wie nach Hypophysektomie.

II. Klinische Anwendung von Protonen

Die Möglichkeit der Therapie mit Protonen wurde bereits 1946 von WILSON diskutiert. Bestrahlungen werden seit 1954 an einzelnen Zentren durchgeführt. Als frühe klinische Indikationen zur Protonentherapie galten nach den strahlenbiologischen Untersuchungen Suppressionen der Hypophysenfunktion, z. B. bei metastasierendem Mammakarzinom, bei Akromegalien, bei Morbus Cushing oder diabetischer Retinopathie.

Etwa 1 000 Patienten mit hypophysären Erkrankungen wurden in den vergangenen 20 Jahren am Harvard-Zyklotron (Boston) mit einem 160 MeV Protonenstrahl behandelt. Unter diesen waren 183 mit diabetischen Retinopathien. Es kam zu einer Besserung des Visus. Auch der Insulinbedarf konnte in einigen Fällen reduziert werden. Bis Dezember 1978 wurden weiterhin 455 Patienten mit Akromegalien behandelt. Die Wachstumshormonkonzentrationen im Serum bildeten sich bei der Mehrzahl innerhalb von 3–6 Monaten nach der Bestrahlung zurück, ebenso die klinischen Symptome (Kjellberg 1973, 1975).

Bis Dezember 1978 waren auch 116 Patienten mit Morbus Cushing behandelt worden (Kjellberg u. Kliman 1979). Komplette Remissionen wurden bei 65% erzielt, partielle Remissionen bei 20%. Bei 15% versagte die Therapie. Die Rezidivrate ist nach Protonentherapie um eine Größenordnung niedriger als nach transsphenoidaler Operation.

Im Hinblick auf die Bestrahlung weiterer Tumorlokalisationen ist festzustellen, daß hohe Einzeldosen von 30 Gy im Abdominal- und Beckenbereich komplikationslos toleriert und gute Tumorrückbildungen beobachtet wurden (Falkmer et al. 1962; Stenson 1969). Bei einigen Patientinnen mit Kollum-Karzinomen wurden nach Einzeldosen von 30 Gy sogar vollständige Tumorregressionen gesehen (Stenson 1971).

Bei Hirntumoren wurden durch Protonentherapie keine besseren Ergebnisse als nach Photonentherapie erzielt (Graffman et al. 1975). Auch die Ergebnisse bei Epipharynxkarzinomen sind nicht günstiger als nach konventioneller Strahlentherapie (Graffman 1975).

60 Patienten wurden mit Großfeldtechniken bestrahlt. Bemerkenswert ist, daß sehr gute Tumorrückbildungen auch bei hohen Einzelfraktionen bis zu 30 Gy erzielt wurden, ohne daß eine gegenüber Röntgenstrahlung erhöhte Morbidität beobachtet wurde. Nach Ansicht der Therapiegruppe in Uppsala sind folgende Lokalisationen für die Protonentherapie geeignet:
1. Kopf-Halstumoren, die in der Nähe von Risikoorganen wie Augenlinse und Halsmark liegen.
2. Mediastinale Tumoren, z. B. Ösophaguskarzinome, die in unmittelbarer Nähe des Rückenmarks liegen (kleine Integraldosen).
3. Beckentumoren (z. B. Blase und Uterus).

In der Sowjetunion werden Protonentherapien in 3 Institutionen durchgeführt, und zwar in Moskau (70 und 200 MeV), Dubna (90 und 200 MeV) und Gatchina (1 GeV).

Bis 1979 sind in Moskau etwa 370 Patienten bestrahlt worden, in Dubna 85 und in Gatchina 100 (Wainson 1979). Ein großer Teil der Patienten hatte neben Melanomen fortgeschrittene Tumoren folgender Lokalisation: Lunge, Ösophagus, Hypophyse, Zervix, Vulva.

In manchen Fällen wurden Einzeldosen von 80 bis 100 Gy präoperativ gegeben.

Obwohl ein Vergleich mit Ergebnissen der Photonentherapie noch nicht möglich ist, wurde eine sehr geringe Rate an Nebenwirkungen beobachtet.

In den USA wurden von 1972 bis 1974 Bestrahlungstechniken am 160-MeV-Protonenstrahl des Harvard-Zyklotron entwickelt (Schneider et al. 1974; Koehler et al. 1975, 1977). Nach der Dosis-Homogenität im Zielvolumen bildeten Suit et al. (1975, 1977) 3 Kategorien von Patienten: Zur ersten Kategorie (keine oder geringe Inhomogenität im Zielvolumen) gehören z. B. Tumoren des Beckens und Perineums, zur zweiten Kategorie (eine oder zwei große heterodense Strukturen von einfacher Form im Zielvolumen) werden Tumoren der Ohrspeicheldrüse und der Schilddrüse gerechnet, weiterhin Boost-Therapien im Bereich des oberen Magen-Darm-Traktes und paraaortaler Lymphknoten. In die dritte Gruppe fallen alle übrigen Tumoren mit mehr als zwei heterodensen Strukturen im Zielvolumen.

Mit größeren Zielvolumina waren bis Mai 1979 125 Patienten bestrahlt worden. Hierbei bemühte man sich um eine möglichst genaue Erfassung von Dosis-Inhomogenitäten.

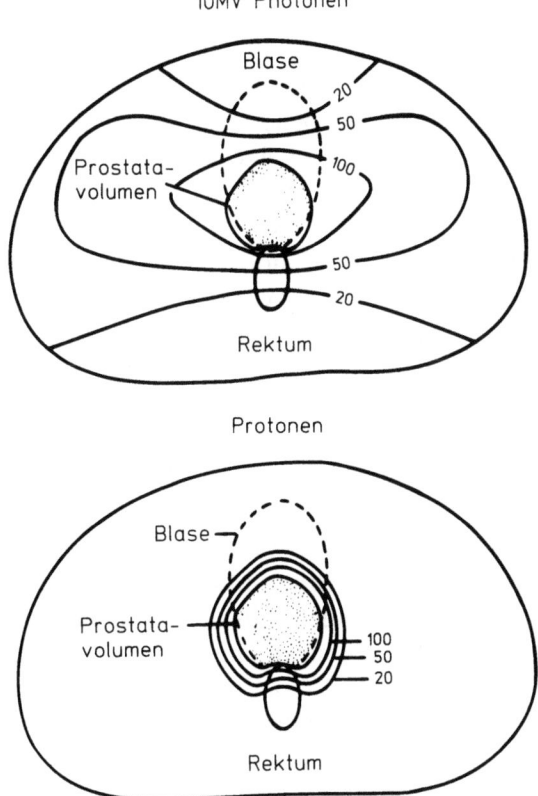

Abb. 2. Vergleich von Bestrahlungsplänen für ein Prostata-Karzinom mit 10 MV-Photonen und 160 MeV-Protonen. (Nach SHIPLEY et al. 1979)

SHIPLEY et al. (1979) führten bei 17 Patienten mit lokalisierten Prostatakarzinomen Protonen-Boost-Therapien durch, um die Dosis am Rektum möglichst niedrig zu halten. Vorher waren Photonendosen von 50,4 Gy (5 × 1,8 Gy/Woche) bzw. 48,3 Gy (4 × 2,1 Gy/Woche) appliziert worden. Bei den Protonen-Boost-Therapien waren Dosen von 17,3 bzw. 22,5 Gy gegeben worden (4 × 1,8 Gy/Woche über 2 Wochen).

Auf den Isodosenplänen (Abb. 2) ist die bessere Integraldosis bei Protonenbestrahlungen gut zu erkennen. ARCHAMBEAU et al. (1974) schlugen Protonenstrahlen auch zur totalen nodalen Bestrahlung bei Lymhomen vor, da wegen der geringeren Integraldosis die Morbidität gesenkt werden kann.

CONSTABLE und KOEHLER (1974) sowie CONSTABLE et al. (1975, 1976) wiesen nach, daß Aderhaut-Melanome mit Protonen effektiv zu bestrahlen sind, ohne daß dabei die Toleranzdosen der Retina und anderer kritischer Organe überschritten werden. Mit der Protonenbestrahlung von Chorioidea-Melanomen wurde 1975 am Harvard Zyklotron begonnen. Bis März 1979 waren 30 Patienten behandelt worden (SUIT 1979). In allen Fällen wurden vollständige lokale Tumorkontrollen erzielt.

Zusammenfassend ist zur Protonentherapie festzustellen, daß ihr Vorteil gegenüber Photonen und Elektronen vorwiegend in der für viele Anwendungsbereiche günstigeren physikalischen Dosisverteilung und damit geringeren Rate an möglichen Nebenwirkungen liegt.

D. ^{4}He-Ionen

I. Biologische Untersuchungen

WILSON machte 1946 ebenfalls darauf aufmerksam, daß neben Protonen auch Alpha-Teilchen Vorzüge für die Strahlentherapie haben könnten.

Energien von 600–800 MeV sind von klinischem Interesse, da hierbei Reichweiten von 16–26 cm in Gewebe möglich sind. Die LET-Werte betragen bei diesen Energien etwa 250 keV/μm und liegen damit höher als bei Protonen.

Für einen monoenergetischen ^{4}He-Strahl von 910 MeV wurde im Plateau eine RBW von 1 im Vergleich zu einer 200–250 kV-Röntgenstrahlung ermittelt. Der Sauerstoff-Verstärkungsfaktor ist im Plateau ebenfalls vergleichbar mit einer Orthovolt-Röntgenstrahlung (Sillesen et al. 1963; Wang 1963; Ashikawa et al. 1967). Im Peak wurde dagegen eine höhere RBW von etwa 2 gefunden, weiterhin eine Verminderung des Sauerstoff-Verstärkungsfaktors (Sillesen et al. 1963; Wang 1963; Feola et al. 1969).

Raju et al. (1970) ermittelten für menschliche Nierenzellen in vitro eine signifikante Reduzierung des Sauerstoff-Verstärkungsfaktors im Bragg-Maximum im Vergleich zu Photonen (Raju et al. 1971). Ausführliche RBW-Untersuchungen an Mäusen wurden von Chong (1971) an hämopoetischen Stammzellen und intestinalen Stammzellen durchgeführt. Sie lagen im Peak zwischen 1,17 und 1,39 und im Plateau bei etwa 1. Der Sauerstoff-Verstärkungsfaktor im Peak betrug 2,02 bis 2,22 und war damit niedriger als im Plateau oder bei einer ^{60}Co-Gammastrahlung (2,3–2,57). Ward et al. (1976) fanden für die Entwicklung von Rattenembryonen im Bragg-Maximum nur eine RBW von 1 im Vergleich zu einer ^{60}Co-Gammastrahlung, der Sauerstoff-Verstärkungsfaktor betrug aber 1,7 im Vergleich zu 2,2 für die genannte Referenzstrahlung. Das Repairvermögen potentiell letaler Strahlenschäden war geringer als für eine ^{60}Co-Gammastrahlung. RBW-Untersuchungen an der Mäusehaut ergaben im Peak einen Wert von 1,3 und im Plateau von 1 im Vergleich zu einer 230 kV-Röntgenstrahlung (Leith et al. 1975, 1977). Für das Rückenmark wurden keine Unterschiede zwischen Plateau und Bragg-Maximum gefunden (Leith et al. 1975, 1977).

Berry und Andrews (1964) bestimmten RBW-Werte von Ascites-Tumorzellen der P-388-lymphozytären Leukämie am 960 MeV-^{4}He-Strahl. Im Plateau wurde eine RBW von 0,8 und ein Sauerstoff-Verstärkungsfaktor von 2,1 im Vergleich zu einer 3 MeV-Röntgenstrahlung gemessen. Im Peak ergab sich eine RBW von 2,3 und im Plateau ein Wert von 1. Für Lungenmetastasen der Maus wurden RBW-Werte von 1,25 bzw. 1,47 gefunden (El Mahdi et al. 1974). Für das Rhabdomyosarkom der Ratte wurden für die Wachstumsverzögerung nach 15 und 20 Tagen im Bragg-Maximum RBW-Werte von 1,4–1,5 im Vergleich zu einer 220 kV-Röntgenstrahlung ermittelt (Curtis et al. 1978).

Untersuchungen an EMT 6-Tumoren der Maus wurden von Phillips et al. (1977, 1979) durchgeführt. Im Bragg-Maximum wurde eine höhere RBW als im Plateau gemessen, insbesondere bei niedrigen Dosen. Der Sauerstoff-Gewinn-Faktor[1] für ^{4}He-Ionen reichte von 1,2 bis 1,4 im Vergleich zu 1,5 für Neutronen. Die RBW für Tumorzellen war höher als für Dünndarmkryptenzellen, entsprechend einem günstigen TGF-Wert.

Guichard et al. (1977) führten Untersuchungen am 160 MeV-^{4}He-Strahl in Saclay (Frankreich) durch. Die Messungen im Bragg-Maximum wurden mit einer ^{60}Co-Gammastrahlung verglichen. Die Extrapolationszahl war nach ^{4}He-Bestrahlungen signifikant niedriger als nach ^{60}Co-Bestrahlungen. Die RBW-Werte nach Dosen von 1 Gy betrugen 1,6 und 2,3 bei einem mittleren Wert von 1,9. RBW-Werte für Tumorzellen in vivo und in vitro lagen bei einer Überlebensrate von 10% bei 1,4 und bei einer Überlebensrate von 50% zwischen 1,6 und 1,8. Für Zellen in der Plateau-Phase waren die RBW-Werte niedriger als für exponentiell wachsende Zellen. In bezug auf das Repairvermögen potentiell letaler Strahlenschäden wurde kein Unterschied zwischen ^{4}He-Ionen und ^{60}Co-Gammastrahlen gefunden. Der Sauerstoff-Verstärkungsfaktor für ^{4}He-Ionen betrug 3 im Vergleich zu 3,3 bei ^{60}Co-Gammastrahlen.

---

[1] Sauerstoff-Gewinn-Faktor = Sauerstoff-Verstärkungsfaktor (Gammastrahlung): Sauerstoff-Verstärkungsfaktor (^{4}He)

Zusammenfassend ist zu sagen, daß die RBW-Werte für ⁴He im Bereich der Strahleneintrittspforte bei etwa 1 liegen und im Bereich therapeutisch relevanter Bragg-Maxima, deren Breite mehr als 4 cm beträgt, bei etwa 1,3. Insgesamt werden RBW-Werte zwischen 1,1 und 1,8 angegeben und ein Sauerstoff-Gewinn-Faktor von etwa 1,3.

II. Klinische Anwendung von ⁴He-Ionen

Zunächst wurden, ebenso wie bei der Protonentherapie, Hypophysentumoren behandelt (LAWRENCE u. TOBIAS 1967). Bis 1978 waren am Berkeley Zyklotron mehr als 744 Patienten bestrahlt worden, darunter 299 mit Akromegalie, 65 mit Morbus Cushing, 16 mit Nelson-Syndrom und 51 mit Prolaktin sezernierenden und nicht hormonaktiven Adenomen (LINFOOT 1979).

Bei 51 von 146 Patienten mit metastasierenden Mamma-Karzinomen, die mit Dosen zwischen 130 und 310 Gy bestrahlt worden waren, bildeten sich Metastasen der Lymphknoten, Haut, Muskeln und Knochen über einen Zeitraum von bis zu 4 Jahren gut zurück, während intestinale Metastasen kaum beeinflußt wurden. Diabetische Retinopathien wurden nach Bestrahlung der Hypophyse mit Dosen zwischen 110 und 150 Gy im Plateau gebessert und stabilisiert. Bei 135 von 169 Patienten wurde der Visus wenigstens eines Auges über 3–4 Jahre konstant gehalten (LINFOOT et al. 1969).

150 Patienten mit Akromegalie wurden mit Dosen von 35 bis 100 Gy in 6 Fraktionen innerhalb von 12 Tagen behandelt. Die Mehrzahl litt unter therapieresistenten Kopfschmerzen. Diese wurden bei etwa 75% innerhalb von 4 Jahren erheblich gebessert. Das Wachstum der Akren wurde bei allen Patienten gehemmt und eine Rückbildung bei etwa $^1/_3$ innerhalb von 4 Jahren erzielt. Bei 90% der Patienten normalisierten sich die Wachstumshormon-Konzentrationen im Serum innerhalb von 5–9 Jahren nach Abschluß der Therapie (LAWRENCE et al. 1970).

67 Patienten mit Morbus Cushing wurden mit Dosen von 80 bis 150 Gy bestrahlt. Bei mehr als $^2/_3$ wurden Rückbildungen der Symptome erzielt (LINFOOT 1979).

Bei Patienten mit Nelson-Syndrom wurden Verminderungen der ACTH-Konzentrationen im Serum erreicht (LINFOOT et al. 1970). Die Behandlungsergebnisse bei Hirntumoren sind wenig ermutigend, während verschiedene metastatische Tumoren gute Rückbildungstendenz zeigten (TOBIAS et al. 1971). Bei Mycosis fungoides wurden länger anhaltende Tumorregressionen erzielt als nach Bestrahlung mit 3,5 MeV-Elektronen (D'ANGIO et al. 1974).

Großfeldbestrahlungen tief liegender Tumoren wurden im Juli 1975 von CASTRO und QUIVEY am 184″ Synchro-Zyklotron des Lawrence Berkeley Laboratorium begonnen. Bei einer Energie von 920 MeV beträgt die Reichweite in Gewebe etwa 27 cm. Feldgrößen bis zu 30 × 30 cm bei Dosisleistungen von 2 Gy × min⁻¹ stehen zur Verfügung. Durch verschiedene Keilfilter kann das Bragg-Maximum von 4 bis 14 cm verbreitert werden.

Zunächst wurden Patienten mit lokal fortgeschrittenen Tumoren bestrahlt, bei denen die Wahrscheinlichkeit einer lokalen Tumorkontrolle durch konventionelle Strahlenarten als gering angesehen werden mußte.

Bis März 1979 waren 117 Patienten mit ⁴He-Ionen durch die Bay Area Heavy Ion Association (BAHIA) bestrahlt worden. Unter der Annahme einer klinischen RBW von 1,2 im proximalen Teil des Bragg-Maximums betrugen die Energiedosen 4 bis 5 × 2 Gy pro Woche bis zu Gesamtdosen von maximal etwa 54 Gy (⁴He-Dosis). Dies entsprach 60 bis 65 Co RE [2]. 30 Patienten mit Pankreaskarzinomen bildeten die größte Gruppe. Abb. 3a und b zeigen Planungsbeispiele für ein Pankreaskarzinom mit 18 MeV Photonen im Vergleich zu dem

---

[2] CoRE (Cobalt Rad Equivalent) = Energiedosis (⁴He) × RBW

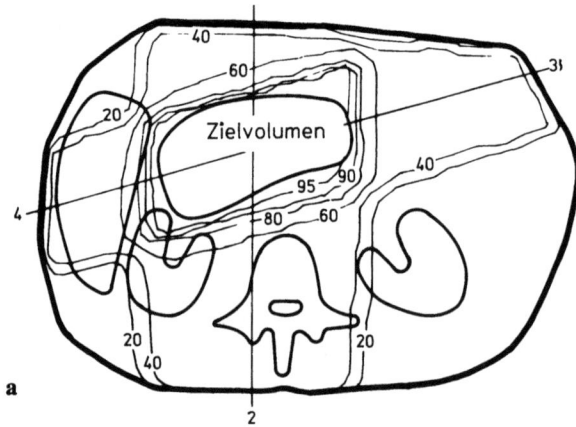

a

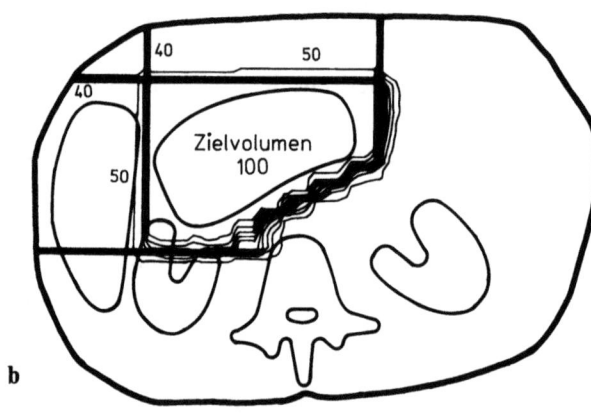

b

Abb. 3 a, b. Vergleich von Bestrahlungsplänen für ein Pankreas-Karzinom mit 18 MV-Photonen **a** und 920 MeV ⁴He-Ionen **b.** Der ⁴He-Plan zeigt am Rande des Zielvolumens einen steileren Dosisgradienten und damit eine günstigere Integraldosis. (Nach CHEN et al. 1979)

920 MeV ⁴He-Strahl des Berkeley Synchro-Zyklotron. Am Rande des Zielvolumens ist im ⁴He-Isodosenplan ein etwas steilerer Gradient und damit eine etwas günstigere Integraldosis zu erkennen.

Die Mehrzahl der Patienten hatte einen ⁴He-Boost erhalten. 5 von 7 Patienten, die mit einer ⁴He-Dosis von mehr als 50 Gy bestrahlt worden waren, blieben über einen Beobachtungszeitraum von 6 bis 36 Monaten nach Abschluß der Therapie rezidivfrei.

Bis März 1979 waren weiterhin 6 Patienten mit Aderhautmelanomen mit Dosen von 55, 85 Gy (70 Gy Co RE) bestrahlt worden. Bei relativ kurzen Nachbeobachtungszeiten bis zu 12 Monaten blieben alle Patienten rezidivfrei.

Die vorläufigen Ergebnisse der ⁴He-Therapie (QUIVEY 1979) zeigen, daß

1. akute Reaktionen am Abdomen geringer sind als nach Photonentherapie,
2. Hautreaktionen etwas stärker sind,
3. Spätkomplikationen offenbar geringer sind,
4. die Überlebensraten trotz sehr schlechter Prognose offenbar günstiger sind.

Diese Pilotergebnisse führten dazu, daß von 1978 bis 1983 folgende prospektive Studien durchgeführt wurden (CASTRO, persönliche Mitteilung):

1. Lokalisiertes Prostata-Karzinom (randomisiert)
2. Fortgeschrittenes Zervix-Karzinom (randomisiert)
3. Ösophagus-Karzinom (nicht randomisiert)
4. Aderhautmelanom (nicht randomisiert).

Eine abschließende Wertung dieser Studien steht noch aus.

E. Pionen (π^--Mesonen)

FOWLER und PERKINS schlugen 1961 den Einsatz von Pionen in der Strahlentherapie vor, nachdem FERMI bereits in früheren Jahren auf diese Möglichkeit hingewiesen hatte.

Für die Strahlentherapie sind nur negative Pionen (π^--Mesonen) von Interesse. Man begann bald mit dosimetrischen und biologischen Studien.

I. Physikalische Eigenschaften

Pionen werden aus den Kernen von Target-Atomen wie C, Be oder Ti bei Beschuß mit Protonen und Elektronen freigesetzt, deren Energie wenigstens 500 MeV bei einem Strahlstrom von 100 μA betragen muß. Die Masse eines Pions ist 273mal größer als die eines Elektrons und beträgt etwa 15% von der eines Protons. Bei einer Pionen-Energie von 60 bis 90 MeV ist eine genügende Reichweite von 12 bis 23 cm in Gewebe gewährleistet. Pionen werden am Ende ihrer Reichweite von Kernen eingefangen. In Geweben kommt es vorwiegend zu Reaktionen mit ^{16}O (75%), ^{14}N und ^{12}C. Bei jeder Kernreaktion werden etwa 140 MeV frei. 40 MeV werden zur Überwindung der Kern-Bindungsenergie benötigt, 70 MeV werden als kinetische Energie der emittierten Neutronen freigesetzt und 30 MeV erscheinen als kinetische Energie von Kernfragmenten wie z.B. Protonen, Deuteronen, Tritonen, ^{4}He-, ^{5}Li- oder ^{12}C-Bruchstücken und schweren Kernen sowie Elektronen und als begleitende Gamma-Strahlung. Der Vorteil der physikalischen Dosisverteilungt liegt darin, daß die Dosis im Bragg-Maximum bis zu 2,5mal größer ist als im Plateau. Die Integraldosis ist deshalb kleiner als bei allen anderen Strahlenarten und beträgt bei einer vergleichbaren Meßanordnung nur 25% des bei einer ^{60}Co-Gammastrahlung zu erwartenden Wertes (Tabelle 1).

Synchro-Zyklotron- und Linearbeschleuniger-Anlagen mit ausreichenden Protonen- bzw. Elektronenenergien stehen an 4 Stellen zur Verfügung, und zwar in Los Alamos (Los Alamos Meson Physics Facility, LAMPF), Stanford (Mark IV Linac), Vancouver (Tri-University Meson Facility, TRIUMF) und Villigen (Schweizerisches Institut für Nuklearforschung, SIN).

II. Biologische Untersuchungen

Im Plateau haben Pionen die gleiche RBW und den gleichen Sauerstoff-Verstärkungsfaktor wie dünn ionisierende Strahlenarten. Im Bragg-Maximum variiert die RBW bei verschie-

Tabelle 1. Vergleich der Integraldosen bei parallel opponierenden Bestrahlungsfeldern. Das Zielvolumen hat einen Durchmesser von 5 cm und liegt in einer mittleren Tiefe von 10 cm. Relative Dosis im Tumor = 100

		^{60}Co-γ-Strahlen	14 MeV Neu-tronen	22 MV-Röntgen-strahlen	Neon	Helium	Proton	Pion
Tumor		100	100	100	100	100	100	100
Normal-gewebe	absorbierte Dosis	358	401	367	128	110	100	90
	Biologisch äquivalente Dosis	358	401	367	109	101	119	35

Die Integraldosis in der Tiefe d ist $\Sigma = \rho \int_o^d D_x \cdot A \cdot d_x$. D_x ist die Dosis in der Tiefe x, und A ist die Strahleneintrittsfläche. Die verwendete Einheit ist kg·rad ($\rho = 1$ g/cm^3) (BAGSHAW et al. 1977)

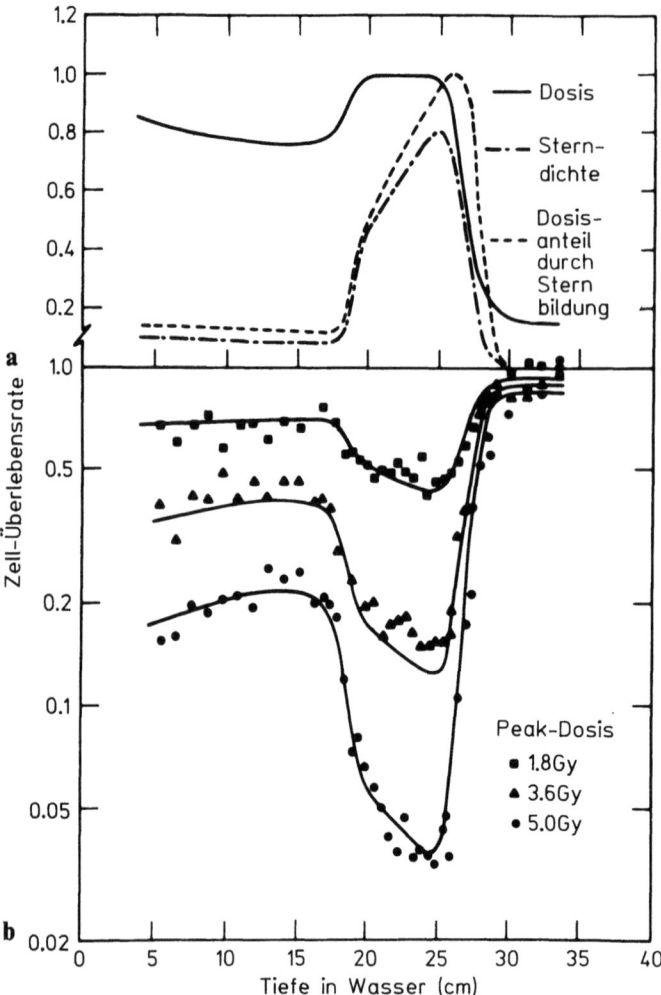

Abb. 4a. Tiefendosisverteilung eines Pionen-Strahls mit homogener Dosis in 20–25 cm Tiefe und Dosisanteil durch Sternbildung (willkürliche Einheiten). **b** Zell-Überlebensraten in Abhängigkeit von der Tiefe und Dosis im Bragg-Maximum. (Nach Henkelman u. Lam 1978)

denen Systemen zwischen 1,1 und 4,5 und der Sauerstoff-Verstärkungsfaktor zwischen 1,35 und 1,9 (Raju 1974).

Bei der Mehrzahl der untersuchten Systeme lagen die RBW-Werte bei 2, mit Ausnahme des Aszites-Tumorzell-Systems, bei dem Werte bis zu 5 gemessen wurden (Feola et al. 1968, 1970). Bei anderen in vivo-Systemen wurde dagegen kein Unterschied der RBW-Werte zwischen Plateau und Bragg-Maximum im Vergleich zu Gammastrahlen gefunden (Coggle et al. 1976, 1977).

Eine Ursache für die unterschiedlichen Ergebnisse dürfte darin liegen, daß in verschiedenen Abschnitten des Bragg-Maximum gemessen wurde. Die RBW stellt hier eine Funktion der Meßtiefe dar (Skarsgard et al. 1977; Abb. 4). RBW-Untersuchungen, die an chinesischen Hamsterzellen (HA-1) in vitro durchgeführt wurden, ergaben im Plateau keine wesentliche Abweichung von einer 85 kV-Röntgenstrahlung, während im Bragg-Maximum Werte von 2,9 und 1,8 bei Überlebensraten von 50% und 20% gefunden wurden. Der Sauerstoff-Verstärkungsfaktor im Bragg-Maximum betrug etwa 1,7 (Li 1979).

Untersuchungen, die in Los Alamos bei geringen Dosisleistungen durchgeführt wurden, führten bei verschiedenen Systemen zu RBW-Werten zwischen 1,3 und 1,75 im Vergleich zu einer 250 kV-Röntgenstrahlung.

Die RBW für die menschliche Haut betrug 1,4 im Vergleich zu einer 140 kV-Röntgenstrahlung (Kligerman et al. 1976). Trotz gleicher RBW-Werte im Plateau wurden in vitro unterschiedliche Sauerstoff-Verstärkungsfaktoren gemessen. Diese betrugen für Pionen im Plateau 2,4 und für eine 250 kV-Röntgenstrahlung 2,9 (RAJU 1979). Es wurde auch hier eine starke Abhängigkeit der RBW von der Breite des Bragg-Maximums festgestellt: Mit zunehmender Peak-Breite nahmen die RBW-Werte ab.

Eine Abhängigkeit der Strahlenempfindlichkeit von der Zellzyklusphase wurde nicht gefunden (RAJU 1979).

In vitro-Untersuchungen an chinesischen Hamsterzellen (CHO-K_1) und multizellulären Tumor-Sphäroiden haben gezeigt, daß kleine Dosen einer Strahlung mit hohem LET die Wirkung dünn ionisierender Strahlung erheblich modifizieren können (YUHAS et al. 1979).

Bei der Untersuchung von Normalgeweben der Maus wurde ein Anstieg der RBW mit der Fraktionierung gemessen. Einzeldosen wurden mit 5 Fraktionen pro Woche verglichen. Für die Nieren ergaben sich RBW-Werte von 1,2 und 1,4 (JORDAN et al. 1978) und für die Haut von 1,5 und 1,7 (YUHAS et al. 1979). Bei Kapillar-Endothelzellen der Hundekornea wurde eine RBW von 1,7 im Vergleich zu einer ^{60}Co-Gammastrahlung festgestellt (FIKE u. GILLETTE 1978).

III. Klinische Ergebnisse

Phase-I und Phase-II-Studien wurden in Los Alamos und in Villigen (SIN) durchgeführt. Tumoren folgender Lokalisationen wurden bestrahlt: Gehirn, Kopf-Halsgebiet, Lunge, Ösophagus, Magen, Pankreas, Harnblase, Prostata, Cervix uteri, Rektum.

Nach experimentellen Untersuchungen an Mamma-Tumoren der Maus wurde für die Therapie zunächst eine mittlere RBW von 1,6 zugrunde gelegt. Die Phase-Ia-Studie in Villigen ergab für Hautmetastasen bei fraktionierten Bestrahlungen eine RBW von 1,4 im Vergleich zu Röntgenstrahlung (VON ESSEN, persönl. Mitteilung 1981, 1984).

Bis Juni 1979 waren etwa 90 Patienten mit großen Primärtumoren bestrahlt worden (KLIGERMAN et al. 1979).

Bei Hautmetastasen von Mamma-Karzinomen wurde eine RBW von 1,4 bis 1,44 im Vergleich zu einer 100 kV-Röntgenstrahlung ermittelt. Der TGF-Wert betrug 1,38 (KLIGERMAN et al. 1978). Für die Bestrahlung von Tumoren unterschiedlicher Lokalisationen wurden Feldgrößen von 80–235 cm^2 bei Peak-Breiten von 5–10 cm verwendet. Da sich die RBW im Bragg-Maximum mit zunehmender Tiefe erhöht, wurden im Anfangsteil höhere Dosen eingestrahlt. Bei 5 Fraktionen pro Woche lagen die Einzeldosen zwischen 0,85 und 1,47 Gy und die Gesamtdosen zwischen 10 und 46 Gy bei Bestrahlungszeiträumen von 32 bis 59 Tagen.

Eine Analyse über 41 Patienten liegt vor (KLIGERMAN et al. 1979). Bei 31 von diesen Patienten wurden Primärtumoren bestrahlt, und zwar in 14 Fällen abdominale oder pelvine Tumoren, in 12 Fällen Kopf-Halstumoren und in 5 Fällen Tumoren unterschiedlicher Lokalisationen. Zur lokalen Tumorkontrolle war eine Dosis von mehr als 27 Gy erforderlich. 42 von 52 Tumoren bildeten sich vollständig zurück und zeigten bei Nachbeobachtungszeiten bis zu 22 Monaten keine Rezidive. 3 Tumoren zeigten Teilrückbildungen, 7 wurden nicht beeinflußt. Bei 7 Patienten wurden 8 Tumoren kombiniert mit Pionen und Röntgenstrahlen behandelt. 3 Tumoren bildeten sich vollständig zurück und 5 zeigten partielle Regressionen. Bei Gesamt-Energiedosen zwischen 16,77 und 39 Gy lagen die Einzelfraktionen zwischen 0,9 und 1,8 Gy. Nur bei einem kleinen Teil der Patienten traten geringe Nebenwirkungen auf. Viele Tumoren bildeten sich 2- bis 3mal schneller zurück als nach Photonen- oder Elektronentherapie. Die Strahlenreaktionen an Normalgeweben, wie z.B. der Blasen- und Rektumschleimhaut, waren im Vergleich zur Tumorregression gering und nachfolgende operative Maßnahmen wurden nicht beeinträchtigt.

Aufgrund der Ergebnisse der Phase I- und II-Studien wurde für randomisierte Studien eine Dosis von 32 Gy geplant.

Für diese Studien sind vorgesehen:

1. Glioblastome
2. Kopf-Halstumoren
3. Lungentumoren
4. Ösophagus-, Magen- und Pankreastumoren
5. Tumoren des kleinen Beckens (Blase, Prostata, Rektum, Cervix).

Erst nach Durchführung dieser Studien wird man den Wert der Pionen-Therapie genauer beurteilen können. Es ist aber bereits jetzt abzusehen, daß aus Kostengründen Pionen und Ionen selbst bei günstigsten Therapieergebnissen nur an sehr wenigen Zentren zur Verfügung stehen werden.

F. Neutronen

I. Erste Behandlungen durch Stone und Larkin

Neutronen wurden bereits 1938, 6 Jahre nach der Entdeckung durch Chadwick, von Stone und Larkin in der Tumortherapie eingesetzt. Sie wurden über eine Kernreaktion durch Beschuß eines Beryllium-Target mit 8 bzw. 16 MeV Deuteronen erzeugt [${}^{9}_{4}$ Be (d, n, p) ${}^{9}_{4}$ Be und ${}^{9}_{4}$ Be (d, n) ${}^{10}_{5}$ B]. Diese Kernreaktion wird auch heute bei der Mehrzahl der für die Neutronentherapie verwendeten Zyklotronanlagen benutzt.

Zur damaligen Zeit stand die Erforschung der biologischen Grundlagen der Neutronentherapie in den Anfängen und eine standardisierte Dosimetrie fehlte. Es wurde in Neutronen-Einheiten (n-Einheiten) dosiert (Zirkle u. Lampe 1938). Hierbei bedeutete 1 n = 1 rep. Zur Umrechung der Neutronendosis in Ionendosis (R) wurde ein Faktor 2,5 gewählt. RBW-Werte an verschiedenen Systemen variierten von 2 bis 20 (Zirkle et al. 1937). Trotz dieser großen Schwankungsbreite hielt Stone den Einsatz von Neutronenstrahlen als Palliativmaßnahme bei Patienten mit inkurablen Tumoren für gerechtfertigt. Der erste Patient mit einem Oberkiefertumor wurde am 26.9.38 bestrahlt. Bis Februar 1943 war die Behandlung von 226 Patienten abgeschlossen.

1948 faßte Stone seine Erfahrungen in der bekannten „Janeway Memorical Lecture" wie folgt zusammen (Stone 1948):

1. Die Gewebsreaktionen von Neutronen und Photonen unterscheiden sich nicht qualitativ.
2. RBW-Werte können in Abhängigkeit vom Testobjekt sehr unterschiedlich sein.
3. RBW-Werte für Spätreaktionen sind höher als für akute Reaktionen.
4. Die Neutronendosis, die zur Kontrolle eines Tumors erforderlich ist, liegt dicht bei der Toleranzdosis für normale Gewebe im Hinblick auf akute Reaktionen und noch dichter im Hinblick auf Spätreaktionen. Dies bedeutet, daß die therapeutische Breite der Neutronenstrahlen sehr gering ist.

Die Schlußfolgerung war: „Die Neutronentherapie, wie sie von uns angewandt wurde, hat, verglichen mit den wenigen guten Ergebnissen, zu so schweren Spätreaktionen geführt, daß sie nicht fortgeführt werden sollte."

Trotz der erst in späteren Jahren gewonnenen grundlegenden strahlenbiologischen Erkenntnisse über die Neutronenwirkungen, insbesondere das geringe Repair-Vermögen zwischen zwei Fraktionen, blieb Stone nach nochmaliger Durchsicht seiner Patientendaten bei den ursprünglichen Schlußfolgerungen (Stone et al. 1967).

Eine erneute Analyse der Behandlungsergebnisse von STONE wurde 1971 von SHELINE et al. durchgeführt. Es wurden experimentelle RBW-Werte für akute Hautreaktionen mit RBW-Werten von Patienten verglichen. Hierzu wurden NSD-Werte nach der von FIELD (1972) für Neutronen modifizierten Formel ermittelt ($TD = NSD_n \times N^{0,04} \times T^{0,11}$). Für mittlere und große Bestrahlungsfelder wurden maximale NSD-Werte von 1 800 ret Photonen-Äquivalentdosis (entsprechend 61 Gy Photonendosis in 30 Fraktionen über 6 Wochen) errechnet (BRENNAN u. PHILLIPS 1971). Schwere Spätkomplikationen wurden bei den Patienten beobachtet, die höhere Dosen erhalten hatten.

II. Biologische Untersuchungen

Unabhängig von der klinischen Anwendung der Neutronenstrahlen durch STONE untersuchten GRAY und READ in England seit 1940 systematisch deren biologische Wirkungen. Als wesentlicher Effekt wurde ein gegenüber dünn ionisierenden Strahlenarten geringerer Sauerstoff-Verstärkungsfaktor gefunden (GRAY et al. 1953). Dieser ist z.B. für Neutronen einer mittleren Energie von 7 MeV um etwa die Hälfte niedriger als für eine 200 kV-Röntgenstrahlung.

1950 begann das Medical Research Concil mit der Installation eines Zyklotron für die medizinische Forschung am Hammersmith Hospital, London (16 MeV d → Be).

Seit 1963 untersuchten BEWLEY et al. die Wirkungen von Neutronen auf die Schweinehaut, deren Aufbau der menschlichen Kutis sehr ähnlich ist (BEWLEY et al. 1963, 1967). Diese Ergebnisse sind deswegen von großer klinischer Bedeutung, weil in späteren Untersuchungen festgestellt wurde, daß die Toleranzdosen von Bindegeweben, die in tieferen Körperabschnitten liegen, denen der Haut sehr ähnlich sind.

Die Hautreaktionen, die bis zu 3 Monate nach fraktionierten Bestrahlungen mit Neutronen und Röntgenstrahlen beobachtet wurden, sind gleich (Abb. 5, BEWLEY et al. 1963). Das Repairvermögen nach Neutronenbestrahlungen ist aber im Vergleich zu Röntgenbestrahlungen um einen Faktor 0,66 bis 0,5 herabgesetzt. Die RBW nahm weiterhin mit zunehmender Anzahl der Fraktionen zu (Abb. 6, BEWLEY et al. 1967; und Abb. 7, FIELD u. HORNSEY 1974) und war für Späteffekte, die mehr als drei Monate nach Bestrahlungsende auftraten, höher als für akute Effekte (WITHERS et al. 1977, 1978).

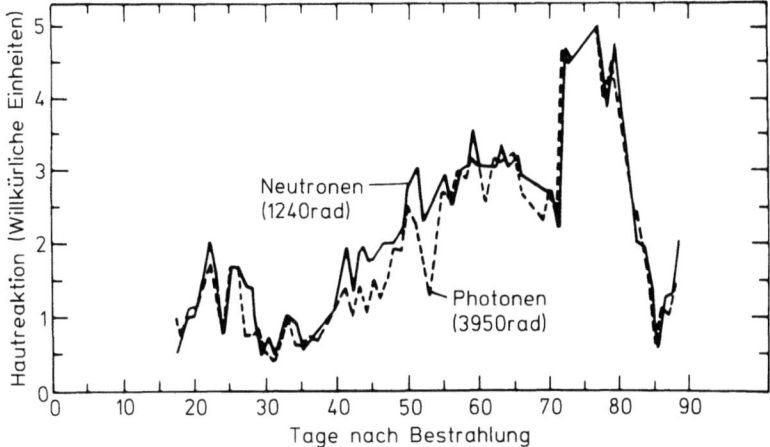

Abb. 5. Hautreaktionen des Schweines nach fraktionierten Röntgen- und Neutronenbestrahlungen. (Nach BEWLEY et al. 1963)

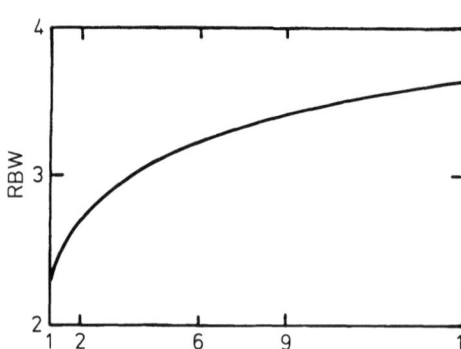

Abb. 6. Abhängigkeit der RBW der Schweinehaut nach Bestrahlung mit 7 MeV Neutronen von der Anzahl der Fraktionen. (Referenzstrahlung: 8 MV-Röntgenstrahlung; nach BEWLEY et al. 1967)

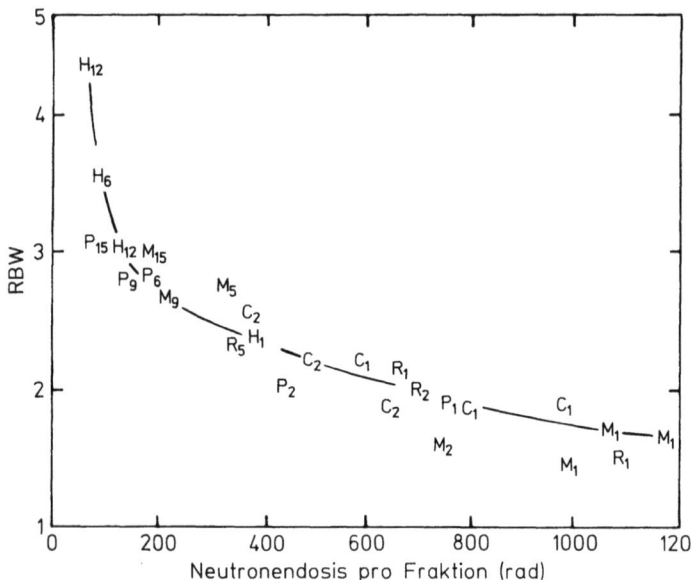

Abb. 7. Abhängigkeit der RBW der Haut von der Einzeldosis und der Anzahl der Fraktionen. Die Indizes geben die Anzahl der Fraktionen an. (Nach FIELD u. HORNSEY 1974)

Untersuchungen akuter Hautreaktionen an Ratten und Mäusen zeigten keine signifikanten Unterschiede in der Repopulation nach Röntgen- und Neutronenbestrahlungen (DENE-KAMP et al. 1966).

Bei hämopoetischen Stammzellen sind nur kleine Unterschiede der RBW zwischen Röntgen- und Neutronenstrahlen vorhanden, da für beide Strahlenarten das Repairvermögen für subletale Schäden gering ist (FIELD u. HORNSEY 1979).

Bei Dünndarmkryptenzellen liegen dagegen große RBW-Unterschiede vor, bedingt durch ein starkes Repairvermögen nach Photonen- und minimales Repairvermögen nach Neutronen-Bestrahlungen. Die RBW für Neutronen nimmt weiterhin mit Reduzierung der Dosis pro Einzelfraktion zu (WITHERS 1975; WITHERS et al. 1974). Die Abhängigkeit der Strahlenempfindlichkeit von der Zellzyklusphase ist um einen Faktor 0,6 bis 0,7 geringer als bei Photonen-Bestrahlungen (WITHERS et al. 1974).

Für akute Reaktionen des Dünndarms der Maus, die bis 5 Tage nach Bestrahlung auftraten, und für Spätreaktionen, die nach 90 Tagen gemessen wurden, betrugen die RBW-Werte nach Neutronen-Einzeit-Bestrahlungen 1,8 bzw. 1,9 im Vergleich zu ^{60}Co-Gamma-Strahlen. Bei fraktionierten Bestrahlungen stieg die RBW für Spätreaktionen steiler an als für akute Reaktionen (GERACHI et al. 1974a, 1977).

Noch höhere RBW-Werte von 3 wurden am Ösophagus der Maus gemessen (PHILLIPS u. FU 1976). Die RBW-Werte für Lungengewebe lagen dagegen um einen Faktor 0,75 niedriger als bei der Haut, während sie für den Ösophagus um einen Faktor 1,3 höher lagen (HORNSEY u. FIELD 1974).

Bei Lungengewebe wurde nach Photonenbestrahlungen das Phänomen des „Slow-Repair" beobachtet, das nach Neutronenbestrahlungen nicht erkennbar war (FIELD 1977; FIELD u. HORNSEY 1977).

An Kapillarendothelien wurde nach Bestrahlung mit 15 MeV DT-Neutronen die gleiche RBW wie für die Haut oder Dünndarmepithelien ermittelt (BROERSE u. BARENDSEN 1973).

Für das Rückenmark wurden nach Bestrahlung mit 15 MeV DT-Neutronen RBW-Werte von 1,1 für Einzeitbestrahlungen und von 1,8 für fraktionierte Bestrahlungen gemessen (VAN DER KOGEL u. BARENDSEN 1974). Mit zunehmender Fraktionierung stieg die RBW im Vergleich zu Röntgenstrahlen bis zu 3,5 an (GERACHI et al. 1974b, 1978). Die Dosiseffektkurve für Rückenmarksschäden verläuft offenbar sehr steil: Erhielten Affen eine Neutronendosis von 13 Gy in 2 Fraktionen pro Woche über $4^1/_2$ Wochen, so traten keine neurologischen Störungen auf. Wurden aber 15,5 Gy in gleicher Fraktionierung gegeben, so zeigten alle Tiere Lähmungen (JARDINE et al. 1979).

Für Hirngewebe ermittelten HORNSEY et al. (1981) am Neutronenstrahl des Hammersmith Zyklotron (16 MeV d → Be), eine RBW von 5,2, im Vergleich zu fraktionierten Röntgenbestrahlungen mit 2 Gy pro Tag.

Fraktionierungsuntersuchungen wurden für die Mundschleimhaut von Rhesusaffen durchgeführt. Verglichen wurden 2 Neutronen- und 2 ^{60}Co-Gammastrahlen-Fraktionen mit 5 ^{60}Co-Gammastrahlen-Fraktionen pro Woche. Während die akuten Reaktionen in allen Gruppen gleich waren, zeigten sich in den Gruppen, die 2 Fraktionen pro Woche erhalten hatten, stärkere Spätreaktionen, die sich vorwiegend an den langsam proliferierenden Bindegeweben auswirkten.

Es wird angenommen, daß diese Effekte durch ein unterschiedliches Repairvermögen und eine unterschiedliche Redistribution der überlebenden Zellen auf den Zellzyklus bedingt sind.

An der Niere wurde für die Induktion einer radiogenen Nephritis bei Rhesusaffen eine RBW von 2,5 bis 2,8 im Vergleich zu einer ^{60}Co-Gammastrahlung ermittelt. Die Dosiseffektkurve verläuft sehr steil, da nach 9,6 Gy bei keinem Tier eine Nephritis auftrat, dagegen bei allen Tieren nach 10,8 Gy.

In bezug auf Späteffekte unterscheiden sich Photonen von Neutronen dadurch, daß für Neutronen keine Abhängigkeit von der Fraktionierung vorliegt, und daß das Ausmaß der akuten Effekte keine Rückschlüsse auf die Späteffekte zuläßt.

Für die höhere RBW bei Späteffekten wurden folgende Hypothesen aufgestellt (HUSSEY et al. 1979):
1. Bei Röntgenstrahlen ist die Schulter der Überlebenskurve für nicht proliferierende Gewebe breiter als für proliferierende Gewebe.
2. Das Repairvermögen potentiell letaler Schäden ist bei Röntgenstrahlen für nicht proliferierende Gewebe höher als für proliferierende Gewebe.
3. Das „Slow-Repair" findet nach Röntgenbestrahlungen in manchen nicht proliferierenden Normalgeweben statt, nicht aber in proliferierenden Normalgeweben.
4. Fraktionierte Röntgenbestrahlungen erhöhen die Strahlenempfindlichkeit bei proliferierenden Normalgeweben in größerem Maße als bei nicht proliferierenden Normalgeweben.

III. Klinische Ergebnisse

Nach einer Pause von 23 Jahren wurde die Neutronentherapie 1966 wieder aufgenommen (MORGAN 1967). Zunächst wurden am Hammersmith Hospital in London bis 1975 363 Patienten mit weit fortgeschrittenen Tumoren unterschiedlicher Lokalisationen bestrahlt, von denen 125 länger als 1 Jahr rezidiv- und metastasenfrei blieben. Bis Ende 1978 waren mehr als 800 Patienten in weitgehend gleicher Dosierung und Fraktionierung (15,6 Gy Neutronen – Energiedosis in 12 Fraktionen über 26 Tage) bestrahlt worden.

Hervorzuheben unter den Ergebnissen der Pilotphase sind Kopf-Halstumoren, Speicheldrüsentumoren und Weichteilsarkome. Von 28 Patienten mit Weichteilsarkomen zeigten 24 vollständige Regression. Die Komplikationsrate betrug allerdings 32% (9/28).

25 von 29 Patienten mit fortgeschrittenen Tumoren der Mundhöhle wiesen bei Nachbeobachtungszeiten von 1 bis 7 Jahren vollständige Tumorregressionen auf. In 4 Fällen entstanden schwere Komplikationen (16%). Bei 37 von 40 Patienten mit Speicheldrüsentumoren wurden bei Nachbeobachtungszeiten von 1 bis 10 Jahren vollständige Tumorrückbildungen beobachtet. Weitere 15 Patienten mit Tumoren des Oropharynx blieben bei Nachbeobachtungszeiten von 1 bis 7 Jahren tumorfrei, ohne daß schwere Komplikationen auftraten. Schließlich sind 33 Patienten mit Tumoren der Nasennebenhöhlen zu nennen, von denen 26 bei Nachbeobachtungszeiten von 1 bis 8 Jahren tumorfrei blieben. Schwere Komplikationen im Bereich der Augen und des Gehirns traten allerdings in 15 Fällen auf (Catterall, persönl. Mitteilung 1981).

In einer prospektiven Studie wurde zwischen 1971 und 1976 die Effektivität der Photonen- und Neutronentherapie bei fortgeschrittenen Kopf-Halstumoren verglichen. Ausgewertet wurden die Ergebnisse von 70 mit Neutronen und 63 mit Photonen behandelten Patienten (Catterall et al. 1977).

Eine vollständige und persistierende Tumorregression wurde bei 53 der mit Neutronen und 12 der mit Photonen bestrahlten Patienten erreicht. Spätrezidive entstanden bei einem Patienten aus der Neutronengruppe und bei 15 Patienten aus der Photonengruppe, während partielle Tumorregression bei 16 Patienten aus der Neutronengruppe und bei 36 Patienten aus der Photonengruppe beobachtet wurden (p = 0,001).

Die 2-Jahres-Überlebensrate der Patienten aus der Neutronengruppe war etwa doppelt so hoch wie die der Patienten aus der Photonengruppe. Es muß aber erwähnt werden, daß bei den erfolgreich behandelten Patienten aus der Neutronengruppe die Rate an schweren Komplikationen der Augen, des Halsmarkes, des Larynx und des Pharynx etwa 5mal größer war (14%) als bei den Patienten aus der Photonengruppe (3%). Die Todesursache bei der Mehrzahl der nach Neutronentherapie verstorbenen Patienten war eine Metastasierung.

Die Ergebnisse dieser Studie haben besonders in England Widerspruch hervorgerufen, und zwar deswegen, weil die Photonendosen bei einem Teil der Patienten als nicht adäquat angesehen wurden (45,4 Gy in 12 Fraktionen über 28 Tage bis 68,4 Gy in 30 Fraktionen über 43 Tage), und nur 18 Patienten aus der Photonengruppe in einer einheitlichen Technik am Hammersmith Hospital bestrahlt worden waren, während die übrigen Patienten an verschiedenen Kliniken in unterschiedlichen Techniken behandelt worden waren.

Die Pilot-Ergebnisse am Hammersmith Hospital führten dazu, daß seit etwa 1970 mit der Planung und Einrichtung einer Anzahl weiterer Therapiezentren begonnen wurde, die in Tabelle 2 zusammengefaßt sind.

Der Betrieb der Zyklotronanlage am Naval-Research Laboratory, Washington D.C., wurde 1979 aus finanziellen Gründen eingestellt.

Seit März 1981 werden Patientenbestrahlungen an der Zyklotronanlage in Orleans durchgeführt, die über einen fixierten vertikalen Strahl verfügt (34 MeV p → Be). Bis Juni 1981 waren etwa 30 Patienten bestrahlt worden (Breteau, persönl. Mitteilung 1981).

In den USA sind 3 isozentrische Zyklotronanlagen mit hohen Neutronenenergien (45 MeV p → Be) im Bau, und zwar am M.D. Anderson Hospital, Houston, der University of California (Los Angeles) und der University of Washington (Seattle). Zwei weitere Anlagen sind bei Liverpool (Clatterbridge Hospital) und bei Kapstadt geplant (E. Mills, D. Reitmann, B. Smit, persönl. Mitteilung 1981, 1984).

Tabelle 2. Neutronentherapieanlagen, die routinemäßig genutzt werden, und Anzahl der bis 1980 behandelten Patienten

Zentrum	Maschinenart	Maximale Deuteronenenergie (MeV)	Therapiebeginn	Anzahl der Patienten
Amsterdam	DT Generator	. 0,25	1975	400
Hamburg	DT Generator	0,5	1976	340
Heidelberg	DT Generator	0,25	1978	80
Manchester	DT Generator	0,25	1977	70
Chiba-shi	van de Graaf	30	1975	560
Chiba-shi	van de Graaf	2,8	1967	36
Cleveland	Zyklotron	25	1977	250
Dresden	Zyklotron	13,5	1972	600
Edinburgh	Zyklotron	16	1977	315
Essen	Zyklotron	14	1978	170
Houston	Zyklotron	50	1972	720
Krakau	Zyklotron	12,5	1978	35
London	Zyklotron	16	1966	850
Louvain	Zyklotron	50	1978	170
Seattle	Zyklotron	21,5	1973	360
Tokio	Zyklotron	15	1975	200
Washington	Zyklotron	35	1973	300
Batavia	Linac	66 (Protonen)	1976	400

Pilot-Ergebnisse wurden von drei amerikanischen Therapiezentren veröffentlicht (M.D. Anderson Hospital, Houston und Texas A & M Variable Energy Cyclotron TAMVEC; Naval Research Laboratory, Washington, D.C., Middle Atlantic Neutron Treatment Association, MANTA; University of Washington, Seattle, Washington). Von 1972 bis 1979 wurden etwa 1200 Patienten bestrahlt. Unterschiedliche Neutronenenergien sowie Dosierungs- und Fraktionierungsschemata erschweren die Beurteilung der Ergebnisse.

In einem vorläufigen Bericht (PARKER et al. 1977) wurden die günstigen Tumor-Kontrollraten des Hammersmith Hospitals bei fortgeschrittenen Tumoren im Kopf-Halsbereich zunächst bestätigt. Etwa 40% der Primärtumoren und zervikalen LK-Metastasen bildeten sich vollständig zurück und blieben bei Beobachtungszeiten bis zu 33 Monaten kontrolliert. Von 57 Patientinnen mit Zervix-Karzinomen der Stadien II$_B$ bis IV$_A$ zeigten 33 vollständige Tumorrückbildungen bei Nachbeobachtungszeiten von mindestens 6 Monaten. Bemerkenswert ist, daß 17 von 22 Patientinnen, die mit 40% Neutronen- und 60% Photonen-Äquivalentdosis bestrahlt worden waren, rezidivfrei blieben, gegenüber 6 von 17 Patientinnen, die ausschließlich mit Neutronen bestrahlt worden waren.

Nach Neutronenbestrahlung von Hirntumoren (vorwiegend Astrozytome Grad III bis IV) ist die lokale Tumorkontrolle besser als nach Photonentherapie. So wurde bei den Ergebnissen in Seattle nur bei einem von 15 Patienten ein Rest- bzw. Rezidivtumor nachgewiesen (GRIFFIN et al. 1979). Infolge ausgedehnter Demyelinisierung gesunder Gehirnabschnitte nach einer vollen Neutronendosis wurde die Lebensqualität aber stark herabgesetzt und führte bei 5 der am Hammersmith Hospital behandelten Patienten zu einer Demenz.

Die 1-Jahres-Überlebensraten verschiedener Zentren sind in Tabelle 3 zusammengestellt. Sie sind nach Neutronentherapie ungünstiger (22%) als nach Neutronen-Boost- bzw. Photonen-Therapie (31%). Werden die Überlebensraten der Zentren, die prospektive Studien durchführten (Hammersmith und Edinburgh), isoliert betrachtet, so betragen die 1 Jahres-Überlebensraten nach Neutronentherapie 21% (10/48) und nach Photonentherapie 33% (16/48).

Tabelle 3. Ergebnisse der Strahlentherapie bei Astrozytomen Grad III–IV (1973–1980)

Zentrum	Neutronen		Photonen + Neutronenboost		Photonen	
	Anzahl der Patienten	Überlebende nach 1 Jahr	Anzahl der Patienten	Überlebende nach 1 Jahr	Anzahl der Patienten	Überlebende nach 1 Jahr
Hammersmith	30[a]	9			33[a]	11
Seattle	26	6	10	2	68	20
Amsterdam			22	7		
Hamburg			6	3		
Edinburgh	18[a]	1			15[a]	5
Summe	74	16 (22%)	38	12 (31%)	116	36 (31%)

[a] prospektive Studien

Im Einzelnen wurden während der Pilot-Phase folgende Ergebnisse an den verschiedenen Zentren erzielt:

1. M.D. Anderson Hospital (Houston): Bis Januar 1980 waren etwa 720 Patienten bestrahlt worden. Da das Zyklotron nur begrenzt zur Verfügung stand, wurden zunächst 2 Fraktionen pro Woche appliziert (15 MeV d → Be). Wegen der hohen Rezidiv- und Komplikationsrate wurde dieses Fraktionierungsschema zugunsten einer Mischtechnik (3 × 2 Gy Photonen- und 2 × 0,65 Gy Neutronendosis pro Woche, bis zu einer Gesamt-Photonen-Äquivalentdosis von 60 bis 70 Gy in 6 bis 7 Wochen) wieder aufgegeben (Peters et al. 1979).

Bei der Neutronen-Boost-Therapie wurden 40 bis 50 Gy Photonendosis in 4 bis 5 Wochen appliziert, mit einem anschließenden Neutronen-Boost von 6,4 bis 9,6 Gy in 2 bis 3 Wochen.

Vorläufige Ergebnisse einer randomisierten Therapiestudie bei Kopf-Halstumoren zeigen eine leichte Überlegenheit der Neutronen-Boost-Therapie (61% lokale Tumorkontrolle) gegenüber der Neutronentherapie (47% lokale Tumorkontrolle; Maor et al. 1981).

Bei einer kleinen Zahl von Patientinnen mit gynäkologischen Tumoren unterschieden sich die Ergebnisse der Mischtherapie ebenfalls nicht signifikant von denen der Photonentherapie. Bei fortgeschrittenen Tumoren (III b bis IV) war die lokale Kontrollrate nach Mischtherapie aber höher (61%) als nach Photonentherapie (37%), obwohl sich die Überlebenszeiten nicht signifikant unterschieden. Die gleiche Tendenz zeigen die vorläufigen Ergebnisse einer randomisierten Studie (Peters et al. 1979).

Bei Mamma-Tumoren war die Kontrollrate nach Neutronentherapie hoch, die Komplikationsrate infolge von Fibrosen aber größer als nach Photonentherapie. Diese Komplikationen traten bei 4 Patientinnen, die in Mischtechnik behandelt worden waren, nicht auf.

In einer Pilot-Studie wurden die Ergebnisse der Strahlentherapie fortgeschrittener Pankreas-Karzinome verglichen. Die Überlebensraten bis 3 Jahre nach Abschluß der Therapie waren in der Neutronengruppe und in der kombiniert mit Neutronen und Photonen bestrahlten Gruppe signifikant besser als in der Photonengruppe, aber nicht besser als in einer Gruppe, die eine interstitielle ^{198}Au-Therapie erhalten hatte (Al-Abdulla et al. 1981).

Bei Prostatatumoren wurde eine bemerkenswert hohe Kontrollrate von 90% nach Mischtherapien gefunden. Die Komplikationsrate lag nicht höher als 10%.

2. University of Washington (Seattle): Von 1973 bis 1980 wurden mehr als 360 Patienten bestrahlt (21 MeV d → Be). Die Schwerpunkte lagen auf dem Gebiet der Hirntumoren und Kopf-Halstumoren. Die Behandlungsergebnisse von 11 Patienten mit Speicheldrüsentumoren wurden mit denen nach ^{60}Co-Gammabestrahlungen verglichen. Ein Vorteil der Neutronen-

therapie wurde bei Tumoren mit Durchmessern von 3 bis 6 cm gefunden, während kleinere Tumoren in gleicher Häufigkeit durch Photonentherapie kontrolliert wurden. Tumoren von mehr als 6 cm Durchmesser konnten weder durch Photonen- noch durch Neutronentherapie kontrolliert werden (HENRY et al. 1978).

Über fortgeschrittene Tumoren der Mundhöhle und des weichen Gaumens wurde eine weitere retrospektive Studie vorgelegt (LARAMORE et al. 1980). 15 Patienten waren mit Neutronen und 6 in einer Mischtechnik bestrahlt worden. Bei der Neutronengruppe war die Rate an vollständigen Tumorregressionen geringer als bei der in Mischtechnik bestrahlten Gruppe. Die rezidivfreien 2-Jahres-Überlebensraten waren aber nicht besser als nach Photonentherapie.

Eine Analyse von 38 Patienten, die in einer Mischtechnik bestrahlt worden waren, ergab nach 30 Monaten eine Tumor-Kontrollrate von 30% gegenüber 15% in einer Gruppe von 62 Patienten, die ausschließlich mit Neutronen bestrahlt worden war. Bei der in Mischtechnik bestrahlten Gruppe betrug die Kontrollrate bei Halslymphknotenmetastasen 64%, bei der Neutronengruppe 55%. Nach 30 Monaten betrug die Überlebensrate in der Neutronengruppe 10% gegenüber 35% bei der in Mischtechnik bestrahlten Gruppe (LARAMORE, persönl. Mitteilung 1981).

Aufgrund dieser Daten wird angenommen, daß die Mischtherapie möglicherweise bei T_3- und T_4-Tumoren Vorteile bietet.

3. Naval Research Laboratory (Washington, D.C.).: Von 1973 bis 1980 waren 300 Patienten bestrahlt worden (35 MeV d → Be). Bei Kopf-Hals-Tumoren wurde eine Kontrollrate von 54% erreicht. Die Rezidivrate betrug 28%, die Rate an letalen Komplikationen 3%. Relativ günstige Tumor-Kontrollraten wurden bei Sarkomen erzielt, und zwar 80% bei ossären Sarkomen und 40% bei Weichteilsarkomen (ORNITZ et al. 1980a).

Eine Analyse der Späteffekte von 177 Patienten, die zwischen 1973 und 1976 bestrahlt worden waren, ergab, daß die RBW für Späteffekte offenbar höher ist, als nach experimentellen Ergebnissen und Messungen an der menschlichen Kutis zu erwarten ist, und daß das Ausmaß der Späteffekte an den akuten Reaktionen nicht vorherzusehen ist. Auch treten Späteffekte früher als nach Photonentherapie auf (ORNITZ et al. 1980b).

4. Fermi Laboratory (Batavia, Illinois): Von 1976 bis 1980 wurden etwa 400 Patienten bestrahlt, die vorwiegend fortgeschrittene oder rezidivierende Tumoren im Kopf-Halsbereich hatten (66 MeV p → Be). Weiterhin wurden Patienten mit Glioblastoma multiforme nach einer Ganzhirnbestrahlung mit 50 bis 60 Gy Photonendosis mit einem Neutronenboost von 4 bis 6 Gy bestrahlt.

Die Ergebnisse bei Kopf-Halstumoren waren ungünstiger als an anderen Zentren, während die Ergebnisse bei Hirntumoren denen der übrigen Zentren entsprachen. Von 31 Patienten, die wegen fortgeschrittener Pankreaskarzinome bestrahlt worden waren, lebten 8 nach einem Jahr (KAUL et al. 1981).

5. Chiba-chi und Tokio: Von 1975 bis 1978 waren etwa 500 Patienten bestrahlt worden (30 MeV d → Be), und zwar in der Mehrzahl solche mit Kollumkarzinomen der Stadien III bis IV A. Die Ergebnisse bei dieser Patientengruppe waren ungünstiger als nach Photonentherapie.

Günstige Tumorkontrollraten wurden dagegen bei Melanomen (13/23), Weichteilsarkomen (7/12) und ossären Sarkomen (13/15) erzielt (TSUNEMOTO et al. 1979).

6. RTOG: Die amerikanischen Therapiezentren sind in der RTOG (Radiation Therapy Oncology Group) zusammengefaßt.

Die seit 1977 laufenden Therapiestudien sind an anderer Stelle erläutert (Schmitt 1980). Erste Therapieergebnisse liegen vor.

Bis Juni 1981 waren 851 Patienten mit Kopf-Halstumoren mit Neutronen bestrahlt worden. Rezidivfrei waren nach 3 Jahren 40% der Primärtumoren und 45% der Lymphknotenmetastasen, aber nur 22% der Patienten waren nach dieser Zeit tumorfrei (Davis, persönl. Mitteilung 1981).

In prospektiven Vergleichsstudien waren bis 1981 1162 Patienten mit Photonen und 581 Patienten mit Neutronen bestrahlt worden. Die lokale Tumorkontrollrate betrug 27% in der Photonengruppe und 22% in der Neutronengruppe (Laramore, persönl. Mitteilung 1981).

Bis Juni 1981 waren in einer weiteren prospektiven Studie 79 Patienten mit Speicheldrüsentumoren bestrahlt worden, und zwar 48 mit Photonen und 31 mit Neutronen. Die lokale Tumorkontrollrate betrug 72% in der Photonengruppe und 81% in der Neutronengruppe. Die Komplikationsraten lagen bei 2% bzw. 3%. Die Unterschiede sind statistisch nicht signifikant (Laramore, persönl. Mitteilung 1981).

Spätreaktionen bei Patienten mit unterschiedlichen Tumorlokalisationen wurden von Cohen et al. (1981) analysiert.

7. Amsterdam: Von 1975 bis 1980 wurden etwa 400 Patienten bestrahlt (14 MeV DT), und zwar vorwiegend Kopf-Halstumoren sowie inoperable Blasen- und Rektumtumoren, die seit 1978 in einer prospektiven Studie zusammen mit Edinburgh behandelt werden. Für Blasen- und Rektumtumoren wurden zwei Dosierungsschemata angewandt (16 und 18 Gy Totaldosis in 20 Fraktionen über 4 Wochen). Bei Dosierungsspitzen von 20 Gy wurde eine Komplikationsrate von 25% angegeben, die auch während der Pilotphase beobachtet wurde.

Kopf-Halstumoren wurden mit einer Totaldosis von 17 Gy in 20 Fraktionen über 4 Wochen bestrahlt. In allen Gruppen wurde bis 24 Monate nach Abschluß der Therapie kein signifikanter Unterschied zwischen Neutronen und Photonen im Hinblick auf lokale Tumorkontrolle und Überlebensraten gefunden. Es ist aber festzustellen, daß bei keinem der Patienten mit Blasen- und Rektumtumoren, die mit Photonen bestrahlt worden waren, eine persistierende Tumorkontrolle erzielt wurde.

In einer Gruppe von 33 Patienten mit Kopf-Halstumoren, die bis 1980 in einer prospektiven EORTC-Studie bestrahlt worden waren, wurde kein Unterschied zwischen der Photonen- und Neutronengruppe gefunden (Battermann 1981).

8. Edinburgh: Von März 1977 bis März 1981 wurden 641 Patienten ausschließlich mit Neutronen bestrahlt (15 MeV d → Be), davon 376 in randomisierten Studien. 89 Patienten wurden innerhalb der EORTC-Kopf-Halsstudie behandelt, 67 innerhalb der Blasentumorstudie und 20 innerhalb der Rektumtumorstudie. Die vorläufigen Ergebnisse der Kopf-Halstumorstudie zeigen bei der Neutronengruppe eine Tumorkontrollrate von 48,8% gegenüber 47,7% bei der Photonengruppe. Bei Lymphknotenmetastasen des Stadium N_3 und bei Lymphknotenmetastasen mit einem Durchmesser von mehr als 3 cm betrug die Kontrollrate in der Neutronengruppe aber 57,1 bzw. 62,5% gegenüber 45,5 bzw. 50% in der Photonengruppe. Die unkorrigierten Überlebensraten lagen in der Neutronengruppe nach 2 Jahren aber niedriger (36,1%) als in der Photonengruppe (53,4%).

Bei Blasentumoren betrug die Tumorkontrollrate nach 6 Monaten in der Neutronengruppe 60,6% und in der Photonengruppe 64,7%. Alle Unterschiede sind bisher statistisch aber nicht signifikant (Duncan u. Arnott, persönl. Mitteilung 1981).

9. Essen: Von Januar 1978 bis April 1981 wurden 246 Patienten bestrahlt (14 MeV d → Be). Die Behandlungsschwerpunkte liegen bei Kopf-Halstumoren, Weichteilsarkomen und primä-

ren Knochentumoren. Die lokale Tumorkontrollrate bei Patienten mit fortgeschrittenen Kopf-Halstumoren, die während der Pilotphase bestrahlt wurden, lag mit 49% (31/63) ähnlich wie bei anderen Zentren (SCHMITT 1981).

Bis April 1981 waren die vorläufigen Ergebnisse von 41 Patienten auswertbar, die im Rahmen der prospektiven EORTC-Kopf-Halstumorstudie bestrahlt worden waren: Bei 11 von 23 Patienten aus der Photonengruppe und 10 von 18 Patienten aus der Neutronengruppe wurden vollständige Tumorregressionen erzielt. Bei 2 Patienten aus der Neutronengruppe und bei 3 Patienten aus der Photonengruppe traten Rezidive auf. Bemerkenswert ist, daß bei 6 Patienten aus der Photonengruppe keine Tumorrückbildung beobachtet wurde, dagegen bei keinem Patienten aus der Neutronengruppe.

Bei 12 von 24 Patienten mit primären Knochentumoren wurden vollständige Tumorregressionen erzielt (SCHMITT et al. 1981).

Die Ergebnisse von 70 Patienten mit Weichteilsarkomen, die in einer Pilotstudie bestrahlt wurden, sind ausgewertet: 44 von 50 Patienten, die nach makroskopisch oder mikroskopisch subtotaler Tumorresektion bestrahlt wurden, sind bei Nachbeobachtungszeiten bis zu 40 Monaten rezidivfrei, dagegen 8 von 20 Patienten, bei denen nur Tumorverkleinerungen möglich waren (SCHMITT et al. 1981).

10. Hamburg: Von 1976 bis 1980 wurden 340 Patienten bestrahlt (14 MeV DT), der größere Teil kombiniert mit Photonen und Neutronen. Die Ergebnisse von 232 Patienten sind analysiert worden (FRANKE 1979).

Günstige Tumorkontrollraten wurden bei Weichteilsarkomen erzielt, insbesondere bei Fibrosarkomen (11/12) und Liposarkomen (7/8), weiterhin bei differenzierten Schilddrüsenkarzinomen (8/8).

Besonders zu erwähnen ist eine Pilotstudie von 13 Patienten mit niedrig differenzierten Prostatakarzinomen des Stadium C, die zunächst eine Photonendosis von 30–45 Gy in $3–4^1/_2$ Wochen im Bereich des kleinen Beckens erhalten hatten, mit einem anschließenden Neutronenboost von 3,9–8,4 Gy auf die Primärtumorregion. Bei keinem Patienten entwickelte sich bei Nachbeobachtungszeiten von 10 bis 42 Monaten ein Rezidiv. Spätkomplikationen wurden nicht beobachtet (FRANKE et al. 1980).

11. Heidelberg: Von 1978 bis 1980 wurden etwa 120 Patienten bestrahlt (14 MeV DT). Die Schwerpunkte liegen bei Weichteilsarkomen und Bronchialkarzinomen.

Von 39 Patienten mit Weichteilsarkomen wurden 13 postoperativ bestrahlt, einige nach zahlreichen Rezidiven. Nur in einem Falle entwickelte sich 18 Monate nach Neutronentherapie ein Rezidiv. Alle anderen blieben bei Nachbeobachtungszeiten bis zu 31 Monaten rezidivfrei. In 4 Fällen entstanden ausgeprägte Fibrosen. 12 weitere Patienten wurden nach partieller Tumorresektion bestrahlt. Nur in 4 Fällen wurden vollständige Tumorregressionen erzielt.

In einer nicht randomisierten Studie wurde die Effektivität von Photonen und Neutronen bei Bronchialkarzinomen verglichen.

Die Patienten in der Photonengruppe erhielten eine Gesamtdosis von 54 Gy in 20 Fraktionen über 5 Wochen und die Patienten in der Neutronengruppe eine Totaldosis von 18 Gy in 20 Fraktionen über 4 Wochen. Während in der Photonengruppe die Rezidivrate 28% (13/46) betrug, lag sie in der Neutronengruppe bei 13% (4/30). Dieser Unterschied ist bisher aber statistisch nicht gesichert (SCHNABEL 1981).

12. Louvain: Von 1978 bis 1980 wurden 233 Patienten bestrahlt (50 MeV d → Be). In Verbindung mit der RTOG wurden Kollum-Karzinome der Stadien II_B bis III_B prospektiv mit Photonen sowie Photonen und Neutronen bestrahlt. Nach einem Jahr war die rezidivfreie Überlebensrate 48% bzw. 50% und die Morbidität 2/23 bzw. 3/32.

Von 49 Patienten mit Weichteilsarkomen hatten 28 ausgedehnte Tumoren. Nur in 3 Fällen wurde eine Tumorkontrolle erzielt. Die postoperative Neutronentherapie ergab dagegen bei 15 von 21 Patienten eine persistierende Tumorkontrolle (WAMBERSIE, persönl. Mitteilung 1981).

13. Manchester: Seit 1978 wird eine kontrollierte Studie bei Blasentumoren der Stadien $T_{2-3} N_0 M_0$ in einer 6-Felder-Technik durchgeführt (14 MeV DT). Bis 1981 waren die Ergebnisse von 49 Patienten aus der Photonengruppe und von 51 Patienten aus der Neutronengruppe auswertbar. Die Tumorkontrollraten nach 2 Jahren weisen keinen Unterschied auf. Die Überlebensrate aller Patienten beträgt 55% (Actuarial survival; POINTON, persönl. Mitteilung 1981).

14. Berlin-Buch: Da ein Zyklotron in Dresden (13,5 MeV d → Be) in begrenztem Umfang zur Verfügung steht, werden nur Mischtherapien durchgeführt. Von 1972 bis 1980 wurden 600 Patienten bestrahlt (EICHHORN 1981).

20–35% der Gesamtäquivalentdosis waren Neutronen-, der Rest ^{60}Co-Gamma-Strahlen. In einer prospektiven Studie wurden Bronchialkarzinome bestrahlt. Nach kombinierter Therapie wurden weniger Rest- oder Rezidivtumoren nachgewiesen (14/27) als nach Photonentherapie (16/19; p < 0,01). Hierbei hatte die Reihenfolge der Bestrahlungen keinen Einfluß auf das Ergebnis (n-γ, γ-n, γ-n-γ). Das Gleiche galt für das Zeitintervall von Neutronen- und Photonentherapie (Neutronentherapie: 3–8 Tage, Photonentherapie 18–30 Tage). Eine Neutronen-Äquivalentdosis von 35% war effektiver als eine Dosis von 20%.

Die Überlebensraten nach Photonentherapie waren nach 9 und 12 Monaten aber günstiger als nach kombinierter Therapie (EICHHORN u. LESSEL 1977).

G. Zusammenfassung

Die Gründe für die klinische Anwendung dicht ionisierender Strahlenarten liegen auf biologischen und physikalischen Gebieten.

Biologische Vorteile im Vergleich zu dünn ionisierenden Strahlenarten sind ein herabgesetzter Sauerstoff-Verstärkungsfaktor, ein herabgesetztes bzw. fehlendes Repairvermögen potentiell letaler Strahlenschäden, eine geringere Abhängigkeit von der Zellzyklusphase und ein fehlendes „Slow-Repair" bei langsam proliferierenden Geweben.

Physikalische Vorteile liegen mit Ausnahme der Neutronen in einer besseren Dosisverteilung (geringere Integraldosis) mit definierter Reichweite und geringer Seitenstreuung. Dieser Vorteil ist bei π^--Mesonen am ausgeprägtesten.

Mit Ionen (Protonen, Ar, C, Ne und ^{4}He) und π^--Mesonen werden Phase I und II-Studien durchgeführt, die z.T. eine bessere Tumorkontrollrate mit geringerer Morbidität als bei dünn ionisierenden Strahlenarten erkennen lassen. Mit Protonen wurden ohne erhöhte Morbidität sogar Einzeldosen von 30–100 Gy appliziert. Während mit der Protonentherapie bereits seit 20 Jahren Erfahrungen vorliegen und gute Erfolge insbesondere bei Hypophysentumoren erzielt wurden, werden die übrigen Strahlenarten erst seit wenigen Jahren klinisch erprobt. Eine Beurteilung ist deswegen zum gegenwärtigen Zeitpunkt noch nicht möglich.

Die Neutronentherapie wird seit 1966 systematisch betrieben, und vorläufige Ergebnisse prospektiver multizentrischer Studien liegen vor.

Aus diesen läßt sich zum gegenwärtigen Zeitpunkt ein statistischer Vorteil noch nicht ablesen.

Da der therapeutische Gewinnfaktor häufig unter 1,1 liegt, ist eine höhere Morbidität als bei dünn ionisierenden Strahlenarten zu beobachten.

Es werden deswegen kombinierte Neutronen-Photonen-Pilotstudien durchgeführt, die bei gynäkologischen Tumoren und Kopf-Halstumoren eine höhere Tumorkontrollrate zeigen als bei reiner Neutronentherapie.

Dieser Vorteil zeigt sich auch in den vorläufigen Ergebnissen einer randomisierten Studie bei fortgeschrittenen Kollumkarzinomen.

Grundsätzlich sind Vorteile der Neutronentherapie bei langsam proliferierenden, differenzierten Tumoren zu erwarten. Der statistische Nachweis muß aber noch erbracht werden.

Die Neutronentherapie tief liegender Tumoren kann nur mit isozentrischen Bestrahlungsanlagen ausreichend hoher Energie (≥ 40 MeV p $\rightarrow$ Be) erfolgen. 5 derartige Anlagen sind z. Z. in Planung bzw. im Bau.

Neue strahlenbiologische Untersuchungen deuten darauf hin, daß die Wirkung dicht ionisierender Strahlenarten durch hypoxische Zell-Sensitizer und PLDR[3]-Inhibitoren, wie z. B. Deoxy-Nukleoside, modifiziert werden kann.

Die klinische Relevanz dieser Substanzen wird durch weitere Sudien geprüft werden müssen.

Literatur

Al-Abdulla ASM, Hussey DH, Olson MH, Wright AE (1981) Experience with fast neutron therapy for unresectable carcinoma of the pancreas. Int J Radiat Oncol Biol Phys 7:165–172

Archambeau JO, Bennett GW, Chen SJ (1974) Potential of proton beams for total nodal irradiation. Acta Radiol [Ther] (Stockh) 13:393–401

Ashikawa JK, Sondhaus CA, Tobias CA, Kayfetz LL, Stephens SO, Donovan M (1967) Acute effects of high energy protons and alpha particles in mice. Radiat Res [Suppl] 7:312–324

Bagshaw MA, Li GC, Pistenma DA, Fessenden P, Luxton G, Hoffman WW (1977) Introduction to the Use of negative pi-mesons in radiation therapy: Rutherford 1964, revisted. Int J Radiat Oncol Biol Phys 3:287–292

Barendsen GW, Broerse JJ (1969) Experimental radiotherapy of a rat rhabdomyosarcoma with 15 MeV neutrons and 300 kV X rays. I. effects of single exposures. Eur J Cancer 5:373–391

Battermann JJ (1981) Clinical applications of fast neutrons. The amsterdam experience. Academisch Proefschrift. Rodopi, Amsterdam

Berry RJ, Andrews JR (1964) The response of mammalian tumour cells in vivo to radiations of differing ionization densities (LET). Ann NY Acad Sci 114:48–59

Bewley DK, Fowler JF, Morgan RL, Silvester JA, Turner BA, Thomlinson RH (1963) Experiments on the skin of pigs with fast neutrons and 8 MV X rays, including some effects of dose fractionation. Br J Radiol 36:107–115

Bewley DK, Field SB, Morgan RL, Page BC, Parnell CJ (1967) The response of pig skin to fractionated treatments with fast neutrons and X-rays. Br J Radiol 40:765–770

Brennan JT, Phillips TL (1971) Evaluation of past experience with fast neutron teletherapy and its implications for future applications. Eur J Cancer 7:219–225

Broerse JJ, Barendsen GW (1973) Relative biological effectiveness of fast neutrons for effects on normal tissues. In: Ebert M, Howard A (eds) Current topics in radiation research, vol 8. North-Holland, Amsterdam, pp 305–350

Castro JR, Quivey JM, Lyman JT, Chen GTY, Phillips TL, Tobias CA, Alpen EL (1980) Current status of clinical particle radiotherapy at Lawrence Berkeley Laboratory. Cancer 46:633–641

Catterall M, Bewley DK, Sutherland J (1977) Second report on results of a randomised clinical trial of fast neutrons compared with X or gamma rays in treatment of advanced tumours of head and neck. Br Med J I:1642

Chen GTY, Singh RP, Castro JR, Lyman JT, Quivey JM (1979) Treatment planning for heavy charged particle radiotherapy. Int J Radiat Oncol Biol Phys 5:1809–1819

Chong CY (1971) In vivo radiobiological studies of 910 MeV helium ion beam. Thesis, University of

---

[3] PLDR = Potentially Lethal Damage Repair

California. Lawrence Berkeley Laboratory Report LBL – 314

Coggle JE, Gordon MY, Lindop PJ, Shewell J, Mill AJ (1976) Some in vivo effects of π^- mesons in mice. Br J Radiol 49:161–165

Coggle JE, Lambert BE, Peel DM, Davies RW (1977) Negative pion irradiations of the mouse testis. Int J Radiol Biol 32:397–400

Cohen L, Hendrickson F, Mansell J, Awschalom M, Hrejsa AF (1981) Late reactions and complications in patients treated with high energy neutrons. Int J Radiat Oncol Biol Phys 7:179–184

Constable IJ, Koehler AM (1974) Experimental ocular irradiation with accelerated protons. Invest Ophthalmol 13:280–287

Constable IJ, Koehler AM, Schmidt RA (1975) Proton irradiation of simulated ocular tumours. Invest Ophthalmol 14:547–555

Constable IJ, Goitein M, Koehler AM, Schmidt RA (1976) Small field irradiation of monkey eyes with protons and photons. Radiat Res 65:304–314

Curtis SB, Tenforde TS, Parks D, Schilling WA, Lyman YT (1978) Response of a rat rhabdomyosarcoma to Neon- and Helium-Ion irradiation. Radiat Res 74:274–288

D'Angio GJ, Aceto H, Nisce LZ, Kim JH, Jolly R, Buckle D, Holt JG (1974) Preliminary clinical observations after extended bragg peak helium ion irradiation. Cancer 34:6–11

Denekamp J, Fowler JF, Kragt K, Parnell CJ, Field SB (1966) Recovery and repopulation in mouse skin after irradiation with cyclotron neutrons as compared with 250 kV X rays or 15 MeV electrons. Radiat Res 29:71–84

Dyke DC van, Simpson ME, Koneff AA, Tobias CA (1959) Long term effects of deuteron irradiation of the rat pituitary. Endocrinology 64:240–257

Eichhorn HJ (1981) Report at the EORTC High LET Therapy Group Conference, Brussels, 24–26 June

Eichhorn HJ, Lessel A (1977) Four years experiences with combined neutron-telecobalt therapy (investigations on tumour reaction of lung cancer). Int J Radiat Oncol Biol Phys 3:277–280

El-Mahdi AM, Schaeffer J, Aceto HJr, Constable WC (1974) A comparison of radiation control of pulmonary metastases in C3H mice by helium ions or ^{60}Co photons. Cancer 34:130–135

Falkner S, Fors B, Larsson B, Lindell A, Naeslund J, Stenson S (1962) Pilot study on proton irradiation of human carcinoma. Acta Radiol 58:33–51

Feola JM, Richman C, Raju MR, Curtis SB, Lawrence JH (1968) Effect of negative pions on the proliferative capacity of ascites tumour cells (lymphoma) in vivo. Radiat Res 34:70–78

Feola JM, Lawrence JH, Welch GP (1969) Oxygen enhancement ratio and RBE of Helium Ions on mouse lymphoma cells. Radiat Res 40:400–413

Feola JM, Raju MR, Richman C, Lawrence JH (1970) The RBE of negative pions in 2 day old ascites tumours. Radiat Res 44:637–648

Field SB (1972) The ellis formula for X-rays and fast neutrons. Br J Radiol 45:315–317

Field SB (1977) Early and late normal tissue damage after fast neutrons. Int J Radiat Oncol Biol Phys 3:203–210

Field SB, Hornsey S (1974) The RBE for fast neutrons. The link between animal experiments and clinical practice. In: Nygaard OF, Adler HI, Sinclair WK (eds) Proceedings of the Fifth International Congress of Radiation Research, Seattle, Washington, July 14–20, 1974. Academic Press, New York, pp 1125–1135

Field SB, Hornsey S (1977) Slow repair after X-rays and fast neutrons. Br J Radiol 50:600–601

Field SB, Hornsey S (1979) Neutron RBE for normal tissues. In: Barendsen GW, Broerse JJ, Broer K (eds) High LET radiations in clinical radiotherapy. Pergamon, Oxford New York, pp 181–186

Field SB, Thomlinson RH (1967) The relative effects of fast neutrons and X-rays on tumour and normal tissue in the rat. Br J Radiol 40:834–842

Field SB, Hornsey S, Kutsutani Y (1976) Effects of fractionated irradiation on mouse lung and a phenomenon of "Slow repair". Br J Radiol 49:700–707

Fike JR, Gillette EL (1978) ^{60}Co gamma and negative pi meson irradiation of microvasculature. Int J Radiat Oncol Biol Phys 4:825–828

Franke HD (1979) Results of clinical application of fast neutrons at Hamburg-Eppendorf. In: Barendsen GW, Broerse JJ, Broer K (eds) High LET radiations in clinical radiotherapy. Pergamon, Oxford New York, pp 51–59

Franke HD, Heß A, Langendorff G, Borchers H-D (1980) Die kombinierte Behandlung des Prostata-Carcinoms im Stadium C mit Megavoltstrahlung und schnellen Neutronen (DT, 14 MeV) Urologe [A] 19:341–349

Gerachi JP, Jackson KL, Christensen GM, Parker RG, Fox MS, Thrower PD (1974a) The relative biological effectiveness of cyclotron fast neutrons for early and late damage of the small intestine of the mouse. Eur J Cancer 10:99–102

Gerachi JP, Thrower PD, Jackson KL, Christensen GM, Parker RG, Fox MS (1974b) The relative biological effectiveness of fast neutrons for spinal cord injury. Radiat Res 59:496–503

Gerachi JP, Jackson KL, Christensen GM, Thrower PD, Weyer BJ (1977) Acute and late damage in the mouse small intestine following multiple fractionations of neutrons or X-rays. Int J Radiat Oncol Biol Phys 2:693–696

Gerachi JP, Jackson KL, Christensen GM, Thrower PD, Mariano M (1978) RBE for late spinal cord injury following multiple fractionations of neutrons. Radiat Res 74:382–386

Graffman S (1975) On the evaluation of new radiation modalities in tumour therapy: An experimental and clinical study with special reference to high energy protons. In: UMEA University Medical Dissertations (Department of Physical Biology, Gustave Werner Institute and Derament of Radiation Therapy, Uppsala, Sweden) New Series 1, pp 1–45

Graffman S, Haymaker W, Hugosson R, Jung B (1975) High energy protons in the postoperative treatment of malignant glioma. Acta Radiol [Ther] (Stockh) 14:443–461

Gray LH, Conger AD, Ebert M, Hornsey S, Scott OCA (1953) The concentration of oxygen dissolved in tissues at the time of irradiation as a factor in radiotherapy. Br J Radiol 26:638–648

Griffin TW, Blasko JC, Laramore GE (1979) Results of fast neutron beam radiotherapy pilot studies at the University of Washington. In: Barendsen GW, Broerse JJ, Broer K (eds) High LET radiations in clinical radiotherapy. Pergamon, Oxford New York, pp 23–29

Guichard M, Lachet B, Malaise EP (1977) Measurement of RBE, OER, and Recovery of potentially lethal damage of a 645 MeV helium ion beam using EMT 6 cells. Radiat Res 71:413–429

Hall EJ, Kraljevic U (1976) Repair of potentially lethal damage: Comparison of neutron and X-ray RBE and implications for radiation therapy. Radiology 121:731–735

Hayashi S, Suit HD (1972) Effects of fractionation of radiation dose on skin contraction of swiss mice. Radiology 102/2:431–437

Henkelman RM, Lam GKY (1972) Prediction of biological effect of pion irradiation using the star distribution to determine the high LET dose. In: Booz J, Ebert HG (eds) Proceedings of the Sixth Symposium on Microdosimetry, Brussels, May 22–26. Hearwood Academic Publishers Commission of European Communities, Brussels, pp 497–506

Henry LW, Blasko JC, Griffin TW (1978) Evaluation of fast neutron teletherapy for advanced carcinomas of the major salivary glands. Int J Radiat Oncol Biol Phys 4:95 (Abstract)

Hornsey S, Field SB (1974) The RBE of cyclotron neutrons for effects on normal tussues. Eur J Cancer 10:231–234

Hornsey S, Morris CC, Myers R, White A (1981) Relative biological effectiveness for damage to the central nervous system by neutrons. Int J Radiat Oncol Biol Phys 7:185–189

Hussey DH, Gleiser CA, Jardine JH, Raulston GL, Withers HR (1979) Acute and late normal tissue effects of 50 MeV d → Be neutrons. In: Proceedings of the 32nd Annual Basic Science Symposium, MD Anderson Hospital, February 27–March 2

Jardine JH, Hussey DH, Raulston GL, Gleiser CA, Gray KN, Huchton JI, Almond PR (1980) The effects of 50 MeV$_{d \to Be}$ neutron irradiation on

rhesus monkey cervical spinal cord. Int J Radiat Oncol Biol Phys 6:281–286

Jordan SW, Yuhas JM, Key CR (1978) Late effects of unilateral radiation on the mouse kidney. Radiat Res 76:429–435

Kaul R, Cohen L, Hendrickson F, Awschalom M, Hrejsa AF, Rosenberg I (1981) Pancreatic carcinoma: Results with fast neutron therapy. Int J Radiat Oncol Biol Phys 7:173–178

Kjellberg RN (1973) Non-invasive hypophysectomy for acromegaly by the bragg peak proton technique. In: Recent progress in neurological surgery. Proceedings of the Fifth International Congress of Neurological Surgery, Tokyo, October 7–13. Excerpta Medica, Amsterdam, ISBN report 90219 02087, pp 99–109

Kjellberg RN (1975) A system of therapy of piutitary tumours – bragg peak proton hypophysectomy. In: Seyde HG (ed) Tumours of the nervous system. Wiley, New York, pp 144–174

Kjellberg RN, Kliman B (1979) Life time effectiveness – a system of therapy for pituitary adenomas, emphasizing bragg peak proton hypophysectomy. In: Linfoot JA (ed) Recent advances in the diagnosis and treatment of pituitary tumours. Raven, New York, pp 269–288

Kligerman MM, West G, Dicello JF, Sternhagen CJ, Barnes JF, Loeffler K, Dobrowolski F, Davis HT, Bradbury JN, Lane TF, Petersen DF, Knapp EA (1976) Initial comparative response to peak pions and X-rays of normal skin and underlying tissue surrounding superficial metastatic nodules. Am J Radiol 126:261–267

Kligerman MM, Sala JM, Wilson S, Yuhas JM (1978) Investigation of pion-treated human skin nodules for therapeutic gain. Int J Radiat Oncol Biol Phys 4:263–265

Kligerman MM, Essen CF von, Khan MK, Smith AR, Sternhagen CJ, Sala JM (1979) Experience with pion radiotherapy. Cancer 43:1043–1051

Koehler AM, Schneider RJ, Sisterson JM (1975) Range modulators for protons and heavy ions. Nucl Instrum Meth 131:437–440

Koehler AM, Schneider RJ, Sisterson JM (1977) Flattening of proton dose distributions for large field radiotherapy. Med Phys 4:297–301

Kogel AJ van der, Barendsen GW (1974) Late effects of spinal cord irradiation with 300 kV X-rays and 15 MeV neutrons. Br J Radiol 47:393–398

Laramore GE, Griffin TW, Tong D, Groudine MT, Blasko JC, Kurtz J, Russell AH, Parker RG (1980) Fast neutron teletherapy for advanced carcinomas of the oral cavity and soft palate. Cancer 46:1903–1909

Lawrence JH, Tobias CA (1967) Heavy particles in therapy. In: Deeley TJ, Wood CAP (eds) Modern trends in radiotherapy, vol 1, chap 15. Butterworths, London, pp 260–276

Lawrence JH, Tobias CA, Linfoot JA, Born JL, Lyman JT, Chong CY, Manougian E, Wei WC

(1970) Successful treatment of acromegaly: Metabolic and clinical studies in 145 patients. J Clin Endocrinol Metab 31:180–198

Leith JI, Woodruff KH, Howard J, Lyman JT, Smith P, Lewinsky BS (1977) Early and late effects of accelerated charged particles on normal tissues. Int J Radiat Oncol Biol Phys 3:103–108

Leith JT, Lewinski BS, Woodruff KH, Schilling WA, Lyman JT (1975) Tolerance of the spinal cord of rats to irradiation with cyclotron-accelerated helium ions. Cancer 35:1692–1700

Li GC (1979) Chapter 7: Negative Pions. In: Raju MR (ed) Heavy particle radiotherapy. Academic Press, New York London Sydney Toronto San Francisco, p 422

Linfoot JA (1979) Heavy ion therapy: Alpha particle therapy in pituitary tumours. In: Linfoot JA (ed) Recent advances in the diagnosis and treatment of pituitary tumours. Raven, New York, pp 245–268

Linfoot JA, Born JL, Garcia JF, Manougian E, Kling R, Chong CY, Tobias CA, Carlson RA, Lawrence JH (1969) Metabolic and ophthalmological observations following heavy particle pituitary suppressive therapy. In: Goldberg MF, Find SL (eds) Proceedings of the symposium on diabetic retinopathy. US Public Health Service, Washington DC, chap 24, Publication 1890, pp 277–289

Linfoot JA, Lawrence JH, Tobias CA, Born JL, Chong CY, Lyman JI, Manougian E (1970) Progress report on the treatment of Cushing's disease. Trans Am Clin Climatol Assoc vol 81:196–212

Malaise E (1979) Chapter 6: Heavy ions. In: Raju MR (ed) Heavy particle radiotherapy. Academic Press, New York London Sydney Toronto San Francisco, p 342

Maor MH, Hussey DH, Fletcher GH, Jesse RH (1981) Fast neutron therapy for locally advances head and neck tumours. Int J Radiat Oncol Biol Phys 7:155–163

Morgan RL (1967) Fast neutron therapy – clinical applications. In: Deeley TJ, Wood CAP (eds) Modern trends in radiotherapy, chap. 9. Appleton Century Crofts, London, pp 171–186

Ornitz R, Herskovic A, Schell M, Fender F, Rogers CC (1980a) Treatment experience: Locally advanced sarcomas with 15 MeV fast neutrons. Cancer 45:2712–2716

Ornitz RD, Bradley EW, Mossman KL, Fender FM, Schell MC, Rogers CC (1980b) Clinical observations of early and late normal tissue injury in patients receiving fast neutron irradiation. Int J Radiat Oncol Biol Phys 6:273–279

Parker RG, Berry HC, Caderao JB, Gerdes AJ, Hussey DH, Ornitz R, Rogers CC (1977) Preliminary clinical results from US fast neutron therapy studies. Cancer 40:1434–1438

Peters LJ, Hussey DH, Fletcher GH, Wharton JT

(1979) Second preliminary report of the MD Anderson Study of neutron therapy for locally advanced gynecological tumours. In: Barendsen GW, Broerse JJ, Broer K (eds) High LET radiations in clinical radiotherapy. Pergamon, Oxford New York, pp 3–10

Phillips TL, Fu KK (1976) Biological effects of 15 MeV neutrons. Int J Radiat Oncol Biol Phys 1:1139–1147

Phillips TL, Fu KK, Curtis SB (1977) Tumour biology of helium and heavy ions. Int J Radiat Oncol Biol Phys 3:109–113

Powers WE (1981) Report at the second international meeting on progress in radio-oncology. Baden bei Wien, 21.–23. Mai

Quivey JM (1979) Chapter 5: Helium ions. In: Raju MR (ed) Heavy particle radiotherapy. Academic Press, New York London Sydney Toronto San Francisco, p 277

Raju MR (1974) The biological effects of negative pions. In: Gomez Lopez J, Bonmati J (eds) Proceedings of the XIIIth International Congress of Radiology, Madrid, October 15–20, 1973 (Excerpta Medica, Amsterdam) Radiology 2:441–446

Raju MR (1979) Dosimetry and radiobiology of negative pions and heavy ions. In: Barendsen GW, Broerse JJ, Broer K (eds) High LET radiations in clinical radiotherapy. Pergamon, Oxford New York, pp 209–212

Raju MR (1980) Heavy particle radiotherapy. Academic Press, New York London Sydney Toronto San Francisco p 136, 223 and 455

Raju MR, Gnanapurani M, Madhavanath U, Howard J, Lyman JI (1971) Relative biological effectiveness and oxygen enhancement ratio at various depths of a 910 MeV helium ion beam. Acta Radiol 10:353–357

Schmitt G (1980) Ergebnisse und Entwicklungstendenzen der Therapie mit dicht ionisierenden Strahlenarten. In: Scherer E (Hrsg) Strahlentherapie – Radiologische Onkologie, 2. Aufl. Springer, Berlin Heidelberg New York, S 267–278

Schmitt G (1981) Report at the EORTC High LET Therapy Group Conference, Brussels, 24–26 June

Schmitt G, Higi M, Seeber S, Scherer E (1981a) Neutron irradiation in the management of primary bone tumours. UICC Conference on Clinical Oncology, Lausanne, 28–31 October, Abstract Nr 04-0002

Schmitt G, Sauerwein W, Scherer E (1981b) Preliminary results of neutron irradiation of soft tissue sarcomas in Essen. J Eur Radiother 2:119–122

Schnabel K (1981) DKFZ-Bericht: Tumortherapie mit schnellen Neutronen – Zeitraum 1.1.1978–31.12.1980

Schneider RJ, Schmidt RA, Koehler AM (1974) Physical preparations for cancer therapy at the harvard cyclotron laboratory. Am Phys Soc Bull 19:31

Sheline GE, Phillips TL, Field SB, Brennan JT, Raventos A (1971) Effect of fast neutrons on human skin. Am J Roentgenol 111:31–41

Shipley WU, Tepper JE, Prout GR Jr, Verhey LJ, Mendiono OA, Goitein M, Koehler AM, Suit HD (1979) Proton radiation as boost therapy in patients irradiated for localised prostatic carcinoma. JAMA 241:1912–1915

Sillesen K, Lawrence JH, Lyman JT (1963) Heavy-particle ionization (He, Li, B, Ne) and the proliferative capacity of neoplastic cells "in vivo". Acta Isot (Padova) 3:107–126

Skarsgard LD, Henkelman RM, Lam KY, Harrison RW, Palcic B (1977) Physical and radiobiological properties of the negative Pi-meson beam at TRIUMF. In: Radiobiological Research and Radiotherapy, November 22–26, 1976 (International Atomic Energy Agency, Vienna). II:87–100

Stenson S (1969) Effects of high energy protons on healthy organs and malignant tumours. In: Abstracts of Uppsala Dissertations in Medicine. 73:1–21

Stenson S (1971) Clinical experience with proton beams. In: Proceedings of the Symposium on Pion and Proton Radiotherapy. National Accelerator Laboratory, Batavia Illinois, December 4, 1971, pp 89–106

Stone RS (1948) Neutron therapy and specific ionization. Am J Roentgenol 59:771–785

Stone RS, Louie RV, Adams GD (1967) Clinical experience with high and low LET radiation. In: Symposia and Invited Papers of the XI International Congress of Radiology, Rome, September 22–28, 1965. Progress in Radiology, 1:893–898

Suit HD (1979) Chapter 4: Protons. In: Raju MR (1980) Heavy particle radiotherapy. Academic Press, New York London Sydney Toronto San Francisco, p 240

Suit HD, Goitein M, Tepper J, Koehler AM, Schmidt RA, Schneider R (1975) Exploratory study of proton radiation therapy using large field techniques and fractionated dose schedules. Cancer 35:1646–1657

Suit HD, Goitein M, Tepper JE, Verhey L, Koehler AM, Schneider R, Gragoudas E (1977) Clinical experience and expectations with protons and heavy ions. Int J Radiat Oncol Biol Phys 3:115–125

Tenforde TS, Curtis SB, Crabtree KE, Tenforde SD, Schilling WA, Howard J, Lyman JT (1979) In vivo cell survival and volume response characteristics of rat rhabdomyosarcoma tumours irradiated in the extended peak region of carbon and neon ion beams. Radiat Res 83:42–56

Tobias CA, Dyke DC van, Simpson ME, Anger HO,

Huff RL, Koneff AA (1954) Irradiation of the pituitary of the rat with high energy deuterons. Am J Roentgenol Radiat Ther Nucl Med 72:1–21

Tobias CA, Lyman JT, Lawrence JH (1971) Some considerations on physical and biological factors with high LET radiations including heavy particles, Pi-mesons, and fast neutrons. Prog Atomic Med 3:167–218

Tsunemoto H, Umegaki Y, Kutsutani Y, Arai T, Morita S, Kuriso A, Kawachima K, Maruyama T (1979) Results of clinical application of fast neutrons in Japan. In: Barendsen GW, Broerse JJ, Broer K (eds) High LET radiations in clinical radiotherapy. Pergamon, Oxford New York, pp 75–78

Wainson AA (1980) Chapter 4: Protons. In: Raju MR (ed) Heavy particle radiotherapy. Academic Press, New York London Sydney Toronto San Francisco, p 235

Wang CC (1963) Experimental studies of relative biological effectiveness of 910 MeV alpha particles in mammalian cells. Radiology 80:304–305

Ward WF, Aceto H Jr, Sandusky M (1976) Repair of sublethal and potentially lethal radiation damage by rat embryos exposed to gamma rays or helium ions. Radiology 120:695–700

Wilson RR (1946) Radiological use of fast protons. Radiology 47:487–491

Withers HR (1975) Cell cycle redistribution as a factor in multifraction irradiation. Radiology 114:199–202

Withers HR, Mason K, Reid BO, Dubravsky N, Barkley JT Jr, Brown BW, Smathers JB (1974) Response of mouse intestine to neutrons and gamma rays in relation to dose fractionation and division cycle. Cancer 34:39–47

Withers HR, Flow BL, Huchton JI, Hussey DH, Jardine JH, Mason KA, Raulston GL, Smathers JB (1977) Effect of dose fractionation on early and late skin responses to gamma-rays and neutrons. Int J Radiat Oncol Biol Phys 3:227–233

Withers HR, Thames HD, Hussey DH, Flow BL, Mason KA (1978) Relative biological effectiveness (RBE) of 50 MeV (Be) neutrons for acute and late skin injury. Int J Radiat Oncol Biol Phys 4:603–608

Yuhas JM, Li AP, Kligerman MM (1979) Present status of the proposed use of negative Pi meson in radiotherapy. Adv Radiat Biol 8:51–83

Zirkle RE, Lampe J (1938) Differences in the relative action of neutrons and roentgen rays on closely related tissue. Am J Roentgenol 39:613–627

Zirkle RE, Aebersold PC, Dempster ER (1937) The relative biological effectiveness of fast neutrons and X-rays upon different organismus. Am J Cancer 29:556–562

2. Die Hyperthermie

Von

D. VAN BEUNINGEN und C. STREFFER

Mit 17 Abbildungen und 2 Tabellen

A. Einleitung

Seit Ende des 19. Jahrhunderts ist die Hyperthermie als eine Behandlungsform bösartiger Tumoren bekannt. So beschrieben BUSCH 1886 und BRUNS 1888 Spontanheilungen von malignen Tumoren nach langdauernden Fieberperioden infolge von Erysipelinfektionen. Seitdem wurde immer wieder versucht, die Hyperthermie in die klinische Behandlung von Malignomen einzuführen, ohne daß sie jedoch einen breiten Zugang in die Klinik gefunden hätte.

Die Diskussion über den Wert einer Hyperthermiebehandlung ist im Laufe dieses Jahrhunderts nie ganz abgerissen. Sie wurde z.T. sehr emotionell und auch sehr spekulativ geführt. Experimentelle Arbeiten im Sinne einer Grundlagenforschung wurden jedoch kaum durchgeführt. Anfang der sechziger Jahre ist das Interesse für diese Behandlungsart erneut aufgeflammt. Es sind hier besonders die Untersuchungen von VON ARDENNE (1971) im deutschsprachigen Raum, sowie die Befunde von CAVALIERE et al. (1967) und CRILE (1963) zu erwähnen. Dieses Interesse wurde vor allem durch die alte und neue Beobachtung erweckt, daß sowohl Experimentaltumoren als auch Tumoren des Menschen durch eine relativ kurze Aufwärmung in einem engen Temperaturbereich von 41 bis 44 °C zerstört werden können.

Immer mehr Strahlentherapeuten und Strahlenbiologen beschäftigten sich mit der Hyperthermie, vor allem, als sich zeigte, daß die Wirkung ionisierender Strahlen durch die Kombination mit der Hyperthermie erheblich gesteigert werden konnte.

So ist in den letzten zehn Jahren eine Fülle von Arbeiten erschienen, die die Wirkung der Hyperthermie alleine oder in Kombination mit ionisierenden Strahlen bzw. mit chemischen Substanzen auf verschiedene in vivo- und in vitro-Systeme beschreiben. Umfassende Literaturübersichten geben eine Monographie von DIETZEL (1978) und eine Publikation von ATKINSON (1979). Mittlerweile haben drei größere internationale Symposien stattgefunden, deren Ergebnisse in umfangreichen Kongreßbänden zusammengefaßt sind (ROBINSON u. WIZENBERG 1975; STREFFER et al. 1978; DETHLEFSEN u. DEWEY 1982). Die Hyperthermie hat sich damit einen Platz in der Grundlagenforschung bzw. experimentellen Onkologie erobert, aufgrund dessen sie nicht mehr als eine Methode klinischer Außenseiter zu betrachten ist.

B. Anwendungsform der Hyperthermie

Prinzipiell muß zwischen einer Ganzkörperhyperthermie und einer lokalen Hyperthermie unterschieden werden, wobei bei ersterer 42 °C wegen ihres letalen Effektes nicht überschrit-

Tabelle 1

a) Ganzkörperhyperthermie	b) lokale Hyperthermie
Perfusion	Wasserbad
Wasserbad	Perfusion
Paraffinbad	Ultraschall
Raumanzug	Hochfrequenz (13,56 MHz, 27,2 MHz)
Heißluft	Mikrowellen (433 MHz, 915 MHz, 2450 MHz)

ten werden dürfen, während bei letzterer durchaus Temperaturen von ca. 44 °C und höher im Gewebe erreicht werden können. Die Tabelle 1 gibt eine Übersicht der Methoden (Literaturübersicht bei Dietzel 1975; Neumann et al. 1978).

Während die Ganzkörperhyperthermie und die lokale Perfusion für die klinische Anwendung aufwendig sind und eine Kooperation von Anästhesisten, Internisten, Chirurgen u.a. erfordern, ist die lokale Hyperthermie einfacher. Es werden Ultraschall, Hochfrequenz und Mikrowellen für die lokale Hyperthermie experimentell als auch klinisch verwendet, wobei allgemein festzustellen ist, daß es bisher keine Methode gibt, Tumoren selektiv und homogen aufzuwärmen.

Mit Applikatoren für diese Wellenlängen lassen sich auch nur geringe Eindringtiefen erzielen. Mit abnehmender Frequenz der elektromagnetischen Wellen nimmt sie zu.

Mikrowellen mit Frequenzen von 2450 oder 915 MHz werden deshalb nur in einigen wenigen Fällen zur Anwendung kommen, während Radiofrequenzen von 13,56 MHz und 27,2 MHz geeigneter sind. Für die Halbtiefentherapie bis zu Herdtiefen von ca. 6 cm aber gibt es bisher kaum Geräte.

Für eine sinnvolle Hyperthermiebehandlung ist eine exakte Temperaturmessung unumgänglich. Bei den Methoden nach Ganzkörperhyperthermie ist eine solche Kontrolle relativ einfach im Gegensatz zur lokalen Hyperthermie, die durch Mikrowellen oder Hochfrequenzfelder erzeugt wird. Hier werden leitende Teile des Thermometers direkt aufgeheizt, wenn sie aus Metall bestehen, was zu erheblichen Irritierungen der Temperaturmessungen führt. Das elektromagnetische Feld selbst wird durch Reflexion von den Metallkomponenten gestört. Somit ist eine Temperaturmessung im elektromagnetischen Feld selbst nicht möglich. Thermometer aus Plastik oder Glas wären sinnvoll, auch Kristalldektoren böten sich an (Cetas u. Connor 1978). Wegen dieser Schwierigkeiten werden Zellkulturen und kleine Experimentaltumoren häufig im Wasserbad erwärmt. Diese Methode läßt sich aber am Menschen wegen der geometrischen Verhältnisse nur in den seltensten Fällen durchführen. Von dem Idealfall, nämlich einer nicht-invasiven Temperaturmessung im Tumor mit einer Rückkoppelung zum Wärmeapplikator, durch die die gewünschte Temperatur konstant gehalten wird, ist man noch weit entfernt. Die Entwicklung auf diesem Gebiet ist aber von so spezieller technischer Natur, daß ihre Beschreibung den Rahmen dieses Artikels sprengen würde.

Im Falle des Ultraschalls ist die Temperaturmessung weniger problematisch, wenn der Meßfühler nur klein genug ist, daß keine Reflexionen und Schatten auftreten können. Der Ultraschall wird aber an Knochen stark reflektiert, so daß dort eine besonders starke Aufwärmung auftritt. Luft kann er nicht durchdringen. Seine Anwendung ist also auch beschränkt.

Da das gesamte Hyperthermiegeschehen mit seinen unterschiedlichen Effekten sich in einem Bereich von nur wenigen Grad abspielt, ist die technische Weiterentwicklung der Thermometrie essentiell. Anzustreben wären Verhältnisse wie bei der computergeplanten Strahlentherapie. E. Hall sagte im Hinblick auf diese Problematik auf dem dritten internationalen Symposium „Cancer Therapy by Hyperthermia, Drug and Radiation" in Fort Collins: „Biology is clearly on our side. The basic principles of the physics appear to be against us".

C. Zelluläre Effekte

I. Zytotoxische und strahlensensibilisierende Eigenschaften der Hyperthermie

Wird die Überlebensrate von Säugerzellen mit Hilfe des Koloniebildungstestes nach Einwirkung verschiedener Temperaturen in Abhängigkeit von der zeitlichen Dauer der Hyperthermie untersucht, so ergeben sich Dosis-Effekt-Kurven, die eine ähnliche Form haben, wie sie nach Behandlung mit ionisierenden Strahlen bekannt sind.

Die Befunde in Abb. 1 zeigen, daß die Hyperthermie grundsätzlich in der Lage ist, Zellen abzutöten. In Abhängigkeit von der Höhe der Temperatur und von der zeitlichen Einwirkung wird der exponentielle Teil der Dosis-Effekt-Kurve steiler und die „Schulter" reduziert. Bei niedrigen Temperaturen ist der Kurvenverlauf etwas kompliziert, da die Kurven nach längerer Hyperthermiedauer abflachen (s. Abschnitt C.V.). Aus solchen Befunden ergibt sich, daß mit Erhöhung der Temperatur die Dauer der Hyperthermie verkürzt werden kann, um den gleichen Effekt zu erzielen. Ferner unterstreichen die Befunde, wie wichtig eine Temperaturmessung ist. Eine Erhöhung der Temperatur um nur 0,5 °C läßt die Überlebensrate um eine Zehnerpotenz absinken und umgekehrt. Wird aus den Dosis-Effekt-Kurven bei verschiedenen Temperaturen jeweils die D_0 bestimmt, ihr reziproker Wert gegen den reziproken Wert der absoluten Temperatur aufgetragen, so erhält man ein Arrhenius-Diagramm, aus dem sich die Änderung der Aktivierungsenergie für chemische Prozesse bzw. Strukturumwandlungen ablesen läßt (Abb. 2).

Der Knick in den Kurven der Abb. 2, der bei ca. 43 °C liegt, bedeutet, daß oberhalb und unterhalb dieser Temperatur unterschiedliche Prozesse ablaufen, die zur Zellinaktivierung führen. Es liegen zu diesem Befund verschiedene Interpretationen vor (DEWEY et al. 1977; BAUER u. HENLE 1979). Der Temperatur zwischen 42° und 43 °C kommt aber noch eine andere wichtige praktische Bedeutung zu. So hat sich gezeigt, daß die Hyperthermie

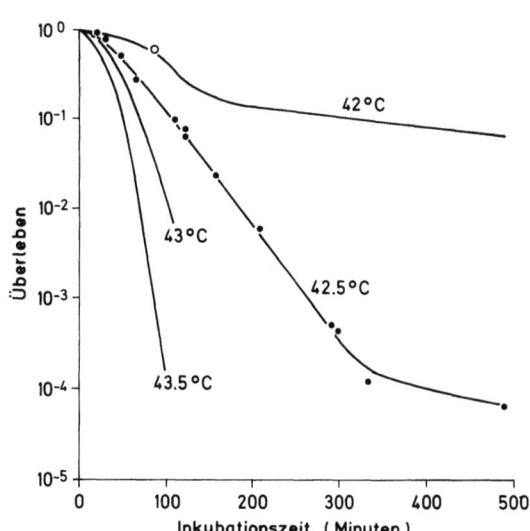

Abb. 1. Überlebenskurven von asynchron wachsenden CHO-Zellen, die bei verschiedenen Temperaturen über unterschiedlich lange Zeiten behandelt wurden. (DEWEY et al. 1977)

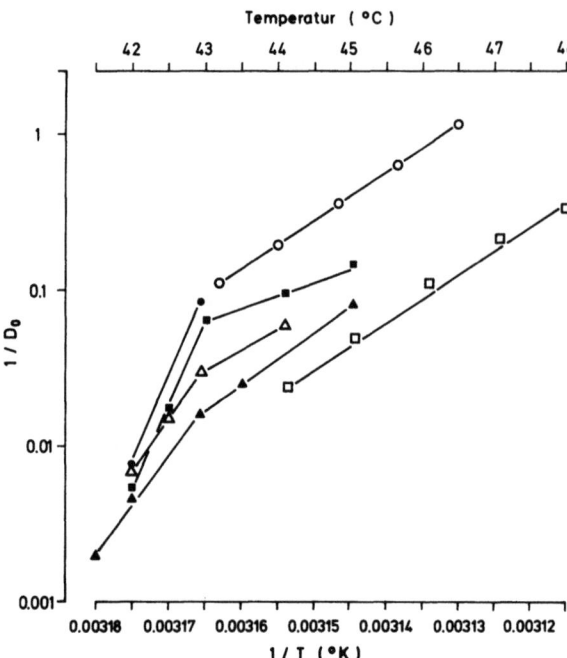

Abb. 2. Arrhenius-Diagramm für die Zellinaktivierung von verschiedenen Zellinien. Auf der Ordinate ist der reziproke Wert der D_0 gegen den reziproken Wert der absoluten Temperatur auf der Abszisse aufgetragen. o, ● CHO-Zellen, ▵ Chinesische Hamsterlungenzellen, ■ Gliosarkomzellen, ▲ HeLa-Zellen, □ Schweinenierenzellen. (Literatur bei Leith et al. 1977)

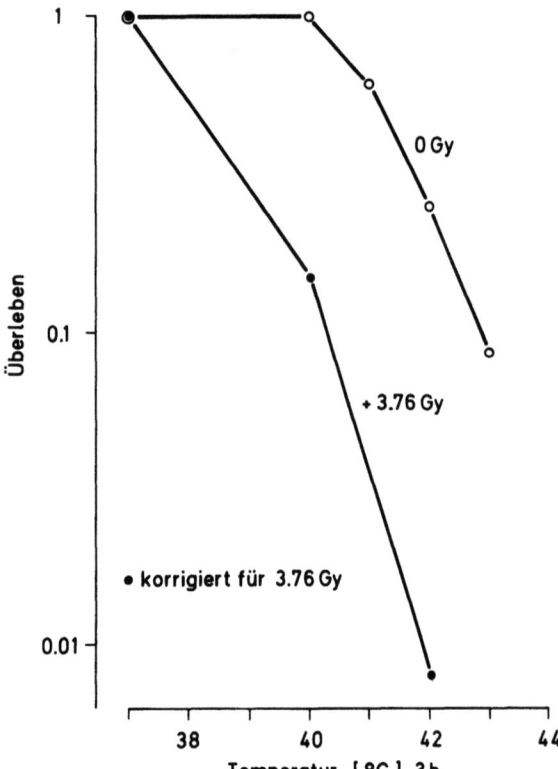

Abb. 3. Das Überleben von menschlichen Melanomzellen nach alleiniger Hyperthermiebehandlung (3 Stunden) (o——o) und nach der Kombination mit 3,76 Gy Röntgenstrahlen (●——●). (Streffer et al. 1979)

in der Lage ist, die Wirkung ionisierender Strahlung zu verstärken (Abb. 3 und 4) (Overgaard u. Overgaard 1972; Suit u. Schwayder 1974; Dietzel 1975; Leith et al. 1977; Streffer et al. 1979).

Bei einer Temperatur unter 42,5 °C wird vor allem ein strahlensensibilisierender Effekt gefunden, über 42,5 °C dagegen überwiegend ein zytotoxischer Effekt (Overgaard 1978;

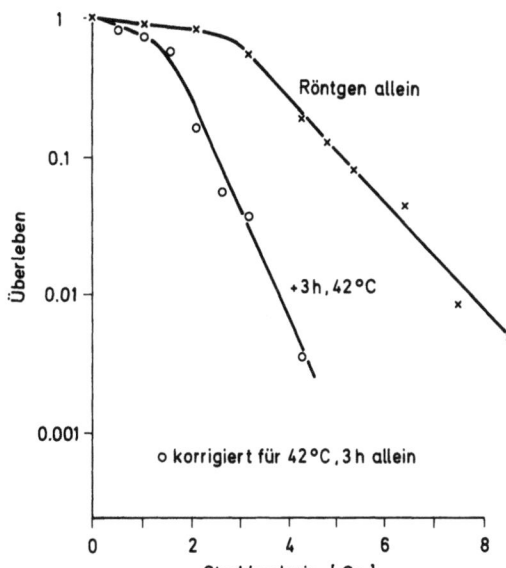

Abb. 4. Überlebenskurven von menschlichen Melanomzellen nach Röntgenbestrahlung (×——×) und nach Röntgenbestrahlung in Kombination mit einer dreistündigen Hyperthermie bei 42 °C (o——o). (VAN BEUNINGEN et al. 1981)

BEN HUR et al. 1974; ROBINSON et al. 1974b). Wird deshalb z.B. eine zu hohe Temperatur mit ionisierender Strahlung kombiniert, ist der zytotoxische Effekt der Temperatur alleine schon so groß, daß eine zusätzliche Bestrahlung keine weitere wesentliche Steigerung bringt. Die Dosis-Effekt-Kurven laufen aufeinander zu (Abb. 3). Gleichzeitig demonstriert die Abb. 3 den steilen Temperaturgradienten. Unterschiede im Temperaturniveau von einem Grad und weniger können den Effekt erheblich beeinflußen.

Auf die Verträglichkeit verschiedener Temperaturen bei lokaler und Ganzkörperhyperthermie wurde bereits hingewiesen. Die Konsequenz der obigen Befunde ist die, daß bei einer Ganzkörperhyperthermie das Abtöten von Tumorzellen weitgehend in den Hintergrund tritt, sofern sie nicht mit ionisierenden Strahlen oder Chemotherapie kombiniert wird.

II. Erholung und Hyperthermie

Neben hypoxischen Zellen stellen solche mit einem großen Erholungsvermögen vom Strahlenschaden ein elementares Problem der Strahlentherapie dar. Kombinierte Behandlungsmodalitäten werden dann effektiv sein, wenn sie das Erholungsvermögen einschränken können.

Werden Dosis-Effekt-Kurven mit Hilfe des Koloniebildungstestes erstellt, so ist im Vergleich zur alleinigen Strahlenbehandlung nach der Kombination mit einer Hyperthermiebehandlung die Schulter dieser Kurven reduziert und der exponentielle Teil der Kurve ist steiler geworden (Abb. 4). Die Breite der Schulter (D_q) wird als Maß für die Erholungsfähigkeit angesehen. Die Hyperthermie schränkt somit die Erholung vom Strahlenschaden ein. Dies betrifft sowohl die Erholung vom subletalen Strahlenschaden (GERWECK et al. 1975; DEWEY et al. 1977; HENLE u. LEPPER 1976; VAN BEUNINGEN et al. 1982), als auch die Erholung vom potentiell letalen Strahlenschaden (RAAPHORST et al. 1979b; HENLE u. LEEPER 1979b).

Die Hyperthermie wird sich deshalb in Kombination mit ionisierenden Strahlen bei solchen Tumoren anbieten, deren Zellen durch ein großes Erholungsvermögen charakterisiert sind.

Eine Bestrahlung mit niedriger Dosisleistung, der eine Hyperthermiebehandlung bei 41 °C vorausgeht, hat auf das Überleben von Zellen einen erheblichen Effekt im Vergleich zur alleinigen Bestrahlung. Auch dies ist ein Hinweis, daß die Erholungsvorgänge, die während

einer solchen Bestrahlung ablaufen, durch eine „mäßige" Hyperthermie reduziert werden
können (Ben Hur et al. 1974; Harisiadis et al. 1978).

Correy et al. (1977) haben zu diesen auf zellulärer Ebene beobachteten Befunden mit
Hilfe der Dichtegradientenzentrifugation gefunden, daß die Hyperthermie prinzipiell in der
Lage ist, die Reparatur von strahleninduzierten DNA-Strangbrüchen zu verhindern.

Insgesamt ähneln die Dosis-Effekt-Kurven nach einer Kombinationsbehandlung von Hyperthermie und locker ionisierenden Strahlen denen, die man nach dicht ionisierenden Strahlen erhält (s. u. a. Field 1976). Der sog. Wärmeverstärkungsfaktor (thermal enhancement
ratio, TER) (Literaturübersicht bei Dietzel 1978), der folgendermaßen definiert werden
kann:

$$\text{TER} = \frac{\text{Strahlendosis für den gleichen Effekt}}{\text{Strahlendosis plus Hyperthermie für den gleichen Effekt}}$$

wird mit abnehmender Strahlendosis größer, ähnlich wie dies auch für den RBW-Faktor
gefunden wird. Bei einer praktischen Anwendung der Hyperthermie in der Klinik muß dies
sicherlich berücksichtigt werden, um nicht die gleichen Fehler wie beim Beginn der Neutronentherapie zu begehen (Field 1976).

Robinson et al. (1974a) haben überlegt, ob sich hier eine Alternative für die Behandlung
mit dicht ionisierenden Strahlen anböte, da die Dosis-Effekt-Kurve nach locker ionisierenden
Strahlen durch eine kombinierte Hyperthermie- und Strahlenbehandlung in ähnlicher Weise
modifiziert wird, wie nach dicht ionisierenden Strahlen. Auch von dicht ionisierenden Strahlen wie z. B. Neutronen ist bekannt, daß sie vor allem das Erholungsvermögen einschränken.
Man kann deshalb aber auch annehmen, daß eine Kombination von dicht ionisierenden
Strahlen mit der Hyperthermie keinen zusätzlichen verstärkenden Effekt hinsichtlich z. B.
des Zelltodes bringen wird. Hahn et al. (1976) haben am Ridgeway-Sarkom der Ratte keinen
die Strahlenwirkung verstärkenden Effekt der Hyperthermie gefunden, Gerner et al. (1976c)
jedoch an CHO-Zellen nach Bestrahlung mit Helium-Ionen und Hyperthermiebehandlung
eine Verstärkung des Strahleneffektes. Dies sind Hinweise, daß die Beeinträchtigung der
Erholungsprozesse nach dicht ionisierenden Strahlen und nach Hyperthermiebehandlung
durch unterschiedliche Mechanismen zustande kommt.

III. Zellzyklus und Hyperthermie

Ähnlich wie nach Behandlung mit ionisierenden Strahlen treten auch nach Hyperthermiebehandlung Veränderungen bei der Migration durch den Zellzyklus auf, und es werden
quantitative Unterschiede der Temperaturempfindlichkeit in den einzelnen Zellzyklusphasen
beobachtet. Westra und Dewey (1971) haben bei synchronisierten CHO-Zellen eine hohe
Temperaturempfindlichkeit der späten S-Phase gesehen, während die frühe S-Phase sich
dagegen als besonders strahlenempfindlich erwiesen hat (Abb. 5). Erklärt werden kann dieser
Befund ebenfalls mit dem unterschiedlichen Erholungsvermögen der Zellen in der frühen
und späten S-Phase. In letzterer ist es besonders groß. Die Hyperthermie ist deshalb in
dieser Zyklusphase besonders wirksam (Gerweck et al. 1975). Diese bevorzugte Thermosensibilität der späten S-Phase wird in der Literatur immer wieder als ein besonderes Kennzeichen der Hyperthermiewirkung hervorgehoben und kann für Tumoren, die einen hohen
Anteil an proliferierenden Zellen haben, von Bedeutung sein. Ähnliche Untersuchungen wurden auch von Schlag und Lücke-Huhle (1976), Kim et al. (1976), Palzer und Heidelberger (1973a), Lücke-Huhle und Dertinger (1977), Bhuyan et al. (1977) durchgeführt.

Es konnte aber auch eine erhöhte Temperaturempfindlichkeit von G_2-Phase-Zellen (Kim
et al. 1976) und auch der Zellen, die sich in Mitose befanden, nachgewiesen werden. So

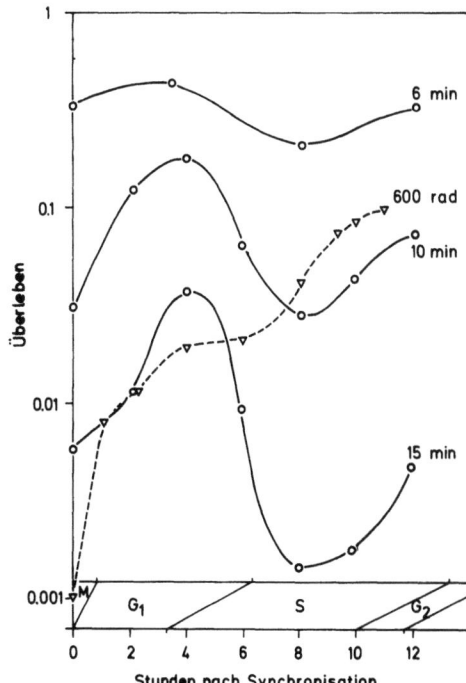

Abb. 5. Das Überleben von synchronisierten CHO-Zellen in verschiedenen Zellzyklusphasen. Die Zellen wurden für 6, 10 und 15 Minuten bei 45,5 °C oder mit 600 rad Röntgenstrahlen behandelt. (WESTRA u. DEWEY 1971)

beobachteten WESTRA und DEWEY (1971) u.a. vermehrt atypische Mitosen und tetraploide Zellen. Offensichtlich waren die hier untersuchten CHO-Zellen nicht mehr in der Lage, die Zytokinese zu vollziehen. Es wird angenommen, daß die Hyperthermie in die Proteinsynthese des Spindelapparates eingreift.

Auch die Progression durch den Zellzyklus wird durch eine Hyperthermiebehandlung gestört. WESTRA und DEWEY (1971) sahen eine Teilungsverzögerung der CHO-Zellen von 11 Stunden nach einer Hyperthermiebehandlung bei 45,5 °C über 6 Minuten, nach Röntgenbestrahlung betrug diese dagegen nur ein bis vier Stunden. Der Zellverlust war nach beiden Behandlungen etwa der gleiche. Erklärt wird dies mit den dramatisch einsetzenden Stoffwechselveränderungen, die nach Röntgenbestrahlung zunächst nicht beobachtet werden. Die Ursachen für diese Teilungsverzögerung könnten in einem G_2-Block beruhen (SCHLAG u. LÜCKE-HUHLE 1976). Aber auch eine Akkumulation von S-Phase-Zellen tritt nach Hyperthermiebehandlung auf, dieser „S-Block" scheint z.T. irreversibel zu sein. Die arretierten S-Phase-Zellen sterben unmittelbar nach Behandlung ab (LÜCKE-HUHLE u. DERTINGER 1977). KAL und HAHN (1976) fanden ebenfalls eine Akkumulation von Zellen in der S-Phase und in der G_2-Phase nach einer einstündigen Behandlung bei 43 °C, während nach Röntgenbestrahlung lediglich ein G_2-Block beobachtet wurde. Für die Teilungsverzögerung nach der Kombinationsbehandlung wurde ein überadditiver Effekt im Vergleich zu den Einzelbehandlungen gefunden. Infolge der Arretierung in der S-Phase und G_2-Phase kommt es zu einer partiellen Synchronisation nach Auflösung der Blockierung. VAN BEUNINGEN et al. (1980) sahen bei menschlichen Melanomzellen nach einer Kombinationsbehandlung von Röntgenstrahlen und einer dreistündigen Hyperthermie bei 42 °C eine Arretierung der Zellen vor der S-Phase in der G_1-Phase. Infolgedessen steigt der Anteil der G_1-Phase-Zellen an und der Anteil der S-Phase-Zellen ist reduziert (Abb. 6). Nach Röntgenbestrahlung und noch stärker nach der Kombination von Röntgenbestrahlung mit Hyperthermie traten bei diesen Untersuchungen Zellen mit einem niedrigeren DNA-Gehalt als dem diploiden auf. Diese nehmen im Laufe der Kulturperiode zu. Nach alleiniger Hyperthermiebehandlung werden solche Zellen zwar auch gefunden, diese hypoploiden Zellen nehmen aber mit zunehmender Inkubationszeit ab. Sie werden von den Autoren als potentiell tote Zellen identifiziert und mit dem Verlust

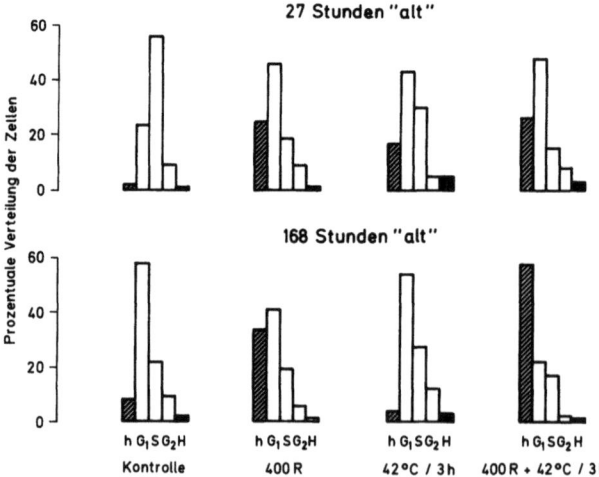

Abb. 6. Verteilung von menschlichen Melanomzellen im Zellzyklus nach Röntgenbestrahlung, nach Hyperthermiebehandlung und nach der Kombination von beiden. ▨ hypoploide Zellen, ■ hyperploide Zellen. Die Behandlung erfolgt 24 Stunden nach Anlegen der Kultur. (Streffer et al. 1979)

von Chromatin aus dem Zellkern in Form von sog. Mikronuklei oder Karyomeren in Verbindung gebracht. Obwohl das Ausmaß des Zellverlustes nach 400 R oder eine Behandlung bei 42 °C über drei Stunden dasselbe ist (Abb. 12), ist die Bildung der hypoploiden Zellen und der Mikronuklei (s. Abschnitt E. I.) nach beiden Behandlungen unterschiedlich. Dies spricht dafür, daß die Mechanismen, die nach Bestrahlung oder Hyperthermiebehandlung zum Zelltod führen, unterschiedlich sind (Streffer et al. 1979; van Beuningen et al. 1981).

Welche Bedeutung das unterschiedliche Verhalten der Zellen beim Durchschreiten des Zellzyklus für die Temperaturempfindlichkeit hat, ist bisher nicht klar. Lücke-Huhle und Schlag (1979) untersuchten zwei verschiedene Zellinien (B 14 F 28 und V 79), die sich im Hinblick auf ihre Strahlenempfindlichkeit gegenüber locker ionisierenden Strahlen sehr ähnlich verhalten. Die Zellen reagieren aber sehr verschieden auf eine Kombinationsbehandlung. Die V 79-Zellen sind hinsichtlich des Zelltodes wesentlich empfindlicher für diese. Bei beiden Linien ist zwar eine Abnahme der G_1-Phase-Zellen zu verzeichnen, bei den V 79-Zellen tritt aber eine Akkumulation der Zellen in der S-Phase auf, in der sie dann absterben. Bei den B 14 F 28-Zellen wird dagegen ein G_2-Block beobachtet. Möglicherweise lassen sich durch solche Unterschiede der Proliferationskinetik Aussagen und Prognosen über eine unterschiedliche Temperaturempfindlichkeit von z. B. auch Tumorzellen machen, und es wäre wünschenswert, wenn mehr derartige Untersuchungen durchgeführt würden.

Die Vielfalt der bisher beschriebenen Befunde gelten nur für proliferierende Zellen. Aus einigen Untersuchungen kann jedoch auch geschlossen werden, daß auch nicht proliferierende Zellen durch eine Hyperthermiebehandlung beeinflußt werden. So zogen Dickson und Calderwood (1976) aus ihren Untersuchungen am Yoshida-Tumor den Schluß, daß nicht proliferierende Zellen nach Hyperthermiebehandlung wieder in den Zellzyklus eintreten können. Auch Kal und Hahn (1976) kamen aufgrund ihrer Untersuchungen an einem Mäusesarkom und Lücke-Huhle und Dertinger (1977) bei ihren Untersuchungen von Sphäroiden zu ähnlichen Ergebnissen.

IV. Zelluläre Unterschiede in der Temperaturempfindlichkeit

Jede Tumorbehandlung ist immer ein Kompromiß zwischen der maximalen Vernichtung des Tumors und einer möglichst geringen Schädigung des gesunden Gewebes. Wenn normale

Gewebe in gleicher Weise wie Tumorgewebe durch eine Hyperthermiebehandlung geschädigt werden, so wäre der therapeutische Gewinn („therapeutic gain factor", TGF), der wie folgt definiert ist:

$$TGF = \frac{TER_{gesundes\ Gewebe}}{TER_{Tumorgewebe}}$$

gleich 1. Die Hyperthermiebehandlung brächte in diesem Fall keinen Vorteil. Es erhebt sich deshalb die Frage, ob verschiedene Zellen oder Gewebe bzw. Zielorgane eine unterschiedliche Temperaturempfindlichkeit besitzen, und ob vor allem Unterschiede zwischen Tumorzellen und normalen Zellen existieren.

RAAPHORST et al. (1979a) untersuchten sieben verschiedene Zellinien unter einheitlichen Kulturbedingungen und fanden erhebliche Unterschiede in der Temperaturempfindlichkeit. Diese Differenzen können nicht mit Unterschieden der Zellvolumina, Zellverdopplungszeiten, „plating efficiency", DNA-Gehalt oder Chromosomenzahl erklärt werden. Offensichtlich spielt aber die Körpertemperatur der verschiedenen Spezies, von denen die Zellen abstammen, eine Rolle. Bei diesen Untersuchungen konnte keine Korrelation zwischen Strahlenempfindlichkeit und Temperaturempfindlichkeit gezogen werden.

Eine Reihe von Autoren untersuchte die Temperaturempfindlichkeit von normalen Geweben z.T. auch vergleichend mit Experimentaltumoren. ROBINSON et al. (1974b) fanden für Hautschäden von C3H-Mäusen bei einer Temperatur von 42 °C TER-Werte von 1,18, bei 43 °C von 2,06. Sie untersuchten auch die Heilungsrate eines Mammakarzinomes bei diesem Mäusestamm. Für diesen Effekt lag der TER-Wert für 43 °C bei 4,33. Damit war ein therapeutischer Gewinn von ca. 2 erreicht. FIELD et al. (1977) erhoben Befunde nach einer Kombinationsbehandlung von Hyperthermie und Bestrahlung an Haut, Dünndarm und Knorpel der Maus und Ratte. Sie fanden TER-Werte für diese Gewebe von 1,8 bei 43 °C. Sie verglichen diese mit verschiedenen Experimentaltumoren aus der Literatur. Insgesamt lagen die TER-Werte bei den Tumoren wesentlich höher. Auch hier wäre somit ein hoher therapeutischer Gewinnfaktor zu erreichen. MILLER et al. (1976) behandelte das Zentralnervensystem der Ratte kombiniert mit Bestrahlung und Hyperthermie. Eine halbstündige Hyperthermiebehandlung bei 42 °C in Kombination mit 20,0 Gy erzeugte in über 50% eine Myelopathie. Die alleinige Bestrahlung dagegen nur in 10%. Auch GOFFINET et al. (1977) sahen ebenfalls eine höhere Rate an Myelopathien bei der Maus nach einer kombinierten Behandlung als nach alleiniger Hyperthermiebehandlung. Sie fanden TER-Werte um 1,2.

MERINO et al. (1978) fanden am Dünndarm der Maus eine stärkere Abnahme der Darmkrypten nach einer Kombinationsbehandlung von Hyperthermie (41° bis 44 °C über 30 Minuten) und ionisierender Strahlung als nach alleiniger Bestrahlung. Die „Schulter" der Dosis-Effekt-Kurven war reduziert, infolgedessen wurde bei niedrigen Temperaturen eine relativ stärkere Strahlenwirkung als bei höheren Temperaturen beobachtet. In Abhängigkeit von der Dosis stiegen die TER-Werte bis zu 4,7 an.

Diese Untersuchungen zeigen, daß offensichtlich die verschiedenen Gewebe und Zellen sowohl innerhalb einer Spezies als auch zwischen verschiedenen Spezies eine unterschiedliche Temperaturempfindlichkeit besitzen. Ganz entscheidend wird sie durch physiologische Faktoren, wie z.B. Veränderungen des Blutflußes (s. Abschnitt E. VII.) beeinflußt, so daß von in vitro-Versuchen keine Rückschlüsse auf die Thermosensibilität der gleichen Zellen in vivo gezogen werden können. Es können aber auch normale Gewebe durch Hyperthermiebehandlung gegenüber ionisierender Strahlung sensibilisiert werden. Bei einer Kombinationsbehandlung muß deshalb die unterschiedliche Temperaturempfindlichkeit kritischer Organe, die im Zielvolumen liegen, berücksichtigt werden. Einige der genannten Untersuchungen weisen darauf hin, daß Tumoren empfindlicher reagieren als Normalgewebe. Es wurden bei diesen Befunden z. B. Haut und Mammakarzinomgewebe miteinander verglichen. Dieser Vergleich läßt aber keine Aussage zu, ob dieser Unterschied auf physiologischen Faktoren, wie z. B. Blutfluß o. ä. beruht, oder ob eine echte endogene höhere Empfindlichkeit von Tumorzellen gegenüber einer Hyperthermiebehandlung besteht.

In einer Reihe von Untersuchungen wurde versucht, dieses Problem zu klären (Vollmar 1941; Cavaliere et al. 1967; Kachani u. Sabin 1969; Chen u. Heidelberger 1969; Love et al. 1970; Giovanella et al. 1976; Overgaard 1977). Giovanella et al. (1976) untersuchten normale und maligne Zellen, die aus menschlichem Biopsiematerial gewonnen worden waren. Die neoplastischen Zellen waren temperaturempfindlicher als benigne Zellen. Chen und Heidelberger (1969) transformierten Prostatazellen mit verschiedenen Kohlenwasserstoffen. Auch bei diesen Untersuchungen erwiesen sich die transformierten Prostatazellen temperaturempfindlicher als die nicht transformierten Zellen.

Es scheint also so zu sein, daß zumindest einige Tumorzellen eine höhere Temperaturempfindlichkeit besitzen als nicht transformierte Zellen. Es sind jedoch sicherlich noch weitere Untersuchungen notwendig, um zu prüfen, ob diese Feststellung Allgemeingültigkeit erhält, da es experimentell sehr schwierig ist, normale „Elternzellen" und dazugehörige transformierte Zellen zu finden, die noch ihre Tumorgeneität besitzen. Nur so kann ein echter Vergleich gezogen werden. Unbestreitbar aber ist, daß das unterschiedliche Verhalten physiologischer Faktoren wie pH-Änderungen, Blutfluß, möglicherweise auch Veränderungen des Glukosestoffwechsels (s. Abschnitt E.III. u. VII.) die Hyperthermiewirkung im Tumor stärker beeinflussen kann als im gesunden Gewebe.

V. Thermotoleranz

Werden Zellen über längere Zeit bei Temperaturen unter 43,5 °C inkubiert, so zeigt sich, daß die Überlebenskurven nach drei bis vier Stunden abflachen (Abb. 1). Die D_0 wird größer (Palzer u. Heidelberger 1973b; Gerweck 1977; Harisiadis et al. 1977). In Temperaturbereichen über 43,5 °C wird dieser Effekt nicht beobachtet. Das Ansteigen der D_0 wird so gedeutet, daß die Zellen eine vorübergehende Anpassung an die Hyperthermie erwerben. Dieses Phänomen wird Thermotoleranz genannt.

Aber nicht nur unter diesen Bedingungen wird eine Anpassung an supranormale Temperaturen beobachtet. Einige Autoren berichten, daß auch nach einer Fraktionierung der Hyperthermie der biologische Effekt nach mehreren Fraktionen vermindert ist (Moritz u. Henriques 1947; Thrall et al. 1973; van Beuningen et al. 1981). Allerdings ist es schwierig, aus solchen Experimenten, in denen z. B. nur zwei Fraktionen gegeben worden sind, auf eine Erhöhung der D_0 zu schließen. Einige Autoren bezeichnen eine höhere Überlebensrate in diesem Fall als eine Erholung vom subletalen Wärmeschaden in Analogie zur Erholung vom subletalen Strahlenschaden (Palzer u. Heidelberger 1973b). Auch hat sich gezeigt, daß der die Strahlenwirkung verstärkende Effekt bei wiederholter Anwendung der Hyperthermie reduziert sein kann (Field u. Law 1978). Diese Befunde sind von anderen Autoren nicht bestätigt worden (van Beuningen et al. 1981; Law et al. 1979a).

Von ganz erheblicher Bedeutung ist für den biologischen Effekt bei einer wiederholten Anwendung der Hyperthermie die Höhe der einzelnen Hyperthermiedosen. Crile (1963) behandelte Fuß und Sarkom 180 der Maus zuerst mit einer hohen Dosis, die für sich allein verabreicht einen großen Effekt gehabt hätte. In Kombination mit der ersten Dosis war die Wirkung der zweiten weitgehend aufgehoben. Offensichtlich ist durch die erste Behandlung eine Resistenz gegenüber der zweiten Dosis erzeugt worden. Dieser Effekt ist erst nach drei bis vier Tagen aufgehoben.

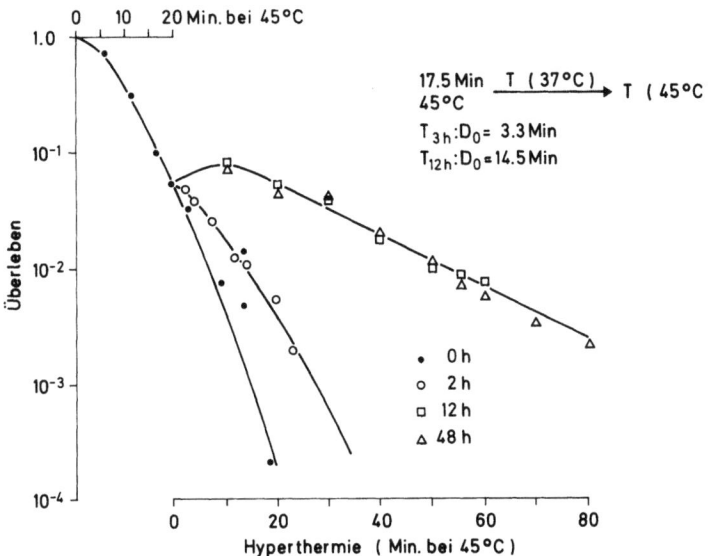

Abb. 7. Das Auftreten der Thermotoleranz asynchron wachsender CHO-Zellen, demonstriert an Hand von Überlebenskurven, die zu verschiedenen Zeiten nach einer konditionierenden Hyperthermiebehandlung bei 45 °C über 17,5 Minuten erhalten wurden. Obere Abszisse: Dauer der Hyperthermie für die Einzelbehandlung, untere Abszisse: Dauer der zweiten Behandlung. Das Intervall zwischen beiden Fraktionen ist in Stunden (h) angegeben. (HENLE u. LEEPER 1976)

LAW et al. (1979b) haben die Haut des Mäuseohrs nach zwei Hyperthermiebehandlungen bei gleich hohen Temperaturen untersucht. Sie verglichen die Hautschäden nach dieser Behandlung mit Schäden, die nach Einwirkung zweier unterschiedlicher wirksamer Dosen auftreten, wobei die weitere Dosis stärker war. Die gesamte Hyperthermiedauer, die benötigt wird, um einen bestimmten Effekt zu erzielen, muß in diesem Fall um den Faktor 2 gesteigert werden, wenn der Abstand zwischen den beiden Fraktionen 24 Stunden beträgt.

Die volle Wirkung der zweiten Hyperthermiebehandlung tritt erst nach 96 Stunden wieder ein. Dies kann nur bedeuten, daß sich in einem Zeitraum von ca. 20 bis 96 Stunden durch die erste Fraktion eine Toleranz gegenüber der zweiten Fraktion ausgeprägt hat.

Werden Zellen in vitro Temperaturen über 43 °C ausgesetzt, so werden sie gegenüber einer zweiten Behandlung bei der gleichen Temperatur resistent, wenn sie zwischen beiden Behandlungen einige Stunden bei 37 °C inkubiert wurden (Abb. 7) (HENLE et al. 1978; GERNER u. SCHNEIDER 1975; HENLE u. LEEPER 1976; GERNER et al. 1976b; LI u. HAHN 1980). Werden andererseits Zellen zunächst bei Temperaturen unter 42,5 °C inkubiert und anschließend bei Temperaturen über 43 °C, so zeigen sich diese Zellen ebenfalls der zweiten Behandlung gegenüber resistent. Das Maximum der Resistenz liegt am Ende der Vorbehandlung. Eine Inkubation bei 37 °C steigert diese Resistenz nicht (JUNG u. KÖLLING 1980; HENLE u. LEEPER 1976; HENLE et al. 1978; HARISIADIS et al. 1977; JOSHI u. JUNG 1979).

Es lassen sich somit verschiedene Formen der Thermotoleranz unterscheiden: 1. Nach kontinuierlichem Erwärmen in Temperaturbereichen unter 42,5 °C tritt sie nach ca. drei bis vier Stunden auf. 2. Nach einer Vorbehandlung in Temperaturbereichen unter 42,5 °C tritt sie für darauffolgende Behandlungen bei höheren Temperaturen auf. 3. Nach Behandlungen bei 43 °C und höher tritt sie auf, wenn ein Intervall von einigen Stunden während einer Inkubation bei 37 °C bis zur nächsten Behandlung besteht.

Ob diesen verschiedenen Arten der Thermotoleranz der gleiche Mechanismus zugrunde liegt, ist bisher unklar, wie überhaupt die Ursache für die Thermotoleranz unbekannt ist. DNA- oder RNA-Synthese, Zellzykluseffekte, pH-Veränderungen konnten mit der Entwick-

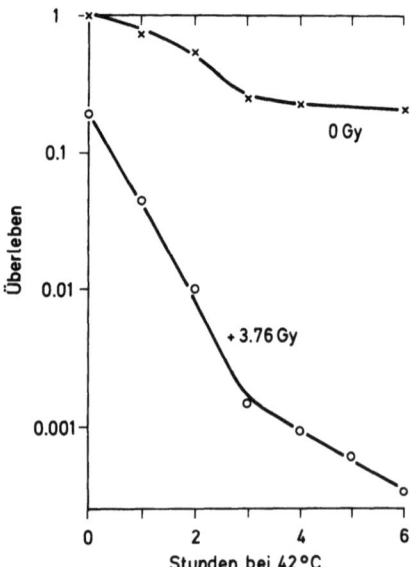

Abb. 8. Überlebenskurven von menschlichen Melanomzellen nach ein- bis sechsstündiger Hyperthermie ohne Röntgenbestrahlung (×——×) und mit Röntgenbestrahlung (3,76 Gy) (o——o). (van Beuningen 1982)

lung der Thermotoleranz nicht korreliert werden (Henle u. Dethlefsen 1978). Möglicherweise spielen Membraneffekte eine Rolle (Li u. Hahn 1978). Auch die Proteinsynthese könnte an der Resistenzentwicklung beteiligt sein. So verhindert die Zugabe von Cycloheximid die Entwicklung der Thermotoleranz, wenn nach einer konditionierenden Hyperthermiebehandlung von 45 °C im Intervall bei 37 °C dem Medium Cycloheximid zugesetzt worden ist (Leeper et al. 1977). Dies könnte bedeuten, daß zur Entwicklung der Thermotoleranz die Synthese von neuen Proteinen notwendig wäre.

Ausgehend von den Befunden, die an Zellkulturen erhoben wurden, wird empfohlen, während einer Strahlentherapie zusätzlich nur alle 72 Stunden eine Hyperthermiebehandlung durchzuführen. Diese Empfehlung gilt sicherlich, wenn der zytotoxische Effekt einer alleinigen Hyperthermiebehandlung ausgenutzt werden soll. Soll dagegen der strahlensensibilisierende Effekt einer kombinierten Radio-Thermotherapie im Vordergrund stehen, so existieren Hinweise, daß die Toleranz gegenüber einer täglichen Hyperthermiebehandlung durch gleichzeitige Bestrahlung aufgehoben werden kann (van Beuningen et al. 1981).[1] In vivo werden die Verhältnisse sehr unübersichtlich, da physiologische Faktoren und zellulärer Repair schwer von der Thermotoleranz zu trennen sind. Ihre Rolle bei der Fraktionierung der Hyperthermie in Kombination mit anderen Behandlungsmodalitäten ist völlig unbekannt. Für die Zukunft wäre es wichtig, zu wissen, ob durch eine Manipulation an der Thermotoleranz eine bessere Tumorheilung zu erzielen ist.

D. Substanzen und Hyperthermie

Die Hyperthermie kann sowohl mit ionisierenden Strahlen als auch mit chemischen Substanzen eine Wechselbeziehung eingehen. Dabei sind die Mechanismen offensichtlich vielfälti-

---

[1] Da es sich bei diesen Untersuchungen um eine dreimalige Fraktionierung handelt, ist hier wohl eher von einer Minderung der Erholung vom subletalen Wärmeschaden zu sprechen. Die gleichen Autoren konnten jedoch auch zeigen, daß bei einer kontinuierlichen Hyperthermie zwar Thermotoleranz auftritt. Wird die Hyperthermie jedoch mit der Bestrahlung kombiniert, so ist die Überlebensrate erheblich vermindert (Abb. 8). Aufgrund dieser Befunde darf angenommen werden, daß bei einer Kombination von Hyperthermie und Bestrahlung das Problem der Thermotoleranz in den Hintergrund tritt.

ger. Eine Temperaturerhöhung beschleunigt einerseits chemische Prozesse, infolgedessen kann die Wirkung einer chemischen Substanz bei Anwendung der Hyperthermie verstärkt werden, wie dies eine ganze Reihe von Untersuchungen zeigt. Die Temperaturerhöhung kann aber auch erhebliche Veränderungen auf zellulärer und biochemischer Ebene hervorrufen. Folglich wirkt z. B. ein Zytostatikum auf ein Organ oder einen Tumor, deren Metabolismus durch die Hyperthermie erheblich modifiziert sein kann.

Ein weiterer wichtiger Gesichtspunkt ist die Veränderung des Blutflusses durch die Hyperthermie im Tumor. Bei einer Verbesserung der Durchblutung kann die Substanz größere Tumorareale erreichen und somit wirksamer sein, bei einer Verschlechterung der Durchblutung, wie dies ebenfalls nach Hyperthermie beschrieben wird (s. Abschnitt E. VII.), kann sich die Substanz nicht gleichmäßig über den Tumor verteilen.

Trotz dieser bisher weitgehend ungelösten Probleme existieren eine ganze Reihe von Untersuchungen über Effekte von Substanzen, die durch eine Hyperthermieanwendung verstärkt werden. Bereits VON ARDENNE (1971), SUZUKI (1967), STEHLIN (1969) und GIOVANELLA et al. (1970), berichteten über die günstige Wirkung einer Kombinationsbehandlung. Seitdem sind zunehmend mehr Arbeiten erschienen, die sich mit diesem Problem beschäftigen.

Antimetabolite

MUCKLE und DICKSON (1973) behandelten das VX-2-Karzinom des Kaninchens mit sechs täglichen Injektionen von Methotrexakt. Vier Tage nach Beginn der Behandlung wurde eine einstündige Hyperthermiebehandlung bei 42 °C angewandt. Die Tumorvolumenänderungen waren nach der Kombinationsbehandlung im Vergleich zur Einzelbehandlung nicht sehr verschieden.

Alkylierende Substanzen

SUZUKI (1967) fand nach Behandlung mit Nitromin und einer lokalen Hyperthermiebehandlung bei 42 °C eine lokale Tumorrückbildung des Yoshida-Sarkoms der Ratte, während die Behandlung nur mit einem Agens lediglich ein verlangsamtes Wachstum hervorrief. DICKSON und SUZANGAR (1974) untersuchten den Effekt von Methylendimethansulfonat (MDMS) nach einer Behandlung bei 42 °C ebenfalls am Yoshida-Sarkom der Ratte. Allerdings wurde in diesen Untersuchungen eine kurative Dosis des Zytostatikums verabreicht, und der Abstand zwischen beiden Behandlungen betrug 20 Stunden. Infolgedessen konnte wohl kein synergistischer Effekt für eine Tumorregression gefunden werden. Dieser Befund zeigt, wie wichtig die Erstellung von Dosis-Effekt-Kurven für eine optimale Behandlungsform ist.

Antibiotika

HAHN et al. (1975) untersuchten die Wirkung von Adriamycin in Kombination mit einer dreißig Minuten langen Hyperthermie bei 43 °C am EMT-6-Sarkom der Maus. Als Endpunkt legten sie die Koloniebildungsfähigkeit der Sarkomzellen in vitro nach Behandlung in vivo zugrunde. Nach der Kombinationsbehandlung ist der Effekt wesentlich stärker als nach einer Behandlung alleine. Auch OVERGAARD (1976b) berichtete über Effekte von Adriamycin und einer zweistündigen Hyperthermie bei 40,5 °C und einer einstündigen Hyperthermie bei 42,5 °C auf das Wachstum eines Mammakarzinoms der Maus. Das Adriamycin wurde aber in einer Konzentration angewandt (25 mg/kg Körpergewicht), bei der 80% der Tiere nach alleiniger Gabe starben. Trotzdem sah er einen mehr als additiven Effekt in bezug auf das Überleben der Tiere.

MARMOR et al. (1979) führten ähnliche Versuche wie HAHN et al. (1975) am EMT-6-Tumor durch. Einen erheblichen, die Adriamycin-Wirkung verstärkenden Effekt fanden sie nach Behandlung bei 43 °C. Die Adriamycindosis lag bei 10 mg/kg Körpergewicht. Keinen verstärkenden Effekt dagegen sahen sie nach Gabe von 2,5 oder 5 mg/kg Körpergewicht.

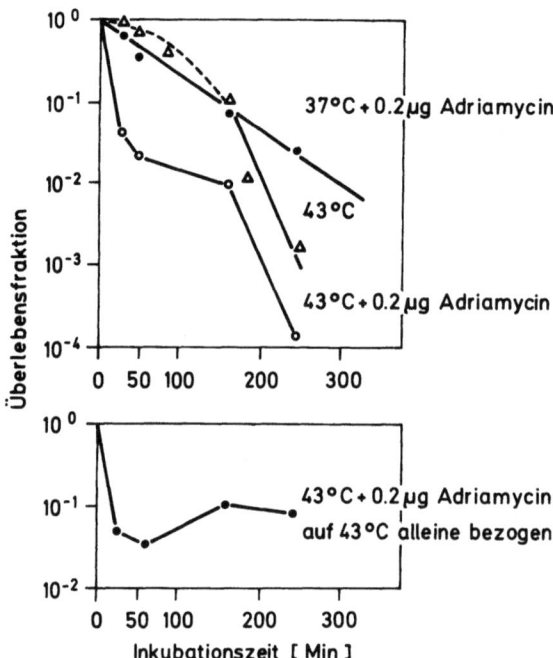

Abb. 9. Überlebenskurven von HA 1-Zellen nach gleichzeitiger Gabe von Adriamycin und Behandlung bei 43 °C (oberer Teil). Überlebenskurve nach Adriamycin- plus Hyperthermiebehandlung auf die Überlebenskurve nach alleiniger Hyperthermiebehandlung bei 43 °C als Kontrollwert bezogen (unterer Teil). (Hahn u. Strande 1976)

Die Hyperthermie begann unmittelbar nach der Adriamycin-Injektion. Höhere Dosen waren aber für die Tiere nicht tolerierbar. Die Ergebnisse stehen in einem gewissen Gegensatz zu in vitro-Experimenten, die Hahn et al. (1975) und Hahn und Strande (1976) durchgeführt haben.

Die Ursache für diese Unterschiede könnte in der Höhe der Adriamycinkonzentration liegen, die in vitro viel länger auf einem konstanten Niveau gehalten werden kann als in vivo, da Plasma-Halbwertzeiten und Metabolismus einer Substanz hier eine wesentliche Rolle spielen. Eine andere Möglichkeit für das Ausbleiben eines synergistischen Effektes in vivo bei den niedrigen Konzentrationen könnte durch ein nicht optimales Behandlungsschema oder durch eine Resistenzentwicklung bedingt sein, wie sie Hahn und Strande (1976) beschrieben haben. Sie untersuchten die Fähigkeit von HA-1-Zellen, Kolonien zu bilden. Wird die Hyperthermie in Anwesenheit von Adriamycin durchgeführt, ist der Effekt erheblich verstärkt, sofern es sich um kurze Expositionszeiten handelt (Abb. 9). Mit länger werdender Expositionszeit verlaufen beide Kurven parallel. Nach einer anfänglichen empfindlichen Phase werden die Zellen gegenüber Adriamycin zunehmend resistenter. In einem anderen Experiment wurden diese Zellen über verschieden lange Zeiten bei 43 °C vorinkubiert und dann bei 37 °C mit Adriamycin inkubiert. Mit zunehmender Länge der Vorinkubation werden die Zellen ebenfalls adriamycinresistent. Für Aktinomycin D wird ein ähnlicher protektiver Effekt der Hyperthermie gefunden (Donaldson et al. 1978). So nimmt bei einer zweistündigen Vorinkubation bei 43 °C der zytotoxische Effekt des Actinomycin D um den Faktor 10 ab. 18 Stunden später ist wieder eine sensibilisierende Wirkung zu beobachten. Allerdings ist die Zeit, in der die Zellen sensibel sind, noch kürzer und der Grad der Sensibilisierung nicht so stark wie nach Adriamycingabe. Hahn (1979) folgert daraus, daß Adriamycin und Actinomycin D „keine guten Kandidaten" für eine Chemothermotherapie seien. Dies gilt zumindest für eine Ganzkörperhyperthermie, bei der lange Hyperthermiezeiten notwendig sind, allerdings sind die Temperaturen hierbei nicht so hoch, so daß diese Resistenz verzögert

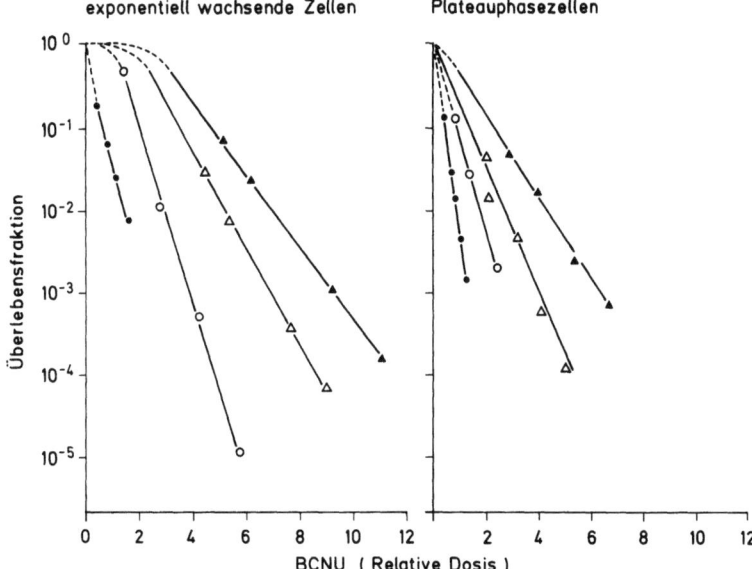

Abb. 10. Überlebenskurven von HA 1-Zellen bei gleichzeitiger Applikation von BCNU und Inkubation bei 37 °C (▲), 39 °C (△), 41 °C (○) und 43 °C (●). Die relative Dosis ist die mittlere Substanzkonzentration, die während der einstündigen Hyperthermiebehandlung anwesend war. (HAHN 1979)

einsetzen könnte. Für die lokale Hyperthermie scheint Actinomycin D nicht geeignet, und Adriamycin sollte nur für kurze Expositionszeiten angewandt werden. Untersuchungen von BRAUN und HAHN (1975) zeigen, daß Bleomycin ebenfalls durch eine zusätzliche Hyperthermiebehandlung wesentlich effektiver auf den Zelltod wirkt. Die Sensibilisierung tritt aber erst bei 43 °C auf. Es wird aber nicht nur das Tumorgewebe, sondern vor allem auch der Dünndarm, der in Randbereichen des Behandlungsfeldes liegt, erheblich empfindlicher. Ein Teil der Tiere stirbt an Darmperforationen (MARMOR 1979). In niedrigeren Temperaturbereichen ist keine Sensibilisierung nachweisbar. Auch Amphotericin B (HAHN 1979) erweist sich erst bei 43 °C als eine gute sensibilisierende Substanz in Konzentrationen, die zwar in vivo Nephrotoxizität hervorrufen, aber bei 37 °C keinen Effekt auf den Zelltod haben. Die Ursache für diesen sensibilisierenden Effekt ist bisher unklar. So konnte keine vermehrte Aufnahme von radioaktiv markiertem Bleomycin in CHO-Zellen bei Inkubation bei 43 °C nachgewiesen werden (BRAUN u. HAHN 1975). Dies ist ein Hinweis, daß die Durchlässigkeit der Zellmembran für Bleomycin sich nicht verändert. Andererseits passiert Adriamycin wie auch Actinomycin D nach Vorinkubation bei höheren Temperaturen leichter die Zellmembran, obwohl weniger Zellen abgetötet werden. Es bestehen offensichtlich für verschiedene Substanzen unterschiedliche Mechanismen der Aufnahme. Möglicherweise ändern sich diese, wenn sie in Kombination mit Hyperthermie appliziert werden.

Nitroharnstoffderivate

TWENTYMAN et al. (1978) untersuchte die Wirkung von 1-(2-Chloräthyl)-3-cyclohexyl-1-Nitroharnstoff (BCNU) in Kombination mit einer Hyperthermie bei 41,6 °C über eine Stunde, appliziert am EMT-6-Tumor von Mäusen. Sowohl für die Wachstumsverzögerung als auch für die Überlebensrate in vitro zeigt die Hyperthermie einen die Substanzwirkung erheblich verstärkenden Effekt. Die BCNU-Wirkung erstreckt sich über eine Temperatur von 39°–43 °C (Abb. 10). Den günstigsten Effekt erzielt die gleichzeitige Anwendung von BCNU und Hyperthermie. Die Hyperthermie vier Stunden vor oder nach BCNU-Gabe ist zwar weniger wirksam als bei der gleichzeitigen Gabe, die Empfindlichkeit ändert sich in diesem Zeitraum aber nicht. Wird das Intervall über vier Stunden ausgedehnt, werden die Zellen für die BCNU-Behandlung zunehmend resistenter. BCNU wirkt auch auf Plateau-phasezellen, eine Eigenschaft, die nur wenige Zytostatika besitzen, und es verhindert in Kombination mit der Hyperthermie eine Metastasierung des KHT-Tumors in die Lunge der Mäuse (Marmor 1979). Hahn (1979) schließt aus den unterschiedlichen Temperaturbe-reichen, in denen z.B. Bleomycin und BCNU wirken, daß unterschiedliche Temperatur-schwellen für die einzelnen Zytostatika existieren, und daß hier Auswahlkriterien für eine Ganzkörperchemotherapie oder lokalisierte Chemotherapie herausgearbeitet werden könn-ten.

Andere Substanzen

Eine weitere Möglichkeit, die neue Perspektiven einer lokalen Tumorbehandlung eröffnen kann, diskutiert Hahn (1979) aufgrund der Befunde, die er mit der Strahlenschutzsubstanz S-(2-Aminoaethyl)-isothiouro-niumbromid·HCl (AET) erhoben hat. Diese Substanz hat – allerdings nur in vitro – bei 37 °C keinerlei Effekt auf den Zelltod. Mit steigender Temperatur wird diese Substanz zytotoxischer. Es handelt sich hier offenbar um einen „hyperthermischen Sensitizer". Die Suche nach solchen geeigneten Substanzen würde ein neues Feld der Onkologie eröffnen.

Eine weitere Substanz, die mit der Hyperthermie zusammen wirkt. ist sowohl in vitro als auch in vivo cis-Diammin-Dichlor-Platin (Hahn 1979; Marmor 1979). Auch hier ist der beste Effekt durch eine gleichzei-tige Applikation zu erzielen. Besonders eine mehrmalige Behandlung bringt hier Vorteile.

Von einigen Arbeitsgruppen wurde auch das Misonidazol – ein „Sensitizer" für hypoxische Zellen – in Kombination mit Hyperthermie und Bestrahlung angewandt (Bleehen et al. 1977; George et al. 1977; Porschen et al. 1978; Stone 1978; Overgaard 1980a). Diese Kombination scheint insbesondere die Wirkung auf die hypoxischen Zellen zu verstärken und einen „Overkill-Effekt" für euoxische Zellen hervorzurufen.

E. Biochemische und physiologische Effekte nach Hyperthermiebehandlung

I. Synthese von Nukleinsäuren und Proteinen

Die Inkorporation von radioaktiv markierten Vorstufen in die DNA, RNA und Proteine wird rasch während einer Hyperthermiebehandlung gehemmt (Mondovi et al. 1969). Der stärkste Effekt wird für die Proteinsynthese beobachtet. Allerdings erholt sich diese auch am schnellsten (Henle u. Leeper 1979a). Die DNA-Syntheserate ist dazu vergleichbar we-sentlich länger erniedrigt. An menschlichen Melanomzellen in vitro wird nach einer Depres-sion der DNA-Synthese eine überschießende Reaktion gefunden. Eine zusätzliche Bestrah-lung mit 400 R unterdrückt diesen Effekt. Eine einstündige als auch eine dreistündige Behand-lung bei 42 °C reduziert die DNA-Syntheserate auf 50%, eine Verlängerung der Inkubations-zeit auf sechs Stunden hat keinen zusätzlichen Effekt (Abb. 11). Eine Erhöhung der Tempera-tur auf 44 °C erniedrigt dagegen die DNA-Syntheserate auf 15% der Kontrollen. Die Tempe-raturhöhe beeinflußt offensichtlich das Ausmaß der Erniedrigung, die Dauer der Hyperther-mie bestimmt die Länge der Erniedrigung. Wird in diesen Untersuchungen zytofluorome-trisch die Anzahl der S-Phase-Zellen bestimmt, so sinkt diese nicht so stark ab wie die DNA-Syntheserate. Dies kann nur bedeuten, daß die Replikationsrate der DNA verlangsamt ist (Streffer 1982). Henle und Leeper (1979a) konnten nachweisen, daß die Initiationspro-zesse der DNA-Synthese durch eine Hyperthermiebehandlung gehemmt werden. Ähnliche Befunde sind auch nach Bestrahlung mit locker ionisierenden Strahlen beschrieben worden, die Hemmung entwickelt sich aber viel schneller nach Hyperthermiebehandlung, wenn Dosen mit gleicher Zytotoxizität verglichen werden. Streffer (1982) interpretiert diese Befunde

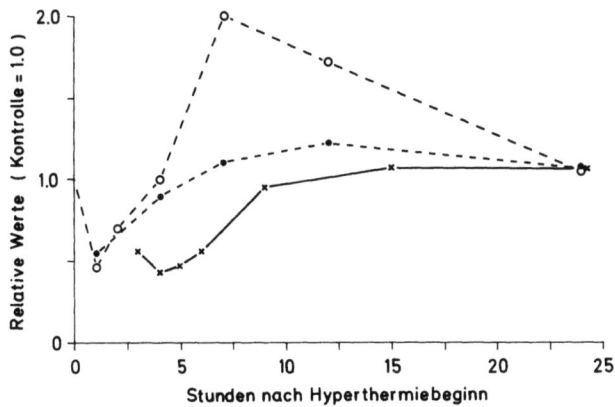

Abb. 11. DNA-Syntheserate von menschlichen Melanomzellen nach einstündiger Hyperthermiebehandlung bei 42 °C (o---o), und in Kombination mit 3,76 Gy Röntgenstrahlen (●---●), nach dreistündiger Hyperthermiebehandlung bei 42 °C und vorhergehender Bestrahlung mit 3,76 Gy Röntgen (×---×). (STREFFER 1982)

in Analogie zu denen, die bei der RNA erhoben werden, folgendermaßen: die Hyperthermie könnte zu Konformationsänderungen des Chromatins führen, infolgedessen kann es zu einer Disaggregation des synthetisierenden Komplexes kommen oder zu einer Dissoziation der neu synthetisierten DNA vom synthetisierenden Komplex. Dies wäre eine interessante Hypothese, die auch das Auftreten von hypoploiden Zellkernen (s. Abschnitt C. III) unmittelbar nach der Hyperthermiebehandlung erklären würde. Es konnte weiter eine Arretierung von Zellen in der G_1-Phase vor dem Übergang in die S-Phase beobachtet werden. Möglicherweise steht diese Beobachtung in Zusammenhang mit den Befunden von GERNER et al. (1976a), daß Nicht-Histon-Proteine am Ende der G_1-Phase ansteigen. Auch TOMASOVIC et al. (1978) fanden einen Anstieg von Nicht-Histon-Proteinen in CHO-Zellen nach Hyperthermiebehandlung.

Insgesamt lassen sich aber aus diesen Befunden keine Beziehungen zum zytotoxischen oder strahlensensibilisierenden Effekt der Hyperthermie herstellen. Lediglich eine Wachstumsverzögerung an Melanomzellen kann mit der oben beschriebenen Erniedrigung der DNA-Syntheserate erklärt werden. Es bestehen aber eine Reihe von Hinweisen, daß Veränderungen der DNA nach Hyperthermiebehandlung und besonders in Kombination mit einer Strahlenbehandlung für den Zelltod verantwortlich sein können. So können chromosomale Schäden, die nach Hyperthermiebehandlung in der S-Phase synchronisierter chinesischer Hamsterzellen auftreten, mit dem Zelltod korreliert werden (DEWEY et al. 1971). In anderen Zyklusphasen ist die Frequenz der Chromosomenaberrationen dagegen sehr niedrig. Die Autoren nehmen an, daß die Denaturierung von mit der DNA assoziierten Proteinen bei diesen Prozessen eine Rolle spielt. Vor allem könnte der strahlensensibilisierende Effekt der Hyperthermie durch diese Veränderungen hervorgerufen werden, da bei einer Kombinationsbehandlung sowohl der Zelltod als auch die chromosomalen Aberrationen auch nach Behandlung in anderen Zellzyklusphasen ansteigen (DEWEY et al. 1978). VAN BEUNINGEN et al. (1981) und STREFFER et al. (1981) untersuchten die Bildung von Mikronuklei, die als ein Äquivalent für chromosomale Schäden angesehen werden können (Abb. 12). Nach einer alleinigen Hyperthermiebehandlung ist die Mikronukleusbildung asynchron wachsender menschlicher Melanomzellen nur gering und unabhängig von der Höhe des Zellverlustes, der nach Inkubation bei verschiedenen Temperaturen auftritt. Nach alleiniger Röntgenbestrahlung kann eine direkte Beziehung zwischen Zelltod und Mikronukleusbildung beobachtet werden. Nach der Kombinationsbehandlung ist die Mikronukleusbildung und der Zelltod verstärkt. Diese Befunde stehen in gutem Einklang mit denen von DEWEY et al. (1978) und weisen darauf hin, daß unterschiedliche Mechanismen für den Zelltod nach Bestrahlung

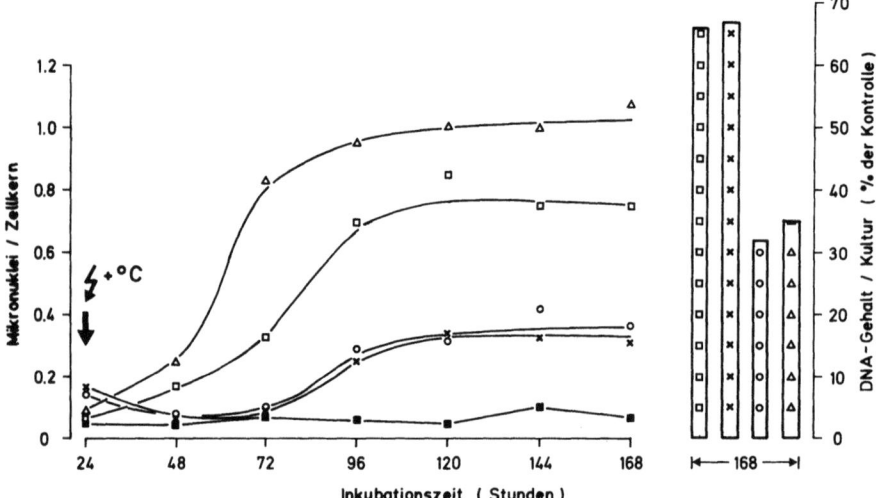

Abb. 12. Mikronukleusbildung in menschlichen Melanomzellen nach 3,76 Gy Röntgen (□——□), 42 °C, 3 h (×——×), 44 °C, 3 h (o——o), 3,76 Gy Röntgen plus 42 °C, 3 h (△——△), Kontrolle (■——■). Rechts ist der DNA-Gehalt pro Kultur (als Äquivalent für die Zellzahl) für die gleichen Behandlungen 168 Stunden nach Anlegen der Kultur aufgetragen (gleiche Symbole). (van Beuningen et al. 1981)

und Hyperthermiebehandlung existieren, da z. B. nach 400 Röntgen oder einer Hyperthermiebehandlung bei 42 °C zwar der gleiche Zellverlust auftritt, die Mikronukleusbildung aber sehr unterschiedlich ist (Abb. 12).

Die RNA-Synthese wird ebenfalls durch eine Hyperthermiebehandlung erniedrigt, wie dies Mondovi et al. (1969), Henle und Leeper (1979a), Strom et al. (1973), aufgrund von Inkorporationsstudien mit radioaktiv markiertem Uridin zeigen konnten. Warrocquier und Scherrer (1969) fanden, daß die Synthese von messenger-ähnlicher RNA nur leicht durch eine Hyperthermiebehandlung beeinflußbar ist und nicht-ribosomale RNA unverändert im Zytoplasma synthetisiert wird. Eine Hyperthermiebehandlung von mehreren Stunden bei 42 °C beeinflußt die Bildung von 45 S-RNA, die Vorstufe der r-RNA nicht, die Umwandlung von 45 S-RNA zu 18 S-RNA und 28 S-RNA ist jedoch blockiert. Außerdem ist die Basenzusammensetzung der 45 S-RNA verändert. Elektronenmikroskopische Untersuchungen von Simard und Bernhard (1967) zeigen, daß die Struktur der Nukleoli, – die Orte der rRNA-Synthese – nach einer Behandlung bei 42 °C zerstört werden. Aber auch diese genannten Befunde lassen keine Rückschlüsse zu, ob sie für den Zelltod verantwortlich sind. Die beeindruckendsten Befunde zeigen Untersuchungen der Proteinsynthese. Während eine Hemmung der Proteinsynthese nach Bestrahlung erst einige Stunden oder Tage auftritt (Streffer 1969), wird sie direkt anschließend nach Hyperthermiebehandlung beobachtet. McCormick und Penman (1969) beobachteten ein Absinken der Proteinsynthese innerhalb von 10 Minuten nach Inkubation bei 42 °C. Mit Hilfe der Saccharose-Gradienten-Zentrifugation fanden sie, daß zu dieser Zeit eine Disaggregation der Polyribosomen auftritt. Der Komplex von Polyribosomen mit der m-RNA ist für die Bildung von Peptidketten notwendig. Wird die Temperatur nach 10 Minuten von 42 °C auf 37 °C erniedrigt, erholt sich die Proteinsynthese rasch.

Der rasche Abfall der Proteinsynthese hat die Konsequenz, daß die Enzyme, die eine kurze biologische Halbwertzeit haben, ebenfalls rasch inaktiv werden. Dies konnte für die Ornithin-Decarboxylase (ODC) und S-Adenosyl-L-Methionin-Decarboxylase an CHO-Zellen und V 79-Zellen gezeigt werden (Ben-Hur u. Riklis 1979; Fuller et al. 1977). Die Enzymaktivität der ODC sinkt während einer Inkubation bei 42 °C über 60 Minuten auf

10% ihres Ausgangswertes ab. Solche Effekte können erhebliche Veränderungen des Enzymmusters in Zellen verursachen, die Regulationsstörungen des Stoffwechsels nicht nur durch eine Hitzeinaktivierung von Proteinen, sondern auch durch eine Hemmung der de novo-Synthese nach sich ziehen. Der rasche Abfall der ODC-Aktivität ist von besonderem Interesse, da dieses Enzym den limitierenden Schritt für die Bildung von Polyaminen katalysiert. Entsprechend werden Veränderungen des Polyamingehaltes nach Hyperthermiebehandlung beobachtet (GERNER u. RUSSEL 1977) und damit verbunden Veränderungen der Proliferationskinetik.

II. Lysosomale Enzymaktivitäten

Lysosomen enthalten eine Reihe von hydrolytischen Enzymen, die bei vielen Prozessen der Zellschädigung eine Rolle spielen. Die Enzymaktivitäten steigen bei absinkendem pH-Wert der Zelle an. Da Abbauprozesse in Zellen häufig zu einer Anhäufung von sauren Stoffwechselprodukten führen, darf man erwarten, daß dann autokatalytische Reaktionen ablaufen. Es wird oft angenommen, daß eine Hyperthermiebehandlung zu metabolischen Veränderungen führt, die mit einer intrazellulären pH-Erniedrigung einhergehen (VON ARDENNE 1972; OVERGAARD 1976a). So sah OVERGAARD bei elektronenmikroskopischen Untersuchungen eines soliden Mammakarzinom der Maus einen Anstieg der Lysosomen in den ersten Stunden nach Hyperthermiebehandlung. Dies wurde sowohl im Tumorgewebe als auch im normalen Gewebe nachgewiesen (HUME et al. 1978). Möglicherweise laufen diese Prozesse in Tumorgeweben verstärkt ab. HUME et al. (1978) fanden aufgrund von histochemischen Untersuchungen, daß eine „mäßige" Hyperthermie unter 42,5 °C einen vorübergehenden Anstieg der lysosomalen Enzymaktivität zwischen 1 und 12 Stunden verursacht, während eine Hyperthermie über 42,5 °C einen sofortigen Anstieg hervorruft. Interessanterweise korreliert der zeitliche Verlauf dieser Prozesse mit dem Auftreten der Thermotoleranz. Quantitative Untersuchungen der Enzymaktivitäten nach biochemischer Isolierung der Lysosomen aus der Milz und Leber von Mäusen zeigen dagegen keine Enzyminduktion 1 bis 48 Stunden nach Ganzkörperhyperthermie bei 41 °C (TAMULEVICIUS u. STREFFER 1983). Auch nach Bestrahlung steigen die lysosomalen Enzymaktivitäten an, aber hier erst nach mehreren Stunden (BARRAT u. WILLS 1979). In diesen Untersuchungen wurde der durch die Bestrahlung induzierte Anstieg der lysosomalen Enzymaktivitäten nicht durch die Hyperthermie verstärkt, wie dies aber bei Untersuchungen über den Zelltod beobachtet wird. Offensichtlich ist unter diesen Bedingungen die Veränderung der Enzymaktivitäten nicht die primäre Läsion.

III. Atmung und Glykolyse

Diese Stoffwechselwege sind verantwortlich für die Energiegewinnung. In Säugetieren ist das Glykogen, das in Muskel und Leber abgelagert wird, eine wesentliche Reserve für den Energiestoffwechsel. Zur Energiegewinnung wird das Glykogen zu Glukosephosphat abgebaut, das durch die Glykolyse unter aeroben Bedingungen zu Pyruvat und unter anaeroben Bedingungen zu Laktat degradiert wird. Dieser Metabolismus findet im Zytoplasma von Säugerzellen statt. Pyruvat wird von den Mitochondrien aufgenommen und via Azetyl-CoA in den Zitratzyklus eingeschleust. Hier erfolgt der weitere Abbau zu CO_2 und es werden die reduzierten Koenzymen NADH und $FADH_2$ gebildet. Die reduzierten Koenzyme, besonders das NADH, dienen als Substrat für die oxidative Phosphorylierung. Auf diesem Stoffwechselweg wird die größte Menge an ATP gebildet, das für fast alle energieverbrauchenden Prozesse des Intermediärstoffwechsels benötigt wird. Es ist möglich, daß aus verschiedenen

Metaboliten dieser Stoffwechselwege wieder Glukose synthetisiert und die Glykogenreserven aufgefüllt werden.

Der Intermediärstoffwechsel wird durch verschiedene Faktoren geregelt wie pH-Wert und Sauerstoffpartialdruck. Solche intrazellulären Änderungen sind aber offensichtlich auch entscheidend für die Temperaturempfindlichkeit von Tumoren: pH-Erniedrigung und hypoxische Verhältnisse verstärken den Zelltod durch eine Hyperthermiebehandlung (Gerweck et al. 1979). Es wurde immer wieder diskutiert, daß durch eine Veränderung des Stoffwechsels, insbesondere durch Glukoseinfusionen, diese Prozesse verstärkt werden könnten (von Ardenne 1972). Die Überlegung hierbei ist, daß in malignen Zellen die Glykolyse zu einer Anhäufung von Laktat mit einer nachfolgenden metabolischen Azidose führt, die z.B. eine Aktivierung von lysosomalen Enzymen verursacht (Overgaard 1976a). Unter diesen Gesichtspunkten sind Untersuchungen des Intermediärstoffwechsels in Verbindung mit einer Hyperthermiebehandlung von außerordentlicher Wichtigkeit für die Tumortherapie. Mondovi et al. (1969) berichteten über eine Abnahme der Respiration, wenn Novikoff-Hepatom-Zellen nach einer Vorinkubation bei 43 °C über 3,5 Stunden anschließend bei 38 °C mit Glukose und Succinat inkubiert wurden. Die Glykolyse ist nur leicht erniedrigt. Allerdings wird kein Effekt gesehen, wenn die Inkubation unter Sauerstoffausschluß durchgeführt wird. Dickson und Calderwood (1979) untersuchten diese Phänomene am Yoshida-Sarkom der Ratte. Es wurde in situ mit Hyperthermie behandelt, die Stoffwechseluntersuchungen wurden an Tumorstücken in vitro während einer Inkubation bei 38 °C durchgeführt. Eine Hyperthermiebehandlung des Tumor bei 40 °C hat keinen Einfluß auf die Zellatmung und anaerobe Glykolyse. Eine Inkubation des Tumors bei 42 °C in situ erniedrigt beide Parameter. Verstärkt werden diese Effekte, wenn die Ratten vor der Hyperthermiebehandlung Glukose erhalten. Dann ist sogar eine Behandlung bei 40 °C wirksam. Die Autoren untersuchten auch den extra- und intrazellulären pH im Yoshida-Sarkom. Der extrazelluläre pH-Wert sinkt nach Glukosegabe ab, der intrazelluläre wird nicht beeinflußt. Es konnte keine befriedigende Korrelation zwischen Laktatanhäufung und Abnahme des extrazellulären pH gefunden werden. Die Hyperthermie ändert den pH nicht. Auch konnte bisher durch eine Hyperthermiebehandlung kein Laktatanstieg gefunden werden. Streffer et al. (1982) untersuchten die Metabolite des Glukosestoffwechsels in der Leber und im transplantablen Adenokarzinom E0771 der Maus nach Hyperthermiebehandlung. Auch wurde der Glukoseumsatz mit Hilfe von ^{14}C-Glukose aufgrund der $^{14}CO_2$-Produktion gemessen. Erhalten die Mäuse vor der Hyperthermie die Glukose, ist der Glukoseumsatz während der Hyperthermie erhöht. Wird dagegen die Glukose nach der Hyperthermiebehandlung injiziert, so sinkt der Glukoseumsatz ab. Bei Erhöhung der Glukosegabe verstärken sich diese Effekte (Schubert et al. 1982). Diese Befunde zeigen, daß der Glukoseumsatz zu CO_2 (d.h. Glykolyse plus Zitratzyklus) während der Hyperthermie verstärkt und nach der Hyperthermie vermindert ist. Entsprechend diesen Befunden wird eine dramatische Abnahme des Glykogengehaltes während der Hyperthermie (40 °C) in der Leber der Mäuse gefunden. Dies führt zu einer Abnahme verschiedener Metabolite des Glukosestoffwechsels, insbesondere auch des Laktats, sowohl im Leber- als auch im Tumorgewebe. Die Glykogenerniedrigung kann durch Glukosegabe vor der Hyperthermie verhindert werden. Dieser Effekt tritt nicht auf, wenn Glukose nach der Hyperthermie appliziert wird. Dies sind Hinweise darauf, daß die Hyperthermie einen erhöhten Abbau und Umsatz des Leberglykogens bei gleichzeitiger Hemmung der Glukoneogenese induziert. Ähnliche Befunde werden im Mäuse-Adenokarzinom erhoben. Glukose wird rasch abgebaut. Glukose-6-Phosphat ist erniedrigt, andere Metabolite wie z.B. Laktat werden wenig beeinflußt (Abb. 13). Aber einige Stunden nach der Hyperthermie sind zwei sehr saure Metabolite, nämlich Azetoazetat und β-Hydroxybutyrat, beträchtlich erhöht (Streffer 1982). Aufgrund dieser Daten scheint eine Laktatanhäufung, wie immer wieder von einigen Autoren vermutet wird, durch eine Hyperthermiebehandlung unwahrscheinlich

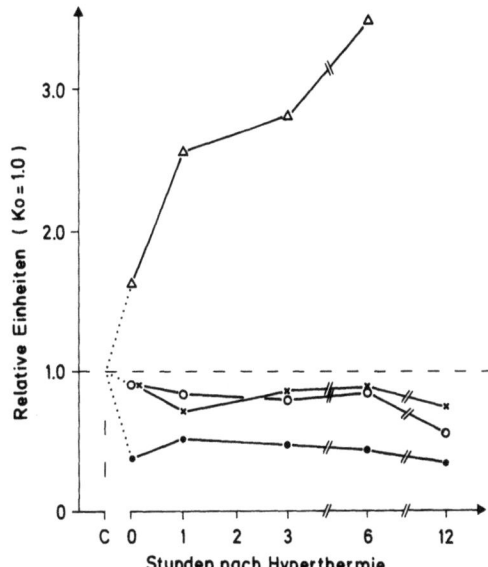

Abb. 13. Stoffwechselmetabolite in einem Adenokarzinom der Maus nach einer einstündigen Hyperthermie bei 43 °C. ●——● Glukose, ×——× Fruktose-1,6-Diphosphat, ○——○ Laktat, △——△ β-Hydroxybutyrat. Die Werte sind auf die unbehandelten Kontrollen bezogen. (STREFFER 1982)

Tabelle 2. Metabolite der Glykolyse (μMol/g Gewebe) und Redoxgleichgewichte in einem Mäuse-Adenokarzinom. (STREFFER 1982)

	Kontrolle	Hyperthermie[a]	Glukose[b]	Glukose + Hyperthermie[c]
Glukose	3,1 ±0,1	1,2 ±0,1	11,0 ±1,2	8,0 ±0,5
Gluk.-6-P	1,02 ±0,03	0,65 ±0,04	0,70 ±0,03	1,10 ±0,10
Frukt.-1,6-Dip.	0,030±0,001	0,030±0,002	0,048±0,002	0,061±0,002
Laktat	14,3 ±0,3	13,1 ±0,5	16,5 ±0,5	26,5 ±0,6
β-HO-Butyrat	0,10 ±0,01	0,16 ±0,01	0,07 ±0,01	0,15 ±0,01
Lakt./Pyruvat	65	60	82	156
β-HO-Butyrat/ Azetoazetat	5,7	6,4	3,8	10,7

[a] Hyperthermie = direkt nach lokaler Hyperthermie (1 h bei 43 °C)
[b] Glukose = 1 Stunde nach i.p. Injektion von 6 mg Glukose/g Körpergewicht
[c] Glukose + Hyperthermie = Kombination von Hyperthermie (a) plus Glukose (b). Glukose wurde direkt vor der Hyperthermie injiziert

oder gering. Eine metabolische Azidose ist eher auf einen Anstieg z.B. von Azetoazetat und β-Hydroxybutyrat zurückzuführen. Werden den Tieren jedoch hohe Dosen von Glukose vor der Hyperthermie injiziert, so wird ein Laktatanstieg in den Adenokarzinomen beobachtet (Tabelle 2). Aus dem Verhältnis Laktat/Pyruvat und β-Hydroxybutyrat/Azetoazetat lassen sich Rückschlüsse auf das Redoxgleichgewicht in Zytosol bzw. Mitochondrien ziehen. Aus den Daten der Tabelle 2 kann geschlossen werden, daß das Redoxgleichgewicht sich während der Hyperthermie nicht ändert, und somit wahrscheinlich auch nicht der Sauerstoffgehalt. Nach Glukosebelastung und Hyperthermie steigen die Redoxgleichgewichte an, möglicherweise als Indikator für eine mangelhafte Sauerstoffversorgung, die wiederum durch eine verminderte Durchblutung z.B. des Tumors hervorgerufen oder unterstützt werden könnte. So lassen sich aufgrund solcher Untersuchungen möglicherweise Rückschlüsse auf die Durchblutung – wenn auch nur indirekt – und auf den Grad der Sauerstoffversorgung und damit wieder auf die Temperaturempfindlichkeit von Geweben ziehen. Diese Untersuchungen zeigen, daß durch Veränderungen des Redoxgleichgewichtes eine Veränderung der

Temperaturempfindlichkeit möglich ist, und sie somit einen wichtigen Beitrag liefern können, den Zelltod durch eine Hyperthermiebehandlung zu verstärken.

IV. Membranen

Neben den Veränderungen der großen Biomoleküle wie DNA und RNA wird von einigen Arbeitsgruppen diskutiert, ob nicht auch Veränderungen der Zellmembran für den Zelltod verantwortlich sein könnten.

Bowler et al. (1973) fanden nach Hyperthermiebehandlung von Astacus pallipes einen starken Anstieg der Permeabilität der Zellmembran für Kationen. Gleichzeitig wurde die membrangebundene ATPase inaktiviert. Diese Effekte gingen mit dem Zelltod einher. Die Autoren vermuten deshalb, daß eine Veränderung in der Stabilität der Lipoproteinkomplexe der Zellmembran oder Veränderungen von Enzymen, deren Aktivität von der strukturellen Integrität der Zellmembran abhängig sind, für den Zelltod verantwortlich sind. Lin et al. (1973) untersuchten rasterelektronenmikroskopisch die Membran von Lymphozyten nach Hyperthermiebehandlung. Die Zelloberfläche war „pflastersteinartig" verändert, die Mikrovilli waren verschwunden. Wallach (1978) berichtete, daß durch die Hyperthermie Transportphänomene durch die Zellmembran modifiziert werden können. Yatvin (1977) untersuchte eine Mutante von E. Coli, die ungesättigte Fettsäuren vermehrt aufnehmen und in die Zellmembran einbauen kann. Dadurch besteht eine erhöhte Fluidität der Zellmembran. Diese Mutante ist unter diesen Bedingungen temperaturempfindlicher. Ist der Einbau ungesättigter Fettsäuren in dieser Mutante erniedrigt, sinkt die Temperaturempfindlichkeit ab. Nach Zugabe von Procainamid ist die Membranviskosität ebenfalls herabgesetzt. Auf diese Weise können die Zellen temperaturempfindlicher gemacht werden. Li und Hahn (1978) und Li et al. (1980) fanden bemerkenswerte Ähnlichkeiten zwischen der Wirkung von Äthanol und der Hyperthermie. So sensibilisiert Äthanol vor oder nach einer Hyperthermiebehandlung Zellen gegen diese. Durch Äthanol kann eine Toleranz gegen Hyperthermie oder auch Adriamycin erzeugt werden, der zytotoxische Effekt des Äthanol wird bei niedrigen pH-Werten verstärkt. Die Autoren nehmen an, daß Äthanol die Fluidität der Zellmembran verändert (Paterson 1972), daß die Hyperthermie ebenfalls an der Membran angreift, und daß diese Veränderungen zum Zelltod beitragen können.

All diese Befunde zeigen, daß die Hyperthermie auch die Funktion der Zellmembran beeinträchtigen kann. Ob aber die Membran das einzige „target" darstellt, das für den Zelltod entscheidend ist, ob andere „targets" für diesen Effekt wichtiger sind, oder ob bei der Vielzahl der Befunde mehrere Effekte zusammenkommen müssen, bleibt weiteren Untersuchungen überlassen.

V. Immunsystem

Es ist lange bekannt, daß Wärme einen günstigen Einfluß auf Erkrankungen hat, bei denen immunologische Prozesse eine Rolle spielen (Arthritis usw.) (Schmidt 1975). Entsprechend konnte auch gezeigt werden, daß beim Einsatz der Hyperthermie zur Behandlung von Tumoren das Immunsystem beeinflußt wird.

Dickson und Ellis (1976) und Dickson und Muckle (1972) fanden nach einer Ganzkörperhyperthermie bei 42 °C über eine Stunde im Gegensatz zur lokalen Hyperthermie, daß in Kaninchen mit VX 2-Karzinomen eine verstärkte Metastasierung in die Lunge stattfand. Die Heilungsraten liegen dementsprechend bei 7 bzw. 50%. Yerushalmi (1976) kam zu einem ähnlichen Befund. Von anderen Arbeitsgruppen konnten diese Befunde bisher nicht bestätigt werden. KIM und HAHN (1979) stellten für ein osteogenes Sarkom fest, daß durch eine alleinige Hyperthermiebehandlung die Metastasierung nicht verstärkt und durch die Kombination mit Bestrahlung sogar verhindert wurde. Ähnliche Befunde berichtet auch MARMOR (1979) nach Kombination von BCNU und Hyperthermie. Auch nach Ganzkörperbehandlung des Menschen liegen bisher keine Befunde über eine verstärkte Metastasierung vor. Dies mag sicher auch daran liegen, daß überwiegend Patienten, bei denen bereits eine Metastasierung eingetreten war, behandelt worden sind. Die o. g. Autoren nehmen aufgrund ihrer Befunde an, daß durch die Ganzkörperbehandlung das Immunsystem so geschwächt wird, daß es zu einer verstärkten Metastasierung kam (SHAH u. DICKSON 1978 a, b). In jedem Fall verdienen diese Befunde eine höchste Aufmerksamkeit und sollten vor einer breiteren Anwendung der Ganzkörperhyperthermie sehr genau abgeklärt werden.

GOLDENBERG und LANGNER (1971) untersuchten Hamster, denen bilateral Tumoren implantiert worden waren. Das Wachstum des einen Tumors wurde beeinträchtigt, wenn der kontralaterale Tumor mit Hyperthermie behandelt wurde. MONDOVI et al. (1972) berichteten, daß Ehrlich-Aszites-Tumorzellen, die durch eine Hyperthermiebehandlung abgetötet worden waren, immunogener waren als solche, die durch eine Bestrahlung abgetötet wurden. STEHLIN et al. (1975) behandelten Melanome an Extremitäten beim Menschen mit Hilfe einer Perfusionshyperthermie. Unter dieser Behandlung bildeten sich auch Metastasen zurück, die nicht im Behandlungsfeld lagen. Ferner berichteten sie, daß in vitro die Zytotoxizität der Lymphozyten gegen die Tumorzellen dieser Patienten nach einer Hyperthermiebehandlung verstärkt war. SCHECHTER et al. (1978) behandelten Wistar/Furth-Ratten, die ein metastasierendes Karzinom trugen, mit lokaler Hyperthermie (42,3 °C, 2×90 Minuten lang). Tumor und distale Metastasen bildeten sich zurück. Sie untersuchten mit Hilfe von Zytotoxizitätstesten Milzlymphozyten nach Hyperthermiebehandlung in vivo und in vitro und fanden dabei eindeutige Unterschiede. Nach Behandlung in vivo wirken die Lymphozyten auf die Tumorzellen zytotoxisch, werden dagegen die Lymphozyten in vitro erwärmt, so ist diese Fähigkeit vermindert. HARRIS und MENESES (1978) sahen an gemischten Lymphozytenkulturen eine Abnahme der zytolytischen Aktivität und eine verminderte Differenzierung der zytolysierenden Lymphozyten. Innerhalb weniger Stunden nach Hyperthermiebehandlung tritt aber wieder eine Erholung ein.

Auch bei Untersuchungen mit Corynebacterium parvum (URANO et al. 1978; DIETZEL 1975; GERICKE et al. 1975) konnte ein die Hyperthermiewirkung verstärkender Effekt durch C. parvum bei Tiertumoren festgestellt werden. Dieses Bacterium soll die Immunreaktion des Wirts gegen Tumorzellen stimulieren. URANO et al. (1978) fanden einen therapeutischen Gewinnfaktor (TGF) für ein Methylcholantren-induziertes Fibrosarkom im Vergleich zur Haut von 2,3. Dieser Effekt tritt nur auf, wenn C. parvum vor der Hyperthermie injiziert wird, die Gabe nach der Hyperthermie hat keinen Effekt.

FABRICIUS et al. (1978) fanden nach Ganzkörperhyperthermie über eine Stunde bei 40 °C bei Patienten, daß die Lymphozyten in vitro besser auf PHA ansprachen. DEHORATIUS et al. (1977) berichteten über ein verstärktes Auftreten von T-Rosetten bei Patienten, die über zwei Stunden eine Ganzkörperhyperthermie bei 42 °C erhalten hatten, das Komplement war bei diesen Untersuchungen aber vermindert, wie auch die Zytotoxizität gegen Lymphozyten und polymorphkernige Zellen. Die Immunglobuline dagegen waren unverändert.

Die Befunde sind widersprüchlich und erklären nicht, ob der zytotoxische Effekt der Hyperthermie durch immunologische Prozesse besonders beeinflußt wird. Es läßt sich bisher nur sagen, daß das Immungleichgewicht zwischen Wirt und Tumor verändert ist. Ob es trotz oder wegen dieser Imballance auch beim Menschen zu geradezu dramatischen Tumorregressionen kommt (DEHORATIUS et al. 1977), läßt sich bisher nicht sagen. Es muß aber auch den Veränderungen dieser immunologischen Prozesse mehr Aufmerksamkeit geschenkt werden, wie SZMIGIELSKY und JANIAK (1978) in einer Übersichtsarbeit erklärten.

VI. Einfluß der Hyperthermie auf hypoxische Zellen

Es hat sich gezeigt, daß das Milieu, in dem sich Zellen, speziell Tumorzellen, befinden, mitentscheidend für ihr Ansprechen auf eine Strahlentherapie ist. Dieses gilt nicht nur für die Strahlentherapie, sondern in besonderem Maße für eine Hyperthermiebehandlung. Vor allem spielt die Versorgung mit Sauerstoff eine erhebliche Rolle. Hypoxische Zellen besitzen gegenüber einer Strahlenbehandlung eine erhöhte Resistenz, gegenüber einer Hyperthermiebehandlung dagegen offensichtlich eine höhere Empfindlichkeit (Gerweck et al. 1974; Harisiadis et al. 1975; Kim et al. 1975; Power u. Harris 1977; Schulman u. Hall 1974; Gerweck et al. 1979). In diesem Zusammenhang spielen pH-Wert und der Stoffwechsel allgemein eine nicht unbedeutende Rolle (s. Abschnitt E. III).

Die Dosis-Effekt-Kurve von CHO-Zellen, die unter hypoxischen Bedingungen bestrahlt werden und sich als strahlenresistent erwiesen haben, und die zusätzlich mit Hyperthermie behandelt werden, nähert sich der Kurve von Zellen, die unter aeroben Bedingungen bestrahlt worden sind (Gerweck et al. 1974). Kim et al. (1975) fanden sogar eine höhere Temperaturempfindlichkeit hypoxischer Zellen als euoxischer Zellen. Overgaard und Bichel (1977) sahen eine verstärkte Wirkung der Hyperthermie für den strahlenbedingten Tod hypoxischer Zellen, allerdings nur, wenn der pH bei 7,2 gehalten wurde. Bei einem pH von 6,4 konnte kein Unterschied der Hyperthermiewirkung auf euoxische und hypoxische Zellen nachgewiesen werden.

Durand (1978a) untersuchte V-79-Zellen, die als Sphäroide wuchsen, unter euoxischen und hypoxischen Bedingungen. Große Sphäroide, in denen der Anteil der proliferierenden Zellen abgesunken war, zeigten sich zunehmend thermoresistent, wurden diese aber unter hypoxischen Bedingungen gehalten, so waren sie thermoempfindlicher. Die Temperaturempfindlichkeit kleiner Sphäroide oder einzelner Zellen änderte sich unter gleichen hypoxischen Bedingungen jedoch nicht. Durand vermutet, daß die Stoffwechselbedingungen, die die Hypoxie begleiten, evtl. für die verstärkte Temperaturempfindlichkeit hypoxischer Zellen verantwortlich sind und nicht die Abwesenheit oder Verringerung des Sauerstoffs per se.

Aber auch der Mangel an Nährstoffen wird in diesem Zusammenhang diskutiert. Power und Harris (1977) beobachteten keine Veränderungen des Sauerstoffverstärkungsfaktors bei 43 °C an V-79- und EMT-6-Zellen unter extrem hypoxischen Bedingungen. Sie berichteten, daß keine Veränderungen des pH oder des Nährstoffmangels für die erhöhte Temperaturempfindlichkeit hypoxischer Zellen verantwortlich sein könnten. Auch Myers und Field (1977) fanden keine Abnahme des TER nach zusätzlicher Hyperthermiebehandlung bei der Untersuchung des Knorpels im Schwanz junger Ratten. Diese z.T. differierenden Befunde sind möglicherweise auf unterschiedliche experimentelle Bedingungen (Grad der Hypoxie, pH-Änderung usw.) zurückzuführen. Gerweck et al. (1979) untersuchten diese Problematik ausführlich (Abb. 14). Sie fanden bei CHO-Zellen, daß unter akuten hypoxischen Bedingungen keine den Strahleneffekt verstärkende Wirkung der Hyperthermie auftrat. Diese Daten stimmen mit den Untersuchungen von Power und Harris überein. Eine langandauernde Hypoxie (mehr als 10 Stunden) verstärkt dagegen die Temperaturempfindlichkeit der Zellen. Interessant ist, daß nach Beendigung der Hypoxie eine Hyperthermiebehandlung unter euoxischen Bedingungen denselben Effekt hat wie unter hypoxischen Bedingungen. Auch bei diesen Untersuchungen spielt eine pH-Erniedrigung für die erhöhte Temperaturempfindlichkeit der hypoxischen Zellen eine Rolle. Diese ist z.T. reversibel, wenn der pH wieder angehoben wird. Besteht jedoch die Hypoxie über eine längere Zeit, kann sowohl eine Anhebung des pH als auch eine Normalisierung des Sauerstoffpartialdruckes unmittelbar vor der Hyperthermiebehandlung die erhöhte Empfindlichkeit der Zellen nicht verhindern. Offensichtlich wird durch eine Hyperthermiebehandlung der Sauerstoffverstärkungsfaktor (OER) akut hyp-

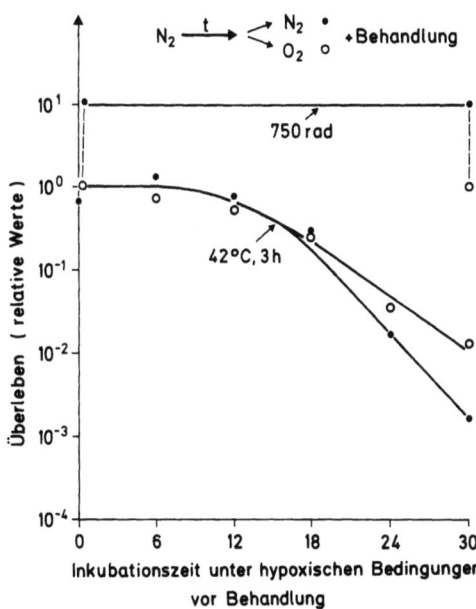

Abb. 14. Überlebenskurven von CHO-Zellen nach Hyperthermiebehandlung und Bestrahlung unter chronischer Hypoxie. Die Zellen wurden mit Hyperthermie oder mit Röntgenstrahlen unter euoxischen (o——o) und hypoxischen (●——●) Bedingungen behandelt. Es folgte darauf eine Inkubation bei 37 °C über 0–30 Stunden unter hypoxischen Bedingungen. Dann wurde erneut behandelt. Die Ergebnisse wurden auf die Überlebenswerte bezogen, die unter aeroben Bedingungen ohne vorherige Hypoxie erhalten wurden. (GERWECK et al. 1979)

oxischer Zellen nicht geändert, dagegen sinkt er für chronisch hypoxische Zellen ab. GULLINO et al. (1965) verglichen die pH-Werte in der interstitiellen Flüssigkeit von Normalgeweben mit dem in Tumorgeweben. Im Tumor liegen diese im Mittel bei 7,05, im Normalgewebe bei 7,33. Gerade in größeren Tumoren gibt es Herde mit hypoxischen Zellen, diese Herde können ihre Ursache in einer mangelhaften Durchblutung haben. Es ist eine verlockende Hypothese, daß in diesen strahlenresistenten, hypoxischen Zonen, infolge eines veränderten Stoffwechsels eine Erniedrigung des pH-Wertes und damit eine erhöhte Temperaturempfindlichkeit eintritt. Ungeachtet aller theoretischen Überlegungen ist unbestreitbar, daß aus einer pH-Erniedrigung und eine Verminderung des Sauerstoffpartialdruckes eine erhöhte Temperaturempfindlichkeit von malignen Geweben resultiert. Aufgrund der bisher vorliegenden Untersuchungen scheinen diese Ereignisse eher in Tumoren als in Normalgewebe aufzutreten.

Dies mag der Grund sein, warum manche Tumoren gegenüber Normalgewebe temperaturempfindlicher sind, und warum gerade größere Tumoren mit geringerer Durchblutung und einem höheren Anteil hypoxischer Zellen günstiger auf eine Hyperthermiebehandlung ansprechen als kleinere (STORM et al. 1979).

VII. Blutfluß und Hyperthermie

Die Wärmeregulation eines Gewebes hängt ganz entscheidend von seiner Durchblutung ab. Dies gilt in besonderem Maße für Tumoren. Eine erfolgreiche Hyperthermiebehandlung hängt deshalb eng mit der Durchblutung eines soliden Tumors zusammen. Ist die Durchblutung gering, so kann angenommen werden, daß nur ein geringer Abtransport der Wärme durch den Blutstrom stattfindet und umgekehrt.

Im allgemeinen kann man davon ausgehen, daß die Durchblutung von Tumoren geringer ist als z.B. die des umgebenden Normalgewebes (MÄNTYLÄ 1979), und somit ein geringerer Wärmetransport aus dem Tumor in das umgebende Gewebe stattfindet (FALK 1980). Tumoren zeigen möglicherweise aus diesem Grund eine höhere Temperatur als das umliegende Gewebe (LeVEEN et al. 1976; KIM et al. 1977; DICKSON et al. 1977; GULLINO et al. 1978; MØLLER u. BOJSEN 1975). Obwohl der Durchblutung eine besondere Bedeutung bei der

Hyperthermiebehandlung beigemessen wird, sind die experimentellen Daten auf diesem Gebiet nur spärlich und z.T. widersprüchlich. Song et al. (1980) untersuchten die Durchblutungsänderung in einem Mammakarzinom der Maus mit Hilfe von ^{51}Cr-markierten Erythrozyten. Während einer Hyperthermiebehandlung über 30 bis 60 Minuten bleibt das funktionelle Gefäßvolumen unverändert. Die Tumortemperatur liegt bei 43 °C. Sieben bis 20 Stunden nach Hyperthermie findet eine drastische Drosselung der Durchblutung auf unter zehn Prozent des Ausgangswertes statt. Gullino et al. (1978) sahen eine Reduzierung der Durchblutung im Walker-Karzinom der Ratte und im MTW-9A-Tumor der Ratte nur, wenn hypotherme (unter 37 °C) Tumoren mit Hyperthermie behandelt wurden. Hyperthermie bis zu höchstens 42 °C verändert den Blutfluß in diesen Tumoren, die ohne Behandlung eine um 0,2 bis 2 °C höher liegende Temperatur als das nicht tumortragende Gewebe haben, nicht. Eine Narkose erniedrigt die Körper- und die Tumortemperatur. Die Untersuchungen erstreckten sich aber nur über ein bis drei Stunden nach Hyperthermiebehandlung. Auch Song (1978) fand im Walker-Karzinom der Ratte unmittelbar nach Hyperthermiebehandlung keine Veränderung der Durchblutung. Deutlich gesteigert war die Durchblutung dagegen in der Haut und im Skelettmuskel. Möglicherweise ist dies ein Hinweis, daß das Gefäßsystem von Normalgeweben und von Tumoren unterschiedlich, zumindest im zeitlichen Verlauf, auf thermische Schäden reagiert. Die Untersuchungen zeigen jedoch, daß der Kühleffekt im Normalgewebe durch einen erhöhten Blutfluß größer sein kann als in einem Tumor. Dies kann von erheblicher Bedeutung für einen Therapieerfolg sein bzw. der therapeutische Gewinn kann dadurch erheblich verbessert werden (Overgaard 1980b). Infolge des frühen Anstiegs der Durchblutung von Normalgeweben und des späteren Absinkens der Durchblutung im Tumor kann eine erheblich höhere Temperatur im Tumor erreicht werden. So werden Unterschiede von 5 bis 10 °C in menschlichen Tumoren gegenüber dem umgebenden normalen Gewebe gemessen (LeVeen 1976; Kim et al. 1977; Dickson et al. 1977). Besonders bei großen Tumoren mit großen schlecht durchbluteten Bezirken kann durch den mangelnden Abtransport von Wärme eine Hyperthermiebehandlung erfolgreich sein. Die Ursache für die Abnahme des Blutflusses in Tumoren wird in einem Absinken der Mikrozirkulation (Reinhold et al. 1978) oder in einem Auftreten von Gefäßverschlüssen (von Ardenne 1978; Hill u. Denekamp 1978) gesehen. Von Ardenne (1978) nimmt an, daß durch eine Ansäuerung des Tumorgewebes durch Glukosegabe Gefäßverschlüsse auftreten. Gullino et al. (1978) und Song et al. (1980) konnten diese Annahme experimentell nicht bestätigen. Overgaard (1978) fand histologisch eine Hyperämie, Zyanose und Hämorrhagien nach Hyperthermiebehandlung. Song et al. (1980) nehmen an, daß es sich hierbei um eine passive Hyperämie handelt infolge eines gestörten Blutausstromes aus dem Tumor. Auch in menschlichen Tumoren konnten Gefäßschäden nachgewiesen werden (Sugaar u. LeVeen 1979; Storm et al. 1979).

Man kann deshalb zwei Wirkungsweisen der Hyperthermie hinsichtlich des Zelltodes in soliden Tumoren annehmen:

1. eine direkte zytotoxische Wirkung
2. eine indirekte Wirkung infolge von Gefäßverschlüssen und nachfolgender Nekrose.

Infolge der Gefäßverschlüsse kann es zu einer pH-Erniedrigung kommen (Hill u. Denekamp 1978). Die pH-Erniedrigung wäre durch einen Anstieg der anaeroben Glykolyse infolge der mangelhaften Sauerstoffversorgung bedingt. Als eine Folge der pH-Erniedrigung wird eine Aktivierung lysosomaler Enzyme diskutiert (Overgaard u. Overgaard 1972), die dann zum Zelltod führt. Unter oben genannten Gesichtspunkten kommt einer Fraktionierung der Hyperthermie eine besondere Bedeutung zu: falls durch eine genügend hohe Temperatur bei der ersten Fraktion ausreichend Gefäßläsionen gesetzt werden können mit ihren genannten Folgen (pH-Erniedrigung usw.), können durch weitere Hyperthermiebehandlungen ihre zytotoxischen und strahlensensibilisierenden Effekte besser zum Tragen kommen.

F. Sequenz und Fraktionierung von Hyperthermie und Bestrahlung

Ein sehr wesentlicher Gesichtspunkt bei einer kombinierten Radio-Thermotherapie ist die Reihenfolge, in der die Hyperthermie und die Bestrahlung appliziert werden, und der zeitliche Abstand, mit dem beide Behandlungen aufeinander folgen. So berichten die meisten Untersucher, daß bei einer gleichzeitigen Anwendung von Hyperthermie und Bestrahlung die TER-Werte sowohl im Tumor als auch im Normalgewebe am größten sind (ROBINSON et al. 1974b; GILLETTE u. ENSLEY 1979; OVERGAARD 1980b; OVERGAARD 1977; STEWART u. DENEKAMP 1977; STONE 1978). Dieser Befund stimmt mit den in vitro gewonnenen Daten gut überein (DURAND 1978b; JOSHI et al. 1978; LI u. KAL 1977; MEYER et al. 1979; SAPARETO et al. 1978). Eine simultane Behandlung läßt sich aber praktisch nur sehr schwer durchführen.

Die gleichzeitige Erhöhung des TER-Wertes wird auch beobachtet, wenn die Behandlungen nicht simultan, sondern mit einem kurzen Intervall aufeinander folgen (GILLETTE u. ENSLEY 1979; HILL u. DENEKAMP 1978; JANSEN et al. 1978; STEWART u. DENEKAMP 1978; THRALL et al. 1976; THRALL et al. 1975; WITCOFSKI u. KREMKAU 1978).

Wenn eine selektive Tumorerwärmung nicht erreicht werden kann, so ist es bei gleichzeitiger Gabe von Hyperthermie und Bestrahlung zweifelhaft, ob ein therapeutischer Gewinn erzielt werden kann.

Mit größer werdendem Intervall zwischen Bestrahlung und Hyperthermie, nehmen die TER-Werte sowohl für den Tumor als auch für die Haut ab. Die Hyperthermiebehandlung vor der Bestrahlung verursacht aber eine relativ geringere Abnahme der TER-Werte, z.B. für die Haut, als für den Tumor (FIELD et al. 1977; GILLETTE u. ENSLEY 1979; LAW et al. 1977; MYERS u. FIELD 1979; STEWART u. DENEKAMP 1977; WITCOFSKI u. KREMKAU 1978), so daß der therapeutische Gewinn niedrig ist.

Wenn die Hyperthermie dagegen nach der Bestrahlung angewandt wird, zeigt das normale Gewebe eine raschere Erholung als das Tumorgewebe. Diese Erholung ist nach 2–4 Stunden komplett (FIELD et al. 1977; GILLETTE u. ENSLEY 1979; MYERS u. FIELD 1977; STEWART u. DENEKAMP 1977). Man nimmt an, daß die die Bestrahlung verstärkende Wirkung der Hyperthermie an die Zeit und Dauer des Repairs vom subletalen Strahlenschaden gebunden ist (HARRIS et al. 1977; JOSHI et al. 1978; LAW et al. 1977; SAPARETO et al. 1978).

OVERGAARD (1980b) sah ein Absinken der TER-Werte für die Haut von Mäusen von 2,52 auf 0,9 und für ein Adenokarzinom der Maus von 2,45 auf 1,59 innerhalb von vier Stunden (Abb. 15). Das Verhalten im Tumor ist unabhängig von der Sequenz. Für die Haut sinken die TER-Werte ebenfalls rascher ab als für den Tumor, wenn die Bestrahlung der Hyperthermie voranging. Daraus resultiert ein Anstieg des TGF in einem Bereich bis zu vier Stunden. Ähnliche Beobachtungen haben GILLETTE und ENSLEY (1979), HILL und DENEKAMP (1978), JANSEN et al. (1977) und STEWART und DENEKAMP (1977) gemacht. Die Ursache dafür könnte in einer direkten zytotoxischen Wirkung der Hyperthermie auf die hypoxischen, strahlenresistenten Zellen beruhen, da diese durch die Hyperthermie abgetötet werden, gut mit Sauerstoff versorgte Zellen dagegen nicht oder weniger. Man benötigt deshalb eine kleinere Gesamtdosis um die Zellen, die die Hyperthermiebehandlung überleben, abzutöten.

Aus den bisherigen Untersuchungen insbesondere aus denen von OVERGAARD läßt sich Folgendes ableiten: Im Falle einer selektiven Tumorerwärmung wird ein optimaler Effekt bei gleichzeitiger Anwendung beider Behandlungen erreicht werden. Besonders bei großen Tumoren mit einer schlechten Vaskularisierung oder bei einer Stase des Blutstromes, durch die Hyperthermie selbst hervorgerufen, kann durch den geringeren Wärmeabtransport eine höhere Erwärmung des Tumors im Vergleich zum gut durchbluteten gesunden Gewebe er-

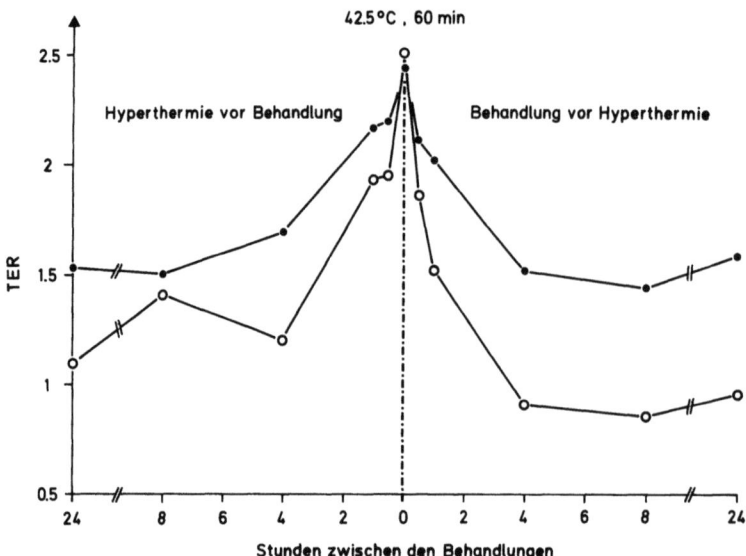

Abb. 15. Wärmeverstärkungsfaktor (TER) als Funktion der Zeit zwischen beiden Behandlungen und der Sequenz der Behandlungen in einem Adenokarzinom der Maus und der umgebenden Haut. ●——● Tumor, o——o Haut. (Overgaard 1980b)

reicht werden. In diesem Falle sollte die Hyperthermie möglichst unmittelbar auf die Bestrahlung erfolgen. Allerdings kann bisher eine solche Änderung des Blutstromes kaum vorhergesagt werden. Durch gekühlte Elektroden kann zumindest die über dem Tumor liegende Haut geschont werden. Andererseits sollte, wenn eine selektive Erwärmung des Tumors nicht erreicht werden kann, aufgrund der Untersuchungen von Overgaard (1980b), die Hyperthermie ca. vier Stunden nach Bestrahlung erfolgen, da dann der TGF am höchsten ist. Dies geschieht aber auf Kosten des Wärmeverstärkungsfaktors (TER), der dann geringer ist.

Allein die Tatsache, daß die Haut sich schneller als der Tumor erholen kann, sollte zu einer klinischen Anwendung der Hyperthermie ermutigen. Bei der Entscheidung, ob die Hyperthermie vor oder nach Bestrahlung angewandt werden soll, kann auch die Überlegung helfen, daß eine in der Literatur immer wieder vermutete Metastasierung während der Aufheizzeit (Dietzel 1978) durch eine vorhergehende Bestrahlung vermieden oder eingeschränkt werden kann. Durch den oben erwähnten Zusammenbruch der Mikrozirkulation kann es zu einem Anstieg von hypoxischen Zellen kommen. Eine darauffolgende Strahlenbehandlung wäre deshalb unvorteilhaft. Auch aus diesem Grunde sollte die Hyperthermie der Strahlenbehandlung folgen.

Die bisherigen experimentellen Befunde beschreiben die Effekte nach einer einmaligen Behandlung mit Hyperthermie und Bestrahlung. Die Strahlenbehandlung wird aber im Allgemeinen fraktioniert gegeben. Eine zusätzliche Hyperthermiebehandlung muß sich zunächst in dieses Fraktionierungsschema einpassen. Eine endgültige Entscheidung, wie das Fraktionierungsschema bei einer Kombinationsbehandlung aussehen soll, ist wegen der komplexen Geschehnisse bisher nicht gegeben. Außerdem liegen bisher noch sehr wenig experimentelle Daten vor.

Henle et al. (1979) behandelten CHO-Zellen in vitro mit einer Hyperthermie bei 45 °C über 10 Minuten und anschließend mit 4,0 Gy Röntgenstrahlen. Mit länger werdendem Intervall zwischen beiden Kombinationsbehandlungen nimmt die D_0 zu und wird der D_0, die nach alleiniger Röntgenbehandlung gefunden wird, ähnlich. Wird die Kombinationsbehandlung angewandt und 24 Stunden später nur mit 4,0 Gy Röntgenstrahlen behandelt, so ist die D_0 höher, als wenn zweimal nur mit 4,0 Gy – im Abstand von 24 Stunden –

bestrahlt würde. Die Ursachen für diesen Effekt sind bisher unklar. Offenbar spielen bei solchen Fraktionierungen die Länge der Zellzyklen eine Rolle.

HAHN et al. (1974) und ALFIERI et al. (1975) behandelten das Ridgeway-Osteosarkom mit Hyperthermie und Röntgenstrahlen. HAHN et al. sahen nach einer dreimaligen Fraktionierung bei 42,5 °C und 2,0 Gy Röntgenstrahlen eine höhere Überlebensrate der Tiere, ALFIERI et al. dagegen nicht. ROBINSON et al. (pers. Mitteilung, zitiert in STEWART u. DENEKAMP 1980), fanden nach dreimaliger, täglicher Fraktionierung von Bestrahlung und Hyperthermie bei 42,5 °C über 20 Minuten TER-Werte für die Haut von 1,3 und für C3H-Mammakarzinom von 1,5. Sie schlossen daraus, daß bei einer Fraktionierung die Kombination wirksamer war als die Bestrahlung alleine. FIELD und LAW (1978) untersuchten die Hautschäden am Ohr der Maus nach fraktionierter Hyperthermie- und Röntgenbehandlung. Einerseits steigen die TER-Werte mit zunehmender Dosis pro Faktion an: von 1,25 bei 4,0 Gy auf 1,65 bei 20,0 Gy. Andererseits fallen sie mit zunehmender Fraktionierung ab, bei 2 Fraktionen von 1,66 auf 1,5, auf 1,4 bei 5 Fraktionen und auf 1,25 bei 10 Fraktionen. Es bestehen also Unterschiede für die TER-Werte in Abhängigkeit von der Strahlendosis pro Fraktion und von der Zahl der Fraktionen. Die Abnahme der Wärmeverstärkungsfaktoren mit zunehmender Fraktionierung ließe sich mit der Entwicklung der Thermotoleranz (s. Abschnitt C. VI.) erklären: die folgenden Behandlungen sind häufig weniger effektiv als die erste, daraus resultiert dann ein abnehmender Effekt der Hyperthermie bei zunehmender Fraktionierung. STEWART und DENEKAMP (1980) sahen diesen Effekt für die Haut jedoch nicht. Bei deren Untersuchungen erfolgte aber die Hyperthermiebehandlung nach der Bestrahlung, bei den Untersuchungen von FIELD und LAW (1978) vor der Bestrahlung. Im Tumor (Fibrosarkom der Maus) sinken dagegen unter diesen Bedingungen die TER-Werte, wenn als Endpunkt die Wachstumsverzögerung untersucht wird, ab (STEWART u. DENEKAMP 1980). Es resultiert daraus ein abnehmender TGF. In diesen Untersuchungen folgt die Hyperthermie ebenfalls unmittelbar auf die Bestrahlung. Wird aber ein Intervall von drei Stunden zwischen Bestrahlung und Hyperthermie gelegt, so ist nach einer Einzelbehandlung der TGF hoch, sinkt aber nach zweimaliger und fünfmaliger Fraktionierung auf 1 ab. Die Erklärung für diese Befunde kann auch hier in der Entwicklung einer Thermotoleranz liegen. LAW et al. (1979a) fanden aber nach einer kombinierten Strahlen- und Hyperthermiebehandlung der Haut nur eine geringe Entwicklung der Thermotoleranz. Andererseits reoxygeniert das hier untersuchte Fibrosarkom sehr rasch nach 5 Fraktionen, wahrscheinlich infolge einer besseren Vaskularisierung. Diese Vaskularisierung würde den Strahleneffekt verstärken, nicht aber den Hyperthermieeffekt. Dadurch wäre das Absinken der TER-Werte erklärt, da der verbesserte Blutfluß einen größeren Kühleffekt auf den Tumor hat als auf die Haut. Durch die Fraktionierung könnte dieser Effekt noch unterstützt werden. Insgesamt zeigen diese Befunde, daß bei einer fraktionierten Behandlung von Hyperthermie und Bestrahlung ein außerordentlich komplexes Geschehen abläuft. Nicht nur ein veränderter Blutfluß, Revaskularisierungsvorgänge und damit verbunden veränderte Temperaturverhältnisse, biochemische Veränderungen, sondern auch die Zahl der Fraktionen, die Dosishöhe der Einzelfraktionen und die zeitliche Aufeinanderfolge können den Hyperthermieeffekt und damit den Wärmeverstärkungsfaktor beeinflussen. Es sind gerade im Hinblick auf die klinische Anwendung noch erhebliche Arbeiten zu leisten, damit ein optimales Fraktionierungsschema aufgestellt werden kann. Weitgehend unklar ist auch noch, wie die Thermotoleranz durch die Fraktionierung beeinflußt wird.

G. Klinische Ergebnisse

Trotz der noch bestehenden Unklarheiten, z. B. über die Sequenz und Höhe der Temperaturapplikation, über die physiologischen Veränderungen im Tumor und im Normalgewebe und über eine ausreichende Temperaturkontrolle, aber auch wegen der bereits gewonnenen Kenntnisse gibt es eine ganze Reihe von Befunden und Pilotstudien über eine Hyperthermie- behandlung des Menschen. Eine der ersten Beschreibungen einer Tumorregression nach lang anhaltendem Fieber infolge einer Erysipelinfektion stammt von Busch in den „Verhand- lungen des naturhistorischen Vereins der preussischen Rheinlande und Westphalen" aus dem Jahre 1866. Seitdem sind immer wieder Publikationen zu diesem Thema erschienen, z.B. von Müller (1910), Warren (1935), Korb (1948), Selawry et al. (1958).

Hier soll nur auf einige jüngere Arbeiten eingegangen werden. Einen umfassenden Situa- tionsbericht bringen die Kongreßbände der drei internationalen Symposien in Washington DC, 1975 (Robinson u. Wizenberg), in Essen 1977 (Streffer et al. 1978) und in Fort Collins 1980 (Dethlefsen u. Dewey 1982).

I. Lokale Hyperthermie

Holt (1975) behandelte über 1000 Patienten mit fortgeschrittenen Tumoren. Er benutzte einen Generator (434 MHz), bei dem die Antenne ringförmig angeordnet war. Die Hyperther- mie wurde für eine halbe Stunde, z.T. vor oder nach Bestrahlung, appliziert. Angaben über die Höhe der Temperatur existieren nicht. Holt beschreibt z.T. komplette lokale Tumorre- gressionen. Hornback et al. (1977) benutzten ebenfalls die Therapieeinheit von Holt. Die Hyperthermie wurde vor der Bestrahlung appliziert. Die Strahlendosen lagen je nach Vorbe- handlung zwischen 3000 und 6000 rad (100 bis 200 rad pro Fraktion täglich). Von 21 Patien- ten waren 18 total schmerzfrei, 16 Patienten zeigten komplette lokale Tumorregressionen. Bei intratumoralen Temperaturmessungen wurden Werte zwischen 39 bis 41,5 °C erreicht. Johnson et al. (1979) berichteten über eine Studie, in der multiple Hautmetastasen beim gleichen Patienten mit und ohne Hyperthermiebehandlung bestrahlt wurden, um den Wärme- verstärkungsfaktor zu bestimmen. Dieser lag bei 1,2–1,3. Die Temperatur im Tumor schwankte zwischen 41,5°–42 °C. Auch in dieser Studie sind die Ergebnisse ermutigend, denn die kombiniert behandelten Läsionen sprechen im Allgemeinen besser an als diejenigen, die nur bestrahlt werden. LeVeen et al. (1976) erzeugten Hyperthermie mit Hilfe von Hochfre- quenzfeldern (13,56 MHz). Die Temperatur im Tumor sei bis 46 °C angestiegen. Sie wiesen ferner eine verminderte Durchblutung im Tumor nach Hyperthermiebehandlung nach und führten darauf den starken Temperaturanstieg zurück. Die Temperatur im umliegenden ge- sunden Gewebe sei ca. 10 °C niedriger als im Tumor gewesen. Die meisten der 21 behandelten Tumoren zeigten ausgedehnte Nekrosen und bildeten sich komplett zurück. Brenner und Yerushalmi (1975) behandelten sechs Patienten mit Mikrowellen und Strahlentherapie. Die Bestrahlung erfolgte am Ende der einstündigen Hyperthermiebehandlung. Die Hauttempera- tur betrug 42° bis 48 °C. Es wurden neben guten Tumorregressionen auch eine erhöhte Hautsensibilität beschrieben.

Storm et al. (1979) entwickelten ein Gerät („Magnetrode"), das mit einer Frequenz von 13,56 MHz arbeitet. Die Autoren gaben an, daß mit diesem Gerät auch intraabdominelle und intrathorakale Tumoren bis zu 50 °C erwärmt werden konnten. Sie sahen bei diesen Temperaturen keine Komplikationen, aber erhebliche Tumorregressionen. Die Temperatur des gesunden Gewebes war jeweils um mindestens 5 °C niedriger als die des Tumors.

Kim und Hahn (1979) behandelten ähnlich wie Johnson Hautmetastasen von Patienten mit Hyperthermie, Strahlentherapie und der Kombination von beidem. Es handelte sich auch in dieser Studie um weit fortgeschrittene Tumoren. Nach Hyperthermiebehandlung allein (ca. 43 °C) zeigte sich nur eine vorübergehende Tumorregression. Nach der Kombina- tion konnten 78% komplette Tumorrückbildungen, nach alleiniger Strahlenbehandlung nur 26% komplette Tumorrückbildungen beobachtet werden. Aufgrund solcher systematischen

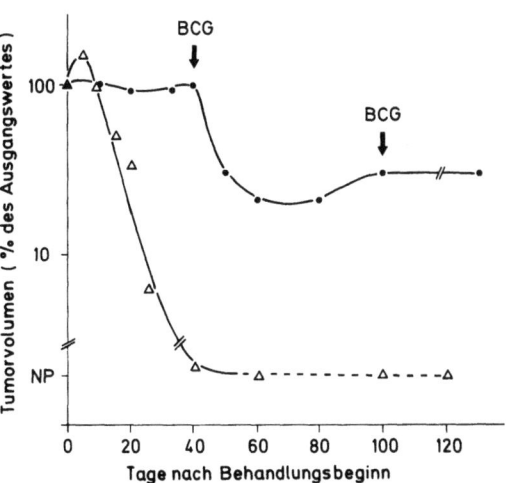

Abb. 16. Tumorvolumenänderungen von Hautmetastasen (Melanom) nach Hyperthermiebehandlung plus Bestrahlung (4,0 Gy plus 30 min, 42,5 °C) × 8 in 26 Tagen (△—△) und nach alleiniger Bestrahlung (4,0 Gy) × 8 in 26 Tagen (●——●). Da die bestrahlten Tumoren nicht ansprachen, wurde zweimal BCG injiziert. *NP:* Tumor klinisch nicht palpabel. (KIM et al. 1978)

Untersuchungen konnten KIM et al. (1978) z.B. einen Therapievorschlag für die Behandlung des Melanoms machen: Hyperthermie (27,12 MHz, 30 Minuten, 43 °C) geht bis sechs Minuten der Strahlentherapie voraus. Um eine zufriedenstellende lokale Tumorkontrolle zu erhalten, müssen 30,0 bis 32,0 Gy appliziert werden (10 bzw. 8 Fraktionen in vier Wochen) (Abb. 16). ARCANGELI et al. (1980) behandelten Hals und Kopf Tumoren mit mehreren Fraktionen täglich (2,0 Gy, 1,5 Gy und 1,5 Gy pro Tag, 5 Tage/Woche), die zweite tägliche Fraktion kombinierten sie mit einer Hyperthermiebehandlung bei 42°–43 °C über 45 Minuten und gaben zusätzlich Misonidazol. Die Hyperthermie wurde am ersten, dritten und fünften Tag in der Woche angewandt. 13 von 16 Tumoren zeigten unter dieser Behandlung komplette Remissionen. HERBST und SAUER (1980) behandelten ebenfalls verschiedene Tumoren mit Hyperthermie und Bestrahlung oder der Kombination von beidem mit teilweise sehr guten Erfolgen. Interessanterweise fanden sie, daß nach Behandlung von Metastasen eines Zylindroms in der Lunge die Entstehung einer Strahlenfibrose durch die zusätzliche Hyperthermiebehandlung verhindert wurde, während sie auf der kontralateralen Seite, die nur mit Bestrahlung behandelt wurde, auftrat. BICHER et al. (1980) unterzogen Melanome, Sarkome, Karzinome und Lymphome folgendem Therapieschema: Vier Behandlungen bei 45 °C über 90 Minuten alle 72 Stunden, dann eine einwöchige Pause, anschließend Bestrahlung zweimal pro Woche mit 4,0 Gy (Gesamtdosis 16,0 Gy). Jeder Bestrahlung folgte eine Hyperthermiebehandlung bei 42 °C über 90 Minuten. Von 18 Patienten zeigten 12 eine komplette Tumorregression für einen Beobachtungszeitraum von zwei Monaten.

HAHN (1979) entwickelte ein Hyperthermiegerät, mit dem durch Ultraschall Wärme erzeugt werden kann. MARMOR et al. (1979) behandelte mit diesem Gerät verschiedene Tumoren. 54% der Tumoren sprachen positiv auf eine alleinige Hyperthermiebehandlung an. Aber auch diese Autoren hatten den Eindruck, daß nach der alleinigen Hyperthermiebehandlung die Tumorantwort nur vorübergehend war.

In anderer Form als durch Ultraschall oder Hochfrequenz kann lokale Hyperthermie durch Instillation von vorgewärmten Lösungen in Körperhöhlen wie die Harnblase erzeugt werden. Z.T. wird hierbei nur Hyperthermie angewandt (HALL et al. 1974; LUDGATE et al. 1976), mit Strahlenbehandlung (COCKETT et al. 1967) oder mit Chemotherapie (LUNGLMAYR et al. 1973) kombiniert. Einerseits sprach ein Teil der Blasentumoren auf die Behandlungen an, andererseits wurden auch unbefriedigende Ergebnisse erzielt.

Die klinischen Resultate bestätigen prinzipiell die experimentell erhobenen Befunde. Allerdings liegen bisher wenig systematische Untersuchungen wie z.B. von KIM et al. (1978) und JOHNSON et al. (1979) vor. In einzelnen Fallbeschreibungen wurde über eindrucksvolle Tumorregressionen berichtet. In anderen Fällen konnte aber kein oder nur geringes Ansprechen

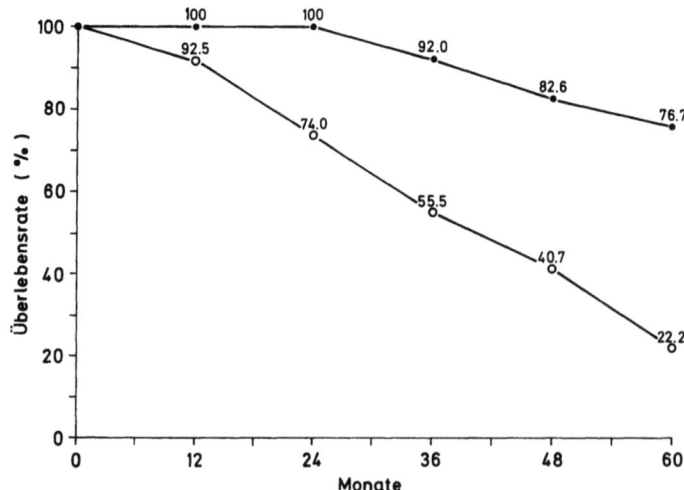

Abb. 17. Überlebensrate seit Beginn der ersten Behandlung von Patienten mit Melanomen (Stadium III A). ●——● 30 Patienten von 1967–1974 mit Perfusionshyperthermie behandelt; ○——○ 27 Patienten von 1951–1965 mit konventioneller Therapie und normothermer Perfusion behandelt. (Stehlin et al. 1975)

von Malignomen beobachtet werden. Dies mag sicher z.Z. daran liegen, daß bisher nur Patienten mit weit fortgeschrittenen Tumoren behandelt wurden. Die Kenntnisse über das Fraktionierungsschema, Höhe der Strahlendosis, Wärmeverstärkungsfaktor und therapeutischen Gewinn müssen noch erheblich erweitert werden, damit die Hyperthermiebehandlung aus der sog. Pilot-Phase-I-Studie in die Phase-II-Studie gelangen kann. Die RTOG hat deshalb ein Protokoll entwickelt, demzufolge nach einer Hyperthermie bei 41,4° bis 42 °C über zwei Stunden im unmittelbaren Anschluß an eine Strahlenbehandlung das Verhältnis von Tumorregression und Hautschäden beurteilt werden soll. Die Behandlung soll in drei Fraktionen erfolgen im Abstand von 72 Stunden, um die Entwicklung der Thermotoleranz zu vermeiden (Johnson et al. 1979). In einer EORTC-Gruppe wird ebenfalls unter deutscher Beteiligung ein Protokoll ähnlich dem RTOG-Protokoll erarbeitet. Auch in der Bundesrepublik Deutschland wurde zum Zeitpunkt der Abfassung dieses Manuskriptes eine randomisierte Studie unter Beteiligung von acht Kliniken geplant.

II. Perfusionshyperthermie

Cavaliere et al. (1967) berichteten über die Perfusion von erwärmtem Blut über einen arteriovenösen Shunt durch tumortragende Extremitäten. Stehlin et al. (1975) griffen diese Idee auf und publizierten seitdem über sehr gute Behandlungserfolge speziell von Melanomen (Abb. 17). Das Blut hat eine Temperatur von 43,3 °C. Im Perfusat befand sich als Zytostatikum Melphalan.

Die Perfusion dauert ca. 2,5 Stunden (Stehlin et al. 1979). Die Überlebensraten betrugen je nach Tumorstadium 52 bis 86%. Die Komplikationsrate für die schwersten Komplikationen betrug 3,8%, davon 1,1% Todesfälle. Auch über sehr gute Behandlungserfolge von verschiedenen Weichteilsarkomen wird berichtet. Nach Melphalan wird hierbei zusätzlich noch Actinomycin D perfundiert. Der Perfusionshyperthermie schließt sich dann eine intensive Strahlentherapie an. Die mittlere 5-Jahres-Überlebensrate für alle Sarkome beträgt 61%. Auch Moricca et al. (1977) berichten über gute Erfolge der Perfusionshyperthermie bei verschiedenen Malignomen.

III. Ganzkörperhyperthermie

Während bei den o.g. Formen der lokalen Hyperthermie zytotoxische Temperaturen über 42 °C appliziert werden können, sind bei der Ganzkörperhyperthermie solche Temperaturen nicht anwendbar. Temperaturen zwischen 41° und 42 °C erfordern einen erheblichen Aufwand an Personal und Zeit, da die Hyperthermie in Narkose durchgeführt werden muß. Temperaturen zwischen 40° und 41 °C erfordern dagegen nur eine Sedierung des Patienten (NEUMANN et al. 1982). Da die Temperatur in diesen Bereichen keine zytotoxischen Effekte hat, wird die Ganzkörperhyperthermie mit Chemotherapie oder Bestrahlung kombiniert, um sich die sensibilisierende Wirkung dieser Temperatur zu Nutze zu machen. Wir wissen bisher wenig darüber, wie Immunprozesse in diesem Temperaturbereich ablaufen.

Insbesondere sei noch einmal auf das Problem der Metastasierung hingewiesen. Über die verschiedenen Methoden der Ganzkörperhyperthermie berichteten DIETZEL (1975) und NEUMANN et al. (1978). So benutzten VON ARDENNE u. KIRSCH (1965) ein Wasserbad. Die Körpertemperatur erreichte dabei 41,5 °C. PETTIGREW et al. (1974) kombinierten erwärmtes Narkosegas mit einem Wachsbad. Sie behandelten 67 Patienten, die auf eine konventionelle Therapie nicht mehr ansprachen. Insgesamt wurde eine deutliche Schmerzlinderung angegeben. 55% der Tumoren sprachen auf eine alleinige Hyperthermiebehandlung an, 100% auf eine Kombination mit Bestrahlung. DIETZEL (1975), POMP (1978), REINHOLD et al. (1982), NEUMANN et al. (1982) benutzen eine Kabine, die mit Heißluft (53° bis 60 °C) erwärmt wird, lokale Hyperthermie kann zusätzlich appliziert werden. Während DIETZEL (1978) von diesem Verfahren Abstand genommen hat wegen der möglichen immunsuppressiven Effekte, wendet POMP (1978) diese Methode bei fortgeschrittenen gynäkologischen Tumoren als Palliativbehandlung an. Er berichtet über gute Erfolge. Er gibt als Kontraindikationen Arteriosklerose, Diabetes melitus, Herz- und Kreislaufstörungen, Adipositas und Metallinsertionen wie z.B. Schrittmacher oder Osteosyntheseplatten an. NEUMANN et al. (1982) berichtet über Anfangserfolge u.a. bei Bronchialkarzinomen in Kombination mit Chemotherapie (ACO). Die Ganzkörperbehandlung lag bei diesen Behandlungen zwischen 40° und 40,5 °C, so daß sich eine Narkose erübrigte. REINHOLD et al. (1982) sahen nach Ganzkörperhyperthermie bis 41,9 °C nur unbefriedigende Tumorregressionen. In Kombination mit lokaler Bestrahlung schien die Behandlung jedoch effektiv zu sein.

LARKIN (1979) modifizierte die Methode von Pettigrew. 77 Patienten wurden behandelt. Die Körpertemperatur lag bei 42 °C, sie wurde kombiniert mit Strahlentherapie, Chemotherapie oder Immuntherapie. Bei allen Behandlungen zusammengenommen liegt die Ansprechrate der Tumoren zwischen 52–67%. Es sei vermerkt, daß bei diesen Patienten die Tumoren auf eine konventionelle Behandlung nicht mehr ansprechen. Die Komplikationsrate ist bei der Ganzkörperhyperthermie wesentlich höher als bei der lokalen Hyperthermie, bei der ganz selten leichte Verbrennungen beschrieben wurden. PETTIGREW et al. (1974) geben Leberschäden und Kammerflimmern, LUDGATE et al. (1976) disseminierte intravasale Gerinnungsstörungen, die z.T. letal waren, an. BULL et al. (1979) behandelten 14 Tumorpatienten mit einer Ganzkörperhyperthermie bei 41,8 °C und untersuchten die physiologischen Veränderungen. Unter ihren Bedingungen ist keine der beobachteten Veränderungen irreversibel, so daß die Autoren zu dem Schluß kommen, daß eine Ganzkörperhyperthermie auch bei so hohen Temperaturen realisierbar und auch mit einer Chemotherapie kombinierbar sei.

Obwohl die Ganzkörperhyperthermie zeitraubender ist, da sie ein ganzes Team an Spezialisten erfordert, die Mechanismen noch unklarer und die Indikationen wesentlich enger zu stellen sind als bei der lokalen Therapie, sollten aufgrund der positiven Eindrücke die Untersuchungen auf diesem Gebiet ebenfalls vorangetrieben werden, da sie als Palliativmaßnahme großen Effekt zeigt. Auch die Kombination einer systemischen Hyperthermie und Chemotherapie erscheint sinnvoll. Umstritten ist der Wert einer Ganzkörperhyperthermie kombiniert mit einer lokalen Strahlentherapie. Hier ist zu überlegen, ob eine lokale Hyperthermiebehandlung nicht vorzuziehen wäre.

H. Schlußbemerkung

Aufgrund der Kenntnisse, die in den letzten zehn Jahren an in-vitro- und in-vivo-Modellen erworben wurden, hat sich die Hyperthermie als eine wissenschaftlich fundierte und erfolgversprechende Methode erwiesen, mit der die Wirkung ionisierender Strahlen oder von Zytostatika verstärkt werden kann. Dies hat dazu geführt, daß in enger Zusammenarbeit zwischen Strahlentherapeuten und Strahlenbiologen an einigen Tumorzentren diese kombinierte Behandlung in ersten Pilotstudien systematisch erprobt wird, wobei nicht ausgeschlossen werden soll, daß auch eine alleinige Hyperthermiebehandlung in Temperaturbereichen, die zytotoxisch wirken, in die Therapie eingehen wird. Die Hyperthermie steht somit neben anderen neuen Behandlungsmodalitäten wie den Neutronen und den „hypoxischen Sensitizers". Beim heutigen Stand der Kenntnisse sollte die Hyperthermie als ein Adjuvans der Strahlentherapie betrachtet werden.

Viele biologische Probleme sind noch ungelöst, wie z. B. ein geeignetes Fraktionierungsschema, selektive Hyperthermieempfindlichkeit von Tumoren, Höhe des therapeutischen Gewinns usw. Noch sehr viel mehr klinische Studien müssen systematisch und umfangreich durchgeführt werden. Eine wesentliche Verbesserung der Hyperthermieanwendung wird erreicht werden, wenn die technischen Probleme wie Temperaturmessung und Induktion der Hyperthermie in tiefliegenden Tumoren gelöst sind. Gerade diese technischen Möglichkeiten beruhen jetzt noch sehr auf Empirie. Trotz eines gedämpften Optimismus, der aus diesen Worten klingen mag, wird sich erst in einigen Jahren nach behutsamen und tastenden Schritten in der Klinik zeigen, ob dieser Optimismus berechtigt war, da allzu hohe Erwartungen gerade bei der Behandlung des Krebses sich in der Vergangenheit häufig als trügerisch erwiesen haben.

Literatur

Alfieri AA, Hahn EW, Kim JH (1975) The relationship between time of fractionated and single doses of radiation and hyperthermia on the sensitization of an in vivo mouse tumour.

Arcangeli G, Cividalli A, Lovisolo G, Mauro F, Creton G, Nervi C, Pavin G (1980) Effectiveness of local hyperthermia in association with radiotherapy or chemotherapy: Comparison of multimodality treatments on multiple neck node metastasis. In: Arcangeli G, Mauro F (eds) Hyperthermia in radiation oncology. Masson, Milano, p 257

Ardenne M von (1971) Theoretische und experimentelle Grundlagen der Krebs-Mehrschritt-Therapie, 2. Aufl. VEB Verlag Volk und Gesundheit, Berlin

Ardenne M von (1972) Selective multiphase cancer therapy. Conceptional aspects and experimental basis. Adv Pharmacol Chemother 10:339–380

Ardenne M von (1978) On an new physical principle for selective local hyperthermia of tumor tissues. In: Streffer C, Beuningen D van, Dietzel F, Röttinger E, Robinson JE, Scherer E, Seeber S, Trott K-R (eds) Cancer therapy by hyperthermia and radiation. Urban & Schwarzenberg, Baltimore München, p 96

Ardenne M von, Kirsch R (1965) Zur Methodik der Extremhyperthermie, insbesondere bei der Krebs-Mehrschritt-Therapie. Deutsches Gesundheitswesen 20:1935–1940, 1980–1988

Atkinson ER (1979) Assessment of current hyperthermia technology. Cancer Res 39:2313–2324

Barrat GM, Wills ED (1979) The effect of hyperthermia and radiation on lysosomal enzyme activity of mouse mammary tumours. Eur J Cancer 15:243–250

Bauer KD, Henle KJ (1979) Arrhenius analysis of

heat survival curves from normal and thermotolerant CHO cells. Radiat Res 78:251–263

Ben-Hur E, Elkind MM (1974) Thermally enhanced radioresponse of cultured chinese hamster cells: Damage and repair of single-stranded DNA and a DNA complex. Radiat Res 59:484–495

Ben-Hur E, Riklis E (1979) Enhancement of thermal cell killing by polyamines. IV. Effects of heat sensitivity and spermine on protein synthesis and ornithine decarboxylase. Cancer Biochem Biophys 4:25–31

Beuningen D van (1983) Hyperthermie als cytotoxisches und strahlensensibilisierendes Agens: Zelluläre Effekte – Eine Übersicht. Strahlentherapie 159:60–66

Beuningen D van, Zamboglou N, Streffer C, Kenn J (1980) Proliferation kinetics and formation of micronuclei after hyperthermia and radiation in human melanoma cells. In: Arcangeli G, Mauro F (eds) Hyperthermia and radiation oncology. Masson, Milano, p 231

Beuningen D van, Streffer C, Bertholdt G (1981) Mikronukleusbildung im Vergleich zur Überlebensrate von menschlichen Melanomzellen nach Röntgen-, Neutronenbestrahlung und Hyperthermie. Strahlentherapie 157:600–606

Beuningen D van, Streffer C, Zamboglou N, Kersting St (1982) Proliferation of human melanoma cells after single and fractionated exposure to hyperthermia and X-rays. J Natl Cancer Inst Monogr 61:137–140

Bhuyan BK, Day KJ, Edgerton CE, Ogunbase O (1977) Sensitivity of different cell lines and of different phases in the cell cycle to hyperthermia. Cancer Res 37:3780–3784

Bicher HJ, Sandhu TS, Hetzel W (1980) Hyperthermia as a radiation adjuvant. An effective fractionation regime. In: Arcangeli G, Mauro F (eds) Hyperthermia in radiation oncology. Masson, Milano, p 277

Bleehen NM, Honess DJ, Morgan JE (1977) Interaction of hyperthermia and the hypoxic cell sensitizer Ro-07-0582 on the EMT 6 mouse tumour. Br J Cancer 35:299–306

Bowler K, Duncan CJ, Gladwell RT, Davison TF (1973) Cellular heat injury. Comp Biochem Physiol [A] 45:441–450

Braun J, Hahn GM (1975) Enhanced cell killing by bleomycin and 43 °C hyperthermia and the inhibition of recovery from potentially lethal damage. Cancer Res 35:2921–2927

Brenner HJ, Yerushalmi A (1975) Combined local hyperthermia and X-irradiation in the treatment of metastatic tumours. Br J Cancer 33:91–95

Bull JM, Lees D, Schuette W, Whang-Peng J, Smith R, Bynum G, Atkinson R, Gottdiener JS, Gralnick HR, Shawker TH, DeVita VT (1979) Whole body hyperthermia: A phase-I-trial of a potential adjuvant to chemotherapy. Ann Intern Med 90:317–323

Cavaliere R, Ciocatto EC, Giovanella BC, Heidelberger C, Johnson RO, Margottini M, Mondovi B, Moricca G, Rossi-Fanelli A (1967) Selective heat sensitivity of cancer cells. Cancer 20:1351–1381

Cetas TC, Connor WG (1978) Thermometry considerations in localized hyperthermia. Med Phys 5:79–91

Chen TT, Heidelberger C (1969) Quantitative studies on the malignant transformation of mouse prostate cells by carcinogenic hydrocarbons in vitro. Int J Cancer 4:166–178

Cockett AT, Kazmin M, Nakamura R, Fingerhut A, Stein JJ (1967) Enhancement of regional bladder megavoltage irradiation in bladder cancer using local bladder hyperthermia. J Urol 97:1034–1039

Corry PM, Robinson S, Getz S (1977) Hyperthermic Effects on DNA repair mechanism. Radiology 123:475–482

Crile G (1963) The effects of heat and radiation on cancers implanted on the feet of mice. Cancer Res 23:372–380

DeHoratius RJ, Hosea JM, Epps DE van, Reed WP, Edwards WS, Williams RC (1977) Immunologic function in humans before and after hyperthermia and chemotherapy for disseminated malignancy. J Natl Cancer Inst 58:905–911

Dethlefsen LA, Dewey WC eds (1982) Proceedings of the third international symposium: Cancer therapy by hyperthermia, drugs and radiation. J Natl Cancer Inst Monogr 61

Dewey WC, Westra A, Miller HH, Nagasawa H (1971) Heat induced lethality and chromosomal damage in synchronized chinese hamster cells treated with 5-bromodeoxyuridine. Int J Radiat Biol 20:505–520

Dewey WC, Hopwood LE, Sapareto SA, Gerweck LE (1977) Cellular response to combination of hyperthermia and radiation. Radiology 123:463–474

Dewey WC, Sapareto SA, Betten DA (1978) Hyperthermic radiosensitization of synchronous chinese hamster cells: relationship between lethality and chromosomal aberrations. Radiat Res 76:48–59

Dickson JA, Calderwood SK (1976) In vivo hyperthermia of Yoshida tumour induces entry of nonproliferating cells into cycle. Nature 263:772–774

Dickson JA, Calderwood SK (1979) Effects of hyperglycemia and hyperthermia on the pH, glycolysis, and respiration of the Yoshida sarcoma in vivo. J Natl Cancer Inst 63:1371–1381

Dickson JA, Ellis JA (1976) The influence of tumour volume and the degree of heating on the response of the solid Yoshida sarcoma to hyperthermia (40–42 °C). Cancer Res 36:1188–1195

Dickson JA, Muckle DA (1972) Total body hyperthermia versus primary tumour hyperthermia in the treatment of the rabbit VX-2 carcinoma. Cancer Res 32:1916–1923

Dickson JA, Suzangar M (1974) In vitro- in vivo

studies on the susceptibility of the solid Yoshida sarcoma to drugs and hyperthermia. Cancer Res 34:1263–1274

Dickson JA, Shah SA, Waggott D, Whalley WB (1977) Tumor eradication in the rabbit by radiofrequency heating. Cancer Res 37:2162–2169

Dietzel F (1975) Tumor and Temperatur. Aktuelle Probleme bei der Anwendung thermischer Verfahren in Onkologie und Strahlentherapie, 1. Aufl. Urban & Schwarzenberg, München

Dietzel F (1978) Thermo-Radio-Therapie, 1. Aufl. Urban & Schwarzenberg, München Wien Baltimore

Dietzel F, Gericke D, König W (1976) Tumortherapie mit Hochfrequenz zur Verstärkung der Onkolyse durch Clostridium Butyricum (Stamm M 55). Strahlentherapie 152:537–541

Donaldson S, Gordon L, Hahn GM (1978) Protective effect of hyperthermia against the cytotoxicity of Actinomycin D on chinese hamster cells. Cancer Treat Rep 62:1489–1495

Durand RE (1978a) Effects of hyperthermia on the cycling, noncycling and hypoxic cells of irradiated and unirradiated multicell spheroids. Radiat Res 75:373–384

Durand RE (1978b) Potentiation of radiation lethality by hyperthermia in a tumor model: Effects of sequence, degree and duration of heating. Int J Radiat Oncol Biol Phys 4:401–405

Fabricius H-A, Stahn R, Metzger B, Fluck K, Engelhardt R, Neumann H, Sellin D (1978) Changes in cellular immunological functions of healthy adults induced by one-hour hyperthermia. In: Streffer C, Beuningen D, van, Dietzel F, Röttinger E, Robinson JE, Scherer E, Seeber S, Trott K-R (eds) Cancer therapy by hyperthermia and radiation. Urban & Schwarzenberg, Baltimore München, p 309

Falk P (1980) The vascular pattern of the spontaneous C3H mouse mammary carcinoma and its significance in radiation response and in hyperthermia. Br J Cancer 16:203–217

Field SB (1976) A historical survey of radiobiology and radiotherapy with fast neutrons. Curr Top Radiat Res 11:1–86

Field SB, Law MP (1978) The response of skin to fractionated heat and X-rays. Br J Radiol 51:221–222

Field SB, Hume SP, Law MP, Myers R (1977) The response of tissues to combined hyperthermia and X-rays. Br J Radiol 50:129–134

Fuller DJM, Gerner EW, Russell DH (1977) Polyamine biosynthesis and accumulation during the G_1 to S-phase transition. J Cell Physiol 93:81–88

George KC, Hirst DG, McNally NJ (1977) Effect of hyperthermia on cytotoxity of the radiosensitizer Ro-07-0582 in a solid mouse tumour. Br J Cancer 35:372–375

Gericke D, Dietzel F, König W (1975) Mikrowellenhyperthermie und Onkolyse durch Clostridien. Naturwissenschaften 62:541–542

Gerner EW, Russell DH (1977) The relationship between polyamine accumulation and DNA replication in synchronized chinese hamster overy cells after heat shock. Cancer Res 37:482–489

Gerner EW, Schneider MJ (1975) Induced thermal resistance in HeLa cells. Nature 256:500–502

Gerner EW, Meyn RE, Humphrey RM (1976a) Nonhistone protein synthesis during G_1-phase and its relation to DNA replication. J Cell Physiol 87:277–288

Gerner EW, Boone R, Connor WG, Hicks JA, Boone MLM (1976b) A transient thermotolerant survival response produced by single thermal doses in Hela Cells. Cancer Res 36:1035–1040

Gerner EW, Leith JT, Boone MLM (1976c) Mammalian cell survival response following irradiation with 4 MeV X-rays or accelerated helium ions combined with hyperthermia. Radiology 119:715–720

Gerweck LE (1977) Modification of cell lethality at elevated temperatures: the pH effect. Radiat Res 70:224–235

Gerweck LE, Gillette EL, Dewey WC (1974) Killing of Chinese hamster cells in vitro by heating under hypoxic or aerobic conditions. Eur J Cancer 10:691–693

Gerweck LE, Gillette EL, Dewey WC (1975) Effect of heat and radiation on synchronous Chinese hamster cells: Killing and repair. Radiat Res 64:611–623

Gerweck LE, Nygaard TG, Burlett M (1979) Response of cells to hyperthermia under acute and chronic hypoxic conditions. Cancer Res 39:966–972

Gillette EL, Ensley BA (1979) Effect of heating order on radiation response of mouse tumour and skin. Int J Radiat Oncol Biol Phys 5:209–213

Giovanella BC, Lohman WA, Heidelberger C (1970) Effects of elevated temperature and drugs on the viability of L1210 leukemia cells. Cancer Res 30:1623–1631

Giovanella BC, Stehlin JS, Morgan AC (1976) Selective lethal effect of supranormal temperatures on human neoplastic cells. Cancer Res 36:3944–3950

Goffinet DR, Choi KY, Brown JM (1977) The combined effects of hyperthermia and ionizing radiation on the adult mouse spinal cord. Radiat Res 72:238–245

Goldenberg DM, Langer M (1971) Direct and abscopal antitumor action of local hyperthermia. Z Naturforsch [C] 266:359–361

Gullino PM, Grantham FH, Smith SH, Haggerty AC (1965) Modification of the acid-base status of the internal milieu of tumors. J Natl Cancer Inst 34:857–868

Gullino PM, Yi PM, Grantham FH (1978) Relationship between temperature and blood supply or consumption of oxygen and glucose by rat mammary carcinomas. J Natl Cancer Inst 60:835–847

Hahn EW, Alfieri AA, Kim JH (1974) Increased cures using fractionated exposures of X-irradiation and hyperthermia in the local treatment of the Ridgeway osteogenic sarcoma in mice. Radiology 113:191–202

Hahn EW, Canada TR, Alfieri AA, McDonald JC (1976) The interaction of hyperthermia with fast neutrons or X-rays on local tumor response. Radiat Res 68:39–56

Hahn GM (1974) Metabolic aspects of the role of hyperthermia in mammalian cell inactivation and their possible relevance to cancer treatment. Cancer Res 34:3117–3123

Hahn GM (1979) Potential for therapy of drugs and hyperthermia. Cancer Res 39:2264–2268

Hahn GM, Strande DP (1976) Cytotoxic effects of hyperthermia and Adriamycin on Chinese hamster cells. J Natl Cancer Inst 57:1063–1067

Hahn GM, Braun J, Har-Kedar J (1975) Thermochemotherapy: Synergism between hyperthermia (42–43 °C) and Adriamycin (or Bleomycin) in mammalian cell inactivation. Proc Natl Acad Sci USA 72:937–940

Hahn GM, Li G, Marmor J, Pounds D (1979) Ultrasound for induction of localized hyperthermia: Preclinical and clinical studies. In: Okada S, Imamura M, Terashima T, Yamaguchi H (eds) Radiation research. Toppan Printing, Tokyo, p 855

Hall RR, Schade ROK, Swinney J (1974) Effects of hyperthermia on bladder cancer. Br Med J 2:583–594

Harisiadis L, Hahn EJ, Kraljevic K, Borek C (1975) Hyperthermia: Biological studies at the cellular level. Radiology 117:447–452

Harisiadis L, Duk Sung, Hall EJ (1977) Thermal tolerance and repair of thermal damage by cultured cells. Radiology 123:505–509

Harisiadis L, Duk II Sung, Kessaris N, Hall EJ (1978) Hyperthermia and low dose-rate irradiation. Radiology 129:195–198

Harris JR, Murthy AK, Belli JA (1977) The effect of delay between heat and X-irradiation on the survival responses of plateau phase V 79 cells. Int J Radiat Oncol Biol Phys 2:515–519

Harris JW, Meneses JJ (1978) Effects of hyperthermia on the production and activity of primary and secondary cytolytic T-lymphocytes in vitro. Cancer Res 38:1120–1126

Henle KJ, Dethlefsen LA (1978) Heat fractionation and thermotolerance: A Review. Cancer Res 38:1843–1851

Henle KJ, Leeper DB (1976) Interaction of Hyperthermia and radiation in CHO cells: Recovery kinetics. Radiat Res 66:505–518

Henle KJ, Leeper DB (1979a) Effects of hyperthermia (45 °C) on macromolecular synthesis in chinese hamster ovary cells. Cancer Res 39:2665–2674

Henle KJ, Leeper DB (1979b) Interaction of sublethal and potentially lethal 45 °C-hyperthermia and radiation damage at 0, 20, 37 or 40 °C. Eur J Cancer 15:1387–1394

Henle KJ, Karamuz JE, Leeper DB (1978) Induction of thermotolerance in chinese hamster ovary cells by High (45 °C) or low (40 °C) hyperthermia. Cancer Res 38:570–574

Henle KJ, Tomasovic SP, Dethlefsen LA (1979) Fractionation of combined heat and radiation in asynchronous CHO cells. I. Effects on radiation sensitivity. Radiat Res 80:369–377

Herbst H, Sauer R (1980) First clinical results of local heating in combination with irradiation. In: Arcangeli G, Mauro F (eds) Hyperthermia in radiation oncology. Masson, Milano, p 267

Hill SA, Denekamp J (1978) The effect of vascular occlusion on the thermal sensitization of a mouse tumour. Br J Radiol 51:997–1002

Hill SA, Denekamp J (1979) The response of six mouse tumours to combined heat and X-rays: Implications for therapy. Br J Radiol 52:209–218

Holt JAG (1975) The use of radiowaves in cancer therapy. Australas Radiol 19:223–241

Hornback NB, Shupe RE, Shidnia H, Joe BT, Sayoc E, Marshall C (1977) Preliminary clinical results of combined 433 megahertz microwave therapy and radiation therapy on patients with advanced cancer. Caner 40:2854–2863

Hume SP, Rogers MA, Field SB (1978) Two qualitatively different effects of hyperthermia on acid phosphatase staining in mouse spleen, dependent on the sensitivity of the treatment. In J Radiat Biol 34:401–409

Jansen W, Schueren E van der, Breur (1978) Thermal enhancement of the radiation response of the skin and a mammary carcinoma in mice. In: Streffer C, Beuningen D van, Dietzel F, Röttinger E, Robinson JE, Scherer E, Seeber S, Trott K-R (eds) Cancer therapy by hyperthermia and radiation. Urban & Schwarzenberg, Baltimore Munich, p 255

Johnson RJR, Subjeck JR, Kowal H, Yakar D, Moreau D (1979) Hyperthermia in cancer therapy. In: Abe M, Sakamoto K, Phillips TL (eds) Treatment of radioresistant cancers. Biomedical Press, Elsevier/North-Holland, p 71

Joshi DS, Jung H (1979) Thermotolerance and sensitization induced in CHO cells by fractionated hyperthermic treatments at 38°–45 °C. Eur J Cancer 15:345–350

Joshi DS, Barendsen GW, Schueren E van der (1978) Thermal enhancement of the effectiveness of gamma radiation for induction of reproductive death in cultured mammalian cells. Int J Radiat Biol 34:233–243

Jung H, Kölling H (1980) Induction of thermotolerance and sensitization in CHO cells by combined hyperthermic treatments at 40° and 43 °C. Eur J Cancer 16:1523–1528

Kachani ZFC, Sabin AB (1969) Reproductive capacity and viability at higher temperatures of various transformed hamster cell lines. J Natl Cancer Inst 43:469–580

Kal HB, Hahn GM (1976) Kinetic response of murine sarcoma cells to radiation and hyperthermia in vivo and in vitro. Cancer Res 36:1923–1929

Kim JH, Hahn EW (1979) Clinical and biological studies of localized hyperthermia. Cancer Res 39:2258–2261

Kim JH, Hahn EW, Tokita N, Nisce LZ (1977) Local tumor hyperthermia in combination with radiation therapy. 1. Malignant cutaneous lesions. Cancer 40:161–169

Kim JH, Hahn EW, Nokita N (1978) Combination hyperthermia and radiation therapy for cutaneous malignant melanoma. Cancer 41:2143–2148

Kim SH, Kim JH, Hahn EW (1975) Enhanced killing of hypoxic tumor cells by hyperthermia. Br J Radiol 48:872–874

Kim SH, Kim JH, Hahn EW (1976) The enhanced killing of irradiated HeLa cells in synchronous culture by hyperthermia. Radiat Res 66:337–345

Korb H (1948) Über eine Kombination der Röntgenbestrahlung mit der Kurzwellenbehandlung. Strahlentherapie 77:301–303

Larkin JA (1979) A clinical investigation of total-body hyperthermia as cancer therapy. Cancer Res 39:2252–2254

Law MP, Ahier RG, Field SB (1977) The response of mouse skin to combined hyperthermia and X-rays. Int J Radiat Biol 32:153–163

Law MP, Ahier RG, Field SB (1979a) The effect of prior heat treatment on the thermal enhancement of radiation damage in the mouse ear. Br J Radiol 52:315–321

Law MP, Coultas PG, Field SB (1979b) Induced thermal resistance in the mouse ear. Br J Radiol 52:308–314

Leeper DB, Karamuz JE, Henle KJ (1977) Effect of inhibition of macromolecular synthesis on the induction of thermotolerance. Proc Am Assoc Cancer Res 18:139

Leith JT, Miller RC, Gerner EW, Boone MLM (1977) Hyperthermic potentiation. Biological aspects and applications to radiation therapy. Cancer 39:766–779

LeVeen HH, Wapnick S, Piccone V, Falk G, Ahmed N (1976) Tumor eradication by radiofrequency therapy. JAMA 235:2198–2200

Li GC, Hahn GM (1978) Ethanol-induced tolerance to heat and to Adriamycin. Nature 274:699–701

Li GC, Hahn GM (1980) A proposed operational model of thermotolerance based on effects of nutrients and the initial treatment temperature. Cancer Res 40:4501–4508

Li GC, Kal HB (1977) Effect of hyperthermia on the radiation response of two mammalian cell lines. Eur J Cancer 13:65–69

Li GC, Shiu EC, Hahn GM (1980) Similarities in cellular inactivation by hyperthermia or by ethanol. Radiat Res 82:257–268

Lin PS, Wallach DFH, Tsai S (1973) Temperature-induced variations in the surface topology of cultured lymphocytes are revealed by scanning electron microscopy. Proc Natl Acad Sci USA 70:2492–2496

Love R, Soriano RZ, Walsh RJ (1970) Effect of hyperthermia on normal and neoplastic cells in vitro. Cancer Res 30:1525–1533

Lücke-Huhle C, Dertinger H (1977) Kinetic response of an In vitro "tumour-model" (V79 Spheroids) to 42 °C hyperthermia. Eur J Cancer 13:23–28

Lücke-Huhle C, Schlag H (1979) Differential radiosensitivity of two mammalian cell lines after hyperthermic treatment. Strahlentherapie 155:649–654

Ludgate CM, McLean N, Carswell GF, Newsan JE, Pettigrew RT, Tulloch SS (1976) Hyperthermic perfusion of the distended urinary bladder in the mangement of recurrent transitorial cell carcinoma. Br J Urol 47:841–848

Lunglmayr G, Czech K, Zekert F, Kellner G (1973) Bladder hyperthermia in the treatment of vesical papillomatosis. Int Urol Nephrol 5:75–84

Mäntylä MJ (1979) Regional blood flow in human tumors. Cancer Res 39:2304–2306

Marmor JB (1979) Interaction of hyperthermia and chemotherapy in animals. Cancer Res 39:2269–2276

Marmor JB, Pounds DW, Postic TB, Hahn GM (1979) Treatment of superficial human neoplasms by local hyperthermia induced by ultrasound. Cancer 43:188–197

McCormick W, Penan S (1969) Regulation of protein synthesis in HeLa cells: translation at elevated temperatures. J Mol Biol 39:315–333

Merino OR, Peters LJ, Mason KA, Withers HR (1978) Effect of hyperthermia on the radiation response of the mouse jejunum. Int J Radiat Oncol Biol Phys 4:407–414

Meyer KR, Hopwood LE, Gillette EL (1979) The response of mouse adenocarcinoma cells to hyperthermia and irradiation. Radiat Res 78:98–107

Miller RC, Leith JT, Veomett RC, Gerner EW (1976) Potentiation of radiation myelitis in rats by hyperthermia. Br J Radiol 49:895–896

Møller U, Bojsen J (1975) Temperature and blood flow measurements in and around 7, 12-dimethylbenz (α) anthracene-induced tumors and Walker 256 carcinosarcomas in rats. Cancer Res 35:3116–3121

Mondovi B, Finazzi Agro A, Rotillio G, Strom R, Moricca G, Rossi-Fanelli A (1969) The biochemical mechanism of selective heat sensitivity of cancer cells. II. Studies on nucleic acids and protein synthesis. Eur J Cancer 5:137–146

Mondovi B, Santoro AS, Strom R, Faiola R, Rossi-

Fanelli A (1972) Increased immunogenicity of Ehrlich ascites cells after heat treatment. Cancer 30:885–888

Moritz AR, Henriques FC (1947) Studies of thermal injury. II. The relative importance of time and surface temperature in the causation of cutaneous burns. Am J Pathol 23:695–720

Moricca G, Cavaliere R, Caputo A, Bigotti A, Colistro F (1977) Hyperthermic treatment of tumours: Experimental and clinical applications. In: Rossi-Fanelli A, Cavaliere R, Mondovi B, Moricca G (eds) Selective heat sensitivity of cancer cells. Recent results in cancer research. Springer, Berlin Heidelberg New York, p 112

Muckle DS, Dickson JA (1973) Hyperthermia (42 °C) as an adjuvant to radiotherapy and chemotherapy in the treatment of the allogenic VX2 carcinoma in the rabbit. Br J Cancer 27:307–315

Müller C (1910) Eine neue Behandlungsmethode bösartiger Geschwülste. Münch Med Wochenschr 57:1490–1493

Myers R, Field SB (1977) The response of the rat tail to combined heat and X-rays. Br J Radiol 50:581–586

Myers R, Field SB (1979) Hyperthermia and the oxygen enhancement ratio for damage to baby rat cartilage. Br J Radiol 52:415–416

Neumann H, Engelhardt R, Hinkelbein W (1978) Methoden bei der Applikation der Ganzkörperhyperthermie. In: Wannenmacher M, Gauwerky F, Streffer C (eds) Kombinierte Strahlen- und Chemotherapie. Urban & Schwarzenberg, München Wien Baltimore, p 82

Neumann H, Fabricius HA, Stahn R, Engelhardt R (1982) Moderate whole body hyperthermia in treatment of small cell carcinoma of the lung. A pilot study. J Natl Cancer Inst Monogr 61:427–429

Overgaard J (1976a) Influence of extracellular pH on the viability and morphology of tumor cells exposed to hyperthermia. J Natl Cancer Inst 56:1243–1250

Overgaard J (1976b) Combined Adriamycin and hyperthermia treatment of a murine mammary carcinoma in vivo. Cancer Res 36:3077–3081

Overgaard J (1977) Effect of hyperthermia on malignant cells in vivo. A review and a hypothesis. Cancer 39:2637–2646

Overgaard J (1978) The effect of local hyperthermia alone, and in combination with radiation, on solid tumors. In: Streffer C, Beuningen D van, Dietzel F, Röttinger E, Robinson JE, Scherer E, Seeber S, Trott K-R (eds) Cancer therapy by hyperthermia and radiation. Urban & Schwarzenberg, Baltimore München, p 49

Overgaard J (1980a) Effect of misonidazol and hyperthermia on the radiosensitivity of a C3H mouse mammary carcinoma and its surrounding normal tissue. Br J Cancer 41:10–21

Overgaard J (1980b) Simultaneous and sequential hyperthermia and radiation treatment of an experimental tumor and its surrounding normal tissue in vivo. Int J Radiat Oncol Biol Phys 6:1507–1577

Overgaard J, Bichel P (1977) The influence of hypoxia and acidity on the hyperthermic response of malignant cells in vitro. Radiology 123:511–514

Overgaard K, Overgaard J (1972) Investigations on the possibility of a thermic tumour therapy. II. Action of combined heat-roentgen treatment on a transplanted mouse mammary carcinoma. Eur J Cancer 8:573–575

Palzer RJ, Heidelberger C (1973a) Influence of drugs and synchrony on the hyperthermic killing of HeLa cells. Cancer Res 33:422–427

Palzer RJ, Heidelberger C (1973b) Studies on the quantitative biology of hyperthermic killing of HeLa cells. Cancer Res 33:415–421

Paterson SJ, Butler KW, Huang P, Labelle J, Smith ICP, Schneider H (1972) The effects of alcohols on lipid bilayers: A spin label study. Biochim biophys Acta 266:597–602

Pettigrew RT, Galt JM, Ludgate CM, Smith AN (1974) Clinical effects of whole-body hyperthermia in advanced malignancy. Br Med J 4:679–682

Pomp H (1978) Clinical application of hyperthermia in gynecological malignant tumors. In: Streffer C, van Beuningen D, Dietzel F, Röttinger E, Robinson JE, Scherer E, Seeber S, Trott K-R (eds) Cancer therapy by hyperthermia and radiation. Urban & Schwarzenberg, Baltimore München, p 326

Porschen W, Gartzen J, Gewehr K, Mühlensiepen H, Weber HJ, Feinendegen LE (1978) In vivo assay of the radiation sensitivity of hypoxic tumour cells; influence of X-rays, cyclotron neutrons, misonidazole, hyperthermia and mixed modalities. Br J Cancer 37 Suppl III:194–197

Power JA, Harris JW (1977) Response of extremly hypoxic cells to hyperthermia: survival and oxygen enhancement ratio. Radiology 123:767–770

Raaphorst GP, Romano SL, Mitchell JB, Bedford JS, Dewey WC (1979a) Intrinsic differences in heat and/or X-ray sensitivity of seven mammalian cell lines cultured and treated under identical conditions. Cancer Res 39:396–401

Raaphorst GP, Freeman ML, Dewey WC (1979b) Radiosensitivity and recovery from radiation damage in cultured CHO cells exposed to hyperthermia at 42.5 or 45.5 °C. Radiat Res 79:390–402

Reinhold HS, Blachiewicz B, Berg-Blok A (1978) Decrease in tumor microcirculation during hyperthermia. In: Streffer C, Beuningen D van, Dietzel F, Röttinger E, Robinson JE, Scherer E, Seeber S, Trott K-R (eds) Cancer therapy by hyperthermia and radiation. Urban & Schwarzenberg, Baltimore Munich, pp 231–232

Reinhold HS, Zee J van der, Faithfull NS, Rhoon G van, Wike-Hooley J (1982) Use of the Pomp-

Siemens hyperthermia cabin. J Natl Cancer Inst Monogr 61:371–376

Robinson JE, Wizenberg MJ (1975) Proceedings of the international symposium on cancer therapy by hyperthermia and radiation, Washington/DC, April 28–30, 1975. The American College of Radiology, Chicago

Robinson JE, Wizenberg MJ, McReady WA (1974a) Combined hyperthermia and radiation suggest an alternative to heavy particle therapy for reduced oxygen enhancement ratios. Nature 251:521–522

Robinson JE, Wizenberg MJ, McReady WA (1974b) Radiation and hyperthermia response of normal tissue in situ. Radiology 113:195–198

Sapareto SA, Hopwood LE, Dewey WC (1978) Combined effects of X-irradiation and hyperthermia on CHO cells for various temperatures and orders of application. Radiat Res 73:221–233

Schechter M, Stowe SM, Moroson H (1978) Effects of hyperthermia on primary and metastatic tumor growth and host immune response in rats. Cancer Res 38:498–502

Schlag H, Lücke-Huhle C (1976) Cytokinetic studies on the effect of hyperthermia on Chinese hamster lung cells. Eur J Cancer 12:827–831

Schubert B, Streffer C, Tamulevicius P (1982) Glucose metabolism in mice during and after whole-body hyperthermia. J Natl Cancer Inst Monogr 61:203–205

Schulman N, Hall EJ (1974) Hyperthermia: its effects on proliferative and plateau phase cell cultures. Radiology 113:209–219

Schmidt KL (1975) Hyperthermie und Fieber. Wirkung bei Mensch und Tier (Klinik, Pathologie, Immunologie), 1. Aufl. Hippokrates, Stuttgart

Selawry OS, Carlson JC, Moore CE (1958) Tumor response to ionizing rays at elevated temperatures. Am J Roentgenol 80:833–839

Shah SA, Dickson JA (1978a) Effect of hyperthermia on the immune response of normal rabbits. Cancer Res 38:3518–3522

Shah SA, Dickson JA (1978b) Effect of hyperthermia on the immunocompetence of VX2 tumor-bearing rabbits. Cancer Res 38:3523–3531

Simard R, Bernhard W (1967) A heat-sensitive cellular function located in the nucleolus. J Cell Biol 34:61–76

Song CW (1978) Effect of hyperthermia on vascular functions of normal tissues and experimental tumors. J Natl Cancer Inst 60:711–713

Song CW, Kang MS, Rhee JG, Levitt SH (1980) Vascular damage and delayed cell death in tumours after hyperthermia. Br J Cancer 41:309–312

Stehlin JS (1969) Hyperthermic perfusion with chemotherapy for cancers of the extremities. Surg Gynecol Obstet 129:305–308

Stehlin JS, Giovanella BC, Ipolyi PD de, Muenz LR, Anderson RF (1975) Results of hyperthermia perfusion for melanoma of the extremities. Surg Gynecol Obstet 140:339–348

Stehlin JS, Giovanella BC, Ipolyi PD de, Anderson RF (1979) Results of eleven years's experience with heated perfusion for melanoma of the extremities. Cancer Res 39:2255–2257

Stewart FA, Denekamp J (1977) Sensitization of mouse skin to X-irradiation by moderate heating. Radiology 123:195–200

Stewart FA, Denekamp J (1978) The therapeutic advantage of combined heat and X-rays on a mouse fibrosarcoma. Br J Radiol 51:307–316

Stewart FA, Denekamp J (1980) Fractionation studies with combined X-rays and hyperthermia in vivo. Br J Radiol 53:346–356

Stone HB (1978) Enhancement of local tumour control by misonidazol and hyperthermia. Br J Cancer [Suppl III] 37:178–183

Storm FK, Harrison WH, Elliot RS, Morton DL (1979) Normal tissue and solid tumor effects of hyperthermia in animal models and clinical trials. Cancer Res 39:2245–2251

Streffer C (1969) Strahlen-Biochemie. Springer, Heidelberg Berlin New York

Streffer C (1982) Aspects of biochemical effects by hyperthermia. J Natl Cancer Inst Monogr 61:11–18

Streffer C, Beuningen D van, Dietzel F, Röttinger E, Robinson JE, Scherer E, Seeber S, Trott K-R (1978) Cancer therapy by hyperthermia and radiation. Urban & Schwarzenberg, Baltimore München

Streffer C, Beuningen D van, Zamboglou N (1979) Cell killing by hyperthermia and radiation in cancer therapy. In: Abe M, Sakamoto K, Phillips TL (eds) Treatment of radioresistant cancers. Biomedical Press, Elsevier/North-Holland, p 55

Streffer C, Beuningen D van, Molls M (1981) Possibilities of the micronucleus test as an assay in radiotherapy. In: Kärcher KH, Kogelnik HD, Reinartz G. Progress in Radio-Oncology II. Raven Press, New York, p. 243.

Strom R, Santoro AS, Crifo C, Bozzi A, Mondovi B, Rossi-Fanelli A (1973) The biochemical mechanism of selective Heat sensitivity of cancer cells. IV. Inhibition of RNA synthesis. Eur J Cancer 9:103–112

Sugaar S, LeVeen HH (1979) A histopathology study on the effects of radiofrequency thermotherapy on malignant tumors of the lung. Cancer 43:767–783

Suit HE, Shwayder M (1974) Hyperthermia: Potential as an anti-tumor agent. Cancer 34:122–129

Suzuki K (1967) Application of heat to cancer chemotherapy. Nagoya J Med Sci 30:1–21

Szmigielsky S, Janiak M (1978) Reaction of cell mediated immunity to local hyperthermia of tumors and its potentiation by immunostimulation. In:

Streffer C, Beuningen D van, Dietzel F, Röttinger E, Robinson JE, Scherer E, Seeber S, Trott K-R (eds) Cancer therapy by hyperthermia and radiation. Urban & Schwarzenberg, Baltimore München, p 80

Tamulevicius P, Streffer C (1983) Does hyperthermia produce increased lysosomal enzyme activity? Int J Radiat Biol 43:321–327

Thrall DE, Gillette EL, Baumann CL (1973) Effect of heat on the C_3H mouse mammary adenocarcinoma evaluated in terms of tumor growth. Eur J Cancer 9:871–875

Thrall DE, Gillette EL, Dewey WC (1975) Effect of heat and ionizing radiation on normal and neoplastics tissues of the C3H mouse. Radiat Res 63:363–377

Thrall DE, Gerweck LE, Gillette EL, Dewey WC (1976) Response of cells in vitro and tissues in vivo to hyperthermia and X-irradiation. Adv Radiat Biol 6:211–227

Tomasovic SP, Turner GN, Dewey WC (1978) Effect of hyperthermia on nonhistone proteins isolated with DNA. Radiat Res 73:535–552

Twentyman PR, Morgan JE, Donaldson J (1978) Enhancement by hyperthermia of the effect of BCNU against the EMT 6 mouse tumor. Cancer Treat Rep 62:439–443

Urano M, Overgaard M, Suit H, Dunn P, Sedlacek R (1978) Enhancement by corynebacterium parvum of the normal and tumor tissue response to hyperthermia. Cancer Res 38:862–864

Vollmar H (1941) Über den Einfluß der Temperatur auf normales Gewebe und auf Tumorgewebe. Z Krebsforsch 51:71–99

Wallach DFH (1978) Action of hyperthermia and ionizing radiation on plasma membranes. In: Streffer C, Beuningen D van, Dietzel F, Röttinger E, Robinson JE, Scherer S, Trott K-R (eds) Cancer therapy by hyperthermia and radiation. Urban & Schwarzenberg, Baltimore München, p 19

Warren SL (1935) Preliminary study of the effect of artificial fever upon hopeless tumor cases. Am J Roentgenol 33:76–87

Warrocquier R, Scherrer K (1969) RNA metabolism in mammalian cells at elevated temperatures. Eur J Biochem 10:362–370

Westra A, Dewey WC (1971) Variation in sensitivity to heat shock during cell-cycle of Chinese hamster cells in vitro. Int J Radiat Biol 19:467–477

Witcofski RL, Kremkau FW (1978) Ultrasonic enhancement of cancer radiotherapy. Radiology 127:793–797

Yatvin MB (1977) The influence of membran lipid composition and procaine on hyperthermic death of cells. Int J Radiat Biol 32:513–521

Yerushalmi A (1976) Influence on metastatic spread of wholebody or local tumor hyperthermia. Eur J Cancer 12:455–463

3. Verbesserung der Effektivität der radiologischen Tumortherapie durch elektronenaffine Substanzen

Von

M. Bamberg und E. Scherer

Mit 16 Abbildungen

A. Das Hypoxieproblem

Die relative Strahlenresistenz hypoxischer Zellen, die in menschlichen Tumoren vermutet werden, wird in der Radioonkologie als eine entscheidende Ursache für das Auftreten von Lokalrezidiven angesehen. Nach grundlegenden Untersuchungen von Thomlinson und Gray (1955) entstehen diese sauerstoffarmen Zellregionen als Folge ungeordneten Tumorwachstums, wenn die Vaskularisierung des Tumors mit der Zellproliferation nicht mehr Schritt halten kann.

Während die Zellen in der Nähe der Kapillaren ausreichend mit Sauerstoff versorgt werden, sinkt mit zunehmendem Abstand von den Blutgefäßen die Sauerstoffkonzentration entlang des Diffusionsweges durch den Stoffwechsel der Zellen ständig ab, so daß Zellbereiche mit ungenügender Sauerstoffversorgung entstehen. Bei einer Entfernung von mehr als 150–200 µm zu den Mikrokapillaren treten Nekrosen auf, wie histologische Untersuchungen an Tiertumoren aufzeigten (Thomlinson u. Gray 1955). Zwischen den euoxischen Zellen in enger Nachbarschaft zu den Gefäßen und den nekrotischen Bezirken sollen sich die hypoxischen, aber noch lebensfähigen Zellen befinden (Abb. 1). Strahlenbiologische Untersuchungen haben gezeigt, daß bei einer Sauerstoffkonzentration von weniger als 10^{-6} mol/l hypoxische Zellen 2,5–3mal so widerstandsfähig gegenüber der Röntgenbestrahlung sind wie voll-

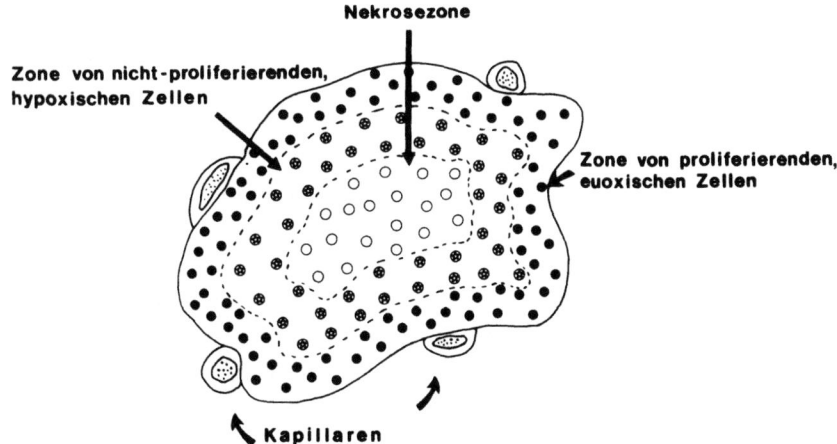

Abb. 1. Schematischer Querschnitt durch einen Tumor mit Entwicklung der hypoxischen Zellregionen. (Modifiziert nach Chapman 1979)

ständig oxygenierte Zellen. Diese relative Strahlenresistenz befähigt die hypoxischen Zellen, Strahlendosen zu überleben, die für euoxische Zellen tödlich sind (Gray et al. 1953). Die abgetöteten Zellen werden resorbiert, und der Tumor beginnt zu schrumpfen. Bei kleinerem Tumorvolumen erhalten die vorher hypoxischen Zellen wieder Anschluß an die Gefäßversorgung und werden reoxygeniert. Sie beginnen wieder zu proliferieren und bilden somit die Grundlage für ein erneutes lokales Tumorwachstum. Solche hypoxischen Zellen konnten in allen experimentellen Tumoren nachgewiesen werden, die unter diesem Aspekt untersucht worden sind (Suit 1973). Ihr relativer Anteil schwankt jedoch von Tumor zu Tumor erheblich. In größeren Tumoren wurde ein höherer Prozentsatz dieser klonogenen Zellen gefunden, aber auch in kleinen Tumoren konnten hypoxische Bezirke nachgewiesen werden. Häufig sind Zahlen zwischen 10 und 20% angegeben worden (Fowler et al. 1976). Ähnliche Werte werden auch in menschlichen Tumoren vermutet (Denekamp u. Fowler 1978). In neueren Publikationen wird sogar über hypoxische Zellfraktionen in menschlichen Heterotransplantaten auf thymusaplastischen Nacktmäusen von mehr als 40% berichtet (Chavaudra et al. 1981).

B. Therapiemodalitäten zur Überwindung des Hypoxieproblems

Verschiedene Behandlungsmethoden wurden aufgrund vielversprechender experimenteller Untersuchungen für die klinische Strahlentherapie entwickelt, um das Hypoxieproblem zu lösen.

Mit der Behandlung in Sauerstoffüberdruckkammern sollte die Konzentration gelösten Sauerstoffs im Blut erhöht und dadurch der Radius der Sauerstoffdiffusion zu entlegenen Tumorarealen erweitert werden. In tierexperimentellen Arbeiten war gezeigt worden, daß der Effekt ionisierender Strahlen auf transplantierte Tumoren wesentlich größer war, wenn die Tiere unter Beatmung mit Sauerstoffüberdruck von mehr als einer Atmosphäre bestrahlt wurden (Gray et al. 1953; Suit u. Maeda 1966). Diesen Effekt der Sauerstoffüberdruckbeatmung mit künstlicher Sensibilitätssteigerung des Tumorgewebes versuchte man frühzeitig in die Klinik zu übertragen. Bereits 1955 unternahmen Churchill-Davidson et al. erste erfolgreiche Bestrahlungsversuche an Krebskranken mit Brust- und Lungenkarzinomen in einer Druckkammer, in der Sauerstoff bei 3 Atmosphären während der Bestrahlung inhaliert wurde. In den folgenden Jahren wurden mehrere randomisierte klinische Studien mit verschiedenen Tumorentitäten meist in fortgeschrittenen Stadien durchgeführt, die jedoch zu unterschiedlichen Ergebnissen führten (Dische et al. 1977; Suit 1978). Erst in neueren Arbeiten wird bei Patienten mit Tumoren in den Stadien III und IV des Kopf-Hals-Bereiches und der Cervix uteri über einen signifikanten therapeutischen Gewinn in der 5-Jahres-Überlebensrate berichtet (Henk u. Smith 1977; Windeyer 1978).

Der Einsatz dieses Therapieverfahrens wird jedoch durch den erheblichen und nicht ungefährlichen technischen Aufwand sowie die psychische Belastung der Patienten in den engen, abgeschlossenen Kammern während der langandauernden Phasen der Druckänderung limitiert. Hinzu kommen entscheidende Nachteile, die von strahlenbiologischer Seite angeführt werden. So kann eine hohe Sauerstoffkonzentration im Blut eine Vasokonstriktion der Arteriolen induzieren, die eine Verminderung des Blutstromes durch die Kapillaren zur Folge hat (Milne et al. 1973). Zusätzlich muß auch mit einer Sensibilisierung normaler Gewebe wie z.B. Haut, Bindegewebe oder Knorpel gerechnet werden (Churchill-Davidson et al. 1966; van den Brenk 1966). Das Tumorvolumen besitzt ebenfalls eine erhebliche Bedeutung. Bei großen Tumoren konnte der Effekt des Sauerstoffüberdrucks nicht beobachtet werden (Suit 1973; Streffer 1981).

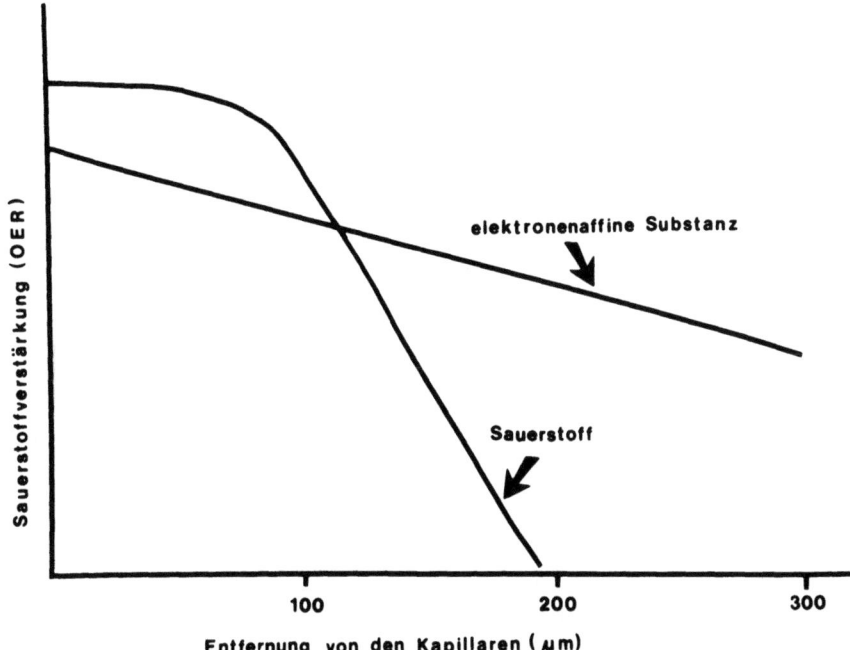

Abb. 2. Diffusionsstrecke der elektronenaffinen Substanz, die gegenüber Sauerstoff tiefer in das Gewebe eindringt. (ADAMS 1976)

Eine weitere Möglichkeit, die Strahlenresistenz hypoxischer Zellen zu überwinden, ist mit der Anwendung dicht ionisierender Korpuskularstrahlung (Neutronen oder Pi-Mesonen) gegeben, über die bereits in einem vorigen Kapitel ausführlich berichtet wurde. Die sensibilisierende Wirkung des Sauerstoffs ist bei Strahlenqualitäten mit niedrigem LET (300 kV Röntgenstrahlen, ^{60}Co-Strahlen, schnelle Elektronen) hoch, nimmt aber mit steigender Ionisationsdichte ab, so daß bei Strahlung mit hohem LET wie Neutronen der Sauerstoffeffekt wesentlich geringer zur Wirkung kommt (BARENDSEN et al. 1963). Eine dritte und neuere Behandlungsmethode – schon aus Gründen der Wirtschaftlichkeit und der einfachen Applikationsform vorzuziehen – stellt der Einsatz chemischer Substanzen dar, die selektiv die hypoxischen Zellen gegenüber der Bestrahlung sensibilisieren. Diese Pharmaka besitzen durch ihre elektronenaffinen Eigenschaften einen ähnlichen strahlenchemischen Effekt wie der Sauerstoff selbst, werden aber durch den Stoffwechsel der Zellen nicht so schnell verbraucht (ADAMS et al. 1976a). Daher können sie tiefer in das Tumorgewebe diffundieren und sind auch in den weiter entfernt liegenden hypoxischen Zellen in höheren Konzentrationen als der Sauerstoff nachweisbar (Abb. 2). Da die Sensibilisierung in Kompetition zum strahlenchemischen Effekt des Sauerstoffs steht, wird in den normalen und ausreichend mit Sauerstoff versorgten Geweben die Strahlenempfindlichkeit nicht noch zusätzlich gesteigert (STREFFER 1981)

C. Historische Entwicklung der hypoxischen Zellsensibilisatoren

Die Suche nach chemischen Substanzen, die eine Sensibilisierung der hypoxischen Zellen bewirken können, ist eng verknüpft mit dem langjährigen Studium über den Sauerstoffeffekt selbst.

Die ersten Experimente, in denen der Sauerstoff eine wichtige, aber unerkannte Rolle spielte, führte G. Schwarz im Jahre 1909 durch. Er setzte eine würfelförmige Radiumkapsel auf die Haut seines Unterarmes und beobachtete die nachfolgenden Strahlenreaktionen. Die Rötungen und Schwellungen fielen deutlich geringer aus, wenn er den Applikator während der Bestrahlung fest gegen die Haut preßte oder die Haut mit Hilfe einer Glasglocke ansaugte. Diese verringerte Strahlenempfindlichkeit schrieb er jedoch dem herabgesetzten Stoffwechsel der Haut zu, analog zu seinen Versuchsergebnissen an bestrahlten Pflanzensamen, in denen er einen direkten Zusammenhang zwischen der Röntgenempfindlichkeit und der Stoffwechselgröße festzustellen geglaubt hatte.

Holthusen konnte 1921 durch seine Versuche an Ascariseiern zeigen, daß bei Bestrahlung unter Sauerstoffentzug die Letaldosis auf das 5fache ansteigt. Er beobachtete zwar, daß die Strahlenempfindlichkeit unter Hypoxiebedingungen vermindert wurde, führte aber diese Resistenzzunahme auf das Fehlen der Zellteilung und nicht auf die Abwesenheit von Sauerstoff zurück.

Eugen Petry (1932) verglich die Radiosensibilität verschiedener Kornarten, indem er die Länge der bestrahlten Wurzeln maß. Da die Hypoxie zu Strahlenresistenz führte, zog Petry als erster daraus den richtigen Schluß, daß Sauerstoff direkt oder indirekt an der Schädigung durch Röntgenstrahlen beteiligt sein muß.

In England untersuchte Mottram 1924 die Hautreaktion an bestrahlten Rattenschwänzen, die weniger stark ausgeprägt war, wenn die Blutzufuhr durch eine Ligatur unterbunden wurde. Dieses Phänomen begründete er jedoch mit dem reduzierten Blutfluß und nicht mit dem verminderten Sauerstoffgehalt.

Elf Jahre später demonstrierte Mottram (1935) an Sämlingen der Vicia faba den modifizierenden Einfluß des Sauerstoffs und hob seine Bedeutung für die Radiotherapie hervor. Diese Erkenntnis wurde gefördert durch die kurz zuvor publizierten Ergebnisse von Crabtree und Cramer (1933), die dünne Scheiben von Tiertumoren bestrahlt und den Prozentsatz der angewachsenen Transplantate sowie deren nachfolgende Wachstumskurven aufgezeichnet hatten. Sie stellten nicht nur die ursächliche Beziehung zwischen Hypoxie und Strahlenresistenz her, sondern waren sich auch der geringeren Strahlenwirkung auf Tumorzellen in schlecht durchbluteten Geweben bewußt. Mottram war es, der Gray und Read mit dem Gebrauch der Vicia faba als experimentellem System vertraut machte. Es folgten die klassischen Arbeiten von Read, Gray und Mitarbeitern zwischen 1942 und 1952, in denen sie an diesem Versuchsmodell die Wirkung von Strahlen mit unterschiedlichem LET (Gammastrahlen, Neutronen, Alphateilchen) und ihrer Kombinationen sowie den Einfluß des Sauerstoffs untersuchten (Gray u. Read 1942a, b; Gray u. Read 1944; Read 1952a).

Sie entdeckten, daß die Strahlenwirkung auf die Vicia faba abhängig ist von der vorherrschenden Sauerstoffkonzentration, welches nachfolgend durch eine Reihe ähnlicher Beobachtungen an bestrahlten Bakterien und Säugerzellen bestätigt wurde (Adams 1981).

Auf die universelle Bedeutung des Sauerstoffeffektes ist es zurückzuführen, daß während dieser Zeit auch die klinischen Pionierarbeiten mit hyperbarem Sauerstoff von Churchill-Davidson et al. (1955) entstanden.

Als erste strahlensensibilisierende Substanz führte Mitchell 1960 das Medikament Synkavit, synthetisiertes Vitamin K_1, in die klinische Radiotherapie ein. Laboruntersuchungen an experimentellen Systemen zeigten jedoch insgesamt nur eine geringe sensibilisierende Aktivität, so daß Synkavit keine weitverbreitete Anwendung fand. Sein dephosphoryliertes Oxydationsprodukt, das 2-methylnaphthoquinon (Menadion), gilt auch heute noch als einer der wirksamsten aber auch hoch toxischen Radiosensitizer, die je an Säugerzell-Systemen in vitro getestet wurden (Adams u. Cooke 1969).

Im selben Jahr fand Bridges (1960) heraus, daß das Sulfhydryl-Reagens N-ethylmaleimid (NEM), seit vielen Jahren in der Gummiindustrie als Antioxydierungsmittel eingesetzt, sensibilisierend auf die Reaktion bestrahlter Bakterien einwirkt. Als Wirkungsmechanismus wurde diskutiert, daß das NEM die Strahlenempfindlichkeit durch oxydierende SH-Verbindungen endogen in den Zellen erhöht.

Diese und andere Studien ließen erkennen, daß eine Sensibilisierung fast immer nur in Abwesenheit des Sauerstoffs auftrat. Dadurch wurde das Interesse an Sensibilisatoren, die für den klinischen Einsatz geeignet waren, erneut geweckt.

D. Elektronenaffine Radiosensitizer

I. Physikalisch-chemische Eigenschaften

ADAMS und DEWEY (1963) stellten heraus, daß eine Beziehung zwischen der Fähigkeit einiger chemischer Substanzen, hypoxische Bakterienzellen zu sensibilisieren, und ihrer Elektronenaffinität besteht. Nachfolgende Untersuchungen an bakteriellen Systemen und später an Säugerzellen in vitro führten zur Kennzeichnung einer großen Zahl von elektronenaffinen Sensitizern (ASHWOOD-SMITH et al. 1967; ADAMS et al. 1972; CHAPMAN et al. 1972; ASQUITH et al. 1974).

Der genaue Wirkungsmechanismus dieser Pharmaka ist noch nicht vollständig geklärt. Eine Beziehung zwischen der sensibilisierenden Aktivität und den Oxydation-Reduktionseigenschaften dieser Substanzen deutet den chemischen Vorgang an, da viele biochemische Prozesse das Redox-Phänomen betreffen. Durch verschiedene Methoden auf zellulärer Ebene wurden überzeugende Beweise erbracht, daß die elektronenaffinen Sensitizer ähnlich wie Sauerstoff durch stabile strahlenchemisch freie Radikale wirken (ADAMS et al. 1976a). Es liegen auch sichere Hinweise vor, daß diese Prozesse innerhalb der Zelle ablaufen, da die Zugabe verschiedener „Einfänger" von freien Radikalen in vitro die Strahlensensibilisierung kaum beeinflussen.

Daher ist es wahrscheinlich, daß die elektronenaffinen Substanzen wenigstens teilweise durch dieselben chemischen Vorgänge wie der Sauerstoff eine Sensibilisierung hervorrufen. Dafür sprechen auch die experimentellen Untersuchungen an Kulturen von chinesischen Hamsterzellen, in denen sich die Wirkung der Radiosensitizer, vergleichbar dem Sauerstoff, unabhängig von der jeweiligen Phase im Zellzyklus entfaltete. Ferner konnte in einigen biologischen Systemen festgestellt werden, daß die Sensibilisatoren und der Sauerstoff gleichermaßen die DNA-Schädigung in einem Ausmaß verstärken, wie es für die Zellabtötung gefunden wurde (DUGLE et al. 1972).

RALEIGH et al. (1973) wiesen eine quantitative Beziehung nach zwischen der sensibilisierenden Wirkung von substituierten Nitrobenzol-Derivaten und den Hammett-σ-Koeffizienten der substituierenden Gruppen in den Benzolringen. Dieser Parameter ist ein Maß für den Elektronen entziehenden Einfluß der verschiedenen Substituenten und seine Größe eine Angabe für die Elektronenaffinität in derartigen Molekülen (JAFFE 1953; WARDMAN 1977). Eine genauere Ausdrucksform der relativen Elektronenaffinitäten dieser Substanzen bot sich durch die Messung ihrer Ein-Elektron-Reduktionspotentiale, die sich auf Studien an bakteriellen Sporen und Säugerzellen gründete (SIMIC u. POWERS 1974; ADAMS et al. 1976a). Diese Potentiale können routinemäßig mit Hilfe der Pulsradiolyse bestimmt werden (MEISEL u. CZAPSKI 1975).

Entsprechend dem Sauerstoffverstärkungsfaktor (OER-Oxygen Enhancement ratio) wird zur quantitativen Beschreibung der sensibilisierenden Wirkung der Radiosensitizer der dosismodifizierende Faktor (DMF) oder der Verstärkungsfaktor (ER) angegeben. Dieser ergibt sich aus dem Verhältnis der Strahlendosen, die in Kombination mit dem Sensibilisator bzw. ohne die sensibilisierende Substanz zu dem gleichen Effekt führen (Streffer 1981).

Eine Sensibilisierung hypoxischer Säuger- und Bakterienzellen wurde auch beobachtet, wenn die Zellen in vitro in Anwesenheit von stabilen Nitroxyl-freien Radikalen, wie dem Triacetoamin N-oxyl, bestrahlt wurden (Parker et al. 1969). Dieser Effekt ließ sich jedoch nicht auf in vivo-Verhältnisse übertragen (Olive et al. 1972).

Zahlreiche andere Sensitizer wurden gefunden, von denen die meisten aber nur eine geringe Aktivität bei Säugerzellen zeigten (Adams u. Cooke 1969). Kurze Zeit später konnte eine deutliche Strahlensensibilisierung in vitro durch den Einsatz nitrohaltiger, aromatischer Verbindungen erzielt werden. So bewirkte das p-Nitroazetophenon (PNAP) unter Hypoxie eine deutliche Sensibilisierung von chinesischen Hamsterzellen (Chapman et al. 1971; Adams et al. 1971). Obwohl die Wasserlöslichkeit des PNAP die Bemühungen zum Nachweis einer in vivo-Sensibilisierung begrenzte, war es gerade das wasserlösliche Derivat 3-Dimethyl-amino-4'-Nitropropiophenon-Hydrochlorid (NDPP), welches eine in vivo-Wirksamkeit gegenüber hypoxischen Mäuseepithelzellen, Mäuseaszitestumoren und soliden Tumoren besaß (Denekamp u. Michael 1972; Sheldon u. Smith 1975). NDPP war die erste Substanz überhaupt, die eine signifikante Erhöhung der Strahlenempfindlichkeit von hypoxischen Zellen in vivo aufzeigte und dadurch die Gültigkeit der in vivo-Testergebnisse bestätigte (Withers 1967; Sheldon et al. 1974; Denekamp u. Harris 1976). Die potentielle Brauchbarkeit des NDPP wurde aber durch seine Instabilität und hohe Bindungsaffinität zu Serumproteinen limitiert (Chapman et al. 1973; Whitmore et al. 1975).

Ein Bericht über die radiosensibilisierenden Wirkungen einiger Nitrofurane, einschließlich bekannter Antibiotika für Harnwegsinfekte (z.B. Furadantin) auf hypoxische Säugerzellen in vitro war bedeutsam, da die toxikologischen und pharmakologischen Informationen für diese Substanzen verfügbar waren (Chapman et al. 1973). Der rapide stoffwechselbedingte Konzentrationsabfall und die erhebliche Toxizität bei den für die Sensibilisierung erforderlichen hohen Dosen stellten jedoch schwerwiegende Nachteile dar, so daß die Nitrofurane ebenso wie die Nitropyrrole keine weitere Berücksichtigung als mögliche klinische Sensibilisatoren fanden (Asquith et al. 1974; Denekamp et al. 1974).

Von den Nitroimidazolen versprach man sich günstigere Resultate, zumal diese Pharmaka alle Voraussetzungen für einen hypoxischen Sensitizer in der klinischen Radiotherapie zu erfüllen schienen (Adams 1973; Hall u. Roizin-Towle 1975):

1. Die Verbindung muß selektiv hypoxische Zellen sensibilisieren,
2. Sie darf gegenüber normalem Gewebe nicht toxisch sein,
3. Sie muß wasser- und fettlöslich sein und leicht in ungenügend vaskularisierte Tumorareale diffundieren, die mehr als 200 μm von der Kapillarendstrecke entfernt sind,
4. Sie darf nicht einem rapiden Stoffwechselabbau unterworfen sein,
5. Sie muß in allen Phasen des Zellzyklus gleichermaßen wirksam sein,
6. Sie muß sich unabhängig von der Gewebsspezifität gleichmäßig über den Körper verteilen,
7. Die therapeutische Dosis muß geringer sein als die Dosis, die Nebenwirkungen erzeugen würde.

Idealerweise sollte die Substanz eine Sensibilisierung bewirken bei den relativ geringen Dosen, wie sie in konventionell fraktionierter Radiotherapie eingesetzt werden (McNally et al. 1971).

II. Metronidazol

Die erste Substanz aus dieser Stoffgruppe mit sensibilisierender Aktivität war das 5-Nitroimidazol, Metronidazol („Flagyl", „Clont"), welches in der Klinik bereits seit mehreren

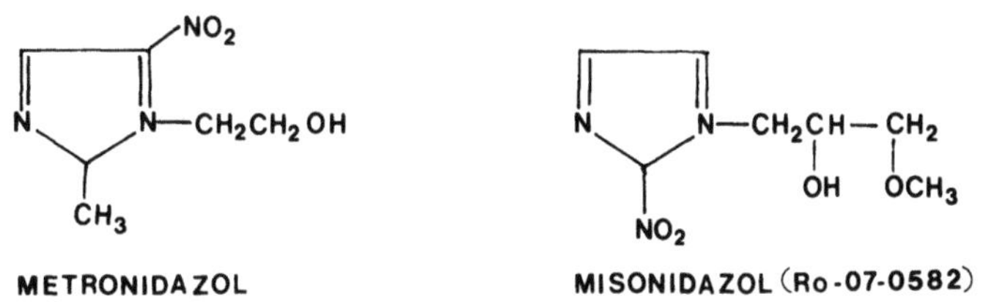

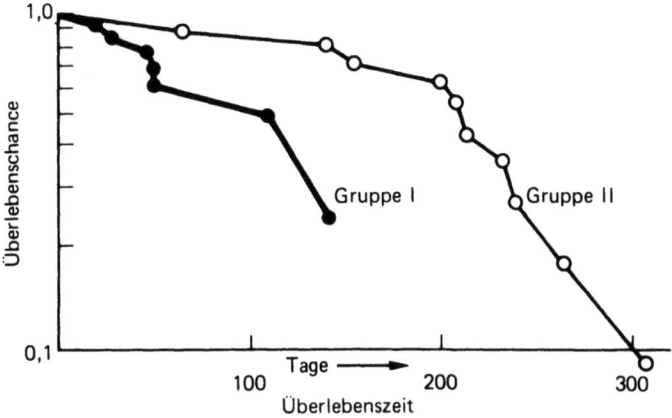

Abb. 3. Strukturformeln des Metronidazols und des Misonidazols (Ro-07-0582)

Jahren als Trichomonazidum eingesetzt wurde, und von dem eine lange metabolische Halbwertzeit beim Menschen bekannt war (Abb. 3).

Obwohl dieser Sensitizer in vitro nur eine mäßige Wirkung auf der Konzentrationsbasis erzielte, lieferten Experimente an verschiedenen Systemen in vivo den Beweis einer bedeutenden Sensibilisierung (FOSTER u. WILLSON 1973; BEGG et al. 1974).

Erste klinische Pilotstudien mit Metronidazol an ausgewählten Tumorarten machten aber bald aufgrund der gemessenen Plasmaspiegel deutlich, daß für eine effektive klinische Anwendung in Verbindung mit der Strahlentherapie sehr große Dosen erforderlich sein würden (URTASUN et al. 1975; DEUTSCH et al. 1975). In einer zweiarmigen randomisierten Studie bei supratentoriell gelegenen Glioblastomen konnte mit diesem Medikament eine signifikante Verlängerung in der Patientengruppe beobachtet werden, die zusätzlich zur Bestrahlung Metronidazol erhalten hatte (URTASUN et al. 1975) (Abb. 4). Die nicht unerheblichen gastrointestinalen Beschwerden, die auch in anderen klinischen Versuchsreihen bei den notwendigen hohen Metronidazolgaben von den Patienten geklagt wurden, intensivierten die Suche nach weiteren wirksameren Sensibilisatoren (DEUTSCH et al. 1975).

Abb. 4. Die Patienten der Gruppe II, die nach vorheriger Applikation von Metronidazol bestrahlt worden sind, weisen eine signifikant bessere Überlebenszeit auf. Die Patienten der Gruppe I wurden ausschließlich bestrahlt. (Kaplan-Meier-Überlebenskurven bei Glioblastom-Patienten nach URTASUN et al. 1975)

III. Misonidazol – Experimentelle Daten

Die 2-Nitroimidazole besitzen eine höhere Elektronenaffinität als die korrespondierenden 5-Nitro-Verbindungen, so daß eine noch stärker sensibilisierende Wirkung erwartet werden konnte. Eine dieser Substanzen, das Misonidazol oder Ro-07 0582, zeigte in vitro für hypoxische chinesische Hamsterzellen einen Verstärkungsfaktor von 2,6 an, der für diese Zellinie beinahe der vollen Sensibilisierung unter aeroben Bedingungen äquivalent ist (OER = 2,8;

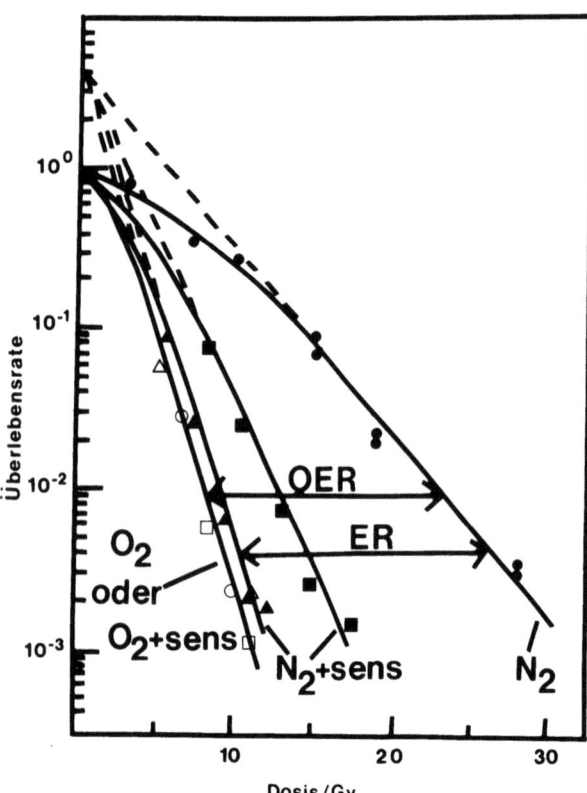

Abb. 5. Überlebenskurven für hypoxische chinesische Hamsterzellen, die in vitro mit Röntgenstrahlen in Anwesenheit von 1 mM (■) und 10 mM (▲) Misonidazol bestrahlt wurden. (Nach Adams et al. 1976)

Abb. 5; Adams et al. 1976b). Vergleichende Untersuchungen über die radiosensibilisierenden Effekte von Metronidazol und Misonidazol an diesem in vitro-System ließen erkennen, daß das Misonidazol schon bei geringeren Konzentrationen zu einer Sensibilisierung der hypoxischen Zellen führt (Asquith et al. 1974).

Ähnliche Ergebnisse wurden mit diesen Substanzen in vivo an soliden Tiertumoren erzielt. So erreichten Rauth et al. (1975) nach Applikation von Misonidazol eine Stunde vor Bestrahlung einen Verstärkungsfaktor von 2,0 für die Überlebensrate von Zellen eines Fibrosarkoms auf der Maus gegenüber 1,5 bei Metronidazol. In fast allen bisher berichteten in vivo-Systemen, einschließlich der auf immunsupprimierten Mäusen wachsenden menschlichen Heterotransplantate, konnten für Misonidazol übereinstimmend große Verstärkungsfaktoren gefunden werden. Trotz unterschiedlicher Methoden zum Nachweis der sensibilisierenden Wirkung auf diese experimentellen Tumoren, wie der Zell-Überlebensrate, der lokalen Tumorkontrolle oder der Wachstumsverzögerung, bewegten sich die Verstärkungsfaktoren überwiegend in engen Grenzen von 1,8 bis 2,3, wenn 1,0 bis 1,5 mg/g Misonidazol 15–30 min vor den Einzeitbestrahlungen verabreicht wurde (Sheldon u. Hill 1977; Fowler u. Denekamp 1980).

Unabhängig von der erheblichen Variationsbreite des histologischen Typs, der Wachstumskinetik und des absoluten Anteils der hypoxischen Zellfraktion in den Tiertumoren scheint die Sensibilisierung ein generelles Phänomen zu sein, zumindest wenn hohe Strahleneinzeldosen gegeben werden (Adams 1981). Diese Beobachtungen machen deutlich, daß hypoxische Zellen in soliden Experimentaltumoren vorhanden sind und einen bedeutenden Faktor darstellen, der die Kurabilität durch die Radiotherapie entscheidend beeinflußt (Denekamp u. Fowler 1978).

Diese ersten strahlenbiologischen Studien mit den hypoxischen Zellsensibilisatoren an experimentellen Tumoren basierten auf der Applikation von Strahleneinzeldosen. Bei einer fraktionierten Bestrahlung, wie sie in der klinischen Radiotherapie eingesetzt wird, können

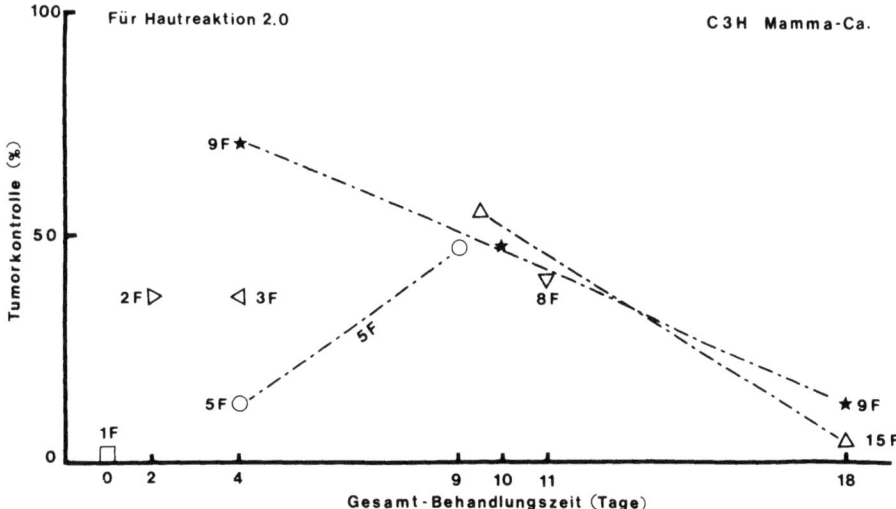

Abb. 6. Lokale Heilungsrate bei C3H-Mammakarzinom der Maus für verschiedene Fraktionierungsschemata alleiniger Röntgenbestrahlung und bei Dosen, die dieselbe Hautreaktion hervorrufen. (FOWLER et al. 1976)

die hypoxischen Zellen durch Schrumpfung des Tumorvolumens reoxygeniert und dadurch zwischen den aufeinanderfolgenden Fraktionen radiosensibel werden, so daß eine Kombination von mehreren Bestrahlungen und Misonidazol keinen zusätzlichen therapeutischen Gewinn erbringen würde. Wenn sogar das Fraktionierungsschema zeitlich so abgestimmt wird, daß eine optimale Reoxygenierung in dem betreffenden Tumor ermöglicht wird, müßten die hypoxischen Zellen durch die Bestrahlungen allein eliminiert werden, ohne daß die Zugabe von Sensitizern notwendig wird (FOWLER et al. 1976).

Die Arbeitsgruppe um FOWLER hat sich besonders mit dem Effekt des Misonidazol unter fraktionierter Bestrahlung beschäftigt. Es wurde zuerst ein transplantierbares Mammakarzinom auf C3H-Mäusen ausgewählt, von dem eine schnelle und umfassende Reoxygenierung bekannt war. Für denselben Grad der Hautreaktion war die lokale Tumorkontrolle bei einer Gesamtbehandlungszeit von 9–10 Tagen mit 5–9 Fraktionen besonders günstig, da der Tumor wahrscheinlich vollständig reoxygeniert wurde. Bei zwei der Fraktionierungsschemata (5 Fraktionen in 4 oder 9 Tagen) wurde mit den Bestrahlungen allein nur eine Tumorkontrolle um etwa 20% erzielt, die eine inadäquate Reoxygenierung zwischen den Fraktionen widerspiegelt (Abb. 6). Nach einer intraperitonealen Injektion von Misonidazol 30 min vor der Bestrahlung stieg jedoch die Kontrollrate in allen unterschiedlich fraktionierten Gruppen auf 50 bis 60% an (FOWLER et al. 1976). Eine Strahleneinzeldosis ist nach vorheriger Misonidazolgabe bereits so erfolgreich wie die optimale Fraktionierung bei alleiniger Röntgenbestrahlung einschließlich des ungewöhnlichen Bestrahlungsrhythmus von 9 Fraktionen in 4 Tagen (Abb. 7). Bei weiterer Fraktionierung läßt sich der Misonidazol-Effekt nicht weiter steigern (FOWLER et al. 1976; STREFFER 1980).

Als zweiter Maustumor wurde ein langsam schrumpfendes Sarkom mit geringer Reoxygenierung untersucht. Bei alleiniger Röntgenbestrahlung waren 20 Fraktionen wirkungsvoller als 5 Fraktionen, wiederum bezogen auf den gleichen Schädigungsgrad des normalen Gewebes. Wurde Misonidazol vor jeder Bestrahlung verabreicht, konnte die lokale Tumorkontrolle in jedem Fall verbessert werden. Die Ergebnisse nach einer Einzeldosis stiegen nicht bis zu dem Niveau an, wie es nach mehreren Bestrahlungen beobachtet wurde, während das ungünstige 5-Fraktionen-Schema mit Misonidazol in seiner Wirkung die alleinige Röntgenbestrahlung mit 20 Fraktionen übertraf (SHELDON u. FOWLER 1978).

Diese und ähnliche Beobachtungen an einem schlecht reoxygenierenden Osteosarkom der Maus machen deutlich, daß eine Sensibilisierung bei multifraktioneller Bestrahlung auf-

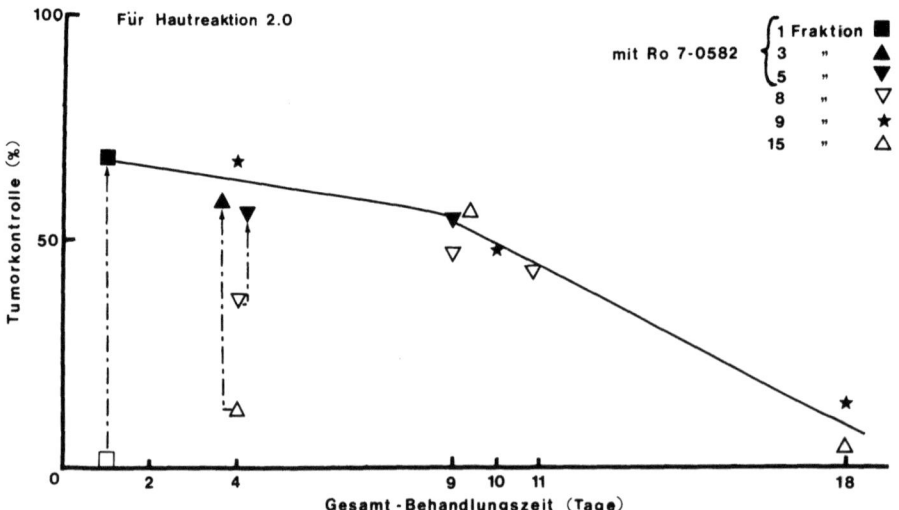

Abb. 7. Gegenüber der Abb. 6 zeigen die Pfeile die Verbesserung der lokalen Tumorheilung an, wenn Misonidazol vor den Bestrahlungen verabreicht wurde. (Fowler 1979)

tritt, der sensibilisierende Effekt des Misonidazol aber am besten bei relativ wenigen hohen Strahlendosen zur Geltung kommt (van Putten u. Smink 1976; Adams 1976). Wenn menschliche Tumoren eher schlecht reoxygenierenden Varianten des Tiermodells entsprechen, dürfen signifikante Verbesserungen der Heilerfolge in der klinischen Radiotherapie durch den Einsatz von Radiosensitizern erwartet werden (Fowler 1979).

Denekamp und Harris (1976) haben die Wirkung fraktionierter Bestrahlungsschemata in Kombination mit Misonidazol und schnellen Neutronen auf die Wachstumsverzögerung des Karzinoms NT auf der Maus verglichen (Abb. 8). Die Verstärkungsfaktoren nach konventioneller Bestrahlung plus Radiosensitizer waren fast identisch mit den Gewinnfaktoren nach Neutronenbestrahlung. Die effektivste Therapieform scheint die Kombination einer Radiatio mit hohem LET und elektronenaffinen Sensibilisatoren zu sein (Denekamp et al. 1976).

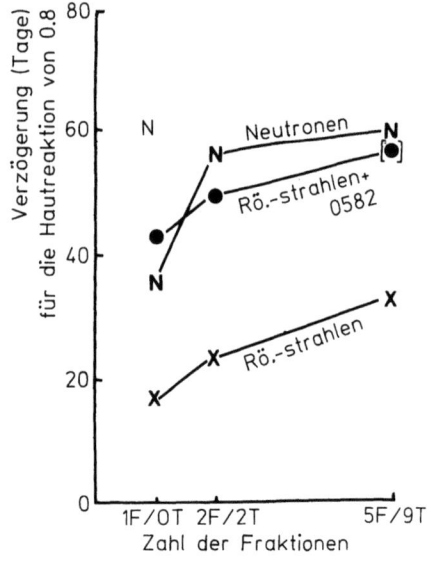

Abb. 8. Der Effekt von 1, 2 oder 5 Fraktionen alleiniger Röntgenbestrahlung (X), Röntgenbestrahlung plus Ro-07-0582 (●) und schneller Neutronen (N). Der Sensitizer plus Röntgenstrahlen und die Neutronen ergeben einen therapeutischen Vorteil – gemessen als Verzögerung in Tagen für eine konstante Hautreaktion – für alle 3 Fraktionierungsschemata. ○ stellt eine Einzeldosis der Neutronen plus Misonidazol als effektivste Therapie dar

IV. Misonidazol – Klinische Studien – Phase I

Die ersten klinischen Erfahrungen mit dem Radiosensitizer Misonidazol wurden 1974 im Mount Vernon-Hospital in London gewonnen. Ziel dieser Phase-I-Studien war es, die klinisch-pharmakologischen Daten dieser Substanz zu ermitteln, wobei deren tolerierte Maximaldosis, Toxizität, Verteilung, Verstoffwechselung und Halbwertzeit von besonderer Bedeutung waren (FOSTER et al. 1975; HOLFELD u. BAMBERG 1980). Aus tierexperimentellen Untersuchungen war bekannt, daß eine Serumkonzentration von mindestens 100 µg/ml erforderlich sein würde, um überhaupt einen sensibilisierenden Effekt zu erzielen. Bei Werten von 200 µg/ml konnte eine deutliche Verstärkung der Wirkung auf hypoxische Zellen erwartet werden (Abb. 9).

Ein erster Test an 6 gesunden Freiwilligen mit oralen Einzeldosen von 1 g, 2 g und 4 g Misonidazol (10–50 mg/kg) verlief ohne wesentliche Komplikationen, die gemessenen Serumspiegel schwankten zwischen 20 und 60 µg/ml. In einer zweiten Phase erzielten 8 Patienten mit fortgeschrittenen, metastasierten Tumoren Einzeldosen zwischen 80 und 165 µg/kg. Abgesehen von geringen gastrointestinalen Beschwerden war die Verträglichkeit gut, und es wurden Serumkonzentrationen von über 100 µg/ml und in fünf Fällen sogar Werte um 200 µg/ml erzielt (GRAY et al. 1976). Der Peak des Misonidazols im Serum wurde ein bis vier Stunden nach Applikation erreicht, und die Halbwertzeit betrug, wie schon im ersten Versuch, annähernd 12 Std. Die Serumkonzentration verhielt sich linear zur verabreichten Dosis bis zu einem Grenzwert von 120 mg/kg Misonidazol, während höhere Dosen zu einer breiten Streuung der gemessenen Werte im Blut führten (Abb. 10).

Während dieser Phase-I-Studien wurden auch Versuche unternommen, die Wirksamkeit des Misonidazols am Menschen direkt abzuschätzen. Sowohl an artefiziell hypoxischer Haut als auch an kutanen Metastasen konnte nach Applikation von Strahleneinzeldosen eine eindrucksvolle Sensibilisierung beobachtet werden (THOMLINSON et al. 1976; DISCHE et al. 1976).

Ein Jahr später (1977) berichtete DISCHE et al. über ihre Ergebnisse nach Applikation zahlreicher Dosen Misonidazol bei Patienten mit lokal ausgedehnten Tumoren. Die Gesamtdosen schwankten zwischen 10,0 und 16,4 mg/m² Körperoberfläche (240–720 mg/Kg), und die bereits gewonnenen pharmakokinetischen Daten (Halbwertzeit, Plasma-Peak) wurden erneut bestätigt. Im Gegensatz zu den Einzeldosis-Studien traten jedoch neurotoxische Erscheinungen verschiedenen Schweregrades auf, die schon von anderen Nitroimidazolen bekannt waren (COXON u. PALLIS 1976). Es entwickelten sich zuerst periphere, sensible Neuropa-

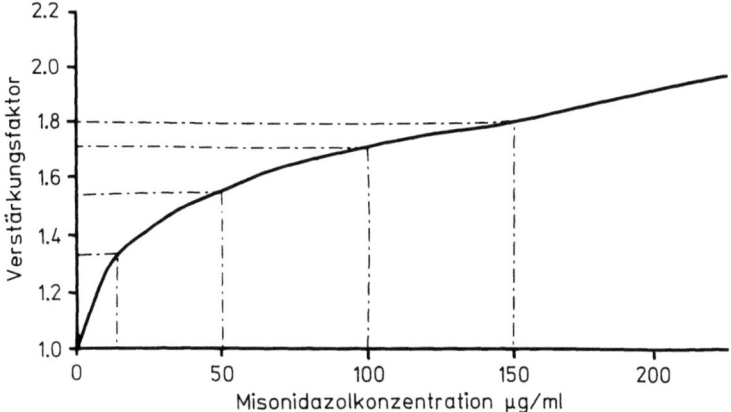

Abb. 9. Abhängigkeit des Verstärkungsfaktors von der Misonidazolkonzentration bei hypoxischen chinesischen Hamsterzellen in vitro. (Nach ASQUITH et al. 1974)

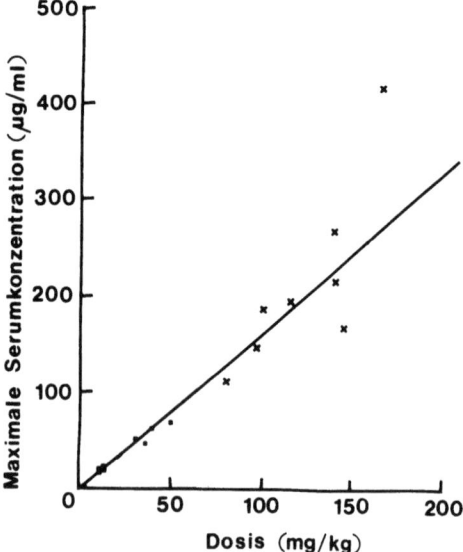

Abb. 10. Abhängigkeit der maximalen Serumkonzentration von der applizierten Misonidazoldosis. (Nach Gray et al. 1976)

thien in Form von Parästhesien und Taubheitsgefühl. Gelegentlich gesellten sich motorische Schwäche und Krämpfe an den Extremitäten hinzu (Urtasun et al. 1977b). Überwiegend war aber der sensible Anteil stärker betroffen als die motorische Komponente. Durch bioptische Untersuchungen konnten die Ursachen für diese Neurotoxizität aufgedeckt werden, die auf einer Demyelination der peripheren Nerven und Degeneration der Neuriten beruht (Urtasun et al. 1978).

Durch Untersuchungen an großen Patientenzahlen stellte man fest, daß die Einnahme höherer Misonidazolgaben zusätzlich zu den peripheren Neuropathien Effekte am Zentralnervensystem (ZNS) hervorrief. Neben Lethargie, Verwirrtheit und Psychosyndrom entwickelten sich komatöse Zustände, Krampfanfälle sowie Zeichen von Enzephalopathie (Kogelnik et al. 1978; Saunders et al. 1978; Phillips et al. 1981). Das Auftreten dieser neurotoxischen Erscheinungen stand in direkter Relation zur applizierten Dosis und in engem Zusammenhang mit der Misonidazolkonzentration im untersuchten Gewebe (Dische et al. 1977). Die neurologischen Symptome waren reversibel, wenn sie früh erkannt, die Applikation gestoppt oder die Dosierung modifiziert wurden. Dennoch bildeten sich die Neuropathien oft nur über Monate, zeitweise bis zu zwei Jahren, zurück. Die Häufigkeit der Effekte am ZNS, die durch quantitative Methoden wie den evozierten Potentialen bestimmt werden können, schwankt nach neueren Berichten der Radiation Therapy Oncology Group (RTOG) zwischen 3% und 7%. Das periphere Nervensystem wird bei 16–28% der Patienten in Mitleidenschaft gezogen. Nach Einnahme von Dexamethason und Phenytoin scheint sich die Inzidenz der Misonidazol-bedingten Neurotoxizität jedoch zu verringern (Workman 1980; Wassermann et al. 1980; Phillips et al. 1982). Gemeinsam mit Reaktionen am ZNS wurde in 1–5% der Fälle ein deutlicher Hörverlust beobachtet. Der Grad dieser Ototoxizität kann durch Serienaudiogramme bereits vor Auftreten der klinischen Symptomatik quantitativ erfaßt werden (Cooper et al. 1980).

Bei 3–4% der Patienten entstanden nach Misonidazolgabe allergische Hautreaktionen mit disseminierten makulopapulösen Exanthemen, während die gastrointestinalen Beschwerden mit mehr als 30% die häufigsten Begleitsymptome waren (Partington et al. 1979; Saunders et al. 1980). Hämatologische Veränderungen mit Thrombozytopenie wurden in weniger als 1% beobachtet (Phillips et al. 1982; Sack et al. 1982).

Aufgrund dieser klinischen Erfahrungen entschloß man sich, eine Gesamtdosis von 12 g/m² (maximal 24 g), appliziert über 3 Wochen, nicht zu überschreiten (Dische et al. 1977;

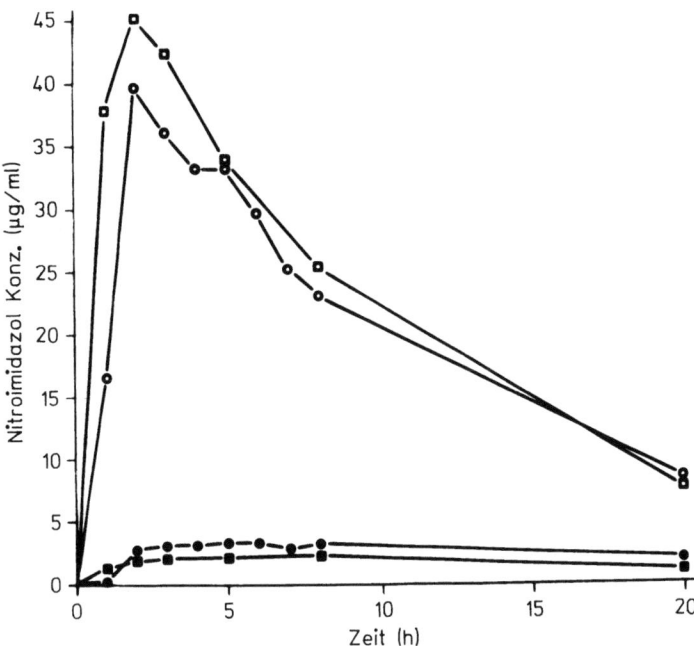

Abb. 11. Typische Plasmakonzentrationen des Misonidazols (o, □) und seines Metaboliten Ro-05-9963 (●, ■) bei zwei Hirntumorpatienten nach Applikation von 1 g/m² Misonidazol. (Nach BAMBERG et al. 1981)

URTASUN et al. 1977b). Aus den Ergebnissen der Phase-I-Studie der RTOG ging hervor, daß mit Ausnahme der Patienten mit primären Hirntumoren diese Gesamtdosis über einen Zeitraum von 6 Wochen verabreicht werden sollte (PHILLIPS et al. 1981).

Aus den in verschiedenen Zentren durchgeführten Phase-I-Studien konnte zusammenfassend festgestellt werden, daß das Misonidazol nach oraler Einnahme relativ gut im Magen-Darm-Kanal resorbiert wird und zwei bis vier Stunden später seine höchsten Serumwerte erreicht (Abb. 11) (DISCHE 1978; URTASUN et al. 1977b). Die Angaben über die Halbwertzeit schwanken zwischen 8 und 17 Std bei einem mittleren Wert von etwa 12 Std, die sich über einen Dosisbereich von 0,4 bis 3 g/m² nicht wesentlich zu verändern scheint (WILTSHIRE et al. 1978; TAMULEVICIUS et al. 1981).

Der frühzeitige Einsatz der Hochdruckflüssigkeits-Chromatographie (HPLC) ermöglichte nicht nur den spezifischen Nachweis des Misonidazols, sondern führte auch zur Aufdeckung eines Hauptmetaboliten des Misonidazols, des Demethylmisonidazol (Ro-05-9963) in Serum und Urin (WORKMAN et al. 1978; PHILLIPS et al. 1978).

Nur etwa $30 \pm 10\%$ der applizierten Dosis werden im 24-Stunden-Sammelurin wiedergefunden, der restliche Anteil der „Muttersubstanz" wird in Fragmente aufgespalten, die sich der HPLC-Analyse entziehen. Die in Blut und Urin nachgewiesenen Konzentrationen variieren beträchtlich von Patient zu Patient und sind schon bei einem einzelnen Patienten während gleichbleibender täglicher Einzelgaben großen Schwankungen unterworfen. Ebenso verändert sich im Serum der Anteil des demethylierten Metaboliten ständig, der annähernd 10% des Misonidazol-Spiegels erreicht und selbst ein wirksamer Radiosensitizer ist (FLOCKHART et al. 1978; BAMBERG et al. 1979; DISCHE et al. 1982).

Die Wirksamkeit der hypoxischen Zellsensitizer aus der Gruppe der Nitroimidazole hängt entscheidend von der Konzentration im Serum bzw. im Tumorgewebe ab. Die ermittelten Plasmaspiegel – zwischen Gesamtblut, Serum und Plasma besteht kein Unterschied – erlauben eine angemessene Schätzung der Misonidazol-Konzentration im Tumor und damit eine Bestimmung des Verstärkungsfaktors, wie durch zahlreiche Biopsien von menschlichen Tumoren aufgezeigt werden konnte (DISCHE et al. 1977; URTASUN et al. 1977b). Nach Misonidazol-Gaben von 1 g/m² bis 5 g/m² bewegen sich die Verstärkungsfaktoren (ER) zwischen

1,25 und 2. Mit 1 g/m² werden Serumwerte von 25–35 µg/ml erzielt, 2,5 g/m² lassen die Konzentration im Plasma auf etwa 100 µg/ml ansteigen (Bamberg et al. 1981; Phillips et al. 1982).

Die maximale Misonidazol-Konzentration im Tumor tritt 2–6 Std später auf als der korrespondierende Plasma-Peak, so daß die Bestrahlung unter Berücksichtigung der Diffusionszeit 4–5 Std nach Einnahme einsetzt. Zwischen 45 und 100% der Plasmawerte werden auch im Tumor gemessen, während die fast identischen Konzentrationen im Liquor auf eine ungehinderte Passage des Misonidazols durch die Blut-Hirn-Schranke hinweisen (Dische et al. 1978; Ash et al. 1979; Tamulevicius et al. 1981).

Aufbauend auf den klinisch-pharmakokinetischen Untersuchungen und weiteren Piloterfahrungen an Patienten mit multiplen Metastasen, die auf die sensibilisierende Wirksamkeit des Misonidazols hindeuteten, wurden kontrollierte Phase-II-Studien eingeleitet. Diese sind darauf gerichtet, empfindliche Tumorarten herauszufinden und an Gruppen von 40–50 Patienten sichere sowie wirkungsvolle Therapiekonzepte zu ermitteln, deren Ergebnisse nicht schlechter als die besten historischen Kontrollen sind (Dische et al. 1977; Phillips et al. 1982).

Für den Einsatz von Misonidazol in klinischen Studien bestanden wegen der toxizitätsbedingten Limitierung der Gesamtdosis bedeutsame Probleme. Aufgrund tierexperimenteller Daten erschienen generell höhere Strahleneinzeldosen und höhere Dosen des Sensitizers größere Verstärkungsfaktoren zu erzeugen. Andererseits war bekannt, daß bei großen Einzeldosen nur wenige Intervalle zu einer möglichen Reoxygenierung zur Verfügung standen. Kleine Misonidazolgaben von 0,5 g/m² oder weniger führten wiederum nur zu Konzentrationen, die eine Verstärkung der Wirkung um den Faktor 1.1 oder höchstens 1.2 bedeuteten.

In Anbetracht dieser Schwierigkeiten wurden fünf verschiedene Strategien entwickelt (Dische et al. 1978; Phillips et al. 1982)

1. Es wird eine geringe Zahl hoher Strahlen-Einzeldosen mit jeweils einer hohen Misonidazoldosis von 1 bis 2 g/m² kombiniert.
2. Es wird ein konventionelles Fraktionierungsschema angewandt, bei dem Misonidazol nur mit zwei Fraktionen in der Woche zusammen appliziert wird, und eine weitere Fraktion jeweils am folgenden Morgen noch von der langen Halbwertzeit profitiert.
3. Es wird eine Dosis des Sensitizers in Kombination mit zwei Fraktionen an einem Tag im Abstand von 3–6 Std eingesetzt.
4. Zu Beginn der Therapiewoche wird eine hohe Strahlendosis mit einer hohen Sensitizer-Dosis verbunden, an die sich für den Rest der Woche mehrere kleinere Fraktionen ohne Misonidazol anschließen.
5. Es werden täglich geringe Misonidazol-Mengen von 0,4 bis 0,5 g/m² verabreicht mit dem Ziel, daß die nur geringen Verstärkungsfaktoren eine noch stärkere Zellabtötung herbeiführen, wie sie mit konventionellen Bestrahlungsdosen und implizierter Reoxygenierung erreicht werden.

Diese Therapiemodelle bildeten die Grundlage für die Phase II- und III-Studien, die in Kanada, Europa und den Vereinigten Staaten begonnen wurden.

V. Misonidazol – Phase II-Studien

Eine dreiarmige, randomisierte Studie bei Patienten mit malignen Gliomen, davon 70% Glioblastome, führte Urtasun in Edmonton (Kanada) durch. Eine Gruppe erhielt 38,9 Gy in 9 Fraktionen über 19 Tage mit 6 g/m² Metronidazol vor jeder Fraktion, die zweite Gruppe Misonidazol mit je 1,25 g/m². In der Kontrollgruppe wurden 60 Gy in 30 Fraktionen über

7 Wochen appliziert. Die Unterschiede in der mittleren Überlebenszeit von 20 Wochen in dem Metronidazol-Arm, 28 Wochen für die Misonidazol-Gruppe und 29 Wochen für den Kontrollarm waren statistisch nicht signifikant. Die 1-Jahres-Überlebenszeit war bei den mit Misonidazol behandelten Patienten geringfügig besser (PHILLIPS et al. 1982).

Zwei Phase II-Studien wurden in Europa von der EORTC (European Organization for Research in the Treatment of Cancer) eingeleitet. Die erste Studie umfaßte 179 Patienten mit ausgedehnten Tumoren der Kopf-Hals-Region. Das Therapieschema bestand aus drei täglichen Fraktionen von 1,6 Gy im Abstand von 4 Std, die zwei Wochen lang bis zu einer Dosis von 48 Gy gegeben wurden. Nach einer 3–4wöchigen Pause folgte ein Boost bis zu einer Gesamtdosis von 70 Gy in insgesamt 6–7 Wochen. 53 der 179 Patienten erhielten an jedem Bestrahlungstag 1 g/m^2 Misonidazol (Gesamtdosis 13 oder 14 g/m^2) zwei Stunden vor der ersten Fraktion. Nach 20 Monaten betrug die „local control" 48% für die bestrahlte und 57% für die kombiniert behandelte Gruppe – kein signifikanter Unterschied. Eine Veränderung der Schleimhautreaktionen durch den Radiosensitizer wurde nicht beobachtet (VAN DEN BOGAERT et al. 1982).

In der zweiten Studie wurden 122 Patienten mit malignen Gliomen mit 60 Gy in 4 Wochen behandelt. Mit einem Intervall von 4 Std erfolgten drei Fraktionen täglich mit je 2 Gy, so daß in 1 Woche 30 Gy appliziert wurden. Nach einer Pause von 2 Wochen begann der zweite Bestrahlungsabschnitt nach demselben Muster. Die tägliche Misonidazoldosis an den 10 Behandlungstagen betrug 1,2 g/m^2. Die vorläufigen Ergebnisse waren gegenüber der historischen, konventionell behandelten Gruppe ermutigend, so daß eine prospektive, randomisierte Phase III-Studie gerechtfertigt erschien (ANG et al. 1982).

Mit lokal ausgedehnten Kopf-Hals-Tumoren beschäftigten sich SEALY et al. (1982) in Südafrika in ihrer prospektiv randomisierten Untersuchungsreihe. Die 97 Patienten erhielten 36 Gy in 6 Fraktionen über 17 Tage, 50 von ihnen bekamen zusätzlich Misonidazol 2 g/m^2 vor jeder Bestrahlung. Eine Verbesserung der lokalen Heilungsrate durch den Sensitizer konnte nicht festgestellt werden.

Die RTOG startete 1978 unter Teilnahme zahlreicher amerikanischer Zentren mehrere Phase II-Studien, von denen einige bereits abgeschlossen oder abgesetzt sind oder sich noch in der Auswertung befinden. In kurzen Zusammenfassungen werden einzelne Therapieschemata und Ergebnisse vorgestellt, die einen Einblick in die Systematik solcher Studien mit ihren klinisch begründeten Denkansätzen geben.

In der ersten Studie erhielten 49 Patienten mit malignen Gliomen eine hohe Einzeldosis von 4 Gy, gefolgt von drei weiteren Fraktionen mit je 1,5 Gy pro Woche bis zu einer Dosis von 51 Gy in 6 Wochen. Die Misonidazoldosis betrug 2,5 g/m^2 wöchentlich. Anschließend wurden 9 Gy auf die Tumorregion ohne Sensitizer appliziert. Die mittlere Überlebenszeit erreichte 39 Wochen und war damit nicht besser als nach alleiniger Bestrahlung. Während der letzten Phase dieser Studie wurde vor der Bestrahlung BCNU injiziert, ohne daß eine Zunahme der Toxizität bemerkt wurde (CARABELL et al. 1981).

Eine weitere Studie beschäftigt sich mit T3- und T4-Plattenepithelkarzinomen der Kopf-Hals-Region. Das Vorgehen beinhaltet eine zweimalige Bestrahlung am ersten Tag mit 2,5 und 2,1 Gy in Kombination mit dem Sensitizer (2,5 g/m^2), an die sich drei Dosen mit je 1,8 Gy an den restlichen Wochentagen anschlossen. Nach 50 Gy folgte ein Boost bis zu einer Gesamtdosis von 66 Gy bis 72 Gy. Von 50 Patienten wurden 30 kombiniert behandelt, die bei 55% kompletten und 34% partiellen Remissionen insgesamt eine Ansprechrate von 89% aufwiesen (FAZEKAS et al. 1981).

SIMPSON et al. (1982) nahmen 49 Patienten mit fortgeschrittenen nicht-kleinzelligen Bronchialkarzinomen in eine Phase I/II-Studie auf. Über große Felder erhielt die Tumorregion in zwei Fraktionen pro Woche je 6 Gy bis zu einer Gesamtdosis von 36 Gy in 3 Wochen. Misonidazol (2 g/m^2) wurde 4–6 Std vor der Bestrahlung verabreicht. In 18% trat eine komplette und in 40% eine partielle Remission ein. Die mittlere Überlebenszeit von 9 Monaten entsprach den Beobachtungen früherer RTOG-Studien.

Eine andere Phase II-Auswertung betraf 18 von insgesamt 43 Patienten mit einem Plattenepithelkarzinom des Ösophagus. Alternierend wurden zwei- oder dreimal pro Woche 4 Gy bis zu einer Gesamtdosis von 48 Gy in etwa 5 Wochen unter Zugabe von 1 g/m² Misonidazol vor jeder Fraktion appliziert. Zwei der 18 Patienten zeigten eine vollständige Rückbildung des Tumors, 8 eine Teilremission und ebenfalls 8 keine Änderung des Befundes. Die mittlere Überlebenszeit betrug 5 Monate, und nur ein Patient überlebte die 1-Jahres-Grenze. Diese Ergebnisse waren schlechter als frühere bei dieser Entität gewonnene Erfahrungen (YDRACH et al. 1982).

Einer kombinierten Behandlung mit Misonidazol unterzogen sich 50 Patienten mit Lebermetastasen, die mit 3 Gy täglich über 7 Tage nach Gabe von 1,5 g/m² des Sensitizers belastet wurden. In 40% der Fälle verringerte sich die Ausdehnung der Leber und bei 76% der Patienten besserte sich die klinische Symptomatik (LEIBEL et al. 1981).

Begleitet von 2 g/m² Misonidazol wurden 38 Patienten mit Hirnmetastasen in zwei Fraktionen wöchentlich mit jeweils 6 Gy über 3 Wochen bestrahlt. Im Vergleich zu früheren Untersuchungen ergab diese Studie ein längeres rezidivfreies Intervall (PHILLIPS et al. 1980). Dieses Therapiekonzept wurde mit 5 Gy × 6 für eine Phase III-Studie modifiziert.

Einige Studien konnten wegen erheblicher Nebenwirkungen durch die hohen Strahlen- und Misonidazol-Einzeldosen wie beim Blasen- oder Zervixkarzinom nicht zu Ende geführt werden. In anderen Untersuchungen war ein günstiger Trend nicht eindeutig der zusätzlichen Applikation des Sensitizers zuzuordnen, da auch atypische Fraktionierungsmuster wie bei den lokal ausgedehnten, inoperablen Melanomen und Sarkomen angewandt wurden.

Aufgrund der für einige Tumorarten erfolgversprechenden Resultate in den Phase II-Studien wurden Phase III-Studien in Angriff genommen, die als randomisierter Vergleich mit der „Standardtherapie" konzipiert sind.

VI. Misonidazol – Phase III-Studien

Bisher sind von den zahlreich gestarteten Phase III-Studien nur wenige abgeschlossen. SAUNDERS et al. (1982) behandelten in ihrer Doppel-Blind-Studie 62 Patienten mit inoperablen Plattenepithel- und großzelligen undifferenzierten Karzinomen des Bronchus. In Kombination mit Misonidazol bzw. Placebo wurden in 6 Fraktionen 35 Gy auf das Tumorareal appliziert. Ein signifikanter therapeutischer Gewinn durch den Radiosensitizer war nicht nachweisbar. Nach 1 Jahr lebten in beiden Gruppen zusammen noch 42%, nach 2 Jahren 12%.

Das Medical Research Council (MRC) berichtete im September 1983 von den Endergebnissen einer Therapiestudie bei Astrozytomen III und IV. In dieser zweiarmigen klinischen Versuchsreihe erhielten 436 Patienten 45 Gy in 20 Fraktionen über 4 Wochen auf die erweiterte Tumorregion. Die Gesamtdosen an Misonidazol, welches 4–5 Std vor jeder Bestrahlung eingenommen wurde, schwankten zwischen 11 und 13 g/m². Nach 12 Monaten lebten von den 384 in die Beurteilung einbezogenen Patienten 25% in der Misonidazol- und 28% in der Placebogruppe (Abb. 12). Von drei weiteren Studien des MRC mit Zervixkarzinomen und Kopf-Hals-Tumoren (2 Studien) liegen noch keine Zwischenergebnisse vor.

In der Bundesrepublik Deutschland wurde die Wirksamkeit von Misonidazol und Radiotherapie bei malignen Gliomen (III und IV) und Plattenepithelkarzinomen des Ösophagus überprüft. Bei den 102 Patienten mit Gliomen höheren Malignitätsgrades wurde der gesamte Gehirnschädel mit 40 Gy in 20 Einzelsitzungen über 4 Wochen belastet, gefolgt von einem Boost auf die Tumorregion mit 20 Gy bei gleicher Fraktionierung. Vor jeder Bestrahlung

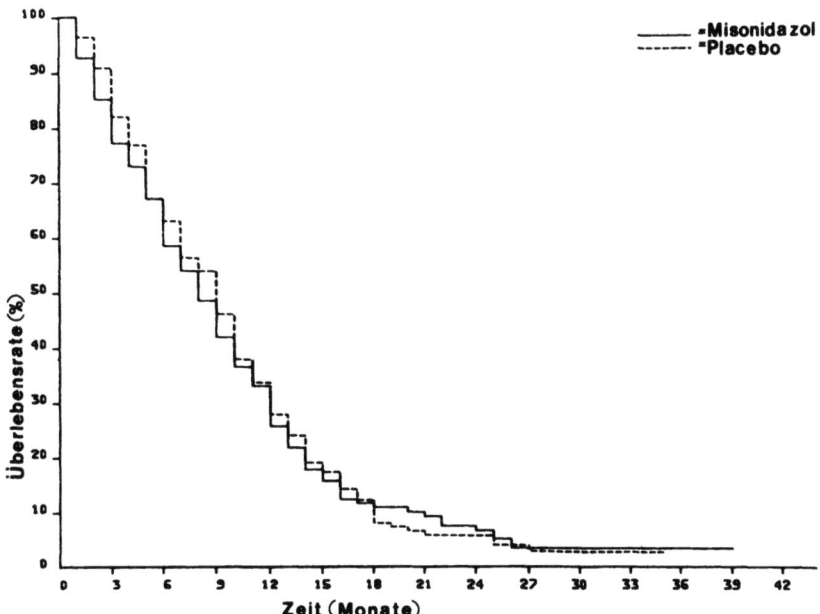

Abb. 12. Überlebenszeiten von 236 Patienten mit Gliomen hohen Malignitätsgrades, die mit Placebo bzw. Misonidazol bestrahlt worden sind. Ein signifikanter Unterschied zwischen den beiden Gruppen ist nicht nachzuweisen. (MRC Working Party 1983)

nahmen die Patienten 0,4 g/m² Misonidazol ein. Zwischen den beiden Patientenkollektiven konnte kein signifikanter Unterschied in der mittleren Überlebenszeit, die bei Astrozytom Grad III 16 Monate und bei Astrozytom Grad IV 10 Monate betrug, gefunden werden (SACK et al. 1982).

Durch Erhöhung der Misonidazol-Einzeldosis auf 1 g/m² sollten bei Ösophaguskarzinomen die niedrigen Serumkonzentrationen gesteigert und der sensibilisierende Effekt des Misonidazols besser ausgenutzt werden. In 4 Fraktionen wurden 12 Gy pro Woche bis zu einer Dosis von 30 Gy in den Tumorbereich eingestrahlt. Daran schloß sich entweder eine Operation oder eine zweite Bestrahlungsserie mit konventionellem Fraktionierungsmuster ohne Sensitizer bis zu einer Gesamtdosis von 60–70 Gy an. Die mittlere Überlebenszeit der 91 Patienten von 9 Monaten konnte weder durch die Operation noch durch den Radiosensitizer positiv beeinflußt werden (Abb. 13).

Vorläufige Ergebnisse einer Phase III-Studie der RTOG publizierten NELSON et al. (1983), die an 245 Patienten mit malignen Gliomen gewonnen wurden. Der Kontrollarm (A) bestand aus einer Ganzhirn-Bestrahlung bis 60 Gy in 6–7 Wochen und zusätzlich BCNU (80 mg/m²), welches am Tag 3, 4, 5 und nach 8 Wochen erneut über einen Gesamtbehandlungszeitraum von 2 Jahren appliziert wurde. Im zweiten Therapiearm (B) erhielten die Patienten einmal wöchentlich 2,5 g/m² Misonidazol am Montag zusammen mit einer Einzeldosis von 4 Gy, die an drei weiteren Wochentagen auf 1,5 Gy gesenkt wurde. Die Dosis betrug 51 Gy in 6 Wochen, die noch um 9 Gy ohne Sensitizer auf 60 Gy Gesamtdosis erhöht wurde. Bei einer mittleren Nachbeobachtungszeit von 12 Monaten war keine signifikante Differenz zwischen beiden Gruppen in der medianen Überlebenszeit festzustellen (Gruppe A: 12,6 Monate, Gruppe B: 10,7 Monate).

Ebenso zeichnen sich in den ersten Verlautbarungen der anderen RTOG-Studien keine entscheidenden Vorteile zugunsten des Misonidazols ab. Dies betrifft sowohl die klinischen Versuchsreihen mit Lungen- und Kopf-Hals-Tumoren als auch mit Zervixkarzinomen und Lebermetastasen (PHILLIPS et al. 1982).

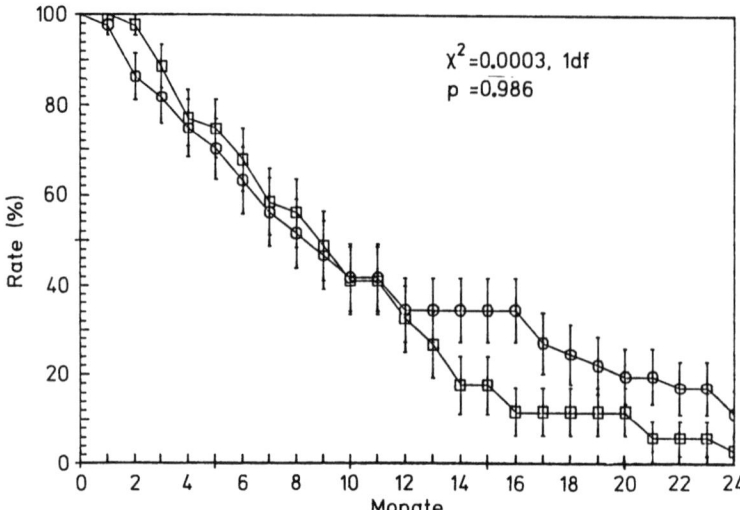

Abb. 13. Ergebnisse einer prospektiv randomisierten Studie von 91 Patienten mit Ösophaguskarzinomen, die keine signifikante Differenz zwischen den beiden Gruppen erkennen lassen. (Scherer u. Bamberg, unveröffentlichte Ergebnisse)

Wenn auch von anderen zur Zeit laufenden Studien in Europa (EORTC), Kanada und Japan noch keine ersten Trendmeldungen vorliegen, so muß jetzt schon davon ausgegangen werden, daß der experimentell so vielversprechende Radiosensitizer Misonidazol die hochgesteckten klinischen Erwartungen nicht erfüllen wird. Die Ergebnisse aus den Phase II-Studien haben bereits deutlich gemacht, daß der therapeutische Nutzen relativ klein und nur in Phase III-Studien mit mehr als 100 Patienten pro Therapiearm nachweisbar sein wird. Dennoch werden solche prospektiv randomisierten Studien mit Tumoren unterschiedlicher Histologie und Lokalisation für notwendig erachtet, da nicht bekannt ist, welcher Reoxygenierungsgrad in den einzelnen menschlichen Tumoren besteht (Phillips et al. 1982).

Gegen diese Flut von Misonidazol-Phase III-Studien wurden auch kritische Stimmen laut, die eine Beschränkung auf die Tumorentitäten forderten, deren lokale Kontrolle durch eine mangelhafte Reoxygenierung limitiert wird (Maor u. Peters 1983). Trotz Fehlens dieser spezifischen radiobiologischen Information können aufgrund klinischer Erfahrungen und grundsätzlicher biologischer Überlegungen von vornherein Studien mit nur geringer Aussicht auf Erfolg vermieden werden. Als Beispiel wird die palliative Therapie bei Hirnmetastasen angeführt. Bei einem maximal zu erwartenden Verstärkungsfaktor des Misonidazols von 1,2 (ER) dürften nach einer Ganzhirnbestrahlung mit 30 Gy keine besseren Resultate zu erwarten sein als nach alleiniger Bestrahlung mit 50 Gy, da in früheren RTOG-Studien selbst kein Unterschied zu einer Ganzhirnbestrahlung mit 30 Gy ohne Sensitizer gefunden wurde (Borgelt et al. 1980).

Auch Harwood (1981) erhebt Einwände gegen einen vorschnellen Einsatz der hypoxischen Zellsensibilisatoren. Während die konventionell fraktionierte Radiotherapie bei fortgeschrittenen Kopf-Hals-Tumoren die allgemein anerkannte Therapiemethode darstellt, verlangt das optimale Vorgehen bei Radiosensitizern die Anwendung von nur wenigen hohen Strahlen- und Substanzeinzeldosen. Diese Forderung darf nicht dazu verleiten, gesicherte Heilungschancen wegen „moderner" Therapiekonzepte leichtfertig aufs Spiel zu setzen. Vielmehr sollten die Sensitizer in vorgegebene Richtlinien der Standardtherapie eingebunden werden, um auf diese Weise ihre Wirksamkeit unter Beweis zu stellen.

E. Entwicklung neuer Radiosensitizer

I. Grundsätzliche Überlegungen

Das Hauptproblem bei der klinischen Anwendung des Misonidazols als Radiosensitizer ist die Neurotoxizität, welche die Einzel- und Gesamtdosis limitiert und damit ein vollständiges Ausschöpfen des sensibilisierenden Effektes vorzeitig verhindert. Mit Einzeldosen von 1,5 bis 2,5 g/m² Misonidazol werden zwar günstige Verstärkungsfaktoren erzielt, es können aber nur weniger als die bei der konventionell fraktionierten Radiotherapie erwünschten 20–40 Dosen appliziert werden. Daher konzentriert sich das gegenwärtige Interesse auf die Entwicklung solcher Substanzen, die erheblich weniger neurotoxisch als das Misonidazol bei gleicher radiosensibilisierender Wirksamkeit sind, so daß bedeutend höhere Dosen zur Erlangung einer maximalen Sensibilisierung verabreicht werden können.

Während der Grad der Strahlensensibilisierung von der Konzentration des Sensitizers in den hypoxischen Zellen zum Zeitpunkt der Bestrahlung abhängig ist, scheint die Neurotoxizität das Ergebnis aus dem Produkt der Konzentration des Sensitizers und der Zeit zu sein, in der das neurale Gewebe dieser Substanz ausgesetzt ist (MELLET 1974; WALKER u. STRIKE 1980). Daraus läßt sich ableiten, daß Pharmaka mit einer kürzeren Halbwertzeit und geringerem Eindringungsvermögen in neurale Gewebe weniger neurotoxisch als das Misonidazol sein werden (BROWN 1982a).

Eine Möglichkeit für die Synthese solcher verbesserter Analoge der hypoxischen Zellsensibilisatoren liegt in der Herabsetzung der Lipidlöslichkeit, während ihre Elektronenaffinität erhalten bleibt. Durch Verminderung der Lipidlöslichkeit wird das Eindringen dieser Substanzen in Gehirn und periphere Nerven erschwert und ihre Konzentration gesenkt, ohne daß die Konzentration im Tumorgewebe beeinträchtigt wird (SOLOWAY et al. 1960; BROWN 1982a, b).

Für das Ausmaß der Radiosensibilisierung ist die Elektronenaffinität des Moleküls verantwortlich, die für die Nitroimidazole durch die Ringstruktur determiniert ist (ADAMS et al. 1979). Maßgebend für die Lipidlöslichkeit ist die aliphatische Seitenkette an der 1-Position des Rings (Abb. 14). Die Unterschiede in der Lipidlöslichkeit von 2-Nitroimidazolen werden durch die Bestimmung des Octanol/Wasser-Verteilungskoeffizienten „P" gemessen (BROWN et al. 1981). Um kürzere Halbwertzeiten, schnellere Ausscheidung über den Urin, verminderte Penetration ins Nervengewebe und geringere Gesamtbelastung durch die Substanz zu erreichen, muß der Verteilungskoeffizient „P" kleiner als der des Misonidazols sein (P = 0,43).

Liegen die lipophilen Eigenschaften der Substanzen jedoch unterhalb eines Verteilungskoeffizienten von 0,04, können sie nicht mehr in die hypoxischen Zellen eindringen und verlieren somit ihre strahlensensibilisierende Wirkung.

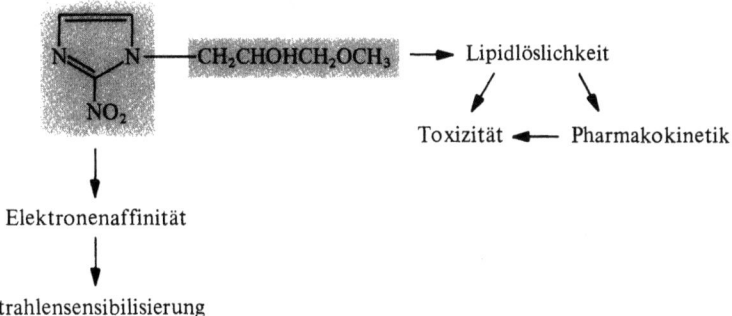

Abb. 14. Die Strukturformel des Misonidazols zeigt auf, daß der Nitroimidazol-Ring weitgehend die Elektronenaffinität des Moleküls bestimmt, während die aliphatische Seitenkette an der 1-Position in erster Linie die Lipidlöslichkeit determiniert. (BROWN 1982b)

Die Lipidlöslichkeit beeinflußt nicht nur das Eindringen in neurales Gewebe, sondern steuert auch andere Stoffwechselvorgänge, insbesondere die Halbwertzeit im Plasma. Dadurch eröffnet sich über die Pharmakokinetik ein zweiter Weg zur Reduzierung der Toxizität ohne Beeinträchtigung des Sensibilisierungsgrades (Abb. 14).

Es wurden bereits mehrere 2-Nitroimidazole synthetisiert und in tierexperimentellen Untersuchungen überprüft, die bei gleicher Elektronenaffinität aber geringerer Lipidlöslichkeit ähnliche Tumor/Plasma-Relationen wie das Misonidazol aufweisen (Brown u. Workman 1980; White et al. 1980). Leider fehlt ein geeignetes Tiermodell, um die Misonidazolinduzierte, periphere Neurotoxizität beim Menschen durch ein äquivalentes Syndrom nachvollziehen zu können. Die akute LD_{50} (letale Dosis zu 50%) bei Mäusen scheint nur eine geringe Korrelation mit der Neuropathie beim Menschen aufzuzeigen. Möglicherweise bestätigen die neuen Substanzen die Wertigkeit der noch nicht gesicherten Test-Systeme (Brown et al. 1981).

II. Demethylmisonidazol

Das Demethylmisonidazol (Ro 05-9963; $P = 0,13$) war bereits als Metabolit des Misonidazol bekannt und als solcher durch die Hochdruckflüssigkeitschromatographie (HPLC) identifiziert worden. In einer Phase I-Studie an 57 Patienten konnte nachgewiesen werden, daß diese Substanz nach oraler Einnahme gut resorbiert wird und günstige Konzentrationen in menschlichen Tumoren erzielt (Dische et al. 1981). Eine kürzere Halbwertzeit und geringere Liquorspiegel schienen die Laborergebnisse zu bestätigen, die auf eine verminderte Neurotoxizität hindeuteten. Die klinischen Auswertungen ergaben jedoch, daß das Demethylmisonidazol in der gleichen Dosierung wie das Misonidazol zu einer ähnlichen Inzidenz an peripherer Neuropathie führt (36%), die in enger Korrelation zur Halbwertzeit steht (Dische et al. 1982).

III. Ro 03-8799

Ein neues 2-Nitroimidazol, das Ro 03-8799, zeigte in vitro eine 5–10fach stärkere strahlensensibilisierende Wirkung (ER) als das Misonidazol, während die Toxizität in Abhängigkeit vom Testsystem gegenüber dem Misonidazol um den Faktor 0,5 bis 2 variierte (Dische et al. 1982; Abb. 15). Messungen in vivo an einem Fibrosarkom der Maus mit einer hypoxi-

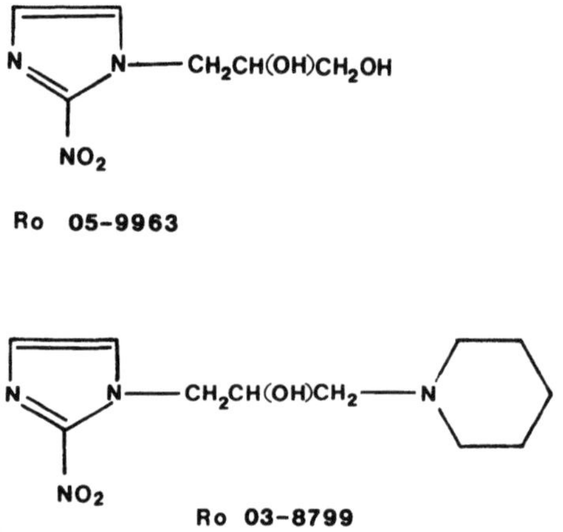

Abb. 15. Strukturformel neuer Radiosensitizer, des Demethyl-Misonidazols (Ro 05-9963) und des Ro 03-8799

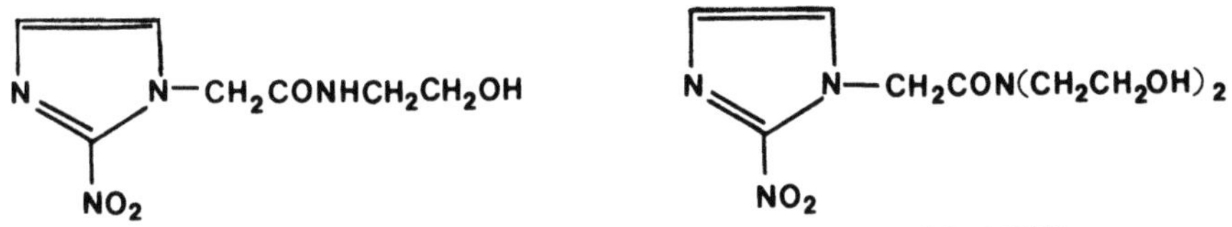

Abb. 16. Strukturformeln der neuen SR-Serie, des SR 2508 und des SR 2525

schen Zellfraktion von 25–50% ergaben eine dem Misonidazol entsprechende Wachstumsverzögerung, so daß diese Substanz in das Programm für klinische Phase I-Studien in England und den USA aufgenommen wurde (WILLIAMS et al. 1982). Über erste klinische Erfahrungen mit diesem intravenös zu applizierenden Sensitizer an 8 Freiwilligen berichteten SAUNDERS et al. (1982), die gegenüber dem Ro 03-8799 eine doppelt so hohe Toleranz wie für Misonidazol fanden. Interessanterweise waren die Konzentrationen in den überwiegend nicht nekrotischen menschlichen Tumoren beträchtlich höher (Faktor 3) als in den gleichzeitig entnommenen Plasmaproben. Nach Ansicht der Autoren findet der Stoffwechsel möglicherweise innerhalb der Tumorzellen statt. Die geringere Neurotoxizität und die rasche Ausscheidung (Halbwertzeit: 5 Std) bilden günstige Voraussetzungen für einen klinischen Einsatz.

IV. SR-2508, SR-2555

Zwei 2-Nitroimidazolamide stellten BROWN et al. (1981) vor, die sie aufgrund ihrer toxikologischen, pharmakologischen und radiobiologischen Versuche an Zellen in vitro und Tumoren in vivo dem Misonidazol in der klinischen Anwendung für überlegen halten. Das SR-2508 und das Misonidazol besitzen dieselbe strahlensensibilisierende Wirksamkeit und sind ein wenig stärkere Radiosensitizer als das SR-2555 (Abb. 16). Das SR-2555 hingegen ist wegen seiner geringeren Lipidlöslichkeit (P=0,023) nicht so neurotoxisch wie das SR-2508 (P= 0,046) oder wie das Misonidazol (P=0,43), scheint aber als schwächerer Sensitizer weniger attraktiv für klinische Studien als das SR-2508 zu sein (WASSERMAN 1981). Nach Extrapolation der an Mäusen (Neurotoxizität) und an Spontantumoren von Hunden (Pharmakokinetik) ermittelten Daten schätzen BROWN et al. (1981), daß in menschlichen Tumoren die Konzentration des SR-2508 gegenüber dem Misonidazol 7,5mal höher liegen darf, um den gleichen neurotoxischen Effekt hervorzurufen. Dadurch könnte eine maximale Strahlensensibilisierung der hypoxischen Zellen auch bei konventioneller Fraktionierung erreicht werden.

F. Kombinationen des Misonidazols mit anderen Substanzen

Es ist auch versucht worden, die Neurotoxizität des Misonidazols durch die gleichzeitige Applikation einzelner Pharmaka zu reduzieren, um eine höhere Dosierung des Misonidazols mit einer entsprechenden Steigerung der Sensibilisierung zu ermöglichen. So berichteten MOORE et al. (1982) über ihre Untersuchungen an 13 Patienten, die zusätzlich zum Misonidazol 100 mg Phenytoin dreimal täglich erhalten hatten.

Von dem Phenytoin und Phenobarbiton war bekannt, daß sie mikrosomale Leberenzyme induzieren, die wesentlich am Stoffwechsel des Misonidazols beteiligt sind. Tierexperimentelle Untersuchungen zeigten, daß die Enzyminduktion durch diese beiden Präparate die Halbwertzeit des Misonidazols ohne Beeinflussung der maximalen Konzentration im Tumor reduziert (WORKMAN 1979).

Tatsächlich verringerte sich die Halbwertzeit innerhalb von 5 Tagen um 25–35%, und die anfängliche Neuropathie bildete sich deutlich zurück.

Ähnliche Erfahrungen machten URTASUN et al. (1982) mit Dexamethason, welches sie ihren Patienten dreimal pro Woche über 3 Wochen (je 1,25 g/m²) und dreimal täglich während 1 Woche (je 2 mg) verabreichten. Die Häufigkeit (um 50%) und die Schwere der neurotoxischen Erscheinungen gingen drastisch zurück. Möglicherweise stehen diese Effekte des Dexamethasons mit seinem Wirkungsmechanismus an den Nervenzellmembranen in Zusammenhang.

Die Nitroverbindungen wirken zwar hauptsächlich als elektronenaffine Sensitizer, können aber auch die Erholung vom potentiell letalen Strahlenschaden beeinträchtigen. Dies geschieht durch eine reaktive Verminderung der intrazellulären Thiole, die entscheidend an diesem Reparatursystem beteiligt sind. Eine der Haupt-Sulfhydrylverbindungen ist das Gluthathion (GSH). Hypoxische Zellen mit einem erniedrigten Gehalt an GSH sind strahlenempfindlicher als euoxische Zellen. Unter anaeroben Bedingungen ist das Misonidazol in der Lage, die Konzentration der intrazellulären Thiole herabzusetzen, eine Reaktion, die chemisch durch Substanzen wie N-äthylmaleinid (NEM), Diamid oder Diäthylmaleat (DEM) verstärkt werden kann. Analysen von der DNA-Schädigung mit Hilfe der alkalischen Filterelutionstechnik zeigten auf, daß das DEM die Zahl der radiogen induzierten Einzelstrangbrüche vergrößert, den Reparaturmechanismus aber nicht signifikant beeinflußt. Diamid und NEM hingegen hemmen zusätzlich den Erholungsvorgang (BRIDGES 1969; HARRIS 1979; BUMP u. BROWN 1982).

G. Neue Nitroimidazole

Weitere Nitroimidazole werden gegenwärtig in zahlreichen Laboratorien auf ihre Eigenschaften als Radiosensitizer überprüft, von denen das MJL-1-191-VII (NSC-38075, GIBCO), das RSU-1047 und das RA-263 als vielversprechend einzustufen sind. Das 4-Nitroimidazol NSC-38075 ist sogar ein weit effektiverer Radiosensitizer als von seiner Elektronenaffinität zu erwarten wäre. Der Sensibilisierungsvorgang scheint nicht nur über die Elektronenaffinität abzulaufen, sondern auch eine Folge des raschen Absenkens der endogenen Thiole – der zellulären, Nichtprotein-Sulfhydrylverbindungen – zu sein (ASTOR et al. 1982). Die Substanzen MTR-1-80 (1-Methyl-5-Bromo-4-Nitroimidazol), NSC-38075, SR 2508 testeten HALL et al. (1982) an Zellkulturen von chinesischen Hamsterzellen und fanden heraus, daß eine Präinkubation dieser Pharmaka einige Zeit vor der Bestrahlung den Sensibilisierungseffekt beträchtlich ansteigen läßt. Unter den Bedingungen von 5 mM Misonidazol und 10% Zellüberlebensraten erhöhte sich der Verstärkungsfaktor (ER) von 2,4 ohne vorherige Inkubation auf 8,8 bei 5 Std Präinkubation. Während einer dreistündigen Präinkubation reduziert sich der relative Gehalt des Gluthathions von 23 auf 12%. Anscheinend wird das „Extra Enhancement Ratio" (EER) deutlich größer, wenn die Thiole auf einen Grenzwert von etwa 10–20% absinken.

Einige Nitroverbindungen, die alkylierende Gruppen enthalten, scheinen überwiegend stärkere Sensitizer (um 30–50%) als das Misonidazol bei geringerer Toxizität zu sein. Über diese Substanzen CB 1954, RSU 1062 und RSU 1069 liegen noch keine Daten vor, die eine Beurteilung über ihre klinische Bedeutung erlauben. Insgesamt befinden sich die experimentellen Versuchsreihen noch in einem sehr frühen Stadium, so daß Aussagen zu den einzelnen Präparaten kritisch zu betrachten sind (STRATFORD 1982).

H. Zytotoxische Eigenschaften der radiosensibilisierenden Nitroverbindungen

Schon 1974 bemerkte Sutherland in seinen Versuchen mit dem multizellulären Spheroid-System im Vergleich zu euoxischen Zellen eine erheblich größere Zytotoxizität des Metronidazols gegenüber hypoxischen Zellen. Nachfolgende Untersuchungen an einzelligen Säugerkulturen bestätigten nicht nur diese Beobachtungen für eine Reihe weiterer nitroheterozyklischer Verbindungen inklusive Misonidazol, sondern deckten auch eine enge Korrelation dieser hypoxisch-zytotoxischen Eigenschaften mit der Elektronenaffinität auf (Hall u. Roizin-Towle 1975; Mohindra u. Rauth 1976). So zeigten die Substanzen mit den höchsten Ein-Elektron-Redoxpotentialen die größte zytotoxische Wirkung (Adams et al. 1980b).

Trotz der Abhängigkeit des sensibilisierenden und des zytotoxischen Effektes von der Elektronenaffinität sind die Wirkungsmechanismen verschieden. Während der Vorgang der Sensibilisierung in Bruchteilen von Sekunden abläuft, wird der hypoxisch zytotoxische Effekt erst nach einem längeren zeitlichen Kontakt (Stunden) zwischen den Zellen und der betreffenden Substanz manifest. Ferner wird die Wirkung der Strahlensensibilisierung nur geringgradig durch die Temperatur beeinflußt, die Zytotoxizität hingegen ist in einem hohen Maß temperaturabhängig. Als weiteres Unterscheidungsmerkmal ist die ausgeprägte Abhängigkeit des zytotoxischen Effektes von dem Zellzyklus mit einem Maximum der Zellabtötung in der frühen S-Phase anzusehen. Schließlich muß noch erwähnt werden, daß das Vitamin C die zytotoxische Wirkung des Misonidazols zwar verstärkt, aber keinen Einfluß auf die radiosensibilisierende Wirksamkeit dieser Substanz besitzt (Adams 1981).

Aufgrund dieser hypoxisch zytotoxischen Eigenschaften der Radiosensitizer wurde Misonidazol mit verschiedenen Zytostatika kombiniert, um möglicherweise eine Wechselwirkung zwischen diesen Substanzen mit einer Steigerung der Zytotoxizität zu erzielen (Foster 1978). Tatsächlich fand man eine erhöhte Empfindlichkeit der Zellen in vitro auf Melphalan, cis-Platinum, Bleomycin, BCNU und CCNU sowie Chlorambucil, wenn sie mit Misonidazol unter hypoxischen Bedingungen in Berührung gekommen waren (McNally et al. 1982). Die Aktivität des Adriamycins und des Actinomycin-D konnte hingegen durch Misonidazol nicht gesteigert werden.

Der genaue Wirkungsmechanismus des Zusammenspiels zwischen Radiosensitizer und Chemotherapeutika ist noch unklar. Man nimmt an, daß es sich in vivo um einen Kombinationseffekt aus der Präinkubation der Nitroverbindungen und einer Hemmung der Reparatur des durch die Zytostatika induzierten Schadens handelt (Brown 1982b; Spunberg 1982).

Zusammenfassend kann nach zahlreichen experimentellen Untersuchungen festgestellt werden, daß das Misonidazol die Wirkung der bifunktionellen Alkylantien und der Nitrosoharnstoffderivate in einem größeren Ausmaß in den Tumoren als in den normalen Geweben verstärkt. Der Umfang dieses therapeutischen Vorteils ist von der Individualität des Tumors, der Dosis des Radiosensitizers und der jeweiligen zeitlichen Abstimmung zwischen den beiden Agentien abhängig. Bei der klinischen Anwendung muß jedoch die nicht unerhebliche Steigerung der Nebenwirkungen auf das gesunde Gewebe berücksichtigt werden (McNally et al. 1982).

I. Zukünftige Schwerpunkte in der Sensitizer-Forschung

Die bisher abgeschlossenen, klinischen Studien mit Misonidazol sind enttäuschend verlaufen. Neuere Substanzen wie SR 2508 und Ro-03-8799 werden gegenwärtig in Phase I- und II-Studien aufgrund ihres experimentell nachgewiesenen, höheren therapeutischen Gewinns (8fach gegenüber Misonidazol und Demethyl-Misonidazol) geprüft. Bevor jedoch weitere Verbindungen in klinischen Versuchsreihen eingesetzt werden, sollten nach den Empfehlungen des 4. Kongresses über „Chemical Modifiers of Cancer Treatment" in Banff (Kanada, 27. 11.–1. 12. 1983) umfassendere Untersuchungen über die zellulären und biochemischen Vorgänge geeignet erscheinender Substanzen durchgeführt werden. In diesem Zusammenhang interessieren besonders die Rolle der SH-Gruppen und die Veränderungen sowie Modifizierungen von Stoffwechselwegen. Die Schwerpunkte in der Erprobung neuer Radiosensitizer werden eindeutig auf die strahlenbiologischen, präklinischen Testungen verlagert, um übereilte Phase III-Studien mit ihren viel zu hohen klinischen Erwartungen zu vermeiden. Aufgrund des vielfältigen Spektrums an strahlensensibilisierenden Substanzen dürften noch in diesem Jahrzehnt neue, richtungweisende Ergebnisse zu erwarten sein, die die Wirksamkeit der Radiotherapie maligner Tumoren verbessern werden.

Danksagung: Wir danken Herrn Dr. P. Tamulevicius für die wissenschaftliche Beratung bei der Anfertigung des Manuskriptes.

Literatur

Adams GE (1973) Chemical radiosensitisation of hypoxic cells. Br Med Bull 29:48–53

Adams GE (1976) Hypoxic cell sensitizers for radiotherapy. In: Becker FF (ed) Cancer: a comprehensive treatise vol 6. Plenum, New York London, pp 181–219

Adams GE (1981) Hypoxia-mediated drugs for radiation and chemotherapy. Cancer 48:696–707

Adams GE, Cooke MS (1969) Electron-affinic sensitisation. 1. A structural basis for chemical radiosensitisers in bacteria. Int J Radiat Biol 15:457–471

Adams GE, Dewey DL (1963) Hydrated electrons and radiobiological sensitisation. Biochem Biophys Res Commun 12:473–477

Adams GE, Asquith JC, Dewey DL, Foster JL, Michael BD, Willson RL (1971) II. Para-nitroacetophenone, a radiosensitiser for anoxic bacterial and mammalian cells. Int J Radiat Biol 19:575–585

Adams GE, Asquith JC, Watts ME, Smithen CE (1972) Radiosensitization of hypoxic cells in vitro – A water-soluble derivative of paranitroacetophenone. Nature New Biol 239:23–24

Adams GE, Flockhart IR, Smithen CE, Stratford IJ, Wardman P, Watts ME (1976a) Electron-affinic sensitization: VII. a correlation between structures, one-electron reduction potentials and efficiencies of nitroimidazoles as hypoxic cell radiosensitizers. Radiat Res 67:9–20

Adams GE, Fowler JF, Wardman P (1976b) Hypoxic cell sensitizers in radiobiology and radiotherapy. 8th L.H. Gray Conference. Br J Cancer [Suppl III] 37:629–636

Adams GE, Clarke ED, Flockhart ED, Jacobs IR (1979) Structureactivity relationships in the development of hypoxic cell radiosensitizers. I. Sensitization efficiency. Int J Radiat Biol 35:133–150

Adams GE, Ahmed I, Fielden EM, O'Neill P, Stratford IJ (1980a) The development of some nitroimidazoles as hypoxic cell sensitizers. Cancer Clin Trials 3:37–42

Adams GE, Stratford IJ, Wallace RG, Wardman P, Watts ME (1980) Toxicity of nitro compounds toward hypoxic mammalian cells in vitro: Dependence on reduction potential. J Natl Cancer Inst 64:555–560

Ang KK, Schueren E van der, Notter G, Horiot JC, Chenal C, Fauchon F, Raps J, Peperzeel H van, Goffin JC, Vessiere M, Glabbeke M van (1982) Split course multiple daily fractionated radiotherapy schedule combined with misonidazole for the management of grade III and IV gliomas. Int J Radiat Oncol Biol Phys 8:1657–1664

Ash DV, Smith MR, Budgen RD (1979) Distribution of misonidazol in human tumours and normal tissues. Br J Cancer 39:503–509

Ashwood-Smith MJ, Robinson DM, Barnes JM, Bridges BA (1967) Radiosensitization of bacterial and mammalian cells by substituted glyoxals. Nature 216:137–139

Asquith JC, Watts ME, Patel K, Smithen CE, Adams GE (1974) Electron-affinic sensitisation: V. Radiosensitisation of hypoxic bacterial and mammalian cells in vitro by some nitroimidazoles and nitropyrazoles. Radiat Res 60:108–118

Astor M, Hall EJ, Biaglow JE, Parham JC (1982) Newly synthesized hypoxia-mediated drugs as radiosensitizers and cytotoxic agents. Int J Radiat Oncol Biol Phys 8:75–83

Bamberg M, Tamulevicius P, Streffer C, Scherer E (1979) Clinical studies with the radiosensitizer misonidazole. In: Current Chemotherapy and Infectious Disease. 11th International Congress of Chemotherapy and 19th Interscience Conference on Antimicrobial Agents and Chemotherapy, 1.–5. 10. 1979. Boston/Mass USA. American Society of Microbiology, Washington/DC, pp 1550–1555

Bamberg M, Tamulevicius P, Streffer C, Scherer E (1981) Klinische Erfahrungen mit dem Strahlensensibilisator Misonidazol. Strahlentherapie 157:524–536

Barendsen GW, Walter HMD, Fowler JF, Bewley DK (1983) Effects of different ionizing radiations on human cells in tissue culture. III. Experiments with cyclotron-accelerated alphaparticles and deuterons. Radiat Res 18:106–119

Begg AC, Sheldon PW, Foster JL (1974) Demonstration of radiosensitization of hypoxic cells in solid tumours by Metronidazole. Br J Radiol 47:399–404

Berry RJ, Asquith JC (1974) Cell-cycle dependent and hypoxic radiosensitisers. In: Advances in chemical radiosensitisation. Int Atom Energy Agency, Vienna, p 25

Bleehen NM (1980) Pharmacokinetic and therapeutic studies with misonidazole and desmethylmisonidazole in man. Int Conf Chemistry, Pharmacology and Clinical Application of Nitroimidazoles, Cesenatico/Italien, 27.–30. Aug

Bogaert W van den, Schueren E van der, Horiot J-C, Chaplain G, Arcangeli G, Gonzales D, Svoboda V (1982) The feasibility of high-dose multiple daily fractionation and its combination with anoxic cell sensitizers in the treatment of head and neck cancer. Int J Radiat Oncol Biol Phys 8:1649–1655

Borgelt BB, Gelber R, Kramer S, Brady L, Chang C (1980) The palliation of brain metastases: Final results of the first two studies by the Radiation Therapy Oncology Group. Int J Radiat Oncol Biol Phys 6:1–9

Brenk HAS, Kerr RC van den, Richter W, Papworth MD (1966) Enhancement of radiosensitivity of skin of patients by high pressure oxygen. Br J Radiol 38:857–864

Bridges BA (1960) Sensitization of escherichia coli to gamma radiation by N-ethylmaleimide. Nature 188:415–418

Bridges BA (1969) Sensitization of organisms to radiation by sulphydryl binding agents. Adv Radiat Biol 3:123–187

Brown JM (1982b) Clinical perspectives for the use of new hypoxic cell sensitizers. Int J Radiat Oncol Biol Phys 8:1491–1497

Brown JM (1982a) Mechanisms of cytotoxicity and chemosensitization. Int J Radiat Oncol Biol Phys 8:675–682

Brown JM, Workman P (1980) Partition coefficient as a guide to the development of radiosensitizers which are less toxic than misonidazole. Radiat Res 82:171–190

Brown JM, Yu NY, Brown DM, Lee WW (1981) SR-2508: A 2-nitroimidazole amide which should be superior to misonidazole as a radiosensitizer for clinical use. Int J Radiat Oncol Biol Phys 7:695–703

Bump E, Brown JM (1982) The use of drugs which deplete intracellular Glutathione in hypoxic cell radiosensitization. Int J Radiat Oncol Biol Phys 8:439–442

Carabell SC, Bruno LA, Weinstein AS, Richter MP, Chang CH, Weiler CB, Goodman RL (1981) Misonidazole and radiotherapy to treat malignant glioma: A phase II-trial of the Radiation Therapy Oncology Group. Int J Radiat Oncol Biol Phys 7:71–77

Chapman JD (1979) Hypoxic sensitizers – Implications for radiation therapy. N Engl J Med 301:1429–1432

Chapman JD, Webb RG, Borsa J (1971) Radiosensitisation of mammalian cells by p-nitroacetophenone. I. Characterisation in asynchronous and synchronous populations. Int J Radiat Biol 19:561–574

Chapman JD, Reuvers AP, Borsa J, Petkau A, McCalla D (1972) Nitrofurans as radiosensizers of hypoxic mammalian cells. Cancer Res 32:2616–2624

Chapman JD, Reuvers AP, Borsa J (1973) Effectiveness of nitrofuran derivates in sensitising hypoxic mammalian cells to X-rays. Br J Radiol 46:623–630

Chavaudra N, Guichard M, Malaise E-Ph (1981) Hypoxic fraction and repair of potentially lethal radiation damage in two human melanomas transplanted into nude mice. Radiat Res 88:56–68

Churchill-Davidson I, Sanger C, Lond MB, Thomlinson RH (1955) High pressure oxygen and radiotherapy. Lancet 1:1091–1095

Churchill-Davidson I, Foster CA, Wiernik G (1966) The place of oxygen in radiotherapy. Br J Radiol 39:321–331

Cooper JS, Fife KD, Borok TL, Waltzmann SB (1980) Detection of toxicity from the radiosensitizing drug misonidazole by serial audiograms. In: Brady LW (ed) Radiation sensitizers. Masson, New York, pp 490–494

Coxon A, Pallis CA (1976) Metronidazole neuropathy. J Neurol Neurosurg Psychiatry 39:403

Crabtree HG, Cramer W (1933) Action of radium on cancer cells. Some factors affecting susceptibility of cancer cells to radium. Proc R Soc Lond [Biol] 113:238–240

Cummings BJ, Thomas GM, Rauth AM, Sorrenti V, Black B, Bush RS (1982) Neurotoxic radiosensitizers and head and neck cancer patients – how many will benefit? Int J Radiat Oncol Biol Phys 8:343–345

Dawes PJDK, Peckham MJ, Steel GG (1978) The response of human tumour metastases to radiation and misonidazole. Br J Cancer [Suppl III] 37:290–296

Denekamp J, Fowler JF (1978) Radiosensitisation of solid tumours by nitroimidazoles. Int J Radiat Oncol Biol Phys 4:143–151

Denekamp J, Harris SR (1976) The response of a transplantable tumor to fractionated irradiation. I. X-rays and the hypoxic cell sensitizer Ro-07-0582. Radiat Res 66:66–75

Denekamp J, Michael BD (1972) Preferential sensitisation of hypoxic cells to radiation in vivo. Nature 239:21–23

Denekamp J, Michael BD, Harris SR (1974) Hypoxic cell radiosensitisers. Comparative tests of some electronaffinic compounds using epidermal cell survival in vivo. Radiat Res 60:119–132

Denekamp J, Harris SR, Morris C, Field SB (1976) The response of a transplantable tumor to fractionated irradiation. II. Fast neutrons. Radiat Res 68:93–103

Deutsch G, Foster JL, Fadzean A, Parnell M (1975) Human studies with "high-dose" metronidazole: a non-toxic radiosensitiser of hypoxic cells. Br J Cancer 31:75–80

Dische S (1978) Hypoxic cell sensitizers in radiotherapy. Int J Radiat Oncol Biol Phys 4:157–160

Dische S (1980) Misonidazole and desmethylmisonidazole in clinical radiotherapy. Int Conf Chemistry Pharmacology and Clinical Application of Nitroimidazoles, Cesenatico, Italien, 24.–38. VIII

Dische S, Gray AJ, Zanelli GD (1976) Clinical testing of the radiosensitizer Ro-07-0582. II. Radiosensitization of normal and hypoxic skin. Clin Radiol 27:159–166

Dische S, Saunders MI, Lee ME, Adams GE, Flockhart IR (1977) Clinical testing of the radiosensitizer Ro-07-0582: Experience with multiple doses. Br J Cancer 35:567–579

Dische S, Saunders MI, Flockhart IR (1978) The optimum regime for the administration of misonidazole and the establishment of multicentre Clinical Trials. Br J Cancer [Suppl III] 37:318–321

Dische S, Saunders MI, Riley PJ, Hauck PJ (1981) The concentration of desmethylmisonidazole in human tumours and in cerebro-spinal fluid. Br J Cancer 43:344–349

Dische S, Saunders MI, Anderson P, Stratford MR, Minchinton A (1982) Clinical experience with nitroimidazoles as radiosensitizers. Int J Radiat Oncol Biol Phys 8:335–338

Dugle DL, Chapman JD, Gillespie CJ (1972) Radiation-induced strand breakage in mammalian cell DNA. Int J Radiat Biol 22:545–555

Fazekas JT, Goodman RL, McLean CJ (1981) The value of adjuvant misonidazole in the definitive irradiation of advanced head and neck squamous cancer: an RTOG pilot study (# 78-02). Int J Radiat Oncol Biol Phys 7:1703–1708

Flockhart IR, Large P, Troup D, Malcolm SL, Marten TR (1978) Pharmacokinetic and metabolic studies of the hypoxic cell radiosensitizer misonidazole. Xenobiotica 8:97

Foster JL (1978) Differential cytotoxic effects of metronidazole and other nitro-heterocyclic drugs against hypoxic tumour cells. Int J Radiat Oncol Biol Phys 4:153–156

Foster JL, Willson RL (1973) Radiosensitisation of anoxic cells by metronidazole. Br J Radiol 46:234–235

Foster JL, Flockhart IR, Dische S, Gray A, Lenox-Smith I, Smithen CE (1975) Serum-concentration measurements in man of the radiosensitizer Ro-07-0582: Some preliminary results. Br J Cancer 31:679–683

Fowler JF (1979) Hypoxic cell radiosensitizers: In: Wannenmacher M (ed) Kombinierte Strahlen- und Chemotherapie. Urban & Schwarzenberg, Muenchen Wien Baltimore, S 12–19

Fowler JF, Denekamp JD (1980) A review of hypoxic cell radiosensitization in experimental tumors. Pharmacol Therapeut 7:413–444

Fowler JF, Denekamp J, Page AL, Field AC, Butler SB (1972) Fractionation with X-rays and neutrons in mice: response of skin and C3H mammary tumours. Br J Radiol 45:237–249

Fowler JF, Adams GE, Denekamp J (1976) Radiosensitizers of hypoxic cells in solid tumours. Cancer Treat Rev 3:227–256

Fowler JF, Sheldon PW, Denekamp J, Field SB (1976) Optimum fractionation of the C3H mouse mammary carcinoma using X-rays, the hypoxic-cell radiosensitiser Ro-07-0582, or fast neutrons. Int J Radiat Oncol Biol Phys 1:579–592

Gray AJ, Dische S, Adams GE, Flockhart I, Foster JL (1976) Clinical testing of the radiosensitizer RO 07-0582. Dose tolerance serum and tumor concentrations. Clin Radiol 27:151–157

Gray LH, Read J (1942a) The effect of ionizing radiations on the broad bean root. Part I. General notes. Br J Radiol 15:11–16

Gray LH, Read J (1942b) The effect of ionizing radiations on the broad bean root. Part II. The lethal action of gamma radiation. Br J Radiol 15:39–42

Gray LH, Read J (1944) The effect of ionizing radiations on the broad bean root. Part VI. The summation of the effects of radiation of different ion density. A – neutrons and gamma radiation, B – alpha and x-ray radiation. Br J Radiol 17:271–273

Gray LH, Read J (1950) The effect of ionizing radiations on the broad bean root. Part VII. The inhibition of mitosis by alpha radiation. Br J Radiol 23:300–303

Gray LH, Read J, Poynter M (1943) The effect of ionizing radiations on the broad bean root. Part V. The lethal action of x-radiation. Br J Radiol 16:125–128

Gray LH, Conger AD, Ebert M, Hornsey S, Scott OCA (1953) The concentration of oxygen dissolved in tissues at the time of irradiation as a factor in radiotherapy. Br J Radiol 26:638–648

Hall EJ, Roizin-Towle L (1975) Hypoxic sensitizers: Radiobiological studies at the cellular level. Radiology 117:453–457

Hall EJ, Astor M, Biaglow J, Parham JC (1982) The enhanced sensitivity of mammalian cells to killing by X rays after prolonged exposure to several nitroimidazoles. Int J Radiat Oncol Biol Phys 8:447–451

Harris JW (1979) Mammalian cell studies with Diamide. Pharmacol Ther 7:375–384

Harwood AR (1981) Clinical trials of radiation sensitizers in head and neck cancer. Int J Radiat Oncol Biol Phys 7:1739–1740

Henk JM, Smith CW (1977) Radiotherapy and hyperbaric oxygen in head and neck cancer. Lancet 2:104–105

Holfeld H, Bamberg M (1980) Allgemeine Prinzipien und neue Entwicklungen der zytostatischen Tumortherapie. Strahlentherapie 156:297–307

Holthusen H (1921) Beitraege zur Biologie der Strahlenwirkung. Pflueger's Archiv fuer die gesamte Physiologie 187:1–24

Jaffe HH (1953) A reexamination of the Hammett equation. Chem Rev 53:191–261

Kogelnik HD, Meyer HJ, Jentsch K, Szepesi T, Kaercher KH, Maida E, Mamoli B, Wessely P, Zaunbauer F (1978) Further clinical experience of a phase I study with the hypoxic cell radiosensitizer misonidazole. Br J Cancer 37:281–285

Leibel SA, Order SC, Rominger CJ, Asbell SO (1981) Palliation of the liver metastases with combined hepatic irradiation and misonidazole: results of a Radiation Therapy Oncology Group phase I-II study. Cancer Clin Trials 4:285–293

Maor MH, Peters LJ (1983) Selection of appropriate studies for phase III trials of radiosensitizers. Int J Radiat Oncol Biol Phys 9:271

McNally NJ, Denekamp J, Sheldon PW, Flockhart IR (1971) Hypoxic cell sensitisation by misonidazole in vivo and in vitro. Br J Radiol 51:317–318

McNally NJ, Stephens TC, Hinchliffe PR, Peacock M (1982) The effect of cytotoxic drugs with or without misonidazole on leucopenia in three strains of mice. Int J Radiat Oncol Biol Phys 8:659–662

Meisel D, Czapski G (1975) One-electron transfer equilibrium and redox potentials of radicals studied by pulse radiolysis. J Am Chem Soc 79:1503–1509

Mellett IB (1974) The constancy of the product of concentration and time. In: Sartorelli AC, Johns DG (eds) Antineoplastic and immuno-suppressive agents. Springer, Berlin Heidelberg New York, pp 330–340

Milne N, Hill RP, Bush RS (1973) Factors affecting hypoxic KHT tumour cells in mice breathing O_2, CO_2 or hyperbaric oxygen with or without anaesthetic. Radiology 106:663–672

Mitchell JS (1960) Studies in radiotherapeutics. Blackwell, Oxford

Mohindra JK, Rauth AM (1976) Increased cell killing by metronidazole and nitrofurazone of hypoxic compared to aerobic mammalian cells. Cancer Res 36:930–936

Moore BA, Biol FI, Paterson ICM, Dawes PJDK, Henk JM (1982) Misonidazole in patients receiving radical radiotherapy: Pharmacokinetic effects of phenytoin tumor response and neurotoxicity. Int J Radiat Oncol Biol Phys 8:361–364

Mottram JC (1924) On the skin reactions to radium exposure and their avoidance in therapy: an experimental investigation. Br J Radiol 29:174–180

Mottram JC (1935) On the alteration in the sensitivity of cells towards radiation produced by cold and by anaerobiosis. Br J Radiol 8:34–39

MRC Working Party (1983) A study of the effect of misonidazole in conjunction with radiotherapy for the treatment of grades 3 and 4 astrocytomas. Br J Radiol 56:673–682

Nelson DF, Schoenfeld D, Weinstein AS (1983) A randomized comparison of misonidazole sensitized radiotherapy plus BCNU and radiotherapy plus BCNU for treatment of malignant glioma after surgery; Preliminary results of an RTOG study: Int J Radiat Oncol Biol Phys 9:1143–1151

Olive PL, Juch WR, Sutherland RM (1972) The effect of triacetoneamine-N-oxyl on oxygenation and radiocurability of a mouse mammary carcinoma. Radiat Res 52:618–626

Parker L, Skarsgard LD, Emmerson PT (1969) Sensitisation of anoxic mammalian cells to x-rays by triacetoneamine-N-oxyl. Radiat Res 38:493–500

Partington J, Koziol D, Chapman D, Rabin H, Urtasun RC (1979) New side effect of the hypoxic cell sensitizer, misonidazole. Cancer Treat Rep 63:123–125

Petry E (1923) Zur Kenntnis der Bedingungen der biologischen Wirkungen der Roentgenstrahlen. Biochem Zeitschr 135:353–383

Phillips TL, Wassermann TH, Johnson RJ, Gomer CG, Lawrence GA, Levine ML, Sadee W, Penta JS, Rubin DJ (1978) The hypoxic cell sensitizer programme in the United States. Br J Cancer [Suppl III] 37:276–280

Phillips TL, Newall J, Order SE, Rubin P, Wara WM, Wassermann TH (1980) A phase II evaluation of misonidazole in patients with brain metastases (Abstr). Int J Radiat Oncol Biol Phys 6:1391–1392

Phillips TL, Wassermann TH, Johnson RJ, Levin VA, Raalte G van (1981) Final report on the United States phase I clinical trial of the hypoxic cell radiosensitizer, misonidazole (Ro 07-0582). Cancer 48:1697–1704

Phillips TL, Wassermann TH, Stetz J, Brady LW (1982) Clinical trials of hypoxic cell sensitizers. Int J Radiat Oncol Biol Phys 8:327–334

Putten LM van, Smink T (1976) Effect of Ro-07-0582

and radiation on a poorly re-oxygenating mouse osteosarcoma, in „Modifications of Radiosensitivity of Biological Systems". Int Atom Energy Agency, Vienna, pp 179–190

Raleigh JA, Chapman JD, Borsa J, Kremers W, Reuvers P (1973) Radiosensitization of mammalian cells by p-nitroacetophenone III. Effectiveness of nitrobenzene analogues. Int J Radiat Biol 23:377–387

Rauth AM, Kaufmann K, Thomson JE (1975) In vivo testing of hypoxic cell radiosensitizers. In: Nygaard DF, Adler HI, Sinclair W (eds) Radiation research. Academic Press, New York San Francisco London, pp 761–772

Read J (1952a) The effect of ionizing radiations on the broad bean root. Part X. The dependence of the x-ray sensitivity on dissolved oxygen. Br J Radiol 25:89–99

Read J (1952b) The effect of ionizing radiations on the broad bean root. Part XI. The dependence of the alpha ray sensitivity on dissolved oxygen. Br J Radiol 25:651–661

Sack H, Calcanis A, Godehardt E, Weidtmann V, Zuelch KJ, Ammon J, Bamberg M, Herbst M, Keim H, Kleibel F, Makoski HB, Potthoff PC, Schlegel G, Schnepper E (1982) Die postoperative Strahlenbehandlung von Astrozytomen Grad 3 und 4 mit dem Strahlensensibilisator Misonidazol. Strahlentherapie 158:466–469

Saunders MI, Dische S, Anderson P, Flockhart IR (1978) Neurotoxicity of misonidazole and its relationship to dose, half-life and concentration in the serum. Br J Cancer [Suppl III] 37:268–270

Saunders MI, Dische S, Kogelnik HD, Sealy R, Lenox-Smith I (1980) Skin rashes associated with the administration of the 2-nitroimidazole, misonidazole. Cancer Treat Rep 64:263–268

Saunders MI, Anderson P, Dische S, Martin WMC (1982) A controlled clinical trial of misonidazole in the radiotherapy of patients with carcinoma of the bronchus. Int J Radiat Oncol Biol Phys 8:347–350

Schwarz G (1910) Zur genaueren Kenntnis der Radiosensibilitaet. Wien Klin Wochenschr 11:397–398

Sealy R, Williams A, Cridland S, Stratford M, Minchinton A, Hallet C (1982) A report on misonidazole in a randomized trial in locally advanced head and neck cancer. Int J Radiat Oncol Biol Phys 8:339–342

Sheldon PW, Fowler JF (1978) Radiosensitisation by misonidazole (Ro 07-0582) of fractionated x-rays in a murine tumour. Br J Cancer [Suppl III] 37:242–245

Sheldon PW, Hill SA (1977) The effect of hypoxic cell radiosensitising drugs on local control by X-rays of a transplanted anaplastic tumour in mice. Br J Cancer 35:795–808

Sheldon PW, Smith AM (1975) Modest radiosensitisation of solid tumours in C3H mice by NDPP. Br J Cancer 31:81–88

Sheldon PW, Foster JL, Fowler JF (1974) Radiosensitization of C3H mouse mammary tumours by a 2-nitroimidazole drug. Br J Cancer 30:560–565

Simic M, Powers EL (1974) Correlation of the efficiencies of some radiation sensitizers and their redox potentials. Int J Radiat Biol 26:87–90

Simpson JR, Perez CA, Phillips TL, Concannon JP, Carella RJ (1982) Large fraction radiotherapy plus misonidazole for treatment of advanced lung cancer. Report of phase I/II trial. Int J Radiat Oncol Biol Phys 8:303–308

Soloway AH, Withman B, Messer JR (1960) Penetration of brain and brain tumor by aromatic compounds as a function of molecular substituents. J Pharmacol Exp Ther 129:310–314

Spunberg JJ, Geard CR, Rutledge-Freeman MH (1982) A comparison of the cytological effects of three hypoxic cell radiosensitizers. Int J Radiat Oncol Biol Phys 8:1207–1215

Stratford IJ (1982) Mechanisms of hypoxic cell radiosensitization and the development of new sensitizers. Int J Radiat Oncol Biol Phys 8:391–398

Streffer C (1980) Biologische Grundlagen der Strahlentherapie. In: Scherer E (Hrsg) Strahlentherapie – Radiologische Onkologie, 2. Aufl. Springer, Berlin Heidelberg New York, S 197–266

Streffer C (1981) Biologische Grundlagen der Strahlentherapie. In: Scherer E (Hrsg) Strahlentherapie, 3. Aufl. Thieme, Stuttgart New York, S 79–124

Suit HD (1973) Radiation biology: A basis for radiotherapy. In: Fletcher GH (eds) Textbook of radiotherapy, 2nd edn. Lea & Febinger, Philadelphia, pp 75–121

Suit HD (1978) Hyperbaric oxygen and irradiation. Review of laboratory experimental and clinical data. In: Proc Internat Meeting for Radio-Oncology, Baden/Oesterreich, Mai 1978

Suit HD, Maeda M (1966) Hyperbaric oxygen and radiobiology of C-3-H mouse mammary carcinoma. Am J Roentgenol 96:177–192

Sutherland RM (1974) Selective chemotherapy of noncycling cells in an in vitro tumor model. Cancer Res 34:3501–3503

Tamulevicius P, Bamberg M, Scherer E, Streffer C (1981) Misonidazole as a radiosensitizer in the radiotherapy of glioblastomas and oesophageal cancer. Pharmacokinetic and clinical studies. Br J Radiol 54:318–324

Tamulevicius P, Bamberg M, Scherer E, Streffer C (1983) Misonidazole: Pharmacokinetic considerations in clinical and experimental studies. Verh Dtsch Krebs Ges 4:78

Thomlinson RH, Gray LH (1955) The histological structure of some human lung cancers and the possible implication for radiotherapy. Br J Cancer 9:539–549

Thomlinson RH, Dische S, Gray AJ, Errington LM

(1976) Clinical testing of the radiosensitiser Ro 07-0582. III. Response of tumours. Clin Radiol 27:167–174

Urtasun RC, Chapman D, Band PR, Rabin H, Fryer C, Sturmwind J (1975) Phase I-Study of high dose metronidazole, an "in vivo" and "in vitro" specific radiosensitizer of hypoxic cells. Radiology 117:129–133

Urtasun RC, Band P, Chapman JD, Feldstein ML, Mielke B, Fryer C (1976) Radiation and high-dose metronidazole in supratentorial glioblastomas. N Engl J Med 294:1364–1367

Urtasun RC, Band P, Chapman JD, Feldstein ML (1977a) Radiation plus metronidazole for glioblastoma. N Engl J Med 296:757

Urtasun RC, Band PR, Chapman JD, Rabin JR, Wilson AF, Fryer CG (1977b) Clinical phase I study of the hypoxic cell radiosensitizer Ro-07-0582, a 2-nitroimidazole derivative. Radiology 122:801–804

Urtasun RC, Chapman JD, Feldstein ML, Band RP, Rabin HR, Wilson AF, Marynowski B, Starreveld E, Shnitka T (1978) Peripheral neuropathy related to misonidazole: incidence and pathology. Br J Cancer [Suppl III] 37:271–275

Urtasun RC, Tanasichuk H, Fulton D, Agboola O, Turner AR, Koziol D, Raleigh J (1982) High dose misonidazole with dexamethasone rescue: A possible approach to circumvent neurotoxicity. Int J Radiat Oncol Biol Phys 8:365–369

Walker MD, Strike TA (1980) Misonidazole peripheral neuropathy. Cancer Clin Trials 3:105–109

Wardman P (1977) The use of nitroaromatic compounds as hypoxic cell radiosensitizers. Curr Top Radiat Res 11:347–398

Wassermann TH (1981) Hypoxic cell radiosensitizers – present and future. Int J Radiat Oncol. Biol Phys 7:849–852

Wassermann TH, Phillips TL, Raalte G van, Urtasun R, Partington J, Koziol D, Schwade JG, Gangji D, Strong JM (1980) The neurotoxicity of misonidazole: potential modifying role of phenytoin sodium and dexamethasone. Br J Radiol 53:172–173

White RAS, Workman P, Freedman LS, Owen LN, Bleehen NM (1979) The pharmacokinetics of misonidazole in the dog. Eur J Cancer 15:1233–1242

White RAS, Workman P, Brown JM (1980) The pharmacokinetics, tumor and neural tissue pene-

trating properties in the dog of SR-2508 and SR-2555 – hydrophilic radiosensitizers potentially less toxic than misonidazole. Radiat Res 84:542–561

Whitmore GF, Gulyas S, Varghese AJ (1975) Studies on the radiation-sensitizing action of NDPP, a sensitizer of hypoxic cells. Radiat Res 61:325–341

Wiltshire CR, Workman P, Watson JV, Bleehen NM (1978) Clinical studies with misonidazole. Br J Cancer [Suppl III] 37:286–289

Williams MV, Chir B, Denekamp J, Minchinton AI, Stratford MR (1982) In vivo testing of A 2-Nitroimidazole radiosensitizer (Ro 03-8799) using repeated administration. Int J Radiat Oncol Biol Phys 8:477–481

Windeyer B (1978) Hyperbaric oxygen radiotherapy. The Medical Research Council's Working Party. Br J Radiol 51:875

Withers HR (1967) The dose survival relationship for irradiation of epithelial cells of mouse skin. Br J Radiol 40:187–194

Workman P (1979) Effects of pretreatment with phenobarbitone and phenytoin on the pharmacokinetics and toxicity of misonidazole in mice. Br J Cancer 40:335–353

Workman P (1980) The neurotoxicity of misonidazole: potential modifying role of dexamethasone. Br J Radiol 53:736–741

Workman P, Little CJ, Marten TR, Flockhart IR, Bleehen NM (1978) Estimation of the hypoxic cell sensitizer misonidazole and its O-demethylated metabolite in biological material by reversed phase high performance liquid chromatography. J Chromatogr 145:507–512

Ydrach AA, Parsons J, Concannon J, Asbell SO, George F, Marcial VA (1982) Misonidazole and unconventional radiation in advanced squamous cell carcinoma of the esophagus: A phase II protocol (RTOG 78-32) for the evaluation of misonidazole combined with radiation in the treatment of locally advanced squamous cell carcinoma of the esophagus. Int J Radiat Oncol Biol Phys 8:357–359

Zagars G, Baird M, Rubin P, Salazar O, Phillips TL (1982) Misonidazole and hemi-body irradiation for the palliation of widespread symptomatic metastases: Progress report of an on-going RTOG phase I/II study (Abstr). Submitted to Int J Radiat Oncol Biol Phys

4. Probleme der gleichzeitigen Tumortherapie mit Strahlen und chemischen Substanzen

Von

M. Wannenmacher

Mit 2 Abbildungen und 2 Tabellen

A. Allgemeine Grundsätze der gleichzeitigen Anwendung von Strahlen und pharmakologischen Substanzen

Die gleichzeitige Anwendung von ionisierenden Strahlen und chemischen Substanzen verfolgt generell drei unterschiedliche Wege:

1. Die Strahlentherapie saniert analog der Operation lokal den Tumor und gleichzeitig wird eine (adjuvante) Chemotherapie eingesetzt, um eine nachgewiesene oder anzunehmende Fernmetastasierung zu behandeln. Eine Wirkung der zusätzlichen Chemotherapie am Primärtumor wird dabei nicht erwartet.

2. Strahlentherapie und Chemotherapie werden gemeinsam in bestimmtem zeitlichem Zusammenhang eingesetzt, um am Tumor eine additive Wirkung zu erzielen unter der Vorstellung, daß diese an den umgebenden gesunden Geweben keine kumulative Wirkung hervorruft.

3. Die Chemotherapie wird mit dem Ziel eingesetzt, eine Verstärkung der Strahlentherapie am Tumor im Sinne einer Sensibilisierung zu erreichen. Ist die Wirksamkeit der Kombination größer, als diejenige der Einzeleffekte, so liegt eine Potenzierung, zumindest aber ein Synergismus vor. Dabei geht man von der Vorstellung aus, daß die Interaktion am Tumor entscheidend zur Vernichtung der Zellen führt, diejenige am gesunden Gewebe jedoch toleriert wird.

Schon frühzeitig bemühte sich die klinische Strahlentherapie um pharmakologische Substanzen, welche die Wirkung ionisierender Strahlen, insbesondere auf strahlenresistente Tumoren, verstärken sollten. Bei den soliden Tumoren finden sich jedoch neben einer gesteigerten Rate primärer Remissionen ohne entscheidende Verbesserung der Langzeitergebnisse gegenüber der radiologischen Monotherapie, eine wechselnde Zahl erheblich ausgeprägter Nebenwirkungen. Zahlreiche Substanzen sind in strahlenbiologischen Experimenten untersucht und ihre Wirksamkeit als Kombinationssubstanz bewiesen worden. Allerdings hat die Übertragung in die Klinik nur teilweise die erwarteten Hoffnungen erfüllt (Wannenmacher 1975).

Eine schwer überschaubare Problematik ergibt sich bei Bestrahlung und simultaner oder sequentieller medikamentöser Therapie dadurch, daß sich das Ausmaß des Summationseffektes weder am Tumorgewebe noch am doppelt belasteten Umgebungsgewebe befriedigend beurteilen läßt (Hünig et al. 1979). Wenn auch das Ausmaß der akuten Nebenwirkungen einer bestimmten Behandlungsform in Abhängigkeit von individuellen Voraussetzungen, Dosis und Dauer der Behandlung bekannt sind, so kann der Kliniker bis heute noch nicht abschätzen, welche kurative Strahlendosis innerhalb der Kombinationsbehandlung angemessen scheint, um ein Maximum an Tumorwirkung bei einer vertretbaren Nebenwirkungsrate zu erzielen. Eine gewisse Ausnahme scheinen die malignen Lymphome und der Wilms-Tumor darzustellen.

Grundsätzlich treten keine neuen, bzw. unbekannten Nebenwirkungen auf, die uns nicht von der einen oder anderen Behandlungsform her geläufig wären; lediglich sind bei der „combined modality" ungeahnte Potenzierungen möglich, die bei alleiniger Anwendung einer Behandlungsart erst bei außergewöhnlich hohen Dosierungen erreicht werden (Abb. 1, 2). Auch Blutbildveränderungen treten bei großen Bestrahlungsvolumina in Verbindung mit einer systemischen Chemotherapie gelegentlich schneller und ausgeprägter in Erscheinung.

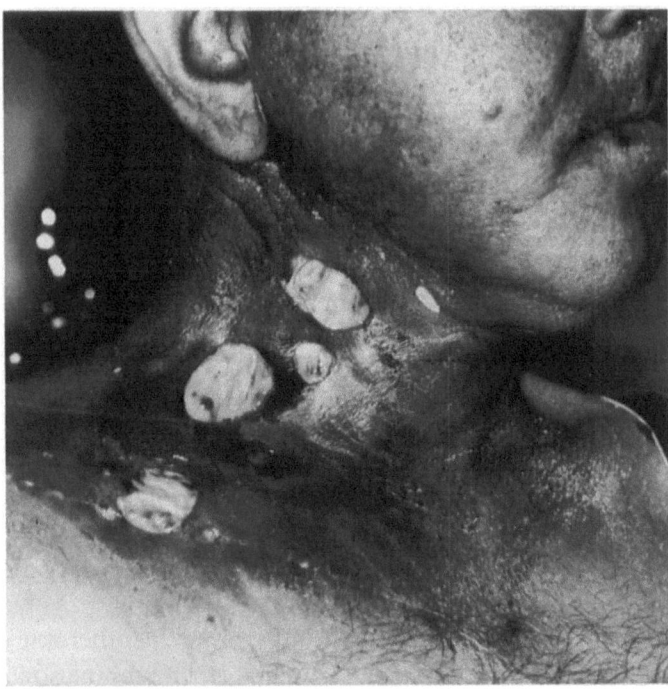

Abb. 1. Mundbodenkarzinom mit Hals-Lymphknoten-Metastasen. Kombinationsbehandlung mit Adriamycin und anschließender Strahlentherapie

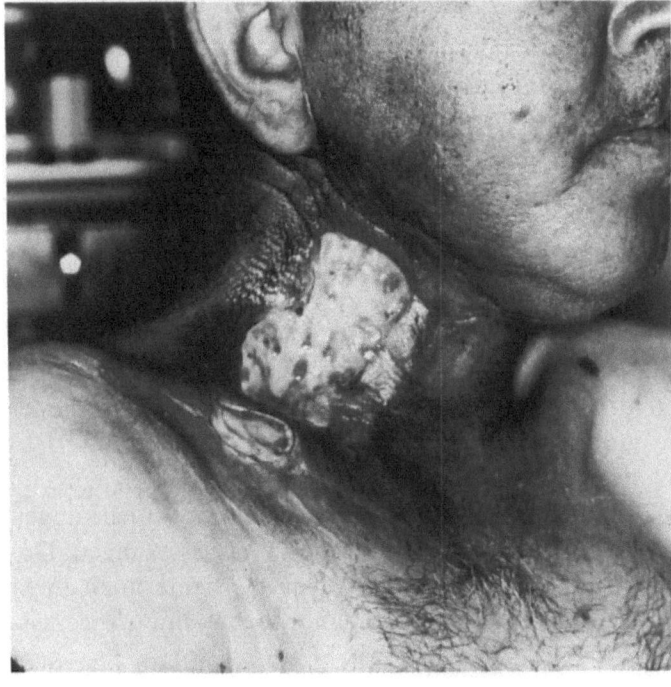

Abb. 2. Derselbe Patient wie Abb. 1 trotz Unterbrechung der Strahlentherapie fortschreitender ulzerös nekrotisierender Prozeß. (Gesamtdosis 35 Gy, 300 mg Adriablastin)

Das Ausmaß der Interaktion von Chemotherapie und Radiotherapie ist unterschiedlich für verschiedene Zytostatika sowie die einzelnen menschlichen Organe und hängt nicht zuletzt vom zeitlichen Intervall zwischen Chemotherapie und Strahlentherapie ab (TROTT 1974). Den umfassendsten Überblick über die Nebenwirkungen einzelner Zytostatika in Kombination mit der Radiotherapie ergab die „Conference on combined modalities: Chemotherapy/Radiotherapy" von 1978 in Head Island, South Carolina.

Neben den Wechselwirkungen einzelner Zytostatika mit den Strahleneffekten können organspezifische Wirkungen der Substanz selbst auftreten, welche durch die Bestrahlung noch potenziert werden: so beispielsweise das Bleomycin, das Adriamycin, das Methotrexat im ZNS (STREFFER 1980). Derartige Effekte werden insbesondere bei kindlichen Tumoren, bei denen eine derartige Kombinationstherapie bereits längere Zeit durchgeführt wird, beobachtet (Tabelle 1).

Tabelle 1. Komplikationen an Normalgeweben nach Kombination von Bestrahlung mit chemischen Substanzen (Zytostatika) (Nach STREFFER 1980)

Substanzen	Strahlendosen	Tumor	Komplikationen	Autoren
Actinomycin D	30 Gy in 4 W	Wilms-Tumor	Hautschäden, Aszites (Lebervergrößerung), Blutige Diarrhöe	HOWARD (1965)
Actinomycin D	20–35 Gy (9–10 Gy/W) 12 Gy Thorax	Wilms-Tumor	Pulmonale Komplikationen, Hepatitis, Diarrhöe, Fibrosen	CASSADY et al. (1973)
Actinomycin D Vincristin Cyclophosphamid	50 Gy in 5 W oder 65 Gy in 8 W	Rhabdomyosarkom Hals-Kopf (Kinder)	Erythematodes, Mukositis, Ulzerationen	DONALDSON et al. (1973)
Actinomycin D Adriamycin Cyclophosphamid Vincristin	45–70 Gy in 4,5–7 W	Rhabdomyosarkom	Erythematodes, Hämatologische Schäden, Pulmonale Komplikationen, Intestinale Komplikationen	GHAVIMI et al. (1975)

B. Maligne Lymphome

Mit zunehmender Überlebensdauer der Patienten mit Lymphogranulomatose und malignen Non-Hodgkin-Lymphomen mehren sich Berichte über Langzeitkomplikationen, die durch eine intensive Strahlen- und (oder) Chemotherapie verursacht werden (DELBRÜCK et al. 1978; SLANINA et al. 1977). Eine günstige Heilungsprognose lokalisierter Stadien durch die hochdosierte Großfeldbestrahlung zeichnete sich gegen Ende der 60er Jahre ab (KAPLAN 1972). Gleichzeitig wurden Chemotherapieschemata entwickelt, deren Wirksamkeit langzeitige Remissionen disseminierter Erkrankungsformen ermöglichte (DE VITA 1972, 1976). Die Erfolge beider Therapieformen haben zu Kombinationsbehandlungsprotokollen geführt, wobei die Endresultate besonders im Hinblick auf die Langzeitergebnisse und mögliche Nebenwirkungen noch nicht abschließend beurteilt werden können (DIEHL 1982; SCHELLONG et al. 1982). Beide Therapieformen können sich vermutlich positiv ergänzen, wenn auch eine statistische Sicherung durch Verlängerung der Überlebensraten bisher nicht belegt ist (ROSENBERG et al. 1979).

Als entscheidender Nachteil einer kombinierten Chemo- und Strahlentherapie sind eine verlängerte Therapiedauer, eine Zunahme von unerwünschten akuten und Spätnebenwirkungen sowie eine gesteigerte Rate an Zweitmalignomen zu sehen (DIEHL 1982).

Die möglichen Vorteile einer Verbesserung der Therapieresultate bei kombinierter Behandlung müssen den resultierenden Nebenwirkungen überlegen sein und somit in günstiger Relation zu den Ergebnissen nach alleiniger Strahlen- und Chemotherapie stehen.

I. Akute Nebenwirkungen der kombinierten Therapie

Generalisierte Herpes-zoster-Infektionen werden nach Splenektomie alleine gehäuft, nach kombinierter Chemo-Strahlentherapie jedoch verstärkt beobachtet (DIEHL 1982). Dadurch finden sich häufig extrem maligne Verläufe mit Ophthalmitiden, Meningeoenzephalitiden und Pleuroperikarditiden. Die Knochenmarkdepression ist in der Regel verstärkt gegenüber der Monotherapie, so daß gelegentlich die vorgesehene, meist nachgeschaltete Therapieform in der beabsichtigten Zeit nicht durchgeführt werden kann.

Bezüglich der Pneumonitis bei Bestrahlung eines mediastinalen Befalls scheint sich die Reaktion bei kombinierter Behandlung wesentlich zu verstärken bis zum letalen Ausgang im Einzelfall (SLANINA 1982).

Zur Vermeidung von Rückenmarkläsionen darf bei der Mantelfeldbestrahlung der Lymphome die Rückenmarkbelastung bei kombinierter Behandlung 30 Gy nicht überschreiten, wo hingegen bei der alleinigen Strahlentherapie 40 Gy toleriert werden (SLANINA 1982).

Auch die entzündliche Reaktion der Schleimhäute von Mundhöhle, Pharynx und Ösophagus wird bei der kombinierten Behandlung in stärkerem Umfange beobachtet, als bei der Monotherapie.

Eine häufig beobachtete Komplikation bei der Strahlenbehandlung des Mediastinums ist die Perikarditis mit Perikarderguß, die nach Angaben der Literatur in 1–30% auftreten kann, wobei klinisch relevante Ergüsse eher selten sind (SLANINA 1982).

Diese Komplikationen scheinen sich unter gleichzeitiger Chemotherapie deutlich zu erhöhen, insbesondere bei der Anwendung von Adriamycin.

An Magen und Darm besteht das Risiko der radiogenen Ulkusentstehung, insbesondere bei gleichzeitiger Medikation von Steroiden, die in verschiedene Therapieschemata eingebunden sind. – In der akuten Phase wird am Darm eine Strahlenenteritis beobachtet, die in seltenen Fällen zu bleibenden Stenosierungen führt und damit zu einem letalen Risiko werden kann (SLANINA et al. 1977). Diese Vorgänge scheinen bei einer gleichzeitig laufenden Chemotherapie häufiger aufzutreten.

Ursächlich ist anzusehen, daß sowohl Chemo- und Strahlentherapie die zelluläre humorale Abwehr herabsetzen und dadurch Infektionen begünstigt werden. Die Immunsuppression wird nach zytostatischer Therapie relativ schnell aufgehoben, während nach Strahlentherapie in Abhängigkeit vom bestrahlten Volumen mit längeren Zeitabständen zu rechnen ist. Zytostatische Reinduktionstherapien, Erhaltungsbehandlungen und langfristige Kortisongaben können jedoch zu einer lang dauernden, möglicherweise irreversiblen Immunsuppression führen (DELBRÜCK et al. 1978).

II. Langzeitnebenwirkungen

1. Fertilitätsstörungen

Bei der Frau führt die Strahlenbehandlung des kleinen Beckens auch nach Ovaropexie häufig zu einer Schädigung der Ovarialfunktion, wobei dieses Risiko mit 25% angenommen werden muß. Patientinnen, die lediglich im Paraaortalbereich bestrahlt werden, erhalten eine minimale Dosis an den Ovarien und sind voll hormonell aktiv und zeigen keine Ausfälle. Mißbildungen bei Kindern dieser Frauen sind nicht zu erwarten. DELBRÜCK et al. (1978) berichtet von 51 Patientinnen, die eine Chemotherapie erhalten hatten und eine normale Schwangerschaft ausgetragen haben. Eine Strahlentherapie erfolgte hierbei nicht, allerdings wurde keine der Patientinnen mit Methotrexat behandelt. Über hormonelle Aktivität und die Fertilität bei einer systematisch kombinierten Therapie mit einheitlichen Schemata liegen zur Zeit keine richtungsweisenden Ergebnisse vor.

Bei Männern führt die infradiaphragmale Strahlentherapie zu keiner Einschränkung der Potencia coeundi, jedoch in einem hohen Prozentsatz der Fälle zu einer Infertilität bzw. zu einer gestörten Fertilität. SLANINA et al. (1977) konnten in ihrem Krankengut nur 4% der Patienten mit einer Normospermie beobachten. Trotz optimaler Hodenabschirmung durch entsprechende Bleikapseln und exakter Anordnung der Bestrahlungsfelder läßt sich diese Zahl nicht vermindern. Unter MOPP-Therapie kann es zu einer reversiblen Azoospermie kommen, wobei dies jedoch als Ausnahme angesehen werden muß (DELBRÜCK et al. 1978).

2. Kanzerogenese

Obgleich eine Karzinogenese eher bei der Strahlenbelastung mit kleineren Dosen als mit Tumordosen zu erwarten ist, läßt sich eine erhöhte Rate von Sekundärtumoren nach Strahlentherapie der Lymphogranulomatose nachweisen (SLANINA 1982). CANELLOS et al. (1975) fanden bei 452 Patienten mit Lymphogranulomatose in Remission, die mit einer Chemotherapie und/oder Radiotherapie behandelt worden waren, 3,5% Patienten mit Zweittumoren, die sich in unterschiedlichen Zeitabständen nach Durchführung der Therapie entwickelt hatten. Bei alleiniger Strahlentherapie ergab sich in dem Krankengut nur eine Sekundärtumorrate von 2,7%. DELBRÜCK et al. (1978) fanden in einer abgeschlossenen retrospektiven Studie mit 1770 Patienten bei 28, entsprechend 1,6% Zweittumoren während der kompletten Remission. Hierunter waren 0,6% mit einer akuten myeloischen Leukämie 5–12 Jahre nach Beendigung der Therapie aufgetreten. Es muß jedoch davon ausgegangen werden, daß nach intensiver Therapie mit entsprechend günstigen Langzeitergebnissen gegenwärtig allein für akute Leukämien ein um einen Faktor 50–100 erhöhtes Risiko gegenüber der Normalpopulation anzunehmen ist. DELBRÜCK et al. (1978) hat in einer umfangreichen Literaturzusammenstellung die Zahl der Leukämien, die in dem Berichtszeitraum 1949–1976 von 0 auf 2% gestiegen ist, zusammengefaßt. Dabei muß davon ausgegangen werden, daß die mögliche Prädisposition für einen Zweittumor bei der Lymphogranulomatose durch die Verbesserung der Langzeitergebnisse erst zum Ausdruck kommt und somit zwangsläufig ansteigen wird.

Bei Zweittumoren, die in der Bestrahlungsregion oder in den Randgebieten liegen, ist davon auszugehen, daß es sich um radiogene Tumorinduktionen handelt (SCHMITT u. LITTMANN 1977). Beträgt jedoch das Intervall bis zur Entstehung des Zweittumors nicht mehr als drei Jahre, so ist eine therapieunabhängige Tumorprädisposition eher wahrscheinlich (DELBRÜCK et al. 1978). Nach Beobachtungen von D'ANGIO (1976) nimmt die Zahl von Zweittumoren nach Auftreten des Primärtumors zunächst kontinuierlich ab und steigt dann nach 5 Jahren wiederum sehr stark an.

Bei der Chemotherapie scheint eine besondere Bedeutung den alkylierenden Substanzen zuzukommen. In eindrucksvoller Weise wurde von VALAGUSSA et al. (1980) die Abhängigkeit der Induktion von Zweittumoren und Leukämien unter verschiedener Chemotherapie in Kombination mit der Radiotherapie dargelegt. So scheint das ABVD-Schema dem MOPP-Schema deutlich überlegen und führte zu keinem einzigen Zweittumor oder zu einer Leukämie. Die gegenwärtige Diskussion um die Umstellung des Chemotherapieschemas bei den Kombinationsbehandlungen scheint dieser Entwicklung Rechnung zu tragen (Tabelle 2).

Die Therapiefolgen und Probleme bei Non-Hodgkin-Lymphomen sind ähnlich denen der Lymphogranulomatose. Da hier weniger Langzeitbeobachtungen vorliegen, kann zur Karzinogenese nur eine bedingte Auskunft gegeben werden, jedoch dürfte sie sich nicht wesentlich unterscheiden.

Tabelle 2. Zweittumorrate bei Morbus Hodgkin entsprechend unterschiedlicher Behandlungsmaßnahmen. (VALAGUSSA et al. 1980; modifiziert von KLEIN 1982)

Behandlung	Zahl der Patienten	Latenzzeit nach Erstbehandlung (Monate)		Zweitmalignom	Prozentuale Häufigkeit innerhalb von		
		median	Streubereich		3 Jahren	5 Jahren	10 Jahren
RT	236	47	3–182	solide Tumoren	1.1 (138)[a]	2.6 (84)	14.9 (12)
				Leukämien	0	0	0
Chem.	36	24	3– 85	solide Tumoren	0 (11)	0 (3)	
				Leukämien	5.5	5.5	
RT+MOPP	147	40	5–183	solide Tumoren	0 (86)	0 (35)	0 (13)
				Leukämien	2.9	5.4	5.4
RT+MABOP	87	60	8–158	solide Tumoren	0 (65)	2.1 (43)	2.1 (10)
				Leukämien	1.4	1.4	5.8
RT+ABVD	55	45	5–186	solide Tumoren	0 (38)	0 (16)	0 (6)
				Leukämien	0	0	0
RT+andere	203	46	5–175	solide Tumoren	0.7 (96)	1.7 (77)	12.0 (10)
				Leukämien	0	0	2.9

RT = Strahlentherapie; MOPP = Stickstofflost + Vincristin + Procarbazin + Prednison; MABOP = Stickstofflost + Adriamycin + Bleomycin + Vincristin + Prednison;   ABVD = Adriamycin + Bleomycin + Vinblastin + DTIC

[a] Zahlen in Klammern geben auswertbare Patienten an

III. Entwicklungstendenzen

In der Behandlung der kindlichen Hodgkin- und Non-Hodgkin-Lymphome hat sich die Chemotherapie auch in Frühstadien in Kombination mit der Strahlentherapie durchgesetzt. Auch bezogen auf die geringe mögliche Induktion von Zweittumoren scheinen die Frühergebnisse diese Maßnahme zu rechtfertigen. Gleichzeitig ist eine Reduktion der Strahlentherapie erfolgt, was im Hinblick auf Wachstumsschädigungen bei Kindern gerechtfertigt erscheint (SCHELLONG et al. 1982).

In der Erwachsenentherapie ist das Risiko einer kombinierten Behandlung höher als das einer Monotherapie einzuschätzen. Nach DELBRÜCK et al. (1978) kann jedoch das Risiko einer radiologischen Monotherapie oder einer alleinigen Polychemotherapie durch die Kombination sinnvoll gemindert werden. So kann im Anschluß an die Chemotherapie eine Strahlentherapie unter Umständen mit einer Verkleinerung des Zielvolumens durchgeführt werden. Auch kann die Dosis der Chemotherapie reduziert werden, wobei Reinduktionen und Erhaltungstherapien vermeidbar sind. Durch vorsichtige Dosierung des Adriamycins bei anschließender Strahlentherapie des Mediastinums lassen sich die Nebenwirkungen am Herzen reduzieren.

Die Frage, ob eine Strahlentherapie erst im Anschluß an die vollständige Chemotherapie sinnvoll ist, kann letztendlich nicht beantwortet werden. Häufig müssen langwierige Unterbrechungen durchgeführt werden, da die Knochenmarksdepression so ausgeprägt ist, daß sich eine sofortige Weiterbehandlung verbietet. Auch die Frage, ob eine Tumorverkleinerung durch eine initiale Chemotherapie strahlentherapeutisch günstigere Voraussetzungen schafft, ist letztendlich nicht geklärt. Beobachtungen über Randrezidive, insbesondere beim Mediastinaltumor, zeigen, daß damit das Schicksal des Patienten häufig bereits besiegelt ist. Nach komplett durchgeführter Chemotherapie und Strahlentherapie ist in einem solchen Randgebiet das weitere therapeutische Vorgehen begrenzt.

C. Hirntumore

I. Maligne Gliome

Die durchschnittliche Überlebenszeit von supratentoriellen Gliomen im Erwachsenenalter liegt bei 3–4 Monaten nach alleiniger Operation. Durch die postoperative Nachbestrahlung läßt sich die Überlebenszeit auf 7–8 Monate erhöhen (SALAZAR et al. 1979; SCANLON et al. 1979; SHELINE 1977). Durch die Entwicklung liquorgängiger Nitroso-Harnstoffe wie CCNU und BCNU konnte gezeigt werden, daß diese Substanzen in der Lage sind, auch ohne vorherige Operation und Strahlenbehandlung Remissionen bei einem Teil der Fälle zu erzielen (WASSERMANN et al. 1975; WALKER et al. 1978). Als zusätzliche Maßnahme zu Operation und Strahlentherapie ergab die Anwendung dieser Nitroso-Harnstoffe eine durchschnittliche Überlebenszeit von 12 Monaten (CIANFRAGLIA et al. 1980; E.O.R.T.C. 1978; POISSON et al. 1979; WALKER et al. 1978; WILSON et al. 1976). Als neues, scheinbar besonders wirksames Präparat wurde das halbsynthetische Podophyllotoxinderivat VM 26 Bristol bei malignen Gliomen eingesetzt (KESSINGER et al. 1979; YAMAMOTO et al. 1979). Die Überprüfung, ob die Kombination von BCNU und VM 26 günstiger ist als BCNU alleine, jeweils in Verbindung mit der Strahlentherapie, ist das Studienziel der Deutschen Hirntumorgruppe (MERTENS 1982).

Das gegenwärtige Problem ist dabei, daß die für den Patienten belastende zusätzliche Chemotherapie nur einen relativ geringfügigen zeitlichen Gewinn an Überlebenszeit erbringt, der durch den verlängerten Krankenhausaufenthalt wieder aufgezehrt wird. Es scheint daher zum jetzigen Zeitpunkt sicherlich gerechtfertigt, sich unter sorgfältiger Güterabwägung bei Glioblastomen im Stadium IV auf Operation bzw. histologische Sicherung und eine ausreichend hoch dosierte Strahlenbehandlung zu beschränken. Dabei sollte die Fraktionierung so gewählt werden, daß nach Möglichkeit für den Patienten ein zeitlich-ökonomischer Gewinn entsteht. Diesem Vorgehen sollten Studien mit verschiedenen Chemotherapieschemata in Verbindung mit Operation und Strahlentherapie sicherlich nicht behindernd im Wege stehen.

In dem Einsatz von Strahlensensibilisatoren wie Metronidazol und Misonidazol in Verbindung mit der perkutanen Ganzhirnbestrahlung bei malignen Gliomen schienen nach Phase I- und Phase II-Studien positive Entwicklungen bevorzustehen. Die Untersuchungen von URTASUN et al. (1976) konnten in einer klinischen Pilotstudie bei supratentoriellen Glioblastomen signifikante Verlängerungen der Überlebenszeiten aufzeigen. Gleichzeitig wurde während dieser Studie Misonidazol bei ebenfalls positiver Verlängerung der Überlebenszeiten verwendet. Kontrollierte deutsche Studien über die postoperative Strahlenbehandlung von Astrozytomen Grad III und IV mit Misonidazol (SACK et al. 1982) konnte diesen positiven Aspekt nicht bestätigen. Obwohl in experimentellen Untersuchungen deutlich gezeigt worden ist, daß bei fraktionierter Bestrahlung und Misonidazol die höchste Zellabtötungsrate erreicht wird, kann dieses sicherlich nicht auf die Klinik übertragen werden. Vielleicht liegt es daran, daß bei dem Patienten ein ausreichend hoher Wirkspiegel nicht erreicht worden ist. Dies konnte in begleitenden Untersuchungen bei der Verbundstudie zur Bestimmung des Misonidazolspiegels im Serum und Liquor bei einem Teil der Patienten von BAMBERG (BAMBERG et al. 1982) gezeigt werden.

II. Medulloblastome

Die Erfolgsaussichten in der Behandlung des Medulloblastoms haben sich in den letzten 20 Jahren deutlich gebessert. Dies ist in erster Linie auf die konsequente systematisch durchgeführte Strahlentherapie zurückzuführen (BAMBERG et al. 1982; WANNENMACHER u. KNÜFERMANN 1978). Dabei wurde der Metastasierungstendenz des Tumors auf dem Liquorwege Rechnung getragen und das gesamte zentrale Nervensystem in die Bestrahlung eingeschlossen, mit einer besonderen Aufsättigung des Primärtumorbereiches. Durch die verbesserte Operationstechnik konnte gleichzeitig die perioperative Mortalität gesenkt werden (BLOOM 1977). Mit alleiniger Strahlentherapie lassen sich heute Überlebensquoten von 60% nach zwei Jahren, 40% nach 5 Jahren und 30% nach 10 Jahren erreichen (BLOOM 1971). Die dabei resultierenden Nebenwirkungen als Folge der Ausdehnung der Bestrahlungsvolumina, der notwendig zu applizierenden Dosis und des jugendlichen Alters der Patienten müssen ernsthaft diskutiert werden. Bei Kindern sind Wachstumsstörungen bei der Bestrahlung des Zerebro-Spinalkanals an erster Stelle zu erwarten. PROBERT et al. (1973) wiesen bei 16 von 22 voll bestrahlten Kindern Wachstumsstörungen nach. Da die Bestrahlung jedoch symmetrisch erfolgt ist, ist indes nur eine direkte Verkürzung des Längenwachstums möglich. Eine Wachstumsverminderung im Bereich der Schädelbasis tritt nur in einem geringen Prozentsatz bei Kindern unter 2 Jahren auf. Bezüglich der zentral-nervösen Funktionsfähigkeit sind bei Dosen bis zu 50 Gy auf den Tumorbezirk und 30 Gy auf den Gesamthirnschädel kaum Nebenwirkungen zu erwarten. Debilität und motorische Funktionsstörungen hängen vom Ausmaß des Primärbefalls und vom Umfang der chirurgischen Intervention ab. Ein nach längerer Phase auftretendes Somnolenzsyndrom bei einigen Patienten ist regelmäßig reversibel; Beobachtungen der Auswirkungen der Bestrahlung auf Schilddrüse, Thymus und Hypophyse sind bisher nicht mitgeteilt worden. Wieweit sich hier Nebenwirkungen durch die gleichzeitige Gabe von Zytostatika potenzieren können, läßt sich zum gegenwärtigen Zeitpunkt noch nicht mit letzter Sicherheit beurteilen. Bei Strahlendosen im Grenzbereich wurden lokale Hirngewebsnekrosen beobachtet, wobei eine klinische Differenzierung zwischen Rezidiv und strahleninduzierter Nekrose nicht immer mit letzter Sicherheit durchzuführen ist (WANNENMACHER u. KNÜFERMANN 1978). Die Grenzwerte für die Belastbarkeit des gesunden und erwachsenen Gehirns wurden von LINDGREN (1974) aufgezeigt, wobei zu vermerken ist, daß die Radiosensibilität des Gehirns individuellen Schwankungen unterworfen sein kann.

Der Stellenwert der Chemotherapie bei der Behandlung des Medulloblastoms war bis vor wenigen Jahren als unklar zu bezeichnen, wenn man auch davon ausgehen muß, daß der Tumor als chemosensibel einzuordnen ist. Hier haben sich als wirksam Vincristin, Nitroso-Harnstoffe, Methotrexat und Carbazin erwiesen (NEIDHART 1974). Die Einführung einer Chemotherapie im Rahmen einer größeren Studie (SIOP) erbrachte nach zwei Jahren eine bessere Überlebensquote mit 71% gegenüber einem Kontrollarm mit 53%. Daraus resultierte die Empfehlung, Medulloblastompatienten einer Chemotherapie zu unterziehen; es wurde jedoch davon ausgegangen, daß die Chemotherapie milde durchzuführen ist. Problematisch ist die Dosierung der Chemotherapie, da angenommen werden muß, daß durch die Bestrahlung eine Störung der Blut-Hirnschranke erfolgt, so daß zum Beispiel Methotrexat im Anschluß an eine Schädelbestrahlung in erhöhtem Maße zu Leukenzephalopathien führt (KAY et al. 1972). Dies führt zu der Überlegung, daß eine einzuführende Chemotherapie vor die postoperative Strahlentherapie eingefügt werden soll, um so dem Unsicherheitsfaktor bei der Beeinflussung der Blut-Liquorschranke durch die Bestrahlung entgegenzutreten (Therapiestudie Medulloblastom, NEIDHARDT 1982).

Die deutsche Medulloblastomstudie wird prüfen, ob die Einfügung der Chemotherapie im Anschluß an die Operation gleich gute oder bessere Ergebnisse erzielen kann, bei verzögerter Radiotherapie als die herkömmliche Behandlungsweise. Weiterhin ist es die Aufgabe der Studie, zu kären, ob die Strahlendosen in den unteren, bisher als wirksamen angesehenen Bereich abgesenkt werden kann, um Spätfolgen und Defektzustände bei Langzeitüberlebenden auszuschalten. Ein Ergebnis im Hinblick auf Nebenwirkungen und Therapieresultate liegt bisher noch nicht vor, so daß diese Fragen nicht schlüssig beantwortet werden können.

D. Bronchialkarzinom

I. Kleinzelliges Bronchialkarzinom

Das kleinzellige Bronchialkarzinom ist aufgrund seiner frühen lymphogenen und hämatogenen Metastasierung mit entsprechend schlechter Prognose sowie wegen seiner Radio- und Chemosensibilität eines der wesentlichen Indikationsgebiete für eine konservative Tumortherapie (HEILMANN et al. 1983). Durch die Kombinationsbehandlung sind höhere Remissionsraten und auch signifikante Verlängerungen der Überlebenszeit bei diesen Patienten erzielt worden. Im lokoregionalen Stadium des Tumors wird die nicht-chirurgische Therapie gegenwärtig bereits mit kurativer Zielsetzung in Angriff genommen (DRINGS 1981). Dabei ist der Einsatz von Strahlentherapie und Chemotherapie umstritten bezüglich der Wertigkeit und Unklarheit besteht unverändert über die geeignete Strahlendosis und den Stellenwert der Tumorherdbestrahlung (BODEMANN et al. 1981).

Tumorrezidive im bestrahlten Bereich sind häufig und finden sich nach Vollremission in bis zu 30% der Fälle (SEYDEL et al. 1978). Da in den meisten Studien überwiegend nur 30 Gy am Tumorherd im Rahmen einer kombinierten Radio-Chemotherapie angegeben werden, müssen berechtigte Zweifel angemeldet werden, ob dieses Dosis zur Beherrschung des lokalen Tumors ausreicht. Wenn die Dosis von 30 auf 50 Gy erhöht wird, steigt die lokale Tumorkontrollrate auf 88% (BODEMANN et al. 1981). Eine Äquivalenzdosis bei kombinierter Behandlung, wenn Adriamycin im Chemotherapieschema enthalten ist, wurde von PHILIPS und FU (1976) angegeben. Dabei ist die Strahlendosis bei diesen Schemata um das 1,1- bis 1,8fache niedriger anzusetzen. Somit könnte eine Dosis von 30 Gy ausreichend sein. GRECO et al. (1978) berichten über eine Behandlungsgruppe, welche 50–55 Gy am Primärtumor in kompletter Radio-Chemotherapie erhielt. Auch hierbei kam es bei 8 Patienten zu einem intrathorakalen Rezidiv innerhalb des Bestrahlungsgebietes.

In autoptischen Befunden bei 125 bestrahlten Bronchialkarzinomen konnten SCHWEGLER und HARTWIG (1982) zeigen, daß die klinisch angenommene Remission beim kleinzelligen Bronchialkarzinom auch bei 50 Gy teilweise nicht erreicht wird. Der total vernichtete Befund der Tumorbezirke war relativ gering und konnte nur bei 3 von 26 konsequent durchbestrahlten Karzinomen nachgewiesen werden. Hier besteht also deutlich eine Diskrepanz zwischen klinischer Beurteilung und autoptischem Befund, der in der Regel zu Lebzeiten nicht manifest wird, da das Schicksal der Patienten weniger am Primärtumor, sondern im Bereich der Metastasen entschieden wird.

HANSEN (1980) vergleicht die Ergebnisse verschiedener Therapiestudien, in denen Chemotherapie und Radiotherapie verglichen wurden. Es zeigt sich, daß die alleinige Strahlentherapie mittlere Überlebenszeiten von 5 Monaten erbringt, während die Ergebnisse mittels einer Chemotherapie zwischen 8,5 und 12 Monaten liegen. Es scheint hier eine Wertung zugunsten einer primären Chemotherapie belegt zu sein. Im Vergleich verschiedener Studien, wo die Chemotherapie alleine gegenüber einer Chemo-Radiotherapie gestellt wird, ergibt sich kein nennenswerter Unterschied, womit der Wert einer Lokalbestrahlung nicht untermauert werden kann. Somit kommt HANSEN (1980) zu dem Schluß, daß die lokale Strahlentherapie keinen Gewinn erbringt, ja sogar in einigen Studien die mittlere Lebenserwartung, wenn auch nur geringfügig, verkürzt. Bei einer Untersuchung von HEILMANN et al. (1983) zeigt sich ein geringfügig günstigeres Abschneiden, wenn die Chemotherapie vor die Strahlentherapie gesetzt wird; die Entscheidung muß hier sicherlich unter dem Aspekt der Nebenwirkungen betrachtet werden. Eine intensive vorgeschaltete Chemotherapie wird möglicherweise die komplette Durchführung einer Strahlentherapie innerhalb einer vorgesehenen Zeiteinheit limitieren. Eine vorgeschaltete Strahlentherapie mit voller Tumordosis könnte einen vergleichbaren Effekt für die nachfolgende Chemotherapie haben. Es ist sicherlich zweckmäßig, wenn hier Kompromisse geschlossen werden. Zur Klärung, ob eine Dosis am Tumorherd mit 30 Gy oder bis zu 50 Gy appliziert werden soll, oder ob man auf eine Strahlentherapie ganz verzichten kann, wird gegenwärtig in laufenden multi-zentrischen Studien geprüft.

Letztendlich läßt sich auch heute noch eine ausschließlich palliativ angelegte Strahlentherapie zur Linderung der Symptome, wie Husten, Schmerzen, Luftnot vertreten, dies insbesondere bei älteren Patienten, denen eine intensive Chemotherapie nicht zugemutet werden kann.

Der Wert einer prophylaktischen Bestrahlung des Gehirnschädels muß auch heute noch vorsichtig beurteilt werden. Ob der Gewinn für den Patienten die Maßnahme rechtfertigt, kann zum gegenwärtigen Zeitpunkt noch nicht beurteilt werden. Eventuell würde es den Patienten weniger beeinträchtigen, wenn die Bestrahlung des Gehirnschädels erst nach Auftreten bzw. Manifestwerden der Metastasierung mit entsprechender neurologischer Symptomatik eingeleitet wird.

II. Plattenepithelkarzinome

Die Indikation für die operative Therapie der Plattenepithelkarzinome sind von Seiten der Thoraxchirurgen klar abgesteckt. Abgesehen von Operationsverweigerern und Patienten, die aufgrund einer Zweiterkrankung nicht operabel sind, gelangen nur wenige lokal begrenzte Plattenepithelkarzinome zur Strahlentherapie. In der Regel wird es sich also um inoperable lokal weit fortgeschrittene Tumoren handeln.

Während der Wert der Strahlentherapie bei palliativer Zielsetzung unbestritten ist, stößt die Strahlentherapie als kurative Maßnahme beim Plattenepithelkarzinom des Bronchialsystems noch auf teils berechtigte Vorbehalte. Allerdings gibt es inzwischen zahlreiche Mitteilungen, die zeigen, daß die Strahlentherapie einen zwar geringen, jedoch kurativen Einfluß auf die Überlebensrate hat und daß mit der Radiotherapie alleine eine Heilung des Bronchialkarzinoms, wenn auch nur in wenigen Fällen, möglich ist (HEILMANN et al. 1976). Der zusätzliche Einsatz einer Chemotherapie ist in verschiedenen Studien gegenwärtig in Überprüfung. Der Beweis für die Wirksamkeit einer Chemotherapie, insbesondere mit kurativem Einsatz, ist noch nicht erbracht.

E. Ösophagus- und Gastrointestinaltrakt

Bei Ösophaguskarzinomen ist neben dem plattenepithelgängigen Bleomycin seit einiger Zeit 5-Fluorouracil eingesetzt worden (FRANKLIN et al. 1983). Bei einer Bestrahlung mit 30 Gy in Kombination mit Zytostatika ist eine Operation bei einem größeren Teil der Patienten anschließend möglich (MARKS et al. 1976). Die Behandlung größerer ausgedehnter Tumoren, bei denen eine Operation von vornherein ausscheidet, in kombinierter Form ist gekennzeichnet durch das Risiko einer Spontanperforation mit letalem Ausgang.

Bei den gastrointestinalen Karzinomen wird von namhaften internistischen Onkologen ein kurativer Einsatz der Chemotherapie verneint (HARTWICH 1979; DRINGS 1982). 5-Fluorouracil, durch welches bei Kopf-Halstumoren zumindest ein gewisser additiver Effekt erbracht wird, wurde auch in Kombination mit einer Strahlentherapie eingesetzt.

Beim Rektumkarzinom steht heute im Vordergrund der Diskussion die Kombination von Operation in verschiedenen Radikalitätsstufen und einer prä- oder postoperativen Strahlentherapie. Inwieweit hier eine zusätzliche zytostatische Therapie bei fraglichem Gewinn für den Patienten eine Verbesserung erbringen kann, kann heute sicherlich nicht abschließend beurteilt werden (METZGER et al. 1982).

F. Mammakarzinom

Die Kombination von Radiotherapie und Chemotherapie beim begrenzten Mammakarzinom ist konsequenterweise umstritten, solange der Wert der postoperativen Strahlentherapie in verschiedenen Stadien angezweifelt und die Verbesserung der Behandlungsresultate durch eine adjuvante Chemotherapie letztendlich nicht bewiesen ist. Aus der Vielzahl von Studien, die den Wert der einen oder anderen Methode belegen wollen, hat sich bis heute noch kein einheitliches Behandlungskonzept herauskristallisieren können. Umso schwieriger ist es, die Kombinationsbehandlung, die an einzelnen Zentren durchgeführt wird, zu bewerten. Es besteht kein Zweifel, daß in fortgeschrittenen Stadien hier ein positiver Effekt zu erzielen ist (NERVI et al. 1979; PEREZ et al. 1979; VERONESI 1977). HEILMANN (1982) verbindet eine kleinvolumige Radiotherapie mit gleichzeitiger Chemotherapie als simultane Applikation bei fortgeschritteneren Karzinomen. Eine adjuvante Chemotherapie mit adriablastinhaltigen Verbindungen wird wegen der bestehenden Kardiotoxizität und der resultierenden gesteigerten Rate an Nebenwirkungen in Verbindung mit der Strahlentherapie nicht empfohlen. Es ist sicherlich problematisch, zum gegenwärtigen Zeitpunkt die Kombination generell zu empfehlen, solange für die einzelnen Therapieverfahren noch keine gesicherten Erkenntnisse vorliegen. Hier muß insbesondere im Hinblick auf die Zweittumorinduktion zur Vorsicht gemahnt werden.

G. Prostatakarzinom

Das Prostatakarzinom ist bezüglich der Therapie relativ klar definiert. Beim lokal begrenzten Tumor bieten Operation und Strahlentherapie überlegene absolut kurative Behandlungsmethoden. Auch beim Vorliegen von Lymphknotenmetastasen bietet sich eine kombinierte Behandlung zwischen Strahlentherapie unter Einschluß von Tumor und abführenden Lymphwegen sowie einer Hormonbehandlung an. Nach Untersuchungen von BAGSHAW

(1978) und van der Werf-Messing et al. (1976) ergibt die Kombination keine verbesserten Resultate. Ungeklärt ist, ob die primäre Strahlentherapie beim Auftreten von Metastasen eine nachfolgende Hormontherapie beeinträchtigt; dies scheint jedoch eher unwahrscheinlich. Unter der Kombinationsbehandlung scheinen jedoch die Lymphknotenmetastasen bei zusätzlicher Östrogenapplikation günstiger zu reagieren (Green et al. 1979; Schmitt et al. 1980).

H. Tumoren des Kopf-Hals-Bereiches

Im Kiefer-Gesichtsbereich scheinen sich verschiedene Zytostatika etabliert und bewährt zu haben: Methotrexat, Bleomycin, Hydroxyuria und Adriamycin (Bertino et al. 1973, 1975). Der Nachweis der klinischen Effektivität ist jedoch wegen der zahlenmäßig kleinen Patientengruppen sowie der unterschiedlichen Behandlungsschemata auch heute noch äußerst schwierig, so daß Ergebnisse aus randomisierten Studien noch nicht vorliegen. Entscheidend ist hier die Entwicklung der intraarteriellen Chemotherapie, die von Scheunemann (1966) eingeleitet wurde unter der Vorstellung, eine hohe zytostatische Konzentration im Tumor zu erreichen. Ansfield et al. (1970) und Gollin et al. (1972) konnten in einer randomisierten Studie von vergleichbaren Patientengruppen die Kombination von Strahlentherapie und Chemotherapie durchführen und eine signifikante Steigerung der durchschnittlichen Überlebensraten in der Kombinationsgruppe belegen. Eine vollständige Zusammenstellung der unterschiedlichen Behandlungsschemata findet sich bei Esser und Wannenmacher (1979).

In einer Pilotstudie in den Jahren 1971 und 1972 konnten wir mit einer kombinierten 5-Fluorouracil-Therapie mit hoher fraktionierter Strahlentherapie zeigen, daß die primären Remissionen bei ausgedehnten Tumoren des Kopf-Hals-Bereiches deutlich schneller erreicht wurden (Wannenmacher et al. 1974). Alle Fälle wurden der zellkinetischen Kontrolluntersuchung mittels der impulszytophotometrischen Methodik unterzogen. Durch mehrfache Probebiopsien konnte signifikant gezeigt werden, daß es nach Applikationen von 5-Fluorouracil in einer Zeitspanne von 10–14 Std danach zu einer deutlichen Erhöhung des strahlensensiblen $G_2 + M$-Anteils kam. Bei Auswertung sämtlicher Kontrolluntersuchungen resultierte eine durchschnittliche Erhöhung des $G_2 + M$-Anteils um etwa das 1,2-fache des Ausgangswertes vor der 5-Fluorouracil-Gabe. Die primäre Vollremissionsrate dieser Gruppe lag mit 81% vergleichsweise hoch. Die mittlere Überlebenszeit betrug jedoch nur 16,2 Monate. Die 3- bzw. 5-Jahres-Überlebensrate lag bei 13,8 bzw. 10,5%. Allerdings handelte es sich bei dieser Gruppe um ausgedehnte große Tumoren, die einer lokalen Therapie in der Regel nicht mehr zugänglich waren (Esser u. Wannenmacher 1979).

In den Jahren 1973–1974 führten wir eine weitere Studie mit 33 Tumoren des Kopf-Hals-Bereiches durch unter Verwendung von Bleomycin. Hier zeigte sich eine deutlich bessere zellkinetische Reaktion mit einem höheren $G_2 + M$-Anteil nach Applikation von Bleomycin (Wannenmacher et al. 1975). Bei 81% der nicht vorbehandelten Fälle kam es zu einer vollständigen klinischen Remission, wobei insbesondere die günstige Beeinflussung der Lymphknotenmetastasen hervorzuheben ist. Die mittlere Überlebenszeit betrug 15,1 Monate, die 3- bzw. 5-Jahres-Überlebensrate war mit 12,9% gleich hoch. Die Tumorrezidive betrafen stets den lokalen Tumorbereich, wobei diese teilweise in auffälligem Abstand vom ehemaligen Primärtumor auftraten. Problematisch wirkte sich im Vergleich zur Fluorouracil-Gruppe aus, daß es zu einer erheblichen Reduktion des Allgemeinzustandes mit Abgeschlagenheit, Gewichtsverlust, Inappetenz und einer ausgeprägten Mukositis kam. Durch eine Reduktion der Bleomycin-Dosis konnten die massiven Nebenwirkungen nicht wesentlich vermindert werden. Als Fazit der beiden Studien konnten wir zusammenfassen: unter Radio-Chemotherapie wurde eine rasche Remission erzielt mit einer deutlichen Verbesserung der radiologischen Primärergebnisse bei einer gesteigerten Komplikationsrate. Eine wesentliche Verbesserung der Heilungsziffern konnte nicht erzielt werden, wobei hier eine Übereinstimmung mit den übrigen Studien zur kombinierten Behandlung des Mundhöhlen-Oropharynx-Karzinoms besteht (NERVI et al. 1970; RICHARD et al. 1974; STEPHANI et al. 1971).

Als Teilaspekt kann festgehalten werden, daß insbesondere bei Rezidivtumoren nach bereits erfolgter Strahlentherapie dieses Behandlungsschema einen Gewinn darzustellen scheint.

Die wesentlich höhere G_2-Anreicherung nach Bleomycin im Vergleich zur 5-Fluorouracil-Gruppe ist offensichtlich nicht von Therapieverbesserungen begleitet. Der faszinierende Grundgedanke einer phasenspezifischen Radiotherapie besitzt trotz positiver tierexperimenteller Ansätze (ESSER et al. 1977) kein faßbares klinisches Äquivalent. Die sog. „synchronisierte Radiotherapie" kann nach unseren heutigen Erkenntnissen keine Erweiterung des Indikationsspektrums darstellen; im Zweifelsfalle dürfte es sich klinisch bei den erzielten Ergebnissen um rein additive Effekte handeln.

J. Hodentumoren

Während der Wert der Strahlentherapie als alleinige Behandlungsmaßnahme bei reinen Seminomen unbestritten ist, werden bei den Teratokarzinomen des Hodens unterschiedliche Behandlungsstrategien angewandt. Neben der Semikastration wird je nach Ausdehnung des Lymphknotenbefalls die mehr oder weniger radikale Lymphadenektomie durchgeführt (WEISSBACH et al. 1982). Anschließend erfolgt in der Regel eine Chemotherapie nach dem heute gängigen Einhornschema (CIS-Platin, Vinblastin, Bleomycin), wobei Vollremissionen in 85% der Fälle erreicht werden können (ARNOLD 1983). Die zusätzliche Hinzunahme der Strahlentherapie nach Lymphadenektomie bei voller Chemotherapie ist wahrscheinlich nicht in der Lage, die Ergebnisse weiter zu verbessern. Dagegen scheinen sich bei einer zusätzlichen Strahlentherapie die Nebenwirkungen (speziell Lymphödeme der unteren Extremitäten) zu verstärken.

K. Besonderheiten bei kindlichen Tumoren

Fast alle Malignome im Kindesalter sind heute in Therapiestudien auf nationaler oder internationaler Ebene eingebunden. Bei keinem Organtumor sonst hat sich hier eine erstaunliche Kooperationsbereitschaft zwischen Operateur, Radiotherapeuten und pädiatrischen Onkologen aufgebaut, nicht zuletzt basierend auf der Tatsache, daß der zahlenmäßig relativ geringen Zahl kindlicher Tumoren, eine größere Zahl pädiatrischer Onkologen entgegensteht. Die Therapiestudien haben neben der Klärung über die gegenwärtig besten Therapieschemata auch den Nebeneffekt der besseren Kommunikation zwischen den einzelnen Behandlungszentren und damit eine Optimierung der Behandlungsverfahren erreicht. Fast alle Tumoren werden interdisziplinär behandelt mit unterschiedlichen Schwergewichten der einzelnen Therapieverfahren.

Problematisch scheint bis heute die Abstimmung der Ausdehnung und Dosis der Strahlentherapie im Verhältnis zu der durchgeführten Chemotherapie. Im Einzelfall gilt es auch abzuwägen, welche der Behandlungsformen die geringere Invasivität aufweist. Ungelöst ist die Frage, inwieweit verstümmelnde Operationen vermieden werden können, ohne dabei eine höhere Rezidivrate in Kauf nehmen zu müssen.

Die Strahlentherapie stellt beim wachsenden Organismus eine besonders problematische Therapieform dar. Risiken bestehen in Wachstumsstörungen und in Anbetracht der langen Lebenserwartung in der Möglichkeit der Induktion von Zweitmalignomen, die sich bei gleichzeitigem Einsatz der Chemotherapie noch erhöht (PLÜSS u. SARTORIUS 1979).

Ungelöst ist derzeit die Frage, inwieweit eine Reduktion der Strahlentherapie bei gleichzeitiger Chemotherapie bezogen auf Feldgröße und Dosis verändert bzw. reduziert werden kann. Zum gegenwärtigen Zeitpunkt kann ebenfalls die Frage nicht beantwortet werden, wie stark ist die Chemotherapie oder die Strahlentherapie an der Induktion von Zweittumoren beteiligt. Diese Fragen sollen die gegenwärtig laufenden multizentrischen Studien im deutschsprachigen Raum lösen.

L. Schlußbetrachtung

Die Kombination von ionisierenden Strahlen mit einer intensiven Chemotherapie ist gekennzeichnet durch eine deutliche Erfolgsverbesserung der Behandlung bis hin zur absoluten Heilung, was mit einer Methode allein nicht erreicht werden kann. Unabhängig von den guten Behandlungsresultaten, bezogen auf die Tumorfreiheit, wird bei dem kombinierten Vorgehen gleichzeitig stets die Potenzierung von Nebenwirkungen diskutiert. Zahlreiche Erfahrungsberichte über Nebenwirkungen bei kombinierter Therapie haben Veranlassung dazu gegeben, sich Gedanken zu machen, inwieweit die Dosis des einen oder anderen Therapieverfahrens bei der Kombination beider reduziert werden kann (ENGELHARDT 1979).

Es muß jedoch darauf verwiesen werden, daß wir zum gegenwärtigen Zeitpunkt nicht wissen, um welchen Faktor eine vorgeschaltete oder gleichzeitig laufende Chemotherapie die Wirksamkeit der applizierten Strahlendosis erhöht.

Die Frage ist weiterhin offen, ob eine vorangeschaltete Chemotherapie die Reaktionsbereitschaft für eine Strahlentherapie am Tumor nicht möglicherweise auch vermindern kann.

Diese Probleme lassen sich nur durch experimentelle Untersuchungen, die teilweise noch nicht einmal für die gesunden Organe vorliegen, sowie an Experimentaltumoren näher abklären.

Im klinischen Bereich gibt es zwar allgemeine Richtlinien, jedoch bleibt im Einzelfall nur die Individualentscheidung über die Höhe der Dosis, bezogen auf die Chemotherapie und die Strahlentherapie.

Literatur

Ansfield FJ, Ramirez G, Diavis HL, Korbitz BC, Vermund H, Gollin F (1970) Treatment of advanced cancer. Cancer 25:78–82

Arnold H (1983) Diagnostik und Therapie maligner Hodentumoren. Medica 4:15–20

Bagshaw MA (1978) Radiation therapy for cancer of the prostate. In: Scinner DG, Kernion JB de (eds) Genitourinary cancer. Saunders, Philadelphia London Toronto, pp 355–379

Bamberg M, Sauerwein W, Scherer E (1982) Methoden und Ergebnisse der Strahlentherapie beim Medulloblastom. Strahlentherapie 158:71–75

Bertino JR, Mosher MB, Conti RL de (1973) Chemotherapy of cancer of the head and neck. Cancer 31:1141–1149

Bertino JR, Boston B, Capizzi RL (1975) The role of the chemotherapy in the management of cancer of the head and neck: a review. Cancer 36:752–758

Bloom HJG (1971) Concepts in the natural history and treatment of medulloblastoma in children: increasing survival rates and possible risks with current radiotherapy techniques. CRC Crit Rev Radiol Sci 2:89

Bloom HJG (1977) Medulloblastoma: Prognosis and prospects. Int J Radiat Oncol Biol Phys 2:1031

Bodemann H, Arnold H, Engelhardt R, Eccard D, Löhr GW (1981) Die Therapie des kleinzelligen Bronchialkarzinoms. Therapiewoche 31:8565–8579

Canellos GP, Vita VT de, Arseneau J, Whang-Beng RE, Johnson J (1975) Second malignancies complicating Hodgkin's disease in remission. Lancet 1:947–955

Cassady JR, Tefft M, Filler RM, Jaffe N, Paed D, Hellmann S (1973) Considerations in the radiation therapy of Wilm's tumor. Cancer 32:598–608

Cianfraglia F, Pompili A, Riccio A, Grassi A (1980) CCNU-chemotherapy of hemispheric supratentorial glioblastoma multiforme. Cancer 45:1289–1299

D'Angio GJ, Meadows A, Mike V, Harris C, Evans A, Jaffe N, Newton W, Schweisguth O, Sutow W, Morris-Jones P (1976) Decreased risk of radiation-associated second malignant neoplasms in actinomycin-d-treated patients. Cancer 37:1177–1185

Delbrück H, Teillet F, Andrien JM, Schmitt G, Bayle O, Wetter O (1978) Langzeitkomplikationen bei Patienten mit malignen Lymphomen nach Chemo- und (oder) Strahlentherapie. Dtsch Med Wochenschr 103:789–793

Diehl V (1982) Chemotherapie des Morbus Hodgkin. In: Scheurlen PG, Pees HW (Hrsg) Aktuelle Therapie bösartiger Blutkrankheiten. Springer, Berlin Heidelberg New York, S 244–258

Donaldson SS, Castro JR, Wilbur JR, Jesse RH (1973) Rhabdomyosarcoma of head and neck in children. Cancer 31:26–35

Drings P (1962) Chemotherapie des Kolon-Karzinoms. Versuchsstadium noch nicht verlassen. Klinikarzt 11:139–162

Drings P (1981) Bronchialkarzinom – derzeitiges Therapiekonzept. In: Aktuelle internistische Tumortherapie. Aktuelle Onkologie, Bd 2. Zuckschwerdt, München, S 102–113

Engelhardt R (1979) Kombinierte Strahlen- und Chemotherapie aus der Sicht des internistischen Onkologen. In: Wannenmacher M, Gauwerky S, Streffer C (Hrsg) Kombinierte Strahlen- und Chemotherapie. Urban & Schwarzenberg, München Wien Baltimore, S 88–95

EORTC Brain tumor group (1978) Effect of CCNU on survival rate of objective remission and duration of free interval in patients with malignant brain gliomafinal evaluation. Eur J Cancer 14:851–855

Esser E (1977) Experimentelle und klinische Untersuchungen zur Therapie inoperabler Plattenepithelkarzinome der Mundhöhle und des Oropharynx. Habilitationsschrift Münster

Esser E, Wannenmacher M (1979) Langzeitergebnisse der synchronisierten Radiotherapie bei inoperablen orofazialen Plattenepithelkarzinomen. In: Wannenmacher M, Gauwerky F, Streffer C (Hrsg) Kombinierte Strahlen- und Chemotherapie. Urban & Schwarzenberg, München Wien Baltimore, S 120–125

Esser E, Haut J, Schumann J, Wannenmacher M, Wingenfeld U (1977) Experimentelle Untersuchungen zur Proliferationskinetik und Strahlenbehandlung mit Vincristin und Adriamycin. Strahlentherapie 153:682–694

Franklin R, Steiger Z, Vaishampayan G, Asfaw I, Rosenberg J, Lloh J, Hoschner J, Miller P (1983) Combined modality therapy for esophagal squamous cell carcinoma. Cancer 51:1062–1071

Ghavimi F, Exelby PR, D'Angio GJ, Cham W, Liebermann PH, Tan C, Mike V, Murphy ML (1975) Multidisciplinary treatment of embryonal rhabdomyosarcoma in children. Cancer 35:677–686

Gollin FF, Johnson RO (1971) Pre-irradiation 5 fluorouracil infusion in advanced head and neck carcinomas. Cancer 27:768–770

Gollin FF, Ansfield FJ, Brandenburg JH, Ramirez J, Vermund H (1972) Therapy in advanced head and neck cancer: a randomized study. Am J Roentgenol 114:83–88

Greco FA, Einhorn LH, Richardson RL, Oldham RK (1978) Small cell lung cancer: Progress and perspectives. Semin Oncol 5:323–335

Green N, Broth E, George III FW, Goldstein A, Melbye RW, Morrow J, Onofrio R, Polse S, Skaist L (1979) Prostate carcinoma-therapeutic considerations in the management of gross lymph node metastases. Int J Radiat Oncol Biol Phys 5:891–897

Hansen HH (1980) Management of small cell anaplastic carcinoma. In: Hansen HH, Rorth M (eds) Lung cancer 1980. Excerpta Medica, Amsterdam Oxford Princeton, pp 113–132

Hartwich G (1979) Zytostatische Therapie gastrointestinaler Karzinome. Klinikarzt 8:389–398

Heilmann HP (1982) Das Mammacarcinom: postoperative Chemotherapie – postoperative Strahlentherapie. In: Frommhold W, Gerhardt P (Hrsg) Das Mammacarcinom, klinisch-radiologisches Seminar, Bd 12. Thieme, Stuttgart New York, S 124–127

Heilmann HP, Doppelfeld E, Fernholz HJ, Birkner R, Schlicker H, Becker G, Gordon-Harris L, Hackl A, Sager WD, Jentsch F, Kraft W, Bünemann H, Horstmann W, Hassenstein E, Kuttig H, Wieland C, Schmidt N, Müller A, Quäck J, Buchelt L, Heß F, Koop EA, von Lieven H, Heinze HG, Castrup W, Wannenmacher M, Rey G, Voss A-C, Nüse A, Eibach E, Grund W, Bohndorf W, Schindler G (1976) Ergebnisse der Strahlenbehandlung des Bronchialkarzinoms. Dtsch Med Wochenschr 101:1557–1562

Heilmann HP, Arnal M-L, Bünemann H, Calavrezos A, Engel J, Franke HD, Hain E, Jüngst G, Kohl FV, Koschel G, Seysen U, Wichert PV (1983)

Kombinierte Chemotherapie-Radiotherapie-Studie des kleinzelligen Bronchuskarzinoms (CCR-Studie): Chemo-/Radiotherapie gegen Radio-/Chemotherapie. Strahlentherapie 159:152–155

Howard R (1965) Actinomycin D in Wilm's tumor. Treatment of lung metastasis. Arch Dis Child 40:200–202

Hünig R, Müller W, Nagel GA (1979) Kombination der internistischen Tumortherapie mit Chirurgie und Strahlentherapie. In: Brunner KW, Nagel GA (Hrsg) Internistische Krebstherapie, 2. Aufl. Springer, Berlin Heidelberg New York, S 110–136

Kaplan HS (1972) Hodgkin disease. Harvard Univ Press, Cambridge/Massachusetts

Kay HEM, Knapton PJ, O'Sullivan JP, Wells DG, Harris RF, Innes EM, Stuart J, Schwartz FCM, Thompson EN (1972) Encephalopathy in acute leukemia associated with methotrexate therapy. Arch Dis Child 47:344–354

Kessinger A, Lemon HM, Foley JF (1979) VM-26 as a second drug in the treatment of brain gliomas. Cancer Treat Rep 63:511–512

Klein HO (1982) Rezidivbehandlung bei der Lymphogranulomatose. In: Sauer W (Hrsg) Therapie des Morbus Hodgkin, Aktuelle Onkologie 5. Zuckschwert München, S 75–85

Lindgren M (1974) Strahlentherapie der Tumoren im Kindesalter. Strahlentherapie 147:109–116

Marks RD, Scruggs HJ, Wallace KM (1976) Preoperative radiation therapy for carcinoma of the esophagus. Cancer 38:84–89

Mertens HG (1982) Multicenter-Studie der Deutschen Hirntumorgruppe, Würzburg

Metzger U, Schneider K, Largiadèr F (1982) Adjuvante Therapie des Kolon- und Rektumkarzinoms. Übersicht über den heutigen Stand. Onkologie 5:228–236

Neidhardt M (1974) Möglichkeiten der Chemotherapie bei Hirntumoren im Kindesalter. Ther Ggw 8:1273–1285

Neidhardt M (1980) Medulloblastomtherapiestudie – Studie der Gesellschaft für pädiatrische Onkologie, Augsburg

Neidhardt MK (1982) Die Behandlung des Medulloblastoms aus pädiatrisch-onkologischer Sicht. Strahlentherapie 158:76–81

Nervi C, Arcangeli G, Casale C, Cortese M, Guadagni A, Le Pera V (1970) A repraisal of intraarterial chemotherapy. Results obtained in 145 patients with head and neck cancers treated during 1963–1966 with intra-arterial chemotherapy followed by radical radiotherapy. Cancer 26:577

Nervi C, Arcangeli G, Concolino F, Cortese M (1979) Improved survival with combined modality treatment for stage IV breast cancer. Int J Radiat Oncol Biol Phys 5:1317

Perez CA, Presant C, Philipott G, Ratkin G (1979) Phase I-II study of concurrent irradiation and multidrug chemotherapy in advanced carcinoma of the breast: A pilot study by the Southeastern Cancer Study Group. Int J Radiat Oncol Biol Phys 5:1329

Philips TL, Fu KK (1976) Quantification of combined radiation therapy and chemotherapy effects on critical normal tissues. Cancer 37:1186–1200

Plüss HJ, Sartorius JA (1979) Solide Tumoren im Kindesalter. In: Brunner KW, Nagel GA (Hrsg) Internistische Krebstherapie. Springer, Berlin Heidelberg New York, S 437–473

Poisson M, Pouillart P, Brataini JP, Mashuly R, Pertuiset BF, Metzger G (1979) Malignant gliomas treated after surgery by combination chemotherapy and delayed irradiation, part 1: Analysis of results. Acta Neurochir (Wien) 51:15–25

Probert JC, Parker BR, Kaplan HS (1973) Growth retardation in children after megavoltage irradiation of the spine. Cancer 32:634–639

Richard JM, Sancho H, Lepintre Y, Rodary J, Pierquin P (1974) Intraarterial methotrexate chemotherapy in cancer of the oral cavity and oropharynx. Cancer 34:491

Rosenberg SA, Kaplan HS, Brown BW (1979) Role of adjuvant MOPP-therapy of Hodgkin's disease: an analysis after then years. In: Jones SE, Selman SE (eds) Adjuvant therapy in cancer 2. Grune & Stratton, New York, pp 109–118

Sack H, Calcanis A, Godehardt E, Weidtmann V, Zülch KJ, Ammon J, Bamberg M, Herbst M, Keim H, Kleibel F, Makosi H-B, Potthoff VC, Schlegel G, Schnepper E (1982) Die postoperative Strahlenbehandlung von Astrozytomen Grad 3 und 4 mit dem Strahlensensibilisator Misonidazol. Strahlentherapie 158:466–469

Salazar OM, Rubin P, Felastein ML, Pizzutiello PD, Pizzutiello R (1979) High dose radiation therapy in treatment of malignant gliomas: Final report. Int J Radiat Oncol Biol Phys 5:1733–1740

Scanlow PW, Taylor WF (1979) Radiotherapy of intracranial astrocytomas: Analysis of 417 cases treatment from 1960 through 1969. Neurosurgery 5/3:301–307

Schellong G, Breu H, Brämswig J, Henze G, Rhim H, Schwarze EW, Wannenmacher M, Wündisch GF (1982) Therapie der malignen Non-Hodgkin-Lymphome und der Lympogranulomatose beim Kind. In: Scheurlen PG, Pees HW (Hrsg) Aktuelle Therapie bösartiger Blutkrankheiten. Springer, Berlin Heidelberg New York, S 263–270

Scheunemann H (1966) Experimentelle und klinische Untersuchung zur intraarteriellen Chemotherapie inoperabler maligner Tumoren im Kiefer-Gesichtsbereich. Hanser, München

Schmitt G, Littmann K (1977) Beitrag zur Frage der Tumorinduktion durch ionisierende Strahlen. Strahlentherapie 153:538–543

Schmitt G, Lenz W, Mellin P, Scherer E, Schulte-Vels K (1980) Ergebnisse der perkutanen Strahlentherapie des lokalisierten Prostatakarzinoms. Dtsch Med Wochenschr 105:365–368

Schulz U, Niederle N, Seeber S (1981) Zum Problem

zusätzlicher strahlentherapeutischer Maßnahmen bei der chemotherapeutischen Behandlung des kleinzelligen Bronchialkarzinoms: Analyse von Rückfallmustern. Strahlentherapie 157:628–632

Schwegler N, Hartweg H (1982) Autoptische Befunde bei 125 bestrahlten Bronchuskarzinomen. Strahlentherapie 158:628–632

Seydel HG, Creech RH, Mietlowski W, Perez CA (1978) Radiation therapy in small cell lung cancer. Semin Oncol 5:288–298

Sheline GE (1977) Radiation therapy of brain tumors. Cancer 39:873–883

Slanina J (1982) Risikoorgane bei Großfeldbestrahlung des Morbus Hodgkin. In: Sauer W (Hrsg) Therapie des Morbus Hodgkin, Aktuelle Onkologie 5. Zuckschwert, München, S 101–112

Slanina J, Musshoff K, Rahner T, Stiasny R (1977) Long-terme side effects in irradiated patients with Hodgkin disease. Int J Radiat Oncol Biol Phys 2:1–9

Stefani S, Eells RE, Abbate J (1971) Hydroxyurea and radiotherapy in head and neck cancer. Radiology 101:391–396

Streffer C (1980) Biologische Grundlagen der Strahlentherapie. In: Scherer E (Hrsg) Strahlentherapie – Radiologische Onkologie, 2. Aufl. Springer, Berlin Heidelberg New York, S 197–257

Trott KR (1974) Strahlenbiologische Grundlagen der Strahlentherapie unter besonderer Berücksichtigung der Therapie mit Corpuscularstrahlen. Strahlentherapie 148:451–462

Urtasun RC, Band P, Chapman JD, Feldstein ML, Mielke B, Fryer C (1976) Radiation and metronidazole in supratentorial glioblastomas. N Engl J Med 294:1364–1367

Valagussa P, Santoro A, Kenda R, Fossati Bellani F, Franchi F, Banfi A, Rilke F, Bonadonna G (1980) Second malignancies in Hodgkin's disease: a complication of certain forms of treatment. Br Med J 280:216–219

Veronesi U (1977) New trends in the treatment of breast cancer at the cancer institute of Milan. Am J Roentgenol 128:287

Vita VT de, Canellos GP, Moxley JH (1972) A decade of combination chemotherapy of advanced Hodgkin's disease. Cancer 30:1485–1504

Vita VT de, Canellos GP, Hubbart S, Chabner B, Young R (1976) Chemotherapy of Hodgkin's disease with MOPP: a ten years progress report. Proc Am Soc Clin Oncol 17:269

Walker MD, Alexander E Jr, Hunt WE, MacCarty CS, Mahaley MS Jr, Mealey J, Norrel HA, Owens G, Ransohoff J, Wilson CB, Gehan EA, Strike TA (1978) Evaluation of BCNU and/or radiotherapy in the treatment of anaplastic gliomas. J Neurosurg 49:333–343

Walker MD, Green SB, Byar DP, Alexander E Jr, Batzdorf U, Brooks WH, Hunt WE, MacCarty CS, Mahaley MS Jr, Mealey J Jr, Owens G, Ransohoff J, Robertson JT, Shapiro WR, Smith KR, Wilson CB, Strike TA (1980) Randomized comparisons of radiotherapy and nitrosoureas for the treatment of malignant gliomas after surgery. N Engl J Med 303:1323–1329

Wannenmacher M (1975) Kombinierte Zytostatika- und Strahlenbehandlung. Röntgen-Berichte 4:223–231

Wannenmacher M, Knüfermann H (1978) Fortschritte in der Therapie des Medulloblastoms. Onkologie 1:92–96

Wannenmacher M, Esser E, Glupe J, Schumann J (1974) Klinische und experimentelle Untersuchungen zur Strahlenbehandlung inoperabler Tumoren nach Teilsynchronisation. Strahlentherapie 147:1–9

Wannenmacher M, Esser E, Schumann J (1975) Erste klinische Ergebnisse der Strahlenbehandlung nach Teilsynchronisation mit Bleomycin. Strahlentherapie 149:131–141

Wassermann TH, Slavik M, Carter SK (1975) Clinical comparison of the nitrosoureas. Cancer 36:1258–1268

Weissbach L, Hildenbrand G, Vahlensieck W (1982) Therapieverfahren. In: Weißbach L, Hildebrand G (Hrsg) Register und Verbundstudie für Hodentumoren. Zuckschwerdt, München, S 157–171

Werf-Messing B van der, Sourek-Zikova V, Blonk DI (1976) Localized advanced carcinoma of the prostate: Radiation therapy versus hormonal therapy. Int Radiat Oncol Biol Phys I; 1043–1048

Wilson CB, Gutin P, Boldrey EB, Crafts D, Levin VA, Enot KJ (1976) Single-agent chemotherapy of brain tumor. Arch Neurol 33:739–744

Yamamoto H, Shitara N, Takakura Sano K (1979) Recruitment-chemoradiotherapy with VM-26 (Epipodophyllotoxin) for induction treatment of malignant brain tumours. Acta Neurol. [Suppl] 28:616–618

Namenverzeichnis – Author Index

Die *kursiv* gesetzten Seitenzahlen beziehen sich auf die Literatur
Page numbers in *italics* refer to the bibliography

Aakvaag A, s. Fossà SD 130, *162*
Aakvaaz A, s. Asbjørnsen G 150, *159*
Aardweg GJMJ van den, Ruiter-Bootsma AL de, Kramer MF 142, 155, *159*
Aardweg GJMJ van den, Ruiter-Bootsma AL de, Kramer MF, Davids JAG 142, 143, *159*
Abbate J, s. Stefani S 725, *729*
Abbatucci JS, Delozier T, Quint R, Roussel A, Brune D 334, 340, *345*
Abbott JR, s. Cohan SL 358, *373*
Abe M, Langendorff H 158, *159*
Abe M, Takahashi M 69, *96*
Abe M, Nishidai T, Yukawa Y, Takahashi M, Ono K, Hiraoka M, Ri N 592, *600*
Aberle HG, s. Glanzmann Ch 334, *346*
Abt AB, s. Rostock RA 571, *607*
Aceto H Jr, s. El-Mahdi AM 618, *636*
Aceto H Jr, s. Ward WF 618, *639*
Aceto H, s. D'Angio GJ 619, *636*
Acherman LV, s. Bennet DE 386, *399*
Ackermann LV, s. Spjut HJ 306, *314*
Ackermann LV, s. Black WC 80, *96*
Acquavella JF, s. Wilkinson GS 471, *488*
Adams C, s. Ibrahim MZM 358, 364, *375*
Adams GD, s. Stone RS 624, *639*
Adams GE 592, *600*, 685, 686, 688, 690, 692, 705, *706*
Adams GE, Ahmed I, Fielden EM, O'Neill P, Stratford IJ *706*
Adams GE, Asquith JC, Dewey DL, Foster JL, Michael BD, Willson RL 688, *706*
Adams GE, Asquith JC, Watts ME, Smithen CE 687, *706*
Adams GE, Clarke ED, Flockhart ED, Jacobs IR 701, *706*

Adams GE, Cooke MS 686, 688, *706*
Adams GE, Dewey DL 687, *706*
Adams GE, Flockhart IR, Smithen CE, Stratford IJ, Wardman P, Watts ME 685, 687, 690, *706*
Adams GE, Fowler JF, Wardman P 690, *706*
Adams GE, Michael BD, Asquuith JC, Shenoy MA, Watts ME, Williams DW 29, *35*
Adams GE, Stratford IJ, Wallace RG, Wardman P, Watts ME 705, *706*
Adams GE, s. Asquith JC 687, 688, 690, 693, *706*
Adams GE, s. Dische S 684, 693, 694, 695, 696, *708*
Adams GE, s. Fowler JF 684, 691, *708*
Adams GE, s. Gray AJ 693, 694, *708*
Adams JH, Brierley JB, Connor RC, Treip CS 369, *372*
Adams K, s. Blackett NM 252, *259*
Adams K, s. Lamerton LF 252, *262*
Adamson IYR, Bowden DH 387, 388, 396, *399*
Adamson IYR, Bowden DH, Wyatt JP 391, *399*
Adler ED *159*
Adler H, s. Hüllemann R 112, *121*
Adnet JJ, s. Caulet T 392, *400*
Adornato BT, s. Peylan-Ramu N 319, 342, *347*
Aebersold PC, s. Zirkle RE 624, *639*
AFFRI 536, 537, 548, *555*
Afzal SM, s. Yuhas JM 588, *611*
Agarossi G, Pizzi L, Mancini C, Doria G 221, *228*
Agboola O, s. Urtasun RC 704, *711*
Ahier RG, s. Coultas PG 23, 24, *36*, 397, *400*
Ahier RG, s. Law MP 183, *202*, 650, 651, 667, 669, *678*
Ahlbom HE 317, 322, *345*
Ahmed I, s. Adams GE *706*

Ahmed N, s. LeVeen HH 665, 666, 670, *678*
Ainsworth EJ, Fry RJM, Grahn D, Williamson FS, Rust JH, Brennan PC, Carrano AV, Jordan DL, Miller M, Allen KH, Nielsen MP, Cooke E, Staffeldt E, Sallese A 252, *258*
Ainsworth EJ, Fry RJM, Jordan DL, Sallese AR 245, 250, *258*
Ainsworth EJ, Fry RJM, Williamson FS, Kisielski WE, Jordan DL, O'Malley MP, Miller M, Cooke EM, Sallese A, Brennan PC 252, *258*
Ainsworth EJ, Jordan DL, Miller M, Cooke EM, Hulesch JS 247, *258*
Ainsworth EJ, s. Nachtwey DS 250, *262*
Ainsworth EJ, s. Page NP 546, *556*
Akaboshi S, s. Wakabayashi K 150, *170*
Akagi G, s. Ogata K 86, 91, *98*
Åkerfeldt S, Rönnbäck C, Nelson A 596, *600*
Al-Abdulla ASM, Hussey DH, Olson MH, Wright AE 630, *635*
Albert ER, Omran AR 470, *478*
Albert RE, s. Shore RE 470, *486*
Albin MSR, White RJ, Locke GS, Massopust LC, Kretschner HE 363, *372*
Albrecht H-J, s. Wöllgens P 108, *122*
Albrektson T, Jacobsson M, Turesson I 301, *307*
Alcober V, s. Calvo W 277, *308*
Alderman UM, s. Smith WW 218, *231*
Alderson MR, Jackson SM 470, *478*
Alert J, Jimenez J, Beldarrain L, Montalvo J, Roca C 117, *120*
Alescio T, s. Elkind MM 21, 22, *36*, 58, 66, 67
Alexander E Jr, s. Walker MD 719, *729*

Alexander P 219, 226, *228*

Alexander P, Bacq ZM, Cousens SF, Fox M, Hervé A, Lazar J 592, *600*

Alexander P, s. Bacq Z 349, *372*

Alfieri AA, Hahn EW, Kim JH 669, *674*

Alfieri AA, s. Hahn EW 646, 669, *677*

Allen AC, s. Bond VP 255, *259*

Allen JC, Rosen G, Metha BM, Horten B 342, *345*

Allen KH, s. Ainsworth EJ 252, *258*

Almond PR, s. Jardine JH 627, *637*

Alpen EL, Powers-Risius P 143, 155, *159*

Alpen EL, Shill OS, Tochilin E 246, *258*

Alpen EL, s. Castro JR 615, 619, *635*

Alpen EL, s. Cole LJ 255, *259*

Alpen EL, s. Cooper EH 208, *229*

Alpen EL, s. Page NP 546, *556*

Alper T 8, 12, 14, 22, 27, 28, 29, 30, 31, *35*

Alper T, Fowler JF, Morgan RL, Vonberg DD, Ellis F, Oliver R 570, *600*

Alper T, Howard-Flanders P *35*, 597, *600*

Alper T, s. Hornsey S 81, *97*

Alpers BJ, Pancoast HK *372*

Alpers JB, s. Rall JE 399, *401*

Alth G, s. Klein H 209, *230*

Altman KJ, Gerber GB, Okada S 4, 7, *35*

Altmann H, s. Tuschl H 474, *487*

Altmann HW, Lick R, Stut E 102, *120*

Amelar RD, Dubin L, Hotchkiss RS 130, *159*

Ames A, s. Chiang J 363, 366, *373*

Ames E, s. Cantu RC 369, *372*

Ames WR, s. Hempelmann LH 289, *309*, 470, *481*

Ammon J, s. Sack H 694, 699, *710*, 719, *728*

Amols HI, s. Raju MR 64, *68*

Amsel S, Dell ES 274, *307*

Andersen AC, Hendrickx AG, Momeni MH 136, *159*

Andersen AC, Nelson VG, Simpson ME 136, 139, *159*

Anderson C 290, *307*

Anderson DP, s. Steckel RJ 112, *122*

Anderson HC, s. Matsuzuwa T 267, *312*

Anderson N, s. Micklem HS 237, *262*

Anderson ND, Colyer RA, Riley LH Jr 267, 268, 269, 273, 275, 276, 281, 285, 287, *307*

Anderson P, s. Dische S 695, 702, *708*

Anderson P, s. Saunders MI 694, 698, 703, *710*

Anderson RE, Lefkovits I 221, 225, *228*

Anderson RE, Lefkovits I, Troup GM 225, *228*

Anderson RE, Olson GB, Autry JR, Howarth JL, Troup GM, Barthels PH 207, 208, 218, *228*

Anderson RE, Warner NL 207, 208, 211, 220, 221, 222, 224, 227, *228*

Anderson RE, Williams WL 209, 223, *228*

Anderson RF, s. Stehlin JS 663, 672, *680*

Anderson V, s. Weeke E 208, *232*

Anderson W, s. Trott NG 478, *487*

Anderson WR, s. Kaene WF 107, *121*

Andjus R, s. Savkovic N 127, 136, *168*

Andre JJ, Goubert J, Moreau A, Perotin JP *478*

Andreeff M 15, *35*

Andres KH 356, 365, 371, *372*

Andrews GA, s. Goswitz FA 258, *260*

Andrews JR, Sneider SE 585, 590, *600*

Andrews JR, s. Berry RJ 618, *635*

Andrews JR, s. Condit PT 590, *602*

Andrews JR, s. Rubin P 281, 282, 283, 284, 286, 289, *313*

Andrews JT, s. Stoll B 334, 335, 339, *347*

Andrien JM, s. Delbrück H 715, 716, 717, 718, *727*

Ang KK, Schueren E van der, Notter G, Horiot JC, Chenal C, Fauchon F, Raps J, Peperzeel H van, Goffin JC, Vessiere M, Glabbeke M van 697, *706*

Anger HO, s. Tobias CA 615, *639*

Angleton GM, s. Garner RJ 242, *260*

Angus W, s. Taylor GN 306, *314*

Annanmäki M, s. Stenstrand K 474, *486*

Ansfield FJ, Ramirez G, Diavis HL, Korbitz BC, Vermund H, Gollin F 724, *726*

Ansfield FJ, s. Gollin FF 724, *727*

Anson SG, s. Asscher AW 363, 369, *372*

Antal S, s. Gidali J 236, 238, *260*

Anwar M, s. Ashraf M 145, *159*

Aoyagi M, s. Dodson RF 363, *373*

Aoyama T, s. Ikebuchi M 588, *604*

Aoyama T, s. Kimura H 599, *604*

Aponte GE, s. Dettmer CA *97*

Arai T, s. Tsunemoto H 631, *639*

Arcangeli G, Cividalli A, Lovisolo G, Mauro F, Creton G, Nervi C, Pavin G 671, *674*

Arcangeli G, Friedman M, Paoluzi R 190, *199*

Arcangeli G, s. Bogaert W van den 697, *707*

Arcangeli G, s. Nervi C 723, 725, *728*

Archambeau J, Griem M, Harper P 96

Archambeau JO, Bennett GW, Chen SJ 617, *635*

Archambeau JO, s. Bond VP 33, *35*, 242, 243, *259*, 279, *307*

Archer VE 463, *478*

Arden A, s. Jennings FL 381, 383, 384, 385, 386, *400*

Ardenne M von 641, 653, 659, 660, 666, *674*

Ardenne M von, Kirsch R 673, *674*

Aristizabal SA, Miller RC, Schlichtemeier AL, Jones SE, Boone ML 199

Arlett CF, s. James SE 232, *233*

Armstrong DT, s. Christiansen JM 150, *161*

Arnal M-L, s. Heilmann HP 721, 722, *727*

Arndt D, Ritter M 589, *600*

Arndt D, s. Bendel I 448, *479*

Arndt D, s. Lenz U 470, 478, *483*

Arnold A, Bailey P 350, 362, 368, *372*

Arnold A, Bailey P, Harvey RA 350, 362, 368, *372*

Arnold A, Bailey P, Harvey RA, Haas LL, Laughlin JS 350, 362, 368, *372*

Arnold A, Bailey P, Laughlin JS 350, 362, 368, *372*

Arnold H 725, *726*

Arnold H, s. Bodemann H 721, *727*

Arnold JS, Jee WSS 273, 296, 299, *307*

Arnold JS, s. Jee WSS 271, 273, 275, 277, 279, 282, 286, 296, 297, 299, 301, 302, *310*

Aronson AS, Gustafsson M, Selvik G 287, *307*

Arroyo G, s. Marciàl VA 87, *98*

Arseneau J, s. Canellos GP 716, *727*

Asami K, s. Yoshimura N 157, *170*

Asano M, s. Tokunaga M 470, *487*

Asbell SO, Kramer S 359, *372*

Asbell SO, s. Leibel SA 698, *709*

Asbell SO, s. Ydrach AA 698, *711*

Asbjørnsen G, Moline K, Klepp O, Aakvaaz A 150, *159*

Ascenzi A 274, *307*

Asfaw I, s. Franklin R 723, *727*

Ash DV, Smith MR, Budgen RD 696, *706*

Ash P 127, *159*

Ashbrook DW, s. Bicher HI 94, *96*

Ashikawa JK, Sondhaus CA, Tobias CA, Kayfetz LL, Stephens SO, Donovan M 618, *635*

Ashley W, s. Haymaker W 368, 369, *374*

Ashraf J, s. Hugue H *164*

Ashraf M, Anwar M, Siddiqui QH 145, *159*

Ashwood-Smith MJ, Robinson DM, Barnes JM, Bridges BA 687, *706*

Ashwood-Smith MJ, Smith AD 597, *600*

Asquith JC, Watts ME, Patel K, Smithen CE, Adams GE 687, 688, 690, 693, *706*

Asquith JC, s. Adams GE 29, *35,* 687, 688, *706*

Asquith JC, s. Berry RJ *707*

Asscher AW, Anson SG 363, 369, *372*

Asscher AW, Wilson C, Anson SG *372*

Assenmacher DR, Ducker TB 363, *372*

Astaldi G, Costa G 212, *228*

Astor M, Hall EJ, Biaglow JE, Parham JC 704, *706*

Astor M, s. Hall EJ 704, *709*

Atherton DR, s. Taylor GN 306, *314*

Atkins HL, s. Johnson PM 89, *97*

Atkinson ER 641, *674*

Atkinson R, s. Bull JM 673, *675*

Aubertin Ch, Beaujard E 440, *478*

August LS, s. Hall EJ 53, 58, *67*

Aur RJA, Simone JV, Verzosa MS, Hustu HO, Pinkel DP, Barker LF 342, *345*

Aurand K, Gans I, Rühle H *435*

Austin DE, s. Smithers DW *168*

Austin DE, s. Thomas PRM 129, *169*

Austin P, s. Hodel K 129, *164*

Autry JR, s. Anderson RE 207, 208, 218, *228*

Auxier JA, s. Jablon S 247, *261*

Auxier JA, s. Kerr GD 472, *483*

Avery ME, s. Said SI 391, *401*

Avila J, s. Marciani RD 290, *311*

Avrunina GA, s. Yarmonenko SP 585, *610*

Awschalom M, s. Cohen L 632, *636*

Awschalom M, s. Kaul R 631, *637*

Axelrod J, s. Gagnon C *162*

Axelsson I 463, *478*

Axhausen G 297, *307*

Ayerst RI, Johnsen CG 128, *159*

Azizkhan JC, Klagsbrun M 267, *307*

Baarli J, s. Bianchi M 155, *160*

Bab I, s. Sela J 278, *314*

Babicky A, Kolář J 278, 279, *307*

Bacq Z, Alexander P 349, *372*

Bacq Z, s. Desaive P 573, *602*

Bacq ZM 4, *35,* 558, 566, 588, 594, 595, 597, *600*

Bacq ZM, Beaumariage ML, Liébecq-Hutter S 597, *601*

Bacq ZM, Beaumariage ML, Radivojevitch DV 568, *601*

Bacq ZM, Deschamps G, Fischer P, Hervé A, Bihan H le, Lecomte J, Pivotte M, Rayet P 588, 589, *601*

Bacq ZM, Goutier R 598, *600*

Bacq ZM, Hervé A 588, *600*

Bacq ZM, Hervé A, Lecomte J, Fischer P, Blavier J, Dechamps G, Bihan H le, Rayet P 557, 561, *600, 601*

Bacq ZM, Hervé A, Scherber F 565, *601*

Bacq ZM, s. Alexander P 592, *600*

Bacq ZM, s. Gerebtzoff MA 571, *603*

Bacq ZM, s. Hervé A 588, *604*

Bacq ZM, s. Liébecq-Hutter S 597, *605*

Baermann G, Linser P 101, *120*

Baez S, s. Berry K 363, *372*

Bager S 127, *159*

Baglan RJ, s. Marks JE 322, 338, *347*

Bagshaw MA 724, *726*

Bagshaw MA, Li GC, Pistenma DA, Fessenden P, Luxton G, Hoffman WW 621, *635*

Bagshaw MA, s. Ingold JA 86, 87, 88, 89, 90, 91, 95, *97*

Bahr B, s. Weeke E 208, *232*

Baidatz D, s. Modan B 470, *484*

Bailey JV, s. English RA 415, *435*

Bailey P, s. Arnold A 350, 362, 368, *372*

Bain E, s. Raju MR 56, *68*

Bain J, Keene J 151, *159*

Bain J, s. Hsu AC *164*

Bair WJ 460, *478*

Baird M, s. Zagars G *711*

Bakay L, Bendixen HH 369, *372*

Baker CP, s. Rose JE 353, *377*

Baker DG, s. Lowy RO 587, *605*

Baker TG, Neal P 123, 133, 141, 145, *159*

Baker TG, s. Hobson BM 149, *164*

Baldini G, Ferri L 589, *601*

Balitrand N, s. Faille A 245, *260*

Balk O, s. Kolb HJ 288, *311*

Ball MM, s. Denekamp J 25, *36*

Ballou JE, s. Sanders CL 303, *314*

Bamberg M, Sauerwein W, Scherer E 720, *726*

Bamberg M, Tamulevicius P, Streffer C, Scherer E 695, 696, *706, 707*

Bamberg M, s. Donhuijsen K 306, *308*

Bamberg M, s. Holfeld H 693, *709*

Bamberg M, s. Sack H 694, 699, 710, 719, *728*

Bamberg M, s. Tamulevicius P 695, 696, *710*

Bamford FN, Morris-Jones P, Pearson D, Ribeiro GG, Shalet SM, Beardwell CG 325, *345*

Band P, s. Urtasun RC *711,* 719, *729*

Band PR, s. Urtasun RC 689, 694, 695, *711*

Bane HN, s. Glicksman AS 176, *201*

Banerjee CM, s. Said SI 391, *401*

Banfi A, s. Meadows AT 306, *312*

Banfi A, s. Valagussa P 717, 718, *729*

Barber HRK 128, 129, 158, *160*

Bardin CW, s. Gagnon C *162*

Barendsen GW 12, *35,* 50, 51, 55, 57, 58, 62, *66,* 251, *258*

Barendsen GW, Broerse JJ 24, *35,* 615, *635*

Barendsen GW, Broerse JJ, Breur K 5, *66*

Barendsen GW, Koot CJ, Kersen GR van, Bewley DK, Field SB, Parnell CJ 54, 55, *66*

Barendsen GW, Walter HMD, Fowler JF, Bewley DK 685, *707*

Barendsen GW, s. Broerse JJ 239, 240, 245, 246, *259,* 583, *601,* 627, *635*

Barendsen GW, s. Joshi DS 667, *677*

Barendsen GW, s. Kogel AJ van der 368, *375,* 627, *637*

Barendsen GW, s. van der Kogel AJ 335, *348*

Barenfus M, s. Steckel RJ 112, *122*

Barker LF, s. Aur RJA 342, *345*

Barkley HT Jr, s. Withers HR 142, 153, 155, *170*

Barkley HT, s. Withers HR 573, *610*

Barkley JT Jr, s. Withers HR 626, *639*

Barnes JF, s. Kligerman MM 622, *637*

Barnes JM, s. Ashwwood-Smith MJ 687, *706*

Barnhard HJ, Geyer RW 289, *307*

Barr JS, Lingley JR, Gall EA 267, 281, 284, *307*

Barr JS, s. Reidy JA 267, 286, *313*

Barrat GM, Wills ED 659, *674*

Barrett AJ 370, *372*

Barrick MK, s. Bunger BM 463, *479*

Barron ESG, Dickman S, Muntz JA, Singer TP 557, *601*

Barron KD, Means ED, Feng T, Harris H 363, *372*

Barthels PH, s. Anderson RE 207, 208, 218, *228*

Bartolis S, s. Facchini A 208, *229*

Bartosz G, Leyko W, Kedziora J, Jeske J 593, *601*

Barwig P, s. Scherholz KP 127, *168*

Baserga R, Lisco H, Cater DC 279, 281, 282, 284, 289, 299, *307*

Bases RE, s. Ghossein NA 219, 222, *229*

Bassani B, s. Covelli V 134, 141, *161*

Bassett LW, s. Pagani JJ 306, *312*

Bassett RC, s. Lowenberg-Scharenberg K 362, *376*

Bässler R, Buchwald W 388, *399*

Bataini J-P, s. Steeves RA 306, *314*

Batchelor AL, Mole RH, Williamson FS 155, *160*

Bate D, Guttman RJ 398, *399*

Bateman JL, Bond VP, Robertson JS 244, *258*

Bates TD, Peters LJ 191, *199*

Battermann JJ 632, *635*

Battermann JJ, Hart GAM, Breur K 84, 85, *96*

Batzdorf U, s. Walker MD *729*

Bauchinger M 217, *228*

Bauer KD, Dethlefsen LA 15, *35*

Bauer KD, Henle KJ 643, *674*

Baum JW 465, 468, 469, *479*

Baumann B, Muth H 249, *258*

Baumann CL, s. Thrall DE 650, *681*

Bäumer J, Hofmann D, Kepp RK 587, *601*

Bäuml A 476, *478*

Baunach A 279, *307*

Bawa SR, s. Gupta GS 147, *163*

Bayer A, Heuser FW 501, 502, *521*

Bayle O, s. Delbrück H 715, 716, 717, 718, *727*

Baylin GJ, s. Reeves RJ 75, *98*

Beach G, s. Kelly LS 92, *98*

Beach JL, s. Mendiondo OA 588, *606*

Beardwell CG, s. Bamford FN 325, *345*

Beardwell CG, s. Shalet SM 130, 150, 151, 152, 153, *168*

Beaujard E, s. Aubertin Ch 440, *478*

Beaumariage ML, s. Bacq ZM 568, 597, *601*

Beaumont HM 135, 136, 138, 141, *160*

Beaver PF, s. Gill JR 461, *480*

Beccari E, Bianchi C, Felder E 561, *601*

Beck HL, Gogolak CV, Miller KM *435*

Beck HR 463, 468, *479*

Beck HR, Dresel H, Melching H-J 439, 440, *479*

Beck K, s. Birzle H 94, *96*

Becker AJ, McCulloch EA, Siminovitch L, Till JE 236, *259*

Becker AJ, McCulloch EA, Till JE 237, *259*

Becker G, s. Heilmann HP 722, *727*

Becker H, s. Fritsch G 342, *346*

Becker KH, s. Krześniak JW 478, *483*

Bedford JS, Mitchell JB 26, *35*

Bedford JS, s. Raaphorst GP 649, *679*

Bedwinek JM, Shukovsky LJ, Fletcher GH, Daley TE 302, *307*

Beebe GW, Kato H, Land CE 466, 470, 471, *479*

Beebe GW, Land CE 471, *479*

Beebe GW, Land CE, Kato H 470, 471, *479*

Beechey CV, s. Searle AG 154, 157, *168*

Beens H, s. Heijde HB Van der 431, *436*

Beer JZ, s. Körner I *37*

Begg AC, Sheldon PW, Foster JL 689, *707*

Beggs JL, Waggener JD 363, *372*

Behar A, s. Janssen P 361, 365, *375*

Beheyt J, s. Francois J 578, *603*

BEIR 445, 463, 464, 465, 466, 467, 468, 469, 470, 471, 472, 473, 474, 475, *479*

Beisel P, s. Streffer C 4, 5, *39*

Bekerman C, s. Refetoff S 470, *485*

Bekkum DW van, s. Broerse JJ 242, 246, *259*

Bekkum DW van, s. Meer C van der 595, *606*

Bekkum DW van, s. Sonneveld P 287, *314*

Bekkum DW van, s. Vriesendorp HM 242, 243, 255, *264*

Belasich JJ, s. Pickrell JA 390, *401*

Belda W 503, *521*

Beldarrain L, s. Alert J 117, *120*

Beliles RP, Kereiakes JG, Krebs AT 569, *601*

Belli JA, s. Harris JR 667, *677*

Benak SB, s. Hill DR 256, *261*

Benassi E Picotti F 217, *228*

Bendel I, Schüttmann W, Arndt D 448, *479*

Bendel V 233

Bender-Götze C, s. Kolb HJ 288, *311*

Bendixen HH, s. Bakay L 369, *372*

Benecerraf B, s. Katz OH 221, *230*

Ben-Hur E, Elkind MM 645, 646, *675*

Ben-Hur E, Riklis E 645, 646, 658, *675*

Beninson D, Placer A, Elst E van der 129, *160*

Benjamin E, Sluka E 567, *601*

Bennet DE, Million RR, Acherman LV 386, *399*

Bennet RL, s. Steckel RJ 112, *122*

Bennett GW, s. Archambeau JO 617, *635*

Benninghoff DL, Tyler RW, Everett NB 207, *228*

Benson RE, Michaelson SM, Downs WL, Maynard EA, Scott JK, Hodge HC, Howland JW 561, *601*

Benson S, s. McCollough J 213, *230*

Bensted JPM, Blackett NM, Lamerton LF 281, 285, *307*

Bensted JPM, Courtenay VD 267, 268, 269, 275, 276, 279, 281, 282, 306, *307*

Benveniste L, s. Hirsch JF 325, *346*

Bercu BB, s. Bode U 342, *345*

Berdjis CC 120

Berg HL, Weiland AJ 306, *307*

Berg NO, Håkansson CH, Lindgren M 318, 324, 332, *345*

Berg NO, Lindgren M 345, 350, 351, *372*

Berg R, s. Blomgren H 207, 219, *228*

Berg-Blok A, s. Reinhold HS 666, *679*

Bergeder HD, s. Cervos-Navarro J *373*

Bergentz SE, s. Person B 208, *230*

Berger M, s. Rudemann NB 357, *377*

Bergonié J, Tribondeau L 1, 33, *35*

Bergstrand H, s. Revesz L *607*, 693

Berliner DL, Ellis LC *160*

Berliner DL, Ellis LC, Taylor GN 127, 151, *160*

Berliner DL, s. Ellis LD 151, *162*

Berman CZ, s. Neuhauser EBD 284, *312*

Berman M, s. Rall JE 399, *401*

Bernhard W, s. Simard R 658, *680*

Berry HC, s. Parker RG 265, 287, 297, *312*, 629, *638*

Berry K, Wisniewski HM, Svarzbein L, Baez S 363, *372*

Berry RJ 55, *66*

Berry RJ, Andrews JR 618, *635*

Berry RJ, Asquith JC *707*

Berry RJ, Hall EJ, Cavanagh J 14, *35*

Berry RJ, Wiernik G, Patterson TJS 185, 190, 193, *199*

Berry RJ, s. Fowler JF *201*, 568, *603*

Berry RJ, s. Patterson TJS 194, 198, *202*

Berry RJ, s. Wiernik G *203*

Bertalanffy FD, Leblond CP 387, *399*

Berthelsen JG, Skakkebaek NE 130, *160*

Berthold G, s. Beuningen D van 10, 32, *35*

Berthold G, s. Beuningen D van 645, 648, 650, 652, 657, 658, *675*

Berthrong M, Fajardo LF 71, 79, 80, 82, *96*

Berthrong M, s. Fajardo LF 96, 97, 173, 174, 175, *200*

Bertino JR, Boston B, Capizzi RL 72 , *726*

Bertino JR, Mosher MB, Conti RL de 724, *726*

Berufsgenossenschaft für Gesundheitsdienst und Wohlfahrtspflege *479*

Besen M, s. Goldenberg VE 382, *400*

Best WR, s. Schrek R 210, *231*

Bethard WF, s. Jacobson LO 255, *261*

Betten DA, s. Dewey WC 657, *675*

Betti O, s. Szikla G 339, *347*

Betz EH 7, *35*, 206, 219, *228*

Betz EH, Lelievre P, Smoliar V 596, *601*

Betz EH, Mewissen DJ, Lelièvre P 572, 597, *601*

Beuningen D van 652, *675*

Beuningen D van, Streffer C, Berthold G 10, 32, *35*, 645, 648, 650, 652, 657, 658, *675*

Beuningen D van, Streffer C, Rebmann A, Zamboglou N 233

Beuningen D van, Streffer C, Zamboglou N, Kersting St 645, *675*

Beuningen D van, Zamboglou N, Streffer C, Kenn J 647, *675*

Beuningen D van, s. Hidvegi EJ 7, 8, *37*

Beuningen D van, s. Streffer C 15, *39*, 641, 644, 648, 657, 660, 670, *680*

Beuningen D van, s. Zywietz F 47, 61, *68*

Bewley DK 55, 62, *66*, 581, *601*

Bewley DK, Field SB, Morgan RL, Page BC, Parnell CJ 196, *200*, 625, 626, *635*

Bewley DK, Fowler J, Morgan RL, Silvester JL, Turner BA 183, 196, *199*

Bewley DK, Fowler JF, Morgan RL, Silvester JA, Turner BA, Thomlinson RH 625, *635*

Bewley DK, s. Barendsen GW 54, 55, *66*, 685, *707*

Bewley DK, s. Catterall M 62, *66*, 628, *635*

Bewley DK, s. Fowler JF 183, *201*

Bewley DK, s. Hornsey S 245, *261*

Bhartiya HC, s. Uma Devi P 571, *610*

Bhatia AL, Saharan BR, Mathur KM 144, *160*

Bhatia AL, Srivasta PN 140, *160*

Bhuyan BK, Day KJ, Edgerton CE, Ogunbase O 646, *675*

Biaglow J, s. Hall EJ 704, *709*

Biaglow JE, s. Astor M 704, *706*

Bianchi C, s. Beccari E 561, *601*

Bianchi E, Gasparini S 569, *601*

Bianchi L 102, 103, *120*

Bianchi M, Baarli J, Sullivan AH, Di Paola M, Quintiliani M 155, *160*

Bianchi M, Ebert M, Keene JP, Quintiliani M 155, *160*

Bianchi M, Quintiliani M, Baarli J, Sullivan AH 155, *160*

Biberfeld G, s. Wasserman J 221, *232*

Bichel P, s. Overgaard J 664, *679*

Bicher HJ, Ashbrook DW, Harris DR, Dalrymple GV 94, *96*

Bicher HJ, Sandhu TS, Hetzel W 671, *675*

Bieler EU, Schnabel T, Knobel J 129, 148, 149, 152, *160*

Bigner DD, s. Vick NA 341, *348*

Bigotti A, s. Moricca G 672, *679*

Bihan H le, s. Bacq ZM 557, 561, 588, 589, 600, *601*

Binder HJ, s. Gelfand MD 79, *97*

Bingham WG, s. Goodman JH 363, *374*

Binhammer RT 135, 151, *160*

Binkley F, s. Isaacs JT 5, *37*

Biol FI, s. Moore BA 703, *709*

Biondo S, s. Zeman W *378*

Bird RP, Burki HJ 56, *66*

Birke G, Franksson C, Hultborn KA, Plantin LO 150, *160*

Birkeland SA 208, 213, 214, 216, *228*

Birkner R 300, *307*

Birkner R, Frey J, Ueberschär K-H 293, 297, 301, *307*

Birkner R, Hoffmann B 173, *200*

Birkner R, s. Heilmann HP 722, *727*

Birzle H, Beck K, Nusselt L 94, *96*

Birzle H, Franzius E 94, *96*

Bisgard JD, Hunt HB 267, 279, 280, 286, *307*

Biskis BO, s. Finkel MP 303, *308*

Bitnyszlachto S, s. Soltysiak-Pawluczuk D 598, *608*

Blachiewicz, s. Reinhold HS 666, *679*

Black B, s. Cummings BJ *707*

Black WC, Ackermann LV 80, *96*

Black WC, Gomez LS, Yuhas JM, Kligermann MM 82, *96*

Blackburn J, Wells AB 267, 273, 275, 277, 278, 279, 280, 281, 286, *307*

Blackburn P, s. Tabachnik F 593, *609*

Blackett NM, Kember NF, Lamerton LF 266, 281, 282, *307*

Blackett NM, Roylance PJ, Adams K 252, *259*

Blackett NM, s. Bensted JPM 281, 285, *307*

Blackett NM, s. Lamerton LF 252, *262*

Blakely EA, Tobias CA, Ngo FQH, Curtis SB 52, *66*

Blakely EA, Tobias CA, Yang TCH, Smith KC, Lyman JT 55, *66*

Blakely EA, s. Chapman JD 53, *66*

Blakely EA, s. Lücke-Huhle C 53, *67*

Blanc MR, s. Driancourt MA 149, *161*

Blank WF, s. Marks JE 322, 338, *347*

Blankenstein MA, Mulder E, Broerse JJ, Molen HJ van der 150, *160*

Blasko JC, s. Griffin TW 629, *637*

Blasko JC, s. Henry LW 631, *637*

Blasko JC, s. Laramore GE 631, *637*

Blattmann H, s. Essen CF von 63, *67*

Blavier J, s. Bacq ZM 557, 561, 600, *601*

Bleehen NM *707*

Bleehen NM, Honess DJ, Morgan JE 656, *675*

Bleehen NM, s. Taylor IW 14, *39*

Bleehen NM, s. White RAS *711*

Bleehen NM, s. Wiltshire CR 695, *711*

Bleehen NM, s. Workman P 695, *711*

Bleher EA, Tschäppeler H 284, 285, 289, 293, 303, *307*

Blend MJ, s. Erickson BH *162*

Bleyer WA *345*

Bleyer WA, Drake JC, Chabner BA 342, *345*

Bleyer WA, Griffin TW 341, 342, 343, *345*

Blom J, s. Knospe WH 257, *261*

Blomgren H, Berg R, Wasserman J, Glas U 207, 219, *228*

Blomgren H, Wasserman J, Luttbrand B 207, *228*

Blomgren H, s. Glas U 226, *229*

Blomstrand C, s. Hamberger A 357, *374*

Blond S, s. Szikla G 339, *347*

Blonk DI, s. Werf-Messing B van der 724, *729*

Bloom HJG 720, *726*, *727*

Bloom HJG, Dawson KB 597, *601*

Bloom MA, Bloom W 301, 306, *307*

Bloom W, s. Bloom MA 301, 306, *307*

Bloor CM, s. Utley JF 579, *610*

Blot WJ, Sawada H 128, *160*

Blot WJ, Shimizu Y, Kato H, Miller RW 128, *160*

Blott W 470, *479*

Blumberg A, s. Glick JH 588, 591, *603*

Blumberg AL, Nelson DF, Gramkowski M, Glover D, Glick JH, Yuhas JM, Kligerman MM 591, *601*

Bobrove AM, s. Fuks Z 208, 219, 227, *229*

Böckler H, Prinz D 115, *120*

Bockslaff H, s. Brase A 90, 93, 94, 95, *96*

Bode U, Oliff A, Bercu BB, DiChiro G, Glaubiger DL, Poplack DC 342, *345*

Bodemann H, Arnold H, Engelhardt R, Eccard D, Löhr GW 721, *727*

Boden G 317, 318, 321, 326, 330, 333, 334, 340, *345*

Bodenberger B, s. Kolb JJ 83, *98*

Bodner L, s. Sela J 278, *314*

Boecker BB, s. Hahn FF   306

Boegaert L van, Hermanne J   362, *372*

Boellaard JW, Jacoby W   318, 320, 324, 340, *345*

Boer J de, s. Brown SO   27, *35*

Boer PW, s. Nijiman JM   130, *166*

Bogaert W van den, Schueren E van der, Horiot J-C, Chaplain G, Arcangeli G, Gonzales D, Svoboda V   697, *707*

Boggs DR, s. Boggs SS   241, *259*

Boggs DR, s. Chervenick PA   241, *259*

Boggs SS, Boggs DR   241, *259*

Bohndorf W, s. Heilmann HP   722, *727*

Bohne F, s. Haas RJ   237, *261*

Boice JD Jr, Monson RR   470, *479*

Bojsen J, s. Møller U   665, *678*

Bojtor I, s. Gidali J   253, *260*

Boldrey E, Sheline G   323, *345*

Boldrey EB, s. Wilson CB   719, *729*

Boll I   236, *259*

Bolliger A, s. Doub HP   101, *121*

Bonadonna G, s. Sykes MP   256, 258, *263*

Bonadonna G, s. Valagussa P   717, 718, *729*

Bonarigo BC, Rubin P   290, *307*

Bond VP   243, 245, 246, *259*

Bond VP, Carter RE, Robertson JS, Seymour PH, Hechter HH   246, *259*

Bond VP, Fliedner TM, Archambeau JO   33, *35*, 242, 243, *259*, 279, *307*

Bond VP, Robinson CV   243, *259*

Bond VP, Swift MN, Allen AC, Fishler MC   255, *259*

Bond VP, s. Bateman JL   244, *258*

Bond VP, s. Carter RE   245, *259*

Bond VP, s. Cronkite EP   244, *259*

Bond VP, s. Swift MN   73, *98*, 255, *263*

Bonnell JA, Harte G   463, *479*

Bonnik C, s. Dutreix J   397, *400*

Book SA, s. Raabe OG   306, *313*

Boone IU   577, *601*

Boone ML, s. Aristizabal SA   199

Boone MLM, s. Gerner EW   651, *676*

Boone MLM, s. Leith JT   644, *678*

Boone R, s. Gerner EW   651, *676*

Booz J, Fidorra J   47, *66*

Borak J   172, *200*

Borchers H-D, s. Franke HD   633, *636*

Borek C, s. Harisiadis L   664, *677*

Borelli FJ, s. Freund M   127, *162*

Borgelt BB, Gelber R, Kramer S, Brady L, Chang C   700, *707*

Born JL, s. Lawrence JH   619, *637*

Born JL, s. Linfoot JA   619, *638*

Börner W, Neff V, Ricmann H, Wachsmann F   *160*

Borok TL, s. Cooper JS   694, *707*

Borsa J, s. Chapman JD   592, 594, *601*, 687, 688, *707*

Borsa J, s. Raleigh JA   687, *710*

Bortin MM, s. Saltzstein EC   567, *608*

Bose P de, s. Chatterjee RA   572, *601*

Boselli BD, s. Meyer KK Weaver DR   226, *230*

Boston B, s. Bertino JR   72 , *726*

Bosworth JL, s. Ghossein NA   219, 222, *229*

Bounik C, s. Dutreix J   20, *36*, 187, 188, 189, *200*

Bourne GH, s. Olkowski Z   357, *377*

Bowden DH, Davies E, Wyatt JP   387, 396, *400*

Bowden DH, Grantham WG, Thomas CE   387, *399*

Bowden DH, s. Adamson IYR   387, 388, 391, 396, *399*

Bowden DH, s. Nairmark A   391, *401*

Bowen IG, s. Fletcher ER   531, *556*

Bowers EJ, s. Hickey RJ   468, *481*

Bowers RF, Brick JB   70, *96*

Bowler K, Duncan CJ, Gladwell RT, Davison TF   662, *675*

Boyde A, s. Jones SJ   273, *310*

Bozzi A, s. Strom R   658, *680*

Brace KC, s. Rubin P   283, *313*

Bradbury JN, s. Kligerman MM   622, *637*

Bradley EW, s. Ornitz RD   631, *638*

Brady CM, s. Petkau A   592, *607*

Brady L, s. Borgelt BB   700, *707*

Brady LW, Philipps TL, Wasserman TH   158, *160*

Brady LW, s. Phillips TL   694, 696, 697, 699, 700, *709*

Braeman J, Moore JL   212, *228*

Braine H, s. Körbling M   237, *261*

Brämswig J, s. Schellong G   715, 718, *728*

Brandenburg JH, s. Gollin FF   724, *727*

Brandes JM, s. Makler A   144, *166*

Brannon RB, s. Dewey WC   215, *229*

Brase A, Bockslaff H, Emminger E   93, *96*

Brase A, Bockslaff H, Heindl H, Järivinen S   94, 95, *96*

Brase A, Bockslaff H, Kaufmann M   90, *96*

Brat V, s. Ershoff BH   573, *603*

Brataini JP, s. Poisson M   719, *728*

Brauer RW, s. Krebs JS   250, 251, 252, *261*, *262*

Braun EJ, s. Delclos L   89, *97*

Braun H   7, 8, *35*, 86, *96*

Braun H, Koch R   570, *601*

Braun J, Hahn GM   655, *675*

Braun J, s. Hahn GM   653, 654, *677*

Braun W, Kirnberger E-J, Stille G, Wolf V   560, *601*

Brauner R, Czernichow P, Cramer P, Schaison G, Rappaport R   130, 145, *160*

Brawer M, s. Pagani JJ   306, *312*

Brecher G, Cronkite EP, Peers JH   577, *601*

Breckenridge BM, Crawford EJ   358, *372*

Breckwoldt M, Siebers JW, Müller U   146, 148, 149, *160*

Breckwoldt M, s. Peters F   141, 146, 150, *167*

Breit A   112, 113, 115, *120*, 350, *372*

Breit A, s. Hager H   362, *374*

Breitenstein BD, s. Marks S   471, *484*

Brenk HAS van den   179, *200*, 380, 388, *400*, 594, *601*

Brenk HAS van den, Haas M   595, *601*

Brenk HAS van den, Kerr RC, Richter W, Papworth MD   684, *707*

Brenk HAS van den, Sharpington C, Orton C, Stone M   23, *35*

Brenk HAS van den, s. Jamieson D   596, *604*

Brennan D, Young CMA, Hopewell JW, Wiernik G   191, *200*

Brennan JT, Phillips TL   625, *635*

Brennan JT, s. Sheline GE   625, *639*

Brennan PC, s. Ainsworth EJ   252, *258*

Brennan SB, s. Sheline GE   196, *203*

Brenner HJ, Yerushalmi A   670, *675*

Brenner K, s. Engeset A   208, *229*

Brenner WJ, s. Clifton DK   127, *161*

Brent RL   124, 152, *160*

Brereton HD, s. Greco FA   *201*

Breu H, s. Schellong G   715, 718, *728*

Breur K, s. Barendsen GW   5, *66*

Breur K, s. Battermann JJ   84, 85, *96*

Breur K, s. Jansen W   667, *677*

Brick IB   70, *96*

Brick JB, s. Bowers RF   70, *96*

Bridges BA   686, 704, *707*

Bridges BA, s. Ashwwood-Smith MJ   687, *706*

Bridges BA, s. Munson RJ   48, *68*

Brierley JB, Meldrum BS, Brown AW   366, *372*

Brierley JB, s. Adams JH   369, *372*

Brierly JB, s. McGee-Russel SM   366, *377*

Briganti G, Mauro F   239, *259*

Brightman MW, Klatzo I, Olsson Y, Reese TS   366, *372*

Brittinger G, s. Cohnen G   213, *228*

Broch H, Cabrol D, Vasilescu D 594, *601*

Brodsky A 471, *479*

Broerse JJ 242, 243, 245, *259*

Broerse JJ, Barendsen GW 239, 240, 245, 246, *259*, 627, *635*

Broerse JJ, Barendsen GW, Keesen GR van 583, *601*

Broerse JJ, Bekkum DW van, Hollander CF, Davids JAG 242, 246, *259*

Broerse JJ, Engels AC, Lelieveld P, Putten LM van, Duncan W, Greene D, Massey JB, Gilbert CW, Hendry JH, Howard A 238, 240, *259*

Broerse JJ, s. Barendsen GW 5, 24, 35, *66*, 615, *635*

Broerse JJ, s. Blankenstein MA 150, *160*

Brondsted HE, s. Westergaard E 363, *378*

Brooks AL, Diel JH, McClellan RO 158, *160*

Brooks FT, s. Erickson BH 136, 153, 154, *162*

Brooks WH, s. Walker MD *729*

Brosof AB, s. Libshitz HJ 398, *401*

Broth E, s. Green N 724, *727*

Browde S, Mohr N de 83, 84, *96*

Brown AW, s. Brierley JB 366, *372*

Brown AW, s. McGee-Russel SM 366, *377*

Brown BW, s. Rosenberg SA 714, *728*

Brown BW, s. Withers HR 626, *639*

Brown CE, s. Warren S 303, *315*

Brown DM, s. Brown JM 701, 702, 703, *707*

Brown DQ, s. Yuhas JM 588, *611*

Brown JM 466, 473, *479*, 701, 705, *707*

Brown JM, Goffinet DR, Cleaver JE, Kallman RF 183, 187, *200*

Brown JM, Probert JC 195, *200*

Brown JM, Workman P 702, *707*

Brown JM, Yu NY, Brown DM, Lee WW 701, 702, 703, *707*

Brown JM, s. Bump E 704, *707*

Brown JM, s. Goffinet DR 649, *676*

Brown JM, s. Horn NL 298, *310*

Brown JM, s. White RAS 702, *711*

Brown MA, s. Probert JC 190, *203*

Brown MB, s. Kaplan HS 251, *261*

Brown RD, s. English RA 415, *435*

Brown SO, Krise GM, Pace HB, Boer J de 27, *35*

Brown SO, s. Lawson RL 144, *165*

Brown SO, s. O'Brien CA 136, *167*

Brown WE, s. Peck WS *167*

Brownson RH 365, *372*

Brownson RH, Suter DB, Diller DA 351, 357, 364, *372*

Brownson RH, Suter DB, Oliver JL, Ingersoll EH, Burt DH 357, 364, *372*

Bruce WR, Furrer R, Wyrobek AJ 144, *160*

Brucer M, s. Mewissen DJ 577, *606*

Bruch C, s. Fliedner TM 237, *260*

Bruegel C 70, *96*

Brues AM, s. Rowland RE 304, *313*

Brune D, s. Abbatucci JS 334, 340, *345*

Brunner H, s. Kaul A 446, 471, *482*

Bruno LA, s. Carabell SC 697, *707*

Brustad T 48, *66*

Brustad T, s. Janssen P 361, 365, *375*

Bryan J, s. Nakeff A 241, *262*

Bublitz G 388, 389, *400*

Bublitz G, s. Rüfer R 391, 392, 394, *401*

Buchelt L, s. Heilmann HP 722, *727*

Buchwald NA, s. Garcia J *374*

Buchwald W, s. Bässler R 388, *399*

Buckle D, s. D'Angio GJ 619, *636*

Budd RA, s. Smith WW 564, 565, *608*

Budgen RD, s. Ash DV 696, *706*

Budke L, s. Vos O 595, *610*

Bühl A 532, *555*

Bull JM, Lees D, Schuette W, Whang-Peng J, Smith R, Bynum G, Atkinson R, Gottdiener JS, Gralnick HR, Shawker TH, DeVita VT 673, *675*

Bump E, Brown JM 704, *707*

Bünemann H, s. Heilmann HP 721, 722, *727*

Bunge MB, s. Masurovsky ED 352, 356, 371, *376*

Bunge RP, s. Masurovsky ED 352, 356, 371, *376*

Bunger BM, Cook JR, Barrick MK 463, *479*

Burch PRJ 471, *479*

Burke GJ, s. Hempelmann LH 470, *481*

Burlett M, s. Gerweck LE 660, 664, 665, *676*

Burnett WT, s. Doherty DG 561, *602*

Burnett WT, s. Shapira R 561, *608*

Burt DH, s. Brownson RH 357, 364, *372*

Bush RS, s. Cummings BJ *707*

Bush RS, s. Milne N 684, *709*

Butler J, s. Prütz WA 593, *607*

Butler KW, s. Paterson SJ 662, *679*

Butler SB, s. Fowler JF *708*

Bélanger LF 290, *307*, *309*

Bonfiglio M 289, 291, 292, 297, *307*

Bourne GH 277, *307*

Bradley JC 302, *307*

Brady JM, s. Cutright DE 293, *308*

Broerse JJ, Hollander CF, Zwieten MJ van 303, *308*

Brooks B, Hillstrom HT 267, 268, 281, *308*

Bublitz G, s. Frommhold W 175, *201*

Buchfelder M 325, *345*

Buchmann E 115, *120*

Buckner CG, s. Thomas ED 227, *232*

Budd RA, s. Rugh R *168*

Buie LA, s. Craig MS 75, 77, *97*

Buisman GH, s. Reinhold HS 23, 38, 179, *203*

Bulkley GJ, Cooper JAD, O'Conor VJ *120*

Burgener FA, King MA, Weber DA 306, *308*

Burgener FA, s. King MA 293, 295, *311*

Burger PC, Mahaley MS, Dudka L, Vogel FS *345*

Burholt DR, s. Schenken LL 85, *98*

Burke P, s. Körbling M 237, *261*

Burki HJ, s. Bird RP 56, *66*

Burstone MS 278, 284, *308*

Busch A, s. Caldwell WL 112, *121*

Busch RH, s. Sanders CL 303, *314*

Buschke A, Schmidt HE 101, *120*

Bushong SC, s. Green AD 127, *163*

Bushong SC, s. Prasad N 145, *167*

Bustad LK, s. Goldman M 303, *309*

Byar DP, s. Walker MD *729*

Byfield J, s. Wilson GH 324, *348*

Byfield PE, Stratton JA, Small R 208, 219, *228*

Bynum G, s. Bull JM 673, *675*

Cabral CJ, s. Evans MJ 387, 396, *400*

Cabrol D, s. Broch H 594, *601*

Cadero JB, s. Parker RG 629, *638*

Cadero JB, s. Hussey DH 60, *67*

Caffarelli V, s. Paola M di 155, *167*

Caffrey RW, Everett NB, Rieke WO 237, 257, *259*

Caffrey RW, s. Everett NB 207, *229*

Cahill DF, Wright JF, Godbold FH 156, *160*

Cahill DF, Yuile C 156, *160*

Cahill DF, s. Laskey JW 156, *165*

Cairnie AB, Lala PK, Osmond DG 24, *35*

Calamosca M, s. Danielli C 477, *479*

Calavrezos A, s. Heilmann HP 721, 722, *727*

Calcanis A, s. Sack H 694, 699, 710, 719, *728*

Calderwood SK, s. Dickson JA 648, 660, *675*

Caldwell WL, Thomassen RW, Busch A 112, *121*

Calender S, s. Lajtha LG 208, *230*

Call N, s. Haymaker W 368, 369, *374*

Callis MN, s. DeGowin RL 256, *260*

Calvo W, Fliedner TM, Steinbach I, Alcober V, Nothdurft W, Fache I 277, *308*

Calvo W, s. Fliedner TM 237, *260*

Calvo W, s. Gössner W 277, *309*

Calvo W, s. Haas RJ 140, 156, *163*

Calzavara F, s. Guglielmi R 129, *163*

Cameron HC, s. Dodds GS 266, *308*

Canada TR, s. Hahn EW 646, *677*

Caneghem P van, Schirren CG 287, *308*

Canellos GP, Vita VT de, Arseneau J, Whang-Beng RE, Johnson J 716, *727*

Canellos GP, s. Vita VT de 715, *729*

Cannell LB, s. Timothy AR 297, 299, *315*

Cantin J, s. Kim JH 303, *311*

Cantu RC, Ames E, Dixon J, Digiacinto G 369, *372*

Cao A, s. Liquier J 594, *605*

Cao Shu-Juan, Deng Zhicheng, Shou Zhenying, Li Yun-hua, Yu Cui-fang 474, *479*

Caparros B, s. Rosen G 342, *347*

Capizzi RL, s. Bertino JR 72 , *726*

Caputo A, s. Moricca G 672, *679*

Carabell SC, Bruno LA, Weinstein AS, Richter MP, Chang CH, Weiler CB, Goodman RL 697, *707*

Cardello M, s. Knospe WH 256, 258, *261*

Carella RJ, s. Simpson JR 697, *710*

Carlson HC, Williams MMD, Childs DS, Dockerty MB, Janes JM 271, *308*

Carlson JC, s. Selawry OS 670, *680*

Carlson JG 350, *372*

Carlson RA, s. Linfoot JA 619, *638*

Carlsson J, s. Johansson L 232, *233*

Carlsson WD, Gassner FX 123, *160*

Carpender JWJ, Levin E, Clapman LB, Miller RE 70, *96*

Carpenter SG, s. Raju MR 56, *68*

Carr FJ, Fox BW 31, *35*

Carr TEF, Nolan J 155, 156, *160*

Carrano AV, s. Ainsworth EJ 252, *258*

Carsten A, s. Caveness WF 357, *372*

Carsten A, s. Innes JRM 368, *375*

Carsten A, s. Zeman W *378*

Carsten AL, Noonan TR 255, *259*

Carsten AL, s. Caveness WF 350, 357, *373*

Carsten AL, s. Olsson Y 366, *377*

Carswell GF, s. Ludgate CM 671, 673, *678*

Carter J, s. Clubb B 150, *161*

Carter RE, Bond VP, Seymour PH 245, *259*

Carter RE, s. Bond VP 246, *259*

Carter SK, s. Wassermann TH 719, *729*

Carvajal-Forero J de, s. Hueper WC 73, 74, *97*

Carvajel-Forero JPE, s. Hueper WC 116, *121*

Casale C, s. Nervi C 725, *728*

Casarett G, s. Rubin P 115, *122*, 143, 154, *168*, 197, 198, *203*

Casarett G, s. Speiser B 130, *169*

Casarett GW 34, 35, 140, 142, 143, 144, *161*, 249, *259*

Casarett GW, s. King MA 293, 295, *311*

Casarett GW, s. Kurohara SS 385, *401*

Casarett GW, s. Lushbaugh CC 127, 143, *165*

Casarett GW, s. Rubin P 25, 34, *38*, 70, 71, 77, 78, 82, 87, 96, *98*, 174, 198, *203*, 265, 285, 287, 297, 299, *313*, 379, 381, 388, 398, *401*

Casarett GW, s. Ullrich RL 180, *203*

Casey A, s. Moulder JE 190, *202*

Cassab GH, s. Martinez RG 254, *262*

Cassady JR, Tefft M, Filler RM, Jaffe N, Paed D, Hellmann S 715, *727*

Cassen B, s. Neff RD 218, *230*

Cassen B, s. Spangler G 209, *231*

Castenera TJ, Jones DC, Kimeldorf DJ 289, *308*

Castro JR, Quivey JM, Lyman JT, Chen GTY, Phillips TL, Tobias CA, Alpen EL 615, 619, *635*

Castro JR, s. Chen GTY 620, *635*

Castro JR, s. Donaldson SS 715, *727*

Castro JR, s. Douglas BG 340, *345*

Castro-Vita H, s. Marciàl VA 87, *98*

Castrup W, s. Heilmann HP 722, *727*

Catalona WJ, Potvin C, Chretien PB 207, *228*

Cater DC, s. Baserga R 279, 281, 282, 284, 289, 299, *307*

Catravas GN, s. Cohan SL 358, *373*

Catravas GN, s. Trocha PJ 599, *609*

Catravas GN, s. Weiss JF 290, *315*

Cattanach BM 146, 153, 154, *161*

Cattanach BM, Moseley H *161*

Catterall M, Bewley DK 62, *66*

Catterall M, Bewley DK, Sutherland J 628, *635*

Caulet T, Adnet JJ, Legay G, Gnonet JL 392, *400*

Cavaliere R, Ciocatto EC, Giovanella BC, Heidelberger C, Johnson RO, Margottini M, Mondovi B, Moricca G, Rossi-Fanelli A 641, 650, 672, *675*

Cavaliere R, s. Moricca G 672, *679*

Cavallini D, s. Mondovi B 572, 573, *606*

Cavanagh J, s. Berry RJ 14, *35*

Cavanagh JB 350, *372*

Cavanaugh PJ, s. Reeves RJ 75, *98*

Caveness WF, Carsten AL, Roizin L, Schadé JP 350, 357, *373*

Caveness WF, Roizin L, Innes JRM, Carsten A 357, *372*

Cazulla CL, Giordano PL, Invernizzi G 359, 360, *373*

Cerami A, s. Tabachnik F 593, *609*

Cervos-Navarro J 350, 361, 365, 366, 370, *373*

Cervos-Navarro J, Bergeder HD, Serra JP *373*

Cetas TC, Connor WG 642, *675*

Chabner B, s. Vita VT de 715, *729*

Chabner BA, s. Bleyer WA 342, *345*

Chadwick KH, Leenhouts HP 12, 13, 30, *35*, 238, *259*

Chaikoff IL, s. Lindsay S 134, *165*

Chaiseri P, s. Yeager VL 290, *316*

Chakraborty S, s. Stoll E 471, *486*

Cham W, s. Ghavimi F 715, *727*

Chambers F, Ng E, Ogden H, Coggs G, Crane J 302, *308*

Chambers FW, s. Ng E 302, *312*

Chameaud J, s. Tirmarche M 470, *487*

Chan CL 471, *479*

Chan E, s. Morrish RB 302, *312*

Chan RC, s. Heaston DK 287, 288, 289, *309*

Chanachai W, s. Thithapandha A 151, *169*

Chandra S, s. Stefani S 208, *232*

Chang C, s. Borgelt BB 700, *707*

Chang CH, s. Carabell SC 697, *707*

Chang MC, s. Gibbons AFE *162*

Chang P, s. Lücke-Huhle C 53, *67*

Chaplain G, s. Bogaert W van den 697, *707*

Chapman D, s. Partington J 694, *709*

Chapman D, s. Urtasun RC 689, *711*

Chapman JD 57, 66, 683, *707*

Chapman JD, Gillespie CJ 1, *35*

Chapman JD, Gillespie CJ, Reuvers AP, Dugle DL 12, *36*

Chapman JD, Reuvers AP, Borsa J 688, *707*

Chapman JD, Reuvers AP, Borsa J, Greenstock CL 592, 594, *601*

Chapman JD, Reuvers AP, Borsa J, Petkau A, McCalla D 687, *707*

Chapman JD, Urtasun RC, Blakely EA, Smith KC, Tobias CA 53, *66*

Chapman JD, Webb RG, Borsa J 688, *707*

Chapman JD, s. Dugle DL 13, *36*, 687, *708*

Chapman JD, s. Raleigh JA 687, *710*

Chapman JD, s. Urtasun RC 694, 695, *711*, 719, *729*

Charbit A, s. Malaise EP 24, *38*

Charles MW, s. Peel DM 186, *202*

Chatterjee A, Magee JL 46, *66*

Chatterjee A, Schaefer HJ 46, *66*

Chatterjee RA, Bose P de 572, *601*

Chaudhuri TK, s. DeGowin RL 256, *260*

Chavaudra N, Guichard M, Malaise E-Ph 684, *707*

Chavaudra N, s. Malaise EP 24, *38*

Chee CA, Ilbery PLT, Rickinson AB 219, *228*

Cheema AR, Hersh EM 219, *228*

Chelack WS, s. Petkau A 6, *38*, 592, 593, *607*

Chen GTY, Singh RP, Castro JR, Lyman JT, Quivey JM 620, *635*

Chen GTY, s. Castro JR 615, 619, *635*

Chen KY, Withers HR 73, 74, *96*

Chen SJ, s. Archambeau JO 617, *635*

Chen TT, Heidelberger C 650, *675*

Chenal C, s. Ang KK 697, *706*

Chervenick PA, Boggs DR 241, *259*

Chiang J, Kowada MD, Ames A, Wright RL, Majno G 363, 366, *373*

Chiemchanya S, s. Yeager VL 290, *316*

Childs DS, s. Carlson HC 271, *308*

Chiorazzi N, Fox DA, Katz DH 225, *228*

Chiorazzi N, s. Fox DA 221, *229*

Chir B, s. Williams MV 703, *711*

Chochlova MP, s. Federov NA 540, *555*

Choi KY, s. Goffinet DR 649, *676*

Chong CY 618, *635*

Chong CY, s. Lawrence JH 619, *637*

Chong CY, s. Linfoot JA 619, *638*

Chretien PB, s. Catalona WJ 207, *228*

Christenberry KW, s. Cosgrove GE 578, *602*

Christensen GM, s. Gerachi JP 626, 627, *636*

Christensen GM, s. Geraci JP 82, 84, 85, *97*, 142, 143, 147, 154, 155, *162*

Christensen GM, s. Hebard DW 92, *97*

Christensen I, s. Heier HE *229*

Christiansen JM, Keyes PL, Armstrong DT 150, *161*

Christie AC, s. Groover TA 379, *400*

Christov K, Raichev R 157, 158, *161*

Chu F, s. Sykes MP 256, 258, *263*

Chu FC, s. Kim JH 303, *311*

Chu FCH, Conrad JT, Glicksman AS, Nickson JJ 176, *200*

Chu FCH, Phillips R, Nickson JJ 398, *400*

Chu FCH, s. Glicksman AS 176, *201*

Churchill DN, Hong K, Gault MH 111, *121*

Churchill-Davidson I 359, *373*

Churchill-Davidson I, Forster CA, Wiernik G 359, *373*

Churchill-Davidson I, Foster CA, Wiernik G 684, *707*

Churchill-Davidson I, Sanger C, Lond MB, Thomlinson RH 684, 686, *707*

Chute R, s. Goldenberg VE 382, *400*

Chute RN, s. Warren S 303, *315*

Cianci S, Marotta N, Nigro SC 128, 158, *161*

Cianfraglia F, Pompili A, Riccio A, Grassi A 719, *727*

Ciccio S, s. Rubin P 256, 258, *263*

Ciocatto EC, s. Cavaliere R 641, 650, 672, *675*

Cirkovic D 212, 213, 216, 217, *228*

Cisowska B, s. Lipecka K 593, *605*

Cividalli A, s. Arcangeli G 671, *674*

Clapman LB, s. Carpender JWJ 70, *96*

Clapp NK 134, *161*

Clark JW, s. Patt HM 584, *607*

Clark JW, s. Vogel HH 245, 247, *264*

Clark MC, s. Czerwinski AW 591, *602*

Clarke ED, s. Adams GE 701, *706*

Cleaver JE, s. Brown JM 183, 187, *200*

Cleaver JE, s. Ritter MA 53, *68*

Clelland AB, s. Hickey RJ 468, *481*

Clelland RC, s. Hickey RJ 468, *481*

Clemedson C-J, Frederikson T, Sörbo B 596, *601*

Clement JJ, s. Schuman VL 569, *608*

Clement JJ, s. Song CW 569, *609*

Clemente CD, Holst EA 350, 361, *373*

Clemente CD, Richardson HE jr 350, 366, *373*

Clift RA, s. Thomas ED 227, *232*

Clifton DK, Brenner WJ 127, *161*

Cline MJ, Golde DW 236, *259*

Clow DJ, Gillette EL 143, 146, *161*

Clubb B, Carter J 150, *161*

Clugston H, s. Rugh R 126, *168*, 575, 576, *608*

Clutterbuck RD, s. Millar JL 588, *606*

Cockett AT, Kazmin M, Nakamura R, Fingerhut A, Stein JJ 671, *675*

Coffigny HG, Pasquier CFH, Perrault G, Dupouy JP 136, *161*

Coggeshall RE, MacLean PD 353, *373*

Coggins J, s. Kember NF 267, 268, 271, *310*

Coggle JE 92, *96*, 241, 243, *259*

Coggle JE, Gordon MY 236, 243, *259*

Coggle JE, Gordon MY, Lindop PJ, Shewell J, Mill AJ 622, *636*

Coggle JE, Lambert BE, Peel DM, Davies RW 143, 155, *161*, 622, *636*

Coggle JE, s. Peel DM 186, *202*, 381, 383, *401*

Coggle JE, s. Proukakis C 243, *263*

Coggs G, s. Chambers F 302, *308*

Coggs GC, s. Ng E 302, *312*

Cohan SL, Abbott JR, Catravas GN 358, *373*

Cohen A, Cohen L 571, 587, *602*

Cohen A, s. Cohen L 587, *602*

Cohen AF, Cohen BL 463, 467, *479*

Cohen B, s. Stephenson WH 291, *314*

Cohen BL 463, 468, 471, 472, *479*

Cohen BL, Lee I-S 463, 468, *479*

Cohen BL, s. Cohen AF 463, 467, *479*

Cohen J, s. Neuhauser EBD 284, *312*

Cohen L 186, *200*

Cohen L, Cohen A 587, *602*

Cohen L, Hendrickson F, Mansell J, Awschalom M, Hrejsa AF 632, *636*

Cohen L, Ubaldi SE 185, 191, *200*

Cohen L, s. Cohen A 571, 587, *602*

Cohen L, s. Kaul R 631, *637*

Cohn SH 278, 279, *308*

Cohn SH, Gong JK 278, 286, 295, *308*

Cohn SH, s. Norris WP 277, *312*

Cohnen G, Douglas SD, König E, Brittinger G 213, *228*

Coifman RE, Good RA, Meuwissen HJ 213, *228*

Colclough NV, s. Hanna C 561, *604*

Cole LJ, Haire HM, Alpen EL 255, *259*

Colistro F, s. Moricca G 672, *679*

Collins JD, s. Steckel RJ 112, *122*

Collins JF, s. Fine R 394, *400*

Colman M, s. Redpath JL 199, *203*

Colmant HJ 370, *373*

Colyer RA, s. Anderson ND 267, 268, 269, 273, 275, 276, 281, 285, 287, *307*

Combes PF, s. Malaise EP 24, *38*

Comsa J 126, *161*

Conard AR 212, 216, 218, 220, *229*

Conard RA 549, *555*

Concannon J, s. Ydrach AA 698, *711*

Concannon JP, Edelmann A, Rich JC, Kunkel G 89, *96, 97*

Concannon JP, s. Shrivastava PH 394, 395, *401*

Concannon JP, s. Simpson JR 697, *710*

Concolino F, s. Nervi C 723, *728*

Condit PT, Levy AH, Scott EJ van, Andrews JR 590, *602*

Cone W, s. Penfield W 364, *377*

Congdon CC, s. Cosgrove GE 578, 579, *602*

Congdon CC, s. Doherty DG 567, *602*

Congdon CC, s. Hollcroft J 577, 579, *604*

Congdon CC, s. Urso P *610*

Conger AD, s. Gray LH 613, 625, *637, 684, 708*

Conger AD, s. Sodicoff M 572, *608*

Coniglio JG, Culp FB, Davis J, Ford W, Windler F *161*

Connolly KS, s. Faulkner CS 382, 387, 391, *400*

Connor AM, Sigdestad CP 583, *602*

Connor AM, s. Mendiondo OA 563, *606*

Connor AM, s. Sigdestad CP 563, 570, 582, 583, 584, *608*

Connor RC, s. Adams JH 369, *372*

Connor WG, s. Cetas TC 642, *675*

Connor WG, s. Gerner EW 651, *676*

Conrad JT, s. Chu FCH 176, *200*

Constable IJ, Goitein M, Koehler AM, Schmidt RA 617, *636*

Constable IJ, Koehler AM 617, *636*

Constable IJ, Koehler AM, Schmidt RA 617, *636*

Constable WC, s. El-Mahdi AM 618, *636*

Conti RL de, s. Bertino JR 724, *726*

Cook JR, s. Bunger BM 463, *479*

Cooke E, s. Ainsworth EJ 252, *258*

Cooke EM, s. Ainsworth EJ 247, 252, *258*

Cooke MS, s. Adams GE 686, 688, *706*

Cooley LM, Goss RJ 290, *308*

Cooley RA, s. Westland RD 560, *610*

Cooley RN, s. Jenkins VK 219, *230*

Cooper EH, Alpen EL 208, *229*

Cooper JAD, s. Bulkley GJ *120*

Cooper JS, Fife KD, Borok TL, Waltzmann SB 694, *707*

Cooper MF, s. Dobson RL 137, 140, 156, *161*

Cooper PK, s. Hanawalt PhC 6, 7, 30, *37*

Cooper R, s. Moosavi H 384, 387, 391, *401*

Cooper RA, s. Hempelmann LH 289, *309*, 470, *481*

Coppola M, s. Paola M di 155, *167*

Corinaldesi A, s. Mancini AM 392, *401*

Cornfield J, s. Smith WW 564, 565, 567, *608*

Corriveau O, s. King MA 293, 295, *311*

Corry PM, Robinson S, Getz S 646, *675*

Cortese M, s. Nervi C 723, 725, *728*

Cortes-Funes H, s. Muggia FM 199, *202*

Cosgrove GE, Upton AC, Congdon CC, Doherty DG, Christenberry KW, Gosslee DG 578, *602*

Cosgrove GE, Upton AC, Congdon CC, Doherty DG, Gosslee DG 579, *602*

Costa A, s. Rix-Montel MA 594, *607*

Costa G, s. Astaldi G 212, *228*

Cottier H 86, *97*, 127, 140, *161*, 174, *200*, 265, 282, *308*, 381, *400*

Coultas PG, Ahier RG, Field SB 23, 24, *36*, 397, *400*

Coultas PG, s. Law MP *678*

Countryman PJ, Heddle JA 32, *36*

Court-Brown WM 589, *602*

Court Brown WM, Doll R 470, *479*

Courtenay VD, s. Bensted JPM 267, 268, 269, 275, 276, 279, 281, 282, 306, *307*

Courtney RM, s. Regezi JA 302, *313*

Cousens SF, s. Alexander P 592, *600*

Couvreur P, s. Maisin J 561, *606*

Covelli V, Majo V di, Bassani B, Metalli P, Silini G 134, 141, *161*

Cowen D, s. Wolf A 353, *378*

Cox AJ, s. Reed GB 90, *98*

Cox JV, s. Garcia JH 363, *374*

Coxon A, Pallis CA 693, *707*

Coy P, Dolman CL 359, *373*

Coy P, s. Thomas JW 207, 219, *232*

Crabtree HG, Cramer W 686, *707*

Crabtree KE, s. Tenforde TS 615, *639*

Crafts D, s. Wilson CB 719, *729*

Craig MS, Buie LA 75, 77, *97*

Craigie EH 358, 362, *373*

Cram RW, Weder CH, Watson TA 198, *200*

Cramer L, s. Grise JW 197, *201*

Cramer P, s. Brauner R 130, 145, *160*

Cramer W, s. Crabtree HG 686, *707*

Crane J, s. Chambers F 302, *308*

Crane JT, s. Ng E 302, *312*

Crawford EJ, s. Breckenridge BM 358, *372*

Crawford JF, s. Essen CF von 63, *67*

Creech RH, s. Seydel HG 721, *729*

Creton G, s. Arcangeli G 671, *674*

Criborn C-O, Rönnbäck C 596, 597, *602*

Cridland S, s. Sealy R 697, *710*

Crifo C, s. Strom R 658, *680*

Crile G 641, *675*

Crisci CD, Zornoza G, Sanz ML, Hernandes JL, Subira ML, Voltas J, Oehling A 208, 219, *229*

Crisco JJ, s. Kun LE 325, *346*

Cristie JH, s. DeGowin RL 256, *260*

Croizat H, Frindel E, Tubiana M 241, 243, 256, *259*

Crone M *161*

Cronkite EP 208, 216, 218, 223, 226, *229*

Cronkite EP, Bond VP 244, *259*

Cronkite EP, Fliedner TM 79, 80, 81, *97*, 177, *200*, 255, *259*, 521, 538, *555*

Cronkite EP, s. Brecher G 577, *601*

Crosby AC, s. Sullivan MF 569, *609*

Crosby WH, s. Knospe WH 257, *261*

Crosfill ML, Lindop PJ, Rotblat J 242, 243, *260*

Crosley CJ, Rorke LB, Evans A, Nigro M 319, *345*

Crosson JT, s. Kaene WF 107, *121*

Crummy AB, Hellman S, Stansel HC, Hukill PB 112, *121*

Cudkowicz G 567, 578, *602*

Cullen BM, Lansley I 28, *36*

Culo F, s. Yuhas JM 588, *611*

Culp FB, s. Coniglio JG *161*

Cummings BJ, Thomas GM, Rauth AM, Sorrenti V, Black B, Bush RS *707*

Cunningham GR, Huckins C 151, *161*

Curtis HJ, s. Zeman W 350, 362, 368, *378*

Curtis SB 55, 63, 66, 415, 416, *435*

Curtis SB, Tenforde TS, Parks D, Schilling WA, Lyman YT 618, *636*

Curtis SB, s. Blakely EA 52, *66*

Curtis SB, s. Feola JM 622, *636*

Curtis SB, s. Phillips TL 614, 615, 618, *638*

Curtis SB, s. Tenforde TS 615, *639*

Cutright DE, Brady JM 293, *308*

Czapski G, s. Meisel D 687, *709*

Czech K, s. Lunglmayr G 671, *678*

Czernichow P, s. Brauner R 130, 145, *160*

Czerwinski AB, s. Czerwinski AW 591, *602*

Czerwinski AW, Czerwinski AB, Clark MC, Whitsett TL 591, *602*

Czygan PJ, Maruhn G 149, *161*

Dahl B 265, 267, 271, 272, 273, 275, 276, 282, 284, 285, 287, *308*

Dahlin DC 306, *308*

Dahlin DC, s. Garrison RC 306, *309*

Dai DN, s. Liquier J 594, *605*

Daley TE, s. Bedwinek JM 302, *307*

Dalén N, Edsmyr F 292, *308*

Dalrymple GV, s. Bicher HI 94, *96*

Daly TE, s. Murray CG 302, *312*

D'Amato CJ, s. Hicks SP 351, *375*

Damber JE, s. Janson PO 149, 150, *164*

Damen J, s. Konings AWT 30, *37*

Dancewicz AM, Mazanowska A, Gerber GB 389, 392, *400*

D'Angio GJ, Aceto H, Nisce LZ, Kim JH, Jolly R, Buckle D, Holt JG 619, *636*

D'Angio GJ, Farber S, Maddock CL 199, *200*

D'Angio GJ, Meadows A, Mike V, Harris C, Evans A, Jaffe N, Newton W, Schweisguth O, Sutow W, Morris-Jones P 716, *727*

D'Angio GJ, s. Ghavimi F 715, *727*

D'Angio GJ, s. Meadows AT 306, *312*

Danielli C, Gaiba W, Rossi A, Vianello Vos C, Calamosca M 477, *479*

Daniszewska K, s. Lipecka K 593, *605*

Das L, s. Tefft M 89, 90, 91, *98*

Davidoff M, Galabov G 370, *373*

Davids IAG, s. Ruiter-Bootsma A de 142, 155, *168*

Davids JAG 155, *161*, 239, 240, 245, 246, *260*

Davids JAG, s. Aardweg GJMJ van den 142, 143, *159*

Davids JAG, s. Broerse JJ 242, 246, *259*

Davids JAG, s. Kramer MF 142, 154, 155, *165*

Davies E, s. Bowden DH 387, 396, *400*

Davies EE, s. Travis EL 394, *402*

Davies RW, s. Coggle JE 143, 155, 161, 622, *636*

Davis HT, s. Kligerman MM 622, *637*

Davis J, s. Coniglio JG *161*

Davis M, s. Pratt NE 572, *607*

Davis MD, s. Engerman RL 388, *400*

Davis ME, s. Yuhas JM 588, *611*

Davis R, s. Trott NG 478, *487*

Davis RK, s. Said SI 391, *401*

Davis RL, s. Lampert PW 318, 347, 369, *376*

Davison TF, s. Bowler K 662, *675*

Davson H 366, *373*

Dawes PJDK, Peckham MJ, Steel GG *707*

Dawes PJDK, s. Moore BA 703, *709*

Dawson KB, s. Bloom HJG 597, *601*

Day KJ, s. Bhuyan BK 646, *675*

De Groot LJ, s. Refetoff S 470, *485*

De Loecker W, s. Janssens PJ 150, *164*

De Shryver A, s. Glas U 226, *229*

Decello JF, s. Geraci JP 143, 155, *162*

Dechamps G, s. Bacq ZM 557, 561, *600, 601*

Deck MDF 329, *345*

Declève A, s. Maisin JR 578, 579, *606*

Dedman JR, s. Fakunding JL 135, 144, 151, *162*

Dedov VI, Norec TA 144, 152, 157, *161*

Deffner U, s. Hahn A 593, *604*

DeGowin RL, Chaudhuri TK, Cristie JH, Callis MN, Mueller AL 256, *260*

DeGowin RL, s. Werts ED 257, *264*

DeHoratius RJ, Hosea JM, Epps DE van, Reed WP, Edwards WS, Williams RC 663, *675*

Delapeyre C, s. Fowler JF 25, *36*

Delbrück H, Teillet F, Andrien JM, Schmitt G, Bayle O, Wetter O 715, 716, 717, 718, *727*

Delclos L, Braun EJ, Herrera JR, Sanpiere VC, Rosenbeek E van 89, *97*

Delclos L, Montague ED 128, *161*

Delclos L, s. Wharton JT 88, 95, *99*

Dell ES, s. Amsel S 274, *307*

Delozier T, s. Abbatucci JS 334, 340, *345*

Dempster ER, s. Zirkle RE 624, *639*

Denekamp J 17, 24, 26, 27, *36*, 178, 185, 189, 190, 195, *200*

Denekamp J, Ball MM, Fowler JE 25, *36*

Denekamp J, Fowler JF 684, 690, *708*

Denekamp J, Fowler JF, Kragt K, Parnell CJ, Field SB 626, *636*

Denekamp J, Harris SR 189, *200*, 688, 692, *708*

Denekamp J, Harris SR, Morris C, Field SB 692, *708*

Denekamp J, Michael BD 688, *708*

Denekamp J, Michael BD, Harris SR 688, *708*

Denekamp J, Michael BD, Rojas A, Stewart FA 596, *602*

Denekamp J, Morris C, Field SB 53, *66*

Denekamp J, Stewart FA 190, *200*

Denekamp J, Stewart FA, Douglas BG 178, 189, *200*

Denekamp J, Thomlinson RH 24, *36*

Denekamp J, s. Fowler JF 25, *36*, 684, 691, *708*

Denekamp J, s. Hill SA 666, 667, *677*

Denekamp J, s. Hirst DG 388, *400*

Denekamp J, s. McNally NJ 688, *709*

Denekamp J, s. Rojas A 588, *607*

Denekamp J, s. Stewart FA 564, 569, 586, 587, *609*, 667, 669, *680*

Denekamp J, s. Williams MV 120, 122, 703, *711*

Denekamp JD, s. Fowler JF 690, *708*

Deng Zhicheng, s. Cao Shu-Juan 474, *479*

Dennis JA, s. Gill JR 461, *480*

Dertinger H, Hülser D 12, *36*

Dertinger H, Jung H 1, 12, *36*, 42, 43, 47, 49, *66*

Dertinger H, Lücke-Huhle C, Schlag H, Weibezahn KF 53, *66*

Dertinger H, s. Lücke-Huhle C 646, 647, 648, *678*

Desaive P 573, *602*

Desaive P, Bacq Z, Hervé A 573, *602*

Deschamps G, s. Bacq ZM 588, 589, *601*

Deschevanne PJ, Midander J, Edgren M, Larsson A, Malaise E, Revesz R 593, *602*

Desjardins AU 265, *308*

Dethlefsen LA, Dewey WC 641, 670, *675*

Dethlefsen LA, Riley RM 85, *97*

Dethlefsen LA, s. Bauer KD 15, *35*

Dethlefsen LA, s. Henle KJ 652, 668, *677*

Dettmer CA, Kramer S, Driscoll DH, Aponte GE *97*

Deurs B van 363, *373*

Deutsch D, s. Sela J 278, *314*

Deutsch G, Foster JL, Fadzean A, Parnell M 689, *708*

Deutsche Risikostudie Kernkraftwerke 497, 499, 500, *521*

Dev PK, Gupta SM, Goyal PK, Mehta G, Pareek BP 576, *602*

Dev PK, s. Goyal PK 136, 158, *162, 163*

Dev PK, s. Gupta SM 577, *603*

Devergie A, s. Faille A 245, *260*

Devi PU, s. Saharan BR 158, *168*

Devi U, s. Kumar A 158, *165*

Devik F 177, *200*

Devik F, Lothe F 575, *602*

DeVita VT, s. Bull JM 673, *675*

Dewey DL, s. Adams GE 687, 688, *706*

Dewey WC, Brannon RB 215, *229*

Dewey WC, Hopwood LE, Sapareto SA, Gerweck LE 643, 645, *675*

Dewey WC, Sapareto SA, Betten DA 657, *675*

Dewey WC, Westra A, Miller HH, Nagasawa H 657, *675*

Dewey WC, s. Dethlefsen LA 641, 670, *675*

Dewey WC, s. Gerweck LE 645, 646, 664, *676*

Dewey WC, s. Raaphorst GP 23, *38*, 645, 649, *679*

Dewey WC, s. Sapareto SA 667, *680*

Dewey WC, s. Thrall DE 667, *681*

Dewey WC, s. Tomasovic SP 657, *681*

Dewey WC, s. Westra A 646, 647, *681*

Dexter TM, Spooncer E, Hendry J, Lajtha LG 237, *260*

Dexter TM, s. Schofield R 241, *263*

Dezsi Z, s. Kovacs P 597, *605*

Di Paola M, s. Bianchi M 155, *160*

Di Saia PJ, s. Hodel K 129, *164*

Diamond EL, s. Meyer MB 140, 146, *166*

Diavis HL, s. Ansfield FJ 724, *726*

Dice JR, s. Westland RD 560, *610*

Dicello JF, s. Kligerman MM 622, *637*

Dicello JF, s. Raju MR 64, *68*

DiChiro G, s. Bode U 342, *345*

DiChiro G, s. Fusner J 342, *346*

DiChiro G, s. Martins AN 326, *347*

DiChiro G, s. Peylan-Ramu N 319, 342, *347*

Dicke KA, s. Spitzer G 245, *263*

Dickman S, s. Barron ESG 557, *601*

Dickson JA, Calderwood SK 648, 660, *675*

Dickson JA, Ellis JA 662, *675*

Dickson JA, Muckle DA 662, *675*

Dickson JA, Shah SA, Waggott D, Whalley WB 665, 666, *676*

Dickson JA, Suzangar M 653, *675*

Dickson JA, s. Muckle DS 653, *679*

Dickson JA, s. Shah SA 663, *680*

Diehl V 715, 716, *727*

Diel JH, s. Brooks AL 158, *160*

Diemer K 362, *373*

Dierickx P, Verhoeven G 151, *161*

Diethelm L, Lorenz W 144, *161*

Dietzel F 641, 642, 644, 646, 663, 668, 673, *676*

Dietzel F, Gericke D, König W *676*

Dietzel F, s. Gericke D 663, *676*

Dietzel F, s. Streffer C 641, 670, *680*

Diezfalusy E, Notter G, Edsmyr F, Westmann A 150, *161*

Digiacinto G, s. Cantu RC 369, *372*

Dillard EA, s. Jenkins VK 219, *230*

Diller DA, s. Brownson RH 351, 357, 364, *372*

Dimitrievich GS, s. Griem ML 184, *201*

DIN 6812 *479*

Dische S 695, *708*

Dische S, Gray AJ, Zanelli GD 693, *708*

Dische S, Saunders MI, Anderson P, Stratford MR, Minchinton A 695, 702, *708*

Dische S, Saunders MI, Flockhart IR 696, *708*

Dische S, Saunders MI, Lee ME, Adams GE, Flockhart IR 684, 693, 694, 695, 696, *708*

Dische S, Saunders MI, Riley PJ, Hauck PJ 702, *708*

Dische S, s. Foster JL 693, *708*

Dische S, s. Gray AJ 693, 694, *708*

Dische S, s. Saunders MI 694, 698, 703, *710*

Dische S, s. Thomlinson RH 693, *710*

Distefano V 560, *602*

Distefano V, Klahn JJ, Leary DE 596, *602*

Distefano V, Korn PS, Leary DE 596, *602*

Dittrich W, Göhde W 15, *36*

Divertie MB, s. Shorter RG 387, 396, *401*

Dixon J, s. Cantu RC 369, *372*

Djordjević B, Tolmach LJ 18, *36*

Dobrowolski F, s. Kligerman MM 622, *637*

Dobson RL, Cooper MF 137, 140, 156, *161*

Dobson RL, Felton JS 132, 136, 140, 141, 155, 156, 158, *161*

Dobson RL, Kwan TC 132, 156, *161*

Dobson RL, s. Goldgraber MB 71, *97*

Dockerty MB, s. Carlson HC 271, *308*

Dodds GS, Cameron HC 266, *308*

Dodo T 470, *480*

Dodson RF, Aoyagi M, Hartmann A, Tagashira Y 363, *373*

Doherty DG 565, *602*

Doherty DG, Burnett WT 561, *602*

Doherty DG, Burnett WT, Shapira R 561, *602*

Doherty DG, Congdon CC 567, *602*

Doherty DG, s. Cosgrove GE 578, 579, *602*

Doherty DG, s. Ehling UH 574, *603*

Doherty DG, s. Shapira R 561, *608*

Doherty DG, s. Upton A 578, *610*

Doherty DG, s. Urso P *610*

Doig RK, Funder JF, Weiden S 71, 72, *97*

Doll R, Smith PG 128, *161*

Doll R, s. Court Brown WM 470, *479*

Doll R, s. Smith P 134, *168*

Doll R, s. Smith PG 470, *486*

Dolman CL, s. Coy P 359, *373*

Domagk G 101, 102, *121*

Domagk G, s. Emmerich E 101, *121*

Domanski T, s. Lipecka K 593, *605*

Donaldson J, s. Twentyman PR 655, *681*

Donaldson S, Gordon L, Hahn GM 654, *676*

Donaldson SS, Castro JR, Wilbur JR, Jesse RH 715, *727*

Donaldson SS, s. LeFloch A *165*

Donhuijsen K, Bamberg M 306, *308*

Donnely WJ, s. Schrek R 210, *231*

Donovan M, s. Ashikawa JK 618, *635*

Doorenbos H, s. Willemse PHB 130, *170*

Doppelfeld E, s. Heilmann HP 722, *727*

Doppke K, s. Wang CC 299, *315*

Doppmann JL, s. Johnson RE 112, *121*

Dorfman HD, s. Spjut HJ 306, *314*

Doria G, s. Agarossi G 221, *228*

Dörmer P 236, *260*

Dorneich M, Jaeger R 441, *480*

Dorneich M, Jaeger R, Schaefer H, Muth H, Henschke U, Rajewesky B 441, 442, *480*

Doub HP, Bolliger A, Hartmann EW 101, *121*

Douchez J, s. Malaise EP 24, *38*

Dougherty JH, s. Mays CW 303, *312*

Douglas BG, Castro JR 340, *345*

Douglas BG, Fowler JF 189, *200*

Douglas BG, s. Denekamp J 178, 189, *200*

Douglas SD, s. Cohnen G 213, *228*

Doull J, s. Oldfield DG 583, *607*

Downs WL, s. Benson RE 561, *601*

Doyle DE, s. Fritz TE 253, *260*

Doyle TT, s. Kobrine AI 362, 363, *375*

Drake JC, s. Bleyer WA 342, *345*

Drasil V, Juraskova V, Koukalova B 253, *260*

Dresch C, s. Faille A 245, *260*

Dresel H, s. Beck HR 439, 440, *479*

Drewinko B, Humphrey RM 211, *229*

Drewinko B, Humphrey RM, Trujillo JM 211, *229*

Driancourt MA, Blanc MR, Mariana JC 149, *161*

Drijver EB, s. Konings AWT 5, 30, 37

Drings P *721, 723*

Driscoll DH, s. Dettmer CA *97*

Druckmann A 323, *345*

Dubin L, s. Amelar RD 130, *159*

Dubravski N, Hunter N, Withers HR 184, *200*

Dubravsky N, s. Withers HR 626, *639*

Ducker TB, Kindt GW, Kempe LG 363, *373*

Ducker TB, s. Assenmacher DR 363, *372*

Dudka L, s. Burger PC *345*

Dudler R, s. Keller G 412, 413, 424, 425, 427, 428, *436*

Duenas DA, s. Soni SS 325, *347*

Dugle DL, Chapman JD, Gillespie CJ *687, 708*

Dugle DL, Gillespie CJ, Chapman JD 13, *36*

Dugle DL, s. Chapman JD 12, *36*

Duk Il Sung, s. Harisiadis L 646, *677*

Duk Sung, s. Harisiadis L 650, 651, *677*

Dukor P 207, 211, *229*

Dulisch B, s. Hopkinson CRN 148, 151, 153, *164*

Duncan CJ, s. Bowler K 662, *675*

Duncan W, Leonard JC 76, *97*

Duncan W, s. Broerse JJ 238, 240, *259*

Dunjic A, Maisin H, Maldague P 571, *602*

Dunjic A, s. Maisin J 561, 573, 576, 577, *606*

Dunlap CE 350, *373*

Dunn P, s. Urano M 663, *681*

Dunning HS, Wolff HG 362, *373*

Duplan JF 221, 223, 224, *229*

Duplan JF, s. Lacassagne A 129, *165*

Dupouy JP, s. Coffigny HG 136, *161*

Durand RE 596, *602*, 664, 667, *676*

Durand RE, Sutherland RM 12, 21, *36*

Durkovsky J, Siracka-Vesela E 589, *602*

Durrant KR, Young CMA, Hopewell JW 193, *200*

Dutreix J, Wambersie A, Bonnik C 20, *36*, 187, 188, 189, *200*, 397, *400*

Duve C de 370, *373*

Duve C de, Wattiaux R 370, 371, *373*

Dvorak RF, s. Hall EJ 56, *67*

Dyke DC van, Janssen P, Tobias CA 351, *374*

Dyke DC van, Simpson ME, Koneff AA, Tobias CA 615, *636*

Dyke DC van, s. Tobias CA 615, *639*

Dym M, s. Gagnon C *162*

Dynes JB, Smedal MI 318, 322, 326, 330, 332, *345*

Dziewiatkowski DD, Woodard HQ 266, 267, 268, 277, 279, 281, *308*

Eanmaa J, s. Geraci JP 143, 155, *162*

Earle JD, s. Smith KC 180, *203*

Earle KM, s. Lampert P 364, 365, *376*

Eberhardt HJ, s. Voigtmann L 194, *203*

Ebert HG, s. Müller WA 303, *312*

Ebert M, s. Bianchi M 155, *160*

Ebert M, s. Gray LH 613, 625, 637, *684, 708*

Eccard D, s. Bodemann H 721, *727*

Echols FS 587, *603*

Edelmann A, s. Concannon JP 89, 96, *97*

Edgerton CE, s. Bhuyan BK 646, *675*

Edgren M, s. Deschevanne PJ 593, *602*

Edsmyr F, s. Dalén N 292, *308*

Edsmyr F, s. Diezfalusy E 150, *161*

Edwards DN 78, *97*

Edwards MS, Wilson CB 324, *345*

Edwards WS, s. DeHoratius RJ 663, *675*

Eells RE, s. Stefani S 725, *729*

Egami N, s. Hamaguchi S *163*

Egami N, s. Hyodo-Taguchi Y 145, 156, *164*

Egami N, s. Yoshimura N 157, *170*

Ehling UH, Doherty DG 574, *603*

Ehrhardt M, s. Voigtmann L 194, *203*

Ehring F, Honda M 173, *200*

Eibach E, s. Heilmann HP 722, *727*

Eichhorn HJ 634, *636*

Eichhorn HJ, Lessel A 634, *636*

Eidus LK, Korystov YN, Kublik LN, Vexler AM 594, *603*

Eik-Nes KB, s. Verjans HJ 151, *169*

Einhorn LH, s. Greco FA *727*

Eiser C 325, *345*

Eldjarn L 571, *603*

Eldjarn L, Pihl A 5, *36*, 593, *603*

Eldjarn L, Pihl A, Shapiro B 593, *603*

Elfenbein G, s. Körbling M 237, *261*

El-Gohary M, s. Said SI 391, *401*

Elias S, s. Streffer C *39*

Elkind MM 58, *66*

Elkind MM, Sutton H 18, 19, 20, *36*

Elkind MM, Sutton-Gilbert H, Moses WB, Alescio T, Swain RW 21, *36*, 58, 66, *67*

Elkind MM, Sutton-Gilbert H, Moses WB, Kamper C 20, 23, *36*

Elkind MM, Whitmore GF 17, 18, 27, *36*, 41, *66*

Elkind MM, Whitmore GF, Alescio T 22, *36*

Elkind MM, s. Ben-Hur E 645, 646, *675*

Elkind MM, s. Han A 18, *37*

Elkind MM, s. Ngo FQH 57, *68*

Elkind MM, s. Utsumi H 23, *39*

Elkind MM, s. Withers HR 21, 24, *39*, 81, 83, 99, 570, *610*

Ellinger F 70, 86, *97*, 171, 172, 176, 177, *200*

Elliot RS, s. Storm FK 665, 666, 670, *680*

Elliott E, s. Matanoski GM 470, *484*

Ellis F 185, 192, 193, *200*, 321, 335, *345*, 396, *400*

Ellis F, Sorenson A, Lescrenier C 194, *200*

Ellis F, s. Alper T 570, *600*

Ellis F, s. Orton CG 193, *202*

Ellis HM, s. Jenkins VK 219, *230*

Ellis HN, s. Jenkins VK 219, *230*

Ellis JA, s. Dickson JA 662, *675*

Ellis LC, s. Berliner DL 127, 151, *160*

Ellis LD, Berliner DL 151, *162*

Ellis RE, s. Fowler JF 201, 568, *603*

El-Mahdi AM, Schaeffer J, Aceto H Jr, Constable WC 618, *636*

El-Mahdi AM, s. White RL 182, *203*

Elsasser U, s. Kaul A 471, *482*

Elst E van der, s. Beninson D 129, *160*

Eltgen D, Koch R, Langendorff H 565, *603*

Eltringham JR 250, *260*

Emmenegger H, s. Hunziker O 362, *375*

Emmerich E, Domagk G 101, *121*

Emmerson PT, s. Parker L 688, *709*

Emminger E, s. Brase A 93, *96*

Emrich D, s. Krześniak JW 478, *483*

Eng W, Esterly JR 267, *308*

Engel D 267, 277, 279, 299, *308*

Engel IA, Straus DJ, Lacher M, Lane J, Smith J *308*

Engel J, s. Heilmann HP 721, 722, *727*

Engelhardt R 726, *727*

Engelhardt R, s. Bodemann H 721, *727*

Engelhardt R, s. Fabricius H-A 663, *676*

Engelhardt R, s. Neumann H 642, 673, *679*

Engels AC, s. Broerse JJ 238, 240, *259*

Engelstad RB 73, 74, *97*, 379, *400*

Engerman RL, Pfaffenbach D, Davis MD 388, *400*

Engeset A, Frolans SS, Brenner K, Host H 208, *229*

Engeset A, s. Heier HE *229*

Engle ET, s. Robinson JN 129, *167*

English RA, Bailey JV, Brown RD 415, *435*

Engström A 296, *308*

Engström H, Turesson I, Waldenström J 277, *308*

Enot KJ, s. Wilson CB 719, *729*

Enright LP, s. Trueblood HW 128, *169*

Ensley BA, s. Gillette EL 667, *676*

Enzmann DR, Lane B 319, *345*

EORTC 719, *727*

Ephrati E, s. Latarjet R 557, *605*

Epps DE van, s. DeHoratius RJ 663, *675*

Epstein J, s. Weichselbaum RR 180, *203*

Epstein RB, s. Storb R 237, *263*

Erdtmann G Soyka W 420, 421, 422, *435*

Erfle V, s. Luz A 306, *311*

Erickson BH 142, 144, 152, 154, *162*

Erickson BH, Blend MJ *162*

Erickson BH, Martin PG 135, 136, 138, 139, 154, *162*

Erickson BH, Reynolds RA 136, *162*

Erickson BH, Reynolds RA, Brooks FT 136, 153, 154, *162*

Erickson BH, Reynolds RA, Murphree RL 136, 145, *162*

Ericsson J, s. Mostofi FK 102, *121*

Erkkola R, s. Grönroos M 141, 148, 149, 152, *163*

Erlenbach HR 478, *480*

Ernst H, s. Hagen U 597, *603*

Ernst M, s. Hovestadt I 567, *604*

Errington LM, s. Thomlinson RH 693, *710*

Ershoff BH, Brat V 573, *603*

Essen CF von 185, 186, 200, *201*

Essen CF von, Blattmann H, Crawford JF, Fessenden P, Pedroni E, Perret C, Salzmann M, Shortt K, Walder E 63, *67*

Essen CF von, s. Hellman S 398, *400*

Essen CF von, s. Kligerman MM 623, *637*

Esser E *727*

Esser E, Haut J, Schumann J, Wannenmacher M, Wingenfeld U 725, *727*

Esser E, Wannenmacher M 724, *727*

Esser E, s. Wannenmacher M 724, *729*

Estable RF de, s. Estable-Puig JF 357, 364, *374*

Estable-Puig JF, Estable RF de, Tobias C, Haymaker W 357, 364, *374*

Estable-Puig JF de, s. Estable-Puig RF de *374*

Estable-Puig RF de, Estable-Puig JF de *374*

Esterly JR, s. Eng W 267, *308*

Etoh H, Hyodo-Taguchi Y 140, 156, *162*

Etoh H, s. Yoshimura N 157, *170*

EULEP Symposium 303, *308*

Euratom 269, 271, *308*, 446, 456, 461, *480*

Evans A, s. Crosley CJ 319, *345*

Evans A, s. D'Angio GJ 716, *727*

Evans MJ, Cabral CJ, Stephens RJ, Freeman G 387, 396, *400*

Evans RD, Harley JH, Jacobi W, Mc Lean AS, Mills WA, Stewart CG 428, *435*

Evarts C, s. Lloyd KW 290, *311*

Everett NB, Caffrey RW, Rieke WO 207, *229*

Everett NB, s. Benninghoff DL 207, *228*

Everett NB, s. Caffrey RW 237, 257, *259*

Ewing J 297, 300, *308*

Exelby PR, s. Ghavimi F 715, *727*

Eyster EF, Nielsen SL, Sheline GE, Wilson CB 320, 324, *345*

Ezaki H, s. Tokunaga M 470, *487*

Faber M, s. Himelstein-Braw R 128, 158, *163*

Faber M, s. Mondorf L 128, 140, 145, *166*

Fabricius H-A, Stahn R, Metzger B, Fluck K, Engelhardt R, Neumann H, Sellin D 663, *676*

Fabricius HA, s. Neumann H 673, *679*

Fabrikant JI 92, 97, 153, 154, *162*

Fabrikant JL, s. Hsu THS 154, *164*

Facchini A, Maraldi NM, Bartolis S, Farulla A, Manzoli FA 208, *229*

Fache I, s. Calvo W 277, *308*

Fachverband für Strahlenschutz *480*

Fadzean A, s. Deutsch G 689, *708*

Faille A, Maraninchi D, Gluckman E, Devergie A, Balitrand N, Ketels F, Dresch C 245, *260*

Faiola R, s. Mondovi B 663, *678*, *679*

Faithfull NS, s. Reinhold HS 673, *679*

Faizi-Gorn R 132, 135, 136, 137, 140, *162*

Fajardo LF, Berthrong M 96, 97, 173, 174, 175, *200*

Fajardo LF, s. Berthrong M 71, 79, 80, 82, *96*

Fakunding JL, Tindall DJ, Dedman JR, Mesa CR, Means AR 135, 144, 151, *162*

Falk G, s. LeVeen HH 665, 666, 670, *678*

Falk P 665, *676*

Falkner S, Fors B, Larsson B, Lindell A, Naeslund J, Stenson S 616, *636*

Färber K 476, 477, *480*

Farber LR, s. Prosnitz LR 299, *313*

Farber S, s. D'Angio GJ 199, *200*

Farkas-Bargeton E, s. Klatzo I 358, 363, *375*

Farr RF, s. Kunkler PB 102, 105, 107, *121*

Farulla A, s. Facchini A 208, *229*

Fauchon F, s. Ang KK 697, *706*

Faulkner CS, Connolly KS 382, 387, 391, *400*

Fauser AA, Messner HA 236, 237, *260*

Fauser AA, s. Neumann HA 239, *263*

Fayos JV, s. Rohrer MD 297, 302, *313*

Fazekas JT, Goodman RL, McLean CJ 697, *708*

Fechner RE, s. Spjut HJ 306, *314*

Feder BH, s. Garcia J *374*

Federov NA, Skurkovic SV, Samsina EV, Chochlova MP 540, *555*

Fedoseeva VM, s. Shapiro NI 587, *608*

Feen JO, s. Travis EL 388, *402*

Fefer A, s. Thomas ED 227, *232*

Feher I, s. Gidali J 236, 238, 253, *260*

Feine U 102, *121*

Feinendegen LE 36

Feinendegen LE, s. Hübner GE 242, *261*

Feinendegen LE, s. Messerschmidt O 477, *484*

Feinendegen LE, s. Porschen W 656, *679*

Feingold SM, Hahn W 146, *162*

Feingold SM, s. Hahn EW 130, 151, *163*

Felder E, s. Beccari E 561, *601*

Feldstein ML, s. Salazar OM 323, 347, 719, *728*

Feldstein ML, s. Urtasun RC 694, 711, 719, *729*

Fellner B, s. Molls M 9, 17, 32, *38*

Felton JS, s. Dobson RL 132, 136, 140, 141, 155, 156, 158, *161*

Fender F, s. Ornitz R 631, *638*

Fender FM, s. Ornitz RD 631, *638*

Feng T, s. Barron KD 363, *372*

Fenn JO, s. Travis EL 384, 391, *402*

Feola JM, Lawrence JH, Welch GP 618, *636*

Feola JM, Raju MR, Richman C, Lawrence JH 622, *636*

Feola JM, Richman C, Raju MR, Curtis SB, Lawrence JH 622, *636*

Ferguson RM, s. Schmidtke JR 208, *231*

Ferle-Vidovic A, Petrovic D, Vidic Z, Osmak M, Kadija K 582, *603*

Fernholz HJ, s. Heilmann HP 722, *727*

Ferracini R, s. Mancini AM 392, *401*

Ferri L, s. Baldini G 589, *601*

Fertil B, Malaise EP 179, *200*

Fessenden P, s. Bagshaw MA 621, *635*

Fessenden P, s. Essen CF von 63, *67*

Fetter S, Tsipis K 490, *521*

Fidorra J, s. Booz J 47, *66*

Field AC, s. Fowler JF *708*

Field SB 185, 190, 196, 197, *200*, 397, *400*, 625, 627, *636*, 646, *676*

Field SB, Hornsey S 21, 26, *36*, 59, 60, 62, *67*, 379, 397, *400*, 625, 626, 627, *636*

Field SB, Hornsey S, Kutsutani Y 23, 26, *36*, 396, *400*, 613, *636*

Field SB, Hume SP, Law MP, Myers R 649, 667, *676*

Field SB, Law MP 185, *201*, 650, 669, *676*

Field SB, Michalowski A 193, *201*

Field SB, Morgan RL, Morrison R *201*

Field SB, Thomlinson RH 614, *636*

Field SB, s. Barendsen GW 54, 55, *66*

Field SB, s. Bewley DK 196, *200*, 625, 626, *635*

Field SB, s. Coultas PG 23, 24, *36*, 397, *400*

Field SB, s. Denekamp J 53, *66*, 626, *636*, 692, *708*

Field SB, s. Fowler JF 684, 691, *708*

Field SB, s. Hornsey S 627, *637*

Field SB, s. Hume SP 659, *677*

Field SB, s. Law MP 183, *202*, 390, *401*, 650, 651, 667, 669, *678*

Field SB, s. Myers R 287, *312*, 664, 667, *679*

Field SB, s. Sheline GE 625, *639*

Fielden EM, s. Adams GE *706*

Fielden EM, s. Millar BC 28, *38*

Fife KD, s. Cooper JS 694, *707*

Fike JR, Gillette EL 623, *636*

Filler RM, s. Cassady JR 715, *727*

Filler RM, s. Tefft M 89, 90, 91, *98*

Finazzi Agro A, s. Mondovi B 656, 658, 660, *678*

Finch SC 470, *480*

Findley JM, Newaisky GA, Sircus W, McManus JPA 70, *97*

Fine R, McCullough B, Collins JF, Johanson WG 394, *400*

Fingerhut A, s. Cockett AT 671, *675*

Fingerhut A, s. Green N 290, *309*

Finkel MP, Biskis BO 303, *308*

Finkelstein J, s. Penney DP 381, 384, 387, *401*

Finney DJ 558, *603*

Firket H, Lellièvre P 571, *603*

Fischer AW, Holfelder H 317, *346*

Fischer E 287, *308*

Fischer ER, Hellstrom HR 105, *121*

Fischer H, s. Hovestadt I 567, *604*

Fischer P, s. Bacq ZM 557, 561, 588, 589, *600*, *601*

Fischer P, s. Pohl-Rüling J 474, *485*

Fisher C-V, s. Hueper WC 116, *121*

Fisher JJ, s. Moulder JE 190, *202*

Fisher R, s. Spitzer G 245, *263*

Fishler MC, s. Bond VP 255, *259*

Fitch LB, s. Rubenstone AJ 102, *122*

Flach H-D 517, 518, *521*

Flad HD, s. Fliedner TM 237, *260*

Flaskamp W 265, *309*, 440, 441, *480*

Fleishman AB, s. Webb GAM 446, *488*

Fleming WH, Szakaczs JE, King ER 392, *400*

Flemming K 567, *603*

Fletcher ER, Bowen IG 531, *556*

Fletcher GH, s. Bedwinek JM 302, *307*

Fletcher GH, s. Hussey DH 60, *67*

Fletcher GH, s. Maor MH 630, *638*

Fletcher GH, s. Peters LJ 630, *638*

Fletcher GH, s. Shukovsky LJ 335, *347*

Fletcher GH, s. Thames HD 84, 89, *99*

Fliedner TM 236, 237, *260*, 469, *480*

Fliedner TM, Calvo W 237, *260*

Fliedner TM, Flad HD, Bruch C, Calvo W, Goldmann S, Herbst E, Hügl E, Huget R, Körbling M, Krumbacher K, Nothdurft W, Ross WM, Schnappauf HP, Steinbach I 237, *260*

Fliedner TM, Hoelzer D, Steinbach KH 236, *260*

Fliedner TM, Kretschmer V, Hillen M, Wendt F 218, *229*

Fliedner TM, Nothdurft W 469, *480*

Fliedner TM, Steinbach KH, Raffler H 241, 253, *260*

Fliedner TM, s. Bond VP 33, *35*, 242, 243, *259*, 279, *307*

Fliedner TM, s. Calvo W 277, *308*

Fliedner TM, s. Cronkite EP 79, 80, 81, *97*, 177, *200*, 255, *259*, 521, 538, *555*

Fliedner TM, s. Haas RJ 140, 156, *163*, 237, *261*

Fliedner TM, s. Nothdurft W 237, 255, *263*

Floch MH, s. Gelfand MD 79, *97*

Flockhart ED, s. Adams GE 701, *706*

Flockhart I, s. Gray AJ 693, 694, *708*

Flockhart IR, Large P, Troup D, Malcolm SL, Marten TR 695, *708*

Flockhart IR, s. Adams GE 685, 687, 690, *706*

Flockhart IR, s. Dische S 684, 693, 694, 695, 696, *708*

Flockhart IR, s. Foster JL 693, *708*

Flockhart IR, s. McNally NJ 688, *709*

Flockhart IR, s. Saunders MI 694, *710*

Flockhart IR, s. Workman P 695, *711*

Flow BL, s. Withers HR 191, 192, 193, 196, *204*, 625, *639*

Flow BL, s. Withers HW 191, 196, *204*

Fluck K, s. Fabricius H-A 663, *676*

Flügel M, s. Streffer C 595, *609*

Folami AO, s. Hsu AC *164*

Foley JF, s. Kessinger A 719, *728*

Folkerts KH 423, 424, 427, *435*

Folkerts KH, s. Keller G 412, 413, 424, 425, 427, 428, *436*

Follis RH, s. Melanotte PL 267, 268, 269, 271, 275, 276, 278, 281, 285, *312*

Fonck K, Konings AWT 5, *36*

Ford W, s. Coniglio JG *161*

Fordham EW, s. Knospe WH 256, 258, *261*

Fornasier VL, s. Tountas AA 303, *315*

Fors B, s. Falkner S 616, *636*

Forster CA, s. Churchill-Davidson I 359, *373*

Fort L, s. Liquier J 594, *605*

Fossati Bellani F, s. Valagussa P 717, 718, *729*

Fossa SD, Klepp O, Moine K, Aakvaag A 130, *162*

Foster CA, s. Churchill-Davidson I 684, *707*

Foster JL 705, *708*

Foster JL, Flockhart IR, Dische S, Gray A, Lenox-Smith I, Smithen CE 693, *708*

Foster JL, Willson RL 689, *708*

Foster JL, s. Adams GE 688, *706*

Foster JL, s. Begg AC 689, *707*

Foster JL, s. Deutsch G 689, *708*

Foster JL, s. Gray AJ 693, 694, *708*

Foster JL, s. Hopewell JW 173, 177, 180, 185, 190, 191, 192, 193, *201*

Foster JL, s. Sheldon PW 688, *710*

Fowler J, s. Bewley DK 183, 196, *199*

Fowler JE, s. Denekamp J 25, *36*

Fowler JF 62, 63, *67*, 692, *708*

Fowler JF, Denekamp JD 690, *708*
Fowler JF, Adams GE, Denekamp J 684, 691, *708*
Fowler JF, Bewley DK, Morgan RL 183, *201*
Fowler JF, Denekamp J, Delapeyre C, Harris SR, Skeldon PW 25, *36*
Fowler JF, Denekamp J, Page AL, Field AC, Butler SB *708*
Fowler JF, Kragt K, Ellis RE, Lindop PJ, Berry RJ 201, 568, *603*
Fowler JF, Morgan RL, Silvester JA, Bewley DK, Turner BA *201*
Fowler JF, Sheldon PW, Denekamp J, Field SB 684, 691, *708*
Fowler JF, s. Adams GE 690, *706*
Fowler JF, s. Alper T 570, *600*
Fowler JF, s. Barendsen GW 685, *707*
Fowler JF, s. Bewley DK 625, *635*
Fowler JF, s. Denekamp J 626, *636*, 684, 690, *708*
Fowler JF, s. Douglas BG 189, *200*
Fowler JF, s. Sheldon PW 688, 691, *710*
Fowler JF, s. Travis E 568, 597, *609*
Fox BW, s. Carr FJ 31, *35*
Fox DA, Chiorazzi N, Katz DH 221, *229*
Fox DA, s. Chiorazzi N 225, *228*
Fox M, s. Alexander P 592, *600*
Fox M, s. Lajtha LG 236, 241, *262*
Fox MS, s. Gerachi JP 626, 627, *636*
Fox MS, s. Geraci JP 82, 84, *97*, 143, 154, *162*
Franceschini P, s. Salzmann NP 213, *231*
Franchi F, s. Valagussa P 717, 718, *729*
Francis O, Stevens RD 128, *162*
Francois J, Beheyt J 578, *603*
Frandsen AM 290, 302, *309*
Franke H, Lierse W 351, 352, 357, 358, 359, 361, 362, 366, 368, *374*
Franke HD 317, 321, 327, 328, 332, 333, 334, *346*, 633, *636*
Franke HD, Heß A, Langendorff G, Borchers H-D 633, *636*
Franke HD, Lierse W 317, 320, 322, 326, 327, 330, 333, 338, *346*
Franke HD, s. Heilmann HP 721, 722, *727*
Franke HD, s. Lierse W 318, *347*, 351, 357, 358, 359, 360, 361, 362, 364, 365, 366, 368, 370, 371, *376*
Franke HD, s. Pryszkowski V 357 359, 360, *377*
Franke HD, s. Wrage D 357, 370, 371, *378*
Franklin R, Steiger Z, Vaishampayan G, Asfaw I, Rosenberg J, Lloh J, Hoschner J, Miller P 723, *727*
Franksson C, s. Birke G 150, *160*

Frantz CH 288, *309*
Franzius E, s. Birzle H 94, *96*
Frederikson T, s. Clemedson C-J 596, *601*
Freedman LS, s. White RAS *711*
Freeman G, s. Evans MJ 387, 396, *400*
Freeman JE, Johnston PGB, Voke JM 323, 324, *346*
Freeman JE, s. Parker D 323, 324, *347*
Freeman ML, s. Raaphorst GP 645, *679*
Freeman-Dove MA, s. Levin VA 366, *376*
Freieslaben Sorensen S, s. Weeke E 208, *232*
French S, s. Green N 290, *309*
Freneaux B, s. Séze S de 291, *314*
Freund M, Borelli FJ 127, *162*
Frey GD, s. Travis EL 388, *402*
Frey H, s. Hunziker O 362, *375*
Frey J, s. Birkner R 293, 297, 301, *307*
Friberg U, s. Thyberg J 267, *315*
Frieben 440, 441, *480*
Friede H, s. Hall EJ 61, *67*
Friede R 358, *374*
Friedell HL, s. Storaasli JP 587, *609*
Friedlander GE, s. Prosnitz LR 299, *313*
Friedman AM, s. Knospe WH 256, 258, *261*
Friedman IA, s. Schrek R 210, *231*
Friedman M 332, *346*
Friedman M, s. Arcangeli G 190, *199*
Friedman NB, s. Morgenstern L 76, 77, *98*
Friedman NP, s. Warren SH 86, *99*
Friedrich W, s. Krönig S 18, *37*
Fries E de, s. Luz A 306, *311*
Frindel E, s. Croizat H 241, 243, 256, *259*
Frindel E, s. Guigon M 199, *201*
Frischbier H-J, s. Schumann JW 112, *122*
Fritsch G, Urban CH, Sager D, Becker H 342, *346*
Fritz TE, Norris WP, Tolle DV, Seed TM, Poole CM, Lombard LS, Doyle DE 253, *260*
Fritz TE, s. Tolle DV 253, *263*
Fritz-Niggli H 125, 126, 131, 135, *162*, 441, *480*
Frölén H, s. Lüning KG 574, 575, *606*
Froland SS, s. Heier HE *229*
Frolans SS, s. Engeset A 208, *229*
Frome EL, Khare M 471, *480*
Frommhold H, s. Scherholz KP 127, *168*
Frommhold W, Bublitz G 175, *201*
Fry RJM, s. Ainsworth EJ 245, 250, 252, *258*
Fry SA, s. Hübner KF 493, *521*

Fryer C, s. Urtasun RC 689, *711*, 719, *729*
Fryer CG, s. Urtasun RC 694, 695, *711*
Fu K, Phillips TL, Kane LJ, Smith V 26, *36*
Fu KK, s. Morrish RB 302, *312*
Fu KK, s. Phillips TL 85, *98*, 112, *121*, 336, *347*, 614, 615, 618, 626, *638*, 721, *728*
Fuchs G, Hofbauer J 127, *162*
Fujikura T, s. Tokunaga M 470, *487*
Fujita S, s. Jablon S 247, *261*
Fuks Z, Strober S, Bobrove AM, Sasazuki T, McMichael A, Kaplan HS 208, 219, 227, *229*
Fuks Z, s. Slavin S 218, 221, 223, 227, *231*
Fuks Z, s. Strober S 227, *232*
Fuks ZY Strober S, s. Hoppe RT 208, 219, *229*
Fukuda F, s. Ogata K 86, 91, *98*
Fukushima K, s. Jablon S 247, *261*
Fulka J, s. Valenta M *169*
Fuller DJM, Gerner EW, Russell DH 658, *676*
Füllner R, s. Permanetter W 303, 305, *312*
Fulton D, s. Urtasun RC 704, *711*
Funder JF, s. Doig RK 71, 72, *97*
Furrer R, s. Bruce WR 144, *160*
Fusner J, Poplack DG, Pizzo PA, DiChiro G 342, *346*

Gagnon C, Axelrod J, Musto N, Dym M, Bardin CW *162*
Gaiba W, s. Danielli C 477, *479*
Gajdusek DC, s. Lampert P 364, 365, *376*
Galabov G, s. Davidoff M 370, *373*
Galil KAA, s. Wang J 144, 148, 153, *170*
Gall EA, Lingley JR, Hilcken JA 266, 267, 275, 276, 281, 284, 285, *309*
Gall EA, s. Barr JS 267, 281, 284, *307*
Gall EA, s. Reidy JA 267, 286, *313*
Gallager S, s. Wharton JT 88, 95, *99*
Galt JM, s. Pettigrew RT 673, *679*
Ganem GG, s. Martinez RG 254, *262*
Ganesau AK, s. Hanawalt PhC 6, 7, 30, *37*
Gangji D, s. Wassermann TH 694, *711*
Gans I, s. Aurand K *435*
Ganzenko LF, s. Kondratenko VG 127, 153, *165*
Garcia J, Buchwald NA, Feder BH, Koelling RA, Tedrow LF *374*
Garcia JF, s. Linfoot JA 619, *638*

Garcia JH, Cox JV, Hudgins WR 363, *374*

Garden DM, s. Trott NG 478, *487*

Gardner WU, s. Wagenen G van 145, 146, *169*

Garner RJ, Phemister RD, Angleton GM, Lee AC, Thomassen RW 242, *260*

Garrison RC, Unni KK, Mc Leod RA, Pritchard DJ, Dahlin DC 306, *309*

Gartzen J, s. Porschen W 656, *679*

Gasparini S, s. Bianchi E 569, *601*

Gassmann A 179, *201*

Gassner FX, s. Carlsson WD 123, *160*

Gates O 265, 285, 300, *309*

Gates O, s. Warren S 303, *315*

Gaugas JM 588, *603*

Gault MH, s. Churchill DN 111, *121*

Gaus G, s. Hopkinson CRN 148, 151, 153, *164*

Gauwerky F 77, 97, 287, *309*

Gauwerky F, Langheim F 185, 190, *201*

Geard CR, s. Spunberg JJ 705, *710*

Gebhard EL, s. Zeman W 350, 368, *378*

Gee TS, s. Sykes MP 258, *263*

Gehan EA, s. Walker MD 719, *729*

Geiger K 540, *556*

Gelber R, s. Borgelt BB 700, *707*

Gelber RD, s. Stillman RJ 128, 158, *169*

Gelfand MD, Tepper M, Katz LA, Binder HJ, Yesner R, Floch MH 79, *97*

Geller FC *162*

Geller LM, s. Wolf A 353, *378*

Generoso WM, Shelby MD, Serres FJ de 6, 7, *36*

Genn Y, s. Hopewell JW 173, 177, 180, 190, *201*

Gensicke F, Spode E, Venker P 572, *603*

George B, s. Hirsch JF 325, *346*

George F, s. Ydrach AA 698, *711*

George FW, s. Kurohara SS 89, *98*

George III FW, s. Green N 724, *727*

George KC, Hirst DG, McNally NJ 656, *676*

Gerachi JP, Jackson KL, Christensen GM, Thrower PD, Mariano M 627, *636*

Gerachi JP, Thrower PD, Jackson KL, Christensen GM, Parker RG, Fox MS 627, *636*

Geraci JP, Decello JF, Eanmaa J, Jackson KL, Thrower PD, Mariano MS 143, 155, *162*

Geraci JP, Jackson KL, Christensen GM, Parker RG, Fox MS, Thrower PD 82, 84, *97*, 626, *636*

Geraci JP, Jackson KL, Christensen GM, Thrower PD, Weyer BJ 85,

97, 142, 143, 147, 154, 155, *162*, 626, *636*

Geraci JP, Jackson KL, Thrower PD, Fox MS 143, 154, *162*

Geraci JP, Jackson KL, Thrower PD, Mariano MS 93, 95, *97*

Gerber GB, Maes J 242, *260*

Gerber GB, s. Altman KJ 4, 7, *35*

Gerber GB, s. Dancewicz AM 389, 392, *400*

Gerber GB, s. Kocmierska-Grodzka D 392, *400*

Gerber GB, s. Maisin JR 578, 579, *606*

Gerdes AJ, s. Laramore GF 341, *347*

Gerdes AJ, s. Parker RG 629, *638*

Gerebtzoff MA, Bacq ZM 571, *603*

Gericke D, Dietzel F, König W 663, *676*

Gericke D, s. Dietzel F *676*

Gerner EW, Boone R, Connor WG, Hicks JA, Boone MLM 651, *676*

Gerner EW, Leith JT, Boone MLM *676*

Gerner EW, Meyn RE, Humphrey RM 657, *676*

Gerner EW, Russell DH 659, *676*

Gerner EW, Schneider MJ 651, *676*

Gerner EW, s. Fuller DJM 658, *676*

Gerner EW, s. Leith JT 644, *678*

Gerner EW, s. Miller RC 649, *678*

Gertz SM 471, *480*

Gerweck LE 646, 650, *676*

Gerweck LE, Gillette EL, Dewey WC 645, 646, 664, *676*

Gerweck LE, Nygaard TG, Burlett M 660, 664, 665, *676*

Gerweck LE, s. Dewey WC 643, 645, *675*

Gerweck LE, s. Thrall DE 667, *681*

Gessner PK, Khairallah PA, McIsaac WM, Page IH 594, *603*

Getz S, s. Corry PM 646, *675*

Gewehr K, s. Porschen W 656, *679*

Geyer RW, s. Barnhard HJ 289, *307*

Ghavimi F, Exelby PR, D'Angio GJ, Cham W, Liebermann PH, Tan C, Mike V, Murphy ML 715, *727*

Ghose A, s. Pant RD 565, *607*

Ghossein NA, Bosworth JL, Bases RE 219, 222, *229*

Giacomelli F, Weiner J, Spiro D 363, *374*

Giansanti JS, s. Marciani RD 290, *311*

Giansanti JS, s. Utley JF 570, 572, *610*

Gibbons AFE, Chang MC *162*

Gibbs CJ, s. Lampert P 364, 365, *376*

Gidali J 255, *260*

Gidali J, Bojtor I, Feher I 253, *260*

Gidali J, Feher I, Antal S 236, 238, *260*

Gifford L, s. Griem K 598, *603*

Gilbert CW, s. Broerse JJ 238, 240, *259*

Gilbert CW, s. Paterson E 250, *263*

Gilbert EA, Marks S 471, *480*

Gilbert ES, s. Marks S 471, *484*

Gill JR, Beaver PF, Dennis JA 461, *480*

Gillespie CJ, s. Chapman JD 1, 12, 35, *36*

Gillespie CJ, s. Dugle DL 13, *36*, 687, *708*

Gillespie RE, s. Smith WW 218, *231*

Gillette EL, Ensley BA 667, *676*

Gillette EL, s. Clow DJ 143, 146, *161*

Gillette EL, s. Fike JR 623, *636*

Gillette EL, s. Gerweck LE 645, 646, 664, *676*

Gillette EL, s. Meyer KR 667, *678*

Gillette EL, s. Thrall DE 650, 667, *681*

Gilmore SA 366, *374*

Gimbrere K, s. Li FP *347*

Gimenez JC, Nowotny G 469, *480*

Giordano PL, s. Cazulla CL 359, 360, *373*

Giovanella BC, Lohman WA, Heidelberger C 653, *676*

Giovanella BC, Stehlin JS, Morgan AC 650, *676*

Giovanella BC, s. Cavaliere R 641, 650, 672, *675*

Giovanella BC, s. Stehlin JS 663, 672, *680*

Giuliani D, s. Morse BS 290, *312*

Giuliani ER, s. Morse BS 290, *312*

Glabbeke M van, s. Ang KK 697, *706*

Gladwell RT, s. Bowler K 662, *675*

Glanzmann Ch 113, 117, *121*

Glanzmann Ch, Aberle HG, Horst W 334, *346*

Glas U, Wasserman J, Blomgren H, De Shryver A 226, *229*

Glas U, s. Blomgren H 207, 219, *228*

Glasser O 182, *201*

Glasstone S 444, *480*, 523, 524, 527, 545, 547, *556*

Glaubiger DL, s. Bode U 342, *345*

Gleiser CA, s. Hussey DH 627, *637*

Gleiser CA, s. Jardine JH 627, *637*

Glenn HJ, s. Mian TA 157, *166*

Glick JH, Glover DJ, Weiler C, Blumberg A, Nelson D, Yuhas JM, Kligerman M 588, 591, *603*

Glick JH, s. Blumberg AL 591, *601*

Glicksman AS, Chu FCH, Bane HN, Nickson JJ 176, *201*

Glicksman AS, s. Chu FCH 176, *200*

Glimcher MJ, s. Scott BL 278, *314*

Glover D, s. Blumberg AL 591, *601*

Glover D, s. Yuhas JM 588, *611*

Glover DJ, s. Glick JH 588, 591, *603*

Gluckman E, s. Faille A 245, *260*

Glucksberg H, s. Thomas ED 227, *232*

Glucksmann A 129, *162*

Glupe J, s. Wannenmacher M 724, *729*

Gnanapurani M, s. Raju MR 618, *638*

Gnonet JL, s. Caulet T 392, *400*

Godbold FH, s. Cahill DF 156, *160*

Goddeeris P, s. Janssens PJ 150, *164*

Godehardt E, s. Sack H 694, 699, *710*, 719, *728*

Godwin-Austen RB, Howell DA, Worthington B 320, 326, *346*

Goffin JC, s. Ang KK 697, *706*

Goffinet DR, Choi KY, Brown JM 649, *676*

Goffinet DR, s. Brown JM 183, 187, *200*

Gofman JW 471, *480*

Gogolak CV, s. Beck HL *435*

Göhde W, s. Dittrich W 15, *36*

Göhde W, s. Hacker U 142, 147, *163*

Goidl ED, s. Katz OH 221, *230*

Goitein M, s. Constable IJ 617, *636*

Goitein M, s. Shipley WU 617, *639*

Goitein M, s. Suit HD 616, *639*

Gold R, s. Rupkey AK 574, *608*

Gold RH, s. Pagani JJ 306, *312*

Golde DW, s. Cline MJ 236, *259*

Goldenberg DM, Langer M 663, *676*

Goldenberg VE, Warren S, Chute R, Besen M 382, *400*

Goldgraber MB, Rubin CE, Palmer WL, Dobson RL, Massey BW 71, *97*

Goldhofer W, Kreienberg R, Kutzner J, Lemmerl EM 218, *229*

Goldman JM 245, *260*

Goldman M, Bustad LK 303, *309*

Goldmann S, s. Fliedner TM 237, *260*

Goldstein A, s. Green N 724, *727*

Goldstein LS, s. Power JA 593, *607*

Gollin F, s. Ansfield FJ 724, *726*

Gollin FF, Ansfield FJ, Brandenburg JH, Ramirez J, Vermund H 724, *727*

Gollin FF, Johnson RO *727*

Golubentsev DA, s. Vladimirov VG 598, 599, *610*

Gomer CG, s. Phillips TL 695, *709*

Gomez LS, s. Black WC 82, *96*

Gonen YG 463, *480*

Gong JK, s. Cohn SH 278, 286, 295, *308*

Gonty AA, s. Marciani RD 290, *311*

Gonzales D, s. Bogaert W van den 697, *707*

Good RA, s. Coifman RE 213, *228*

Goodhead DT 12, *36*

Goodman JH, Bingham WG, Hunt WE 363, *374*

Goodman MN, s. Rudemann NB 357, *377*

Goodman RL, s. Carabell SC 697, *707*

Goodman RL, s. Fazekas JT 697, *708*

Goodrich JK, Hickmann BT 75, *97*

Goodrich WA, Lenz M 303, *309*

Gopal-Ayengar AR, Sundaram KB, Mistry KB 407, *435*

Gordon L, s. Donaldson S 654, *676*

Gordon MY, s. Coggle JE 236, 243, *259*, 622, *636*

Gordon-Harris L, s. Heilmann HP 722, *727*

Gorski H, s. Lipecka K 593, *605*

Goss RJ, s. Cooley LM 290, *308*

Gosse C, s. Guichard M 55, *67*

Gosslee DG, s. Cosgrove GE 578, 579, *602*

Gössner W 265, *309*

Gössner W, Calvo W, Zurcher C 277, *309*

Gössner W, Schwabe M 267, 271, 273, 277, 278, 279, 281, 285, *309*

Gössner W, s. Heuck F 265, 295, 296, *310*

Gössner W, s. Luz A 306, *311*

Gössner W, s. Marquart K-H 271, 273, 274, *312*

Goswitz FA, Andrews GA, Kniseley RM 258, *260*

Gottdiener JS, s. Bull JM 673, *675*

Gottlieb M, s. Strober S 227, *232*

Goubert J, s. Andre JJ *478*

Goutier R, s. Bacq ZM 598, *600*

Govorun RD, s. Yarmonenko SP 585, *610*

Gowgiel JM 302, *309*

Gowing NFC 117, *121*

Goyal PK, Dev PK 136, 158, *162*, *163*

Goyal PK, s. Dev PK 576, *602*

Goyal PK, s. Gupta SM 577, *603*

Grabowska B, s. Lipecka K 593, *605*

Graffman S 616, *636*

Graffman S, Haymaker W, Hugosson R, Jung B 616, *637*

Gragg RL, Humphrey RM, Meyn RE *163*

Gragg RL, Humphrey RM, Thames HD, Meyn RE 56, *67*

Gragoudas E, s. Suit HD 616, *639*

Graham J 469, *480*

Graham TC, s. Storb R 237, *263*

Grahn D, s. Ainsworth EJ 252, *258*

Gralnick HR, s. Bull JM 673, *675*

Gram TE, s. Trush MA 592, *609*

Gramkowski M, s. Blumberg AL 591, *601*

Grantham FH, s. Gullino PM 665, 666, *676*

Grantham WG, s. Bowden DH 387, *399*

Grassi A, s. Cianfraglia F 719, *727*

Graudinns J 76, *97*

Graves R, s. Raju MR 64, *68*

Gray A, s. Foster JL 693, *708*

Gray AJ, Dische S, Adams GE, Flockhart I, Foster JL 693, 694, *708*

Gray AJ, s. Dische S 693, *708*

Gray AJ, s. Thomlinson RH 693, *710*

Gray JL, Tew JT, Jensen H 594, *603*

Gray KN, s. Jardine JH 627, *637*

Gray LH 55, *67*

Gray LH, Conger AD, Ebert M, Hornsey S, Scott OCA 613, 625, *637*, 684, *708*

Gray LH, Read J 686, *708*

Gray LH, Read J, Poynter M *708*

Gray LH, s. Thomlinson RH 29, 39, 683, *710*

Gray MJ, Kottmeier HL 77, *97*

Gray MJ, s. Kottmeier HL 77, 78, *98*

Gray WM, s. Kirk J 193, 194, *202*

Greco FA, Brereton HD, Kent H, Zimbler H, Merrill J, Johnson RE *201*

Greco FA, Einhorn LH, Richardson RL, Oldham RK *727*

Green AD, Bushong SC 127, *163*

Green D, Howells GR, Humphreys ER, Vennart J 157, *163*

Green D, Howells G, Vennart J, Watts R 157, *163*

Green D, s. Humphreys ER 266, *310*

Green D, s. Searle AG 154, 157, *168*

Green MHL, s. James SE 232, *233*

Green N, Broth E, George III FW, Goldstein A, Melbye RW, Morrow J, Onofrio R, Polse S, Skaist L 724, *727*

Green N, French S, Rodriquez G, Hays M, Fingerhut A 290, *309*

Green SB, s. Walker MD *729*

Greenberger J, s. Stillman RJ 128, 158, *169*

Greene D, s. Broerse JJ 238, 240, *259*

Greene D, s. Hendry JH 185, 195, *201*

Greenfield MM, Stark FM 322, 332, *346*

Greenspan D, s. Morrish RB 302, *312*

Greenstock CL, s. Chapman JD 592, 594, *601*

Gregg PJ, Walder DN 297, *309*

Greinacher I, s. Gutjahr P 284, 288, 289, 293, *309*

Greiner R 127, 130, 142, 143, 144, 153, 158, *163*

Greiner R, Meyer A 130, *163*

Gremmel H, Kellerer AM, Wendhausen H 193, *201*

Grenan MM, s. Kinnamon KE 564, 566, *604*

Grenning WP, s. Pentycross CR 219, *230*

Greve W 299, *309*

Griem K, Weichselbaum RR, Umans RS, Gifford L, Little JB 598, *603*

Griem M, s. Archambeau J 96

Griem ML, Dimitrievich GS, Lee RM 184, *201*

Griem ML, Malkinson FD 184, *201*

Griesen ML, s. Marks JE 399, *401*

Griffin TW, Blasko JC, Laramore GE 629, *637*

Griffin TW, s. Bleyer WA 341, 342, 343, *345*

Griffin TW, s. Henry LW 631, *637*

Griffin TW, s. Laramore GE 631, *637*

Griffin TW, s. Laramore GF 341, *347*

Griffiths TD *163*

Grigoriev Ju G 415, *435*

Grigsby P, Maruyama Y 588, *603*

Grigsby P, s. Mendiondo OA 563, *606*

Grigsby PW, s. Mendiondo OA 588, *606*

Grimm G 265, 291, 297, 300, 302, *309*

Grise JW, Rubin P, Ryplansky A, Cramer L 197, *201*

Grise JW, s. Rubin P 197, 198, *203*

Gritz K, s. Lierse W 357, 358, 359, 360, 365, *376*

Grönroos M, Kauppila O, Pulkikinen M, Turunen S, Salmi T, Raekallio J 149, *163*

Grönroos M, Klemi P, Piiroinen O, Erkkola R, Nikkanen V, Routsalainen P 141, 148, 149, 152, *163*

Groover TA, Christie AC, Merrit EA 379, *400*

Gropp A, s. Weißbach L 130, *170*

Gross NJ 381, 383, 386, 391, 395, 398, *400*

Gross VM, Herms J 218, *229*

Gross W, s. Hall EJ 56, *67*

Grossman FM, s. Johnson PM 89, *97*

Groudine MT, s. Laramore GE 631, *637*

Grumet FC, s. Strober S 227, *232*

Grund W, s. Heilmann HP 722, *727*

Grünewald W 359, *374*

Grupp E, s. Rugh R 576, *608*

Grüter H 443, *480*

Guadagni A, s. Nervi C 725, *728*

Guichard M, Lachet B, Malaise EP 618, *637*

Guichard M, s. Chavaudra N 684, *707*

Guigon M, Frindel E, Tubiana M 199, *201*

Guilmette RA, s. Hahn FF 306, *309*

Gullino PM, Grantham FH, Smith SH, Haggerty AC 665, *676*

Gullino PM, Yi PM, Grantham FH 665, 666, *676*

Gulyas S, s. Whitmore GF 688, *711*

Gump H, s. Rubin P 281, 282, 283, 284, 286, 289, *313*

Güngör T, Hedlund T, Hulth A, Johnell O 273, *309*

Gunn Y, s. Hopewell JW 193, *201*

Günsel E 267, 279, 284, 287, *309*

Gupta SM, Goyal PK, Dev PK 577, *603*

Gupta SM, s. Dev PK 576, *602*

Gusev IV, s. Vladimirov VG 598, 599, *610*

Gustafsson M, s. Aronson AS 287, *307*

Guth L, s. Klatzo I 358, 363, *375*

Gutin P, s. Wilson CB 719, *729*

Gutjahr P, Greinacher I, Kutzner J 284, 288, 289, 293, *309*

Gutjahr P, Kretzschmar K 342, *346*

Gutjahr P, s. Walther B 325, *348*

Guttman KE, s. Martinez RG 254, *262*

Guttman RJ, s. Bate D 398, *399*

Guzman E, Lajtha LG 241, 242, *261*

Gómez C, s. Marciàl VA 87, *98*

Guglielmi R, Calzavara F, Pizzi BG 129, *163*

Guichard M, Gosse C, Malaise EP (1977) 55, *67*

Guichard M, Jensen G, Meister A, Malaise EP 5, 30, *36*

Gunning AJ, s. Lajtha LG 208, *230*

Gupta GS, Bawa SR 147, *163*

Haas E, Lorenz W 587, *603*

Haas LL, s. Arnold A 350, 362, 368, *372*

Haas M, s. Brenk HAS van den 595, *601*

Haas RJ 257, *261*

Haas RJ, Bohne F, Fliedner TM 237, *261*

Haas RJ, Schreml W, Fliedner TM, Calvo W 140, 156, *163*

Haas RJ, s. Kolb HJ 288, *311*

Habermalz E, Habermalz HJ, Stephani U, Henze G, Riehm H, Hanefeld F 319, 342, 343, *346*

Habermalz HJ, s. Habermalz E 319, 342, 343, *346*

Hach B, s. Mitznegg P 5, *38*

Hacker U, Schumann J, Göhde W 142, 147, *163*

Hacker U, Schumann J, Göhde W, Müller K 142, 147, *163*

Hackett PL, s. Sullivan MF 255, *263*

Hackl A, s. Heilmann HP 722, *727*

Haddy FJ, s. Moos WT 393, *401*

Haddy FJ, s. Sweany SK 393, 395, *402*

Hagemann G 287, *309*

Hagemann RF, s. Schenken LL 85, *98*

Hagen U, Ernst H, Langendorff H 597, *603*

Hager H, Hirschberger W, Breit A 362, *374*

Häggendal E, Johannsson B 363, *374*

Haggerty AC, s. Gullino PM 665, *676*

Hahn A, Lohmann W, Hillerbrand M, Deffner U 593, *604*

Hahn EJ, s. Harisiadis L 664, *677*

Hahn EW, Alfieri AA, Kim JH 669, *677*

Hahn EW, Canada TR, Alfieri AA, McDonald JC 646, *677*

Hahn EW, Feingold SM *163*

Hahn EW, Feingold SM, Nisce L 130, *163*

Hahn EW, Feingold SM, Simpson L 130, 151, *163*

Hahn EW, Ward WF *163*

Hahn EW, s. Alfieri AA 669, *674*

Hahn EW, s. Kim JH 663, 665, 666, 670, 671, *678*

Hahn EW, s. Kim SH 646, 664, *678*

Hahn FF, Mewhinney JA, Merickel BS, Guilmette RA, Boecker BB, McClellan RO 306, *309*

Hahn GM 654, 655, 656, 671, *677*

Hahn GM, Braun J, Har-Kedar J 653, 654, *677*

Hahn GM, Li G, Marmor J, Pounds D *677*

Hahn GM, Little JB 22, *37*

Hahn GM, Stewart JR, Yang S-J, Parker V 22, *37*

Hahn GM, Strande DP 654, *677*

Hahn GM, s. Braun J 655, *675*

Hahn GM, s. Donaldson S 654, *676*

Hahn GM, s. Kal HB 647, 648, *678*

Hahn GM, s. Li GC 651, 652, 662, *678*

Hahn GM, s. Marmor JB 653, 671, *678*

Hahn GM, s. Smith KC 180, *203*

Hähn J, Prösch U, Siegel G 592, *603*

Hahn W, s. Feingold SM 146, *162*

Haigh MV, s. Paterson E 250, *263*

Hain E, s. Heilmann HP 721, 722, *727*

Haire HM, s. Cole LJ 255, *259*

Hajdukovic S, Hervé A, Vidovic V 597, *604*

Hajduković SI, s. Savković NV 573, *608*

Håkansson CH, s. Berg NO 318, 324, 332, *345*

Halawa B, Wawrzkiewicz M, Mazurek W, Kasprzak J, Kornafel J 149, *163*

Hall BK 267, *309*

Hall EJ 27, *37*, 41, 46, 53, 56, 58, *67*

Hall EJ, Astor M, Biaglow J, Parham JC 704, *709*

Hall EJ, Gross W, Dvorak RF, Kellerer AM, Rossi HH 56, *67*

Hall EJ, Kellerer AM, Friede H 61, *67*

Hall EJ, Kraljevic U 613, *637*

Hall EJ, Roizin-Towle L 688, 705, *709*

Hall EJ, Roizin-Towle L, Theus RB, August LS 53, 58, *67*

Hall EJ, s. Astor M 704, *706*

Hall EJ, s. Berry RJ 14, *35*

Hall EJ, s. Harisiadis L 646, 650, 651, *677*

Hall EJ, s. Kellerer AM 47, *67*

Hall EJ, s. Schulman N 664, *680*

Hall RR, Schade ROK, Swinney J 671, *677*

Hall WJ, s. Hempelmann LH 289, *309*, 470, *481*

Hallet C, s. Sealy R 697, *710*

Halliwell B, s. Rowley DA 592, *607*

Hamaguchi S, Egami N *163*

Hamann A, s. Ricketts WE 70, *98*

Hamberger A, Blomstrand C, Rosengren B 357, *374*

Hamilton E 80, *97*

Hamilton FE 69, 70, *97*

Han A, Elkind MM 18, *37*

Han A, Sinclair WK, Kimbler BE 5, *37*

Han A, s. Ngo FQH 57, *68*

Han T, Pauly JL, Minowada J 211, *229*

Hanada H, s. Muramatsu S 148, 154, *166*

Hanawalt PhC, Cooper PK, Ganesau AK, Smith ChA 6, 7, 30, *37*

Handelsman DJ, Turtle JR 131, 150, 153, 157, *163*

Hanefeld F, s. Habermalz E 319, 342, 343, *346*

Hanefeld F, s. Harten G 325, *346*

Hanna C, Colclough NV 561, *604*

Hanna C, O'Brien JE 578, 579, *604*

Hans L, s. Shrivastava PH 394, 395, *401*

Hansen A, s. Kärcher KH 218, *230*

Hansen HH 722, *727*

Hansen LS, s. Peel DM 186, *202*

Haot J 73, *97*

Harbert JC, s. Johnson RE 112, *121*

Harbottle E, s. Trott NG 478, *487*

Harder D, s. Virsik RP 12, *39*, 209, 232, 574, *610*

Hardt AB, Jee WSS 290, *309*

Hargove H, s. Travis EL 388, *402*

Hargrove HG, s. Travis EL 384, 391, *402*

Harisiadis L, Duk Sung, Hall EJ 650, 651, *677*

Harisiadis L, Duk II Sung, Kessaris N, Hall EJ 646, *677*

Harisiadis L, Hahn EJ, Kraljevic K, Borek C 664, *677*

Har-Kedar J, s. Hahn GM 653, 654, *677*

Harley JH, s. Evans RD 428, *435*

Harms I, s. Haubrich R 130, *163*

Harper P, s. Archambeau J *96*

Harrell JE, s. Prasad N 219, *230*

Harris C, s. D'Angio GJ 716, *727*

Harris C, s. Meadows AT 306, *312*

Harris CR, s. Warters RL 30, *39*

Harris DR, s. Bicher HI 94, *96*

Harris DV, s. Pickrell JA 390, *401*

Harris H, s. Barron KD 363, *372*

Harris JR, Levene MB 335, 338, *346*

Harris JR, Murthy AK, Belli JA 667, *677*

Harris JW 704, *709*

Harris JW, Meneses JJ 567, *604*, 663, *677*

Harris JW, Phillips TL 564, 567, 586, 587, 596, *604*

Harris JW, Power JA 593, *604*

Harris JW, s. Power JA 593, *607*, 664, *679*

Harris RF, s. Kay HEM 721, *728*

Harris SR, s. Denekamp J 189, 200, 688, 692, *708*

Harris SR, s. Fowler JF 25, *36*

Harrison J, s. Refetoff S 470, *485*

Harrison RG, s. Jolles B 177, *202*

Harrison RG, s. Kochar NK 144, 147, *165*

Harrison RW, s. Skarsgard LD 622, *639*

Harrison WH, s. Storm FK 665, 666, 670, *680*

Harrist TJ, Schiller AL, Trelstad RL, Mankin HJ, Mays CW 304, *309*

Harrop HA, s. Michael BD 29, *38*

Hart GAM, s. Battermann JJ 84, 85, *96*

Harte G, s. Bonnell JA 463, *479*

Harten G, Stephani U, Henze G, Langermann HJ, Riehm H, Hanefeld F 325, *346*

Hartley RA, s. Travis EL 384, 391, *402*

Hartmann A, s. Dodson RF 363, *373*

Hartmann EW, s. Doub HP 101, *121*

Hartmeyer J, s. Hattner RS 292, *309*

Hartweg H, Renner H, Renner KH 212, *229*

Hartweg H, s. Schwegler N 721, *729*

Hartwich G 723, *727*

Harvey RA, s. Arnold A 350, 362, 368, *372*

Harwood AR 700, *709*

Harwood AR, s. Tountas AA 303, *315*

Hasegawa A, Landahl HD 594, 595, *604*

Hasegawa AT, s. Vogel HH 584, *610*

Hassenstein E, Nüsslin F *163*

Hassenstein E, s. Heilmann HP 722, *727*

Hassenstein E, s. Renner H 207, 219, *231*

Hassler O, Movin A 350, 366, 369, *374*

Hattner RS, Hartmeyer J, Wara WM 292, *309*

Haubrich R, Harms I 130, *163*

Hauck PJ, s. Dische S 702, *708*

Haughic GE, s. Shore RE 470, *486*

Haus AG, s. Marks JE 399, *401*

Hauskins LA, s. Steckel RJ 112, *122*

Haut J, s. Esser E 725, *727*

Haxel O 439, *480*

Hayashi DS, s. Tannock IF 388, 396, *402*

Hayashi S, Suit HD 185, 190, *201*, 614, *637*

Hayashi S, s. Tannock IF 179, *203*, 297, *314*

Hayes RL, s. Washburn LC 562, *610*

Hayes TL, s. MacDonald LW 366, 369, 370, *376*

Haymaker W 354, 365, *374*

Haymaker W, Ibrahim MZM, Miquel J, Call N, Noden P, Ashley W 368, 369, *374*

Haymaker W, Ibrahim MZM, Miquel J, Call N, Riopelle AJ 368, *374*

Haymaker W, Laquer G, Nauta WJH, Pickering JE, Sloper JC, Vogel FS 351, 368, *374*

Haymaker W, Lindgren M 332, 335, 339, *346*, *374*

Haymaker W, s. Estable-Puig JF 357, 364, *374*

Haymaker W, s. Graffman S 616, *637*

Haymaker W, s. Janssen P 361, 365, *375*

Haymaker W, s. Klatzo I 358, 359, 361, 366, 369, *375*

Haymaker W, s. Miquel J 357, 358, 365, *377*

Haymaker W, s. Wolfe LS 357, 358, *378*

Haymaker W, s. Zeman W 350, 368, *378*

Hayne TP, s. Mian TA 157, *166*

Hays M, s. Green N 290, *309*

Healy JB 590, *604*

Heaston DK, Libshitz HI, Chan RC 287, 288, 289, *309*

Hebard DW, Jackson KL, Christensen GM 92, *97*

Hechter HH, s. Bond VP 246, *259*

Heckmann U, s. Künkel H-A 558, 594, *605*

Heddle JA, s. Countryman PJ 32, *36*

Hedges MJ, Hornsey S 209, 212, 213, 216, *229*

Hedlund T, s. Güngör T 273, *309*

Hehlmann R, s. Luz A 306, *311*

Heidelberger C, s. Cavaliere R 641, 650, 672, *675*

Heidelberger C, s. Chen TT 650, *675*

Heidelberger C, s. Giovanella BC 653, *676*

Heidelberger C, s. Palzer RJ 646, 650, *679*

Heidenhain L 182, *201*

Heier HE 207, 208, *229*

Heier HE, Christensen I, Froland SS, Engeset A *229*

Heijde HB Van der, Beens H, Monchy AR de 431, *436*

Heilmann E, Nordiek R, Wannenmacher M 208, 210, 226, *229*

Heilmann HP 723, *727*

Heilmann HP, Arnal M-L, Bünemann H, Calavrezos A, Engel J, Franke HD, Hain E, Jüngst G, Kohl FV, Koschel G, Seysen U, Wichert PV 721, 722, *727*

Heilmann HP, Doppelfeld E, Fernholz HJ, Birkner R, Schlicker H, Becker G, Gordon-Harris L, Hackl A, Sager WD, Jentsch F, Kraft W, Bünemann H, Horstmann W, Hassenstein E, Kuttig H, Wieland C, Schmidt N, Müller A, Quäck J, Buchelt L, Heß F, Koop EA, von Lieven H, Heinze HG, Castrup W, Wannenmacher M, Rey G, Voss A-C, Nüse A, Eibach E, Grund W, Bohndorf W, Schindler G 722, *727*

Heim F, s. Mitznegg P 5, *38*

Hein C, s. Moser F 102, *121*

Heindl H, s. Brase A 94, 95, *96*

Heinecke H 205, *229*

Heineke H 1, 7, *37*, 440, *480*, *481*

Heineke H, Perthes G 174, *201*

Heinze HG, s. Heilmann HP 722, *727*

Heite HJ 130, 157, *163*

Held F 267, *309*

Hele P, s. Westling P 339, 340, *348*

Heller CG, Heller GV, Warner GA, Rowley MJ 129, 143, 150, *163*

Heller CG, s. Rowley JJ 470, *486*

Heller CG, s. Rowley MJ 129, 130, 150, *168*

Heller GV, s. Heller CG 129, 143, 150, *163*

Heller M 265, 273, 275, 277, 279, 281, 282, 284, 285, 286, 287, 297, *309*

Hellman S, Kligerman MM, Essen CF von, Scibetta MP 398, *400*

Hellman S, s. Crummy AB 112, *121*

Hellmann S, s. Cassady JR 715, *727*

Hellstrom HR, s. Fischer ER 105, *121*

Helmig M, s. Kolb HJ 288, *311*

Hempelmann LH, Hall WJ, Phillips M, Cooper RA, Ames WR 289, *309*, 470, *481*

Hempelmann LH, Pifer JW, Burke GJ, Terry R, Ames WR 470, *481*

Hempelmann LH, s. Shore RE 470, *486*

Hendrickson F, s. Cohen L 632, *636*

Hendrickson F, s. Kaul R 631, *637*

Hendrickx AG, s. Andersen AC 136, *159*

Hendry J, s. Dexter TM 237, *260*

Hendry JH 238, 248, 249, *261*

Hendry JH, Howard A 248, 249, *261*

Hendry JH, Lajtha LG 249, 251, 257, *261*

Hendry JH, Potten CS 239, *261*

Hendry JH, Rosenberg I, Greene D 185, 195, *201*

Hendry JH, Testa NG, Lajtha LG 252, *261*

Hendry JH, s. Broerse JJ 238, 240, *259*

Hendry JH, s. Testa NG 238, *263*

Henk JM, Smith CW 684, *709*

Henk JM, s. Moore BA 703, *709*

Henkelman RM, Lam GKY 622, *637*

Henkelman RM, s. Skarsgard LD 622, *639*

Henle KJ, Dethlefsen LA 652, *677*

Henle KJ, Karamuz JE, Leeper DB 651, *677*

Henle KJ, Leeper DB 645, 651, 656, 658, *677*

Henle KJ, Tomasovic SP, Dethlefsen LA 668, *677*

Henle KJ, s. Bauer KD 643, *674*

Henle KJ, s. Leeper DB 652, *678*

Henricson B, s. Rönnbäck C 131, 137, 140, 157, *167*

Henriques FC, s. Moritz AR 650, *679*

Henry J, s. Janssen P 361, 365, *375*

Henry JM, s. Martins AN 326, *347*

Henry LW, Blasko JC, Griffin TW 631, *637*

Henschke F, s. Pesch H-J 290, *313*

Henschke U, s. Dorneich M 441, 442, *480*

Henze G, s. Habermalz E 319, 342, 343, *346*

Henze G, s. Harten G 325, *346*

Henze G, s. Schellong G 715, 718, *728*

Herbst E, s. Fliedner TM 237, *260*

Herbst H, Sauer R 671, *677*

Herbst M, s. Sack H 694, 699, *710*, 719, *728*

Herken H, Lange K, Kolbe H 353, *374*

Herman MM, s. Rubinstein LJ *347*

Hermanne J, s. Boegaert L van 362, *372*

Herms J, s. Gross VM 218, *229*

Hernadi F, s. Kovacs P 597, *605*

Hernandes A, s. Urist MR 290, *315*

Hernandes JL, s. Crisci CD 208, 219, *229*

Herpen G van, s. Rikmenspoel R 144, *167*

Herrera JR, s. Delclos L 89, *97*

Herrmann T, Voigtmann L 193, *201*

Herrmann T, s. Voigtmann L 194, *203*

Hersh EM, s. Cheema AR 219, *228*

Herskovic A, s. Ornitz R 631, *638*

Herson J, s. Strong LC 306, *314*

Herva E, Kiviniity K 213, 214, *229*

Hervé A, Bacq ZM 588, *604*

Hervé A, s. Alexander P 592, *600*

Hervé A, s. Bacq ZM 557, 561, 565, 588, 589, *600*, *601*

Hervé A, s. Desaive P 573, *602*

Hervé A, s. Hajdukovic S 597, *604*

Heß A, s. Franke HD 633, *636*

Hess A, s. Schmidt R 61, *68*

Heß F, s. Heilmann HP 722, *727*

Hess M, s. Hollstein K 117, *121*

Hesslewood JP 13, *37*

Hetzel W, s. Bicher HJ 671, *675*

Heuck F 271, 284, 290, 304, *309*

Heuck F, Gössner W 265, 295, 296, *310*

Heuck F, Lauritzen C 291, 300, *310*

Heuck F, Schmidt E 291, *310*

Heuser FW, s. Bayer A 501, 502, *521*

Heuwieser H 589, *604*

Heyde W, Schmermund HJ 77, *97*

Heyden HW von 235, 237, *261*

Hickey RJ, Bowers EJ, Spence DE, Zemel BS, Clelland AB, Clelland RC 468, *481*

Hickmann BT, s. Goodrich JK 75, *97*

Hicks JA, s. Gerner EW 651, *676*

Hicks SP 364, *374*

Hicks SP, Montgomery POB 351, 365, *374*

Hicks SP, Montgomery POB, Leigh KE *374*

Hicks SP, Wright KA, D'Amato CJ 351, *375*

Hidvegi EJ, Holland J, Streffer C, Beuningen D van 7, 8, *37*

Higi M, s. Schmitt G 633, *638*

Hikita M, s. Sugahara T 590, *609*

Hilcken JA, s. Gall EA 266, 267, 275, 276, 281, 284, 285, *309*

Hildenbrand G, s. Weissbach L 725, *729*

Hill DR, Benak SB, Phillips TL, Price DC 256, *261*

Hill RP, s. Milne N 684, *709*

Hill SA, Denekamp J 666, 667, *677*

Hill SA, s. Sheldon PW 690, *710*

Hillerbrand M, s. Hahn A 593, *604*

Hillstrom HT, s. Brooks B 267, 268, 281, *308*

Hilscher W, s. Hilscher WM 142, 147, *163*

Hilscher W, s. Hopkinson CRN 148, 151, 153, *164*

Hilscher WM, Trott KR, Hilscher W 142, 147, *163*

Himelstein-Braw R, Peters H, Faber M 128, 158, *163*

Hinchliffe PR, s. McNally NJ 705, *709*

Hines LE 379, *400*

Hinkel CL 267, 268, 271, 273, 275, 276, 277, 279, 280, 281, 284, 285, 287, 288, *310*

Hinkelbein W, s. Neumann H 642, 673, *679*

Hinuma Y, s. Sato C 211, *231*

Hinz G, s. Kaul A 471, *482*

Hirai T, s. Tabuchi A *169*

Hirano A *375*

Hirano A, Levine S, Zimmermann HM 365, *375*

Hirano A, Zimmermann HM, Levine S 365, *375*

Hiraoka M, s. Abe M 592, *600*

Hirashima K, s. Kumatori T 129, 153, *165*

Hiroishi T, s. Stefani S 208, *232*

Hirsch JD, s. Kelly LS 92, *98*

Hirsch JF, Pierre-Kahn A, Benveniste L, George B 325, *346*

Hirschberger W, s. Hager H 362, *374*

Hirschberger W, s. Scholz W 350, 351, 368, *377*

Hirschhäuser C, s. Hopkinson CRN 148, 151, 153, *164*

Hirst DG, Denekamp J, Hobson B 388, *400*

Hirst DG, s. George KC 656, *676*

Hirst DG, s. Travis EL 394, *402*

Hizawa K, s. Ogata K 86, 91, *98*

Hobson B, s. Hirst DG 388, *400*

Hobson BM, Baker TG 149, *164*

Hodel K, Rich WM, Austin P, Di Saia PJ 129, *164*

Hodge HC, s. Benson RE 561, *601*

Hodgson GS, s. Wigg DR 317, 335, 336, 340, *348*

Hoecker FE, Roofe PG *310*

Hoelzer D, s. Fliedner TM 236, *260*

Hofbauer J, s. Fuchs G 127, *162*

Hofer KG, s. Warters RL 30, *39*

Hoffman WF, Levin VA, Wilson CB 323, *346*

Hoffman WW, s. Bagshaw MA 621, *635*

Hoffmann B, s. Birkner R 173, *200*

Hoffmann RS, s. Schulz OE 101, *122*

Hoffmann V 268, 279, 280, *310*

Hofmann D 569, *604*

Hofmann D, s. Bäumer J 587, *601*

Hogg NM, s. Jones SJ *310*

Hohenfellner R 113, 116, *121*

Hohenfellner R, Weghaupt K 116, *121*

Hohl K, s. Joyet G 186, *202*

Holdorff B 317, 320, 321, 324, 326, 332, 333, 334, 338, *346*

Holfeld H, Bamberg M 693, *709*

Holfelder H, s. Fischer AW 317, *346*

Holfreter C, s. Vaeth JM 284, *315*

Holland J, s. Hidvegi EJ 7, 8, *37*

Holland JM, Mitchell TJ, Walburg HE Jr 127, 136, *164*

Hollander CF, s. Broerse JJ 242, 246, 259, 303, *308*

Hollcroft J, Lorenz E, Miller E, Congdon CC, Schweisthal R, Uphoff D 577, 579, *604*

Hollstein K, Hess M 117, *121*

Holmes JL, s. Westland RD 560, *610*

Holst EA, s. Clemente CD 350, 361, *373*

Holsten DR 206, 219, *229*

Holt JAG 670, *677*

Holt JG, s. D'Angio GJ 619, *636*

Holthusen H 27, *37*, 172, 173, 182, 201, 686, *709*

Holthusen H, Leetz H, Leppin W *481*

Holthusen H, Meyer H, Molineus W 441, 442, *481*

Holtrop ME, King GJ 273, *310*

Honda M, s. Ehring F 173, *200*

Honess DJ, s. Bleehen NM 656, *675*

Hong K, s. Churchill DN 111, *121*

Hood B, s. Person B 208, *230*

Hope DB 597, *604*

Hopewell JW 179, 180, 181, 184, 191, *201*

Hopewell JW, Foster JL, Genn Y 173, 177, 180, 190, *201*

Hopewell JW, Foster JL, Young CMA, Wiernik G 185, 191, 192, 193, *201*

Hopewell JW, Gunn Y 193, *201*

Hopewell JW, Wright EA 359, 368, *375*

Hopewell JW, Young CMA 186, *201*

Hopewell JW, s. Brennan D 191, *200*

Hopewell JW, s. Durrant KR 193, *200*

Hopewell JW, s. Morris GM 189, *202*

Hopewell JW, s. Moustafa HF 180, 181, *202*

Hopewell JW, s. Patterson TJS 194, 198, *202*

Hopewell JW, s. Peel DM 186, *202*

Hopewell JW, s. Young CMA 186, 198, *204*

Hopkinson CRN, Dulisch B, Gaus G, Hilscher W, Hirschhäuser C 148, 151, 153, *164*

Hoppe RT, Fuks ZY Strober S, Kaplan HS 208, 219, *229*

Hoppe RT, s. Smith KC 180, *203*

Hoppe RT, s. Strober S 227, *232*

Hopwood LE, Tolmach LJ 32, *37*

Hopwood LE, s. Dewey WC 643, 645, *675*

Hopwood LE, s. Meyer KR 667, *678*

Hopwood LE, s. Sapareto SA 667, *680*

Hori I, s. Tabuchi A *169*

Hori Y, Takamori Y, Nisshio K 147, *164*

Horikawa M, s. Sugahara T 590, *609*

Horiot JC, s. Ang KK 697, *706*

Horiot J-C, s. Bogaert W van den 697, *707*

Horn NL, Thompson M, Howes AE, Brown JM, Kallman RF, Probert JC 298, *310*

Hornback NB, Shupe RE, Shidnia H, Joe BT, Sayoc E, Marshall C 670, *677*

Hornsey S 21, 33, *37*, 245, 249, 261, 597, *604*

Hornsey S, Alper T 81, *97*

Hornsey S, Field SB 627, *637*

Hornsey S, Morris CC, Myers R, White A 341, *346*, 627, *637*

Hornsey S, Myers R, Warren P 155, *164*

Hornsey S, Vatistas S, Bewley DK, Parnell CJ 245, *261*

Hornsey S, s. Field SB 21, 23, 26, 36, 59, 60, 62, 67, 379, 396, 397, 400, 613, 625, 626, 627, *636*

Hornsey S, s. Gray LH 613, 625, 637, 684, *708*

Hornsey S, s. Hedges MJ 209, 212, 213, 216, *229*

Hornsey S, s. Law MP 390, *401*

Hornsey S, s. White A 335, *348*

Horst W, s. Glanzmann Ch 334, *346*

Horstmann E 362, *375*

Horstmann E, s. Lierse W 358, 362, *376*

Horstmann W, s. Heilmann HP 722, *727*

Horten B, s. Allen JC 342, *345*

Horváth F, s. Horváth J 285, *310*

Horváth J, Horváth F, Juhász E, Urbányi L 285, *310*

Horáček J, s. Kunz E 468, *483*

Hoschner J, s. Franklin R 723, *727*

Hosea JM, s. DeHoratius RJ 663, *675*

Hoshino T, s. Ishimaru T 470, *482*

Hossmann KA, Kleihues P 366, *375*

Hossmann KA, Zimmermann V 366, *375*

Host H, s. Engeset A 208, *229*

Hotchkiss RS, s. Amelar RD 130, *159*

Houteville JP, s. Lechevalier B 326, *347*

Hovatta O, Kormano M *164*

Hovatta O, s. Kormano U *165*

Hovestadt I, Ernst M, Mönig H, Fischer H 567, *604*

Howard A, Pelc SR 14, *37*

Howard A, s. Broerse JJ 238, 240, *259*

Howard A, s. Hendry JH 248, 249, *261*

Howard J, s. Leith JI 614, 615, 618, *638*

Howard J, s. Raju MR 56, 64, *68*, 618, *638*

Howard J, s. Tenforde TS 615, *639*

Howard R 715, *728*

Howard-Flanders P, s. Alper T 35, 597, *600*

Howarth JL, s. Anderson RE 207, 208, 218, *228*

Howe GR *481*

Howell DA, s. Godwin-Austen RB 320, 326, *346*

Howells G, s. Green D 157, *163*

Howells GR, s. Green D 157, *163*

Howells GR, s. Humphreys ER 266, *310*

Howells GR, s. Searle AG 154, 157, *168*

Howes AE, s. Horn NL 298, *310*

Howland JW, s. Benson RE 561, *601*

Hrejsa AF, s. Cohen L 632, *636*

Hrejsa AF, s. Kaul R 631, *637*

Hsu AC, Folami AO, Bain J, Rance CP *164*

Hsu THS, Fabrikant JL 154, *164*

Hsü YK, s. Scholz W 320, 324, 332, *347*

Huang P, s. Paterson SJ 662, *679*

Hubbard L, s. Lloyd KW 290, *311*

Hubbart S, s. Vita VT de 715, *729*

Hubmann FH 82, *97*

Hübner GE, Wangenheim K-H von, Feinendegen LE 242, *261*

Hübner KF, Fry SA 493, *521*

Hübner W, Jaeger RG 447, *481*

Huchton JI, s. Jardine JH 627, *637*

Huchton JI, s. Withers HR 625, *639*

Huchton UI, s. Withers HR 191, 196, *204*

Huckins C 142, *164*

Huckins C, Oakberg EF 142, 143, *164*

Huckins C, s. Cunningham GR 151, *161*

Huckins C, s. Oakberg EF 142, 154, *166*

Hudgins PT, s. Prasad N 219, *230*

Hudgins WR, s. Garcia JH 363, *374*

Hueck W 442, *481*

Hueper WC, Carvajal-Forero J de 73, 74, *97*

Hueper WC, Fisher C-V, Carvajal-Forero JPE, Thompson MR 116, *121*

Huff RL, s. Tobias CA 615, *639*

Hug O 47, 67, 195, *202*, 443, *481*

Hug O, Kellerer AM 46, *67*

Hug O, Kellerer AM, Zuppinger A 82, *97*, 187, 189, 190, 192, 194, *202*

Huget R, s. Fliedner TM 237, *260*

Hügl E, s. Fliedner TM 237, *260*

Hugosson R, s. Graffman S 616, *637*

Hugue H, Ashraf J *164*

Huk W, s. Kunze St *346*

Hukill PB, s. Crummy AB 112, *121*

Hulesch JS, s. Ainsworth EJ 247, *258*

Hüllemann R, Mauss H-J, Adler H 112, *121*

Hulse EV 134, 157, *164*

Hülser D, s. Dertinger H 12, *36*

Hülsmann B, s. Meyhöfer W 142, 147, *166*

Hultborn KA, s. Birke G 150, *160*

Hulth A, Westerborn O 267, 269, 271, 275, 277, 281, 284, 285, *310*

Hulth A, s. Güngör T 273, *309*

Hulth A, s. Johnell O 290, *310*

Hume DM, Wolf JS 223, 226, 227, *230*

Hume SP, Rogers MA, Field SB 659, *677*

Hume SP, s. Field SB 649, 667, *676*

Humeau F, s. Lechevalier B 326, *347*

Humphrey RM, s. Drewinko B 211, *229*

Humphrey RM, s. Gerner EW 657, *676*

Humphrey RM, s. Gragg RL 56, 67, *163*

Humphreys ER, Green D, Howells GR, Thorne MC 266, *310*

Humphreys ER, s. Green D 157, *163*

Hünig R, Müller W, Nagel GA 713, *728*

Hunt HB, s. Bisgard JD 267, 279, 280, 286, *307*

Hunt WE, s. Goodman JH 363, *374*

Hunt WE, s. Walker MD 719, *729*

Hunter N, Milas L 569, *604*

Hunter N, s. Dubravski N 184, *200*

Hunter N, s. Masuda K 190, *202*

Hunter N, s. Milas L 573, *606*

Hunter N, s. Withers HR 142, 153, 155, *170*, 573, *610*

Hunter NR, s. Meistrich ML 142, 146, 153, 154, 155, *166*

Hunter RD, Stewart JG 195, *202*

Hunziker O, Emmenegger H, Frey H, Schultz U, Meier-Ruge W 362, *375*

Hunziker O, Frey H, Schultz U 362, *375*

Hunzinger W, s. Messerschmidt O 477, *484*

Hupp EW, s. O'Brien CA 136, *167*

Huruya H, s. Shimizu K 129, *168*

Hussey DH, Fletcher GH, Cadero JB 60, *67*

Hussey DH, Gleiser CA, Jardine JH, Raulston GL, Withers HR 627, *637*

Hussey DH, s. Al-Abdulla ASM 630, *635*

Hussey DH, s. Jardine JH 627, *637*

Hussey DH, s. Maor MH 630, *638*

Hussey DH, s. Parker RG 629, *638*

Hussey DH, s. Peters LJ 630, *638*

Hussey DH, s. Withers HR 191, 192, 193, 196, *204*, 625, *639*

Hussey DH, s. Withers HW 191, 196, *204*

Hustu HO, s. Aur RJA 342, *345*

Hutchison GB, MacMahon B, Jablon S, Land CE 471, *481*

Huvos A, s. Kim JH 303, *311*

Huvos AG 306, *310*

Huvos AG, s. Rosen G 342, *347*

Huvos AG, s. Smith J 306, *314*

Hwang JML, s. Kerr GD 472, *483*

Hyden H 358, 365, *375*

Hyodo-Taguchi Y, Egami N 145, 156, *164*

Hyodo-Taguchi Y, s. Etoh H 140, 156, *162*

IAEA 244, *261*, 477, *481*

Ibrahim MZM, Levine S *375*

Ibrahim MZM, Morgan RS, Adams C 358, 364, *375*

Ibrahim MZM, s. Haymaker W 368, 369, *374*

ICRP 26, 65, *67*, 128, *164*, 235, *261*, 409, *436*, 443, 445, 446, 448, 449, 450, 451, 452, 453, 454, 455, 456, 460, 461, 462, 463, 464, 466, 467, 469, 470, 472, 473, 474, *481*, *482*

ICRU 16, 43, *67*, 560, *604*

Ikebuchi M, Shinohara S, Kimura H, Morimoto K, Shima A, Aoyama T 588, *604*
Ilbery PLT, Rickinson AB, Thrum CE 213, 219, *230*
Ilbery PLT, s. Chee CA 219, *228*
Ilbery PLT, s. Rickinson AB 213, 215, 216, 217, 220, *231*
Imahori A 477, *482*
Inagaki H, s. Shimizu K 129, *168*
Inano H, s. Suzuki K 135, 151, *169*
Inch WR, s. McCredie JA 219, *230*
Ingersoll EH, s. Brownson RH 357, 364, *372*
Ingold JA, Reed GB, Kaplan HS, Bagshaw MA 86, 87, 88, 89, 90, 91, 95, *97*
Inhaber ER, s. Purdie JW 596, *607*
Innes EM, s. Kay HEM 721, *728*
Innes JRM, Carsten A 368, *375*
Innes JRM, s. Caveness WF 357, *372*
International Civil Defence *604*
International meeting 303, *310*
Internationale Arbeitskonferenz *482*
Invernizzi G, s. Cazulla CL 359, 360, *373*
Ipolyi PD de, s. Stehlin JS 663, 672, *680*
Irie H, Yosihara H 587, *604*
Isaacs JT, Binkley F 5, *37*
Iscove NN 236, *261*
Iselin H 179, *202*
Ishihara T, s. Kumatori T 129, 153, *165*
Ishii S, s. Kumatori T 129, 153, *165*
Ishikawa Y, s. Shimizu K 129, *168*
Ishimaru M, s. Ishimaru T 470, *482*
Ishimaru T, Hoshino T, Ishimaru M, Okada H, Tomiyasu T, Tsuchimoto T, Yamamoto T 470, *482*
Ishimaru T, s. Jablon S 247, *261*
Isley JK, s. Reeves RJ 75, *98*
Israel SL *164*
Isurugi K, s. Wakabayashi K 150, *170*
Ito M *164*
Iutersek A, s. Kališnik M 148, *164*
Ivanov B, Maleeva A 151, *164*
Ivey JR *164*

Jablon S 469, 471, 473, *482*
Jablon S, Kato H *164*, 466, *482*
Jablon S, Fujita S, Fukushima K, Ishimaru T, Auxier JA 247, *261*
Jablon S, s. Hutchison GB 471, *481*
Jackson KL, s. Gerachi JP 626, 627, *636*
Jackson KL, s. Geraci JP 82, 84, 85, 93, 95, 97, 142, 143, 147, 154, 155, *162*

Jackson KL, s. Hebard DW 92, *97*
Jackson SM, s. Alderson MR 470, *478*
Jacobi W 413, 427, 428, 429, *436*, 465, 466, *482*
Jacobi W, s. Evans RD 428, *435*
Jacobs HS, s. Shalet SM 130, 150, 151, 153, *168*
Jacobs HS, s. Thomas PRM 129, *169*
Jacobs IR, s. Adams GE 701, *706*
Jacobsen VC 386, *400*
Jacobson LO, Simmons EL, Bethard WF, Marks EK, Robson MJ 255, *261*
Jacobsson M, s. Albrektson T 301, *307*
Jacoby W, s. Boellaard JW 318, 320, 324, 340, *345*
Jacox HW 129, *164*
Jaeger R, s. Dorneich M 441, 442, *480*
Jaeger RG, s. Hübner W 447, *481*
Jaffe HH 687, *709*
Jaffe N, s. Cassady JR 715, *727*
Jaffe N, s. D'Angio GJ 716, *727*
Jaffe N, s. Stillman RJ 128, 158, *169*
Jager S, s. Nijiman JM 130, *166*
Jagetia GC, s. Uma Devi P 572, *609*
Jagič N von, Schwarz G, Siebenrock L von 440, *482*
Jain VK, Pohlit W 22, *37*
James SE, Arlett CF, Green MHL 232, *233*
Jamieson D, Brenk HAS van den 596, *604*
Jamieson PA, s. Price RA 342, 343, *347*
Jammet HJ, s. Parmentier NC 492, *522*
Janes JM, s. Carlson HC 271, *308*
Janiak M, s. Szmigielsky S 663, *680*
Janka G, s. Kolb HJ 288, *311*
Jansen W, Schueren E van der, Breur K 667, *677*
Janson PO, Jansson I, Skryten A, Damber JE, Lindstedt G 149, 150, *164*
Janssen P, Klatzo I, Miquel J, Brustad T, Behar A, Haymaker W, Lyman J, Henry J, Tobias C 361, 365, *375*
Janssen P, s. Dyke DC van 351, *374*
Janssens PJ, Wittevrongel C, van Dam J, Goddeeris P, Lauwerijns KM, De Loecker W 150, *164*
Jansson I, s. Janson PO 149, 150, *164*
Jardine JH, Hussey DH, Raulston GL, Gleiser CA, Gray KN, Huchton JI, Almond PR 627, *637*
Jardine JH, s. Hussey DH 627, *637*

Jardine JH, s. Withers HR 191, 196, *204*, 625, *639*
Järivinen S, s. Brase A 94, 95, *96*
Jaroslow BN, s. Tagliaferro WH 205, 225, *232*
Jee WSS 265, 297, 303, *310*
Jee WSS, Arnold JS 271, 273, 275, 277, 279, 282, 286, 296, 297, 299, 301, 302, *310*
Jee WSS, Nolan PD 272, *310*
Jee WSS, s. Arnold JS 273, 296, 299, *307*
Jee WSS, s. Hardt AB 290, *309*
Jee WSS, s. Kimmel DB 273, 274, 290, *311*
Jee WSS, s. Mays CW 303, *312*
Jee WSS, s. Smith JM 266, *314*
Jee WSS, s. Stover BJ 303, *314*
Jee WSS, s. Wronski TJ 290, 293, 296, 304, *316*
Jellinger K 318, *346*
Jellinger K, Sturm KW 321, 333, *346*
Jellum E 593, *604*
Jenkin T, s. Meadows AT 306, *312*
Jenkins JO, s. Miquel J 357, 358, *377*
Jenkins VK, Olson MH, Ellis HM, Cooley RN 219, *230*
Jenkins VK, Olson MH, Ellis HN, Dillard EA 219, *230*
Jennings FL, Arden A 381, 383, 384, 385, 386, *400*
Jensen G, s. Guichard M 5, 30, *36*
Jensen H, s. Gray JL 594, *603*
Jentsch F, s. Heilmann HP 722, *727*
Jentsch K, s. Kogelnik HD 694, *709*
Jentzsch U, s. Sedlmeier H 584, *608*
Jeske J, s. Bartosz G 593, *601*
Jesse RH, s. Donaldson SS 715, *727*
Jesse RH, s. Maor MH 630, *638*
Jett J, s. Raju MR 56, *68*
Jett JH, s. Raju MR 56, *68*
Jimenez J, s. Alert J 117, *120*
Jirasek JE, s. Vorisek P 154, *169*
Joe BT, s. Hornback NB 670, *677*
Johannsson B, s. Häggendal E 363, *374*
Johanson WG, s. Fine R 394, *400*
Johansson B 363, 369, *375*
Johansson B, Li CL, Olsson Y, Klatzo I 363, 369, *375*
Johansson L, Carlsson J, Nilsson K 232, *233*
Johnell O, Wiklund PE, Hulth A 290, *310*
Johnell O, s. Güngör T 273, *309*
Johnsen CG, s. Ayerst RI 128, *159*
Johnson J, s. Canellos GP 716, *727*
Johnson MI, Newman L *164*
Johnson MJ, s. Werts ED 257, *264*
Johnson PM, Grossman FM, Atkins HL 89, *97*

Johnson RE, Doppmann JL, Harbert JC 112, *121*
Johnson RE, s. Greco FA *201*
Johnson RJ, s. Phillips TL 694, 695, *709*
Johnson RJR, Subjeck JR, Kowal H, Yakar D, Moreau D 670, 671, 672, *677*
Johnson RO, s. Cavaliere R 641, 650, 672, *675*
Johnson RO, s. Gollin FF *727*
Johnsos LF, s. Thomas ED 227, *232*
Johnston JS, s. Martins AN 326, *347*
Johnston PGB, s. Freeman JE 323, 324, *346*
Joiner EE, s. Littlefield LG 474, *483*
Jolles B, Harrison RG 177, *202*
Jolles B, Mitchell RG 185, *202*
Jolly R, s. D'Angio GJ 619, *636*
Jondal M, s. Stjernsward J 207, 219, *232*
Jones A 318, 326, *346*
Jones DC, s. Castenera TJ 289, *308*
Jones DCL, Krebs JS, Sasmore DP, Mitoma C 140, 154, 156, *164*
Jones DP 596, *604*
Jones MD, s. Vaeth JM 284, *315*
Jones PM, s. Rosenstock JG 300, *313*
Jones RK, s. Pickrell JA 390, *401*
Jones SE, s. Aristizabal SA *199*
Jones SJ, Boyde A 273, *310*
Jones SJ, Hogg NM, Shapiro IM, Slusarenko M, Boyde A *310*
Jones TD, s. Kerr GD 472, *483*
Jong FH de, Sharpe RM 135, 151, *164*
Jordan DL, s. Ainsworth EJ 245, 247, 250, 252, *258*
Jordan DL, s. Vogel HH 245, 247, *264*
Jordan MM, s. O'Brien MD 366, *377*
Jordan SW, Yuhas JM, Key CR 623, *637*
Jordan SW, s. Yuhas JM 588, *611*
Joshi DS, Jung H 651, *677*
Joshi DS, Barendsen GW, Schueren E van der 667, *677*
Jostes E 140, 141, *164*
Jostes E, Scherer E 141, 154, *164*
Jowsey J, s. Rowland RE 296, *313*
Joyet G, Hohl K 186, *202*
Juch WR, s. Olive PL 688, *709*
Judy WS 287, *310*
Juhász E, s. Horváth J 285, *310*
Jung B, s. Graffman S 616, *637*
Jung H 10, *37*, 43, *67*
Jung H, Kölling H 651, *677*
Jung H, Kürzinger K 43, *67*
Jung H, Zimmer KG 43, 63, *67*
Jung H, s. Dertinger H 1, 12, *36*, 42, 43, 47, 49, *66*
Jung H, s. Joshi DS 651, *677*

Jüngling O, Langendorff H 18, *37*
Jüngst G, s. Heilmann HP 721, 722, *727*
Juraskova V, s. Drasil V 253, *260*

Kacaki J, s. Savkovic N 127, 136, *168*
Kachani ZFC, Sabin AB 650, *678*
Kadija K, s. Ferle-Vidovic A 582, *603*
Kaene WF, Crosson JT, Staley NA, Anderson WR, Shapiro FL 107, *121*
Kaercher KH, s. Kogelnik HD 694, *709*
Kagawa K, s. Ogata K 86, 91, *98*
Kaizer H, s. Körbling M 237, *261*
Kal HB 194, *202*
Kal HB, Hahn GM 647, 648, *678*
Kal HB, s. Li GC 667, *678*
Kališnik M, Vraspir O, Skrk J, Klemencik E, Lejko T, Logonder-Mlinsek M, Rus A, Zore M, Iutersek A 148, *164*
Kallman RF 55, *67*
Kallman RF, Silini G 249, *261*
Kallman RF, s. Brown JM 183, 187, *200*
Kallman RF, s. Horn NL 298, *310*
Kalz F 176, *202*
Kamper C, s. Elkind MM 20, 23, *36*
Kane L, s. Phillips TL 563, 568, 587, *607*
Kane LJ, s. Fu K 26, *36*
Kane LJ, s. Utley JF 560, 568, 570, 586, 587, 596, *610*
Kang MS, s. Song CW 666, *680*
Kaplan EL, s. Refetoff S 470, *485*
Kaplan FM 533, *556*
Kaplan HS 55, *67*, 227, *230*, 715, *728*
Kaplan HS, Brown MB 251, *261*
Kaplan HS, Stewart JR 398, *400*
Kaplan HS, s. Fuks Z 208, 219, 227, *229*
Kaplan HS, s. Hoppe RT 208, 219, *229*
Kaplan HS, s. Ingold JA 86, 87, 88, 89, 90, 91, 95, *97*
Kaplan HS, s. LeFloch A *165*
Kaplan HS, s. Probert JC 720, *728*
Kaplan HS, s. Rosenberg SA 714, *728*
Kaplan HS, s. Slavin S 218, 221, 223, 227, *231*
Kaplan HS, s. Strober S 227, *232*
Kaplan HS, s. Trueblood HW 128, *169*
Kaplan I 128, *164*
Kaplan WD, Lyon MF 574, 575, *604*
Karamuz JE, s. Henle KJ 651, *677*
Karamuz JE, s. Leeper DB 652, *678*

Karanfilski BT, s. Refetoff S 470, *485*
Karanović J, s. Savković NV 573, *608*
Kärcher KH 175, *202*
Kärcher KH, Madl W, Hansen A 218, *230*
Kärcher KH, s. Madl W 219, *230*
Karosene E, s. Teličenas A 590, *609*
Kartha M, s. Roberts W 208, 213, *231*
Kashiwabara T, Tanaka R, Stern C *165*
Kasprzak J, s. Halawa B 149, *163*
Katayama E, s. Kobayashi J 567, *604*
Kato H, s. Beebe GW 466, 470, 471, *479*
Kato H, s. Blot WJ 128, *160*
Kato H, s. Jablon S *164*, 466, *482*
Katz DH, s. Chiorazzi N 225, *228*
Katz DH, s. Fox DA 221, *229*
Katz LA, s. Gelfand MD 79, *97*
Katz OH, Paul WE, Goidl ED, Benecerraf B 221, *230*
Kaufman S, Libby WF 408, *436*
Kaufmann JJ, s. Orecklin JR 130, *167*
Kaufmann K, s. Rauth AM 690, *710*
Kaufmann M, s. Brase A 90, *96*
Kaul A 461, 473, *482*
Kaul A, Elsasser U, Hinz G, Kossel F, Martignoni K, Nitschke J, Stephan G 471, *482*
Kaul A, Neider R, Peńsko J, Stieve F-E, Brunner H 446, 471, *482*
Kaul A, Oberhausen E, Roedler HD, Werner E *436*
Kaul DC *482*
Kaul R, Cohen L, Hendrickson F, Awschalom M, Hrejsa AF, Rosenberg I 631, *637*
Kauppila O, s. Grönroos M 149, *163*
Kawachima K, s. Tsunemoto H 631, *639*
Kawamura F, s. Kobayashi J 567, *604*
Kay HEM, Knapton PJ, O'Sullivan JP, Wells DG, Harris RF, Innes EM, Stuart J, Schwartz FCM, Thompson EN 721, *728*
Kayfetz LL, s. Ashikawa JK 618, *635*
Kazmin M, s. Cockett AT 671, *675*
Keane AT, s. Rowland RE 304, *313*
Kedziora J, s. Bartosz G 593, *601*
Keene J, s. Bain J 151, *159*
Keene JP, s. Bianchi M 155, *160*
Keeny SM Jr, Spurgeon M 494, 495, *521*
Keesen GR van, s. Broerse JJ 583, *601*

Keim H, s. Sack H 694, 699, *710*, 719, *728*
Keller B, s. Rubin P 256, 258, *263*
Keller G 416, 424, *436*
Keller G, Folkerts KH, Dudler R, Muth H 412, 413, 424, 425, 427, 428, *436*
Keller G, Folkerts KH, Muth H 412, 413, 424, 425, 427, 428, *436*
Keller G, Oberhausen E 417, *436*
Keller G, Schmier H, Muth H 416, 429, *436*
Kellerer AM 193, *202*, 474, *482*
Kellerer AM, Hall EJ, Rossi HH, Teedla P 47, *67*
Kellerer AM, Rossi HH 12, 13, 31, *37*, 46, *67*, 465, *482*
Kellerer AM, s. Gremmel H 193, *201*
Kellerer AM, s. Hall EJ 56, 61, *67*
Kellerer AM, s. Hug O 46, *67*, 82, *97*, 187, 189, 190, 192, 194, *202*
Kellerer AM, s. Rossi HH 465, *486*
Kellner G, s. Lunglmayr G 671, *678*
Kelly LS, Hirsch JD, Beach G, Palmer W 92, *98*
Kember NF 266, 267, 268, 271, 272, 274, 275, 285, *310*
Kember NF, Coggins J 267, 268, 271, *310*
Kember NF, Lambert BE 266, 285, *310*
Kember NF, Sadek M 267, 275, *310*
Kember NF, Sissons HA 267, *310*
Kember NF, Walker KVR 267, 268, *310*
Kember NF, s. Blackett NM 266, 281, 282, *307*
Kember NF, s. Walker KVR 266, 267, *315*
Kempe LG, s. Ducker TB 363, *373*
Kenda R, s. Valagussa P 717, 718, *729*
Kenn J, s. Beuningen D van 647, *675*
Kenney JM, s. Marinelli LD 293, *311*
Kent H, s. Greco FA *201*
Kepp RK, s. Bäumer J 587, *601*
Kereiakes JG, s. Beliles RP 569, *601*
Kerr DA, s. Regezi JA 302, *313*
Kerr GD 471, *482*
Kerr GD, Jones TD, Hwang JML, Miller FL, Auxier JA 472, *483*
Kerr HD, s. Stampfli WP 291, *314*
Kerr RC, s. Brenk HAS van den 684, *707*
Kersen GR van, s. Barendsen GW 54, 55, *66*
Kersting St, s. Beuningen D van 645, *675*
Kessaris N, s. Harisiadis L 646, *677*

Kessinger A, Lemon HM, Foley JF 719, *728*
Ketels F, s. Faille A 245, *260*
Ketterling LL, s. Kinnamon KE 564, 566, *604*
Key CR, s. Jordan SW 623, *637*
Keyes PL, s. Christiansen JM 150, *161*
Keys H, s. Lloyd KW 290, *311*
Keyserlingk DG von 235, 257, *261*
Khairallah PA, s. Gessner PK 594, *603*
Khan AH, Raghavayya M, Soman SD 470, *483*
Khan MK, s. Kligerman MM 623, *637*
Khandekar JD, s. Vick NA 341, *348*
Khare M, s. Frome EL 471, *480*
Kiefer H 511, 512, *521*
Kiefer H, s. Koelzer W 477, *483*
Kiefer J 12, 22, 29, 31, *37*, 46, *67*
Kihlman BA, s. Skarsgard LD 56, *68*
Kim JH, Chu FC, Woodard HQ, Melamed MR, Huvos A, Cantin J 303, *311*
Kim JH, Hahn EW 663, 670, *678*
Kim JH, Hahn EW, Nokita N 671, *678*
Kim JH, Hahn EW, Tokita N, Nisce LZ 665, 666, *678*
Kim JH, s. Alfieri AA 669, *674*
Kim JH, s. D'Angio GJ 619, *636*
Kim JH, s. Hahn EW 669, *677*
Kim JH, s. Kim SH 646, 664, *678*
Kim SH, Kim JH, Hahn EW 646, 664, *678*
Kim Y, s. Rohrer MD 297, 302, *313*
Kimbler BE, s. Han A 5, *37*
Kimeldorf DJ, s. Castenera TJ 289, *308*
Kimeldorf DJ, s. Phillips RD 288, *313*
Kimler BF, Leeper DB, Schneiderman MH *165*
Kimmel DB, Jee WSS 273, 274, 290, *311*
Kimura H, Yasui T, Aoyama T 599, *604*
Kimura H, s. Ikebuchi M 588, *604*
Kindt A, Sattler EL 243, 249, 251, *261*
Kindt GW, s. Ducker TB 363, *373*
King DP, s. Strober S 227, *232*
King EA, s. Ladner H-A 600, *605*
King ER, s. Fleming WH 392, *400*
King GJ, s. Holtrop ME 273, *310*
King MA, Casarett GW, Weber DA 293, 295, *311*
King MA, Weber DA, Casarett GW, Burgener FA, Corriveau O 293, 295, *311*
King MA, s. Burgener FA 306, *308*
King R, s. Utley JF 570, 572, *610*
Kinjo Y, s. Yamada T 8, 31, *39*

Kinnamon KE, Ketterling LL, Stampfli HF, Grenan MM 564, 566, *604*
Kinsella TJ, Weichselbaum RR, Sheline GE 327, 334, 335, *346*
Kinzie J, Studer RK, Perez B, Potchen EJ 94, *98*
Kirchhoff H 113, *121*
Kirk J, Gray WM, Watson ER 193, 194, *202*
Kirnberger E-J, s. Braun W 560, *601*
Kirner JB, s. Ricketts WE 70, *98*
Kirsch R, s. Ardenne M von 673, *674*
Kisielski WE, s. Ainsworth EJ 252, *258*
Kissel U, s. Pfleiderer A 117, *121*
Kistner G, Schieferdecker H 452, 453, *483*
Kistner G, s. Kriegel H 136, 140, *165*
Kistner G, s. Seelentag W 265, 287, *314*
Kistner G, s. Török P 126, 136, 152, 156, *169*
Kiszel Z 80, 82, 84, 85, *98*
Kitajima T, s. Kobayashi J 567, *604*
Kitamuro T, s. Ogata K 86, 91, *98*
Kiviniity K, s. Herva E 213, 214, *229*
Kjellberg RN 616, *637*
Kjellberg RN, Kliman B 616, *637*
Klagsbrun M, s. Azizkhan JC 267, *307*
Klahn JJ, s. Distefano V 596, *602*
Klatzo I 362, 366, *375*
Klatzo I, Farkas-Bargeton E, Guth L, Miquel J, Olsson Y 358, 363, *375*
Klatzo I, Miquel J *375*
Klatzo I, Miquel J, Otenasek R 358, 361, 369, *375*
Klatzo I, Miquel J, Tobias C, Haymaker W 358, 359, 361, 366, 369, *375*
Klatzo I, Steinwell O, Streicher E, Smith DE *375*
Klatzo I, s. Brightman MW 366, *372*
Klatzo I, s. Janssen P 361, 365, *375*
Klatzo I, s. Johansson B 363, 369, *375*
Klatzo I, s. Miquel J 357, 358, *377*
Klatzo I, s. Olsson Y 366, *377*
Klatzo I, s. Rubinstein LJ 357, *377*
Klatzo I, s. Wolfe LS 357, 358, *378*
Kleibel F, s. Sack H 694, 699, *710*, 719, *728*
Kleihues P, s. Hossmann KA 366, *375*
Klein H, Klein W, Koren H, Alth G 209, *230*
Klein HO 718, *728*
Klein W, s. Klein H 209, *230*

Klemencik E, s. Kališnik M 148, 164

Klemi P, s. Grönroos M 141, 148, 149, 152, 163

Klepp O, s. Asbjørnsen G 150, 159

Klepp O, s. Fosså SD 130, 162

Klepsch I, s. Popescu HI 150, 151, 167

Kligerman M, s. Glick JH 588, 591, 603

Kligerman MM, Essen CF von, Khan MK, Smith AR, Sternhagen CJ, Sala JM 623, 637

Kligerman MM, Sala JM, Wilson S, Yuhas JM 623, 637

Kligerman MM, Shaw MT, Slavik M, Yuhas JM 590, 591, 604

Kligerman MM, West G, Dicello JF, Sternhagen CJ, Barnes JF, Loeffler K, Dobrowolski F, Davis HT, Bradbury JN, Lane TF, Petersen DF, Knapp EA 622, 637

Kligerman MM, s. Blumberg AL 591, 601

Kligerman MM, s. Hellman S 398, 400

Kligerman MM, s. Yuhas JM 588, 611, 623, 639

Kligermann MM, s. Black WC 82, 96

Kliman B, s. Kjellberg RN 616, 637

Kling R, s. Linfoot JA 619, 638

Klobukowski CJ, s. Travis EL 384, 388, 391, 402

Klostermann GF 186, 196, 202

Knapp EA, s. Kligerman MM 622, 637

Knapton PJ, s. Kay HEM 721, 728

Kneale G, s. Mancuso TF 469, 470, 484

Kneale GW 471, 483

Kneale GW, Stewart AM, Mancuso TF 471, 483

Kniseley RM, s. Goswitz FA 258, 260

Knobel J, s. Bieler EU 129, 148, 149, 152, 160

Knospe WH, Blom J, Crosby WH 257, 261

Knospe WH, Rayudu VM, Cardello M, Friedman AM, Fordham EW 256, 258, 261

Knox SJ, Misra HP, Shifrine M 232, 233

Knüfermann H, s. Wannenmacher M 720, 729

Kobayashi J, Kitajima T, Katayama E, Kawamura F 567, 604

Kobrine AI, Doyle TT, Martins AN 362, 363, 375

Kobzev VA, Kolomeets EV, Shabansky VP 404, 436

Koch R 565, 586, 587, 604

Koch R, Schwarze W 561, 604

Koch R, Seiter I 592, 605

Koch R, s. Braun H 570, 601

Koch R, s. Eltgen D 565, 603

Koch R, s. Langendorff H 559, 597, 605

Koch W 279, 281, 284, 285, 286, 290, 292, 311

Kochar NK, Harrison RG 144, 147, 165

Koehler AM, Preston WM 62, 67

Koehler AM, Schneider RJ, Sisterson JM 616, 637

Koehler AM, s. Constable IJ 617, 636

Koehler AM, s. Raju MR 64, 68

Koehler AM, s. Schneider RJ 616, 638

Koehler AM, s. Shipley WU 617, 639

Koehler AM, s. Suit HD 616, 639

Koelling RA, s. Garcia J 374

Koelzer W, Kiefer H 477, 483

Koeppe P, Oeser H 463, 483

Koeppe P, s. Oeser H 463, 468, 485

Kofler E, s. Mönig H 565, 606

Kogan IA, s. Vusik IM 150, 169

Kogel AJ van der, Barendsen GW 368, 375, 627, 637

Kogelnik HD, Meyer HJ, Jentsch K, Szepesi T, Kaercher KH, Maida E, Mamoli B, Wessely P, Zaunbauer F 694, 709

Kogelnik HD, s. Saunders MI 694, 710

Kohl FV, s. Heilmann HP 721, 722, 727

Kojima K, s. Sato C 211, 231

Kok G 291, 311

Kolb W 436

Kolbe H, s. Herken H 353, 374

Kölling H, s. Jung H 651, 677

Kollmann G, s. Schwartz EE 587, 608

Kollmann G, s. Shapiro B 572, 608

Kolář J, s. Babicky A 278, 279, 307

Kolb H, s. Kolb JJ 83, 98

Kolb HJ, Bender-Götze C, Janka G, Haas RJ, Lieven H von, Balk O, Helmig M, Wilmanns W, Thierfelder S 288, 311

Kolb JJ 83, 98

Kolb JJ, Rieder I, Bodenberger B, Netzel B, Schaffer E, Kolb H, Thierfelder S 83, 98

Kollath J 297, 311

Kolář J, Vrabec R 265, 286, 287, 289, 291, 292, 296, 297, 300, 303, 311

Kolomeets EV, s. Kobzev VA 404, 436

Koneff AA, s. Dyke DC van 615, 636

Koneff AA, s. Tobias CA 615, 639

Konermann G 575, 576, 605

Konermann G, Streffer C 595, 605

König W, s. Dietzel F 676

König W, s. Gericke D 663, 676

Koop EA, s. Heilmann HP 722, 727

Korb H 670, 678

Korbitz BC, s. Ansfield FJ 724, 726

Korlof B 541, 542, 556

Korn PS, s. Distefano V 596, 602

Korystov YN, s. Eidus LK 594, 603

Koschel G, s. Heilmann HP 721, 722, 727

Kossel F, s. Kaul A 471, 482

Kovacs P, Hernadi F, Dezsi Z 597, 605

Kowal H, s. Johnson RJR 670, 671, 672, 677

Kowaluk E, s. Shore RE 470, 486

Koziol D, s. Partington J 694, 709

Koziol D, s. Urtasun RC 704, 711

Koziol D, s. Wassermann TH 694, 711

Koćmierska-Grodzka D, Gerber GB 392, 400

Kolousek J, s. Valenta M 169

Komm R, s. Neugebauer W 116, 121

Kondratenko VG, Ganzenko LF, Stakanov VA 127, 153, 165

König E, s. Cohnen G 213, 228

Konings AWT, Drijver EB 5, 30, 37

Konings AWT, Damen J, Trieling WB 30, 37

Konings AWT, s. Fonck K 5, 36

Konrad E, s. Meister P 306, 312

Koops HS, s. Nijiman JM 130, 166

Koops HS, s. Willemse PHB 130, 170

Koot CJ, s. Barendsen GW 54, 55, 66

Körbling M, s. Fliedner TM 237, 260

Körbling M, Burke P, Braine H, Elfenbein G, Santos G, Kaizer H 237, 261

Koren H, s. Klein H 209, 230

Kormano M, s. Hovatta O 164

Kormano U, Hovatta O 165

Kornafel J, s. Halawa B 149, 163

Körner I, Walicka M, Malz W, Beer JZ 37

Korr H 349, 376

Korr H, Schultze B, Maurer W 388, 400

Koschel K, s. Wigg DR 127, 170, 317, 335, 336, 340, 348

Kosloff C, s. Rosen G 342, 347

Koslowski J, s. Lemperle G 176, 202

Kottmeier HL 117, 121

Kottmeier HL, Gray MJ 77, 78, 98

Kottmeier HL, s. Gray MJ 77, 97

Kotzin BL, Strober S 221, 230

Koukalova B, s. Drasil V 253, 260

Kovacs L 96, 98

Kowada MD, s. Chiang J 363, 366, 373

Kraft G, Kraft-Weyrather W, Meister H, Miltenburger HG, Schuber M, Wulf H 53, 67
Kraft W, s. Heilmann HP 722, 727
Kraft-Weyrather W, s. Kraft G 53, 67
Kragt K, s. Denekamp J 626, 636
Kragt K, s. Fowler JF 201, 568, 603
Krajewski P, s. Krześniak JW 478, 483
Kraljevic K, s. Harisiadis L 664, 677
Kraljevic U, s. Hall EJ 613, 637
Kramer MF, Davids JAG, Ven TPA von der 142, 154, 155, 165
Kramer MF, s. Aardweg GJMJ van den 142, 143, 155, 159
Kramer MF, s. Ruiter-Bootsma A de 142, 155, 168
Kramer MF, s. Ruiter-Bootsma AL de 142, 153, 155, 168
Kramer S, Lee KF 323, 330, 346
Kramer S, Southard M, Mansfield CM 317, 346
Kramer S, s. Asbell SO 359, 372
Kramer S, s. Borgelt BB 700, 707
Kramer S, s. Dettmer CA 97
Krebs AT, s. Beliles RP 569, 601
Krebs JS 142, 165
Krebs JS, Brauer RW 250, 251, 252, 261, 262
Krebs JS, s. Jones DCL 140, 154, 156, 164
Krehbiel RH, Plagge JC 165
Kreienberg R, s. Goldhofer W 218, 229
Kremer J, s. Nijiman JM 130, 166
Kremers W, s. Raleigh JA 687, 710
Kremkau FW, s. Witcofski RL 667, 681
Kreter DM de, s. Rich KA 151, 167
Kretschmer V Hillen M, s. Fliedner TM 218, 229
Kretschner HE, s. Albin MSR 363, 372
Kretzschmar K, s. Gutjahr P 342, 346
Kretzschmar NR, s. Peck WS 167
Kriegel H, Schmahl W, Kistner G, Stieve FE 136, 140, 165
Kriegel H, s. Matthes T 157, 166
Kriegel H, s. Schmahl W 134, 136, 168
Krise GM, s. Brown SO 27, 35
Krise GM, s. Lawson RL 144, 165
Krisiuk EM, Tarasov SI, Shamov VP 416, 436
Krivenko ED, s. Kulinskii VI 599, 605
Krogh A 358, 376
Krokowski E, Taenzer V 250, 262
Krönig S, Friedrich W 18, 37
Kruger L, s. Maxwell DS 358, 362, 364, 365, 369, 371, 376
Kruger L, s. Rose JE 353, 377

Krumbacher K, s. Fliedner TM 237, 260
Krześniak JW, Schürnbrand P, Porstendörfer J, Schicha H, Krajewski P, Becker KH, Emrich D 478, 483
Kubat K, s. Müller C 166
Kublik LN, s. Eidus LK 594, 603
Kubota K, s. Mizoguchi H 236, 262
Kulinskii VI, Lobyntsev KS, Krivenko ED 599, 605
Kumar A, Devi U 158, 165
Kumar A, Uma Devi P 574, 605
Kumar S, s. Uma Devi P 565, 610
Kumatori T, Ishihara T, Hirashima K, Sugiyma H, Ishii S, Miyoshi K 129, 153, 165
Kummermehr J 278, 279, 281, 284, 293, 295, 303, 311
Kummermehr J, s. Trott KR 190, 203
Kun LE, Mulhern RK, Crisco JJ 325, 346
Kuna P 605
Kunkel G, s. Concannon JP 89, 96, 97
Künkel H-A, Heckmann U 558, 594, 605
Kunkler PB, Farr RF, Luxton RW 102, 105, 107, 121
Kunkler PB, s. Luxton RW 102, 107, 121
Kunz E, Ševc J, Plaček V, Horáček J 468, 483
Kunz E, s. Ševc J 470, 486
Kunze St, Sauer R, Huk W 346
Kuriso A, s. Tsunemoto H 631, 639
Kurohara SS, Casarett GW 385, 401
Kurohara SS, Swensson NL, Usselmann JA, George FW 89, 98
Kurtz J, s. Laramore GE 631, 637
Kürzinger K, s. Jung H 43, 67
Kusano N 526, 529, 538, 541, 556
Kuskin S, s. Wang SC 610
Kutsutani Y, s. Field SB 23, 26, 36, 396, 400, 613, 636
Kutsutani Y, s. Tsunemoto H 631, 639
Kuttig H, s. Heilmann HP 722, 727
Kutzner J, s. Goldhofer W 218, 229
Kutzner J, s. Gutjahr P 284, 288, 289, 293, 309
Kuzma JF, Zander G 289, 311
Kwan DK, Norman A 208, 209, 210, 230
Kwan TC, s. Dobson RL 132, 156, 161

Labelle J, s. Paterson SJ 662, 679
Labelle JL, s. Purdie JW 596, 607
Lacassagne A 165

Lacassagne A, Duplan JF, Marcovich H, Raynaud A 129, 165
Lacher M, s. Engel IA 308
Lachet B, s. Guichard M 618, 637
Lacroix P 290, 311
Ladner H-A, Mitchell JS, King EA, Weisselberg R 600, 605
Ladner HA, s. Walther G 147, 170
Lagasse LD, s. Steckel RJ 112, 122
Lahiri SK 241, 242, 262
Lajtha LG 236, 237, 262
Lajtha LG, Oliver R 26, 37
Lajtha LG, Oliver R, Leweis CL, Gunning AJ, Sharp AA, Calender S 208, 230
Lajtha LG, Pozzi LV, Schofield R, Fox M 236, 241, 262
Lajtha LG, s. Dexter TM 237, 260
Lajtha LG, s. Guzman E 241, 242, 261
Lajtha LG, s. Hendry JH 249, 251, 252, 257, 261
Lajtha LG, s. Pirie A 578, 607
Lajtha LG, s. Testa NG 238, 263
Lajtha LG, s. Wu Chu-Tse 237, 253, 264
Lala PK, s. Cairnie AB 24, 35
Lam GKY, s. Henkelman RM 622, 637
Lam KY, s. Skarsgard LD 622, 639
Lambert BE, s. Coggle JE 143, 155, 161, 622, 636
Lambert BE, s. Kember NF 266, 285, 310
Lambiet-Collier M, s. Maisin JR 569, 578, 579, 606
Lamerton LF 154, 165, 252, 253, 262
Lamerton LF, Pontifex AH, Blackett NM, Adams K 252, 262
Lamerton LF, s. Bensted JPM 281, 285, 307
Lamerton LF, s. Blackett NM 266, 281, 282, 307
Lampe I 338, 346
Lampe I, s. Zirkle RE 624, 639
Lampert P, Earle KM, Gibbs CJ, Gajdusek DC 364, 365, 376
Lampert PW, Davis RL 318, 347, 369, 376
Lanaro EA, s. Marcial VA 87, 98
Lancker J van, Maisin J 571, 573, 605
Lancranjan J, s. Popescu HI 150, 151, 167
Land CE, s. Beebe GW 466, 470, 471, 479
Land CE, s. Hutchison GB 471, 481
Land CE, s. Tokunaga M 470, 487
Land EJ, s. Prütz WA 593, 607
Landahl HD, s. Hasegawa A 594, 595, 604
Landahl HD, s. Levin VA 366, 376
Länderausschuß für Atomkernenergie 483

Landman S, s. Rubin P 256, 258, 263

Lane B, s. Enzmann DR 319, 345

Lane J, s. Engel IA 308

Lane TF, s. Kligerman MM 622, 637

Lange CE, s. Weißbach L 130, 170

Lange CS 30, 37

Lange K, s. Herken H 353, 374

Langendorff G, s. Franke HD 633, 636

Langendorff H 558, 598, 605

Langendorff H, Koch R 597, 605

Langendorff H, Langendorff M 5, 37, 599, 605

Langendorff H, Langendorff M, Koch R 559, 605

Langendorff H, Langendorff M, Metzner R, Mönig H, Steinbach K-H, Temme W, Tumbrägel G 584, 585, 605

Langendorff H, Langendorff M, Metzner R, Mönig H, Steinbach K-H, Tumbrägel G 243, 246, 262

Langendorff H, Langendorff M, Mönig H 250, 262, 563, 570, 584, 605

Langendorff H, Langendorff M, Steinbach KH, Weckesser J 218, 230

Langendorff H, Melching H-J, Rösler H 559, 605

Langendorff H, Melching H-J, Streffer C 599, 605

Langendorff H, Messerschmidt O, Melching H-J 544, 556

Langendorff H, s. Abe M 158, 159

Langendorff H, s. Eltgen D 565, 603

Langendorff H, s. Hagen U 597, 603

Langendorff H, s. Jüngling O 18, 37

Langendorff H, s. Langendorff M 135, 136, 165

Langendorff M 136, 165

Langendorff M, Langendorff H, Neumann GK 135, 136, 165

Langendorff M, Stevenson AEF 136, 155, 165

Langendorff M, s. Langendorff H 5, 37, 218, 230, 243, 246, 250, 262, 559, 563, 570, 584, 585, 599, 605

Langer M, s. Goldenberg DM 663, 676

Langermann HJ, s. Harten G 325, 346

Langham WH 242, 244, 254, 255, 262, 534, 535, 556

Langheim F, s. Gauwerky F 185, 190, 201

Lansley I, s. Cullen BM 28, 36

Laquer G, s. Haymaker W 351, 368, 374

Laramore GE, Griffin TW, Tong D, Groudine MT, Blasko JC, Kurtz J, Russell AH, Parker RG 631, 637

Laramore GE, s. Griffin TW 629, 637

Laramore GF, Griffin TW, Gerdes AJ, Parker RG 341, 347

Large P, s. Flockhart IR 695, 708

Larkin JA 673, 678

Larson M, s. Stillman RJ 128, 158, 169

Larsson A, s. Deschevanne PJ 593, 602

Larsson B 44, 62, 67, 366, 376

Larsson B, s. Falkner S 616, 636

Laskey JW, Parrish JL, Cahill DF 156, 165

Latarjet R, Ephrati E 557, 605

Lau HS, s. Slater J 219, 231

Laughlin JS, s. Arnold A 350, 362, 368, 372

Laughlin JS, s. Woodard HQ 277, 316

Laughlin TJ, Taylor JH 165

Lauritzen C, s. Heuck F 291, 300, 310

Lautai CS, s. Niedetzky A 144, 166

Lauwerijns KM, s. Janssens PJ 150, 164

LaViolette D, s. Ray RD 284, 285, 313

Law MP 177, 178, 180, 202

Law MP, Ahier RG, Field SB 183, 202, 650, 651, 667, 669, 678

Law MP, Coultas PG, Field SB 678

Law MP, Hornsey S, Field SB 390, 401

Law MP, Thomlinson RH 180, 202

Law MP, s. Field SB 185, 201, 649, 650, 667, 669, 676

Lawler SD, s. Pentycross CR 219, 230

Lawrence GA, s. Phillips TL 695, 709

Lawrence JH, Tobias CA 619, 637

Lawrence JH, Tobias CA, Linfoot JA, Born JL, Lyman JT, Chong CY, Manougian E, Wei WC 619, 637

Lawrence JH, s. Feola JM 618, 622, 636

Lawrence JH, s. Linfoot JA 619, 638

Lawrence JH, s. Sillesen K 618, 639

Lawrence JH, s. Tobias CA 639

Lawson JP, s. Prosnitz LR 299, 313

Lawson RL, Krise GM, Brown SO, Sorensen AM jr 144, 165

Lazar J, s. Alexander P 592, 600

Le Pera V, s. Nervi C 725, 728

Lea DE 465, 483

Leach DR, s. Rowley JJ 470, 486

Leach DR, s. Rowley MJ 129, 130, 150, 168

Leary DE, s. Distefano V 596, 602

Leblond CP, Weinstock M 285, 311

Leblond CP, s. Bertalanffy FD 387, 399

Lechevalier B, Humeau F, Houteville JP 326, 347

Lecomte J, s. Bacq ZM 557, 561, 588, 589, 600, 601

Lederer CM, Shirley VS 420, 421, 422, 436

Lee AC, s. Garner RJ 242, 260

Lee I-S, s. Cohen BL 463, 468, 479

Lee KF, s. Kramer S 323, 330, 346

Lee ME, s. Dische S 684, 693, 694, 695, 696, 708

Lee RM, s. Griem ML 184, 201

Lee WW, s. Brown JM 701, 702, 703, 707

Leenhouts HP, s. Chadwick KH 12, 13, 30, 35, 238, 259

Leeper DB, Karamuz JE, Henle KJ 652, 678

Leeper DB, s. Henle KJ 645, 651, 656, 658, 677

Leeper DB, s. Kimler BF 165

Lees D, s. Bull JM 673, 675

Leetz H, s. Holthusen H 481

Leffingwell TP, s. Melville GS 561, 606

Lefkovits I, s. Anderson RE 221, 225, 228

LeFloch A, Donaldson SS, Kaplan HS 165

Legay G, s. Caulet T 392, 400

Lehan PH, s. Smith CW 391, 401

Lehnert S 598, 605

Leibel SA, Order SC, Rominger CJ, Asbell SO 698, 709

Leibel SA, s. Leichner PK 165

Leichner PK, Roenshein NB, Leibel SA, Order SE 165

Leidl W, Zankl H 153, 165

Leigh KE, s. Hicks SP 374

Leith JI, Woodruff KH, Howard J, Lyman JT, Smith P, Lewinsky BS 614, 615, 618, 638

Leith JT, Lewinski BS, Woodruff KH, Schilling WA, Lyman JT 618, 638

Leith JT, Miller RC, Gerner EW, Boone MLM 644, 678

Leith JT, s. Gerner EW 676

Leith JT, s. Miller RC 649, 678

Leithold STL, s. Schrek R 210, 231

Lejko T, s. Kališnik M 148, 164

Lelieveld P, s. Broerse JJ 238, 240, 259

Lelièvre P, s. Betz EH 572, 596, 597, 601

Lelièvre P, s. Firket H 571, 603

Lemmerl EM, s. Goldhofer W 218, 229

Lemon HM, s. Kessinger A 719, 728

Lemperle G, Koslowski J 176, 202

Lenk R 70, 98

Lenox-Smith I, s. Foster JL 693, 708

Lenox-Smith I, s. Saunders MI 694, 710

Lenz M, s. Goodrich WA 303, 309

Lenz U, Schüttmann W, Arndt D, Thormann T 470, 478, 483

Lenz W, s. Schmitt G 724, 728

Leonard A, Maisin JR 573, 575, 605

Leonard A, Maisin JR, Mattelin G 573, 605

Leonard JC, s. Duncan W 76, 97

Leong GF, s. Nachtwey DS 250, 262

Leong GF, s. Page NP 546, 556

Leonhardt A, Ostry P 117, 121

Leonhardt H 380, 381, 400

Lepintre Y, s. Richard JM 725, 728

Leppin W, Meißner J 441, 471, 483

Leppin W, s. Holthusen H 481

Lequesne M, s. Séze S de 291, 314

Lerber KG, s. Thomas ED 227, 232

Lescrenier C, s. Ellis F 194, 200

Lesher S, s. Schenken LL 85, 98

Lessel A, s. Eichhorn HJ 634, 636

Leung PMK, s. Tountas AA 303, 315

Leuthauser SWC, Oberley LW 6, 37

LeVeen HH, Wapnick S, Piccone V, Falk G, Ahmed N 665, 666, 670, 678

LeVeen HH, s. Sugaar S 666, 680

Levene MB, s. Harris JR 335, 338, 346

Levin E, s. Carpender JWJ 70, 96

Levin SG, s. Modan B 470, 484

Levin VA, Landahl HD, Freeman-Dove MA 366, 376

Levin VA, s. Hoffman WF 323, 346

Levin VA, s. Phillips TL 694, 695, 709

Levin VA, s. Wilson CB 719, 729

Levine ML, s. Phillips TL 695, 709

Levine S, s. Hirano A 365, 375

Levine S, s. Ibrahim MZM 375

Levitt DD, s. Sause WT 191, 203

Levitt L, s. Quesenberry P 236, 263

Levitt SH, s. Schuman VL 569, 608

Levitt SH, s. Song CW 569, 609, 666, 680

Levitt SH, s. Vaeth JM 284, 315

Levitt WM, Oram S 112, 121

Levy AH, s. Condit PT 590, 602

Levy BM, Rugh R 267, 271, 273, 275, 276, 277, 285, 286, 293, 311

Lewallen CG, s. Rall JE 399, 401

Leweis CL, s. Lajtha LG 208, 230

Leweis HS, s. Thomas JW 207, 219, 232

Lewin K, Millis RR 91, 98

Lewinski BS, s. Leith JT 618, 638

Lewinsky BS, s. Leith JI 614, 615, 618, 638

Leyko W, s. Bartosz G 593, 601

Li AP, s. Yuhas JM 623, 639

Li CL, s. Johansson B 363, 369, 375

Li FP, Winston KR, Gimbrere K 347

Li FP, s. Stillman RJ 128, 158, 169

Li G, s. Hahn GM 677

Li GC 622, 638

Li GC, Hahn GM 651, 652, 662, 678

Li GC, Kal HB 667, 678

Li GC, Shiu EC, Hahn GM 662, 678

Li GC, s. Bagshaw MA 621, 635

Li Yun-hua, s. Cao Shu-Juan 474, 479

Libby WF, s. Kaufman S 408, 436

Libikova NI, s. Vladimirov VG 598, 599, 610

Libshitz HJ, Southard ME 398, 401

Libshitz HJ, Brosof AB, Southard ME 398, 401

Libshitz HJ, s. Heaston DK 287, 288, 289, 309

Licht P, s. Pearson AK 167

Lichtman MA 235, 237, 257, 262

Lick R, s. Altmann HW 102, 120

Lieberman ML, s. Martinez RG 254, 262

Liebermann PH, s. Ghavimi F 715, 727

Liegner LM, Michaud NJ 179, 202

Lierse W 352, 353, 357, 358, 359, 362, 369, 376

Lierse W, Franke HD 318, 347, 351, 357, 359, 361, 362, 364, 365, 366, 368, 370, 371, 376

Lierse W, Gritz K, Franke HD 357, 358, 359, 360, 365, 376

Lierse W, Horstmann E 358, 362, 376

Lierse W, s. Franke HD 317, 320, 322, 326, 327, 330, 333, 338, 346, 351, 352, 357, 358, 359, 361, 362, 366, 368, 374

Lierse W, s. Orthaus M 353, 371, 377

Lierse W, s. Pryszkowski V 357, 359, 360, 377

Lierse W, s. Wrage D 357, 370, 371, 378

Lieven H von, s. Kolb HJ 288, 311

Lin PS, Wallach DFH, Tsai S 662, 678

Linares MM, s. Martinez RG 254, 262

Lind MG, Nathanson A 302, 311

Lindell A, s. Falkner S 616, 636

Linden WA 195, 202

Lindenbaum A, s. Russel JJ 134, 157, 168

Lindgren M 317, 321, 332, 333, 347, 350, 376, 720, 728

Lindgren M, s. Berg NO 318, 324, 332, 345, 350, 351, 372

Lindgren M, s. Haymaker W 332, 335, 339, 346, 374

Lindholm L, Strannegárd Ö 230, 255

Lindop P, s. Rotblat J 34, 38

Lindop PJ 165

Lindop PJ, s. Coggle JE 622, 636

Lindop PJ, s. Crosfill ML 242, 243, 260

Lindop PJ, s. Fowler JF 201

Lindop PJ, s. Proukakis C 239, 243, 263

Lindsay S, Nichols CW, Sheline GE, Chaikoff IL 134, 165

Lindstedt G, s. Janson PO 149, 150, 164

Linfoot JA 619, 638

Linfoot JA, Born JL, Garcia JF, Manougian E, Kling R, Chong CY, Tobias CA, Carlson RA, Lawrence JH 619, 638

Linfoot JA, Lawrence JH, Tobias CA, Born JL, Chong CY, Lyman JI, Manougian E 638

Linfoot JA, s. Lawrence JH 619, 637

Lingley JR, s. Barr JS 267, 281, 284, 307

Lingley JR, s. Gall EA 266, 267, 275, 276, 281, 284, 285, 309

Lingley JR, s. Reidy JA 267, 286, 313

Linnemann RE 509, 521

Linser P, s. Baermann G 101, 120

Linzner U, s. Luz A 306, 311

Lipecka K, Domanski T, Daniszewska K, Grabowska B, Pietrowicz D, Lindner P, Cisowska B, Gorski H 593

Liss J, s. Pratt NE 572, 607

Little CJ, s. Workman P 695, 711

Littmann K, s. Schmitt G 728

Liébecq-Hutter S, s. Bacq ZM 597, 601

Lindop PJ, s. Fowler JF 568, 603

Liquier J, Fort L, Dai DN, Caọ A, Taillandier E 594, 605

Lisco H, s. Baserga R 279, 281, 282, 284, 289, 299, 307

Litam J, s. Spitzer G 245, 263

Littbrand B, Revesz L 27, 37

Little JB 4, 22, 37, 38

Little JB, s. Griem K 598, 603

Liébecq-Hutter S, Bacq ZM 597, 605

Lindner P, s. Lipecka K 593, 605, 605

Little JB, s. Hahn GM 22, 37

Little JB, s. Weichselbaum RR 23, 39, 180, 203

Littlefield LG, Joiner EE 474, 483

Littman MS, s. Rowland RE 304, 313

Liversage WE 194, 202

Lloh J, s. Franklin R 723, 727

Lloyd KW, Keys H, Hubbard L, Thomas F, Evarts C 290, 311

Lloyd RD, s. Mays CW 303, *312,* 465, 466, *484*

Lobyntsev KS, s. Kulinskii VI 599, *605*

Locke GS, s. Albin MSR 363, *372*

Loeffler K, s. Kligerman MM 622, *637*

Loewe WE, Mendelsohn E 247, *262,* 472, 473, 474, *483*

Logonder-Mlinsek M, s. Kališnik M 148, *164*

Lohman WA, s. Giovanella BC 653, *676*

Lohmander S, s. Thyberg J 267, *315*

Lohmann W, Momeni M, Nette P 593, *605*

Lohmann W, s. Hahn A 593, *604*

Löhr GW, s. Bodemann H 721, *727*

Löhr GW, s. Neumann HA 239, *263*

Lombard LS, s. Fritz TE 253, *260*

Lond MB, s. Churchill-Davidson I 684, 686, *707*

Long TF, s. Rubinstein LJ *347*

Loraine JA 149, *165*

Lord BI 241, *262*

Lorentzon L 439, *483*

Lorenz E, s. Hollcroft J 577, 579, *604*

Lorenz EC, s. Oakberg EF 123, 142, 153, *166*

Lorenz W, s. Diethelm L 144, *161*

Lorenz W, s. Haas E 587, *603*

Löster W 496, 497, 498, 511, *522*

Lothe F, s. Devik F 575, *602*

Louie RV, s. Stone RS 624, *639*

Louis S, s. Pallis CA 320, 321, 326, 330, 332, 334, 340, *347*

Loutit JF, Marshall MJ, Nisbet NW, Vaughan JM 272, *311*

Loutit JF, Nisbet NW *311*

Loutit JF, Townsend KMS 272, *311*

Loutit JF, s. Micklem H 222, *230*

Lovasen Z, s. Supek Z 594, *609*

Love R, Soriano RZ, Walsh RJ 650, *678*

Lovisolo G, s. Arcangeli G 671, *674*

Lowenberg-Scharenberg K, Bassett RC 362, *376*

Lowry-Dobson R, Straume T 473, *483*

Lowry-Dobson R, s. Straume T 473, *487*

Lowy RO, Baker DG 587, *605*

Lu CC, Meistrich ML, Thames AD 133, 142, 147, 153, 154, *165*

Luca AM de, s. Travis E 568, 597, *609*

Lucal HF jr, s. Stehney AF 444, 470, *486*

Lucas HF Jr, s. Rowland RE 444, 470, *486*

Lucht U 272, *311*

Lücke-Huhle C, Blakely EA, Chang P, Tobias CA 53, *67*

Lücke-Huhle C, Blakely EA, Tobias CA 53, *67*

Lücke-Huhle C, Dertinger H 646, 647, 648, *678*

Lücke-Huhle C, Schlag H 648, *678*

Lücke-Huhle C, s. Dertinger H 53, *66*

Lücke-Huhle C, s. Schlag H 646, 647, *680*

Luckey TD 468, *483, 484*

Ludgate CM, McLean N, Carswell GF, Newsan JE, Pettigrew RT, Tulloch SS 671, 673, *678*

Ludgate CM, s. Pettigrew RT 673, *679*

Ludwig FC 469, *484*

Ludwig KH 590, *605*

Luft WV, s. Meyer KK Weaver DR 226, *230*

Lundgren PR, s. Miquel J 357, 358, *377*

Lundsgard-Hansen P, s. Senn A 75, 76, 77, *98*

Lunglmayr G, Czech K, Zekert F, Kellner G 671, *678*

Lüning KG, Frölén H, Nelson A 574, 575, *606*

Lushbaugh CC 244, 247, 254, *262*

Lushbaugh CC, Casarett GW 127, 143, *165*

Lushbaugh CC, Ricks RC 127, 129, *165*

Luskus C, s. Smith WW 567, *608*

Luttbrand B, s. Blomgren H 207, *228*

Luxton G, s. Bagshaw MA 621, *635*

Luxton RW 105, *121*

Luxton RW, Kunkler PB 102, 107, *121*

Luxton RW, s. Kunkler PB 102, 105, 107, *121*

Luz A, Schäffer E, Erfle V, Hehlmann R, Schetters H, Meier A, Marquart K-H, Fries E de, Linzner U, Müller WA, Gössner W 306, *311*

Lyman J, s. Janssen P 361, 365, *375*

Lyman JI, s. Linfoot JA *638*

Lyman JI, s. Raju MR 618, *638*

Lyman JT, s. Blakely EA 55, *66*

Lyman JT, s. Castro JR 615, 619, *635*

Lyman JT, s. Chen GTY 620, *635*

Lyman JT, s. Lawrence JH 619, *637*

Lyman JT, s. Leith JI 614, 615, 618, *638*

Lyman JT, s. Leith JT 618, *638*

Lyman JT, s. Raju MR 64, *68*

Lyman JT, s. Sillesen K 618, *639*

Lyman JT, s. Tenforde TS 615, *639*

Lyman JT, s. Tobias CA *639*

Lyman YT, s. Curtis SB 618, *636*

Lyon MF, s. Kaplan WD 574, 575, *604*

MacCarty CS, s. Walker MD 719, *729*

MacDonald LW, Hayes TL 366, 369, 370, *376*

Macklin CC, s. Shipley PG 272, *314*

MacLean PD, s. Coggeshall RE 353, *373*

MacMahon B, s. Hutchison GB 471, *481*

Macpherson S, Owen M, Vaughan J 273, 275, 276, 277, 279, 297, *311*

Maddock CL, s. D'Angio GJ 199, *200*

Madhavanath U, s. Raju MR 618, *638*

Madhvanath U, s. Shenoy KS 477, *486*

Madl W, Kärcher KH 219, *230*

Madl W, s. Kärcher KH 218, *230*

Madoc-Jones H 14, *38*

Maeda M, s. Suit H 55, *68*

Maeda M, s. Suit HD 684, *710*

Maes J, s. Gerber GB 242, *260*

Magee JL, s. Chatterjee A 46, *66*

Mahaley MS Jr, s. Walker MD 719, *729*

Mahaley MS, s. Burger PC *345*

Mahlum DD, s. Sanders CL 303, *314*

Maida E, s. Kogelnik HD 694, *709*

Maier JG 107, *121*

Maier JG, Perry RH, Saylor W, Sulak MN 321, 333, *347*

Maisin H, s. Dunjic A 571, *602*

Maisin H, s. Maisin J 573, 576, 577, *606*

Maisin J, Dunjic A, Couvreur P 561, *606*

Maisin J, Maisin H, Dunjic A, Maldague P 573, 576, 577, *606*

Maisin J, Moutschen J 575, *606*

Maisin J, s. Lancker J van 571, 573, *605*

Maisin JR 381, 382, 384, 387, 388, 390, 401, 571, *606*

Maisin JR, Declève A, Gerber GB, Mattelin G, Lambiet-Collier M 578, 579, *606*

Maisin JR, Gerber GB, Lambiet-Collier M, Mattelin G 578, *606*

Maisin JR, Lambiet-Collier M 569, *606*

Maisin JR, Mattelin G 571, *606*

Maisin JR, s. Leonard A 573, 575, *605*

Maisin JR, s. Oledzka-Slotvinska H 392, *401*

Majno G, s. Chiang J 363, 366, *373*

Majo V di, s. Covelli V 134, 141, *161*

Makler A, Tatcher M, Velinsky A, Brandes JM 144, *166*

Makoski HB, s. Sack H 694, 699, *710,* 719, *728*

Makoski HB, s. Scherer E 208, 226, *231*

Malaise E 615, *638*

Malaise E, s. Deschevanne PJ 593, *602*

Malaise EP, Charbit A, Chavaudra N, Combes PF, Douchez J, Tubiana M 24, *38*

Malaise EP, s. Fertil B 179, *200*

Malaise EP, s. Guichard M 5, 30, *36*, 618, *637*

Malaise EP, s. Guichard M 55, *67*

Malaise E-P, s. Chavaudra N 684, *707*

Malcic K, s. Peceski J *167*

Malcic K, s. Savkovic N 127, 136, *168*

Malcolm SL, s. Flockhart IR 695, *708*

Maldague P, s. Dunjic A 571, *602*

Maldague P, s. Maisin J 573, 576, 577, *606*

Maleeva A, s. Ivanov B 151, *164*

Malis LI, s. Rose JE 353, *377*

Malkinson FD, s. Griem ML 184, *201*

Mallet G, s. Rix-Montel MA 594, *607*

Maloney MA, Patt HM 256, 257, *262*

Maloney MA, s. Patt HM 257, *263*

Malpas JS, s. Parker D 323, 324, *347*

Malsky SJ, s. Roswit B 70, 76, *98*

Malz W, s. Körner I *37*

Mamoli B, s. Kogelnik HD 694, *709*

Mancini AM, Corinaldesi A, Tison V, Rimondi C, Ferracini R 392, *401*

Mancini C, s. Agarossi G 221, *228*

Mancuso TF, Stewart A, Kneale G 469, 470, *484*

Mancuso TF, s. Kneale GW 471, *483*

Mandl AM 123, 135, 141, *166*, 573, 574, *606*

Mangalik A, s. Robinson WA 236, *263*

Mankin HJ, s. Harrist TJ 304, *309*

Manocha SL, s. Olkowski Z 357, *377*

Manougian E, s. Lawrence JH 619, *637*

Manougian E, s. Linfoot JA 619, *638*

Mansell J, s. Cohen L 632, *636*

Mansfield CM, s. Kramer S 317, *346*

Mansur PG, s. Shore RE 470, *486*

Mäntylä MJ 665, *678*

Manzoli FA, s. Facchini A 208, *229*

Maor MH, Hussey DH, Fletcher GH, Jesse RH 630, *638*

Maor MH, Peters LJ 700, *709*

Maraldi NM, s. Facchini A 208, *229*

Maraninchi D, s. Faille A 245, *260*

Marcial VA, s. Ydrach AA 698, *711*

Marciàl VA, Santiago EA, Lanaro EA, Castro-Vita H, Arroyo G, Moscol JA, Gómez C, Velasquez J, Prado K 87, *98*

Marciani RD, Gonty AA, Giansanti JS, Avila J 290, *311*

Marco C de, s. Mondovi B 572, 573, *606*

Marcove RC, s. Rosen G 342, *347*

Marcovich H, s. Lacassagne A 129, *165*

Marcum J 473, *484*

Marcus PI, s. Puck TT 9, *38*

Marcuse W 440, *484*

Margolis L, s. Phillips TL 379, 390, 396, 399, *401*

Margolis LW, Phillips TL 386, *401*

Margolis LW, s. Wara WM 396, 399, *402*

Margottini M, s. Cavaliere R 641, 650, 672, *675*

Mariana JC, s. Driancourt MA 149, *161*

Mariano M, s. Gerachi JP 627, *636*

Mariano MS, s. Geraci JP 93, 95, 97, 143, 155, *162*

Marinelli LD 439, *484*

Marinelli LD, Kenney JM 293, *311*

Marks EK, s. Jacobson LO 255, *261*

Marks JE, Baglan RJ, Prassad SC, Blank WF 322, 338, *347*

Marks JE, Haus AG, Sutton HC, Griesen ML 399, *401*

Marks RD, Scruggs HJ, Wallace KM 723, *728*

Marks S, Gilbert ES, Breitenstein BD 471, *484*

Marks S, s. Gilbert EA 471, *480*

Marks S, s. Sullivan MF 255, *263*

Marks SC Jr, s. Miller SC 273, *312*

Markus B, Schlotfeldt D 196, *202*

Marlowe C, s. Utley JF 572, *610*

Marmor J, s. Hahn GM *677*

Marmor JB 655, 656, 663, 671, *678*

Marmor JB, Pounds DW, Postic TB, Hahn GM 653, 671, *678*

Marotta N, s. Cianci S 128, 158, *161*

Marquart K-H 277, *311*

Marquart K-H, Gössner W 271, 273, 274, *312*

Marquart K-H, s. Luz A 306, *311*

Marsalek J, s. Müller C *166*

Marsh DD, s. Westland RD 560, *610*

Marshal JH, s. Mays CW 465, 466, *484*

Marshall C, s. Hornback NB 670, *677*

Marshall E 473, *484*

Marshall JH, s. Rowland RE 296, *313*

Marshall MJ, s. Loutit JF 272, *311*

Mart H, s. Modan B 470, *484*

Marten GW, s. Soni SS 325, *347*

Marten TR, s. Flockhart IR 695, *708*

Marten TR, s. Workman P 695, *711*

Martignoni K, s. Kaul A 471, *482*

Martin PG, s. Erickson BH 135, 136, 138, 139, 154, *162*

Martin WMC, s. Saunders MI 698, 703, *710*

Martinez RG, Cassab GH, Ganem GG, Guttman KE, Lieberman ML, Vater LB, Linares MM, Rodriguez HM 254, *262*

Martins AN, Johnston JS, Henry JM, Stoffel TJ, DiChiro G 326, *347*

Martins AN, s. Kobrine AI 362, 363, *375*

Martius H *166*

Maruhn G, s. Czygan PJ 149, *161*

Maruyama T, s. Tsunemoto H 631, *639*

Maruyama Y, s. Grigsby P 588, *603*

Marvin JF, s. Rosenthall L 297, *313*

Marynowski B, s. Urtasun RC 694, *711*

Mashaly R, s. Poisson M 719, *728*

Mason K, s. Withers HR 626, *639*

Mason KA, s. Merino OR 649, *678*

Mason KA, s. Withers HR 81, 83, *99*, 191, 192, 193, 196, *204*, 625, *639*

Mason KA, s. Withers HW 191, 196, *204*

Massey BW, s. Goldgraber MB 71, *97*

Massey JB, s. Broerse JJ 238, 240, *259*

Massopust LC, s. Albin MSR 363, *372*

Mastinu GG 431, *436*

Masuda K, Hunter N, Withers HP 190, *202*

Masurovsky ED, Bunge MB, Bunge RP 352, 356, 371, *376*

Matanoski GM, Sartwell P, Elliott E, Tonascia J, Sternberg A 470, *484*

Mathis H, s. Sykes MP 256, 258, *263*

Mathur KM, s. Bhatia AL 144, *160*

Matsubara S, s. Sasaki MS 574, *608*

Matsuda M, s. Tabuchi A *169*

Matsuzawa T, Anderson HC 267, *312*

Matsuzawa T, Wilson R 80, *98*

Matsuzawa T, s. Sato C 211, *231*

Mattelin G, s. Leonard A 573, *605*

Mattelin G, s. Maisin JR 571, 578, 579, *606*

Matthes T, Kriegel H 157, *166*

Maugh II TH 274, *312*

Maughan RL, s. Michael BD 29, *38*

Maughan RL, s. Watts ME 29, *39*

Maurer W, s. Korr H 388, *400*

Mauro F, s. Arcangeli G 671, *674*

Mauro F, s. Briganti G 239, *259*

Mauss H-J, s. Hüllemann R 112, *121*

Maxwell DS, Kruger L 358, 362, 364, 365, 369, 371, *376*

Mayer E, s. Rubin P 256, 258, *263*

Mayer SH, Patt HM 596, *606*

Maynard EA, s. Benson RE 561, *601*

Mays CW 303, *312*

Mays CW, Jee WSS, Lloyd RD, Stover BJ, Dougherty JH, Taylor GN 303, *312*

Mays CW, Lloyd RD, Marshal JH 465, 466, *484*

Mays CW, s. Harrist TJ 304, *309*

Mays CW, s. Rossi HH 471, *486*

Mays CW, s. Spiess H 289, 304, 306, *314*

Mays CW, s. Taylor GN 306, *314*

Mazanowska A, s. Dancewicz AM 389, 392, *400*

Mazurek W, s. Halawa B 149, *163*

Mc Alister WH, s. Silverman CL 283, *314*

Mc Lean AS, s. Evans RD 428, *435*

Mc Leod RA, s. Garrison RC 306, *309*

McCalla D, s. Chapman JD 687, *707*

McCarthy TG, Milton PJD 128, *166*

McClellan RO, s. Brooks AL 158, *160*

McClellan RO, s. Hahn FF 306, *309*

McCollough J, Benson S, Yunis EJ, Quie PG 213, *230*

McCormick W, Penan S 658, *678*

McCredie JA, Inch WR, Sutherland RM 219, *230*

McCredie KB, s. Spitzer G 245, *263*

McCulloch EA, Till JE 238, *262*

McCulloch EA, s. Becker AJ 236, 237, *259*

McCulloch EA, s. Siminovitch L 237, *263*

McCulloch EA, s. Till JE 21, *39*, 237, 248, 249, *263*, 564, *609*

McCulloch EA, s. Wu AM *264*

McCullough B, s. Fine R 394, *400*

McDonald JC, s. Hahn EW 646, *677*

McDonald JV, s. Salazar OM 323, *347*

McDonald S, s. Moosavi H 384, 387, 391, *401*

McElwain TJ, s. Millar JL 588, *606*

McGee-Russel SM, Brown AW, Brierly JB 366, *377*

McGreer JT, s. Peck WS *167*

McIsaac WM, s. Gessner PK 594, *603*

McKenzie S, s. Sykes MP 258, *263*

McKinna JA, s. Pentycross CR 219, *230*

McLean CJ, s. Fazekas JT 697, *708*

McLean N, s. Ludgate CM 671, 673, *678*

McLellan WL, s. Nakeff A 241, *262*

McManus JPA, s. Findley JM 70, *97*

McMichael A, s. Fuks Z 208, 219, 227, *229*

McNally NJ 11, 12, 13, *38*

McNally NJ, Denekamp J, Sheldon PW, Flockhart IR 688, *709*

McNally NJ, Ronde J de 19, *38*

McNally NJ, Stephens TC, Hinchliffe PR, Peacock M 705, *709*

McNally NJ, s. George KC 656, *676*

McReady WA, s. Robinson JE 645, 646, 649, 667, 669, *680*

McSweeney DJ, s. Whelton JA 128, *170*

McTaggarat J, Wills ED 127, 151, *166*

Meadows A, s. D'Angio GJ 716, *727*

Meadows AT, D'Angio GJ, Miké V, Banfi A, Harris C, Jenkin T, Schwartz A 306, *312*

Mealey J Jr, s. Walker MD *729*

Mealey J, s. Walker MD 719, *729*

Means AR, s. Fakunding JL 135, 144, 151, *162*

Means AR, s. Tindall DJ *169*

Means ED, s. Barron KD 363, *372*

Medica PA, s. Pearson AK *167*

Meeker BE, s. Petkau A 592, *607*

Meer C van der, Bekkum DW van 595, *606*

Mehl J 440, 443, 444, 477, *484*

Mehta G, s. Dev PK 576, *602*

Meier A 287, *312*

Meier A, s. Luz A 306, *311*

Meier-Ruge W, s. Hunziker O 362, *375*

Meisel D, Czapski G 687, *709*

Meißner J 441, 447, *484*

Meißner J, s. Leppin W 441, 471, *483*

Meister A, s. Guichard M 5, 30, *36*

Meister H, s. Kraft G 53, *67*

Meister P, Konrad E 306, *312*

Meister P, s. Permanetter W 303, 305, *312*

Meistrich M, s. Mian TA 157, *166*

Meistrich ML, Hunter NR, Suzuki N, Trostle PK, Withers HR 142, 146, 153, 154, 155, *166*

Meistrich ML, s. Lu CC 133, 142, 147, 153, 154, *165*

Melamed MR, s. Kim JH 303, *311*

Melanotte PL, Follis RH 267, 268, 269, 271, 275, 276, 278, 281, 285, *312*

Melbye RW, s. Green N 724, *727*

Melching H-J 596, *606*

Melching H-J, Streffer C 4, *38*, 592, 597, 600, *606*

Melching H-J, Streffer C, Sauer H 596, *606*

Melching H-J, s. Beck HR 439, 440, *479*

Melching H-J, s. Langendorff H 544, *556*, 559, 599, *605*

Melching H-J, s. Moser F 102, *121*

Meldrum BS, s. Brierley JB 366, *372*

Meleka F, s. Rafla S 219, *230*

Mellett IB 701, *709*

Mellin P, s. Schmitt G 724, *728*

Melsen F, Mosekilde L 290, *312*

Melville GS, Leffingwell TP 561, *606*

Melville GS, s. Upton A 578, *610*

Mendelsohn E, s. Loewe WE 247, *262*, 472, 473, 474, *483*

Mendiondo OA, Connor AM, Grigsby P 563, *606*

Mendiondo OA, Grigsby PW, Beach JL 588, *606*

Mendiono OA, s. Shipley WU 617, *639*

Meneses JJ, s. Harris JW 567, *604*, 663, *677*

Menez A, s. Prütz WA 593, *607*

Menzel DB, s. Miquel J 357, 358, *377*

Menzel HG, Schuhmacher H 47, 61, 67, 68

Menzel HG, s. Zywietz F 47, 61, 68

Merickel BS, s. Hahn FF 306, *309*

Merino OR, Peters LJ, Mason KA, Withers HR 649, *678*

Merker HJ, Novack L, Zimmermann D 353, *377*

Merker HJ, s. Rüfer R 391, 392, 394, *401*

Merriam GR, Szechter A 470, *484*

Merrill J, s. Greco FA *201*

Merrit EA, s. Groover TA 379, *400*

Mertens HG 719, *728*

Merz T, s. Meyer MB 140, 146, *166*

Mesa CR, s. Fakunding JL 135, 144, 151, *162*

Messer JR, s. Soloway AH 701, *710*

Messerschmidt O 534, 537, *556*, 580, *606*

Messerschmidt O, Feinendegen LE, Hunzinger W 477, *484*

Messerschmidt O, Metzger E, Stevenson AFG 584, *606*

Messerschmidt O, Oehlert W 542, *556*

Messerschmidt O, s. Langendorff H 544, *556*

Messerschmidt O, s. Sedlmeier H 581, 582, *608*

Messerschmidt O, s. Wustrow TH 224, *232*

Messner HA, s. Fauser AA 236, 237, *260*

Metalli P, s. Covelli V 134, 141, *161*

Metcalf D 236, *262*

Metcalf D, Moore MAS 237, *262*

Metcalf PE, Winkler BC 463, *484*

Metha BM, s. Allen JC 342, *345*

Metzger B, s. Fabricius H-A 663, *676*

Metzger E, s. Messerschmidt O 584, *606*

Metzger E, s. Sedlmeier H 584, *608*

Metzger U, Schneider K, Largiadèr F 723, *728*

Metzner R, s. Langendorff H 243, 246, *262*, 584, 585, *605*

Meuwissen HJ, s. Coifman RE 213, *228*

Mewhinney JA, s. Hahn FF 306, *309*

Mewissen DJ, Brucer M 577, *606*

Mewissen DJ, s. Betz EH 572, 597, *601*

Meyer A, s. Greiner R 130, *163*

Meyer H, s. Holthusen H 441, 442, *481*

Meyer HJ, s. Kogelnik HD 694, *709*

Meyer I, s. Török P 126, 136, 152, 156, *169*

Meyer J, s. Morrish RB 302, *312*

Meyer KK 226, *230*

Meyer KK Weaver DR, Luft WV, Boselli BD 226, *230*

Meyer KR, Hopwood LE, Gillette EL 667, *678*

Meyer MB, Merz T, Diamond EL 140, 146, *166*

Meyer MB, Tonascia JA 140, 146, *166*

Meyer MB, Tonascia JA, Merz T 140, *166*

Meyer O, s. Mühlmann E 173, *202*

Meyer-König E 353, *377*

Meyhöfer W, Hülsmann B, Morschek H 142, 147, *166*

Meyhofer W, s. Weißbach L 130, *170*

Meyn RE, s. Gerner EW 657, *676*

Meyn RE, s. Gragg RL 56, 67, *163*

Mian TA, Suzuki N, Glenn HJ, Hayne TP, Meistrich M 157, *166*

Michael BD, Harrop HA, Maughan RL, Patel KB 29, *38*

Michael BD, s. Adams GE 29, *35*, 688, *706*

Michael BD, s. Denekamp J 596, *602*, 688, *708*

Michael BD, s. Watts ME 29, *39*

Michaelson SM, s. Benson RE 561, *601*

Michalowski A, s. Field SB 193, *201*

Michaud NJ, s. Liegner LM 179, *202*

Micklem H, Loutit JF 222, *230*

Micklem HS, Anderson N, Ross E 237, *262*

Midander J, Revesz L 32, *38*

Midander J, s. Deschevanne PJ 593, *602*

Mielke B, s. Urtasun RC 711, 719, *729*

Miescher G 171, *202*

Mietlowski W, s. Seydel HG 721, *729*

Mike V, s. D'Angio GJ 716, *727*

Mike V, s. Ghavimi F 715, *727*

Miké V, s. Meadows AT 306, *312*

Mikhael MA 324, 327, 334, *347*

Milas L, Hunter N, Reid BO 573, *606*

Milas L, s. Hunter N 569, *604*

Mill AJ, s. Coggle JE 622, *636*

Millar BC, Fielden EM, Steele JJ 28, *38*

Millar JL, McElwain TJ, Clutterbuck RD, Wist EA 588, *606*

Millard RE 219, *230*

Millen JW, s. Woollam DHM 576, *610*

Miller C, s. Smith WW 567, *608*

Miller E, s. Hollcroft J 577, 579, *604*

Miller FL, s. Kerr GD 472, *483*

Miller HH, s. Dewey WC 657, *675*

Miller KM, s. Beck HL *435*

Miller M, s. Ainsworth EJ 247, 252, *258*

Miller P, s. Franklin R 723, *727*

Miller RC, Leith JT, Veomett RC, Gerner EW 649, *678*

Miller RC, s. Aristizabal SA 199

Miller RC, s. Leith JT 644, *678*

Miller RE, s. Carpender JWJ 70, *96*

Miller RW 306, *312*

Miller RW, Mulvihill JJ 470, *484*

Miller RW, s. Blot WJ 128, *160*

Miller SC 147, 158, *166*

Miller SC, Marks SC Jr 273, *312*

Miller SC, s. Smith JM 266, *314*

Millin G, s. Trautmann J *169*

Million RR, s. Bennet DE 386, *399*

Millis RR, s. Lewin K 91, *98*

Mills WA, s. Evans RD 428, *435*

Milne N, Hill RP, Bush RS 684, *709*

Miltenburger HG, s. Kraft G 53, *67*

Milton PJD, s. McCarthy TG 128, *166*

Milton RC, Shohoji T 471, *484*

Mimnaugh EG, s. Trush MA 592, *609*

Minchinton A, s. Dische S 695, 702, *708*

Minchinton A, s. Sealy R 697, *710*

Minchinton AI, s. Williams MV 703, *711*

Minowad J, s. Shiraishi Y 211, *231*

Minowada J, s. Han T 211, *229*

Miquel J, Haymaker W 357, 358, 365, *377*

Miquel J, Klatzo I, Menzel DB, Haymaker W 357, 358, *377*

Miquel J, Lundgren PR, Jenkins JO 357, 358, *377*

Miquel J, s. Haymaker W 368, 369, *374*

Miquel J, s. Janssen P 361, 365, *375*

Miquel J, s. Klatzo I 358, 359, 361, 363, 366, 369, *375*

Miquel J, s. Rubinstein LJ 357, *377*

Miquel J, s. Wolfe LS 357, 358, *378*

Miska W, s. Rathenberg R *167*

Misra HP, s. Knox SJ 232, *233*

Mistry KB, s. Gopal-Ayengar AR 407, *435*

Mitchell JB, s. Bedford JS 26, *35*

Mitchell JB, s. Raaphorst GP 649, *679*

Mitchell JS 686, *709*

Mitchell JS, s. Ladner H-A 600, *605*

Mitchell RG, s. Jolles B 185, *202*

Mitchell TJ, s. Holland JM 127, 136, *164*

Mitchell TJ, s. Storer JB 127, *169*

Mitchison NA 221, *230*

Mitoma C, s. Jones DCL 140, 154, 156, *164*

Mitrofanov VG 542, *556*

Mitus A, s. Tefft M 89, 90, 91, *98*

Mitznegg P 572, 598, *606*

Mitznegg P, Heim F, Hach B, Säbel M 5, *38*

Miura Y, s. Mizoguchi H 236, *262*

Miyoshi K, s. Kumatori T 129, 153, *165*

Mizoguchi H, Kubota K, Miura Y, Takaku F 236, *262*

Mjönes L, Swedjemark GA 419, *436*

Modan B, Baidatz D, Mart H, Steinitz R, Levin SG 470, *484*

Modan B, s. Ron E 470, *485*

Modig H, s. Revesz L 5, *38*, 593, *607*, 693

Modig HG 593, *606*

Modlin RK, Morris JMcL 587, *606*

Mohindra JK, Rauth AM 705, *709*

Mohr H-J, Morgenroth K Jr, Schnepper E 102, *121*

Mohr N de, s. Browde S 83, 84, *96*

Moine K, s. Fossà SD 130, *162*

Mole RH 249, 251, *262*, 288, *312*, 471, *484*

Mole RH, s. Batchelor AL 155, *160*

Molen HJ van der, s. Blankenstein MA 150, *160*

Moline K, s. Asbjørnsen G 150, *159*

Molineus W, s. Holthusen H 441, 442, *481*

Molls M, Streffer C, Fellner B, Weißenborn U 9, 17, 32, *38*

Molls M, Streffer C, Zamboglou N 32, *38*

Molls M, Weißenborn U, Streffer C 31, *38*

Molls M, s. Streffer C 15, *39*

Momeni M, s. Lohmann W 593, *605*

Momeni MH, s. Andersen AC 136, *159*

Monchy AR de, s. Heijde HB Van der 431, *436*

Mondorf L, Faber M 128, 140, 145, *166*

Mondovi B, Tentori L, Marco C de, Cavallini D 572, 573, *606*

Mondovi B, s. Cavaliere R 641, 650, 672, *675*

Mondovi B, s. Strom R 658, *680*

Mönig H *262*

Mönig H, Seiter I, Kofler E 565, *606*

Mönig H, s. Hovestadt I 567, *604*

Mönig H, s. Langendorff H 243, 246, 250, *262*, 563, 570, 584, 585, *605*

Mönig H, s. Stevenson AFG 564, *609*

Mönig M 466, *484*

Monks JJ, s. Smith CW 391, *401*

Monson RR, s. Boice JD Jr 470, *479*

Montague ED, s. Delclos L 128, *161*

Montalvo J, s. Alert J 117, *120*

Montenay-Garestier T, s. Prütz WA 593, *607*

Montgomery POB, s. Hicks SP 351, 365, *374*

Montour JL, Wilson JD 155, *166*

Moore BA, Biol FI, Paterson ICM, Dawes PJDK, Henk JM 703, *709*

Moore CE, s. Selawry OS 670, *680*

Moore JL, Pritchard JAV, Smith CW 28, *38*

Moore JL, s. Braeman J 212, *228*

Moore MAS, s. Metcalf D 237, *262*

Moos WT, Haddy FJ 393, *401*

Moosavi H, McDonald S, Rubin P, Cooper R, Stuard D, Penney D 384, 387, 391, *401*

Morczek A 205, *230*

Moreau A, s. Andre JJ *478*

Moreau A, s. Vialettes H 478, *487*

Moreau D, s. Johnson RJR 670, 671, 672, *677*

Morgan AC, s. Giovanella BC 650, *676*

Morgan JE, s. Bleehen NM 656, *675*

Morgan KZ 469, 473, *484*

Morgan RL 627, *638*

Morgan RL, s. Alper T 570, *600*

Morgan RL, s. Bewley DK 183, 196, *199*, *200*, 625, 626, *635*

Morgan RL, s. Field SB *201*

Morgan RL, s. Fowler JF 183, *201*

Morgan RL, s. Pallis CA 320, 321, 326, 330, 332, 334, 340, *347*

Morgan RS, s. Ibrahim MZM 358, 364, *375*

Morgenroth K Jr, s. Mohr H-J 102, *121*

Morgenstern L, Thompson R, Friedman NB 76, 77, *98*

Moricca G, s. Cavaliere R 641, 650, 672, *675*

Morimoto K, s. Ikebuchi M 588, *604*

Morita S, s. Tsunemoto H 631, *639*

Moroson H, Schechter M 225, *230*

Morris C, s. Denekamp J 53, 66, 692, *708*

Morris CC, s. Hornsey S 341, *346*, 627, *637*

Morris GM, Hopewell JW 189, *202*

Morris JMcL, s. Modlin RK 587, *606*

Morris PH, s. Shalet SM 152, *168*

Morrish RB, Chan E, Silverman S, Meyer J, Fu KK, Greenspan D 302, *312*

Morris-Jones P, s. Bamford FN 325, *345*

Morris-Jones P, s. D'Angio GJ 716, *727*

Morrison R, s. Field SB *201*

Morrow J, s. Green N 724, *727*

Morschek H, s. Meyhöfer W 142, 147, *166*

Morse BS, Giuliani D, Giuliani ER 290, *312*

Morton RA, s. Sinclair WK 17, *38*

Moscol JA, s. Marcial VA 87, *98*

Mosekilde L, s. Melsen F 290, *312*

Moseley H, s. Cattanach BM *161*

Moser F, Sarre H, Hein C, Melching H-J 102, *121*

Moser F, s. Sarre H 102, 107, *122*

Moses WB, s. Elkind MM 20, 21, 23, *36*, 58, *66*, *67*

Mosher MB, s. Bertino JR 724, *726*

Mosjuchin AS, s. Sverdlov AG 584, 585, *609*

Moss WT, s. Sweany SK 393, 395, *402*

Mossman KL, s. Ornitz RD 631, *638*

Mostofi FK, Pani KC, Ericsson J 102, *121*

Motoji T, s. Shimizu T 232, *233*

Mottram JC 686, *709*

Mouk ML, s. Westland RD 560, *610*

Moulder JE, Fisher JJ, Casey A 190, *202*

Moustafa HF, Hopewell JW 180, 181, *202*

Moutschen J, s. Maisin J 575, *606*

Movin A, s. Hassler O 350, 366, 369, *374*

Moxley JH, s. Vita VT de 715, *729*

Moyer RF, Riley RF 392, *401*

Mozzhukhin AS, s. Sverdlov AG 584, *609*

MRC Working Party *709*

Mroueh AM *166*

Muckle DA, s. Dickson JA 662, *675*

Muckle DS, Dickson JA 653, *679*

Müller A, s. Heilmann HP 722, *727*

Müller W, s. Hünig R 713, *728*

Murphy ML, s. Ghavimi F 715, *727*

Musshoff K, s. Slanina J 715, 716, 717, *729*

Møller U, Bojsen J 665, *678*

Molls M, s. Streffer C 657, 660, *680*

Mondovi B, Finazzi Agro A, Rotillio G, Strom R, Moricca G, Rossi-Fanelli A 656, 658, 660, *678*

Mondovi B, Santoro AS, Strom R, Faiola R, Rossi-Fanelli A 663, *678*, *679*

Morgan JE, s. Twentyman PR 655, *681*

Moricca G, Cavaliere R, Caputo A, Bigotti A, Colistro F 672, *679*

Moricca G, s. Mondovi B 656, 658, 660, *678*

Moritz AR, Henriques FC 650, *679*

Moroson H, s. Schechter M 663, *680*

Morton DL, s. Storm FK 665, 666, 670, *680*

Muehrke RC, s. Rosen S 105, *122*

Mueller AL, s. DeGowin RL 256, *260*

Muenz LR, s. Stehlin JS 663, 672, *680*

Muggia FM, Cortes-Funes H, Wassermann TH 199, *202*

Mühlensiepen H, s. Porschen W 656, *679*

Mühlmann E, Meyer O 173, *202*

Muhlrad A, s. Sela J 278, *314*

Mulder E, s. Blankenstein MA 150, *160*

Mulhern RK, s. Kun LE 325, *346*

Müller C 670, *679*

Müller C, Kubat K, Marsalek J *166*

Muller HJ 440, 441, *485*

Müller K, s. Hacker U 142, 147, *163*

Müller U, s. Breckwoldt M 146, 148, 149, *160*

Müller W 124, *166*

Müller WA 306, *312*

Müller WA, Ebert HG 303, *312*

Müller WA, s. Luz A 306, *311*

Mulvihill JJ, s. Miller RW 470, *484*

Mundinger F, s. Ostertag CB 324, 339, *347*

Munoz CM, s. Sallmann L von 578, *608*

Munson RJ, Neary GJ, Bridges BA, Preston RJ 48, *68*

Muntz JA, s. Barron ESG 557, *601*

Muramatsu S, Tsuchiya T, Hanada H 148, 154, *166*

Murphree RL, s. Erickson BH 136, 145, *162*

Murphy CJ, s. Nebel BR *166*

Murray CG, Daly TE, Zimmerman SO 302, *312*

Murray MAF, s. Thomas PRM 129, *169*

Murray ML, s. Wigg DR 127, *170*

Murthy AK, s. Harris JR 667, *677*

Musshoff K, s. Slanina J 130, *168*, 256, 258, *263*

Musto N, s. Gagnon C *162*

Muth H 405, 412, *436*

Muth H, s. Baumann B 249, *258*

Muth H, s. Dorneich M 441, 442, *480*

Muth H, s. Keller G 412, 413, 416, 424, 425, 427, 428, 429, *436*

Mutscheller A 441, *485*

Myers R, Field SB 664, 667, *679*

Myers R, Robinson JE, Field SB 287, *312*

Myers R, s. Field SB 649, 667, *676*

Myers R, s. Hornsey S 155, *164*, 341, *346*, 627, *637*

Nachtwey DS, Ainsworth EJ, Leong GF 250, *262*

Nachtwey DS, s. Page NP 546, *556*

Naeslund J, s. Falkner S 616, *636*

Nagasawa H, s. Dewey WC 657, *675*

Nagata H, s. Sugahara T 590, *609*

Nagel GA, s. Hünig R 713, *728*

Nagy KA, s. Pearson AK *167*

Nair V, Roth LJ 366, 369, *377*

Nairmark A, Newman D, Bowden DH 391, *401*

Nakagawa S, s. Tabuchi A *169*

Nakamura K, s. Shimizu K 129, *168*

Nakamura R, s. Cockett AT 671, *675*

Nakao Y, s. Tabuchi A *169*

Nakeff A, McLellan WL, Bryan J, Valeriote FA 241, *262*

Nakken KF 592, *607*

Nanafee WN, s. Wilson GH 324, *348*

Nathanson A, s. Lind MG 302, *311*

Nauta WJH, s. Haymaker W 351, 368, *374*

NCRP 244, *262*

Neal P, s. Baker TG 123, 133, 141, 145, *159*

Neary GJ, s. Munson RJ 48, *68*

Nebel BR, Murphy CJ *166*

Neff RD, Cassen B 218, *230*

Neff V, s. Börner W *160*

Neider R, s. Kaul A 446, 471, *482*

Neidhardt M 720, 721, *728*

Neimann PE, s. Thomas ED 227, *232*

Nelsen TS, s. Trueblood HW 128, *169*

Nelson A, s. Åkerfeldt S 596, *600*

Nelson A, s. Lüning KG 574, 575, *606*

Nelson D, s. Glick JH 588, 591, *603*

Nelson DF, Schoenfeld D, Weinstein AS 699, *709*

Nelson DF, s. Blumberg AL 591, *601*

Nelson VG, s. Andersen AC 136, 139, *159*

Nemkin MN, s. Rubinschtejn GG 542, *556*

Nenot JC, Stather JW 303, *312*

Nervi C, Arcangeli G, Casale C, Cortese M, Guadagni A, Le Pera V 725, *728*

Nervi C, Arcangeli G, Concolino F, Cortese M 723, *728*

Nervi C, s. Arcangeli G 671, *674*

Nette P, s. Lohmann W 593, *605*

Netter FH 104, 105, 106, *121*

Netzel B, s. Kolb JJ 83, *98*

Neufeld J, Snyder WS 43, *68*

Neugebauer W, Komm R, Sökeland J 116, *121*

Neuhauser EBD, Wittenborg MH, Berman CZ, Cohen J 284, *312*

Neumann E 208, 216, *230*

Neumann GK, s. Langendorff M 135, 136, *165*

Neumann H, Engelhardt R, Hinkelbein W 642, 673, *679*

Neumann H, Fabricius HA, Stahn R, Engelhardt R 673, *679*

Neumann H, s. Fabricius H-A 663, *676*

Neumann HA, Löhr GW, Fauser AA 239, *263*

Newall J, s. Phillips TL 698, *709*

Newsan JE, s. Ludgate CM 671

Nečas E 241, *263*

Neumeister K 73, 75, 77, 80, *98*

Newaisky GA, s. Findley JM 70, *97*

Newman D, s. Nairmark A 391, *401*

Newman L, s. Johnson MI *164*, 673, *678*

Newton W, s. D'Angio GJ 716, *727*

Ng E, Chambers FW, Ogden HS, Coggs GC, Crane JT 302, *312*

Ng E, s. Chambers F 302, *308*

Ngo E, s. Slater J 219, *231*

Ngo FQH, Utsumi H, Han A, Elkind MM 57, *68*

Ngo FQH, s. Blakely EA 52, *66*

Nias AHW 182, 187, *202*

Nichols CW, s. Lindsay S 134, *165*

Nickson JJ, s. Chu FCH 176, *200*, 398, *400*

Nickson JJ, s. Glicksman AS 176, *201*

Niederle N, s. Schulz U *728*

Niedetzky A, Lautai CS 144, *166*

Nielsen MP, s. Ainsworth EJ 252, *258*

Nielsen SL, s. Eyster EF 320, 324, *345*

Nigro M, s. Crosley CJ 319, *345*

Nigro SC, s. Cianci S 128, 158, *161*

Nijiman JM, Jager S, Boer PW, Kremer J, Oldhoff J, Koops HS 130, *166*

Nikandrova TI, Zhulanova ZI, Romantsev EF 147, *166*

Nikanorova NG, s. Sverdlov AG 584, 585, *609*

Nikkanen V, s. Grönroos M 141, 148, 149, 152, *163*

Nilsson A 265, 297, 306, *312*

Nilsson A, Sundelin P, Sjödén I 306, *312*

Nilsson A, s. Rönnbäck C 131, 134, 137, 140, 157, *167*

Nilsson K, s. Johansson L 232, *233*

Nirenberg A, s. Rosen G 342, *347*

Nisbet NW, s. Loutit JF 272, *311*

Nisce L, s. Hahn EW 130, *163*

Nisce LZ, s. D'Angio GJ 619, *636*

Nisce LZ, s. Kim JH 665, 666, *678*

Nishidai T, s. Abe M 592, *600*

Nishimori I, s. Tokunaga M 470, *487*

Nishimura T, s. Pazdernik TL 221, 222, 223, *230*

Nisshio K, s. Hori Y 147, *164*

Nitschke J, s. Kaul A 471, *482*

Noden P, s. Haymaker W 368, 369, *374*

Noetzel H, Rox J 349, *377*

Nokita N, s. Kim JH 671, *678*

Nolan J, s. Carr TEF 155, 156, *160*

Nolan PD, s. Jee WSS 272, *310*

Noonan TR, s. Carsten AL 255, *259*

Nordiek R, s. Heilmann E 208, 210, 226, *229*

Norec TA, s. Dedov VI 144, 152, 157, *161*

Norman A, s. Kwan DK 208, 209, 210, *230*

Norman A, s. Sasaki MS 212, 213, 216, *231*

Norman A, s. Spiegler P 208, 216, 231

Norrel HA, s. Walker MD 719, 729

Norris WP, Cohn SH 277, 312

Norris WP, Tyler SA, Sacher GA 253, 263

Norris WP, s. Fritz TE 253, 260

Norris WP, s. Tolle DV 253, 263

North LB, s. Prasad N 145, 167

Nothdurft W, Fliedner TM 237, 255, 263

Nothdurft W, s. Calvo W 277, 308

Nothdurft W, s. Fliedner TM 237, 260, 469, 480

Notter G, Turesson I 185, 191, 202

Notter G, s. Ang KK 697, 706

Notter G, s. Diezfalusy E 150, 161

Notter G, s. Turesson I 182, 187, 191, 192, 193, 194, 203

Novack L, s. Merker HJ 353, 377

Nove J, s. Weichselbaum RR 23, 39

Novoselova GS, s. Rousanov AM 561, 607

Nowara P, s. Pfleiderer A 117, 121

Nowotny G, s. Gimenez JC 469, 480

Nüse A, s. Heilmann HP 722, 727

Nusselt L, s. Birzle H 94, 96

Nüsslin F, s. Hassenstein E 163

Nénot JC, s. Parmentier NC 492, 522

Nygaard TG, s. Gerweck LE 660, 664, 665, 676

Oakberg EF 123, 125, 131, 132, 133, 134, 142, 143, 144, 153, 155, 156, 157, 166

Oakberg EF, Huckins C 142, 154, 166

Oakberg EF, Lorenz EC 123, 142, 153, 166

Oakberg EF, s. Huckins C 142, 143, 164

Oberhausen E 409, 436, 514, 522

Oberhausen E, s. Kaul A 436

Oberhausen E, s. Keller G 417, 436

Oberley LW, s. Leuthauser SWC 6, 37

O'Brien CA, Hupp EW, Sorensen AM, Brown SO 136, 167

O'Brien F 407, 436

O'Brien JE, s. Hanna C 578, 579, 604

O'Brien K 414, 415, 436

O'Brien MD, Waltz AG, Jordan MM 366, 377

Ochsner PE 306, 312

O'Connell RS, s. Smith J 306, 314

O'Conor VJ, s. Bulkley GJ 120

Oehlert W, s. Messerschmidt O 542, 556

Oehling A, s. Crisci CD 208, 219, 229

Oeser H, Koeppe P 463, 468, 485

Oeser H, s. Koeppe P 463, 483

Ogata K, Hizawa K, Yoshida M, Kitamuro T, Akagi G, Kagawa K, Fukuda F 86, 91, 98

Ogden H, s. Chambers F 302, 308

Ogden HS, s. Ng E 302, 312

Ogunbase O, s. Bhuyan BK 646, 675

Ohkita T 247, 263

Ohyama H, Yamada T 8, 38

Ohyama H, Yamada T, Watanabe I 7, 38

Ohyama H, s. Yamada T 7, 8, 31, 39

Okada H, s. Ishimaru T 470, 482

Okada S, s. Altman KJ 4, 7, 35

Oldfield DG, Doull J, Plzak V 583, 607

Oldham RK, s. Greco FA 727

Oldhoff J, s. Nijiman JM 130, 166

Oledzka-Slotvinska H, Maisin JR 392, 401

Oliff A, s. Bode U 342, 345

Olive PL, Juch WR, Sutherland RM 688, 709

Oliver JL, s. Brownson RH 357, 364, 372

Oliver R, s. Alper T 570, 600

Oliver R, s. Lajtha LG 26, 37, 208, 230

Olkowski Z, Manocha SL, Bourne GH 357, 377

Olson GB, s. Anderson RE 207, 208, 218, 228

Olson MH, s. Al-Abdulla ASM 630, 635

Olson MH, s. Jenkins VK 219, 230

Olsson Y, Carsten AL, Klatzo I 366, 377

Olsson Y, s. Brightman MW 366, 372

Olsson Y, s. Johansson B 363, 369, 375

Olsson Y, s. Klatzo I 358, 363, 375

O'Malley MP, s. Ainsworth EJ 252, 258

Omran AR, s. Albert ER 470, 478

O'Neill P, s. Adams GE 706

Ono K, s. Abe M 592, 600

Ono M, s. Shimizu K 129, 168

Onofrio R, s. Green N 724, 727

Opitz E 362, 377

Opitz E, Schneider M 362, 377

Oram S, s. Levitt WM 112, 121

Order E 207, 219, 222, 226, 227, 230

Order SC, s. Leibel SA 698, 709

Order SE, s. Leichner PK 165

Order SE, s. Phillips TL 698, 709

Ordy JM, s. Samorajski T 356, 358, 371, 377

Ordy JM, s. Zeman W 353, 371, 378

Orecklin JR, Kaufmann JJ, Thomson RW 130, 167

Ornitz R, Herskovic A, Schell M, Fender F, Rogers CC 631, 638

Ornitz R, s. Parker RG 629, 638

Ornitz RD, Bradley EW, Mossman KL, Fender FM, Schell MC, Rogers CC 631, 638

Orrell DH, s. Shalet SM 152, 168

Orthaus M, Lierse W 353, 371, 377

Orton C, s. Brenk HAS van den 23, 35

Orton CG 194, 202

Orton CG, Ellis F 193, 202

Osborne BM, s. Strong LC 306, 314

Oshimi K, s. Shimizu T 232, 233

Osmak M, s. Ferle-Vidovic A 582, 603

Osmond DG, s. Cairnie AB 24, 35

Ostertag CB, Weigel K, Mundinger F 324, 339, 347

Ostry P, s. Leonhardt A 117, 121

O'Sullivan JP, s. Kay HEM 721, 728

Otenasek R, s. Klatzo I 358, 361, 369, 375

Oughterson AW, Warren S 556

Overgaard J 644, 650, 653, 656, 659, 660, 666, 667, 668, 679

Overgaard J, Bichel P 664, 679

Overgaard J, s. Overgaard K 644, 666, 679

Overgaard K, Overgaard J 644, 666, 679

Overgaard M, s. Urano M 663, 681

Owen LN 271, 306, 312

Owen LN, s. White RAS 711

Owen M 312

Owen M, s. Macpherson S 273, 275, 276, 277, 279, 297, 311

Owen M, s. Vaughan J 266, 281, 284, 315

Owens G, s. Walker MD 719, 729

Paatsama S, s. Rissanen P 267, 278, 286, 293, 313

Pace HB, s. Brown SO 27, 35

Padikal TM, s. Travis E 568, 597, 609

Paed D, s. Cassady JR 715, 727

Pagani JJ, Bassett LW, Winter J, Gold RH, Brawer M 306, 312

Page AL, s. Fowler JF 708

Page BC, s. Bewley DK 196, 200, 625, 626, 635

Page IH, s. Gessner PK 594, 603

Page NP, Nachtwey DS, Leong GF, Ainsworth EJ, Alpen EL 546, 556

Paget GE 562, 607

Painter RB 53, 68

Palcic B, s. Skarsgard LD 622, 639

Pallis CA, Louis S, Morgan RL 320, 321, 326, 330, 332, 334, 340, 347

Pallis CA, s. Coxon A 693, 707

Palmer MK, s. Rosenstock JG 300, 313

Palmer W, s. Kelly LS 92, *98*

Palmer WL, Templeton F 70, *98*

Palmer WL, s. Goldgraber MB 71, *97*

Palmer WL, s. Ricketts WE 70, *98*

Palzer RJ, Heidelberger C 646, 650, *679*

Pancoast HK, s. Alpers BJ *372*

Pani KC, s. Mostofi FK 102, *121*

Pant RD, Ghose A 565, *607*

Paola M di, Caffarelli V, Coppola M, Porro F, Quintiliani M 155, *167*

Paoluzi R, s. Arcangeli G 190, *199*

Papworth MD, s. Brenk HAS 684, *707*

Pardini MC, s. Yuhas JM 588, *611*

Pareek BP, s. Dev PK 576, *602*

Parham JC, s. Astor M 704, *706*

Parham JC, s. Hall EJ 704, *709*

Park WM, s. Timothy AR 297, 299, *315*

Parker BR, s. Probert JC 288, 289, 293, 303, *313*, 720, *728*

Parker D, Malpas JS, Sandland R, Sheaff PC, Freeman JE, Paxton A 323, 324, *347*

Parker L, Skarsgard LD, Emmerson PT 688, *709*

Parker L, s. Skarsgard LD 56, *68*

Parker RG 265, 266, 292, 303, *312*

Parker RG, Berry HC 265, 287, 297, *312*

Parker RG, Berry HC, Caderao JB, Gerdes AJ, Hussey DH, Ornitz R, Rogers CC 629, *638*

Parker RG, s. Gerachi JP 626, 627, *636*

Parker RG, s. Geraci JP 82, 84, *97*

Parker RG, s. Laramore GE 631, *637*

Parker RG, s. Laramore GF 341, *347*

Parker RP, s. Trott NG 478, *487*

Parker V, s. Hahn GM 22, *37*

Parks D, s. Curtis SB 618, *636*

Parks NJ, s. Raabe OG 306, *313*

Parmentier NC, Nénot JC, Jammet HJ 492, *522*

Parnell CJ, s. Barendsen GW 54, 55, *66*

Parnell CJ, s. Bewley DK 196, *200*, 625, 626, *635*

Parnell CJ, s. Denekamp J 626, *636*

Parnell CJ, s. Hornsey S 245, *261*

Parnell M, s. Deutsch G 689, *708*

Parrish JL, s. Laskey JW 156, *165*

Parsons J, s. Ydrach AA 698, *711*

Partington J, Koziol D, Chapman D, Rabin H, Urtasun RC 694, *709*

Partington J, s. Wassermann TH 694, *711*

Pasquier CFH, s. Coffigny HG 136, *161*

Pasternack BS, s. Shore RE 470, *486*

Pasternak B, s. Shohoji T 288, *314*

Patel K, s. Asquith JC 687, 688, 690, 693, *706*

Patel KB, s. Michael BD 29, *38*

Patel PH, s. Shenoy KS 477, *486*

Paterson E, Gilbert CW, Haigh MV 250, *263*

Paterson ICM, s. Moore BA 703, *709*

Paterson R 102, 105, 107, *121*

Paterson SJ, Butler KW, Huang P, Labelle J, Smith ICP, Schneider H 662, *679*

Patt HM 243, *263*

Patt HM, Clark JW, Vogel HH 584, *607*

Patt HM, Maloney MA 257, *263*

Patt HM, Quastler H 237, *263*

Patt HM, Smith DE, Tyree EB, Straube RL 557, *607*

Patt HM, Tyree EB, Straube RL, Smith DE 557, *607*

Patt HM, s. Maloney MA 256, 257, *262*

Patt HM, s. Mayer SH 596, *606*

Patt HM, s. Straube RL 585, 587, *609*

Patten BC, s. Rowland RE 304, *313*

Patterson LK, s. Redpath JL 30, *38*

Patterson TJS, Berry RJ, Hopewell JW, Wiernik G 194, 198, *202*

Patterson TJS, Berry RJ, Wiernik G 194, 198, *202*

Patterson TJS, s. Berry RJ 185, 190, 193, *199*

Patterson TJS, s. Wiernik G *203*

Pattle RE 380, *401*

Paul WE, s. Katz OH 221, *230*

Paulsen CA, s. Thorslund TM 130, *169*

Pauly H, s. Pfister H 429, *436*

Pauly JL, s. Han T 211, *229*

Pavin G, s. Arcangeli G 671, *674*

Pavlova LM, s. Sverdlov AG 584, 585, *609*

Paxton A, s. Parker D 323, 324, *347*

Pazdernik TL, Nishimura T 221, 222, 223, *230*

Peacock M, s. McNally NJ 705, *709*

Pearson AK, Licht P, Nagy KA, Medica PA *167*

Pearson D, s. Bamford FN 325, *345*

Pearson D, s. Rosenstock JG 300, *313*

Pearson D, s. Shalet SM 130, 150, 151, 152, 153, *168*

Peceski J, Malcic K *167*

Peck WS, McGreer JT, Kretzschmar NR, Brown WE *167*

Peckham MJ, s. Dawes PJDK *707*

Peckham MJ, s. Thomas PRM 129, *169*

Pedroni E, s. Essen CF von 63, *67*

Peel DM, Coggle JE 381, 383, *401*

Peel DM, Hansen LS, Coggle JE, Hopewell JW, Charles MW, Wells J 186, *202*

Peel DM, s. Coggle JE 143, 155, 161, 622, *636*

Peers JH, s. Brecher G 577, *601*

Pelc SR, s. Howard A 14, *37*

Pelegrind M, s. Salzmann NP 213, *231*

Penan S, s. McCormick W 658, *678*

Penfield W, Cone W 364, *377*

Penney D, s. Moosavi H 384, 387, 391, *401*

Penney DP, Rubin P 383, 388, *401*

Penney DP, Shapiro DL, Rubin P, Finkelstein J, Siemann DW 381, 384, 387, *401*

Pennybaker J, Russel DS 362, *377*

Penta JS, s. Phillips TL 695, *709*

Pentycross CR, Toussis D, McKinna JA, Lawler SD, Grenning WP 219, *230*

Peperzeel H van, s. Ang KK 697, *706*

Perez B, s. Kinzie J 94, *98*

Perez CA, Presant C, Philipott G, Ratkin G 723, *728*

Perez CA, s. Seydel HG 721, *729*

Perez CA, s. Simpson JR 697, *710*

Permanetter W, Meister P, Füllner R 303, 305, *312*

Perotin JP, s. Andre JJ *478*

Perrault G, s. Coffigny HG 136, *161*

Perret C, s. Essen CF von 63, *67*

Perry RH, s. Maier JG 321, 333, *347*

Person B, Rosengren B, Bergentz SE, Hood B 208, *230*

Perthes G, s. Heineke H 174, *201*

Pertuiset BF, s. Poisson M 719, *728*

Pesch H-J, Henschke F, Seibold H 290, *313*

Peters F, Richter D, Breckwoldt M 141, 146, 150, *167*

Peters H, s. Himelstein-Braw R 128, 158, *163*

Peters LJ, Hussey DH, Fletcher GH, Wharton JT 630, *638*

Peters LJ, Withers HR 193, *203*

Peters LJ, s. Bates TD 191, *199*

Peters LJ, s. Maor MH 700, *709*

Peters LJ, s. Merino OR 649, *678*

Peters LJ, s. Thames HD 84, 89, *99*

Peters LJ, s. Withers HR 59, 60, *68*

Petersen DF, s. Kligerman MM 622, *637*

Peterson CM, s. Tabachnik F 593, *609*

Peterson DF, s. Yuhas JM 588, *611*

Petkau A 592, *607*

Petkau A, Chelack WS, Pleskach SD 6, *38*, 592, 593, *607*

Petkau A, Chelack WS, Pleskach SD, Meeker BE, Brady CM 592, *607*

Petkau A, s. Chapman JD 687, *707*

Petrini B, s. Wasserman J 221, *232*

Petry E 686, *709*

Petrén T 362, *377*

Petrovic D, s. Ferle-Vidovic A 582, *603*

Petschen J, s. Wöllgens P 108, *122*

Pettigrew RT, Galt JM, Ludgate CM, Smith AN 673, *679*

Pettigrew RT, s. Ludgate CM 671, 673, *678*

Peylan-Ramu N, Poplack DG, Pizzo PA, Adornato BT, DiChiro G 319, 342, *347*

Pezzimenti JF, s. Prosnitz LR 299, *313*

Peńsko J, s. Kaul A 446, 471, *482*

Pearson N, s. Trott NG 478, *487*

Perussia A 439, *485*

Pfaffenbach D, s. Engerman RL 388, *400*

Pfaller W 468, *485*

Pfister H, Phillip G, Pauly H 429, *436*

Pfleiderer A, Richter D, Thiessen P, Kissel U, Tibi B, Nowara P 117, *121*

Phemister DB 297, 302, *313*

Phemister RD, s. Garner RJ 242, *260*

Philipott G, s. Perez CA 723, *728*

Philipp F 124, *167*

Philipps TL, s. Brady LW 158, *160*

Philips TL, Fu KK 721, *728*

Phillip G, s. Pfister H 429, *436*

Phillips M, s. Hempelmann LH 289, 309, 470, *481*

Phillips R, s. Chu FCH 398, *400*

Phillips RA, Tolmach LJ 22, 23, *38*

Phillips RD, Kimeldorf DJ 288, *313*

Phillips TL 85, 95, *98*, 199, *203*, 382, 390, *401*, 558, 588, 590, *607*

Phillips TL, Fu KK 85, *98*, 112, *121*, 336, *347*, 618, 626, *638*

Phillips TL, Fu KK, Curtis SB 614, 615, 618, *638*

Phillips TL, Kane L, Utley JF 563, 568, 587, *607*

Phillips TL, Margolis L 379, 390, 396, 399, *401*

Phillips TL, Newall J, Order SE, Rubin P, Wara WM, Wassermann TH 698, *709*

Phillips TL, Wassermann TH, Johnson RJ, Gomer CG, Lawrence GA, Levine ML, Sadee W, Penta JS, Rubin DJ 695, *709*

Phillips TL, Wassermann TH, Johnson RJ, Levin VA, Raalte G van 694, 695, *709*

Phillips TL, Wassermann TH, Stetz J, Brady LW 694, 696, 697, 699, 700, *709*

Phillips TL, Wharam MD, Margolis L 399, *401*

Phillips TL, s. Brennan JT 625, *635*

Phillips TL, s. Castro JR 615, 619, *635*

Phillips TL, s. Fu K 26, *36*

Phillips TL, s. Harris JW 564, 567, 586, 587, 596, *604*

Phillips TL, s. Hill DR 256, *261*

Phillips TL, s. Margolis LW 386, *401*

Phillips TL, s. Sheline GE 196, *203*, 625, *639*

Phillips TL, s. Simpson JR 697, *710*

Phillips TL, s. Utley JF 560, 568, 570, 586, 587, 596, *610*

Phillips TL, s. Wara WM 335, 336, *348*, 396, 399, *402*

Phillips TL, s. Wassermann TH 694, *711*

Phillips TL, s. Zagars G *711*

Piccone V, s. LeVeen HH 665, 666, 670, *678*

Pickering JE, s. Haymaker W 351, 368, *374*

Pickering JE, s. Vogel FS 351, *378*

Pickrell JA, Harris DV, Belasich JJ, Jones RK 390, *401*

Piechowski J, s. Tirmarche M 470, *487*

Pierquin P, s. Richard JM 725, *728*

Pierre-Kahn A, s. Hirsch JF 325, *346*

Pietrowicz D, s. Lipecka K 593, *605*

Pietrzak-Fils Z 140, 156, *167*

Pietzsch W 476, *485*

Pifer JW, s. Hempelmann LH 470, *481*

Pihl A, s. Eldjarn L 5, *36*, 593, *603*

Pihl A, s. Sanner T 4, *38*

Piiroinen O, s. Grönroos M 141, 148, 149, 152, *163*

Pinkel DP, s. Aur RJA 342, *345*

Pirani CL, s. Rosen S 105, *122*

Pirie A, Lajtha LG 578, *607*

Pirruccello MC, Tobias CA 63, *68*

Pistenma DA, s. Bagshaw MA 621, *635*

Pitner SE, s. Soni SS 325, *347*

Pivotte M, s. Bacq ZM 588, 589, *601*

Pizzi BG, s. Guglielmi R 129, *163*

Pizzi L, s. Agarossi G 221, *228*

Pizzo PA, s. Fusner J 342, *346*

Pizzo PA, s. Peylan-Ramu N 319, 342, *347*

Pizzutiello PD, s. Salazar OM 719, *728*

Pizzutiello R, s. Salazar OM 719, *728*

Placer A, s. Beninson D 129, *160*

Plagge JC, s. Krehbiel RH *165*

Plant M, s. Wiernik G 79, *99*

Plantin LO, s. Birke G 150, *160*

Plaček V, s. Kunz E 468, *483*

Plaček V, s. Ševc J 470, *486*

Plenk HP, s. Sause WT 191, *203*

Pleskach SD, s. Petkau A 6, *38*, 592, 593, *607*

Plishuk Z, s. Schreiber H *168*

Plüss HJ, Sartorius JA 726, *728*

Plzak V, s. Oldfield DG 583, *607*

Pogrund H, Yosipovitch Z 289, *313*

Pohl E, s. Pohl-Rüling J 474, *485*

Pohlit W, s. Jain VK 22, *37*

Pohlit W, s. Reinhardt RD 22, *38*

Pohl-Rüling J, Fischer P 474, *485*

Pohl-Rüling J, Fischer P, Pohl E 474, *485*

Poisson M, Pouillart P, Brataini JP, Mashaly R, Pertuiset BF, Metzger J 719, *728*

Polednak AP 306, *313*

Polednak AP, Stehney AF, Rowland RE 470, *485*

Poljakov VA 542, *556*

Polse S, s. Green N 724, *727*

Pomp H 673, *679*

Pompili A, s. Cianfraglia F 719, *727*

Pömsl H 273, 275, 276, 279, 284, *313*

Pond V, s. Underbrink AG 31, *39*

Pontifex AH, s. Lamerton LF 252, *262*

Poole CM, s. Fritz TE 253, *260*

Popescu HI, Klepsch I, Lancranjan J 150, 151, *167*

Poplack DC, s. Bode U 342, *345*

Poplack DG, s. Fusner J 342, *346*

Poplack DG, s. Peylan-Ramu N 319, 342, *347*

Popović SH, s. Savković NV 573, *608*

Porro F, s. Paola M di 155, *167*

Porschen W, Gartzen J, Gewehr K, Mühlensiepen H, Weber HJ, Feinendegen LE 656, *679*

Porstendörfer J, s. Krześniak JW 478, *483*

Postic TB, s. Marmor JB 653, 671, *678*

Postnikov LN, s. Sverdlov AG 584, 585, *609*

Potchen EJ, s. Kinzie J 94, *98*

Pothmann W, s. Weißbach L 130, *170*

Potten CS 177, 178, *203*

Potten CS, s. Hendry JH 239, *261*

Potthoff PC, s. Sack H 694, 699, *710*

Potthoff VC, s. Sack H 719, *728*

Potvin C, s. Catalona WJ 207, *228*

Pouillart P, s. Poisson M 719, *728*

Poulsen SS, Szabo S 570, *607*

Pounds D, s. Hahn GM *677*

Pounds DW, s. Marmor JB 653, 671, *678*

Powazek M, s. Soni SS 325, *347*
Powell-Smith C 76, *98*, 176, *203*
Power JA, Goldstein LS, Harris JW 593, *607*
Power JA, Harris JW 664, *679*
Power JA, s. Harris JW 593, *604*
Powers EL, s. Simic M *710*
Powers WE 613, *638*
Powers WE, Tolmach LJ 55, *68*
Powers-Risius P, s. Alpen EL 143, 155, *159*
Powers-Risius P, s. Raju MR 56, *68*
Poynter M, s. Gray LH *708*
Pozzi LV, s. Lajtha LG 236, 241, *262*
Pradel J, s. Tirmarche M 470, *487*
Prado K, s. Marciàl VA 87, *98*
Prasad KN 242, *263*, 598, *607*
Prasad N, Prasad R, Bushong SC, North LB 145, *167*
Prasad N, Prasad R, Thornby I, Harrell JE, Hudgins PT 219, *230*
Prasad R, s. Prasad N 145, *167*, 219, *230*
Prassad SC, s. Marks JE 322, 338, *347*
Prathap K, s. Sengupta S 291, *314*
Pratt NE, Sodicoff M, Liss J, Davis M, Sinesi M 572, *607*
Pratt NE, s. Sodicoff M 572, *608*
Presant C, s. Perez CA 723, *728*
Preston RJ, s. Munson RJ 48, *68*
Preston WM, s. Koehler AM 62, *67*
Price DC, s. Hill DR 256, *261*
Price JJ, Rominger J 128, *167*
Price RA 319, *347*
Price RA, Jamieson PA 342, 343, *347*
Prinz D, s. Böckler H 115, *120*
Pritchard DJ, s. Garrison RC 306, *309*
Pritchard JAV, s. Moore JL 28, *38*
Pritchard JJ 274, *313*
Probert JC, Brown MA 190, *203*
Probert JC, Parker BR 288, 289, 293, 303, *313*
Probert JC, Parker BR, Kaplan HS 720, *728*
Probert JC, s. Brown JM 195, *200*
Probert JC, s. Horn NL 298, *310*
Proctor JO, s. Yuhas JM 586, 596, *611*
Prösch U, s. Hähn J 592, *603*
Prosnitz LR, Lawson JP, Friedlander GE, Farber LR, Pezzimenti JF 299, *313*
Prosser JS 208, *230*
Proukakis C, Coggle JE, Lindop PJ 243, *263*
Proukakis C, Lindop PJ 239, *263*
Prout GR Jr, s. Shipley WU 617, *639*
Prütz WA, Siebert F, Butler J, Land EJ, Menez A, Montenay-Garestier T 593, *607*

Pryszkowski V, Lierse W, Franke HD 357, 359, 360, *377*
Puck TT, Marcus PI 9, *38*
Pujara CM, s. Skarsgard LD 56, *68*
Pulkikinen M, s. Grönroos M 149, *163*
Purdie JW, Inhaber ER, Schneider H, Labelle JL 596, *607*
Putten LM van, Smink T 692, *709*
Putten LM van, s. Broerse JJ 238, 240, *259*
Putzke HP 268, 269, 271, 278, *313*

Quäck J, s. Heilmann HP 722, *727*
Quastler H 1, 33, *38*, 81, *98*
Quastler H, s. Patt HM 237, *263*
Queisser W 236, *263*
Quesenberry P, Levitt L 236, *263*
Quie PG, s. McCollough J 213, *230*
Quinn CA, s. Utley JF 579, *610*
Quint R, s. Abbatucci JS 334, 340, *345*
Quintiliani M, s. Bianchi M 155, *160*
Quintiliani M, s. Paola M di 155, *167*
Quivey JM 620, *638*
Quivey JM, s. Castro JR 615, 619, *635*
Quivey JM, s. Chen GTY 620, *635*

Raabe OG, Book SA, Parks NJ 306, *313*
Raalte G van, s. Phillips TL 694, 695, *709*
Raalte G van, s. Wassermann TH 694, *711*
Raaphorst GP, Dewey WC 23, *38*
Raaphorst GP, Freeman ML, Dewey WC 645, *679*
Raaphorst GP, Romano SL, Mitchell JB, Bedford JS, Dewey WC 649, *679*
Rabbett WF 303, *313*
Rabin H, s. Partington J 694, *709*
Rabin H, s. Urtasun RC 689, *711*
Rabin HR, s. Urtasun RC 694, *711*
Rabin JR, s. Urtasun RC 694, 695, *711*
Radford EP 464, 465, 468, *485*
Radivojevitch DV, s. Bacq ZM 568, *601*
Radivojević DV, s. Savković NV 573, *608*
Radke G 415, *436*
Radotić MM, s. Savković NV 573, *608*
Raekallio J, s. Grönroos M 149, *163*
Raffler H, s. Fliedner TM 241, 253, *260*
Rafla S, Yang SJ, Meleka F 219, *230*

Rafter JJ, s. Washburn LC 562, *610*
Raghavayya M, s. Khan AH 470, *483*
Rahmenempfehlungen 498, 504, 509, 510, 520, *522*
Rahner T, s. Slanina J 130, *168*, 256, 258, *263*, 715, 716, 717, *729*
Raichev R, s. Christov K 157, 158, *161*
Rajewsky B 442, 444, *485*, 562, *607*
Rajewsky B, s. Dorneich M 441, 442, *480*
Raju MR 55, 58, 62, 63, *68*, 614, 615, 622, 623, *638*
Raju MR, Amols HI, Dicello JF, Howard J, Lyman JT, Koehler AM, Graves R, Smathers JB 64, *68*
Raju MR, Bain E, Carpenter SG, Jett J, Walters RA, Howard J, Powers-Risius P 56, *68*
Raju MR, Gnanapurani M, Madhavanath U, Howard J, Lyman JI 618, *638*
Raju MR, Richman C 63, *68*
Raju MR, Tobey RA, Jett JH, Walters RA 56, *68*
Raju MR, s. Feola JM 622, *636*
Raleigh J, s. Urtasun RC 704, *711*
Raleigh JA, Chapman JD, Borsa J, Kremers W, Reuvers P 687, *710*
Rall JE, Alpers JB, Lewallen CG, Sonnenberg M, Berman M, Rawson RW 399, *401*
Ramirez G, s. Ansfield FJ 724, *726*
Ramirez HL, s. White RL 182, *203*
Ramirez J, s. Gollin FF 724, *727*
Rance CP, s. Hsu AC *164*
Randic M, s. Supek Z 594, *609*
Ransohoff J, s. Walker MD 719, *729*
Rao AR, s. Srivastava PN *169*
Rao LRA, Srivastava PN 154, *167*
Rao RA, Srivastava PN *167*
Rappaport R, s. Brauner R 130, 145, *160*
Raps S, s. Ang KK 697, *706*
Ras EMM de, Vaane JP, Suetendael W van 478, *485*
Rasmussen NC 499, 501, 503, 504, *522*
Rassow J, Strüter HD *167*
Rathenberg R, Schwegler H, Miska W *167*
Ratkin G, s. Perez CA 723, *728*
Raulston GL, s. Hussey DH 627, *637*
Raulston GL, s. Jardine JH 627, *637*
Raulston GL, s. Withers HR 625, *639*
Rausch L 439, 469, *485*
Rauston GL, s. Withers HR 191, 196, *204*
Rauth AM, Kaufmann K, Thomson JE 690, *710*

Rauth AM, s. Cummings BJ 707
Rauth AM, s. Mohindra JK 705, 709
Raventos A, s. Sheline GE 625, 639
Rawson RW, s. Rall JE 399, 401
Ray GR, s. Trueblood HW 128, 169
Ray RD 297, 313
Ray RD, Thompson DM, Wolf NK, LaViolette D 284, 285, 313
Rayet P, s. Bacq ZM 588, 589, 601
Rayet P, s. Bacq ZM 557, 561, 600, 601
Raynaud A, s. Lacassagne A 129, 165
Rayudu VM, s. Knospe WH 256, 258, 261
Razgovorov BL 544, 556
Read J 686, 710
Read J, s. Gray LH 686, 708
Rebmann A, s. Beuningen D van 233
Reddi AH, s. Weiss JF 290, 315
Redpath JL, Colman M 199, 203
Redpath JL, Patterson LK 30, 38
Reed GB, Cox AJ 90, 98
Reed GB, s. Ingold JA 86, 87, 88, 89, 90, 91, 95, 97
Reed WP, s. DeHoratius RJ 663, 675
Reese TS, s. Brightman MW 366, 372
Reeves RJ, Cavanaugh PJ, Sharpe KW, Thorne WA, Winkler C, Sanders AP 75, 98
Reeves RJ, Sanders AP, Isley JK, Sharpe KW, Baylin GJ 75, 98
Refetoff S, Harrison J, Karanfilski BT, Kaplan EL, De Groot LJ, Bekerman C 470, 485
Regaud C 18, 38, 167
Regen EM, Wilkins WE 277, 313
Regen EM, s. Wilkins WE 277, 315
Regezi JA, Courtney RM, Kerr DA 302, 313
Reid BO, s. Milas L 573, 606
Reid BO, s. Withers HR 142, 153, 155, 170, 573, 610, 626, 639
Reid CB, s. Roswit B 70, 76, 98
Reidy JA, Lingley JR, Gall EA, Barr JS 267, 286, 313
Reifferscheid K 124, 140, 167
Reinecke K, s. Virsik RP 209, 232
Reinhardt RD, Pohlit W 22, 38
Reinhold HS, Blachiewicz, Berg-Blok A 666, 679
Reinhold HS, Buisman GH 23, 38, 179, 203
Reinhold HS, Zee J van der, Faith-full NS, Rhoon G van, Wike-Hooley J 673, 679
Reisner A 187, 188, 203
Renner H 209, 210, 212, 213, 214, 215, 216, 217, 218, 219, 220, 225, 231

Renner H, Hassenstein E 207, 231
Renner H, Renner KH 212, 218, 231
Renner H, Renner KH, Hassenstein E 219, 231
Renner H, s. Hartweg H 212, 229
Renner H, s. Renner KH 184, 203
Renner KH 207, 231
Renner KH, Renner H 184, 203
Renner KH, s. Hartweg H 212, 229
Renner KH, s. Renner H 212, 218, 219, 231
Reuvers AP, s. Chapman JD 12, 36, 592, 594, 601, 687, 688, 707
Reuvers P, s. Raleigh JA 687, 710
Revesz L, Modig H 5, 38, 593, 607
Revesz L, Bergstrand H, Modig H 607, 693
Revesz L, s. Littbrand B 27, 37
Revesz L, s. Midander J 32, 38
Revesz R, s. Deschevanne PJ 593, 602
Rey G, s. Heilmann HP 722, 727
Rey G, s. Voss ACh 110, 122
Reynolds RA, s. Erickson BH 136, 145, 153, 154, 162
Rhee JG, s. Song CW 666, 680
Rhim H, s. Schellong G 715, 718, 728
Rhinelander FW 297, 313
Rhoon G van, s. Reinhold HS 673, 679
Ri N, s. Abe M 592, 600
Ribeiro GG, s. Bamford FN 325, 345
Riccio A, s. Cianfraglia F 719, 727
Rich JC, s. Concannon JP 89, 96, 97
Rich KA, Kreter DM de 151, 167
Rich WM, s. Hodel K 129, 164
Richard JM, Sancho H, Lepintre Y, Rodary J, Pierquin P 725, 728
Richardson HE jr, s. Clemente CD 350, 366, 373
Richardson RL, s. Greco FA 727
Richardson S, s. Skarsgard LD 56, 68
Richman C, s. Feola JM 622, 636
Richman C, s. Raju MR 63, 68
Richmond CR, Thomas RL 158, 167
Richter D 167
Richter D, s. Peters F 141, 146, 150, 167
Richter D, s. Pfleiderer A 117, 121
Richter MP, s. Carabell SC 697, 707
Richter W, s. Brenk HAS 684, 707
Ricketts WE, Palmer WL, Kirner JB, Hamann A 70, 98
Rickinson AB, Ilbery PLT 213, 215, 216, 217, 220, 231
Rickinson AB, s. Chee CA 219, 228
Rickinson AB, s. Ilbery PLT 213, 219, 230

Ricks RC, s. Lushbaugh CC 127, 129, 165
Ricmann H, s. Börner W 160
Rider WD 323, 347
Riede UN, s. Zinkernagel R 291, 316
Rieder I, s. Kolb JJ 83, 98
Riehm H, s. Habermalz E 319, 342, 343, 346
Riehm H, s. Harten G 325, 346
Rieke WO, s. Caffrey RW 237, 257, 259
Rieke WO, s. Everett NB 207, 229
Ries JK 117, 122
Riesco A 226, 231
Riklis E, s. Ben-Hur E 645, 646, 658, 675
Rikmenspoel R 167
Rikmenspoel R, Herpen G van 144, 167
Riley LH Jr, s. Anderson ND 267, 268, 269, 273, 275, 276, 281, 285, 287, 307
Riley PJ, s. Dische S 702, 708
Riley RF, s. Moyer RF 392, 401
Riley RM, s. Dethlefsen LA 85, 97
Rilke F, s. Valagussa P 717, 718, 729
Rimm AA, s. Saltzstein EC 567, 608
Rimondi C, s. Mancini AM 392, 401
Riopelle AJ, s. Haymaker W 368, 374
Rissanen P, Rokkanen P, Paatsama S 267, 278, 286, 293, 313
Ritter M, s. Arndt D 589, 600
Ritter M, s. Yuhas JM 588, 611
Ritter MA, Cleaver JE, Tobias CA 53, 68
Rix-Montel MA, Mallet G, Costa A, Vasilescu D 594, 607
Rix-Montel MA, s. Vasilescu D 594, 610
Roberts JM 576, 607
Roberts PB 471, 485
Roberts W, Kartha M, Sagone AL 208, 213, 231
Robertson JS, s. Bateman JL 244, 258
Robertson JS, s. Bond VP 246, 259
Robertson JT, s. Walker MD 729
Robinson CV, s. Bond VP 243, 259
Robinson DM, s. Ashwwood-Smith MJ 687, 706
Robinson JE, Wizenberg MJ 641, 670, 680
Robinson JE, Wizenberg MJ, McReady WA 645, 646, 649, 667, 669, 680
Robinson JE, s. Myers R 287, 312
Robinson JE, s. Streffer C 641, 670, 680
Robinson JN, Engle ET 129, 167
Robinson S, s. Corry PM 646, 675
Robinson WA, Mangalik A 236, 263

Robson MJ, s. Jacobson LO 255, 261

Roca C, s. Alert J 117, 120

Rodary J, s. Richard JM 725, 728

Rodermund OE, s. Weißbach L 130, 170

Rodriguez HM, s. Martinez RG 254, 262

Rodriquez G, s. Green N 290, 309

Roedler HD, s. Kaul A 436

Roenshein NB, s. Leichner PK 165

Rogers CC, s. Ornitz R 631, 638

Rogers CC, s. Ornitz RD 631, 638

Rogers CC, s. Parker RG 629, 638

Rogers MA, s. Hume SP 659, 677

Rohrer MD, Kim Y, Fayos JV 297, 302, 313

Roizin L, s. Caveness WF 350, 357, 372, 373

Roizin-Towle L, s. Hall EJ 53, 58, 67, 688, 705, 709

Rojas A, Stewart FA, Denekamp J 588, 607

Rojas A, s. Denekamp J 596, 602

Rojas A, s. Stewart FA 564, 569, 586, 587, 596, 609

Rokkanen P, s. Rissanen P 267, 278, 286, 293, 313

Romano SL, s. Raaphorst GP 649, 679

Romantsev EF, s. Nikandrova TI 147, 166

Rominger CJ, s. Leibel SA 698, 709

Rominger J, s. Price JJ 128, 167

Ron E, Modan B 470, 485

Ronde J de, s. McNally NJ 19, 38

Rönnbäck C 131, 157, 167

Rönnbäck C, Henricson B, Nilsson A 131, 137, 140, 157, 167

Rönnbäck C, Nilsson A 134, 167

Rönnbäck C, s. Åkerfeldt S 596, 600

Rönnbäck C, s. Criborn C-O 596, 597, 602

Roofe PG, s. Hoecker FE 310

Rooij DG 168

Rooij DG, s. Ruiter-Bootsma A de 142, 155, 168

Rooij DG, s. Ruiter-Bootsma AL de 142, 153, 155, 168

Rorke LB, s. Crosley CJ 319, 345

Rose JE, Malis LI, Kruger L, Baker CP 353, 377

Rosen G, Marcove RC, Caparros B, Nirenberg A, Kosloff C, Huvos AG 342, 347

Rosen G, s. Allen JC 342, 345

Rosen S, Swerdlow MA, Muehrke RC, Pirani CL 105, 122

Rosenbeek E van, s. Delclos L 89, 97

Rosenberg I, s. Hendry JH 185, 195, 201

Rosenberg I, s. Kaul R 631, 637

Rosenberg J, s. Franklin R 723, 727

Rosenberg SA, Kaplan HS, Brown BW 714, 728

Rosenberg SA, s. Shamberger RC 151, 158, 168

Rosenberg SA, s. Storaasli JP 587, 609

Rosengren B, s. Hamberger A 357, 374

Rosengren B, s. Person B 208, 230

Rosenstock JG, Jones PM, Pearson D, Palmer MK 300, 313

Rosenthall L, Marvin JF 297, 313

Rosenzweig W, s. Rossi HH 46, 68

Rösler H, s. Langendorff H 559, 605

Ross E, s. Micklem HS 237, 262

Ross G, s. Steckel RJ 112, 122

Ross NA, s. Steckel RJ 112, 122

Ross PS, s. Rudemann NB 357, 377

Ross WM, s. Fliedner TM 237, 260

Rossi A, s. Danielli C 477, 479

Rossi HH 46, 68, 465, 486

Rossi HH, Kellerer AM 465, 486

Rossi HH, Mays CW 471, 486

Rossi HH, Rosenzweig W 46, 68

Rossi HH, s. Hall EJ 56, 67

Rossi HH, s. Kellerer AM 12, 13, 31, 37, 46, 47, 67, 465, 482

Rossi-Fanelli A, s. Cavaliere R 641, 650, 672, 675

Rossi-Fanelli A, s. Mondovi B 656, 658, 660, 663, 678, 679

Rossi-Fanelli A, s. Strom R 658, 680

Rossin AD 473, 486

Rostock RA, Stryker JA, Abt AB 571, 607

Roswit B, Malsky SJ, Reid CB 70, 76, 98

Rotblat J, Lindop P 34, 38

Rotblat J, s. Crosfill ML 242, 243, 260

Roth LJ, s. Nair V 366, 369, 377

Rotillio G, s. Mondovi B 656, 658, 660, 678

Röttinger E, s. Streffer C 641, 670, 680

Rousanov AM, Novoselova GS 561, 607

Roussel A, s. Abbatucci JS 334, 340, 345

Routsalainen P, s. Grönroos M 141, 148, 149, 152, 163

RÖV 439, 443, 452, 476, 485

Rowe WD 463, 486

Rowland RE, Jowsey J, Marshall JH 296, 313

Rowland RE, Lucas HF Jr 444, 470, 486

Rowland RE, Marshall JH 296, 313

Rowland RE, Marshall JH, Jowsey J 296, 313

Rowland RE, Stehney AF, Brues AM, Littman MS, Keane AT, Patten BC, Shanahan MM 304, 313

Rowland RE, s. Polednak AP 470, 485

Rowland RE, s. Stehney AF 444, 470, 486

Rowley DA, Halliwell B 592, 607

Rowley JJ, Leach DR, Warner GA, Heller CG 470, 486

Rowley MJ, Leach DR, Warner GA, Heller CG 129, 130, 150, 168

Rowley MJ, s. Heller CG 129, 143, 150, 163

Rox J, s. Noetzel H 349, 377

Roylance PJ, s. Blackett NM 252, 259

RSSW 244, 263

Rübe W, Seegelken K 75, 76, 98

Rubenstone AJ, Fitch LB 102, 122

Rubin CE, s. Goldgraber MB 71, 97

Rubin DJ, s. Phillips TL 695, 709

Rubin P, Casarett G 115, 122, 143, 154, 168

Rubin P, Casarett GW 25, 34, 38, 70, 71, 77, 78, 82, 87, 96, 98, 174, 198, 203, 265, 285, 287, 297, 299, 313, 379, 381, 388, 398, 401

Rubin P, Andrews JR, Swarm R, Gump H 281, 282, 284, 286, 289, 313

Rubin P, Brace KC, Gump H, Swarm R, Andrews JR 283, 313

Rubin P, Casarett G, Grise JW 197, 198, 203

Rubin P, Grise JW 197, 203

Rubin P, Landman S, Mayer E, Keller B, Ciccio S 256, 258, 263

Rubin P, s. Bonarigo BC 290, 307

Rubin P, s. Grise JW 197, 201

Rubin P, s. Moosavi H 384, 387, 391, 401

Rubin P, s. Penney DP 381, 383, 384, 387, 388, 401

Rubin P, s. Phillips TL 698, 709

Rubin P, s. Salazar OM 323, 347, 719, 728

Rubin P, s. Speiser B 130, 169

Rubin P, s. Zagars G 711

Rubinschtejn GG, Nemkin MN, Schuschjannikowa LI 542, 556

Rubinstein LJ, Herman MM, Long TF, Wilbur JR 347

Rubinstein LJ, Klatzo I, Miquel J 357, 377

Rudemann NB, Ross PS, Berger M, Goodman MN 357, 377

Rüfer R, Merker HJ, Bublitz G 391, 392, 394, 401

Rugh R, Budd RA 168

Rugh R, Clugston H 126, 168, 575, 576, 608

Rugh R, Grupp E 576, 608

Rugh R, Skaredorf L 168

Rugh R, Wolff J 574, 608

Rugh R, s. Levy BM 267, 271, 273, 275, 276, 277, 285, 286, 293, 311

Rugh R, s. Rupkey AK 574, 608

Rugh R, s. Wang SC 610
Rühl U 227, *231*
Rühle H, s. Aurand K *435*
Ruiter-Bootsma A de, Kramer MF, Rooij DG, Davids IAG 142, 155, *168*
Ruiter-Bootsma AL de, Kramer MF, Rooij DG 142, 153, 155, *168*
Ruiter-Bootsma AL de, s. Aardweg GJMJ van den 142, 143, 155, *159*
Rupkey AK, Gold R, Rugh R, Wang SC 574, *608*
Rus A, s. Kališnik M 148, *164*
Russel DS, s. Pennybaker J 362, *377*
Russel JJ, Lindenbaum A 134, 157, *168*
Russell AH, s. Laramore GE 631, *637*
Russell DH, s. Fuller DJM 658, *676*
Russell DH, s. Gerner EW 659, *676*
Russell DS, Wilson CW, Tansley K 362, *377*
Rust JH, s. Ainsworth EJ 252, *258*
Rutledge-Freeman MH, s. Spunberg JJ 705, *710*
Ryckewaert A, s. Séze S de 291, *314*
Ryplansky A, s. Grise JW 197, *201*
Rytömaa T, s. Stenstrand K 474, *486*

Säbel M, s. Mitznegg P 5, *38*
Sabin AB, s. Kachani ZFC 650, *678*
Sacher GA, s. Norris WP 253, *263*
Sack H, Calcanis A, Godehardt E, Weidtmann V, Zuelch KJ, Ammon J, Bamberg M, Herbst M, Keim H, Kleibel F, Makoski HB, Potthoff PC, Schlegel G, Schnepper E 694, 699, *710*, 719, *728*
Sadee W, s. Phillips TL 695, *709*
Sadek M, s. Kember NF 267, 275, *310*
Sager D, s. Fritsch G 342, *346*
Sager WD, s. Heilmann HP 722, *727*
Sagone AL, s. Roberts W 208, 213, *231*
Saharan BR, Devi PU 158, *168*
Saharan BR, s. Bhatia AL 144, *160*
Saharan BR, s. Uma Devi P 571, *610*
Said SI, Avery ME, Davis RK, Banerjee CM, El-Gohary M 391, *401*
Saini MR, Uma Devi P 565, *608*
Saini MR, s. Uma Devi P 571, *610*
Sairenji T, s. Sato C 211, *231*
Saito Y, s. Shimizu K 129, *168*
Sala JM, s. Kligerman MM 623, *637*

Salazar O, s. Zagars G *711*
Salazar OM, Rubin P, Feldstein ML, Pizzutiello PD, Pizzutiello R 719, *728*
Salazar OM, Rubin P, McDonald JV, Feldstein ML 323, *347*
Sale GE, s. Storb R 237, *263*
Salinger S 303, *313*
Sallese A, s. Ainsworth EJ 252, *258*
Sallese AR, s. Ainsworth EJ 245, 250, *258*
Sallmann L von, Munoz CM 578, *608*
Salmi T, s. Grönroos M 149, *163*
Saltzstein EC, Rimm AA, Bortin MM 567, *608*
Salzmann M, s. Essen CF von 63, *67*
Salzmann NP, Pelegrind M, Franceschini P 213, *231*
Samorajski T, Zeman W, Ordy JM 356, 358, 371, *377*
Samorajski T, s. Zeman W 353, 362, 371, *378*
Sams A 267, 269, 271, 277, 278, 279, 281, 286, 293, *313*, *314*
Samsina EV, s. Federov NA 540, *555*
Samuels LD 154, 157, *168*
Sancho H, s. Richard JM 725, *728*
Sandberg AA, s. Shiraishi Y 211, *231*
Sandeman TF 127, 130, 153, *168*
Sanders AP, s. Reeves RJ 75, *98*
Sanders CL, Busch RH, Ballou JE, Mahlum DD 303, *314*
Sandhu TS, s. Bicher HJ 671, *675*
Sandland R, s. Parker D 323, 324, *347*
Sandusky M, s. Ward WF 618, *639*
Sanger C, s. Churchill-Davidson I 684, 686, *707*
Sankaranarayanan K 124, 140, *168*
Sanner T, Pihl A 4, *38*
Sanpiere VC, s. Delclos L 89, *97*
Santiago EA, s. Marciàl VA 87, *98*
Santoro A, s. Valagussa P 717, 718, *729*
Santoro AS, s. Mondovi B 663, *678*, *679*
Santoro AS, s. Strom R 658, *680*
Santos G, s. Körbling M 237, *261*
Sanz ML, s. Crisci CD 208, 219, *229*
Sapareto SA, Hopwood LE, Dewey WC 667, *680*
Sapareto SA, s. Dewey WC 643, 645, 657, *675*
Sarre H, Moser F 102, 107, *122*
Sarre H, s. Moser F 102, *121*
Sartorius JA, s. Plüss HJ 726, *728*
Sartwell P, s. Matanoski GM 470, *484*
Sasaki MS, Matsubara S 574, *608*
Sasaki MS, Norman A 212, 213, 216, *231*

Sasazuki T, s. Fuks Z 208, 219, 227, *229*
Sasmore DP, s. Jones DCL 140, 154, 156, *164*
Sato C, Kojima K, Matsuzawa T, Sairenji T, Hinuma Y 211, *231*
Sato H, s. Tabuchi A *169*
Sato T, s. Shimizu K 129, *168*
Sattler EL, s. Kindt A 243, 249, 251, *261*
Sauer H, s. Melching H-J 596, *606*
Sauer R, s. Herbst H 671, *677*
Sauer R, s. Kunze St *346*
Sauerwein W, s. Bamberg M 720, *726*
Sauerwein W, s. Schmitt G 633, *638*
Saunders MI, Anderson P, Dische S, Martin WMC 698, 703, *710*
Saunders MI, Dische S, Anderson P, Flockhart IR 694, *710*
Saunders MI, Dische S, Kogelnik HD, Sealy R, Lenox-Smith I 694, *710*
Saunders MI, s. Dische S 684, 693, 694, 695, 696, 702, *708*
Sause WT, Stewart JR, Plenk HP, Levitt DD 191, *203*
Savel H, s. Sykes MP 256, 258, *263*
Savkovic N, Kacaki J, Andjus R, Malcic K 127, 136, *168*
Savković NV, Radivojević DV, Hajduković SI, Radotic MM, Popovic SH, Karanović J 573, *608*
Savun OI, Senchuro IN, Shavrin PI *436*
Sawada H, s. Blot WJ 128, *160*
Sawyer DT, Valentine JS 592, *608*
Saylor W, s. Maier JG 321, 333, *347*
Sayoc E, s. Hornback NB 670, *677*
Scanlon PW, Taylor WF 719, *728*
Schadé JP, s. Caveness WF 350, 357, *373*
Schade ROK, s. Hall RR 671, *677*
Schaefer H, s. Dorneich M 441, 442, *480*
Schaefer HJ 405, *436*
Schaefer HJ, s. Chatterjee A 46, *66*
Schaeffer J, s. El-Mahdi AM 618, *636*
Schaffer E, s. Kolb JJ 83, *98*
Schäffer E, s. Luz A 306, *311*
Schafferus S, s. Streffer C 4, *39*
Schaison G, s. Brauner R 130, 145, *160*
Schechter M, Stowe SM, Moroson H 663, *680*
Schechter M, s. Moroson H 225, *230*
Schell M, s. Ornitz R 631, *638*
Schell MC, s. Ornitz RD 631, *638*
Schellong G, Breu H, Brämswig J, Henze G, Rhim H, Schwarze EW, Wannenmacher M, Wündisch GF 715, 718, *728*

Schenk RK, s. Zinkernagel R 291, 316

Schenken LL, Burholt DR, Hagemann RF, Lesher S 85, 98

Scherber F, s. Bacq ZM 565, 601

Scherer E 226, 231

Scherer E, Makoski HB 208, 226, 231

Scherer E, s. Bamberg M 695, 696, 706, 707, 720, 726

Scherer E, s. Jostes E 141, 154, 164

Scherer E, s. Schmitt G 633, 638, 724, 728

Scherer E, s. Streffer C 641, 670, 680

Scherer E, s. Tamulevicius P 695, 696, 710

Scherholz KP, Frommhold H, Barwig P 127, 168

Scherrer K, s. Warrocquier R 658, 681

Schetters H, s. Luz A 306, 311

Schettler T, Shealy CN 366, 377

Scheunemann H 724, 728

Schicha H, s. Krzesniak JW 478, 483

Schieferdecker H, s. Kistner G 452, 453, 483

Schiff J, s. Stillman RJ 128, 158, 169

Schildt E 525, 556

Schiller AL, s. Harrist TJ 304, 309

Schilling WA, s. Curtis SB 618, 636

Schilling WA, s. Leith JT 618, 638

Schilling WA, s. Tenforde TS 615, 639

Schindfeld JS, s. Stillman RJ 128, 158, 169

Schindler G, s. Heilmann HP 722, 727

Schirren CG, s. Caneghem P van 287, 308

Schlag H, Lücke-Huhle C 646, 647, 680

Schlag H, s. Dertinger H 53, 66

Schlag H, s. Lücke-Huhle C 648, 678

Schlegel G, s. Sack H 694, 699, 710, 719, 728

Schlesinger T, s. Shamai Y 461, 486

Schlichtemeier AL, s. Aristizabal SA 199

Schlicker H, s. Heilmann HP 722, 727

Schlote W, s. Scholz W 350, 351, 368, 377

Schlotfeldt D, s. Markus B 196, 202

Schmahl W, Kriegel H 134, 136, 168

Schmahl W, s. Kriegel H 136, 140, 165

Schmahl W, s. Török P 126, 136, 140, 152, 156, 169

Schmermund HJ, s. Heyde W 77, 97

Schmerold I, s. Tempel K 598, 609

Schmidt E, s. Heuck F 291, 310

Schmidt HE, s. Buschke A 101, 120

Schmidt KJ, s. Walther G 147, 170

Schmidt KL 662, 680

Schmidt N, s. Heilmann HP 722, 727

Schmidt R, Hess A 61, 68

Schmidt R, s. Zywietz F 47, 61, 68

Schmidt RA, s. Constable IJ 617, 636

Schmidt RA, s. Schneider RJ 616, 638

Schmidt RA, s. Suit HD 616, 639

Schmidtke JR, Ferguson RM, Simmons RL 208, 231

Schmier H, s. Keller G 416, 429, 436

Schmitt G 632, 633, 638

Schmitt G, Littmann K 728

Schmitt G, Higi M, Seeber S, Scherer E 633, 638

Schmitt G, Lenz W, Mellin P, Scherer E, Schulte-Vels K 724, 728

Schmitt G, Sauerwein W, Scherer E 633, 638

Schmitt G, s. Delbrück H 715, 716, 717, 718, 727

Schnabel K 633, 638

Schnabel T, s. Bieler EU 129, 148, 149, 152, 160

Schnappauf HP, s. Fliedner TM 237, 260

Schneider DO, Whitmore GF 239, 240, 263

Schneider H, s. Paterson SJ 662, 679

Schneider H, s. Purdie JW 596, 607

Schneider K, s. Metzger U 723, 728

Schneider M, s. Opitz E 362, 377

Schneider MJ, s. Gerner EW 651, 676

Schneider R, s. Suit HD 616, 639

Schneider RJ, Schmidt RA, Koehler AM 616, 638

Schneider RJ, s. Koehler AM 616, 637

Schneiderman MH, s. Kimler BF 165

Schnepper E, s. Mohr H-J 102, 121

Schnepper E, s. Sack H 694, 699, 710, 719, 728

Schochet S 353, 377

Schoen EJ 151, 168

Schoenfeld D, s. Nelson DF 699, 709

Schofield R 257, 263

Schofield R, Dexter TM 241, 263

Schofield R, s. Lajtha LG 236, 241, 262

Scholz W 317, 318, 347, 369, 377

Scholz W, Hsü YK 320, 324, 332, 347

Scholz W, Schlote W, Hirschberger W 350, 351, 368, 377

Schreiber H, Plishuk Z 168

Schrek R, Donnely WJ 210, 231

Schrek R, Leithold STL, Friedman IA, Best WR 210, 231

Schrek R, Stefani ST 211, 217, 231

Schrek R, s. Stefani ST 211, 220, 232

Schreml W, s. Haas RJ 140, 156, 163

Schuber M, s. Kraft G 53, 67

Schubert B, Streffer C, Tamulevicius P 660, 680

Schueren E van der, s. Ang KK 697, 706

Schueren E van der, s. Bogaert W van den 697, 707

Schueren E van der, s. Jansen W 667, 677

Schueren E van der, s. Joshi DS 667, 677

Schuette W, s. Bull JM 673, 675

Schuhmacher H, s. Menzel HG 47, 61, 67, 68

Schull WJ 470, 486

Schulman N, Hall EJ 664, 680

Schulte-Vels K, s. Schmitt G 724, 728

Schultz U, s. Hunziker O 362, 375

Schultze B, s. Korr H 388, 400

Schulz EH 491, 522

Schulz OE, Hoffmann RS 101, 122

Schulz S, s. Streffer C 15, 39

Schulz U, Niederle N, Seeber S 728

Schuman VL, Clement JJ, Levitt SH, Song CW 569, 608

Schumann J, s. Esser E 725, 727

Schumann J, s. Hacker U 142, 147, 163

Schumann J, s. Wannenmacher M 724, 729

Schumann JW, Frischbier H-J 112, 122

Schümmelfelder N 351, 368, 378

Schürnbrand P, s. Krześniak JW 478, 483

Schuschjannikowa LI, s. Rubinschtejn GG 542, 556

Schüttmann W, s. Bendel I 448, 479

Schüttmann W, s. Lenz U 470, 478, 483

Schwabe M, s. Gössner W 267, 271, 273, 277, 278, 279, 281, 285, 309

Schwade JG, s. Wara WM 335, 336, 348

Schwade JG, s. Wassermann TH 694, 711

Schwartz A, s. Meadows AT 306, 312

Schwartz EE, Shapiro B 569, 608

Schwartz EE, Shapiro B, Kollmann G 587, 608

Schwartz EE, s. Shapiro B 572, 608

Schwartz FCM, s. Kay HEM 721, 728

Schwarz G 686, 710

Schwarz G, s. Jagič N von 440, 482

Schwarze EW, s. Schellong G 715, 718, 728

Schwarze W, s. Koch R 561, 604

Schwegler H, s. Rathenberg R 167

Schwegler N, Hartweg H 721, 729

Schweisguth O, s. D'Angio GJ 716, 727

Schweisthal R, s. Hollcroft J 577, 579, 604

Schweitzer WH, s. Spalding JF 150, 169

Scibetta MP, s. Hellman S 398, 400

Scott BL, Glimcher MJ 278, 314

Scott EJ van, s. Condit PT 590, 602

Scott JK, s. Benson RE 561, 601

Scott OCA, s. Gray LH 613, 625, 637, 684, 708

Scott RM, s. Sigdestad CP 563, 570, 582, 583, 584, 608

Scruggs HJ, s. Marks RD 723, 728

Sealy R, Williams A, Cridland S, Stratford M, Minchinton A, Hallet C 697, 710

Sealy R, s. Saunders MI 694, 710

Sealy R, s. Stjernsward J 207, 219, 232

Searle AG, Beechey CV, Green D, Howells GR 154, 157, 168

Seaver NA, s. Utley JF 579, 610

Sedlacek R, s. Urano M 663, 681

Sedlmeier H, Messerschmidt O 581, 582, 608

Sedlmeier H, Metzger E, Jentzsch U, Weitzenegger E 584, 608

Seeber S, s. Schmitt G 633, 638

Seeber S, s. Schulz U 728

Seeber S, s. Streffer C 641, 670, 680

Seed TM, s. Fritz TE 253, 260

Seed TM, s. Tolle DV 253, 263

Seegelken K, s. Rübe W 75, 76, 98

Seelentag W, Kistner G 265, 287, 314

Seibold H, s. Pesch H-J 290, 313

Seiter I, s. Koch R 592, 605

Seiter I, s. Mönig H 565, 606

Seitz L, Wintz H 181, 203

Sela J, Deutsch D, Bodner L, Bab I, Waschler Z, Muhlrad A 278, 314

Selakovich WG, s. Sherman MS 297, 314

Selawry OS, Carlson JC, Moore CE 670, 680

Sellin D, s. Fabricius H-A 663, 676

Selvik G, s. Aronson AS 287, 307

Senchuro IN, s. Savun OI 436

Sengupta S, Prathap K 291, 314

Senn A, Lundsgard-Hansen P 75, 76, 77, 98

Serra JP, s. Cervos-Navarro J 373

Serres FJ de, s. Generoso WM 6, 7, 36

Setchell BP, s. Wang J 144, 148, 153, 170

Ševc J, Kunz E, Plaček V 470, 486

Ševc J, s. Kunz E 468, 483

Seydel HG, Creech RH, Mietlowski W, Perez CA 721, 729

Seymour PH, s. Bond VP 246, 259

Seymour PH, s. Carter RE 245, 259

Seysen U, s. Heilmann HP 721, 722, 727

Shabansky VP, s. Kobzev VA 404, 436

Shabestari L, s. Taylor GN 306, 314

Shah SA, Dickson JA 663, 680

Shah SA, s. Dickson JA 665, 666, 676

Shalet SM, Beardwell CG, Jacobs HS, Pearson D 130, 150, 151, 153, 168

Shalet SM, Beardwell CG, Morris PH, Pearson D, Orrell DH 152, 168

Shalet SM, s. Bamford FN 325, 345

Shamai Y, Tirkel M, Schlesinger T 461, 486

Shamberger RC, Sherins RJ, Rosenberg SA 151, 158, 168

Shamov VP, s. Krisiuk EM 416, 436

Shanahan MM, s. Rowland RE 304, 313

Shapira R, Doherty DG, Burnett WT 561, 608

Shapira R, s. Doherty DG 561, 602

Shapira R, s. Urso P 610

Shapiro B, Schwartz EE, Kollmann G 572, 608

Shapiro B, s. Eldjarn L 593, 603

Shapiro B, s. Schwartz EE 569, 587, 608

Shapiro DL, s. Penney DP 381, 384, 387, 401

Shapiro FL, s. Kaene WF 107, 121

Shapiro IM, s. Jones SJ 310

Shapiro NI, Tolkacheva EN, Spasskaya IG, Fedoseeva VM 587, 608

Shapiro WR, s. Walker MD 729

Sharp AA, s. Lajtha LG 208, 230

Sharpe KW, s. Reeves RJ 75, 98

Sharpe RM, s. Jong FH de 135, 151, 164

Sharpington C, s. Brenk HAS van den 23, 35

Shashkov VS, s. Yarmonenko SP 585, 610

Shavrin PI, s. Savun OI 436

Shaw MT, s. Kligerman MM 590, 591, 604

Shawker TH, s. Bull JM 673, 675

Sheaff PC, s. Parker D 323, 324, 347

Shealy CN, s. Schettler T 366, 377

Shehata N 126, 168

Shelby MD, s. Generoso WM 6, 7, 36

Sheldon PW, Foster JL, Fowler JF 688, 710

Sheldon PW, Fowler JF 691, 710

Sheldon PW, Hill SA 690, 710

Sheldon PW, Smith AM 688, 710

Sheldon PW, s. Begg AC 689, 707

Sheldon PW, s. Fowler JF 684, 691, 708

Sheldon PW, s. McNally NJ 688, 709

Sheline G, s. Boldrey E 323, 345

Sheline GE 719, 729

Sheline GE, Phillips TL, Brennan SB 196, 203

Sheline GE, Phillips TL, Field SB, Brennan JT, Raventos A 625, 639

Sheline GE, Wara WM, Smith V 317, 320, 321, 322, 325, 335, 336, 337, 338, 347

Sheline GE, s. Eyster EF 320, 324, 345

Sheline GE, s. Kinsella TJ 327, 334, 335, 346

Sheline GE, s. Lindsay S 134, 165

Sheline GE, s. Wara WM 335, 336, 348

Shelton M 150, 168

Shenoy KS, Patel PH, Madhvanath U 477, 486

Shenoy MA, s. Adams GE 29, 35

Sheridan W 146, 153, 168

Sherins RJ, s. Shamberger RC 151, 158, 168

Sherman MS, Selakovich WG 297, 314

Shewell J, s. Coggle JE 622, 636

Shewell J, s. Wright EA 563, 610

Shidnia H, s. Hornback NB 670, 677

Shidnia H, s. Zeman W 320, 333, 348

Shifrine M, s. Knox SJ 232, 233

Shill OS, s. Alpen EL 246, 258

Shima A, s. Ikebuchi M 588, 604

Shimada K, s. Tabuchi A 169

Shimizu K, Ishikawa Y, Saito Y, Nakamura K, Sato T, Torada S, Sugiyama S, Takayama S, Huruya H, Ono M, Inagaki H 129, 168

Shimizu T, Motoji T, Oshimi K 232, 233

Shimizu Y, s. Blot WJ 128, 160

Shinohara S, s. Ikebuchi M 588, 604

Shipley PG, Macklin CC 272, 314

Shipley WU, Tepper JE, Prout GR Jr, Verhey LJ, Mendiono OA, Goitein M, Koehler AM, Suit HD 617, 639

Shirai M 588, *608*

Shiraishi Y, Minowad J, Sandberg AA 211, *231*

Shirley VS, s. Lederer CM 420, 421, 422, *436*

Shitara N, s. Yamamoto H 719, *729*

Shiu EC, s. Li GC 662, *678*

Shnitka T, s. Urtasun RC 694, *711*

Shohoji T, Pasternak B 288, *314*

Shohoji T, s. Milton RC 471, *484*

Shore RE, Albert RE, Pasternack BS 470, *486*

Shore RE, Hempelmann LH, Kowaluk E, Mansur PG, Pasternack BS, Albert RE, Haughic GE 470, *486*

Shore RE, Woodward ED, Hempelmann LH 470, *486*

Shorter RG, Titus JL, Divertie MB 387, 396, *401*

Shorter RG, s. Spencer H 387, *402*

Shortt K, s. Essen CF von 63, *67*

Shou Zhenying, s. Cao Shu-Juan 474, *479*

Shrivastava PH, Hans L, Concannon JP 394, 395, *401*

Shukovsky LJ, Fletcher GH 335, *347*

Shukovsky LJ, s. Bedwinek JM 302, *307*

Shupe RE, s. Hornback NB 670, *677*

Shwayder M, s. Suit HE 644, *680*

Siddiqui QH, s. Ashraf M 145, *159*

Siebenrock L von, s. Jagič N von 440, *482*

Siebers JW, s. Breckwoldt M 146, 148, 149, *160*

Siebert F, s. Prütz WA 593, *607*

Siegal FP, Siegal M 221, 223, *231*

Siegal M, s. Siegal FP 221, 223, *231*

Siegel G, s. Hähn J 592, *603*

Siemann DW, s. Penney DP 381, 384, 387, *401*

Sigdestad CP, Connor AM, Scott RM 563, 570, 582, 583, 584, *608*

Sigdestad CP, s. Connor AM 583, *602*

Silini G, s. Covelli V 134, 141, *161*

Silini G, s. Kallman RF 249, *261*

Sillesen K, Lawrence JH, Lyman JT 618, *639*

Silverman CL, Thomas PRM, Mc Alister WH, Walker S, Whiteside LA 283, *314*

Silverman S, s. Morrish RB 302, *312*

Silvester JA, s. Bewley DK 625, *635*

Silvester JA, s. Fowler JF *201*

Silvester JL, s. Bewley DK 183, 196, *199*

Simard R, Bernhard W 658, *680*

Simic M, Powers EL *710*

Siminovitch L, McCulloch EA, Till JE 237, *263*

Siminovitch L, s. Becker AJ 236, *259*

Siminovitch L, s. Wu AM *264*

Simmons DJ 271, 290, *314*

Simmons EL, s. Jacobson LO 255, *261*

Simmons RL, s. Schmidtke JR 208, *231*

Simone JV, s. Aur RJA 342, *345*

Simons JWIM 23, *38*

Simpson JR, Perez CA, Phillips TL, Concannon JP, Carella RJ 697, *710*

Simpson L, s. Hahn EW 130, 151, *163*

Simpson ME, s. Andersen AC 136, 139, *159*

Simpson ME, s. Dyke DC van 615, *636*

Simpson ME, s. Tobias CA 615, *639*

Sinclair WK 5, 17, 18, *38*, 56, 57, *68*

Sinclair WK, Morton RA 17, *38*

Sinclair WK, s. Han A 5, *37*

Sinenko LF, s. Vachtel VS 589, *610*

Sinesi M, s. Pratt NE 572, *607*

Singer TP, s. Barron ESG 557, *601*

Singh K 83, 84, *98*

Singh RP, s. Chen GTY 620, *635*

Sinner W 326, 332, 333, 340, *347*

Siracka-Vesela E, s. Durkovsky J 589, *602*

Sircus W, s. Findley JM 70, *97*

Sissons HA 267, 268, 271, 279, 280, 281, 285, 286, *314*

Sissons HA, s. Kember NF 267, *310*

Sisterson JM, s. Koehler AM 616, *637*

Sittkus A 466, *486*

Sjödén I, s. Nilsson A 306, *312*

Skaist L, s. Green N 724, *727*

Skakkebaek NE, s. Berthelsen JG 130, *160*

Skaredorf L, s. Rugh R *168*

Skarsgard LD, Henkelman RM, Lam KY, Harrison RW, Palcic B 622, *639*

Skarsgard LD, Kihlman BA, Parker L, Pujara CM, Richardson S 56, *68*

Skarsgard LD, s. Parker L 688, *709*

Skeldon PW, s. Fowler JF 25, *36*

Skrk J, s. Kalisnik M 148, *164*

Skryten A, s. Janson PO 149, 150, *164*

Skurkovic SV, s. Federov NA 540, *555*

Slanina J 716, 717, *729*

Slanina J, Musshoff K, Rahner T, Stiasny R 130, *168*, 256, 258, *263*, 715, 716, 717, *729*

Slater J, Ngo E, Lau HS 219, *231*

Slavik M, s. Kligerman MM 590, 591, *604*

Slavik M, s. Wassermann TH 719, *729*

Slavin S, Strober S, Fuks Z, Kaplan HS 218, 221, 223, 227, *231*

Slavin S, s. Strober S 227, *232*

Slavin S, s. Zan-Bar I 225, *232*

Sleijfer DT, s. Willemse PHB 130, *170*

Sloper JC, s. Haymaker W 351, 368, *374*

Sluiter WJ, s. Willemse PHB 130, *170*

Sluka E, s. Benjamin E 567, *601*

Slusarenko M, s. Jones SJ *310*

Small R, s. Byfield PE 208, 219, *228*

Smathers JB, s. Raju MR 64, *68*

Smathers JB, s. Withers HR 191, 196, *204*, 625, 626, *639*

Smedal MI, s. Dynes JB 318, 322, 326, 330, 332, *345*

Smink T, s. Putten LM van 692, *709*

Smith AD, s. Ashwood-Smith MJ 597, *600*

Smith AM, s. Sheldon PW 688, *710*

Smith AN, s. Pettigrew RT 673, *679*

Smith AR, s. Kligerman MM 623, *637*

Smith ChA, s. Hanawalt PhC 6, 7, 30, *37*

Smith CW, Lehan PH, Monks JJ 391, *401*

Smith CW, s. Henk JM 684, *709*

Smith CW, s. Moore JL 28, *38*

Smith DE 558, *608*

Smith DE, s. Klatzo I *375*

Smith DE, s. Patt HM 557, *607*

Smith DE, s. Straube RL 585, 587, *609*

Smith ICP, s. Paterson SJ 662, *679*

Smith J, O'Connell RS, Huvos AG, Woodard HQ 306, *314*

Smith J, s. Engel IA *308*

Smith JC 397, *401*

Smith JM, Miller SC, Jee WSS 266, *314*

Smith JM, s. Warters RL 30, *39*

Smith JM, s. Wronski TJ 290, 293, 296, 304, *316*

Smith JP, s. Wharton JT 88, 95, *99*

Smith KC, Hahn GM, Hoppe RT, Earle JD 180, *203*

Smith KC, s. Blakely EA 55, *66*

Smith KC, s. Chapman JD 53, *66*

Smith KR, s. Walker MD *729*

Smith LH, s. Yuhas JM 586, 596, *611*

Smith MR, s. Ash DV 696, *706*

Smith P, Doll R 134, *168*

Smith P, s. Leith JI 614, 615, 618, *638*

Smith PG 470, *486*

Smith PG, Doll R 470, *486*

Smith PG, s. Doll R 128, *161*

Smith R, s. Bull JM 673, *675*

Smith SH, s. Gullino PM 665, *676*

Smith V, s. Fu K 26, *36*

Smith V, s. Sheline GE 317, 320, 321, 322, 325, 335, 336, 337, 338, *347*

Smith V, s. Wara WM 396, 399, *402*

Smith WW, Alderman UM, Gillespie RE 218, *231*

Smith WW, Budd RA, Cornfield J 564, 565, *608*

Smith WW, Cornfield J, Luskus C, Miller C 567, *608*

Smithen CE, s. Adams GE 685, 687, 690, *706*

Smithen CE, s. Asquith JC 687, 688, 690, 693, *706*

Smithen CE, s. Foster JL 693, *708*

Smithers DW, Wallace DN, Austin DE *168*

Smoliar V, s. Betz EH 596, *601*

Sneider SE, s. Andrews JR 585, 590, *600*

Snow HD, s. Steckel RJ 112, *122*

Snyder WS, s. Neufeld J 43, *68*

Sobels FH 127, *168*

Sodicoff M, Conger AD 572, *608*

Sodicoff M, Conger AD, Pratt NE, Trepper P 572, *608*

Sodicoff M, Conger AD, Trepper P, Pratt NE 572, *608*

Sodicoff M, s. Pratt NE 572, *607*

Sökeland J, s. Neugebauer W 116, *121*

Sokoloff L 357, 358, *377*

Solheim OP 306, *314*

Soloway AH, Withman B, Messer JR 701, *710*

Soltysiak-Pawluczuk D, Bitnyszlachto S 598, *608*

Soman SD, s. Khan AH 470, *483*

Sommers SC *168*

Sondhaus CA, s. Ashikawa JK 618, *635*

Song CW 666, *680*

Song CW, Clement JJ, Levitt SH 569, *609*

Song CW, Kang MS, Rhee JG, Levitt SH 666, *680*

Song CW, s. Schuman VL 569, *608*

Soni SS, Marten GW, Pitner SE, Duenas DA, Powazek M 325, *347*

Sonnenberg M, s. Rall JE 399, *401*

Sonneveld P, Bekkum DW van 287, *314*

Sontag W 285, *314*

Sörbo B, s. Clemedson C-J 596, *601*

Sorensen AM jr, s. Lawson RL 144, *165*

Sorensen AM, s. O'Brien CA 136, *167*

Sorenson A, s. Ellis F 194, *200*

Soriano RZ, s. Love R 650, *678*

Sorrenti V, s. Cummings BJ *707*

Soskolne WA 290, *314*

Sourek-Zikova V, s. Werf-Messing B van der 724, *729*

Southard M, s. Kramer S 317, *346*

Southard ME, s. Libshitz HJ 398, *401*

Spalding JF, Wellnitz JM, Schweitzer WH 150, *169*

Spangler D 287, *314*

Spangler G, Cassen B 209, *231*

Spasskaya IG, s. Shapiro NI 587, *608*

Speiser B, Rubin P, Casarett G 130, *169*

Spellman JM, s. Yuhas JM 588, *611*

Spence DE, s. Hickey RJ 468, *481*

Spencer H, Shorter RG 387, *402*

Spencer J, s. Warren S 386, *402*

Spiegler P 471, *486*

Spiegler P, Norman A 208, 216, *231*

Spiers FW 266, *314*, 410, *437*

Spiers FW, s. Woodard HQ 277, 299, *316*

Spiess H 320, 327, 328, 332, 334, 335, *347*

Spiess H, Mays CW 289, 304, 306, *314*

Spiro D, s. Giacomelli F 363, *374*

Spiro G, Wachsmann F *169*

Spitzer G, Verma DS, Fisher R, Zander A, Vellekoop L, Litam J, McCredie KB, Dicke KA 245, *263*

Spjut HJ, Dorfman HD, Fechner RE, Ackerman LV 306, *314*

Spode E, s. Gensicke F 572, *603*

Spooncer E, s. Dexter TM 237, *260*

Spunberg JJ, Geard CR, Rutledge-Freeman MH 705, *710*

Spurgeon M, s. Keeny SM Jr 494, 495, *521*

Srivasta PN, s. Bhatia AL 140, *160*

Srivastava PN, Rao AR *169*

Srivastava PN, s. Rao LRA 154, *167*

Srivastava PN, s. Rao RA *167*

Stäblein G 477, *486*

Staffeldt E, s. Ainsworth EJ 252, *258*

Stahn R, s. Fabricius H-A 663, *676*

Stahn R, s. Neumann H 673, *679*

Stakanov VA, s. Kondratenko VG 127, 153, *165*

Staley NA, s. Kaene WF 107, *121*

Stampfli HF, s. Kinnamon KE 564, 566, *604*

Stampfli WP, Kerr HD 291, *314*

Stansel HC, s. Crummy AB 112, *121*

Stark FM, s. Greenfield MM 322, 332, *346*

Starkie CM 576, *609*

Starreveld E, s. Urtasun RC 694, *711*

Stather JW, s. Nenot JC 303, *312*

Steckel RJ, Collins JD, Snow HD, Lagasse LD, Barenfus M, Anderson DP, Weissenburger T, Hauskins LA, Ross NA 112, *122*

Steckel RJ, Tobin P, Ross G, Stein JJ, Stevens GH 112, *122*

Steckel RJ, Tobin P, Stein JJ, Bennet RL 112, *122*

Stedingk LV von, s. Wasserman J 221, *232*

Steel GG, s. Dawes PJDK *707*

Steele JJ, s. Millar BC 28, *38*

Steeves RA, Bataini J-P 306, *314*

Stefani S 212, *231*

Stefani S, Chandra S, Hiroishi T 208, *232*

Stefani S, Eells RE, Abbate J 725, *729*

Stefani ST, Schrek R 211, 220, *232*

Stefani ST, s. Schrek R 211, 217, *231*

Stehlin JS 653, *680*

Stehlin JS, Giovanella BC, Ipolyi PD de, Anderson RF 672, *680*

Stehlin JS, Giovanella BC, Ipolyi PD de, Muenz LR, Anderson RF 663, 672, *680*

Stehlin JS, s. Giovanella BC 650, *676*

Stehney AF, Lucal HF jr, Rowland RE 444, 470, *486*

Stehney AF, s. Polednak AP 470, *485*

Stehney AF, s. Rowland RE 304, *313*

Steiger Z, s. Franklin R 723, *727*

Stein G 173, *203*

Stein JJ, s. Cockett AT 671, *675*

Stein JJ, s. Steckel RJ 112, *122*

Steinbach I, s. Calvo W 277, *308*

Steinbach I, s. Fliedner TM 237, *260*

Steinbach KH, s. Fliedner TM 236, 241, 253, *260*

Steinbach KH, s. Langendorff H 218, 230, 243, 246, 262, 584, 585, *605*

Steinitz R, s. Modan B 470, *484*

Steinwell O, s. Klatzo I *375*

Stender HS 205, 206, 207, 219, *232*

Stender HS, Strauch D, Winter H 218, *232*

Stenson S 616, *639*

Stenson S, s. Falkner S 616, *636*

Stenstrand K, Annanmäki M, Rytömaa T 474, *486*

Stephan G, s. Kaul A 471, *482*

Stephani U, s. Habermalz E 319, 342, 343, *346*

Stephani U, s. Harten G 325, *346*

Stephens RJ, s. Evans MJ 387, 396, *400*

Stephens SO, s. Ashikawa JK 618, *635*

Stephens TC, s. McNally NJ 705, 709

Stephenson WH, Cohen B 291, 314

Stern C, s. Kashiwabara T 165

Sternberg A, s. Matanoski GM 470, 484

Sternhagen CJ, s. Kligerman MM 622, 623, 637

Stetz J, s. Phillips TL 694, 696, 697, 699, 700, 709

Stevens GH, s. Steckel RJ 112, 122

Stevens RD, s. Francis O 128, 162

Stevenson AEF, s. Langendorff M 136, 155, 165

Stevenson AFG, Mönig H, Weckesser J 564, 609

Stevenson AFG, s. Messerschmidt O 584, 606

Stewart A, s. Mancuso TF 469, 470, 484

Stewart AM, s. Kneale GW 471, 483

Stewart CG, s. Evans RD 428, 435

Stewart FA, Denekamp J 667, 669, 680

Stewart FA, Rojas A 596, 609

Stewart FA, Rojas A, Denekamp J 564, 569, 586, 587, 609

Stewart FA, s. Denekamp J 178, 189, 190, 200, 596, 602

Stewart FA, s. Rojas A 588, 607

Stewart JG, s. Hunter RD 195, 202

Stewart JR, s. Hahn GM 22, 37

Stewart JR, s. Kaplan HS 398, 400

Stewart JR, s. Sause WT 191, 203

Stiasny R, s. Slanina J 130, 168, 256, 258, 263, 715, 716, 717, 729

Stieve FE 433, 437, 477, 486

Stieve F-E, s. Kaul A 446, 471, 482

Stieve FE, s. Kriegel H 136, 140, 165

Stille G, s. Braun W 560, 601

Stillman RJ, Schindfeld JS, Schiff J, Gelber RD, Greenberger J, Larson M, Jaffe N, Li FP 128, 158, 169

Stjernsward J, Jondal M, Vánky F, Wigcell H, Sealy R 207, 219, 232

Stoffel TJ, s. Martins AN 326, 347

Stoll B, Andrews JT 334, 335, 339, 347

Stoll E, Chakraborty S 471, 486

Stone HB 656, 667, 680

Stone M, s. Brenk HAS van den 23, 35

Stone RS 60, 68, 624, 639

Stone RS, Louie RV, Adams GD 624, 639

Storaasli JP, Rosenberg SA, Friedell HL 587, 609

Storb R, Graham TC, Epstein RB, Sale GE, Thomas ED 237, 263

Storb R, s. Thomas ED 227, 232

Storer JB, Mitchell TJ, Ullrich RL 127, 169

Storer JB, s. Ullrich RL 465, 487

Storer JB, s. Yuhas JM 561, 562, 563, 587, 611

Storm FK, Harrison WH, Elliot RS, Morton DL 665, 666, 670, 680

Storner H 506, 507, 522

Stover BJ, Jee WSS 303, 314

Stover BJ, s. Mays CW 303, 312

Stowe SM, s. Schechter M 663, 680

Strande DP, s. Hahn GM 654, 677

Strandquist M 185, 187, 192, 203, 317, 347, 396, 402

Strannegård Ö, s. Lindholm L 230, 255

Stratford IJ 704, 710

Stratford IJ, s. Adams GE 685, 687, 690, 705, 706

Stratford M, s. Sealy R 697, 710

Stratford MR, s. Dische S 695, 702, 708

Stratford MR, s. Williams MV 703, 711

Stratton CJ 387, 402

Stratton JA, s. Byfield PE 208, 219, 228

Straube RL, Patt HM, Smith DE, Tyree EB 585, 587, 609

Straube RL, s. Patt HM 557, 607

Strauch D, s. Stender HS 218, 232

Straume T, Lowry-Dobson R 473, 487

Straume T, s. Lowry-Dobson R 473, 483

Straus DJ, s. Engel IA 308

Strauß O 171, 176, 179, 203

Streffer C 1, 2, 3, 4, 7, 8, 9, 11, 14, 16, 17, 29, 30, 31, 39, 41, 47, 68, 447, 487, 585, 595, 598, 600, 609, 656, 657, 658, 660, 661, 680, 684, 685, 688, 691, 710, 715, 729

Streffer C, Beuningen D van, Dietzel F, Röttinger E, Robinson JE, Scherer E, Seeber S, Trott K-R 641, 670, 680

Streffer C, Beuningen D van, Elias S 39

Streffer C, Beuningen D van, Molls M 657, 660, 680

Streffer C, Beuningen D van, Molls M, Zamboglou N, Schulz S 15, 39

Streffer C, Beuningen D van, Zamboglou N 644, 648, 680

Streffer C, Beisel P 4, 5, 39

Streffer C, Flügel M 595, 609

Streffer C, Schafferus S 4, 39

Streffer C, s. Bamberg M 695, 696, 706, 707

Streffer C, s. Beuningen D van 10, 32, 35, 233, 645, 647, 648, 650, 652, 657, 658, 675

Streffer C, s. Hidvegi EJ 7, 8, 37

Streffer C, s. Konermann G 595, 605

Streffer C, s. Langendorff H 599, 605

Streffer C, s. Melching H-J 4, 38, 592, 596, 597, 600, 606

Streffer C, s. Molls M 9, 17, 31, 32, 38

Streffer C, s. Schubert B 660, 680

Streffer C, s. Tamulevicius P 659, 681, 695, 696, 710

Streicher E, s. Klatzo I 375

Strietzel M, s. Voigtmann L 194, 203

Strike TA, s. Walker MD 701, 711, 719, 729

StrlSchV 439, 443, 448, 451, 452, 453, 461, 476, 487

Strober S, Slavin S, Gottlieb M, Zan-Bar I, King DP, Hoppe RT, Fuks Z, Grumet FC, Kaplan HS 227, 232

Strober S, s. Fuks Z 208, 219, 227, 229

Strober S, s. Kotzin BL 221, 230

Strober S, s. Slavin S 218, 221, 223, 227, 231

Strober S, s. Zan-Bar I 225, 232

Strom R, Santoro AS, Crifo C, Bozzi A, Mondovi B, Rossi-Fanelli A 658, 680

Strom R, s. Mondovi B 656, 658, 660, 663, 678, 679

Strong JM, s. Wassermann TH 694, 711

Strüter HD, s. Rassow J 167

Stryker JA, s. Rostock RA 571, 607

Stuard D, s. Moosavi H 384, 387, 391, 401

Stuart J, s. Kay HEM 721, 728

Studer RK, s. Kinzie J 94, 98

Sturm KW, s. Jellinger K 321, 333, 346

Sturmwind J, s. Urtasun RC 689, 711

Stut E, s. Altmann HW 102, 120

Subira ML, s. Crisci CD 208, 219, 229

Subjeck JR, s. Johnson RJR 670, 671, 672, 677

Suetendael W van, s. Ras EMM de 478, 485

Sugaar S, LeVeen HH 666, 680

Sugahara T, Horikawa M, Hikita M, Nagata H 590, 609

Sugahara T, s. Tanaka Y 564, 572, 590, 591, 609

Sugarbaker ED, s. Wiley HM 76, 99

Sugiyama S, s. Shimizu K 129, 168

Sugiyma H, s. Kumatori T 129, 153, 165

Suit H, Maeda M 55, 68

Suit H, s. Urano M 663, 681

Suit HD 9, 29, 39, 617, 639, 684, 710

Suit HD, Maeda M 684, 710

Suit HD, Goitein M, Tepper J, Koehler AM, Schmidt RA, Schneider R 616, 639

Suit HD, Goitein M, Tepper JE, Verhey L, Koehler AM, Schneider R, Gragoudas E 616, *639*

Suit HD, s. Hayashi S 185, 190, *201*, 614, *637*

Suit HD, s. Shipley WU 617, *639*

Suit HD, s. Withers HR 55, *68*

Suit HE, Shwayder M 644, *680*

Sulak MN, s. Maier JG 321, 333, *347*

Sullivan AH, s. Bianchi M 155, *160*

Sullivan MF 584, *609*

Sullivan MF, Marks S, Hackett PL, Thompson RC 255, *263*

Sullivan MF, Thompson RC, Crosby AC 569, *609*

Sundaram KB, s. Gopal-Ayengar AR 407, *435*

Sundelin P, s. Nilsson A 306, *312*

Supek Z, Randic M, Lovasen Z 594, *609*

Suriyachon D, s. Thithapandha A 151, *169*

Suter DB, s. Brownson RH 351, 357, 364, *372*

Sutherland J, s. Catterall M 628, *635*

Sutherland RM 705, *710*

Sutherland RM, s. Durand RE 12, 21, *36*

Sutherland RM, s. McCredie JA 219, *230*

Sutherland RM, s. Olive PL 688, *709*

Sutow W, s. D'Angio GJ 716, *727*

Sutton H, s. Elkind MM 18, 19, 20, *36*

Sutton HC, s. Marks JE 399, *401*

Sutton-Gilbert H, s. Elkind MM 20, 21, 23, *36*, 58, *66*, *67*

Suzangar M, s. Dickson JA 653, *675*

Suzuki K 653, *680*

Suzuki K, Inano H, Tamaoki B 135, 151, *169*

Suzuki N, s. Meistrich ML 142, 146, 153, 154, 155, *166*

Suzuki N, s. Mian TA 157, *166*

Svarzbein L, s. Berry K 363, *372*

Svensson H, s. Westling P 339, 340, *348*

Sverdlov AG 584, *609*

Sverdlov AG, Mozzhukhin AS, Pavlova LM, Nikanorova NG 584, *609*

Sverdlov AG, Mosjuchin AS, Pavlova LM, Nikanorova NG, Postnikov LN 584, 585, *609*

Svoboda V, s. Bogaert W van den 697, *707*

Swain RW, s. Elkind MM 21, *36*, 58, *66*, *67*

Swarm R, s. Rubin P 281, 282, 283, 284, 286, 289, *313*

Swinney J, s. Hall RR 671, *677*

Szabó S, s. Poulsen SS 570, *607*

Szechter A, s. Merriam GR 470, *484*

Szepesi T, s. Kogelnik HD 694, *709*

Szmigielsky S, Janiak M 663, *680*

Szumiel I 593, *609*

Séze S de, Ryckewaert A, Lequesne M, Freneaux B 291, *314*

Strong LC, Herson J, Osborne BM, Sutow WW 306, *314*

Sutow WW, s. Strong LC 306, *314*

Sweany SK, Moss WT, Haddy FJ 393, 395, *402*

Swedjemark GA 416, *437*

Swedjemark GA, s. Mjönes L 419, *436*

Swensson NL, s. Kurohara SS 89, *98*

Swerdlow MA, s. Rosen S 105, *122*

Swift MN, Taketa ST, Bond VP 73, *98*, 255, *263*

Swift MN, s. Bond VP 255, *259*

Sykes MP, Chu F, Gee TS, McKenzie S 258, *263*

Sykes MP, Chu F, Savel H, Bonadonna G, Mathis H 256, 258, *263*

Szakaczs JE, s. Fleming WH 392, *400*

Szikla G, Betti O, Blond S 339, *347*

Szumiel I 5, 30, 31, *39*

Tabachnik F, Blackburn P, Peterson CM, Cerami A 593, *609*

Tabuchi A, Nakagawa S, Hirai T, Sato H, Hori I, Matsuda M, Yano K, Shimada K, Nakao Y *169*

Taenzer V, s. Krokowski E 250, *262*

Tagashira Y, s. Dodson RF 363, *373*

Tagliaferro LG, s. Tagliaferro WH 205, 225, *232*

Tagliaferro WH, Tagliaferro LG, Jaroslow BN 205, 225, *232*

Taillandier E, s. Liquier J 594, *605*

Tait GWC 463, 471, *487*

Takahashi M, s. Abe M 69, *96*, 592, *600*

Takahashi T 69, *98*

Takaku F, s. Mizoguchi H 236, *262*

Takakura Sano K, s. Yamamoto H , 719, *729*

Takamori Y, s. Hori Y 147, *164*

Takayama S, s. Shimizu K 129, *168*

Taketa ST, s. Swift MN 73, *98*, 255, *263*

Tamaoki B, s. Suzuki K 135, 151, *169*

Tamaoki B, s. Wakabayashi K 150, *170*

Tamulevicius P, Bamberg M, Scherer E, Streffer C 695, 696, *710*

Tamulevicius P, Streffer C 659, *681*

Tamulevicius P, s. Bamberg M 695, 696, *706*, *707*

Tamulevicius P, s. Schubert B 660, *680*

Tan C, s. Ghavimi F 715, *727*

Tanabe M 366, *378*

Tanaka R, s. Kashiwabara T *165*

Tanaka Y, Sugahara T 564, 572, 590, 591, *609*

Tanasichuk H, s. Urtasun RC 704, *711*

Tannock IF, Hayashi DS 388, 396, *402*

Tannock IF, Hayashi S 179, *203*, 297, *314*

Tansley K, s. Russell DS 362, *377*

Tarasov SI, s. Krisiuk EM 416, *436*

Tatcher M, s. Makler A 144, *166*

Taylor DM 157, *169*

Taylor GN, Thurman GB, Mays CW, Shabestari L, Angus W, Atherton DR 306, *314*

Taylor GN, s. Berliner DL 127, 151, *160*

Taylor GN, s. Mays CW 303, *312*

Taylor IW, Bleehen NM 14, *39*

Taylor JH, s. Laughlin TJ *165*

Taylor LS 468, *487*

Taylor WF, s. Scanlon PW 719, *728*

Teates CD 393, *402*

Tedrow LF, s. Garcia J *374*

Teedla P, s. Kellerer AM 47, *67*

Tefft M, Mitus A, Das L, Vawter GF, Filler RM 89, 90, 91, *98*

Tefft M, s. Cassady JR 715, *727*

Teft M 265, *315*

Teillet F, s. Delbrück H 715, 716, 717, 718, *727*

Telegada K 408, *437*

Teličenas A, Karosene E 590, *609*

Temme W, s. Langendorff H 584, 585, *605*

Tempel K, Wulfius-Kock M, Winkle J, Schmerold I 598, *609*

Templeton F, s. Palmer WL 70, *98*

Tenforde SD, s. Tenforde TS 615, *639*

Tenforde TS, Curtis SB, Crabtree KE, Tenforde SD, Schilling WA, Howard J, Lyman JT 615, *639*

Tenforde TS, s. Curtis SB 618, *636*

Tentori L, s. Mondovi B 572, 573, *606*

Tepper J, s. Suit HD 616, *639*

Tepper JE, s. Shipley WU 617, *639*

Tepper JE, s. Suit HD 616, *639*

Tepper M, s. Gelfand MD 79, *97*

Terasima T, Tolmach LJ 17, *39*

Terasima T, Tomach LJ 56, *68*

Terry R, s. Hempelmann LH 470, *481*

Testa NG, Hendry JH, Lajtha LG 238, *263*

Testa NG, s. Hendry JH 252, *261*

Tew JT, s. Gray JL 594, *603*

Thames AD, s. Lu CC 133, 142, 147, 153, 154, *165*

Thames HD, Withers HR, Peters LJ, Fletcher GH 84, 89, *99*

Thames HD, s. Gragg RL 56, *67*

Thames HD, s. Withers HR 59, 60, 68, 191, 192, 193, *204*, 625, *639*

Thames HD, s. Withers HW 191, 196, *204*

Theus RB, s. Hall EJ 53, 58, *67*

Thews G 362, *378*, 389, *402*

Thierfelder S, s. Kolb HJ 288, *311*

Thierfelder S, s. Kolb JJ 83, *98*

Thiessen P, s. Pfleiderer A 117, *121*

Thithapandha A, Chanachai W, Suriyachon D 151, *169*

Thomas CE, s. Bowden DH 387, *399*

Thomas ED, Storb R, Clift RA, Fefer A, Johnsos LF, Neimann PE, Lerber KG, Glucksberg H, Buckner CG 227, *232*

Thomas ED, s. Storb R 237, *263*

Thomas F, s. Lloyd KW 290, *311*

Thomas GM, s. Cummings BJ 707

Thomas JM, s. Tombropoulos EG 389, 391, *402*

Thomas JW, Coy P, Leweis HS, Yuen A 207, 219, *232*

Thomas PRM, Winstanly D, Peckham MJ, Austin DE, Murray MAF, Jacobs HS 129, *169*

Thomas PRM, s. Silverman CL 283, *314*

Thomas RL, s. Richmond CR 158, *167*

Thomassen RW, s. Caldwell WL 112, *121*

Thomassen RW, s. Garner RJ 242, *260*

Thomlinson RH, Dische S, Gray AJ, Errington LM 693, *710*

Thomlinson RH, Gray LH 29, *39*, 683, *710*

Thomlinson RH, s. Bewley DK 625, *635*

Thomlinson RH, s. Churchill-Davidson I 684, 686, *707*

Thomlinson RH, s. Denekamp J 24, *36*

Thomlinson RH, s. Field SB 614, *636*

Thompson DM, s. Ray RD 284, 285, *313*

Thompson EN, s. Kay HEM 721, *728*

Thompson M, s. Horn NL 298, *310*

Thompson MR, s. Hueper WC 116, *121*

Thompson R, s. Morgenstern L 76, 77, *98*

Thompson RC, s. Sullivan MF 255, *263*, 569, *609*

Thomson JE, s. Rauth AM 690, *710*

Thomson RW, s. Orecklin JR 130, *167*

Thormann T, s. Lenz U 470, 478, *483*

Thornby I, s. Prasad N 219, *230*

Thorne MC, s. Humphreys ER 266, *310*

Thorne WA, s. Reeves RJ 75, *98*

Thorslund TM, Paulsen CA 130, *169*

Thrall DE, Gerweck LE, Gillette EL, Dewey WC 667, *681*

Thrall DE, Gillette EL, Baumann CL 650, *681*

Thrall DE, Gillette EL, Dewey WC 667, *681*

Thrower PD, s. Gerachi JP 626, 627, *636*

Thrower PD, s. Geraci JP 82, 84, 85, 93, 95, *97*, 142, 143, 147, 154, 155, *162*

Thrum CE, s. Ilbery PLT 213, 219, *230*

Thurman GB, s. Taylor GN 306, *314*

Thurner J 265, 297, *315*

Thüroff JW 130, *169*

Thyberg J 267, *315*

Thyberg J, Friberg U 267, *315*

Thyberg J, Lohmander S, Friberg U 267, *315*

Tibi B, s. Pfleiderer A 117, *121*

Tietjen GL, s. Wilkinson GS 471, *488*

Till JE 241, *263*

Till JE, McCulloch EA 21, *39*, 237, 248, 249, *263*, 564, *609*

Till JE, s. Becker AJ 236, 237, *259*

Till JE, s. McCulloch EA 238, *262*

Till JE, s. Siminovitch L 237, *263*

Till JE, s. Wu AM *264*

Timothy AR, Tucker AK, Park WM, Cannell LB 297, 299, *315*

Tindall DJ, Vitale R, Means AR *169*

Tindall DJ, s. Fakunding JL 135, 144, 151, *162*

Tirkel M, s. Shamai Y 461, *486*

Tirmarche M, Chameaud J, Piechowski J, Pradel J 470, *487*

Tison V, s. Mancini AM 392, *401*

Titus JL, s. Shorter RG 387, 396, *401*

Tobey RA, s. Raju MR 56, *68*

Tobias C, s. Estable-Puig JF 357, 364, *374*

Tobias C, s. Janssen P 361, 365, *375*

Tobias C, s. Klatzo I 358, 359, 361, 366, 369, *375*

Tobias CA, Dyke DC van, Simpson ME, Anger HO, Huff RL, Koneff AA 615, *639*

Tobias CA, Lyman JT, Lawrence JH *639*

Tobias CA, s. Ashikawa JK 618, *635*

Tobias CA, s. Blakely EA 52, 55, *66*

Tobias CA, s. Castro JR 615, 619, *635*

Tobias CA, s. Chapman JD 53, *66*

Tobias CA, s. Dyke DC van 351, 374, 615, *636*

Tobias CA, s. Lawrence JH 619, *637*

Tobias CA, s. Linfoot JA 619, *638*

Tobias CA, s. Lücke-Huhle C 53, *67*

Tobias CA, s. Pirruccello MC 63, *68*

Tobias CA, s. Ritter MA 53, *68*

Tobin P, s. Steckel RJ 112, *122*

Tochilin E, s. Alpen EL 246, *258*

Todd PW 55, 57, *68*

Tokita N, s. Kim JH 665, 666, *678*

Tokunaga M, Land CE, Yamamoto T, Asano M, Tokuoka S, Ezaki H, Nishimori I, Fujikura T 470, *487*

Tokuoka S, s. Tokunaga M 470, *487*

Tolkacheva EN, s. Shapiro NI 587, *608*

Tolle DV, Seed TM, Fritz TE, Norris WP 253, *263*

Tolle DV, s. Fritz TE 253, *260*

Tolmach LJ, s. Djordjević B 18, *36*

Tolmach LJ, s. Hopwood LE 32, *37*

Tolmach LJ, s. Phillips RA 22, 23, *38*

Tolmach LJ, s. Powers WE 55, *68*

Tolmach LJ, s. Terasima T 17, *39*

Tomach LJ, s. Terasima T 56, *68*

Tomasovic SP, Turner GN, Dewey WC 657, *681*

Tomasovic SP, s. Henle KJ 668, *677*

Tombropoulos EG, Thomas JM 389, 391, *402*

Tomiyasu T, s. Ishimaru T 470, *482*

Tonascia J, s. Matanoski GM 470, *484*

Tonascia JA, s. Meyer MB 140, 146, *166*

Tong D, s. Laramore GE 631, *637*

Tonna EA 272, 290, *315*

Torada S, s. Shimizu K 129, *168*

Török P, Schmahl W 136, 140, 152, *169*

Török P, Schmahl W, Meyer I, Kistner G 126, 136, 152, 156, *169*

Totter JR 469, *487*

Tountas AA, Fornasier VL, Harwood AR, Leung PMK 303, *315*

Toussis D, s. Pentycross CR 219, *230*

Townsend KMS, s. Loutit JF 272, *311*

Trautmann J *169*

Trautmann J, Millin G *169*

Travis E, Luca AM de, Fowler JF, Padikal TM 568, 597, *609*

Travis EL 382, 384, 385, 389, *402*

Travis EL, Hargove H, Klobukowski CJ, Feen JO, Frey GD 388, *402*

Travis EL, Hartley RA, Fenn JO, Klobukowski CJ, Hargrove HG 384, 391, *402*

Travis EL, Vojnovic B, Davies EE, Hirst DG 394, *402*

Treip CS, s. Adams JH 369, *372*

Trelstad RL, s. Harrist TJ 304, *309*

Trentin JJ 237, *264*

Trepper P, s. Sodicoff M 572, *608*

Trevan JW *609*

Tribondeau L, s. Bergonié J 1, 33, *35*

Trieling WB, s. Konings AWT 30, *37*

Trocha PJ, Catravas GN 599, *609*

Trostle PK, s. Meistrich ML 142, 146, 153, 154, 155, *166*

Trott K-R 11, 16, *39*, 41, 68, 177, 184, 189, 196, *203*, 211, *232*, 239, *264*, 715, *729*

Trott KR, Kummermehr J 190, *203*

Trott KR, s. Hilscher WM 142, 147, *163*

Trott K-R, s. Streffer C 641, 670, *680*

Trott NG 478, *487*

Trott NG, Anderson W, Davis R, Parker RP, Garden DM, Pearson N, Harbottle E 478, *487*

Troup D, s. Flockhart IR 695, *708*

Troup GM, s. Anderson RE 207, 208, 218, 225, *228*

Trowell OA 205, *232*

Trueblood HW, Enright LP, Ray GR, Kaplan HS, Nelsen TS 128, *169*

Trujillo JM, s. Drewinko B 211, *229*

Trush MA, Mimnaugh EG, Gram TE 592, *609*

Tsai S, s. Lin PS 662, *678*

Tschäppeler H, s. Bleher EA 284, 285, 289, 293, 303, *307*

Tsipis K, s. Fetter S 490, *521*

Tsuchimoto T, s. Ishimaru T 470, *482*

Tsuchiya T, s. Muramatsu S 148, 154, *166*

Tsunemoto H, Umegaki Y, Kutsutani Y, Arai T, Morita S, Kuriso A, Kawachima K, Maruyama T 631, *639*

Tubiana M 16, 24, *39*

Tubiana M, s. Croizat H 241, 243, 256, *259*

Tubiana M, s. Guigon M 199, *201*

Tubiana M, s. Malaise EP 24, *38*

Tucker AK, s. Timothy AR 297, 299, *315*

Tulloch SS, s. Ludgate CM 671, 673, *678*

Tumbrägel G, s. Langendorff H 243, 246, *262*, 584, 585, *605*

Turesson I, Notter G 182, 187, 191, 192, 193, 194, *203*

Turesson I, s. Albrektson T 301, *307*

Turesson I, s. Engström H 277, *308*

Turesson I, s. Notter G 185, 191, *202*

Turner AR, s. Urtasun RC 704, *711*

Turner BA, s. Bewley DK 183, 196, *199*, 625, *635*

Turner BA, s. Fowler JF *201*

Turner GN, s. Tomasovic SP 657, *681*

Turtle JR, s. Handelsman DJ 131, 150, 153, 157, *163*

Turunen S, s. Grönroos M 149, *163*

Tuschl H 474, *487*

Tuschl H, Altmann H 474, *487*

Twentyman PR 588, *609*

Twentyman PR, Morgan JE, Donaldson J 655, *681*

Tyler RW, s. Benninghoff DL 207, *228*

Tyler SA, s. Norris WP 253, *263*

Tyree EB, s. Patt HM 557, *607*

Tyree EB, s. Straube RL 585, 587, *609*

Ubaldi SE, s. Cohen L 185, 191, *200*

Ueberschär K-H 297, 299, 301, *315*

Ueberschär K-H, s. Birkner R 293, 297, 301, *307*

Uehlinger E 306, *315*

Ullrich RL, Casarett GW 180, *203*

Ullrich RL, Storer JB 465, *487*

Ullrich RL, s. Storer JB 127, *169*

Uma Devi P, Jagetia GC 572, *609*

Uma Devi P, Kumar S 565, *610*

Uma Devi P, Saini MR, Saharan BR, Bhartiya HC 571, *610*

Uma Devi P, s. Kumar A 574, *605*

Uma Devi P, s. Saini MR 565, *608*

Umans RS, s. Griem K 598, *603*

Umegaki Y, s. Tsunemoto H 631, *639*

Underbrink AG, Pond V 31, *39*

Unger E *169*

Unni KK, s. Garrison RC 306, *309*

UNSCEAR 34, *39*, 41, 68, 125, 134, *169*, 303, *315*, 380, 381, 386, 387, *402*, 405, 407, 409, 410, 411, 412, 413, 414, 424, 425, 428, 430, 433, 434, *437*, 441, 445, 464, 466, 467, 469, 472, 473, 474, 475, 476, 477, *487*, 513, 514, *522*

Uphoff D, s. Hollcroft J 577, 579, *604*

Upton A, Doherty DG, Melville GS 578, *610*

Upton AC 466, 469, *487*

Upton AC, s. Cosgrove GE 578, 579, *602*

Urano M, Overgaard M, Suit H, Dunn P, Sedlacek R 663, *681*

Urbányi L, s. Horváth J 285, *310*

Urban CH, s. Fritsch G 342, *346*

Urist MR, Hernandes A 290, *315*

Urso P, Congdon CC, Doherty DG, Shapira R *610*

Urtasun R, s. Wassermann TH 694, *711*

Urtasun RC, Band P, Chapman JD, Feldstein ML *711*

Urtasun RC, Band P, Chapman JD, Feldstein ML, Mielke B, Fryer C *711*, 719, *729*

Urtasun RC, Band PR, Chapman JD, Rabin JR, Wilson AF, Fryer CG 694, 695, *711*

Urtasun RC, Chapman D, Band PR, Rabin H, Fryer C, Sturmwind J 689, *711*

Urtasun RC, Chapman JD, Feldstein ML, Band RP, Rabin HR, Wilson AF, Marynowski B, Starreveld E, Shnitka T 694, *711*

Urtasun RC, Tanasichuk H, Fulton D, Agboola O, Turner AR, Koziol D, Raleigh J 704, *711*

Urtasun RC, s. Chapman JD 53, *66*

Urtasun RC, s. Partington J 694, *709*

Usselman JA 89, *99*

Usselmann JA, s. Kurohara SS 89, *98*

Utley JF, King R, Giansanti JS 570, 572, *610*

Utley JF, Marlowe C, Waddell WJ 572, *610*

Utley JF, Phillips TL, Kane LJ 560, 568, 570, *610*

Utley JF, Phillips TL, Kane LJ, Wharam MD, Wara WM 586, 587, 596, *610*

Utley JF, Quinn CA, White FC, Seaver NA, Bloor CM 579, *610*

Utley JF, s. Phillips TL 563, 568, 587, *607*

Utsumi H, Elkind MM 23, *39*

Utsumi H, s. Ngo FQH 57, *68*

Vaane JP, s. Ras EMM de 478, *485*

Vachtel VS, Sinenko LF 589, *610*

Vaeth JM, Levitt SH, Jones MD, Holfreter C 284, *315*

Vahlensieck W, Weissbach L *169*

Vahlensieck W, s. Weissbach L 725, *729*

Vaishampayan G, s. Franklin R 723, 727

Valagussa P, Santoro A, Kenda R, Fossati Bellani F, Franchi F, Banfi A, Rilke F, Bonadonna G 717, 718, 729

Valenta M, Kolousek J, Fulka J 169

Valentin K 133, 169

Valentine JS, s. Sawyer DT 592, 608

Valeriote FA, s. Nakeff A 241, 262

van Dam J, s. Janssens PJ 150, 164

van der Kogel AJ 336, 348

van der Kogel AJ, Barendsen GW 335, 348

van Deurs B, s. Westergaard E 363, 378

Varghese AJ, s. Whitmore GF 688, 711

Vasilescu D, Rix-Montel MA 594, 610

Vasilescu D, s. Broch H 594, 601

Vasilescu D, s. Rix-Montel MA 594, 607

Vater LB, s. Martinez RG 254, 262

Vatistas S, s. Hornsey S 245, 261

Vaughan J 265, 266, 271, 289, 290, 297, 303, 306, 315

Vaughan J, Owen M 266, 281, 284, 315

Vaughan J, s. Macpherson S 273, 275, 276, 277, 279, 297, 311

Vaughan JM, s. Loutit JF 272, 311

Vawter GF, s. Tefft M 89, 90, 91, 98

Velasquez J, s. Marciàl VA 87, 98

Velinsky A, s. Makler A 144, 166

Vellekoop L, s. Spitzer G 245, 263

Ven TPA von der, s. Kramer MF 142, 154, 155, 165

Venker P, s. Gensicke F 572, 603

Vennart J, s. Green D 157, 163

Veomett RC, s. Miller RC 649, 678

Vergroesen AJ, s. Vos O 595, 610

Verhey L, s. Suit HD 616, 639

Verhey LJ, s. Shipley WU 617, 639

Verhoeven G, s. Dierickx P 151, 161

Verjans HJ, Eik-Nes KB 151, 169

Verma DS, s. Spitzer G 245, 263

Vermande-Eck van GJ 169

Vermund H, s. Ansfield FJ 724, 726

Vermund H, s. Gollin FF 724, 727

Veronesi U 723, 729

Verzosa MS, s. Aur RJA 342, 345

Vessiere M, s. Ang KK 697, 706

Vexler AM, s. Eidus LK 594, 603

Vialettes H, Moreau A 478, 487

Vianello Vos C, s. Danielli C 477, 479

Vick NA, Khandekar JD, Bigner DD 341, 348

Vidic Z, s. Ferle-Vidovic A 582, 603

Vidovic V, s. Hajdukovic S 597, 604

Virsik RP, Harder D 12, 39, 574, 610

Virsik RP, Reinecke K, Wolf T, Harder D 209, 232

Vita VT de, Canellos GP, Hubbart S, Chabner B, Young R 715, 729

Vita VT de, Canellos GP, Moxley JH 715, 729

Vita VT de, s. Canellos GP 716, 727

Vitale R, s. Tindall DJ 169

Vladimirov VG, Golubentsev DA, Gusev IV, Libikova NI 598, 599, 610

Voelz GL, s. Wilkinson GS 471, 488

Vogel F 474, 487

Vogel FS, Pickering JE 351, 378

Vogel FS, s. Burger PC 345

Vogel FS, s. Haymaker W 351, 368, 374

Vogel HH, Clark JW, Jordan DL 245, 247, 264

Vogel HH, Hasegawa AT, Wang RI 584, 610

Vogel HH, s. Patt HM 584, 607

Voigtmann L, Ehrhardt M, Strietzel M, Eberhardt HJ, Herrmann T 194, 203

Voigtmann L, s. Herrmann T 193, 201

Vojnovic B, s. Travis EL 394, 402

Voke JM, s. Freeman JE 323, 324, 346

Vollmar H 650, 681

Voltas J, s. Crisci CD 208, 219, 229

von Lieven H, s. Heilmann HP 722, 727

Vonberg DD, s. Alper T 570, 600

Vondracek J, s. Vorisek P 154, 169

Vorisek P, Jirasek JE 154, 169

Vorisek P, Vondracek J 154, 169

Vos O 241, 242, 264

Vos O, Budke L, Vergroesen AJ 595, 610

Vos O, s. Vries FAJ 255, 264

Voss A-C, s. Heilmann HP 722, 727

Voss ACh, Wöllgens P, Rey G 110, 122

Vrabec R, s. Kolář J 265, 286, 287, 289, 291, 292, 296, 297, 300, 303, 311

Vraspir O, s. Kališnik M 148, 164

Vries FAJ, Vos O 255, 264

Vriesendorp HM, Bekkum DW van 242, 243, 255, 264

Vusik IM, Kogan IA 150, 169

Vánky F, s. Stjernsward J 207, 219, 232

Waaij D van der 554, 556

Wachsmann F 266, 315, 439, 488

Wachsmann F, s. Börner W 160

Wachsmann F, s. Spiro G 169

Waddell WJ, s. Utley JF 572, 610

Wagenen G van, Gardner WU 145, 146, 169

Waggener JD, s. Beggs JL 363, 372

Waggott D, s. Dickson JA 665, 666, 676

Wainson AA 616, 639

Wakabayashi K, Isurugi K, Tamaoki B, Akaboshi S 150, 170

Walburg HE Jr, s. Holland JM 127, 136, 164

Walburg ME Jr 470, 488

Wald N 504, 522

Waldenström J, s. Engström H 277, 308

Walder DN, s. Gregg PJ 297, 309

Walder E, s. Essen CF von 63, 67

Walicka M, s. Körner I 37

Walker KVR, Kember NF 266, 267, 315

Walker KVR, s. Kember NF 267, 268, 310

Walker MD, Alexander E Jr, Hunt WE, MacCarty CS, Mahaley MS Jr, Mealey J, Norrel HA, Owens G, Ransohoff J, Wilson CB, Gehan EA, Strike TA 719, 729

Walker MD, Green SB, Byar DP, Alexander E Jr, Batzdorf U, Brooks WH, Hunt WE, MacCarty CS, Mahaley MS Jr, Mealey J Jr, Owens G, Ransohoff J, Robertson JT, Shapiro WR, Smith KR, Wilson CB, Strike TA 729

Walker MD, Strike TA 701, 711

Walker S, s. Silverman CL 283, 314

Wall PG 135, 151, 170

Wallace DN, s. Smithers DW 168

Wallace KM, s. Marks RD 723, 728

Wallace RG, s. Adams GE 705, 706

Wallach DFH 662, 681

Wallach DFH, s. Lin PS 662, 678

Walsh RJ, s. Love R 650, 678

Walter HMD, s. Barendsen GW 685, 707

Walters RA, s. Raju MR 56, 68

Walther B, Gutjahr P 325, 348

Walther G, Schmidt KJ, Ladner HA 147, 170

Waltz AG, s. O'Brien MD 366, 377

Waltzmann SB, s. Cooper JS 694, 707

Wambersie A, s. Dutreix J 20, 36, 187, 188, 189, 200, 397, 400

Wang CC 618, 639

Wang CC, Doppke K 299, 315

Wang J, Galil KAA, Setchell BP 144, 148, 153, 170

Wang RI, s. Vogel HH 584, 610

Wang SC, Kuskin S, Rugh R *610*

Wang SC, s. Rupkey AK 574, *608*

Wangenheim K-H von, s. Hübner GE 242, *261*

Wannenmacher M 713, *729*

Wannenmacher M, Esser E, Glupe J, Schumann J 724, *729*

Wannenmacher M, Esser E, Schumann J 724, *729*

Wannenmacher M, Knüfermann H 720, *729*

Wannenmacher M, s. Esser E 724, 725, *727*

Wannenmacher M, s. Heilmann E 208, 210, 226, *229*

Wannenmacher M, s. Heilmann HP 722, *727*

Wannenmacher M, s. Schellong G 715, 718, *728*

Wapnick S, s. LeVeen HH 665, 666, 670, *678*

Wara WM, Phillips TL, Margolis LW, Smith V 396, 399, *402*

Wara WM, Phillips TL, Sheline GE, Schwade JG 335, 336, *348*

Wara WM, s. Hattner RS 292, *309*

Wara WM, s. Phillips TL 698, *709*

Wara WM, s. Sheline GE 317, 320, 321, 322, 325, 335, 336, 337, 338, *347*

Wara WM, s. Utley JF 586, 587, 596, *610*

Ward WF, Aceto H Jr, Sandusky M 618, *639*

Ward WF, s. Hahn EW *163*

Wardman P 687, *711*

Wardman P, s. Adams GE 685, 687, 690, 705, *706*

Warner GA, s. Heller CG 129, 143, 150, *163*

Warner GA, s. Rowley JJ 470, *486*

Warner GA, s. Rowley MJ 129, 130, 150, *168*

Warner NL, s. Anderson RE 207, 208, 211, 220, 221, 222, 224, 227, *228*

Warren P, s. Hornsey S 155, *164*

Warren S, Chute RN, Brown CE, Gates O 303, *315*

Warren S, Spencer J 386, *402*

Warren S, s. Goldenberg VE 382, *400*

Warren S, s. Oughterson AW *556*

Warren SH, Friedman NP 86, *99*

Warren SL 670, *681*

Warrocquier R, Scherrer K 658, *681*

Warters RL, Hofer KG, Harris CR, Smith JM 30, *39*

Waschler Z, s. Sela J 278, *314*

Washburn LC, Rafter JJ, Hayes RL, Yuhas JM 562, *610*

Wasserman J, Stedingk LV von, Biberfeld G, Petrini B 221, *232*

Wasserman J, s. Blomgren H 207, 219, *228*

Wasserman J, s. Glas U 226, *229*

Wasserman TH, s. Brady LW 158, 160

Wassermann TH 703, *711*

Wassermann TH, Phillips TL, Raalte G van, Urtasun R, Partington J, Koziol D, Schwade JG, Gangji D, Strong JM 694, *711*

Wassermann TH, Slavik M, Carter SK 719, *729*

Wassermann TH, s. Muggia FM 199, *202*

Wassermann TH, s. Phillips TL 694, 695, 696, 697, 698, 699, 700, *709*

Watanabe I, s. Ohyama H 7, *38*

Watanabe M, s. Yamada T 8, 31, *39*

Watson ER, s. Kirk J 193, 194, *202*

Watson JV, s. Wiltshire CR 695, *711*

Watson TA, s. Cram RW 198, *200*

Wattiaux R, s. Duve C de 370, 371, *373*

Watts ME, Maughan RL, Michael BD 29, *39*

Watts ME, s. Adams GE 29, *35*, 685, 687, 690, 705, *706*

Watts ME, s. Asquith JC 687, 688, 690, 693, *706*

Watts R, s. Green D 157, *163*

Wawrzkiewicz M, s. Halawa B 149, *163*

Waxweiler M, s. Wilkinson GS 471, *488*

Webb GAM, Fleishman AB 446, *488*

Webb RG, s. Chapman JD 688, *707*

Weber DA, s. Burgener FA 306, *308*

Weber DA, s. King MA 293, 295, *311*

Weber HJ, s. Porschen W 656, *679*

Weckesser J, s. Langendorff H 218, *230*

Weckesser J, s. Stevenson AFG 564, *609*

Weder CH, s. Cram RW 198, *200*

Weeke E, Anderson V, Freieslaben Sorensen S, Bahr B 208, *232*

Wegener K 296, *315*

Weghaupt K 116, *122*

Weghaupt K, s. Hohenfellner R 116, *121*

Wehner R 432, *437*

Wei WC, s. Lawrence JH 619, *637*

Weibezahn KF, s. Dertinger H 53, 66

Weichselbaum RR, Epstein J, Little JB 180, *203*

Weichselbaum RR, Nove J, Little JB 23, *39*

Weichselbaum RR, s. Griem K 598, *603*

Weichselbaum RR, s. Kinsella TJ 327, 334, 335, *346*

Weiden S, s. Doig RK 71, 72, *97*

Weidtmann V, s. Sack H 694, 699, 710, 719, *728*

Weigel K, s. Ostertag CB 324, 339, *347*

Weiland AJ, s. Berg HL 306, *307*

Weiler C, s. Glick JH 588, 591, *603*

Weiler CB, s. Carabell SC 697, *707*

Weiner J, s. Giacomelli F 363, *374*

Weinstein AS, s. Carabell SC 697, *707*

Weinstein AS, s. Nelson DF 699, *709*

Weinstock M, s. Leblond CP 285, *311*

Weiss JF, Catravas GN, Reddi AH 290, *315*

Weiß K 442, *488*

Weissbach L, Hildenbrand G, Vahlensieck W 725, *729*

Weißbach L, Lange CE, Meyhofer W 130, *170*

Weißbach L, Lange CE, Rodermund OE, Zwicker H, Gropp A, Pothmann W 130, *170*

Weissbach L, s. Vahlensieck W *169*

Weisselberg R, s. Ladner H-A 600, *605*

Weißenborn U, s. Molls M 9, 17, 31, 32, *38*

Weissenburger T, s. Steckel RJ 112, *122*

Weitzenegger E, s. Sedlmeier H 584, *608*

Welch GP, s. Feola JM 618, *636*

Wellnitz JM, s. Spalding JF 150, *169*

Wells AB, s. Blackburn J 267, 273, 275, 277, 278, 279, 280, 281, 286, *307*

Wells DG, s. Kay HEM 721, *728*

Wells J, s. Peel DM 186, *202*

Wendhausen H, s. Gremmel H 193, *201*

Wendt F 517, *522*, 554, *556*

Wendt F, s. Fliedner TM 218, *229*

Wenz W *610*

Werf-Messing B van der, Sourek-Zikova V, Blonk DI 724, *729*

Werner E, s. Kaul A *436*

Werner GT, s. Wustrow TH 224, *232*

Werner L 362, *378*

Werts ED, Johnson MJ, DeGowin RL 257, *264*

Wessely P, s. Kogelnik HD 694, *709*

West G, s. Kligerman MM 622, *637*

West G, s. Yuhas JM 588, *611*

Westerborn O, s. Hulth A 267, 269, 271, 275, 277, 281, 284, 285, *310*

Westergaard E, van Deurs B, Brondsted HE 363, *378*

Westland RD, Holmes JL, Mouk ML, Marsh DD, Cooley RA, Dice JR 560, *610*

Westling P, Svensson H, Hele P 339, 340, *348*

Westmann A, s. Diezfalusy E 150, *161*

Westra A, Dewey WC 646, 647, *681*

Westra A, s. Dewey WC 657, *675*

Wetter O, s. Delbrück H 715, 716, 717, 718, *727*

Weyer BJ, s. Gerachi JP 626, *636*

Weyer BJ, s. Geraci JP 85, 97, 142, 143, 147, 154, 155, *162*

Whalley WB, s. Dickson JA 665, 666, *676*

Whang-Beng RE, s. Canellos GP 716, *727*

Whang-Peng J, s. Bull JM 673, *675*

Wharam MD, s. Phillips TL 399, *401*

Wharam MD, s. Utley JF 586, 587, 596, *610*

Wharton JT, Delclos L, Gallager S, Smith JP 88, 95, *99*

Wharton JT, s. Peters LJ 630, *638*

Whelton JA, McSweeney DJ 128, *170*

White A, Hornsey S 335, *348*

White A, s. Hornsey S 341, *346*, 627, *637*

White FC, s. Utley JF 579, *610*

White RAS, Workman P, Brown JM 702, *711*

White RAS, Workman P, Freedman LS, Owen LN, Bleehen NM *711*

White RJ, s. Albin MSR 363, *372*

White RL, El-Mahdi AM, Ramirez HL 182, *203*

Whiteside LA, s. Silverman CL 283, *314*

Whitmore GF, Gulyas S, Varghese AJ 688, *711*

Whitmore GF, s. Elkind MM 17, 18, 22, 27, *36*, 41, *66*

Whitmore GF, s. Schneider DO 239, 240, *263*

Whitsett TL, s. Czerwinski AW 591, *602*

Wichert PV, s. Heilmann HP 721, 722, *727*

Wicke A 426, *437*

Wideroe R 13, *39*

Wieland C, s. Heilmann HP 722, *727*

Wiernik G, Patterson TJS, Berry RJ *203*

Wiernik G, Plant M 79, *99*

Wiernik G, s. Berry RJ 185, 190, 193, *199*

Wiernik G, s. Brennan D 191, *200*

Wiernik G, s. Churchill-Davidson I 359, 373, 684, *707*

Wiernik G, s. Hopewell JW 185, 191, 192, 193, *201*

Wiernik G, s. Patterson TJS 194, 198, *202*

Wigcell H, s. Stjernsward J 207, 219, *232*

Wigg DR, Koschel K, Hodgson GS 317, 335, 336, 340, *348*

Wigg DR, Murray ML, Koschel K 127, *170*

Wiggs L, s. Wilkinson GS 471, *488*

Wigoder SB *170*

Wike-Hooley J, s. Reinhold HS 673, *679*

Wiklund PE, s. Johnell O 290, *310*

Wilbur JR, s. Donaldson SS 715, *727*

Wilbur JR, s. Rubinstein LJ *347*

Wiley HM, Sugarbaker ED 76, *99*

Wilkins WE, Regen EM 277, *315*

Wilkins WE, s. Regen EM 277, *313*

Wilkinson GS, Voelz GL, Acquavella JF, Tietjen GL, Wiggs L, Waxweiler M 471, *488*

Willemse PHB, Sleijfer DT, Sluiter WJ, Koops HS, Doorenbos H 130, *170*

Williams A, s. Sealy R 697, *710*

Williams DW, s. Adams GE 29, *35*

Williams MMD, s. Carlson HC 271, *308*

Williams MV, Denekamp J 120, *122*

Williams MV, Chir B, Denekamp J, Minchinton AI, Stratford MR 703, *711*

Williams RC, s. DeHoratius RJ 663, *675*

Williams WL, s. Anderson RE 209, 223, *228*

Williamson FS, s. Ainsworth EJ 252, *258*

Williamson FS, s. Batchelor AL 155, *160*

Wills ED, s. Barrat GM 659, *674*

Wills ED, s. McTaggarat J 127, 151, *166*

Willson RL, s. Adams GE 688, *706*

Willson RL, s. Foster JL 689, *708*

Wilmanns W, s. Kolb HJ 288, *311*

Wilson AF, s. Urtasun RC 694, 695, *711*

Wilson C, s. Asscher AW *372*

Wilson CB, Gutin P, Boldrey EB, Crafts D, Levin VA, Enot KJ 719, *729*

Wilson CB, s. Edwards MS 324, *345*

Wilson CB, s. Eyster EF 320, 324, *345*

Wilson CB, s. Hoffman WF 323, *346*

Wilson CB, s. Walker MD 719, *729*

Wilson CW 266, 278, 279, *315*

Wilson CW, s. Russell DS 362, *377*

Wilson GH, Byfield J, Nanafee WN 324, *348*

Wilson JD, s. Montour JL 155, *166*

Wilson R, s. Matsuzawa T 80, *98*

Wilson RR 617, *639*

Wilson S, s. Kligerman MM 623, *637*

Wiltshire CR, Workman P, Watson JV, Bleehen NM 695, *711*

Windeyer B 684, *711*

Windler F, s. Coniglio JG *161*

Wingenfeld U, s. Esser E 725, *727*

Winkle J, s. Tempel K 598, *609*

Winkler BC, s. Metcalf PE 463, *484*

Winkler C, s. Reeves RJ 75, *98*

Winstanly D, s. Thomas PRM 129, *169*

Winston KR, s. Li FP *347*

Winter H, s. Stender HS 218, *232*

Winter J, s. Pagani JJ 306, *312*

Wintz H 379, 402, 539, *556*

Wintz H, s. Seitz L 181, *203*

Wisniewski HM, s. Berry K 363, *372*

Wist EA, s. Millar JL 588, *606*

Witcofski RL, Kremkau FW 667, *681*

Withers HP, s. Masuda K 190, *202*

Withers HR 21, *39*, 189, 191, 196, 204, 626, *639*, 688, *711*

Withers HR, Elkind MM 21, 24, *39*, 81, 83, *99*, 570, *610*

Withers HR, Flow BL, Huchton JI, Hussey DH, Jardine JH, Mason KA, Raulston GL, Smathers JB 625, *639*

Withers HR, Flow BL, Huchton UI, Hussey DH, Jardine JH, Mason KA, Rauston GL, Smathers JB 191, 196, *204*

Withers HR, Hunter N, Barkley HT Jr, Reid BO 142, 153, 155, *170*, 573, *610*

Withers HR, Mason KA 81, 83, *99*

Withers HR, Mason K, Reid BO, Dubravsky N, Barkley JT Jr, Brown BW, Smathers JB 626, *639*

Withers HR, Suit HD 55, *68*

Withers HR, Thames HD, Flow BL, Mason KA, Hussey DH 191, 192, 193, *204*

Withers HR, Thames HD, Hussey DH, Flow BL, Mason KA 625, *639*

Withers HR, Thames HD, Peters LJ 59, 60, *68*

Withers HR, s. Chen KY 73, 74, *96*

Withers HR, s. Dubravski N 184, *200*

Withers HR, s. Hussey DH 627, *637*

Withers HR, s. Meistrich ML 142, 146, 153, 154, 155, *166*

Withers HR, s. Merino OR 649, *678*

Withers HR, s. Peters LJ 193, *203*

Withers HR, s. Thames HD 84, 89, *99*

Withers HW, Thames HD, Hussey DH, Flow BL, Mason KA 191, 196, *204*

Withman B, s. Soloway AH 701, *710*

Wittenborg MH, s. Neuhauser EBD 284, *312*

Wittevrongel C, s. Janssens PJ 150, *164*

Wizenberg MJ, s. Robinson JE 641, 645, 646, 649, 667, 669, 670, *680*

Wolf A, Cowen D, Geller LM 353, *378*

Wolf JS, s. Hume DM 223, 226, 227, *230*

Wolf NK, s. Ray RD 284, 285, *313*

Wolf T, s. Virsik RP 209, *232*

Wolf V, s. Braun W 560, *601*

Wolfe LS, Klatzo I, Miquel J, Haymaker W 357, 358, *378*

Wolff HG, s. Dunning HS 362, *373*

Wolff J, s. Rugh R 574, *608*

Wöllgens P, Albrecht H-J, Petschen J 108, *122*

Wöllgens P, s. Voss ACh 110, *122*

Woodard HQ 266, 278, *315*

Woodard HQ, Laughlin JS 277, *316*

Woodard HQ, Spiers FW 277, 299, *316*

Woodard HQ, s. Dziewiatkowski DD 266, 267, 268, 277, 279, 281, *308*

Woodard HQ, s. Kim JH 303, *311*

Woodard HQ, s. Smith J 306, *314*

Woodruff KH, s. Leith JI 614, 615, 618, *638*

Woodruff KH, s. Leith JT 618, *638*

Woodward ED, s. Shore RE 470, *486*

Woollam DHM, Millen JW 576, *610*

Workman P 694, 703, *711*

Workman P, Little CJ, Marten TR, Flockhart IR, Bleehen NM 695, *711*

Workman P, s. Brown JM 702, *707*

Workman P, s. White RAS 702, *711*

Workman P, s. Wiltshire CR 695, *711*

Worthington B, s. Godwin-Austen RB 320, 326, *346*

Wrage D, Lierse W, Franke HD 357, 370, 371, *378*

Wright AE, s. Al-Abdulla ASM 630, *635*

Wright EA, Shewell J 563, *610*

Wright EA, s. Hopewell JW 359, 368, *375*

Wright JF, s. Cahill DF 156, *160*

Wright KA, s. Hicks SP 351, *375*

Wright RL, s. Chiang J 363, 366, *373*

Wronski TJ, Smith JM, Jee WSS 290, 293, 296, 304, *316*

Wu AM, Till JE, Siminovitch L, McCulloch EA *264*

Wu Chu-Tse, Lajtha LG 237, 253, *264*

Wulf H, s. Kraft G 53, *67*

Wulfius-Kock M, s. Tempel K 598, *609*

Wündisch GF, s. Schellong G 715, 718, *728*

Wustrow TH, Werner GT, Messerschmidt O 224, *232*

Wyatt JP, s. Adamson IYR 391, *399*

Wyatt JP, s. Bowden DH 387, 396, *400*

Wyrobek AJ, s. Bruce WR 144, *160*

Yakar D, s. Johnson RJR 670, 671, 672, *677*

Yamada T, Ohyama H 7, 8. *39*

Yamada T, Ohyama H, Kinjo Y, Watanabe M 8, 31, *39*

Yamada T, s. Ohyama H 7, 8, *38*

Yamada T, s. Yoshimura N 157, *170*

Yamamoto H, Shitara N, Takakura Sano K 719, *729*

Yamamoto T, s. Ishimaru T 470, *482*

Yamamoto T, s. Tokunaga M 470, *487*

Yang S-J, s. Hahn GM 22, *37*

Yang SJ, s. Rafla S 219, *230*

Yang TCH, s. Blakely EA 55, *66*

Yano K, s. Tabuchi A *169*

Yarmonenko SP, Avrunina GA, Shashkov VS, Govorun RD 585, *610*

Yasui T, s. Kimura H 599, *604*

Yatvin MB 30, *39*, 662, *681*

Ydrach AA, Parsons J, Concannon J, Asbell SO, George F, Marcial VA 698, *711*

Yeager VL, Chiemchanya S, Chaiseri P 290, *316*

Yeo JD *378*

Yerushalmi A 662, *681*

Yerushalmi A, s. Brenner HJ 670, *675*

Yesner R, s. Gelfand MD 79, *97*

Yi PM, s. Gullino PM 665, 666, *676*

Yoshida M, s. Ogata K 86, 91, *98*

Yoshimura N, Etoh H, Egami N, Asami K, Yamada T 157, *170*

Yosihara H, s. Irie H 587, *604*

Yosipovitch Z, s. Pogrund H 289, *313*

Young CMA, Hopewell JW 186, 198, *204*

Young CMA, s. Brennan D 191, *200*

Young CMA, s. Durrant KR 193, *200*

Young CMA, s. Hopewell JW 185, 186, 191, 192, 193, *201*

Young R, s. Vita VT de 715, *729*

Yu Cui-fang, s. Cao Shu-Juan 474, *479*

Yu NY, s. Brown JM 701, 702, 703, *707*

Yuen A, s. Thomas JW 207, 219, *232*

Yuhas JM 134, *170*, 560, 561, 567, 568, 586, 587, 588, 592, *610*, *611*

Yuhas JM, Davis ME, Glover D, Brown DQ, Ritter M 588, *611*

Yuhas JM, Li AP, Kligerman MM 623, *639*

Yuhas JM, Proctor JO, Smith LH 586, 596, *611*

Yuhas JM, Spellman JM, Culo F 588, *611*

Yuhas JM, Spellman JM, Jordan SW, Pardini MC, Afzal SM, Culo F 588, *611*

Yuhas JM, Storer JB 561, 562, 563, 587, *611*

Yuhas JM, Yurconic M, Kligerman MM, West G, Peterson DF 588, *611*

Yuhas JM, s. Black WC 82, *96*

Yuhas JM, s. Blumberg AL 591, *601*

Yuhas JM, s. Glick JH 588, 591, *603*

Yuhas JM, s. Jordan SW 623, *637*

Yuhas JM, s. Kligerman MM 590, 591, *604*, 623, *637*

Yuhas JM, s. Washburn LC 562, *610*

Yuile C, s. Cahill DF 156, *160*

Yukawa Y, s. Abe M 592, *600*

Yunis EJ, s. McCollough J 213, *230*

Yurconic M, s. Yuhas JM 588, *611*

Zagars G, Baird M, Rubin P, Salazar O, Phillips TL *711*

Zamboglou N, s. Beuningen D van 233, 645, 647, *675*

Zamboglou N, s. Molls M 32, *38*

Zamboglou N, s. Streffer C 15, *39*, 644, 648, *680*

Zan-Bar I, Slavin S, Strober S 225, *232*

Zan-Bar I, s. Strober S 227, *232*

Zander A, s. Spitzer G 245, *263*

Zander G, s. Kuzma JF 289, *311*

Zanelli GD, s. Dische S 693, *708*

Zankl H, s. Leidl W 153, *165*

Zaunbauer F, s. Kogelnik HD 694, *709*

Zee J van der, s. Reinhold HS 673, *679*

Zekert F, s. Lunglmayr G 671, *678*

Zelena J 358, *378*

Zelena W 350, 368, 369, 370, 371, *378*

Zeman W 320, 324, 340, *348*

Zeman W, Carsten A, Biondo S *378*

Zeman W, Curtis HJ *378*

Zeman W, Curtis HJ, Gebhard EL, Haymaker W 350, 368, *378*

Zeman W, Ordy JM, Samorajski T 353, 371, *378*

Zeman W, Samorajski T 371, *378*

Zeman W, Samorajski T, Curtis HJ 362, *378*

Zeman W, Shidnia H 320, 333, *348*

Zeman W, s. Samorajski T 356, 358, 371, *377*

Zemel BS, s. Hickey RJ 468, *481*

Zemljanoj AG 543, *556*

Zhulanova ZI, s. Nikandrova TI 147, *166*

Zimbler H, s. Greco FA *201*

Zimmer KG, s. Jung H 43, 63, *67*

Zimmerman SO, s. Murray CG 302, *312*

Zimmermann D, s. Merker HJ 353, *377*

Zimmermann HM, s. Hirano A 365, *375*

Zimmermann V, s. Hossmann KA 366, *375*

Zinkernagel R, Riede UN, Schenk RK 291, *316*

Zirkle RE, Lampe J 624, *639*

Zirkle RE, Aebersold PC, Dempster ER 624, *639*

Zollinger HJ 174, 175, 176, *204*

Zollinger HU 86, *99*, 102, 103, 105, *122*, 140, *170*, 265, 267, 273, 275, 276, 284, 287, 291, 292, 293, 300, 301, 303, *316*

Zore M, s. Kališnik M 148, *164*

Zornoza G, s. Crisci CD 208, 219, *229*

Zuckerman S 127, *170*

Zuelch KJ, s. Sack H 694, 699, *710*

Zülch KJ 318, 320, 321, 324, *348*

Zülch KJ, s. Sack H 719, *728*

Zuppinger A, s. Hug O 82, *97*, 187, 189, 190, 192, 194, *202*

Zurcher C, s. Gössner W 277, *309*

Zwicker H, s. Weißbach L 130, *170*

Zwieten MJ van, s. Broerse JJ 303, *308*

Zywietz F, Menzel HG, Beuningen D van, Schmidt R 47, 61, *68*

Sachverzeichnis

Deutsch — Englisch

Bei gleicher Schreibweise in beiden Sprachen sind die Stichwörter nur einmal aufgeführt

α-Strahlung, berufliche Strahlenbelastung, Grenzwerte, *α radiation, professional radiation exposure, limiting values* 447

—, LET-Werte, *α radiation, LET values* 45

α-Teilchen, Reichweite in Wasser, kinetische Energie, *α particles, range within water, kinetic energy* 42

—, Sauerstoff-Sensibilisierungsfaktor, LET-Funktion, *α particles, oxygen enhancement ratio, LET function* 55

—, Tiefendosiskurven, *α particles, depth dose curves* 64

Abdominalorgane, Strahlenempfindlichkeit, *abdominal organs, radiosensibility* 69, 70

Adenokarzinom, Intestinum, Tumorinduktion, *adenocarcinoma, intestinum, tumor induction* 577

AET, Dosisreduktionsfaktor, chemischer Strahlenschutz, *AET, dose reduction factor, chemical radiation protection* 584

Aktinomycin D, mRNA-Synthese, Hemmung, *actinomycine D, mRNA-synthesis, retardation* 22

akute Letalität, Neutronen, Dosisreduktionsfaktoren, *acute letality, neutrons, dose reduction factors* 584

akute Strahlenreaktionen, Atemtrakt, *acute radiation reactions, respiratory tract* 571

—, Blut, *acute radiation reactions, blood* 564

—, Ganzkörperbestrahlung, *acute radiation reactions, whole body irradiation* 562

—, Glioblastom, CT, *acute radiation reactions, glioblastoma, CT* 331

—, Haut, Histologie, *acute radiation reactions, skin, histology* 174

—, —, Klinik, *acute radiation reactions, skin, clinical features* 171–173

—, —, Pathogenese, *acute radiation reactions, skin, pathogenesis* 176, 177

—, —, Quantifizierung, *acute radiation, reactions, skin, quantification* 181

—, —, Säugetiere, Ganzkörperbestrahlung, *acute radiation reactions, skin, mammalians, whole body irradiation* 567, 568

—, —, Zeitfaktor, *acute radiation reactions, skin, time factor* 187

—, Hämatopoese, *acute radiation reactions, haematopoesis* 564

—, Hoden, *acute radiation reactions, testis* 572, 573

—, Leber, *acute radiation reactions, liver* 571

—, lymphatisches System, *acute radiation reactions, lymphatic system* 566

—, Schilddrüse, *acute radiation reactions, thyroid gland* 572

—, Verdauungstrakt, *acute radiation reactions, digestive tract* 569, 570

akutes Strahlensyndrom, Atombombe, Blutveränderungen, *acute radiation syndrome, atom bomb, blood changes* 537

—, Gehirn, Rückenmark, *acute radiation syndrome, brain, spinal cord* 317

—, Reaktorstörfälle, *acute radiation syndrome, reactor accidents* 501, 502, 514

alkalische Phosphatase, Enzym-Aktivität, Knochen, Strahlenwirkungen, *alcalic phosphatasis, enzyme activity, bone, radiation effects* 277, 278

Alter, Einfluß, Strahlenwirkung, Knochen, Wachstumspotential, *age, influence, radiation effect, bone, growing potential* 288

—, Exostosen, ^{224}Ra-Behandlung, *age, exostoses, ^{224}Ra therapy* 289

—, „minimal stunting dose", *age, "minimal stunting dose"* 288

Alterungsprozeß, strahlenbedingter, *aging process, radiation induced* 34, 35

Alveolarepithel, Kinetik, Strahlenpneumonitis, *alveolar epithelium, kinetics, pneumonitis, radiation induced* 387

Alveolarphagozytose, Oberflächenfaktor, Immunsystem, *alveolar phagocytosis, surface factor, immunological system* 380

Alveolarwand, histologischer Aufbau, *alveolar wall, histologic construction* 381

Aminoethylisothiuronium (AET), Strahlenschutz, LD_{50}, *aminoethylisothiuronium (AET), radiation effect LD_{50}* 561

Anämie, aplastische, Polychemotherapie, Knochenwachstumsstörungen, *anaemia, aplastic, polychemotherapy, bone growing disturbances* 288

Anatomie, Knochen, wachsender, *anatomy, bone, growing* 266

—, Knochenmark, *anatomy, bone marrow* 235

—, osteogenes Gewebe, Zellkinetik, *anatomy, osteogenic tissue, cell cinetics* 271, 272

Anoxie, Serotonin, Schutzeffekt, *anoxia, serotonin, protective effect* 595

Antikörperbildung, Ganzkörperbestrahlung, Dosis, *antibody production, whole body irradiation, dose* 225

Antikörperbildung, Lymphozyten, Strahlensensibilität, *antibody formation, lymphocytes, radiosensibility* 223

Apatitwert, Schenkelhalsspongiosa, Osteoradionekrose, *apatite value, femoral neck spongiosa, osteoradionecrosis* 291, 292

—, Verlaufskontrolle, Spongiosklerose, *apatite value, follow up, spongiosclerosis* 292

Argon-Ionen, LET-Werte, *argon ions, LET values* 45

—, Reichweite in Wasser, kinetische Energie, *argon ions, range within water, kinetic energy* 42

—, Tiefendosiskurven, Tumortherapie, *argon ions, depth dose curves, tumor therapy* 64

Amplexus, Strahlenschädigung, *arm plexus, radiation injury* 334

Ataxia teleangiectatica, DNA-Repair, fehlender, *ataxia teleangiectatica, DNA repair, deficient* 30

—, DNA-Replikation, Störungen, *ataxia teleangiectatica, DNA replication, disorders* 7

Atelektase, Strahlenpneumonitis, Entwicklungsmechanismen, *atelectasis, pneumonitis, radiation induced* 387

Atemtrakt, akute Strahlenreaktionen, Ganzkörperbestrahlung, *respiratory tract, acute radiation reactions, whole body irradiation* 571

Atmung, Mechanik, Oberflächenfaktor, *respiration, mechanics, surface factor* 380

Atombombe, akutes Strahlensyndrom, *atom bomb, acute radiation, syndrome* 537

—, biologische Strahlenwirkung, *atom bomb, biological radiation effects* 533

—, Dosiswirkungsbeziehungen, *atom bomb, dose effect relations* 534

—, Fallout, Radioisotope, *atom bomb, fallout, radioisotopes* 526

—, LD_{50}, *atom bomb, LD_{50}* 535

—, Luftexplosion, chronologische Entwicklung, *atom bomb, explosion in air, chronological development* 523

—, Radioaktivität, Spaltprodukte, *atom bomb, radioactivity, fission products* 490

—, Strahlenschäden, *atom bomb, radiation injuries* 532, 533, 537

—, thermische Schäden, *atom bomb, thermic injuries* 525, 526

Atombombenkatastrophe, Strahlen-Kombinationsschäden, *atom bomb catastrophe, radiation injuries, combined* 579

—, Strahlenwirkung in utero, *atom bomb catastrophe, radiation effects in utero* 288

—, Überlebenszeiten, *atom bomb catastrophe, survival times* 536

^{198}Au, Dosisgrenzwerte, Haut, ^{198}Au, *dose limiting values, skin* 452

—, Strahlentoleranz, Gehirn, ^{198}Au, *radiation tolerance, brain* 339

Auge, Strahlentherapie, Komplikationen, Toleranzdosen, *eye, radiotherapy, complications, tolerance doses* 25

Augen, Teilkörperbestrahlung, Klinik, *eyes, partial body irradiation, clinical features* 444

Augenlinse, berufliche Strahlenbelastung, Risiko, *eye lens, professional radiation exposure, risk* 448

Autoradiographie, Knochen, Mineralisierung, Strahlenwirkung, *autoradiography, bone, mineralisation, radiation effects* 278

—, Knorpel, Strahlenschädigung, *autoradiography, cartilage, radiation injury* 268, 269

Azoospermie, strahleninduzierte, *azoospermia, radiation induced* 150, 151

B-Immunozyten, Antikörperbildung, Strahlensensibilität, *B immunocytes, antibody formation, radiosensibility* 223

B-Jonen, Sauerstoff-Sensibilisierungsfaktor, LET-Funktion, *B ions, oxygen enhancement ratio, LET function* 55

B_6-SH, Dosiswirkungskurven, chemischer Strahlenschutz, B_6-SH, *dose effect curves, chemical radiation protection* 559

^{137m}Ba, Atombombe, Fallout, ^{137}Ba, *atom bomb, fallout* 526

Bakterien, RBW-Werte, LET-Abhängigkeit, *bacteria, RBE values, LET dependency* 50

—, Strahlenempfindlichkeit, LET-Funktion, *bacteria, radiosensibility, LET function* 48

BEIR, Empfehlungen, Strahlenschutz, *BEIR, recommendations, radiation protection* 445

Becken, Organe, Strahlenempfindlichkeit, *pelvis, organs, radiosensibility* 69

Berufsrisiko, Radiologen, *professional risk, radiologists* 439, 440

beruflich strahlenexponierte Personen, Dosisgrenzwerte, *professionally exposed persons, dose limite values* 447, 448

Bethe-Bloch-Formel, Energieverlust, schwere Teilchen, *Bethe-Bloch's formula, energy lost, heavy particles* 43

Bevölkerung, Schutz, Reaktorstörfälle, *population, protection, reactor, accidents* 508

—, Strahlenbelastung, Reaktorunfälle, *population, radiation exposure, reactor accidents* 493

Biochemie, Strahlenwirkung, *biochemistry, radiation effects* 3–7, 147, 208

biochemische Wirkungsmechanismen, Strahlenschutzsubstanzen, *biochemical reaction mechanisms, radiation protective compounds* 597, 598

Blut, extrakorporale Bestrahlung, Lymphopenie, *blood, extracorporale irradiation, leukopenia* 226

—, Schädigung, Atombombe, *blood, injury, atom bomb* 533, 534

—, Strahlenwirkungen, Ganzkörperbestrahlung, *blood, radiation effects, whole body irradiation* 564, 565

Blutgefäße, Strahlenschädigung, chemischer Schutz, *blood vessels, radiation injury, chemical protection* 579

B-Lymphozyten, Dosiswirkungskurven, Sensibilitätsparameter, *B lymphocytes, dose effect curves, sensibility parameters* 222

Bragg-Kurve, relative Ionisation, ^{187}MeV-Protonen, *Bragg curve, relative ionization, ^{187}MeV protons* 44

Bragg-Maximum, Elektronen, Protonen, Energieverlust in Wasser, *Bragg peak, electrons, protons, energy loss in water* 43

Brom, Kontamination, Reaktorunfälle, *bromine, contamination, reactor accidents* 497

Brustwirbelsäule, Mikroradiogramm, ^{227}Th-Inkorporation, Osteoradionekrose, *thoracic spine, microradiogram, ^{227}Th incorporation, osteoradionecrosis* 300

Burkitt-Lymphom, Sensibilitätsparameter, *Burkitt's lymphoma, sensibility parameters* 211

B-Zell-System, Strahlenwirkungen, *B cell system, radiation effects* 206, 207

^{45}Ca-Inkorporation, Spongiosa, Strahlenwirkung, ^{45}Ca *incorporation, spongiosa, radiation effect* 293, 294

cAMP Sulfhydrylgruppen, Zellgehalt, *cAMP sulfhydryl groups, cell content* 5

Carcinoma colli, Strahlentherapie, pathologische Schenkelhalsfraktur, *carcinoma colli, radiotherapy, pathological femoral neck fracture* 291, 292, 293

chemischer Strahlenschutz, klinische Anwendung, *chemical radiation protection, clinical application* 588, 589

–, Kombinationsschäden, *chemical radiation protection, combined injuries* 579, 580

–, $LD_{50/30}$-Werte, *chemical radiation protection, $LD_{50/30}$ values* 581

–, siehe Strahlenschutz, *chemical radiation protection, see radiation protection*

–, Stoffe, LD_{50}, therapeutischer Index, *chemical radiation protection, compounds, LD_{50}, therapeutic index* 561, 562

–, Substanzen, Toxizität, *chemical radiation protection, compounds, toxicity* 559, 561

–, Tumorinduktion, *chemical radiation protection, tumor induction* 577

Chemotherapie, chronische Strahlenwirkung, Dünndarm, *chemotherapy, chronic radiation reaction, small intestine* 85

–, Kindesalter, Leukämie, Wachstumskurven, *chemotherapy, childhood, leukaemia, curves of growing* 288

–, Knochenmark-Transplantation, Wachstumskurven, *chemotherapy, bone marrow transplantation, growing curves* 288

–, Leukozyten, DNS-Synthese, *chemotherapy, leucocytes, DNS synthesis* 219

–, Strahlenreaktionen der Haut, *chemotherapy, radiation reactions of skin* 199

–, Strahlenschäden, Gehirn, *chemotherapy, radiation induced lesions, cerebral* 341, 342

–, Strahlentherapie, Niere, Kombinationsschaden, *chemotherapy, radiotherapy, combined injury* 111, 112

Chondrosarkom, strahleninduziertes, *chondrosarcoma, radiation induced* 306

Chromatin, Bestrahlung, DNA-Schädigung, *chromatine, irradiation, DNA injury* 3

chronische Strahlenreaktion, Haut, Histologie, *chronic radiation reaction, skin, histology* 174

–, –, Klinik, *chronic radiation, reaction, skin, clinical features* 171, 172

–, –, Pathogenese, *chronic radiation reactions, skin, pathogenesis* 175, 176, 179

–, –, Quantifizierung, *chronic radiation reactions, skin, quantification* 184

–, –, Therapie, *chronic radiation reactions, skin, therapy* 175, 176

–, –, Zeitfaktor, *chronic radiation reactions, skin, time factor* 190

chronisch-lymphatische Leukämie, Strahlenempfindlichkeit, *chronic lymphatic leukaemia, radiosensibility* 210

Clearance, Nierenfunktion, Radionephritis, *clearance, renal function, radionephritis* 105, 106, 108

^{60}Co-γ-Strahlung, Dosiswirkungsbeziehung, Knochenmark, ^{60}Co-γ-radiation, dose effect relation bone marrow 238

–, Hautreaktionen, ^{60}Co-γ-radiation, skin reactions 171, 172

–, LET-Werte, ^{60}Co-γ-radiation, LET values 45

–, Stammzellen, Überlebensfraktionen, ^{60}Co-γ-radiation, stem cells, survival fractions 248

^{137}Cs, Kontamination, Reaktorstörfälle, ^{137}Cs contamination, reactor accidents 498

^{137}Cs-γ-Strahlung, Stammzellen, Knochenmark, Überlebensfraktion, ^{137}Cs-γ-radiation, stem cells, bone marrow, survival fraction 248

^{60}Co-Therapie, Osteoradionekrose, Hüftgelenk, Röntgenbild, ^{60}Co therapy, osteoradionecrosis, hip joint, radiogram 298

Colchizin, Mitoseaktivität, Lymphozyten, *cholicine, mitosis, activity, lymphocytes* 217

^{14}C-Prolin-Inkorporation, Lungenfibrose, nach Bestrahlung, ^{14}C proline incorporation, lung fibrosis, after irradiation 390

Croher-Sarkom, Resistenzsteigerung, Strahlenschutzstoffe, *Croher sarcoma, resistance enhancement, radiation protective compounds* 587

^{137}Cs-γ-Strahlung, Stammzellen, Knochenmark, Dosiswirkungsbeziehungen, ^{137}Cs-γ-radiation, stem cells, bone marrow, dose effect relations 238

Cystamin, Cysteamin, klinische Anwendung, *cystamin, cysteamin, clinical application* 588, 589

Cysteamin, Lymphosarkom, Tumorinduktion, *cysteamin, lymphosarcoma, tumor induction* 577

Cystein, Cysteamin, biochemische Wirkungsmechanismen, *cystein, cysteamin, biochemical reaction mechanisms* 598, 599

–, –, chemischer Strahlenschutz, *cystein, cysteamin, chemical radiation protection* 4, 557

–, –, Dosisreduktionsfaktoren, *cystein, cysteamin, dose reduction factors* 584

–, –, Katarakt, strahlenbedingte, *cystein, cysteamin, cataracta, radiation induced* 578

–, –, Toxizität, *cystein, cysteamin, toxicity* 561

Cystaphos (WR 638), klinische Anwendung, *cystaphos (WR 638), clinical application* 590

Darmschleimhaut, Regenerationskapazität, Strahlenfolgen, *intestinal mucosa, regenerative capacity, radiation induced lesions* 79, 80, 81

Definition, direkt, indirekt ionisierende Strahlung, *definition, directly, indirectly ionizing radiation* 42

–, Dosiseinheiten, *definition, dose units* 448

–, Dosisreduktionsfaktor, *definition, dose reductive factor* 558

–, G-Wert, primäre Radiolyseprodukte, *definition, G-value, primary products of radiolysis* 47

–, Gray, *definition, gray* 448

–, Inaktivierungsquerschnitt, Teilchenstrahlung, *definition, inactivation diameter, particle radiation* 52

–, kritischer Apatitwert, *definition, critical apatite value* 292

–, linearer Energie-Transfer (LET), *definition, linear energy transfer (LET)* 44, 45

–, natürliche, zivilisatorische Strahlenbelastung, *definition, natural, unmodified, modified, „man made-" radiation exposure* 403

–, relative biologische Wirksamkeit, Berechnung, *definition, relative biological effectiveness, calculation* 49

–, – Wirksamkeit, chemischer Strahlenschutz, *definition, relative effectiveness, chemical radiation protection* 559

–, reproduktiver Zelltod, *definition, reproductive death* 8

–, Sauerstoffeffekt, *definition, oxygen-effect* 53

–, Sievert (Sv), *definition, Sievert (Sv)* 448

–, Strahlenfolgen, Gehirn, Rückenmark, *definition, radiation induced lesions, brain, spinal cord* 318

–, Strahlenkatastrophe, Reaktor, *definition, radiation catastrophe, reactor* 499

–, Strahlenschädigung, Knochen, *definition, radiation injury, bone* 265

–, Strahlenwirkung, direkte, indirekte, *definition, radiation effect, direct, indirect* 1

Definitionen, SI-Einheiten, *definitions, SJ units* 448

Deformitäten, Skelett, strahleninduzierte, *deformities, skeleton, radiation induced* 289

Dekontaminierung, Reaktorstörfälle, *decontamination, reactor accidents* 510, 511

Deltastrahlen, Sekundärelektronen, LET, *delta rays, secondary electrons, LET* 45

desmale Ossifikation, Strahlenschädigung, Morphologie, Dosiswirkungsbeziehungen, *desmal ossification, radiation injury, morphology, dose effect relations* 286

Desoxyribonuklease, Strahlenempfindlichkeit, LET-Funktion, *desoxyribonuklease, radiosensibility, LET function* 48

Deuteronen, Sauerstoff-Sensibilisierungsfaktor, LET-Funktion, *deuterons, oxygen enhancement factor, LET function* 55

Dickdarm, siehe Kolon, *large intestine, see colon*

Differentialdiagnose, Ileitis terminalis, Strahlenspätfolgen, *differential diagnosis, ileitis terminalis, radiation induced late reactions* 76

—, Radionekrose, Gehirn, Tumorrezidiv, *differential diagnosis, radionecrosis, brain, recurrent tumor* 321, 322, 324, 329

DNA, Reparaturvorgänge, nach Strahlenschädigung, *DNA, repair mechanisms, after radiation mechanisms* 3, 6, 7

—, Replikation, Fehler, *DNA, replication, errors* 7

DNA-Gehalt, Zellkern, Generationszyklus, *DNA content, nucleus, generative cycle* 15

DNA-Histogramm, Rektumkarzinom, *DNA histogram, rectum carcinoma* 16

DNA-Repair, fehlender, Ataxia teleangiectatica, *DNA repair, deficient, ataxia teleangiectatica* 30

DNA-Repair-Synthese, Dosiswirkungsbeziehungen, „Schulterkurven", *DNA repair synthesis, dose effect relations, shoulder shaped curves* 18

DNA-Schädigung, E. coli, LET-Funktion, *DNA injury, E. coli, LET function* 49

DNA-Synthese, Aktinomycin D, Hemmung, *DNA synthesis, actinomycine D, inhibition* 22

—, chemischer Strahlenschutz, *DNA synthesis, chemical radiation protection* 597

—, Mechanismus, *DNA synthesis, mechanism* 4

—, Mitosehäufigkeit, Generationszyklen, *DNA synthesis, frequency of mitosis, generative cycles* 14

—, Strahlenschädigung, Strahlenempfindlichkeit, *DNA synthesis, radiation injury, radiation sensibility* 2, 3

DNS-Synthese, Knochen, wachsender, *DNS synthesis, bone, growing* 266

—, —, Strahlenwirkung, *DNS synthesis, bone, radiation effect* 275

—, —, Knorpel, wachsender, *DNS synthesis, bone, cartilage, growing* 266

—, Lymphozyten, Strahlenwirkung, *DNS synthesis, lymphocytes, radiation effects* 208, 209

—, Lymphozytenstimulation, *DNS synthesis, lymphocytes, stimulation* 211, 212, 213, 218

—, ^{32}P-, ^{227}Th-Inkorporation, Strahlenwirkung, *DNS synthesis, ^{32}P-, ^{227}Th incorporation, radiation effect* 275

Dosis, Abhängigkeit, Haut, Teleangiektasien, *dose, dependence, skin, teleangiectases* 172

—, —, Knorpel, Strahlenschädigung, *dose, dependence, cartilage, radiation injury* 267, 268

—, —, Lymphozyten, PHA-Stimulation, *dose, dependence, lymphocytes, PHA stimulation* 218

—, —, Nierenfunktion, *dose, dependence, renal function* 109

—, —, Radiodermatitis, *dose, dependence, radiodermatitis* 172

—, —, Strahlenhepatitis, *dose, dependence, radiation induced hepatitis* 87

—, —, Strahlenreaktionen, Magen, *dose, dependence, radiation induced lesions, stomach* 71, 72

—, —, —, Magen-Darmkanal, *dose, dependence, radiation induced lesions, digestive tract* 78, 85

—, —, Strahlenschädigung, Leber, *dose, dependence, radiation injury of liver* 93

—, Cystamin, Cysteamin, *dose, cystamin, cysteamin* 589, 590

—, Exostosen, strahleninduzierte, *dose, exostoses, radiation induced* 289

—, Fraktionierung, Strahlenschädigung, Erholungsvorgänge, *dose fractionated, radiation injury, repair processes* 58

—, Ganzkörperbestrahlung, Antikörperbestrahlung, *dose, whole body production, antibody irradiation* 225

—, —, Atombombe, *dose, whole body irradiation, atom bombe* 535

—, geringste, das Knochenwachstum störende, *dose, minimal stunting, bone growing* 288

—, Hirnnekrose, Häufigkeit, *dose, cerebral necrosis, incidence* 338

—, Hypertonie, renale, radiogene, *dose, hypertension, renal, radiogenic* 105, 107, 108

—, kleinste, Osteoblastenschwund, *dose, minimal, loss of osteoblasts* 275

—, Knochen, DNS-Synthese, *dose, bone, DNS synthesis* 275

—, —, peritrabekuläre Fibrose, *dose, bone, peritrabecular fibrosis* 276

—, —, Wachstumsstörungen, Kindesalter, *dose, bone, growing, disorders, childhood* 287

—, Knorpel, Erholungsvorgänge nach Strahlenschädigung, *dose, cartilage, repair mechanisms after radiation injury* 268

—, —, Kapillarschädigung, *dose, cartilage, capillary injury* 271

—, —, Regenerat, Histochemie, *dose, cartilage, regeneration, histochemistry* 270

—, —, Strahlenschädigung, Wachstumsstillstand, *dose, cartilage, radiation injury, growing stop* 269

—, Letal-, Knochenmarksyndrom, *dose, letal, bone marrow syndrome* 244

—, Lungenfibrose, Reparaturmechanismen, *dose, lung fibrosis, repair mechanisms* 390

—, Lungenkarzinom, Schneeberger Krankheit, *dose, lung carcinoma, Schneeberg disease* 441, 442

—, minimale, Knochenwachstumshemmung, *dose, minimal stunting, bone* 288

—, Modifikationsfaktor, Strahlenschutzwirkung, *dose, modification factor, radiation protective effect* 579

—, Mutscheller-, Strahlentoleranz, *dose, of Mutscheller, radiation tolerance* 441

—, natürliche Strahlenexposition, *dose, natural radiation exposure* 412

—, Nephroendotheliose, radiogene, Pathologie, Klinik, *dose, nephroendotheliosis, radiogenic, pathology, clinical features* 102, 108

—, niedrige, berufliche Strahlenexposition, Risiko, *dose, low, professional, radiation exposure risk* 439, 440

—, Osteonekrose, Ursachen, Lokalisation, *dose, osteonecrosis, causes, localisation* 289, 290

—, Osteoprogenitor-Zellen, Aktivität, Osteogenese, *dose, osteoprogenitor cells, activity, osteogenesis* 290

—, Osteoradionekrose, *dose, osteoradionecrosis* 297

—, Osteosarkom, strahleninduziertes, *dose, osteosarcoma, radiation induced* 303

—, Plexus brachialis, Strahlenschädigung, *dose, plexus brachialis, radiation injury* 339

—, Radionekrose, Gehirn, Rückenmark, *dose, radionecrosis, brain, spinal cord* 321, 322

—, Reaktorunfälle, *dose, reactor accidents* 492, 493

—, Reduktionsfaktor, Definition, *dose, reduction factor, definition* 558

—, Reduktionsfaktoren, Neutronen, akute Letalität, *dose, reduction factors, neutrons, acute letality* 584

—, Schenkelhals, pathologische Fraktur, *dose, femoral neck, pathological fracture* 291, 292, 295

—, Schwellenwert, Knochenwachstumsstörungen, *dose, threshold, bone growing disorders* 286, 287

—, Skelett-, ^{227}Th-Inkorporation, Osteoradionekrose, *dose, skeletal-, ^{227}Th incorporation, osteoradionecrosis* 300

—, sterilisierende, Knochen, „morphogenetische Aktivität", *dose, sterilising, bone, "morphometric activity"* 290

—, Sterilität, strahleninduzierte, *dose, sterility, radiation induced* 145, 146

—, Strahlenempfindlichkeit, Hauttransplantation, *dose, radiosensibility, skin transplantation* 198

—, Toleranz-, Knochenwachstumsstörungen, Kindesalter, *dose, tolerance, bone growing disorders, childhood* 287

—, —, Niere, *dose, tolerance-, renal* 107

—, Tumorinduktion, chemischer Schutz, *dose, tumor induction, chemical protection* 578

Dosisabhängigkeit, Knochen, Mineralisationsstörung, *dose dependence, bone, mineralisation, injury* 278

—, —, Störungen des Längenwachstums, *dose dependence, bone, growth disturbances* 286

—, Strahlenschädigung, Knorpel, *dose dependence, radiation injury, cartilage* 267

Dosisbegrenzung, berufliche Strahlenexposition, *dose limitation, professional radiation exposure* 444, 445

—, ICRP-System, *dose limitation, ICRP system* 445

Dosiseinheiten, SI-System, Strahlenschutz, *dose units, SI system, radiation protection* 65

Dosisgrenzwerte, berufliche Strahlenexposition, *dose limiting values, professional radiation exposure* 441, 447

—, Strahlenschutz, *dose limiting values, radiation protection* 403

Dosiseinheiten, Definitionen, *dose units, definitions* 448

Dosiswirkungsbeziehungen, α-, β-Effekt, *dose effect relations, α-, β-effects* 13

—, Atombombe, *dose effect ralations, atom bomb* 533

—, chemischer Strahlenschutz, Kombinationsschäden, *dose effect relations, chemical radiation, protection, combined injuries* 582

—, Go-Lymphozyten, Überlebenskurven, *dose effect curves, Go lymphocytes, survival curves* 209

—, Ganzkörperbestrahlung, klinische Symptome, *dose effect relations, whole body irradiation, clinical symptoms* 443

—, HeLa-Zellen, Synchronisation, *dose effect relations, HeLa cells, synchronisation* 17, 18

—, Knochen, Enzym-Aktivität, *dose effect relations, bone, enzyme activity* 277

—, —, Längenwachstum, Retardierung, *dose effect relations, bone growing, retardation* 286

—, —, Strahlenschädigung, *dose effect relations, bone, radiation injury* 284, 285

—, Knochenmark, Ganzkörperbestrahlung, *dose effect relations, bone marrow, whole body irradiation* 240, 245

—, Lunge, Histopathologie, *dose effect relations, lung, histopathology* 379

—, —, strahlenbedingte Veränderungen, *dose effect relations, lung, radiation induced lesions* 396

—, Lymphozyten, Überlebenskurven, *dose effect relations, lymphocytes, survival curves* 209

—, Radiumschäden, Ärzte, *dose effect relations, radium induced lesions, physicians* 442

—, Säugerzellen, Koloniebildungstest, *dose effect relations, mammalian cells, formation of colonies, test* 9

—, Zellüberlebensraten, mathematische, experimentelle Gleichungen, *dose effect relations, survival rates of mammalian cells, mathematical, experimental equations* 10, 11, 12

Dosiswirkungskurven, B-, T-Lymphozyten, Sensibilitätsparameter, *dosis effect curves, B-, T lymphocytes, sensibility parameters* 224

—, chemischer Strahlenschutz, *dose effect curves, chemical radiation protection* 559

—, chronische Strahlenfolgen, Magen-Darmkanal, *dose effect curves, chronic radiation injuries, digestive tract* 78

—, Dünn-, Dickdarm-Stenosen, Strahlentherapie, *dose effect curves, small-, large intestine stenoses, radiotherapy* 82

—, Erholungsvorgänge und Erstbestrahlung, Knochenmarkstammzellen, *dose effect curves, repair mechanisms after first irradiation, bone marrow, stem cells* 249, 250

—, γ-Strahlung, Leberschädigung, *dose effect curves, γ radiation, liver parenchyma, injury* 93

—, Haut, Radiodermatitis, *dose effect curves, skin, radiodermatitis* 172, 173

—, Inaktivierungs-Koeffizient, Mitose, *dose effect curves, inactivation coefficient, mitosis* 57

—, Knochenmark, ^{60}Co-γ-Strahlung, *dose effect curves, bone marrow, ^{60}Co-γ-radiation* 238

—, —, Neutronenbestrahlung, *dose effect curves, bone marrow, irradiation with fast neutrons* 239

—, Leber, Strahlenschädigung, *dose effect curves, liver, radiation injury* 93

—, Makromoleküle, Inaktivierung, LET-Funktion, *dose effect curves, macromolecules, inactivation, LET function* 48

—, Mitoseaktivität, Lymphozyten, Colchizin-Wirkung, *dose effect curves, activity of mitoses, lymphocytes, colchicine effect* 217

—, Neutronen, Leber, Strahlenschädigung, *dose effect curves, neutrons, liver, radiation injury* 93

—, Nierenzellen, Inaktivierung, LET-Abhängigkeit, *dose effect curves, renal cells, inactivation, LET dependency* 50, 51

—, Sauerstoff-Effekt, LET-Werte, unterschiedliche, *dose effect curves, oxygen effect, LET-values, different* 54

—, Schulterform, Erholungsvorgänge, *dose effect curves, shoulder shaped, repair mechanisms* 19, 20, 50, 51

—, Sensibilitätsparameter, PHA-stimulierte Lymphozyten, *dose effect curves, sensibility parameters, PHA stimulated* 212, 214

Dosis-Zeitbeziehung, Radionekrose, Gehirn, *dose time relation, radionecrosis, brain* 332, 333, 337, 338

Dünndarm, akute Strahlenreaktion, chemischer Strahlenschutz, *small intestine, acute radiation reaction, chemical radiation protection* 569, 570

—, Lieberkühnsche Krypten, Stammzellen, reproduktiver Zelltod, *small intestine, Lieberkuehn's crypts, stem cells, reproductive death* 8, 9

Dünndarm, Stenosen, Dosiseffektkurven, *small intestine, stenoses, dose effect curves* 82
—, Strahlenfolgen, Chemotherapie, *small intestine, radiotherapy, chemotherapy* 85, 86
—, —, experimentelle Untersuchungen, *small intestine, radiotherapy, experimental studies* 81
—, —, Histopathologie, *small intestine, radiotherapy, histopathology* 78
—, —, Klinik, *small intestine, radiotherapy, consequences, clinical features* 75
—, —, Pathogenese, *small intestine, radiotherapy, pathogenesis* 80
—, —, Teilchenstrahlung, *small intestine, radiotherapy, particle radiation* 84, 85
—, —, Zeitfaktor, *small intestine, radiotherapy, time factor* 82, 83
—, Strahlentoleranzdosis, Komplikationen, *small intestine, radiation tolerance dose, complications* 25

E. coli, Strahlenempfindlichkeit, LET-Funktion, *E. coli, radiosensibility, LET function* 48
Effektor-T-Zellen, Lymphozyten, Strahlenempfindlichkeit, *effector T cells, lymphocytes, radiosensibility* 221
Ehrlich-Karzinom, Tumortherapie, chemischer Strahlenschutz, *Ehrlich's carcinoma, tumor therapy, chemical radiation protection* 586, 587
Einatmung, Radionuklide, Dosisgrenzwerte, *inhalation, radionuclides, dose limiting values* 452, 453
Einteilung, Strahlenfolgen, Gehirn, Rückenmark, *classification, radiation induced lesions, brain, spinal cord* 319, 320
Elektronen, berufliche Strahlenbelastung, Dosisgrenzwerte, *electrons, professional radiation exposure, dose limiting values* 447
—, Bragg-Kurve, Ionisationsdichte, *electrons, Bragg curve, ionizing density* 44
—, Bragg-Maximum, Energieverlust, Ionisationsdichte, *electrons, Bragg peak, energy loss, ionizing density* 42, 43, 44
—, Reichweite in Wasser, kinetische Energie, *electrons, range within water, kinetic energy* 42
—, Sekundär, LET, *electrons, secondary, LET* 45
—, Therapie, Plexusschädigung, *electrons, therapy, plexus brachialis lesions* 339
Elektronendonator, Strahlenschutzsubstanzen, Wirkungsmechanismus, *electron donator, radiation protection compounds, reaction mechanism* 593
Elektronenmikroskopie, Lymphozyten, Strahlenwirkungen, *electron microscopy, lymphocytes, radiation effects* 208
Elektronenspinresonanz-Spektroskopie, Strahlenschutzsubstanzen, Wirkungsmechanismus, *electron spin resonance spectroscopy, radiation protection compounds, reaction mechanism* 593
Embryogenese, Knorpel, ^{3}H-Thymidin, *embryogenesis, cartilage, Thymidin, ^{3}H tagged* 266
—, Zellsysteme, osteogenes Gewebes, *embryogenesis, cell systems, osteogenic tissue* 271, 272
EMT$_6$-Tumorzellen, In vitro-Kultur, Strahlenempfindlichkeit, *EMT$_6$ tumor cells, in vitro culture, radiation sensitivity* 14
Enchondrale Ossifikation, Strahlenschädigung, Morphologie, Dosiswirkungsbeziehungen, *enchondral ossification, radiation injury, morphology, dose effect relations* 279, 286
Endokrinologie, Ovarialzyklus, *endocrinology, ovarial cycle* 149

—, Spermatogenese, *endocrinology, spermatogenesis* 150
endokrinologische Veränderungen, Strahlenwirkung, *endocrinological changes, radiation effects* 148–153
Energieabsorption, Knochen, Knorpel, *energy absorption, bone, cartilage* 266
Energieerzeugung, Strahlenbelastung, *energy production, radiation exposure* 430
Energieübertragung, linearer (LET), *energy transfer, linear (LET)* 44, 45
—, Mikrodosimetrie, *energy transfer, microdosimetry* 46, 47
—, Strahlung, Physik, *energy transfer, radiation, physics* 42, 43
Energieverlust, differentielle, schwere Teilchen, Bethe-Block-Formel, *energy loss, differential, heavy particles, Bethe-Block's formula* 43
Entwicklungsstörungen, strahlenbedingte, *development disorders, radiation induced* 575
Enzephalopathie, Strahlenfolge, Einteilung, *encephalopathy, radiation induced, classification* 318
—, —, Klinik, *encephalopathy, radiation induced, clinical features* 322, 323
Enzyme, Aktivitätsverlust, Strahlenwirkung, *enzymes, loss of activity, radiation effect* 147
—, Strahlenempfindlichkeit, LET-Funktion, *enzymes, radiosensibility, LET function* 48
Enzymaktivität, Strahlenwirkung, *enzyme activity, radiation effect* 4, 5
—, —, Knochen, *enzyme activity, radiation effect, bone* 277, 278
—, —, Knorpel, *enzyme activity, radiation effect, cartilage* 269
—, —, Lunge, *enzyme activity, radiation effect, lung* 392
Epiphyse, Wachstumsstörung, Dosiswirkungsbeziehungen, *epiphysis, growing disorders, dose effect relations* 286
Epiphysenlösung, Kindesalter, und Bestrahlung, *epiphysiolysis, childhood, after irradiation* 282, 283
Epitheliolyse, Radiodermatitis, Dosisabhängigkeit, *epitheliolysis, radiodermatitis, dose dependency* 172
Erholungsvorgänge, Knochenmark, Stemmzellen, *repair mechanisms, bone marrow, stem cells* 249, 250
—, Knorpel, Strahlenschädigung, *repair mechanisms, cartilage, radiation injury* 267, 268
—, subletale Strahlenschäden, *repair mechanisms, subletal radiation injuries* 18–27
Erythem, Haut, Strahlenreaktionen, Klinik, *erythrema, skin, radiation reactions clinical features* 171, 172
Erythropoese, hämatopoetische Zellsysteme, Schema, *erythropoesis, haematopoetic cell systems, schema* 236
Exostosen, strahleninduzierte, *exostoses, radiation induced* 289

Fallout, Atombombe, Radioisotope, *fallout, atom bomb, radioisotopes* 526
—, „γ-Strahlung, Strahlenschädigung, *fallout, γ radiation, radiation injury* 489, 490
Fanconi-Anämie, fehlender DNA-Repair, *Fanconi's anaemia, deficient DNA repair* 30
Femurkopf, Epiphysiolyse, Strahlenschädigung, Strahlendosen, *femoral head, epiphysiolysis, radiation injury, radiation doses* 283
Fertilität, Strahlenwirkung, *fertility, radiation effects* 132
Fibrinolyse, Lunge, nach Bestrahlung, *fibrinolysis, lung, after irradiation* 392

Fibrosarkom, akute, späte Strahlenschädigung, Isoeffekt-kurven, *fibrosarcoma, acute, late radiation injuries, isoeffect curves* 59

—, Resistenzsteigerung, Strahlenschutzsubstanzen, *fibrosarcoma, resistance enhancement, radiation protective compounds* 587

Fraktur, pathologische, kritischer Apatitwert, Strahlendosis, *fracture, pathological, critical apatite value, radiation dose* 292

Frakturheilung, Störung, strahleninduzierte, *fracture healing, disorders, radiation induced* 289

FSH, Serumwerte, radiologische, operative Kastration, *FSH, serum values, radiological, operative castration* 149

Funktion, Knochenmark, Struktur, *function, bone marrow, structure* 235

Fusionsbombe, Strahlenschädigung, *fusion bomb, radiation injury* 523

γ-Strahlung, Atombombe, Strahlenschädigungen, *γ radiation, atom bomb, radiation injuries* 532

—, berufliche Strahlenbelastung, Grenzwerte, *γ radiation, professional radiation exposure, limiting values* 447

—, biologische Wirkungen, *γ radiation, biological effects* 42

—, Isoeffektkurven, akute, späte Strahlenschäden, *γ radiation, isoeffect curves, acute, late radiation injuries* 59

—, LET-Werte, *γ radiation, LET values* 45

—, Leberschädigung, Dosisabhängigkeit, *γ radiation, liver parenchyma injury, dose dependency* 93

—, Reaktorunfälle, *γ radiation, reactor accidents* 489, 490

—, relative biologische Wirksamkeit (RBW), *γ radiation, relative biological, effectiveness (RBE)* 49, 50

G_0-Lymphozyten, Strahlensensibilität, in vitro-Befunde, *G_0 lymphocytes, radiosensibility, in vitro findings* 208, 211

—, —, in vivo-Befunde, *G_0 lymphocytes, radiosensibility, in vivo findings* 206, 227

—, Überlebenskurven, Dosiswirkungsbeziehungen, *G_0 lymphocytes, survival curves, dose effect curves* 209

G_0-Phase, Lymphozyten, morphologische, biochemische Veränderungen, *G_0 phase lymphocytes, morphological, biochemical changes* 208

G_1-Phase, DNS-Synthese, Lymphozyten, *G_1 phase, DNS synthesis, lymphocytes* 215

G_1-, G_2-Phase, Zellzyklus, DNA-Gehalt, *G_1-, G_2 phase, generative cell cycle* 15, 16

—, —, Strahlenempfindlichkeit, Partikelstrahlung, *G_1-, G_2 phases, cell cycle, radiosensibility, particle radiation* 56, 57

G_2-Block, Mitoseverzögerung, Strahlenwirkung, *G_2 bloc, mitosis, retardation, radiation effect* 16

—, Strahlenwirkung, RBW, LET-Abhängigkeit, *G_2 block, radiation effect, RBE, LET dependence* 53

Ganzkörperbestrahlung, Antikörperbildung, Dosis, *whole body irradiation, antibody production, dose* 225

—, Atombombe, biologische Wirkungen, *whole body irradiation, atom bomb, biological effects* 533, 534

—, ^{45}Ca-Einbau, wachsende Metaphyse, *whole body irradiation, ^{45}Ca incorporation, growing metaphysis* 279

—, chemischer Strahlenschutz, *whole body irradiation, chemical radiation protection* 557

—, Gesamtrisikoberechnung, *whole body irradiation, total risk, calculation* 449

—, „Graft-versus-host"-Krankheit, Leukämie, *whole body irradiation, graft versus host disease, leukaemia* 288

—, hämatopoetisches Gewebe, Toleranz, *whole body irradiation, haematopoetic tissue, tolerance* 242

—, Hormonspiegel, strahleninduzierte Veränderungen, *whole body irradiation, hormone levels, radiation induced changes* 151

—, klinische Symptome, *whole body irradiation, clinical symptoms* 443

—, Knochenmark, Dosiswirkungsbeziehungen, *whole body irradiation, bone marrow, dose effect relations* 240, 245

—, —, Erholungsprozesse, *whole body irradiation, bone marrow, repair processes* 247–250

—, —, Strahlenunfälle, *whole body irradiation, bone marrow, radiation accidents* 244

—, Knochenmark-Transplantation, *whole body irradiation, bone marrow transplantation* 273

—, Kombinationsschädigung, chemischer Strahlenschutz, *whole body irradiation, combined injuries, chemical radiation protection* 579, 580

—, Leberveränderungen, *whole body irradiation, liver lesions* 86

—, Leukämie, Immunsuppression, *whole body irradiation, leukaemia, immune suppression* 227

—, —, Kindesalter, Wachstumskurven, *whole body irradiation, leukaemia, childhood, curves of growing* 288

—, Lymphozyten, In-vivo-Stimulation, *whole body irradiation, lymphocytes, in-vivo stimulation* 218

—, —, Strahlenwirkungen, *whole body irradiation, lymphocytes, radiation effects* 207

—, osteogenes Gewebe, Osteoklastendichte, *whole body irradiation, osteogenic tissue, osteoclast density* 273

—, Reaktorstörfälle, akutes Strahlensyndrom, *whole body irradiation, reactor accidents, acute radiation syndrome* 514, 515

—, Säugetiere, chemischer Strahlenschutz, *whole body irradiation, mammalians, chemical radiation protection* 562

—, Strahlenschutzstoffe, Pharmakodynamik, *whole body irradiation, radiation protection, pharmacodynamics* 594, 595

—, Strahlenunfälle, Mortalität, Strahlendosen, *whole body irradiation, radiation accidents, mortality, radiation doses* 244

—, Strahlenwirkung, *whole body irradiation, radiation effect* 32–35

—, Überlebenszeiten, *whole body irradiation, survival times* 26

—, —, Pathogenese, *whole body irradiation, survival rates, pathogenesis* 81

Gastrektomie, prä-, intra-, postoperative Strahlentherapie, *gastrectomy, pre-, intra-, postoperative radiotherapy* 69

—, Strahlenulcus, Pathologie, *gastrectomy, radiation induced ulcer, pathology* 70, 72

Gastritis, chronisch-atrophische, Strahlenfolge, *gastritis, chronic, atrophic, radiation induced* 70, 71

gastrointestinaler Strahlentod, Ganzkörperbestrahlung, Säugetiere, *gastrointestinal radiation induced death, whole body irradiation mammalians* 562, 569, 570

Gastrointestinalsyndrom, Neutronen, RBW-Werte, *gastrointestinal syndrome, neutrons, RBE values* 245, 247

Gehirn, Nekrose, Dosis-Zeitbeziehungen, *brain, necrosis, dose time relations* 336

—, Spätödem, CT, *brain, late edema, CT* 330

—, Strahlenempfindlichkeit, Toleranzgrenze, *brain, radiosensibility, tolerance limit* 330

—, Strahlenfolgen, Klinik, *brain, radiation induced lesions, clinical features* 317, 318

—, Strahlentherapie, Komplikationen, Toleranzdosen, *brain, radiotherapy, complications, tolerance doses* 25

—, Tumoren, Strahlentherapie, Nekrose, *brain, tumors, radiotherapy, necrosis* 320

Generationsorgane, somatische Strahlenreaktionen, *generative organs, somatic radiation, reactions* 123–170

Generationszyklus, DNA-Synthese, Mitosehäufigkeit, *generative cycle, DNA synthesis, frequency of mitoses* 14

Genetik, Glutathion-Biosynthese, Strahlenempfindlichkeit, *genetics, glutathion biosynthesis, radiation sensitivity* 593

–, Repair-Prozesse, *genetics, repair mechanisms* 7

Gesamtdosis, Radionekrose, Gehirn, Zeitbeziehung, *total dose, radionecrosis, brain, time relation* 337, 338

Geschichtliches, Radiumschäden, Ärzte, *history, radium induced lesions, physicians* 442

–, Reaktorunfälle, *history, reactor accidents* 491, 492

–, Strahlenbiologie, Strahlenpathologie, *history, radiobiology, radiopathology* 1

–, Strahlenfolgen, Gehirn, Nervengewebe, *history, radiation induced lesions, brain, nervous tissue* 317

–, Strahlenschutz, *history, radiation protection* 439, 440

–, Strahlenwirkungen, Generationsorgane, *history, radiation effects, generative organs* 124

Gesetze, Strahlenschutz, *laws, radiation protection* 439, 440

Gewebe, Reichweite, Partikelstrahlung, kinetische Energie, *tissue, range, particle, radiation, kinetic energy* 42

–, Strahlenempfindlichkeit, *tissues, radiosensibility* 69–96

Gliom, Strahlentherapie, Myelopathie, *glioma, radiotherapy, myelopathy* 323

Glomerulopathie, radiogene, Histologie, *glomerulopathy, radiogenic, histology* 101, 102, 103

Glomerulosklerose, Strahlenschädigung, chemischer Schutz, *glomerulosclerosis, radiation injury, chemical protection* 579

Glutathion, chemischer Strahlenschutz, Tumorinduktion, *glutathion, chemical radiation, protection, tumor induction* 577

Glutathionsynthese, Strahlenempfindlichkeit, *glutathion synthesis, radiation sensitivity* 5

Gonaden, akute Strahlenwirkungen, chemischer Strahlenschutz, *gonades, acute radiation effects, chemical radiation protection* 572, 573

–, Entwicklung, Strahlenwirkungen, *gonades, development, radiation effects* 135–147

–, männliche, morphologische Veränderungen, *gonades, male, morphological lesions* 129, 130 152

–, natürliche Strahlenexposition, mittlere Jahresdosis, *gonades, natural radiation exposure, mean annual dosis* 412

–, Strahlenempfindlichkeit, *gonades, radiosensibility* 125

–, Strahlenexposition, Grenzwerte, *gonades, radiation exposure, limiting values* 441

–, Strahlenwirkung, funktionelle Veränderungen, *gonades, radiation effect, functional lesions* 145, 146, 152

–, –, Gesamtrisikoberechnung, *gonades, radiation effects, total risk, calculation* 449

–, weibliche, morphologische Veränderungen, *gonades, femal, morphological lesions* 125, 128, 152, 153

„Graft-versus-host"-Krankheit, Leukämie, Ganzkörperbestrahlung, *graft versus host disease, leukaemia, whole body irridation* 288

Granulozytopoese, hämatopoetische Zellsysteme, Kinetik, Schema, *granulocytopoesis, haematopoetic cell systems, kinetics, schema* 236

Gray, Definition, *gray, definition* 448

gynäkologische Karzinome, Strahlenrisiko, Harnblase, *gynecological carcinomas, radiation risk, urinary bladder* 115–120

H_2, H_2O_2, Radiolyse, Wasser, LET-Funktion, H_2, H_2O_2, *radiolysis of water, LET function* 47

H-Radikale, strahleninduzierte, G-Wert, *H radicals, radiation induced, G value* 47

^3H, Dosisgrenzwerte, ^3H, *dose limiting values* 456

^3H, Protein-Einbau, Knorpel, Strahlenschädigung, ^3H, *prolein incorporation, cartilage, radiation injury* 269

^3H-Thymidin, Knorpel, Stammzellen, Embryogenese, ^3H-*Thymidin, cartilage, stem cells, embryogenesis* 266

Hämangiom, Strahlenbehandlung, Knochenwachstumsstörungen, Toleranzdosen, *haemangioma, radiotherapy, bone growing disorders, tolerance doses* 287

hämatologische Symptome, Strahlenschädigung, Atombombe, *haematological symptoms, radiation injury, atom bomb* 534

Hämatopoese, Milz, „Kolonie-Bildungseinheiten, quantitative Messung, *haematopoesis, spleen, colony formation units, quantitative measurement* 237

–, pluripotente Stemmzellen, Zytokinetik, *haematopoesis, pluripotent stem cells, cytokinetiks* 236, 237

–, Repopulierung, nach Strahlenschädigung, *haematopoesis, repopulation, after radiation injury* 24

hämatopoetisches System, Isoeffektkurven, akute, späte Strahlenschädigung, *haematopoetic system, isoeffect curves, acute, late radiation injury* 59

–, Knochenmark, Anatomie, Verteilung, *haematopoetic system, bone marrow, anatomy, localisation* 235, 236

–, Stammzellen, reproduktiver Zelltod, *haematopoetic system, stem cells, reproductive death* 8

–, Strahlenschädigung, Ganzkörperbestrahlung, Säugetiere, *haematopoetic system, radiation injury, whole body irradiation, mammalians* 562, 564

Häufigkeit, Exostosen, strahleninduzierte, *incidence, exostoses, radiation induced* 289

–, Knochentumoren, strahleninduzierte, *incidence, bone tumors, radiation induced* 303

–, Plexusschädigung, Strahlentherapie, *incidence, plexus lesions, radiotherapy* 339

–, Radionekrose, Gehirn, Rückenmark, *incidence, radionecrosis, brain, spinal cord* 321, 322

–, Strahlenfolgen, Magen-Darmkanal, schnelle Neutronen, *incidence, radiation reactions, digestive tract, fast neutrons* 85

–, Strahlenreaktionen, Magen, Dosisabhängigkeit, *incidence, radiation induced lesions, stomach, dose dependence* 71

–, Todesfälle, Reaktorstörfälle, *incidence, death, reactor accidents* 502

Harnblase, Karzinom, Strahlenfolgen, *urinary bladder, carcinoma, radiation induced lesions* 78

–, Strahlengefährdung, *urinary bladder, ratiation risk* 115–120

–, Strahlentherapie, Toleranzdosen, Komplikationen, *urinary bladder, radiotherapy, tolerance doses, complications* 25

Harrisburg, Reaktorunfall, Bodenkontamination, Isodosen, *Harrisburg, reactor accident, ground contamination, isodoses* 504

Haut, Blitzverbrennung, Atombombe, *skin, flash burn, atom bomb* 526

–, Isoeffektkurven, akute, späte Strahlenschädigung, *skin, isoeffect curves, acute, late radiation injuries* 59

–, Kankroid, strahleninduziertes, *skin, cancroid, radiation induced* 440

–, Präkanzerosen, *skin, precanceroses* 173

–, Radiodermatitis, Klinik, *skin, radiodermatitis, clinical features* 171, 172

–, –, Spätveränderungen, Präkanzerose, *skin, radiodermatitis, late changes, precancerosis* 173

–, Strahlenreaktionen, Histologie, *skin, radiation reactions, histology* 174

–, –, Klinik, *skin, radiation reactions, clinical features* 171–173

–, –, Pathogenese, *skin, radiation reactions, pathogenesis* 176, 177, 179

–, –, Quantifizierung, *skin, radiation reactions, quantification* 184

–, –, Therapie, *skin, radiation reactions, therapy* 175, 176

–, –, Variabilität, *skin, radiation reactions, variability* 176

–, –, Zeitfaktor, *skin, radiation reactions, time factor* 187

–, Strahlenschädigung, chemischer Schutz, *skin, radiation injury, chemical protection* 579

–, Teilkörperbestrahlung, Klinik, *skin, partial body irradiation, clinical features* 444

–, Toleranzdosis, Komplikationen, *skin, tolerance dose, complications* 25

–, Toleranzdosen, *skin, tolerance doses* 172, 173

–, Ulkus, Radiodermatitis, Toleranzdosen, *skin, ulcer, radiodermatitis, tolerance doses* 171, 172, 173

Hauttransplantation, Strahlenempfindlichkeit, *skin transplantation, radiation sensibility* 197, 198

He^{2+}, Reichweite in Wasser, kinetische Energie, *He^{2+}, range within water, kinetic energy* 42

Hepatitis, strahlenbedingte, *hepatitis, radiation induced* 86

Herpes-Zoster-Infektion, Total-Nodal-Bestrahlung, Morbus Hodgkin, *herpes zoster infection, total nodal irradiation, Hodgkin's disease* 227

Hirnnekrose, Dosis-Zeitbeziehung, *cerebral necrosis, dose time relation* 337, 338

Hirnödem, Strahlenspätnekrose, *brain edema, late radionecrosis* 329

Hiroshima, Atombombe, Verbrennungen, *Hiroshima, atom bomb, combushions* 526, 527

Histiozytom, strahleninduziertes, *histiocytoma, radiation induced* 306

Histochemie, Knorpel, wachsender, *histochemistry, bone, growing* 267, 269

–, Osteoradionekrose, Schenkelhals, *histochemistry, osteoradionecrosis, femoral neck* 293

Histogramm, DNA-Gehalt, Zellkern, *histogram, DNA content, nucleus* 15, 16

Histologie, akute, chronische Strahlenreaktion, Haut, *histology, acute, chronic radiation reaction, skin* 174

–, Alveolarwand, *histology, alveolar wall* 381

–, Chondrozyten, Phosphatase, positive, Verlust nach Bestrahlung, *histology, chondrocytes, phosphatase positive, loss after irradiation* 269, 270

–, Glomerulopathie, radiogene, *histology, glomerulopathy, radiogenic* 103

–, Dünndarm, Strahlenreaktionen, *histology, small intestine, radiation effects* 569, 570

–, Hoden, Strahlenwirkung, *histology, testicle, radiation effect* 141, 142

–, Knochen, Ossifikationsstörung, *histology, bone, ossification injury* 279–289

–, –, strahleninduzierte Fibrose, *histology, bone, radiation induced fibrosis* 276

–, –, Verdichtungslinien, Strahlenwirkung, *histology, bone, growth arrest lines, radiation effect* 284

–, Knochenfibrose, ^{224}Ra-Inkorporation, *histology, bone fibrosis, ^{224}Ra incorporation* 276

–, Knorpel, ^{3}H-Thymidin-Einlagerung, *histology, cartilage, ^3H Thymidin incorporation* 266

–, Knorpelplatte, Verbreiterung, Strahlenwirkung, *histology, cartilaginous plate, enlargement, radiation effect* 280

–, Knorpel, Strahlenschädigung, *histology, cartilage, radiation injury* 267

–, Lunge, normale, *histology, lung, normal* 380

–, Ossifikation, Strahlenschädigung, *histology, ossification, radiation injury* 279–289

–, Osteodystrophie, strahleninduzierte, ^{224}Ra-Inkorporation, *histology, osteodystrophy, radiation induced, ^{224}Ra incorporation* 296

–, Osteoradionekrose, *histology, osteoradionecrosis* 294–296

–, osteogenes Gewebe, Zellkinetik, *histology, osteogenic tissue, cell kinetics* 271, 272

–, Ovar, Strahlenwirkung, *histology, ovarium, radiation effects* 140, 141

–, Radiodermatitis, *histology, radiodermatitis* 174, 175

–, Strahlenpneumonitis, *histology, pneumonitis, radiation induced* 385, 386

–, Strahlenreaktionen, Leber, *histology, radiation induced lesions, liver* 90, 91

–, –, Magen, *histology, radiation induced lesions, stomach* 71, 72

–, –, Magen-Darmkanal, *histology, radiation induced lesions, digestive tract* 78, 79

–, –, Niere, *histology, radiation induced lesions, kidney* 101–112

–, Tubolopathie, radiogene, *histology, tubulopathy, radiogenic* 103

–, Zellsysteme, osteogenes Gewebe, *histology, ell systems, osteogenic tissue* 271, 272

–, Zystitis, radiogene, *histology, cystitis, radiogenic* 116

Hoch-LET-Strahlung, Tumortherapie, *high LET radiation, tumor therapy* 55

Hoden, Azoospermie, strahleninduzierte, *testicle, azoospermia, radiation induced* 150

–, chemischer Strahlenschutz, *testis, chemical radiation protection* 572, 573

–, Entwicklung, Strahlenwirkung, *testicle, development, radiation effects* 141, 142, 152

–, Gewicht, Abnahme, Strahlenwirkung, *testicle, weight, diminution, radiation induced* 134, 141

–, Teilkörperbestrahlung, Klinik, *testicle, partial body irradiation, clinical features* 444

Hodentumoren, paraaortale Lymphknoten, Strahlentherapie, *testicular tumors, paraaortal lymph nodes, radiotherapy* 69

–, Strahlenempfindlichkeit, Magen-Darmtrakt, *testicular tumors, radiosensibility, digestive tract* 76, 78

Hormonspiegel, strahleninduzierte Veränderungen, *hormone levels, radiation induced changes* 151

Hormontherapie, Lymphozyten, DNS-Synthese, *hormone therapy, lymphocytes, DNS synthesis* 219

Hüftgelenk, Osteoradionekrose, Röntgenbild, *hip joint, osteoradionecrosis, radiogram* 298

–, Prothese, Strahlenwirkung, *hip joint, prothesis, radiation effect* 290

Hypernephrom, Strahlentherapie-Planung, *hypernephroma, radiotherapy, planning* 111

Hyperparathyreoidismus, Osteomalazie, Tumorinduktion, *hyperparathyroidism, osteomalacia, tumor induction* 304

Hypertonie, radiogene, renale, Pathogenese, Dosis, *hypertension, radiogenic, renal, pathogenesis, dose* 105, 108

Hypophyse, hormonale Regelmechanismen, *pituitary gland, hormonal regulation, mechanisms* 148

Hyphophysenadenom, Strahlenbehandlung, Gehirnnekrose, *pituitary adenoma, radiotherapy, cerebral necrosis* 338

Hypothalamus, Strahlenschädigung, *radiation injury* 324

Hypoxämie, Sauerstoffeffekt, Strahlentherapie, *hypoxaemia, oxygen effect, radiotherapy* 55

Hysterektomie, postoperative Strahlenbehandlung, Ureterstenose, *hysterectomy, postoperative radiotherapy, ureter stenosis* 114

IgE-, IgM-Synthese, Antikörperbildung, Strahlenwirkung, *IgE-, IgM synthesis, antibody production, radiation effects* 225

—, Strahlenempfindlichkeit, *IgE-, IgM synthesis, radiosensibility* 223, 224

Ileitis terminalis, Strahlenschäden, Dünndarm, *ileitis terminalis, radiation injuries, small intestine* 76

Ileus, Strahlenspätfolge, *ileus, radiation induced late lesion* 76

immunbiologisches System, Antikörperbildung, Strahlenwirkung, *immunbiological system, antibody production, radiation effects* 225

Immunsuppression, Ganzkörperbestrahlung, Organtransplantation, *immune suppression, whole body irradiation, organ transplantation* 227

—, kurative Strahlentherapie, Stimulationsbehandlung, *immune suppression, curative radiotherapy, stimulative* 226

Impulszytophotometrie, DNA-Gehalt, Zellzyklus, *impulse cytophotometry, DNA content, generative cell cycle* 15

^{113m}In, Dosisgrenzwerte, Haut, ^{113}In, *dose limiting values, skin* 452

Inaktivierungsquerschnitt, Teilchenstrahlung, LET, *inactivation diameter, particle radiation, LET* 52, 53

Inkorporation, Radionuklide, Dosisgrenzwerte, *incorporation, radionuclides, dose limiting values* 452, 453

—, Uran, Kernkraftindustrie, *incorporation, Uranium, nuclear energy industry* 494

Internationale Kommission für Strahlenschutz (ICRP), Empfehlungen, *International Commission on Radiological Protection (ICRP), recommendations* 444, 445

Ionen, Radiolyseprodukte, Wasser, G-Wert, *ions, products of radiolysis, water, G value* 47

—, schwere, Physik, Strahlenbiologie, *ions, heavy, physics, radiobiology* 63

—, —, Sauerstoff-Effekt, LET-Werte, *ions, heavy, oxygen effect, LET values* 54

Ionisation, 187-MeV-Protonen, Bragg-Kurve, *ionization, 187 MeV protons, Bragg curve* 44

Ionisationsdichte, schwere Teilchen, Bragg-Maximum, *ionizing density, heavy particles, Bragg-peak* 42, 43

^{192}Ir, Strahlentoleranz, Gehirngewebe, ^{192}Ir, *radiation tolerance, brain* 339

Isodosen, Bodenkontamination, Reaktorstörfall Harrisburg, *isodoses, ground contamination, reactor accident Harrisburg* 503, 504

Isodosenkurven, Reaktorunfälle, *isodoses, reactor accidents* 492

Iso-Effekt-Kurven, akute, späte Strahlenschäden, *isoeffect curves, acute, late radiation injuries* 59

^{125}J-Seeds, Strahlentoleranz, Gehirngewebe, ^{125}I seeds, *radiation tolerance, brain* 339

^{131}J, Atombombe, Fallout, ^{131}I, *atom bomb, fallout* 526

—, Dosisgrenzwerte, Haut, ^{131}I, *dose limiting values, skin* 452

^{131}J-Bromsulphalein-Szintigramm, Leber, Funktion nach Bestrahlung, ^{131}I *bromsulphalein scan, liver, function after radiotherapy* 90

^{131}J-Therapie, Spermatogenese, Schädigung, ^{131}I *therapy, spermatogenesis, injury* 150

^{131}J, ^{132}J, ^{133}J, ^{134}J, ^{135}J, Kontamination, Reaktorstörfälle, ^{131}I, ^{132}I, ^{133}I, ^{134}I, ^{135}I, *contamination, reactor accidents* 498, 512

Jahresgrenzwert, berufliche Strahlenbelastung, *annual limiting value, professional radiation explosure* 448

Jod, Kontamination, Reaktorunfälle, *iodine, contamination, reactor accidents* 497

Jodacetamid, Sulfhydrylgruppen, Strahlenempfindlichkeit, *iodine acetamide, sulfhydryl groups, radiation sensitivity* 5

Jugendalter, Exostosen, strahleninduzierte, *youth, exostoses, radiation induced* 289

Kankroid, strahleninduziertes, *cancroid, radiation induced* 440

Karyolyse, Interphasentod, Lymphozyten, *caryolysis, interphase death, lymphocytes* 7

Karzinom, Lunge, Radoninhalation, *carcinoma, lung, radon inhalation* 441, 442

—, Risiko, Strahlensyndrom, Reaktorstörfälle, *carcinoma, risk, radiation syndrome, reactor accidents* 501, 517

—, strahleninduziertes, Berufsrisiko, *carcinoma, radiation induced, professional risk* 440

Kastration, FSH-, LH-Serumwerte, *castration, FSH-, LH serum values* 149

Katarakt, Strahlenschädigung, chemischer Schutz, *cataracta, radiation injury, chemical protection* 578

Katastrophenschutz, Reaktorunfälle, *catastrophe protection, reactor accidents* 504, 505

Kernenergie, Risiko, *nuclear energy, risk* 493, 494

—, Unfälle, Geschichtliches, *nuclear energy, accidents, history* 491, 492

Kernstrahlung, Atomexplosionen, *nuclear radiation, atom explosions* 523

Kindesalter, Atombombenkatastrophe, Strahlenwirkung, *childhood, atom bomb catastrophe, radiation effects* 288

—, Bestrahlung, siehe Strahlenschädigung, *childhood, radiotherapy, see radiation injury* 283

—, Epiphysenlösung, Strahlenwirkung, *childhood, epiphysiolysis, radiation effect* 283, 284

—, Exostosen, strahleninduzierte, *childhood, exostoses, radiation induced* 289

—, Knochen, wachsender, Radionuklide, Energieabsorption, *childhood, bone, growing, radionuclides, energy absorption* 266

—, Knochenmark-Transplantation, Wachstumskurven, Chemotherapie, *childhood, bone marrow transplantation, growing curves, chemotherapy* 288

—, Knochenwachstumsstörungen, Bestrahlung „in utero", *childhood, bone growing disorders, irradiation "in utero"* 288

—, —, Toleranzdosen, *childhood, bone growing disorders, tolerance doses* 287

—, Knorpel, Embryogenese, *childhood, cartilage, embryogenesis* 266

—, Leukämie, Knochenmarktransplantat, Wachstumskurven, *childhood, leukaemia, bone marrow transplantation, curves of growing* 288

—, Strahlenmyelopathie, Gehirn, *childhood, myelopathy, radiation induced, brain* 323

—, Strahlenschädigung, Femurkopfepiphysiologie, *childhood, radiation injury, femoral epiphysiolysis* 283

—, Thymusbestrahlung, Exostosen, strahleninduzierte, *childhood, thymus irradiation, exostoses, radiation induced* 289

—, Toleranzdosis, Längenwachstumsstörung, Röhrenknochen, *childhood, tolerance dose, growing disturbance, long bones* 287

—, Wilms-Tumoren, Strahlentherapie, Leberveränderungen, *childhood, Wilms' tumors, radiotherapy, hepatic lesions* 89

—, Wirbelkörper, Verdichtungslinien, nach Strahlenbehandlung, *childhood, vertebral body, growth arrest lines, after radiotherapy* 284

Kinetik, Alveolarepithel, Pneumozyten I, II, *kinetics, alveolar epithelium, pneumocytes I, II* 387

—, Hämatopoese, *kinetics, haematopoesis* 236

—, Knochen, Endothelien, *kinetics, bone, endothelia* 271

—, Knorpelzellen, nach Bestrahlung, *kinetics, cartilage cells, after irradiation* 268

—, Osteoblasten, normale Funktion, *bone, osteoblasts, normal function* 273, 274

—, Strahlenschutzsubstanzen, *kinetics, radiation protection compounds* 592

—, Zell-, wachsender Knochen, *kinetics, cell, growing bone* 272

—, Zellsysteme, osteogenes Gewebe, *kinetics, cell systems, osteogenic tissue* 271, 272

Klinik, akute, chronische Strahlenreaktion, Haut, *clinical features, acute, chronic radiation reaction, skin* 171–173

—, Bauchspeicheldrüse, Strahlenfolgen, *clinical features, pancreas, consequences of radiotherapy* 95, 96

—, Dünndarm, Dickdarm, Strahlenfolgen, *clinical features, small intestine, colon, consequences of radiotherapy* 75, 76

—, Ganzkörperbestrahlung, *clinical features, whole body irradiation* 443

—, Hirn-, Nervengewebe, Strahlenfolgen, *clinical features, cerebral, nervous tissue, radiation induced lesions* 317–348

—, Leber, Strahlenfolgen, *clinical features, liver, consequences of radiotherapy* 86, 87

—, Leukoenzephalopathie, radiogene, *clinical features, leukoencephalopathy, radiation induced* 318

—, lymphatisches System, Strahlensensibilität, *clinical features, lymphatic system, radiosensibility* 225–227

—, Lymphozyten, DNS-Synthese, Strahlenwirkung, *clinical features, lymphocytes, DNS synthesis, radiation effect* 219

—, Magen, Strahlenfolgen, *clinical features, stomach, consequences of radiotherapy* 69

—, Osteoradionekrose, *clinical features, osteoradionecrosis* 296, 297

—, Radiodermatitis, *clinical features, radiodermatitis* 171, 172

—, Radionephritis, *clinical features, radionephritis* 102, 107, 108

—, Röhrenknochen, Längenwachstumsstörung, Toleranzdosis, *clinical features, long bone, disturbances of growing, tolerance dose* 287

—, Strahlenmyelopathie, Gehirn, *clinical features, radiation induced myelopathy, brain* 322, 323

—, Strahlenpneumonitis, *clinical features, radiation induced pneumonitis* 397, 398

—, Strahlensyndrom, Atombombe, *clinical features, radiation syndrome, atom bomb* 534

—, Teilkörperexposition, *clinical features, partial body exposure* 443, 444

—, Toleranzdosis, Knochenwachstumsstörungen, *clinical features, tolerance dose, bone growing disorders* 287

—, Zystitis, radiogene, *clinical features, cystitis, radiogenic* 116, 117

klinische Anwendung, chemischer Strahlenschutz, *clinical application, chemical radiation protection* 588, 589

— Prüfung, chemischer Strahlenschutz, Substanzen, Toxizität, *clinical examination, chemical radiation protection, compounds, toxicity* 562

Knochen, alkalische Phosphatase, Dosiswirkungsbeziehung, *bone, alcalic phosphatasis, dose effect relation* 277

—, Apatitwert, Schenkelhalsspongiosa, Osteoradionekrose, *bone, apatite value, femoral neck spongiosa, osteoradionecrosis* 291, 292

—, Atombombenkatastrophe, Strahlenwirkungen in utero, *bone, atom bomb catastrophe, radiation effects in utero* 288

—, „bone remodelling", Normalbefunde, *bone, "bone remodelling", normal findings* 290

—, —, Strahlenwirkung, *bone, "bone remodelling", radiation effects* 291, 292

—, Deformitäten, strahleninduzierte, *bone, deformities, radiation induced* 288, 289

—, DNS-synthetisierende Zellen, dosisabhängiger Abfall, Erholungsvorgänge, *bone, DNS synthesizing cells, dose dependent reduction, repair mechanisms* 275

—, Energieabsorption, Röntgenstrahlen, Radionuklide, *bone, energy absorption, Roentgen rays, radionuclides* 266

—, Enzym-Aktivität, Strahlenwirkung, *bone, enzyme activity, radiation effect* 277, 278

—, Exostosen, strahleninduzierte, *bone, exostoses, radiation induced* 289

—, ^{3}H-Thymidin, Zellkinetik, *bone, ^3H thymidine, cell kinetics* 272

—, Metaphyse, strahleninduzierte Fibrose, *bone, metaphysis, radiation induced fibrosis* 276

—, —, wachsende, Strahlenbelastung, Radionuklide, *bone, metaphysis, growing, radiation exposure, radionuclides* 266

—, —, Zellkinetik, *bone, metaphysis, cell kinetics* 272

—, Mineralisierung, Strahlenwirkung, *bone, mineralisation, radiation effects* 278

—, Ossifikation, desmale, Strahlenschädigung, *bone, ossification, desmal, radiation injury* 285, 286

—, —, enchondrale, Strahlenschädigung, *bone, ossification, enchondral, radiation injury* 279–285

—, Osteoblasten, Zellkinetik, *bone, osteoblasts, cell kinetics* 273, 274

—, osteogenes Gewebe, Zellsysteme, *bone, osteogenic tissue, cell systems* 271, 272

—, Osteogenese, Progenitorzellen, Strahlenwirkung, *bone, osteogenesis, progenitor cells, radiation effect* 290

—, Osteoklasten, Histogenese, Funktion, *bone, osteoclasts, histogenesis, function* 272

—, Osteonekrose, strahleninduzierte, *bone, osteonecrosis, radiation induced* 289

—, Osteoprogenitor-Zellen, induzierte Ossifikation, *bone, osteoprogenitor cells, induced ossification* 280

—, Osteoradionekrose, Schenkelhals, *bone, osteoradionecrosis, femoral neck* 291, 292, 293

—, ^{32}P-Inkorporation, *bone ^{32}P incorporation* 275

—, ^{239}Pu, Verteilung, Strahlenbelastung, *bone, $^{239}Pu, distribution, radiation exposure* 266

Knochen, Radionuklide, osteotrope, Energieabsorption, *bone, radionuclides, osteotrope, energy absorption* 266

—, Radium, Vergiftung, *bone, radium, poisoning* 266

—, Spongiosklerose, Schenkelhals, Apatitwert, *bone, spongiosclerosis, femoral neck, apatite value* 291

—, Strahlenbelastung, äußere, innere Bestrahlung, *bone, radiation exposure, externe, interne irradiation* 266

—, Strahlenschädigung, Definition, *bone, radiation injury, definition* 265

—, —, Dosiswirkungsbeziehungen, *bone, radiation injury, dose effect relations* 285, 286

—, —, Pathogenese, *bone, radiation injury, pathogenesis* 265, 266

—, —, Zeitfaktor, *bone, radiation injury, time factor* 287

—, Strahlenwirkungen, Atombombenkatastrophe, *bone, radiation effects, atom bombe catastrophe* 288

—, —, Gesamtrisikoberechnung, *bone, radiation effects, total risk, calculation* 449

—, ^{227}Th-Inkorporation, Strahlenwirkung, *bone, ^{227}Th incorporation, radiation effect* 275

—, Ultrastruktur, Strahlenschädigung, *bone, ultrastructure, radiation injury* 273, 274

—, Umbauprozesse, *bone, remodelling processes* 290, 291

—, Umbau, Osteoradionekrose, *bone, modelling, osteoradionecrosis* 293

—, Verdichtungslinien, Strahlendosen, *bone, growth arrest lines, radiation doses* 284

—, wachsender, Anatomie, *bone, growing, anatomy* 266

—, —, Proliferationszone, *bone, growing, proliferative area* 266

—, Wachstumsstörungen, Bestrahlung „in utero", *bone, growing disorders, irradiation „in utero"* 288

—, —, Dosiswirkungsbeziehungen, *bone, growing disorders, dose effect curves* 286, 287

—, —, Neutronen, relative biologische Wirksamkeit, *bone, growing disorders, neutrons, relative biological effectiveness* 287

Knochenmark, Anatomie, *bone marrow, anatomy* 235

—, Dosen, Osteosarkom, strahleninduziertes, *bone marrow, doses, osteosarcoma, radiation induced* 303

—, Dosiswirkungsbeziehung, Ganzkörperbestrahlung, *bone marrow, dose effect relation, whole body irradiation* 240, 245

—, Dosiswirkungskurven, ^{60}Co-γ-Strahlung, *bone marrow, dose effect curves, ^{60}Co-γ-radiation* 238

—, —, Neutronen, *bone marrow, dose effect curves, neutrons* 239

—, Erholungsvorgänge nach Erstbestrahlung, *bone marrow, repair mechanisms after first irradiation* 249

—, Funktion, Struktur, *bone marrow, function, structure* 235

—, Hämatopoese, Physiologie, *bone marrow, haematopoesis, physiology* 235, 236

—, hämatopoetische Zellkolonien, quantitative Messung, *bone marrow, haematopoetic cell colonies, quantitative measurement* 237

—, — Zellsysteme, Stammzellen, Schema, *bone marrow, haematopoetic cell systems, stem cells schema* 236

—, natürliche, jährliche Strahlenexposition, *bone marrow, natural annual radiation exposure* 412

—, osteogenes Gewebe, Strahlenwirkungen, *bone marrow, osteogenic tissue, radiation effects* 273, 275

—, Schädigung, Atombombe, *bone marrow, injury, atom bomb* 533, 534

—, Stammzellen, Strahlenwirkung, *bone marrow, stem cells, radiation effects* 237–240

—, Strahlenempfindlichkeit, Strahlenschutz, *bone marrow, radiation sensibility, radiation protection* 440

—, Strahlenschädigung, Säugetiere, Ganzkörperbestrahlung, *bone marrow, radiation injury, mammalians, whole body irradiation* 562, 564, 565

—, Strahlentoleranzdosis, Komplikationen, *bone marrow, radiation tolerance dose*, complications 25

—, Strahlenwirkung, Gesamtrisikoberechnung, *bone marrow, radiation effects, total risk, calculation* 449

—, Stroma, Ultrastruktur, *bone marrow, stroma, ultrastructure* 237

—, Transplantation, Ganzkörperbestrahlung, *bone marrow, transplantation, whole body irradiation* 273

—, —, Immunsuppression, Ganzkörperbestrahlung, *bone marrow, transplantation, immune suppression, whole body irradiation* 227

—, —, Leukämie, Kindesalter, Wachstumskurven, *bone marrow, transplantation, leukaemia, childhood, curves of growing* 288

—, —, Reaktorunfälle, *bone marrow, transplantation, reactor accidents* 492

—, —, Wachstumskurven, Kindesalter, Chemotherapie, *bone marrow, transplantation, growing curves, childhood, chemotherapy* 288

Knochenmarksyndrom, akute Mortalität, Strahlendosen, *bone marrow syndrome, acute mortality, radiation doses* 242

—, Strahlenunfälle, Mortalität, Strahlendosen, *bone marrow syndrome, radiation accidents, mortality, radiation doses* 244

Knochenszintigramm, Osteoradionekrose, *bone scan, osteoradionecrosis* 297

Knochentumoren, strahleninduzierte, *bone tumors, radiation induced* 303, 304

Knochenumbau, Strahlenwirkung, *bone remodelling, radiation effects* 290, 291

Knorpel, Chondrozyten, Phosphatase-positive, Verlust nach Bestrahlung, *cartilage, chondrocytes, phosphatase positive, loss after irradiation* 269, 270

—, Embryogenese, ^{3}H-Thymidin-Markierung, *cartilage, embryogenesis, Thymidine, ^{3}H tagger* 266

—, enchondrale Ossifikation, komplexe Störungen, *cartilage, enchondral ossification, complex disturbances* 279

—, Energieabsorption, Röntgenstrahlen, Radionuklide, *cartilage, energy absorption, Roentgen rays, radionuclides* 266

—, Femurkopfepiphysiolyse, Strahlenschädigung, *cartilage, femoral epiphysiolysis, radiation injury* 283

—, Histochemie, *cartilage, histochemistry* 267, 269

—, Kapillaren, Strahlenwirkungen, *cartilage, capillaries, radiation effects* 271

—, Knochen-Kontinuität, Störung, nach Bestrahlung, *cartilage, bone continuity, disturbance, after irradiation* 284

—, ^{35}S-Einbau, Strahlenschädigung, *cartilage, ^{35}S incorporation, radiation injury* 269

—, Strahlenschädigung, Histologie, *cartilage, radiation injury, histology* 267, 269

—, Transitzeit, Epiphyse, nach Bestrahlung, *cartilage, transit time, epiphysis, after irradiation* 280

—, Wachstumsstillstand, Strahlenschädigung, Dosen, *cartilage, growing stop, radiation injury, doses* 269, 279–289

—, Zellen, Überlebensraten, Strahlendosen, *cartilage, cells, survival rates, radiation doses* 268

—, Zellzahlen, Strahlendosen, Zeitfaktor, *cartilage, cell numbers, radiation doses, time factor* 268

Kohlenstoff-Ionen, Reichweite in Wasser, kinetische Energie, C^{6+}, range within water, kinetic energy 42

Kollagenablagerung, Lunge, Strahlenwirkung, Zeitfaktor, collagen deposition, lung, radiation effect, time factor 390, 391

Kollum-Karzinom, ^{60}Co-Therapie, Osteoradionekrose, Hüftgelenk, Röntgenbild, collum uteri carinoma, ^{60}Co therapy, osteoradionecrosis, hip joint, radiogram 298

Kolon, Strahlenfolgen, Chemotherapie, colon, radiotherapy, consequences, chemotherapy 86, 86

–, –, experimentelle Untersuchungen, colon, radiotherapy, experimental studies 81

–, –, Histopathologie, colon, radiotherapy, histopathology 78

–, –, Klinik, colon, radiotherapy, clinical features 75

–, –, Pathogenese, colon, radiotherapy, pathogenesis 80

–, –, Teilchenstrahlung, colon, radiotherapy, consequences, particle radiation 84, 85

–, –, Zeitfaktor, colon, radiotherapy, consequences, time factor 82, 83

–, Toleranzdosis, Komplikationen, colon, tolerance dose, complications 25

Koloniebildung, Bakterien, funktioneller Test, reproduktiver Zelltod, colony formation, bacteria, functional test, reproductive cell death 9, 10

–, –, Strahlenempfindlichkeit, LET-Funktion, colony formation, bacteria, radiosensibility, LET function 48

Kombinationsschäden, Dosiswirkungsbeziehungen, chemischer Strahlenschutz, combined injuries, dose effect relations, chemical radiation protection 582

Komplikationen, Knochensarkom, strahleninduziertes, complications, bone sarcoma, radiation induced 303–306

–, Osteoradionekrose, complications, osteoradionecrosis 300, 302

–, Strahlenhepatitis, complications, radiohepatitis 86, 87

–, Strahlennephritis, complications, radionephritis 101–112

–, Strahlentherapie, Abdominaltumoren, complications, radiotherapy, abdominal tumors 75, 76

–, –, Leberveränderungen, Szintigramm, complications, radiotherapy, hepatic lesions, scan 87, 88

–, –, Malignome, Kindheit, complications, radiotherapy, malignomas, childhood 89

–, –, Toleranzdosen, complications, radiotherapy, tolerance doses 25

–, Ureterstenose, Pyelogramm, complications, ureter stenosis, pyelogram 114

–, Zahnextraktion, Osteoradionekrose, complications, touth extraction, osteoradionecrosis 302

–, Zystitis, radiogene, complications, cystitis, radiogenic 117

Kornea, Strahlentherapie, Komplikationen, Toleranzdosen, cornea, radiotherapy, complications, tolerance doses 25

kosmische Strahlung, natürliche Radionuklide, Ursprung, Ausbreitung, Zerfall, cosmic radiation, natural radionuclides, origin, sedimentation, decay 433

Kraniopharyngiom, Strahlenbehandlung, Häufigkeit von Gehirnnekrosen, craniopharyngioma, radiotherapy, incidence of cerebral radionecrosis 338

Kritikalitätsunfälle, Reaktor, Geschichtliches, criticality accidents, reactor, history 491

^{140}La, Atombombe, Fallout, ^{140}La, atom bomb, fallout 526

Längenwachstum, Störung, Dosiswirkungsbeziehungen, bone growing, disorders, dose effect relations 286

Larynx, Chondritis dissecans, Strahlenreaktion, Larynx, chondritis dissecans, radiation reaction 303

Latenzzeit, Radionekrose, Gehirn, Rückenmark, latent periode, radionecrosis, brain, spinal cord 321, 322

LD_{50}, Atombombe, LD_{50}, atom bomb 535

–, chemischer Strahlenschutz, Substanzen, LD_{50}, chemical radiation protection, compounds 559, 561

–, Knochenmarksyndrom, LD_{50}, bone marrow syndrome 242, 243

$LD_{50/30}$-Werte, Strahlen-Kombinationsschäden, $LD_{50/30}$ values combined radiation injuries 581

Lebensalter, siehe Alter

Lebenserwartung, Verkürzung, Strahlenwirkung, life expectancy, abbreviation, radiation effect 34, 35

Leber, akute Strahlenwirkungen, liver, acute radiation effects 571, 572

–, Gewebe, Regeneration nach Bestrahlung, liver, parenchyma, regeneration after radiotherapy 90

–, retikulo-endotheliales System, Funktion nach Strahlentherapie, liver, reticulo-endothelial system, function after radiotherapy 90

–, Strahlenempfindlichkeit, radiogene Hepatitis, liver, radiosensibility, radiogenic hepatitis 86

–, Strahlenschädigung, Probleme, liver, radiation injury, problems 95

–, Strahlentoleranzdosis, Komplikationen, liver, radiation tolerance dose, complications 25, 87, 88

–, Strahlenwirkungen, experimentelle Untersuchungen, liver, radiation effects, experimental studies 91, 571, 572

–, –, Histopathologie, liver, radiation effects, histopathology 90, 91

–, –, Klinik, liver, radiation effects, clinical features 86

–, –, Szintigramm, liver, radiation effects, scan 88

LET, Dosisgrenzwerte, berufliche Strahlenbelastung, LET, dose limite values, professional radiation exposure 447

–, Strahlenwirkung, LET, radiation effect 47–49

LET-Abhängigkeit, Inaktivierung, Säugerzellen, Dosiswirkungskurven, LET dependency, inactivation, mammalian cells, dose effect curves 50, 51

LET-Funktion, Makromoleküle, Inaktivierung, Dosis-Wirkungskurven, LET function, macromolecules, inactivation, dose effect curves 48

LET-Werte, schwere Teilchen-Strahlung, LET values, heavy particle radiation 45

Letaldosis, Knochenmarksyndrom, Strahlendosen, letal dosis, bone marrow syndrome, radiation doses 244

Leuchtziffermaler, berufliche Strahlenschädigung, luminous dial painters, professional radiation injury 444

Leukämie, Ganzkörperbestrahlung, leukaemia, total body irradiation 227

–, „Graft-versus-host"-Krankheit, leukaemia, graft versus host disease 288

–, Kindesalter, Knochenmarktransplantation, Wachstumskurven, leukaemia, childhood, bone marrow transplantation, curves of growing 288

–, Lymphozyten, Strahlenempfindlichkeit, leukaemia, lymphocytes, radiosensibility 210

–, Resistenzsteigerung, Strahlenschutzsubstanzen, leukaemia, resistance enhancement, radiation protective compounds 587

–, Risiko, Strahlensyndrom, Reaktorstörfälle, leukaemia, risk, radiation syndrome, reactor accidents 501

Leukämie, strahleninduzierte, Berufsrisiko, *leukaemia, radiation induced, professional risk* 440
—, Tumorindukation, chemischer Schutz, *leukaemia, tumor induction, chemical protection* 577
Leukämie-Zellen, Sauerstoff-Sensibilisationsfaktor, LET-Funktion, *leukaemia cells, oxygen enhancement ratio, LET function* 55
Leukoenzephalopathie, nekrotisierende, Strahlenschädigung, Chemotherapie, *leukoencephalopathia, necroticans, radiation induced lesions, chemotherapy* 342
—, radiogenes, Einteilung, *leukoencephalopathy, radiation induced, classification* 318
Leukopenie, kombinierte Strahlenschäden, chemischer Schutz, *leukopenia, combined radiation injury, chemical protection* 580
—, regionale Strahlentherapie, *leukopenia, regional radiotherapy* 226
Leukozyten, Strahlenunfall, Prognose, *leukocytes, radiation accident, prognosis* 517
LH, Serumwerte, radiologische, operative Kastration, *LH, serum values, radiological, operative castration* 149
Li-Ionen, Sauerstoff-Sensibilisierungsfaktor, LET-Funktion, *Li ions, oxygen enhancement ratio, LET function* 55
linearer Energie-Transfer (LET), Definition, Einheit keV/µm, *linear energy transfer (LET), definition, unit keV/µm* 44, 45
— —, see LET, *linear energy transfer (LET), see LET*
— —, Strahlenempfindlichkeit, Säugetierzellen, *linear energy transfer (LET), radiation sensibility, mammalian cells* 594
Lokalisation, Knochentumoren, strahleninduzierte, *localisation, bone tumors, radiation induced* 303
Los Alamos, Strahlenunfall, *Los Alamos, radiation accident* 491
Lunge, Alveolarepithel, Kinetik, *lung, alveolar epithelium, kinetics* 388
—, Histologie, normale, *lung, histology, normal* 380
—, Immunsystem, Histologie, *lung, immunological system, histology* 380, 381
—, Isoeffektkurven, akute, späte Strahlenschädigung, *lung, isoeffect curves, acute, late radiation injuries* 59
—, Karzinom, Radoninhalation, *lung, carcinoma, radon inhalation* 441, 442
—, natürliche, jährliche Strahlenexposition, *lung, natural annual radiation exposure* 412
—, proliferative Kapazität, *lung, proliferative capacity* 379
—, strahlenbedingte Veränderungen, Biochemie, *lung, radiation induced lesions, biochemistry* 389
—, — —, Diffusionskapazität, *lung, radiation induced lesions, diffusion capacity* 393
—, — —, Dosiswirkungsbeziehungen, *lung, radiation induced lesions, dose effect relations* 396
—, — —, Histopathologie, *lung, radiation induced lesions, histopathology* 385
—, — —, Hydroxypolin, *lung, radiation induced lesions, hydroxyproline* 390
—, — —, Klinik, *lung, radiation induced lesions, clinical features* 397, 398
—, — —, Oberflächenkräfte, *lung, radiation induced lesions, surface forces* 389, 391
—, — —, Pathophysiologie, *lung, radiation induced lesions, pathophysiology* 389
—, — —, Phospholipidgehalt, *lung, radiation induced lesions, phospholipid content* 392

—, — —, tierexperimentelle Befunde, *lung, radiation induced lesions, experimental work* 381, 382
—, Strahlenempfindlichkeit, *lung, radiosensibility* 379
—, Strahlentherapie, Komplikationen, Toleranzdosen, *lung, radiotherapy, complications, tolerance doses* 25
—, „Target-Zelle", Strahlenpneumonitis, *lung, "target cell", radiation induced pneumonitis* 380
Lungenödem, Strahlenpneumonitis, Strahlendosen, *pulmonary edema, pneumonitis, radiation induced, doses* 385, 386
lymphatisches Gewebe, Strahlenschädigung, Atombombe, *lymphatic tissue, radiation injury, atom bomb* 535
— System, Immunfunktion, *lymphatic system, immune function* 206
— —, Strahlenschädigung, Säugetiere, Ganzkörperbestrahlung, *lymphatic system, radiation injury, mammalians, whole body irradiation* 566
Lymphknoten, paraaortale, Hodentumoren, *lymph nodes, paraaortal, testicle tumors* 69
—, Strahlenreaktionen, In vivo-, In vitro-Befunde, *lymph nodes, radiation reactions, in vivo-, in vitro findings* 206, 208
—, Toleranzdosen, Komplikationen, *lymph nodes, tolerance doses, complications* 25
—, Total-Nodal-Bestrahlung, Morbus Hodgkin, *lymph nodes, total nodal irradiation, Hodgkin's disease* 227
Lymphom, Burkitt-, Sensibilitätsparameter, *lymphoma, Burkitt-, sensibility parameters* 211
—, malignes, Leberfunktion nach Bestrahlung, Szintigramm, *lymphoma, malignant, liver function after radiotherapy, scan* 90
—, —, Osteoradionekrose, *lymphoma, malignant, osteoradionecrosis* 299
—, —, Strahlentherapie, Spätreaktionen, *lymphoma, malignant, radiotherapy, late reactions* 86, 87
—, Non-Hodgkin-, lymphotoxischer Effekt, Strahlendosis, *lymphoma, Non-Hodgkin-, lymphotoxic effect, radiation dose* 227
Lymphosarkom, Resistenzsteigerung, Strahlenschutzstoff, *lymphosarcoma, resistance enhancement, radiation protective compounds* 587
Lymphozyten, Aktivierung, Strahlensensibilität, *lymphocytes, activation, radiosensibility* 211, 212, 215, 227
—, Antikörperbildung, Strahlenempfindlichkeit, *lymphocytes, antibody formation, radio sensibility* 223
—, Dosiswirkungsbeziehungen, Überlebenskurven, *lymphocytes, dose effect relations, survival curves* 209
—, Dosiswirkungskurven, Sensibilitätsparameter, *lymphocytes, dose effect curves, sensibility parameters* 222
—, Graft-versus-host-Reaktion, *lymphocytes, graft versus host reaction* 222
—, Interphasentod, *lymphocytes, interphase death* 7, 220
—, leukämische, Radiosensibilität, *lymphocytes, leukaemie, radiosensibility* 210
—, Mitosetod, *lymphocytes, death during mitosis* 220
—, Proliferationskapazität, Strahlenresistenz, *lymphocytes, proliferative capacity, radioresistance* 220
—, Stimulation, Strahlensensibilität, *lymphocytes, stimulation, radiosensibility* 211, 212, 215, 227
—, Strahlenempfindlichkeit, *lymphocytes, radiosensibility* 1, 7, 8, 206–211, 220, 440
—, T-Subpopulationen, zelluläre Immunität, *lymphocytes, T subpopulations, cellular immunity* 221
—, zelluläre Immunreaktionen, *lymphocyten, cellular immune reactions* 221

Machsche Reflexion, Atombombe, *Mach's reflexion, atom bombe* 523

Magen, Strahlenfolgen, Dosisabhängigkeit, *stomach, radiation induced lesions, dose dependence* 71

−, −, Histopathologie, *stomach, radiation induced lesions, histopathology* 71, 72

−, −, Klinik, *stomach, radiation induced lesions, clinical features* 69, 70

−, −, Pathogenese, *stomach, radiation induced lesions, pathogenesis* 72

−, −, experimentelle Untersuchungen, *stomach, radiation induced lesions, experimental studies* 73

−, −, Zeitfaktor, *stomach, radiation induced lesions, time factor* 74

−, Strahlentoleranzdosis, *stomach, radiation tolerance dose* 25

Makromoleküle, Inaktivierung, Dosiswirkungskurve, *macromolecules, inactivation, dose effect curve* 48

−, RBW-Werte, LET-Abhängigkeit, *macromolecules, RBE values, LET dependency* 50

Makrophagen, Osteogenese, Funktion, *macrophages, osteogenesis, function* 272

−, Strahlenempfindlichkeit, *macrophages, radiosensibility* 223

Malignom, Risiko, Strahlensyndrom, Reaktorstörfälle, *malignoma, risk, radiation syndrome, reactor accidents* 501, 502, 517

Mamma, Strahlenwirkung, Gesamtrisikoberechnung, *breast, radiation effects, total risk, calculation* 449

Mammakarzinom, Resistenzsteigerung, Strahlenschutzstoffe, *breast cancer, resistance enhancement, radiation protective compounds* 587, 598

−, Strahlentherapie, Plexusschädigung, *breast cancer, radiotherapy, plexus brachialis lesions* 339

−, −, Pneumonitis, *breast cancer, radiotherapy, pneumonitis* 379

−, Strahlen-, Hormontherapie, Leukozyten, DNS-Synthese, *breast cancer, radiotherapy, hormone therapy, leucocytes, DNS synthesis* 219

Mandibula, Osteoradionekrose, *mandibula, osteoradionecrosis* 290, 302

Matrixsynthese, Knorpel, Strahlenschädigung, *matrix synthesis, cartilage, radiation injury* 268, 269

Megakaryozytopoese, Zellsysteme, Kinetik, *mega caryocytopoesis, cell systems, kinetics* 236

Melanom, Zellen, Dosiseffektkurven, *melanoma, cells, dose effect curves* 19

−, −, „Minimum Essential Medium", *melanoma, cells, "minimum essential medium"* 10

−, −, Überlebensraten, fraktionierte Bestrahlung, *melanoma, cells, survival rates, fractionated irradiation* 21

Membranstrukturen, zelluläre, Strahlenwirkung, *membrane structures, cellular, radiation effects* 2, 5, 7

Mercaptoethylamin ($HS-CH_2-CH_2-NH_2$), chemischer Strahlenschutz, *Mercaptoethylamin, ($HS-CH_2-CH_2-NH_2$), chemical radiation protection* 557

Messenger-RNA, Strahlenschädigung, *Messenger-RNA, radiation injury* 4

Metaphyse, atypische Knochenbildung, Strahlenschädigung, *metaphysis, atypical bone formation, radiation injury* 284

−, Mineralisationsstörung, Radiochemie, Dosisabhängigkeit, *metaphysis, mineralisation, injury, radiochemistry, dose dependence* 278

−, Osteoblastenresistenz, chronische Bestrahlung, *metaphysis, resistence of osteoblasts, chronical irradiation* 275

−, Strahlenschädigung, Ultrastuktur, *metaphysis, radiation injury, ultrastructure* 274

−, wachsende, osteotrope Radionuklide, Energieabsorption, *metaphysis, growing, osteotrope radionuclides, energy absorption* 266

−, Zellkinetik, norma, *metaphyse, cell kinetics, normal* 273

Metastasen, retroperitoneale, Strahlentherapie, Radionephritis, *metastases, retroperitoneal, radiotherapy, radionephritis* 109

Methotrexat, Strahlenschädigung, Gehirn, *Methotrexat, radiation induced lesions, cerebral* 341, 342

Mikrodosimetrie, lineale Energie, *microdosimetry, linear energy* 4, 46

Mikroradiogramm, Osteodystrophie, strahleninduzierte, ^{224}Ra-Inkorporation, *microradiogram, osteodystrophy, radiation induced, ^{224}Ra incorporation* 296

−, Osteoradionekrose, *microradiogram, osteoradionecrosis* 294, 295

−, −, ^{227}Th-Inkorporation, Wirbelkörper, *microradiogram, osteoradionecrosis, ^{227}Th incorporation, vertebral body* 300

Milz, Lymphozytenpopulationen, Antikörpersynthese, Strahlenwirkung, *spleen, populations of lymphocytes, antibody synthesis, radiation effects* 225

−, Strahlenreaktionen, *spleen, radiation reactions* 206, 207

Mitose, Aktivität, Knorpel, Strahlenschädigung, *mitosis, activity, cartilage, radiation injury* 267

−, −, Lymphozyten, *mitosis, activity, lymphocytes* 215, 216

−, G_1-, G_2-Phase, Zeitintervalle, *mitosis, G_1-, G_2 phases, time intervals* 15, 16

−, Generationszyklus, Strahlenempfindlichkeit, *mitosis, generative cycle, radiation sensitivity* 14

−, Inaktivierungs-Koeffizient, Dosiswirkungskurven, *mitosis, inactivation coefficient, dose effect curves* 57

−, Reparaturvorgänge nach Strahlenschädigung, *mitosis, repair mechanisms after radiation injury* 22, 23

−, Verzögerung, reproduktiver Zelltod, *mitosis, retardation, reproductive death* 8, 9

Monozytopoese, Hämatopoese, Zellsysteme, Kinetic, Schema, *monocytopoesis, haematopoesis, cell systems, kinetics, schema* 236

Morbus Bechterew, Strahlenbehandlung, Tumorinduktion, *Bechterew's disease, radiotherapy, tumor induction* 303

− Hodgkin, Total-Nodal-Bestrahlung, *Hodgkin's disease, total nodal irradiation* 227

Morphologie, Osteoradionekrose, Schenkelhals, *morphology, osteoradionecrosis, femoral neck* 293

Mortalität, Knochenmarksyndrom, Strahlendosen, *mortality, bone marrow syndrome, radiation doses* 242

−, Strahlenunfälle, Strahlendosen, *mortality, radiation accidents, radiation doses* 244

Muskulatur, Strahlenschädigung, chemischer Schutz, *musculature, radiation injury, chemical protection* 579

Mutationsrate, Ganzkörperdosis, *mutation rate, whole body dose* 441

Myelitis, radiogene, Klinik, *Myelitis, radiation induced, clinical features* 322, 323

−, thorakale, Dosis-Zeit-Beziehungen, *Myelitis, thoracic, dose time relations* 336

Myelopathie, Strahlen-, Raumdosis, *myelopathy, radiation induced, volumen dose* 340

natürliche Strahlenexposition, Gonadendosis, jährliche, *natural radiation exposure, gonadal dose, annual* 412 natürliche Strahlenexposition, mittlere Jahresdosen, *natural radiation exposure, mean annual doses* 412

– –, Nahrung, Wasser, *natural radiation exposure, nutrition, water* 407, 408

– –, primäre, sekundäre kosmogene Strahlung, *natural radiation exposure, primary, secondary cosmogenic radiation* 404

– –, primordiale Radionuklide, *natural radiation exposure, primordial radionuclides* 409

– –, terrestrische Strahlung, *natural radiation exposure, terrestric radiation* 405–407

^{95}Nb, Atombombe, Fallout, ^{95}Nb, *atom bomb, fallout* 526

–, Kontamination, Reaktorunfälle, ^{95}Nb, *contamination, reactor accidents* 498

Nekrose, strahlenbedingte, Toleranzdosen, *necrosis, radiogenic, tolerance doses* 25

Neon-Ionen, Reichweite in Wasser, kinetische Energie, *Neon ions, range within water, kinetic energy* 42

–, Sauerstoff-Sensibilisierungsfaktor, LET-Funktion, *neon ions, oxygen enhancement ratio, LET function* 55

–, Tiefendosiskurven, Tumortherapie, *Neon ions, depth dose curves, tumor therapy* 64

Nephroendotheliose, radiogene, Pathologie, *nephroendotheliosis, radiogenic, pathology* 102

Nephrographie, *Radioisotopen-*, Radionephritis, *nephrography, radioisotopes, radionephritis* 108, 109

Nephrose, sklerosierende, radiogene, Histologie, *nephrosis, sclerosing, radiogenic, histology* 104

Nephrosklerose, Strahlenschädigung, chemischer Schutz, *nephrosclerosis, radiation injury, chemical protection* 579

Nervengewebe, Strahlenfolgen, Klinik, *nervous tissue, radiation induced lesions, clinical features* 317, 318

Nervensystem, Strahlenfolgen, Systematik, *nervous system, radiation induced lesions, classification* 319

Nervous opticus, Strahlenschädigung, Dosis-Zeit-Beziehung, *Nervus opticus, radiation injury, dose time relation* 336

Neutronen, akute, chronische Strahlenfolgen, Dünndarm, *neutrons, acute, chronic radiation lesions, small intestine* 85

–, Bestrahlung, chemischer Strahlenschutz, *neutrons, irradiation, chemical radiation protection* 583, 584

–, Dosisreduktionsfaktoren, akute Letalität, *neutrons, dose reduction factors, acute letality* 584

–, Gammastrahlung, Reaktorunfälle, *neutrons, gamma radiation, reactor accidents* 489, 490

–, Ganzkörperbestrahlung, Knochenmark-, Gastrointestinal-Syndrom, *neutrons, whole body irradiation, bone marrow-, gastrointestinal syndromes* 245

–, Isoeffektkurven, akute, späte Strahlenschäden, *neutrons, isoeffect curves, acute, late radiation injuries* 59

–, Knochenmark, Bestrahlung, Dosiswirkungskurven, *neutrons, bone marrow, irradiation, dose effect curves* 239.

–, Knochenwachstumsstörungen, relative biologische Wirksamkeit, *neutrons, bone growing disorders, relative biological effectiveness* 287

–, Leber, Strahlenschädigung, Dosisabhängigkeit, *neutrons, liver, radiation injury, dose dependence* 93

–, Physik, *neutrons, physics* 60

–, relative biologische Wirkung (RBW), *neutrons, relative biological effectiveness (RBE)* 12, 245, 247

–, – – – (RBW), chronische Strahlenfolgen, *neutrons, relative biological effectiveness (RBE), chronic radiation reactions* 85

–, strahlenbiologische Eigenschaften, *neutrons, radiobiological properties* 61, 62

–, Strahlenschädigung, Atombombe, *neutrons, radiation injury, atom bomb* 532, 533

Neutronenstrahlung, LET-Werte, *neutron radiation, LET values* 45

Niere, Strahlengefährdung, *kidney, radiation induced risk* 101, 102

–, Strahlentherapie, Leberszintigramm, *kidney, radiotherapy, liver scan* 88

–, Strahlensensibilität, *kidney, radiosensibility* 102

–, Strahlentherapie, Toleranzdosen, Komplikationen, *kidney, radiotherapy, tolerance doses, complications* 25, 101–112

Nierenfunktion, Schädigung, Dosisabhängigkeit, *renal function, injure dose dependence* 109

Nierenszintigraphie, Radionephritis, *renal scintigraphy, radionephritis* 108, 109

Nierentopographie, In-, Exspiration, Körperlage, *renal topography, in-, exspiration, body position* 110

Nierentumoren, Strahlentherapie, Hodenfunktion, *renal tumors, radiotherapy, testicle function* 150

Nierenzellen, Dosis-Wirkungskurven, Sauerstoffeffekt, LET-Funktion, *renal cells, dose effect curves, oxygen effect, LET-function* 55, 56

–, Inaktivierung, Dosis-Wirkungskurven, LET, *renal cells, inactivation, dose effect curves, LET* 50, 51

–, Isoeffektkurven, akute, späte Strahlenschädigung, *renal cells, isoeffect curves, acute, late radiation* 59

N-Methylmalcinimid, Sulfhydrylgruppen, Strahlenempfindlichkeit, *N-Methylmalcinimid, sulfhydryl groups, radiation sensitivity* 5

Oak Ridge, Reaktorunfall, *Oak Ridge, reactor accident* 491

Oberflächenfaktor, Lunge, biochemische Veränderungen nach Bestrahlung, *surface factor, lung, biochemical lesions after irradiation* 391

Ösophagus, Strahlentoleranzdosis, *esophagus, radiation tolerance dose* 25

OH-Radikale, strahleninduzierte, G-Werte, *OH radicals, radiation induced, G values* 47

Oligozoospermie, strahleninduzierte, *oligozoospermia, radiation induced* 150, 151

Oozyten, Strahlenempfindlichkeit, *oocytes, radiosensibility* 135

Operation, Strahlenschädigung, Dünn-, Dickdarm, *surgery, radiation injury, small-, large intestine* 75, 76

Organismus, wachsender, Radionuklid-Inkorporation, Strahlenbelastung, *organism, growing, radionuclide, incorporation, radiation exposure* 266

Organtransplantation, Immunsuppression, Ganzkörperbestrahlung, *organ transplantation, immune suppression, whole body irradiation* 227

Ossifikation, enchondrale, Biomechanismus, Strahlenschädigung, *ossification, enchondral, biomedianism, radiation injury* 271

–, –, komplexe Störungen, *ossification, enchondral, complex disturbances* 279, 285

–, Strahlenschädigung, *ossification, radiation injury* 279–289

Osteoblasten, Zellkinetik, *osteoblasts, cell kinetics* 273, 274

Osteodystrophie, strahleninduzierte, ^{224}Ra-Inkorporation, *osteodystrophy, radiation induced, ^{224}Ra incorporation* 296 osteogenes Gewebe, Zellsysteme, Kinetik, *osteogenic tissue, cell systems, kinetics* 271, 272

Osteogenese, Knochentransplantation, Strahlenwirkung, *osteogenesis, bone transplantation, radiation effects* 290

Osteomalazie, Hyperparathyreoidismus, Tumorinduktion, *osteomalacia, hyperparathyroidism, tumor induction* 304

Osteonekrose, strahleninduzierte, Ursachen, *osteonecrosis, radiation induced, causes* 289, 290

Osteoporose, Knochenumbau, Spongiosa-Struktur, *osteoporosis, bone remodelling, spongiosa structure* 290, 291

−, strahleninduzierte, Spontanfrakturen, Dosis, *osteoporosis, radiation induced, spontaneous fractures, dose* 292

Osteoprogenitorzellen, Ossifikation, induzierte, Strahlenwirkung, *osteoprogenitor cells, ossification, induced, radiation effect* 290

Osteoradionekrose, Mikroradiogramm, *osteoradionecrosis, microradiogram* 294, 295

−, Pathogenese, Klinik, *osteoradionecrosis, pathogenesis, clinical features* 296, 297

−, Schenkelhals, Pathogenese, *osteoradionecrosis, femoral neck, pathogenesis* 291, 292, 293

Osteosarkom, strahleninduziertes, Dosen, *osteosarcoma, radiation induced, doses* 303, 304

osteotrope Radionuklide, Energieabsorption, *osteotrope radionuclides, energy absorption* 266

Osteozyten, Osteoradionekrose, Pathogenese, *osteocytes, osteoradionecrosis, pathogenesis* 297

−, ^{224}Ra-Bestrahlung, Ultrastruktur, *osteocytes, ^{224}Ra irradiation, ultrastructure* 277

osteogenes Gewebe, Zellkinetik, *osteogenic tissue, cell kinetics* 271, 272

Ovar, hormonelle Regelmechanismen, *ovarium, hormonal regulation, mechanisms* 148

−, Strahlenwirkungen, *ovarium, radiation effects* 135–141, 152

Ovarien, Teilkörperbestrahlung, Klinik, *ovaries, partial body irradiation, clinical features* 444

Ovarialinsuffizienz, primäre, sekundäre, Regelmechanismen, *ovarial insufficiency, primary, secondary, mechanisms of regulation* 148

Ovarialkarzinom, Strahlentherapie, Spätfolgen, *ovarial carcinoma, radiotherapy, late reactions* 86, 87, 88

Ovarialtumoren, Induktion, Strahlenwirkung, *ovarial tumors, induction, radiation effect* 134

Ovarien, Strahlenreaktionen, chemischer Strahlenschutz, *ovaries, radiation effects, chemical radiation protection* 573

^{32}P, Einbau, Knochen, *^{32}P, incorporation, bone* 275

−, −, −, Strahlenwirkung, *^{32}P, incorporation, bone, radiation effect* 278

Pankreas, Strahlenfolgen, Klinik, *pancreas, radiotherapy, consequences, clinical features* 95, 96

PAPP, Ganzkörperbestrahlung, Tumorinduktion, *PAPP, whole body irradiation, tumor induction* 577

Partikelstrahlung, Zellzyklus, Strahlenempfindlichkeit, *particle radiation, cell cycle, radiosensibility* 56

Pathogenese, Hypertonie, renale, radiogene, *pathogenesis, hypertension, renal, radiogenic* 105

−, Schenkelhalsfraktur, strahleninduzierte, *pathogenesis, femoral neck fracture, radiation induced* 291

−, Strahlenreaktionen, Abdominalorgane, *pathogenesis, radiation induced lesions, abdominal organs* 69

−, −, Haut, *pathogenesis, radiation reactions, skin* 176, 177, 179

−, Strahlenfolgen, Darm, *pathogenesis, radiation induced lesions, intestine* 79, 80, 81

−, −, Haut, *pathogenesis, radiation induced lesions, skin* 176, 177

−, Strahlenschädigung, Knochen, *pathogenesis, radiation injury, bone* 265, 266

−, Strahlenhepatitis, *pathogenesis, radiogenic hepatitis* 90, 91

Pathologie, akute, chronische Strahlenreaktionen, Haut, *pathology, acute, chronic radiation reactions, skin* 174, 175

−, Leukoenzephalopathie, *pathology, leukoencephalopathy* 319

−, Radiodermatitis, *pathology, radiodermatitis* 174, 175

−, Strahlenfolgen, Gehirn, Rückenmark, *pathology, radiation induced lesions, brain, spinal cord* 318

−, Strahlenreaktionen, Knochen, Knorpel, *pathology, radiation induced lesions, bone, cartilage* 265–316

−, −, Harnblase, *pathology, radiation induced lesions, urinary bladder* 115–120

−, −, Leber, *pathology, radiation induced lesions, liver* 90, 91

−, −, Magen, *pathology, radiation induced lesions, stomach* 71, 72, 73

−, −, Niere, *pathology, radiation induced lesions, kidney* 101–112

−, −, Ureter, *pathology, radiation induced lesions, ureter* 112–115

pathologische Fraktur, radiogene, kritischer Apatitwert, Dosis, *pathological fracture, radiogenic, critical apatite value, dose* 292

− Frakturen, Osteoradionekrose, *pathological fractures, osteoradionecrosis* 299

periphere Nerven, Strahlenwirkungen, *peripheral nerves, radiation effects* 334, 335

Peritonealkarzinose, Strahlentherapie, Spätreaktionen, *peritoneal carcinosis, radiotherapy, late reactions* 86, 87

PHA-, PWM-Stimulation, Lymphozyten, Sensibilitätsparameter, *PHA-, PWM-stimulation, lymphocytes, sensibility parameters* 215

Pharmakodynamik, Strahlenschutzsubstanzen, *pharmacodynamics, radiation protection compounds* 594

Pharmakokinetik, chemischer Strahlenschutz, *pharmacokinetics, chemical radiation protection* 583

Photonen, Isoeffektkurven, akute, späte Strahlenschäden, *photons, isoeffect curves, acute, late radiation injuries* 59

−, Megavolt-, Hautreaktionen, *photons, megavoltage, skin reactions* 171, 172

−, Radionekrose, Gehirn, Dosis-Zeitbeziehung, *photons, radionecrosis, brain, dose time relation* 337, 338

−, Telekobalt-, Plexusschädigung, *photons, telecobalt-, plexus brachialis lesions* 339

Physik, Neutronen, *physics, neutrons* 60

−, Pionen, *physics, pions* 63

−, Protonen, *physics, protons* 62

−, schwere Ionen, *physics, heavy ions* 63

−, Strahlenabsorption, *physics, radiation absorption* 42–44

physiko-chemische Wirkungsmechanismen, Strahlenschutzsubstanzen, *physico-chemical reaction mechanisms, radiation protection compounds* 592

Physiologie, Hämatopoese, *physiology, haematopoesis* 235, 236

−, −, pluripotente Stammzellen, *physiology, haematopoesis, pluripotent stem cells* 236, 237

physiologische Faktoren, Strahlenempfindlichkeit von Geweben, *physiological factors, radiosensibility of tissue* 1

Pionen, Physik, strahlenbiologische Eigenschaften, *pions,
physics, radiobiological properties* 63

Plasmazellen, Strahlensensibilität, *plasma cells, radiosensibility* 223

Plexus brachialis, Strahlenschädigung, Dosis, *plexus brachialis, radiation injury, dose* 339

Plutonium, Inkorporation, Osteoradionekrose, *plutonium,
incorporation, osteoradionecrosis* 297

–, Reaktorunfall, Strahlenbelastung, *plutonium, reactor
accident, radiation exposure* 490

Pneumonitis, strahlenbedingte, Klinik, *pneumonitis, radiation induced, clinical features* 379, 397, 398

Poly-Chemotherapy, Kindesalter, Leukämie, Wachstumspotential, *polychemotherapy, childhood, leukaemia,
growing potential* 288

Polynukleotidketten, Einzel-, Doppelkettenbruch, Strahlenwirkung, *polynucleotide chains, single-, double chains,
fractures, radiation effects* 2, 3, 4

potentiell letaler Strahlenschaden, Mitose, Reparaturvorgänge, *potentially letal, radiation injury, mitosis, repair
mechanisms* 22, 23

^{143}Pr, ^{144}Pr, Kontamination, Raktorunfälle, *^{143}Pr, ^{144}Pr,
contamination, reactor accidents* 498

Proctitis, Strahlenspätreaktion, *proctitis, radiation induced
late lesion* 77

Progenitorzellen, Knochenmark, Regulationsmechanismen,
progenitor cells, bone marrow, regulation mechanisms
236

–, Proliferation, Osteogenese, Strahlenwirkung, *progenitor
cells, proliferation, osteogenesis, radiation effect* 290

Prognose, Strahlenmyelopathie, *prognosis, myelopathy, radiation induced* 324

–, Strahlenunfall, Leukozyten, *prognosis, radiation accident, leukocytes* 517

Proliferation, Gewebezellen, Regulation, *proliferation, tissue cells, regulation* 13

–, Knochenmarkzellen, Kinetik, *proliferation, bone marrow cells, kinetics* 236

–, Knorpel, enchondrale Ossifikation, komplexe Störung,
*proliferation, cartilage, enchondral ossification, complex
disturbance* 279

–, –, nach Strahlenschädigung, *proliferation, cartilage,
after radiation injury* 268

–, Lunge, Kapazität, *proliferation, lung, capacity* 379

–, Osteoprogenitor-Zellen, Strahlenwirkung, *osteoprogenitor cells, radiation effects* 290

–, Zell-, nach Lungenbestrahlung, *proliferation, cellular-,
after irradiation of lung* 387

Prostatakarzinom, Strahlenbelastung, Harnblase, Harnröhre, *prostatic carcinoma, radiation exposure, urinary
bladder, urethra* 118, 119

Protonen, berufliche Strahlenbelastung, Grenzwerte, *protons, professional radiation exposure, limiting values*
447

–, Bragg-Kurve, relative Ionisation, *protons, Bragg curve,
relative ionisation* 44

–, Bragg-Maximum, Energieverlust, Ionisationsdichte,
protons, Bragg-peak, energy loss, ionizing density 42,
43

–, Physik, *protons, physics* 62

–, Reichweite in Wasser, kinetische Energie, *protons,
range within water, kinetic energy* 42

–, Reichweite-Streuung, *protons, range straggling* 44

–, strahlenbiologische Eigenschaften, *protons, radiobiological properties* 63

–, Tiefendosenkurven, Tumortherapie, *protons, depth dose
curves, tumor therapy* 64

Protonenstrahlung, LET-Werte, *proton radiation, LET
values* 45

Pseudarthrose, Schenkelhalsfraktur, Osteoradionekrose,
pseudarthrosis, femoral neck fracture 293

–, Schlüsselbein, Osteoradionekrose, *pseudarthrosis,
clavicide, osteoradionecrosis* 299

psychomotorisches Defektsyndrom, Strahlenfolge, *psychomotoric defect syndrome, radiation induced* 318

^{239}Pu, Atombombe, Fallout, *^{239}Pu, atom bomb, fallout*
526

–, Knochen, Verteilung, *^{239}Pu, bone, distribution* 266

^{239}Pu-Inkorporation, Tumorinduktion, Skelett, *^{239}Pu incorporation, tumor induction, skeletton* 304

Pyelogramm, Ureterstenose, nach Operation und Strahlenbehandlung, *pyelogram, ureter stenosis, after surgery
and radiotherapy* 114

Qualitätsfaktor, Strahlendosis, berufliche Strahlenbelastung, *quality factor, radiation dose, professional radiation exposure* 447

^{224}Ra, Chondrozyten, Phosphatase-Aktivität, Histochemie, *^{224}Ra, chondrocytes, phosphatase activity, histochemistry* 270

^{224}Ra-Behandlung, Exostosen, strahleninduzierte, Risiko,
^{224}Ra therapy, exostoses, radiation induced, risk 289

^{224}Ra-Inkorporation, Knochen, peritrabekuläre Fibrose,
^{224}Ra incorporation, bone, peritrabecular fibrosis
276

–, –, strahleninduzierte Osteodystrophie, *^{224}Ra incorporation, bone, radiation induced, osteodystrophy*
296

, Knochenfibrose, Histologie, *^{224}Ra incorporation, bone
fibrosis, histology* 276

–, Knorpel, wachsender, Zellkinetik, *^{224}Ra incorporation,
cartilage, growing, cellular kinetics* 271

–, –, Wachstumszone, *^{224}Ra incorporation, cartilage,
growing area* 269, 270

–, Knorpelplatte, metaphysäre Spongiosa, *^{224}Ra incorporation, cartilagenous plate, metaphysical spongiosa*
280

–, Strahlenschädigung, Osteoblasten, Ultrastruktur, *^{224}Ra
incorporation, radiation injury, osteoblasts, ultrastructure* 274

^{224}Ra-, ^{226}Ra-Inkorporation, Tumorinduktion, Dosen,
^{224}Ra-, ^{226}Ra incorporation, tumor induction, doses
304

„Radikalfänger", Sulfhydrylgruppen, Strahlenempfindlichkeit, *radicals capturing compounds, sulfhydryl
groups, radiation sensitivity* 5

Radioaktivität, Reaktorunfälle, *radioactivity, reactor accidents* 489, 490, 510

Radiochemie, Knochen, Mineralisierung, Strahlenwirkung,
radiochemistry, bone, mineralisation, radiation effect
278

Radiodermatitis, experimentelle Untersuchungen, *radiodermatitis, experimental studies* 185–190

–, Klinik, Dosisabhängigkeit, *radiodermatitis, clinical features, dose dependence* 171, 172

–, Score-System, Quantifizierung, *radiodermatitis, score
system, quantification* 183

Radioisotope, Fallout, Atombombe, *radioisotopes, fallout,
atom bomb* 526

–, Osteosarkom, strahleninduziertes, *radioisotopes, osteosarcoma, radiation induced* 303

Radionekrose, Dosis-Zeitbeziehung, *radionecrosis, dose time relation* 332, 335, 337, 338
−, Rückenmark, Früh-, Spätphase, *radionecrosis, spinal cord, early-, late phase* 325, 326
−, −, Gehirn, *radionecrosis, spinal cord, brain* 317, 333, 334
Radionephritis, akute, Geschichtliches, *radionephritis, acute, history* 101
−, Histologie, Pathogenese, Dosis, Klinik, *radionephritis, histology, pathogenesis, dose, clinical features* 105, 106, 108
−, Nierenszintigraphie, Radioisotopen-Nephrographie, *radionephritis, renal scan, radioisotope nephrography* 108, 109
Radionuklide, Industrieprodukte, Strahlenexposition, *radio nuclides, industrial products, radiation exposure* 432
−, Körperdosen, Jahresgrenzwerte, *radionuclides, body doses, annual limiting values* 451
−, Körperpassage, Schema, *radionuclides, body passage, schema* 453
−, Kontamination, Reaktorstörfälle, *radionuclides, contamination, reactor accidents* 498
−, natürliche, Ursprung, Ausbreitung, Zerfall, *radionuclides, natural, origin, sedimentation, decay* 433
−, osteotrope, Inkorporation, Energieabsorption, *radionuclides, osteotrope, incorporation, energy absorption* 266
Radium, Vergiftung, Unfälle, *Radium, poisoning, accidents* 266
Radiumschäden, Ärzte, Geschichtliches, *radium induced lesions, physicians, history* 442
Radon, Inhalation, Schneeberger Lungenkrebs, *radon, inhalation, Schneeberg disease, lung cancer* 441, 442
Rasmussenstudie, Reaktorsicherheit, *Rasmussen study, reactor security* 499, 500
Reaktionskinetik, Strahlenschutzsubstanzen, *reaction kinetics, radiation protection compounds* 592
Reaktorsicherheit, Rasmussenstudie, *reactor security, Rasmussen study* 499, 500
Reaktortypen, Schema, *reactor types, schema* 495
Reaktorunfälle, ärztliche Maßnahmen, *reactor accidents, medical care* 517−521
−, Bevölkerungsschutz, *reactor accidents, protection of population* 508
−, Dekontaminierung, *reactor accidents, decontamination* 510, 511
−, Isodosen, Phantommessungen, *reactor accidents, isodoses, phantom measurements* 492
−, Katastrophenschutz, *reactor accidents, catastrophe protection* 504, 505
Reaktorunfälle, Risikostudien, *reactor accidents, risk studies* 499, 500
−, Schilddrüse, Jodprophylaxe, *reactor accidents, thyroid gland, iodine prophylaxis* 512
−, Sicherheitsmaßnahmen, *reactor accidents, preventive measures* 496, 499
−, Splaltprodukte, Radioisotope, *reactor accidents, fission products, radioisotopes* 498, 499
Reichweite-Streuung, schwere Teilchen-Strahlung, *range straggling, heavy particle radiation* 44
Rektum, Strahlenreaktionen, Latenzzeit, *rectum, radiation induced lesions, latent period* 77
Rektumkarzinom, DNA-Histogramm, *rectum carcinoma, DNA histogram* 16
relative biologische Wirksamkeit (RBW), Definition, Berechnung, *relative biological effectiveness (RBE), definition, calculation* 49

− − − (RBW), Elektronen, Knochenwachstum, *relative biological effectiveness (RBE), electrons, bone growing* 287
− − − (RBW), Inaktivierung, Säugerzellen, Dosiswirkungskurven, *relative biological effectiveness (RBE), inactivation, mammalian cells, dose effect curves* 52
− − − (RBW), Knochenmark, $LD_{50/30}$-Werte, ^{137}Cs-, ^{60}Co-, 15 MeV-Photonen, *relative biological effectiveness (RBE), bone marrow, $LD_{50/30}$ values, ^{137}Cs-, ^{60}Co-, 15 MeV photons* 243
− − − (RBW), Knochenmark, Stammzellen, Neutronenbestrahlung, *relative biological effectiveness (RBE), bone marrow, stem cells, irradiation with fast neutrons* 240, 245
− − − (RBW), Knochenwachstumsstörungen, 14,4 MeV-Elektronen, *relative biological effectiveness (RBE), bone growing disorders, 14,4 MeV electrons* 287
− − − (RBW), LET-Abhängigkeit, *relation biological effectiveness (RBE), LET dependency* 50, 51, 52
− − − (RBW), schnelle Neutronen, Strahlenfolgen, Dünndarm, *relative biological effectiveness (RBE), fast neutrons, radiation reactions, small intestine* 85
− − − (RBW), Strahlendosis, LET, Beziehungen, *relative biological effectiveness (RBE), radiation dose, LET, relations* 12
Reparaturmechanismen, DNA, nach Strahlenschädigung, *repair mechanisms, DNA, after radiation injury* 6, 7
−, Mitose, nach Strahlenschädigung, *repair mechanisms, mitosis, after radiation injury* 22, 23
Replikation, DNA-Synthese, Strahlenschädigung, *replication, DNA synthesis, radiation injury* 3
Repopulation, Stammzellen, Knochenmark, Proliferationskapazität, *stem cells, bone marrow, proliferation capacity* 241, 242
Repopulierung, nach Strahlenschädigung, *repopulation, after radiation injury* 23, 24
reproduktiver Zelltod, Definition, Zellproliferation, *reproductive death, definition, cell proliferation* 8, 9
retikulo-endotheliales System, Leber, Funktion nach Strahlentherapie, *reticulo-endothelial system, liver, function after radiotherapy* 90
Retinoblastom, strahleninduziertes, *retinoblastoma, radiation induced* 306
Retothelsarkom, Resistenzsteigerung, chemischer Strahlenschutz, *retothelial sarcoma, resistance enhancement, chemical radiation protection* 587
Retroperitonealraum, Strahlentherapie, Komplikationen, *retroperitoneal space, radiotherapy, complications* 101
−, −, Metastasen, Radionephritis, *retroperitoneal space, radiotherapy, metastases, radionephritis* 109
Rezeptorblocker, Strahlenschutzstoffe, Wirkungsmechanismus, *receptor blocking compounds, radiation protective compounds, reactor mechanism* 598, 599
Rippen, Osteoporose, strahleninduzierte, pathologische Frakturen, *ribs, osteoporosis, radiation induced pathological fractures* 292
Risiko, berufliche Strahlenbelastung, *risk, professional radiation exposure* 448
−, Exostosen, strahleninduzierte, *risk, exostoses, radiation induced* 289
−, Kernkraft, *risk, nuclear energy* 493, 494
−, Strahlenschädigung, berufliches, *risk, radiation injury, professional* 439, 440
−, −, Dünn-, Dickdarm, *risk, radiation injury, small-, large intestine* 76

Risiko, Strahlenschäden, Niere, *risk, radiation, injuries, kidney* 101, 102, 108, 109
—, Strahlenulkus, Magen, *risk, radiation induced ulcer, stomach* 71
—, Tumorinduktion, Skelett, *risk, tumor induction, skeletton* 304
Risikobarrieren, Reaktoren, *risk barriers, reactors* 497
Risikostudien, Reaktorstörfälle, *risk studies, reactor accidents* 499, 500
RNA, Synthese, Strahlenempfindlichkeit, *RNA, synthesis, radiosensibility* 3, 4
Röhrenknochen, s. Knochen, *long bone, see bone*
—, Wachstumsstörungen, Dosiswirkungsbeziehungen, *long bones, growing disorders, dos effect relations* 285, 286
Röntgenstereofotogrammetrie, Knochenwachstumsstörung, Schwellendosis, *roentgenphotogrammetry, bone growing disorders, treshold dose* 287
Röntgenstrahlen, berufliche Strahlenbelastung, Grenzwerte, *X rays, professional radiation exposure, limiting values* 447
—, biologische Wirkungen, *Roentgen rays, biological effects* 42
—, Knochen, Energieabsorption, *Roentgen rays, bone, energy absorption* 266
—, Knochenmark, Dosiswirkungsbeziehungen, *Roentgen rays, bone marrow, dose effect relations* 238
^{103}Ru, ^{106}Ru, Atombombe, Fallout, *^{103}Ru, ^{106}Ru, atom bombe, fallout* 526
Rückenmark, Radionekrose, *spinal cord, radionecrosis* 317
—, —, Toleranzdosen, Regressionslinien, *spinal cord, radionecrosis, tolerance doses, regression lines* 334
—, Strahlenschädigung, Früh, Spätphase, *spinal cord, radiation injury, early-, late phase* 325, 326
—, Strahlentherapie, Komplikationen, Toleranzdosen, *spinal cord, radiotherapy, complications, tolerance doses* 25
—, Strahlentoleranz, Dosis-Zeitbeziehung, *spinal cord, radiation tolerance, dose time relation* 333, 334

^{35}S-Einbau, Knorpelzellen, Strahlenschädigung, *^{35}S incorporation, chondrocytes, radiation injury* 268, 269
S-Phase, DNA-Gehalt, Zellkern, *S phase, DNA content, nucleus* 15, 16
—, Lymphozyten, Strahlenwirkungen, *S phase, lymphocytes, radiation effects* 208
—, Zellzyklus, Strahlenempfindlichkeit, Partikelstrahlung, *S phase, cell cycle, radiosensibility, particle radiation* 56, 57
Sauerstoffeffekt, Definition, *oxygen effect, definition* 53
—, Strahlenempfindlichkeit, *oxygen effect, radiosensibility* 27, 28
Sauerstoff-Sensibilisierungsfaktor, LET-Werte, unterschiedliche, *oxygen enhencement ratio, LET values, different* 54, 55
saure Phosphatase, positive Zellen, Metaphyse, Strahlenexposition, *acid phosphatasis, positive cells, metaphysis, radiation exposure* 278
Säugerzellen, Inaktivierung, LET-Abhängigkeit, Dosiswirkungskurven, *mammalian cells, inactivation, LET dependency, dose effect curves* 50, 51
Schenkelhals, Osteoradionekrose, Röntgenbild, *femoral neck, osteoradionecrosis, radiogram* 298
—, Spongiosklerose, Apatitwert, *femoral neck, spongiosclerosis, apatite value* 291

Schenkelhalsfraktur, strahleninduzierte, Pathogenese, *femoral neck fracture, radiation induced, pathogenesis* 291
Schilddrüse, Ganzkörperbestrahlung, *thyroid gland, whole body irradiation* 572
—, Jodprophylaxe, Reaktorstörfälle, *thyroid gland, iodine prophylaxis, reactor accidents* 512
—, natürliche jährliche Strahlenexposition, *thyorid gland, natural annual radiation exposure* 412
—, Strahlenwirkung, Gesamtrisikoberechnung, *thyroid gland, radiation effects, total risk, calculation* 449
Schilddrüsenkarzinom, ^{131}J-Therapie, Schädigung der Spermatogenese, *thyroid cancer, ^{131}I therapy, spermatogenesis, injury* 150
Schlüsselbein, pathologische Fraktur, Osteoradionekrose, *clavicle, pathological fracture, osteoradionecrosis* 299, 300
Schneeberger Krankheit, Lungenkrebs, Radioinhalation, *Schneeberg disease, lung cancer, radon inhalation* 441, 442
Schock, Reaktorunfall, *shock, reactor accident* 491
Schwellendosis, Knochenwachstumsstörungen, Klinik, Kindesalter, *treshold dose, bone growing disorders, clinical features, childhood* 287
schwere Teilchen, Reichweite in Wasser, kinetische Energie, *heavy particles, range within water, kinetic energy* 42
Score-System, Radiodermatitis, Quantifizierung, *score system, radio dermatitis, quantification* 183
Scrotonin, pharmakodynamischer Wirkungsmechanismus, *scrotonin, pharmacodynamic reaction mechanism* 594, 595
—, Strahlenschutz, LD$_{50}$, *scrotonin, radiation effect, LD$_{50}$* 561
SI-Einheiten, Definitionen, *SI units, definitions* 448
Sievert (Sv), Definition, *Sievert (Sv), definition* 448
Sigmoid, Stenose, Dosiseffektkurve, Strahlentherapie, *sigmoid, stenosis, dose effect curve, radiotherapy* 82
Skelett, Knochenmark, Verteilung, *skeletton, bone marrow, localisation* 235
—, see Knochen, *skeleton, see bone*
Spätnekrose, Gehirn, CT, *late necrosis, brain, CT* 329, 330
Spätveränderungen, Radiodermatitis, *late changes, radiodermatitis* 173
Spaltbombe, Strahlenschädigung, *fission bomb, radiation injury* 523
Speicheldrüsen, experimentelle Strahlenschädigung, chemischer Schutz, *salivary glands, experimental radiation injury, chemical protection* 572
—, Toleranzdosis, *salivary glands, tolerance dose* 25
Spermatogenese, Endokrinologie, *spermatogenesis, endocrinology* 150
—, Schema, kurze, lange Zyllzyklen, *spermatogenesis, schema, short, long cycling* 143
Spermatogonien, Strahlenwirkung, *spermatogonia, radiation effects* 133, 134
Spermatozoen, Konzentration, Strahlenwirkung, Zeitfaktor, *spermatozoa, concentration, radiation effect, time factor* 144
Spongiosa, primäre, Atrophie, Strahlenwirkung, *spongiosa, primary, atrophy, radiation effect* 281
Spongiosklerose, Schenkelhals, strahleninduzierte, Apatitwert, *spongiosclerosis, femoral neck, radiation induced, apatite value* 291
Spontanfrakturen, Osteoradionekrose, Rippen, *spontaneous fractures, osteoradionecrosis, ribbs* 299

—, strahleninduzierte, *spontaneous fractures, radiation induced* 289, 291, 293

Spontantumoren, Strahlenschädigung, chemischer Schutz, *spontaneous tumors, radiation injury, chemical protection* 577

^{89}Sr, ^{90}Sr, Fallout, Atombombe, *^{89}Sr, ^{90}Sr, fallout, atom bomb* 526

—, Kontamination, Reaktorstörfälle, *^{89}Sr, ^{90}Sr, contamination, reactor accidents* 498

^{90}Sr, Inkorporation, Osteoradionekrose, *^{90}Sr, incorporation, osteoradionecrosis* 297

^{90}Sr-Inkorporation, Knorpel, wachsender, Zellkinetik, *^{90}Sr incorporation, cartilage, growing, cellular kinetics* 271

Stadieneinteilung, Spätproktitis, radiogene, *staging, late proctitis, radiogenic* 77

Stammzellen, ^{137}Cs-γ-Strahlung, Überlebensfraktionen, *stem cells, ^{137}Cs γ radiation, survival fraction* 248

—, Erholungsvorgänge nach Erstbestrahlung, *stem cells, repair mechanisms after first irradiation* 249

—, Hämatopoese, Schema, *stem cells, haematopoesis, schema* 236

—, Inaktivierung, Dosiswirkungskurven, *stem cells, inactivation, dose effect curves* 238, 239, 241

—, Knochenmark, Strahlenwirkung, *stem cells, bone marrow, radiation effects* 237–240

—, Knochenmarksyndrom, Mortalität, Strahlendosen, *stem cells, bone marrow syndrome, mortality, radiation doses* 242

—, Knorpel, Anatomie, *stem cells, cartilage, anatomy* 266

—, —, Histologie, H$_3$-Thymidin-Einlagerung, *stem cells, cartilage, histology, H$_3$ Thymidin incorporation* 266

—, „Milzkolonie-Bildungseinheiten", quantitative Messungen, *stem cells, „spleen colony forming units", quantitative measurement* 237

—, Proliferationskapazität, Repopulation, *stem cells, proliferative capacity, repopulation* 241, 242

—, reproduktiver Zelltod, *stem cells, reproductive death* 8, 9

—, Repopulierung nach Strahlentherapie, *stem cells, repopulation after radiotherapy* 33

—, Überlebensraten, Strahlendosen, *stem cells, survival rates, radiation doses* 243

Sterilität, strahleninduzierte, *sterility, radiation induced* 145, 146

Stoffwechselreaktionen, Strahlenwirkung, *metabolic reactions, radiation effect* 3, 4

Strahlenabsorption, Physik, *radiation absorption, physics* 42–44

Strahlenbelastung, Bevölkerung, natürliche Strahlenquellen, *radiation exposure, population, natural radiation sources* 416, 418

—, Energieerzeugung, *radiation exposure, energy production* 430

—, Industrieprodukte, Radionuklide, *radiation exposure, industrial products, radionuclides* 432

—, Inhalation, Radon, Thoron, *radiation exposure, inhalation, radon, thoron* 420

—, Jahresgrenzwerte, Berechnung, *radiation exposure, annual limiting, values, calculation* 450

—, Knochen, äußere, innere Bestrahlung, *radiation exposure, bone, extern, intern irradiation* 266

—, kosmische Strahlung, *radiation exposure, cosmic radiation* 414

—, künstliche, Definition, *radiation exposure, artificial, definition* 403

—, natürliche, durch den Menschen veränderte, *radiation exposure, natural, technologically modified* 414

—, —, Radionuklide, Ursprung, Ausbreitung, Zerfall, *radiation exposure, natural, radionuclides, origin, sedimentation, decay* 433

—, —, Strahlenexposition von außen, *radiation exposure, natural, outer radiation exposure* 404

—, —, — von innen, *radiation exposure, natural, inner radiation exposure* 407

—, —, zivilisatorische, Definition, *radiation exposure, natural, unmodified, modified, „man made-", definition* 403

—, Reaktorunfälle, *radiation exposure, reactor accidents* 490

Strahlenbiologie, Dosiswirkungsbeziehungen, Säugetierzellen, *radiobiology, dose effect relations, mammalian cells* 10, 11, 12

—, Neutronen, *radiobiology, neutrons* 61, 62

—, „Plating Efficiency", Zellsuspension, Überlebensfraktion, *radiobiology, "plating efficiency", cell suspension, survival fraction* 10

—, Protonen, *radiobiology, protons* 62, 63

—, Teilchenstrahlung, *radiobiology, particle radiation* 41–68

—, zelluläre, Ganz-, Teilkörperbestrahlung, *radiobiology, cellular, whole-, partial body irradiation* 1–39

—, Zellzyklus, Strahlenempfindlichkeit, *radiobiology, generative cell cycle, radiation sensibility* 10–18

strahlenchemische Reaktionen, G-Wert, *radiochemical reactions, G value* 47

Strahlendosen, Dosis-Wirkungsbeziehungen, Zelltod, *radiation doses, dose effect relations, cellular death* 9, 10

—, Einheiten, Si-System, *radiation doses, units, SI system* 65

—, Femurkopf, Epiphysiolyse, *radiation doses, femoral head, epiphysiolysis* 283

—, Fraktionierungseffekt, *radiation doses, effect of fractionation* 21

—, fraktionierte, Erholungsvorgänge, *radiation doses, fractionated, repair mechanisms* 18, 19

—, Harnblasenkomplikationen, *radiation doses, urinary bladder, complications* 117

—, Knochenmarksyndrom, akute Mortalität, *radiation doses, bone marrow syndrome, acute mortality* 242

—, Knorpel, Wachstumsstillstand, *radiation doses, cartilage, growing stop* 269

—, lymphotoxischer Effekt, Ganzkörperbestrahlung, *radiation doses, lymphotoxic effect, whole body irradiation* 227

—, Magen, Strahlenreaktionen, *radiation doses, stomach, radiation induced lesions* 70, 71

—, siehe Dosis, *radiation doses, see dosis*

—, Sterilität, strahleninduzierte, *radiation doses, sterility, radiation induced* 145, 146

—, Strahlenunfälle, Ganzkörperbestrahlung, Knochenmark-Syndrom, *radiation doses, radiation accidents, whole body irradiation, bone marrow syndrome* 244

—, subletale, biochemische Zellveränderungen, *radiation doses, subletal, biochemical cellular lesions* 8

—, Toleranzdosen, verschiedene Organe, Komplikationen, *radiation doses, tolerance doses, different organs, complications* 25

Strahlenempfindlichkeit, Abdominalorgane, *radiosensibility, abdominal organs* 69, 70

—, anoxämische Zellen, Sauerstoffeffekt, *radiation sensibility, anoxaemic cells, oxygen effect* 27, 28

—, Antikörperbildung, *radiosensibility, antibody production* 223

Strahlenempfindlichkeit, B-Immunozyten, *radiosensibility, B immunocytes* 223
–, Dünndarm, *radiosensibility, small intestine* 78
–, Effektor-T-Zellen, *radiosensibility, effector T cells* 221
–, Enzyme, LET-Funktion, *radiosensibility, enzymes, LET-function* 48
–, Enzymproteine, *radiation sensibility, enzymatic proteins* 4
–, G_0-Lymphozyten, *radiosensibility, G_0 lymphocytes* 208–211, 227
–, G_1-, G_2-, M-Phase, Zellzyklus, *radiation sensibility, G_1, G_2, M phases, cell cycle* 16, 17
–, Gehirn, *radiosensibility, brain* 317
–, Glutathion-Biosynthese, genetischer Defekt, *radiation sensibility, glutathion biosynthesis, genetic defect* 593
–, Gonaden, *radiosensibility, gonades* 125
–, hämatopoetisches Gewebe, Säugetiere, *radiation sensibility, haematopoetic tissue, mammalians* 242
–, Hauttransplantation, *radiation sensibility, skin transplantation* 197, 198
–, IgE-, IgM-Synthese, *radiosensibility, IgE-, IgM synthesis* 223, 224
–, Knochenmark, *radiation sensibility, bone marrow* 440
–, –, Veränderungen nach Bestrahlung, *radiation sensibility, bone marrow, changes after irradiation* 249
–, Kolon, *radiosensibility, colon* 78
–, Lebergewebe, *radiation sensibility, liver parenchyma* 86
–, leukämische Lymphozyten, *radiosensibility, leukaemic lymphocytes* 210
–, linearer Energietransfer (LET), Säugetierzellen, *radiation sensibility, linear energy transfer (LET), mammalian cells* 594
–, Lunge, *radiosensibility, lung* 379
–, lymphatisches System, Klinik, *radiosensibility, lymphatic system, clinical features* 225–227
–, Lymphozyten, *radiation sensibility, lymphocytes* 1, 221, 222
–, –, Stimulation, *radiosensibility, lymphocytes, stimulation* 211, 212, 214
–, Magen, *radiosensibility, stomach* 69, 70
–, Magen-Darmtrakt, *radiosensibility, digestive tract* 78
–, Makrophagen-Funktion, *radiosensibility, macrophages, function* 223
–, Mitosen, Häufigkeit, Generationszyklus, *radiation sensibility, mitoses, frequency, generative cycle* 14, 15, 220, 221
–, Niere, *radiosensibility, kidney* 101, 112
–, Oozyten, *radiosensibility, oocytes* 135
–, Organe, Gewebe, *radiosensibility, organs, tissues* 69–96
–, Plasmazellen, *radiosensibility, plasma cells* 223
–, *radiosensibility, rectum* 78
–, Rückenmark, *radiosensibility, spinal cord* 317
–, Sauerstoffeffekt, *radiosensibility, oxygen effect* 27, 28
–, Sulfhydrylgruppen, intrazellulärer Gehalt, *radiosensibility, sulfhydryl groupes, intracellular content* 5
–, Suppressor-T-Zellen, *radiosensibility, suppressor T cells* 221
–, Zellproliferation, *radiation sensibility, cell proliferation* 13, 14
–, Zellzyklus, Definition, *radiosensibility, cell cycle, definition* 1
–, –, Partikelstrahlung, *radiosensibility, cell cyclus, particle radiation* 56
–, Zentralnervensystem, *radiation sensibility, central nervous system* 330, 331
Strahlenenergie, Übertragung, Physik, *radiation energy, transfer, physics* 42–47

Strahlenexposition, berufliche, Dosisbegrenzung, *radiation exposure, professional, dose limits* 444, 445
–, pränatale, Sterilität, *radiation exposition, prenatal, sterility* 146
Strahlengefährdung, Lungendosis, mittlere, Lungenkrebsrisiko, Bevölkerung, *radiation risk, pulmonary dose, mean, risk of lung cancer, population* 427
–, Umwelteinflüsse, natürliche Strahlenexposition, *radiation risk, environmental factors, natural radiation exposure* 403
–, –, unveränderte natürliche Strahlenexposition, *radiation risk, environmental factors, unmodified exposure to natural radiation* 404
Strahlenkrankheit, chemischer Strahlenschutz, *radiation sickness, chemical radiation protection* 589, 590
Strahlenletalität, Langzeit-, chemischer Schutz, *radiation induced letality, long time-, chemical protection* 578
Strahlenpneumonitis, experimentelle Befunde, *radiation induced pneumonitis, experimental findings* 381–385
Strahlenqualität, relative biologische Wirkung, *radiation quality, relative biological effectiveness* 12
–, Strahlenreaktion der Haut, *radiation quality, radiation reaction of skin* 195
Strahlenreaktionen, Atombombe, *radiation reactions, atom bomb* 533
–, siehe Strahlenwirkungen, *radiation reactions, see radiation effects*
Strahlenschädigung, Atomexplosionen, *radiation injury, atom explosions* 523, 524, 532, 533
–, berufliche, *radiation injury, professional* 439, 440
–, Bevölkerung, Reaktorunfälle, *radiation injury, population, reactor accidents* 493
–, Chiasma opticum, *radiation injury, chiasma opticum* 324
–, Chondritis dissecans, Larynx, *radiation injury, chondritis dissecans, larynx* 303
–, DNA-Synthese, *radiation injury, DNA synthesis* 2, 3, 5, 6
–, Dünn-, Dickdarm, Diagnose, Therapie, *radiation injury, small-, large intestine, diagnosis, therapy* 75, 76, 569, 570
–, Entwicklungsstörungen, *radiation injury, disorders of development* 575, 576
–, Erholungsvorgänge, *radiation injury, repair mechanisms* 18, 19
–, Gehirn, Rückenmark, neuropathologische Einteilung, *radiation injury, brain, spinal cord, neuropathological classification* 318
–, Haut, Atombombe, *radiation injury, skin, atom bomb* 526
–, Hodenfunktion, *radiation injury, testicle function* 150, 151
–, Hypothalamus, *radiation injury, hypothalamus* 324
–, Katarakt, chemischer Schutz, *radiation injury, cataracta, chemical protection* 578
–, Knochen, Pathogenese, *radiation injury, bone, pathogenesis* 265
–, –, Ultrastruktur, *radiation injury, bone, ultrastructure* 274, 275
–, –, Verdichtungslinien, *radiation injury, bone, growth arrest lines* 284
–, Knochentumoren, strahleninduzierte, *radiation injury, bone tumors, radiation induced* 303, 304
–, Knorpel, Gefäßarchitektur, *radiation injury, cartilage, vascular architecture* 271
–, –, Histologie, Histochemie, *radiation injury, cartilage, histology, histochemistry* 267, 269, 270

—, Kombinationsschäden, *radiation injury, combinated injuries* 579, 580

—, Leber, Gamma-, Neutronen-Strahlung, Dosisabhängigkeit, *radiation injury, liver, gamma-, neutron radiation, dose dependency* 93

—, Leuchtziffermaler, *radiation injury, luminous dial painters* 444

—, Leukoenzephalopathie, Klinik, *radiation injury, leukoencephalopathy, clinical features* 318, 319

—, Messenger-RNA, *radiation injury, messenger RNA* 4

—, Mitose, Reparaturvorgänge, *radiation injury, mitosis, repair mechanisms* 22, 23

—, Myelopathie, Gehirn, Rückenmark, *radiation injury, myelopathy, brain, spinal cord* 322, 323

—, Niere, *radiation injury, kidney* 101–112

—, —, chemischer Schutz, *radiation injury, kidney, chemical protection* 579

—, Ossifikation, *radiation injury, ossification* 279–289

—, Osteodystrophie, [224]R-Inkorporation, *radiation injury, osteodystrophy, [224]R incorporation* 296

—, Osteonekrose, Frakturheilung, *radiation injury, osteonecrosis, fracture healing* 289

—, —, Ursachen, Dosen, *radiation injury, osteonecrosis, causes, doses* 289, 290

—, Osteoradionekrose, Schenkelhals, *radiation injury, osteoradionecrosis, femoral neck* 291, 292, 293

—, pathologische Frakturen, *radiation injury, pathological fractures* 291, 292

—, periphere Nerven, *radiation effects, peripheral nerves* 334, 335

—, Plexus brachialis, lumbosacralis, *radiation injury, plexus brachialis, lumbosacralis* 334, 335

—, Pneumonitis, *radiation injury, pneumonitis* 379–402

—, Radiumschädigung, Ärzte, Schwestern, Geschichtliches, *radiation injury, radium induced lesions, physicians, nurses, history* 442

—, Reaktorunfälle, *radiation injury, reactor accidents* 489, 490

—, Reparatur, Dosisfraktionierung, *radiation injury, repair, fractionated doses* 57, 58

—, RNA-Synthese, *radiation injury, RNA synthesis* 3, 5

—, Rückenmark, Früh-, Spätphase, *radiation injury, spinal cord, early-, late phase* 325, 326

—, ^{90}Sr-Inkorporation, Osteoradionekrose, *radiation injury, ^{90}Sr incorporation, osteoradionecrosis* 297

—, Spontanfrakturen, *radiation injury, spontaneous fractures* 289, 290

—, [227]Th-Inkorporation, Osteoradionekrose, Wirbelkörper, *radiation injury, [227]Th incorporation, osteo-radionecrosis vertebral body* 300

—, Tumorinduktion, *radiation injury, tumor induction* 577

Strahlenschutz, BEIR, Empfehlungen, *radiation protection, BEIR, recommendations* 445

—, Berufsrisiko, Radionuklide, *radiation protection, professional risk, radionuclides* 439, 440

—, chemischer, *radiation protection, chemical* 557–611

—, Dosisreduktionsfaktor, Definition, *radiation protection, dose, reduction factor, definition* 558, 584

—, Dosiswirkungsbeziehungen, Kombinationsschäden, *radiation protection, dose effect relations, combined injuries* 582

—, genetische Strahlenwirkung, *radiation protection, genetic radiation effects* 442

—, Geschichte, Gesetze und Verordnungen, *radiation protection, history, laws and recommandations* 439, 440

—, Gesetze, Verordnungen, *radiation protection, laws, orders* 444, 445

—, Grundregeln, *radiation protection, basic rules* 403

—, ICRP-Empfehlungen, *radiation protection, ICRP recommendations* 442, 444, 445

—, klinische Anwendung, *radiation protection, clinical application* 588, 589

—, RBW, Qualitätsfaktor, *radiation protection, RBE, quality factor* 64, 65

—, Tumorinduktion, *radiation protection, tumor induction* 577

—, UNSCEAR, Empfehlungen, *radiation protection, UNSCEAR, recommendations* 445

Strahlenschutzstoff, biochemische Wirkungsmechanismen, *radiation protection compounds, biochemical reaction mechanisms* 597, 598

—, Dosisreduktionsfaktoren, *radiation protection compounds, dose reduction factors* 558, 584

—, LD_{50}, *radiation protection compounds, LD_{50}* 561

—, malignes Gewebe, Resistenzsteigerung, *radiation protection compounds, malignant tissue, resistance enhancement* 587

—, Pharmakodynamik, *radiation protection compounds, pharmacodynamics* 594

—, Rezeptorblocker, Wirkungsmechanismus, *radiation protection compounds, receptor blocking compounds, reaction mechanism* 598, 599

—, Strahlensyndrome, Wirkung, *radiation protection compounds, radiation syndromes, effects* 562, 563

—, therapeutischer Index, *radiation effect compounds, therapeutic index* 562

—, Tumor, Lokalbestrahlung, *radiation protection compounds, tumor, local irradiation* 586

—, Tumortherapie, experimentelle Untersuchungen, *radiation protection compounds, tumor therapy, experimental work* 581, 582

—, Wirkungsmechanismus, *radiation protection compounds, reaction mechanism* 591, 592

Strahlenschutzwirkung, Mercaptoethylamin (Cysteamin), *radiation protective effect, mercaptoethylamin (cysteamin)* 557

Strahlentherapie, Abdominaltumoren, Nebenreaktionen, *radiotherapy, abdominal tumors, side effects* 75, 76, 101–122

—, akute, chronische Strahlenreaktionen, Klinik, *radiotherapy, acute, chronic radiation reactions, clinical features* 171, 172

—, Cystamin, Cysteamin, klinische Anwendung, *radiotherapy, cystamin, cysteamin, clinical application* 589

—, Gastrektomie, prä, intra-, postoperative, *radiotherapy, gastrectomy, pre-, intra-, postoperative* 69

—, gynäkologische, pathologische Schenkelhalsfraktur, *radiotherapy, gynaecological, pathological femoral neck fracture* 291, 292

—, Hämangiom, Knochenwachstumsstörungen, Toleranzdosen, *radiotherapy, haemangioma, bone growing disorders, tolerance doses* 287

—, Hautreaktionen, *radiotherapy, skin reactions* 171–204

—, Hirntumoren, Radionekrose, Dosis, Latenzzeit, *radiotherapy, brain tumors, radionecrosis, dose, latent periode* 321, 322

—, Hypophysenadenom, Gehirnnekrose, *radiotherapy, pituitary adenoma, cerebral necrosis* 338

—, Kindesalter, Epiphysiologie, Strahlendosen, *radiotherapy, childhood, epiphysiologis, radiation doses* 284

—, Knochentumoren, strahleninduzierte, *radiotherapy, bone tumors, radiation induced* 303, 304

—, Komplikationen, Dünndarm, Kolon, *radiotherapy, complications, small intestine, colon* 78, 79

Strahlentherapie, Komplikationen, Gehirnnekrose, *radio-therapy, complications, cerebral necrosis* 319, 320, 338

—, —, Harnblase, *radiotherapy, complications, urinary bladder* 115–120

—, —, Knochensarkom nach, *radiotherapy, complications, bone sarcoma after* 305

—, —, Knochenwachstumsstörungen, *radiotherapy, complications, bone growing disorders* 285, 287

—, —, Magen, *radiotherapy, complications, stomach* 69, 70

—, —, Myelopathie, *radiotherapy, complications, myelopathy* 321, 322

—, —, Osteoradionekrose, *radiotherapy, complications, osteoradionecrosis* 291–302

—, —, Schenkelhalsfraktur, *radiotherapy, complications, femoral neck fractures* 291, 292

—, —, Strahlenhepatitis, *radiotherapy, complications, radiohepatitis* 86

—, —, Strahlennephritis, *radiotherapy, complications, Radionephritis* 101–112

—, —, Strahlenpneumonitis, *radiotherapy, complications, radiation induced pneumonitis* 379

—, —, Toleranzdosen, *radiotherapy, complications, tolerance doses* 25

—, —, Ureter, *radiotherapy, complications, ureter* 112–115

—, kurative, Immunsuppression, *radiotherapy, curative, immune suppression* 226

—, Leukozyten, DNS-Synthese, *radiotherapy, leucocytes, DNS synthesis* 219

—, lymphatisches System, Strahlenempfindlichkeit, *radiotherapy, lymphatic system, radiosensibility* 225

—, Magen-Darmkanal, Stenosen, Dosiswirkungskurven, *radiotherapy, digestive tract, stenoses, dose effect curves* 82

—, Magenkarzinom, *radiotherapy, gastric carcinoma* 69

—, Morbus Bechterew, Tumorinduktion, *radiotherapy, Bechterew's disease, tumor induction* 303

—, Osteoradionekrose, Hüftgelenk, *radiotherapy, osteoradionecrosis, hip joint* 298

—, —, Schlüsselbein, Pseudarthrose, *radiotherapy, osteoradionecrosis, clavicle, pseudarthrosis* 299

—, paraaortale Lymphknoten, Hodentumoren, *radiotherapy, paraaortal lymph nodes, testicular tumors* 69

—, Protonen, Pionen, *radiotherapy, protons, pions* 64

—, retikulo-endotheliales System, Funktion, *radiotherapy, reticulo-endothelial system, function* 90

—, Risiko: Radionephritis, *radiotherapy, risk: Radionephritis* 101–112

—, Total-Nodal-Bestrahlung, Morbus Hodgkin, *radiotherapy, total nodal irradiation, Hodgkin's disease* 226

—, Tumorzellen, Sauerstoffeffekt, *radiotherapy, tumor cells, oxygen effect* 27–29

—, Ureter, Früh-, Spätreaktionen, *radiotherapy, ureter, early, late reactions* 113, 114

—, Wirbelsäule, Deformitäten, strahleninduzierte, *radiotherapy, spine, deformities, radiation induced* 289

—, Zelltod, Mechanismen, *radiotherapy, cell death, mechanisms* 27, 29, 30

Strahlentod, Strahlensyndrome, Säugetiere, Ganzkörperbestrahlung, *radiation induced death, radiation syndromes, mammalians, whole body irradiation* 562

Strahlentoleranz, Ureter, *radiation tolerance, ureter* 115

Strahlentoleranzdosen, Niere, *radiation tolerance doses, renal* 107

Strahlenulkus, Magen, Symptomatologie, *radiation induced gastric ulcer, symptomatology* 70

Strahlenunfall, Reaktor Venus, Isodosen, Phantommessungen, *radiation accident, reactor venus, isodoses, phantom measurements* 492

—, siehe Reaktorunfälle, *radiation accident, see reactor accidents*

Strahlenunfälle, Ganzkörperbestrahlung, Mortalität, Strahlendosen, *radiation accidents, whole body accidents, mortality, radiation doses* 244

—, Leukozyten, Prognose, *radiation accidents, leukocytes, prognosis* 517

—, osteotrope Radionuklide, Inkorporation, *radiation accidents, osteotropic radionuclides, incorporation* 266

—, Reaktorunfälle, *radiation induced accidents, reactor accidents* 489–522

Strahlentherapie, regionale Leukopenie, *radiotherapy, regional, leukopenia* 226

Strahlenwirksamkeit, relative, Sauerstoffgehalt, Strahlenschutzsubstanzen, *radiation effectiveness, relative, oxygen content, radiation protection compounds* 595

Strahlenwirkungen, Abdominalorgane, *radiation effects, abdominal organs* 69–99

—, Alterung, strahleninduzierte, *radiation effects, aging, radiation, induced* 34, 35

—, Alveolarepithel, Kinetik, *radiation effects, alveolar epithelium, kinetics* 387

—, Antikörperbildung, Dosis, *radiation effects, antibody production, dose* 225

—, Atombombe, *radiation effects, atom bomb* 532, 533

—, Atombombenkatastrophe, Knochenwachstumsstörungen, *radiation effects, atom bomb catastrophe, bone growing disorders* 288

—, Bauchspeicheldrüse, *radiation effects, pancreas* 95, 96

—, Bestrahlung in utero, Knochenwachstumsstörungen, *radiation effects, irradiation "in utero", bone growing disturbances* 288

—, biochemische Veränderungen, *radiation effects, biochemical changes* 3–7, 147

—, biologische Entwicklung, Schema, *radiation effects, biological, development, schema* 2

—, Blut, *radiation effects, blood* 564, 565

—, direkt, indirekt ionisierende Strahlen, *radiation effects, directly, indirectly ionizing radiation* 42

—, direkte, indirekte Definition, *radiation effects, direct, indirect definition* 1

—, DNA-Synthese, *radiation effects, DNA synthesis* 5

—, DNS-Synthese, Stimulation, *radiation effects, DNS synthesis, stimulation* 219

—, duale, Theorie, *radiation effects, dual, theory* 12

—, enchondrale Ossifikation, komplexe Störungen, *radiation effects, enchondral ossification, complex disturbances* 279

—, endokrinologische Veränderungen, *radiation effects, endocrinological changes* 148, 149

—, Entwicklungsstörungen, *radiation effects, development disorders* 575, 576

—, Enzyme, Aktivitätsminderung, *radiation effects, enzymes, loss of activity* 147

—, Epiphysenlösung, Dosis, Histologie, *radiation effects, epihysiolysis, dose, histology* 282, 283

—, Erholungsvorgänge, *radiation effects, repair mechanisms* 18–27

—, Exostosen, strahleninduzierte, *radiation effects, exostoses, radiation induced* 289

—, Fertilität, *radiation effects, fertility* 132, 145, 146

—, Ganzkörperbestrahlung, *radiation effects, whole body irradiation* 32–35

−, −, Säugetiere, Strahlensyndrome, *radiation effects, whole body irradiation, mammalians, radiation syndromes* 562, 563
−, Gehirn, Rückenmark, Nervengewebe, *radiation effects, brain, spinal cord, nervous tissue* 317–348
−, Generationsorgane, radiation effects, generative organs 123–170
−, Genetik, *radiation effects, genetics* 574
−, Gesamtrisikoberechnung, *radiation effects, total risk, calculation* 449
−, Gonaden, *radiation effects, gonades* 572, 573
−, −, Entwicklung, *radiation effects, gonades, development* 135–147
−, −, funktionelle Veränderungen, *radiation effects, gonades, functional lesions* 145, 146, 152
−, −, morphologische Veränderungen, *radiation effects, gonades, morphologic lesions* 141, 142, 152
−, hämatopoetisches System, *radiation effects, haematopoetic system* 564, 575
−, Harntrakt, *radiation effects, urinary tract* 101–122
−, Haut, *radiation effects, skin* 171–204
−, Hoden, *radiation effects, testis* 572, 573
−, Hodenfunktion, *radiation effects, testicle function* 143, 144, 146, 150, 151
−, Hypertonie, renale, *radiation effects, hypertension, renal* 105
−, IgE-, IgG-, IgM-Systeme, Antikörperbildung, *radiation effects, IgE-, IgG-, IgM systems, antibody production* 225
−, Inaktivierung, Säugerzellen, LET-Abhängigkeit, Dosiswirkungskurven, *radiation effects, inactivation, mammalian cells, LET dependency, dose effect curves* 50, 51
−, indirekte, LET, G-Wert, *radiation effects, indirect, LET, G value* 47
−, Interphasentod, *radiation effects, interphase death* 7, 8
−, in utero, Atombombenkatastrophe, *radiation effects, in utero, atom bombe catastrophe* 288
−, Knochen, *radiation effects, bone* 273, 274
−, −, Deformitäten, *radiation effects, bone, deformities* 289
−, −, DNS-synthetisierende Zellen, *radiation effects, bone, DNS synthesizing cells* 275
−, −, Mineralisierung, *radiation effects, bone, mineralisation* 278
−, −, Ossifikationsstörungen, *radiation effects, bone, ossification, injuries* 279–289
−, −, Ultrastruktur, *radiation effects, bone, ultrastructure* 273, 274
−, −, Umbauvorgänge, *radiation effects, bone, remodelling processes* 291, 292
−, −, Wachstumshemmung, Faktoren, *radiation effects, bone stunting, factors* 288
−, Knochenumbau, *radiation effects, bone remodelling* 290, 291
−, Knorpel-Knochen-Kontinuität, Störung, *radiation effect, cartilage bone continuity injury* 281
−, Knorpeltransitzeit, Epiphyse, *radiation effects, cartilage transit time, epiphysis* 280
−, Knorpelzellen, Histologie, Kinetik, Strahlendosen, *radiation effects, chondrocytes, histology, kinetics, radiation doses* 266–271
−, Leber, *radiation effects, liver* 86–95, 571, 572
−, LET-Abhängigkeit, DNA-Schädigung, *radiation effects, LET dependence, DNA injury* 53
−, Letalmutationen, *radiation effects, letal mutations* 442
−, linearer Energietransfer (LET), *radiation effects, linear energy transfer (LET)* 47–49

−, Lungenfibrose, ^{14}C-Prolin-Inkorporation, *radiation effects, lung fibrosis, ^{14}C-proline incorporation* 388, 390
−, lymphatisches System, experimentelle Untersuchungen, *radiation effects, lymphatic system, experimental studies* 206–225, 566
−, − −, Klinik, *radiation effects, lymphatic system, clinical features* 225
−, Lymphozyten, DNS-Synthese, Stimulation, *radiation effects, lymphocytes, DNS synthesis, stimulation* 219
−, männliche, weibliche Gonaden, *radiation effects, male, female gonades* 128, 129
−, Magen, *radiation effects, stomach* 69–74
−, Magen-Darmkanal, *radiation effects, digestive tract* 75–84
−, Milz, *radiation effects, spleen* 206, 207
−, Mitoseverzögerung, G$_2$-Block, *radiation effects, mitosis, retardation, G$_2$ blocking* 16
−, Mutationen, *radiation effects, mutations* 440
−, Niere, *radiation effects, kindney* 101–112
−, osteogenes Gewebe, *radiation effects, osteogenic tissue* 273, 275
−, Osteoporose, strahleninduzierte, Pathogenese, *radiation effects, osteoporosis, radiation induced, pathogenesis* 292
−, Osteoprogenitor-Zellen, Knochentransplantation, *radiation effects, osteoprogenitor cells, bone transplantation* 290
−, Ovar, *radiation effects, ovarium* 135–141, 573, 574
−, Ovarialtumoren, Induktion, *radiation effects, ovarial tumors, induction* 134
−, ^{32}P-Inkorporation, Knochen, *radiation effects, ^{32}P incorporation, bone* 275
−, Polynukleotid-Kettenbrücke, *radiation effects, polynucleotide chains, fractures* 3, 4
−, Proliferationsrate, Zellpopulation, *radiation effects, proliferation rate, cell population* 7
−, ^{224}Ra, Knochen, peritrabekuläre Fibrose, *radiation effects, ^{224}Ra, bone, peritrabecular fibrosis* 276
−, Röhrenknochen, Wachstumsstörungen, „minimal stunting dose", *radiation effects, long bones, growing disrurbances, "minimal stunting dose"* 288
−, Sauerstoff-Effekt, LET-Werte, unterschiedliche, *radiation effects, oxygen effect, LET values, different* 54, 55
−, Schilddrüse, *radiation effects, thyroid gland* 572
−, somatische Wirkungen, *radiation effects, somatic effects* 448
−, Spermatogonien, *radiation effects, spermatogonia* 133, 134
−, Spermatozoenkonzentration, Zeitfaktor, *radiation effects, spermatozoa, concentration, time factor* 114
−, Spongiosa, primäre, Atrophie, *radiation effects, spongiosa, primary, atrophy* 281
−, Stammzellen, Knochenmark, *radiation effects, stem cells, bone marrow* 237–240
−, Sterilität, *radiation effects, sterility* 145, 146
−, Teilchenstrahlung, *radiation effects, particle radiation* 41–68
−, Teilkörperbestrahlung, *radiation effects, partial body irradiation* 32–35
−, ^{227}Th-Inkorporation, Knochen, *radiation effects, ^{227}Th incorporation, bone* 275
−, Thymus, *radiation effects, thymus* 206, 207
−, Tumorzellen, reproduktiven Zelltod, *radiation effects, tumor cells, reproductive death* 5, 8, 9
−, Verdauungstrakt, chemischer Strahlenschutz, *radiation effects, digestive tract, chemical radiation protection* 569, 570

Strahlenwirkungen, Zelltod, Lunge, *radiation effects, cell death, lung* 387
–, –, Mechanismen, *radiation effects, cell death, mechanisms* 7–13, 29, 30
Sulfhydrylgruppen, strahlenschützende Wirkung, *sulfhydryle groups, radiation protective effect* 4, 5
Superoxiddismutase, Strahlenschutzwirkung, *superoxiddismutase, radioprotecting effect* 6
Supressor-T-Zellen, Antikörpersynthese, Strahlenwirkung, *suppressor-T-cells, antibody synthesis, radiation effects* 225
–, Lymphozyten, Strahlenempfindlichkeit, *suppressor T cells, lymphocytes, radiosensibility* 221
Symptomatologie, Radionekrose, Gehirn, Rückenmark, *symptomatology, radionecrosis, brain, spinal cord* 322, 323
–, Strahlenreaktionen, Magen, *symptomatology, radiation induced lesions of gastric mucosa* 70
Synchronisierung, Zellzyklus, Dosiswirkungsbeziehung, *synchronisation, generative cell cycle, dose effect relation* 17, 18
Syndrom, Knochenmark-, Mortalität, Strahlendosen, *syndrome, bone marrow, mortality, radiation doses* 242
–, Strahlen-, Reaktorstörfälle, Risiko, *syndrome, radiation-, reactor accidents, risk* 501, 502, 514
–, zentralnervöses, Reaktorunfall, *syndrome, central nervous, reactor accidents* 491
Szintigramm, Leber, Strahlenwirkung, *scan, liver, radiation effect* 88
–, Osteoradionekrose, *scintigram, osteoradionecrosis* 297
Szintigraphie, Nieren-, Radionephritis, *scintigraphy, renal, radionephritis* 108, 109

^{99m}Tc, Dosisgrenzwerte, Haut, ^{99m}Tc, *dose limiting values, skin* 452
TD$_{5/5}$, Osteoradionekrose, *TD$_{5/5}$ osteoradionecrosis* 299
^{132}Te, Kontamination, Reaktorstörfälle, ^{132}Te, *contamination, reactor accidents* 498
Teilchenstrahlung, Physik, *particle radiation, physics* 42, 43, 44
–, Inaktivierung, Säugerzellen, LET-Abhängigkeit, Dosiswirkungskurven, *particle radiation, inactivation, mammalian cells, LET dependency, dose effect curves* 50, 51
–, Inaktivierungsquerschnitt, RBW, *particle radiation, inactivation diameter, RBE* 51, 52
–, Strahlenreaktionen der Haut, *particle radiation, radiation reactions of skin* 196, 197
Teilkörperbestrahlung, Lymphozyten, Strahlenreaktionen, *partial body irradiation, lymphocytes, radiation induced lesions* 207
–, Stammzellproliferation, Schädigung, *partial body irradiation, stem cell proliferation, injury* 237
–, Strahlenwirkung, *partial body irradiation, radiation effect* 32–35
Teilkörperexposition, klinische Symptome, *partial body exposure, clinical symptoms* 443, 444
Teleangiektasien, Radiodermatitis, Dosisabhängigkeit, *teleangiectasias, radiodermatitis, dose dependence* 172
Tellur, Kontamination, Reaktorunfälle, *Tellurium, contamination, reactor accidents* 497
Testosteron, Strahlenschädigung des Hodens, *testosterone, radiation injury of testicles* 150, 151
^{227}Th, Inkorporation, Knochen, Strahlenwirkung, ^{227}Th, *incorporation, bone, radiation effect* 275
^{227}Th-Inkorporation, DNS-Synthese, Strahlenwirkung, ^{227}Th *incorporation, DNS synthesis, radiation effect* 275

–, Osteoradionekrose, Wirbelkörper, ^{227}Th *incorporation, osteoradionecrosis, vertebral body* 300
Therapie, akute, chronische Strahlenreaktion, Haut, *therapy, acute, chronic radiation reaction, skin* 175, 176
–, Nierenschädigung, radiogene, *therapy, renal injury, radiogenic* 112
–, Proktitis, radiogene, *therapy, proctitis, radiogenic* 77
–, Strahlenschäden, Dünn-, Dickdarm, *therapy, radiation injuries, small, large intestine* 76
thermische Strahlung, Atombombe, *thermic radiation, atom bomb* 525
Thiophosphate, Strahlenschutz, pharmakologische Wirkungen, *thiophosphates, radiation protection, pharmacological effects* 590, 596
Thorax, natürliche Strahlenexposition, *thorax, natural radiation exposure* 412
Thrombozytopenie, kombinierte Strahlenschäden, chemischer Schutz, *thrombocytopenia, combined radiation, injuries, chemical protection* 580
Thymus, Lymphom, strahleninduziertes, chemischer Schutz, *thymus, lymphoma, radiation, induced, chemical protection* 578
–, Lymphozyten, Überlebenskurven, Dosiswirkungsbeziehungen, *thymus, lymphocytes, survival curves, dose effect relations* 208
–, Strahlenreaktionen, *thymus, radiation reactions* 206, 207
–, Strahlentherapie, Exostosen, *thymus, radiotherapy, exostoses* 289
T-Lymphozyten, Antikörperbildung, Strahlenwirkung, *T lymphocytes, antibody production, radiation effects* 225
–, Dosiswirkungskurven, Sensibilitätsparameter, *T lymphocytes, dose effect curves, sensibility parameters* 222
–, PHA-Stimulation, Ganzkörperbestrahlung, *T lymphocytes, PHA stimulation, whole body irradiation* 218
T-Lymphozytopenie, Total-Nodal-Bestrahlung, *T lymphocytopenia, total nodal irradiation* 227
Tod, Risiko, Reaktorstörfälle, *death, risk, reactor accidents* 493, 501
–, strahlenbedingter, Ursachen, *death, radiation induced, causes* 1, 2
–, Strahlensyndrome, Säugetiere, *death, radiation syndromes, mammalians* 562, 563
–, Zell-, DNA-Strahlenschäden, *death, cellular, DNA radiation injuries* 3, 7, 8–13
Toleranzdosis, Gehirn, Rückenmark, *tolerance dose, brain, spinal cord* 317
–, Haut, Radiodermatitis, *tolerance dose, skin, radiodermatitis* 172, 173
–, Knochen-, Knorpelwachstumsstörungen, Kindesalter, *tolerance dose, bone-, cartilage growing disorders, childhood* 287
–, –, Osteoradionekrose, *tolerance dose, bone, osteoradionecrosis* 299
–, Längenwachstumsstörung, Röhrenknochen, *tolerance dose, growing disturbance, long bone* 287
–, Nieren, *tolerance dose, renal* 107
Toleranzdosen, fraktionierte Strahlentherapie, Komplikationen, *tolerance doses, fractionated radiotherapy, complications* 25
–, Rückenmark, *tolerance doses, spinal cord* 333, 334
Toxizität, chemischer Strahlenschutz, klinische Prüfung, *toxicity, chemical radiation, protection, clinical examination* 562
–, –, Substanzen, *toxicity, chemical radiation, protection, compounds* 559, 561

Transplantation, *Spongiosa, Osteoprogenitor-Zellen, Strahlenwirkung, transplantation, spongiosa, osteoprogenitor cells, radiation effect* 290

Transskription, DNA-Synthese, Strahlenschädigung, *transscription, DNA synthesis, radiation injury* 3

Trypsin, Strahlenempfindlichkeit, LET-Funktion, *trypsin, radiosensibility, LET function* 48, 49

Tumor, Gehirn, Strahlenmyelopathie, *tumor, brain, radiation induced myelopathy* 322, 323, 338

—, Induktion, Strahlenwirkung, chemischer Strahlenschutz, *tumor, induction, radiation effect, chemical radiation protection* 577

—, Therapie, Strahlenschutzsubstanzen, *tumor, therapy, radiation protection, compounds* 585, 586

—, Wachstum, Lokalbestrahlung, Strahlenschutzstoffe, *tumor, growth, local irradiation, radiation protective compounds* 586

Tumoren, Abdominalorgane, Strahlenempfindlichkeit, *tumors, abdominal organs* 69

—, Hoden, paraaortale Lymphknoten, Strahlentherapie, *tumors, testicular, paraaortal lymph nodes, radiotherapy* 69, 70

—, Knochen, strahleninduzierte, *tumors, bone, radiation induced* 303, 304

—, kurative Strahlentherapie, Immunsuppression, *tumors, curative radiotherapy, immune suppression* 226

—, Magen, Strahlentherapie, *tumors, stomach, radiotherapy* 69, 70

—, Ovarial-, Strahleninduktion, *tumors, ovarial-, radiation induction* 134

—, radiogene, Reaktorunfälle, *tumors, radiogenic, reactor accidents* 493

—, Strahlentherapie, Osteoradionekrose, *tumors, radiotherapy, osteoradionecrosis* 298, 299

—, —, Sauerstoff-Effekt, *tumors, radiotherapy, oxygen effect* 55

—, Strahlenwirkung, *tumors, radiation effect* 9

—, Wilms-, Strahlentherapie, Leberveränderungen, *tumors, Wilm's-, radiotherapy, hepatic lesions* 89

Tumortherapie, Partikelstrahlung, Physik, Strahlenbiologie, *tumor therapy, particle radiation, physics, radiobiology* 60–66

Tumorzellen, Dosiseffektkurven, Schulterform, Erholungsvorgänge, *tumor cells, dosis effect curves, shoulder shaped, repair mechanisms* 19, 20

—, EMT 6-, Strahlenempfindlichkeit, *tumor cells, EMT 6- radiation sensitivity* 14

—, Proliferationsraten, Strahlenempfindlichkeit, *tumor cells, proliferation rates, radiation sensitivity* 13

—, Repopulierung, nach Strahlenschädigung, *tumor cells, repopulation, after radiation injury* 23, 24

—, Sauerstoffeffekt, *tumor cells, oxygen effect* 27–29

T-Zell-System, Strahlenwirkungen, *T cell system, radiation effects* 206, 207

Überlebenskurven, Lymphozyten, Dosiswirkungsbeziehungen, *survival curves, lymphocytes, dose effect relations* 209

Überlebensraten, Cysteamin, Strahlenschutzeffekt, *survival rates, cysteamine, radiation protective effect* 537

—, Knorpelzellen, Strahlendosen, *survival rates, cartilage cells, radiation doses* 268

—, Makromoleküle, LET-funktion, *survival rates, macromolecules, LET function* 48

—, Melanomzellen, fraktionierte Bestrahlung, *survival rates, melanoma cells, fractionated irradiation* 21

—, Säugetierzellen, Dosiswirkungsbeziehung, *survival rates, mammalian cells, dose effect relation* 10, 11

—, Stammzellen, Knochenmark, Strahlendosen, *survival rates, stem cells, bone marrow, radiation doses* 243

—, Zellzyklus, Strahlenempfindlichkeit, *survival rates, cell cycle, radiosensibility* 56

—, —, Strahlenwirkung, *survival rates, generative cell cycle, radiation effect* 17, 18

Überlebenszeiten, Atombombenkatastrophe, *survival times, atom bomb catastrophe* 536

Ulcus, Spätproktitis, radiogene, Stadieneinteilung, Behandlung, *ulcer, late proctitis, radiogenic, staging, therapy* 77

—, strahlenbedingtes, Toleranzdosen, Magen-Darm-Trakt, *ulcer, radiogenic, tolerance doses, digestive tract* 25, 71, 72

Ultrastruktur, Knochen, Strahlenschädigung, *ultrastructure, bone, radiation injury* 273, 274, 275

—, osteogenes Gewebe, *ultrastructure, osteogenic tissue* 273, 274

UNSCEAR, Empfehlungen, Strahlenschutz, *UNSCEAR, recommendations, radiation protection* 445

Unterkiefer, Osteoradionekrose, *jaw, osteoradionecrosis* 302

Uran, Reaktorunfall, Radioaktivität, *Uranium, reactor accident, radioactivity* 490, 496, 497

Uran-Ionen, LET-Werte, *Uranium ions, LET values* 45

Uranisotope, Kernspaltung, Reaktor, *uranium isotopes, nuclear fusion, reactor* 493

Ureter, radiogene, funktionelle und anatomische Veränderungen, *ureter, radiogenic, functional and anatomical lesions* 113–115

—, Strahlentherapie, Komplikationen, Toleranzdosen, *ureter, radiotherapy, complications, tolerance doses* 25

—, Strahlentoleranz, *ureter, radiation tolerance* 115

Uteruskarzinom, Strahlenreaktionen, Dünn-, Dickdarm, *uterus carcinoma, radiation induced lesions, small-, large intestine* 77

Vagina, Strahlentherapie, Komplikationen, Toleranzdosen, *vagina, radiotherapy, complications, tolerance doses* 25

Verbrennungen, Atombombe, *combustions, atom bomb* 526, 527

Verdauungstrakt, akute Strahlenreaktionen, chemischer Strahlenschutz, *digestive tract, acute radiation reactions, chemical radiation protection* 569

Verdichtungslinien, Wirbelkörper, Strahlenschädigung, *growth arrest lines, vertebral bodies, radiation injury* 284

Verkalkung, Metaphysenknorpel, Strahlenwirkung, *calcification, cartilage, metaphysis, radiation effect* 281

Viren, RBW-Werte, LET-Abhängigkeit, *virus, RBE values, LET dependency* 50

—, Strahlenempfindlichkeit, LET-Funktion, *virus, radiosensibility, LET-function* 48

Vitamin E, Schutzwirkung, Strahleneffekt, *vitamine E, protecting effect, radiation reactions* 5

Wachstumsstillstand, Knorpel, Wachstumszone, nach Bestrahlung, *growing stop, cartilage, growing area, after irradiation* 269

Walker-Karzinom, Resistenzsteigerung, Strahlenschutzstoffe, *Walker carcinoma, resistance enhancement, radiation protective compounds* 587

Wasser, Radiolyseprodukte, G-Wert, *water, products of radiolysis, G value* 47

Weichteilgewebe, natürliche, jährliche Strahlenexposition, *soft tissue, natural, annual radiation exposure* 412

Wilms-Tumor, Strahlentherapie, Komplikationen, *Wilms' tumor, radiotherapy, complications* 89

Wirbelkörper, Verdichtungslinien, Kindesalter, Strahlendosen, *vertebral body, growth arrest lines, childhood, radiation doses* 284

Wirbelsäule, Morbus Bechterew, Strahlenbehandlung, Tumorinduktion, *spine, Bechterew's disease, radiotherapy, tumor induction* 303

−, Deformitäten, strahleninduzierte, *spine, deformities, radiation induced* 289

−, Wachstumsstörungen, Toleranzdosen, *spine, growing disorders, tolerance doses* 287

Xeroderma pigmentosum, DNA-Replikation, Störungen, *xeroderma pigmentosum, DNA replication, disorders* 7

^{90}Y, ^{91}Y, Atombombe, Fallout, ^{90}Y, ^{91}Y, *atom bomb, fallout* 526

^{91}Y, Kontamination, Reaktorstörfälle, ^{91}Y, *contamination, reactor accidents* 498

Zahnextraktion, Unterkiefer, Osteoradionekrose, *touth extraction, jaw, osteoradionecrosis* 302

Zeitfaktor, Knochenwachstumsstörungen, Strahlenbehandlung, *time factor, bone growing disorders, radiotherapy* 287, 288

−, Knorpel, Strahlenschädigung, Erholungsorgane, *time factor, cartilage, radiation injury, repair mechanisms* 267, 268

−, Radiodermatitis, *time factor, radiodermatitis* 172, 190

−, Radionekrose, Gehirn, Gesamtdosis, *time factor, radionecrosis, brain, total dose* 337, 338

−, Spermatozoen-Konzentration, Strahlenwirkung, *time factor, spermatozoa, concentration, radiation effect* 144

−, Strahlenreaktionen, Haut, *time factor, radiation reactions, skin* 187

−, Strahlenwirkungen, Magen-Darm, *time factor, radiation induced lesions, stomach, intestine* 74, 82

Zellen, Knorpel-, Strahlenschädigung, Dosisabhängigkeit, *cells, cartilage, radiation injury, dose dependence* 267, 268

−, Osteoprogenitor-, induzierte Ossifikation, *cells, osteoprogenitor-, induced ossification* 290

−, PAS-positive, nach Bestrahlung, *cells, PAS positive, after irradiation* 268

−, „Target"-, Strahlenpneumonitis, *cells, "target"-, radiation induced pneumonitis* 380

−, Überlebensraten, Dosiswirkungsbeziehung, *cells, survival rates, dose effect relation* 10, 11, 17, 18

Zellkern, DNA-Gehalt, Generationszyklus, *nucleus, DNA content, generative cycle* 15

Zellkinetik, Knochen, Wachstumszone, *cell kinetics, bone, growing area* 272, 273, 274

Zellmembran, Strahlenschädigung, reproduktiver Zelltod, *cellular membrane, radiation injury, reproductive cell death* 30

Zellproliferation, Hemmung, Strahlenwirkung, *cellular proliferation, retardation, radiation effect* 9

−, kompensatorische, nach Strahlenschädigung, *cellular proliferation, compensatory, after radiation injury* 23, 24

−, Strahlenempfindlichkeit, *cell proliferation, radiation sensitivity* 13, 14

Zellsuspension, „Plating Efficiency", Überlebensfraktion, *cell suspension, "Plating Efficiency", survival fraction* 10

Zellsysteme, osteogenes Gewebe, Histologie, Kinetik, *cell systems, osteogenic tissue, histology, kinetics* 271, 272

Zelltod, DNA-Strahlenschäden, *cellular death, DNA radiation injuries* 3, 4, 7

−, Dosiswirkungsbeziehungen, *cellular death, dose effect, relations* 9, 10

−, Interphasentod, *cellular death, interphase death* 7, 8

−, LET-Abhängigkeit, Dosiswirkungskurven, *cellular death, LET dependency, dose effect curves* 50, 51

−, Lungenbestrahlung, *cell death, lung irradiation* 387

−, nach Bestrahlung, *cellular death, after irradiation* 7–13

−, reproduktiver, *cellular death, reproductive* 8, 9

−, Strahlenempfindlichkeit, *cellular death, radiation sensibility* 13, 14

−, Strahlenwirkung, Mechanismen, *cellular death, radiation effect, mechanisms* 29, 30

Zellzyklus, DNA-Gehalt, Zellkern, *cell cycle, DNA content, nucleus* 15

−, G_0-Phase, Strahlenwirkungen, *cell cycle, G_0 phase, radiation effects* 208

−, G_2-Block, LET-Abhängigkeit, RBW, *cell cycle, G_2 block, LET dependence, RBE* 53

−, Lymphozyten, Mitoseaktivität, *cell cycle, lymphocytes, mitosis, activity* 217

−, −, Strahlenwirkungen, *cell cycle, lymphocytes, radiation effects* 208

−, Spermatogenese, Strahlenwirkung, *cell cycle, spermatogenesis, radiation effect* 144

−, Strahlenempfindlichkeit, Mitosehäufigkeit, *cell cycle, radiosensitivity, frequency of mitoses* 14, 15, 16

−, −, Partikelstrahlung, *cell cycle, radiosensibility, particle radiation* 56, 57

−, Synchronisation, Dosiswirkungsbeziehungen, *cell cycle, synchronisation, dose effect relations* 17, 18

Zentralnervensystem, Strahlenempfindlichkeit, *central nervous system, radiation sensibility* 330, 331

Zentralnervöser Tod, Ganzkörperbestrahlung, Dosis, *central nervous death, whole body irradiation, dose* 562

−, −, Reaktorunfälle, *central nervous death, whole body irradiation, reactor accidents* 491

^{95}Zr, Atombombe, Fallout, ^{95}Zr, *atom bombe, fallout* 526

−, Kontamination, Reaktorstörfälle, ^{95}Zr, *contamination, reactor accidents* 498

Zystitis, radiogene, Zystoskopie-Befunde, *cystitis, radiogenic, cystoscopic findings* 116

Zytogenese, Osteoklasten, *cytogenesis, osteoclasts* 272

Zytokinetik, Hämatoporese, Knochenmark, *cytokinetics, haematopoesis, bone marrow* 235, 236, 237

Zytophotometrie, DNA-Gehalt, Zellzyklus, *photometry, DNA content, generative cell cycle* 15, 16

Subject Index

English – German

Where English and German spelling of a word is identical, the German version is omitted

α particles, depth dose curves, *α-Teilchen, Tiefendosiskurven* 64

– –, oxygen, enhancement ratio, LET function, *α-Teilchen, Sauerstoff-Sensibilisierungsfaktor, LET-Funktion* 55

– –, range within water, kinetic energy, *α-Teilchen, Reichweite in Wasser, kinetische Energie* 42

α radiation, LET values, *α-Strahlung, LET-Werte* 45

– –, professional radiation exposure, limiting values, *α-Strahlung, berufliche Strahlenbelastung, Grenzwerte* 447

abdominal organs, radiosensibility, *Abdominalorgane, Strahlenempfindlichkeit* 69, 70

acid phosphatasis, positive cells, metaphysis, radiation exposure, *saure Phosphatase, positive Zellen, Metaphyse, Strahlenexposition* 278

actinomycine D, mRNA-synthesis, retardation, *Aktinomycin D, mRNA-Synthese, Hemmung* 22

acute letality, neutrons, dose reduction factors, *akute Letalität, Neutronen, Dosisreduktionsfaktoren* 584

– radiation reactions, blood, *akute Strahlenreaktionen, Blut* 564

– – –, digestive tract, *akute Strahlenreaktionen, Verdauungstrakt* 569, 570

– – –, glioblastoma, CT, *akute Strahlenreaktionen, Glioblastom, CT* 331

– – –, haematopoesis, *akute Strahlenreaktionen, Hämatopoese* 564

– – –, liver, *akute Strahlenreaktionen, Leber* 571

– – –, lymphatic system, *akute Strahlenreaktionen, lymphatisches System* 566

– – –, respiratory tract, *akute Strahlenreaktionen, Atemtrakt* 571

– – –, skin, clinical features, *akute Strahlenreaktionen, Haut, Klinik* 171–173

– – –, skin, histology, *akute Strahlenreaktionen, Haut, Histologie* 174

– – –, skin, mammalians, whole body irradiation, *akute Strahlenreaktionen, Haut, Säugetiere, Ganzkörperbestrahlung* 567, 568

– – –, skin, pathogenesis, *akute Strahlenreaktionen, Haut, Pathogenese* 176, 177

– – –, skin, quantification, *akute Strahlenreaktionen, Haut, Quantifizierung* 181

– – –, skin, time factor, *akute Strahlenreaktionen, Haut, Zeitfaktor* 187

– – –, testis, *akute Strahlenreaktionen, Hoden* 572, 573

– – –, thyroid gland, *akute Strahlenreaktionen, Schilddrüse* 572

– – –, whole body irradiation, *akute Strahlenreaktionen, Ganzkörperbestrahlung* 562

– – syndrome, atom bomb, blood changes, *akutes Strahlensyndrom, Atombombe, Blutveränderungen* 537

– – –, brain, spinal cord, *akutes Strahlensyndrom, Gehirn, Rückenmark* 317

– – –, reactor accidents, *akutes Strahlensyndrom, Reaktorstörfälle* 501, 502, 514

adenocarcinoma, intestinum, tumor induction, *Adenokarzinom, Intestinum, Tumorinduktion* 577

AET, dose reduction factor, chemical radiation protection, *AET, Dosisreduktionsfaktor, chemischer Strahlenschutz* 584

age, exostoses, ^{224}Ra therapy, *Alter, Exostosen, ^{224}Ra-Behandlung* 289

–, influence, radiation effect, bone, growing potential, *Alter, Einfluß, Strahlenwirkung, Knochen, Wachstumspotential* 288

–, age, "minimal stunting dose", *Alter, „minimal stunting dose"* 288

aging process, radiation induced, *Alterungsprozeß, strahlenbedingter* 34, 35

alcalic phosphatasis, enzyme activity, bone, radiation effects, *alkalische Phosphatase, Enzym-Aktivität, Knochen, Strahlenwirkungen* 277, 278

alveolar epithelium, kinetics, pneumonitis, radiation induced, *Alveolarepithel, Kinetik, Strahlenpneumonitis* 387

– phagocytosis, surface factor, immunological system, *Alveolarphagozytose, Oberflächenfaktor, Immunsystem* 380

– wall, histologic construction, *Alveolarwand, histologischer Aufbau* 381

aminoethylisothiuronium (AET), radiation effect LD_{50}, *Aminoethylisothiuronium (AET), Strahlenschutz, LD_{50}* 561

anaemia, aplastic, polychemotherapy, bone growing disturbances, *Änamie, aplastische, Polychemotherapie, Knochenwachstumsstörungen* 288

anatomy, bone, growing, *Anatomie, Knochen, wachsender* 266

–, bone marrow, *Anatomie, Knochenmark* 235

–, osteogenic tissue, cell cinetics, *Anatomie, osteogenes Gewebe, Zellkinetik* 271, 272

anoxia, serotonin, protective effect, *Anoxie, Serotonin, Schutzeffekt* 595 antibody formation, lymphocytes, radiosensibility, *Anti-körperbildung, Lymphozyten, Strahlensensibilität* 223

—, production, whole body irradiation, dose, *Antikörper-bildung, Ganzkörperbestrahlung, Dosis* 225

annual limiting value, professional radiation exposure, *Jahresgrenzwert, berufliche Strahlenbelastung* 448

apatite value, femoral neck spongiosa, osteoradionecrosis, *Apatitwert, Schenkelhalsspongiosa, Osteoradionekrose* 291, 292

apatite value, follow up, spongiosclerosis, *Apatitwert, Ver-laufskontrolle, Spongiosklerose* 292

Argon ions, depth dose curves, tumor therapy, *Argon-Ionen, Tiefendosiskurven, Tumortherapie* 64

— —, LET values, *Argon-Ionen, LET-Werte* 45

— —, range within water, kinetic energy, *Argon-Ionen, Reichweite in Wasser, kinetische Energie* 42

arm plexus, radiation injury, *Armplexus, Strahlenschädi-gung* 334

ataxia teleangiectatica, DNA repair, deficient, *Ataxia tele-angiectatica, DNA-Repair, fehlender* 30

— —, DNA replication, disorders, *Ataxia teleangiectatica, DNA-Replikation, Störungen* 7

atelectasis, pneumonitis, radiation induced, *Atelektase, Strahlenpneumonitis, Entwicklungsmechanismen* 387

atom bomb, acute radiation syndrome, *Atombombe, aku-tes Strahlensyndrom* 537

— —, biological radiation effects, *Atombombe, biologische Strahlenwirkung* 533

— —, dose effect relations, *Atombombe, Dosiswirkungsbe-ziehungen* 534

— —, explosion in air, chronological development, *Atom-bombe, Luftexplosion, chronologische Entwicklung* 523

— —, fallout, radioisotopes, *Atombombe, Fallout, Radio-isotope* 526

— —, LD$_{50}$, *Atombombe, LD$_{50}$* 535

— —, radiation injuries, *Atombombe, Strahlenschäden* 532, 533, 537

— —, radioactivity, fission products, *Atombombe, Ra-dioaktivität, Spaltprodukte* 490

— —, thermic injuries, *Atombombe, thermische Schäden* 525, 526

— — catastrophe, radiation effects in utero, *Atombom-benkatastrophe, Strahlenwirkung in utero* 288

— — —, radiation injuries, combined, *Atombombenkata-strophe, Strahlen-Kombinationsschäden* 579

— — —, survival times, *Atombombenkatastrophe, Überle-benszeiten* 536

^{198}Au, dose limiting values, skin, ^{198}*Au, Dosisgrenzwerte, Haut* 452

—, radiation tolerance, brain, ^{198}*Au, Strahlentoleranz, Ge-hirn* 339

autoradiography, bone, mineralisation, radiation effects, *Autoradiographie, Knochen, Mineralisierung, Strahlen-wirkung* 278

—, cartilage, radiation injury, *Autoradiographie, Knorpel, Strahlenschädigung* 268, 269

azoospermia, radiation induced, *Azoospermie, strahlenindu-zierte* 150, 151

β lymphocytes, dose effect curves, sesibility parameters, *β-Lymphozyten, Dosiswirkungskurven, Sensibilitätspara-meter* 222

β cell system, radiation effects, *β-Zell-System, Strahlenwir-kungen* 206, 207

β immunocytes, antibody formation, radiosensibility, *β-Im-munozyten, Antikörperbildung, Strahlensensibilität* 223

β ions, oxygen enhancement ratio, LET function, *β-Ionen, Sauerstoff-Sensibilisierungsfaktor, LET-Funktion* 55

^{137m}Ba, atom bomb, fallout, ^{137m}*Ba, Atombombe, Fallout* 526

bacteria, radiosensibility, LET function, *Bakterien, Strah-lenempfindlichkeit, LET-Funktion* 48

—, RBE values, LET dependency, *Bakterien, RBW-Werte, LET-Abhängigkeit* 50

Bechterew's disease, radiotherapy, tumor induction, *Mor-bus Bechterew, Strahlenbehandlung, Tumorinduktion* 303

BEIR, recommendations, radiation protection, *BEIR, Empfehlungen, Strahlenschutz* 445

Bethe-Bloch's formula, energy lost, heavy particles, *Bethe-Bloch-Formel, Energieverlust, schwere Teilchen* 43

biochemical reaction mechanisms, radiation protective compounds, *biochemische Wirkungsmechanismen, Strahlenschutzsubstanzen* 597, 598

biochemistry, radiation effects, *Biochemie, Strahlenwir-kung* 3–7, 147, 208

blood, extracoporale irradiation, leukopenia, *Blut, extra-koporale Bestrahlung, Lymphopenie* 226

—, injury, atom bomb, *Blut, Schädigung, Atombombe* 533, 534

—, radiation effects, whole body irradiation, *Blut, Strah-lenwirkungen, Grenzkörperbestrahlung* 564, 565

— vessels, radiation injury, chemical protection, *Blutge-fäße, Strahlenschädigung, chemischer Schutz* 579

bone, alcalic phosphatasis, dose effect relation, *Knochen, alkalische Phosphatase, Dosiswirkungsbeziehung* 277

—, apatite value, femoral neck spongiosa, osteoradione-crosis, *Knochen, Apatitwert, Schenkelhalsspongiosa, Osteoradionekrose* 291, 292

—, atom bomb catastrophe, radiation effects in utero, *Knochen, Atombombenkatastrophe, Strahlenwirkungen in utero* 288

—, "bone remodelling", normal findings, *Knochen, ,,bone remodelling", Normalbefunde* 290

—, — —, radiation effects, *Knochen, ,,bone remodelling", Strahlenwirkung* 291, 292

—, deformities, radiation induced, *Knochen, Deformitäten, strahleninduzierte* 288, 289

—, DNS synthesizing cells, dose dependent reduction, re-pair mechanisms, *Knochen, DNS-synthetisierende Zel-len, dosisabhängiger Abfall, Erholungsvorgänge* 275

—, energy absorption, Roentgen rays, radionuclides, *Kno-chen, Energieabsorption, Röntgenstrahlen, Radionuklide* 266

—, enzyme activity, radiation effect, *Knochen, Enzym-Akti-vität, Strahlenwirkung* 277, 278

—, exostoses, radiation induced, *Knochen, Exostosen, strahleninduzierte* 289

—, growing, anatomy, *Knochen, wachsender, Anatomie* 266

—, — disorders, dose effect curves, *Knochen, Wachstums-störungen, Dosiswirkungsbeziehungen* 286, 287

—, — —, irradiation, "in utero", *Knochen, Wachstums-störungen, Bestrahlung ,,in utero"* 288

—, — —, neutrons, relative biological effectiveness, *Kno-chen, Wachstumsstörung, Neutronen, relative biologische Wirksamkeit* 287

—, — —, proliferative area, *Knochen, wachsender, Prolifera-tionszone* 266

—, growth arrest lines, radiation doses, *Knochen, Verdich-tungslinien, Strahlendosen* 284

—, ^{3}H thymidine, cell kinetics, Knochen, ^{3}*H-Thymidin, Zellkinetik* 272

bone, metaphysis, cell kinetics, *Knochen, Metaphyse, Zellkinetik* 272
–, –, growing radiation exposure, radionuclides, *Knochen, Metaphyse, wachsende, Strahlenbelastung, Radionuklide* 266
–, –, radiation induced fibrosis, *Knochen, Metaphyse, strahleninduzierte Fibrose* 276
–, mineralisation, radiation effects, *Knochen, Mineralisierung, Strahlenwirkung* 278
–, modelling, osteoradionecrosis, *Knochen, Umbau, Osteoradionekrose* 293
–, ossification, desmal, radiation injury, *Knochen, Ossifikation, desmale, Strahlenschädigung* 285, 286
–, –, enchondral, radiation injury, *Knochen, Ossifikation, enchondrale, Strahlenschädigung* 279–285
–, osteoblasts, cell kinetics, *Knochen, Osteoblasten, Zellkinetik* 273, 274
–, –, histogenesis, function, *Knochen, Osteoklasten, Histogenese, Funktion* 272
–, –, normal function, *Kinetik, Osteoblasten, normale Funktion* 273, 274
–, osteogenesis, progenitor cells, radiation effect, *Knochen, Osteogenese, Progenitorzellen, Strahlenwirkung* 290
–, osteogenic tissue, cell systems, *Knochen, osteogenes Gewebe, Zellsysteme* 271, 272
–, osteonecrosis, radiation induced, *Knochen, Ostenekrose, strahleninduzierte* 289
–, osteoprogenitor cells, induced ossification, *Knochen, Osteoprogenitor-Zellen, induzierte Ossifikation* 290
–, osteoradionecrosis, femoral neck, *Knochen, Osteoradionekrose, Schenkelhals* 291, 292, 293
–, ^{32}P incorporation, Knochen, ^{32}P-Inkorporation 275
–, ^{239}Pu, distribution, radiation exposure, *Knochen, ^{239}Pu, Verteilung, Strahlenbelastung* 266
–, radiation effects, atom bomb catastrophe, *Knochen, Strahlenwirkungen, Atombombenkatastrophe* 288
–, – –, total risk, calculation, *Knochen, Strahlenwirkungen, Gesamtrisikoberechnung* 449
–, – exposure, externe, interne irradiation, *Knochen, Strahlenbelastung, äußere innere Bestrahlung* 266
–, – injury, definition, *Knochen, Strahlenschädigung, Definition* 265
–, – –, dose effect relations, *Knochen, Strahlenschädigung, Dosiswirkungsbeziehungen* 285, 286
–, – –, pathogenesis, *Knochen, Strahlenschädigung, Pathogenese* 265, 266
–, – –, time factor, *Knochen, Strahlenschädigung, Zeitfaktor* 287
–, radionuclides, osteotrope, energy absorption, *Knochen, Radionuklide, osteotrope, Energieabsorption* 266
–, radium, poisoning, *Knochen, Radium, Vergiftung* 266
–, remodelling processes, *Knochen, Umbauprozesse* 290, 291
–, spongiosclerosis, femoral neck, apatite value, *Knochen, Spongiosklerose, Schenkelhals, Apatitwert* 291
–, ^{227}Th incorporation, radiation effect, *Knochen, ^{227}Th-Inkorporation, Strahlenwirkung* 275
–, ultrastructure, radiation injury, *Knochen, Ultrastruktur, Strahlenschädigung* 273, 274
bone growing, disorders, dose effect relations, *Längenwachstum, Störung, Dosiswirkungsbeziehungen* 286
bone marrow, anatomy, *Knochenmark, Anatomie* 235
– –, dose effect curves, ^{60}Co-γ-radiation, *Knochenmark, Dosiswirkungskurven, ^{60}Co-γ-Strahlung* 238
– –, dose effect curves, neutrons, *Knochenmark, Dosiswirkungskurven, Neutronen* 239

–, dose effect relation, whole body irradiation, *Knochenmark, Dosiswirkungsbeziehung, Ganzkörperbestrahlung* 240, 245
– –, doses, osteosarcoma, radiation induced, *Knochenmark, Dosen, Osteosarkom, strahleninduziertes* 303
– –, function, structure, *Knochenmark, Funktion, Struktur* 235
– –, haematopoesis, physiology, *Knochenmark, Hämatopoese, Physiologie* 235, 236
– –, haematopoetic cell colonies, quantitative measurement, *Knochenmark, hämatopoetische Zellkolonien, quantitative Messung* 237
– –, haematopoetic cell systems, stem cells, schema, *Knochenmark, hämatopoetische Zellsysteme, Stammzellen, Schema* 236
– –, injury, atom bomb, *Knochenmark, Schädigung, Atombombe* 533, 534
– –, natural annual radiation exposure, *Knochenmark, natürliche, jährliche Strahlenexposition* 412
– –, osteogenic tissue, radiation effects, *Knochenmark, osteogenes Gewebe, Strahlenwirkungen* 273, 275
– –, radiation effects, total risk, calculation, *Knochenmark, Strahlenwirkung, Gesamtrisikoberechnung* 449
– –, radiation injury, mammalians, whole body irradiation, *Knochenmark, Strahlenschädigung, Säugetiere, Ganzkörperbestrahlung* 562, 564, 565
– –, radiation sensibility, radiation protection, *Knochenmark, Strahlenempfindlichkeit, Strahlenschutz* 440
– –, radiation tolerance, dose, complications, *Knochenmark, Strahlentoleranzdosis, Komplikationen* 25
– –, repair mechanisms after first irradiation, *Knochenmark, Erholungsvorgänge nach Erstbestrahlung* 249
– –, stem cells, radiation effects, *Knochenmark, Stammzellen, Strahlenwirkung* 237–240
– –, stroma, ultrastructure, *Knochenmark, Stroma, Ultrastruktur* 237
– –, transplantation, growing curves, childhood, chemotherapy, *Knochenmark, Transplantation, Wachstumskurven, Kindesalter, Chemotherapie* 288
– –, –, immune suppression, whole body irradiation, *Knochenmark, Transplantation, Immunsuppression, Ganzkörperbestrahlung* 227
– –, –, leukaemia, childhood, curves of growing, *Knochenmark, Transplantation, Leukämie, Kindesalter, Wachstumskurven* 288
– –, –, reactor accidents, *Knochenmark, Transplantation, Reaktorunfälle* 492
– –, transplantation, whole body irradiation, *Knochenmark, Transplantation, Ganzkörperbestrahlung* 273
– syndrome, acute mortality, radiation doses, *Knochenmarksyndrom, akute Mortalität, Strahlendosen* 242
– – –, radiation accidents, mortality, radiation doses, *Knochenmarksyndrom, Strahlenunfälle, Mortalität, Strahlendosen* 244
– remodelling, radiation effects, *Knochenumbau, Strahlenwirkung* 290, 291
– scan, osteoradionecrosis, *Knochenszintigramm, Osteoradionekrose* 297
– tumors, radiation induced, *Knochentumoren, strahleninduzierte* 303, 304
Bragg curve, relative ionization, 187 MeV protons, *Bragg-Kurve, relative Ionisation, 187 MeV-Protonen* 44
Bragg peak, electrons, protons, energy loss in water, *Bragg-Maximum, Elektronen, Protonen, Energieverlust in Wasser* 43
brain, late edema, CT, *Gehirn, Spätödem, CT* 330

brain, necrosis, dose time relations, *Gehirn, Nekrose, Dosis-Zeitbeziehungen* 336

—, radiation induced lesions, clinical features, *Gehirn, Strahlenfolgen, Klinik* 317, 318

—, radiosensibility, tolerance limit, *Gehirn, Strahlenempfindlichkeit, Toleranzgruppe* 330

—, radiotherapy, complications, tolerance doses, *Gehirn, Strahlentherapie, Komplikationen, Toleranzdosen* 25

—, tumors, radiotherapy, necrosis, *Gehirn, Tumoren, Strahlentherapie, Nekrose* 320

— edema, late radionecrosis, *Hirnödem, Strahlenspätnekrose* 329

breast, radiation effects, total risk, calculation, *Mamma, Strahlenwirkung, Gesamtrisikoberechnung* 449

— cancer, radiotherapy, hormone therapy, leucocytes, DNS synthesis, *Mammakarzinom, Strahlen-, Hormontherapie, Leukozyten, DNS-Synthese* 219

— —, —, plexus, brachialis lesions, *Mammakarzinom, Strahlentherapie, Plexusschädigung* 339

— —, —, pneumonitis, *Mammakarzinom, Strahlentherapie, Pneumonitis* 379

— —, resistance enhancement, radiation protective compounds, *Mammakarzinom, Resistenzsteigerung, Strahlenschutzstoffe* 587, 598

bromine, contamination, reactor accidents, *Brom, Kontamination, Reaktorunfälle* 497

B_6-SM, dose effect curves, chemical radiation protection, *B_6-SM, Dosiswirkungskurven, chemischer Strahlenschutz* 559

Burkitt's lymphoma, sensibility parameters, *Burkitt-Lymphom, Sensibilitätsparameter* 211

C^{6+}, range within water, kinetic energy, *Kohlenstoff-Ionen, Reichweite in Wasser, kinetische Energie* 42

^{14}C proline incorporation, lung fibrosis, after irradiation, *^{14}C-Prolin, Inkorporation, Lungenfibrose, nach Bestrahlung* 390

^{45}Ca incorporation, spongiosa, radiation, *^{45}Ca-Inkorporation, Spongiosa, Strahlenwirkung* 293, 294

calcification, cartilage, metaphysis, radiation effect, *Verkalkung, Metaphysenknorpel, Strahlenwirkung* 281

cAMP, sulfhydryl groups, cell content, *cAMP, Sulfhydrylgruppen, Zellgehalt* 5

cancroid, radiation induced, *Kankroid, strahleninduziertes* 440

carcinoma, lung, radon inhalation, *Karzinom, Lunge, Radoninhalation* 441, 442

—, radiation induced, professional risk, *Karzinom, strahleninduziertes Berufsrisiko* 440

—, risk, radiation syndrome, reactor accidents, *Karzinom, Risiko, Strahlensyndrom, Reaktorstörfälle* 501, 517

carcinoma colli, radiotherapy, pathological femoral neck fracture, *Carcinoma colli, Strahlentherapie, pathologische Schenkelhalsfraktur* 291, 292, 293

cartilage, bone continuity, disturbance, after irradiation, *Knorpel, Knochen-Kontinuität, Störung, nach Bestrahlung* 281

—, capillaries, radiation effects, *Knorpel, Kapillaren, Strahlenwirkungen* 271

—, cell numbers, radiation doses, time factor, *Knorpel, Zellzahlen, Strahlendosen, Zeitfaktor* 268

—, cells, survival rates, radiation doses, *Knorpel, Zellen, Überlebensraten, Strahlendosen* 268

—, chondrocytes, phosphatase positive, loss after irradiation, *Knorpel, Chondrozyten, Phosphatase-positive, Verlust nach Bestrahlung* 269, 270

—, embryogenesis, Thymidine, ^{3}H tagged, *Knorpel, Embryogenese, ^{3}H-Thymidin-Markierung* 266

—, enchondral ossification, complex disturbances, *Knorpel, enchondrale Ossifikation, komplexe Störungen* 279

—, energy absorption, Roentgen rays, radionuclides, *Knorpel, Energieabsorption, Röntgenstrahlen, Radionuklide* 266

—, femoral epiphysiolysis, radiation injury, *Knorpel, Femurkopfepiphysiolyse, Strahlenschädigung* 283

—, growing stop, radiation injury, doses, *Knorpel, Wachstumsstillstand, Strahlenschädigung, Dosen* 269, 279–289

—, histochemistry, *Knorpel, Histochemie* 267, 269

—, radiation injury, histology, *Knorpel, Strahlenschädigung, Histologie* 267, 269

—, ^{35}S incorporation, radiation injury, *Knorpel, ^{35}S-Einbau, Strahlenschädigung* 269

—, transit time, epiphysis, after irradiation, *Knorpel, Transitzeit, Epiphyse, nach Bestrahlung* 280

caryolysis, interphase death, lymphocytes, *Karyolyse, Interphasentod, Lymphozyten* 7

castration, FSH-, LH serum values, *Kastration, FSH-, LH-Serumwerte* 149

cataracta, radiation injury, chemical protection, *Katarakt, Strahlenschädigung, chemischer Schutz* 578

catastrophe protection, reactor accidents, *Katastrophenschutz, Reaktorunfälle* 504, 505

cell cycle, DNA content, nucleus, *Zellzyklus, DNA-Gehalt, Zellkern* 15

— —, G_0 phase, radiation effects, *Zellzyklus, G_0-Phase, Strahlenwirkungen* 208

— —, G_2 block, LET dependence, RBE, *Zellzyklus, G_2-Block, LET-Abhängigkeit, RBW* 53

— —, lymphocytes, mitrosis, activity, *Zellzyklus, Lymphozyten, Mitoseaktivität* 217

— —, radiation effects, *Zellzyklus, Lymphozyten, Strahlenwirkungen* 208

— —, radiosensitivity, frequency of mitoses, *Zellzyklus, Strahlenempfindlichkeit, Mitosehäufigkeit* 14, 15, 16

— —, —, particle radiation, *Zellzyklus, Strahlenempfindlichkeit, Partikelstrahlung* 56, 57

— —, spermatogenesis, radiation effect, *Zellzyklus, Spermatogenese, Strahlenwirkung* 144

— —, synchronisation, dose effect relations, *Zellzyklus, Synchronisation, Dosiswirkungsbeziehungen* 17, 18

— death, lung irradiation, *Zelltod, Lungenbestrahlung* 387

— kinetics, bone, growing area, *Zellkinetik, Knochen, Wachstumszone* 272, 273, 274

— proliferation, radiation sensitivity, *Zellproliferation, Strahlenempfindlichkeit* 13, 14

— suspension, plating efficiency, survival fraction, *Zellsuspension, „Plating Efficiency", Überlebensfraktion* 10

— systems, osteogenic tissue, histology, kinetics, *Zellsysteme, osteogenes Gewebe, Histologie, Kinetik* 271, 272

cells, cartilage, radiation injury, dose dependence, *Zellen, Knorpel-, Strahlenschädigung, Dosisabhängigkeit* 267, 268

—, osteoprogenitor-, induced ossification, *Zellen, Osteoprogenitor-, induzierte Ossifikation* 290

—, PAS positive, after irradiation, *Zellen, PAS-positive, nach Bestrahlung* 268

—, survival rates, dose effect relation, *Zellen, Überlebensraten, Dosiswirkungsbeziehung* 10, 11, 17, 18

—, "target"-, radiation induced pneumonitis, *Zellen, „Target"-, Strahlenpneumonitis* 380

cellular death, after irradiation, *Zelltod, nach Bestrahlung* 7–13
– –, DNA radiation injuries, *Zelltod, DNA-Strahlenschäden* 3, 4, 7
– –, dose effect relations, *Zelltod, Dosiswirkungsbeziehungen* 9, 10
– –, interphase death, *Zelltod, Interphasentod* 7, 8
– –, LET dependency, dose effect curves, *Zelltod, LET-Abhängigkeit, Dosiswirkungskurven* 50, 51
– –, radiation effect, mechanisms, *Zelltod, Strahlenwirkung, Mechanismen* 29, 30
– –, radiation sensibility, *Zelltod, Strahlenempfindlichkeit* 13, 14
– –, reproductive, *Zelltod, reproduktiver* 8, 9
– membrane, radiation injury, reproductive cell death, *Zellmembran, Strahlenschädigung, reproduktiver Zelltod* 30
– proliferation, compensatory, after radiation injury, *Zellproliferation, kompensatorische, nach Strahlenschädigung* 23, 24
– –, retardation, radiation effect, *Zellproliferation, Hemmung, Strahlenwirkung* 9
central nervous death, whole body irradiation, dose, *zentralnervöser Tod, Ganzkörperbestrahlung, Dosis* 562
– – –, whole body irradiation, reactor accidents, *zentralnervöser Tod, Ganzkörperbestrahlung, Reaktorunfälle* 491
– – system, radiation sensibility, *Zentralnervensystem, Strahlenempfindlichkeit* 330, 331
cerebral necrosis, dose time relation, *Hirnnekrose, Dosis-Zeitbeziehung* 337, 338
chemical radiation protection, clinical application, *chemischer Strahlenschutz, klinische Anwendung* 588, 589
– – –, combinated injuries, *chemischer Strahlenschutz, Kombinationsschäden* 579, 580
– – –, compounds, LD$_{50}$, therapeutic index, *chemischer Strahlenschutz, Stoffe, LD$_{50}$, therapeutischer Index* 561, 562
– – –, compounds, toxicity, *chemischer Strahlenschutz, Substanzen, Toxizität* 559, 561
– – –, LD$_{50/30}$ values, *chemischer Strahlenschutz, LD$_{50/30}$-Werte* 581
– – –, see radiation protection, *chemischer Strahlenschutz, siehe Strahlenschutz*
– – –, tumor induction, *chemischer Strahlenschutz, Tumorinduktion* 577
chemotherapy, bone marrow transplantation, growing curves, *Chemotherapie, Knochenmark-Transplantation, Wachstumskurven* 288
–, childhood, leukaemia, curves of growing, *Chemotherapie, Kindesalter, Leukämie, Wachstumskurven* 288
–, chronic radiation reaction, small intestine, *Chemotherapie, chronische Strahlenwirkung, Dünndarm* 85
–, leucocytes, DNS synthesis, *Chemotherapie, Leukozyten, DNS-Synthese* 219
–, radiation induced lesions, cerebral, *Chemotherapie, Strahlenschäden, Gehirn* 341, 342
–, – reactions of skin, *Chemotherapie, Strahlenreaktionen der Haut* 199
–, radiotherapy, combined injury, *Chemotherapie, Strahlentherapie, Niere, Kombinationsschäden* 111, 112
childhood, atom bomb catastrophe, radiation effects, *Kindesalter, Atombombenkatastrophe, Strahlenwirkung* 288
–, bone growing disorders, irradiation "in utero", *Kindesalter, Knochenwachstumsstörungen, Bestrahlung „in utero"* 288

–, boner growing disorders, tolerance doses, *Kindesalter, Knochenwachstumsstörungen, Toleranzdosen* 287
–, bone, growing, radionuclide, energy absorption, *Kindesalter, Knochen, wachsender, radionuklide, Energieabsorption* 266
–, bone marrow transplantation, growing curves, chemotherapy, *Kindesalter, Knochenmark-Transplantation, Wachstumskurven, Chemotherapie* 288
–, cartilage, embryogenesis, *Kindesalter, Knorpel, Embryogenese* 266
–, epiphysiolysis, radiation effect, *Kindesalter, Epiphysenlösung, Strahlenwirkung* 283, 284
–, exostoses, radiation induced, *Kindesalter, Exostosen, strahleninduzierte* 289
–, leukaemia, bone marrow transplantation, curves of growing, *Kindesalter, Leukämie, Knochenmarktransplantat, Wachstumskurven* 28
–, myelopathy, radiation induced, brain, *Kindesalter, Strahlenmyelopathie, Gehirn* 323
–, radiation injury, femoral epiphysiolysis, *Kindesalter, Strahlenschädigung, Femurkopfepiphysiolyse* 283
–, radiotherapy, see radiation injury, *Kindesalter, Bestrahlung, siehe Strahlenschädigung* 283
–, thymus irradiation, exostoses, radiation induced, *Kindesalter, Thymusbestrahlung, Exostosen, strahleninduzierte* 289
–, tolerance dose, growing disturbance, long bones, *Kindesalter, Toleranzdosis, Längenwachstumsstörung, Röhrenknochen* 287
–, vertebral body, growth arrest lines, after radiotherapy, *Kindesalter, Wirbelkörper, Verdichtungslinien, nach Strahlenbehandlung* 284
–, Wilms' tumors, radiotherapy, hepatic lesions, *Kindesalter, Wilms-Tumoren, Strahlentherapie, Leberveränderungen* 89
colicine, mitosis, activity, lymphocytes, *Colchizin, Mitoseaktivität, Lymphozyten* 217
chondrosarcoma, radiation induced, *Chondrosarkom, strahleninduziertes* 306
chromatine, irradiation, DNA injury, *Chromatin, Bestrahlung, DNA-Schädigung* 3
chronic lymphatic leukaemia, radiosensibility, *chronisch-lymphatische Leukämie, Strahlenempfindlichkeit* 210
– radiation reaction, skin, clinical features, *chronische Strahlenreaktion, Haut, Klinik* 171, 172
– – –, skin, histology, *chronische Strahlenreaktion, Haut, Histologie* 174
chronic radiation reactions, skin, pathogenesis, *chronische Strahlenreaktionen, Haut, Pathogenese* 175, 176, 179
– – –, skin, quantification, *chronische Strahlenreaktionen, Haut, Quantifizierung* 184
– – –, skin, therapy, *chronische Strahlenreaktionen, Haut, Therapie* 175, 176
– – –, skin, time factor, *chronische Strahlenreaktionen, Haut, Zeitfaktor* 190
classification, radiation induced lesions, brain, spinal cord, *Einteilung, Strahlenfolgen, Gehirn, Rückenmark* 319, 320
clavicle, pathological fracture, osteoradionecrosis, *Schlüsselbein, pathologische Fraktur, Osteoradionekrose* 299, 300
clearance, renal function, radionephritis, *Clearance, Nierenfunktion, Radionephritis* 105, 106, 108
clinical application, chemical radiation protection, *klinische Anwendung, chemischer Strahlenschutz* 588, 589

clinical examination, chemical radiation protection, compounds, toxicity, *klinische Prüfung, chemischer Strahlenschutz, Substanzen, Toxizität* 562
— features, acute, chronic radiation reaction, skin, *Klinik, akute, chronische Strahlenreaktion, Haut* 171–173
— —, cerebral, nervous tissue, radiation induced lesions, *Klinik, Hirn-, Nervengewebe, Strahlenfolgen* 317–348
— —, cystitis, radiogenic, *Klinik, Zystitis, radiogene* 116, 117
— —, leukoencephalopathy, radiation induced, *Klinik, Leukoenzephalopathie, radiogene* 318
— —, liver, consequences of radiotherapy, *Klinik, Leber, Strahlenfolgen* 86, 87
— —, long bone, disturbances of growing, tolerance dose, *Klinik, Röhrenknochen, Längenwachstumsstörung, Toleranzdosis* 287
— —, lymphatic system, radiosensibility, *Klinik, lymphatisches System, Strahlensensibilität* 225–227
— —, lymphocytes, DNS synthesis, radiation effect, *Klinik, Lymphozyten, DNS-Synthese, Strahlenwirkung* 219
— —, osteoradionecrosis, *Klinik, Osteoradionekrose* 296, 297
— —, pancreas, consequences of radiotherapy, *Klinik, Bauchspeicheldrüse, Strahlenfolgen* 95, 96
— —, partial body exposure, *Klinik, Teilkörperexposition* 443, 444
— —, radiation induced myelopathy, brain, *Klinik, Strahlenmyelopathie, Gehirn* 322, 323
— —, radiation induced pneumonitis, *Klinik, Strahlenpneumonitis* 397, 398
— —, radiation syndrome, atom bomb, *Klinik, Strahlensyndrom, Atombombe* 534
— —, radiodermatitis, *Klinik, Radiodermatitis* 171, 172
— —, radionephritis, *Klinik, Radionephritis* 102, 107, 108
— —, small intestine, colon, consequences of radiotherapy, *Klinik, Dünndarm, Dickdarm, Strahlenfolgen* 75, 76
— —, stomach, consequences of radiotherapy, *Klinik, Magen, Strahlenfolgen* 69
— —, tolerance dose, bone growing disorders, *Klinik, Toleranzdosis, Knochenwachstumsstörungen* 287
— —, whole body irradiation, *Klinik, Ganzkörperbestrahlung* 443
^{60}Co therapy, osteoradionecrosis, hip joint, radiogram, *^{60}Co-Therapie, Osteoradionekrose, Hüftgelenk, Röntgenbild* 298
^{60}Co-γ-radiation, dose effect relation, bone marrow, *^{60}Co-γ-Strahlung, Dosiswirkungsbeziehung, Knochenmark* 238
—, LET values, *^{60}Co-γ-Strahlung, LET-Werte* 45
—, skin reactions, *^{60}Co-γ-Strahlung, Hautreaktionen* 171, 172
—, stem cells, survival fractions, *^{60}Co-γ-Strahlung, Stammzellen, Überlebensfraktionen* 248
collagen deposition, lung, radiation effect, time factor, *Kollagenablagerung, Lunge, Strahlenwirkung, Zeitfaktor* 390, 391
Collum uteri carcinoma, ^{60}Co therapy, osteoradionecrosis, hip joint, radiogram, *Kollum-Karzinom, ^{60}Co-Therapie, Osteoradionekrose, Hüftgelenk, Röntgenbild* 298
colon, radiotherapy, clinical features, *Kolon, Strahlenfolgen, Klinik* 75
— —, consequences, chemotherapy, *Kolon, Strahlenfolgen, Chemotherapie* 85, 86
— —, consequences, particle radiation, *Kolon, Strahlenfolgen, Teilchenstrahlung* 84, 85

— —, consequences, time factor, *Kolon, Strahlenfolgen, Zeitfaktor* 82, 83
— —, experimental studies, *Kolon, Strahlenfolgen, experimentelle Untersuchungen* 81
— —, histopathology, *Kolon, Strahlenfolgen, Histopathologie* 78
— —, pathogenesis, *Kolon, Strahlenfolgen, Pathogenese* 80
—, tolerance dose, complications, *Kolon, Toleranzdosis, Komplikationen* 25
colony formation, bacteria, functional test, reproductive cell death, *Koloniebildung, Bakterien, funktioneller Test, reproduktiver Zelltod* 9, 10
— —, bacteria, radiosensibility, LET function, *Koloniebildung, Bakterien, Strahlenempfindlichkeit, LET-Funktion* 48
combined injuries, dose effect relations, chemical radiation protection, *Kombinationsschäden, Dosiswirkungsbeziehungen, chemischer Strahlenschutz* 582
combustions, atom bomb, *Verbrennungen, Atombombe* 526, 527
complications, bone sarcoma, radiation, induced, *Komplikationen, Knochensarkom, strahleninduziertes* 303–306
— cystitis, radiogenic, *Komplikationen, Zystitis, radiogene* 117
—, osteoradionecrosis, *Komplikationen, Osteoradionekrose* 300, 302
—, radiohepatitis, *Komplikationen, Strahlenhepatitis* 86, 87
—, radionephritis, *Komplikationen, Strahlennephritis* 101–112
—, radiotherapy, abdominal tumors, *Komplikationen, Strahlentherapie, Abdominaltumoren* 75, 76
—, —, hepatic lesions, scan, *Komplikationen, Strahlentherapie, Leberveränderungen, Szintigramm* 87, 88
—, —, malignomas, childhood, *Komplikationen, Strahlentherapie, Malignome, Kindheit* 89
—, —, tolerance doses, *Komplikationen, Strahlentherapie, Toleranzdosen* 25
—, touth extraction, osteoradionecrosis, *Komplikationen, Zahnextraktion, Osteoradionekrose* 302
—, ureter stenosis, pyelogram, *Komplikationen, Ureterstenose, Pyelogramm* 114
cornea, radiotherapy, complications, tolerance doses, *Kornea, Strahlentherapie, Komplikationen, Toleranzdosen* 25
cosmic radiation, natural radionuclides, origin, sedimentation, decay, *kosmische Strahlung, natürliche Radionuklide, Ursprung, Ausbreitung, Zerfall* 433
craniopharyngioma, radiotherapy, incidence of cerebral radionecroses, *Kraniopharyngiom, Strahlenbehandlung, Häufigkeit von Gehirnnekrosen* 338
criticality accidents, reactor, history, *Kritikalitätsunfälle, Reaktor, Geschichtliches* 491
Croker sarcoma, resistance enhancement, radiation protective compounds, *Croker-Sarkom, Resistenzsteigerung, Strahlenschutzstoffe* 587
^{137}Cs, contamination, reactor accidents, *^{137}Cs, Kontamination, Reaktorstörfälle* 498
^{137}Cs-γ-radiation, stem cells, bone marrow, dose effect relations, *^{137}Cs-γ-Strahlung, Stammzellen, Knochenmark, Dosiswirkungsbeziehungen* 238
—, stem cells, bone marrow, survival fraction, *^{137}Cs-γ-Strahlung, Stammzellen, Knochemark, Überlebensfraktion* 248
Cystamin, Cysteamin, clinical application, *Cystamin, Cysteamin, klinische Anwendung* 588, 589

Cystaphos (WR 638), clinical application, *Cystaphos (WR 638), klinische Anwendung* 590

cysteamin, lymphosarcoma, tumor induction, *Cysteamin, Lymphosarkom, Tumorinduktion* 577

cystein, cysteamin, biochemical reaction mechanisms, *Cystein, Cysteamin, biochemische Wirkungsmechanismen* 598, 599

—, — cataracta, radiation induced, *Cystein, Cysteamin, Katarakt, strahlenbedingte* 578

—, — chemical radiation protection, *Cystein, Cysteamin, chemischer Strahlenschutz* 4, 557

—, — dose reduction factors, *Cystein, Cysteamin, Dosisreduktionsfaktoren* 584

—, — toxicity, *Cystein, Cysteamin, Toxizität* 561

cystitis, radiogenic, cystoscopic findings, *Zystitis, radiogene, Zystoskopie-Befunde* 116

cytogenesis, osteoclasts, *Zytogenese, Osteoklasten* 272

cytokinetics, haematopoesis, bone marrow, *Zytokinetik, Hämatopoese, Knochenmark* 235, 236, 237

death, cellular, DNA radiation injuries, *Tod, Zell-, DNA-Strahlenschäden* 3, 7, 8–13

—, radiation induced, causes, *Tod, strahlenbedingter, Ursachen* 1, 2

—, — syndromes, mammalians, *Tod, Strahlensyndrome, Säugetiere* 562, 563

—, risk, reactor accidents, *Tod, Risiko, Reaktorstörfalle* 493, 501

decontamination, reactor accidents, *Dekontaminierung, Reaktorstörfälle* 510, 511

definition, critical apatite value, *Definition, kritischer Apatitwert* 292

definition, directly, indirectly ionizing radiation, *Definition, direkt, indirekt, ionisierende Strahlung* 42

—, dose reductive factor, *Definition, Dosisreduktionsfaktor* 558

—, dose units, *Definition, Dosiseinheiten* 448

definition, G value, primary products of radiolysis, *Definition, G-Wert, primäre Radiolyseprodukte* 47

definition, gray, *Definition, Gray* 448

definition, inactivation diameter, particle radiation, *Definition, Inaktivierungsquerschnitt, Teilchenstrahlung* 52

—, linear energy transfer (LET), *Definition, linearer Energie-Transfer (LET)* 44, 45

—, natural, unmodified, modified, "man made"-radiation exposure, *Definition, natürliche, zivilisatorische Strahlenbelastung* 403

—, oxygen effect, *Definition, Sauerstoffeffekt* 53

—, radiation catastrophe, reactor, *Definition, Strahlenkatastrophe, Reaktor* 499

—, — effect, direct, indirect, *Definition, Strahlenwirkung, direkte, indirekte* 1

—, — induced lesions, brain, spinal cord, *Definition, Strahlenfolgen, Gehirn, Rückenmark* 318

—, — injury, bone, *Definition, Strahlenschädigung, Knochen* 265

—, relative biological effectiveness, calculation, *Definition, relative biologische Wirksamkeit, Berechnung* 49

—, — effectiveness, chemical radiation protection, *Definition, relative Wirksamkeit, chemischer Strahlenschutz* 559

—, reproductive death, *Definition, reproduktiver Zelltod* 8

—, Sievert (Sv), *Definition, Sievert (Sv)* 448

definitions, SI units, *Definitionen, SI-Einheiten* 448

deformities, skeleton, radiation induced, *Deformitäten, Skelett, strahleninduzierte* 289

delta rays, secondary electrons, LET, *Deltastrahlen, Sekundärelektronen, LET* 45

desmal ossification, radiation injury, morphology, dose effect relations, *desmale Ossifikation, Strahlenschädigung, Morphologie, Dosiswirkungsbeziehungen* 286

desoxyribonuclease, radiosensibility, LET function, *Desoxyribonuklease, Strahlenempfindlichkeit, LET-Funktion* 48

deuterons, oxygen enhancement factor, LET function, *Deuteronen, Sauerstoff-Sensibilisierungsfaktor, LET-Funktion* 55

development disorders, radiation induced, *Entwicklungsstörungen, strahlenbedingte* 575

differential diagnosis, Ileitis terminalis, radiation induced late reactions, *Differentialdiagnose, Ileitis terminalis, Strahlenspätfolgen* 76

— —, radionecrosis, brain, recurrent tumor, *Differentialdiagnose, Radionekrose, Gehirn, Tumorrezidiv* 321, 322, 324, 329

digestive tract, acute radiation reactions, chemical radiation protection, *Verdauungstrakt, akute Strahlenreaktionen, chemischer Strahlenschutz* 569

DNA, repair mechanisms, after radiation injury, *DNA, Reparaturvorgänge, nach Strahlenschädigung* 3, 6, 7

—, replication, errors, *DNA, Replikation, Fehler* 7

— content, nucleus, generative cycle, *DNA-Gehalt, Zellkern, Generationszyklus* 15

— histogram, rectum carcinoma, *DNA-Histogramm, Rektumkarzinom* 16

— injury, E. coli, LET function, *DNA-Schädigung, E. coli, LET-Funktion* 49

— repair, deficient, ataxia teleangiectatica, *DNA-Repair, fehlender, Ataxia teleangiectatica* 30

— — synthesis, dose effect relations, shoulder shaped curves, *DNA-Repair-Synthese, Dosiswirkungsbeziehungen, "Schulterkurven"* 18

— synthesis, Actinomycine D, inhibition, *DNA-Synthese, Aktinomycin D, Hemmung* 22

— —, chemical radiation protection, *DNA-Synthese, chemischer Strahlenschutz* 597

— —, frequency of mitoses, generative cycles, *DNA-Synthese, Mitosehäufigkeit, Generationszyklen* 14

— —, mechanism, *DNA-Synthese, Mechanismus* 4

— —, radiation injury, radiation sensibility, *DNA-Synthese, Strahlenschädigung, Strahlenempfindlichkeit* 2, 3

DNS synthesis, bone, cartilage, growing, *DNS-Synthese, Knochen, Knorpel, wachsender* 266

— —, growing, *DNS-Synthese, Knochen, wachsender* 266

— —, —, radiation effect, *DNS-Synthese, Knochen, Strahlenwirkung* 275

— —, lymphocytes, radiation effects, *DNS-Synthese, Lymphozyten, Strahlenwirkung* 208, 209

— —, lymphocytes, stimulation, *DNS-Synthese, Lymphozytenstimulation* 211, 212, 213, 218

— —, ^{32}P-, ^{227}Th incorporation, radiation effect, *DNS-Synthese, ^{32}P-, ^{227}Th-Inkorporation, Strahlenwirkung* 275

Dose, bone, DNS synthesis, *Dosis, Knochen, DNS-Synthese* 275

— —, growing disorders, childhood, *Dosis, Knochen, Wachstumsstörungen, Kindesalter* 287

— —, peritrabecular fibrosis, *Dosis, Knochen, peritrabekuläre Fibrose* 276

—, cartilage, capillary injury, *Dosis, Knorpel, Kapillarschädigung* 271

—, —, radiation injury, growing stop, *Dosis, Knorpel, Strahlenschädigung, Wachstumsstillstand* 269

— —, regeneration, histochemistry, *Dosis, Knorpel, Regenerat, Histochemie* 270

822 Subject Index

Dose, cartilage, repair mechanisms after radiation injury, *Dosis, Knorpel, Erholungsvorgänge nach Strahlenschädigung* 268

—, cerebral necrosis, incidence, *Dosis, Hirnnekrose, Häufigkeit* 338

—, cytamin, cysteamin, *Dosis, Cystamin, Cysteamin* 589, 590

—, dependence, cartilage, radiation injury, *Dosis, Abhängigkeit, Knorpel, Strahlenschädigung* 267, 268

— —, lymphocytes, PHA stimulation, *Dosis, Abhängigkeit, Lymphozyten, PHA-Stimulation* 218

— —, radiation induced hepatitis, *Dosis, Abhängigkeit, Strahlenhepatitis* 87

— —, radiation induced lesions, digestive tract, *Dosis, Abhängigkeit, Strahlenreaktionen, Magen-Darmkanal* 78, 85

— —, radiation, induced lesions, stomach, *Dosis, Abhängigkeit, Strahlenreaktionen, Magen* 71, 72

— —, radiation injury of liver, *Dosis, Abhängigkeit, Strahlenschädigung, Leber* 93

— —, radiodermatitis, *Dosis, Abhängigkeit, Radiodermatitis* 172

— —, renal function, *Dosis, Abhängigkeit, Nierenfunktion* 109

— —, skin, teleangiectases, *Dosis, Abhängigkeit, Haut, Teleangiektasien* 172

—, exostoses, radiation induced, *Dosis, Exostosen, strahleninduzierte* 289

—, femoral neck, pathological fracture, *Dosis, Schenkelhals, pathologische Fraktur* 291, 292, 295

—, fractionated, radiation injury, repair processes, *Dosis, Fraktionierung, Strahlenschädigung, Erholungsvorgänge* 58

—, hypertension, renal, radiogenic, *Dosis, Hypertonie, renale, radiogene* 105, 107, 108

—, letal, bone marrow syndrome, *Dosis, Letal-, Knochenmarksyndrom* 244

—, low, professional radiation exposure, *risk, Dosis, niedrige, berufliche Strahlenexposition, Risiko* 439, 440

—, lung carcinoma, Schneeberg disease, *Dosis, Lungenkarzinom, Schneeberger Krankheit* 441, 442

—, — fibrosis, repair mechanisms, *Dosis, Lungenfibrose, Reparaturmechanismen* 390

—, minimal, loss of osteoblasts, *Dosis, kleinste, Osteoblastenschwund* 275

—, — stunting-, bone, *Dosis, minimale, Knochenwachstumshemmung* 288

—, — —, bone growing, *Dosis, geringste, der Knochenwachstumstörende-* 288

—, modification factor, radiation protective effect, *Dosis, Modifikationsfaktor, Strahlenschutzwirkung* 579

—, natural radiation exposure, *Dosis, natürliche Strahlenexposition* 412

—, nephroendotheliosis, radiogenic, pathology, clinical features, *Dosis, Nephroendotheliose, radiogene, Pathologie, Klinik* 102, 108

—, osteonecrosis, causes, localisation, *Dosis, Osteonekrose, Ursachen, Lokalisation* 289, 290

—, osteoprogenitor cells, activity, osteogenesis, *Dosis, Osteoprogenitor-Zellen, Aktivität, Osteogenese* 290

—, osteoradionecrosis, *Dosis, Osteoradionekrose* 297

—, osteosarcoma, radiation induced, *Dosis, Osteosarkom, strahleninduziertes* 303

—, plexus brachialis, radiation injury, *Dosis, Plexus brachialis, Strahlenschädigung* 339

—, radionecrosis, brain, spinal cord, *Dosis, radionekrose, Gehirn, Rückenmark* 321, 322

—, radiosensibility, skin transplantation, *Dosis, Strahlenempfindlichkeit, Hauttransplantation* 198

—, reactor accidents, *Dosis, Reaktorunfälle* 492, 493

—, reduction factor, definition, *Dosis, Reduktionsfaktor, Definition* 558

—, — factors, neutrons, acute letality, *Dosis, Reduktionsfaktoren, Neutronen, akute Letalität* 584

—, skeletal-, ^{227}Th incorporation, osteoradionecrosis, *Dosis, Skelett-, ^{227}Th-Inkorporation, Osteoradionekrose* 300

—, sterilising, bone, "morphometric activity", *Dosis, sterilisierende, Knochen, „morphogenetische Aktivität"* 290

—, sterility, radiation induced, *Dosis, Sterilität, strahleninduzierte* 145, 146

—, theshold, bone growing disorders, *Dosis, Schwellenwert, Knochenwachstumsstörungen* 286, 287

—, tolerance, bone growing disorders, childhood, *Dosis, Toleranz-, Knochenwachstumsstörungen, Kindesalter* 287

—, tolerance-, renal, *Dosis, Toleranz-, Niere* 107

—, tumor induction, chemical protection, *Dosis, Tumorinduktion, chemischer Schutz* 578

—, whole body irradiation, atom bomb, *Dosis, Ganzkörperbestrahlung, Atombombe* 535

—, — — production, antibody irradiation, *Dosis, Ganzkörperbestrahlung, Antikörperbestrahlung* 225

— dependence, bone, growth disturbances, *Dosisabhängigkeit, Knochen, Störungen des Längenwachstums* 286

— —, —, mineralisation, injury, *Dosisabhängigkeit, Knochen, Mineralisationsstörung* 278

— —, radiation injury, cartilage, *Dosisabhängigkeit, Strahlenschädigung, Knorpel* 267

— effect curves, activity of mitoses, lymphocytes, colchicine effect, *Dosiswirkungskurven, Mitoseaktivität, Lymphozyten, Colchizinwirkung* 217

— — —, B-, T lymphocytes, sensibility parameters, *Dosiswirkungskurven, B-, T-Lymphozyten, Sensibilitätsparameter* 224

— — —, bone marrow, ^{60}Co-γ-radiation, *Dosiswirkungskurven, Knochenmark, ^{60}Co-γ-Strahlung* 238

— — —, bone marrow, irradiation with fast neutrons, *Dosiswirkungskurven, Knochenmark, Neutronenbestrahlung* 239

— — —, chemical radiation protection, *Dosiswirkungskurven, chemischer Strahlenschutz* 559

— — —, chronic radiation injuries, digestive tract, *Dosiswirkungskurven, chronische Strahlenfolgen, Magen-Darmkanal* 78

— — —, Go lymphocytes, survival curves, *Dosiswirkungsbeziehungen, Go-Lymphozyten, Überlebenskurven* 209

— — —, γ radiation, liver parendyma, injury, *Dosiswirkungskurven, γ-Strahlung, Leberschädigung* 93

— — —, inactivation coefficient, mitosis, *Dosiswirkungskurven, Inaktivierungs-Koeffizient, Mitose* 57

— — —, liver, radiation injury, *Dosiswirkungskurven, Leber, Strahlenschädigung* 93

— — —, macromolecules, inactivation, LET function, *Dosiswirkungskurven Makromoleküle, Inaktivierung, LET-Funktion* 48

— — —, neutrons, liver, radiation injury, *Dosiswirkungskurven, Neutronen, Leber, Strahlenschädigung* 93

— — —, oxygen effect, LET-values, different, *Dosiswirkungskurven, Sauerstoff-Effekt, LET-Werte, unterschiedliche* 54

— — —, renal cells, inactivation, LET dependency, *Dosiswirkungskurven, Nierenzellen, Inaktivierung, LET-Abhängigkeit* 50, 51

– – –, repair medianisms after first irradiation, bone marrow, stem cells, *Dosiswirkungskurven, Erholungsvorgänge nach Erstbestrahlung, Knochenmarkstammzellen* 249, 250

– – –, sensibility parameters, PHA stimulated lymphocytes, *Dosiswirkungskurven, Sensibilitätsparameter, PHA-stimulierte Lymphozyten* 212, 214

– – –, skin, radiodermatitis, *Dosiswirkungskurven, Haut, Radiodermatitis* 172, 173

– – –, shoulder shaped, repair mechanisms, *Dosiswirkungskurven, Schulterform, Erholungsvorgänge* 19, 20, 50, 51

– – –, small-, large intestine stenoses, radiotherapy, *Dosiswirkungskurven, Dünn-, Dickdarm-Stenosen, Strahlentherapie* 82

– – relations, α-, β effects, *Dosiswirkungsbeziehungen, α-, β-Effekt* 13

– – –, atom bomb, *Dosiswirkungsbeziehungen, Atombombe* 533

– – –, bone, enzyme activity, *Dosiswirkungsbeziehungen, Knochen, Enzym-Aktivität* 277

– – –, bone growing, retardation, *Dosiswirkungsbeziehungen, Knochen, Längenwachstum, Retardierung* 286

– – –, bone marrow, whole body irradiation, *Dosiswirkungsbeziehungen, Knochenmark, Ganzkörperbestrahlung* 240, 245

– – –, bone, radiation injury, *Dosiswirkungsbeziehungen, Knochen, Strahlenschädigung* 284, 285

– – –, chemical radiation protection, combined injuries, *Dosiswirkungsbeziehungen, chemischer Strahlenschutz, Kombinationsschäden* 582

– – –, HeLa cells, syndronisation, *Dosiswirkungsbeziehungen, HeLa-Zellen, Synchronisation* 17, 18

– – –, lung, histopathology, *Dosiswirkungsbeziehungen, Lunge, Histopathologie* 379

– – –, lung, radiation induced lesions, *Dosiswirkungsbeziehungen, Lunge, strahlenbedingte Veränderungen* 396

– – –, lymphocytes, survival curves, *Dosiswirkungsbeziehungen, Lymphozyten, Überlebenskurven* 209

– – –, mammalian cells, formation of colonies, test, *Dosiswirkungsbeziehungen, Säugerzellen, Koloniebildungstest* 9

– – –, radium, induced lesions, physicans, *Dosiswirkungsbeziehungen, Radiumschäden, Ärzte* 442

– – –, survival rates of mammalian cells, mathematical experimental equations, *Dosiswirkungsbeziehungen, Zellüberlebensraten, mathematische, experimentelle Gleichungen* 10, 11, 12

– – –, whole body irradiation, clinical symptoms, *Dosiswirkungsbeziehungen, Ganzkörperbestrahlung, klinische Symptome* 443

– limitation, ICRP system, *Dosisbegrenzung, ICRP-System* 445

– –, professional radiation exposure, *Dosisbegrenzung, berufliche Strahlenexposition* 444, 445

– limiting values, professional radiation exposure, *Dosisgrenzwerte, berufliche Strahleneposition* 441, 447

– – –, radiation protection, *Dosisgrenzwerte, Strahlenschutz* 403

– time relation, radionecrosis, brain, *Dosis-Zeitbeziehung, Radionekrose, Gehirn* 332, 333, 337, 338

– units, definitions, *Dosiseinheiten, Definitionen* 448

– –, SI system, radiation protection, *Dosiseinheiten, SI-System, Strahlenschutz* 65

E. coli, radiosensibility, LET function, *E. coli, Strahlenempfindlichkeit, LET-Funktion* 48

effector T cells, lymphocytes, radiosensibility, *Effektor-T-Zellen, Lymphozyten, Strahlenempfindlichkeit* 221

Ehrlich's carcinoma, tumor therapy, chemical radiation protection, *Ehrlich-Karzinom, Tumortherapie, chemischer Strahlenschutz* 586, 587

electron donator, radiation protection compounds, reaction mechanism, *Elektronendonator, Strahlenschutzsubstanzen, Wirkungsmechanismus* 593

– microscopy, lymphocytes, radiation effects, *Elektronenmikroskopie, Lymphozyten, Strahlenwirkungen* 208

– spin resonance spectroscopy, radiation protection compounds, reaction mechanism, *Elektronenspinresonanz-Spektroskopie, Strahlenschutzsubstanzen, Wirkungsmechanismus* 593

electrons, Bragg curve, ionizing density, *Elektronen, Bragg-kurve, Ionisationsdichte* 44

–, Bragg peak, energy loss, ionizing density, *Elektronen, Bragg-Maximum, Energieverlust, Ionisationsdichte* 42, 43, 44

–, professional radiation exposure, dose limiting values, *Elektronen, berufliche Strahlenbelastung, Dosisgrenzwerte* 447

–, range within water, kinetic energy, *Elektronen, Reichweite in Wasser, kinetische Energie* 42

–, secondary, LET, *Elektronen, Sekundär-, LET* 45

–, therapy, plexus brachialis lesions, *Elektronen, Therapie, Plexusschädigung* 339

embryogenesis, cartilage, Thymidin-^{3}H tagged, *Embryogenese, Knorpel, ^{3}H-Thymidin* 266

–, cell systems, osteogenic tissue, *Embryogenese, Zellsysteme, osteogenes Gewebe* 271, 272

EMT6 tumor cells, in vitro culture, radiation sensitivity, *EMT6-Tumorzellen, In vitro-Kultur, Strahlenempfindlichkeit* 14

enchondral ossification, radiation injury, morphology, dose effect relations, *enchondrale Ossifikation, Strahlenschädigung, Morphologie, Dosiswirkungsbeziehungen* 279, 286

encephalopathy, radiation induced, classification, *Enzephalopathie, Strahlenfolge, Einteilung* 318

–, – –, clinical features, *Enzephalopathie, Strahlenfolge, Klinik* 322, 323

endocrinological changes, radiation effects, *endokrinologische Veränderungen, Strahlenwirkung* 148–153

endocrinology, ovarial cycle, *Endokrinologie, Ovarialzyklus* 149

–, spermatogenesis, *Endokrinologie, Spermatogenese* 150

energy absorption, bone, cartilage, *Energie absorption, Knochen, Knorpel* 266

– loss, differential, heavy particles, Bethe-Block's formula, *Energieverlust, differentielle, schwere Teilchen, Bethe-Block-Formel* 43

– production, radiation exposure, *Energieerzeugung, Strahlenbelastung* 430

– transfer, linear (LET), *Energieübertragung, linearer (LET)* 44, 45

– microdosimetry, *Energieübertragung, Mikrodosimetrie* 46, 47

– –, radiation, physics, *Energieübertragung, Strahlung, Physik* 42, 43

enzyme activity, radiation effect, *Enzymaktivität, Strahlenwirkung* 4, 5

– –, radiation effect, bone, *Enzymaktivität, Strahlenwirkung, Knochen* 277, 278

enzyme activity, radiation effect, cartilage, *Enzymaktivität, Strahlenwirkung, Knorpel* 269
− −, radiation effect, lung, *Enzymaktivität, Strahlenwirkung, Lunge* 392
enzymes, loss of activity, radiation effect, *Enzyme, Aktivitätsverlust, Strahlenwirkung* 147
−, radiosensibility, LET function, *Enzyme, Strahlenempfindlichkeit, LET-Funktion* 48
epiphysiolysis, childhood, after irradiation, *Epiphysenlösung, Kindesalter, und Bestrahlung* 282, 283
epiphysis, growing disorders, dose effect relations, *Epiphyse, Wachstumsstörung, Dosiswirkungsbeziehungen* 286
epitheliolysis, radiodermatitis, dose dependency, *Epitheliolyse, Radiodermatitis, Dosisabhängigkeit* 172
erythema, skin, radiation reactions clinical features, *Erythem, Haut, Strahlenreaktionen, Klinik* 171, 172
erythropoesis, haematopoetic cells systems, schema, *Erythropoese, hämatopoetische Zellsysteme, Schema* 236
esophagus, radiation tolerance, dose, *Ösophagus, Strahlentoleranzdosis* 25
exostoses, radiation induced, *Exostosen, strahleninduzierte* 289
eye, radiotherapy, complications, tolerance doses, *Auge, Strahlentherapie, Komplikationen, Toleranzdosen* 25
− lens, professional radiation exposure, risk, *Augenlinse, berufliche Strahlenbelastung, Risiko* 448
eyes, partial body irradiation, clinical features, *Augen, Teilkörperbestrahlung, Klinik* 444

Fallout, atom bomb, radioisotopes, *Fallout, Atombombe, Radioisotope* 526
−, γ radiation, radiation injury, „Fallout", *γ-Strahlung, Strahlenschädigung* 489, 490
Fanconi's anaemia, deficient DNA repair, *Fanconi-Anämie, fehlender DNA-Repair* 30
femoral head, epiphysiolysis, radiation, injury, radiation doses, *Femurkopf, Epiphysiolyse, Strahlenschädigung, Strahlendosen* 283
− neck, osteoradionecrosis radiogram, *Schenkelhals, Osteoradionekrose, Röntgenbild* 298
−, − spongiosclerosis, apatite value, *Schenkelhals, Spongiosklerose, Apatitwert* 291
−, − fracture, radiation induced, pathogenesis, *Schenkelhalsfraktur, strahleninduzierte, Pathogenese* 291
fertility, radiation effects, *Fertilität, Strahlenwirkung* 132
fibrinolysis, lung, after irradiation, *Fibrinolyse, Lunge, nach Bestrahlung* 392
fibrosarcoma, acute, late radiation injuries, isoeffect curves, *Fibrosarkom, akute, späte Strahlenschädigung, Isoeffektkurven* 59
−, resistance enhancement, radiation protective compounds, *Fibrosarkom, Resistenzsteigerung, Strahlenschutzsubstanzen* 587
fission bomb, radiation injury, *Spaltbombe, Strahlenschädigung* 523
fractur, pathological critical apapatite value, radiation dose, *Fraktur, pathologische, kritischer Apatitwert, Strahlendosis* 292
− healing, disorders, radiation induced, *Frakturheilung, Störung, strahleninduzierte* 289
FSH, serum values, radiological, operative castration, *FSH, Serumwerte, radiologische, operative Kastration* 149
function, bone marrow, structure, *Funktion, Knochenmark, Struktur* 235
fusion bomb, radiation injury, *Fusionsbombe, Strahlenschädigung* 523

γ radiation, atom bomb, radiation injuries, *γ-Strahlung, Atombombe, Strahlenschädigungen* 532
− −, biologica effects, *γ-Strahlung, biologische Wirkungen* 42
− −, isoeffect curves, acute, late radiation injuries, *γ-Strahlung, Isoeffektkurven, akute, späte Strahlenschäden* 59
− −, LET values, *γ-Strahlung, LET-Werte* 45
− −, liver parenchyma injury, dose dependency, *γ-Strahlung, Leberschädigung, Dosisabhängigkeit* 93
− −, professional radiation exposure, limiting values, *γ-Strahlung, berufliche Strahlenbelastung, Grenzwerte* 447
− −, reactor accidents, *γ-Strahlung, Reaktorunfälle* 489, 490
− −, relative biological effectiveness (RBE), *γ-Strahlung, relative biologische Wirksamkeit (RBW)* 49, 50
G_o lymphocytes, radiosensibility, in vitro findings, *G_o-Lymphozyten, Strahlensensibilität, in vitro-Befunde* 208–211
− −, radiosensibility, in vivo findings, *G_o-Lymphozyten, Strahlensensibilität, in vivo-Befunde* 206, 227
− −, survival curves, dose effect curves, *G_o-Lymphozytie, Überlebenskurven, Dosiswirkungsbeziehungen* 209
− phase, lymphocytes, morphological, biochemical changes, *G_o-Phase, Lymphozyten, morphologische, biochemische Veränderungen* 208
G_1 phase, DNS synthesis, lymphocytes, *G_1-Phase, DNS-Synthese, Lymphozyten* 215
G_1-, G_2 phase, generative cell cycle, *G_1-, G_2-Phase, Zellzyklus, DNA-Gehalt* 15, 16
− − phases, cell cycle, radiosensibility, particle radiation, *G_1-, G_2-Phase, Zellzyklus, Strahlenempfindlichkeit, Partikelstrahlung* 56, 57
G_2 bloc, mitosis, retardation, radiation effect, *G_2-Block, Mitoseverzögerung, Strahlenwirkung* 16
− −, radiation effect, RBE, LET dependence, *G_2-Block, Strahlenwirkung, RBW, LET-Abhängigkeit* 53
gastrectomy, pre-, intra-, postopertive radiotherapy, *Gastrektomie, prä-, intra-, postoperative Strahlentherapie* 69
−, radiation induced ulcer, pathology, *Gastrektomie, Strahlenulcus, Pathologie* 70, 72
gastritis, chronic, atrophic, radiation induced, *Gastritis, chronisch-atrophische, Strahlenfolge* 70, 71
gastrointestinal radiation, induced death, whole body irradiation, mammalians, *gastrointestinaler Strahlentod, Ganzkörperbestrahlung, Säugetiere* 562, 569, 570
− syndrome, neutrons, RBE values, *Gastrointestinalsyndrom, Neutronen, RBW-Werte* 245, 247
generative cycle, DNA synthesis, frequency of mitoses, *Generationszyklus, DNA-Synthese, Mitosehäufigkeit* 14
− organs, somatic radiation reactions, *Generationsorgane, somatische Strahlenreaktionen* 123–170
genetics, glutathion biosynthesis, radiation sensitivity, *Genetik, Glutathion-Biosynthese, Strahlenempfindlichkeit* 593
−, repair mechanisms, *Genetik, Repair-Prozesse* 7
glioma, radiotherapy, myelopathy, *Gliom, Strahlentherapie, Myelopathie* 323
glomerulopathy, radiogenic, histology, *Glomerulopathie, radiogene, Histologie* 101, 102, 103
glomerulosclerosis, radiation injury, chemical protection, *Glomerulosklerose, Strahlenschädigung, chemischer Schutz* 579
glutathion, chemical radiation protection, tumor induction, *Glutathion, chemischer Strahlenschutz, Tumorinduktion* 577

— synthesis, radiation sensitivity, *Glutathionsynthese, Strahlenempfindlichkeit* 5

gonades, acute radiation effects, chemical radiation protection, *Gonaden, akute Strahlenwirkungen, chemischer Strahlenschutz* 572, 573

—, development, radiation effects, *Gonaden, Entwicklung, Strahlenwirkungen* 135–147

—, femal, morphological lesions, *Gonaden, weibliche, morphologische Veränderungen* 125, 128, 152, 153

—, male, morphological lesions, *Gonaden, männliche, morphologische Veränderungen* 129, 130, 152

—, natural radiation exposure, mean annual dosis, *Gonaden, natürliche Strahlenexposition, mittlere Jahresdosis* 412

—, radiation effect, functional lesions, *Gonaden, Strahlenwirkung, funktionelle Veränderungen* 145, 146, 152

—, — —, total risk, calculation, *Gonaden, Strahlenwirkung, Gesamtrisikoberechnung* 449

—, — exposure, limiting values, *Gonaden, Strahlenexposition, Grenzwerte* 441

—, radiosensibility, *Gonaden, Strahlenempfindlichkeit* 125

graft versus host disease, leukaemia, whole body irradiation, *„Graft-versus-host"-Krankheit, Leukämie, Ganzkörperbestrahlung* 288

granulocytopoesis, haematopoetic cell systems, kinetics, schema, *Granulozytopoese, hämatopoetische Zellsysteme, Kinetik, Schema* 236

gray, definition, *Gray, Definition* 448

growing stop, cartilage, growing area, after irradiation, *Wachstumsstillstand, Knorpel, Wachstumszone, nach Bestrahlung* 269

growth arrest lines, vertebral bodies, radiation injury, *Verdichtungslinien, Wirbelkörper, Strahlenschädigung* 284

gynecological carcinomas, radiation risk, urinary bladder, *gynäkologische Karzinome, Strahlenrisiko, Harnblase* 115–120

^{3}H, dose limiting values, ^3H, *Dosisgrenzwerte* 456

—, prolein incorporation, cartilage, radiation injury, ^3H, *Prolein-Einbau, Knorpel, Strahlenschädigung* 269

H_2, H_2O_2, radiolysis of water, LET function, H_2, H_2O_2, *Radiolyse, Wasser, LET-Funktion* 47

H^+ radicals, radiation induced, G value, H^+-*Radikale, strahleninduzierte, G-Wert* 47

^{3}H-thymidin, cartilage, stem cells, embryogenesis, ^3H-*Thymidin, Knorpel, Stammzellen, Embryogenese* 266

haemangioma, radiotherapy, bone growing disorders, tolerance doses, *Hämangiom, Strahlenbehandlung, Knochenwachstumsstörungen, Toleranzdosen* 287

haematological symptoms, radiation injury, atom bomb, *hämatologische Symptome, Strahlenschädigung, Atombombe* 534

haematopoesis, pluripotent stem cells, cytokinetiks, *Hämatopoese, pluripotente Stammzellen, Zytokinetik* 236, 237

—, repopulation, after radiation injury, *Hämatopoese, Repopulierung, nach Strahlenschädigung* 24

—, spleen, colony formation units, quantitative measurement, *Hämatopoese, Milz, „Kolonie-Bildungseinheiten", quantitative Messung* 237

haematopoetic system, bone marrow, anatomy, localisation, *hämatopoetisches System Knochenmark, Anatomie, Verteilung* 235, 236

—, isoeffect curves, acute, late radiation injury, *hämatopoetisches System, Isoeffektkurven, akute, späte Strahlenschädigung* 59

—, radiation injury, whole body irradiation, mammalians, *hämatopoetisches System, Strahlenschädigung, Ganzkörperbestrahlung, Säugetiere* 562, 564

—, stem cells, reproductive death, *hämatopoetisches System, Stammzellen, reproduktiver Zelltod* 8

Harrisburg, reactor accident, ground contamination, isodoses, *Harrisburg, Reaktorunfall, Bodenkontamination, Isodosen* 504

He^{2+}, range within water, kinetic energy, He^{2+}, *Reichweite in Wasser, kinetische Energie* 42

heavy particles, range within water, kinetic energy, *schwere Teilchen, Reichweite in Wasser, kinetische Energie* 42

hepatitis, radiation induced, *Hepatitis, strahlenbedingte* 86

herpes zoster infection, total nodal irradiation, Hodgkin's disease, *Herpes-Zoster-Infektion, Total-Nodal-Bestrahlung, Morbus Hodgkin* 227

high LET radiation, tumor therapy, *Hoch-LET-Strahlung, Tumortherapie* 55

hip joint, osteoradionecrosis, radiogram, *Hüftgelenk, Osteoradionekrose, Röntgenbild* 298

— —, prosthesis, radiation effect, *Hüftgelenk, Prothese, Strahlenwirkung* 290

Hiroshima, atom bomb, combustions, *Hiroshima, Atombombe, Verbrennungen* 526, 527

histochemistry, bone, growing, *Histochemie, Knorpel, wachsender* 267, 269

—, osteoradionecrosis, femoral neck, *Histochemie, Osteoradionekrose, Schenkelhals* 293

histiocytoma, radiation induced, *Histiozytom, strahleninduziertes* 306

histogram, DNA content, nucleus, *Histogramm, DNA-Gehalt, Zellkern* 15, 16

histology, acute, chronic radiation reaction, skin, *Histologie, akute, chronische Strahlenreaktion, Haut* 174

—, alveolar wall, *Histologie, Alveolarwand* 381

—, bone fibrosis, ^{224}Ra incorporation, *Histologie, Knochenfibrose, ^{224}Ra-Inkorporation* 276

—, —, growth arrest lines, radiation effect, *Histologie, Knochen, Verdichtungslinien, Strahlenwirkung* 284

—, —, ossification injury, *Histologie, Knochen, Ossifikationsstörung* 279–289

—, —, radiation induced fibrosis, *Histologie, Knochen, strahleninduzierte Fibrose* 276

—, cartilage, ^{3}H Thymidin incorporation, *Histologie, Knorpel, ^3H-Thymidin-Einlagerung* 266

—, —, radiation injury, *Histologie, Knorpel, Strahlenschädigung* 267

—, cartilaginous plate, enlargement, radiation effect, *Histologie, Knorpelplatte, Verbreiterung, Strahlenwirkung* 280

—, cell systems, osteogenic tissue, *Histologie, Zellsysteme, osteogenes Gewebe* 271, 272

—, cystitis, radiogenic, *Histologie, Zystitis, radiogene* 116

—, chondrocytes, phosphatase positive, loss after irradiation, *Histologie, Chondrozyten, Phosphatase-positive, Verlust nach Bestrahlung* 269, 270

—, glomerulopathy, radiogenic, *Histologie, Glomerulopathie, radiogene* 103

—, lung, normal, *Histologie, Lunge, normale* 380

—, ossification, radiation injury, *Histologie, Ossifikation, Strahlenschädigung* 279–289

—, osteodystrophy, radiation induced, ^{224}Ra incorporation, *Histologie, Osteodystrophie, strahleninduzierte, ^{224}Ra-Inkorporation* 296

—, osteogenic tissue, cell kinetics, *Histologie, osteogenes Gewebe, Zellkinetik* 271, 272 histology, osteoradionecrosis, *Histologie, Osteoradionekrose* 294–296

—, ovarium, radiation effects, *Histologie, Ovar, Strahlenwirkung* 140, 141

—, pneumonitis, radiation induced, *Histologie, Strahlenpneumonitis* 385, 386

—, radiation induced lesions, digestive tract, *Histologie, Strahlenreaktionen, Magen-Darmkanal* 78, 79

—, radiation induced lesions, kidney, *Histologie, Strahlenreaktionen, Niere* 101–112

—, radiation induced lesions, liver, *Histologie, Strahlenreaktionen, Leber* 90, 91

—, radiation induced lesions, stomach, *Histologie, Strahlenreaktionen, Magen* 71, 72

—, radiodermatitis, *Histologie, Radiodermatitis* 174, 175

—, small intestine, radiation effects, *Histologie, Dünndarm, Strahlenreaktionen* 569, 570

—, testicle, radiation effect, *Histologie, Hoden, Strahlenwirkung* 141, 142

—, tubulopathy, radiogenic, *Histologie, Tubulopathie, radiogene* 103

history, radiation effects, generative organs, *Geschichtliches, Strahlenwirkungen, Generationsorgane* 124

—, — induced lesions, brain, nervous tissue, *Geschichtliches, Strahlenfolgen, Gehirn, Nervengewebe* 317

—, — protection, *Geschichtliches, Strahlenschutz* 439, 440

—, radiobiology, radiopathology, *Geschichtliches, Strahlenbiologie, Strahlenpathologie* 1

—, radium induced lesions, physicians, *Geschichtliches, Radiumschäden, Ärzte* 442

—, reactor accidents, *Geschichtliches, Reaktorunfälle* 491, 492

Hodgkin's disease, total nodal irradiation, *Morbus Hodgkin, Total-Nodal-Bestrahlung* 227

hormone levels, radiation induced changes, *Hormonspiegel, strahleninduzierte Veränderungen* 151

— therapy, lymphocytes, DNS synthesis, *Hormontherapie, Lymphzyten, DNS-Synthese* 219

hypernephroma, radiotherapy, planning, *Hypernephrom, Strahlentherapie-Planung* 111

hyperparathyroidism, osteomalacia, tumor induction, *Hyperparathyreoidismus, Osteomalazie, Tumorinduktion* 304

hypertension, radiogenic, renal pathogenesis, dose, *Hypertonie, radiogene, renale, Pathogenese, Dosis* 105, 108

hypothalamus, radiation injury, *Hypothalamus, Strahlenschädigung* 324

hypoxaemia, oxygen effect, radiotherapy, *Hypoxämie, Sauerstoffeffekt, Strahlentherapie* 55

hysterectomy, postoperative radiotherapy, ureter stenosis, *Hysterektomie, postoperative Strahlenbehandlung, Ureterstenose* 114

^{131}I, atom bomb, fallout, ^{131}J, *Atombombe, Fallout* 526

—, dose limiting values, skin, ^{131}J, *Dosisgrenzwerte, Haut* 452

—, ^{132}I, ^{133}I, ^{134}I, ^{135}I, contamination, reactor accidents, ^{131}J, ^{132}J, ^{133}J, ^{134}J, ^{135}J, *Kontamination, Reaktorstörfälle* 498, 512

—, bromsulphalein scan liver, function after radiotherapy, ^{131}J-*Bromsulphalein-Szintigramm, Leber, Funktion nach Bestrahlung* 90

— therapy, spermatogenesis, injury, ^{131}J-*Therapie, Spermatogenese, Schädigung* 150

^{125}I seeds, radiation tolerance, brain, ^{125}J-*Seeds, Strahlentoleranz, Gehirngewebe* 339

IgE-, IgM synthesis, antibody production, radiation effects, *IgE-, IgM-Synthese, Antikörperbildung, Strahlenwirkung* 225

—, — —, radio sensibility, *IgE-, IgM-Synthese, Strahlenempfindlichkeit* 223, 224

Ileitis terminalis, radiation injuries, small intestine, *Ileitis terminalis, Strahlenschäden, Dünndarm* 76

ileus, radiation induced late lesion, *Ileus, Strahlenspätfolge* 76

immunbiological system, antibody production, radiation effects, *immunbiologisches System, Antikörperbildung, Strahlenwirkung* 225

immune supression, curative radiotherapy, stimulation, *Immunsuppression, kurative Strahlentherapie, Stimulationsbehandlung* 226

— —, whole body irradiation, organ transplantation, *Immunsuppression, Ganzkörperbestrahlung, Organtransplantation* 227

impulse cytophotometry, DNA content, generative cell cycle, *Impulszytophometrie, DNA-Gehalt, Zellzyklus* 15

^{113m}In, dose limiting values, skin, ^{113m}In, *Dosisgrenzwerte, Haut* 452

inactivation diameter, particle radiation, LET, *Inaktivierungsquerschnitt, Teilchenstrahlung, LET* 52, 53

incidence, bone tumors, radiation induced, *Häufigkeit, Knochentumoren, strahleninduzierte* 303

—, death, reactor accidents, *Häufigkeit, Todesfälle, Reaktorstörfälle* 502

—, exostoses, radiation induced, *Häufigkeit, Exostosen, strahleninduzierte* 289

—, plexus lesions, radiotherapy, *Häufigkeit, Plexusschädigung, Strahlentherapie* 339

—, radiation induced lesions, stomach, dose dependence, *Häufigkeit, Strahlenreaktionen, Magen, Dosisabhängigkeit* 71

— — reactions, digestive tract, fast neutrons, *Häufigkeit, Strahlenfolgen, Magen-Darmkanal, schnelle Neutronen* 85

—, radionecrosis, brain, spinal cord, *Häufigkeit, Radionekrose, Gehirn, Rückenmark* 321, 322

incorporation, radionuclides, dose limiting values, *Inkorporation, Radionuklide, Dosisgrenzwerte* 452, 453

—, Uranium, nuclear energy industry, *Inkorporation, Uran, Kernkraftindustrie* 494

inhalation, radionuclides, dose limiting values, *Einatmung, Radionuklide, Dosisgrenzwerte* 452, 453

Interntional Commission on Radiological Protection (ICRP), recommendations, *Internationale Kommission für Strahlenschutz (ICRP), Empfehlungen* 444, 445

intestinal mucosa, regenerative capacity, radiation induced lesions, *Darmschleimhaut, Regenerationskapazität, Strahlenfolgen* 79, 80, 81

iodine, contamination, reactor accidents, *Jod, Kontamination, Reaktorunfälle* 497

— acetamide, sulfhydryl groups, radiation sensitivity, *Jodacetamid, Sulfhydrylgruppen, Strahlenempfindlichkeit* 5

ionization, 187 MeV protons, Bragg curve, *Ionisation, 187-MeV-Protonen, Bragg-Kurve* 44

ionizing density, heavy particles, Bragg-peak, *Ionisationsdichte, schwere Teilchen, Braggmaximum* 42, 43

ions, heavy, oxygen effect, LET values, *Ionen, schwere, Sauerstoff-Effekt, LET-Werte* 54

—, —, physics, radiobiology, *Ionen, schwere, Physik, Strahlenbiologie* 63

—, products of radiolysis, water, G value, *Ionen, Radiolyseprodukte, Wasser, G-Wert* 47

^{192}Ir, radiation tolerance, brain, ^{192}*Ir, Strahlentoleranz, Gehirngewebe* 339

isodoses, ground contamination, reactor accident Harrisburg, *Isodosen, Bodenkontamination, Reaktorstörfall Harrisburg* 503, 504

—, reactor accidents, *Isodosenkurven, Reaktorunfälle* 492

isoeffect curves, acute, late radiation injuries, *Iso-Effekt-Kurven, akute, späte Strahlenschäden* 59

jaw, osteoradionecrosis, *Unterkiefer, Osteoradionekrose* 302

kindney, radiation induced risk, *Niere, Strahlengefährdung* 101, 102

—, radiosensibility, *Niere, Strahlensensibilität* 102

—, radiotherapy, liver scan, *Niere, Strahlentherapie, Leberszintigramm* 88

—, —, tolerance doses, complications, *Niere, Strahlentherapie, Toleranzdosen, Komplikationen* 25, 101–112

kinetics, alveolar epithelium, pneumocytes I, II, *Kinetik, Alveolarepithel, Pneumozyten I, II* 387

—, bone, endothelia, *Kinetik, Knochen, Endothelien* 271

—, cartilage cells, after irradiation, *Kinetik, Knorpelzellen, nach Bestrahlung* 268

—, cell, growing bone, *Kinetik, Zell-, wachsender Knochen* 272

—, — systems, osteogenic tissue, *Kinetik, Zellsysteme, osteogenes Gewebe* 271, 272

—, haematopoesis, *Kinetik, Hämatopoese* 236

—, radiation protection compounds, *Kinetik, Strahlenschutzsubstanzen* 592

^{140}La, atom bomb, fallout, ^{140}*La, Atombombe, Fallout* 526

large intestine, see colon, *Dickdarm, siehe Kolon*

larynx, chondritis dissecans, Strahlenreaktion, *Larynx, Chondritis dissecans, Strahlenreaktion* 303

late changes, radiodermatitis, *Spätveränderungen, Radiodermatitis* 173

— necrosis, brain, CT, *Spätnekrose, Gehirn, CT* 329, 330

latent periode, radionecrosis, brain, spinal cord, *Latenzzeit, Radionekrose, Gehirn, Rückenmark* 321, 322

laws, radiation protection, *Gesetze, Strahlenschutz* 439, 440

LD$_{50}$, atom bomb, *LD$_{50}$, Atombombe* 535

—, bone marrow syndrome, *LD$_{50}$, Knochenmarksyndrom* 242, 243

—, chemical radiation protection, compounds, *LD^{50}, chemischer Strahlenschutz, Substanzen* 559, 561

LD$_{50,30}$ values, combined radiation injuries, *LD$_{50,30}$-Werte, Strahlen-Kombinationsschäden* 581

LET, dose limite values, professional radiation exposure, *LET, Dosisgrenzwerte, berufliche Strahlenbelastung* 447

—, radiation effect, *LET, Strahlenwirkung* 47–49

— dependency, inactivation, mammalian cells, dose effect curves, *LET-Abhängigkeit, Inaktivierung, Säugezellen, Dosiswirkungskurven* 50, 51

— function, macromolecular, inactivation, dose effect curves, *LET-Funktion, Makromoleküle, Inaktivierung, Dosiswirkungskurven* 48

— values, heavy particle radiation, *LET-Werte, schwere Teilchen-Strahlung* 45

letal dosis, bone marrow syndrome, radiation doses, *Letaldosis, Knochenmarksyndrom, Strahlendosen* 244

leukaemia, childhood, bone marrow transplantation, curves of growing, *Leukämie, Kindesalter, Knochenmarktransplantation, Wachstumskurven* 288

—, graft versus host disease, *Leukämie, „Graft-versus-host"-Krankheit* 288

—, lymphocytes, radiosensibility, *Leukämie, Lymphozyten, Strahlenempfindlichkeit* 210

—, radiation induced, professional risk, *Leukämie, strahleninduzierte, Berufsrisiko* 440

—, resistance enhancement, radiation protective compounds, *Leukämie, Resistenzsteigerung, Strahlenschutzsubstanzen* 587

—, risk, radiation syndrome, reactor accidents, *Leukämie, Risiko, Strahlensyndrom, Reaktorstörfälle* 501

—, total body irradiation, *Leukämie, Ganzkörperbestrahlung* 227

—, tumor induction, chemical protection, *Leukämie, Tumorinduktion, chemischer Schutz* 577

— cells, oxygen enhancement ratio, LET function, *Leukämie-Zellen, Sauerstoff-Sensibilisationsfaktor, LET-Funktion* 55

leukocytes, radiation accident, prognosis, *Leukozyten, Strahlenunfall, Prognose* 517

leukoencephalopath, necroticans, radiation induced lesions, chemotherapy, *Leukoenzephalopathie, nekrotisierende, Strahlenschädigung, Chemotherapie* 342

leukoencephalpathy, radiation induced, classification, *Leukoenzephalopathie, radiogene Einteilung* 318

leukopenia, combined radiation injury, chemical protection, *Leukopenie, kombinierte Strahlenschäden, chemischer Schutz* 580

—, regional radiotherapy, *Leukopenie, regionale Strahlentherapie* 226

LH, serum values, radiological, operative castration, *LH, Serumwerte, radiologische, operative Kastration* 149

Li ions, oxygen enhancement ratio, LET function, *Li-Ionen, Sauerstoff-Sensibilisierungsfaktor, LET-Funktion* 55

life expectancy, abbreviation, radiation effect, *Lebenserwartung, Verkürzung, Strahlenwirkung* 34, 35

linear energy transfer (LET), definition, unit keV/μm, *linearer Energie-Transfer (LET), Definition, Einheit keV/μm* 44, 45

— — —, radiation sensibility, mammalian cells, *linearer Energie-Transfer (LET), Strahlenempfindlichkeit, Säugetierzellen* 594

— — —, see LET, *linearer Energie-Transfer (LET), siehe LET*

liver, acute radiation effects, *Leber, akute Strahlenwirkungen* 571, 572

—, parenchyma, regeneration after radiotherapy, *Leber, Gewebe, Regeneration nach Bestrahlung* 90

—, radiation effects, clinical features, *Leber, Strahlenwirkungen, Klinik* 86

—, — —, experimental studies, *Leber, Strahlenwirkungen, experimentelle Untersuchungen* 91, 571, 572

—, — —, histopathology, *Leber, Strahlenwirkungen, Histopathologie* 90, 91

—, — —, scan, *Leber, Strahlenwirkungen, Szintigramm* 88

—, — injury, problems, *Leber, Strahlenschädigung, Probleme* 95

liver, radiation tolerance dose, complications, *Leber, Strahlentoleranzdosis, Komplikationen* 25, 87, 88
— , radiosensibility, radiogenic hepatitis, *Leber, Strahlenempfindlichkeit, radiogene Hepatitis* 86
— , reticulo-endothelial system, function after radiotherapy, *Leber, retikulo-endotheliales System, Funktion nach Strahlentherapie* 90
localisation, bone tumors, radiation induced, *Lokalisation, Knochentumoren, strahleninduzierte* 303
long bone, see bone, *Röhrenknochen, siehe Knochen*
— bones, growing disorders, dose effect relations, *Röhrenknochen, Wachstumsstörungen, Dosiswirkungsbeziehungen* 285, 286
Los Alamos, radiation accident, *Los Alamos, Strahlenunfall* 491
luminous dial painters, professional radiation injury, *Leuchtziffermaler, berufliche Strahlenschädigung* 444
lung, alveolar epithelium, kinetics, *Lunge, Alveolarepithel, Kinetik* 388
— , carcinoma, radon inhalation, *Lunge, Karzinom, Radoninhalation* 441, 442
— , histology, normal, *Lunge, Histologie, normale* 380
— , immunological system, histology, *Lunge, Immunsystem, Histologie* 380, 381
— , isoeffect curves, acute, late radiation injuries, *Lunge, Isoeffektkurven, akute, späte Strahlenschädigung* 59
— , natural annual radiation exposure, *Lunge, natürliche, jährliche Strahlenexposition* 412
— , proliferative capacity, *Lunge, proliferative Kapazität* 379
— , radiation induced lesions, biochemistry, *Lunge, strahlenbedingte Veränderungen, Biochemie* 389
— , radiation induced lesions, clinical features, *Lunge, strahlenbedingte Veränderungen, Klinik* 397, 398
— , radiation induced lesions, diffusion capacity, *Lunge, strahlenbedingte Veränderungen, Diffusionskapazität* 393
— , radiation induced lesions, dose effect relations, *Lunge, strahlenbedingte Veränderungen, Dosiswirkungsbeziehungen* 396
— , radiation induced lesions, experimental work, *Lunge, strahlenbedingte Veränderungen, tierexperimentelle Befunde* 381, 382
— , radiation induced lesions, histopathology, *Lunge, strahlenbedingte Veränderungen, Histopathologie* 385
— , radiation induced lesions, hydroxyproline, *Lunge, strahlenbedingte Veränderungen, Hydroxyprolin* 390
— , radiation induced lesions, pathophysiology, *Lunge, strahlenbedingte Veränderungen, Pathophysiologie* 389
— , radiation induced lesions, phospholipid content, *Lunge, strahlenbedingte Veränderungen, Phospholipidgehalt* 392
— , radiation induced lesions, surface forces, *Lunge, strahlenbedingte Veränderungen, Oberflächenkräfte* 389, 391
— , radiosensibility, *Lunge, Strahlenempfindlichkeit* 379
— , radiotherapy, complications, tolerance doses, *Lunge, Strahlentherapie, Komplikationen, Toleranzdosen* 25
— , "target cell", radiation induced pneumonitis, *Lunge, „Target-Zelle", Strahlenpneumonitis* 380
lymph nodes, paraaortal, testicle tumors, *Lymphknoten, paraaortale, Hodentumoren* 69
— — , radiation rections, in vivo-, in vitro findings, *Lymphknoten, Strahlenreaktionen, In vivo-, In vitro-Befunde* 206, 208
— — , tolerance doses, complications, *Lymphknoten, Toleranzdosen, Komplikationen* 25

— — , total nodal irradiation, Hodgkin's disease, *Lymphknoten, Total-Nodal-Bestrahlung, Morbus Hodgkin* 227
lymphatic system, immune function, *lymphatisches System, Immunfunktion* 206
— — , radiation injury, mammalians, whole body irradiation, *lymphatisches System, Strahlenschädigung, Säugetiere, Ganzkörperbestrahlung* 566
— tissue, radiation injury, atom bomb, *lymphatisches Gewebe, Strahlenschädigung, Atombombe* 535
lymphocytes, activation, radiosensibility, *Lymphozyten, Aktivierung, Strahlensensibilität* 211, 212, 215, 227
— , antibodyformation, radiosensibility, *Lymphozyten, Antikörperbildung, Strahlenempfindlichkeit* 223
— , cellular immune rections, *Lymphozyten, zelluläre Immunreaktionen* 221
— , death during mitosis, *Lymhozyten, Mitosetod* 220
— , dose effect curves, sensibility parameters, *Lymphozyten, Dosiswirkungskurven, Sensibilitätsparameter* 222
— , — — , relations, survival curves, *Lymphozyten, Dosiswirkungsbeziehungen, Überlebenskurven* 209
— , graft versus host reaction, *Lymphozyten, Graft-versus-host-Reaktion* 222
— , interphase death, *Lymphozyten, Interphasentod* 7, 220
— , leukaemic, radiosensibility, *Lymphozyten, leukämische, Radiosensibilität* 210
— , proliferative capacity, radioresistance, *Lymphozyten, Proliferationskapazität, Strahlenresistenz* 220
— , radiosensibility, *Lymphozyten, Strahlenempfindlichkeit* 1, 7, 8, 206–211, 220, 440
— , stimulation, radiosensibility, *Lymphozyten, Stimulation, Strahlensensibilität* 211, 212, 215, 227
— , T subpopulations, cellular immunity, *Lymphozyten, T-Subpopulationen, zelluläre Immunität* 221
lymphoma, Burkitt-, sensibility parameters, *Lymphom, Burkitt-, Sensibilitätsparameter* 211
— , malignant, liver function after radiotherapy, scan, *Lymphom, malignes, Leberfunktion nach Bestrahlung, Szintigramm* 90
— , — , osteoradionecrosis, *Lymphom, malignes, Osteoradionekrose* 299
— , — , radiotherapy, late reactions, *Lymphom, malignes, Strahlentherapie, Spätreaktionen* 86, 87
— , Non-Hodgkin-, lymphotoxic effect, radiation dose, *Lymphom, Non-Hodgkin-, lymphotoxischer Effekt, Strahlendosis* 227
lymphosarcoma, resistance enhancement, radiation protective compounds, *Lymphosarkom, Resistenzsteigerung, Strahlenschutzstoff* 587

Mach's reflexion, atom bombe, *Machsche Reflexion, Atombome* 523
macromolecules, inactivation, dose effect curve, *Makromoleküle, Inaktivierung, Dosiswirkungskurve* 48
— , RBE values, LET dependency, *Makromoleküle, RBW-Werte, LET-Abhängigkeit* 50
macrophages, osteogenesis, function, *Makrophagen, Osteogenese, Funktion* 272
— , radiosensibility, *Makrophagen, Strahlenempfindlichkeit* 223
malignoma, risk, radiation syndrome, reactor accidents, *Malignom, Risiko, Strahlensyndrom, Reaktorstörfälle* 501, 502, 517
mammalian cells, inactivation, LET dependency, dose effect curves, *Säugerzellen, Inaktivierung, LET-Abhängigkeit, Dosiswirkungskurven* 50, 51

mandibula, osteoradionecrosis, *Mandibula, Osteoradio-nekrose* 290, 302

matrix synthesis, cartilage, radiation injury, *Matrixsyn-these, Knorpel, Strahlenschädigung* 268, 269

megacaryocytopoesis, cell systems, kinetics, *Megakaryozy-topoese, Zellsysteme, Kinetik* 236

melanoma, cells, dose effect curves, *Melanom, Zellen, Do-siseffektkurven* 19

–, –, "minimum essential medium", *Melanom, Zellen, „Minimum Essential Medium"* 10

–, –, survival rates, fractionated irradiation, *Melanom, Zellen, Überlebensraten, fraktionierte Bestrahlung* 21

membrane structures, cellular, radiation effects, *Membran-strukturen, zelluläre, Strahlenwirkung* 2, 5, 7

Mercaptoethylamin ($HS-CH_2-CH_2-NH_2$), chemical radia-tion protection, *Mercaptoethylamin ($HS-CH_2-CH_2-NH_2$), chemischer Strahlenschutz* 557

Messenger-RNA, radiation injury, *Messenger-RNA, Strah-lenschädigung* 4

metabolic reactions, radiation effect, *Stoffwechselreak-tionen, Strahlenwirkung* 3, 4

metaphysis, cell kinetics, normal, *Metaphyse, Zellkinetik, normale* 273

–, atypical bone formation, radiation injury, *Metaphyse, atypische Knochenbildung, Strahlenschädigung* 284

–, growing, osteotrope radionuclides, energy absorption, *Metaphyse, wachsende, osteotrope Radionuklide, Ener-gieabsorption* 266

–, mineralisation, injury, radiochemistry, dose depen-dence, *Metaphyse, Mineralisationsstörung, Radiochemie, Dosisabhängigkeit* 278

–, radiation injury, ultrastructure, *Metaphyse, Strahlen-schädigung, Ultrastruktur* 274

–, resistence of osteoblasts, chronical irradiation, *Meta-physe, Osteoblastenresistenz, chronische Bestrahlung* 275

metastases, retroperitoneal, radiotherapy, radionephritis, *Metastasen, retroperitoneale, Strahlentherapie, Radio-nephritis* 109

methotrexat, radiation induced lesions, cerebral, *Metho-trexat, Strahlenschädigung, Gehirn* 341, 342

microdosimetry, linear energy, *Mikrodosimetrie, lineale Energie* 46

microradiogram, osteodystrophy, radiation induced, [224]Ra incorporation, *Mikroradiogramm, Osteodystrophie, strahleninduzierte, [224]Ra-Inkorporation* 296

–, osteoradionecrosis, *Mikroradiogramm, Osteoradione-krose* 294, 295

–, –, [227]Th incorporation, vertebral body, *Mikroradio-gramm, Osteoradionekrose, [227]Th-Inkorporation, Wir-belkörper* 300

mitosis, activity, cartilage, radiation injury, *Mitose, Aktivi-tät, Knorpel, Strahlenschädigung* 267

–, –, lymphocytes, *Mitose, Aktivität, Lymphozyten* 215, 216

–, G_1-, G_2 phases, time intervals, *Mitose, G_1-, G_2-Phase, Zeitintervalle* 15, 16

–, generative cycle, radiation sensitivity, *Mitose, Genera-tionszyklus, Strahlenempfindlichkeit* 14

–, inactivation coefficient, dose effect curves, *Mitose, In-aktivierungs-Koeffizient, Dosiswirkungskurven* 57

–, repair mechanisms after rdiation injury, *Mitose, Repa-raturvorgänge nach Strahlenschädigung* 22, 23

–, retardation, reproductive death, *Mitose, Verzögerung, reproduktiver Zelltod* 8, 9

monocytopoesis, haematopoesis, cell systems, kinetics, schema, *Monozytopoese, Hämatopoese, Zellsysteme, Ki-netic, Schema* 236

morphology, osteoradionecrosis, femoral neck, *Morpholo-gie, Osteoradionekrose, Schenkelhals* 293

mortality, bone marrow syndrome, radiation doses, *Mor-talität, Knochenmarksyndrom, Strahlendosen* 242

–, radiation accidents, radiation doses, *Mortalität, Strah-lenunfälle, Strahlendosen* 244

musculature, radiation injury, chemical protection, *Musku-latur, Strahlenschädigung, chemischer Schutz* 579

mutation rate, whole body dose, *Mutationsrate, Ganzkör-perdosis* 441

myelitis, radiation induced, clinical features, *Myelitis, ra-diogene, Klinik* 322, 323

–, thoracic, dose time relations, *Myelitis, thorakale, Do-sis-Zeit-Beziehungen* 336

myelopathy, radiation induced, volumen dose, *Myelo-pathie, Strahlen-, Raumdosis* 340

natural radiation exposure, gonadal dose, annual, *natür-liche Strahlenexposition, Gonadendosis, jährliche* 412

– – –, mean annual doses, *natürliche Strahlenexposi-tion, mittlere Jahresdosen* 412

– – –, nutrition, water, *natürliche Strahlenexposition, Nahrung, Wasser* 407, 408

– – –, primary, secondary cosmogenic radiation, *natür-liche Strahlenexposition, primäre, sekundäre kosmogene Strahlung* 404

– – –, primordial radionuclides, *natürliche Strahlenex-position, primordiale Radionuklide* 409

– – –, terrestric radiation, *natürliche Strahlenexposi-tion, terrestrische Strahlung* 405–407

[95]Nb, atom bomb, fallout, *[95]Nb, Atombombe, Fallout* 526

–, contamination, reactor accidents, *[95]Nb, Kontamination, Reaktorunfälle* 498

necrosis, radiogenic, tolerance doses, *Nekrose, strahlenbe-dingte, Toleranzdosen* 25

Neon ions, depth dose curves, tumor therapy, *Neon-Ionen, Tiefendosiskurven, Tumortherapie* 64

– –, oxygen enhancement ratio, LET function, *Neon-Ionen, Sauerstoff-Sensibilisierungsfaktor, LET-Funk-tion* 55

– –, range within water, kinetic energy, *Neon-Ionen, Reichweite in Wasser, kinetische Energie* 42

nephroendotheliosis, radiogenic, pathology, *Nephroendo-theliose, radiogene, Pathologie* 102

nephrography, radioisotopes, radionephritis, *Nephrogra-phie, Radioisotopen-, Radionephritis* 108, 109

nephrosclerosis, radiation injury, chemical protection, *Nephrosklerose, Strahlenschädigung, chemischer Schutz* 579

nephrosis, sclerosing, radiogenic, histology, *Nephrose, sklerosierende, radiogene, Histologie* 104

nervous tissue, radiation induced lesions, clinical features, *Nervengewebe, Strahlenfolgen, Klinik* 317, 318

– system, radiation induced lesions, classification, *Ner-vensystem, Strahlenfolgen, Systematik* 319

nervus opticus, radiation injury, dose time relation, *Nervus opticus, Strahlenschädigung, Dosis-Zeit-Beziehung* 336

neutron radiation, LET values, *Neutronenstrahlung, LET-Werte* 45

neutrons, acute, chronic radiation lesions, small intestine, *Neutronen, akute, chronische Strahlenfolgen, Dünn-darm* 85

–, bone growing disorders, relative biological effective-ness, *Neutronen, Knochenwachstumsstörungen, relative biologische Wirksamkeit* 287

neutrons, bone marrow, irradiation, dose effect curves, *Neutronen, Knochenmark, Bestrahlung, Dosiswirkungs-kurven* 239
—, dose reduction factors, acute letality, *Neutronen, Dosisreduktionsfaktoren, akute Letalität* 584
—, gamma radiation, reactor accidents, *Neutronen, Gammastrahlung, Reaktorunfälle* 489, 490
—, irradiation, chemical radiation protection, *Neutronen, Bestrahlung, chemischer Strahlenschutz* 583, 584
—, isoeffect curves, acute, late radiation injuries, *Neutronen, Isoeffektkurven, akute, späte Strahlenschäden* 59
—, liver, radiation injury, dose dependence, *Neutronen, Leber, Strahlenschädigung, Dosisabhängigkeit* 93
—, physics, *Neutronen, Physik* 60
—, radiation injury, atom bomb, *Neutronen, Strahlenschädigung, Atombombe* 532, 533
—, radiobiological properties, *Neutronen, strahlenbiologische Eigenschaften* 61, 62
—, relative biological effectiveness (RBE), *Neutronen, relative biologische Wirkung (RBW)* 12, 245, 247
—, relative biological effectiveness (RBE), chronic radiation reactions, *Neutronen, relative biologische Wirkung (RBW), chronische Strahlenfolgen* 85
—, whole body irradiation, bone marrow-, gastrointestinal syndromes, *Neutronen, Ganzkörperbestrahlung, Knochenmark-, Gastrointestinal-Syndrom* 245
N-methylmaleinimid, sulfhydryl groups, radiation sensitivity, *N-Methylmaleinimid, Sulfhydrylgruppen, Strahlenempfindlichkeit* 5
nuclear energy, accidents, history, *Kernenergie, Unfälle, Geschichtliches* 491, 492
— —, risk, *Kernenergie, Risiko* 493, 494
— radiation, atom explosions, *Kernstrahlung, Atomexplosionen* 523
nucleus, DNA content, generative cycle, *Zellkern, DNA-Gehalt, Generationszyklus* 15

Oak Ridge, reactor accident, *Oak Ridge, Reaktorunfall* 491
OH radicals, radiation induced, G values, *OH-Radikale, strahleninduzierte, G-Werte* 47
oligozoospermia, radiation induced, *Oligozoospermie, strahleninduzierte* 150, 151
oocytes, radiosensibility, *Oozyten, Strahlenempfindlichkeit* 135
organ transplantation, immune suppression, whole body irradiation, *Organtransplantation, Immunsuppression, Ganzkörperbestrahlung* 227
organism, growing, radionuclide incorporation, radiation exposure, *Organismus, wachsender, Radionuklid-Inkorporation, Strahlenbelastung* 266
ossification, enchondral, biomechanism, radiation injury, *Ossifikation, enchondrale, Biomechanismus, Strahlenschädigung* 271
—, —, complex disturbances, *Ossifikation, enchondrale, komplexe Störungen* 279, 285
—, radiation injury, *Ossifikation, Strahlenschädigung* 279–289
osteoblasts, cell kinetics, *Osteoblasten, Zellkinetik* 273, 274
osteocytes, osteoradionecrosis, pathogenesis, *Osteozyten, Osteoradionekrose, Pathogenese* 297
—, ^{224}Ra irradiation, ultrastructure, *Osteozyten, ^{224}Ra-Bestrahlung, Ultrastruktur* 277

osteodystrophy, radiation induced, ^{224}Ra incorporation, *Osteodystrophie, strahleninduzierte, ^{224}Ra-Inkorporation* 296
osteogenesis, bone transplantation, radiation effects, *Osteogenese, Knochentransplantation, Strahlenwirkung* 290
osteogenic tissue, cell kinetics, *osteogenes Gewebe, Zellkinetik* 271, 272
— —, cell systems, kinetics, *osteogenes Gewebe, Zellsysteme, Kinetik* 271, 272
osteomalacia, hyperparathyroidism, tumor induction, *Osteomalacie, Hyperparathyreoidismus, Tumorinduktion* 304
osteonecrosis, radiation induced, causes, *Osteonekrose, strahleninduzierte, Ursachen* 289, 290
osteoporosis, bone remodelling, spongiosa structure, *Osteoporose, Knochenumbau, Spongiosa-Struktur* 290, 291
—, radiation induced, spontaneous fractures, dose, *Osteoporose, strahleninduzierte Spontanfrakturen, Dosis* 292
osteoprogenitor cells, ossification, induced, radiation effect, *Osteoprogenitorzellen, Ossifikation, induzierte, Strahlenwirkung* 290
osteoradionecrosis, femoral neck, pathogenesis, *Osteoradionekrose, Schenkelhals, Pathogenese* 291, 292, 293
—, microradiogram, *Osteoradionekrose, Mikroradiogramm* 294, 295
—, pathogenesis, clinical features, *Osteoradionekrose, Pathogenese, Klinik* 296, 297
osteosarcoma, radiation induced, doses, *Osteosarkom, strahleninduziertes, Dosen* 303, 304
osteotrope radionuclides, energy absorption, *osteotrope Radionuklide, Energieabsorption* 266
ovarial carcinoma, radiotherapy, late reactions, *Ovarialkarzinom, Strahlentherapie, Spätfolgen* 86, 87, 88
— insufficiency, primary, secondary, mechanisms of regulation, *Ovarialinsuffizienz, primäre, sekundäre, Regelmechanismen* 148
— tumors, induction, radiation effect, *Ovarialtumoren, Induktion, Strahlenwirkung* 134
ovaries, partial body irradiation, clinical features, *Ovarien, Teilkörperbestrahlung, Klinik* 444
—, radiation effects, chemical radiation protection, *Ovarien, Strahlenreaktionen, chemischer Strahlenschutz* 573
ovarium, hormonal regulation, mechanisms, *Ovar, hormonelle Regelmechanismen* 148
— radiation effects, *Ovar, Strahlenwirkungen* 135–141, 152
oxygen effect, definition, *Sauerstoffeffekt, Definition* 53
— —, radiosensibility, *Sauerstoffeffekt, Strahlenempfindlichkeit* 27, 28
— enhencement ratio, LET values, different, *Sauerstoff-Sensibilisierungsfaktor, LET-Werte, unterschiedliche* 54, 55

^{32}P, incorporation, bone, *^{32}P, Einbau, Knochen* 275
—, — —, radiation effect, *^{32}P, Einbau, Knochen, Strahlenwirkung* 278
pancreas, radiotherapy, consequences, clinical features, *Pankreas, Strahlenfolgen, Klinik* 95, 96
PAPP, whole body irradiation, tumor induction, *PAPP, Ganzkörperbestrahlung, Tumorinduktion* 577
partial body exposure, clinical symptoms, *Teilkörperexposition, klinische Symptome* 443, 444

– – irradiation, lymphocytes, radiation induced lesions, *Teilkörperbestrahlung, Lymphozyten, Strahlenreaktionen* 207

– – –, radiation effect, *Teilkörperbestrahlung, Strahlenwirkung* 32–35

– – –, stem cell proliferation, injury, *Teilkörperbestrahlung, Stammzellenproliferation, Schädigung* 237

particle radiation, cell cycle, radiosensibility, *Partikelstrahlung, Zellzyklus, Strahlenempfindlichkeit* 56

– –, inactivation diameter, RBE, *Teilchenstrahlung, Inaktivierungsquerschnitt, RBW* 51, 52

– –, –, mammalian cells, LET dependency, dose effect curves, *Teilchenstrahlung, Inaktivierung, Säugerzellen, LET-Abhängigkeit, Dosiswirkungskurven* 50, 51

– –, physics, *Teilchenstrahlung, Physik* 42, 43, 44

– –, radiation reactions of skin, *Teilchenstrahlung, Strahlenreaktionen der Haut* 196, 197

pathogenesis, femoral neck fracture, radiation induced, *Pathogenese, Schenkelhalsfraktur, strahleninduzierte* 291

–, hypertension, renal, radiogenic, *Pathogenese, Hypertonie, renale, radiogene* 105

–, radiation induced lesions, abdominal organs, *Pathogenese, Strahlenreaktionen, Abdominalorgane* 69

–, radiation induced lesions, intestine, *Pathogenese, Strahlenfolgen, Darm* 79, 80, 81

–, radiation induced lesions, skin, *Pathogenese, Strahlenfolgen, Haut* 176, 177

–, radiation injury, bone, *Pathogenese, Strahlenschädigung, Knochen* 265, 266

–, – reactions, skin, *Pathogenese, Strahlenreaktionen, Haut* 176, 177, 179

–, radiagenic hepatitis, *Pathogenese, Strahlenhepatitis* 90, 91

pathological fracture, radiogenic, critical apatite value, dose, *pathologische Fraktur, radiogene, kritischer Apatitwert, Dosis* 292

pathological fractures, osteoradionecrosis, *pathologische Frakturen, Osteoradionekrose* 299

pathology, acute, chronic radiation reactions, skin, *Pathologie, akute, chronische Strahlenreaktionen, Haut* 174, 175

–, leukoencephalopathy, *Pathologie, Leukoenzephalopathie* 319

–, radiation induced lesions, bone, cartilage, *Pathologie, Strahlenreaktionen, Knochen, Knorpel* 265–316

–, radiation induced lesions, brain, spinal cord, *Pathologie, Strahlenfolgen, Gehirn, Rückenmark* 318

–, radiation induced lesions, kidney, *Pathologie, Strahlenreaktionen, Niere* 101–112

–, radiation induced lesions, liver, *Pathologie, Strahlenreaktionen, Leber* 90, 91

–, radiation induced lesions, stomach, *Pathologie, Strahlenreaktionen, Magen* 71, 72, 73

–, radiation induced lesions ureter, *Pathologie, Strahlenreaktionen, Ureter* 112–115

–, radiation induced lesions, urinary bladder, *Pathologie, Strahlenreaktionen, Harnblase* 115–120

–, radiodermatitis, *Pathologie, Radiodermatitis* 174, 175

pelvis, organs, radiosensibility, *Becken, Organe, Strahlenempfindlichkeit* 69

peripheral nerves, radiation effects, *periphere Nerven, Strahlenwirkungen* 334, 335

peritoneal carcinosis, radiotherapy, late reactions, *Peritonealkarzinose, Strahlentherapie, Spätreaktionen* 86, 87

PHA-, PWM-stimulation, lymphocytes, sensibility parameters, *PHA-, PWM-Stimulation, Lymphozyten, Sensibilitätsparameter* 215

pharmacodynamics, radiation protection compounds, *Pharmakodynamik, Strahlenschutzsubstanzen* 594

pharmacokinetics, chemical radiation protection, *Pharmakokinetik, chemischer Strahlenschutz* 583

photometry, DNA content, generative cell cycle, *Zytophotometrie, DNA-Gehalt, Zellzyklus* 15, 16

photons, isoeffect curves, acute, late radiation injuries, *Photonen, Isoeffektkurven, akute, späte Strahlenschäden* 59

–, megavoltage, skin reactions, *Photonen, Megavolt-, Hautreaktionen* 171, 172

–, radionecrosis, brain, dose time relation, *Photonen, Radionekrose, Gehirn, Dosis-Zeitbeziehung* 337, 338

–, telecobalt-, plexus brachialis lesions, *Photonen, Telekobalt-, Plexusschädigung* 339

physico-chemical reaction mechanisms, radiation protection compounds, *physiko-chemische Wirkungsmechanismen, Strahlenschutzsubstanzen* 592

physics, heavy ions, *Physik, schwere Ionen* 63

–, neutrons, *Physik, Neutronen* 60

–, pions, *Physik, Pionen* 63

–, protons, *Physik, Protonen* 62

–, radiation absorption, *Physik, Strahlenabsorption* 42–44

physiological factors, radiosensibility of tissue, *physiologische Faktoren, Strahlenempfindlichkeit von Geweben* 1

physiology, haematopoesis, *Physiologie, Hämatopoese* 235, 236

–, –, pluripotent stem cells, *Physiologie, Hämatopoese, pluripotente Stammzellen* 236, 237

pions, physics, radiobiological properties, *Pionen, Physik, strahlenbiologische Eigenschaften* 63

pituitary adenoma, radiotherapy, cerebral necrosis, *Hypophysenadenom, Strahlenbehandlung, Gehirnnekrose* 338

– gland, hormonal regulation, mechanisms, *Hypophyse, hormonale Regelmechanismen* 148

plasma cells, radiosensibility, *Plasmazellen, Strahlensensibilität* 223

plexus brachialis, radiation injury, dose, *Plexus brachialis, Strahlenschädigung, Dosis* 339

plutonium, incorporation, osteoradionecrosis, *Plutonium, Inkorporation, Osteoradionekrose* 297

–, reactor accident, radiation exposure, *Plutonium, Reaktorunfall, Strahlenbelastung* 490

pneumonitis, radiation induced, clinical features, *Pneumonitis, strahlenbedingte, Klinik* 379, 397, 398

polychemotherapy, childhood, leukaemia, growing potential, *Poly-Chemotherapy, Kindesalter, Leukämie, Wachstumspotential* 288

polynucleotide chains, single-, double chains, fractures, radiation effects, *Polynukleotidketten, Einzel-, Doppelkettenbruch, Strahlenwirkung* 2, 3, 4

population, protection, reactor accidents, *Bevölkerung, Schutz, Reaktorstörfalle* 508

–, radiation exposure, reactor accidents, *Bevölkerung, Strahlenbelastung, Reaktorunfälle* 493

potentially lethal radiation injury, mitosis, repair mechanisms, *potentiell letaler Strahlenschaden, Mitose, Reparaturvorgänge* 22, 23

^{143}Pr, ^{144}Pr, contamination, reactor accidents, ^{143}*Pr, ^{144}Pr, Kontamination, Reaktorunfälle* 498

proctitis, radiation induced late lesion, *Proctitis, Strahlenspätreaktion* 77 professional risk, radiologists, *Berufsrisiko, Radiologen* 439, 440

professionally exposed persons, dose limite values, *beruflich strahlenexponierte Personen, Dosisgrenzwerte* 447, 448

progenitor cells, bone marrow, regulation mechanisms, *Progenitorzellen, Knochenmark, Regulationsmechanismen* 236

– –, proliferation, osteogenesis, radiation effect, *Progenitorzellen, Proliferation, Osteogenese Strahlenwirkung* 290

prognosis, myelopathy, radiation induced, *Prognose, Strahlenmyelopathie* 324

–, radiation accident, leukocytes, *Prognose, Strahlenunfall, Leukozyten* 517

proliferation, bone marrow cells, kinetics, *Proliferation, Knochenmarkzellen, Kinetik* 236

–, cartilage, after radiation injury, *Proliferation, Knorpel, nach Strahlenschädigung* 268

– –, enchondral ossification, complex disturbance, *Proliferation, Knorpel, enchondrale Ossifikation, komplexe Störung* 279

–, cellular-, after irradiation of lung, *Proliferation, Zell-, nach Lungenbestrahlung* 387

–, lung, capacity, *Proliferation, Lunge, Kapazität* 379

–, osteoprogenitor cells, radiation effects, *Proliferation, Osteoprogenitor-Zellen, Strahlenwirkung* 290

–, tissue cells, regulation, *Proliferation, Gewebezellen, Regulation* 13

prostatic carcinoma, radiation exposure, urinary bladder, urethra, *Prostatakarzinom, Strahlenbelastung, Harnblase, Harnröhre* 118, 119

proton radiation, LET values, *Protonenstrahlung, LET-Werte* 45

protons, Bragg curve, relative ionisation, *Protonen, Bragg-Kurve, relative Ionisation* 44

–, Bragg-peak, energy loss, ionizing density, *Protonen, Bragg-Maximum, Energieverlust, Ionisationsdichte* 42, 43

–, depth dose curves, tumor therapy, *Protonen, Tiefendosenkurven, Tumortherapie* 64

–, physics, *Protonen, Physik* 62

–, professional radiation exposure, limiting values, *Protonen, berufliche Strahlenbelastung, Grenzwerte* 447

–, radiobiological properties, *Protonen, strahlenbiologische Eigenschaften* 63

–, range straggling, *Protonen, Reichweite-Streuung* 44

–, – within water, kinetic energy, *Protonen, Reichweite in Wasser, kinetische Energie* 42

pseudarthrosis, clavicle, osteoradionecrosis, *Pseudoarthrose, Schlüsselbein, Osteoradionekrose* 299

–, femoral neck fracture, *Pseudarthrose, Schenkelhalsfraktur, Osteoradionekrose* 293

psychomotoric defect syndrome, radiation induced, *psychomotorisches Defektsyndrom, Strahlenfolge* 318

^{239}Pu, atom bomb, fallout, ^{239}*Pu, Atombombe, Fallout* 526

–, bone, distribution, ^{239}*Pu, Knochen, Verteilung* 266

– incorporation, tumor induction, skeletton, ^{239}*Pu-Inkorporation, Tumorinduktion, Skelett* 304

pulmonary edema, pneumonitis, radiation induced doses, *Lungenödem, Strahlenpneumonitis, Strahlendosen* 385, 386

pyelogram, ureter stenosis, after surgery and radiotherapy, *Pyelogramm, Ureterstenose, nach Operation und Strahlenbehandlung* 114

quality factor, radiation dose, professional radiation exposure, *Qualitätsfaktor, Strahlendosis, berufliche Strahlenbelastung* 447

^{224}Ra, chondrocytes, phosphatase activity, histochemistry, ^{224}*Ra, Chondrozyten, Phosphatase-Aktivtät, Histochemie* 270

– incorporation, bone fibrosis, histology, ^{224}*Ra-Inkorporation, Knochenfibrose, Histologie* 276

– –, bone, peritrabecular fibrosis, ^{224}*Ra-Inkorporation, Knochen, peritrabekuläre Fibrose* 276

– –, –, radiation induced osteodystrophy, ^{224}*Ra-Inkorporation, Knochen, strahleninduzierte Osteodystrophie* 296

– –, cartilage, growing area, ^{224}*Ra-Inkorporation, Knorpel, Wachstumszone* 269, 270

– –, –, growing, cellular kinetics, ^{224}*Ra-Inkorporation, Knorpel, wachsender, Zellkinetik* 271

– –, cartilagenous plate, metaphyseal spongiosa, ^{224}*Ra-Inkorporation, Knorpelplatte, metaphysäre Spongiosa* 280

– –, radiation injury, osteoblasts, ultrastructure, ^{224}*Ra-Inkorporation, Strahlenschädigung, Osteoblasten, Ultrastruktur* 274

–, ^{226}Ra incorporation, tumor induction, doses, ^{224}*Ra-, ^{226}Ra-Inkorporation, Tumorinduktion, Dosen* 304

– therapy, exostoses, radiation induced, risk, ^{224}*Ra-Behandlung, Exostosen, strahleninduzierte, Risiko* 289

radiation absorption, physics, *Strahlenabsorption, Physik* 42–44

– accident, reactor Venus, isodoses, phantom measurements, *Strahlenunfall, Raktor Venus, Isodosen, Phantommessungen* 492

– –, see reactor accidents, *Strahlenunfall, siehe Reaktorunfälle*

– –, leukocytes, prognosis, *Strahlenunfälle, Leukozyten, Prognose* 517

– –, osteotropic radionuclides, incorporation, *Strahlenunfälle, osteotrope Radionuklide, Inkorporation* 266

– –, whole body accidents, mortality, radiation doses, *Strahlenunfälle, Ganzkörperbestrahlung, Mortalität, Strahlendosen* 244

– doses, bone marrow syndrome, acute mortality, *Strahlendosen, Knochenmarksyndrom, akute Mortalität* 242

– –, cartilage, growing stop, *Strahlendosen, Knorpel, Wachstumsstillstand* 269

– –, dose effect relations, cellular death, *Strahlendosen, Dosis-Wirkungsbeziehungen, Zelltod* 9, 10

– –, effect of fractionation, *Strahlendosen, Fraktionierungseffekt* 21

– –, femoral head, epiphysiolysis, *Strahlendosen, Femurkopf, Epiphysiolyse* 283

– –, fractionated, repair mechanisms, *Strahlendosen, fraktionierte Erholungsvorgänge* 18, 19

– –, lymphotoxic effect, whole, body irradiation, *Strahlendosen, lymphotoxischer Effekt, Ganzkörperbestrahlung* 227

– –, radiation accidents, whole body irradiation, bone marrow syndrome, *Strahlendosen, Strahlenunfälle, Ganzkörperbestrahlung, Knochenmarksyndrom* 244

– –, see dosis, *Strahlendosen, siehe Dosis*

– –, sterility, radiation induced, *Strahlendosen, Sterilität, strahleninduzierte* 145, 146

– –, stomach, radiation induced lesions, *Strahlendosen, Magen, Strahlenreaktionen* 70, 71

– –, subletal, biochemical cellular lesions, *Strahlendosen, subletale, biochemische Zellveränderungen* 8

– –, tolerance doses, different organs, complications, *Strahlendosen, Toleranzdosen, verschiedene Organe, Komplikationen* 25

– –, units, SI system, *Strahlendosen, Einheiten, SI-System* 65

– –, urinary bladder, complications, *Strahlendosen, Harnblasenkomplikationen* 117

– effect, cartilage bone continuity injury, *Strahlenwirkungen, Knorpel-Knochen-Kontinuität, Störung* 281

– – compounds, therapeutic index, *Strahlenschutzstoffe, therapeutischer Index* 562

– effectiveness, relative, oxygen content, radiation protection compounds, *Strahlenwirksamkeit, relative, Sauerstoffgehalt, Strahlenschutzsubstanzen* 595

– effects, abdominal organs, *Strahlenwirkungen, Abdominalorgane* 69–99

– –, aging, radiation induced, *Strahlenwirkungen, Alterung, strahleninduzierte* 34, 35

– –, alveolar epithelium, kinetics, *Strahlenwirkungen, Alveolarepithel, Kinetik* 387

– –, antibody production, dose, *Strahlenwirkungen, Antikörperbildung, Dosis* 225

– –, atom bomb, *Strahlenwirkungen, Atombombe* 532, 533

– –, atom bomb catastrophe, bone growing disorders, *Strahlenwirkungen, Atombombenkatastrophe, Knochenwachstumsstörungen* 288

– –, biochemical changes, *Strahlenwirkungen, biochemische Veränderungen* 3–7, 147

– –, biological, development, schema, *Strahlenwirkungen, biologische, Entwicklung, Schema* 2

– –, blood, *Strahlenwirkungen, Blut* 564, 565

– –, bone, *Strahlenwirkungen, Knochen* 273, 274

– –, –, deformities, *Strahlenwirkungen, Knochen, Deformitäten* 289

– –, –, DNS synthesizing cells, *Strahlenwirkungen, Knochen, DNS-synthetisierende Zellen* 275

– –, –, mineralisation, *Strahlenwirkungen, Knochen, Mineralisierung* 278

– –, –, ossification, injuries, *Strahlenwirkungen, Knochen, Ossifikationsstörungen* 279–289

– –, – remordelling, *Strahlenwirkungen, Knochenumbau* 290, 291

– –, – remordelling processes, *Strahlenwirkungen, Knochen, Umbauvorgänge* 291, 292

– –, – stunting, factors, *Strahlenwirkungen, Knochen, Wachstumshemmung, Faktoren* 288

– –, –, ultrastructure, *Strahlenwirkungen, Knochen, Ultrastruktur* 273, 274

– –, brain, spinal cord, nervous tissue, *Strahlenwirkungen, Gehirn, Rückenmark, Nervengewebe* 317–348

– –, cartilage transit time, epiphysis, *Strahlenwirkungen, Knorpeltransitzeit, Epiphyse* 280

– –, cell death, lung, *Strahlenwirkungen, Zelltod, Lunge* 387

– –, cell death, mechanisms, *Strahlenwirkungen, Zelltod, Mechanismen* 7–13, 29, 30

– –, chondrocytes, histology, kinetics, radiation doses, *Strahlenwirkungen, Knorpelzellen, Histologie, Kinetik, Strahlendosen* 266–271

– –, development disorders, *Strahlenwirkungen, Entwicklungsstörungen* 575, 576

– –, digestive tract, *Strahlenwirkungen, Magen-Darmkanal* 75–84

– –, digestive tract, chemical radiation protection, *Strahlenwirkungen, Verdauungstrakt, chemischer Strahlenschutz* 569, 570

– –, direct, indirect, definition, *Strahlenwirkungen, direkte, indirekte, Definition* 1

– –, directly, indirectly ionizing radiation, *Strahlenwirkungen, direkt, indirekt ionisierender Strahlen* 42

– –, DNA synthesis, *Strahlenwirkungen, DNA-Synthese* 5

– –, DNS synthesis, stimulation, *Strahlenwirkungen, DNS-Synthese, Stimulation* 219

– –, dual, theory, *Strahlenwirkungen, duale, Theorie* 12

– –, enchondral ossification, complex disturbances, *Strahlenwirkungen, enchondrale Ossifikation, komplexe Störungen* 279

– –, endocrinological changes, *Strahlenwirkungen, endokrinologische Veränderungen* 148, 149, 152

– –, enzymes, loss of activity, *Strahlenwirkungen, Enzyme, Aktivitätsminderung* 147

– –, epiphysiolysis, dose, histology, *Strahlenwirkungen, Epiphysenlösung, Dosis, Histologie* 282, 283

– –, exostoses, radiation induced, *Strahlenwirkungen, Exostosen, strahleninduzierte* 289

– –, fertility, *Strahlenwirkungen, Fertilität* 132, 145, 146

– –, generative organs, *Strahlenwirkungen, Generationsorgane* 123–170

– –, genetics, *Strahlenwirkungen, Genetik* 574

– –, gonades, *Strahlenwirkungen, Gonaden* 572, 573

– –, –, development, *Strahlenwirkungen, Gonaden, Entwicklung* 135–147

– –, –, functional, lesions, *Strahlenwirkungen, Gonaden, funktionelle Veränderungen* 145, 146, 152

– –, –, morphologic lesions, *Strahlenwirkungen, Gonaden, morphologische Veränderungen* 141, 142, 152

– –, haematopoetic system, *Strahlenwirkungen, hämatopoetisches System* 564, 565

– –, hypertension, renal, *Strahlenwirkungen, Hypertonie, renale* 105

– –, IgE-, IgG-, IgM systems, anbibody production, *Strahlenwirkungen, Ige-, IgG-, IgM-Systeme, Antikörperbildung* 225

– –, inactivation, mammalian cells, LET dependency, dose effect curves, *Strahlenwirkungen, Inaktivierung, Säugerzellen, LET-Abhängigkeit, Dosiswirkungskurven* 50, 51

– –, indirect, LET, G value, *Strahlenwirkungen, indirekte, LET, G-Wert* 47

– –, interphase dath, *Strahlenwirkungen, Interphasentod* 7, 8

– –, in utero, atom bomb catastrophe, *Strahlenwirkungen, in utero, Atombombenkatastrophe* 288

– –, irradiation "in utero", bone growing disturbances, *Strahlenwirkungen, Bestrahlung in utero, Knochenwachstumsstörungen* 288

– –, kindney, *Strahlenwirkungen, Niere* 101–112

– –, LET dependence, DNA injury, *Strahlenwirkungen, LET-Abhängigkeit, DNA-Schädigung* 53

– –, letal mutations, *Strahlenwirkungen, Letalmutationen* 442

– –, linear energy transfer (LET), *Strahlenwirkungen, linearer Energietransfer (LET)* 47–49

– –, liver, *Strahlenwirkungen, Leber* 86–95, 571, 572

– –, long bones, growing disturbances, "minimal stunting dose", *Strahlenwirkungen, Röhrenknochen, Wachstumsstörungen, „minimal stunting dose"* 288 radiation effects, lung fibrosis, ^{14}C-proline incorporation, *Strahlenwirkungen, Lungenfibrose, ^{14}C-Prolin-Inkorporation* 388, 390

— —, lymphatic system, clinical features, *Strahlenwirkungen, lymphatisches System, Klinik* 225

— —, lymphatic system, experimental studies, *Strahlenwirkungen, lymphatisches System, experimentelle Untersuchungen* 206–225, 566

— —, lymphocytes, DNS synthesis, stimulation, *Strahlenwirkungen, Lymphozyten, DNS-Synthese, Stimulation* 219

— —, male, female gonades, *Strahlenwirkungen, männliche, weibliche Gonaden* 128, 129

— —, mitosis, retardation, G_2 blocking, *Strahlenwirkungen, Mitoseverzögerung, G_2-Block* 16

— —, mutations, *Strahlenwirkungen, Mutationen* 440

— —, osteogenic tissue, *Strahlenwirkungen, osteogenes Gewebe* 273, 275

— —, osteoporosis, radiation induced, pathogenesis, *Strahlenwirkungen, Osteoporose, strahleninduzierte, Pathologenese* 292

— —, osteoprogenitor cells, bone transplantation, *Strahlenwirkungen, Osteoprogenitor-Zellen, Knochentransplantation* 290

— —, ovarial tumors, induction, *Strahlenwirkungen, Ovarialtumoren, Induktion* 134

— —, ovarium, *Strahlenwirkungen, Ovar* 135–141, 573, 574

— —, oxygen effect, LET values, different, *Strahlenwirkungen, Sauerstoff-Effekt, LET-Werte, unterschiedliche* 54, 55

— —, ^{32}P incorporation, bone, *Strahlenwirkungen, ^{32}P-Inkorporation, Knochen* 275

— —, pancreas, *Strahlenwirkungen, Bauchspeicheldrüse* 95, 96

— —, partial body irradiation, *Strahlenwirkungen, Teilkörperbestrahlung* 32–35

— —, particle radiation, *Strahlenwirkungen, Teilchenstrahlung* 41–68

— —, peripheral nerves, *Strahlenwirkungen, periphere Nerven* 334, 335

— —, polynucleotide chains, fractures, *Strahlenwirkungen, Polynukleotid-Kettenbrüche* 3, 4

— —, proliferation rate, cell population, *Strahlenwirkungen, Proliferationsrate, Zellpopulation* 7

— —, ^{224}Ra, bone, peritrabecular fibrosis, *Strahlenwirkungen, ^{224}Ra, Knochen, peritrabekuläre Fibrose* 276

— —, repair mechanisms, *Strahlenwirkungen, Erholungsvorgänge* 18–27

— —, skin, *Strahlenwirkungen, Haut* 171–204

— —, somatic effects, *Strahlenwirkungen, somatische Wirkungen* 448

— —, spermatogonia, *Strahlenwirkungen, Spermatogonien* 133, 134

— —, spermatozoa, concentration, time factor, *Strahlenwirkungen, Spermatozoenkonzentration, Zeitfaktor* 144

— —, spleen, *Strahlenwirkungen, Milz* 206, 207

— —, spongiosa, primary, atrophy, *Strahlenwirkungen, Spongiosa, primäre, Atrophie* 281

— —, stem cells, bone marrow, *Strahlenwirkungen, Stammzellen, Knochenmark* 237–240

— —, sterility, *Strahlenwirkungen, Sterilität* 145, 146

— —, stomach, *Strahlenwirkungen, Magen* 69–74

— —, ^{227}Th incorporation, bone, *Strahlenwirkungen, ^{227}Th-Inkorporation, Knochen* 275

— —, thymus, *Strahlenwirkungen, Thymus* 206, 207

— —, thyroid gland, *Strahlenwirkungen, Schilddrüse* 572

— —, testicle function, *Strahlenwirkungen, Hodenfunktion* 143, 144, 146, 150, 151

— —, testis, *Strahlenwirkungen, Hoden* 572, 573

— —, total risk, calculation, *Strahlenwirkungen, Gesamtrisikoberechnung* 449

— —, tumor cells, reproductive death, *Strahlenwirkungen, Tumorzellen, reproduktiver Zelltod* 5, 8, 9

— —, urinary tract, *Strahlenwirkungen, Harntrakt* 101–122

— —, whole body irradiation, *Strahlenwirkungen, Ganzkörperbestrahlung* 32–35

— —, whole body irradiation, mammalians, radiation syndromes, *Strahlenwirkungen, Ganzkörperbestrahlung, Säugetiere, Strahlensyndrome* 562, 563

— energy, transfer, physics, *Strahlenenergie, Übertragung, Physik* 42–47

— exposition, prenatal, sterility, *Strahlenexposition, pränatale, Sterilität* 146

— exposure, annual limiting values, calculation, *Strahlenbelastung, Jahresgrenzwerte, Berechnung* 450

— —, artificial, definition, *Strahlenbelastung, künstliche, Definition* 403

— —, bone, extern, intern irradiation, *Strahlenbelastung, Knochen, äußere, innere Bestrahlung* 266

— —, cosmic radiation, *Strahlenbelastung, kosmische Strahlung* 414

— —, energy production, *Strahlenbelastung, Energieerzeugung* 430

— —, industrial products, radionuclides, *Strahlenbelastung, Industrieprodukte, Radionuklide* 432

— —, inhalation, radon, thoron, *Strahlenbelastung, Inhalation, Radon, Thoron* 420

— —, natural, inner radiation exposure, *Strahlenbelastung, natürliche, Strahlenexposition von innen* 407

— —, —, outer radiation exposure, *Strahlenbelastung, natürliche, Strahlenexposition von außen* 404

— —, natural, radionuclides, origin, sedimentation, decay, *Strahlenbelastung, natürliche, Radionuklide, Ursprung, Ausbreitung, Zerfall* 433

— —, —, technologically modified, *Strahlenbelastung, natürliche, durch den Menschen veränderte* 414

— —, —, unmodified, modified, "man made-", definition, *Strahlenbelastung, natürliche, zivilisatorische, Definition* 403

— —, population, natural radiation sources, *Strahlenbelastung, Bevölkerung, natürliche Strahlenquellen* 416, 418

— —, professional, dose limits, *Strahlenexposition, berufliche, Dosisbegrenzung* 444, 445

— —, reactor accidents, *Strahlenbelastung, Reaktorunfälle* 490

— induced accidents, reactor accidents, *Strahlenunfälle, Reaktorunfälle* 489–522

— —, death radiation syndromes, mammalians, whole body irradiation, *Strahlentod, Strahlensyndrome, Säugetiere, Ganzkörperbestrahlung* 562

— — gastric ulcer, symptomatology, *Strahlenulkus, Magen, Symptomatologie* 70

— — letality, long time-, chemical protection, *Strahlenletalität, Langzeit-, chemischer Schutz* 578

— — pneumonitis, experimental findings, *Strahlenpneumonitis, experimentelle Befunde* 381–385

— injury, atom explosions, *Strahlenschädigung, Atomexplosionen* 523, 524, 532, 533

— —, bone, growth arrest lines, *Strahlenschädigung, Knochen, Verdichtungslinien* 284

— —, —, pathogenesis, *Strahlenschädigung, Knochen, Pathogenese* 265

– –, – tumors, radiation induced, *Strahlenschädigung, Knochentumoren, strahleninduzierte* 303, 304

– –, –, ultrastructure, *Strahlenschädigung, Knochen, Ultrastruktur* 274, 275

– –, brain, spinal cord, neuropathological classification, *Strahlenschädigung, Gehirn, Rückenmark, neuropathologische Einteilung* 318

– –, cartilage, histology, histochemistry, *Strahlenschädigung, Knorpel, Histologie, Histochemie* 267, 269, 270

– –, –, vascular architectures, *Strahlenschädigung, Knorpel, Gefäßarchitektur* 271

– –, cataracta, chemical protection, *Strahlenschädigung, Katarakt, chemischer Schutz* 578

– –, chiasma opticum, *Strahlenschädigung, Chiasma opticum* 324

– –, chondritis dissecans, larynx, *Strahlenschädigung, Chondritis dissecans, Larynx* 303

– –, combined injuries, *Strahlenschädigung, Kombinationsschäden* 579, 580

– –, disorders of development, *Strahlenschädigung, Entwicklungsstörungen* 575, 576

– –, DNA synthesis, *Strahlenschädigung, DNA-Synthese* 2, 3, 5, 6

– –, hypothalamus, *Strahlenschädigung, Hypothalamus* 324

– –, kidney, *Strahlenschädigung, Niere* 101–112

– –, –, chemical protection, *Strahlenschädigung, Niere, chemischer Schutz* 579

– –, leukoencephalopathy, clinical features, *Strahlenschädigung, Leukoenzephalopathie, Klinik* 318, 319

– –, liver, gamma-, neutron radiation, dose dependency, *Strahlenschädigung, Leber, Gamma-, Neutronen-Strahlung, Dosisabhängigkeit* 93

– –, luminous dial painters, *Strahlenschädigung, Leuchtziffermaler* 444

– –, messenger RNA, *Strahlenschädigung, Messenger-RNA* 4

– –, mitosis, repair mechanisms, *Strahlenschädigung, Mitose, Reparaturvorgänge* 22, 23

– –, myelopathy, brain, spinal cord, *Strahlenschädigung, Myelopathie, Gehirn, Rückenmark* 322, 323

– –, ossification, *Strahlenschädigung, Ossifikation* 279–289

– –, osteodystrophy, ^{224}R incorporation, *Strahlenschädigung, Osteodystrophie, ^{224}R-Inkorporation* 296

– –, osteonecrosis, causes, doses, *Strahlenschädigung, Osteonekrose, Ursachen, Dosen* 289, 290

– –, –, fracture healing, *Strahlenschädigung, Osteonekrose, Frakturheilung* 289

– –, osteoradionecrosis, femoral neck, *Strahlenschädigung, Osteoradionekrose, Schenkelhals* 291, 292, 293

– –, pathological fractures, *Strahlenschädigung, pathologische Frakturen* 291, 292

– –, plexus brachialis, lumbosacralis, *Strahlenschädigung, Plexus brachialis, lumbosacralis* 334, 335

– –, pneumonitis, *Strahlenschädigung, Pneumonitis* 379–402

– –, population, reactor accidents, *Strahlenschädigung, Bevölkerung, Reaktorunfälle* 493

– –, professional, *Strahlenschädigung, berufliche* 439, 440

– –, radium induced lesions, physicians, nurses, history, *Strahlenschädigung, Radiumschädigung, Ärzte, Schwestern, Geschichtliches* 442

– –, reactor accidents, *Strahlenschädigung, Reaktorunfälle* 489, 490

– –, repair, fractionated doses, *Strahlenschädigung, Reparatur, Dosisfraktionierung* 57, 58

– –, – mechanisms, *Strahlenschädigung, Erholungsvorgänge* 18, 19

– –, RNA synthesis, *Strahlenschädigung, RNA-Synthese* 3, 5

– –, skin, atom bomb, *Strahlenschädigung, Haut, Atombombe* 526

– –, small-, large intestine, diagnosis, therapy, *Strahlenschädigung, Dünn-, Dickdarm, Diagnose, Therapie* 75, 76, 569, 570

– –, spinal cord, early-, late phase, *Strahlenschädigung, Rückenmark, Früh-, Spätphase* 325, 326

– –, spontaneous fractures, *Strahlenschädigung, Spontanfrakturen* 289, 290

– –, ^{90}Sr incorporation, osteoradionecrosis, *Strahlenschädigung, ^{90}Sr-Inkorporation, Osteoradionekrose* 297

– –, testicle function, *Strahlenschädigung, Hodenfunktion* 150, 151

– –, ^{227}Th incorporation, osteoradionecrosis, vertebral body, *Strahlenschädigung, ^{227}Th-Inkorporation, Osteoradionekrose, Wirbelkörper* 300

– –, tumor induction, *Strahlenschädigung, Tumorinduktoren* 577

– protection, basic rules, *Strahlenschutz, Grundregeln* 403

– –, BEIR, recommendations, *Strahlenschutz, BEIR, Empfehlungen* 445

– –, chemical, *Strahlenschutz, chemischer* 557–611

– –, clinical application, *Strahlenschutz, klinische Anwendung* 588, 589

– –, dose effect relations, combined injuries, *Strahlenschutz, Dosiswirkungsbeziehungen, Kombinationsschäden* 582

– –, –, reduction factor, definition, *Strahlenschutz, Dosisreduktionsfaktor, Definition* 558, 584

– –, genetic radiation effects, *Strahlenschutz, genetische Strahlenwirkung* 442

– –, history, laws and recommandations, *Strahlenschutz, Geschichte, Gesetze und Verordnungen* 439, 440

– –, ICRP recommendations, *Strahlenschutz, ICRP-Empfehlungen* 442, 444, 445

– –, laws, orders, *Strahlenschutz, Gesetze, Verordnungen* 444, 445

– –, professional risk, radionuclides, *Strahlenschutz, Berufsrisiko, Radionuklide* 439, 440

– –, RBE, quality factor, *Strahlenschutz, RBW, Qualitätsfaktor* 64, 65

– –, tumor induction, *Strahlenschutz, Tumorinduktion* 577

– –, UNSCEAR, recommendations, *Strahlenschutz, UNSCEAR, Empfehlungen* 445

– – compounds, biochemical reaction mechanisms, *Strahlenschutzstoff, biochemische Wirkungsmechanismen* 597, 598

– – –, dose reduction factors, *Strahlenschutzstoff, Dosisreduktionsfaktoren* 558, 584

– – –, LD$_{50}$, *Strahlenschutzstoffe, LD$_{50}$* 561

– – –, malignant tissue, resistance enhancement, *Strahlenschutzstoffe, malignes Gewebe, Resistenzsteigerung* 587

– – –, pharmacodynamics, *Strahlenschutzstoffe, Pharmakodynamik* 594

– – –, radiation syndromes, effects, *Strahlenschutzstoffe, Strahlensyndrome, Wirkung* 562, 563

– – –, reaction mechanism, *Strahlenschutzstoffe, Wirkungsmechanismus* 591, 592

radiation protection compounds, receptor blocking compounds, reaction mechanism, *Strahlenschutzstoffe, Rezeptorblocker, Wirkungsmechanismus* 598, 599
– – –, tumor, local irradiation, *Strahlenschutzstoffe, Tumor, Lokalbestrahlung* 586
– – –, tumor therapy, experimental work, *Strahlenschutzstoffe, Tumortherapie, experimentelle Untersuchungen* 581, 582
– –, mercaptoethylamin (cysteamin), *Strahlenschutzwirkung, Mercaptoethylamin (Cysteamin)* 557
– quality, radiation reaction of skin, *Strahlenqualität, Strahlenreaktion der Haut* 195
– –, relative biological effectiveness, *Strahlenqualität, relative biologische Wirkung* 12
– reactions, atom bomb, *Strahlenreaktionen, Atombombe* 533
– –, see radiation effects, *Strahlenreaktionen, siehe Strahlenwirkungen*
– risk, environmental factors, natural radiation exposure, *Strahlengefährdung, Umwelteinflüsse, natürliche Strahlenexposition* 403
– –, environmental factors, unmodified exposure to natural radiation, *Strahlengefährdung, Umwelteinflüsse, unveränderte natürliche Strahlenexposition* 404
– –, pulmonary dose, mean, risk of lung cancer, population, *Strahlengefährdung, Lungendosis, mittlere, Lungenkrebsrisiko, Bevölkerung* 427
– sensibility, anoxaemic cells, oxygen effect, *Strahlenempfindlichkeit, anoxämische Zellen, Sauerstoffeffekt* 27, 28
– –, bone marrow, *Strahlenempfindlichkeit, Knochenmark* 440
– –, bone marrow, changes after irradiation, *Strahlenempfindlichkeit, Knochenmark, Veränderungen nach Bestrahlung* 249
– –, cell proliferation, *Strahlenempfindlichkeit, Zellproliferation* 13, 14
– –, central nervous system, *Strahlenempfindlichkeit, Zentralnervensystem* 330, 331
– –, enzymatic proteins, *Strahlenempfindlichkeit, Enzymproteine* 4
– –, G_1, G_2, M phases, cell cycle, *Strahlenempfindlichkeit, G_1-, G_2-, M-Phase, Zellzyklus* 16, 17
– –, glutathion biosynthesis, genetic defect, *Strahlenempfindlichkeit, Glutathion-Biosynthese, genetischer Defekt* 593
– –, haematopoetic tissue, mammalians, *Strahlenempfindlichkeit, hämatopeotisches Gewebe, Säugetiere* 242
– –, linear energy transfer (LET), mammalian cells, *Strahlenempfindlichkeit, linearer Energietransfer (LET), Säugetierzellen* 594
– –, – parenchyma, *Strahlenempfindlichkeit, Lebergewebe* 86
– –, lymphocytes, *Strahlenempfindlichkeit, Lymphozyten* 1, 221, 222
– –, mitoses, frequency, generative cycle, *Strahlenempfindlichkeit, Mitosen, Häufigkeit, Generationszyklus* 14, 15, 220, 221
– –, skin transplantation, *Strahlenempfindlichkeit, Hauttransplantation* 197, 198
– sickness, chemical radiation protection, *Strahlenkrankheit, chemischer Strahlenschutz* 589, 590
– tolerance, ureter, *Strahlentoleranz, Ureter* 115
– – doses, renal, *Strahlentoleranzdosen, Niere* 107
radicals capturing compounds, sulfhydryl groups, radiation sensitivity, „*Radikalfänger", Sulfhydrylgruppen, Strahlenempfindlichkeit* 5

radioactivity, reactor accidents, *Radioaktivität, Reaktorunfälle* 489, 490, 510
radiobiology, cellular, whole-partial body irradiation, *Strahlenbiologie, zelluläre, Ganz-, Teilkörperbestrahlung* 1–39
–, dose effect relations, mammalian cells, *Strahlenbiologie, Dosiswirkungsbeziehungen, Säugetierzellen* 10, 11, 12
–, generative cell cycle, radiation sensibility, *Strahlenbiologie, Zellzyklus, Strahlenempfindlichkeit* 10–18
–, neutrons, *Strahlenbiologie, Neutronen* 61, 61
–, particle radiation, *Strahlenbiologie, Teilchenstrahlung* 41–68
– –, "plating efficiency", cell suspension, survival fraction, *Strahlenbiologie, „Plating Efficiency", Zellsuspension, Überlebensfraktion* 10
–, protons, *Strahlenbiologie, Protonen* 62, 63
radiochemical reactions, G value, *strahlenchemische Reaktionen, G-Wert* 47
radiochemistry, bone, mineralisation, radiation effect, *Radiochemie, Knochen, Mineralisierung, Strahlenwirkung* 278
radiodermatitis, clinical features, dose dependence, *Radiodermatitis, Klinik, Dosisabhängigkeit* 171, 172
–, experimental studies, *Radiodermatitis, experimentelle Untersuchungen* 185–190
–, score system, quantification, *Radiodermatitis, Score-System, Quantifizierung* 183
radioisotopes, fallout, atom bomb, *Radioisotope, Fallout, Atombombe* 526
–, osteosarcoma, radiation induced, *Radioisotope, Osteosarkom, strahleninduziertes* 303
radionecrosis, dose time relation, *Radionekrose, Dosis-Zeitbeziehung* 332, 335, 337, 338
–, spinal cord, brain, *Radionekrose, Rückenmark, Gehirn* 317, 333, 334
–, – –, early-, late phase, *Radionekrose, Rückenmark, Früh-, Spätphase* 325, 326
radionephritis, acute, history, *Radionephritis, akute, Geschichtliches* 101
–, histology, pathogenesis, dose, clinical features, *Radionephritis, Histologie, Pathogenese, Dosis, Klinik* 105, 106, 108
–, renal scan, radioisotope nephrography, *Radionephritis, Nierenszintigraphie, Radioisotopen-Nephrographie* 108, 109
radionuclides, body doses, annual limiting values, *Radionuklide, Körperdosen, Jahresgrenzwerte* 451
–, – passage, schema, *Radionuklide, Körperpassage, Schema* 453
–, contamination, reactor accidents, *Radionuklide, Kontamination, Reaktorstörfälle* 498
–, industrial products, radiation exposure, *Radionuklide, Industrieprodukte, Strahlenexposition* 432
–, natural, origin, sedimentation, decay, *Radionuklide, natürliche, Ursprung, Ausbreitung, Zerfall* 433
–, osteotrope, incorporation, energy absorption, *Radionuklide, osteotrope, Inkorporation, Energieabsorption* 266
radiosensibility, abdominal organs, *Strahlenempfindlichkeit, Abdominalorgane* 69, 70
–, antibody production, *Strahlenempfindlichkeit, Antikörperbildung* 223
–, B immunocytes, *Strahlenempfindlichkeit, B-Immunozyten* 223
–, brain, *Strahlenempfindlichkeit, Gehirn* 317
–, cell cycle, definition, *Strahlenempfindlichkeit, Zellzyklus, Definition* 1

−, cell cyclus, particle radiation, *Strahlenempfindlichkeit, Zellzyklus, Partikelstrahlung* 56
−, colon, *Strahlenempfindlichkeit, Kolon* 78
−, digestive tract, *Strahlenempfindlichkeit, Magen-Darmtrakt* 78
−, effector T cells, *Strahlenempfindlichkeit, Effektor-T-Zellen* 221
−, enzymes, LET-funktion, *Strahlenempfindlichkeit, Enzyme, LET-Funktion* 48
−, G₀ lymphocytes, *Strahlenempfindlichkeit, G₀-Lymphozyte* 208–211, 227
−, gonades, *Strahlenempfindlichkeit, Gonaden* 125
−, IgE-, IgM synthesis, *Strahlenempfindlichkeit, IgE-, IgM-Synthese* 223, 224
−, kidney, *Strahlenempfindlichkeit, Niere* 101, 102
−, leukaemic lymphocytes, *Strahlenempfindlichkeit, leukämische Lymphozyten* 210
−, lung, *Strahlenempfindlichkeit, Lunge* 379
−, lymphatic system, clinical features, *Strahlenempfindlichkeit, lymphatisches System, Klinik* 225–227
−, lymphocytes, stimulation, *Strahlenempfindlichkeit, Lymphozyten, Stimulation* 211, 212, 214
−, macrophages, function, *Strahlenempfindlichkeit, Makrophagen-Funktion* 223
−, oocytes, *Strahlenempfindlichkeit, Oozyten* 135
−, organs, tissues, *Strahlenempfindlichkeit, Organe, Gewebe* 69–96
−, oxygen effect, *Strahlenempfindlichkeit, Sauerstoffeffekt* 27, 28
−, plasma cells, *Strahlenempfindlichkeit, Plasmazellen* 223
−, rectum, *Strahlenempfindlichkeit, Rektum* 78
−, small intestine, *Strahlenempfindlichkeit, Dünndarm* 78
−, spinal cord, *Strahlenempfindlichkeit, Rückenmark* 317
−, stomach, *Strahlenempfindlichkeit, Magen* 69, 70
−, sulfhydryl groups, intracellular content, *Strahlenempfindlichkeit, Sulfhydrylgruppen, intrazellulärer Gehalt* 5
−, suppressor T cells, *Strahlenempfindlichkeit, Suppressor-T-Zellen* 221
radiotherapy, abdominal tumors, side effects, *Strahlentherapie, Abdominaltumoren, Nebenreaktionen* 75, 76, 101–122
−, acute, chronic radiation reactions, clinical features, *Strahlentherapie, akute, chronische Strahlenreaktionen, Klinik* 171, 172
−, Bechterew's disease, tumor induction, *Strahlentherapie, Morbus Bechterew, Tumorindukion* 303
−, bone tumors, radiation induced, *Strahlentherapie, Knochentumoren, strahleninduzierte* 303, 304
−, brain tumors, radionecrosis, dose, latent periode, *Strahlentherapie, Hirntumoren, Radionekrose, Dosis, Latenzzeit* 321, 322
−, cell death, mechanisms, *Strahlentherapie, Zelltod, Mechanismen* 27, 29, 30
−, childhood, epiphysiolysis, radiation doses, *Strahlentherapie, Kindesalter, Epiphysiolyse, Strahlendosen* 284
−, complications, bone growing disorders, *Strahlentherapie, Komplikationen, Knochenwachstumsstörungen* 285, 287
−, −, sarcoma after, *Strahlentherapie, Komplikationen, Knochensarkom nach-* 305
−, −, cerebral necrosis, *Strahlentherapie, Komplikationen, Gehirnnekrose* 319, 320, 338
−, −, fermoral neck fractures, *Strahlentherapie, Komplikationen, Schenkelhalsfraktur* 291, 292
−, −, myelopathy, *Strahlentherapie, Komplikationen, Myelopathie* 321, 322

−, −, osteoradionecrosis, *Strahlentherapie, Komplikationen, Osteoradionekrose* 291–302
−, −, radiation induced pneumonitis, *Strahlentherapie, Komplikationen, Strahlenpneumonitis* 379
−, −, radiohepatitis, *Strahlentherapie, Komplikationen, Strahlenhepatitis* 86
−, −, Radionephritis, *Strahlentherapie, Komplikationen, Strahlennephritis* 101–112
−, −, small intestine, colon, *Strahlentherapie, Komplikationen, Dünndarm, Kolon* 78, 79
−, −, stomach, *Strahlentherapie, Komplikationen, Magen* 69, 70
−, −, tolerance doses, *Strahlentherapie, Komplikationen, Toleranzdosen* 25
−, −, ureter, *Strahlentherapie, Komplikationen, Ureter* 112–115
−, −, urinary bladder, *Strahlentherapie, Komplikationen, Harnblase* 115–120
−, curative, immune suppression, *Strahlentherapie, kurative, Immunsuppression* 226
−, cystamin, cysteamin, clinical application, *Strahlentherapie, Cystamin, Cysteamin, klinische Anwendung* 589
−, digestive tract, stenoses, dose effect curves, *Strahlentherapie, Magen-Darmkanal, Stenosen, Dosiswirkungskurven* 82
−, gastrectomy, pre-, intra-postoperative, *Strahlentherapie, Gastrektomie, prä-, intra-, postoperative* 69
−, gastric carcinoma, *Strahlentherapie, Magenkarzinom* 69
−, gynaecological, pathological femoral neck fracture, *Strahlentherapie, gynäkologische, pathologische Schenkelhalsfraktur* 291, 292
−, haemangioma, bone growing disorders, tolerance doses, *Strahlentherapie, Hämangiom, Knochenwachstumsstörungen, Toleranzdosen* 287
−, leucocytes, DNS synthesis, *Strahlentherapie, Leukozyten, DNS-Synthese* 219
−, lymphatic system, radiosensibility, *Strahlentherapie, lymphatisches System, Strahlenempfindlichkeit* 225
−, osteoradionecrosis, clavicle, pseudarthrosis, *Strahlentherapie, Osteoradionekrose, Schlüsselbein, Pseudarthrose* 299
−, −, hip joint, *Strahlentherapie, Osteoradionekrose, Hüftgelenk* 298
−, paraaortal lymph nodes, testicular tumors, *Strahlentherapie, paraaortale Lymphknoten, Hodentumoren* 69
−, pituitary adenoma, cerebral necrosis, *Strahlentherapie, Hypophysenadenom, Gehirnnekrose* 338
−, protons, pions, *Strahlentherapie, Protonen, Pionen* 64
−, regional, leukopenia, *Strahlentherapie, regionale, Leukopenie* 226
−, reticulo-endothelial system, function, *Strahlentherapie, retikulo-endotheliales System, Funktion* 90
−, risk: Radionephritis, *Strahlentherapie, Risiko: Radionephritis* 101–112
−, skin reactions, *Strahlentherapie, Hautreaktionen* 171–204
−, spine, deformities, radiation induced, *Strahlentherapie, Wirbelsäule, Deformitäten, strahleninduzierte* 289
−, total nodal irradiation, Hodgkin's disease, *Strahlentherapie, Total-Nodal-Bestrahlung, Morbus Hodgkin* 226
−, tumor cells, oxygen effect, *Strahlentherapie, Tumorzellen, Sauerstoffeffekt* 27–29, 55
−, ureter, early, late reactions, *Strahlentherapie, Ureter, Früh-, Spätreaktionen* 113, 114
radium, poisoning, accidents, *Radium, Vergiftung, Unfälle* 266

radium induced lesions, physicians, history, *Radiumschäden, Ärzte, Geschichtliches* 442
radon, inhalation, Schneeberg disease, lung cancer,
Radon, Inhalation, Schneeberger Lungenkrebs 441,
442
range straggling, heavy particle radiation, *Reichweite-
Streuung, schwere Teilchen-Strahlung* 44
Rasmussen study, reactor security, *Rasmussenstudie, Reaktorsicherheit* 499, 500
reaction kinetics, radiation protection compounds, *Reaktionskinetik, Strahlenschutzsubstanzen* 592
reactor accidents, catastrophe protection, *Reaktorunfälle,
Katastrophenschutz* 504, 505
– –, decontamination, *Reaktorunfälle, Dekontaminierung* 510, 511
– –, fission products, radioisotopes, *Reaktorunfälle,
Spaltprodukte, Radioisotope* 498, 499
– –, isodoses, phantom measurements, *Reaktorunfälle,
Isodosen, Phantommessungen* 492
– –, medical care, *Reaktorunfälle, ärztliche Maßnahmen*
517–521
– –, preventive measures, *Reaktorunfälle, Sicherheitsmaßnahmen* 496, 499
– –, protection of population, *Reaktorunfälle, Bevölkerungsschutz* 508
– –, risk studies, *Reaktorunfälle, Risikostudien* 499,
500
– –, thyroid gland, iodine prophylaxis, *Reaktorunfälle,
Schilddrüse, Jodprophylaxe* 512
– security, Rasmussen study, *Reaktorsicherheit, Rasmussenstudie* 499, 500
– types, schema, *Reaktortypen, Schema* 495
receptor blocking compounds, radiation protective compounds, reaction mechanisms, *Rezeptorblocker, Strahlenschutzstoffe, Wirkungsmechanismus* 598, 599
rectum, radiation induced lesions, latent period, *Rektum,
Strahlenreaktionen, Latenzzeit* 77
– carcinoma, DNA histogram, *Rektumkarzinom, DNA-
Histogramm* 16
relative biological effectiveness (RBE), bone growing disorders, 14,4 MeV electrons, *relative biologische Wirksamkeit (RBW), Knochenwachstumsstörungen,
14,4 MeV-Elektronen* 287
– – –, bone marrow, $LD_{50/30}$ values, ^{137}Cs-, ^{60}Co-,
15 MeV photons, *relative biologische Wirksamkeit
(RBW), Knochenmark, $LD_{50/30}$-Werte, ^{137}Cs-, ^{60}Co-,
15 MeV-Photonen* 243
– – –, bone marrow, stem cells, irradiation with fast
neutrons, *relative biologische Wirksamkeit (RBW),
Knochenmark, Stammzellen, Neutronenbestrahlung*
240, 245
– – –, definition, calculation, *relative biologische Wirksamkeit (RBW), Definition, Berechnung* 49
– – –, electrons, bone growing, *relative biologische
Wirksamkeit (RBW), Elektronen, Knochenwachstum*
287
– – –, fast neutrons, radiation reactions, small intestine, *relative biologische Wirksamkeit (RBW), schnelle
Neutronen, Strahlenfolgen, Dünndarm* 85
– – –, inactivation, mammalian cells, dose effect
curves, *relative biologische Wirksamkeit (RBW),
Inaktivierung, Säugerzellen, Dosiswirkungskurven* 52
– – –, LET dependency, *relative biologische Wirksamkeit (RBW), LET-Abhängigkeit* 50, 51, 52
– – –, radiation dose, LET, relations, *relative biologische Wirksamkeit (RBW), Strahlendosis, LET, Beziehungen* 12

renal cells, dose effect curves, oxygen effect, LET-function,
*Nierenzellen, Dosis-Wirkungskurven, Sauerstoffeffekt,
LET-Funktion* 55, 56
– –, inactivation, dose effect curves, LET, *Nierenzellen,
Inaktivierung, Dosiswirkungskurven, LET* 50, 51
– –, isoeffect curves, acute, late radiation injuries, *Nierenzellen, Isoeffektkurven, akute, späte Strahlenschädigung* 59
– function, injury, dose dependence, *Nierenfunktion,
Schädigung, Dosisabhängigkeit* 109
– scintigraphy, radionephritis, *Nierenszintigraphie, Radionephritis* 108, 109
– topography, in-, exspiration, body position, *Nierentopographie, In-, Exspiration, Körperlage* 110
– tumors, radiotherapy, testicle function, *Nierentumoren,
Strahlentherapie, Hodenfunktion* 150
repair mechanisms, bone marrow, stem cells, *Erholungsvorgänge, Knochenmark, Stammzellen* 249, 250
– –, cartilage, radiation injury, *Erholungsvorgänge,
Knorpel, Strahlenschädigung* 267, 268
– –, DNA, after radiation injury, *Reparaturmechanismen, DNA, nach Strahlenschädigung* 6, 7
– –, mitosis, after radiation injury, *Reparaturmechanismen, Mitose, nach Strahlenschädigung* 22, 23
– –, subletal radiation injuries, *Erholungsvorgänge, subletale Strahlenschäden* 18–27
replication, DNA synthesis, radiation injury, *Replikation,
DNA-Synthese, Strahlenschädigung* 3
repopulation, after radiation injury, *Repropulierung, nach
Strahlenschädigung* 23, 24
–, stem cells, bone marrow, proliferation capacity, *Repopulation, Stammzellen, Knochenmark, Proliferationskapazität* 241, 242
reproductive death, definition, cell proliferation, *reproduktiver Zelltod, Definition, Zellproliferation* 8, 9
respiration, mechanics, surface factor, *Atmung, Mechanik,
Oberflächenfaktor* 380
respiratory tract, acute radiation reactions, whole body irradiation, *Atemtrakt, akute Strahlenreaktionen, Ganzkörperbestrahlung* 571
reticulo-endothelial system, liver, function after radiotherapy, *retikulo-endotheliales System, Leber, Funktion
nach Strahlentherapie* 90
retinoblastoma, radiation induced, *Retinoblastom, strahleninduziertes* 306
retothelial sarcoma, resistance enhancement, chemical radiation protection, *Retothelsarkom, Resistenzsteigerung,
chemischer Strahlenschutz* 587
retroperitoneal space, radiotherapy, complications,
Retroperitonealraum, Strahlentherapie, Komplikationen
101
– –, –, metastases, radionephritis, *Retroperitonealraum,
Strahlentherapie, Metastasen, Radionephritis* 109
ribs, osteoporosis, radiation induced, pathological fractures, *Rippen, Osteoporose, strahleninduzierte, pathologische Frakturen* 292
risk, exostoses, radiation induced, *Risiko, Exostosen, strahleninduzierte* 289
–, nuclear energy, *Risiko, Kernkraft* 493, 494
–, professional radiation exposure, *Risiko, berufliche
Strahlenbelastung* 448
–, radiation induced ulcer, stomach, *Risiko, Strahlenulkus, Magen* 71
–, – injuries, kidney, *Risiko, Strahlenschäden, Niere*
101, 102, 108, 109
–, – injury, professional, *Risiko, Strahlenschädigung, berufliches* 439, 440

−, − −, small-, large intestine, *Risiko, Strahlenschädigung, Dünn-, Dickdarm* 76
−, tumor induction, skeleton, *Risiko, Tumorinduktion, Skelett* 304
− barriers, reactors, *Risikobarrieren, Reaktoren* 497
− studies, reactor accidents, *Risikostudien, Reaktorstörfälle* 499, 500
RNA, synthesis, radiosensibility, *RNA, Synthese, Strahlenempfindlichkeit* 3, 4
Roentgen rays, biological effects, *Röntgenstrahlen, biologische Wirkungen* 42
− −, bone, energy absorption, *Röntgenstrahlen, Knochen, Energieabsorption* 266
− −, − marrow, dose effect relations, *Röntgenstrahlen, Knochenmark, Dosiswirkungsbeziehungen* 238
roentgenphotogrammetry, bone growing disorders, treshold dose, *Röntgenstereofotogrammetrie, Knochenwachstumsstörung, Schwellendosis* 287
^{103}Ru, ^{106}Ru, atom bomb, fallout, ^{103}*Ru,* ^{106}*Ru, Atombombe, Fallout* 526

^{35}S incorporation, chondrocytes, radiation injury, ^{35}*S-Einbau, Knorpelzellen, Strahlenschädigung* 268, 269
S phase, cell cycle, radiosensibility, particle radiation, *S-Phase, Zellzyklus, Strahlenempfindlichkeit, Partikelstrahlung* 56, 57
− −, DNA content, nucleus, *S-Phase, DNA-Gehalt, Zellkern* 15, 16
− −, lymphocytes, radiation effects, *S-Phase, Lymphozyten, Strahlenwirkungen* 208
salivary glands, experimental radiation injury, chemical protection, *Speicheldrüsen, experimentelle Strahlenschädigung, chemischer Schutz* 572
− −, tolerance dose, *Speicheldrüsen, Toleranzdosis* 25
scan, liver, radiation effect, *Szintigramm, Leber, Strahlenwirkung* 88
Schneeberg disease, lung cancer, radon inhalation, *Schneeberger Krankheit, Lungenkrebs, Radoninhalation* 441, 442
scintigram, osteoradionecrosis, *Szintigramm, Osteoradionekrose* 297
scintigraphy, renal, radionephritis, *Szintigraphie, Nieren, Radionephritis* 108, 109
score system, radiodermatitis, quantification, *Score-System, Radiodermatitis, Quantifizierung* 183
serotonin, pharmacodynamic reaction mechanism, *Serotonin, pharmakodynamischer Wirkungsmechanismus* 594, 595
−, radiation effect, LD$_{50}$, *Serotonin, Strahlenschutz, LD$_{50}$* 561
shock, reactor accident, *Schock, Reaktorunfall* 491
Sievert (Sv), definition, *Sievert (Sv), Definition* 448
SI units, definitions, *SI-Einheiten, Definitionen* 448
sigmoid, stenosis, dose effect curve, radiotherapy, *Sigmoid, Stenose, Dosiseffektkurve, Strahlentherapie* 82
skeleton, bone marrow, localisation, *Skelett, Knochenmark, Verteilung* 235
−, see bone, *Skelett, siehe Knochen*
skin, cancroid, radiation induced, *Haut, Kankroid, strahleninduziertes* 440
−, flash burn, atom bomb, *Haut, Blitzverbrennung, Atombombe* 526
−, isoeffect curves, acute, late radiation injuries, *Haut, Isoeffektkurven, akute, späte Strahlenschädigung* 59
−, partial body irradiation, clinical features, *Haut, Teilkörperbestrahlung, Klinik* 444
−, precanceroses, *Haut, Präkanzerosen* 173

−, radiation injury, chemical protection, *Haut, Strahlenschädigung, chemischer Schutz* 579
−, − reactions, clinical features, *Haut, Strahlenreaktionen, Klinik* 171–173
−, − −, histology, *Haut, Strahlenreaktionen, Histologie* 174
−, − −, pathogenesis, *Haut, Strahlenreaktionen, Pathogenese* 176, 177, 179
−, − −, quantification, *Haut, Strahlenreaktionen, Quantifizierung* 181
−, − −, therapy, *Haut, Strahlenreaktionen, Therapie* 175, 176
−, − −, time factor, *Haut, Strahlenreaktionen, Zeitfaktor* 187
−, − −, variability, *Haut, Strahlenreaktionen, Variabilität* 176
−, radiodermatitis, clinical features, *Haut, Radiodermatitis, Klinik* 171, 172
−, − −, late changes, precancerosis, *Haut, Radiodermatitis, Spätveränderungen, Präkanzerose* 173
−, tolerance dose, complications, *Haut, Toleranzdosis, Komplikationen* 25
−, − doses, *Haut, Toleranzdosen* 172, 173
−, ulcer, radiodermatitis, tolerance doses, *Haut, Ulkus, Radiodermatitis, Toleranzdosen* 171, 172, 173
− transplantation, radiation sensibility, *Hauttransplantation, Strahlenempfindlichkeit* 197, 198
small intestine, acute radiation reaction, chemical radiation protection, *Dünndarm, akute Strahlenreaktion, chemischer Strahlenschutz* 569, 570
− −, Lieberkuehn's crypts, stem cells, reproductive death, *Dünndarm, Lieberkühnsche Krypten, Stammzellen, reproduktiver Zelltod* 8, 9
− −, radiation tolerance dose, complications, *Dünndarm, Strahlentoleranzdosis, Komplikationen* 25
− −, radiotherapy, chemotherapy, *Dünndarm, Strahlenfolgen, Chemotherapie* 85, 86
− −, −, consequences, clinical features, *Dünndarm, Strahlenfolgen, Klinik* 75
− −, −, experimental studies, *Dünndarm, Strahlenfolgen, experimentelle Untersuchungen* 81
− −, −, histopathology, *Dünndarm, Strahlenfolgen, Histopathologie* 78
− −, −, particle radiation, *Dünndarm, Strahlenfolgen, Teilchenstrahlung* 84, 85
− −, −, pathogenesis, *Dünndarm, Strahlenfolgen, Pathogenese* 80
− −, −, time factor, *Dünndarm Strahlenfolgen, Zeitfaktor* 82, 83
− −, stenoses, dose effect curves, *Dünndarm, Stenosen, Dosiseffektkurven* 82
soft tissue, natural, annual radiation exposure, *Weichteilgewebe, natürliche, jährliche Strahlenexposition* 412
spermatogenesis, endocrinology, *Spermatogenese, Endokrinologie* 150
−, schema, short, long cycling, *Spermatogenese, Schema, kurze, lange Zellzyklen* 143
spermatogonia, radiation effects, *Spermatogonien, Strahlenwirkung* 133, 134
spermatozoa, concentration, radiation effect, time factor, *Spermatozoen, Konzentration, Strahlenwirkung, Zeitfaktor* 144
spongiosa, primary, atrophy, radiation effect, *Spongiosa, primäre, Atrophie, Strahlenwirkung* 281
spongiosclerosis, femoral neck, radiation induced, apatite value, *Spongiosklerose, Schenkelhals, strahleninduzierte, Apatitwert* 291

spontaneous fractures, osteoradionecrosis, ribbs, *Spontan-frakturen, Osteoradionekrose, Rippen* 299
− −, radiation induced, *Spontanfrakturen, strahlenindu-zierte* 289, 291, 293
− tumors, radiation injury, chemical protection, *Spontan-tumoren, Strahlenschädigung, chemischer Schutz* 577
spine, Bechterew's disease, radiotherapy, tumor induction, *Wirbelsäule, Morbus Bechterew, Strahlenbehandlung, Tumorinduktion* 303
−, deformities, radiation induced, *Wirbelsäule, Deformitä-ten, strahleninduzierte* 289
−, growing disorders, tolerance doses, *Wirbelsäule, Wachstumsstörungen, Toleranzdosen* 287
spinal cord, radiation injury, early-, late phase, *Rücken-mark, Strahlenschädigung, Früh-, Spätphase* 325, 326
− −, − tolerance, dose time relation, *Rückenmark, Strahlentoleranz, Dosis-Zeitbeziehung* 333, 334
−, radionecrosis, *Rückenmark, Radionekrose* 317
− −, −, tolerance doses, regression lines, *Rückenmark, Radionekrose, Toleranzdosen, Regressionslinien* 334
− −, radiotherapy, complications, tolerance doses, *Rük-kenmark, Strahlentherapie, Komplikationen, Toleranzdo-sen* 25
spleen, populations of lymphocytes, antibody synthesis, ra-diation effects, *Milz, Lymphozytenpopulationen, Anti-körpersynthese, Strahlenwirkung* 225
−, radiation reactions, *Milz, Strahlenreaktionen* 206, 207
^{90}Sr, incorporation, osteoradionecrosis, ^{90}*Sr, Inkorpora-tion, Osteoradionekrose* 297
− incorporation, cartilage, growing, cellular kinetics, ^{90}*Sr-Inkorporation, Knorpel, wachsender, Zellkinetik* 271
^{89}Sr, ^{90}Sr, contamination, reactor accidents, ^{89}*Sr, ^{90}Sr, Kontamination, Reaktorstörfälle* 498
−, −, fallout, atom bomb, ^{89}*Sr, ^{90}Sr, Fallout, Atom-bombe* 526
staging, late proctitis, radiogenic, *Stadieneinteilung, Spät-proktitis, radiogene* 77
stem cells, bone marrow, radiation effects, *Stammzellen, Knochenmark, Strahlenwirkung* 237–240
− −, bone marrow syndrome, mortality, radiation doses, *Stammzellen, Knochenmarksyndrom, Mortalität, Strah-lendosen* 242
− −, cartilage, anatomy, *Stammzellen, Knorpel, Anato-mie* 266
− −, −, histology, H$_3$ Thymidin incorporation, *Stamm-zellen, Knorpel, Histologie, H$_3$-Thymidin-Einlagerung* 266
− −, ^{137}Cs γ radiation, survival fraction, *Stammzellen, ^{137}Cs-γ-Strahlung, Überlebensfraktionen* 248
− −, haematopoesis, schema, *Stammzellen, Hämatopoese, Schema* 236
− −, inactivation, dose effect curves, *Stammzellen, Inak-tivierung, Dosiswirkungskurven* 238, 239, 241
− −, proliferative capacity, repopulation, *Stammzellen, Proliferationskapazität, Repopulation* 241, 242
− −, repair mechanisms after first irradiation, *Stammzel-len, Erholungsvorgänge nach Erstbestrahlung* 249
− −, repopulation after radiotherapy, *Stammzellen, Re-populierung nach Strahlentherapie* 33
− −, reproductive death, *Stammzellen, reproduktiver Zelltod* 8, 9
− −, "spleen colony forming units", quantitative measurement, *Stammzellen, ,,Milzkolonie-Bildungsein-heiten", quantitative Messungen* 237
− −, survival rates, radiation doses, *Stammzellen, Über-lebensraten, Strahlendosen* 243

sterility, radiation induced, *Sterilität, strahleninduzierte* 145, 146
stomach, radiation induced lesions, dose dependence, *Ma-gen, Strahlenfolgen, Dosisabhängigkeit* 71
−, radiation induced lesions, clinical features, *Magen, Strahlenfolgen, Klinik* 69, 70
−, radiation induced lesions, experimental studies, *Magen, Strahlenfolgen, experimentelle Untersuchungen* 73
−, radiation induced lesions, histopathology, *Magen, Strahlenfolgen, Histopathologie* 71, 72
−, radiation induced lesions, pathogenesis, *Magen, Strah-lenfolgen, Pathogenese* 72
−, radiation induced lesions, time factor, *Magen, Strah-lenfolgen, Zeitfaktor* 74
−, radiation tolerance, dose, *Magen, Strahlentoleranzdo-sis* 25
sulfhydryle groups, radiation protective effect, *Sulfhydryl-gruppen, strahlenschützende Wirkung* 4, 5
superoxiddismutase, radioprotecting effect, *Superoxiddis-mutase, Strahlenschutzwirkung* 6
suppressor-T-cells, antibody synthesis, radiation effects, *Suppressor-T-Zellen, Antikörpersynthese, Strahlenwir-kung* 225
−, lymphocytes, radiosensibility, *Suppressor-T-Zellen, Lymphozyten, Strahlenempfindlichkeit* 221
surface factor, lung, biochemical lesions after irradiation, *Oberflächenfaktor, Lunge, biochemische Veränderungen nach Bestrahlung* 391
survival curves, lymphocytes, dose effect relations, *Überle-benskurven, Lymphozyten, Dosiswirkungsbeziehungen* 209
− rates, cartilage cells, radiation doses, *Überlebensraten, Knorpelzellen, Strahlendosen* 268
− −, cell cycle, radiosensibility, *Überlebensraten, Zellzy-klus, Strahlenempfindlichkeit* 56
− −, cysteamine, radiation protective effect, *Überlebens-raten, Cysteamin, Strahlenschutzeffekt* 557
− −, generative cell cycle, radiation effect, *Überlebensra-ten, Zellzyklus, Strahlenwirkung* 17, 18
− −, macromolecules, LET funktion, *Überlebensraten, Makromoleküloe, LET-Funktion* 48
− −, mammalian cells, dose effect relation, *Überlebensra-ten, Säugetierzellen, Dosiswirkungsbeziehung* 10, 11
− −, melanoma cells, fractionated irradiation, *Überle-bensraten, Melanomzellen, fraktionierte Bestrahlung* 21
− −, stem cells, bone marrow, radiation doses, *Überle-bensraten, Stammzellen, Knochenmark, Strahlendosen* 243
− times, atom bomb catastrophe, *Überlebenszeiten, Atom-bombenkatastrophe* 536
surgery, radiation injury, small-, large intestine, *Operation, Strahlenschädigung, Dünn-Dickdarm* 75, 76
symptomatology, radiation induced lesions of gastric mucosa, *Symptomatologie, Strahlenreaktionen, Magen* 70
−, radionecrosis, brain, spinal cord, *Symptomatologie, Radionekrose, Gehirn, Rückenmark* 322, 323
synchronisation, generative cell cycle, dose effect relation, *Synchronisierung, Zellzyklus, Dosiswirkungsbeziehung* 17, 18
syndrome, bone marrow, mortality, radiation doses, *Syndrom, Knochenmark-, Mortalität, Strahlendosen* 242
−, central nervous, reactor accidents, *Syndrom, zentralner-vöses, Reaktorunfall* 491
−, radiation-, reactor accidents, risk, *Syndrom, Strahlen-, Reaktorstörfälle, Risiko* 501, 502, 514

T cell system, radiation effects, *T-Zell-System, Strahlen-wirkungen* 206, 207
− lymphocytes, antibody production, radiation effects, *T-Lymphozyten, Antikörperbildung, Strahlenwirkung* 225
− −, dose effect curves, sensibility parameters, *T-Lymphozyten, Dosiswirkungskurven, Sensibilitätsparameter* 222
− −, PHA stimulation, whole body irradiation, *T-Lymphozyten, PHA-Stimulation, Ganzkörperbestrahlung* 218
− lymphocytopenia, total nodal irradiation, *T-Lymphozytopenie, Total-Nodal-Bestrahlung* 227
^{99m}Tc, dose limiting values, skin, ^{99m}*Tc, Dosisgrenzwerte, Haut* 452
TD$_{5/5}$, osteoradionecrosis, *TD$_{5/5}$, Osteoradionekrose* 299
^{132}Te, contamination, reactor accidents, ^{132}*Te, Kontamination, Reaktorstörfälle* 498
teleangiectasias, radiodermatitis, dose dependence, *Teleangiektasien, Radiodermatitis, Dosisabhängigkeit* 172
Tellurium, contamination, reactor accidents, *Tellur, Kontamination, Reaktorunfälle* 497
testicle, azoospermia, radiation induced, *Hoden, Azoospermie, strahleninduzierte* 150
−, development, radiation effects, *Hoden, Entwicklung, Strahlenwirkung* 141, 142, 152
−, partial body irradiation, clinical features, *Hoden, Teilkörperbestrahlung, Klinik* 444
−, weight, diminution, radiation induced, *Hoden, Gewicht, Abnahme, Strahlenwirkung* 134, 141
testicular tumors, paraaortal lymph nodes, radiotherapy, *Hodentumoren, paraaortale Lymphknoten, Strahlentherapie* 69
− −, radiosensibility, digestive tract, *Hodentumoren, Strahlenempfindlichkeit, Magen-Darmtrakt* 76, 78
testis, chemical radiation protection, *Hoden, chemischer Strahlenschutz* 572, 573
testosterone, radiation injury of testicles, *Testosteron, Strahlenschädigung des Hodens* 150, 151
^{227}Th, incorporation, bone, radiation effect, ^{227}*Th, Inkorporation, Knochen, Strahlenwirkung* 275
− incorporation, DNS synthesis, radiation effect, ^{227}*Th-Inkorporation, DNS-Synthese, Strahlenwirkung* 275
− −, osteoradionecrosis, vertebral body, ^{227}*Th-Inkorporation, Osteoradionekrose, Wirbelkörper* 300
therapy, acute, chronic radiation reaction, skin, *Therapie, akute, chronische Strahlenreaktion, Haut* 175, 176
−, proctitis, radiogenic, *Therapie, Proktitis, radiogene* 77
−, radiation injuries, small, large intestine, *Therapie, Strahlenschäden, Dünn-, Dickdarm* 76
−, renal injury, radiogenic, *Therapie, Nierenschädigung, radiogene* 112
thermic radiation, atom bomb, *thermische Strahlung, Atombombe* 525
thiophosphates, radiation protection, pharmacological effects, *Thiophosphate, Strahlenschutz, pharmakologische Wirkungen* 590, 596
thoracic spine, microradiogram, ^{227}Th incorporation, osteoradionecrosis, *Brustwirbelsäule, Mikroradiogramm, ^{227}Th-Inkorporation, Osteoradionekrose* 300
thorax, natural radiation exposure, *Thorax, natürliche Strahlenexposition* 412
thrombocytopenia, combined radiation injuries, chemical protection, *Thrombozytopenie, kombinierte Strahlenschäden, chemischer Schutz* 580
thymus, lymphocytes, survival curves, dose effect relations, *Thymus, Lymphozyten, Überlebenskurven, Dosiswirkungsbeziehungen* 208

−, lymphoma, radiation induced, chemical protection, *Thymus, Lymphom, strahleninduziertes, chemischer Schutz* 578
−, radiation reactions, *Thymus, Strahlenreaktionen* 206, 207
−, radiotherapy, exostoses, *Thymus, Strahlentherapie, Exostosen* 289
thyroid cancer, ^{131}I therapy, spermatogenesis, injury, *Schilddrüsenkarzinom, ^{131}I-Therapie, Schädigung der Spermatogenese* 150
− gland, iodine prophylaxis, reactor accidents, *Schilddrüse, Jodprophylaxe, Reaktorstörfälle* 512
− −, natural annual radiation exposure, *Schilddrüse, natürliche jährliche Strahlenexposition* 412
− −, radiation effects, total risk, calculation, *Schilddrüse, Strahlenwirkung, Gesamtrisikoberechnung* 449
− −, whole body irradiation, *Schilddrüse, Ganzkörperbestrahlung* 572
time factor, bone growing disorders, radiotherapy, *Zeitfaktor, Knochenwachstumsstörungen, Strahlenbehandlung* 287, 288
− −, cartilage, radiation injury, repair mechanisms, *Zeitfaktor, Knorpel, Strahlenschädigung, Erholungsvorgänge* 267, 268
− −, radiation induced lesions, stomach, intestine, *Zeitfaktor, Strahlenwirkungen, Magen-Darm* 74, 82
− −, − reactions, skin, *Zeitfaktor, Strahlenreaktionen, Haut* 187
− −, radiodermatitis, *Zeitfaktor, Radiodermatitis* 172, 190
− −, radionecrosis, brain, total dose, *Zeitfaktor, Radionekrose, Gehirn, Gesamtdosis* 337, 338
− −, spermatozoa, concentration, radiation effect, *Zeitfaktor, Spermatozoen-Konzentration, Strahlenwirkung* 144
tissue, range, particle radiation, kinetic energy, *Gewebe, Reichweite, Partikelstrahlung, kinetische Energie* 42
tissues, radiosensibility, *Gewebe, Strahlenempfindlichkeit* 69−96
tolerance dose, bone-, cartilage growing disorders, childhood, *Toleranzdosis, Knochen-, Knorpelwachstumsstörungen, Kindesalter* 287
− −, bone, osteoradionecrosis, *Toleranzdosis, Knochen, Osteoradionekrose* 299
− −, brain, spinal cord, *Toleranzdosis, Gehirn, Rückenmark* 317
− −, growing disturbance, long bone, *Toleranzdosis, Längenwachstumsstörung, Röhrenknochen* 287
− −, renal, *Toleranzdosis, Nieren* 107
− −, skin, radiodermatitis, *Toleranzdosis, Haut, Radiodermatitis* 172, 173
− doses, fractionated radiotherapy, complications, *Toleranzdosen, fraktionierte Strahlentherapie, Komplikationen* 25
− −, spinal cord, *Toleranzdosen, Rückenmark* 333, 334
total dose, radionecrosis, brain, time relation, *Gesamtdosis, Radionekrose, Gehirn, Zeitbeziehung* 337, 338
touth extraction, jaw, osteoradionecrosis, *Zahnextraktion, Unterkiefer, Osteoradionekrose* 302
toxicity, chemical radiation protection, clinical examination, *Toxizität, chemischer Strahlenschutz, klinische Prüfung* 562
−, chemical radiation protection, compounds, *Toxizität, chemischer Strahlenschutz, Substanzen* 559, 561
transplantation, spongiosa, osteoprogenitor cells, radiation effect, *Transplantation, Spongiosa, Osteoprogenitor-Zellen, Strahlenwirkung* 290

transcription, DNA synthesis, radiation injury, *Transskrip-tion, DNA-Synthese, Strahlenschädigung* 3

treshold dose, bone growing disorders, clinical features, childhood, *Schwellendosis, Knochenwachstumsstörungen, Klinik, Kindesalter* 287

trypsin, radiosensibility, LET function, *Trypsin, Strahlen-empfindlichkeit, LET-Funktion* 48, 49

tumor, brain, radiation induced myelopathy, *Tumor, Ge-hirn, Strahlenmyelopathie* 322, 323, 338

–, growth, local irradiation, radiation protective com-pounds, *Tumor, Wachstum, Lokalbestrahlung, Strahlen-schutzstoffe* 586

–, induction, radiation effect, chemical radiation protec-tion, *Tumor, Induktion, Strahlenwirkung, chemischer Strahlenschutz* 577

–, therapy, radiation protection, compounds, *Tumor, Therapie, Strahlenschutzsubstanzen* 585, 586

– cells, dosis effect curves, shoulder shaped, repair me-chanismes, *Tumorzellen, Dosiseffektkurven, Schulter-form, Erholungsvorgänge* 19, 20

– –, EMT6-, radiation sensitivity, *Tumorzellen, EMT6-, Strahlenempfindlichkeit* 14

– –, oxygen effect, *Tumorzellen, Sauerstoffeffekt* 27–29

– –, proliferation rates, radiation sensitivity, *Tumor-zellen, Proliferationsraten, Strahlenempfindlichkeit* 13

– –, repopulation, after radiation injury, *Tumorzellen, Repopulierung, nach Strahlenschädigung* 23, 24

– therapy, particle radiation, physics, radiobiology, *Tu-mortherapie, Partikelstrahlung, Physik, Strahlenbiolo-gie* 60–66

tumors, abdominal organs, *Tumoren, Abdominalorgane, Strahlenempfindlichkeit* 69

–, bone, radiation induced, *Tumoren, Knochen, strahlenin-duzierte* 303, 304

–, curative radiotherapy, immune suppression, *Tumoren, kurative Strahlentherapie, Immunsuppression* 226

–, ovarial-, radiation induction, *Tumoren, Ovarial-, Strah-lenindukiton* 134

–, radiation effect, *Tumoren, Strahlenwirkung* 9

–, radiogenic, reactor accidents, *Tumoren, radiogene, Reaktorunfälle* 493

–, radiotherapy, osteoradionecrosis, *Tumoren, Strahlen-therapie, Osteoradionekrose* 298, 299

–, –, oxygen effect, *Tumoren, Strahlentherapie, Sauer-stoff-Effekt* 55

–, stomach, radiotherapy, *Tumoren, Magen, Strahlenthe-rapie* 69, 70

–, testicular, paraaortal lymph nodes, radiotherapy, *Tu-moren, Hoden, paraaortale Lymphknoten, Strahlenthera-pie* 69, 70

–, Wilm's-, radiotherapy, hepatic lesions, *Tumoren, Wilms-, Strhlentherapie, Leberveränderungen* 89

ulcer, late proctitis, radiogenic, staging, therapy, *Ulcus, Spätproktitis, radiogene, Stadieneinteilung, Behandlung* 77

–, radiogenic, tolerance doses, digestive tract, *Ulcus, strahlenbedingtes, Toleranzdosen, Magen-Darm-Trakt* 25, 71, 72

ultrastructure, bone, radiation injury, *Ultrastruktur, Kno-chen, Strahlenschädigung* 273, 274, 275

–, osteogenic tissue, *Ultrastructur, osteogenes Gewebe* 273, 274

UNSCEAR, recommendations, radiation protection, *UNSCEAR, Empfehlungen, Strahlenschutz* 445

Uranium, reactor accident, radioactivity, *Uran, Reaktorun-fall, Radioaktivität* 490, 496, 497

– ions, LET values, *Uran-Ionen, LET-Werte* 45

– isotopes, nuclear fussion, reactor, *Uranisotope, Kern-spaltung, Reaktor* 493

ureter, radiation tolerance, *Ureter, Strahlentoleranz* 115

–, radiogenic, functional and anatomical lesions, *Ureter, radiogene, funktionelle und anatomische Veränderungen* 113–115

–, radiotherapy, complications, tolerance doses, *Ureter, Strahlentherapie, Komplikationen, Toleranzdosen* 25

urinary bladder, carcinoma, radiation induced lesions, *Harnblase, Karzinom, Strahlenfolgen* 78

– –, ratiation risk, *Harnblase, Strahlengefährdung* 115–120

– –, radiotherapy, tolerance doses, complications, *Harn-blase, Strahlentherapie, Toleranzdosen, Komplikationen* 25

uterus carcinoma, radiation induced lesions, small-, large intestine, *Uteruskarzinom, Strahlenreaktionen, Dünn-, Dickdarm* 77

Vagina, radiotherapy, complications, tolerance doses, *Va-gina, Strahlentherapie, Komplikationen, Toleranzdosen* 25

vertebral body, growth arrest lines, childhood, radiation doses, *Wirbelkörper, Verdichtungslinien, Kindesalter, Strahlendosen* 284

virus, radiosensibility, LET-function, *Viren, Strahlenemp-findlichkeit, LET-Funktion* 48

–, RBE values, LET dependency, *Viren, RBW-Werte, LET-Abhängigkeit* 50

vitamine E, protecting effect, radiation reactions, *Vitamin E, Schutzwirkung, Strahleneffekt* 5

Walker carcinoma, resistance enhancement, radiation pro-tective compounds, *Walker-Karzinom, Resistenzssteige-rung, Strahlenschutzstoffe* 587

water, products of radiolysis, G value, *Wasser, Radiolyse-produkte, G-Wert* 47

whole body irradiation, antibody production, dose, *Ganz-körperbestrahlung, Antikörperbildung, Dosis* 225

– – –, atom bomb, biological effects, *Ganzkörperbe-strahlung, Atombombe, biologische Wirkungen* 533, 534

– – –, bone marrow, dose effect relations, *Ganzkörperbe-strahlung, Knochenmark, Dosiswirkungsbeziehungen* 240, 245

– – –, bone marrow, radiation accidents, *Ganzkörper-bestrahlung, Knochenmark, Strahlenunfälle* 244

– – –, bone marrow, repair processes, *Ganzkörperbe-strahlung, Knochenmark, Erholungsprozesse* 247–250

– – –, bone marrow transplantation, *Ganzkörperbe-strahlung, Knochenmark-Transplantation* 273

– – –, ^{45}Ca incorporation, growing metaphysis, *Ganz-körperbestrahlung, ^{45}Ca-Einbau, wachsende Metaphyse* 279

– – –, chemical radiation protection, *Ganzkörperbe-strahlung, chemischer Strahlenschutz* 557

– – –, clinical symptoms, *Ganzkörperbestrahlung, klini-sche Symptome* 443

– – –, combined injuries, chemical radiation protec-tion, *Ganzkörperbestrahlung, Kombinationsschädigung, chemischer Strahlenschutz* 579, 580

– – –, graft versus host disease, leukaemia, *Ganz-körperbestrahlung, „Graft-versus-host"-Krankheit, Leukämie* 288

– – –, haematopoetic tissue, tolerance, *Ganzkörperbestrahlung, hämatopoetisches Gewebe, Toleranz* 242

– – –, hormone levels, radiation induced changes, *Ganzkörperbestrahlung, Hormonspiegel, strahleninduzierte Veränderungen* 151

– – –, leukaemia, childhood, curves of growing, *Ganzkörperbestrahlung, Leukämie, Kindesalter, Wachstumskurven* 288

– – –, leukopaemia, immune suppression, *Ganzkörperbestrahlung, Leukämie, Immunsuppression* 227

– – –, liver lesions, *Ganzkörperbestrahlung, Leberveränderungen* 86

– – –, lymphocytes, in-vivo stimulation, *Ganzkörperbestrahlung, Lymphozyten, In-vivo-Stimulation* 218

– – –, lymphocytes, radiation effects, *Ganzkörperbestrahlung, Lymphozyten, Strahlenwirkungen* 207

– – –, mammalians, chemical radiation protection, *Ganzkörperbestrahlung, Säugetiere, chemischer Strahlenschutz* 562

– – –, osteogenic tissue, osteoclast density, *Ganzkörperbestrahlung, osteogenes Gewebe, Osteoklastendichte* 273

– – –, radiation accidents, mortality, radiation doses, *Ganzkörperbestrahlung, Strahlenunfälle, Mortalität, Strahlendosen* 244

– – –, radiation effect, *Ganzkörperbestrahlung, Strahlenwirkung* 32–35

– – –, radiation protection, pharmacodynamics, *Ganzkörperbestrahlung, Strahlenschutzstoffe, Pharmakodynamik* 594, 595

– – –, reactor accidents, acute radiation syndrome, *Ganzkörperbestrahlung, Reaktorstörfälle, akutes Strahlensyndrom* 514, 515

– – –, survival rates, pathogenesis, *Ganzkörperbestrahlung, Überlebenszeiten, Pathogenese* 81

– – –, survival times, *Ganzkörperbestrahlung, Überlebenszeiten* 26

– – –, total risk, calculation, *Ganzkörperbestrahlung, Gesamtrisikoberechnung* 449

Wilms' tumor, radiotherapy, complications, *Wilms-Tumor, Strahlentherapie, Komplikationen* 89

X rays, professional radiation exposure, limiting values, *Röntgenstrahlen, berufliche Strahlenbelastung, Grenzwerte* 447

xeroderma pigmentosum, DNA replication, disorders, *Xeroderma pigmentosum, DNA-Replikation, Störungen* 7

^{91}**Y**, contamination, reactor accidents, ^{91}Y, *Kontamination, Reaktorstörfälle* 498

^{90}Y, ^{91}Y, atom bomb, fallout, ^{90}Y, ^{91}Y, *Atombombe, Fallout* 526

youth, exostoses, radiation induced, *Jugendalter, Exostosen, strahleninduzierte* 289

^{95}**Zr**, atom bomb, fallout, ^{95}Zr, *Atombombe, Fallout* 526

–, contamination, reactor accidents, ^{95}Zr, *Kontamination, Reaktorstörfälle* 498

MIX
Papier aus verantwortungsvollen Quellen
Paper from responsible sources
FSC® C105338

If you have any concerns about our products,
you can contact us on
ProductSafety@springernature.com

In case Publisher is established outside the EU,
the EU authorized representative is:
Springer Nature Customer Service Center GmbH
Europaplatz 3, 69115 Heidelberg, Germany

Printed by Libri Plureos GmbH
in Hamburg, Germany